JEE Main

ONLINE + OFFLINE

21 Years' 2023-03

सॉल्वड पेपर्स

अभिषेक सुमन,
अमिता जैन,
विक्की सेन

अरिहन्त प्रकाशन (सीरीज़) मेरठ

卐 **रजि. कार्यालय**

'रामछाया' 4577/15, अग्रवाल रोड, दरिया गंज, नई दिल्ली- 110002

फोन: 011-47630600, 43518550

मुख्य कार्यालय

कालिन्दी, टी०पी० नगर, मेरठ (यूपी)– 250002

फोन: 0121-7156203, 7156204

卐 **शाखा कार्यालय**

आगरा, अहमदाबाद, बरेली, बंगलुरु, चेन्नई, दिल्ली, गुवाहाटी, हैदराबाद, जयपुर, झाँसी, कोलकाता, लखनऊ, नागपुर तथा पुणे

卐 **मूल्य** ₹ 650.00

卐 PO No. : TXT-59-T057681-3-24

PUBLISHED BY ARIHANT PUBLICATIONS (INDIA) LTD.

'अरिहन्त' की पुस्तकों के बारे में अधिक जानकारी के लिए हमारी वेबसाइट **www.arihantbooks.com** पर लॉग इन करें या **info@arihantbooks.com** पर सम्पर्क करें।

Follow us on...

विषय-सूची

JEE Main सॉल्वड पेपर्स 2023 (ऑनलाइन)

JEE Main सॉल्वड पेपर्स 2022 (ऑनलाइन)

JEE Main सॉल्वड पेपर्स 2021 (ऑनलाइन)

JEE Main सॉल्वड पेपर्स 2020 (ऑनलाइन)

JEE Main सॉल्वड पेपर्स 2019 (ऑनलाइन)

JEE Main सॉल्वड पेपर्स 2018-2013 (ऑफलाइन)

AIEEE सॉल्वड पेपर्स 2012-2003 (ऑफलाइन)

***Download** करने के लिए **QR code** को **scan** करें।*

2012

2011

2010

2009

2008

2007

2006

2005

2004

2003

JEE Main

Physics (Detailed Syllabus)

SECTION A (80% weightage)

UNIT I Physics and Measurement

Physics, technology and society, SI units, Fundamental and derived units. Least count, accuracy and precision of measuring instruments, Errors in measurement, Significant figures.

Dimensions of Physical quantities, dimensional analysis and its applications.

UNIT II Kinematics

Frame of reference. Motion in a straight line: Position-time graph, speed and velocity. Uniform and non-uniform motion, average speed and instantaneous velocity.

Uniformly accelerated motion, velocity-time, position time graphs, relations for uniformly accelerated motion.

Scalars and Vectors, Vector addition and Subtraction, Zero Vector, Scalar and Vector products, Unit Vector, Resolution of a Vector. Relative Velocity, Motion in a plane, Projectile Motion, Uniform Circular Motion.

UNIT III Laws of Motion

Force and Inertia, Newton's First Law of motion; Momentum, Newton's Second Law of motion; Impulse; Newton's Third Law of motion. Law of conservation of linear momentum and its applications, Equilibrium of concurrent forces. Static and Kinetic friction, laws of friction, rolling friction. Dynamics of uniform circular motion: Centripetal force and its applications.

UNIT IV Work, Energy and Power

Work done by a constant force and a variable force; kinetic and potential energies, work-energy theorem, power.

Potential energy of a spring, conservation of mechanical energy, conservative and nonconservative forces; Elastic and inelastic collisions in one and two dimensions.

UNIT V Rotational Motion

Centre of mass of a two-particle system, Centre of mass of a rigid body; Basic concepts of rotational motion; moment of a force, torque, angular momentum, conservation of angular momentum and its applications; moment of inertia, radius of gyration. Values of moments of inertia for simple geometrical objects, parallel and perpendicular axes theorems and their applications.

Rigid body rotation, equations of rotational motion.

UNIT VI Gravitation

The universal law of gravitation.

Acceleration due to gravity and its variation with altitude and depth.

Kepler's laws of planetary motion.

Gravitational potential energy; gravitational potential.

Escape velocity. Orbital velocity of a satellite. Geo-stationary satellites.

UNIT VII Properties of Solids & Liquids

Elastic behaviour, Stress-strain relationship, Hooke's. Law, Young's modulus, bulk modulus, modulus of rigidity.

Pressure due to a fluid column; Pascal's law and its applications.

Viscosity, Stokes' law, terminal velocity, streamline and turbulent flow, Reynolds number. Bernoulli's principle and its applications.

Surface energy and surface tension, angle of contact, application of surface tension - drops, bubbles and capillary rise.

Heat, temperature, thermal expansion; specific heat capacity, calorimetry; change of state, latent heat.

Heat transfer-conduction, convection and radiation, Newton's law of cooling.

UNIT VIII Thermodynamics

Thermal equilibrium, zeroth law of thermo-dynamics, concept of temperature. Heat, work and internal energy. First law of thermodynamics.

Second law of thermodynamics: reversible and irreversible processes. Camot engine and its efficiency.

UNIT IX Kinetic Theory of Gases

Equation of state of a perfect gas, work done on compressing a gas.

Kinetic theory of gases - assumptions, concept of pressure. Kinetic energy and temperature: rms speed of gas molecules; Degrees of freedom, Law of equipartition of energy, applications to specific heat capacities of gases; Mean free path, Avogadro's number.

UNIT X Oscillations and Waves

Periodic motion - period, frequency, displacement as a function of time. Periodic functions. Simple harmonic motion (S.H.M.) and its equation; phase; oscillations of a spring - restoring force and force constant; energy in S.H.M. - kinetic and potential energies; Simple pendulum - derivation of expression for its time period; Free, forced and damped oscillations, resonance.

Wave motion. Longitudinal and transverse waves, speed of a wave. Displacement relation for a progressive wave. Principle of superposition of waves, reflection of waves, Standing waves in strings and organ pipes, fundamental mode and harmonics, Beats, Doppler effect in sound.

UNIT XI Electrostatics

Electric charges Conservation of charge, Coulomb's law-forces between two point charges, forces between multiple charges; superposition principle and continuous charge distribution.

Electric field Electric field due to a point charge, Electric field lines, Electric dipole, Electric field due to a dipole, Torque on a dipole in a uniform electric field.

Electric flux, Gauss's law and its applications to find field due to infinitely long, uniformly charged straight wire, uniformly charged infinite plane sheet and uniformly charged thin spherical shell.

Electric potential and its calculation for a point charge, electric dipole and system of charges; Equipotential surfaces, Electrical potential energy of a system of two point charges in an electrostatic field.

Conductors and insulators, Dielectrics and electric polarization, capacitor, combination of capacitors in series and in parallel, capacitance of a parallel plate capacitor with and without dielectric medium between the plates, Energy stored in a capacitor.

UNIT XII Current Electricity

Electric current, Drift velocity, Ohm's law, Electrical resistance, Resistances of different materials, V-I characteristics of Ohmic and nonohmic conductors, Electrical energy and power, Electrical resistivity, Colour code for resistors; Series and parallel combinations of resistors; Temperature dependence of resistance.

Electric Cell and its Internal resistance, potential difference and emf of a cell, combination of cells in series and in parallel.

Kirchhoff's laws and their applications. Wheatstone bridge, Metre bridge.

Potentiometer - principle and its applications.

UNIT XIII Magnetic Effects of Current and Magnetism

Biot-Savart law and its application to current carrying circular loop. Ampere's law and its applications to infinitely long current carrying straight wire and solenoid. Force on a moving charge in uniform magnetic and electric fields Cyclotron.

Force on a current-carrying conductor in a uniform magnetic field. Force between two parallel current-carrying conductors-definition of ampere. Torque experienced by a current loop in uniform magnetic field, Moving coil galvanometer, its current sensitivity and conversion to ammeter and voltmeter.

Current loop as a magnetic dipole and its magnetic dipole moment. Bar magnet as an equivalent solenoid, magnetic field lines; Earth's magnetic field and magnetic elements. Para, dia and ferro-magnetic substances

Magnetic susceptibility and permeability, Hysteresis, Electromagnets and permanent magnets.

UNIT XIV Electromagnetic Induction and Alternating Currents

Electromagnetic induction; Faraday's law, induced emf and current; Lenz's Law, Eddy currents. Self and mutual inductance.

Alternating currents, peak and rms value of alternating current/ voltage; reactance and impedance; LCR series circuit, resonance; Quality factor, power in AC circuits, wattless current.

AC generator and transformer.

UNIT XV Electromagnetic Waves

Electromagnetic waves and their characteristics. Transverse nature of electromagnetic waves.

Electromagnetic spectrum (radio waves, microwaves, infrared, visible, ultraviolet, X-rays, gamma rays). Applications of e.m. waves.

UNIT XVI Optics

Reflection and refraction of light at plane and spherical surfaces, mirror formula, Total internal reflection and its applications, Deviation and Dispersion of light by a prism, Lens Formula, Magnification, Power of a Lens, Combination of thin lenses in contact, Microscope and Astronomical Telescope (reflecting and refracting) and their magnifying powers.

Wave optics wave front and Huygens' principle, Laws of reflection and refraction using Huygen's principle. Interference, Young's double slit experiment and expression for fringe width, coherent sources and sustained interference of light. Diffraction due to a single slit, width of central maximum. Resolving power of microscopes and astronomical telescopes, Polarisation, plane polarized light; Brewster's law, uses of plane polarized light and Polaroids.

UNIT XVII Dual Nature of Matter and Radiation

Dual nature of radiation. Photoelectric effect, Hertz and Lenard's observations; Einstein's photoelectric equation; particle nature of light.

Matter waves-wave nature of particle, de Broglie relation. Davisson-Germer experiment.

UNIT XVIII Atoms and Nuclei

Alpha-particle scattering experiment; Rutherford's model of atom; Bohr model, energy levels, hydrogen spectrum.

Composition and size of nucleus, atomic masses, isotopes, isobars; isotones. Radioactivity-alpha, beta and gamma particles/rays and their properties; radioactive decay law. Mass-energy relation, mass defect; binding energy per nucleon and its variation with mass number, nuclear fission and fusion.

UNIT XIX Electronic Devices

Semiconductors; semiconductor diode: I-V characteristics in forward and reverse bias; diode as a rectifier; I-V characteristics of LED, photodiode, solar cell, and Zener diode; Zener diode as a voltage regulator. Junction transistor, transistor action, characteristics of a transistor transistor as an amplifier (common emitter configuration) and oscillator. Logic gates (OR, AND, NOT, NAND & NOR). Transistor as a switch.

UNIT XX Communication Systems

Propagation of electromagnetic waves in the atmosphere; Sky and space wave propagation, Need for modulation, Amplitude and Frequency Modulation, Bandwidth of signals, Bandwidth of Transmission medium, Basic Elements of a Communication System (Block Diagram only)

SECTION B (20% weightage)

UNIT XXI Experimental Skills

Familiarity with the basic approach and observations of the experiments and activities

1. Vernier callipers - its use to measure internal and external diameter and depth of a vessel
2. Screw gauge - its use to determine thickness/ diameter of thin sheet/wire.
3. Simple Pendulum - dissipation of energy by plotting a graph between square of amplitude and time.
4. Metre Scale - mass of a given object by principle of moments
5. Young's modulus of elasticity of the material of a metallic wire
6. Surface tension of water by capillary rise and effect of detergents
7. Coefficient of Viscosity of a given viscous liquid by measuring terminal velocity of a given spherical body.
8. Plotting a cooling curve for the relationship between the temperature of a hot body and time.
9. Speed of sound in air at room temperature using a resonance tube.
10. Specific heat capacity of a given (i) solid and (ii) liquid by method of mixtures.
11. Resistivity of the material of a given wire using metre bridge.
12. Resistance of a given wire using Ohm's law
13. Potentiometer
    (i) Comparison of emf of two primary cells.
    (ii) Determination of Internal resistance of a cell.
14. Resistance and figure of merit of a galvanometer by half deflection method.
15. Focal length of
    (i) Convex mirror
    (ii) Concave mirror
    (iii) Convex lens
    Using parallax method.
16. Plot of angle of deviation vs angle of incidence for a triangular prism.
17. Refractive index of a glass slab using a travelling microscope
18. Characteristic curves of a p-n junction diode in forward and reverse bias.
19. Characteristic curves of a Zener diode and finding reverse break down voltage.
20. Characteristic curves of a transistor and finding current gain and voltage gain.
21. Identification of Diode, LED, Transistor, IC, Resistor, Capacitor from mixed collection of such items.
22. Using multimeter to
    (i) Identify base of a transistor
    (ii) Distinguish between npn and pnp type transistor
    (iii) See the unidirectional flow of current in case of a diode and an LED.
    (iv) Check the correctness or otherwise of a given electronic component (diode, transistor or IC).

Chemistry (Detailed Syllabus)

SECTION A : PHYSICAL CHEMISTRY

UNIT I Some Basic Concepts in Chemistry

Matter and its nature, Dalton's atomic theory; Concept of atom, molecule, element and compound; Physical quantities and their measurements in Chemistry, precision and accuracy, significant figures, S.I. Units, dimensional analysis; Laws of chemical combination; Atomic and molecular masses, mole concept, molar mass, percentage composition, empirical and molecular formulae; Chemical equations and stoichiometry.

UNIT II States of Matter

Classification of matter into solid, liquid and gaseous states.

Gaseous State Measurable properties of gases; Gas laws - Boyle's law, Charle's law, Graham's law of diffusion, Avogadro's law, Dalton's law of partial pressure; Concept of Absolute scale of temperature; Ideal gas equation, Kinetic theory of gases (only postulates); Concept of average, root mean square and most probable velocities; Real gases, deviation from Ideal behaviour, compressibility factor, van der Waals' equation, liquefaction of gases, critical constants.

Liquid State Properties of liquids - vapour pressure, viscosity and surface tension and effect of temperature on them (qualitative treatment only).

Solid State Classification of solids: molecular, ionic, covalent and metallic solids, amorphous and crystalline solids (elementary idea); Bragg's Law and its applications, Unit cell and lattices, packing in solids (fcc, bcc and hcp lattices), voids, calculations involving unit cell parameters, imperfection in solids; electrical, magnetic and dielectric properties.

UNIT III Atomic Structure

Discovery of sub-atomic particles (electron, proton and neutron); Thomson and Rutherford atomic models and their limitations; Nature of electromagnetic radiation, photoelectric effect; spectrum of hydrogen atom, Bohr model of hydrogen atom - its postulates, derivation of the relations for energy of the electron and radii of the different orbits, limitations of Bohr's model; dual nature of matter, de-Broglie's relationship, Heisenberg uncertainty principle. Elementary ideas of quantum mechanics, quantum mechanical model of atom, its important features, ψ and ψ_2, concept of atomic orbitals as one electron wave functions; Variation of ψ and ψ_2 with r for *1s* and *2s* orbitals; various quantum numbers (principal, angular momentum and magnetic quantum numbers) and their significance; shapes of *s*, *p* and *d* - orbitals, electron spin and spin quantum number; rules for filling electrons in orbitals – aufbau principle, Pauli's exclusion principle and Hund's rule, electronic configuration of elements, extra stability of half-filled and completely filled orbitals.

UNIT IV Chemical Bonding and Molecular Structure

Kossel Lewis approach to chemical bond formation, concept of ionic and covalent bonds. Ionic Bonding Formation of ionic bonds, factors affecting the formation of ionic bonds; calculation of lattice enthalpy. Covalent Bonding Concept of electronegativity, Fajan's rule, dipole moment; Valence Shell Electron Pair Repulsion (VSEPR) theory and shapes of simple molecules.

Quantum mechanical approach to covalent bonding Valence bond theory - Its important features, concept of hybridization involving *s*, *p* and *d* orbitals; Resonance.

Molecular Orbital Theory Its important features, LCAOs, types of molecular orbitals (bonding, antibonding), sigma and pi-bonds, molecular orbital electronic configurations of homonuclear diatomic molecules, concept of bond order, bond length and bond energy. Elementary idea of metallic bonding. Hydrogen bonding and its applications.

UNIT V Chemical Thermodynamics

Fundamentals of thermodynamics System and surroundings, extensive and intensive properties, state functions, types of processes. First law of thermodynamics Concept of work, heat internal energy and enthalpy, heat capacity, molar heat capacity, Hess's law of constant heat summation; Enthalpies of bond dissociation, combustion, formation, atomization, sublimation, phase transition, hydration, ionization and solution. Second law of thermodynamics Spontaneity of processes; ΔS of the universe and ΔG of the system as criteria for spontaneity, ΔG° (Standard Gibb's energy change) and equilibrium constant.

UNIT VI Solutions

Different methods for expressing concentration of solution - molality, molarity, mole fraction, percentage (by volume and mass both), vapour pressure of solutions and Raoult's Law - Ideal and non-ideal solutions, vapour pressure - composition plots for ideal and non-ideal solutions. Colligative properties of dilute solutions - relative lowering of vapour pressure, depression of freezing point, elevation of boiling point and osmotic pressure; Determination of molecular mass using colligative properties; Abnormal value of molar mass, van't Hoff factor and its significance.

UNIT VII Equilibrium

Meaning of equilibrium, concept of dynamic equilibrium.

Equilibria involving physical processes Solid -liquid, liquid - gas and solid - gas equilibria, Henry's law, general characteristics of equilibrium involving physical processes. Equilibria involving chemical processes Law of chemical equilibrium, equilibrium constants (K and K) and their significance, significance of ΔG and ΔG° in chemical equilibria, factors affecting equilibrium concentration, pressure, temperature, effect of catalyst; Le - Chatelier's principle.

Ionic equilibrium Weak and strong electrolytes, ionization of electrolytes, various concepts of acids and bases (Arrhenius, Bronsted - Lowry and Lewis) and their ionization, acid-base equilibria (including multistage ionization) and ionization constants, ionization of water, pH scale, common ion effect, hydrolysis of salts and pH of their solutions, solubility of sparingly soluble salts and solubility products, buffer solutions.

UNIT VIII Redox Reactions and Electrochemistry

Electronic concepts of oxidation and reduction, redox reactions, oxidation number, rules for assigning oxidation number, balancing of redox reactions.

Ectrolytic and metallic conduction, conductance in electrolytic solutions, specific and molar conductivities and their variation with concentration: Kohlrausch's law and its applications. Electrochemical cells - Electrolytic and Galvanic cells, different types of electrodes, electrode potentials including standard electrode potential, half - cell and cell reactions, emf of a Galvanic cell and its measurement; Nernst equation and its applications; Relationship between cell potential and Gibbs' energy change; Dry cell and lead accumulator; Fuel cells; Corrosion and its prevention.

UNIT IX Chemical Kinetics

Rate of a chemical reaction, factors affecting the rate of reactions concentration, temperature, pressure and catalyst; elementary and complex reactions, order and molecularity of reactions, rate law, rate constant and its units, differential and integral forms of zero and first order reactions, their characteristics and half - lives, effect of temperature on rate of reactions - Arrhenius theory, activation energy and its calculation, collision theory of bimolecular gaseous reactions (no derivation).

UNIT X Surface Chemistry

Adsorption - Physisorption and chemisorption and their characteristics, factors affecting adsorption of gases on solids-Freundlich and Langmuir adsorption isotherms, adsorption from solutions. Catalysis Homogeneous and heterogeneous, activity and selectivity of solid catalysts, enzyme catalysis and its mechanism.

Colloidal state distinction among true solutions, colloids and suspensions, classification of colloids - lyophilic, lyophobic; multi molecular, macromole-cular and associated colloids (micelles), preparation and properties of colloids Tyndall effect, Brownian movement, electrophoresis, dialysis, coagulation and flocculation; Emulsions and their characteristics.

SECTION B : INORGANIC CHEMISTRY

UNIT XI Classification of Elements and Periodicity in Properties

Periodic Law and Present Form of the Periodic Table, *s, p, d* and f Block Elements, Periodic Trends in Properties of Elementsatomic and Ionic Radii, Ionization Enthalpy, Electron Gain Enthalpy, Valence, Oxidation States and Chemical Reactivity.

UNIT XII General Principles and Processes of Isolation of Metals

Modes of occurrence of elements in nature, minerals, ores; steps involved in the extraction of metals - concentration, reduction (chemical and electrolytic methods) and refining with special reference to the extraction of Al, Cu, Zn and Fe; Thermodynamic and electrochemical principles involved in the extraction of metals.

UNIT XIII Hydrogen

Position of hydrogen in periodic table, isotopes, preparation, properties and uses of hydrogen; physical and chemical properties of water and heavy water; Structure, preparation, reactions and uses of hydrogen peroxide; Classification of hydrides ionic, covalent and interstitial; Hydrogen as a fuel.

UNIT XIV *s* - Block Elements *(Alkali and Alkaline Earth Metals)*

Group 1 and 2 Elements

General introduction, electronic configuration and general trends in physical and chemical properties of elements, anomalous properties of the first element of each group, diagonal relationships. Preparation and properties of some important compounds - sodium carbonate, sodium chloride, sodium hydroxide and sodium hydrogen carbonate; Industrial uses of lime, limestone, Plaster of Paris and cement;

Biological significance of Na, K, Mg and Ca.

UNIT XV *p* - Block Elements

Group 13 to Group 18 Elements

General Introduction Electronic configuration and general trends in physical and chemical properties of elements across the periods and down the groups; unique behaviour of the first element in each group.Group wise study of the *p* – block elements

Group 13 Preparation, properties and uses of boron and aluminium; structure, properties and uses of borax, boric acid, diborane, boron trifluoride, aluminium chloride and alums.

Group 14 Tendency for catenation; Structure, properties and uses of allotropes and oxides of carbon, silicon tetrachloride, silicates, zeolites and silicones.

Group 15 Properties and uses of nitrogen and phosphorus; Allotrophic forms of phosphorus; Preparation, properties, structure and uses of ammonia nitric acid, phosphine and phosphorus halides,(PCl_3, PCl_5); Structures of oxides and oxoacids of nitrogen and phosphorus.

Group 16 Preparation, properties, structures and uses of dioxygen and ozone; Allotropic forms of sulphur; Preparation, properties, structures and uses of sulphur dioxide, sulphuric acid (including its industrial preparation); Structures of oxoacids of sulphur.

Group 17 Preparation, properties and uses of chlorine and hydrochloric acid; Trends in the acidic nature of hydrogen halides; Structures of Interhalogen compounds and oxides and oxoacids of halogens.

Group 18 Occurrence and uses of noble gases; Structures of fluorides and oxides of xenon.

UNIT XVI *d*–and *f*–Block Elements

Transition Elements General introduction, electronic configuration, occurrence and characteristics, general trends in properties of the first row transition elements - physical properties, ionization enthalpy, oxidation states, atomic radii, colour, catalytic behaviour, magnetic properties, complex formation, interstitial compounds, alloy formation; Preparation, properties and uses of $K_2Cr_2O_7$ and $KMnO_4$.

Inner Transition Elements

Lanthanoids - Electronic configuration, oxidation states, chemical reactivity and lanthanoid contraction. Actinoids - Electronic configuration and oxidation states.

UNIT XVII Coordination Compounds

Introduction to coordination compounds, Werner's theory; ligands, coordination number, denticity, chelation; IUPAC nomenclature of mononuclear coordination compounds, isomerism; Bonding Valence bond approach and basic ideas of Crystal field theory, colour and magnetic properties; importance of coordination compounds (in qualitative analysis, extraction of metals and in biological systems).

UNIT XVIII Environmental Chemistry

Environmental pollution Atmospheric, water and soil.
Atmospheric pollution - Tropospheric and stratospheric.
Tropospheric pollutants Gaseous pollutants Oxides of carbon, nitrogen and sulphur, hydrocarbons; their sources, harmful effects and prevention; Green house effect and Global warming; Acid rain; Particulate pollutants Smoke, dust, smog, fumes, mist; their sources, harmful effects and prevention.
Stratospheric pollution Formation and breakdown of ozone, depletion of ozone layer - its mechanism and effects.
Water pollution Major pollutants such as, pathogens, organic wastes and chemical pollutants their harmful effects and prevention.
Soil pollution Major pollutants such as: Pesticides (insecticides, herbicides and fungicides), their harmful effects and prevention.
Strategies to control environmental pollution.

SECTION C : ORGANIC CHEMISTRY

UNIT XIX Purification & Characterisation of Organic Compounds

Purification Crystallisation, sublimation, distillation, differential extraction and chromatography principles and their applications.
Qualitative analysis Detection of nitrogen, sulphur, phosphorus and halogens. Quantitative analysis (basic principles only) Estimation of carbon, hydrogen, nitrogen, halogens, sulphur, phosphorus. Calculations of empirical formulae and molecular formulae; Numerical problems in organic quantitative analysis.

UNIT XX Some Basic Principles of Organic Chemistry

Tetravalency of carbon; Shapes of simple molecules hybridization (*s* and *p*); Classification of organic compounds based on functional groups: —C=C—,—C=C— and those containing halogens, oxygen, nitrogen and sulphur, Homologous series; Isomerism - structural and stereoisomerism.
Nomenclature (Trivial and IUPAC) Covalent bond fission Homolytic and heterolytic free radicals, carbocations and carbanions; stability of carbocations and free radicals, electrophiles and nucleophiles. Electronic displacement in a covalent bond Inductive effect, electromeric effect, resonance and hyperconjugation. Common types of organic reactions Substitution, addition, elimination and rearrangement.

UNIT XXI Hydrocarbons

Classification, isomerism, IUPAC nomenclature, general methods of preparation, properties and reactions.

Alkanes Conformations: Sawhorse and Newman projections (of ethane); Mechanism of halogenation of alkanes.

Alkenes Geometrical isomerism; Mechanism of

UNIT XIX Purification & Characterisation of Organic Compounds

Purification Crystallisation, sublimation, distillation, differential extraction and chromatography principles and their applications.

Qualitative analysis Detection of nitrogen, sulphur, phosphorus and halogens. Quantitative analysis (basic principles only) Estimation of carbon, hydrogen, nitrogen, halogens, sulphur, phosphorus.

Calculations of empirical formulae and molecular formulae; Numerical problems in organic quantitative analysis.

UNIT XX Some Basic Principles of Organic Chemistry

Tetravalency of carbon; Shapes of simple molecules hybridization (*s* and *p*); Classification of organic compounds based on functional groups: —C=C—,—C=C— and those containing halogens, oxygen, nitrogen and sulphur, Homologous series; Isomerism - structural and stereoisomerism.
Nomenclature (Trivial and IUPAC)
Covalent bond fission Homolytic and heterolytic free radicals, carbocations and carbanions; stability of carbocations and free radicals, electrophiles and nucleophiles.
Electronic displacement in a covalent bond Inductive effect, electromeric effect, resonance and hyperconjugation.
Common types of organic reactions Substitution, addition, elimination and rearrangement.

UNIT XXI Hydrocarbons

Classification, isomerism, IUPAC nomenclature, general methods of preparation, properties and reactions. Alkanes Conformations: Sawhorse and Newman projections (of ethane); Mechanism of halogenation of alkanes.

Alkenes Geometrical isomerism; Mechanism of electrophilic addition: addition of hydrogen, halogens, water, hydrogen halides (Markownikoff's and peroxide effect); Ozonolysis, oxidation, and polymerization. Alkenes acidic character; addition of hydrogen, halogens, water and hydrogen halides; polymerization.

Aromatic hydrocarbons Nomenclature, benzene structure and aromaticity; Mechanism of electrophilic substitution: halogenation, nitration, Friedel – Craft's alkylation and acylation, directive influence of functional group in mono-substituted benzene.

UNIT XXII Organic Compounds Containing Halogens

General methods of preparation, properties and reactions; Nature of C—*X* bond; Mechanisms of substitution reactions. Uses/environmental effects of chloroform, iodoform, freons and DDT.

UNIT XXIII Organic Compounds Containing Oxygen

General methods of preparation, properties, reactions and uses.
Alcohols, Phenols and Ethers

Alcohols Identification of primary, secondary and tertiary alcohols; mechanism of dehydration.

Phenols Acidic nature, electrophilic substitution reactions: halogenation, nitration and sulphonation, Reimer - Tiemann reaction.

Ethers: Structure

Aldehyde and Ketones Nature of carbonyl group;
Nucleophilic addition to >C=O group, relative reactivities of aldehydes and ketones; Important reactions such as -

Nucleophilic addition reactions (addition of HCN, NH_3 and its derivatives), Grignard reagent; oxidation; reduction (Wolff Kishner and Clemmensen); acidity of α - hydrogen, aldol condensation, Cannizzaro reaction, Haloform reaction; Chemical tests to distinguish between aldehydes and Ketones.

Carboxylic Acids Acidic strength & factors affecting it.

UNIT XXIV Organic Compounds Containing Nitrogen

General methods of preparation, properties, reactions and uses.
Amines Nomenclature, classification, structure basic character and identification of primary, secondary and tertiary amines and their basic character.

Diazonium Salts Importance in synthetic organic chemistry.

UNIT XXV Polymers

General introduction and classification of polymers, general methods of polymerization-addition and condensation, copolymerization; Natural and synthetic rubber and vulcanization; some important polymers with emphasis on their monomers and uses - polythene, nylon, polyester and bakelite.

UNIT XXVI Biomolecules

General introduction and importance of biomolecules.

Carbohydrates Classification aldoses and ketoses; monosaccharides (glucose and fructose), constituent monosaccharides of oligosacchorides (sucrose, lactose, maltose) and polysaccharides (starch, cellulose, glycogen).

Proteins Elementary Idea of α-amino acids, peptide bond, . polypeptides; proteins: primary, secondary, tertiary and quaternary structure (qualitative idea only), denaturation of proteins, enzymes. Vitamins Classification and functions.

Nucleic Acids Chemical constitution of DNA and RNA. Biological functions of Nucleic acids.

UNIT XXVII Chemistry in Everyday Life

Chemicals in medicines Analgesics, tranquilizers, antiseptics, disinfectants, antimicrobials, antifertility drugs, antibiotics, antacids, antihistamins - their meaning and common examples.

Chemicals in food Preservatives, artificial sweetening agents - common examples. Cleansing agents Soaps and detergents, cleansing action.

Unit XXVIII Principles Related to Practical Chemistry

- Detection of extra elements (N, S, halogens) in organic compounds; Detection of the following functional groups: hydroxyl (alcoholic and phenolic), carbonyl (aldehyde and ketone), carboxyl and amino groups in organic compounds.

  Chemistry involved in the preparation of the following
- Inorganic compounds Mohr's salt, potash alum.
- Organic compounds Acetanilide, *p*-nitroacetan ilide, aniline yellow, iodoform.
- Chemistry involved in the titrimetric excercises - Acids bases and the use of indicators, oxali acid vs $KMnO_4$, Mohr's salt vs $KMnO_4$.
- Chemical principles involved in the qualitative salt analysis
- Cations — Pb^{2+}, Cu^{2+}, Al^{3+}, Fe^{3+}, Zn^{2+}, Ni^{2+}, Ca^{2+}, Ba^{2+}, Mg^{2+} NH^{4+}. Anions – CO_3^{2-}, S^{2-}, SO_4^{2-}, NO_2, NO_3, Cl^-, Br^-, I^- (Insoluble salts excluded).
- Chemical principles involved in the following experiments
  1. Enthalpy of solution of $CuSO_4$
  2. Enthalpy of neutralization of strong acid and strong base.
  3. Preparation of lyophilic and lyophobic sols.
  4. Kinetic study of reaction of iodide ion with hydrogen peroxide at room temperature.

Mathematics (Detailed Syllabus)

UNIT I Sets, Relations and Functions

Sets and their representation, Union, intersection and complement of sets and their algebraic properties, Power set, Relation, Types of relations, equivalence relations, functions, one-one, into and onto functions, composition of functions.

UNIT II Complex Numbers and Quadratic Equations

Complex numbers as ordered pairs of reals, Representation of complex numbers in the form a+ib and their representation in a plane, Argand diagram, algebra of complex numbers, modulus and argument (or amplitude) of a complex number, square root of a complex number, triangle inequality, Quadratic equations in real and complex number system and their solutions. Relation between roots and co-efficients, nature of roots, formation of quadratic equations with given roots.

UNIT III Matrices and Determinants

Matrices, algebra of matrices, types of matrices, determinants and matrices of order two and three. Properties of determinants, evaluation of deter-minants, area of triangles using determinants. Adjoint and evaluation of inverse of a square matrix using determinants and elementary transformations, Test of consistency and solution of simultaneous linear equations in two or three variables using determinants and matrices.

UNIT IV Permutations and Combinations

Fundamental principle of counting, permutation as an arrangement and combination as selection, Meaning of P(n,r) and C (n,r), simple applications.

UNIT V Mathematical Induction

Principle of Mathematical Induction and its simple applications.

UNIT VI Binomial Theorem and its Simple Applications

Binomial theorem for a positive integral index, general term and middle term, properties of Binomial coefficients and simple applications.

UNIT VII Sequences and Series

Arithmetic and Geometric progressions, insertion of arithmetic, geometric means between two given numbers. Relation between AM and GM Sum upto n terms of special series: $\sum n, \sum n^2, \sum n^3$.
Arithmetico - Geometric progression.

UNIT VIII Limit, Continuity and Differentiability

Real valued functions, algebra of functions, polynomials, rational, trigonometric, logarithmic and exponential functions, inverse functions. Graphs of simple functions. Limits, continuity and
differenti-ability. Differentiation of the sum, difference, product and quotient of two functions. Differentiation of trigonometric, inverse trigonometric, logarithmic, exponential, composite and implicit functions; derivatives of order upto two. Rolle's and Lagrange's Mean Value Theorems. Applications of derivatives: Rate of change of quantities, monotonic - increasing and decreasing functions, Maxima and minima of functions of one variable, tangents and normals.

UNIT IX Integral Calculus

Integral as an anti - derivative. Fundamental integrals involving algebraic, trigonometric, exponential and logarithmic functions. Integration by substitution, by parts and by partial fractions. Integration using trigonometric identities. Evaluation of simple integrals of the type

$$\int \frac{dx}{x^2 \pm a^2}, \quad \int \frac{dx}{\sqrt{x^2 \pm a^2}}, \quad \int \frac{dx}{a^2 - x^2}, \quad \int \frac{dx}{\sqrt{a^2 - x^2}},$$

$$\int \frac{dx}{ax^2 + bx + c}, \quad \int \frac{dx}{\sqrt{ax^2 + bx + c}}, \quad \int \frac{(px + q)\,dx}{ax^2 + bx + c},$$

$$\int \frac{(px + q)\,dx}{\sqrt{ax^2 + bx + c}}, \quad \int \sqrt{a^2 \pm x^2}\,dx \quad \text{and} \quad \int \sqrt{x^2 - a^2}\,dx$$

Integral as limit of a sum. Fundamental Theorem of Calculus. Properties of definite integrals. Evaluation of definite integrals, determining areas of the regions bounded by simple curves in standard form.

UNIT X Differential Equations

Ordinary differential equations, their order and degree. Formation of differential equations. Solution of differential equations by the method of separation of variables, solution of homogeneous and linear differential equations of the type

UNIT XI Coordinate Geometry

Cartesian system of rectangular coordinates in a plane, distance formula, section formula, locus and its equation, translation of axes, slope of a line, parallel and perpendicular lines, intercepts of a line on the coordinate axes.

Straight Lines

Various forms of equations of a line, intersection of lines, angles between two lines, conditions for concurrence of three lines, distance of a point from a line, equations of internal and external bisectors of angles between two lines, coordinates of centroid, orthocentre and circumcentre of a triangle, equation of family of lines passing through the point of intersection of two lines.

Circles, Conic Sections

Standard form of equation of a circle, general form of the equation of a circle, its radius and centre, equation of a circle when the end points of a diameter are given, points of intersection of a line and a circle with the centre at the origin and condition for a line to be tangent to a circle, equation of the tangent. Sections of cones, equations of conic sections (parabola, ellipse and hyperbola) in standard forms, condition for $y=mx + c$ to be a tangent and point (s) of tangency.

UNIT XII Three Dimensional Geometry

Coordinates of a point in space, distance between two points, section formula, direction ratios and direction cosines, angle between two intersecting lines. Skew lines, the shortest distance between them and its equation. Equations of a line and a plane in different forms, intersection of a line and a plane, coplanar lines.

UNIT XIII Vector Algebra

Vectors and scalars, addition of vectors, components of a vector in two dimensions and three dimensional space, scalar and vector products, scalar and vector triple product.

UNIT XIV Statistics and Probability

Measures of Dispersion: Calculation of mean, median, mode of grouped and ungrouped data. Calculation of standard deviation, variance and mean deviation for grouped and ungrouped data.

Probability: Probability of an event, addition and multiplication theorems of probability, Baye's theorem, probability distribution of a random variate, Bernoulli trials and Binomial distribution.

UNIT XV Trigonometry

Trigonometrical identities and equations. Trigonometrical functions. Inverse trigonometrical functions and their properties. Heights and Distances.

UNIT XVI Mathematical Reasoning

Statements, logical operations And, or, implies, implied by, if and only if. Understanding of tautology, contradiction, converse and contra positive.

JEE Main संयुक्त प्रवेश परीक्षा

सॉल्वड पेपर 2023

25 जनवरी, द्वितीय पाली

भौतिकी

खण्ड 'A' ऑब्जेक्टिव प्रश्न

1. एक m द्रव्यमान की वस्तु को पृथ्वी तल से पृथ्वी की त्रिज्या (R_e) के दोगुने के बराबर ऊँचाई h तक ले जाया गया है, स्थितिज ऊर्जा में हुई वृद्धि होगी (g = पृथ्वी तल पर गुरुत्वीय त्वरण)

(a) $\frac{2}{3} mg R_e$ (b) $3 mg R_e$ (c) $\frac{1}{2} mg R_e$ (d) $\frac{1}{3} mg R_e$

2. दो तापमानों P व Q बीच ग्राफ को चित्र में दर्शाया गया है। P पैमाने के ऊपरी निश्चित बिन्दु तथा निम्न निश्चित बिन्दु के बीच 150 बराबर भाग और Q पैमाने पर 100 भाग हैं। दोनों पैमानों के परिवर्तन के लिए सम्बन्ध दिया है

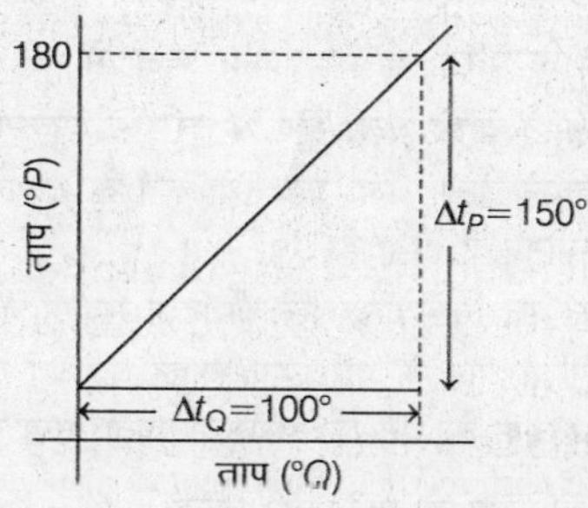

(a) $\frac{t_P}{180} = \frac{t_Q - 40}{100}$ (b) $\frac{t_P}{100} = \frac{t_Q - 180}{150}$

(c) $\frac{t_Q}{100} = \frac{t_P - 30}{150}$ (d) $\frac{t_Q}{150} = \frac{t_P - 180}{100}$

3. नीचे दो कथन दिए गए हैं।

कथन I प्रकाश वैद्युत प्रभाव में निरोधी विभव प्रकाश स्रोत की शक्ति पर निर्भर करता है।

कथन II एक दी गई धातु के लिए फोटो इलेक्ट्रॉन की अधिकतम गतिज ऊर्जा आपतित प्रकाश की तरंगदैर्ध्य पर निर्भर करती है।

उपरोक्त कथनों के सन्दर्भ में नीचे दिए गए विकल्पों में से सर्वाधिक उपयुक्त उत्तर चुनिए

(a) कथन I सही है परन्तु कथन II गलत है
(b) कथन I एवं कथन II दोनों सही हैं
(c) कथन I एवं कथन II दोनों गलत हैं
(d) कथन I गलत है परन्तु कथन II सही है

4. एक 1 m लम्बा तार 2T के एक चुम्बकीय क्षेत्र के समकोण पर 8 m/s के वेग से गति करता है। तार के सिरों के बीच प्रेरित विद्युत वाहक बल का परिणाम होगा

(a) 16 V (b) 8 V
(c) 12 V (d) 20 V

5. सूची I का सूची II से मिलान कीजिए।

	सूची I		सूची II
A.	समतापी प्रक्रम	I.	गैस की आन्तरिक ऊर्जा कमी द्वारा किया गया कार्य
B.	रुद्धोष्म प्रक्रम	II.	आन्तरिक ऊर्जा में अपरिवर्तन
C.	समायतनिक प्रक्रम	III.	प्राप्त ऊष्मा आंशिक रूप से आन्तरिक ऊर्जा वृद्धि तथा शेष कार्य करने में व्यर्थ होती है।
D.	समदाबी प्रक्रम	IV.	गैस पर या द्वारा न किया गया कार्य

निम्नलिखित विकल्पों में से सही उत्तर का चयन कीजिए।

	A	B	C	D
(a)	I	II	IV	III
(b)	I	II	III	IV
(c)	II	I	III	IV
(d)	II	I	IV	III

6. सूची I का सूची II से मिलान कीजिए।

	सूची I		सूची II
A.	क्षोभ मण्डल	I.	पृथ्वी सतह से लगभग 65-75 किमी ऊपर
B.	समताप मण्डल का E-भाग	II.	पृथ्वी सतह से लगभग 300 किमी ऊपर
C.	बाह्य वायमण्डल का F_2-भाग	III.	पृथ्वी सतह से लगभग 10 किमी ऊपर
D.	समताप मण्डल का D-भाग	IV.	पृथ्वी सतह से लगभग 100 किमी ऊपर

निम्नलिखित विकल्पों में से सही उत्तर का चयन कीजिए

	A	B	C	D
(a)	III	IV	II	I
(b)	I	II	IV	III
(c)	III	II	I	IV
(d)	I	IV	III	II

7. एक वस्तु से प्रकाश की किरण एक समतल दर्पण द्वारा एक प्रेक्षक की ओर परावर्तित होती है, प्रेक्षक द्वारा प्राप्त प्रतिबिम्ब है

A. वास्तविक B. सीधा

C. वस्तु से छोटे आकार में D. पार्शविक उल्टी

नीचे दिए गए विकल्पों में से सर्वाधिक उपयुक्त उत्तर चुनिए

(a) केवल B और D (b) केवल A और D
(c) केवल B और C (d) केवल A, C और D

8. दो वस्तुओं को एकसमान वेग u से क्षैतिज के साथ क्रमश: α व β कोण पर प्रक्षेपित किया जाता है। यदि $\alpha + \beta = 90°$, तो पहले वस्तु का दूसरी वस्तु के साथ क्षैतिज परास का अनुपात होगा

(a) 2 : 1 (b) 4 : 1 (c) 1 : 1 (d) 1 : 2

9.

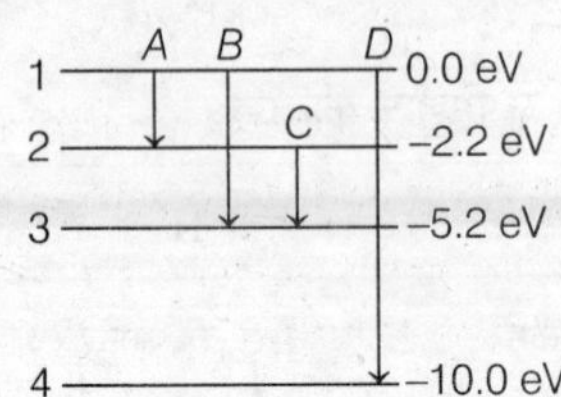

एक परमाणु के ऊर्जा स्तर चित्र में दर्शाए गए हैं। इनमें 124.1 nm तरंगदैर्ध्य के एक फोटोन के उत्सर्जन को कौन-सी एक संक्रमण रेखा द्वारा प्रदर्शित किया जाएगा? (दिया है, $h = 6.62 \times 10^{-34}$ J-s)

(a) B (b) D (c) A (d) C

10. सूची I को सूची II से मिलान कीजिए।

सूची I	सूची II
A. विद्युत-सम्बन्धी गॉउस नियम	I. $\oint \mathbf{E} \cdot d\mathbf{l} = -\frac{d\phi_B}{dt}$
B. फैराडे नियम	II. $\oint \mathbf{B} \cdot d\mathbf{A} = 0$
C. चुम्बकत्व सम्बन्धी गॉउस नियम	III. $\oint \mathbf{B} \cdot d\mathbf{l} = \mu_0 i_C + \mu_0 \varepsilon_0 \frac{d\phi_E}{dt}$
D. ऐम्पियर-मैक्सवेल नियम	IV. $\oint \mathbf{E} \cdot d\mathbf{s} = q/\varepsilon_0$

निम्नलिखित विकल्पों में से सही उत्तर का चयन कीजिए

	A	B	C	D
(a)	III	IV	I	II
(b)	I	II	III	IV
(c)	II	III	IV	I
(d)	IV	I	II	III

11. दर्शाए गए चित्र में एक गुटके को 45° के कोण पर झुके एक नत समतल पर रखा हुआ माना गया है। यदि आनत तल पर ऊपर धकेलने के लिए आवश्यक बल गुटके को नीचे खिसकने से रोकने के लिए आवश्यक बल का दो गुना है, तो गुटके व आनत तल के बीच घर्षण (μ) है

45°

(a) 0.33Ω (b) 0.25Ω
(c) 0.50Ω (d) 0.60Ω

12. एक तार का प्रतिरोध 5Ω है। इसकी वास्तविक लम्बाई खींचकर पाँच गुनी कर देने पर इसका प्रतिरोध होगा

(a) 125 Ω (b) 625 Ω (c) 5 Ω (d) 25 Ω

13. X-अक्ष के मूल बिन्दु पर 10μC का एक बिन्दु आवेश रखा है। अक्ष के कौन-से स्थान पर 40 μC आवेश रखने पर $x = 2$ cm पर परिणामी वैद्युत क्षेत्र शून्य होगा?

(a) $x = 6$ सेमी (b) $x = 4$ सेमी
(c) $x = 8$ सेमी (d) $x = -4$ सेमी

14. नीचे दो कथन दिए गए हैं।

कथन I जब अर्द्धचालक Si को बोरॉन द्वारा अपमिश्रित करने पर यह p-प्रकार अर्द्धचालक बनाते हैं और जब आर्सेनिक द्वारा अपमिश्रित करने पर n-प्रकार का अर्द्धचालक बनाते हैं ताकि p-प्रकार में कोटरों की तथा n-प्रकार में इलेक्ट्रॉनों की अधिकता हो जाती है।

कथन II जब एक सन्धि बनाने के लिए इन p-प्रकार व n-प्रकार के अर्द्धचालकों को जोड़ा जाता है. तो स्वत: धारा प्रवाहित होने लगती है। जिसे बाह्य परिपथ में जुड़े अमीटर द्वारा प्राप्त किया जाता है।

उपरोक्त कथनों के सन्दर्भ में, नीचे दिए गए विकल्पों में से सर्वाधिक उपयुक्त उत्तर चुनिए

(a) कथन I एवं कथन II दोनों गलत हैं
(b) कथन I सही है परन्तु कथन II गलत है
(c) कथन I गलत है परन्तु कथन II सही है
(d) कथन I एवं कथन II दोनों सही हैं

15. प्रत्येक ग्रह सूर्य के परित: दीर्घ वृत्ताकार कक्षा में गति करते हैं

A. ग्रह पर लगने वाला बल, सूर्य से दूरी के व्युत्क्रमानुपाती होता है।
B. ग्रह पर लगने वाला बल, ग्रह तथा सूर्य के द्रव्यमानों के गुणनफल के व्युत्क्रमानुपाती होता है।
C. ग्रह पर कार्यरत अभिकेन्द्र बल की दिशा सूर्य से बाहर की ओर होती है।
D. सूर्य के परित: गह के परिक्रमण काल का वर्ग दीर्घवृत्ताकार कक्षा के अर्द्ध दीर्घ अक्ष के घन के अनुक्रमानुपाती होता है।

नीचे दिए गए विकल्पों से सही उत्तर चुनिए

(a) केवल A और D (b) केवल C और D
(c) केवल B और C (d) केवल A और C

16. एक चल कुण्डली द्वारा की कुण्डली में गुजरने वाली धारा 10 mA के लिए इसकी कुण्डली में विक्षेप 0.05 रेडियन है। यदि निलम्बन तार का ऐंठन नियतांक 4.0×10^{-5} Nm rad^{-1}, चुम्बकीय क्षेत्र 0.01 T तथा कुण्डली में फेरों की संख्या 200 हो, तो प्रत्येक फेरे क्षेत्रफल (सेमी^{2}) है।

(a) 2.0 (b) 0.5
(c) 1.0 (d) 1.5

17. सूची I का सूची II से मिलान कीजिए।

	सूची I		सूची II
A.	यंग प्रत्यास्थता गुणांक (Y)	I.	$[ML^{-1}T^{-1}]$
B.	श्यानता गुणांक (η)	II.	$[ML^2T^{-1}]$
C.	प्लांक नियतांक (h)	III.	$[ML^{-1}T^{-2}]$
D.	कार्य फलन (ϕ)	IV.	$[ML^2T^{-2}]$

निम्नलिखित विकल्पों में से सही उत्तर का चयन कीजिए।

	A	B	C	D
(a)	III	I	II	IV
(b)	I	II	III	IV
(c)	I	III	IV	II
(d)	II	III	IV	I

18. एक कण द्वारा तय की गई दूरी $x = 4t^2$ समय t से सम्बन्धित है। $t = 5\,s$ पर कण का वेग

(a) $40\ ms^{-1}$ (b) $20\ ms^{-1}$ (c) $8\ ms^{-1}$ (d) $25\ ms^{-1}$

19. एक कण $x = -A$ तथा $x = +A$ के मध्य सरल आवर्त गति करता है। कण को $x = 0$ से $A/2$ तक जाने में लगा समय 2 s हो, तब कण को $x = A/2$ से A तक जाने में लगा समय है

(a) 3 s (b) 1.5 s (c) 4 s (d) 2 s

20. ऊर्जा के सविभाजन नियम के अनुसार, नियत आयतन पर द्विपरमाणुक गैस की मोलर विशिष्ट ऊष्मा, जब अणु में एक अतिरिक्त कम्पन रूप हो, है

(a) $\frac{9}{2}R$ (b) $\frac{7}{2}R$ (c) $\frac{3}{2}R$ (d) $\frac{5}{2}R$

खण्ड 'B' न्यूमैरिकल वैल्यू प्रश्न

21. द्रव की एक गोलाकार बूँद को 1000 एक समान छोटी गोलियों में तोड़ा जाता है। यदि मूल बूँद की पृष्ठ ऊर्जा μ_i तथा परिणामी बूँदों की कुल पृष्ठ ऊर्जा μ_f है (वाष्पीकरण नगण्य मानकर)। यदि $\frac{\mu_f}{\mu_i} = \left(\frac{10}{x}\right)$, तो x का मान ...... है।

22. एक दूसरे से 7 cm की दूरी पर स्थित दो लम्बे समान्तर तारों में विपरीत दिशाओं में प्रवाहित धाराए क्रमश: 8 A व 15 A हैं। दोनों तारों से समदूरस्थ एक बिन्दु P है। जैसा कि तारों को बिन्दु P से मिलाने वाली रेखाएँ एक-दूसरे के लम्बवत् है। बिन्दु P पर चुम्बकीय क्षेत्र का परिणाम ...... $\times 10^6$ T है। (दिया है, $\sqrt{2} = 1.4$)

23. एक संधारित्र की धारिता 5μF है, जब इसकी समान्तर प्लेटें d मोटाई के वायु माध्यम द्वारा पृथक् है। 1.5 परावैद्युतांक के पदार्थ की पट्टिका, जिसकी मोटाई $d/2$ तथा क्षेत्रफल प्लेटों के क्षेत्रफल के बराबर, दोनों प्लेटों के बीच रख दी जाती है। पट्टिका की उपस्थिति में संधारित्र की धारिता .... μF है।

24. एक नाभिक दो भागों में विखण्डित होता है जिनके वेगों का अनुपात 3 : 2 है। इनके नाभिकीय आकारों का अनुपात $(x/3)^{1/3}$ है। x का मान .... है।

25. 220 V, 50 Hz का एक प्रत्यावर्ती स्रोत श्रेणीबद्ध L-C-R परिपथ से जुड़ा है। यदि परिपथ में प्रतिरोध $R = 80\,\Omega$, $X_L = 70\,\Omega$, प्रेरण प्रतिघात का एक प्रेरक, $X_C = 130\,\Omega$ धारितीय प्रतिघात का संधारित्र लगा है। परिपथ का शक्ति गुणांक $\frac{x}{10}$ है। x का मान ...... है।

26. प्रदर्शित चित्र में बिन्दु A व B के बीच दो सेल लगे हैं। सेल-1 का आन्तरिक प्रतिरोध 3Ω तथा विद्युत वाहक बल 12 V है। सेल-2 का आन्तरिक प्रतिरोध 6Ω तथा विद्युत वाहक बल 6 V है। A व B के बीच 4Ω का एक बाह्य प्रतिरोध R जुड़ा है। R में बहने वाली धारा ...... A है।

12V सेल -1 3Ω A B 6V 6Ω सेल-2

27. यदि 5 किग्रा के एक गोले व 4 किग्रा द्रव्यमान की एक चकती की त्रिज्या एकसमान है। चकती के इसके तल में स्पर्श ज्या के परित: जड़त्व आघूर्ण तथा गोले की इस स्पर्श-ज्या के परित: जड़त्व आघूर्ण का अनुपात $\frac{x}{7}$ है, तो x का मान .... है।

28. एक वस्तु 10 सेमी फोकस दूरी उत्तल लेन्स की मुख्य अक्ष पर स्थित है जैसा कि चित्र में प्रदर्शित है। लेन्स के दूसरी ओर 20 सेमी की दूरी पर एक समतल दर्पण रखा है। समतल दर्पण द्वारा बना प्रतिबिम्ब दर्पण के 5 सेमी अन्दर है। लेन्स से वस्तु की दूरी ...... सेमी है।

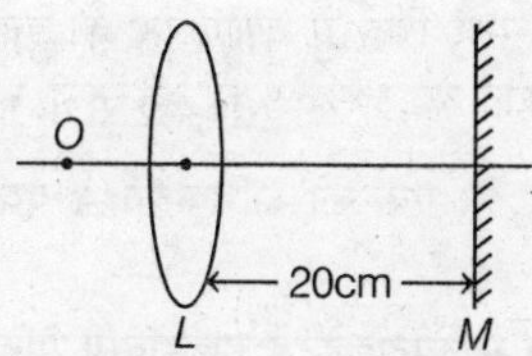

29. एक 1 किग्रा द्रव्यमान का एक पिण्ड दूसरे स्थिर 3 किग्रा पिण्ड से आमने-सामने प्रत्यास्थ संघट्ट करता है। संघट्ट के पश्चात् छोटा पिण्ड 2 m/s की चाल से विपरीत दिशा में गति करने लगता है, संघट्ट से पूर्व छोटे पिण्ड की प्रारम्भिक चाल .... ms^{-1} है।

30. प्लेटफॉर्म पर खड़े प्रेक्षक की ओर 66 m/s की चाल से आती हुई रेलगाड़ी 320 Hz की आवृत्ति से सीटी बजाती है। प्रेक्षक को सुनाई देने वाली आवृत्ति .... Hz होगी (ध्वनि की चाल = $330\ ms^{-1}$)

रसायन विज्ञान

खण्ड 'A' ऑब्जेक्टिव प्रश्न

31. दी गई अभिक्रिया में 'A' है

H, O + OH, COOH $\xrightarrow{H^+}$ 'A' मुख्य उत्पाद

(a) OH, COOH, O

(b) OH, O, C—O

(c) O, O, O, O

(d) O, O, O

32. नीचे दो कथन दिए गए हैं। एक को अभिकथन A एवं दूसरे को कारण R कहा गया है।

अभिकथन A कार्बन दो महत्त्वपूर्ण ऑक्साइड बनाता है— CO एवं CO_2।
CO उदासीन है जबकि CO_2 अम्लीय प्रकृति का है।

कारण R CO_2 जल के साथ क्रिया कर कार्बोनिक अम्ल बनाता है जबकि CO जल में अल्प विलेय है।

उपरोक्त कथनों के आधार पर नीचे, दिए गए विकल्पों में से सही उत्तर चुनिए।

(a) A सही है परन्तु R गलत है।
(b) A एवं R दोनों सही हैं तथा R, A की सही व्याख्या नहीं है।
(c) A गलत है परन्तु R सही है।
(d) A एवं R दोनों सही हैं तथा R, A की सही व्याख्या है।

33. अणुसूत्र C_4H_8DBr वाले समावयवी ड्यूटिरेटड ब्रोमाइड जिसमें दो किरैल कार्बन परमाणु उपस्थित हैं, है

(a) 2-ब्रोमो-3-ड्यूटिरो ब्यूटेन
(b) 2-ब्रोमो-1-ड्यूटिरो ब्यूटेन
(d) 2-ब्रोमो-2-ड्यूटिरो ब्यूटेन
(d) 2-ब्रोमो-1-ड्यूटिरो-2-मेथिलप्रोपेन

34. पोटैशियम डाइक्रोमेट अम्लीय माध्यम में एक प्रबल ऑक्सीकरण के रूप में कार्य करता है। इस दौरान इसकी ऑक्सीकरण संख्या किस प्रकार परिवर्तित होती है?

(a) + 6 से + 2 (b) + 3 से + 1
(c) + 6 से + 3 (d) + 2 से + 1

35. नीचे दो कथन दिए गए हैं। एक को अभिकथन A एवं दूसरे का कारण R कहा गया है।

अभिकथन A मक्खन में ब्यूटाइलेटेड हाइड्रॉक्सी ऐनिसॉल मिलाने पर इसकी स्वत: आयु बढ़ जाती है।

कारण R ब्यूटाइलेड हाइड्रॉक्सी ऐनिसॉल भोजन की तुलना में ऑक्सीजन के प्रति अधिक अभिक्रियाशील है।

उपरोक्त कथनों के आधार पर, नीचे दिए गए विकल्पों में से सही उत्तर चुनिए।

(a) A सही है परन्तु R गलत है।
(b) A एवं R दोनों सही हैं तथा R, A की सही व्याख्या नहीं है।
(c) A गलत है परन्तु R सही है।
(d) A एवं R दोनों सही हैं तथा R, A की सही व्याख्या है।

36. सूची I का सूची II से मिलान कीजिए।

	सूची I (समावयवी युग्म)		सूची II (समावयवता के प्रकार)
A.	प्रोपेनामीन और *N*-मेथिलएथेनामीन	I.	मध्यावयवता
B.	हेक्सेन-2-ऑन और हेक्सेन-3-ऑन	II.	स्थिति समावयवता
C.	एथेनामाइड और हाइड्रॉक्सी एथेनामीन	III.	क्रियात्मक समूह समावयवता
D.	*o*-नाइट्रोफीनॉल और *p*-नाइट्रोफीनॉल	IV.	चलावयवता

निम्नलिखित विकल्पों में से सही उत्तर का चयन कीजिए।

	A	B	C	D
(a)	III	IV	I	II
(b)	II	III	I	IV
(c)	IV	III	I	II
(d)	III	I	IV	II

37. सूची I का सूची II से मिलान कीजिए।

	सूची I		सूची II
A.	ऐनिलीन	I.	3.25
B.	एथेनेमीन	II.	3.00
C.	N-एथिलऐथेनेमीन	III.	9.38
D.	N, N-डाइएथिल एथेनेमीन	IV.	3.29

निम्नलिखित विकल्पों में से सही उत्तर का चयन कीजिए।

	A	B	C	D
(a)	III	II	IV	I
(b)	I	IV	II	III
(c)	III	IV	II	I
(d)	III	II	I	IV

38. नीचे दो कथन दिए गए हैं। एक को अभिकथन A एवं दूसरे का कारण R कहा गया है।

अभिकथन A क्षार धातुएँ एवं उनके लवण ज्वाला में कमी होने पर लाक्षणिक रंग प्रदान करते हैं।

कारण R ज्वाला परीक्षण के द्वारा क्षार धातुओं की पहचान की जा सकती है।

उपरोक्त कथनों के आधार पर, नीचे दिए गए विकल्पों में से सही उत्तर चुनिए।

(a) A एवं R दोनों सही हैं तथा A की सही व्याख्या R नहीं हैं।
(b) A एवं R दोनों सही हैं तथा A की सही व्याख्या R हैं।
(c) A सही है परन्तु R गलत हैं।
(d) A गलत है परन्तु R सही हैं।

39. तनु HNO_3 से अम्लीकृत किया हुआ क्लोराइड लवण का एक विलयन $AgNO_3$ मिलाने पर सफेद अवक्षेप [*A*] देता है। [*A*] की NH_4OH के साथ क्रिया कराने पर पारदर्शी विलयन [*B*] प्राप्त होता है। *A* एवं *B* क्रमश: हैं

(a) H $[AgCl_3]$ और $[Ag(NH_3)_2]$ Cl
(b) AgCl और (NH_4) $[Ag(OH)_2]$
(c) H $[AgCl_3]$ और $(NH_4)[Ag(OH)_2]$
(d) AgCl और $[Ag(NH_3)_2]$ Cl

40. निम्न अभिक्रिया में मुख्य उत्पाद को पता कीजिए।

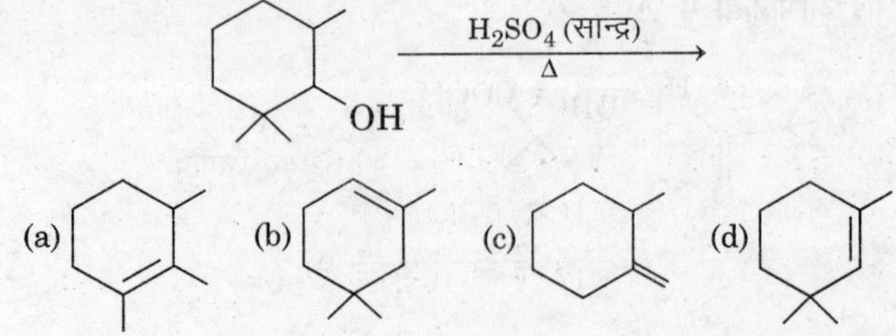

41. निम्न धातुओं में से कौन सबसे दुर्बल अपचायक है?

(a) Na (b) Rb (c) K (d) Li

42. सूची I का सूची II से मिलान कीजिए।

	सूची I		सूची II
A.	कोबाल्ट उत्प्रेरक	I.	($H_2 + Cl_2$) उत्पादन
B.	*सिन* गैस	II.	वाटर गैस उत्पादन
C.	निकिल उत्प्रेरक	III.	कोल गैसीकरण
D.	ब्राइन विलयन	IV.	मेथेनॉल उत्पादन

निम्नलिखित विकल्पों में से सही उत्तर का चयन कीजिए।

	A	B	C	D
(a)	IV	I	II	III
(b)	II	III	IV	I
(c)	IV	III	II	I
(d)	IV	III	I	II

43. दिए गए तत्वों को धात्विक लक्षण के सही क्रम को निम्न में से कौन-सा विकल्प प्रदर्शित करता है?

(a) $K < Mg < Be < Si$ (b) $Be < Si < Mg < K$
(c) $Si < Be < Mg < K$ (d) $Be < Si < K < Mg$

44. सही कथन को पहचानिए।

A. अमोनियम लवण वायुमण्डल में धुंध उत्पन्न करते हैं।
B. जब वातावरणीय ऑक्सीजन क्लोरीन मूलकों से अभिक्रिया करता है तो ओजोन का निर्माण होता है।
C. पॉलिक्लोरो बाइफेनिल सफाई हेतु विलायकों के रूप में कार्य करते हैं।
D. जल में सल्फेट आयनों की अधिकता के कारण ब्लू *बेबी सिण्ड्रोम* उत्पन्न होता है।

नीचे दिए गए विकल्पों में से सही उत्तर चुनिए।

(a) A और D केवल (b) A, B और C केवल
(c) B और C केवल (d) A और C केवल

45. जब हाइड्रोजन आयन सान्द्रता $[H^+]$ 1000 के कारक से परिवर्तित होता है तो विलयन का pH

(a) 3 इकाई घटता है (b) 2 इकाई बढ़ता है
(c) 1000 इकाई बढ़ता है (d) 2 इकाई घटता है

46. नीचे दो कथन दिए गए हैं।

कथन I द्विध्रुव आघूर्ण एक सदिश राशि है जिसे परम्परा के अनुसार एक छोटे तीर द्वारा दर्शाया जाता है जिसका पश्च सिरा ऋणात्मक केन्द्र एवं अग्र सिरा धनात्मक केन्द्र की तरफ उन्मुख होता है।

कथन II द्विध्रुव आघूर्ण का क्रॉस तीर अणु में आवेश के विचलन की दिशा को संकेत करता है।

उपरोक्त कथनों के आधार पर नीचे दिए गए विकल्पों में से सही उत्तर चुनिए।

(a) कथन I एवं कथन II दोनों सही हैं।
(b) कथन I गलत है परन्तु कथन II सही है।
(c) कथन I एवं कथन II दोनों गलत हैं।
(d) कथन I सही है परन्तु कथन II गलत है।

47. एथिलीन ग्लाइकॉल ($C_2H_6O_2$ मोलर द्रव्यमान = 62 g/मोल) का द्रव्यमान अनुपात क्या होगा, जो इसके 0.25 मोलल जलीय विलयन के 500 g एवं 0.25 मोलल जलीय विलयन के 250 mL निर्मित करने के लिए आवश्यक है?

(a) 3 : 1 (b) 2 : 1
(c) 1 : 2 (d) 1 : 1

48. नीचे दो कथन दिए गए हैं।

कथन I फेन प्लवन विधि में एक घूर्णित सेपणी मिश्रण को विलोड़ित किया जाता है ताकि वायु को बाहर निष्काषित किया जा सके।

कथन II आयरन पाइराइट से आयरन का निष्कर्षण, पर्यावरणीय कारणों की वजह से नहीं किया जाता है।

नीचे दिए गए विकल्पों में से सही उत्तर चुनिए।

(a) कथन I गलत है परन्तु कथन II सही है।
(b) कथन I एवं कथन II दोनों गलत हैं।
(c) कथन I एवं कथन II दोनों सही हैं।
(d) कथन I सही है परन्तु कथन II गलत है।

49. सूची I का सूची II से मिलान कीजिए।

	सूची I (बहुलक का नाम)		सूची II (उपयोग)
A.	ग्लिप्टल	I.	लचीले पाइपों में
B.	निओप्रीन	II.	संश्लेषित ऊन में
C.	ऐक्रिलिक	III.	पेन्ट एवं लाख में
D.	LDP	IV.	गैस्केट में

निम्नलिखित विकल्पों में से सही उत्तर का चयन कीजिए।

	A	B	C	D
(a)	III	IV	II	I
(b)	III	IV	I	II
(c)	III	I	IV	II
(d)	III	II	IV	I

50. सूची I का मिलान सूची II से कीजिए।

	सूची I (उपहसंयोजन संख्या)		सूची II (अवशोषित प्रकाश की तरंगदैर्ध्य (nm))
A.	$[CoCl(NH_3)_5]^{2+}$	I.	310
B.	$[Co(NH_3)_6]^{3+}$	II.	475
C.	$[Co(NH_3)_6]^{3-}$	III.	535
D.	$[Cu(H_2O)_4]^{2+}$	IV.	600

नीचे दिए गए विकल्पों में से सही उत्तर चुनिए।

	A	B	C	D
(a)	IV	I	III	II
(b)	II	III	IV	I
(c)	III	I	II	IV
(d)	III	II	I	IV

खण्ड 'B' न्यूमैरिकल वैल्यू प्रश्न

51. किसी प्रथम कोटि की अभिक्रिया का वेग स्थिरांक, $k = 4.6 \times 10^{-3}\ s^{-1}$ है। निम्न में से सही कथन/कथनों की संख्या है—

दिया है, $\log 3 = 0.48$

(A) अभिक्रिया 1000 s में पूर्ण हो जाती है।

(B) अभिक्रिया की अर्द्ध-आयु 500 s है।

(C) 10% पूर्णता में लगा समय, 90% पूर्णता में लगे समय का 25 गुना है।

(D) वियोजन का अंश $(1 - e^{-kt})$ के बराबर है।

(E) दर एवं वेग स्थिरांक का मात्रक समान है।

52. दिए गए चित्र के आधार पर, सही कथनों की संख्या है ......

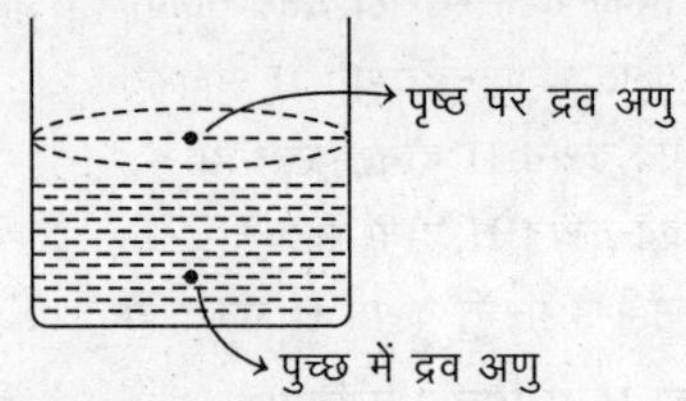

(A) पृष्ठ तनाव द्रव के एक पुँज (Bulk) में द्रव अणु पर समान आकर्षण एवं प्रतिकर्षण बलों का परिणाम है।

(B) पृष्ठ तनाव सतह पर मौजूद अणुओं पर लगने वाले असमान बलों के कारण होता है।

(C) द्रव के पुँज में मौजूद अणु कभी भी सतह पर नहीं आ सकते।

(D) सतह पर मौजूद अणु वाष्प दाब के लिए जिम्मेदार हैं, यदि तन्त्र एक बन्द निकाय है।

53. निम्न में से असत्य कथन/कथनों की संख्या है ......

(A) जल वाष्प का अधिशोषण निर्जल कैल्सियम क्लोराइड द्वारा किया जाता है।

(B) अधिशोषण के दौरान सतह ऊर्जा घटती है।

(C) जैसे-जैसे अधिशोषण आगे बढ़ता है, ΔH का मान उत्तरोत्तर अधिक ऋणात्मक होता जाता है।

(D) अधिशोषण, तन्त्र की एन्ट्रॉपी के साथ घटती है।

54. निम्न में से उन कक्षकों की संख्या जिनमें इलेक्ट्रॉन घनत्व अक्ष की दिशा में है

$$p_x, p_y, p_z, d_{xy}, d_{yz}, d_{xz}, d_{z^2}, d_{x^2}, d_{x^2-y^2}$$

55. निम्न संकुलों के प्रत्येक के एक मोल में आधिक्य में $AgNO_3$ मिलाने पर अवक्षेपित AgCl के कुल मोलों की संख्या हैं ......

$[Co(NH_3)_4Cl_2]Cl$, $[Ni(H_2O)_6]Cl_2$, $[Pt(NH_3)_2Cl_2]$ और $[Pd(NH_3)_4]Cl_2$

56. निम्न युग्मों में से विलयन के उन युग्मों की संख्या जिनके परासरण दाब का मान एकसमान है— (100% आयनन मानिए)

(A) 0.500 M $C_2H_5OH(aq.)$ और 0.25 M KBr (aq)

(B) 0.100 M $K_4[Fe(CN)_6](aq)$ और 0.100 M $FeSO_4(NH_4)_2SO_4(aq)$

(C) 0.05 M $K_4[Fe(CN)_6](aq)$ और 0.25 M NaCl (aq)

(D) 0.15 M NaCl (aq) और 0.1 M $BaCl_2$ (aq)

(E) 0.02 M $KCl \cdot MgCl_2 \cdot 6H_2O(aq)$ और 0.05 M KCl (aq)

57. निम्न में से यौगिकों की संख्या जो (i) सेरिक अमोनियम नाइट्रेट के साथ लाल रंग एवं (ii) धनात्मक आयडोफॉर्म परिक्षण देते है, हैं ....

58. 25°C एवं 1 atm पर एथीन एवं मेथेन के 16.8 L गैसीय मिश्रण का पूर्ण दहन करने पर 28.0 L CO_2 प्राप्त होता है। दहन प्रकिया के दौरान निर्मुक्त ऊष्मा है .... kJ

दिया है, $\Delta H_C\ (CH_4) = 900\ kJ\ mol^{-1}$

$\Delta H_C\ (C_2H_4) = -1400\ kJ\ mol^{-1}$

59. हाइड्रोकार्बन A जिसमें 85.8% कार्बन उपस्थित है, उसमें प्रति अणु हाइड्रोजन परमाणुओं की संख्या है

दिया है, A का मोलर द्रव्यमान = $84\ g\ mol^{-1}$)

60. $Pt(s) | H_2(g)(1M) | H^+(aq)(1M) || M^{3+}(aq), M^+(aq) | Pt(s)$

298 K पर दिए गए सेल के E_{cell} का मान 0.1115 V है जहाँ $\dfrac{[M^+(aq)]}{[M^{3+}(aq)]} = 10^n$ है।

a का मान है ......

दिया गया है : $E^\circ_{M^{3+}/M^+} = 0.2\ V \Rightarrow 2.303RT/F = 0.59\ V$

गणित

खण्ड 'A' ऑब्जेक्टिव प्रश्न

61. माना अवकल समीकरण, $\dfrac{dy}{dt} + \alpha y = \gamma e^{-\beta t}$

जहाँ, $\alpha > 0, \beta > 0$ तथा $\gamma > 0$ हैं, का हल $y = y(t)$ है।

तब, $\lim_{t \to \infty} y(t)$ है

(a) 1 (b) −1 (c) अस्तित्व नहीं है (d) 0

62. माना फलन $f(x) = 2x^3 + (2p-7)x^2 + 3(2p-9)x - 6$ का एक उच्चिष्ठ किसी $x < 0$ पर है तथा एक निम्निष्ठ किसी $x > 0$ पर है। तो p के सभी मानों का समुच्चय है

(a) $\left(-\infty, \dfrac{9}{2}\right)$ (b) $\left(-\dfrac{9}{2}, \dfrac{9}{2}\right)$ (c) $\left(0, \dfrac{9}{2}\right)$ (d) $\left(\dfrac{9}{2}, \infty\right)$

63. माना $\mathbf{a} = -\hat{\mathbf{i}} - \hat{\mathbf{j}} + \hat{\mathbf{k}}$, $\mathbf{a}\cdot\mathbf{b} = 1$ तथा $\mathbf{a}\times\mathbf{b} = \hat{\mathbf{i}} - \hat{\mathbf{j}}$, तो $\mathbf{a} - 6\mathbf{b}$ बराबर है

(a) $3(\hat{\mathbf{i}} + \hat{\mathbf{j}} + \hat{\mathbf{k}})$ (b) $3(\hat{\mathbf{i}} - \hat{\mathbf{j}} + \hat{\mathbf{k}})$
(c) $3(\hat{\mathbf{i}} - \hat{\mathbf{j}} - \hat{\mathbf{k}})$ (d) $3(\hat{\mathbf{i}} + \hat{\mathbf{j}} - \hat{\mathbf{k}})$

64. एक चर त्रिभुज की दो भुजाओं के समीकरण $x = 0$ तथा $y = 3$ हैं तथा इसकी तीसरी भुजा परवलय $y^2 = 6x$ की एक स्पर्श रेखा है। तो इसके परिकेन्द्र का बिन्दुपथ है

(a) $4y^2 - 18y + 3x + 18 = 0$ (b) $4y^2 + 18y + 3x + 18 = 0$
(c) $4y^2 - 18y - 3x - 18 = 0$ (d) $4y^2 - 18y - 3x + 18 = 0$

65. माना z एक सम्मिश्र संख्या है तथा $\left|\frac{z-2i}{z+i}\right| = 2, z \neq -i$ है, तो z त्रिज्या 2 के एक वृत्त पर है, जिसका केन्द्र है

(a) (0, 0) (b) (0, 2) (c) (0, – 2) (d) (2, 0)

66. माना 3×3 के आव्यूहों A, B, C में A सममित है तथा B और C विषम सममित हैं। निम्न कथनों का विचार कीजिए।

(S1) $A^{13}B^{26} - B^{26}A^{13}$ सममित है।

(S2) $A^{26}C^{13} - C^{13}A^{26}$ सममित है। तो

(a) केवल S2 सत्य है (b) केवल S1 सत्य है
(c) S1 तथा S2 दोनों असत्य हैं (d) S1 तथा S2 दोनों सत्य हैं

67. $\sum_{k=0}^{6} {}^{51-k}C_3$ बराबर है

(a) ${}^{52}C_4 - {}^{45}C_4$ (b) ${}^{52}C_3 - {}^{45}C_3$
(c) ${}^{51}C_3 - {}^{45}C_3$ (d) ${}^{51}C_4 - {}^{45}C_4$

68. रेखाओं $x + 1 = 2y = -12z$ तथा $x = y + 2 = 6z - 6$ के बीच न्यूनतम दूरी है

(a) 3 (b) 3/2 (c) 2 (d) 5/2

69. यदि फलन $f(x) = \begin{cases} (1+|\cos x|)^{\frac{\lambda}{|\cos x|}}, & 0 < x < \frac{\pi}{2} \\ \mu, & x = \frac{\pi}{2} \\ e^{\frac{\cot 6x}{\cot 4x}}, & \frac{\pi}{2} < x < \pi \end{cases}$

$x = \frac{\pi}{2}$ पर सतत् है, तो $9\lambda + 6\log_e \mu + \mu^6 - e^{6\lambda}$ बराबर है

(a) 11 (b) $2e^4 + 8$ (c) 8 (d) 10

70. माना फलन $f: R \to R$, किसी m के लिए $f(x) = \log_{\sqrt{m}}\{\sqrt{2}(\sin x - \cos x) + m - 2\}$ द्वारा परिभाषित है तथा f का परिसर [0, 2] है, तो m का मान है

(a) 2 (b) 3 (c) 5 (d) 4

71. माना $f(x) = 2x^n + \lambda, \lambda \in R, n \in N$ और $f(4) = 133, f(5) = 255$ है, तो $f(3) - f(2)$ के सभी धनात्मक पूर्णांक भाजकों का योग है

(a) 58 (b) 61 (c) 59 (d) 60

72. बिन्दु (2, 0, 5) से रेखा $\frac{x+1}{2} = \frac{y-1}{5} = \frac{z+1}{-1}$ पर लम्ब का पाद (α, β, γ) है, तो निम्न में से कौन-सा सही नहीं है?

(a) $\frac{\alpha\beta}{\gamma} = \frac{4}{15}$ (b) $\frac{\gamma}{\alpha} = \frac{5}{8}$ (c) $\frac{\alpha}{\beta} = -8$ (d) $\frac{\beta}{\gamma} = -5$

73. माना अतिपरवलय $16x^2 - y^2 + 64x + 4y + 44 = 0$ के अनुप्रस्थ तथा संयुग्मी अक्ष क्रमशः T तथा C हैं। तो परवलय $x^2 = y + 4$ के ऊपर, अनुप्रस्थ अक्ष T के नीचे तथा संयुग्मी अक्ष की दाईं तरफ के क्षेत्र का क्षेत्रफल है

(a) $4\sqrt{6} - \frac{44}{3}$ (b) $4\sqrt{6} - \frac{28}{3}$ (c) $4\sqrt{6} + \frac{28}{3}$ (d) $4\sqrt{6} + \frac{44}{3}$

74. $f(n) + \frac{1}{n} f(n+1) = 1, \forall\, n \in \{1, 2, 3\}$ को सन्तुष्ट करने वाले फलनों $f: \{1, 2, 3, 4\} \to \{a \in Z; |a| \leq 8\}$ की संख्या है

(a) 3 (b) 2 (c) 1 (d) 4

75. माना $A = \begin{bmatrix} \frac{1}{\sqrt{10}} & \frac{3}{\sqrt{10}} \\ \frac{-3}{\sqrt{10}} & \frac{1}{\sqrt{10}} \end{bmatrix}$ तथा $B = \begin{bmatrix} 1 & -i \\ 0 & 1 \end{bmatrix}$ है, जहाँ $i = \sqrt{-1}$ है।

यदि $M = A^T BA$ है, तो आव्यूह $AM^{2023} A^T$ का व्युत्क्रम है

(a) $\begin{bmatrix} 1 & 0 \\ -2023i & 1 \end{bmatrix}$ (b) $\begin{bmatrix} 1 & 0 \\ 2023i & 1 \end{bmatrix}$
(c) $\begin{bmatrix} 1 & 2023i \\ 0 & 1 \end{bmatrix}$ (d) $\begin{bmatrix} 1 & -2023i \\ 0 & 1 \end{bmatrix}$

76. माना $\Delta, \nabla \in \{\wedge, \vee\}$ इस प्रकार है कि $(p \to q)\,\Delta\,(p\,\nabla\,q)$ एक पुनरुक्ति है, तो

(a) $\Delta = \vee, \nabla = \wedge$ (b) $\Delta = \vee, \nabla = \vee$
(c) $\Delta = \wedge, \nabla = \vee$ (d) $\Delta = \wedge, \nabla = \wedge$

77. समाकलन $16\int_1^2 \frac{dx}{x^3(x^2+2)^2}$ बराबर है

(a) $\frac{11}{6} + \log_e 4$ (b) $\frac{11}{12} + \log_e 4$
(c) $\frac{11}{12} - \log_e 4$ (d) $\frac{11}{6} - \log_e 4$

78. बिना पुनरावृत्ति के अंकों 1, 3, 5, 7, 9 के प्रयोग से 5000 तथा 10000 के बीच बनाई जा सकने वाली संख्याओं की संख्या है

(a) 120 (b) 6
(c) 12 (d) 72

79. माना दो न्याय पासे फेंकने पर प्राप्त संख्याओं का योग N है तथा माना कि $N - 2, \sqrt{3N}, N + 2$ के गुणोत्तर श्रेढ़ी में होने की प्रायिकता $\frac{k}{48}$ है, तो k बराबर है

(a) 8 (b) 4 (c) 16 (d) 2

80. यदि चार बिन्दु, जिनके स्थिति सदिश $3\hat{\mathbf{i}} - 4\hat{\mathbf{j}} + 2\hat{\mathbf{k}}$, $\hat{\mathbf{i}} + 2\hat{\mathbf{j}} - \hat{\mathbf{k}}$, $-2\hat{\mathbf{i}} - \hat{\mathbf{j}} + 3\hat{\mathbf{k}}$ तथा $5\hat{\mathbf{i}} - 2\alpha\hat{\mathbf{j}} + 4\hat{\mathbf{k}}$ हैं, सहतलीय हैं, तो α बराबर है

(a) $-\frac{73}{17}$ (b) $-\frac{107}{17}$ (c) $\frac{107}{17}$ (d) $\frac{73}{17}$

खण्ड 'B' न्यूमैरिकल वैल्यू प्रश्न

81. X-अक्ष, Y-अक्ष तथा रेखा $3x + 4y = 60$ एक त्रिभुज बनाते हैं। तो ऐसे बिन्दुओं $P(a, b)$, जहाँ a एक पूर्णांक है तथा b, a का एक गुणज है, जो त्रिभुज के अन्दर है, की संख्या है ......

82. माना अनिल की माँ एक टोकरी, जिसमें 7 लाल सेब, 5 सफेद सेब तथा 8 सन्तरे हैं, में से 5 फल अनिल को देना चाहती है। यदि टोकरी से लिए गए 5 फलों में कम-से-कम 2 सन्तरे, कम-से-कम एक लाल सेब तथा कम-से-कम एक सफेद सेब अवश्य होने चाहिए, तो अनिल की माँ द्वारा अनिल को 5 फल देने के तरीकों की संख्या है ......

83. $(2023)^{2023}$ को 35 से विभाजित करने पर शेषफल है......

84. यदि $\int_{\frac{1}{3}}^{3}|\log_e x|\,dx = \frac{m}{n}\log_e\left(\frac{n^2}{e}\right)$ है, जहाँ m तथा n असहभाज्य धन पूर्णांक हैं, तो m^2+n^2-5 बराबर है .....

85. यदि समीकरण $\cos 2\theta \cos\frac{\theta}{2} = \cos 3\theta \cos\frac{9\theta}{2}$ को सन्तुष्ट करने वाले अन्तराल $[-\pi, \pi]$ में θ के धनात्मक तथा ऋणात्मक मानों की संख्या क्रमश: m तथा n है, तो mn बराबर है .....

86. बिन्दु $P(-3, 2), Q(9, 10)$ तथा $R(\alpha, 4)$ एक वृत्त C पर हैं, जिसका एक व्यास PR है। बिन्दुओं Q तथा R पर वृत्त C की स्पर्श रेखाएँ बिन्दु S पर मिलती हैं। यदि बिन्दु S रेखा $2x - ky = 1$ पर है, तो k बराबर है .....

87. दो धनात्मक संख्याओं a, b के लिए, यदि a, b तथा $\frac{1}{18}$ एक गुणोत्तर श्रेढ़ी में हैं और $\frac{1}{a}, 10$ तथा $\frac{1}{b}$ एक समान्तर श्रेढ़ी में हैं, तो $16a + 12b$ बराबर है ......

88. यदि बिन्दुओं $(1, 2, 3)$ तथा $(2, 3, 4)$ को मिलाने वाली रेखा तथा रेखा $\frac{x-1}{2} = \frac{y+1}{-1} = \frac{z-2}{0}$ के बीच न्यूनतम दूरी α है, तो $28\alpha^2$ बराबर है ......

89. माना $a \in R$ तथा समीकरण $x^2 + 60^{\frac{1}{4}}x + a = 0$ के मूल α, β हैं। यदि $\alpha^4 + \beta^4 = -30$ है, तो a के सभी सम्भव मानों का गुणनफल है ......

90. किसी जनसंख्या का 25% धूम्रपान करते हैं। एक धूम्रपान करने वाले को फेफड़ों में कैंसर होने की सम्भावना, धूम्रपान न करने वाले की अपेक्षा 27 गुना है। एक व्यक्ति के फेफड़ों में कैंसर होने का पता चलता है तथा इस व्यक्ति के धूम्रपान करने की प्रायिकता $\frac{K}{10}$ है, तो K का मान है ......

सही उत्तर

भौतिकी

1. (a)	2. (c)	3. (d)	4. (a)	5. (d)	6. (a)	7. (a)	8. (c)	9. (b)	10. (d)
11. (a)	12. (a)	13. (a)	14. (b)	15. (a)	16. (c)	17. (a)	18. (a)	19. (c)	20. (b)
21. (1)	22. (131.4)	23. (15)	24. (2)	25. (8)	26. (1)	27. (5)	28. (30)	29. (4)	30. (400)

रसायन विज्ञान

31. (d)	32. (d)	33. (a)	34. (c)	35. (d)	36. (d)	37. (c)	38. (d)	39. (d)	40. (a)
41. (a)	42. (c)	43. (c)	44. (d)	45. (a)	46. (d)	47. (b)	48. (d)	49. (a)	50. (d)
51. (2)	52. (2)	53. (2)	54. (5)	55. (5)	56. (4)	57. (3)	58. (-925)	59. (12)	60. (3)

गणित

61. (d)	62. (a)	63. (a)	64. (a)	65. (c)	66. (a)	67. (a)	68. (c)	69. (d)	70. (c)
71. (d)	72. (a)	73. (c)	74. (b)	75. (c)	76. (b)	77. (d)	78. (d)	79. (b)	80. (d)
81. (31)	82. (6860)	83. (7)	84. (20)	85. (25)	86. (3)	87. (3)	88. (18)	89. (45)	90. (9)

संकेत एवं हल

भौतिकी

1. *(a)* पृथ्वी की सतह पर m द्रव्यमान की वस्तु की गुरुत्वीय स्थितिज ऊर्जा,

$$U = \frac{-GM_e m}{R_e}$$

ऊँचाई $h = 2R_e$ पर वस्तु की गुरुत्वीय स्थितिज ऊर्जा,

$$U' = \frac{-GM_e m}{(R_e + h)} = \frac{-GM_e m}{(R_e + 2R_e)} = \frac{-GM_e m}{3R_e}$$

$\therefore$ स्थितिज ऊर्जा में वृद्धि, $\Delta U = U' - U_0$

$$= \frac{-GM_e m}{3R_e} - \left(\frac{-GM_e m}{R_e}\right)$$

$$= \frac{-GM_e m + 3GM_e m}{3R_e}$$

$$= \frac{2GM_e m}{3R_e} = \frac{2gR_e^2 \cdot m}{3R_e} \qquad (\because GM_e = gR_e^2)$$

$$= \frac{2}{3} mgR_e$$

2. *(c)* दिए गए ग्राफ में, पैमाने P के लिए,

निम्न स्थिर बिन्दु $(\text{LFP})_P = 30° \, P$

ऊपरी स्थिर बिन्दु $= 180° \, P$

एवं पैमाने Q के लिए,

निम्न स्थिर बिन्दु $(\text{LFP})_Q = 0° \, P$

ऊपरी सिथर बिन्दु $= 100° \, Q$

$\because$ दोनों पैमानों P व Q के मध्य सम्बंद्ध दिया जाता है

$$\frac{t_P - (\text{LFP})_P}{\text{पैमाने } P \text{ पर भागों की संख्या}} = \frac{t_Q - (\text{LFP})_Q}{\text{पैमाने } Q \text{ पर भागों की संख्या}}$$

$$\Rightarrow \quad \frac{t_P - 30}{150} = \frac{t_Q - 0}{100} \Rightarrow \frac{t_P - 30}{150} = \frac{t_Q}{100}$$

3. *(d)* यदि प्रकाश स्रोत की शक्ति को बढ़ाया जाता है, तब प्रकाश स्रोत की आवृत्ति बढ़ती है। इस प्रकार, निरोधी विभव भी बढ़ता है। इस प्रकार कथन II गलत है। एक दी गई धातु के लिए, फोटोइलेक्ट्रॉन की गतिज ऊर्जा आपतित विकिरण की तरंगदैर्ध्य (या आवृत्ति) पर निर्भर करती है।

4. *(a)* दिया है, तार की लम्बाई, $l = 1$ m,

वेग, $\quad v = 8$ m/s

$\theta = 90°$

चुम्बकीय क्षेत्र, $B = 2\text{T}$

$\therefore$ प्रेरित विद्युत वाहक बल, $e = Bvl \sin\theta$

$$= 2 \times 8 \times 1 \times \sin 90° = 16 \text{ V}$$

5. *(d)* $\text{A} \rightarrow \text{II}$, एक समतापीय प्रक्रम के लिए, तापमान समान रहता है इसलिए, आन्तरिक ऊर्जा मे परिवर्तन शून्य है।

$\text{B} \rightarrow \text{I}$, रूद्धोष्म प्रक्रम में, कोई ऊष्मा स्थानान्तरण नहीं होता है। अत: ऊष्मागतिकी के प्रथम नियम से, गैस द्वारा किया गया कार्य आन्तरिक ऊर्जा में कमी के बराबर होता है।

$\text{C} \rightarrow \text{IV}$, समआयतनी प्रक्रम में, आयतन में परिवर्तन शून्य होता है।

अर्थात् $\qquad \Delta V = 0$

अत: किया गया कार्य, $W = p \cdot \Delta V = p \times 0 = 0$

इस प्रकार, समआयतनी प्रक्रम में, गैस द्वारा या गैस पर कोई कार्य नहीं किया जाता है।

$\text{D} \rightarrow \text{III}$, समदाबी प्रक्रम में, जब ऊष्मा दी जाती है, इसका एक भाग गैस के प्रसार में चला जाता है तथा एक बचा हुआ भाग गैस के तापमान को बढ़ाने में चला जाता है जो आन्तरिक ऊर्जा की वृद्धि की बदल जाता है।

6. *(a)* $\text{A} \rightarrow \text{III}, \text{B} \rightarrow \text{IV}, \text{C} \rightarrow \text{II}, \text{D} \rightarrow \text{I}$

7. *(a)* जब किसी वस्तु से प्रकाश की किरणें किसी मानक समतल दर्पण से किसी प्रेक्षक की ओर परावर्तित होती है, तो प्रेक्षक द्वारा देखा गया प्रतिबिम्ब आभासी, सीधा, वस्तु के समान आकार का और पार्श्व रूप से उल्टा होता है।

8. *(c)* हम जानते हैं कि क्षैतिज परास

$$R = \frac{u^2 \sin 2\theta}{g}$$

यदि R_1 व R_2 वस्तुओं 1 व 2 की क्रमश: क्षैतिज परास हो, तो

$$R_1 = \frac{u^2 \sin 2\alpha}{g}$$

$$R_2 = \frac{u^2 \sin 2\beta}{g} = \frac{u^2 \sin 2(90° - \alpha)}{g} = \frac{u^2 \sin(180° - 2\alpha)}{g}$$

$$R_2 = \frac{u^2 \sin 2\alpha}{g}$$

अत: $\quad \dfrac{R_1}{R_2} = \dfrac{1}{1}$

9. *(b)* दिया है, फोटोन की तरंगदैर्ध्य,

$$\lambda = 124.1 \text{ nm} = 1.24 \times 10^{-7} \text{ m}$$

$$h = 6.62 \times 10^{-34} \text{ J-s}$$

$\therefore$ फोटोन की ऊर्जा,

$$E = \frac{hc}{\lambda} = \frac{6.62 \times 10^{-34} \times 3 \times 10^8}{1.24 \times 10^{-7}} = 1.6 \times 10^{-18} \text{ J}$$

$$\Rightarrow \qquad E = \frac{1.6 \times 10^{-18}}{1.6 \times 10^{-19}} \text{ eV} = 10 \text{ eV}$$

संक्रमण D में फोटोन की ऊर्जा, $E' = 0 - (-10) = 10$ eV

10. *(d)* $\text{A} \rightarrow \text{IV}, \text{B} \rightarrow \text{I}, \text{C} \rightarrow \text{II}, \text{D} \rightarrow \text{III}$

स्थिर-वैद्युतिकी में गॉस के नियम के अनुसार,

$$\phi = \oint \mathbf{E} \cdot d\mathbf{s} = \frac{q}{\varepsilon_0}$$

फैराडे के नियम के अनुसार,

$$\oint \mathbf{E} \cdot d\mathbf{l} = -\frac{d\phi_B}{dt}$$

चुम्बकत्व में गॉस के नियम के अनुसार,

$$\oint \mathbf{B} \cdot d\mathbf{A} = 0$$

ऐम्पियर-मैक्सवल के निमय के अनुसार,

$$\oint \mathbf{B} \cdot d\mathbf{l} = \mu_0 (I_c + I_d) = \mu_0 I_c + \mu_0 \varepsilon_0 \frac{d\phi_E}{dt}$$

11. *(a)* जब ऊपर की ओर धक्का दिया जाता है, तब घर्षण बल नीचे की दिशा में कार्यरत् होता है।

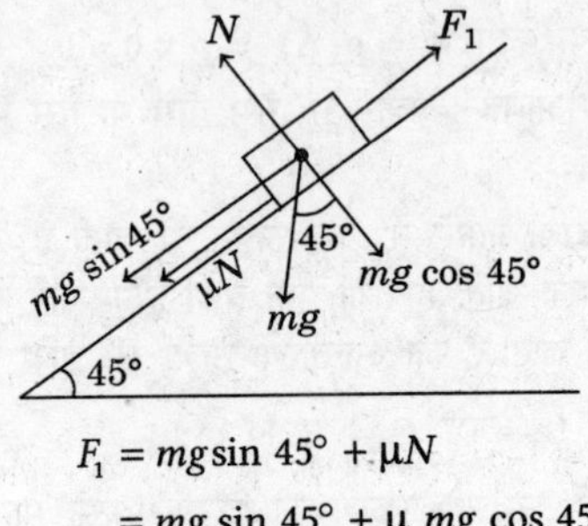

$$F_1 = mg \sin 45° + \mu N$$
$$= mg \sin 45° + \mu\, mg \cos 45°$$
$$\Rightarrow \quad F_1 = \frac{mg}{\sqrt{2}} + \frac{\mu mg}{\sqrt{2}}$$

जब इसे फिसलने से रोकना हो, तो घर्षण बल ऊपर की दिशा में कार्यरत् होगा।

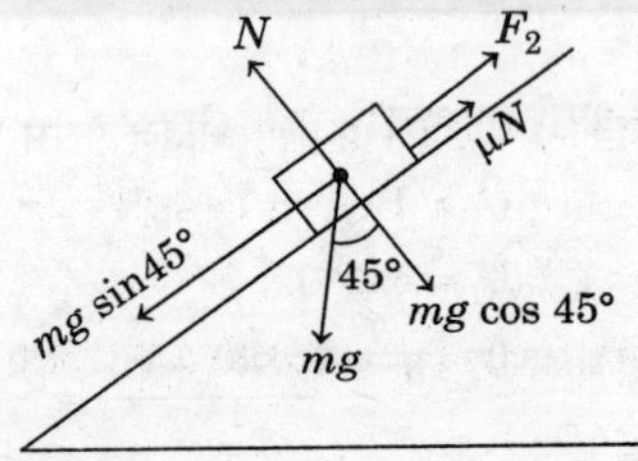

$$F_2 + \mu N = mg \sin 45°$$
$$F_2 = mg \sin 45° - \mu mg \cos 45°$$
$$F_2 = \frac{mg}{\sqrt{2}} \cdot \frac{\mu mg}{\sqrt{2}}$$

दी गई स्थिति के अनुसार, $F_1 = 2F_2$

$$\Rightarrow \quad \frac{mg}{\sqrt{2}} + \frac{\mu mg}{\sqrt{2}} = 2\left(\frac{mg}{\sqrt{2}} - \frac{\mu mg}{\sqrt{2}}\right) \Rightarrow 3\,\mu mg = mg$$

$$\Rightarrow \quad \mu = \frac{1}{3} = 0.33$$

12. *(a)* दिया है, तार का प्रारम्भिक प्रतिरोध $R_1 = 5\,\Omega$

यदि तार का नया प्रतिरोध R_2 होता है, जब तार को 5 गुना खींचा जाता है, तब

$$R_2 = 5^2 R_1 \qquad (\because R_2 = n^2 R_1)$$
$$= 25 \times 5 = 125\,\Omega$$

वैकल्पिक हल

दिया है, $R = 5\,\Omega$

हम जानते हैं कि $R = \rho L / A$

खींचने के बाद आयतन समान रहता है

$$V = V' \Rightarrow AL = A'L'$$
$$AL = A'(5L) \qquad (\because \text{दिया है, } L' = 5L)$$
$$\frac{A}{5} = A'$$

अत: नया प्रतिरोध $R' = \dfrac{\rho L'}{A'} = \dfrac{\rho 5L}{\frac{A}{5}} = 5 \times 5\,\dfrac{\rho L}{A}$

$$= 25\,R = 25 \times 5 = 125\,\Omega$$

13. *(a)* दिया है, $q_0 = 10\,\mu C = 10^{-5}\,C$

माना बिन्दु आवेश $q = 40\,\mu C = 4 \times 10^{-5}\,C$

X-अक्ष पर मूलबिन्दु से x सेमी की दूरी पर रखा गया है।

Y
10μC P ←x–2→ A X
O ←2cm→ 40μC
←x→

दी गई स्थिति के लिए, $E_{OP} = E_{AP}$

$$\frac{1}{4\pi\varepsilon_0} \cdot \frac{10^{-5}}{(2 \times 10^{-2})^2} = \frac{1}{4\pi\varepsilon_0} \cdot \frac{4 \times 10^{-5}}{(x-2)^2 \times (10^{-2})^2}$$

$$\Rightarrow \quad \frac{1}{(2 \times 10^{-2})^2} = \frac{4}{(x-2)^2 \times (10^{-2})^2}$$

$$\Rightarrow \quad (x-2)^2 = 4^2 \Rightarrow x - 2 = 4 \Rightarrow x = 6 \text{ सेमी}$$

14. *(b)* जब Si को बोरॉन जैसी त्रिसंयोजी अशुद्धियों से अपमिश्रित किया जाता है, तो p-प्रकार अर्द्धचालक बनता है। p-प्रकार अर्द्धचालक में, कोटरों की संख्या अधिक पाई जाती है क्योंकि कोटर बहुसंख्यक वाहक होते हैं। जब Si को पंचसंयोजी अशुद्धियों (जैसे-आर्सेनिक) से अपमिश्रित किया जाता है, तो n-प्रकार अर्द्धचालक बनता है। n-प्रकार के अर्द्धचालक में इलेक्ट्रॉनों की संख्या अधिक पाई जाती है क्योंकि ये बहुसंख्यक वाहक होते हैं। इस प्रकार, कथन I सही है।

जब p-प्रकार अर्द्धचालक और n-प्रकार अर्द्धचालक को एक जंक्शन बनाने के लिए जोड़ा जाता है, तो जंक्शन के आर-पार एक अवरोध उत्पन्न होता है जो धारा के प्रवाह को रोक देता है। इस प्रकार, बाहरी रूप से जुड़े अमीटर द्वारा किसी भी धारा का पता नहीं लगाया जाता है इसलिए कथन II गलत है।

15. *(a)* प्रत्येक ग्रह दीर्घवृत्ताकार पथ पर सूर्य के चारों ओर घूमता है और ग्रह पर कार्यरत् गुरुत्वाकर्षण बल सीधे ग्रह के द्रव्यमान (m) और सूर्य के द्रव्यमान (M) के गुणनफल के समानुपाती होता है और सूर्य व ग्रह के बीच की दूरी (r) के वर्ग के व्युत्क्रमानुपाती होता है।

अर्थात् $F \propto \dfrac{Mm}{r^2} \Rightarrow F = \dfrac{GMm}{r^2}$

इस प्रकार, कथन (A) सही है लेकिन कथन (B) गलत है।

केप्लर के तीसरे नियम के अनुसार, सूर्य के परित: ग्रह के परिक्रमण काल का वर्ग T^2 दीर्घवृत्ताकार कक्षा के अर्द्धदीर्घ अक्ष के घन के अनुक्रमानुपाती होता है $T^2 \propto a^3$

अत: कथन (D) सही है परन्तु ग्रह पर लगने वाला अभिकेन्द्रीय बल सूर्य की ओर लगता है। अत: कथन (C) गलत है।

$$T^2 \propto a^3$$

16. *(c)* दिया है, कुण्डली में विचलन, $\theta = 0.05$ rad

धारा, $I = 10\text{ mA} = 10^{-2}\text{ A}$

चुम्बकीय क्षेत्र, $B = 0.01\text{ T}$

$n = 200$

ऐंठन गुणांक, $C = 4 \times 10^{-5}$ N-m rad^{-1}

हम जानते हैं कि $\frac{\theta}{I} = \frac{nBA}{C}$

$$\Rightarrow \quad A = \frac{C\theta}{nBI} = \frac{4 \times 10^{-5} \times 0.05}{200 \times 0.01 \times 10^{-2}}$$

$$= 1 \times 10^{-4} \text{ m}^2 = 1 \times 10^{-4} \times 10^4 \text{cm}^2$$

$$A = 1 \text{ cm}^2$$

17. *(a)* $A \rightarrow III$

यंग प्रत्यास्थता गुणांक, $Y = \frac{\text{प्रतिबल}}{\text{विकृति}}$

$$[Y] = \frac{[F / A]}{[\text{विकृति}]} = \frac{\frac{[MLT^{-2}]}{[L^2]}}{[M^0L^0T^0]} = [ML^{-1}T^{-2}]$$

$B \rightarrow I$, हम जानते हैं कि श्यानता गुणांक

$$\eta = \frac{F}{A\left(\frac{dv}{dx}\right)}$$

$$\therefore \quad [\eta] = \frac{[F]}{[A]\left[\frac{dv}{dx}\right]} = \frac{[MLT^{-2}]}{[L^2]\,[T^{-1}]} = [ML^{-1}T^{-1}]$$

$C \rightarrow II$, चूँकि, $E = h\nu$

$$\Rightarrow \quad [h] = \frac{[E]}{[\nu]} = \frac{[ML^2T^{-2}]}{[T^{-1}]} = [ML^2T^{-1}]$$

$D \rightarrow IV$, कार्य फलन, $\phi = h\nu_0$

$$= [ML^2T^{-1}]\,[T^{-1}] = [ML^2T^{-2}]$$

18. *(a)* कण द्वारा तय दूरी समय के साथ इस प्रकार सम्बन्धित है

$$x = 4t^2$$

$\therefore$ कण का वेग दिया जाता है

$$v = \frac{dx}{dt} = \frac{d}{dt}(4t^2) = 8t$$

$t = 5$ सेकण्ड पर, $v = 8 \times 5 = 40 \text{ ms}^{-1}$

19. *(c)* माना सरल आवर्त गति कर रहे कण का समीकरण

$$y = A\sin\omega t$$

t_1 समय पर, $\quad y = A/2$

$$\therefore \quad \frac{A}{2} = A\sin\omega t_1 \Rightarrow \frac{1}{2} = \sin\omega t_1$$

$$\Rightarrow \quad \frac{1}{2} = \sin(\omega \times 2) \qquad (\because t_1 = 2 \text{ s})$$

$$\Rightarrow \quad \omega = \frac{\pi}{12} \qquad \text{...(i)}$$

पुन: t_2 समय पर, $y = A$

$$\therefore \quad A = A\sin\omega t_2 \Rightarrow 1 = \sin\omega t_2$$

$$\sin\frac{\pi}{2} = \sin\omega t_2 \Rightarrow t_2 = \frac{\pi}{2\omega}$$

$\therefore$ कण द्वारा $\frac{A}{2}$ से A तक लिया गया समय

$$t = t_2 - t_1 = \frac{\pi}{2\omega} - 2$$

$$= \frac{\pi}{2(\pi/12)} - 2 \qquad \text{[समी (i) से]}$$

$$= 4 \text{ सेकण्ड}$$

20. *(b)* द्विपरमाणवीय गैस के अणुओं की स्वतन्त्रता की कोटि 7 होती है। जिनमें से 3 स्थानान्तरीय, 2 घूर्णन व 2 कम्पन की होती है।

अर्थात् $f = 3 + 2 + 2 = 7$

इस प्रकार, एक मोल द्विपरमाणवीय गैस की कुल आन्तरिक ऊर्जा

$$U = \frac{f}{2}RT = \frac{7}{2}RT$$

$\therefore$ नियत आयतन पर मोलर विशिष्ट ऊष्मा

$$C_V = \frac{dU}{dT} = \frac{d}{dT}\left(\frac{7}{2}RT\right) = \frac{7}{2}R$$

21. *(1)* यदि R बड़ी (मूल) गोलीय बूँद की त्रिज्या एवं r छोटी बूँद की त्रिज्या हो, तो

$$\frac{4}{3}\pi R^3 = 1000 \times \frac{4}{3}\pi r^3 \Rightarrow R = 10r$$

$$\Rightarrow \quad r = \frac{R}{10} \qquad \text{...(i)}$$

गोलीय बूँद का प्रारम्भिक पृष्ठीय क्षेत्रफल

$$A = 4\pi R^2$$

$\therefore$ मूल बूँद की प्रारम्भिक पृष्ठीय ऊर्जा

$$U_i = T \cdot A^1 = T \cdot 4\pi R^2$$

$$U_i = 4\pi R^2 T \qquad \text{...(ii)}$$

जब मूल बूँद को 1000 बूँदों में विभाजित कर दिया जाता है, तब अंतिम ऊर्जा,

$$U_f = 1000 \times 4\pi r^2 \cdot T$$

$$= 1000 \times 4\pi \times \left(\frac{R}{10}\right)^2 T \qquad \text{[समी (i) से]}$$

$$= 40\pi R^2 T$$

$$\therefore \quad \frac{U_f}{U_i} = \frac{40\pi R^2 T}{4\pi R^2 T} = \frac{10}{1} = \left(\frac{10}{x}\right) \qquad \text{[दिया है]}$$

$$\therefore \quad x = 1$$

22. *(131.4)* दी गई स्थिति को नीचे चित्र में दर्शाया गया है।

यहाँ $\quad r = 7$ सेमी

$\therefore \quad \frac{r}{2} = \frac{7}{2}$ सेमी $= 3.5 \times 10^{-2}$ मी

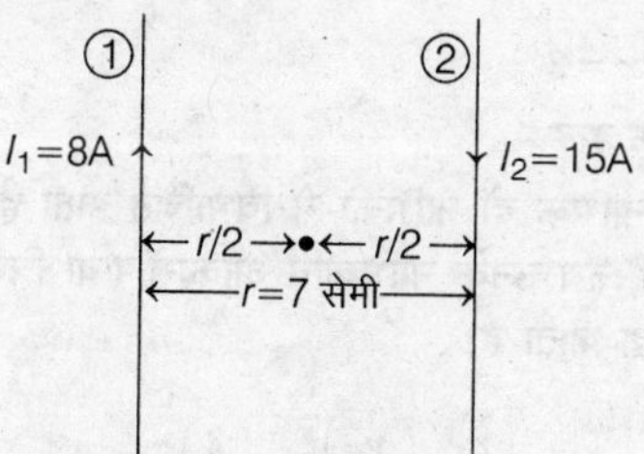

$\therefore$ तार-1 के कारण बिन्दु P पर चुम्बकीय क्षेत्र,

$$B_1 = \frac{\mu_0}{2\pi} \cdot \frac{I_1}{(r/2)} = 2 \times 10^{-7} \times \frac{8}{3.5 \times 10^{-2}}$$

$$= \frac{16}{3.5} \times 10^{-5} \text{ T}$$ [नीचे की ओर]

इसी प्रकार, तार-2 के कारण बिन्दु P पर चुम्बकीय क्षेत्र,

$$B_2 = \frac{\mu_0}{2\pi} \cdot \frac{I_2}{(r/2)} = 2 \times 10^{-7} \left(\frac{15}{3.5 \times 10^{-2}} \right)$$

$$= \frac{30 \times 10^{-5}}{3.5}$$ [नीचे की ओर]

$\therefore$ बिन्दु P पर कुल चुम्बकीय क्षेत्र,

$$B = B_1 + B_2$$

$$= \frac{16}{3.5} \times 10^{-2} + \frac{30}{3.5} \times 10^{-5}$$

$$= \frac{46}{3.5} \times 10^{-5} = 131.4 \times 10^{-6} \text{ T}$$

23. *(15)* दिया है, $C_0 = 5\,\mu\text{F} = 5 \times 10^{-6}\text{F}$

परावैद्युतांक, $K = 1.5$

पहली शर्त के अनुसार,

$$C_0 = \frac{\varepsilon_0 A}{d} \quad \text{...(i)}$$

द्वितीय शर्त के अनुसार,

पट्टिका की उपस्थिति में संधारित्र की धारिता

$$C' = \frac{\varepsilon_0 KA}{d/2} = \frac{\varepsilon_0 A}{d} \times 2K = C_0 \times 2K$$

$$= 5 \times 10^{-6} \times 2 \times 1.5 = 15\,\mu\text{F}$$

24. *(2)* जब नाभिक m_1 व m_2 द्रव्यमानों के दो छोटे भागों में विभाजित होता है, तब रेखीय संवेग संरक्षण के अनुसार,

$$m_1 v_1 - m_2 v_2 = 0$$

$$\Rightarrow \frac{m_1}{m_2} = \frac{v_2}{v_1} = \frac{2}{3} \quad \left(\because v_1 : v_2 = 3:2 \Rightarrow \frac{v_2}{v_1} = \frac{2}{3} \right)$$

$$\Rightarrow \frac{\rho_1 V_1}{\rho_2 V_2} = \frac{2}{3}$$

$$\Rightarrow \frac{V_1}{V_2} = \frac{2}{3} \quad (\because \rho_1 = \rho_2)$$

$$\Rightarrow \frac{\frac{4}{3}\pi r_1^3}{\frac{4}{3}\pi r_2^3} = \frac{2}{3} \Rightarrow \left(\frac{r_1}{r_2} \right)^3 = \frac{2}{3}$$

$$\Rightarrow \left(\frac{r_1}{r_2} \right) = \left(\frac{2}{3} \right)^{1/3} = \left(\frac{x}{3} \right)^{1/3} \quad \text{[दिया है]}$$

$\therefore \quad x = 2$

वैकल्पिक हल

जब एक नाभिक दो नाभिकों में विभाजित होता है जिनके वेग का अनुपात $v_1 : v_2$, है, तब उनके नाभिकीय आकारों (या त्रिज्याओं) का अनुपात इस प्रकार दिया जाता है।

$$\frac{r_1}{r_2} = \left(\frac{v_2}{v_1} \right)^{\frac{1}{3}} = \left(\frac{2}{3} \right)^{\frac{1}{3}} \quad [\because v_1 : v_2 = 3:2]$$

$\therefore \quad x = 2$

25. *(8)* श्रेणी L-C-R परिपथ में,

$V = 220\text{ V}, f = 50\text{ Hz}, R = 80\,\Omega, X_L = 70\,\Omega, X_C = 130\,\Omega$

$\therefore$ शक्ति गुणांक, $\cos\phi = \frac{R}{Z}$

$$= \frac{R}{\sqrt{R^2 + (X_C - X_L)^2}} = \frac{80}{\sqrt{80^2 + (130-70)^2}}$$

$$= \frac{80}{\sqrt{80^2 + 60^2}} = \frac{80}{100} = \frac{8}{10} = \frac{x}{10}$$

$\therefore \quad x = 8$

26. *(1)* दी गई स्थिति को चित्र में दर्शाया गया है

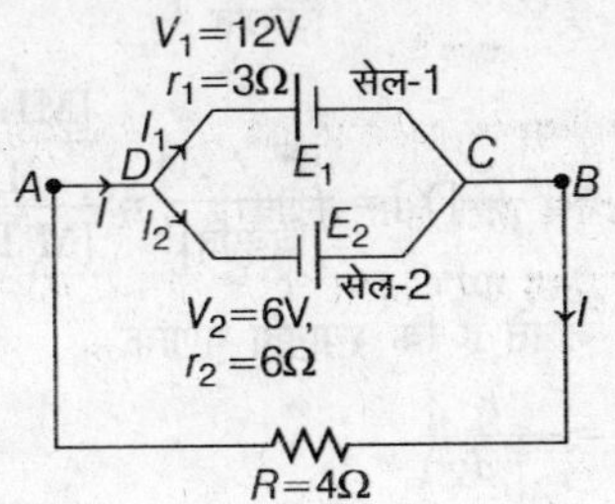

लूप DE_1CE_2D में KVL लगाने पर,

$$I_1 r_1 + 12 + 6 + 4I = 0 \Rightarrow 3I_2 - 3 + 2I = 0$$

$$\Rightarrow 3I_2 + 2(I_1 + I_2) = 3 \quad (\because I = I_1 + I_2)$$

$$\Rightarrow 2I_1 + 5I_2 = 3$$

$$\Rightarrow I_1 = \frac{3 - 5I_2}{2} \quad \text{...(ii)}$$

समी (i) व (ii) से हम पाते हैं,

$$\frac{3 - 5I_2}{2} - 2I_2 = -6$$

$$\Rightarrow 3 - 5I_2 - 4I_2 = -12 \Rightarrow I_2 = \frac{15}{9} = \frac{5}{3}\text{ A}$$

समी (ii) से,

$$I_1 = \frac{3 - 5 \times \frac{5}{3}}{2} = \frac{-16}{6} = \frac{-8}{3}\text{ A}$$

$$\therefore \quad I = I_1 + I_2 = \frac{-8}{3} + \frac{5}{3} = -1\text{ A}$$

(ऋणात्मक चिह्न विपरीत दिशा में धारा को प्रदर्शित करता है)

27. *(5)* ठोस गोले का द्रव्यमान, $M_s = 5\text{ kg}$

चकती का द्रव्यमान, $M_d = 4\text{ kg}$

$$R_s = R_d = R$$

चकती का जड़त्व आघूर्ण इसके व्यास के सापेक्ष,

$$I_{\text{व्यास}} = \frac{M_d R^2}{4}$$

चकती का जड़त्व आघूर्ण इसके तल में इसकी स्पर्श-ज्या के सापेक्ष,

$$I' = I_{\text{व्यास}} + M_d \cdot R^2$$

समान्तर अक्षों की प्रमेय के अनुसार,

$$I = \frac{M_d R^2}{4} + M_d R^2$$

$$I' = \frac{5}{4} M_d R^2 \quad ...(i)$$

ठोस गोले का इसके स्पर्श-ज्या के सापेक्ष जड़त्व आघूर्ण,

$$I'' = \frac{2}{5} M_s R^2 + M_s R^2$$

$$= \frac{7}{5} M_s R^2 \quad ...(ii)$$

$\therefore$ समी (i) व (ii) से,

$$\frac{I'}{I''} = \frac{\frac{5}{4} M_d R^2}{\frac{7}{5} M_s R^2} = \frac{25}{28} \times \frac{M_d}{M_s} = \frac{25}{28} \times \frac{4}{5} = \frac{5}{7} = \frac{x}{7}$$

$\therefore \quad x = 5$

28. *(30)* उत्तल लेन्स की फोकस दूरी, $f = 10$ सेमी

$\because$ समतल दर्पण द्वारा बना प्रतिबिम्ब 5 सेमी दर्पण के अन्दर है। इस प्रकार, उत्तल दर्पण द्वारा बने प्रतिबिम्ब की दूरी,

$$v = 20 - 5 = 15 \text{ सेमी}$$

$\therefore$ लेन्स सूत्र से, $\frac{1}{v} - \frac{1}{u} = \frac{1}{f}$

$$\Rightarrow \quad \frac{1}{u} = \frac{1}{v} - \frac{1}{f} = \frac{1}{15} - \frac{1}{10} = -\frac{1}{30} \Rightarrow u = -30 \text{ सेमी}$$

अत: लेन्स से वस्तु की दूरी 30 सेमी है।

29. *(4)* **संघट्ट के पूर्व**

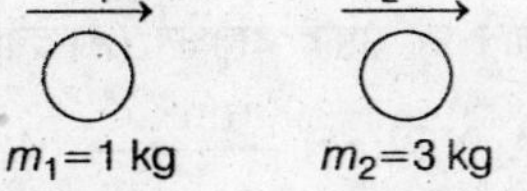

u_1 $u_2=0$

$m_1=1$ kg $m_2=3$ kg

संघट्ट के बाद

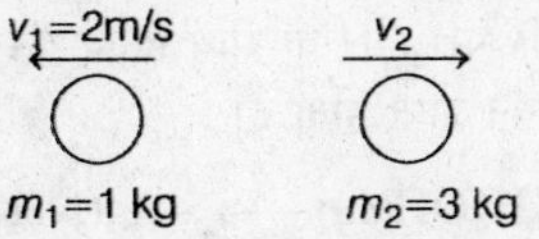

$v_1=2$m/s v_2

$m_1=1$ kg $m_2=3$ kg

संवेग के संरक्षण से,

$$p_i = p_f$$

$$\Rightarrow \quad m_1u_1 + m_2u_2 = m_1v_1 + m_2v_2$$

$$\Rightarrow \quad 1 \cdot u_1 + 3 \times 0 = 1 \times (-2) + 3v_2 \Rightarrow u_1 = -2 + 3v_2$$

$$\Rightarrow \quad v_2 = \frac{u_1 + 2}{3} \quad ...(i)$$

प्रत्यास्थ संघट्ट में, गतिज ऊर्जा संरक्षित रहती है। इस प्रकार,

$$\Rightarrow \frac{1}{2}m_1u_1^2 + \frac{1}{2}m_2u_2^2 = \frac{1}{2}m_1v_1^2 + \frac{1}{2}m_2v_2^2$$

$$\Rightarrow \quad \frac{1}{2} \times 1 \times u_1^2 + \frac{1}{2} \times 3 \times 0 = \frac{1}{2} \times 1 \times (-2)^2 + \frac{1}{2} \times 3 \times v_2^2$$

$$\Rightarrow \quad \frac{u_1^2}{2} = 2 + \frac{3}{2}v_2^2 = 2 + \frac{3}{2}\left(\frac{u_1+2}{3}\right)^2 \Rightarrow \frac{u_1^2}{2} = 2 + \frac{u_1^2 + 4 + 4u_1}{6}$$

$$\Rightarrow \quad u_1^2 - 2u_1 - 8 = 0 \Rightarrow u_1^2 - 4u_1 + 2u_1 - 8 = 0$$

$$\Rightarrow \quad u_1(u_1 - 4) + 2(u_1 - 4) = 0$$

$$\Rightarrow (u_1 - 4)(u_1 + 2) = 0$$

$$\Rightarrow \quad u_1 = 4 \text{ m/s}$$

30. *(400)* ट्रेन द्वारा बजने वाली सीटी की आवृत्ति, $f = 320$ Hz

ट्रेन की चाल, $v_s = 66$ m/s

ध्वनि की चाल, $v = 330 \text{ ms}^{-1}$

प्रेक्षक द्वारा प्रेक्षित आवृत्ति, $f' = f\left(\frac{v}{v - v_s}\right) = 320\left(\frac{330}{330 - 66}\right)$

$$f' = 320 \times \frac{330}{264} = 400 \text{ Hz}$$

f आवृत्ति उत्पन्न कर रहा एक स्रोत, जब वेग v_s से स्थिर प्रेक्षक की ओर गति करता है, तब प्रेक्षक द्वारा प्रेक्षित ध्वनि की आवृत्ति इस प्रकार दी जाती है।

$$f' = f\left(\frac{v}{v - v_s}\right)$$

जहाँ, v हवा में ध्वनि की चाल है।

रसायन विज्ञान

31. *(d)* दी गई अभिक्रिया में A = [संरचना: 2-tert-ब्यूटिल-5,5-डाइमेथिल-1,3-डाइऑक्सोलेन-4-ओन] है।

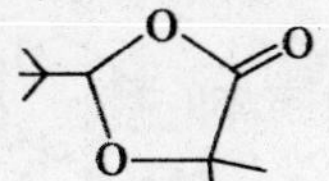

$\overset{\cdot\cdot}{O}$, H, H^+, $\overset{+}{O}$—H, H, $H\overset{\cdot\cdot}{O}$, COOH

OH, OH, O, HC, C, $\overset{+}{O}$, H, $\xrightarrow[-H_2O]{H^+}$, O, C, O, O

(A)

मुख्य उत्पाद

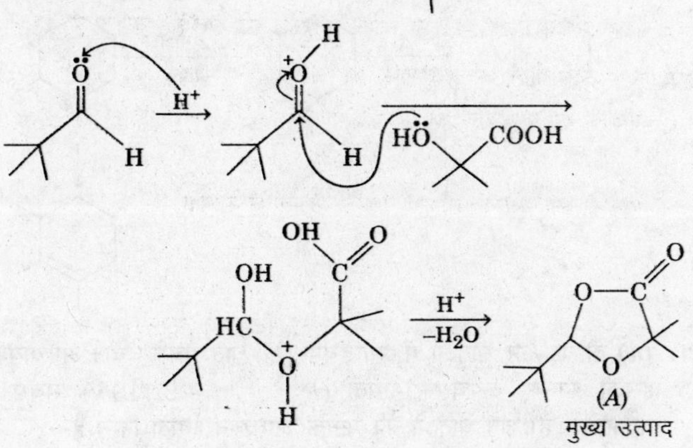

32. *(d)* A और R दोनों सही हैं तथा R, A सही व्याख्या है।

कार्बन दो महत्वपूर्ण ऑक्साइड बनाता है— CO और CO_2। CO उदासीन है जबकि CO_2 अम्लीय प्रकृति का है क्योंकि CO_2 जल के साथ क्रिया कर कार्बोनिक अम्ल बनाता है।

$$CO_2(g) + H_2O \longrightarrow H_2CO_3$$

जबकि CO जल में अल्प विलेय है।

33. *(a)* 2 ब्रोमो-3-ड्यूटिरो ब्यूटेन में दो किरैल कार्बन परमाणु उपस्थित होते हैं।

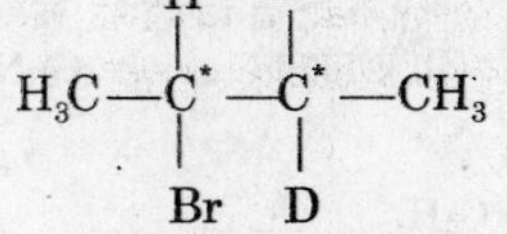

$$H_3C - \overset{H}{\underset{Br}{C^*}} - \overset{H}{\underset{D}{C^*}} - CH_3$$

2-ब्रोमो-3-ड्यूटिरो ब्यूटेन

34. *(c)* पोटैशियम डाइक्रोमेट अम्लीय माध्यम में $Cr_2O_7^{2-}$ का अपचयन Cr_2^{3+} में कर देता है।

$$Cr_2O_7^{2-} + 14H^+ + 6e^- \longrightarrow 2Cr^{3+} + 7H_2O$$

डाइक्रोमेट में क्रोमियम की ऑक्सीकरण अवस्था + 6 है जो कि + 3 में परिवर्तित हो जाती है।

35. *(d)* A और R दोनों सही हैं और R, A की सही व्याख्या है।

मक्खन में ब्यूटाइलेटेड हाइड्रॉक्सी ऐनिसॉल मिलाने पर मक्खन की स्वत: आयु (Self-life) बढ़ जाती है क्योंकि ब्यूटाइलेटेड हाइड्रॉक्सी ऐनिसॉल भोजन की तुलना में ऑक्सीजन के प्रति अधिक अभिक्रियाशील है। ब्यूटाइलेटेड हाइड्रॉक्सी ऐनिसॉल ऑक्सीकरणरोधी होता है।

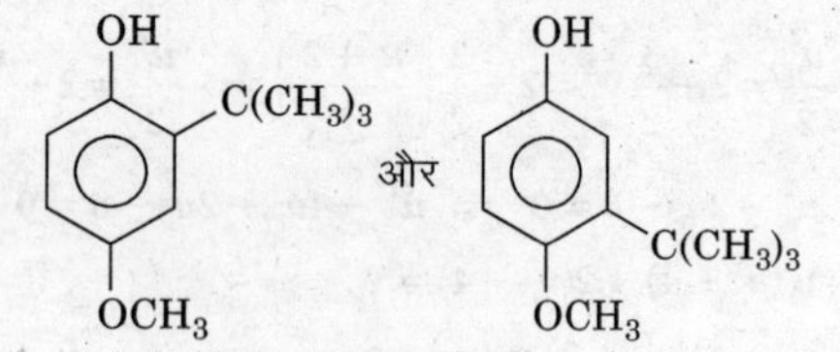

OH, $C(CH_3)_3$, OCH_3 और OH, $C(CH_3)_3$, OCH_3

ब्यूटाइलेटेड हाइड्रॉक्सी ऐनिसॉल

36. *(d)* A-III, B-I, C-IV, D-II. सही मिलान है।

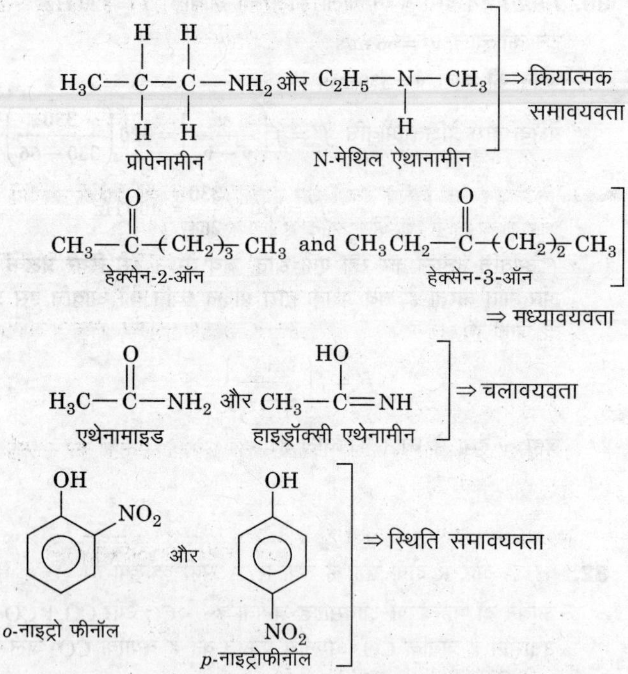

$H_3C—CH_2—CH_2—NH_2$ (प्रोपेनामीन) और $C_2H_5—NH—CH_3$ (N-मेथिल ऐथानामीन) ⇒ क्रियात्मक समावयवता

$CH_3—CO—(CH_2)_3—CH_3$ (हेक्सेन-2-ऑन) and $CH_3CH_2—CO—(CH_2)_2—CH_3$ (हेक्सेन-3-ऑन) ⇒ मध्यावयवता

$H_3C—CO—NH_2$ (एथेनामाइड) और $CH_3—C(OH)=NH$ (हाइड्रॉक्सी एथेनामीन) ⇒ चलावयवता

OH, NO_2 (*o*-नाइट्रो फीनॉल) और OH, NO_2 (*p*-नाइट्रोफीनॉल) ⇒ स्थिति समावयवता

37. *(c)* A-III, B-IV, C-II, D-I सही मिलान है।

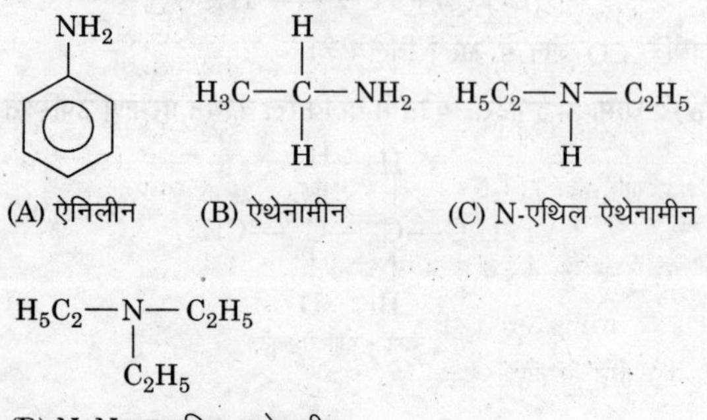

NH_2 (A) ऐनिलीन $H_3C—CH_2—NH_2$ (B) ऐथेनामीन $H_5C_2—NH—C_2H_5$ (C) N-एथिल ऐथेनामीन

$H_5C_2—N(C_2H_5)—C_2H_5$ (D) N, N-डाइएथिल एथेनामीन

क्षारीय सामर्थ्य (pK_b)

$$\underset{(A)}{C_6H_5NH_2} < \underset{(B)}{CH_3CH_2NH_2} < \underset{(D)}{(CH_3CH_2)_3N} < \underset{(C)}{CH_3CH_2NHCH_2CH_3}$$

(A) ऐनिलीन ($pK_b = 9.381$) > (B) एथेनामीन ($pK_b = 3.29$) > (D) N, N डाइएथिल एथेनामीन ($pK_b = 3.25$) > (C) N-एथिल एथेनामीन ($pK_b = 3.00$)।

38. *(d)* (A) गलत है परन्तु R सही है।

क्षार धातुएँ तथा क्षारीय मृदा धातुएँ (बेरीलियम और मैग्नीशियम को छोड़कर) और इनके लवण ज्वाला की अधिकता में अभिलाक्षणिक रंग प्रदान करते हैं। यही कारण है कि इनका प्रयोग आतिशबाजी को रंग देने के लिए किया जाता है।

धातु	रंग
सोडियम	सुनहरा पीला
पोटैशियम	बैंगनी
रुबीडियम	लाला बैंगनी
लीथियम	किरमिजी लाल
कैल्सियम	लाला या ईंट जैसा लाल
स्ट्रॉशियम	किरमिजी लाल
बेरियम	सेब जैसा हरा या हरा

अत: ज्वाला परीक्षण के द्वारा क्षार धातुओं की पहचान की जा सकती है।

39. *(d)* तनु HNO_3 से अम्लीकृत किया हुआ क्लोराइड लवण का एक विलयन $AgNO_3$ मिलाने पर सफेद अवक्षेप (*A*) देता है।

$$Cl^-(aq) + AgNO_3(aq) \xrightarrow{\text{तनु } HNO_3} \underset{\text{सफेद अवक्षेप}}{\underset{[A]}{AgCl}}$$

AgCl[*A*] की NH_4OH के साथ क्रिया करने पर $Ag(NH_3)_2Cl$ का पारदर्शी विलयन प्राप्त होता है।

$$AgCl + 2NH_4OH(aq) \longrightarrow \underset{[B]}{[Ag(NH_3)_2]Cl(aq)} + 2H_2O$$

$\therefore [A]$, AgCl है और $[B]$, $[Ag(NH_3)_2]Cl$ है।

40. *(a)* मुख्य उत्पाद के रूप में (संरचना) प्राप्त होगा।

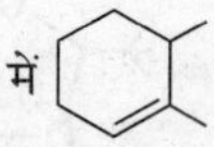

OH $\xrightarrow[-H_2O]{\Delta}$ ⊕ $\xrightarrow{\text{1,2-मेथिल शिफ्ट}}$ ⊕ ⟶ (उत्पाद)

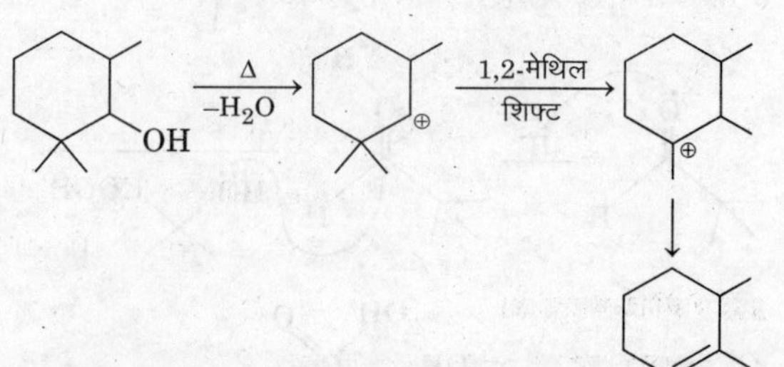

41. *(a)* दी गई क्षार धातुओं में, सोडियम (Na) धातु सबसे दुर्बल अपचायक है। इसकी मानक अपचयन क्षमता ($E^\circ_{Na^+/Na} = -2.719$ V) सबसे कम ऋणात्मक है। शेष धातुओं की मानक अपचयन क्षमता निम्न हैं—

($E^\circ_{K^+/K} = -2.93$ V); ($E^\circ_{Li^+/Li} = -3.05$ V); ($E^\circ_{Rb^+/Rb} = -2.98$ V)

42. *(c)* A-IV, B-III, C-II, D-I.

कोबाल्ट उत्प्रेरक द्वारा मेथेनॉल का उत्पादन होता है।

$$2H_2(g) + CO(g) \xrightarrow{\text{कोबाल्ट उत्प्रेरक}} CH_3OH(l)$$

सिन् गैस का उत्पादन कोल गैसीकरण द्वारा होता है।

$$C(s) + H_2O(g) \xrightarrow{1270\text{ K}} \underset{\text{(सिन् गैस)}}{CO(g) + H_2(g)}$$

वाटर गैस का उत्पादन निकैल उत्प्रेरक द्वारा होता है।

$$CH_4(g) + H_2O(g) \xrightarrow[\text{Ni}]{1270\text{ K}} \underset{\text{(वाटर गैस)}}{CO(g) + 3H_2(g)}$$

$H_2 + Cl_2$ उत्पादन ब्राइन विलयन द्वारा होता है।

$$NaCl(aq) \longrightarrow Na^+(aq) + Cl^-(aq)$$

कैथोड $2H_2O(l) + 2e^- \longrightarrow H_2(g) + 2OH^-(aq)$

ऐनोड $2Cl^-(aq) \longrightarrow Cl_2(g) + 2e^-$

43. *(c)* किसी तत्व द्वारा इलेक्ट्रॉन त्याग कर धनायन बनाने की प्रवृत्ति उसका धात्विक गुण है। यह आवर्त में बाईं से दाईं ओर जाने पर घटता है परन्तु वर्ग में नीचे की ओर जाने पर बढ़ता है। अत: धातुएँ आवर्त सारणी में बाईं ओर के समूहों में स्थित हैं।

अत: धात्विक गुणों का सही क्रम होगा

$$Si < Be < Mg < K$$

44. *(d)* A और C कथन सही हैं।

अमोनियम लवण वायुमण्डल में धुंध उत्पन्न करते हैं। अत: कथन सही है।

ओजोन ऑक्सीजन का अपररूप (Allotropic) है। रासायनिक तौर पर, यह त्रिपरमाणुक गैस है। यह लगभग 20 किमी ऊँचाई पर सूर्य के प्रकाश की उपस्थिति में वायुमण्डलीय ऑक्सीजन से बनती है।

पॉलिक्लोरो बाइफेनिल का उपयोग सफाई हेतु विलायक के रूप में कार्य करते हैं। अत: कथन सही है।

जल में नाइट्रेट आयनों की अधिकता के कारण ब्लू *बेबी सिन्ड्रोम* उत्पन्न होता है।

45. *(a)* जब हाइड्रोजन आयन सान्द्रता $[H^+]$ 1000 के फेक्टर से परिवर्तित होती है तो विलयन का pH 3 इकाई घटता है क्योंकि

$$\Delta[H^+] = 1000$$

$$\therefore \quad \Delta pH = -\log \Delta[H^+]$$

$$= -\log 1000 = -\log 10^3 = -3 \log 10$$

$$= -3 \times 1 = -3 \qquad [\log 10 = 1]$$

PH 3 इकाई घटता है।

46. *(d)* कथन I सही है परन्तु कथन II गलत है।

द्विध्रुव आघूर्ण एक सदिश है। जिसकी दिशा प्राय: ऋणात्मक आवेश से धनात्मक आवेश की ओर होती है। यह निकाय में आवेशों के ध्रुवीकरण को नापता है।

$-\delta$ O, H $+\delta$, H $+\delta$, P

जल के अणु का द्विध्रुव आघूर्ण

$-\delta$ ऋणात्मक आवेश

$+\delta$ धनात्मक आवेश

P = द्विध्रुव आघूर्ण

47. *(b)* मोलर द्रव्यमान $C_2H_6O_2 = 62$ ग्राम/मोल

मोलरता $(m) = 0.25$ मोलल

विलयन I का द्रव्यमान = 500 g

विलयन II का द्रव्यमान = 250 mL

द्रव्यमान अनुपात = ?

I. $0.25 = \dfrac{W_1}{62} \times \dfrac{1000}{500}$

II. $0.25 = \dfrac{W_2}{62} \times \dfrac{1000}{250} \Rightarrow \dfrac{W_1}{W_2} = \dfrac{2}{1}$

48. *(d)* कथन I सही है परन्तु कथन II सही नहीं है।

फेन प्लवन विधि में एक घूर्णित सेपणी से मिश्रण को विलोड़ित किया जाता है ताकि वायु को बाहर निष्काषित किया जा सके।

आयरन पाइराइट का उपयोग लौह उद्योग में नहीं होता है क्योंकि इसमें उपस्थित सल्फर की मात्रा बहुत ही हानिकारक होती है।

49. *(a)* सही सुमेलन A-III, B-IV, C-II, D-I

- ग्लिप्टल एक बहुलक है। इस बहुलक का उपयोग विनिर्माण में पेन्ट और लाख के रूप में किया जाता है।
- निओप्रीन एक विशेष प्रकार का संश्लेषित रबर है। इसका उपयोग वाहनों के बेल्ट, गैस्केट आदि में किया जाता है।
- ऐक्रिलिक फाइबर एक फिलामेण्ट के रूप में निर्मित किया जाता है। इसका उपयोग संश्लेषित ऊन बनाने में किया जाता है।
- LDP निम्न घनत्व वाली पॉलिथीन है। इसका उपयोग लचीले पाइपों के निर्माण में किया जाता है।

50. *(d)* सही सुमेलन है। A-III, B-II, C-I, D-IV

उपसहसंयोजक यौगिक निम्न नियम से अवशोषित प्रकाश की तरंगदैर्ध्य प्राप्त की जाती है।

$$\text{अवशोषित प्रकश की तरंगदैर्ध्य} \propto \frac{1}{\text{धातु आयन की ऑक्सीकरण}}$$

$$\propto \frac{1}{\text{लिगैण्ड की सामर्थ्य}}$$

लिगैण्ड सामर्थ्य $CN^- > NH_3 > H_2O > Cl^-$.

A.	$[CoCl(NH_3)_5]^{2+}$	III.	535 nm
B.	$[Co(NH_3)_6]^{3+}$	II.	475 nm
C.	$[Co(CN)_6]^{3-}$	I.	310 nm
D.	$[Cu(H_2O)_4]^{2+}$	IV.	600 nm

51. *(2)* वेग स्थिरांक, $k = 4.6 \times 10^{-3}\ s^{-1}$

$$\log 3 = 0.48$$

10% पूरा होने में लगा समय,

$$t_{10\%} = \frac{1}{\text{वेग स्थिरांक}} \ln\left(\frac{a}{a-x}\right)$$

$\Rightarrow \quad t_{10\%} = \frac{1}{k} \ln\left(\frac{100}{100-10}\right) \Rightarrow t_{10\%} = \frac{2.303}{k} \ln\left(\frac{100}{90}\right)$

$t_{10\%} = \frac{2.303}{k}$ (ln 10 − ln 9)

$\left[\because \log\left(\frac{a}{b}\right) = \log a - \log b\right]$

$t_{10\%} = \frac{2.303}{k} \times (0.04) \Rightarrow t_{90\%} = \frac{1}{k} \ln\left(\frac{a}{a-x}\right)$

$t_{90\%} = \frac{1}{k} \ln\left(\frac{100}{100-90}\right) = \frac{1}{k} \ln\left(\frac{100}{10}\right) \Rightarrow t_{90\%} = \frac{2.303}{k}$

$\frac{t_{90\%}}{t_{10\%}} = \frac{\frac{2.303}{k}}{\frac{2.303 \times 0.04}{k}} = \frac{1}{0.04} = 25$

अत: कथन C सही है।

$e^{kt} = \frac{a}{a-x} \Rightarrow \frac{a-x}{a} = e^{-kt}$ या $1 - \frac{x}{a} = e^{-kt}$

$\Rightarrow \quad x = a(1 - e^{-kt})$

$d = \frac{x}{a} = (1 - e^{-kt})$

अत: कथन (D) सही है।

52. *(2)* कथन B और D सही हैं।

- पृष्ठ तनाव सतह पर उपस्थित अणुओं पर लगने वाले असमान बलों के कारण होता है।
- सतह पर उपस्थित अणु वाष्प दाब के लिए जिम्मेदार है। यदि तन्त्र एक बन्द निकाय है।

53. *(2)* असत्य कथनों की संख्या 2 है।

(A) जल वाष्प का अधिशोषण सिलिका जैल द्वारा किया जाता है।

(C) जैसे-जैसे अधिशोषण बढ़ता है। ΔH का मान कम और कम ऋणात्मक होता जाता है।

54. *(5)* p_x, p_y, p_z, d_{z^2} और $d_{x^2-y^2}$ में इलेक्ट्रॉन घनत्व अक्ष की दिशा में हैं।

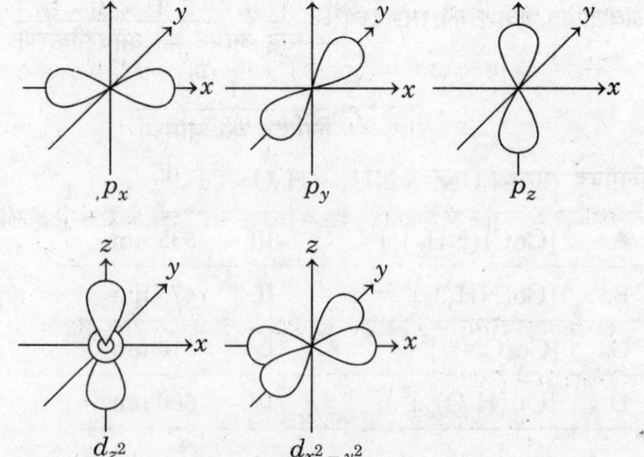

55. *(5)* $[Co(NH_3)_4Cl_2]Cl \xrightarrow{AgNO_3}$ 1 मोल AgCl

$[Ni(H_2O)_6]Cl_2 \xrightarrow{AgNO_3}$ 2 मोल AgCl

$[Pt(NH_3)_2Cl_2] \xrightarrow{AgNO_3}$ शून्य मोल AgCl

$[Pd(NH_3)_4]Cl_2 \xrightarrow{AgNO_3}$ 2 मोल AgCl

$[Co(NH_3)_4Cl_2]Cl, [Ni(H_2O)_6]Cl_2, [Pt(NH_3)_2Cl_2]$ और $[Pd(NH_3)_4]Cl_2$

= 1 मोल + 2 मोल + 0 मोल + 2 मोल

= 5 मोल AgCl

56. *(4)* A, B, D और E युग्मों में परासरण दाब का मान समान है। परासरण दाब निम्न सूत्र से ज्ञात किया जाता है।

$\pi = iCRT$, अत: $\pi \propto iC$

A. $(iC)_{C_2H_5OH} = 0.5$

$\therefore \quad (iC)_{KBr} = 2 \times 0.25 = 0.5$

B. $(iC)_{K_4[Fe(CN)_6]} = 0.1 \times 5 = 0.5$

$(iC)_{FeSO_4(NH_4)_2SO_4} = 0.1 \times 5 = 0.5$

C. $(iC)_{K_4[Fe(CN)_6]} = 5 \times 0.05 = 0.25$

$(iC)_{NaCl} = 0.25 \times 2 = 0.5$

D. $(iC)_{NaCl} = 0.15 \times 2 = 0.3$

$(iC)_{BaCl_2} = 0.1 \times 3 = 0.3$

E. $(iC)_{KCl \cdot MgCl_2 \cdot 6H_2O} = 0.02 \times 5 = 0.1$

$(iC)_{KCl} = 0.05 \times 2 = 0.1$

57. *(3)* यौगिक सैरिक अमोनियम नाइट्रेट के साथ लाल रंग एवं धनात्मक आयोडोफॉर्म परीक्षण देते हैं।

(संरचनाएँ: OH, OH , और OH)

58. *(– 925)*

$C_2H_4 + 3O_2 \longrightarrow 2CO_2 + 2H_2O$

	C_2H_4	CO_2
शुरू में	x	—
अन्त में	—	$2x$

$CH_4 + 2O_2 \longrightarrow CO_2 + 2H_2O$

	CH_4	CO_2
शुरू में	$(16.8 - x)$	—
अन्त में	—	$(16.8 - x)$

CO_2 का कुल आयतन $= 2x + 16.8 - x$

$\Rightarrow \quad 28 = 16.8 + x$

तथा $\quad x = 11.2$ L

C_2H_4 का आयतन = 4.2 L

CH_4 का आयतन = (16.8 − 11.2) L = 5.6 L

CH_4 मोलों की संख्या $= \frac{5.6}{22.4} = 0.25$ मोल

C_2H_4 मोलों की संख्या $= \frac{11.2}{22.4} = 0.5$ मोल

तो ऊर्जा निर्मुक्त होगी

$\Rightarrow 0.25(-900) + 0.5(-1400) = -925$ kJ

59. *(12)* हाइड्रोजन की प्रतिशतता = 100% − 85.8% = 14.2%

कार्बन के मोल = $\frac{\text{कार्बन का प्रतिशत}}{\text{कार्बन का द्रव्यमान}} = \frac{85.8}{12}$

= 7.15 मोल

हाइड्रोजन के मोल = $\frac{\text{हाइड्रोजन का प्रतिशत}}{\text{हाइड्रोजन का द्रव्यमान}} = \frac{14.2}{1}$

= 14.2 मोल

कार्बन का मोल अनुपात = $\frac{7.15 \text{ मोल}}{7.15 \text{ मोल}} = 1$

हाइड्रोजन का मोल अनुपात = $\frac{14.2 \text{ मोल}}{7.15 \text{ मोल}} = 1.98 \approx 2$

अतः मूलानुपाती सूत्र CH_2 होगा।

अब, मूलानुपाती सूत्र $\times n$ = अणुसूत्र

(12 g/मोल + 2 × 1 g/मोल) × n = 84 g/मोल

$\Rightarrow \quad n = \frac{84 \text{ g/मोल}}{14 \text{ g/मोल}} = 6$

अतः सूत्र = $6 \times CH_2 = C_6H_{12}$

अतः हाइड्रोकार्बन A में 85.8% कार्बन उपस्थित है। उसमें हाइड्रोजन की संख्या 12 है।

60. *(3)* दिया है, $E^\circ_{M^{3+}/M^+} = 0.2\text{ V}$

$$\frac{2.303\, RT}{F} = 0.059\text{ V}, \frac{[M^+(aq)]}{[M^{3+}(aq)]} = 10^a$$

$E_{\text{cell}} = 0.1115$ V, 298 K पर

सेल समीकरण

$H_2(g) + M^{3+}(aq) \longrightarrow M^+(aq) + 2H^+(aq)$

$$E_{\text{सेल}} = (E^\circ_{\text{कैथोड}} - E^\circ_{\text{ऐनाड}}) - \frac{0.059}{2}\log\frac{[M^+]\times 1^2}{[M^{3+}]\times 1}$$

$$0.115 = (E^\circ_{M^{3+}/M^+}) - \frac{0.059}{2}\log\frac{[M^+]}{[M^{3+}]}$$

$$0.115 = 0.2 - \frac{0.059}{2}\log 10^a \quad \left(\because \frac{[M^+]}{[M^{3+}]} = 10^a\right)$$

$$\Rightarrow \frac{0.059}{2}\log 10^a = 0.2 - 0.115$$

$$\Rightarrow \frac{0.059}{2}\log 10^a = 0.0885 \Rightarrow \log 10^a = \frac{0.0885\times 2}{0.059}$$

$$\Rightarrow \log 10^a = 3 \Rightarrow a = 3$$

अतः a का मान 3 है।

गणित

61. *(d)* दिया है,

$$\frac{dy}{dt} + \alpha y = \gamma e^{-\beta t}$$

जोकि एक रैखिक अवकल समीकरण है।

$$\therefore \quad \text{IF} = e^{\int P\,dt} \Rightarrow \text{IF} = e^{\int \alpha\,dt} = e^{\alpha t}$$

अतः हल होगा

$$y\cdot\text{IF} = \int Q\cdot\text{IF}\,dt + C$$

$$\Rightarrow \quad y\cdot(e^{\alpha t}) = \int \gamma e^{-\beta t}\cdot e^{\alpha t}dt + C \Rightarrow y\cdot e^{\alpha t} = \gamma\int e^{(\alpha-\beta)t}\cdot dt + C$$

$$\Rightarrow \quad ye^{\alpha t} = \frac{\gamma}{\alpha-\beta}e^{(\alpha-\beta)t} + C \Rightarrow y = \frac{\gamma}{\alpha-\beta}e^{-\beta t} + c\cdot e^{-\alpha t}$$

$$\therefore \quad y(t) = \frac{\gamma}{\alpha-\beta}e^{-\beta t} + c\cdot e^{-\alpha t}$$

अब, $\lim_{t\to\infty} y(t) = \lim_{t\to\infty}\left[\frac{\gamma}{\alpha-\beta}e^{-\beta t} + c\cdot e^{-\alpha t}\right]$

$$= 0 + 0 \quad \left[\because \lim_{x\to\infty} e^{-x} = 0\right]$$

$$= 0$$

62. *(a)* दिया है,

$$f(x) = 2x^3 + (2p-7)x^2 + 3(2p-9)x - 6$$

$$\Rightarrow \quad f'(x) = 6x^2 + 2(2p-7)x + 3(2p-9)$$

$\because f(x)$ का उच्चिष्ठ, $x < 0$ तथा निम्निष्ठ $x > 0$ पर है

$\therefore f'(x)$ का एक मूल $x_1 < 0$ तथा दूसरा मूल $x_2 > 0$ होगा

$\therefore \quad x_1 x_2 < 0$

$$\Rightarrow \quad \frac{3(2p-9)}{6} < 0 \Rightarrow 2p - 9 < 0 \Rightarrow p < \frac{9}{2}$$

$$\therefore \quad p \in \left(-\infty, \frac{9}{2}\right)$$

63. *(a)* दिया है, $\mathbf{a} = -\hat{\mathbf{i}} - \hat{\mathbf{j}} + \hat{\mathbf{k}}$, $\mathbf{a}\cdot\mathbf{b} = 1$ तथा $\mathbf{a}\times\mathbf{b} = \hat{\mathbf{i}} - \hat{\mathbf{j}}$

अब, $\mathbf{a}\times\mathbf{b} = \hat{\mathbf{i}} - \hat{\mathbf{j}}$

$\therefore \quad \mathbf{a}\times(\mathbf{a}\times\mathbf{b}) = \mathbf{a}\times(\hat{\mathbf{i}} - \hat{\mathbf{j}})$

$\Rightarrow \quad (\mathbf{a}\cdot\mathbf{b})\mathbf{a} - (\mathbf{a}\cdot\mathbf{a})\mathbf{b} = (-\hat{\mathbf{i}} - \hat{\mathbf{j}} + \hat{\mathbf{k}})\times(\hat{\mathbf{i}} - \hat{\mathbf{j}})$ ...(i)

अब, $\mathbf{a}\cdot\mathbf{a} = |\mathbf{a}|^2 = (\sqrt{(-1)^2 + (-1)^2 + (1)^2})^2$

$$= (\sqrt{1+1+1})^2 = (\sqrt{3})^2 = 3$$

तथा $(-\hat{\mathbf{i}} - \hat{\mathbf{j}} + \hat{\mathbf{k}})\times(\hat{\mathbf{i}} - \hat{\mathbf{j}}) = \begin{vmatrix} \hat{\mathbf{i}} & \hat{\mathbf{j}} & \hat{\mathbf{k}} \\ -1 & -1 & 1 \\ 1 & -1 & 0 \end{vmatrix} = \hat{\mathbf{i}} + \hat{\mathbf{j}} + 2\hat{\mathbf{k}}$

$\mathbf{a}\cdot\mathbf{a} = 3$ तथा $(-\hat{\mathbf{i}} - \hat{\mathbf{j}} + \hat{\mathbf{k}})\times(\hat{\mathbf{i}} - \hat{\mathbf{j}}) = \hat{\mathbf{i}} + \hat{\mathbf{j}} + 2\hat{\mathbf{k}}$

समी (i) में रखने पर,

$$\mathbf{a} - 3\mathbf{b} = \hat{\mathbf{i}} + \hat{\mathbf{j}} + 2\hat{\mathbf{k}}$$

$$\Rightarrow \quad 3\mathbf{b} = \mathbf{a} - (\hat{\mathbf{i}} + \hat{\mathbf{j}} + 2\hat{\mathbf{k}}) = (-\hat{\mathbf{i}} - \hat{\mathbf{j}} + \hat{\mathbf{k}}) - (\hat{\mathbf{i}} + \hat{\mathbf{j}} + 2\hat{\mathbf{k}})$$

$$= -2\hat{\mathbf{i}} - 2\hat{\mathbf{j}} - \hat{\mathbf{k}}$$

अब, $\mathbf{a} - 6\mathbf{b} = \mathbf{a} - 2(3\mathbf{b})$

$$= (-\hat{\mathbf{i}} - \hat{\mathbf{j}} + \hat{\mathbf{k}}) - 2(-2\hat{\mathbf{i}} - 2\hat{\mathbf{j}} - \hat{\mathbf{k}})$$

$$= -\hat{\mathbf{i}} - \hat{\mathbf{j}} + \hat{\mathbf{k}} + 4\hat{\mathbf{i}} + 4\hat{\mathbf{j}} + 2\hat{\mathbf{k}} = 3\hat{\mathbf{i}} + 3\hat{\mathbf{j}} + 3\hat{\mathbf{k}}$$

64. *(a)* दिया है,

परवलय का समीकरण $y^2 = 6x$

$\therefore \quad a = \frac{3}{2}$

परवलय के लिए स्पर्श रेखा का समीकरण

$$y = mx + \frac{a}{m} \Rightarrow y = mx + \frac{3}{2m}$$

अब, स्पर्श रेखा का $x = 0$ तथा $y = 3$ के साथ प्रतिच्छेदन बिन्दु $\left(0, \frac{3}{2m}\right)$ तथा $\left(\frac{6m-3}{2m^2}, 3\right)$ है।

$\because x = 0$ तथा $y = 3$ लम्बवत् रेखा है, अत: $x = 0, y = 3$ तथा स्पर्श रेखा से बनने वाला त्रिभुज समकोण त्रिभुज होगा।

$\therefore$ त्रिभुज का परिकेन्द्र = कर्ण का मध्य-बिन्दु

$$(h, k) = \left(\frac{6m-3}{4m^2}, \frac{6m+3}{4m}\right)$$

$$\therefore \quad h = \frac{6m-3}{4m^2}, k = \frac{6m+3}{4m}$$

अब, $4mk = 6m + 3$

$\Rightarrow \quad m(4k-6) = 3 \Rightarrow m = \frac{3}{4k-6}$

$\therefore \quad 4hm^2 = 6m - 3 \Rightarrow 4h\left(\frac{3}{4k-6}\right)^2 = 6\left(\frac{3}{4k-6}\right) - 3$

$\Rightarrow \quad \frac{36h}{(4k-6)^2} = \frac{18 - 12k + 18}{4k-6} \Rightarrow \frac{36h}{4k-6} = 36 - 12k$

$\Rightarrow \quad \frac{36h}{4k-6} = 12(3-k) \Rightarrow 3h = (3-k)(4k-6)$

$\Rightarrow \quad 3h = -4k^2 + 18k - 18 \Rightarrow 4k^2 - 18k + 3h + 18 = 0$

$\therefore$ परिकेन्द्र का बिन्दुपथ होगा

$\Rightarrow \quad 4y^2 - 18y + 3x + 18 = 0$

65. *(c)* दिया है,

$$\left|\frac{z-2i}{z+i}\right| = 2$$

माना $\quad z = x + iy$

अत: $\quad \left|\frac{x+iy-2i}{x+iy+i}\right| = 2 \Rightarrow \left|\frac{x+i(y-2)}{x+i(y+1)}\right| = 2$

$\Rightarrow \quad |x + i(y-2)| = 2|x + i(y+1)|$

$\Rightarrow \quad \sqrt{x^2 + (y-2)^2} = 2\sqrt{x^2 + (y+1)^2}$

$\Rightarrow \quad x^2 + (y-2)^2 = 4(x^2 + (y+1)^2)$

$\Rightarrow \quad x^2 + y^2 - 4y + 4 = 4x^2 + 4y^2 + 8y + 4$

$\Rightarrow \quad 3x^2 + 3y^2 + 12y = 0$ or $x^2 + y^2 + 4y = 0$

$\quad x^2 + (y+2)^2 = 4$

$\therefore$ केन्द्र $(0, -2)$ होगा।

66. *(a)* दिया है,

$$A^T = A, B^T = -B, C^T = -C$$

माना, $\quad P = A^{13}B^{26} - B^{26}A^{13} \Rightarrow P^T = (A^{13}B^{26} - B^{26}A^{13})^T$

$= (A^{13}B^{26})^T - (B^{26}A^{13})^T \quad [\because (A-B)^T = A^T - B^T]$

$= (B^{26})^T(A^{13})^T - (A^{13})^T(B^{26})^T \quad [\because (AB)^T = B^TA^T]$

$= (B^T)^{26}(A^T)^{13} - (A^T)^{13}(B^T)^{26} \quad [\because (A^n)^T = (A^T)^n]$

$= (-B)^{26}(A)^{13} - (A)^{13}(-B)^{26} = B^{26}A^{13} - A^{13}B^{26}$

$= -(A^{13}B^{26} - B^{26}A^{13}) = -P$

$\therefore P$ एक विषम सममित आव्यूह है।

पुन: $\quad Q = A^{26}C^{13} - C^{13}A^{26}$

$\Rightarrow \quad Q^T = (A^{26}C^{13} - C^{13}A^{26})^T = (A^{26}C^{13})^T - (C^{13}A^{26})^T$

$= (C^{13})^T(A^{26})^T - (A^{26})^T(C^{13})^T$

$= (C^T)^{13}(A^T)^{26} - (A^T)^{26}(C^T)^{13}$

$= (-C)^{13}(A)^{26} - (A)^{26}(-C)^{13} = -C^{13}A^{26} + A^{26}C^{13}$

$= A^{26}C^{13} - C^{13}A^{26} = Q$

$\therefore Q$ एक सममित आव्यूह है।

अत: केवल कथन S2 सत्य है।

67. *(a)* दिया है,

$$\sum_{k=0}^{6} {}^{51-k}C_3$$

$= {}^{51}C_3 + {}^{50}C_3 + {}^{49}C_3 + {}^{48}C_3 + {}^{47}C_3 + {}^{46}C_3 + {}^{45}C_3$

$= {}^{45}C_4 + {}^{45}C_3 + {}^{46}C_3 + {}^{47}C_3 + {}^{48}C_3 + {}^{49}C_3 + {}^{50}C_3 + {}^{51}C_3 - {}^{45}C_4$

[${}^{45}C_4$ जोड़ने व घटाने पर]

$= {}^{46}C_4 + {}^{46}C_3 + {}^{47}C_3 + {}^{48}C_3 + {}^{49}C_3 + {}^{50}C_3 + {}^{51}C_3 - {}^{45}C_4$

$[\because {}^nC_r + {}^nC_{r-1} = {}^{n+1}C_r]$

$= {}^{47}C_4 + {}^{47}C_3 + {}^{48}C_3 + {}^{49}C_3 + {}^{50}C_3 + {}^{51}C_3 - {}^{45}C_4$

$= {}^{48}C_4 + {}^{48}C_3 + {}^{49}C_3 + {}^{50}C_3 + {}^{51}C_3 - {}^{45}C_4$

$= {}^{49}C_4 + {}^{49}C_3 + {}^{50}C_3 + {}^{51}C_3 - {}^{45}C_4$

$= {}^{50}C_4 + {}^{50}C_3 + {}^{51}C_3 - {}^{45}C_4$

$= {}^{51}C_4 + {}^{51}C_3 - {}^{45}C_4 = {}^{52}C_4 - {}^{45}C_4$

68. *(c)* दिया है,

रेखाओं का समीकरण है, $x + 1 = 2y = -12z$

$\Rightarrow \quad \frac{x+1}{12} = \frac{y}{6} = \frac{z}{-1} \quad \ldots(i)$

तथा $\quad x = y + 2 = 6z - 6 \Rightarrow \frac{x}{6} = \frac{y+2}{6} = \frac{z-1}{1}$

अब, $\mathbf{a}_1 = -\hat{\mathbf{i}} + 0\hat{\mathbf{j}} + 0\hat{\mathbf{k}}, \mathbf{b}_1 = 12\hat{\mathbf{i}} + 6\hat{\mathbf{j}} - \hat{\mathbf{k}}$

तथा $\mathbf{a}_2 = 0\hat{\mathbf{i}} - 2\hat{\mathbf{j}} + \hat{\mathbf{k}}, \mathbf{b}_2 = 6\hat{\mathbf{i}} + 6\hat{\mathbf{j}} + \hat{\mathbf{k}}$

$\therefore \quad \mathbf{a}_2 - \mathbf{a}_1 = \hat{\mathbf{i}} - 2\hat{\mathbf{j}} + \hat{\mathbf{k}}$

$$\mathbf{b}_1 \times \mathbf{b}_2 = \begin{vmatrix} \hat{\mathbf{i}} & \hat{\mathbf{j}} & \hat{\mathbf{k}} \\ 12 & 6 & -1 \\ 6 & 6 & 1 \end{vmatrix}$$

$= 12\hat{\mathbf{i}} - 18\hat{\mathbf{j}} + 36\hat{\mathbf{k}} = 6(2\hat{\mathbf{i}} - 3\hat{\mathbf{j}} + 6\hat{\mathbf{k}})$

पुन:, $\quad |\mathbf{b}_1 \times \mathbf{b}_2| = 6\sqrt{(2)^2 + (-3)^2 + (6)^2}$

$= 6\sqrt{4 + 9 + 36} = 6 \times 7 = 42$

तथा $(\mathbf{a}_2 - \mathbf{a}_1) \cdot (\mathbf{b}_1 \times \mathbf{b}_2) = (\hat{\mathbf{i}} - 2\hat{\mathbf{j}} + \hat{\mathbf{k}}) \cdot (12\hat{\mathbf{i}} - 18\hat{\mathbf{j}} + 36\hat{\mathbf{k}})$

$= 12 + 36 + 36 = 84$

$\therefore$ रेखाओं के बीच की न्यूनतम दूरी $= \left|\frac{(\mathbf{a}_2 - \mathbf{a}_1)\cdot(\mathbf{b}_1 \times \mathbf{b}_2)}{|\mathbf{b}_1 \times \mathbf{b}_2|}\right|$

$= \left|\frac{84}{42}\right| = 2$ इकाई

69. *(d)* दिया है,

$$f(x)=\begin{cases}(1+|\cos x|)^{\frac{\lambda}{|\cos x|}}, & 0<x<\frac{\pi}{2}\\ \mu, & x=\frac{\pi}{2}\\ e^{\left(\frac{\cot 6x}{\cot 4x}\right)}, & \frac{\pi}{2}<x<\pi\end{cases}$$

अब, LHL $= \lim_{x\to\frac{\pi^-}{2}} f(x) = \lim_{x\to\frac{\pi^-}{2}} (1+|\cos x|)^{\frac{\lambda}{|\cos x|}}$ (1^∞ रूप में)

$$= e^{\lim_{x\to\frac{\pi^-}{2}}\left((|\cos x|)\cdot\frac{\lambda}{|\cos x|}\right)} = e^{\lambda}$$

$$\text{RHL} = \lim_{x\to\frac{\pi^+}{2}} e^{\left(\frac{\cot 6x}{\cot 4x}\right)} = e^{\lim_{x\to\frac{\pi^+}{2}}\left(\frac{\cot 6x}{\cot 4x}\right)} = e^{\lim_{x\to\frac{\pi^+}{2}}\left(\frac{\tan 4x}{\tan 6x}\right)}$$

$$= e^{\lim_{h\to 0}\left(\frac{\tan 4\left(\frac{\pi}{2}+h\right)}{\tan 6\left(\frac{\pi}{2}+h\right)}\right)} = e^{\lim_{h\to 0}\left(\frac{\tan(2\pi+4h)}{\tan(3\pi+6h)}\right)}$$

$$= e^{\lim_{h\to 0}\left[\frac{\tan 4h}{\tan 6h}\right]} = e^{\frac{4}{6}} = e^{\frac{2}{3}}$$

तथा $f\left(\frac{\pi}{2}\right) = \mu$

$\because f(x), x = \frac{\pi}{2}$ पर सतत् है,

अतः LHL = RHL $= f\left(\frac{\pi}{2}\right)$

$$e^{\lambda} = e^{2/3} = \mu \Rightarrow \lambda = \frac{2}{3}$$

तथा $\mu = e^{2/3}$

अब, $9\lambda + 6\log_e \mu + \mu^6 - e^{6\lambda}$

$= 9\times\frac{2}{3} + 6\log_e(e)^{2/3} + (e^{2/3})^6 - e^{6\times 2/3}$

$= 6 + 6\times\frac{2}{3} + e^4 - e^4 = 10$

70. *(c)* दिया है,

$$f(x) = \log_{\sqrt{m}}\{\sqrt{2}(\sin x - \cos x) + m - 2\}$$

हम जानते हैं,

$-\sqrt{(1)^2+(-1)^2} \le \sin x - \cos x \le \sqrt{(1)^2+(-1)^2}$

$\Rightarrow -\sqrt{2} \le \sin x - \cos x \le \sqrt{2}$

$\Rightarrow -2 \le \sqrt{2}(\sin x - \cos x) \le 2$

$\Rightarrow -2 + m - 2 \le \sqrt{2}(\sin x - \cos x) + m - 2 \le 2 + m - 2$

$\Rightarrow \log_{\sqrt{m}}(m-4) \le \log_{\sqrt{m}}\{\sqrt{2}(\sin x - \cos x) + (m-2)\} \le \log_{\sqrt{m}} m$

$\Rightarrow \log_{\sqrt{m}}(m-4) \le f(x) \le 2$ $[\because \log_{\sqrt{m}} m = 2\log_m m = 2]$

परन्तु, $f(x)$ का परिसर $[0, 2]$ है

$\therefore \log_{\sqrt{m}}(m-4) = 0 \Rightarrow m - 4 = 1$

$m = 5$

71. *(d)* दिया है,

$f(x) = 2x^n + \lambda$,

$\lambda \in R, n \in N$ तथा $f(4) = 133, f(5) = 255$

अब, $f(4) = 2(4)^n + \lambda$

$\Rightarrow 133 = 2(4)^n + \lambda$ ...(i)

तथा $f(5) = 2(5)^n + \lambda$

$\Rightarrow 255 = 2(5)^n + \lambda$ ...(ii)

समी (i) को समी (ii) में से घटाने पर,

$2[5^n - 4^n] = 122 \Rightarrow 5^n - 4^n = 61$

यदि $n = 3$ रखा जाए तब, $5^3 - 4^3 = 125 - 64 = 61$

$\therefore n = 3$

$n = 3$ समी (i) में रखने पर,

$2(4)^3 + \lambda = 133 \Rightarrow 128 + \lambda = 133 \Rightarrow \lambda = 5$

$\therefore f(x) = 2x^3 + 5$

$\therefore f(3) - f(2) = (2(3)^3 + 5) - (2(2)^3 + 5)$

$= 54 + 5 - 16 - 5 = 38$

पुनः 38 के धनात्मक पूर्णांक भाजक 1, 2, 19, 38 हैं।

$\therefore$ अभीष्ट योग $= 1 + 2 + 19 + 38 = 60$

72. *(a)* दिया है,

रेखा का समीकरण है

$L: \frac{x+1}{2} = \frac{y-1}{5} = \frac{z+1}{-1}$

बिन्दु $P(2, 0, 5)$ से रेखा पर डाले गए लम्ब का पाद (α, β, γ) है।

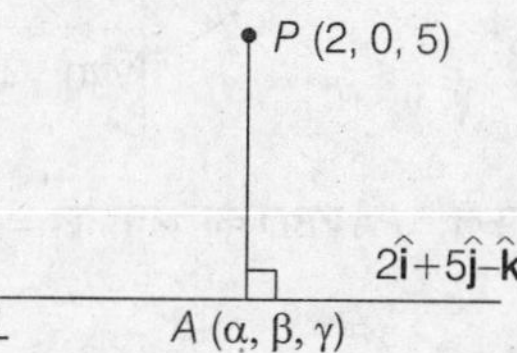

रेखा L के दिक् अनुपात $(2 : 5 : -1)$ है।

माना, $\frac{x+1}{2} = \frac{y-1}{5} = \frac{z+1}{-1} = \lambda$

$\Rightarrow x = 2\lambda - 1, y = 5\lambda + 1, z = -\lambda - 1$

अतः बिन्दु A के निर्देशांक $(2\lambda - 1, 5\lambda + 1, -\lambda - 1)$ होंगे।

पुनः रेखा PA के दिक् अनुपात

$< 2\lambda - 1 - 2, 5\lambda + 1 - 0, -\lambda - 1 - 5 >$

$= < 2\lambda - 3, 5\lambda + 1, -\lambda - 6 >$ होंगे

$\because PA \perp L$ है, अतः

$2(2\lambda - 3) + 5(5\lambda + 1) - 1(-\lambda - 6) = 0$

$\Rightarrow 4\lambda - 6 + 25\lambda + 5 + \lambda + 6 = 0 \Rightarrow 30\lambda + 5 = 0$

$\Rightarrow \lambda = -\frac{1}{6}$

$\because$ A के निर्देशांक $\left(2\left(\frac{-1}{6}\right)-1, 5\left(\frac{-1}{6}\right)+1, -\left(\frac{-1}{6}\right)-1\right)$

$$=\left(-\frac{4}{3}, \frac{1}{6}, -\frac{5}{6}\right)$$

$\therefore$ $(\alpha, \beta, \gamma)=\left(-\frac{4}{3}, \frac{1}{6}, -\frac{5}{6}\right)$

$\therefore$ $\alpha=-\frac{4}{3}, \beta=\frac{1}{6}, \gamma=\frac{-5}{6}$

पुन: $\frac{\alpha\beta}{\gamma}=\frac{-\frac{4}{3}\times\frac{1}{6}}{-\frac{5}{6}}=\frac{4}{15}$

73. *(c)* दिया है, अतिपरवलय का समीकरण है

$\Rightarrow$ $16x^2-y^2+64x+4y+44=0$

$\Rightarrow$ $16(x+2)^2-(y-2)^2=16$

$$\frac{(x+2)^2}{1}-\frac{(y-2)^2}{16}=1$$

अत: $a=1, b=4$ तथा $a<b$

$\therefore$ अनुप्रस्थ अक्ष, $y-2=0 \Rightarrow y=2$

तथा संयुग्मी अक्ष, $x+2=0 \Rightarrow x=-2$

पुन:, परवलय का समीकरण $x^2=y+4$ है।

$\therefore$ परवलय और रेखा $y=2$ के प्रतिच्छेदन बिन्दु $C(-\sqrt{6}, 2)$ तथा $D(\sqrt{6}, 2)$ होंगे।

परवलय X-अक्ष को $A(-2, 0)$ तथा $B(2, 0)$ पर प्रतिच्छेद करेगा।

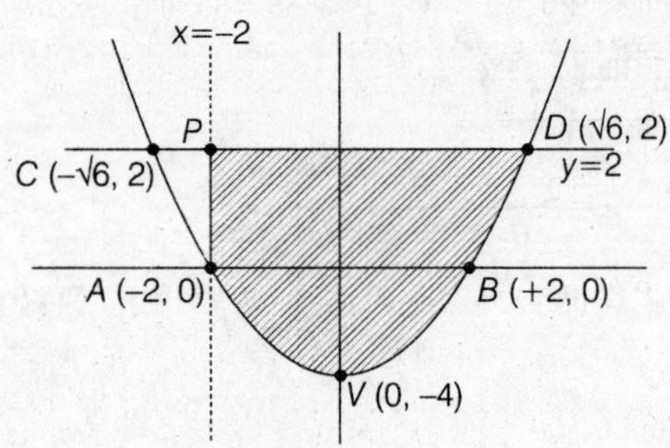

$\therefore$ अभीष्ट क्षेत्रफल, $PAVBD$ का क्षेत्रफल $=\left\{\int_{-2}^{\sqrt{6}}(2-(x^2-4))\,dx\right\}$

$\because$ $=\left[6x-\frac{x^3}{3}\right]_{-2}^{\sqrt{6}}=\left(6\sqrt{6}-\frac{6\sqrt{6}}{3}\right)-\left(-12+\frac{8}{3}\right)$

$$=\frac{12\sqrt{6}}{3}+\frac{28}{3}=4\sqrt{6}+\frac{28}{3}$$

74. *(b)* दिया है, $f:\{1, 2, 3, 4\}\rightarrow\{a\in Z; |a|\le 8\}$

तथा $f(n)+\frac{1}{n}f(n+1)=1, \forall\, n\in\{1, 2, 3\}$

माना, $A=\{a, a\in Z;$ तथा $|a|\le 8\}$

$\Rightarrow$ $A=\{-8, -7, -6, \ldots, 6, 7, 8\}$

अब, $f(n)+\frac{1}{n}f(n+1)=1$

$\Rightarrow nf(n)+f(n+1)=n \Rightarrow f(n+1)=n-nf(n)$

अब, $n=1$ के लिए

$$f(2)=1-f(1)$$

$n=2$ के लिए

$$f(3)=2-2f(2)=2-2(1-f(1)) \Rightarrow f(3)=2f(1)$$

$n=3$ के लिए

$$f(4)=3-3f(3)=3-3(2f(1)) \Rightarrow f(4)=3-6f(1)$$

पुन: $f(1)\in\{-8, -7, -6, \ldots, 6, 7, 8\}$ ...(i)

अब, $-8\le f(2)\le 8$

$\Rightarrow$ $-8\le 1-f(1)\le 8 \Rightarrow -9\le -f(1)\le 7 \Rightarrow 9\ge f(1)\ge -7$

$\Rightarrow$ $f(1)\in\{-7, -6, \ldots, 8, 9\}$ ...(ii)

अब, $-8\le f(3)\le 8$

$\Rightarrow$ $-8\le 2f(1)\le 8 \Rightarrow -4\le f(1)\le 4$

$f(1)\in\{-4, -3, -2, -1, 0, 1, 2, 3, 4\}$ ...(iii)

अब, $-8\le f(4)\le 8$

$\Rightarrow$ $-8\le 3-6f(1)\le 8 \Rightarrow -11\le -6f(1)\le 5$

$\Rightarrow$ $\frac{-5}{6}\le f(1)\le\frac{11}{6}$

$\Rightarrow$ $f(1)\in\{0, 1\}$ ...(iv)

समी (i), (ii), (iii) और (iv) से,

$$f(1)\in\{0, 1\}$$

यदि $f(1)=0$, तब $f(2)=1, f(3)=0, f(4)=3$

तथा यदि $f(1)=1$, तब $f(2)=0, f(3)=2, f(4)=-3$

अत: अभीष्ट फलनों की संख्या 2 है।

75. *(c)* दिया है,

$$A=\begin{bmatrix}\frac{1}{\sqrt{10}} & \frac{3}{\sqrt{10}}\\ -\frac{3}{\sqrt{10}} & \frac{1}{\sqrt{10}}\end{bmatrix} \text{ तथा } B=\begin{bmatrix}1 & -i\\ 0 & 1\end{bmatrix}$$

अब, $A\cdot A^T=\begin{bmatrix}\frac{1}{\sqrt{10}} & \frac{3}{\sqrt{10}}\\ -\frac{3}{\sqrt{10}} & \frac{1}{\sqrt{10}}\end{bmatrix}\begin{bmatrix}\frac{1}{\sqrt{10}} & \frac{3}{\sqrt{10}}\\ -\frac{3}{\sqrt{10}} & \frac{1}{\sqrt{10}}\end{bmatrix}^T$

$$=\begin{bmatrix}\frac{1}{\sqrt{10}} & \frac{3}{\sqrt{10}}\\ -\frac{3}{\sqrt{10}} & \frac{1}{\sqrt{10}}\end{bmatrix}\begin{bmatrix}\frac{1}{\sqrt{10}} & -\frac{3}{\sqrt{10}}\\ \frac{3}{\sqrt{10}} & \frac{1}{\sqrt{10}}\end{bmatrix}=\begin{bmatrix}1 & 0\\ 0 & 1\end{bmatrix}=I$$

पुन:, $M=A^TBA$

$\Rightarrow M^2=(A^TBA)(A^TBA)=A^TBAA^TBA=A^TBIBA=A^TB^2A$

$\Rightarrow M^3=M^2\cdot M=(A^TB^2A)(A^TBA)$

$$=A^TB^2AA^TBA=A^TB^2IBA=A^TB^3A$$

$\therefore M^{2023}=A^TB^{2023}A$

अब, $B=\begin{bmatrix}1 & -i\\ 0 & 1\end{bmatrix}$

$\Rightarrow$ $B^2=\begin{bmatrix}1 & -i\\ 0 & 1\end{bmatrix}\begin{bmatrix}1 & -i\\ 0 & 1\end{bmatrix}=\begin{bmatrix}1 & -2i\\ 0 & 1\end{bmatrix}$

$\Rightarrow$ $B^3=B^2B=\begin{bmatrix}1 & -2i\\ 0 & 1\end{bmatrix}\begin{bmatrix}1 & -i\\ 0 & 1\end{bmatrix}=\begin{bmatrix}1 & -3i\\ 0 & 1\end{bmatrix}$

$\therefore \quad B^{2023} = \begin{bmatrix} 1 & -2023i \\ 0 & 1 \end{bmatrix}$

अब, $AM^{2023}A^T = A(A^T \cdot B^{2023}\ A)\ A^T = AA^T B^{2023}\ AA^T$

$= IB^{2023}I = B^{2023} = \begin{bmatrix} 1 & -2023i \\ 0 & 1 \end{bmatrix}$

हम जानते हैं,

यदि $X = \begin{bmatrix} a & b \\ c & d \end{bmatrix} \Rightarrow X^{-1} = \frac{1}{ad-bc}\begin{bmatrix} d & -b \\ -a & a \end{bmatrix}$

$\therefore\ (AM^{2023}\ A^T)^{-1} = \begin{bmatrix} 1 & -2023i \\ 0 & 1 \end{bmatrix}^{-1} = \frac{1}{1-0}\begin{bmatrix} 1 & 2023i \\ 0 & 1 \end{bmatrix}$

$= \begin{bmatrix} 1 & 2023i \\ 0 & 1 \end{bmatrix}$

76. *(b)*

p	q	$p \to q$	$p \vee q$	$p \wedge q$	$(p \to q) \vee (p \vee q)$
T	T	T	T	T	T
T	F	F	T	F	T
F	T	T	T	F	T
F	F	T	F	F	T

$(p \to q) \vee (p \wedge q)$	$(p \to q) \wedge (p \vee q)$	$(p \to q) \wedge (p \wedge q)$
T	T	T
F	F	F
T	T	F
T	F	F

$\because (p \to q)\ \Delta\ (p\ \nabla\ q)$ एक पुनरुक्ति है,

अत: $\Delta = \vee, \nabla = \vee$

77. *(d)* माना, $I = 16\int_1^2 \frac{dx}{x^3(x^2+2)^2} = 16\int_1^2 \frac{dx}{x^3 \cdot x^4\left(1+\frac{2}{x^2}\right)^2}$

$1 + \frac{2}{x^2} = t$ रखने पर,

$\Rightarrow \quad -\frac{4}{x^3}\,dx = dt \Rightarrow \frac{dx}{x^3} = -\frac{dt}{4}$

पुन: $\quad 1 + \frac{2}{x^2} = t \quad \Rightarrow \frac{1}{x^2} = \left(\frac{t-1}{2}\right)$

जब, $x = 1 \Rightarrow t = 1 + \frac{2}{(1)^2} = 3$

तथा, $x = 2 \Rightarrow t = 1 + \frac{2}{(2)^2} = \frac{3}{2}$

$\therefore \quad I = 16\int_3^{3/2}\left(\frac{t-1}{2}\right)^2\left(\frac{1}{t^2}\right)\left(\frac{-dt}{4}\right)$

$= -\int_3^{3/2}\left(\frac{t-1}{t}\right)^2 dt = \int_{3/2}^3\left(1 - \frac{2}{t} + \frac{1}{t^2}\right)dt$

$I = \left[t - 2\ln t - \frac{1}{t}\right]_{3/2}^3 = \left(3 - 2\ln 3 - \frac{1}{3}\right) - \left(\frac{3}{2} - 2\ln\left(\frac{3}{2}\right) - \frac{2}{3}\right)$

$= \frac{8}{3} - \ln 9 - \frac{5}{6} + \ln\frac{9}{4}$

$= \frac{11}{6} + \ln\left(\frac{9}{9 \times 4}\right) = \frac{11}{6} + \ln\left(\frac{1}{4}\right)$

$= \frac{11}{6} + \ln(4^{-1}) = \frac{11}{6} - \ln 4$

78. *(d)* 5000 व 10000 के बीच की संख्या 4 अंकों की है तथा हजार के अंक वाली संख्या 5, 7, 9 में से कोई एक हो सकती है।

↑			

5, 7, 9

$\therefore$ अभीष्ट संख्याओं की संख्या $= 3 \times 4 \times 3 \times 2 = 72$

79. *(b)* दिया है,

दो न्याय पासे फेंकने पर प्राप्त संख्याओं का योग N है

तथा $N-2, \sqrt{3N}, N+2$ गुणोत्तर श्रेढ़ी में हैं

$\therefore \quad (\sqrt{3N})^2 = (N-2)(N+2)$

$\Rightarrow \quad 3N = N^2 - 4 \Rightarrow N^2 - 3N - 4 = 0$

$\Rightarrow \quad (N-4)(N+1) = 0$

$\Rightarrow \quad N = 4,\ -1$

$\because$ पासों पर आने वाली संख्याओं का योग -1 नहीं हो सकता है।

$\therefore \quad N = 4$

पुन: पासों पर अंकों का योग 4 निम्न रूप से आता है

$= \{(1, 3), (3, 1), (2, 2)\}$

$\therefore P(\text{योग} = 4) = \frac{3}{6 \times 6} = \frac{1}{12}$

परन्तु, दिया है

$P(\text{योग} = 4) = \frac{k}{48}$

$\therefore \quad \frac{k}{48} = \frac{1}{12} \Rightarrow k = 4$

80. *(d)* माना

$\mathbf{OA} = 3\hat{\mathbf{i}} - 4\hat{\mathbf{j}} + 2\hat{\mathbf{k}}, \mathbf{OB} = \hat{\mathbf{i}} + 2\hat{\mathbf{j}} - \hat{\mathbf{k}},$

$\mathbf{OC} = -2\hat{\mathbf{i}} - \hat{\mathbf{j}} + 3\hat{\mathbf{k}},$ तथा $\mathbf{OD} = 5\hat{\mathbf{i}} - 2\alpha\hat{\mathbf{j}} + 4\hat{\mathbf{k}}$

अत: $\quad \mathbf{AB} = -2\hat{\mathbf{i}} + 6\hat{\mathbf{j}} - 3\hat{\mathbf{k}}$

$\mathbf{AC} = -5\hat{\mathbf{i}} + 3\hat{\mathbf{j}} + \hat{\mathbf{k}}$

$\mathbf{AD} = 2\hat{\mathbf{i}} + (-2\alpha + 4)\hat{\mathbf{j}} + 2\hat{\mathbf{k}}$

यदि A, B, C, D समतलीय हैं,

तब, $\quad [\mathbf{AB}\ \ \mathbf{AC}\ \ \mathbf{AD}] = 0$

$\begin{vmatrix} -2 & 6 & -3 \\ -5 & 3 & 1 \\ 2 & -2\alpha + 4 & 2 \end{vmatrix} = 0$

$\Rightarrow -2(6 - (-2\alpha + 4)) - 6(-10 - 2) - 3(-5(-2\alpha + 4) - 6) = 0$

$\Rightarrow -12 + 2(4 - 2\alpha) + 72 + 15(-2\alpha + 4) + 18 = 0$

$\Rightarrow \quad -12 + 8 - 4\alpha + 72 - 30\alpha + 60 + 18 = 0$

$\Rightarrow \quad -34\alpha + 146 = 0 \Rightarrow \alpha = \frac{73}{17}$

81. *(31)* दिया है, रेखा का समीकरण

$3x + 4y = 60$

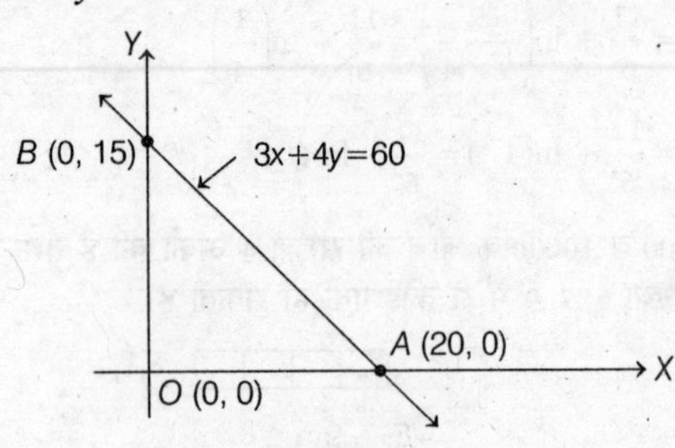

$3x + 4y = 60 \quad \Rightarrow \frac{x}{20} + \frac{y}{15} = 1$

$\therefore$ प्रतिच्छेदन बिन्दु $A(20, 0)$ तथा $B(0, 15)$ है।

बिन्दु $P(a, b)$ त्रिभुज OAB के अन्दर है तथा

तथा $a \in N$ और $b = ma$

पुन: $x > 0, y > 0$ तथा $3x + 4y < 60$

अत:, $a > 0, b > 0$ तथा $3a + 4(ma) < 60$

$\Rightarrow \quad m < \frac{60 - 3a}{4a}$

स्थिति I : यदि $a = 1$

$\Rightarrow \quad m < \frac{60 - 3}{4} = \frac{57}{4}$

अत: $m = \{1, 2, 3, \dots, 14\}$ क्योंकि $m \in N$

$\therefore$ कुल बिन्दु = 14

स्थिति II : यदि $a = 2$

$\Rightarrow \quad m < \frac{60 - 6}{8} = \frac{54}{8} = \frac{27}{4}$

अत: $m = \{1, 2, 3, 4, 5, 6\}$

$\therefore$ कुल बिन्दु = 6

स्थिति III यदि $a = 3$

$\Rightarrow \quad m < \frac{60 - 9}{12} = \frac{51}{12} = \frac{17}{4}$

अत: $m = \{1, 2, 3, 4\}$

$\therefore$ कुल बिन्दु = 4

स्थिति IV यदि $a = 4$

$\Rightarrow \quad m < \frac{60 - 12}{16} = \frac{48}{16} = 3$

अत: $m = \{1, 2\}$

$\therefore$ कुल बिन्दु = 2

स्थिति V यदि $a = 5$

$\Rightarrow \quad m < \frac{60 - 15}{20} = \frac{45}{20} = \frac{9}{4}$

अत: $m = \{1, 2\}$

$\therefore$ कुल बिन्दु = 2

स्थिति VI यदि $a = 6$

$\Rightarrow \quad m < \frac{60 - 18}{24} = \frac{42}{24} = \frac{21}{12}$

अत: $m = \{1\}$

$\therefore$ कुल बिन्दु = 1

स्थिति VII यदि $a = 7$

$\Rightarrow \quad m < \frac{60 - 21}{28} = \frac{39}{28}$

अत: $m = \{1\}$

$\therefore$ कुल बिन्दु = 1

स्थिति VIII यदि $a = 8$

$\Rightarrow \quad m < \frac{60 - 24}{32} = \frac{36}{32} = \frac{9}{8}$

अत: $m = \{1\}$

$\therefore$ कुल बिन्दु = 1

स्थिति IX यदि $a = 9$

$\Rightarrow \quad m < \frac{60 - 27}{36} = \frac{33}{36}$

अत: $m = \phi$

$\therefore$ कुल बिन्दु = 0

$\therefore$ कुल बिन्दुओं की संख्या $= 14 + 6 + 4 + 2 + 2 + 1 + 1 + 1 = 31$

82. *(6860)* दिया है,

टोकरी में 7 लाल सेब, 5 सफेद सेब व 8 सन्तरे हैं। अनिल की माँ, अनिल को कम-से-कम 2 सन्तरे, एक लाल सेब व एक सफेद सेब तथा कुल 5 फल देना चाहती है।

अत: उसकी माँ उसे 3 सन्तरे, 1 लाल सेब, 1 सफेद सेब या 2 सन्तरे, 2 लाल सेब, 1 सफेद सेब या 2 सन्तरे, 1 लाल सेब, 2 सफेद सेब दे सकती है।

$\therefore$ कुल तरीकों की संख्या

$${}^8C_3 \times {}^7C_1 \times {}^5C_1 + {}^8C_2 \times {}^7C_2 \times {}^5C_1 + {}^8C_2 \times {}^7C_1 \times {}^5C_2$$

$$= 56 \times 7 \times 5 + 28 \times 21 \times 5 + 28 \times 7 \times 10$$

$$= 1960 + 2940 + 1960 = 6860$$

83. *(7)* माना, $N = 2023$

$\because$ 2023, 7 से विभाजित होता है।

$\therefore (2023)^{2023}$ भी 7 से विभाजित होगा।

$\therefore$ माना $N = 7\alpha$

पुन: $N = (2023)^{2023} = 3^{2023} \pmod 5) = 3^3 \pmod 5$

$= 27 \pmod 5 = 2 \pmod 5$

$\therefore \quad N = 5\beta + 2 \Rightarrow 7\alpha = 5\beta + 2$

$\Rightarrow \quad 7\alpha = 5\beta + 7 - 5 \Rightarrow 7(\alpha - 1) = 5(\beta - 1)$

$\therefore \quad (\alpha - 1)$, 5 से विभाजित होगा

$\Rightarrow \quad \alpha = 5p + 1$

$\therefore \quad N = 7(5p + 1) = 35p + 7$

अत: $(2023)^{2023}$ को 35 से विभाजित करने पर 7 शेषफल बचेगा।

84. *(20)* माना $I = \int_{1/3}^{3} |\log_e x| \, dx$

$$= \int_{1/3}^{1} |\log_e x| \, dx + \int_{1}^{3} |\log_e x|) \, dx$$

$$= -\int_{1/3}^{1} |\log_e x| \, dx + \int_{1}^{3} \log_e x \, dx$$

पुन: $\int \log x dx = \int \underset{\text{II}}{1} \cdot \underset{\text{I}}{\log x} dx$

$$= x\log x - \int x \cdot \frac{1}{x} dx = x\log x - x + c$$

$\therefore \quad I = -[x\log x - x]_{1/3}^{1} + [x\log x - x]_1^3$

$$= -\left[(0-1) - \left(\frac{1}{3}\log\frac{1}{3} - \frac{1}{3}\right)\right] + [(3\log 3 - 3) - (0-1)]$$

$$= 1 + \frac{1}{3}\log\left(\frac{1}{3}\right) - \frac{1}{3} + 3\log 3 - 3 + 1$$

$$= 3\log 3 - \frac{1}{3}\log 3 - \frac{4}{3}$$

$$= \frac{8}{3}\log 3 - \frac{4}{3} = \frac{4}{3}\log 9 - \frac{4}{3}$$

$$= \frac{4}{3}(\log 9 - 1) = \frac{4}{3}(\log 9 - \log e)$$

$$= \frac{4}{3}\log_e\left(\frac{3^2}{e}\right)$$

$\therefore \quad m = 4, n = 3$

अत: $m^2 + n^2 - 5 = 4^2 + 3^2 - 5 = 20$

85. *(25)* दिया है,

$m = [-\pi, \pi]$ में समीकरण के धनात्मक मूलों की संख्या

$n = [-\pi, \pi]$ में समीकरण के ऋणात्मक मूलों की संख्या

अब, $\cos 2\theta . \cos\frac{\theta}{2} = \cos 3\theta . \cos\left(\frac{9\theta}{2}\right)$

$\Rightarrow 2\cos 2\theta \cdot \cos\frac{\theta}{2} = 2\cos 3\theta . \cos\left(\frac{9\theta}{2}\right)$

$\Rightarrow \cos\frac{5\theta}{2} + \cos\frac{3\theta}{2} = \cos\frac{15\theta}{2} + \cos\left(\frac{3\theta}{2}\right) \quad [\because \cos(-x) = \cos x]$

$\Rightarrow \quad \cos\frac{5\theta}{2} = \cos\frac{15\theta}{2}$

$\Rightarrow \quad \frac{5\theta}{2} = 2n\pi \pm \frac{15\theta}{2}$

$\Rightarrow \quad 5\theta = 4n\pi \pm 15\theta$

अब, $\quad 5\theta = 4n\pi + 15\theta$

$\Rightarrow \quad -10\theta = 4n\pi \Rightarrow \theta = \frac{-2n\pi}{5}$

$\Rightarrow \quad \theta = \frac{-4\pi}{5}, -\frac{2\pi}{5}, 0, \frac{2\pi}{5}, \frac{4\pi}{5}$

तथा $\quad 5\theta = 4n\pi - 15\theta$

$20\theta = 4n\pi \Rightarrow \theta = \frac{n\pi}{5}$

$\Rightarrow \theta = -\pi, -\frac{4\pi}{5}, -\frac{3\pi}{5}, -\frac{2\pi}{5}, -\frac{\pi}{5}, 0, \frac{\pi}{5}, \frac{2\pi}{5}, \frac{3\pi}{5}, \frac{4\pi}{5}, \pi$

$\therefore \theta = -\pi, -\frac{4\pi}{5}, -\frac{3\pi}{5}, -\frac{2\pi}{5}, -\frac{\pi}{5}, 0, \frac{\pi}{5}, \frac{2\pi}{5}, \frac{3\pi}{5}, \frac{4\pi}{5}, \pi$

$\therefore m = 5$ तथा $n = 5$

अत: $mn = 5 \times 5 = 25$

86. *(3)*

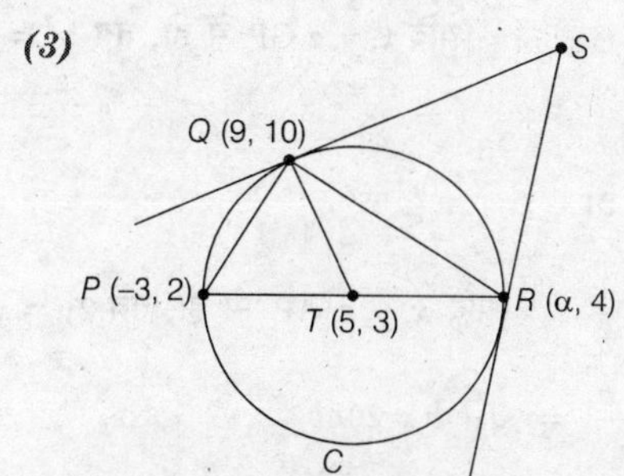

$\because PR$, वृत्त का व्यास है,

$\therefore \quad \angle PQR = 90°$

$\Rightarrow PQ$ की प्रवणता $\times QR$ की प्रवणता $= -1$

$\Rightarrow \quad \left(\frac{10-2}{9+3}\right) \times \left(\frac{4-10}{\alpha - 9}\right) = -1$

$\Rightarrow \quad -8 \times 6 = -12(\alpha - 9)$

$\Rightarrow \quad 4 = \alpha - 9 \Rightarrow \alpha = 13$

पुन: वृत्त का केन्द्र $T =$ व्यास PR का मध्य-बिन्दु

$$= \left(\frac{-3+13}{2}, \frac{2+4}{2}\right) = (5, 3)$$

अब, QS तथा RS वृत्त की स्पर्शी रेखा है जो बिन्दु S पर मिलती है।

पुन:, QT की प्रवणता $= \frac{10-3}{9-5} = \frac{7}{4}$

$\therefore QS$ की प्रवणता $= \frac{-1}{QT \text{ की प्रवणता}} = \frac{-4}{7}$

तथा TR की प्रवणता $= \frac{4-3}{13-5} = \frac{1}{8}$

$\therefore SR$ की प्रवणता $= \frac{-1}{TR \text{ की प्रवणता}} = -8$

अब, QS रेखा का समीकरण

$$y - 10 = -\frac{4}{7}(x - 9)$$

$\Rightarrow \quad 4x + 7y = 106 \quad$ ...(i)

तथा RS रेखा का समीकरण

$$y - 4 = (-8)(x - 13)$$

$\Rightarrow \quad y - 4 = -8x + 104$

$\Rightarrow \quad 8x + y = 108 \quad$ ...(ii)

समी (i) व (ii) को हल करने पर,

$$x = \frac{25}{2} \text{ तथा } y = 8$$

अत: $S = \left(\frac{25}{2}, 8\right)$

$\because S$, रेखा $2x - ky = 1$ पर स्थित है

$\therefore \quad 2\left(\frac{25}{2}\right) - 8k = 1 \quad \Rightarrow 8k = 24 \quad \Rightarrow k = 3$

87. *(3)* दिया है,

$a, b, \frac{1}{18}$ GP में हैं।

$\Rightarrow \quad b^2 = a \cdot \frac{1}{18}$ [यदि x, y, z GP में हो, तब $y^2 = xz$]

$\Rightarrow \quad a = 18b^2$ ...(i)

पुनः $\frac{1}{a}, 10, \frac{1}{b}$ AP में हैं।

$\Rightarrow \quad 2(10) = \frac{1}{a} + \frac{1}{b}$ [यदि x, y, z AP में हो, तब $2y = x + z$]

$\Rightarrow \quad 20 = \frac{a+b}{ab} \Rightarrow a + b = 20ab$ ...(ii)

समी (i) व (ii) से,

$18b^2 + b = 20(18b^2)\,b$

$\Rightarrow \quad 18b^2 + b = 360b^3$

$\Rightarrow \quad 360b^3 - 18b^2 - b = 0$

$\Rightarrow \quad b(360b^2 - 18b - 1) = 0$

$\Rightarrow \quad b(12b - 1)(30b + 1) = 0$

$\Rightarrow \quad b = 0, \frac{1}{12}, -\frac{1}{30}$

$\Rightarrow \quad b = \frac{1}{12}$ $[\because b > 0]$

$\therefore \quad a = 18b^2 = 18\left(\frac{1}{12}\right)^2 = \frac{18}{144} = \frac{1}{8}$

अतः $16a + 12b = 16 \times \frac{1}{8} + 12 \times \frac{1}{12} = 3$

88. *(18)* बिन्दुओं (1, 2, 3) तथा (2, 3, 4) को मिलाने वाली रेखा का समीकरण है

$$\mathbf{r} = \hat{\mathbf{i}} + 2\hat{\mathbf{j}} + 3\hat{\mathbf{k}} + \lambda[(2-1)\hat{\mathbf{i}} + (3-2)\hat{\mathbf{j}} + (4-3)\hat{\mathbf{k}}]$$

$\Rightarrow \quad \mathbf{r} = \hat{\mathbf{i}} + 2\hat{\mathbf{j}} + 3\hat{\mathbf{k}} + \lambda(\hat{\mathbf{i}} + \hat{\mathbf{j}} + \hat{\mathbf{k}})$

तथा दी गई रेखा का समीकरण है

$$\frac{x-1}{2} = \frac{y+1}{-1} = \frac{z-2}{0}$$

$\Rightarrow \quad \mathbf{r} = \hat{\mathbf{i}} - \hat{\mathbf{j}} + 2\hat{\mathbf{k}} + \mu(2\hat{\mathbf{i}} - \hat{\mathbf{j}})$

अब, $\quad \mathbf{a}_1 = \hat{\mathbf{i}} + 2\hat{\mathbf{j}} + 3\hat{\mathbf{k}}, \mathbf{b}_1 = \hat{\mathbf{i}} + \hat{\mathbf{j}} + \hat{\mathbf{k}}$

तथा $\quad \mathbf{a}_2 = \hat{\mathbf{i}} - \hat{\mathbf{j}} + 2\hat{\mathbf{k}}, \mathbf{b}_2 = 2\hat{\mathbf{i}} - \hat{\mathbf{j}}$

$\therefore \quad (\mathbf{a}_2 - \mathbf{a}_1) = (-3\hat{\mathbf{j}} - \hat{\mathbf{k}})$

$$\mathbf{b}_1 \times \mathbf{b}_2 = \begin{vmatrix} \hat{\mathbf{i}} & \hat{\mathbf{j}} & \hat{\mathbf{k}} \\ 1 & 1 & 1 \\ 2 & -1 & 0 \end{vmatrix} = \hat{\mathbf{i}} + 2\hat{\mathbf{j}} - 3\hat{\mathbf{k}}$$

अतः $\quad |\mathbf{b}_1 \times \mathbf{b}_2| = \sqrt{(1)^2 + (2)^2 + (-3)^2} = \sqrt{14}$

तथा $(\mathbf{a}_2 - \mathbf{a}_1) \cdot (\mathbf{b}_1 \times \mathbf{b}_2) = (-3\hat{\mathbf{j}} - \hat{\mathbf{k}}) \cdot (\hat{\mathbf{i}} + 2\hat{\mathbf{j}} - 3\hat{\mathbf{k}})$

$= -6 + 3 = -3$

दिया है, रेखाओं के बीच की न्यूनतम दूरी $= \alpha$

$\therefore \quad \alpha = \left|\frac{(\mathbf{a}_2 - \mathbf{a}_1) \cdot (\mathbf{b}_1 \times \mathbf{b}_2)}{(\mathbf{b}_1 \times \mathbf{b}_2)}\right|$

$\Rightarrow \quad \alpha = \left|\frac{-3}{\sqrt{14}}\right| \Rightarrow \alpha^2 = \frac{9}{14}$

$\because \quad 28\alpha^2 = 18$

89. *(45)* दिया है,

$a \in R$ तथा α, β समीकरण $x^2 + 60^{1/4}x + a = 0$ के मूल हैं।

$\therefore$ मूलों का योग, $\alpha + \beta = -\frac{(60)^{1/4}}{1} = -60^{1/4}$

तथा मूलों का गुणन, $\alpha\beta = \frac{a}{1} = a$

[$\because$ यदि समीकरण $ax^2 + bx + c = 0$ के मूल α व β हों, तब $\alpha + \beta = \frac{-b}{a}$ तथा $\alpha\beta = \frac{c}{a}$ होता है]

अब, दिया है,

$\alpha^4 + \beta^4 = -30$

$\Rightarrow \quad (\alpha^2 + \beta^2)^2 - 2\alpha^2\beta^2 = -30$

$\Rightarrow \quad [(\alpha + \beta)^2 - 2\alpha\beta]^2 - 2(\alpha\beta)^2 = -30$

$\Rightarrow \quad [\{-(60)^{1/4}\}^2 - 2(a)]^2 - 2(a)^2 = -30$

$\Rightarrow \quad [\sqrt{60} - 2a]^2 - 2a^2 = -30$

$\Rightarrow \quad 60 + 4a^2 - 4a\sqrt{60} - 2a^2 = -30$

$\Rightarrow \quad 2a^2 - 4a\sqrt{60} + 90 = 0$

$\Rightarrow \quad a^2 - 2a\sqrt{60} + 45 = 0$

जोकि a में एक द्विघात समीकरण है।

$\therefore a$ के सभी मानों का गुणन = समीकरण के मूलों का गुणन $= \frac{45}{1} = 45$

90. *(9)* माना,

S घटना कि व्यक्ति धूम्रपान करता है।

NS घटना कि व्यक्ति धूम्रपान नहीं करता है।

C घटना कि व्यक्ति के फेफड़े में कैंसर है।

प्रश्नानुसार, $\quad P(S) = \frac{25}{100} = \frac{1}{4}$

$\therefore \quad P(NS) = 1 - P(S) = 1 - \frac{1}{4} = \frac{3}{4}$

तथा $\quad P\left(\frac{C}{S}\right) = 27\,P\left(\frac{C}{NS}\right)$

पुनः दिया है,

$$P\left(\frac{S}{C}\right) = \frac{K}{10}$$

$$\Rightarrow \quad \frac{P(S)\,P\left(\frac{C}{S}\right)}{P(S)\,P\left(\frac{C}{S}\right) + P(NS)\,P\left(\frac{C}{NS}\right)} = \frac{K}{10}$$

$$\Rightarrow \quad \frac{\frac{1}{4} \times 27\,P\left(\frac{C}{NS}\right)}{\frac{1}{4} \times 27\,P\left(\frac{C}{NS}\right) + \frac{3}{4}\,P\left(\frac{C}{NS}\right)} = \frac{K}{10}$$

$\Rightarrow \quad \frac{27}{27+3} = \frac{K}{10}$

$\Rightarrow \quad \frac{27}{30} = \frac{K}{10}$

$\Rightarrow \quad K = 9$

JEE Main संयुक्त प्रवेश परीक्षा

सॉल्वड पेपर 2023

29 जनवरी, प्रथम पाली

भौतिकी

खण्ड 'A' ऑब्जेक्टिव प्रश्न

1. किसी वैद्युत परिपथ में समान्तर क्रम में जुड़े R व $3R$ प्रतिरोधों से उत्पन्न तापीय ऊर्जा का अनुपात है

(a) 1 : 1 (b) 1 : 3 (c) 1 : 27 (d) 3 : 1

2. चित्र में प्रदर्शित धारा व्यवस्था के कारण एक बिन्दु O पर चुम्बकीय प्रेरण का परिमाण होगा

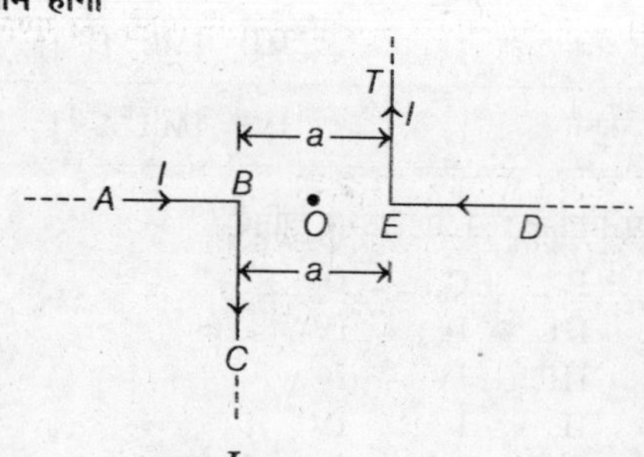

(a) $\frac{\mu_0 I}{\pi a}$ (b) $\frac{\mu_0 I}{2\pi a}$ (c) 0 (d) $\frac{\mu_0 I}{4\pi a}$

3. समान द्रव्यमान m के दो कण पारस्पारिक गुरुत्वाकर्षण के कारण r त्रिज्या के व्रत पर घूमते हैं। प्रत्येक कण की चाल होगी

(a) $\sqrt{\frac{Gm}{4r}}$ (b) $\sqrt{\frac{Gm}{2r}}$ (c) $\sqrt{\frac{4Gm}{r}}$ (d) $\sqrt{\frac{Gm}{r}}$

4. 27°C पर एक साइकिल के टायर 270 kPa दाब की हवा से भरा है। जब ताप को 36°C तक बढ़ाया जाता हैं, तो टायर में हवा का दाब लगभग होगा

(a) 278 kPa (b) 360 kPa (c) 270 kPa (d) 262 kPa

5. जब R त्रिज्या के तार के एक छोटे वृत्ताकार पाश को भुजा L $(L >> R)$ के तार के एक बड़े वर्गाकार पाश के अन्दर रखा गया है, इस व्यवस्था में अन्योन्य प्रेरकत्व ज्ञात कीजिए। दोनों पाश सह-तलीय तथा संकेन्द्रीय हैं।

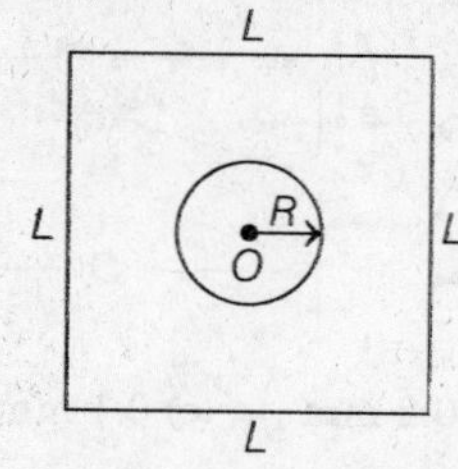

(a) $M = \frac{2\sqrt{2}\mu_0 R^2}{L}$ (b) $M = \frac{\sqrt{2}\mu_0 R^2}{L}$

(c) $M = \frac{2\sqrt{2}\mu_0 R}{L^2}$ (d) $M = \frac{\sqrt{2}\mu_0 R}{L^2}$

6. एक पदार्थ से प्रकाश वैद्युत उत्सर्जन के लिए देहली तरंगदैर्ध्य 5500Å है। इस पदार्थ को किस एक एकवर्णी विकिरण से प्रकाशित करने पर प्रकाश इलेक्ट्रॉन उत्सर्जित होंगे?

A. 75 W अवरक्त लैम्प B. 10 W अवरक्त लैम्प

C. 75 W पराबैंगनी लैम्प D. 10 W पराबैंगनी लैम्प

नीचे दिए गए विकल्पों से सही उत्तर चुनिए

(a) केवल C (b) केवल C और D

(c) केवल A और D (d) केवल B और C

7. यदि 30 min अर्द्धआयु का एक रेडियोएक्टिव तत्व बीटा क्षय के अन्तर्गत हो, तो 90 min के बाद बचे अक्षय रेडियोएक्टिव तत्व का भाग होगा

(a) 1/8 (b) 1/4 (c) 1/16 (d) 1/2

8. एक एकल धारावाही वृत्ताकार पाश में वामावर्त दिशा में धारा बह रही है जिसे धनात्मक z-दिशा से देखा गया है और दिखाए गए चित्र में XY-तल में है। a (कुण्डली की त्रिज्या से कम) दूरी पर चुम्बकीय क्षेत्र का $\hat{j}$ घटक (B_y)

YZ-तल व z-निर्देशांक के बीच खींचा गया ग्राफ प्रदर्शित है

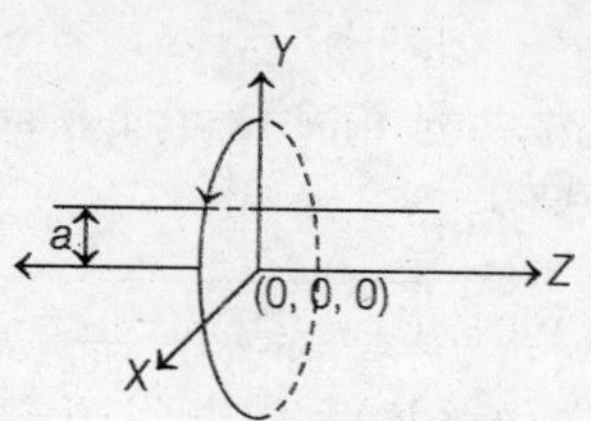

(a) [graph: $(0, a, z)$, B_y, Z] (b) [graph: $(0, a, z)$, B_y, Z]

(c) [graph: $(0, a, z)$, B_y, Z] (d) [graph: $(0, a, z)$, B_y, Z]

9. $2L \times 2L \times L$ विमा वाले एक घनाव के पृष्ठ S जिसका क्षेत्रफल $4L^2$ है, के केन्द्र पर q आवेश रखा है। S के विपरीत पृष्ठ से गुजरने वाला फ्लक्स है

(a) $\frac{q}{2\varepsilon_0}$ (b) $\frac{q}{6\varepsilon_0}$ (c) $\frac{q}{3\varepsilon_0}$ (d) $\frac{q}{12\varepsilon_0}$

10. एक कार 50 m त्रिज्या के क्षैतिज वक्राकार, सड़क पर चल रही है। यदि सड़क व टायरों के बीच घर्षण गुणांक 0.34 हो तब कार की लगभग अधिकतम चाल है ($g = 10\,\text{ms}^{-2}$)

(a) $3.4\,\text{ms}^{-1}$ (b) $17\,\text{ms}^{-1}$ (c) $13\,\text{ms}^{-1}$ (d) $22.4\,\text{ms}^{-1}$

11. एक पत्थर क्षैतिज से 30° के कोण पर प्रक्षेपित किया गया है। प्रक्षेपण बिन्दु पर पत्थर की गतिज ऊर्जा तथा उड्डयन के उच्चतम बिन्दु पर इसकी गतिज ऊर्जा का अनुपात होगा

(a) 4 : 1 (b) 1 : 4 (c) 1 : 2 (d) 4 : 3

12. प्रकाश उत्सर्जन डायोड के लिए निम्न में से कौन-सा कथन सही नहीं है?

A. यह एक अधिक अशुद्धी मिला p-n सन्धि है।
B. यह केवल अग्र अभिनत होने पर प्रकाश उत्पन्न करता है।
C. यह केवल पश्च अभिनत होने पर प्रकाश उत्पन्न करता है।
D. उत्सर्जित प्रकाश की ऊर्जा, प्रयुक्त अर्द्धचालक के ऊर्जा अन्तराल से कम या बराबर होती है।

नीचे दिए गए विकल्पों से सही उत्तर चुनिए

(a) केवल C और D (b) केवल C
(c) केवल B (d) केवल A

13. m द्रव्यमान का एक घनाकार गुटका 30° कोण के नत समतल पर $\frac{g}{4}$ त्वरण से फिसलता है। गतिज घर्षण गुणांक का मान होगा

(a) $\frac{2\sqrt{3}-1}{2}$ (b) $\frac{1}{2\sqrt{3}}$ (c) $\frac{2\sqrt{3}+1}{2}$ (d) $\frac{\sqrt{3}}{2}$

14. नीचे दो कथन दिए गए हैं। एक को अभिकथन (A) एवं दूसरे को कारण (R) कहा गया है।

अभिकथन (A) यदि निकाय को दी गई ऊष्मा तथा निकाय पर किया गया कार्य क्रमशः dQ व dW हो। तब ऊष्मागतिकी के प्रथम नियम के अनुसार $dQ = dU - dW$ है।

कारण (R) ऊष्मागतिकी का प्रथम नियम ऊर्जा के संरक्षण सिद्धान्त पर आधारित है।

उपरोक्त कथनों के सन्दर्भ में, नीचे दिए गए विकल्पों में से सर्वाधिक उपयुक्त उत्तर चुनिए।

(a) A गलत है परन्तु R सही है
(b) A एवं R दोनों सही हैं तथा A की सही व्याख्या R नहीं है
(c) A सही है परन्तु R गलत है
(d) A एवं R दोनों सही हैं तथा A की सही व्याख्या R है

15. A. निर्वात् में प्रकाश की चाल संचरण की दिशा पर निर्भर करती है।
B. माध्यम में प्रकाश की चाल प्रकाश की तरंगदैर्ध्य पर निर्भर नहीं करती है।
C. प्रकाश की चाल स्रोत की गति पर निर्भर नहीं करती है।
D. माध्यम में प्रकाश की चाल तीव्रता पर निर्भर नहीं करती है।

नीचे दिए गए विकल्पों में से सही उत्तर चुनें।

(a) केवल B और D (b) केवल C और D
(c) केवल A और C (d) केवल B और C

16. यदि प्रेषक एण्टीना तथा संग्राहक एण्टीना प्रत्येक की ऊँचाई 80 मी है, दृश्यमन रेखा (लाइन ऑफ साइट) की अधिकतम दूरी होगी (दिया है : पृथ्वी की त्रिज्या = 6.4×10^6 m)

(a) 32 किमी (b) 36 किमी (c) 28 किमी (d) 64 किमी

17. एक व्यक्ति 30 m/s की एकसमान चाल से चलती हुई दो ट्रेनों को देखता है, ट्रेन A स्टेशन की ओर आती हुई तथा ट्रेन B स्टेशन को दौड़ती हुई है। यदि दोनों ट्रेनों में आवृत्ति 300 Hz है, तो आवृत्तियों का अन्तर है (ध्वनि की चाल : 330 m/s)

(a) 80 Hz (b) 10 Hz (c) 33 Hz (d) 55 Hz

18. सूची I को सूची II से मिलाइए।

	सूची I (भौतिक राशियाँ)		**सूची II** (विमीय सूत्र)
A.	दाब प्रवणता	I.	$[M^0L^2T^{-2}]$
B.	ऊर्जा घनत्व	II.	$[M^1L^{-1}T^{-2}]$
C.	वैद्युत क्षेत्र	III.	$[ML^{-2}T^{-2}]$
D.	गुप्त ऊष्मा	IV.	$[M^1L^3A^{-1}]$

नीचे दिए गए विकल्पों से सही उत्तर चुनिए

	A	B	C	D
(a)	II	III	I	IV
(b)	II	III	IV	I
(c)	III	II	I	IV
(d)	III	II	IV	I

19. साबुन के बुलबुले का पृष्ठ तनाव $2.0 \times 10^{-2}\,\text{Nm}^{-1}$ है। साबुन के बुलबुले की त्रिज्या 3.5 सेमी से 7 सेमी तक बढ़ाने में किया गया कार्य होगा (दिया है, $\pi = \frac{22}{7}$)

(a) 5.76×10^{-4} J (b) 9.24×10^{-4} J
(c) 18.48×10^{-4} J (d) 0.72×10^{-4} J

20. यंग के द्वि-झिर्री प्रयोग में, दोनों झिर्री 800 nm तरंगदैर्ध्य के प्रकाश से प्रकाशित है। प्रदर्शित चित्रानुसार A को P से मिलाने वाली रेखा A_1, A_2 के लम्बवत् है। यदि P पर निम्निष्ठ प्राप्त हो, तो झिर्रियों के बीच की दूरी a का मान होगा (झिर्रियों में पर्दे की दूरी $D = 5\,\text{cm}$)

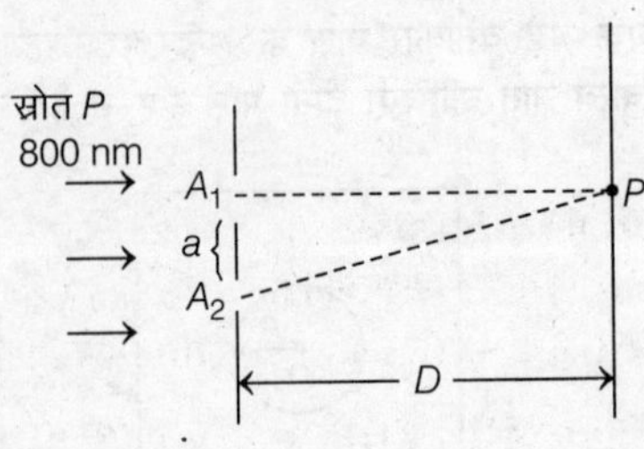

(a) 0.4 mm (b) 0.2 mm (c) 0.1 mm (d) 0.5 mm

खण्ड 'B' न्यूमैरिकल वैल्यू प्रश्न

21. पृथ्वी तल से निश्चित ऊँचाई पर स्थित बिन्दु P से छोड़ा गया एक 0.4 किग्रा द्रव्यमान जमीन तक पहुँचने में 8 सेकण्ड लेता है। गिरने के अन्तिम सेकण्ड में क्षय स्थितिज ऊर्जा ..... जूल है। $(g = 10\,m/s^2)$

22. एक टेनिस गेंद को 9.8 मीटर की ऊँचाई से फर्श पर गिराया जाता है। यह 5 मीटर ऊँचाई तक उछलती है। गेंद 0.2 सेकण्ड के लिए फर्श के सम्पर्क में आती है। स्पर्श के दौरान औसत त्वरण .... मी/से^{2} है। $(g = 10\,ms^{-2})$

23. एक वस्तु 6 मिनट में 60°C से 40°C तक ठण्डी होती है। यदि वातावरण का ताप 10°C है, तब अगले 6 मिनट के बाद इसका तापमान ...... °C होगा।

24. 2 किग्रा का एक ठोस गोला 2240 जूल गतिज ऊर्जा के साथ एक क्षैतिज तल पर शुद्ध कप से लुढ़क रहा है। गोले के केन्द्र का वेग .... मी/से होगा।

25. समान आयाम 8 cm तथा समान आवृत्ति 10 Hz की दो सरल आवर्त तरंगें एक ही दिशा में चल रही हैं। परिणामी आयाम भी 8 cm है। उन दोनों तरंगों के मध्य कलान्तर ...... डिग्री है।

26. दिए गए चित्र में, तीन एकसमान पोलेरॉइड P_1, P_2 तथा P_3 को एक-दूसरे के बाद रखा गया है। P_1 की अक्ष के सोपक्ष P_2 व P_3 के परित: अक्ष क्रमश: 60° तथा 90° के कोण पर झुकी है। S स्रोत की तीव्रता $256\frac{W}{m^2}$ है। बिन्दु O पर प्रकाश की तीव्रता .... W/m^2 है।

S, P_1, P_2, P_3, 60°, 90°, O, z, y, x

27. एक रेडियोएक्टिव तत्व $^{242}_{92}X$ से दो α-कण, एक इलेक्ट्रॉन एवं दो पाजिट्रॉन उत्पन्न होते हैं। उत्पादित नाभिक को $^{234}_{P}Y$ से दर्शाया गया है। P का मान ...... है।

28. एक निश्चित प्रत्यास्थ चालक पदार्थ को वृत्ताकार पाश (लूप) में खींचा जाता है। इसे इसके तल के लम्बवत् एक एकसमान चुम्बकीय क्षेत्र $B = 0.8\,T$ में रखा गया है। जब इसे छोड़ा जाता है, तो पाश की त्रिज्या 2 सेमी/से की दर से सिकुड़ना प्रारम्भ कर देती है। जब पाश की त्रिज्या 10 सेमी हो, तब इस क्षण पाश में प्रेरित विद्युत वाहक बल .... mV होगा।

29. एक मीटर सेतु प्रयोग सन्तुलन बिन्दु प्राप्त मिल जाता है, यदि अन्तरालों को 2Ω और 3Ω से बन्द किया गया जाए। सन्तुलन बिन्दु को 22.5 सेमी से प्रस्थापित किया जब 3Ω प्रतिरोध से $X\,\Omega$ का शण्ट जोड़े। X का मान .... है।

30. एक बिन्दु आवेश $q_1 = 4q_0$ मूल बिन्दु पर स्थित है। दूसरा बिन्दु आवेश $q_2 = q_0$, X-अक्ष पर $(x = 12\,cm)$ रखा है ताकि प्रोटॉन पर लगने वाला स्थिर वैद्युत बल शून्य है। इस अवस्था में, मूलबिन्दु से प्रोटॉन की स्थिति ...... सेमी है।

रसायन विज्ञान

खण्ड 'A' ऑब्जेक्टिव प्रश्न

31. सूची I का मिलान सूची II से कीजिए।

	सूची I (अभिक्रिया)		सूची II (अभिकर्मक)
A.	हॉफमैन ब्रोमैमाइड निम्नीकरण अभिक्रिया	1.	सान्द्र KOH, Δ
B.	क्लीमेन्शन अपचयन	2.	$CHCl_3$, NaOH / $H_3O^{\oplus}$
C.	कैनिजारो अभिक्रिया	3.	Br_2, NaOH
D.	राइमर-टीमान अभिक्रिया	4.	Zn-Hg/HCl

नीचे दिए गए विकल्पों में से सही उत्तर चुनिए।

	A	B	C	D
(a)	3	4	2	1
(b)	2	4	1	3
(c)	3	4	1	2
(d)	2	1	3	4

32. निम्न में से किरैल संकुल है
(यहाँ en = एथिलीन डाइऐमीन)

(a) *सिस*–$[PtCl_2(NH_3)_2]$ (b) *सिस*–$[PtCl_2(en)_2]^{2+}$
(c) *ट्रांस*–$[Co(NH_3)_4Cl_2]^+$ (d) *ट्रांस*–$[PtCl_2(en)_2]^{2+}$

33. लाइमन श्रृंखला में हाइड्रोजन परमाणु की सबसे छोटी तरंगदैर्ध्य λ है। बामर श्रृंखला में He^+ की सबसे लम्बी तरंगदैर्ध्य है

(a) $\frac{36\lambda}{5}$ (b) $\frac{5}{9\lambda}$ (c) $\frac{5\lambda}{9}$ (d) $\frac{9\lambda}{5}$

34. धूम कोहरा (स्मॉग) के बारे में सही कथन है

(a) NO_2 और SO_2 दोनों सामान्य (क्लॉसिकल) स्मॉग में मौजूद हैं।
(b) सामान्य (क्लॉसिकल) स्मॉग में NO_2 मौजूद है।
(c) सामान्य (क्लॉसिकल) स्मॉग में ऑक्सीकारकों की सान्द्रता उच्च होती है।
(d) फोटो कैमिकल स्मॉग में ऑक्सीकारकों की सान्द्रता उच्च होती है।

35. ओस्टवाल्ड विधि जिसमें NH_3 का वायु द्वारा ऑक्सीकरण से 'A' प्राप्त होता है, जो पुन: वायु द्वारा ऑक्सीकरण से 'B' उत्पादित करता है। 'B' के जलयोजन पर 'A' के उत्सर्जन के साथ नाइट्रोजन का एक ऑक्सो अम्ल बनता है। यह ऑक्सो अम्ल 'A' का भी उत्पादन करता है तथा सकारात्मक ब्राउन रिंग परीक्षण देता है। क्रमश: 'A' और 'B' को होगा

(a) NO, NO_2 (b) NO_2, N_2O_4
(c) N_2O_3, NO_2 (d) NO_2, N_2O_5

36. निम्नलिखित यौगिकों के लिए दिए गए गुण के लिए सही क्रम पहचानें।

(A) क्वथनांक [Cl-युक्त यौगिक] < [Cl-युक्त यौगिक] < [Cl-युक्त यौगिक]

(B) घनत्व [Br-युक्त यौगिक] < [Cl-युक्त यौगिक] < [I-युक्त यौगिक]

(C) क्वथनांक $CH_3CH_2Br < CH_3CHBr_2 < CH_3CBr_3$

(D) घनत्व $CH_3CH_2CH(Br)I < CH_3CH_2CH_2Br < CH_3CH_2CH(Br)Cl$

(E) क्वथनांक $CH_3CH_2CH_2CH_2Cl > (CH_3)_2CHCH_2Cl > (CH_3)_3CCl$

नीचे दिए गए विकल्पों में से सही उत्तर चुनिए।

(a) A, B और E केवल (b) B, C और D केवल
(c) A, C और E केवल (d) A, C और D केवल

37. जलयोजन एन्थैल्पी का सही क्रम है

A. K^+ B. Rb^+ C. Mg^{2+}
D. Cs^+ E. Ca^{2+}

नीचे दिए गए विकल्पों में से सही उत्तर चुनिए

(a) C > E > A > B > D (b) E > C > A > B > D
(c) C > A > E > B > D (d) C > E > A > D > B

38. दिए गए निम्न यौगिकों में से कौन हाइड्रोजन भण्डारण की दक्षता को बढ़ा सकता है?

(a) SiH_4
(b) डाइ-आइसो ब्यूटिल ऐल्युमीनियम हाइड्राइड
(c) Li / P_4
(d) $NaNi_5$

39. धातु शोधन के लिए मॉण्ड प्रक्रम का निरूपण करने वाली अभिक्रिया है

(a) $ZnO + C \xrightarrow{\Delta} Zn + CO$
(b) $Ni + 4CO \xrightarrow{\Delta} Ni(CO)_4$
(c) $Zr + 2I_2 \xrightarrow{\Delta} ZrI_4$
(d) $2K[Au(CN)_2] + Zn \xrightarrow{\Delta} K_2[Zn(CN)_4] + 2\,Au$

40. वह यौगिक जो नाइट्रोजन एवं हैलोजन दोनों के लिए सकारात्मक लैसग्ने परीक्षण देगा

(a) $NH_2OH \cdot HCl$ (b) $N_2H_4 \cdot HCl$
(c) $CH_3NH_2 \cdot HCl$ (d) NH_4Cl

41. गैस के 1 मोल के लिए pV बनाम p का प्लॉट नीचे दिखाया गया है। p गैस का दाब और V गैस का आयतन है।

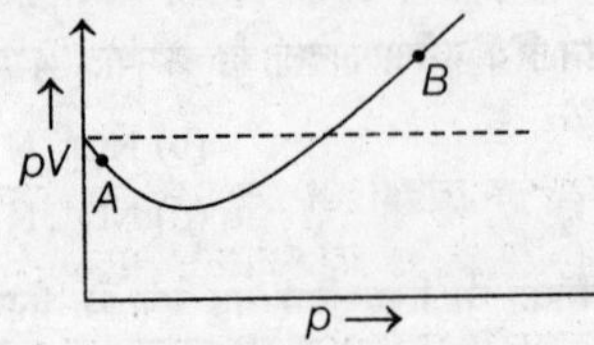

बिन्दु A पर सम्पीड्यता कारक का मान क्या है?

(a) $1 + \frac{a}{RTV}$ (b) $1 + \frac{b}{V}$
(c) $1 - \frac{a}{RTV}$ (d) $1 - \frac{b}{V}$

42. दो ऐमीनो अम्लों A एवं B के साथ निर्मित ट्राइपेप्टाइडों बन्धों की संख्या है

(a) 2 (b) 5 (c) 3 (d) 4

43. अभिक्रियाओं के निम्न क्रम के लिए मुख्य उत्पाद 'P' है

$PhCOCH_2CH_2CONH_2 \xrightarrow[\text{(ii) } LiAlH_4 \text{ (iii) } H_3O^+]{\text{(i) Zn/Hg, HCl}}$ 'P' मुख्य उत्पाद

(a) $PhCH(OH)(CH_2)_4OH$ (b) $PhCH(OH)(CH_2)_3CH(OH)NH_2$
(c) $PhCH(OH)(CH_2)_4NH_2$ (d) $Ph(CH_2)_5NH_2$

44. Li_2O, Na_2O_2 और KO_2 का चुम्बकीय व्यवहार क्रमशः है

(a) अनुचुम्बकीय, अनुचुम्बकीय और प्रतिचुम्बकीय
(b) प्रतिचुम्बकीय, प्रतिचुम्बकीय और अनुचुम्बकीय
(c) प्रतिचुम्बकीय, अनुचुम्बकीय और प्रतिचुम्बकीय
(d) अनुचुम्बकीय, प्रतिचुम्बकीय और अनुचुम्बकीय

45. निम्नलिखित में से कौन-से लवण का विलयन, सबसे तेज दर पर, NaOH विलयन में $FeCl_3$ मिलाने पर बनने वाले कोलॉइड विलयन को स्कन्दित करेगा?

(a) 0.15 mol dm^{-3} $CaCl_2$ के 10 mL
(b) 0.2 mol dm^{-3} $AlCl_3$ के 10 mL
(c) 0.1 mol dm^{-3} $Ca_3(PO_4)_2$ के 10 mL
(d) 0.1 mol dm^{-3} Na_2SO_4 के 10 mL

46. निम्नलिखित फीनॉल के लिए pK_a का बढ़ता क्रम क्या है?

A. 2, 4-डाइनाइट्रोफीनॉल B. 4-नाइट्रोफीनॉल
C. 2, 4, 5-ट्राइ मेथिल फीनॉल D. फीनॉल
E. 3-क्लोरोफीनॉल

नीचे दिए गए विकल्पों से सही उत्तर चुनिए।

(a) C, D, E, B, A (b) C, E, D, B, A
(c) A, E, B, D, C (d) A, B, E, D, C

47. बन्ध वियोजन ऊर्जा का मान किसके लिए उच्चतम है?

(a) I_2 (b) Cl_2 (c) Br_2 (d) F_2

48. सूची I का मिलान सूची II से कीजिए।

सूची I (प्रतिसूक्ष्म जैविक)		सूची II (नाम)	
A.	संकीर्ण (नैरो) स्पेक्ट्रम प्रतिजीवाणु	I.	फ्यूरासिन
B.	पूतिरोधी (एण्टीसेप्टिक)	II.	सल्फर-डाइऑक्साइड
C.	विसंक्रामी	III.	*पेनिसिलीन*-G
D.	विस्तृत (ब्रॉड) स्पेक्ट्रम प्रतिजीवाणु	VI.	क्लोरैम्फेनिकॉल

नीचे दिए गए विकल्पों में से सही उत्तर चुनिए

	A	B	C	D
(a)	III	I	II	IV
(b)	II	I	IV	III
(c)	III	I	IV	II
(d)	I	II	IV	III

49. V, Cr, Mn और Co के लिए मानक इलेक्ट्रोड विभव $\left(\frac{M^{3+}}{M^{2+}}\right)$ क्रमश: -0.26 V, -0.41 V, $+1.57$ V और $+1.97$ V हैं। धातु आयन जो एक तनु अम्ल विलयन से H_2 को निर्मुक्त कर सकते हैं, वे हैं

(a) Mn^{2+} और Co^{2+} (a) Cr^{2+} और Co^{2+}

(c) V^{2+} और Mn^{2+} (d) V^{2+} और Cr^{2+}

50. $CuSO_4$ के साथ बोरेक्स बीड (मनिका) परीक्षण के दौरान, किस बीड (मनिका) के बनने के कारण एक नीला-हरा रंग देखा गया?

(a) Cu (b) Cu_3B_2 (c) $Cu(BO_2)_2$ (d) CuO

खण्ड 'B' न्यूमैरिकल वैल्यू प्रश्न

51. $W(CO)_6$ एवं $Mn_2(CO)_{10}$ में सेतु (Bridging) कार्बोनिल समूहों के योग हैं ......

52. निम्नलिखित से अणुओं या आयनों की संख्या, जिसमें इलेक्ट्रॉनों की विषम संख्या है, हैं

(A) NO_2 (B) ICl_4^- (C) BrF_3 (D) ClO_2 (E) NO_2^+ (F) NO

53. निम्नलिखित क्रोमैटोग्राम को 6 cm TLC ग्लास प्लेट पर यौगिक 'A' के अधिशोषण से विकसित किया गया था। यौगिक 'A' का मन्दन कारक (Retardation factor) है, ... $\times 10^{-1}$

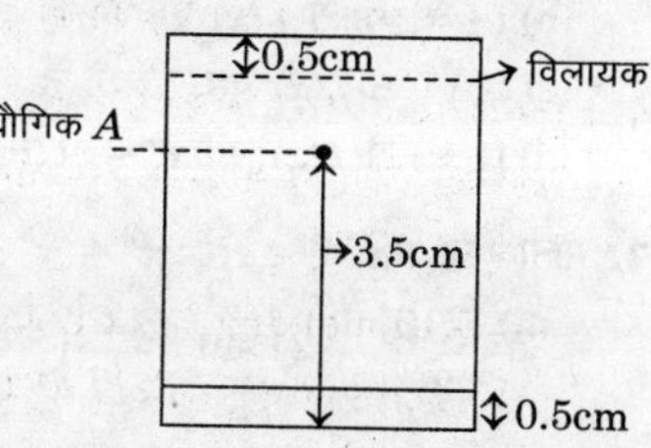

54. एक हाइड्रोकार्बन (अणुसूत्र $C_{10}H_{16}$) के 17 mg (0°C एवं 760 mm Hg पर मापे गए) H_2 गैस का 8.40 mL ग्रहण करता है। उक्त हाइड्रोकार्बन ओजोनीकरण पर उत्पाद देता है

$$CH_3-\underset{\underset{O}{\|}}{C}-CH_3,\ H-\underset{\underset{O}{\|}}{C}-H,\ H-\underset{\underset{O}{\|}}{C}-CH_2-CH_2-\underset{\underset{O}{\|}}{C}-\underset{\underset{O}{\|}}{C}-H$$

हाइड्रोकार्बन में मौजूद द्विबन्ध/द्विबन्धों की संख्या है .....

55. 2300 K पर जल का अपघटन होता है

$$H_2O(g) \longrightarrow H_2(g) + \frac{1}{2}O_2(g)$$

2300 K एवं 1 bar पर विघटित होने वाले जल का प्रतिशत है ...... (निकटतम पूर्णांक) 2300 K पर अभिक्रया के लिए साम्य स्थिरांक 2×10^{-3} है।

56. ठोस लेड नाइट्रेट को 1 लीटर जल में घोला गया। विलयन का क्वथनांक 100.15°C पाया गया। जब परिणामी विलयन में NaCl का 0.2 मोल मिलाया जाता है, तो देखा गया कि विलयन -8.0°C पर जम गया। निर्मित $PbCl_2$ का 298 K पर विलयेता गुणनफल ...... $\times 10^{-6}$ है। (निकटतम पूर्णांक)

दिया है, $K_b = 0.5$ K kg mol^{-1} और $K_f = 1.8$ K kg mol^{-1}, सभी स्थितियों में मोललता को मोलरता के बराबर मान लें।)

57. कुछ रासायनिक अभिक्रियाओं, $x \to y$ के लिए, उत्पादन के निर्माण की दर को चित्र में दिखाए गए समय के विपरित ग्राफ दिया जाता है। निम्नलिखित में से सही कथनों की संख्या ...... है।

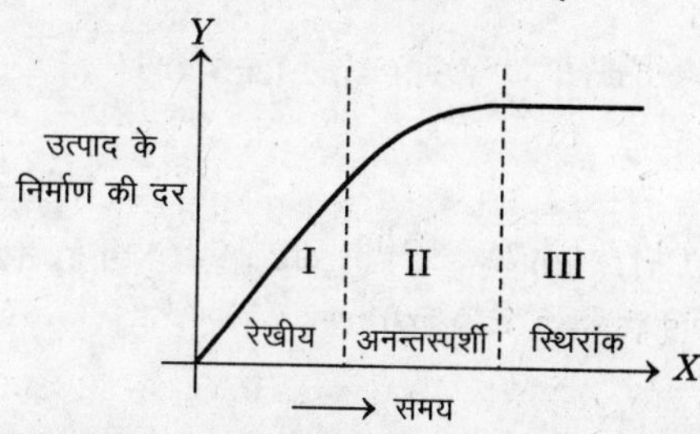

(A) इस अभिक्रिया के लिए अभिक्रिया की कुल कोटि एक है।

(B) इस अभिक्रिया की कोटि निर्धारित नहीं की जा सकती है।

(C) क्षेत्र I और III में, अभिक्रिया क्रमशः प्रथम और शून्य कोटि की है।

(D) क्षेत्र II में, अभिक्रिया प्रथम कोटि की है।

(E) क्षेत्र II में, अभिक्रिया की कोटि 0.1 से 0.9 के परास में है।

58. निम्नलिखित अभिक्रिया पर विचार कीजिए, जो 27°C और 1 atm दाब पर साम्य की ओर बढ़ रही है

$$A + B \underset{K_b = 10^2}{\overset{K_f = 10^3}{\rightleftharpoons}} C + D$$

27°C पर मानक गिब्स ऊर्जा परिवर्तन ($\Delta_r G°$) है ...... kJ mol^{-1} (निकटतम पूर्णांक)। दिया है, $R = 8.3$ K^{-1} mol^{-1} एवं $\ln 10 = 2.3$

59. निम्न चित्र दो विद्युत-अपघट्यों के मोलर चालकताओं की सान्द्रता पर निर्भरता को प्रदर्शित करता है। Λ_m° सीमान्त मोलर चालकता है

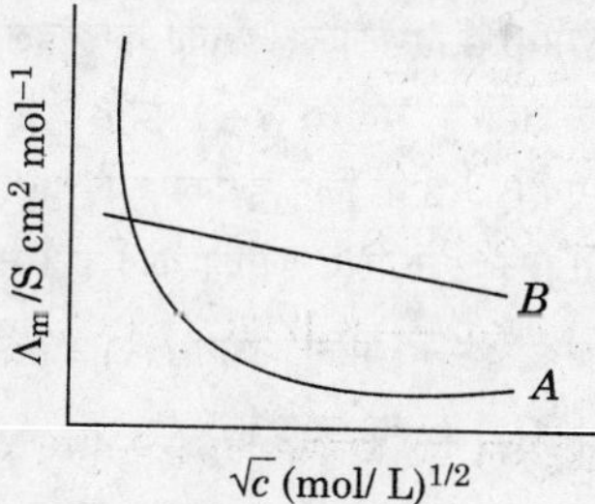

निम्नलिखित में से असत्य कथनों की संख्या ...... है।

(A) विद्युत-अपघट्य A के लिए λ_m° एक्सट्रापोलेशन के द्वारा प्राप्त किया जाता है।

(B) विद्युत-अपघट्य B के लिए λ_m° बनाम $\sqrt{c}$ ग्राफ एक सीधी रेखा है जिसमें अंत: खण्ड λ_m° के बराबर है।

(C) विद्युत-अपघट्य B के लिए, अनन्त तनुता पर वियोजन का अंश शून्य के लगभग हो जाता है।

(D) किसी भी विद्युत-अपघट्य A या B के लिए, λ_m° की गणना अलग-अलग आयनों के $\lambda°$ का उपयोग करके की जा सकती है।

60. pH 12 के जलीय विलयन के 100 mL बनाने के लिए आवश्यक कैल्सियम हाइड्रॉक्साइड के मिली मोलों की संख्या $x\times10^{-1}$ है। x का मान है ...... (निकटतम पूर्णांक)। वियोजन को पूर्ण मान लें।

गणित

खण्ड 'A' ऑब्जेक्टिव प्रश्न

61. माना $f(\theta) = 3\left(\sin^4\left(\frac{3\pi}{2} - \theta\right) + \sin^4(3\pi + \theta)\right) - 2(1 - \sin^2 2\theta)$ एवं $S = \left\{\theta \in [0, \pi] : f'(\theta) = -\frac{\sqrt{3}}{2}\right\}$ हैं। यदि $4\beta = \sum_{\theta \in S} \theta$ है, तब $f(\beta)$ बराबर है

(a) 3/2 (b) 9/8 (c) 5/4 (d) 11/8

62. माना α व β वास्तविक संख्याएँ हैं। एक 3×3 आव्यूह A के लिए $A^2 = 3A + \alpha I$ है। यदि $A^4 = 21A + \beta I$ है, तब

(a) $\alpha = 1$ (b) $\beta = -8$ (c) $\alpha = 4$ (d) $\beta = 8$

63. माना रेखा $y + x = 0$ पर दो बिन्दु B व C, मूलबिन्दु के सममित हैं। माना $y - 2x = 2$ पर एक बिन्दु A, इस प्रकार है कि ΔABC एक समबाहु त्रिभुज है, तब ΔABC का क्षेत्रफल है

(a) $3\sqrt{3}$ वर्ग इकाई (b) $\frac{8}{\sqrt{3}}$ वर्ग इकाई

(c) $\frac{10}{\sqrt{3}}$ वर्ग इकाई (d) $2\sqrt{3}$ वर्ग इकाई

64. किसी $\alpha, \beta \in R$ के लिए निम्न समीकरण निकाय का विचार कीजिए

$\alpha x + 2y + z = 1$; $2\alpha x + 3y + z = 1$; $3x + \alpha y + 2z = \beta$

तब, निम्न में से कौन-सा सही नहीं है?

(a) $\alpha = -1$ एवं सभी $\beta \in R$ के लिए इसका कोई हल नहीं है

(b) इसका कोई हल नहीं है, यदि $\alpha = -1$ एवं $\beta \neq 2$ हैं

(c) सभी $\alpha \neq -1$ एवं $\beta = 2$ के लिए इसका एक हल है

(d) $\alpha = 3$ एवं सभी $\beta \neq 2$ के लिए इसका कोई हल नहीं है

65. माना $[x]$ महत्तम पूर्णांक $\leq x$ है। माना फलन $f(x) = \max\{x^2, 1 + [x]\}$ है। तब, समाकलन $\int_0^2 f(x)\,dx$ का मान है

(a) $\frac{5 + 4\sqrt{2}}{3}$ (b) $\frac{1 + 5\sqrt{2}}{3}$ (c) $\frac{4 + 5\sqrt{2}}{3}$ (d) $\frac{8 + 4\sqrt{2}}{3}$

66. यदि सदिश $\mathbf{a} = \lambda\hat{i} + \mu\hat{j} + 4\hat{k}$, $\mathbf{b} = -2\hat{i} + 4\hat{j} - 2\hat{k}$ तथा $\mathbf{c} = 2\hat{i} + 3\hat{j} + \hat{k}$ समतलीय हैं एवं $\mathbf{a}$ का सदिश $\mathbf{b}$ पर प्रक्षेप $\sqrt{54}$ इकाई है, तब $\lambda + \mu$ के सभी सम्भव मानों का योग है

(a) 18 (b) 6 (c) 0 (d) 24

67. माना $\lambda \neq 0$ एक वास्तविक संख्या है। माना α, β समीकरण $14x^2 - 31x + 3\lambda = 0$ के मूल हैं एवं α, γ समीकरण $35x^2 - 53x + 4\lambda = 0$ के मूल हैं, तब $\frac{3\alpha}{\beta}$ व $\frac{4\alpha}{\gamma}$ किस समीकरण के मूल हैं?

(a) $7x^2 + 245x - 250 = 0$ (b) $49x^2 - 245x + 250 = 0$

(c) $7x^2 - 245x + 250 = 0$ (d) $49x^2 + 245x + 250 = 0$

68. z_1 व z_2 दो शून्येत्तर सम्मिश्र संक्षिप्त संख्याएँ हैं, यदि $\text{Re}(z_1 z_2) = 0$ और $\text{Re}(z_1 + z_2) = 0$ है, तब

A. $\text{Im}(z_1) > 0$ एवं $\text{Im}(z_2) > 0$ B. $\text{Im}(z_1) < 0$ एवं $\text{Im}(z_2) > 0$

C. $\text{Im}(z_1) > 0$ एवं $\text{Im}(z_2) < 0$ D. $\text{Im}(z_1) < 0$ एवं $\text{Im}(z_2) < 0$

नीचे दिए गए विकल्पों से सही उत्तर चुनिए।

(a) A और C (b) A और B

(c) B और C (d) B और D

69. यदि p, q व r तीन साध्य हैं, तब दिए गए विकल्पों में से p, q व r के कौन-से सत्य मान $\{(p \vee q) \wedge ((\sim p) \vee r)\} \to ((\sim q) \vee r)$ को असत्य (F) बनाते हैं?

(a) $p = F, q = T, r = F$ (b) $p = T, q = F, r = F$

(c) $p = T, q = T, r = F$ (d) $p = T, q = F, r = T$

70. माना $f : R \to R$ एक फलन $f(x) = \frac{x^2 + 2x + 1}{x^2 + 1}$ है। तब,

(a) $(-\infty, -1)$ में $f(x)$ बहु-एकैकी है

(b) $(-\infty, \infty)$ में $f(x)$ एकैकी है

(c) $(1, \infty)$ में $f(x)$ बहु-एकैकी है

(d) $[1, \infty)$ में $f(x)$ एकैकी है परन्तु $(-\infty, \infty)$ में एकैकी नहीं है

71. माना क्षेत्र $\{(x, y) \in R^2 : x^2 + y^2 \leq 21, y^2 \leq 4x, x \geq 1\}$ का क्षेत्रफल Δ है, तब $\frac{1}{2}\left(\Delta - 21\sin^{-1}\frac{2}{\sqrt{7}}\right)$ बराबर है

(a) $2\sqrt{3} - \frac{2}{3}$ (b) $\sqrt{3} - \frac{4}{3}$ (c) $2\sqrt{3} - \frac{1}{3}$ (d) $\sqrt{3} - \frac{2}{3}$

72. माना $x = 2$ समीकरण $x^2 + px + q = 0$ का एक मूल है, और

$$f(x) = \begin{cases} \dfrac{1 - \cos(x^2 - 4px + q^2 + 8q + 16)}{(x - 2p)^4}, & x \neq 2p \\ 0, & x = 2p \end{cases}$$

है। तब, $\lim_{x \to 2p^+} [f(x)]$, जहाँ $[\cdot]$ महत्तम पूर्णांक फलन है, का मान है

(a) -1 (b) 2 (c) 1 (d) 0

73. तीन गले हुए सेब सात अच्छे सेब के साथ संयोगवश मिल जाते हैं और बिना प्रतिस्थापना के एक-एक करके चार सेब निकाले जाते हैं। माना यादृच्छिक चर x सेबों की संख्या को दर्शाता है। यदि x के माध्य एवं प्रसरण क्रमशः μ एवं σ^2 है, तब $10(\mu^2 + \sigma^2)$ बराबर है

(a) 20 (b) 250 (c) 30 (d) 25

74. $f(x) = \frac{\log_{(x+1)}(x - 2)}{e^{2\log_e x} - (2x + 3)}, x \in R$ का प्रान्त है

(a) $R - \{3\}$ (b) $(2, \infty) - \{3\}$ (c) $R - \{-1, 3\}$ (d) $(-1, \infty) - \{3\}$

75. X-अक्ष की धनात्मक दिशा से $30°$ का कोण बनाती हुई मूलबिन्दु से एक प्रकाश किरण उत्सर्जित होती है। रेखा $x + y = 1$ से परावर्तित होने के बाद, यदि यह किरण X-अक्ष को Q पर मिलती है, तब Q का भुज है

(a) $\frac{\sqrt{3}}{2(\sqrt{3} + 1)}$ (b) $\frac{2}{3 + \sqrt{3}}$ (c) $\frac{2}{(\sqrt{3} - 1)}$ (d) $\frac{2}{3 - \sqrt{3}}$

76. माना एक फलन $f(x) = x + \frac{a}{\pi^2 - 4} \sin x + \frac{b}{\pi^2 - 4} \cos x, x \in R,$ $f(x) = x + \int_0^{\pi/2} \sin (x + y) f(y)\, dy$ को सन्तुष्ट करता है। तब, $(a + b)$ का मान है

(a) $-\pi (\pi + 2)$ (b) $-\pi (\pi - 2)$ (c) $-2\pi (\pi - 2)$ (d) $-2\pi (\pi + 2)$

77. एक क्लब-टीम के पन्द्रह फुटबॉल खिलाड़ियों को 15 टी-शर्ट वितरित की गई जिनके पीछे की तरफ उनके नाम लिखे हुए थे। यदि खिलाड़ी टी-शर्टों का चयन यादृच्छया करते हैं, तब कम-से-कम तीन खिलाड़ियों द्वारा सही टी-शर्ट चयन करने की प्रायिकता है

(a) 5/36 (b) 1/6 (c) 5/24 (d) 2/15

78. माना वृत्त $x^2 + y^2 - 3x + 10y - 15 = 0$ के बिन्दु $A(4, -11)$ व $B(8, -5)$ पर खींची गई स्पर्श रेखाएँ बिन्दु C पर मिलती हैं। उस वृत्त, जिसका केन्द्र C है एवं A व B को मिलाने वाली रेखा जिसकी स्पर्श रेखा है, की त्रिज्या है

(a) $\sqrt{13}$ (b) $\frac{3\sqrt{3}}{4}$ (c) $2\sqrt{13}$ (d) $\frac{2\sqrt{13}}{3}$

79. माना $y = f(x)$ अवकल समीकरण $y(x + 1)\, dx - x^2 dy = 0,\ y(1) = e$ का हल है। तब, $\lim_{x \to 0^+} f(x)$ बराबर है

(a) $1/e^2$ (b) 0 (c) $1/e$ (d) e^2

80. माना $A = \{(x, y) \in R^2 : y \geq 0, 2x \leq y \leq \sqrt{4 - (x - 1)^2}\}$ और $B = \{(x, y) \in R \times R : 0 \leq y \leq \min \{2x, \sqrt{4 - (x - 1)^2}\}\}$ है। तब, A के क्षेत्रफल तथा B के क्षेत्रफल का अनुपात है

(a) $\frac{\pi}{\pi + 1}$ (b) $\frac{\pi - 1}{\pi + 1}$ (c) $\frac{\pi}{\pi - 1}$ (d) $\frac{\pi + 1}{\pi - 1}$

खण्ड 'B' न्यूमैरिकल वैल्यू प्रश्न

81. माना f एक फलन है जो सभी $x, y \in N$ के लिए $f(x + y) = f(x) + f(y)$ को सन्तुष्ट करता है एवं $f(1) = 1/5$ है। यदि $\sum_{n=1}^{m} \frac{f(n)}{n(n+1)(n+2)} = \frac{1}{12}$ है, तब m बराबर है ......

82. यदि $\left(\alpha x^3 + \frac{1}{\beta x}\right)^{11}$ के प्रसार में x^9 का गुणांक एवं $\left(\alpha x - \frac{1}{\beta x^3}\right)^{11}$ के प्रसार में x^{-9} का गुणांक बराबर हैं, तब $(\alpha\beta)^2$ बराबर है ......

83. यदि सभी छः अंकों की संख्याओं $x_1, x_2, x_3, x_4, x_5, x_6$, जिनमें $0 < x_1 < x_2 < x_3 < x_4 < x_5 < x_6$ हैं, को वर्धमान क्रम में व्यवस्थित किया जाता है, तब 72वीं संख्या में अंकों का योग है ......

84. माना ΔABC के एक शीर्ष के निर्देशांक $A(0, 2, \alpha)$ हैं तथा अन्य दो शीर्ष रेखा $\frac{x + \alpha}{5} = \frac{y - 1}{2} = \frac{z + 4}{3}$ पर स्थित हैं। $\alpha \in Z$ के लिए, यदि ΔABC का क्षेत्रफल 21 वर्ग इकाई एवं रेखाखण्ड BC की लम्बाई $2\sqrt{21}$ इकाई है, तब α^2 बराबर है ......

85. माना समतल P, जिस पर रेखा $x + 10 = \frac{8 - y}{2} = z$ स्थित है, का समीकरण $\alpha x + by + 3z = 2(a + b)$ है एवं बिन्दु $(1, 27, 7)$ से समतल P की दूरी c है। तब, $a^2 + b^2 + c^2$ बराबर है ....

86. माना $f : R \to R$ एक अवकलनीय फलन है, जो सम्बन्ध $f(x + y) = f(x) + f(y) - 1, \forall x, y \in R$ को सन्तुष्ट करता है। यदि $f'(0) = 2$ है, तब $|f(-2)|$ बराबर है ......

87. अंकों 1, 2, 3, 5, 7 के प्रयोग से, पुनरावृत्ति के साथ, पाँच अंकों की संख्याएँ बनाई जाती हैं तथा इनको ह्रासमान क्रम में, क्रम संख्या के साथ लिखा जाता है।

उदाहरण के लिए संख्या 77777 की क्रम संख्या 1 है। तब, 35337 की क्रम संख्या है ......

88. माना $(1 + 2x)^n$ द्विपद प्रसार में तीन क्रमागत पदों के गुणांकों का अनुपात 2 : 5 : 8 है। इन तीन पदों में मध्य पद का गुणांक है ......

89. माना $\mathbf{a}, \mathbf{b}$ तथा $\mathbf{c}$ तीन शून्येत्तर असहतलीय सदिश हैं। माना चार बिन्दुओं A, B, C व D के स्थिति सदिश क्रमशः $\mathbf{a} - \mathbf{b} + \mathbf{c}, \lambda\mathbf{a} - 3\mathbf{b} + 4\mathbf{c}, -\mathbf{a} + 2\mathbf{b} - 3\mathbf{c}$ व $2\mathbf{a} - 4\mathbf{b} + 6\mathbf{c}$ हैं, तब λ बराबर है ....

90. माना $a_1, a_2, a_3, ...$ वर्धमान धनात्मक संख्याओं की एक GP है। यदि चौथे व छठें पदों का गुणनफल 9 है और पाँचवें व सातवें पदों का योग 24 है, तब $a_1 a_9 + a_2 a_4 a_9 + a_5 + a_7$ बराबर है .....

सही उत्तर

भौतिकी

1. (d) 2. (a) 3. (a) 4. (a) 5. (a) 6. (b) 7. (a) 8. (a) 9. (b) 10. (c)
11. (d) 12. (b) 13. (b) 14. (a) 15. (b) 16. (d) 17. (d) 18. (d) 19. (c) 20. (b)
21. (300) 22. (20) 23. (28) 24. (40) 25. (120) 26. (24) 27. (87) 28. (10) 29. (2) 30. (24)

रसायन विज्ञान

31. (c) 32. (b) 33. (d) 34. (d) 35. (a) 36. (c) 37. (a) 38. (d) 39. (b) 40. (c)
41. (c) 42. (d) 43. (d) 44. (a) 45. (b) 46. (d) 47. (b) 48. (a) 49. (d) 50. (c)
51. (0) 52. (3) 53. (6) 54. (3) 55. (2) 56. (13) 57. (2) 58. (-5727) 59. (2) 60. (5)

गणित

61. (c) 62. (b) 63. (b) 64. (a) 65. (a) 66. (d) 67. (b) 68. (c) 69. (a) 70. (a)
71. (b) 72. (d) 73. (a) 74. (b) 75. (b) 76. (d) 77. (b) 78. (d) 79. (b) 80. (b)
81. (10) 82. (1) 83. (32) 84. (9) 85. (355) 86. (3) 87. (1436) 88. (2240) 89. (2) 90. (60)

संकेत एवं हल

भौतिकी

1. *(d)*

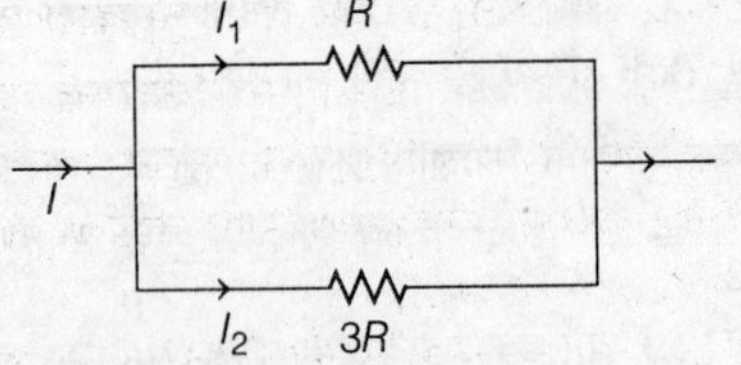

धारा विभाजन नियम के अनुसार,

$$I_1 = \frac{3R}{R+3R} I = \frac{3I}{4} \text{ एवं } I_2 = \frac{R}{R+3R} I = \frac{I}{4}$$

इस प्रकार, प्रतिरोधों द्वारा मुक्त तापीय ऊर्जाओं का अनुपात

$$\frac{H_1}{H_2} = \frac{I_1^2 R}{I_2^2 \times 3R} = \frac{\frac{9}{16}}{\frac{1}{16} \times 3} = 3:1$$

2. *(a)*

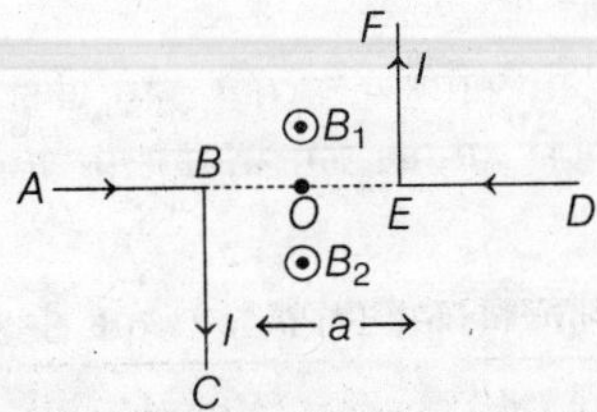

धारा प्रवाही तारों BC व EF का क्षेत्र बिन्दु O पर जुड़ जाता है एवं धारा प्रवाही तारों AB व DE का क्षेत्र शून्य है।

अत: $B_{\text{कुल}} = B_1 + B_2$

$$= \frac{\mu_0 I}{4\pi\left(\frac{a}{2}\right)} + \frac{\mu_0 I}{4\pi\left(\frac{a}{2}\right)} = \frac{2\mu_0 I}{2\pi a} = \frac{\mu_0 I}{\pi a}$$

3. *(a)* कण इनके द्रव्यमान केन्द्र के अनुदिश गति करता है।

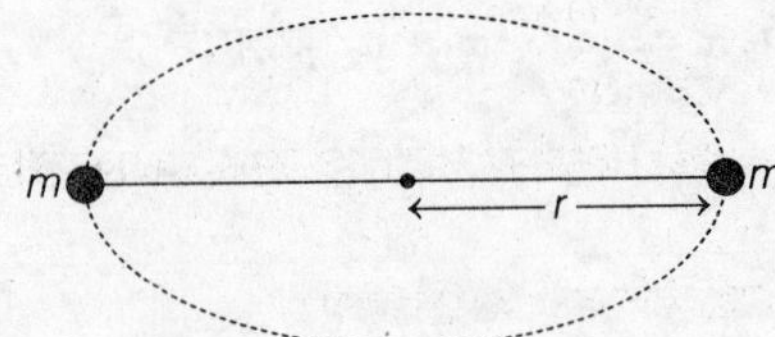

प्रत्येक कण पर बल $= \frac{Gmm}{(2r)^2} = \frac{Gm^2}{4r^2}$

यह बल अभिकेन्द्रीय खिंचाव की तरह कार्य करता है, इसलिए

$\Rightarrow \quad v = \sqrt{Gm/4r}$

4. *(a)* नियत आयतन मानते हुए

$$\frac{p_1}{T_1} = \frac{p_2}{T_2} \Rightarrow p_2 = p_1 \times \frac{T_2}{T_1}$$

यहाँ, $p_1 = 270$ kPa, $T_1 = 27°\text{C} = (27 + 273)\text{ K} = 300\text{ K}, T_2 = 309\text{ K}$

अत: $p_2 = 270 \times \frac{309}{300} = 278.1 \text{ kPa} \simeq 278 \text{ kPa}$

5. *(a)*

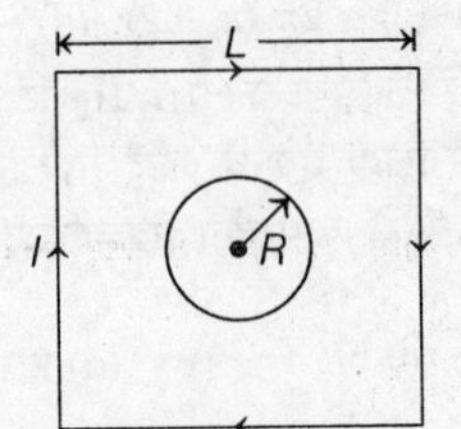

अन्योन्य प्रेरकत्व, $M = \frac{\text{कुल फ्लक्स}}{\text{धारा}} = \frac{B_1 A_2}{I_1}$

जहाँ, B_1 = इससे प्रवाहित धारा I के कारण वर्ग का क्षेत्र

$$= \frac{\mu_0}{4\pi} \times \frac{2I \sin 45°}{L/2} \times 4 = \frac{\mu_0 2\sqrt{2} I}{\pi L}$$

इसलिए, $M = \frac{\frac{\mu_0 2\sqrt{2} I}{\pi L} \times \pi R^2}{I} = \frac{\mu_0 2\sqrt{2} R^2}{L}$

6. *(b)* एक पदार्थ से प्रकाश वैद्युत उत्सर्जन करने के लिए देहली तरंगदैर्ध्य 5500 Å है तो केवल विकल्प C व D के अनुसार, पराबैंगनी लैम्प द्वारा एकवर्णी विकिरण से प्रकाशित करने पर प्रकाश इलेक्ट्रॉन उत्सर्जित होंगे, क्योंकि हम जानते हैं कि प्रकाश वैद्युत का उत्सर्जन धातु के पृष्ठ पर आपतित प्रकाश की तरंगदैर्ध्य पर निर्भर करता है तथा आपतित प्रकाश की तीव्रता बढ़ने से उत्सर्जित प्रकाश वैद्युत इलेक्ट्रॉन की संख्या बढ़ती है यदि आपतित प्रकाश की तरंगदैर्ध्य $\lambda \le \lambda_0$ हो तब प्रकाश इलेक्ट्रॉन का उत्सर्जन होता है।

7. *(a)* क्षय योजना को इस प्रकार दिखाया गया है

$$N_0 \xrightarrow{30 \text{ मिनट}} \frac{N_0}{2} \xrightarrow{30 \text{ मिनट}} \frac{N_0}{4} \xrightarrow{30 \text{ मिनट}} \frac{N_0}{8}$$

8. *(a)* एक एकल धारावाही वृत्ताकार पाश में वामावर्त दिशा में 1/2 धारा बह रही है जिसे धनात्मक X दिशा से देखा गया है। प्रश्नानुसार, चुम्बकीय क्षेत्र का $\hat{j}$-घटक जब हम केन्द्र से परिधि की ओर जाते हैं जिसका परिवर्तन नीचे निम्न प्रकार से दर्शाया जाता है।

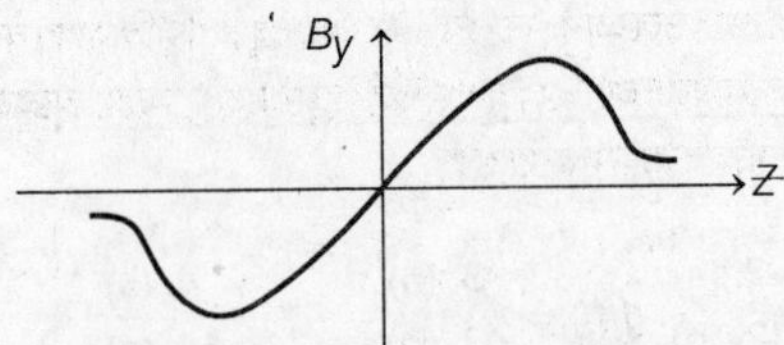

9. *(b)* दी गई स्थिति को चित्र में इस प्रकार दर्शाया जाता है

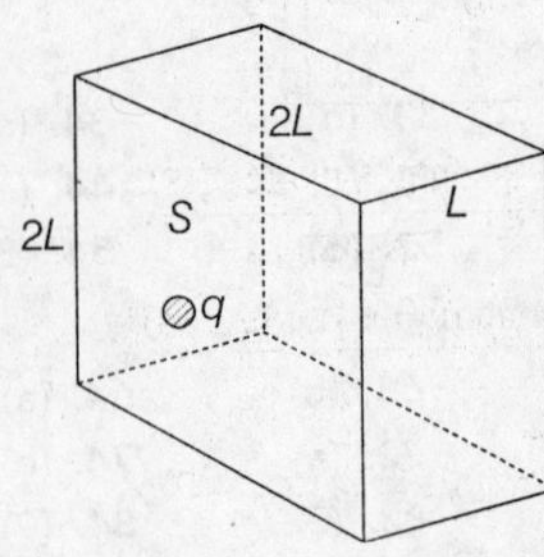

अब, हम एक और सदृश्य घनाभ को जोड़कर पूर्ण घन का निर्माण करते हैं।

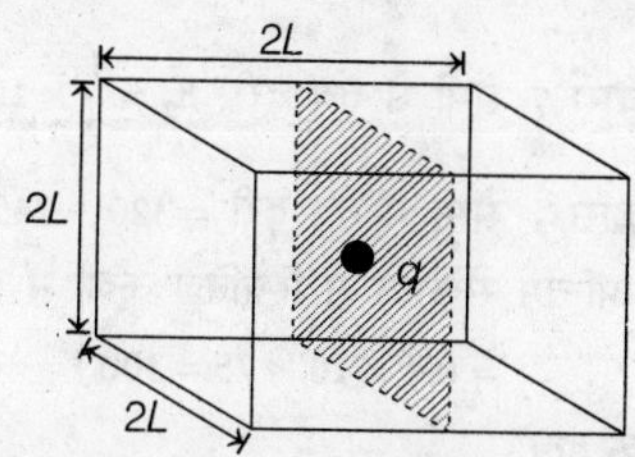

चूँकि, आवेश को ऊपर के घन पर सममित रूप से रखा गया है, सतह (एक पृष्ठ) के परितः फ्लक्स $= \frac{1}{6}\left(\frac{q}{\varepsilon_0}\right)$

जब एक कार r त्रिज्या की एक क्षैतिज सड़क पर घूम रही होती है तब घुमाव पर फिसलन से बचने के लिए अधिकतम चाल दी जाती है।

$$v_{\text{अधिकतम}} = \sqrt{\mu rg}$$

जहाँ, μ टायर एवं सड़क के मध्य घर्षण गुणांक है।

10. *(c)* यहाँ, $r = 50$ m, $\mu = 0.34$, $g = 10$ m/s^2

इसलिए, $v_{\text{अधिकतम}} = \sqrt{0.34 \times 50 \times 10} = 170 = 13$ m/s

11. *(d)*

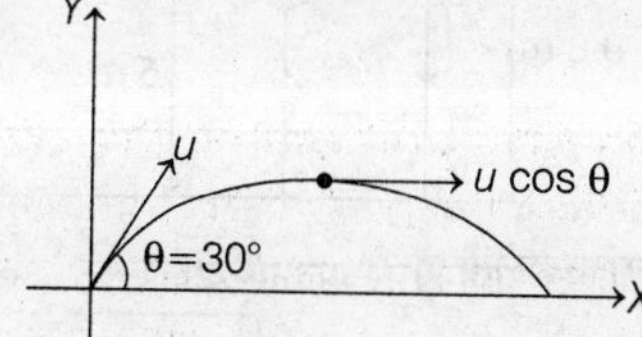

प्रक्षेप बिन्दु पर कण की गतिज ऊर्जा, $K_1 = \frac{1}{2}mu^2$

उच्चतम बिन्दु पर गतिज ऊर्जा, $K_2 = \frac{1}{2}mu^2\cos^2\theta$

$$= \left(\frac{1}{2}mu^2\right) \times \left(\frac{\sqrt{3}}{2}\right)^2 = \frac{3}{4}K_1 \qquad (\because \theta = 30)$$

$$K_2 = \frac{3}{4}K_1 \implies \frac{K_1}{K_2} = \frac{4}{3}$$

12. *(b)* प्रकाश उत्सर्जक डायोड उच्च अपमिश्रित *p-n* संधि है। जब एक इलेक्ट्रॉन अग्र बायस में चालन बैंड से संयोजी बैण्ड में स्थानान्तरित होता है, तो यह ऊर्जा का उत्सर्जन करता है जो दृश्य विकिरण के रूप में ऊर्जा अन्तराल के लगभग बराबर होता है। इसलिए, पश्च बायस में LED का उपयोग नहीं किया जा सकता है।

13. *(b)*

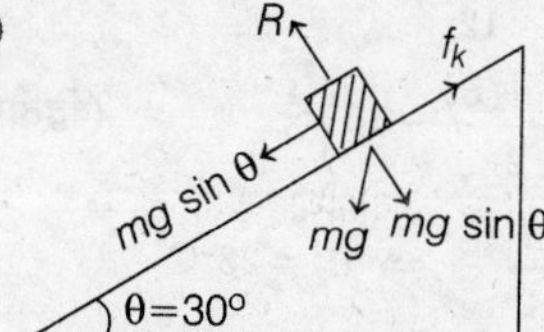

ब्लॉक का त्वरण $= \frac{\text{कुल नीचे की ओर बल}}{\text{द्रव्यमान}}$

$$= \frac{mg\sin\theta - \mu_k mg\cos\theta}{m}$$

$$\frac{g}{4} = g(\sin\theta - \mu_k\cos\theta)$$

इसलिए, $\sin\theta - \mu_k\cos\theta = \frac{1}{4}$

$\because$ $\theta = 30°$, रखने पर

$$\frac{1}{2} - \frac{\sqrt{3}}{2}\mu_k = \frac{1}{4} \quad \text{या} \quad \mu_k = \frac{2\times 1}{4\sqrt{3}} = \frac{1}{2\sqrt{3}}$$

14. *(a)* दिये गये प्रश्न में अभिकथन A गलत है परन्तु कारण R सही है। यदि निकाय को दी गई ऊष्मा तथा निकाय पर किया गया कार्य dQ व dW हो, तब ऊष्मागतिकी के प्रथम नियम के अनुसार, आन्तरिक ऊर्जा में वृद्धि ΔU तथा निकाय के द्वारा किया गया बाह्य कार्य W के योग के तुल्य होता है। अर्थात् $dQ = dU + dW$

यही ऊष्मागतिकी का प्रथम नियम है जो ऊर्जा संरक्षण के सिद्धान्त पर आधारित है।

15. *(b)* प्रकाश की चाल निर्वात् में संचरण की दिशा पर निर्भर नहीं करती है। प्रकाश की चाल माध्यम में प्रकाश की तरंगदैर्ध्य पर निर्भर करती है। प्रकाश की चाल स्रोत की चाल या स्रोत की तीव्रता पर निर्भर नहीं करती है।

16. *(d)* अधिकतम दृश्यमान रेखा, h_1 व h_2 ऊँचाई के एण्टीना के मध्य होती है,

$$d_m = \sqrt{2Rh_1} = \sqrt{2Rh_2}$$

R = पृथ्वी की त्रिज्या

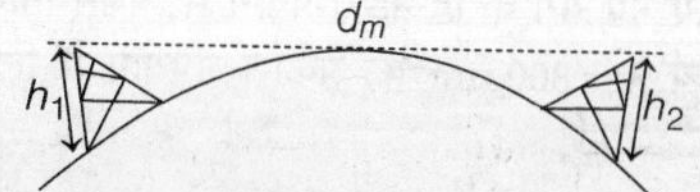

इसलिए, दिए गए मानों का प्रतिस्थापन करने पर,

$$d_{\max} = \sqrt{2\times 80\times 6.4\times 10^6} + \sqrt{2\times 80\times 6.4\times 10^6}$$

$$= 2\times 4\times 8\times 10^3 \text{ m}$$

$$d_{\max} = 64 \text{ किमी}$$

17. *(d)*

दिया गया है, हॉर्न की आवृत्ति, $f_A = 300$ Hz

ध्वनि की चाल, $v = 330$ m/s

ट्रेनों की चाल, $v_s = 30$ m/s

ट्रेनों A की स्थिति में, स्रोत एक स्थिर प्रेक्षक की ओर गति कर रहा है।

इसलिए, सुनी गई ध्वनि की आवृत्ति होगी

$$f'_A = f_A\left(\frac{v}{v - v_s}\right) = 300\left(\frac{330}{330 - 30}\right) = 330 \text{ Hz}$$

ट्रेन B की स्थिति में, स्रोत एक स्थिर प्रेक्षक से दूर गति कर रहा है।

इसलिए, $f'_B = f_B\left(\frac{v}{v + v_s}\right) = \frac{30\times 330}{(330 + 30)} = 275$ Hz

आवृत्तियों का अन्तर है,

$$f'_A - f'_B = 330 - 275 = 55 \text{ Hz}$$

18. *(d)* हम जानते हैं,

दाब प्रवणता $= \frac{dp}{dx} = \frac{[\text{ML}^{-1}\text{T}^{-2}]}{[\text{L}]} = [\text{ML}^{-2}\text{T}^{-2}]$

(A → III)

$$\text{ऊर्जा घनत्व} = \frac{\text{ऊर्जा}}{\text{आयतन}} = \frac{[ML^2T^{-2}]}{[L^3]} = [ML^{-1}T^{-2}]$$

(B → II)

$$\text{विद्युत क्षेत्र} = \frac{\text{बल}}{\text{आवेश}} = \frac{[MLT^{-2}]}{[AT]} = [MLT^{-3}A^{-1}]$$

(C → IV)

$$\text{गुप्त ऊष्मा} = \frac{\text{ऊर्जा}}{\text{द्रव्यमान}} = \frac{[ML^2T^{-2}]}{[M]} = [M^0L^2T^{-2}]$$

(D → I)

19. *(c)* जब त्रिज्या को 3.5 सेमी से 7 सेमी तक बढ़ाया जाता है, तब पृष्ठीय क्षेत्रफल में वृद्धि

$$= 2\,[4\pi\,(r_2^2 - r_1^2)]$$

इसलिए, किया गया कार्य = पृष्ठ ऊर्जा में वृद्धि

$$= \text{पृष्ठ तनाव} \times \text{क्षेत्रफल में वृद्धि}$$

$$= 2\times10^{-2}\times2\times4\pi\times(7^2-3.5^2)\times10^{-4}$$

$$= 18.48\times10^{-4}\text{ J}$$

20. *(b)* दिए गए यंग के द्वि-झिर्री प्रयोग में, प्रथम निम्निष्ठ P पर मिलता है, जब तरंगदैर्ध्य $\lambda = 800$ nm का प्रकाश उपयोग में लिया जाता है।

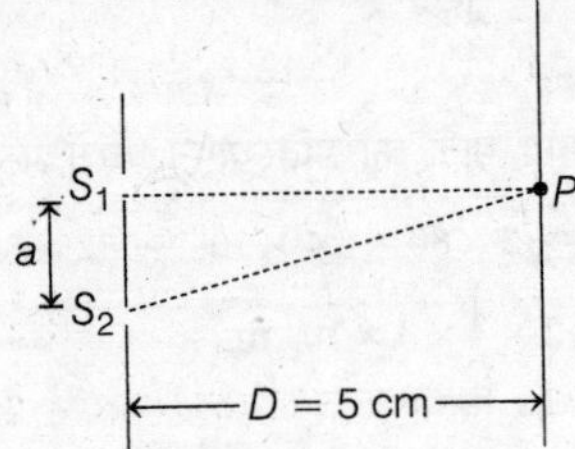

प्रथम निम्निष्ठ के लिए

पथान्तर, $S_2P - S_1P = \sqrt{(5+a)^2} - 5 = \frac{\lambda}{2}$

लम्बाई की इकाई सेमी लेने पर

$$\Rightarrow \sqrt{(5+a)^2} - 5 = \frac{800\times10^{-9}\times100}{2} \Rightarrow \sqrt{(5+a)^2} = 5 + 4\times10^{-5}$$

दोनों तरफ वर्ग करने पर,

$$5^2 + a^2 + 10a = 5^2 + (4\times10^{-5})^2 + 40\times10^{-5}$$

$a\,(4\times10^{-5})$ बहुत कम होने पर नगण्य मानते हुए, हम पाते हैं

$$a^2 = 400\times10^{-6}$$

$$\Rightarrow \quad a = 20\times10^{-3}\text{ सेमी} = 20\times10^{-3}\times10\text{ मिमी}$$

$$a = 0.2\text{ मिमी}$$

21. *(300)* द्रव्यमान द्वारा 8 सेमी में तय दूरी,

$h = ut + \frac{1}{2}at^2$ के उपयोग से

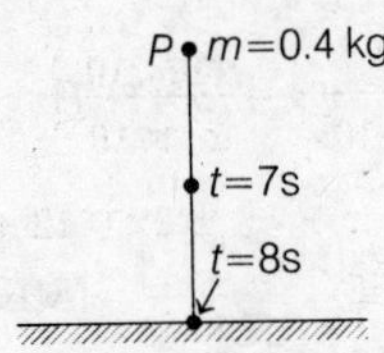

$$h_1 = 0\times8 + \frac{1}{2}(10)\times8^2 = 320\text{ मी}$$

द्रव्यमान द्वारा 7 सेमी में तय दूरी, $h_2 = \frac{1}{2}\times10\times7^2 = 245$ मी

द्रव्यमान द्वारा 1 सेमी में तय दूरी $= 320 - 245 = 75$ मी

इसलिए, अन्तिम सेकण्ड में स्थितिज ऊर्जा में हानि $= mgh$

$$= 0.4\times10\times75 = 300\text{ J}$$

वैकल्पिक हल

वस्तु द्वारा अन्तिम सेकण्ड (8वें सेकण्ड) में तय दूरी,

$$h_8 = 0 + \frac{1}{2}g(2t-1) = \frac{1}{2}\times10(2\times8-1)$$

$$h_8 = 75\text{ मी}$$

$\therefore$ अन्तिम सेकण्ड में स्थितिज ऊर्जा में हानि $= mgh_8$

$$= 0.4\times10\times75 = 300\text{ J}$$

22. *(20)* वेग जिससे गेंद धरातल में टकराती है, $v_1 = \sqrt{2gh}$

$$= \sqrt{2\times9.8\times10} = 14\text{ m/s}$$

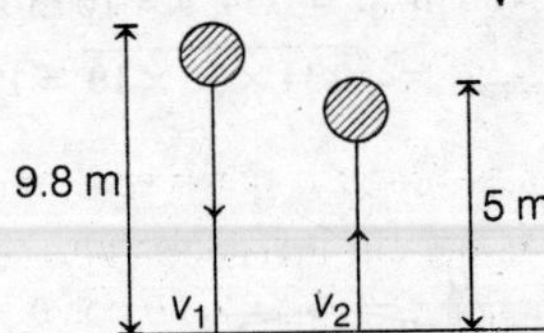

वेग जिससे गेंद वापस उछलती है, $v_2 = \sqrt{2gh}$

$$= \sqrt{2\times10\times5} = 10\text{ मी/से}$$

$$\text{गेंद का त्वरण} = \frac{14-10}{0.2} = 20\text{ मी/से}^2$$

23. *(28)* न्यूटन के शीतलन के नियम के अनुसार,

$$\frac{\theta_1-\theta_2}{t} = k\left(\frac{\theta_1+\theta_2}{2} - \theta_0\right)$$

यहाँ, θ_1 व θ_2, वस्तु के प्रारम्भिक व अन्तिम तापमान हैं।

θ = परिवेश का तापमान

t = समयान्तराल

k = नियतांक

अब, प्रश्न में दी गई स्थिति से, हम पाते हैं

$$= \frac{60-40}{6} = k\left(\frac{60+40}{2} - 10\right) \quad \text{(पहली स्थिति से)}$$

$$\Rightarrow \quad 20 = 6k\times40 \Rightarrow k = \frac{1}{12}$$

एवं $$\frac{40-\theta_2}{6} = \frac{1}{12}\left(\frac{40+\theta_2}{2} - 10\right) \quad \text{(द्वितीय स्थिति से)}$$

$$\Rightarrow \quad 2(40-\theta_2) = \frac{20+\theta_2}{2} \Rightarrow \theta_2 = 28°\text{C}$$

24. *(40)* लुढ़कते हुए गोले के लिए,

$$\text{KE} = \text{KE}_{\text{घूर्णन}} + \text{KE}_{\text{स्थानान्तरीय}}$$

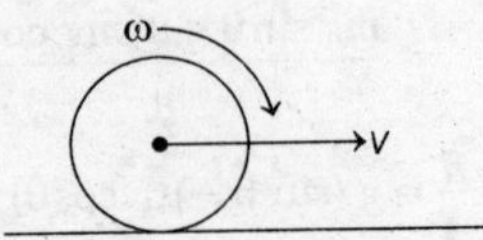

$$KE = \frac{1}{2}I\omega^2 + \frac{1}{2}mv^2 = \frac{1}{2} \times \frac{2}{5}mr^2\omega^2 + \frac{1}{2}mv^2 = \left(\frac{1}{5} + \frac{1}{2}\right)mv^2$$

$$= \frac{7}{10}mv^2 = \frac{14}{10}v^2 \qquad \left(\because I = \frac{2}{5}mr^2, v = r\omega\right)$$

दिया है, KE = 2240 J, $m = 2$ kg

इसलिए, $\frac{14}{10}v^2 = 2240 \Rightarrow v^2 = 1600$

$\Rightarrow \quad v = 40$ मी/से

25. *(120)* दो तरंगों के अध्यारोपण के कारण परिणामी आयाम इस प्रकार दिया जाता है,

$$a = \sqrt{a_1^2 + a_2^2 + 2a_1a_2 \cos\phi}$$

जहाँ, ϕ = कलान्तर

दिया है, $a = 8$ सेमी, $a_1 = a_2 = 8$ सेमी

मानों का प्रतिस्थापन करने पर, हम पाते हैं,

$$8 = \sqrt{8^2 + 8^2 + 2 \times 8^2 \cos\phi}$$

या $\cos\phi = -\frac{1}{2} \Rightarrow \phi = 120°$

26. *(24)* विश्लेषक के माध्यम से गुजरने वाले समतल ध्रुवीकृत प्रकाश की तीव्रता सीधे ध्रुवीकरण के तल और विश्लेषक के संचरण अक्ष के बीच कोण की कोज्या के वर्ग के समानुपाती होती है।

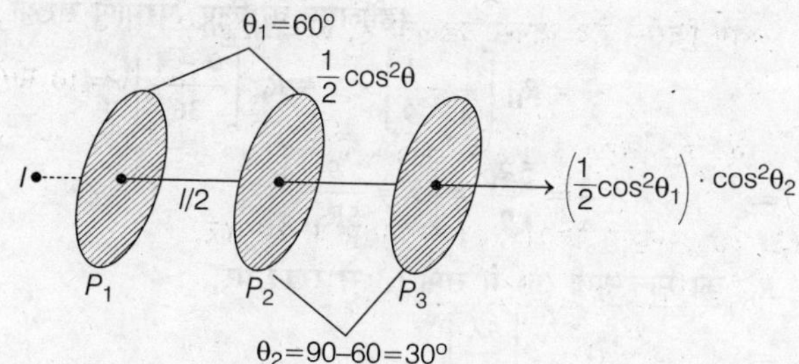

प्रथम पोलेरॉइड के बाद प्राप्त तीव्रता $= \frac{I}{2} = \frac{256}{2} = 128 \text{ W/m}^2$

अब, पोलेरॉइड P_2 के बाद प्राप्त तीव्रता $= \frac{I}{2} \times \cos^2\theta_1$

$$= 128 \times \cos^2 60° = 128 \times \frac{1}{4} = 32 \text{ W/m}^2$$

पोलेरॉइड P_3 के बाद तीव्रता $= 32 \times \cos^2\theta_2$

$$= 32 \times \frac{3}{4} = 24 \text{ W/m}^2$$

27. *(87)* दिया गया क्षय है,

$${}^{242}_{92}X \rightarrow 2\,{}^{4}_{2}\text{He} + \beta^- + 2\beta^+ + {}^{234}_{P}Y$$

$$\Rightarrow \quad {}^{242}_{92}X \rightarrow 2\,{}^{4}_{2}\text{He} + {}^{0}_{-1}e + 2\,{}^{0}_{+1}e + {}^{234}_{P}Y$$

आवेश संख्या के संरक्षण से, $92 = 4 - 1 + 2 + P \Rightarrow P = 87$

28. *(10)*

$B = 0.8$T

लूप में प्रेरित विद्युत वाहक बल का परिमाण,

$$E = \frac{d\phi}{dt} = \frac{d}{dt}(BA) = B\frac{d}{dt}\pi r^2 = 2\pi Br\frac{dr}{dt}$$

यहाँ $B = 0.8$ T, $r = 10$ सेमी

$\frac{dr}{dt} = 2$ सेमी/से

इसलिए,

$$E = 2 \times \pi \times 0.8 \times 10 \times 10^{-2} \times 2 \times 10^{-2}$$

$$= 100 \times 10^{-4} \text{ V} = 10 \text{ mV}$$

29. *(2)*

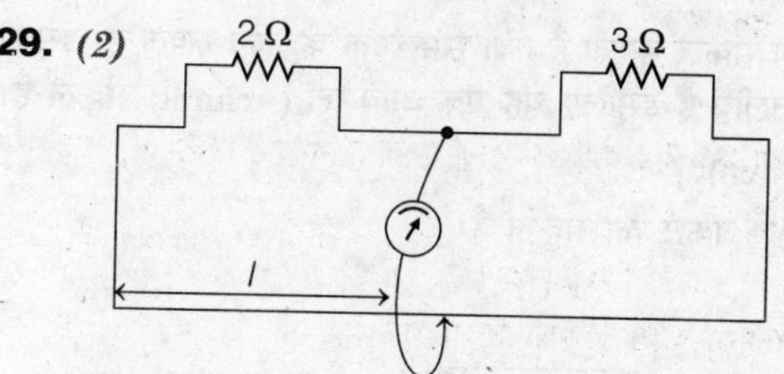

प्रथम दी गई शर्त से, $\frac{2}{\lambda} = \frac{3}{100 - \lambda} \Rightarrow \lambda = 40$ सेमी

अब, $X\,\Omega$ का शण्ट $3\,\Omega$ प्रतिरोध के साथ जोड़ दिया जाता है।

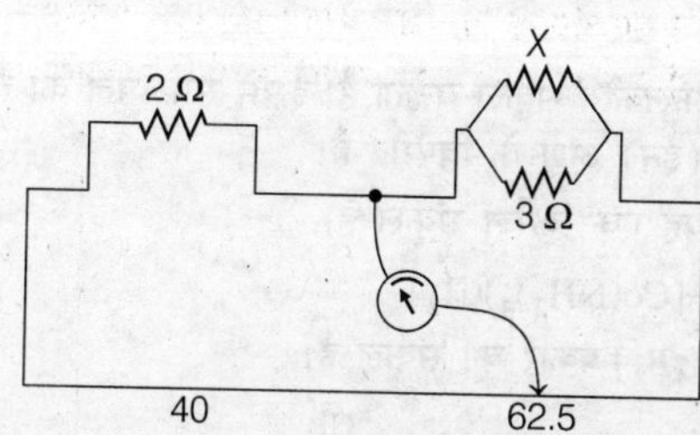

ऊपर दी गई स्थिति में सन्तुलन लम्बाई है $40 + 22.5 = 62.5$ सेमी

इसलिए, $$\frac{2}{62.5} = \frac{R}{(100 - 62.5)}$$

यहाँ, $R = 3\,\Omega$ व $X\,\Omega$ का समान्तर क्रम में तुल्य प्रतिरोध है

$$R = \frac{3X}{3 + X}$$

इसलिए, $R = 12\,\Omega$ [समी (i) से]

$\Rightarrow \quad \frac{3X}{3 + X} = 1.2 \Rightarrow 1.8X = 3.6 \Rightarrow X = 2\,\Omega$

30. *(24)*

$4q_0$ $-q_0$ q_0 12 सेमी x

आवेश q_0 के प्रोटॉन पर बल केवल ऊपर दर्शाई गई स्थिति के लिए है। क्योंकि, q_0 पर कुल बल शून्य है।

$$\frac{k(4q_0)(q_0)}{(12 + x)^2 \times 10^{-4}} = \frac{k(q_0)(q_0)}{x^2 \times 10^{-4}}$$

$\Rightarrow \quad 4x^2 = (12 + x)^2 \Rightarrow \pm 2x = 12 + x$

$\Rightarrow \quad x = 12$ सेमी

इसलिए मूलबिन्दु से प्रोटॉन की दूरी $12 + 12 = 24$ सेमी है।

रसायन विज्ञान

31. *(c)* A-3, B-4, C-1, D-2

32. *(b)* (a) *सिस* -$[PtCl_2(NH_3)_2]$

यह $[MA_2B_2]$ प्रकार का संकुल है।

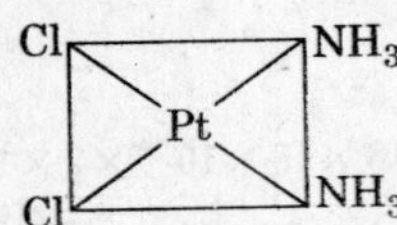

यह वर्ग समतलीय संकल बनाता है तथा समरूपता का तल रखता है। इसकी संरचना वर्ग समतलीय है इसलिए यह एक अकिरैल (Achiral) संकुल है।

(b) *सिस* -$[PtCl_2(en)_2]^{2+}$

यह $[MA_2(BB_2)_2]$ प्रकार का संकुल है।

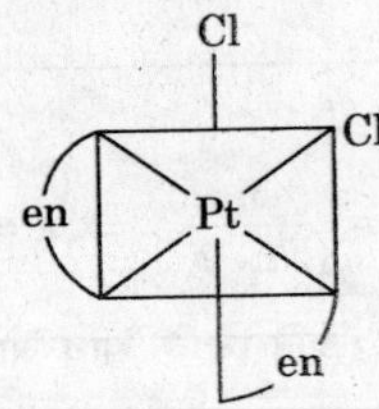

यह अष्टफलकीय संकुल बनाता है। इसमें समरूपता का तल नहीं है क्योंकि क्लोरीन (ईन) अणु के विपरीत है।

इसलिए यह एक किरैल संकुल है।

(c) *ट्रांस*-$[Co(NH_3)_4)Cl_2]^{+}$

यह $[MA_4B_2]$ प्रकार का संकुल है।

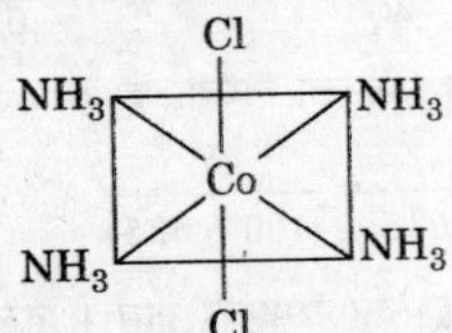

यह अष्टफलकीय संकुल बनाता है इसमें समरूपता के तल और दोनों क्लोरीन परमाणु एक-दूसरे के विपरीत है इसलिए यह एक अकिरैल संकुल है।

(d) *ट्रांस*-$[PtCl_2(en)_2]^{2+}$

यह $[MA_2(BB_2)]$ प्रकार का संकुल है। यह अष्टफलकीय संकुल बनाता है। इसमें एक-दूसरे के विपरीत संरेखित क्लोरीन परमाणुओं के साथ समरूपता का तल भी होता है इसलिए यह एक अकिरैल संकुल है।

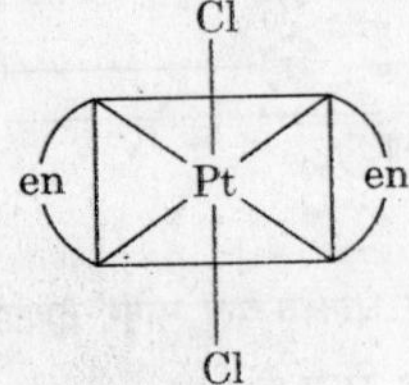

33. *(d)* रिड्बर्ग के सूत्र के अनुसार,

$$\left[\bar{v} = \frac{1}{\lambda} = R_H \left[\frac{1}{(n_1)^2} \frac{-1}{(n_2)^2}\right] z^2\right]$$

जहाँ, $\bar{v}$ = तरंग संख्या

R_H = रिड्बर्ग नियतांक 109677 cm^{-1}

λ = तरंगदैर्ध्य

Z = परमाणु संख्या

n_1 = निम्न ऊर्जा कक्षक

n_2 = उच्च ऊर्जा कक्षक

लाइमन श्रेणी के लिए $n_1 = 1$ होता है।

सबसे कम तरंगदैर्ध्य के लिए ऊर्जा अधिकतम होगी और n_2 की ऊर्जा का मान अनन्त होगा।

इसलिए, $\frac{1}{\lambda_1} = R_H \left(\frac{1}{(1)^2} - \frac{1}{(\infty)^2}\right) 1^2$

(हाइड्रोजन की परमाणु संख्या, $Z = 1$)

$$\frac{1}{\lambda_1} = R_H \left[\frac{1}{1} - 0\right]$$

$$= \left[\frac{1}{\lambda_1} = R_H\right] \quad ...(i)$$

बामर श्रेणी के लिए ($n_1 = 2$) होता है। सबसे बड़ी तरंगदैर्ध्य के लिए, ऊर्जा न्यूनतम होगी और $n_2 = 3$ में ऊर्जा उच्चतम होगी।

इसलिए $\frac{1}{\lambda} = R_H \left[\frac{1}{(2)^2} - \frac{1}{(3)^2}\right] (2)^2$

[हीलियम के लिए, परमाणु संख्या $Z = 2$]

$$\frac{1}{\lambda} = R_H \left[\frac{1}{4} - \frac{1}{9}\right] \times 4 = R_H \left[\frac{9-4}{36}\right] \times 4$$

$$\Rightarrow \quad \frac{1}{\lambda} = \frac{5R_H}{9} = \left[\lambda = \frac{9}{5R_H}\right] \quad ...(ii)$$

R_H का मान समी (ii) में समी (i) से रखने पर,

$$\Rightarrow \quad \left[\frac{9\lambda}{5}\right]$$

34. *(d)* (a) सामान्य क्लॉसिकल स्मॉग में स्मॉक, कोहरा और SO_2 उपस्थित होता है लेकिन NO_2 नहीं।

इसलिए विकल्प (a) गलत है।

(b) सामान्य क्लॉसिकल स्मॉग में NO_2 नहीं होता है। अतः विकल्प (b) गलत है।

(c) सामान्य क्लॉसिकल स्मॉग में सल्फर के ऑक्साइड की उपस्थिति के कारण स्मॉग में अपचायक की सान्द्रता उच्च होती है। अतः विकल्प (c) गलत है।

(d) फोटोकैमिकल स्मॉग में ओजोन, नाइट्रिक अम्ल जैसे—ऑक्सीडाइजिंग एजेण्ट की उच्च सान्द्रता होती है और इसे ऑक्सीडाइजिंग एजेण्ट भी कहा जाता है।

अतः विकल्प (d) सही है।

35. *(a)* अमोनिया के वायु में ऑक्सीकरण को निम्न समीकरण द्वारा दिखाया जा सकता है

$$4NH_3 + 5O_2 \xrightarrow[\text{(ऑक्सीकरण)}]{\Delta} \underset{(A)}{4NO} + 6H_2O$$

A पदार्थ नाइट्रस ऑक्साइड है। पदार्थ A का आगे ऑक्सीकरण कराने पर निम्न पदार्थ प्राप्त होता है।

$$2NO + O_2 \longrightarrow \underset{\text{नाइट्रोजन डाइऑक्साइड (B)}}{2NO_2}$$

पदार्थ (*B*) जलयोजित होकर नाइट्रोजन का एक ऑक्सोअम्ल बनाता है।

$$NO_2 + H_2O \longrightarrow \underset{\text{नाइट्रोजन का ऑक्सोअम्ल}}{HNO_3} + \underset{(A)}{NO}$$

ऑक्सोअम्ल भी पदार्थ (*A*) का निर्माण करता है।

$$HNO_3 \longrightarrow \underset{(A)}{NO} + H_2O$$

36. *(c)*

(A) क्वथनांक (क्लोरोएथेन) < (1-क्लोरोप्रोपेन) < (1-क्लोरोपेन्टेन)

कार्बन की संख्या बढ़ने पर क्वथनांक बढ़ता है। अतः विकल्प (A) सही है।

(B) घनत्व (ब्रोमोप्रोपेन) < (क्लोरोप्रोपेन) < (आयोडोप्रोपेन)

ऐल्किल हैलाइड में घनत्व का सही क्रम ($R—I > R—Br > R—Cl$) होता है।

अतः विकल्प (B) गलत है।

(C) क्वथनांक (ब्रोमोएथेन) < (2,2-डाइब्रोमोप्रोपेन) < (1,1,1-ट्राइब्रोमोएथेन)

हैलोजन की संख्या बढ़ने पर क्वथनांक बढ़ता है। अतः विकल्प (C) सही है।

(D) घनत्व (Br, I युक्त) < (Br युक्त) < (Cl, Br युक्त)

आयोडीन का द्रव्यमान क्लोरीन से अधिक होता है इसलिए (D) विकल्प गलत है।

$$\text{घनत्व} = \frac{\text{द्रव्यमान}}{\text{आयतन}}$$

(E) क्वथनांक (Cl युक्त सीधी श्रृंखला) > (शाखित—Cl) > (—Cl, अधिक शाखित)

शाखाओं में वृद्धि के कारण क्वथनांक बढ़ता है।

अतः विकल्प (E) सही है।

37. *(a)* जलयोजन एन्थैल्पी ऊर्जा की वह मात्रा है जो तब उत्पन्न होती है जब आयन का एक मोल पानी की बड़ी मात्रा में घुल जाता है।

धनायन का आकार जितना छोटा होगा, उसकी जलयोजन एन्थैल्पी उतनी ही अधिक होगी।

$$\text{जलयोजन एन्थैल्पी} \propto \frac{1}{\text{आकार}}$$

इसलिए समूह II क्षारीय मृदा धातु के धनायनों की जलयोजन एन्थैल्पी समूह I क्षार धातु के धनायनों की तुलना में उच्च होगी।

इसलिए जलयोजन एन्थैल्पी का क्रम निम्न होगा

$$Mg^{2+} > Ca^{2+} > K^+ > Rb^+ > Cs^+$$

अर्थात् C > E > A > B > D क्रम वाला विकल्प सही है।

38. *(d)* हाइड्रोजन को भौतिक रूप से द्रव या गैस के रूप में संग्रहित किया जा सकता है। इसके लिए उच्च दाब (350 – 700) बार दाब की आवश्यकता होती है। एक सीमित मात्रा में अधिकतम हाइड्रोजन को संग्रहित करने की तकनीक हाइड्रोजन गैस को बहुत कम तापमान पर ठण्डा करके द्रव हाइड्रोजन में परिवर्तित करता है।

$NaNi_5$ हाइड्रोजन के भण्डार की दक्षता को बढ़ा सकता है।

39. *(b)* मॉण्ड की प्रकिया में, निकिल टेट्राकार्बोनिल संकुल बनाने के लिए CO की वाष्प में निकिल को गर्म किया जाता है जो कि अत्यधिक परिवर्तनशील (अस्थिर) होता है।

$$Ni + 4CO \xrightarrow{330-350\ K} Ni(CO)_4$$

निकिल टेट्राकार्बोनिल को उच्च तापमान पर गर्म किया जाता है तो यह अपघटित होकर शुद्ध निकिल देता है।

$$Ni(CO)_4 \xrightarrow{450-470\ K} Ni + 4CO$$

40. *(c)* लैसगने परीक्षण में, सोडियम धातु के एक छोटे टुकड़े को ज्वलनशील परखनली में कार्बनिक यौगिक के साथ आयनिक लवण बनाने के लिए गर्म किया जाता है। बने हुए आयनिक लवणों के मिश्रित द्रव्यमान को पानी के साथ उबाला जाता है।

सोडियम $CH_3NH_2 \cdot HCl$ के साथ संगलित होने पर नाइट्रोजन के लिए सकारात्मक परीक्षण देते हैं।

$$CH_3NH_2 \cdot HCl \xrightarrow{Na} NaCN + NaCl$$

NaCN, N (नाइट्रोजन) का धनात्मक परीक्षण देते हैं।

NaCl, N (नाइट्रोजन) का धनात्मक परीक्षण देते हैं।

41. *(c)*

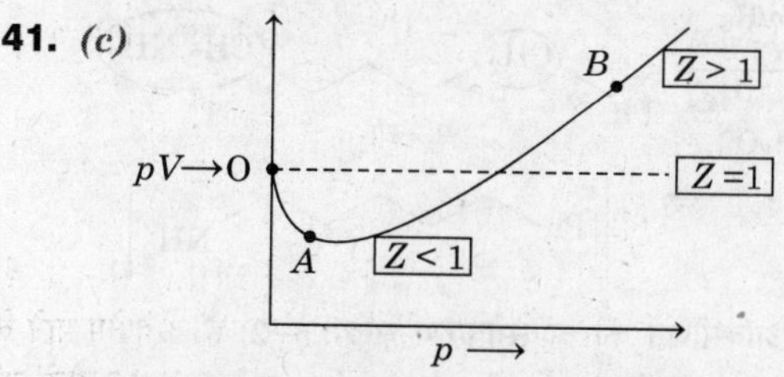

ग्राफ का निरीक्षण करने से यह पता चलता है कि बिन्दु *A* पर दाब बहुत कम है इसलिए वाण्डरवाल्स समीकरण को निम्न रूप में लिखा जा सकता है

$$\left(p + \frac{n^2a}{V^2}\right)(V - nb) = nRT$$

1 मोल के लिए, $\left(p + \frac{a}{V^2}\right)(V) = RT$

b को बहुत कम दाब पर ($V >> b$) नगण्य माना जा सकता है।

$$pV + \frac{a}{V} = RT$$

दोनों तरफ *RT* से भाग देने पर,

$$\frac{pV}{RT} + \frac{a}{V(RT)} = 1$$

$$\therefore \quad Z = 1 - \frac{a}{RTV} \qquad \left[\because Z = \frac{pV}{RT}\right]$$

42. *(d)* दो ऐमीनो अम्ल के उदाहरण निम्न हैं

$$A = H_2N—\underset{\underset{R_1}{|}}{CH}—COOH$$

$B = H_2N - \underset{\underset{R_2}{|}}{CH} - COOH$

ट्राइपेप्टाइड में दो ऐमीनो अम्ल अणु एकसाथ जुड़े हुए हैं जो पानी के अणुओं निर्माण के साथ बन्धों के निर्माण की ओर जाते हैं।

$$\left[-H-N-\overset{\overset{O}{||}}{C}- \right]$$

दो ऐमीनो अम्ल के साथ चक्रीय ट्राइपेप्टाइड के चार संयोजन सम्भव हैं। उदाहरण के लिए, *AAB*, *ABB*, *AAA* और *BBB*।

अत: विकल्प (d) सही है।

43. *(d)* जिंक अमलगम और हाइड्रोक्लोरिक अम्ल का उपयोग करके ऐल्केनों में ऐल्डिहाइड/कीटोन को कम करने के लिए क्लीमेन्शन अपचयन का उपयोग किया जाता है।

$LiAlH_4$ भी एक अच्छा अपचायक है जो ऐमाइड को ऐमीन में अपचयित करता है।

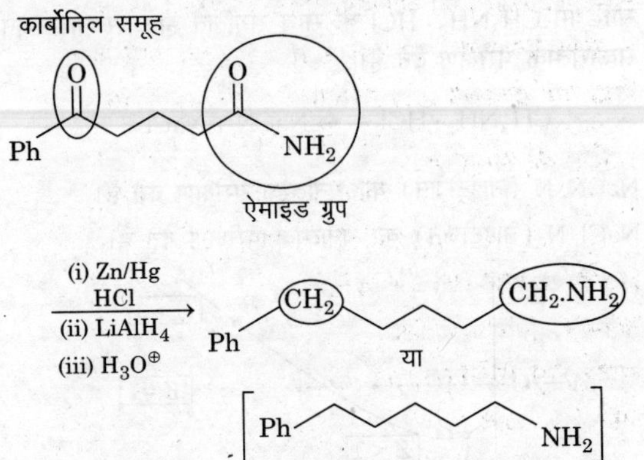

44. *(a)* Li_2O में ऑक्सीजन की ऑक्सीकरण संख्या (– 2) है।

तो आण्विक कक्षक सिद्धान्त के अनुसार ऑक्सीजन (O_2^{2-}) के इलेक्ट्रॉनिक विन्यास को निम्न रूप में लिखा जा सकता है

$$\sigma 1s^2 \sigma^* 1s^2 \sigma 2s^2 \sigma^* 2s^2 \sigma 2p_z^2 (\pi\, 2p_x^2 = \pi\, 2p^2)(\pi^* 2p_x^2 \approx \pi^* 2p_y^2)$$

अत: $n = 0$

तो Li_2O अनुचुम्बकीय होगा।

Na_2O_2 में ऑक्सीजन की ऑक्सीकरण संख्या (– 2) है तो $n = 0$

इसलिए Na_2O_2 अनुचुम्बकीय होगा।

KO_2 में ऑक्सीजन की ऑक्सीकरण संख्या (– 1) है तो आण्विक कक्षक सिद्धान्त के अनुसार (O_2^-) का इलेक्ट्रॉनिक विन्यास निम्न होगा

$$\sigma 1s^2, \sigma^* 1s^2, \sigma 2s^2, \sigma^* 2s^2, \sigma 2p_z^2, (\pi 2p_x^2 \approx \pi 2p_y^1), (\pi^* 2p_x^2 \approx \pi^* 2p_y^1)$$

अत: $n = 1$

इसलिए KO_2 प्रतिचुम्बकीय होगा।

45. *(b)* विद्युत-अपघट्य पर जितना अधिक आवेश होगा, उतना ही अधिक अपघटन होगा।

जब $FeCl_3$ के विलयन को NaOH के विलयन में मिलाया जाता है तो एक ऋणावेशित सॉल प्राप्त होता है। यह ऋणावेशित सॉल विपरीत आवेशित (धनात्मक) आवेश द्वारा स्कन्दित हो जाता है।

उदाहरण—$AlCl_3$, Al^{3+} देता है।

$Ca_3(PO_4)_2$, Ca^{2+} देता है।

$CaCl_2$, Ca^{2+} देता है।

$Na_2(SO_4)$, Na^+ देता है

इसलिए $0.2\ mol\ dm^{-3}\ AlCl_3$ का 10 mL सबसे तेजी से अपघटित होगा।

46. *(d)* pK_a का बढ़ता हुआ क्रम निम्न है

$A < B < E < D < C$

इलेक्ट्रॉन अपचायक समूह की उपस्थिति के कारण अणु की अम्लीय प्रकृति बढ़ जाती है इसलिए pK_a का मान घट जाता है।

[एक अम्ल के लिए इलेक्ट्रॉन निकालने वाला समूह $\propto \frac{1}{pK_a}$]

2,4-डाइनाइट्रो फीनॉल (A) 4-नाइट्रोफीनॉल (B) 2,4,5-ट्राइमिथाइल फीनॉल (C)

फीनॉल (D) 3-क्लोरोफीनॉल (E)

- NO_2 समूह इलेक्ट्रॉन खींचने वाले समूह के रूप में कार्य करता है और – *I*-प्रभाव दिखाता है इसलिए अम्लीय प्रकृति को बढ़ाता है।
- CH_3 समूह एक इलेक्ट्रॉन दाता समूह है जो + *I*-प्रभाव दिखाता है। इसलिए अम्लीय प्रकृति घट जाती है।
- Cl एक इलेक्ट्रॉन दान करने वाला और निष्क्रिय प्रभाव करने वाला समूह है। + *R* और – *I* दोनों प्रभाव दर्शाते हैं।

47. *(b)* वर्ग 17 (हैलोजन परिवार) की बन्ध वियोजन की ऊर्जा वर्ग में ऊपर से नीचे जाने पर घटती है। वर्ग में नीचे जाने पर परमाणु का आकार बढ़ जाता है जिससे बन्ध ऊर्जा का मान कम हो जाता है। लेकिन फ्लुओरीन के मामले में एक अयुग्मित इलेक्ट्रॉन के जोड़े (लॉन पेयर) की उपस्थिति के कारण प्रतिकर्षण का कारण बनती है। जिसके कारण इसकी बन्ध वियोजन ऊर्जा क्लोरीन से कम हो जाती है इसलिए दिए गए विकल्पों में क्लोरीन की बन्ध वियोजन ऊर्जा सबसे अधिक है।

48. *(a)* सूची I का सूची II से सही मिलान निम्नलिखित है।

(A) संकीर्ण (नैरो) स्पेक्ट्रम प्रतिजीवाणु—*पेनिसिलीन*-G

(B) पूतिरोधी (एण्टीसेप्टिक)—फ्यूरासिन

(C) विसंक्रामी—सल्फर-डाइऑक्साइड

(D) विस्तृत स्पेक्ट्रम प्रतिजीवाणु—क्लोरैम्फेनिकॉल

- *पेनिसिलीन*-G का उपयोग केवल कुछ रोगजनकों के ईलाज के लिए किया जाता है इसलिए संकीर्ण स्पेक्ट्रम एण्टीबायोटिक की दवाओं में आते हैं।
- फ्यूरासिन गम्भीर जलन के संक्रमण के दौरान मरहम के रूप में इलाज करता है। यह कटने और खरोंच में एक एण्टीसेप्टिक के रूप में काम करता है।

- सल्फर-डाइऑक्साइड सल्फ्यूरिक अम्ल के निर्माण तथा एक कीटाणुनाशक के रूप में प्रयोग किया जाता है।
- क्लोरैम्फेनिकॉल एक जीवाणुरोधी कारक है जिसमें ग्राम धनात्मक और ग्राम ऋणात्मक जीवाणु के विरुद्ध विस्तृत स्पेक्ट्रम गति होती है।

49. *(d)* दिया गया मानक इलेक्ट्रोड विभव M^{3+}/M^{2+} है।

$$V = -0.26\text{ V}$$
$$Cr = -0.41\text{ V}$$
$$Mn = +1.57\text{ V}$$
$$Co = +1.97\text{ V}$$

धातु धनायन से हाइड्रोजन को मुक्त करने के लिए हाइड्रोजन को $[H^+]$ के रूप में आना पड़ेगा।

अपचयन विभव $\left(\frac{M^{3+}}{M^{2+}}\right)$ का मान ऋणात्मक है तथा ऑक्सीकरण क्षमता का मान धनात्मक है अतः V^{2+} और Cr^{2+} हाइड्रोजन मुक्त करेंगे।

50. *(c)* बोरेक्स मनका परीक्षण के दौरान रंगीन लवण के साथ गर्म करने पर काँच जैसा मनका ऑक्सीकारक ज्वाला में रंगीन मेटाबोरेट बनता है। Cu^{2+} के परीक्षण में नीला रंग $[Cu(BO_2)_2]$ मेटाबोरेट के कारण होता है। प्रयोगशाला में मनके के रंग को देखकर विलयन में उपस्थित धनायन की पहचान करने के लिए बोरेक्स मनका परीक्षण का उपयोग किया जाता है।

51. *(0)* $Mn_2(CO)_{10}$ **की संरचना**

CO—Mn(CO)₅ ... (structure drawn with Mn—Mn bond)

$$(CO)_5Mn—Mn(CO)_5$$ (कोई कार्बोनिल बन्ध सेतु नहीं)

$W(CO)_6$ की संरचना

$$W(CO)_6$$ (कोई कार्बोनिल बन्ध सेतु नहीं)

इसीलिए [sum = zero]

52. *(3)* NO_2, ClO_2 और NO विषम इलेक्ट्रॉन संख्या वाले अणु हैं। जहाँ NO_2^+, BrF_3 और ICl_4^- में इलेक्ट्रॉन की संख्या निम्न है

(A) NO_2 = संयोजी इलेक्ट्रॉन, N = 5, O = 6
$\therefore$ कुल $= 5 + (6 \times 2) = 17$ = विषम इलेक्ट्रॉन

(B) ICl_4^- = संयोजी इलेक्ट्रॉन, Cl = 7,
कुल $5 \times 7 = 35 + 1 = 36$ = सम इलेक्ट्रॉन

(C) BrF_3 = संयोजी इलेक्ट्रॉन, Br = 7, F = 7
कुल $7 \times 4 = 28$, सम इलेक्ट्रॉन

(D) ClO_2 = संयोजी इलेक्ट्रॉन
$\Rightarrow 7 + (6 \times 2) = 19$ = विषम इलेक्ट्रॉन

(E) NO_2^+ = संयोजी इलेक्ट्रॉन
$\Rightarrow 5 + (6 \times 2) - 1 = 16$ = सम इलेक्ट्रॉन

(F) NO = संयोजी इलेक्ट्रॉन
$\Rightarrow 5 + 6 = 11$ = विषम इलेक्ट्रॉन

53. *(6)*

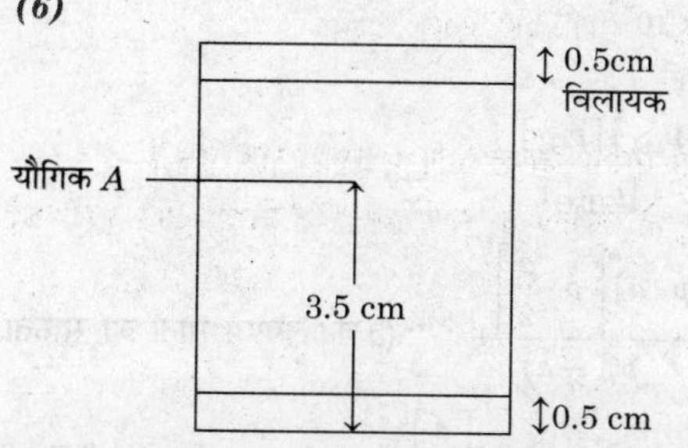

आधार रेखा से पदार्थ द्वारा तय की गई दूरी को गणना के रूप में $(3.5 - 0.5) = 3$ cm हो सकती हैं। कुल TLC दूरी = 6 cm

आधार रेखा से विलायक द्वारा तय की गई दूरी $= 6 - (0.5 + 0.5)$
$= 6 - 1 = 5$ cm

$$\therefore \quad R_f = \frac{\text{आधार रेखा से पदार्थ द्वारा तय की गई दूरी}}{\text{आधार रेखा से विलायक द्वारा तय की गई दूरी}}$$

$$= \frac{3}{5} \text{ सेमी} = 0.6 = 6 \times 10^{-1} \text{ सेमी}$$

54. *(3)* हाइड्रोकार्बन का आण्विक सूत्र $= C_{10}H_{16}$

$\therefore$ मोलर द्रव्यमान $= 12 \times 10 + 16 \times 1 = 136$ ग्राम/मोल

दिया गया द्रव्यमान = 17 मिलीग्राम $= 17 \times 10^{-3}$ ग्राम

$$\therefore \text{ मोल की संख्या} = \frac{\text{दिया गया द्रव्यमान}}{\text{मोलर द्रव्यमान}} = \frac{17 \times 10^{-3}}{136}$$

$$= 1.25 \times 10^{-4} \text{ मोल}$$

H_2 का आयतन $(V) = 8.40$ mL

तापमान $= 0°C = 273$ K

आदर्श गैस समीकरण, $pV = nRT$

जहाँ, p = दाब

n = मोल की संख्या

R = सार्वभौमिक गैस स्थिरांक 8.314 J/K/mol
$= 0.831 \text{ L bar K}^{-1} \text{ mol}^{-1}$

V = आयतन

$$\text{इसलिए } 1 \times \frac{8.40}{1000} = n \times 0.0830 \times 273$$

$$\Rightarrow \quad n = 3.75 \times 10^{-4} = \frac{3.75 \times 10^{-4}}{1.25 \times 10^{-4}} = 3$$

हाइड्रोकार्बन के 1 अणु के लिए प्रयुक्त हाइड्रोजन अणु की संख्या 3 है।

55. *(2)*

$$H_2O(g) \rightleftharpoons H_2(g) + \frac{1}{2}O_2(g)$$

प्रारम्भ में, $(T = 0)$	[1]	0	0
	$p[1-a]$	$p[a]$	$p\left[\frac{a}{2}\right]$

दोनों तरफ आंशिक दाब (p) से गुणा करने पर K_p को निम्न प्रकार लिखा जा सकता है

$$K_p = \frac{[p_{H_2}][p_{O_2}]^{1/2}}{[p_{H_2O}]}$$

दिया है, $K_p = 2 \times 10^{-3}$

ताप $= 2300$ K

$$\therefore \quad 2 \times 10^{-3} = \frac{[p_{H_2}][p_{O_2}]^{1/2}}{[p_{H_2O}]}$$

$$2 \times 10^{-3} = \frac{[p \cdot a]\left[p \cdot \frac{a}{2}\right]^{1/2}}{p(1-a)} \quad (a \text{ को नगण्य माना जा सकता है})$$

$$\therefore \quad 2 \times 10^{-3} = a \times \left[\frac{a}{2}\right]^{1/2} \quad [\because p = 1 \text{ atm}]$$

या $\quad 2 \times 10^{-3} = \dfrac{a^{3/2}}{(2)^{1/2}}$ या $a^{3/2} = 2^{3/2} \times 10^{-3}$

या $\quad a = 2^{\frac{3}{2} \times \frac{2}{3}} \times 10^{-3 \times \frac{2}{3}} \Rightarrow a = 2 \times 10^{-2}$ या $a = 2\%$

56. *(13)* माना, $Pb(NO_3)_2$ के मोलों की संख्या x है।

$$\underset{x}{Pb(NO_3)_2} \longrightarrow \underset{x}{Pb^{2+}} + \underset{2x}{2NO_3^-}$$

$$\Delta T_b = 100.15 - 100 = 0.15 = 0.5[3a]$$

$$\Rightarrow \quad a = 0.1$$

$$Pb^{2+}(aq) + 2Cl^-(aq) \longrightarrow PbCl_2(s)$$

$t = 0$ पर, $\quad 0.1 \qquad 0.2$

$t = \infty$ पर, $\quad (0.1 - x) \qquad (2 - 2x)$

$$\Delta T_f = 0.8 = 1.8\left[\frac{0.3 - 3x + 0.2 + 0.2}{1}\right] \Rightarrow x = 2.3/27$$

$$K_{sp} = (0.1 - x)(0.2 - 2x)^2$$

$$= \left[0.1 - \frac{2.3}{27}\right]\left[0.2 - \frac{4.6}{27}\right]^2 = 13 \times 10^{-6}$$

57. *(2)* क्षेत्र (I) प्रथम कोटि की अभिक्रिया के लिए सीधी रेखा को दिखाता है। क्षेत्र (III) शून्य कोटि की अभिक्रिया के लिए अचर रेखा को दिखाता है क्योंकि शून्य कोटि अभिक्रिया की दर समय पर नहीं बल्कि उत्प्रेरक की स्थिति पर निर्भर करती है।

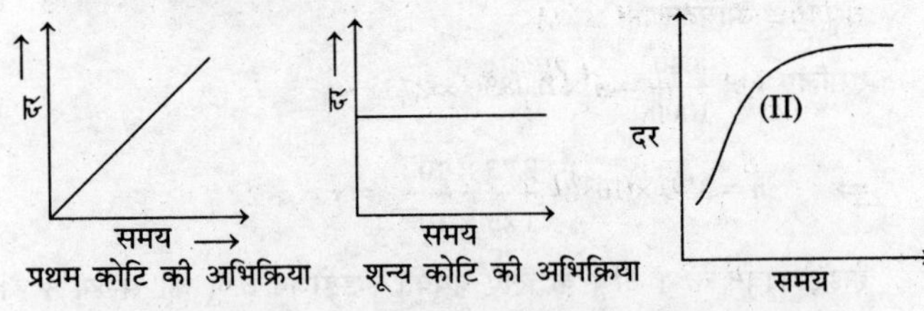

क्षेत्र (II) एक स्पर्शोन्मुख क्षेत्र है। यह अभिक्रिया के वेग का समय दिखाता है इसलिए इसका क्रम निर्धारित नहीं किया जा सकता।

अत: कथन (A) और (C) सत्य कथन हैं।

58. *(–5727)* $A + B \underset{K_b = 10^2}{\overset{K_f = 10^{-3}}{\rightleftharpoons}} C + D$

तापमान $= 27°C$ या 300 K

$$R = 8.3 \text{ J K}^{-1} \text{ mol} \Rightarrow \Delta G° = ?$$

साम्य नियतांक की गणना इस प्रकार की जा सकती है

$$\left[K_{eq} = \frac{K_f}{K_b}\right] \text{ या } K_{eq} = \frac{10^3}{10^2} = 10$$

$\Delta G°$ और K_{eq} में निम्न सम्बन्ध होता है

$$\Delta G° = -RT \ln K$$

इसलिए, $\quad \Delta G° = -8.3 \times 300 \times \ln(10)$

$$= -8.3 \times 300 \times 2.3 = -5727 \text{ J mol}^{-1}$$

59. *(2)* (A) और (C) असत्य कथन हैं।

चालकता और सान्द्रता के बीच सम्बन्ध को डिबाई हकल समीकरण द्वारा निम्न प्रकार लिखा जा सकता है

$[\lambda_m = \lambda_m^\circ - b\sqrt{c}]$

$y = c + mx; \; c = \lambda_m^\circ$

$b =$ नियतांक; $c =$ सान्द्रता

$\lambda_m^\circ =$ अनन्त बिन्दु पर चालकता

(A) दुर्बल इलेक्ट्रोड के लिए,

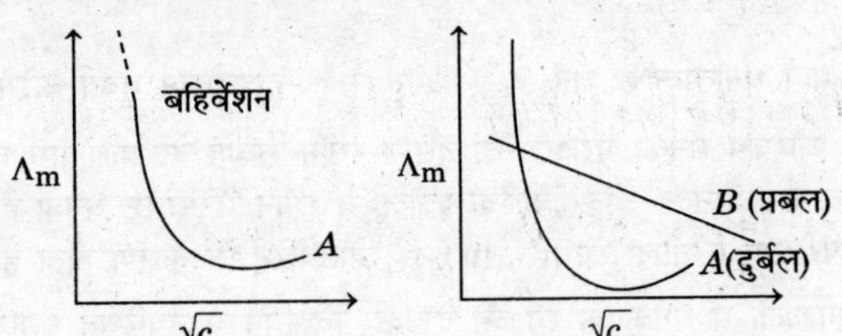

(A) बहिर्वेशन की गणना विद्युत-अपघट्य के लिए नहीं की जा सकती। अत: यह कथन असत्य है।

(B) विद्युत-अपघट्य B के लिए इण्टरसेप्ट λ_m, $\sqrt{c}$ ग्राफ एक सीधी रेखा है जिसमें अन्त: खण्ड λ_m° के बराबर है। यह कथन सत्य है।

(C) विद्युत-अपघट्य B के लिए अनन्त तनुता पर वियोजन अंश शून्य के लगभग हो जाता है। यह कथन सत्य है।

(D) किसी भी विद्युत-अपघट्य A या B के लिए λ_m° की गणना अलग-अलग आयनों के λ° का उपयोग करके की जा सकती है। अत: यह कथन सत्य है।

60. *(5)* दिया है, pH = 12

$\because \quad pH + pOH = 14$

इसलिए, $\quad pOH = 2$ या $[OH^-] = 10^{-2}$ mol/L

कैल्सियम हाइड्रॉक्साइड का पूर्ण वियोजन निम्न प्रकार होता है

$$\underset{x}{Ca(OH)_2} \longrightarrow \underset{x}{Ca^{2+}} + \underset{2x}{2OH^-}$$

$\because Ca(OH)_2$ का 1 मोल 2 मोल OH^- आयन देता है।

$$2x = 10^{-2}$$

$$\Rightarrow \quad x = \frac{10^{-2}}{2} = 0.5 \times 10^{-2}$$

$\therefore Ca(OH)_2$ की सान्द्रता $= 0.5 \times 10^{-2}$ mol/L $= 5 \times 10^{-3}$ M

इसका अर्थ है कि 1 लीटर विलयन में $Ca(OH)_2$ के 0.5×10^{-2} मोल उपस्थित हैं।

इसीलिए 100 mL में $Ca(OH)_2$ होगा =

1 लीटर $\longrightarrow 5 \times 10^{-3}$ M

$\therefore \quad$ 100 mL $\longrightarrow x$

$x = 0.5 \times 10^{-2} \times 100$ mL

$= 5 \times 10^{-1}$ मिली मोल

अर्थात् 100 mL विलयन में 0.5 मिली मोल

गणित

61. *(c)* दिया है,

$$f(\theta)=3\left\{\sin^4\left(\frac{3\pi}{2}-\theta\right)+\sin^4(3\pi+\theta)\right\}-2(1-\sin^2(2\theta))$$

$$\Rightarrow f(\theta)=3(\cos^4\theta+\sin^4\theta)-2(1-\sin^2(2\theta))$$

$$=3[(\cos^2\theta+\sin^2\theta)^2-2\sin^2\theta\cos^2\theta]-2[1-\sin^2(2\theta)]$$

$$=3\left[1-\frac{(2\sin\theta\cos\theta)^2}{2}\right]-2+2\sin^2(2\theta)$$

$$[\because \sin^2\theta+\cos^2\theta=1]$$

$$=3-\frac{3\sin^2(2\theta)}{2}-2+2\sin^2(2\theta)\quad[\because 2\sin\theta\cos\theta=\sin2\theta]$$

$$=1+\frac{\sin^2(2\theta)}{2}\quad\ldots(i)$$

अब, $S=\left\{\theta\in[0,\pi]:f'(\theta)=-\frac{\sqrt{3}}{2}\right\}$

$$f'(\theta)=\frac{d}{d\theta}\left[1+\frac{\sin^2(2\theta)}{2}\right]=\frac{1}{2}\times\frac{d}{d\theta}[\sin^2(2\theta)]$$

$$=\frac{1}{2}\times2\sin(2\theta)\cdot\frac{d}{d\theta}[\sin(2\theta)]$$

$$=\sin(2\theta)\cdot\cos(2\theta)\cdot2=\sin(4\theta)$$

$$\theta\in[0,\pi]\Rightarrow4\theta\in[0,4\pi]$$

अब, $\sin(4\theta)=-\frac{\sqrt{3}}{2}$ में $[0,4\pi]$

$$\Rightarrow\quad 4\theta=\frac{4\pi}{3},\frac{5\pi}{3},\frac{10\pi}{3},\frac{11\pi}{3}\Rightarrow\theta=\frac{\pi}{3},\frac{5\pi}{12},\frac{5\pi}{6},\frac{11\pi}{12}$$

अब, $4\beta=\sum_{\theta\in S}\theta=\frac{\pi}{3}+\frac{5\pi}{12}+\frac{5\pi}{6}+\frac{11\pi}{12}$

$$=\frac{4\pi+5\pi+10\pi+11\pi}{12}=\frac{5\pi}{2}\Rightarrow\beta=\frac{5\pi}{8}$$

$$\therefore f(\beta)=1+\frac{\sin^2(2\beta)}{2}=1+\frac{\sin^2\left(\frac{5\pi}{4}\right)}{2}$$

$$=1+\frac{\sin^2\left(\pi+\frac{\pi}{4}\right)}{2}=1+\frac{\sin^2\left(\frac{\pi}{4}\right)}{2}=1+\frac{\left(\frac{1}{\sqrt{2}}\right)^2}{2}$$

$$=1+\frac{1}{4}=\frac{5}{4}$$

62. *(b)* दिया है, A एक 3×3 का आव्यूह है तथा $\alpha,\beta\in R$ इस प्रकार हैं कि

$$A^2=3A+\alpha I,\quad\ldots(i)$$

तथा $$A^4=21A+\beta I\quad\ldots(ii)$$

अब, माना $A^4=A^2\cdot A^2$

$$=(3A+\alpha I)(3A+\alpha I)\quad\text{(समी. (i) से)}$$

$$=9A^2+3\alpha AI+3\alpha AI+\alpha^2I^2$$

$$=9A^2+6\alpha AI+\alpha^2 I$$

समी (i) से,

$$A^4=9(3A+\alpha I)+6\alpha A+\alpha^2I$$

$$=(27+6\alpha)A+(\alpha^2+9\alpha)I\quad\ldots(iii)$$

समी (ii) तथा (iii) से,

$$21A+\beta I=(27+6\alpha)A+(\alpha^2+9\alpha)I$$

$$\Rightarrow\quad(\beta-\alpha^2-9\alpha)I=(6+6\alpha)A$$

3×3 आव्यूह A के लिए,

दिया है, $6+6\alpha=0\Rightarrow6\alpha=-6\Rightarrow\alpha=-1$ ...(iv)

और $\beta-\alpha^2-9\alpha=0$

$$\Rightarrow\quad\beta=\alpha^2+9\alpha=(-1)^2+9(-1)=1-9=-8$$

$$\therefore\quad\beta=-8$$

63. *(b)* दिया है, रेखा $x+y=0$ पर बिन्दु B व C मूलबिन्दु के सममित हैं।

माना $B(h,-h)$

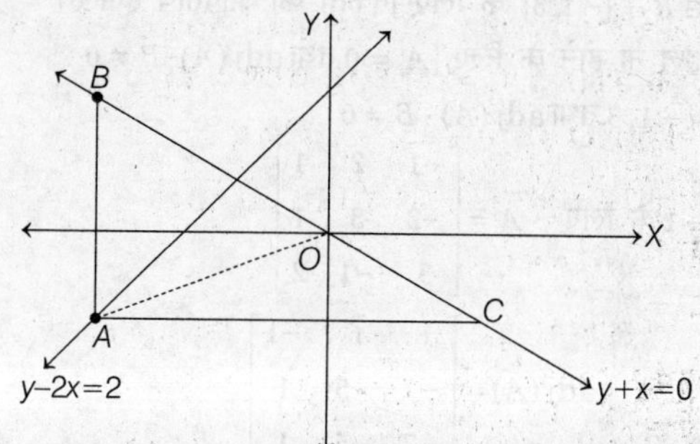

$\because C, B$ का मूलबिन्दु के सापेक्ष प्रतिबिम्ब है।

$C(-h,h)$

$\Rightarrow BC$ का मध्य-बिन्दु $O(0,0)$ है।

$A, y-2x=2$ पर स्थित है।

माना $A(k,2k+2)$

$\because \Delta ABC$ एक समबाहु त्रिभुज है तथा O, BC का मध्य-बिन्दु है।

$\therefore OA\perp BC$

OA की प्रवणता $=\frac{2k+2}{k}$

तथा BC की प्रवणता $=-1$

$$OA\perp BC\Rightarrow\left(\frac{2k+2}{k}\right)(-1)=-1$$

$$\Rightarrow\quad\frac{2k+2}{k}=1\Rightarrow2k+2=k\Rightarrow k=-2$$

$$\therefore\quad A(-2,-2)$$

$\therefore \text{ar}(ABC)=\frac{(OA)^2}{\sqrt{3}}$ वर्ग इकाई

$\left[\because \text{समबाहु त्रिभुज का क्षेत्रफल}=\frac{h^2}{\sqrt{3}}\right]$

$$=\frac{(-2)^2+(-2)^2}{\sqrt{3}}\text{ वर्ग इकाई}=\frac{8}{\sqrt{3}}\text{ वर्ग इकाई}$$

64. *(a)* दिया है,

$$\left.\begin{aligned}\alpha x+2y+z&=1\\2\alpha x+3y+z&=1\\3x+\alpha y+2z&=\beta\end{aligned}\right\}\quad\ldots(i)$$

माना, $A = \begin{bmatrix} \alpha & 2 & 1 \\ 2\alpha & 3 & 1 \\ 3 & \alpha & 2 \end{bmatrix}, X = \begin{bmatrix} x \\ y \\ z \end{bmatrix}, B = \begin{bmatrix} 1 \\ 1 \\ \beta \end{bmatrix}$

अत: $AX = B$ होगा

$|A| \neq 0$ के लिए एक अद्वितीय हल होगा।

$$\therefore \begin{vmatrix} \alpha & 2 & 1 \\ 2\alpha & 3 & 1 \\ 3 & \alpha & 2 \end{vmatrix} \neq 0$$

$$\alpha(3\cdot2 - \alpha\cdot1) - 2(2\alpha\cdot2 - 3\cdot1) + 1(2\alpha\cdot\alpha - 3\cdot3) \neq 0$$

$$\Rightarrow \quad \alpha^2 - 2\alpha - 3 \neq 0$$

$$\Rightarrow \quad (\alpha+1)(\alpha-3) \neq 0 \Rightarrow \alpha \neq -1, 3$$

$\therefore \alpha \in R - \{-1, 3\}$ के लिए निकाय का अद्वितीय हल है।

कोई हल ना होने के लिए $|A| = 0$ तथा $\text{adj}(A)\cdot B \neq 0$

$\therefore \alpha = -1, 3$ तथा $\text{adj}(A)\cdot B \neq 0$

$\alpha = -1$ के लिए, $A = \begin{bmatrix} -1 & 2 & 1 \\ -2 & 3 & 1 \\ 3 & -1 & 2 \end{bmatrix}$

$$\therefore \quad \text{adj}(A) = \begin{bmatrix} 8 & 6 & -1 \\ -7 & -5 & 1 \\ -7 & -5 & 1 \end{bmatrix}$$

पुन: $\quad \text{adj}(A)\cdot B = \begin{bmatrix} 8 & 6 & -1 \\ -7 & -5 & 1 \\ -7 & -5 & 1 \end{bmatrix}\begin{bmatrix} 1 \\ 1 \\ \beta \end{bmatrix} = \begin{bmatrix} 14-\beta \\ \beta-12 \\ \beta-12 \end{bmatrix}$

$\therefore \beta$ के सभी मानों के लिए $\text{adj}(A)\cdot B \neq 0$

अत: निकाय का कोई हल नहीं होगा।

$\alpha = 3$ के लिए, $A = \begin{bmatrix} 3 & 2 & 1 \\ 6 & 3 & 1 \\ 3 & 3 & 2 \end{bmatrix}$

$$\therefore \quad \text{adj}(A) = \begin{bmatrix} 3 & 1 & -1 \\ 9 & 3 & -3 \\ 9 & 3 & -3 \end{bmatrix}$$

पुन: $\quad \text{adj}(A)\cdot B = \begin{bmatrix} 3 & 1 & -1 \\ 9 & 3 & -3 \\ 9 & 3 & -3 \end{bmatrix}\begin{bmatrix} 1 \\ 1 \\ \beta \end{bmatrix} = \begin{bmatrix} 4-\beta \\ 12-3\beta \\ 12-3\beta \end{bmatrix}$

$\beta = 4$ के लिए, $\text{adj}(A)\cdot B = 0$

$\therefore$ कोई हल नहीं होगा।

65. *(a)* दिया है, $f(x) = \max\{x^2, 1 + [x]\}$,

$0 \le x < 1, [x] = 0 \Rightarrow 1 + [x] = 1$ तथा $0 \le x^2 < 1$

$\therefore \max\{x^2, 1 + [x]\} = 1$

$1 \le x \le 2, , [x] = 1 \Rightarrow 1 + [x] = 2$ तथा $1 \le x^2 < 4$

अत:, $\max\{x^2, 1 + [x]\} = 2, 1 \le x < \sqrt{2}$

$\max\{x^2, 1 + [x]\} = x^2, \sqrt{2} \le x \le 2$

$$\therefore \int_0^2 f(x)\,dx = \int_0^1 1\cdot dx + \int_1^{\sqrt{2}} 2\cdot dx + \int_{\sqrt{2}}^2 x^2\cdot dx$$

$$= (x)_0^1 + 2(x)_1^{\sqrt{2}} + \left(\frac{x^3}{3}\right)_{\sqrt{2}}^2 = (1-0) + 2(\sqrt{2}-1) + \frac{(2^3 - (\sqrt{2})^3)}{3}$$

$$= 1 + 2\sqrt{2} - 2 + \frac{8 - 2\sqrt{2}}{3} = \frac{4\sqrt{2}+5}{3}$$

66. *(d)* दिया है, $\mathbf{a} = \lambda\hat{\mathbf{i}} + \mu\hat{\mathbf{j}} + 4\hat{\mathbf{k}},\ \mathbf{b} = -2\hat{\mathbf{i}} + 4\hat{\mathbf{j}} - 2\hat{\mathbf{k}},$

$\mathbf{c} = 2\hat{\mathbf{i}} + 3\hat{\mathbf{j}} + \hat{\mathbf{k}}$

$\because$ **a**, **b**, **c** समतलीय हैं।

$$\therefore \quad [\mathbf{a}\ \ \mathbf{b}\ \ \mathbf{c}] = 0 \Rightarrow \begin{vmatrix} \lambda & \mu & 4 \\ -2 & 4 & -2 \\ 2 & 3 & 1 \end{vmatrix} = 0$$

$$\Rightarrow \lambda(4+6) - \mu(-2+4) + 4(-6-8) = 0 \Rightarrow 10\lambda - 2\mu = 56$$

$$\Rightarrow \quad 5\lambda - \mu = 28 \quad \text{...(i)}$$

पुन: **a** का **b** पर प्रक्षेप $= \sqrt{54}$ इकाई (दिया है)

$$\Rightarrow \quad \frac{\mathbf{a}\,.\,\mathbf{b}}{|\mathbf{b}|} = \sqrt{54} \Rightarrow \frac{(\lambda)(-2) + (\mu)(4) + 4(-2)}{\sqrt{(-2)^2 + (4)^2 + (-2)^2}} = \sqrt{54}$$

$$\Rightarrow \quad \frac{-2\lambda + 4\mu - 8}{\sqrt{24}} = \sqrt{54} \Rightarrow \frac{-2\lambda + 4\mu - 8}{2\sqrt{6}} = 3\sqrt{6}$$

$$\Rightarrow \quad -2\lambda + 4\mu - 8 = 36$$

$$\Rightarrow \quad -\lambda + 2\mu = 22 \quad \text{... (ii)}$$

समी (i) व (ii) को हल करने पर,

$$\lambda = 78/9 \quad \text{... (iii)}$$

समी (i) में $\lambda = \frac{78}{9}$ रखने पर,

$$5\lambda - \mu = 28 \Rightarrow 5 \times \frac{78}{9} - \mu = 28$$

$$\Rightarrow \quad \mu = \frac{390}{9} - 28 = \frac{138}{9} \quad \text{... (iv)}$$

$$\therefore \quad \lambda + \mu = \frac{78}{9} + \frac{138}{9} = 24$$

67. *(b)* दिया है, $\quad 14x^2 - 31x + 3\lambda = 0 \quad$ ...(i)

तथा $\quad 35x^2 - 53x + 4\lambda = 0 \quad$ ...(ii)

समी (i) में 5 की तथा समी (ii) में 2 की गुणा करके, समी. (ii) में से समी. (i) को घटाने पर,

$$\lambda = 7x$$

$\because$ समी (i) और (ii) का उभयनिष्ठ मूल α है

$$\therefore \quad \lambda = 7\alpha \quad \text{...(iii)}$$

$\because \alpha, \beta$ समीकरण $14x^2 - 31x + 3\lambda = 0$ के मूल हैं

$$\Rightarrow \quad \alpha\beta = \frac{3\lambda}{14}$$

$$\Rightarrow \quad \frac{\lambda}{7} \times \beta = \frac{3\lambda}{14} \Rightarrow \beta = \frac{3}{2} \quad \text{...(iv)}$$

पुन: $\quad \alpha + \beta = \frac{31}{14} \Rightarrow \alpha + \frac{3}{2} = \frac{31}{14}$

$$\Rightarrow \quad \alpha = \frac{5}{7} \quad \text{...(v)}$$

$\therefore \quad \lambda = 7\alpha = 5$ ...(vi)

अब, α, γ समीकरण $35x^2 - 53x + 4\lambda = 0$ के मूल हैं

$\Rightarrow \quad \alpha\gamma = \dfrac{4\lambda}{35}$

$\Rightarrow \quad \dfrac{5}{7} \times \gamma = \dfrac{4 \times 5}{35} \Rightarrow \gamma = \dfrac{4}{5}$ ...(vii)

$\therefore \quad \dfrac{3\alpha}{\beta} = \dfrac{3 \times \left(\frac{5}{7}\right)}{\left(\frac{3}{2}\right)} = \dfrac{10}{7}$ और $\dfrac{4\alpha}{\gamma} = \dfrac{4 \times \left(\frac{5}{7}\right)}{\left(\frac{4}{5}\right)} = \dfrac{25}{7}$

$\therefore$ समीकरण, जिसके मूल $\dfrac{3\alpha}{\beta}$ व $\dfrac{4\alpha}{\gamma}$ है, हैं

$$x^2 - \left(\frac{10}{7} + \frac{25}{7}\right)x + \frac{10}{7} \times \frac{25}{7} = 0$$

$\Rightarrow \quad 49x^2 - 245x + 250 = 0$

68. *(c)* दिया है, z_1 व z_2 दो शून्येत्तर सम्मिश्र संख्याएँ हैं।

माना $z_1 = x_1 + iy_1, z_2 = x_2 + iy_2, x_1, x_2, y_1, y_2 \in R$

$\therefore z_1 z_2 = (x_1 + iy_1)(x_2 + iy_2)$

$= x_1x_2 + ix_1y_2 + iy_1x_2 + i^2y_1y_2$

$= (x_1x_2 - y_1y_2) + i(x_1y_2 + y_1x_2) \quad (\because i^2 = -1)$

अब, $\text{Re}(z_1, z_2) = 0$

$\Rightarrow \quad x_1x_2 - y_1y_2 = 0 \Rightarrow x_1x_2 = y_1y_2$ ...(i)

तथा, $z_1 + z_2 = (x_1 + iy_1) + (x_2 + iy_2) = (x_1 + x_2) + i(y_1 + y_2)$

पुन: $\text{Re}(z_1 + z_2) = 0 \Rightarrow x_1 + x_2 = 0$

$\Rightarrow \quad x_1 = -x_2$ ... (ii)

समी (i) व (ii) से,

$y_1y_2 = -x_2^2$

$\because \quad x_2 \in R;$

$\therefore \quad -x_2^2 < 0 \Rightarrow y_1y_2 < 0$

अर्थात् $y_1 > 0$ तथा $y_2 < 0$ या $y_1 < 0$ तथा $y_2 > 0$

$\Rightarrow \quad \text{Im}(z_1) > 0$ तथा $\text{Im}(z_2) < 0$

या $\quad \text{Im}(z_1) < 0$ तथा $\text{Im}(z_2) > 0$

69. (a) दिया है,

$\{(p \vee q) \wedge ((\sim p) \vee r)\} \rightarrow ((\sim q) \vee r)$ असत्य है

अत: $(p \vee q) \wedge ((\sim p) \vee r)$ सत्य होगा ... (i)

तथा $(\sim q) \vee r$ असत्य होगा ... (ii)

समी (ii) से, $\sim q$ व r असत्य होंगे

$\Rightarrow \quad q = T, r = F$ ... (iii)

पुन: समी (i) से, $(p \vee T) \wedge ((\sim p) \vee F) = T$

$\Rightarrow \quad p \vee T = T$ तथा $(\sim p) \vee F = T$

$\Rightarrow \quad \sim p = T \Rightarrow p = F$

70. *(a)* दिया है,

$f: R \rightarrow R,$

$$f(x) = \frac{x^2 + 2x + 1}{x^2 + 1} = \frac{x^2 + 1}{x^2 + 1} + \frac{2x}{x^2 + 1} = 1 + \frac{2x}{x^2 + 1}$$

$x_1, x_2 \in R$ के लिए

माना $f(x_1) = f(x_2)$

$\Rightarrow \quad 1 + \dfrac{2x_1}{1 + x_1^2} = 1 + \dfrac{2x_2}{1 + x_2^2} \Rightarrow \dfrac{x_1}{1 + x_1^2} = \dfrac{x_2}{1 + x_2^2}$

$\Rightarrow \quad x_1(1 + x_2^2) = x_2(1 + x_1^2)$

$\Rightarrow \quad x_1 + x_1x_2^2 - x_2 - x_2x_1^2 = 0$

$\Rightarrow \quad (x_1 - x_2) - x_1x_2(x_1 - x_2) = 0 \Rightarrow (x_1 - x_2)(1 - x_1x_2) = 0$

$\Rightarrow \quad x_1 - x_2 = 0$ तथा $1 - x_1x_2 = 0 \Rightarrow x_1 = x_2$ तथा $x_1x_2 = 1$

जब, $x_1, x_2 \in [1, \infty)$, तब $x_1 = x_2, x_1x_2 \neq 1$

अत: $f(x)$ एकैकी होगा।

लेकिन $x_1, x_2 \in R$ हो, तब $x_1x_2 = 1$ तथा $x_1 = x_2$ हो सकता है।

अत: $f(x)$ बहु-एकैकी होगा।

71. *(b)* दिया है, $x^2 + y^2 \leq 21, y^2 \leq 4x, x \geq 1$

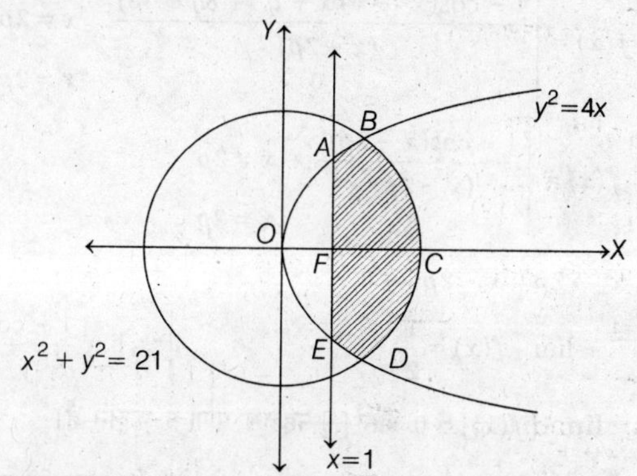

अभीष्ट क्षेत्रफल = $ABCDEFA$ का क्षेत्रफल

$x^2 + y^2 = 21$ तथा $y^2 = 4x$ को हल करने पर,

$x^2 + 4x = 21 \Rightarrow x^2 + 4x - 21 = 0$

$\Rightarrow \quad x = \dfrac{-4 \pm \sqrt{4^2 - 4 \cdot 1(-21)}}{2 \cdot 1} = \dfrac{-4 \pm \sqrt{16 + 84}}{2 \cdot 1} = 3, -7$

$x - 3$ पर, $y = \sqrt{1 \times 3} = 2\sqrt{3}$

$\therefore B(3, 2\sqrt{3})$

$x^2 + y^2 = 21$ में $y = 0$ रखने पर,

$x = \pm\sqrt{21}$

$\therefore C(\sqrt{21}, 0)$

$\therefore ABCF$ का क्षेत्रफल $= \int_1^3 2\sqrt{x}\, dx + \int_3^{\sqrt{21}} \sqrt{21 - x^2}\, dx$

$$= \frac{2 \cdot 2}{3}(x^{\frac{3}{2}})_1^3 + \left[\frac{x\sqrt{21 - x^2}}{2} + \frac{21}{2}\sin^{-1}\left(\frac{x}{\sqrt{21}}\right)\right]_3^{\sqrt{21}}$$

$$= \frac{4}{3}(3\sqrt{3} - 1) + \left[\frac{21}{2}\sin^{-1}(1) - \frac{3\sqrt{21 - 3^2}}{2} - \frac{21}{2}\sin^{-1}\left(\frac{3}{\sqrt{21}}\right)\right]$$

$$= 4\sqrt{3} - \frac{4}{3} - 3\sqrt{3} + \frac{21}{2}\left[\sin^{-1}(1) - \sin^{-1}\left(\frac{3}{\sqrt{21}}\right)\right]$$

$$= \sqrt{3} - \frac{4}{3} + \frac{21}{2}\sin^{-1}\left(1 \cdot \sqrt{1 - \frac{9}{21}} - \frac{3}{\sqrt{21}} \cdot \sqrt{1 - 1^2}\right)$$

$[\because \sin^{-1}(a) - \sin^{-1}(b) = \sin^{-1}(a\sqrt{1 - b^2} - b\sqrt{1 - a^2})]$

$$= \sqrt{3} - \frac{4}{3} + \frac{21}{2}\sin^{-1}\left(\frac{2}{\sqrt{7}}\right)$$

$\therefore$ अभीष्ट क्षेत्रफल, $\Delta = 2\ ABCF$ का क्षेत्रफल

$$= 2\sqrt{3} - \frac{8}{3} + 21\sin^{-1}\left(\frac{2}{\sqrt{7}}\right)$$

अत: $\frac{1}{2}\left[\Delta - 21\sin^{-1}\left(\frac{2}{\sqrt{7}}\right)\right] = \sqrt{3} - \frac{4}{3}$

72. *(d)* $x = 2$ समीकरण $x^2 + px + q = 0$ का एक मूल है।

$\Rightarrow \quad 2^2 + 2p + q = 0 \Rightarrow q + 4 = -2p$ ... (i)

$\therefore \quad q^2 + 8q + 16 = (q+4)^2 = 4p^2$ ... (ii)

और $x^2 - 4px + (q^2 + 8q + 16)$

$= x^2 - 4px + 4p^2 = (x - 2p)^2$ ... (iii)

दिया है,

$$f(x) = \begin{cases} \dfrac{1 - \cos(x^2 - 4px + q^2 + 8q + 16)}{(x-2p)^4}, & x \neq 2p \\ 0 & x = 2p \end{cases}$$

$$\Rightarrow \quad f(x) = \begin{cases} \dfrac{1 - \cos(x-2p)^2}{(x-2p)^4}, & x \neq 2p \\ 0, & x = 2p \end{cases}$$

अब, $x \to 2p^+$, $x - 2p \to 0^+$

$\therefore \quad \lim_{x \to 2p^+} f(x) = \frac{1}{2} \qquad \left[\because \lim_{y \to 0} \frac{1 - \cos y}{y^2} = \frac{1}{2}\right]$

अत:, $\lim_{x \to 2p^+} [f(x)] = 0$, जहाँ [.] महत्तम पूर्णांक फलन है।

73. *(a)* दिया है, तीन गले हुए सेब, सात अच्छे सेब के साथ मिलाए गए हैं।

$\therefore$ कुल सेब $= 3 + 7 = 10$

माना X_i खराब सेबों की संख्या को दर्शाता है। जबकि 4 सेब बिना प्रतिस्थापित किए एक-एक करके निकाले जाते हैं।

तब, $\quad X_i = 0, 1, 2, 3$

अब, $P(X_i = 0) = \dfrac{{}^7C_4}{{}^{10}C_4} = \dfrac{\left(\dfrac{7!}{4!3!}\right)}{\left(\dfrac{10!}{4!6!}\right)} = \dfrac{7 \times 6 \times 5 \times 4}{10 \times 9 \times 8 \times 7} = \dfrac{1}{6}$

$$P(X_i = 1) = \frac{{}^3C_1 \times {}^7C_3}{{}^{10}C_4} = \frac{\dfrac{3!}{2!1!} \times \dfrac{7!}{4!3!}}{\dfrac{10!}{4!6!}} = \frac{1}{2}$$

$$P(X_i = 2) = \frac{{}^3C_2 \times {}^7C_2}{{}^{10}C_4} = \frac{\dfrac{3!}{2!1!} \times \dfrac{7!}{2!5!}}{\dfrac{10!}{4!6!}} = \frac{3}{10}$$

$$P(X_i = 3) = \frac{{}^3C_3 \times {}^7C_1}{{}^{10}C_4} = \frac{\dfrac{3!}{3!0!} \times \dfrac{7!}{1!6!}}{\dfrac{10!}{4!6!}} = \frac{1}{30}$$

माध्य (μ) तथा प्रसरण (σ^2) के लिए हम जानते हैं,

$$\sigma^2 + \mu^2 = \sum_{i=0}^{3} P(X_i) \cdot X_i^2$$

$$\Rightarrow \sigma^2 + \mu^2 = 0^2 \cdot \frac{1}{6} + 1^2 \cdot \frac{1}{2} + 2^2 \cdot \frac{3}{10} + 3^2 \cdot \frac{1}{30} = \frac{1}{2} + \frac{12}{10} + \frac{3}{10} = 2$$

$\therefore 10(\sigma^2 + \mu^2) = 20$

74. *(b)* दिया है, $f(x) = \dfrac{\log_{(x+1)}(x-2)}{e^{2\log_e x} - 2x - 3}$, $x \in R$

प्रान्त के लिए, $\quad x - 2 > 0$ ... (i)

$x + 1 > 0$ ... (ii)

$x + 1 \neq 1$ ... (iii)

$x > 0$ ... (iv)

$\Rightarrow \quad x > 2$, $x > -1$, $x > 0$ तथा $x \neq 0$

$\Rightarrow \quad x \in (2, \infty)$ ... (v)

पुन:, $\quad f(x) = \dfrac{\log_{(x+1)}(x-2)}{e^{\log_e x^2} - 2x - 3} \qquad (\because a \log x = \log x^a)$

$\Rightarrow \quad f(x) = \dfrac{\log_{(x+1)}(x-2)}{x^2 - 2x - 3} \qquad (\because a^{\log_a x} = x)$

$\therefore$ प्रान्त के लिए, $x^2 - 2x - 3 \neq 0$

$\Rightarrow \quad (x+1)(x-3) \neq 0 \Rightarrow x \neq -1, 3$ ... (vi)

समी (v) व (vi) से,

अभीष्ट प्रान्त $= (2, \infty) - \{3\}$.

75. *(b)* माना रेखा OP की प्रवणता $= m_1$

$\therefore \quad m_1 = \tan 30° = 1/\sqrt{3}$

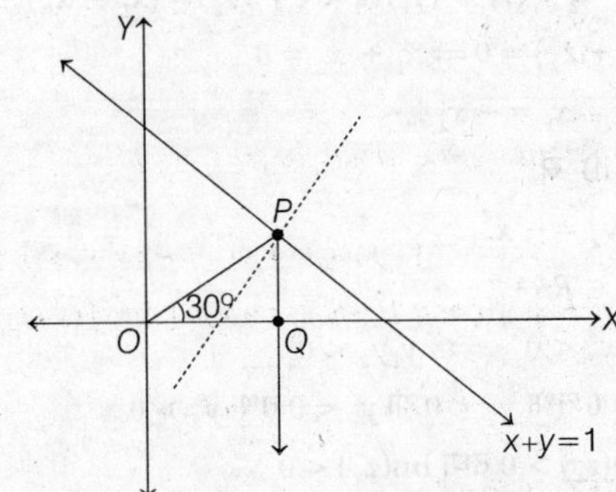

रेखा $x + y = 1$ पर बिन्दु P पर लम्ब की प्रवणता

$$m = \frac{-1}{-1/1} = 1$$

माना PQ की प्रवणता m_2 है

$\because$ आपतन कोण = परावर्तन कोण = θ (माना)

$$\therefore \quad \tan\theta = \left|\frac{m - m_1}{1 + mm_1}\right| = \left|\frac{m - m_2}{1 + mm_2}\right| \Rightarrow \frac{1 - \frac{1}{\sqrt{3}}}{1 + \frac{1}{\sqrt{3}}} = \pm\left(\frac{1 - m_2}{1 + m_2}\right)$$

$$\Rightarrow \frac{1 - m_2}{1 + m_2} = \frac{\sqrt{3} - 1}{\sqrt{3} + 1} \text{ या } \frac{1 - \sqrt{3}}{1 + \sqrt{3}}$$

योगान्तर अनुपात नियम से,

$$\Rightarrow \frac{(1 - m_2) + (1 + m_2)}{(1 - m_2) - (1 + m_2)} = \frac{(\sqrt{3} - 1) + (\sqrt{3} + 1)}{(\sqrt{3} - 1) - (\sqrt{3} + 1)}$$

$$\left\{\because \frac{a}{b} = \frac{c}{d} = \frac{a+b}{a-b} = \frac{c+d}{c-d}\right\}$$

या $\frac{-1}{m_2}=\frac{(1-\sqrt{3})+(1+\sqrt{3})}{(1-\sqrt{3})-(1+\sqrt{3})} \Rightarrow \frac{-1}{m_2}=-\sqrt{3}$ या $\frac{-1}{\sqrt{3}}$

$\Rightarrow \quad m_2=1/\sqrt{3}$ या $\sqrt{3}$

$\because$ OP की प्रवणता $1/\sqrt{3}$ है

अतः PQ की प्रवणता $\sqrt{3}$ होगी।

$\therefore$ OP का समीकरण है, $y=m_2x \Rightarrow y=x/\sqrt{3}$ ...(i)

समी (i) को $x+y=1$, से हल करने पर,

$$\Rightarrow \quad x+\frac{x}{\sqrt{3}}=1 \Rightarrow \left(\frac{\sqrt{3}+1}{\sqrt{3}}\right)x=1 \Rightarrow x=\frac{\sqrt{3}}{\sqrt{3}+1}$$

अतः $\quad y=\frac{1}{\sqrt{3}+1}$

$$\therefore \; P\left(\frac{\sqrt{3}}{\sqrt{3}+1}, \frac{1}{\sqrt{3}+1}\right)$$

$\therefore$ माना $Q(h, 0)$

पुनः PQ की प्रवणता $=\sqrt{3}$

$$\Rightarrow \quad \frac{\frac{1}{\sqrt{3}+1}-0}{\frac{\sqrt{3}}{\sqrt{3}+1}-h}=\sqrt{3} \Rightarrow \frac{1}{\sqrt{3}-h(\sqrt{3}+1)}=\sqrt{3}$$

$$\Rightarrow \quad 1=3-\sqrt{3}h(\sqrt{3}+1) \Rightarrow \sqrt{3}(\sqrt{3}+1)\cdot h=2$$

$$\Rightarrow \quad h=\frac{2}{\sqrt{3}(\sqrt{3}+1)}=\frac{2}{3+\sqrt{3}}$$

76. *(d)* दिया है,

$$f(x)=x+\int_0^{\pi/2}(\sin x\cos y+\cos x\sin y)\, f(y)dy$$

$$[\because \sin(A+B)=\sin A\cos B+\cos A\sin B]$$

$$\Rightarrow f(x)=x+\int_0^{\pi/2}[(\cos y\, f(y)dy)\sin x+(\sin y f(y)dy)\cos x] \quad ...(i)$$

$$f(x)=x+\frac{a}{\pi^2-4}\sin x+\frac{b}{\pi^2-4}\cos x \quad ...(A)$$

$x\in R$, से तुलना करने पर,

$$\frac{a}{\pi^2-4}=\int_0^{\pi/2}\cos y\; f(y)\,dy \quad ...(ii)$$

तथा $$\frac{b}{\pi^2-4}=\int_0^{\pi/2}\sin y\; f(y)\,dy \quad ...(iii)$$

समी (ii) और (iii) को जोड़ने पर,

$$\frac{a+b}{\pi^2-4}=\int_0^{\pi/2}(\sin y+\cos y)\; f(y)dy \quad ...(iv)$$

$$\Rightarrow \quad \frac{a+b}{\pi^2-4}=\int_0^{\pi/2}\left[\sin\left(\frac{\pi}{2}-y\right)+\cos\left(\frac{\pi}{2}-y\right)f\left(\frac{\pi}{2}-y\right)dy\right]$$

$$\Rightarrow \quad \frac{a+b}{\pi^2-4}=\int_0^{\pi/2}(\sin y+\cos y)\; f\left(\frac{\pi}{2}-y\right)dy \quad ...(v)$$

समी (iv) और (v) को जोड़ने पर,

$$2\left(\frac{a+b}{\pi^2-4}\right)=\int_0^{\pi/2}(\sin y+\cos y)\left[f(y)+f\left(\frac{\pi}{2}-y\right)\right]dy \quad ...(vi)$$

अब, $$f(y)=y+\frac{a}{\pi^2-4}\sin y+\frac{b}{\pi^2-4}\cos y \quad (\because \text{(A) से}) \quad ...(vii)$$

तथा $$f\left(\frac{\pi}{2}-y\right)=\left(\frac{\pi}{2}-y\right)+\frac{a}{\pi^2-4}\sin\left(\frac{\pi}{2}-y\right)+\frac{b}{\pi^2-4}\cos\left(\frac{\pi}{2}-y\right)$$

$$\Rightarrow \quad f\left(\frac{\pi}{2}-y\right)=\frac{\pi}{2}-y+\frac{a}{\pi^2-4}\cos y+\frac{b}{\pi^2-y}\sin y \quad ...(viii)$$

समी (vii) और (viii) को जोड़ने पर,

$$\Rightarrow f(y)+f\left(\frac{\pi}{2}-y\right)=\frac{\pi}{2}+\left(\frac{a+b}{\pi^2-4}\right)(\sin y+\cos y) \quad ...(ix)$$

समी (ix) से समी (vi) में मान रखने पर, हमें मिलता है

$$2\left(\frac{a+b}{\pi^2-4}\right)=\int_0^{\pi/2}(\sin y+\cos y)\left[\frac{\pi}{2}+\left(\frac{a+b}{\pi^2-4}\right)(\sin y+\cos y)\right]dy$$

$$=\frac{\pi}{2}\int_0^{\pi/2}(\sin y+\cos y)\,dy+\left(\frac{a+b}{\pi^2-4}\right)$$

$$\int_0^{\pi/2}(\sin y+\cos y)^2\,dy$$

$$=\frac{\pi}{2}\left[(-\cos y)_0^{\pi/2}+(\sin y)_0^{\pi/2}\right]+\left(\frac{a+b}{\pi^2-4}\right)\int_0^{\pi/2}(1+\sin 2y)\,dy$$

$$=\frac{\pi}{2}\left[-\left(\cos\frac{\pi}{2}-\cos 0\right)+\sin\frac{\pi}{2}-\sin 0\right]$$

$$+\frac{a+b}{\pi^2-4}\left[y+\frac{-\cos 2y}{2}\right]_0^2$$

$$=\frac{\pi}{2}\times 2+\left(\frac{a+b}{\pi^2-4}\right)\left(\frac{\pi}{2}+1\right)$$

$$2\left(\frac{a+b}{\pi^2-4}\right)=\pi+\left(\frac{a+b}{\pi^2-4}\right)\left(\frac{\pi}{2}+1\right)$$

$$\therefore \quad a+b=-2\pi(\pi+2)$$

77. *(b)* 15 टी-शर्ट में से कम-से-कम तीन टी-शर्ट चुनने के कुल तरीके $={}^{15}C_3\times 12!$

तथा कुल तरीकों की संख्या $=15!$

$$\therefore \text{ अभीष्ट प्रायिकता}=\frac{\text{अनुकूल स्थितियों की संख्या}}{\text{कुल तरीकों की संख्या}}$$

$$=\frac{{}^{15}C_3\times 12!}{15!}=\frac{15!\times 12!}{12!\times 3!\times 15!}=\frac{1}{3!}=\frac{1}{6}$$

78. *(d)*

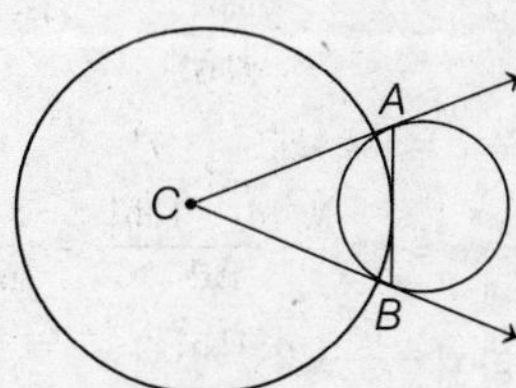

दिया है, वृत्त $x^2+y^2-3x+10y-15=0$

$A(4,-11)$ पर वृत्त की स्पर्श रेखा का समीकरण है

$$x(4) + y(-11) - \frac{3}{2}(x+4) + 5\ 5(y-11) - 15 = 0$$

$\Rightarrow \quad 5x - 12y - 152 = 0$ ... (i)

$B(8, -5)$ पर वृत्त की स्पर्श रेखा का समीकरण है

$$x(8) + y(-5) - \frac{3}{2}(x+8) + 5(y-5) - 15 = 0$$

$x = 8$ ...(ii)

$\because$ दोनों स्पर्श रेखाएँ C पर प्रतिच्छेद करती हैं, अत: समी (i) व (ii) को हल करने पर,

$$x = 8, y = \frac{-28}{3} \quad \therefore C\left(8, -\frac{28}{3}\right)$$

AB का समीकरण है

$$(y+5) = \frac{(-11)+5}{4-8} \times (x-8)$$

$\Rightarrow \quad 3x - 2y - 34 = 0$ ...(iii)

$\because AB$, वृत्त जिसका केन्द्र C है, के लिए स्पर्श रेखा है,

अत: वृत्त की त्रिज्या = केन्द्र C से रेखा AB की दूरी

$$\Rightarrow \text{त्रिज्या} = \frac{\left|3\cdot 8 + 2\cdot\frac{28}{3} - 34\right|}{\sqrt{3^2 + (-2)^2}} \Rightarrow \text{त्रिज्या} = \frac{26}{3\sqrt{13}} = \frac{2\sqrt{13}}{3} \text{ इकाई}$$

79. *(b)* दिया है, $y(x+1)dx = x^2 dy \Rightarrow \left(\frac{x+1}{x^2}\right)dx = \frac{dy}{y}$

दोनों पक्षों का समाकलन करने पर, $\log x - \frac{1}{x} = \log y + c$

जब, $x = 1, y = e$, तब $c = 0 - 1 - 1 = -2$

$$\therefore \quad \log x - \frac{1}{x} = \log y - 2 \Rightarrow \log y = \log x - \frac{1}{x} + 2 \Rightarrow y = xe^{2-\frac{1}{x}}$$

$$\therefore \quad \lim_{x\to 0} y = 0 \times e^{-\infty} = 0$$

वैकल्पिक हल

दिया है, $y(x+1)\,dx - x^2 dy = 0 \Rightarrow y(x+1)\,dx = x^2 dy$

$$\Rightarrow \quad \left(\frac{x+1}{x^2}\right)dx = \frac{dy}{y} \Rightarrow \left(\frac{1}{x} + \frac{1}{x^2}\right)dx = \frac{dy}{y}$$

दोनों पक्षों का समाकलन करने पर,

$$\Rightarrow \quad \int \frac{1}{x}dx + \int \frac{1}{x^2}\,dx = \int \frac{dy}{y}$$

$\Rightarrow \quad \log|x| - \frac{1}{x} + c = \log|y|$ ... (i)

दिया है, $y(1) = e$

$\therefore \quad x = 1, y = e$ ... (ii)

समी (i) व (ii) से,

$$\log|1| - \frac{1}{1} + c = \log|e|$$

$\Rightarrow 0 - 1 + c = 1 \Rightarrow c = 2$ ... (iii)

$$\therefore \quad \log|y| = \log|x| - \frac{1}{x} + 2 \Rightarrow |y| = e^{\log|x|}\cdot e^2 \cdot e^{-\frac{1}{x}}$$

$x \to 0^+$ के लिए, $|x| = x$

$$\therefore f(x) = e^{\log x}\cdot e^2 \cdot e^{-\frac{1}{x}} = xe^2\cdot e^{-\frac{1}{x}} \Rightarrow \lim_{x\to 0^+} f(x) = e^2\cdot 0 = 0$$

80. *(b)* दिया है, $A = \{(x, y) \in R^2 : y \ge 0, 2x \le y \le \sqrt{4-(x-1)^2}\}$

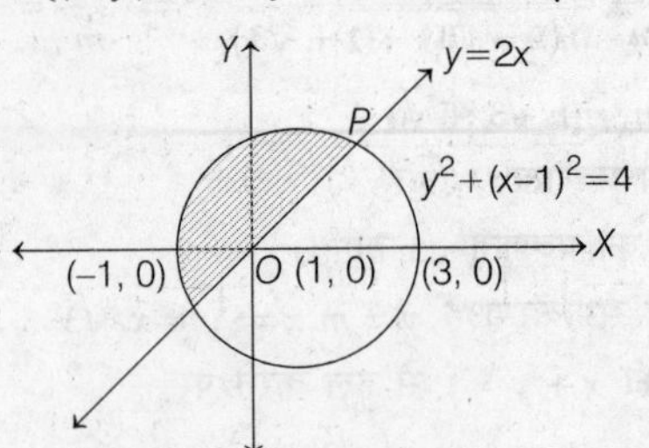

$y^2 + (x-1)^2 = 4$ तथा $y = 2x$, को हल करने पर

$\Rightarrow \quad (x-1)^2 + (2x)^2 = 4$

$\Rightarrow \quad x^2 - 2x + 1 + 4x^2 = 4 \Rightarrow 5x^2 - 2x - 3 = 0$

$$\Rightarrow \quad x = \frac{2 \pm \sqrt{(-2)^2 - 4\cdot 5\cdot(-3)}}{2\cdot 5} = \frac{2 \pm \sqrt{4+60}}{2\cdot 5} = \frac{2\pm 8}{10} = 1, -\frac{3}{5}$$

P के लिए, $x = 1$,

$\therefore \quad y = 2 \Rightarrow P(1, 2)$

$$\text{छायांकित क्षेत्रफल, } A = \left|\int_{-1}^{1}\sqrt{4-(x-1)^2}\,dx - \int_0^1 (2x)\,dx\right|$$

$$= \left|\left[\frac{(x-1)\sqrt{4-(x-1)^2} + 4\sin^{-1}\left(\frac{x-1}{2}\right)}{2}\right]_{-1}^{1} - (x^2)_0^1\right|$$

$$\left(\because \sqrt{a^2-x^2}\,dx = \frac{x\sqrt{a^2-x^2} + a^2\sin^{-1}\left(\frac{x}{a}\right)}{2} + C\right)$$

$$= \left|0 - \left(\frac{(-2)\sqrt{4-(-2)^2} + 4\sin^{-1}\left(\frac{-2}{2}\right)}{2}\right) - (1^2 - 0^2)\right|$$

$= (\pi - 1)$ वर्ग इकाई

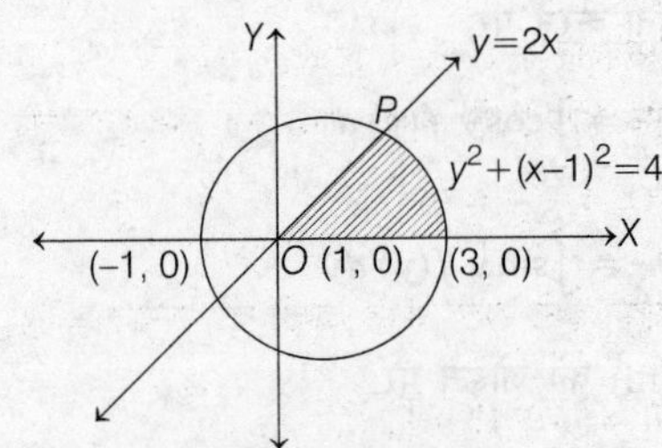

छायांकित क्षेत्रफल, B = अर्धवृत्त का क्षेत्रफल $- A$

$$= \left[\frac{\pi(4)}{2} - (\pi - 1)\right] \text{ वर्ग इकाई} = (\pi + 1) \text{ वर्ग इकाई}$$

$$\therefore \text{अभीष्ट अनुपात} = \frac{\pi - 1}{\pi + 1}$$

81. *(10)* दिया है, $f(x+y) = f(x) + f(y)\ \forall\ x, y \in N$

$\therefore \quad f(x) = kx$

दिया है, $f(1) = 1/5 \Rightarrow k = 1/5$

$\therefore \quad f(x) = x/5$

पुनः $\sum_{n=1}^{m} \frac{f(n)}{n(n+1)(n+2)} = \frac{1}{12} \Rightarrow \frac{1}{5}\sum_{n=1}^{m} \frac{1}{(n+1)(n+2)} = \frac{1}{12}$

$\Rightarrow \sum_{n=1}^{m} \frac{(n+2)-(n+1)}{(n+1)(n+2)} = \frac{5}{12} \Rightarrow \sum_{n=1}^{m}\left(\frac{1}{n+1} - \frac{1}{n+2}\right) = \frac{5}{12}$

$\Rightarrow \left(\frac{1}{2}-\frac{1}{3}\right) + \left(\frac{1}{3}-\frac{1}{4}\right) + ... + \left(\frac{1}{m} - \frac{1}{m+1}\right)$

$+ \left(\frac{1}{m+1} - \frac{1}{m+2}\right) = \frac{5}{12}$

$\Rightarrow \frac{1}{2} - \frac{1}{m+2} = \frac{5}{12} \Rightarrow \frac{1}{m+2} = \frac{1}{2} - \frac{5}{12} = \frac{6-5}{12} = \frac{1}{12}$

$\Rightarrow m + 2 = 12 \Rightarrow m = 10$

82. *(1)* दिया है, $\left(\alpha x^3 + \frac{1}{\beta x}\right)^{11}$

अतः $(r+1)$वाँ पद, $T_{r+1} = \frac{^{11}C_r (\alpha x^3)^{n-r}}{(\beta x)^r} = \frac{^{11}C_r \alpha^{11-r}}{\beta^r} . x^{33-4r}$

x^9 के लिए, $33 - 4r = 9 \Rightarrow 4r = 24 \Rightarrow r = 6$

$\therefore x^9$ का गुणांक $= \frac{^{11}C_6 \alpha^5}{\beta^6}$ ... (i)

पुनः $\left(\alpha x - \frac{1}{\beta x^3}\right)^{11}$ का $(r+1)$वाँ पद

$t_{r+1} = \frac{^{11}C_r (\alpha x)^{11-r}}{(\beta x^3)^r} . (-1)^r = \frac{(-1)^r \, ^{11}C_r \alpha^{11-r}}{\beta^r} . x^{11-4r}$

x^{-9} के लिए, $11 - 4r = -9 \Rightarrow 4r = 20 \Rightarrow r = 5$

$\therefore x^{-9}$ का गुणांक $= \frac{(-1)^5 . \, ^{11}C_5 . \alpha^6}{\beta^5} = \frac{-\,^{11}C_5 \alpha^6}{\beta^5}$ ... (ii)

प्रश्नानुसार,

$\therefore \quad \frac{^{11}C_6 \alpha^5}{\beta^6} = \frac{-\,^{11}C_5 \alpha^6}{\beta^5} \qquad [\because \, ^nC_r = \, ^nC_{n-r}]$

$\Rightarrow \quad ^{11}C_5 \alpha^5 \beta^5 = -\,^{11}C_5 \alpha^6 \beta^6 \Rightarrow \alpha\beta = -1 \Rightarrow (\alpha\beta)^2 = 1$

83. *(32)* माना संख्याएँ 1, 2, 3, 4, 5, 6, 7, 8, 9 हैं।

अब, 1 से शुरू होने वाले सभी अंकों की संख्या (पहले स्थान पर निश्चित) $= \, ^8C_5 = \frac{8!}{5!3!} = 56$

पुनः 23 से शुरू होने वाले सभी अंकों की संख्या $= \, ^6C_4 = \frac{6!}{4!2!} = 15$

$\therefore$ कुल संख्या $= 56 + 15 = 71$

$\therefore$ 72वीं संख्या 245678 होगी

अतः अभीष्ट योग $= 2 + 4 + 5 + 6 + 7 + 8 = 32$

84. *(9)* बिन्दु, B व C, रेखा $\frac{x+\alpha}{5} = \frac{y-1}{2} = \frac{z+4}{3}$ पर स्थित है।

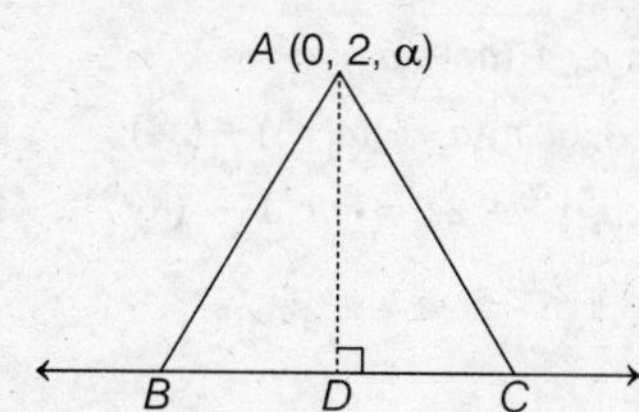

पुनः $A(0, 2, \alpha)$, $ar(ABC) = 21$ वर्ग इकाई

$BC = 2\sqrt{21}$ इकाई

$\Rightarrow \quad \frac{1}{2} \times BC \times AD = 21 \Rightarrow \frac{1}{2} \times 2\sqrt{21} \times AD = 21$

$\Rightarrow \quad AD = \sqrt{21}$ इकाई

माना $D(5h - \alpha, 2h + 1, 3h - 4) \Rightarrow AD$ के दिक् अनुपात

$= \langle 5h - \alpha - 0, 2h + 1 - 2, 3h - 4 - \alpha \rangle$

$= \langle 5h - \alpha, 2h - 1, 3h - \alpha - 4 \rangle$

रेखा BC के दिक् अनुपात $\langle 5, 2, 3 \rangle$ हैं

$\because \quad AD \perp BC,$

$\Rightarrow 5(5h - \alpha) + 2(2h - 1) + 3(3h - \alpha - 4) = 0$

$\Rightarrow (5^2 + 2^2 + 3^2)h = 5\alpha + 2 + 3\alpha + 12 \Rightarrow 38h = 8\alpha + 14$

$\Rightarrow \quad h = \frac{4\alpha + 7}{19}$ ... (i)

$\therefore D$ के निर्देशांक $= \left(\frac{20\alpha + 35}{19} - \alpha, \frac{8\alpha + 14}{19} + 1, \frac{12\alpha + 21}{19} - 4\right)$

$\Rightarrow D\left(\frac{\alpha + 35}{19}, \frac{8\alpha + 33}{19}, \frac{12\alpha - 55}{19}\right)$

पुनः, $AD^2 = \left(\frac{\alpha + 35}{19} - 0\right)^2 + \left(\frac{8\alpha + 33}{19} - 2\right)^2 + \left(\frac{12\alpha - 55}{19} - \alpha\right)^2$

$\Rightarrow (\sqrt{21})^2 = \frac{(\alpha + 35)^2}{19^2} + \frac{(8\alpha + 33 - 38)^2}{19^2} + \frac{(12\alpha - 55 - 19\alpha)^2}{19^2}$

$\Rightarrow 19^2 \times 21 = (\alpha + 35)^2 + (8\alpha - 5)^2 + (7\alpha + 55)^2$

$\Rightarrow 7581 = (\alpha^2 + 70\alpha + 1225) + (64\alpha^2 - 80\alpha + 25)$

$+ (49\alpha^2 + 770\alpha + 3025)$

$\Rightarrow 7581 = 114\alpha^2 + 760\alpha + 4275$

$\Rightarrow 114\alpha^2 + 760\alpha - 3306 = 0 \Rightarrow 3\alpha^2 + 20\alpha - 87 = 0$

$\Rightarrow \alpha = \frac{-20 \pm \sqrt{(20)^2 - 4 \cdot 3 \cdot (-87)}}{2 \cdot 3} = \frac{-20 \pm \sqrt{400 + 1044}}{2 \cdot 3}$

$= \frac{-20 \pm 38}{6} = \frac{-20 + 38}{6}, \frac{-20 - 38}{6} = 3, \frac{-29}{3}$

$\because \alpha \in z \Rightarrow \alpha = 3 \Rightarrow \alpha^2 = 9$

85. *(355)* दिया है, रेखा का समीकरण

$\frac{x + 10}{1} = \frac{y - 8}{-2} = \frac{z - 0}{1}$

$\therefore$ रेखा पर बिन्दु $(-10, 8, 0)$ स्थित है

तथा रेखा के दिक् अनुपात $\langle 1, -2, 1 \rangle$ है।

पुनः तल का समीकरण $ax + by + 3z = 2(a + b)$

$\therefore$ तल के लम्ब के दिक् अनुपात $\langle a, b, 3 \rangle$ है।

चूँकि रेखा तल पर स्थित है।

$\therefore \quad a(-10) + b(8) + 3(0) = 2(a + b)$

$\Rightarrow \quad -10a + 8b = 2a + 2b$

$\Rightarrow \quad 12a = 6b \Rightarrow b = 2a$ ...(i)

पुनः रेखा व तल का लम्ब, एक-दूसरे के लम्बवत् होंगे

$\therefore \quad (a)(1) + (b)(-2) + (3)(1) = 0$

$\Rightarrow \quad a - 2b + 3 = 0$

$\Rightarrow \quad a - 2(2a) + 3 = 0$ (समी (i) से)

$\Rightarrow \quad a - 4a + 3 = 0 \Rightarrow 3 = 3a \Rightarrow a = 1$ ... (ii)

$\therefore \quad b = 2$ ... (iii)

$\Rightarrow$ तल का समीकरण होगा

$x + 2y + 3z = 6$ ... (iv)

$\therefore$ तल से बिन्दु (1, 27, 7) की दूरी

$$c = \frac{|(1) + 2(27) + 3(7) - 6|}{\sqrt{1^2 + 2^2 + 3^2}} = \frac{70}{\sqrt{14}}$$

$\Rightarrow \quad c^2 = \frac{70 \times 70}{14} = 350$ ... (v)

समी (ii), (iii) और (v) से,

$\therefore \quad a^2 + b^2 + c^2 = 1^2 + 2^2 + 350 = 355$

86. *(3)* दिया है, $f(x+y) = f(x) + f(y) - 1, f(0) = 1$

$\therefore \quad f'(x) = \lim_{h \to 0} \frac{f(x+h) - f(x)}{h}$

$= \lim_{h \to 0} \frac{f(x) + f(h) - 1 - f(x)}{h}$

$\Rightarrow \quad f'(x) = \lim_{h \to 0} \frac{f(h) - 1}{h} = \lim_{h \to 0} \frac{f'(h) - 0}{1} = f'(0)$

$\Rightarrow \quad f'(x) = 2 \Rightarrow f(x) = 2x + c$

$\Rightarrow \quad f(0) = c \Rightarrow c = 1$ $[\because f(0) = 1]$

$\therefore \quad f(x) = 2x + 1$

$\therefore \quad |f(-2)| = |2(-2) + 1| = 3$

87. *(1436)* दिया है, 1, 2, 3, 5, 7 से पाँच अंकों की पुनरावृत्ति के साथ संख्याएँ बनाई जाती है तथा इन्हें ह्रासमान क्रम में लिखा जाता है।

7 से शुरू होने वाली संख्याएँ $= 5^4$

5 से शुरू होने वाली संख्याएँ $= 5^4$

37 से शुरू होने वाली संख्याएँ $= 5^3$

357 से शुरू होने वाली संख्याएँ $= 5^2$

355 से शुरू होने वाली संख्याएँ $= 5^2$

3537 से शुरू होने वाली संख्याएँ $= 5^1$

3535 से शुरू होने वाली संख्याएँ $= 5^1$

35337 से शुरू होने वाली संख्याएँ $= 5^0$

$\therefore$ 35337 की क्रम संख्या $= 5^4 + 5^4 + 5^3 + 5^2 + 5^2 + 5 + 5 + 5^0$

$= 1436$

88. *(2240)* दिया है, द्विपद व्यंजक $(1 + 2x)^n$

माना इसके तीन क्रमागत पद T_{r-1}, T_r, T_{r+1} है।

$\therefore \quad T_{r-1} = {}^nC_{r-2} \cdot (2x)^{r-1}, \; T_r = {}^nC_{r-1} \cdot (2x)^r, \; T_{r+1} = {}^nC_r \cdot (2x)^{r+1}$

इनके गुणांक हैं ${}^nC_{r-2} \cdot 2^{r-1}, {}^nC_{r-1} \cdot 2^r, {}^nC_r \cdot 2^{r+1}$

इनका अनुपात 2 : 5 : 8 है।

$\Rightarrow \quad \frac{{}^nC_{r-2} \cdot 2^{r-1}}{{}^nC_{r-1} \cdot 2^r} = \frac{2}{5}$

$\Rightarrow \quad \frac{r-1}{(n-r+2)} \cdot \frac{1}{2} = \frac{2}{5}$ $\left[\because \frac{{}^nC_r}{{}^nC_{r-1}} = \frac{n-r+1}{r}\right]$

$\Rightarrow \quad 5r - 5 = 4n - 4r + 8$

$\Rightarrow \quad 4n = 9r - 13$ ... (i)

तथा $\quad \frac{{}^nC_r \cdot 2^{r+1}}{{}^nC_{r-1} \cdot 2^r} = \frac{8}{5}$

$\Rightarrow \quad \frac{n-r+1}{r} \cdot 2 = \frac{8}{5} \Rightarrow 5n - 5r + 5 = 4r$

$\Rightarrow \quad 5n = 9r - 5$ ...(ii)

समी (i) व (ii) से, $4n + 13 = 5n + 5 \Rightarrow n = 8$

तथा $\quad 5 \cdot 8 + 5 = 9r \Rightarrow 45 = 9r \Rightarrow r = 5$

अत: मध्य पद का गुणांक $= {}^nC_{r-1} \cdot 2^r$

$= {}^8C_4 \cdot 2^5 = \frac{8 \times 7 \times 6 \times 5}{4 \times 3 \times 2} \times 32 = 2240$

89. *(2)* दिया है,

$\mathbf{OA} = \mathbf{a} - \mathbf{b} + \mathbf{c}, \mathbf{OB} = \lambda\mathbf{a} - 3\mathbf{b} + 4\mathbf{c},$

$\mathbf{OC} = -\mathbf{a} + 2\mathbf{b} - 3\mathbf{c}, \mathbf{OD} = 2\mathbf{a} - 4\mathbf{b} + 6\mathbf{c}$

$\therefore \quad \mathbf{AB} = (\lambda - 1)\mathbf{a} - 2\mathbf{b} + 3\mathbf{c}, \quad \mathbf{AC} = -2\mathbf{a} + 3\mathbf{b} - 4\mathbf{c}$

$\therefore \quad \mathbf{AD} = \mathbf{a} - 3\mathbf{b} + 5\mathbf{c}$

$\because$ **AB, AC, AD** समतलीय है, तब

$[\mathbf{AB} \quad \mathbf{AC} \quad \mathbf{AD}] = 0$

$\Rightarrow \quad \begin{vmatrix} \lambda - 1 & -2 & 3 \\ -2 & 3 & -4 \\ 1 & -3 & 5 \end{vmatrix} [\mathbf{a} \quad \mathbf{b} \quad \mathbf{c}] = 0$ ... (i)

$\because$ **a, b, c** समतलीय नहीं है।

$\therefore \quad [\mathbf{a} \quad \mathbf{b} \quad \mathbf{c}] \neq 0$

$\therefore$ समी (i) से, $\begin{vmatrix} \lambda - 1 & -2 & 3 \\ -2 & 3 & -4 \\ 1 & -3 & 5 \end{vmatrix} = 0$

$\Rightarrow \quad (\lambda - 1)(3 \cdot 5 - (-3)(-4)) - (-2)((-2) \cdot 5 - 1(-4))$
$+ 3((-2)(-3) - 1(3)) = 0$

$\Rightarrow \quad (\lambda - 1)(15 - 12) + 2(-10 + 4) + 3(6 - 3) = 0$

$\Rightarrow \quad 3(\lambda - 1) - 12 + 9 = 0 \Rightarrow 3(\lambda - 1) = 12 - 9 = 3$

$\Rightarrow \quad \lambda - 1 = 3/3 = 1 \Rightarrow \lambda = 2$

90. *(60)* दिया है,

$a_1, a_2, a_3, \ldots$ वर्धमान धनात्मक संख्याओं की एक GP है।

माना सार्वानुपात 'r' है।

दिया है, $a_4 \cdot a_6 = 9 \Rightarrow a_1 r^3 \cdot a_1 r^5 = 9$ $(\because a_n = a_1 r^{n-1})$

$\Rightarrow \quad a_1^2 r^8 = 9 \Rightarrow (a_1 r^4)^2 = 9 \Rightarrow a_1 r^4 = 3$ ...(i)

पुन:, $a_5 + a_7 = 24 \Rightarrow a_1 r^4 + a_1 r^6 = 24$

$\Rightarrow \quad 3 + a_1 r^6 = 24$ (समी (i) से)

$\Rightarrow \quad a_1 r^6 = 21$ ...(ii)

समी (ii) को समी (i) से भाग देने पर,

$r^2 = 7 \Rightarrow r = \sqrt{7}$

अत:, $a_1(\sqrt{7})^4 = 3 \Rightarrow a_1 = 3/49$ ...(iii)

अब, $a_1 a_9 + a_2 a_4 a_9 + (a_5 + a_7)$

$= a_1 \cdot a_1 r^8 + (a_1 r)(a_1 r^3)(a_1 r^8) + (24)$

$= a_1^2 r^8 + a_1^3 r^{12} + 24 = (a_1 r^4)^2 + (a_1 r^4)^3 + 24$

$= 3^2 + 3^3 + 24$ (समी (i) से)

$= 60$

JEE Main संयुक्त प्रवेश परीक्षा

सॉल्वड पेपर 2023

29 जनवरी, द्वितीय पाली

भौतिकी

खण्ड 'A' ऑब्जेक्टिव प्रश्न

1. कोई आयाम मॉडुलित तरंग, जिसके शिखर से शिखर वोल्टेज का अधिकतम एवं न्यूनतम मान क्रमश: 14 mV एवं 6mV है। इसका मॉडुलन गुणांक होगा।

(a) 0.4 (b) 0.6 (c) 1.4 (d) 0.2

2. दिए हुए तर्क (लॉजिक) गेट संयोजन के लिए, सही सत्यापन सारणी होगी।

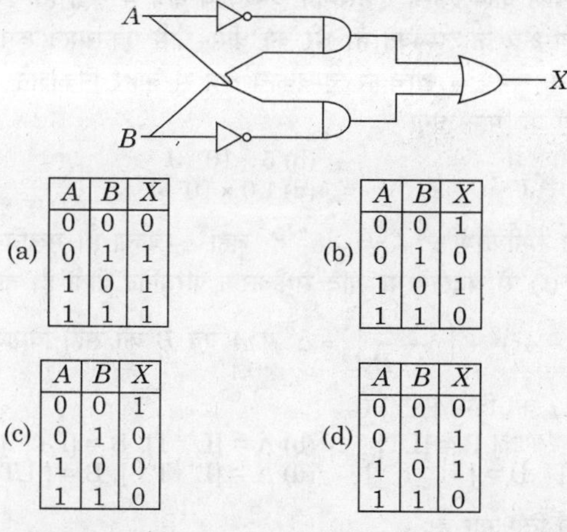

(a)

A	B	X
0	0	0
0	1	1
1	0	1
1	1	1

(b)

A	B	X
0	0	1
0	1	0
1	0	1
1	1	0

(c)

A	B	X
0	0	1
0	1	0
1	0	0
1	1	0

(d)

A	B	X
0	0	0
0	1	1
1	0	1
1	1	0

3. $-12°C$ तापमान पर 600g बर्फ को 184 kJ ऊष्मीय ऊर्जा प्रदान की जाती है। बर्फ की विशिष्ट ऊष्मा 2222.3 J $kg^{-1}°C^{-1}$, एवं बर्फ की गुप्त ऊष्मा 336 kJ/kg^{-1} है।

A. निकाय का निष्कर्षित तापमान 0°C होगा ।

B. निकाय का निष्कर्षित तापमान 0°C से अधिक होगा।

C. निष्कर्षित निकाय एक मिश्रण होगा जिसमें बर्फ एवं पानी 5 : 1 के अनुपात में होंगे।

D. निष्कर्षित निकाय एक मिश्रण होगा, जिसमें बर्फ एवं पानी 1 : 5 के अनुपात में होंगे

E. निष्कर्षित निकाय में केवल पानी ही होगा।

नीचे दिए गए विकल्पों में से सही उत्तर चुनिए

(a) केवल A एवं D (b) केवल A एवं C
(c) केवल B एवं D (d) केवल A एवं E

4. पदार्थ A की परमाणु द्रव्यमान संख्या 16 एवं इसकी अर्द्ध-आयु 1 दिन है। कोई दूसरा पदार्थ B जिसकी परमाणु द्रव्यमान संख्या 32 एवं अर्द्ध-आयु $\frac{1}{2}$ दिन है। यदि A एवं B एक ही समय पर एकसाथ रेडियो सक्रियता से गुजरना प्रारम्भ करते हैं, जिसमें दोनों का प्रारम्भिक द्रव्यमान 3.20 g है दो दिन बाद A और B के कितने परमाणु संयुक्त रूप से बचेंगे?

(a) 1.69×10^{24} (b) 6.76×10^{24} (c) 6.76×10^{23} (d) 3.38×10^{24}

5. 4 घेरे वाली वृत्ताकार कुण्डली में प्रवाहित विद्युत धारा, इसके केन्द्र पर 32 T मान का चुम्बकीय प्रेरण उत्पन्न करती है। कुण्डली को खोला जाता है एवं एकल घेरे वाली वृत्ताकार कुण्डली के रूप में फिर से बाँधा जाता हैं, तो अब कुण्डली के केन्द्र पर उत्पन्न चुम्बकीय प्रेरण का मान होगा।

(a) 16 T (b) 4 T (c) 2 T (d) 8T

6. पूर्ण रूप से भर हुए लड़ाकू विमान का द्रव्यमान 5.4×10^5 kg है। इसके पंख का कुल क्षेत्रफल 500 m^2 है। यह विमान 1080 km/h की चाल से एक तल में चल रहा है। यदि वायु घनत्व $\rho = 1.2\, kgm^{-3}$ है, तो इसके पंख की निचली सतह के सापेक्ष में पंख को ऊपरी सतह पर, वायु की चाल में हुई भिन्नात्मक वृद्धि का प्रतिशत मान होगा $(g = 10\, m/s^2)$

(a) 8 (b) 6 (c) 10 (d) 16

7. गैस में 300 K, ताप पर ऑक्सीजन अणुओं की rms (वर्ग-माध्य-मूल) चाल, इनकी औसत चाल के $\sqrt{\frac{\alpha + 5}{\alpha}}$ गुना है। α का मान होगा

(दिया है, $\pi = \frac{22}{7}$)

(a) 32 (b) 27 (c) 24 (d) 28

8. 20 kg द्रव्यमान के किसी पिण्ड पर कोई बल 20 s तक आरोपित होता है. फिर वह बल हट जाता है, एवं पिण्ड अगले 10 सेकण्ड में 50 m विस्थापित होता है। बल का मान होगा।

(a) 5 N (b) 20 N (c) 40 N (d) 10 N

9. 30 NC^{-1} मान के किसी एकसमान विद्युत क्षेत्र में, 2×10^{-2} C का एक बिन्दु आवेश धनात्मक X-अक्ष के अनुदिश बिन्दु P से S पर जाता है। यदि P एवं S के निर्देशांक क्रमश: (1, 2, 0) एवं (0, 0, 0) हैं, तो इस प्रक्रम में विद्युत क्षेत्र द्वारा किए गए कार्य का मान होगा।

(a) – 600 mJ (b) 1200 mJ
(c) – 1200 mJ (d) 600 mJ

10. नीचे दिए गए कथनों में से सही कथन चुनिए :

A. किसी व्यक्ति द्वारा कुएँ से, रस्सी से बंधी बाल्टी को निकालने में किया गया कार्य ऋणात्मक होगा।

B. रस्सी से बंधी बाल्टी को कुँए से निकालने में गुरुत्वीय बल द्वारा किया गया कार्य ऋणात्मक होगा।

C. किसी आनत तल पर नीचे फिसलती हुई वस्तु पर घर्षण द्वारा किया गया कार्य धनात्मक होगा।

D. किसी खुरदरे क्षैतिज तल पर एकसमान वेग से चलती वस्तु पर आरोपित बल द्वारा वस्तु पर किया गया कार्य शून्य होगा।

E. किसी कम्पन करते हुए लोलक पर वायु प्रतिरोध द्वारा किया गया कार्य ऋणात्मक होगा।

नीचे दिए गए विकल्पों में से सही उत्तर चुनें।

(a) केवल B एवं E (b) केवल A एवं C

(c) केवल B एवं D (d) केवल B, D एवं E

11. एक वैज्ञानिक, यौगिक सूक्ष्मदर्शी की सहायता से किसी विषाणु का विश्लेषण कर रहा है। बेहतर विश्लेषण एवं विभेदन क्षमता को सुधारने के लिए, उसे करना चाहिए (सर्वाधिक उपयुक्त विकल्प चुनिए)

(a) प्रकाश की तरंगदैर्ध्य बढ़ानी चाहिए

(b) वस्तु एवं अभिदृश्यक लेंस के बीच के माध्यम का अपवर्तनांक बढ़ाना चाहिए।

(c) अभिदृश्यक लेंस का व्यास घटाना चाहिए।

(d) नेत्रिका लेंस की फोकल दूरी घटानी चाहिए।

12. किसी क्षैतिज तल पर कोई पिण्ड स्थिर चाल से एक वृत्ताकार पथ के अनुदिश चल रहा है, जिसका केन्द्र मूल बिन्दु पर है। जब पिण्ड $x = +2$ m, पर है, तो इसका वेग $-4\hat{j}$ m/s है। $x = -2$ m पर पिण्ड का वेग (v) एवं त्वरण (a) क्रमशः होगा

(a) $v = 4\hat{j}$ m/s, $a = 8\hat{i}$ m/s^2

(b) $v = 4\hat{i}$ m/s, $a = 8\hat{j}$ m/s^2

(c) $v = -4\hat{i}$ m/s, $a = -8\hat{j}$ m/s^2

(d) $v = -4\hat{j}$ m/s, $a = 8\hat{i}$ m/s^2

13. विभवमापी की सहायता से हम किसी दिए हुए सेल का विद्युत वाहक बल (emf) ज्ञात कर सकते हैं। विभवमापी की सुग्राहिता होती है।

(A) प्रतिरोध की लम्बाई के सीधे अनुक्रमानुपाती

(B) विभव प्रवणता के अनुक्रमानुपाती

(C) विभव प्रवणता के व्युत्क्रमानुपाती

(D) प्रतिरोध की लम्बाई के व्युत्क्रमानुपाती

ऊपर दिए गए कथनों में से सही विकल्प चुनिए।

(a) केवल C (b) केवल A एवं C

(c) केवल A (d) B एवं D

14. समान विभव द्वारा विश्राम अवस्था से त्वरित किए गए α-कण एवं प्रोटॉन की डी-ब्रॉग्ली तरंगदैर्ध्य का अनुपात $\frac{1}{\sqrt{m}}$ है। m का मान होगा।

(a) 8 (b) 4 (c) 2 (d) 16

15. किसी वस्तु द्वारा 45° आनत कोण वाले खुरदरे आनत तल पर फिसलने का समय इसी वस्तु द्वारा 45° आनत कोण वाले पूर्णतः चिकने आनत तल पर फिसलने में लगे समय का n गुना है। वस्तु एवं आनत तल के बीच गतिज घर्षण गुणांक का मान होगा।

(a) $1-\frac{1}{n^2}$ (b) $1+\frac{1}{n^2}$

(c) $\sqrt{\frac{1}{1-n^2}}$ (d) $\sqrt{1-\frac{1}{n^2}}$

16. दिए गए चित्रों के लिए, सही विकल्प चुनिए

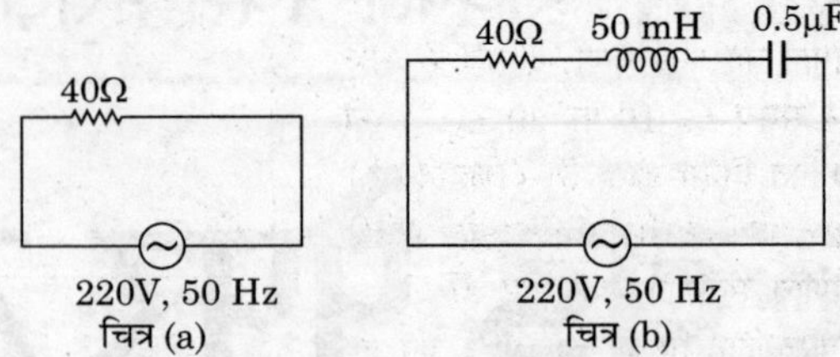

(a) अनुनाद स्थिति में, परिपथ (b) में धारा का मान, परिपथ (a) में धारा के मान से कम होगा।

(b) परिपथ (b) में rms धारा का मान कभी भी, परिपथ (a) में rms धारा के मान से अधिक नहीं हो सकता।

(c) परिपथ (b) में rms (वर्ग-माध्य-मूल) धारा का मान, परिपथ (a) में इसके मान की तुलना में अधिक होगा।

(d) परिपथ (a) में rms धारा का मान, सदैव परिपथ (b) में rms धारा के मान के बराबर होगा।

17. 25 cm^2 क्षेत्रफल वाले किसी वर्गाकार घेरे का प्रतिरोध 10Ω है। यह घेरा 40.0 T परिमाण वाले किसी एकसमान चुम्बकीय क्षेत्र में रखा है। घेरे का तल, चुम्बकीय क्षेत्र के लम्बवत् है। घेरे को धीमे-धीमे एकसमान रूप से, 1.0 सेकण्ड के समय में खींचकर चुम्बकीय क्षेत्र से बाहर निकालने में किए गए कार्य का मान होगा

(a) 2.5×10^{-3} J (b) 5×10^{-3} J

(c) 1.0×10^{-3} J (d) 1.0×10^{-4} J

18. किसी वृत्त का समीकरण $x^2 + y^2 = a^2$ है, जहां a त्रिज्या है। मूलबिन्दु का मान (0, 0) से बदलने पर यदि समीकरण परिवर्तित होती है। तो नए समीकरण $(x - At)^2 + \left(y - \frac{t}{B}\right)^2 = a^2$ में A एवं B की सही विमाएँ ज्ञात कीजिए। t की विमा $[T^{-1}]$ है

(a) $A = [L^{-1}T^{-1}], B = [LT]$ (b) $A = [L^{-1}T], B = [LT^{-1}]$

(c) $A = [LT], B = [L^{-1}T^{-1}]$ (d) $A = [L^{-1}T^{-1}], B = [LT^{-1}]$

19. नीचे दो कथन दिए गए हैं।

कथन I विद्युत चुम्बकीय तरंगे, विद्युत एवं चुम्बकीय क्षेत्र के द्वारा विक्षेपित नहीं होती हैं

कथन II विद्युत चुम्बकीय तरंग में, विद्युत क्षेत्र एवं चुम्बकीय क्षेत्र के आयाम एक-दूसरे से $E_0 = \sqrt{\frac{\mu_0}{\varepsilon_0}} B_0$ के अनुसार सम्बन्धित होते हैं।

(a) कथन I सत्य है किन्तु कथन II असत्य है।

(b) कथन I एवं कथन II दोनों असत्य हैं।

(c) कथन I एवं कथन II दोनों सत्य हैं।

(d) कथन I असत्य है किन्तु कथन II सत्य है।

20. पृथ्वी के किसी उपग्रह का आवर्तकाल 24 घंटे है। यदि पृथ्वी एवं इस उपग्रह के बीच की दूरी घटकर अपने पहले मान की एक-चौथाई हो जाए तो नया आवर्तकाल हो जाएगा।

(a) 6 घंटे (b) 12 घंटे

(c) 4 घंटे (d) 3 घंटे

खण्ड 'B' न्यूमैरिकल वैल्यू प्रश्न

21. 100g द्रव्यमान का कोई कण, क्षैतिज से 45° के कोण पर समय $t = 10$ पर 20 ms^{-1} की चाल से प्रक्षेपित किया जाता है। (चित्रानुसार) समय $t = 2$ s पर, आरम्भिक बिन्दु के सापेक्ष, कण के कोणीय संवेग का परिमाण $\sqrt{k}$ kg-m^2/s परिकलित किया गया है। k का मान ______ होगा। (यदि $g = 10ms^{-2}$)

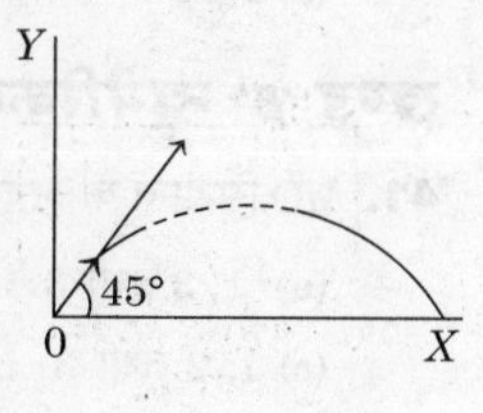

22. विभवमापी में शून्य विक्षेप 200 cm की दूरी पर मिलता है, जब द्वितीय परिपथ में लगे सेल के साथ 5Ω का प्रतिरोध पार्श्व क्रम में लगाया जाता है। पार्श्व क्रम मे लगाने के लिए इस प्रतिरोध को 15Ω के प्रतिरोध द्वारा बदले जाने पर, शून्य विक्षेप 300 cm पर मिलता है। सेल का आन्तरिक प्रतिरोध 5 Ω होगा।

23. किसी आवृत्ति बल $F = (-25x)$ N के अन्तर्गत, 250 g द्रव्यमान का कोई कण सरल आवर्त गति कर रहा है। अपने दोलनों के दौरान, कण 4 m/s मान की अधिकतम चाल प्राप्त करता है। गति का आयाम ______ cm होगा।

24. 0.20 m^2 आधार क्षेत्रफल वाला एक धात्विक गुटका किसी मेज पर चित्र में दर्शाए अनुसार रखा है। 0.25 mm मोटाई वाली किसी द्रव की झिल्ली को, गुटके एवं मेज के बीच में रखा गया है। गुटके को, 0.1 N मान वाले क्षैतिज बल से धकेला जाता है एवं यह गुटका स्थिर चाल से चलता है। यदि द्रव की श्यानता 5.0×10^{-3} Pl है, तो गुटके की चाल लगभग ______ $\times 10^{-3}$ होगी।

25. जब दो प्रतिरोधों R_1 एवं R_2 को श्रेणीक्रम में जोड़कर मीटर सेतु के बाएँ खाँचे में लगाया जाता है, तथा 10Ω के एक प्रतिरोध को मीटर सेतु के दाएँ खाँचे में लगाया जाता है, तो शून्य विक्षेप बाएँ से 60 cm की दूरी पर मिलता है। जब R_1 एवं R_2 को पार्श्व क्रम में जोड़कर मीटर सेतु के बाएं खाँचे में तथा 3 Ω वाले प्रतिरोध को दाएँ खाँचे में लगाया जाता है तो शून्य विक्षेप बाएँ सिरे से 40 cm की दूरी पर मिलता है R_1 R_2 का गुणनफल ______ Ω^2 होगा।

26. भौतिक विज्ञान की प्रयोगशाला में चल सूक्ष्मदर्शी की सहायता से शीशे के गुटके का अपवर्तनांक मापने के प्रयोग में एक विद्यार्थी काँच के गुटके की वास्तविक मोटाई 5.25 mm एवं इसकी आभासी मोटाई 5.00 mm मापता है। चल सूक्ष्मदर्शी के मुख्य पैमाने के एक सेंटीमीटर में 20 विभाजन हैं, एवं वर्नियर पैमाने पर 50 विभाजन हैं। गुटके के अपवर्तनांक मापने में हुई अनुमानित अनियतता $\frac{x}{10} \times 10^{-3}$ है, जहाँ x का मान ______ है।

27. कोई कार 600 m त्रिज्या के पथ पर इस प्रकार चल रही है कि इसके स्पर्शी त्वरण का परिमाण एवं अभिकेन्द्रीय त्वरण का परिमाण बराबर हैं। यदि कार 54 km/h के प्रारम्भिक वेग से चल रही है, तो परिक्रमण के पहले एक-चौथाई भाग को पूरा करने में कार द्वारा लिया गया समय $t(1 - e^{-\pi/2})$s है। तो t का मान होगा।

28. किसी गोलाकार आवेशित गेंद के लिए, गेंद के अंदर स्थिर वैद्युत विभव का मान r के साथ निम्नानुसार परिवर्तित होता है

$$V = 2ar^2 + b$$

यहाँ a एवं b स्थिरांक हैं, तथा r केन्द्र से दूरी है। गेंद के अंदर आयतन आवेश घनत्व $-\lambda a\varepsilon$ है। λ का मान ______ होगा।

29. दो परावैद्युत माध्यमों की पृष्ठ सीमा पर कोई अध्रुवित प्रकाश आपतित होता है। इन परावैद्युत माध्यमों के आपेक्षिक परावैद्युतांक क्रमशः 2.8 (माध्यम-1) एवं 6.8 (माध्यम-2) हैं। परावर्तित एवं अपवर्तित किरणों को एक-दूसरे के लम्बवत् होने के लिए, आपतन कोण का मान होगा। $\tan^{-1}\left(1 + \frac{10}{\theta}\right)^{1/2}$ होना चाहिए। θ का मान ______ होगा।

(दिया है, परावैद्युत माध्यमों के लिए $\mu_r = 1$)

30. 2μH प्रेरकत्व वाला एक प्रेरक श्रेणीक्रम में एक प्रतिरोध एक परिवर्ती संधारित्र एवं 7 kHz आवृत्ति वाले एक प्रत्यावर्ती स्रोत से जुड़ा है। परिपथ में अधिकतम मान की धारा प्रवाहित करने के लिए संधारित्र की धारिता का मान $\frac{1}{x}$ F है, जहाँ x का मान ______ है। (यदि $\pi = \frac{22}{7}$)

रसायन विज्ञान

खण्ड 'A' ऑब्जेक्टिव प्रश्न

31. जल में मछलियों की वृद्धि के लिए उसमें घुली ऑक्सीजन की सान्द्रता X ppm से अधिक होनी चाहिए तथा साफ जल की जैव-रासायनिक ऑक्सीजन माँग Y ppm से कम होनी चाहिए। X तथा Y के ppm मान क्रमशः हैं

	X	Y
(a)	4	5
(b)	6	5
(c)	6	12
(d)	4	8

32. नीचे दो कथन दिए हैं

कथन I प्रथम आयनन एन्थैल्पी में B से Al तक की कमी Al से Ga तक होने वाले कमी की अपेक्षा बहुत अधिक है।

कथन II Ga के d-कक्षक पूर्ण रूप से भरे हैं।

नीचे दिए विकल्पों में से उपरोक्त कथनों के लिए सर्वाधिक उचित उत्तर चुनिए।

(a) कथन I तथा II दोनों गलत हैं

(b) कथन I सही है परन्तु कथन II गलत है।

(c) कथन I गलत है परन्तु कथन II सही है।

(d) कथन I तथा II दोनों सही हैं।

33. नीचे दो कथन दिए गए हैं, एक को **अभिकथन (A)** तथा दूसरे को **कारण (R)** दिया है

अभिकथन (A) Cr तथा Mo की परमाण्विक त्रिज्याओं का अन्तर Mo तथा W की परमाण्विक त्रिज्याओं के अन्तर की अपेक्षा अधिक है।

कारण (R) परमाण्विक आकार बढ़ने पर परमाण्विक त्रिज्या बढ़ती है। नीचे दिए गए विकल्पों में से उपरोक्त कथनों के लिए सही उत्तर चुनिए।
नीचे दिए गए विकल्पों में से उपरोक्त कथनों के लिए सही उत्तर चुनिए।

(a) A तथा R दोनों सत्य हैं और R, A की सही व्याख्या है ।

(b) A सत्य है परन्तु R असत्य है

(c) A असत्य है परन्तु R सत्य है

(d) A तथा R दोनों सत्य हैं परन्तु R, A की सही व्याख्या नहीं है।

34. सूची I का सूची II से मिलान कीजिए।

सूची I	सूची II
A. वाण्ट हॉफ गुणांक	I. क्रायोस्कोपिक स्थिरांक
B. K_f	II. समपरासरी विलयन
C. समान परासरण दाब के विलयन	III. $\frac{\text{सामान्य आण्विक द्रव्यमान}}{\text{असामान्य आण्विक द्रव्यमान}}$
D स्थिरक्वाथी	IV. विलयन जिसके वाष्प का संघटन उसी के समान है।

नीच दिए विकल्पों में से सही उत्तर चुनिए।

(a) A-III, B-I, C-II, D-IV (b) A-III, B-I, C-IV, D-II
(c) A-I, B-III, C-II, D-IV (d) A-III, B-II, C-I, D-IV

35. कमरे के ताप पर आयोडाइड आयनों की H_2O_2 से अभिक्रिया की दर पर, आयोडाइड की सान्द्रता में परिवर्तन के प्रभाव का अध्ययन करने के लिए एक सूचक '*X*' का प्रयोग किया जाता है। विलयन में उपस्थित यौगिक *A* से *X* एक नीले रंग का संकुल बनाता है। सूचक *X* तथा यौगिक '*A*' क्रमशः हैं

(a) स्टार्च तथा आयोडीन (b) मेथिल ओरेन्ज तथा आयोडीन
(c) स्टार्च तथा H_2O_2 (d) मेथिल ओरेन्ज तथा H_2O_2

36. एक रोगी को डॉक्टर ने औषधी ऐक्वानिल निर्धारित की है। रोगी में जिस रोग के लक्षण हैं, वह है

(a) उत्तेजना तथा तनाव (b) आमाशय में घाव
(c) अवसाद और अति तनाव (d) अति अम्लता

37. नीचे दो कथन दिए है

कथन I निकैल का उत्प्रेरक के रूप में उपयोग सिनगैस तथा खाद्य वस्तुओं, दोनों के उत्पादन में होता है।

कथन II सिलिकॉन दोनों इलेक्ट्रॉन समृद्ध तथा इलेक्ट्रॉन न्यून हाइड्राइड बनाता है।

नीचे दिए विकल्पों में से, उपरोक्त कथनों के लिए सर्वाधिक उचित उत्तर चुनिए।

(a) कथन I गलत है परन्तु कथन II सही है।
(b) कथन I सही है परन्तु कथन II गलत है।
(c) कथन I तथा कथन II दोनों सही हैं।
(d) कथन I तथा कथन II दोनों गलत हैं।

38. निम्नलिखित अयस्कों में से किसका मुख्य घटक सल्फाइड आधारित खनिज है?

(a) मेलाकाइट (b) सिडेराइट (c) कैलामाइन (d) स्फेलेराइट

39. एक हाइड्रोकार्बन *A* का जब वायु में दहन होता है तो 9.5 तुल्यांक ऑक्सीजन की आवश्यकता होती है तथा जल के 3 तुल्यांक उत्पन्न होते हैं। *A* का आण्विक सूत्र क्या है?

(a) C_6H_6 (b) C_9H_9 (c) C_9H_6 (d) C_8H_6

40. निम्नलिखित टेट्रापेप्टाइड को जिस प्रकार से निरूपित कर सकते हैं, वह है

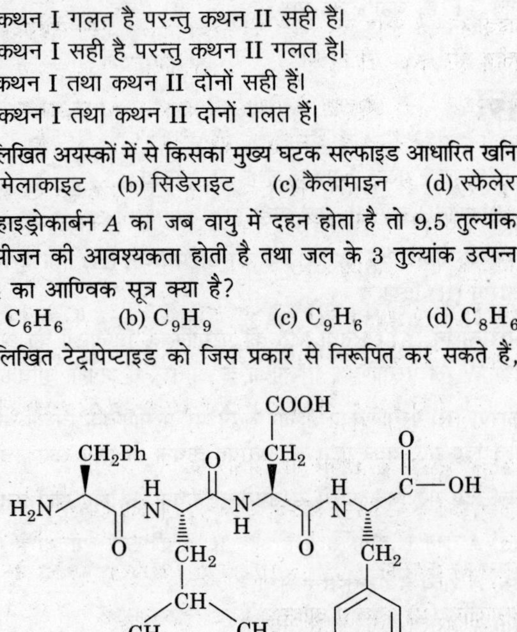

(F, L D, Y, I, Q, P) ऐमीनो अम्लों के लिए एक अक्षर कोड है।)

(a) PLDY (b) FIQY (c) FLDY (d) YQLF

खण्ड 'B' न्यूमैरिकल वैल्यू प्रश्न

41. *MO* सिद्धान्त के अनुसार O_2^{2-}, CO तथा NO^+ की आबन्ध कोटि क्रमशः है

(a) 1, 3 तथा 3 (b) 1, 3 तथा 2
(c) 1, 2 तथा 3 (d) 2, 3 तथा 3

42. सूची I का सूची II से मिलान कीजिए।

सूची I	सूची II
A. प्रत्यास्थ बहुलक	I. यूरिया-फॉर्मेल्डिहाइड रेजिन
B. बहुलक रेशेदार	II. पॉलिस्टाइरीन
C. तापदृढ़ बहुलक	III. पॉलिएस्टर
D तापसुघट्य प्लास्टिक बहुलक	IV. निओप्रीन

नीचे दिए विकल्पों में से सही उत्तर चुनिए।

(a) A-IV, B-I, C-III, D-II (b) A-IV, B-III, C-I, D-II
(c) A-II, B-III, C-I, D-IV (d) A-II, B-I, C-IV, D-III

43. सूची I का सूची II से मिलान कीजिए।

सूची I	सूची II
A. परासरण	I. विलायक के अणु अर्द्ध-पारगम्य झिल्ली से निकलकर विलायक की ओर चले जाते हैं।
B. प्रतिलोम परासरण	II. आवेशित कोलॉइडी कण लगाये गए विद्युत विभव के प्रभाव से विपरीत आवेश के इलेक्ट्रॉडों की ओर गमन।
C. विद्युत परासरण	III. विलायक के अणु का अर्द्धपारगम्य झिल्ली से निकलकर विलयन की ओर गमन।
D विद्युत कण संचालन	IV. विद्युत क्षेत्र में परिक्षेपण माध्यम चलने लगता है।

निम्नलिखित विकल्पों में से सही उत्तर चुनिए।

(a) A-I, B-III, C-II, D-IV
(b) A-III, B-I, C-II, D-IV
(c) A-I, B-III, C-IV, D-II
(d) A-III, B-I, C-IV, D-II

44. निम्नलिखित में से सही कथनों का सेट है।

(i) मैगनीज अपने ऑक्साइड में +7 ऑक्सीकरण अवस्था दर्शाता है।
(ii) रूथेनियम तथा ऑस्मियम अपने ऑक्साइडों में + 8 ऑक्सीकरण अवस्था दर्शाते हैं।
(iii) स्कैन्डियम + 4 ऑक्सीकरण अवस्था दर्शाता है जिसकी प्रकृति ऑक्सीकारक होती है।
(iv) क्रोमियम, + 6 ऑक्सीकरण अवस्था में ऑक्सीकरण प्रकृति दर्शाता है।

(a) (i), (ii) तथा (iv) (b) (ii) तथा (iii)
(c) (ii), (iii) तथा (iv) (d) (i) तथा (iii)

45. विहाइड्रोहैलोजनीकरण अभिक्रिया के पश्चात् जो समावयवी ऐल्कीनों की सर्वाधिक संख्या देता है, वह एक है (पुनर्विन्यास को छोड़कर)

(a) 1-ब्रोमो-2 मेथिल ब्यूटेन

(b) 2-ब्रोमो-3, 3-डाइमेथिलपेन्टेन

(c) 2-ब्रोमोप्रोपेन

(d) 2-ब्रोमोपेन्टेन

46. प्रोपेनऐमाइड की Br_2/जलीय KOH से अभिक्रिया करने पर उत्पन्न होता है

(a) एथिलऐमीन (b) प्रोपेन नाइट्राइल

(c) एथिल नाइट्राइल (d) प्रोपिलऐमीन

47. निम्नलिखित अभिक्रिया क्रम के मुख्य उत्पादों को बताइये।

Cl–C_6H_4–$COCH_3$ $\xrightarrow[(2)\ EtOH,\ H_3O^+]{(1)\ NaCN}$ A $\xrightarrow[H_3O^+]{MeMgBr\ (आधिक्य)}$ B

(a) A = (CN, OH; Cl) , B = Cl–C_6H_4–C(Me)(OH)–C(Me)(Me)(NH_2)

(b) A = (CO_2H, OH; Cl) , B = Cl–C_6H_4–C(OH)(Me)–C(OH)(Me)(Me)

(c) A = (OH, CO_2Et; Cl) , B = Cl–C_6H_4–C(OH)(Me)–C(OH)(Me)(Me)

(d) A = (NC, OH; CN) , B = (Me, OH; OH, CH, OH, Me, Me)

48. निम्नलिखित सम्बन्ध/सम्बन्धों में से कौन-से सही है/हैं?

A. $\Delta U = q + p\Delta V$ B. $\Delta G = \Delta H - T\Delta S$

C. $\Delta S = \frac{q_{rev}}{T}$ D. $\Delta H = \Delta U - \Delta nRT$

नीचे दिए विकल्पों में से सर्वाधिक उचित उत्तर चुनिए।

(a) केवल B तथा C (b) केवल C तथा D

(c) केवल B तथा D (d) केवल A तथा B

49. निम्नलिखित अभिक्रिया के लिए मुख्य उत्पाद पहचानिए।

(CH_3, OH) $\xrightarrow{H_3O^+}$ मुख्य उत्पाद

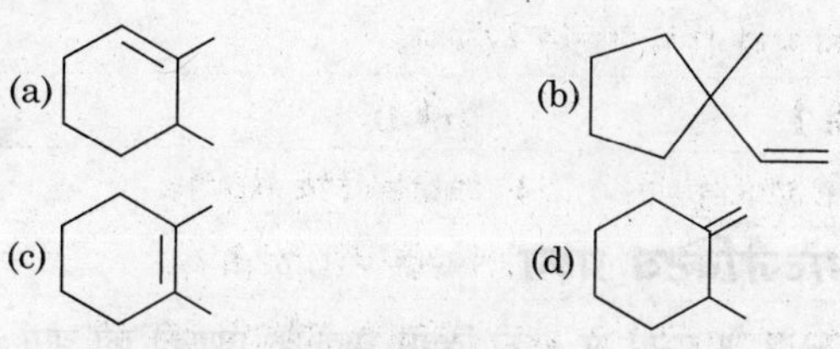

50. ऐमाइल ऐल्कोहॉल में CrO_5 विलयन का रंग ______ होता है।

(a) नारंगी-लाल (b) पीला (c) हरा (d) नीला

51. 60% कार्बन समावेशित कार्बनिक यौगिक के 0.01 मोल का पूर्ण रूप से दहन करने पर 4.4 g CO_2 उत्पन्न होती है। यौगिक का मोलर द्रव्यमान ______ g mol^{-1} है। (निकटतम पूर्णांक मे)

52. $LiNO_3$ को गर्म करने पर निम्नलिखित यौगिकों में से प्राय: कितने प्राप्त होते हैं?

Li_2O, N_2, O_2, $LiNO_2$, NO_2

53. अभिक्रिया, $Zn(s) + Sn^{2+}(aq) \rightleftharpoons Zn^{2+}(aq) + Sn(s)$ के लिए साम्य स्थिरांक 298 K पर 1×10^{20} है। यदि $E_{Zn^{2+}/Zn} = -0.76$ V, तो Sn/Sn^{2+} के मानक इलेक्ट्रोड विभव का परिमाण, ______ $\times 10^{-2}$ V है। (निकटतम पूर्णांक में)

(दिया है, $\frac{2.303RT}{F} = 0.059$ V)

54. विलयन जिसमें HCl की मात्रा 73 g L^{-1} का आयतन जो उस NaOH के पूर्ण उदासीनीकरण के लिए आवश्यक है, जिसको 0.69 g धात्विक सोडियम की जल से अभिक्रिया द्वारा प्राप्त किया है, वह ______ mL है। (दिया है, परमाण्विक द्रव्यमान क्रमश: Na, Cl, O, H : 23, 35.5, 16 तथा 1 g mol^{-1})

55. फेहलिंग अभिकर्मक में उपस्थित लिगैण्ड की दन्तुरता ______ है।

56. हाइड्रोजन की प्रथम बोर कक्षा की त्रिज्या 0.6 Å मान लीजिए। He^+ की तृतीय बोर कक्षा की त्रिज्या ______ पीकोमीटर है।

57. यौगिक $A \rightarrow B$ परिवर्तन के लिए वेग स्थिरांक का परिकलित मान 4.6×10^{-5} L $mol^{-1}s^{-1}$ है अभिक्रिया की कोटि ______ है।

58. एक धातु M षट्कोणीय निबिड़-संकुलित संरचना बनाता है। इसके 0.02 मोल में रिक्तिओं की संख्या ______ $\times 10^{21}$ है। (निकटतम पूर्णांक में)

(दिया है, $N_A = 6.02 \times 10^{23}$)

59. 298 K पर $N_2(g) + 3H_2(g) \rightleftharpoons 2NH_3(g)$; $K_1 = 4 \times 10^5$

$N_2(g) + O_2(g) \rightleftharpoons 2NO(g)$; $K_2 = 1.6 \times 10^{12}$

$H_2(g) + \frac{1}{2}O_2(g) \rightleftharpoons H_2O(g)$; $K_3 = 1.0 \times 10^{-13}$

उपरोक्त साम्यों के आधार पर अभिक्रिया,

$2NH_3(g) + \frac{5}{2}O_2(g) \rightleftharpoons 2NO(g) + 3H_2O(g)$

का साम्य स्थिरांक ______ $\times 10^{-33}$ है। (निकटतम पूर्णांक में)

60. निम्नलिखित में अम्लीय ऑक्साइडों की कुल संख्या

N_2O_3, NO_2, N_2O, Cl_2O_7, SO_2, CO, CaO, Na_2O और NO ______ है।

गणित

खण्ड 'A' ऑब्जेक्टिव प्रश्न

61. माना $(1+x)^{99}$ के प्रसार में x की विषम घातों के गुणांकों का योग K है। माना $\left(2+\frac{1}{\sqrt{2}}\right)^{200}$ के प्रसार में मध्य पद a है। यदि $\frac{^{200}C_{99}K}{a}=\frac{2^l m}{n}$ है, जहाँ m तथा n विषम संख्याएँ हैं, तो क्रमित युग्म (l, n) बराबर है

(a) (50, 51) (b) (50, 101) (c) (51, 99) (d) (51, 101)

62. क्षेत्र $A=\left\{(x,y):|\cos x-\sin x|\le y\le \sin x,\ 0\le x\le \frac{\pi}{2}\right\}$ का क्षेत्रफल है

(a) $\frac{1}{\sqrt{5}}-\frac{1}{\sqrt{2}}+1$ (b) $1-\frac{1}{\sqrt{2}}$

(c) $\frac{3}{\sqrt{5}}-\frac{3}{\sqrt{2}}+1$ (d) $\sqrt{5}-2\sqrt{2}+1$

63. माना फलन f तथा g, R पर दो बार अवकलनीय हैं तथा $f''(x)=g''(x)+6x$, $f'(1)=4g'(1)-3=9$ और $f(2)=3g(2)=12$ हैं। तो निम्न में से कौन-सा सत्य नहीं है?

(a) $|f'(x)-g'(x)|<6 \Rightarrow -1<x<1$

(b) $x_0\in\left(1,\frac{3}{2}\right)$ का अस्तित्व है, जिसके लिए $f(x_0)=g(x_0)$ है

(c) $g(-2)-f(-2)=20$ है

(d) यदि $-1<x<2$, है, तो $|f(x)-g(x)|<8$ है

64. समतल $2x-y+z=4$, बिन्दुओं $A(a,-2,4)$ तथा $B(2,b,-3)$ को मिलाने वाले रेखाखण्ड को 2 : 1 के अनुपात में बिन्दु C पर काटता है तथा मूलबिन्दु से बिन्दु C की दूरी $\sqrt{5}$ है। यदि $ab<0$ है तथा P बिन्दु $(a-b, b, 2b-a)$ है, तो CP^2 बराबर है

(a) $\frac{73}{3}$ (b) $\frac{16}{3}$ (c) $\frac{17}{3}$ (d) $\frac{97}{3}$

65. 3 अंकों की संख्याओं, जो 3 या 4 से विभाज्य हैं परन्तु 48 से विभाज्य नहीं हैं, की संख्या है

(a) 432 (b) 472 (c) 400 (d) 507

66. यदि रेखाएँ $\frac{x-1}{1}=\frac{y-2}{2}=\frac{z+3}{1}$ तथा $\frac{x-a}{2}=\frac{y+2}{3}=\frac{z-3}{1}$ बिन्दु P पर मिलती हैं, तो बिन्दु P की समतल $z=a$ से दूरी है

(a) 16 (b) 28 (c) 22 (d) 10

67. λ के सभी मानों, जिनके लिए समीकरण $\cos^2 2x-2\sin^4 x-2\cos^2 x=\lambda$ का एक वास्तविक हल x है, का समुच्चय है

(a) $\left[-\frac{3}{2},-1\right]$ (b) $[-2,-1]$

(c) $\left[-2,-\frac{3}{2}\right]$ (d) $\left[-1,-\frac{1}{2}\right]$

68. माना अवकल समीकरण $x\log_e x\frac{dy}{dx}+y=x^2\log_e x,\ (x>1)$ का हल $y=y(x)$ है। यदि $y(2)=2$, तो $y(e)$ बराबर है

(a) $\frac{1+e^2}{2}$ (b) $\frac{2+e^2}{2}$ (c) $\frac{4+e^2}{4}$ (d) $\frac{1+e^2}{4}$

69. $t\in R$ के सभी मानों, जिनके लिए आव्यूह
$$\begin{bmatrix} e^t & e^{-t}(\sin t-2\cos t) & e^{-t}(-2\sin t-\cos t)\\ e^t & e^{-t}(2\sin t+\cos t) & e^{-t}(\sin t-2\cos t)\\ e^t & e^{-t}\cos t & e^{-t}\sin t\end{bmatrix}$$
व्युत्क्रमणीय है, का समुच्चय है

(a) $\left\{k\pi+\frac{\pi}{4}, k\in Z\right\}$ (b) R

(c) $\left\{(2k+1)\frac{\pi}{2}, k\in Z\right\}$ (d) $\{k\pi, k\in Z\}$

70. माना $\mathbf{a}=4\hat{\mathbf{i}}+3\hat{\mathbf{j}}$ तथा $\mathbf{b}=3\hat{\mathbf{i}}-4\hat{\mathbf{j}}+5\hat{\mathbf{k}}$. हैं। यदि एक सदिश $\mathbf{c}$ के लिए $\mathbf{c}\cdot(\mathbf{a}\times\mathbf{b})+25=0, \mathbf{c}\cdot(\hat{\mathbf{i}}+\hat{\mathbf{j}}+\hat{\mathbf{k}})=4$ हैं तथा $\mathbf{c}$ का $\mathbf{a}$ पर प्रक्षेप 1 है, तो $\mathbf{c}$ का $\mathbf{b}$ पर प्रक्षेप बराबर है

(a) $5/\sqrt{2}$ (b) $1/\sqrt{2}$ (c) $3/\sqrt{2}$ (d) 1/5

71. यदि परवलय $y^2=3x$ के बिन्दु P पर स्पर्श रेखा, सरल रेखा $x+2y=1$ के समान्तर है तथा दीर्घवृत्त $\frac{x^2}{4}+\frac{y^2}{1}=1$ के बिन्दुओं Q तथा R पर स्पर्श रेखाएँ, सरल रेखा $x-y=2$ के लम्बवत् है, तो ΔPQR का क्षेत्रफल है

(a) $5\sqrt{3}$ (b) $3\sqrt{5}$ (c) $\frac{9}{\sqrt{5}}$ (d) $\frac{3}{2}\sqrt{5}$

72. रेखाओं $\frac{x-1}{2}=\frac{y+8}{-7}=\frac{z-4}{5}$ तथा $\frac{x-1}{2}=\frac{y-2}{1}=\frac{z-6}{-3}$ के बीच न्यूनतम दूरी है

(a) $3\sqrt{3}$ (b) $4\sqrt{3}$ (c) $2\sqrt{3}$ (d) $5\sqrt{3}$

73. माना एक यादृच्छिक परीक्षण की प्रतिदर्श समष्टि $S=\{w_1, w_2, ...\}$ है। माना $P(w_n)=\frac{P(w_{n-1})}{2}, n\ge 2$ है। माना $A=\{2k+3l : k, l\in N\}$ तथा $B=\{w_n : n\in A\}$ हैं, तो $P(B)$ बराबर है

(a) $\frac{1}{16}$ (b) $\frac{1}{32}$

(c) $\frac{3}{64}$ (d) $\frac{3}{32}$

74. N पर एक सम्बन्ध, R, $a\,R\,b$ यदि $2a+3b$, $a, b\in N$, 5 का एक गुणज है द्वारा परिभाषित है, तो R

(a) सममित है परन्तु संक्रामक नहीं है
(b) संक्रामक है परन्तु सममित नहीं है
(c) स्वतुल्य नहीं है
(d) एक तुल्यता सम्बन्ध है

75. कथन $B\Rightarrow((\sim A)\vee B)$ निम्न में से किस के तुल्य है?

(a) $A\Rightarrow(A\Rightarrow B)$ (b) $A\Rightarrow((\sim A)\Rightarrow B)$
(c) $B\Rightarrow((\sim A)\Rightarrow B)$ (d) $B\Rightarrow(A\Rightarrow B)$

76. समाकलन $\int_1^2\left(\frac{t^4+1}{t^6+1}\right)dt$ का मान है

(a) $\tan^{-1}2-\frac{1}{3}\tan^{-1}8+\frac{\pi}{3}$ (b) $\tan^{-1}2+\frac{1}{3}\tan^{-1}8-\frac{\pi}{3}$

(c) $\tan^{-1}\frac{1}{2}-\frac{1}{3}\tan^{-1}8+\frac{\pi}{3}$ (d) $\tan^{-1}\frac{1}{2}+\frac{1}{3}\tan^{-1}8-\frac{\pi}{3}$

77. शब्द OUGHT के अक्षरों को सभी सम्भव तरीकों में लिखा जाता है तथा इन शब्दों को एक शब्दकोश की तरह एक श्रेणी में व्यवस्थित किया जाता है, तो शब्द TOUGH की एक क्रम संख्या है

(a) 79 (b) 84 (c) 89 (d) 86

78. एक फलन $f: N \to R$, के लिए $f(1) + 2f(2) + 3f(3) + ... + xf(x) = x(x+1)f(x)$, $x \geq 2$ तथा $f(1) = 1$ है, तो $\frac{1}{f(2022)} + \frac{1}{f(2028)}$ बराबर है

(a) 8100 (b) 8400 (c) 8000 (d) 8200

79. यदि $\mathbf{a} = \hat{i} + 2\hat{k}$, $\mathbf{b} = \hat{i} + \hat{j} + \hat{k}$ व $\mathbf{c} = 7\hat{i} - 3\hat{j} + 4\hat{k}$, $\mathbf{r} \times \mathbf{b} + \mathbf{b} \times \mathbf{c} = \mathbf{0}$ है, तो $\mathbf{r} \cdot \mathbf{a}$ बराबर है

(a) 36 (b) 34 (c) 30 (d) 32

80. समाकलन $\int_{1/2}^{2} \frac{\tan^{-1} x}{x} dx$ का मान बराबर है

(a) $\frac{\pi}{2} \log_e 2$ (b) $\frac{1}{2} \log_e 2$ (c) $\frac{\pi}{4} \log_e 2$ (d) $\pi \log_e 2$

खण्ड 'B' न्यूमैरिकल वैल्यू प्रश्न

81. माना $\alpha = 8 - 14i$, $A = \left\{ z \in c : \frac{\alpha z - \bar{\alpha} \bar{z}}{z^2 - (\bar{z})^2 - 112i} = 1 \right\}$ तथा $B = \{z \in c : |z + 3i| = 4\}$ हैं, तो $\sum_{z \in A \cap B} (\text{Re}\, z - \text{Im}\, z)$ बराबर है ....

82. माना A एक सममित आव्यूह है जिसकी सारणिक 2 है तथा $\begin{bmatrix} 2 & \frac{1}{2} \\ 3 & \frac{3}{2} \end{bmatrix}$ $A = \begin{bmatrix} 1 & 2 \\ \alpha & \beta \end{bmatrix}$ है।यदि A के विकर्ण के अवयवों का योग s है, तो $\frac{\beta s}{\alpha^2}$ बराबर है ....

83. वक्रों $y^2 = 2x$ तथा $x^2 + y^2 = 4x$ के बिन्दु (2, 2) पर स्पर्श रेखाएँ तथा रेखा $x + y + 2 = 0$ एक त्रिभुज बनाती हैं। यदि इस त्रिभुज के परिवृत्त की त्रिज्या r है, तो r^2 बराबर है ....

84. माना समीकरण $x^7 + 3x^5 - 13x^3 - 15x = 0$ के मूल $\alpha_1, \alpha_2, ..., \alpha_7$ हैं तथा $|\alpha_1| \geq |\alpha_2| \geq ... \geq |\alpha_7|$ हैं, तो $\alpha_1\alpha_2 - \alpha_3\alpha_4 + \alpha_5\alpha_6$ बराबर है ....

85. यदि वक्र $y = \frac{x - a}{(x + b)(x - 2)}$ के बिन्दु (1, –3) पर अभिलम्ब का समीकरण $x - 4y = 13$ है, तो $x = \frac{5}{2}$ पर $a + b$ का मान बराबर है ....

86. माना $a_1 = b_1 = 1$ तथा $a_n = a_{n-1} + (n-1)$, $b_n = b_{n-1} + a_{n-1}$ $\forall\, n \geq 2$ हैं। यदि $S = \sum_{n=1}^{10} \frac{b_n}{2^n}$ तथा $T = \sum_{n=1}^{8} \frac{n}{2^{n-1}}$ हैं, तो $2^7(2S - T)$ बराबर है ....

87. एक वृत्त, जिसका केन्द्र (2, 3) है तथा त्रिज्या 4 है, रेखा $x + y = 3$ को बिन्दुओं P तथा Q पर काटता है। यदि P तथा Q पर स्पर्श रेखाएँ बिन्दु $S(\alpha, \beta)$ पर मिलती हैं, तो $4\alpha - 7\beta$ बराबर है ....

88. माना प्रेक्षणों के दो समुच्चय $X = \{11, 12, 13, ... ,40, 41\}$ तथा $Y = \{61, 62, 63, ... ,90, 91\}$ हैं। यदि इनके माध्य क्रमशः $\bar{x}$ तथा $\bar{y}$ हैं तथा $X \cup Y$ के सभी प्रेक्षणों का प्रसरण σ^2 है, तो $|\bar{x} + \bar{y} - \sigma^2|$ बराबर है ....

89. 4-अंकों की संख्याओं, जिनका 54 के साथ महत्तम उभयनिष्ठ भाजक 2 है, की कुल संख्या है ....

90. माना $\{a_k\}$ तथा $\{b_k\}$, $k \in N$, दो गुणोत्तर श्रेढ़ी हैं, जिनके सार्व अनुपात क्रमशः r_1 व r_2 हैं, और $a_1 = b_1 = 4$, $r_1 < r_2$ हैं। माना $c_k = a_k + b_k$, $k \in N$ है। यदि $c_2 = 5$ तथा $c_3 = \frac{13}{4}$ हैं, तो $\sum_{k=1}^{\infty} c_k - (12a_6 + 8b_4)$ बराबर है ....

सही उत्तर

भौतिकी

1. (a)	2. (d)	3. (a)	4. (d)	5. (c)	6. (c)	7. (d)	8. (a)	9. (a)	10. (a)
11. (b)	12. (a)	13. (b)	14. (a)	15. (a)	16. (b)	17. (c)	18. (c)	19. (a)	20. (d)
21. (800)	22. (5)	23. (40)	24. (25)	25. (30)	26. (41)	27. (40)	28. (12)	29. (7)	30. (3872)

रसायन विज्ञान

31. (b)	32. (d)	33. (a)	34. (a)	35. (c)	36. (c)	37. (a)	38. (b)	39. (d)	40. (c)
41. (c)	42. (b)	43. (d)	44. (a)	45. (a)	46. (a)	47. (c)	48. (*)	49. (c)	50. (d)
51. (200)	52. (3)	53. (17)	54. (15)	55. (4)	56. (270)	57. (2)	58. (36)	59. (4)	60. (4)

गणित

61. (b)	62. (d)	63. (d)	64. (c)	65. (a)	66. (b)	67. (a)	68. (c)	69. (b)	70. (a)
71. (b)	72. (b)	73. (c)	74. (d)	75. (b,c,d)	76. (b)	77. (c)	78. (a)	79. (b)	80. (a)
81. (14)	82. (5)	83. (10)	84. (9)	85. (4)	86. (461)	87. (11)	88. (603)	89. (3000)	90. (9)

नोट *(*) कोई भी विकल्प सही नहीं है।*

संकेत एवं हल

भौतिकी

1. *(a)* आयाम मॉडुलन में,

$$V_{max} = V_c + V_m \text{ तथा } V_{min} = V_c - V_m$$

यहाँ, V_c = वाहक विभव तथा V_m = संकेत विभव

$$V_{max} = V_c + V_m = 14 \text{ mV} \quad ...(i)$$

तथा $$V_{min} = V_c - V_m = 6 \text{ mV} \quad ...(ii)$$

यहाँ, $V_c = 10$ mV तथा $V_m = 4$ mV

$\therefore$ मॉडुलन गुणांक, $\mu = \frac{V_m}{V_c} = \frac{4}{10}$ 0.4

द्वितीय विधि

$\therefore$ मॉडुलन गुणांक, $\mu = \frac{V_{max} - V_{min}}{V_{max} + V_{min}} \Rightarrow \mu = \frac{14-6}{14+6} = \frac{8}{20} \Rightarrow \mu = 0.4$

2. *(d)*

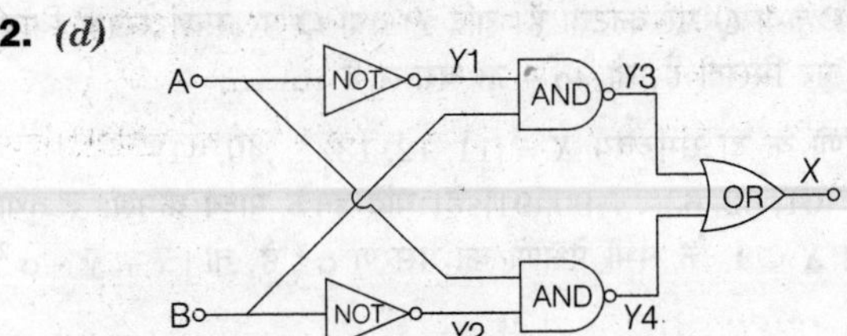

उपर्युक्त द्वार की सत्यता सारिणी

A	B	Y_1	Y_2	Y_3	Y_4	X
0	0	1	1	0	0	0
1	0	0	1	0	1	1
0	1	1	0	1	0	1
1	1	0	0	0	0	0

अन्य विधि

दिये गये परिपथ का चित्र निम्न प्रकार है

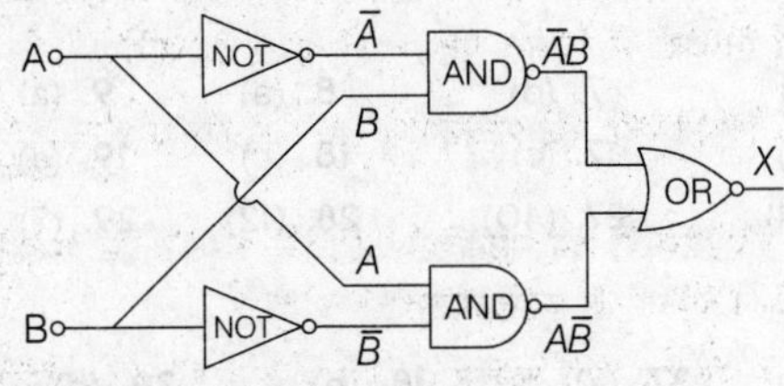

द्वार का निर्गत् निम्न प्रकार दिया जाता है

$$X = \bar{A}B + A\bar{B}$$

Ex-OR द्वार का निर्गत्

$\because$ Ex-OR द्वार की सत्यता सारणी विकल्प (d) में दी गई है।

3. *(a)* बर्फ $-12°C$ $\xrightarrow{Q = 184 \times 10^3 \text{ J}}$?

सर्वप्रथम बर्फ ऊष्मा को अवशोषित करता है, तथा इसका तापमान $-12°C$ से $0°C$ तक पहुँचता है। अतः

$\Delta Q = mc\Delta T$ से,

$$\Delta Q = (600 \times 10^{-3})(2222.3)(12) = 16000.56 \text{ J} \approx 16 \text{ kJ}$$

अब बर्फ 0°C पर पिघलना प्रारम्भ करती है। माना शेष ऊष्मा के कारण m kg बर्फ पिघलती है।

उपलब्ध ऊष्मा = 184 − 16 = 168 kJ

$\because$ $\Delta Q = mL$ से,

$$168 = m(336) \Rightarrow m = 0.5 \text{kg} = 500 \text{ g}$$

अतः 600g बर्फ में से 500g बर्फ पानी में बदल जाती है। अन्तिम मिक्सचर (निष्कर्षित निकाय) में 100g बर्फ तथा 500g पानी है।

4. *(d)* A की द्रव्यमान संख्या = 16

B की द्रव्यमान संख्या = 32

$\because$ A का प्रारम्भिक द्रव्यमान = B का प्रारम्भिक द्रव्यमान = 320 g

अतः A के लिए मोलों की संख्या $= \frac{320}{16} = 20$

B के लिए मोलों की संख्या $= \frac{320}{32} = 10$

नमूने में A के प्रारम्भिक परमाणुओं की संख्या $= 20\, N_A$

नमूने में B के प्रारम्भिक परमाणुओं की संख्या $= 10\, N_A$

अब, प्रश्नानुसार, A का अर्द्ध-आयुकाल = 1 दिन

B का अर्द्ध-आयुकाल $= \frac{1}{2}$ दिन

$\because$ A तथा B के लिए रेडियो-विघटन नियम से,

A हेतु— $20\, N_A \xrightarrow[\text{1 दिन}]{} 10 N_A \xrightarrow[\text{1 दिन}]{} 5\, N_A$

B हेतु— $10\, N_A \xrightarrow[\text{1/2 दिन}]{} 5 N_A \xrightarrow[\text{1/2 दिन}]{} 2.5\, N_A$

$\xrightarrow[\text{1/2 दिन}]{} 1.25\, N_A \xrightarrow[\text{1/2 दिन}]{} 0.625\, N_A$

अतः, दो दिन पश्चात् A तथा B के शेष संयुक्त परमाणुओं की संख्या

$$5N_A + 0.625\, N_A = 5.25 N_A = 5.625 \times 6.022 \times 10^{23}$$
$$= 33.8 \times 10^{23} \approx 3.38 \times 10^{24}$$

5. *(c)*

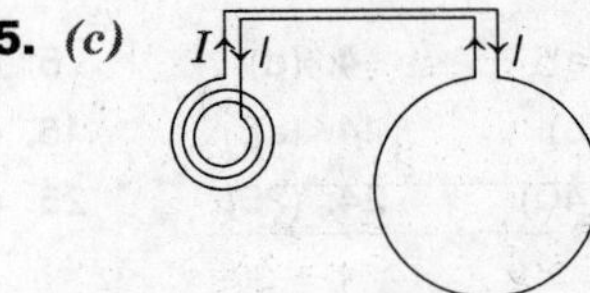

माना, लघु कुण्डली की त्रिज्या r तथा दीर्घ कुण्डली की त्रिज्या R है, तब

$\Rightarrow$ $$4 \times 2\pi r = 2\pi R$$

अथवा $R = 4r$

माना B_1 = लघु कुण्डली के केन्द्र पर चुम्बकीय प्रेरण

तथा B_2 = दीर्घ कुण्डली के केन्द्र पर चुम्बकीय प्रेरण

तब, $$B_1 = 4\frac{(\mu_0 I)}{2r} = 32\text{T} \quad \text{(दिया है)}$$

$\Rightarrow$ $$B_1 = 16\text{T} \quad ...(i)$$

तथा $$B_2 = \frac{\mu_0 I}{2R} = \frac{\mu_0 I}{8r} = \frac{1}{4}\left(\frac{\mu_0 I}{2r}\right) = \frac{8}{4}\text{T} = 2\text{T}$$

6. *(c)* लड़ाकू विमान के भार को सन्तुलित करने हेतु

$$Mg = (p_1 - p_2)A$$

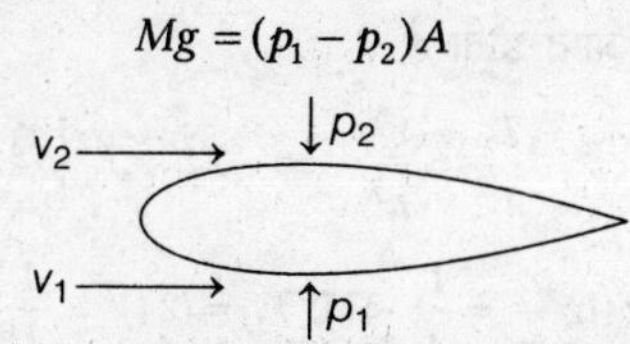

$$\Rightarrow \quad p_1 - p_2 = \frac{Mg}{A} = \frac{5.4 \times 10^5 \times 10}{500} = 10.8 \times 10^3 \text{ इकाई}$$

अब, बरनौली प्रमेय द्वारा, $p_1 + \frac{1}{2}\rho v_1^2 = p_2 + \frac{1}{2}\rho v_2^2$

(माना जाता है कि विमान की ऊँचाई कम है)

$$\Rightarrow p_1 - p_2 = \frac{1}{2}\rho(v_2^2 - v_1^2) \Rightarrow (v_2 - v_1)\left(\frac{v_2 + v_1}{2}\right) = \left(\frac{p_1 - p_2}{\rho}\right)$$

यहाँ, $\frac{(v_2 + v_1)}{2} = 1080$ किमी/घण्टा $= 300$ m/s तथा $\rho = 1.2$ kg/m^3

$$\text{अतः}, \; v_2 - v_1 = \frac{p_1 - p_3}{\rho\left(\frac{v_1 + v_2}{2}\right)} = \frac{10.8 \times 10^3}{1.2 \times 300} = 30$$

यहाँ, $v_1 + v_2 = 600$

अतः, $v_2 = 315$ m/s तथा $v_1 = 285$ m/s

$$\text{वेग में \% परिवर्तन} = \frac{v_2 - v_1}{v_1} \times 100 = \frac{315 - 285}{285} \times 100$$

$$= 10.52\% \approx 10\%$$

7. *(d)* गैस के अणुओं का RMS वेग, $v_{rms} = \sqrt{\frac{3RT}{M}}$

गैस के अणुओं का औसत वेग, $v_{avg} = \sqrt{\frac{8}{\pi}\frac{RT}{M}}$

दिया गया है,

$$\frac{v_{rms}}{v_{avg}} = \sqrt{\frac{\alpha + 5}{\alpha}} \qquad \text{(300 K पर)}$$

$$\Rightarrow \frac{\sqrt{\frac{3RT}{M}}}{\sqrt{\frac{8}{\pi}\frac{RT}{M}}} = \sqrt{\frac{\alpha + 5}{\alpha}} \Rightarrow \frac{3\pi}{8} = \frac{\alpha + 5}{\alpha}$$

$$\Rightarrow \quad \frac{3}{8} \times \frac{22}{7} \times \alpha = \alpha + 5 \Rightarrow \alpha = 28$$

8. *(a)*

$u = 0$, $t = 0$; v, $t = 20$s ; 50 m ; u, $t = 30$s

जब कण 10 s में 50 m की दूरी तय करता है जबकि उसका वेग नियत है। ($F = 0, a = 0$)

$\because$ कण का वेग, $v = \frac{d}{t} = \frac{50}{10} = 5$ मी/से

अब, प्रथम 20s की यात्रा हेतु,

$u = 0, v = 5$ m/s तथा $t = 20$ s

तब, त्वरण $(a) = \frac{v - u}{t} = \frac{5}{20}$ m/s^2

अतः बल का मान

$$F = m \times a \quad \Rightarrow \quad F = 20 \times \frac{5}{20} = 5 \text{ N}$$

9. *(a)*

Y, $P(1, 2, 0)$, $q = 2 \times 10^{-2}$C, $\mathbf{E} = 30\,\hat{\mathbf{i}}$ (N/C), S, X, Z

किया गया कार्य $= \mathbf{F} \cdot \mathbf{s} = q\mathbf{E} \cdot (\mathbf{ps})$

$$\Rightarrow \quad W = (2 \times 10^{-2} \times 30\hat{\mathbf{i}}) \cdot (-\hat{\mathbf{i}} - 2\hat{\mathbf{j}})$$

$$W = -60 \times 10^{-2} \text{ J} \Rightarrow W = -600 \text{ mJ}$$

10. *(a)* किसी बल द्वारा किया गया कार्य ऋणात्मक होता है जब बल, विस्थापन के विपरीत दिशा में आरोपित हो। अतः रस्सी से बंधी बाल्टी को कुँए से निकालने में गुरुत्वीय बल द्वारा किया गया कार्य तथा कम्पन्न करते हुए लोलक पर वायु प्रतिरोध द्वारा किया गया कार्य ऋणात्मक होगा।

11. *(b)* किसी सूक्ष्मदर्शी की विभेदन क्षमता,

$$\text{R.P} = \frac{1}{d_{min}} = \frac{2\mu \sin\beta}{1.22\lambda}$$

अतः, वस्तु तथा अभिदृश्यक लेंस के मध्य माध्यम का अपवर्तनांक बढ़ाया जाएगा तब सूक्ष्मदर्शी की विभेदन क्षमता सुधरेगी।

12. *(a)* कण स्थिर चाल से 2m त्रिज्या के वृत्ताकार पथ पर वामावर्त दिशा में घूमता है।

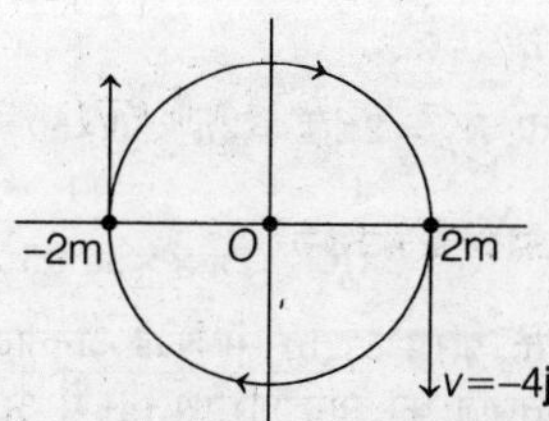

यहाँ गति नियत है, अतः कण एकसमान वृत्तीय गति करता है।

$$\therefore \text{ त्वरण } a_c = \frac{v^2}{r} = \frac{4^2}{2} = 8 \text{ m/s}^2$$

यहाँ $x = -2$ m पर,

$$a_c = 8\hat{\mathbf{i}} \text{ m/s}^2 \text{ तथा } v = 4\hat{\mathbf{j}} \text{ m/s}$$

13. *(b)* अत्याधिक संवेदनशील विभवमापी अतिअल्प विभव पतन या विद्युत वाहक बल को भी माप सकता है। इसलिए, इसकी विभव-प्रवणता (प्रति इकाई लम्बाई में विभव पतन) अल्प होनी चाहिए।

तब, विभवमापी की संवेदनशीलता (सुग्राहिता) $\propto \frac{1}{\text{विभव प्रवणता}} \propto \frac{l}{\Delta V}$

अतः विभवमापी की सुग्राहिता प्रतिरोध लम्बाई के समानुपाती तब विभव-प्रवणता के व्युत्क्रमानुपाती होती है

14. *(a)* V विभव द्वारा त्वरित आवेशित कण की डी-ब्रॉग्ली तरंगदैर्ध्य,

$$\lambda = \frac{h}{p} = \frac{\lambda}{\sqrt{2mqV}}$$

$$\Rightarrow \quad \frac{\lambda_\alpha}{\lambda_P} = \sqrt{\frac{m_P \cdot q_P}{m_\alpha \cdot q_\alpha}} = \sqrt{\frac{m_P}{4m_P} \times \frac{q_P}{2q_P}}$$

$$= \frac{1}{\sqrt{8}} = \frac{1}{\sqrt{m}} \qquad \text{(दिया है)}$$

$$\Rightarrow \quad m = 8$$

15. *(a)*

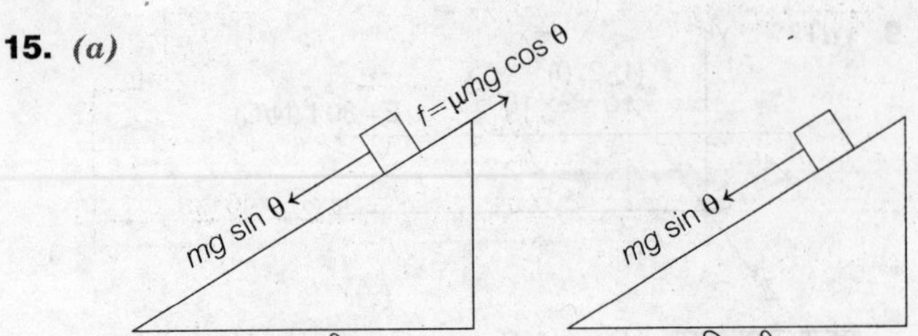

$\because$ चिकने आनत तल के लिए त्वरण, $a_1 = g\sin\theta = \dfrac{g}{\sqrt{2}}, \theta = 45°$

$\because$ खुरदरे आनत तल के लिए त्वरण,

$$a_2 = g\sin\theta - \mu g\cos\theta = g/\sqrt{2} - \mu g/\sqrt{2} = \frac{g}{\sqrt{2}}(1-\mu)$$

लिया गया समय (t) $\qquad$ ($s = ut + \frac{1}{2}at^2$ प्रयोग करने पर)

$$t = \sqrt{\frac{2s}{a}} \qquad (\because u = 0)$$

दिया है, $t_{\text{खुरदरा}} = nt_{\text{चिकना}} \Rightarrow \sqrt{\dfrac{2s}{a_2}} = n\sqrt{\dfrac{2s}{a_1}} \Rightarrow a_1 = n^2 a_2$

$$\Rightarrow \frac{g}{\sqrt{2}} = n^2\left[\frac{g}{\sqrt{2}}(1-\mu)\right] \Rightarrow \mu = 1 - \frac{1}{n^2}$$

16. *(b)* परिपथ (b) में,

कुण्डलीय प्रतिघात, $X_L = 2\pi fL = 2\pi \times 50 \times 50 \times 10^{-3}\Omega = 15.7\Omega$

धारितीय प्रतिघात, $X_C = \dfrac{1}{2\pi fC} = \dfrac{1}{2\pi \times 50\ 0.5 \times 10^{-6}} = 6366\Omega$

$\because X_L \neq X_C$, अतः परिपथ (b) में कोई अनुनाद नहीं है। इसलिए परिपथ (b) में प्रतिघात का मान परिपथ (a) से अधिक होगा।

$\because$ परिपथ (b) में I_{rms} का मान सदैव परिपथ (a) से कम होगा।

17. *(c)* लूप को चुम्बकीय क्षेत्र से खींचकर बाहर निकालने में किया गया कार्य

$$W = Vq = VIT \Rightarrow W = \frac{V^2}{R}t = \left(\frac{d\phi}{dt}\right)^2 \cdot \frac{t}{R} = \left[\frac{d}{dt}(BA)\right]^2 \cdot \frac{t}{R}$$

$$\Rightarrow \qquad W = B^2 \cdot \frac{A^2}{t^2} \cdot \frac{t}{R} = \frac{B^2A^2}{tR}$$

यहाँ, $B = 40\text{T}, A = 25 \times 10^{-4}\ \text{m}^2$

$\because$ किया गया कार्य, $W = \dfrac{(40)^2 \times (25 \times 10^{-4})^2}{1 \times 10} = 1.0 \times 10^{-3}\ \text{J}$

18. *(c)* दिया गया है,

$(x - At)^2 + (y - t/B)^2 = a^2$

यहाँ a त्रिज्या है, जिसकी विमा $[a] = [L]$ इसलिए At तथा t/B दोनों की विमा लम्बाई की विमा के बराबर होनी चाहिए।

$\Rightarrow \qquad [A][t] = [L] \qquad \because [t] = [T^{-1}]$

$\Rightarrow \qquad [A][T^{-1}] = [L] \Rightarrow [A] = [LT]$

तब, $\qquad \dfrac{[t]}{[B]} = [L] \Rightarrow [B] = \dfrac{[t]}{[L]} \Rightarrow B = [L^{-1}T^{-1}]$

19. *(a)* विद्युत चुम्बकीय तरंगें, फोटॉन से बनी हुई होती है जो विद्युत तथा चुम्बकीय क्षेत्रों से विक्षेपित नहीं होती है। तथा

$$\frac{E_0}{B_0} = c = \frac{1}{\sqrt{\varepsilon_0\mu_0}}$$

20. *(d)* $T^2 \propto r^3$ (केप्लर के नियम से)

$\Rightarrow$ तब हमें प्राप्त होता है

$$\frac{T_2^2}{T_1^2} = \frac{r_2^3}{r_1^3} \Rightarrow T_2^2 = T_1^2\left(\frac{r_2}{r_1}\right)^3$$

यहाँ, $T_1 = 24\text{h}, \dfrac{r_2}{r_1} = \dfrac{1}{4}$; अतः $T_2^2 = (24)^2 \times \dfrac{1}{4^3}$ या $T_2 = 3$ घण्टे

21. *(800)*

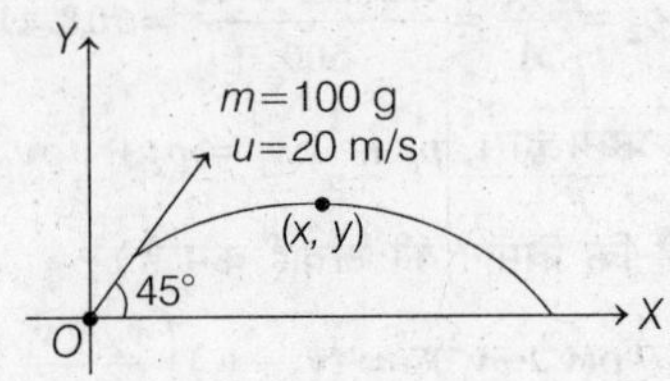

समय $t = 2$ s पर, माना कण (x, y) पर है,

तब, $x = v_x t = (x\cos\theta)t = 20 \times \cos 45° \times 2 = \dfrac{40}{\sqrt{2}} = 20\sqrt{2}$ m

तथा $Y = u\sin\theta - \dfrac{1}{2}gt^2 = \left[\left(20 \times \dfrac{1}{\sqrt{2}}\right) \times (2)\right] - \left[\dfrac{1}{2} \times 10 \times 2^2\right]$

$$= 20(\sqrt{2} - 1)\ \text{m}$$

अतः कण का स्थिति सदिश, $\mathbf{r} = x\hat{\mathbf{i}} + y\hat{\mathbf{j}} = 20\sqrt{2}\hat{\mathbf{i}} + 20(\sqrt{2}-1)\hat{\mathbf{j}}$

तब $t = 2s$ पर कण का वेग, $v = u + at$

$\Rightarrow \qquad v = (4\cos\theta\hat{\mathbf{i}} + \sin\theta\hat{\mathbf{j}})(g\,\hat{\mathbf{j}})t$

$$v = \frac{20}{\sqrt{2}}\hat{\mathbf{i}} + \frac{20}{\sqrt{2}}\hat{\mathbf{j}} - 20\hat{\mathbf{j}} \Rightarrow v = 10\sqrt{2}\hat{\mathbf{i}} + 10(\sqrt{2}-2)\hat{\mathbf{j}}$$

इसलिए, $t = 2s$ पर कोणीय संवेग,

$$L = m(r \times v) = 0.1\begin{vmatrix} \hat{\mathbf{i}} & \hat{\mathbf{j}} & \hat{\mathbf{k}} \\ 20\sqrt{2} & 20\sqrt{2}-1 & 0 \\ 10\sqrt{2} & 10\,(\sqrt{2}-2) & 0 \end{vmatrix}$$

$$L = 0.1(-200\sqrt{2})\,\hat{\mathbf{k}} \Rightarrow \mathbf{L} = -20\sqrt{2}\hat{\mathbf{k}}$$

अतः कोणीय संवेग का परिमाण,

$$|L| = |-20\sqrt{2}\,\hat{\mathbf{k}}| = \sqrt{k} \Rightarrow k = 800$$

22. *(5)*

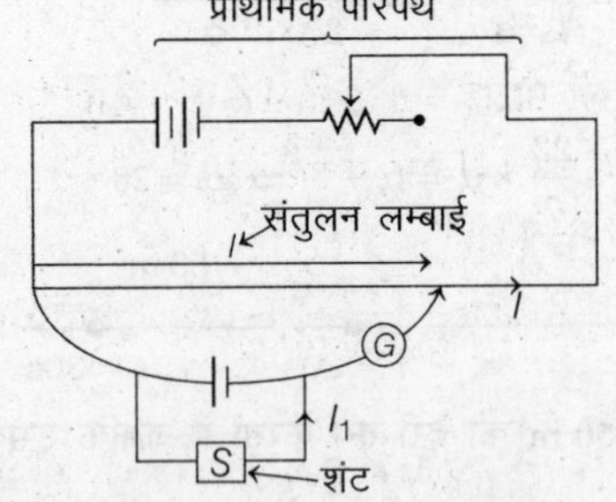

दिया गया है, जब $S_1 = 5\Omega, l_1 = 200$ सेमी

तथा जब $S_2 = 15\Omega, l_2 = 300$ cm

माना, x = विभवमापी के तार की प्रति एकांक लम्बाई (cm) में प्रतिरोध

तब, द्वितीयक परिपथ में सेल हेतु, $V_1 = E - I_1 r = Ixl_1$ ...(i)

उपर्युक्त समीकरण में,

V_1 = संतुलन अवस्था के लिए विभव पतन

I = तार में विद्युत धारा, I_1 = द्वितीयक परिपथ में धारा

$\because \quad I_1 = \dfrac{E}{r + S_1}$ से

इसी प्रकार, $\quad V_2 = E - I_2 r = Ixl_2$

जहाँ, $\quad I_2 = \dfrac{E}{r + S_2}$ ...(ii)

समी (i) व (ii) से

$$\frac{E - I_1 r}{E - I_2 r} = \frac{Ixl_1}{Ixl_2} \Rightarrow \frac{E - I_1 r}{E - I_2 r} = \frac{l_1}{l_2}$$

$$\Rightarrow \quad \left(\frac{E - \dfrac{E}{r + S_1} \cdot r}{E - \dfrac{E}{r + S_2} \cdot r} \right) = \frac{l_1}{l_2} \quad \Rightarrow \quad \frac{S_1(r + S_2)}{S_2(r + S_1)} = \frac{l_1}{l_2}$$

उपर्युक्त समीकरण में मान रखने पर

$$\frac{5(r + 15)}{15(r + 5)} = \frac{200}{300} \Rightarrow r + 15 = 2(r + 5) \Rightarrow \; r = 5\,\Omega$$

23. *(40)* दिया गया है, SHM कर रहे 250 ग्राम के कण पर लगने वाला बल

$\Rightarrow \quad F = -25x$ ...(i)

SHM में, $F = -kx$ ...(ii)

अत: $k = 25$ इकाई

यहाँ, $\omega^2 = \dfrac{k}{m} = \dfrac{25}{250 \times 10^{-3}} = 100$ या $\omega = 10$ rad/s

$\because$ SHM में कण की अधिकतम गति, $v_{max} = A\omega$

यहाँ, $\quad v_{max} = 4$ m/s

इसलिए, $4 = A \times 10$ या $A = 0.4 \text{ m} \Rightarrow A = 40$ cm

24. *(25)*

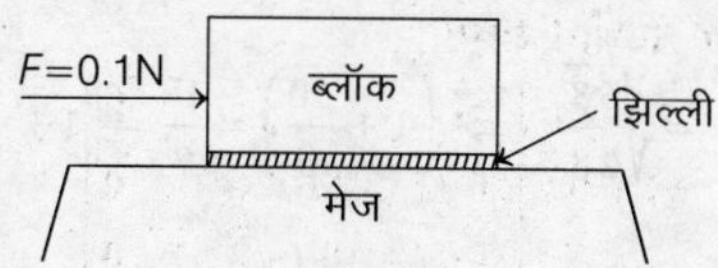

दिया गया है, ब्लॉक मेज पर नियत गति से आरोपित बल के अधीन गति करता है

इसलिए, आरोपित बल (F) = श्यान बल

$$\Rightarrow \quad F = \eta A \left(\frac{dv}{dx} \right) = \eta A \left(\frac{\Delta v}{\Delta x} \right) \quad \text{...(i)}$$

यहाँ, Δx = झिल्ली को मोटाई $= 0.25 \text{ mm} = 0.25 \times 10^{-3}$

यहाँ, दिया गया है, $F = 0.1 \text{ N} \Rightarrow \eta = 5 \times 10^{-3}$ (SI इकाई)

$A = 0.2$ मी^{2}

अत: $0.1 = 05 \times 10^{-3} \times 0.2 \times \dfrac{v - 0}{(0.25 \times 10^{-3})} \Rightarrow v = 25 \times 10^{-3}$ m/s

25. *(30)* प्रथम स्थिति में,

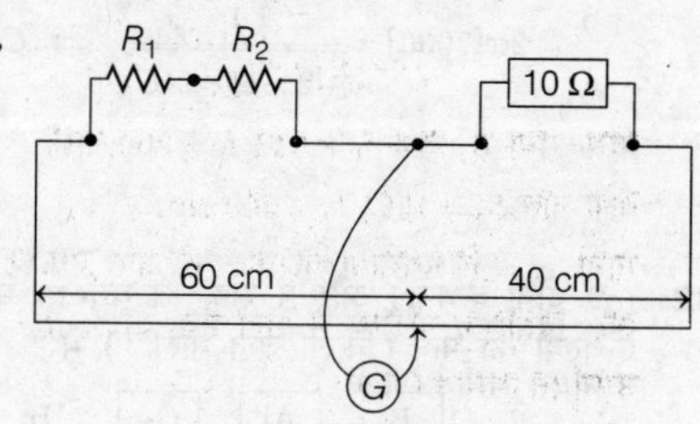

द्वितीय स्थिति में,

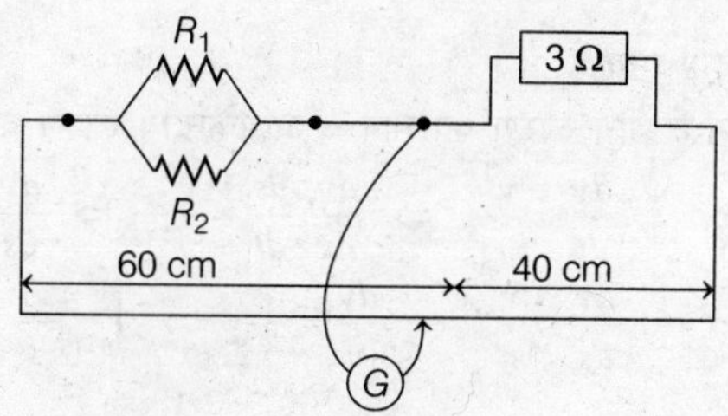

प्रथम स्थिति में, सन्तुलनावस्था में,

$$\frac{R_1 + R_2}{60} = \frac{10}{40} \quad \text{...(i)}$$

तथा द्वितीय स्थिति हेतु,

$$\frac{\left(\dfrac{R_1 R_2}{R_1 + R_2} \right)}{40} = \frac{3}{60} \quad \text{...(ii)}$$

समी (i) से

$$R_1 + R_2 = 15\Omega$$

यह मान समी (ii) में रखने पर

$$\frac{R_1 R_2}{15} = 2 \quad \text{या} \quad R_1 R_2 = 30$$

26. *(41)* दिया गया है, चल सूक्ष्मदर्शी के मुख्य पैमाने के एक cm में 20 विभाजन है। इसलिए,

मुख्य पैमाने पर 1 विभाजन $= \dfrac{1}{20} = 0.05$ cm

तब, 50 वर्नियर स्केल विभाजन = 49 मुख्य पैमाने पर विभाजन

$\Rightarrow$ 1 वर्नियर स्केल विभाजन $= \dfrac{49}{50} \times 1$ मुख्य पैमाने पर विभाजन

$\Rightarrow \quad 1 \text{ VSD} = \dfrac{49}{50} \times 0.05 = 0.0492$ सेमी

अत:, चल सूक्ष्मदर्शी के वर्नियर व्यवस्था हेतु

अल्पतमांक LC = 1MSD − 1VSD = 0.05 − 0.049

= 0.001 cm = 0.01 mm

गुटके का अपवर्तनांक, $\mu = \dfrac{\text{वास्तविक गहराई}}{\text{आभासी गहराई}} = \dfrac{t_1}{l_2} \Rightarrow \mu = t / t_2$

अत:, अपवर्तनांक के मापन में त्रुटि अथवा अनिश्चितता त्रुटि

$$= \frac{\Delta \mu}{\mu} = \frac{\Delta t_1}{t_1} + \frac{\Delta t_2}{t_2} = \frac{0.01}{5.25} + \frac{0.01}{5.00} = \frac{41}{105} \times 10^{-2}$$

$$= \frac{41}{10.5} \times 10^{-3} \approx \frac{41}{10} \times 10^{-3}$$

परन्तु, अनुमानित अनियमितता $= \dfrac{x}{10} \times 10^{-3}$ (दी गई)

अत: $x = 41$

27. *(40)*

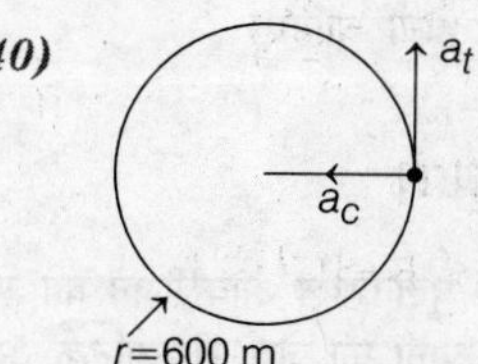

दिया गया है, कार का प्रारम्भिक वेग,

$$u = 54 \text{ km/h} = 54 \times \frac{5}{18} = 15 \text{ m/s}$$

दिया गया है,

स्पर्शरेखीय त्वरण का मान = अभिकेन्द्रीय त्वरण का मान

$$\Rightarrow \quad \frac{dv}{dt}=\frac{v^2}{r} \quad \Rightarrow \quad \frac{dv}{dx}\cdot\frac{ds}{dt}=\frac{v^2}{r} \quad \Rightarrow \quad \frac{dv}{ds}\cdot v=\frac{v^2}{r}$$

$$\Rightarrow \quad \frac{dv}{ds}=\frac{v}{r} \quad \Rightarrow \quad \frac{dv}{v}=\frac{ds}{r} \quad \Rightarrow \quad \int_{u=15}^{v}\frac{dv}{v}=\frac{1}{r}\int_0^s ds$$

$$\Rightarrow \quad [\ln v]_{15}^{v}=\frac{1}{600}\cdot s \qquad (\because r=600\text{ m})$$

$$\Rightarrow \quad \ln\left(\frac{v}{15}\right)=\frac{s}{600}$$

एंटीलॉग लेने पर

$$\frac{v}{15}=e^{g/600}\Rightarrow v=15\cdot e^{\frac{s}{600}} \text{ या } \frac{ds}{dt}=15\cdot e^{\frac{s}{600}} \quad \Rightarrow \quad e^{\frac{-s}{600}}\cdot ds=15\,dt$$

$$\Rightarrow \int_0^s e^{-\frac{s}{600}}\cdot ds=15\int_0^t dt \Rightarrow -600\left[e^{-\frac{s}{600}}\right]_0^s=15(t-0)$$

$$\left(\because \int e^{ax}, dx=\frac{1}{a}e^{ax}\right)$$

$$\Rightarrow 15t=-600\left(e^{\frac{-s}{600}}-e^0\right) \quad \Rightarrow \quad t=40\left(1-e^{\frac{-s}{600}}\right)$$

यहाँ, हमें प्राप्त होता है $=(600)\theta \Rightarrow t=40(1-e^{-\theta})$

प्रथम चतुर्थांश में चक्कर, $\theta=\frac{\pi}{2}$

अत: प्रथम चतुर्थांश को पूर्ण करने में लगा समय, $t=40(1-e^{-\pi/2})$

28. *(12)* दिया गया है,

आवेशित गोलीय कोश के अन्दर आवेश-घनत्व, $\rho=-\lambda aE$

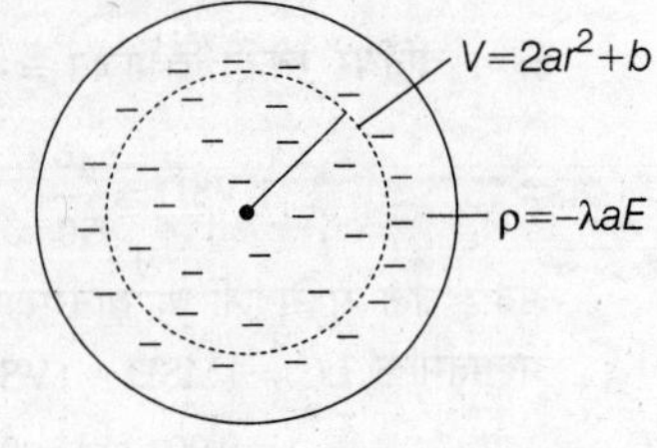

यहाँ, आवेश घनत्व नियत है, r त्रिज्या के गॉसीय गोले हेतु बद्ध आवेश

$$q=\rho\cdot V=\lambda aE\left(\frac{4}{3}\pi r^3\right)$$

अत: गॉस के नियम से,

$$E=\frac{1}{4\pi\varepsilon}\frac{q_{\text{बद्ध}}}{r^2}=\frac{1}{4\pi\varepsilon}\left[\frac{-\lambda a\varepsilon\left(\frac{4}{3}\pi r^3\right)}{r^2}\right]=-\frac{\lambda}{3}ar$$

अब, $E=-\frac{dV}{dr}$ सूत्र से

$$V=\int_0^r dV=-\int_0^r E\cdot dr \text{ या } V=\int_0^r \lambda/3ard\,r=\frac{\lambda a}{3}\left(\frac{r^2}{2}\right)$$

या $\quad V=\frac{\lambda}{6}ar^2 \qquad$ ...(i)

परन्तु दिया गया है, विभव $=V=2ar^2+b$

$\because$ समी (i) तथा (ii) से,

$$\frac{\lambda}{6}=2 \text{ या } \lambda=12$$

29. *(7)*

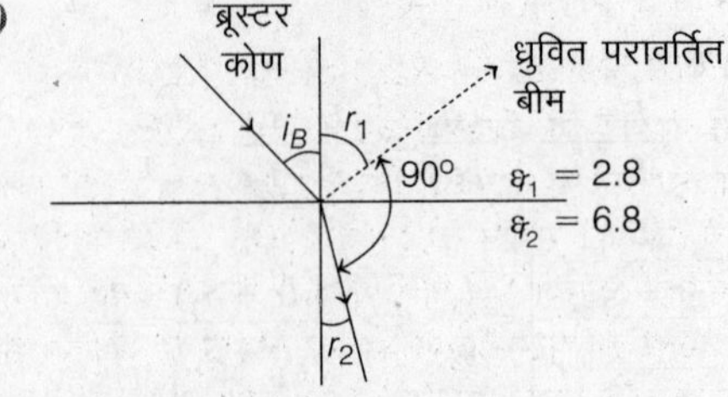

माध्यम का अपवर्तनांक,

$$\mu=\frac{c}{v}=\frac{\frac{1}{\sqrt{\varepsilon_0\mu_0}}}{\frac{1}{\sqrt{\mu\varepsilon}}} \quad \text{या} \quad \mu=\frac{\sqrt{\mu_r\varepsilon_r}\cdot\sqrt{\mu_0\varepsilon_0}}{\sqrt{\mu_0\varepsilon_0}}=\sqrt{\mu_r\varepsilon_r}$$

$$\text{इसलिए } \tan i_B=\frac{(\sqrt{\mu_r\varepsilon_r})_{\text{माध्यम-2}}}{(\sqrt{\mu_r\varepsilon_r})_{\text{माध्यम-1}}}$$

यहाँ, $\mu_r=1$ (दोनो माध्यमों के लिए),

माध्यम-1 हेतु, $\varepsilon_r=2.8$

माध्यम-2 हेतु, $\varepsilon_r=6.8$

$$\because \quad i_B=\tan^{-1}\left(1+\frac{10}{\theta}\right)^{1/2} \Rightarrow \tan i_B=\left(1+\frac{10}{\theta}\right)^{1/2}$$

समी (i) से

$$\left(1+\frac{10}{0}\right)^{1/2}=\sqrt{\frac{6.8}{2.8}} \Rightarrow \left(1+\frac{10}{\theta}\right)=\frac{17}{7}=\left(1+\frac{10}{7}\right) \quad \because \theta=7$$

30. *(3872)*

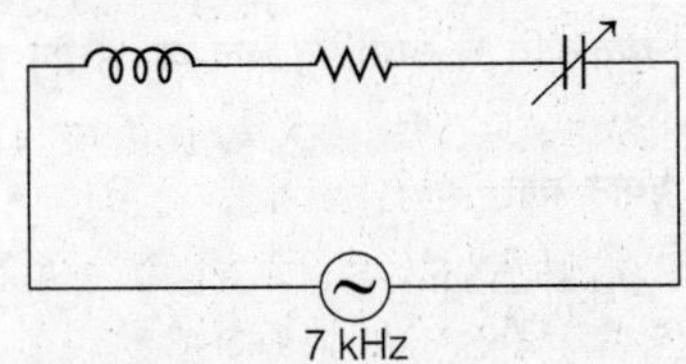

L-C-R श्रेणी परिपथ में अनुनादी अवस्था में अधिकतम विद्युत-धारा प्रवाहित होती है।

तथा, अनुनाद हेतु, $\omega=\frac{1}{\sqrt{LC}}$

दिए गए मानों को रखने पर,

$$2\pi[7000]=\frac{1}{\sqrt{2\times10^{-6}\times C}} \quad \Rightarrow C=\frac{1}{3872}\text{F}$$

रसायन विज्ञान

31. *(b)* मछली की वृद्धि के लिए पानी में घुलनशील ऑक्सीजन की सान्द्रता 6 ppm से अधिक होनी चाहिए। स्वच्छ पानी की जैव-रासायनिक ऑक्सीजन माँग (BOD) का मान 5 ppm से कम होना चाहिए।

अत: $X=6, Y=5$

जैव-रासायनिक ऑक्सीजन माँग

32. *(d)* दोनों कथन I और II सही हैं। वर्ग 15 में 15 तत्व हैं। प्रथम आयनन एन्थैल्पी का मान (किलो जूल मोल$^{-1}$) में

B	Al	Ga	In	Ti
801	577	579	558	589

वर्ग में नीचे जाने पर आयनन एन्थैल्पी का मान घटता है क्योंकि परमाणु का आकार बढ़ता है जिससे प्रभावी नाभिकीय आवेश का मान घटता है। इसी प्रकार बोरॉन हीलियम [He] $2s^2 2p^1$ से ऐल्युमीनियम निऑन [Ne] $3s^2 3p^1$ की ओर बढ़ने पर आयनन एन्थैल्पी का मान घटता है। इसके अलावा गैलियम में d-कक्षक पूरी तरह भरे हुए होते हैं।

33. *(a)* A तथा B दोनों सत्य हैं और R, A की सही व्याख्या है

Cr तथा Mo की परमाण्विक त्रिज्याएँ क्रमश: (1.18Å तथा 1.30Å) होती है तथा Mo तथा W की परमाण्विक त्रिज्याएँ क्रमश: (1.30Å तथा 1.30Å) होती है। जो की समान है। Cr तथा Mo की परमाण्विक त्रिज्याएँ अलग-अलग होने के कारण Mo तथा W की परमाण्विक त्रिज्याओं की अपेक्षा अधिक अन्तर है। परमाण्विक आकार बढ़ने पर प्रभावी नाभिकीय आवेश का मान बढ़ता है। अत: परमाण्विक त्रिज्या बढ़ती है।

34. *(a)* सही सुमेलन A-III, B-I, C-II, D-IV है।

35. *(c)* आयोडाइड आयन और हाइड्रोजन परॉक्साइड की अभिक्रिया अम्लीय माध्यम में होती है।

$$2I^-(aq) + H_2O_2(l) + 2H^+(aq) \longrightarrow \underset{(A)}{I_2(g)} + 2H_2O(l)$$

इस अभिक्रिया में आयोडाइड आयन हाइड्रोजन परॉक्साइड द्वारा आण्विक आयोडीन (A) में ऑक्सीकृत हो जाते हैं।

इस रेडॉक्स अनुमापन में स्टार्च एक सूचक के रूप में कार्य करता है। इसे इस प्रकार दर्शाया जा सकता है।

$$\underset{\substack{(A)\\(\text{बैंगनी})}}{I_2} + \underset{\text{अक्रियाशील}}{I^-} \longrightarrow I_3^- \xrightarrow[\text{(हल्का पीला)}]{\text{स्टार्च}(X)} \underset{\text{(नीला)}}{\text{स्टार्च ट्राइआयोडाइड संकुल}}$$

इसलिए X और Y सूचक क्रमश: स्टार्च और आयोडीन है।

36. *(c)* ऐक्वानिल एक प्रशान्तक है जिसका उपयोग तनाव और उच्च रक्त चाप की देखभाल के लिए किया जाता है।

37. *(a)* कथन I गलत है परन्तु कथन II सही है

ऐसा इसलिए है क्योंकि सिलिकॉन हाइड्राइड (SiH_4) की तरह इलेक्ट्रॉन सटीक (Precise) हाइड्राइड है। सिलिकॉन के संयोजकता कोश में 4 संयोजी इलेक्ट्रॉन होते हैं। अपने अष्टक को पूरा करने के लिए यह 4 हाइड्रोजन परमाणुओं के साथ सहसंयोजक बन्ध बनाता है।

इसलिए SiH_4 न ही इलेक्ट्रॉन आधिक्य वाली स्पीशीज है और न ही इलेक्ट्रॉन न्यून स्पीशीज। यह एक इलेक्ट्रॉन सटीक (Precise) अणु है।

38. *(b)* सिडेराइट : $FeCO_3$, स्फेलेराइट : ZnS, मेलाकाइट : $CuCO_3 \cdot Cu(OH)_2$, कैलामाइन : $ZnCO_3$

39. *(d)* किसी भी हाइड्रोकार्बन की दहन अभिक्रिया की सामान्य अभिक्रिया इस प्रकार दी जा सकती है।

$$C_xH_y + \left(x + \frac{y}{4}\right)O_2 \longrightarrow xCO_2 + \frac{y}{2}H_2O$$

दिया है, उत्पादित ऑक्सीजन के तुल्यांक की संख्या = 9.5

इसलिए, $$x + \frac{y}{4} = 9.5 \quad \text{...(i)}$$

उत्पादित पानी के तुल्यांक की संख्या = 3

इसलिए, $$\frac{y}{2} = 3 \quad \text{...(ii)}$$

समी (i) तथा (ii) से हल करने व समान करने पर,

$$x + \frac{y}{4} = 9.5 \Rightarrow x + \frac{y}{2} \times \frac{1}{2} = 9.5$$

$$x + 3\left(\frac{1}{2}\right) = 9.5 \Rightarrow x = 9.5 - \frac{3}{2} \Rightarrow x = 8$$

x का मान समीकरण (i) में रखने पर,

$$8 + \frac{y}{4} = 9.5 \Rightarrow \frac{y}{4} = 9.5 - 8 \text{ या } y = 6$$

इसलिए A का आण्विक सूत्र C_8H_6 होगा।

40. *(c)* ऐमीनो एसिड के अलग-अलग कूट होते हैं।

F = फेनिलऐलानीन = $C_6H_5-CH_2-CH(NH_2)-COOH$

L = ल्यूसिन = $(CH_3)_2CH-CH_2-CH(NH_2)-COOH$

D = ऐस्पार्टिक अम्ल = $HO-\overset{O}{\overset{\|}{C}}-CH_2-\underset{}{\overset{NH_2}{\overset{|}{C}H}}-\overset{O}{\overset{\|}{C}}-OH$

Y = ट्रायोसिन = $HO-C_6H_4-CH_2-CH(NH_2)-COOH$

I = आइसोल्यूसिन = $CH_3-CH_2-\overset{CH_3}{\overset{|}{C}H}-\underset{NH_2}{\underset{|}{C}H}-\overset{O}{\overset{\|}{C}}-OH$

निम्नलिखित टेट्रापेप्टाइड हो सकते हैं

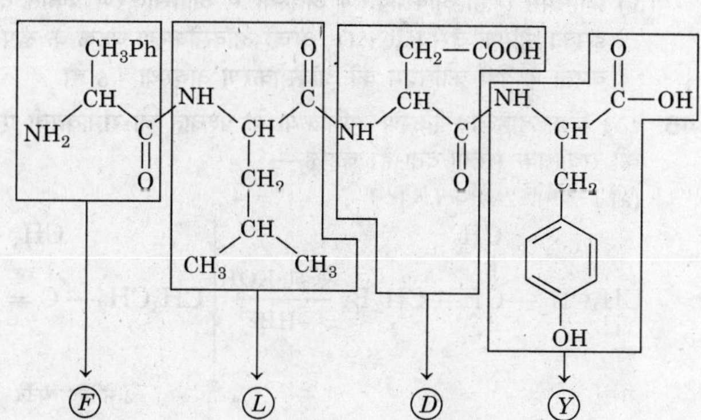

41. *(c)* बन्ध क्रम की गणना

(i) O_2^{2-} : कुल इलेक्ट्रॉनों की संख्या $8 + 8 + 2 = 18$ इलेक्ट्रॉन O_2^{2-} आयन में इलेक्ट्रॉनिक विन्यास $= \sigma 1s^2\ \sigma^* 1s^2\ \sigma 2s^2\ \sigma^* 2s^2\ \sigma 2p_z^2\ \pi 2p_x^2 \simeq \pi 2p_z^2\ \pi^* 2p_x^2\ \pi^* 2p_y^2$

$$\text{बन्ध क्रम} = \frac{\text{आण्विक कक्षीय इलेक्ट्रॉनों का आबंधन } (N_b) - \text{विपरीत आण्विक कक्षीय इलेक्ट्रॉनों का आबंधन}(N_a)}{2}$$

$$\text{बन्ध क्रम} = \frac{10-8}{2} = 1$$

(ii) **CO** : कुल इलेक्ट्रॉन की संख्या $= 8 + 6 = 14$

इलेक्ट्रॉनिक विन्यास $= \sigma 1s^2\ \sigma^* 1s^2\ \sigma 2s^2\ \pi 2p_x^2 \simeq \pi 2p_y^2\ \sigma 2p_z^2\ \sigma^* 2s^2$

बन्धक्रम $= \frac{N_b - N_a}{2} = \frac{10-4}{2} = \frac{6}{2} = 3$

(iii) **NO^+** : कुल इलेक्ट्रॉन की संख्या $= 7 + 8 - 1 = 14$

इलेक्ट्रॉनिक विन्यास $= \sigma 1s^2\ \sigma^* 1s^2\ \sigma 2\sigma^2 \sigma^* 2s^2\ \pi 2p_x^2$
$\simeq \pi 2p_y^2\ \sigma^* 2p_z^2\ 2s^2$

बन्ध क्रम $= \frac{N_b - N_a}{2} = \frac{10-4}{2} = \frac{6}{2} = 3$

इसलिए O_2^{2-} का बन्ध क्रम = 1
CO = 3
$NO^+ = 3$

42. *(b)* सही सुमेलन A-IV, B-III, C-I, D-II है।

43. *(d)* सही सुमेलन A-III, B-I, C-IV, D-II है

44. *(a)* सही युग्म (i), (ii) और (iv) हैं।

(i) मैंगनीज अपने ऑक्साइड में +7 ऑक्सीकरण अवस्था प्रदर्शित करता है। जैसे-Mn_2O_7 में।

माना मैंगनीज की ऑक्सीकरण अवस्था Mn = x

इसलिए मैंगनीज की ऑक्सीकरण अवस्था होगी—

$2x + 7(-2) = 0 \Rightarrow x = +7$

(ii) रूथेनियम और ऑस्मियम दो संक्रमण धातुएँ हैं जो अधिकतम ऑक्सीकरण अवस्था +8 प्रदर्शित करती है उदाहरण के लिए OsO_4 भारी संक्रमण धातु उच्च ऑक्सीकरण अवस्था में स्थिर रहती है।

(iii) स्कैन्डियम स्थायी (+3) ऑक्सीकरण अवस्था दिखाता है क्योंकि यह स्थायित्व प्राप्त करने के लिए सभी संयोजी इलेक्ट्रॉनों का उपयोग करता है।

$_{21}Sc = [Ar]\,3d^1 4s^2 \xrightarrow{-3e^-} Sc^{3+} = {}_{18}[Ar] = 3d^0 4s^0$

इसलिए स्कैन्डियम (iv) यौगिक उपस्थित नहीं है।

(iv) क्रोमियम (+6) ऑक्सीकरण अवस्था में ऑक्सीकरण प्रकृति दर्शाता है इसका यौगिक जैसे $K_2Cr_2O_7$ अच्छे ऑक्सीकरण घटक के रूप में कार्य करता है यहाँ क्रोमियम की ऑक्सीकरण अवस्था +6 है।

45. *(a)* विहाइड्रोहैलोजनीकरण अभिक्रिया के पश्चात् जो समावयवी ऐल्कीनों की सर्वाधिक संख्या देता है। वह है—

(a) 1-ब्रोमो-2-मेथिल ब्यूटेन

$$CH_3CH_2-\underset{\beta}{C}H(CH_3)-\overset{\alpha}{C}H_2Br \xrightarrow[-HBr]{\text{ऐल्को. KOH}} \left[CH_3CH_2-C(CH_3)=CH_2\right]$$

2-मेथिल ब्यूटेन

इसलिए विलोपन के लिए केवल एक β-कार्बन उपलब्ध है केवल एक एल्केन बनेगा।

(b) 2-ब्रोमो-3, 3-डाईमेथिल पेन्टेन

$$\overset{\beta_1}{C}H_3-\underset{\alpha}{C}H(Br)-C(CH_3)_2-CH_2CH_3 \xrightarrow[-HBr]{\text{ऐल्को. KOH}} CH_2=CH-C(CH_3)_2-CH_2CH_3$$

3,3-डाइमेथिलपेन्ट-1-ईन

उपरोक्त अणु में दो β-कार्बन हैं केवल β_1 विलोपन के लिए हाइड्रोजन के साथ उपलब्ध है इसलिए 1- ऐल्कीन का निर्माण होगा।

(c) α-ब्रोमोप्रोपेन

$$CH_3-\underset{\alpha}{C}H(Br)-\overset{\beta}{C}H_3 \xrightarrow[-HBr]{\text{ऐल्को. KOH}} \underset{\text{प्रोपेन}}{CH_3-CH=CH_2}$$

दिया गया अणु β-कार्बन अणु के प्रकार का एक सममित अणु होगा इसलिए केवल एक ऐल्कीन का निर्माण होगा।

(d) 2-ब्रोमोपेन्टेन

$$CH_3-CH_2-\overset{\beta_1}{C}H_2-CH(Br)-\overset{\beta_2}{C}H_3 \xrightarrow{\text{Alc. KOH},\ \beta_1} [CH_3-CH_2-CH_2=CH-CH_3]$$

पेन्ट-2-ईन सेत्जेफ उत्पाद (*A*) (2 उत्पाद *सिस और ट्रान्स*)

$$\xrightarrow{\text{ऐल्को. KOH},\ \beta_2} [CH_3-CH_2-CH_2-CH=CH_2]$$

पेन्ट-1-ईन
(हॉफमैन उत्पाद)

दी गई संरचना में दो अलग-अलग β-कार्बन उपलब्ध हैं इसलिए तीन अलग-अलग ऐल्कीन बनेगी (*सिस A-ट्रांस A* और *B*) 2-ब्रोमोपेन्टेन (विकल्प d) विहाइड्रोहैलोजनीकरण के पश्चात् समावयवी ऐल्कीन्स की संख्या तीन से अधिक देता है।

46. *(a)*
$$\underset{\text{प्रोपेनऐमाइड}}{CH_3-CH_2-\overset{O}{\overset{\|}{C}}-NH_2} \xrightarrow[-K_2CO_3,\ -KBr,\ -H_2O]{Br_2/KOH} \underset{\text{एथिल ऐमीन}}{CH_3-CH_2-NH_2}$$

दी गयी अभिक्रिया हॉफमैन ब्रोमामाइड अभिक्रिया है।

यह अभिक्रिया अभिकारक से एक कार्बन परमाणु कम के साथ प्राथमिक (1°) ऐमीन ऐरोमैटिक/एलिफैटिक बनाती है।

47. *(c)*

$$\text{4-Cl-}C_6H_4-CO-CH_3 \xrightarrow[\text{(ii) EtOH, }H_3O^+]{\text{(i) NaCN}} (A) \xrightarrow[H_3O^+]{\text{MeHgBr (आधिक्य)}} (B)$$

चरण I में NaCN का नाभिकस्नेही CN आक्रमण करेगा इलेक्ट्रॉनस्नेही के केन्द्र पर तो $>C=O$ और सायनोहाइड्रिन का निर्माण होगा।

जल की उपस्थिति में (ध्रुवीय विलायक) सायनाइड अम्ल में परिवर्तित हो जाता है।

$$\text{4-Cl-}C_6H_4-\overset{\delta^+}{C}(=\overset{\delta^-}{O})-CH_3 \xrightarrow{Na^+CN^-} \text{4-Cl-}C_6H_4-C(ONa)(CN)-CH_3 \xrightarrow[\text{जल-अपघटन}]{H_3O^{\oplus}}$$

$$C_6H_5-C(OH)(CH_3)-COOH \xrightarrow[-H_2O]{\text{Et-OH, }H^{\oplus}\ \text{(एस्टरीकरण)}} \left[\text{4-Cl-}C_6H_4-C(OH)(CH_3)-COOEt\right]\ (A)$$

मेथिल मैग्नीशियम ब्रोमाइड के साथ निम्न अभिक्रिया दिखाता है।

$$Cl\text{-}C_6H_4\text{-}C(OH)(CH_3)\text{-}\overset{\ominus}{C}OO \div \overset{\oplus}{Et} \xrightarrow[\text{(आधिक्य)}]{H_3\overset{\ominus}{C}\div\overset{\oplus}{Mg}Br} \left[Cl\text{-}C_6H_4\text{-}C(OH)(CH_3)\text{-}C(HO)(CH_3)_2 \right] \; (B)$$

48. *(*)* सबसे उपयुक्त सम्बन्ध केवल (B) और (C) में दिया गया है

(A) ऊष्मागतिकी के प्रथम नियम के लिए निम्न समीकरण दी जाती है।

$$\Delta U = q + W$$

जहाँ, ΔU = निकाय की आन्तरिक ऊर्जा में परिवर्तन

q = निकाय और स्रोत के मध्य ऊर्जा का रूपान्तरण

W = किया गया कार्य

एक बन्द प्रणाली में एक आदर्श गैस द्वारा किया गया कार्य उत्पाद के दाब और आयतन में परिवर्तन करती है।

$$W = -p\Delta V$$

इसलिए, $\Delta U = q - p\Delta V$

B. गिब्स ऊर्जा परिवर्तन प्रणाली की एन्थैल्पी में घटाकर तापमान और एन्ट्रॉपी के उत्पाद के बराबर है।

$$\Delta G = \Delta H - T\Delta S \quad \text{(एक नियत ताप पर)}$$

C. एन्ट्रॉपी किसी विशेष प्रणाली की अव्यवस्था की माप है जिसे इस प्रकार भी व्यक्त किया जा सकता है

$$\Delta S = \frac{q_{\text{rev}}}{T}$$

जहाँ, q_{rev} स्थिर दाब और स्थिर ताप पर निकाय द्वारा विपरीत रूप से अवशोषित ऊष्मा की मात्रा है।

D. एक आदर्श गैस के लिए एन्थैल्पी में परिवर्तन और आन्तरिक ऊर्जा में परिवर्तन के बीच सम्बन्ध इस प्रकार दिया जा सकता है।

$$\Delta H = \Delta U + \Delta n_g RT$$

जहाँ, ΔH = एन्थैल्पी में परिवर्तन, ΔU = आन्तरिक ऊर्जा में परिवर्तन

Δn_g = गैसीय अवस्था में मोल की संख्या में परिवर्तन

R = सार्वत्रिक गैस नियतांक ($8.314 \text{ JK}^{-1} \text{ mol}^{-1}$)

T = तापमान केल्विन (K) में

49. *(c)* अभिक्रिया की संकल्पना निम्न प्रकार से की जा सकती है।

1-(1-मेथिलसाइक्लोपेन्टिल)मेथेनॉल ($\ddot{O}H$) $\xrightarrow[\text{चरण-1}]{H_3O^+/H^\oplus}$ $OH_2^\oplus$ $\xrightarrow[\text{चरण-2}]{-H_2O}$ प्राथमिक कार्बोकैटायन $\xrightarrow[\text{वलय प्रसार}]{\text{चरण-3}}$ CH_3 युक्त साइक्लोहेक्सिल कार्बोकैटायन (1-H, 1-CH_3) $\xrightarrow[\text{चरण-4}]{-H^\oplus}$ 1,2-डाइमेथिलसाइक्लोहेक्सीन (मुख्य उत्पाद)

50. *(d)* ऐमाइल ऐल्कोहॉल में CrO_5 के विलयन का रंग नीला होता है जब पोटैशियम क्रोमेट और H_2O के अम्लीकृत ठण्डे विलयन को ऐमाइल ऐल्कोहॉल की परत के साथ समान मात्रा में लिया जाता है तो ऐल्कोहॉल की एक नीली परत प्राप्त होती है। नीला रंग ऐमाइल ऐल्कोहॉल की हल्की ऊपरी परत क्रोमियम VI के यौगिक क्रोमियम परॉक्साइड CrO_5 बनने के कारण होता है।

$$CrO_4^{2-} + H_2O_2 + H^+ \longrightarrow CrO_5 + H_3O^+$$

(CrO_5 संरचना: Cr से एक =O तथा दो O–O परॉक्सो समूह जुड़े)

51. *(200)* माना कार्बनिक पदार्थ का आण्विक द्रव्यमान = M

कार्बनिक पदार्थ का कुल द्रव्यमान = 100 g

कार्बन का द्रव्यमान = 60% = 60 g

इसलिए हाइड्रोजन का द्रव्यमान 40% = 40 g होगा।

$$\text{कार्बनिक यौगिक के मोलों की संख्या} = \frac{\text{दिया हुआ द्रव्यमान}}{\text{आण्विक द्रव्यमान}}$$

$$\therefore 0.01 \text{ मोल} = \frac{\text{द्रव्यमान}}{M} \text{ अथवा द्रव्यमान} = 0.01 \times M \quad \text{...(i)}$$

यदि 100 ग्राम कार्बनिक यौगिक में 60 ग्राम कार्बन है।

$$\text{इसलिए } 0.01 \text{ मोल} = \left[0.01\, M \times \frac{60}{100}\right] \quad \text{...(ii)}$$

(कार्बन की मात्रा ग्राम में)

$$\text{कार्बन का द्रव्यमान} = \left[0.01M \times \frac{60}{100}\right]$$

$$\text{कार्बन के मोल} = \frac{\text{दिया हुआ द्रव्यमान}}{\text{आण्विक द्रव्यमान}} = \frac{0.01\, M \times \frac{60}{100}}{12} \quad \text{...(iii)}$$

उत्पादित CO_2 का द्रव्यमान = 4.4 ग्राम

$$CO_2 \text{ के मोलों की संख्या} = \frac{\text{दिया हुआ द्रव्यमान}}{\text{आण्विक द्रव्यमान}} = \frac{4.4}{44} \quad \text{...(iv)}$$

कार्बन का आण्विक द्रव्यमान C = 12 ग्राम/मोल, O = 16 ग्राम/मोल

दहन अभिक्रिया में सभी कार्बन यौगिक CO_2 में परिवर्तित हो जाते हैं।

समीकरण (iii) = समीकरण (iv)

$$\frac{0.01M \times \frac{60}{100}}{12} = \frac{4.4}{44} \Rightarrow M = \frac{4.4}{44} \times \frac{100}{60} \times \frac{12}{1.01} = 200 \text{ ग्राम/मोल}$$

52. *(3)* जब लीथियम नाइट्रेट ($LiNO_3$) को गर्म किया जाता है तो यह अपघटन अभिक्रिया से गुजरता है और यह लीथियम ऑक्साइड, ऑक्सीजन और नाइट्रोजन डाइऑक्साइड देता है

$$4LiNO_3(s) \xrightarrow{\Delta} 2Li_2O(s) + 4NO_2(g) + O_2(g)$$

अन्य क्षार धातु नाइट्रेट के विपरीत जो अपघटित होकर नाइट्राइट और ऑक्सीजन बनाता है लीथियम नाइट्रेट अपने छोटे आकार के कारण अलग व्यवहार प्रदर्शित करता है।

इसलिए Li_2O, NO_2 तथा O_2, $LiNO_3$ के अपघटन द्वारा दिए तथा जाते हैं।

53. *(17)* $Zn(s) + Sn^{2+}(aq) \rightleftharpoons Zn^{2+}(aq) + Sn(s)$

$$\Rightarrow \Delta G° = -2.303\, RT \log_{10} K_{eq}$$

$$-nE°_{\text{cell}} = -2.303\, RT \log_{10} K_{eq}$$

$$\Rightarrow E^{\circ}_{Zn/Zn^{2+}} + E^{\circ}_{Sn^{2+}/Sn} = \frac{0.059}{2} \log_{10} K_{eq} \quad [\because n=2]$$

$$0.76 + E^{\circ}_{Sn^{2+}/Sn} = \frac{0.059}{2} \log_{10} 10^{20} [\because E^{\circ}_{Zn^{2+}/Zn} = -0.76 \text{ V}]$$

$$0.76 + E^{\circ}_{Sn^{2+}/Sn} = \frac{0.059 \times 20}{2}$$

$$\Rightarrow E^{\circ}_{Sn^{2+}/Sn} = 0.59 - 0.76 \Rightarrow E^{\circ}_{Sn^{2+}/Sn} = -0.17$$

$$\Rightarrow E^{\circ}_{Sn/Sn^{2+}} = 17 \times 10^{-2} \text{ V}$$

54. *(15)* दिया है, सोडियम का द्रव्यमान = 0.69 ग्राम

सोडियम का आण्विक द्रव्यमान = 23 ग्राम/मोल

इसलिए सोडियम के मोलों की संख्या $= \frac{\text{दिया हुआ द्रव्यमान}}{\text{आण्विक द्रव्यमान}}$

$$= \frac{0.69 \text{ ग्राम}}{23 \text{ ग्राम / मोल}} = 3 \times 10^{-2}$$

धात्विक सोडियम की पानी के साथ अभिक्रिया से NaOH बनता है। समीकरण इस प्रकार प्रदर्शित की जा सकती है

$$Na + H_2O \longrightarrow NaOH + \frac{1}{2}H_2$$

इसलिए 1 मोल सोडियम, 1 मोल NaOH देता है इसलिए 3×10^{-2} मोल सोडियम, 3×10^{-2} मोल NaOH देना चाहिए।

अब यह NaOH पूर्ण उदासीनीकरण अभिक्रिया के लिए HCl के साथ अभिक्रिया करता है।

[NaOH के तुल्यांक की संख्या = HCl के तुल्यांक की संख्या]

$$\underset{\text{NaOH के मोल}}{3 \times 10^{-2}} \times \underset{\text{NaOH का } n\text{-कारक}}{1} = \underset{\text{HCl के मोलों की संख्या}}{\frac{73}{36.5}} \times V_{HCl} \times \underset{\text{HCl का } n\text{-कारक}}{1}$$

$$V = \frac{3 \times 10^{-2} \times 36.5}{73} \Rightarrow V = 1.5 \times 10^{-2} \text{ L} = 15 \text{ मिली}$$

55. *(4)* दंतुरता किसी दिए गए लिगैण्ड में इलेक्ट्रॉन दान करने वाले समूहों की संख्या है जो केन्द्रीय धातु परमाणु से परस्पर समन्वय से उपसहसंयोजक संकुल का निर्माण करते हैं।

```
O=C—O.         .O—C=O
   |   H  ↘Cu↙  H  |
   |   |  ↗   ↖ |  |
H—C—O           O—C—H
H—C—O           O—C—H
   |   ↘       ↙   |
   |   H   Cu   H  |
O=C—O↗         ↖O—C=O
```

कॉपर टार्टरेट संकुल

दी गयी संरचना में केन्द्रीय धातु आयन कॉपर II चारों दिशाओं से इलेक्ट्रॉन ग्रहण कर रहा है इसलिए घनत्व 4 है।

56. *(270)* बोर के मॉडल के अनुसार हाइड्रोजन स्पीशीज की त्रिज्या

$$\left[r_n = r_0\left(\frac{n^2}{Z}\right) \text{Å}\right]$$

n = कक्षकों की संख्या, Z = परमाणु क्रमांक

$\Rightarrow$ बोर के तृतीय कक्षक के लिए (n =3)

हीलियम के लिए (Z = 2)

$r_0 = 0.6$ Å (Given)

$$\Rightarrow r_3 = 0.6\left[\frac{(3)^2}{2}\right] \text{Å} = 2.7 \text{Å}$$

$$= 2.7 \times 10^{-10} \text{ m} = 2.7 \times 10^{-10} \times 10^{12} \text{ pm}$$

$$= 2.7 \times 10^2 \text{ pm} = 270 \text{ pm } [\because 1 \text{ Å} = 10^{-10}\text{m}, 1 \text{ pm} = 10^{-12} \text{ m}]$$

57. *(2)* परिवर्तन, $A \longrightarrow B$

दर स्थिरांक (k) $= 1.6 \times 10^{-5}$ L mol^{-1}s^{-1}

अभिक्रिया की कोटि =?

प्रश्न में दिए गए सामान्य दर स्थिरांक की इकाई को हल करके आसानी से ज्ञात किया जा सकता है

$$[\text{mol L}^{-1}]^{1-n}\text{s}^{-1}$$

दर स्थिरांक रखने पर, $n = 2$

$$(\text{mol L}^{-1})^{1-2} \text{ s}^{-1} \text{ या } (\text{mol L}^{-1})^{-1} \text{ s}^{-1} \text{ या mol}^{-1}\text{L s}^{-1}$$

इसलिए यह एक द्वितीय कोटि की अभिक्रिया है।

58. *(36)* षटकोणीय निबिड़ संकुलन की संरचना में प्रत्येक यूनिट सैल पर 6 परमाणु होते हैं इसलिए [$N = 6$]

कुल अष्टफलकीय रिक्तियाँ = षट्कोणीय निबिड़ संकुलन का जालक = $6 = N$

कुल-चतुष्फलकीय रिक्तियाँ = 2 × परमाणुओं की संख्या = $12 = 2N$

इसलिए कुल रिक्तियों की संख्या = 6 + 12 = 18

प्रत्येक परमाणु में रिक्तियों की संख्या $= \frac{18}{6} = 3$

इस प्रकार प्रति मोल रिक्तियों की कुल संख्या $= 3 \times 6.022 \times 10^{23}$ होगी।

0.02 मोल यौगिक में कुल रिक्तियों की संख्या

$$= 3 \times 0.02 \times 6.022 \times 10^{23} = 0.36132 \times 10^{23}$$

$$= 36.132 \times 10^{21} \approx 36 \times 10^{21}$$

59. *(4)*

$$N_2(g) + 3H_2(g) \rightleftharpoons 2NH_3(g); K_1 = 4 \times 10^5 \quad ...(i)$$

$$N_2(g) + O_2(g) \rightleftharpoons 2NO(g); K_2 = 1.6 \times 10^{12} \quad ...(ii)$$

$$H_2(g) + \frac{1}{2}O_2(g) \rightleftharpoons H_2O(g); K_3 = 1.0 \times 10^{-13} \quad ...(iii)$$

समीकरण को हल करने पर,

समी (ii) + 3 × समी (iii) – समी (i)

$$2NH_3 + \frac{5}{2}O_2 \rightleftharpoons 2NO + 3H_2O ...$$

समीकरण (iii) को 3 से गुणा करने पर,

$$H_2 + \frac{1}{2}O_2 \rightleftharpoons H_2O; K_3 = \frac{[H_2O]}{[H_2][O_2]^{1/2}}$$

$$3H_2 + \frac{3}{2}O_2 \rightleftharpoons 3H_2O; K'_3 = \frac{[H_2O]^3}{[H_2]^3[O_2]^{3/2}} = (K_3)^3$$

चरणबद्ध साम्य स्थिरांक जुड़ने पर नया साम्य गुणा हो जाएगा और घटाने पर नया साम्य विभाजित हो जाएगा।

समी (ii) +3 समी (iii) – समी (i)

$$k = \frac{k_2 \times (k_3)^3}{k_1} \text{ या } k = \frac{1.6 \times 10^{12} \times (10^{-13})^3}{4 \times 10^5} \text{ या } k = 4 \times 10^{-33}$$

60. *(4)* एक ऑक्साइड जो पानी के साथ मिलकर अम्ल बनाता है। सामान्यत: अधातुओं के ऑक्साइड अम्लीय प्रकृति के होते हैं इसलिए N_2O_3, NO_2, $C_{12}O_7$ और SO_2 को अम्लीय ऑक्साइड हैं। M_2O, NO, CO जो उदासीन ऑक्साइड हैं।

गणित

61. *(b)* $(1 + x)^{99}$ के प्रसार में x की विषम घातों के गुणांकों का योग K है।

कुल पद = 100

हम जानते हैं कि, सम पदों के गुणांकों का योग = विषम पदों के गुणांकों का योग

$\Rightarrow$ विषम पदों के गुणांको का योग $= \dfrac{\text{सभी पदों का योग}}{2} = \dfrac{2^{99}}{2} = 2^{98}$

तो, $K = 2^{98}$

$a, \left(2 + \dfrac{1}{\sqrt{2}}\right)^{200}$ के प्रसार का मध्य पद है

कुल पद = 200 + 1 = 201

तब, $\left(\dfrac{201+1}{2}\right)$ वाँ पद मध्य पद होगा

अत: $T_{101} = a = {}^{200}C_{100} 2^{200-100} \left(\dfrac{1}{\sqrt{2}}\right)^{100}$

$$= {}^{200}C_{100}\, 2^{100} \frac{1}{2^{50}} = {}^{200}C_{100} \cdot 2^{50}$$

अब, $\dfrac{{}^{200}C_{99} \cdot K}{a} = \dfrac{{}^{200}C_{99} \cdot 2^{98}}{{}^{200}C_{100} \cdot 2^{50}} = \dfrac{\dfrac{200!}{99!\,101!} \cdot 2^{48}}{\dfrac{200!}{100!\,100!}} = \dfrac{100}{101} 2^{48} = \dfrac{25}{101} \cdot 2^{50}$

$\dfrac{2^l m}{n}$ से तुलना करने पर,

$\therefore \quad (l, n) = (50, 101)$

62. *(d)*

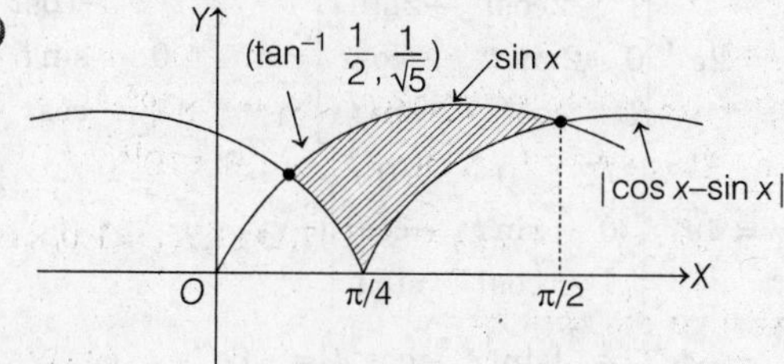

$\therefore \cos x - \sin x = \sin x$ और $\cos x - \sin x = -\sin x$

$\Rightarrow \quad \cos x = 2\sin x$ और $\cos x = 0 \Rightarrow \tan x = \dfrac{1}{2}$ और $x = \dfrac{\pi}{2}$

$$\therefore \int_{\tan^{-1} 1/2}^{\pi/4} (\sin x - \cos x + \sin x)\, dx + \int_{\pi/4}^{\pi/2} (\sin x + \cos x - \sin x)\, dx$$

$$= \int_{\tan^{-1} 1/2}^{\pi/4} (2\sin x - \cos x)\, dx + \int_{\pi/4}^{\pi/2} \cos x\, dx$$

$$= [-2\cos x - \sin x]_{\tan^{-1}\frac{1}{2}}^{\pi/4} + [\sin x]_{\pi/4}^{\pi/2} = \sqrt{5} - 2\sqrt{2} + 1$$

63. *(d)* दिया है, $f''(x) = g''(x) + 6x$

$f'(1) = 4g'(1) - 3 = 9 \Rightarrow f(2) = 3g(2) = 12$

यहाँ $\quad f''(x) = g''(x) + 6x$

दोनों तरफ समाकलन करने पर,

$$f'(x) = g'(x) + 3x^2 + C_1 \quad \text{...(i)}$$

पुन: दोनों तरफ समाकलन करने पर,

$$f(x) = g(x) + x^3 + C_1 x + C_2 \quad \text{...(ii)}$$

समी (i) में, $f'(1) = 4g'(1) - 3 = 9$ रखने पर,

$\therefore \quad 9 = 3 + 3 + C_1 \Rightarrow C_1 = 3$

समी (ii) में $f(2) = 3g(2) = 12$ रखने पर,

$\therefore \quad 12 = 4 + 8 + 6 + C_2 \Rightarrow C_2 = -6$

$f(x) = g(x) + x^3 + 3x - 6 \Rightarrow f(x) - g(x) = x^3 + 3x - 6$

$x = x_0,\ f(x_0) = g(x_0) \Rightarrow x_0^3 + 3x_0 - 6 = 0$

अब, $h(x) = x^3 + 3x - 6$

अन्तराल $\left(1, \dfrac{3}{2}\right)$, में, $h(1) = -2$ (ऋणात्मक)

$h\left(\dfrac{3}{2}\right) = \dfrac{15}{8}$ (धनात्मक)

अत: $h(x)$ के मूल $\left(1, \dfrac{3}{2}\right)$ के मध्य हैं।

$\Rightarrow f(x_0) \in \left(1, \dfrac{3}{2}\right)$ कि $f(x_0) = g(x_0)$

विकल्प (b) सत्य है

$h(-2) = f(-2) - g(-2) = -20 \Rightarrow g(-2) - f(-2) = 20$

विकल्प (c) सत्य है

$|f'(x) - g'(x)| < 6 \Rightarrow |3x^2 + 3| < 6 \Rightarrow 3x^2 + 3 < 6$

$\Rightarrow \quad x^2 - 1 < 0 \Rightarrow x \in (-1, 1)$

विकल्प (a) सत्य है

64. *(c)* समतल $2x - y + z = 4$, बिन्दुओं $A(a, -2, 4)$ तथा $B = (2, b, -3)$ को मिलाने वाले रेखाखण्ड को 2 : 1 के अनुपात में बिन्दु C पर काटता है

तब, बिन्दु C के निर्देशांक $= \left(\dfrac{4+a}{3}, \dfrac{2b-2}{3}, \dfrac{-2}{3}\right)$

C समतल के समीकरण $2x - y + z = 4$ को सन्तुष्ट करेगा

$$\therefore \quad 2\left(\frac{4+a}{3}\right) - \left(\frac{2b-2}{3}\right) + \left(\frac{-2}{3}\right) = 4$$

$\Rightarrow \quad 2a - 2b + 8 = 12 \Rightarrow a - b = 2 \Rightarrow b = a - 2 \quad \text{...(i)}$

बिन्दु C की मूल बिन्दु से दूरी है

$$\sqrt{\left(\frac{4+a}{3}\right)^2 + \left(\frac{2b-2}{3}\right)^2 + \left(\frac{-2}{3}\right)^2} = \sqrt{5}$$

$\Rightarrow \quad (4 + a)^2 + (2b - 2)^2 + 4 = 45$

$\Rightarrow \quad (4 + a)^2 + (2b - 2)^2 = 41 \Rightarrow 5a^2 - 16a + 11 = 0$

$\Rightarrow \quad a = \dfrac{11}{5}, 1,\ b = \dfrac{11}{5} - 2 = \dfrac{1}{5}$ $\quad \left(a = \dfrac{11}{5}\right.$ रखने पर)

$a = 1, b = 1 - 2 = -1,\ ab < 0 \Rightarrow a = 1, b = -1$

अत: $P(a - b, b, 2b - a) = P(2, -1, -3)$ तथा $C\left(\dfrac{5}{3}, -\dfrac{4}{3}, \dfrac{-2}{3}\right)$

$$\therefore \quad (CP)^2 = \left(2 - \frac{5}{3}\right)^2 + \left(-1 + \frac{4}{3}\right)^2 + \left(-3 + \frac{2}{3}\right)^2$$

$$= \frac{1 + 1 + 49}{9} = \frac{51}{9} = \frac{17}{3}$$

65. *(a)* 3 अंकों वाली संख्याएँ = 100 से 999

संख्याएँ, जो 3 से विभाज्य $= \frac{900}{3} = 300$

संख्याएँ, जो 4 से विभाज्य $= \frac{900}{4} = 225$

संख्याएँ, जो 48 से विभाज्य $= \frac{900}{48} = 18.75 = 18$

संख्याएँ, जो 3 और 4 से विभाजित $= \frac{900}{12} = 75$

अत: कुल अंकों की संख्याएँ जो 3 और 4 से विभाज्य हैं परन्तु 48 से नहीं $= 300 + 225 - 75 - 18 = 432$

66. *(b)* माना रेखाएँ है

$$L_1 \equiv \frac{x-1}{1} = \frac{y-2}{2} = \frac{z+3}{1} = \lambda \quad \text{(माना)}$$

$$L_2 \equiv \frac{x-a}{2} = \frac{y+2}{3} = \frac{z-3}{1} = \mu \quad \text{(माना)}$$

$\therefore \quad x = \lambda + 1,\ y = 2\lambda + 2,\ z = \lambda - 3$

और $\quad x = 2\mu + a,\ y = 3\mu - 2,\ z = \mu + 3$

$2\lambda + 2 = 3\mu - 2 \qquad \lambda - 3 = \mu + 3$

$\Rightarrow \ -2\lambda + 3\mu = 4 \Rightarrow \lambda - \mu = 6$

हल करने पर, $\quad \mu = 16 \Rightarrow \lambda = 22$

$\therefore \quad \lambda + 1 = 2\mu + a \Rightarrow 23 = 32 + a \Rightarrow a = -9$

$\therefore$ प्रतिच्छेद बिन्दु $P = (23, 46, 19)$

बिन्दु P की समतल से दूरी $z = -9$ है।

$$= \left| \frac{19+9}{\sqrt{0+0+1}} \right| = 28$$

67. *(a)* दिया है, $\cos^2 2x - 2\sin^4 x - 2\cos^2 x = \lambda$

$$\Rightarrow \cos^2 2x - \frac{1 - 2\cos 2x + \cos^2 2x}{2} - 2\cos^2 x = \lambda$$

$$\Rightarrow \cos^2 2x + \frac{-\left(\frac{2}{2} - \frac{4\cos 2x}{2} + \frac{\cos 4x + 1}{2}\right)}{2} - 2\cos^2 x = \lambda$$

$$\Rightarrow \cos^2 2x + \frac{-\frac{(\cos 4x - 4\cos 2x + (2+1))}{2}}{2} - 2\cos^2 x = \lambda$$

$$\Rightarrow \cos^2 2x + \frac{(-3 + 4\cos 2x - \cos 4x)}{4} - 2\left(\frac{\cos 2x + 1}{2}\right) = \lambda$$

$$\Rightarrow \frac{\cos 4x + (4\cos 2x - 4\cos 2x) + (2-7)}{4} = \lambda \Rightarrow \frac{\cos 4x - 5}{4} = \lambda$$

हमें ज्ञात हैं कि, $-1 \le \cos 4x \le 1 \Rightarrow -6 \le \cos 4x - 5 \le -4$

$$\Rightarrow \frac{-6}{4} \le \frac{\cos 4x - 5}{4} \le \frac{-4}{4} \Rightarrow -\frac{3}{2} \le \lambda \le -1$$

इसलिए $\quad \lambda \in \left[-\frac{3}{2}, -1\right]$

68. *(c)* $x \log x \frac{dy}{dx} + y = x^2 \log x \qquad [x > 1]$

$$\Rightarrow \frac{dy}{dx} + \frac{y}{x \log x} = x$$

$$\Rightarrow \qquad \text{IF} = e^{\int \frac{dx}{x \log x}} = e^{\log|\log x|} = |\log x|$$

समीकरण का हल है

$$y(\text{IF}) = \int x \cdot |\log x|\, dx \Rightarrow y|\log x| = |\log x| \frac{x^2}{2} - \frac{x^2}{4} + C$$

$x = 2$ रखने पर,

$$2 \log 2 = 2\log 2 - 1 + C \Rightarrow C = 1$$

$x = e$ रखने पर,

$$y = \frac{e^2}{2} - \frac{e^2}{4} + 1 \Rightarrow y(e) = 1 + \frac{e^2}{4} = \frac{4 + e^2}{4}$$

69. *(b)*
$$A = \begin{bmatrix} e^t & e^{-t}(\sin t - 2\cos t) & e^{-t}(-2\sin t - \cos t) \\ e^t & e^{-t}(2\sin t + \cos t) & e^{-t}(\sin t - 2\cos t) \\ e^t & e^{-t}\cos t & e^{-t}\sin t \end{bmatrix}$$

$$\therefore \quad |A| = \begin{vmatrix} e^t & e^{-t}(\sin t - 2\cos t) & e^{-t}(-2\sin t - \cos t) \\ e^t & e^{-t}(2\sin t + \cos t) & e^{-t}(\sin t - 2\cos t) \\ e^t & e^{-t}\cos t & e^{-t}\sin t \end{vmatrix}$$

$$= e^t \cdot e^{-t} \cdot e^{-t} \begin{bmatrix} 1 & \sin t - 2\cos t & -2\sin t - \cos t \\ 1 & 2\sin t + \cos t & \sin t - 2\cos t \\ 1 & \cos t & \sin t \end{bmatrix}$$

$$= e^{-t} \begin{bmatrix} 1 & \sin t - 2\cos t & -2\sin t - \cos t \\ 0 & 2\sin t & -2\cos t \\ 1 & \cos t & \sin t \end{bmatrix}$$

$[R_2 \to R_2 - R_3]$

$$= e^{-t} \begin{bmatrix} 1 & \sin t - 2\cos t & -2\sin t - \cos t \\ 0 & 2\sin t & -2\cos t \\ 1 & \cos t & \sin t \end{bmatrix}$$

$$= 2e^{-t} \begin{vmatrix} 1 & -2\cos t & -2\sin t \\ 0 & 2\sin t & -\cos t \\ 1 & \cos t & \sin t \end{vmatrix} = 4e^{-t} \begin{vmatrix} 1/2 & -\cos t & -\sin t \\ 0 & \sin t & -\cos t \\ 1 & \cos t & \sin t \end{vmatrix}$$

$$= 4e^{-t} \begin{vmatrix} 3/2 & 0 & 0 \\ 0 & \sin t & -\cos t \\ 1 & \cos t & \sin t \end{vmatrix}$$

$$= -4e^{-t} \times \frac{3}{2}[\sin^2 t + \cos^2 t] = -6e^{-t}$$

अत: $e^{-t} \ne 0, t \in R \Rightarrow \quad e^{-t} \ne 0, t \in R \Rightarrow |A| \ne 0, t \in R.$

$\therefore t \in R$ के लिए A व्युत्क्रमणीय है।

70. *(a)* माना $\mathbf{a} = 4\hat{\mathbf{i}} + 3\hat{\mathbf{j}}$ और $\mathbf{b} = 3\hat{\mathbf{i}} - 4\hat{\mathbf{j}} + 5\hat{\mathbf{k}}$

दिया है, $\mathbf{c} \cdot (\mathbf{a} \times \mathbf{b}) + 25 = 0,\ \mathbf{c} \cdot (\mathbf{i} + \mathbf{j} + \mathbf{k}) = 4$

$\mathbf{c}$ का $\mathbf{a}$ पर प्रक्षेप 1 है

माना $\mathbf{c} = c_1\hat{\mathbf{i}} + c_2\hat{\mathbf{j}} + c_3\hat{\mathbf{k}}$

$$\mathbf{a} \times \mathbf{b} = \begin{vmatrix} \hat{\mathbf{i}} & \hat{\mathbf{j}} & \hat{\mathbf{k}} \\ 4 & 3 & 0 \\ 3 & -4 & 5 \end{vmatrix} = 15\hat{\mathbf{i}} - 20\hat{\mathbf{j}} - 25\hat{\mathbf{k}}$$

$\therefore \quad \mathbf{c} \cdot (\mathbf{a} \times \mathbf{b}) = 15c_1 - 20c_2 - 25c_3$

दिया है, $\mathbf{c} \cdot (\mathbf{a} \times \mathbf{b}) + 25 = 0 \Rightarrow 15c_1 - 20c_2 - 25c_3 + 25 = 0$ ...(i)

$\mathbf{c} \cdot (\hat{\mathbf{i}} + \hat{\mathbf{j}} + \hat{\mathbf{k}}) = 4 \Rightarrow c_1 + c_2 + c_3 - 4 = 0$ ...(ii)

$\mathbf{c}$ का $\mathbf{a}$ पर प्रक्षेप 1 है

$\Rightarrow \quad \frac{\mathbf{c} \cdot \mathbf{a}}{|\mathbf{a}|} = 1 \Rightarrow 4c_1 + 3c_2 - 5 = 0$ ...(iii)

समी (i), (ii) व (iii) को हल करने पर,

$c_1 = 2, c_2 = -1$ तथा $c_3 = 3 \Rightarrow \mathbf{c} = 2\hat{\mathbf{i}} - \hat{\mathbf{j}} + 3\hat{\mathbf{k}}$

c का **b** पर प्रक्षेप

$$\frac{\mathbf{c}\cdot\mathbf{b}}{|\mathbf{b}|} = \frac{6+4+15}{5\sqrt{2}} = \frac{25}{5\sqrt{2}} = \frac{5}{\sqrt{2}}$$

71. *(b)* $y^2 = 3x$ के बिन्दु $P(x_1, y_1)$ पर स्पर्श रेखा को $y - y_1 = m_1(x - x_1)$ से दर्शाया जा सकता है, जो कि $x + 2y = 1$ के समान्तर है।

$$y^2 = 3x$$

अवकलन करने पर, $2yy' = 3 \Rightarrow y' = \frac{3}{2y} \Rightarrow m_1 = y' = \frac{3}{2y_1}$

$\therefore \quad \frac{3}{2y_1} = -\frac{1}{2}$ ($x + 2y = 1$ का ढाल)

$\Rightarrow \quad y_1 = -3 \therefore x_1 = 3$

$\therefore$ बिन्दु $P = (3, -3)$

$\frac{x^2}{4} + \frac{y^2}{1} = 1$ के बिन्दु $Q(x_2, y_2)$ पर स्पर्श रेखा को $y - y_1 = m_2(x - x_2)$ से दर्शाया जा सकता है। जो कि रेखा से $x - y = 2$ के लम्बवत् है।

$\therefore$ दीर्घवृत्त के समीकरण का अवकलन करने पर,

$$\frac{2x}{4} + \frac{2yy'}{1} = 0 \Rightarrow y' = \frac{-x}{4y} \Rightarrow m_2 = -\frac{x_2}{4y_2}$$

$\therefore \quad \frac{-x_2}{4y_2} = -1$ ($x - y = 2$ का ढाल $m_3 = 1$)

($m_2 m_3 = -1$, तो $m_3 = -1$)

$\Rightarrow \quad 4y_2 = x_2$

$\therefore Q(x_2, y_2) = \left(\frac{4}{\sqrt{5}}, \frac{1}{\sqrt{5}}\right)$ दीर्घवृत्त के समीकरण में रखने पर,

$R(x_3, y_3) = \left(-\frac{4}{\sqrt{5}}, -\frac{1}{\sqrt{5}}\right)$

$\therefore \Delta PQR$ का क्षेत्रफल $= \frac{1}{2}\begin{vmatrix} x_1 & y_1 & 1 \\ x_2 & y_2 & 1 \\ x_3 & y_3 & 1 \end{vmatrix} = \frac{1}{2}\begin{vmatrix} 3 & -3 & 1 \\ \frac{4}{\sqrt{5}} & \frac{1}{\sqrt{5}} & 1 \\ -\frac{4}{\sqrt{5}} & -\frac{1}{\sqrt{5}} & 1 \end{vmatrix} = 3\sqrt{5}$

72. *(b)* $L_1 : \frac{x-1}{2} = \frac{y+8}{-7} = \frac{z-4}{5}$

$\Rightarrow \mathbf{a}_1 = \hat{\mathbf{i}} - 8\hat{\mathbf{j}} + 4\hat{\mathbf{k}}, \mathbf{b}_1 = 2\hat{\mathbf{i}} - 7\hat{\mathbf{j}} + 5\hat{\mathbf{k}}$

$L_2 : \frac{x-1}{2} = \frac{y-2}{1} = \frac{z-6}{-3}$

$\Rightarrow \mathbf{a}_2 = \hat{\mathbf{i}} + 2\hat{\mathbf{j}} + 6\hat{\mathbf{k}}, \mathbf{b}_2 = 2\hat{\mathbf{i}} + \hat{\mathbf{j}} - 3\hat{\mathbf{k}}$

$$\mathbf{b}_1 \times \mathbf{b}_2 = \begin{vmatrix} \hat{\mathbf{i}} & \hat{\mathbf{j}} & \hat{\mathbf{k}} \\ 2 & -7 & 5 \\ 2 & 1 & -3 \end{vmatrix} = \hat{\mathbf{i}}(21-5) - \hat{\mathbf{j}}(-6-10) + \hat{\mathbf{k}}(2+14)$$

$= 16\hat{\mathbf{i}} + 16\hat{\mathbf{j}} + 16\hat{\mathbf{k}}$

$\therefore (\mathbf{a}_2 - \mathbf{a}_1)\cdot(\mathbf{b}_1 \times \mathbf{b}_2) = (10\hat{\mathbf{j}} + 2\hat{\mathbf{k}})\cdot 16(\hat{\mathbf{i}} + \hat{\mathbf{j}} + \hat{\mathbf{k}})$

$= 32(5\hat{\mathbf{j}} + \hat{\mathbf{k}})\cdot(\hat{\mathbf{i}} + \hat{\mathbf{j}} + \hat{\mathbf{k}})$

$= 32(5 + 1) = 192$

$\therefore$ न्यूनतम दूरी $= \left|\frac{[(\mathbf{a}_2 - \mathbf{a}_1)(\mathbf{b}_1 \times \mathbf{b}_2)]}{|\mathbf{b}_1 \times \mathbf{b}_2|}\right| = \left|\frac{(\mathbf{a}_2 - \mathbf{a}_1)\times(\mathbf{b}_1 \times \mathbf{b}_2)}{|\mathbf{b}_1 \times \mathbf{b}_2|}\right|$

$= \frac{192}{16\sqrt{3}} = \frac{12}{\sqrt{3}} = 4\sqrt{3}$

73. *(c)* $S = \{w_1, w_2, \ldots\}$ प्रतिदर्श समष्टि है

$$P(w_n) = \frac{P(w_{n-1})}{2}, n \geq 2.$$

माना $A = \{2k + 3l : k, l \in n\} = \{5, 7, 8, 9, \ldots\} = N - \{1, 2, 3, 4, 6\}$

तथा $\quad B = \{w_n : n \in A\} \Rightarrow P(w_2) = \frac{P(w_1)}{2}$

$P(w_3) = \frac{P(w_1)}{2^2}$ (माना $P(w_1) = P$)

$P(w_4) = \frac{P}{2^3}$

$\vdots$

$P(w_n) = \frac{P}{2^{n-1}}$

$\therefore \quad P(B) = 1 - P(B^c)$ ...(i)

हमें $P(w_1)$ ज्ञात करना है

$\because$ कुल प्रायिकता = 1

$\Rightarrow \quad P(w_1) + P(w_2) + P(w_3) + \ldots + P(w_n) + \ldots = 1$

$\Rightarrow \quad P + \frac{P}{2} + \frac{P}{2^2} + \ldots + \frac{P}{2^{n-1}} + \ldots = 1$

$\Rightarrow \quad P \Big/ \left(1 - \frac{1}{2}\right) = 1$ (गुणोत्तर श्रेणी का योग जब $x = \frac{1}{2}$)

$\Rightarrow \quad P = \frac{1}{2}$

अत: $P(B) = 1 - (P(w_1) + P(w_2) + P(w_3) + P(w_4) + P(w_6))$

$= 1 - \left(\frac{1}{2} + \frac{1}{2^2} + \frac{1}{2^3} + \frac{1}{2^4} + \frac{1}{2^6}\right) = 1 - \left(\frac{32 + 16 + 8 + 4 + 1}{64}\right)$

$= \frac{64 - 61}{64} = \frac{3}{64}$

74. *(d)* दिया हुआ है कि

aRb यदि $2a + 3b; a, b \in N$, 5 का गुणज है

स्वतुल्य के लिए,

$aRa \Rightarrow 2a + 3a = 5a$, 5 का गुणज है, तो R के स्वतुल्य है।

सममित के लिए,

$bRa \Rightarrow 2b + 3a = 3a + 2b = (5a - 2a) + (5b - 3b)$

$= \underbrace{(5a + 5b)}_{5 \text{ का गुणज}} - \underbrace{(2a + 3b)}_{5 \text{ का गुणज}}]$

अत: R सममित है

संक्रामक के लिए

$aRb \Rightarrow 2a + 3b$ (5 का गुणज)

$bRc \Rightarrow 2b + 3c$ (5 का गुणज)

$\Rightarrow \quad 2a + 5b + 3c$ (5 का गुणज)

$\underbrace{(2a + 3c)}_{5 \text{ का गुणज}} + \underbrace{5b}_{5 \text{ का गुणज}}$

अत: aRc संक्रामक है

$\therefore$ यह एक तुल्यता सम्बन्ध है।

75. *(b, c, d)* $((\sim A)\vee B)\equiv \sim B\vee(\sim A\vee B)\equiv(\sim B\vee B)\vee(\sim A)$

$\equiv T\vee(\sim A)\ \equiv T$

पुनः $B\Rightarrow((\sim A)\Rightarrow B)\equiv(\sim B)\vee(\sim A\Rightarrow B)\equiv(\sim B)\vee(A\vee B)\equiv T$

पुनः $B\Rightarrow(A\Rightarrow B)\equiv B\Rightarrow((\sim A)\vee B)$

तथा $A\Rightarrow(\sim A)\Rightarrow B)\ \equiv(\sim A)\vee(A\vee B)=T$

76. *(b)* $I=\int_1^2\frac{t^4+1}{t^6+1}dt=\int_1^2\frac{t^4+1}{(t^2)^3+1^3}dt$

$=\int_1^2\frac{t^4+1}{(t^2+1)(t^4-t^2+1)}dt$

$=\int_1^2\frac{dt}{t^2+1}+\int_1^2\frac{t^2dt}{(t^2+1)(t^4-t^2+1)}$

$=\int_1^2\frac{dt}{t^2+1}+\frac{1}{3}\int_1^2\frac{3t^2dt}{t^6+1}=\int_1^2\frac{dt}{t^2+1}+\frac{1}{3}\int_1^2\frac{3t^2dt}{(t^3)^2+1}$

$t^3=u\Rightarrow 3t^2dt=du\ \Rightarrow t=1\Rightarrow u=1\Rightarrow\ t=2\Rightarrow u=8$

$\therefore\quad I=\int_1^2\frac{dt}{t^2+1}+\frac{1}{3}\int_1^8\frac{du}{u^2+1}=[\tan^{-1}t]_1^2+\frac{1}{3}[\tan^{-1}u]_1^8$

$=\tan^{-1}2-\frac{\pi}{4}+\frac{1}{3}\tan^{-1}8-\frac{\pi}{12}=\tan^{-1}2+\frac{1}{3}\tan^{-1}8-\frac{\pi}{3}$

77. *(c)* GHOTU में G, H, O, T व U सम्मिलित हैं शब्दकोश अनुसार, इन्हें निम्न प्रकार व्यवस्थित किया जा सकता है

$G\rightarrow 4!=24$

$H\rightarrow 4!=24$

$O\rightarrow 4!=24$

$TG\rightarrow 3!=6$

$TH\rightarrow 3!=6$

$TOG\rightarrow 2!=2$

$TOH\rightarrow 2!=2$

$TOUGH\rightarrow 1!=1$

$\therefore$ कुल तरीके $=89$

78. *(a)* दिया है,

$f(1)+2f(2)+3f(3)+\ldots+xf(x)=x(x+1)f(x)\ \ x\geq 2$

$x\rightarrow x-1$, रखने पर

$f(1)+2f(2)+3f(3)+\ldots+(x-1)f(x-1)=(x-1)\,x\,f(x-1)$

घटाने पर, $\quad xf(x)=x[(x+1)f(x)-(x-1)f(x-1)]$

$\Rightarrow\quad x(x-1)f(x-1)=xf(x)\cdot x\Rightarrow\ \frac{f(x)}{f(x-1)}=\frac{x(x-1)}{x^2}$

$\Rightarrow\ f(x)=\frac{x-1}{x}f(x-1)=\frac{x-1}{x}\frac{x-2}{x-1}f(x-2)$

$=\frac{x-1}{x}\frac{x-2}{x-1}\frac{x-3}{x-2}f(x-3)$

$=\frac{x-1}{x}\frac{x-2}{x-1}\frac{x-3}{x-2}\ldots\frac{1}{2}f(1)=\frac{1}{2x}$

$\therefore\quad\frac{1}{f(2022)}+\frac{1}{f(2028)}=2(4050)=8100$

79. *(b)* दिया है, $\mathbf{a}=\hat{\mathbf{i}}+2\hat{\mathbf{k}},\ \mathbf{b}=\hat{\mathbf{i}}+\hat{\mathbf{j}}+\hat{\mathbf{k}}$ तथा $\mathbf{c}=7\hat{\mathbf{i}}-3\hat{\mathbf{j}}+4\hat{\mathbf{k}}$

$\mathbf{r}\times\mathbf{b}+\mathbf{b}\times\mathbf{c}=\mathbf{0}$ तथा $\mathbf{r}\cdot\mathbf{a}=0$

$\Rightarrow\ \mathbf{r}\times\mathbf{b}-\mathbf{c}\times\mathbf{b}=0\ \Rightarrow(\mathbf{r}-\mathbf{c})\times\mathbf{b}=0\ \Rightarrow\ \mathbf{r}=\mathbf{c}+\lambda\mathbf{b}$

$\because\quad\mathbf{r}\cdot\mathbf{a}=0$

$(\mathbf{c}+\lambda\mathbf{b})\cdot\mathbf{a}=0\Rightarrow\mathbf{c}\cdot\mathbf{a}+\lambda(\mathbf{b}\cdot\mathbf{a})=0$

$\Rightarrow\ (8+7)+\lambda\cdot 3=0\ \Rightarrow\ \lambda=-5$

$\Rightarrow\ \mathbf{r}=\mathbf{c}-5\mathbf{b}\ \Rightarrow\ \mathbf{r}\cdot\mathbf{c}=(\mathbf{c}-5\mathbf{b})\cdot\mathbf{c}=\mathbf{c}\cdot\mathbf{c}-5\mathbf{b}\cdot\mathbf{c}$

$=(\sqrt{(7)^2+(-3)^2+(4)^2})^2-5[1\times 7+1\times(-3)+1\times 4]$

$=(49+9+16)-5\,[7-3+4]=74-40=34$

80. *(a)* $I=\int_{1/2}^{2}\frac{\tan^{-1}x}{x}dx$ ...(i)

$x=\frac{1}{t}$ रखने पर, $dx=\frac{-1}{t^2}dt$

$\therefore\quad I=\int_2^{1/2}\frac{\tan^{-1}\left(\frac{1}{t}\right)}{\left(\frac{1}{t}\right)}\left(-\frac{1}{t^2}\right)dt=\int_{1/2}^{2}\frac{\tan^{-1}\left(\frac{1}{t}\right)}{t}dt$

$=\int_{1/2}^{2}\frac{\cot^{-1}t}{t}dt$ ...(ii)

समी (i) व (ii) को जोड़ने पर,

$2I=\int_{1/2}^{2}\frac{\tan^{-1}x+\cot^{-1}x}{x}dx=\int_{1/2}^{2}\frac{\left(\frac{\pi}{2}\right)}{x}dx$

$\Rightarrow\quad 2I=\frac{\pi}{2}[\log x]_{\frac{1}{2}}^{2}=\frac{\pi}{2}(\log 2+\log 2)\ \Rightarrow\ I=\frac{\pi}{2}\log 2$

81. *(14)* $\alpha=8-14i,\ A=\left\{z\in c:\frac{\alpha z-\overline{\alpha}\overline{z}}{z^2-(\overline{z})^2-112i}=1\right\}$

तथा $\quad B=\{z\in c:|z+3i|=4\}$

$z=a+ib$

A में $z=a+ib$ एवं $8-14i=\alpha$ रखने पर,

$(8-14i)(a+ib)-(8+14i)(a-ib)=(a+ib)^2-(a-ib)^2-112i$

$\Rightarrow\quad 4i(4b-7a)=i(4ab-112)\ \Rightarrow\ 4b-7a=ab-28$ ...(i)

$4b-ab=7a-28\ \Rightarrow\ b(4-a)=-7(4-a)\ \Rightarrow\ b=-7$

पुनः समी (i) से, $4b-ab=7a-28$

$\Rightarrow 4b+28=7a+ab\ \Rightarrow\ 4(b+7)=a(b+7)\Rightarrow\ a=4$

अब, A के अवयव $4+ib$ व $0-7i$ जैसे हैं

B के अवयव $=\{z\in c:|z+3i|=4\}$

$A\cap B$ के अवयव $4-3i$ व $-7i$ जैसे हैं

क्योंकि $\ B=\{z\notin c:|z+3i|=4\}$

$\Rightarrow\quad |a+ib+3i|=4\ \Rightarrow\ a^2+(b+3)^2=16$

$a=4$ व $b=-3$ रखने पर,

$b=-7,\ a=0$

$\sum_{Z\in A\cap B}(\text{Re}\,z-\text{Im}\,z)=[4-(-3)]+[0-(-7)]=7+7=14$

82. *(5)* माना A एक सममित आव्यूह है $A=\begin{bmatrix}a & c\\ c & b\end{bmatrix}$

$|A|=2\Rightarrow ab-c^2=2$

तथा $\begin{pmatrix}2 & 1\\ 3 & 3/2\end{pmatrix}A=\begin{pmatrix}1 & 2\\ \alpha & \beta\end{pmatrix}\ \Rightarrow\ \begin{pmatrix}2 & 1\\ 3 & 3/2\end{pmatrix}\begin{pmatrix}a & c\\ c & b\end{pmatrix}=\begin{pmatrix}1 & 2\\ \alpha & \beta\end{pmatrix}$

$$\Rightarrow \begin{pmatrix} 2a+c & 2c+b \\ 3a+\frac{3}{2}c & 3c+\frac{3}{2}b \end{pmatrix} = \begin{pmatrix} 1 & 2 \\ \alpha & \beta \end{pmatrix}$$

$$\Rightarrow \begin{matrix} 2a+c=1 \\ 2c+b=2 \end{matrix} \Rightarrow \begin{matrix} 3a+\frac{3}{2}c=\alpha \\ 3c+\frac{3}{2}b=\beta \end{matrix}$$

$2a+c=1$ तथा $2c+b=2$ को हल करने पर,

$4a=b \Rightarrow ab-c^2=2 \Rightarrow a\cdot 4a-c^2=2 \Rightarrow 4a^2-c^2=2$

$\Rightarrow \quad 4a^2-(1-2a)^2=2 \quad [\because 2a+c=1]$

$\Rightarrow \quad 4a^2-1-4a^2+4a=2 \Rightarrow 4a-1=2 \Rightarrow a=\frac{3}{4}$

$\therefore \quad b=4a=3$

$c=1-2a=1-\frac{3}{2}=-\frac{1}{2}$

$\therefore \quad A=\begin{pmatrix} 3/4 & -1/2 \\ -1/2 & 3 \end{pmatrix}$

$a+b=s \Rightarrow s=\frac{3}{4}+3=\frac{15}{4}$ (दिया है)

$\alpha=3\cdot\frac{3}{4}+\frac{3}{2}\cdot\left(-\frac{1}{2}\right)=\frac{9}{4}-\frac{3}{4}=\frac{3}{2}$

$\beta=3\cdot\left(-\frac{1}{2}\right)+\frac{3}{2}\cdot 3=-\frac{3}{2}+\frac{9}{2}=\frac{6}{2}=3$

$\therefore \quad \frac{\beta\cdot s}{\alpha^2}=\frac{3\cdot\left(\frac{15}{4}\right)}{9/4}=\frac{45}{9}=5$

83. $(\sqrt{10})$ $y^2=2x$ के बिन्दु $B(2, 2)$ पर स्पर्श रेखा है

$x-2y+2=0$

$x^2+y^2=4x$ के बिन्दु $(2, 2)$ पर स्पर्श रेखा है

$y=2 \to L_1$

रेखा का समीकरण $x+y+2=0 \to L_2$

हमें वृत्त पर बिन्दु $B(2,2)$ पर रेखा और स्पर्श रेखा का प्रतिच्छेद बिन्दु ज्ञात करना है। L_1 व L_2 का प्रतिच्छेद बिन्दु $A(-4, 2)$ है।

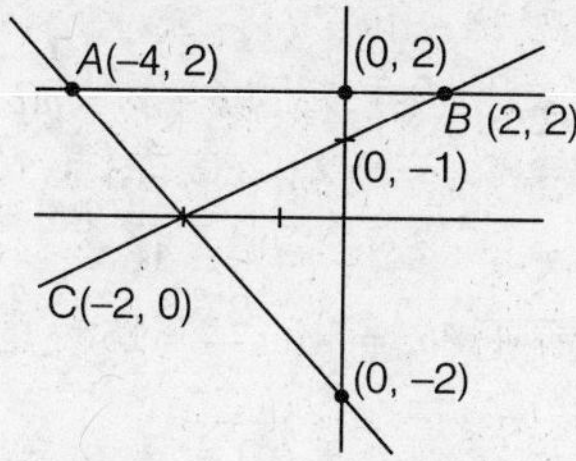

$\tan(\angle A)=\left|\frac{m_1-m_2}{1+m_1m_2}\right|$ जहाँ, $m_1=L_1$ का ढाल $=0$

तथा $m_2=L_2$ का ढाल $=-1 \quad \Rightarrow \tan A=\frac{1}{1}=1 \Rightarrow \angle A=45^\circ$

ΔABC के परिवृत्त की त्रिज्या है

$r=\frac{a}{2\sin A}$ (जहाँ $a=BC=\sqrt{20}$)

$=\frac{\sqrt{20}}{2\sin 45^\circ}=\frac{\sqrt{20}}{2\cdot\frac{1}{\sqrt{2}}}=\sqrt{10}$

अत: $r^2=(\sqrt{10})^2=10$

84. *(9)* $x^7+3x^5-13x^3-15x=0$

$\Rightarrow x(x^6+3x^4-13x^2-15)=0$

$\Rightarrow x(x^6+2x^4-15x^2+x^4+2x^2-15)=0$

$\Rightarrow x[x^2(x^4+2x^2-15)+(x^4+2x^2-15)]=0$

$\Rightarrow x(x^2+1)(x^4+2x^2-15)=0$

$\Rightarrow x(x^2+1)(x^2-3)(x^2+5)=0$

मूल हैं $0, \pm i, \pm\sqrt{3}, \pm\sqrt{5}i$

$|\alpha_1|\geq|\alpha_2|\geq....\geq|\alpha_7|$ (दिया है)

अत: $\alpha_1=\sqrt{5}i, \alpha_3=\sqrt{3}, \alpha_5=i, \alpha_7=0$

$\alpha_2=-\sqrt{5}i, \alpha_4=-\sqrt{3}, \alpha_6=-i,$

$\therefore \alpha_1\alpha_2-\alpha_3\alpha_4+\alpha_5\alpha_6=5+3+1=9$

85. *(4)* वक्र $y=\frac{x-a}{(x+b)(x-2)}$ के बिन्दु $(1, -3)$ पर अभिलम्ब का समीकरण है

$$(y+3)=-\frac{1}{y'\big|_{(1,-3)}}(x-1) \quad ...(i)$$

$\therefore \quad y'=\frac{(x+b)(x-2)\cdot 1-(x-a)(x-2+x+b)}{[(x+b)(x-2)]^2}$

$\Rightarrow \quad y'|_{(1,-3)}=\frac{(1+b)(-1)-(1-a)b}{[(1+b)(-1)]^2}=\frac{ab-2b-1}{(1+b)^2}$

समी (i) से,

$$y+3=\frac{(1+b)^2}{2b+1-ab}(x-1)$$

$$\Rightarrow \quad y=\frac{(1+b)^2}{2b+1-ab}\cdot x-\frac{(1+b)^2}{2b+1-ab}-3 \quad ...(ii)$$

$\therefore$ अभिलम्ब का समीकरण

$$x-4y=13 \Rightarrow y=\frac{1}{4}x-\frac{13}{4} \quad ...(iii)$$

समी (ii) व (iii) की तुलना करने पर,

$$\frac{(1+b)^2}{2b+1-ab}=\frac{1}{4} \Rightarrow 4(1+b)^2=2b+1-ab \quad ...(iv)$$

$(1, -3)$ वक्र समीकरण को सन्तुष्ट करता है

$$-3=\frac{1-a}{(1+b)(-1)} \Rightarrow 3+3b=1-a \Rightarrow a=-3b-2$$

समी (iv) में, $a=-3b-2$ रखने पर,

$$4(1+b)^2=2b+1+(3b+2)^b$$

$\Rightarrow b^2+4b+3=0 \Rightarrow b=-1, -3$ ($b=-1$ सम्भव नहीं है चूँकि $b=-1$ समी (ii) में रखने पर x का गुणांक नष्ट हो जाएगा)

$b=-3$ तथा $a=-3b-2=7 \quad \Rightarrow a+b=7+(-3)=4$

86. *(461)* दिया गया है,

$a_n=a_{n-1}+(n-1), b_n=b_{n-1}+a_{n-1}, \forall\ n\geq 2$ तथा $a_1=b_1=1$

अब, $b_{n+1}=b_{n-1}+a_n=b_{n-1}+a_{n-1}+a_n$

$=b_{n-1}+a_{n-1}+a_{n-1}+(n-1)$

$=2b_n-b_{n-1}+(n-1)$

n	b_n	b_{n-n}
1	1	0
2	2	0
3	4	1
4	8	4
5	15	10
6	26	20
7	42	35
8	64	56
9	93	84
10	130	120

$$\therefore\ 2S - T = 2\sum_{n=1}^{10}\frac{b_n}{2^n} - \sum_{n=1}^{8}\frac{b_n}{2^{n-1}}$$

$$= \sum_{n=1}^{8}\frac{b_n}{2^{n-1}} + 2\times\frac{b_9}{2^9} + 2\times\frac{b_{10}}{2^{10}} - \sum_{n=1}^{8}\frac{n}{2^{n-1}}$$

$$= \sum_{n=1}^{8}\frac{b_{n-n}}{2^{n-1}} + \frac{b_9}{2^8} + \frac{b_{10}}{2^9} = \frac{461}{128}$$

$$\therefore\ 2^7(2S-T) = 2^7 \times \frac{461}{128} = 461$$

87. *(11)* दिया है,

एक वृत्त जिसका केन्द्र (2, 3) व त्रिज्या 4 है

वृत्त का समीकरण $(x-2)^2 + (y-3)^2 = 16$

$$\Rightarrow \quad x^2 + y^2 - 4x - 6y - 3 = 0 \quad \ldots(i)$$

सम्पर्क की जीवा $T = 0$

$$\Rightarrow \quad x\alpha + y\beta - 2(x+\alpha) - 3(y+\beta) - 3 = 0$$

$$\Rightarrow \quad x(\alpha - 2) + y(\beta - 3) = 3 + 2\alpha + 3\beta$$

उपरोक्त रेखा व रेखा $x + y = 3$ समान है।

$$\therefore \quad \frac{\alpha-2}{1} = \frac{\beta-3}{1} = \frac{2\alpha+3\beta+3}{3}$$

$$\therefore \quad \alpha - 2 = \beta - 3 \Rightarrow \alpha - \beta = -1 \Rightarrow \beta = \alpha + 1$$

$$\therefore \quad \alpha - 2 = \frac{2\alpha + 3\alpha + 6}{3}$$

$$\Rightarrow \quad 3\alpha - 6 = 5\alpha + 6 \Rightarrow 2\alpha = -12 \Rightarrow \alpha = -6$$

$$\therefore \quad \beta = -5$$

अत: $4\alpha - 7\beta = 4(-6) - 7(-5) = -24 + 35 = 11$

88. *(603)* दिया है, $X = \{11, 12, \ldots, 40, 41\}$ तथा $Y = \{61, 62, \ldots\ldots, 90, 91\}$ प्रेक्षणों के दो समुच्चय है।

$$\therefore \quad \overline{X} = \frac{\frac{31}{2}(11+41)}{31} = 26 \quad (X \text{ का माध्य})$$

$$\overline{Y} = \frac{\frac{31}{2}(61+91)}{31} = 76 \quad (Y \text{ का माध्य})$$

सभी प्रेक्षणों का XUY का प्रसरण (σ^2)

$$\sigma^2 = \frac{\Sigma x_i^2 + \Sigma y_i^2}{62} - \left(\frac{\Sigma x_i + \Sigma y_i}{62}\right)^2$$

$$\Rightarrow \sigma^2 = \frac{(11^2 + 12^2 + \ldots + 41^2) + (61^2 + 62^2 + \ldots + 91^2)}{62} - (51)^2$$

$$= 3306 - 2601 = 705$$

$$\therefore\ |\bar{x} + \bar{y} - \sigma^2| = |26 + 76 - 705| = 603$$

89. *(3000)* 1000 से 9999 तक 4 अंकों की संख्याएँ = 9000

2 से विभाज्य 4 अंकों की संख्याएँ $= \frac{9000}{2} = 4500$

6 से विभाज्य 4 अंकों की संख्याएँ = 1500

अत: 4 अंकों की संख्याएँ जिनका 54 के साथ महत्तम उभयनिष्ठ भाजक 2 है = 4500 − 1500 = 3000

90. *(9)* दिया है, $\{a_k\}$ तथा $\{b_k\}$, दोनों गुणोत्तर श्रेढ़ी हैं जिनका सार्व अनुपात क्रमशः r_1 व r_2 और $a_1 = b_2 = 4$ तथा $r_1 < r_2$ है।

$c_k = a_k + b_k,\ k \in N,\ c_2 = 5$ तथा $c_3 = \frac{13}{4}$

हमें ज्ञात है गुणोत्तर श्रेढ़ी का nवाँ पद

$a_k = a_1 r_1^{k-1} \Rightarrow b_k = b_1 r_2^{k-1}$ [$\because$ $\{a_k\}$ व $\{b_k\}$ गुणोत्तर श्रेढ़ी में हैं)]

$c_k = a_k + b_k$ (दिया है)

$$\Rightarrow \quad c_2 = a_2 + b_2 \Rightarrow 5 = a_1 r_1^1 + b_1 r_2^1 \Rightarrow r_1 + r_2 = \frac{5}{4} \quad \ldots(i)$$

तथा $c_3 = a_3 + b_3 \Rightarrow \frac{13}{4} = a_1 r_1^2 + b_1 r_2^2 \Rightarrow r_1^2 + r_2^2 = \frac{13}{16}$ ...(ii)

समी (i) में दोनों तरफ का वर्ग करने पर,

$$r_1^2 + r_2^2 + 2r_1r_2 = \frac{25}{16} \Rightarrow 2r_1r_2 = \frac{12}{16} \Rightarrow r_1r_2 = \frac{3}{8}$$

$$r_1 - r_2 = \sqrt{(r_1+r_2)^2 - 4r_1r_2} = \sqrt{\frac{25}{16} - \frac{3}{2}} = \sqrt{\frac{25-24}{16}} = \frac{1}{4} \quad \ldots(iii)$$

समी (i) व (iii) को हल करने पर,

$r_1 = \frac{3}{4}$ व $r_2 = \frac{2}{4}$ किन्तु, यहाँ $r_1 > r_2$ है

प्रश्नानुसार, माना (यहाँ $r_1 < r_2$)

$$r_1 = \frac{2}{4} = \frac{1}{2} \text{ तथा } r_2 = \frac{3}{4} \Rightarrow a_6 = 4\left(\frac{1}{2}\right)^5 = \frac{1}{8} \Rightarrow 12a_6 = \frac{3}{2}$$

$$b_4 = 4\left(\frac{3}{4}\right)^3 = \frac{27}{16}\ \ 8b_4 = \frac{27}{2}$$

$$12a_6 + 8b_4 = \frac{3}{2} + \frac{27}{2} = 15$$

तथा $\sum_{k=1}^{\infty} C_k = \sum_{k=1}^{\infty}(a_k + b_k) = \sum_{k=1}^{\infty} a_k + \sum_{k=1}^{\infty} b_k$

$$= \frac{a_1}{1-r_1} + \frac{b_1}{1-r_2} = \frac{4}{1-\frac{1}{2}} + \frac{4}{1-\frac{3}{4}}$$

$$= 8 + \frac{16}{1} = 24$$

$$\sum_{k=1}^{\infty} c_k - (12a_6 + 8b_4) = 24 - 15 = 9$$

JEE Main संयुक्त प्रवेश परीक्षा

सॉल्वड पेपर 2023

30 जनवरी, प्रथम पाली

भौतिकी

खण्ड 'A' ऑब्जेक्टिव प्रश्न

1. किसी चालक में प्रवाहित आवेश $Q(t) = \alpha t - \beta t^2 + \gamma t^3$ के अनुसार समय के साथ परिवर्तित हो रहा है। जहाँ α, β एवं γ स्थिरांक हैं। धारा का न्यूनतम मान है

(a) $\beta - \frac{\alpha^2}{3\gamma}$ (b) $\alpha - \frac{\beta^2}{3\gamma}$
(c) $\alpha - \frac{\gamma^2}{3\beta}$ (d) $\alpha - \frac{3\beta^2}{\gamma}$

2. किसी निश्चित त्रिज्या वाली केशनली को जब किसी द्रव्य में ऊर्ध्वाधर डुबाया जाता है तो इसमें द्रव 5 cm की ऊँचाई तक चढ़ता है। यदि किसी केशनली को समान तरीके से किसी अन्य द्रव में डुबाया जाता है, जिसका पृष्ठ तनाव एवं घनत्व पहले वाले द्रव से दुगुना है, तो द्रव द्वारा केशनली में चढ़ी ऊँचाई का मान ...... m होगा।

(a) 0.20 (b) 0.10
(c) 0.05 (d) 0.5

3. किसी ज्यावक्रीय वाहक वोल्टेज को आयाम मॉडुलित किया गया है। आयाम मॉडुलित परिणामी तरंग के अधिकतम और न्यूनतम आयाम के उच्चिष्ठ एवं निम्निष्ठ क्रमश. 120 V एवं 80 V हैं। प्रत्येक पार्श्व (साइड) बैंड का आयाम होगा

(a) 5 V (b) 10 V
(c) 15 V (d) 20 V

4. किसी दी हुई ठोस वस्तु के पॉयसन अनुपात (σ), आयतन प्रत्यास्थता गुणांक (K) एवं दृढ़ता गुणांक (η) में सही सम्बन्ध चुनें।

(a) $\sigma = \frac{6K + 2\eta}{3K - 2\eta}$ (b) $\sigma = \frac{6K - 2\eta}{3K - 2\eta}$
(c) $\sigma = \frac{3K + 2\eta}{6K + 2\eta}$ (d) $\sigma = \frac{3K - 2\eta}{6K + 2\eta}$

5. 20 m ऊँचे एक ऊर्ध्वाधर स्तम्भ पर 200 g द्रव्यमान की एक गेंद विश्राम अवस्था में है । u m/s वेग से क्षैतिज दिशा में चलती हुई 10g द्रव्यमान की एक गोली गेंद के केंद्र से टकराती है। संघट्ट के बाद दोनों स्वतंत्र रूप से चलती हैं। धरातल पर स्तम्भ के पैर (तली) से 30m की दूरी पर गेंद एवं 120m की दूरी पर गोली टकराती है। गोली के प्रारंभिक वेग का मान होगा (यदि $g = 10\ \text{m/s}^2$)

(a) 360 m/s (b) 400 m/s
(c) 60 m/s (d) 120 m/s

6. यदि अंतरिक्ष में गुरुत्वीय क्षेत्र $\left(-\frac{K}{r^2}\right)$ है। गुरुत्वीय विभव $V = 10$ जूल/किग्रा के साथ निर्देश (संदर्भ) बिंदु $r = 2$ cm पर लिया है। $r = 3$ cm पर गुरुत्वीय विभव का मान SI मात्रक में ज्ञात कीजिए। (दिया है, $K = 6$J-cm/kg)

(a) 9 (b) 12 (c) 11 (d) 10

7. त्रिज्या $r_A = 10$ cm एवं $r_B = 20$ cm वाली दो अच्छी तरह कसी हुई क्रमश: कुंडलियों A एवं B में निहित चुम्बकीय आघूर्ण निम्न के बराबर है। (जहाँ N_A, I_A एवं N_B, I_B क्रमश: कुंडली A एवं B में चक्रों की संख्या एवं धारा हैं)

(a) $4N_AI_A = N_BI_B$ (b) $N_AI_A = 4N_BI_B$
(c) $N_A = 2N_B$ (d) $2N_AI_A = N_BI_B$

8. कोई छोटी वस्तु जो कि विश्राम अवस्था में है, 20 mW शक्ति वाली प्रकाश पल्स को 300 ns के समयान्तराल तक अवशोषित करती है। माना प्रकाश की चाल 3×10^8 m/s है, वस्तु का संवेग हो जाएगा

(a) 2×10^{-17} kg-m/s (b) 1×10^{-17} kg-m/s
(c) 3×10^{-17} kg-m/s (d) 0.5×10^{-17} kg-m/s

9. एक आदर्श गैस का दाब (p) एवं तापमान (T) का संबंध, समीकरण $pT^2 =$ स्थिरांक का अनुसरण करता है । गैस का आयतन प्रसार गुणांक होगा

(a) $3T^2$ (b) $3/T^3$ (c) $3/T^2$ (d) $3/T$

10. स्तम्भ I को स्तम्भ II से मिलाइये।

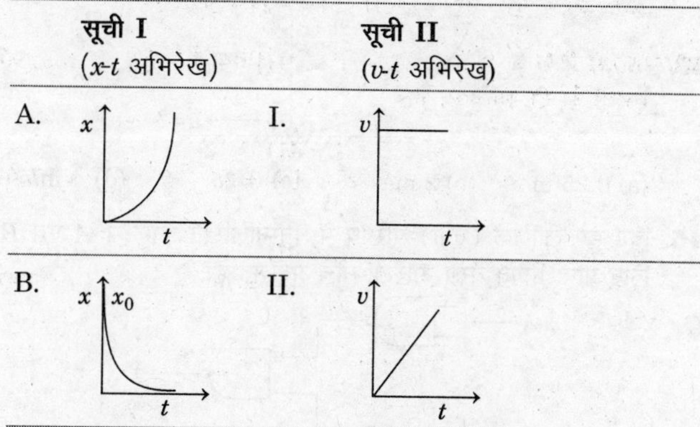

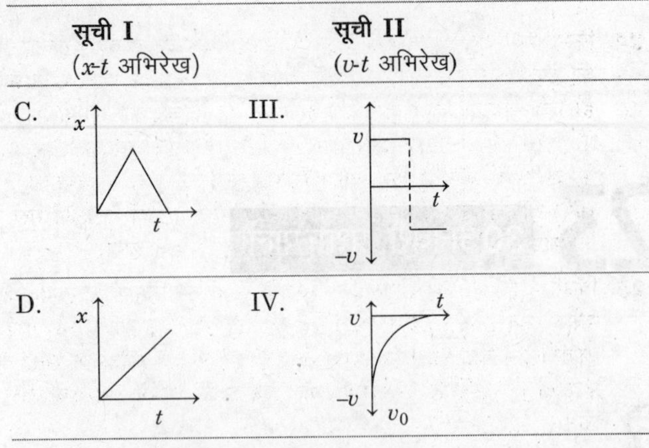

नीचे दिए गए विकल्पों में से सही उत्तर चुनिए।

(a) A-I, B-II, C-III, D-IV (b) A-II, B-III, C-IV, D-I
(c) A-I, B-III, C-IV, D-II (d) A-II, B-IV, C-III, D-I

11. एक निश्चित परिसर में विद्युत क्षेत्र निम्नवत् दिया हुआ है $\mathbf{E}=\left(\frac{A}{x^2}\hat{\mathbf{i}}+\frac{B}{y^3}\hat{\mathbf{j}}\right)$। A एवं B के SI मात्रक हैं

(a) $N\text{-}m^3C$; $N\text{-}m^2C$ (b) $N\text{-}m^3C^{-1}$; $N\text{-}m^3C^{-1}$
(c) $N\text{-}m^3C^{-1}$; $N\text{-}m^2C^{-1}$ (d) $N\text{-}m^2C$; $N\text{-}m^3C$

12. कोई व्यक्ति स्पष्ट दृष्टि के लिए – 1.0 डायोप्टर शक्ति वाला चश्मा प्रयोग करता है एवं वह पढ़ने के लिए कोई दूसरा 2.0 डायोप्टर शक्ति वाला चश्मा प्रयोग करता है। इस व्यक्ति की स्पष्ट दृष्टि की न्यूनतम दूरी क्या होगी?

(a) 50 cm (b) 10 cm (c) 40 cm (d) 30 cm

13. श्रेणीबद्ध $L\text{-}R$ परिपथ में $X_L = R$ एवं शक्ति गुणांक P_1 है। यदि $X_C = X_L$ के साथ एक संधारित्र परिपथ में जोड़ दिया जाए तो शक्ति गुणांक P_2 हो जाता है P_1 एवं P_2 का अनुपात होगा

(a) 1 : 1 (b) 1 : 3 (c) $1:\sqrt{2}$ (d) 1 : 2

14. दिए हुए चित्रानुसार, किसी वृत्त के चतुर्थांश भाग में कोई छोटी गेंद P नीचे की तरफ फिसलती है एवं समान द्रव्यमान की किसी दूसरी गेंद Q से टकराती है, जो प्रारम्भ में विराम में है। घर्षण का प्रारम्भ नगण्य एवं संघट्ट को प्रत्यास्थ माना है, संघट्ट के बाद गेंद Q का वेग होगा ($g = 10 m/s^2$)

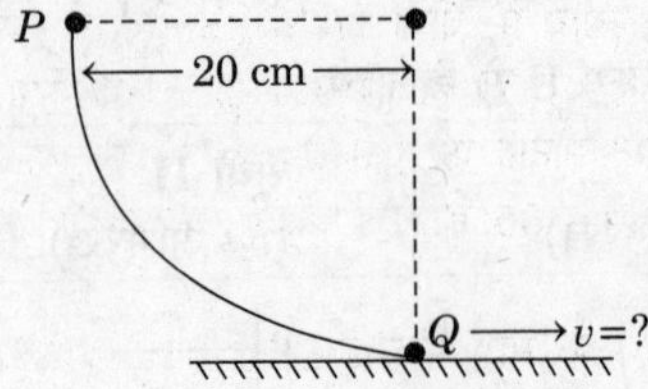

(a) 0.25 m/s (b) 2 m/s (c) 0 (d) 4 m/s

15. दिए हुए लॉजिक (तर्क) परिपथ में, निम्नलिखित इनपुट्स A एवं B के लिए प्राप्त निर्गत् तरंग आरेख, नीचे प्रदर्शित है।

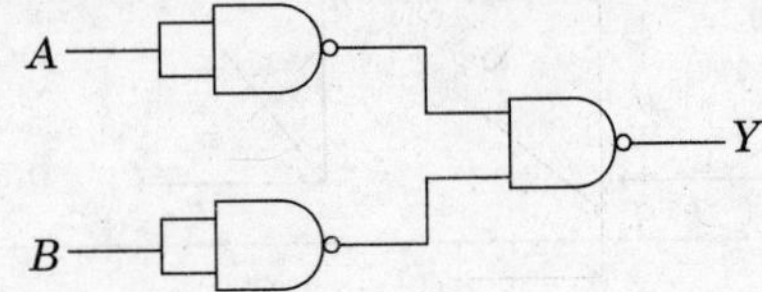

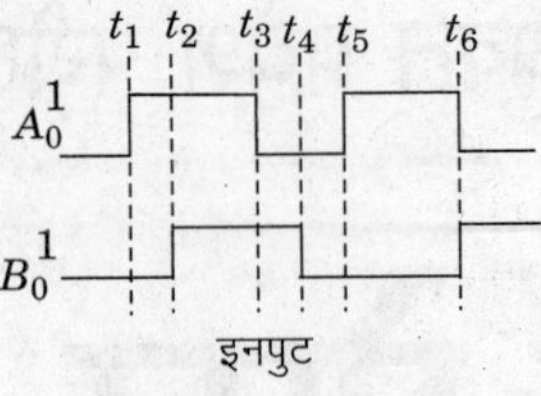

(a)
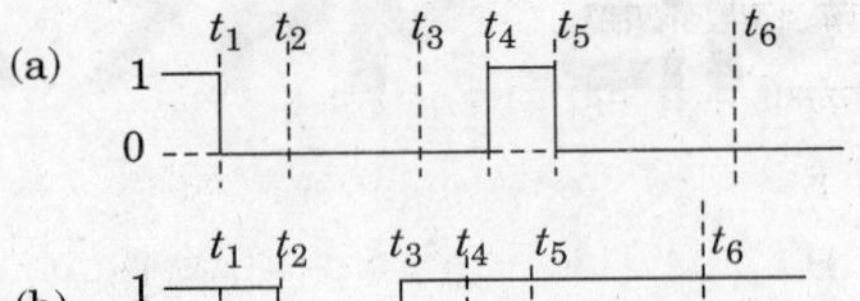

(b)
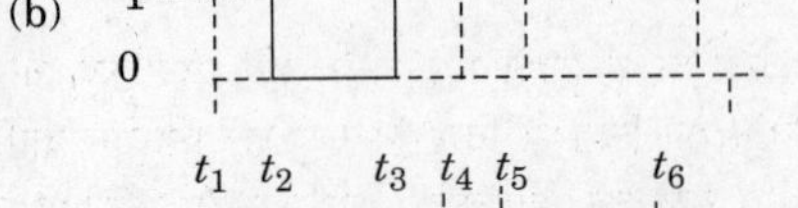

(c)
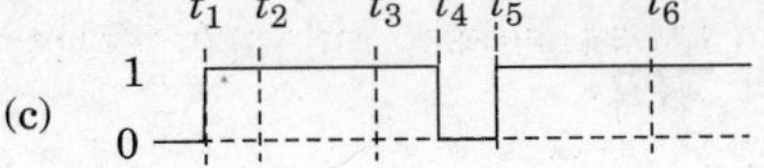

(d)
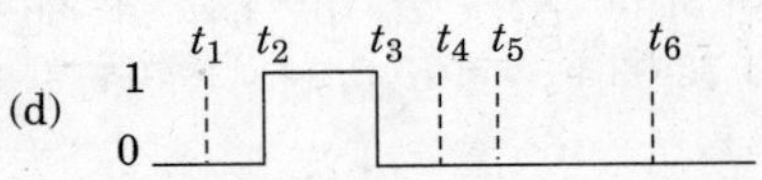

16. हाइड्रोजन परमाणु के लिए बोहर की 7 वीं कक्षा में इलेक्ट्रॉन की चाल $v_7 = 3.6 \times 10^6$ m/s है। तीसरी कक्षा में इलेक्ट्रॉन की चाल .... m/s होगी।

(a) 3.6×10^6 (b) 7.5×10^6 (c) 1.8×10^6 (d) 8.4×10^6

17. R एवं $2R$ त्रिज्याओं वाले दो पृथक् ठोस धात्विक गोलों को इस प्रकार आवेशित किया जाता है कि दोनों का आवेश घनत्व σ है। इसके बाद गोलों को किसी पतले चालक तार द्वारा जोड़ा जाता है। माना बड़े गोले पर नया आवेश घनत्व σ' है। तो अनुपात $\frac{\sigma'}{\sigma}$ होगा

(a) $\frac{4}{3}$ (b) $\frac{5}{3}$ (c) $\frac{5}{6}$ (d) $\frac{9}{4}$

18. $10\,\Omega$ प्रतिरोध वाले किसी तार का एक वर्गाकार पाश, 1 g के द्रव्यमान को साधे हुए है। इसे ऊर्ध्वाधर इस प्रकार लटकाया जाता है कि इसकी एक भुजा, किसी 10^3 गॉस मान के एकसमान चुम्बकीय क्षेत्र में है, जिसकी दिशा छायांकित क्षेत्र की तरफ है एक दिष्ट धारा (DC) विभव V इस घेरे में आरोपित किया जाता है। V के किस मान के लिए, ऊपर की तरफ लगने वाला चुम्बकीय बल नीचे की तरफ लगने वाले गुरुत्वीय बल को संतुलित करेगा?

(माना पाश की भुजा = 10 cm, $g = 10 ms^{-2}$)

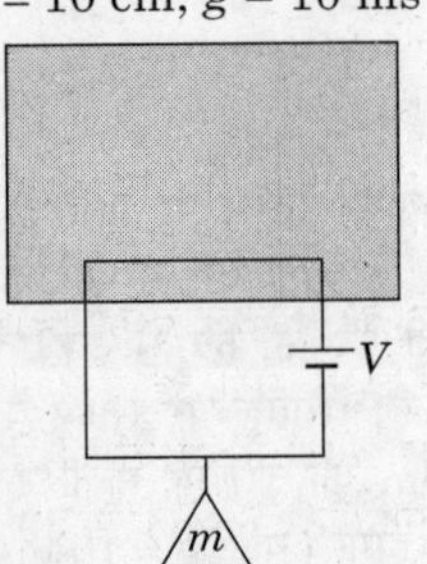

(a) 1 V (b) 10 V (c) 100 V (d) $\frac{1}{10}$ V

19. किसी समतापीय प्रक्रम में, एक आदर्श गैस को ऊष्मा दी जाती है ।
A. गैस की आंतरिक ऊर्जा कम हो जाती है ।
B. गैस की आंतरिक ऊर्जा बढ़ जाती है ।
C. गैस की आंतरिक ऊर्जा अपरिवर्तित रहती है ।
D. गैस धनात्मक कार्य करेगी।
E. गैस ऋणात्मक कार्य करेगी।
नीचे दिए गए विकल्पों में से सही उत्तर चुनिए।
(a) केवल C एवं E (b) केवल A एवं E
(c) केवल B एवं D (d) केवल C एवं D

20. बल के प्रभाव में X-अक्ष के अनुदिश गति करते हुए एक कण के संवेग-समय (p-t) वक्र को चित्र में दिखाया गया है। पहचान कीजिए कि अभिरेख (ग्राफ) में बल का अधिकतम एवं न्यूनतम परिणाम क्रमश: कहाँ होगा? यदि $(t_3 - t_2) < t_1$

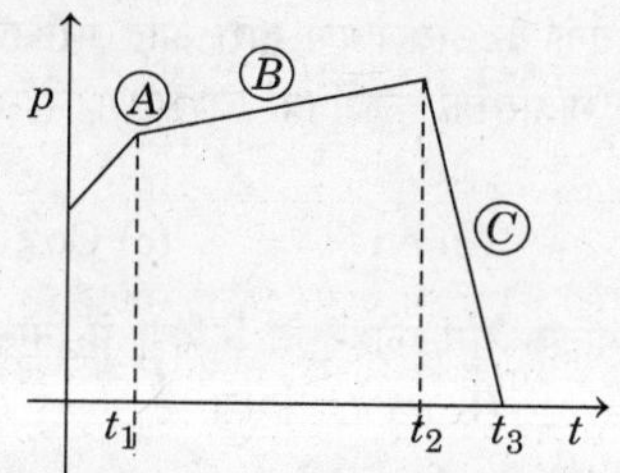

(a) C एवं A (c) C एवं B (c) B एवं C (d) A एवं B

खण्ड 'B' न्यूमैरिकल वैल्यू प्रश्न

21. 900 μF धारिता वाले एक संधारित्र को 100 V वाली बैटरी के द्वारा आवेशित किया जाता है। अब इसे बैटरी से हटाया जाता है, एवं किसी दूसरे एकसमान अनावेशित संधारित्र के साथ इस प्रकार जोड़ा जाता है कि अनावेशित संधारित्र की एक पट्टी, आवेशित संधारित्र की धन पट्टी से एवं दूसरी पट्टी, आवेशित संधारित्र की ऋण पट्टी से जुड़ती है। इस प्रक्रिया में हुए ऊर्जा क्षय का मान $x \times 10^{-2}$ J है। x का मान होगा ....

22.

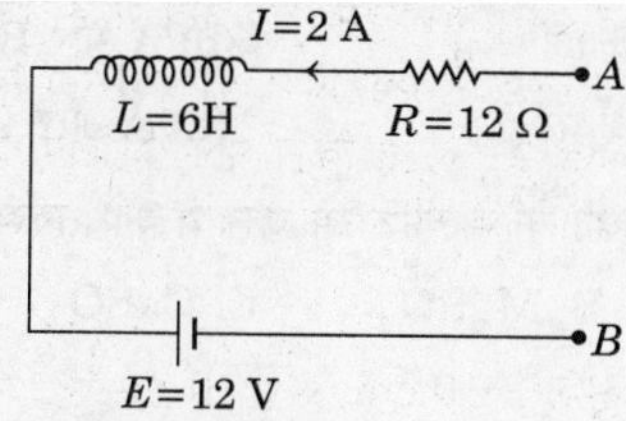

दिए हुए चित्रानुसार, यदि $\frac{dI}{dt} = -1$ A/s है तो इस क्षण पर V_{AB} का मान .... V होगा।

23. किसी अभिसारी दर्पण की फोकल दूरी निकालने के प्रयोग में, दर्पण के ध्रुव से 40 cm की दूरी पर रखी हुई वस्तु का प्रतिबिम्ब दर्पण के ध्रुव से 120 cm की दूरी पर बनता है। ये दूरियाँ किसी संशोधित पैमाने से मापी गई हैं, जिसके एक सेंटीमीटर (cm) में 20 छोटे विभाजन हैं। दर्पण की फोकल दूरी मापने में हुई त्रुटि का मान $\frac{1}{k}$ cm है। k का मान .... होगा।

24. किसी पेंचमापी में, वृत्ताकार पैमाने पर 100 विभाजन हैं एवं वृत्ताकार पैमाने का एक घूर्णन पूरा होने पर मुख्य पैमाना 0.5 mm के मान से खिसकता है। जब पेंचमापी के दोनों जबड़े मिले हुए हैं, तो वृत्ताकार पैमाने का शून्य गेज रेखा (पिच रेखा) से 6 विभाजन नीचे पड़ता है। जब कोई तार पेंचमापी के जबड़ों के बीच में कसा जाता है ती रेखीय पैमाने के 4 विभाजन साफ-साफ दिखते हैं जबकि वृत्ताकार पैमाने का 46 वाँ विभाजन मूल रेखा के सम्पाती है। तार का व्यास .... $\times 10^{-2}$ mm होगा।

25. किसी अर्द्धगोले के समतल के वक्र के केन्द्र पर प्रकाश का एक बिंदु स्त्रोत रखा हुआ है। यह स्त्रोत 24 W की शक्ति उत्सर्जित करता है। अर्द्धगोलीय वक्र की त्रिज्या 10 cm है एवं उसकी आंतरिक सतह पूर्णत: परावर्ती है। अर्द्धगोले पर गिरने वाले प्रकाश के कारण आरोपित बल का मान .... $\times 10^{-8}$ N है।

26. एक घुडसवार आधी दूरी 5 m/s की चाल से तय करता है। बची हुई दूरी, आधे समय में 10 m/s की चाल से एवं बाकी के आधे समय में 15 m/s की चाल से तय की जाती है। गति के कुल समय के लिए औसत की गई, घुड़सवार की औसतन चाल $\frac{x}{7}$ m/s है। x का मान......होगा

27. किसी सरल आवर्त दोलक का सामान्य विस्थापन $x = A \sin \omega t$ है। माना T इसका आवर्तकाल है। इसकी स्थितिज ऊर्जा (U) एवं समय (t) के बीच प्राप्त वक्र (अभिरेख) का ढाल $t = T/\beta$ समय पर अधिकतम होगा। β का मान .... है।

28. नीचे दिए हुए परिपथ में, धारा I_1 का परिमाण ....A होगा।

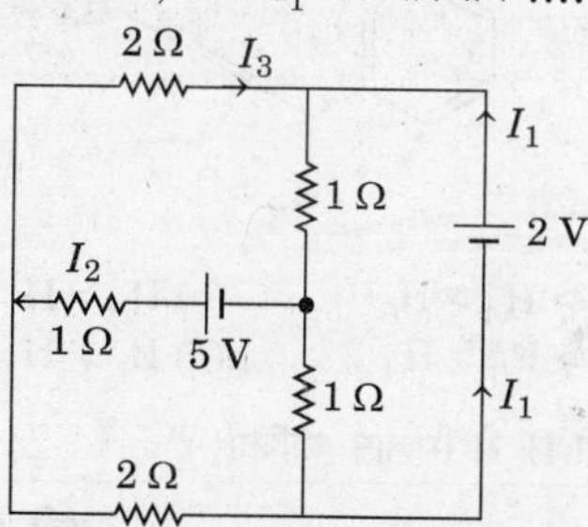

29. किसी पतली एकसमान छड़ की लम्बाई 2m अनुप्रस्थ काट का क्षेत्रफल (A) एवं घनत्व (d) हैं, इसे ω कोणीय वेग से एक अक्ष के परित: घुमाया जाता है, जो कि इसके केंद्र से गुजर रही है एवं इसकी लम्बाई के लम्बवत् है। इसकी घूर्णन ऊर्जा E के पदों में ω का मान $\sqrt{\alpha E / Ad}$ है। α का मान .... होगा।

30. यंग के द्विझिर्री प्रयोग में, दोनों झिर्रीयों S_1 एवं S_2 के बीच की दूरी d एवं इनकी पर्दे से दूरी D है (दिखाए गये चित्रानुसार)। अब यदि 0.1 mm समान मोटाई की पारदर्शी पट्टियाँ, जिनके अपवर्तनांक क्रमश: 1.51 एवं 1.55 हैं। इन पट्टियों को क्रमश: S_1 एवं S_2 से आ रही किरणों
(λ = 4000Å) के मार्ग में रखा जाता है। केन्द्रीय दीप्त फ्रिन्ज .... संख्या से विस्थापित हो जाएगी।

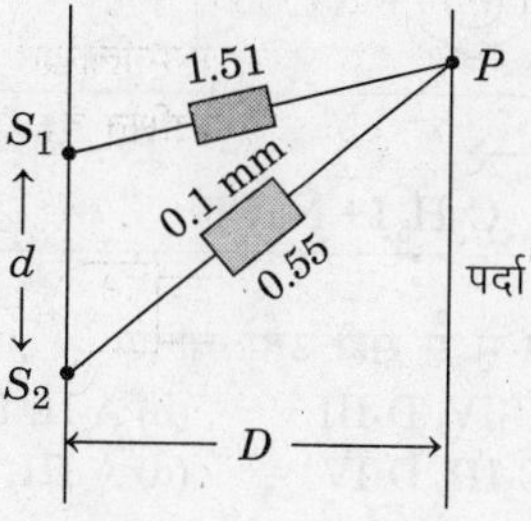

रसायन विज्ञान

खण्ड 'A' ऑब्जेक्टिव प्रश्न

31. नीचे दो कथन दिए हैं। एक पर अभिकथन (A) का और दूसरे पर कारण (R) का लेबल है।

अभिकथन (A) मँहगें वैज्ञानिक उपकरणों में सिलिका जैल वॉच ग्लास अथवा अर्द्ध-पारगम्य झिल्ली की थैली में रखा होता है।

कथन (R) सिलिका जैल हवा में से नमी को अधिशोषण द्वारा अवशोषित कर लेता है जिससे उपकरण जल का संक्षारण (जंग लगने से) सुरक्षित रहते हैं और खराबी से बचाता है।

(a) A तथा R दोनों सत्य हैं और R, A की सही व्याख्या है।
(b) A तथा R दोनों सत्य हैं परन्तु R, A की सही व्याख्या नहीं है।
(c) A सत्य है परन्तु R असत्य है।
(d) A असत्य है परन्तु R सत्य है।

32. नीचे दिए गए यौगिक के A-D द्वारा चिह्नित प्रोटॉनों की अम्लीयता का सही क्रम कौन-सा है?

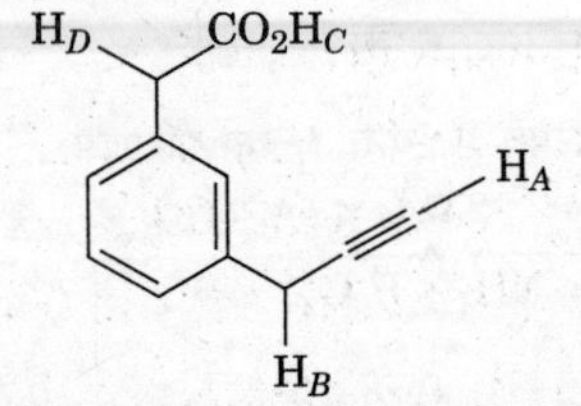

H_D CO_2H_C H_A H_B

(a) $H_C > H_D > H_A > H_B$ (b) $H_D > H_C > H_B > H_A$
(c) $H_C > H_D > H_B > H_A$ (d) $H_C > H_A > H_D > H_B$

33. सूची-I का सूची-II से मिलान कीजिए।

सूची I	सूची II
A. $C_6H_5Cl + CH_3Cl \xrightarrow{Na} C_6H_5CH_3$	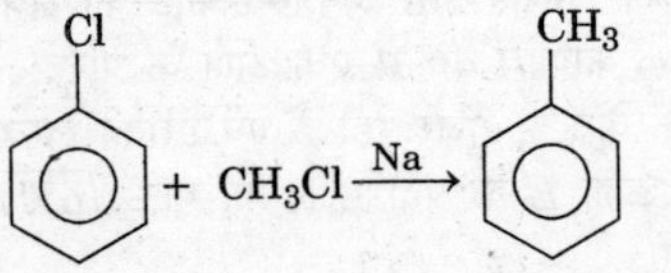 I. फिटिग अभिक्रिया
B. $C_6H_5Cl + 2Na \longrightarrow C_6H_5-C_6H_5$	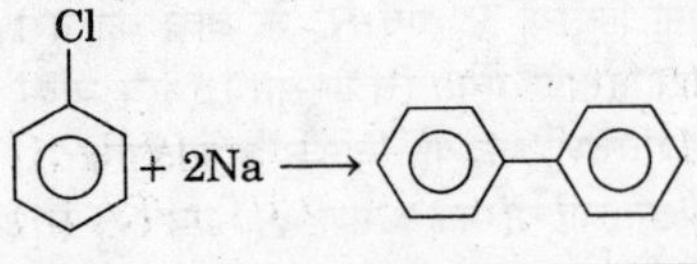 II. वुर्ट्ज फिटिग अभिक्रिया
C. $C_6H_5N_2^+Cl^- \xrightarrow{Cu_2Cl_2} C_6H_5Cl + N_2$	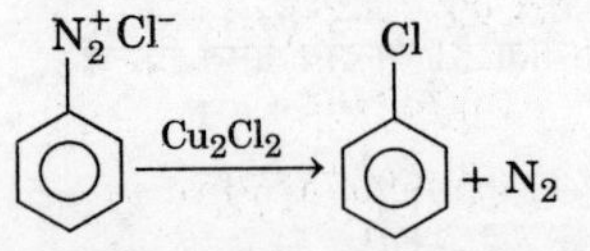 III. फिन्केल्सटाइन अभिक्रिया
D. $C_2H_5Cl + NaI \longrightarrow C_2H_5I + NaCl$	IV. सैण्डमेयर अभिक्रिया

नीचे दिए विकल्पों में से सही उत्तर चुनिए।

(a) A-II, B-I, C-IV, D-III (b) A-II, B-I, C-IV, D-III
(c) A-II, B-I, C-III, D-IV (d) A-III, B-II, C-IV, D-I

34. निम्न में से कौन-सा यौगिक मात्रात्मक विश्लेषण के निम्न सेट को देंगे?
(i) फेहलिंग परीक्षण सकारात्मक
(ii) सोडियम संगलन निष्कर्ष से सोडियम नाइट्रोप्रुसाइड अभिक्रिया करके खून जैसा लाल रंग देता है परन्तु हल्का नीला रंग नहीं बनता है।

(a) 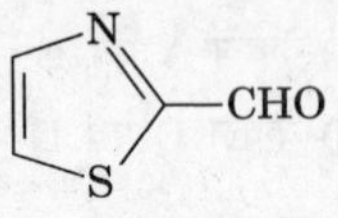 थायाज़ोल (N, S) —CHO (b) 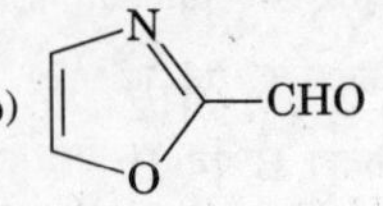 ऑक्साज़ोल (N, O) —CHO
(c) 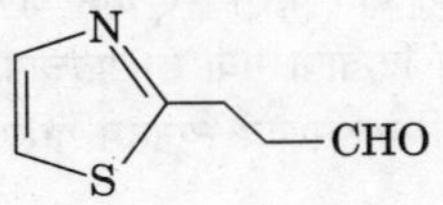 थायाज़ोल (N, S) —CH_2—CHO (d) 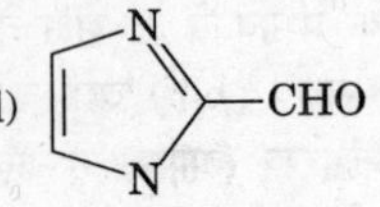 इमिडाज़ोल (N, N) —CHO

35. विभिन्न धनायनों के अवशोषण द्वारा आर्द्र परीक्षण में कौन-सा संक्रमण धातु धनायन मात्रात्मक कार्बनिक विश्लेषण में समूह IV का सदस्य नहीं है?
(a) Fe^{3+} (b) Ni^{2+} (c) Co^{2+} (d) Zn^{2+}

36. प्रकाश रासायनिक धूम कोहरे के निर्माण में निम्नलिखित अभिक्रियाएँ होती हैं। इनमें A, B तथा C क्रमशः हैं,
(i) $NO_2 \xrightarrow{h\nu} A + B$
(ii) $B + O_2 \longrightarrow C$
(iii) $A + C \longrightarrow NO_2 + O_2$
नीचे दिए विकल्पों में से सही विकल्प चुनिए।
(a) O, NO और NO_3^- (b) NO, O और O_3
(c) N, O_2 और O_3 (d) O, N_2O और NO

37. ट्यूमर वृद्धि को रोकने हेतु उपयोग किए जाने वाले यौगिकों को पहचानें।
A. EDTA B. Pt के उपसहसंयोजन यौगिक
C. D-पेनिसिलऐमीन D. *सिस*-प्लेटिन
नीचे दिये गये विकल्पों में से सही उत्तर चुनें।
(a) B और D केवल (b) A और B केवल
(c) C और D केवल (d) A और C केवल

38. क्षारीय मृदा धातुओं के सल्फेट जो जल में शीघ्रता से विलेयशील है/हैं
A. $BeSO_4$ B. $MgSO_4$ C. $CaSO_4$ D. $SrSO_4$
E. $BaSO_4$
निम्नलिखित विकल्पों में से सही उत्तर चुनिए।
(a) A (b) B और C (c) B (d) A और B

39. कॉपर के निष्कर्षण में इसके सल्फाइड अयस्क को सिलिका से मिश्रित कर परावर्तनी भट्टी में गर्म करते हैं जिनसे
(a) CuO, $CuSiO_3$ के रूप में पृथक् हो जाए।
(b) Cu_2S के भर्जन का ताप घट जाए।
(c) FeO का $FeSiO_3$ के रूप में निष्कासन हो जाए।
(d) कैल्सियम का $CaSiO_3$ के रूप में निष्कासन हो जाए।

40. मुख्य उत्पाद 'A' तथा 'B' क्रमशः हैं

$$'A' \xleftarrow[H_2SO_4]{\text{ठण्डा}} H_3C-\underset{}{\overset{CH_3}{\overset{|}{C}}}=CH_2 \xrightarrow[80°C]{H_2SO_4} 'B'$$

(a) $CH_3-\overset{CH_3}{\overset{|}{C}}=CH-\overset{CH_3}{\overset{|}{\underset{CH_3}{\underset{|}{C}}}}-CH_3$ और $CH_3-\overset{CH_3}{\overset{|}{\underset{OSO_3H}{\underset{|}{C}}}}-CH_3$

(b) $H_3C-\overset{CH_3}{\overset{|}{\underset{OSO_3H}{\underset{|}{C}}}}-CH_3$ और $CH_3-\overset{CH_3}{\overset{|}{C}}=CH-\overset{CH_3}{\overset{|}{\underset{CH_3}{\underset{|}{C}}}}-CH_3$

(c) $H_3C-\overset{CH_3}{\overset{|}{\underset{OSO_3H}{\underset{|}{C}}}}-CH_3$ और $CH_3-\overset{CH_3}{\overset{|}{CH}}-CH_2CH_2-\overset{CH_3}{\overset{|}{HC}}-CH_3$

(d) $CH_3-\overset{CH_3}{\overset{|}{CH}}-CH_2CH_2-\overset{CH_3}{\overset{|}{CH}}-CH_3$ और $H_3C-\overset{CH_3}{\overset{|}{\underset{OSO_3H}{\underset{|}{C}}}}-CH_3$

41. उच्च ताप पर जल की उपस्थिति में कैप्रोलैक्टम गर्म करने पर देता है

(a) नाइलॉन-6, 6 (b) डेक्रॉन (c) टेफ्लॉन (d) नाइलॉन-6

42. SO_3^{2+} के गुणात्मक विश्लेषण में, तनु H_2SO_4 से SO_2 गैस उत्सर्जित होती है, जो अम्लीय $K_2Cr_2O_7$ के विलयन को

(a) काला कर देती है (b) लाल कर देती है
(c) नीला कर देती है (d) हरा कर देती है

43. लीथियम ऐलुमीनियम हाइड्राइड का विरचन जिनकी अभिक्रिया से कर सकते हैं, वह है

(a) LiH और Al_2Cl_6 (b) $LiCl$ और Al_2Cl_6
(c) LiH और $Al(OH)_3$ (d) $LiCl$, Al और H_2

44. सूची-I का मिलान सूची-II से कीजिए।

	सूची-I (परमाणु क्रमांक)		सूची-II (आवर्त सारणी का ब्लॉक)
A.	37	I.	p-ब्लॉक
B.	78	II.	d-ब्लॉक
C.	52	III.	f-ब्लॉक
D.	65	IV.	s-ब्लॉक

नीचे दिए विकल्पों में से सही उत्तर चुनिए।

(a) A-IV, B-III, C-II, D-I (b) A-II, B-IV, C-I, D-III
(c) A-IV, B-II, C-I, D-III (d) A-I, B-III, C-IV, D-II

45. बेन्जिल आइसोसायनाइड को प्राप्त कर सकते हैं

A. $C_6H_5CH_2Br \xrightarrow{AgCN}$

B. $C_6H_5CH_2NH_2 \xrightarrow[aq.\ KOH]{CHCl_3}$

C. $C_6H_5CH_2-NHCH_3 \xrightarrow[aq.\ KOH]{CHCl_3}$

D. $C_6H_5CH_2OTs \xrightarrow{KCN}$

नीचे दिए विकल्पों में से सही उत्तर चुनिए

(a) A तथा B (b) A तथा D
(c) B तथा C (d) केवल B से

46. निम्नलिखित में से लिगैण्डों की क्षेत्र प्रबलता बढ़ने का सही क्रम कौन-सा है?

(a) $S^{2-} < NH_3 < en < CO < C_2O_4^{2-}$
(b) $NH_3 < en < CO < S^{2-} < C_2O_4^{2-}$
(c) $S^{2-} < C_2O_4^{2-} < NH_3 < en < CO$
(d) $CO < en < NH_3 < C_2O_4^{2-} < S^{2-}$

47. सूची-I का सूची-II से मिलान कीजिए।

	सूची-I (अणु/आयन)		सूची-II (केन्द्रीय परमाणु पर एकांकी इलेक्ट्रॉन युग्मों की संख्या)
A.	IF_7	I.	तीन
B.	ICl_4^-	II.	एक
C.	XeF_6	III.	दो
D.	XeF_2	IV.	शून्य

नीचे दिए विकल्पों में से सही उत्तर चुनिए।

(a) A-IV, B-I, C-II, D-III (b) A-II, B-I, C-IV, D-III
(c) A-IV, B-III, C-II, D-I (d) A-II, B-III, C-IV, D-I

48. नीचे दिए यौगिकों में से कौन-सा एक प्रति अम्ल है?

(a) टरफेनाडीन (b) मैप्रोबमेट
(c) रैनिटिडीन (d) ब्रोमैफेनिरामिन

49. नीचे दो कथन दिए हैं। एक को अभिकथन (A) तथा दूसरे को कारण (R) लेबल दिया है।

अभिकथन (A) ऐल्डोस की अपेक्षा कीटोस सेलिवानॉक परीक्षण शीघ्रता से देते हैं।

कारण (R) कीटोस में β-निराकरण के उपरान्त फरफ्यूरल का निर्माण होता है।

नीचे दिए गए विकल्पों में से उपरोक्त कथनों के लिए सही उत्तर चुनिए।

(a) A तथा R दोनों सत्य हैं और R, A की सही व्याख्या है।

(b) A तथा R दोनों सत्य हैं परन्तु R, A की सही व्याख्या नहीं है।

(c) A असत्य है परन्तु R सत्य है।

(d) A सत्य है परन्तु R असत्य है।

50. अणु F_2O के लिए निम्नलिखित पर विचार कीजिए।

A. ऑक्सीजन पर एकाकी युग्मों की संख्या 2 है।

B. F—O—F कोण 104.5° है।

C. O की ऑक्सीकरण अवस्था −2 है।

D. आण्विक ज्यामिती बंकित (V आकार) है

E. आण्विक ज्यामिती रैखिक है।

सही विकल्प है

(a) केवल C, D, E (b) केवल B, E, A

(c) केवल A, B, D (d) केवल A, C, D

खण्ड 'B' न्यूमैरिकल वैल्यू प्रश्न

51. एक यौगिक A और B की अभिक्रिया प्रथम कोटि की गतिकी का अनुसरण करती है, जिसका वेग स्थिरांक $2.011 \times 10^{-3}\ s^{-1}$ है, A की मात्रा 7 g से 2 g तक घटने के लिए समय (सेकण्ड में) है _____ । निकटतम पूर्णांक में)

[log 5 = 0.698, log 7 = 0.845, log 2 = 0.301]

52. 671.141 mL क्लोरोफॉर्म ($CHCl_3$) में डाइक्लोरो मेथेन (CH_2Cl_2) की कुछ मात्रा मिलाकर CH_2Cl_2 (DCM) का 2.6×10^{-3} विलयन बनाया गया है। DCM की सान्द्रता है ________ ppm (संहति से) (निकटतम पूर्णांक में)

(दिया है, परमाण्विक द्रव्यमान C = 12

H = 1, Cl = 35.5

$CHCl_3$ का घनत्व 1.49 g cm^{-3})

53. 0.01 M HCl के 600 mL को 400 mL 0.01 M H_2SO_4 के साथ मिश्रित करने पर प्राप्त मिश्रण की pH है। ______ $\times 10^{-2}$ (निकटतम पूर्णांक में)

दिया है

log 2 = 0.30,

log 3 = 0.48, log 5 = 0.69,

log 7 = 0.84, log 11 = 1.04

54. 2×10^{12} Hz आवृति के विकिरण के एक मोल फोटॉन की ऊर्जा kJ-mol^{-1} में है _____ (निकटतम पूर्णांक में)

[दिया है $h = 6.626 \times 10^{-34}$ Js

$N_A = 6.022 \times 10^{23}\ mol^{-1}$]

55. परमैंगनेट के अम्लीय माध्यम में मैगनीज डाइऑक्साइड में अपचयन में सम्मलित इलेक्ट्रॉनों की संख्या है

56. सेल

$Pt(s) | H_2(g, 1\ atm) | H^+(aq, 1\ M) || Fe^{3+}(aq), Fe^{2+}(aq) | Pt(s)$

दिया है, $Fe^{3+} + e^- \rightleftharpoons Fe^{2+}$, $E^\circ_{Fe^{3+}, Fe^{2+}/Pt} = 0.771$,

$\frac{2.303RT}{F} = 0.06$ V]

जब सेल का विभव 298 K पर 0.712 V है तो $[Fe^{2+}]/[Fe^{3+}]$ की सान्द्रता से अनुपात है _________ (निकटतम पूर्णांक में)

57. 20 g जल में एक अवाष्पशील विलेय 2 g को घोलने पर प्राप्त विलयन का क्थनांक 373.52 K है। विलेय की आण्विक द्रव्यमान है ________ g mol^{-1} (निकटतम पूर्णांक)।

(दिया है, K_b जल के लिए = 0.52 K kg mol^{-1})

58. एक त्रि प्रति स्थापित यौगिक 'A', $C_{10}H_{12}O_2$ उदासीन $FeCl_3$ सकारात्मक परीक्षण देता है। 'A' का NaOH तथा CH_3Br से क्रिया पर $C_{11}H_{14}O_2$ तथा हाइड्रोआयोडिक अम्ल से मेथिल आयोडाइड तथा गर्म सान्द्र NaOH से यौगिक B, $C_{10}H_{12}O_2$ देता है। यौगिक क्षारीय $KMnO_4$ का रंग भी उड़ा देता है। 'A' में उपस्थित π-आबन्धों की संख्या है ________ ।

59. एक आदर्श गैस के 2 लीटर का समतापीय प्रसार निर्वात् में कुल आयतन 6 लीटर तक होता है। आन्तरिक ऊर्जा में परिवर्तन है _______ J। (निकटतम पूर्णांक में)।

60. ऐल्कोहॉल रहित पेय की 300 mL की बोतल में 0.2 M CO_2 घुली है। CO_2 का व्यवहार आदर्श गैस जैसा मानकर घुली हुयी CO_2 का आयतन STP पर है ________ mL.

(दिया है, STP पर आदर्श गैस का आयतन 22.7 L mol^{-1} होता है)

गणित

खण्ड 'A' ऑब्जेक्टिव प्रश्न

61. माना एक अवकलनीय फलन $f : R \to (0, \infty)$ के लिए $5 f(x+y) = f(x) \cdot f(y), \forall\ x, y \in R$ है। यदि $f(3) = 320$, तो $\sum_{n=0}^{5} f(n)$ बराबर है

(a) 6525 (b) 6875 (c) 6825 (d) 6575

62. $(1+x)^{500} + x(1+x)^{499} + x^2(1+x)^{498} + \ldots + x^{500}$ में x^{301} का गुणांक है

(a) ${}^{501}C_{200}$ (b) ${}^{500}C_{302}$ (c) ${}^{500}C_{300}$ (d) ${}^{500}C_{301}$

63. माना $y = x + 2$, $4y = 3x + 6$ तथा $3y = 4x + 1$ वृत्त $(x-h)^2 + (y-k)^2 = r^2$ की तीन स्पर्श रेखाएँ हैं, तो $h + k$ बराबर है

(a) $5\sqrt{2}$ (b) 5 (c) 6 (d) $5(1+\sqrt{2})$

64. $A=\begin{bmatrix} m & n \\ p & q \end{bmatrix}$, $d=|A|\neq 0$ तथा $|A-d(\text{adj } A)|=0$ हैं, तो

(a) $(1+d)^2=m^2+q^2$ (b) $(1+d)^2=(m+q)^2$
(c) $1+d^2=m+q^2$ (d) $1+d^2=(m+q)^2$

65. रेखा l_1 बिन्दु (2, 6, 2) से होकर जाती है तथा समतल $2x+y-2z=10$ पर लम्बवत् है, तो l_1 तथा रेखा $\frac{x+1}{2}=\frac{y+4}{-3}=\frac{z}{2}$ के बीच न्यूनतम दूरी है

(a) 13/3 (b) 9 (c) 7 (d) 19/3

66. यदि $\tan 15^\circ+\frac{1}{\tan 75^\circ}+\frac{1}{\tan 105^\circ}+\tan 195^\circ$

$=2a$ है, तो $\left(a+\frac{1}{a}\right)$ का मान है

(a) $5-\frac{3}{2}\sqrt{3}$ (b) $4-2\sqrt{3}$ (c) 4 (d) 2

67. यदि **a**, **b** तथा **c** तीन शून्येत्तर सदिश है तथा **c** के लम्बवत् एक इकाई सदिश $\hat{\mathbf{n}}$ है, जिनके लिए $\mathbf{a}=\alpha\mathbf{b}-\hat{\mathbf{n}}$, $(\alpha\neq 0)$ तथा $\mathbf{b}\cdot\mathbf{c}=12$ है, तो $|\mathbf{c}\times(\mathbf{a}\times\mathbf{b})|$ बराबर है

(a) 12 (b) 6 (c) 15 (d) 9

68. वक्र $y=54x^5-135x^4-70x^3+180x^2+210x$ पर उन बिन्दुओं, जिन पर अभिलम्ब, रेखा $x+90y+2=0$ के समान्तर है, की संख्या है

(a) 2 (b) 4 (c) 0 (d) 3

69. यदि $a_n=\frac{-2}{4n^2-16n+15}$ है, तो $a_1+a_2+\ldots+a_{25}$ बराबर है

(a) $\frac{51}{144}$ (b) $\frac{49}{138}$ (c) $\frac{52}{147}$ (d) $\frac{50}{141}$

70. यदि समीकरण $(\log_{\cos x}\cot x)+4(\log_{\sin x}\tan x)=1$, $x\in\left(0,\frac{\pi}{2}\right)$ का हल $\sin^{-1}\left(\frac{\alpha+\sqrt{\beta}}{2}\right)$ है, जहाँ α,β पूर्णांक हैं, तो $\alpha+\beta$ बराबर है

(a) 5 (b) 4 (c) 6 (d) 3

71. एक सरल रेखा X-अक्ष तथा Y-अक्ष की धनात्मक दिशाओं पर क्रमशः $OA=a$ तथा $OB=b$ अंत:खण्ड काटती है। यदि मूलबिन्दु से इस रेखा पर अभिलम्ब Y-अक्ष की धनात्मक दिशा से $\pi/6$ का कोण बनाता है तथा ΔOAB का क्षेत्रफल $\frac{98}{3}\sqrt{3}$ है, तो a^2-b^2 बराबर है

(a) 98 (b) 196/3 (c) 196 (d) 392/3

72. कथन

$(S_1):((p\vee q)\Rightarrow r)\Leftrightarrow(p\Rightarrow r)$
$(S_2):((p\vee q)\Rightarrow r)\Leftrightarrow((p\Rightarrow r)\vee(q\Rightarrow r)$ में से

(a) केवल (S_2) पुनरुक्ति है
(b) न तो (S_1) न ही (S_2) पुनरुक्ति है
(c) (S_1) तथा (S_2) दोनों पुनरुक्ति हैं
(d) केवल (S_1) पुनरुक्ति है

73. माना रैखिक समीकरण निकाय

$$x+y+kz=2,\quad 2x+3y-z=1$$

तथा $3x+4y+2z=k$

के अनन्त हल हैं, तो निकाय

$$(k+1)x+(2k-1)y=7$$
$$(2k+1)x+(k+5)y=10$$

(a) केवल एक हल है जो $x-y=1$ को सन्तुष्ट करता है
(b) केवल एक हल है जो $x+y=1$ को सन्तुष्ट करता है
(c) का कोई ही नहीं है
(d) के अनन्त हल है

74. यदि परवलय $x=4y^2$ पर बिन्दु $P(h,k)$, बिन्दु $Q(0,33)$ के निकटतम है, तो P की परवलय $y^2=4(x+y)$ की नियता से दूरी बराबर है

(a) 6 (b) 8 (c) 2 (d) 4

75. माना एक इकाई सदिश **OP**, निर्देशांक अक्षों OX, OY तथा OZ की धनात्मक दिशाओं से क्रमशः कोण α,β तथा γ बनाते हैं, जहाँ $\beta\in\left(0,\frac{\pi}{2}\right)$ है। यदि **OP** बिन्दुओं (1, 2, 3), (2, 3, 4) तथा (1, 5, 7) से होकर जाने वाले समतल के लम्बवत् है, तो निम्न में से कौन-सा एक सत्य है?

(a) $\alpha\in\left(0,\frac{\pi}{2}\right)$ तथा $\gamma\in\left(\frac{\pi}{2},\pi\right)$ (b) $\alpha\in\left(\frac{\pi}{2},\pi\right)$ तथा $\gamma\in\left(0,\frac{\pi}{2}\right)$
(c) $\alpha\in\left(0,\frac{\pi}{2}\right)$ तथा $\gamma\in\left(0,\frac{\pi}{2}\right)$ (d) $\alpha\in\left(\frac{\pi}{2},\pi\right)$ तथा $\gamma\in\left(\frac{\pi}{2},\pi\right)$

76. माना अवकल समीकरण $\frac{dy}{dx}-\frac{3x^5\tan^{-1}(x^3)}{(1+x^6)^{3/2}}$

$y=2x\exp\left\{\frac{x^3-\tan^{-1}x^3}{\sqrt{(1+x^6)}}\right\}$ का हल वक्र $y=y(x)$ मूल बिन्दु से होकर जाता है, तो $y(1)$ बराबर है

(a) $\exp\left(\frac{\pi-4}{4\sqrt{2}}\right)$ (b) $\exp\left(\frac{4+\pi}{4\sqrt{2}}\right)$
(c) $\exp\left(\frac{4-\pi}{4\sqrt{2}}\right)$ (d) $\exp\left(\frac{1-\pi}{4\sqrt{2}}\right)$

77. यदि एक अनभिनत पासे, जिसके फलको पर $-2,-1,0,1,2,3$ लिखा है, को पाँच बार फेंका जाता है, तो फलकों पर प्राप्त संख्याओं का गुणनफल धनात्मक होने की प्रायिकता है

(a) $\frac{27}{288}$ (b) $\frac{440}{2592}$ (c) $\frac{881}{2592}$ (d) $\frac{521}{2592}$

78. यदि $\left(ax^3+\frac{1}{bx^{1/3}}\right)^{15}$ के प्रसार में x^{15} का गुणांक $\left(ax^{\frac{1}{3}}-\frac{1}{bx^3}\right)^{15}$ के प्रसार में x^{-15} के गुणांक के बराबर है, जहाँ a तथा b धनात्मक वास्तविक संख्याएँ हैं, तो ऐसे प्रत्येक क्रमित युग्म (a,b) के लिए

(a) $ab=1$ (b) $a=b$
(c) $ab=3$ (d) $a=3b$

79. समुच्चय $\{a, b, c\}$ पर सम्बन्ध $R = \{(a, b),(b, c)\}$ में कम से कम कितने अवयव जोड़े जाए कि सम्बन्ध R सममित तथा संक्रामक हो जाए।

(a) 5 (b) 7 (c) 4 (d) 3

80. यदि $[t]$ महत्तम पूर्णांक $\le t$, $\frac{3(e-1)}{e}\int_1^2 x^2 e^{[x]+[x^3]}\,dx$ का मान है

(a) $e^9 - e$ (b) $e^8 - e$ (c) $e^8 - 1$ (d) $e^7 - 1$

खण्ड 'B' न्यूमैरिकल वैल्यू प्रश्न

81. अंकों 1, 2, 3 तथा 5 के प्रयोग से (अंकों की पुनरावृत्ति की अनुमति है) 15 से विभाज्य 4 अंकों की संख्याओं की संख्या है ....

82. 7 प्रेक्षणों के माध्य तथा प्रसरण क्रमशः 8 तथा 16 हैं यदि एक प्रेक्षण 14 को हटाने पर शेष 6 प्रेक्षणों का माध्य तथा प्रसरण क्रमशः a तथा b हैं, तो $a + 3b - 5$ बराबर है ....

83. यदि λ के दो मान जिनके लिए समतलों $P_1 : \mathbf{r}(3\hat{\mathbf{i}} - 5\hat{\mathbf{j}} + \hat{\mathbf{k}}) = 7$ तथा $P_2 : \mathbf{r}\cdot(\lambda\hat{\mathbf{i}} + \hat{\mathbf{j}} - 3\hat{\mathbf{k}}) = 9$ के बीच का कोण $\sin^{-1}\left(\frac{2\sqrt{6}}{5}\right)$ है, $\lambda_1, \lambda_2, (\lambda_1 < \lambda_2)$ है, तो बिन्दु $(38\lambda_1, 10\lambda_2, 2)$ से समतल P_1 पर लम्ब की लम्बाई का वर्ग बराबर है ....

84. माना $z = 1 + i$ तथा $z_1 = \frac{1 + i\bar{z}}{\bar{z}(1-z) + \frac{1}{z}}$ है, तो $\frac{12}{\pi}\arg(z_1)$ बराबर है ....

85. माना प्रथम चतुर्थांश में वक्र $y^2 = 8x$ ओर रेखाओं $y = x$ एवं $x = 2$ से घिरे बड़े क्षेत्र का क्षेत्रफल a है, तो $3a$ का मान बराबर है ....

86. माना $\sum_{n=0}^{\infty} \frac{n^3 (2n)! + (2n-1)(n)!}{(n)!((2n))!} = ae + \frac{b}{e} + c$ है, जहाँ $a, b, c \in Z$ तथा $e = \sum_{n=0}^{\infty} \frac{1}{n!}$ हैं, तो $a^2 - b + c$ बराबर है

87. यदि बिन्दु (1, 1, 2) से होकर जाने वाले तथा रेखा $x - 3y + 2z - 1 = 0 = 4x - y + z$ के लम्बवत् समतल का समीकरण $Ax + By + Cz = 1$ है, तो $140(C - B + A)$ बराबर है ....

88. माना $f^1(x) = \frac{3x+2}{2x+3}, x \in R - \left\{\frac{-3}{2}\right\}$ है। $n \ge 2$ के लिए $f^n(x) = f^1 o f^{n-1}(x)$ द्वारा परिभाषित कीजिए। यदि $f^5(x) = \frac{ax+b}{bx+a}$, $\gcd(a, b) = 1$ है, तो $a + b$ बराबर है ....

89. माना $S = \{1, 2, 3, 4, 5, 6\}$ है, तो ऐसे एकेकी फलनों $f : S \to P(S)$, (जहाँ $P(S)$ समुच्चय S का घात समुच्चय $f(n) \subset f(m)$) है जब भी $n < m$ है, की संख्या है ....

90. $\lim_{x \to 0} \frac{48}{x^4}\int_0^x \frac{t^3}{t^6 + 1}\,dt$ बराबर है ....

सही उत्तर

भौतिकी

1. (b)	2. (c)	3. (b)	4. (d)	5. (a)	6. (c)	7. (b)	8. (a)	9. (d)	10. (d)
11. (b)	12. (d)	13. (c)	14. (b)	15. (c)	16. (d)	17. (c)	18. (b)	19. (d)	20. (b)
21. (2.25)	22. (30)	23. (32)	24. (220)	25. (4)	26. (50)	27. (8)	28. (1.5)	29. (3)	30. (10)

रसायन विज्ञान

31. (a)	32. (a)	33. (a)	34. (c)	35. (a)	36. (b)	37. (a)	38. (d)	39. (c)	40. (a)
41. (d)	42. (d)	43. (a)	44. (c)	45. (a)	46. (c)	47. (c)	48. (c)	49. (d)	50. (c)
51. (623)	52. (148)	53. (186)	54. (798)	55. (3)	56. (10)	57. (100)	58. (4)	59. (0)	60. (1362)

गणित

61. (c)	62. (a)	63. (b)	64. (b)	65. (b)	66. (c)	67. (a)	68. (b)	69. (d)	70. (b)
71. (d)	72. (b)	73. (b)	74. (a)	75. (d)	76. (c)	77. (d)	78. (a)	79. (b)	80. (b)
81. (21)	82. (37)	83. (315)	84. (9)	85. (22)	86. (26)	87. (15)	88. (3125)	89. ($^{64}P_6$)	90. (12)

संकेत एवं हल

भौतिकी

1. *(b)* दिया है, $Q(t) = \alpha t - \beta t^2 + \gamma t^3$

चालक से प्रवाहित धारा,

$$I = \frac{d\theta}{dt} = \frac{d}{dt}(\alpha t - \beta t^2 + \gamma t^3)$$

$$= \alpha - 2\beta t + 3\gamma t^2 \quad ...(i)$$

धारा का मान न्यूनतम होगा, जब $\frac{dI}{dt} = 0$

$$\Rightarrow \quad -2\beta + 6\gamma t = 0 \quad \text{या} \quad t = \frac{2\beta}{6\gamma}\left(\frac{\beta}{3r}\right)$$

समी (i) में t का मान करने पर,

$$I_{\min} = \left(\frac{d\theta}{dt}\right)_{\min} = \alpha - 2\beta\left(\frac{\beta}{3\gamma}\right) + 3\gamma\left(\frac{\beta^2}{9\gamma^2}\right) = \alpha - \frac{2\beta^2}{3\gamma} + \frac{\beta^2}{3\gamma}$$

$$I_{\min} = \alpha - \frac{\beta^2}{3\gamma}$$

2. *(c)* केशनली में द्रव की चढ़ाव ऊँचाई को निम्न सूत्र द्वारा दिया जाता है

$$H = \frac{2S\cos\theta}{\rho Rg}$$

द्रव A में, $H = 5$ cm

$$\Rightarrow \quad 5 = \frac{2S_A\cos\theta}{\rho_A Rg} \quad ...(i)$$

द्रव B में, $H = \frac{2S_B\cos\theta}{\rho_B Rg}$ ...(ii)

समी (i) व (ii) से,

$$\frac{H}{5} = \frac{S_B}{S_A}\cdot\frac{\rho_A}{\rho_B}$$

$$\Rightarrow \quad \frac{2S_A}{S_A}\times\frac{\rho_A}{\rho_B} \quad \{\because S_B = 2S_A, S\rho_B = 2\rho_A\}$$

$$\Rightarrow \quad \frac{H}{5} = 1 \Rightarrow H = 5\text{ cm} = 0.05\text{ m}$$

3. *(b)* अधिकतम आयाम $A_m + A_c = 120$ V ...(i)

तथा न्यूनतम आयाम $A_c - A_m = 80$ V ...(ii)

समी (i) व (ii) को जोड़ने पर,

$$2A_c = 200\text{ V}$$

$$A_c = 100\text{ V} \quad ...(iii)$$

समी (iii) से A_c का मान समी (i) में रखने पर,

$$A_m = 20\text{ V}$$

अतः, प्रत्येक पार्श्व (साइड) बैंड का आयाम

$$\frac{A_m}{2} - \frac{20}{2} = 10\text{V}$$

4. *(d)* हम जानते हैं कि, ठोस वस्तु के पॉयसन अनुपात (σ), आयतन प्रत्यास्थ गुणांक (K) तथा दृढता गुणांक (η) में सम्बन्ध के लिए

$$Y = 2\eta(1+\sigma) \quad ...(i)$$

$$Y = 3K(1-2\sigma) \quad ...(ii)$$

जहाँ, Y = यंग का प्रत्यास्थता गुणांक

K = सम्पीडन गुणांक

η = दृढ़ता गुणांक

σ = पॉयसन अनुपात

समी (i) व (ii) से,

$$2\eta(1+\sigma) = 3K(1-2\sigma)$$

$$\Rightarrow \quad 2\eta + 2\eta\sigma = 3K - 6\sigma K$$

$$\sigma(2\eta + 6K) = 3K - 2\eta \Rightarrow \sigma = \frac{3K - 2\eta}{2\eta + 6K}$$

5. *(a)* गेंद तथा गोली के लिए, धरातल से टकराने का समय उड्डयन काल के समान होगा, जो निम्न प्रकार दिया जाता है।

$$T = \sqrt{\frac{2H}{g}} = \sqrt{\frac{2\times 20}{10}} = 2\text{ s}$$

माना, m_1 = गोली का द्रव्यमान

m_2 = गेंद का द्रव्यमान

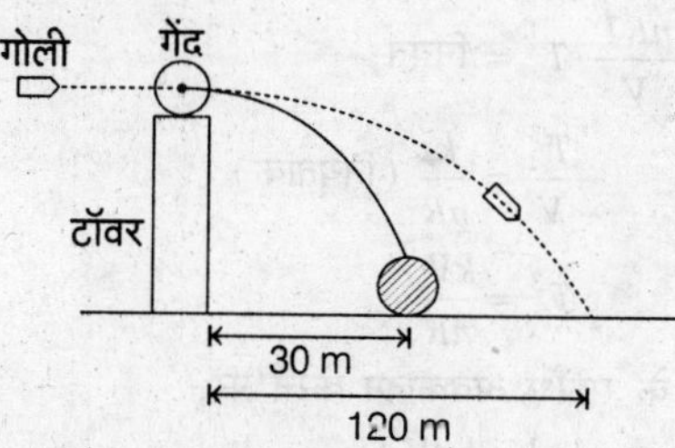

अतः, टक्कर के पश्चात् गेंद का क्षैतिज वेग

$$v_1 = \frac{30}{2} = 15\text{ m/s}$$

तथा गोली हेतु

$$v_2 = \frac{120}{2} = 60\text{ m/s}$$

अब, संवेग संरक्षण के नियम से,

$$m_1u_1 + m_2u_2 = m_1v_1 + m_2v_2$$

$$\Rightarrow \quad 10u + 200(0) = 200\left(\frac{30}{2}\right) + 10\left(\frac{120}{2}\right) \Rightarrow u = 360\text{ m/s}$$

6. *(c)* $\because$ गुरुत्वीय विभव V को निम्न सूत्र द्वारा दिया जाता है

$$\frac{dV}{dr} = -E$$

$$\Rightarrow \quad dV = -Edr \quad ...(i)$$

अतः $\int_{V_i}^{V_f} dV = -\int_2^3 Edr = -\int_2^3 -\frac{k}{r^2}dr = \left[-\frac{K}{r}\right]_2^3$

$$= -k\left[\frac{1}{3}-\frac{1}{2}\right] = \frac{k}{6} = \frac{6}{6} = 1 \text{ J/kg}$$

$\Rightarrow \quad V_f - V_i = 1 \Rightarrow V_f - 10 = 1$

$V_f = 11 \text{ J/kg}$

7. *(b)* वृत्तीय कुण्डली के लिए चुम्बकीय आघूर्ण, $M = NIA = NI(\pi r^2)$

जब A तथा B दोनों कुण्डलियों का समान चुम्बकीय आघूर्ण होता है, तब

$M_A = M_B$

$\Rightarrow \quad N_A I_A(\pi r_A^2) = N_B I_B(\pi r_B^2)$

$\Rightarrow \quad N_A I_A (10)^2 = N_B I_B (20)^2 \quad (\because r_A = 10 \text{ cm}, r_B = 20 \text{ cm})$

$N_A I_A = 4 N_B I_B$

8. *(a)* द्रव्यमान-ऊर्जा समीकरण से,

$E = mc^2 = pc$

$\Rightarrow \quad p = \frac{E}{c} = \frac{p \cdot t}{c} \quad [\because E = p \times t]$

उपर्युक्त मान रखने पर

$$p = \left[\frac{20 \times 10^{-3} \times 300 \times 10^{-9}}{3 \times 10^8}\right]$$

$p = 2 \times 10^{-17}$ kg-m/s

9. *(d)* दिये गये प्रक्रम हेतु, $pT^2 =$ नियत ...(i)

$\because \quad pV = nRT$ से,

$p = \frac{nRT}{V}$

समी (i) में p का मान रखने पर

$\frac{nRT}{V} \cdot T^2 =$ नियत (माना k)

$\Rightarrow \quad \frac{T^3}{V} = \frac{k}{nR}$ (नियतांक)

$\Rightarrow \quad T^3 = \frac{kV}{nR}$ ...(ii)

तापमान के सापेक्ष अवकलन करने पर,

$3T^2 = \frac{k}{nR} \cdot \left(\frac{dV}{dT}\right)$

अतः, $\frac{1}{V}\frac{dV}{dt} = \frac{3T^2 \cdot nR}{Vk} = \frac{3T^2 \cdot nR}{V \cdot \frac{nRT^3}{V}}$

समी (ii) में k का मान रखने पर

$\Rightarrow \quad \frac{1}{V} = \frac{dV}{dT} = \frac{3}{T} \Rightarrow \frac{1}{V}\left(\frac{dV}{dT}\right) =$ आयतन गुणांक $= \frac{3}{T}$

10. *(d)* (x-t वक्र से)

A.

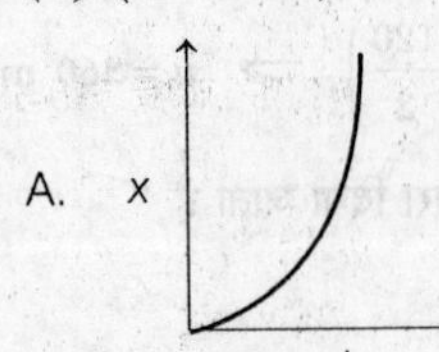

यहाँ $x = At^2$, अतः $v = \frac{dx}{dt} = 2At \Rightarrow V \propto t$

$\therefore \quad A \rightarrow$ II

B.

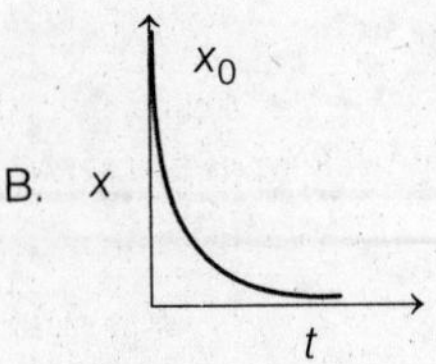

यहाँ, $x = Ae^{-Bt} \Rightarrow V = \frac{dx}{dt} = -\frac{A}{B}e^{-Bt}$

$\therefore B \rightarrow$ IV

C.

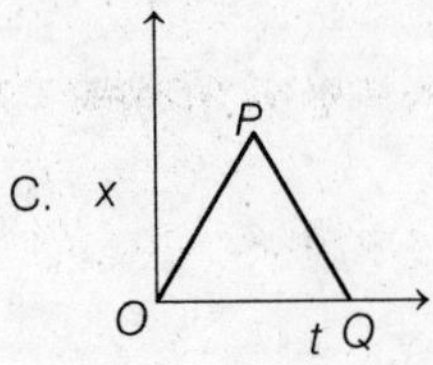

यहाँ, OP भाग में वेग धनात्मक तथा PQ भाग में वेग ऋणात्मक है, अतः C $\rightarrow$ III

D.

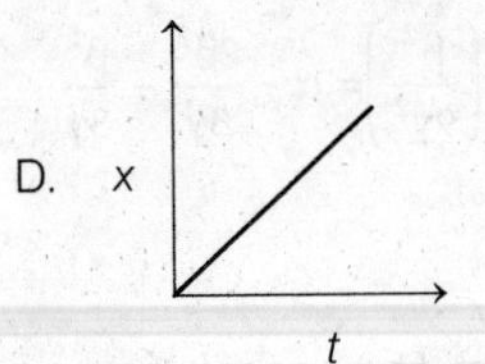

यहाँ $x = At \Rightarrow V = \frac{dx}{dt} = A =$ नियत

$\therefore$ D $\rightarrow$ I

11. *(b)* एक निश्चित परिसर में विद्युत क्षेत्र निम्न प्रकार दिया गया है

$$E = \left(\frac{A}{x^2}\hat{\mathbf{i}} + \frac{B}{y^3}\hat{\mathbf{j}}\right)$$

भौतिक समीकरण के समरुपता के सिद्धान्त से, E के सूत्र में प्रत्येक स्वतन्त्र पद की विमा तथा ईकाई समान होनी चाहिए।

जहाँ, $E = \text{NC}^{-1}$ तथा $x^2 \rightarrow m^2$

साथ ही $y^3 \rightarrow m^3$

इसलिए, A / x^2 तथा B / y^3 की इकाई भी N/C होगी।

अतः A की इकाई = S.I मात्रक $= \frac{\text{N - m}^2}{\text{C}^2}$

B का SI मात्रक $= \frac{\text{N - m}^3}{\text{C}}$

12. *(d)* दिया गया है, स्पष्ट दृष्टि के लिए प्रयुक्त (चश्मे) लेंस की शक्ति $P_1 = -1.0$D

अतः लेंस की फोकस दूरी, $f_1 = -100$ cm $\left[\because f \text{ (सेमी में)} = \frac{100}{P(\text{D})}\right]$

अतः दूर रखी वस्तु का प्रतिबिम्ब, दूर-बिन्दु पर बनना चाहिए (जहाँ तक व्यक्ति देख सकता है)

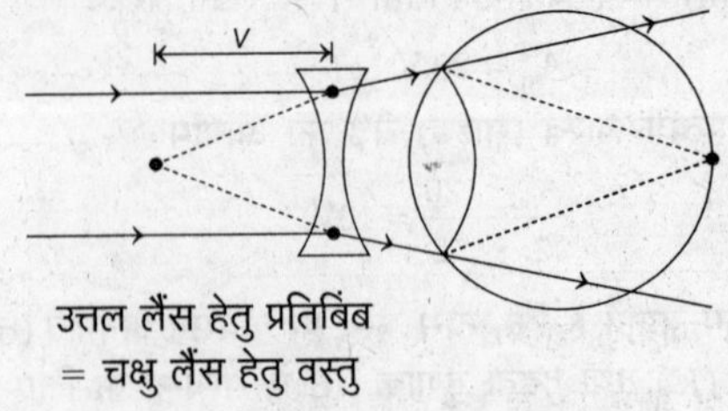

उत्तल लैंस हेतु प्रतिबिंब
= चक्षु लैंस हेतु वस्तु

उत्तल लेंस हेतु

$\Rightarrow \quad \frac{1}{v} - \frac{1}{u} = \frac{1}{f_1} \Rightarrow u = \infty, v = ?, f = -100 \text{ cm}$

$\Rightarrow \quad \frac{1}{v} = -\frac{1}{100} \Rightarrow v = -100 \text{ cm}$

अब, व्यक्ति पढ़ने हेतु दूसरा 2.0 डायोप्टर शक्ति वाला चश्मा प्रयोग करता है।

अवतल लेंस की फोकस दूरी, $f_2 = \frac{100}{P(\text{D})} = 50 \text{ cm}$

अब, यदि स्पष्ट दृष्टि की लिए दूरी x है तब वस्तु का प्रतिबिम्ब आँख से 100 cm पर बनना चाहिए।

$$u = -x, v = -100 \text{ cm} \Rightarrow f = 50 \text{ cm}$$

$\because \quad -\frac{1}{100} - \frac{1}{-x} = \frac{1}{50}$

$\Rightarrow \quad \frac{1}{x} = \frac{1}{50} + \frac{1}{100} = \frac{3}{100} \Rightarrow x = \frac{100}{3} = 33.33 \text{ cm}$

अत: निकटतम उत्तर 30 सेमी है।

13. *(c)* शक्ति गुणांक, $\cos\theta = R / Z$

इसलिए, शक्ति गुणांक $P_1 = \frac{R}{\sqrt{X_L^2 + R^2}}$

$\Rightarrow \quad P_1 = \frac{R}{\sqrt{R^2 + R^2}} \qquad \{\because X_L = R\}$

अत: $P_1 = 1/\sqrt{2}$

अब, परिपथ में संधारित्र को जोडा जाता है, जिसके लिए

$$X_L = X_C$$

अत: नया शक्ति गुणांक, $P_2 = \frac{R}{\sqrt{R^2 + (X_L - X_C)^2}} = \frac{R}{\sqrt{R^2}} = 1$

इसलिए, P_1 तथा P_2 का अनुपात, $\Rightarrow \frac{P_1}{P_2} = \frac{1}{\sqrt{2}}$

14. *(b)* गेंद P का वेग, जब वह गेंद Q से टकराती है

$$v = 2gh \Rightarrow v = \sqrt{2 \times 10 \times 0.2} = 2 \text{ m/s}$$

यहाँ गेंदे एकसमान हैं अत: प्रत्यास्थ संघट्ट में उनके वेग एक-दूसरे से बदल जाते हैं।

इसलिए गेंद Q का वेग $= 2$ m/s

15. *(c)*

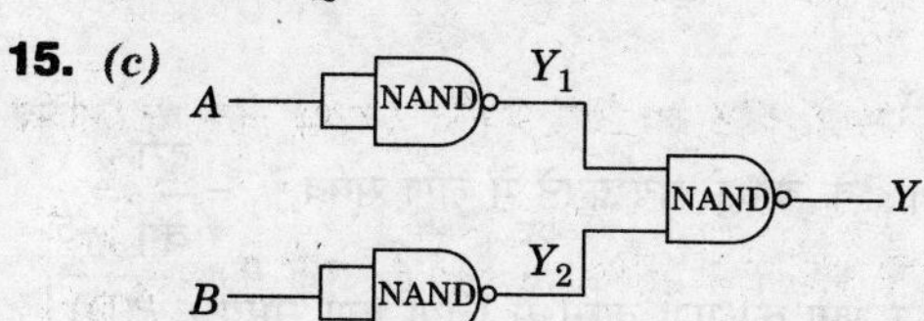

सत्यता सारिणी

A	B	Y_1	Y_2	$Y = \overline{Y_1 Y_2}$
0	0	1	1	1
1	0	0	1	1
0	1	1	0	1
1	1	0	0	0

अत: यह तार्किक परिपथ OR द्वार है।

निवेश तथा प्राप्त निर्गत् हेतु तरंग आरेख

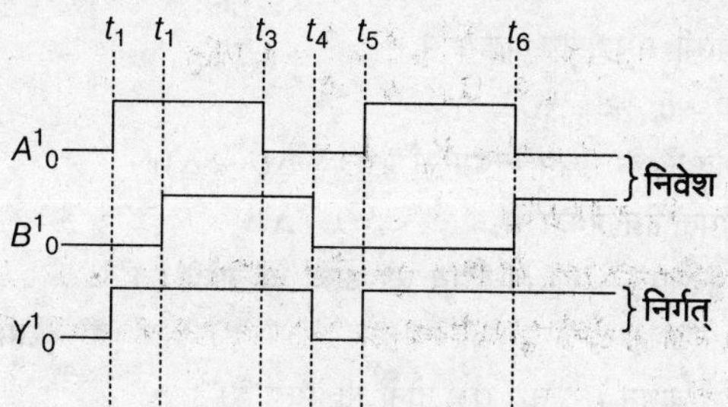

16. *(d)* nth बोहर कक्षक में घूम रहे इलेक्ट्रॉन की गति को निम्न सूत्र द्वारा दिया जाता है।

$$N_n \propto \frac{1}{n}$$

$\Rightarrow \quad \frac{v_7}{v_3} = \frac{3}{7} \Rightarrow \frac{3.6 \times 10^6}{v_3} = \frac{3}{7} \Rightarrow v_3 = \frac{7}{3} \times 3.6 \times 10^6$

$\Rightarrow \quad v_3 = 8.4 \times 10^6 \text{ m/s}$

17. *(c)* दिया गया है, आवेश घनत्व समान है

अत: $\sigma = \frac{Q_1}{4\pi R^2} = \frac{Q_2}{4\pi (2R)^2} \qquad \left(\because \sigma = \frac{\text{आवेश}}{\text{क्षेत्रफल}}\right)$

$\Rightarrow \quad 4Q_1 = Q_2$

सम्पर्क के पश्चात् बड़े वाले गोले पर आवेश,

$$Q_2' = Q_T \left(\frac{R_2}{R_1 + R_2}\right)$$

$$= (Q_1 + Q_2)\left(\frac{2R}{R + 2R}\right) = (Q_1 + Q_2)\left(\frac{2}{3}\right) = 5Q_1\left(\frac{2}{3}\right)$$

$$\sigma' = \frac{Q_2'}{A} = \frac{5Q_1(2/3)}{4\pi(2R)^2}$$

परन्तु, $Q_1 = \frac{Q_2}{4}$

$\Rightarrow \quad \sigma' = \frac{10}{12} \times \frac{Q_2}{4\pi(2R)^2} \Rightarrow \frac{\sigma'}{\sigma} = \frac{10}{12} = \frac{5}{6}$

18. *(b)*

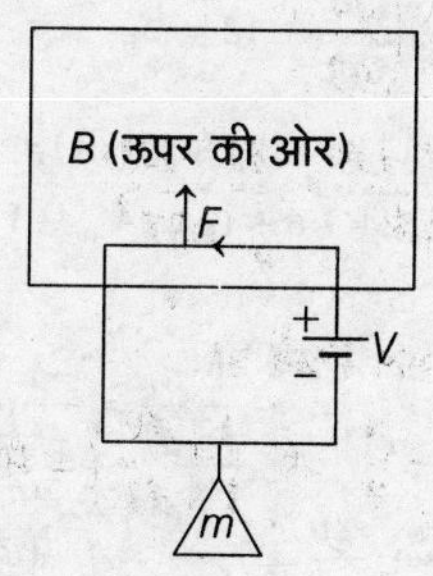

फ्लेमिंग के बायें हाथ के नियम से,

चालक पर लगने वाला बल (चुम्बकीय क्षेत्र के कारण) ऊपर की ओर आरोपित होगा।

दी गई अवस्था में, सन्तुलन भार हेतु

$\Rightarrow \quad F_{\text{लूप}} = \text{भार} \Rightarrow BIl \sin 90° = mg \Rightarrow BIl = mg$

$\Rightarrow \quad (10^3 \times 10^{-4})\left(\frac{V}{10}\right)\left(\frac{10}{100}\right) = 10^{-3} \times 10 \qquad (\because 1 \text{ G} = 10^{-4} \text{ T})$

$\Rightarrow \quad V \times 10^{-1} \times 10^{-2} = 10^{-2} \Rightarrow V = \frac{1}{10^{-1}} \Rightarrow V = 10 \text{ V}$

19. *(d)* किसी समतापीय प्रक्रम में,

$\because \Delta T = 0$, अत:, $\Delta U = 0$

ऊष्मागतिकी के प्रथम नियम से, $\Delta Q = \Delta U + \Delta W$ ...(i)

तब, समतापीय प्रक्रम में, $\Delta Q = \Delta W$ ...(ii)

$\because$ जब, $\Delta Q = +ve$ (निकाय को ऊर्जा दी जाती है)

$\Rightarrow \Delta W = v_e$ [समी (ii) से]

इसलिए, कथन (C) तथ (D) दोनों ही सत्य हैं।

20. *(b)* यहाँ, बल $(F) = \frac{d(p)}{dt} = p - t$ वक्र की ढाल वक्र से यह स्पष्ट है कि, रेखा C की ढाल अधिकतम तथा रेखा B की ढाल न्यूनतम है, इसलिए क्षेत्र (C) में, बल का परिमाण अधिकतम तथा क्षेत्र (B) में बल का परिमाण न्यूनतम होगा।

21. *(2.25)*

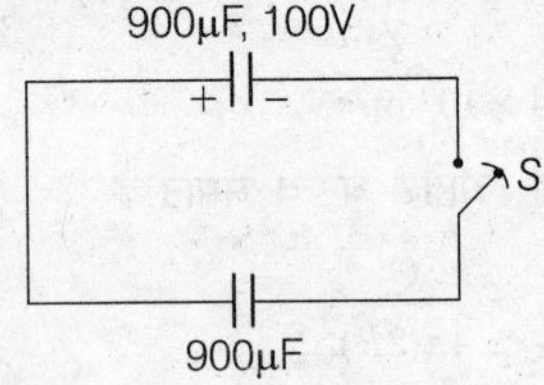

आवेश के पुन: वितरण के पश्चात् उभयनिष्ठ विभव

$$V = \frac{C_1V_1 + C_2V_1}{C_1 + C_2} = \frac{(900 \times 10^{-6} \times 100) + 0}{1800 \times 10^{-6}} \Rightarrow V = 50 \text{ V}$$

प्रारम्भ में संचित ऊर्जा, $(E_1) = \frac{1}{2}CV^2 = \frac{1}{2} \times 900 \times 10^{-6} \times (100)^2$

$$= 4.5 \text{ J} = 450 \times 10^{-2} \text{ J}$$

अंतिम अवस्था में संचित ऊर्जा, $(E_2) = \frac{1}{2}C_1V^2 + \frac{1}{2}C_2V^2$

$$= \frac{1}{2} \times 1800 \times 10^{-6} \times 50^2 = 225 \times 10^{-2} \text{ J}$$

अत: ऊर्जा क्षय $= (450 - 225) \times 10^{-2} = 2.25 \times 10^{-2}$ J

22. *(30)* किरचॉफ के वोल्टेज के नियम से,

$$\because \quad V_A - IR - L\frac{dI}{dt} - 12 = V_B$$

$$\Rightarrow \quad V_A - V_B = (2 \times 132) + 6 \times (-1) + 12$$

$$\Rightarrow \quad V_A - V_B = 24 - 6 + 12 \Rightarrow V_A - V_B = 30 \text{ V}$$

अत: $\Delta V = 30$ V

23. *(32)* $\because \frac{1}{f} = \frac{1}{v} + \frac{1}{u} \Rightarrow -\frac{1}{f^2}\frac{df}{dx} = \frac{-1}{v^2}d\frac{v}{dx} - \frac{1}{u^2}\frac{du}{dx}$

$$\Rightarrow \frac{\Delta f}{f^2} = \frac{\Delta v}{v^2} + \frac{\Delta u}{u^2} \Rightarrow \frac{\Delta f}{f} = f \text{ में त्रुटि } = f\left[\frac{\Delta v}{v^2} + \frac{\Delta x}{x^2}\right]$$

अब, दिया गया है, $u = -40$ cm, $v = -120$ cm

$$\therefore \frac{1}{f} = -\frac{1}{120} + \frac{1}{-40} = -\left(\frac{1+3}{120}\right) \Rightarrow \frac{1}{f} = \frac{-1}{30} \text{ या } f = -30 \text{ cm}$$

दिये गए पैमाने के लिए, 1 भाग के लिए अल्पतमांक $= \frac{1}{20}$ cm $= 0.05$ cm

अत: फोकस दूरी के मापन में त्रुटि, (समी (i) से)

$$\Delta f = f^2\left(\frac{\Delta v}{v^2} + \frac{\Delta x}{x^2}\right)$$

$$\Rightarrow \quad \Delta f = 900\left(\frac{0.05}{(120)^2} + \frac{0.05}{(40)^2}\right) \Rightarrow \Delta f = \frac{9 \times 5 \times 10}{40 \times 40 \times 9}$$

$$\Delta f = 1/32$$

अत: $k = 32$

24. *(220)* $\because$ अल्पतमांक $= \frac{\text{पिच}}{\text{वृत्तीय पैमाने पर विभाजन}} = \frac{0.5}{100} = 0.005$ मिमी

उपकरण की शून्य त्रुटि = 6 भाग = $6 \times 0.05 = 0.03$ मिमी

मुख्य पैमाने का पाठ्यांक = 4 MSD = 4×0.5 मिमी = 2 मिमी

वर्नियर पैमाने का पाठ्यांक = 46 भाग = $46 \times 0.005 = 0.23$ मिमी

अत: तार का व्यास, d = MSR + (VSR × LC) − शून्य त्रुटि

$$\Rightarrow \quad d = (4 \times 0.5) + (46 \times 0.05) - 0.03$$

$$= 2.2 \text{ mm} \approx 220 \times 10^{-2} \text{ mm}$$

25. *(4)* पूर्णत: परावर्ती सतह पर विकिरण दाब को निम्न प्रकार दिया जाता है।

$p = \frac{2I}{c}$ (जहाँ I = विकिरण की तीव्रता, c = प्रकाश का वेग)

अब, I = तीव्रता $= \frac{\text{ऊर्जा}}{\text{क्षेत्रफल} \times \text{समय}} = \frac{\text{शक्ति}}{\text{क्षेत्रफल}}$

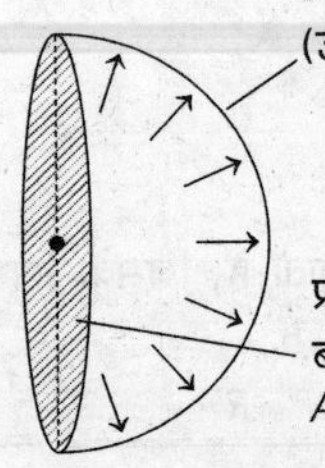

इसलिए, अर्द्धगोले पर, गिरने वाले प्रकाश के कारण आरोपित बल का मान

$$F = P \times A_2 = \frac{2I}{c} \times A_2$$

$$F = \frac{2PA_2}{A_1c} = \frac{48 \times \pi R^2}{4\pi R^2 \times 3 \times 10^8}$$

$$F = 4 \times 10^{-8} \text{ N}$$

26. *(50)*

A —5 m/s, t_1— B —10 m/s, $\frac{t_2}{2}$— C —15 m/s, $\frac{t_2}{2}$— D

माना $AB = BD = x$

तब, x दूरी को 5 m/s के वेग से तय करने में लगा समय, $t_1 = \frac{\text{दूरी}}{\text{वेग}} = \frac{x}{5}$

अब, यात्रा के द्वितीय भाग को पूर्ण करने में लिया गया समय t_2 है, जिसमें चालक x दूरी तय करता है।

$$BC = 10 \times \frac{t_2}{2}$$

इसी प्रकार, $CD = 15 \times \frac{t_2}{2}$

परन्तु, $BC + CD = x$

$$\Rightarrow \frac{10t_2}{2} + 15\frac{t_2}{2} = x \Rightarrow t_2 = \frac{x}{12.5}$$

इसलिए, यात्रा का कुल समय $= t_1 + t_2 = \frac{x}{5} + \frac{x}{12.5}$

इस प्रकार, पूर्ण यात्रा का औसत वेग v,

$$v = \frac{\text{कुल दूरी}}{\text{कुल समय}} = \frac{x + x}{\frac{x}{5} + \frac{x}{12.5}} \Rightarrow v = \frac{(5 \times 12.5) \times 2}{12.5 + 5}$$

$$v = \frac{5 \times 12.5 \times 2}{17.5} = \frac{50}{7} \text{ m/s}$$

27. *(8)* $U = \frac{1}{2} M\omega^2 A^2 \sin^2 \omega t$

अतः, $\frac{dU}{dt} = \frac{M\omega^3 A^2}{2} \sin 2\omega t$

यह मान अधिकतम होगा, जब

$\Rightarrow \quad \sin 2\omega t = 1 = \sin\frac{\pi}{2} \Rightarrow 2\omega t = \frac{\pi}{2}$

$\Rightarrow \quad 2 \times \frac{2\pi}{T} \times t = \frac{\pi}{2} \Rightarrow t = \frac{T}{\beta}$

अतः $\beta = 8$

28. *(1.5)*

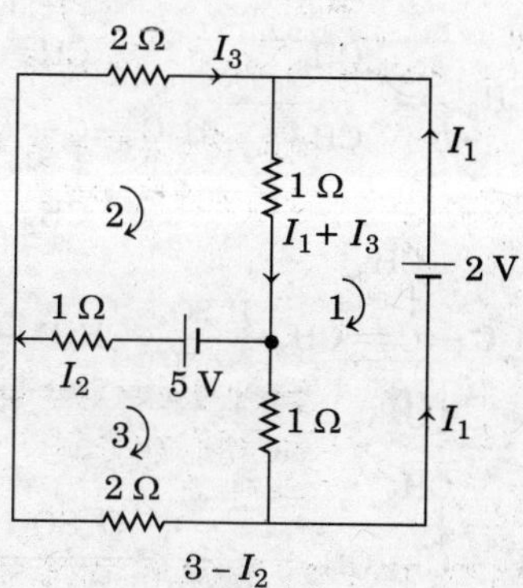

प्रथम लूप हेतु,

$(I_1 + I_3) + (_1 + I_3 - I_2) = 2$

$\Rightarrow \quad 2I_1 - I_2 + 2I_3 = 2$ ...(i)

द्वितीय लूप हेतु,

$2I_3 + I_1 + I_3 + I_2 = 5$

$I_1 + I_2 + 3I_3 = 5$ ...(ii)

तृतीय लूप हेतु,

$I_2 - 5 = 2(I_3 - I_2) + (I_1 + I_3 - I_2)$

$\Rightarrow \quad I_1 - 4I_2 + 3I_3 = -5$ ...(iii)

समी (iii) से समी (ii) को घटाने पर,

$\Rightarrow \quad 5I_2 = 10 \Rightarrow I_2 = 2\text{ A}$

$\Rightarrow \quad 2I_1 = 2I_3 = 4 \Rightarrow I_1 = I_3 = 2$

$\Rightarrow \quad I_1 = 2 - I_3$

तथा $\quad I_1 + 3I_3 = 3$ ...(iv)

$\Rightarrow \quad 2 - I_3 + 3I_3 = 3$ (समी (iv) से)

$\Rightarrow \quad 2 + 2I_3 = 3$

$\Rightarrow \quad I_3 = \frac{1}{2}\text{ A}$ (समी (iv) से)

समी (iv) से

$\Rightarrow \quad I_1 = \frac{3}{2}\text{ A} = 1.5\text{ A}$

29. *(3)* $E_k = \frac{ml^2\omega^2}{24} \quad \left(\because I = \frac{ml^2}{12}\right)$

$$\omega = \sqrt{\frac{24E_k}{ml^2}} = \sqrt{\frac{24E_k}{d \times A \times l^3}}$$

$$\Rightarrow \quad \omega = \sqrt{\frac{24E}{dA(2)^3}} \Rightarrow \omega = \sqrt{\frac{24}{8} \times \frac{E}{dA}} \Rightarrow \omega = \sqrt{\frac{3E}{dA}}$$

समीकरण की $\omega = \sqrt{\frac{\alpha E}{dA}}$ से तुलना करने पर,

अतः $\alpha = 3$

30. *(10)* $\phi = (\mu_2 - \mu_1)t \Rightarrow N = \frac{\phi}{\lambda} = \left(\frac{\mu_2 - \mu_1}{\lambda}\right)t$

$$= \frac{(1.55 - 1.51)(0.1)(10^{-3})}{4000 \times 10^{-10}} = \frac{0.04 \times 10^{-4}}{4 \times 10^{-7}} = \frac{10^{-6}}{10^{-7}}$$

$\Rightarrow \quad N = 10$

रसायन विज्ञान

31. *(a)* A तथा R दोनों सत्य हैं और R, A की सही व्याख्या है।

मँहगे वैज्ञानिक उपकरणों में सिलिका जैल वाँच ग्लास अथवा अर्द्ध-पारगम्य झिल्ली की थैली में रखा होता है। सिलिका जैल हवा में से नमी को अधिशोषण द्वारा अवशोषित कर लेता हैं जिससे उपकरण जल संक्षारण (जंग लगने से) सुरक्षित रहते है और खराबी से बचाता है। अतः विकल्प (a) सही है।

32. *(a)* अम्ल की अम्लीता उसके संयुग्मक क्षार की स्थिरता पर निर्भर करती है। दिए गए यौगिकों की स्थिरता का सही क्रम है।

$$H_C > H_D > H_A > H_B$$

H_C एक कार्बोक्सिलिक अम्ल का हाइड्रोजन है।

H_D को हटा देने पर एक स्थिर कार्बोनियम आयन प्राप्त होगा जिसकी स्थिरता का कारण अनुनाद प्रभाव है।

33. *(a)* सही सुमेलन है— A-II, B-I, C-IV, D-III

वुर्ट्ज फिटिग अभिक्रिया वह अभिक्रिया है जिसमें हैलोऐल्केन के एक अणु तथा हैलोऐरीन के एक अणु, सोडियम धातु के साथ शुष्क ईथर की उपस्थिति में क्रिया करते हैं। जिससे ऐल्किन ऐरीन प्राप्त होता है।

2 (क्लोरोबेन्ज़ीन, Cl) + CH_3Cl $\xrightarrow[\text{शुष्क ईथर}]{Na}$ (टॉलूईन, CH_3)

फिटिग अभिक्रिया में दो ऐरिल हैलाइड आपस में जुड़कर ऐरिल बनाते हैं। यह अभिक्रिया सोडियम धातु व शुष्क ईथर की उपस्थिति में की जाती है।

$$Ar—X + 2Na + X—Ar \xrightarrow{\text{शुष्क ईथर}} Ar—Ar + 2NaX$$

जहाँ Ar = ऐरिल समूह, X= हैलोजन

$$2\,C_6H_5Cl + 2Na \xrightarrow{\text{शुष्क ईथर}} C_6H_5{-}C_6H_5 + 2NaCl$$

सैण्डमेयर अभिक्रिया में प्राथमिक ऐमीन को सोडियम नाइट्राइट यौगिक ($NaNO_2$) के साथ क्रिया कराने पर डाइऐजोनियम लवण प्राप्त होते हैं।

$$C_6H_5N_2^+Cl^- \xrightarrow{Cu_2Cl_2} C_6H_5Cl + N_2$$

फिन्केल्सटाइन अभिक्रिया में एक हैलोजन परमाणु का दूसरे के साथ आदान-प्रदान होता है। इस अभिक्रिया में अधिकतर –Cl समूह या –Br समूह का प्रतिस्थापन –*I* समूह द्वारा किया जाता है जिससे आइडोऐल्केन प्राप्त होता है।

$$C_2H_5Cl + NaI \longrightarrow C_2H_5I + NaCl$$

34. *(c)* ऐरोमैटिक यौगिक फेहलिंग परीक्षण नहीं दिखाते। दिए गए विकल्पों में से (a), (b) व (c) ऐरोमैटिक ऐल्डिहाइड है। अत: विकल्प (a), (b) व (c) फेहलिंग परीक्षण नहीं दिखाऐगें। इस परीक्षण में लाल रंग का अवक्षेप पाने के लिए सोडियम नाइट्रोप्रुसाइड का प्रयोग किया जाता है जो S व N दोनों की उपस्थिति में लाल रंग दर्शाता है।

(थियाज़ोल-2-CHO संरचना: N, S वलय —CHO)

विकल्प (c) ऐरोमैटिक एल्डिहाइड नहीं है इसलिए यह फैहलिंग परीक्षण देगा। नाइट्रोजन और सल्फर ये दोनों रक्त जैसा लाला रंग देते हैं। अत: यौगिक (c) मात्रात्मक विश्लेषण में निम्न सेट दिखायेगा।

35. *(a)* दिए गए धनायनों में से Fe^{3+} (आर्द्र परीक्षण के) समूह IV का सदस्य नहीं है।

समूह IV $\rightarrow Zn^{2+}, Co^{2+}, Ni^{2+}$

समूह III $\rightarrow Fe^{3+}$

36. *(b)* रासायनिक धूम कोहरे के निर्माण के समय होने वाली अभिक्रियाएँ हैं

$$NO_2(g) \xrightarrow{h\nu} \underset{(A)}{NO(g)} + \underset{(B)}{[O](g)}$$

$$\underset{(B)}{[O](g)} + O_2(g) \rightleftharpoons \underset{(C)}{O_3(g)}$$

$$\underset{(A)}{NO(g)} + \underset{(C)}{O_3(g)} \longrightarrow NO_2(g) + O_2(g)$$

37. *(a)* *सिस*-प्लेटिन एक कीमोथैरेपी दवा है जिसका उपयोग कैंसर के इलाज के लिए किया जाता है। यह एक उपसहसंयोजक यौगिक है जिसकी संरचना चतुष्फलकीय वर्ग समतलीय है। इसका रासायनिक *सिस*-$[PtCl_2(NH_3)_2]$ सूत्र है

(संरचना: Pt के साथ दो Cl एक ओर तथा दो NH_3 दूसरी ओर)

Pt धातु परमाणु यहाँ धनावेशित लिगैण्ड Pt^{2+} के रूप में है। अत: Pt के उपसहसंयोजक यौगिक तथा *सिस* प्लेटिन ट्यूमर वृद्धि को रोकने हेतु उपयोगी है।

38. *(d)* दिए गए क्षारीय मृदा धातुओं के सल्फेट में से $BeSO_4$ व $MgSO_4$ शीघ्रता से जल में विलेयशील है। क्षारीय मृदा धातुओं के सल्फेटों की जल में विलेयता आवर्त सारणी वर्ग में ऊपर से नीचे जाने पर घटती जाती है।

$$Be > Mg > Ca > Sr > Ba$$

ऐसा इसलिए होता है क्योंकि वर्ग में नीचे जाने पर जलयोजन की एन्थैल्पी का मान घटता जाता है।

39. *(c)* ताँबे के अयस्क में लौह लवण उपस्थित रहते हैं। जब अयस्क को सिलिका के साथ मिला कर भट्टी में गर्म किया जाता है तो FeO का परिवर्तन $FeSiO_3$ में हो जाता है जिसे अलग कर लिया जाता है।

$$\underset{\text{क्षारीय}}{FeO} + \underset{\text{अम्लीय}}{SiO_2} \longrightarrow FeSiO_3$$

40. *(a)*

$$H_3C{-}C(CH_3){=}CH_2 \xrightarrow[80\,°C]{H_2SO_4} \underset{(A)}{CH_3{-}C(CH_3){=}CH{-}C(CH_3)_2{-}CH_3}$$

$$H_3C{-}C(CH_3){=}CH_2 \xrightarrow{H^\oplus} H_3C{-}\overset{\oplus}{C}(CH_3){-}CH_3 ;\quad H_3C{-}\overset{\oplus}{C}(CH_3){-}CH_3 + CH_2{=}C(CH_3)_2 \longrightarrow H_3C{-}C(CH_3)_2{-}CH{-}\overset{\oplus}{C}(CH_3)_2 \xrightarrow{O^-{-}SO_3H} (A)$$

$$H_3C{-}C(CH_3){=}CH_2 \xrightarrow[\text{ठंडा}]{H_2SO_4} \underset{(B)}{H_3C{-}C(CH_3)(OSO_3H){-}CH_3}$$

$$H_3C{-}C(CH_3){=}CH_2 \xrightarrow{H^\oplus} H_3C{-}\overset{\oplus}{C}(CH_3){-}CH_3 \xrightarrow{O^-SO_3H} (B)$$

41. *(d)* कैप्रोलैक्टम गर्म करने पर बहुलकीकरण के द्वारा नाइलॉन-6 बनता है।

$$\underset{\text{कैप्रोलैक्टम}}{\text{कैप्रोलैक्टम}} \xrightarrow[\substack{533\text{-}543\ K\\ H_2O}]{\text{बहुलकीकरण}} \underset{\text{नाइलॉन-6}}{\left[{-}\overset{O}{\overset{\|}{C}}{-}(CH_2)_5{-}NH{-}\right]_n}$$

42. *(d)* जब सल्फर डाइऑक्साइड गैस को अम्लीय $K_2Cr_2O_7$ से गुजारा जाता है तो ऑक्सीकरण द्वारा H_2SO_4 बनता है। $K_2Cr_2O_7$ का अपचयन क्रोमिक सल्फेट में होता है जिसके फलस्वरूप हरे रंग का विलयन प्राप्त होता है।

$$K_2Cr_2O_7 + 3SO_2 + H_2SO_4 \longrightarrow K_2SO_4 + Cr_2(SO_4)_3 + H_2O$$

$$Cr_2O_7^{2-} + SO_3^{2-} \xrightarrow{H^+} \underset{(\text{हरा})}{Cr^{3+}} + SO_4^{2-}$$

43. *(a)* LiH और Al_2Cl_6 की अभिक्रिया के द्वारा लीथियम ऐलुमीनियम हाइड्राइड का विरचन कर सकते हैं।

$$4LiH + AlCl_3 \longrightarrow LiAlH_4 + 3LiCl$$

इस विधि के अलावा औद्योगिक संश्लेषण के लिए उच्च दाब व उच्च ताप पर सोडियम ऐलुमीनियम हाइड्राइड व LiCl से भी $LiAlH_4$ का विरचन किया जाता है।

$$NaAlH_4 + LiCl \longrightarrow LiAlH_4 + NaCl$$

44. *(c)* सही सुमेलन है—A-IV, B-II, C-I, D-III

45. *(a)* बेन्जिल आइसोसायनाइड को विकल्प (a) और (b) में दिए गए यौगिकों से प्राप्त किया जा सकता है।

$$C_6H_5CH_2Br \xrightarrow{AgCN} C_6H_5CH_2-NC$$

बेन्जिल आइसोसायनाइड

$$C_6H_5CH_2NH_2 \xrightarrow[aq.\ KOH]{CHCl_3} C_6H_5CH_2-NC$$ (कार्बाइल ऐमीन अभिक्रिया)

बेन्जिल आइसोसायनाइड

$$C_6H_5CH_2-NHCH_3 \xrightarrow[aq.\ KOH]{CHCl_3}$$ कोई अभिक्रिया नहीं

$$C_6H_5CH_2OTs \xrightarrow{KCN} C_6H_5CH_2-CN$$

बेन्जिल सायनाइड

46. *(c)* लिगैण्डों को जब उनके बढ़ती हुई क्षेत्र प्रबलता के क्रम में एक श्रेणी में व्यवस्थित किया जाता है तो उस क्रम को स्पेक्ट्रोकेमिकल श्रेणी कहा जाता है।

$I^- < Br^- < SCN^- < Cl^- < S^{2-} < F^- < OH^- < C_2O_4^{2-} < H_2O < NCS^- < EDTA^{4-} < NH_3 < en < CN^- < CO.$

47. *(c)* सही सुमेलन है—A-IV, B-III, C-II, D-I

48. *(c)* रैनिटिडीन व सिमैटिडीन दोनों ऐण्टिहिस्टामिन हैं जिनका प्रयोग प्रतिअम्ल के रूप में किया जाता है। मैप्रोबमेट एक प्रशांतक है। टरफेनाडीन का इस्तेमाल एलर्जी कम करने में किया जाता है।

49. *(d)* A सत्य है, परन्तु R असत्य है।

सेलिवानॉफ परीक्षण कीटोन एवं ऐल्डिहाइड को पृथक् करने के लिए किया जाता है। इस परीक्षण का मूल सिद्धान्त है कि कीटो हेक्सोस अम्लीय माध्यम में गर्म करने पर तेजी से निर्जलीकरण दिखाता है व 5-हाइड्रॉक्सी मिथाइल अम्ल बनाते हैं। इसको जब रिसॉर्सिनॉल के साथ संघनित किया जाता है तो लाल रंग का उपसंहसयोजक यौगिक बनता है जो सकारात्मक परीक्षण दर्शाता है।

50. *(c)* OF_2 अणु की संरचना है

(O पर दो एकाकी युग्म, F–O–F कोणीय संरचना)

इसमें दो *lp* इलेक्ट्रॉन मौजूद है। इस अणु की आकृति 'V' आकार की है जिसमें F—O—F कोण 104.5° से कम है।

कथन *C* व *E* गलत हैं क्योंकि O की ऑक्सीकरण अवस्था +2 है ना कि −2 व इसकी आकृति V है ना कि रैखिक।

51. *(623)* दिया है, $k = 2.011 \times 10^{-3}\ s^{-1}$

$[A]_0 = 7,$

$[A]_t = 2$

$A + B \longrightarrow P$

$t = 0 \quad 7g$

$t = t \quad 2g$

स्थिर आयतन पर,

$$t = \frac{2.303}{k}\log\frac{[A]_0}{[A]_t} = \frac{2.303}{2.011 \times 10^{-3}}\log\frac{7}{2}$$

$$\frac{2.303 \times 10^3}{2.011}(0.845 - 0.301) = 622.99 \approx 623\ s$$

52. *(148)* मोलरता $= \dfrac{\text{विलेय के मोल}}{\text{विलयन का आयतन (L)}}$

$$2.6 \times 10^{-3} = \frac{x/85}{0.67141} \Rightarrow x = 0.148\ g$$

DCM की सान्द्रता ppm में $= \dfrac{0.148}{1.49 \times 671.141} \times 10^6 = 148$ ppm

53. *(186)* $H^+ = (600 \times 0.01) + (400 \times 0.01 \times 2) = 14$

$$[H^+] = \frac{14}{1000} = 14 \times 10^{-3}$$

$$pH = 3 - \log 14 = 3 - 1.14 = 1.86 = 186 \times 10^{-2}$$

54. *(798)* $\nu = 2 \times 10^{12}$ Hz (दिया हुआ है)

$E = ?$

एक फोटॉन की ऊर्जा, $E = h\nu$

n मोल फोटॉन के लिए, $E = nh\nu$

जहाँ, *h* = प्लांक स्थिरांक

$\therefore E = 6.022 \times 10^{23} \times 6.626 \times 10^{-34} \times 2 \times 10^{12} = 798.16\ J \approx 798\ J$

55. *(3)* परमैंगनेट के अम्लीय माध्यम में मैंगनीज डाइऑक्साइड में अपचयन निम्न प्रक्रिया से होता है

$$MnO_2^- \longrightarrow Mn^{2+}O_2$$

$x + (-2) \times 4 = -1; \quad x + (-2)2 = 0$

$x = +7 \qquad x - 4 = 0$

$x = +4$

$\because$ इलेक्ट्रॉनों की संख्या में हुआ परिवर्तन = 7 − 4 = 3

अत: इस अपचयन में सम्मिलित इलेक्ट्रॉनों की संख्या 3 है।

56. *(10)* सेल में होने वाली अभिक्रिया है

ऐनोड पर, $H_2 \longrightarrow 2H^+ + 2e^-$

कैथोड पर, $(Fe^{3+} + e^- \longrightarrow Fe^{2+}) \times 2$

$$H_2 + 2Fe^{3+} \longrightarrow 2H^+ + 2Fe^{2+}$$

$$E_{\text{सेल}} = E^\circ_{\text{सेल}} - \frac{0.059}{2}\log\left(\frac{[Fe^{2+}]}{[Fe^{3+}]}\right)^2$$

$$0.712 = 0.771 - 0.059\log\left(\frac{[Fe^{2+}]}{[Fe^{3+}]}\right)$$

$$0.712 - 0.771 = -0.059\log\left(\frac{[Fe^{2+}]}{[Fe^{3+}]}\right)$$

$$\log\left(\frac{Fe^{2+}}{Fe^{3+}}\right) = \frac{0.059}{0.059} = 1 \therefore \frac{Fe^{2+}}{Fe^{3+}} = 10$$

57. *(100)*

विलेय का भार $= 2g = 2 \times 10^{-3}$ kg

विलायक का भार $= 20g = 20 \times 10^{-3}$ kg

तापमान = 373.52 K

क्वथनांक का उन्नयन, $\Delta T_b = 373.52\text{ K} - 373\text{ K} = 0.52\text{ K}$

सूत्र, $\Delta T_b = K_b \times m$

जल का ऐपिलोस्कोपिक स्थिरांक $(K_b) = 0.52\text{ K kg mol}^{-1}$

विलेय का भार $= 2\text{g} = 0.002\text{ kg}$

अतः, $0.52 = 0.52 \times \frac{2}{\text{मोलर भार}} \times \frac{1}{20 \times 10^{-3}}$

$$\text{मोलर भार} = \frac{0.52 \times 2 \times 1}{0.52 \times 20 \times 10^{-3}} = 100\text{ g/mol}$$

58. *(4)*

OH-युक्त बेन्जीन वलय $\longrightarrow CH{=}O + C_3H_7$

$(C_{10}H_{12}O_2)$
(*A*)

(दोनों समूह उपस्थित हो सकते हैं)

$CH{=}O + C_3H_7 \longleftarrow$ (OH-युक्त बेन्जीन वलय) $\xrightarrow[CH_3I]{NaOH}$ (OCH_3-युक्त बेन्जीन वलय) $\longrightarrow CH{=}O + C_3H_7$

असंतृप्ति सूत्र की डिग्री (DU), A के लिए $= \frac{22-12}{2} = 5$

1 DU बेन्जीन के कारण है।

कुल 4π-बन्ध होंगे (3π-बन्ध बेन्जीन में और 1π-बन्ध बेन्जीन के बाहर)

59. *(0)* एक समतापीय प्रसार के लिए तापमान स्थिर रहता है। अतः आन्तरिक ऊर्जा में परिवर्तन शून्य होगा।

$$pV = \text{स्थिरांक}$$

60. *(1362)*

दिया है, $V = 300$ मिली $= 0.3\text{ L}$, $M = 0.2\text{ M}$

मोल की संख्या = मोलरता × आयतन

CO_2 के मोल $= 0.2\text{ M} \times (300 \times 10^{-3})\text{ L} = 0.06$ मोल

CO_2 के 0.06 मोल का STP पर आयतन होगा

$= CO_2$ के मोल के संख्या $\times 22.7 = 0.06 \times 22.7 = 1.362\text{ L}$

$= 1362$ मिली

गणित

61. *(c)* दिया गया फलन समीकरण

$$5f(x+y) = f(x)\cdot f(y),\ \forall\ x, y \in R \quad \text{...(i)}$$

समी (i) में $x = y = 0$ रखने पर,

$5f(0+0) = f(0), f(0) \Rightarrow 5f(0) = [f(0)]^2$

$\Rightarrow f(0)(f(0)-5) = 0 \Rightarrow f(0) = 5$

($\because f(0) \neq 0$ क्योंकि $f: R \to (0, \infty)$ अर्थात् 0, f के सह प्रान्त में सम्मिलित नहीं है और हम जानते हैं कि f का परिसर $\leq f$ का सह प्रान्त)

समी (i) में $y = 1$ रखने पर,

$$5f(x+1) = f(x)\cdot f(1) \quad \text{...(ii)}$$

$$\Rightarrow \frac{f(x+1)}{f(x)} = \left[\frac{f(1)}{5}\right] \Rightarrow \frac{f(1)}{f(0)} \times \frac{f(2)}{f(1)} \times \frac{f(3)}{f(2)} = \left(\frac{f(1)}{5}\right)^3$$

$$\Rightarrow \frac{320}{5} = \frac{(f(1))^3}{(5)^3} \Rightarrow f(1) = 20$$

समी (ii) से,

$$5f(x+1) = 20f(x) \Rightarrow f(x+1) = 4f(x)$$

$$\sum_{n=0}^{5} f(n) = f(0) + f(1) + f(2) + f(3) + f(4) + f(5)$$

$= 5 + 5 \times 4 + 5 \times 4^2 + 5 \times 4^3 + 5 \times 4^4 + 5 \times 4^5$

$= 5(1 + 4 + 4^2 + 4^3 + 4^4 + 4^5)$

$= 5\left[\frac{1(4^6-1)}{(4-1)}\right] = \frac{5 \times (4^6-1)}{3} = 6825$

62. *(a)* $(1+x)^{500} + x(1+x)^{499} + x^2(1+x)^{498} + x^3(1+x)^{497} + ... + x^{500}$

$$= (1+x)^{500}\left(1 + \frac{x}{(1+x)} + \frac{x^2}{(1+x)^2} + \frac{x^3}{(1+x)^3} + ... + \frac{x^{500}}{(1+x)^{500}}\right)$$

$$= (1+x)^{500}\left[1 + \left(\frac{x}{1+x}\right) + \left(\frac{x}{1+x}\right)^2 + \left(\frac{x}{1+x}\right)^3 + ... + \left(\frac{x}{1+x}\right)^{500}\right]$$

जो कि गुणोत्तर श्रेणी में है जिसका पहला पद 1, सार्वअनुपात $\frac{x}{1+x}$ तथा कुल पदों की संख्या $n = 501$ है

अतः $(1+x)^{500}\left[\frac{1 - \left(\frac{x}{1+x}\right)^{501}}{1 - \frac{x}{1+x}}\right] \quad \left[\because S_n = \frac{a(1-r^n)}{(1-r)}, |r| < 1\right]$

$$= (1+x)^{500}\left[\frac{(1+x)^{501} - x^{501}}{(1+x)^{501}}\right](1+x) = (1+x)^{501} - x^{501}$$

$\therefore (1+x)^{501} - x^{501}$ में x^{301} का गुणांक

$${}^{501}C_{301} = {}^{501}C_{200} \quad [\because {}^nC_r = {}^nC_{n-r}]$$

63. *(b)* दिया गया वृत्त का समीकरण

$$(x-h)^2 + (y-k)^2 = r^2 \quad \text{...(i)}$$

माना $L_1: y = x + 2 \Rightarrow x - y + 2 = 0$,

$L_2: 4y = 3x + 6 \Rightarrow 3x - 4y + 6 = 0$

तथा $L_3: 3y = 4x + 1 \Rightarrow 4x - 3y + 1 = 0$

रेखाओं L_2 व L_3 के कोण द्विभाजक का समीकरण दिया जा सकता है

$$\frac{4x - 3y + 1}{\sqrt{4^2 + (-3)^2}} = \pm\left(\frac{3x - 4y + 6}{\sqrt{3^2 + (-4)^2}}\right)$$

$$\Rightarrow \left(\frac{4x - 3y + 1}{5}\right) = \pm\left(\frac{3x - 4y + 6}{5}\right)$$

$\Rightarrow \quad 4x - 3y + 1 = \pm(3x - 4y + 6)$ (धनात्मक चिह्न लेने पर)

$\Rightarrow \quad x + y = 5$ ... (ii)

चूँकि, केन्द्र (h, k) L_2 व L_3 के द्विभाजक पर स्थित है, इसलिए, (h, k) समी (ii) को सन्तुष्ट करेगा

अत: समी (ii) से, $h + k = 5$

64. *(b)* दिया है,

$$A = \begin{bmatrix} m & n \\ p & q \end{bmatrix}$$

$$d = |A| \neq 0 \quad \text{...(i)}$$

तथा $|A - d(\text{adj } A)| = 0$ ... (ii)

$$A - d\,(\text{adj } A) = \begin{bmatrix} m & n \\ p & q \end{bmatrix} - d\begin{bmatrix} q & -n \\ -p & m \end{bmatrix}$$

$$= \begin{bmatrix} m - qd & n(1+d) \\ p(1+d) & q - md \end{bmatrix}$$

समी (ii) से, $\begin{vmatrix} m - qd & n(1+d) \\ p(1+d) & q - md \end{vmatrix} = 0$

$\Rightarrow \quad (m - qd)(q - md) - np(1+d)^2 = 0$

$mq - m^2d - q^2d + mqd^2 - np(1+d)^2 = 0$

$\Rightarrow \quad (mq - np) + d^2(mq - np) - d(m^2 + q^2 + 2np) = 0$

$\Rightarrow \quad d + d^3 - d((m+q)^2 - 2d) = 0$

$\Rightarrow \quad 1 + d^2 = (m+q)^2 - 2d \Rightarrow (1+d)^2 = (m+q)^2$

65. *(b)* दिया है, $l_2 : \dfrac{x+1}{2} = \dfrac{y+4}{-3} = \dfrac{z}{2}$ ... (i)

रेखा l_1 बिन्दु (2, 6, 2) से होकर गुजरती है और समतल $2x + y - 2z = 10$ के लम्बवत् है ... (ii)

अत: l_1 का समीकरण $\dfrac{x-2}{a} = \dfrac{y-6}{b} = \dfrac{z-2}{c}$, जहाँ a, b तथा c, l_1 के दिक् अनुपात है चूँकि, l_1 समतल (ii) के लम्बवत् है

अत: l_1 के दिक् अनुपात समतल (ii) पर अभिलम्ब के दिक् अनुपात के समान होंगे

अत: $a = 2$, $b = 1$ तथा $c = -2$

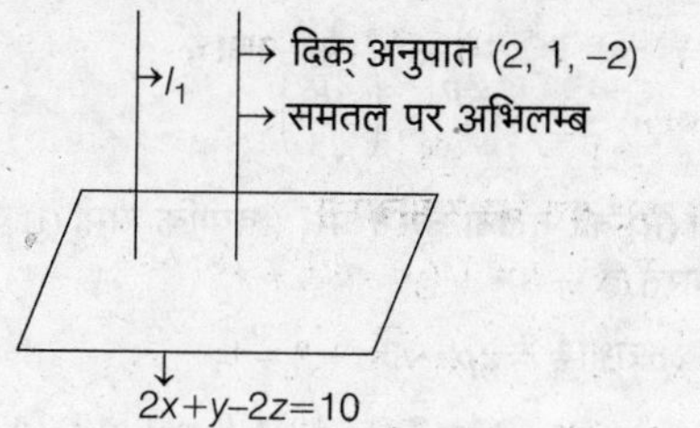

अत: l_1 का समीकरण $\dfrac{x-2}{2} = \dfrac{y-6}{1} = \dfrac{z-2}{-2}$ ... (iii)

यहाँ, $\mathbf{AB} = (2-(-1))\hat{\mathbf{i}} + (6-(-4))\hat{\mathbf{j}} + (2-0)\hat{\mathbf{k}} = 3\hat{\mathbf{i}} + 10\hat{\mathbf{j}} + 2\hat{\mathbf{k}}$

$$\mathbf{PQ} = \begin{vmatrix} \hat{\mathbf{i}} & \hat{\mathbf{j}} & \hat{\mathbf{k}} \\ 2 & 1 & -2 \\ 2 & -3 & 2 \end{vmatrix}$$

$$= \hat{\mathbf{i}}(2-6) - \hat{\mathbf{j}}(4+4) + \hat{\mathbf{k}}(-6-2) = -4\hat{\mathbf{i}} - 8\hat{\mathbf{j}} - 8\hat{\mathbf{k}}$$

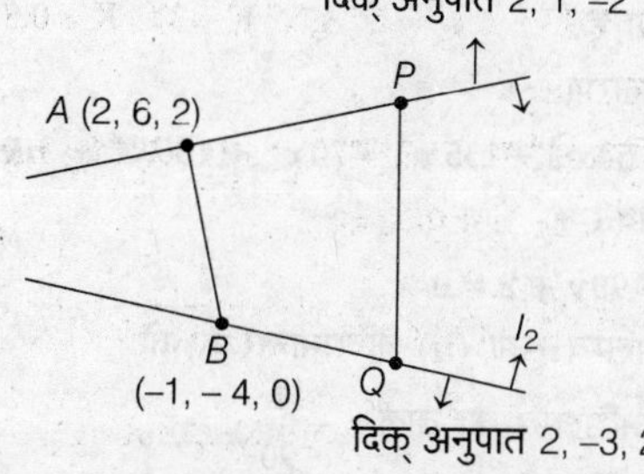

$\therefore \mathbf{AB} \cdot \mathbf{PQ} = (3\hat{\mathbf{i}} + 10\hat{\mathbf{j}} + 2\hat{\mathbf{k}}) \cdot (-4\hat{\mathbf{i}} - 8\hat{\mathbf{j}} - 8\hat{\mathbf{k}})$

$= -12 - 80 - 16 = -108$

तथा $|\mathbf{PQ}| = PQ = \sqrt{(-4)^2 + (-8)^2 + (-8)^2}$

$= \sqrt{16 + 64 + 64} = \sqrt{144} = 12$

$\therefore$ न्यूनतम दूरी $= \left|\dfrac{\mathbf{AB} \cdot \mathbf{PQ}}{|\mathbf{PQ}|}\right| = \left|\dfrac{-108}{12}\right| = 9$

66. *(c)* दिया है,

$$\tan 15^\circ + \frac{1}{\tan 75^\circ} + \frac{1}{\tan 105^\circ} + \tan 195^\circ = 2a \quad \text{...(i)}$$

$\because \quad \tan 15^\circ = 2 - \sqrt{3}$

$\dfrac{1}{\tan 75^\circ} = \cot 75^\circ = \tan 15^\circ = 2 - \sqrt{3}$

$[\because \cot\theta = \tan(90^\circ - \theta)]$

$\dfrac{1}{\tan 105^\circ} = \cot(105^\circ) = -\cot 75^\circ = \sqrt{3} - 2$

तथा $\tan(195^\circ) = \tan(180^\circ + 15^\circ) = \tan 15^\circ = 2 - \sqrt{3}$

समी (i) से,

$2a = (2-\sqrt{3}) + (2-\sqrt{3}) + (\sqrt{3}-2) + (2-\sqrt{3})$

$\Rightarrow \quad 2a = 2(2-\sqrt{3}) \Rightarrow a = 2 - \sqrt{3}$

अत: $a + \dfrac{1}{a} = (2-\sqrt{3}) + \dfrac{1}{(2-\sqrt{3})} = (2-\sqrt{3}) + \dfrac{2+\sqrt{3}}{(2-\sqrt{3})(2+\sqrt{3})}$

$= (2-\sqrt{3}) + \dfrac{(2+\sqrt{3})}{4-3} = 2 - \sqrt{3} + 2 + \sqrt{3} = 4$

67. *(a)* दिया है कि $\mathbf{a}, \mathbf{b}$ तथा $\mathbf{c}$ तीनों शून्येत्तर सदिश हैं

अर्थात् $|\mathbf{a}| = |\mathbf{b}| = |\mathbf{c}| \neq 0$

$\hat{\mathbf{n}}$ इकाई सदिश है और $\mathbf{c}$ के लम्बवत् है

अर्थात् $|\hat{\mathbf{n}}| = 1, \hat{\mathbf{n}} \perp \mathbf{c} \Rightarrow \hat{\mathbf{n}} \cdot \mathbf{c} = 0$

तथा $\mathbf{a} = \alpha\mathbf{b} - \hat{\mathbf{n}}$, जहाँ $\alpha \neq 0$ ... (i)

$\mathbf{b} \cdot \mathbf{c} = 12$

समी (i) से, $\mathbf{a} \cdot \mathbf{c} = \alpha(\mathbf{b} \cdot \mathbf{c}) - \hat{\mathbf{n}} \cdot \mathbf{c}$ ($\mathbf{c}$ के साथ डॉट/बिन्दु लेने पर)

$\Rightarrow \quad \mathbf{a} \cdot \mathbf{c} = \alpha(\mathbf{b} \cdot \mathbf{c}) \quad (\because \hat{\mathbf{n}} \cdot \mathbf{c} = 0)$ ... (ii)

$\therefore \quad |\mathbf{c} \times (\mathbf{a} \times \mathbf{b})| = |(\mathbf{c} \cdot \mathbf{b})\mathbf{a} - (\mathbf{c} \cdot \mathbf{a})\mathbf{b}|$

(सदिश त्रिक गुणनफल करने पर)

$= |(\mathbf{c} \cdot \mathbf{b})\mathbf{a} - \alpha(\mathbf{b} \cdot \mathbf{c})\mathbf{b}|$ समी (ii) से)

$= |(\mathbf{c} \cdot \mathbf{b})|\,|\mathbf{a} - \alpha\mathbf{b}|$

$= 12 \times (|\hat{\mathbf{n}}|)$ (समी (i) से)

$= 12 \times 1 = 12$

68. *(b)* दिया गया है,

वक्र का समीकरण

$$y = 54x^5 - 135x^4 - 70x^3 + 180x^2 + 210x \quad \dots (i)$$

रेखा का समीकरण

$$x + 90y + 2 = 0 \quad \dots (ii)$$

वक्र पर अभिलम्ब समी (ii) के समान्तर है, तो

(x_1, y_1) पर अभिलम्ब का ढाल $= -\frac{1}{90}$

(जब दो रेखाएँ समान्तर हैं, तो उनकी ढाल समान होंगी)

$$\Rightarrow \quad -\left(\frac{dx}{dy}\right)_{(x_1, y_1)} = -\frac{1}{90} \Rightarrow \left(\frac{dx}{dy}\right)_{(x_1, y_1)} = \frac{1}{90}$$

$$\Rightarrow \quad \left(\frac{dy}{dx}\right)_{(x_1, y_1)} = 90 \quad \dots (iii)$$

समी (i) का x के सापेक्ष अवकलन करने पर,

$$dy/dx = 270x^4 - 540x^3 - 210x^2 + 360x + 210 \quad \dots (iv)$$

समी (iii) व (iv) से,

$$270x_1^4 - 540x_1^3 - 210x_1^2 + 360x_1 + 210 = 90$$

$$\Rightarrow \quad x_1 = 1, 2, \frac{-2}{3}, \frac{-1}{3}$$

अत: x के भिन्न-भिन्न मानों के लिए y के चार मान होगे। अत: कुल अभिलम्ब रेखाएँ 4 होगी।

69. *(d)* दिया है, $a_n = \frac{-2}{4n^2 - 16n + 15} = \frac{-2}{4n^2 - 6n - 10n + 15}$

$$= \frac{-2}{2n(2n-3) - 5(2n-3)}$$

$$\Rightarrow \quad a_n = \frac{-2}{(2n-3)(2n-5)} = \frac{1}{2n-3} - \frac{1}{2n-5}$$

$$\therefore \quad a_1 = \frac{1}{-1} - \frac{1}{(-3)}; \quad a_2 = \frac{1}{1} - \frac{1}{(-1)}$$

$$a_3 = \frac{1}{3} - \frac{1}{1}; \quad a_4 = \frac{1}{5} - \frac{1}{3}$$

....

....

....

$$a_{25} = \frac{1}{47} - \frac{1}{45}$$

उपरोक्त पदों को जोड़ने पर,

$$a_1 + a_2 + a_3 + a_4 + \dots + a_{25} = \frac{1}{47} + \frac{1}{3} = \frac{50}{141}$$

70. *(b)* दिया गया समीकरण है,

$\log_{\cos x} \cot x + 4 \log_{\sin x} \tan x = 1$, जहाँ $x \in \left(0, \frac{\pi}{2}\right)$

$$\Rightarrow \quad \frac{\log_e \cot x}{\log_e \cos x} + 4 \frac{\log_e \tan x}{\log_e \sin x} = 1 \quad \text{(आधार परिवर्तन विधि से)}$$

$$\Rightarrow \frac{\log \cos x - \log \sin x}{\log \cos x} + 4\left(\frac{\log \sin x - \log \cos x}{\log \sin x}\right) = 1$$

$$(\log_e \cos x)(\log \sin x) - (\log(\sin x))^2 + 4(\log_e \sin x)$$
$$(\log_e \cos x) - 4(\log_e(\cos x))^2 = \log_e \sin x \cdot \log_e \cos x$$

$$\Rightarrow \quad (\log_e \sin x)^2 - 4(\log_e \sin x)(\log_e \cos x) + 4(\log_e \cos x)^2 = 0$$

$$\Rightarrow \quad (\log_e \sin x - 2\log_e \cos x)^2 = 0$$

$$\Rightarrow \quad \log_e \sin x = 2\log_e \cos x \Rightarrow \log_e \sin x = \log_e (\cos x)^2$$

$$\Rightarrow \quad \sin x = \cos^2 x \Rightarrow 1 - \sin^2 x = \sin x$$

$$\Rightarrow \quad \sin^2 x + \sin x - 1 = 0 \Rightarrow \sin x = \frac{-1 \pm \sqrt{5}}{2}$$

किन्तु $x \in \left(0, \frac{\pi}{2}\right)$

इसलिए $\sin x > 0$

$$\therefore \quad \sin x = \frac{-1 - \sqrt{5}}{2} < 0 \quad \text{(अस्वीकार्य)}$$

$$\text{अत: } \sin x = \frac{-1 + \sqrt{5}}{2} = \frac{\alpha + \sqrt{\beta}}{2} \quad \text{(दिया है)}$$

$$\alpha + \beta = -1 + 5 = 4$$

71. *(d)* दिया है, $OA = a$ व $OB = b$

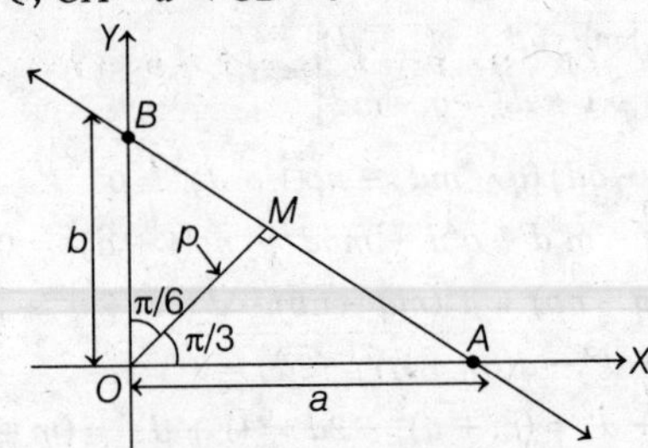

$M = O$ से AB पर लम्ब का पाद $\angle MOA = \pi/3$ व $\angle MOB = \pi/6$ (दिया है)

हम जानते हैं कि सरल रेखा का समीकरण

(अंत:खण्ड की स्थिति में) $\frac{x}{a} + \frac{y}{b} = 1 \quad \dots (i)$

लम्बवत् रूप में

$x \cos\frac{\pi}{3} + y \sin\frac{\pi}{3} = p$, जहाँ $p =$ लम्ब की लम्बाई

$$\Rightarrow \quad \frac{x}{2} + \frac{y\sqrt{3}}{2} = p \Rightarrow \frac{x}{2p} + \frac{\sqrt{3}y}{2p} = 1$$

$$\Rightarrow \quad \frac{x}{2p} + \frac{y}{\left(\frac{2p}{\sqrt{3}}\right)} = 1 \quad \dots (ii)$$

समी (i) व (ii) की तुलना करने पर, (क्योंकि समी (i) व (ii) उसी रेखा को प्रदर्शित करते हैं)

अत: $a = 2p$ तथा $b = 2p/\sqrt{3}$

$$\Delta OAB \text{ का क्षेत्रफल} = \frac{1}{2} \times a \times b = \frac{1}{2} \times (2p) \times \left(\frac{2p}{\sqrt{3}}\right)$$

$$\Rightarrow \frac{98}{3} \times \sqrt{3} = \frac{1}{2} \times 2 \times 2 \times \frac{p^2}{\sqrt{3}} \Rightarrow 2p^2 = 98$$

$$\Rightarrow \quad p^2 = 49$$

$$\text{अत: } a^2 - b^2 = (2p)^2 - \left(\frac{2p}{\sqrt{3}}\right)^2 = 4p^2 - \frac{4p^2}{3} = \frac{2}{3}(4p^2) = \frac{8}{3}p^2$$

$$\Rightarrow \quad a^2 - b^2 = \frac{8}{3} \times 49 = \frac{392}{3}$$

72. *(b)* दिया है, $S_1 : ((p \vee q) \Rightarrow r) \Leftrightarrow (p \Rightarrow r)$

$S_2 : ((p \vee q) \Rightarrow r) \Leftrightarrow ((p \Rightarrow r) \vee (q \Rightarrow r))$

(हम सत्य सारणी से पुनरुक्ति की पुष्टि कर सकते हैं)

S_1 के लिए

p	q	r	$p \vee q$	$(p \vee q) \Rightarrow r$	$p \Rightarrow r$	$((p \vee q) \Rightarrow r) \Leftrightarrow (p \Rightarrow r)$
T	T	T	T	T	T	T
T	T	F	T	F	F	T
T	F	T	T	T	T	T
T	F	F	T	F	F	T
F	T	T	T	T	T	T
F	T	F	T	F	T	F
F	F	T	F	T	T	T
F	F	F	F	T	T	T

$\therefore S_1$ पुनरुक्ति नहीं है

S_2 के लिए

p	q	r	$(p \vee q) \Rightarrow r$	$p \Rightarrow r$	$q \Rightarrow r$	$(p \Rightarrow r \vee (q \Rightarrow r))$	$((p \vee q) \Rightarrow r) \Leftrightarrow ((p \Rightarrow r) \vee (q \Rightarrow r))$
T	T	T	T	T	T	T	T
T	T	F	F	F	F	F	T
T	F	T	T	T	T	T	T
T	F	F	F	F	T	T	T
F	T	T	T	T	T	T	T
F	T	F	F	T	F	T	F
F	F	T	T	T	T	T	T
F	F	F	T	T	T	T	T

$\therefore S_2$ भी पुनरुक्ति नहीं है।

73. *(b)* रैखिक समीकरण निकाय

$$\left.\begin{aligned} x + y + kz &= 2 \\ 2x + 3y - z &= 1 \\ 3x + 4y + 2z &= k \end{aligned}\right\} \quad \dots (i)$$

अन्य रैखिक समीकरण निकाय

$$\left.\begin{aligned} (k+1)x + (2k-1)y &= 7 \\ (2k+1)x + (k+5)\,y &= 10 \end{aligned}\right\} \quad \dots (ii)$$

चूँकि निकाय (i) के अनन्त हल हैं

तो, $\Delta = 0 \Rightarrow \begin{vmatrix} 1 & 1 & k \\ 2 & 3 & -1 \\ 3 & 4 & 2 \end{vmatrix} = 0$

$\Rightarrow 1(6+4) - 1(4+3) + k(8-9) = 0$

$\Rightarrow \quad 10 - 7 - k = 0 \Rightarrow k = 3$

समी (ii) में $k = 3$ रखने पर,

$$4x + 5y = 7 \quad \dots (iii)$$

$$7x + 8y = 10 \quad \dots (iv)$$

स्पष्ट है कि अद्वितीय हल है

समी (iii) को (iv) से घटाने पर,

$\Rightarrow 3x + 3y = 3 \Rightarrow x + y = 1$

74. *(a)* दिया हुआ है परवलय का समीकरण

$x = 4y^2$

$y^2 = 4ax$ से तुलना करने पर,

$a = 1/16$

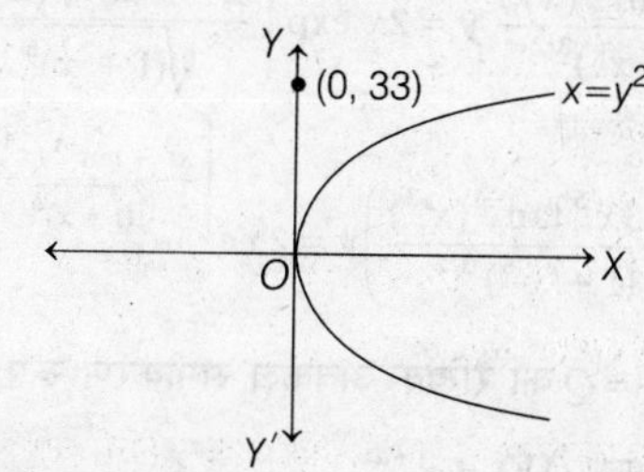

अभिलम्ब का समीकरण

$y = -tx + 2at + at^3$

$\Rightarrow \quad y = -tx + \frac{2}{16}t + \frac{1}{16}t^3 \qquad \left(\because a = \frac{1}{16}\right) \dots (i)$

$\because$ समी (i) बिन्दु (0, 33) से गुजरता है

$\Rightarrow \quad 33 = \frac{t}{8} + \frac{t^3}{16} \Rightarrow t^3 + 2t - 528 = 0$

$\Rightarrow \quad (t-8)(t^2 + 8t + 66) = 0$

$\Rightarrow \quad t = 8 \qquad (\because t^2 + 8t + 66$, जहाँ $D < 0)$

$\therefore \quad P \equiv (at^2, 2at) = \left(\frac{1}{16} \times 64, 2 \times \frac{1}{16} \times 8\right) = (4, 1)$

अन्य परवलय का समीकरण

$y^2 = 4(x + y) \Rightarrow y^2 - 4y = 4x \Rightarrow (y-2)^2 = 4(x+1)$

$\therefore$ इसकी नियता का समीकरण

$x + 1 = -1 \Rightarrow x = -2$

अतः, बिन्दु की दूरी = 6

75. *(d)* $\alpha = X$ अक्ष पर, धनात्मक दिशा में **OP** द्वारा बनाया गया कोण,

$\beta = Y$ अक्ष पर, धनात्मक दिशा में **OP** द्वारा बनाया गया कोण

तथा $\gamma = Z$ अक्ष पर, धनात्मक दिशा में **OP** द्वारा बनाया गया कोण,

जहाँ $\beta \in (0, \pi/2)$

तीन बिन्दुओं (1, 2, 3), (2, 3, 4), (1, 5, 7) से गुजरने वाले समतल का समीकरण

$$\begin{vmatrix} x-1 & y-2 & z-3 \\ 2-1 & 3-2 & 4-3 \\ 1-1 & 5-2 & 7-3 \end{vmatrix} = 0 \Rightarrow \begin{vmatrix} x-1 & y-2 & z-3 \\ 1 & 1 & 1 \\ 0 & 3 & 4 \end{vmatrix} = 0$$

$\Rightarrow (x-1) - 4(y-2) + 3(z-3) = 0$

$\Rightarrow \qquad x - 4y + 3z = 2 \qquad \dots (i)$

समतल पर अभिलम्ब के दिक् अनुपात $< 1, -4, 3 >$

अतः दिशा कोज्याएँ $\left(\pm \frac{1}{\sqrt{26}}, \mp \frac{4}{\sqrt{26}}, \pm \frac{3}{\sqrt{26}}\right)$

$$\cos\beta = \frac{4}{\sqrt{26}} \qquad \left[\because \beta \in \left(0, \frac{\pi}{2}\right)\right]$$

$$\cos\alpha = \frac{-1}{\sqrt{26}} \Rightarrow \frac{\pi}{2} < \alpha < \pi \Rightarrow \alpha \in \left(\frac{\pi}{2}, \pi\right)$$

और $\quad \cos\gamma = \frac{-3}{\sqrt{26}} \Rightarrow \frac{\pi}{2} < \gamma < \pi \Rightarrow \gamma \in \left(\frac{\pi}{2}, \pi\right)$

76. *(c)* अवकल समीकरण

$$\frac{dy}{dx}-\frac{3x^5\tan^{-1}(x^3)}{(1+x^6)^{3/2}}y=2x\exp\left(\frac{x^3-\tan^{-1}(x^3)}{\sqrt{(1+x)^6}}\right) \quad \text{(दिया है)}$$

$$\Rightarrow \frac{dy}{dx}+\left(\frac{-3x^5\tan^{-1}(x^3)}{(1+x^6)^{3/2}}\right)y=2xe^{\left[\frac{x^3-\tan^{-1}(x^3)}{\sqrt{(1+x)^6}}\right]}$$

जो $\frac{dy}{dx}+Py=Q$ का रैखिक अवकल समीकरण रूप है, जिसका समाकलन गुणांक (IF) $=e^{\int Pdx}$

$$y\times(\text{IF})=\int Q\times(\text{IF})\,dx \quad \dots(i)$$

$$\text{IF}=e^{\int\frac{-3x^5\tan^{-1}(x^3)}{(1+x^6)^{3/2}}dx}$$

माना $\tan^{-1}(x^3)=t\Rightarrow\frac{3x^2}{1+x^6}dx=dt$

$$\therefore \text{IF}=e^{-\int\frac{\tan t}{\sec t}t\cdot dt}=e^{-\int t\sin t\,dt}=e^{t\cos t-\sin t}=e^{\frac{\tan^{-1}(x^3)-x^3}{\sqrt{1+x^6}}}$$

समी (i) से,

$$y\times e^{\frac{\tan^{-1}(x^3)-x^3}{\sqrt{1+x^6}}}=\int 2x\,e^{\left(\frac{x^3-\tan^{-1}x^3}{\sqrt{1+x^6}}\right)}\cdot e^{\left(\frac{\tan^{-1}(x^3)-x^3}{\sqrt{1+x^6}}\right)}dx$$

$$\Rightarrow y\times e^{\left(\frac{\tan^{-1}x^3-x^3}{\sqrt{1+x^6}}\right)}=\int 2x\,dx \Rightarrow y\times e^{\left(\frac{\tan^{-1}(x^3)-x^3}{\sqrt{1+x^6}}\right)}$$

$$=2\cdot\frac{x^2}{2}+C=x^2+C \quad \dots(ii)$$

समी (ii) मूल बिन्दु से होकर गुजरता है

समी (ii) में $x=y=0$ रखने पर,

$$C=0$$

अत: $y\cdot e^{(\tan^{-1}x^3-x^3/\sqrt{1+x^6})}=x^2$

$$\therefore \quad y(1)\cdot e^{\tan^{-1}(1)-1/\sqrt{1+1}}=1\Rightarrow y(1)\cdot e^{\frac{\pi}{4}-1/\sqrt{2}}=1$$

$$\Rightarrow \quad y(1)=\frac{1}{e^{\pi-4/4\sqrt{2}}}=e^{4-\pi/4\sqrt{2}}=\exp\left(\frac{4-\pi}{4\sqrt{2}}\right)$$

77. *(d)* पासे के फलकों पर अंकित अंक $-2,-1,0,1,2,3$

$\therefore n(s)=6$

या तो सभी परिणाम धनात्मक है या कोई दो ऋणात्मक या चार ऋणात्मक

P (धनात्मक अंक) $=\frac{3}{6}=\frac{1}{2}$

P (ऋणात्मक अंक) $=\frac{2}{6}=\frac{1}{3}$

$E=$ धनात्मक परिणाम

$E=$ [(5 धनात्मक) या (3 धनात्मक व 2 ऋणात्मक) या (1 धनात्मक व 4 ऋणात्मक)

$$\therefore \quad P(E)={}^5C_5\left(\frac{1}{2}\right)^5+{}^5C_3\left(\frac{1}{2}\right)^3\left(\frac{1}{3}\right)^2+{}^5C_1\left(\frac{1}{2}\right)^1\left(\frac{1}{3}\right)^4$$

$$=\frac{1}{32}+\frac{5}{36}+\frac{5}{162}=\frac{81+360+80}{2592}=\frac{521}{2592}$$

78. *(a)* दिया है, दो द्विपद हैं $\left(ax^3+\frac{1}{bx^{1/3}}\right)^{15}$ तथा $\left(ax^{\frac{1}{3}}-\frac{1}{bx^3}\right)^{15}$

$\left(ax^3+\frac{1}{bx^{1/3}}\right)^{15}$ का सामान्य प्रसार

$$T_{r+1}={}^{15}C_r\cdot(ax^3)^{15-r}\left(\frac{1}{bx^{1/3}}\right)^r={}^{15}C_r\cdot(a)^{15-r}\cdot(x)^{45-3r}\cdot(b)^{-r}(x)^{-r/3}$$

x^{15} के गुणांक के लिए

$$45-3r-\frac{r}{3}=15\Rightarrow 30=\frac{10r}{3}\Rightarrow r=9$$

$\left(ax^3+\frac{1}{bx^{1/3}}\right)^{15}$ में x^{15} का गुणांक $={}^{15}C_9a^6b^{-9}$ ...(i)

$\left(ax^{1/3}-\frac{1}{bx^3}\right)^{15}$ का सामान्य प्रसार

$$T_{r+1}={}^{15}C_r\cdot(ax^{\frac{1}{3}})^{15-r}\cdot\left(-\frac{1}{bx^3}\right)^r$$

$$\Rightarrow \quad T_{r+1}={}^{15}C_r\cdot(a)^{15-r}\cdot(x)^{\frac{15-r}{3}}\cdot(-1)^r\cdot(b)^{-r}\cdot(x)^{-3r}$$

x^{-15} का गुणांक के लिए

$$5-\frac{r}{3}-3r=-15\Rightarrow\frac{10r}{3}=20\Rightarrow r=6$$

$\left(ax^{\frac{1}{3}}-\frac{1}{bx^3}\right)^{15}$ में x^{-15} का गुणांक

$$={}^{15}C_6\cdot a^9\times b^{-6}\times(-1)^6={}^{15}C_6\cdot a^9b^{-6} \quad \dots(ii)$$

प्रश्नानुसार, समी (i) = समी से, (ii)

$$\Rightarrow \quad {}^{15}C_9a^6\cdot b^{-9}={}^{15}C_6\cdot a^9b^{-6}$$

$$\Rightarrow \quad \frac{a^6}{a^9}=\frac{b^{-6}}{b^{-9}}=\frac{1/b^6}{1/b^9}=\frac{b^9}{b^6}\Rightarrow a^6b^6=a^9b^9$$

$$\Rightarrow \quad \frac{a^9b^9}{a^6b^6}=1\Rightarrow a^3b^3=1,\ \text{जहाँ } a,b>0\Rightarrow ab=1$$

79. *(b)* सममित होने के लिए, $(a,b),(b,c)\in R\Rightarrow(b,a),(c,b)\in R$

संक्रामक होने के लिए, $(a,b),(b,c)\in R\Rightarrow(a,c)\in R$

सममित

$\therefore \quad (a,c)\in R\Rightarrow(c,a)\in R$

संक्रामक

$\therefore \quad (a,b),(b,a)\in R\Rightarrow(a,a)\in R$

$(b,c),(c,b)\in R\Rightarrow(b,b)$ और $(c,c)\in R$

अवयव, जिन्हें जोड़ने पर R सममित व संक्रामक होगा

$\{(b,a),(c,b),(a,c),(c,a),(a,a),(b,b),(c,c)\}$

अत:, जोड़े जाने वाले कुछ अवयवों की संख्या $=7$

80. *(b)* $I=\frac{3(e-1)}{e}\int_1^2 x^2e^{[x]+[x^3]}dx$, जहाँ $[\cdot]=$ महत्तम पूर्णांक फलन

समाकलन सीमा 1 से 2

अत: $[x]=1$, जब $1<x<2$

$$\int_1^2 x^2e^{1+[x^3]}dx=\int_1^2 .x^2.e.e^{[x^3]}dx=e\int_1^2 x^2e^{[x^3]}dx$$

$$= e\int_1^{8}\frac{1}{3}\cdot e^{[t]}\,dt, \text{ जहाँ } t = x^3$$

x	1	2
t	1	8

$$= \frac{e}{3}\left[\int_1^2 e^{[t]}\,dt + \int_2^3 e^{[t]}dt + \int_3^4 e^{[t]}\,dt + \ldots + \int_7^8 e^{[t]}dt\right]$$

$$= \frac{e}{3}\left[\int_1^2 e\,dt + \int_2^3 e^2dt + \int_3^4 e^3dt + \ldots + \int_7^8 e^7dt\right]$$

$$= \frac{e}{3}[e + e^2 + e^3 + \ldots + e^7]$$

$$= \frac{e^2}{3}(1 + e + e^2 + \ldots + e^6) = \frac{e^2}{3}\left[\frac{e^7-1}{e-1}\right]$$

$$\left(\because S_n = \frac{a(r^n-1)}{r-1}, r > 1 \text{ यहाँ}, a = 1, r = e \text{ तथा } n = 7\right)$$

$$\therefore 1 = \frac{3(e-1)}{e}\times\frac{e^2}{3}\times\left(\frac{e^7-1}{e-1}\right) = e(e^7-1) = e^8 - e$$

81. *(21)* किसी संख्या के 15 से विभाज्य होने के लिए, उसका इकाई अंक 5 होना चाहिए और अंकों का योग 3 से विभाजित होना चाहिए

अत: इकाई अंक 5 रखा गया है

सम्भव संयोजन

1 2 1 5	2 3 5 5	3 5 5 5
कुल=3	कुल=6	कुल=3
2 2 3 5	1 1 5 5	3 3 1 5
कुल=3	कुल=3	कुल=3

अत: 15 से विभाज्य 4 अंकों की संख्याओं की कुल संख्याएँ $= 3 + 6 + 3 + 3 + 3 + 3 = 21$

82. *(37)* 7 प्रेक्षणों का माध्य $= 8$ तथा 7 प्रेक्षणों का प्रसरण $= 16$

एक प्रेक्षण के बाद 14 हटाने पर नया माध्य $= a$ तथा नया प्रसरण $= b$

$x_7 = 14$

$$\text{माध्य} = \frac{x_1 + x_2 + x_3 + \ldots + x_7}{7} = 8$$

$$\frac{x_1 + x_2 + x_3 + \ldots x_6 + 14}{7} = 8 \Rightarrow x_1 + x_2 + x_3 \ldots x_6 = 42$$

$$\text{इसलिए } \frac{x_1 + x_2 + x_3 + \ldots + x_6}{6} = \frac{42}{6} = 7 = a \qquad \text{(दिया है)}$$

$$\text{प्रसरण} = \frac{\Sigma x_i^2}{7} - (8)^2 \text{ (पुराना माध्य)} = 16 \qquad \text{(दिया है)}$$

$$\Sigma x_i^2 = (16 + 64)\times 7 = 80 \times 7 = 560$$

$$\Rightarrow \quad x_1^2 + x_2^2 + x_3^2 + \ldots + x_6^2 + x_7^2 = 560$$

$$\Rightarrow x_1^2 + x_2^2 + x_3^2 + \ldots + x_6^2 = 560 - (14)^2 = 560 - 196 = 364$$

$$\therefore \quad b = \frac{x_1^2 + x_2^2 + x_3^2 + \ldots + x_6^2}{6} - (7)^2 \qquad \text{(नया माध्य)}$$

$$= \frac{364}{6} - 49 = \frac{70}{6}$$

$$\text{अत: } a + 3b - 5 = 7 + 3\times\frac{70}{6} - 5 = 7 + 35 - 5 = 37$$

83. *(315)* समतलों के समीकरण

$$P_1 : \mathbf{r}\cdot(3\hat{\mathbf{i}} - 5\hat{\mathbf{j}} + \hat{\mathbf{k}}) = 7$$

$$\text{तथा} \quad P_2 : \mathbf{r}\cdot(\lambda\hat{\mathbf{i}} + \hat{\mathbf{j}} - 3\hat{\mathbf{k}}) = 9 \qquad \text{(दिए गए हैं)}$$

दोनों समतलों के मध्य कोण (दिया है)

$$\sin^{-1}\left(\frac{2\sqrt{6}}{5}\right) = \theta \qquad \text{(दिया है)}$$

$$\Rightarrow \quad \sin\theta = \frac{2\sqrt{6}}{5}$$

$$\therefore \quad \cos\theta = 1/5$$

2√6 5 θ 1

हमें ज्ञात है दो समतलों के बीच कोण

$$\cos\theta = \left|\frac{\mathbf{r}_1\cdot\mathbf{r}_2}{|\mathbf{r}_1||\mathbf{r}_2|}\right|$$

$$\Rightarrow \quad \cos\theta = \frac{(3\hat{\mathbf{i}} - 5\hat{\mathbf{j}} + \hat{\mathbf{k}})\cdot(\lambda\hat{\mathbf{i}} + \hat{\mathbf{j}} - 3\hat{\mathbf{k}})}{\sqrt{(3)^2 + (-5)^2 + (1)^2}\sqrt{(\lambda)^2 + (1)^2 + (-3)^2}}$$

$$\Rightarrow \quad \frac{1}{5} = \frac{3\lambda - 5 - 3}{\sqrt{35}\sqrt{\lambda^2 + 10}} = \frac{3\lambda - 8}{\sqrt{35}\sqrt{\lambda^2 + 10}}$$

$$\Rightarrow \quad \frac{1}{25} = \frac{9\lambda^2 + 64 - 48\lambda}{35(\lambda^2 + 10)} \qquad \text{(वर्ग करने पर)}$$

$$\Rightarrow \quad 19\lambda^2 - 120\lambda + 125 = 0 \Rightarrow 19\lambda^2 - 95\lambda - 25\lambda + 125 = 0$$

$$\Rightarrow 19\lambda(\lambda - 5) - 25(\lambda - 5) = 0 \Rightarrow (19\lambda - 25)(\lambda - 5) = 0$$

$$\Rightarrow \quad \lambda = \frac{25}{19}, 5 = \lambda_1, \lambda_2$$

किन्तु, $\lambda_1 < \lambda_2$

$\therefore \quad \lambda_1 = 25/19$ तथा $\lambda_2 = 5$

$$(38\lambda_1, 10\lambda_2, 2) \equiv \left(38\times\frac{25}{19}, 10\times 5, 2\right) \equiv (50, 50, 2)$$

समतल की बिन्दु (50, 50, 2) से लम्बवत् दूरी

$$P_1 = \frac{|3\times 50 - 5\times 50 + 2 - 7|}{\sqrt{35}} = \frac{105}{\sqrt{35}}$$

$$= \left(\frac{105}{\sqrt{35}}\right)^2 = \frac{105\times 105}{35} = 105\times 3 = 315 \qquad \text{(वर्ग करने पर)}$$

84. *(9)* दिया है, $z = 1 + i \Rightarrow \bar{z} = 1 - i$

$$\text{तथा } z_1 = \frac{1 + i\bar{z}}{\bar{z}(1 - z) + \frac{1}{z}} = \frac{1 + i(1 - i)}{(1 - i)(1 - 1 - i) + \frac{1}{1 + i}}$$

$$= \frac{1 + i - i^2}{(1 - i)(-i) + \frac{1 - i}{2}} = \frac{2 + i}{\frac{-3i - 1}{2}} = \frac{4 + 2i}{-3i - 1}$$

$$z_1 = \frac{-(4 + 2i)(3i - 1)}{(3i)^2 - (1)^2}$$

$$\Rightarrow z_1 = \frac{-12i + 4 - 6i^2 + 2i}{-9 - 1} = \frac{-10i + 10}{-10} = \frac{-10(i - 1)}{-10}$$

$$\Rightarrow \quad z_1 = i - 1 = -1 + i$$

$$\therefore \quad \arg(z_1) = 3\pi/4$$

$$\text{अत: } \frac{12}{\pi}\arg(z_1) = \frac{12}{\pi}\times\frac{3\pi}{4} = 9$$

85. *(22)* वक्र का दिया हुआ समीकरण

$$y^2 = 8x, \quad \text{...(i)}$$
$$y = x \quad \text{...(ii)}$$
व
$$x = 2 \quad \text{...(iii)}$$

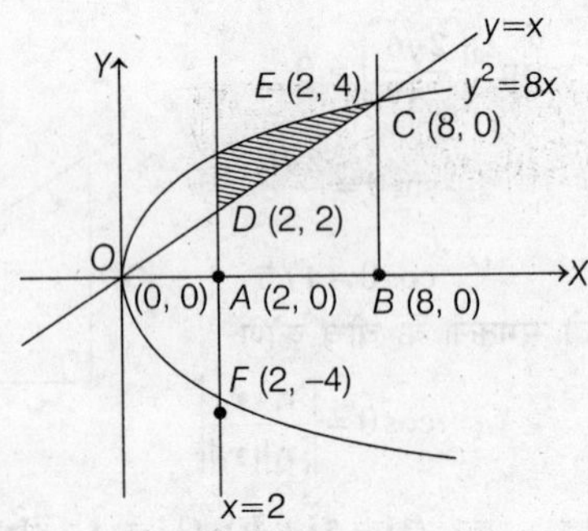

समी (i), (ii) व (iii) को हल करने पर,

$$x^2 = 8x$$
$$\Rightarrow \quad x^2 - 8x = 0 \Rightarrow x(x-8) = 0 \Rightarrow x = 0, 8$$
$$\therefore \quad y = 0, 8$$

$x = 2$ वक्र (i) को $E(2, 4)$ व $F(2, -4)$ पर प्रतिच्छेद करता है

($y^2 = 8x$ में $x = 2$ रखने पर $y = \pm 4$)

छायांकित भाग का क्षेत्रफल

$$= \int_2^8 (\sqrt{8x} - x)\, dx = \int_2^8 2\sqrt{2}\, \sqrt{x}\, dx - \int_2^8 x\, dx$$

$$= 2\sqrt{2}\left[\frac{x^{3/2}}{\frac{3}{2}}\right]_2^8 - \left[\frac{x^2}{2}\right]_2^8 = \frac{4\sqrt{2}}{3}[(8)^{3/2} - (2)^{3/2}] - \frac{1}{2}[(8)^2 - (2)^2]$$

$$= \frac{4\sqrt{2}}{3}[(2\sqrt{2})^3 - (\sqrt{2})^3] - \frac{1}{2}[64 - 4]$$

$$= \frac{4\sqrt{2}}{3}[16\sqrt{2} - 2\sqrt{2}] - \frac{1}{2} \times 60 = \frac{64 \times 2}{3} - \frac{8 \times 2}{3} - 30$$

$$= \frac{128}{3} - \frac{16}{3} - 30 = \frac{128 - 16 - 90}{3} = \frac{22}{3} = a \quad \text{(दिया है)}$$

अत: $3a = 22$

86. *(26)* $\sum\limits_{n=0}^{\infty} \dfrac{n^3((2n))! + (2n-1)(n)!}{(n)!((2n))!}$

$$\sum_{n=0}^{\infty}\left[\frac{n^3}{n!} + \frac{2n-1}{(2n)!}\right] = \sum_{n=0}^{\infty}\left[\frac{n^2}{(n-1)!} + \frac{1}{(2n-1)!} - \frac{1}{(2n)!}\right]$$

$$= \sum_{n=0}^{\infty}\left[\frac{3}{(n-2)!} + \frac{1}{(n-3)!} + \frac{1}{(n-1)!} + \frac{1}{(2n-1)!} - \frac{1}{(2n)!}\right]$$

$= 3e + e + e - \dfrac{1}{e} = 5e - \dfrac{1}{e} = ae + \dfrac{b}{e} + c$, जहाँ $a, b, c \in Z$

$a = 5, b = -1$ व $c = 0$ (तुलना करने पर)

$\therefore a^2 - b + c = 25 - (-1) + 0 = 26$

87. *(15)* रेखा का समीकरण

$$x - 3y + 2z - 1 = 0 = 4x - y + z \quad \text{(दिया है)}$$

या $\quad x - 3y + 2z - 1 = 0$

तथा $\quad 4x - y + z = 0$

$$\therefore \quad \mathbf{n}_1 \times \mathbf{n}_2 = \begin{vmatrix} \hat{\mathbf{i}} & \hat{\mathbf{j}} & \hat{\mathbf{k}} \\ 1 & -3 & 2 \\ 4 & -1 & 1 \end{vmatrix}$$

$$= \hat{\mathbf{i}}(-3+2) - \hat{\mathbf{j}}(1-8) + \hat{\mathbf{k}}(-1+12)$$
$$= -\hat{\mathbf{i}} + 7\hat{\mathbf{j}} + 11\hat{\mathbf{k}}$$

$\therefore$ समतल पर अभिलम्ब के दिक् अनुपात $(-1, 7, 11)$ हैं।

समतल का समीकरण

$$-1(x-1) + 7(y-1) + 11(z-2) = 0$$

$$\Rightarrow \quad -x + 7y + 11z = 28 \Rightarrow \frac{-1x}{28} + \frac{7y}{28} + \frac{11z}{28} = 1$$

$$Ax + By + Cz = 1 \quad \text{(दिया है)}$$

(तुलना करने पर)

$$A = -\frac{1}{28},\ B = \frac{7}{28} \text{ तथा } C = \frac{11}{28}$$

अत: $140(C - B + A) = 140\left(\dfrac{11}{28} - \dfrac{7}{28} - \dfrac{1}{28}\right) = 140 \times \dfrac{3}{28} = 15$

88. *(3125)* दिया है, $f^1(x) = \dfrac{3x+2}{2x+3}$, जहाँ $x \in R - \left\{\dfrac{-3}{2}\right\}$

$$f^n(x) = f^1 o f^{n-1}(x) \quad \text{(दिया है)}$$

$$n = 2,\ f^2(x) = f^1 o f^1(x) = f^1(f^1(x)) = f^1\left(\frac{3x+2}{2x+3}\right)$$

$$= \frac{3\left(\dfrac{3x+2}{2x+3}\right) + 2}{2\left(\dfrac{3x+2}{2x+3}\right) + 3} = \frac{\dfrac{9x+6+4x+6}{2x+3}}{\dfrac{6x+4+6x+9}{2x+3}} \Rightarrow f^2(x) = \frac{13x+12}{12x+13}$$

उसी प्रकार, $f^3(x) = \dfrac{63x+62}{62x+63}$

$$\therefore \quad f^5(x) = \frac{1563x + 1562}{1562x + 1563} = \frac{ax+b}{bx+a}$$

अत: $a + b = 1563 + 1562 = 3125$

89. *($^{64}P_6$)* दिया है, $S = \{1, 2, 3, 4, 5, 6\}$

$$\therefore \quad n(P(S)) = 2^6 = 64$$

$\therefore$ एकेकी फलनों की संख्या $= {}^{64}P_6$

90. *(12)* $L = \lim\limits_{x \to 0} \dfrac{48}{x^4} \displaystyle\int_0^x \frac{t^3}{t^6+1}\, dt$ (दिया गया है)

$$= \lim_{x \to 0} 48 \frac{\int_0^x \frac{t^3}{t^6+1}\, dt}{x^4} \quad \left[\frac{0}{0} \text{ रूप में}\right]$$

L'-हॉस्पिटल प्रमेय प्रयोग करने पर,

$$L = 48 \lim_{x \to 0} \frac{\dfrac{x^3}{x^6+1}}{4x^3} = 48 \times \lim_{x \to 0} \frac{x^3}{x^6+1} \times \frac{1}{4x^3} = 48 \times \frac{1}{4} \times \frac{1}{1} = 12$$

JEE Main संयुक्त प्रवेश परीक्षा

सॉल्वड पेपर 2023

1 फरवरी, द्वितीय पाली

भौतिकी

खण्ड 'A' ऑब्जेक्टिव प्रश्न

1. धरातल पर क्षैतिज से किसी कोण पर प्रक्षेपित की गई किसी वस्तु के लिए सही कथन चुनिए

(a) अधिकतम ऊँचाई वाले बिन्दु पर, वेग का क्षैतिज घटक शून्य है ।
(b) अधिकतम ऊँचाई वाले बिन्दु पर, संवेग का ऊर्ध्व घटक अधिकतम है।
(c) अधिकतम ऊँचाई वाले बिन्दु पर, गुरुत्वीय स्थितिज ऊर्जा अधिकतम है।
(d) प्रक्षेप्य के अधिकतम ऊँचाई बिन्दु पर गतिज ऊर्जा शून्य है

2. नीचे दो कथन दिए गए हैं: एक को अभिकथन A द्वारा निरूपित किया गया है, एवं दूसरे को कारण R द्वारा निरुपित किया गया है

अभिकथन A 600Ω वाले प्रतिरोध के सिरों पर विभवान्तर मापने के लिए, 4000Ω प्रतिरोध वाले वोल्टमीटर के स्थान पर 1000Ω प्रतिरोध वाले वोल्टमीटर को प्राथमिकता दी जाएगी।

कारण R अधिक प्रतिरोध वाला वोल्टमीटर, कम प्रतिरोध वाले वोल्टमीटर की तुलना में कम धारा खींचता है।

उपरोक्त कथन के संदर्भ में नीचे दिए गए विकल्पों से **सर्वाधिक उपयुक्त** उत्तर चुनें

(a) A गलत है, किन्तु R सही है।
(b) A सही है किन्तु R गलत है।
(c) A और R दोनों सही हैं और R, A की सही व्याख्या है।
(d) A और R दोनों सही हैं परन्तु R, A की सही व्याख्या नहीं है।

3. दो ग्रहों A एवं B पर पलायन वेगों का अनुपात $1:2$ है। यदि उनकी क्रमश: त्रिज्याओं का अनुपात $1:3$ है, तो ग्रह A के गुरुत्वीय त्वरण का ग्रह B के गुरुत्वीय त्वरण से अनुपात होगा

(a) $\frac{4}{3}$ (b) $\frac{3}{4}$ (c) $\frac{3}{2}$ (d) $\frac{2}{3}$

4. चित्र में दर्शाए अनुसार, 10 kg द्रव्यमान का एक गुटका किसी क्षैतिज तल पर रखा है, एवं इसे F बल से खींचा जा रहा है, जो कि क्षैतिज से 30° के कोण पर कार्यरत् है। $\mu_s = 0.25$ के लिए, वह बल F जिससे गुटका चलना प्रारम्भ कर ही देगा, वह है [दिया है, $g = 10\,\text{ms}^{-2}$]

(a) 35.7 N (b) 33.3 N (c) 25.2 N (d) 20 N

5. 3 mm^2 अनुप्रस्थ काट क्षेत्रफल वाले, 6m लम्बे स्टील के तार का यंग प्रत्यास्थता गुणांक $2\times10^{11}\,\text{N/m}^2$ है। किसी दिए हुए ग्रह पर यह तार एक आधार से लटका हुआ है। एक 4 kg द्रव्यमान का गुटका. इस तार के मुक्त सिरे पर बंधा है। इस ग्रह पर गुरुत्वीय त्वरण का मान, पृथ्वी पर गुरुत्वीय त्वरण के मान का 1/4 गुना है तार का प्रसार है (यदि पृथ्वी पर $g = 10\,\text{m/s}^2$)

(a) 0.1 cm (b) 1 mm (c) 0.1 mm (d) 1 cm

6. एक धातु की देहली आवृति f_0 है। जब धातु के तल पर $2f_0$ आवृत्ति का प्रकाश आपतित होता है, उत्सर्जित फोटो इलेक्ट्रॉन का अधिकतम वेग v_1 है। जब आपतित प्रकाश की आवृत्ति $5f_0$ तक बढ़ा दी जाती है, उत्सर्जित फोटो इलेक्ट्रॉन का अधिकतम वेग v_2 है। v_1 तथा v_2 का अनुपात है

(a) $\frac{v_1}{v_2} = \frac{1}{8}$ (b) $\frac{v_1}{v_2} = \frac{1}{16}$ (c) $\frac{v_1}{v_2} = \frac{1}{4}$ (d) $\frac{v_1}{v_2} = \frac{1}{2}$

7. हाइड्रोजन जैसे $Z = 4$ के परमाणु का एक इलेक्ट्रॉन चौथे ऊर्जा स्तर से दूसरे उर्जा स्तर में कूदता है। इस प्रक्रिया में उत्सर्जित ऊर्जा होगी (दिया है, $Rch = 13.6$ eV)

जहाँ, R = रिडबर्ग नियतांक, c = प्रकाश की निर्वात् में चाल
h = प्लांक नियतांक

(a) 4 eV (b) 40.8 eV (c) 10.5 eV (d) 13.6 eV

8. सरल आवर्त गति करते हुए एक सरल लोलक की लम्बाई (L) बनाम आवर्तकाल के वर्ग (T^2) का सही अभिलेख है।

(a)
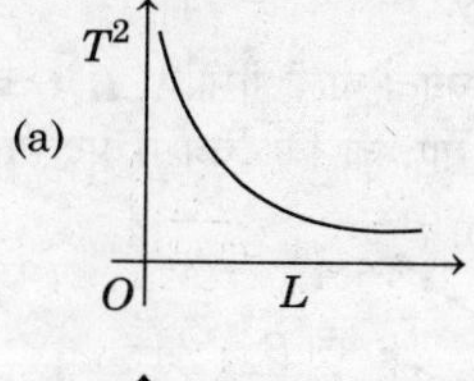

(b)
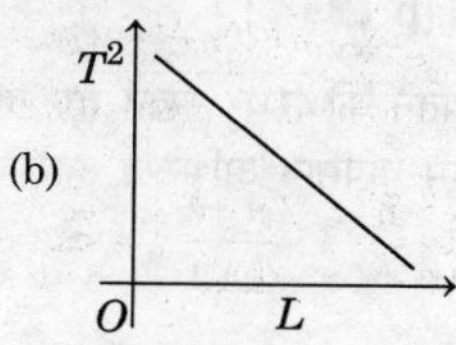

(c)
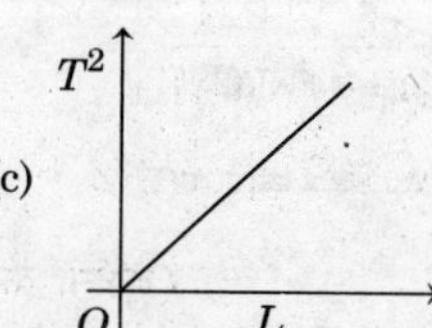

(d)
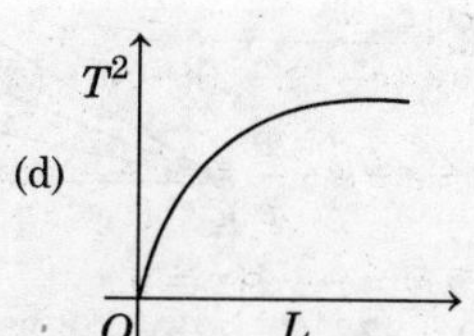

9. एक आयाम मॉडुलन प्रयोग में, प्रथम स्थिति में आयाम के एक बेस (आधार) बैण्ड सिग्नल को Y वोल्ट आयाम के एक वाहक सिग्नल पर अध्यारोपित किया जाता है। तब द्वितीय अवस्था में समान बेस बेण्ड

सिग्नल 2Y वोल्ट आयाम के दूसरे वाहक सिग्नल पर अध्यारोपित किया जाता है। दोनों अवस्थाओं के संगत मॉडुलन गुणांक का अनुपात क्रमश: होगा

(a) 1 : 1 (b) 2 : 1 (c) 1 : 1 (d) 4 : 1

10. नीचे दो कथन दिए गए हैं: एक को अभिकथन A द्वारा निरूपित किया गया है. एवं दूसरे को कारण R द्वारा निरुपित किया गया है।

अभिकथन A दो धात्विक गोलों को समान विभव तक आवेशित किया जाता है। इनमें से एक खोखला है एवं दूसरा ठोस है, एवं दोनों की त्रिज्याएँ समान हैं। ठोस गोले पर, खोखले गोले की तुलना में कम आवेश होगा ।

कारण R धात्विक गोलों की धारिता, गोलों की त्रिज्याओं पर निर्भर करती है।

उपरोक्त कथनों के संदर्भ में, नीचे दिए गए विकल्पों में से सही उत्तर चुनें

(a) A एवं R दोनों सत्य हैं, एवं R, A की सही व्याख्या नहीं है ।
(b) A असत्य है, किन्तु R सत्य है ।
(c) A सत्य है किन्तु R असत्य है
(d) A एवं R दोनों सत्य हैं, एवं R, A की सही व्याख्या है।

11. कोई कुंडली चुम्बकीय क्षेत्र में इस प्रकार से रखी गयी है की चुम्बकीय क्षेत्र की दिशा कुंडली के तल के ऊर्ध्वाधर है। किसी कुंडली से गुजरने वाले चुम्बकीय फ्लक्स को परिवर्तित किया जा सकता है

A. कुंडली में उपस्थित चुम्बकीय क्षेत्र के परिमाण को परिवर्तित करके।
B. चुम्बकीय क्षेत्र में, कुंडली के क्षेत्रफल को परिवर्तित करके।
C. चुम्बकीय क्षेत्र की दिशा एवं कुंडली के तल के बीच के कोण को परिवर्तित करके।
D. चुम्बकीय क्षेत्र के परिमाण को बिना बदले, इसकी दिशा को अचानक से विपरीत करके।

नीचे दिए गए विकल्पों में से सर्वाधिक उपयुक्त उत्तर चुनें

(a) केवल A एवं B (b) केवल A, B एवं C
(c) केवल A एवं C (d) केवल A, B, एवं D

12. यदि प्रकाश की चाल c सार्वत्रिक गुरुत्वाकर्षण नियतांक G एवं प्लांक नियतांक h को मूल भौतिक राशियों की तरह लिया जाता है, तो नए निकाय में द्रव्यमान की विमाएँ हैं

(a) $[h^{1/2}c^{1/2}G^{-1/2}]$ (b) $[h^{1/2}c^{-1/2}G^{1/2}]$
(c) $[h^1c^1G^{-1}]$ (d) $[h^{-1}c^{1/2}G^{1/2}]$

13. आयतन को स्थिर रखते हुए तीन निम्न घनत्व वाली गैसों A, B, C के दाब बनाम तापमान अभिरेख आरेखित किए गए, जो कि चित्र में प्रदर्शित हैं।

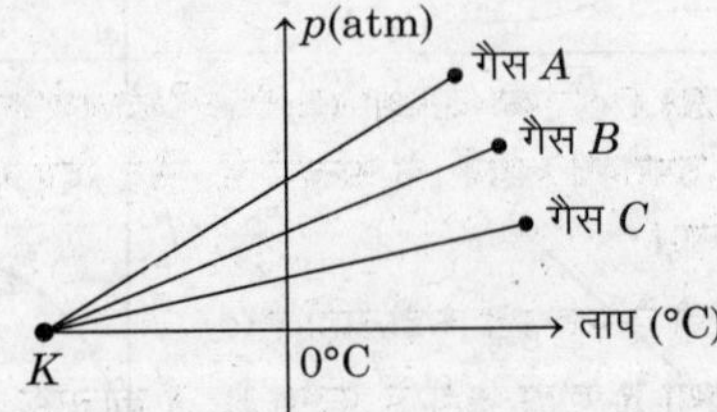

(a) – 373°C (b) – 273°C (c) – 40°C (d) – 100°C

14. जेनर डायोड के लिए सही कथन चुनिए

(a) यह अग्रदिशिक एवं पश्चदिशिक बायस दोनों में वोल्टेज रेगुलेटर की तरह कार्य करता है।
(b) पश्चदिशिक बायस में यह वोल्टेज रेगुलेटर की तरह कार्य करता है एवं अग्रदिशिक बायस में साधारण p-n डायोड की तरह व्यवहार करता है।
(c) यह केवल अग्रदिशिक बायस में वोल्टेज रेगुलेटर की तरह व्यवहार करता है।
(d) अग्रदिशिक बायस में यह वोल्टेज रेगुलेटर की तरह कार्य करता है एवं पश्चदिशिक बायस में यह साधारण p-n डायोड की तरह व्यवहार करता है।

15. विद्युत चुम्बकीय तरंग के औसत विद्युत ऊर्जा घनत्व एवं कुल औसत ऊर्जा घनत्व का अनुपात है

(a) $\frac{1}{2}$ (b) 2 (c) 1 (d) 3

16. R प्रतिरोध वाले एकसमान तार से बने n-भुजाओं वाले किसी समबाहु बहुभुज के दो लगातार कोनों के बीच का तुल्य प्रतिरोध होगा

(a) $\frac{(n-1)R}{(2n-1)}$ (b) $\frac{(n-1)R}{n}$
(c) $\frac{(n-1)R}{n^2}$ (d) $\frac{n^2R}{n-1}$

17. दो ऊष्मा भंडारणों के बीच कार्यरत् एक कार्नो इंजन की दक्षता $\frac{1}{3}$ है। जब ठंडे ऊष्मा भंडारण का तापमान x बढ़ता है तो इसकी दक्षता घटकर $\frac{1}{6}$ हो जाती है। यदि गर्म ऊष्मा भंडार का तापमान 99°C पर रहता है तो x का मान होगा

(a) 66 K (b) 62 K (c) 16.5 K (d) 33 K

18. चित्र (a), (b), (c) एवं (d) समय के साथ बल के परिवर्तन को प्रदर्शित करते हैं।

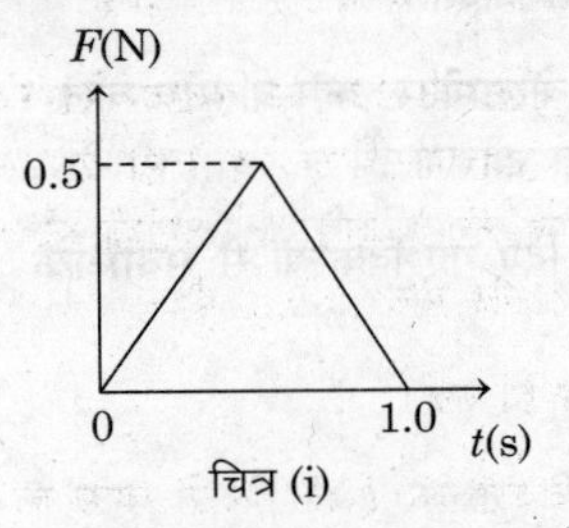

चित्र (i)

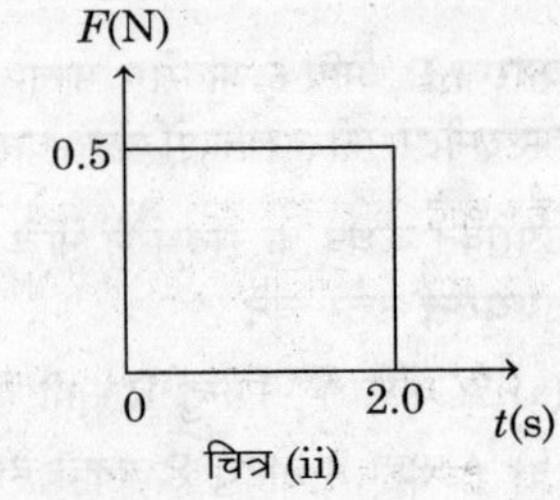

चित्र (ii)

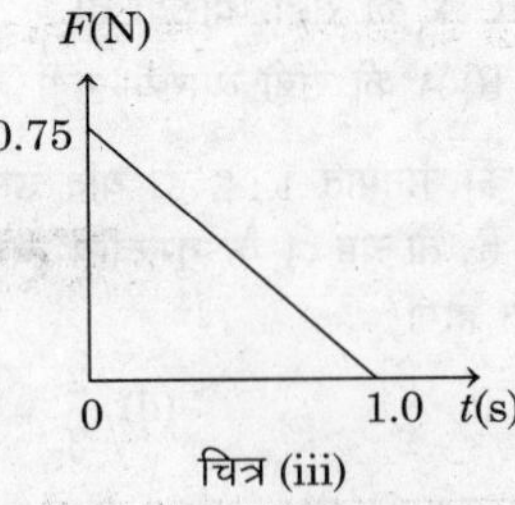

चित्र (iii)

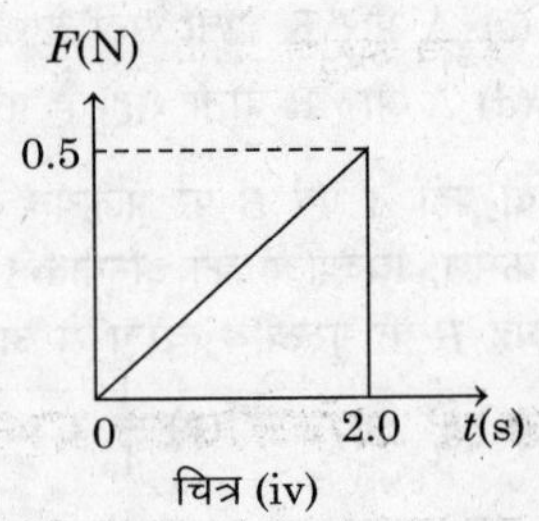

चित्र (iv)

जिस चित्र में आवेग अधिकतम है, वह है

(a) चित्र (c) (b) चित्र (b) (c) चित्र (a) (d) चित्र (d)

19. 40 cm वक्रता त्रिज्या वाले एक अवतल दर्पण के सामने A व B दो वस्तुएँ दर्पण के ध्रुव से क्रमश: 15 cm व 25 cm पर रखी हैं। दर्पण द्वारा बने प्रतिबिम्बों के बीच की दूरी है

(a) 100 cm (b) 160 cm
(c) 60 cm (d) 40 cm

20. प्रदर्शित चित्रानुसार, एक सरल रेखीय चालक और अर्धवृत्ताकार चाप में $I = 3A$ की धारा बह रही है। अर्धवृत्ताकार चाप की त्रिज्या $\frac{\pi}{10}$ m है। केन्द्र पर चुम्बकीय क्षेत्र है। (निर्वात् की चुम्बकशीलता $= 4\pi \times 10^{-7} NA^{-2}$)

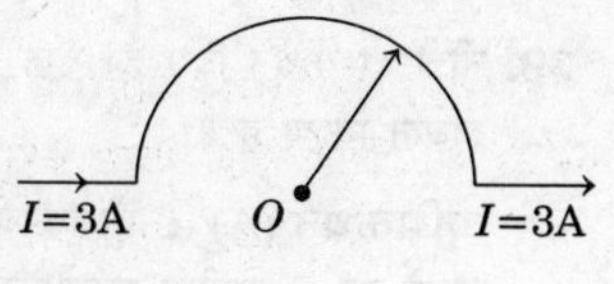

(a) $4\mu T$ (b) $6\mu T$ (c) $3\mu T$ (d) $1\mu T$

21. एक घनाकार आयतन $x = 0, x = a, y = 0, Z = 0, Z = a$ से बँधा हुआ है। इस परिसर में वैद्युत क्षेत्र $\mathbf{E} = E_0 x\hat{\mathbf{i}}$ दिया गया है। जहाँ $E_0 = 4 \times 10^4 NC^{-1}m^{-1}$ यदि $a = 2$ cm है, तो घनाकार आयतन में आवेश $Q \times 10^{-14}$ C है। Q का मान .... है।
($\varepsilon_0 = 9 \times 10^{-12} C^2/N\text{-}m^2$)

खण्ड 'B' न्यूमैरिकल वैल्यू प्रश्न

22. दिये गये परिपथ में, $\left|\frac{I_1 + I_3}{I_2}\right|$ का मान .... है।

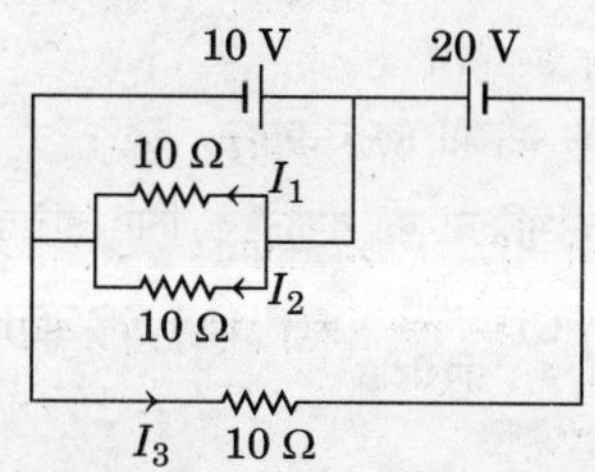

23. एक कण पर एक बल $\mathbf{F} = (5 + 3y^2)\hat{\mathbf{j}}$ y-दिशा में कार्य करता है, जहाँ F न्यूटन में तथा y मीटर में है। $y = 2$ m से $y = 5$ m तक एक विस्थापन के दौरान बल द्वारा किया गया कार्य .... J है।

24. 20 ms^{-1} की चाल से गतिमान रेलगाड़ी इंजन का ड्राइवर रेलगाड़ी को स्टेशन पर रोकने लिए स्टेशन से 500 मीटर दूर पहले ही ब्रेक लगाता है। यदि ब्रेक इस दूरी के आधे पर लगाये जाये तो रेलगाड़ी स्टेशन के $\sqrt{x}$ ms^{-1} चाल से पार करेगी। x का मान .... है।

(ब्रेक द्वारा आरोपित मंदन समान हो तब)

25. M द्रव्यमान तथा R त्रिज्या की चकती का इसके किसी व्यास के परित: जडत्व आघूर्ण $\frac{MR^2}{4}$ है। इस चकती का चकती के तल के लम्बवत् तथा इसके किनारे से गुजरने वाली अक्ष के परित: जड़त्व आघूर्ण $\frac{x}{2}MR^2$ होगा। x का मान .... है।

26. प्रदर्शित चित्र के अनुसार, यंग द्विझिर्री प्रयोग में झिर्री S_1 के सामने मोटाई $t = 10\mu m$ तथा $\mu_1 = 1.2$ अपवर्तनांक की एक पतली प्लेट लगा दी गयी है। प्रयोग ($\mu = 1$) वायु में सम्पन्न किया जाता है और $\lambda = 500$ nm तरंगदैर्ध्य का एकवर्णी प्रकाश प्रयुक्त हुआ है। प्लेट के लगाने के कारण केन्द्रीय उच्चिष्ठ $x\beta_0$ दूरी विस्थापित हो जाती है। प्लेट लगे होने पर फ्रिंज की चौड़ाई β_0 है। x का मान .... है

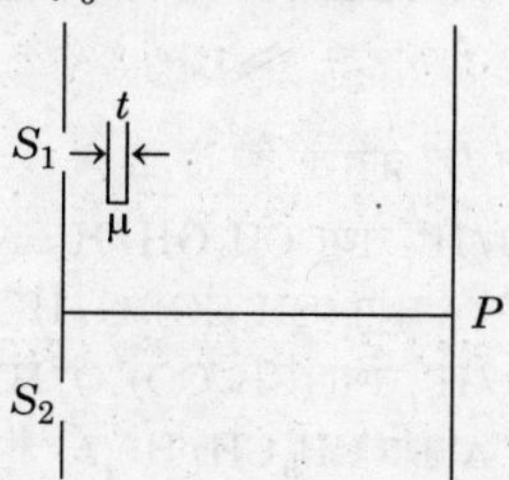

27. एक घर के शीर्ष पर 750 सेमी^{2} अनुप्रस्थ-काट क्षेत्रफल वाली पानी की टंकी में पानी की सतह h मीटर है। नल के स्तर से ऊपर 500 मिमी^{2} अनुप्रस्थ-काट क्षेत्रफल वाले नल से निकलने वाले पानी की गति 30 cm/s है। उस समय $\frac{dh}{dt}$ का मान $x \times 10^{-3}$ m/s होगा।

28. समान प्रोटॉन तथा न्यूट्रॉन की संख्या तथा $Z = 17$ वाले नाभिक A की प्रति न्यूक्लिऑन बन्धन ऊर्जा 1.2 MeV है। 26 न्यूक्लिऑनों तथा $Z = 12$ वाले दूसरे नाभिक B की प्रति न्यूक्लिऑन बन्धन उर्जा 1.8 MeV है। B तथा A की बंधन भुजाओं का अन्तर .... MeV होगा।

29. एक गुटका एक क्षैतिज स्प्रिंग से बंधा है। गुटके को $x = 0$ पर इसकी साम्यावस्था से 10 cm दूरी तक पर घर्षणरहित तल पर विराम से खींचा जाता है। $x = 5$ cm पर गुटके की उर्जा 0.25 J है। स्प्रिंग का स्प्रिंग नियतांक .... Nm^{-1} है।

30. 600 फेरों वाली 70 cm^2 क्षेत्रफल की एक वर्गाकार कुण्डली 0.4 Wbm^{-2} के चुम्बकीय क्षेत्र के लम्बवत् एक अक्ष के परित: घूर्णन करती है। यदि कुण्डली एक मिनट में 500 परिक्रमा करती है, जब कुण्डली का तल क्षेत्र से 60° पर झुकी हो तो क्षणिक विद्युत वाहक बल .... V होगा। $\left(\pi = \frac{22}{7}\right)$

रसायन विज्ञान

खण्ड 'A' ऑब्जेक्टिव प्रश्न

31. वह संकुल, जो दो प्रकार की समावयवता प्रदर्शित करता है, है
(a) $[Co(NH_3)_5 Cl]^{2+}$ (b) $[Co(NH_3)_5 Cl]^{+}$
(c) $[Co(NH_3)_5 NO_2]^{2+}$ (d) $[Co(H_2O)_6]^{3+}$

32. नीचे दो कथन दिये हैं। एक को अभिकथन (A) और दूसरे को कारण (R) चिह्नित किया गया है।
अभिकथन (A) Cu^+ की अपेक्षा Cu^{2+} जल में अधिक स्थायी है।
कारण (R) Cu^+ की अपेक्षा Cu^{2+} की जलयोजन एन्थैल्पी बहुत कम होती है। उपरोक्त कथनों के सन्दर्भ में, नीचे दिए गये विकल्पों से सही उत्तर चुनिए।
(a) A सही है परन्तु R सही नहीं है।
(b) A तथा R दोनों सही हैं परन्तु R, A की सही व्याख्या नहीं है।
(c) A तथा R दोनों सही हैं परन्तु R, A की सही व्याख्या है।
(d) A सही नहीं है परन्तु R सही है।

33. आबन्ध एन्थैल्पी ($kJ\ mol^{-1}$) के लिए सही क्रम है

(a) Si — Si > C — C > Ge — Ge > Sn — Sn
(b) C — C > Si — Si > Sn — Sn > Ge — Ge
(c) C — C > Si — Si > Ge — Ge > Sn — Sn
(d) Si — Si > C — C > Sn — Sn > Ge — Ge

34. अभिक्रिया में,

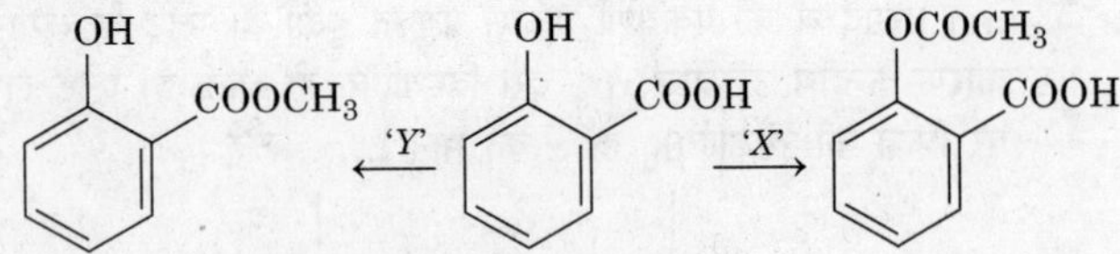

अभिकर्मक 'X' तथा 'Y' क्रमश: हैं

(a) $(CH_3CO)_2O/H^+$ तथा $CH_3OH/H^+, \Delta$
(b) $CH_3OH/H^+, \Delta$ तथा $(CH_3CO)_2O/H^+$
(c) $(CH_3CO)_2O/H^+$ तथा $(CH_3CO)_2O/H^+$
(d) $CH_3OH/H^+ \Delta$ तथा $CH_3CH/H^+, \Delta$

35. चित्र में फ्रैण्डलिक अधिशोषण के लिए सीधी रेखा ($y = 3x + 2.505$) दी गयी है। $\frac{1}{n}$ तथा $\log K$ के मान क्रमश: है।

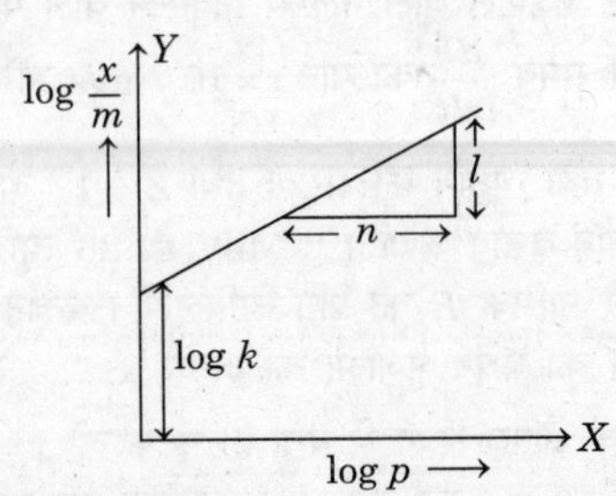

(a) 3 तथा 2.505 (b) 3 तथा 0.7033
(c) 0.3 तथा log 2.505 (d) 3 तथा 0.7033

36. तत्वों की इलेक्ट्रॉन लब्धि एन्थैल्पियों के लिए जिन्हें $\Delta_{eg}H$ से दिखाते हैं, गलत विकल्प है

(a) $\Delta_{eg}H(Te) < \Delta_{eg}H(Po)$ (b) $\Delta_{eg}H(Se) < \Delta_{eg}H(S)$
(c) $\Delta_{eg}H(Cl) < \Delta_{eg}H(F)$ (d) $\Delta_{eg}H(I) < \Delta_{eg}H(At)$

37. निम्नलिखित रिक्त स्थानों को भरने के लिए H_2O_2 में O—O आबन्ध लम्बाई 'X' होती है, O_2F_2 की O—O आबन्ध लम्बाई की तुलना में। O—H की H_2O_2 में आबन्ध लम्बाई 'Y' होती है, O_2F_2 के O—F आबन्ध की तुलना में। X एवं Y के लिए नीचे दिए गए विकल्पों में से सही को चुनिए।

(a) X-छोटी, Y-लम्बी (b) X-लम्बी, Y-लम्बी
(c) X-लम्बी, Y-छोटी (d) X-छोटी, Y-छोटी

38. नीचे दो कथन दिए हैं। एक को अभिकथन (A) तथा दूसरे को कारण (R) से चिह्नित किया है।

अभिकथन (A) जिप्सम का उपयोग अग्निरोधक दीवार बोर्ड बनाने में होता है।

कारण (R) जिप्सम उच्चताप पर अस्थायी है

उपरोक्त कथनों के सन्दर्भ में, नीचे दिए विकल्पों में से सही उत्तर चुनिए

(a) A सत्य है परन्तु R असत्य है।
(b) A तथा R दोनों सत्य हैं और R, A की सही व्याख्या है।
(c) A तथा R दोनों सत्य हैं परन्तु R, A सही व्याख्या नहीं हैं।
(d) A असत्य है परन्तु R सत्य है।

39. नीचे दो कथन दिए हैं। एक पर अभिकथन (A) तथा दूसरे को कारण (R) लेबल किया है

अभिकथन (A) α-हैलोकार्बोक्सिलिक अम्ल से तनु NH_3 की अभिक्रिया करने पर α-ऐमीनो कार्बोक्सिलिक अम्ल की अच्छी लब्धि प्राप्त होती है, जबकि ऐल्किल हैलाइडों में ऐसी ही अभिक्रिया की लब्धि बहुत कम होती है।

कारण (R) ऐमीनो अम्ल जलीय माध्यम में ज्विटर आयनों के रूप में होते हैं।

उपरोक्त कथनों के सन्दर्भ में नीचे दिए विकल्पों से सही उत्तर चुनिए

(a) A तथा R दोनों सत्य हैं परन्तु R, A की सही व्याख्या नहीं है।
(b) A सत्य नहीं है परन्तु R सत्य है।
(c) A सत्य है परन्तु R सत्य नहीं है।
(d) A तथा R दोनों सत्य हैं और R, A की सही व्याख्या है ।

40. औद्योगिक क्रियाकलापों में से जो भूमण्डलीय ताप वृद्धि के लिए न्यूनतम उत्तरदायी है, वह है

(a) सीमेन्ट का उत्पादन
(b) थर्मल पावर प्लांटों में विद्युत उत्पादन
(c) स्टील का उत्पादन
(d) यूरिया का औद्योगिक उत्पादन

41. निम्नलिखित अभिक्रिया को दर्शाने के लिए उचित ग्राफ है

$$(C_6H_5)_3C—Cl \xrightarrow[\text{पिरीडीन}]{OH^-} (C_6H_5)_3C—OH$$

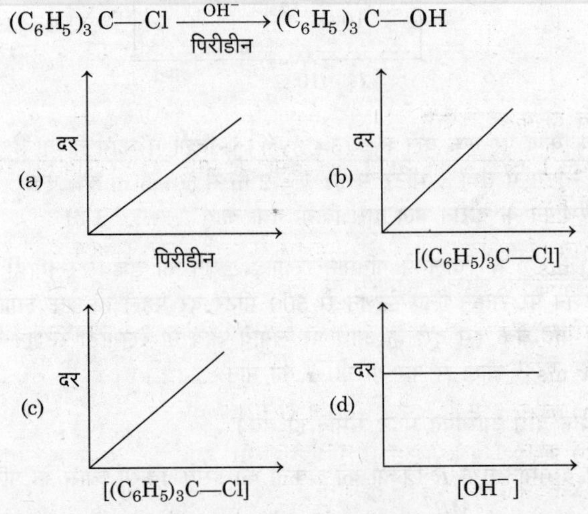

42. नेस्लर अभिकर्मक में कौन-सा तत्व नहीं होता है?

(a) ऑक्सीजन (b) पौटेशियम (c) मरकरी (d) आयोडीन

43. नीचे दो कथन दिए हैं। एक अभिकथन (A) का और दूसरे को कारण (R) लेबल किया गया है।

अभिकथन (A) जब KOH के एक जलीय विलयन को आयतनिक विश्लेषण में प्रयोग करते हैं तो इसकी सान्द्रता प्रयोग करने से पहले जाँच लेनी चाहिए।

कारण (R) KOH विलयन पुराना होने पर वायुमण्डलीय CO_2 को अवशोषित कर लेता है। उपरोक्त कथनों के सन्दर्भ में, नीचे दिए विकल्पों में से सही उत्तर चुनिए

(a) A सही है परन्तु R सही नहीं है।
(b) A तथा R दोनों सही हैं परन्तु R, A की सही व्याख्या नहीं है।
(c) A सही नहीं है। परन्तु R सही है।
(d) A तथा R दोनों सही हैं और R, A की सही व्याख्या है।

44. निम्नलिखित आयनों के समूह में से कौन-सा एक समइलेक्ट्रॉनी स्पीशीज के संग्रह का प्रतिनिधित्व करता है? दिया है, परमाणु संख्या F = 9, Cl = 17, Na = 11, Mg = 12, Al = 13, K = 19, Ca = 20

(a) $N^{3-}, O^{2-}, F^-, S^{2-}$
(b) $K^+, Cl^-, Ca^{2+}, Sc^{3+}$
(c) $Ba^{2+}, Sr^{2+}, K^+, Ca^{2+}$
(d) $Li^+, Na^+, Mg^{2+}, Ca^{2+}$

45. 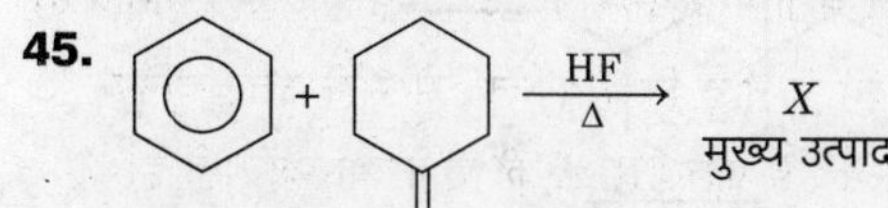

उपरोक्त अभिक्रिया में 'X' है।

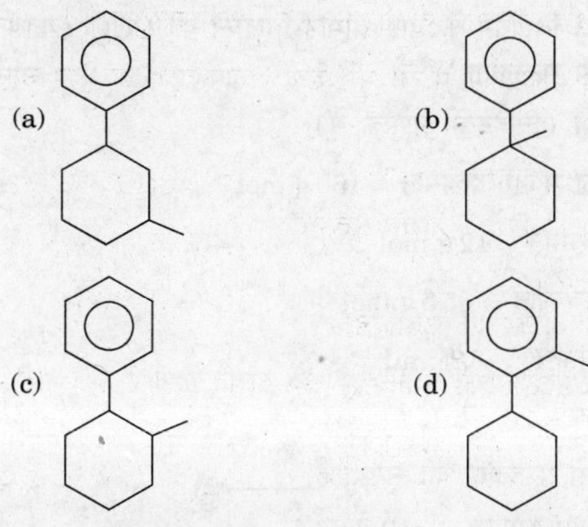

46. नीचे दो कथन दिए हैं

कथन I सल्फैनिलिक अम्ल कार्बोक्सिलिक समूह का एस्टरीकरण परीक्षण देता है।

कथन II अतिरिक्त तत्वों की पहचान के लिए लैन्से परीक्षण करने पर सल्फैनिलिक अम्ल लाल रंग देता है।

उपरोक्त कथनों के सन्दर्भ में, नीचे दिए गए विकल्पों से सर्वाधिक उचित उत्तर चुनिए।

(a) कथन I सही है परन्तु कथन II गलत है।
(b) कथन I तथा कथन II दोनों सही हैं।
(c) कथन I तथा कथन II दोनों गलत हैं।
(d) कथन I गलत है परन्तु कथन II सही है।

47. निम्नलिखित अभिक्रिया क्रम में मुख्य उत्पाद A, B तथा C हैं

[Reaction scheme: aldehyde $\xrightarrow[NaCN, H_2O]{NaHSO_3,\ \text{सान्द्र}\ HCl}$ [A] $\xrightarrow{LiAlH_4}$ [B]; [A] $\xrightarrow[\Delta]{HCl/H_2O}$ [C]]

(a) A = (HO, CN, H), B = (HO, CHO, H), C = (HO, CO_2H, H)

(b) A = (OSO_3Na, H), B = (OH, H), C = (Cl, H)

(c) A = (OH, CN, H), B = (OH, NH_2, H), C = (OH, CO_2H, H)

(d) A = (HO, SO_3H, H), B = (OH), C = (HO, SO_2Cl, H)

48. नीचे दी हुई सभी संरचनाएँ विटामिन C की हैं। इनमें से सर्वाधिक स्थायी है

(a) (b) (c) (d) [structures of vitamin C]

49. ड्यूटरित हाइड्रोजन पर ऑक्साइड (D_2O_2) को प्रयोगशाला में आसानी से तैयार करने के लिए आरम्भिक पदार्थ है

(a) 2-एथिल ऐन्थ्राक्विनॉल
(b) BaO_2
(c) BaO
(d) $K_2S_2O_8$

50. निम्नलिखित अभिक्रिया की साम्य-अवस्था में हीलियम के संकलन का प्रभाव है

$$PCl_5(g) \rightleftharpoons PCl_3(g) + Cl_2(g)$$

(a) PCl_5 को हीलियम असक्रिय कर देगी और अभिक्रिया रुक जाएगी।
(b) हीलियम का संकलन साम्य-अवस्था को प्रभावित नहीं करेगा।
(c) साम्य अग्रिम दिशा में प्रतिस्थापित होगा तथा Cl_2 तथा PCl_3 गैसें अधिक मात्रा में उत्पन्न होंगी।
(d) PCl_5 के वियोजन के दमन से साम्य पाश्चदिशिक होगा।

खण्ड 'B' न्यूमैरिकल वैल्यू प्रश्न

51. निम्नलिखित यौगिकों में से उनकी संख्या जो कॉपर मेट में उपस्थित हैं, ______ है।

(A) $CuCO_3$ (B) Cu_2S (C) Cu_2O (D) FeO

52. 500 mL जल में 5g ऐसीटिक अम्ल को मिलाने पर इसका 20% वियोजन हो जाता है। ऐसे जल के हिमांक का अवनमन है ______ $\times 10^{-3}$°C (निकटतम पूर्णांक में)

[दिया है, परमाण्विक द्रव्यमान C, H तथा O के लिए क्रमश: १२, १ तथा 16 amu जल के लिए मोलल अवनमन स्थिरांक तथा घनत्व क्रमश: $1.86 \text{k kg mol}^{-1}$ तथा 1g cm^{-3}]

53. एक धातु M दो जालकों, फलक केन्द्रित एकक कोष्ठका (fcc) तथा अन्त: (काय) केन्द्रित एकक (bcc) में क्रिस्टलित होती है और उनकी एकक सेल कोर लम्बाई क्रमश: 2.0 तथा 2.5Å हैं। धातु M के लिए जालकों fcc तथा bcc के घनत्वों का अनुपात है ______ । (निकटतम पूर्णांक में)

54. $A \rightarrow B$

उपरोक्त अभिक्रिया शून्य कोटि की है। इसकी अर्द्ध-आयु 50 मिनट है। A की सान्द्रता प्रारम्भिक मान का एक चौथाई तक घटाने में लगने वाला समय है ______ मिनट। (निकटतम पूर्णांक में)

55. संकल $[Mn(H_2O)_6]^{2+}$ का केवल घूर्णन (Spin) चुम्बकीय आघूर्ण ______ BM है (निकटतम पूर्णांक में)।

(दिया है, Mn की परमाणु संख्या = 25)

56. 1 LAgBr के संतृप्त विलयन में, 1×10^{-5} M $AgNO_3$ को संकलित किया है इस विलयन की चालकता 298 K पर है ______ $\times 10^{-8}$ m^{-1} (निकटतम पूर्णांक में)

(दिया है, $K_{sp}(AgBr) = 4.9 \times 10^{-13}$ at 298 K)

$$\lambda^{\circ}_{Ag^+} = 6 \times 10^{-3} \text{S m}^2 \text{ mol}^{-1}$$

$$\lambda^{\circ}_{Br^-} = 8 \times 10^{-3} \text{S m}^2 \text{ mol}^{-1}$$

$$\lambda^{\circ}_{NO_3^-} = 7 \times 10^{-3} \text{S m}^2 \text{ mol}^{-1}$$

57. टेस्टोस्टेरॉन, जो एक स्टेरॉइडी हॉर्मोन है, की निम्नलिखित संरचना है

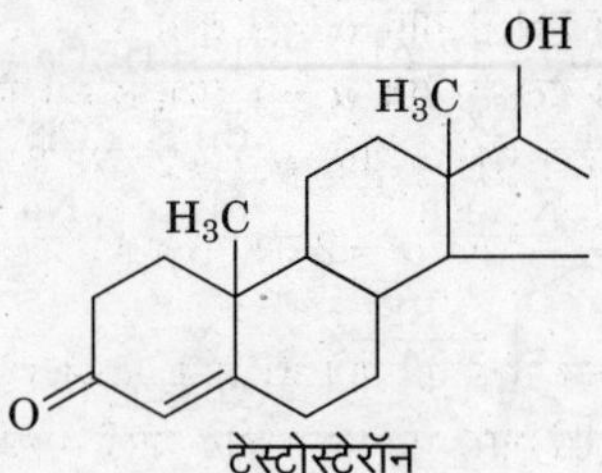

टेस्टोस्टेरॉन

टेस्टोस्टेरॉन में असममित कार्बन परमाणुओं की कुल संख्या है ______.

58. एक 10% (V/V) विलयन के डाइ-ब्रोमीन विलयन की CCl_4 (कार्बन टेट्राक्लोराइड) में मोललता 'x' है

x = ... 10^{-2} M (निकटतम पूर्णांक में)

दिया है, Br_2 का मोलर द्रव्यमान = 160 g mol^{-1}

C का मोलर द्रव्यमान = 12 g mol^{-1}

Cl का मोलर द्रव्यमान = 35.5 g mol^{-1}

डाइब्रोमिन का घनत्व = 3.2 g mL^{-1}

CCl_4 का घनत्व = 1.6 g mL^{-1}

59. निम्नलिखित में से प्रशांतकों की संख्या है______.

(A) क्लोरडाइज़ेपॉक्साइड (B) वेरोनल

(C) वैलियम (D) सैल्वरसन

60. 0.3 g एथेन का 27°C पर बम-कैलोरीमापी में दहन होता है। कैलोरीमापी निकाय (जल सहित) के तापमान में 0.5°C की वृद्धि मिलती है। स्थिर दाब पर एथेन की दहन में जो ऊष्मा निकलती है, वह है ______ kJ mol^{-1} (निकटतम पूर्णांक में)।

(दिया है, कैलोरीमापी निकाय की ऊष्मा धारिता है $= 20 \text{kJ K}^{-1}$, $R = 8.3 \text{JK}^{-1}\text{mol}^{-1}$, आदर्श गैस व्यवहार मान लीजिए। C तथा H के परमाण्विक द्रव्यमान हैं क्रमश: 12 तथा 1g mol^{-1} है)

गणित

खण्ड 'A' ऑब्जेक्टिव प्रश्न

61. माना तीन सदिश $\mathbf{a} = 2\hat{i} - 7\hat{j} + 5\hat{k}$, $\mathbf{b} = \hat{i} + \hat{k}$ तथा $\mathbf{c} = \hat{i} + 2\hat{j} - 3\hat{k}$ हैं। यदि एक सदिश $\mathbf{r}$ के लिए $\mathbf{r} \times \mathbf{a} = \mathbf{c} \times \mathbf{a}$ तथा $\mathbf{r} \cdot \mathbf{b} = 0$ हैं, तो $|\mathbf{r}|$ बराबर है

(a) $\frac{11}{7}$ (b) $\frac{11}{7}\sqrt{2}$ (c) $\frac{\sqrt{914}}{7}$ (d) $\frac{11}{5}\sqrt{2}$

62. यदि $A = \frac{1}{2}\begin{bmatrix} 1 & \sqrt{3} \\ -\sqrt{3} & 1 \end{bmatrix}$ है, तो

(a) $A^{30} = A^{25}$ (b) $A^{30} + A^{25} - A = I$

(c) $A^{30} + A^{25} + A = I$ (d) $A^{30} - A^{25} = 2I$

63. माना फलन $f : R - \{0, 1\} \rightarrow R$ इस प्रकार है कि $f(x) + f\left(\frac{1}{1-x}\right) = 1 + x$ है, तो $f(2)$ बराबर है

(a) $\frac{9}{4}$ (b) $\frac{9}{2}$ (c) $\frac{7}{4}$ (d) $\frac{7}{3}$

64. $\{(x, y) : xy \le 8, 1 \le y \le x^2\}$ द्वारा दिए क्षेत्र का क्षेत्रफल है

(a) $8 \log_e 2 + \frac{7}{6}$ (b) $16 \log_e 2 + \frac{7}{3}$

(c) $8 \log_e 2 - \frac{13}{3}$ (d) $16 \log_e 2 - \frac{14}{3}$

65. रैखिक समीकरण निकाय $\alpha x + y + z = 1, x + \alpha y + z = 1$ व $x + y + \alpha z = \beta$ के लिए निम्न में से कौन-सा कथन सही नहीं है?

(a) इसके अनन्त हल हैं यदि $\alpha = 2$ तथा $\beta = -1$ हैं

(b) इसके अनन्त हल हैं यदि $\alpha = 1$ तथा $\beta = 1$ हैं

(c) इसका कोई हल नहीं है यदि $\alpha = -2$ तथा $\beta = 1$ हैं

(d) $x + y + z = \frac{3}{4}$, यदि $\alpha = 2$ तथा $\beta = 1$ हैं

66. दो पासे स्वतन्त्र रूप से फेंके जाते हैं। माना पहले पासे पर प्रकट होने वाली संख्या के दूसरे पासे पर प्रकट होने वाली संख्या से कम होने की घटना A है पहले पासे पर सम संख्या तथा दूसरे पासे पर विषम संख्या के पकट होने की घटना B है और पहले पासे पर विषम संख्या तथा दूसरे पासे पर सम संख्या के प्रकट होने की घटना C है, तो

(a) घटना $(A \cup B) \cap C$ के अनुकूल परिणामों की संख्या 6 है

(b) घटनाओं A, B तथा C के अनुकूल परिणामों कि संख्या क्रमशः 15, 6 तथा 6 हैं

(c) A तथा B परस्पर अपवर्जी हैं

(d) B तथा C स्वतन्त्र हैं

67. माना समतल P समतलों $2x + 3y - z = 2$ तथा $x + 2y + 3z = 6$ के प्रतिच्छेदन से होकर जाता है तथा समतल $2x + y - z + 1 = 0$ के लम्बवत् है। यदि P की बिन्दु $(-7, 1, 1)$ से दूरी d है, तो d^2 बराबर है

(a) $\frac{250}{83}$ (b) $\frac{250}{82}$ (c) $\frac{25}{83}$ (d) $\frac{15}{53}$

68. माना अतिपरवलय $3x^2 - 4y^2 = 36$ पर बिन्दु $P(x_0, y_0)$, रेखा $3x + 2y = 1$ के निकटतम है, तो $\sqrt{2}(y_0 - x_0)$ बराबर है

(a) 3 (b) –9 (c) 9 (d) –3

69. k के पूर्णांक मानों, जिनके लिए समीकरण $2x^2 - 8x + k = 0$ का एक मूल अन्तराल (1, 2) में है तथा दूसरा मूल अन्तराल (2, 3) में हैं, की संख्या है

(a) 2 (b) 0 (c) 3 (d) 1

70. माना अवकल समीकरण $2x^2 y dy - (1 - xy^2) dx = 0, x > 0$, $y(2) = \sqrt{\log_e 2}$ का हल $\alpha x = \exp(x^\beta y^\gamma)$ है, तो $\alpha + \beta - \gamma$ बराबर है

(a) 3 (b) 0
(c) 1 (d) –1

71. माना $S = \left\{x \in R : 0<x<1 \text{ और } 2\tan^{-1}\left(\frac{1-x}{1+x}\right) = \cos^{-1}\left(\frac{1-x^2}{1+x^2}\right)\right\}$ है। यदि $n(S)$, S में अवयवों की संख्या को दर्शाता है, तो

(a) $n(S) = 2$ है तथा S का एक अवयव $\frac{1}{2}$ से कम है

(b) $n(S) = 1$ है तथा S का एक अवयव $\frac{1}{2}$ से कम है

(c) $n(S) = 1$ है तथा S का एक अवयव $\frac{1}{2}$ से अधिक है

(d) $n(S) = 0$

72. माना $9 = x_1 < x_2 < \ldots < x_7$ एक AP में हैं, जिसका सार्वअन्तर d है। यदि $x_1, x_2 \ldots, x_7$ का मानक विचलन 4 है तथा माध्य $\bar{x}$ हैं, तो $\bar{x} + x_6$ बराबर है

(a) 25 (b) $18\left(1+\frac{1}{\sqrt{3}}\right)$ (c) 34 (d) $2\left(9+\frac{8}{\sqrt{7}}\right)$

73. निम्न में से कौन-सा कथन पुनरुक्ति है?

(a) $(p \wedge q) \to (\sim(p) \to q)$ (b) $p \vee (p \wedge q)$
(c) $(p \wedge (p \to q)) \to \sim q$ (d) $p \to (p \wedge (p \to q))$

74. अन्तराल $[-1, 3]$ में फलन $f(x) = |x^2 - 5x + 6| - 3x + 2$ के निरपेक्ष उच्चतम निरपेक्ष निम्नतम मानों का योग बराबर है

(a) 10 (b) 13 (c) 24 (d) 12

75. यदि $y(x) = x^x, x > 0$ है, तो $y''(2) - 2y'(2)$ बराबर है

(a) $4(\log_e 2)^2 - 2$ (b) $8\log_e 2 - 2$
(c) $4\log_e 2 + 2$ (d) $4(\log_e 2)^2 + 2$

76. समाकलन $\int_{-\pi/4}^{\pi/4} \frac{x + \frac{\pi}{4}}{2 - \cos 2x} dx$ का मान है

(a) $\frac{\pi^2}{3\sqrt{3}}$ (b) $\frac{\pi^2}{6}$ (c) $\frac{\pi^2}{6\sqrt{3}}$ (d) $\frac{\pi^2}{12\sqrt{3}}$

77. माना $P(S)$, $S = \{1, 2, 3, \ldots, 10\}$ के घात समुच्य को दर्शाता है। $P(S)$ पर सम्बन्ध R_1 तथा R_2 इस तरह परिभाषित हैं कि सभी $A, B \in P(S)$ के लिए AR_1B यदि $(A \cap B^C) \cup (B \cap A^C) = \phi$ है, तथा AR_2B यदि $(A \cup B^C) = (B \cup A^C) = \phi$ है, तो

(a) केवल R_2 एक तुल्यता सम्बन्ध है।

(b) R_1 तथा R_2 दोनों तुल्यता सम्बन्ध नहीं हैं।

(c) R_1 तथा R_2 दोनों तुल्यता सम्बन्ध हैं।

(d) केवल R_1 एक तुल्यता सम्बन्ध है।

78. योगफल $\sum_{n=1}^{\infty} \frac{2n^2 + 3n + 4}{(2n)!}$ बराबर है

(a) $\frac{13e}{4} + \frac{5}{4e} - 4$ (b) $\frac{13e}{4} + \frac{5}{4e}$

(c) $\frac{11e}{2} + \frac{7}{2e}$ (d) $\frac{11e}{2} + \frac{7}{2e} - 4$

79. माना a तथा b दो वास्तविक संख्याएँ हैं, जिनके लिए $ab < 0$ है। यदि सम्मिश्र संख्या $\frac{1+ai}{b+i}$ इकाई मापक की है तथा $a + ib$ वृत्त, $|z - 1| = |2z|$ पर है, तो $\frac{1+[a]}{4b}$, जहाँ $[t]$ महत्तम पूर्णांक फलन है, का एक सम्भव मान है

(a) –1 (b) $\frac{1}{2}$ (c) $-\frac{1}{2}$ (d) 1

80. माना दो सदिश $\mathbf{a} = 5\hat{i} - \hat{j} - 3\hat{k}$ तथा $\mathbf{b} = \hat{i} + 3\hat{j} + 5\hat{k}$ है, तो निम्न में से कौन-सा कथन सही है?

(a) **a** का **b** पर प्रक्षेप $\frac{17}{\sqrt{35}}$ है तथा प्रक्षेप सदिश की दिशा **b** की दिशा के विपरीत है।

(b) **a** का **b** पर प्रक्षेप $\frac{-17}{\sqrt{35}}$ है तथा प्रक्षेप सदिश की दिशा **b** की दिशा के विपरीत है।

(c) **a** का **b** पर प्रक्षेप $\frac{17}{\sqrt{35}}$ है तथा प्रक्षेप सदिश की दिशा **b** की दिशा के समान है।

(d) **a** का **b** पर प्रक्षेप $\frac{-17}{\sqrt{35}}$ है तथा प्रक्षेप सदिश की दिशा **b** की दिशा के समान है।

खण्ड 'B' न्यूमैरिकल वैल्यू प्रश्न

81. समीकरण $x + y + z = 21$, जहाँ $x \geq 1$, $y \geq 3$ तथा $z \geq 4$ हैं, के पूर्णांकीय हलों की संख्या है

82. यदि $\int_0^{\pi} \frac{5^{\cos x}(1 + \cos x \cos 3x + \cos^2 x + \cos^3 x \cos 3x)dx}{1 + 5^{\cos x}} = \frac{k\pi}{16}$ है, तो k बराबर है ....।

83. दीर्घवृत्त $E : \frac{x^2}{a^2} + \frac{y^2}{b^2} = 1$ की नियता $x = 8$ है तथा संगत नाभि $(2, 0)$ है। यदि प्रथम चतुर्थांश में E के बिन्दु P पर स्पर्श रेखा, बिन्दु $(0, 4\sqrt{3})$ से होकर जाती है तथा X-अक्ष को Q पर काटती है, तो $(3PQ)^2$ बराबर है .... ।

84. केवल अंकों 4 5 तथा 9 के प्रयोग से बनायी गई छ: अंकों की संख्याएँ, जो 6 से विभाज्य हैं, की कुल संख्या है ....।

85. समतल $8x + y + 2z = 0$ तथा बिन्दुओं $A(-3, -6, 1)$ और $B(2, 4, -3)$ को मिलाने वाली रेखा का प्रतिच्छेदन बिन्दु C रेखाखण्ड AB को $K : 1$ के अनुपात में अंत: विभाजित करता है। यदि बिन्दु C से रेखा $\frac{1-x}{1} = \frac{y+4}{2} = \frac{z+2}{3}$ पर अभिलम्ब के दिक् अनुपात a, b, c ($|a|, |b|, |c|$ असहभाज्य हैं, तो $|a + b + c|$ बराबर है .... ।

86. यदि $\left(x^{\frac{2}{3}} + \frac{a}{x^3}\right)^{22}$ के प्रसार में, x का स्वतन्त्र पद 7315 है, तो $|\alpha|$ बराबर है ....

87. तीन समान्तर श्रेणियों
3, 7, 11, 15, ..., 399,
2, 5, 8, 11, ..., 359
तथा 2, 7, 12, 17, ..., 197
के उभ्यनिष्ठ पदों का योग है ....।

88. यदि परवलय $y^2 = 8x + 4y + 4$ की एक नाभीय जीवा का x-अंत: खण्ड 3 है, तो इस जीवा की लम्बाई बराबर है ....।

89. माना $2^{(x-2)\log_2 3}$ की बढ़ती घातों में $\left(\sqrt{2^{\log_2(10-3^x)}} + \sqrt[5]{2^{(x-2)\log_2 3}}\right)^m$ के द्विपद प्रसार में छठा पद 21 है। यदि इस प्रसार में दूसरा, तीसरा तथा चौथा द्विपद गुणांक एक AP के क्रमश: पहला, तीसरा तथा पाँचवा पद हैं, तो x के सभी सम्भव मानों के वर्गों के योग है ....।

90. माना बिन्दु $(3, -2, 5)$ से होकर जाने वाले तथा बिन्दुओं $(1, 2, 3)$ और $(-2, 3, 5)$ को मिलाने वाली रेखा के लम्बवत् समतल का समीकरण $\alpha x + \beta y + \gamma z = 1$ है, तो $\alpha\beta y$ का मान बराबर है ....।

सही उत्तर

भौतिकी

1. (c)	**2.** (a)	**3.** (b)	**4.** (c)	**5.** (c)	**6.** (d)	**7.** (b)	**8.** (c)	**9.** (b)	**10.** (b)
11. (b)	**12.** (a)	**13.** (b)	**14.** (b)	**15.** (a)	**16.** (c)	**17.** (b)	**18.** (b)	**19.** (b)	**20.** (c)
21. (288)	**22.** (2)	**23.** (132)	**24.** (200)	**25.** (3)	**26.** (4)	**27.** (2)	**28.** (6)	**29.** (50)	**30.** (44)

रसायन विज्ञान

31. (c)	**32.** (c)	**33.** (c)	**34.** (a)	**35.** (a)	**36.** (b)	**37.** (b)	**38.** (c)	**39.** (a)	**40.** (d)
41. (c)	**42.** (a)	**43.** (d)	**44.** (b)	**45.** (b)	**46.** (d)	**47.** (a)	**48.** (d)	**49.** (d)	**50.** (b,c)
51. (b)	**52.** (372)	**53.** (4)	**54.** (75)	**55.** (6)	**56.** (14)	**57.** (6)	**58.** (139)	**59.** (3)	**60.** (1006)

गणित

61. (b)	**62.** (b)	**63.** (a)	**64.** (d)	**65.** (a)	**66.** (a)	**67.** (a)	**68.** (b)	**69.** (d)	**70.** (c)
71. (b)	**72.** (c)	**73.** (a)	**74.** (a)	**75.** (a)	**76.** (c)	**77.** (c)	**78.** (a)	**79.** (*)	**80.** (*)
81. (105)	**82.** (13)	**83.** (39)	**84.** (81)	**85.** (10)	**86.** (1)	**87.** (321)	**88.** (16)	**89.** (4)	**90.** (6)

नोट *(*) कोई भी विकल्प सही नहीं है।*

संकेत एवं हल

भौतिकी

1. *(c)* प्रक्षेप्य गति में अधिकतम ऊँचाई वाले बिन्दु पर, प्रक्षेप्य की ऊर्ध्वाधर दिशा में वेग-घटक शून्य हो जाता है परन्तु इसका क्षैतिज घटक विद्यमान्श रहता है।

इसलिए, गतिज ऊर्जा का मान शून्य नहीं होता है। उच्चतम बिन्दु पर गुरुत्वीय स्थितिज ऊर्जा का मान अधिकतम होता है।

$$mgH = mg\left(\frac{u^2 \sin^2 \theta}{2g}\right)$$

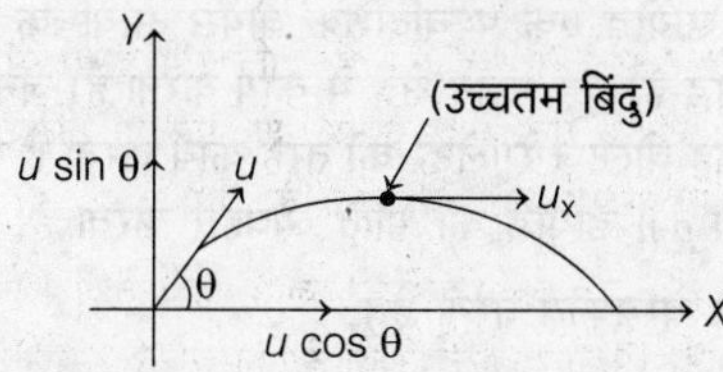

2. *(a)* दो बिन्दुओं के मध्य विभवान्तर ज्ञात करने हेतु वोल्टमीटर का प्रयोग किया जाता है। वोल्टमीटर का प्रतिरोध अधिकतम होता है, जिससे अल्प मान की विद्युत धारा भी इससे प्रवाहित हो सके। इसलिए 600Ω प्रतिरोध के अनुदिश विभवान्तर ज्ञात करने हेतु 1000Ω के प्रतिरोध की अपेक्षा 4000Ω के प्रतिरोध वाले वोल्टमीटर को प्राथमिकता दी जाती है।

3. *(b)* किसी ग्रह की सतह से पलायन करने हेतु पलायन वेग,

$$v_e = \sqrt{2gR}$$

$\because$ A तथा B ग्रहों के लिए $\dfrac{(v_e)_A}{(v_e)_B} = \sqrt{\dfrac{g_A}{g_B}}\sqrt{\dfrac{R_A}{R_B}}$ ...(i)

दिया गया है कि, $\dfrac{(v_e)_A}{(v_e)_B} = \dfrac{1}{2}\left(\dfrac{R_A}{R_B}\right) = \dfrac{1}{3}$

समी (i) से

$$\frac{1}{2} = \sqrt{\frac{g_A}{g_B}}\sqrt{\frac{1}{3}} \text{ या } \sqrt{\frac{g_A}{g_B}} = \frac{\sqrt{3}}{2} \text{ या } \frac{g_A}{g_B} = \frac{3}{4}$$

4. *(c)* ब्लॉक के मुक्त पिण्ड चित्र (FBD) से

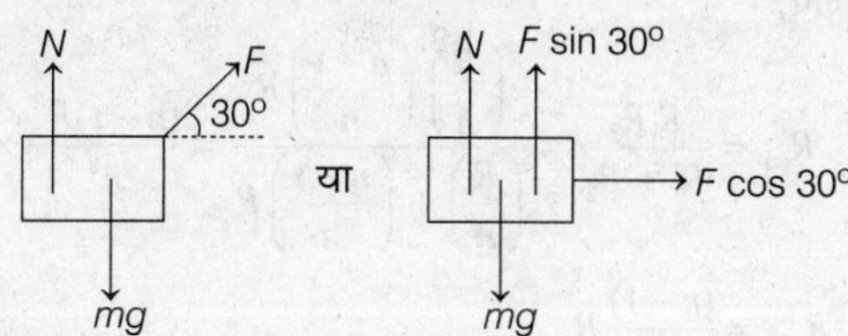

***y*-दिशा** में, $\Sigma F_y = ma_y$ $(\because a_y = 0)$

$N + F\sin 30° = mg \Rightarrow N = mg - F\sin 30°$ ...(i)

***x*-दिशा में,**

$$\Sigma F_x = ma_x \Rightarrow F\cos 30° - \mu N = ma_x$$

यदि ब्लॉक फिसलने वाला हो तब, $a_x = 0$

$$F\cos 30° = \mu N \quad \text{...(ii)}$$

समी (i) से सेमी (ii) में N का मान रखने पर,

$$F\cos 30° = \mu(mg - F\sin 30°)$$

$$\Rightarrow \quad F\cos 30° = \mu\, mg - \mu F\sin 30°$$

$$\Rightarrow \quad F(\cos 30° + \mu \sin 30°) = \mu mg$$

$$F = \frac{\mu mg}{\cos 30° + \mu \sin 30°}$$

दिया गया है कि,

$$\mu_s = 0.25,\ m = 10\text{kg},\ g = 10 \text{ m/s}^2$$

$$F = \frac{0.25 \times 10 \times 10}{\sqrt{3}/2 + 0.25 \times 1/2} \Rightarrow F = 25.22 \text{ N}$$

5. *(c)* दिया गया है, लम्बाई, $l = 6$ m

अनुप्रस्थ काट क्षेत्रफल, $A = 3 \text{ mm}^2 = 3 \times 10^{-6} \text{ m}^2$

यंग प्रत्यास्थता गुणांक $Y = 2 \times 10^{11} \text{ N/m}^2$

ब्लॉक का द्रव्यमान, $m = 4$ kg.

गुरुत्व के कारण त्वरण, $g_p = \dfrac{1}{4} \times g_e = \dfrac{1}{4} \times 10 \Rightarrow g_p = 2.5 \text{ m/s}^2$

तार में खिंचाव, $\Delta l = \dfrac{Fl}{Ay} = \dfrac{mg_p l}{Ay}$

$$\Rightarrow \quad \Delta l = \frac{4 \times 2.5 \times 6}{3 \times 10^{-6} \times 2 \times 10^{11}} = 10^{-4} \text{ m} \Rightarrow \Delta l = 0.1 \text{ mm}$$

6. *(d)* फोटो इलेक्ट्रिक समीकरण को प्रयोग करने पर

$$hf = hf_0 + eV_0 \text{ या } hf = hf_0 + \frac{1}{2}mv_m^2$$

स्थिति (i) में,

$$f = 2f_0,\ v_{\max} = v_1 \Rightarrow h(2f_0) = hf_0 + \frac{1}{2}mv_1^2 \Rightarrow \frac{1}{2}mv_1^2 = hf_0 \quad \text{...(i)}$$

स्थिति (ii) में

$$f = 5f_0 \Rightarrow h(5f_0) = hf_0 + \frac{1}{2}mv_2^2 \Rightarrow \frac{1}{2}mv_2^2 = 4hf_0 \quad \text{...(ii)}$$

समी (i) व (ii) को भाग देने पर

$$\therefore \quad \left(\frac{v_1}{v_2}\right)^2 = \frac{1}{4} \Rightarrow \frac{v_1}{v_2} = \frac{1}{2}$$

7. *(b)* nth कक्षक में घूर्णन कर रहे e^- की ऊर्जा,

$$E_n = -Rhc\frac{Z^2}{n^2}$$

इलेक्ट्रॉन 4th ऊर्जा स्तर से 2nd ऊर्जा स्तर में कूदता है तब उत्सर्जित ऊर्जा $\Rightarrow \Delta E = E_4 - E_2$

$$\Delta E = -Rhc\frac{Z^2}{4^2} - \left(-Rhc\frac{Z^2}{2^2}\right) \Rightarrow \Delta E = Rhc\left(\frac{1}{2^2} - \frac{1}{4^2}\right)Z^2$$

हाइड्रोजन जैसे परमाणु जिसके लिए $Z = 4$ हेतु

$$\Delta E = 13.6\left(\frac{1}{4} - \frac{1}{16}\right) \times (4)^2 \Rightarrow \Delta E = 40.8 \text{ eV}$$

8. *(c)* जैसा कि हम जानते हैं,
सरल-लोलक का आवर्तकाल,

$$T = 2\pi\sqrt{\frac{L}{g}} \text{ या } T^2 = \frac{4\pi^2 l}{g} \text{ या } T^2 \propto L$$

इसलिए, T^2 तथा L के मध्य बनाया गया वक्र मूल-बिन्दु से गुजरने वाली सीधी रेखा होगी।

9. *(b)* मॉडुलन गुणांक μ का अनुपात $= \frac{A_m}{A_c}$

जहाँ, A_m = मॉडुलित संकेत का आयाम
A_c = वाहक तरंग संकेत का आयाम

स्थिति (i) के लिए, $\mu_1 = \frac{x}{y}$ ...(i)

स्थिति (ii) के लिए, $\mu_2 = \frac{x}{2y}$ ...(ii)

$$\frac{\mu_1}{\mu_2} = \frac{x/y}{x/2y} \Rightarrow \frac{\mu_1}{\mu_2} = 2/1$$

10. *(b)* गोलीय चालक, जिसकी त्रिज्या R है, की धारिता

$$C = 4\pi\varepsilon_0 R.$$

अत: धात्विक गोले की धारिता गोले पर उपस्थित आवेश पर निर्भर नहीं करती है अपितु गोले की त्रिज्या पर निर्भर करती है।

11. *(b)* यदि चुम्बकीय क्षेत्र B नियत है, तब चुम्बकीय क्षेत्र से θ कोण पर स्थित क्षेत्रफल S से गुजरने वाले चुम्बकीय फलक्स के सूत्र से,

$$\phi = BS\cos\theta$$

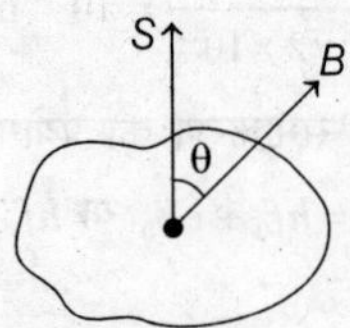

जहाँ, $\theta \Rightarrow B$ तथा S के मध्य कोण
यहाँ, यह स्पष्ट है कि चुम्बकीय फलक्स B, S तथा θ पर निर्भर करता है।

12. *(a)* प्रश्नानुसार,

$[m] = [G]^x \, [h]^y \, [c]^z$

$[M] = [M^{-1}L^3T^{-2}]\,[ML^2T^{-1}]^y[LT^{-1}]^z$

$[M^0L^0T^0] = [M^{-x+y}L^{3x+2y+z}T^{-2x-y-z}]$

तुलना करने पर, हमें प्राप्त होता है

$\Rightarrow \quad -x+y=1 \Rightarrow y=1+x$ ...(i)

$3x+2y+2=0$ ...(ii)

$-2x-y-z=0$ ...(iii)

समी (i) व (ii) को जोड़ने पर

$$x+y=0 \Rightarrow x+1+x=0 \Rightarrow 2x=-1 \Rightarrow x=-\frac{1}{2}$$

$$\therefore \quad y = 1+\left(\frac{-1}{2}\right) = \frac{1}{2} \text{ तथा } Z = \frac{1}{2}$$

अत: $[M] = [G]^{-1/2}\,[h]^{1/2}\,[c]^{1/2}$

$\Rightarrow \quad [M] = [h^{1/2}c^{1/2}G^{-1/2}]$

13. *(b)* आदर्श गैस समीकरण से,

$$pV = \mu RT$$

यदि आयतन V नियत है, $p \propto T$

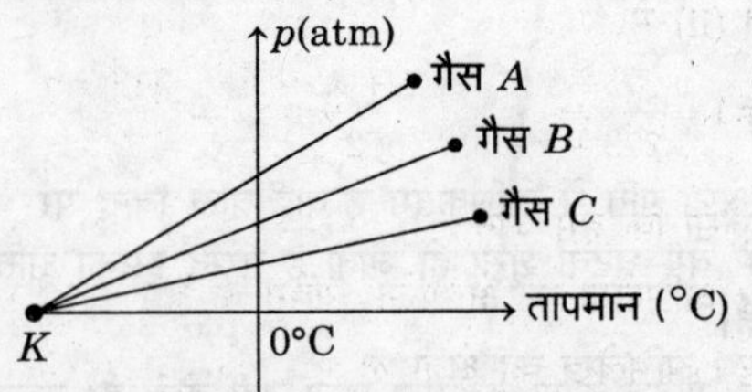

दिए गए आरेख से यह स्पष्ट है कि सभी गैसों के लिए रेखाएँ समान बिन्दु पर मिलती हैं। क्षैतिज अक्ष पर दाब शून्य है परन्तु तापमान ऋणात्मक है एवं यह 0K या −273°C के बराबर होगा।

14. *(b)* जेनर डायोड एक पश्चदिशिक बायस अत्यधिक मादित (डोपिंग) *p-n* सन्धि डायोड है। यह भंजन क्षेत्र में कार्य करता है। जेनर डायोड पश्चदिशिक बायस में यह वोल्टेज रेगुलेटर की तरह कार्य करता है तथा अग्रदिशिक बायस में साधारण *p-n* डायोड की भाँति व्यवहार करता है।

15. *(a)* विद्युत चुम्बकीय तरंगों हेतु,

औसत ऊर्जा घनत्व, $U_E = \frac{1}{2}\varepsilon_0 E_{\text{rms}}^2 = \frac{1}{2}\varepsilon_0\left(\frac{E_0}{\sqrt{2}}\right)^2 \Rightarrow U_E = \frac{1}{4}\varepsilon_0 E_0^2$

जहाँ, E_0 विद्युत क्षेत्र का शिखर मान है।
कुल औसत ऊर्जा घनत्व, $U_T = \frac{1}{2}\varepsilon_0 E_0^2$

अनुपात $\frac{U_E}{U_T} = \frac{1}{2}$

16. *(c)* एकसमान R प्रतिरोध वाले तार को n-भुजा वाले नियमित बहुभुज में बदला जाए तब,

प्रत्येक भुजा का प्रतिरोध, $R_1 = \frac{R}{n}$

माना, R_1 तथा R_2 किसी नियमित बहुभुज की आसन्न भुजाओं के मध्य प्रतिरोध हैं।

$\therefore$ $(n-1)$ भुजा का प्रतिरोध $R_2 = \left(\frac{n-1}{n}\right)R$

चूँकि दो भाग परस्पर समान्तर हैं।
इसलिए,

$$R_{\text{eq}} = \frac{R_1R_2}{R_1+R_2} = \frac{\left(\frac{R}{n}\right)\left(\frac{n-1}{n}\right)R}{\left(\frac{R}{n}\right)+\left(\frac{n-1}{n}\right)R} = \frac{(n-1)R^2}{n^2} \times \frac{n}{R+nR-R}$$

$$\Rightarrow R_{\text{तुल्य}} = \frac{(n-1)}{n^2}R$$

17. *(b)* कार्नोट इंजन की दक्षता,

$$\eta = 1 - \frac{T_2}{T_1}$$

जहाँ, T_2 = शीतल वस्तु (सिंक) का आपेक्षिक ताप
T_1 = गर्म वस्तु का आपेक्षिक ताप

स्थिति (i) में,

$$\Rightarrow \frac{1}{3} = 1 - \frac{T}{273+99} \Rightarrow \frac{T}{372} = \frac{2}{3} \text{ या } T = 248 \text{ K}$$

स्थिति (ii) में,

$$\frac{1}{6} = 1 - \frac{T+x}{273+99} \Rightarrow \frac{T+x}{372} = \frac{5}{6} \Rightarrow \frac{248+x}{3725} = \frac{5}{6} \Rightarrow x = 62 \text{ K}$$

18. *(b)* जैसा कि हम जानते हैं

∵ F-t अभिलेख का क्षेत्रफल आवेग के बराबर होता है

$I = F$-t अभिलेख का क्षेत्रफल

चित्र (i) के लिए,

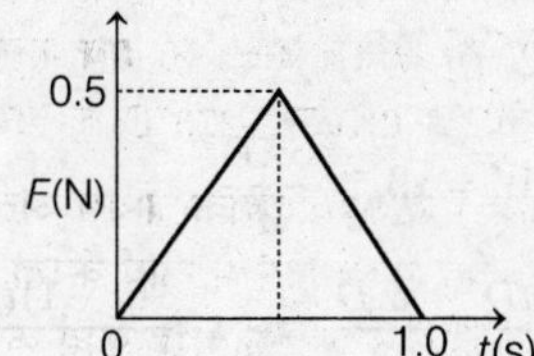

चित्र (ii) में,

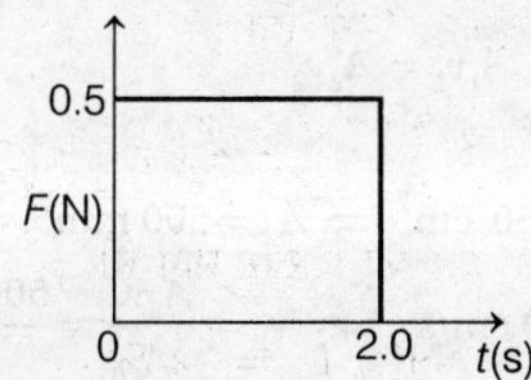

चित्र (iii) में,

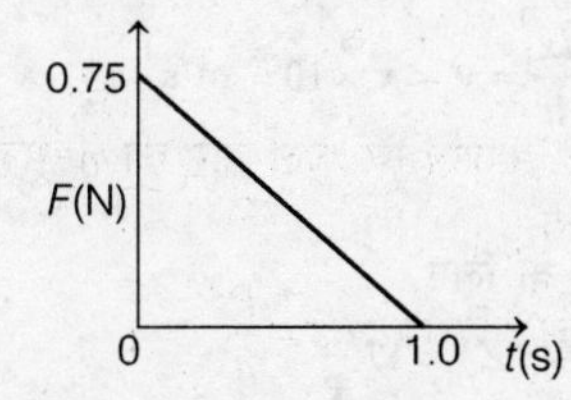

$$I_3 = \frac{1}{2} \times 1 \times 0.75 = 0.375 \text{ N-s}$$

चित्र (iv) में,

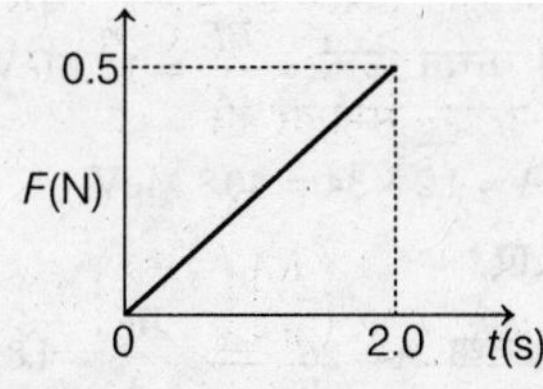

$$I_4 = \frac{1}{2} \times 2.0 \times 0.5 = 0.5 \text{ N-s}$$

अत: जिस F-t ग्राफ के लिए बद्धित क्षेत्रफल अधिकतम होगा, आवेग अधिकतम होगा।

19. *(b)* प्रश्न में दी गई अवस्था में

R = – 40 cm
या
f= – 20 cm

←25 cm→
←15 cm→
B A

दर्पण-सूत्र से

$$\frac{1}{v} + \frac{1}{u} = \frac{1}{f}$$

बिन्दु A के लिए, $u = -15$ cm, $f = -20$ cm

$$\Rightarrow \frac{1}{v_A} + \frac{1}{-15} = -\frac{1}{20} \Rightarrow \frac{1}{v_A} = \frac{1}{15} - \frac{1}{20} = \frac{4-3}{60} = \frac{1}{60}$$

$$v = 60 \text{ cm}$$

बिन्दु B के लिए, $u = -25$ cm, $f = -20$ cm

$$\frac{1}{v_B} + \frac{1}{-25} = -\frac{1}{20} \Rightarrow \frac{1}{v_B} = \frac{1}{25} - \frac{1}{20}$$

$$\frac{1}{v_B} = \frac{4-5}{100} = -\frac{1}{100} \Rightarrow v_B = -100 \text{ cm}$$

अत:, दर्पण द्वारा बनाई गई प्रतिबिम्बों में दूरी,

$$d = |v_A - v_B| = |60 - (-100)| \quad \Rightarrow d = 160 \text{ cm}$$

20. *(c)* दिया गया है कि

$$R = \frac{\pi}{10} \text{ m}, I = 3\text{A}, \quad \mu_0 = 4\pi \times 10^{-7} \text{ N/A}^2$$

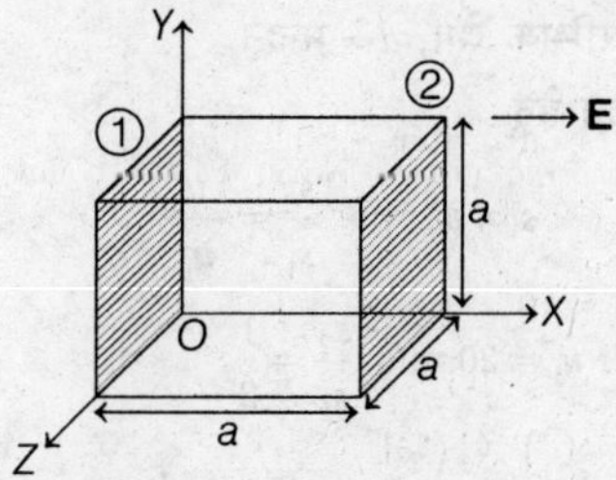

बिन्दु O, तार-1 तथा तार-2 की रेखा पर स्थित है। अत: चुम्बकीय क्षेत्र शून्य होगा परन्तु अर्द्धवृत्तीय चाप द्वारा चुम्बकीय क्षेत्र शून्य नहीं होगा।

⇒ अर्द्धवृत्तीय चाप द्वारा चुम्बकीय क्षेत्र

$$B = \frac{\mu_0 I}{4R} \Rightarrow B = \frac{4\pi \times 10^{-7} \times 3}{4 \times \frac{\pi}{10}} \Rightarrow B = 3 \times 10^{-6} \text{ T} \Rightarrow B = 3\mu\text{T}$$

21. *(288)* प्रश्न में दिये अनुसार घन को चित्रित करने पर

Y
②
①
→E
a
O
X
a
Z
a

यहाँ, विद्युत-क्षेत्र x-दिशा में है, इसलिए छायांकित भाग से गुजरने वाला विद्युत फलक्स शून्य नहीं होगा।

विद्युत-फलक्स, $\phi = E \cdot A = EA\cos\theta$

फलक-1 पर, $\phi_1 = (0)a^2 = 0$ $\quad (\because E = 0)$

फलक-2 पर, $\phi_2 = E \cdot A = (E_0 a\hat{\mathbf{i}}) \cdot (a^2 \hat{\mathbf{i}}) = E_0 a^3$

$$= 4 \times 10^4 \times (2 \times 10^{-2})^3$$

$$\phi_2 = 32 \times 10^{-2} \text{ N/m}^2\text{-C}$$

कुल-फलक्स, $\phi = \phi_2 - \phi_1 = 32 \times 10^{-2}$ N/m²-C

गॉस के नियम से, $\phi = \frac{q_{\text{बद्ध}}}{\varepsilon_0}$

$$\Rightarrow \quad q_{\text{बद्ध}} = \phi\varepsilon_0 = 32 \times 10^{-2} \times 9 \times 10^{-12}$$

$$q_{\text{बद्ध}} = 288 \times 10^{-14} \text{ C}$$

22. *(2)* दिए गए परिपथ को पुन: संयोजित करने पर

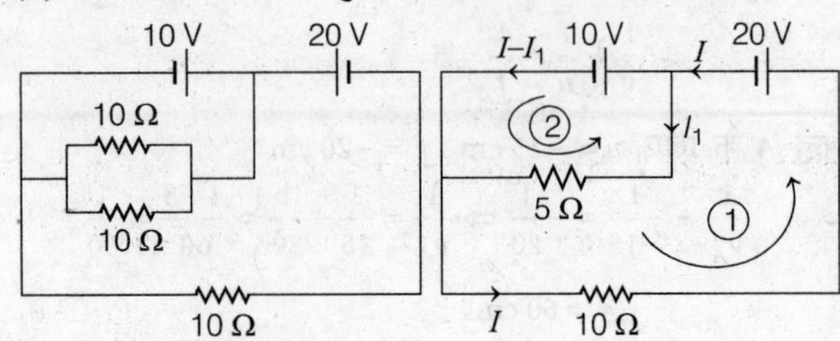

लूप-1 में, KVL सूत्र से,

$$20-10-10I=0 \Rightarrow I=1\text{ A}$$

लूप-2 में, KVL सूत्र से,

$$-10+5I'=0 \Rightarrow I'=2\text{ A}$$

तुलना करने पर, $I_3=1\text{ A}=I_1=I'/2=1\text{ A}$

इसलिए, $\left|\dfrac{I_1+I_3}{I_2}\right|=\left|\dfrac{1+1}{1}\right|=2$

23. *(132)* दिया गया है, $\mathbf{F}=(5+3y^2)\hat{\mathbf{j}}\text{ N}$

Y-अक्ष के अनुदिश विस्थापन में किया गया कार्य,

$W=\int F\cdot dy$

$$\Rightarrow \quad W=\int(5+3y^2)\hat{\mathbf{j}}\cdot dy\hat{\mathbf{j}}$$

$$\Rightarrow \quad W=\int_2^5(5+3y^2)\cdot dy=\left[5y+\frac{3y^3}{3}\right]_2^5=[5y+y^3]_2^5$$

$$=[5\times5+(5)^3]-[5\times2+(2)^5]$$

$$=[25+125]-[10+8]=150-8$$

$$\Rightarrow \quad W=132\text{ J}$$

24. *(200)* मंदन अवस्था में तय दूरी, $s=\dfrac{u^2}{2a}$

जहाँ u = प्रारम्भिक वेग, a = मन्दन

∵ समान मंदन हेतु

$$s\propto u^2 \Rightarrow \frac{s_2}{s_1}=\frac{u_2^2}{u_1^2}$$

दिया गया है, $u_1=20\text{ m/s}, \dfrac{s_2}{s_1}=\dfrac{1}{2}$

समी. (i) से, $\dfrac{1}{2}=\left(\dfrac{u_2}{20}\right)^2 \Rightarrow \dfrac{\mu_2}{20}=\dfrac{1}{\sqrt{2}}$

या $\quad u_2=\dfrac{20}{\sqrt{2}}=10\sqrt{2} \Rightarrow u_2=\sqrt{200}\text{ m/s} \Rightarrow u_2=\sqrt{x}$

इसलिए, $x=200$

25. *(3)* चकती के लिए,

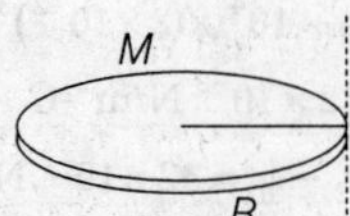

समान्तर अक्षों की प्रमेय से,

$$I=I_{\text{CM}}+Md^2=\frac{MR^2}{2}+MR^2 \Rightarrow I=\frac{3}{2}MR^2$$

दिया गया है,

$$I=\frac{x}{2}MR^2$$

तुलना करने पर,

$$x=3$$

26. *(4)* दिया गया है कि, मोटाई $=t=10\times10^{-6}\text{ m}$

$$\mu=1.2 \Rightarrow \lambda=500\times10^{-9}\text{ m}$$

जब द्विझिर्री प्रयोग में, एक झिर्री के सामने कांच की पतली प्लेट लगा दी जाती है तब केन्द्रीय फ्रिंज में विस्थापन

$$\Delta W=\frac{(\mu-1)tD}{d}$$

दिया गया है कि,

$$\Delta W=x\beta_0=\frac{x\lambda D}{d}$$

$$\because \quad \frac{(\mu-1)tD}{d}=\frac{x\lambda D}{d} \Rightarrow x=\frac{(\mu-1)t}{\lambda}=\frac{(1.2-1)\times10^{-5}}{500\times10^{-9}}=4$$

27. *(2)* सत्यता की समीकरण को प्रयोग करने पर

$$A_1v_1=A_2v_2$$

दिया गया है,

$$A_1=750\text{ cm}^2 \Rightarrow A_2=500\text{ mm}^2=500\times10^{-2}\text{ cm}^2$$

$$v_2=30\text{ cm/s} \Rightarrow v_1=\frac{A_2v_2}{A_1}=\frac{500\times10^{-2}\times30}{750}$$

$$v_1=2\times10^{-1}\text{ cm/s} \Rightarrow v_1=2\times10^{-3}\text{ m/s}$$

दिया गया है, $\dfrac{dx}{dt}=v=x\times10^{-3}\text{ m/s}$

अत: $x=2$

28. *(6)* नाभिक A के लिए,

प्रोटॉन की संख्या $(Z)=17$

न्यूट्रॉन की संख्या $(N)=17$

(दिया गया है $Z=N$)

$$\Rightarrow \quad A=Z+N=17+17=34$$

प्रति न्यूक्लिऑन बन्धन ऊर्जा $=\dfrac{BE}{A}=1.2\text{ MeV}$

$(BE)_A=1.2\times A=1.2\times34=40.8\text{ MeV}$

नाभिक B के लिए,

$$Z=12 \text{ तथा } A=26 \Rightarrow \frac{BE}{A}=1.8\text{ MeV}$$

$(BE)_B=1.8\times A=46.8\text{ MeV}$

इसलिए, B तथा A के मध्य बन्धन ऊर्जा अन्तराल,

$\Delta BE=BE_B-BE_A \Rightarrow \Delta BE=46.8-40.8 \Rightarrow \Delta BE=6\text{ MeV}$

29. *(50)* प्रश्नानुसार,

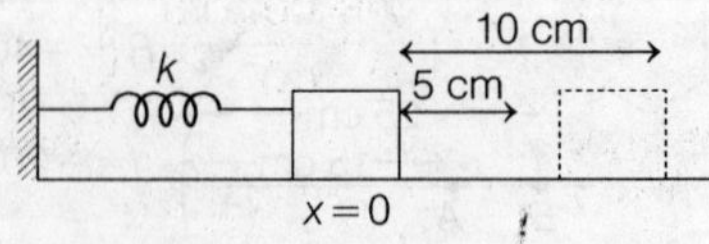

यहाँ, आयाम, $A=10\text{ cm}$

किसी क्षण मुक्त दोलनों की कुल ऊर्जा नियत रहती है तथा यह $\frac{1}{2}kA^2$ के बराबर होगी।

$$\frac{1}{2}kA^2 = 0.25 \Rightarrow k = \frac{0.25 \times 2}{A^2} = \frac{0.25 \times 2}{(10 \times 10^{-2})^2} \Rightarrow k = 50 \text{ N/m}$$

30. *(44)* दिया गया है कि, क्षेत्रफल $A = 70 \text{ cm}^2 = 70 \times 10^{-4} \text{ m}^2$

फेरों की संख्या, $N = 600$

चुम्बकीय क्षेत्र, $B = 0.4 \text{ Wb/m}^2$

कोणीय वेग, $\omega = 500 \text{ rpm} = 500 \times \frac{\pi}{30} \text{ rad/s}$

कुण्डली के लम्बवत् तथा चुम्बकीय क्षेत्र के मध्य कोण,

$$\theta = 90° - 60° = 30°$$

घूर्णित कुण्डली में प्रेरित emf, निम्न सूत्र से,

$$e = N\omega BA\sin\theta = 600 \times \frac{50\pi}{3} \times 0.4 \times 70 \times 10^{-4} \times \sin 30°$$

$$e = 44 \text{ V}$$

रसायन विज्ञान

31. *(c)* संकुल $[Co(NH_3)_5NO_2]^{2+}$ दो प्रकार की समावयवता प्रदर्शित करता है NO_2 समूह एक उभयदन्ती लिगैण्ड है जो केन्द्रीय धातु परमाणु से नाइट्रोजन अथवा ऑक्सीजन द्वारा संयोजित हो सकता है व बन्धनी समावयवता दर्शाता है। संकुल $[Co(ONO)(NH_3)_5]^{2+}$ व $[Co(NO_2)(NH_3)_5]^{2+}$ बन्धनी समावयवता के उदाहरण हैं।

$[Co(NH_3)_5(ONO)]^{2+}$ (लिगैण्ड: H_3N, NH_3, ONO, H_3N, NH_3, NH_3) व $[Co(NH_3)_5(NO_2)]^{2+}$ (लिगैण्ड: H_3N, NH_3, NO_2, H_3N, NH_3, NH_3)

32. *(c)* दोनों A तथा R सही हैं और R, A की सही व्याख्या है।

$$2Cu^+ \longrightarrow Cu^{2+} + Cu$$

Cu^+ की अपेक्षा Cu^{2+} जल में अधिक स्थायी है क्योंकि Cu^+ की अपेक्षा Cu^{2+} की जलयोजन एन्थैल्पी कम है।

33. *(c)* सहसंयोजक यौगिक की बन्ध ऊर्जा उनके आबन्ध की लम्बाई व विद्युत ऋणात्मकता पर निर्भर करती है। आबन्ध ऊर्जा व विद्युत ऋणात्मकता अनुक्रमानुपाती हैं जबकि आबन्ध लम्बाई व आबन्ध ऊर्जा व्युत्क्रमानुपाती हैं। अतः एक वर्ग में ऊपर से नीचे जाने पर जब आकार बढ़ता है तो आबन्ध ऊर्जा घटती है। अतः आबन्ध ऊर्जा का सही क्रम है

$$C—C > Si—Si > Ge—Ge > Sn—Sn$$

34. *(a)* सैलिसिलिक अम्ल, ऐल्कोहॉल के साथ अभिक्रिया करके एस्टर बनाता है।

सैलिसिलिक अम्ल (OH, COOH) $\xrightarrow[\Delta \; (Y)]{CH_3OH/H^+}$ (OH, $COOCH_3$) $+ H_2O$

सैलिसिलिक अम्ल की अभिक्रिया जब अधिक मात्रा में मौजूद ऐसीटिक ऐनहाइड्राइड व थोड़े से सान्द्र अम्ल की मौजूदगी में कराई जाती है तो ऐस्प्रिन बनता है।

सैलिसिलिक अम्ल (OH, COOH) $\xrightarrow[(X)]{(CH_3CO)_2O/H^+}$ ऐस्प्रिन ($OCOCH_3$, COOH)

अतः $X = (CH_3CO)_2O/H^+$ और 'Y' $= CH_3OH/H^+, \Delta$

35. *(a)* सरल रेखीय समीकरण है—

$$y = mx + c$$

मान रखने पर,

$$\log\left(\frac{x}{m}\right) = m[\log P] + c$$

फ्रैण्डलिक अधिशोषण के अनुसार,

$$\log\left(\frac{x}{m}\right) = \frac{1}{n}\log p + \log k$$

दिए गए समीकरण के अनुसार

$$y = 3x + 2.505$$

अतः $\frac{1}{n} = 3$ और $\log k = 2.505$

36. *(b)*

(a) Δ_{eg} H (Te) < Δ_{eg} H(Po)– सही है।

(b) Δ_{eg} (Se) < Δ_{eg} H(S)–गलत है।

(c) Δ_{eg} H (Cl) < Δ_{eg} H(F) —सही है।

(d) Δ_{eg} H(I) < Δ_{eg} H (At) —सही है।

37. *(b)* H_2O_2 और F_2O_2 की संरचना को देखें, तो—

H–O (147.5 pm) O–H (95 pm); F–O (122 pm) O–F (157 pm)

H_2O_2 में O— O आबन्ध लम्बाई ज्यादा है O_2F_2 की तुलना में। ऐसा इसलिए है क्योंकि H की विद्युत ऋणात्मकता F से कम है। H_2O_2 में O—H की आबन्ध लम्बाई कम है F_2O_2 में O—F की आबन्ध लम्बाई से, इसका कारण है H और F का छोटा आकार।

38. *(c)* A तथा R दोनों सत्य हैं परन्तु R, A की सही व्याख्या नहीं करता है। जिप्सम का इस्तेमाल अग्निरोधक दीवार बोर्ड बनाने के लिए किया जाता है अतः अभिकथन A सही है। जिप्सम उच्चताप पर अस्थायी है यह कथन भी सही है लेकिन यह सही कारण नहीं है जिप्सम का उपयोग अग्निरोधक दीवार बोर्ड बनाने के लिए किया जाता है क्योंकि यह एक अग्निरोधी है और जलने पर कोई भी जहरीली गैस नहीं बनाता।

39. *(a)* दोनों A तथा R सत्य हैं परन्तु R, A की सही व्याख्या नहीं है। α-हैलोकार्बोक्सिलिक अम्ल में हैलोजन को आसानी से ऐमीनो समूह से प्रतिस्थापित किया जा सकता है। लेकिन एल्काइल हैलाइड में प्रतिस्थापन आसान नहीं है। साथ ही ऐमीनो अम्ल जलीय माध्यम में ज्विटर आयनों के रूप में होते हैं परन्तु इसका प्रतिस्थापन से कोई सम्बन्ध नहीं है।

40. *(d)* थर्मल पावर प्लांटों में विद्युत उत्पादन के लिए कोयला या उसके उत्पादों का प्रयोग किया जाता है जो जलने पर बहुत अधिक मात्रा में ग्रीन हाउस गैसों का निर्माण करते हैं। सीमेन्ट के उत्पादन के समय भी ग्लोबल वार्मिंग होती है क्योंकि CO_2 व SO_2 गैसों का उत्पादन होता है। स्टील के उत्पादन के समय भी CO_2 व CH_4 ग्रीन हाऊस गैसों का उत्पादन होता है। सबसे कम भूमण्डलीय ताप वृद्धि यूरिया के औद्योगिक उत्पादन के समय होती है क्योंकि यूरिया के उत्पादन के समय सिर्फ N_2O गैस ही बनती है।

41. *(c)* पिरीडीन की उपस्थिति में ट्राइफिनाइल क्लोरो मेथेन व OH^- मध्य होने वाली अभिक्रिया डार्जिन अभिक्रिया कहलाती है। इसमें पिरीडीन उत्प्रेरक की तरह व्यवहार दिखाता है। यह एक

S_N1 अभिक्रिया है अतः अभिक्रिया का वेग सिर्फ ऐल्काइल हैलाइड की सान्द्रता पर निर्भर करता है। अतः $[(C_6H_5)_3C-Cl]$ की सान्द्रता पर अभिक्रिया का वेग निर्भर करता है।

42. *(a)* पोटैशियम टेट्राआयोडोमरक्यूरेट $[K_2(HgI_4)]$ को नेस्लर अभिकर्मक कहते हैं। इसमें ऑक्सीजन तत्व मौजूद नहीं है। इसे बनाने के लिए पोटैशियम आयोडाइड (KI) और मरक्यूरिक क्लोराइड $(HgCl_2)$ के मध्य अभिक्रिया करायी जाती है।

43. *(d)* A और R दोनों सही हैं और R, A की सही व्याख्या है।

KOH एक प्रबल क्षार है और CO_2 एक दुर्बल अम्ल। अतः KOH कार्बनिक यौगिक से निकलने वाली CO_2 को अवशोषित कर K_2CO_3 बनाता है।

$$2KOH(aq) + CO_2(g) \longrightarrow K_2CO_3 + H_2O(l)$$

अतः KOH के जलीय घोल को आयतनिक विश्लेषण में प्रयोग करने से पहले उसकी सान्द्रता जाँच लेनी चाहिए।

44. *(b)*

$${}_{19}K \Rightarrow K^+ = 1s^2\,2s^2\,2p^6\,3s^2\,3p^6 = 18\,e^-$$

$${}_{17}Cl \Rightarrow Cl^- = 1s^2\,2s^2\,2p^6\,3s^2\,3p^6 = 18\,e^-$$

$${}_{20}Ca \Rightarrow Ca^{2+} = 1s^2\,2s^2\,2p^6\,3s^2\,3p^6 = 18\,e^-$$

$${}_{21}Sc \Rightarrow Sc^{3+} = 1s^2\,2s^2\,2p^6\,3s^2\,3p^6 = 18\,e^-$$

अतः K^+, Cl^-, Ca^{2+} और Sc^{3+} समइलेक्ट्रॉनी हैं।

45. *(b)*

साइक्लोऐल्केन की अभिक्रिया HF से कराने पर धनायन बनता है। इस धनायन से बेन्जीन के साथ प्रतिस्थापन अभिक्रिया कराने पर दोनों रिंग आपस में जुड़ जाते हैं।

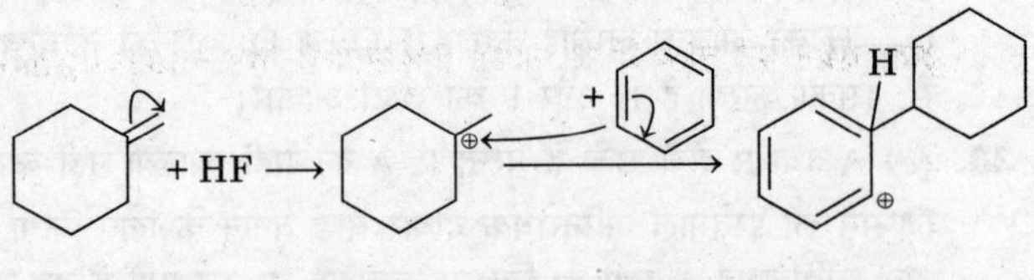

+ HF ⟶ + ⟶ H

धनात्मक आवेश का स्थायीकरण उसका बेन्जीन पर विस्थापन के द्वारा हो जाता है।

46. *(d)* कथन I गलत है परन्तु कथन II सही है।

सल्फैनिलिक अम्ल कार्बोक्सिलिक समूह का एस्टरीकरण परीक्षण नहीं देता है। सल्फर और नाइट्रोजन दोनों तत्व सल्फैनिलिक अम्ल में मौजूद होने के कारण लैस्से परीक्षण के दौरान लाल रंग देते हैं।

47. *(a)*

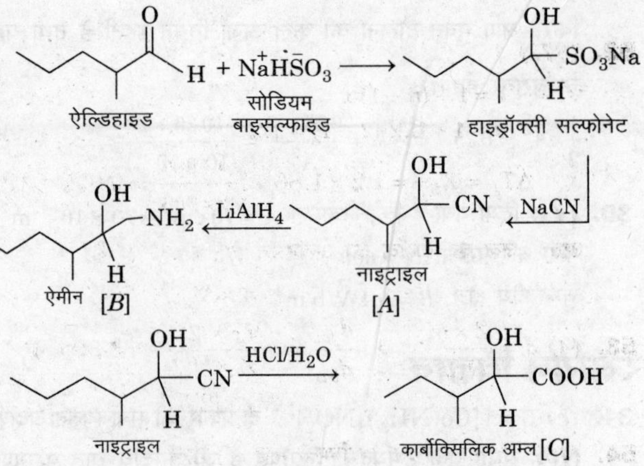

ऐल्डिहाइड + $Na\overset{+}{H}\overset{-}{S}O_3$ (सोडियम बाइसल्फाइड) ⟶ हाइड्रॉक्सी सल्फोनेट ($-SO_3Na$)

NaCN ⟶ नाइट्राइल [A] ($-CN$)

नाइट्राइल [A] $\xrightarrow{LiAlH_4}$ ऐमीन [B] ($-NH_2$)

नाइट्राइल $\xrightarrow{HCl/H_2O}$ कार्बोक्सिलिक अम्ल [C] ($-COOH$)

48. *(d)* विटामिन C की सर्वाधिक स्थायी संरचना ऐनिडायोल है। यह बाकी सभी समावयवी में सबसे अधिक स्थायी है क्योंकि इसमें समावयवता के द्वारा स्थायित्व सम्भव है लेकिन कीटो चलावयवी में यह सम्भव नहीं। ऐल्कोहांलिक समूह के $-I$-प्रभाव के कारण ऋणात्मक आवेश स्थायी हो जाता है।

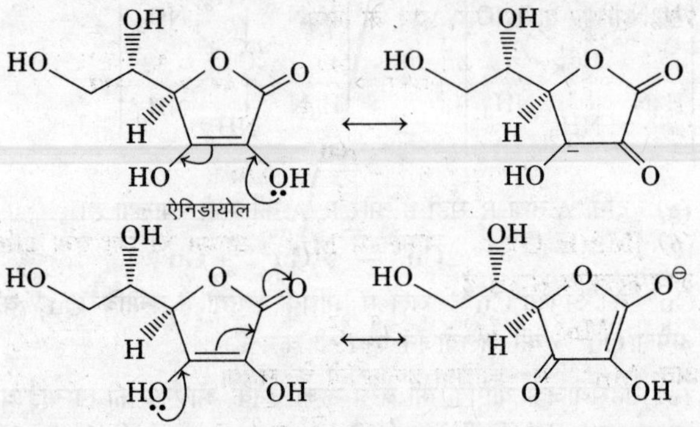

ऐनिडायोल

49. *(d)* ड्यूटरित हाइड्रोजन परॉक्साइड (D_2O_2) को प्रयोगशाला में आसानी से तैयार करने के लिए आरम्भिक पदार्थ $K_2S_2O_8$ है।

$$K_2S_2O_8(s) + 2D_2O(l) \longrightarrow 2KDSO_4(aq) + D_2O_2$$

50. *(b, c)* PCl_5 के वियोजन का साम्य है

$$PCl_5(g) \rightleftharpoons PCl_3(g) + Cl_2(g)$$

रासायनिक साम्यावस्था नियम के अनुसार,

साम्य स्थिरांक, $K_C = \dfrac{[PCl_3][Cl_2]}{[PCl_5]}$

यदि हीलियम का संकलन स्थिर आयतन पर किया जाए तो साम्य-अवस्था पर कोई प्रभाव नहीं पड़ता। क्योंकि सक्रिय द्रव्यमान में कोई बदलाव नहीं हो रहा अतः साम्य किसी भी दिशा में प्रतिस्थापित नहीं होगा। अतः (b) सही विकल्प है।

जब दाब स्थिर रहेगा तो आयतन बढ़ेगा अतः अभिक्रिया अग्रिम दिशा में बढ़ेगी फलस्वरूप अधिक मात्रा में Cl_2 तथा PCl_3 गैसों का उत्पादन होगा। अतः विकल्प (c) सही है।

51. *(b)* कॉपर मेट का उत्पादन कॉपर सल्फाइड (Cu_2S) व अल्प मात्रा में लौह सल्फाइड (FeS) के योगात्मक से होता है। मेट का निर्माण कॉपर अयस्क से होता है। अतः कॉपर मेट में मौजूद यौगिक की संख्या (1) है।

52. *(372)*

$\because \quad i = 1 + (n-1)\alpha$

$i = 1 + 0.2\,(2-1) = 1.2$

$\therefore \quad \Delta T_f = iK_b m = 1.2 \times 1.86 \times \dfrac{5 \times 1000}{60 \times 500} = 0.372 = 372 \times 10^{-3}$

अत: जल के हिमाँक का अवनमन 372×10^{-3}°C है।

53. *(4)* $d = \dfrac{Z \times M}{N_A a^3} \Rightarrow \dfrac{d_{fcc}}{d_{bcc}} = \dfrac{\dfrac{4 \times M_w}{N_A \times (2)^3}}{\dfrac{Z \times M_w}{N_A \times (2.5)^3}} = 3.90 \approx 4$

54. *(75)* A की सान्द्रता प्रारम्भिक मान = 1 मोल

एक शून्य कोटि अभिक्रिया के लिए, $t_{1/2} = \dfrac{a}{2k}$

$\Rightarrow \quad k = \dfrac{a}{2t_{1/2}} = \dfrac{a}{2 \times 50} = \dfrac{1}{2 \times 50}$

75% अभिक्रिया को पूर्ण होने के लिए,

$\left(a - \dfrac{a}{4}\right) = kt \Rightarrow \dfrac{4a - a}{4} = kt \Rightarrow \dfrac{3a}{4} = kt$

$t = \dfrac{3}{4}\dfrac{a}{k} = \dfrac{3}{4} \times \dfrac{100}{1} = 75$ min

55. *(6)* $[Mn(H_2O)_6]^{2+}$ संकुल में Mn^{2+} आयन है। यह एक दुर्बल क्षेत्र अष्टफलकीय संकुल है।

$Mn^{2+} = 3d^5 4s^0 = t_{2g}^3\, e_g^2$

अत: Mn^{2+} में अयुग्मित इलेक्ट्रॉनों के संख्या = 5

$\mu = \sqrt{n(n+2)} = \sqrt{5(5+2)} = \sqrt{5 \times 7}$

चुम्बकीय आघूर्ण = $\sqrt{35}$ BM = 5.91 ≈ 6 BM

56. *(14)* $\underset{10^{-5}}{AgNO_3} \longrightarrow \underset{10^{-5}}{Ag^+} + \underset{10^{-5}}{NO_3^-}$

$AgBr \rightleftharpoons \underset{S}{Ag^+} + \underset{S}{Br^-}$

$K_{sp} = [Ag^+][Br^-] = 4.9 \times 10^{-13}$

$\Rightarrow S^2 = 4.9 \times 10^{-13} \Rightarrow S = 7 \times 10^{-7}$ M

$\therefore [Ag^+] = 7 \times 10^{-7} + 100 \times 10^{-7} = 107 \times 10^{-7}$ M

$\therefore \ [Br^-] = \dfrac{K_{sp}}{[Ag^+]} = \dfrac{4.9 \times 10^{-13}}{107 \times 10^{-7}} = 4.58 \times 10^{-8}$

चालकता = $\mu_{Ag^+}\lambda^\circ_{Ag^+} + \mu_{Br^-}\lambda^\circ_{Br^-} + \mu_{NO_3^-}\lambda^\circ_{NO_3^-}$

$= (107 \times 10^{-7} \times 6 \times 10^{-3}) + (4.58 \times 10^{-8} \times 8 \times 10^{-3}) + (10^{-5} \times 7 \times 10^{-3})$

$= (642 \times 10^{-10}) + (36.64 \times 10^{-11}) + (7 \times 10^{-8})$

$= (642 + 3.664 + 700) \times 10^{-10} = 1346 \times 10^{-10}$ Sm^{-1}

13.46×10^{-8} $Sm^{-1} \approx 14 \times 10^{-8}$ Sm^{-1}

57. *(6)* असममित कार्बन परमाणुओं की कुल संख्या = 6

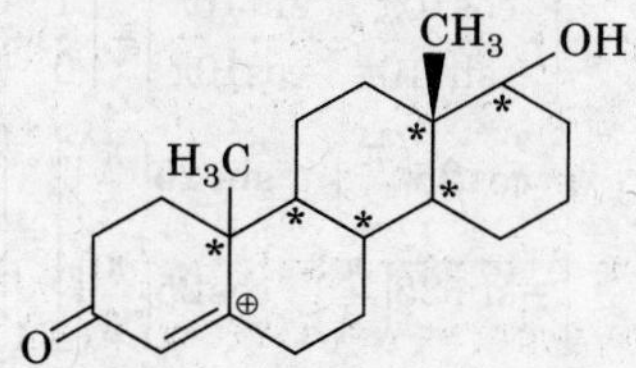

अत: टेस्टोस्टेरॉन में असममित कार्बन परमाणुओं की कुल संख्या 6 है।

58. *(139)* 90mL विलायक में 10mL विलेय मौजूद है।

विलेय का भार = $10 \times 3.2 = 32$ g

विलायक का भार = 90×1.6 g

$m = \dfrac{32 \times 1000}{160 \times 90 \times 1.6} = 1.388$

$= 138.8 \times 10^{-2} = 139 \times 10^{-2}$ m

59. *(3)* प्रशांतकों का उपयोग चिंता, भय, तनाव, उत्तेजना और मानसिक अशांति से सम्बन्धित स्थितियों को कम करने के लिए किया जाता है। क्लोरोडायजेपॉक्साइड, वेरोनल और वैलियम यह सभी प्रशांतक हैं।

60. *(1006)* 1 मोल C_2H_6 से उत्सर्जित ऊर्जा = ΔU

$= \dfrac{-20 \times 0.5}{0.3} \times 30 = -1000$ kJ

$C_2H_6(g) + \dfrac{7}{2}O_2(g) \longrightarrow 2CO_2(g) + 3H_2O(l)$

$\Delta n = 2 - \left(2 + \dfrac{7}{2}\right) = -\dfrac{7}{2}$

$\Delta H = \Delta U + \Delta n_g RT = -1000 - \dfrac{7}{2} \times 8.3 \times 300$ kJ

$= -1000 - 6.225 \approx -1006$ kJ

अत: एथेन की दहन में जो ऊष्मा निकलती है, वह = 1006 kJ/mol है।

गणित

61. *(b)* दिया गया है, $\mathbf{a} = 2\hat{i} - 7\hat{j} + 5\hat{k}, \mathbf{b} = \hat{i} + \hat{k}$ तथा $\mathbf{c} = \hat{i} + 2\hat{j} - 3\hat{k}$

अब, $\quad \mathbf{r} \times \mathbf{a} = \mathbf{c} \times \mathbf{a}$

$\mathbf{r} \times \mathbf{a} - \mathbf{c} \times \mathbf{a} = 0 \Rightarrow (\mathbf{r} - \mathbf{c}) \times \mathbf{a} = 0$

$\therefore \quad \mathbf{r} - \mathbf{c} \parallel \mathbf{a}$

$\therefore \quad \mathbf{r} - \mathbf{c} = \lambda\mathbf{a} \Rightarrow \mathbf{r} = \mathbf{c} + \lambda\mathbf{a}$

अब, $\mathbf{r} \cdot \mathbf{b} = \mathbf{c} \cdot \mathbf{b} + \lambda\,\mathbf{a} \cdot \mathbf{b} \Rightarrow 0 = (1 + 0 - 3) + \lambda\,(2 + 0 + 5)$

$\Rightarrow \quad 0 = -2 + 7\lambda \Rightarrow \lambda = \dfrac{2}{7}$

$\therefore \ \mathbf{r} = \mathbf{c} + \dfrac{2}{7}\mathbf{a} = \hat{i} + 2\hat{j} - 3\hat{k} + \dfrac{2}{7}(2\hat{i} - 7\hat{j} + 5\hat{k}) = \dfrac{11}{7}\hat{i} - \dfrac{11}{7}\hat{k}$

अब, $|\mathbf{r}| = \sqrt{\left(\dfrac{11}{7}\right)^2 + \left(-\dfrac{11}{7}\right)^2} = \sqrt{\dfrac{121}{49} + \dfrac{121}{49}} = \sqrt{\dfrac{2 \times 121}{49}} = \dfrac{11}{7}\sqrt{2}$

62. *(b)* दिया है,

$$A = \frac{1}{2}\begin{bmatrix} 1 & \sqrt{3} \\ -\sqrt{3} & 1 \end{bmatrix} = \begin{bmatrix} \frac{1}{2} & \frac{\sqrt{3}}{2} \\ -\frac{\sqrt{3}}{2} & \frac{1}{2} \end{bmatrix} = \begin{bmatrix} \cos 60° & \sin 60° \\ -\sin 60° & \cos 60° \end{bmatrix}$$

हम जानते हैं, कि $\quad A_\theta = \begin{bmatrix} \cos\theta & \sin\theta \\ -\sin\theta & \cos\theta \end{bmatrix}$

तब, $$A_\theta^n = \begin{bmatrix} \cos n\theta & \sin n\theta \\ -\sin n\theta & \cos n\theta \end{bmatrix}$$

अब, $$A_{\frac{\pi}{3}} = \begin{bmatrix} \cos\frac{\pi}{3} & \sin\frac{\pi}{3} \\ -\sin\frac{\pi}{3} & \cos\frac{\pi}{3} \end{bmatrix}$$

$$\therefore \quad A_{\frac{\pi}{3}}^{30} = \begin{bmatrix} \cos 30\left(\frac{\pi}{3}\right) & \sin 30\left(\frac{\pi}{3}\right) \\ -\sin 30\left(\frac{\pi}{3}\right) & \cos 30\left(\frac{\pi}{3}\right) \end{bmatrix}$$

$$= \begin{bmatrix} \cos 10\pi & \sin 10\pi \\ -\sin 10\pi & \cos 10\pi \end{bmatrix} = \begin{bmatrix} 1 & 0 \\ 0 & 1 \end{bmatrix} = I$$

पुन: $$A_{\frac{\pi}{3}}^{25} = \begin{bmatrix} \cos 25\left(\frac{\pi}{3}\right) & \sin 25\left(\frac{\pi}{3}\right) \\ -\sin 25\left(\frac{\pi}{3}\right) & \cos 25\left(\frac{\pi}{3}\right) \end{bmatrix} = \begin{bmatrix} \frac{1}{2} & \frac{\sqrt{3}}{2} \\ -\frac{\sqrt{3}}{2} & \frac{1}{2} \end{bmatrix} = A$$

$\therefore A^{30} + A^{25} - A = I + A - A = I$

63. *(a)* दिया है, $f(x) + f\left(\frac{1}{1-x}\right) = 1 + x$

$x = 2$ रखने पर,

$$f(2) + f(-1) = 3 \qquad \text{...(i)}$$

$x = \frac{1}{2}$ रखने पर,

$$f\left(\frac{1}{2}\right) + f(2) = \frac{3}{2} \qquad \text{...(ii)}$$

$x = -1$ रखने पर,

$$f(-1) + f\left(\frac{1}{2}\right) = 0 \qquad \text{...(iii)}$$

समी (i) व (iii) से,

$$f(2) - f\left(\frac{1}{2}\right) = 3 \qquad \text{...(iv)}$$

समी (ii) व (iv) का योग करने पर,

$$2f(2) = \frac{9}{2} \Rightarrow f(2) = \frac{9}{4}$$

वैकल्पिक हल

दिया है,

$$f(x) + f\left(\frac{1}{1-x}\right) = 1 + x \qquad \text{...(i)}$$

समी (i) में x के स्थान पर $\frac{1}{1-x}$ रखने पर,

$$f\left(\frac{1}{1-x}\right) + f\left(\frac{1}{1-\frac{1}{1-x}}\right) = 1 + \frac{1}{1-x}$$

$$\Rightarrow \quad f\left(\frac{1}{1-x}\right) + f\left(\frac{1-x}{1-x-1}\right) = \frac{1-x+1}{1-x}$$

$$\Rightarrow \quad f\left(\frac{1}{1-x}\right) + f\left(\frac{1-x}{-x}\right) = \frac{2-x}{1-x} \qquad \text{...(ii)}$$

अब, समी (i) में x के स्थान पर $\frac{x-1}{x}$ रखने पर,

$$f\left(\frac{x-1}{x}\right) + f(x) = \frac{2x-1}{x} \qquad \text{...(iii)}$$

समी (i), (ii) व (iii) में $x = 2$ रखने पर,

$$f(2) + f(-1) = 3 \qquad \text{...(iv)}$$

$$f(-1) + f\left(\frac{1}{2}\right) = 0 \qquad \text{...(v)}$$

तथा $$f\left(\frac{1}{2}\right) + f(2) = 3/2 \qquad \text{...(vi)}$$

समी (iv), (v) व (vi) को हल करने पर,

$$f(2) = \frac{9}{4}$$

64. *(d)* दिया है, $xy \le 8, 1 \le y \le x^2$

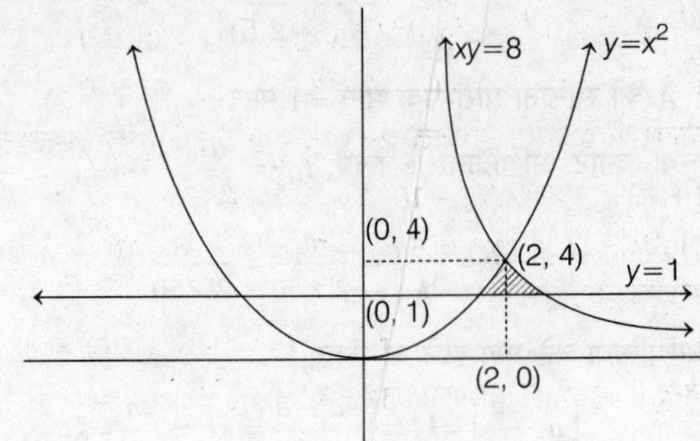

$\therefore$ अभीष्ट क्षेत्रफल $= \int_1^4 \left(\frac{8}{y} - \sqrt{y}\right) dy = \left[8\log y - \frac{2}{3} y^{3/2}\right]_1^4$

$$= \left[8\log 4 - \frac{2}{3}(4)^{3/2}\right] - \left[8\log 1 - \frac{2}{3}\right] = 16\log 2 - \frac{14}{3}$$

65. *(a)* दिया है, $$\alpha x + y + z = 1$$
$$x + \alpha y + z = 1$$
$$x + y + \alpha z = \beta$$

$$\therefore \quad D = \begin{vmatrix} \alpha & 1 & 1 \\ 1 & \alpha & 1 \\ 1 & 1 & \alpha \end{vmatrix}$$

$= \alpha(\alpha^2 - 1) - 1(\alpha - 1) + 1(1 - \alpha)$
$= \alpha(\alpha - 1)(\alpha + 1) - (\alpha - 1) - (\alpha - 1) = (\alpha - 1)[\alpha^2 + \alpha - 2]$
$= (\alpha - 1)(\alpha - 1)(\alpha + 2) = (\alpha - 1)^2(\alpha + 2)$

अब, यदि $D = 0 \Rightarrow (\alpha - 1)^2(\alpha + 2) = 0 \Rightarrow \alpha = 1, -2$

$\alpha = 1$ तथा $\beta = 1$, पर सभी समीकरण समान होंगे

अत: निकाय के अनन्त हल विद्यमान हैं

फिर $\alpha = -2, \beta = 1$ व $D = 0$ पर

निकाय के कोई हल विद्यमान नहीं हैं

सभी समीकरणों को जोड़ने पर,

$(2 + \alpha)x + (2 + \alpha)y + (2 + \alpha)z = \beta + 2 \Rightarrow x + y + z = \frac{\beta + 2}{\alpha + 2}$

अब $\alpha = 2, \beta = 1 \Rightarrow x + y + z = \frac{3}{4}$

66. *(a)* दिया है,

$A = \{(1, 2), (1, 3), (1,4), (1, 5), (1, 6), (2, 3), (2, 4), (2, 5), (2, 6), (3, 4), (3, 5), (3, 6), (4, 5), (4, 6), (5, 6)\}$,

$B = \{(2, 1), (2, 3), (2, 5), (4, 1), (4, 3), (4, 5), (6, 1), (6, 3), (6, 5)\}$

तथा $C = \{(1, 2), (1, 4), (1, 6), (3, 2), (3, 4), (3, 6), (5, 2), (5, 4), (5, 6)\}$

$A \cap B = \{(2, 3), (2, 5), (4, 3), (4, 5), (6, 3), (6, 5)\}$

$B \cap C = \phi$

$A \cup B = \{(1, 2), (1, 3), (1, 4), (1, 5), (1, 6), (2, 1), (2, 3), (2, 4), (2, 5), (2, 6), (3, 4), (3, 5), (3, 6), (4, 1), (4, 3), (4, 5), (4, 6), (5, 6), (6, 1), (6, 3), (6, 5)\}$

$(A \cup B) \cap C = \{(1, 2), (1, 4), (1, 6), (3, 4), (3, 6), (5, 6)\}$

अत: A तथा B अपवर्जी नहीं है और B तथा C स्वतन्त्र नहीं हैं।

पुन: $n(A) = 15 \Rightarrow n(A \cap B \cap C) = 0 \Rightarrow n(B) = 9 \Rightarrow n(C) = 9$

$$n((A \cup B) \cap C) = 6$$

67. *(a)* समतलों $2x + 3y - z = 2$ तथा $x + 2y + 3z$ के प्रतिच्छेदन से गुजरने वाले समतल का समीकरण है

$$2x + 3y - z - 2 + \lambda(x + 2y + 3z - 6) = 0$$

$\Rightarrow (2 + \lambda)x + (3 + 2\lambda)y + (-1 + 3\lambda)z - 2 - 6\lambda = 0$

चूँकि, ऊपर दिया गया समतल $2x + y - z + 1 = 0$ के लम्बवत् है, तब

$2(2 + \lambda) + 1(3 + 2\lambda) - 1(-1 + 3\lambda) = 0$

$\Rightarrow \quad 4 + 2\lambda + 3 + 2\lambda + 1 - 3\lambda = 0 \Rightarrow \lambda + 8 = 0 \Rightarrow \lambda = -8$

अत: समतल की समीकरण है

$-6x - 13y - 25z + 46 = 0 \Rightarrow 6x + 13y + 25z - 46 = 0$

अब, बिन्दु $(-7, 1, 1)$ की समतल $6x + 13y + 25z - 46 = 0$ से दूरी d है, तो

$$d = \left| \frac{6(-7) + 13(1) + 25(1) - 46}{\sqrt{(6)^2 + (13)^2 + (25)^2}} \right|$$

$$= \left| \frac{-42 + 13 + 25 - 46}{\sqrt{36 + 169 + 625}} \right| = \frac{50}{\sqrt{830}}$$

$\therefore \quad d^2 = \frac{2500}{830} = \frac{250}{83}$

68. *(b)* दिया है,

अतिपरवलय का समीकरण

$$3x^2 - 4y^2 = 36$$

(x_0, y_0) पर अतिपरवलय की स्पर्श रेखा का समीकरण

$$T : 3x_0x - 4y_0y = 36$$

(x_0, y_0) के $3x + 2y = 1$, के निकटतम होने के लिए, स्पर्शरेखा T, $3x + 2y = 1$ के समान्तर होना चाहिए

$\therefore T$ की ढाल = स्पर्श रेखा $(3x + 2y = 1)$ की ढाल

$\Rightarrow \quad \frac{-3x_0}{-4y_0} = -\frac{3}{2} \Rightarrow x_0 = -2y_0$

अब, (x_0, y_0) अतिपरवलय पर स्थित है

$\therefore \quad 3x_0^2 - 4y_0^2 = 36 \Rightarrow 3(-2y_0)^2 - 4y_0^2 = 36 \quad [\because x_0 = -2y_0]$

$\Rightarrow \quad 12y_0^2 - 4y_0^2 = 36 \Rightarrow 8y_0^2 = 36 \Rightarrow y_0^2 = \frac{9}{2} \Rightarrow \quad y_0 = \pm \frac{3}{\sqrt{2}}$

$\therefore \quad x_0 = -2y_0 = \mp 3\sqrt{2}$

अत: बिन्दु होंगे $\left(3\sqrt{2}, -\frac{3}{\sqrt{2}}\right)$ और $\left(-3\sqrt{2}, \frac{3}{\sqrt{2}}\right)$

किन्तु, $\left(3\sqrt{2}, -\frac{3}{\sqrt{2}}\right)$ रेखा $3x + 2y = 1$ के निकटतम है

$\therefore \quad P(x_0, y_0) = \left(3\sqrt{2}, \frac{-3}{\sqrt{2}}\right)$

इसलिए, $\sqrt{2}\,(y_0 - x_0) = \sqrt{2}\left(\frac{-3}{\sqrt{2}} - 3\sqrt{2}\right) = -3 - 6 = -9$

69. *(d)* माना $f(x) = 2x^2 - 8x + k$ चूँकि, एक मूल अन्तराल $(1, 2)$ में स्थित है और अन्य $(2, 3)$ में तब $f(1) > 0, f(2) < 0, f(3) > 0$

अब, $f(1) > 0 \Rightarrow 2 - 8 + k > 0 \Rightarrow k > 6 \Rightarrow f(2) < 0$

$\Rightarrow \quad 8 - 16 + k < 0 \Rightarrow k < 8$ और $f(3) > 0$

$18 - 24 + k > 0 \Rightarrow k > 6$

$\therefore \quad k \in (6, 8)$

अत: k का पूर्णांक मान 7, होगा, अर्थात् यहाँ k का एक ही पूर्णांक मान होगा।

70. *(c)* दिया है,

$$2x^2y\,dy - (1 - xy^2)\,dx = 0 \Rightarrow 2x^2y\,dy = (1 - xy^2)\,dx$$

$\Rightarrow \quad 2x^2y\frac{dy}{dx} = 1 - xy^2 \Rightarrow 2y\frac{dy}{dx} + \frac{1}{x}y^2 = \frac{1}{x^2}$

माना $y^2 = v$

$\Rightarrow \quad 2y\frac{dy}{dx} = \frac{dv}{dx}$

$\therefore \quad \frac{dv}{dx} + \frac{1}{x}v = \frac{1}{x^2}$

जोकि, एक रैखिक अवकल समीकरण है

$\therefore \quad \text{IF} = e^{\int \frac{1}{x}dx} = e^{\log_e x} = x$

अवकल समीकरण का हल होगा।

$vx = \int \frac{1}{x^2} \cdot x\,dx + C \Rightarrow vx = \int \frac{1}{x}dx + C \Rightarrow y^2x = \log x + C$

अब, दिया है $y(2) = \sqrt{\log 2}$

$\therefore \quad 2\log 2 = \log 2 + C \Rightarrow C = \log 2$

$\therefore$ हल होगा

$y^2x = \log x + \log 2 \Rightarrow y^2x = \log 2x \Rightarrow 2x = e^{xy^2}$

किन्तु, हल दिया है कि $\alpha x = e^{x^\beta y^\gamma}$.

$\therefore \quad \alpha = 2, \beta = 1$ तथा $\gamma = 2$

इसलिए, $\alpha + \beta - \gamma = 2 + 1 - 2 = 1$

71. *(b)* दिया है, $2\tan^{-1}\left(\frac{1 - x}{1 + x}\right) = \cos^{-1}\left(\frac{1 - x^2}{1 + x^2}\right)$

$x = \tan\theta$ रखने पर तथा $0 < x < 1 \Rightarrow 0 < \theta < \frac{\pi}{4}$ लेने पर,

अब, $\quad 2\tan^{-1}\left(\frac{1 - \tan\theta}{1 + \tan\theta}\right) = \cos^{-1}\left(\frac{1 - \tan^2\theta}{1 + \tan^2\theta}\right)$

$\Rightarrow \quad 2\tan^{-1}\tan\left(\frac{\pi}{4} - \theta\right) = \cos^{-1}\cos 2\theta$

$\Rightarrow \quad 2\left(\frac{\pi}{4} - \theta\right) = 2\theta \Rightarrow \frac{\pi}{4} - \theta = \theta$

$\Rightarrow \theta = \frac{\pi}{8} \Rightarrow \tan^{-1}x = \frac{\pi}{8} \Rightarrow x = \tan\frac{\pi}{8} = \sqrt{2} - 1 \simeq 0.414$

$\therefore \quad x < \frac{1}{2}$

अत:, $n(S) = 1$ है तथा S का अवयव $\frac{1}{2}$ से कम है।

72. *(c)* दिया है, $x_1, x_2, x_3, \ldots, x_7$ समान्तर श्रेणी में है, जिसमें $x_1 = 9$ तथा सार्वअन्तर d है।

अब, माध्य $\bar{x} = \dfrac{\sum_{i=1}^{7} x_i}{7} = \dfrac{x_1 + x_2 + x_3 + \ldots + x_7}{7}$

$$= \frac{\frac{7}{2}[2x_1 + (7-1)d]}{7} = \frac{1}{2}[2x_1 + 6d] = x_1 + 3d = x_4$$

पुन: प्रसार $= \dfrac{\sum_{i=1}^{7}(x_i - \bar{x})^2}{7}$

$\Rightarrow \quad (4)^2 = \dfrac{\sum_{i=1}^{7}(x_i - x_4)^2}{7}$

$\Rightarrow \quad 16 = \dfrac{(-3d)^2 + (-2d)^2 + (-d)^2 + 0 + d^2 + (2d)^2 + (3d)^2}{7}$

$\Rightarrow \quad 16 = \dfrac{28d^2}{7} \Rightarrow d^2 = 4 \Rightarrow d = 2 \quad [\because x_1 < x_2 < x_3 \ldots < x_7]$

$\therefore \quad \bar{x} = x_1 + 3d = 9 + 3 \times 2 = 15$

और $\quad x_6 = x_1 + 5d = 9 + 5 \times 2 = 19$

अत:, $\quad \bar{x} + x_6 = 15 + 19 = 34$

73. (a) सत्य सारणी

$p \vee (p \wedge q)$

p	q	$p \wedge q$	$p \vee (p \wedge q)$
T	T	T	T
T	F	F	T
F	T	F	F
F	F	F	F

$(p \wedge (p \to q)) \to \sim q$

p	q	$\sim q$	$p \to q$	$p \wedge (p \to q)$	$(p \wedge (p \to q)) \to \sim q$
T	T	F	T	T	F
T	F	T	F	F	T
F	T	F	T	F	T
F	F	T	T	F	T

$(p \wedge q) \to (\sim p \to q)$

p	q	$p \wedge q$	$\sim p$	$\sim p \to q$	$(p \wedge q) \to (\sim p \to q)$
T	T	T	F	T	T
T	F	F	F	T	T
F	T	F	T	T	T
F	F	F	T	F	T

$p \to (p \wedge (p \to q))$

p	q	$p \to q$	$p \wedge (p \to q)$	$p \to (p \wedge (p \to q))$
T	T	T	T	T
T	F	F	F	F
F	T	T	F	T
F	F	T	F	T

अत: $(p \wedge q) \to (\sim p \to q)$ पुनरुक्ति है

74. (a) दिया है, $f(x) = |x^2 - 5x + 6| - 3x + 2$

$$= \begin{cases} (x^2 - 5x + 6) - 3x + 2, & x \in (-\infty, 2) \cup [3, \infty) \\ -(x^2 - 5x + 6) - 3x + 2, & x \in [2, 3] \end{cases}$$

$$= \begin{cases} x^2 - 8x + 8, & x \in (-\infty, 2) \cup [3, \infty) \\ -x^2 + 2x - 4, & x \in [2, 3] \end{cases}$$

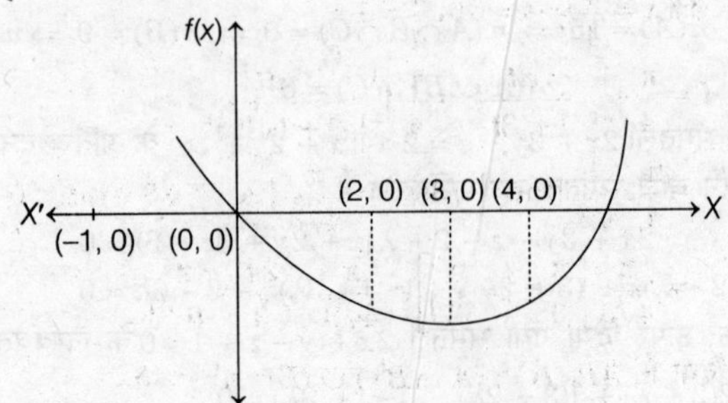

अब, हमें सिर्फ $[-1, 3]$ अन्तराल में पुष्टि करनी है

$\therefore$ निरपेक्ष उच्चतम $= f(-1) = (-1)^2 - 8(-1) + 8 = 17$

तथा निरपेक्ष निम्नतम $= f(3) = (3)^2 - 8(3) + 8 = -7$

$\therefore$ अभीष्ट योग $= 17 - 7 = 10$

75. (a) दिया है, $\quad y = x^x \Rightarrow \log y = x \log x$

दोनों पक्षों में x के सापेक्ष अवकलन करने पर,

$$\frac{1}{y}y' = \log x + \frac{x}{x} \Rightarrow y' = y(\log x + 1) \quad \ldots(i)$$

पुन: दोनों पक्षों में x के सापेक्ष अवकलन करने पर,

$$y'' = y'(\log x + 1) + \frac{y}{x} \quad \ldots(ii)$$

$$y'(2) = y(2)(\log 2 + 1) = 2^2(\log 2 + 1) = 4(\log 2 + 1)$$

तथा $\quad y''(2) = y'(2)(\log 2 + 1) + \dfrac{y(2)}{2} = 4(\log 2 + 1)^2 + 2$

$$y''(2) - 2y'(2) = 4(\log 2 + 1)^2 + 2 - 8(\log 2 + 1)$$
$$= 4(\log 2 + 1)[\log 2 + 1 - 2] + 2$$
$$= 4(\log 2 + 1)(\log 2 - 1) + 2 = 4[(\log 2)^2 - 1] + 2$$
$$= 4(\log 2)^2 - 4 + 2 = 4(\log 2)^2 - 2$$

76. (c) दिया है, $\quad I = \displaystyle\int_{-\frac{\pi}{4}}^{\frac{\pi}{4}} \frac{x + \frac{\pi}{4}}{2 - \cos 2x}\,dx \quad \ldots(i)$

$$I = \int_{-\frac{\pi}{4}}^{\frac{\pi}{4}} \frac{\left(\frac{\pi}{4} - \frac{\pi}{4} - x\right) + \frac{\pi}{4}}{2 - \cos 2\left(\frac{\pi}{4} - \frac{\pi}{4} - x\right)}\,dx$$

$$\left[\because \int_a^b f(x)\,dx = \int_a^b f(a + b - x)\,dx\right]$$

$\Rightarrow \quad I = \displaystyle\int_{-\frac{\pi}{4}}^{\frac{\pi}{4}} \frac{-x + \frac{\pi}{4}}{2 - \cos 2x}\,dx \quad \ldots(ii)$

समी (i) व (ii) को जोड़ने पर,

$$2I = \int_{-\frac{\pi}{4}}^{\frac{\pi}{4}} \frac{\pi/2}{2 - \cos 2x}\,dx \Rightarrow I = \frac{\pi}{4}\int_{-\frac{\pi}{4}}^{\frac{\pi}{4}} \frac{1}{2 - \cos 2x}\,dx$$

$$= \frac{\pi}{4}\int_{-\frac{\pi}{4}}^{\frac{\pi}{4}} \frac{1}{2 - \left(\frac{1 - \tan^2 x}{1 + \tan^2 x}\right)}\,dx$$

$= \frac{\pi}{4}\int_{-\frac{\pi}{4}}^{\frac{\pi}{4}} \frac{\sec^2 x}{2+2\tan^2 x - 1 + \tan^2 x}\, dx = \frac{\pi}{4}\int_{-\frac{\pi}{4}}^{\frac{\pi}{4}} \frac{\sec^2 x}{1+3\tan^2 x}\, dx$

$\tan x = t$ रखने पर $\Rightarrow \sec^2 x\, dx = dt$

जब $x = -\frac{\pi}{4} \Rightarrow t = \tan\left(-\frac{\pi}{4}\right) = -1$

और जब $x = \frac{\pi}{4} \Rightarrow t = \tan\frac{\pi}{4} = 1$

$\therefore \quad I = \frac{\pi}{4}\int_{-1}^{1} \frac{dt}{1+3t^2} = \frac{\pi}{4}\int_{-1}^{1} \frac{dt}{1+(\sqrt{3}t)^2}$

$= \frac{\pi}{4}\cdot\frac{1}{\sqrt{3}}[\tan^{-1}\sqrt{3}t]_{-1}^{1} = \frac{\pi}{4\sqrt{3}}[\tan^{-1}\sqrt{3} - \tan^{-1}(-\sqrt{3})]$

$= \frac{\pi}{4\sqrt{3}}\left[\frac{\pi}{3} - \left(-\frac{\pi}{3}\right)\right] = \frac{\pi}{4\sqrt{3}} \times \frac{2\pi}{3} = \frac{\pi^2}{6\sqrt{3}}$

77. *(c)* दिया है, $AR_1 B \Rightarrow (A \cap B^C) \cup (B \cap A^C) = \phi$

$\Rightarrow \quad A \cap B^C + B \cap A^C = \phi \quad \Rightarrow \quad A = B$

अतः R_1 तक तुल्यता सम्बन्ध है

पुनः $AR_2B \Rightarrow A \cup B^C = B \cup A^C$

$\Rightarrow \quad A^C \cap B = B^C \cap A \quad \Rightarrow \quad A = B$

अतः R_2 एक तुल्यता सम्बन्ध है

78. *(a)* $\quad S = \sum_{n=1}^{\infty} \frac{2n^2+3n+4}{(2n)!} = \frac{1}{2}\sum_{n=1}^{\infty} \frac{4n^2+6n+8}{(2n)!}$

$= \frac{1}{2}\sum_{n=1}^{\infty} \frac{2n(2n-1)+8n+8}{(2n)!}$

$= \frac{1}{2}\sum_{n=1}^{\infty}\left[\frac{1}{(2n-2)!} + \frac{4}{(2n-1)!} + \frac{8}{(2n)!}\right]$

$= \frac{1}{2}\left[\frac{e+e^{-1}}{2} + 4\left(\frac{e-e^{-1}}{2}\right) + 8\left(\frac{e+e^{-1}}{2} - 1\right)\right]$

$= \frac{1}{4}[13e + 5e^{-1} - 16] = \frac{13e}{4} + \frac{5}{4e} - 4$

79. *(*)* दिया है, $\left|\frac{1+ai}{b+i}\right| - 1 \;\to\; |1+ai| - |b+i|$

$\Rightarrow \quad \sqrt{1+a^2} = \sqrt{b^2+1} \;\Rightarrow\; 1+a^2 = b^2+1$

$\Rightarrow \quad a^2 = b^2 \;\Rightarrow\; a = \pm b \;\Rightarrow\; a = -b \quad [\because ab < 0] \ldots(i)$

पुनः $a + ib, |z-1| = |2z|$ पर स्थित है

$\therefore \quad |a+ib-1| = |2(a+ib)| \Rightarrow |a - ia - 1| = |2(a - ia)|$

$\Rightarrow \quad |(a-1) - ia| = 2|a - ia|$

$\Rightarrow \quad \sqrt{(a-1)^2 + (-a)^2} = 2\sqrt{(a)^2 + (-a)^2}$

$\Rightarrow \quad a^2 - 2a + 1 + a^2 = 8a^2 \;\Rightarrow\; 6a^2 + 2a - 1 = 0$

$\Rightarrow \quad a = \frac{-2 \pm \sqrt{4+24}}{12} = \frac{-2 \pm 2\sqrt{7}}{12} = \frac{-1 \pm \sqrt{7}}{6}$

$a = \frac{-1+\sqrt{7}}{6}$, तब $[a] = 0$ तथा जब $a = \frac{-1-\sqrt{7}}{6}$,

तब $[a] = -1$

$\therefore \quad \frac{1+[a]}{4b} = \frac{1+0}{4b} = \frac{1}{4b}$

अथवा $\quad \frac{1+[a]}{4b} = \frac{1-1}{4b}$ or 0

80. *(*)* दिया है, $\mathbf{a} = 5\hat{i} - \hat{j} - 3\hat{k}$ तथा $\mathbf{b} = \hat{i} + 3\hat{j} + 5\hat{k}$

$\therefore$ **a** का **b** पर प्रक्षेप $= \frac{\mathbf{a}\cdot\mathbf{b}}{|\mathbf{b}|} = \frac{(5\hat{i} - \hat{j} - 3\hat{k})\cdot(\hat{i} + 3\hat{j} + 5\hat{k})}{|\hat{i} + 3\hat{j} + 5\hat{k}|}$

$= \frac{5-3-15}{\sqrt{(1)^2 + (3)^2 + (5)^2}} = \frac{-13}{\sqrt{35}}$

पुनः प्रक्षेप सदिश $= \left(\frac{\mathbf{a}\cdot\mathbf{b}}{|\mathbf{b}|^2}\right)\mathbf{b} = \frac{-13}{35}\mathbf{b}$

इसलिए, प्रक्षेप सदिश की दिशा **b** की दिशा के विपरीत है।

81. *(105)* दिया है, $x \ge 1, y \ge 3, z \ge 4$

$\Rightarrow \quad x - 1 \ge 0,\; y - 3 \ge 0$ तथा $z - 4 \ge 0$

माना $x - 1 = X,\; y - 3 = Y$ तथा $z - 4 = Z$

अब, $\quad x + y + z = 21$

$\Rightarrow \quad X + 1 + Y + 3 + Z + 4 = 21$

$\Rightarrow X + Y + Z = 13,\; X \ge 0, Y \ge 0$, तथा $Z \ge 0$

$\therefore$ पूर्णांकीय हलों की संख्या $= {}^{13+3-1}C_2 = {}^{15}C_2$

$= \frac{15 \times 14}{2 \times 1} = 105$

82. *(13)* माना

$I = \int_0^{\pi} \frac{5^{\cos x}(1 + \cos x\cos 3x + \cos^2 x + \cos^3 x\cos 3x)}{1 + 5^{\cos x}}\, dx \quad \ldots(i)$

$= \int_0^{\pi} \frac{5^{\cos(\pi - x)}[(1 + \cos(\pi - x)\cos 3(\pi - x) + \cos^2(\pi - x) + \cos^3(\pi - x)\cos 3(\pi - x)]}{1 + 5^{\cos(\pi - x)}}\, dx$

$= \int_0^{\pi} \frac{5^{-\cos x}(1 + \cos x\cos 3x + \cos^2 x + \cos^3 x\cos 3x)}{1 + 5^{-\cos x}}\, dx$

$\therefore \quad I = \int_0^{\pi} \frac{(1 + \cos x\cos 3x + \cos^2 x + \cos^3 x\cos 3x)}{5^{\cos x} + 1}\, dx \quad \ldots(ii)$

समी (i) व (ii) को जोड़ने पर,

$2I = \int_0^{\pi}(1 + \cos x\cos 3x + \cos^2 x + \cos^3 x\cos 3x)\, dx$

$\Rightarrow \quad 2I = 2\int_0^{\pi/2}(1 + \cos x\cos 3x + \cos^2 x + \cos^3 x\cos 3x)\, dx$

$\Rightarrow \quad I = \int_0^{\pi/2}(1 + \cos x\cos 3x + \cos^2 x + \cos^3 x\cos 3x)\, dx$

$\Rightarrow \quad I = \frac{1}{2}\int_0^{\pi/2} 2 + 2\cos x\cos 3x + 2\cos^2 x + 2\cos^3 x\cos 3x\, dx$

$= \frac{1}{2}\int_0^{\pi/2} 2 + \cos 4x + \cos 2x + 1 + \cos 2x + 2\cos 3x \left[\frac{\cos 3x + 3\cos x}{4}\right] dx$

$= \frac{1}{2}\int_0^{\pi/2}\left(3 + \cos 4x + 2\cos 2x + \frac{1}{2}\cos^2 3x + \frac{3}{2}\cos 3x\cos x\right) dx$

$= \frac{1}{2}\int_0^{\pi/2}\left[3 + \cos 4x + 2\cos 2x + \frac{1}{4}(1 + \cos 6x) + \frac{3}{4}(\cos 4x + \cos 2x)\right] dx$

$= \frac{1}{2}\int_0^{\pi/2}\left(\frac{13}{4} + \frac{11}{4}\cos 2x + \frac{7}{4}\cos 4x + \frac{1}{4}\cos 6x\right) dx$

$$= \frac{1}{2}\left[\frac{13}{4}x + \frac{11}{8}\sin 2x + \frac{7}{16}\sin 4x + \frac{1}{24}\sin 6x\right]_0^{\pi/2}$$

$$= \frac{1}{2}\left[\left(\frac{13}{4} \times \frac{\pi}{2} + \frac{11}{8}\sin \pi + \frac{7}{16}\sin 2\pi + \frac{1}{24}\sin 3\pi\right) - 0\right]$$

$$= \frac{1}{2} \times \frac{13}{4} \times \frac{\pi}{2} = \frac{13\pi}{16}$$

$\therefore \; k = 13$

83. *(39)* $E : \frac{x^2}{a^2} + \frac{y^2}{b^2} = 1$ दिया गया है, दीर्घवृत्त

$\because$ दीर्घवृत्त की नाभि (2, 0) और नियता $x = 8$ है, तो

$$ae = 2 \text{ और } \frac{a}{e} = 8$$

$$\therefore \quad (ae)\left(\frac{a}{e}\right) = 2 \times 8 \quad \Rightarrow \quad a^2 = 16 \quad \Rightarrow \quad a = 4$$

$$\therefore \qquad e = \frac{2}{a} = \frac{2}{4} = \frac{1}{2}$$

पुन: $\quad e = \sqrt{1 - \frac{b^2}{a^2}} \quad \Rightarrow \quad \frac{1}{2} = \sqrt{1 - \frac{b^2}{16}} \quad \Rightarrow \quad \frac{1}{4} = \frac{16 - b^2}{16}$

$$\Rightarrow \qquad 4 = 16 - b^2 \quad \Rightarrow \quad b^2 = 12$$

$\therefore$ दीर्घवृत्त का समीकरण होगा।

$$\frac{x^2}{16} + \frac{y^2}{12} = 1$$

$P(4\cos\theta, 2\sqrt{3}\sin\theta)$ अत: बिन्दु P पर स्पर्श रेखा का समीकरण है

$$\frac{4x\cos\theta}{16} + \frac{2\sqrt{3}y\sin\theta}{12} = 1 \text{ or } \frac{x\cos\theta}{4} + \frac{y\sin\theta}{2\sqrt{3}} = 1$$

चूँकि, स्पर्श रेखा बिन्दु $(0, 4\sqrt{3})$, से होकर जाती है, तो

$$0 + \frac{4\sqrt{3}\sin\theta}{2\sqrt{3}} = 1 \quad \Rightarrow \quad \sin\theta = \frac{1}{2} \quad \Rightarrow \quad \theta = 30°$$

$\therefore$ स्पर्श रेखा का समीकरण

$$\frac{x}{4} \times \frac{\sqrt{3}}{2} + \frac{y}{2\sqrt{3}} \times \frac{1}{2} = 1 \quad \Rightarrow \quad \frac{\sqrt{3}x}{8} + \frac{y}{4\sqrt{3}} = 1$$

पुन: बिन्दु P है $(4\cos 30°, 2\sqrt{3}\sin 30°)$

अर्थात् $\quad \left(\frac{4\sqrt{3}}{2}, \frac{2\sqrt{3}}{2}\right) \quad$ या $\quad (2\sqrt{3}, \sqrt{3})$

स्पर्श रेखा X-अक्ष बिन्दु $\left(\frac{8}{\sqrt{3}}, 0\right)$ पर प्रतिच्छेद करती है।

अत: Q है $\left(\frac{8}{\sqrt{3}}, 0\right)$

$$\therefore \; PQ^2 = \left(\frac{8}{\sqrt{3}} - 2\sqrt{3}\right)^2 + (0 - \sqrt{3})^2 = \left(\frac{8-6}{\sqrt{3}}\right)^2 + 3 = \frac{4}{3} + 3 = \frac{13}{3}$$

$$\therefore \qquad (3PQ)^2 = 9PQ^2 = 9 \times \frac{13}{3} = 39$$

84. *(81)* अंक लेने पर केवल एक संख्या बनाई जा सकती है अर्थात् 444444.

दो अंक लेने पर,

(i) (4, 5) का प्रयोग करने पर

_ _ _ _ _ _ _ _
↑
4

बनने वाली कुल संख्याएँ $= \frac{5!}{3!\,2!} \times 1 = 10$

(ii) (4, 9) का प्रयोग करने पर

_ _ _ _ _ _ _ _
↑
4

बनने वाली कुल संख्याएँ $= \frac{5!}{3!\,2!} \times 1 = 10$

तीन अंक लेने पर,

(i) 4, 5, 9, 4, 4, 4 का प्रयोग करने पर

_ _ _ _ _ _ _ _
↑
4

बनने वाली कुल संख्याएँ $= \frac{5!}{3!} = 20$

(ii) 4, 5, 9, 5, 5,5, लेने पर

_ _ _ _ _ _ _ _
↑
4

बनने वाली कुल संख्याएँ $= \frac{5!}{4!} = 5$

(iii) 4, 5, 9, 9, 9, 9 लेने पर

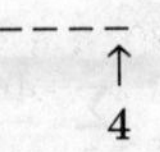

बनने वाली कुल संख्याएँ $= \frac{5!}{4!} = 5$

(iv) 4, 5, 9, 4, 5, 9 लेने पर

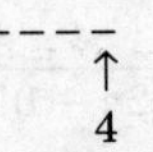

बनने वाली कुल संख्याएँ $= \frac{5!}{2!\,2!} = 30$

$\therefore$ बनने वाली कुल अभीष्ट संख्याएँ

$$= 1 + 10 + 10 + 20 + 5 + 5 + 30 = 81$$

85. *(10)* दिया गया है कि बिन्दु C, $A(-3, -6, 1)$ तथा $B(2, 4, -3)$ को मिलाने वाली रेखा को $K : 1$ के अनुपात में विभाजित करता है, तो C के निर्देशांक होंगे $\left(\frac{2K-3}{K+1}, \frac{4K-6}{K+1}, \frac{-3K+1}{K+1}\right)$

K : 1
A(-3,-6,1) ——— C ——— B(2,4,-3)

चूँकि, C समतल $8x + y + 2z = 0$ पर स्थित है, तो

$$8\left(\frac{2K-3}{K+1}\right) + \frac{4K-6}{K+1} + 2\left(\frac{-3K+1}{K+1}\right) = 0$$

$$\Rightarrow \qquad 16K - 24 + 4K - 6 - 6K + 2 = 0$$

$$\Rightarrow \qquad 14K - 28 = 0 \quad \Rightarrow \quad K = 2$$

$\therefore$ बिन्दु C के निर्देशांक $\left(\frac{1}{3}, \frac{2}{3}, \frac{-5}{3}\right)$

अब, $\frac{x-1}{-1} = \frac{y+4}{2} = \frac{z+2}{3} = \lambda$ रेखा के किसी बिन्दु पर $D(-\lambda + 1, 2\lambda - 4, 3\lambda - 2)$

$\therefore$ CD का दिक् अनुपात $= -\lambda + 1 - \frac{1}{3} : 2\lambda - 4 - \frac{2}{3} : 3\lambda - 2 + \frac{5}{3}$

$$= \frac{2}{3} - \lambda : 2\lambda - \frac{14}{3} : 3\lambda - \frac{1}{3}$$

चूँकि, CD रेखा के लम्बवत् है

$$-1\left(\frac{2}{3} - \lambda\right) + 2\left(2\lambda - \frac{14}{3}\right) + 3\left(3\lambda - \frac{1}{3}\right) = 0$$

$$\Rightarrow \quad -\frac{2}{3} + \lambda + 4\lambda - \frac{28}{3} + 9\lambda - 1 = 0$$

$$\Rightarrow \quad 14\lambda - 11 = 0 \Rightarrow \lambda = \frac{11}{14}$$

$\therefore$ CD का दिक् अनुपात

$$= \frac{2}{3} - \frac{11}{14} : 2\left(\frac{11}{14}\right) - \frac{14}{3} : 3\left(\frac{11}{14}\right) - \frac{1}{3}$$

$$= \frac{28-33}{42} : \frac{66-196}{42} : \frac{99-14}{42}$$

$$= -5 : -130 : 85 = 1 : 26 : -17$$

$\therefore$ $a = 1, b = 26$ तथा $c = -17$

इसलिए, $|a + b + c| = |1 + 26 - 17| = 10$

86. *(1)* दिया हुआ है, $\left(x^{\frac{2}{3}} + \frac{\alpha}{x^3}\right)^{22}$ के प्रसार में x से स्वतन्त्र पद $= 7315$

$$\therefore \quad T_{r+1} = {}^{22}C_r \left(x^{\frac{2}{3}}\right)^{22-r} \left(\frac{\alpha}{x^3}\right)^r = {}^{22}C_r \alpha^r x^{\frac{2(22-r)}{3} - 3r}$$

x से स्वतन्त्र पद के लिए, $\frac{2(22-r)}{3} - 3r = 0$

$$\therefore \quad \frac{44 - 2r - 9r}{3} = 0 \Rightarrow 44 - 11r = 0 \Rightarrow r = 4$$

दिया हुआ है, कि x से स्वतन्त्र पद $= 7315$

$$\Rightarrow \quad T_5 = 7315 \Rightarrow {}^{22}C_4 \alpha^4 = 7315$$

$$\Rightarrow \quad \frac{22 \times 21 \times 20 \times 19}{4 \times 3 \times 2 \times 1} \times \alpha^4 = 7315$$

$$\Rightarrow 7315\,\alpha^4 = 7315 \Rightarrow \alpha^4 = 1 \Rightarrow \alpha = \pm 1$$

$$\therefore \quad |\alpha| = 1$$

87. *(321)* दिया है,

$S_1 : 3, 7, 11, 15, \ldots\ldots, 399$

$S_2 : 2, 5, 8, 11, \ldots\ldots, 359$

$S_3 : 2, 7, 12, 17, \ldots\ldots, 197$

तीन समान्तर श्रेणियों के उभयनिष्ठ पद हैं 47, 107, 167

$\therefore$ अभीष्ट योग $= 47 + 107 + 167 = 321$

88. *(16)* दिया गया है, $y^2 = 8x + 4y + 4$

$$\Rightarrow \quad y^2 - 4y = 8x + 4$$

$$\Rightarrow \quad (y-2)^2 - 4 = 8x + 4$$

$$\Rightarrow \quad (y-2)^2 = 8(x+1)$$

$$\therefore \quad a = 2$$

$y - 2 = Y, x + 1 = X$, तो

परवलय का समीकरण $Y^2 = 8X$

$\therefore$ नाभि $= (a, 0) = (2, 0)$

$\therefore X = 2, Y = 0 \Rightarrow x + 1 = 2, y - 2 = 0 \Rightarrow x = 1, y = 2$

अतः परवलय की नाभी (1, 2) है

$\therefore$ ढाल m की नाभीय जीवा का समीकरण $y - 2 = m(x-1)$

किन्तु x-अन्तःखण्ड 3, तो

$$\therefore \quad 0 - 2 = m(3-1) \Rightarrow m = -1$$

$\therefore$ नाभीय जीवा का समीकरण

$$y - 2 = -1(x-1) \Rightarrow x + y - 3 = 0$$

अब, $m = -1 \Rightarrow \tan\theta = -1 \Rightarrow \theta = 135°$

पुनः नाभीय जीवा की लम्बाई $= 4a\,\text{cosec}^2\theta$

$$= 4 \times 2\,\text{cosec}^2(135°) = 8(\sqrt{2})^2 = 16$$

89. *(4)* दिया है, $\left(\sqrt{(2^{\log_2(10-3^x)}} + \sqrt[5]{2^{(x-2)\log_2 3}}\right)^m$, के प्रसार में दूसरा, तीसरा और चौथा द्विपद गुणांक एक समान्तर श्रेणी AP का पहला, तीसरा और पाँचवा पद है।

T_2 का द्विपद गुणांक $= {}^mC_1$

T_3 का द्विपद गुणांक $= {}^mC_2$

T_4 का द्विपद गुणांक $= {}^mC_3$

${}^mC_1, {}^mC_2, {}^mC_3$ AP के पहला, तीसरा और पाँचवा पद है, तो AP से

$$\therefore 2\,{}^mC_2 = {}^mC_1 + {}^mC_3 \Rightarrow 2 = \frac{{}^mC_1}{{}^mC_2} + \frac{{}^mC_3}{{}^mC_2} \Rightarrow 2 = \frac{2}{m-1} + \frac{m-2}{3}$$

$$\Rightarrow \quad 6m - 6 = 6 + m^2 - 3m + 2 \Rightarrow m^2 - 9m + 14 = 0$$

$$\Rightarrow \quad (m-2)(m-7) = 0 \Rightarrow m = 2, 7 \Rightarrow m = 7 \quad [\because m \neq 2]$$

$\therefore$ प्रसार $\left(\sqrt{2^{\log_2(10-3^x)}} + \sqrt[5]{2^{(x-2)\log_2 3}}\right)^7$

या $\left(\sqrt{10 - 3^x} + (3^{x-2})^{\frac{1}{5}}\right)^7$

अब, $T_6 = 21 \Rightarrow {}^7C_5 (\sqrt{10 - 3^x})^2 ((3^{x-2})^{\frac{1}{5}})^5 = 21$

$$\Rightarrow \quad \frac{7 \times 6}{2 \times 1} \times (10 - 3^x)(3^{x-2}) = 21 \Rightarrow (10 - 3^x)(3^{x-2}) = 1$$

$$\Rightarrow \quad \frac{(10 - 3^x)3^x}{9} = 1 \Rightarrow 10 \cdot 3^x - (3^x)^2 = 9$$

$$\Rightarrow \quad (3^x)^2 - 10 \cdot 3^x + 9 = 0 \Rightarrow (3^x - 1)(3^x - 9) = 0$$

$$\Rightarrow \quad 3^x = 1, 9 \Rightarrow x = 0, 2$$

$\therefore$ अभीष्ट योग $= 0^2 + 2^2 = 4$

90. *(6)* दिया गया है, समतल की समीकरण है, $\alpha x + \beta y + \gamma z = 1$

चूँकि, समतल बिन्दु (3, – 2, 5), से होकर गुजरता है, तो

$$3\alpha - 2\beta + 5\gamma = 1 \qquad \ldots(i)$$

पुनः बिन्दु (1, 2, 3) व (– 2, 3, 5) को मिलाने वाली रेखा के दिक् अनुपात होंगे $1 + 2 : 2 - 3 : 3 - 5$, अर्थात् $3 : -1 : -2$

चूँकि, समतल रेखा के लम्बवत् है

$$\frac{\alpha}{3} = \frac{\beta}{-1} = \frac{\gamma}{-2} = \lambda \Rightarrow \alpha = 3\lambda, \beta = -\lambda \text{ तथा } \gamma = -2\lambda$$

समी (i) में $\alpha = 3\lambda, \beta = -\lambda$ तथा $\gamma = -2\lambda$ रखने पर,

$$9\lambda + 2\lambda - 10\lambda = 1 \Rightarrow \lambda = 1$$

$$\therefore \quad \alpha = 3, \beta = -1 \text{ तथा } \gamma = -2$$

इसलिए, $\alpha\beta\gamma = (3)(-1)(-2) = 6$

JEE Main संयुक्त प्रवेश परीक्षा

सॉल्वड पेपर 2023

8 अप्रैल, प्रथम पाली

भौतिकी

खण्ड 'A' ऑब्जेक्टिव प्रश्न

1. 10 ms^{-1} की गति से रेलगाड़ी का इंजन एक प्लेटफार्म की ओर 400 Hz आवृत्ति पर एक सीटी बजाता है। ट्रेन के अंदर एक यात्री द्वारा सुनी जाने वाली आवृत्ति है।

(हवा की गति नगण्य माने, वायु में ध्वनि की चाल $= 330 \text{ ms}^{-1}$)

(a) 400 Hz (b) 388 Hz
(c) 412 Hz (d) 200 Hz

2. परमाणु क्रमांक Z एवं द्रव्यमान संख्या A वाले एक नाभिक $_Z^AX$ के लिए

A. प्रति नाभिकीय कण पृष्ठीय ऊर्जा $(b_s) = -a_1A^{2/3}$.

B. बंधन ऊर्जा में कूलॉम का योगदान, $b_c = -a_2\dfrac{Z(Z-1)}{A^{4/3}}$

C. आयतन ऊर्जा, $b_C = a_3A$

D. पृष्ठीय ऊर्जा में कमी पृष्ठीय क्षेत्रफल के अनुक्रमानुपाती है।

E. जब पृष्ठीय ऊर्जा की गणना की जाती है, यह मान लिया जाता है प्रत्येक नाभिकीय कण 12 नाभिकीय कणों के साथ क्रिया करता है। (a_1, a_2, व a_3 नियतांक हैं।)

नीचे दिये गए कूटों में से सबसे उपयुक्त उत्तर का चयन कीजिए।

(a) केवल A, B,.C, D
(b) केवल C, D
(c) केवल B, C, E
(d) केवल B, C

3. इस चित्र में, गैल्वेनोमीटर की कुण्डली का प्रतिरोध 2Ω है। सेल का विद्युत वाहक बल 4V है। C_1 व C_2 के सिरों पर विभवांतर का अनुपात है

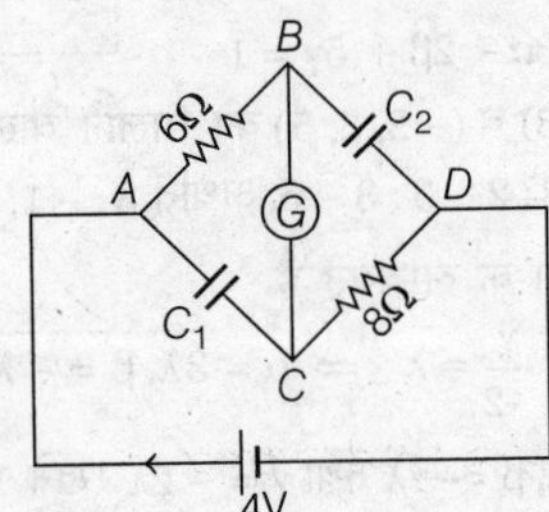

(a) $\dfrac{5}{4}$ (b) 1 (c) $\dfrac{4}{5}$ (d) $\dfrac{3}{4}$

4. चुम्बकीय क्षेत्र B में गति करते हुए आवेशित कण के वेग के घटक B के अनुदिश होने के साथ B के लम्बवत् भी है। आवेशित कण का पथ होगा

(a) वृत्ताकार पथ
(b) पेंचदार पथ में जिसकी अक्ष चुम्बकीय क्षेत्र के अनुदिश है।
(c) पेचदार पथ में जिसकी अक्ष चुम्बकीय क्षेत्र के लम्बवत् है
(d) चुम्बकीय क्षेत्र B की दिशा में सीधा

5. A व $\dfrac{A}{2}$ परिमाण वाले दो बल एक-दूसरे के लम्बवत् हैं। इनके परिणामी का परिमाण है

(a) $\dfrac{\sqrt{5}A^2}{2}$ (b) $\dfrac{\sqrt{5}A}{2}$ (c) $\dfrac{5A}{2}$ (d) $\dfrac{\sqrt{5}A}{4}$

6. 1 सेमी^{3} आयतन का वायु का बुलबुला 40 मीटर गहरी एक झील की तली से 12°C तापमान पर सतह की ओर उठता है। वायुमण्डलीय दाब 1×10^5 Pa, पानी का घनत्व 1000 किग्रा/मी^{3} एवं $g = 10$ मी/से^{2} है। 40 मीटर की गहराई और सतह पर पानी के तापमान में कोई अन्तर नहीं होता है। सतह पर पहुँचने पर वायु के बुलबुले का आयतन होगा

(a) 4 सेमी^{3} (b) 3 सेमी^{3} (c) 5 सेमी^{3} (d) 2 सेमी^{3}

7. यंग मापांक $Y = 7.0\times10^{10}$ N/m^2 की एक ऐल्युमिनियम छड़ 0.04% की प्रत्यास्थ विकृति से गुजरती है। इस छड़ में इकाई आयतन में संचित ऊर्जा का मान SI इकाई में होगा।

(a) 2800 (b) 11200 (c) 8400 (d) 5600

8. नीचे दो कथन दिये गए हैं

कथन I यदि पृथ्वी के चारों ओर गति कर रहे उपग्रह की कुल ऊर्जा E हो, तो इसकी स्थितिज ऊर्जा $E/2$ होगी

कथन II एक कक्षा में घूम रहे उपग्रह की गतिज ऊर्जा कुल ऊर्जा E के परिमाण के आधे के बराबर होती है।

उपरोक्त कथनों के संदर्भ में, नीचे दिए गए विकल्पों में से सबसे उपयुक्त उत्तर का चयन कीजिए।

(a) कथन I सही है लेकिन कथन II गलत है
(b) कथन I गलत है लेकिन कथन II सही है
(c) दोनों कथन I व कथन II सही हैं
(d) दोनों कथन I व कथन II गलत हैं

9. द्रव्यमान (0.4 ± 0.01) g के एक बेलनाकार तार की लम्बाई (8 ± 0.04) cm एवं त्रिज्या (6 ± 0.03) mm है। इसके धनत्व में अधिकतम त्रुटि होगी

(a) 5% (b) 3.5% (c) 4% (d) 1%

10. कुछ गेल्वेनोमीटरों में गैर-चुम्बकीय धातु सामग्री से बना एक कोर होता है। इस धातु सामग्री का कार्य है

(a) कुण्डली पर बड़ा विक्षेपी बलाघूर्ण उत्पन्न करने के लिए
(b) कुण्डली को तुरंत स्थिर अवस्था में लाने के लिए
(c) चुम्बकीय क्षेत्र को त्रिज्यीय दिशा में बनाने के लिए
(d) चुम्बकीय क्षेत्र में समय के लम्बे काल के लिए कुण्डली को दोलन कराने के लिए

11. पृथ्वी पर एक वस्तु का भार 400 न्यूटन है, तब इसका भार है जब इसे पृथ्वी की आधी त्रिज्या के बराबर गहराई पर से लाया जाता है

(a) 300 N (b) MetvÜe (c) 100 N (d) 200 N

12. नीचे दो कथन दिये गए हैं।

कथन I जब एक तंत्र में ऊष्मा दी जाती है, तब इसका तापमान अवश्य बढता है

कथन II यदि एक ऊष्मागतिकी प्रक्रम में एक तन्त्र द्वारा किया गया कार्य धनात्मक है, तब इसका आयतन आवश्यक बढ़ता है।

उपरोक्त कथनों के संदर्भ में नीचे दिए गए विकल्पों में से सही उत्तर का चयन कीजिए।

(a) कथन I सही है, लेकिन कथन II गलत है
(b) कथन I गलत है, लेकिन कथन II सही है
(c) दोनों कथन I व II गलत हैं
(d) दोनों कथन I व II सही हैं

13. $\frac{1}{\mu_0 \varepsilon_0}$ की विमाएँ बराबर होनी चाहिए

(a) $\frac{L^2}{T^2}$ (b) $\frac{T^2}{L^2}$ (c) $\frac{T}{L}$ (d) $\frac{L}{T}$

14. एक टीवी प्रसारित एन्टीना 98 मीटर ऊँचा है एवं रिसीविंग एन्टीना धरातल के स्तर पर है। यदि पृथ्वी की त्रिज्या 6400 किमी है तो प्रसारित एन्टीना द्वारा कवर किया गया सतह क्षेत्र लगभग है

(a) 3942 किमी^{2} (b) 1549 किमी^{2}
(c) 4868 किमी^{2} (d) 1240 किमी^{2}

15. दर्शाये गए लॉजिक परिपथ के लिए, Y पर निर्गत् तरंग रूप है

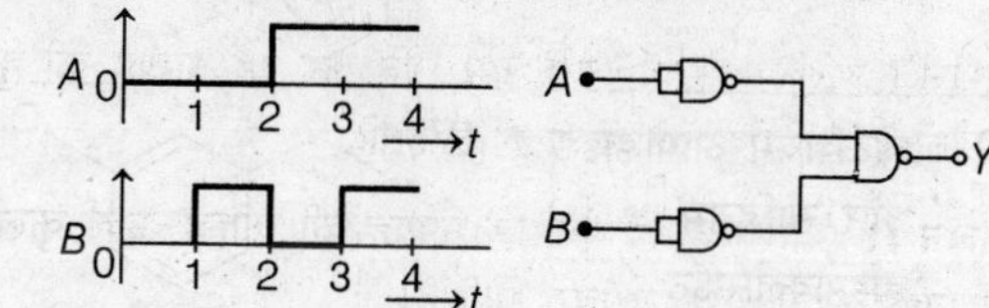

(a)
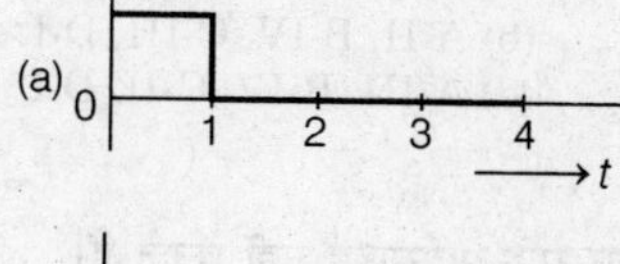

(b)
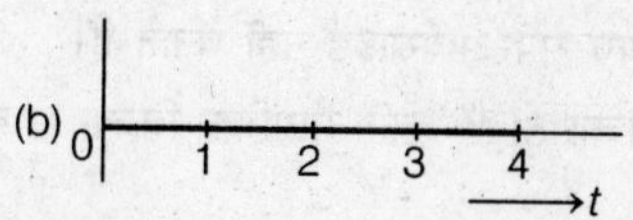

(c), (d)
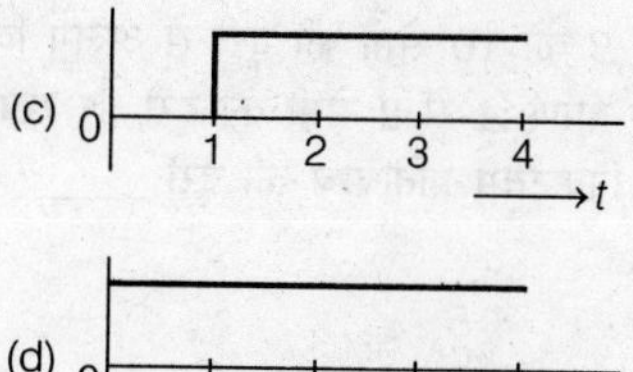

16. दो प्रक्षेप्यों को क्षैतिज के साथ 30° व 60° के कोणों पर क्रमश: 40 मी/से व 60 मी/से प्रारम्भिक वेगों के साथ फेका जाता है। उनकी परास का अनुपात क्रमश: है $(g = 10$ मी/से$^2)$

(a) 4 : 9 (b) 1 : 1
(c) $\sqrt{3} : 2$ (d) $2 : \sqrt{3}$

17. प्रोटॉन (p) एवं इलेक्ट्रॉन (e) की डी-ब्रोग्ली तरंगदैर्ध्य समान होगी, जब उनके संवेगों का अनुपात है (मान लें $m_p = 1849\, m_e$)

(a) 1 : 1849 (b) 43 : 1
(c) 1 : 1 (d) 1 : 43

18. द्रव्यमान 500 ग्राम के एक कण का वेग किसी क्षण पर $(2t\hat{\mathbf{i}} + 3t^2\hat{\mathbf{j}})$ मी/से है। यदि $t = 1$ सेकण्ड पर कार्यरत् बल का मान $(\mathbf{i} + x\,\mathbf{j})$ N है, तब x का मान होगा

(a) 3 (b) 4
(c) 6 (d) 2

19. एक परावर्ती दूरदर्शक में, एक द्वितीयक दर्पण का उपयोग किया जाता है

(a) गोलीय विपथन को दूर करने के लिए
(b) यांत्रिक सहारे की समस्या को दूर करने के लिए
(c) वर्णीय विपथन को दूर करने के लिए
(d) नेत्रिका को दूरदर्शी नली के बाहर ले जाने के लिए

20. R त्रिज्या के एकसमान आवेशित कुचालक ठोस गोले के कारण विद्युत क्षेत्र को केन्द्र O से दूरी r का ग्राफीय निरूपण निम्न चित्र के द्वारा प्रदर्शित किया जाता है।

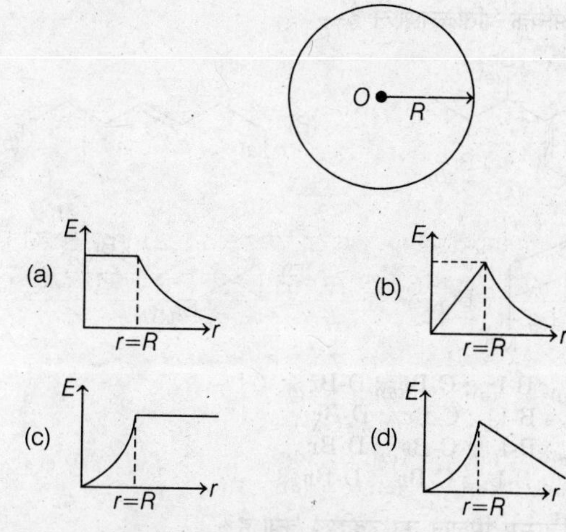

खण्ड 'B' न्यूमैरिकल वैल्यू प्रश्न

21. एक लंबी धारावाही परिनालिका के केन्द्र पर चुम्बकीय तीव्रता 1.6×10^3 Am^{-1} पायी जाती है। यदि फेरो की संख्या 8 प्रति सेमी हो, तो परिनालिका से प्रवाहित होने वाली धारा ______ A है।

22. दो लंबवत् समान्तर दर्पण A व B को 10 सेमी की दूरी से अलग किया जाता है। एक बिन्दु वस्तु O को दर्पण A से 2 सेमी की दूरी पर रखा गया है। दर्पण A के पीछे की दूसरी निकटतम प्रतिबिम्ब की दूरी ______ सेमी है।

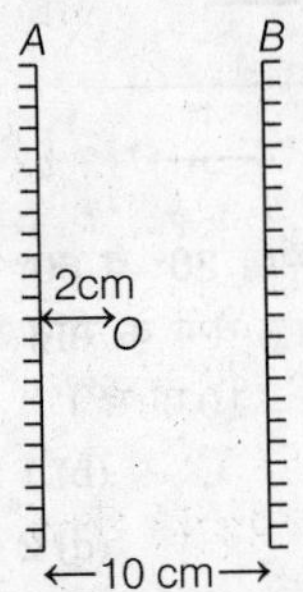

23. 2A धारा अनुप्रस्थ-काट क्षेत्रफल 25.0 मिमी^{2} के एक तार से होकर प्रवाहित होती है। मुक्त इलेक्ट्रॉनों की संख्या प्रति घन मीटर में 2.0×10^{28}. है। इलेक्ट्रॉनों का अपवहन वेग ________ $\times 10^{-6}$ ms^{-1} है। (दिया गया है इलेक्ट्रॉन पर आवेश $= 1.6 \times 10^{-19}$ C).

24. द्रव्यमान संख्या 242 व बंधन ऊर्जा प्रति न्यूक्लिऑन 7.6 MeV का एक नाभिक द्रव्यमान संख्या 121 वाले दो भागों में टूटता है। यदि प्रत्येक नाभिक की बंधन ऊर्जा प्रति न्यूक्लिऑन 0.1 MeV है, तो बंधन ऊर्जा में कुल प्राप्ति का मान _____ MeV है।

25. व्यास 6 मिमी का एक वायु बुलबुला 0.35 सेमी/से की दर से 1750 किग्रा/मिमी^{3} घनत्व के विलयन में निरन्तर ऊपर की ओर बढ़ता है। विलयन का श्यानता गुणांक ρ है। (हवा के घनत्व को नकारात्मक मानें) (दिया गया है, $g = 10\,\text{ms}^{-2}$)

26. एक वस्तु का संवेग 50% तक बढ़ाया जाता है। वस्तु की गतिज ऊर्जा में प्रतिशत वृद्धि का मान ____ % है।

27. एक अर्द्धवृत्ताकार वलय का जड़त्व आघूर्ण उस अक्ष के सापेक्ष जो इसके केन्द्र से गुजरती है एवं वलय के तल के लम्बवत् है, का मान $\frac{1}{x}MR^2$ है जहाँ R त्रिज्या है एवं M अर्द्धवृत्ताकार वलय का द्रव्यमान है। x का मान होगा ________.

28. 6.0×10^{-6}C-m द्विध्रुव आघूर्ण वाले एक वैद्युत द्विध्रुव को 1.5×10^3 NC^{-1} के एकसमान विद्युत क्षेत्र में इस प्रकार रखा जाता है कि द्विध्रुव आघूर्ण विद्युत क्षेत्र के अनुदिश है। इस क्षेत्र में द्विध्रुव को 180° से घुमाने में किया गया कार्य ______ mJ होगा।

29. एक दोलनशील L-C परिपथ में एक 75 mH का प्रेरकत्व और 1.2 μF का संधारित्र होता है। यदि संधारित्र पर अधिकतम आवेश 2.7 μC है। तो परिपथ में अधिकतम धारा ________ mA होगी।

30. 40 सेमी लम्बे एक ऑर्गन पाइप के दोनों सिरे खुले हैं। हवा में ध्वनि की चाल 360 ms^{-1} है। द्वितीय हार्मोनिक की आवृत्ति _____ Hz है।

रसायन विज्ञान

खण्ड 'A' ऑब्जेक्टिव प्रश्न

31. क्रोमिल क्लोराइड में क्रोमियम में मौजूद d-इलेक्ट्रॉनों की संख्या बराबर है—
(आण्विक संख्या; Ti = 22, V = 23, Cr = 24, Mn : 25, Fe = 26)

(a) V (IV) (b) Ti (III) (c) Mn (VII) (d) Fe (III)

32. दिए गए यौगिकों में उस हैलोजन का चयन कीजिए जो S_N1 प्रतिक्रिया के प्रति सबसे अधिक प्रतिक्रियाशील है—

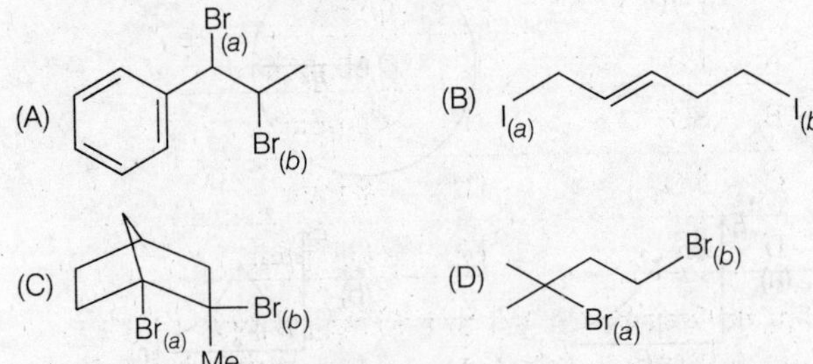

(a) A-Br$_{(a)}$; B-I$_{(a)}$; C-Br$_{(b)}$; D-Br$_{(a)}$
(b) A-Br$_{(b)}$; B-I$_{(b)}$; C-Br$_{(b)}$; D-Br$_{(b)}$
(c) A-Br$_{(a)}$; B-I$_{(a)}$; C-Br$_{(a)}$; D-Br$_{(a)}$
(d) A-Br$_{(a)}$; B-I$_{(a)}$; C-Br$_{(a)}$; D-Br$_{(a)}$

33. सीमेण्ट में जिप्सम मिलाने का उद्देश्य क्या है?

(a) इसके जमने की दर को धीमा करने के लिए
(b) इसके जमने की दर को बढ़ाने के लिए
(c) इसे कठोर बनाने के लिए
(d) सकी जलयोजकता क्षमता बढ़ाने के लिए

34. सूची-I को सूची-II से सुमेलित कीजिए।

सूची-I (अभिकर्मक)	सूची-II (यौगिक में मौजद क्रियात्मक समूह)
A. कॉपर सल्फेट और सोडियम सिट्रेट का क्षारीय घोल	I. HO
B. $FeCl_3$ घोल	II. NH_2
C. क्षारीय क्लोरोफॉर्म घोल	III. CHO
D. पोटैशियम आयोडाइड और सोडियम हाइपोक्लोराइट	IV. OH

दिए गए विकल्पों में से सही उत्तर का चयन कीजिए।

(a) A-III, B-IV, C-I, D-II (b) A-II, B-IV, C-III, D-I
(c) A-IV, B-I, C-II, D-III (d) A-III, B-IV, C-II, D-I

35. नीचे दो कथन दिए गए हैं—

कथन I लीथियम और मैग्नीशियम सुपरऑक्साइड नहीं बनाते हैं।

कथन II Li^+ की आयनिक त्रिज्या Mg^{2+} की आयनिक त्रिज्या से बड़ी होती है।

ऊपर दिए गए कथनों के संदर्भ में, निम्नलिखित विकल्पों में से सबसे उपयुक्त विकल्प चुनिए।

(a) कथन I गलत है पर कथन II सही है
(b) कथन I और कथन II दोनों गलत हैं
(c) कथन I सही है पर कथन II गलत है
(d) कथन I और कथन II दोनों सही हैं

36. कौन-सा हैलोजन नीचे दी गई प्रतिक्रिया कर सकता है?

$$2Cu^{2+} + 4X^- \longrightarrow Cu_2X_2(s) + X_2$$

(a) सभी हैलोजन (b) केवल क्लोरीन
(c) केवल आयोडीन (d) केवल ब्रोमीन

37. सूची-I व सूची-II का सुमेलन कीजिए।

N_2Cl (बेंज़ीन वलय से जुड़ा)

की प्रतिक्रिया सूची-I में दिए गए अभिकर्मक से कराने पर सूची-II में दिया गया उत्पाद बनता है।

	सूची-I (अभिकर्मक)		सूची-II (उत्पाद)
A.	NH_2 (बेंज़ीन वलय पर)	I.	F (बेंज़ीन वलय पर)
B.	HBF_4, Δ	II.	CN (बेंज़ीन वलय पर)
C.	Cu, HCl	III.	(बेंज़ीन)–N=N–(बेंज़ीन)–NH_2
D.	CuCN/KCN	IV.	Cl (बेंज़ीन वलय पर)

दिए गए विकल्पों में से सही उत्तर का चयन कीजिए।

(a) A-IV, B-III, C-II, D-I (b) A-III, B-I, C-IV, D-II
(c) A-III, B-I, C-III, D-IV (d) A-I, B-III, C-IV, D-II

38. निम्न प्रतिक्रिया नीचे दिए गए गैल्वेनिक सेलों में से किस सेल में घटित होती है?

$$\frac{1}{2}H_2(g) + AgCl(s) \rightleftharpoons H^+(aq) + Cl^-(aq) + Ag(s)$$

(a) Pt | $H_2(g)$ | HCl(घोल) | AgCl(s) | Ag
(b) Pt | $H_2(g)$ | KCl(घोल) | AgCl(s) | Ag
(c) Ag | AgCl(s) | KCl(घोल) | $AgNO_3$ | Ag
(d) Pt | $H_2(g)$ | HCl(घोल) | $AgNO_3$ (घोल) | Ag

39. निम्नलिखित में से सल्फर युक्त ऐमीनो एसिड है—

(A) आइसोल्यूसिन (B) सिस्टीन (C) लाइसीन (D) मेथियोनिन
(E) गलूटामिक अम्ल

(a) A, B, C (b) B, C, E (c) B, D (d) A, D

40. कोबाल्ट उत्प्रेरक की उपस्थिति में जल गैस अभिक्रिया कर बनाती है—

(a) मेथेनोइक (b) एथेनोल (c) मेथेनल (d) मेथेनॉल

41. निम्नलिखित प्रतिक्रिया में बनने वाला प्रमुख उत्पाद है—

(बेंज़ीन वलय; CO_2H, CO_2Et) $\xrightarrow[\text{(ii) } H_3O^+]{\text{(i) } LiBH_4/EtOH}$ प्रमुख उत्पाद

(a) CO_2H, OH (b) OH (c) OH (d) CO_2H, CO_2H

42. निम्नलिखित में से कौन-सा समन्वय यौगिक अष्टफलकीय, प्रतिचुम्बकीय व सबसे अधिक स्थिर है?

(a) $[Ni(NH_3)_6]Cl_2$ (b) $[Co(H_2O)_6]Cl_2$
(c) $Na_3[COCl_6]$ (d) $K_3[Co(CN)_6]$

43. निम्नलिखित में से कौन फ्रैंडलिक अधिशोषण समतापी वक्र को दर्शाता है?

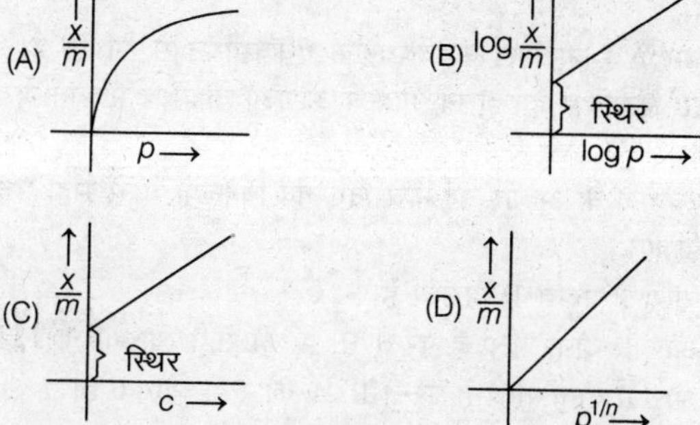

नीचे दिए गए विकल्पों में से सही उत्तर का चयन कीजिए।

(a) केवल A, C, D (b) केवल B, C, D
(c) केवल A, B, D (d) केवल C, D

44. सूची-I व सूची-II का सुमेलन कीजिए।

	सूची-I (समूह)		सूची-II (ppm)
A.	F^-	I.	< 50 ppm
B.	SO_4^{2-}	II.	< 5 ppm
C.	NO_3^-	III.	< 2 ppm
D.	Zn	IV.	< 500 ppm

दिए गए विकल्पों में से सही उत्तर का चयन कीजिए।

(a) A-IV, B-III, C-II, D-I (b) A-II, B-I, C-III, D-IV
(c) A-III, B-II, C-I, D-IV (d) A-I, B-II, C-III, D-IV

45. सूची-I व सूची-II का सुमेलन कीजिए।

	सूची-I		सूची-II
A.	सैकेरीन	I.	उच्च मधुरन क्षमता
B.	ऐस्पार्टेम	II.	पहला कृत्रिम मधुरक
C.	ऐलिटेम	III.	खाना पकाने के तापमान पर स्थिर
D.	सुक्रालोस	IV.	खाना पकाने के तापमान पर अस्थिर

दिए गए विकल्पों में से सही उत्तर का चयन कीजिए—
(a) A-IV, B-III, C-I, D-II (b) A-II, B-III, C-IV, D-I
(c) A-II, B-IV, C-III, D-I (d) A-II, B-IV, C-I, D-III

46. $2IO_3^- + xI^- + 12H^+ \longrightarrow 6I_2 + 6H_2O$
इसमें x का मान क्या है?
(a) 6 (b) 2 (c) 10 (d) 12

47. दिए गए तत्वों में विद्युत-ऋणात्मकता का सही क्रम है—
(a) P > Br > C > At (b) C > P > At > Br
(c) Br > P > At > C (d) Br > C > At > P

48. निम्नलिखित धातु संकुल में चक्रण चुम्बकीय आघूर्ण का सही क्रम क्या है?
(a) $[Fe(CN)_6]^{3-} < [CoF_6]^{3-} < [MnBr_4]^{2-} < [Mn(CN)_6]^{3-}$
(b) $[Fe(CN)_6]^{3-} < [Mn(CN)_6]^{3-} < [CoF_6]^{3-} < [MnBr_4]^{2-}$
(c) $[MnBr_4]^{2-} < [CoF_6]^{3-} < [Fe(CN)_6]^{3-} < [Mn(CN)_6]^{3-}$
(d) $[CoF_6]^{3-} < [MnBr_4]^{2-} < [Fe(CN)_6]^{3-} < [Mn(CN)_6]^{3-}$

49 नीचे दो कथन दिए है जिनमें से A कथन अभिकथन है व R कथन कारण है।
अभिकथन A 1-ब्यूटेनॉल का क्वथनांक एथॉक्सीथेन से अधिक है।
कारण R अत्यधिक हाइड्रोजन आबन्ध आणुओं के मध्य मजबूत जुड़ाव बनाता है।
उपरोक्त कथनों के आधार पर नीचे दिए गए विकल्पों में से सही उत्तर का चयन कीजिए।
(d) A सत्य है परन्तु R असत्य है।
(b) A और R दोनों सत्य हैं परन्तु R, A की सही व्याख्या नहीं है।
(c) A और R दोनों सत्य हैं परन्तु R, A की सही व्याख्या है।
(d) A असत्य है परन्तु R सत्य है।

50. निम्नलिखित में से किस धातु को क्षार निक्षालन तकनीक के माध्यम से निकाला जा सकता है—
(a) Au (b) Pb (c) Cu (d) Sn

खण्ड 'B' न्यूमैरिकल वैल्यू प्रश्न

51. विलयन-विलायक प्रणाली के अनुसार वाष्प दाब तापमान वक्र नीचे दिखाया गया है—

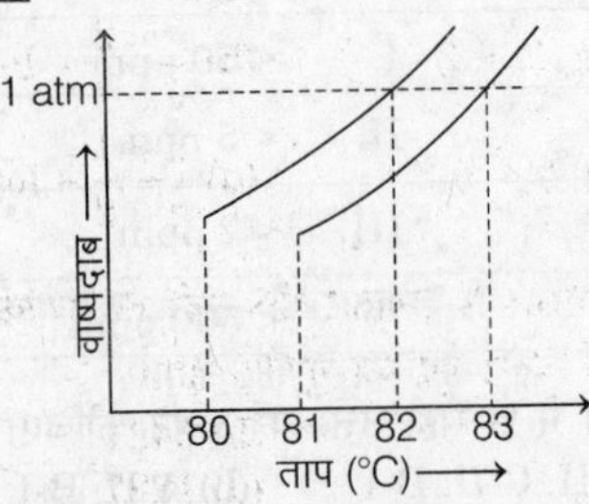

विलायक का क्वथनांक .... °C होगा।

52. हाइड्रोकार्बन (X) जो ओजोनीकरण के दौरान एक मोल (O_3) प्रत्येक मोल (X) के लिए उपयोग करता है और एक मोल एथेनॉल व एक मोल प्रोपेनॉन देता है। उस हाइड्रोकार्बन (X) का मोलर द्रव्यमान ___ ग्राम/मोल है।
(मोलर द्रव्यमान = C : 12 g mol^{-1}, H : 1 g mol^{-1})

53. जब 60W विद्युत तापक को रुद्धोष्म दीवारों वाले स्थिर आयतन पात्र में 100 सेकण्ड के लिए गैस में डुबोया जाता है तो गैस का तापमान 5°C बढ़ जाता है। गैस की ऊष्माधारिता .... J/K है।

54. दिए गए कथनों में से कितने कथन सही हैं?
(A) वेग स्थिरांक की निर्भरता तापमान पर जितनी बढ़ती जाती है, सक्रियण ऊर्जा उतनी ही अधिक होती है।
(B) यदि अभिक्रिया की सक्रियण ऊर्जा शून्य है तो उस अभिक्रिया का वेग तापमान पर निर्भर नहीं करता।
(C) वेग स्थिरांक की निर्भरता तापमान पर जितनी बढ़ती जाती है, सक्रियण ऊर्जा उतनी ही कम होती है।
(D) यदि तापमान और वेग स्थिरांक के मध्य कोई सम्बन्ध ना हो तो अभिक्रिया की सक्रियण ऊर्जा ऋणात्मक होती है।

55.

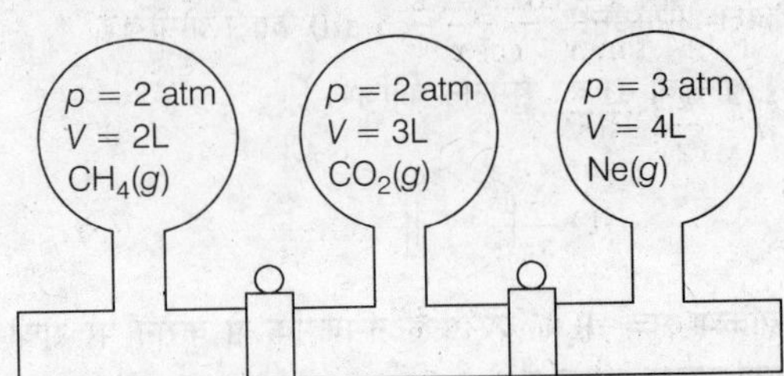

चित्र में CH_4, CO_2 व Ne से भरे तीन बल्ब दर्शाये गए हैं। इन बल्बों को शून्य आयतन वाली नलियों की सहायता से जोड़ा गया है। जब तापमान को स्थिर रखते हुए वाल्व को खोला जाता है, तब पूरे तन्त्र का दाब ______ atm होगा।

56. एक कार्बन यौगिक (X) जिसमें 60% कार्बन है, उसका 0.5g पूर्ण दहन पर..... $\times 10^{-1}$ g CO_2 उत्पन्न करेगा।

57. XeF_4 की प्रतिक्रिया SbF_5 से कराने पर, $[XeF_m]^{n+}[SbFy]^{z-}$ बनता है।
$m + n + y + z = ...$

58. दिए गए कारणों में से कितने कारण आयनिक बन्ध के सहसंयोजी गुण प्रतिशत को प्रभावित करते हैं—
(A) धनायन की ध्रुवीकरण क्षमता (B) ऋणायन की विकृति
(C) ऋणायन की ध्रुवणीयता (D) ऋणायन की ध्रुवीकरण क्षमता

59. निम्नलिखित में से कितने कथन गलत हैं?
(A) इलेक्ट्रॉनिक संरचना का अध्ययन करने के लिए रेखा उत्सर्जन वर्णक्रम का उपयोग क्रिया जाता है।
(B) गैर चरण में परमाणुओं का उत्सर्जन वर्णक्रम लाल से बैंगनी तक तरंगदैर्ध्य का निरन्तर प्रसार दिखाता है।
(C) एक अवशोषण वर्णक्रम उसके उत्सर्जन वर्णक्रम के फोटोग्राफिक उसके उत्सर्जन वर्णकम के फोटोग्राफिक नकारात्मक की भाँति है।
(D) हीलियम तत्व की खोज सूर्य में स्पेक्ट्रोस्कोपिक विधि द्वारा की गई।

60. एक दुर्बल अम्ल व प्रबल क्षार का अनुमापन वक्र नीचे दिखाया गया है।

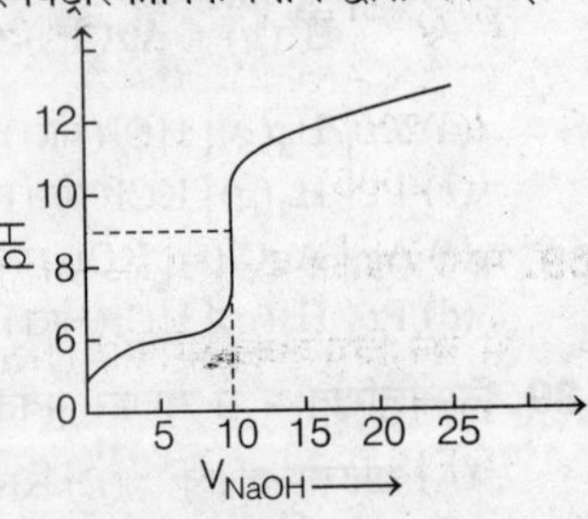

इसमें $K_{\text{फीनॉल्फ्थैलीन}} = 4 \times 10^{-10}$ व $\log 2 = 0.3$
दिए गए कथनों में से कितने कथन फीनॉल्फ्थैलीन के सन्दर्भ में सही हैं—
A. यह एक दुर्बल अम्ल व दुर्बल क्षार के अनुमापन में संकेतक के रूप में इस्तेमाल किया जा सकता है।
B. यह pH = 8.4 पर रंग बदलना शुरु कर देता है।
C. यह एक दुर्बल कार्बनिक क्षार है।
D. यह अम्लीय माध्यम से रंगहीन रहता है।

गणित

खण्ड 'A' ऑब्जेक्टिव प्रश्न

61. यदि $z = \alpha + i\beta, |z + 2| = z + 4(1 + i)$, तब $\alpha + \beta$ तथा $\alpha\beta$ निम्न समीकरण के मूल हैं
(a) $x^2 + 2x - 3 = 0$ (b) $x^2 + 7x + 12 = 0$
(c) $x^2 + 3x - 4 = 0$ (d) $x^2 + x - 12 = 0$

62. माना $f(x) = \dfrac{\sin x + \cos x - \sqrt{2}}{\sin x - \cos x}, x \in [0, \pi] - \left\{\dfrac{\pi}{4}\right\}$। तब, $f\left(\dfrac{7\pi}{12}\right) f''\left(\dfrac{7\pi}{12}\right)$ बराबर है
(a) $\dfrac{2}{9}$ (b) $\dfrac{-1}{3\sqrt{3}}$ (c) $\dfrac{-2}{3}$ (d) $\dfrac{2}{3\sqrt{3}}$

63. $(p \Rightarrow q) \Rightarrow (q \Rightarrow p)$ का निषेध है
(a) $q \wedge (\sim p)$ (b) $(\sim q) \wedge p$ (c) $(\sim p) \vee q$ (d) $p \vee (\sim q)$

64. "INDEPENDENCE" शब्द के अक्षरों को व्यवस्थित करने की संख्या जिसमें सभी स्वर एक साथ हो, है
(a) 16800 (b) 33600 (c) 18000 (d) 14800

65. यदि स्थिति सदिश $\alpha\hat{i} + 10\hat{j} + 13\hat{k}, 6\hat{i} + 11\hat{j} + 11\hat{k}, \dfrac{9}{2}\hat{i} + \beta\hat{j} - 8\hat{k}$ के बिन्दु समरेखीय हैं, तब $(19\alpha - 6\beta)^2$ बराबर है
(a) 36 (b) 25 (c) 49 (d) 16

66. माना $S_K = \dfrac{1 + 2 + \ldots + K}{K}$ और $\sum_{K=1}^{n} S_K^2 = \dfrac{n}{A}(Bn^2 + Cn + D)$, जहाँ $A, B, C, D \in N$ तथा A का न्यूनतम मान है, तब
(a) $A + B$, D से भाज्य है
(b) $A - B = 5(D - C)$
(c) $A + B + C + D$, 5 से भाज्य है
(d) $A + C + D$, B से भाज्य नहीं है

67. क्षेत्र $\{(x, y): x^2 \le y \le 8 - x^2, y \le 7\}$ का क्षेत्रफल है
(a) 21 (b) 20 (c) 18 (d) 24

68. माना $P = \begin{bmatrix} \frac{\sqrt{3}}{2} & \frac{1}{2} \\ -\frac{1}{2} & \frac{\sqrt{3}}{2} \end{bmatrix}, A = \begin{bmatrix} 1 & 1 \\ 0 & 1 \end{bmatrix}$ तथा $Q = PAP^T$। यदि $P^T Q^{2007} P = \begin{bmatrix} a & b \\ c & d \end{bmatrix}$, तब $2a + b - 3c - 4d$ बराबर है
(a) 2007 (b) 2004
(c) 2005 (d) 2006

69. माना रेखाओं $4x + 3y = 69$, $4y - 3x = 17$ तथा $x + 7y = 61$ से बने त्रिभुज का परिकेन्द्र $C(\alpha, \beta)$ है, तब $(\alpha - \beta)^2 + \alpha + \beta$ का मान है
(a) 16 (b) 17
(c) 18 (d) 15

70. रेखाओं $x + 2y + 3z - 4 = 0 = 2x + y - z + 5 = 0$ से गुजरने वाले तथा समतल $\mathbf{r} = (\hat{i} - \hat{j}) + \lambda(\hat{i} + \hat{j} + \hat{k}) + \mu(\hat{i} - 2\hat{j} + 3\hat{k})$ के लम्बवत् समतल का समीकरण $ax + by + cz = 4$ है, तब $(a - b + c)$ का मान है
(a) 20 (b) 24 (c) 18 (d) 22

71. माना समुच्चय A और B में अवयवों की संख्या क्रमशः 5 और 2 है, तब कम-से-कम 3 तथा अधिक-से-अधिक 6 अवयवों वाले $A \times B$ के उपसमुच्चयों की संख्या है
(a) 782 (b) 792 (c) 752 (d) 772

72. माना $A = \begin{bmatrix} 2 & 1 & 0 \\ 1 & 2 & -1 \\ 0 & -1 & 2 \end{bmatrix}$। यदि $|\text{adj}(\text{adj}(\text{adj}\, 2A))| = (16)^n$, तब n बराबर है
(a) 8 (b) 10 (c) 12 (d) 9

73. एक बोल्ट कारखाने में, मशीन A, B और C कुल बोल्ट का क्रमशः 20%, 30% और 50% निर्माण करती है। उनके उत्पादन में क्रमशः 3, 4 और 2 प्रतिशत दोषपूर्ण बोल्ट हैं। उत्पाद से यादृच्छिक रूप से एक बोल्ट निकाला जाता है। यदि निकाला गया बोल्ट दोषपूर्ण है, तब प्रायिकता ज्ञात कीजिए, कि यह मशीन C द्वारा निर्मित है।
(a) $\dfrac{2}{7}$ (b) $\dfrac{9}{28}$
(c) $\dfrac{3}{7}$ (d) $\dfrac{5}{14}$

74. रेखाओं $\dfrac{x-4}{4} = \dfrac{y+2}{5} = \dfrac{z+3}{3}$ और $\dfrac{x-1}{3} = \dfrac{y-3}{4} = \dfrac{z-4}{2}$ के बीच की न्यूनतम दूरी है
(a) $3\sqrt{6}$ (b) $6\sqrt{3}$
(c) $2\sqrt{6}$ (d) $6\sqrt{2}$

75. एक गोल मेज पर 5 लड़कियों और 7 लड़कों को कितने तरीकों से बिठाया जा सकता है कि कोई भी दो लड़कियाँ एक साथ न बैठे?
(a) $7(360)^2$ (b) $7(720)^2$
(c) 720 (d) $126(5!)^2$

76. माना $I(x) = \int \dfrac{(x+1)}{x(1 + xe^x)^2} dx, x > 0$। यदि $\lim_{x \to \infty} I(x) = 0$, तब $I(1)$ का मान है
(a) $\dfrac{e+2}{e+1} - \log_e(e+1)$ (b) $\dfrac{e+2}{e+1} + \log_e(e+1)$
(c) $\dfrac{e+1}{e+2} + \log_e(e+1)$ (d) $\dfrac{e+1}{e+2} - \log_e(e+1)$

77. यदि $(1 + x)^n$ के प्रसार में लगातार तीन पदों के गुणांकों का अनुपात $1 : 5 : 20$ है, तब चतुर्थ पद का गुणांक होगा।
(a) 2436 (b) 5481
(c) 3654 (d) 1827

78. माना, समीकरण $x^3 + bx + c = 0$ के तीन मूल α, β, γ है। यदि $\beta\gamma = 1 = -\alpha$, तब $b^3 + 2c^3 - 3\alpha^3 - 6\beta^3 - 8\gamma^3$ का मान होगा
(a) 21 (b) 19 (c) $\dfrac{169}{8}$ (d) $\dfrac{155}{8}$

79. $\lim_{x \to 0} \left(\left(\dfrac{1 - \cos^2(3x)}{\cos^3(4x)} \right) \left(\dfrac{\sin^3(4x)}{(\log_e(2x+1))^5} \right) \right)$ का मान है
(a) 24 (b) 9
(c) 18 (d) 15

80. माना R परवलय $y^2 = 20x$ की नाभि है तथा रेखा $y = mx + c$ परवलय के दो बिन्दुओं P तथा Q पर प्रतिच्छेद करती है। माना बिन्दु $G(10, 10)$, ΔPQR का केन्द्रक है। यदि $n - m = 6$, तब $(PQ)^2$ का मान है
(a) 325 (b) 317 (c) 296 (d) 346

खण्ड 'B' न्यूमैरिकल वैल्यू प्रश्न

81. माना $[t]$ महत्तम पूर्णांक $\leq t$ को निरूपित करता है। यदि $\left(3x^2 - \frac{1}{2x^5}\right)^7$ के प्रसार में अचर पद α हो, तब $[\alpha]$ का मान होगा ....

82. वृत्त $C_1 : x^2 + y^2 - 4x - 2y = \alpha - 5$ पर विचार करें। माना रेखा $y = 2x + 1$ में इस वृत्त का प्रतिबिम्ब दूसरा वृत्त $C_2 : 5x^2 + 5y^2 - 10fx - 10gy + 36 = 0$ है। माना वृत्त C_2 की त्रिज्या r है। तब, $\alpha + r$ का मान होगा ....

83 यदि अवकल समीकरण $(y - 2\log_e x)dx + (x\log_e x^2)dy = 0$ $x > 1$ का हल वक्र बिन्दुओं $\left(e, \frac{4}{3}\right)$ तथा (e^4, α), से गुजरता है, तब α का मान होगा ....

84. वह अधिकतम प्राकृतिक संख्या n जिसके लिए 66!, 3^n से विभाजित होता हो, है ....

85. माना 8 संख्याओं $x, y, 10, 12, 6, 12, 4, 8$ का माध्य व प्रसरण क्रमशः 9 तथा 9.25 है। यदि $x > y$ हो, तब $3x - 2y$ का मान होगा ....

86. माना $A = \{0, 3, 4, 6, 7, 8, 9, 10\}$ तथा A पर एक सम्बन्ध R इस प्रकार परिभाषित है कि $R = \{(x, y) \in A \times A : x - y$ एक विषम धनात्मक पूर्णांक है या $x - y = 2$ हो $\}$। तब न्यूनतम अवयवों की संख्या जो कि R में जोड़े जाए ताकि R सममित सम्बन्ध हो जाए, है ....

87. माना $\mathbf{a} = 6\hat{\mathbf{i}} + 9\hat{\mathbf{j}} + 12\hat{\mathbf{k}}$, $\mathbf{b} = \alpha\hat{\mathbf{i}} + 11\hat{\mathbf{j}} - 2\hat{\mathbf{k}}$ तथा $\mathbf{c}$ इस प्रकार सदिश हैं कि $\mathbf{a} \times \mathbf{c} = \mathbf{a} \times \mathbf{b}$ हो। यदि $\mathbf{a} \cdot \mathbf{c} = -12$, $\mathbf{c} \cdot (\hat{\mathbf{i}} - 2\hat{\mathbf{j}} + \hat{\mathbf{k}}) = 5$ हो, तब $\mathbf{c} \cdot (\hat{\mathbf{i}} + \hat{\mathbf{j}} + \hat{\mathbf{k}})$ का मान होगा ....

88. माना λ_1 व λ_2, λ के वह मान हैं जिनके लिए बिन्दु $\left(\frac{5}{2}, 1, \lambda\right)$ तथा $(-2, 0, 1)$ तल $2x + 3y - 6z + 7 = 0$ से समान दूरी पर हो। यदि $\lambda_1 > \lambda_2$ हो, तब बिन्दु $(\lambda_1 - \lambda_2, \lambda_2, \lambda_1)$ की रेखा $\frac{x-5}{1} = \frac{y-1}{2} = \frac{z+7}{2}$ से दूरी होगी ....

89. माना $[t]$ महत्तम पूर्णांक $\leq t$ को निरूपित करता है। तब,
$\frac{2}{\pi} \int_{\pi/6}^{5\pi/6} (8[\text{cosec } x] - 5[\cot x])dx$ का मान होगा ....

90. माना α_α, श्रेणी $\alpha_n = \frac{n^3}{n^4 + 147}$, $n = 1, 2, 3 \ldots$, का महत्तम पद है, तब α का मान होगा ....

सही उत्तर

भौतिकी

1. (a)	2. (b)	3. (c)	4. (b)	5. (b)	6. (c)	7. (d)	8. (c)	9. (c)	10. (b)
11. (d)	12. (b)	13. (a)	14. (a)	15. (a)	16. (a)	17. (c)	18. (a)	19. (a)	20. (b)
21. (2)	22. (18)	23. (25)	24. (121)	25. (10)	26. (125)	27. (2)	28. (18)	29. (9)	30. (900)

रसायन विज्ञान

31. (c)	32. (a)	33. (a)	34. (d)	35. (d)	36. (c)	37. (b)	38. (a)	39. (c)	40. (d)
41. (a)	42. (d)	43. (c)	44. (c)	45. (d)	46. (c)	47. (d)	48. (b)	49. (c)	50. (a)
51. (3)	52. (70)	53. (1200)	54. (2)	55. (3)	56. (11)	57. (11)	58. (3)	59. (1)	60. (2)

गणित

61. (b)	62. (a)	63. (a)	64. (a)	65. (a)	66. (a)	67. (b)	68. (c)	69. (b)	70. (d)
71. (b)	72. (b)	73. (d)	74. (a)	75. (d)	76. (a)	77. (c)	78. (b)	79. (c)	80. (a)
81. (1275)	82. (2)	83. (3)	84. (31)	85. (25)	86. (19)	87. (11)	88. (9)	89. (14)	90. ($\sqrt{21}$)

संकेत एवं हल

भौतिकी

1. *(a)* ∵ ट्रेन के अन्दर यात्री की सापेक्ष चाल ट्रेन के सापेक्ष कोई सापेक्ष चाल नहीं होती है, अत: यात्री द्वारा सुनी जाने वाली आवृत्ति वास्तविक आवृत्ति के समान होती है

∴ यात्री द्वारा सुनी जाने वाली आवृत्ति $= 400$ Hz

2. *(b)* किसी भी नाभिक ${}_Z^AX$ के लिए,

A. प्रतिन्युक्लिओन पृष्ठीय ऊर्जा, कुल पृष्ठीय क्षेत्रफल तथा द्रव्यमान संख्या के अनुपात के समानुपाती होती है।

∴ प्रतिन्युक्लिऑन पृष्ठीय ऊर्जा

$$= -K_1\left(\frac{4\pi R^2}{A}\right) = -a_1\frac{A^{2/3}}{A} = -a_1 A^{1/3}$$

B. कूलॉम योगदान का मान दूरी अथवा त्रिज्या के समानुपाती होता है। अर्थात् कूलॉम योगदान $\propto R$ या $A^{1/3}$

(B) गलत है

C. आयतन ऊर्जा पद आयतन के समानुपाती होता है।

आयतन ऊर्जा पद $\propto R^3$

या आयतन ऊर्जा पद $\propto (A^{1/3})^3$ या A

अत: (C) सही है

D. यदि बन्धन ऊर्जा अधिक है इसका मतलब है कि नाभिक छोटा है या पृष्ठीय क्षेत्रफल कम है

अत: (D) सही है

E. प्रत्येक न्युक्लिऑन केवल अपने निकटवर्ती न्युक्लिऑन से अन्त:क्रिया कर सकता है।

अत: (E) सही है

3. *(c)* स्थिरावस्था में, संधारित्र खुले स्विच की तरह व्यवहार करता है इसलिए हमें निम्नलिखित परिपथ मिलता है

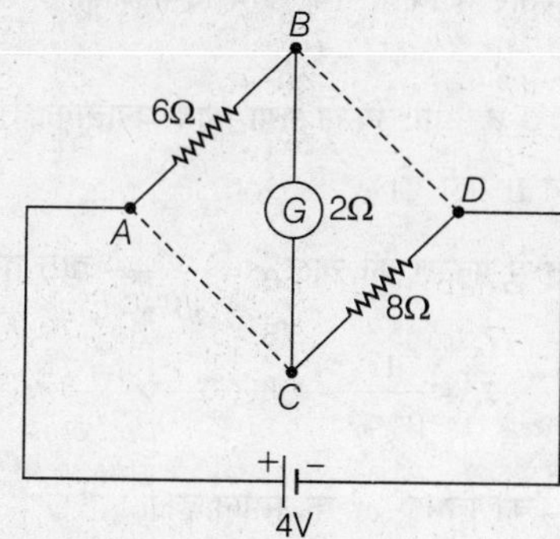

अत: परिपथ में धारा,

$$I = \frac{V}{R_1 + R_2 + R_3} = \frac{4}{6+2+8} = \frac{1}{4}\text{A}$$

A पर विभव 4V, लेते हुए, बिन्दु C का विभव,

$$V_C = 4 - \frac{1}{4}(6+2) = 2\text{V}$$

एवं बिन्दु B का विभव,

$$V_B = 4 - \frac{1}{4} \times 6 = \frac{5}{2}\text{V}$$

अत: $\Delta V_{C_1} = 4 - 2 = 2\text{V}$

एवं $\Delta V_{C_2} = \frac{5}{2} - 0 = \frac{5}{2}\text{V}$

अत: अनुपात $\frac{\Delta V_{C_1}}{\Delta V_{C_2}} = \frac{2}{5/2} = \frac{4}{5}$

4. *(b)*

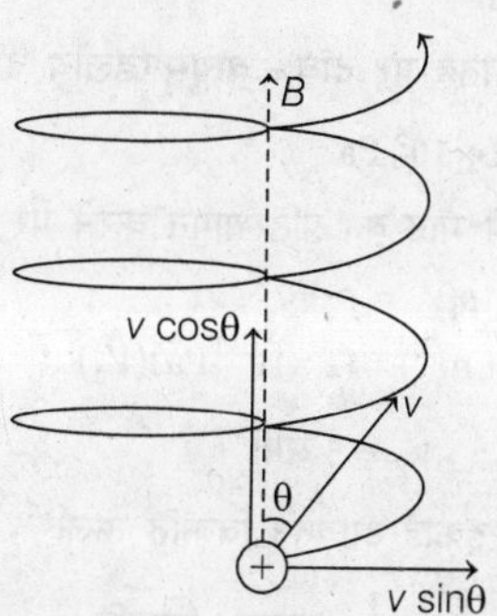

जब वेग v, B के साथ कोण θ पर होता है, तब v का घटक B के अनुदिश $v\cos\theta$ एवं B के लंबवत् $v\sin\theta$ होता है।

लंबवत् घटक $v\sin\theta$ के कारण आवेशित कण एक वृत्ताकार पथ में घूमता है व $v\cos\theta$ के कारण, यह B के अनुदिश गति करता है।

इसलिए पथ पेचदार है।

5. *(b)* प्रश्नानुसार,

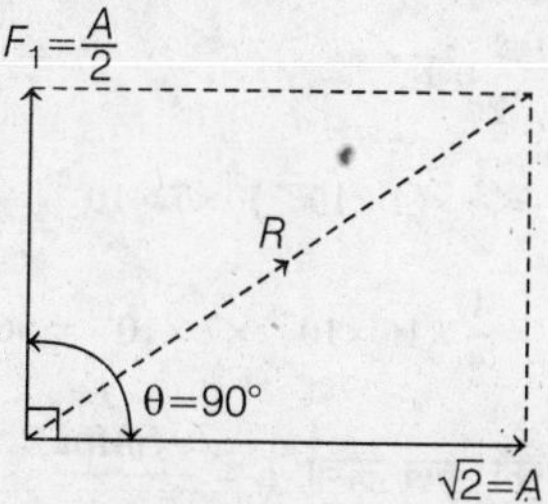

समान्तर चतुर्भुज के नियम से, परिणामी का परिमाण

$R = \sqrt{F_1^2 + F_2^2 + 2F_1F_2\cos\theta}$ द्वारा दिया जाता है।

यहाँ $\theta = 90°$, अत: परिणामी

$$R = \sqrt{F_1^2 + F_2^2} = \sqrt{\left(\frac{A}{2}\right)^2 + A^2}$$

$$= \sqrt{\frac{A^2}{4} + A^2} = \sqrt{\frac{5A^2}{4}} = \frac{\sqrt{5}}{2}A$$

6. *(c)*

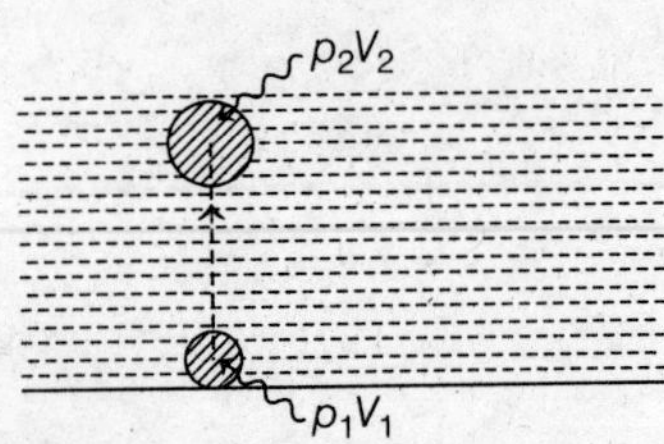

जैसे ही बुलबुला ऊपर बढ़ता है, बुलबुले का आयतन दाब के घटने से बढ़ता है।

यह भी दिया गया है कि तापमान नियत रहता है इसलिए

$$p_1V_1 = p_2V_2 \quad \text{...(i)}$$

यहाँ, $p_1 = p_{atm} + p_{\text{पानी}} = p_{atm} + h\rho g$

अब, $p_{atm} = 1 \times 10^5 \text{Pa}$

इसलिए $p_1 = 1 \times 10^5 + 4 \times 10^5 = 5 \times 10^5 \text{Pa}$

एवं $V_1 = 1 \text{ cm}^3$

साथ ही, $p_2 =$ सतह पर दाब = वायुमण्डलीय दाब

$$= 1 \times 10^5 \text{ Pa}$$

इसलिए समी (i) में मान का प्रतिस्थापन करने पर, हम पाते हैं

$$p_1V_1 = p_2V_2$$

$$\Rightarrow (5 \times 10^5 \text{Pa})(1\text{cm}^3) = (1 \times 10^{-5} \text{Pa})(V_2)$$

$$\Rightarrow V_2 = 5 \text{ समी}^3$$

7. *(d)* छड़ में प्रति इकाई आयतन विकृति ऊर्जा

$$u = \frac{U}{Y} = \frac{1}{2} \times \text{तनाव} \times \text{विकृति}$$

$$= \frac{1}{2}\varepsilon^2 Y$$

दिया है, $\varepsilon = 0.04\% = \frac{0.04}{100} = 4 \times 10^{-4}$

एवं $Y = 7 \times 10^{10} \text{ N/m}^2$

इस प्रकार, प्रति इकाई आयतन विकृति ऊर्जा,

$$u_E = \frac{1}{2}\varepsilon^2 Y$$

$$= \frac{1}{2} \times (4 \times 10^{-4})^2 \times 7 \times 10^{10}$$

$$= \frac{1}{2} \times 16 \times 10^{-8} \times 7 \times 10^{10} = 5600 \text{ J/m}^3$$

8. *(c)* एक उपग्रह की कुल ऊर्जा, $E = \frac{-GMm}{2r}$

स्थितिज ऊर्जा, $E_U = \frac{-GMm}{r}$

गतिज ऊर्जा, $E_K = \frac{GMm}{2r}$

उपरोक्त सूत्रों से स्पष्ट है कि

KE = 1 × कुल ऊर्जा

एवं PE = 2 × कुल ऊर्जा

इसलिए दोनों कथन I व कथन II सही हैं।

9. *(c)* तार का घनत्व, $\rho = \frac{\text{द्रव्यमान}}{\text{आयतन}}$

अथवा $\rho = \frac{m}{\pi r^2 l}$

इस प्रकार, घनत्व में अधिकतम त्रुटि

$$\Rightarrow \frac{\Delta\rho}{\rho} \times 100 = \frac{\Delta m}{m} \times 100 + \frac{2\Delta r}{r} \times 100 + \frac{\Delta l}{l} \times 100$$

इसलिए

$$\frac{\Delta\rho}{\rho} \times 100 = \frac{0.01}{0.4} \times 100 + \frac{2 \times 0.03}{6} \times 100 + \frac{0.04}{8} \times 100$$

$$= 2.5 + 1 + 0.5 = 4\%$$

10. *(b)* कुण्डली के दोलनों को कम करने के लिए गेल्वेनोमीटर में, कोर को या तो गैर-चुम्बकीय पदार्थों या कोर को एक अचुम्बकीय पदार्थ की एक परत द्वारा ढ़क दिया जाता है।

गैर-चुम्बकीय पदार्थ में प्रेरित भँवर धाराएँ दोलन ऊर्जा को ऊष्मा में परिवर्तित करती हैं। इस तरह कुण्डली का दोलन जल्दी समाप्त हो जाता है।

11. *(d)* पृथ्वी की सतह पर गुरुत्व के कारण त्वरण, $g = \frac{GM}{R^2} = \frac{4}{3}\pi G\rho R$

एवं गहराई d पर गुरुत्व के कारण त्वरण, $g' = \frac{4}{3}\pi G \cdot \rho(R - d)$

यहाँ, $d = \frac{R}{2}$

अतः $g' = \frac{4}{3}\pi G\rho \cdot \frac{R}{2} = \frac{g}{2}$

इस प्रकार, एक वस्तु का भार गहराई $d = \frac{R}{2}$ पर है

$$mg' = \frac{mg}{2} = \frac{400}{2} = 200 \text{ N}$$

12. *(b)* जब तंत्र में ऊष्मा को समतापीय रूप से प्रदान किया जाता है, इसका तापमान नियत रहता है।

अतः कथन I गलत है

गैस के विस्तार में किया गया कार्य दिया जाता है

$$W = p(V_f - V_i)$$

क्योंकि $V_f > V_i$, अतः किया गया कार्य धनात्मक है।

अतः कथन II सही है।

13. *(a)* निर्वात् में प्रकाश की चाल, $c = \frac{1}{\sqrt{\mu_0 \varepsilon_0}}$ द्वारा दी जाती है

$$\Rightarrow c^2 = \frac{1}{\mu_0 \varepsilon_0}$$

अतः $\frac{1}{\mu_0 \varepsilon_0}$ की विमाएँ c^2 के समान है

$$c^2 = [\text{LT}^{-1}]^2 = [\text{L}^2\text{T}^{-2}]$$

14. *(a)* h ऊँचाई वाले प्रसारित एन्टीना की ऊँचाई दी जाती है

$$r = \sqrt{2Rh}$$

जहाँ, $R =$ पृथ्वी की त्रिज्या

तथा $h =$ एन्टीना की ऊँचाई।

$\therefore$ एन्टीना के प्रसारण द्वारा ढ़का गया क्षेत्रफल, $A = \pi r^2 = \pi \cdot 2Rh$

$$= \frac{22}{7} \times 2 \times 6400 \times 9.8 \times 10^{-3} (\text{km}^2) = 3942.4 \text{ km}^2$$

15. *(a)* दिया गया लॉजिक परिपथ है

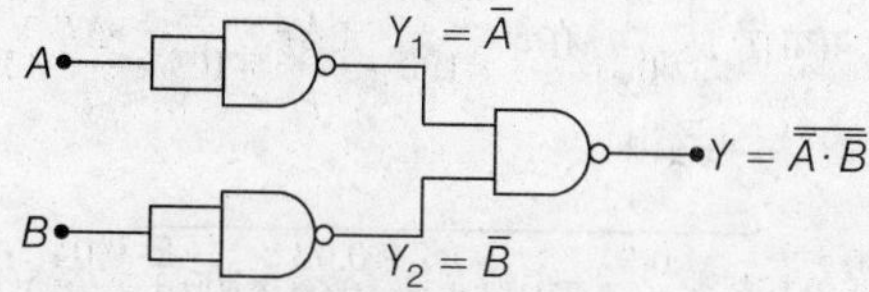

दिये गए परिपथ की सत्य सारणी है

A	*B*	Y_1	Y_2	*Y*
0	0	1	1	0
0	1	0	0	1
1	0	0	1	1
1	1	0	0	1

अत: $A = 0$ व $B = 0$, के लिए, हम पाते हैं $Y = 1$ एवं अन्य संयोजन के लिए, आउटपुट Y शून्य है।

16. *(a)*

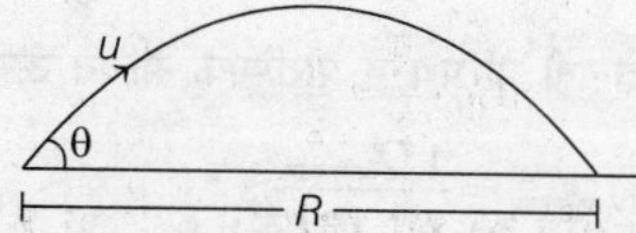

प्रक्षेप के लिए, चाल u एवं नति कोण θ के लिए एक प्रक्षेप्य की परास दी जाती है

$$R = \frac{u^2 \sin 2\theta}{g}$$

अत: प्रक्षेप्यों A व B की परासों का अनुपात है

$$\frac{R_A}{R_B} = \frac{u_A^2 \cdot (\sin 2\theta_A)}{u_B^2 \cdot (\sin 2\theta_B)} = \frac{40^2 \times \sin 2(30^\circ)}{60^2 \times \sin 2(60^\circ)}$$

$$= \frac{40^2 \times \sqrt{3}/2}{60^2 \times \sqrt{3}/2} = \frac{4}{9}$$

17. *(c)* दिया गया है, प्रोटॉन व इलेक्ट्रॉन की डी-ब्रॉग्ली तरंगदैर्ध्य का मान समान है।

$$\lambda_p = \lambda_e$$

$$\frac{h}{p_p} = \frac{h}{p_e} \quad \{\text{जहाँ, } p = \text{संवेग एवं } h = \text{प्लांक नियतांक}\}$$

$$\Rightarrow \quad p_p = p_e$$

$$\therefore \quad \frac{p_p}{p_e} = 1:1$$

18. *(a)* दिया है, कण का द्रव्यमान $= 500$ g

$$= 500 \times 10^{-3} \text{ kg} = 0.5 \text{ kg}$$

कण का वेग, $v = (2t\hat{\mathbf{i}} + 3t^2\hat{\mathbf{j}})$ m/s

कण का त्वरण, $a = \frac{dv}{dt} = (2\hat{\mathbf{i}} + 6t\hat{\mathbf{j}})$ m/s^2

अत: $t = 1$ से पर कण का त्वरण

$$a_{(t=1)} = (2\hat{\mathbf{i}} + 6\hat{\mathbf{j}}) \text{ m/s}^2$$

$\therefore$ कण पर बल, $F = ma_{(t=1\,s)}$

$\Rightarrow$ $F = 0.5(2\hat{\mathbf{i}} + 6\hat{\mathbf{j}}) = (\hat{\mathbf{i}} + 3\hat{\mathbf{j}})$ N

अत: $x = 3$

19. *(a)* परावर्ती दूरदर्शी में एक द्वितीयक दर्पण का उपयोग प्रतिबिम्ब में उत्पन्न होने वाले गोलीय विपथन के दोष को दूर करने के लिए किया जाता है। इसमें द्वितीयक दर्पण के रूप में अवतल दर्पण का उपयोग किया जाता है। जिससे वस्तु का वास्तविक, छोटा व उल्टा प्रतिबिम्ब नेत्रिका के फोकस से कुछ पहले बनता है तथा नेत्रिका का सीधा बड़ा तथा आभासी प्रतिबिम्ब A_2B_2 स्पष्ट दृष्टि की न्यूनतम दूरी तथा अनन्त के बीच बनाती है।

20. *(b)* एक कुचालक आवेशित गोले के लिए,

$E \propto r \,(r < R)$ एवं $E \propto \frac{1}{r^2} (r > R)$

अत: E व r के बीच ग्राफ निम्न प्रकार खींचा जा सकता है

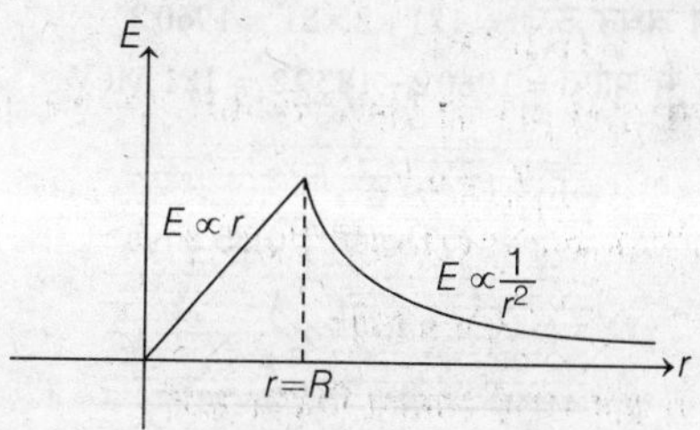

21. *(2)*

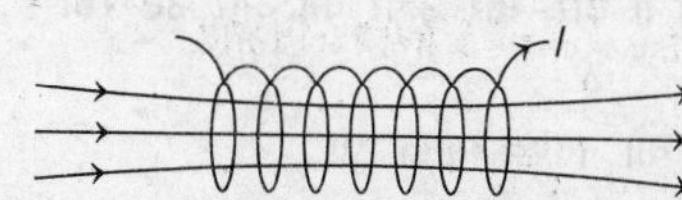

एक लंबी परिनालिका के केन्द्र पर चुम्बकीय तीव्रता,

$$\mu = nI \text{ (टेस्ला)} \qquad \text{...(i)}$$

$I =$ प्रति मीटर लम्बाई में फेरों की संख्या

यहाँ, $n = 8$ फेरे/सेमी

$n = 800 \text{ m}^{-1}$

$n = 1.6 \times 10^3 \text{ Am}^{-1}$

अत: समी (i) से,

$$1.6 \times 10^3 = 800 \cdot I \Rightarrow I = \frac{1.6 \times 10^3}{800} = 2\text{A}$$

22. *(18)*

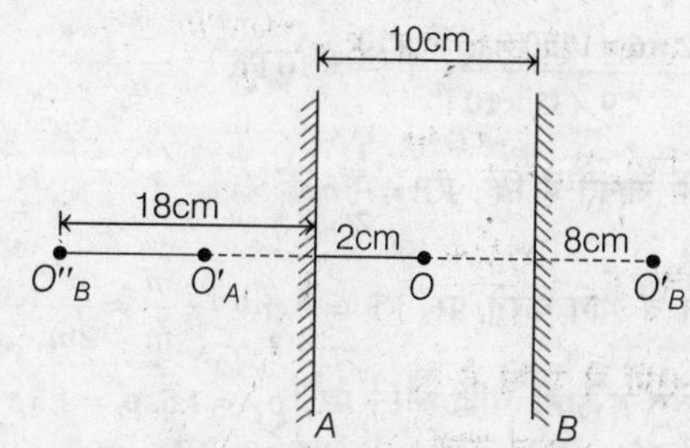

दर्पण B में O का प्रतिबिम्ब A से 18 सेमी की दूरी पर O'_B है।

O'_B का प्रतिबिम्ब O''_B पर है जोकि A से 18 सेमी की दूरी पर भी है।

23. *(25)* एक चालक में इलेक्ट्रॉनों का अपवहन वेग,

$$I = nev_dA \quad \text{...(i)}$$

यहाँ प्रति घन मीटर में इलेक्ट्रॉनों की संख्या है, $n = 2 \times 10^{28}\ \text{m}^{-3}$

तार का क्षेत्रफल, $A = \pi r^2 = 25\ \text{mm}^2 = 25 \times 10^{-6}\ \text{m}^2$

एक इलेक्ट्रॉन पर आवेश, $e = 1.6 \times 10^{-19}$ C

अत: समी (i) से,

$$v_d = \frac{I}{neA} = \frac{2}{2 \times 10^{28} \times 1.6 \times 10^{-19} \times 25 \times 10^{-6}}$$

$$v_d = 0.25 \times 10^{-4}\ \text{ms}^{-1} \Rightarrow v_d = 25 \times 10^{-6}\ \text{ms}^{-1}$$

24. *(121)*

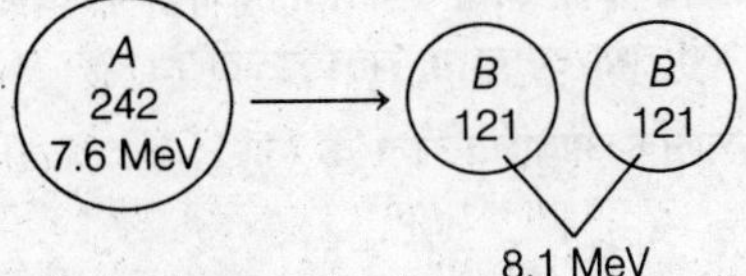

कुल प्रारम्भिक बंधन ऊर्जा = 242 × 7.6 = 1839.2 MeV

कुल अंतिम बंधन ऊर्जा = 121 × 2 × 81 = 1960.2

बंधन ऊर्जा में प्राप्ति = 1960.2 − 1839.2 = 121 MeV

25. *(10)*

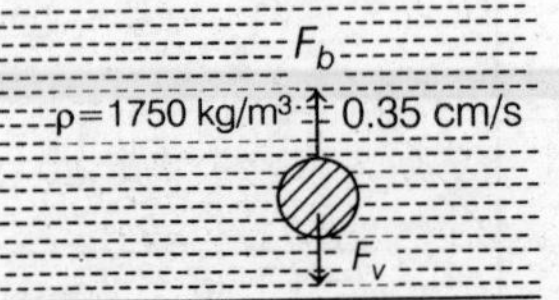

जैसा कि बुलबुला धीरे-धीरे ऊपर की ओर उठ रहा है, कुल बल इस पर शून्य है।

हवा के घनत्व को नगण्य मानते हुए

$$F_{\text{कुल}} = 0 \Rightarrow F_b = F_v$$

जहाँ, F_b = उत्प्लावन बल तथा F_v = श्यान बल।

$$\Rightarrow \frac{4}{3}\pi r^2(\rho_f)g = 6\pi\eta rv$$

जहाँ η = तरल का श्यानता गुणांक है।

$$\eta = \frac{\frac{4}{3}\pi r^3 \cdot \rho_f \cdot g}{6\pi rv} = \frac{2}{9}\left(\frac{r^2\rho g}{v}\right)$$

दिए गए मानों का प्रतिस्थापन करने पर, हम पाते हैं,

$$\eta = \frac{2 \times (3 \times 10^{-3})^2 \times 1780 \times 10}{9 \times 0.35 \times 10^{-2}}$$

$$= \frac{2 \times 6 \times 1750 \times 10^{-6} \times 10}{9 \times 35 \times 10^{-4}} = 10\ \text{Pa-s}$$

26. *(125)* हम जानते हैं कि, $\text{KE} = \frac{1}{2}mv^2$

m से गुणा व भाग करने पर, $\text{KE} = \frac{1}{2}mv^2 \times \frac{m}{m} = \frac{p^2}{2m}$

रैखिक संवेग में 50% वृद्धि करने पर, $p_f = 1.5, p_i = 1.5p$

गतिज ऊर्जा में प्रतिशत परिवर्तन $= \frac{\text{KE}_f - \text{KE}_i}{\text{KE}_i} \times 100$

$$= \frac{(1.5p)^2 - p^2}{p^2} \times 100 = \frac{2.25 - 1}{1} \times 100 = 125\%$$

27. *(2)* वलय के तल के लम्बवत् एवं इसके केन्द्र से गुजर रहे अंश के सापेक्ष एक अर्द्धवृत्ताकार वलय का जड़त्व आघूर्ण,

$$I = \frac{1}{2}MR^2 \quad \text{(मानक परिणाम)}$$

एवं दिया गया है $I = \frac{1}{x}MR^2$

$$\therefore \quad x = 2$$

28. *(18)*

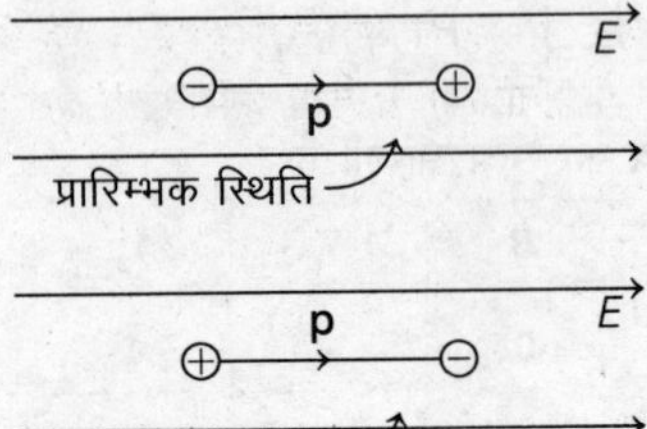

एक द्विध्रुव को घुमाने में किया गया कार्य,

$$W_{\theta_1 \to \theta_2} = -pE(\cos\theta_2 - \cos\theta_1)$$

यहाँ, $\theta_1 = 0°, \theta_2 = 180°$

$$p = 6 \times 10^{-6}\ \text{C-m},\ E = 1.5 \times 10^3\ \text{NC}^{-1}$$

अत: किया गया कार्य, $W = -6 \times 10^{-6} \times 1.5 \times 10^3 \times (\cos 180° - \cos 0°)$

$$= 18 \times 10^{-3}\ \text{J} = 18\ \text{mJ}$$

29. *(9)* एक L-C दोलनी परिपथ में प्रारम्भिक संचित ऊर्जा,

$$(u_E)_{\text{अधिकतम}} = \frac{1}{2}\frac{Q^2_{\text{अधिकतम}}}{C}$$

एवं प्रेरकत्व की अधिकतम ऊर्जा होती है जब संधारित्र पूर्णतया खाली होता है एवं परिपथ में धारा अधिकतम होती है।

$$(u_B)_{\text{अधिकतम}} = \frac{1}{2}LI^2_{\text{अधिकतम}}$$

कोई ऊर्जा हानि नहीं मानते हुए

$$(u_E)_{\text{अधिकतम}} = (u_B)_{\text{अधिकतम}} \Rightarrow \frac{1}{2}\frac{Q^2_{\text{अधिकतम}}}{C} = \frac{1}{2}LI^2_{\text{अधिकतम}}$$

$$\Rightarrow I^2_{\text{अधिकतम}} = \frac{Q^2_{\text{अधिकतम}}}{LC}$$

$$\Rightarrow I_{\text{अधिकतम}} = Q_{\text{अधिकतम}} / \sqrt{LC} = \frac{2.7 \times 10^{-6}}{\sqrt{75 \times 10^{-3} \times 1.2 \times 10^{-6}}}$$

$$= \frac{2.7 \times 10^{-6}}{\sqrt{9 \times 10^{-8}}} = \frac{2.7 \times 10^{-6}}{3 \times 10^{-4}} = 0.9 \times 10^{-2} = 9\ \text{mA}$$

30. *(900)* द्वितीयक हार्मोनिक में एक खुले पाइप के लिए,

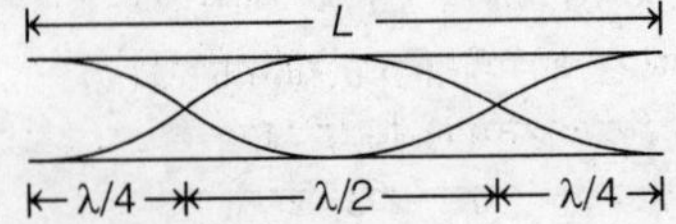

उत्पन्न हार्मोनिक की तरंगदैर्ध्य, $\lambda = L$

L = पाइप की लम्बाई

क्योंकि, $f \cdot \lambda = v$ (f = आवृत्ति व u = ध्वनि की चाल)

$$\Rightarrow \quad f = \frac{u}{\lambda} = \frac{u}{L} = \frac{360}{40 \times 10^{-2}} = 900\ \text{Hz}$$

रसायन विज्ञान

31. *(c)* क्रोमिल क्लोराइड (CrO_2Cl_2) में Cr की ऑक्सीकरण अवस्था +6 है।

अत: $Cr (VI) = [Ar]^{18}, 3d^0$; $Mn(VII) = [Ar]^{18}, 3d^0$

$Fe(III) = [Ar]^{18}, 3d^5$; $Ti(III) = [Ar]^{18}, 3d^1$

$V(IV) = [Ar]^{18}, 3d^1$

अत:, Cr (VI) और Mn(VII) का d^0 विन्यास है।

32. *(a)* वह हैलोजन जो सबसे अधिक स्थायी कार्बो-धनायन बनायेगा उसकी क्रियाशीलता S_N1 प्रतिक्रिया के लिए अधिकतम होगी।

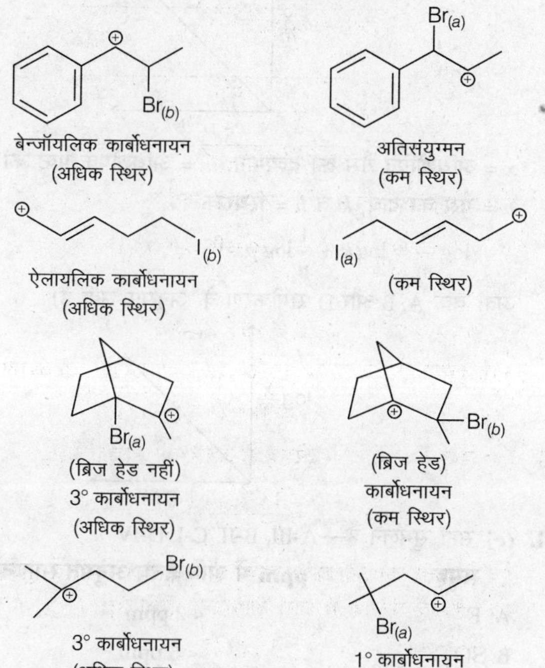

सही विकल्प है—

A-$Br_{(a)}$, B-$I_{(a)}$, C-$Br_{(b)}$, D-$Br_{(a)}$

33. *(a)* जिप्सम को सीमेण्ट की जमने की दर को धीमा करने के लिए मिलाया जाता है। यदि इसे नहीं मिलाया जाये, तो सीमेण्ट पानी मिलाने के साथ ही तुरन्त जम जायेगा, जिससे कंक्रीट लगाने का समय नहीं मिलता।

34. *(d)*

A. कॉपर सल्फेट और सोडियम सिट्रेट के क्षारीय घोल को बेनेडिक्ट अभिकर्मक कहा जाता है इसका इस्तेमाल ऐलिफैटिक ऐल्डिहाइड की जाँच के लिए किया जाता है। अत: इससे यौगिक III की जाँच की जा सकती है। (CHO)

B. $FeCl_3$ घोल को फीनॉलिक यौगिकों की जाँच के लिए इस्तेमाल किया जाता है जिनके साथ यह लाल, हरा, बैंगनी या नीला रंग देता है। इससे यौगिक (IV) की पहचान की जा सकती है। (OH)

C. क्षारीय क्लोरोफॉर्म घोल का इस्तेमाल I ऐमीन की जाँच करने के लिए किया जाता है इससे यौगिक (II) की पहचान की जा सकती है। (NH_2)

D. पोटैशियम आयोडाइड (KI) और सोडियम हाइपोक्लोराइट (NaOCl) मिलकर (I_2 + KOH) बनाते हैं जिसका प्रयोग उन यौगिकों के लिए किया जाता है जिनमें $CH_3—\overset{O}{\overset{\|}{C}}—$ या $CH_3—\overset{OH}{\overset{|}{C}H}—$ क्रियात्मक समूह होते हैं। इस परीक्षण को आयोडोफॉर्म परीक्षण कहा जाता है।

$$2KI + NaOCl + H_2O \longrightarrow NaCl + I_2 + 2KOH$$

इससे यौगिक (I) की पहचान की जा सकी है। (HO)

अत: सही सुमेलन A-III, B-IV, C-II, D-I है।

35. *(d)* कथन I और कथन II दोनों सही हैं। Li^+ की त्रिज्या का मान 76pm है जबकि Mg^{2+} की त्रिज्या का मान 72 pm है। अत: Li^+ का आयनिक त्रिज्या Mg^{2+} से अधिक है। साथ ही, Li और Mg दोनों ही स्थिर सुपरऑक्साइड बनाने में सक्षम नहीं है क्योंकि इनका आकार बहुत छोटा है।

36. *(c)* आयोडीन वह हैलोजन है Cu^{2+} की साथ प्रतिक्रिया कर कॉपर लवण बनाता है

$$2Cu^{2+} + 4I^- \longrightarrow Cu_2I_2 + I_2$$

37. *(b)* सही सुमेलन है—A-III, B-I, C-IV, D-II.

A. ऐनिलीन की अभिक्रिया बेन्जीन डाइऐजोनियम क्लोराइड के साथ कराने पर *p*-ऐमीनो ऐजोबेन्जीन बनता है।

NH_2 + N_2Cl → —N=N—NH_2

ऐनिलीन, बेन्जीन डाइऐजोनियम क्लोराइड, *p*-ऐमीनो ऐजोबेन्जीन

B. बेन्जीन डाइऐजोनियम क्लोराइड की अभिक्रिया HBF_4 के साथ कराने पर क्लोरोबेन्जीन बनता है।

N_2Cl + HBF_4 $\xrightarrow{\Delta}$ F

क्लोरो बेन्जीन

C. जब बेन्जीन डाइऐजोनियम क्लोराइड की अभिक्रिया HCl में क्यूप्रस क्लोराइड के साथ करायी जाती है, तो क्लोरोबेन्जीन बनता है।

N_2Cl + CuCl + HCl ⟶ Cl

क्यूप्रस क्लोराइड, क्लोरो बेन्जीन

D. बेन्जीन डाइऐजोनियम क्लोराइड की अभिक्रिया CuCN/KCN के साथ कराने पर बेन्जीन नाइट्राइल बनता है।

N_2Cl + CuCN/KCN ⟶ CN

बेन्जीन नाइट्राइल

38. *(a)* इस प्रतिक्रिया के लिए—

$$\frac{1}{2}H_2(g) + AgCl(s) \rightleftharpoons H^+(aq) + Cl^-(aq) + Ag(s)$$

ऐनोड पर $\frac{1}{2}H_2(g) \rightleftharpoons H^+(aq) + e^-$

कैथोड पर $AgCl(s) + e^- \longrightarrow Ag(s) + Cl^-(aq)$

सेल निरूपण

$Pt|H_2(g)|HCl$ (घोल) $AgCl(s)|Ag$

39. *(c)* सल्फर युक्त ऐमीनो एसिड सिस्टीन और मेथियोनिन हैं।

सिस्टीन (B) मेथियोनिन (D)

40. *(d)* जल गैस की अभिक्रिया कोबाल्ट उत्प्रेरक की उपस्थिति में कराने पर मेथेनॉल बनता है।

$$CO + 2H_2 \xrightarrow{Co} \underset{\text{मेथेनॉल}}{CH_3OH}$$

41. *(a)* पहले चरण की अभिक्रिया में $LiBH_4$ सिर्फ एस्टर का अपचयन करता है और कार्बोजाइलिक अम्ल का नहीं। दूसरे चरण में अम्ल के प्रोटॉनीकरण के द्वारा उत्पाद बनता है।

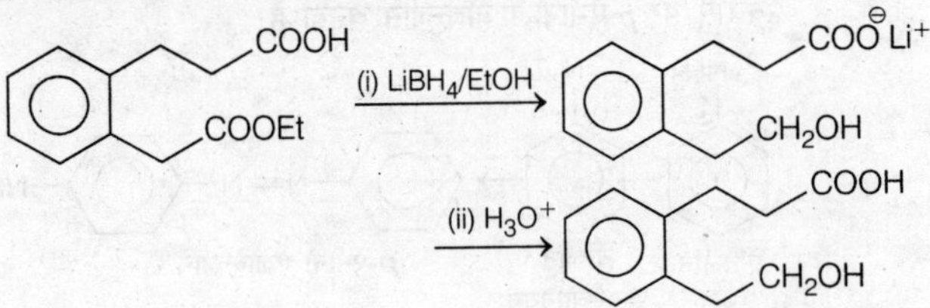

42. *(d)* $K_3[Co(CN)_6]$ एक स्थिर अष्टफलकीय, प्रतिचुम्बकीय समन्वय यौगिक बनाता है

(a) $Na_3[CoCl_6]$

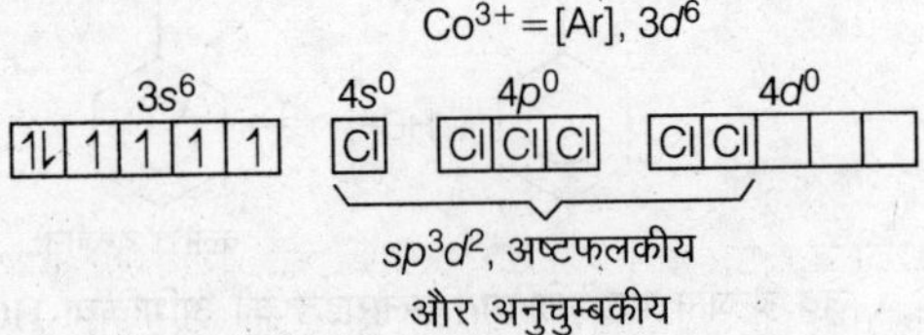

(b) $[Co(H_2O)_6]Cl_2$

$Co^{2+} = [Ar], 3d^7$

$3d^7$ $4s$ $4p$ $4d$

H_2O | H_2O H_2O H_2O | H_2O H_2O

sp^3d^2, अष्टफलकीय और अनुचुम्बकीय

(c) $[Ni(NH_3)_6]Cl_2$

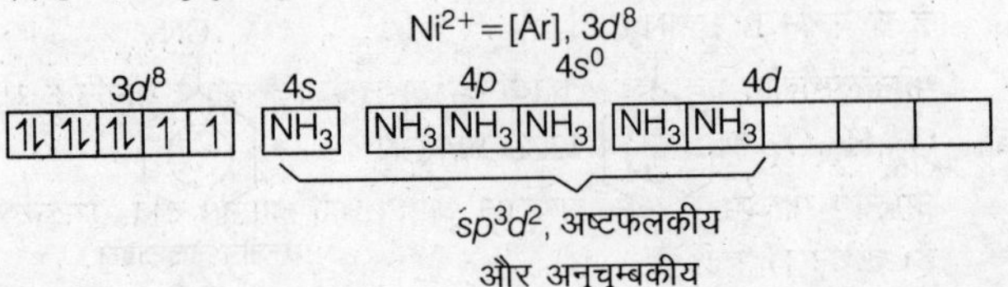

(d) $K_3[Co(CN)_6]$

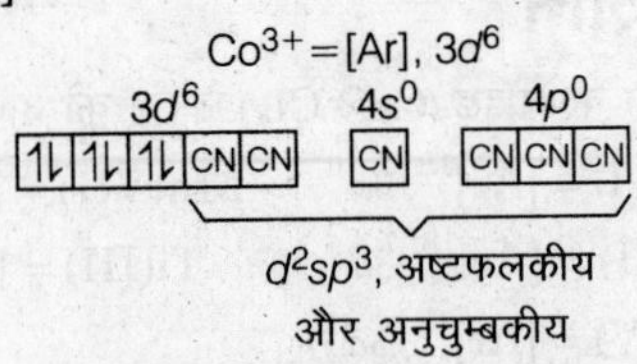

43. *(c)* फ्रैंडलिक अधिशोषण समतापी समीकरण के अनुसार, $\frac{x}{m} = kp^{1/n}$

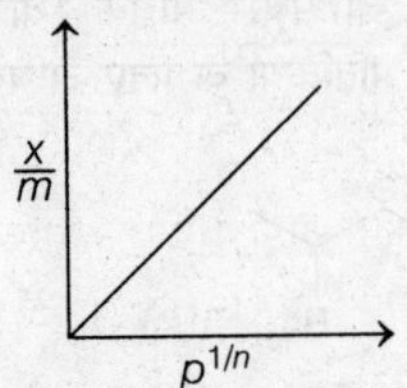

x = अधिशोषित गैस का द्रव्यमान, m = अधिशोषक पृष्ठ का द्रव्यमान, p = गैस का दाब, k व h = स्थिरांक

$$\log\frac{x}{m} = \log k + \frac{1}{n}\log p$$

अत: वक्र A, B और D समीकरण के अनुसार सही हैं।

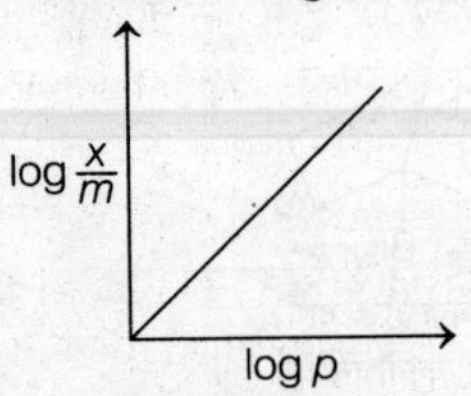

44. *(c)* सही सुमेलन है—A-III, B-II, C-I, D-IV

समूह	**ppm में अधिकतम अनुमत सान्द्रता**
A. F^-	< 2 ppm
B. SO_4^{2-}	< 5 ppm
C. NO_3^-	< 50 ppm
D. Zn	< 500 ppm

45. *(d)* सही सुमेलन है—

A-II, B-IV, C-I, D-III

(A) सैकेरीन पहला कृत्रिम मधुरक है।

(B) ऐस्पार्टेम खाना पकाने के तापमान पर अस्थिर है।

(C) ऐलिटेम की उच्च मधुरन क्षमता है।

(D) सुक्रालोस खाना पकाने के तापमान पर स्थिर है।

46. *(c)* अभिकारक आयोडीन परमाणुओं की संख्या = उत्पादित आयोडीन परमाणुओं की संख्या

अत:, $2 + x = 6 \times 2 \Rightarrow x = 12 - 2 \Rightarrow x = 10$

समीकरण होगा—

$$2IO_3^- + 10I^- + 12H^+ \longrightarrow 6I_2 + 6H_2O$$

47. *(d)* विद्युत-ऋणात्मकता का सही क्रम होगा—

Br > C > At > P

परमाणु	**विद्युत-ऋणात्मकता**
Br	3.0
C	2.5
At	2.2
P	2.1

48. *(b)*

संकुल	*d*-कक्षक का विन्यास	अयुग्मित इलेक्ट्रॉन	चक्रण चुम्बकीय आघूर्ण $\mu = \sqrt{n(n+2)}$
$[Fe(CN)_6]^{3-}$	$Fe^{3+} \Rightarrow t_{2g}^5 e_g^0$	1	1.732
$[Mn(CN)_6]^{3-}$	$Mn^{3+} \Rightarrow t_{2g}^4 e_g^0$	2	2.828
$[CoF_6]^{3-}$	$Co^{3+} \Rightarrow t_{2g}^4 e_g^2$	4	4.899
$[MnBr_4]^{2-}$	$Mn^{2+} \Rightarrow e_g^2 t_{2g}^3$	5	5.916

अत: चक्रण चुम्बकीय आघूर्ण का सही क्रम है—

$$[Fe(CN)_6]^{3-} < [Mn(CN)_6]^{3-} < [CoF_6]^{3-} < [MnBr_4]^{2-}$$

49. *(c)* 1-ब्यूटेनॉल $(CH_3CH_2CH_2CH_2OH)$ में हाइड्रोजन आबन्ध बनाने की क्षमता है किन्तु एथॉक्सीएथेन $(CH_3CH_2—O—CH_2CH_3)$ में हाइड्रोजन से जुड़े ऑक्सीजन परमाणु की अनुपस्थिति के कारण हाइड्रोजन आबन्ध नहीं बन पाता। हाइड्रोजन आबन्ध जितने अधिक व मजबूत होंगे, अणु एक-दूसरे से उतने ही अधिक युग्मित होते हैं। अत: ब्यूटेनॉल का क्वथनांक अधिक होता है।

50. *(a)* सोना (Au) को क्षार निक्षालन तकनीक के द्वारा निकाला जाता है। Au के निष्कर्षण के लिए साइनाइड तकनीक (मॉक आर्थर-फोरेस्ट तकनीक) का इस्तेमाल किया जाता है। अयस्क को चूर्णित कर झाग प्लवनशीलता द्वारा सान्द्रण करने के लिए बाद NaCN के तनु विलयन से निक्षालित किया जाता है। निक्षालन के दौरान अयस्क को चूने की मदद से क्षारीय बनाकर हवा के प्रवाह से उत्तेजित किया जाता है। Au विलयन में यूरोसाइनाइड के रूप में घुल जाता है।

51. *(3)*

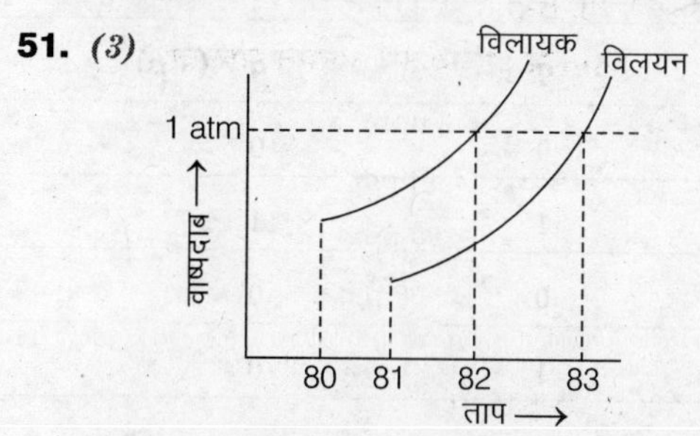

वक्र के अनुसार 1 atm दाब पर विलायक का क्वथनांक $= 83°C$ होगा।

52. *(70)* 2-मिथाइल 2-ब्यूटीन (*X*) ओजोनीकरण प्रतिक्रिया के दौरान एक मोल O_3 इस्तेमाल करता है और एक मोल. एथेनॉल व एक मोल प्रोपेनॉल का उत्पादन करता है।

$$CH_3—CH{=}C\langle^{CH_3}_{CH_3} \xrightarrow{\text{ओजोनीकरण}} CH_3CHO + \;^{CH_3}_{H_3C}\rangle C{=}O$$

2-मिथाइल 2 ब्यूटीन (X) → एथेनल + प्रोपेनॉन

मोलर द्रव्यमान, $X = 12 \times 5 + 1 \times 10 = 60 + 10 = 70\text{ u}$

53. *(1200)* विद्युत तापक शक्ति $= 60\text{ W} = 60\text{ J/s}$

उत्सर्जित कुल ऊर्जा $= 60 \times 100 = 6000\text{ J}$

ऊष्मा धारिता × तापमान में अन्तर = उत्सर्जित कुल ऊर्जा

ऊष्मा धारिता $\times 5°C = 6000$

ऊष्मा धारिता $= \frac{6000}{5} = 1200\text{ J/K}$

54. *(2)* दिए गए कथनों में से A व B सही हैं।

आर्हेनियस समीकरण के अनुसार,

$$K = Ae^{-E_a/RT}$$

या $$\log K = \log A - \frac{E_a}{2.303R} \times \frac{1}{T}$$

अत: E_a का मान जितना अधिक होगा, *K* उतना ही अधिक तापमान पर निर्भर करेगा।

55. *(3)* आदर्श गैस समीकरण के अनुसार,

CH_4 के लिए

$$p_{CH_4}V_{CH_4} = n_{CH_4}RT$$
$$2 \times 2 = n_{CH_4}RT \Rightarrow n_{CH_4} = 4/RT$$

CO_2 के लिए

$$p_{CO_2}V_{CO_2} = n_{CO_2}RT \Rightarrow 4 \times 3 = n_{CO_2}RT$$
$$n_{CO_2} = 12/RT$$

Ne के लिए

$$p_{Ne}V_{Ne} = n_{Ne}RT$$
$$3 \times 4 = n_{Ne}RT \Rightarrow n_{Ne} = 12/RT$$

कुल मोल $(n_T) = n_{CH_4} + n_{CO_2} + n_{Ne} = 28/RT$

कुल दाब $(p_T) = \frac{n_TRT}{V_T} = \frac{28}{RT} \times \frac{RT}{V_T} = \frac{28}{V_T} = \frac{28}{(2+3+4)} = 3$

56. *(11)* कार्बन का प्रतिशत $= \frac{12}{44} \times \frac{\text{उत्पन्न } CO_2 \text{ का मान}}{\text{यौगिक का द्रव्यमान}} \times 100$

$$60 = \frac{12}{44} \times \frac{\text{उत्पन्न } CO_2 \text{ का मान}}{0.5} \times 100$$

उत्पन्न CO_2 का मान $= \frac{60 \times 44 \times 0.5}{12 \times 100} = 1.1\text{ g} = 11 \times 10^{-1}\text{ g}$

57. *(11)* XeF_4 की प्रतिक्रिया SbF_5 से करने पर $[XeF_3]^+$ and $[SbF_6]^-$ बनता है।

$$XeF_4 + SbF_5 \longrightarrow [XeF_3]^+[SbF_6]^-$$

$\therefore$ $m = 3 \Rightarrow n = 1$

$y = 6 \Rightarrow z = 1$

$m + n + y + z = 3 + 1 + 6 + 1 = 11$

58. *(3)* फैजान नियम के अनुसार, धनायन की ध्रुवीकरण क्षमता, ऋणायन की विकृति व ऋणायन की ध्रुवणीयता का प्रभाव आयनिक बन्ध के सहसंयोजी गुण प्रतिशत पर पड़ेगा।

59. *(1)* गैर-चरण में परमाणुओं का उत्सर्जन वर्णक्रम लाल से बैंगनी तक तरंगदैर्ध्य का निरन्तर प्रसार नहीं दिखाता है बल्कि वह कुछ निश्चित तरंगदैर्ध्य ही उत्सर्जित करता है जिनके बीच काली रंग की पट्टियाँ होती हैं। अत: कथन (b) गलत है।

60. *(2)* फीनॉल्फ्थैलीन का इस्तेमाल दुर्बल अम्ल व प्रबल क्षार के अनुमापन में किया जाता है। यह pH 8.5–9.0 के मध्य क्रियाशील है। अत: कथन A गलत है व कथन B सही है।

फीनॉल्फ्थैलीन एक दुर्बल कार्बनिक अम्ल है जिसका रासायनिक सूत्र $C_{20}H_{14}O_4$ है। अत: कथन C गलत है

अम्लीय माध्यम में फीनॉल्फ्थैलीन आयन नहीं बनाता। अत: रंगहीन रहता है। कथन D सही है।

गणित

61. *(b)* दिया है, $z = \alpha + i\beta$

और $|z+2| = z + 4(1+i)$

$\Rightarrow |\alpha + i\beta + 2| = \alpha + i\beta + 4 + 4i$

$\Rightarrow \sqrt{(\alpha+2)^2 + \beta^2} = (\alpha+4) + i(\beta+4)$

वास्तविक और काल्पनिक भागों की तुलना करने पर, हम पाते हैं

$$\beta + 4 = 0 \Rightarrow \beta = -4$$

और $\sqrt{(\alpha+2)^2 + \beta^2} = \alpha + 4$

$\Rightarrow \sqrt{(\alpha+2)^2 + 16} = \alpha + 4$

$\Rightarrow \sqrt{\alpha^2 + 4 + 4\alpha + 16} = \alpha + 4$

$\Rightarrow \alpha^2 + 4\alpha + 20 = \alpha^2 + 16 + 8\alpha \Rightarrow \alpha = 1$

$\therefore \alpha = 1, \beta = -4 \Rightarrow \alpha + \beta = 1 - 4 = -3$

$\alpha\beta = 1(-4) = -4$

अत: समीकरण

$$x^2 - (-3-4)x + (-3)(-4) = 0 \Rightarrow x^2 + 7x + 12 = 0$$

62. *(a)* $f(x) = \dfrac{\sin x + \cos x - \sqrt{2}}{\sin x - \cos x}$

अंश व हर को $\sqrt{2}$ से भाग देने पर,

$$= \frac{\frac{1}{\sqrt{2}}\sin x + \frac{1}{\sqrt{2}}\cos x - 1}{\frac{1}{\sqrt{2}}\sin x - \frac{1}{\sqrt{2}}\cos x}$$

$$f(x) = \frac{\sin\left(x + \frac{\pi}{4}\right) - 1}{\sin\left(x - \frac{\pi}{4}\right)}$$

$f(x)$ का x के सापेक्ष अवकलन करने पर हम पाते हैं

$$f(x) = \frac{\sin\left(x - \frac{\pi}{4}\right)\cdot\cos\left(x + \frac{\pi}{4}\right) - \cos\left(x - \frac{\pi}{4}\right)\left[\sin\left(x + \frac{\pi}{4}\right) - 1\right]}{\sin^2\left(x - \frac{\pi}{4}\right)}$$

$$f'(x) = \frac{\sin\left(x - \frac{\pi}{4}\right)\cdot\cos\left(x + \frac{\pi}{4}\right) - \cos\left(x - \frac{\pi}{4}\right)\cdot\sin\left(x + \frac{\pi}{4}\right) + \cos\left(x - \frac{\pi}{4}\right)}{\sin^2\left(x - \frac{\pi}{4}\right)}$$

$$= \frac{\sin\left(x - \frac{\pi}{4} - x - \frac{\pi}{4}\right) + \cos\left(x - \frac{\pi}{4}\right)}{\sin^2\left(x - \frac{\pi}{4}\right)}$$

$$= \frac{\sin\left(-\frac{\pi}{2}\right) + \cos\left(x - \frac{\pi}{4}\right)}{\sin^2\left(x - \frac{\pi}{4}\right)}$$

$$= \frac{\cos\left(x - \frac{\pi}{4}\right) - 1}{\sin^2\left(x - \frac{\pi}{4}\right)} = \frac{-1}{1 + \cos\left(x - \frac{\pi}{4}\right)}$$

पुन: $f'(x)$ का x के सापेक्ष अवकलन करने पर हम पाते हैं

$$f''(x) = \frac{-\sin\left(x - \frac{\pi}{4}\right)}{\left[1 + \cos\left(x - \frac{\pi}{4}\right)\right]^2}$$

अब, $f\left(\frac{7\pi}{12}\right) = \frac{-1}{\sqrt{3}}$ और $f''\left(\frac{7\pi}{12}\right) = \frac{-2\sqrt{3}}{9}$

$$\therefore \quad f\left(\frac{7\pi}{12}\right) f''\left(\frac{7\pi}{12}\right) = \frac{-1}{\sqrt{3}} \times \frac{-2\sqrt{3}}{9} = \frac{2}{9}$$

63. *(a)* सत्य = 1, असत्य = 0

p	q	$p \Rightarrow q$	$q \Rightarrow p$	$(p \Rightarrow q) \Rightarrow (q \Rightarrow p)$	$\sim[(p \Rightarrow q) \Rightarrow (q \Rightarrow p)]$
0	0	1	1	1	0
0	1	1	0	0	1
1	0	0	1	1	0
1	1	1	1	1	0

$\sim p$	q	$q \wedge (\sim p)$
1	0	0
1	1	1
0	0	0
0	1	0

64. *(a)* स्वर– I, EEEE

व्यंजन– N, D, P, N, D, N, C

स्वरों के सदैव एक साथ होने पर तरीकों की संख्या

$$= \frac{8!}{3! \times 2!} \times \frac{5!}{4!} = 16800$$

65. *(a)* माना $\mathbf{a} = \alpha\hat{\mathbf{i}} + 10\hat{\mathbf{j}} + 13\hat{\mathbf{k}}$

$$\mathbf{b} = 6\hat{\mathbf{i}} + 11\hat{\mathbf{j}} + 11\hat{\mathbf{k}}$$

$$\mathbf{c} = \frac{9}{2}\hat{\mathbf{i}} + \beta\hat{\mathbf{j}} - 8\hat{\mathbf{k}}$$

यदि $P(\mathbf{a})$, $Q(\mathbf{b})$, $R(\mathbf{c})$ संरेख है, तब $\mathbf{PQ} \parallel \mathbf{QR} \parallel \mathbf{PR}$

अब, $\mathbf{PQ} = (6-\alpha)\hat{\mathbf{i}} + \hat{\mathbf{j}} - 2\hat{\mathbf{k}}$

$$\mathbf{QR} = -\frac{3}{2}\hat{\mathbf{i}} + (\beta - 11)\hat{\mathbf{j}} - 19\hat{\mathbf{k}}$$

$$\mathbf{PQ} \parallel \mathbf{QR} \Rightarrow \frac{6-\alpha}{-\frac{3}{2}} = \frac{1}{\beta - 11} = \frac{2}{19}$$

$\Rightarrow \quad 6-\alpha = \frac{-3}{19} \Rightarrow \alpha = \frac{117}{19} \Rightarrow 19\alpha = 117$

और $\beta - 11 = \frac{19}{2} \Rightarrow \beta = \frac{41}{2}$

$\Rightarrow \quad 6\beta = 123$

$(19\alpha - 6\beta)^2 = (117-123)^2 = 36$

66. *(a)* $S_K = \frac{1+2+\ldots+K}{K} = \frac{K(K+1)}{2K} = \frac{K+1}{2}$

$$\sum_{K=1}^{n} S_K^2 = \sum_{K=1}^{n}\left(\frac{K+1}{2}\right)^2 = \frac{1}{4}\sum_{K=1}^{n}(K+1)^2$$

$$= \frac{1}{4}[2^2+3^2+\ldots+(n+1)^2+1^2-1^2]$$

$$= \frac{1}{4}\left[\frac{(n+1)(n+2)(2(n+1)+1)}{6}-1\right]$$

$$= \frac{1}{4}\left[\frac{(n+1)(n+2)(2n+3)-6}{6}\right]$$

$$= \frac{(n+1)(n+2)(2n+3)-6}{24}$$

$$= \frac{n(2n^2+9n+13)}{24} = \frac{n}{A}(Bn^2+Cn+D) \quad \text{[दिया है]}$$

दोनों तरफ तुलना करने पर, हम पाते हैं

$A = 24, B = 2, C = 9, D = 13$

$A + B = 24 + 2 = 26$, $D = 13$ से विभाज्य है।

67. *(b)*

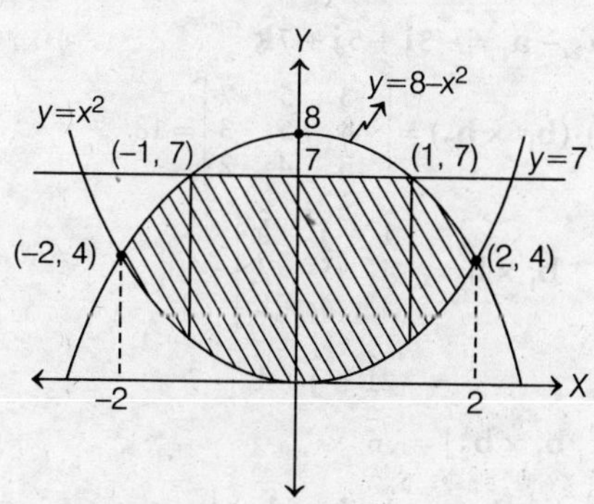

$y \le 7, x^2 \le y \le 8 - x^2$

$x^2 = y$ और $y = 8 - x^2$ के प्रतिच्छेदन बिन्दु

$\Rightarrow \quad x^2 = 8 - x^2$

$x = \pm 2$

अभीष्ट क्षेत्रफल $= 2\int_0^1 (7-x^2)\,dx + 2\int_1^2 (8-x^2-x^2)\,dx$

$$= 2\left[7x - \frac{x^3}{3}\right]_0^1 + 2\left[8x - \frac{2x^3}{3}\right]_1^2$$

$$= 2\left(7 - \frac{1}{3} + 8(2-1) - \frac{2}{3}(8-1)\right)$$

$$= 2(15-5) = 20$$

68. *(c)* दिया है,

$$A = \begin{bmatrix}1 & 1\\0 & 1\end{bmatrix},\ P = \begin{bmatrix}\frac{\sqrt{3}}{2} & \frac{1}{2}\\ \frac{-1}{2} & \frac{\sqrt{3}}{2}\end{bmatrix}$$

$$A^2 = \begin{bmatrix}1 & 2\\0 & 1\end{bmatrix},\ P^T = \begin{bmatrix}\frac{\sqrt{3}}{2} & \frac{-1}{2}\\ \frac{1}{2} & \frac{\sqrt{3}}{2}\end{bmatrix}$$

$$A^n = \begin{bmatrix}1 & n\\0 & 1\end{bmatrix}$$

$$PP^T = \begin{bmatrix}\frac{\sqrt{3}}{2} & \frac{1}{2}\\ \frac{-1}{2} & \frac{\sqrt{3}}{2}\end{bmatrix}\begin{bmatrix}\frac{\sqrt{3}}{2} & -\frac{1}{2}\\ \frac{1}{2} & \frac{\sqrt{3}}{2}\end{bmatrix} = \begin{bmatrix}1 & 0\\0 & 1\end{bmatrix} = I$$

अब, $\begin{bmatrix}a & b\\c & d\end{bmatrix} = P^T Q^{2007} P$

$= P^T(PAP^T)(PAP^T)(PAP^T)\ldots(PAP^T)P$

$= IAIA \ldots IAI = A^{2007}$

$\Rightarrow \quad \begin{bmatrix}a & b\\c & d\end{bmatrix} = \begin{bmatrix}1 & 2007\\0 & 1\end{bmatrix} \quad \left\{\because A^n = \begin{bmatrix}1 & n\\0 & 1\end{bmatrix}\right\}$

दोनों ओर तुलना करने पर, हम पाते हैं

$a = 1, b = 2007, c = 0, d = 1$

$\therefore \quad 2a + b - 3c - 4d = 2005$

69. *(b)* दिया है, त्रिभुज की भुजाएँ

$4x + 3y = 69 \quad \ldots(i)$

$4y - 3x = 17 \Rightarrow 3x - 4y = -17 \quad \ldots(ii)$

$x + 7y = 61 \quad \ldots(iii)$

$\because$ रेखा (i) और (ii) एक-दूसरे के लम्बवत् है।

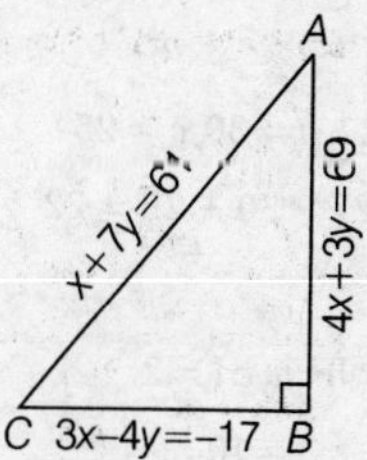

$\therefore$ परिकेन्द्र AC का मध्य-बिन्दु है (दी गई आकृति के अनुसार)

समी (i) और समी (iii) को 4 से गुणा करके हल करने पर

$$\begin{aligned}4x + 3y &= 69\\ 4x + 28y &= 244\\ - \quad - \quad &\quad -\\ \hline -25y &= -175\end{aligned}$$

$\Rightarrow \quad y = 7$ और $x = 12$

$A(12, 7)$

c के मान के लिए, समी. (ii) व (iii) को हल करने पर

$$\begin{aligned}3x - 4y &= -17\\ 3x + 21y &= 183\\ - \quad - \quad &\quad -\\ \hline -25y &= -200\end{aligned}$$

$y = 8$ और $x = 5$

$\Rightarrow C(5, 8)$

परिकेन्द्र के निर्देशांक = AC का मध्य-बिन्दु

$$= \left(\frac{5+12}{2}, \frac{7+8}{2}\right) = \left(\frac{17}{2}, \frac{15}{2}\right) = (\alpha, \beta)$$

$$\therefore \quad \alpha = \frac{17}{2}, \beta = \frac{15}{2}$$

$$\therefore \quad (\alpha - \beta)^2 + \alpha + \beta = 1 + 16 = 17$$

70. *(d)* दिए गए समतल $x + 2y + 3z - 4 = 0$ ...(i)

और $2x + y - z + 5 = 0$ ...(ii)

समतल (i) और (ii) के प्रतिच्छेदन रेखा से गुजरने वाले समतल की समीकरण $(x + 2y + 3z - 4) + \lambda(2x + y - z + 5) = 0$

$\Rightarrow \quad (1 + 2\lambda)x + (2 + \lambda)y + (3 - \lambda)z + (5\lambda - 4) = 0$ ...(iii)

जो लम्बवत् है

$$\mathbf{r} = (\hat{\mathbf{i}} - \hat{\mathbf{j}}) + \lambda(\hat{\mathbf{i}} + \hat{\mathbf{j}} + \hat{\mathbf{k}}) + \mu(\hat{\mathbf{i}} - 2\hat{\mathbf{j}} + 3\hat{\mathbf{k}}) \quad \text{...(iv)}$$

समतल (iv) का अभिलम्ब,

$$\begin{vmatrix} \hat{\mathbf{i}} & \hat{\mathbf{j}} & \hat{\mathbf{k}} \\ 1 & 1 & 1 \\ 1 & -2 & 3 \end{vmatrix} = 5\hat{\mathbf{i}} - 2\hat{\mathbf{j}} - 3\hat{\mathbf{k}} \quad \text{...(v)}$$

समतल (iii), (iv) और अभिलम्ब (v) लम्बवत् है

$$\therefore \quad 5(1 + 2\lambda) - 2(2 + \lambda) - 3(3 - \lambda) = 0$$

$$\Rightarrow \quad \lambda = \frac{8}{11}$$

समतल का समीकरण

$$\frac{27}{11}x + \frac{30}{11}y + \frac{25}{11}z - \frac{4}{11} = 0$$

$$\Rightarrow \quad 27x + 30y + 25z = 4$$

$ax + by + cz = 4$, से तुलना करने पर,

हम पाते हैं

$$a = 27, b = 30, c = 25$$

अतः $\quad a - b + c = 27 - 30 + 25 = 22$

71. *(b)* दिया है,

$$n(A) = 5 \text{ और } n(B) = 2$$

तब, $\quad n(A \times B) = 5 \times 2 = 10$

$\therefore$ उपसमुच्चयों की संख्या

$$= {}^{10}C_3 + {}^{10}C_4 + {}^{10}C_5 + {}^{10}C_6$$

$$= 120 + 210 + 252 + 210$$

$$= 792$$

72. *(b)* $|\text{adj (adj (adj } 2A))|$

$$= |2A|^{(n-1)^3} = |2A|^8 = (2^3 |A|)^8 = 2^{24} |A|^8$$

अब, $\quad A = \begin{bmatrix} 2 & 1 & 0 \\ 1 & 2 & -1 \\ 0 & -1 & 2 \end{bmatrix}$

$$|A| = 4$$

$$\therefore |\text{adj (adj (adj } 2A))| = 2^{24} \cdot 4^8 = 2^{24} \cdot 2^{16}$$

$$= 2^{40} = (16)^{10} = (16)^n \quad [\because \text{दिया है}]$$

$$\therefore \quad n = 10$$

73. *(d)* माना D : बोल्ट खराब है

A : बोल्ट मशीन A से निर्मित होता है

B : बोल्ट मशीन B से निर्मित होता है

C : बोल्ट मशीन C से निर्मित होता है

तब, $P(A) = \frac{20}{100}, P(B) = \frac{30}{100}, P(C) = \frac{50}{100}$

$$P(D/A) = \frac{3}{100}, P(D/B) = \frac{4}{100}, P(D/C) = \frac{2}{100}$$

$$P(C/D) = \frac{P(C)\,P(D/C)}{P(A)\cdot P(D/A) + P(B)\cdot P(D/B) + P(C)\cdot P(D/C)}$$

$$= \frac{\frac{50}{100} \times \frac{2}{100}}{\frac{20}{100} \times \frac{3}{100} + \frac{30}{100} \times \frac{4}{100} + \frac{50}{100} \times \frac{2}{100}} = \frac{5}{14}$$

74. *(a)* दी गई रेखाएँ

$$\frac{x-4}{4} = \frac{y+2}{5} = \frac{z+3}{3} = \lambda \quad \text{(माना)}$$

$$\frac{x-1}{3} = \frac{y-3}{4} = \frac{z-4}{2} = \mu \quad \text{(माना)}$$

सदिश रूप में रेखा का समीकरण

$$L_1 : \mathbf{r} = (4\hat{\mathbf{i}} - 2\hat{\mathbf{j}} - 3\hat{\mathbf{k}}) + \lambda(4\hat{\mathbf{i}} + 5\hat{\mathbf{j}} + 3\hat{\mathbf{k}})$$

और $\quad L_2 : \mathbf{r} = (\hat{\mathbf{i}} + 3\hat{\mathbf{j}} + 4\hat{\mathbf{k}}) + \mu(3\hat{\mathbf{i}} + 4\hat{\mathbf{j}} + 2\hat{\mathbf{k}})$

यहाँ, $\quad \mathbf{a}_1 = 4\hat{\mathbf{i}} - 2\hat{\mathbf{j}} - 3\hat{\mathbf{k}}, \mathbf{b}_1 = 4\hat{\mathbf{i}} + 5\hat{\mathbf{j}} + 3\hat{\mathbf{k}}$

$$\mathbf{a}_2 = \hat{\mathbf{i}} + 3\hat{\mathbf{j}} + 4\hat{\mathbf{k}}, \mathbf{b}_2 = 3\hat{\mathbf{i}} + 4\hat{\mathbf{j}} + 2\hat{\mathbf{k}}$$

अब, $\quad \mathbf{a}_2 - \mathbf{a}_1 = -3\hat{\mathbf{i}} + 5\hat{\mathbf{j}} + 7\hat{\mathbf{k}}$

$$(\mathbf{a}_2 - \mathbf{a}_1)\cdot(\mathbf{b}_1 \times \mathbf{b}_2) = \begin{vmatrix} -3 & 5 & 7 \\ 4 & 5 & 3 \\ 3 & 4 & 2 \end{vmatrix} = 18$$

$$\mathbf{b}_1 \times \mathbf{b}_2 = \begin{vmatrix} \hat{\mathbf{i}} & \hat{\mathbf{j}} & \hat{\mathbf{k}} \\ 4 & 5 & 3 \\ 3 & 4 & 2 \end{vmatrix}$$

$$= -2\hat{\mathbf{i}} + \hat{\mathbf{j}} + \hat{\mathbf{k}}$$

$$|\mathbf{b}_1 \times \mathbf{b}_2| = \sqrt{6}$$

$$\text{न्यूनतम दूरी} = \left| \frac{(\mathbf{a}_2 - \mathbf{a}_1)\cdot(\mathbf{b}_1 \times \mathbf{b}_2)}{|\mathbf{b}_1 \times \mathbf{b}_2|} \right|$$

$$= \frac{18}{\sqrt{6}} = 3\sqrt{6}$$

75. *(d)* दिया है, लड़कों की संख्या = 7

लड़कियों की संख्या = 5

लड़कों के बैठने के तरीके = $(7-1)! = 6! = 720$

लड़कों के बैठने के बाद 7 रिक्त जगहों पर 5 लड़कियों को बैठना है

$\therefore$ कुल तरीकों की संख्या $= 720 \times {}^7C_5 \cdot 5!$

$$= 720 \times \frac{7 \times 6}{1 \times 2} \times 120$$

$$= 7 \times 6 \times 3 \times 120 \times 120$$

$$= 126\,(5!)^2$$

76. *(a)* $I(x) = \int \frac{x+1}{x(1+xe^x)^2}\,dx = \int \frac{(x+1)e^x\,dx}{xe^x(1+xe^x)^2}$

माना $1 + xe^x = t$

$\Rightarrow \quad (x+1)\,e^x\,dx = dt$

$$I_{(x)} = \int \frac{dt}{(t-1)\,t^2} \quad ...(i)$$

$$\frac{1}{t^2(t-1)} = \frac{A}{t} + \frac{B}{t^2} + \frac{C}{t-1}$$

$\Rightarrow \quad 1 = At(t-1) + B(t-1) + Ct^2$

$t = 0$ रखने पर, हम पाते हैं

$B = -1$

तथा $t = 1$ रखने पर, हम पाते हैं

$C = 1$

t^2 के गुणांकों की तुलना करने पर,

$A + C = 0 \Rightarrow C = -A$

$\Rightarrow \quad A = -1$

$\therefore \quad I_{(x)} = \int \left(\frac{-1}{t} + \frac{-1}{t^2} + \frac{1}{t-1}\right) dt$

$= -\ln(t) + \frac{1}{t} + \ln(t-1) + K$

$I_{(x)} = \frac{1}{1+xe^x} + \ln\left(\frac{xe^x}{1+xe^x}\right) + K$

अब, $x \to \infty, I_{(x)} \to 0$

$\therefore \quad \lim_{x\to\infty} I_{(x)} = \lim_{x\to\infty} \frac{1}{1+xe^x} + \lim_{x\to\infty} \ln\left(\frac{xe^x}{1+xe^x}\right) + K = 0$

$\Rightarrow \quad 0 + 0 + K = 0 \Rightarrow K = 0$

अब, $I_{(1)} = \frac{1}{1+e} + \ln\left(\frac{e}{1+e}\right)$

$= \frac{1}{1+e} + 1 - \ln(1+e)$

$= \frac{2+e}{1+e} - \ln(e+1)$

77. *(c)* $(1+x)^n$ का व्यापक पद $= {}^nC_r\, x^n$

तीन क्रमागत पदों के गुणांक ${}^nC_r, {}^nC_{r+1}, {}^nC_{r+2}$

यहाँ, ${}^nC_r : {}^nC_{r+1} : {}^nC_{r+2} = 1 : 5 : 20$

अब, $\frac{{}^nC_{r+1}}{{}^nC_r} = \frac{5}{1}$

$\Rightarrow \quad \frac{(n+1)-(r+1)}{r+1} = 5$

$\Rightarrow \quad n + 1 = 6(r+1) \quad ...(i)$

और $\frac{{}^nC_{r+2}}{{}^nC_{r+1}} = \frac{(n+1)-(r+2)}{r+2} = \frac{20}{5}$

$\Rightarrow \quad n + 1 = 5(r+2) \quad ...(ii)$

समी (i) और (ii) से,

$5(r+2) = 6(r+1)$

$\Rightarrow \quad r = 4$

$\therefore \quad n + 1 = 5 \times 6 = 30$

$\Rightarrow \quad n = 29$

पाँचवाँ, छठा और सातवाँ तीन क्रमागत पद हैं

अतः चौथे पद का गुणांक

$= {}^{29}C_3 = \frac{29 \times 28 \times 27}{1 \times 2 \times 3} = 3654$

78. *(b)* $x^3 + bx + c = 0$ [दिया है]...(i)

और $\beta\gamma = 1 = -\alpha$ ...(ii)

$\because \alpha, \beta, \gamma$ समीकरण के मूल हैं

$\therefore \quad \alpha + \beta + \gamma = 0 \quad ...(iii)$

$\alpha\beta + \beta\gamma + \gamma\alpha = -b \quad ...(iv)$

$\alpha\beta\gamma = -c \quad ...(v)$

$\because \quad \beta\gamma = 1$ [समी (ii) से]

$\Rightarrow \quad \alpha = -c$ [समी (v) से]

तथा $\alpha = -1$

$\therefore \quad c = 1$

समी (ii) व (iii) से, हम पाते हैं,

$-1 + \beta + \gamma = 0 \Rightarrow \quad \beta + \gamma = 1$

समी (iv) से,

$-\beta - \gamma + \beta\gamma = -b$

$\Rightarrow \quad -1 + 1 = -b \Rightarrow b = 0$

$\therefore$ समी (i) से,

$x^3 + 1 = 0$

समीकरण के मूल, $x = -1, -\omega_1 - \omega^2$

$\alpha = -1, \beta = -\omega, \gamma = -\omega^2$

$b = 0, \; c = 1$

अब, $b^3 + 2c^3 - 3\alpha^3 - 6\beta^3 - 8\gamma^3 = 0 + 2 + 3 + 6 + 8 = 19$

79. *(c)* $\lim_{x\to 0}\left(\frac{1-\cos^2 3x}{\cos^3 4x}\right)\left(\frac{\sin^3 4x}{[\log_e(2x+1)]^5}\right)$

$= \lim_{x\to 0} \frac{\sin^2 3x}{(3x)^2} \times \frac{\sin^3 4x}{(4x)^3} \times \frac{1}{\cos^3 4x} \times \frac{1}{\left[\frac{\log(1+2x)}{2x}\right]^5} \times \frac{3^2 \cdot 4^3}{2^5}$

$= \frac{3^2 \cdot 4^3}{2^5} = 9 \times 2 = 18$

80. *(a)* $y^2 = 20x$ की नाभि $R(5, 0)$ है।

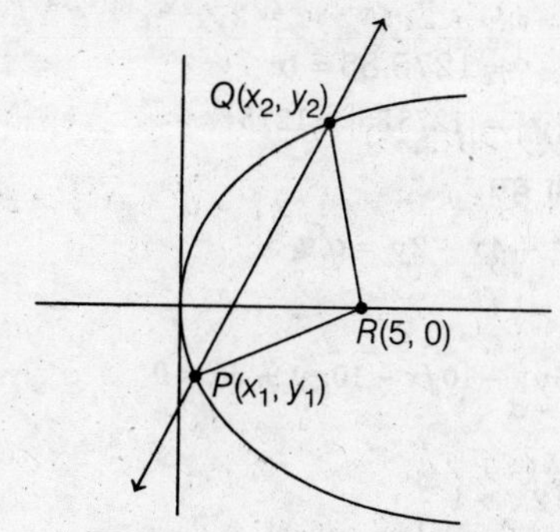

PQR का केन्द्रक

$G(10, 10) = G\left(\frac{x_1 + x_2 + 5}{3}, \frac{y_1 + y_2 + 0}{3}\right)$

$\Rightarrow \quad x_1 + x_2 = 25, y_1 + y_2 = 30$

$C - m = 6 \Rightarrow C = m + 6$

$\therefore$ रेखा $y = mx + m + 6$

$\Rightarrow \quad x = \frac{y - (m+6)}{m}$

परवलय $y^2 = 20x$, से x को हटाने पर, हम पाते हैं

$$y^2 = 20\left(\frac{y - (m+6)}{m}\right)$$

$\Rightarrow \quad my^2 - 20y + 20(m+6) = 0$

जिसके मूल y_1 और y_2 हैं

मूलों का योग

$$y_1 + y_2 = \frac{20}{m} = 30 \Rightarrow m = \frac{2}{3} = \frac{2}{3} + 6 = \frac{20}{3}$$

$m = \frac{2}{3}$ के लिए,

$\Rightarrow \quad \frac{2}{3}y^2 - 20y + 20\left(\frac{2}{3} + 6\right) = 0$

$\Rightarrow \quad y^2 - 30y + 200 = 0$

$$y^2 - 20y - 10y + 200 = 0$$

$$y(y - 20) - 10(y - 20) = 0$$

$$(y - 20)(y - 10) = 10$$

$$y = 20, 10$$

जब $y = 20, x = 20$

जब $y = 10, x = 5$

$PQ^2 = (x_2 - x_1)^2 + (y_2 - y_1)^2 = (20 - 5)^2 + (20 - 10)^2$

$= 15^2 + 10^2 = 225 + 100 = 325$

81. *(1275)* $\left(3x^2 - \frac{1}{2x^5}\right)^7$ के प्रसार में व्यापक पद

$$T_{r+1} = {}^7C_r (3x^2)^{7-r}\left(-\frac{1}{2x^5}\right)^r$$

x के स्वतन्त्र पद के लिए

$$14 - 2r - 5r = 0 \Rightarrow r = 2$$

$\therefore$ अभीष्ट गुणांक $= {}^7C_2\, 3^{7-2}\left(-\frac{1}{2}\right)^2 = \frac{7 \cdot 6}{2} \cdot 3^5 \cdot \frac{1}{4}$

$= 1275.85 = \alpha$

$|\alpha| = |1275.85| = 1275$

82. *(2)* दिया गया वृत्त

$C_1 : x^2 + y^2 - 4x - 2y = \alpha - 5$

केन्द्र $(2, 1)$

$C_2 : 5x^2 + 5y^2 - 10fx - 10gy + 36 = 0$

केन्द्र (f, g)

रेखा $L : y = 2x + 1$

बिन्दु $(2, 1)$ का रेखा L में प्रतिबिम्ब (f, g) है,

$$\frac{x-2}{2} = \frac{y-1}{-1} = \frac{-2(4-1+1)}{5} = -\frac{8}{5}$$

$\Rightarrow \quad x = -\frac{6}{5} = f \Rightarrow y = \frac{13}{5} = g$

दोनों वृत्तों की त्रिज्या समान है

$\therefore \; 4 + 1 - (5 - \alpha) = f^2 + g^2 - \frac{36}{5} \Rightarrow \alpha = 1$

C_2 की त्रिज्या, $r = \sqrt{\frac{36}{25} + \frac{169}{25} - \frac{36}{5}} = 1$

$\alpha + r = 1 + 1 = 2$

83. *(3)* दी गई अवकल समीकरण

$(y - 2\log_e x)\,dx + (x \log_e x^2)\,dy = 0$

$\Rightarrow \quad 2x \log x \frac{dy}{dx} + y = 2\log_e x$

$\Rightarrow \quad \frac{dy}{dx} + \frac{y}{2x \log_e x} = \frac{1}{x}$

$\therefore$ If $= e^{\int \frac{1}{2x \log_e x} dx} = e^{\frac{1}{2}\log(\log x)} = \sqrt{\log x}$

$\therefore$ अवकल समीकरण का हल

$$y \cdot \sqrt{\log_e x} = \int \frac{1}{x} \sqrt{\log x}\, dx + C$$

$$y\sqrt{\log_e x} = \frac{(\log x)^{3/2}}{3/2} + C$$

यह $\left(e, \frac{4}{3}\right)$ से गुजरती है।

$\Rightarrow \quad \frac{4}{3} = \frac{2}{3} + C \Rightarrow C = \frac{2}{3}$

यह (e^4, α) से भी गुजरता है

$\therefore \quad \alpha \cdot (2) = \frac{16}{3} + \frac{2}{3} = 6 \Rightarrow \alpha = 3$

84. *(31)* $66\,!$ में 3 का घातांक

$$= \left[\frac{66}{3}\right] + \left[\frac{66}{3^2}\right] + \left[\frac{66}{3^3}\right] = 22 + 7 + 2 = 31$$

महत्तम $n = 31$

85. *(25)* माध्य $= 9$

$\Rightarrow \quad \frac{x + y + 12 + 6 + 4 + 8 + 12 + 10}{8} = 9$

$\Rightarrow \quad x + y = 20 \qquad \ldots(i)$

प्रसरण $= 9.25$

$$\frac{x^2 + y^2 + 12^2 + 6^2 + 4^2 + 8^2 + 12^2 + 10^2}{8} - 9^2 = 9.25$$

$\Rightarrow \quad x^2 + y^2 = 218 \qquad \ldots(ii)$

समी. (i) व (ii) से y को विलुप्त करने पर, हम पाते हैं

$$x^2 + (20 - x)^2 = 218$$

$\Rightarrow \quad x^2 - 20x + 91 = 0 \Rightarrow x = 7, 13$

$x = 13, y = 7 \qquad (x > y)$

$\therefore \quad 3x - 2y = 39 - 14 = 25$

86. *(19)* $A=\{0,3,4,6,7,8,9,10\}$

$R=\{(x,y): x,y\in A, x-y=2$ या विषम धन पूर्णांक$\}$

$R=\{(6,4),(8,6),(9,7),(10,8),(3,0),(7,0),(9,0),(4,3),(6,3),(8,3),(10,3),(7,4),(9,4),(7,6),(9,6),(8,7),(10,7),(9,8),(10,9)\}$

इसे सममित बनाने के लिए 19 और अवयवों को जोड़ना होगा।

87. *(11)* $\mathbf{a}=6\hat{\mathbf{i}}+9\hat{\mathbf{j}}+12\hat{\mathbf{k}}$

$\mathbf{b}=\alpha\hat{\mathbf{i}}+11\hat{\mathbf{j}}-2\hat{\mathbf{k}}$

$\mathbf{a}\cdot\mathbf{b}=6\alpha+99-24=6\alpha+75$

$|\mathbf{a}|=\sqrt{36+81+144}=\sqrt{261}$

यदि, $\mathbf{a}\times\mathbf{c}=\mathbf{a}\times\mathbf{b}$ तथा $\mathbf{a}\cdot\mathbf{c}=-12$

$\mathbf{c}\cdot(\hat{\mathbf{i}}-2\hat{\mathbf{j}}+\hat{\mathbf{k}})=5$

$\therefore\quad \mathbf{a}\times\mathbf{c}=\mathbf{a}\times\mathbf{b}\Rightarrow \mathbf{a}\times(\mathbf{c}-\mathbf{b})=0$

$\Rightarrow\quad \mathbf{c}-\mathbf{b}\,||\,\mathbf{a}\Rightarrow \mathbf{c}=\mathbf{b}+\mathbf{a}\lambda$

अब, $\quad \mathbf{c}\cdot\mathbf{a}=\mathbf{b}\cdot\mathbf{a}+|\mathbf{a}|^2\lambda$

$\Rightarrow\quad 6\alpha+75+261\lambda=-12$

$\Rightarrow\quad 6\alpha+261\lambda=-87$ ...(i)

तथा, $(\mathbf{b}+\lambda\mathbf{a})\cdot(\hat{\mathbf{i}}-2\hat{\mathbf{j}}+\hat{\mathbf{k}})=5$

$\Rightarrow\quad (\alpha-22-2)+\lambda(6-18+12)=5\Rightarrow \alpha=29$

समी. (i) से,

$\lambda=-1$

इसीलिए, $\mathbf{c}(\hat{\mathbf{i}}+\hat{\mathbf{j}}+\hat{\mathbf{k}})=(\mathbf{b}-\mathbf{a})\cdot(\hat{\mathbf{i}}+\hat{\mathbf{j}}+\hat{\mathbf{k}})=11$

88. *(9)* दिया गया समतल

$2x+3y-6z+7=0$ ...(i)

और माना बिन्दु $A\left(\frac{5}{2},1,\lambda\right)$ और $B(-2,0,1)$ समतल (i) से समान दूरी पर स्थित है।

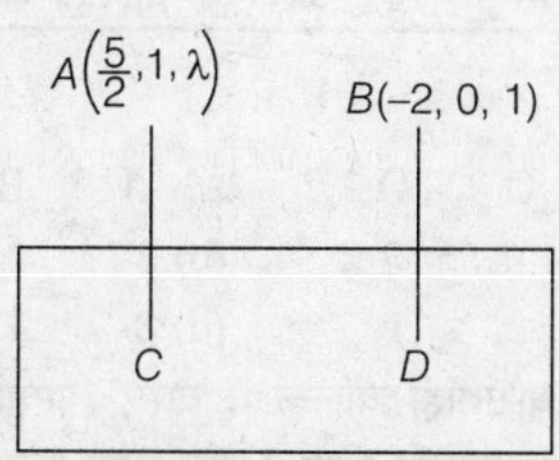

$\because\ AC=BD=\left|\frac{5+3-6\lambda+7}{\sqrt{4+9+36}}\right|=\left|\frac{-4-6+7}{\sqrt{4+9+36}}\right|$

$\Rightarrow\quad 15-6\lambda=\pm 3$

$\Rightarrow\quad 6\lambda=12,18\Rightarrow \lambda=2,3$

$\Rightarrow\quad \lambda_1>\lambda_2$

$\therefore\quad \lambda_1=3,\lambda_2=2$

बिन्दु $(\lambda_1-\lambda_2,\lambda_2,\lambda_1)=(1,2,3)$

बिन्दु $P(1,2,3)$ की रेखा से दूरी

$\frac{x-5}{1}=\frac{y-1}{2}=\frac{z+7}{2}=\mu$ (माना)

बिन्दु Q रेखा पर है

$Q(\mu+5,2\mu+1,2\mu-7)$

P(1, 2, 3)

Q $\quad \frac{x-5}{1}=\frac{y-1}{2}=\frac{z+7}{2}$

$$\frac{x-5}{1}=\frac{y-1}{2}=\frac{z+7}{2}$$

PQ के दिक् अनुपात : $\mu+4, 2\mu-1, 2\mu-10$

रेखा के दिक् अनुपात : 1, 2, 2

$\because PQ$, रेखा के लम्बवत् है।

$\Rightarrow\quad (\mu+4)\cdot 1+(2\mu-1)\cdot 2+(2\mu-10)2=0$

$\Rightarrow\quad \mu=2$

$Q(7,5,-3)$

$\therefore\quad PQ=\sqrt{36+9+36}=9$

89. *(14)* माना $I=\frac{2}{\pi}\int_{\pi/6}^{5\pi/6}\{8[\operatorname{cosec}x]-5[\cot x]\}\,dx$

$x\in\left(\frac{\pi}{6},\frac{5\pi}{6}\right)$

$\operatorname{cosec}x\in[1,2]$

$\Rightarrow\quad [\operatorname{cosec}x]=1$ और $x\in\left(\frac{\pi}{6},\frac{\pi}{4}\right)$ के लिए

$[\cot x]=1$

$x\in\left(\frac{\pi}{4},\frac{\pi}{2}\right)$

$[\cot x]=0$

$x\in\left(\frac{\pi}{2},\frac{3\pi}{4}\right)$

$[\cot x]=-1$

$x\in\left(\frac{3\pi}{4},\frac{5\pi}{6}\right)$

$[\cot x]=(-2)$

$$\therefore\ I=\frac{2}{\pi}\left[\begin{array}{l}\int_{\pi/6}^{5\pi/6}8(1)\,dx-\int_{\pi/6}^{\pi/4}5(1)\,dx-\int_{\pi/4}^{\pi/2}5(0)\,dx\\ -\int_{\pi/2}^{3\pi/4}5(-1)\,dx-\int_{3\pi/4}^{5\pi/6}5(-2)\,dx\end{array}\right]$$

$=\frac{2}{\pi}\times 7\pi=14$

90. *($\sqrt{21}$)* $a_n=\frac{n^3}{n^4+147}$

निम्नतम मान के लिए, $a_n'=0$

$$\frac{(3n^2n^4+147)-n^3(4n^3)}{(n^4+147)^2}$$

$\Rightarrow\quad 3n^2(n^4+147)-4n^6=0$

$\Rightarrow\quad 3n^6+3n^2\cdot 147-4n^6=0$

$\Rightarrow\quad 3n^4+3\times 147-4n^4=0$

$\Rightarrow\quad 441-n^4=0\Rightarrow n^4=441$

$\Rightarrow\quad n=\sqrt[4]{21\times 21}\Rightarrow n=\sqrt[2]{21}$

$\therefore\quad \alpha=\sqrt{21}$

JEE Main संयुक्त प्रवेश परीक्षा

सॉल्वड पेपर 2022

25 जून, प्रथम पाली

भौतिकी

खण्ड 'A' ऑब्जेक्टिव प्रश्न

1. यदि $Z = \frac{A^2B^3}{C^4}$ है, तो Z में आपेक्षिक त्रुटि होगी

(a) $\frac{\Delta A}{A} + \frac{\Delta B}{B} + \frac{\Delta C}{C}$ (b) $\frac{2\Delta A}{A} + \frac{3\Delta B}{B} - \frac{4\Delta C}{C}$

(c) $\frac{2\Delta A}{A} + \frac{3\Delta B}{B} + \frac{4\Delta C}{C}$ (d) $\frac{\Delta A}{A} + \frac{\Delta B}{B} - \frac{\Delta C}{C}$

2. A एक सदिश राशि है ($|A|$ = अशून्य नियतांक), तो निम्न में से A के लिए कौन-सा कथन सत्य है?

(a) $\mathbf{A} \cdot \mathbf{A} = 0$ (b) $\mathbf{A} \times \mathbf{A} < 0$ (c) $\mathbf{A} \times \mathbf{A} = 0$ (d) $\mathbf{A} \times \mathbf{A} > 0$

3. यदि दो इकाई सदिश $\hat{\mathbf{A}}$ तथा $\hat{\mathbf{B}}$ एक-दूसरे से कोण (θ) बनाते हैं, तो निम्न में से कौन-सा सम्बन्ध सत्य है?

(a) $|\hat{\mathbf{A}} + \hat{\mathbf{B}}| = |\hat{\mathbf{A}} - \hat{\mathbf{B}}| \tan \frac{\theta}{2}$ (b) $|\hat{\mathbf{A}} - \hat{\mathbf{B}}| = |\hat{\mathbf{A}} + \hat{\mathbf{B}}| \tan \frac{\theta}{2}$

(c) $|\hat{\mathbf{A}} + \hat{\mathbf{B}}| = |\hat{\mathbf{A}} - \hat{\mathbf{B}}| \cos \frac{\theta}{2}$ (d) $|\hat{\mathbf{A}} - \hat{\mathbf{B}}| = |\hat{\mathbf{A}} + \hat{\mathbf{B}}| \cos \frac{\theta}{2}$

4. यदि एक बल $\mathbf{F} = 3\hat{\mathbf{i}} + 4\hat{\mathbf{j}} - 2\hat{\mathbf{k}}$ एक कण पर कार्यरत् है जिसका स्थिति सदिश $2\hat{\mathbf{i}} + \hat{\mathbf{j}} + 2\hat{\mathbf{k}}$ है तो मूलबिन्दु के परित: आघूर्ण होगा

(a) $3\hat{\mathbf{i}} + 4\hat{\mathbf{j}} - 2\hat{\mathbf{k}}$ (b) $-10\hat{\mathbf{i}} + 10\hat{\mathbf{j}} + 5\hat{\mathbf{k}}$

(c) $10\hat{\mathbf{i}} + 5\hat{\mathbf{j}} - 10\hat{\mathbf{k}}$ (d) $10\hat{\mathbf{i}} + \hat{\mathbf{j}} - 5\hat{\mathbf{k}}$

5. यदि पृथ्वी सतह से एक बिन्दु P की ऊँचाई, पृथ्वी के व्यास के तुल्य है, तो इस बिन्दु P पर गुरुत्वीय त्वरण का मान होगा (दिया है, g = पृथ्वी सतह पर गुरुत्वीय त्वरण)

(a) $g/2$ (b) $g/4$ (c) $g/3$ (d) $g/9$

6. गोलीय वर्षा की बूँद का सीमान्त वेग, बूँद की त्रिज्या r पर निर्भर करता है

(a) $r^{1/2}$ (b) r (c) r^2 (d) r^3

7. 300K ताप पर M मोलर द्रव्यमान की ऑक्सीजन गैस की वर्ग-माध्य-मूल चाल (v_{rms}) तथा प्रायिकता चाल (v_p) के मध्य निम्न सम्बन्ध होगा

(a) $v_{rms} = \sqrt{\frac{2}{3}}\, v_p$ (b) $v_{rms} = \sqrt{\frac{3}{2}}\, v_p$

(c) $v_{rms} = v_p$ (d) $v_{rms} = \sqrt{\frac{1}{3}}\, v_p$

8. चित्र में दर्शाए अनुसार एक पतली शीट धनावेशित है यदि आवेशित सतह से l तथा $2l$ दूरी पर क्रमश दो बिन्दु P_1 तथा P_2 हैं तथा पृष्ठीय आवेश घनत्व σ है, तब P_1 तथा P_2 बिन्दु पर विद्युत क्षेत्र क्रमशः E_1 तथा E_2 हैं

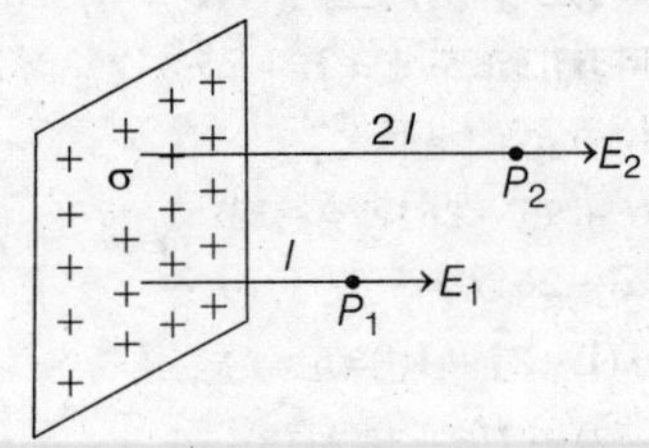

(a) $E_1 = \sigma/\varepsilon_0, E_2 = \sigma/2\varepsilon_0$ (b) $E_1 = 2\sigma/\varepsilon_0, E_2 = \sigma/\varepsilon_0$

(c) $E_1 = E_2 = \sigma/2\varepsilon_0$ (d) $E_1 = E_2 = \sigma/\varepsilon_0$

9. सूची-I को सूची-II से सुमेलित कीजिए।

	सूची-I		सूची-II
A.	AC जनित्र	1.	परिपथ में धारा की उपस्थिति
B.	गैल्वेनोमीटर	2.	यान्त्रिक ऊर्जा का विद्युत ऊर्जा में परिवर्तन
C.	ट्रांसफॉर्मर	3.	AC परिपथ में अनुनाद की स्थिति पर कार्य
D.	धातु संसूचक	4.	प्रत्यावर्ती वोल्टता को निम्न या उच्च करना

कूट

	A	B	C	D		A	B	C	D
(a)	2	1	4	3	(b)	2	1	3	4
(c)	3	4	2	1	(d)	3	1	2	4

10. R त्रिज्या के सीधे धारावाही चालक में धारा, I प्रवाहित हो रही है। चालक के अनुप्रस्थ-काट के एक्रॉस धारा I एकसमान रूप से वितरित है तो केन्द्र से दूरी r के साथ, धारा I के कारण उत्पन्न चुम्बकीय क्षेत्र में परिवर्तन के लिए सही विकल्प है

(a) $B \propto r^2$ (b) $B \propto r$ (c) $B \propto \frac{1}{r^2}$ (d) $B \propto \frac{1}{r}$

11. यदि वाटहीन धारा, AC परिपथ में प्रवाहित होती है, तो परिपथ है

(a) शुद्ध प्रतिरोधी परिपथ (b) शुद्ध प्रेरकत्व परिपथ

(c) L-C-R श्रेणी परिपथ (d) केवल R-C परिपथ

12. एक विद्युत चुम्बकीय तरंग में विद्युत क्षेत्र निम्न प्रकार दिया जाता है

$$E = 56.5 \sin \omega (t - x/c)\ \text{NC}^{-1}$$

यदि तरंग निर्वात् में X-अक्ष के अनुदिश गति करती है तो तरंग की तीव्रता का मान होगा (दिया है, $\varepsilon_0 = 8.85 \times 10^{-12}\ C^2N^{-1}m^{-2}$)

(a) $5.65\ \text{Wm}^{-2}$ (b) $4.24\ \text{Wm}^{-2}$

(c) $1.9 \times 10^{-7}\ \text{Wm}^{-2}$ (d) $56.5\ \text{Wm}^{-2}$

13. दो प्रकाश किरणों की तीव्रता I तथा $9I$ है जिनके व्यतिकरण द्वारा पर्दे पर फ्रिन्ज प्रारूप प्राप्त होता है। यदि बिन्दु P और Q पर प्रकाश किरणों के मध्य कालान्तर क्रमश: $\pi/2$ तथा π है, तो बिन्दु P तथा Q पर परिणामी तीव्रताओं के मध्य अन्तर होगा

(a) $2l$ (b) $6l$ (c) $5l$ (d) $7l$

14. एक प्रकाश किरण, एक माध्यम में रैखिक रूप से गति करती है माध्यम का परावैद्युतांक 4 है यह किरण माध्यम तथा वायु के पृथक्कारी पृष्ठ पर आपतित होती है तो निम्न में से किस आपतन कोण पर प्रकाश किरण पूर्णत: परावर्तित होकर पुन उसी माध्यम में चली जाएगी? (दिया है; माध्यम आपेक्षिक पारगम्यता, $\mu_r = 1$)।

(a) 10° (b) 20° (c) 30° (d) 60°

15. नीचे दो कथन दिए गए हैं

कथन I डेविसन-जर्मर प्रयोग द्वारा इलेक्ट्रॉन की तरंग प्रकृति को बताया गया है।

कथन II यदि इलेक्ट्रॉन की तरंग प्रकृति है, तो यह व्यतिकरण तथा विक्षेपण को प्रदर्शित करना चाहिए।

उपरोक्त कथनों के आधार पर सही विकल्प का चुनाव कीजिए।

(a) कथन I तथा कथन II दोनों सत्य हैं।
(b) कथन I तथा कथन II दोनों असत्य हैं।
(c) कथन I सत्य है तथा कथन II असत्य हैं।
(d) कथन I असत्य है तथा कथन II सत्य हैं।

16. He^+ की तृतीय कक्षा तथा हाइड्रोजन की तृतीय कक्षा में इलेक्ट्रॉन की चाल का अनुपात होगा

(a) 1 : 1 (b) 1 : 2 (c) 4 : 1 (d) 2 : 1

17. प्रकाश सिग्नलों के संसूचन के लिए फोटो-डायोड का उपयोग करते हैं यह पश्च बायस में कार्य करता है क्योंकि

(a) बहुसंख्यक वाहकों में कम परिवर्तन पर अधिक अग्र बायस धारा उत्पन्न होती है
(b) बहुसंख्यक वाहकों में कम परिवर्तन पर कम पश्च बायस धारा उत्पन्न होती है
(c) अल्पसंख्यक वाहकों में कम परिवर्तन पर अधिक अग्र बायस धारा उत्पन्न होती है
(d) अल्पसंख्यक वाहकों में कम परिवर्तन पर अधिक पश्च बायस धारा उत्पन्न होती है

18. एक 100 THz आवृत्ति के सिग्नल को उसकी अधिकतम दक्षता से संचरित किया जा सकता है

(a) समाक्षीय केबल (b) प्रकाशिक तन्तु
(c) मुड़े हुए कॉपर के तार (d) जल

19. दो माध्यम A तथा B में प्रकाश की चाल में अन्तर $(v_A - v_B)$ 2.6×10^7 मी/से है यदि माध्यम B का अपवर्तनांक 1.47 है, तो माध्यम B तथा A के अपवर्तनांक का अनुपात होगा (दिया है, निर्वात् में प्रकाश की चाल, $c = 3 \times 10^8$ मी/से)

(a) 1.303 (b) 1.318 (c) 1.13 (d) 0.12

20. एक भौतिकी की प्रयोगशाला में, एक शिक्षक, गैल्वेनोमीटर के प्रतिरोध G को ज्ञात करने का प्रयोग एक विद्यार्थी को देता है विद्यार्थी गैल्वेनोमीटर में 1/3 विक्षेपण के लिए प्रेक्षण लेता है, तो निम्न में से कौन-सा कथन G के मापन के लिए सत्य है?

(a) गैल्वेनोमीटर के प्रतिरोध को ज्ञात करने के लिए 1/3 विक्षेपण विधि का उपयोग नहीं करते हैं।
(b) 1/3 विक्षेपण विधि का उपयोग किया जाता है तथा इस स्थिति में G, शन्ट प्रतिरोध (S) के दोगुने के तुल्य होता है।
(c) 1/3 विक्षेपण विधि का उपयोग किया जाता है तथा इस स्थिति में G, शन्ट प्रतिरोध (S) के तीन गुना के तुल्य होता है।
(d) 1/3 विक्षेपण विधि का उपयोग किया जाता है तथा इस स्थिति में G, शन्ट प्रतिरोध (S) के तुल्य होता है।

खण्ड 'B' न्यूमैरिकल वैल्यू प्रश्न

21. 6 मी लम्बाई की एकसमान चेन एक टेबल पर इस प्रकार रखी है कि उसका कुछ भाग टेबल से नीचे लटका रहा है। निकाय विरामावस्था में है यदि चेन तथा टेबल की सतह के मध्य घर्षण गुणांक 0.5 है, तो टेबल से लटकी हुई चेन की लम्बाई .... मी है।

22. 0.5 किग्रा का ब्लॉक 12 मी/से की चाल से गतिमान है यदि चाल को आधा कर दिया जाता है तो यह स्प्रिंग को 30 सेमी संकुचित करता है तो स्प्रिंग का स्प्रिंग नियतांक ...... Nm^{-1} है।

23. नदी के जल की ऊपरी परत का वेग 36 $km\,h^{-1}$ है जल की क्षैतिज परतों का अपरूपण प्रतिबल 10^{-3} Nm^{-2} है, तो नदी की गहराई .... मी है (जल का श्यानता गुणांक = 10^{-2} Pa-s)।

24. 100°C ताप पर, एक भाप इंजन प्रति मिनट 50 g वाष्प लेता है और 20°C तक ठण्डा हो जाता है। यदि वाष्प की गुप्त ऊष्मा 540 cal g^{-1} है तब वाष्प इन्जन द्वारा प्रति मिनट अस्वीकृत ऊष्मा ...... $\times 10^3$ कैलोरी है।

25. खुले ऑर्गन पाईप के प्रथम अधिस्वर की आवृत्ति, बन्द ऑर्गन पाईप की मूल आवृत्ति के तुल्य है। यदि बन्द ऑर्गन पाइप की लम्बाई 20 सेमी है तो खुले ऑर्गन पाइप की लम्बाई .... सेमी होगी।

26. दिए गए चित्र में बिन्दु A तथा B के मध्य तुल्य धारिता .... μF होगी।

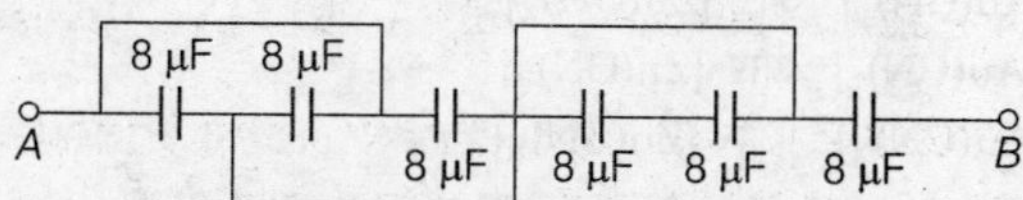

27. यदि एक प्रतिरोध में 2A की धारा प्रवाहित होती है तो प्रतिरोध में 15 सेकण्ड में 300 J ऊष्मीय ऊर्जा उत्पन्न होती है यदि धारा मान बढ़ाकर 3A कर दिया जाए, तो 10 सेकण्ड में उत्पन्न ऊर्जा .... J होगी।

28. 5V की बैटरी द्वारा दर्शाए गए चित्र में प्रवाहित कुल धारा .... A होगी।

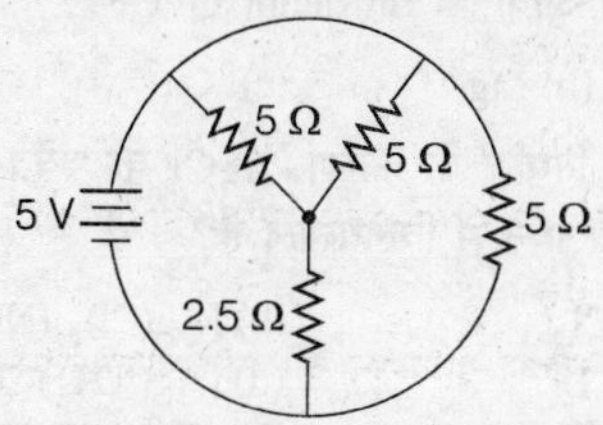

29. 2.0 H स्वप्रेरकत्व वाली कुण्डली में धारा $I = 2\sin t^2 A$ के अनुसार बढ़ती है जब धारा 0 से 2A होती है तो इस अन्तराल में क्षयित ऊर्जा की मात्रा .... J होगी।

30. 100 g द्रव्यमान की एक वस्तु पर $(10\hat{i} + 5\hat{j})$N का बल कार्यरत् है। विरामावस्था से $t = 2$s पर वस्तु की स्थिति $(a\hat{i} + b\hat{j})$ है, तो a/b का मान .... होगा।

रसायन विज्ञान

31. निम्नलिखित में से किस द्विपरमाण्विक अणु में, MO सिद्धान्त के आधार पर, एक इलेक्ट्रॉन निकालने पर आबन्धन मजबूत हो जाता है?

A. NO B. N_2 C. O_2 D. C_2 E. B_2

नीचे दिए गए विकल्पों में से सबसे उपर्युक्त उत्तर चुनें—

(a) केवल (A), (B), (C) (b) केवल (B), (C), (E)
(c) केवल (A), (C) (d) केवल (D)

32. टिण्डल प्रभाव के लिए, असत्य कथन है—

(a) परिक्षिप्त प्रावस्था और परिक्षेपण माध्यम के अपवर्तनांक परिमाण में बहुत भिन्न होते हैं।
(b) परिक्षिप्त कणों को व्यास, उपयोग में ली गई प्रकाश की तरंगदैर्ध्य से बहुत छोटा होता है।
(c) सिनेमा हॉल में फिल्मों के परिक्षेपण के दौरान, टिण्डल प्रभाव देखा जाता है।
(d) इसका उपयोग कोलॉइडी विलयन से वास्तविक विलयन में भेद (अन्तर) करने के लिए किया जाता है।

33. वह युग्म, जिसमें उपस्थित आयन Al^{3+} के समइलेक्ट्रॉनिक होते हैं

(a) Br^- और Be^{2+} (b) Cl^- और Li^+
(c) S^{2-} और K^+ (d) O^{2-} और Mg^{2+}

34. NaCN के तनुकृत जलीय विलयन के साथ, ऑक्सीजन की उपस्थिति में सोना (Gold) निक्षालन (Leaching) द्वारा संकुल [*A*] देता है, जो जिंक (Zn) के साथ अभिक्रिया द्वारा मौलिक सोना (Elemental gold) तथा दूसरा संकुल [*B*] का निर्माण करता है। [*A*] तथा [*B*] क्रमशः हैं—

(a) $[Au(CN)_4]^-$ और $[Zn(CN)_2(OH)_2]^{2-}$
(b) $[Au(CN)_2]^-$ और $[Zn(OH)_4]^{2-}$
(c) $[Au(CN)_2]^-$ और $[Zn(CN)_4]^{2-}$
(d) $[Au(CN)_4]^{2-}$ और $[Zn(CN)_6]^{4-}$

35. निम्नलिखित में से इलेक्ट्रॉन की न्यूनता वाले अणुओं की संख्या है—

PH_3, B_2H_6, CCl_4, NH_3, LiH तथा BCl_3

(a) 0 (b) 1 (c) 2 (d) 3

36. निम्नलिखित में से कौन-से क्षारीय मृदा धातु आयन की इसके जलीय विलयन में उच्चतम आयनिक गतिशीलता होती है?

(a) Be^{2+} (b) Mg^{2+} (c) Ca^{2+} (d) Sr^{2+}

37. निम्न में से किसके निर्माण के कारण, AgCl का श्वेत अवक्षेप जलीय अमोनिया (NH_3) विलयन में विलेयशील है?

(a) $[Ag(NH_3)_4]Cl_2$ (b) $[Ag(Cl)_2(NH_3)_2]$
(c) $[Ag(NH_3)_2]Cl$ (d) $[Ag(NH_3)Cl]Cl$

38. सीरियम (IV) में उत्कृष्ट गैस विन्यास पाया जाता है। इसके बारे में निम्नलिखित में से कौन-सा कथन सत्य है?

(a) यह रेडॉक्स अभिक्रिया से गुजरने को प्राथमिकता नहीं देगा।
(b) यह इलेक्ट्रॉन ग्रहण करके, ऑक्सीकारक की भाँति व्यवहार करेगा।
(c) यह इलेक्ट्रॉन त्याग करके, अपचायक की भाँति व्यवहार करेगा।
(d) यह ऑक्सीकारक तथा अपचायक, दोनों की भाँति व्यवहार करेगा।

39. निम्नलिखित में से कौन सबसे प्रबलतम ऑक्सीकारक है?

(a) Mn^{3+} (b) Fe^{3+} (c) Ti^{3+} (d) Cr^{3+}

40. किसी जल निकाय (जलाशय) के कुपोषण का परिणाम होता है

(a) जैव-विविधता का नुकसान (b) कार्बनिक पदार्थ का टूटना
(c) जैव-विविधता में वृद्धि (d) BOD में कमी

41. फीनॉल, तनु नाइट्रिक अम्ल के साथ अभिक्रिया करने पर, दो उत्पाद देता है। निम्नलिखित में से बड़े पैमाने पर दोनों उत्पादों को अलग करने के लिए कौन-सी विधि सबसे अधिक प्रभावी होगी?

(a) वर्णलेखन पृथक्करण (b) आंशिक क्रिस्टलीकरण
(c) भाप आसवन (d) ऊर्ध्वपातन

42. निम्नलिखित संरचनाओं में से, कौन एक सान्तरित संरूपण के साथ अधिकतम द्विफलक (द्वितल) (Dihedral) कोण उपस्थित है —

(a) CH_3, H, CH_3, H, H, H
(b) CH_3, H, H, H, H, CH_3
(c) CH_3, H, H, H, H, CH_3
(d) CH_3, CH_3, H, H, H, H

43. निम्नलिखित अभिक्रिया में, उत्पाद है

$$(CH_3)_2C{=}CH_2 + H{-}C(CH_3)_3 \xrightarrow{H^{\oplus}} ?$$

(a) $(CH_3)_2CH{-}CH_2{-}CH_2{-}CH(CH_3)_2$
(b) $(CH_3)_2CH{-}CH_2{-}C(CH_3)_3$
(c) $CH_3{-}CH(CH_3){-}CH(CH_3){-}CH(CH_3)_2$
(d) $CH_3{-}C(CH_3)_2{-}C(CH_3)_2{-}CH_3$

44. एथेलिडिन क्लोराइड का IUPAC नाम है

(a) 1-क्लोरो एथीन (b) 1-क्लोरो एथाइन
(c) 1,2-डाइक्लोरो एथेन (d) 1, 1-डाइक्लोरो एथेन

45. अभिक्रिया में मुख्य उत्पाद है—

$$CH_3-\underset{CH_3}{\overset{CH_3}{C}}-Cl + \overset{+}{K}\overset{-}{O}-\underset{CH_3}{\overset{CH_3}{C}}-CH_3 \longrightarrow ?$$

(a) *t*-ब्यूटिल एथिल ईथर (b) 2, 2-डाइमेथिल ब्यूटेन

(c) 2-मेथिल पेन्ट-1-ईन (d) 2-मेथिल प्रोप-1-ईन

46. अभिक्रिया में, मध्यवर्ती X है—

$CHCl_3$ + जलीय NaOH + (फीनॉल) $\longrightarrow [X] \xrightarrow[(ii)\ H^+]{(i)\ NaOH}$ (सैलिसिलऐल्डिहाइड: OH, CHO)

(a) (OH, CCl_3 युक्त बेंजीन) (b) (OH, $CHCl_2$ युक्त बेंजीन)

(c) (O^-Na^+, $CHCl_2$ युक्त बेंजीन) (d) (O^-Na^+, CCl_3 युक्त बेंजीन)

47. निम्नलिखित अभिक्रिया में,

(क्यूमीन: $C_6H_5CH(CH_3)_2$) $+ O_2 \longrightarrow$ ($C_6H_5C(CH_3)_2-O-O-H$) $\xrightarrow[H_2O]{H^+}$ A और B

यौगिक, A तथा B हैं—

(a) (टॉलूईन), CH_3COOH (b) (रिसोर्सिनॉल), CH_3COOH

(c) (फीनॉल), CH_3COCH_3 (d) (कैटिकॉल), CH_3COCH_3

48. $R-\underset{\|}{C}(=O)-NH_2$, ब्रोमीन तथा KOH के साथ अभिक्रिया द्वारा अन्तिम उत्पाद के रूप में $R-NH_2$ देता है। इस अभिक्रिया में निम्नलिखित में से कौन-सा मध्यवर्ती उत्पाद के रूप में निर्मित होता है?

(a) $R-\underset{O}{\overset{}{\underset{\|}{C}}}-NH-Br$ (b) $R-NH-Br$

(c) $R-N=C=O$ (d) $R-\underset{O}{\underset{\|}{C}}-NBr_2$

49. कपड़े धोते समय बहुत कम साबुन का प्रयोग करना, कपड़े की सफाई के उद्देश्य की पूर्ति नहीं करता है, क्योंकि—

(a) साबुन के कण, पानी में आयनों के रूप में तैरते रहते हैं

(b) साबुन का जल विरोधी हिस्सा तेल को हटाने में समर्थ नहीं है।

(c) साबुन विलयन की सान्द्रता, CMC मान से कम होने के कारण, मिसैल का निर्माण नहीं होता है।

(d) साबुन की कोलॉइडल संरचना, जल में पूर्णत: भंग हो जाती है।

50. निम्नलिखित में से कौन-सा एक कृत्रिम मधुरक का उदाहरण है

(a) बाइथायोनल (b) ऐलिटेम (c) सिल्वरसैन (d) लैक्टोस

खण्ड 'B' न्यूमैरिकल वैल्यू प्रश्न

51. $C_7H_5N_3O_6$ के 681 ग्राम में N परमाणु की संख्या $x \times 10^{21}$ है। x का मान .... है

($N_A = 6.02 \times 10^{23}\ mol^{-1}$)

52. ठोस NaCl में Na^+ तथा Cl^- आयनों के मध्य की दूरी .... $\times 10^{10}$ m है। (दिया है, NaCl का घनत्व $43.1\ g\ cm^{-3}$ है।)

53. लिथियम (Li) परमाणु की तलस्थ अवस्था में उसके आयनीकरण के लिए प्रकाश की सबसे लम्बी तरंगदैर्ध्य जो प्रयुक्त होती है वह $x \times 10^{-8}$ m है। x का मान.......है।

(दिया है, हाइड्रोजन की प्रथम कक्षा में इलेक्ट्रॉन की ऊर्जा -2.2×10^{-18} J; $h = 6.63 \times 10^{-34}$ Js और $c = 3 \times 10^8\ ms^{-1}$)

54. अभिक्रिया के लिए मानक एन्ट्रॉपी में परिवर्तन (ΔS) $\Rightarrow 4Fe(s) + 3O_2(g) \longrightarrow 2Fe_2O_3(s)$; 298 K ताप पर $-550\ JK^{-1}$ है। (दिया है, अभिक्रिया के लिए मानक एन्थैल्पी परिवर्तन $= -165\ kJ\ mol^{-1}$) तापमान (केल्विन में), जिस पर अभिक्रिया साम्यावस्था प्राप्त करती है, ... है।

55. H_2SO_4 के 1 लीटर जलीय विलयन में 0.02 m mol H_2SO_4 उपस्थित होता है। इस विलयन का 50%, अनआयनीकृत जल के साथ तनुकृत होकर 1 L विलयन (A) देता है।

विलयन (A) में, 0.01 m mol H_2SO_4 मिलाया जाता है। अन्तिम विलयन में कुल m mol H_2SO_4 .... $\times 10^3$ m mol है।

56. N_2O_4 के NO_2 में 50% वियोजन के लिए 27°C ताप तथा 1 atm दाब पर मानक गिब्स मुक्त ऊर्जा ($\Delta G°$) $- x\ J\ mol^{-1}$ है। x का मान .... है। [दिया है, $R = 8.31\ J\ K^{-1}\ mol^{-1}$, log 1.33 = 0.1239, In 10 = 2.3]

57. एक सेल में, निम्नलिखित अभिक्रिया होती है—

$Fe^{2+} \longrightarrow Fe^3 + e^-$; $E°_{Fe^{3+}/Fe^{2+}} = 0.77\ V$

$2I^- \longrightarrow I_2 + 2e^-$; $E°_{I_2/I^-} - 0.51\ V$

सेल में स्वाभाविक (स्वत:) अभिक्रिया के लिए मानक इलेक्ट्रोड विभव का मान $x \times 10^{-2}$ V; 298 K ताप पर है। x का मान है ....

58. दी गई रासायनिक अभिक्रिया के लिए—

$\gamma_1 A + \gamma_2 B \longrightarrow \gamma_3 C + \gamma_4 D$

C की सान्द्रता 10 सेकण्ड में 10 m mol dm^{-3} से 20 mmol dm^{-3} में परिवर्तित हो जाती है।

D के प्राप्त होने की दर, B के कम होने की दर से 1.5 गुना अधिक है। जो A के कम होने की दर का दोगुना है। D के प्राप्त होने की दर, प्रायोगिक रूप में 9 m mol $dm^{-3}\ s^{-1}$ निर्धारित की गई है, इसलिए अभिक्रिया की दर ... mmol $dm^{-3}\ s^{-1}$ है।

59. यदि $[Cu(H_2O)_4]^{2+}$; d-d संक्रमण के लिए, 600 nm तरंगदैर्ध्य के प्रकाश को अवशोषित करता है, तो $[Cu(H_2O)_6]^{2+}$ अष्फलकीय संकुल के लिए क्रिस्टल क्षेत्र विभाजन ऊर्जा का मान ... $\times 10^{-21}$ J होगा। (दिया है, $h = 6.63 \times 10^{-34}$ Js और $c = 3.08 \times 10^8\ ms^{-1}$)

60. ब्रोमीन की ग्राम में संख्या जो पूर्णतया पेन्ट-1-ईन के 5.0 g से अभिक्रिया करते हैं ... $\times 10^{-2}$g है। (Br का परमाण्विक द्रव्यमान = 80 g/mol)

गणित

खण्ड 'A' ऑब्जेक्टिव प्रश्न

61. माना एक वृत्त C रेखाओं $L_1 : 4x - 3y + k_1 = 0$ और $L_2 : 4x - 3y + k_2 = 0, k_1, k_2 \in R$ को स्पर्श करता है। अगर एक रेखा वृत्त C के केन्द्र से गुजरते हुए L_1 को $(-1, 2)$ पर प्रतिच्छेद करती है तथा L_2 को $(3, -6)$ पर प्रतिच्छेद करती है, तो वृत्त C का समीकरण होगा—

(a) $(x-1)^2 + (y-2)^2 = 4$ (b) $(x+1)^2 + (y-2)^2 = 4$
(c) $(x-1)^2 + (y+2)^2 = 16$ (d) $(x-1)^2 + (y-2)^2 = 16$

62. $\int_0^{\pi} \frac{e^{\cos x} \sin x}{(1+\cos^2 x)(e^{\cos x} + e^{-\cos x})} dx$ का मान होगा—

(a) $\pi^2/4$ (b) $\pi^2/2$ (c) $\pi/4$ (d) $\pi/2$

63. माना a, b और c एक त्रिभुज ABC की भुजाएँ इस प्रकार हैं कि $\frac{a+b}{7} = \frac{b+c}{8} = \frac{c+a}{9}$। यदि r और R क्रमशः ΔABC के अन्तः वृत्त और परिवृत्त की त्रिज्याएँ हैं, तो R/r का मान होगा—

(a) 5/2 (b) 2 (c) 3/2 (d) 1

64. माना $f : N \to R$ एक फलन इस प्रकार है कि $f(x+y) = 2f(x) f(y)$ जहाँ x और y प्राकृतिक संख्याएँ हैं। यदि $f(1) = 2$, तो α का मान जिसके लिए $\sum_{K=1}^{10} f(\alpha + K) = \frac{512}{3}(2^{20} - 1)$ होगा, है—

(a) 2 (b) 3 (c) 4 (d) 6

65. यदि A, 3×3 का वास्तविक आव्यूह इस प्रकार है कि—

$$A\begin{bmatrix}1\\1\\0\end{bmatrix} = \begin{bmatrix}1\\1\\0\end{bmatrix}, A\begin{bmatrix}1\\0\\1\end{bmatrix} = \begin{bmatrix}-1\\0\\1\end{bmatrix} \text{ और } A\begin{bmatrix}0\\0\\1\end{bmatrix} = \begin{bmatrix}1\\1\\2\end{bmatrix}$$

यदि $X = (x_1, x_2, x_3)^T$ और I एक 3×3 का इकाई आव्यूह है, तब $(A - 2I)X = \begin{pmatrix}4\\1\\1\end{pmatrix}$ के कितने मान सम्भव हैं?

(a) कोई मान नहीं होगा (b) असंख्य मान होंगे
(c) एक ही मान होगा (d) दो मान होंगे

66. माना $f : R \to R$ को $f(x) = x^3 + x - 5$ से परिभाषित किया गया है। यदि $g(x)$ एक फलन इस प्रकार है कि $f[g(x)] = x, \forall x \in R$, तो $g'(63)$ का मान होगा—

(a) 1/49 (b) 3/49 (c) 43/49 (d) 91/49

67. निम्नलिखित दो कथनों पर विचार करें
$P_1 : \sim(p \to \sim q)$, $P_2 : (p \wedge \sim q) \wedge ((\sim p) \vee q)$
यदि कथन $p \to ((\sim p) \vee q)$ गलत है, तो—

(a) P_1 सही है और P_2 गलत है (b) P_1 गलत है और P_2 सही है
(c) P_1 और P_2 दोनों गलत हैं (d) P_1 और P_2 दोनों सही हैं

68. यदि $\frac{1}{2 \cdot 3^{10}} + \frac{1}{2^2 \cdot 3^9} + \ldots \frac{1}{2^{10} \cdot 3} = \frac{K}{2^{10} \cdot 3^{10}}$, तो जब K को 6 से भाग किया जाता है, तो शेषफल होगा—

(a) 1 (b) 2 (c) 3 (d) 5

69. यदि $f(x)$ एक बहुपदीय फलन इस प्रकार है कि $f(x) + f'(x) + f''(x) = x^5 + 64$, तो $\lim_{x \to 1} \frac{f(x)}{x-1}$ का मान होगा—

(a) – 15 (b) – 60 (c) 60 (d) 15

70. यदि E_1 और E_2 दो घटनाएँ इस प्रकार है कि सशर्त सम्भावनाएँ $P(E_1 | E_2) = \frac{1}{2}$, $P(E_2 | E_1) = \frac{3}{4}$ और $P(E_1 \cap E_2) = \frac{1}{8}$, तो—

(a) $P(E_1 \cap E_2) = P(E_1) \cdot P(E_2)$
(b) $P(E'_1 \cap E'_2) = P(E'_1) \cdot P(E_2)$
(c) $P(E_1 \cap E'_2) = P(E_1) \cdot P(E_2)$
(d) $P(E'_1 \cap E_2) = P(E_1) \cdot P(E_2)$

71. माना $A = \begin{bmatrix}0 & -2\\2 & 0\end{bmatrix}$, यदि M और N दो आव्यूह इस प्रकार दिए जाते हैं कि $M = \sum_{k=1}^{10} A^{2k}$ और $N = \sum_{k=1}^{10} A^{2k-1}$, तब MN^2 का मान होगा—

(a) एक सममित आव्यूह जो इकाई आव्यूह नहीं है
(b) विकर्ण सममित आव्यूह
(c) ना तो सममित ना ही विकर्ण सममित आव्यूह
(d) एक इकाई आव्यूह

72. यदि $g : (0, \infty) \to R$ एक अवकलन फलन इस प्रकार है कि

$$\int\left(\frac{x(\cos x - \sin x)}{e^x + 1} + \frac{g(x)(e^x + 1 - xe^x)}{(e^x + 1)^2}\right) dx = \frac{xg(x)}{e^x + 1} + c$$

$\forall x > 0$ जहाँ c एक स्थिरांक है, तब—

(a) $\left(0, \frac{\pi}{4}\right)$ में g ह्रासमान है (b) $\left(0, \frac{\pi}{4}\right)$ में g' वर्धमान है
(c) $\left(0, \frac{\pi}{2}\right)$ में $g + g'$ वर्धमान है (d) $\left(0, \frac{\pi}{2}\right)$ में $g - g'$ वर्धमान है

73. माना $f : R \to R$ में और $g : R \to R$ में दो फलन इस प्रकार परिभाषित हैं कि $f(x) = \log_e (x^2 + 1) - e^{-x} + 1$ और $g(x) = \frac{1 - 2e^{2x}}{e^x}$, तब α के किस मान के लिए असमिका $f\left(g\left(\frac{(\alpha-1)^2}{3}\right)\right) > f\left(g\left(\alpha - \frac{5}{3}\right)\right)$ होगा—

(a) (2, 3) (b) (– 2, – 1) (c) (1, 2) (d) (– 1, 1)

74. यदि सदिश $\mathbf{a} = a_1\hat{\mathbf{i}} + a_2\hat{\mathbf{j}} + a_3\hat{\mathbf{k}}$, $a_i > 0, i = 1, 2, 3$ अक्षों OX, OY, OZ के साथ समान कोण बनाता है। माना $\mathbf{a}$ का सदिश $3\hat{\mathbf{i}} + 4\hat{\mathbf{j}}$, पर प्रक्षेपण 7 है। माना $\mathbf{b}$ सदिश $\mathbf{a}$ को 90° कोण पर घुमाने से प्राप्त होता है। तब सदिश $\mathbf{b}$ का सदिश $3\hat{\mathbf{i}} + 4\hat{\mathbf{j}}$ पर प्रक्षेपण बराबर होगा—

(a) $\sqrt{7}$ (b) $\sqrt{2}$ (c) 2 (d) 7

75. माना $y = y(x)$ अवकलन समीकरण $(x+1)y' - y = e^{3x}(x+1)^2$ का मान है। साथ ही $y(0) = \frac{1}{3}$ है। तब बिन्दु $x = -\frac{4}{3}$ वक्र $y = y(x)$ होगा—

(a) क्रान्तिक बिन्दु नहीं है (b) स्थानीय न्यूनतम बिन्दु है
(c) स्थानीय अधिकतम बिन्दु है (d) नति परिवर्तन बिन्दु है

76. यदि $y = m_1 x + c_1$ और $y = m_2 x + c_2$, $m_1 \neq m_2$ वृत्त $x^2 + y^2 = 2$ और परवलय $y^2 = x$ की दो सामान्य स्पर्श रेखाएँ हैं। तब $8|m_1 m_2|$ का मान होगा—

(a) $3 + 4\sqrt{2}$ (b) $-5 + 6\sqrt{2}$ (c) $-4 + 3\sqrt{2}$ (d) $7 + 6\sqrt{2}$

77. यदि $S : x + y + z = 5$ के सम्बन्ध में $P(1, 0, 1)$ का प्रतिबिम्ब बिन्दु Q है। यदि रेखा L, $(1, -1, -1)$ से गुजरती है और PQ के समानान्तर है और तल S से R पर मिलती है, तो QR^2 का मान होगा—

(a) 2 (b) 5 (c) 7 (d) 11

78. यदि अवकलन समीकरण $y^2 dx + (x^2 - xy + y^2) dy$ का मान वक्र $y = y(x)$ है जो, बिन्दु $(1, 1)$ से गुजरता है और $y = \sqrt{3}x$ को बिन्दु $(\alpha, \sqrt{3}\alpha)$ पर काटता है। तब $\log_e(\sqrt{3}\alpha)$ का मान होगा—

(a) $\pi/3$ (b) $\pi/2$ (c) $\pi/12$ (d) $\pi/6$

79. माना $x = 2t$, $y = t^2/3$ शांकव हैं। यदि S केन्द्र बिन्दु है और B शांकव की अक्ष पर बिन्दु इस प्रकार से है कि $SA \perp BA$ जहाँ A शांकव पर कोई बिन्दु है। यदि k, ΔSAB के केन्द्र बिन्दु का कोटि अक्ष है, तब $\lim_{t \to 1} k$ का मान होगा—

(a) 17/18 (b) 19/18 (c) 11/18 (d) 13/18

80. माना C सम्मिश्र तल में बिन्दुओं $z_1 = 3 + 4i$, $z_2 = 4 + 3i$ और $z_3 = 5i$ से गुजरने वाला वृत है। यदि $z (\neq z_1)$ C पर एक बिन्दु इस तरह से है कि z और z_1 से गुजरने वाली रेखा z_2 और z_3 से गुजरने वाली रेखा से लम्बवत् है, तब कोणांक (z) का मान होगा—

(a) $\tan^{-1}(2/\sqrt{5}) - \pi$ (b) $\tan^{-1}(24/7) - \pi$

(c) $\tan^{-1}(3) - \pi$ (d) $\tan^{-1}(3/4) - \pi$

खण्ड 'B' न्यूमैरिकल वैल्यू प्रश्न

81. माना C_r, $(1 + x)^{10}$ के विस्तार में x^r के द्विपद गुणांक को दर्शाता है। यदि $\alpha, \beta \in R$ तथा $C_1 + 3 \cdot 2\, C_2 + 5 \cdot 3\, C_3 + \ldots$ 10 पदों तक

$$= \frac{\alpha \times 2^{11}}{2^{\beta} - 1}\left(C_0 + \frac{C_1}{2} + \frac{C_2}{3} + \ldots 10 \text{ पदों तक}\right)$$

तब $\alpha + \beta$ का मान होगा ....

82. 3 अंकों से बनने वाली विषम संख्याओं, जिनके अंकों का योग 7 का गुणांक है, होंगी ....

83. माना θ सदिश $\mathbf{a}$ और $\mathbf{b}$ के बीच का कोण है। जहाँ,

$|\mathbf{a}| = 4, |\mathbf{b}| = 3, \theta \in \left(\frac{\pi}{4}, \frac{\pi}{3}\right)$. तब, $|(\mathbf{a} - \mathbf{b}) \times (\mathbf{a} + \mathbf{b})|^2 + 4(\mathbf{a} \cdot \mathbf{b})^2$ का मान होगा ....

84. माना बिन्दुओं P और Q के भुज, समीकरण $2x^2 - rx + p = 0$ के मूल हैं और P और Q की कोटि, $x^2 - sx - q = 0$ के मूल हैं। यदि PQ को व्यास मानते हुए वृत्त का समीकरण $2(x^2 + y^2) - 11x - 14y - 22 = 0$ हो, तब $2r + s - 2q + p$ का मान होगा ....

85. $\left(\frac{\pi}{4}, \frac{7\pi}{4}\right)$ अन्तराल में x के मानों की संख्या, जिसके लिए $14\,\text{cosec}^2 x - 2\sin^2 x = 21 - 4\cos^2 x$ हो, है, ...

86. एक प्राकृतिक संख्या n के लिए, माना $\alpha_n = 19^n - 12^n$; तब $\frac{31\alpha_9 - \alpha_{10}}{57\alpha_8}$ का मान होगा ....

87. माना $f : R \to R$ एक फलन है $f(x) = \left(2\left(1 - \frac{x^{25}}{2}\right)(2 + x^{25})\right)^{1/50}$ ।

यदि फलन $g(x) = f(f(f(x))) + f(f(x))$, तब महत्तम पूर्णांक जो $g(1)$ से कम या उसके बराबर है, होगा ....

88. माना रेखाएँ $L_1 : \mathbf{r} = \lambda(\hat{\mathbf{i}} + 2\hat{\mathbf{j}} + 3\hat{\mathbf{k}}), \lambda \in R$

$L_2 : \mathbf{r} = (\hat{\mathbf{i}} + 3\hat{\mathbf{j}} + \hat{\mathbf{k}}) + \mu(\hat{\mathbf{i}} + \hat{\mathbf{j}} + 5\hat{\mathbf{k}}); \mu \in R$

बिन्दु S पर काटती है। यदि समतल $ax + by - z + d = 0$, S से गुजरता है और L_1 और L_2 के समानान्तर है, तब $a + b + d$ का मान होगा ....

89. माना A, 3×3 का एक आव्यूह है जिसके पद समुच्चय $\{-1, 0, 1\}$ में से है, तो इस तरह के आव्यूहों की संख्या बताइए जहाँ सभी पदों का योग 5 है ......

90. अनुक्रम के पहले 100 पदों के योग से कम या उसके बराबर सबसे बड़ा पूर्णांक $\frac{1}{3}, \frac{5}{9}, \frac{19}{27}, \frac{65}{81}, \ldots$ बराबर है ....

सही उत्तर

भौतिकी

1. (c) 2. (c) 3. (b) 4. (b) 5. (d) 6. (c) 7. (b) 8. (c) 9. (a) 10. (b)
11. (b) 12. (b) 13. (b) 14. (d) 15. (a) 16. (d) 17. (d) 18. (b) 19. (c) 20. (b)
21. (2) 22. (600) 23. (100) 24. (31) 25. (80) 26. (6) 27. (450) 28. (2) 29. (4) 30. (2)

रसायन विज्ञान

31. (c) 32. (b) 33. (d) 34. (c) 35. (c) 36. (d) 37. (c) 38. (b) 39. (a) 40. (a)
41. (c) 42. (c) 43. (b) 44. (d) 45. (d) 46. (c) 47. (c) 48. (c) 49. (c) 50. (b)
51. (5418) 52. (1) 53. (4) 54. (300) 55. (15) 56. (710) 57. (23) 58. (1) 59. (745) 60. (1143)

गणित

61. (c) 62. (c) 63. (a) 64. (c) 65. (b) 66. (a) 67. (c) 68. (d) 69. (a) 70. (c)
71. (a) 72. (d) 73. (a) 74. (b) 75. (b) 76. (c) 77. (b) 78. (c) 79. (d) 80. (b)
81. (286) 82. (63) 83. (576) 84. (7) 85. (4) 86. (4) 87. (2) 88. (5) 89. (414) 90. (98)

संकेत एवं हल

भौतिकी

1. *(c)* $Z = \dfrac{A^2B^3}{C^4}$

Z में आपेक्षिक त्रुटि को निम्न प्रकार दिया जाता हैं

$$\frac{\Delta Z}{Z} = 2\frac{\Delta A}{A} + 3\frac{\Delta B}{B} + 4\frac{\Delta C}{C}$$

2. *(c)* $\mathbf{A} \times \mathbf{A} = |\mathbf{A}||\mathbf{A}|\sin 0° \,\hat{\mathbf{n}}$ $\quad [\because \mathbf{P} \times \mathbf{Q} = PQ\sin\theta \cdot \hat{\mathbf{n}}]$

$= |\mathbf{A}|^2 \times 0 \times \hat{\mathbf{n}}$ $\quad [\because |\mathbf{A}| \neq 0]$

$= 0$

3. *(b)* दिया है, $\hat{\mathbf{A}}$ तथा $\hat{\mathbf{B}}$ इकाई सदिश हैं

$\therefore \quad |\hat{\mathbf{A}}| = 1$ और $|\hat{\mathbf{B}}| = 1$

हम जानते हैं, $|\hat{\mathbf{A}} + \hat{\mathbf{B}}| = \sqrt{|\hat{\mathbf{A}}|^2 + |\hat{\mathbf{B}}|^2 + 2|\hat{\mathbf{A}}||\hat{\mathbf{B}}|\cos\theta}$

$= \sqrt{1 + 1 + 2 \cdot 1 \cdot 1 \cos\theta} = \sqrt{2 + 2\cos\theta}$

$= \sqrt{2(1 + \cos\theta)} = \sqrt{2 \cdot 2\cos^2\theta/2}$

$[\because 1 + \cos\theta = 2\cos^2\theta/2]$

$|\hat{\mathbf{A}} + \hat{\mathbf{B}}| = 2\cos(\theta/2)$ $\quad$ ...(i)

और $|\hat{\mathbf{A}} - \hat{\mathbf{B}}| = \sqrt{|\hat{\mathbf{A}}|^2 + |\hat{\mathbf{B}}|^2 - 2|\hat{\mathbf{A}}||\hat{\mathbf{B}}|\cos\theta}$

$= \sqrt{1 + 1 - 2 \cdot 1 \cdot 1 \cdot \cos\theta} = \sqrt{2(1 - \cos\theta)}$

$= \sqrt{2 \cdot 2\sin^2(\theta/2)}$ $\quad [\because 1 - \cos\theta = 2\sin^2\theta/2]$

$|\hat{\mathbf{A}} - \hat{\mathbf{B}}| = 2\sin(\theta/2)$ $\quad$ ...(ii)

समी (ii) को समी (i) से विभाजित करने पर,

$$\frac{|\hat{\mathbf{A}} - \hat{\mathbf{B}}|}{|\hat{\mathbf{A}} + \hat{\mathbf{B}}|} = \frac{2\sin\theta/2}{2\cos\theta/2} = \tan(\theta/2)$$

$\Rightarrow \quad |\hat{\mathbf{A}} - \hat{\mathbf{B}}| = |\hat{\mathbf{A}} + \hat{\mathbf{B}}| \tan(\theta/2)$

4. *(b)* यदि $\mathbf{F} = 3\hat{\mathbf{i}} + 4\hat{\mathbf{j}} - 2\hat{\mathbf{k}}$, $\mathbf{r} = 2\hat{\mathbf{i}} + \hat{\mathbf{j}} + 2\hat{\mathbf{k}}$

$\therefore$ मूलबिन्दु के परितः आघूर्ण,

$\tau = \mathbf{r} \times \mathbf{F} = (2\hat{\mathbf{i}} + \hat{\mathbf{j}} + 2\hat{\mathbf{k}}) \times (3\hat{\mathbf{i}} + 4\hat{\mathbf{j}} - 2\hat{\mathbf{k}})$

$$= \begin{vmatrix} \hat{\mathbf{i}} & \hat{\mathbf{j}} & \hat{\mathbf{k}} \\ 2 & 1 & 2 \\ 3 & 4 & -2 \end{vmatrix} = \hat{\mathbf{i}}(-2-8) - \hat{\mathbf{j}}(-4-6) + \hat{\mathbf{k}}(8-3)$$

$\Rightarrow \quad \tau = -10\hat{\mathbf{i}} + 10\hat{\mathbf{j}} + 5\hat{\mathbf{k}}$

5. *(d)* दिया है, माना पृथ्वी सतह से बिन्दु P की ऊँचाई $= h$

पृथ्वी का व्यास $= 2R_e$

प्रश्नानुसार $h = 2R_e$

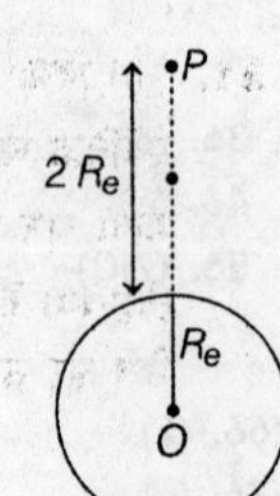

पृथ्वी सतह से ऊँचाई h, पर गुरुत्वीय त्वरण,

$$g_h = \frac{g}{\left(1 + \frac{h}{R_e}\right)^2} = \frac{g}{\left(1 + \frac{2R_e}{R_e}\right)^2} = \frac{g}{(3)^2} = \frac{g}{9}$$

6. *(c)* हम जानते हैं, वर्षा की गोलीय बूँद का सीमान्त वेग,

$$v_t = \frac{2gr^2(\rho - \sigma)}{9\eta} \Rightarrow v_t \propto r^2$$

यहाँ, $\rho =$ वर्षा की बूँद का घनत्व, $\sigma =$ वायु का घनत्व तथा $\eta =$ वायु का श्यानता गुणांक।

7. *(b)* हम जानते हैं, गैस की चाल, $v_p = \sqrt{2RT/M}$ $\quad$ ...(i)

यहाँ, $R =$ गैस नियतांक, $M =$ मोलर द्रव्यमान

तथा $T =$ ताप।

$\therefore$ वर्ग-माध्य-मूल-चाल,

$$v_{\text{rms}} = \sqrt{\frac{3RT}{M}} = \sqrt{\frac{3}{2}}\sqrt{\frac{2RT}{M}} = \sqrt{\frac{3}{2}} \cdot v_p \quad [\text{समी. (i) से}]$$

8. *(c)* समतल सतह पर उपस्थित आवेश के कारण उत्पन्न विद्युत क्षेत्र, बिन्दु की दूरी पर निर्भर नहीं करता है अर्थात् यह सभी बिन्दुओं पर समान होता है जिसका मान $\sigma/2\varepsilon_0$ होता है।

$$E_1 = E_2 = \sigma/2\varepsilon_0$$

9. *(a)* AC जनित्र एक विद्युत युक्ति है जोकि यान्त्रिक ऊर्जा को विद्युत ऊर्जा में रूपान्तरित करती है।

गैल्वेनोमीटर के द्वारा परिपथ में धारा की उपस्थिति का संसूचन किया जाता है।

ट्रांसफॉर्मर द्वारा उच्च वोल्टता को निम्न तथा निम्न वोल्टता को उच्च वोल्टता में रूपान्तरित किया जाता है।

धातु संसूचक AC परिपथ में अनुनाद के सिद्धान्त पर कार्य करता है।

10. *(b)*

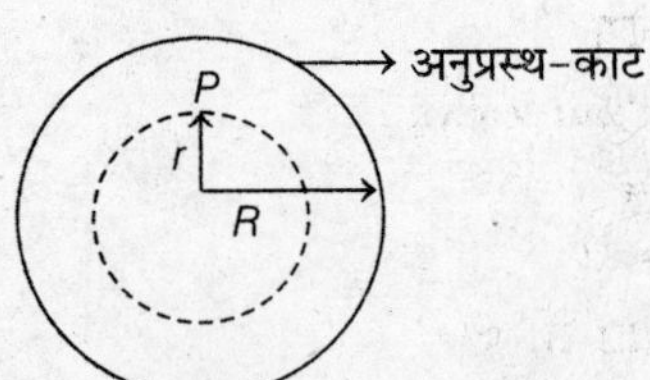

धारा घनत्व, $J = I/\pi R^2$

$\therefore \pi r^2$ क्षेत्र में परिबद्ध धारा, $= J\pi r^2 = \dfrac{I}{\pi R^2} \times \pi r^2 = I\dfrac{r^2}{R^2}$

ऐम्पियर के परिपथीय नियम द्वारा, $\oint B \cdot dl = \mu_0 i$

$\Rightarrow \quad \oint B \cdot dl \cos 0° = \mu_0 I \dfrac{r^2}{R^2}$

ऐम्पियर लूप में चुम्बकीय क्षेत्र का परिमाण $|B|$ नियत रहता है अतः

$\Rightarrow \quad B\oint dl = \mu_0 I \dfrac{r^2}{R^2} \Rightarrow B \cdot 2\pi r = \mu_0 I \dfrac{r^2}{R^2}$

$\Rightarrow \quad B = \dfrac{\mu_0 I}{2\pi} \dfrac{r^2}{rR^2} = \left(\dfrac{\mu_0 I}{2\pi R^2}\right) r$

$\therefore B \propto r$, $r < R$ के लिए

11. *(b)* वाटहीन धारा के लिए, $P_{avg} = 0$

$$V_{rms} \times I_{rms} \times \cos\phi = 0$$

$$\Rightarrow \quad \cos\phi = 0 \Rightarrow \phi = \pi/2$$

हम जानते हैं, शुद्ध प्रेरकत्व परिपथ में प्रत्यावर्ती धारा और प्रत्यावर्ती वोल्टेज में $\pi/2$ का कलान्तर होता है क्योंकि शुद्ध प्रेरकत्व परिपथ में प्रत्यावर्ती वोल्टेज, प्रत्यावर्ती धारा से $\pi/2$ आगे होती है।

12. *(b)* विद्युत चुम्बकीय तरंग के विद्युत क्षेत्र का समीकरण निम्न है

$$E = 56.5 \sin\omega\left(t - \frac{x}{c}\right) \text{NC}^{-1} \quad \text{...(i)}$$

$$E = E_0 \sin\omega\left(t - \frac{x}{c}\right) \quad \text{...(ii)}$$

$\therefore$ समी (i) की समी (ii) से तुलना करने पर,

$$E_0 = 56.5 \text{ N/C}$$

$\therefore$ विद्युत चुम्बकीय तरंग की तीव्रता,

$$I = \frac{1}{2}\varepsilon_0 E_0^2 c$$

$$= \frac{1}{2} \times 8.85 \times 10^{-12} \times (56.5)^2 \times 3 \times 10^8 = 4.24 \text{ W/m}^2$$

13. *(b)* बिन्दु P पर परिणामी तीव्रता

$$I_P = I_1 + I_2 + 2\sqrt{I_1 I_2}\cos\phi$$

$$= I + 9I + 2\sqrt{I \cdot 9I} \cdot \cos\frac{\pi}{2} \quad [\text{बिन्दु } P \text{ पर, } \phi = \pi/2]$$

$$= 10I$$

इसी प्रकार,

$$I_Q = I + 9I + 2\sqrt{I \cdot 9I}\cos\pi \quad [\text{बिन्दु } Q \text{ पर, } \phi = \pi]$$

$$= 10I - 6I = 4I$$

$$\therefore I_P - I_Q = 10I - 4I = 6I$$

14. *(d)* हम जानते हैं, पूर्ण परावर्तन के लिए,

$$i > i_c$$

यहाँ, i_c = क्रान्तिक कोण

$$\therefore \quad \sin i > \sin i_c \quad \text{...(i)}$$

परन्तु, $\sin i_c = \dfrac{\mu_{\text{विरल}}}{\mu_{\text{सघन}}}$ ...(ii)

समी (i) तथा समी (ii) से,

$$\sin i > \frac{\mu_{\text{विरल}}}{\mu_{\text{सघन}}} \quad \text{...(iii)}$$

जबकि, $\mu = \sqrt{\mu_r \cdot \varepsilon_r} = \sqrt{1 \cdot \varepsilon_r} = \sqrt{\varepsilon_r}$

$$\therefore \quad \frac{\mu_{\text{विरल}}}{\mu_{\text{सघन}}} = \sqrt{\frac{(\varepsilon_r)_{\text{विरल}}}{(\varepsilon_r)_{\text{सघन}}}} = \sqrt{\frac{1}{4}} = \frac{1}{2}$$

$\therefore$ समी (iii) से,

$$\sin i > \frac{1}{2} \Rightarrow \sin i > \sin 30° \Rightarrow i > 30°$$

$$\therefore \quad i = 60°$$

15. *(a)* इलेक्ट्रॉन के विवर्तन प्रकृति के आधार, डेविसन-जर्मर प्रयोग द्वारा इलेक्ट्रॉन की तरंग प्रकृति की व्याख्या की गई है डेविसन जर्मर प्रयोग द्वारा इलेक्ट्रॉन की तरंग प्रकृति को बताया गया है।

16. *(d)* n वीं कक्षा में इलेक्ट्रॉन की चाल,

$$v = \frac{e}{2\varepsilon_0 h}\left(\frac{Z}{n}\right) \quad [\text{यहाँ, } Z = \text{परमाणु संख्या}]$$

$$\Rightarrow \quad v \propto \frac{Z}{n}$$

$$\Rightarrow \frac{v_{He^+}}{v_H} = \frac{Z_{He^+}}{Z_H} \times \frac{n_H}{n_{He^+}} = \frac{2}{1} \times \frac{3}{3} = \frac{2}{1} \quad [\because Z_{He^+} = 2; Z_H = 1]$$

$$\therefore \quad v_{He^+} : v_H = 2 : 1$$

17. *(d)* फोटो डायोड एक युक्ति है जिसके द्वारा प्रकाशिक सिग्नलों का संसूचन किया जाता है तथा विद्युत तरंगों में रूपान्तरित किया जाता है। यह डायोड पश्च अभिनति (Reverse bias) में कार्य करता है जिस कारण अल्पसंख्यक वाहक में अल्प परिवर्तन से, उच्च पश्च धारा उत्पन्न होती है।

18. *(b)* प्रकाश तन्तु संचरण प्रणाली में सिग्नल की आवृत्ति 1 THz से 1000 THz के मध्य होती है। 100 THz आवृत्ति का सिग्नल, प्रकाश तन्तु द्वारा उच्च दक्षता से संचरित होता है।

19. *(c)* दिया है, $v_A - v_B = 2.6 \times 10^7$ m/s

$$\mu_B = 1.47$$

हम जानते हैं, अपवर्तनांक $= \dfrac{\text{वायु में प्रकाश का वेग}}{\text{माध्यम में प्रकाश का वेग}}$

माध्यम B के लिए, $\mu_B = c/v_B$

$$\Rightarrow v_B = \frac{c}{\mu_B} = \frac{3 \times 10^8}{1.47} = 2.04 \times 10^8 \text{ m/s} = 20.4 \times 10^7 \text{ m/s}$$

जबकि, $v_A - v_B = 2.6 \times 10^7$

$$\Rightarrow \quad v_A - 20.4 \times 10^7 = 2.6 \times 10^7$$

$$v_A = 2.6 \times 10^7 + 20.4 \times 10^7 = 2.3 \times 10^8 \text{ m/s}$$

$$\therefore \quad \frac{\mu_B}{\mu_A} = \frac{v_A}{v_B} = \frac{2.3 \times 10^8}{20.4 \times 10^7} = 1.13$$

20. *(b)* गैल्वेनोमीटर को अमीटर के रूप में चित्रानुसार प्रयुक्त किया जाता है

I I_G R_G $(I-I_G)$ R_S

बन्द पाश में KVL लगाने पर, $(I - I_G)R_S = I_G \cdot R_G$

$$\Rightarrow \quad IR_S - I_G R_S = I_G R_G \Rightarrow IR_S = I_G R_S + I_G R_G$$

$$\Rightarrow \quad IR_S = I_G(R_S + R_G) \Rightarrow \frac{I_G}{I} = \frac{R_S}{R_S + R_G}$$

प्रश्नानुसार, $I_G/I = 1/3$

$$\therefore \quad \frac{1}{3} = \frac{R_S}{R_S + R_G} \Rightarrow R_S + R_G = 3R_S \Rightarrow R_G = 2R_S$$

21. *(2)* दिया है, चेन की लम्बाई, $l = 6$ m

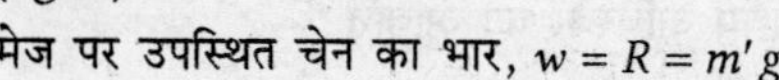

स्थैतिक घर्षण का गुणांक, $\mu_S = 0.5$

माना चेन की एकांक लम्बाई का द्रव्यमान λ (kg/m) है।

मेज पर उपस्थित चेन का भार, $w = R = m'g$

$$R = (l - x)\lambda g$$

चेन पर आरोपित अधिकतम घर्षण, $f_{max} = \mu_s R$

$$f_{max} = 0.5\,(l - x)\,\lambda g \quad \text{...(i)}$$

चेन के लटके हुए भाग द्वारा घर्षण बल को सन्तुलित किया जाता है अत:

$$f_{max} = \text{चेन के लटके हुए भाग का भार}$$

$$f_{max} = \lambda x g \quad \text{...(ii)}$$

समी (i) तथा समी (ii) से,

$$0.5(l - x)\lambda g = \lambda x g$$

$$0.5l - 0.5x = x \Rightarrow 0.5 \times 6 = x + 0.5x$$

$$\Rightarrow \quad 0.5 \times 6 = x + 0.5x \Rightarrow 3 = 1.5x \Rightarrow x = 2 \text{ m}$$

22. *(600)* ब्लॉक का प्रारम्भिक वेग, $v_i = 12$ m/s

ब्लॉक का द्रव्यमान, $m = 0.5$ kg

$$x = 30 \text{ cm} = 0.3 \text{ m}$$

ब्लॉक की अन्तिम चाल, $v_f = \frac{v_i}{2} = \frac{12}{2} = 6$ m/s

ऊर्जा के संरक्षण नियम द्वारा, $U_i + K_i = U_f + K_f$

$$\Rightarrow \quad 0 + \frac{1}{2}mv_i^2 = \frac{1}{2}kx^2 + \frac{1}{2}mv_f^2$$

$$\Rightarrow \quad \frac{1}{2} \times 0.5 \times 12^2 = \frac{1}{2} \times k \times (0.3)^2 + \frac{1}{2} \times 0.5 \times 6^2$$

$$\Rightarrow \quad k = 600 \text{ N/m}$$

23. *(100)* जल की ऊपरी परत का वेग,

$$v_1 = 36 \text{ kmh}^{-1} = 36 \times \frac{5}{18} \text{ ms}^{-1} = 10 \text{ ms}^{-1}$$

माना जल की निचली परत का वेग शून्य है

अर्थात् $\quad v_2 = 0$

$$\therefore \quad \Delta v = v_1 - v_2 = 10 - 0 = 10 \text{ ms}^{-1} \Rightarrow \Delta v = 10 \text{ ms}^{-1}$$

हम जानते हैं, श्यान बल,

$$F = \eta A \cdot \frac{\Delta v}{\Delta y} \Rightarrow \frac{F}{A} = \eta \cdot \frac{\Delta v}{\Delta y}$$

दिया है, अपरूपण प्रतिबल, $\frac{F}{A} = 10^{-3}$ N/m^2 और $\eta = 10^{-2}$ Pa-s

$$\therefore \quad 10^{-3} = 10^{-2} \times \frac{10}{\Delta y} \Rightarrow \Delta y = 100 \text{ m}$$

24. *(31)* वाष्प की गुप्त ऊर्जा, $L_f = 540$ cal g^{-1}

प्रति मिनट प्राप्त वाष्प का द्रव्यमान, $m = 50$ g

वाष्प का ताप, $T_1 = 100°$ C

ताप में कमी, $T_2 = 20°$ C

$\therefore \Delta T = T_1 - T_2 = 100 - 20 = 80°$C

$\therefore$ प्रति मिनट वाष्प द्वारा अस्वीकृत ऊष्मा

$$= mL_f + ms\Delta T$$

$$= 50 \times 540 + 50 \times 1 \times 80 = 3.1 \times 10^4 \text{ cal} = 31 \times 10^3 \text{ cal}$$

25. *(80)* बन्द ऑर्गन पाइप की लम्बाई, $l_2 = 20$ cm

माना खुले ऑर्गन पाइप की लम्बाई l_1 है।

खुले ऑर्गन पाइप के प्रथम अधिस्वर की आवृत्ति

$$f_1 = 2v / 2l_1 \quad \text{...(i)}$$

बन्द ऑर्गन पाइप की मूल आवृत्ति,

$$f_2 = v / 4l_2 \quad \text{...(ii)}$$

प्रश्नानुसार, $\quad f_1 = f_2$

समी (i) तथा समी. (ii) से,

$$\Rightarrow \quad 2v / 2l_1 = v / 4l_2 \Rightarrow l_1 = 4l_2 = 4 \times 20 = 80 \text{ cm}$$

26. *(6)* प्रश्न में दिया गया परिपथ निम्न है

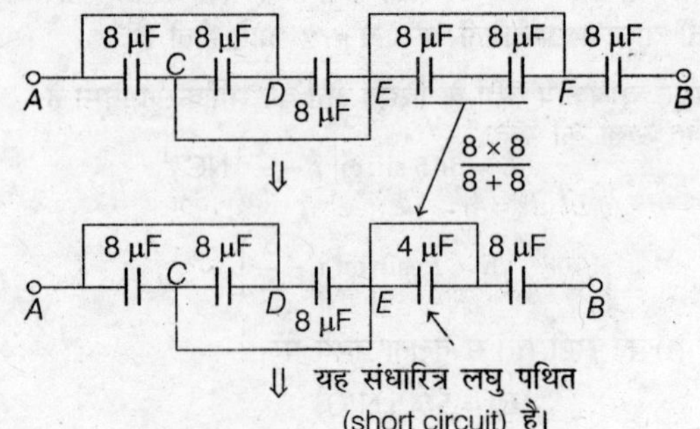

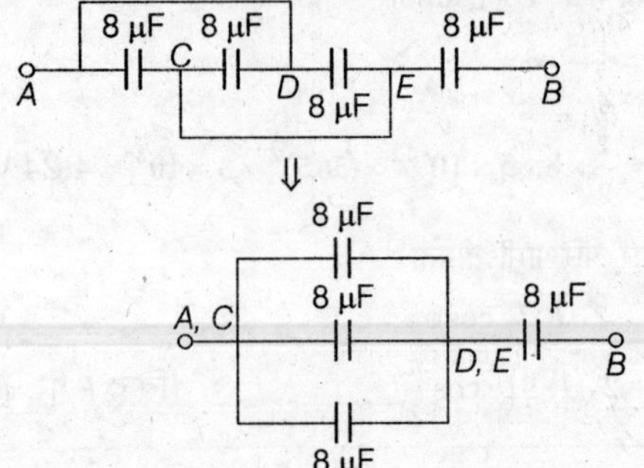

यह संधारित्र लघु पथित (short circuit) है।

$$\therefore \quad C_{AB} = \frac{(8 + 8 + 8) \times 8}{8 + 8 + 8 + 8} = \frac{24 \times 8}{32} = 6 \mu\text{F}$$

27. *(450)* तापीय ऊर्जा, $H = 300$ J, $t = 15$ s, $I = 2$ A

यदि R प्रतिरोधक का प्रतिरोध है, तब

$$H = I^2 Rt \Rightarrow 300 = 2^2 \times R \times 15 \Rightarrow R = 5 \Omega$$

जब, $I_1 = 3$ A, $t_1 = 10$ s, तब $H = I_1^2 Rt_1 = 3^2 \times 5 \times 10 = 450$ J

28. *(2)* प्रश्न में दिया गया परिपथ निम्न है,

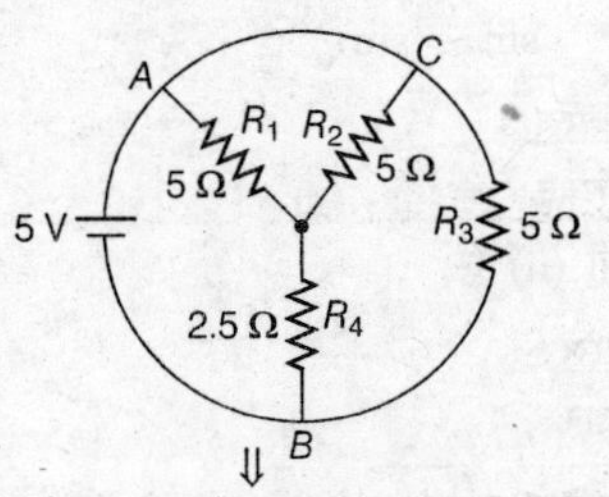

$$R_{12} = R_1 \parallel R_2 = \frac{R_1 R_2}{R_1 + R_2} = \frac{5 \times 5}{5 + 5} = 2.5 \Omega$$

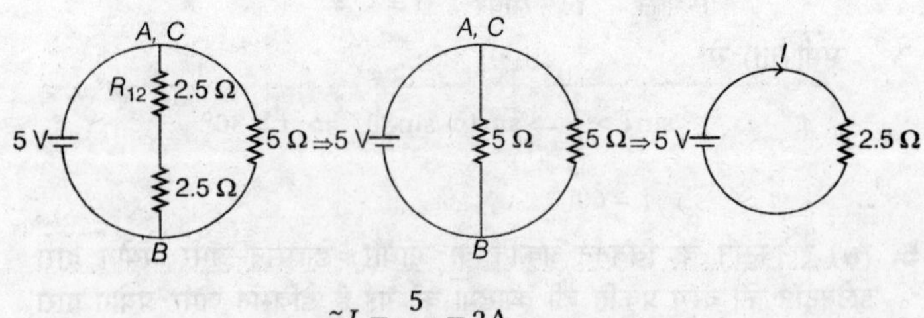

$$\simeq I = \frac{5}{2.5} = 2\text{A}$$

29. *(4)* कुण्डली का स्वप्रेरकत्व, $L = 2.0\ \text{H}$

धारा, $I = 2\sin t^2 \Rightarrow t = 0$ पर $I = 0\text{A}$

जब, $I = 2\text{A}$

तब, $2 = 2\sin t^2 \Rightarrow \sin t^2 = 1 = \sin \pi/2$

$\Rightarrow \quad t^2 = \pi/2 \Rightarrow t = \sqrt{\pi/2}$

जब, $I = 2\sin t^2 \Rightarrow dI = 4t\cos t^2 dt$

$\therefore$ क्षयित ऊर्जा की मात्रा,

$$E = \int LI\ dI = \int_0^{\sqrt{\pi/2}} 2 \times 2\sin t^2 \times 4t\cos t^2 dt$$

$$= \int_0^{\sqrt{\pi/2}} 8 \times 2t\sin t^2 \cos t^2 dt = 8\int_0^{\sqrt{\pi/2}} t\sin(2t^2)dt$$

$2t^2 = x$ रखने पर

$4tdt = dx$

$tdt = \dfrac{dx}{4}$

जब, $t = 0$

$x = 0$

जब, $t = \sqrt{\pi/2}$

$x = 2 \times \dfrac{\pi}{2} = \pi$

$$= 8\int_0^{\pi} \sin x \frac{dx}{4} = \frac{8}{4}\int_0^{\pi} \sin x\,dx$$

$$= 2\int_0^{\pi} \sin x\,dx = 2 \cdot 2\int_0^{\pi/2} \sin x\,dx$$

$$= 4\,[-\cos x]_0^{\pi/2} = 4[-\cos \pi/2 + \cos 0] = 4\ \text{J}$$

30. *(2)* वस्तु का द्रव्यमान, $m = 100\ \text{g} = 0.1\ \text{kg}$

बल, $\mathbf{F} = (10\hat{\mathbf{i}} + 5\hat{\mathbf{j}})\ \text{N}$

बल, $\mathbf{F}$ लगाने पर वस्तु का त्वरण

$$\mathbf{a} = \frac{\mathbf{F}}{m} = \frac{10\hat{\mathbf{i}} + 5\hat{\mathbf{j}}}{0.1} = 100\hat{\mathbf{i}} + 50\hat{\mathbf{j}}$$

$\therefore$ वस्तु की स्थिति $\quad \mathbf{s} = \mathbf{u}t + \dfrac{1}{2}\mathbf{a}t^2 = 0 \cdot t + \dfrac{1}{2}\mathbf{a}t^2$

$$= \frac{1}{2}(100\hat{\mathbf{i}} + 50\hat{\mathbf{j}}) \cdot 2^2 \qquad [\because t = 2\text{s}]$$

$$= 200\hat{\mathbf{i}} + 100\hat{\mathbf{j}} = a\hat{\mathbf{i}} + b\hat{\mathbf{j}} \qquad \text{(दिया है)}$$

$\therefore \quad a = 200, b = 100$

$\therefore \quad \dfrac{a}{b} = \dfrac{200}{100} = 2$

रसायन विज्ञान

31. *(c)* किसी बन्ध का बन्ध सामर्थ्य/शक्ति उसकी आबन्ध कोटि (Bond order; BO) द्वारा निर्धारित किया जाता है।

$$\text{BO} = \frac{\text{आबन्धी आण्विक कक्षाक में उपस्थित इलेक्ट्रॉनों की संख्या } (a) - \text{प्रति - आबन्धी आण्विक कक्षाक में उपस्थित इलेक्ट्रॉनों की संख्या } (b)}{2}$$

NO में उपस्थित कुल इलेक्ट्रॉनों की संख्या = 15

अणु	इलेक्ट्रॉनों की कुल संख्या	इलेक्ट्रॉनिक विन्यास	$\text{BO} = \frac{a-b}{2}$
NO	15	$\sigma 1s^2 \sigma^* 1s^2 \sigma 2s^2 \sigma^* 2s^2 \sigma 2p_z^2 \pi 2p_x^2 = \pi 2p_y^2 \pi^* 2p_x^1 = \pi^* 2p_y^0$	$\frac{10-5}{2} = 2.5$
NO^+	14	$\sigma 1s^2 \sigma^* 1s^2 \sigma 2s^2 \sigma^* 2s^2 \sigma 2p_z^2 \pi 2p_x^2 = \pi 2p_y^2 \pi^* 2p_x^0 = \pi^* 2p_y^0$	$\frac{10-4}{2} = 3.0$
N_2	14	$\sigma 1s^2 \sigma^* 1s^2 \sigma 2s^2 \sigma^* 2s^2 \sigma 2p_z^2 \pi 2p_x^2 = \pi 2p_y^2 \pi^* 2p_x^0 = \pi^* 2p_y^0$	$\frac{10-4}{2} = 3.0$
N_2^+	13	$\sigma 1s^2 \sigma^* 1s^2 \sigma 2s^2 \sigma^* 2s^2 \sigma 2p_z^2 \pi 2p_x^2 = \pi 2p_y^1 \pi^* 2p_x^0 = \pi^* 2p_y^0$	$\frac{9-4}{2} = 2.5$
O_2	16	$\sigma 1s^2 \sigma^* 1s^2 \sigma 2s^2 \sigma^* 2s^2 \sigma 2p_z^2 \pi 2p_x^2 = \pi 2p_y^2 \pi^* 2p_x^1 = \pi^* 2p_y^1$	$\frac{10-6}{2} = 2.0$
O_2^+	15	$\sigma 1s^2 \sigma^* 1s^2 \sigma 2s^2 \sigma^* 2s^2 \sigma 2p_z^2 \pi 2p_x^2 = \pi 2p_y^2 \pi^* 2p_x^1 = \pi^* 2p_y^0$	$\frac{10-5}{2} = 2.5$
C_2	12	$\sigma 1s^2 \sigma^* 1s^2 \sigma 2s^2 \sigma^* 2s^2 \sigma 2p_z^2 \pi 2p_x^1 = \pi 2p_y^1 \pi^* 2p_x^0 = \pi^* 2p_y^0$	$\frac{8-4}{2} = 2.0$
C_2^+	11	$\sigma 1s^2 \sigma^* 1s^2 \sigma 2s^2 \sigma^* 2s^2 \sigma 2p_z^2 \pi 2p_x^1 = \pi 2p_y^0 \pi^* 2p_x^0 = \pi^* 2p_y^0$	$\frac{7-4}{2} = 1.5$
B_2	10	$\sigma 1s^2 \sigma^* 1s^2 \sigma 2s^2 \sigma^* 2s^2 \sigma 2p_z^2 \pi 2p_x^0 = \pi 2p_y^0 \pi^* 2p_x^0 = \pi^* 2p_y^0$	$\frac{6-4}{2} = 1.0$
B_2^+	9	$\sigma 1s^2 \sigma^* 1s^2 \sigma 2s^2 \sigma^* 2s^2 \sigma 2p_z^1 \pi 2p_x^0 = \pi 2p_y^0 \pi^* 2p_x^0 = \pi^* 2p_y^0$	$\frac{5-4}{2} = 0.5$

अतः NO तथा O_2 अणु एक इलेक्ट्रॉन के निकलने पर आबन्ध कोटि में वृद्धि दर्शाते हैं।

32. *(b)* जब दृश्य प्रकाश की किरण जब किसी कोलॉइडल विलयन से होकर गुजरती है, तो वह परिक्षिप्त माध्यम द्वारा बिखर जाती है, यह टिण्डल प्रभाव कहलाता है। वास्तविक विलयन, इस प्रकार के प्रभाव नहीं दर्शाते हैं क्योंकि घटक कणों का आकार दृश्य प्रकाश की तरंगदैर्ध्य से बहुत छोटा होता है। साथ ही, यदि परिक्षिप्त अवस्था तथा परिक्षिप्त माध्यम के अपवर्तनांक में बहुत अधिक अन्तर नहीं होता है तो कोई टिण्डल प्रभाव नहीं देखा जाता है।

33. *(d)* Al की परमाणु संख्या = 13

Al^{3+} में इलेक्ट्रॉनों की संख्या = 10;

Br^- में इलेक्ट्रॉनों की संख्या = 36

Be^{2+} में इलेक्ट्रॉनों की संख्या = 2

Cl^- में इलेक्ट्रॉनों की संख्या = 18

Li^+ में इलेक्ट्रॉनों की संख्या = 2

S^{2-} में इलेक्ट्रॉनों की संख्या = 18

K^+ में इलेक्ट्रॉनों की संख्या = 18

O^{2-} में इलेक्ट्रॉनों की संख्या = 10

Mg^{2+} में इलेक्ट्रॉनों की संख्या = 10

जो Al^{3+} के साथ समइलेक्ट्रॉनिक हैं, O^{2-} तथा Mg^{2+} आयन हैं।

34. *(c)* निक्षालन (Leaching) की प्रक्रिया के दौरान, Au सर्वप्रथम शून्य से +1 तक ऑक्सीकृत होता है।

अभिक्रिया इस प्रकार से है—

$$4Au(s) + 8NaCN(aq) + 2H_2O(l) + O_2(g) \longrightarrow \underset{(A)}{4Na[Au(CN)_2](aq)} + 4NaOH(aq)$$

तत्पश्चात् जिंक (Zn) का उपयोग करके सोना (Gold) निकाला जाता है। अधिक विद्युत धनात्मक होने के कारण जिंक (Zn), Au^+ को Au^0 में अपचयित कर देता है।

$$2Na[Au(CN)_2](aq) + Zn \longrightarrow 2Au(s) + \underset{(B)}{Na_2[Zn(CN)_4](aq)}$$

35. *(c)* B_2H_6 तथा BH_3 अष्टक अपूर्ण होने के कारण, इलेक्ट्रॉन न्यून (इलेक्ट्रॉन की कमी) जातियों के रूप में जाने जाते हैं।

3 केन्द्र 2 इलेक्ट्रॉन बन्ध

(B_2H_6) (BCl_3)

36. *(d)* आयनिक गतिशीलता (μ), किसी आवेशित कण की विद्युत क्षेत्र के प्रभाव में, माध्यम में गति करने की क्षमता है। आयनिक गतिशीलता, आयनों के आकार के व्युत्क्रमानुपाती होती है। जलीय विलयनों में, छोटे आयन अत्यधिक विलेयशील (जलयोजित) हो जाते हैं, परिणामस्वरूप उनकी प्रभावी त्रिज्या में वृद्धि होती है, जिससे उनकी आयनिक गतिशीलता कम होती है।

क्षारीय मृदा धातुओं के आयनिक आकार का क्रम—

$$Be^{2+} < Mg^{2+} < Ca^{2+} < Sr^{2+}$$

जलयोजन के पश्चात् प्रभावी आयनिक आकार

$$\Rightarrow \quad Be^{2+} > Mg^{2+} > Ca^{2+} > Sr^{2+}$$

आयनिक गतिशीलता का क्रम है—

$$Sr^{2+} > Ca^{2+} > Mg^{2+} > Be^{2+}$$

अतः Sr^{2+} की अधिकतम आयनिक गतिशीलता है।

37. *(c)* उपसहसंयोजक संकुल डाइऐमीन सिल्वर (I) क्लोराइड के निर्माण के कारण, AgCl, NH_3 में घुल जाता है।

$$AgCl + NH_3 \longrightarrow [Ag(NH_3)_2]Cl$$

AgCl, NH_3 में विलेयशील होकर उपसहसंयोजक यौगिक (डाइऐमीन सिल्वर (I) क्लोराइड) का निर्माण करता है।

Ag^+ आयन विलयन में उपस्थित NH_3 के साथ जुड़ कर साम्यावस्था को बायीं तरफ प्रतिस्थापित कर देते हैं। जो AgCl अवक्षेप को और अधिक विलेयशील बनाता है।

$$Ag^+(aq) + Cl^-(aq) \rightleftharpoons AgCl(g)$$

$$\Big\Updownarrow \; 2NH_3(aq)$$

$$[Ag(NH_3)_2]^+(aq)$$

38. *(b)* Ce का इलेक्ट्रॉनिक विन्यास = $[Xe]\,6s^2 4f^2$

Ce(IV) में स्थायी अक्रिय गैस (Xe) इलेक्ट्रॉनिक विन्यास है।

यह और अधिक इलेक्ट्रॉन का त्याग नहीं करता। अतः यह अपचायक की भाँति व्यवहार नहीं कर सकता है। इसकी बजाय यह इलेक्ट्रॉनों को ग्रहण करके ऑक्सीकारक की भाँति व्यवहार करेगा।

39. *(a)* आयनों का इलेक्ट्रॉनिक विन्यास है—

$$Mn^{3+} = 1s^2 2s^2 2p^6 3s^2 3p^6 3d^4 4s^0$$

$$Fe^{3+} = 1s^2 2s^2 2p^6 3s^2 3p^6 3d^5 4s^0$$

$$Ti^{3+} = 1s^2 2s^2 2p^6 3s^2 3p^6 3d^1 4s^0$$

$$Cr^{3+} = 1s^2 2s^2 2p^6 3s^2 3p^6 3d^3 4s^0$$

प्रबलतम ऑक्सीकारक आयन वह है जिसमें इलेक्ट्रॉनों को ग्रहण करने की प्रबल प्रवृत्ति होती है।

Mn^{3+} प्रबलतम ऑक्सीकारक है क्योंकि इसे अर्द्धभरित 3*d* उपकोश प्राप्त करने के लिए, केवल 1 इलेक्ट्रॉन की आवश्यकता होती है, जो तुलनात्मक रूप से अधिक स्थायी है।

40. *(a)* जब मृदा में अतिरिक्त पोषक तत्व डाले जाते हैं, तो कुछ पोषक तत्व सतही जल में बहते हैं। यह जलीय पादपों (कार्बनिक पदार्थ) की वृद्धि को बढ़ाता है। अतिरिक्त पोषक तत्व सतह पर उच्च शैवाल वृद्धि का कारण बनते हैं जो प्रकाश के प्रवेश को कम कर देता है। पादप जो इस शैवाल परत के नीचे होते हैं; वे प्रकाश संश्लेषण के लिए सूर्य का प्रकाश नहीं मिल पाने के कारण मर जाते हैं। फलस्वरूप शैवाल फुल्लिक/विकसन (algal bloom) मर जाते हैं और झील के तल में डूब जाते हैं।

जीवाणु समुदाय अवशेषों को विघटित करने के लिए ऑक्सीजन का उपयोग करना शुरू कर देते हैं यह पानी की जैविक ऑक्सीजन आवश्यकता (BOD) को बढ़ा देता है। अपघटन के कारण पानी में ऑक्सीजन समाप्त हो जाती है, यह बड़े जीव की मृत्यु का कारण बनते हैं। यह सब जैव विविधता में कमी का कारण बनते हैं।

41. *(c)* फीनॉल तनु नाइट्रिक अम्ल के साथ अभिक्रिया कर *o*- तथा *p*-नाइट्रोफीनॉल बनाता है।

OH —(तनु HNO_3)→ OH, NO_2 + OH, NO_2

o-नाइट्रोफीनॉल *p*-नाइट्रोफीनॉल

p-नाइट्रोफीनॉल में अणुओं के मध्य अन्तराण्विक हाइड्रोजन बन्ध के कारण वे आपस में जुड़ जाते हैं। इस कारण इसका उच्च क्वथनांक होता है जबकि o-नाइट्रोफीनॉल में ऐसा कोई संघटन नहीं पाया जाता है। इस प्रकार, इन दोनों को भाप आसवन द्वारा अलग किया जा सकता है।

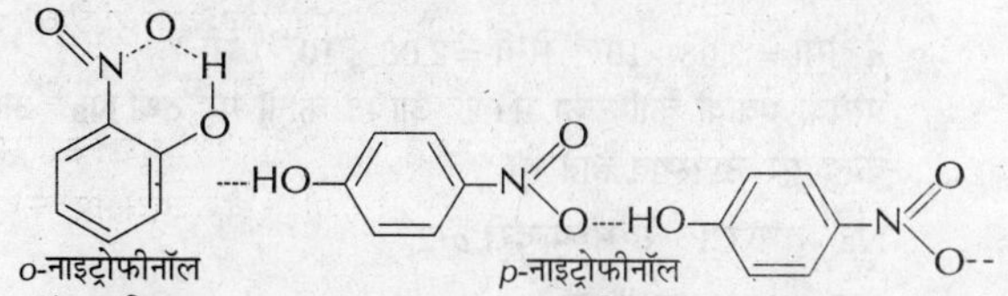

o-नाइट्रोफीनॉल (अंत:आण्विक H-बन्ध) p-नाइट्रोफीनॉल (अन्तराण्विक H-बन्ध)

42. *(c)*

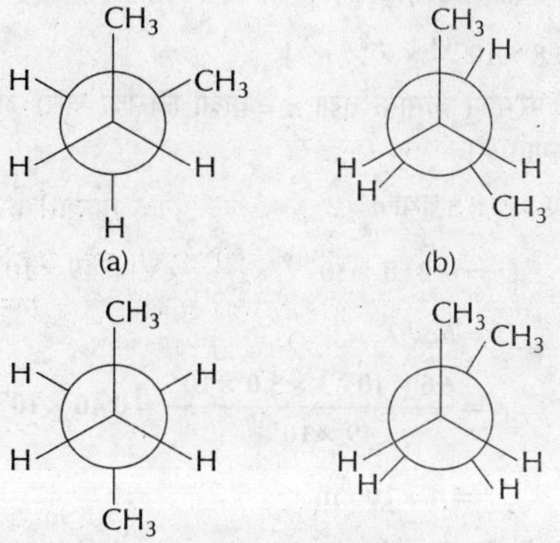

(a) (b) (c) (d)

a तथा c सान्तरित संरूपण हैं जबकि b तथा d ग्रसित संरूपण हैं।प्रति संरूपण (c) में, द्वितल कोण (द्विफलक) (Dihedral angle), दो मेथिल समूह के मध्य अधिकतम (180°) होता है।

43. *(b) आइसो* ब्यूटीन के साथ *आइसो* ब्यूटेन के ऐल्किलीकरण की क्रियाविधि—

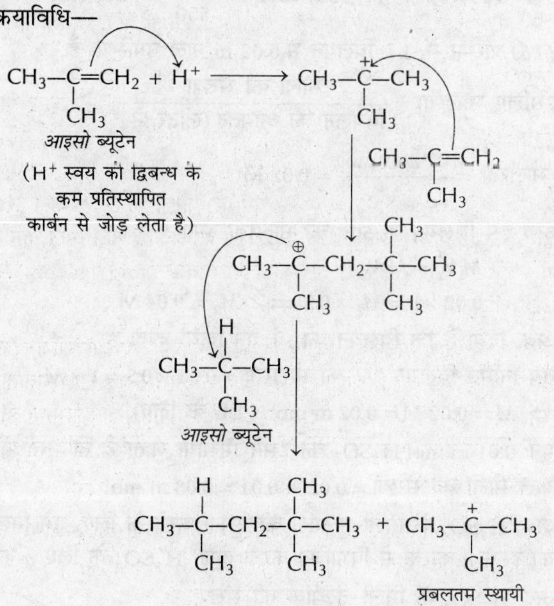

$$CH_3-C(CH_3)=CH_2 + H^+ \longrightarrow CH_3-\overset{+}{C}(CH_3)-CH_3$$

आइसो ब्यूटेन

(H^+ स्वय को द्विबन्ध के कम प्रतिस्थापित कार्बन से जोड़ लेता है)

$$CH_3-C(CH_3)=CH_2$$

$$CH_3-\overset{\oplus}{C}(CH_3)-CH_2-C(CH_3)_2-CH_3$$

$$CH_3-CH(CH_3)-CH_3$$

आइसो ब्यूटेन

$$CH_3-CH(CH_3)-CH_2-C(CH_3)_2-CH_3 + CH_3-\overset{+}{C}(CH_3)-CH_3$$

प्रबलतम स्थायी कार्बधनायन

44. *(d)* एथेलिडिन क्लोराइड की संरचना $H_3\overset{2}{C}-\overset{1}{H}C\begin{matrix}Cl\\Cl\end{matrix}$

इसका IUPAC नाम, 1, 1-डाइक्लोरो एथेन है।

45. *(d)* तृतीयक (3°) हैलाइड में, नाभिक स्नेही (यदि वे दुर्बल क्षार हो तो भी) के साथ E2 विलोपन (उन्मूलन) प्रभावी होगा।

त्रिविम बाधा (Sterically hindered) के कारण कोई S_N2 प्रतिस्थापन अभिक्रिया नहीं होती है।

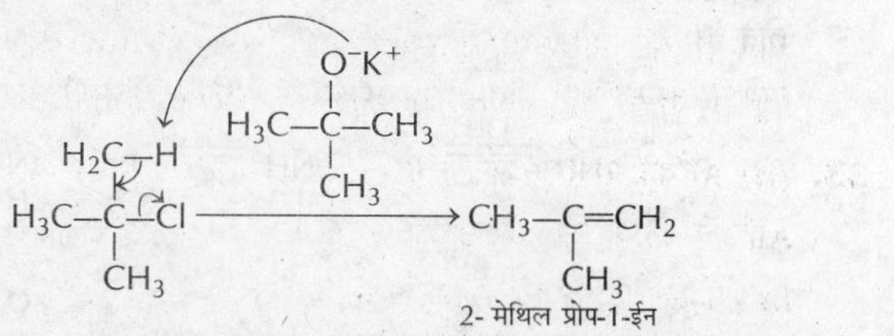

$$H_3C-C(CH_3)(CH_2H)-Cl \xrightarrow{O^-K^+ \text{ (}H_3C-C(CH_3)-CH_3\text{)}} CH_3-C(CH_3)=CH_2$$

2- मेथिल प्रोप-1-ईन

46. *(c)* सोडियम हाइड्रॉक्साइड की उपस्थिति में फीनॉल, क्लोरोफॉर्म से अभिक्रिया कर सैलिसैल्डिहाइड का निर्माण करता है। यह अभिक्रिया रीमर-टीमान अभिक्रिया के नाम से जानी जाती है।

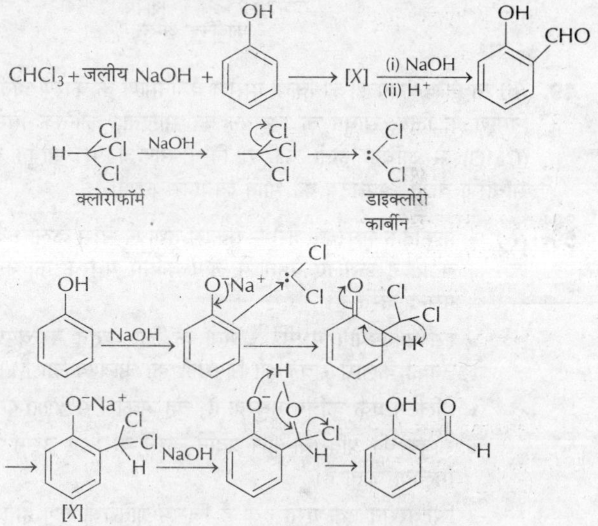

$$CHCl_3 + \text{जलीय } NaOH + C_6H_5OH \longrightarrow [X] \xrightarrow[\text{(ii) } H^+]{\text{(i) } NaOH} \text{सैलिसैल्डिहाइड (OH, CHO)}$$

$$H-CCl_3 \xrightarrow{NaOH} {}^-CCl_3 \longrightarrow :CCl_2$$

क्लोरोफॉर्म डाइक्लोरो कार्बीन

$$C_6H_5OH \xrightarrow{NaOH} C_6H_5O^-Na^+ \xrightarrow{:CCl_2} \longrightarrow [X] \xrightarrow{NaOH} \longrightarrow \text{OH, CHO}$$

[X]

47. *(c)* वायु ऑक्सीकरण द्वारा क्यूमीन हाइड्रोपरॉक्साइड से फीनॉल का निर्माण

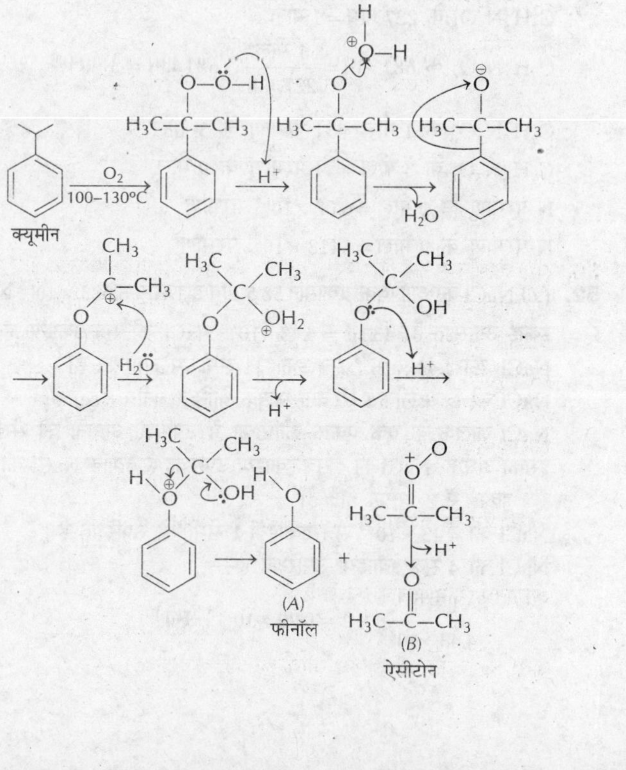

$$\text{क्यूमीन} \xrightarrow[100-130°C]{O_2} H_3C-C(O-\ddot{O}-H)(C_6H_5)-CH_3 \xrightarrow{H^+} H_3C-C(O-\overset{\oplus}{O}H_2)(C_6H_5)-CH_3 \xrightarrow{-H_2O} H_3C-C(\overset{\ominus}{O})(C_6H_5)-CH_3$$

$$\longrightarrow \text{(}CH_3\text{)}_2\overset{\oplus}{C}-OC_6H_5 \xrightarrow{H_2\ddot{O}} \text{(}CH_3\text{)}_2C(\overset{\oplus}{O}H_2)-OC_6H_5 \longrightarrow \text{(}CH_3\text{)}_2C(OH)-OC_6H_5 \xrightarrow{H^+}$$

$$\longrightarrow C_6H_5OH + H_3C-C(=\overset{+}{O}H)-CH_3 \xrightarrow{-H^+} H_3C-C(=O)-CH_3$$

(A) फीनॉल (B) ऐसीटोन

48. *(c)* ऐमाइड, ब्रोमीन तथा सोडियम हाइड्रॉक्साइड (क्षारीय) के मिश्रण के मध्य अभिक्रिया, हॉफमान पुर्नव्यवस्था अभिक्रिया कहलाती है। अभिक्रिया में ऐमाइड को ऐमीन में परिवर्तित करने के परिणामस्वरूप –CO– समूह की हानि होती है। ब्रोमोमाइड तथा आइसोसायनेट दोनों मध्यवर्ती के रूप में पृथक् होते हैं।

$$\underset{\text{ऐमाइड}}{R\text{–CO–}NH_2} \xrightarrow[(-H_2O)]{\bar{O}H} R\text{–CO–}\bar{N}H \xrightarrow[(-\bar{Br})]{Br_2} \underset{\text{ब्रोमोमाइड}}{R\text{–CO–}NH\text{–}Br}$$

$$\xrightarrow[(-H_2O)]{\bar{O}H} R\text{–CO–}\bar{N}\text{–}Br \rightleftharpoons R\text{–C(}\bar{O}\text{)=N–}Br \rightleftharpoons \underset{\text{आइसोसायनेट (मध्यवर्ती उत्पाद)}}{O=C=N\text{–}R}$$

$$\xrightarrow{H_2O} \underset{\text{कार्बनिक अम्ल}}{HO\text{–CO–}NHR} \rightleftharpoons CO_2 + \underset{\text{ऐमीन}}{RNH_2}$$

49. *(c)* साबुन की सफाई की क्रिया मिसेल के निर्माण के कारण होती है। मिसेल निर्माण के लिए, साबुन के विलयन की सान्द्रता, क्रान्तिक मिसेल सान्द्रता (CMC) से अधिक होनी चाहिए। निम्न सान्द्रता पर, साबुन का विलयन साधारण वैद्युत-अपघट्य की भाँति व्यवहार करेगा।

50. *(b)*
- प्राकृतिक मधुरक, जैसे—सुक्रोस तथा लैक्टोस कैलोरी की मात्रा को बढ़ाते हैं इसलिए बहुत से लोग कृत्रिम मधुरक का उपयोग करना पसन्द करते हैं।
- इसका उपयोग मधुमेह रोगियों के लिए बहुत महत्वपूर्ण है, जिन्हे उनकी कैलोरी सेवन की निगरानी की आवश्यकता है।
- ऐलिटेम एक कृत्रिम मधुरक है, यह सुक्रोस से 2000 गुना मीठा है।
- साबुन को प्रतिरोधी गुण प्रदान करने के लिए उसमें बाइथायोनल मिलाया जाता है।
- सिल्वरसैन एक ऐसी दवा है जिसमें प्रतिरोधी गुण होते हैं।

51. *(5418)* $C_7H_5N_3O_6$ का आण्विक भार (द्रव्यमान) = 227 g

$C_7H_5N_3O_6$ के 227 ग्राम = 1 मोल

$C_7H_5N_3O_6$ के 681 ग्राम $= \frac{1 \text{ मोल}}{227 \text{ ग्राम}} \times 681 \text{ ग्राम} = 3$ मोल

$C_7H_5N_3O_6$ के 1 मोल = N-परमाणु के 3 मोल

$C_7H_5N_3O_6$ के 3 मोल = N-परमाणु के 9 मोल

N-परमाणु के 1 मोल $= 6.02 \times 10^{23}$ परमाणु

N-परमाणु के 9 मोल $= 5418 \times 10^{21}$ परमाणु

52. *(1)* NaCl का आण्विक द्रव्यमान 58.5 ग्राम है जिसमें 6.023×10^{23} NaCl सूत्र इकाई उपस्थित है। $43.1 g = 4.43 \times 10^{23}$ NaCl की सूत्र इकाइयाँ है।

NaCl की 4.43×10^{23} सूत्र इकाई, 1 सेमी^{3} में उपस्थित है।

NaCl की क्रिस्टलीकृत संरचना फलक केन्द्रित घनीय (fcc) है।

NaCl जालक के एक एकक कोष्ठिका में उपस्थित आयनों की संख्या 8 है। इसका अर्थ है, NaCl की 4 सूत्र इकाइयाँ उपस्थित है क्योंकि NaCl की कुल (1) सूत्र इकाई में 2 आयन होते हैं।

NaCl की 4.43×10^{23} सूत्र इकाइयाँ 1 सेमी^{3} में उपस्थित है।

NaCl की 4 सूत्र इकाइयाँ उपस्थित है—

$$\frac{1 \text{ सेमी}^3}{4.43 \times 10^{23}} \times 4 = 0.90 \times 10^{-23} \text{ सेमी}^3$$

माना, इकाई कोष्ठिका के किनारे की लम्बाई 'a' सेमी है।

कोष्ठिका का आयतन

$= a^3$ सेमी$^3 = 0.90 \times 10^{-23}$ सेमी^{3}

a सेमी $= 2.08 \times 10^{-8}$ सेमी $= 2.08 \times 10^{-10}$ मी

प्रत्येक एकक कोष्ठिका में Cl^- आयन कोनों पर तथा Na^+ आयन किनारों के केन्द्र पर उपस्थित होते हैं।

Na^+ तथा Cl^- के मध्य दूरी $a/2$,

अत: 1.04×10^{-10} मी

53. *(4)* nवीं कक्षा में इलेक्ट्रॉन की दी गई स्थितिज ऊर्जा

$U = -21.8 \times 10^{-19} \times Z^2/n^2$ J

यहाँ, Z = परमाणु क्रमांक तथा n = कक्षा जिसके चारों ओर इलेक्ट्रॉन चक्कर लगाते हैं।

Li के लिए, $Z = 3$ तथा $n = 2$

$$U = -21.8 \times 10^{-19} \times \frac{3 \times 3}{2 \times 2} \text{eV} = 49 \times 10^{-19} \text{ J}$$

$$U = hc/\lambda$$

$$\Rightarrow \quad \lambda = \frac{6.6 \times 10^{-34} \times 3.0 \times 10^8}{49 \times 10^{-19}} = 0.40 \times 10^{-7} \text{m}$$

$$= 4 \times 10^{-8} \text{m}$$

54. *(300)* एन्थैल्पी, एन्ट्रॉपी तथा गिब्स मुक्त ऊर्जा के मध्य सम्बन्ध निम्न समीकरण द्वारा दिया गया है

$$\Delta G = \Delta H - T\Delta S$$

साम्यावस्था पर, $\Delta G = 0$

$$0 = -165 \times 10^{-3} - T(-550) \Rightarrow T = \frac{165 \times 10^3}{550} = 300 \text{ K}$$

55. *(15)* प्रारम्भ में, 1 L विलयन में 0.02 m मोल उपस्थित है,

$$\text{इसलिए, मोलरता} = \frac{\text{मोलों की संख्या}}{\text{वियलन का आयतन (लीटर में)}}$$

$$\text{मोलरता} = \frac{0.02 \text{ m mol}}{1} = 0.02 \text{ M}$$

अब, इस विलयन के 50% की मोलरता होगी

$$M_1V_1 = M_2V_2$$

$$0.02 \times 1 = M_2 \times 0.5 \Rightarrow M_2 = 0.04 \text{ M}$$

अब, दिया है कि विलयन को 1 L तनु किया जाता है

तब निर्मित विलयन 'A' की मोलरता $= 0.04 \times 0.5 = 1 \times M$

$\Rightarrow M = 0.02$ M $= 0.02$ m mol (1 L के लिए),

पुन: 0.01 m mol H_2SO_4 को इसमें मिलाया जाता है, तो

कुल मोलों की संख्या = 0.02 + 0.01 = 0.03 m mol

अब, H_2SO_4 के मिली-तुल्यांक की गणना करने के लिए, हमें मिली मोल को इसके n-कारक से विभाजित करना होगा। H_2SO_4 के लिए n-कारक = 2

अत: H_2SO_4 के मिली-तुल्यांक की संख्या

$= 0.03/2 = 0.015$ मिली तुल्यांक

$= 15 \times 10^{-3}$ मिली तुल्यांक $= 15$

56. *(710)* हम कह सकते हैं, प्रारम्भिक रूप से 27°C ताप तथा 1 atm दाब पर 1 मोल N_2O_4 उपस्थित है।

50% वियोजन का अर्थ है, 0.5 मोल वियोजित हो जाते हैं। परिणामस्वरूप, $2 \times 0.5 = 1$ मोल NO_2 का स्थिर दाब, 1 atm पर निर्माण करता है।

$$N_2O_4 \rightleftharpoons 2\,NO_2$$

साम्यावस्था पर, उपस्थित कुल मोलों की संख्या

$= N_2O_4$ के 0.5 मोल + NO_2 के 1 मोल = 1.5 मोल

N_2O_4 का मोल भिन्न $= 0.5 / 1.5 = 0.33$

NO_2 का मोल भिन्न $= 1 / 1.5 = 0.66$

N_2O_4 का आंशिक दाब $(p_{N_2O_4}) = 0.33 \times 1\text{atm} = 0.33$ atm

NO_2 का आंशिक दाब $(p_{NO_2}) = 0.66 \times 1$ atm $= 0.66$ atm

$\Delta G° = -RT \ln K$

जहाँ, $K = \dfrac{p^2_{NO_2}}{p_{N_2O_4}} = \dfrac{0.66 \times 0.66}{0.33} = 1.32$

$$\Delta G° = -8.31 \times 300 \times 2.303 \log 1.32$$
$$= -710 \text{ J mol}^{-1} = -x \text{ J mol}^{-1}$$
$$x = 710$$

57. *(23)* निम्नलिखित ऑक्सीकरण अभिक्रिया से, स्वाभाविक सेल अभिक्रिया वह होगी, जिसमें Fe^{3+} अपचयित तथा I^- ऑक्सीकृत होते हैं, क्योंकि Fe^{3+} का अपचयन विभव I^- से अधिक होता है।

$$Fe^{2+} \longrightarrow Fe^{3+} + e^-; \quad E°_{Fe^{3+}/Fe^{2+}} = 0.77 \text{ V}$$

$$2I^- \longrightarrow I_2 + 2e^-; \quad E°_{I_2/I^-} = 0.54 \text{ V}$$

कैथोड (अपचयन) पर अर्द्धसेल अभिक्रिया

$$Fe^{3+} + e^- \longrightarrow Fe^{2+}$$

ऐनोड (ऑक्सीकरण) पर अर्द्ध सेल अभिक्रिया

$$2I^- \longrightarrow I_2 + 2e^-$$

सेल अभिक्रिया $Fe^{3+} + 2I^- \longrightarrow Fe^{2+} + I_2$

$$E°_{\text{सेल}} = E°_{\text{कैथोड}} - E°_{\text{ऐनोड}}$$
$$= 0.77 \text{ V} - 0.54 \text{ V} = 0.23 \text{ V} = 23 \times 10^{-2} \text{ V}$$

58. *(1)* अभिक्रिया के लिए,

$$\gamma_1 A + \gamma_2 B \longrightarrow \gamma_2 C + \gamma_4 D$$

दिया है, $dC/dt = 1$ m mol dm^{-3} s^{-1}

$$\frac{dD}{dt} = 9 \text{ m mol dm}^{-3}\text{ s}^{-1} = 1.5\frac{dB}{dt}; \frac{dB}{dt} = 2\frac{dA}{dt}$$

अभिक्रिया की दर $= -\dfrac{1}{\gamma_1}\dfrac{dA}{dt} = -\dfrac{1}{\gamma_2}\dfrac{dB}{dt} = \dfrac{1}{\gamma_3}\dfrac{dC}{dt} = \dfrac{1}{\gamma_4}\dfrac{dD}{dt}$

$$= -\frac{1}{\gamma_1} \times 3 = -\frac{1}{\gamma_2} \times 6 = \frac{1}{\gamma_3} \times 1 = -\frac{1}{\gamma_4} \times 9$$

माना कि, $\gamma_1 = 1$ तब $\gamma_2 = 2; \gamma_3 = \frac{1}{3}; \gamma_4 = 3$

अभिक्रिया में प्रतिस्थापन, $1A + 2B \longrightarrow \frac{1}{3}C + 3D$

भिन्न 1/3 को हटाने के लिए, गुणांक को 3 से गुणा करने पर मान दिए जाते हैं— $\gamma_1 = 3; \gamma_2 = 6; \gamma_3 = 1$ व $\gamma_4 = 9$

$$3A + 6B \longrightarrow C + 9D$$

अभिक्रिया की दर $= \dfrac{1}{\gamma_4}\dfrac{dD}{dt} = \dfrac{1}{9} \times 9$ m mol dm^{-3}s^{-1}

$$= 1 \text{ m mol dm}^{-3}\text{ s}^{-1}$$

59. *(745)* $\Delta_t = \frac{4}{9}\Delta_0$

जहाँ Δ_t तथा Δ_0 क्रमश: चतुष्फलकीय तथा अष्टफलकीय संकुल की क्रिस्टल क्षेत्र विभाजन ऊर्जा हैं।

$$\Delta_t \propto \frac{1}{\lambda_t}; \Delta_0 \propto \frac{1}{\lambda_0} \Rightarrow \frac{1}{\lambda_t} = \frac{4}{9}\frac{1}{\lambda_0} = \frac{4}{9}$$

$$\Rightarrow \quad \lambda_0 = \frac{4}{9} \times 600 \text{ nm} = 266.6 \text{ nm}$$

$$\Delta_0 = \frac{hc}{\lambda_0} = \frac{6.6 \times 10^{-34} \times 3.0 \times 10^8}{266.6} = 745 \times 10^{-21} \text{ J}$$

60. *(1143)* 1 मोल पेन्ट-1-ईन की अभिक्रिया 1 मोल Br_2 में कराने पर, यह 1, 2-डाइ ब्रोमोपेन्टेन देता है।

$$H_3C\text{–}CH_2\text{–}CH_2\text{–}CH{=}CH_2 + Br_2 \longrightarrow H_3C\text{–}CH_2\text{–}CH_2\text{–}CH(Br)\text{–}CH_2Br$$

पेन्ट-1-ईन का 70.15 g = 1 mol

पेन्ट-1-ईन का 5 g = 0.071 mol

पेन्ट-1-ईन के मोलों की संख्या = Br_2 के मोल

0.071 पेन्ट-1-ईन के मोल, 0.071 मोल Br_2 के साथ क्रिया करेंगे—

Br_2 के 1 मोल = 159.8 g

Br_2 के 0.071 मोल $= 114.3 \times 10^{-2}$ g $= x \times 10^{-2}$ g

$\therefore \quad x = 1143$

गणित

61. *(c)* दो रेखाएँ L_1 और L_2 जो वृत्त को स्पर्श करती हैं समानान्तर हैं।

माना वृत्त का केन्द्र बिन्दु (h, k) है।

बिन्दु $(-1, 2)$ रेखा L_1 पर है।

$\therefore 4(-1) - 3 \times 2 + k_1 = 0$

$\Rightarrow -4 - 6 + k_1 = 0 \Rightarrow k_1 = 10$

$(3, -6)$ रेखा L_2 पर है।

$4(3) - 3(-6) + k_2 = 0 \Rightarrow 12 + 18 + k_2 = 0 \Rightarrow k_2 = -30$

वृत्त का व्यास = समानान्तर रेखाओं के बीच न्यूनतम दूरी

$$= \frac{|k_1 - k_2|}{\sqrt{4^2 + (-3)^2}} = \frac{|10 - (-30)|}{\sqrt{16 + 9}}$$

$= \dfrac{40}{5} = 8$ इकाई

$\therefore$ वृत्त की त्रिज्या = 4 इकाई

C, AB का मध्य-बिन्दु है।

C के निर्देशांक $= \left(\dfrac{-1+3}{2}, \dfrac{2+(-6)}{2}\right) = (1, -2)$

$\therefore$ वृत्त का समीकरण है, $(x-1)^2 + (y+2)^2 = 16$

62. (c) माना $I = \int_0^{\pi} \frac{e^{\cos x} \sin x}{(1+\cos^2 x)(e^{\cos x} + e^{-\cos x})} dx$ ...(i)

सूत्र $\int_0^a f(x)\,dx = \int_0^a f(a-x)\,dx$ का उपयोग करने पर,

$$I = \int_0^{\pi} \frac{e^{\cos(\pi - x)} \sin(\pi - x)}{(1+\cos^2(\pi - x))\,[e^{\cos(\pi-x)} + e^{-\cos(\pi-x)}]} dx$$

$$I = \int_0^{\pi} \frac{e^{-\cos x} \sin x}{(1+\cos^2 x)(e^{-\cos x} + e^{\cos x})} dx \quad ...(ii)$$

समी (i) और (ii) को जोड़ने पर, हमें प्राप्त होता है—

$$2I = \int_0^{\pi} \frac{\sin x(e^{\cos x} + e^{-\cos x})}{(1+\cos^2 x)(e^{\cos x} + e^{-\cos x})} dx = \int_0^{\pi} \frac{\sin x}{(1+\cos^2 x)} dx$$

माना $\cos x = t$

$\Rightarrow \quad -\sin x\,dx = dt$ या $\sin x\,dx = -dt$

जब, $x \to 0$ तब $t \to 1$ और जब $x \to \pi$, तब $t \to -1$

$\Rightarrow \quad 2I = -\int_1^{-1} \frac{1}{1+t^2} dt \Rightarrow 2I = [\tan^{-1} t]_{-1}^{1}$

$\Rightarrow \quad 2I = \tan^{-1}(1) - [\tan^{-1}(-1)] = \frac{\pi}{4} - \left(\frac{-\pi}{4}\right) \Rightarrow I = \frac{\pi}{4}$

63. (a) माना $\frac{a+b}{7} = \frac{b+c}{8} = \frac{c+a}{9} = K$

$\therefore \quad a+b = 7K, b+c = 8K$ और $c+a = 9K$

$\therefore$ त्रिभुज का अर्ध-परिमाप $= \frac{a+b+c}{2}$

$= \frac{2(a+b+c)}{4} = \frac{(a+b)+(b+c)+(c+a)}{4}$

$= \frac{7K+8K+9K}{4} = 6K$

$a = 2s - (b+c) = 12K - 8K = 4K$

इसी तरह से, $b = 3K$ और $c = 5K$

अब, $\Delta = \sqrt{s(s-a)(s-b)(s-c)} = \sqrt{6K(2K)(3K)(K)} = 6K^2$

अन्त: वृत्त की त्रिज्या, $(r) = \frac{\Delta}{s} = \frac{6K^2}{6K} = K$

$\therefore$ परिवृत्त की त्रिज्या $(R) = abc/4\Delta = \frac{4K \times 3K \times 5K}{4 \times 6K^2} = \frac{5K}{2}$

$\therefore \quad \frac{R}{r} = \frac{5K}{2} \div K = \frac{5}{2}$

64. (c) दिया गया है, $f: N \to R$ and $f(x+y) = 2f(x)\,f(y)$

$\therefore \quad f(2) = f(1+1) = 2 \times f(1)\,f(1) = 2 \times 2 \times 2 = 8 = 2^3$

$f(3) = f(2+1) = 2f(2)\,f(1) = 2 \times 8 \times 2 = 32 = 2^5$

इसी तरह से, $f(x) = 2^{2x-1}, x \in N$

$$\sum_{K=1}^{10} f(\alpha + K) = \frac{512}{3}(2^{20} - 1)$$

$$\Rightarrow \quad \sum_{K=1}^{10} 2f(\alpha) f(K) = \frac{512}{3}(2^{20} - 1)$$

$$f(\alpha) \sum_{K=1}^{10} f(K) = \frac{256}{3}(2^{20} - 1)$$

$$f(\alpha)[2 + 2^3 + 2^5 + ... 2^{19}] = \frac{256}{3}(2^{20} - 1)$$

$\Rightarrow \quad f(\alpha) \times \frac{2[(2^2)^{10} - 1]}{(4-1)} = \frac{256}{3}(2^{20} - 1)$

$\Rightarrow \quad f(\alpha) = 128 \Rightarrow 2^{2\alpha - 1} = 2^7$

$\Rightarrow \quad 2\alpha - 1 = 7 \Rightarrow 2\alpha = 8$

$\therefore \quad \alpha = 4$

65. (b) माना $A = \begin{bmatrix} a_1 & a_2 & a_3 \\ b_1 & b_2 & b_3 \\ c_1 & c_2 & c_3 \end{bmatrix}$

$$A\begin{bmatrix}1\\1\\0\end{bmatrix} = \begin{bmatrix}1\\1\\0\end{bmatrix} \Rightarrow \begin{bmatrix} a_1 & a_2 & a_3 \\ b_1 & b_2 & b_3 \\ c_1 & c_2 & c_3 \end{bmatrix}\begin{bmatrix}1\\1\\0\end{bmatrix} = \begin{bmatrix}1\\1\\0\end{bmatrix}$$

$\Rightarrow a_1 + a_2 = 1, b_1 + b_2 = 1$ और $c_1 + c_2 = 0$ ...(i)

अब, $A\begin{bmatrix}1\\0\\1\end{bmatrix} = \begin{bmatrix}-1\\0\\1\end{bmatrix} \Rightarrow \begin{bmatrix} a_1 & a_2 & a_3 \\ b_1 & b_2 & b_3 \\ c_1 & c_2 & c_3 \end{bmatrix}\begin{bmatrix}1\\0\\1\end{bmatrix} = \begin{bmatrix}-1\\0\\1\end{bmatrix}$

$\Rightarrow a_1 + a_3 = -1, b_1 + b_3 = 0$ और $c_1 + c_3 = 1$ ...(ii)

अब, $A\begin{bmatrix}0\\0\\1\end{bmatrix} = \begin{bmatrix}1\\1\\2\end{bmatrix} \Rightarrow \begin{bmatrix} a_1 & a_2 & a_3 \\ b_1 & b_2 & b_3 \\ c_1 & c_2 & c_3 \end{bmatrix}\begin{bmatrix}0\\0\\1\end{bmatrix} = \begin{bmatrix}1\\1\\2\end{bmatrix}$

$\Rightarrow \quad a_3 = 1, b_3 = 1$ और $c_3 = 2$

a_3, b_3, c_3 का मान समी (ii) में रखने पर हमें प्राप्त होता है,

$a_1 = -2, b_1 = -1, c_1 = -1$

a_1, b_1, c_1 का मान समी (i) में रखने पर, हमें प्राप्त होता है

$a_2 = 3, b_2 = 2, c_2 = 1$

$$\therefore \quad A = \begin{bmatrix} -2 & 3 & 1 \\ -1 & 2 & 1 \\ -1 & 1 & 2 \end{bmatrix} \Rightarrow (A - 2I)X = \begin{bmatrix}4\\1\\1\end{bmatrix}$$

$$\Rightarrow \quad \left(\begin{bmatrix} -2 & 3 & 1 \\ -1 & 2 & 1 \\ -1 & 1 & 2 \end{bmatrix} - 2\begin{bmatrix} 1 & 0 & 0 \\ 0 & 1 & 0 \\ 0 & 0 & 1 \end{bmatrix}\right)\begin{bmatrix}x_1\\x_2\\x_3\end{bmatrix} = \begin{bmatrix}4\\1\\1\end{bmatrix}$$

$$\Rightarrow \quad \begin{bmatrix} -4 & 3 & 1 \\ -1 & 0 & 1 \\ -1 & 1 & 0 \end{bmatrix}\begin{bmatrix}x_1\\x_2\\x_3\end{bmatrix} = \begin{bmatrix}4\\1\\1\end{bmatrix}$$

$-4x_1 + 3x_2 + x_3 = 4$ ...(i)

$-x_1 + x_3 = 1$ ...(ii)

$-x_1 + x_2 = 1$ ...(iii)

अब समी (ii) और (iii) से, $x_3 - x_2 = 0$

$3 \times$ समी (iii) + समी (ii) = समी (i)

अत: समी (ii) और (iii) स्वतन्त्र समीकरण नहीं है।

$\therefore$ असंख्य मान होंगे।

66. (a) $f(x) = x^3 + x - 5 \Rightarrow f(g(x)) = x, \forall x \in R$

$g(x) = f^{-1}(x) \Rightarrow g(f(x)) = x$

दोनों ओर x के सापेक्ष अवकलन करने पर,

$$g'[f(x)]f'(x) = 1$$

$$g'[f(x)] = 1/f'(x) \qquad ...(i)$$

$g'(63)$ का मान ज्ञात किया जा सकता है यदि

$$f(x) = 63 \Rightarrow x^3 + x - 5 = 63$$

$$x^3 + x - 68 = 0 \Rightarrow x = 4$$

$$f'(x) = 3x^2 + 1 \Rightarrow f'(4) = 3 \times 16 + 1 = 49$$

$$g'(63) = 1/49$$

67. *(c)* $P_1 : \sim(p \to \sim q)$

$P_2 : (p \wedge \sim q) \wedge ((\sim p) \vee q)$

$p \to ((\sim p) \vee q)$ गलत है।, $\sim p \vee (\sim p \vee q)$ गलत है।, $\sim p \vee q$ गलत है।

$\Rightarrow$ p सत्य है और q गलत है।

$P_1 : \sim(p \to \sim q) \sim (\sim p \vee \sim q)$

$\Rightarrow$ $(p \wedge q)$ [$\because$ डी मॉर्गन के नियम से]

यदि p सत्य है और q गलत है, $p \wedge q$ गलत है।

$P_2 : (p \wedge \sim q) \wedge ((\sim p) \vee q)$

$p \wedge \sim q$ सत्य है यदि p सत्य है और q गलत है।

$(\sim p) \vee q$ गलत है। [$\because \sim p$ गलत है और गलत $\vee$ गलत = गलत]

$\therefore$ $(p \wedge \sim q) \wedge ((\sim p) \vee q)$ गलत है।

68. *(d)* दिया गया है, $\frac{1}{2 \cdot 3^{10}} + \frac{1}{2^2 \cdot 3^9} + ... + \frac{1}{2^{10} \cdot 3} = \frac{K}{2^{10} \cdot 3^{10}}$

यह एक गुणोत्तर श्रेणी है, जिसका सार्वानुपात 3/2 है।

$$\therefore \quad \frac{1}{2 \cdot 3^{10}} \left[\frac{\left(\frac{3}{2}\right)^{10} - 1}{\frac{3}{2} - 1} \right] = \frac{K}{2^{10} \cdot 3^{10}} \Rightarrow 3^{10} - 2^{10} = K$$

$$\Rightarrow \quad K = (3^5)^2 - (2^5)^2 = (243 - 32)(243 + 32) = 211 \times 275$$

$$= (6 \times 35 + 1)(6 \times 45 + 5) = (6m + 1)(6n + 5)$$

$$- 36mn + 30m + 6n + 5 - 6(6mn + 5m + n) + 5$$

$\therefore$ जब K को 6 से विभाजित किया जाता है तो शेषफल 5 बचता है।

69. *(a)* दिया गया है, $f(x) + f'(x) + f''(x) = x^5 + 64 \qquad ...(i)$

$\Rightarrow f(x)$ एक बहुपद है जिसकी घात 5 है।

माना $f(x) = x^5 + ax^4 + bx^3 + cx^2 + dx + e$

$$f'(x) = 5x^4 + 4ax^3 + 3bx^2 + 2cx + d$$

$$f''(x) = 20x^3 + 12ax^2 + 6bx + 2c$$

$f(x), f'(x), f''(x)$ का मान समी (i) में रखने पर,

$$x^5 + (a + 5)x^4 + (b + 4a + 20)x^3 + (c + 3b + 12a)x^2$$
$$+ (d + 2c + 6b)x + e + d + 2c = x^5 + 64$$

अब, गुणांकों को बराबर रखने पर,

$a + 5 = 0 \quad \Rightarrow a = -5$

$b + 4a + 20 = 0 \quad \Rightarrow b = 0$

$c + 3b + 12a = 0 \quad \Rightarrow c = 60$

$d + 2c + 6b = 0 \quad \Rightarrow d = -120$

$e + d + 2c = 64 \quad \Rightarrow e = 64$

$$\therefore \quad f(x) = x^5 - 5x^4 + 60x^2 - 120x + 64 = x^5 - x^4 - 4x^4$$

$$+ 4x^3 - 4x^3 + 4x^2 + 56x^2 - 56x - 64x + 64$$

$$= x^4(x-1) - 4x^3(x-1) - 4x^2$$
$$(x-1) + 56x(x-1) - 64(x-1)$$

$$\frac{f(x)}{x-1} = x^4 - 4x^3 - 4x^2 + 56x - 64$$

अब, $\lim_{x \to 1} \frac{f(x)}{x-1} = \lim_{x \to 1} x^4 - 4x^3 - 4x^2 + 56x - 64$

$$= 1 - 4 - 4 + 56 - 64 = -15$$

70. *(c)* दिया गया है, $P(E_1 | E_2) = 1/2 \Rightarrow \frac{P(E_1 \cap E_2)}{P(E_2)} = \frac{1}{2}$

$$P(E_2) = \frac{1}{8} \times 2 = \frac{1}{4} \qquad \left[\because P(E_1 \cap E_2) = \frac{1}{8}\right]$$

पुनः, $P(E_2 | E_1) = \frac{3}{4} \Rightarrow \frac{P(E_2 \cap E_1)}{P(E_1)} = \frac{3}{4}$

$$P(E_1) = \frac{4}{3} \times \frac{1}{8} = \frac{1}{6} \qquad \left[\because P(E_1 \cap E_2) = \frac{1}{8}\right]$$

$$P(E_1) \cdot P(E_2) = \frac{1}{4} \cdot \frac{1}{6} = \frac{1}{24}$$

$$P(E_1 \cap E_2') = P(E_1) - P(E_1 \cap E_2) = \frac{1}{6} - \frac{1}{8} = \frac{4-3}{24} = \frac{1}{24}$$

$$\therefore P(E_1 \cap E_2') = P(E_1) \cdot P(E_2)$$

71. *(a)* $\because A = \begin{bmatrix} 0 & -2 \\ 2 & 0 \end{bmatrix}$

$$\therefore \quad A^2 = \begin{bmatrix} 0 & -2 \\ 2 & 0 \end{bmatrix} \begin{bmatrix} 0 & -2 \\ 2 & 0 \end{bmatrix} = \begin{bmatrix} -4 & 0 \\ 0 & -4 \end{bmatrix} = -4I$$

$$A^3 = A^2 \cdot A = \begin{bmatrix} -4 & 0 \\ 0 & -4 \end{bmatrix} \begin{bmatrix} 0 & -2 \\ 2 & 0 \end{bmatrix} = \begin{bmatrix} 0 & 8 \\ -8 & 0 \end{bmatrix} = -4A$$

$$M = \sum_{K=1}^{10} (A^2)^K = [(-4) + (-4)^2 + ... (-4)^{10}]I$$

$$= -4\lambda I, \text{ जोकि सममित है।}$$

जहाँ, $\lambda = [1 + (-4) + (-4)^2 + ... (-4)^9]$

$$N = \sum_{K=1}^{10} A^{2k-1} = A[1 + (-4) + (-4)^3 + ... (-4)^9]$$

$$= \lambda A \text{ जोकि विकर्ण सममित है।}$$

$$MN = (-4\lambda I)(\lambda A) = -4\lambda^2 A = NM$$

$$MN^2 = (MN)N = (NM)N \qquad [\because MN = NM]$$

$$= N(MN) = N(NM) = N^2 M \qquad [\because NM = MN]$$

अतः MN^2 इकाई आव्यूह नहीं है पर सममित है।

72. *(d)* $\int \left[\frac{x(\cos x - \sin x)}{e^x + 1} + \frac{g(x)[e^x + 1 - xe^x]}{(e^x + 1)^2} \right] dx = \frac{xg(x)}{e^x + 1} + c$

दोनों ओर x के सापेक्ष अवकलन करने पर,

$$\frac{x(\cos x - \sin x)}{e^x + 1} + \frac{g(x)(e^x + 1 - xe^x)}{(e^x + 1)^2}$$

$$= \frac{xg'(x)}{(e^x + 1)} + \frac{g(x)[e^x + 1 - xe^x]}{(e^x + 1)^2}$$

अब, दोनों पक्षों की तुलना करने पर, हमें प्राप्त होता है

$g(x) = \sin x + \cos x \Rightarrow g'(x) = \cos x - \sin x = 0$

$\Rightarrow \quad \cos x - \sin x = 0 \Rightarrow x = \pi/4$

पुन:, $g(x) - g'(x) = (\sin x + \cos x) - (\cos x - \sin x) = 2\sin x$

$\sin x$ एक बढ़ता हुआ फलन है $(0, \pi/2)$ में, इसलिए

फलन $g(x) - g'(x)$ भी अन्तराल $(0, \pi/2)$ में एक बढ़ता हुआ फलन है।

अत: अन्तराल $(0, \pi/2)$ में फलन $g - g'$ वर्धमान है।

73. *(a)* दिया है, $f(x) = \log_e (x^2 + 1) - e^{-x} + 1$

$$f'(x) = \frac{2x}{x^2 + 1} + e^{-x} \Rightarrow f'(x) > 0, \forall x \in R$$

$\therefore f(x)$ एक वर्धमान फलन है

$$f\left(g\left(\frac{(\alpha - 1)^2}{3}\right)\right) > f\left(g\left(\alpha - \frac{5}{3}\right)\right)$$

$$\Rightarrow \quad g\left(\frac{(\alpha - 1)^2}{3}\right) > g\left(\alpha - \frac{5}{3}\right) \Rightarrow g(x) = \frac{1 - 2e^{2x}}{e^x} = e^{-x} - 2e^x$$

$$g'(x) = -e^{-x} - 2e^x < 0$$

$\therefore g(x)$ एक ह्रासमान फलन है।

$\therefore$ यदि $g\left(\frac{(\alpha - 1)^2}{3}\right) > g\left(\alpha - \frac{5}{3}\right)$, तब $\frac{(\alpha - 1)^2}{3} < \alpha - \frac{5}{3}$

$\Rightarrow \quad (\alpha - 1)^2 < 3\alpha - 5 \Rightarrow \alpha^2 - 2\alpha + 1 < 3\alpha - 5$

$\Rightarrow \quad \alpha^2 - 5\alpha + 6 < 0 \Rightarrow (\alpha - 2)(\alpha - 3) < 0$

$\Rightarrow \quad \alpha \in (2, 3)$

74. *(b)* माना अक्षों के बीच का कोण α है

$l = \cos\alpha, m = \cos\alpha, n = \cos\alpha$

$\Rightarrow \quad l^2 + m^2 + n^2 = 1 \Rightarrow 3\cos^2 \alpha = 1$

$\Rightarrow \quad \cos\alpha = 1/\sqrt{3} \Rightarrow \mathbf{a} = \frac{|\mathbf{a}|}{\sqrt{3}}(\hat{\mathbf{i}} + \hat{\mathbf{j}} + \hat{\mathbf{k}})$

$\mathbf{a}$ का प्रक्षेपण $3\hat{\mathbf{i}} + 4\hat{\mathbf{j}} = 7$ पर

$$\frac{|\mathbf{a}|}{\sqrt{3}} \frac{(\hat{\mathbf{i}} + \hat{\mathbf{j}} + \hat{\mathbf{k}}) \cdot (3\hat{\mathbf{i}} + 4\hat{\mathbf{j}})}{\sqrt{3^2 + 4^2}} = 7 \Rightarrow |\mathbf{a}| = \frac{7\sqrt{3} \times 5}{7} \Rightarrow |\mathbf{a}| = 5\sqrt{3}$$

$\therefore \quad \mathbf{a} = 5\hat{\mathbf{i}} + 5\hat{\mathbf{j}} + 5\hat{\mathbf{k}}$ या $5(\hat{\mathbf{i}} + \hat{\mathbf{j}} + \hat{\mathbf{k}})$

$\mathbf{a} \cdot \mathbf{b} = 0$ [$\because$ **a**, **b** पर लम्बवत् है।]

माना $\mathbf{b} = x\hat{\mathbf{i}} + y\hat{\mathbf{j}} + z\hat{\mathbf{k}}$, तब $\mathbf{a} \cdot \mathbf{b} = 5x + 5y + 5z = 0$

$\Rightarrow \quad x + y + z = 0$ ...(i)

अब, $[\mathbf{a}\ \mathbf{b}\ \hat{\mathbf{i}}] = 0$

$$\begin{vmatrix} 5 & 5 & 5 \\ x & y & z \\ 1 & 0 & 0 \end{vmatrix} = 0 \Rightarrow 5z - 5y = 0 \Rightarrow y = z$$

समी (i) में $y = z$ रखने पर, $x + y + y = 0$

$\Rightarrow \quad x = -2y$ या $x = -2z$

$|\mathbf{a}| = |\mathbf{b}| = 5\sqrt{3}$ [$\because$ **b** सदिश, **a** को घुमाने पर प्राप्त होता है।]

$$\sqrt{x^2 + y^2 + z^2} = 5\sqrt{3}$$

$\Rightarrow \quad (-2y)^2 + y^2 + y^2 = 75 \Rightarrow 6y^2 = 75$

$\Rightarrow y = \frac{5}{\sqrt{2}} \Rightarrow x = -\frac{10}{\sqrt{2}}, z = \frac{5}{\sqrt{2}} \Rightarrow \mathbf{b} = \frac{5}{\sqrt{2}}[-2\hat{\mathbf{i}} + \hat{\mathbf{j}} + \hat{\mathbf{k}}]$

b का प्रक्षेपण $3\hat{\mathbf{i}} + 4\hat{\mathbf{j}}$ पर,

$$= \left| \frac{\frac{5}{\sqrt{2}}(-2\hat{\mathbf{i}} + \hat{\mathbf{j}} + \hat{\mathbf{k}}) \cdot (3\hat{\mathbf{i}} + 4\hat{\mathbf{j}})}{\sqrt{3^2 + 4^2}} \right| = \left| \frac{5(-6 + 4)}{\sqrt{2} \times 5} \right| = \sqrt{2}$$

75. *(b)* दिया गया है, $(x + 1)y' - y = e^{3x}(x + 1)^2$

$$y' - \frac{1}{x + 1} y = e^{3x}(x + 1)$$

जोकि रैखिक अवकलन समीकरण है

$$\therefore \quad IF = e^{\int P\,dx} = e^{\int -\frac{1}{x+1} dx} = e^{-\log(x+1)} = \frac{1}{x + 1}$$

अब $y \cdot \text{IF} = \int Q \cdot \text{IF}\, dx$

$$\frac{y}{x + 1} = \int e^{3x}(x + 1) \times \frac{1}{x + 1} dx$$

$$\Rightarrow \quad \frac{y}{x + 1} = \frac{e^{3x}}{3} + C \Rightarrow y = \left(\frac{e^{3x}}{3} + C\right)(x + 1)$$

जब $x = 0, y = 1/3$

$$\frac{1}{3} = \frac{1}{3} + C \Rightarrow C = 0$$

$$\therefore \quad y = \frac{e^{3x}}{3}(x + 1) \Rightarrow y'(x) = \frac{e^{3x}}{3} + (x + 1)e^{3x}$$

$$y'(x) = 0 \Rightarrow e^{3x}\left[\frac{1}{3} + x + 1\right] = 0 \Rightarrow x = \frac{-4}{3}$$

$\Rightarrow \quad y''(x) = e^{3x} + e^{3x} + 3(x + 1)e^{3x}$

$\Rightarrow \quad y''(x) = e^{3x}[5 + 3x] \Rightarrow y''\left[-\frac{4}{3}\right] > 0$

$\therefore -\frac{4}{3}$ स्थानीय न्यूनतम बिन्दु होगा।

76. *(c)* माना परवलय $y^2 = x$ की स्पर्श रेखा का समीकरण है।

$$y = mx + \frac{1}{4m}$$

$y = mx + \frac{1}{4m}$ वृत्त, $x^2 + y^2 = 2$ की स्पर्श रेखा का भी समीकरण है।

$$\Rightarrow \quad \left(\frac{1}{4m}\right)^2 = 2(1 + m^2) \Rightarrow \frac{1}{16m^2} = 2 + 2m^2$$

$$\Rightarrow 32m^4 + 32m^2 - 1 = 0 \Rightarrow m^2 = \frac{-32 \pm \sqrt{(32)^2 - 4(32)(-1)}}{2 \times 32}$$

$$\Rightarrow m^2 = \frac{-32 \pm \sqrt{32 \times 36}}{2 \times 32} \Rightarrow m^2 = \frac{-32 + 24\sqrt{2}}{64} \Rightarrow m^2 = \frac{-4 + 3\sqrt{2}}{8}$$

$\therefore m_1$ और m_2 $\sqrt{\frac{-4 + 3\sqrt{2}}{8}}$ और $-\sqrt{\frac{-4 + 3\sqrt{2}}{8}}$ हैं।

$$m_1 m_2 = \sqrt{\frac{(-4 + 3\sqrt{2})^2}{(8)^2}}$$

$$\therefore 8|m_1 m_2| = 8\left[\frac{-4 + 3\sqrt{2}}{8}\right] = -4 + 3\sqrt{2}$$

77. *(b)* माना Q के निर्देशांक (α, β, γ) हैं।

PQ का मध्य-बिन्दु समतल पर होगा।

PQ के मध्य-बिन्दु के निर्देशांक $=\left(\frac{\alpha+1}{2}, \frac{\beta+0}{2}, \frac{\gamma+1}{2}\right)$ (माना X)

$$\Rightarrow \quad \frac{\alpha+1}{2}+\frac{\beta}{2}+\frac{\gamma+1}{2}=5 \Rightarrow \alpha+\beta+\gamma-8=0 \quad \ldots(i)$$

$\because$ PQ, समतल के भी लम्बवत् है

$$\frac{\alpha-1}{1}=\frac{\beta-0}{1}=\frac{\gamma-1}{1}$$

$$\Rightarrow \quad \alpha-1=\beta=\gamma-1 \quad \ldots(ii)$$

$$\Rightarrow \quad \alpha=\gamma=\beta+1$$

समी (i) में मान रखने पर,

$$\beta+1+\beta+\beta+1-8=0$$

$$\Rightarrow \quad 3\beta=6 \Rightarrow \beta=2, \alpha=\gamma=3$$

$\therefore Q$ के निर्देशांक $=(3, 2, 3)$

PQ के दिक् अनुपात $=3-1, 2-0, 3-1=2, 2, 2$

PQ के समानान्तर और $(1, -1, -1)$ से गुजरने वाली रेखा का समीकरण

$$\frac{x-1}{2}=\frac{y+1}{2}=\frac{z+1}{2}=K$$

रेखा समतल को R पर काटती है

अत: R के निर्देशांक $(2K+1, 2K-1, 2K-1)$.

$\therefore R$ समतल पर होगा

$$2K+1+2K-1+2K-1=5 \Rightarrow 6K=6 \Rightarrow K=1$$

$\therefore R$ के निर्देशांक $=(3, 1, 1)$

$$\therefore \; QR^2=(3-3)^2+(2-1)^2+(3-1)^2=1+4=5$$

78. *(c)* दिया गया है, $y^2\,dx+(x^2-xy+y^2)\,dy=0$

$$\frac{dy}{dx}=\frac{-y^2}{x^2-xy+y^2} \quad \ldots(i)$$

माना $\quad y=vx \Rightarrow \frac{dy}{dx}=v+x\frac{dv}{dx}$

y और dy/dx का मान समी (i) में रखने पर,

$$v+x\frac{dv}{dx}=-\frac{v^2x^2}{x^2-xvx+v^2x^2}=\frac{-v^2}{1-v+v^2}$$

$$\Rightarrow x\frac{dv}{dx}=\frac{-v^2}{1-v+v^2}-v \Rightarrow x\frac{dv}{dx}=\frac{-v^2-v+v^2-v^3}{1-v+v^2}$$

$$\Rightarrow \int\frac{(1-v+v^2)}{v+v^3}\,dv=-\int\frac{1}{x}\,dx$$

$$\Rightarrow \int\left(\frac{1+v^2}{v(1+v^2)}-\frac{v}{v(1+v^2)}\right)dv=-\int\frac{1}{x}\,dx$$

$$\Rightarrow -\log v+\tan^{-1}v=\log_e x+c \Rightarrow -\log_e\frac{y}{x}+\tan^{-1}\frac{y}{x}=\log_e x+c$$

जब $\quad x=1, y=1$

$$0+\frac{\pi}{4}=C \Rightarrow C=\frac{\pi}{4}$$

$$\therefore \tan^{-1}\left(\frac{y}{x}\right)=\log_e\frac{y}{x}+\log_e x+\frac{\pi}{4} \Rightarrow \tan^{-1}\left(\frac{y}{x}\right)=\log_e y+\frac{\pi}{4}$$

रेखा $(\alpha, \sqrt{3}\alpha)$ से गुजरती है

$$\tan^{-1}\left(\frac{\sqrt{3}\alpha}{\alpha}\right)=\log_e\sqrt{3}\alpha+(\pi/4)$$

$$\Rightarrow \quad \frac{\pi}{3}-\frac{\pi}{4}=\log_e\sqrt{3}\alpha \Rightarrow \log_e(\sqrt{3}\alpha)=\frac{\pi}{12}$$

79. *(d)* दिया गया है, शांकव $x=2t, y=t^2/3$

$$\Rightarrow \quad \frac{x}{2}=t \Rightarrow y=\left(\frac{x}{2}\right)^2\times\frac{1}{3} \Rightarrow x^2=12y$$

दिया गया शांकव एक परवलय है जिसकी अक्ष, y-अक्ष और नाभि बिन्दु $(0, 3)$ है। माना B के निर्देशांक $(0, y)$ हैं। जैसे कि $AB \perp AS$,

$\Rightarrow AB$ का ढलान $\times AS$ का ढलान $=-1$

$$\left(\frac{y-\frac{t^2}{3}}{0-2t}\right)\times\left(\frac{3-\frac{t^2}{3}}{0-2t}\right)=-1$$

$$\Rightarrow (3y-t^2)(9-t^2)=-36t^2 \Rightarrow 27y-9t^2-3yt^2+t^4+36t^2=0$$

$$\Rightarrow \; 3yt^2-27y=t^4+27t^2 \Rightarrow y=\frac{t^4+27t^2}{3t^2-27}=\frac{t^4+27t^2}{3(t^2-9)}$$

k, ΔSAB के केन्द्र बिन्दु का निर्देशांक है

$$k=\frac{3+y+\frac{t^2}{3}}{3} \Rightarrow 9k=9+3y+t^2=9+\frac{t^4+27t^2}{t^2-9}+t^2$$

$$\Rightarrow \quad 9k=\frac{9(t^2-9)+t^4+27t^2+t^2(t^2-9)}{t^2-9}$$

$$\Rightarrow \quad k=\frac{9t^2-81+t^4+27t^2+t^4-9t^2}{9(t^2-9)}=\frac{2t^4+27t^2-81}{9(t^2-9)}$$

$$\lim_{t\to 1} k=\lim_{t\to 1}\frac{2t^4+27t^2-81}{9(t^2-9)}=\frac{2+27-81}{9(1-9)}=\frac{52}{72}=\frac{13}{18}$$

80. *(b)* वृत्त का समीकरण जो बिन्दु z_1, z_2 और z_3 से होकर गुजरता है $x^2+y^2=25$ है।

z_1, z_2 और z_3 के निर्देशांक क्रमश: $(3, 4)$, $(4, 3)$ और $(0, 5)$ हैं।

z_2z_3 का झुकाव $=\frac{5-3}{0-4}=-\frac{1}{2}$; zz_1 का झुकाव $\times z_2z_3$ का झुकाव $=-1$

$\therefore$ zz_1 का झुकाव $=2$ $\quad$ [zz_1, z_2z_3 पर लम्बवत् है]

रेखा का समीकरण $zz_1 : y-4=2(x-3) \Rightarrow y=2x-2$

वृत्त के समीकरण में y का मान रखने पर, $x^2+(2x-2)^2=25$

$$\Rightarrow \quad x^2+4x^2+4-8x=25 \Rightarrow 5x^2-8x-21=0$$

$$\Rightarrow \quad 5x^2+7x-15x-21=0$$

$$\Rightarrow x(5x+7)-3(5x+7)=0 \Rightarrow (x-3)(5x+7)=0$$

$x=3$ और $-\frac{7}{5}$

यदि $x=3$, तब $y=4$ ($z \neq z_1$ सम्भव नहीं है)

यदि $x = -\frac{7}{5}$, तब $y = -\frac{14}{5} - 2 \Rightarrow \frac{-24}{5}$

z के निर्देशांक $\left(-\frac{7}{5}, -\frac{24}{5}\right)$ हैं।

$\therefore$ कोणांक $= -\left[\pi - \tan^{-1}\left|\frac{y}{x}\right|\right] = -\pi + \tan^{-1}\left|\frac{24}{7}\right|$

81. *(286)* दिया गया है, $C_1 + 3 \cdot 2C_2 + 5 \cdot 3C_3 + \ldots + 10$ पदों तक

$$= \frac{\alpha \times 2^{11}}{2^{\beta} - 1}\left(C_0 + \frac{C_1}{2} + \frac{C_2}{3} + \ldots 10 \text{ पदों तक}\right)$$

$$\sum_{K=1}^{10}(2K-1)\,K\,C_K = \frac{\alpha \times 2^{11}}{2^{\beta} - 1}\left(\sum_{K=0}^{9}\frac{C_K}{K+1}\right)$$

$$2\sum_{K=1}^{10}K^2C_K - \sum_{K=1}^{10}KC_K = \frac{\alpha \times 2^{11}}{2^{\beta} - 1}\left(\sum_{K=0}^{9}\frac{C_K}{K+1}\right)$$

अब, $\sum_{K=1}^{n}K^2C_K = n(n+1)2^{n-2}$ से,

$$\sum_{K=1}^{n}KC_K = n(2)^{n-2} \text{ और } \sum_{K=0}^{n}\frac{C_K}{K+1} = \frac{2^{n+1}-1}{n+1}$$

$$\Rightarrow \quad 2[10 \times 11 \times 2^8] - 10 \times 2^9 = \frac{\alpha \times 2^{11}}{2^{\beta} - 1}\left(\frac{2^{11}-1}{11}\right)$$

$$\Rightarrow \quad 2^{10}[55 - 5] = \frac{\alpha \times 2^{11}}{2^{\beta} - 1} \times \frac{2^{11}-1}{11}$$

$$\Rightarrow \quad 275 = \frac{\alpha(2^{11}-1)}{(2^{\beta}-1)} \Rightarrow \alpha = 275 \text{ और } \beta = 11$$

$$\therefore \quad \alpha + \beta = 275 + 11 = 286$$

82. *(63)* माना तीन अंकों की संख्या xyz है, जहाँ x सैकडे की संख्या, y दहाई अंक और z इकाई अंक है।

संख्या में अधिकतम अंक 9 है।

अंकों का अधिकतम योग $9 \times 3 = 27$ हो सकता है।

$\therefore$ अंकों का योग 7, 14, 21 हो सकता है।

अत: प्रश्न के अनुसार, z एक विषम संख्या है।

स्थिति I $x + y + z = 7$

जब $z = 1$, तब $x + y = 6$

$(x, y) \equiv (1, 5), (2, 4), (3, 3), (4, 2), (5, 1), (6, 0)$

$\therefore$ यहाँ 6 सम्भावित मान हो सकते हैं।

जब $z = 3$, तब $x + y = 4$

$(x, y) \equiv (1, 3), (2, 2), (3, 1), (4, 0)$

$\therefore$ यहाँ 4 सम्भावित मान हो सकते हैं।

जब $z = 5$, तब $x + y = 2$

$(x, y) \equiv (1, 1), (2, 0)$

$\therefore$ यहाँ 2 सम्भावित मान हो सकते हैं।

स्थिति II $x + y + z = 14$

जब $z = 1$, तब $x + y = 13$

$(x, y) \equiv (4, 9), (5, 8), \ldots (9, 4)$

$\therefore$ यहाँ 6 सम्भावित मान हो सकते हैं।

जब $z = 3$, तब $x + y = 11$

$(x, y) \equiv (2, 9), (3, 8) \ldots (9, 2)$

$\therefore$ यहाँ 8 सम्भावित मान हो सकते हैं।

इसी तरह से,

जब $z = 5, (x, y) \equiv (1, 8), (2, 7), \ldots (9, 0)$; 9 सम्भावित मान

जब $z = 7, (x, y) \equiv (1, 6), (2, 5) \ldots (7, 0)$; 7 सम्भावित मान

जब $z = 9, (x, y) \equiv (1, 4), (2, 3) \ldots (5, 0)$; 5 सम्भावित मान

स्थिति III $x + y + z = 21$

जब $z = 3, (x, y) \equiv (9, 9)$; केवल 1 सम्भावित मान

जब $z = 5, (x, y) \equiv (7, 9), (8, 8), (9, 7)$; 3 सम्भावित मान

जब $z = 7, (x, y) \equiv (5, 9), (6, 8) \ldots (9, 5)$; 5 सम्भावित मान

जब $z = 9, (x, y) \equiv (3, 9), (4, 8) \ldots (9, 3)$; 7 सम्भावित मान

अत: कुल सम्भावित मान

$(6 + 4 + 2) + (6 + 8 + 9 + 7 + 5) + (1 + 3 + 5 + 7) = 63$

83. *(576)* $|(\mathbf{a} - \mathbf{b}) \times [\mathbf{a} + \mathbf{b}]|^2 + 4(\mathbf{a} \cdot \mathbf{b})^2$

$$= |\mathbf{a} \times \mathbf{a} - \mathbf{b} \times \mathbf{a} + \mathbf{a} \times \mathbf{b} - \mathbf{b} \times \mathbf{b}|^2 + 4(\mathbf{a} \cdot \mathbf{b})^2$$

$$= |2\mathbf{a} \times \mathbf{b}|^2 + 4(\mathbf{a} \cdot \mathbf{b})^2 \; [\because \mathbf{a} \times \mathbf{a} = 0 \text{ और } \mathbf{b} \times \mathbf{a} = -(\mathbf{a} \times \mathbf{b})]$$

$$= 4|\mathbf{a}|^2|\mathbf{b}|^2\sin^2\theta + 4|\mathbf{a}|^2|\mathbf{b}|^2\cos^2\theta$$

$$= 4|\mathbf{a}|^2|\mathbf{b}|^2[\sin^2\theta + \cos^2\theta] = 4 \times 4^2 \times 3^2 = 4 \times 16 \times 9 = 576$$

84. *(7)* माना बिन्दुओं P और Q के निर्देशांक क्रमश: (x_1, y_1) और (x_2, y_2) हैं।

प्रश्नानुसार, $x_1 + x_2 = r/2, x_1 x_2 = p/2$

तथा $y_1 + y_2 = s, y_1 y_2 = -q$

वृत्त का समीकरण व्यास PQ के साथ

$$(x - x_1)(x - x_2) + (y - y_1)(y - y_2) = 0$$

$$\Rightarrow \quad x^2 - (x_1 + x_2)x + y^2 - (y_1 + y_2)y + x_1 x_2 + y_1 y_2 = 0$$

दिए गए वृत्त के समीकरण से तुलना करने पर,

$$x^2 + y^2 - \frac{11}{2}x - 7y - 11 = 0$$

$$\Rightarrow \quad x_1 + x_2 = \frac{11}{2}, y_1 + y_2 = 7, x_1 x_2 + y_1 y_2 = -11$$

$$\Rightarrow \quad \frac{r}{2} = \frac{11}{2}, s = 7, \frac{p}{2} - q = -11$$

$$\Rightarrow \quad r = 11, s = 7, p - 2q = -22$$

$$\therefore \quad 2r + s - 2q + p = 2 \times 11 + 7 - 22 = 7$$

85. *(4)* दिया गया है, $14\operatorname{cosec}^2 x - 2\sin^2 x = 21 - 4\cos^2 x$

$$\Rightarrow \quad \frac{14}{\sin^2 x} - 2\sin^2 x = 21 - 4(1 - \sin^2 x)$$

$$\Rightarrow \quad \frac{14 - 2\sin^4 x}{\sin^2 x} = 17 + 4\sin^2 x$$

$$\Rightarrow \quad 14 - 2\sin^4 x = 17\sin^2 x + 4\sin^4 x$$

$$\Rightarrow \quad 6\sin^4 x + 17\sin^2 x - 14 = 0$$

$$\Rightarrow \quad 6\sin^4 x + 21\sin^2 x - 4\sin^2 x - 14 = 0$$

$$\Rightarrow \quad 3\sin^2 x(2\sin^2 x + 7) - 2(2\sin^2 x + 7) = 0$$

$$\Rightarrow \quad (3\sin^2 x - 2)(2\sin^2 x + 7) = 0$$

$$\Rightarrow \sin^2 x = \frac{2}{3}, \sin^2 x \neq -\frac{7}{2} \Rightarrow \sin x = \pm\sqrt{\frac{2}{3}} = \pm\frac{\sqrt{2}}{\sqrt{3}}$$

जैसे कि हम जानते हैं, $\sqrt{\frac{2}{4}} < \sqrt{\frac{2}{3}} < 1 \Rightarrow \sin x \in \left(\frac{\pi}{4}, \frac{\pi}{2}\right)$

यहाँ x का मान चार संख्या हैं।

86. *(4)* दिया गया है, $a_n = 19^n - 12^n$

अब, $\frac{31\alpha_9 - \alpha_{10}}{57\alpha_8} = \frac{31[(19)^9 - (12)^9] - [(19)^{10} - (12)^{10}]}{57((19)^8 - (12)^8)}$

$= \frac{31 \times (19)^9 - 31 \times (12)^9 - (19)^{10} + (12)^{10}}{57((19)^8 - (12)^8)}$

$= \frac{(19)^9(31-19) - (12)^9(31-12)}{57((19)^8 - (12)^8)} = \frac{12 \times (19)^9 - (12)^9 \times 19}{57((19)^8 - (12)^8)}$

$= \frac{12 \times 19[(19)^8 - (12)^8]}{57[(19)^8 - (12)^8]} = 4$

87. *(2)* $f(x) = \left\{\left(2\left(1 - \frac{x}{2}\right)\right)^{25}(2 + x)^{25}\right\}^{1/50}$

$= \{(2 - x)(2 + x)\}^{1/2} = (4 - x^2)^{1/2} = \sqrt{4 - x^2}$

$f[f(x)] = \sqrt{4 - [f(x)]^2} = \sqrt{4 - (4 - x^2)} = \sqrt{x^2} = x$

$f[f(f(x))] = f(x) = \sqrt{4 - x^2}$

$[g(1)] = [f(f(f(1))) + f(f(1))] = [\sqrt{4 - 1^2} + 1] = [\sqrt{3} + 1]$

$= [1.732 + 1] = [2.732] = 2$

88. *(5)* $L_1 : x/1 = y/2 = z/3 = K$

$x = K, y = 2K, z = 3K$

$L_2 : \frac{x-1}{1} = \frac{y-3}{1} = \frac{z-1}{5} = \lambda$

$x = \lambda + 1, y = \lambda + 3, z = 5\lambda + 1$

जैसे कि दो रेखाएँ प्रतिच्छेद करती है, इसलिए

$K = \lambda + 1, 2K = \lambda + 3, 3K = 5\lambda + 1$

$\Rightarrow \quad 2(\lambda + 1) = \lambda + 3 \Rightarrow 2\lambda - \lambda = 3 - 2$

$\lambda = 1$ और $K = 2$

S के निर्देशांक (2, 4, 6) हैं।

समतल $ax + by - z + d = 0$ रेखा $x/1 = y/2 = z/3$

और $\frac{x-1}{1} = \frac{y-3}{1} = \frac{z-1}{5}$ के समानान्तर है

$\Rightarrow \; a + 2b - 3 = 0$ और $a + b - 5 = 0$

a और b को हल करने पर, $a = 7, b = -2$

समतल का समीकरण $7x + 2y - z + d = 0$

समतल (2, 4, 6) से गुजरता है

$\Rightarrow \quad 7 \times 2 + (-2) \times 4 - 6 + d = 0$

$\Rightarrow \quad 14 - 8 - 6 + d = 0 \Rightarrow d = 0$

$\therefore \; a + b + d = 7 + (-2) + 0 = 5$

89. *(414)* माना $A = \begin{bmatrix} a_1 & a_2 & a_3 \\ b_1 & b_2 & b_3 \\ c_1 & c_2 & c_3 \end{bmatrix}$, जहाँ

$a_1, a_2, c_3, b_1, b_2, b_3, c_1, c_2\, c_3 \in \{-1, 0, 1\}$

अब, $a_1 + a_2 + a_3 + b_1 + b_2 + b_3 + c_1 + c_2 + c_3 = 5$

यहाँ 3 सम्भव मान हो सकते हैं।

स्थिति I पाँच 1, शून्य –1, चार 0

सम्भव मान = 9!/ 5!4!

स्थिति II छह 1, एक – 1 और दो 0

सम्भव मान = 9!/ 6!2!

स्थिति III सात 1, दो –1 और शून्य 0

सम्भव मान = 9!/ 7!2!

$\therefore$ कुल सम्भावित मान = 9!/ 5!4! + 9!/ 6!2! + 9!/ 7!2!

$= \frac{9 \times 8 \times 7 \times 6}{1 \times 2 \times 3 \times 4} + \frac{9 \times 8 \times 7}{1 \times 2} + \frac{9 \times 8}{1 \times 2}$

$= 126 + 252 + 36 = 414$

90. *(98)* $S = \frac{1}{3} + \frac{5}{9} + \frac{19}{27} + \frac{65}{81} + \ldots$100 पदों तक

$= \left(1 - \frac{2}{3}\right) + \left(1 - \frac{4}{9}\right) + \left(1 - \frac{8}{27}\right) + \left(1 - \frac{16}{81}\right) + \ldots$100 पदों तक

$= 100 - \left[\frac{2}{3} + \left(\frac{2}{3}\right)^2 + \left(\frac{2}{3}\right)^3 + \left(\frac{2}{3}\right)^4 + \ldots \text{100 पदों तक}\right]$

$\therefore S = 100 - \frac{\frac{2}{3}\left[1 - \left(\frac{2}{3}\right)^{100}\right]}{1 - \frac{2}{3}} = 100 - 2\left[1 - \left(\frac{2}{3}\right)^{100}\right]$

$= 98 + 2 \times \left(\frac{2}{3}\right)^{100}$

$[S] = \left[98 + 2 \times \left(\frac{2}{3}\right)^{100}\right] = 98 \qquad [\because 0 < 2 \times (2/3)^{100} < 1]$

JEE Main संयुक्त प्रवेश परीक्षा

सॉल्वड पेपर 2022

28 जुलाई, द्वितीय पाली

भौतिकी

खण्ड 'A' ऑब्जेक्टिव प्रश्न

1. कार्नो इंजन की दक्षता को $\eta = \frac{\alpha\beta}{\sin\theta}\log_e \frac{\beta x}{kT}$ द्वारा दिया जाता है यहाँ α तथा β नियतांक हैं यदि T तापमान, k बोल्ट्ज़मान नियतांक, θ कोणीय विस्थापन तथा x की विमा लम्बाई है तो निम्न में से कौन-सा कथन सही नहीं है?

(a) β की विमा, बल की विमा के समान है।
(b) $\alpha^{-1}x$ की विमा, ऊर्जा की विमा के समान है।
(c) $\eta^{-1}\sin\theta$ की विमा, $\alpha\beta$ की विमा के समान है।
(d) α की विमा, β की विमा के समान है।

2. $t = 0$ s समय पर एक कण $7\hat{\mathbf{z}}$ cm ऊँचाई से गति प्रारम्भ करता है गति के दौरान z-निर्देशांक नियत है। किसी क्षण पर कण की $\hat{\mathbf{x}}$ तथा $\hat{\mathbf{y}}$ दिशा के अनुदिश स्थिति सदिश क्रमश: $3t$ और $5t^3$ है तो $t = 1$ s पर कण का त्वरण होगा

(a) $-30\hat{\mathbf{y}}$ (b) $30\hat{\mathbf{y}}$ (c) $3\hat{\mathbf{x}} + 15\hat{\mathbf{y}}$ (d) $3\hat{\mathbf{x}} + 15\hat{\mathbf{y}} + 7\hat{\mathbf{z}}$

3. एक दाब पम्प के क्षैतिज ट्यूब के अनुप्रस्थ-काट का क्षेत्रफल 10 cm^2 है जिसके द्वारा निकलने वाले जल प्रवाह की चाल 20 m/s है तो ट्यूब से निकलने वाले जल प्रवाह को रोकने वाली क्षैतिज दीवार पर जल प्रवाह द्वारा लगाया गया बल है (दिया है, जल का घनत्व $= 1000\text{ kg/m}^3$)

(a) 300 N (b) 500 N (c) 250 N (d) 400 N

4. एकसमान चेन का द्रव्यमान m तथा लम्बाई L है जोकि एक द्रव्यमानरहित तथा घर्षण-रहित घिरनी से गुजरती है, जब इसे विरामावस्था से छोड़ा जाता है तो चेन का एक भाग (l) एक तरफ तथा दूसरा भाग ($L - l$) घिरनी की दूसरी ओर लटका रहता है एक नियत समय पर जब $l = L/x$ होता है, तब चेन का त्वरण $g/2$ है। यहाँ x का मान ....

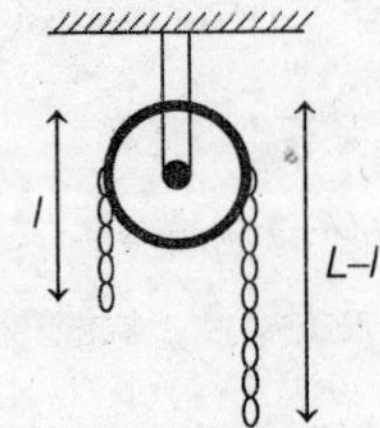

(a) 6 (b) 2 (c) 1.5 (d) 4

5. 200 g की एक गोली को स्विमिंग पुल में चित्रानुसार चलाया जाता है। गोली की गतिज ऊर्जा 90 J है यदि 1 सेकण्ड में गतिज ऊर्जा 40 J घट जाती है, तो गोली के विरामावस्था में आने से पूर्व गोली द्वारा स्विमिंग पुल में तय की गई दूरी है

(a) 45 m (b) 90 m (c) 125 m (d) 25 m

6. माना दो आदर्श सरल लोलक घड़ियाँ हैं घड़ी-1 को पृथ्वी पर तथा घड़ी-2 को पृथ्वी सतह से ऊँचाई, h पर स्थिति अंतरिक्ष अनुसंधान केन्द्र में रखा गया है घड़ी-1 तथा घड़ी-2 क्रमश: 45 तथा 65 के आवर्तकाल पर संचालित होती हैं तब h का मान है (माना, पृथ्वी की त्रिज्या, $R_e = 6400$ km तथा $g = 10\text{ m/s}^2$ पृथ्वी की सतह पर)

(a) 1200 km (b) 1600 km (c) 3200 km (d) 4800 km

7. 1 m त्रिज्या के बेलनाकार टैंक में जल भरा हुआ है। बेलन की तली से जल की ऊपरी सतह की ऊँचाई 15 m है बेलनाकार टैंक के तल से 5 m ऊँचाई पर एक छिद्र है। यदि पिस्टन की सहायता से जल की ऊपरी सतह पर 5×10^5 N बल लगाया जाता है तो छिद्र से निकलने वाली धारा की चाल होगी (दिया है, वायुमण्डलीय दाब, $p_A = 1.01 \times 10^5$ Pa, जल का घनत्व, $\rho_w = 1000\text{ kg/m}^3$ और गुरुत्वीय त्वरण $g = 10\text{ m/s}^2$)

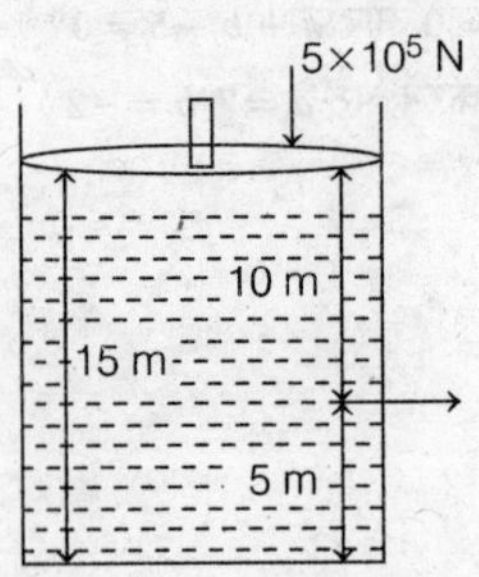

(a) 11.6 m/s (b) 10.8 m/s
(c) 17.8 m/s (d) 14.4 m/s

8. यदि 27°C पर एक पात्र में 14 g नाइट्रोजन गैस उपस्थित है, तो गैस के अणुओं के वर्ग-माध्य-मूल-वेग को दोगुना करने हेतु आवश्यक ऊष्मा की मात्रा होगी ($R = 8.32\ \text{J mol}^{-1}\text{K}^{-1}$)

(a) 2229 J (b) 5616 J (c) 9360 J (d) 13,104 J

9. परावैद्युतांक K वाली परावैद्युत पट्टी के अनुप्रस्थ-काट का क्षेत्रफल, समान्तर प्लेट संधारित्र की प्लेटों के अनुप्रस्थ-काट क्षेत्रफल के तुल्य है। परावैद्युत पट्टी की मोटाई $\frac{3}{4}d$ है यहाँ d प्लेटों के मध्य दूरी है, तो प्लेटों के मध्य परावैद्युत की पट्टी लगाने के पश्चात्, धारिता का मान होगा (दिया है, C_0 = समान्तर प्लेट संधारित्र की प्लेटों के मध्य वायु की उपस्थिति पर धारिता)

(a) $\frac{4KC_0}{3+K}$ (b) $\frac{3KC_0}{3+K}$ (c) $\frac{3+K}{4KC_0}$ (d) $\frac{K}{4+K}$

10. 1 m लम्बाई की दो समान्तर प्लेटों के मध्य विद्युत क्षेत्र $E = (8\,m/e)$ V/m चित्रानुसार है (यहाँ, m = इलेक्ट्रॉन का द्रव्यमान और e = इलेक्ट्रॉन पर आवेश)। यदि इलेक्ट्रॉन, प्लेटों के मध्य 2 m/s की चाल से प्रवेश करता है, तो क्षेत्र से निर्गत इलेक्ट्रॉन कोण θ पर विक्षेपित होता है यहाँ θ .... है।

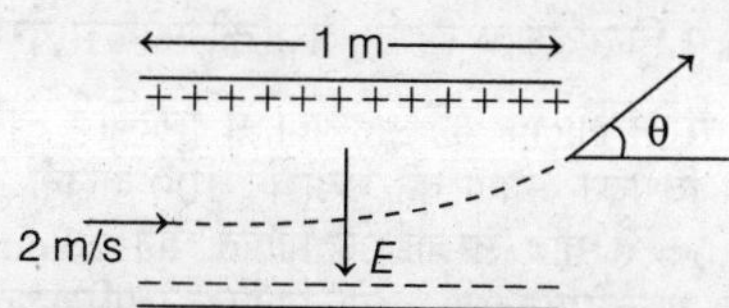

(a) $\tan^{-1}(4)$ (b) $\tan^{-1}(2)$ (c) $\tan^{-1}(1/3)$ (d) $\tan^{-1}(3)$

11. नीचे दो कथन दिए गए हैं

कथन I 80 Ω के एकसमान तार को चार एकसमान भागों में बाँटा जाता है इन्हें समान्तर क्रम में जोड़ा जाता है, तो तुल्य प्रतिरोध 5Ω प्राप्त होगा।

कथन II एक परिपथ में $2R$ और $3R$ प्रतिरोध समान्तर क्रम में संयोजित हैं तो $3R$ और $2R$ प्रतिरोध में उत्पन्न ऊष्मा का अनुपात 3 : 2 होगा।

उपरोक्त दोनों कथनों के आधार पर सही विकल्प का चयन कीजिए

(a) कथन I तथा कथन II दोनों सत्य हैं।
(b) कथन I तथा कथन II दोनों असत्य हैं।
(c) कथन I सत्य है परन्तु कथन II असत्य हैं।
(d) कथन I असत्य है परन्तु कथन II सत्य हैं।

12. चित्र में दर्शाए अनुसार 0.5T के चुम्बकीय क्षेत्र में एक त्रिभुजाकार आकृति के तार को रखा गया है जिसमें 10 A की धारा प्रवाहित होती है तो भाग CD पर कार्यरत् चुम्बकीय बल है
(दिया है, $BC = CD = BD = 5$ cm)

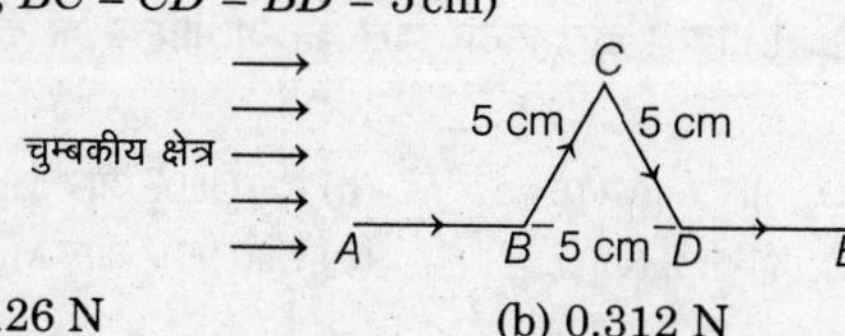

(a) 0.126 N (b) 0.312 N
(c) 0.216 N (d) 0.245 N

13. धारावाही वृत्ताकार कुण्डली के केन्द्र पर चुम्बकीय क्षेत्र B_1 है दिए गए धारावाही कुण्डली की त्रिज्या के $\sqrt{3}$ गुना दूरी पर उत्पन्न चुम्बकीय क्षेत्र B_2 है, तो B_1/B_2 का मान होगा

(a) 9 : 4 (b) $12:\sqrt{5}$
(c) 8 : 1 (d) $5:\sqrt{3}$

14. एक ट्रांसफॉर्मर 8 kV के प्राथमिक वोल्टेज पर संचालित होता है और 80 kW के लोड को 160 V का द्वितीयक वोल्टेज देता है यदि ट्रांसफॉर्मर पूर्णतः आदर्श है (शुद्ध प्रतिरोधी लोड) और इसका शक्ति गुणांक एक है, तो प्राथमिक तथा द्वितीयक परिपथ में लोड का मान होगा

(a) 800 Ω और 1.06 Ω (b) 10 Ω और 500 Ω
(c) 800 Ω और 0.32 Ω (d) 1.06 Ω और 500 Ω

15. 36 cm^2 के पृष्ठीय क्षेत्रफल पर प्रकाश लम्बवत् आपतित होता है तथा 20 मिनट के आवर्तकाल में 7.2×10^{-9} N के बल का अनुभव करता है पूर्णतः अवशोषण की स्थिति में आपतित प्रकाश की ऊर्जा फ्लक्स का मान है

(a) $25.92 \times 10^2\ \text{Wb/cm}^2$ (b) $8.64 \times 10^{-6}\ \text{Wb/cm}^2$
(c) $6.0\ \text{Wb/cm}^2$ (d) $0.06\ \text{Wb/cm}^2$

16. एक निश्चित माध्यम में लेन्स की शक्ति (द्वि-उत्तल) 1.25 m^{-1} है, लेन्स का अपवर्तनांक 1.5 तथा वक्रता त्रिज्या क्रमशः 20 cm, 40 cm है, तो वातावरण का अपवर्तनांक होगा

(a) 1.0 (b) 9/7 (c) 3/2 (d) 4/5

17. दो फोटॉन पुंज की ऊर्जा, धातु के कार्य-फलन की पाँच तथा दस गुना के तुल्य है। इन दोनों स्थितियों में उत्सर्जित फोटो इलेक्ट्रॉन के अधिकतम वेग का अनुपात होगा

(a) 1 : 2 (b) 1 : 3 (c) 2 : 3 (d) 3 : 2

18. एक रेडियोऐक्टिव पदार्थ 15 मिनट में अपने वास्तविक मान का 7/8 गुना क्षयित हो जाता है तो नमूने की अर्द्ध-आयु है

(a) 5 min (b) 7.5 min (c) 15 min (d) 30 min

19. एक n-p-n ट्रांजिस्टर के उभयनिष्ठ उत्सर्जक विन्यास को चित्र में दर्शाया गया है जिसका धारा लाभ $\beta = 100$ है तो प्रवर्धक का आउटपुट वोल्टेज है

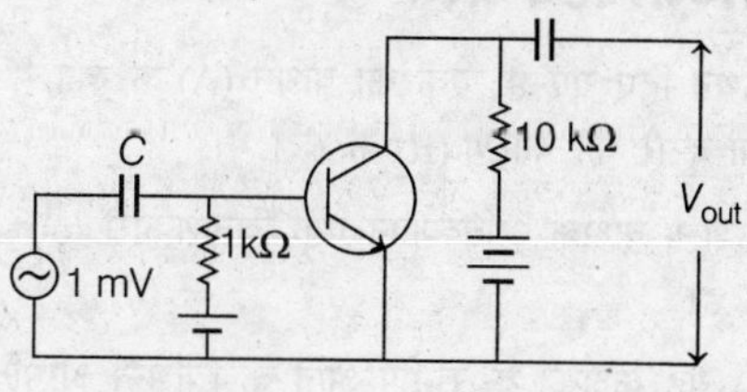

(a) 0.1 V (b) 1.0 V (c) 10 V (d) 100 V

20. एक FM प्रसारण प्रेषित द्वारा 20 kHz के मॉडुलेटिंग सिग्नल का उपयोग किया जाता है जिसका विचलन अनुपात 10 है, तो प्रेषण के लिए आवश्यक बैण्ड चौड़ाई है

(a) 220 kHz (b) 180 kHz
(c) 360 kHz (d) 440 kHz

खण्ड 'B' न्यूमैरिकल वैल्यू प्रश्न

21. टॉवर के शीर्ष से एक गेंद को ऊर्ध्वाधरतः 19.6 ms^{-1} के वेग से फेंका जाता है जोकि 6 s बाद धरातल से टकराती है। धरातल से गेंद $\left(\frac{k}{5}\right)$ m ऊँचाई तक जाती है तो k का मान .... है।
(दिया है, $g = 9.8\ \text{m/s}^2$)

22. लम्बाई, L तथा द्रव्यमान घनत्व $\rho = \rho_0\left(1-\frac{x^2}{L^2}\right)$ kg/m की एक विमीय छड़ (AB) के सिरे A से द्रव्यमान केन्द्र की दूरी $\frac{3L}{\alpha}$ m है यहाँ α का मान .... है। (यहाँ, x = सिरे A से दूरी)

23. एक डोरी की लम्बाई 0.5 मी तथा अनुप्रस्थ-काट का क्षेत्रफल 4 mm^2 है इस डोरी से 2 kg द्रव्यमान की दृढ़ वस्तु जुड़ी हुई है। वस्तु 0.5 m के ऊर्ध्वाधर वृत्त में घूमती है तथा वृत्त के निचले सिरे पर वस्तु 5 m/s का वेग प्राप्त करती है, तो जब वस्तु वृत्त के निचले सिरे पर होती है तो डोरी में उत्पन्न तनाव .... $\times 10^{-5}$ होगा। (यंग का प्रत्यास्थता गुणांक 10^{11} N/m^2 और $g = 10\ m/s^2$)

24. किसी ताप पर गैस के अणुओं की स्वतन्त्रता की कोटि 8 है जब गैस नियत दाब पर प्रसारित होती है, तब गैस 150 J कार्य करती है, तो गैस द्वारा अवशोषित ऊर्जा की मात्रा .... J होगी।

25. 4 किग्रा द्रव्यमान का एक कण X-अक्ष के अनुदिश गति करता है जिसकी स्थितिज ऊर्जा $U = 4(1 - \cos 4x)$ J है यदि छोटे दोलनों के लिए आवर्तकाल $\left(\frac{\pi}{k}\right)$ s है, तो k का मान .... है।

26. एक विद्युत बल्ब (220 V, 100 W) को एक अन्य बल्ब (220 V, 60 W) के साथ श्रेणीक्रम में संयोजित हैं यदि दोनों बल्बों के एक्रॉस वोल्टेज 220 V है, तो 100 W के बल्ब द्वारा क्षयित शक्ति .... W है।

27. दिए गए परिपथ में स्विच S को बन्द करने के पश्चात् 6 V की बैटरी द्वारा प्रदत्त धारा का मान .... A होगा।

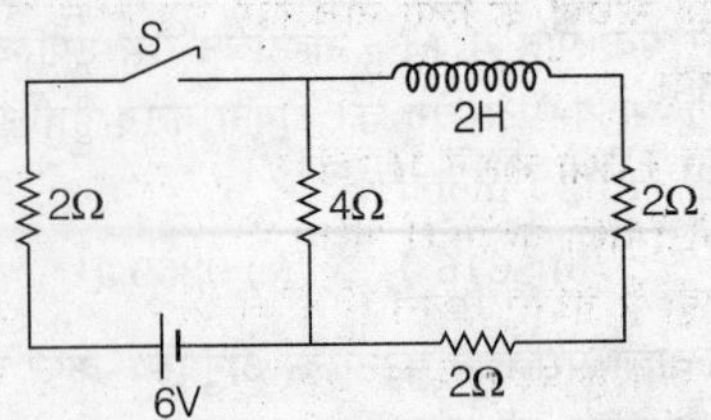

28. चित्र में दर्शाए अनुसार 200 cm वक्रता त्रिज्या वाले अवतल दर्पण से 100 cm दूरी पर बिन्दु O पर एक वस्तु स्थित है। यदि वस्तु, दर्पण की ओर 2 cm/s के वेग से गति करती है, तो 10 s के बाद दर्पण से प्रतिबिम्ब की स्थिति .... cm पर होगी।

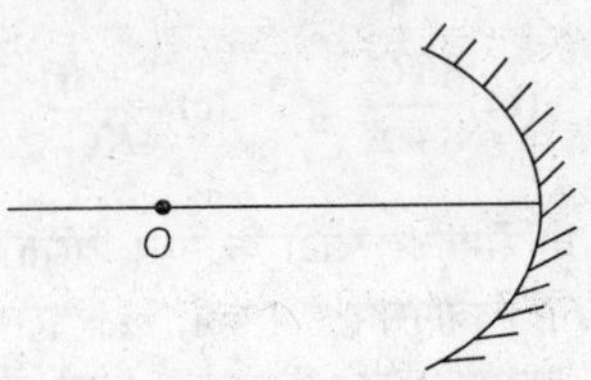

29. उत्तल लेंस के प्रयोग में लेंस के फोकस से प्रतिबिम्ब की दूरी v' तथा वस्तु की दूरी u' के मध्य ग्राफ $v'u' = 225$ द्वारा दिया जाता है यदि सभी दूरियों का मापन cm में किया जाता है, तो लेंस की फोकस दूरी .... cm है।

30. एक प्रयोग में सरल लोलक की सहायता से गुरुत्वीय त्वरण ज्ञात करते हैं। 1 सेकण्ड की विभेदन क्षमता की घड़ी के 100 दोलनों के द्वारा मापित आवर्तकाल 0.5 s है यदि लम्बाई के मापित मान 10 cm की परिशुद्धता 1 mm है तथा गुरुत्वीय त्वरण g के मापन की परिशुद्धता x% है, तो x का मान .... है।

रसायन विज्ञान

खण्ड 'A' ऑब्जेक्टिव प्रश्न

31. नीचे दो कथन दिए गए हैं, एक को कथन (A) के रूप में अंकित किया गया है तथा दूसरे को कारण (R) के रूप में।

कथन (A) शून्य कक्षक अतिव्यापन एक विनाशकारी (out of phase) अतिव्यापन है।

कारण (R) यह कक्षकों के समीप आने के विभिन्न अभिविन्यास/दिशा के कारण का परिणाम है।

नीचे दिए गए विकल्पों में से सही उत्तर का चयन कीजिए।

(a) दोनों A तथा R सही हैं तथा R, A की सही व्याख्या करता है।
(b) दोनों A तथा R सही हैं परन्तु R, A की सही व्याख्या नहीं करता है।
(c) A सही है परन्तु R गलत है।
(d) A गलत है परन्तु R सही है।

32. धात्विक गुण का घटता हुआ सही क्रम है—

(a) Na > Mg > Be > Si > P (b) P > Si > Be > Mg > Na
(c) Si > P > Be > Na > Mg (d) Be > Na > Mg > Si > P

33. नीचे दो कथन दिए गए हैं, एक को कथन (A) के रूप में अंकित किया गया है तथा दूसरे को कारण (R) के रूप में।

कथन (A) यदि धातु ठोस अवस्था के स्थान पर तरल अवस्था में हो, तो धातु ऑक्साइड का अपचयन आसान होता है।

कारण (R) ΔG° का मान ऋणात्मक पक्ष की तरफ अधिक हो जाता है क्योंकि ठोस अवस्था की तुलना में तरल अवस्था में एन्ट्रॉपी अधिक होती है।

नीचे दिए गए विकल्पों में से सही उत्तर का चयन कीजिए

(a) दोनों A तथा R सही हैं तथा R, A की सही व्याख्या करता है
(b) दोनों A तथा R सही हैं परन्तु R, A की सही व्याख्या नहीं करता है।
(c) A सही है परन्तु R गलत है।
(d) A गलत है परन्तु R सही है।

34. क्लार्क (Clark) विधि द्वारा कठोर जल की अभिक्रिया के दौरान प्राप्त उत्पाद हैं

(a) $CaCO_3$ और $MgCO_3$ (b) $Ca(OH)_2$ और $Mg(OH)_2$
(c) $CaCO_3$ और $Mg(OH)_2$ (d) $Ca(OH)_2$ और $MgCO_3$

35. **कथन** I. लीथियम तथा मैग्नीशियम के मिश्रधातु का उपयोग विमान की प्लेट बनाने के लिए किया जाता है।

कथन II. मैग्नीशियम आयन, कोशिका झिल्ली की अखण्डता को बनाए रखने के लिए महत्वपूर्ण है।

उपरोक्त दिए गए कथनों के लिए नीचे दिए गए विकल्पों में से सही उत्तर का चयन कीजिए।

(a) दोनों कथन I तथा कथन II सही हैं।
(b) दोनों कथन I तथा कथन II गलत हैं।
(c) कथन I सही है परन्तु कथन II गलत है।
(d) कथन I गलत है परन्तु कथन II सही है।

36. थायोनिल क्लोराइड के साथ अभिक्रिया कर सफेद (श्वेत) फॉस्फोरस उत्पाद के रूप में देता है

(a) PCl_5, SO_2 और S_2Cl_2 (b) PCl_3, SO_2 और S_2Cl_2
(c) PCl_3, SO_2 और Cl_2 (d) PCl_5, SO_2 और Cl_2

37. सान्द्र HNO_3, आयोडीन के साथ अभिक्रिया कर उत्पाद के रूप में देता है

(a) HI, NO_2 और H_2O (b) HIO_2, N_2O और H_2O
(c) HIO_3, NO_2 और H_2O (d) HIO_4, N_2O और H_2O

38. निम्नलिखित में से कौन-सा युग्म, समइलेक्ट्रॉनिक जातियाँ हैं? (परमाणु क्रमांक : Sm62; Er68; Yb70; Lu71; Eu63; Tb65; Tm69)

(a) Sm^{2+} और Er^{3+} (b) Yb^{2+} और Lu^{3+}
(c) Eu^{2+} और Tb^{4+} (d) Tb^{2+} और Tm^{4+}

39. नीचे दो कथन दिए गए हैं, एक को कथन (A) के रूप में अंकित किया गया है तथा दूसरे को कारण (R) के रूप में।

कथन (A) परमैंगनेट अनुमापन, हाइड्रोक्लोरिक अम्ल की उपस्थिति में नहीं किया जाता है।

कारण (R) क्लोरीन, हाइड्रोक्लोरिक अम्ल के ऑक्सीकरण के परिणामस्वरूप बनता है।

नीचे दिए गए विकल्पों में से सही उत्तर का चयन कीजिए।

(a) दोनों A तथा R सही हैं तथा R, A की सही व्याख्या करता है
(b) दोनों A तथा R सही हैं परन्तु R, A की सही व्याख्या नहीं करता है।
(c) A सही है परन्तु R गलत है।
(d) A गलत है परन्तु R सही है।

40. सूची I को सूची II से मिलाइए

	सूची I (संकुल)		सूची II (संकरण)
(A)	$Ni(CO)_4$	I.	sp^3
(B)	$[Ni(CN)_4]^{2-}$	II.	sp^3d^2
(C)	$[Co(CN)_6]^{3-}$	III.	d^2sp^3
(D)	$[CoF_6]^{3-}$	IV.	dsp^3

नीचे दिए गए विकल्पों में से सही उत्तर चुनिए—

(a) A-IV, B-I, C-III, D-II (b) A-I, B-IV, C-III, D-II
(c) A-I, B-IV, C-II, D-III (d) A-IV, B-I, C-II, D-III

41. वायु के मुख्य घटक, डाइनाइट्रोजन और डाइऑक्सीजन वायुमण्डल में एक दूसरे से क्रिया करके नाइट्रोजन के ऑक्साइड नहीं बनाते हैं, क्योंकि

(a) वातावरण की परिस्थितियों में, N_2 निष्क्रिय अवस्था में होती है
(b) नाइट्रोजन के ऑक्साइड अस्थायी है
(c) उनके मध्य अभिक्रिया,, उत्प्रेरक की उपस्थिति में हो सकती है
(d) अभिक्रिया ऊष्माशोषी है, और बहुत अधिक तापमान चाहिए

42. दी गई अभिक्रिया में मुख्य उत्पाद है

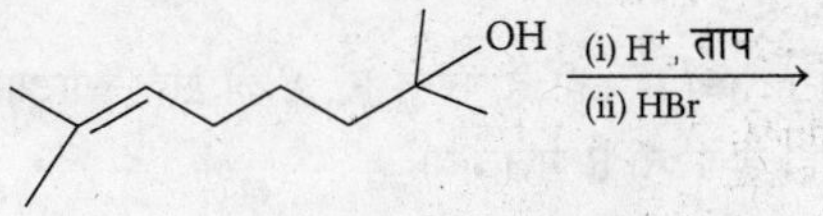

OH; (i) H^+, ताप; (ii) HBr

(a) 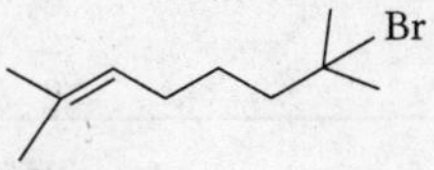 Br (b) 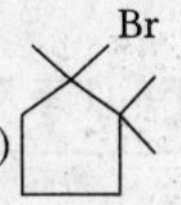 Br
(c) 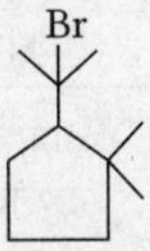 Br (d) 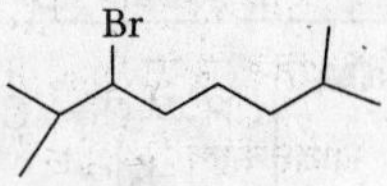 Br

43. नाइट्रीकरण (Nitration) के प्रति अभिक्रियाशीलता के बढ़ते क्रम में निम्नलिखित को व्यवस्थित करें।

A. *p*-जाइलीन B. ब्रोमोबेन्जीन C. मेसीटिलीन D. नाइट्रोबेन्जीन E. बेन्जीन

(a) C < D < E < A < B (b) D < B < E < A < C
(c) D < C < E < A < B (d) C < D < E < B < A

44. यौगिक I को एक हाइड्रॉक्सी यौगिक *A* देने के लिए सान्द्र HI के साथ गर्म किया जाता है, जो आगे जिंक चूर्ण के साथ गर्म करने पर यौगिक *B* देता है। *A* तथा *B* को पहचानिए—

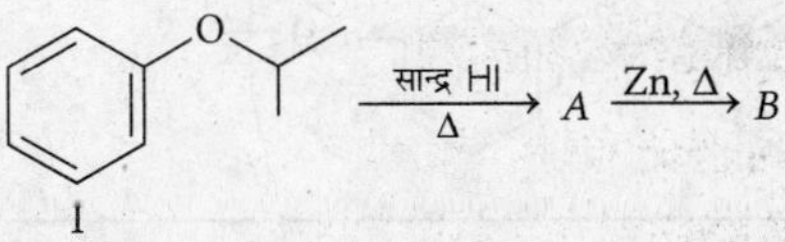

O; I; $\xrightarrow[\Delta]{\text{सान्द्र HI}} A \xrightarrow{Zn, \Delta} B$

(a) *A* = 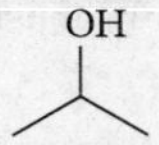 OH *B* = 
(b) *A* = 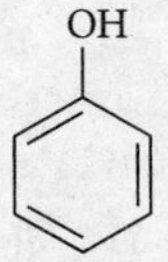 OH *B* = 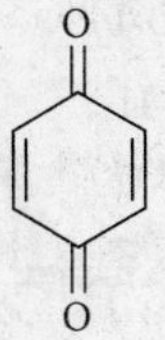 O, O
(c) *A* = 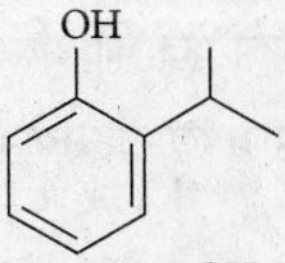 OH *B* = 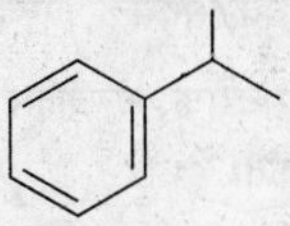
(d) *A* = 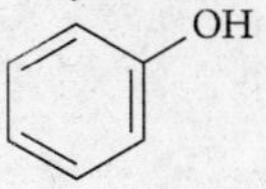 OH *B* =

45. नीचे दो कथन दिए गए हैं, एक को कथन (A) के रूप में अंकित किया गया है तथा दूसरे को कारण (R) के रूप में।

कथन (A) ऐनिलीन नाइट्रीकरण पर ऐनिलीन के *ऑर्थो, मेटा* तथा पैरा नाइट्रो व्युत्पन्न देता है।

कारण (R) नाइट्रीकरण मिश्रण, एक प्रबल अम्लीय मिश्रण है।

नीचे दिए गए विकल्पों में से सही उत्तर का चयन कीजिए।

(a) दोनों A तथा R सही हैं तथा R, A की सही व्याख्या करता है

(b) दोनों A तथा R सही हैं परन्तु R, A की सही व्याख्या नहीं करता है।

(c) A सही है परन्तु R गलत है।

(d) A गलत है परन्तु R सही है।

46. सूची I को सूची II के साथ मिलाइए

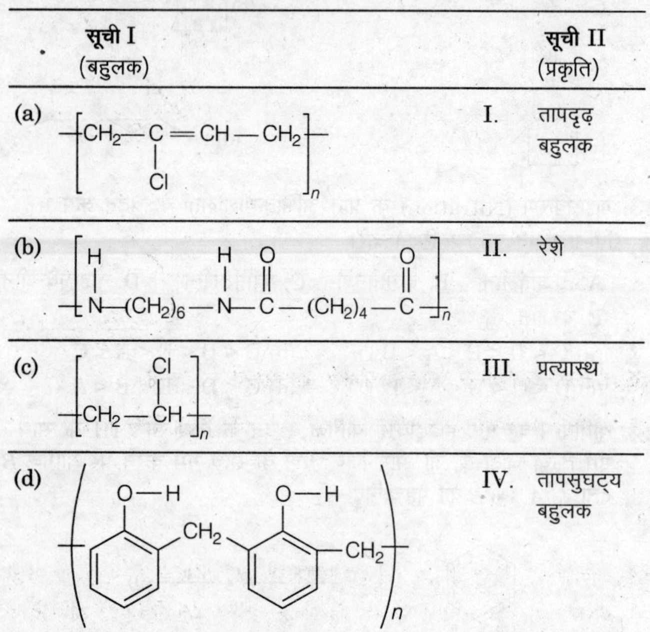

नीचे दिए गए विकल्पों में से सही उत्तर का चयन कीजिए

(a) A-II, B-III, C-IV, D-I

(b) A-III, B-II, C-IV, D-I

(c) A-III, B-I, C-IV, D-II

(d) A-I, B-III, C-IV, D-II

47. नीचे दिए गए कथनों में ड्रग-एन्जाइम परस्पर क्रिया के सम्बन्ध में है—

कथन I. एक एन्जाइम की क्रिया को केवल तभी अवरुद्ध किया जा सकता है जब एक अवरोधक/संदमक, एन्जाइम सक्रिय क्षेत्र को अवरुद्ध करता है।

कथन II. एक संदमक, एन्जाइम के साथ प्रबल सहसंयोजक बन्ध का निर्माण कर सकता है।

(a) दोनों कथन I व कथन II सही हैं।

(b) दोनों कथन I व कथन II गलत हैं।

(c) कथन I सही व कथन II गलत है।

(d) कथन I गलत तथा कथन II सही है।

48. नीचे दो कथन दिए गए हैं, एक को कथन (A) के रूप में अंकित किया गया है तथा दूसरे को कारण (R) के रूप में।

कथन (A) पतली परत वर्णलेखन, एक अधिशोषण वर्णलेखन है।

कारण (R) सिलिका जैल की एक पतली परत, वर्णलेखन में उपयुक्त आकार की काँच की प्लेट पर फैली होती है, जो एक अधिशोषक के रूप में कार्य करती है।

नीचे दिए गए विकल्पों में से सही उत्तर का चयन कीजिए।

(a) दोनों A तथा R सही हैं तथा R, A की सही व्याख्या करता है

(b) दोनों A तथा R सही हैं परन्तु R, A की सही व्याख्या नहीं करता है।

(c) A सही है परन्तु R गलत है।

(d) A गलत है परन्तु R सही है।

49. दी गई अभिक्रिया क्रम के लिए A तथा B के सूत्र हैं—

फ्रक्टोस $\xrightarrow[H_3O^+]{HCN} A$

फ्रक्टोस $\xrightarrow[\text{(ii) HI/P}]{\text{(i) } NaBH_4} B$

(a) $A = C_7H_{14}O_8, B = C_6H_{14}$ (b) $A = C_7H_{13}O_7, B = C_7H_{14}O$

(c) $A = C_7H_{12}O_8, B = C_6H_{14}$ (d) $A = C_7H_{14}O_8, B = C_6H_{14}O_6$

50. [संरचना: साइक्लोहेक्सीन वलय युक्त —CH₂—C(=O)OH] $\xrightarrow[\text{(ii) पिरीडिन } \Delta]{\text{(i) } I_2/NaHCO_3}$

ऊपर दी गई अभिक्रिया के लिए मुख्य उत्पाद पहचानिए

(a) [संरचना: I, O, =O] (b) [संरचना: I, CO_2H, I]

(c) [संरचना: O, =O] (d) [संरचना: O, =O]

खण्ड 'B' न्यूमैरिकल वैल्यू प्रश्न

51. 0.2 M H_2SO_4 का 2 L, 0.1 M NaOH विलयन के 2 L के साथ क्रिया करता है, विलयन में परिणामी (अन्तिम) उत्पाद Na_2SO_4 की मोलरता .... मिली मोल है।

52. धातु M, एक फलक केन्द्रित जालक (FCC) में क्रिस्टलीकृत होता है, जिसकी किनारे की लम्बाई 4.0×10^{-8} सेमी है। धातु का परमाणु भार .... ग्राम/मोल है।

($N_A = 6.02 \times 10^{23}$ mol^{-1}, धातु का घनत्व, $M = 9.03$ gcm^{-3})

53. यदि हाइड्रोजन-परमाणु से उत्सर्जित इलेक्ट्रॉन के लिए तरंगदैर्ध्य 3.3×10^{-10} m है, तो परमाणु से निकलने के लिए आवश्यक न्यूनतम ऊर्जा की तुलना में इलेक्ट्रॉन द्वारा अपनी तलस्थ अवस्था में अवशोषित ऊर्जा .... है।

[दिया है, $h = 6.626 \times 10^{-34}$ Js, इलेक्ट्रॉन का द्रव्यमान = 9.1×10^{-31} kg]

54. A तथा B दो पदार्थों का एक गैसीय मिश्रण, 0.8 atm के कुल दाब पर एक आदर्श तरल विलयन के साथ साम्यावस्था में है। A का मोल-भिन्न वाष्प अवस्था में 0.5 तथा तरल अवस्था में 0.2 है। शुद्ध विलयन A का वाष्पदाब .... atm है।

55. 600 K ताप पर, NO के 2 मोल, 1 मोल O_2 के साथ मिलाए जाते हैं—

$$2NO(g) + O_2(g) \rightleftharpoons 2NO_2(g)$$

ऊपर दी गई अभिक्रिया 1 atm के कुल दाब पर साम्यावस्था में आती है। विश्लेषण से पता चलता है कि साम्यावस्था पर ऑक्सीजन के 0.6 मोल उपस्थित है। अभिक्रिया के लिए साम्यावस्था स्थिरांक .... है।

56. एक कार्बनिक यौगिक के 0.125 ग्राम का एक नमूना, जब ड्यूमा (Duma's) विधि द्वारा विश्लेषण किया जाता है तो 22.78 मिली नाइट्रोजन गैस, KOH विलयन में 280 K तथा 759 mm Hg दाब पर एकत्र की जाती है। दिए गए कार्बनिक यौगिक में नाइट्रोजन का प्रतिशत .... है। [दिया है—

(i) जल का 280 K पर वाष्पदाब 14.2 mm Hg है।

(ii) $R = 0.082$ L atm K^{-1} mol^{-1}]

57. KIO_4 जैसे प्रबल ऑक्सीकारक के साथ अभिक्रिया करने पर हाइड्रोजन परॉक्साइड, O_2 के निर्माण के साथ ऑक्सीकृत हो जाता है। KIO_4 में I की ऑक्सीकरण संख्या परिवर्तित हो जाती है ....

58. एक अभिक्रिया के लिए, नीचे $\ln k$ बनाम $\frac{1}{T}$ का ग्राफ दिया गया है।

अभिक्रिया के लिए सक्रियण ऊर्जा बराबर होती .... cal mol^{-1} (दिया है—$R = 2$ cal K^{-1} mol^{-1})

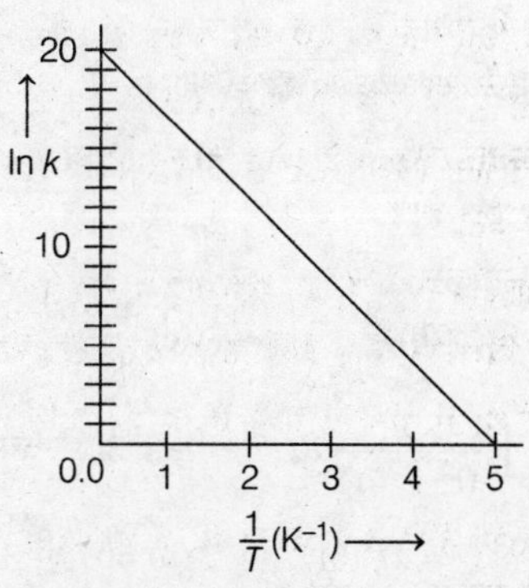

59. निम्नलिखित दिए गए वक्रों की संख्या में से, फ्रैण्डलिक अधिशोषण समतापी के अनुसार नहीं .... हैं।

1. 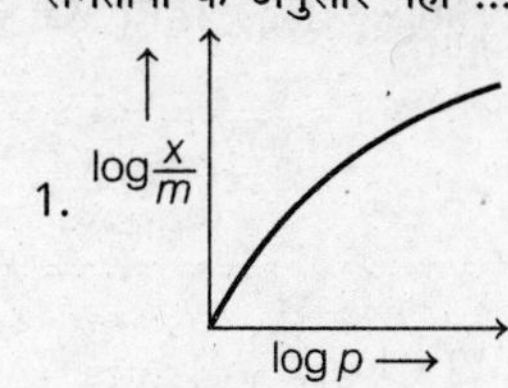

2. 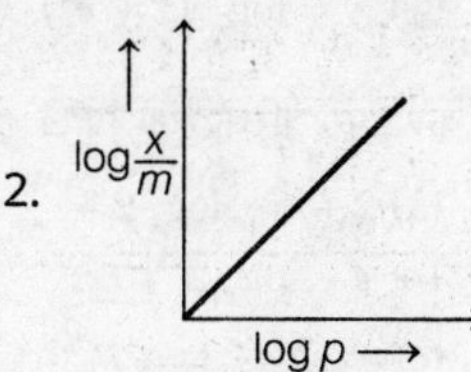

3. 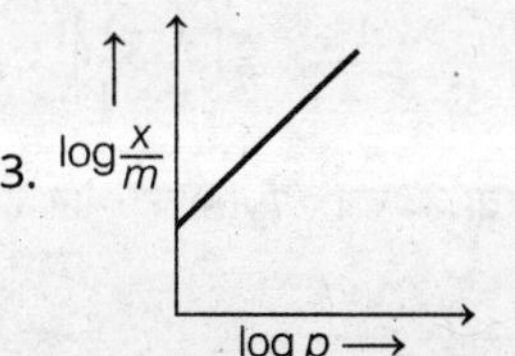

4. 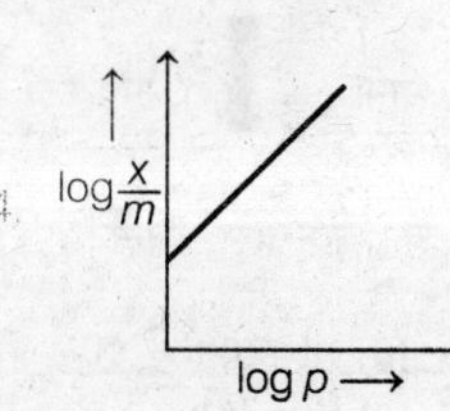

60. निम्नलिखित में से अवस्था फलनों की संख्या .... है।

आन्तरिक ऊर्जा (U); आयतन (V) $\Rightarrow$ ऊष्मा (q); एन्थैल्पी (H)

गणित

खण्ड 'A' ऑब्जेक्टिव प्रश्न

61. माना $S = \left\{x \in [-6, 3] - \{-2, 2\} : \frac{|x+3|-1}{|x|-2} \geq 0\right\}$ तथा

$T = \{x \in Z : x^2 - 7|x| + 9 \leq 0\}$, तब $S \cap T$ में अवयवों की संख्या होगी

(a) 7 (b) 5 (c) 4 (d) 3

62. माना α व β समीकरण $x^2 - \sqrt{2}x + \sqrt{6} = 0$ तथा $\frac{1}{\alpha^2}+1, \frac{1}{\beta^2}+1$ समीकरण $x^2 + ax + b = 0$ के मूल हैं। तब समीकरण $x^2 - (a + b - 2)x + (a + b + 2) = 0$ के मूल होंगे

(a) अवास्तविक सम्मिश्र संख्याएँ (b) वास्तविक व दोनों ऋणात्मक
(c) वास्तविक व दोनों धनात्मक (d) वास्तविक व केवल एक धनात्मक

63. माना A व B दो 3×3 के क्रमश: सममित व विषम सममित आव्यूह हैं। तब निम्न में से कौन-सा कथन सही नहीं है?

(a) $A^4 - B^4$ एक सममित आव्यूह है
(b) $AB - BA$ एक सममित आव्यूह है
(c) $B^5 - A^5$ एक विषम सममित आव्यूह है
(d) $AB + BA$ एक विषम सममित आव्यूह है

64. माना $f(x) = ax^2 + bx + c$ इस प्रकार है कि $f(1) = 3, f(-2) = \lambda$ तथा $f(3) = 4$, यदि $f(0) + f(1) + f(-2) + f(3) = 14$, तब λ का मान होगा

(a) −4 (b) 13/2 (c) 23/2 (d) 4

65. फलन $f : R \to R$ पर परिभाषित

$$f(x) = \lim_{n \to \infty} \frac{\cos(2\pi x) - x^{2n}\sin(x-1)}{1 + x^{2n+1} - x^{2n}}$$, x के निम्न मान पर सतत् है

(a) $R - \{-1\}$ (b) $R - \{-1, 1\}$ (c) $R - \{1\}$ (d) $R - \{0\}$

66. फलन $f(x) = xe^{x(1-x)}, x \in R$ है

(a) $\left(-\frac{1}{2}, 1\right)$ पर वर्धमान (b) $\left(\frac{1}{2}, 2\right)$ पर ह्रासमान
(c) $\left(-1, -\frac{1}{2}\right)$ पर वर्धमान (d) $\left(-\frac{1}{2}, \frac{1}{2}\right)$ पर ह्रासमान

67. अन्तराल $[0, \pi]$ में फलन $f(x) = \tan^{-1}(\sin x - \cos x)$ के वास्तविक, उच्चतम व न्यूनतम मानों का योग है

(a) 0 (b) $\tan^{-1}\left(\frac{1}{\sqrt{2}}\right) - \frac{\pi}{4}$
(c) $\cos^{-1}\left(\frac{1}{\sqrt{3}}\right) - \frac{\pi}{4}$ (d) $\frac{-\pi}{12}$

68. माना $x(t) = 2\sqrt{2}\cos t\sqrt{\sin 2t}$ तथा $y(t) = 2\sqrt{2}\sin t\sqrt{\sin 2t}, t \in \left(0, \frac{\pi}{2}\right)$, तब $t = \frac{\pi}{4}$ पर $\frac{1 + (dy/dx)^2}{d^2y/dx^2}$ का मान होगा

(a) $\frac{-2\sqrt{2}}{3}$ (b) $\frac{2}{3}$ (c) $\frac{1}{3}$ (d) $\frac{-2}{3}$

69. माना $I_n(x) = \int_0^x \frac{1}{(t^2+5)^n}\,dt, n = 1, 2, 3, \ldots$ तब,

(a) $50I_6 - 9I_5 = xI'(5)$ (b) $50I_6 - 11I_5 = xI'(5)$
(c) $50I_6 - 9I_5 = I'(5)$ (d) $50I_6 - 11I_5 = I'(5)$

70. वक्रों $y = \log_e(x + e^2)$, $x = \log_e\left(\frac{2}{y}\right)$ तथा $x = \log_e 2$ द्वारा रेखा $y = 1$ के ऊपर परिबद्ध क्षेत्रफल होगा

(a) $2 + e - \log_e 2$ (b) $1 + e - \log_e 2$
(c) $e - \log_e 2$ (d) $1 + \log_e 2$

71. माना $y = y(x)$, अवकल समीकरण $\frac{dy}{dx} + \frac{1}{x^2-1}y = \left(\frac{x-1}{x+1}\right)^{1/2}, x > 1$ का वक्र हल, बिन्दु $\left(2, \sqrt{\frac{1}{3}}\right)$ से गुजरता है, तब $\sqrt{7}y(8)$ का मान होगा

(a) $11 + 6\log_e 3$ (b) 19
(c) $12 - 2\log_e 3$ (d) $19 - 6\log_e 3$

72. उन सभी वृत्तों के कुल, जो बिन्दुओं (0, 2) तथा (0, – 2) से गुजरते है, का अवकल समीकरण होगा

(a) $2xy\frac{dy}{dx} + (x^2 - y^2 + 4) = 0$

(b) $2xy\frac{dy}{dx} + (x^2 + y^2 - 4) = 0$

(c) $2xy\frac{dy}{dx} + (y^2 - x^2 + 4) = 0$

(d) $2xy\frac{dy}{dx} - (x^2 - y^2 + 4) = 0$

73. माना वृत्त $x^2 + y^2 - 4x + 3 = 0$ पर बिन्दुओं A व B पर स्पर्श रेखा मूलबिन्दु $O(0, 0)$ पर मिलती है। तब त्रिभुज ΔOAB का क्षेत्रफल होगा

(a) $\frac{3\sqrt{3}}{2}$ (b) $\frac{3\sqrt{3}}{4}$ (c) $\frac{3}{2\sqrt{3}}$ (d) $\frac{3}{4\sqrt{3}}$

74. माना अतिपरवलय $H: \frac{x^2}{a^2} - \frac{y^2}{b^2} = 1$, बिन्दु $(2\sqrt{2}, -2\sqrt{2})$ से गुजरता है। एक परवलय जिसकी नाभि, H की नाभि जिसकी कोटि धनात्मक है तथा जिसकी नियता अतिपरवलय की दूसरी नाभि से गुजरती हो, बनाया गया है। परवलय की नाभिलम्ब की लम्बाई, अतिपरवलय की नाभिलम्ब की लम्बाई की e गुना है, जहाँ e अतिपरवलय की उत्केन्द्रता है, तब निम्न में से कौन-सा बिन्दु परवलय पर स्थित है?

(a) $(2\sqrt{3}, 3\sqrt{2})$ (b) $(3\sqrt{3}, -6\sqrt{2})$
(c) $(\sqrt{3}, -\sqrt{6})$ (d) $(3\sqrt{6}, 6\sqrt{2})$

75. माना रेखाएँ $\frac{x-1}{\lambda} = \frac{y-2}{1} = \frac{z-3}{2}$ तथा $\frac{x+26}{-2} = \frac{y+18}{3} = \frac{z+28}{\lambda}$ समतलीय हैं तथा P दोनों रेखाओं को रखने वाला तल है। तब निम्न में से कौन-सा बिन्दु P पर स्थित नहीं होगा?

(a) (0, – 2, – 2) (b) (–5, 0, – 1)
(c) (3, – 1, 0) (d) (0, 4, 5)

76. एक तल P उन दो रेखाओं के समान्तर है जिनके दिक् अनुपात –2, 1, – 3 तथा –1, 2, – 2 हैं तथा बिन्दु (2, 2, – 2) से गुजरता है। माना तल निर्देशांक अक्षों को बिन्दुओं A, B तथा C पर प्रतिच्छेद करता है तथा α, β व γ अन्त:खण्ड बनाता है। माना V, चतुर्थफलक $OABC$ का आयतन है, जहाँ O मूल बिन्दु है तथा $p = \alpha + \beta + \gamma$, तब क्रमानुगत युग्म (V, p) बराबर है

(a) (48, – 13) (b) (24, –13)
(c) (48, 11) (d) (24, – 5)

77. माना u उन सभी $a \in R$ का समुच्चय है जिनके लिए सदिशों $\mathbf{u} = a(\log_e b)\hat{\mathbf{i}} - 6\hat{\mathbf{j}} + 3\hat{\mathbf{k}}$ तथा $\mathbf{v} = (\log_e b)\hat{\mathbf{i}} + 2\hat{\mathbf{j}} + 2a(\log_e b)\hat{\mathbf{k}}, (b > 1)$ के बीच का कोण न्यून कोण है। तब S बराबर होगा

(a) $\left(-\infty, -\frac{4}{3}\right)$ (b) ϕ (c) $\left(-\frac{4}{3}, 0\right)$ (d) $\left(\frac{12}{7}, \infty\right)$

78. एक समतल पार्क, ΔOAB के आकार में है जहाँ $AB = 16$। एक ऊर्ध्वाधर बिजली का खम्भा OP, बिन्दु O पर इस प्रकार खड़ा किया गया कि $\angle PAO = \angle PBO = 15°$ तथा $\angle PCO = 45°$, जहाँ C, AB का मध्य-बिन्दु है। तब $(OP)^2$ बराबर है

(a) $\frac{32}{\sqrt{3}}(\sqrt{3}-1)$ (b) $\frac{32}{\sqrt{3}}(2-\sqrt{3})$ (c) $\frac{16}{\sqrt{3}}(\sqrt{3}-1)$ (d) $\frac{16}{\sqrt{3}}(2-\sqrt{3})$

79. यदि A व B दोनों घटनाएँ इस प्रकार हैं कि $P\left(\frac{B}{A}\right) = \frac{2}{5}, P\left(\frac{A}{B}\right) = \frac{1}{7}$ तथा $P(A \cap B) = 1/9$, तब

कथन I $P(A' \cup B) = 5/6$, II $P(A' \cap B') = 1/18$

(a) दोनों कथन I व II सही हैं (b) दोनों कथन I व II गलत हैं
(c) केवल कथन I सही है (d) केवल कथन II सही है

80. माना

p : रमेश संगीत सुनता है q : रमेश उसके गाँव से बाहर है
r : आज रविवार है s : आज शनिवार है

तब कथन "रमेश संगीत केवल तभी सुनेगा जब वह अपने गाँव में हो तथा आज रविवार या शनिवार है" को लिखा जा सकता है

(a) $((\sim q) \wedge (r \vee s)) \Rightarrow p$ (b) $(q \wedge (r \vee s)) \Rightarrow p$
(c) $p \Rightarrow (q \wedge (r \vee s))$ (d) $p \Rightarrow ((\sim q) \wedge (r \vee s))$

खण्ड 'B' न्यूमैरिकल वैल्यू प्रश्न

81. माना, $\left(\frac{1}{\sqrt{6}} + \beta x\right)^4$, $(1 - 3\beta x)^2$ तथा $\left(1 - \frac{\beta x}{2}x\right)^6$, $\beta > 0$ के प्रसार में मध्य पदों के गुणांक एक समान्तर श्रेणी के प्रथम तीन पद है। यदि समान्तर श्रेणी का सार्वान्तर d है, तब $50 - \frac{2d}{\beta^2}$ का मान है ....

82. एक कक्षा में b लड़के व g लड़कियाँ हैं। यदि कक्षा में से 3 लड़के व 3 लड़कियों को चुनने के कुल तरीकों की संख्या 168 हो, तब $b + 3g$ का मान है ....

83. माना दीर्घवृत्त $\frac{x^2}{2} + \frac{y^2}{4} = 1$ पर बिन्दु P तथा Q पर स्पर्श रेखाएँ बिन्दु $R(\sqrt{2}, 2\sqrt{2} - 2)$ पर मिलती है। यदि S दीर्घवृत्त की ऋणात्मक दीर्घ अक्ष पर स्थित नाभि है तब $SP^2 + SQ^2$ का मान है ....

84. यदि $1 + (2 + {}^{49}C_1 + {}^{49}C_2 + ... + {}^{49}C_{49})$ $({}^{50}C_2 + {}^{50}C_4 + ... + {}^{50}C_{50})$ का मान $2^n \cdot m$ हो, जहाँ m विषम है, तब $n + m$ का मान है ....

85. बिन्दु $(2, 0)$ से परवलय $2y^2 = -x$ पर दो स्पर्श रेखाएँ l_1 व l_2 बनाई जाती हैं। यदि l_1 व l_2, वृत्त $(x-5)^2 + y^2 = r$ की भी स्पर्श रेखाएँ हैं, तब $17r$ का मान है ....

86. यदि $\frac{6}{3^{12}} + \frac{10}{3^{11}} + \frac{20}{3^{10}} + \frac{40}{3^9} + ... + \frac{10240}{3} = 2^n \cdot m$ जहाँ m विषम है, तब mn का मान है ....

87. माना $S = \left[-\pi, \frac{\pi}{2}\right] - \left\{-\frac{\pi}{2}, -\frac{\pi}{4}, -\frac{3\pi}{4}, \frac{\pi}{4}\right\}$, तब $A = \{\theta \in S : \tan\theta\,(1 + \sqrt{5}\tan 2\theta) = \sqrt{5} - \tan 2\theta\}$ में अवयवों की संख्या है ....

88. माना $z = a + ib, b \neq 0$ एक सम्मिश्र संख्या इस प्रकार है $z^2 = \bar{z} \cdot 2^{1-|z|}$ तब, $n \in N$ का वह न्यूनतम मान जिसके लिए $z^n = (z+1)^n$ हो, है ....

89. एक थैले में 4 सफेद व 6 काली गेंदे है। थैले में से तीन गेंदे यादृच्छिक रूप से निकाली जाती हैं। माना X गेंदों में से कितनी सफेद गेंद निकाली जाती है। यदि σ^2, X का प्रसरण है, तब $100\sigma^2$ का मान है ....

90. $\int_0^{\pi/2} 60 \frac{\sin(6x)}{\sin x} dx$ का मान है ....

सही उत्तर

भौतिकी

1. (d)	2. (b)	3. (d)	4. (d)	5. (a)	6. (c)	7. (c)	8. (c)	9. (a)	10. (b)
11. (c)	12. (c)	13. (c)	14. (c)	15. (d)	16. (b)	17. (c)	18. (a)	19. (b)	20. (d)
21. (392)	22. (8)	23. (30)	24. (750)	25. (2)	26. (14)	27. (1)	28. (400)	29. (15)	30. (5)

रसायन विज्ञान

31. (a)	32. (a)	33. (a)	34. (c)	35. (d)	36. (b)	37. (c)	38. (a, d)	39. (a)	40. (b)
41. (d)	42. (c)	43. (b)	44. (d)	45. (a)	46. (b)	47. (d)	48. (a)	49. (a)	50. (c)
51. (25)	52. (87)	53. (2)	54. (2)	55. (2)	56. (22)	57. (5)	58. (8)	59. (3)	60. (3)

गणित

61. (d)	62. (b)	63. (c)	64. (d)	65. (b)	66. (a)	67. (c)	68. (d)	69. (a)	70. (b)
71. (d)	72. (a)	73. (b)	74. (b)	75. (d)	76. (b)	77. (b)	78. (b)	79. (a)	80. (d)
81. (57)	82. (17)	83. (13)	84. (99)	85. (9)	86. (12)	87. (5)	88. (6)	89. (56)	90. (104)

संकेत एवं हल

भौतिकी

1. *(d)* जैसा कि हम जानते हैं कि त्रिकोणमितीय अनुपात तथा लघुगणक फलन, विमाहीन होते हैं

$\therefore \quad [\eta] = [M^0L^0T^0]$

ताप की विमा, $[T] = [M^0L^0T^0K]$

बोल्ट्ज़मान नियतांक की विमा , $[k] = [ML^2T^{-2}K^{-1}]$

x की विमा $= [M^0LT^0]$

$\therefore \quad \left[\frac{\beta x}{kT}\right] = [\eta] = [M^0L^0T^0]$

$\Rightarrow \quad [\beta] = \frac{[kT]}{[x]} = \frac{[ML^2T^{-2}K^{-1}][K]}{[L]}$

$= [MLT^{-2}] = [F]$

अत: β की विमा, बल के समान है

$[\eta] = [\alpha\beta]$

$\Rightarrow \quad [\alpha\beta] = [M^0L^0T^0]$

$\Rightarrow \quad [\alpha] = \frac{1}{[\beta]} = \frac{1}{[MLT^{-2}]}$

या $\quad [\alpha^{-1}] = [\beta] = [MLT^{-2}]$

$\therefore \quad [\alpha^{-1}x] = [MLT^{-2}][L] = [ML^2T^{-2}] =$ [ऊर्जा]

$\alpha^{-1}x$ की विमा ऊर्जा के समान है।

$\alpha\beta$, एक विमाहीन राशि है तथा α की विमा, β की विमा के समान नहीं है।

2. *(b)* दिया है; किसी क्षण x तथा y के निर्देशांक निम्न हैं

$$x = 3t \text{ और } y = 5t^3$$

x तथा y दिशा के अनुदिश कण के त्वरण,

$$a_x = \frac{d^2x}{dt^2} = \frac{d^2}{dt^2}(3t) = 0$$

$$a_y = \frac{d^2y}{dt^2} = \frac{d^2}{dt^2}(5t^3) = 30t$$

z-निर्देशांक नियत है अत: इसके अनुदिश त्वरण शून्य है अत: $t = 1$ सेकण्ड पर त्वरण,

$$\mathbf{a} = \mathbf{a}_x + \mathbf{a}_y + \mathbf{a}_z$$

$$= (0)\hat{\mathbf{x}} + (30t)\hat{\mathbf{y}} + (0)\hat{\mathbf{z}} = (30 \times 1)\hat{\mathbf{y}} = 30\hat{\mathbf{y}}$$

3. *(d)* दिया है; ट्यूब के अनुप्रस्थ-काट का क्षेत्रफल,

$A = 10 \text{ cm}^2 = 10 \times 10^{-4} \text{ m}^2$

बाहर आते जल की चाल, $v = 20 \text{ ms}^{-1}$

जल का घनत्व, $\rho_w = 1000 \text{ kgm}^{-3}$

जल प्रवाह द्वारा दीवार पर बल,

F_w = प्रति सेकण्ड जल के संवेग में क्षय = प्रति सेकण्ड दीवार से टकराने वाले जल की मात्रा $\times$ जल की चाल

$$\Rightarrow \quad F_w = (\rho_w A v_w) \times v_w = \rho_w A v_w^2$$

$$1000 \times 10 \times 10^{-4} \times (20)^2 = 400 \text{ N}$$

4. *(d)* यदि m_1 तथा m_2 चेन के दो भागों के द्रव्यमान हैं तो हम मुक्त खण्ड आरेख (free body diagram) को निम्न प्रकार बना सकते हैं।

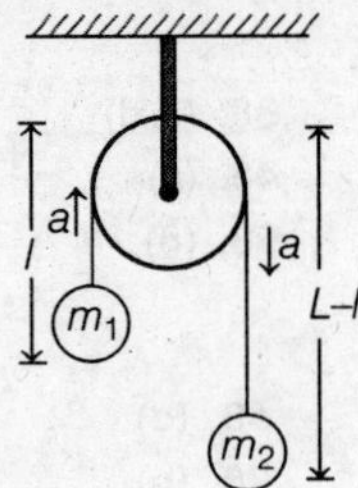

निकाय का त्वरण,

$$a = \frac{(m_2 - m_1)}{(m_1 + m_2)} g$$

$$\Rightarrow \quad \frac{g}{2} = \left(\frac{m_2 - m_1}{m_1 + m_2}\right) g \qquad \left(\text{दिया है, } a = \frac{g}{2}\right)$$

$$\Rightarrow \quad m_1 + m_2 = 2m_2 - 2m_1 \Rightarrow m_2 = 3m_1$$

चेन का द्रव्यमान, लम्बाई के समानुपाती है।

$$(L - l) = 3l \Rightarrow L = 4l$$

या $\quad l = L/4 = L/x \qquad$ (दिया है)

$\therefore \quad x = 4$

5. *(a)* दिया है; गोली का द्रव्यमान, $m = 200 \text{ g} = 0.2 \text{ kg}$

प्रारम्भिक गतिज ऊर्जा, $\text{KE}_i = 90 \text{ J}$

हम जानते हैं, $\text{KE} = \frac{1}{2} m v_i^2$

$$\Rightarrow \quad 90 = \frac{1}{2} \times 0.2 \times v_i^2 \Rightarrow v_i^2 = 900$$

या $\quad v_i = 30 \text{ ms}^{-1}$

1 सेकण्ड में गतिज ऊर्जा घटकर 40 J हो जाती है

$$\Rightarrow \quad \frac{1}{2} m v_f^2 = 40 \Rightarrow v_f^2 = \frac{40 \times 2}{0.2} = 400$$

या $\quad v_f = 20 \text{ ms}^{-1}$

गति के प्रथम समीकरण द्वारा, $v^2 = v_i + at = v_i + at$

$$\Rightarrow \quad 20 = 30 + a(1) \Rightarrow a = -10 \text{ ms}^{-2}$$

यदि विरामावस्था में आने से पूर्व गोली दूरी l तय करती है तो गति के तृतीय नियम द्वारा,

$$v^2 - u^2 = 2as \quad \text{या} \quad v_f^2 - v_i^2 = 2al$$

$$\Rightarrow \quad 0 - (30)^2 = 2 \times (-10) l \qquad [\because v_f = 0]$$

$$\Rightarrow \quad l = \frac{-900}{-20} = 45 \text{ m}$$

6. *(c)* दिया है, घड़ी-1 का आवर्तकाल, $T_1 = 4\text{s}$

घड़ी-2 का आवर्तकाल, $T_2 = 6\text{s}$

पृथ्वी की त्रिज्या, $R_e = 6400 \text{ km}$

$$g = 10 \text{ ms}^{-2}$$

सरल लोलक का आवर्तकाल, $T = 2\pi\sqrt{l/g}$

घड़ी आदर्श है अत: इनकी लम्बाई समान है

$$\Rightarrow \quad T_1/T_2 = \sqrt{g_2/g_1} \qquad \text{...(i)}$$

यहाँ g_2 = ऊँचाई h पर गुरुत्वीय त्वरण,

$$g_h = g\left(\frac{R_e}{R_e + h}\right)^2 \Rightarrow \frac{g_2}{g_1} = \left(\frac{R_e}{R_e + h}\right)^2$$

समी (i) में मान रखने पर,

$$\frac{T_1}{T_2} = \sqrt{\left(\frac{R_e}{R_e + h}\right)^2} = \frac{R_e}{R_e + h}$$

$$\Rightarrow \quad \frac{4}{6} = \frac{6400}{6400 + h} \Rightarrow 6400 + h = 9600$$

या $\quad h = 3200 \text{ km}$

7. *(c)* दिया है, टैंक की त्रिज्या, $r = 1 \text{ m}$

ऊपरी पृष्ठ पर बल, $F = 5 \times 10^5 \text{ N}$

वायुमण्डलीय दाब, $p_A = 1.01 \times 10^5 \text{Pa}$

जल का घनत्व, $\rho_w = 1000 \text{ kgm}^{-3}$

गुरुत्वीय त्वरण, $g = 10 \text{ ms}^{-2}$

ऊपरी सतह से छिद्र की ऊँचाई, $h = 15 - 5 = 10 \text{ m}$

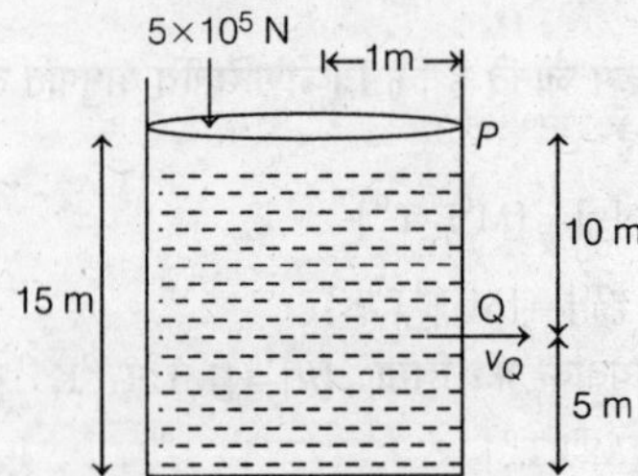

P तथा Q बिन्दु पर बरनौली प्रमेय द्वारा,

$$p_1 + \frac{1}{2}\rho v_P^2 + \rho g h_1 = p_2 + \frac{1}{2}\rho v_Q^2 + \rho g h_2$$

$$\Rightarrow \quad \frac{F}{A} + 0 + \rho g(10) = p_A + \frac{1}{2}\rho v_Q^2 + 0$$

$$\Rightarrow \quad \frac{5\times10^5}{\pi(1)^2}+1000\times10\times10=1.01\times10^5+\frac{1}{2}\times1000\times v_Q^2$$

$$\Rightarrow \quad v_Q^2=(1.592\times10^5+10^5-1.01\times10^5)\times\frac{2}{1000}=3.164\times10^2$$

या $\quad v_Q=17.78\ \text{ms}^{-1}$ या $17.8\ \text{ms}^{-1}$

8. *(c)* दिया है, N_2 गैस का द्रव्यमान, $m=14$ g

प्रारम्भिक ताप, $T_1=27°\,C=27+273=300$ K

$$R=8.32\text{J mol}^{-1}\text{ K}^{-1}$$

गैस की वर्ग-माध्य-मूल चाल, $v_{\text{rms}}=\sqrt{\frac{3KT}{m}}$

$$\Rightarrow \quad v_{\text{rms}}\propto\sqrt{T} \Rightarrow \frac{v'_{\text{rms}}}{v_{\text{rms}}}=\sqrt{\frac{T_2}{T_1}}$$

$$\Rightarrow \quad \frac{2v_{\text{rms}}}{v_{\text{rms}}}=\sqrt{\frac{T_2}{300}} \Rightarrow T_2=(2)^2\times300=1200\text{ K}$$

स्थानान्तरित ऊष्मा, $H=\frac{f}{2}nR(T_2-T_1)$

द्वि-परमाणुक गैस के लिए, $f=5$

$$n=\frac{\text{द्रव्यमान }(m)}{\text{मोलर द्रव्यमान }(M)}=\frac{14}{28}=0.5$$

$$H=\frac{5}{2}\times0.5\times8.32\times900=9360\text{ J}$$

9. *(a)* समान्तर प्लेट संधारित्र की धारिता,

$$C_0=\frac{\varepsilon_0A}{d} \quad \text{...(i)}$$

जब प्लेटों के मध्य आंशिक रूप से परावैद्युत भरा जाता है, तब धारिता

$$C'=\frac{\varepsilon_0A}{\left(d-t+\frac{t}{K}\right)}$$

यहाँ, $t=$ परावैद्युत की मोटाई $=\frac{3d}{4}$

$$\Rightarrow \quad C'=\frac{\varepsilon_0A}{\left(d-\frac{3d}{4}+\frac{3d}{4K}\right)}=\frac{\varepsilon_0A}{\left(\frac{d}{4}+\frac{3d}{4K}\right)}$$

$$=\frac{4K\varepsilon_0A}{(3+K)d} \quad \text{[समी. (i) से]}$$

$$\therefore \quad C'=\frac{4KC_0}{3+K}$$

10. *(b)* दिया है, विद्युत क्षेत्र, $E=\frac{8m}{e}\text{Vm}^{-1}$

प्लेटों की लम्बाई, $l=1$ m

इलेक्ट्रॉन की चाल, $v_x=2\text{ ms}^{-1}$

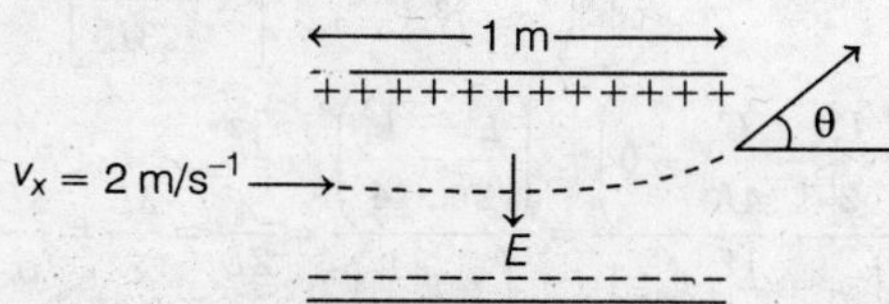

बिना विक्षेपण के इलेक्ट्रॉन को बाहर आने में लगा समय,

$$t=l/v_x=1/2=0.5\text{ s}$$

हम जानते हैं, $\quad F=qE$

इलेक्ट्रॉन विद्युत क्षेत्र की विपरित दिशा में त्वरित होता है।

$$\Rightarrow \quad m\times(-a_y)=e\times\frac{8m}{e} \Rightarrow a_y=-8\text{ ms}^{-2}$$

गति के प्रथम समीकरण द्वारा,

$$v_y=u_y+a_yt$$

$$\Rightarrow \quad v_y=0+(-8)(0.5) \quad \text{या} \quad |v_y|=4\text{ ms}^{-1}$$

यदि इलेक्ट्रॉन कोण θ से विक्षेपित होता है, तब

$$\tan\theta=\frac{v_y}{v_x} \Rightarrow \theta=\tan^{-1}\left(\frac{4}{2}\right)=\tan^{-1}(2)$$

11. *(c)* जब एकसमान 80Ω के प्रतिरोध को चार भागों में बाँटा जाता है, तब प्रत्येक भाग का प्रतिरोध, $R=\frac{80}{4}=20\Omega$

जब इन भागों को समान्तर क्रम में जोड़ा जाता है, तब तुल्य प्रतिरोध,

$$R_{\text{eq}}=\frac{R}{4}=\frac{20}{4}=5\Omega \quad \left[\because R_{\text{eq}}=\frac{R}{n}\right]$$

प्रतिरोध में उत्पन्न ऊष्मीय ऊर्जा, $H=I^2Rt=\frac{V^2t}{R}$

$3R$ तथा $2R$ के लिए, $\frac{H_1}{H_2}=\frac{V^2t/3R}{V^2t/2R}=\frac{2}{3}$ या $2:3$

अत: कथन I सत्य है परन्तु कथन II असत्य है।

12. *(c)* दिया है, $i=10$ A, $B=0.5$ T

$BC=CD=BD=l=5$ cm,

ΔBCD एक समबाहु त्रिभुज है तथा CD तथा BD के मध्य कोण 60° है तथा चुम्बकीय क्षेत्र, BD के अनुदिश है अत: B तथा I के मध्य कोण $=60°$

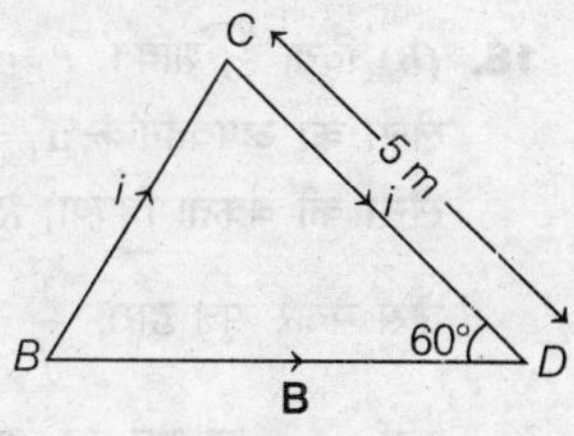

$\therefore$ भाग CD पर बल, $F=i\mathbf{l}\times\mathbf{B}$

$$=ilB\sin\theta=10\times5\times10^{-2}\times0.5\times\sin60°$$

$$=0.25\times\frac{\sqrt{3}}{2}=0.216\text{ N}$$

13. *(c)* R त्रिज्या के वृत्ताकार पाश के केन्द्र पर चुम्बकीय क्षेत्र

$$B_1=\frac{\mu_0I}{2R} \quad \text{...(i)}$$

वृत्तीय पाश के अक्ष पर, दूरी r पर चुम्बकीय क्षेत्र,

$$B_2=\frac{\mu_0IR^2}{2(R^2+r^2)^{3/2}}$$

अत:, $\quad r=\sqrt{3}R$

$$\Rightarrow \quad B_2=\frac{\mu_0IR^2}{2(R^2+3R^2)^{3/2}}=\frac{\mu_0IR^2}{2\times8R^3}=\frac{\mu_0I}{16R} \quad \text{...(ii)}$$

समी (i) तथा समी. (ii) से,

$$\frac{B_1}{B_2}=\frac{\mu_0I/2R}{\mu_0I/16R}=8:1$$

14. *(c)* दिया है, $V_1=8\text{ kV}=8000\text{ V}$; $\quad V_2=160$ V

$$\Rightarrow \quad P_2=80\text{ kW}=80\times1000\text{ W}$$

ट्रांसफॉर्मर, एक आदर्श ट्रांसफॉर्मर है जिसका लोड शुद्ध प्रतिरोधी है तथा इसका शक्ति गुणांक 1 है।

$$P_1 = P_2 = 80000 \text{ W} \Rightarrow V_1 I_1 = V_2 I_2 = 80000 \text{ W}$$

$$\Rightarrow \quad I_1 = \frac{80000}{V_1} = \frac{80000}{8000} = 10 \text{ A}$$

और $\quad I_2 = \frac{80000}{V_2} = \frac{80000}{160} = 500 \text{ A}$

प्राथमिक लोड, $R_1 = \frac{V_1}{I_1} = \frac{8000}{10} = 800\Omega$

और द्वितीयक लोड, $R_2 = \frac{V_2}{I_2} = \frac{160}{500} = 0.32\Omega$

15. *(d)* दिया है, पृष्ठीय क्षेत्रफल, $A = 36\text{cm}^2 = 36 \times 10^{-4} \text{m}^2$

आरोपित बल, $F = 7.2 \times 10^{-9}$ N

आवर्तकाल, $T = 20$ min

पूर्णत: अवशोषण की स्थिति में, आपतित प्रकाश के कारण दाब,

$$p = I / c,$$

यहाँ, I = आपतित प्रकाश की ऊर्जा फ्लक्स

$$\Rightarrow \quad \frac{F}{A} = \frac{I}{c} \Rightarrow I = \frac{Fc}{A} = \frac{7.2 \times 10^{-9} \times 3 \times 10^8}{36 \times 10^{-4}}$$

$$= 6 \times 10^2 \text{ या } 600 \text{ Wb/m}^2$$

अत: आपतित प्रकाश की ऊर्जा फ्लक्स 600 Wb/m^2 या 0.06 Wb/cm^2 है।

16. *(b)* दिया है, शक्ति, $P = 1.25 \text{ m}^{-1}$

लेन्स का अपवर्तनांक, $\mu_l = 1.5$

लेन्स की वक्रता त्रिज्या, $R_1 = 20$ cm, $R_2 = -40$ cm

लेंस मेकर सूत्र द्वारा, $\frac{1}{f} = \left(\frac{\mu_l}{\mu_s} - 1\right)\left(\frac{1}{R_1} - \frac{1}{R_2}\right)$

यहाँ, μ_s = माध्यम का अपवर्तनांक

$$\Rightarrow \quad \frac{1.25}{100} = \left(\frac{1.5}{\mu_s} - 1\right)\left(\frac{1}{20} + \frac{1}{40}\right) \qquad \left(\because f = \frac{1}{P}\right)$$

$$\Rightarrow \quad \frac{1}{80} = \left(\frac{1.5}{\mu_s} - 1\right)\frac{6}{80} \Rightarrow \frac{1.5}{\mu_s} - 1 = \frac{1}{6}$$

या $\quad \mu_s = \frac{6}{7} \times 1.5 = \frac{9}{7}$

17. *(c)* प्रकाश विद्युत समीकरण द्वारा, $\frac{1}{2} m v_{\max}^2 = E - \phi_0$

दिया है, $E_1 = 5\phi_0$ और $E_2 = 10\phi_0$

$$\therefore \quad \frac{1}{2} m (v_{\max}^2)_1 = E_1 - \phi_0 = 5\phi_0 - \phi_0$$

$$\Rightarrow \quad (v_{\max}^2)_1 = \frac{2 \times 4\phi_0}{m} \qquad \text{...(i)}$$

इसी प्रकार, $\frac{1}{2} m (v_{\max}^2)_2 = E_2 - \phi_0 = 10\phi_0 - \phi_0$

$$\Rightarrow \quad (v_{\max}^2)_2 = \frac{2 \times 9\phi_0}{m} \qquad \text{...(ii)}$$

समी (i) तथा समी (ii) से,

$$\left[\frac{(v_{\max})_1}{(v_{\max})_2}\right]^2 = \frac{2 \times 4\phi_0 / m}{2 \times 9\phi_0 / m} = \frac{4}{9} \Rightarrow \frac{(v_{\max})_1}{(v_{\max})_2} = \frac{2}{3} \text{ या } 2:3$$

18. *(a)* रेडियोऐक्टिव क्षय नियम द्वारा, $N = N_0 (1/2)^n$

यहाँ, N = अक्षयित नाभिक की संख्या, N_0 = नाभिक की प्रारम्भिक संख्या तथा n = अर्द्ध-आयु की संख्या $= t / T_{1/2}$

$$\Rightarrow \left(\frac{1}{2}\right)^{\frac{t}{T_{1/2}}} = \frac{N}{N_0}$$

15 मिनट में वास्तविक भाग का 7/8 गुना क्षयित हो जाता है। अत: 1/8 भाग ही शेष रहता है अत:

$$\Rightarrow \quad \left(\frac{1}{2}\right)^{\frac{15}{T_{1/2}}} = \frac{N_0/8}{N_0} = \frac{1}{8} = \left(\frac{1}{2}\right)^3 \Rightarrow \frac{15}{T_{1/2}} = 3$$

या $\quad T_{1/2} = 15/3 = 5$ min

19. *(b)* दिया है, धारा लाभ, $\beta = 100$

इनपुट वोल्टेज, $V_i = 1 \text{ mV} = 10^{-3}$ V

इनपुट प्रतिरोध, $R_B = 1 \text{ k}\Omega = 10^3\Omega$

आउटपुट प्रतिरोध, $R_C = 10 \text{ k}\Omega = 10 \times 10^3\Omega$

धारा लाभ, $\beta = \frac{\text{आउटपुट धारा}}{\text{इनपुट धारा}} \Rightarrow \beta = \frac{V_0 / R_C}{V_i / R_B} = \frac{V_0}{V_i} \times \frac{R_B}{R_C}$

$$\Rightarrow \quad V_0 = \beta \times V_i \times \frac{R_C}{R_B} = 100 \times 10^{-3} \times \frac{10 \times 10^3}{10^3} = 1 \text{ V}$$

20. *(d)* दिया है, मॉडुलेटिंग सिग्नल की आवृत्ति, $f_m = 20$ kHz

विचलन अनुपात, $\Delta f / f_m = 10$

FM सिग्नल की बैण्ड चौड़ाई, $\text{BW} = 2(f_m + \Delta f)$

$$= 2(f_m + 10 f_m) = 22 f_m = 22 \times 20 = 440 \text{ kHz}$$

21. *(392)* दिया है, $v = 19.6 \text{ ms}^{-1}$
$t = 6$ s, $g = 9.8 \text{ ms}^{-2}$

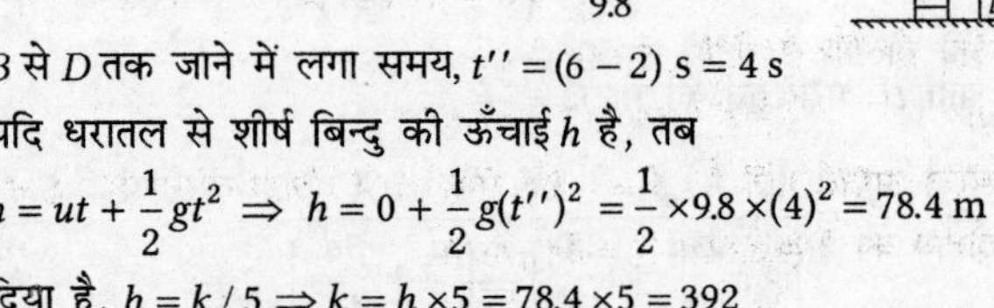

माना बिन्दु A से बिन्दु B तक गेंद को पहुँचने में लगा समय t' है तब गति के समीकरण द्वारा, $v = u + gt'$

$$\Rightarrow \quad 0 = 19.6 + (-9.8)t' \Rightarrow t' = \frac{19.6}{9.8} = 2 \text{ s}$$

B से D तक जाने में लगा समय, $t'' = (6 - 2)$ s = 4 s

यदि धरातल से शीर्ष बिन्दु की ऊँचाई h है, तब

$$h = ut + \frac{1}{2} g t^2 \Rightarrow h = 0 + \frac{1}{2} g (t'')^2 = \frac{1}{2} \times 9.8 \times (4)^2 = 78.4 \text{ m}$$

दिया है, $h = k/5 \Rightarrow k = h \times 5 = 78.4 \times 5 = 392$

22. *(8)* दिया है, द्रव्यमान घनत्व, $\rho = \rho_0 \left(1 - \frac{x^2}{L^2}\right)$ kg/m

अवयव का द्रव्यमान, $dm = \rho dx = \rho_0 \left(1 - \frac{x^2}{L^2}\right) dx$

द्रव्यमान केन्द्र की दूरी,

$$x_{\text{CM}} = \frac{\int_0^L x\, dm}{\int_0^L dm} = \frac{\int_0^L \rho_0 \left(1 - \frac{x^2}{L^2}\right) x dx}{\int_0^L \rho_0 \left(1 - \frac{x^2}{L^2}\right) dx} = \frac{\left[\frac{x^2}{2} - \frac{x^4}{4L^2}\right]_0^L}{\left[x - \frac{x^3}{3L^2}\right]_0^L}$$

$$= \frac{\left(\frac{L^2}{2} - \frac{L^4}{4L^2} - 0\right)}{\left(L - \frac{L^3}{3L^2} - 0\right)} = \frac{\left(\frac{L^2}{2} - \frac{L^2}{4}\right)}{\left(L - \frac{L}{3}\right)} = \frac{\frac{L^2}{4}}{\frac{2L}{3}} = \frac{3L}{8} = \frac{3L}{\alpha} \quad \text{(दिया है)}$$

$$\therefore \quad \alpha = 8$$

23. *(30)* दिया है, डोरी के अनुप्रस्थ-काट का क्षेत्रफल, $A = 4\ \text{mm}^2 = 4 \times 10^{-6} \text{m}^2$

$g = 10\ \text{ms}^{-2}$

यंग का गुणांक, $Y = 10^{11} \text{Nm}^{-2}$

वस्तु का द्रव्यमान, $m = 2\ \text{kg}$

वृत्तीय पथ की त्रिज्या, r और $l = 0.5$ m

बिन्दु A पर वस्तु की चाल, $v_A = 5\ \text{ms}^{-1}$

बिन्दु A पर मुक्त खण्ड आरेख द्वारा,

$$T_A - mg = \frac{mv_A^2}{r}$$

$$\Rightarrow T_A = mg + \frac{mv_A^2}{r} = 2 \times 10 + \frac{2 \times (5)^2}{0.5} = 20 + 100 = 120\ \text{N}$$

डोरी का यंग प्रत्यास्थता गुणांक, $Y = \frac{\text{प्रतिबल}}{\text{विकृति}}$

$$\Rightarrow \quad \text{विकृति} = \frac{\text{प्रतिबल}}{Y} = \frac{T_A / A}{Y} = \frac{120}{4 \times 10^{-6} \times 10^{11}} = 30 \times 10^{-5}$$

24. *(750)* दिया है, स्वतन्त्रता की कोटि, $f = 8$

गैस द्वारा कृत कार्य, $W = 150$ J

गैस का दाब नियत है अत: $W = pdV$ और $\Delta U = \frac{f}{2} nR\Delta T = \frac{f}{2} pdV$

$\therefore$ गैस द्वारा अवशोषित ऊष्मा, $\Delta Q = W + \Delta U$

$$= pdV + \frac{f}{2} pdV = pdV\left(1 + \frac{f}{2}\right) = 150\left(1 + \frac{8}{2}\right) = 750\ \text{J}$$

25. *(2)* दिया है, गैस का द्रव्यमान, $m = 4$ kg

स्थितिज ऊर्जा, $U = 4(1 - \cos 4x)$ J

कण पर कार्यरत् बल, $F = -\frac{dU}{dx} = \frac{d}{dx}[4(1 - \cos 4x)]$

$$= -4(0 + (\sin 4x)4) = -16 \sin 4x$$

छोटे दोलनों के लिए, $\sin 4x \simeq 4x$

$$\Rightarrow \quad F = -16(4x) = -64x \quad \ldots(i)$$

सरल आवर्त गति में, $F = -kx$, समी (i) से तुलना करने पर, $k = 64$

दोलन का आवर्तकाल, $T = 2\pi\sqrt{m/k}$

$$= 2\pi\sqrt{\frac{4}{64}} = \frac{2\pi}{4} = \frac{\pi}{2} = \frac{\pi}{k} \quad \text{(दिया है)}$$

$k = 2$

26. *(14)* दिया है, वोल्टेज, $V = 220$ V

प्रथम बल्ब की शक्ति, $P_1 = 100$ W

द्वितीय बल्ब की शक्ति, $P_2 = 60$ W

प्रथम बल्ब का प्रतिरोध, $R_1 = V^2 / P_1 \quad [\because P = V^2 / R]$

$$= \frac{(220)^2}{100} = 484\Omega$$

द्वितीय बल्ब का प्रतिरोध, $R_2 = \frac{V^2}{P_2} = \frac{(220)^2}{60} = 806.67\Omega$

बल्ब श्रेणीक्रम में संयोजित हैं अत: दोनों बल्बों में धारा का मान होगा

$$I = \frac{V}{R_{\text{net}}} = \frac{V}{R_1 + R_2} = \frac{220}{(484 + 806.67)} = 0.17\ \text{A}$$

100 वाट के बल्ब द्वारा क्षयित शक्ति

$$P_1 = I^2 R_1 = (0.17)^2 \times 484 \simeq 14\ \text{W}$$

27. *(1)* स्विच S को बन्द करने के बाद, प्रेरक में धारा शून्य है अत: परिपथ में धारा निम्नानुसार कम होगी

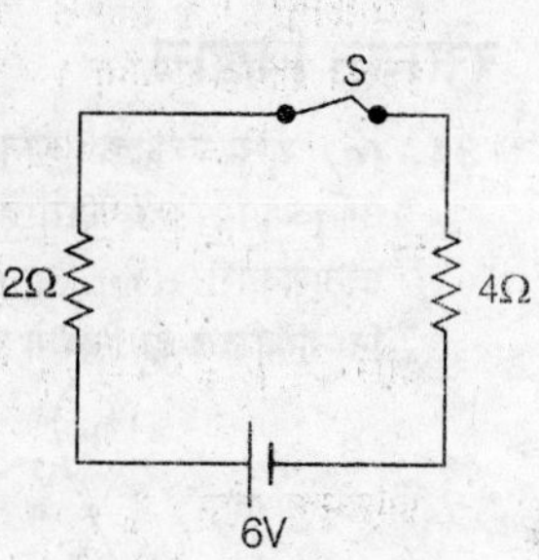

परिपथ का तुल्य प्रतिरोध,

$R_{\text{eq}} = 4 + 2 = 6\Omega$

बैटरी द्वारा प्राप्त धारा, $I = \frac{V}{R_{\text{eq}}} = \frac{6}{6} = 1$ A

28. *(400)* दिया है, वस्तु की प्रारम्भिक दूरी, $u_i = -100$ cm

दर्पण की वक्रता त्रिज्या, $R = -200$ cm

वस्तु की चाल, $v_o = 2$ cm/s

समय, $t = 10$ s

दर्पण की फोकस दूरी, $f = \frac{R}{2} = \frac{-200}{2} = -100$ cm

10 सेकण्ड बाद वस्तु द्वारा तय दूरी,

$$d = v_o \times t = 2 \times 10 = 20\text{cm}$$

10 सेकण्ड बाद दर्पण से वस्तु की दूरी,

$$u_f = -100 - (-20) = -80\text{cm}$$

दर्पण सूत्र द्वारा, $\frac{1}{v} + \frac{1}{u_f} = \frac{1}{f}$

$$\Rightarrow \quad \frac{1}{v} = \frac{1}{f} - \frac{1}{u_f} = -\frac{1}{100} + \frac{1}{80} = \frac{-4 + 5}{400} = \frac{1}{400} \quad \text{या } v = 400\ \text{cm}$$

29. *(15)* दिया है, $v'u' = 225$

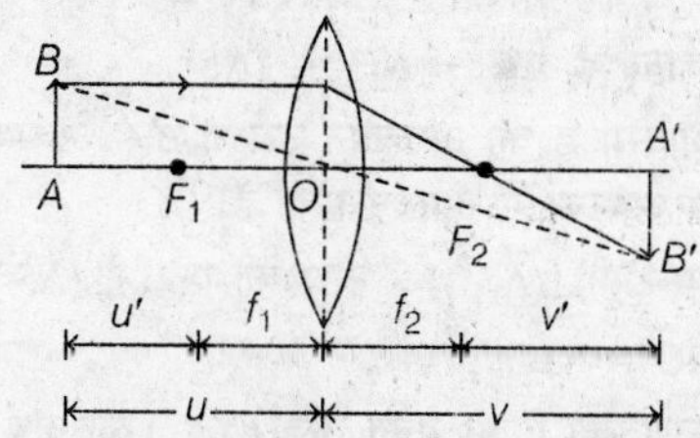

न्यूटन के लेंस सूत्र द्वारा, $f_1 f_2 = u'v' \Rightarrow f^2 = u'v' = 225$

$$\Rightarrow \quad f = 15\ \text{cm}$$

30. *(5)* दिया है,

लोलक का आवर्तकाल, $T = 0.5$ s

दोलनों की संख्या, $n = 100$

घड़ी की विभेदनता, $\Delta T = 1$ s

लम्बाई की शुद्धता, $\frac{\Delta l}{l} = \frac{1\ \text{mm}}{10\text{cm}} = \frac{1}{100}$

आवर्तकाल, $T = 2\pi\sqrt{\frac{l}{g}} \Rightarrow g = \frac{4\pi^2 l}{T^2}$

g को ज्ञात करने मे शुद्धता, $\frac{\Delta g}{g} \times 100 = \frac{2\Delta T}{T} \times 100 + \frac{\Delta l}{l} \times 100$

$$= \left(2 \times \frac{1}{(100 \times 0.5)} \times 100 + \frac{1}{100} \times 100\right)\% = 4\% + 1\%$$

$$= 5\% = x\% \quad \text{(दिया है)}$$

$\therefore \quad x = 5$

रसायन विज्ञान

31. *(a)* शून्य कक्षक अतिव्यापन, उन कक्षकों का परिणाम है जो बिल्कुल अतिव्यापन नहीं करते हैं या कुशलता से अतिव्यापन नहीं करते हैं। यह एक विनाशकारी (Out of phase) अतिव्यापन है। शून्य अतिव्यापन के लिए निम्नलिखित दो नियमों का पालन किया जाना चाहिए—

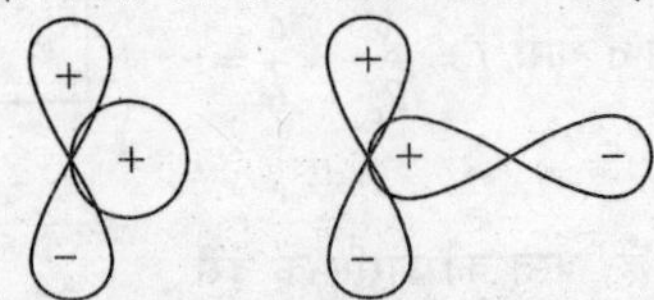

शून्य अतिव्यापन

(i) दो अतिव्यापित कक्षक असममित होने चाहिए।

(ii) दोनों कक्षक अलग-अलग तल में होने चाहिए।

अत: दोनों A तथा R सही हैं, और R, A की सही व्याख्या करता है।

32. *(a)* आवर्त सारणी में बाएँ से दाएँ ओर जाने पर धात्विक गुण घटता है तथा ऊपर से नीचे जाने पर बढ़ता है। अत: Na, Mg, Be, Si व P में से, इन तत्वों की आवर्त सारणी में स्थिति इस प्रकार है—

Be

Na, Mg, Si, P

इसलिए, सोडियम (Na) सबसे अधिक जबकि फॉस्फोरस सबसे कम धात्विक गुण प्रदर्शित करता है।

मैग्नीशियम, अन्य तीन तत्वों से अधिक धात्विक है।

बेरीलियम, Si तथा P से अधिक धात्विक है।

इसलिए, धात्विक गुण का सही क्रम है—

$$Na > Mg > Be > Si > P$$

33. *(a)* हम जानते हैं, $\Delta G^\circ = \Delta H^\circ - T\Delta S^\circ$

धात्विक ऑक्साइड का अपचयन उसकी ठोस अवस्था की तुलना में तरल (विलयन) अवस्था में आसान होता है।

तरल की एन्ट्रॉपी , (ΔS°_t) > ठोस की एन्ट्रॉपी, (ΔS°_s)

इसलिए, $\Delta G^\circ_t < \Delta G^\circ_s$

अधिक ऋणात्मक गिब्स मुक्त ऊर्जा (ΔG°) का अर्थ है— अधिक सहज (स्वत:) अभिक्रिया। इसलिए अपचयन और अधिक सरल हो जाता है।

अत: A तथा R दोनों सही हैं और R, A की सही व्याख्या करता है।

34. *(c)* कठोर जल में कैल्सियम तथा मैग्नीशियम के लवण मुख्यत: बाइकार्बोनेट, क्लोराइड तथा सल्फेट उपस्थित होते हैं। क्लार्क विधि का उपयोग कठोर जल के मृदुकरण में किया जाता है। इस विधि में कठोर जल को कास्टिक चूना $[Ca(OH)_2]$, से उपचारित किया जाता है, क्लार्क अभिकर्मक कहलाता है। यह बाइकार्बोनेट को कार्बोनेट में परिवर्तित करके जल की कठोरता को निकालने में सहायता करता है। यह बाइकार्बोनेट की अस्थायी कठोरता को निकालता (हटाता) है।

$$Mg(HCO_3)_2 + 2Ca(OH)_2 \longrightarrow Mg(OH)_2 \downarrow + 2CaCO_3 \downarrow + 2H_2O$$

अत: क्लार्क विधि द्वारा कठोर जल के उपचार के दौरान $CaCO_3$ तथा $Mg(OH)_2$ उत्पाद के रूप में प्राप्त होते हैं।

35. *(d)* ऐलुमिनियम तथा मैग्नीशियम के मिश्रधातु का उपयोग विमान के प्लेट बनाने में किया जाता है क्योंकि वे हल्के तथा जंगरोधी होते हैं। अत: कथन I गलत है। कैल्सियम तन्त्रिका पेशी तन्त्र, अन्तरातन्त्रिक संचरण, कोशिका झिल्ली अखण्डता तथा रक्त स्कन्दन में महत्वपूर्ण भूमिका निभाता है। अत: कथन II भी गलत है।

36. *(b)* सफेद फॉस्फोरस, थायोनिल क्लोराइड के साथ अभिक्रिया करके फॉस्फोरस ट्राइक्लोराइड, सल्फर डाइऑक्साइड तथा सल्फर मोनोक्लोराइड देता है।

$$\underset{\text{श्वेत फॉस्फोरस}}{P_4} + \underset{\text{थायोनिल क्लोराइड}}{8SOCl_2} \longrightarrow 4PCl_3 + 4SO_2 + 2S_2Cl_2$$

37. *(c)* HNO_3 एक प्रबल ऑक्सीकारक है। I_2 के साथ अभिक्रिया पर HNO_3, I_2 को HIO_3 में ऑक्सीकृत कर देता है।

अभिक्रिया के रूप में दिखाया गया है

$$I_2 + \underset{(\text{सान्द्र})}{10\,HNO_3} \longrightarrow 2HIO_3 + 10NO_2 + 4H_2O$$

38. *(a, d)* समइलेक्ट्रॉनिक (आइसोइलेक्ट्रॉनिक) जातियाँ, ऐसी जातियाँ हैं जिनमें इलेक्ट्रॉनों की संख्या समान होती हैं।

आयन	Z	उदासीन परमाणु में इलेक्ट्रॉनों की संख्या	आयन में e^- की संख्या	समइलेक्ट्रॉनिक प्रकृति
Sm^{2+}	62	62	60	समइलेक्ट्रॉनिक नहीं
Er^{3+}	68	68	65	
Yb^{2+}	70	70	68	समइलेक्ट्रॉनिक
Lu^{3+}	71	71	68	
Eu^{2+}	63	63	61	समइलेक्ट्रॉनिक
Tb^{4+}	65	65	61	
Tb^{2+}	65	65	63	समइलेक्ट्रॉनिक नहीं
Tm^{4+}	69	69	65	

इसलिए , Sm^{2+} तथा Er^{3+} और Tb^{2+} व Tm^{4+} समइलेक्ट्रॉनिक जातियाँ नहीं हैं।

39. *(a)* $KMnO_4$ एक अच्छा ऑक्सीकारक है, यह क्लोराइड आयन (Cl^-) को क्लोरीन में ऑक्सीकृत करता है।

$$2MnO_4^- + 10Cl^- + 16H^{\oplus} \longrightarrow 2Mn^{2+} + 5Cl_2 + 8H_2O$$

इस कारण, HCl की उपस्थिति में परमैगनेट अनुमापन प्रदर्शित नहीं किया जाता है, जबकि HCl का ऑक्सीकरण होता है तथा क्लोरीन बनता है। अत: A और R दोनों सही हैं और R, A की सही व्याख्या करता है।

40. *(b)* (A) $Ni(CO)_4$

Ni की ऑक्सीकरण अवस्था = 0

Ni : (तलस्थ अवस्था) [3d: ⇅ ⇅ ⇅ ↑ ↑] [4s: ⇅] [4p: _ _ _]

चूँकि CO एक प्रबल क्षेत्र लिगैण्ड है, यह इलेक्ट्रॉन युग्म बना सकता है, अत:

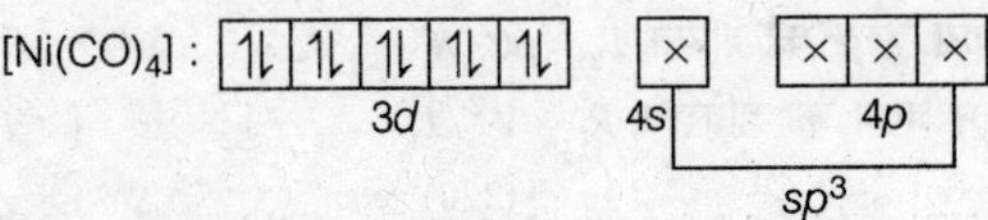

इसलिए संकरण = sp^3

(B) $[Ni(CN)_4]^{2-}$

Ni की ऑक्सीकरण संख्या = + 2

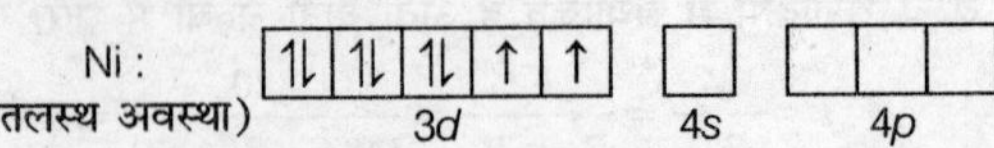

CN^- एक प्रबल क्षेत्र लिगैण्ड है अत: इलेक्ट्रॉनों का युग्म बन जाता है।

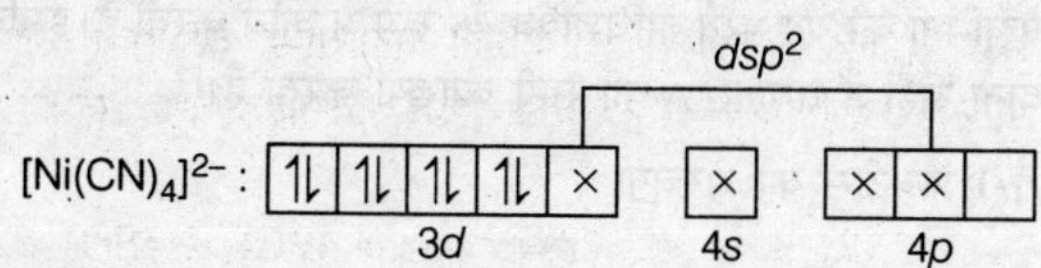

अत: संकरण $= dsp^2$

(C) $[Co(CN)_6]^{3-}$

Co की ऑक्सीकरण अवस्था = + 3.

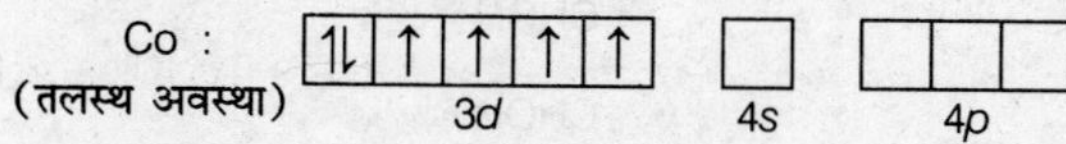

CN^- एक प्रबल क्षेत्र लिगैण्ड है अत: इलेक्ट्रॉनों का युग्म बन जाता है।

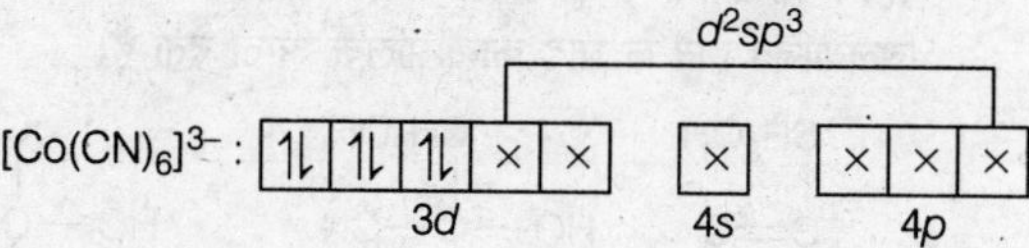

अत: संकरण $= d^2sp^3$.

(D) $[CoF_6]^{3-}$

Co की ऑक्सीकरण अवस्था = + 3.

Co : (तलस्थ अवस्था) 3d 4s 4p

∵ F^- एक दुर्बल क्षेत्र लिगैण्ड है। अत: इलेक्ट्रॉन युग्म नहीं बनते हैं।

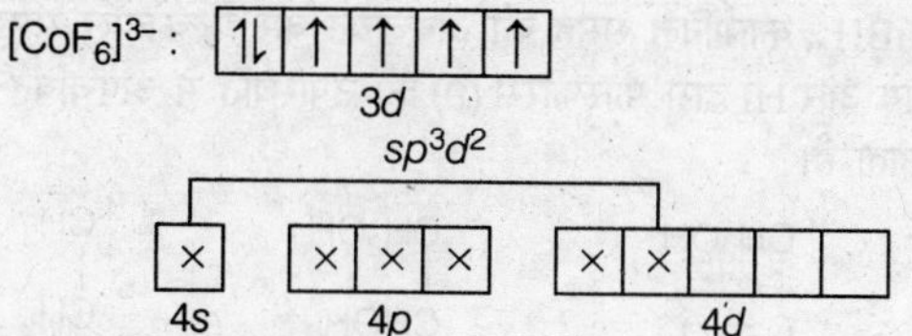

इसलिए, संकरण $= sp^3d^2$.

अत: सही मिलान A-I, B-IV, C-III, D-II है।

41. *(d)* डाइनाइट्रोजन और डाइऑक्सीजन की अभिक्रिया अत्यधिक ऊष्माशोषी हैं, इसलिए अत्यधिक तापमान की आवश्यकता होती है। वातावरण अथवा वायु इस प्रकार का उच्च तापमान उपलब्ध नहीं करवा सकता है इसलिए वे वातावरण में अभिक्रिया नहीं करते हैं यद्यपि वे वायु के मुख्य घटक हैं।

42. *(c)* 1. कार्बन धनायन का निर्माण

2. अन्त: आण्विक नाभिकस्नेही आक्रमण

3. $Br^{\ominus}$ का नाभिकस्नेही आक्रमण

(मुख्य उत्पाद)

43. *(b)* नाइट्रीकरण, इलेक्ट्रॉनस्नेही प्रतिस्थापन अभिक्रिया के माध्यम से आगे बढ़ता है। इसका तात्पर्य है, जितना अधिक इलेक्ट्रॉन घनत्व बेन्जीन पर होगा, इसकी क्रियाशीलता उतनी ही अधिक होगी।

बेन्जीन वलय पर, इलेक्ट्रॉन घनत्व का क्रम है—

नाइट्रोबेन्जीन < ब्रोमोबेन्जीन < बेन्जीन < *o*-जाइलीन < मेसीटिलीन

इसलिए, नाइट्रीकरण के प्रति क्रियाशीलता का बढ़ता हुआ क्रम होगा—

(D) < (B) < (E) < (A) < (C)

44. *(d)* **क्रियाविधि** 1. प्रोटोन ग्रहण

2. नाभिकस्नेही (I^-) का आक्रमण

(A) फीनॉल + 2-आयोडोप्रोपेन

3. Zn धातु के साथ गर्म करने पर फीनॉल अपचयित होकर बेन्जीन देता है।

फीनॉल (A) $\xrightarrow{Zn/\Delta}$ बेन्जीन (B)

45. *(a)* ऐनिलीन का नाइट्रीकरण अत्यधिक अम्लीय माध्यम में होता है। अभिक्रिया में निर्मित इलेक्ट्रॉनस्नेही NO_2^+ है। इसके अलावा, ऐनिलीन प्रोटोनीकरण द्वारा भी ऐनिलीनियम आयन का निर्माण करता है जो *मेटा* निर्देशी है। यही कारण है कि *ऑर्थो* और *पैरा* उत्पादों के अलावा महत्वपूर्ण मात्रा में *मेटा*-उत्पाद भी बनता है।

$$HNO_3 + H_2SO_4 \longrightarrow HSO_4^- + H_2O + NO_2$$

$$C_6H_5NH_2 + NO_2^+ \longrightarrow \text{o-nitroaniline (2\%)} + \text{m-nitroaniline (47\%)} + \text{p-nitroaniline (51\%)}$$

इसलिए, A तथा R दोनों सही हैं और R, A की सही व्याख्या करता है।

46. *(b)* सही मिलान है A-III, B-II, C-IV और D-I.

प्रत्यास्थ बहुलक वे बहुलक हैं जो प्रकृति में प्रत्यास्थ/लोचदार (Elastic) है। वे आपस में दुर्बल अन्तराण्विक बलों द्वारा जुड़े होते हैं।
निओप्रीन, प्रत्यास्थ बहुलक का एक उदाहरण है।

$$\left[-CH_2-\underset{Cl}{\underset{|}{C}}=CH-CH_2-\right]_n$$

(निओप्रीन)

रेशे, वे बहुलक हैं जिनमें उच्चतम तनन सामर्थ्य होता है।
नायलॉन-6, 6 रेशे का एक उदाहरण है—

$$\left[-NH-(CH_2)_6-NH-\overset{O}{\overset{||}{C}}-(CH_2)_4-\overset{O}{\overset{||}{C}}-\right]_n$$

(नायलॉन-6, 6)

तापसुघट्य बहुलक, वे बहुलक है जो एक विशिष्ट तापमान के ऊपर मृदुल तथा ठण्डा करने पर कठोर हो जाते हैं।
पॉलीविनाइल क्लोराइड (PVC) एक तापसुघट्य बहुलक है।

$$\left[-CH_2-\overset{Cl}{\overset{|}{CH}}-\right]_n$$

(PVC)

तापदृढ़ बहुलक, वे बहुलक है जो कम तापमान पर तरल होते हैं, लेकिन उच्च तापमान पर कठोर होने के लिए उत्क्रमणीय रूप से बदलते हैं।
बैकेलाइट एक तापदृढ़ बहुलक है।

(बैकेलाइट)

47. *(d)* निम्नलिखित कारकों द्वारा एन्जाइमों की क्रिया को बदला जा सकता है—

1. तापमान
2. pH
3. सक्रियक की उपस्थिति
4. संदमक की उपस्थिति
5. सह-एन्जाइम
6. विष

संदमक, एन्जाइम के सक्रिय क्षेत्र के साथ क्रिया करते हैं तथा एन्जाइम के साथ प्रबल सहसंयोजक बन्ध बनाते हैं।

48. *(a)* पतली परत वर्णलेखन (TLC), अधिशोषण वर्णलेखन का एक प्रकार है। इसमें काँच की प्लेट पर लेपित अधिशोषक की एक पतली परत पर मिश्रण के पदार्थों को अलग करना सम्मिलित है। सिलिका या ऐलुमिना की एक पतली परत उपर्युक्त आकार की काँच की प्लेट पर फैली हुई होती है। सिलिका या ऐलुमिना की यह परत अधिशोषक के रूप में कार्य करती है। इसलिए, A तथा R दोनों सही हैं तथा R, A की सही व्याख्या करता है।

49. *(a)* फ्रक्टोस की संरचना

$$CH_2OH-C(=O)-CHOH-CHOH-CHOH-CH_2OH$$

प्रथम अभिक्रिया में कार्बोनिल समूह पर $\overset{\ominus}{C}N$ पर आक्रमण करता है, जो जलयोजित होने के बाद कार्बोसिलिक अम्ल देता है।

$$\text{Fructose} \xrightarrow{CN^-} CH_2OH-C(OH)(CN)-(CHOH)_3-CH_2OH \xrightarrow[\text{पूर्ण जल-अपघटन}]{H_3O^+} CH_2OH-C(OH)(COOH)-(CHOH)_3-CH_2OH \; (C_7H_{14}O_8)$$

$NaBH_4$, कार्बोनिल समूह को अपचयित कर ऐल्कोहॉल समूह बनाता है जो आगे और HI द्वारा फॉस्फोरस (P) की उपस्थिति में अपचयित होकर ऐल्केन बनाता है।

$$\text{Fructose} \xrightarrow{NaBH_4} CH_2OH-(CHOH)_4-CH_2OH \xrightarrow{HI/P} CH_3-(CH_2)_4-CH_3 \; (C_6H_{14})$$

50. *(c)* 1. आयोडोनियम आयन का निर्माण

2. प्रोटोन पृथक्करण तथा अन्तर-आण्विक प्रतिस्थापन अभिक्रिया

$$\xrightarrow[-H_2O,\ -CO_2]{NaHCO_3}$$

3. विलोपन अभिक्रिया

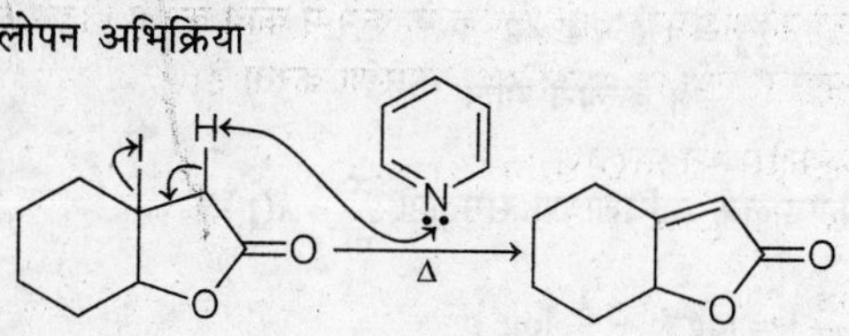

$$\xrightarrow[\Delta]{\text{Pyridine}}$$

51. *(25)*

$M_{H_2SO_4} = 0.2$ M $\quad M_{NaOH} = 0.1$ M

$V_{H_2SO_4} = 2$ L $\quad V_{NaOH} = 2$ L

$n_{H_2SO_4} = 2 \times 0.2 = 0.4$ मोल

$n_{NaOH} = 2 \times 0.1 = 0.2$ मोल

$$H_2SO_4 + 2NaOH \longrightarrow Na_2SO_4 + 2H_2O$$

	H_2SO_4	$2NaOH$	Na_2SO_4	$2H_2O$
प्रारम्भिक मोल	0.4	0.2	0	0
अन्तिम मोल	0.3	0	0.1	0.2

सीमान्त अभिकर्मक $\rightarrow$ NaOH

$n_{Na_2SO_4} = 0.1$ मोल

कुल आयतन, $V = V_{H_2SO_4} + V_{NaOH} = 2 + 2 = 4$ L

मोलरता, $M_{Na_2SO_4}$

$= \frac{0.1}{4} = 0.025 \text{ M} = 25 \times 10^{-3} \text{ M} = 25$ मिलीमोल

52. *(87)* दिया है,

किनारे की लम्बाई $= a = 4 \times 10^{-8}$ सेमी

$N_A = 6.02 \times 10^{23}$ सेमी$^{-1}$ $\Rightarrow \rho = 9.03$ g सेमी$^{-3}$

परमाणु भार $= M$ g मोल

प्रति इकाई कोष्ठिका आयनों की संख्या, $Z = 4$

समीकरण का उपयोग करके, $\rho = \frac{ZM}{N_A a^3}$

$$\Rightarrow \quad M = \frac{\rho N_A a^3}{Z} = \frac{9.03 \times 6.02 \times 10^{23} \times (4 \times 10^{-8})^3}{4}$$

$$= \frac{9.03 \times 6.02 \times 10^{23} \times 64 \times 10^{-24}}{4}$$

$$= 869.77 \times 10^{-1} = 86.977$$

अतः $M \approx 87$ g मोल$^{-1}$.

53. *(2)* दिया है,

तरंगदैर्ध्य, $\lambda = 3.3 \times 10^{-10}$ मी $= 3.3$ Å

एक इलेक्ट्रॉन के लिए, $\lambda = \frac{12.3}{\sqrt{V}} \Rightarrow 3.3 = \frac{12.3}{\sqrt{V}}$

$$\Rightarrow \quad V = \left(\frac{12.3}{3.3}\right)^2 = 13.91 \text{ eV}$$

अतः गतिज ऊर्जा, KE = 13.91 eV

कुल ऊर्जा, $T = \text{TE} + \text{KE}$

$\therefore \quad T = 13.6 + 13.91 \Rightarrow T = 27.51$ eV

अथवा $\quad T \approx 2 \times \text{IE}$

इस प्रकार, तलस्थ अवस्था में कुल ऊर्जा (इलेक्ट्रॉन द्वारा अवशोषित ऊर्जा) परमाणु से इलेक्ट्रॉन निकालने के लिए आवश्यक न्यूनतम ऊर्जा की तुलना में दोगुनी होती है।

54. *(2)* दिया है, कुल दाब, $p_T = 0.8$ atm

वाष्प अवस्था में A का मोल भिन्न, $Y_A = 0.5 \Rightarrow \chi_A = 0.2$

समीकरण से,

$p_A = Y_A \times p_T$; $p_A \rightarrow$ मिश्रण में A का वाष्पदाब

$= 0.5 \times 0.8 = 0.40$ वायुमण्डल

हम जानते हैं, $p_A = \chi_A p_A^\circ$; $p_A^\circ \rightarrow$ शुद्ध A का वाष्प दाब

$= \frac{p_A}{\chi_A} = \frac{0.4}{0.2} \Rightarrow = 2$ वायुमण्डल

55. *(2)*

	$2NO(g)$	$+ O_2(g)$	$\rightleftharpoons 2NO_2(g)$
At $t = 0$	2 मोल	1 मोल	0
At $t = t_{eq}$	1.2 मोल	0.6 मोल	0.8 मोल

कुल मोल, $n_T = 1.2 + 0.6 + 0.8 = 2.6$ मोल

साम्यावस्था स्थिरांक $= K_p$

$p_T = 1$ वायुमण्डल

$$\Rightarrow \quad \chi_{NO} = \frac{1.2}{2.6} = \frac{6}{13}$$

$$\chi_{O_2} = \frac{0.6}{2.6} = \frac{3}{13} \quad \chi_{NO_2} = \frac{0.8}{2.6} = \frac{4}{13}$$

$p_{NO} = \frac{6}{13} \times 1 = \frac{6}{13}$ वायुमण्डल

$p_{O_2} = \frac{3}{13}$ वायुमण्डल

$\Rightarrow \quad p_{NO_2} = \frac{4}{13}$ वायुमण्डल

$$K_p = \frac{p_{NO_2}}{(p_{NO})^2 \times p_{O_2}} = \frac{(4/13)^2}{(6/13)^2 (3/13)}$$

$$K_p = \frac{16 \times 13 \times 13 \times 13}{13 \times 13 \times 36 \times 3} = \frac{52}{27} = 1.93$$

अतः $K_p \approx 2$.

56. *(22)* दिया है, कार्बनिक यौगिक का द्रव्यमान,

$M = 0.125$ ग्राम

N_2 का आयतन और $(V_{N_2}) = 22.78$ मिली

जल का वाष्प दाब $= 14.2$ mm Hg

$R = 0.082 \text{ L atm K}^{-1} \text{ mol}^{-1}$

दाब, $p = 759$ mm Hg

शुष्क N_2 गैस का दाब $= 759 - 14.2$

$$= 744.8 \text{ mm Hg} = \frac{744.8}{760} \text{ atm}$$

आदर्श गैस समीकरण के उपयोग से,

$$pV = nRT$$

$$n_{N_2} = \frac{pV}{RT} = \frac{744.8 \times 22.78}{760 \times 1000 \times 0.082 \times 280}$$

$n_{N_2} = 0.00097$ मोल

N_2 का द्रव्यमान $= 0.00097 \times 28 = 0.027$ ग्राम

$$\% N_2 = \frac{0.027 \times 100}{0.125} = 21.6\% \approx 22\%.$$

57. *(5)* सम्मिलित अभिक्रिया—

$KIO_4 + H_2O_2 \longrightarrow KIO_3 + H_2O + O_2$

KIO_4 में I की ऑक्सीकरण संख्या = + 7

KIO_3 में I की ऑक्सीकरण संख्या =+ 5

अत: KIO_4 में I की ऑक्सीकरण संख्या + 5 में परिवर्तित होती है।

58. *(8)* आर्हेनियस समीकरण का उपयोग करके

$$k = Ae^{-E_a/RT}$$

अत: $\ln k = \ln A - \dfrac{E_a}{RT}$

(0, 20)
ln k
(5, 0)
$\frac{1}{T}$ K^{-1} →

इस प्रकार, $\ln k$ तथा $1/T$ में मध्य ग्राफ की ढ़ाल $= -\dfrac{E_a}{R}$

$$\left(\frac{0-20}{5-0}\right) = \frac{-E_a}{R} \Rightarrow \frac{20}{5} = \frac{E_a}{R}$$

$$\Rightarrow \quad E_a = 4R = 4 \times 2$$

$$= 8 \text{ कैलोरी मोल}^{-1}$$

59. *(3)* फ्रैण्डलिक अधिशोषण समतापी, $\dfrac{x}{m} = k(p)^{\frac{1}{n}}$

$$\log\left(\frac{x}{m}\right) = \log k + \frac{1}{x}\log p$$

$\log\left(\dfrac{x}{m}\right)$ तथा $\log p$ के मध्य आरेख (ग्राफ) होना चाहिए

$\log\left(\frac{x}{m}\right)$
$\log p$

अत: वक्र (1), (2) और (3) फ्रैण्डलिक अधिशोषण समतापी के अनुरूप नहीं हैं।

60. *(3)* अवस्था फलन, वे है, जो तन्त्र की केवल आरम्भिक तथा अन्तिम अवस्था पर निर्भर करते हैं।

आन्तरिक ऊर्जा (U), आयतन (V) तथा एन्थैल्पी (H) अवस्था फलन है तथा ऊष्मा पथ फलन है।

गणित

61. *(d)* दिया गया है, $S = \left\{x \in [-6, 3] - \{-2, 2\} : \dfrac{|x+3|-1}{|x|-2} \geq 0\right\}$

तथा $\quad T = \{x \in Z : x^2 - 7|x| + 9 \leq 0\}$

अब, $\quad x^2 - 7|x| + 9 \leq 0$

$\Rightarrow |x|^2 - 7|x| + 9 \leq 0 \qquad \{\because |x|^2 = x^2\}$

$$\Rightarrow \left[|x| - \left(\frac{7 \pm \sqrt{49-36}}{2}\right)\right] \leq 0$$

$$\left[|x| - \left(\frac{7 \pm \sqrt{49-36}}{2}\right)\right] \leq 0 \Rightarrow |x| \in \left[\frac{7-\sqrt{13}}{2}, \frac{7+\sqrt{13}}{2}\right] \leq 0$$

परन्तु x एक पूर्णांक है

$$|x| = 2, 3, 4, 5$$

तथा $x = \pm 2, \pm 3, \pm 4, \pm 5 \Rightarrow T = \{\pm 2, \pm 3, \pm 4, \pm 5\}$

$S \cap T \neq \{\pm 2, 4, 5\}$ क्योंकि $S \notin \{\pm 2, 4, 5\}$

जब $x = -3$, तब $\dfrac{|-3+3|-1}{|-3|-2} = \dfrac{-1}{1} < 0$

जब $x = -4$, तब $\dfrac{|-4+3|-1}{|-4|-2} = 0$

जब $x = -5$, तब $\dfrac{|-5+3|-1}{|-5|-2} = \dfrac{1}{3} \geq 0$

जब $x = 3$, तब $\dfrac{|3+3|-1}{|3|-2} = 5 \geq 0$

अत: $S \cap T = \{-5, -4, 3\}$

$\therefore \quad n(S \cap T) = 3$

62. *(b)* दिया गया है, α व β समीकरण $x^2 - \sqrt{2}x + \sqrt{6} = 0$ के मूल हैं।

$\because \qquad \alpha + \beta = \sqrt{2}$ तथा $\alpha\beta = \sqrt{6}$

अब, $\dfrac{1}{\alpha^2} + 1 + \dfrac{1}{\beta^2} + 1 = \dfrac{\alpha^2 + \beta^2}{(\alpha\beta)^2} + 2$

$$= \frac{(\alpha+\beta)^2 - 2\alpha\beta}{(\alpha\beta)^2} + 2 = \frac{2 - 2\sqrt{6}}{6} + 2$$

$$= \frac{14 - 2\sqrt{6}}{6}$$

$$\therefore \quad \left(\frac{1}{\alpha^2} + 1\right)\left(\frac{1}{\beta^2} + 1\right) = \frac{1}{(\alpha\beta)^2} + \frac{\alpha^2 + \beta^2}{(\alpha\beta)^2} + 1$$

$$= \frac{1}{6} + \frac{2 - 2\sqrt{6}}{6} + 1 = \frac{9 - 2\sqrt{6}}{6}$$

समीकरण जिसके मूल $\left(\dfrac{1}{\alpha^2} + 1, \dfrac{1}{\beta^2} + 1\right)$ हैं, तब

$$x^2 - \left(\frac{14 - 2\sqrt{6}}{6}\right)x + \frac{9 - 2\sqrt{6}}{6} = 0$$

यहाँ, $a = \dfrac{2\sqrt{6} - 14}{6}, b = \dfrac{9 - 2\sqrt{6}}{6}$

अब, $a + b = \dfrac{2\sqrt{6} - 14 + 9 - 2\sqrt{6}}{6} = -\dfrac{5}{6}$

$\therefore \qquad x^2 - (a + b - 2)x + (a + b + 2) = 0$

$$\Rightarrow x^2 - \left(-\frac{5}{6} - 2\right)x + \left(-\frac{5}{6} + 2\right) = 0$$

$\Rightarrow \quad x^2 + \frac{17}{6}x + \frac{7}{6} = 0 \Rightarrow 6x^2 + 17x + 7 = 0$

$\Rightarrow \quad 6x^2 + 14x + 3x + 7 = 0$

$\Rightarrow \quad 2x(3x+7) + 1(3x+7) = 0 \Rightarrow (3x+7)(2x+1) = 0$

$\Rightarrow \quad x = -\frac{1}{2}, -\frac{7}{3}$

$\therefore$ दोनों मूल वास्तविक व ऋणात्मक हैं।

63. *(c)* दिया गया है, A व B, 3×3 के क्रमशः समभित व विषम समभित आव्यूह हैं।

$\Rightarrow \quad A^T = A, B^T = -B$

माना $C = A^4 - B^4$

$C^T = (A^4 - B^4)^T = (A^4)^T - (B^4)^T = (A^T)^4 - (B^T)^4$

$= A^4 - (-B)^4 \quad [\because A^T = A$ तथा $B^T = -B]$

$= A^4 - B^4 \quad [\because (-B)^4 = B^4]$

$= C$

$\therefore C$ एक सममित आव्यूह है।

माना $D = AB - BA$

$D^T = (AB - BA)^T = (AB)^T - (BA)^T$

$= B^T A^T - A^T B^T \quad [\because (AB)^T = B^T A^T]$

$= -BA + AB \quad [\because A^T = A$ तथा $B^T = -B]$

$= D$

$\therefore D$ एक सममित आव्यूह है।

माना $E = B^5 - A^5$

$E^T = (B^5 - A^5)^T = (B^5)^T - (A^5)^T = (B^T)^5 - (A^T)^5$

$= (-B)^5 - A^5 \quad [\because A^T = A, B^T = -B]$

$= -B^5 - A^5$

$= -[B^5 + A^5] \neq -E$

$\therefore E$ न तो सममित न ही विषम सममित आव्यूह है।

माना $F = AB + BA$

$F^T = (AB + BA)^T = (AB)^T + (BA)^T$

$= B^T A^T + A^T B^T = -BA - AB$

$= -(AB + BA) = -F$

$\therefore F$ एक विषम सममित आव्यूह है।

64. *(d)* माना $f(x) = ax^2 + bx + c$

$f(1) = a + b + c = 3 \quad$ ...(i)

$f(3) = 9a + 3b + c = 4 \quad$ ...(ii)

$f(0) + f(1) + f(-2) + f(3) = 14$

$\Rightarrow \quad c + 3 + \lambda + 4 = 14$

$c + \lambda = 7 \quad$ ...(iii)

पुनः $c + a + b + c + 4a - 2b + c + 9a + 3b + c = 14$

$\Rightarrow \quad 14a + 2b + 4c = 14$

$7a + b + 2c = 7 \quad$ ...(iv)

समी (i) व (iv) से, $\quad 6a + c = 4 \quad$ ...(v)

समी (i) व (ii) से, $\quad 6a - 2c = -5 \quad$ ...(vi)

समी (v) व (vi) से, $\quad 3c = 9 \Rightarrow c = 3$

समी (iii) से, $\quad 3 + \lambda = 7 \Rightarrow \lambda = 4$

65. *(b)* दिया है, $f(x) = \lim_{n \to \infty} \frac{\cos(2\pi x) - x^{2n}\sin(x-1)}{1 + x^{2n+1} - x^{2n}}$

I. $|x| < 1$

यदि $|x| < 1$, तब $x \in (-1, 1)$

$\lim_{n \to \infty} |x|^{2n+1} = \lim_{n \to \infty} |x|^{2n} = 0$

$\therefore \quad f(x) = \lim_{n \to \infty} \cos 2\pi x$

$f(x)$ सर्वत्र सतत् है।

II. $|x| > 1$

यदि $|x| > 1$, तब $x \in (-\infty, -1) \cup (1, \infty)$

$\lim_{n \to \infty} |x|^{2n+1} = \infty = \lim_{n \to \infty} \frac{\cos 2\pi x - x^{2n}\sin(x-1)}{1 + x^{2n+1} - x^{2n}}$

$$= \lim_{n \to \infty} \frac{|x|^{2n+1}\left[\frac{\cos 2\pi x}{|x|^{2n+1}} - \frac{\sin(x-1)}{|x|}\right]}{|x|^{2n+1}\left[\frac{1}{|x|^{2n+1}} + 1 - \frac{1}{|x|}\right]}$$

$$= \lim_{n \to \infty} \frac{-\sin(x-1)}{|x| - 1} \quad \left[\because \lim_{n \to \infty} \frac{\cos 2\pi x}{|x|^{2n+1}} = \lim_{n \to \infty} \frac{1}{|x|^{2n+1}} = 0\right]$$

जोकि एक सतत् फलन है।

III. जब $|x| = 1$

$$f(x) = \begin{cases} 1 & ; if\ x = 1 \\ -(1 + \sin 2) & ; if\ x = -1 \end{cases}$$

अब, $\lim_{x \to 1^+} f(x) = \lim_{x \to 1^+} -\frac{\sin(x-1)}{|x| - 1} \quad \left[\frac{0}{0} \text{ रूप}\right]$

$\Rightarrow \quad \lim_{x \to 1^+} -\frac{\cos(x-1)}{1} = -1 \quad [\because$ L Hospital नियम से$]$

$\Rightarrow \quad \lim_{x \to 1^-} f(x) = \lim_{x \to 1^-} \cos 2\pi x = 1$

As $\lim_{x \to 1^+} f(x) \neq \lim_{x \to 1} f(x)$

$\therefore x = 1$ पर $f(x)$ सतत् नहीं है।

इसी प्रकार, $x = -1$ पर भी $f(x)$ सतत् नहीं है।

अतः $f(x)$, $R - \{-1, 1\}$ पर सतत् है।

66. *(a)* दिया है, $f(x) = xe^{x(1-x)} \Rightarrow \log f(x) = \log x + \log e^{x(1-x)}$

$\log f(x) = \log x + x(1-x) = \log x + x - x^2$

x के सापेक्ष अवकलन करने पर, $\frac{1}{f(x)} f'(x) = \frac{1}{x} + 1 - 2x$

$\Rightarrow f'(x) = xe^{x(1-x)}\left[\frac{1 + x - 2x^2}{x}\right]$

$\Rightarrow f'(x) = -e^{x(1-x)}(2x^2 - x - 1)$

$= -e^{x(1-x)}(2x^2 - 2x + x - 1) = -e^{x(1-x)}(2x+1)(x-1)$

$f'(x) = 0 \Rightarrow x = -\frac{1}{2}, 1$

– (−1/2) + (1) –

$\therefore f(x)$, $\left(-\frac{1}{2}, 1\right)$ पर वर्धमान व $\left(-\infty, -\frac{1}{2}\right) \cup (1, \infty)$ पर ह्रासमान है।

67. *(c)* दिया है, $f(x) = \tan^{-1}(\sin x - \cos x)$

$$f'(x) = \frac{1}{1 + (\sin x - \cos x)^2} \qquad [\cos x + \sin x]$$

$$f'(x) = 0$$

$$\Rightarrow \quad \cos x + \sin x = 0 \qquad [\because 1 + (\sin x - \cos x)^2 \neq 0]$$

$$\Rightarrow \quad \tan x = -1 \Rightarrow x = \pi - \frac{\pi}{4} = \frac{3\pi}{4}$$

अतः, चरम बिन्दु $0, \frac{3\pi}{4}$ तथा π हैं।

$$f(0) = \tan^{-1}(\sin x - \cos x) = \tan^{-1}(-1) = -\frac{\pi}{4}$$

$$f\left(\frac{3\pi}{4}\right) = \tan^{-1}\left(\sin\frac{3\pi}{4} - \cos\frac{3\pi}{4}\right) = \tan^{-1}\left[\frac{1}{\sqrt{2}} + \frac{1}{\sqrt{2}}\right]$$

$$= \tan^{-1}\sqrt{2}$$

$$f(\pi) = \tan^{-1}(\sin\pi - \cos\pi) = \tan^{-1}(1) = \pi/4$$

$$f_{\max} = \tan^{-1}\sqrt{2} \text{ and } f_{\min} = -\frac{\pi}{4}$$

$\therefore$ अभीष्ट योग $= \tan^{-1}\sqrt{2} - \frac{\pi}{4}$

$$= \cos^{-1}\frac{1}{\sqrt{3}} - \frac{\pi}{4} \qquad \left[\because \tan^{-1}\sqrt{2} = \cos^{-1}\frac{1}{\sqrt{3}}\right]$$

68. *(d)* माना $x(t) = 2\sqrt{2}\cos t\sqrt{\sin 2t}$ तथा $y(t) = 2\sqrt{2}\sin t\sqrt{\sin 2t}$

$$\frac{dx}{dt} = 2\sqrt{2}\left[\frac{\cos t \cos 2t\,(2)}{2\sqrt{\sin 2t}} + \sqrt{\sin 2t} \times (-\sin t)\right]$$

$$= \frac{2\sqrt{2}}{\sqrt{\sin 2t}}[\cos t\cos 2t - \sin t\sin 2t] = \frac{2\sqrt{2}\cos 3t}{\sqrt{\sin 2t}}$$

तथा $$\frac{dy}{dt} = 2\sqrt{2}\left[\frac{\sin t\cos 2t(2)}{2\sqrt{\sin 2t}} + \sqrt{\sin 2t} \times \cos t\right]$$

$$= \frac{2\sqrt{2}}{\sqrt{\sin 2t}}[\sin t\cos 2t + \sin 2t\cos t] = \frac{2\sqrt{2}\sin 3t}{\sqrt{\sin 2t}}$$

$$\frac{dy}{dx} = \frac{dy/dt}{dx/dt} = \frac{2\sqrt{2}\sin 3t}{\sqrt{\sin 2t}} \div \frac{2\sqrt{2}\cos 3t}{\sqrt{\sin 2t}} = \tan 3t$$

$$\frac{d^2y}{dx^2} = 3\sec^2 3t \times \frac{dt}{dx} = 3\sec^2 3t \times \frac{\sqrt{\sin 2t}}{2\sqrt{2}\cos 3t}$$

$$= \frac{3\sec^3 3t\sqrt{\sin 2t}}{2\sqrt{2}}$$

$$\left(\frac{dy}{dx}\right)_{t=\pi/4} = \tan\left(\frac{3\pi}{4}\right) = -1$$

$$\left(\frac{d^2y}{dx^2}\right)_{t=\pi/4} = \frac{3\sec^3\frac{3\pi}{4}\sqrt{\sin\frac{\pi}{2}}}{2\sqrt{2}}$$

$$= -\frac{3 \times 2\sqrt{2}}{2\sqrt{2}} = -3$$

$$\therefore \left[\frac{1 + \left(\frac{dy}{dx}\right)^2}{\frac{d^2y}{dx^2}}\right]_{t=\pi/4} = \frac{1 + (-1)^2}{-3} = -\frac{2}{3}$$

69. *(a)* दिया है, $I_n(x) = \int_0^x \frac{1}{(t^2+5)^n}\,dt$

$$\therefore \quad I'_n(x) = \frac{1}{(x^2+5)^n}\cdot 1 - 0 = \frac{1}{(x^2+5)^n} [\because \text{ लेबनीज प्रमेय से}]$$

खण्डशः समाकलन द्वारा, $\int_0^x \underbrace{\frac{1}{(t^2+5)^n}}_{u} \times \underbrace{1}_{v}\,dt$

$$\Rightarrow I_n(x) = \left[\frac{t}{(t^2+5)^n}\right]_0^x - \int_0^x \frac{-n(2t)}{(t^2+5)^{n+1}} \times t\,dt$$

$$= \frac{x}{(x^2+5)^n} + 2n\int_0^x \frac{t^2}{(t^2+5)^{n+1}}\,dt$$

$$= \frac{x}{(x^2+5)^n} + 2n\int_0^x \frac{t^2+5\,dt}{(t^2+5)^{n+1}} - 10n\int_0^x \frac{1}{(t^2+5)^{n+1}}\,dt$$

$$= \frac{x}{(x^2+5)^n} + 2n\,I_n - 10n\,I_{n+1}$$

$$\Rightarrow \quad I_n(1-2n) + 10n(I_{n+1}) = \frac{x}{(x^2+5)^n} = xI'(n)$$

अब, $n = 5$ रखने पर

$$I_5(-9) + 50I_6 = xI'(5) \Rightarrow 50I_6 - 9I_5 = xI'(5)$$

70. *(b)* दिया गया है, वक्रों का समीकरण $y = \log(x + e^2)$, $x = \log_e(2/y)$ तथा $x = \log_e 2$, वक्रों $x = \log_e(2/y)$ तथा $y = \log(x + e^2)$ में $x = 0$ रखने पर $y = 2$ प्राप्त होता है।

$\therefore$ दोनों वक्रों का प्रतिच्छेदन बिन्दु $(0, 2)$ है।

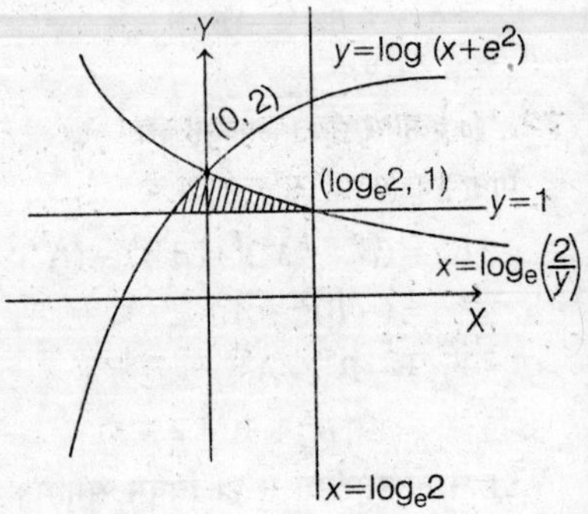

y=log (x+e²)
(0, 2)
(logₑ2, 1)
y=1
x=logₑ(2/y)
X
Y
x=logₑ2

छायांकित भाग का क्षेत्रफल

$$= \int_1^2\left[\log\left(\frac{2}{y}\right) - (e^y - e^2)\right]dy$$

$$= \left[y\log\frac{2}{y}\right]_1^2 - \int_1^2 \frac{y}{2} \times \left(-\frac{2}{y^2}\right) \times y\,dy - [e^y - ye^2]_1^2$$

$$= 2\log 1 - \log 2 + [y]_1^2 - [e^2 - 2e^2 - e + e^2]$$

$$= -\log 2 + [2-1] + e = 1 + e - \log 2$$

71. *(d)* दी गई अवकल समीकरण है

$$\frac{dy}{dx} + \frac{1}{x^2-1}y = \left(\frac{x-1}{x+1}\right)^{1/2}, x > 1$$

जोकि एक रैखिक अवकल समीकरण है

यहाँ, $P = \frac{1}{x^2-1}, Q = \sqrt{\frac{x-1}{x+1}}$

$$\therefore \text{ I.F.} = e^{\int P dx} = e^{\int\frac{1}{x^2-1}dx} = e^{\frac{1}{2}\log\left|\frac{x-1}{x+1}\right|} = \sqrt{\frac{x-1}{x+1}}$$

अवकल समीकरण का हल

$$y \cdot \text{I.F.} = \int Q \cdot \text{I.F.}\,dx$$

$\Rightarrow y\sqrt{\dfrac{x-1}{x+1}} = \int\sqrt{\dfrac{x-1}{x+1}}\sqrt{\dfrac{x-1}{x+1}}\,dx = \int\dfrac{x-1}{x+1}\,dx$

$\Rightarrow y\sqrt{\dfrac{x-1}{x+1}} = \int\left(1-\dfrac{2}{x+1}\right)dx \Rightarrow y\sqrt{\dfrac{x-1}{x+1}} = x - 2\log(x+1) + c$

$\because$ वक्र, बिन्दु $\left(2, \sqrt{\dfrac{1}{3}}\right)$ से गुजरता है

$\therefore \quad \sqrt{\dfrac{1}{3}}\sqrt{\dfrac{1}{3}} = 2 - 2\log 3 + c$

$\Rightarrow \quad \dfrac{1}{3} - 2 + 2\log 3 = c \Rightarrow c = 2\log 3 - \dfrac{5}{3}$

$\therefore \quad y\sqrt{\dfrac{x-1}{x+1}} = x - 2\log(x+1) + 2\log 3 - \dfrac{5}{3}$

$y = \sqrt{\dfrac{x+1}{x-1}}\left[x - 2\log(x+1) + 2\log 3 - \dfrac{5}{3}\right]$

$\Rightarrow \quad y(8) = \dfrac{3}{\sqrt{7}}\left[8 - 2\log 9 + 2\log 3 - \dfrac{5}{3}\right]$

$\Rightarrow \quad \sqrt{7}y(8) = 3\left[\dfrac{19}{3} - 2\log 3^2 + 2\log 3\right]$

$= 3\left[\dfrac{19 - 12\log 3 + 6\log 3}{3}\right] = 19 - 6\log 3$

72. *(a)* माना वृत्त का समीकरण $(x-h)^2 + (y-k)^2 = r^2$

$\because$ वृत्त (0, 2) से गुजरता है

$(0-h)^2 + (2-k)^2 = r^2$

$\Rightarrow \quad h^2 + 4 + k^2 - 4k = r^2 \quad ...(i)$

तथा वृत्त (0, – 2) से भी गुजरता है

$(0-h)^2 + (-2-k)^2 = r^2$

$\Rightarrow \quad h^2 + 4 + k^2 + 4k = r^2 \quad ...(ii)$

समी (i) को (ii) में से घटाने पर,

$8k = 0 \Rightarrow k = 0$

$\therefore \quad h^2 + 4 = r^2$

अब, वृत्त का समीकरण

$(x-h)^2 + y^2 = h^2 + 4 \Rightarrow x^2 + h^2 - 2hx + y^2 = h^2 + 4$

$x^2 - 2hx + y^2 = 4 \quad ...(iii)$

x के सापेक्ष अवकलन करने पर,

$2x - 2h + 2y\dfrac{dy}{dx} = 0 \Rightarrow 2h = 2x + 2y\dfrac{dy}{dx}$

$2h$ का मान समी (iii) में रखने पर, $x^2 - x\left(2x + 2y\dfrac{dy}{dx}\right) + y^2 = 4$

$\Rightarrow x^2 - 2x^2 - 2xy\dfrac{dy}{dx} + y^2 = 4 \Rightarrow 2xy\dfrac{dy}{dx} + x^2 - y^2 + 4 = 0$

73. *(b)* दिया है, वृत्त का समीकरण

$x^2 + y^2 - 4x + 3 = 0$

$\Rightarrow x^2 - 4x + 4 + y^2 = 4 - 3$

$\Rightarrow (x-2)^2 + (y-0)^2 = (1)^2$

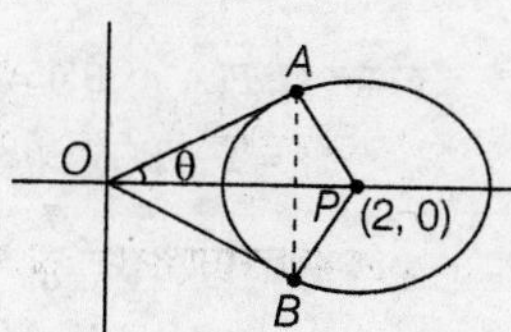

वृत्त का केन्द्र $P(2, 0)$ तथा त्रिज्या 1 इकाई है।

$OP = 2$ इकाई तथा $AP = 1$ इकाई

ΔOAP में, $(OP)^2 = (OA)^2 + (AP)^2$

$\Rightarrow \quad (OA)^2 = 3 \Rightarrow OA = \sqrt{3}$ इकाई

माना $\angle AOP = \theta$

ΔAOP में, $\sin\theta = AP/OP = 1/2$

$\Rightarrow \quad \theta = 30° \Rightarrow \angle AOB = 60°$

ΔOAB में, $OA = OB$

$\therefore \angle ABO = \angle BAO = \dfrac{180° - 60°}{2} = 60°$

$\therefore \Delta OAB$ समबाहु त्रिभुज है।

ΔOAB का क्षेत्रफल $= \dfrac{\sqrt{3}}{4} \times$ (भुजा)^2

$= \dfrac{\sqrt{3}}{4} \times (OA)^2 = \dfrac{3\sqrt{3}}{4}$ वर्ग इकाई

74. *(b)* माना अतिपरवलय का समीकरण $\dfrac{x^2}{a^2} - \dfrac{y^2}{b^2} = 1$

$\because$ अतिपरवलय, बिन्दु $(2\sqrt{2}, -2\sqrt{2})$ से गुजरता है, तब

$\therefore \quad \dfrac{8}{a^2} - \dfrac{8}{b^2} = 1$

$8b^2 - 8a^2 = a^2b^2 \quad ...(i)$

परवलय की नाभि = धनात्मक कोटि वाले अतिपरवलय की नाभि

$A = ae \quad ...(ii)$

परवलय की नियता का समीकरण होगा

$x = -ae$

परवलय के नाभिलम्ब की लम्बाई $= e \times$ अतिपरवलय के नाभिलम्ब की लम्बाई

$4A = \dfrac{2b^2}{a} \times e \Rightarrow 4ae = \dfrac{2b^2}{a} \times e \quad$ [$\because$ समी (ii) से]

$\Rightarrow \quad 2a^2 = b^2$

समी (i) में रखने पर,

$8(2a^2) - 8a^2 = a^2(2a^2) \Rightarrow 16a^2 - 8a^2 = 2a^4$

$\Rightarrow \quad a^2 = 4 \quad [\because a \neq 0]$

$\Rightarrow \quad b^2 = 2a^2 = 2 \times 4 = 8$

$\therefore \quad e = \sqrt{1 + \dfrac{b^2}{a^2}} = \sqrt{1 + \dfrac{8}{4}} = \sqrt{3} \Rightarrow A = ae = 2\sqrt{3}$

तब, परवलय का समीकरण

$y^2 = 4Ax \Rightarrow y^2 = 4 \times 2\sqrt{3}x \Rightarrow y^2 = 8\sqrt{3}x$

विकल्पों से, $(2\sqrt{3}, 3\sqrt{2}) : (3\sqrt{2})^2 = 8\sqrt{3} \times 2\sqrt{3}$

$\Rightarrow \quad 18 = 16 \times 3$ (सम्भव नहीं है)

$(3\sqrt{3}, -6\sqrt{2}) : (-6\sqrt{2})^2 = 8\sqrt{3} \times 3\sqrt{3}$

$\Rightarrow \quad 72 = 72$ (सम्भव है)

$(\sqrt{3}, -\sqrt{6}) ; (-\sqrt{6})^2 = 8\sqrt{3} \times \sqrt{3}$

$6 = 24$ (सम्भव नहीं है)

$(3\sqrt{6}, 6\sqrt{2}) ; (6\sqrt{2})^2 = 8\sqrt{3} \times 3\sqrt{6}$

$72 = 72\sqrt{2}$ (सम्भव नहीं है)

अतः $(3\sqrt{3}, -6\sqrt{2})$ परवलय पर स्थित है।

75. *(d)* दिया गया है, $\frac{x-1}{\lambda}=\frac{y-2}{1}=\frac{z-3}{2}$ तथा

$\frac{x+26}{-2}=\frac{y+18}{3}=\frac{z+28}{\lambda}$

रेखा $\frac{x-1}{\lambda}=\frac{y-2}{1}=\frac{z-3}{2}$ बिन्दु (1, 2, 3) से गुजरती है तथा λ, 1 और 2 रेखा के दिक्-अनुपात है।

रेखा $\frac{x+26}{-2}=\frac{y+18}{3}=\frac{z+28}{\lambda}$ बिन्दु (– 26, – 18, – 28) से गुजरती है तथा – 2, 3, λ रेखा के दिक्-अनुपात है।

दोनों रेखाएँ समतलीय हैं,

$$\therefore \begin{vmatrix} x_2-x_1 & y_2-y_1 & z_2-z_1 \\ a_1 & b_1 & c_1 \\ a_2 & b_2 & c_2 \end{vmatrix}=0 \Rightarrow \begin{vmatrix} 1+26 & 2+18 & 3+28 \\ \lambda & 1 & 2 \\ -2 & 3 & \lambda \end{vmatrix}=0$$

$$\Rightarrow 27(\lambda-6)-20(\lambda^2+4)+31(3\lambda+2)=0$$

$$\Rightarrow 27\lambda-162-20\lambda^2-80+93\lambda+62=0 \Rightarrow -20\lambda^2+120\lambda-180=0$$

$$\Rightarrow \quad \lambda^2-6\lambda+9=0 \Rightarrow (\lambda-3)^2=0 \Rightarrow \lambda=3$$

दोनों दी गई रेखाओं के लम्बवत् सदिश होगा $=\begin{vmatrix} \hat{\mathbf{i}} & \hat{\mathbf{j}} & \hat{\mathbf{k}} \\ 3 & 1 & 2 \\ -2 & 3 & 3 \end{vmatrix}$

$$=\hat{\mathbf{i}}(3-6)-\hat{\mathbf{j}}(9+4)+\hat{\mathbf{k}}(9+2)=-3\hat{\mathbf{i}}-13\hat{\mathbf{j}}+11\hat{\mathbf{k}}$$

तल के दिक्-अनुपात = – 3, – 13, 11

तब, तल का समीकरण $-3(x-1)-13(y-2)+11(z-3)=0$

$\Rightarrow \quad -3x+3-13y+26+11z-33=0$

$\Rightarrow \quad 3x+13y-11z+4=0$

विकल्पों से,

$(0,-2,-2): 3(0)+13(-2)-11(-2)+4=0$

$(-5,0,-1): 3(-5)+13(0)-11(-1)+4=0$

$(3,-1,0): 3(3)+13(-1)-11(0)+4=0$

$(0,4,5): 3(0)+13(4)-11(5)+4\neq 0$

$\therefore$ बिन्दु (0, 4, 5) तल पर स्थित नहीं है।

76. *(b)* दोनों रेखाओं के दिक्-अनुपात – 2, 1, – 3 तथा – 1, 2, – 2 है।

दोनों रेखाओं के लम्बवत् सदिश होगा $=\begin{vmatrix} \hat{\mathbf{i}} & \hat{\mathbf{j}} & \hat{\mathbf{k}} \\ -2 & 1 & -3 \\ -1 & 2 & -2 \end{vmatrix}$

$$=\hat{\mathbf{i}}(-2+6)-\hat{\mathbf{j}}(4-3)+\hat{\mathbf{k}}(-4+1)=4\hat{\mathbf{i}}-\hat{\mathbf{j}}-3\hat{\mathbf{k}}$$

तल के दिक्-अनुपात 4, – 1, – 3 होंगे।

तल (2, 2, – 2) से गुजरता है

तब, तल का समीकरण $4(x-2)-1(y-2)-3(z+2)=0$

$\Rightarrow \quad 4x-8-y+2-3z-6=0$

$\Rightarrow \quad 4x-y-3z-12=0 \Rightarrow \frac{x}{3}+\frac{y}{-12}+\frac{z}{-4}=1$

$\therefore \quad \alpha=3, \beta=-12, \gamma=-4$

$p=3+(-12)+(-4)=-13$

A, B तथा *C* के निर्देशांक क्रमश: (3, 0, 0), (0, – 12, 0) तथा (0, 0, – 4) होंगे।

$\therefore \quad V=\frac{1}{6}\times 3\times 12\times 4=24$

अत: $(V, p)=(24,-13)$

77. *(b)* दिया गया है, $\mathbf{u}=a(\log_e b)\hat{\mathbf{i}}-6\hat{\mathbf{j}}+3\hat{\mathbf{k}}$

तथा $\mathbf{v}=(\log_e b)\hat{\mathbf{i}}+2\hat{\mathbf{j}}+2a(\log_e b)\hat{\mathbf{k}}$

दोनों रेखाओं के बीच का कोण न्युन कोण होगा यदि $\mathbf{u}\cdot\mathbf{v}>0$

$a(\log_e b)^2-12+6a\log_e b>0 \Rightarrow a(\log_e b)^2+6a(\log_e b)-12>0$

माना $\log_e b=\alpha$

चूंकि $b>1$ तथा $\alpha>0$

$$a\alpha^2+6a\alpha-12>0 \Rightarrow a(\alpha^2+6\alpha)>12 \Rightarrow a\in\phi$$

78. *(b)* ΔPAO में, $\angle PAO=15°$

$\tan 15°=OP/OA \Rightarrow OP=OA\tan 15°$ ...(i)

ΔPBO में, $\angle PBO=15° \Rightarrow \tan 15°=OP/OB$

$OP=OB\tan 15°$ ...(ii)

$\Rightarrow OA=OB$ [∵ समी (i) व (ii) से]

ΔPCO में, $\angle PCO=45° \Rightarrow \tan 45°=OP/OC$

$\Rightarrow OP=OC \Rightarrow \Delta AOC\cong\Delta BOC$

$\Rightarrow \angle ACO=\angle BCO=90°$

ΔAOC में, $(OA)^2=(OC)^2+(AC)^2$

$\Rightarrow \quad (OP)^2\cot^2 15°=(OP)^2+8^2 \Rightarrow (OP)^2[\cot^2 15-1]=64$

$$\Rightarrow \quad (OP)^2\left[\left(\frac{\sqrt{3}+1}{\sqrt{3}-1}\right)^2-1\right]=64$$

$$\Rightarrow \quad (OP)^2\left[\frac{3+1+2\sqrt{3}}{3+1-2\sqrt{3}}-1\right]=64$$

$$\Rightarrow \quad (OP)^2\left[\frac{4+2\sqrt{3}-4+2\sqrt{3}}{4-2\sqrt{3}}\right]=64$$

$$\Rightarrow \quad (OP)^2=\frac{64(4-2\sqrt{3})}{4\sqrt{3}}$$

$$\Rightarrow \quad (OP)^2=\frac{32(2-\sqrt{3})}{\sqrt{3}}$$

79. *(a)* दिया गया है, $P(B/A)=2/5, P(A/B)=1/7$

तथा $P(A\cap B)=1/9$

$$\therefore P\left(\frac{B}{A}\right)=\frac{P(B\cap A)}{P(A)} \Rightarrow P(A)=\frac{P(B\cap A)}{P(B/A)}=\frac{1/9}{2/5}=\frac{5}{18}$$

इसी प्रकार, $P(B)=\frac{P(B\cap A)}{P(A/B)}=\frac{1/9}{1/7}=\frac{7}{9}$

कथन I $P(A'\cup B)=1-P(A-B)=1-P(A)+P(A\cap B)$

$$=1-\frac{5}{18}+\frac{1}{9}=\frac{18-5+2}{18}=\frac{15}{18}=\frac{5}{6}$$

कथन II $P(A'\cap B')=P(A\cup B)'$

$$=1-P(A\cup B)=1-P(A)-P(B)+P(A\cap B)$$

$$=1-\frac{5}{18}-\frac{7}{9}+\frac{1}{9}=\frac{18-5-14+2}{18}=\frac{1}{18}$$

अत: कथन I व II दोनों सही हैं।

80. *(d)* p : रमेश संगीत सुनता है, q : रमेश उसके गाँव से बाहर है।

$(\sim q) \equiv$ रमेश गाँव में है

$r \vee s \equiv$ शनिवार या रविवार

$\therefore \quad p \Rightarrow ((\sim q) \wedge (r \vee s))$

81. *(57)* $\left(\frac{1}{\sqrt{6}} + \beta x\right)^4$ के प्रसार में कुल 5 पद होंगे।

$\therefore$ मध्य पद 3वाँ पद होगा।

$$T_3 = {}^4C_2(1/\sqrt{6})^2(\beta x)^2$$

मध्य पद का गुणांक $= \beta^2$

$(1 - 3\beta x)^2$ में तीन पद होंगे।

मध्य पद $(T_2) = {}^2C_1(-3\beta x) = -6\beta x$

मध्य पद का गुणांक $= -6\beta$

$\left(1 - \frac{\beta x}{2}\right)^6$ के प्रसार में 7 पद होगें। मध्य पद $(T_4) = {}^6C_3\left(-\frac{\beta}{2}x\right)^3$

मध्य पद का गुणांक $= -20\frac{\beta}{8} = -\frac{5\beta^3}{2}$

$\beta^2, -6\beta, -\frac{5}{2}\beta^3$ समान्तर श्रेणी में हैं

$\therefore \quad 2(-6\beta) = \beta^2 - \frac{5}{2}\beta^3 \Rightarrow -12\beta = \beta^2 - \frac{5}{2}\beta^3$

$\Rightarrow -24\beta = 2\beta^2 - 5\beta^3 \Rightarrow 5\beta^2 - 2\beta - 24 = 0 \qquad [\because \beta \neq 0]$

$\Rightarrow 5\beta^2 - 12\beta + 10\beta - 24 = 0 \Rightarrow \beta = 12/5, \beta \neq -2$

$\therefore \quad d = -6\beta - \beta^2 = -\beta(6 + \beta) = -\frac{12}{5}\left[6 + \frac{12}{5}\right]$

$= -\frac{12}{5}\left(\frac{42}{5}\right) = -\frac{504}{25}$

$\Rightarrow \quad 50 - \frac{2d}{\beta^2} = 50 - \frac{2\left(-\frac{504}{25}\right)}{144/25} = 50 + 7 = 57$

82. *(17)* b लड़कों में से 3 लड़के चुनने के कुल तरीके $= {}^bC_3$

g लड़कियों में से 2 लड़कियाँ चुनने के कुल तरीके $= {}^gC_2$

कक्षा में से 3 लड़के व 3 लड़कियाँ चुनने के कुल तरीके $= 168$

$\therefore \quad {}^bC_3 \times {}^gC_2 = 168$

$\Rightarrow \quad \frac{b(b-1)(b-2)}{6} \times \frac{g(g-1)}{2} = 168$

$\Rightarrow \quad b(b-1)(b-2) \times g(g-1) = 168 \times 6 \times 2$

$\Rightarrow \quad b(b-1)(b-2) \times g(g-1) = 2016$

$\Rightarrow \quad b(b-1)(b-2) \times g(g-1) = 6 \times 7 \times 8 \times 3 \times 2$

$\Rightarrow \quad b = 8$ तथा $g = 3$

$\therefore \quad b + 3g = 8 + 3 \times 3 = 8 + 9 = 17$

83. *(13)* दिया गया है, दीर्घवृत्त का समीकरण $\frac{x^2}{2} + \frac{y^2}{4} = 1$

यहाँ, $a^2 = 2, b^2 = 4 \Rightarrow e = \sqrt{1 - \frac{a^2}{b^2}} = \sqrt{1 - \frac{1}{2}} = \sqrt{\frac{1}{2}} = \frac{1}{\sqrt{2}}$

$\therefore S$ के निर्देशांक $(0, -\sqrt{2})$ है।

$(\sqrt{2}, 2\sqrt{2} - 2)$ पर स्पर्श रेखा का समीकरण होगा

$$\frac{x\sqrt{2}}{2} + \frac{y(2\sqrt{2} - 2)}{4} = 1$$

$\Rightarrow \quad \frac{x}{\sqrt{2}} = 1 - \frac{y(\sqrt{2} - 1)}{2} \Rightarrow x = \frac{2 - y(\sqrt{2} - 1)}{\sqrt{2}}$

x का मान दीर्घवृत्त के समीकरण में रखने पर,

$$\frac{\left(\frac{2 - y(\sqrt{2} - 1)}{\sqrt{2}}\right)^2}{2} + \frac{y^2}{4} = 1$$

$\Rightarrow \quad 4 + y^2(\sqrt{2} - 1)^2 - 4y(\sqrt{2} - 1) + y^2 = 4$

$\Rightarrow \quad y^2[2 + 1 - 2\sqrt{2} + 1] - 4y(\sqrt{2} - 1) = 0$

$\Rightarrow \quad y^2(4 - 2\sqrt{2}) - 4y(\sqrt{2} - 1) = 0$

$\Rightarrow \quad 2\sqrt{2}y^2(\sqrt{2} - 1) - 4y(\sqrt{2} - 1) = 0 \Rightarrow y = 0, \sqrt{2}$

यदि $y = 0$, तब $x = \sqrt{2}$

यदि $y = \sqrt{2}$, तब $x = \frac{2 - \sqrt{2}(\sqrt{2} - 1)}{\sqrt{2}} = 1$

माना $P(\sqrt{2}, 0)$ तथा $Q(1, \sqrt{2})$

$\therefore (SP)^2 + (SQ)^2 = (\sqrt{2} - 0)^2 + (0 + \sqrt{2})^2 + (1 - 0)^2 + (\sqrt{2} + \sqrt{2})^2$

$= 2 + 2 + 1 + 8 = 13$

84. *(99)* दिया गया है, $1 + (2 + {}^{49}C_1 + {}^{49}C_2 + \ldots + {}^{49}C_{49})$

$({}^{50}C_2 + {}^{50}C_4 + \ldots + {}^{50}C_{50}) = 2^n \times m$

$\Rightarrow \quad 1 + (1 + {}^{49}C_0 + {}^{49}C_1 + {}^{49}C_2 + \ldots + {}^{49}C_{49})$

$({}^{50}C_2 + {}^{50}C_4 + \ldots + {}^{50}C_{50}) = 2^n \times m$

$\Rightarrow \quad 1 + (1 + 2^{49})(2^{49} - 1) = 2^n \times m$

$[\because {}^nC_0 + {}^nC_1 + {}^nC_2 + \ldots + {}^nC_n = 2^n$ तथा ${}^nC_2 + {}^nC_4 + \ldots + {}^nC_n = 2^{n-1} - 1]$

$\Rightarrow \quad 1 + (2^{49})^2 - 1 = 2^n \times m \Rightarrow 2^{98} = 2^n \times m$

स्पष्टत: $m = 1, n = 98 \Rightarrow m + n = 1 + 98 = 99$

85. *(9)* परवलय का समीकरण, $y^2 = -\frac{1}{2}x$

परवलय $y^2 = 4ax$ के लिए स्पर्श रेखा का समीकरण है

$yy_1 = 2a(x + x_1)$

दिए गए परवलय के लिए बिन्दु $(2, 0)$ पर स्पर्श रेखा का समीकरण है

$0 = -\frac{1}{4}(x + 2) \Rightarrow x = -2$

x का मान परवलय की समीकरण में रखने पर

$$y^2 = -\frac{1}{2}(-2) \Rightarrow y^2 = 1 \Rightarrow y = \pm 1$$

$\therefore$ दीर्घवृत्त पर दोनों बिन्दु $(-2, 1)$ तथा $(-2, -1)$ हैं।

l_1 का समीकरण: $y - 0 = \left(\frac{1 - 0}{-2 - 2}\right)(x - 2)$

$\Rightarrow \quad -4y = x - 2 \Rightarrow x + 4y - 2 = 0$

l_2 का समीकरण : $y - 0 = \left(\frac{-1 - 0}{-2 - 2}\right)(x - 2)$

$\Rightarrow \quad -4y = -x + 2 \Rightarrow x - 4y = 2$

वृत्त का समीकरण $= (x - 5)^2 + y^2 = r$

वृत्त का केन्द्र $(5, 0)$ तथा त्रिज्या $\sqrt{r}$ है।

केन्द्र से स्पर्श रेखा की दूरी त्रिज्या के समान होती है

$$\frac{|5-2|}{\sqrt{1^2+4^2}} = \sqrt{r} \Rightarrow \frac{3}{\sqrt{17}} = \sqrt{r}$$

$$\Rightarrow \quad r = 9/17 \Rightarrow 17r = 9$$

86. *(12)* दिया गया है, $\frac{6}{3^{12}} + \frac{10}{3^{11}} + \frac{20}{3^{10}} + \frac{40}{3^9} + \ldots + \frac{10240}{3} = 2^n \times m$

$$\Rightarrow \quad \frac{6}{3^{12}} + 10\left[\frac{1}{3^{11}} + \frac{2}{3^{10}} + \frac{2^2}{3^9} + \ldots + \frac{2^{10}}{3^1}\right] = 2^n \times m$$

$$\Rightarrow \quad \frac{6}{3^{12}} + 10\left[\frac{1}{3^{11}}\left[\frac{6^{11}-1}{6-1}\right]\right] = 2^n \times m$$

$$\Rightarrow \quad \frac{6}{3^{12}} + \frac{2(6^{11}-1)}{3^{11}} = 2^n \times m \Rightarrow \frac{6+6(6^{11}-1)}{3^{12}} = 2^n \times m$$

$$\Rightarrow \quad \frac{6+6^{12}-6}{3^{12}} = 2^n \times m \Rightarrow \left(\frac{6}{3}\right)^{12} = 2^n \times m \Rightarrow 2^{12} = 2^n \times m$$

यहाँ, $n = 12$ तथा $m = 1 \quad \therefore \quad m \times n = 1 \times 12 = 12$

87. *(5)* $S = \left[-\pi, \frac{\pi}{2}\right] - \left\{-\frac{\pi}{2}, -\frac{\pi}{4}, -\frac{3\pi}{4}, \frac{\pi}{4}\right\}$

तथा समुच्चय $A = \{\theta \in S : \tan\theta(1+\sqrt{5}\tan 2\theta) = \sqrt{5} - \tan 2\theta\}$

$$\Rightarrow \quad \tan\theta(1+\sqrt{5}\tan 2\theta) = \sqrt{5} - \tan 2\theta$$

$$\Rightarrow \quad \tan\theta + \sqrt{5}\tan 2\theta\tan\theta = \sqrt{5} - \tan 2\theta$$

$$\Rightarrow \quad \tan\theta + \tan 2\theta = \sqrt{5} - \sqrt{5}\tan 2\theta\tan\theta$$

$$\Rightarrow \quad \frac{\tan\theta + \tan 2\theta}{1 - \tan 2\theta\tan\theta} = \sqrt{5} \Rightarrow \tan 3\theta = \sqrt{5}$$

$$3\theta = n\pi + \alpha \Rightarrow \theta = n\pi/3 + \alpha/3$$

$$\theta \in \left[-\pi, \frac{\pi}{2}\right] - \left\{-\frac{\pi}{2}, -\frac{\pi}{4}, -\frac{3\pi}{4}, \frac{\pi}{4}\right\} \Rightarrow 3\theta \in \left[-3\pi, \frac{3\pi}{2}\right]$$

$\therefore \tan 3\theta$ के पाँच धनात्मक मान $3\theta \in \left[-3\pi, \frac{3\pi}{2}\right]$ है

88. *(6)* दिया गया है, $z^2 = \bar{z}\cdot 2^{1-|z|}$

$|z^2| = |\bar{z}|\cdot 2^{1-|z|} = |\bar{z}| \times 2^{1-|z|} \Rightarrow |z| = 2^{1-|z|}$

यह सम्भव तभी है जब $|z| = 1$, चूँकि $|z| \neq 0$

$$\sqrt{a^2+b^2} = 1 \Rightarrow a^2+b^2 = 1$$

पुनः $\quad z^2 = \bar{z}\cdot 2^{1-|z|}$

$$(a+ib)^2 = (a-ib) \times 2^{1-1} \qquad [\because |z| = 1]$$

$$\Rightarrow \quad a^2 + i^2b^2 + 2abi = a - ib$$

$$\Rightarrow \quad a^2 - b^2 + 2abi = a - ib$$

वास्तविक व काल्पनिक भागों की तुलना करने पर,

$$a^2 - b^2 = a \text{ या } 2ab = -b$$

$$\Rightarrow \quad 2a = -1 \text{ या } a = -\frac{1}{2} \qquad [\because b \neq 0]$$

अब, $\frac{1}{4} - b^2 = -\frac{1}{2} \Rightarrow b^2 = \frac{1}{4} + \frac{1}{2}$

$$\Rightarrow \quad b^2 = \frac{3}{4} \Rightarrow b = \pm\frac{\sqrt{3}}{2} \quad \therefore \quad z = -\frac{1}{2} \pm \frac{\sqrt{3}}{2}i$$

$$\therefore \quad z = \omega \text{ तथा } \omega^2 \Rightarrow z^n = (z+1)^n$$

$$\Rightarrow \quad \left(\frac{z+1}{z}\right)^n = 1 \Rightarrow \left(1+\frac{1}{z}\right)^n = 1 \Rightarrow \left(1+\frac{1}{\omega}\right)^n = 1$$

$$\Rightarrow \quad (1+\omega^2)^n = 1$$

$$\Rightarrow \quad (-\omega)^n = 1 \qquad [\because 1+\omega+\omega^2 = 0]$$

$\therefore n$ का न्यूनतम मान 6 है।

89. *(56)* थैले में 10 गेंद हैं।

माना X, सफेद गेंद आने की घटना है।

$$P(X=0) = \frac{^6C_3}{^{10}C_3} = \frac{6\times5\times4}{10\times9\times8} = \frac{1}{6}$$

$$P(X=1) = \frac{^6C_2 \times {^4C_1}}{^{10}C_3} = \frac{6\times5\times4}{1\times2} \times \frac{1\times2\times3}{10\times9\times8} = \frac{1}{2}$$

$$P(X=2) = \frac{^6C_1 \times {^4C_2}}{^{10}C_3} = \frac{6\times4\times3}{1\times2} \times \frac{1\times2\times3}{10\times9\times8} = \frac{3}{10}$$

$$P(X=3) = \frac{^6C_0 \times {^4C_3}}{^{10}C_3} = \frac{4\times3\times2}{10\times9\times8} = \frac{1}{30}$$

$X = x$	0	1	2	3
$P(X=x)$	1/6	1/2	3/10	1/30

$$\sigma^2 = \sum p_i x_i^2 - \left(\sum p_i x_i\right)^2$$

$$= \left(\frac{1}{2} + \frac{12}{10} + \frac{3}{10}\right) - \left(\frac{1}{2} + \frac{6}{10} + \frac{1}{10}\right)^2$$

$$= \frac{20}{10} - \left(\frac{12}{10}\right)^2 = 2 - \frac{36}{25} = \frac{50-36}{25} = \frac{14}{25}$$

$$100\sigma^2 = 100 \times \frac{14}{25} = 56$$

90. *(104)* माना $I = 60\int_0^{\frac{\pi}{2}} \frac{\sin 6x}{\sin x}dx = 60 \times 2\int_0^{\frac{\pi}{2}} \frac{\sin 3x \cos 3x}{\sin x}$

$$= 120\int_0^{\frac{\pi}{2}} \frac{(3\sin x - 4\sin^3 x)(4\cos^3 x - 3\cos x)dx}{\sin x}$$

$$= 120\int_0^{\frac{\pi}{2}} (3 - 4\sin^2 x)(4\cos^2 x - 3)\cos x\, dx$$

$$= 120\int_0^{\frac{\pi}{2}} (3 - 4\sin^2 x)(4(1-\sin^2 x) - 3)\cos x\, dx$$

$$= 120\int_0^{\frac{\pi}{2}} (3 - 4\sin^2 x)(1 - 4\sin^2 x)\cos x\, dx$$

माना $\sin x = t$, तब $\cos x\, dx = dt$

माना $x \to 0$, तब $t \to 0$

माना $x \to \frac{\pi}{2}$, तब $t \to 1$

$$\because \quad I = 120\int_0^1 (3-4t^2)(1-4t^2)dt = 120\int_0^1 (3 - 16t^2 + 16t^4)\, dt$$

$$= 120\left[3t - \frac{16t^3}{3} + \frac{16t^5}{5}\right]_0^1 = 120\left[3 - \frac{16}{3} + \frac{16}{5}\right]$$

$$= 120\left[\frac{45-80+48}{15}\right] = 8 \times 13 = 104$$

JEE Main संयुक्त प्रवेश परीक्षा

सॉल्वड पेपर 2021

25 फरवरी, द्वितीय पाली

भौतिकी

खण्ड 'A' ऑब्जेक्टिव प्रश्न

1. m द्रव्यमान और a त्रिज्या का एक गोला किसी नियत चाल v_0 से किसी क्षैतिज तल के अनुदिश लुढ़क रहा है। इसका सामना θ कोण वाले एक आनत तल से होता है जिस पर वह ऊपर की ओर चढ़ना आरम्भ कर देता है। यह मानते हुए कि यह गोला बिना फिसले लुढ़कता है, यह ऊपर कितनी दूरी तक गति करेगा?

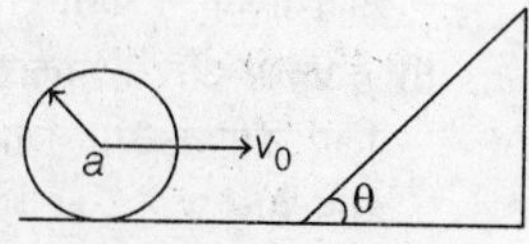

(a) $\frac{10v_0^2}{7g\sin\theta}$ (b) $\frac{v_0^2}{2g\sin\theta}$ (c) $\frac{v_0^2}{5g\sin\theta}$ (d) $\frac{2}{5}\frac{v_0^2}{g\sin\theta}$

2. आरेख में दर्शाए अनुसार कोई आवेश q किसी घन के एक कोने पर स्थित है। स्थिर विद्युत क्षेत्र E का छायांकित भाग से गुजरने वाला फ्लक्स होगा

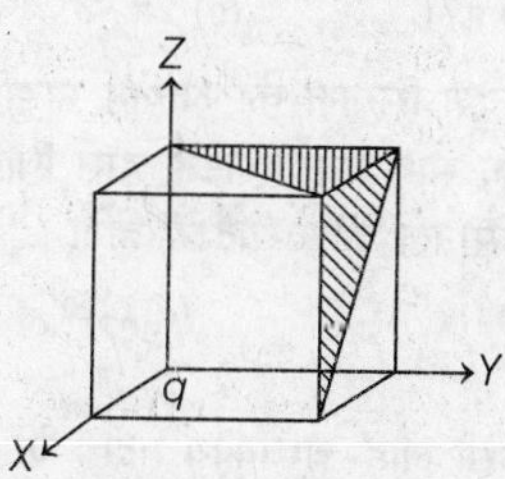

(a) $\frac{q}{48\varepsilon_0}$ (b) $\frac{q}{4\varepsilon_0}$ (c) $\frac{q}{24\varepsilon_0}$ (d) $\frac{q}{8\varepsilon_0}$

3. m_e द्रव्यमान का एक इलेक्ट्रॉन और $m_p = 1836\ m_e$ द्रव्यमान का एक प्रोटॉन समान चाल से गतिमान है। इनकी दे-ब्रोग्ली (de-Broglie) तरंगदैर्ध्य का अनुपात $\frac{\lambda_{\text{इलेक्ट्रॉन}}}{\lambda_{\text{प्रोटॉन}}}$ होगा

(a) 918 (b) $\frac{1}{1836}$ (c) 1836 (d) 1

4. 491 nm तरंगदैर्ध्य के प्रकाश से प्रदीप्त करने पर किसी प्रकाश सुग्राही पृष्ठ से इलेक्ट्रॉनों के उत्सर्जन के लिए निरोधी विभव 0.710 V है। आपतित तरंगदैर्ध्य को परिवर्तित करने पर तरंगदैर्ध्य के नए मान के लिए निरोधी विभव 1.43 V है। नई तरंगदैर्ध्य का मान है

(a) 309 nm (b) 382 nm (c) 329 nm (d) 400 nm

5. किसी आदर्श गैस के एक मोल पर होने वाले ऊष्मागतिक प्रक्रम को p-V आरेख में दर्शाया गया है। यदि $V_2 = 2V_1$ है, तो तापों का अनुपात T_2/T_1 होगा

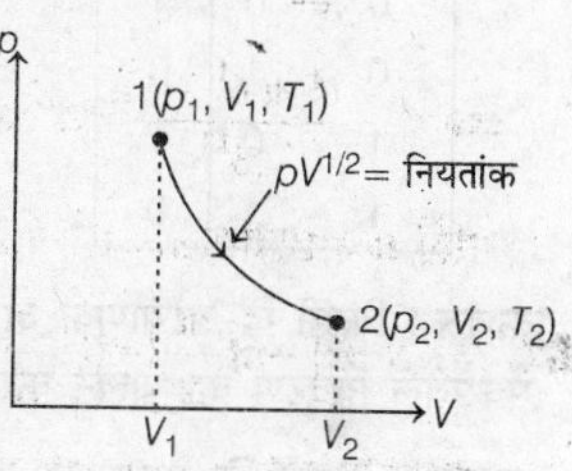

(a) $\sqrt{2}$ (b) $1/\sqrt{2}$ (c) 1/2 (d) 2

6. यदि e इलैक्ट्रॉनिक आवेश, c प्रकाश की मुक्त आकाश में चाल h प्लांक नियतांक है, तो $\frac{1}{4\pi\varepsilon_0}\frac{|e|^2}{hc}$ विमाएँ होगी

(a) $[M^0 L^0 T^0]$ (b) $[LC^{-1}]$ (c) $[MLT^{-1}]$ (d) $[MLT^0]$

7. आरेख में दर्शाए अनुसार कमानी स्थिरांक $2k$ की दो सर्वसम कमानियाँ द्रव्यमान m के किसी गुटके और दृढ़ टेक से जुड़ी है। जब इस गुटके को इसकी साम्यावस्था से किसी एक ओर विस्थापित किया जाता है, तो सरल आवर्त गति करने लगता है। इस निकाय के दोलन का आवर्तकाल होगा

(a) $2\pi\sqrt{\frac{m}{2k}}$ (b) $\pi\sqrt{\frac{m}{2k}}$ (c) $\pi\sqrt{\frac{m}{k}}$ (d) $2\pi\sqrt{\frac{m}{2k}}$

8. किसी L-C-R परिपथ में 110 Ω का एक प्रतिरोध और 300 rad/s कोणीय आवृत्ति वाला 220 V विद्युत प्रदाय लगा है। यदि इस परिपथ से केवल संधारित्र को हटा दिया जाए, तो धारा वोल्टता से 45° पश्च हो जाती है। इसके विपरीत यदि केवल प्रेरक को हटाते हैं, तो धारा अनुप्रयुक्त वोल्टता से 45° अग्र हो जाती है। परिपथ में प्रवाहित rms धारा होगी

(a) 2A (b) 1A (c) 1.5A (d) 2.5 A

9. 0.36 m त्रिज्या के वृत्त की परिधि के अनुदिश एकसमान चाल से गतिमान कोई कण A, 0.1s में 30° पूरा करता है। इस वृत्त के व्यास MN पर कण A से लम्बवत् प्रक्षेपण P है, तो P की सरल आवर्त गति का निरूपण करता है। M को स्पर्श करते समय P पर प्रत्यानयन बल, प्रति एकांक द्रव्यमान होगा

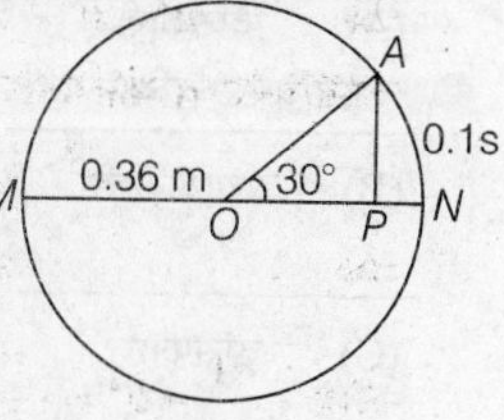

(a) 0.49 N (b) 100 N (c) 50 N (d) 9.87 N

10. नीचे दिए गए लॉजिक परिपथ के लिए सत्यता सारणी है

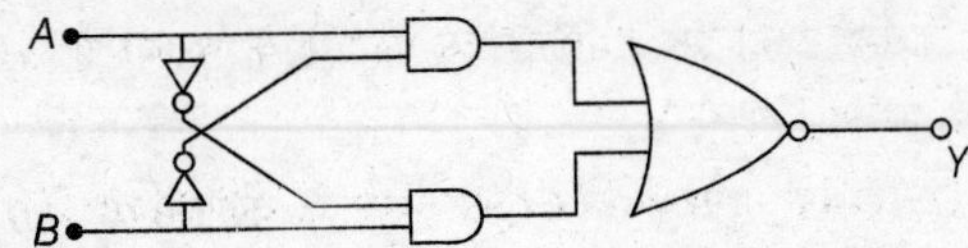

(a)

A	B	Y
0	0	0
0	1	1
1	0	1
1	1	0

(b)

A	B	Y
0	0	1
0	1	0
1		0
1	1	1

(c)

A	B	Y
0	0	1
0	1	0
1	0	1
1	1	0

(d)

A	B	Y
0	0	0
0	1	1
1	0	0
1	1	1

11. **कथन I** किसी द्वि-परमाणुक अणु में किसी दिए गए ताप पर घूर्णन-ऊर्जा मैक्सवेल वितरण का पालन करती है।

कथन II किसी द्वि-परमाणुक अणु में प्रत्येक अणु के लिए किसी दिए गए ताप पर घूर्णन ऊर्जा रैखिक गतिज ऊर्जा के बराबर होती है।

उपरोक्त कथनों के सन्दर्भ में नीचे दिए गए विकल्पों में से सबसे उचित उत्तर चुनिए

(a) दोनों कथन I और कथन II सही नहीं हैं।

(b) कथन I सही नहीं है परन्तु कथन II सही है।

(c) दोनों कथन I और कथन II सही हैं।

(d) कथन I सही है परन्तु कथन II सही नहीं है।

12. K_1 गतिज ऊर्जा का एक इलेक्ट्रॉन किसी संधारित्र की समान्तर पट्टिकाओं के बीच पट्टिकाओं से α कोण बनाते हुए प्रवेश करता है। यह कण पट्टिकाओं से β कोण बनाते हुए K_2 गतिज ऊर्जा से बाहर निकलता है। तब गतिज ऊर्जाओं के अनुपात $K_1 : K_2$ का मान होगा

(a) $\dfrac{\cos^2\beta}{\cos^2\alpha}$ (b) $\dfrac{\cos\beta}{\sin\alpha}$

(c) $\dfrac{\cos\beta}{\cos\alpha}$ (d) $\dfrac{\sin^2\beta}{\cos^2\alpha}$

13. सूची I और सूची II को मिलाइए।

	सूची I		सूची II
(A)	दिष्टकारी	1.	AC वोल्टता को उपचायी अथवा अपचायी करने में उपयोगी
(B)	स्थायीकारी	2.	AC वोल्टता को DC वोल्टता में परिवर्तित करने में उपयोगी
(C)	ट्रांसफॉर्मर	3.	दिष्टकृत निर्गत वोल्टता की उर्मिकाओं को हटाने में उपयोगी
(D)	फिल्टर	4.	निवेश वोल्टता एवं लोड धारा में परिवर्तन होने पर भी निर्गत वोल्टता को नियत रखने में उपयोगी

नीचे दिए गए विकल्पों में से सही उत्तर को चुनिए।

	A	B	C	D		A	B	C	D
(a)	2	4	1	3	(b)	2	1	3	4
(c)	2	1	4	3	(d)	3	4	1	2

14. 0.1 μm व्यास के किसी सुईछित्र द्वारा प्राप्त उस विवर्तन पैटर्न पर विचार कीजिए जो सूर्य के प्रकाश के आपतित होने पर बनता है। यदि इस सुईछित्र के व्यास में थोड़ी वृद्धि कर दें, तो यह विवर्तन स्वरूप को इस प्रकार प्रभावित करेगा कि विवर्तन स्वरूप के

(a) आकार में वृद्धि होगी परन्तु तीव्रता से घटेगी

(b) आकार में घटेगा तथा तीव्रता घटेगी

(c) आकार में घटेगा परन्तु तीव्रता से वृद्धि होगी

(d) आकार में वृद्धि तथा तीव्रता वृद्धि होगी

15. किसी बाह्य अर्द्धचालक के लिए जब मादन-स्तर में वृद्धि की जाती है, तो

(a) p-प्रकार के अर्द्धचालक में फर्मी-स्तर नीचे गिरेगा और n – प्रकार के अर्द्धचालक में फर्मी-स्तर ऊपर उठेगा

(b) p-प्रकार और n-प्रकार दोनों अर्द्धचालकों में फर्मी-स्तर $T > T_F$ K के लिए ऊपर उठेगा तथा $T < T_F$ K के लिए नीचे गिरेगा, जहाँ T_F फर्मी ताप है।

(c) p-प्रकार के अर्द्धचालक में फर्मी-स्तर ऊपर उठेगा और n-प्रकार के अर्द्धचालक में फर्मी-स्तर नीचे गिरेगा।

(d) p-प्रकार और n-प्रकार के अर्द्धचालकों के फर्मी-स्तर पर कोई प्रभाव नहीं पड़ेगा।

16. किसी सरल आवर्त गति की समय-विस्थापन समीकरण $Y = A \sin(\omega t + \phi_0)$ है। समय $t = 0$ पर कण का विस्थापन $Y = A/2$ है तथा ऋणात्मक X-अक्ष के अनुदिश गतिमान है। आरम्भिक अवस्था कोण ϕ_0 होगा

(a) $\pi/3$ (b) $\pi/6$ (c) $2\pi/3$ (d) $5\pi/6$

17. f_m आवृत्ति के एक सन्देश सिग्नल को आयाम माडुलित कर f_c आवृत्ति के किसी वाहक सिग्नल के साथ एक एणटिना द्वारा विकिरित (संचरित) किया जाता है। वायु में इस सिग्नल की तरंगदैर्ध्य होगी

(a) $\dfrac{c}{f_c - f_m}$ (b) $\dfrac{c}{f_c + f_m}$ (c) $\dfrac{c}{f_m}$ (d) $\dfrac{c}{f_c}$

18. क्यूरी-ताप से नीचे किसी लौह-चुम्बकीय पदार्थ के डोमेन को इस रूप में परिभाषित किया जाता है

(a) विपरीत दिशा में अभिविन्यासित क्रमागत चुम्बकीय द्विध्रुवों का कोई स्थूल क्षेत्र

(b) सादृच्छिक अभिविन्यासित चुम्बकीय द्विध्रुवों का कोई स्थूल क्षेत्र

(c) संतृप्त चुम्बकन का कोई स्थूल क्षेत्र

(d) शून्य चुम्बकन का कोई स्थूल क्षेत्र

19. हाइड्रोजन परमाणु में किसी इलेक्ट्रॉन के $n = 2$ से $n = 1$ स्तर में संक्रमण के फलस्वरूप उत्सर्जित फोटॉन की तरंगदैर्ध्य होगी

(a) 490.7 nm (b) 194.8 nm (c) 121.8 nm (d) 913.3 nm

20. किसी पत्थर को किसी भवन के शीर्ष से गिराया गया है। जब यह पत्थर शीर्ष से 5 m नीचे स्थित एक बिन्दु से गुजरता है, तो एक अन्य पत्थर शीर्ष से 25 m नीचे के किसी बिन्दु से गिरना आरम्भ करता है। दोनों पत्थर भवन के तल पर एक साथ पहुँचते हैं। इस भवन की ऊँचाई है

(a) 35 m (b) 25 m (c) 50 m (d) 45 m

खण्ड 'B' न्यूमैरिकल वैल्यू प्रश्न

21. 4 g और 16 g द्रव्यमान के दो पिण्ड समान गतिज ऊर्जाओं से गतिमान हैं। इनके रैखिक संवेगों के परिमाणों का अनुपात $n : 2$ है। यहाँ n का मान ...... है।

22. उपेक्षणीय आयतन के दो सर्वसम चालक गोलों पर 2.1nC और –0.1nC के आवेश हैं। इन दोनों को सम्पर्क में लाकर फिर 0.5 m की दूरी पर रख दिया गया है। इन दोनों गोलों के बीच स्थिर विद्युत बल ...... $\times 10^{-9}$N होगा। [दिया है, $4\pi\varepsilon_0 = \dfrac{1}{9 \times 10^9}$ SI मात्रक]

23. एक उत्क्रमणीय ऊष्मा इंजन निवेश ऊष्मा के एक चौथाई भाग को कार्य में रूपान्तरित करता है। कुण्ड के ताप में 52 K की कमी करने पर इसकी दक्षता दो गुनी हो जाती है। स्रोत का ताप केल्विन पैमाने पर ...... है।

24. एक तनित डोरी के तनाव में 4% की वृद्धि होने पर डोरी में उत्पन्न अनुप्रस्थ तरंगों की चाल में होने वाली प्रतिशत वृद्धि ......% होगी।

25. 8 W के किसी बल्ब से आने वाले विकिरणों द्वारा बल्ब से 10 m की दूरी के किसी बिन्दु पर, जबकि इस बल्ब की दक्षता 10% है और यह बिन्दु स्रोत है, उत्पन्न शिखर विद्युत क्षेत्र $\dfrac{x}{10}\sqrt{\dfrac{\mu_0 c}{\pi}}\dfrac{\text{V}}{\text{m}}$ है। यहाँ x का मान ...... है।

26. दो लघु गोले, जिनमें प्रत्येक का द्रव्यमान 10 mg है, 0.5 m लम्बे धागों द्वारा किसी बिन्दु से निलम्बित हैं। समान आवेश द्वारा आवेशित करने पर ये एक-दूसरे को 0.20 m दूरी तक प्रतिकर्षित करते हैं। प्रत्येक गोले पर आवेश $\dfrac{a}{21} \times 10^{-8}$ C है। a का मान ...... होगा। (दिया है, $g = 10\ \text{ms}^{-2}$)

27. किसी X-किरण पुन्ज की तरंगदैर्ध्य 10 Å है। उस कल्पित कण का द्रव्यमान जिसकी ऊर्जा इस X-किरण के फोटॉनों के बराबर है, $x/3h$ kg होगा। यहाँ x का मान ...... है।

28. यदि $\mathbf{P} \times \mathbf{Q} = \mathbf{Q} \times \mathbf{P}$, और P और Q के बीच के कोण θ ($0^\circ < \theta < 360^\circ$) है। '$\theta$' का मान ......° होगा।

29. किसी पिण्ड को पृथ्वी तल से 10 R ऊँचाई तक ऊर्ध्वाधर ऊपर प्रक्षेपित करने के लिए आवश्यक आरम्भिक वेग v_i को पलायन वेग v_e के पदों में $v_1 = \sqrt{\dfrac{x}{y}} \times v_e$ द्वारा वर्णित होता है। यहाँ R पृथ्वी की त्रिज्या है। x का मान ...... होगा।

30. 3 तारों, जिनमें प्रत्येक का प्रतिरोध 2Ω है, से बने एक समबाहु त्रिभुज PQR के कोने P से 6A की कोई धारा प्रवेश करके R से बाहर निकलती है। धारा i_1 का मान ......A है।

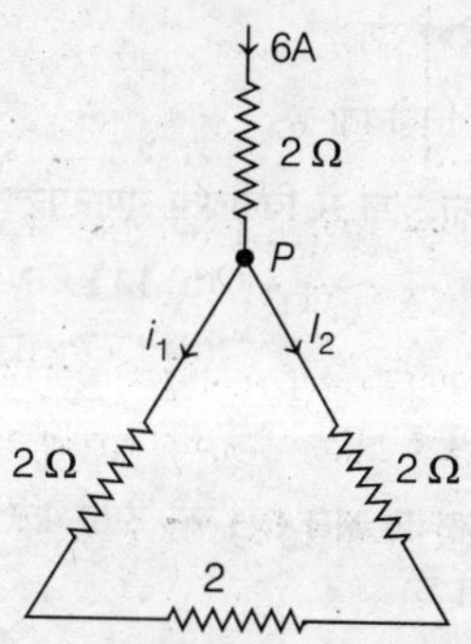

रसायन विज्ञान

खण्ड 'A' ऑब्जेक्टिव प्रश्न

31. हैलोजनों की आबन्ध वियोजन एन्थैल्पी का सही क्रम है

(a) $F_2 > Cl_2 > Br_2 > I_2$
(b) $I_2 > Br_2 > Cl_2 > F_2$
(c) $Cl_2 > Br_2 > F_2 > I_2$
(d) $Cl_2 > F_2 > Br_2 > I_2$

32.

NH_2 (बेन्ज़ीन) $\xrightarrow[288\ K]{HNO_3,\ H_2SO_4}$ NH_2, NO_2 (A) + NH_2, NO_2 (B) + NH_2, NO_2 (C)

दी हुई अभिक्रिया के लिए सही कथन है

(a) —$\ddot{N}H_2$समूह *ऑर्थो* तथा *पैरा* निर्देशक हैं अतः उत्पाद (*B*) सम्भव नहीं है।
(b) अभिक्रिया सम्भव है और (*B*) मुख्य उत्पाद होगा।
(c) नाइट्रीकरण के स्थान पर अभिक्रिया सल्फोनेटेड उत्पाद देगी।
(d) अभिक्रिया सम्भव है और यौगिक (*A*) मुख्य उत्पाद होगा।

33. नीचे दो कथन दिए गए हैं

कथन I α-सल्फर तथा β-सल्फर रूपों को आपस में धीमा गर्म अथवा धीमा ठण्डा करके, उत्क्रमणीय परिवर्तन किया जा सकता है।

कथन II कमरे के ताप पर सल्फर का स्थायी क्रिस्टलीय रूप एकनताक्ष सल्फर है।

उपरोक्त कथनों के लिए नीचे दिए गए विकल्पों में से सही उत्तर का चुनाव कीजिए।

(a) दोनों कथन I तथा कथन II सत्य हैं
(b) दोनों कथन I तथा कथन II असत्य हैं
(c) कथन I सत्य है परन्तु कथन II असत्य है
(d) कथन I असत्य है परन्तु कथन II सत्य है

34. निम्नलिखित में से किससे अभिक्रिया करके जल, CO उत्पन्न नहीं करता है?

(a) CH_4
(b) C
(c) CO_2
(d) C_3H_8

35. निम्नलिखित यौगिकों में अम्ल गुणधर्म का सही क्रम है

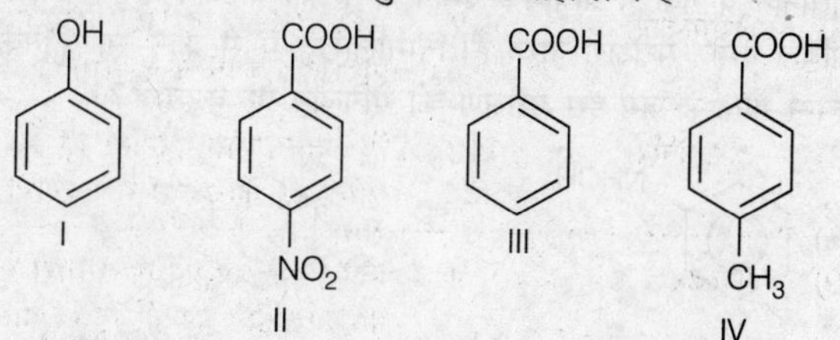

(a) I > II > III > IV
(b) III > II > I > IV
(c) II > III > IV > I
(d) IV > III > II > I

36. जर्मन सिल्वर के मुख्य घटक हैं

(a) Cu, Zn तथा Ag (b) Cu, Zn तथा Ni
(c) Ge, Cu तथा Ag (d) Zn, Ni तथा Ag

37. निम्नलिखित कथनों में से जलस्नेही सॉलों के लिए कौन-सा असत्य है?

(a) इनकी स्थिरता के लिए वैद्युत अपघट्यों की आवश्यकता नहीं होती है
(b) ये सॉल उत्क्रमणीय प्रकृति के होते हैं
(c) इनकी श्यानता जल जैसी ही होती है
(d) ये सॉल आसानी से स्कन्दित नहीं हो सकते हैं

38. इण्डियम के शुद्धिकरण के लिए प्रयोग की जाने वाली विधि है

(a) वॉन आर्केल विधि
(b) द्रवगलन
(c) मण्डल परिष्करण
(d) वाष्प प्रावस्था परिष्करण

39. $Ca(OH)_2$ की जल में विलेयता है

[दिया है, $Ca(OH)_2$ का जल में विलेयता गुणनफल $= 5.5 \times 10^{-6}$]

(a) 1.11×10^{-2} (b) 1.11×10^{-6}
(c) 1.77×10^{-2} (d) 1.77×10^{-6}

40. नीचे दो कथन दिए गए हैं

कथन I Ni^{2+} की पहचान NH_4OH की उपस्थिति में डाइमेथिल ग्लाइऑक्सिम से करते हैं।

कथन II डाइमेथिल ग्लाइऑक्सिम एक द्वि-दन्तुर उदासीन लिगैण्ड है।

उपरोक्त कथनों के लिए निम्नलिखित विकल्पों में से सही उत्तर चुनिए।

(a) दोनों कथन I तथा कथन II सत्य हैं
(b) दोनों कथन I तथा कथन II असत्य हैं
(c) कथन I सत्य है, परन्तु कथन II असत्य है
(d) कथन I असत्य है, परन्तु कथन II सत्य है

41. नीचे दो कथन दिए गए हैं

कथन I सामान्यतया वर्षा के जल का pH~ 5.6 होता है।

कथन II वर्षा के जल का pH यदि 5.6 से नीचे गिर जाए तो उसे अम्ल वर्षा कहते हैं।

उपरोक्त कथनों के लिए निम्नलिखित विकल्पों में से सही उत्तर चुनिए।

(a) दोनों कथन I तथा कथन II सत्य हैं
(b) दोनों कथन I तथा कथन II असत्य हैं
(c) कथन I सत्य है परन्तु कथन II असत्य है
(d) कथन I असत्य है परन्तु कथन II सत्य है

42. कार्बनिक यौगिक में प्राथमिक ऐमीन समूह की पहचान करने के लिए कार्बिल ऐमीन परीक्षण करते हैं। निम्नलिखित में से कौन-सा यौगिक उत्पन्न होता है जब इस परीक्षण को ऐनिलीन पर करते हैं?

(a) 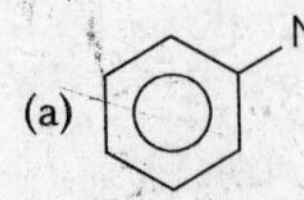

(b) CN (c) NC (d) CONH2

43. निम्नलिखित में से कौन-सा क्रम, दिए गए संकुल आयनों को उनके चुम्बकीय आघूर्ण के केवल स्पिन मान के सन्दर्भ में सही तरीके से व्यवस्थित है?

(i) $[FeF_6]^{3-}$ (ii) $[Co(NH_3)_6]^{3+}$
(iii) $[NiCl_4]^{2-}$ (iv) $[Cu(NH_3)_4]^{2+}$

(a) (i) > (iii) > (iv) > (ii) (b) (ii) > (iii) > (i) > (iv)
(c) (iii) > (iv) > (ii) > (i) (d) (ii) > (i) > (iii) > (iv)

44. निम्नलिखित स्पीशीज में से कौन-सी में आबन्ध लम्बाइयाँ असमान है?

(a) XeF_4 (b) SiF_4
(c) SF_4 (d) BF_4^-

45. निम्नलिखित अभिक्रिया का मुख्य उत्पाद है

NO2, H_2SO_4

(a) NO2 (b) NO2 (c) NO2 (d) NO2

46. माल्टोज में α-ऐनोमर के लिए निम्नलिखित में से सही संरचना कौन-सी है?

(a)

(b)

(c) 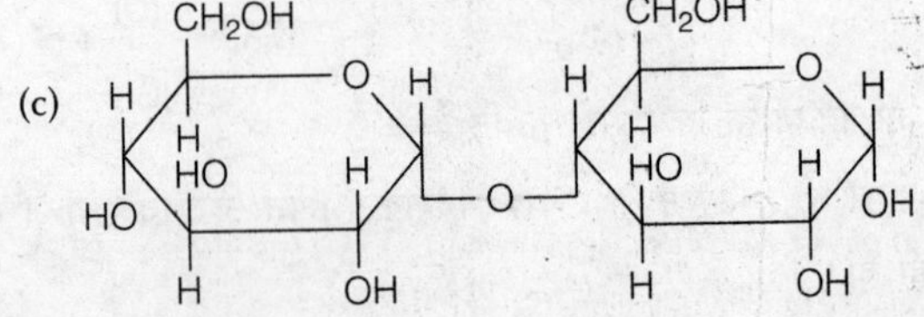

(d) 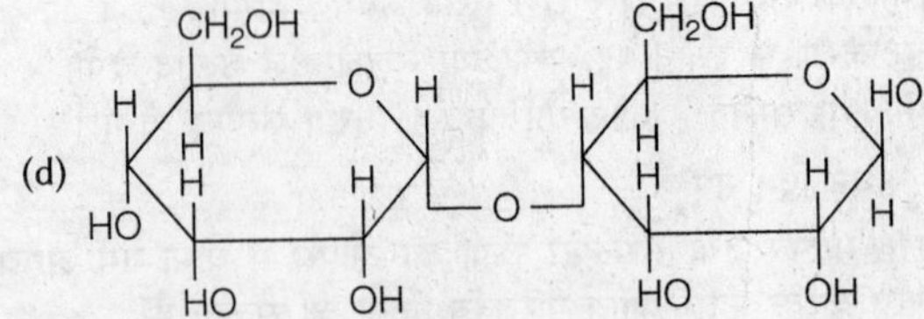

47. बेन्जीन से 4-ब्रोमो-2-नाइट्रोएथिल बेन्जीन बनाने के लिए, पदों का सही क्रम है

(a) $CH_3COCl / AlCl_3$, $Br_2 / AlBr_3$, HNO_3 / H_2SO_4, Zn / HCl
(b) $CH_3COCl / AlCl_3$, Zn - Hg / HCl, $Br_2 / AlBr_3$, HNO_3 / H_2SO_4
(c) $Br_2 / AlBr_3$, $CH_3COCl / AlCl_3$, HNO_3 / H_2SO_4, Zn / HCl
(d) HNO_3 / H_2SO_4, $Br_2 / AlCl_3$, $CH_3COCl / AlCl_3$, Zn - Hg / HCl

48. निम्नलिखित यौगिकों में से कौन-सा यौगिक सोडियम संगलन निष्कर्ष में सिल्वर नाइट्रेट मिलाने के पूर्व हैलोजन के परीक्षण के लिए मिलाते हैं?

(a) हाइड्रोक्लोरिक अम्ल (b) सोडियम हाइड्रॉक्साइड
(c) नाइट्रिक अम्ल (d) अमोनिया

49. निम्नलिखित अभिक्रिया का मुख्य उत्पाद है

$$CH_3CH_2CH{=}CH_2 \xrightarrow[\text{Rh उत्प्रेरक}]{H_2/CO}$$

(a) $CH_3CH_2CH_2CH_2CHO$ (b) $CH_3CH_2CH_2CHO$
(c) $CH_3CH_2CH=CH-CHO$ (d) $CH_3CH_2\underset{|}{C}{=}CH_2$ (C पर CHO)

50. दी गई अभिक्रिया में 'X' क्या है?

$$\begin{matrix}CH_2OH\\ |\\ CH_2OH\end{matrix} + \text{अम्ल ऑक्सैलिक} \xrightarrow{210°C} X \text{ (मुख्य उत्पाद)}$$

(a) $\begin{matrix}CHO\\ |\\ CHO\end{matrix}$ (b) $\begin{matrix}CH_2OH\\ |\\ CHO\end{matrix}$ (c) $\begin{matrix}CH_2\\ ||\\ CH_2\end{matrix}$ (d) $\begin{matrix}CH-OH\\ ||\\ CH_2\end{matrix}$

खण्ड 'B' न्यूमैरिकल वैल्यू प्रश्न

51. निम्नलिखित क्षार धातुओं में से कितने धातुओं का प्रकाश विद्युत सेल में इलेक्ट्रोड के रूप में प्रयोग किया जाता है। (पूर्णांक उत्तर)

(i) Li (ii) Na (iii) Rb (iv) Cs

52. कॉपर की एकक सेल फलक केन्द्रित घन जिसकी कोर लम्बाई 3.596Å से संगत है और जालक के प्रत्येक बिन्दु पर कॉपर का एक परमाणु है, कॉपर की परकलित घनत्व .... kg/m^3 में है।

[कॉपर की मोलर संहति : 63.54 g; आवोगाद्रो संख्या = 6.022×10^{23}]

53. ताप को 27°C से 52°C तक बढ़ाने पर एक अभिक्रिया की दर स्थिरांक पाँच गुनी बढ़ जाती है। सक्रियण ऊर्जा का मान $kJ\ mol^{-1}$ में है। (निकटतम पूर्णांक तक)

$[R = 8.314\ JK^{-1}\ mol^{-1}]$

54. एक आदर्श गैस के पाँच मोल को 293 K प्रारम्भिक दाब 2.1 MPa से 1.3 MPa दाब तक, एक स्थिर बाह्य दाब 4.3 MPa के विरुद्ध प्रसरित किया गया है। प्रक्रम में स्थानान्तरित ऊष्मा .... $kJ\ mol^{-1}$ में है। (निकटतम पूर्णांक तक) $[R = 8.314\ J\ mol^{-1}\ K^{-1}]$

55. यदि एक यौगिक AB जलीय विलयन में 75% वियोजित होता है। इसके उस विलयन की मोललता जो विलयन के क्वथनांक में 2.5 K की वृद्धि करती है, वह है .... मोलल। (निकटतम पूर्णांक तक)

$[k_b = 0.52\ K\ kg\ mol^{-1}]$

56. NO_3^- को कॉपर द्वारा NO तथा NO_2 में अपचयन करना HNO_3 की सान्द्रता पर निर्भर करता है ($[Cu^{2+}]$ को स्थिर तथा $p_{NO} = p_{NO_2}$ मान लीजिए) कॉपर द्वारा NO_3^- को NO तथा NO_2 में अपचयित करने की ऊष्मागतिक प्रवृत्ति समान होने के लिए आवश्यक HNO_3 सान्द्रता 10^x M है, तो $2x$ का मान है .....। [निकटतम पूर्णांक तक]

[दिया है, 298 K पर $E^\circ_{Cu^{2+}/Cu} = 0.34\ V$, $E^\circ_{NO_3^-/NO} = 0.96\ V$,
$E^\circ_{NO_3^-/NO_2} = 0.79\ V$, $\frac{RT}{F}(2.303) = 0.059$]

57. तरंगदैर्ध्य 663 nm का वैद्युत-चुम्बकीय विकिरण धातु A के परमाणु को आयनित करने के लिए ठीक पर्याप्त है। धातु A की आयनन ऊर्जा .... $kJ\ mol^{-1}$ में है। (निकटतम पूर्णांक तक)

$[h = 6.63 \times 10^{-34}\ Js$, $c = 3.00 \times 10^8\ ms^{-1}$,
$N_A = 6.02 \times 10^{23}\ mol^{-1}]$

58. एक द्विसंयोजी आयन (परमाणु संख्या = 29) का जलीय विलयन में केवल स्पिन चुम्बकीय आघूर्ण (BM में) है.....।

59. नीचे दिए गए यौगिकों में से उनकी संख्या जिनमें —COOH समूह है......। (पूर्णांक उत्तर)

(i) सल्फैनिलिक अम्ल (ii) पिक्रिक अम्ल
(iii) ऐस्प्रिन (iv) ऐस्कॉर्बिक अम्ल

60. NaOH बनाम 1.25 M ऑक्सैलिक अम्ल विलयन के अनुमापन पर विचार कीजिए। अंत्य बिन्दु पर निम्नलिखित ब्यूरेट आँकडे प्राप्त हुई।

(i) 4.5 mL (ii) 4.5 mL (iii) 4.4 mL (iv) 4.4 mL
(v) 4.4 mL

यदि ऑक्सैलिक अम्ल का 10.0 mL आयतन लिया गया था तो NaOH विलयन की मोलरता है......M. (निकटतम पूर्णांक तक)

गणित

खण्ड 'A' ऑब्जेक्टिव प्रश्न

61. 400 व्यक्तियों के एक समूह में, 160 धूम्रपान करते हैं तथा मांसाहारी हैं, 100 धूम्रपान करते हैं तथा शाकाहारी हैं और शेष 140 धूम्रपान नहीं करते तथा शाकाहारी हैं। उनको छाती के एक विशेष विकार होने का संयोग क्रमश: 35%, 20% तथा 10% है। इस समूह में से एक व्यक्ति यादृच्छिक चुना जाता है तथा यह पाया जाता है कि उसमें छाती का विकार है। उस चुने व्यक्ति के धूम्रपान करने वाले तथा मांसाहारी होने की प्रायिकता है

(a) $\frac{14}{45}$ (b) $\frac{8}{45}$ (c) $\frac{7}{45}$ (d) $\frac{28}{45}$

62. माना A एक 3×3 आव्यूह है तथा $\det(A) = 4$ है। माना R_i, A की iवी पंक्ति को दर्शाता है। यदि $2A$ पर संक्रिया $R_2 \to 2R_2 + 5R_3$ के प्रयोग से आव्यूह B प्राप्त होता है, तो $\det(B)$ बराबर है

(a) 64 (b) 128 (c) 80 (d) 16

63. यदि आव्यूह $A = \begin{bmatrix} 1 & -\alpha \\ \alpha & \beta \end{bmatrix}$ के लिए $AA^T = I_2$ है, तो $\alpha^4 + \beta^4$ का मान है

(a) 4 (b) 3 (c) 2 (d) 1

64. माना x, 3 अवयवों के एक समुच्चय A से 5 अवयवों के एक समुच्चय B में एकैकी फलनों को कुल संख्या को दर्शाता है तथा y, समुच्चय A से समुच्चय $A \times B$ में एकैकी फलनों की कुल संख्या को दर्शाता है, तो

(a) $2y = 273x$ (b) $2y = 91x$
(c) $y = 91x$ (d) $y = 273x$

65. यदि $f(x) = a^{a^x} + a^{1-a^x}$, जहाँ $a, x, \in R$ तथा $a > 0$ का न्यूनतम मान बराबर है

(a) $a + 1$ (b) $2a$ (c) $a + \dfrac{1}{a}$ (d) $2\sqrt{a}$

66. समाकलन $\int \dfrac{e^{3\log_e 2x} + 5e^{2\log_e 2x}}{e^{4\log_e x} + 5e^{3\log_e x} - 7e^{2\log_e x}} dx, x > 0$, बराबर है (जहाँ C एक समाकलन अचर है)

(a) $4\log_e |x^2 + 5x - 7| + C$
(b) $\dfrac{1}{4}\log_e |x^2 + 5x - 7| + C$
(c) $\log_e \sqrt{x^2 + 5x - 7} + C$
(d) $\log_e |x^2 + 5x - 7| + C$

67. माना चार अंकों की सभी धन पूर्ण संख्याओं, जिनका केवल एक अंक 7 हैं का समुच्चय A है, तो A से यादृच्छिक चुने गए एक अवयव को 5 से विभाजित करने पर शेषफल 2 आने की प्रायिकता है

(a) $\dfrac{2}{9}$ (b) $\dfrac{1}{5}$ (c) $\dfrac{97}{297}$ (d) $\dfrac{122}{297}$

68. कथन "यदि तुम काम करोगे, तब तुम धन कमाओगे" का प्रतिधनात्मक कथन है

(a) धन कमाने के लिए, तुम्हें काम करने की आवश्यकता है
(b) तुम धन कमाओंगे, यदि तुम काम नहीं करोगे
(c) यदि तुम धन कमाओंगे, तुम काम नहीं करोगे
(d) यदि तुम धन कमाओंगे, तुम काम करोगे

69. रैखिक समीकरण निकाय

$2x + 3y + 2z = 9$
$3x + 2y + 2z = 9$
$x - y + 4z = 8$

(a) का एक हल (α, β, γ) है जो $\alpha + \beta^2 + \gamma^3 = 12$ को सन्तुष्ट करता है
(b) के अनन्त हल हैं
(c) का केवल एक हल है
(d) का कोई हल नहीं है

70. एक फलन $f(x), f(x) = \dfrac{5^x}{5^x + 5}$ द्वारा दिया गया है, तो श्रेणी

$f\left(\dfrac{1}{20}\right) + f\left(\dfrac{2}{20}\right) + f\left(\dfrac{3}{20}\right) + \ldots + f\left(\dfrac{39}{20}\right)$ का योगफल बराबर है

(a) $\dfrac{29}{2}$ (b) $\dfrac{39}{2}$
(c) $\dfrac{19}{2}$ (d) $\dfrac{49}{2}$

71. माना $x^2 - 6x - 2 = 0$ के मूल α तथा β हैं। यदि $n \ge 1$ के लिए $a_n = \alpha^n - \beta^n$ है, तो $\dfrac{a_{10} - 2a_8}{3a_9}$ का मान है

(a) 1 (b) 4 (c) 2 (d) 3

72. यदि $\alpha, \beta \in R$ हैं, जिनके लिए $z^2 + \alpha z + \beta = 0$ का एक मूल $1 - 2i$ (यहाँ $i^2 = -1$ है) है, तो $(\alpha - \beta)$ बराबर हैं :

(a) 7 (b) −7
(c) −3 (d) 3

73. यदि $\ln = \int_{\pi/4}^{\pi/2} \cot^n x \, dx$ है, तो

(a) $I_2 + I_4, I_3 + I_5, I_4 + I_6$ AP में हैं
(b) $\dfrac{1}{I_2 + I_4}, \dfrac{1}{I_3 + I_5}, \dfrac{1}{I_4 + I_6}$ AP में हैं
(c) $\dfrac{1}{I_2 + I_4}, \dfrac{1}{I_3 + I_5}, \dfrac{1}{I_4 + I_6}$ GP में हैं
(d) $I_2 + I_4, (I_3 + I_5)^2, I_4 + I_6$ GP में हैं

74. यदि वक्र $x^2 + 2y^2 = 2$, रेखा $x + y = 1$ को दो बिन्दुओं P तथा Q पर काटता है तो रेखाखण्ड PQ द्वारा मूलबिन्दु पर बनाया गया कोण है

(a) $\dfrac{\pi}{2} - \tan^{-1}\left(\dfrac{1}{3}\right)$ (b) $\dfrac{\pi}{2} + \tan^{-1}\left(\dfrac{1}{4}\right)$
(c) $\dfrac{\pi}{2} - \tan^{-1}\left(\dfrac{1}{4}\right)$ (d) $\dfrac{\pi}{2} + \tan^{-1}\left(\dfrac{1}{3}\right)$

75. रेखा $x - y = 1$ तथा वक्र $x^2 = 2y$ के बीच की न्यूनतम दूरी है

(a) $\dfrac{1}{\sqrt{2}}$ (b) $\dfrac{1}{2\sqrt{2}}$ (c) $\dfrac{1}{2}$ (d) 0

76. एक समतल, बिन्दुओं $A(1, 2, 3), B(2, 3, 1)$ तथा $C(2, 4, 2)$ से होकर जाता है। यदि O मूलबिन्दु है तथा P, बिन्दु $(2, -1, 1)$ है, तो इस समतल पर **OP** के प्रक्षेप की लम्बाई है

(a) $\sqrt{\dfrac{2}{7}}$ (b) $\sqrt{\dfrac{2}{5}}$ (c) $\sqrt{\dfrac{2}{3}}$ (d) $\sqrt{\dfrac{2}{11}}$

77. एक अतिपरवलय, दीर्घवृत्त $\dfrac{x^2}{25} + \dfrac{y^2}{16} = 1$ की नाभियों से होकर जाता है तथा इसके अनुप्रस्थ और संयुग्मी अक्ष क्रमश: दीर्घवृत्त के दीर्घ और अल्प अक्षों के समरूप हैं। यदि उनकी उत्केन्द्रताओं का गुणनफल एक है, तो अतिपरवलय का समीकरण है

(a) $\dfrac{x^2}{9} - \dfrac{y^2}{4} = 1$ (b) $x^2 - y^2 = 9$
(c) $\dfrac{x^2}{9} - \dfrac{y^2}{25} = 1$ (d) $\dfrac{x^2}{9} - \dfrac{y^2}{16} = 1$

78. $\operatorname{cosec}\left[2\cot^{-1}(5) + \cos^{-1}\left(\dfrac{4}{5}\right)\right]$ बराबर है

(a) $\dfrac{56}{33}$ (b) $\dfrac{65}{56}$ (c) $\dfrac{65}{33}$ (d) $\dfrac{75}{56}$

79. यदि $0 < x, y < \pi$ तथा $\cos x + \cos y - \cos(x + y) = \dfrac{3}{2}$ है, तो $\sin x + \cos y$ बराबर है

(a) $\dfrac{\sqrt{3}}{2}$ (b) $\dfrac{1 + \sqrt{3}}{2}$ (c) $\dfrac{1 - \sqrt{3}}{2}$ (d) $\dfrac{1}{2}$

80. $\lim_{n \to \infty} \left[\dfrac{1}{n} + \dfrac{n}{(n+1)^2} + \dfrac{n}{(n+2)^2} + \ldots + \dfrac{n}{(2n-1)^2}\right]$ बराबर है

(a) $\dfrac{1}{2}$ (b) $\dfrac{1}{4}$ (c) 1 (d) $\dfrac{1}{3}$

खण्ड 'B' न्यूमैरिकल वैल्यू प्रश्न

81. मूलबिन्दु से होकर जाने वाली एक रेखा l, रेखाओं

$l_1 : \mathbf{r} = (3+t)\,\hat{\mathbf{i}} + (-1+2t)\,\hat{\mathbf{j}} + (4+2t)\,\hat{\mathbf{k}}$

$l_2 : \mathbf{r} = (3+2s)\hat{\mathbf{i}} + (3+2s)\,\hat{\mathbf{j}} + (2+s)\,\hat{\mathbf{k}}$

पर लम्बवत् हैं। यदि l_2 पर प्रथम अष्टांशक में एक बिन्दु (a, b, c) की l तथा l_1 के प्रतिच्छेदन बिन्दु से दूरी $\sqrt{17}$ है, तो $18(a+b+c)$ बराबर है।

82. यदि x को 4 से विभाजित करने पर शेषफल 3 है तो $(2020+x)^{2022}$ को 8 से विभाजित करने पर शेषफल क्या होगा?

83. यदि वक्र $x = y^4$ तथा $xy = k$ एक-दूसरे को समकोण पर काटते हैं, तो $(4k)^6$ बराबर है...।

84. यदि अवकलन समीकरण $(2xy^2 - y)\,dx + x\,dy = 0$ का हल $y = y(x)$, रेखाओं $2x - 3y = 1$ तथा $3x + 2y = 8$ के प्रतिच्छेदन बिन्दु से होकर जाता है, तो $|y(1)|$ बराबर है।

85. दो अंकों की संख्याओं 'n' जिनके लिए $3^n + 7^n$, 10 का गुणज है, की कुल संख्या है।

86. यदि $\lim_{x \to 0} \dfrac{ax - (e^{4x} - 1)}{ax\,(e^{4x} - 1)}$ का अस्तित्व है तथा यह b के बराबर है, तो $a - 2b$ का मान है।

87. $[-3, 3]$ पर एक फलन f निम्न द्वारा परिभाषित है

$$f(x) = \begin{cases} \min\{|x|, 2 - x^2\} & -2 \le x \le 2 \\ [|x|], & 2 < |x| \le 3 \end{cases}$$

जहाँ $[x]$ महत्तम पूर्णांक $\le x$ है। $(-3, 3)$ से उन बिन्दुओं की संख्या, जहाँ f अवकलनीय नहीं है।

88. वृत $(x-3)^2 + y^2 = 9$ तथा परवलय $y^2 = 4x$ की एक उभयनिष्ठ स्पर्श रेखा है। यदि दो सम्पर्क बिन्दु (a, b) तथा (c, d) भिन्न हैं तथा प्रथम चतुर्थांश में हैं, तो $2(a+c)$ बराबर है।

89. माना $\mathbf{a} = \hat{\mathbf{i}} + \alpha\hat{\mathbf{j}} + 3\hat{\mathbf{k}}$ तथा $\mathbf{b} = 3\hat{\mathbf{i}} - \alpha\hat{\mathbf{j}} + \hat{\mathbf{k}}$ हैं। यदि समान्तर चतुर्भुज, जिसकी संलग्न भुजाएँ $\mathbf{a}$ तथा $\mathbf{b}$ हैं, का क्षेत्रफल $8\sqrt{3}$ वर्ग इकाई है, तो $\mathbf{a} \cdot \mathbf{b}$ बराबर है।

90. $\int_{-2}^{2} |3x^2 - 3x - 6|\,dx$ का मान है

सही उत्तर

भौतिकी

1. (*)	2. (c)	3. (c)	4. (b)	5. (a)	6. (a)	7. (c)	8. (a)	9. (d)	10. (d)
11. (d)	12. (a)	13. (a)	14. (c)	15. (a)	16. (d)	17. (d)	18. (c)	19. (c)	20. (d)
21. (1)	22. (36)	23. (208)	24. (2)	25. (2)	26. (20)	27. (10)	28. (180)	29. (10)	30. (2)

रसायन विज्ञान

31. (c)	32. (d)	33. (c)	34. (c)	35. (c)	36. (b)	37. (c)	38. (c)	39. (a)	40. (a)
41. (a)	42. (c)	43. (a)	44. (c)	45. (c)	46. (c)	47. (b)	48. (c)	49. (a)	50. (c)
51. (1)	52. (9122)	53. (52)	54. (15)	55. (3)	56. (23.9)	57. (180)	58. (2)	59. (2)	60. (6)

गणित

61. (d)	62. (a)	63. (d)	64. (b)	65. (d)	66. (a)	67. (c)	68. (c)	69. (c)	70. (b)
71. (c)	72. (b)	73. (b)	74. (b)	75. (b)	76. (d)	77. (d)	78. (b)	79. (b)	80. (a)
81. (44)	82. (1)	83. (4)	84. (1)	85. (45)	86. (5)	87. (5)	88. (9)	89. (2)	90. (19)

नोट (*) कोई भी विकल्प सही नहीं है।

संकेत एवं हल

भौतिकी

1. *(*)*

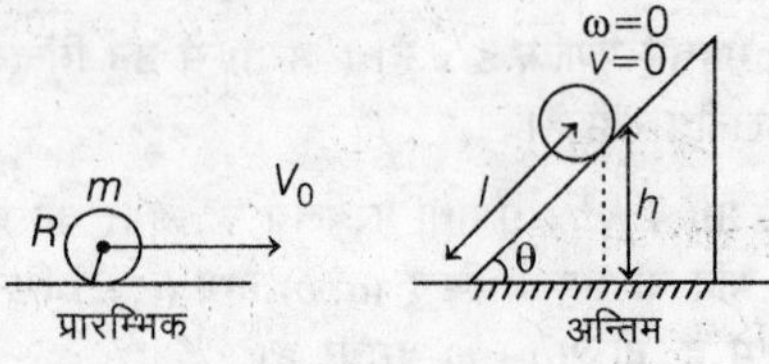

$$K_i + U_i = K_f + U_f$$

$$\frac{1}{2}mv_0^2\left(1+\frac{2}{5}\right) = mgh \Rightarrow h = \frac{7}{10}\frac{v_0^2}{g}$$

$$\ell = \frac{h}{\sin\theta} = \frac{7}{10}\frac{v_0^2}{g\sin\theta}$$

2. *(c)*

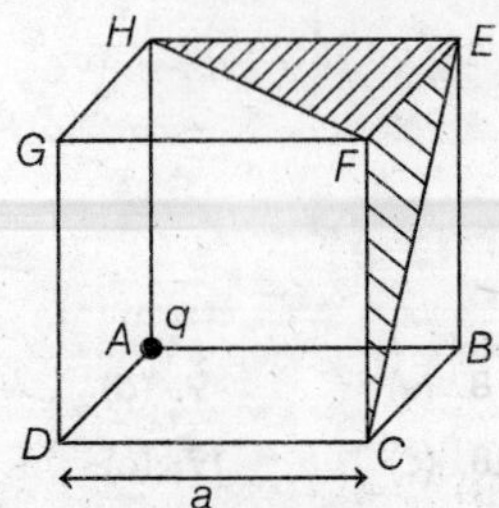

घन से गुजरने वाली फ्लक्स $= q/8\varepsilon_0$

घन की सतह *ABEH, ADGH, ABCD* से गुजरने वाला फ्लक्स शून्य होगा।

घन की सतह *EFGH, DCFG* तथा *EBCF* से गुजरने वाला फ्लक्स $= \dfrac{q}{24\varepsilon_0}$

$$\phi_{EFGH} = \phi_{DCFG} = \phi_{EBCF} = \frac{q}{24\varepsilon_0}$$

$\therefore$ स्थिर विद्युत क्षेत्र **E** का छायांकित भाग से गुजरने वाला फ्लक्स

$$= \phi_{OECF} + \phi_{EHF} = \phi_{EFGH} = \frac{q}{24\varepsilon_0}$$

$$\phi_{ECF} = \phi_{EHF}$$

3. *(c)* $\lambda = \dfrac{h}{mv} \Rightarrow \lambda \propto \dfrac{1}{m}$

$$\frac{\lambda_e}{\lambda_p} = \frac{m_p}{m_e} = \frac{1836\, m_e}{m_e} = 1836$$

4. *(b)* $eV_{S_1} = \text{KE}_1 = \dfrac{hc}{\lambda_1} = \phi$

$$\phi = \frac{1240}{491} - 0.71 \Rightarrow \phi = 2.52 - 0.71 = 1.81$$

अब $eV_{S_2} = \text{KE}_2 = \dfrac{hc}{\lambda_2} = \phi$

$$\frac{hc}{\lambda_2} = 1.43 + 1.81 = 3.24 \Rightarrow \lambda_2 = \frac{1240}{3.24} \approx 382 \text{ nm}$$

5. *(a)* $pV^{1/2} = c$

$\because \quad pV = nRT$

$\therefore \quad \dfrac{nRT}{V}(V^{1/2}) = c \Rightarrow T \propto \sqrt{V}$

$\therefore \quad \dfrac{T_2}{T_1} = \sqrt{\dfrac{V_2}{V_1}} = \sqrt{\dfrac{2V_1}{V_1}} = \sqrt{2}$

6. *(a)* $\dfrac{Fr^2}{hc} = \dfrac{Fr^2}{E\lambda} = [\text{M}^0\ \text{L}^0\ \text{T}^0]$

7. *(c)* स्प्रिंग समान्तर क्रम में, संयोजित है अत: तुल्य स्प्रिंग नियतांक

$$k_{\text{eq}} = k_1 + k_2 = 4k$$

$$T = 2\pi\sqrt{\frac{m}{4k}}, T = \pi\sqrt{\frac{m}{k}}$$

8. *(a)* जब *L* तथा *C* को *R* के साथ श्रेणीक्रम में, जोड़ा गया है, तब परिपथ अनुनादी हो जाता है। इसलिए परिपथ में धारा का मान,

$$I_{\text{rms}} = \frac{V_{\text{rms}}}{R} = \frac{220}{110} = 2\text{A}$$

9. *(d)*

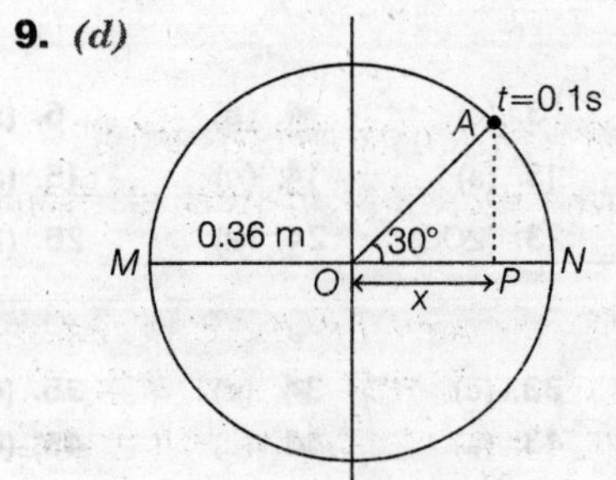

$$\omega = \frac{\theta}{t} = \frac{(\pi/6)}{0.1} = \frac{5\pi}{3}$$

सरल आवर्त गति के लिए, $F/m = -\omega^2 x$

जब *P, M* को स्पर्श करता है, तब $x = A$

इसलिए, *M* को स्पर्श करते समय *P* पर प्रत्यानयन बल प्रति एकांक द्रव्यमान, $\dfrac{F}{m} = \left(\dfrac{5\pi}{3}\right)^2 \times 0.36 = 9.87\text{ N}\ (m = 1)$

10. *(d)*

A	B	Y
0	0	0
0	1	1
1	0	0
1	1	1

11. *(d)* **कथन** I सही है।

कथन II दिए गए ताप पर प्रत्येक द्वि-परमाणुक अणुओं के लिए स्थानान्तरित गतिज ऊर्जा $= \dfrac{3}{2}kT$ तथा घूर्णन गतिज ऊर्जा $= \dfrac{2}{2}kT$

अत: स्थानान्तरित गतिज ऊर्जा तथा घूर्णन गतिज ऊर्जा समान नहीं हैं। अत: कथन II सही नहीं है।

12. *(a)*

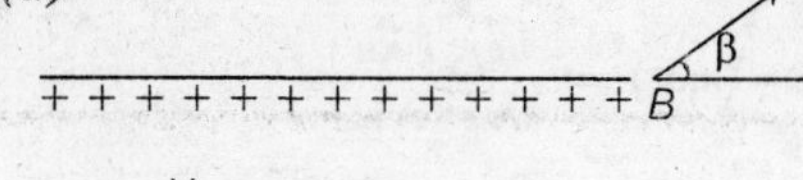

वेग एकसमान रहता है।

इसलिए, $V_1 \cos\alpha = V_2 \cos\beta$

$$\frac{k_1}{k_2} = \frac{\frac{1}{2}mv_1^2}{\frac{1}{2}mv_2^2} = \frac{\cos^2\beta}{\cos^2\alpha}$$

13. *(a)*

दिष्टकारी →	AC वोल्टता को DC वोल्टता में परिवर्तित करता है।
स्थायीकारी →	निवेश वोल्टता एवं लोड धारा में परिवर्तन होने पर भी निर्गत वोल्टता को नियत रखने में उपयोगी
ट्रांसफॉर्मर →	AC वोल्टता को उपचायी अथवा अपचायी करने में उपयोगी
फिल्टर →	दिष्टकृत निर्गत वोल्टता की उर्मिकाओं को हटाने में उपयोगी

14. *(c)* $\sin\theta = \frac{1.22\lambda}{D}$

यदि D का मान बढ़ाया जाता है, तो $\sin\theta$ का मान घट जाता है।

इसलिए वृत्तीय फ्रिन्ज का आकार घट जाता है और फ्रिन्ज की तीव्रता बढ़ जाती है।

15. *(a)* बाह्य अर्द्धचालक के लिए जब मादन-स्तर में वृद्धि की जाती है, तो p-प्रकार के फर्मी-स्तर संयोजक अर्द्धचालक के लिए बैण्ड की ओर स्थानान्तरित हो जाता है तथा n-प्रकार के अर्द्धचालक के लिए फर्मी-स्तर चालन बैण्ड की ओर स्थानान्तरित हो जाता है।

अत: p-प्रकार के अर्द्धचालक में फर्मी-स्तर नीचे की ओर गिरेगा तथा n-प्रकार के अर्द्धचालक में फर्मी-स्तर ऊपर की ओर उठेगा।

16. *(d)* दिया है, समय विस्थापन समीकरण,

$$y = A\sin(\omega t + \phi)$$

$$t = 0, y = \frac{A}{2} \Rightarrow \frac{1}{2} = \sin\phi \Rightarrow \phi = \frac{\pi}{6}, \frac{5\pi}{6}$$

वेग, $v = \frac{dy}{dt} = A\omega\cos(\omega t + \phi)$

$$t = 0, v = A\omega\cos\phi \Rightarrow \phi = \frac{\pi}{6}, \text{ के ve}(+)$$

$$\phi = \frac{5\pi}{6}, \text{ के ve}(-)$$

$\therefore \quad \phi = \frac{5\pi}{6}$

17. *(d)* आयाम माडुलित तरंग की समीकरण,

$$y = (A_c + A_m \sin\omega_m t)\sin\omega_c t$$

मॉडुलित सिग्नल की कोणीय आवृत्ति $= \omega_c$

मॉडुलित सिग्नल की कोणीय आवृत्ति $= f_c$

तरंगदैर्ध्य $= c / f_c$

18. *(c)* जब लौह चुम्बकीय पदार्थों को क्यूरी तापमान से नीचे ठण्डा किया जाता है, तब पदार्थ अनेक सूक्ष्म क्षेत्रों में विभाजित हो जाता है, जिन्हें डोमेन कहते हैं। प्रत्येक डोमेन का चुम्बकीय क्षेत्र एक दिशा में होता है।

19. *(c)* $\frac{1}{\lambda} = R\left[\frac{1}{n_f^2} - \frac{1}{n_i^2}\right] = R\left[\frac{1}{(1)^2} - \frac{1}{(2)^2}\right]$

$$\Rightarrow \quad \frac{1}{\lambda} = R\left[\frac{1}{1} - \frac{1}{4}\right] \Rightarrow \frac{1}{\lambda} = 1.097 \times 10^7 \times \frac{3}{4}$$

तरंगदैर्ध्य $\lambda = 121.8$ nm

20. *(d)* प्रथम कण के लिए,

$$H = \frac{1}{2g(t)^2}$$

$$5 = \frac{1}{2}gt'^2$$

$t' = 5$ सेकण्ड

द्वितीय कण के लिए,

$$H - 25 = \frac{1}{2g}(t-1)^2$$

$$\frac{1}{2}gt^2 - 25 = \frac{1}{2gt^2} + \frac{g}{2} - gt$$

$t = 3$ सेकण्ड

$H = \frac{1}{2} \times 10 \times 9 = 45$ मी

21. *(1)* रेखीय संवेग, $p = \sqrt{2m(\text{KE})}$

$$\frac{p_1}{p_2} = \sqrt{\frac{m_1}{m_2}} = \sqrt{\frac{4}{16}} = 1:2$$

22. *(36)* आवेश के संरक्षण नियम से,

$$q_1 + q_2 = 2q \Rightarrow q = 1\text{ nC}$$

$$F = \frac{1}{4\pi\varepsilon_0}\frac{(q)^2}{(0.5)^2} = \frac{9 \times 10^9 \times (10^{-9})^2}{0.25} = 36$$

23. *(208)* दक्षता, $\eta = \frac{W}{Q_{in}} = \frac{1}{4} = 1 - \frac{T_L}{T_H} \Rightarrow \frac{T_L}{T_H} = \frac{3}{4}$

जब सिंक का ताप 52 K घटाया जाता है।

$$\eta' = 2\eta = \frac{1}{2} \Rightarrow \eta' = \frac{1}{2} = 1 - \frac{(T_L - 52)}{T_H}$$

$$\frac{1}{2} = 1 - \frac{T_L}{T_H} + \frac{52}{T_H} \Rightarrow \frac{1}{4} = \frac{52}{T_H}$$

$$T_H = 208$$

24. *(2)* $v = \sqrt{\frac{T}{\mu}} \Rightarrow \frac{dv}{v} = \frac{1}{2}\frac{dT}{T}$

अनुप्रस्थ तरंगों की चाल में प्रतिशत वृद्धि $= \frac{1}{2}\frac{dT}{T} \times 100 = \frac{1}{2} \times 4 = 2\%$

25. *(2)* 10 प्रतिशत ऊर्जा की सार्थकता का अर्थ है कि केवल 10% कुल ऊर्जा विद्युत चुम्बकीय तरंग उत्पन्न करती है। विद्युत क्षेत्र को गणना करने के लिए 100% विकिरण का प्रयोग करते हैं।

$$\frac{P}{4\pi r^2} = \frac{1}{2}\varepsilon_0 E_0^2 c$$

$$E_0 = \sqrt{\frac{P}{2\pi r^2 c\varepsilon_0}} \qquad \left(\because \varepsilon_0 = \frac{1}{c^2 \mu_0}\right)$$

$$= \sqrt{\frac{8}{2\times 100}}\sqrt{\frac{\mu_0 c}{\pi}} = \frac{2}{\sqrt{100}} = \sqrt{\frac{\mu_0 c}{\pi}}$$

अत: $x = 2$

26. *(20)*

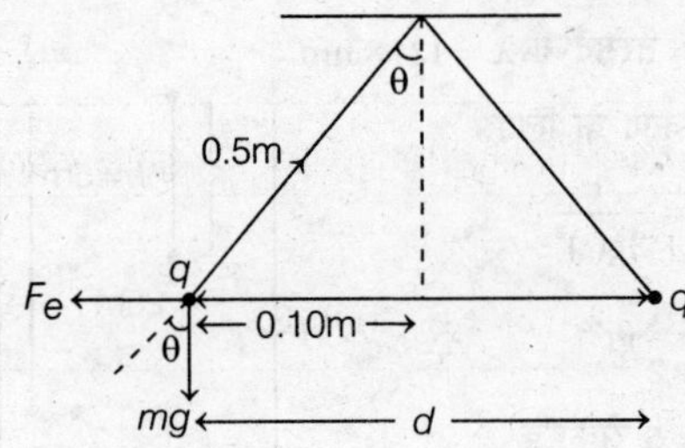

$$mg \tan\theta = \frac{kq^2}{d^2}$$

$$q = \sqrt{\frac{mg\tan\theta}{25K}} = \sqrt{\frac{10\times10^{-6}\times10\times1}{\sqrt{24}(25)9\times10^9}}$$

$$= \sqrt{\frac{4\times10^{-4}}{\sqrt{24}\times25\times4\times9\times10^9}} = \frac{2}{3}\sqrt{\frac{10^{-4}}{\sqrt{24}\times10^{11}}}$$

इस प्रकार, $\frac{a}{21}\times10^{-8} = \frac{2}{3}\times\sqrt{\frac{10^{-15}}{\sqrt{24}}} = \frac{2}{3}\sqrt{\frac{10^{-16}}{0.49}}$

$$a = \frac{2\times21}{3\times0.7} = 20$$

27. *(10)* प्लांक नियतांक,

$$\frac{hc}{\lambda} = E = (mc^2) \Rightarrow \frac{hc}{\lambda} = \left(\frac{xh}{3}\right)c^2$$

$$x = \frac{3}{\lambda c} = \frac{3}{3\times10^8\times10\times10^{-10}} = 10$$

28. *(180)* $\mathbf{P}\times\mathbf{Q} = \mathbf{Q}\times\mathbf{P}$

$$\mathbf{P}\times\mathbf{Q} = -(\mathbf{P}\times\mathbf{Q})$$

$$2(\mathbf{P}\times\mathbf{Q}) = 0$$

$$PQ\sin\theta = 0 \Rightarrow \sin\theta = 0$$

$$\theta = 180^\circ \qquad (0^\circ < \theta < 360^\circ)$$

29. *(10)*

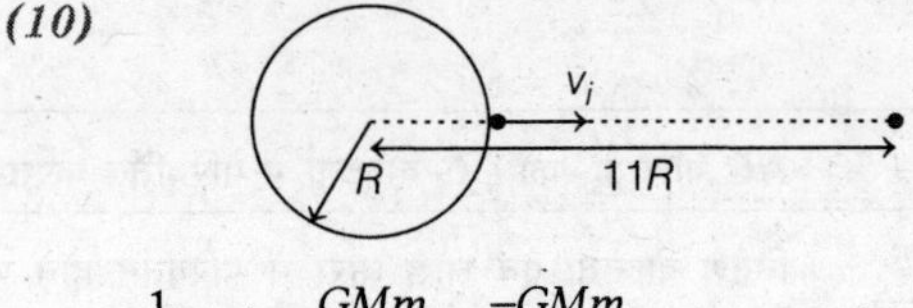

$$\frac{1}{2}mv_i^2 - \frac{GMm}{R} = \frac{-GMm}{11R}$$

$$v_i^2 = \left(2 - \frac{2}{11}\right)\frac{GM}{R} \Rightarrow v_i = \sqrt{\frac{20}{11}\frac{GM}{R}} = \sqrt{\frac{10}{11}}v_e$$

अत: $x = 10, y = 11$

30. *(2)* समान्तर क्रम में,

$$I_1R_1 = I_2R_2$$

$$\frac{I_2}{I_1} = \frac{R_1}{R_2} \Rightarrow I_2 = 2I_1$$

चित्र से, $I_1 + I_2 = 6 \Rightarrow I_1 + 2I_1 = 6$

$$I_1 = 2$$

रसायन विज्ञान

31. *(c)*

	158.8 242.6 192.8 151.1
हैलोजनों की आबन्ध वियोजन एन्थैल्पी (X_2) किलो जूल मोल$^{-1}$	ऐसा इसलिए है क्योंकि फ्लुओरीन परमाणु का आकार बहुत छोटा होता है जिसके कारण दो फ्लुओरीन परमाणुओं के बीच एक उच्च इलेक्ट्रॉन-इलेक्ट्रॉन प्रतिकर्षण होता है इसलिए हैलोजन की आबन्ध वियोजन एन्थैल्पी का क्रम $Cl_2 > Br_2 > F_2 > I_2$ है।

32. *(d)* ऐनिलीन के नाइट्रीकरण में ऐनिलियम आयन के निर्माण के कारण *मेटा* उत्पाद भी बनता है।

पैरा $\rightarrow 51\%$; *मेटा* $\rightarrow 49\%$; *ऑर्थो* $\rightarrow 2\%$

अत: अभिक्रिया सम्भव है और यौगिक *(A)* मुख्य उत्पाद होगा।

33. *(c)* **कथन** I α-सल्फर तथा β-सल्फर रूपों को आपस में धीमा गर्म अथवा धीमा ठण्डा करके, उत्क्रमणीय परिवर्तन किया जा सकता है। अत: कथन I सत्य है।

कथन II कमरे के ताप पर सल्फर का स्थायी क्रिस्टलीय रूप रोम्बिक (rhombic) है। अत: कथन सही नहीं है।

34. *(c)* कार्बन डाइऑक्साइड जल के साथ अभिक्रिया कर कार्बोनिक अम्ल उत्पन्न करता है।

$$CO_2 + H_2O \longrightarrow H_2CO_3$$

मेथेन $CH_4 + H_2O \longrightarrow CO + 3H_2$

कार्बन $C + H_2O \longrightarrow CO + H_2$

प्रोपेन $C_3H_8 + 3H_2O \longrightarrow 3CO + 7H_2$

35. *(c)* संयुग्मी क्षार के स्थायित्व का क्रम

COO^- (NO_2) > COO^- > COO^- (CH_3) > O^-

अत:, अम्ल सामर्थ्य का क्रम II > III > IV > I

36. *(b)* जर्मन सिल्वर के मुख्य घटक

$$Cu = 50\% \quad Zn = 20\% \quad Ni = 30\%$$

अत: विकल्प (b) सही है।

37. *(c)* जलस्नेही सॉल (जैसे स्टार्च एवं जल) में परिक्षिप्त प्रावस्था (Dispersed phase) जैसे स्टार्च की सान्द्रता अधिक होती है जिसके कारण जलस्नेही सॉल की श्यानता जल से अधिक होती है, जबकि पृष्ठीय क्षेत्रफल कम होता है। शेष तीनों कथन सही हैं।

38. *(c)* **मण्डल परिष्करण** यह विधि इस सिद्धान्त पर आधारित है कि अशुद्धियों की विलेयता धातु की ठोस अवस्था की अपेक्षा गलित अवस्था में अधिक होती है।

यह विधि मुख्य रूप से अति उच्च शुद्धता वाले अर्द्धचालकों जैसे-जर्मेनियम, सिलिकॉन, बोरॉन, गैलियम एवं इण्डियम तथा अन्य अतिशुद्ध धातुओं को प्राप्त करने के लिए उपयोगी है।

39. *(a)* $Ca(OH)_2 \rightleftharpoons \underset{S}{Ca^{2+}} + \underset{2S}{2OH^-}$

$$K_{sp} = 4S^3 = 5.5 \times 10^{-6}$$

$$\text{विलेयता } (S) = \left(\frac{5.5 \times 10^{-6}}{4}\right)^{1/3} = (1.375 \times 10^{-6})^{1/3} = 1.110 \times 10^{-2} \text{ M}$$

40. *(a)* Ni^{2+} की पहचान NH_4OH की उपस्थिति में डाइमेथिल ग्लाइऑक्सिम (DMG) के द्वारा की जाती है। DMG एक द्विदन्तुर (Bidentate) उदासीन लिगैण्ड है जो Ni^{2+} के साथ $Ni(DMG)_2$ का लाल रंग का अवक्षेप बनाता है। इसकी समतल वर्गीय ज्यामिति होती है।

$$2\ \text{DMG} + Ni^{2+} \xrightarrow{NH_4OH} Ni(DMG)_2 + 2H^+$$

डाइमेथिल ग्लाइऑक्सिम (DMG)

$Ni(DMG)_2$ का अविलेय (चमकीला लाल अवक्षेप)

41. *(a)* सामान्य वर्षा का pH उदासीन अर्थात् 7 होता है, किन्तु बढ़ते औद्योगिक प्रदूषण के कारण वर्षा का मानक pH स्तर 5.6 माना जाता है। इससे कम pH होने पर इस वर्षा को अम्ल वर्षा कहते हैं।

वायु प्रदूषण के मुख्य कारक नाइट्रोजन व सल्फर के ऑक्साइड, पेट्रोल एवं डीजल के दहन की प्रक्रिया, उद्योगों, ज्वालामुखी, आदि से अत्यधिक मात्रा में उत्सर्जित होते हैं। ये गैसें वातावरण में उपस्थित जल की बूँदों के साथ मिलकर पृथ्वी पर वापस अम्ल (सल्फ्यूरस अम्ल, सल्फ्यूरिक अम्ल एवं नाइट्रिक अम्ल) के रूप में आती हैं, जिसे अम्ल वर्षा कहते हैं। इस शब्द का उपयोग सन् 1872 में **रॉबर्ट ऑगस्ट** (Robert August) ने किया।

अम्ल वर्षा में होने वाली क्रियाओं का क्रम निम्नलिखित है

$$2SO_2 + O_2 \longrightarrow 2SO_3$$
$$SO_3 + H_2O \longrightarrow H_2SO_4$$
$$2NO_2 + [O] \longrightarrow N_2O_5$$
$$N_2O_5 + H_2O \longrightarrow 2HNO_3$$

42. *(c)* **कार्बिल ऐमीन अभिक्रिया** केवल प्राथमिक ऐमीन द्वारा प्रदर्शित की जाती है। ये प्राथमिक ऐमीन का परीक्षण है एवं प्राथमिक ऐमीन को द्वितीयक तथा तृतीयक ऐमीन से विभेदित करने में प्रयुक्त होती है।

$$RNH_2 + CHCl_3 + \underset{\text{ऐल्को.}}{3KOH} \longrightarrow \underset{\substack{\text{ऐल्किल} \\ \text{आइसोसायनाइड} \\ \text{(कार्बिक ऐमीन)}}}{RNC} + 3KCl + 3H_2O$$

$$C_6H_5NH_2 \xrightarrow{CHCl_3/KOH} C_6H_5NC$$

आइसोसायनाइड दुर्गन्ध युक्त पदार्थ है और आसानी से पहचाना जाता है।

43. *(a)*

यौगिक (इलेक्ट्रॉनिक विन्यास)	युग्मित इलेक्ट्रॉनों की संख्या
(i) ⇒ $[FeF_6]^{3-}$ Fe^{3+} $1s^2, 2s^2, 2p^6, 3s^2, 3p^6, 3d^5$	5
(ii) ⇒ $[Co(NH_3)_6]^{3+}$ Co^{3+} $1s^2, 2s^2, 2p^6, 3s^2, 3p^6, 3d^{10}$	0
(iii) ⇒ $[NiCl_4]^{2-}$ Ni^{2+} $1s^2, 2s^2, 2p^6, 3s^2, 3p^6, 3d^8$	2
(iv) ⇒ $[Cu(NH_3)_4]^{2+}$ Cu^{2+} $1s^2, 2s^2, 2p^6, 3s^2, 3p^6, 3d^9$	1

अतः $[FeF_6]^{3-}$ में सर्वाधिक 5 अयुग्मित इलेक्ट्रॉन हैं, जिसके कारण इसका चुम्बकीय आघूर्ण सर्वाधिक होगा। तत्पश्चात् क्रमशः $[NiCl_4]^{2-}$, $[Cu(NH_3)_4]^{2+}$ एवं $[Co(NH_3)_6]^{3+}$ का स्थान आएगा।

44. *(c)*

SF_4 SiF_4 XeF_4 BF_4 (sp^3 संकरण)

SF_4 में केवल एक ही इलेक्ट्रॉन के अबन्धित युग्म के होने के कारण इसमें दी गई संरचना के अनुसार इलेक्ट्रॉनों के मध्य प्रतिकर्षण के कारण आबन्धों की लम्बाई असमान होती है।

45. *(c)*

बेन्जीन + $CH_3CH(NO_2)CH=CH_2$ $\xrightarrow{H_2SO_4}$ $CH_3CH(NO_2)CH_2\overset{\oplus}{C}H_2$ $\xrightarrow{\text{बेन्जीन}}$ $C_6H_5CH_2CH_2CH(NO_2)CH_3$ (मुख्य उत्पाद)

46. *(c)* विकल्प (c) में दी गई संरचना माल्टोज की α-ऐनोमर संरचना को प्रदर्शित करता है।

माल्टोज एक डाइसैकेराइड शर्करा है जिसमें D-ग्लूकोस के दो अणु $C_1 - C_4$ ग्लाइकोसाइडिक बन्ध द्वारा जुड़ते हैं।

47. *(b)* बेन्जीन से 4-ब्रोमो-2-नाइट्रोएथिल बेन्जीन बनाने का सही क्रम निम्नवत् है

$$\text{C}_6\text{H}_6 \xrightarrow[\text{AlCl}_3]{\text{CH}_3\text{COCl}} \text{C}_6\text{H}_5\text{COCH}_3 \xrightarrow[\text{HCl}]{\text{Zn-Hg}} \text{C}_6\text{H}_5\text{C}_2\text{H}_5$$

फ्रीडल-क्राफ्ट ऐसीलीकरण; क्लीमेन्सन अपचयन

$$\xrightarrow{\text{Br}_2/\text{AlBr}_3} \text{(4-Br-C}_6\text{H}_4\text{C}_2\text{H}_5) \xrightarrow[\text{H}_2\text{SO}_4]{\text{HNO}_3} \text{(4-Br-2-NO}_2\text{-C}_6\text{H}_3\text{C}_2\text{H}_5)$$

48. *(c)* हैलोजनों के परीक्षण में सिल्वर नाइट्रेट डालने से पहले नाइट्रिक अम्ल (HNO_3) को सोडियम निष्कर्ष में मिलाया जाता है, क्योंकि कार्बनिक पदार्थों में हैलोजन के अतिरिक्त सल्फर या नाइट्रोजन भी उपस्थित हो सकते हैं जो Na से अभिक्रिया कर गलत परिणाम (अवक्षेप) दे सकते हैं।

$$NaCN + AgNO_3 \longrightarrow \underset{\text{सफेद अवक्षेप}}{AgCN} + NaNO_3$$

$$Na_2S + AgNO_3 \longrightarrow \underset{\text{काला अवक्षेप}}{Ag_2S} + NaNO_3$$

HNO_3 सल्फर एवं नाइट्रोजन से निम्न प्रकार से अभिक्रिया कर इन्हें परीक्षण से हटाता है एवं सोडियम निष्कर्ष को अम्लीकृत करता है

$$NaCN + HNO_3 \xrightarrow{\Delta} NaNO_3(aq) + HCN$$

$$Na_2S + HNO_3 \xrightarrow{\Delta} NaNO_3(aq) + H_2S$$

49. *(a)* दी गई प्रक्रिया ऐल्डिहाइड निर्माण की ऑक्सो विधि है

$$CH_3CH_2CH{=\!=}CH_2 + H_2 + CO \xrightarrow[\text{Rh}]{} CH_3CH_2CH_2CH_2 — CHO$$

50. *(c)*

$$\begin{matrix}CH_2—OH\\ |\\ CH_2—OH\end{matrix} + \begin{matrix}HO—C{=}O\\ |\\ HO—C{=}O\end{matrix} \xrightarrow{-2H_2O} \begin{matrix}CH_2—O—C{=}O\\ |\qquad\qquad |\\ CH_2—O—C{=}O\end{matrix} \xrightarrow{210^\circ C} \underset{\text{(मुख्य)}}{\begin{matrix}CH_2\\ \|\\ CH_2\end{matrix}}$$

51. *(1)* (iv) केवल सीजियम (Cs) ही प्रकाश विद्युत सेल में इलेक्ट्रोड की भाँति प्रयुक्त किया जा सकता है, क्योंकि Cs में प्रकाश ऊर्जा को अवशोषित कर इलेक्ट्रॉन परमाणु से बाहर निकल जाता है। ऐसा Cs की आयनन ऊर्जा के कम होने के कारण होता है अर्थात् यह बहुत कम ऊर्जा का उपयोग करके भी इलेक्ट्रॉन उत्सर्जित कर सकता है।

52. *(9122)* fcc एकक कोष्ठिका $Z = 4$; $a = 3.596$ Å

$$d = \frac{Z \times M}{N_A \times V} = \frac{4 \times 63.54}{6.022 \times 10^{23} \times [3.596 \times 10^{-8}]^3}$$

$$= \frac{4 \times 63.54}{6.022 \times 10^{23} \times 46.268 \times 10^{-24}}$$

$$= 9.122 \, \frac{\text{g}}{\text{cm}^3} = 9122 \, \frac{\text{kg}}{\text{m}^3}$$

53. *(52)* $\log\left(\frac{k_2}{k_1}\right) = \frac{E_a}{2.303R}\left[\frac{1}{T_1} - \frac{1}{T_2}\right]$

$$\log 5 = \frac{E_a}{2.303 \times 8.314}\left[\frac{1}{300} - \frac{1}{325}\right]$$

$$0.7 = \frac{E_a}{2.303 \times 8.314} \times \left[\frac{25}{300 \times 325}\right]$$

$$\Rightarrow \quad E_a = 0.7 \times 8.314 \times 2.303 \times 300 \times 13$$

$$= 52271.697 \text{ J} = 52.27 \times 10^3 \text{ J} = 52 \text{ kJ}$$

54. *(15)* $V_f = \frac{5 \times 8.314 \times 293}{1.3 \times 10^6} = 9369.23 \times 10^{-6}$

$$V_i = \frac{5 \times 8.314 \times 293}{2.1 \times 10^6} = 5800 \times 10^{-6}$$

$$W = -P_{ext}(V_f - V_i)$$

$$= -4.3 \times 10^6 (9369.23 - 5800) \times 10^{-6} \text{ J mol}^{-1}$$

$$= -4.3 \times 3569.23 \text{ J mol}^{-1}$$

$$= -1547.7 \text{ J mol}^{-1} = -15.34 \text{ kJ mol}^{-1}$$

$$Q = -W$$

$$Q = 15 \text{ kJ mol}^{-1}.$$

55. *(3)* $\underset{1-\alpha}{AB} \rightleftharpoons \underset{\alpha}{A^{n+}} + \underset{\alpha}{B^{n-}}$

$$i = 1 + \alpha = 1 + 0.75 \qquad (\because \alpha = 0.75)$$

$$= 1.75$$

$$\Delta T_b = ik_b m$$

$$\Rightarrow \quad m = \frac{2.5}{1.75 \times 0.52} = 2.75 \text{ mol/kg} \cong 3$$

56. *(23.9)* अपर्याप्त आँकड़े

1. $3Cu(s) + 8H^+ + 2NO_3^- \longrightarrow 3Cu^{2+} + 2NO + 4H_2O$

2. $Cu(s) + 4H^+ + 2NO_3^- \longrightarrow Cu^{2+} + 2NO_2 + 2H_2O$

माना, $[HNO_3] = x$, इसलिए $[H^+] = [NO_3^-] = x$

$$\Delta G_1 = -nFE_{cell} = -6F[E_{HNO_3/NO} - E_{Cu^{2+}/Cu}]$$

$$= -6F\left[(0.96 - 0.34) - \frac{0.059}{6}\log\frac{(p_{NO})^2[Cu^{2+}]^3}{x^{10}}\right]$$

$$= -6F\left[(0.62) - \frac{0.059}{6}\log\frac{(p_{NO})^2[Cu^{2+}]^3}{x^{10}}\right]$$

$$\Delta G_2 = -2F\left[(0.79 - 0.34) - \frac{0.059}{2}\log\frac{(p_{NO_2})^2[Cu^{2+}]}{x^6}\right]$$

$$= -2F\left[0.45 - \frac{0.059}{2}\log\frac{(p_{NO_2})^2[Cu^{2+}]}{x^6}\right]$$

$$\Delta G_1 = \Delta G_2 - 6F\left[0.62 = \frac{0.059}{6}\log\frac{(p_{NO})^2[Cu^{2+}]^3}{x^{10}}\right]$$

$$= -2F\left[0.45 - \frac{0.059}{2}\log\frac{(p_{NO_2})^2[Cu^{2+}]}{x^6}\right]$$

$$\left[1.86 - \frac{0.059}{2}\log\frac{(p_{NO})^2[Cu^{2+}]^3}{x^{10}}\right]$$

$$= 0.45 - \frac{0.059}{2}\log\frac{(p_{NO_2})^2[Cu^{2+}]}{x^6}$$

$$1.41 = \frac{0.059}{2}\left[\log\frac{(p_{NO})^2[Cu^{2+}]^3}{x^{10}}\,\frac{x^6}{(p_{NO_2})^2 Cu^{2+}]}\right]$$

$$\frac{1.41 \times 2}{0.059} = \log \frac{[Cu^+]^2}{x^4} \Rightarrow \log \frac{[Cu^{2+}]}{x^2} = 23.9$$

57. *(180)* $E = \left[\frac{hc}{\lambda}\right] = \left[\frac{6.62 \times 10^{-34} \times 3 \times 10^8}{663 \times 10^{-9}}\right]$ J

$$= \frac{19.86}{663} \times 10^{-17} = 2.998 \times 10^{-19} \text{ J}$$

$$= 2.995 \times 10^{-19} \times 10^{-3} \times 6.02 \times 10^{23} \text{ kJ/mol}$$

$$= 2.995 \times 6.02 \times 10$$

$$= 180.33 \text{ kJ/mol}$$

58. *(2)* परमाणु क्रमांक 29 (कॉपर) का इलेक्ट्रॉनिक विन्यास $_{29}Cu = [Ar]3d^{10}\ 4s^1$ है।

$Cu^{2+} = [Ar]3d^9\ 4s^0$

अत: $n = 1$

$$\mu = \sqrt{n(n+2)} = \sqrt{3} \text{ BM} = 1.73 \text{ BM} \cong 2$$

59. *(2)* ऐस्कॉर्बिक अम्ल (विटामिन C)

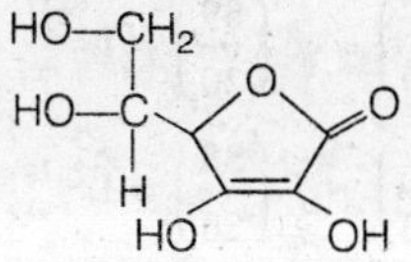

- सल्फैनिलिक अम्ल 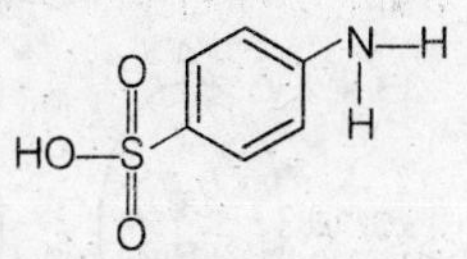
- पिक्रिक अम्ल 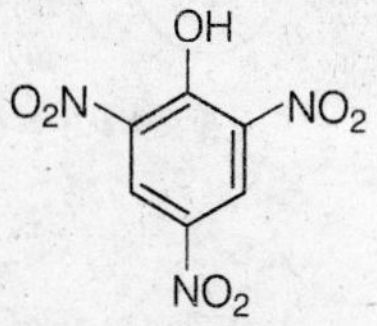
- ऐस्प्रिन (2-ऐसीटिल सैलिसिलिक अम्ल)

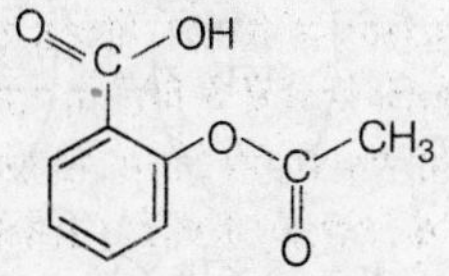

60. *(6)* $H_2C_2O_4 + 2NaOH \longrightarrow Na_2C_2O_4 + 2H_2O$

संयोजकता गुणांक=2 संयोजकता गुणांक=1

$H_2C_2O_4$ के मिली तुल्यांक = NaOH के मिली तुल्यांक

$$2 \times 1.25 \times 10 = 1 \times M \times 4.4 \Rightarrow M = 5.68$$

NaOH की मोलरता = 6

गणित

61. *(d)* माना A : धूम्रपान तथा मांसाहारी हैं।

B : धूम्रपान तथा शाकाहारी हैं।

C : धूम्रपान न करने वाले तथा शाकाहारी हैं।

$\therefore P(A) = \frac{160}{400}$ $P(B) = \frac{100}{400}$ तथा $P(C) = \frac{140}{400}$

तथा $P\left(\frac{E}{A}\right) = \frac{35}{100}$, $P\left(\frac{E}{B}\right) = \frac{20}{100}$ व $P\left(\frac{E}{C}\right) = \frac{10}{100}$

$$\therefore P\left(\frac{A}{E}\right) = \frac{P(A) \cdot P\left(\frac{E}{A}\right)}{P(A) \cdot P\left(\frac{E}{A}\right) + P(B) + P\left(\frac{E}{B}\right) + P(C) \cdot P\left(\frac{E}{C}\right)}$$

$$= \frac{\frac{160}{400} \times \frac{35}{100}}{\frac{160}{400} \times \frac{35}{100} + \frac{100}{400} \times \frac{20}{100} + \frac{140}{400} \times \frac{10}{100}}$$

$$= \frac{560}{560 + 200 + 140} = \frac{560}{900} = \frac{56}{90} = \frac{28}{45}$$

62. *(a)* यहाँ, $A = \begin{bmatrix} R_{11} & R_{12} & R_{13} \\ R_{21} & R_{22} & R_{23} \\ R_{31} & R_{32} & R_{33} \end{bmatrix}$

$$2A = \begin{bmatrix} 2R_{11} & 2R_{12} & 2R_{13} \\ 2R_{21} & 2R_{22} & 2R_{23} \\ 2R_{31} & 2R_{32} & 2R_{33} \end{bmatrix}$$

$R_2 \to 2R_2 + 5R_3$

$$B = \begin{bmatrix} 2R_{11} & 2R_{12} & 2R_{13} \\ 4R_{21} + 10R_{31} & 4R_{22} + 10R_{32} & 4R_{23} + 10R_{33} \\ 2R_{31} & 2R_{32} & 2R_{33} \end{bmatrix}$$

$R_2 \to R_2 - 5R_3$

$$B = \begin{vmatrix} 2R_{11} & 2R_{12} & 2R_{13} \\ 1R_{21} & 1R_{22} & 1R_{23} \\ 2R_{31} & 2R_{32} & 2R_{33} \end{vmatrix}$$

$$|B| = \begin{vmatrix} 2R_{11} & 2R_{12} & 2R_{13} \\ 4R_{21} & 4R_{22} & 4R_{23} \\ 2R_{31} & 2R_{32} & 2R_{33} \end{vmatrix}$$

$$|B| = 2 \times 2 \times 4 \begin{vmatrix} R_{11} & R_{12} & R_{13} \\ R_{21} & R_{22} & R_{23} \\ R_{31} & R_{32} & R_{33} \end{vmatrix} = 16 \times 4 = 64$$

63. *(d)* दिया है, $\begin{bmatrix} 1 & -\alpha \\ \alpha & \beta \end{bmatrix} \begin{bmatrix} 1 & \alpha \\ -\alpha & \beta \end{bmatrix} = \begin{bmatrix} 1+\alpha^2 & \alpha-\alpha\beta \\ \alpha-\alpha\beta & \alpha^2+\beta^2 \end{bmatrix} = \begin{bmatrix} 1 & 0 \\ 0 & 1 \end{bmatrix}$

$$1 + \alpha^2 = 1 \Rightarrow \alpha^2 = 0$$

$$\alpha^2 + \beta^2 = 1 \Rightarrow \beta^2 = 1$$

$$\alpha^4 = 0 \Rightarrow \beta^4 = 1$$

$$\alpha^4 + \beta^4 = 1$$

64. *(b)* $x = A \to B$ में एकैकी फलनों की संख्या

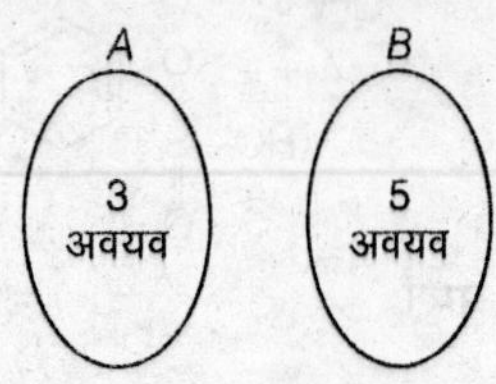

$$= 5 \times 4 \times 3 = 60$$

$A \to A \times B$

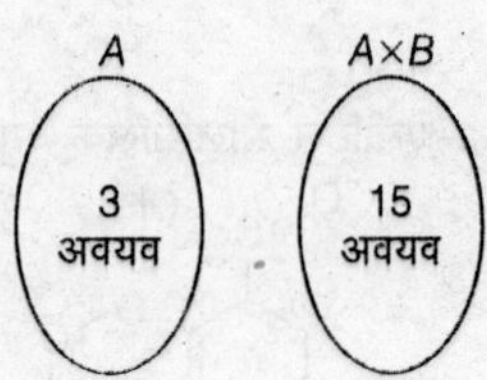

$$y = 15 \times 14 \times 13$$

$$y = 15 \times 4 \times \frac{14}{4} \times 13$$

$$y = x \times \frac{91}{2} \Rightarrow 2y = 91x$$

65. *(d)* $\because$ AM $\geq$ GM

$$\frac{a^{a^x} + \frac{a}{a^{a^x}}}{2} \geq \left(a^{a^x} \cdot \frac{a}{a^{a^x}}\right)^{1/2} \Rightarrow a^{a^x} + a^{1-a^x} \geq 2\sqrt{a}$$

66. *(a)* दिया है, $\int \frac{e^{3\log_e 2x} + 5e^{2\log_e 2x}}{e^{4\log_e x} + 5e^{3\log_e x} - 7e^{2\log_e^x}} dx,$

$$= \int \frac{8x^3 + 5(4x^2)}{x^4 + 5x^3 - 7x^2} dx = \int \frac{8x^3 + 20x^2}{x^4 + 5x^3 - 7x^2} dx$$

$$= \int \frac{8x + 20}{x^2 + 5x - 7} dx = \int \frac{4(2x+5)}{x^2 + 5x - 7} dx$$

Let $x^2 + 5x - 7 = t$

$$(2x+5)\,dx = dt = \int \frac{4\,dt}{t} = 4\ln|t| + C$$

$$= 4\ln|(x^2 + 5x - 7)| + C$$

67. *(c)* $n(S) = n$ (जब हजार वें स्थान पर 7 अंक आए) $+n$ (जब हजारवें स्थान पर 7 अंक नहीं आये)

$$= 9 \times 9 \times 9 + 8 \times 9 \times 9 \times 3 = 33 \times 9 \times 9$$

$n(E) = n$ (अंतिम संख्या 7 व 7 केवल एक बार आए) $+n$ (अंतिम संख्या 2 जब 7 एक बार आए)

$$= 8 \times 9 \times 9 + (9 \times 9 + 8 \times 9 \times 2)$$

$$\therefore \quad P(E) = \frac{n(E)}{n(S)} = \frac{8 \times 9 \times 9 + 9 \times 25}{33 \times 9 \times 9} = \frac{97}{297}$$

68. *(c)* $p \to q \equiv \sim q \to \sim p$ का प्रतिधनात्मक

$\Rightarrow$ "यदि तुम धन कमाओगे, तुम काम नहीं करोगे"

69. *(c)* दिया है,

$$2x + 3y + 2z = 9 \quad \text{...(i)}$$
$$3x + 2y + 2z = 9 \quad \text{...(ii)}$$
$$x - y + 4z = 8 \quad \text{...(iii)}$$

$$|A| = \begin{vmatrix} 2 & 3 & 2 \\ 3 & 2 & 2 \\ 1 & -1 & 4 \end{vmatrix} = -20 \neq 0$$

अत: निकाय का केवल एक हल होगा।

$\because \quad |A_1| = -20, |A_2| = -20$ तथा $|A_3| = -40$

अत: $(x, y, z) = (1, 1, 2)$

$\therefore$ निकाय का केवल एक हल होगा।

70. *(b)* दिया है, $f(x) = \frac{5^x}{5^x + 5}$ ...(i)

$$f(2-x) = \frac{5^{2-x}}{5^{2-x} + 5}$$

$$f(2-x) = \frac{5}{5^x + 5} \quad \text{...(ii)}$$

समी (i) तथा (ii) को हल करने पर,

$$f(x) + f(2-x) = 1$$

$$f\left(\frac{1}{20}\right) + f\left(\frac{39}{20}\right) = 1$$

$$f\left(\frac{2}{20}\right) + f\left(\frac{38}{20}\right) = 1$$

$$\vdots$$

$$f\left(\frac{19}{20}\right) + f\left(\frac{21}{20}\right) = 1$$

तथा $f\left(\frac{20}{20}\right) = f(1) = \frac{1}{2} = 19 + \frac{1}{2} = \frac{39}{2}$

71. *(c)* दिया है, $x^2 - 6x - 2 = 0$ के मूल α तथा β है

$$\alpha + \beta = 6 \Rightarrow \alpha \cdot \beta = -2 \text{ तथा } \alpha^2 - 6\alpha - 2 = 0$$

$$\Rightarrow \quad \alpha^2 - 2 = 6\alpha \Rightarrow \beta^2 - 6\beta - 2 = 0 \Rightarrow \beta^2 - 2 = 6\beta$$

अब, $\frac{a_{10} - 2a_8}{3a_9} = \frac{(\alpha^{10} - \beta^{10}) - 2(\alpha^8 - \beta^8)}{3(\alpha^9 - \beta^9)}$

$$= \frac{(\alpha^{10} - 2\alpha^8) - (\beta^{10} - 2\beta^8)}{3(\alpha^9 - \beta^9)} = \frac{(\alpha^8(\alpha^2 - 2) - \beta^8(\beta^2 - 2))}{3(\alpha^9 - \beta^9)}$$

$$= \frac{\alpha^8(6\alpha) - \beta^8(6\beta)}{3(\alpha^9 - \beta^9)} = \frac{6(\alpha^9 - \beta^9)}{3(\alpha^9 - \beta^9)} = 2$$

72. *(b)* $\alpha, \beta \in R$

$\Rightarrow$ मूल $1 - 2i$ तथा $1 + 2i$ है।

मूलों का योगफल $= -\alpha = 2 \Rightarrow \alpha = -2$

तथा मूलों का गुणनफल $= \beta = 1 + 4 = 5$

$$\therefore \quad (\alpha - \beta) = (-2 - 5) = -7$$

73. *(b)* दिया है, $I_{n+2} + I_n = \int_{\pi/4}^{\pi/2} \cot^n x \cdot \operatorname{cosec}^2 x\, dx = \left[\frac{-(\cot x)^{n+1}}{n+1}\right]_{\pi/4}^{\pi/2}$

$$I_{n+2} + I_n = \frac{1}{n+1}$$

$$I_2 + I_4 = \frac{1}{3},\ I_3 + I_5 = \frac{1}{4},\ I_4 + I_6 = \frac{1}{5}$$

74. *(b)* दिया है, $x^2 + 2y^2 = 2$ ...(i)

$x + y = 1$ ...(ii)

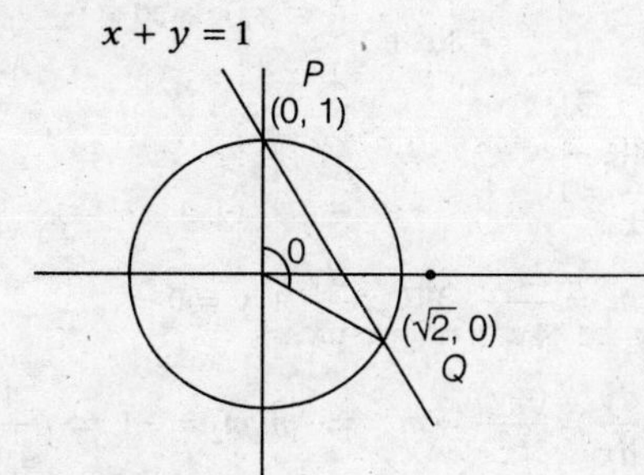

सजातीकरण करने पर,

$$x^2 + 2y^2 = 2(x + y)^2 \Rightarrow x^2 + 4xy = 0$$

रेखाएँ $x = 0$ तथा $y = \frac{-1}{4}x$

इसलिए, $\theta = \frac{\pi}{2} + \tan^{-1}\left(\frac{1}{4}\right)$

75. *(b)* ∵ न्यूनतम दूरी उभयनिष्ठ अभिलम्ब के पास होनी चाहिए।

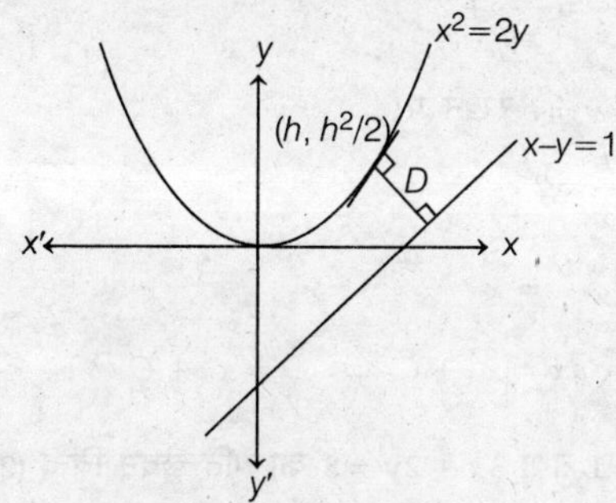

m_1 (रेखा $x - y = 1$ की प्रवणता) = 1

⇒ लम्बवत् रेखा की प्रवणता $e = -1$

$$m_2 = 2h/v = h \Rightarrow m_2 = h$$

⇒ अभिलम्ब की प्रवणता $-\frac{1}{h}$ है।

$$-\frac{1}{h} = -1 \Rightarrow h = 1$$

इसलिए, बिन्दु $\left(1, \frac{1}{2}\right)$ है

$$D = \left|\frac{1 - \frac{1}{2} - 1}{\sqrt{1+1}}\right| = \frac{1}{2\sqrt{2}}$$

76. *(d)* समतल का अभिलम्ब है:

$$\mathbf{n} = \begin{vmatrix} \hat{\mathbf{i}} & \hat{\mathbf{j}} & \hat{\mathbf{k}} \\ 1 & 1 & -2 \\ 1 & 2 & -1 \end{vmatrix} = 3\hat{\mathbf{i}} - \hat{\mathbf{j}} + \hat{\mathbf{k}}$$

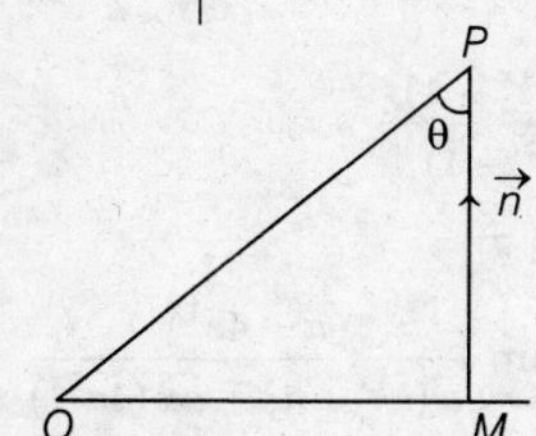

$$\mathbf{OP} = 2\hat{\mathbf{i}} - \hat{\mathbf{j}} + \hat{\mathbf{k}}$$

$$\cos\theta = \frac{6+1+1}{\sqrt{6}\sqrt{11}} = \frac{8}{\sqrt{11}} \cdot \frac{1}{\sqrt{6}} \Rightarrow \sin\theta = \sqrt{\frac{2}{66}}$$

समतल पर **OP** का प्रक्षेप्य $= |\mathbf{OP}| \sin\theta$

$$= \sqrt{6} \times \sqrt{\frac{2}{66}} = \sqrt{\frac{2}{11}}$$

77. *(d)* $e_1 = \sqrt{1 - \frac{16}{25}} = \frac{3}{5}$

नाभि $= (\pm 3, 0)$

माना अतिपरवलय का समीकरण $\frac{x^2}{A^2} - \frac{y^2}{B^2} = 1$

$$A^2 = 9, A = 3, e_2 = \frac{5}{3} \Rightarrow (e_2)^2 = 1 + \frac{B^2}{A^2}$$

$$\frac{25}{9} = 1 + \frac{B^2}{9} \Rightarrow B^2 = 16$$

$$\Rightarrow \frac{x^2}{9} - \frac{y^2}{16} = 1$$

78. *(b)* दिया है, $\operatorname{cosec}\left(2\cot^{-1}(5) + \cos^{-1}\left(\frac{4}{5}\right)\right)$

$$= \operatorname{cosec}\left(2\tan^{-1}\left(\frac{1}{5}\right) + \cos^{-1}\left(\frac{4}{5}\right)\right)$$

$$= \operatorname{cosec}\left(\tan^{-1}\left(\frac{2\left(\frac{1}{5}\right)}{1 - \left(\frac{1}{5}\right)^2}\right) + \cos^{-1}\left(\frac{4}{5}\right)\right)$$

$$= \operatorname{cosec}\left(\tan^{-1}\left(\frac{5}{12}\right) + \cos^{-1}\left(\frac{4}{5}\right)\right)$$

माना $\tan^{-1}\left(\frac{5}{12}\right) = \theta \Rightarrow \sin\theta = \frac{5}{13}, \cos\theta = \frac{12}{13}$

तथा $\cos^{-1}\left(\frac{4}{5}\right) = \phi \Rightarrow \cos\phi = \frac{4}{5}$ तथा $\sin\phi = \frac{3}{5}$

$$= \operatorname{cosec}(\theta + \phi)$$

$$= \frac{1}{\sin\theta\cos\phi + \cos\theta\sin\phi} = \frac{1}{\frac{5}{13}\cdot\frac{4}{5} + \frac{12}{13}\cdot\frac{3}{5}} = \frac{65}{56}$$

79. *(b)* $2\cos\left(\frac{x+y}{2}\right)\cos\left(\frac{x-y}{2}\right) - \left[2\cos^2\left(\frac{x+y}{2}\right) - 1\right] = \frac{3}{2}$

$$\Rightarrow 2\cos\left(\frac{x+y}{2}\right)\left[\cos\left(\frac{x-y}{2}\right) - \cos\left(\frac{x+y}{2}\right)\right] = \frac{1}{2}$$

⇒ माना $\cos\left(\frac{x+y}{2}\right) = \alpha, \cos\left(\frac{x-y}{2}\right) = \beta$

$$\Rightarrow 2\alpha\beta - 2\alpha^2 = \frac{1}{2} \Rightarrow 4\alpha^2 - 4\alpha\beta + 1 = 0$$

$$\Rightarrow 4\alpha^2 - 4\alpha\beta + \beta^2 + 1 - \beta^2 = 0 \Rightarrow (2\alpha - \beta)^2 + (1 - \beta^2) = 0$$

$$\Rightarrow \left(2\cos\left(\frac{x+y}{2}\right) - \cos\left(\frac{x-y}{2}\right)\right)^2 \geq 0$$

$$+\left(1-\cos^2\left(\frac{x-y}{2}\right)\right) = 0 \geq 0$$

$$\because \; -\frac{\pi}{2} < \frac{x-y}{2} < \frac{\pi}{2}$$

$$\Rightarrow 2\cos\left(\frac{x+y}{2}\right) = \cos\left(\frac{x-y}{2}\right)$$

तथा $\cos^2\left(\frac{x-y}{2}\right) = 1 \Rightarrow x = y$

इसलिए, $2\cos\left(\frac{2x}{2}\right) = \cos 0 \Rightarrow \cos x = \frac{1}{2} \Rightarrow x = y = 60°$

$$\therefore \quad \sin x + \cos y = \frac{\sqrt{3}}{2} + \frac{1}{2} = \frac{1+\sqrt{3}}{2}$$

80. *(a)* दिया है, $\lim_{n\to\infty}\sum_{r=0}^{n-1}\frac{n}{(n+r)^2} = \int_0^1 \frac{dx}{(1+x)^2} = -\left[\frac{1}{1+x}\right]_0^1$

$$\Rightarrow -\left[\frac{1}{2}-1\right] = \frac{1}{2}$$

81. *(44)* दिया है,

$$l_1 : \mathbf{r} = (3+t)\,\hat{\mathbf{i}} + (-1+2t)\,\hat{\mathbf{j}} + (4+2t)\,\hat{\mathbf{k}}$$

$$l_2 : \mathbf{r} = (3+2s)\,\hat{\mathbf{i}} + (3+2s)\,\hat{\mathbf{j}} + (2+s)\,\hat{\mathbf{k}}$$

$$l_1 \to \frac{x-3}{1} = \frac{y+1}{2} = \frac{z-4}{2}$$

$$l_2 \to \frac{x-3}{2} = \frac{y-3}{2} = \frac{z-2}{1}$$

रेखा l, दोनों l_1 तथा l_2 के लम्बवत् है तथा मूलबिन्दु से होकर गुजरती है।

$\therefore$ रेखा $l, \frac{x}{-2} = \frac{y}{3} = \frac{z}{-2} = \mu$

l तथा l_1 के प्रतिच्छेदन के लिए

$$3+t = -2\mu,\ -1+2t = 3\mu,\ 4+2t = -2\mu$$

$$\Rightarrow \quad t = -1, \mu = -1$$

(i) l तथा l_1 का प्रतिच्छेदन बिन्दु $(2, -3, 2)$

(ii) l_2 पर बिन्दु $(3+2s, 3+2s, 2+s)$

समी (i) तथा (ii) के मध्य की दूरी $\sqrt{17}$ है।

इसलिए, $(2s+1)^2 + (2s+6)^2 + (s)^2 = 17$

$s = -2, \frac{-10}{9}$

$s = -2$ नगण्य है, क्योंकि बिन्दु प्रथम चतुर्थांश में स्थित है।

समान रूप से, $a = 3 - \frac{20}{9} = \frac{7}{9}, b = 3 - \frac{20}{9} = \frac{7}{9}, c = 2 - \frac{10}{9} = \frac{8}{9}$

$$18(a+b+c) = 44$$

82. *(1)* $x = 4k+3$, जहाँ $k \in W$

इसलिए, $(2024 + 4k - 1)^{2022} = (4\lambda - 1)^{2022}$

$$= {}^{2022}C_0\,(4\lambda)^{2022} \ldots\ldots {}^{2022}C_{2021}\,(4\lambda) + 1$$

एक प्राकृतिक संख्या जोकि 8 का गुणज है।

$$= 8\mu + 1$$

$\therefore$ शेषफल 1 है।

83. *(4)* $4y^3\frac{dy}{dx} = 1$

$$m_1 = \frac{1}{4y^3} \quad \text{और } x\frac{dy}{dx} + y = 0$$

$$\Rightarrow \quad \frac{dy}{dx} = \frac{(-y)}{x} = m_2 \Rightarrow m_1m_2 = -1 \Rightarrow \frac{1}{4y^3}\times\frac{-y}{x} = -1$$

$$\because \quad x = y^4$$

$$\frac{1}{4\cdot y^6} = 1 \text{ तथा } xy = k$$

$$y^6 = \frac{1}{4} \Rightarrow k = y^5 \Rightarrow k^6 = y^{30} \Rightarrow k^6 = \left(\frac{1}{4}\right)^5$$

$$\therefore \quad (4k)^6 = 4^6 \times k^6 = 4$$

84. *(1)* $\frac{-1}{y^2}\frac{dy}{dx} = \frac{-1}{xy} + 2$

$1/y = t$ रखने पर,

$$\Rightarrow \frac{dt}{dx} + \frac{t}{x} = 2$$

$$\text{IF} = e^{\int 1/x\,dx} = x$$

$$tx = \int 2x\,dx = x^2 + C \Rightarrow \frac{x}{y} = x^2 + C$$

$2x - 3y = 1$ तथा $3x + 2y = 8$ का प्रतिच्छेदन बिन्दु $(2, 1)$ है।

इसलिए, $C = -2$

$y(1)$ के लिए,

$$(1)^2 y(1) - 1 - 2y(1) = 0 = y(1) = -1$$

$$\because \quad |y(1)| = 1$$

85. *(45)* $\because 7^n = (10-3)^n = 10k + (-3)^n$

$$\therefore \quad 7^n + 3^n = 10k + (-3)^n + 3^n$$

→ 10 K, यदि n = विषम

→ 10 K + 2.3^n, यदि n = सम

माना $n = 2t, t \in N$

$$\therefore 3^n = 3^{2t} = (10-1)^t = 10p + (-1)^t = 10p \pm 1$$

यदि n = सम है, तब $7^n + 3^n$ जो कि 10 से विभाज्य नहीं है।

इसलिए, यदि n विषम है, तब $7^n + 3^n$, 10 से विभाज्य होगा।

$$\therefore \quad n = 11, 13, 15, \ldots, 99$$

$$99 = 11 + (N-1)2 \Rightarrow 88 = (N-1)2$$

$$N - 1 = 44 \Rightarrow N = 45$$

कुल संख्या = 45

86. *(5)* $\lim_{x\to 0}\frac{ax - (e^{4x}-1)}{ax(e^{4x}-1)}$

L' हॉस्पिटल नियम से,

$$= \lim_{x\to 0}\frac{a - 4e^{4x}}{a(e^{4x}-1) + ax(4e^{4x})}$$

इसलिए, $a = 4$

L' हॉस्पिटल नियम से,

$$= \lim_{x \to 0} \frac{-16e^{4x}}{a(4e^{4x}) + a(4e^{4x}) + ax(16e^{4x})}$$

$$= \frac{-16}{4a + 4a} = \frac{-16}{32} = -\frac{1}{2} = b$$

$$= a - 2b = 4 - 2\left(\frac{-1}{2}\right) = 4 + 1 = 5$$

87. *(5)*

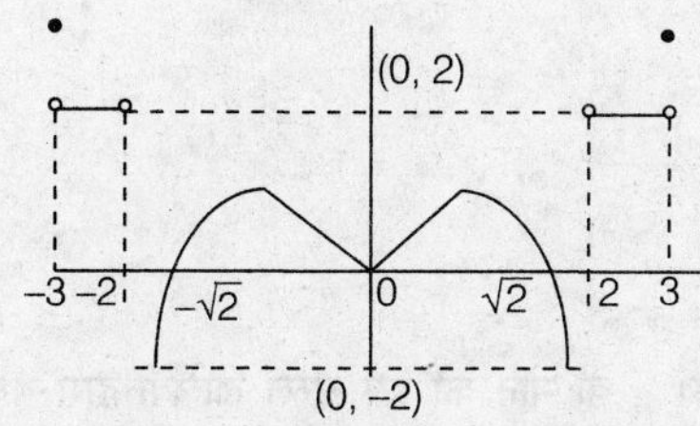

बिन्दु $(-3, 3)$ से, बिन्दुओं की संख्या जहाँ f अवकलनीय नहीं है $= 5$

88. *(9)*

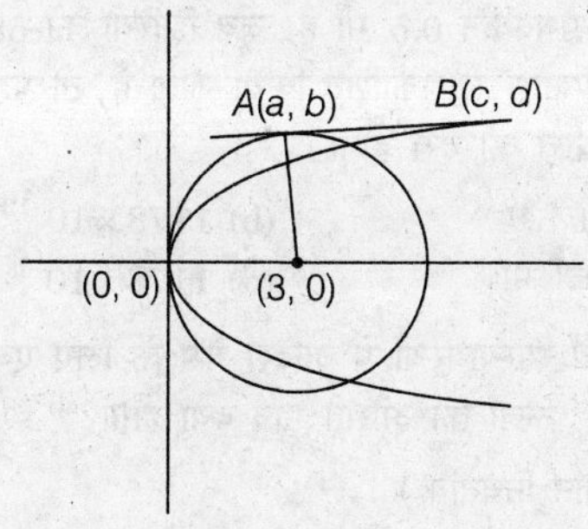

$$y^2 = 4x$$

$$T_1 \to y = mx + \frac{1}{m}$$

$$\left|\frac{3m + \frac{1}{m}}{\sqrt{1 + m^2}}\right| = 3 \Rightarrow m = \pm\frac{1}{\sqrt{3}}$$

$(m = -1/\sqrt{3})$ (अमान्य)

स्पर्श रेखा का समीकरण

$$y = \frac{1}{\sqrt{3}}x + \sqrt{3}$$

$y^2 = 4x$ के बिन्दु (c, d) पर स्पर्शी

$$yd = 2(x + c)$$

उपरोक्त दो स्पर्शियों की तुलना करने पर, $c = 3$

साथ ही, दिए गए वृत्त पर (a, b) की स्पर्शी

$$yb = x(3 - a) + 3a$$

स्पर्शी की समीकरण से तुलना करने पर, $a = 3/2$

$$2(a + c) = 9$$

89. *(2)* $|\mathbf{a} \times \mathbf{b}| = 8\sqrt{3}$

तथा $\mathbf{a} \times \mathbf{b} = (\hat{\mathbf{i}} + \alpha\hat{\mathbf{j}} + 3\hat{\mathbf{k}}) \times (3\hat{\mathbf{i}} - \alpha\hat{\mathbf{j}} + \hat{\mathbf{k}})$

$$= (4\alpha\hat{\mathbf{i}} + 8\hat{\mathbf{j}} - 4\alpha\hat{\mathbf{k}})$$

$$|\mathbf{a} \times \mathbf{b}| = |4\alpha\hat{\mathbf{i}} + 8\hat{\mathbf{j}} - 4\alpha\hat{\mathbf{k}}| = \sqrt{32\alpha^2 + 64}$$

$$8\sqrt{3} = \sqrt{32\alpha^2 + 64} \Rightarrow \alpha^2 = 4$$

इसलिए, $\mathbf{a} \cdot \mathbf{b} = 3 - \alpha^2 + 3 = 6 - 4 = 2$

90. *(19)* दिया है, $3\int_{-2}^{2}|x^2 - x - 2|\,dx$

$$= 3\left\{\int_{-2}^{-1}(x^2 - x - 2)\,dx + \int_{-1}^{2}(-x^2 + x + 2)\,dx\right\}$$

$$= 3\left[\left(\frac{x^3}{3} - \frac{x^2}{2} - 2x\right)\Bigg|_{-2}^{-1} - \left(\frac{x^3}{3} - \frac{x^2}{2} - 2x\right)\Bigg|_{-1}^{2}\right] = 19$$

JEE Main संयुक्त प्रवेश परीक्षा

सॉल्वड पेपर 2021

18 मार्च, प्रथम पाली

भौतिकी

खण्ड 'A' ऑब्जेक्टिव प्रश्न

1. नियत त्वरण से गतिमान किसी कण की स्थिति, वेग और त्वरण को निम्नलिखित में से किसके द्वारा दर्शाया जा सकता है?

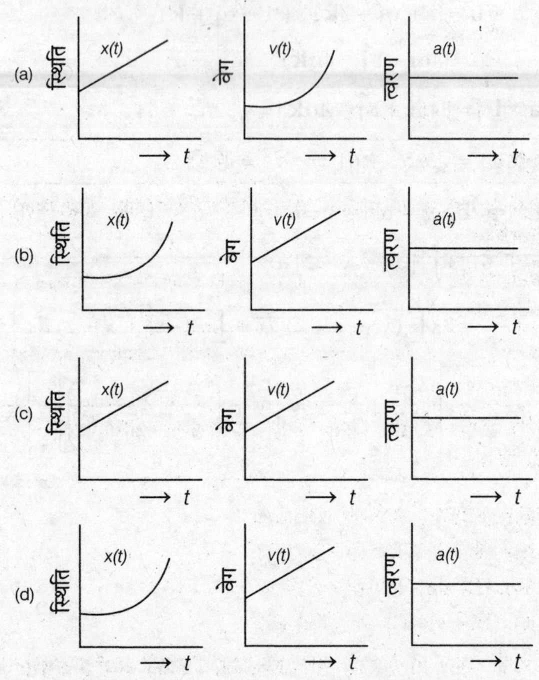

2. एक प्रोटॉन इलेक्ट्रॉन की गति से चार गुनी गति से चल रहा है। यदि प्रोटॉन और इलेक्ट्रॉन की दे-ब्रॉग्ली तरंगदैर्ध्यो का अनुपात 2 : 1 हो, तो कण का द्रव्यमान होगा

(a) इलेक्ट्रॉन के द्रव्यमान का 16 गुना
(b) इलेक्ट्रॉन के द्रव्यमान का 8 गुना
(c) इलेक्ट्रॉन के द्रव्यमान का 1/16 गुना
(d) इलेक्ट्रॉन के द्रव्यमान का 1/8 गुना

3. एक सरल लोलक का आवर्तकाल $T = 2\pi\sqrt{l/g}$ से दिया गया है। लोलक की लम्बाई को 10 सेमी, 1 मिमी यथार्थता के साथ मापा गया है लोलक के 200 दोलनों का समय 1 सेकण्ड विभेदन वाली घड़ी से 100 सेकण्ड माना गया है। g के मान को इस सरल लोलक द्वारा यथार्थता के साथ मापने पर प्रतिशत त्रुटि x का मान निकटतम पूर्णांक में होगा

(a) 4% (b) 5% (c) 2% (d) 3%

4. एक यंग की द्वि-झिर्री में, पर्दे की झिर्रियों से दूरी 0.5 मिमी है तथा झिर्रियों के मध्य पृथक्कन 0.5 मी है। जब झिरियों को 5890 Å तरंगदैर्ध्य के एकवर्णी के प्रकाश से प्रकाशित किया जाता है, तो पहली तथा तीसरी दीप्त फ्रिंजों के बीच की दूरी होगी

(a) 1178×10^{-9} मी (b) 1178×10^{-12} मी
(c) 1178×10^{-6} मी (d) 1178×10^{-7} मी

5. ताप T पर तापीय साम्यावस्था में आदर्श गैस के लिए एकल स्वातन्त्र्य कोट के अनुदिश, ऊर्जा का औसत मान क्या होगा?

(k_B = बोल्टज़मान नियतांक)

(a) $\frac{3}{2}k_BT$ (b) k_BT
(c) $\frac{2}{3}k_BT$ (d) $\frac{1}{2}k_BT$

6. आपके मित्र को दृष्टि दोष की समस्या है वह किसी दूरस्थ खिड़की की एकसमान जाली को सही से नहीं देख पाती है और यह जाली उसे असमान ओर विरूपित दिखाई देती है। डॉक्टर इस समस्या का निदान इस प्रकार करता है

(a) निकट दृष्टिदोष और दूर दृष्टिदोष
(b) निकट दृष्टिदोष और अबिन्दुकता
(c) जरा दृष्टिदोष और अबिन्दुकता
(d) अबिन्दुकता

7. किसी श्रेणी L-C-R अनुनादी परिपथ में यदि हम केवल प्रतिरोध का मान निम्न से उच्च ओर परिवर्तित करें, तो

(a) गुणता कारक बढ़ जाएगा
(b) अनुनादी आवृत्ति बढ़ जाएगी
(c) अनुनादी परिपथ की बैण्ड चौड़ाई बढ़ जाएगी
(d) गुणता कारक और अनुनादी आवृत्ति नियत रहेगी

8. किसी उपग्रह की त्रिज्या R की वृत्तीय कक्षा में आवर्तकाल T है। किसी अन्य उपग्रह की त्रिज्या $9R$ की वृत्तीय कक्षा में आवर्तकाल होगा

(a) $12T$ (b) $3T$ (c) $27T$ (d) $9T$

9. एक 220 V, 50 Hz अनुमतांक के प्रत्यावर्ती धारा स्रोत को किसी प्रतिरोध से जोड़ा गया है। धारा को, उसके अधिकतम मान से rms में परिवर्तित होने में लगा समय होगा

(a) 25 ms (b) 2.5 ms (c) 0.25 ms (d) 2.5 s

10. ओम के नियम के प्रयोग में, एक 10.0 सेमी लम्बे एवं 500 मिमी व्यास के चालक के सिरों पर 5.0 V का विभवान्तर लगाया गया है। चालक में मापी गई धारा का मान 2.00 A है। चालक की प्रतिरोधकता में अधिकतम अनुमेय प्रतिशत त्रुटि होगी

(a) 3.9 (b) 8.4 (c) 7.5 (d) 3.0

11. लचीले तार से अनियमित आकृति में बना कोई लूप, जिसमें धारा प्रवाहित हो रही है किसी बाहरी चुम्बकीय क्षेत्र में रखा है। चुम्बकीय क्षेत्र के तार पर प्रभाव की पहचान कीजिए।

(a) लूप वृत्तीय आकार लेगा और इसका तल क्षेत्र के समान्तर होगा
(b) तार खींचकर सीधा हो जाएगा
(c) लूप की आकृति अप्रभावित रहेगी।
(d) लूप वृत्तीय आकार लेगा और इसका तल क्षेत्र के अभिलम्बवत् होगा

12. कल्पना कीजिए कि किसी हाइड्रोजन परमाणु में इलेक्ट्रॉन को म्यूऑन (μ) से विस्थापित किया गया है। म्यूऑन का द्रव्यमान इलेक्ट्रॉन के द्रव्यमान का 207 गुना तथा आवेश, इलेक्ट्रॉन के आवेश के बराबर है। इस हाइड्रोजन परमाणु का आयनन विभव होगा

(a) 2815.2 eV (b) 331.2 eV
(c) 27.2 eV (d) 13.6 eV

13. एक समतल विद्युतचुम्बकीय तरंग, जिसकी आवृत्ति 10 MHz है X-अक्ष के अनुदिश निर्वात में गति कर रही है। समय और मुक्त आकाश में किसी विशेष बिन्दु पर, $B = 2.0 \times 10^{-8}\hat{k}T$ है (जहाँ $\hat{k}$, Z-अक्ष के अनुदिश एकांक सदिश है।) इस बिन्दु पर **E** का मान होगा? (प्रकाश की चाल, $c = 3 \times 10^8$ m/s)

(a) $0.6\,\hat{j}\,\frac{V}{m}$ (b) $0.6\,\hat{k}\,\frac{V}{m}$ (c) $6.0\,\hat{k}\,\frac{V}{m}$ (d) $6.0\,\hat{j}\,\frac{V}{m}$

14. मिलिकॉन ऑयल ड्रॉप प्रयोग में, नियत विद्युत क्षेत्र 3.55×10^5 Vm^{-1} के अधीन एक तेल की बूँद जिसकी त्रिज्या 2 mm और घनत्व 3 g cm^{-3} हैं, को स्थिर रखा गया है। तेल की बूँद पर उपस्थित अत्यधिक इलेक्ट्रॉनों की संख्या होगी? (माना $g = 9.81\,m/s^2$)

(a) 17.3×10^{10} (b) 48.8×10^{11}
(c) 1.73×10^{12} (d) 1.73×10^{10}

15. चक्रीय प्रक्रम से गुजर रहे द्विपरमाणुक आदर्श गैस के p-V आरेख को चित्र में दर्शाया गया है। CD के अनुदिश रूद्धोष्म प्रक्रम में किया गया कार्य होगा ($\gamma = 1.4$ का उपयोग कीजिए)

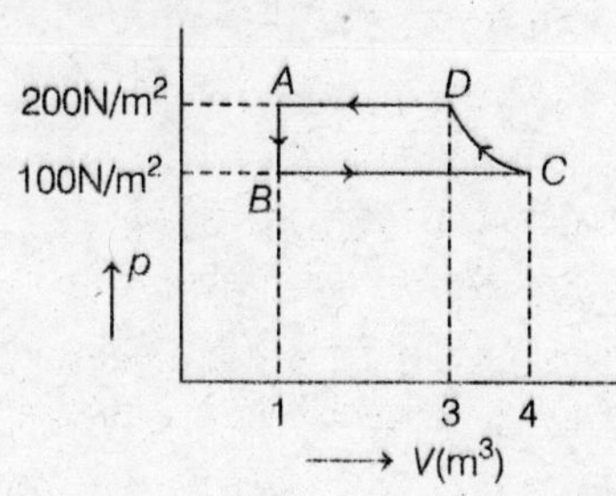

(a) −500 J (b) −400 J (c) 400 J (d) 200 J

16. चार सर्वसम लम्बी परिनालिकाओं A, B, C और D को एक-दूसरे के साथ चित्रानुसार संयोजित किया गया है। यदि A के केन्द्र पर चुम्बकीय क्षेत्र 3T हैं, तो C के केन्द्र पर चुम्बकीय पर क्षेत्र होगा। (माना गया है कि, चुम्बकीय क्षेत्र, इन परिनालिकाओं के अपने आयतन के भीतर परिबद्ध है।)

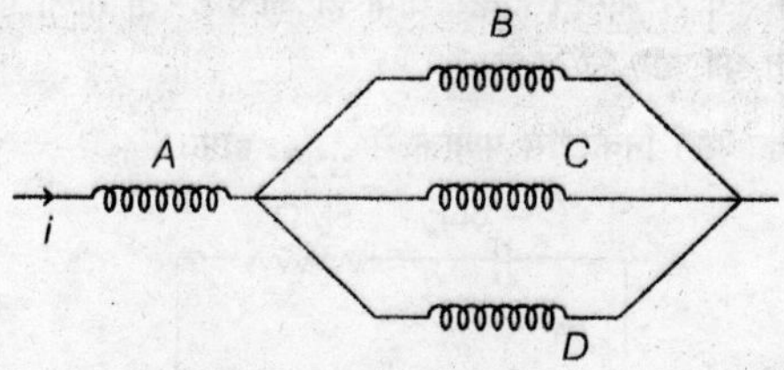

(a) 9 T (b) 6 T (c) 1 T (d) 12 T

17. कोई पतला वृत्ताकार वलय, जिसका द्रव्यमान M और त्रिज्या r है अपने अक्ष के परित: ω कोणीय चाल से घूर्णन कर रहा है दो सर्वसम कणों को जिनमें प्रत्येक का द्रव्यमान m है व्यास के दो विपरीत बिन्दुओं पर जोड़ा गया है। इस वलय की कोणीय चाल हो जाएगी

(a) $\omega\frac{M}{M+m}$ (b) $\omega\frac{M}{M+2m}$
(c) $\omega\frac{M-2m}{M+2m}$ (d) $\omega\frac{M+2m}{M}$

18. सूची I और सूची II को मिलाइए।

	सूची I		सूची II
(A)	पृथ्वी के पृष्ठ से 10 किमी ऊँचाई पर	(i)	थर्मोस्फीयर (बाह्य वायुमण्डल)
(B)	पृथ्वी के पृष्ठ से 70 किमी ऊँचाई पर	(ii)	मेसोस्फीयर (मध्यमण्डल)
(C)	पृथ्वी के पृष्ठ से 180 किमी ऊँचाई पर	(iii)	स्ट्रेटोस्फीयर (समताप मण्डल)
(D)	पृथ्वी के पृष्ठ से 270 किमी ऊँचाई पर	(iv)	ट्रोपोस्फीयर (क्षोभमण्डल)

(a) (A)-(iii), (B)-(ii), (C)-(i), (D)-(iv)
(b) (A)-(ii), (B)-(i), (C)-(iv), (D)-(i)
(c) (A)-(iv), (B)-(iii), (C)-(ii), (D)-(i)
(d) (A)-(i), (B)-(iv), (C)-(iii), (D)-(ii)

19. एक रेडियोधर्मी नमूना, दो स्वतन्त्र क्षय प्रक्रियाओं जिनकी अर्धायु क्रमश: $T_{1/2}^{(1)}$ और $T_{1/2}^{(2)}$ हैं, से विघटित होता है। इस नाभिक की प्रभावी अर्द्धायु $T_{1/2}$ का मान होगा

(a) $T_{1/2} = \frac{T_{1/2}^{(1)}T_{1/2}^{(2)}}{T_{1/2}^{(1)} + T_{1/2}^{(2)}}$ (b) $T_{1/2} = \frac{T_{1/2}^{(1)}T_{1/2}^{(2)}}{T_{1/2}^{(1)} - T_{1/2}^{(2)}}$
(c) $T_{1/2} = T_{1/2}^{(1)} + T_{1/2}^{(2)}$ (d) इनमें से कोई नहीं

20. नियत शक्ति प्रदान करने वाली एक मशीन विराम में रखे एक बॉक्स को किसी क्षैतिज सरल रेखा के अनुदिश खींचती है। t समय में बॉक्स के द्वारा तय की गई दूरी निम्नलिखित में से किसके अनुक्रमानुपाती होगी?

(a) t (b) $t^{\frac{2}{3}}$
(c) $t^{\frac{3}{2}}$ (d) $t^{\frac{1}{2}}$

खण्ड 'B' न्यूमैरिकल वैल्यू प्रश्न

21. 0.1 किग्रा की किसी गोली को, लकड़ी के टुकड़े में भेदन करने के लिए दागा जाता है। लेकिन यह टुकड़े में 50 सेमी दूरी चलकर रुक जाती है। यदि गोली का वेग, लकड़ी के भेदन से पूर्व 10 मी/से है और यह एक एकसमान रूप से मन्दित होकर धीमी हो जाती है, तो गोली पर प्रभावी मंदक बल का मान 'x' N है।

यहाँ 'x' का मान निकटतम पूर्णांक में .... होगा।

22.

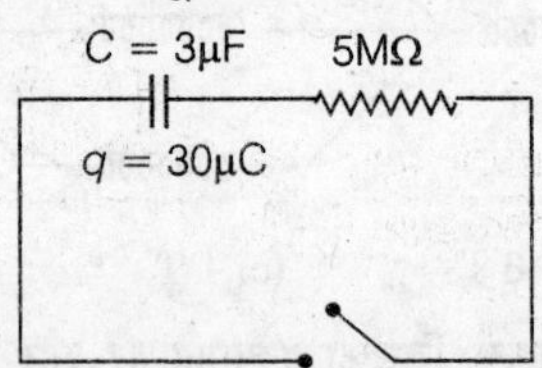

चित्र में दिखाए गए परिपथ में, एक आवेशित संधारित्र है जिसकी धारिता $3\mu F$ और आवेश $30\mu C$ है। $t = 0$ पर जब कुंजी बन्द है, तो $5\,M\Omega$ प्रतिरोध से प्रवाहित धारा का मान 'x' μA है।

यहाँ 'x' का मान निकटतम पूर्णांक में .... होगा।

23. दो पृथक तारों A और B पर $2\,N$ का बल लगाकर क्रमश: 2 मिमी और 4 मिमी तक खींचा जाता है। माना गया है कि दोनों तार एक ही पदार्थ से बने हैं तथा तार B की त्रिज्या, तार A की त्रिज्या की 4 गुनी है। तार A और B की लम्बाईयों का अनुपात $a : b$ है, तो $\frac{a}{b}$ को $\frac{1}{x}$ के रूप में लिखने पर x का मान ...... है।

24. एक व्यक्ति 10 मी/से की चाल से धारा के साथ $120°$ का कोण बनाते हुए तैरकर नदी के दूसरे छोर पर ठीक विपरीत बिन्दु पर पहुँचता हैं। धारा की चाल x मी/से है।

यहाँ x का मान निकटतम पूर्णांक में .... होगा।

25. एक समान्तर प्लेट संधारित्र में, प्लेट का क्षेत्रफल 100 मी^{2} और प्लेटों का पृथक्कन 10 मी है। प्लेटों के बीच के स्थान को परावैद्युतांक 10 के पदार्थ से 5 मी मोटाई तक भर दिया गया है। इस निकाय की परिणामी धारिता का मान 'x' pF है। $\varepsilon_0 = 8.85 \times 10^{-12}\ Fm^{-1}$ है। यहाँ 'x' का मान निकटतम पूर्णांक में .... होगा।

26. 10 किग्रा द्रव्यमान की गेंद, $10\sqrt{3}$ मी/से के वेग से X-अक्ष के अनुदिश चलते हुए विराम में रखी 20 किग्रा की गेंद से संघट्ट करती है। संघट्ट के पश्चात्, पहली गेंद विराम में आ जाती है तथा दूसरी गेंद दो समान टुकड़ों में टूट जाती है। एक टुकड़ा Y-अक्ष के अनुदिश 10 मी/से के वेग से गति करना प्रारम्भ करता है जबकि दूसरा टुकड़ा X-अक्ष से $30°$ कोण पर चलना प्रारम्भ करता है। X-अक्ष से $30°$ के कोण पर गति करने वाली गेंद का वेग x मी/से है। संघट्ट के बाद टुकड़ों के विन्यास को नीचे चित्र में दिखाया गया है।

यहाँ x का मान निकटतम पूर्णांक में .... होगा।

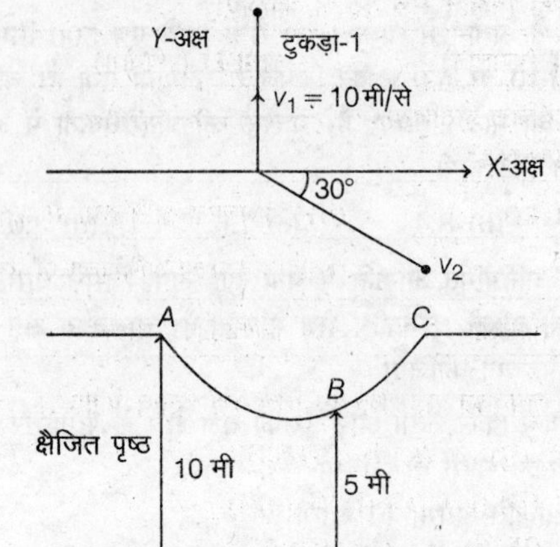

27. चित्रानुसार 10 किग्रा द्रव्यमान का कोई कण बिन्दु A पर रखा हैं जब इस कण को थोड़ा-सा दाईं ओर विस्थापित किया जाता है, तो यह चलना प्रारम्भ करता है और B पर पहुँचता है। कण की B पर चाल x मी/से है। (g का मान 10 मी/से^{2} लीजिए।)

यहाँ 'x' का मान निकटतम पूर्णांक में .... होगा।

28. कोई कण सरल आवर्त गति करता है जिसका आवर्तकाल 2 सेकण्ड है। इस कण द्वारा अपनी मध्यस्थिति से अपने आयाम की आधी दूरी के विस्थापन में लगा समय $\frac{1}{a}$ सेकण्ड है।

यहाँ 'a' का मान निकटतम पूर्णांक में .... होगा।

29. दिए गए परिपथ में $10\,\Omega$ प्रतिरोध के सिरों पर वोल्टता x वोल्ट है।

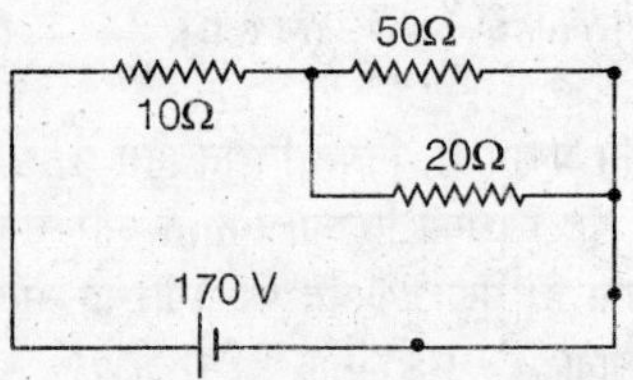

यहाँ 'x' का मान निकटतम पूर्णांक में .... होगा।

30. एक n-p-n ट्रांजिस्टर 10^6 शक्ति लब्धि के उभयनिष्ठ उत्सर्जक अभिविन्यास की भाँति प्रचालन कर रहा है। निवेशी परिपथ का प्रतिरोध $100\,\Omega$ तथा निर्गत लोड प्रतिरोध का मान $10\,k\,\Omega$ है। उभयनिष्ठ उत्सर्जक धारा लब्धि β का मान .... होगा। (निकटतम पूर्णांक में)

रसायन विज्ञान

खण्ड 'A' ऑब्जेक्टिव प्रश्न

31. सूची-I का सही मिलान सूची-II से कीजिए।

	सूची-I (रसायन)		**सूची-II** (उपयोग)
(A)	ऐल्कोहॉलिक पोटैशियम हाइड्रॉक्साइड	(i)	बैट्रीज के इलेक्ट्रोड में
(B)	$Pd/BaSO_4$	(ii)	योगात्मक अभिक्रिया से प्राप्त होते हैं।
(C)	BHC	(iii)	β-विलोपन अभिक्रिया के उपयोग हेतु
(D)	पॉलिऐसीटिलीन	(iv)	लिण्डलार उत्प्रेरक

सबसे अधिक उपयुक्त सही मिलान जोड़े का चुनाव कीजिए।

(a) (A)-(iii), (B)-(i), (C)-(iv), (D)-(ii)
(b) (A)-(ii), (B)-(iv), (C)-(i), (D)-(iii)
(c) (A)-(ii), (B)-(i), (C)-(iv), (D)-(iii)
(d) (A)-(iii), (B)-(iv), (C)-(ii), (D)-(i)

32. एक निश्चित कक्षक में कोई कोणीय नोड नहीं होता है और दो रेडियल नोड होते हैं। कक्षक बताइए।

(a) 2*s* (b) 3*p* (c) 3*s* (d) 2*p*

33. नीचे दो कथन दिए गए हैं।

कथन (A) अस्थायी कठोरता वाले पानी को उबालने के दौरान, $Mg(HCO_3)_2$ परिवर्तित हो जाता है $MgCO_3$ में।

कारण (B) उत्पाद की घुलनशीलता $Mg(OH)_2$ की ज्यादा है $MgCO_3$ से।

(a) दोनों A और R सत्य हैं तथा R सही वर्णन है A के लिए
(b) A कथन असत्य है तथा R सत्य है।
(c) कथन A व कथन R सही हैं तथा कथन R कथन A का सही वर्णन नहीं है।
(d) कथन A सत्य है तथा R असत्य है।

34.

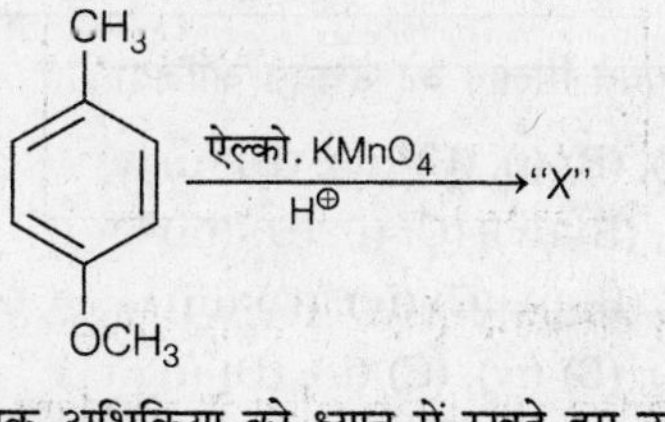

CH_3 / OCH_3 (बेन्ज़ीन वलय) $\xrightarrow[H^{\oplus}]{\text{ऐल्को. } KMnO_4}$ "X"

उपरोक्त रासायनिक अभिक्रिया को ध्यान में रखते हुए उत्पाद (*X*) की पहचान कीजिए।

(a) X - CH_2OH / OCH_3
(b) X - CH_3 / OH
(c) X - CHO / OCH_3
(d) X - COOH / OCH_3

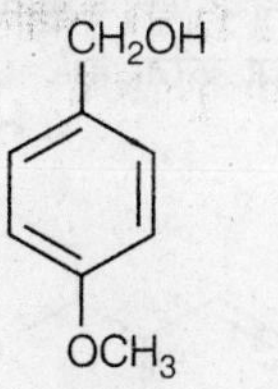

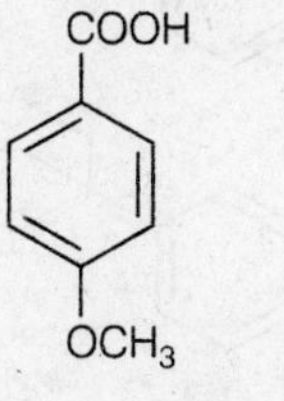

35. अभिकर्मक ऐसीटिक अम्ल में नेफ्थाइलऐमीन-1 तथा सल्फानिलिक अम्ल का उपयोग किसकी पहचान हेतु किया जाता है?

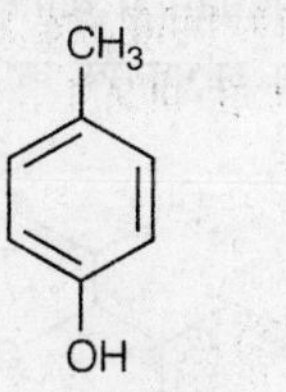

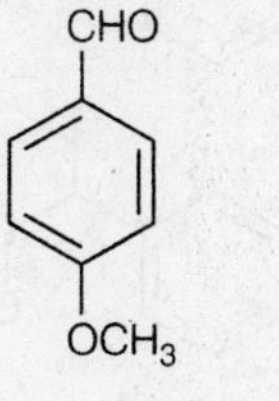

(a) NO_3^- (b) N_2O (c) NO (d) NO_2^-

36.

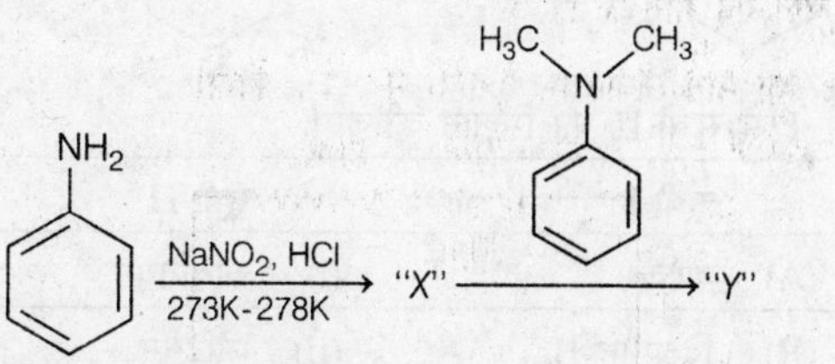

NH_2 (बेन्ज़ीन) $\xrightarrow[273K-278K]{NaNO_2,\ HCl}$ "X" $\xrightarrow{\text{(N,N-डाइमेथिलऐनिलीन: } H_3C-N-CH_3)}$ "Y"

क्रमश: उत्पाद *A* व *B* हैं

(a) 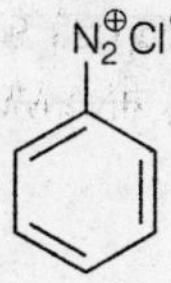 $N_2^{\oplus}Cl^{\ominus}$ और N=N, $N(CH_3)_2$
(b)  Cl और N=N, $N(CH_3)_2$
(c) 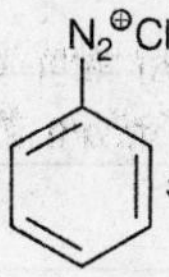 $N_2^{\oplus}Cl^{\ominus}$ और N=N, $N(CH_3)_2$
(d) 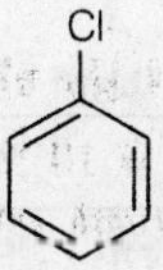 Cl और N=N, $N(CH_3)_2$

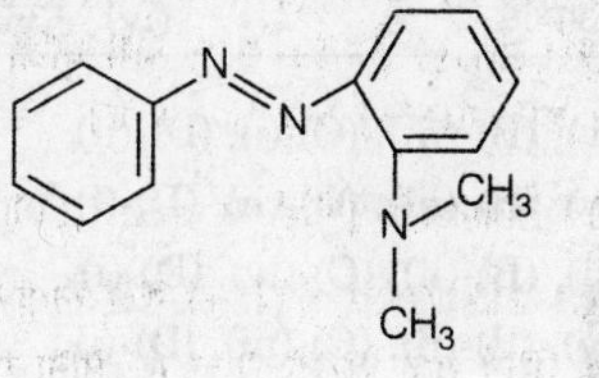

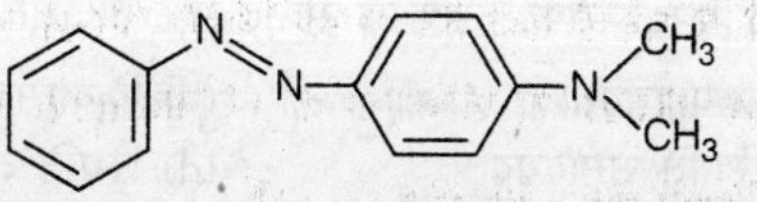

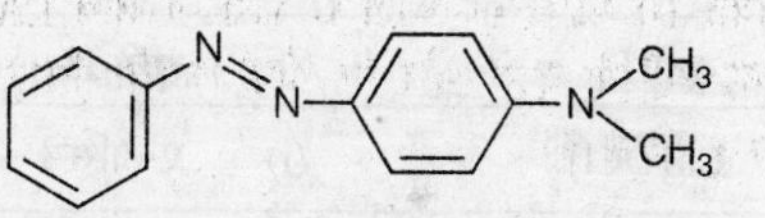

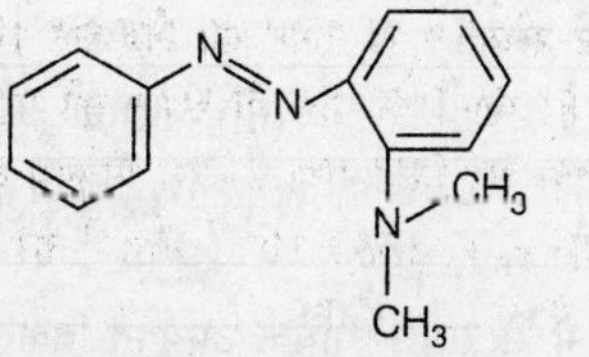

37. यदि Na^+ की आयनिक त्रिज्या 1.02Å है, तो Mg^{2+} तथा Al^{3+} की आयनिक त्रिज्या क्या होगी? क्रमानुसार बताइए।

(a) 0.68 तथा 0.72 (b) 1.05 तथा 0.99
(c) 0.72 तथा 0.54 (d) 0.85 तथा 0.99

38. ऐलुमिनियम के निष्कर्षण के दौरान अभिक्रिया मिश्रण के गलनांक को कम करने के लिए जो रसायन मिलाया जाता है, वह है?

(a) बॉक्साइट (b) कियोलिनाइट (c) क्रायोलाइट (d) कैलामाइन

39.

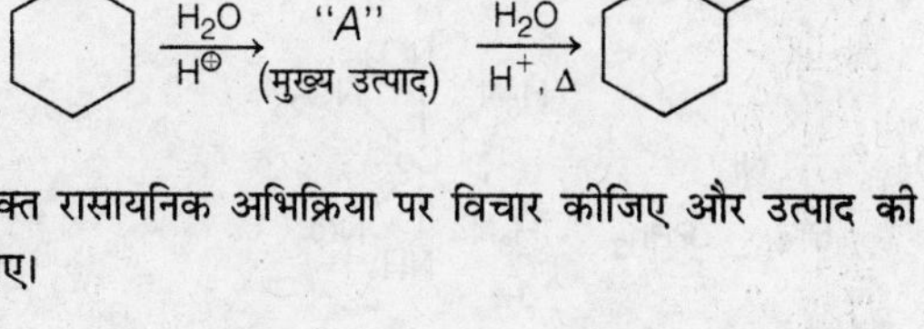

C≡N (साइक्लोहेक्सेन) $\xrightarrow[H^{\oplus}]{H_2O}$ "A" (मुख्य उत्पाद) $\xrightarrow[H^+,\ \Delta]{H_2O}$ COOH (साइक्लोहेक्सेन)

उपरोक्त रासायनिक अभिक्रिया पर विचार कीजिए और उत्पाद की पहचान कीजिए।

(a) CH_2NH_2 (b) $CONH_2$

(c) CH_2NO_2 (d) H, C=N—OH

40. सूची-I से सूची-II का मिलान कीजिए।

सूची-I		सूची-II	
(A)	वर्णक	(i)	रूथिनियम
(B)	विटामिन B_{12}	(ii)	प्लेटिनम
(C)	एण्टीकैंसर औषधि	(iii)	कोबाल्ट
(D)	औषधि	(iv)	मैग्नीशियम

(a) (A)-(iv), (B)-(iii), (C)-(i), (D)-(ii)
(b) (A)-(iv), (B)-(iii), (C)-(ii), (D)-(i)
(c) (A)-(iii), (B)-(ii), (C)-(iv), (D)-(i)
(d) (A)-(iv), (B)-(ii), (C)-(iii), (D)-(i)

41. एक यौगिक जिसका आण्विक सूत्र C_3H_6O प्रदर्शित करता है
(a) मध्यावयवता (b) क्रियात्मक समावयवता
(c) स्थिति समावयवता (d) स्थिति तथा मध्यावयवता दोनों

42. सूची-I से सूची-II का मिलान कीजिए।

सूची-I		सूची-II	
(A)	$Ca(OCl)_2$	(i)	एन्टासिड
(B)	$CaSO_4 \cdot \frac{1}{2} H_2O$	(ii)	सीमेन्ट
(C)	CaO	(iii)	ब्लीच
(D)	$CaCO_3$	(iv)	प्लास्टर ऑफ पेरिस

निम्न विकल्पों में से सबसे अधिक उपयुक्त विकल्प का चयन कीजिए।
(a) (A)-(iii), (B)-(ii), (C)-(iv), (D)-(i)
(b) (A)-(i), (B)-(iv), (C)-(iii), (D)-(ii)
(c) (A)-(iii), (B)-(ii), (C)-(i), (D)-(iv)
(d) (A)-(iii), (B)-(iv), (C)-(ii), (D)-(i)

43. सही संरचना है ट्रांस *trans*-$\{NiBr_2(PPh_3)_2\}$ और *Meridonal* $\{Co(NH_3)_3NO_2]_3\}$ क्रमानुसार

(a) Ph_3P, Br, Ni, Ph_3P, Br; NH_3, O_2N, NH_3, Co, O_2N, NH_3, NH_3

(b) Ph_3P, Br, Ni, Br, PPh_3; NO_2, H_3N, NO_2, Co, H_3N, NO_2, NH_3

(c) Ph_3P, Br, Ni, Ph_3P, Br; NH_3, O_2N, NH_3, Co, O_2N, NO_2, NH_3

(d) Ph_3P, Br, Ni, Br, Ph_3P; NO_3, H_3N, NO_2, Co, O_2N, NH_3, NH_3

44. फॉस्फोरस ट्राइक्लोराइड और फॉस्फोनिक एसिड की प्रतिक्रिया से प्राप्त उत्पाद में उपस्थित आयनन योग्य हाइड्रोजन की संख्या है
(a) 2 (b) 3 (c) 0 (d) 1

45. फॉस्फोरस ट्राइक्लोराइड और फॉस्फोनिक एसिड की अभिक्रिया से प्राप्त उत्पाद में उपस्थित आयनीकरण योग्य हाइड्रोजन की संख्या है?
(a) M_4A_3 (b) MA_3 (c) M_4A (d) M_2A_3

46. कथन जो सत्य है
(a) मेथेन ग्लोबल वार्मिंग और फोटोकैमिकल स्मॉग दोनों की ओर ले जाता है।
(b) मेथेन धान के खेतों (Paddy) से उत्पन्न होता है।
(c) CO_2 की तुलना में मेथेन अधिक शक्तिशाली ग्लोबल वार्मिंग गैस है।
(d) मेथेन धुएँ (smog) को कम करने का एक हिस्सा है।
नीचे दिए गए विकल्पों में से सर्वाधिक उपयुक्त उत्तर का चयन कीजिए।
(a) केवल (A) व (B) (b) केवल (A), (B) तथा (D)
(c) केवल (B), (C) तथा (D) (d) केवल (A), (B) तथा (C)

47. सूची-I का मिलान सूची-II से कीजिए

सूची-I (औषधि का वर्ग)		सूची-II (उदाहरण)	
(A)	ऐण्टासिड	(i)	नोवेस्ट्रॉल
(B)	कृत्रिम मधुरक	(ii)	सिमेटिडीन
(C)	गर्भानिरोधी	(iii)	वेलियम
(D)	प्रशान्तक	(iv)	ऐलिटेम

सर्वाधिक उपयुक्त मिलान का उचयन कीजिए।
(a) (A)-(iii), (B)-(i), (C)-(iv), (D)-(ii)
(b) (A)-(ii), (B)-(iv), (C)-(i), (D)-(iii)
(c) (A)-(ii), (B)-(i), (C)-(iv), (D)-(iii)
(d) (A)-(iii), (B)-(iv), (C)-(ii), (D)-(i)

48. ग्रिगनार्ड अभिकर्मक C_2H_5MgBr की C_8H_8O के साथ अभिक्रिया के बाद जल-अपघटन से यौगिक A प्राप्त होता है जो दिए गए यौगिक B में ल्यूकास अभिकर्मक के साथ तुरन्त अभिक्रिया करता है।

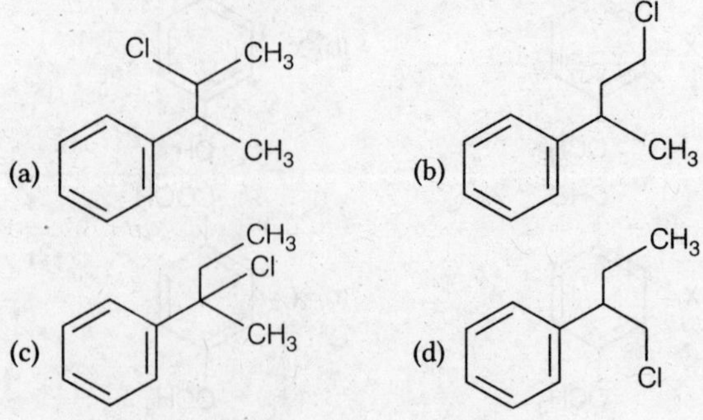

49. सूची-I से सूची-II का मिलान कीजिए।

सूची-I (प्रक्रिया)	सूची-II (उत्प्रेरक)
(A) डीकन विधि	(i) ZSM-5
(B) सम्पर्क विधि	(ii) $CuCl_2$
(C) हाइड्रोकार्बन का टूटना	(iii) 'Ni' कण
(D) वनस्पति तेल का हाइड्रोजनीकरण	(iv) V_2O_5

(a) (A)-(i), (B)-(iii), (C)-(ii), (D)-(iv)
(b) (A)-(iv), (B)-(ii), (C)-(i), (D)-(iii)
(c) (A)-(ii), (B)-(iv), (C)-(i), (D)-(iii)
(d) (A)-(iii), (B)-(i), (C)-(iv), (D)-(ii)

50. एक अन-अपचायक शर्करा 'A' जल-अपघटन पर दो एकल अपचायक सैकेराइड देता है। शर्करा 'A' है

(a) गैलेक्टोस (b) ग्लूकोस (c) फ्रक्टोस (d) सुक्रोस

खण्ड 'B' न्यूमैरिकल वैल्यू प्रश्न

51. $2NO(g) + Cl_2(g) \rightleftharpoons 2NOCl(s)$

इस अभिक्रिया को –10°C पर अध्ययन करने पर निम्न तथ्य (data) प्राप्त हुए।

run	$[NO]_0$	$[Cl_2]_0$	r_0
1	0.10	0.10	0.18
2	0.10	0.20	0.35
3	0.20	0.20	1.40

$[NO]_0$ तथा $[Cl_2]_0$ प्रारम्भिक सान्द्रता हैं। r_0 प्रारम्भिक अभिक्रिया दर है। सम्पूर्ण अभिक्रिया का क्रम .... (निकटतम पूर्णांक में दर)

52. ऐक्रोलिन (C_3H_4O, आण्विक द्रव्यमान = 56) के 7.8 ग्राम का उत्पादन करने के लिए 3 हाइड्रॉक्सी प्रोपेनॉल के ग्राम को निर्जलित किया जाना चाहिए। यदि % उत्पादन 64 (लगभग आंशिक पूर्णांक में)
(दिया गया है, अणुभार = C = 12.0 u, H = 1.0 u, O = 16.0 u)

53. $K_3[Cr(ox)_3]$ में कुल .... अयुग्मित इलेक्ट्रॉन हैं।

54. यदि प्रतिशत उपज 64 है, तो ब्रोमोबेन्जीन के साथ बेन्जिल ऐमाइन के 0.1 मोल की प्रतिक्रिया 23 ग्राम बेन्जिल ट्राइमिथाइलमोनियम ब्रोमाइड देती है। इस प्रतिक्रिया में खपत मेथेन के मोल की संख्या $n \times 10^{-1}$. जब n = ... (लगभग पूर्णांक)
दिया है, C = 12.0, H = 1.0 u, N = 14.0 u, Br = 80.0 u

55. रासायनिक क्रिया के लिए,

$$C_2H_6 \longrightarrow C_2H_4 + H_2$$

रासायनिक क्रिया एन्थैल्पी $(\Delta_r H)$ = ... किलो जूल मोल$^{-1}$ (लगभग पूर्णांक)
(दिया गया है, बन्ध एन्थैल्पी (किलो जूल मोल$^{-1}$ में)
C—C = 347, C=C = 611, C—H = 414, H—H = 436)

56. एथेन के 3 ग्राम के पूर्ण दहन से $x \times 10^{22}$ अणु जल के प्राप्त होते हैं, तो x का मान बताइए।
दिया है, $N_A = 6.023 \times 10^{23}$
[अणुभार (u में) = C : 12.00, O : 16.00, H : 1.0]

57. pH, 5.7 का बफर विलयन तैयार करने के लिए सोडियम ऐसीटेट को ऐसटिक ऐसिड में मिलाया जाता है। यदि बफर विलयन में ऐसीटिक एसिड की सान्द्रता 2.0 है, तो बफर विलयन में सोडियम ऐसीटेट की सान्द्रता क्या होगी?
दिया गया है, pK_a (ऐसीटिक ऐसिड) = 4.74

58. अभिक्रिया के लिए,

$$2Fe^{2+}(aq) + 2I^-(aq) \longrightarrow 2Fe^{2+}(aq) + I_2(s)$$

मानक मोलर मुक्त ऊर्जा परिवर्तन का परिमाण, ΔG_M° = ... (लगभग पूर्णांक में)

$$\left[\begin{array}{l} E^\circ_{Fe^{2+}/Fe(s)} = -0.440\text{ V};\ E^\circ_{Fe^{2+}/Fe(s)} = -0.036\text{ V} \\ E^\circ_{I_2/2I^-} = 0.539\text{ V};\ F = 96500\text{ C} \end{array}\right]$$

59. AX एक सहसंयोजी द्विपरमाणुक अणु है। जहाँ A तथा X आवर्त सारणी के द्वितीय समूह के तत्व हैं। आण्विक कक्षक सिद्धान्त के आधार पर AX का बन्ध क्रम 2.5 है। AX में इलेक्ट्रॉनों की कुल संख्या है। (लगभग पूर्णांक में)

60. 2 मोलल विलयन दुर्बल अम्ल HA का गलनांक बिन्दु 3.885°C है इस अम्ल की वियोजन की मात्रा होगी .... $\times 10^{-3}$ (लगभग पूर्णांक में)
दिया गया है, जल अणु का आण्विक अवनमन स्थिरांक है= 1.85 K kg mol^{-1}
जल का हिमांक बिन्दु है = 0°C

गणित

खण्ड 'A' ऑब्जेक्टिव प्रश्न

61. माना α, β, γ समीकरण $x^3 + ax^2 + bx + c = 0, (a, b, c \in R$ तथा $a, b \neq 0)$ के वास्तविक मूल हैं। यदि u, v, w में समीकरण निकाय $\alpha u + \beta v + \gamma w = 0, \beta u + \gamma v + \alpha w = 0$ तथा $\gamma u + \alpha v + \beta w = 0$ का अतुच्छ हल है, तो a^2/b का मान है

(a) 0 (b) 5
(c) 3 (d) 1

62. समीकरण $\begin{vmatrix} 1+\sin^2 x & \sin^2 x & \sin^2 x \\ \cos^2 x & 1+\cos^2 x & \cos^2 x \\ 4\sin 2x & 4\sin 2x & 1+4\sin 2x \end{vmatrix} = 0, (0 < x < \pi)$, के हल हैं

(a) $\frac{7\pi}{12}$ तथा $\frac{11\pi}{12}$ (b) $\frac{\pi}{12}$ तथा $\frac{\pi}{6}$
(c) $\frac{\pi}{6}$ तथा $\frac{5\pi}{6}$ (d) $\frac{5\pi}{12}$ तथा $\frac{7\pi}{12}$

63. यदि $\lim_{x \to 0} \frac{\sin^{-1} x - \tan^{-1} x}{3x^3} = L$ है, तो $(6L + 1)$ का मान है

(a) 1/6 (b) 2 (c) 6 (d) 1/2

64. चार वृत्तों M, N, O तथा P के समीकरण हैं

वृत्त M, $x^2 + y^2 = 1$

वृत्त N, $x^2 + y^2 - 2x = 0$

वृत्त O, $x^2 + y^2 - 2x - 2y + 1 = 0$

वृत्त P, $x^2 + y^2 - 2y = 0$

यदि वृत्त M का केन्द्र वृत्त N के केन्द्र से मिलाया जाता है, वृत्त N का केन्द्र वृत्त O के केन्द्र से मिलाया जाता है, वृत्त O का केन्द्र वृत्त P के केन्द्र से मिलाया जाता है तथा वृत्त P का केन्द्र वृत्त M के केन्द्र से मिलाया जाता है, तो ये रेखाएँ निम्न में से किसकी भुजाएँ हैं?

(a) आयत (b) समचतुर्भुज
(c) वर्ग (d) समान्तर चतुर्भुज

65. यदि फलन $f(x) = \sqrt{x}$ तथा $g(x) = \sqrt{1 - x}$ है, तो फलनों $f + g$, $f - g, \frac{f}{g}, \frac{g}{f}, g - f$, जहाँ $(f \pm g)(x) = f(x) \pm g(x)$ तथा $\left(\frac{f}{g}\right)(x) = \frac{f(x)}{g(x)}$

है, का समान (common) प्रान्त है

(a) $0 < x < 1$ (b) $0 \le x \le 1$ (c) $0 < x \le 1$ (d) $0 \le x < 1$

66. अंकों 1, 2, 2 तथा 3 से बनाई जा सकने वाली सभी 4 अंकों की भिन्न संख्याओं का योगफल है

(a) 26664 (b) 122234 (c) 22264 (d) 122664

67. यदि समीकरण $a|z|^2 + \overline{\alpha z} + \alpha\bar{z} + d = 0$ एक वृत्त को निरुपित करता है, जहाँ a, d वास्तविक अचर हैं, तो निम्न में से कौन-सा कथन सत्य है?

(a) $|\alpha|^2 - ad > 0$ और $a \in R - \{0\}$

(b) $|\alpha|^2 - ad \ge 0$ और $a \in R$

(c) $|\alpha|^2 - ad \ne 0$

(d) $\alpha = 0, a, d \in R^+$

68. दो वृत्तों जिनके समीकरण

$$x^2 + y^2 - 10x - 10y + 41 = 0$$
$$x^2 + y^2 - 22x - 10y + 137 = 0$$

है, के लिए सही कथन चुनिए।

(a) एक बिन्दु दोनों वृत्तों का केन्द्र है

(b) वृत्त केवल एक बिन्दु पर मिलते हैं

(c) वृत्त दो बिन्दुओं पर मिलते हैं

(d) वृत्त किसी भी बिन्दु पर नहीं मिलते

69. माना $(1 + x + 2x^2)^{20} = a_0 + a_1x + a_2x^2 + \dots + a_{40}x^{40}$ है, तो $a_1 + a_3 + a_5 + \dots + a_{37}$ बराबर है

(a) $2^{19}(2^{20} + 21)$ (b) $2^{20}(2^{20} - 21)$
(c) $2^{19}(2^{20} - 21)$ (d) $2^{20}(2^{20} + 21)$

70. एक आयताकार कार्तीय प्रणाली के सापेक्ष एक सदिश **a** के घटक $3p$ तथा 1 हैं। इस प्रणाली को मूलबिन्दु के सापेक्ष वामावर्त दिशा में किसी कोण तक घुमाया जाता है। यदि नई प्रणाली के सापेक्ष a के घटक $p + 1$ तथा $\sqrt{10}$ है, तो p का एक मान बराबर है

(a) 1 (b) −1 (c) 4/5 (d) −(5/4)

71. वास्तविक मान फलन $f(x) = \frac{\text{cosec}^{-1} x}{\sqrt{x - [x]}}$, जहाँ $[x]$ महत्तम पूर्णांक $\le x$ है, का प्रान्त है

(a) पूर्णांकों के अतिरिक्त सभी वास्तविक संख्याएँ

(b) 0, −1, 1 के अतिरिक्त सभी पूर्णांक

(c) अंतराल $[-1, 1]$ के अतिरिक्त सभी अपूर्णांक

(d) अंतराल $[-1, 1]$ के अतिरिक्त सभी वास्तविक संख्याएँ

72. यदि α, β धन पूर्णांक है, जिनके लिए $100^\alpha - 199\beta = (100)(100) + (99)(101) + (98)(102) + \dots + (1)(199)$ है, तो (α, β) तथा मूलबिन्दु से होकर जाने वाली रेखा की प्रवणता है

(a) 510 (b) 530 (c) 550 (d) 540

73. $\frac{1}{3^2 - 1} + \frac{1}{5^2 - 1} + \frac{1}{7^2 - 1} + \dots + \frac{1}{(201)^2 - 1}$ बराबर है

(a) 25/101 (b) 99/400 (c) 101/408 (d) 101/404

74. समाकलन $\int \frac{(2x - 1)\cos\sqrt{(2x - 1)^2 + 5}}{\sqrt{4x^2 - 4x + 6}}\, dx$ बराबर है

(जहाँ C एक समाकलन अचर है)

(a) $\frac{1}{2}\cos\sqrt{(2x - 1)^2 + 5} + C$ (b) $\frac{1}{2}\sin\sqrt{(2x - 1)^2 + 5} + C$

(c) $\frac{1}{2}\sin\sqrt{(2x + 1)^2 + 5} + C$ (d) $\frac{1}{2}\cos\sqrt{(2x + 1)^2 + 5} + C$

75. $3 + \cfrac{1}{4 + \cfrac{1}{3 + \cfrac{1}{4 + \cfrac{1}{3 + \dots \infty}}}}$ का मान बराबर है

(a) $3 + 2\sqrt{3}$ (b) $4 + \sqrt{3}$ (c) $2 + \sqrt{3}$ (d) $1.5 + \sqrt{3}$

76. निम्न में से कौन-सा अवकल समीकरण परवलयों के निकाय $y^2 = 4a(x + a)$ द्वारा संतुष्ट होता है?

(a) $y\left(\frac{dy}{dx}\right)^2 - 2x\left(\frac{dy}{dx}\right) - y = 0$ (b) $y\left(\frac{dy}{dx}\right) + 2x\left(\frac{dy}{dx}\right) - y = 0$

(c) $y\left(\frac{dy}{dx}\right)^2 - 2x\left(\frac{dy}{dx}\right) + y = 0$ (d) $y\left(\frac{dy}{dx}\right)^2 + 2x\left(\frac{dy}{dx}\right) - y = 0$

77. माना $A + 2B = \begin{bmatrix} 1 & 2 & 0 \\ 6 & -3 & 3 \\ -5 & 3 & 1 \end{bmatrix}$ तथा $2A - B = \begin{bmatrix} 2 & -1 & 5 \\ 2 & -1 & 6 \\ 0 & 1 & 2 \end{bmatrix}$ है।

यदि $\text{Tr}(A)$, आव्यूह A, के विकर्ण के सभी अवयवों के योगफल को दर्शाता है, तो $\text{Tr}(A) - \text{Tr}(B)$ का मान बराबर है

(a) 0 (b) 3 (c) 2 (d) 1

78. यदि $f(x)=\begin{cases}\dfrac{1}{|x|}, & |x|\geq 1\\ ax^2+b, & |x|<1\end{cases}$ अपने प्रान्त के प्रत्येक बिन्दु पर अवकलनीय है, तो a तथा b के मान क्रमश: हैं

(a) $\frac{1}{2},\frac{1}{2}$ (b) $-\frac{1}{2},\frac{3}{2}$ (c) $\frac{5}{2},-\frac{3}{2}$ (d) $\frac{1}{2},-\frac{3}{2}$

79. बिन्दु (1, 3) से होकर जाने वाली तथा सरल रेखा $y+1=3\sqrt{2}x$ से $\tan^{-1}(\sqrt{2})$ का कोण बनाने वाली रेखाओं में से एक का समीकरण है

(a) $4\sqrt{2}x-5y-(5+4\sqrt{2})=0$
(b) $4\sqrt{2}x+5y-4\sqrt{2}=0$
(c) $5\sqrt{2}x+4y-(15+4\sqrt{2})=0$
(d) $4\sqrt{2}x+5y-(15+4\sqrt{2})=0$

80. m के पूर्णांक मानों, जिनके लिए रेखाओं $3x+4y=9$ तथा $y=mx+1$ के प्रतिच्छेदन बिन्दु का भुज भी एक पूर्णांक है, की संख्या है

(a) 1 (b) 3 (c) 2 (d) 0

खण्ड 'B' न्यूमैरिकल वैल्यू प्रश्न

81. समतल $x-2y+2z-3=0$ के समान्तर तथा बिन्दु (1, 2, 3) से इकाई दूरी पर समतलों के समीकरण $ax+by+cz+d=0$ है। यदि $(b-d)=K(c-a)$, तो K का धनात्मक मान है

82. माना बिन्दुओं (4, –3, 1) तथा (2, 3, –5) को मिलाने वाली रेखा को समतल $ax+by+cz+d=0$ समकोण पर समद्विभाजित करता है। यदि a, b, c, d पूर्णांक हैं तो $(a^2+b^2+c^2+d^2)$ का न्यूनतम मान है

83. एक वर्ग $ABCD$ के सभी शीर्ष वक्र $x^2y^2=1$ पर है। इसकी भुजाओं के मध्य बिन्दु भी इसी वक्र पर हैं, तो $ABCD$ के क्षेत्रफल का वर्ग है

84. माना समीकरण $z^2+az+12=0$ के मूल z_1 तथा z_2 हैं तथा मूलबिन्दु के साथ z_1, z_2 एक समबाहु त्रिभुज बनाते हैं, तो $|a|$ का मान है

85. माना $f(x)$ तथा $g(x)$ दो फलन है, जो $f(x^2)+g(4-x)=4x^3$ तथा $g(4-x)+g(x)=0$, को सन्तुष्ट करते हैं, तो $\int_{-4}^{4} f(x^2)\,dx$ का मान है

86. 1 से 1000 तक के पूर्णांकों को क्रम से लिखने पर अंक 3, ... बार लिखा जायेगा।

87. निम्न चित्र में अनुपस्थित मान है

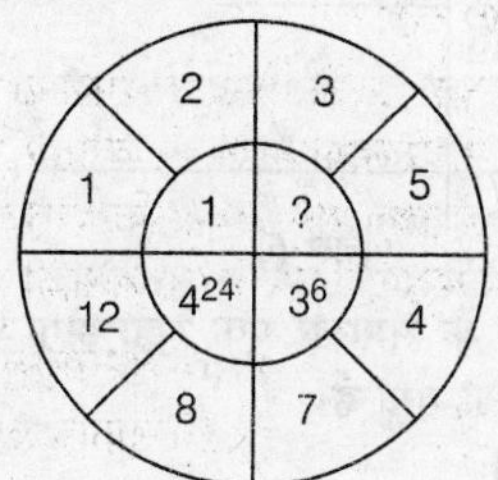

88. यदि $f(x)=\int\frac{5x^8+7x^6}{(x^2+1+2x^7)^2}\,dx, (x\leq 0), f(0)=0$ तथा $f(1)=\frac{1}{k}$ है, तो k का मान है

89. अन्तराल $[0, 2\pi]$ में समीकरण $|\cot x|=\cot x+\frac{1}{\sin x}$ के हलों की संख्या है

90. एक स्कूल में 25 अध्यापकों की औसत आयु 40 वर्ष है। एक अध्यापक 60 वर्ष की आयु में सेवानिवृत्त होता है तथा उसकी जगह एक नये अध्यापक की नियुक्ति होती है। यदि अब इस स्कूल में अध्यापकों की औसत आयु 39 वर्ष है, तो नये नियुक्त किए गए अध्यापक की आयु (वर्षों में) है

सही उत्तर

भौतिकी

1. (d)	2. (d)	3. (d)	4. (c)	5. (d)	6. (b)	7. (c)	8. (c)	9. (b)	10. (a)
11. (d)	12. (a)	13. (d)	14. (d)	15. (a)	16. (c)	17. (b)	18. (c)	19. (a)	20. (c)
21. (10)	22. (2)	23. (32)	24. (5)	25. (161)	26. (20)	27. (10)	28. (6)	29. (70)	30. (100)

रसायन विज्ञान

31. (d)	32. (c)	33. (b)	34. (d)	35. (d)	36. (a)	37. (c)	38. (c)	39. (b)	40. (b)
41. (b)	42. (d)	43. (d)	44. (a)	45. (a)	46. (d)	47. (b)	48. (c)	49. (b)	50. (d)
51. (3)	52. (16)	53. (3)	54. (3)	55. (128)	56. (18)	57. (10)	58. (45)	59. (15)	60. (50)

गणित

61. (c)	62. (a)	63. (b)	64. (c)	65. (a)	66. (a)	67. (a)	68. (b)	69. (c)	70. (b)
71. (c)	72. (c)	73. (a)	74. (b)	75. (d)	76. (d)	77. (c)	78. (b)	79. (d)	80. (c)
81. (4)	82. (28)	83. (80)	84. (6)	85. (512)	86. (300)	87. (4)	88. (4)	89. (1)	90. (35)

संकेत एवं हल

भौतिकी

1. *(d)*

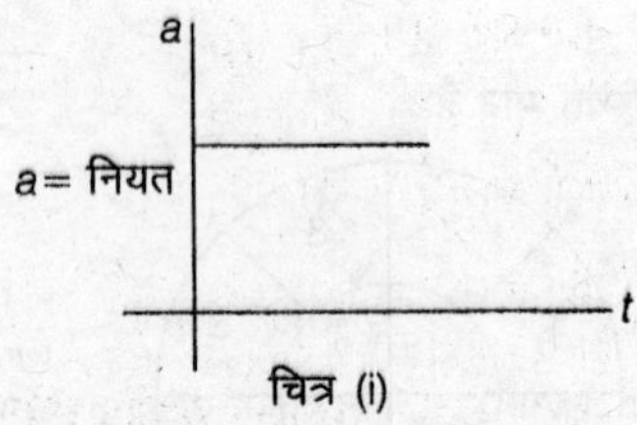

चित्र (i)

अत: $a-t$ ग्राफ समय के समान्तर एक रेखा होगा जैसा चित्र (i) में प्रदर्शित किया गया है।

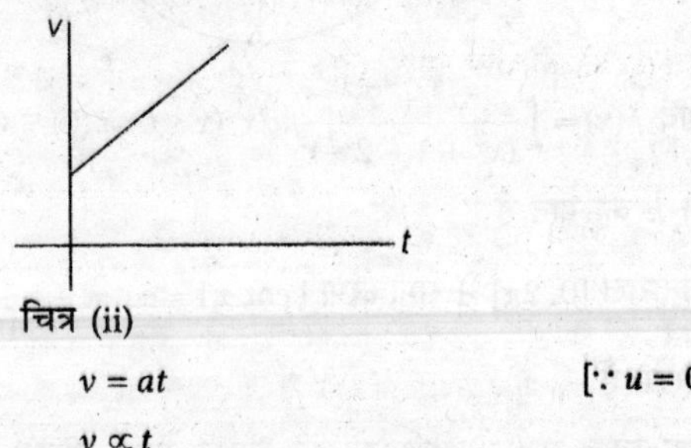

चित्र (ii)

$$v = at \qquad [\because u = 0]$$

$$v \propto t$$

अत: $v-t$ ग्राफ एक सरल रेखा होगा जैसा चित्र (ii) में दिखाया गया है।

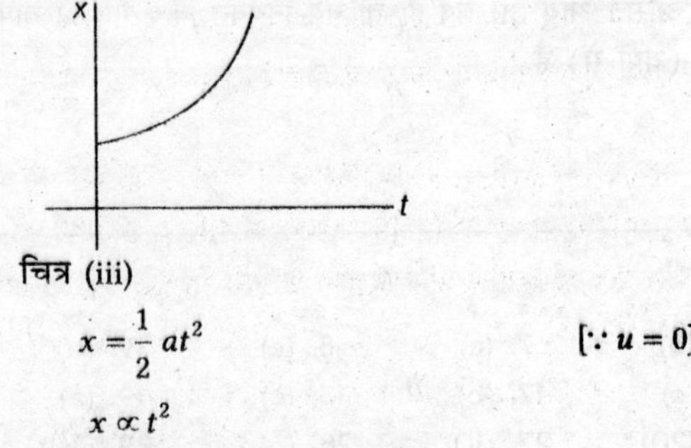

चित्र (iii)

$$x = \frac{1}{2}at^2 \qquad [\because u = 0]$$

$$x \propto t^2$$

अत: $x-t$ ग्राफ परवलय को निरूपित करेगा जैसा चित्र (iii) में प्रदर्शित किया गया है।

2. *(d)* इलेक्ट्रॉन की दे-ब्रोग्ली तरंगदैर्ध्य, $\lambda_e = \frac{h}{m_e v_e}$

प्रोटॉन की दे-ब्रोग्ली तरंगदैर्ध्य, $\lambda_p = \frac{h}{m_p \times 4v_e}$

$$\therefore \quad \frac{\lambda_p}{\lambda_e} = \frac{m_e}{4m_p} = 2 \Rightarrow \frac{2}{1} = \frac{m_e}{4m_p}$$

या $$\frac{m_p}{m_e} = \frac{1}{8}$$

3. *(d)* सरल लोलक का आवर्तकाल, $T = 2\pi\sqrt{\frac{l}{g}} \Rightarrow \sqrt{g} = \frac{2\pi\sqrt{l}}{T}$

या $$g = 4\pi^2 \frac{l}{T^2}$$

$$\frac{\Delta g}{g} = \frac{\Delta l}{l} + \frac{2\Delta T}{T} = \frac{2\times 1}{100} + \frac{1\times 10^{-3}}{10\times 10^{-2}}$$

$$\frac{\Delta g}{g} = 0.02 + 0.01$$

$$\frac{\Delta g}{g} = 0.03 \text{ ; (प्रतिशत त्रुटि) } = \frac{\Delta g}{g}\times 100 = 3\%$$

4. *(c)* दिया है, $d = 0.5$ मिमी, $D = 0.5$ मी, $\lambda = 5890$Å

पहली तथा तीसरी दीप्त फ्रिंजों के बीच की दूरी $= 2\beta = \frac{2\lambda D}{d}$

$$= \frac{2\times 5890\times 10^{-10}\times 0.5}{0.5\times 10^{-3}} = 1178\times 10^{-6} \text{ मी}$$

5. *(d)* मैक्सवेल के ऊर्जा के वितरण के अनुसार,

स्वतन्त्र्य की कोटि के अनुदिश औसत ऊर्जा $= \frac{1}{2}k_B T$

6. *(b)* निकट दृष्टिदोष से पीड़ित मनुष्य को निकट की वस्तुएँ, तो स्पष्ट दिखाई देती हैं, परन्तु दूर की वस्तुएँ स्पष्ट दिखाई नहीं देती हैं तथा अबिन्दुकता दोष में समान दूरी पर रखी क्षैतिज और ऊर्ध्वाधर वस्तुएँ एक-साथ स्पष्ट दिखाई नहीं देती हैं।

अत: उपरोक्त तथ्यों से स्पष्ट होता है कि लड़की निकट दृष्टि दोष तथा अबिन्दुकता की समस्या से पीड़ित है।

7. *(c)* अनुनादी आवृत्ति, $\omega_r = \frac{1}{\sqrt{LC}}$

उपरोक्त सूत्र से ज्ञात होता है कि अनुनादी आवृत्ति केवल L तथा C पर निर्भर करती है अत: अनुनादी आवृत्ति परिवर्तित नहीं होगी।

गुणता कारक, $Q = \frac{\omega_r L}{R}$

R का मान बढ़ने पर, Q का मान कम होगा

$$Q = \frac{\omega_r L}{R} = \frac{\omega_r}{\Delta\beta} \Rightarrow \Delta\beta = \frac{R}{L}$$

R का मान बढ़ने पर बैण्ड चौड़ाई बढ़ जाएगी।

8. *(c)* आवर्तकाल, $T \propto R^{3/2}$

$$\therefore \quad \frac{T_2}{T_1} = \left(\frac{R_2}{R_1}\right)^{3/2} = (9)^{3/2}$$

$9R$ की वृत्तीय कक्षा में उपग्रह का आवर्तकाल, $T_2 = 27\,T$

9. *(b)*

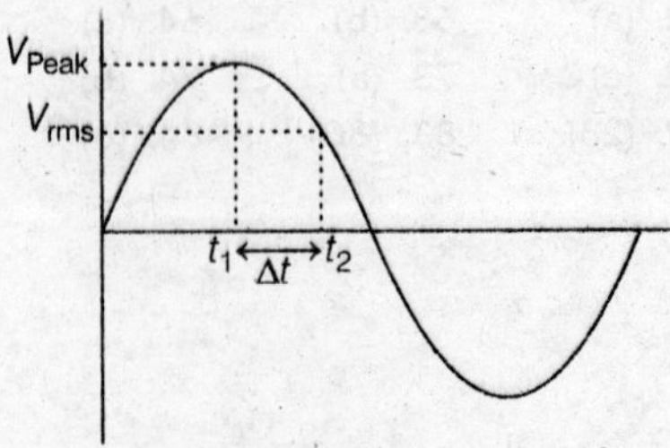

$$V = V_0 \sin\omega t$$

$$V = 220\sqrt{2}\sin(100\pi t) \Rightarrow 200\sqrt{2} = 200\sqrt{2}\sin(100\pi t)$$

$$100\pi t_1 = \frac{\pi}{2} \Rightarrow t_1 = \frac{1}{200} \Rightarrow 200 = 200\sqrt{2}\sin(\omega t_2)$$

$$\frac{\pi}{4} = \pi t_2 \Rightarrow \Delta t = \frac{1}{200} - \frac{1}{400}$$

$$\Delta t = \frac{1}{400}\text{ s} = 2.5\text{ ms}$$

10. *(a)* $V = IR$

$\because \quad V = I\dfrac{\rho\ell}{A} \qquad \left[\because R = P\dfrac{\ell}{A}\right]$

$\therefore \quad \rho = VA/I\ell$

$$\frac{\Delta\rho}{\rho}\times 100 = \left(2\frac{\Delta d}{d} + \frac{\Delta V}{V} + \frac{\Delta I}{I} + \frac{\Delta\ell}{\ell}\right)\times 100$$

$$= \left(2\times\frac{0.01}{5} + \frac{0.1}{5} + \frac{0.01}{2} + \frac{0.1}{10}\right)\times 100$$

$$= 0.4 + 2 + 1 + 0.5 = 3.9\%$$

11. *(d)*

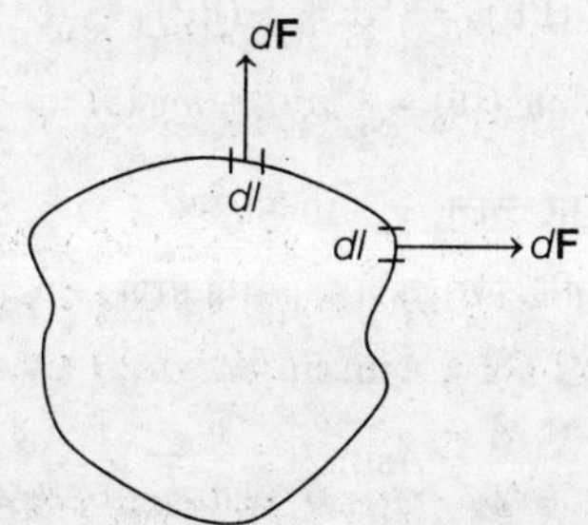

तार से बने लूप के प्रत्येक बिन्दु पर लगने वाला बल समान तथा त्रिज्य होता है अत: लूप वृत्तीय आकार बनेगा और इसका तल क्षेत्र के अभिलम्बवत् होगा।

12. *(a)* $E_n = -\dfrac{mz^2e^4}{8\varepsilon_0^2 n^2h^2}$

हाइड्रोजन परमाणु के लिए, $E_1 = 13.6$ eV

$$E_1 \propto m$$

आयनन विभव $= 207\,E_1 = 13.6\times 207 = 2815.2$ eV

13. *(d)* $\mathbf{E} = \mathbf{B}\times\mathbf{v}$

$\mathbf{E} = (2\times 10^{-8}\hat{\mathbf{k}})\times(3\times 10^{8}\hat{\mathbf{i}})$

$\mathbf{E} = 6\hat{\mathbf{j}}$ V/m

14. *(d)*

$F_e = qE$

mg

सन्तुलित अवस्था में, $mg = qE \Rightarrow mg = neE$

$\Rightarrow$ इलेक्ट्रॉनों की संख्या, $n = mg/eE$

$$\eta = \frac{\rho\times\frac{4}{3}\pi R^3\times g}{eE}$$

$$\Rightarrow \quad \eta = \frac{3000\times\frac{4}{3}\times 3.14\times 8\times 10^{-9}\times 9.8}{1.6\times 10^{-19}\times 3.55\times 10^{5}} = 1.73\times 10^{10}$$

15. *(a)* रूद्धोष्म प्रक्रम में किया गया कार्य,

$$W = \frac{p_1V_1 - p_2V_2}{\gamma - 1} = \frac{100\times 4 - 200\times 3}{0.4} = -\frac{2000}{4} = -500\text{ J}$$

16. *(c)* परिनालिका में चुम्बकीय क्षेत्र, $B = \mu_0 ni$

$$B \propto i$$

प्रेरक C से गुजरने वाली धारा $i/3$ है।

$\therefore \quad \dfrac{B_A}{B_C} = \dfrac{i}{i/3};\ B_C = 1\text{ T}$

17. *(b)* चूँकि बाह्य बल आघूर्ण शून्य है, इसलिए कोणीय संवेग संरक्षित रहता है।

$$I_1\omega_1 = I_2\omega_2$$

$$(MR^2)\omega = (MR^2 + 2mR^2)\,\omega'$$

वलय की कोणीय चाल, $\omega' = \dfrac{M\omega}{M+2m}$

18. *(c)*

(A)	पृथ्वी तल से 10 किमी ऊँचाई पर	–	क्षोभमण्डल
(B)	पृथ्वी तल से 65-75 किमी ऊँचाई पर	–	समताप मण्डल
(C)	पृथ्वी तल से 170–900 किमी ऊँचाई पर	–	मध्य मण्डल
(D)	पृथ्वी तल से 250–290 किमी ऊँचाई पर	–	ताप मण्डल

19. *(a)* प्रथम प्रक्रिया के लिए क्षय नियतांक, $\lambda_1 = \dfrac{\ln_2}{T_{1/2}^{(1)}}$

तथा द्वितीय प्रक्रिया के लिए क्षय नियतांक, $\lambda_2 = \dfrac{\ln_2}{T_{1/2}^{(2)}}$

समयान्तराल dt में प्रथम प्रक्रिया में सक्रिय नाभिक की प्रायिकता $= \lambda_1 dt$

समयान्तराल dt में द्वितीय प्रक्रिया में सक्रिय नाभिक की प्रायिकता $= \lambda_2 dt$

प्रथम तथा द्वितीय प्रक्रिया द्वारा सक्रिय नाभिक की प्रायिकता

$$= \lambda_1\,dt + \lambda_2\,dt$$

$$\lambda dt = \lambda_1\,dt + \lambda_2\,dt$$

$$\frac{1}{T_{1/2}} = \frac{1}{T_{1/2}^{(1)}} + \frac{1}{T_{1/2}^{(2)}} \Rightarrow T_{1/2} = \frac{T_{1/2}^{(1)}T_{1/2}^{(2)}}{T_{1/2}^{(1)} + T_{1/2}^{(2)}}$$

20. *(c)* शक्ति $P = F\cdot v$

$$P = (ma)v = mv\frac{dv}{dx}\times\frac{dx}{dt}$$

$$\int\frac{P}{m}dt = \int v\,dv \Rightarrow \frac{v^2}{2} = \frac{P}{m}t \Rightarrow \left(\frac{dx}{dt}\right) = \sqrt{\frac{2P}{m}t}$$

$$\int dxt = \int\sqrt{\frac{2P}{m}}t^{\frac{1}{2}}dt \Rightarrow x = \frac{2}{3}\sqrt{\frac{2p}{m}}t^{\frac{3}{2}};\ x\propto t^{\frac{3}{2}}$$

21. *(10)* गति की समीकरण से,

$$v^2 = u^2 + 2as \Rightarrow 0 = 100 - 2\times a\times 0.5$$

त्वरण, $a = 100$ मी/से^{2}

प्रभावी मंदक बल $= ma = 0.1\times 100 = 10$ N

22. *(2)* संधारित्र में उत्पन्न विभवान्तर, $= \frac{30\mu C}{3\mu F} = 10V$

प्रतिरोध से प्रवाहित धारा, $i = \frac{E}{r} = \frac{10}{5 \times 10^6} = 2\mu A$

23. *(32)* यंग प्रत्यास्थ गुणांक, $Y = \frac{F/A}{\Delta \ell / \ell}$

$$\ell = \frac{YA(\Delta l)}{F} \Rightarrow \frac{\ell_1}{\ell_2} = \frac{A_1}{A_2} \cdot \frac{\Delta \ell_1}{\Delta \ell_2} = \frac{r_1^2}{r_2^2} \times \frac{\Delta \ell_1}{\Delta \ell_2} = \frac{1}{16} \times \frac{2}{4} = \frac{1}{32}; x = 32$$

24. *(5)*

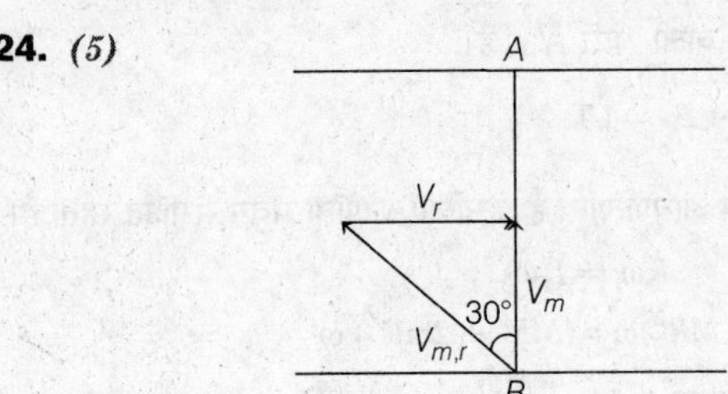

चित्र से, $\sin 30° = v_r / v_{m,r}$

$$v_r = \frac{1}{2} \times 10 \Rightarrow v_r = 5 \text{ मी/से}$$

25. *(161)* समान्तर प्लेट संधारित्र की परावैद्युतांक वाले भाग की धारिता,

$$C_1 = \frac{kA\varepsilon_0}{d}$$

बिना परावैद्युतांक वाले भाग की धारिता, $C_2 = \frac{A\varepsilon_0}{d}$

परिणामी धारिता, $C_{eq} = \frac{C_1 C_2}{C_1 + C_2} = \frac{kA\varepsilon_0}{d} \times \frac{A\varepsilon_0}{d} \cdot \frac{\frac{kA\varepsilon_0}{d} \times \frac{A\varepsilon_0}{d}}{\frac{kA\varepsilon_0}{d} + \frac{A\varepsilon}{d}}$

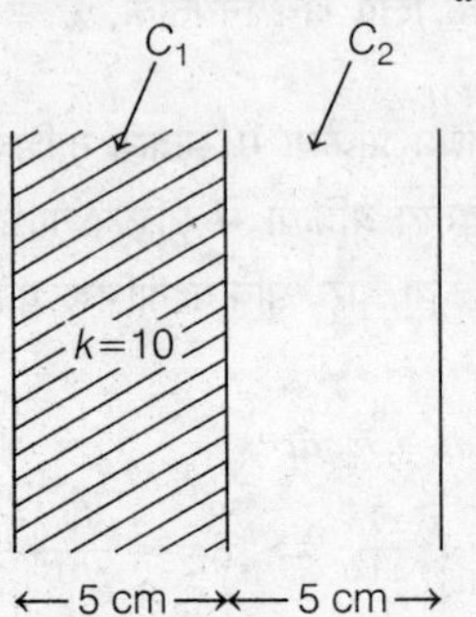

$$\frac{kA\varepsilon_0}{d(1+k)} = \frac{10 \times 100 \times 8.85 \times 10^{-12}}{5(1+10)} = 161 \text{ pF}$$

26. *(20)*

v_1'
m=10kg
M_1=10kg
$v = 10\sqrt{3}$
M_2=20kg
30°
m=10kg
v_2

क्षैतिज अक्ष के परितः संवेग संरक्षण के नियम द्वारा,

$$M_1 v_1 = m v_2' \cos 30° \Rightarrow v_2' = \frac{10 \times 10\sqrt{3}}{10 \cos 30°}$$

$$v_2' = 20 \text{ मी/से}$$

27. *(10)* ऊर्जा संरक्षण नियम से,

$$(KE)_A + (PE)_A = (KE)_B + (PE)_B$$

$$0 + mg(10) = \frac{1}{2} mv^2 + mg(5) \Rightarrow v^2 = 2 \times 10 \times 5$$

कण की बिन्दु B पर चाल, $v = 10$ मी/से

28. *(6)* सरल आवर्तगति करते कण का समीकरण,

$$x = A \sin \omega t$$

$$\frac{A}{2} = A \sin \frac{2\pi}{T} \times \frac{1}{a} \Rightarrow \frac{\pi}{6} = \frac{2\pi}{2} \times \frac{1}{a}$$

$a = 6$ सेकण्ड

29. *(70)* कुल प्रतिरोध, $R_{eq} = \left(\frac{50 \times 20}{70} + 10\right) = \frac{100}{7} + 10\Omega = \frac{170}{7}\Omega$

धारा, $i = \frac{170}{(170/7)} = 7A$

प्रतिरोध के सिरों पर वोल्टता, $v_{10} = i \times 10 = 7 \times 10 = 70V$

30. *(100)* शक्ति लब्धि $= \beta^2 \times \frac{R}{r}$

$$10^6 = \beta^2 \times \frac{10 \times 10^3}{100} \Rightarrow \beta^2 = 100 \times 100$$

उभयनिष्ठ उत्सर्जक धारा लब्धि, $\beta = 100$

रसायन विज्ञान

31. *(d)*

(a) ऐल्कोहॉलिक पोटैशियम हाइड्रॉक्साइड का उपयोग β-विलोपन अभिक्रिया में होता है।

(b) $Pd/BaSO_4$ लिण्डलार उत्प्रेरक होता है।

(c) BHC (बेन्जीन हैक्साक्लोराइड) योगात्मक अभिक्रिया द्वारा बनता है।

(d) पॉलिऐसीटिलीन बैट्रीज के इलेक्ट्रोड में प्रयुक्त होता है। अतः सही सुमेल 'd' है।

32. *(c)* कोणीय नोड्स $= l = 0$

रेडियल नोड्स $= (n - l - 1) = 2$

$$n - 0 - 1 = 2 \Rightarrow n = 3$$

इसलिए कक्षक होगा $n = 3s$

33. *(b)* **कथन (A)** अस्थायी कठोरता के लिए,

$$Mg(HCO_3)_2 \xrightarrow{\Delta} Mg(OH)_2 + 2CO_2$$

कथन A असत्य है। $MgCO_3$ ज्यादा घुलनशील उत्पाद है। $Mg(OH)_2$ की तुलना में।

कथन (R) $Mg(CO_3)$ ज्यादा घुलनशील है जल में $Mg(OH)_2$ की तुलना में।

34. *(d)* p-मेथिलऐनिसोल (CH_3, OCH_3) $\xrightarrow[H^{\oplus}]{\text{ऐल्को. } KMnO_4}$ p-मेथॉक्सीबेन्जोइक अम्ल ($COOH$, OCH_3)

35. *(d)* प्राथमिक ऐलिफैटिक ऐमीन और प्राथमिक ऐरोमैटिक ऐमीन को HNO_2 का प्रयोग करके पहचाना जा सकता है। प्राथमिक ऐलिफैटिक ऐमीन ऐल्कोहॉल से जबकि प्राथमिक ऐरोमैटिक ऐमीन डाइऐजोनियम लवण से बनते हैं।

36. *(a)* ऐनिलीन (NH_2) $\xrightarrow[273K\text{-}278K]{NaOH_2,\ HCl}$ बेन्जीनडाइऐजोनियम क्लोराइड ($N_2^{\oplus}Cl^{\ominus}$)

N,N-डाइमेथिलऐनिलीन (H_3C–N–CH_3) $\longrightarrow$ Ph–N=N–C_6H_4–$N(CH_3)_2$

37. *(c)* Na^+, Mg^{2+} तथा Al^{3+} की आयनिक त्रिज्याएँ क्रमश: 1.02Å, 0.72Å तथा 0.54 Å होती हैं।
अत: आकार का क्रम $Na^{2+} > Mg^{2+} > Al^{3+}$ है।

38. *(c)* ऐलुमिनियम को Na_3AlF_6 (क्रायोलाइट) तथा CaF_2 के साथ बहुत कम ताप पर मिलाया जाता है।

39. *(b)* ऐमाइड, साइनाइड के आंशिक जल-अपघटन द्वारा प्राप्त होता है।

40. *(b)* विटामिन B_{12} — कोबाल्ट
वर्णक — मैग्नीशियम
एण्टीकैंसर औषधि —प्लेटिनम
औषधि — रूथिनियम

41. *(b)* C_3H_6O आण्विक सूत्र वाला यौगिक क्रियात्मक समावयवता दर्शाता है।

$$H-\overset{O}{\overset{\|}{C}}-CH_2-CH_3,\ CH_3-\overset{O}{\overset{\|}{C}}-CH_3$$

42. *(d)* (A) $Ca(OCl)_2$ का प्रयोग ब्लीच के रूप में किया जाता है।
(B) $CaSO_4 \cdot \frac{1}{2} H_2O$ को प्लास्टर ऑफ पेरिस कहा जाता है।
(C) CaO सीमेन्ट का एक घटक है।
(D) $CaCO_3$ का प्रयोग प्रतिअम्ल के रूप में होता है।

43. *(d)* *trans*-$\{NiBr_2(PPh_3)_2\}$ और *Meridonal* $\{Co(NH_3)_3NO_2]_3\}$ की सही संरचना निम्न प्रकार है—

Ph_3P, Br, Ni, Br, Ph_3P NO_3, H_3N, NO_2, Co, O_2N, NH_3, NH_3

44. *(a)* $PCl_3 + H_3PO_4 + H_2O \longrightarrow \underset{\text{पायरो फॉस्फोरिक अम्ल}}{H_4P_2O_5} + HO$

इसमें दो आयनन योग्य हाइड्रोजन होते हैं।

45. *(a)* तत्व के द्विआधारी यौगिक परमाणु में एक HCP संरचना से और तत्व *M* के HCP संरचना के चतुष्फलकीय शून्य के 2/3 भाग पर कब्जा है बाइनरी यौगिक का सूत्र है M_4A_3

46. *(d)* CH_4 ऑक्सीकारी स्मॉग का एक भाग है।

47. *(b)* (A) सिमेटिडीन एक ऐण्टासिड है।
(B) ऐलिटेम कृत्रिम मधुरक है।
(C) नॉवेस्ट्रॉल गर्भनिरोधी औषध होता है।
(D) वेलियम प्रशान्तक औषधि है।

48. *(c)* C_8H_8O (ऐसीटोफीनोन) $\xrightarrow[H_2O]{EtMgBr}$ (A) (OH) $\xrightarrow[HCl]{ZnCl_2}$ (Cl)

(A) 3° ऐल्कोहॉल तीव्रता से ल्यूकास परीक्षण देता है

49. *(b)* (A) डीकन विधि में V_2O_5 उत्प्रेरक प्रयुक्त होता है।
(B) सम्पर्क विधि में $CuCl_2$ उत्प्रेरक प्रयुक्त होता है।
(C) हाइड्रोकार्बन का टूटना ZMS-5 उत्प्रेरक की उपस्थिति में होता है।
(D) वनस्पति तेल हाइड्रोजनीकरण में Ni का प्रयोग होता है।

50. *(d)* सुक्रोस एक अन-अपचायक शर्करा है तथा जल-अपघटन पर ग्लूकोस तथा फ्रक्टोस देता है। (दोनों अपचायक शर्करा हैं।)

51. *(3)* दर $= k[A]^a[B]^b$

$$\frac{r_2}{r_1} = (2)^a = 5 \text{ इसलिए } a = 1$$

$$\frac{r_3}{r_1} = (2)^b = (2)^2 \text{ इसलिए } b = 2$$

$(a + b) = 3$

अत: सम्पूर्ण अभिक्रिया का क्रम 3 है।

52. *(16)*

$$\underset{\left(\frac{x}{74}\right)\text{मोल}}{H_2\underset{OH}{\underset{|}{C}}-CH_2-\overset{O}{\overset{\|}{C}}-H} \xrightarrow[\eta = 64\%]{\text{सान्द्र } H_2SO_4} \underset{\left(\frac{x}{74}\right)\times 0.64 \text{ अणु}}{H_2C=CH-\overset{O}{\overset{\|}{C}}-H} + H_2O$$

$$= \text{ऐक्रोलिन का अणुभार} = \left(\frac{x}{74} \times 0.64\right) \times 56 = 7.8$$

$x = 16.1$ ग्राम

53. *(3)* $K_3[Cr(ox)_3]$ में Cr की ऑक्सीकरण संख्या
$3(+1) + x + 3(-2) = 0$
इसलिए, $x = +3$
अत: कुल अयुग्मित इलेक्ट्रॉनों की संख्या = 3

54. *(3)*

Benzyl amine ($C_6H_5CH_2—NH_2$) + $3CH_3Br$ ⟶ $C_6H_5CH_2—N^+(CH_3)_3\ Br^-$

0.1 मोल 0.3 मोल 23/230 = 0.1 मोल

$n_{CH_3Br} = 30 \times 10^{-4} \Rightarrow x = 3$

55. *(128)*

$$H—\overset{H}{\underset{H}{C}}—\overset{H}{\underset{H}{C}}—H \longrightarrow H—\overset{H}{C}=\overset{H}{C}—H + H—H$$

2C + 6H

$\Delta H_{rxn} \times n = 6 \in C—H + \in C—C - 4 \in C—H$
$— \in C—C — \in H—H$

$= 2 \in C—H + \in C—C \in C{=}C \in H—H$

$= 2 \times 414 + 347 - 611 - 436$

= 128 किलो जूल/मोल

56. *(18)* $C_2H_6(g) + O_2(g) \longrightarrow 2CO_2(g) + 3H_2O(l)$

$\left(\frac{3}{30}\right)$

0.1 मोल 0.3 मोल

H_2O के मोल $= 0.3$

$= 0.3 \times 6 \times 10^{23}$

$= 1.8 \times 10^{23} = 18 \times 10^{22}$

57. *(10)* $CH_3COOH + CH_3COOHNa$ [अम्लीय बफर]

$$pH = pK_a + \log \frac{[CH_3COONa]}{[CH_3COOH]}$$

$$5.74 = 4.74 + \log \frac{[CH_3COONa]}{[CH_3COOH]}$$

$$1 = \log \frac{[CH_3COONa]}{[CH_3COOH]} \Rightarrow \frac{[CH_3COONa]}{[CH_3COOH]} = 10$$

अतः $[CH_3COONa] = 10$ M

58. *(45)*

(i) $Fe^{3+} + 3e^- \longrightarrow Fe;\ E_1^\circ = -0.036$ V

(ii) $Fe^{2+} + 2e^- \longrightarrow Fe;\ E_2^\circ = -0.440$ V

(iii) $Fe^{3+} + e^- \longrightarrow Fe^{2+};\ E_3^\circ = ?$

समी (iii) = समी (i) – समी (ii)

$$E_3^\circ = \frac{n_1E_1^\circ - n_2E_2^\circ}{n_1 - n_2} = \frac{[-0.036 \times 3] - [-0.44 \times 2]}{1}$$

= 0.772 V अभिक्रिया

$2Fe^{3+}(aq) + 2I^-(aq) \xrightarrow{n-2} 2Fe^{2+}(aq) + I_2(s)$ के लिए

$E^\circ_{cell} = E^\circ_{Fe^{3+}/Fe^{2+}} - E^\circ_{I_2/I^-}$

$= 0.772\,0 - 0.539 = 0.233$ V

$\Delta G^\circ = -nFE^\circ_{cell} = -2 \times 96500 \times 0.233$

$= -44969$ J $= -44.969 \times 10^3$ J $= -44.969$ kJ

59. *(15)* बन्ध क्रम 2.5 है। अतः कुल इलेक्ट्रॉन 15 होने चाहिए।

60. *(50)* $\Delta T_f = iK_f \times m$

$3.885 = 1 \times 1.85 \times 2 \Rightarrow i = 1.05$

$i = 1 \times (n-1)\,\alpha = 1.05 \Rightarrow 1 + \alpha = 1.05$

$\alpha = 0.05 = 50 \times 10^{-3}$

गणित

61. *(c)* $\Delta = \begin{vmatrix} \alpha & \beta & \gamma \\ \gamma & \alpha & \beta \\ \beta & \gamma & \alpha \end{vmatrix} = 0$

मानक परिणामों का उपयोग करने पर, या तो $\alpha + \beta + \gamma = 0$

या $\alpha = \beta = \gamma$

यदि $\alpha + \beta + \gamma = 0$, तब $a = 0$ (असम्भव)

$\Rightarrow \quad \alpha + \beta + \gamma \neq 0$

$\therefore \quad \alpha = \beta = \gamma$

$\because$ मूलों का योगफल $= \alpha + \beta + \gamma = -a$

$\Rightarrow \quad a = -3\alpha$ ...(i)

तथा मूलों का गुणनफल $= \alpha\beta + \beta\gamma + \gamma\alpha = b$

$\Rightarrow \quad b = 3\alpha^2$ ...(ii)

समी (i) तथा (ii) से,

$\Rightarrow \quad a^2/b = 3$

62. *(a)* $\begin{vmatrix} 1+\sin^2 x & \sin^2 x & \sin^2 x \\ \cos^2 x & 1+\cos^2 x & \cos^2 x \\ 4\sin 2x & 4\sin 2x & 1+4\sin 2x \end{vmatrix} = 0$

$C_1 \to C_1 - C_3$ तथा $C_2 \to C_2 - C_3$ के उपयोग से,

$\Rightarrow \begin{vmatrix} 1 & 0 & \sin^2 x \\ 0 & 1 & \cos^2 x \\ -1 & -1 & 1+4\sin 2x \end{vmatrix} = 0$

$\Rightarrow \quad (1 + 4\sin 2x + \cos^2 x) - 0 + \sin^2 x = 0$

$\Rightarrow \quad 1 + 4\sin 2x + 1 = 0$

$\Rightarrow \quad \sin 2x = -\frac{1}{2} \Rightarrow 2x = \frac{7\pi}{6}, \frac{11\pi}{6}$

$\Rightarrow \quad x = \frac{7\pi}{12}, \frac{11\pi}{12}$

63. *(b)* व्यंजक के उपयोग से,

$$\lim_{x \to 0} \frac{\left(x + \frac{1^2 x^3}{3!} + \frac{1^2 \cdot 3^2 x^5}{5!} + \ldots\right) - \left(x - \frac{x^3}{3} + \frac{x^5}{5} - \ldots\right)}{3x^3}$$

$$= \frac{1}{3}\left(\frac{1}{6} + \frac{1}{3}\right)$$

$$L = \frac{1}{3 \times 2} \Rightarrow 6L + 1 = 6 \cdot \frac{1}{6} + 1 = 2$$

64. *(c)*

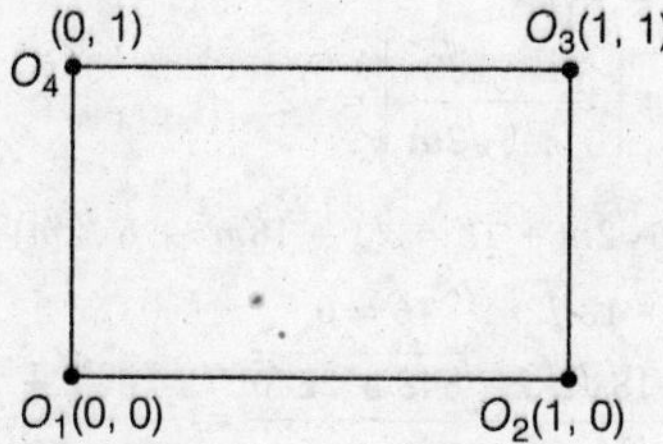

दिए गए चित्र से स्पष्ट है कि,

$O_1O_2 = O_2O_3 = O_3O_4 = O_1O_4$ तथा $O_1O_3 = O_2O_4$

$\therefore$ दी गई आकृति एक वर्ग है।

65. *(a)* दिया गया फलन है, $f(x) = \sqrt{x}$ तथा $g(x) = \sqrt{1-x}$

$\therefore f$ का प्रान्त $\{x \mid x \geq 0\}$ है तथा g का प्रान्त $\{x \mid x \leq 1\}$ है।

$(f+g), (f-g), (g-f) >$ प्रान्त $= f$ व g के प्रान्त का उभयनिष्ट भाग $= x \in [0, 1]$

f/g का प्रान्त $= x \in [0, 1)$

g/f का प्रान्त $= x \in (0, 1]$

अत: समान प्रान्त $= x \in (0, 1)$

66. *(a)* इकाई स्थान पर 1

$\Rightarrow$ इस प्रकार की संख्याओं की संख्या $= 3!/2! = 3$

इकाई स्थान पर 2

$\Rightarrow$ इस प्रकार की संख्याओं की संख्या $= 3! = 6$

इकाई स्थान पर 3

$\Rightarrow$ इस प्रकार की संख्याओं की संख्या $= 3!/2! = 3$

अत: इकाई स्थान पर अंकों का योगफल $= 3 \times 1 + 6 \times 2 + 3 \times 3 = 24$

अत: इस प्रकार की सभी 4 अंकीय संख्याओं की संख्या

$$= 1111 \times 24 = 26664$$

67. *(a)* दिया है,

$$a|z|^2 + \overline{\overline{\alpha} z + \alpha \overline{z}} + d = 0 \Rightarrow a|z|^2 + \alpha \overline{z} + \overline{\alpha} z + d = 0$$

$z = x + iy$ तथा $\alpha = p + iq$ रखने पर,

$\Rightarrow a(x^2 + y^2) + (p + iq)(x - iy) + (p - iq)(x + iy) + d = 0$

$\Rightarrow (a(x^2 + y^2) + 2px + 2qy + d) = 0$

$\Rightarrow x^2 + y^2 + \frac{2p}{a} x + \frac{2q}{a} y + \frac{d}{a} = 0$ एक वृत्त होगा।

यदि $a \neq 0$ तथा $r^2 = \left(\frac{p^2}{a^2} + \frac{q^2}{a^2} - \frac{d}{a}\right) > 0$

$\Rightarrow p^2 + q^2 - ad > 0 \Rightarrow |\alpha|^2 - ad > 0$

68. *(b)* दिए गए वृत्तों के समीकरण निम्न हैं

$$x^2 + y^2 - 10x - 10y + 41 = 0 \quad \ldots(i)$$

तथा $x^2 + y^2 - 22x - 10y + 137 = 0 \quad \ldots(ii)$

$\therefore \quad C_1C_2 = \sqrt{(11-5)^2 + (5-5)^2} = 6$

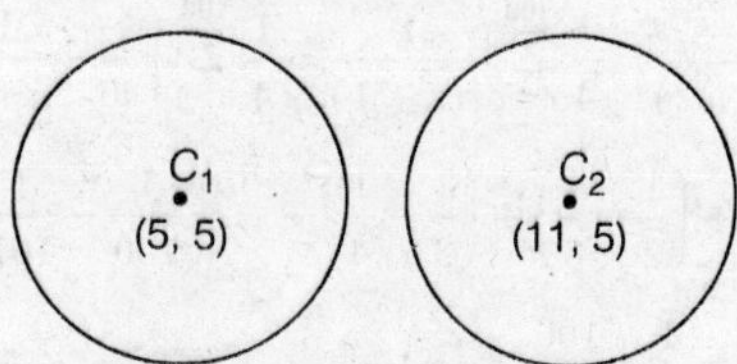

$r_1 = 3$ तथा $r_2 = 3 \Rightarrow C_1C_2 = r_1 + r_2$

अत: वृत्त केवल एक बिन्दु पर मिलेंगे।

69. *(c)* $x = 1$ रखने पर,

$$a_0 + a_1 + a_2 + \ldots + a_{39} + a_{40} = 4^{20} \quad \ldots(i)$$

$x = -1$ रखने पर,

$$a_0 - a_1 + a_2 - \ldots - a_{39} + a_{40} = 2^{20} \quad \ldots(ii)$$

समी (i) में से समी (ii) को घटाने पर,

$$2(a_1 + a_3 + \ldots + a_{39}) = 4^{20} - 2^{20}$$

$\Rightarrow \quad a_1 + a_3 + \ldots + a_{37} + a_{39} = 2^{39} - 2^{19}$

अब, $a_{39} = x^{39}$ का गुणांक

$\Rightarrow \quad \frac{20!(2x^2)^{19} x^1 (1)^0}{19!\,1!\,0!} \Rightarrow a_{39} = 20(2^{19})$

अत: $a_1 + a_3 + \ldots + a_{37} = 2^{39} - 2^{19} - a_{39}$

$$= 2^{39} - 2^{19} - 20(2^{19}) = 2^{39} - 21(2^{19}) = 2^{19}(2^{20} - 21)$$

70. *(b)* यहाँ सदिश **a** की लम्बाई नियत है।

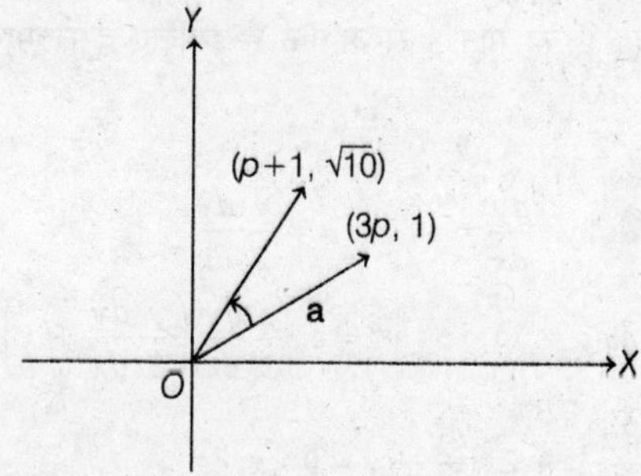

इसलिए, $(p+1)^2 + (\sqrt{10})^2 = (3p)^2 + 1^2$

$\Rightarrow \quad p^2 + 1 + 2p + 10 = 9p^2 + 1 \Rightarrow 4p^2 - p - 5 = 0$

$\Rightarrow \quad p = 5/4, -1$

71. *(c)* $x \in (-\infty, -1] \cup [1, \infty)$ तथा $x - [x] > 0$

$\Rightarrow \quad x \in (-\infty, -1] \cup [1, \infty)$ तथा $\{x\} > 0$

$\Rightarrow \quad x \in (-\infty, -1] \cup [1, \infty)$ तथा $x \notin I$

$\Rightarrow \quad x \in$ अन्तराल $[-1, 1]$ के अतिरिक्त सभी अपूर्णांक संख्याएँ

72. *(c)* दिया है, $S = 100(100) + 99(101) + 98(102) + \ldots + 1(199)$

$$\therefore T_n = \sum_{r=0}^{99} (100 - r)(100 + r) = \sum_{r=0}^{99} (100^2 - r^2)$$

$$= 10^2 \times 100^2 - \sum_{n=0}^{99} r^2 = 100^3 - 199 \times 1650$$

$\Rightarrow (\alpha, \beta) \equiv (3, 1650)$

अत: रेखा की प्रवणता $= \frac{\beta - 0}{\alpha - 0} = \frac{1650}{3} = 550$

73. (*a*) दिया है, $\sum_{r=1}^{100} \frac{1}{(2r+1)^2-1}$

$$= \sum_{r=1}^{100} \frac{1}{(2r)(2r+2)} = \frac{1}{4}\sum_{r=1}^{100} \frac{1}{r(r+1)} = \frac{1}{4}\sum_{r=1}^{100}\left(\frac{1}{r}-\frac{1}{r+1}\right)$$

$$= \frac{1}{4}\left[\left(\frac{1}{1}-\frac{1}{2}\right)+\left(\frac{1}{2}-\frac{1}{3}\right)+\left(\frac{1}{3}-\frac{1}{4}\right)+\ldots\left(\frac{1}{100}-\frac{1}{101}\right)\right]$$

$$= \frac{1}{4}\left[1-\frac{1}{101}\right] = \frac{1}{4}\times\frac{100}{101} = \frac{25}{101}$$

74. (*b*) दिया है, $I = \int \frac{(2x-1)\cos\sqrt{(2x-1)^2+5}}{\sqrt{4x^2-4x+6}}\,dx$

$(2x-1)^2+5 = t^2$ रखने पर, $2(2x-1)\,dx = t\,dt$

$\Rightarrow I = \frac{1}{2}\int t\frac{\cos t}{t}\,dt = \frac{1}{2}\sin t + C = \frac{1}{2}\sin\sqrt{(2x-1)^2+5} + C$

75. (*d*) दिया है, $y = 3 + \frac{1}{4+\frac{1}{y}}$

$\Rightarrow y = 3 + \frac{y}{4y+1} \Rightarrow y = \frac{12y+3+y}{4y+1}$

$\Rightarrow 4y^2 + y = 13y + 3 \Rightarrow 4y^2 - 12y - 3 = 0$

$\Rightarrow y = \frac{12\pm\sqrt{144+48}}{8} = \frac{12\pm\sqrt{192}}{8}$

$\Rightarrow \frac{3}{2}+\sqrt{3}, \frac{3}{2}-\sqrt{3}$

($\because y$ का मान 3 से अधिक है इसलिए दूसरे मान नगण्य होगे)

$\therefore \quad y = \frac{3}{2}+\sqrt{3}$

76. (*d*) दिया है, $2y\cdot\frac{dy}{dx} = 4a \Rightarrow a = \frac{y}{2}\frac{dy}{dx}$

$\because \quad y^2 = 4a(a+x) \Rightarrow y^2 = 4\cdot\frac{y}{2}\frac{dy}{dx}\left(\frac{y}{2}\frac{dy}{dx}+x\right)$

$\Rightarrow \quad y\left(\frac{dy}{dx}\right)^2 + 2x\frac{dy}{dx} - y = 0$

77. (*c*) दिया है, $A + 2B = \begin{bmatrix} 1 & 2 & 0 \\ 6 & -3 & 3 \\ -5 & 3 & 1 \end{bmatrix}$ ...(i)

$2A - B = \begin{bmatrix} 2 & -1 & 5 \\ 2 & -1 & 6 \\ 0 & 1 & 2 \end{bmatrix}$ ...(ii)

समी (i) तथा (ii) को हल करने पर,

$$B = \begin{bmatrix} 0 & 1 & -1 \\ 2 & -1 & 0 \\ -2 & 1 & 0 \end{bmatrix};\ A = \begin{bmatrix} 1 & 0 & 2 \\ 2 & -1 & 3 \\ -1 & 1 & 1 \end{bmatrix}$$

$\therefore \text{Tr}(A) - \text{Tr}(B) = (1-1+1)-(0-1+0) = 1+1 = 2$

78. (*b*) $f(x)$ सभी बिन्दुओं पर सतत् होना चाहिए।

$\Rightarrow \quad \lim_{x\to1^+} f(x) = \lim_{x\to1^-} f(x) \Rightarrow 1 = a + b$ ...(i)

साथ ही $x = 1$ पर अवकलनीय भी होना चाहिए।

$\Rightarrow \quad \text{RHD} = \text{LHD} \Rightarrow -\left(\frac{1}{x^2}\right)_{x=1} = (2ax+0)_{x=1}$

$\Rightarrow \quad -1 = 2a$ ...(ii)

समी (i) तथा (ii) को हल करने पर,

$\Rightarrow \quad a = -\frac{1}{2}$ तथा $b = 3/2$

79. (*d*) बिन्दु (1, 3) से गुजरने वाली रेखा का समीकरण $(y-3) = m(x-1)$

दिया है, $y + 1 = 3\sqrt{2}x$

$$\tan\theta = \left|\frac{m-3\sqrt{2}}{1+3\sqrt{2}m}\right| = \sqrt{2}$$

$\Rightarrow \quad m^2 - 6\sqrt{2}m + 18 = 2(1 + 18m^2 + 6\sqrt{2}m)$

$\Rightarrow \quad 35m^2 + 18\sqrt{2}m - 16 = 0$

$\Rightarrow \quad m = \frac{-18\sqrt{2}\pm\sqrt{648+2240}}{70} = \frac{-18\sqrt{2}\pm38\sqrt{2}}{70}$

$\Rightarrow \quad m = \frac{2\sqrt{2}}{7}, -\frac{4}{5}\sqrt{2}$

$\therefore$ रेखा होगी $y - 3 = \frac{-4}{5}\sqrt{2}(x-1) \Rightarrow 5y - 15 = -4\sqrt{2}x + 4\sqrt{2}$

$\Rightarrow \quad 4\sqrt{2}x + 5y - 15 - 4\sqrt{2} = 0$ या $y - 3 = \frac{2\sqrt{2}}{7}(x-1)$

$\Rightarrow \quad 2\sqrt{2}x - 7y + 21 - 2\sqrt{2} = 0$

80. (*c*) $y = mx + 1$ ...(i)

$3x + 4y = 9$ ...(ii)

उपरोक्त समीकरणों को हल करने पर,

$3x + 4(mx+1) = 9 \Rightarrow x(3+4m) = 5 \Rightarrow x = \frac{5}{3+4m}$

दिया है कि प्रतिच्छेदन बिन्दु का भुज $\left(\frac{5}{3+4m}\right)$ एक पूर्णांक है।

$\Rightarrow 3 + 4m = \pm 1$ या $3 + 4m = \pm 5$

$\Rightarrow \quad 4m = -2, -4$ या $4m = 2, -8$

$\Rightarrow \quad m = -\frac{1}{2}, -1 \Rightarrow m = \frac{1}{2}, -2$

अत: m के पूर्णांकीय मानों की संख्या 2 होगी।

81. (*4*) माना समतल का समीकरण $x - 2y + 2z + \lambda = 0$ है तथा बिन्दु (1,2,3) से दूरी 1 है।

$\Rightarrow \quad \left|\frac{1-2(2)+2(3)+\lambda}{\sqrt{1^2+2^2+2^2}}\right| = 1$

$\Rightarrow] \quad |\lambda+3| = 3 \Rightarrow \lambda = 0, -6 \Rightarrow \lambda = -6$

$\therefore$ समतल का समीकरण $x - 2y + 2z - 6 = 0$ होगा।

$a = 1, b = -2, c = 2, d = -6$

$\because \quad (b-d) = K(c-a) \Rightarrow 4 = K(1) \Rightarrow K = 4$

$\lambda = 0$ के लिए, समतल का समीकरण $x - 2y + 2z = 0$ होगा।

$a = 1, b = -2, c = 2, d = 0$

$\because \quad (b-d) = K(c-a) \Rightarrow (-2-0) = k(2-1) \Rightarrow -2 = k$

$\Rightarrow \quad K = -2$ (नगण्य)

82. (*28*) माना बिन्दु $A(4, -3, 1)$ तथा $B(2, 3, -5)$ है।

रेखा AB के दिक् अनुपात $= 2, -6, 6$

$\Rightarrow 1, -3, 3$ (अभिलम्ब का दिक् अनुपात)

AB का मध्य-बिन्दु $= (3, 0, -2)$

$\therefore$ समतल का समीकरण $1(x-3) - 3(y-0) + 3(z+2) = 0$

$\Rightarrow x - 3y + 3z + 3 = 0$

$\Rightarrow a^2 + b^2 + c^2 + d^2 = 1^2 + (-3)^2 + 3^2 + 3^2 = 28$

83. *(80)* माना बिन्दु $A\left(t_1, \frac{1}{t_1}\right)$ तथा $C\left(t_3, \frac{1}{t_3}\right)$, $xy = 1$ पर स्थित है तथा बिन्दु $B\left(t_2, \frac{-1}{t_2}\right)$ व $D\left(t_4, \frac{-1}{t_4}\right)$, $xy = -1$ पर स्थित है।

$ABCD$ एक वर्ग है इसलिए विकर्ण अवश्य ही बिन्दु $(0, 0)$ पर प्रतिच्छेदित करने चाहिए।

$\Rightarrow \quad \angle AOB = 90° \Rightarrow \frac{-1}{t_1^2} \cdot \frac{1}{t_2^2} = -1$

$\Rightarrow \quad t_1^2 t_2^2 = 1$ ...(i)

साथ ही, AB का मध्य-बिन्दु $P\left(\frac{t_1 + t_2}{2}, \frac{t_2 - t_1}{2t_1t_2}\right)$ रेखा $xy = 1$ पर स्थित है।

$\Rightarrow \quad \left(\frac{t_1 + t_2}{2}\right), \left(\frac{t_2 - t_1}{2t_1t_2}\right) = 1$

$t_2^2 - t_1^2 = 4t_1t_2$ ...(ii)

अत: वर्ग का क्षेत्रफल $= (AB)^2$

$= (t_1 - t_2)^2 + \left(\frac{1}{t_1} + \frac{1}{t_2}\right)^2 = (t_1 - t_2)^2 + \frac{(t_2 + t_1)^2}{t_1^2 t_2^2}$

$= (t_1 - t_2)^2 + (t_2 + t_1)^2 = 2(t_1^2 + t_2^2)$

$= 2\sqrt{((t_2^2 - t_1^2)^2 + 4t_1^2t_2^2)} = 2\sqrt{16t_1^2t_2^2 + 4t_1^2t_2^2} = 2\sqrt{20} = 80$

वर्ग का क्षेत्रफल $= 80.00$

84. *(6)* z_1, z_2 तथा मूलबिन्दु समबाहु त्रिभुज का निर्माण करते हैं।

$\therefore \quad z_1^2 + z_2^2 = z_1z_2 \Rightarrow (z_1 + z_2)^2 = 3z_1z_2$

$\Rightarrow \quad (-a)^2 = 3(12) \Rightarrow |a| = 6$

85. *(512)* दिया है, $I = \int_{-4}^{4} f(x^2)\, dx$

$= 2 \cdot \int_0^4 f(x^2)\, dx = 2 \cdot \int_0^4 (4x^3 - g(4-x))\, dx$

$= 8 \cdot \int_0^4 x^3\, dx - 2 \cdot \int_0^4 g(4-x)\, dx = 8\left(\frac{x^4}{4}\right)_0^4 - 2I_1 = 2^9 - 2I_1$

$I_1 = \int_0^4 g(4-x)\, dx$ ...(i)

$x \to 4 - x$

$I_1 = \int_0^4 g(x)\, dx$ ...(ii)

समी (i) तथा (ii) को जोड़ने पर,

$2I_1 = \int_0^4 (g(4-x) + g(x))\, dx = 0$

इसलिए, $I = 2^9 = 512$

86. *(300)* माना अभीष्ट संख्या xyz है। $0 \le x, y, z, \le 9$

स्थिति 1 3 केवल एक बार आता है। $\Rightarrow {}^3C_1 \times 9 \times 9 = 243$

स्थिति 2 3 केवल दो बार आता है। $\Rightarrow {}^3C_2 \times 2 \times 9 = 54$

स्थिति 3 3 केवल तीन बार आता है। $\Rightarrow {}^3C_3 \times 3 = 3$

$\therefore$ कुल संख्या $= 243 + 54 + 3 = 300$

87. *(4)* प्रारुप $\Rightarrow$ आन्तरिक संख्या = अन्तर

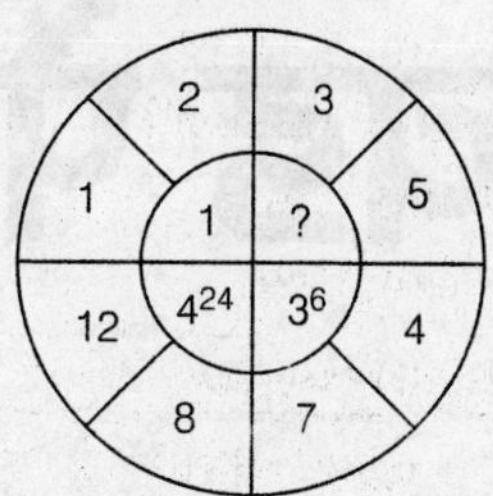

इसालिए, संख्या $= 2^{2!} = 2^2 = 4$

88. *(4)* दिया है, $I = \int \frac{5x^8 + 7x^6}{(x^2 + 1 + 2x^7)^2}\, dx = \int \frac{(5x^{-6} + 7x^{-8})}{(x^{-5} + x^{-7} + 2)^2}\, dx$

$x^{-5} + x^{-7} + 2 = t$ रखने पर,

$\therefore \quad -(5x^{-6} + 7x^{-8})\, dx = dt = -\int \frac{dt}{t^2} = -\left(\frac{1}{-t}\right) + C$

$\therefore \quad I = \frac{1}{(x^{-5} + x^{-7} + 2)} + C$

$\Rightarrow \quad f(x) = \frac{x^7}{x^2 + 1 + 2x^7} + C \Rightarrow f(0) = 0 \Rightarrow C = 0$

$\therefore \quad f(1) = \frac{1}{1 + 1 + 2} = \frac{1}{4} \quad \therefore \quad k = 4$

89. *(1)* यदि $x \in \left(0, \frac{\pi}{2}\right]$ तथा $\left(\pi, \frac{3\pi}{2}\right]$

$\because$ cot x धनात्मक है।

$\cot x = \cot x + \frac{1}{\sin x}$

$0 = \frac{1}{\sin x}$ अर्थात् अन्तराल $\left(0, \frac{\pi}{2}\right] \cup \left(\pi, \frac{3\pi}{2}\right]$ में हल नहीं है।

यदि $x \in \left(\frac{\pi}{2}, \pi\right) \cup \left(\frac{3\pi}{2}, 2\pi\right)$

$\because$ cot x ऋणात्मक है।

$\Rightarrow \quad -\cot x = \cot x + \frac{1}{\sin x}$

$\Rightarrow \quad \frac{-2\cos x}{\sin x} = \frac{1}{\sin x} \Rightarrow \cos x = -\frac{1}{2}$

अर्थात् $x = \frac{2\pi}{3}$, $\left(\frac{\pi}{2}, \pi\right)$ में एक हल है परन्तु $\left(\frac{3\pi}{2}, 2\pi\right)$ में $\cos x$ धनात्मक है।

इसलिए, $\left(\frac{3\pi}{2}, 2\pi\right)$ में हल नहीं है जैसा कि $0, 2\pi$ में प्रान्त नहीं है।

अत: $[0, 2\pi]$ में केवल एक हल है।

90. *(35)* दिया है, $n = 25, \bar{x} = 40$

$\bar{x} = \Sigma x / n \Rightarrow \Sigma x = 25 \times 40 = 1000$

$\therefore$ नया योगफल $= 1000 - 60 + x = 940 + x$

अत: नया औसत $= 39$

$\therefore \quad 39 = \frac{940 + x}{25} \Rightarrow 975 = 940 + x \Rightarrow x = 35$

JEE Main संयुक्त प्रवेश परीक्षा

सॉल्वड पेपर 2021

25 जुलाई, द्वितीय पाली

भौतिकी

खण्ड 'A' ऑब्जेक्टिव प्रश्न

1. किसी गैस इंजन की दक्षता $\frac{1}{6}$ है। जब अभिगम (सिंक) का ताप 62°C कम कर दिया जाता है, तो दक्षता दो गुनी हो जाती है। स्रोत का ताप है

(a) 99° C (b) 124° C
(c) 62° C (d) 37° C

2. किसी सौर मण्डल में ऐसे ग्रह पर विचार कीजिए जिसका द्रव्यमान पृथ्वी के द्रव्यमान का दोगुना और घनत्व पृथ्वी के औसत घनत्व के समान है। यदि किसी पिण्ड का पृथ्वी पर भार w है, तो उसी पिण्ड का उस ग्रह पर भार होगा

(a) $2w$ (b) $\sqrt{2}\,w$ (c) w (d) $2^{1/3}\,w$

3. v चाल से गतिमान किसी इलेक्ट्रॉन तथा चाल c से गतिमान किसी फोटॉन की दे-ब्रोग्ली तरंगदैर्ध्य समान है। इलेक्ट्रॉन और फोटॉन की गतिज ऊर्जाओं का अनुपात होगा

(a) $\frac{v}{3c}$ (b) $\frac{3c}{v}$ (c) $\frac{v}{2c}$ (d) $\frac{2c}{v}$

4. दो सदिशों X और Y के परिमाण समान हैं। (X − Y) का परिमाण (X + Y) के परिमाण का n गुना है। X और Y के बीच के कोण का मान हैं

(a) $\cos^{-1}\left(\frac{n^2+1}{-n^2-1}\right)$ (b) $\cos^{-1}\left(\frac{n^2-1}{-n^2-1}\right)$
(c) $\cos^{-1}\left(\frac{-n^2-1}{n^2-1}\right)$ (d) $\cos^{-1}\left(\frac{n^2+1}{n^2-1}\right)$

5. आरेख में दर्शाए अनुसार दो आदर्श विद्युत द्विध्रुव A और B जिनके द्विध्रुव आघूर्ण क्रमशः p_1 और p_2 हैं किसी तल पर अपने केन्द्रों के साथ O पर स्थित है। द्विध्रुव A के अक्ष पर स्थित किसी बिन्दु C पर परिणामी विद्युत क्षेत्र अक्ष 37° का कोण बनाता है। A और B के द्विध्रुव आघूर्णों का अनुपात p_1/p_2 होगा (sin 37° = 3/5 लीजिए)

(a) $\frac{3}{2}$ (b) $\frac{2}{3}$ (c) $\frac{3}{8}$ (d) $\frac{4}{3}$

6. अपवर्तनांक μ और प्रिज्म कोण A का कोई प्रिज्म न्यूनतम विचलन की स्थिति में रखा है। यदि न्यूनतम विचलन कोण का मान भी A है, तो अपवर्तनांक μ के पदों में A का मान होगा

(a) $\sin^{-1}\left(\sqrt{\frac{\mu-1}{2}}\right)$ (b) $\sin^{-1}\left(\frac{\mu}{2}\right)$
(c) $\cos^{-1}\left(\frac{\mu}{2}\right)$ (d) $2\cos^{-1}\left(\frac{\mu}{2}\right)$

7. r_1 और r_2 त्रिज्या के दो गोल साबुन के बुलबुले निर्वात् में समतापी अवस्था में संयोग करते हैं। परिणामी बुलबुले की त्रिज्या होगी

(a) $\frac{r_1+r_2}{2}$ (b) $\sqrt{r_1 r_2}$ (c) $\sqrt{r_1^2+r_2^2}$ (d) $\frac{r_1 r_2}{r_1+r_2}$

8. दिए गए पोटैन्शियोमीटर के तार का प्रतिरोध 10 Ω है। जब सर्पी सम्पर्क पोटैन्शियोमीटर के तार के मध्य में हैं, 2 Ω प्रतिरोधक के सिरों पर विभवपात होगा

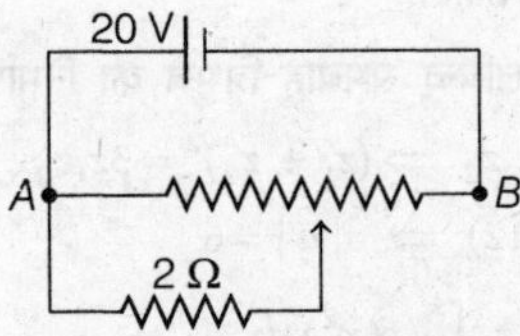

(a) $\frac{40}{9}$ V (b) 5V (c) $\frac{40}{11}$ V (d) 10V

9. आरेख में दर्शाए अनुसार कोई प्रकाश-किरण वायु से अपवर्तनांक 4/3 के सघन माध्यम में प्रवेश कर रही है। दर्शाए अनुसार संलग्न पृष्ठ पर किरण पूर्ण आन्तरिक परावर्तित होती है। कोण θ का अधिकतम मान होना चाहिए

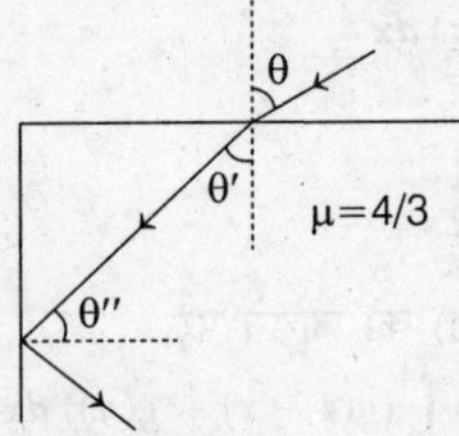

(a) $\sin^{-1}\frac{\sqrt{5}}{4}$ (b) $\sin^{-1}\frac{\sqrt{7}}{4}$ (c) $\sin^{-1}\frac{\sqrt{7}}{3}$ (d) $\sin^{-1}\frac{\sqrt{5}}{3}$

10. यदि किसी संधारित्र की पट्टिकाओं पर मुक्त आवेश q_f है तथा उसकी पट्टिकाओं के बीच रखे परावैद्युतांक k के परावैद्युत स्लैब पर बद्ध आवेश q_b है, तो बद्ध आवेश q_b को इस प्रकार व्यक्त किया जा सकता है

(a) $q_b = q_f\left(1+\frac{1}{k}\right)$ (b) $q_b = q_f\left(1-\frac{1}{\sqrt{k}}\right)$

(c) $q_b = q_f\left(1+\frac{1}{\sqrt{k}}\right)$ (d) $q_b = q_f\left(1-\frac{1}{k}\right)$

11. किसी गतिमान पिण्ड के द्वारा चली गई दूरी x और लिए गए समय t के बीच का सम्बन्ध $t = mx^2 + nx$ के रूप में दिया गया है, यहाँ m और n स्थिरांक हैं। इस गति का मंदन है (जहाँ v वेग है।)

(a) $2\,mnv^3$ (b) $2\,nv^3$ (c) $2\,mv^3$ (d) $2\,n^2v^3$

12. सरल रेखा में गतिमान किसी कण का तात्कालिक वेग $v = \alpha t + \beta t^2$ के रूप में दर्शाया गया है, यहाँ α और β स्थिरांक हैं। 1 सेकण्ड और 2 सेकण्ड के मध्य इस कण द्वारा चली गई दूरी होगी

(a) $\frac{\alpha}{2}+\frac{\beta}{3}$ (b) $\frac{3}{2}\alpha+\frac{7}{3}\beta$

(c) $\frac{3}{2}\alpha+\frac{7}{2}\beta$ (d) $3\alpha + 7\beta$

13. बल F को समय t और विस्थापन x के पदों में दिए गए समीकरण के रूप में प्रदर्शित किया गया है

$$F = A\cos Bx + C\sin Dt$$

तो $\frac{AD}{B}$ की विमा होगी

(a) $[ML^2T^{-3}]$ (b) $[M^2L^2T^{-3}]$

(c) $[M^0LT^{-1}]$ (d) $[M^1L^1T^{-2}]$

14. दो आयनों, जिनके द्रव्यमान हैं, पर आवेशों का अनुपात 1:2 है। इन्हें किसी एकसमान चुम्बकीय क्षेत्र में क्षेत्र के अभिलम्बवत् 2 : 3 के अनुपात में चालों से प्रक्षेपित किया गया है। इनके वृत्तीय प्रक्षेप पथों की त्रिज्याओं का अनुपात होगा

(a) 1 : 4 (b) 2 : 3 (c) 4 : 3 (d) 3 : 1

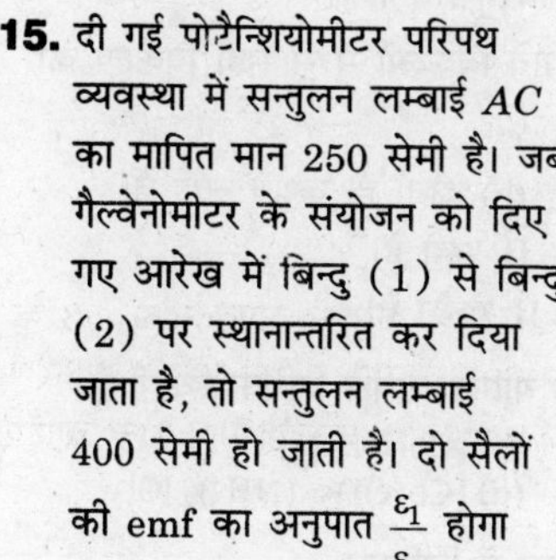

15. दी गई पोटैंशियोमीटर परिपथ व्यवस्था में सन्तुलन लम्बाई AC का मापित मान 250 सेमी है। जब गैल्वेनोमीटर के संयोजन को दिए गए आरेख में बिन्दु (1) से बिन्दु (2) पर स्थानान्तरित कर दिया जाता है, तो सन्तुलन लम्बाई 400 सेमी हो जाती है। दो सैलों की emf का अनुपात $\frac{\varepsilon_1}{\varepsilon_2}$ होगा

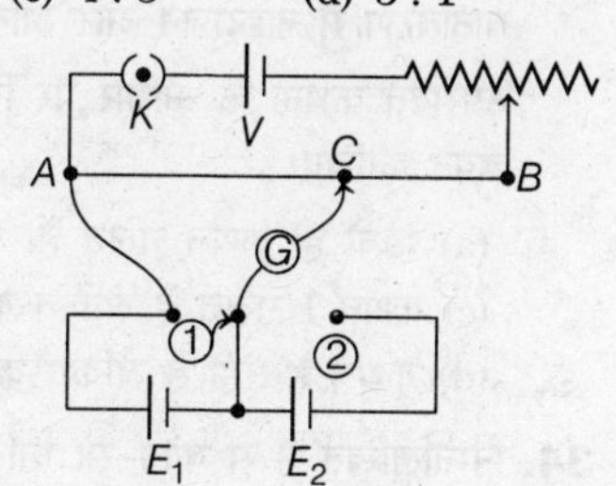

(a) $\frac{4}{3}$ (b) $\frac{5}{3}$

(c) $\frac{8}{5}$ (d) $\frac{3}{2}$

16. कोई बल $\mathbf{F} = (40\hat{i} + 10\hat{j})$ N किसी 5 किग्रा द्रव्यमान के पिण्ड पर कार्य करता है। यदि पिण्ड विराम से गति प्रारम्भ करता है, तो $t = 10$ सेकण्ड पर इसका स्थिति सदिश $\mathbf{r}$ होगा

(a) $(100\hat{i} + 100\hat{j})$m (b) $(400\hat{i} + 400\hat{j})$m

(c) $(100\hat{i} + 400\hat{j})$m (d) $(400\hat{i} + 100\hat{j})$m

17. कोई गुब्बारा 10 मी/से के एकसमान वेग से ऊपर की ओर गतिमान था। जब यह गुब्बारा भूमिगत से 75 मी ऊँचाई पर था, तब इससे परिमित द्रव्यमान का कोई पिण्ड गिराया गया। पिण्ड के धरती से टकराते समय गुब्बारे की भूमितल से ऊँचाई होगी (g का मान 10 मी/से^{2} लीजिए)

(a) 125 मी (b) 200 मी (c) 300 मी (d) 250 मी

18. जब किसी धात्विक पृष्ठ पर तरंगदैर्ध्य λ का विकिरण आपतन करता है, तो उत्सर्जित फोटॉनइलेक्ट्रॉन का निरोधी विभव 4.8 V है। यदि इसी पृष्ठ को पिछली तरंगदैर्ध्य की दोगुनी तरंगदैर्ध्य द्वारा प्रदीप्त किया जाए, तो निरोधी विभव 1.6 V हो जाता है। इस धातु की देहली आवृत्ति है

(a) $8\,\lambda$ (b) $4\,\lambda$ (c) $2\,\lambda$ (d) $6\,\lambda$

19. किसी 10 Ω प्रतिरोध को 220 V - 50 Hz AC आपूर्ति के सिरों से संयोजित किया गया है। धारा को उसके अधिकतम मान से rms तक आने में लगने वाला समय है

(a) 3.0 मिली-से (b) 1.5 मिली-से

(c) 4.5 मिली-से (d) 2.5 मिली-से

20. किसी सरल आवर्त दोलन में, जब कण अपनी चरम स्थिति और माध्य स्थिति के बीच मध्य में होता है, तब इस स्थिति में कण की कुल यान्त्रिक ऊर्जा का कितना भाग गतिज ऊर्जा के रूप में होता है?

(a) $\frac{3}{4}$ (b) $\frac{1}{4}$ (c) $\frac{1}{2}$ (d) $\frac{1}{3}$

खण्ड 'B' न्यूमैरिकल वैल्यू प्रश्न

21. कोई निकाय दो प्रकार की गैसों के अणुओं, A और B, जिनकी घनत्व संख्या, 2×10^{25}/मी^{3} है, से मिलकर बना है। A और B के व्यास क्रमश: Å और 5Å हैं। ये कक्ष ताप पर संघट्ट करते हैं। दो क्रमागत संघट्टों के बीच A के अणुओं के द्वारा तय की गई औसत दूरी और B के अणुओं द्वारा तय की गई औसत दूरी का अनुपात ....$\times10^{-2}$ है।

22. चुम्बकीय क्षेत्र की तीव्रता B में स्थित 1.25 eV कार्यफलन की किसी धातु पर 500 nm तरंगदैर्ध्य का कोई प्रकाश पुन्ज आपतन करता है। चुम्बकीय क्षेत्र B के लम्बवत् अधिकतम गतिज ऊर्जा से उत्सर्जित इलेक्ट्रॉन 30 सेमी त्रिज्या के वृत्तीय चाप में मुड़ जाते हैं। B का मान .... $\times10^{-7}$T है। [दिया है, $hc = 20\times10^{-26}$ J-m, इलेक्ट्रॉन का द्रव्यमान $= 9\times10^{-31}$ किग्रा]

23. त्रिज्या 20 सेमी और द्रव्यमान 10 किग्रा की कोई डिस्क (चक्रिका) अपने वृत्ताकार तल के अभिलम्बवत् और अपने संहति केन्द्र से गुजरने वाले अक्ष के परित: 600 rpm की कोणीय चाल से घूर्णन कर रही हैं। इस डिस्क को 10 सेकण्ड में विराम में लाने के लिए आवश्यक बल का आघूर्ण .... $\pi\times10^{-1}$ Nm होगा।

24. किसी अर्द्धचालक में 27°C पर आन्तरिक आवेश वाहकों का सिलिकन परमाणु का संख्या घनत्व 1.5×10^{16}/मी^{3} है। यदि इस अर्द्धचालक को अपद्रव्यी परमाणु द्वारा मादित किया जाए, तो विवर घनत्व बढ़ाकर 4.5×10^{22}/मी^{3} हो जाता है। मादित अर्द्धचालक में इलेक्ट्रॉन घनत्व ....$\times10^9$/मी^{3} है।

25. नीचे आरेखों (A) और (B) में दो परिपथ दर्शाए गए हैं।

एक चक्र में दोनों परिपथों में औसत शक्ति क्षय समान होगा यदि आवृति .... रेडियन/से है।

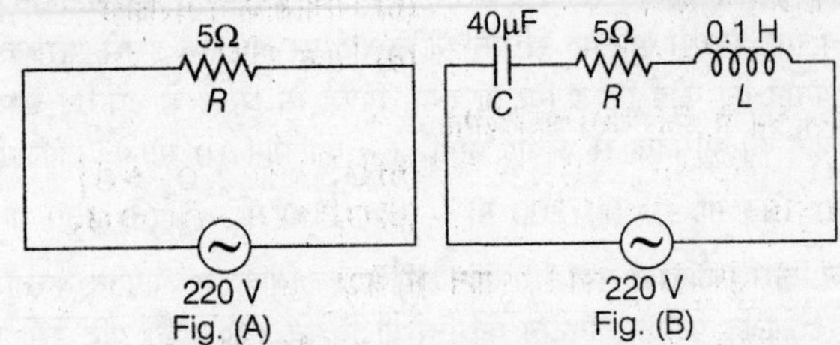

Fig. (A) Fig. (B)

26. $16\,\Omega$ तार को मोड़कर एक वर्गाकार पाश बनाया गया। $1\,\Omega$ आन्तरिक प्रतिरोध वाले 9 V सप्लाई से इसके एक भुजा को सम्पर्कित किया गया है। वर्गाकार पाश के विकर्ण में सम्भावित पात .... $\times 10^{-1}$ V है।

27. नीचे दिए गए आँकड़ों के आधार पर एलुमिनियम के नाभिक $^{27}_{13}$ को तोड़ने के लिए आवश्यक ऊर्जा .... $x \times 10^{-3}$ J है।

न्यूट्रॉन का द्रव्यमान = 1.00866 u

प्रोटॉन का द्रव्यमान = 1.00726 u

एलुमिनियम के नाभिक का द्रव्यमान = 27.18846 u

(1 u को x J ऊर्जा के तदनुरुप मानिए) (निकटतम पूर्णांक में)

28. शिखर वोल्टता 20 V और आवृत्ति 20 kHz के सन्देश सिग्नल का उपयोग शिखर वोल्टता 20 V और आवृत्ति 1 MHz को वाहक तरंग को माडुलित करने के लिए किया गया है। माडुलन सूचकांक ...... होगा।

29. 30 वर्ष में किसी रेडियोएक्टिव तत्व की नाभिकीय एक्टिवता अपनी प्रारम्भिक एक्टिवता की $\left(\frac{1}{8}\right)$th गुनी हो जाती है। इस रेडियोएक्टिव तत्व की अर्धायु .... वर्ष है।

30. कोई बल $F = (5y + 20)\,\hat{j}$ N किसी कण पर कार्य करता है। जब यह कण $y = 10$ मी से $y = 10$ मी तक गति कर जाता है, तो बल द्वारा किया गया कार्य .... होता है।

रसायन विज्ञान

खण्ड 'A' ऑब्जेक्टिव प्रश्न

31. सूची-I के साथ सूची-II का मिलान कीजिए।

सूची-I (कोलॉइड का उदाहरण)	सूची-II (वर्गीकरण)
(A) पनीर	(i) तरल में तरल का परिक्षेपण
(B) प्यूमिक (Pumice) का पत्थर	(ii) गैस में तरल का परिक्षेपण
(C) बालों की क्रीम	(iii) ठोस में गैस का परिक्षेपण
(D) बादल	(iv) ठोस में तरल का परिक्षेपण

नीचे दिए गए विकल्पों में से सबसे उपयुक्त उत्तर का चयन कीजिए।

	A	B	C	D
(a)	(iv)	(iii)	(i)	(iii)
(b)	(iv)	(i)	(iii)	(ii)
(c)	(iv)	(iii)	(ii)	(i)
(d)	(iii)	(iv)	(i)	(ii)

32. Br—CH₂—CHO $\xrightarrow[\text{शुष्क HCl गैस}]{\text{EtOH (अधिक्य)}}$ "A" (मुख्य उत्पाद) $\xrightarrow{{}^t\text{BuO}^-\text{-K}^+}$ "B" (मुख्य उत्पाद)

जहाँ Et = —C_2H_5 - ^{t}Bu = $(CH_3)_3C$—]

उपरोक्त अभिक्रिया क्रम को ध्यान में रखते हुए, उत्पाद A व उत्पाद B होंगें।

(a) $BrCH_2CH(OEt)_2$, $H_2C{=}C(OEt)_2$

(b) $EtOCH_2CH(OEt)_2$, $H_2C{=}C(OEt)_2$

(c) $BrCH_2CH(OEt)_2$, tBuO$CH_2CH(OEt)_2$

(d) EtOCH_2CHO , EtOCH_2CH(O^{t}Bu)(OH)

33. नीचे दो कथन दिये गये हैं।

कथन-I दृश्य ऊर्जा क्षेत्र में विकिरणों द्वारा क्लोरो फ्लोरो कार्बन का टूटना, वातावरण में क्लोरीन गैस छोड़ता है जो समताप मण्डल में ओजोन के साथ अभिक्रिया करता है।

कथन-II वायुमण्डलीय ओजोन, नाइट्रिक ऑक्साइड के साथ क्रिया करके वातावरण में नाइट्रोजन और ऑक्सीजन गैस देती है।

उपरोक्त कथनों के आधार पर दिये गये विकल्पों में से सही विकल्प का चयन कीजिए।

(a) दोनों ही कथन गलत हैं।
(b) दोनों ही कथन सही हैं।
(c) कथन I गलत है लेकिन कथन II सही है।
(d) कथन I सही है लेकिन कथन II गलत है।

34. निम्नलिखित में से कौन-सा धात्विक यौगिक सबसे अधिक स्थायी है?

(a) $[Co(en)_2(NH_3)_2]Cl_2$
(b) $[Co(NH_3)_6]Cl_2$
(c) $[Co(en)_3]Cl_2$
(d) $[Co(en)_2 \cdot (NH_3)_4]Cl_2$

35. निम्न यौगिकों को घनत्व के घटते क्रम में लिखिए।

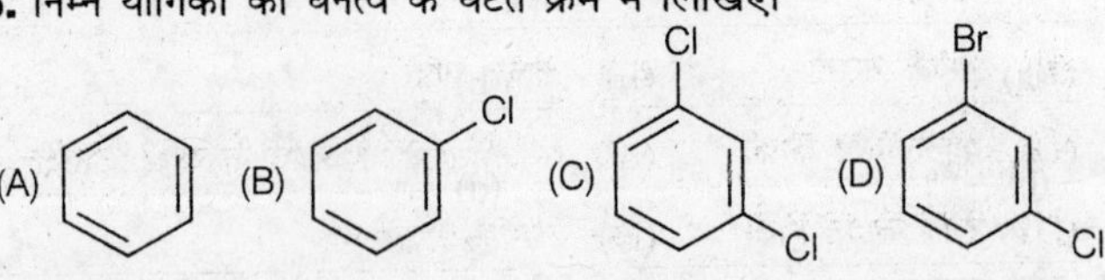

कूट

(a) (D) > (C) > (B) > (A)
(b) (C) > (B) > (A) > (D)
(c) (A) > (B) > (C) > (D)
(d) (C) > (D) > (A) > (B)

36. निम्नलिखित में से कौन-सी धातु अन्तराकाशी हाइड्राइड सरलता से बनाती है?

(a) Cr (b) Fe (c) Co (d) Mn

37. Ti^{3+}, V^{2+} तथा Sc^{3+} आयनों में केवल चक्रण चुम्बकीय आघूर्ण (BM में) क्रमशः होंगे [परमाणु क्रमांक Sc = 21, Ti = 22, V = 23]

(a) 1.73, 0, 3.87 (b) 1.73, 3.87, 0
(c) 0, 3.87, 1.73 (d) 3.87, 1.73, 0

38. उस प्रक्रिया की पहचान करे जिसमें ऑक्सीकरण अवस्था में परिवर्तन 5 है।

(a) $MnO_4^- \longrightarrow Mn^{2+}$ (b) $CrO_4^{2-} \longrightarrow Cr^{3+}$
(c) $C_2O_4^{2-} \longrightarrow 2CO_2$ (d) $Cr_2O_7^{2-} \longrightarrow 2Cr^{3+}$.

39. निम्नलिखित में से एक π (पाई) बन्ध और अधिकतम कैनोनिकल रूपों वाली स्पीशीज की पहचान कीजिए।

(a) CO_3^{2-} (b) SO_3
(c) O_2 (d) SO_2

40. निम्नलिखित में से कौन-सी साइटोसिन की सही संरचना है?

(a) 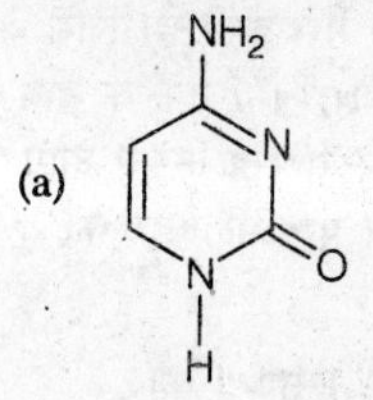

(b) 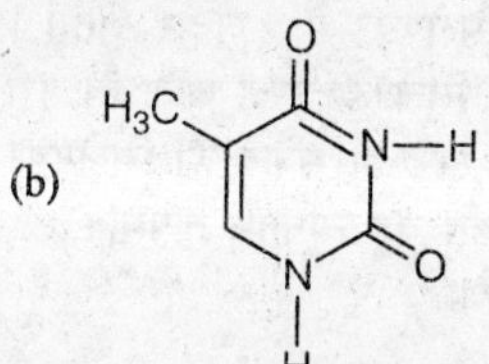

(c) 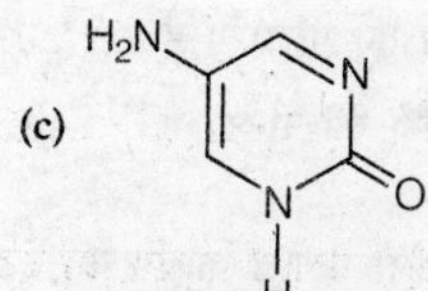

(d)

41. F^- और O^{2-} की आयनिक त्रिज्याएँ क्रमशः 1.33 और 1.4 Å हैं जबकि नाइट्रोजन की सहसंयोजक त्रिज्या 0.74 Å होती है। N^{3-} की आयनिक त्रिज्या के लिए सही विकल्प है

(a) यह F^- व N^- से बड़ी होती है जोकि O^{2-} से छोटी होती है।
(b) ये छोटी होती है O^{2-} व F^- से लेकिन N से बड़ी होती है।
(c) ये बड़ी होती है O_2^- तथा F^- से
(d) ये छोटी होती है F^- तथा N

42. सूची-I तथा सूची-II का सही मिलान कीजिए।

	सूची-I		सूची-II
(A)	Ag अयस्क की सान्द्रता	(i)	परावर्तक भट्टी
(B)	वात्या भट्टी	(ii)	कच्चा लोहा
(C)	फँफोलेदार कॉपर	(iii)	तनु NaCN विलयन के साथ निक्षालन
(D)	झाग प्लवन विधि	(iv)	सल्फाइड अयस्क

दिए गए विकल्पों में से सही विकल्प का चयन कीजिए।

	A	B	C	D		A	B	C	D
(a)	(iii)	(iv)	(i)	(ii)	(b)	(iv)	(iii)	(ii)	(i)
(c)	(iii)	(ii)	(i)	(iv)	(d)	(iv)	(i)	(iii)	(ii)

43. बेन्जोनाइट्राइल का जल-अपघटन 1 तुल्यांक CH_3MgBr के साथ कराने पर पीला द्रव P बनता है। P धनात्मक ...... देता है।

(a) टॉलेन परीक्षण (b) आयोडोफॉर्म परीक्षण
(c) निनहाइड्रिन परीक्षण (d) शिफ परीक्षण

44. निम्नलिखित में सही बन्ध क्रम होगा

(a) $O_2 > O_2^- > O_2^{2-} > O_2^+$ (b) $O_2^{2-} > O_2 > O_2^- > O_2^+$
(c) $O_2^+ > O_2 > O_2^- > O_2^{2-}$ (d) $O_2^+ > O_2^- > O_2^{2-} > O_2$

45. सूची-I का सूची-II के साथ मिलान कीजिए।

	सूची-I (तत्व)		सूची-II (गुण)
(A)	Li	(i)	I^- लवण की दुर्बल जल विलेयता
(B)	Na	(ii)	कोशिका द्रव्य में प्रचुर मात्रा में तत्व
(C)	K	(iii)	अग्निशामक में प्रयुक्त बाइकार्बोनेट
(D)	Cs	(iv)	कार्बोनेट लवण को गर्म करने पर सरलतापूर्वक अपघटित

दिए गए विकल्पों में से सही विकल्प का चुनाव कीजिए।

	A	B	C	D		A	B	C	D
(a)	(i)	(ii)	(iii)	(iv)	(b)	(iv)	(ii)	(iii)	(i)
(c)	(i)	(ii)	(ii)	(iv)	(d)	(iv)	(iii)	(ii)	(i)

46. एक जैव-निम्नीकरण पॉलीऐमाइड बनाया जा सकता है

(a) ग्लाइसीन तथा ऐमीनो कैप्रोइक अम्ल से
(b) ग्लाइसीन तथा आइसोप्रीन से
(c) स्टाइरीन तथा कैप्रोइक अम्ल से
(d) हेक्सा मेथिलीन डाइऐमीन तथा ऐडिपिक अम्ल से

47. निम्नलिखित में से कौन-सा सबसे अधिक प्रबल अम्ल है?

(a) (b) (c) $CH_3CH_2CH_2CH_3$ (d)

48. निम्नलिखित अभिक्रिया का मुख्य उत्पाद P क्या है?

(i) $NaNO_2$, HCl, 278K; (ii) H_2O → P (मुख्य उत्पाद)

(a) (b) (c) (d)

49. 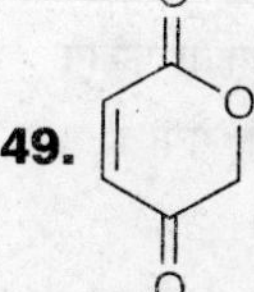

मैलिक ऐनहाइड्राइड बनाया जा सकता है

(a) ट्रान्स-ब्यूट-2-ईन डाइओइक अम्ल के साथ ऐल्कोहॉल तथा अम्ल की क्रिया
(b) *ट्रान्स*-ब्यूट-2-ईन डाइओइक अम्ल को गर्म करके

(c) *सिस*-ब्यूट-2-ईन डाइओइक अम्ल को गर्म करके

(d) *सिस*-ब्यूट-2-ईन डाइओइक अम्ल के साथ ऐल्कोहॉल तथा अम्ल की क्रिया

50. $C_6H_5NO_2 \xrightarrow{Sn + HCl} A \xrightarrow[H^+]{C_6H_5N_2^+Cl^-} P$ पीले रंग का यौगिक

उपरोक्त अभिक्रिया में उत्पाद P है

(a) Ph–N=N–(2-aminophenyl) (NH_2)
(b) Ph–N=N–C$_6$H$_4$–NH_2
(c) Ph–NH–Ph
(d) Ph–N=N–NH–Ph

खण्ड 'B' न्यूमैरिकल वैल्यू प्रश्न

51. 3.00 ग्राम पदार्थ 'X' को 100 g CCl_4 में घोला जाता है। यह क्वथनांक को 0.60 K बढ़ा देता है तो पदार्थ का आण्विक द्रव्यमान .... ग्राम मोल$^{-1}$ होगा। (निकटतम पूर्णांक)

• दिया गया है, CCl_4 के लिए $K_b = 5.0$ K किग्रा मोल$^{-1}$

52. त्वरित इलेक्ट्रॉन की गति 5×10^6 ms^{-1} तथा गति में 0.02% की अनिश्चितता है। इसकी स्थिति में अनिश्चितता ज्ञात कीजिए। जबकि इसका संवेग $x \times 10^{-9}$ m हो। x का मान .... होगा (निकटतम पूर्णांक) इलेक्ट्रॉन का द्रव्यमान = 9.1×10^{-31} किग्रा $h = 6.63 \times 10^{-34}$Js, $\pi = 3.14$]

53. 0.00340 में सार्थक अंकों की संख्या.........है।

54. रासायनिक अभिक्रिया $A \rightarrow B$ में यह पाया गया कि 30 मिनट में B की सान्द्रता 0.2 मोल ली$^{-1}$ बढ़ जाती है। अभिक्रिया की औसत दर ...... $\times 10^{-1}$ mol L^{-1} h^{-1} होगी। (निकटतम पूर्णांक)

55. माना दी गयी परिस्थितियों में जलीय विलयन में $Ba(OH)_2$ पूर्णरूप से आयनीकृत हो जाता है। 0.005 M घुलित $Ba(OH)_2$ को 298 K पर विलयन में $Ba(OH)_2$ पूर्णतया आयनित है।

56. (H_3C)(H)C=C(H)(H_3C) + $Br_2 \xrightarrow{CCl_4}$ उत्पाद "P"

उपरोक्त रासायनिक अभिक्रिया द्वारा बताइए कि उत्पाद P के सम्भावित त्रिविम समावयवी कितने होंगे?

57. नाइट्रोजन के आकलन के लिए जेल्डाल विधि द्वारा एक कार्बनिक यौगिक के 0.8 g का विश्लेषण किया गया। यदि यौगिक में नाइट्रोजन की प्रतिशतता 42% है तो विश्लेषण में उत्पन्न 1 M H_2SO_4 को उदासीन करने के लिए उत्पन्न NH_3 (mL) होगें।

58. LPG सिलेण्डर में 27° पर, 300 kPa के दाब k गैस होती है। जिस कमरे में सिलेण्डर रखा जाता है। उस कमरे में 12×10^6 Pa तक के दाब के साथ खड़े हो सकते हैं। सिलेण्डर को जिस कमरे में रखा उसने आग पकड़ी हो। वह न्यूनतम तापमान .... (°C) जिस पर सिलेण्डर को फटना है।

59. एक तन्त्र 200 J कार्य करती है और साथ ही 150 J ऊष्मा को अवशोषित करती है। आन्तरिक ऊर्जा में परिवर्तन का परिमाण है ...... J.

60. Ho^{3+} आयन के 4f कक्षक में उपस्थित इलेक्ट्रॉनों की संख्या है .... (दिया गया है, परमाणु संख्या Ho = 67)

गणित

खण्ड 'A' ऑब्जेक्टिव प्रश्न

61. यदि दीर्घवृत्त, $x^2 + 4y^2 = 4$ की एक स्पर्शरेखा, इनके दीर्घ अक्ष के छोरों पर खींची गई स्पर्श रेखाओं को बिन्दुओं B तथा C पर मिलती है, तो BC को व्यास मानकर खींचा गया वृत्त निम्न में से किस बिन्दु से होकर जाता है?

(a) $(-1, 1)$ (b) $(\sqrt{3}, 0)$ (c) $(1, 1)$ (d) $(\sqrt{2}, 0)$

62. $(2^{1/3} + 3^{1/4})^{12}$ के प्रसार में, उन सभी पदों, जो परिमेय संख्याएँ हैं, का योगफल है

(a) 89 (b) 27 (c) 35 (d) 43

63. माना X एक यादृच्छिक चर है जिसके लिए एक बंटन का प्रायिकता फलन $P(X = 0) = \frac{1}{2}, P(X = j) = \frac{1}{3^j}$ (j = 1, 2, 3, ..., ∞) द्वारा दिया गया है, तो बंटन का माध्य तथा $P(X$ धनात्मक तथा सम है) क्रमश: है

(a) $\frac{3}{4}$ तथा $\frac{1}{8}$ (b) $\frac{3}{4}$ तथा $\frac{1}{9}$ (c) $\frac{3}{8}$ तथा $\frac{1}{8}$ (d) $\frac{3}{4}$ तथा $\frac{1}{16}$

64. यदि $^nP_r = {}^nP_{r+1}$ तथा $^nC_r = {}^nC_{r-1}$ हैं, तो r बराबर है

(a) 1 (b) 4 (c) 3 (d) 2

65. यदि $f(x) = \begin{cases} \int_0^x (5 + |1 - t|)\, dt, & x > 2 \\ 5x + 1, & x \le 2 \end{cases}$ है, तो

(a) $f(x)$ प्रत्येक x के लिए अवकलनीय है

(b) $x = 1$ पर $f(x)$ अवकलनीय नहीं है

(c) $x = 2$ पर $f(x)$ संतत है परन्तु अवकलनीय नहीं है

(d) $x = 2$ पर $f(x)$ संतत नहीं है

66. माना अवकल समीकरण $x\, dy = (y + x^3 \cos x)\, dx, y(\pi) = 0$ का हल $y = y(x)$ है, तो $y\left(\frac{\pi}{2}\right)$ बराबर है

(a) $\frac{\pi^2}{4} + \frac{\pi}{2}$ (b) $\frac{\pi^2}{2} - \frac{\pi}{4}$

(c) $\frac{\pi^2}{2} + \frac{\pi}{4}$ (d) $\frac{\pi^2}{4} - \frac{\pi}{2}$

67. $\cot \frac{\pi}{24}$ का मान है

(a) $\sqrt{2} - \sqrt{3} - 2 + \sqrt{6}$

(b) $3\sqrt{2} - \sqrt{3} - \sqrt{6}$

(c) $\sqrt{2} + \sqrt{3} + 2 - \sqrt{6}$

(d) $\sqrt{2} + \sqrt{3} + 2 + \sqrt{6}$

68. अन्तराल $-\frac{\pi}{4} \le x \le \frac{\pi}{4}$ में $\begin{vmatrix} \sin x & \cos x & \cos x \\ \cos x & \sin x & \cos x \\ \cos x & \cos x & \sin x \end{vmatrix} = 0$ के भिन्न वास्तविक मूलों की संख्या है

(a) 3 (b) 1 (c) 4 (d) 2

69. एक समूह के दो नमूनें में से पहले नमूनें में 100 वस्तुएँ हैं, जिनका माध्य 15 तथा मानक विचलन 3 हैं। यदि पूरे समूह में 250 वस्तुएँ हैं और उनका माध्य 15.6 तथा मानक विचलन $\sqrt{13.44}$ है, तो दूसरे नमूने का मानक विचलन है

(a) 6 (b) 5 (c) 4 (d) 8

70. यदि $|\mathbf{a}| = 2, |\mathbf{b}| = 5$ तथा $|\mathbf{a} \times \mathbf{b}| = 8$ हैं, तो $|\mathbf{a} \cdot \mathbf{b}|$ बराबर है

(a) 5 (b) 6 (c) 4 (d) 3

71. समाकलन $\int_{-1}^{1} \log (x + \sqrt{x^2 + 1})\, dx$ का मान है

(a) 1 (b) 2 (c) 0 (d) −1

72. यदि $\left(x \sin \alpha + a \frac{\cos \alpha}{x}\right)^{10}$ के प्रसार में x से स्वतंत्र पद का अधिकतम मान $\frac{10!}{(5!)^2}$ है, तो a बराबर है

(a) 1 (b) 2 (c) −1 (d) −2

73. समीकरण, $x^2 - |x| - 12 = 0$ के वास्तविक हलों की संख्या है

(a) 3 (b) 4 (c) 2 (d) 1

74. फलनों $f: A \to B$ तथा $g: B \to C$ पर विचार कीजिए $(A, B, C \subseteq R)$, जिनके लिए $(gof)^{-1}$ का अस्तित्व है, तो

(a) f तथा g दोनों आच्छादक हैं

(b) f एकैकी है तथा g आच्छादक हैं

(c) f तथा g दोनों एकैकी हैं

(d) f आच्छादक है तथा g एकैकी है

75. यदि $P - \begin{bmatrix} 1 & 0 \\ \frac{1}{2} & 1 \end{bmatrix}$ है, तो P^{50} है

(a) $\begin{bmatrix} 1 & 25 \\ 0 & 1 \end{bmatrix}$ (b) $\begin{bmatrix} 1 & 50 \\ 0 & 1 \end{bmatrix}$ (c) $\begin{bmatrix} 1 & 0 \\ 25 & 1 \end{bmatrix}$ (d) $\begin{bmatrix} 1 & 0 \\ 50 & 1 \end{bmatrix}$

76. माना a, b तथा c तीन भिन्न धनात्मक संख्याएँ है। यदि सदिश $a\hat{\mathbf{i}} + a\hat{\mathbf{j}} + c\hat{\mathbf{k}}, \hat{\mathbf{i}} + \hat{\mathbf{k}}$ तथा $c\hat{\mathbf{i}} + c\hat{\mathbf{j}} + b\hat{\mathbf{k}}$ समतलीय हैं, तो c बराबर है

(a) $\sqrt{ab}$ (b) $\frac{a+b}{2}$ (c) $\frac{2}{\frac{1}{a}+\frac{1}{b}}$ (d) $\frac{1}{a}+\frac{1}{b}$

77. माना रेखाओं के एक युग्म, $y = px$ तथा $y = qx$ का समीकरण $(y - px)(y - qx) = 0$, द्वारा लिखा जाता है, तो रेखाओं $x^2 - 4xy - 5y^2 = 0$ के बीच के कोणों को समद्विभाजित करती हुई रेखाओं का समीकरण है

(a) $x^2 + 4xy - y^2 = 0$ (b) $x^2 - 3xy - y^2 = 0$

(c) $x^2 + 3xy + y^2 = 0$ (d) $x^2 + 3xy - y^2 = 0$

78. कथन "मैच खेला जायेगा केवल यदि मौसम अच्छा है तथा मैदान गीला नहीं है" पर विचार कीजिए। निम्न में से सही निषेधन कथन चुनिए

(a) मैच खेला जायेगा तथा मौसम अच्छा नहीं है अथवा मैदान गीला है

(b) मैच नहीं खेला जायेगा तथा मौसम अच्छा नहीं है तथा मैदान गीला है

(c) यदि मैच नहीं खेला जायेगा, तो या तो मौसम अच्छा नहीं है या मैदान गीला है

(d) मैच नहीं खेला जायेगा अथवा मौसम अच्छा है तथा मैदान गीला नहीं है

79. न्यूनतम पूर्णांक, जो कि $\left(1+\frac{1}{10^{100}}\right)^{10^{100}}$ से बड़ा है, है

(a) 4 (b) 3 (c) 1 (d) 2

80. यदि $[x]$ महत्तम पूर्णांक $\le x$ है, तो $\sum_{n=8}^{100} \left[\frac{(-1)^n n}{2}\right]$ बराबर है

(a) −2 (b) 2 (c) 4 (d) 0

खण्ड 'B' न्यूमैरिकल वैल्यू प्रश्न

81. एक न्याय सिक्का n बार उछाला जाता है, जिसके लिए कम से कम एक चित आने की प्रायिकता कम से कम 0.9 है, तो n का न्यूनतम मान है

82. यदि $(\mathbf{a} + 3\mathbf{b}), (7\mathbf{a} - 5\mathbf{b})$ के लम्बवत् है, तथा $(\mathbf{a} - 4\mathbf{b}), (7\mathbf{a} - 2\mathbf{b})$ के लम्बवत् है, तो $\mathbf{a}$ तथा $\mathbf{b}$ के बीच का कोण (डिग्री में) है

83. यदि $\left(2 + \frac{x}{3}\right)^n$ के प्रसार में x^7 तथा x^8 के गुणांक बराबर हैं, तो n बराबर है।

84. यदि रेखाएँ $\frac{x-k}{1} = \frac{y-2}{2} = \frac{z-3}{3}$ तथा $\frac{x+1}{3} = \frac{y+2}{2} = \frac{z+3}{1}$ समतलीय है, तो k का मान है।

85. माना $f(x) = \begin{cases} \frac{P(x)}{\sin (x-2)}, & x \ne 2 \\ = 7, & x = 2 \end{cases}$

को विचार कीजिए, जहाँ $P(x)$ एक बहुपद है, जिसके लिए $P''(x)$ हमेशा एक अचर है तथा $P(3) = 9$ है। यदि $x = 2$ पर $f(x)$ संतत है, तो $P(5)$ बराबर है।

86. एक आयत, $2\sqrt{2}$ भुजा के एक समबाहु त्रिभुज के चित्रानुसार अंतर्गत है, तो ऐसे एक आयत के अधिकतम क्षेत्रफल का वर्ग है।

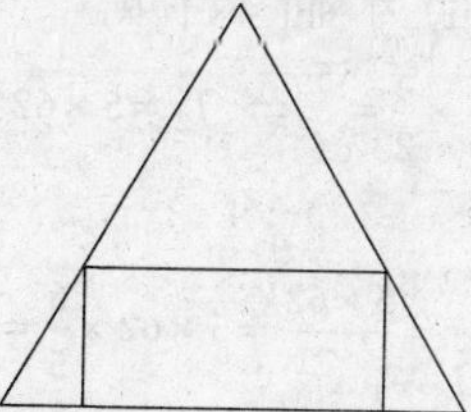

87. यदि $a + b + c = 1, ab + bc + ca = 2$ तथा $abc = 3$ है, तो $a^4 + b^4 + c^4$ बराबर है।

88. माना एक वक्र $y = f(x)$, बिन्दु $(2, (\log_e 2)^2)$ से होकर जाता है तथा x के सभी घनात्मक वास्तविक मानों के लिए इसकी प्रवणता $\frac{2y}{x \log_e x}$ है, तो $f(e)$ का मान है।

89. माना $n \in N$ तथा $[x]$ महत्तम पूर्णांक $\le x$ है। यदि $(n+1)$ पदों ${}^nC_0, 3 \cdot {}^nC_1, 5 \cdot {}^nC_2, 7 \cdot {}^nC_3, \ldots,$ का योग $2^{100} \cdot 101$, है तो $2\left[\frac{n-1}{2}\right]$ बराबर है।

90. एक वृत्त का समीकरण $\text{Re}(z^2) + 2(Im(z))^2 + 2Re(z) = 0$ है, जबकि $z = x + iy$ है, तो एक रेखा, जो इस वृत्त के केन्द्र से तथा परवलय $x^2 - 6x - y + 13 = 0$ के शीर्ष से होकर जाती है, का y-अक्ष पर अन्तः खण्ड है।

सही उत्तर

भौतिकी

1. (a)	2. (d)	3. (c)	4. (b)	5. (b)	6. (d)	7. (c)	8. (a)	9. (c)	10. (d)
11. (c)	12. (b)	13. (a)	14. (c)	15. (b)	16. (d)	17. (a)	18. (b)	19. (d)	20. (a)
21. (25)	22. (125)	23. (4)	24. (5)	25. (500)	26. (4.5)	27. (27)	28. (1)	29. (10)	30. (450)

रसायन विज्ञान

31. (a)	32. (a)	33. (a)	34. (c)	35. (a)	36. (a)	37. (b)	38. (a)	39. (a)	40. (a)
41. (c)	42. (c)	43. (b)	44. (c)	45. (d)	46. (a)	47. (d)	48. (b)	49. (c)	50. (b)
51. (250)	52. (58)	53. (3)	54. (4)	55. (1)	56. (2)	57. (12)	58. (927)	59. (50)	60. (10)

गणित

61. (b)	62. (d)	63. (a)	64. (d)	65. (c)	66. (a)	67. (d)	68. (b)	69. (c)	70. (b)
71. (c)	72. (b)	73. (c)	74. (b)	75. (c)	76. (a)	77. (d)	78. (a)	79. (b)	80. (c)
81. (4)	82. (60°)	83. (55)	84. (1)	85. (39)	86. (3)	87. (13)	88. (1)	89. (98)	90. (1)

संकेत एवं हल

भौतिकी

1. *(a)* $\eta = \left(1 - \frac{T_2}{T_1}\right)$

$$\frac{T_2}{T_1} = 1 - \eta = 1 - \frac{1}{6} \quad \text{...(i)}$$

$$\frac{T_2 - 62}{T_1} = 1 - \frac{1}{3} \quad \text{...(ii)}$$

समी (i) को समी (ii) से भाग करने पर,

$$\Rightarrow \quad \frac{T_2}{T_2 - 62} = \frac{5}{6} \times \frac{3}{2} = \frac{5}{4} \Rightarrow T_2 = 5 \times 62$$

समी (i) से,

$$T_1 = \frac{T_2}{1 - \eta} = \frac{5 \times 62}{1 - \frac{1}{6}} = 5 \times 62 \times \frac{6}{5} = 372 \text{ K}$$

$$T_1 = 372 - 273 = 99°\text{C}$$

2. *(d)* प्रश्नानुसार, $2M_e = M_p$

$$2\rho \times \frac{4}{3} R_e^3 = \rho \times \frac{4}{3} \pi R_p^3$$

$$\Rightarrow \quad R_p = 2^{1/3} R_e$$

गुरुत्वीय त्वरण, $g_p = \frac{GM_p}{R_p^2}$

$$g_p = \frac{G2M_e}{(2^{1/3} R_e)^2} = \frac{G2M_e}{2^{2/3} R_e^2}$$

$$\Rightarrow \quad g_p = 2^{1/3} g_e$$

ग्रह का भार $= 2^{1/3}$ पृथ्वी का भार

$$w_p = 2^{\frac{1}{3}} w$$

3. *(c)* दे-ब्रोग्ली तरंगदैर्घ्य $\lambda = \frac{h}{p}$

$$\text{KE}_p = mc^2 = pc \quad \text{...(i)}$$

$$\text{KE}_e = \frac{1}{2} mv^2 = \frac{pv}{2} \quad \text{...(ii)}$$

$$\frac{\text{KE}_e}{\text{KE}_p} = \frac{\frac{pv}{2}}{pc} = \frac{v}{2c}$$

4. *(b)* $|\mathbf{X} - \mathbf{Y}| = n|\mathbf{X} + \mathbf{Y}|$

दोनों पक्षों का वर्ग करने पर,

$$|\mathbf{X}|^2 + |\mathbf{Y}| - 2|\mathbf{X}||\mathbf{Y}|\cos\theta = n^2[|\mathbf{X}|^2 + |\mathbf{Y}|^2 + 2|\mathbf{X}||\mathbf{Y}|\cos\theta]$$

दिया है, $|\mathbf{X}| = |\mathbf{Y}|$

अत: $2|\mathbf{X}|^2 - 2|\mathbf{X}|^2 \cos\theta = 2n^2|\mathbf{X}|^2 + 2n^2|\mathbf{X}|^2 \cos\theta$

$$1 - \cos\theta = n^2 + n^2 \cos\theta$$

$$1 - n^2 = \cos\theta + n^2 \cos\theta$$

$$(1 - n^2) = \cos\theta(1 + n^2)$$

$$\Rightarrow \quad \cos\theta = \frac{1 - n^2}{1 + n^2}$$

कोण, $\theta = \cos^{-1}\left(\frac{1 - n^2}{1 + n^2}\right) = \cos^{-1}\left(\frac{1 - n^2}{-1 - n^2}\right) = \cos^{-1}\left(\frac{n^2 - 1}{-n^2 - 1}\right)$

5. *(b)*

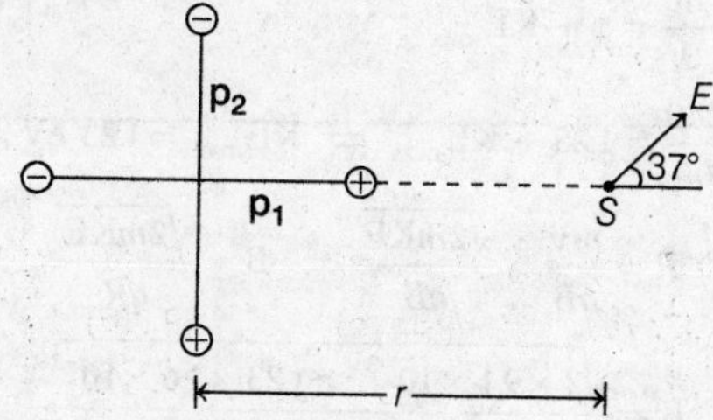

अक्षीय बिन्दु S पर $\mathbf{p_1}$ के कारण विद्युत क्षेत्र, $E_{\text{अक्ष}} = \frac{2kp_1}{r^3}$

$$\Rightarrow \quad E\cos 37^\circ = \frac{2kp_1}{r^3} \quad \ldots\text{(i)}$$

अक्षीय बिन्दु S पर $\mathbf{p_2}$ के कारण विद्युत क्षेत्र, $E_\perp = \frac{kp_2}{r^3}$

$$\Rightarrow \quad E\sin 37^\circ = \frac{kp_2}{r^3} \quad \ldots\text{(ii)}$$

$$\therefore \quad \frac{\frac{2kp_1}{r^3}}{\frac{kp_2}{r^3}} = \frac{E\cos 37^\circ}{E\sin 37^\circ} \Rightarrow \frac{2p_1}{p_2} = \frac{4}{3} \Rightarrow \frac{p_1}{p_2} = \frac{2}{3}$$

6. *(d)* प्रिज्म के पदार्थ का अपवर्तनांक,

$$\mu = \frac{\sin\left(\frac{A+\delta_m}{2}\right)}{\sin\left(\frac{A}{2}\right)}$$

$$\mu = \frac{\sin\left(\frac{A+A}{2}\right)}{\sin\frac{A}{2}} \Rightarrow \mu = \frac{\sin A}{\sin\frac{A}{2}}$$

$$\mu = 2\cos\frac{A}{2} \Rightarrow A = 2\cos^{-1}\left(\frac{\mu}{2}\right)$$

7. *(c)*

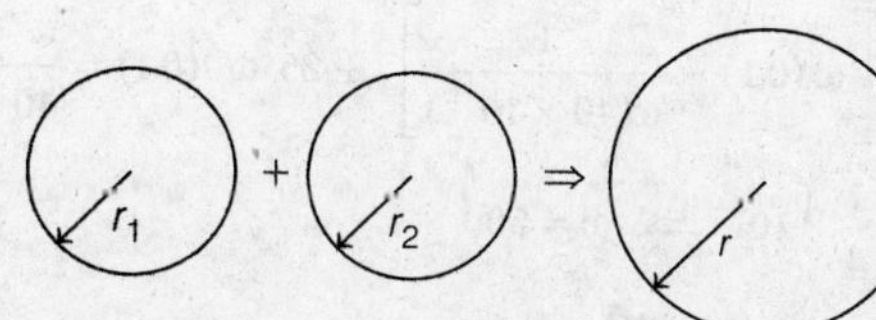

ऊर्जा संरक्षण के द्वारा, $\quad \sigma A_1 + \sigma A_2 = \sigma A$

$$\sigma[2\times 4\pi r_1^2] + \sigma[2\times 4\pi r_2^2] = \sigma[2\times 4\pi r^2]$$

$$r_1^2 + r_2^2 = r^2 \Rightarrow r = \sqrt{r_1^2 + r_2^2}$$

8. *(a)*

$$V_{2\Omega} = \frac{20}{\frac{10}{7}+5} \times \frac{10}{7} = \frac{40}{9}\text{ V}$$

9. *(c)* $1\times\sin\theta = \frac{4}{3}\sin(90-C) \Rightarrow \sin\theta = \frac{4}{3}\cos C$

लेकिन, $\sin C = \frac{1}{\mu} = \frac{5}{4} \Rightarrow \cos C = \frac{\sqrt{7}}{4}$

$$\sin\theta = \frac{4}{3}\times\frac{\sqrt{7}}{4} = \frac{\sqrt{7}}{3}$$

पूर्ण आन्तरिक परावर्तन के लिए,

$$\sin\theta \le \frac{\sqrt{7}}{3};\ \theta = \sin^{-1}\frac{\sqrt{7}}{3}$$

10. *(d)* $\sigma_b = \sigma_f\left(1-\frac{1}{k}\right) \Rightarrow q_b = q_f\left(1-\frac{1}{k}\right)$

11. *(c)* x तथा t के बीच सम्बन्ध,

$$t = mx^2 + nx$$

t के सापेक्ष समीकरण का अवकलन करने पर,

$$1 = 2mxv + nv \Rightarrow 1 = v\,(2mx+n)$$

t के सापेक्ष पुनः अवकलन करने पर,

$$\frac{dv}{dt}\times(2mx+n) + 2mv^2 = 0;\ a = -2mv^3$$

12. *(b)* $dx = vdt$

$$x = \int_1^2 \alpha\, tdt + \int_1^2 \beta\, t^2\, dt$$

$$x = \left[\frac{\alpha t^2}{2}\right]_1^2 + \left[\frac{\beta t^3}{3}\right]_1^2;\ x = \frac{3}{2}\alpha + \frac{7}{3}\beta$$

13. *(a)* A की विमा $= [\text{MLT}^{-2}]$, $B = [\text{L}^{-1}]$, $D = [\text{T}^{-1}]$

$$\frac{AD}{B} \text{ की विमा} = \frac{[\text{MLT}^{-2}\text{T}^{-1}]}{[\text{L}^{-1}]} = [\text{ML}^2\text{T}^{-3}]$$

14. *(c)* दिया है, $\frac{Q_1}{Q_2} = \frac{1}{2}$ और $\frac{V_1}{V_1} = \frac{2}{3}$

वृत्तीय पथ की त्रिज्या, $r = \frac{mv}{qB}$

$$\therefore \quad \frac{R_1}{R_2} = \frac{V_1}{V_2}\times\frac{Q_2}{Q_1} = \frac{2}{3}\times\frac{2}{1} = \frac{4}{3}$$

15. *(b)* $\frac{\varepsilon_1}{\varepsilon_1+\varepsilon_2} = \frac{\lambda\times 250}{\lambda\times 400}$

$$8\varepsilon_1 = 5\varepsilon_1 + 5\varepsilon_2 \Rightarrow 3\varepsilon_1 = 5\varepsilon_2$$

$$\frac{\varepsilon_1}{\varepsilon_2} = \frac{5}{3}$$

16. *(d)* त्वरण, $\mathbf{a} = 8\hat{\mathbf{i}} + 2\hat{\mathbf{j}}$

गति की द्वितीय समीकरण $\mathbf{s} = \mathbf{u}t + \frac{1}{2}\mathbf{a}t^2$

$$\mathbf{s} = \frac{1}{2}(8\hat{\mathbf{i}} + 2\hat{\mathbf{j}})\times 100 \Rightarrow \mathbf{s} = 400\hat{\mathbf{i}} + 100\hat{\mathbf{j}}$$

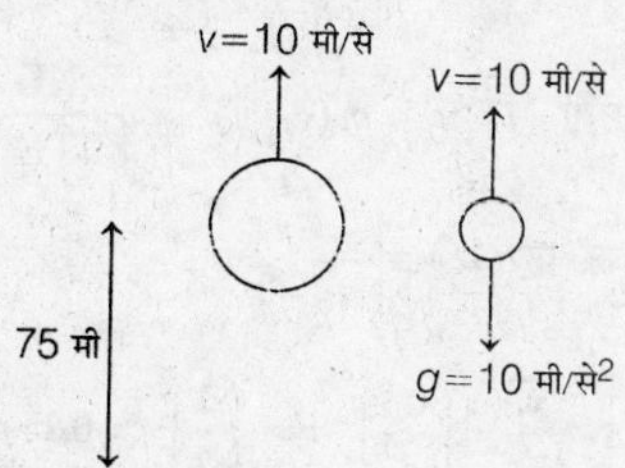

17. *(a)* पिण्ड की गति के लिए,

$$75 = -10t + \frac{1}{2}gt^2 \Rightarrow 75 = -10t + 5t^2$$

$$t^2 - 2t - 15 = 0$$

$t = 5$ सेकण्ड

गुब्बारे की ऊँचाई,

$$H = vt + 75$$

$$H = 10 \times 5 + 75 = 125 \text{ मी}$$

18. *(b)* $KE = h\nu - W$

$$eV = \frac{hc}{\lambda} - W$$

प्रथम स्थिति में, $4.8 = \frac{hc}{\lambda_0} - W$ ...(i)

द्वितीय स्थिति में, $1.6 = \frac{hc}{2\lambda_0} - W$ ...(ii)

समी (i) व (ii) से, $W = \frac{hc}{4\lambda_0}$

तरंगदैर्ध्य $\lambda_{\text{देहली आवृत्ति}}$ के लिए कार्य-फलन

$$W = \frac{hc}{\lambda_{\text{देहली आवृत्ति}}} \Rightarrow \frac{hc}{4\lambda_0} = \frac{hc}{\lambda_{\text{देहली आवृत्ति}}}$$

$$\Rightarrow \lambda_{\text{देहली आवृत्ति}} = 4\lambda_0 = 4\lambda$$

19. *(d)*

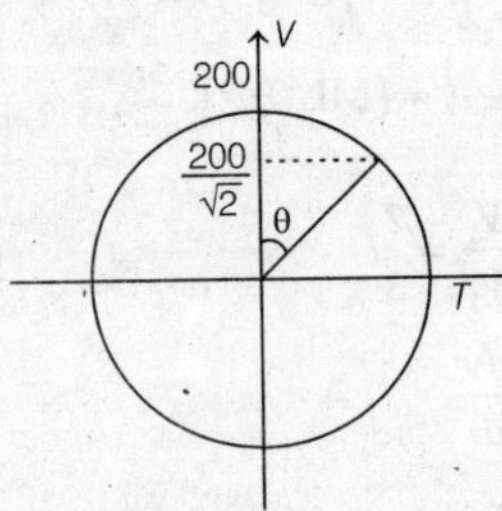

$\omega = 2\pi f = 100\,\pi$ रेडियन/से

$$V = V_0 \sin\left(\omega t + \frac{\pi}{2}\right); \cos\omega t = \frac{1}{\sqrt{2}}$$

$$\omega t = \frac{\pi}{4}; t = \frac{\frac{\pi}{4}}{100\pi} = \frac{1}{400} \text{ s} = \frac{1000}{400} = 2.5 \text{ मिली-से}$$

20. *(a)* सरल आवर्त गति में कण का वेग,

$$v_{A/2} = \omega\sqrt{A^2 - x^2} = \omega\sqrt{A^2 - \left(\frac{A}{2}\right)^2} = \omega\left(\frac{\sqrt{3}}{2}A\right) = \frac{\sqrt{3}}{2}v_{\max}$$

गतिज ऊर्जा $= \frac{1}{2}m\left(\frac{\sqrt{3}}{2}v_{\max}\right)^2$

कुल यान्त्रिक ऊर्जा, $TE = \frac{1}{2}m(v_{\max})^2 \Rightarrow \frac{KE}{TE} = \frac{3}{4}$

21. *(25)* माध्य मुक्त पथ $= \frac{1}{\sqrt{2}d^2 n}$

$$\frac{x_1}{x_2} = \left(\frac{d_2}{d_1}\right)^2 \Rightarrow \left(\frac{1}{2}\right)^2 = 0.25 = 25 \times 10^{-2}$$

22. *(125)* $\frac{hc}{\lambda} = \phi + KE_{\max}$

$$\frac{1240}{500} = 1.25 + KE_{\max} \Rightarrow KE_{\max} = 1.23 \text{ eV}$$

त्रिज्या, $R = \frac{mv}{qB} = \frac{\sqrt{2mKE}}{qB} \Rightarrow B = \frac{\sqrt{2mKE}}{qR}$

$$B = \frac{\sqrt{2 \times 9.1 \times 10^{-31} \times 1.23 \times 1.6 \times 10^{-19}}}{1.6 \times 10^{-19} \times 30 \times 10^{-2}}$$

$$B = 0.125 \times 10^{-4} = 125 \times 10^{-7}$$

23. *(4)* $\omega = \frac{600 \times 2\pi}{60} = 20\pi$ rad/s

$$\omega_f = \omega_i + \alpha_t \Rightarrow 0 = 20\pi - \alpha\,(10)$$

$$\alpha = 2\pi \text{ rad/s}^2$$

आवश्यक बल आघूर्ण,

$$\tau = I \times \alpha = \frac{mR^2}{2} \times 2\pi = \frac{10 \times 0.04}{2} \times 2\pi = 4 \times 10^{-1}\pi$$

$\therefore$ $x = 4$

24. *(5)* ऊष्मीय सन्तुलित अवस्था में मादित अर्द्धचालक के लिए,

$$n_e n_h = n_i^2$$

$$\Rightarrow n_e = \frac{n_i^2}{n_h} = \frac{(1.5 \times 10^{16})^2}{4.5 \times 10^{22}} = 5 \times 10^9 \text{ m}^{-3}$$

25. *(500)* $P_1 = P_2$

$$\left(\frac{V^2}{R}\right)_1 = \left(\frac{V^2}{Z}\right)_2$$

$$\Rightarrow R = Z = \sqrt{\left(\omega L - \frac{1}{\omega C}\right)^2 + R^2} \Rightarrow 5 = \sqrt{\left(\omega L - \frac{1}{\omega C}\right)^2 + R^2}$$

$$25 = \left[\omega(0.1) - \frac{1}{\omega(40 \times 10^{-6})}\right]^2 + 25 \quad \omega^2(0.1) = \frac{1}{40 \times 10^{-6}}$$

$$\omega^2 = \frac{1}{4} \times 10^6 \Rightarrow \omega = 500$$

26. *(4.5)*

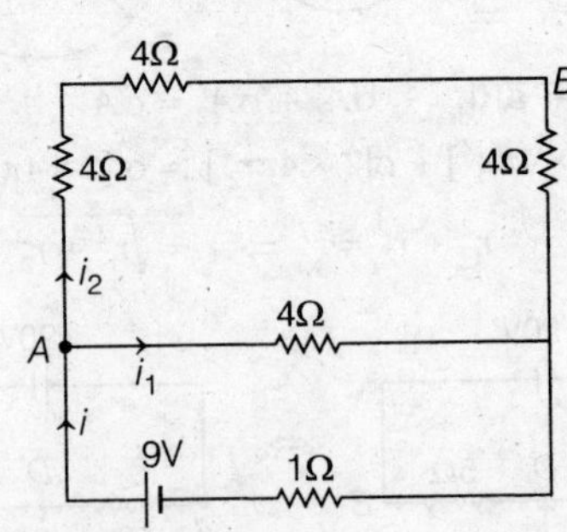

$$V_{AB} = ? \Rightarrow R_{eq} = \frac{12 \times 4}{12 + 4} = 3$$

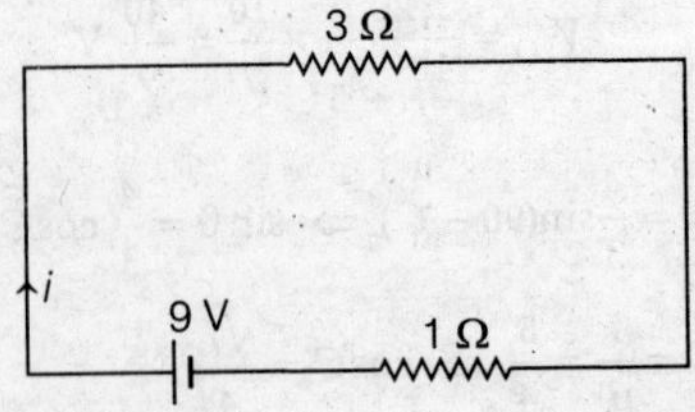

$$i = \frac{9}{3+1} = \frac{9}{4}\text{ A} \Rightarrow i_2 = \frac{r_2}{r_2 + r_1} i = \frac{1}{4} \times \frac{9}{4} = \frac{9}{16}$$

$$V_{AB} = \frac{9}{2} = 4.5\text{ V}$$

27. *(27)* बन्धन ऊर्जा $= \Delta mc^2$

$$\Delta m = [13 \times 1.00726 + 14 \times 1.00866 - 27.18846]$$

$$= 0.02716 = 27.16 \times 10^{-3}\text{ u} \approx 27\text{ u}$$

बन्धन ऊर्जा $= 27 \times 10^{-3}$J

28. *(1)* $\mu = \frac{A_m}{A_c} = \frac{20}{20} = 1$

29. *(10)* $A = A_0 e^{-\lambda t}$

अर्द्ध-आयु के लिए, $\frac{A}{2} = Ae^{-\lambda t_{\frac{1}{2}}}$

$$\frac{1}{2} = e^{-\lambda t_{\frac{1}{2}}} \quad ...(i)$$

दिया है, $\frac{1}{8} = e^{-\lambda 30}$ ...(ii)

समी (i) व (ii) को हल करने पर,

$$e^{-3\lambda t_{\frac{1}{2}}} = e^{-\lambda 30} \Rightarrow T_{\frac{1}{2}} = 10 \text{ वर्ष}$$

30. *(450)* किया गया कार्य,

$$W = \int F \cdot dy \Rightarrow W = \int_0^{10} (5y + 20)dy = \left[\frac{5y^2}{2} + 20y\right]_0^{10}$$

$$\Rightarrow \frac{5 \times 100}{2} + 200 = 450\text{ J}$$

रसायन विज्ञान

31. *(a)*

परिक्षिप्त प्रावस्था	परिक्षेपण माध्यम	कोलॉइड के प्रकार	उदाहरण
ठोस	ठोस	ठोस सॉल	कुछ रंगीन काँच तथा जैमस्टोन
ठोस	द्रव	सॉल	पेन्ट तथा कोशिका द्रव
ठोस	गैस	ऐरोसॉल	धुआँ, धूल
द्रव	ठोस	जैल	पनीर, मक्खन
द्रव	द्रव	पायस	दूध, बालों की क्रीम
द्रव	गैस	ऐरोसॉल	कोहरा, बादल, कीटनाशक स्प्रे, प्यूमिक पत्थर, फ़ोम, रबड़
गैस	ठोस	ठोस सॉल	झाग, व्हिप्ड क्रीम, साबुन
गैस	द्रव	झाग	झाग

32. *(a)*

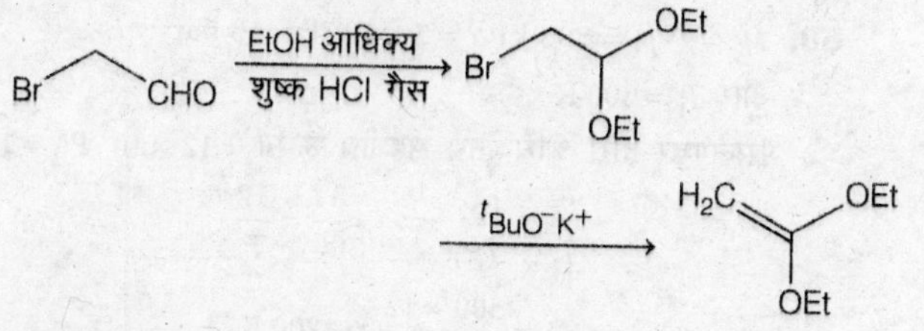

Br⁀CHO $\xrightarrow[\text{शुष्क HCl गैस}]{\text{EtOH आधिक्य}}$ Br⁀CH(OEt)(OEt) $\xrightarrow{^t\text{BuO}^-\text{K}^+}$ H_2C=C(OEt)(OEt)

33. *(a)* $\text{CFC + UV} \longrightarrow \text{Cl}^\bullet$

$O_3 + NO \longrightarrow NO_2 + O_2$

34. *(c)* द्विदन्तुक लिगैण्ड व कीलेटीकरण के कारण स्थायित्व बढ़ता है इसलिए जितना अधिक कीलेटीकरण होगा उतना ही अधिक स्थायित्व होगा।

35. *(a)* घनत्व, अणुभार के समानुपाती होता है।

$(D) > (C) > (B) > (A)$

36. *(a)* ये *d*-ब्लॉक और *f*-ब्लॉक तत्वों के द्वारा बनाए जाते हैं। समूह 7, 8 और 9 के तत्व हाइड्राइड नहीं बनाते हैं यद्यपि समूह 6 में से केवल CrH बनता है।

37. *(b)* Ti^{3+} (अयुग्मित इलेक्ट्रॉन = 1)

Sc^{3+} (अयुग्मित इलेक्ट्रॉन = 0)

V^{2+} (अयुग्मित इलेक्ट्रॉन = 3)

अत: $\mu = \sqrt{n(n+2)}$ BM

यहाँ n = अयुग्मित इलेक्ट्रॉन की संख्या

अत: Ti^{3+} के लिए $\mu = 1.73$ होगा तथा V^{2+} तथा Sc^{3+} के लिए क्रमश: $\mu = 3.87, 0$ होगा।

38. *(a)* MnO_4^- के Mn^{2+} में परिवर्तन पर ऑक्सीकरण अथवा +5 से परिवर्तित होती है।

$\overset{+7}{MnO_4^-} \longrightarrow Mn^{2+}$ (+5)

39. *(a)*

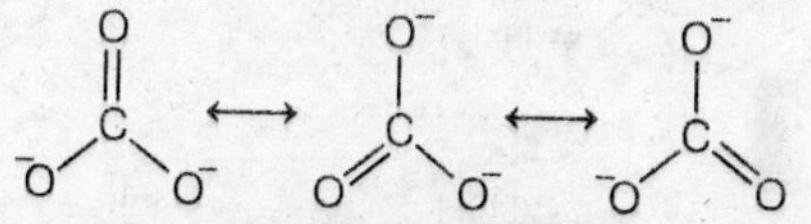

$O=C(O^-)(O^-) \longleftrightarrow O^-–C(=O)(O^-) \longleftrightarrow O^-–C(O^-)(=O)$

3 कैनोनिकल संरचनाएँ

40. *(a)* साइटोसिन एक एमीनो पिरीडीन है जो पाइरीमिडीन-2-ओन है जिससे एमीनों समूह – 4 स्थिति पर होता है।

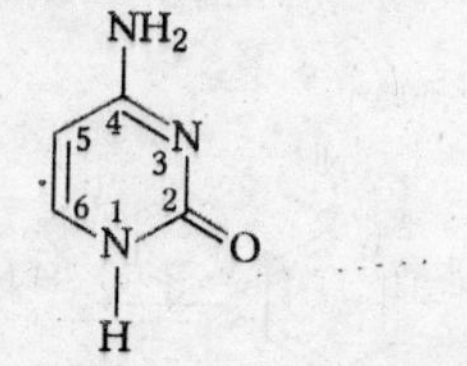

(NH_2 स्थिति 4 पर, C=O स्थिति 2 पर, N–H स्थिति 1 पर)

41. *(c)* N^{3-} की आयनिक त्रिज्या F^- व O^{2-} से बड़ी होती है।

ऋणायन का आकार ∝ ऋणायन मान के परिवर्तन का परिमाण।

42. *(c)*

(A) Ag अयस्क की सान्द्रता तनु NaCN विलयन के साथ निक्षालन से की जाती है।

(B) आयनन (लोहे) के निष्कर्षण के दौरान वात्या भट्टी के विभिन्न क्षेत्रों में अनेक अभिक्रिया होती है।

(C) परावर्तक भट्टी का प्रयोग ताँबा, लैड, टिन आदि के धातुकर्मों में किया जाता है।

(D) झाग प्लवन विधि में सल्फाइड अयस्क का सान्द्रण किया जाता है।

अत: विकल्प (c) सही सुमेलित है।

43. *(b)*

Benzonitrile ($C_6H_5C\equiv N$) $\xrightarrow{CH_3MgBr}$ $C_6H_5C(CH_3)=NMgBr$ $\xrightarrow{H_3O^+}$ $C_6H_5COCH_3$ *(P)*

44. *(c)* आण्विक कक्षक सिद्धान्त (MOT) के अनुसार

बन्ध क्रम $= \frac{1}{2}[N_b - N_a]$

$O_2 = 2.0;\ O_2^+ = 2.5;\ O_2^- = 1.5;\ O_2^{2-} = 1.0$

$O_2^+ > O_2 > O_2^- > O_2^{2-}$

45. *(d)*

(i) तत्व लीथियम के कार्बोनेट लवण गर्म करने पर सरलता से अपघटित हो जाते हैं।

$$Li_2CO_3 \xrightarrow{\Delta} Li_2O + CO_2$$

(ii) सोडियम बाइकार्बोनेट का उपयोग शुष्क अग्निशामक में किया जाता है।

(iii) पोटैशियम कोशिका द्रव्य में प्रचुर मात्रा में पाया जाता है।

(iv) सीजियम के I^- (आयोडीन) लवण (CsI) की दुर्बल विलेयता इसके दोनों आयनों की न्यून जलयोजन एन्थैल्पी होती है।

46. *(a)* नायलॉन-2-नायलॉन-6 (पॉली ऐमाइड सहबहुलक) एक जैव-निम्नीकरण बहुलक है।)

इसकी एकलक इकाइयाँ ग्लाइसीन व ऐमीनो कैप्रोइक अम्ल हैं।

$[\underbrace{H_2N-CH_2-COOH}_{\text{ग्लाइसीन}} + \underbrace{NH_2(CH_2)_5-COOH}_{\text{ऐमीनो कैप्रोइक अम्ल}}]$

47. *(d)* अम्लीय गुण $\propto$ संयुग्मित क्षार का स्थायित्व

48. *(b)*

1-methyl-1-(aminomethyl)cycloheptane (CH_3, CH_2NH_2) $\xrightarrow[\text{(ii) } H_2O]{\text{(i) } NaNO_2,\ HCl,\ 278K}$ 1-methyl-1-(hydroxymethyl)cycloheptane (CH_3, CH_2OH)

49. *(c)*

cis-HOOC–CH=CH–COOH (मौलिक अम्ल) $\xrightarrow{\Delta}$ maleic anhydride

50. *(b)*

$C_6H_5NO_2 \xrightarrow{Sn + HCl} C_6H_5NH_2$ *(A)* $\xrightarrow{C_6H_5N_2^+Cl^-}$ $H_2N-C_6H_4-N=N-C_6H_5$ *(P)*

51. *(250)* $\Delta T_b = K_b m$

$$= 5 \times \left(\frac{\text{भार} \times 1000}{\text{आण्विक भार} \times \text{विलायक का भार }(g)}\right)$$

$$= 5 \times \frac{3 \times 1000}{\text{आण्विक भार} \times 100}$$

$$0.6 = \frac{150}{\text{आण्विक भार}}$$

$$\text{आण्विक भार} = \frac{150}{0.6} = 250 \text{ ग्राम/मोल}$$

52. *(58)* $\Delta x \cdot \Delta P = \frac{h}{4\pi} \Rightarrow \Delta x \cdot m\Delta v = \frac{h}{4\pi}$

$$\Delta v = 5 \times 10^6 \times \frac{0.02}{100} \Rightarrow \Delta v = 1000 \text{ m/s}$$

$$\Delta x = \frac{h}{4\pi \times m \cdot \Delta v}$$

$$= \frac{6.63 \times 10^{-34}}{4 \times 3.14 \times 9.1 \times 10^{-31} \times 1000 \text{ m/s}}$$

$$= 5.8 \times 10^{-8} \text{ s} = 58 \times 10^{-9} \text{ s}$$

53. *(3)* 0.00340 में 3 सार्थक अंक हैं।

54. *(4)*

	A	$\rightarrow$	B
$t = 0$	a		0
$t = 30$ min	$(a - x)$		$x = 0.2$ मोल/ली

$$\text{औसत दर} = \frac{d[B]}{dt} = \frac{0.2 \text{ मोल ली}^{-1}}{0.5 \text{ घण्टे}}$$

$$\Rightarrow 0.4 = 4 \times 10^{-1} \text{ मोल ली}^{-1} \text{ घण्टे}^{-1}$$

55. *(1)*

$Ba(OH)_2$	$\rightleftharpoons$	Ba^{2+}	+	$2OH^-$
0.005 M		—		—
—		0.005 M		0.010 M

$[OH^-] = 0.01 = 10^{-2}$ M

अब, $[H^+][OH^-] = K_w$

$$[H_3O^+] = \frac{K_w}{[OH^-]} = \frac{10^{-14}}{10^{-2}} = 10^{-12} \text{ M} = 1 \times 10^{-12} \text{ M}$$

56. *(2)*

cis-$H_3C-CH=CH-CH_3$ $\xrightarrow[\text{(प्रति-योगात्मक)}]{Br_2/CCl_4}$ (2R,3R) और (2S,3S)-2,3-डाइब्रोमोब्यूटेन — रेसेमिक मिश्रण

57. *(12)* $\%N = \frac{1.4\,NV}{W}$

$$42 = \frac{1.4 \times (1 \times 2) \times V}{0.8} \Rightarrow V = 12 \text{ mL}$$

58. *(927)* $p_1 = 300$ kPa $= 3 \times 10^5$ Pa $= 3$ bar

और $T_1 = 300$ K

सिलेण्डर द्वारा अधिकतम सहनीय ऊष्मा $= 12 \times 10^5$ Pa $= 12$ bar

$$\frac{p_1}{T_1} = \frac{p_2}{T_2} \Rightarrow \frac{3}{300} = \frac{12}{T_2}$$

$$\Rightarrow \quad T_2 = \frac{300 \times 12}{3} = 1200 \text{ K}$$

$$T_2 = (1200 - 273)°C = 927°C$$

59. *(50)* $q = 150$ जूल

$W = -200$ जूल

$\Delta E = q + W$ (ऊष्मागतिकी का प्रथम नियम)

$\Delta E = 150 + (-200)$

$\Delta E = -50$ जूल

60. *(10)* होल्मियम $(Z = 67) = 4f^{11}\,6s^2$

$Ho^{3+} = 4f^{10}$

गणित

61. *(b)*

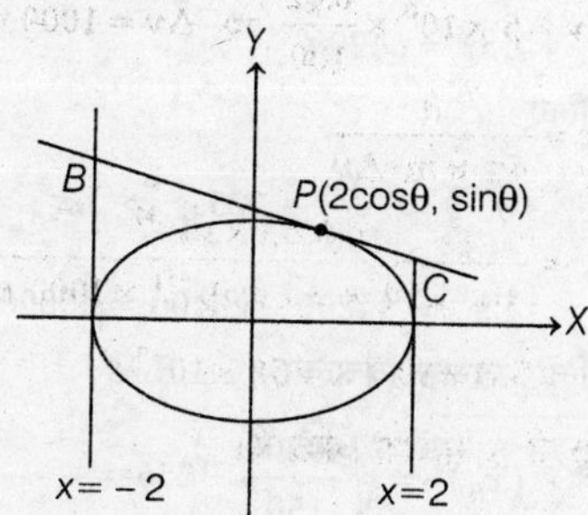

दीर्घवृत्त का समीकरण है,

$$\frac{x^2}{4}+\frac{y^2}{1}=1$$

बिन्दु P पर दीर्घवृत्त की स्पर्शी का समीकरण,

$$\frac{2\cos\theta x}{4}+\frac{y\sin\theta}{1}=1$$

B के निर्देशांक $\left(-2, \cot\frac{\theta}{2}\right)$ तथा C के निर्देशांक $\left(2, \tan\frac{\theta}{2}\right)$

वृत्त का समीकरण जिसमें व्यास के अन्त के सिरे B तथा C है।

$$(x-2)(x+2)+\left(y-\cot\frac{\theta}{2}\right)\left(y-\tan\frac{\theta}{2}\right)=0$$

$$x^2+y^2-\left(\tan\frac{\theta}{2}+\cot\frac{\theta}{2}\right)y-3=0$$

$y=0$ पर, $x=\pm\sqrt{3}$

अतः वृत्त, बिन्दु $(\pm\sqrt{3}, 0)$ से होकर गुजरता है।

62. *(d)* $(2^{1/3}+3^{1/4})^{12}$ का सामान्य पद

$$=T_{r+1}={}^{12}C_r((2)^{1/3})^{12-r}\cdot(3^{1/4})^r$$

$$={}^{12}C_r(2)^{\frac{12-r}{3}}\cdot(3)^{r/4}$$

परिमेय संख्याओं के लिए, $\frac{12-r}{3}$ व $\frac{r}{4}$ अवश्य ही पूर्णांक होने चाहिए,

अतः r का सम्भावित मान, $r=0$ या 12 है।

∴ परिमेय संख्याओं के पदों का योगफल

$${}^{12}C_0 2^4+{}^{12}C_{13}\cdot 3^3=16+27=43$$

63. *(a)*

x_i	0	1	2	3	4	5	...
p_i	$\frac{1}{2}$	$\frac{1}{3}$	$\frac{1}{3^2}$	$\frac{1}{3^3}$	$\frac{1}{3^4}$	$\frac{1}{3^5}$	...

बंटन का मध्य $=\Sigma p_i x_i$

$$M=\frac{1}{3}+\frac{2}{3^2}+\frac{3}{3^3}+\frac{4}{3^4}+\ldots \quad \ldots(i)$$

$$\frac{M}{3}=\frac{1}{3^2}+\frac{2}{3^3}+\frac{1}{3^4}+\ldots \quad \ldots(ii)$$

समी (i) − (ii) से,

$$\frac{2M}{3}=\frac{1}{3}+\frac{1}{3^2}+\frac{1}{3^3}+\frac{1}{3^4}+\ldots.$$

$$\frac{2M}{3}=\frac{\frac{1}{3}}{\frac{2}{3}}=\frac{1}{2} \Rightarrow M=\frac{3}{4}$$

$$P(x \text{ धनात्मक तथा सम है})=\frac{1}{3^2}+\frac{1}{3^4}+\frac{1}{3^6}+\ldots.$$

$$=\frac{1}{3^2}\left[\frac{1}{1-\frac{1}{9}}\right]=\frac{1}{9}\times\frac{9}{8}=\frac{1}{8}$$

64. *(d)* ${}^nC_r={}^nC_{r-1}=\frac{n-r+1}{r}=1$

$\Rightarrow$ $n+1=2r$ ...(i)

तथा ${}^nP_r={}^nP_{r+1}$

$\Rightarrow$ $\frac{n!}{(n-r)!}=\frac{n!}{(n-r-1)!}$

$\Rightarrow$ $n-r=1$ ...(ii)

समी (i) तथा (ii) को हल करने पर,

$$n+1=2(n-1) \Rightarrow n=3$$

तथा $r=2$

65. *(c)*

$$\text{LHL}=\lim_{x\to 2^-}(5x+1)=11$$

$$\text{RHL}=\lim_{x\to 2^+}\int_0^x(5+|1-t|)\,dt$$

$$=\int_0^1(5+(1-t))\,dt+\int_1^2(5-(1-t))\,dt=11$$

$f(2)=11$

इसलिए $f(x), x=2$ पर सतत् है।

$$x-2 \text{ पर LHD } \frac{d}{dx}(5x+1)\bigg|_{x=2}=5$$

$$x=2 \text{ पर RHD } \frac{d}{dx}\int_0^x(5+|1-t|)\,dt\bigg|_{x=2}=6$$

LHD ≠ RHD, इसलिए $x=2$ पर फलन अवकलनीय नहीं है।

66. *(a)* $\frac{x\,dy-y\,dx}{x^2}=x\cos x\,dx$

$\Rightarrow$ $\int d\left(\frac{y}{x}\right)=\int x\cos x\,dx$

$\Rightarrow$ $\frac{y}{x}=x\sin x+\cos x+C$

$\Rightarrow$ $0=0-1+C \Rightarrow C=1$

$\Rightarrow y=x^2\sin x+x\cos x+x$

$\Rightarrow$ $f\left(\frac{\pi}{2}\right)=\frac{\pi^2}{4}+0+\frac{\pi}{2}$

$$=\frac{\pi^2}{4}+\frac{\pi}{2}$$

67. *(d)* $\because \cot\theta = \dfrac{\cos\theta}{\sin\theta}$

$$= \frac{2\cos^2\theta}{2\sin\theta\cos\theta} = \frac{1+\cos 2\theta}{\sin 2\theta}$$

$$\therefore \quad \cot\frac{\pi}{24} = \frac{1+\cos\frac{\pi}{12}}{\sin\frac{\pi}{12}}$$

$$\left[\because \sin\frac{\pi}{12} = \frac{\sqrt{3}-1}{2\sqrt{2}} \text{ तथा } \cos\frac{\pi}{12} = \frac{\sqrt{3}+1}{2\sqrt{2}}\right]$$

$$\Rightarrow \frac{1+\frac{\sqrt{3}+1}{2\sqrt{2}}}{\frac{\sqrt{3}-1}{2\sqrt{2}}} = \frac{2\sqrt{2}+\sqrt{3}+1}{\sqrt{3}-1}$$

$$\Rightarrow \frac{(2\sqrt{2}+\sqrt{3}+1)(\sqrt{3}+1)}{2} = \frac{2\sqrt{6}+2\sqrt{2}+3+\sqrt{3}+\sqrt{3}+1}{2}$$

$$= \sqrt{6}+\sqrt{2}+\sqrt{3}+2$$

68. *(b)* $\begin{vmatrix} \sin x & \cos x & \cos x \\ \cos x & \sin x & \cos x \\ \cos x & \cos x & \sin x \end{vmatrix} = 0$

$R_1 \to R_1 + R_2 + R_3$ लागू करने पर,

$$\Rightarrow \begin{vmatrix} \sin x + 2\cos x & \sin x + 2\cos x & \sin x + 2\cos x \\ \cos x & \sin x & \cos x \\ \cos x & \cos x & \sin x \end{vmatrix} = 0$$

$$(\sin x + 2\cos x)\begin{vmatrix} 1 & 1 & 1 \\ \cos x & \sin x & \cos x \\ \cos x & \cos x & \sin x \end{vmatrix} = 0$$

$C_2 \to C_2 - C_1, C_3 \to C_3 - C_1$ लागू करने पर,

$$(\sin x + 2\cos x)\begin{vmatrix} 1 & 0 & 0 \\ \cos x & \sin x - \cos x & 0 \\ \cos x & 0 & \sin x - \cos x \end{vmatrix} = 0$$

$(\sin x + 2\cos x)(\sin x - \cos x)^2 = 0$

$\sin x = \cos x$ या $\sin x = -2\cos x$

$\tan x = 1$

या $\tan x = -2$

$\because x \in \left[-\dfrac{\pi}{4}, \dfrac{\pi}{4}\right]$

$x = \dfrac{\pi}{4}$

69. *(c)* $\because$ संयुक्त माध्य $= 15.6$

$$\therefore 15.6 = \frac{100 \times 15 + 150 \times \bar{x}_B}{250}$$

$\Rightarrow \bar{x}_B = 16$ (प्रतिदर्श B का माध्य)

$\Rightarrow$ संयुक्त मानक विचलन $= \sqrt{13.44}$

$\Rightarrow$ संयुक्त प्रसरण $(\sigma^2) = 13.44$

$$\sigma^2 = \frac{\Sigma x_i^2}{n} - (\bar{x})^2$$

$$13.44 = \frac{\Sigma x_i^2}{250} - 243.36$$

$$\Rightarrow \qquad \Sigma x_i^2 = 64200 \qquad \text{...(i)}$$

प्रतिदर्श A के लिए,

$$9 = \frac{\Sigma x_{iA}^2}{100} - 225 \Rightarrow \Sigma x_{iA}^2 = 23400$$

$$\Rightarrow \qquad \Sigma x_{iB}^2 = 64200 - 23400 = 40800$$

प्रतिदर्श B के लिए मानक विचलन

$$\sqrt{\frac{\Sigma x_{iB}^2}{n_B} - (\bar{x}_B)^2} = \sqrt{\frac{40800}{150} - 256} = 4$$

70. *(b)* $|\mathbf{a} \times \mathbf{b}| = |\mathbf{a}||\mathbf{b}|\sin\theta$

$$8 = 2 \times 5 \times \sin\theta \Rightarrow \sin\theta = 4/5$$

$$\Rightarrow \qquad \cos\theta = \pm\frac{3}{5} \Rightarrow |\cos\theta| = \frac{3}{5}$$

$$|\mathbf{a}\cdot\mathbf{b}| = |\mathbf{a}||\mathbf{b}||\cos\theta| = 2 \times 5 \times \frac{3}{5} = 6$$

71. *(c)* $I = \int_{-1}^{1} \log(x + \sqrt{x^2+1})\,dx$

$f(x) = \log(\sqrt{x^2+1} + x)$

$f(-x) = \log(\sqrt{x^2+1} - x) = -f(x)$

इसलिए, $f(x)$ विषम फलन है।

$\Rightarrow \qquad I = 0$

72. *(b)* $\left(x\sin\alpha + a\dfrac{\cos\alpha}{x}\right)^{10}$ का सामान्य पद T_{r+1}

$$= {}^{10}C_r\,(x\sin\alpha)^{10-r}\left(\frac{a\cos\alpha}{x}\right)^r$$

$$T_{r+1} = {}^{10}C_r\,(\sin\alpha)^{10-r}(\cos\alpha)^r \cdot a^x \cdot x^{10-2r}$$

x के स्वतन्त्र पद के लिए $10 - 2r = 0$

$\Rightarrow r = 5$

$T_6 = {}^{10}C_5\,(\sin\alpha\cos\alpha)^5 \cdot a^5$

$T_6 = {}^{10}C_5\,\dfrac{(\sin 2\alpha)^5}{2^5} \cdot a^5$

$\Rightarrow \qquad T_6, \sin 2\alpha = 1$ पर महत्तम होगा

$$\Rightarrow \qquad \frac{10}{(5\,!)^2} = {}^{10}C_5\left(\frac{a}{2}\right)^5$$

$\Rightarrow \qquad a = 2$

पदों का महत्तम मान, जब $\sin 2\alpha = 1$ हो

$2^5 = a^5$

$\Rightarrow \qquad a = 2$

73. *(c)* $|x|^2 - |x| - 12 = 0$

$|x| = 4, -3$ (असम्भव)

$\Rightarrow \qquad |x| = 4$

$\Rightarrow \qquad x = \pm 4$

$\therefore$ वास्तविक हलों की संख्या $= 2$

74. *(b)* माना f एकैकी फलन नहीं है, तब

माना $f(x_1) = f(x_2) = y \in B$ तथा $g(y) = z$

$\Rightarrow gof(x_1) = g(f(x_1)) = g(y) = z$

तथा $gof\,(x_2) = g(f(x_2)) = g(y) = z$

$\Rightarrow (gof)^{-1}(z) = \left\langle \begin{matrix} x_1 \\ x_2 \end{matrix} \right.$ अस्तित्व में नहीं है।

अत: f अवश्य ही एकैकी होना चाहिए।

पुन: माना कि g आच्छादक फलन नहीं है तथा f एकैकी है तब स्पष्ट है कि $(gof)^{-1}$ अस्तित्व में नहीं होना चाहिए।

अत: (b) विकल्प सही है।

75. *(c)* $P^2 = \begin{bmatrix} 1 & 0 \\ \frac{1}{2} & 1 \end{bmatrix}\begin{bmatrix} 1 & 0 \\ \frac{1}{2} & 1 \end{bmatrix}$

$P^2 = \begin{bmatrix} 1 & 0 \\ 1 & 1 \end{bmatrix} = \begin{bmatrix} 1 & 0 \\ 2/2 & 1 \end{bmatrix} \Rightarrow P^3 = \begin{bmatrix} 1 & 0 \\ 3/2 & 1 \end{bmatrix}$

समान रूप से,

$$P^{50} = \begin{bmatrix} 1 & 0 \\ \frac{50}{2} & 1 \end{bmatrix} = \begin{bmatrix} 1 & 0 \\ 25 & 1 \end{bmatrix}$$

76. *(a)* $\begin{vmatrix} 1 & 0 & 1 \\ a & a & c \\ c & c & b \end{vmatrix} = 0$

$1\,(ab - c^2) + 1\,(ac - ac) = 0 \Rightarrow ab = c^2 \Rightarrow c = \sqrt{ab}$

77. *(d)* सरल रेखाओं के युग्म $ax^2 + 2hxy + by^2$ के समघातीय समीकरण के कोण अर्द्धक का समीकरण

$$\frac{x^2 - y^2}{a - b} = \frac{xy}{h}$$

$x^2 - 4xy - 5y^2 = 0$ के लिए,

$a = 1, h = 2, b = 5$

इसलिए, कोण अर्द्धक का समीकरण

$$\frac{x^2 - y^2}{1 - (-5)} = \frac{xy}{-2} \Rightarrow x^2 - y^2 + 3xy = 0$$

इसलिए, कोण अर्द्धक का संयुक्त समीकरण

$$x^2 + 3xy - y^2 = 0$$

78. *(a)* p : मैच खेला जायेगा।

q : मौसम अच्छा है।

r : मैदान गीला नहीं है।

$\sim [p \to (q \wedge r)] = p \wedge \sim (q \wedge r) = p \wedge (\sim q \vee \sim r)$

मैच खेला जायेगा तथा मौसम अच्छा नहीं है। या मैदान गीला है।

79. *(b)* माना $10^{100} = n$

इसलिए, $\left(1 + \frac{1}{n}\right)^n = {}^nC_0 + {}^nC_1\left(\frac{1}{n}\right) + {}^nC_2\left(\frac{1}{n}\right)^2 + {}^nC_3\left(\frac{1}{n}\right)^3 + \dots$

$= 1 + 1 + \frac{n(n-1)}{2n^2} + \frac{n(n-1)(n-2)}{6n^3} + \dots$

$\Rightarrow \left(1 + \frac{1}{n}\right)^n > 2$

साथ ही $\lim_{n \to \infty}\left(1 + \frac{1}{n}\right)^n = e < 3$

80. *(c)* $\sum_{n=8}^{100}\left[(-1)^n \frac{n}{2}\right]$

$\Rightarrow \underbrace{[4] + [-4.5]}_{-1} + \underbrace{[5] + [-5.5]}_{-1} + \dots [49] + [-49.5] + [50]$

$\Rightarrow -1 \times 46 + 50 = 4$

81. *(4)* $1 - \left(\frac{1}{2}\right)^n > 0.9 \Rightarrow 0.1 > \left(\frac{1}{2}\right)^n \Rightarrow n = 4$

82. *(60°)* $(\mathbf{a} + 3\mathbf{b}) \cdot (7\mathbf{a} - 5\mathbf{b}) = 0$

$7|\mathbf{a}|^2 - 15|\mathbf{b}|^2 + 16\mathbf{a} \cdot \mathbf{b} = 0$ ...(i)

$(\mathbf{a} - 4\mathbf{b}) \cdot (7\mathbf{a} - 2\mathbf{b}) = 0$

$7|\mathbf{a}|^2 + 8|\mathbf{b}|^2 - 30\,\mathbf{a} \cdot \mathbf{b} = 0$ ...(ii)

समी (i) को 30 से गुणा करने पर,

$210|\mathbf{a}|^2 - 450|\mathbf{b}|^2 + 480\,\mathbf{a} \cdot \mathbf{b} = 0$ ...(iii)

समी (ii) को 16 से गुणा करने पर,

$112|\mathbf{a}|^2 + 128|\mathbf{b}|^2 - 480\,\mathbf{a} \cdot \mathbf{b} = 0$ ...(iv)

समी (iii) व (iv) का योग करने पर,

$332|\mathbf{a}|^2 - 332|\mathbf{b}|^2 = 0$

$|\mathbf{a}|^2 = |\mathbf{b}|^2 \Rightarrow |\mathbf{a}| = |\mathbf{b}|$

समी (ii) से,

$15|\mathbf{a}|^2 = 30\,\mathbf{a} \cdot \mathbf{b} \Rightarrow 15|\mathbf{a}|^2 = 30|\mathbf{a}||\mathbf{b}|\cos\theta$

$\cos\theta = \frac{15}{30} = \frac{1}{2} \Rightarrow \theta = 60°$

83. *(55)* $\left(2 + \frac{x}{3}\right)^n = \sum_{r=0}^{n} {}^nC_r\, 2^{n-r}\left(\frac{x}{3}\right)^r$

x^7 का गुणांक $= {}^nC_7\, 2^{n-7} \cdot \left(\frac{1}{3}\right)^7$

x^8 का गुणांक $= {}^nC_8\, 2^{n-8} \cdot \left(\frac{1}{3}\right)^8$

$\therefore {}^nC_7 \frac{2^{n-7}}{3^7} = {}^nC_8 \frac{2^{n-8}}{3^8}$

$\Rightarrow {}^nC_7 \cdot 6 = {}^nC_8 \Rightarrow \frac{6 \cdot n!}{7! \cdot (n-7)!} = \frac{n!}{8! \cdot (n-8)!}$

$\Rightarrow 48 = n - 7 \Rightarrow n = 55$

84. *(1)* $\begin{vmatrix} k+1 & 2+2 & 3+3 \\ 1 & 2 & 3 \\ 3 & 2 & 1 \end{vmatrix} = 0$

$\Rightarrow (k+1)(-4) - 4(-8) + 6(2-6) = 0$

$\Rightarrow (k+1)(-4) = -8 \Rightarrow k = 1$

85. *(39)* $f(x) = \frac{P(x)}{\sin(x-2)}$

$\because P''(x) = C \Rightarrow P(x) = ax^2 + bx + c$

$P(2) = 0 \quad \Rightarrow 4a + 2b + c = 0$

$P'(2) = 7 \quad \Rightarrow \quad 4a + 2b + c = 7$

$P(3) = 9 \quad \Rightarrow \quad 9a + 3b + c = 9$

$a = 2, b = -1$ और $c = -6$

अतः, $P(x) = 2x^2 - x - 6$

तब, $P(5) = 2(5)^2 - 5 - 6 = 50 - 11 = 39$

86. *(3)*

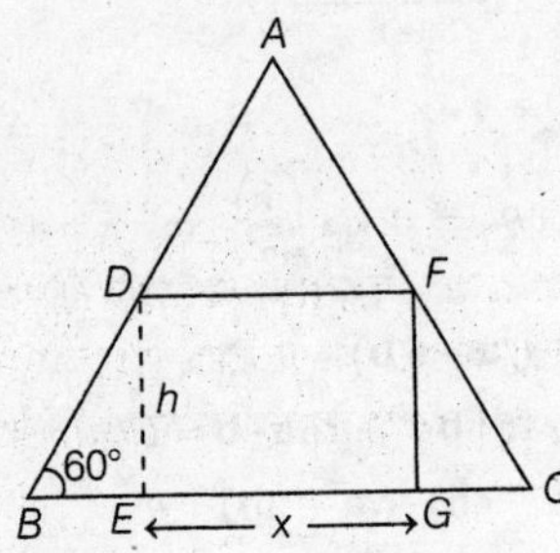

आयत का क्षेत्रफल $= x \cdot h$ ...(i)

ΔBDE से,

$$h = BE \tan 60°$$

$$h = \frac{(2\sqrt{2} - x)}{2} \cdot \sqrt{3} \quad \text{...(ii)}$$

इसलिए क्षेत्रफल, $A = \frac{\sqrt{3}}{2}(2\sqrt{2}\, x - x^2)$

उच्चिष्ठ के लिए, $\frac{dA}{dx} = \frac{\sqrt{3}}{2}(2\sqrt{2} - 2x) = 0$

$\Rightarrow \quad x = \sqrt{2}$

समी (ii) से, $h = \sqrt{\frac{3}{2}}$

क्षेत्रफल $= x \cdot h = \sqrt{3}$

$(\text{क्षेत्रफल})^2 = 3$

87. *(13)* $(a + b + c)^2 = 1$

$\Rightarrow \quad a^2 + b^2 + c^2a^2 + 2(ab + bc + ca) = 1$

$\Rightarrow \quad a^2 + b^2 + c^2 = -3$ ...(i)

$\Rightarrow \quad ab + bc + ca = 2$ ...(ii)

समी (ii) का वर्ग करने पर,

$\Rightarrow \quad a^2b^2 + b^2c^2 + c^2a^2 + 2(ab^2c + bc^2a + ca^2b) = 4$

$\Rightarrow \quad a^2b^2 + b^2c^2 + c^2a^2 + 2abc\,(a + b + c) = 4$

$\Rightarrow \quad a^2b^2 + b^2c^2 + c^2a^2 + 6 = 4$

$\Rightarrow \quad a^2b^2 + b^2c^2 + c^2a^2 = -2$ ...(iii)

समी (i) का वर्ग करने पर,

$\Rightarrow \quad a^4 + b^4 + c^4 + 2(a^2b^2 + b^2c^2 + c^2a^2) = 9$

$\Rightarrow \quad a^4 + b^4 + c^4 - 4 = 9 \Rightarrow a^4 + b^4 + c^4 = 13$

88. *(1)* $f(x)$ की प्रवणता $= \frac{2y}{x \log_e x}$

$$\frac{dy}{dx} = \frac{2y}{x \log_e x} \Rightarrow \frac{dy}{y} = \frac{2\,dx}{x \log_e x}$$

माना $\quad \log_e x = t$

$$\frac{1}{x}\,dx = dt$$

$\ln y = 2 \ln(\ln x) + \ln C$

$\ln y = \ln \frac{(\ln x)^2}{C} \Rightarrow y = \frac{(\ln x)^2}{C}$

$y(x)$ बिन्दु, $(2, (\log_e 2)^2)$ से होकर गुजरता है।

$(\ln 2)^2 = \frac{(\ln 2)^2}{C}$

$C = 1 \Rightarrow y = (\ln x)^2$

$f(x) = (\ln x)^2 \Rightarrow f(e) = (\ln e)^2 = 1$

89. *(98)* ${}^nC_0 + 3 \cdot {}^nC_1 + 5 \cdot {}^nC_2 + 7 \cdot {}^nC_3 + \ldots (n+1)$ पदों तक

$$= \sum_{r=0}^{n} (2r+1) \cdot {}^nC_r$$

$$= 2\sum_{r=0}^{n} r \cdot {}^nC_r + \sum_{r=0}^{n} {}^nC_r = 2n \cdot 2^{n-1} + 2^n$$

$$= (n+1) \cdot 2^n = (100+1)\, 2^{100} = n = 100$$

$$\Rightarrow \quad 2\left[\frac{n-1}{2}\right] = 2\left[\frac{99}{2}\right] = 2 \times 49 = 98$$

90. *(1)* $z = (x + iy)$

इसलिए, $z^2 = x^2 - y^2 + i\,2xy$

अब, $x^2 - y^2 + 2y^2 + 2x = 0 \Rightarrow x^2 + y^2 + 2x = 0$

$\Rightarrow$ केन्द्र $= (-1, 0)$

तथा $\quad x^2 - 6x - y + 13 = 0 \Rightarrow (x-3)^2 = (y-4)$

शीर्ष $= (3, 4)$

$\therefore$ रेखा का समीकरण

$$(y - 0) = \frac{4 - 0}{3 + 1}(x + 1)$$

$\Rightarrow \quad 4y = 4(x + 1)$

$x - y + 1 = 0$

$\Rightarrow \quad \frac{x}{-1} + \frac{y}{1} = 1$

अतः y-अन्तखण्ड $= 1$

JEE Main संयुक्त प्रवेश परीक्षा

सॉल्वड पेपर 2021

26 अगस्त, प्रथम पाली

भौतिकी

खण्ड 'A' ऑब्जेक्टिव प्रश्न

1. दिए गए परिपथ में होने वाले तर्क संक्रिया को चिन्हित कीजिए।

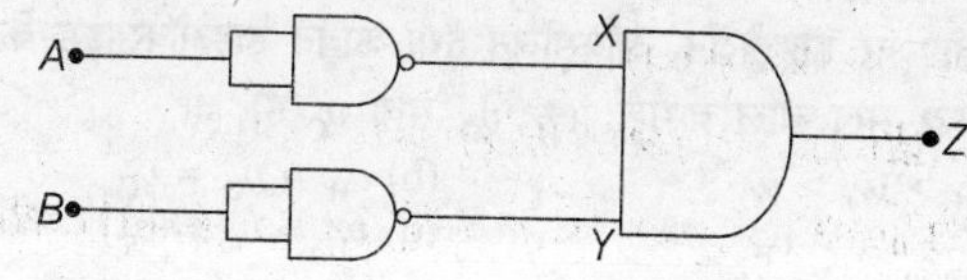

(a) NOR (b) OR
(c) NAND (d) AND

2. एक विद्युत उपकरण 6000 J/min ऊष्मा निकाय की पूर्ति करता है। यदि निकाय 90 वाट शक्ति प्रदान करता रहे, तो आन्तरिक ऊर्जा में 2.5×10^3 J की वृद्धि होने में कितना समय लगेगा?

(a) 4.1×10^1 s (b) 2.4×10^3 s
(c) 2.5×10^2 s (d) 2.5×10^1 s

3. 5.0 मिमी तथा 8.0 मिमी व्यास की दो संकीर्ण नलिकाएँ आपस में जोड़कर U-आकार की नलिका बनाई जाती है, जिसके दोनों सिरे खुले हैं। यदि U-नलिका में पानी हो, तो नलिका के दोनों भुजाओं के तल में क्या अन्तर होगा? [पानी का पृष्ठ तनाव $T = 7.3 \times 10^{-2}$ Nm^{-1}, स्पर्श कोण = 0, $g = 10 \, ms^{-2}$ तथा पानी का घनत्व $= 1.0 \times 10^3$ kg m^{-3} लीजिए]

(a) 4.97 mm (b) 2.19 mm
(c) 5.34 mm (d) 3.62 mm

4. एक स्क्रूगेज का रैचट जब बन्द रहता है, तो वृत्तीय पैमाने का पाँचवाँ भाग सन्दर्भ रेखा के सम्पपित होते हैं। वृत्तीय पैमाने में 50 भाग हैं तथा एक पूरा चक्कर घुमाने पर मुख्य पैमाना 0.5 मिमी खिसकता है। एक विशेष प्रेक्षण में मुख्य पैमाने का पाठ्यांक 5 मिमी तथा वृत्तीय पैमाने का बीसवाँ भाग सन्दर्भ रेखा के सम्पतित है। सही पाठ्यांक की गणना कीजिए।

(a) 5.00 mm (b) 5.20 mm
(c) 5.25 mm (d) 5.15 mm

5. सापेक्ष चाल 40 ms^{-1} पर कार B, एक दूसरी कार A को पार करती है। जब कार B, कार A से 1.9 मी दूर हो, तो कार A में लगे 10 सेमी फोकस दूरी के दर्पण में कार B का प्रतिबिम्ब कितना तेज गति करता हुआ प्रतीत होगा?

(a) 0.2 ms^{-1} (b) 40 ms^{-1}
(c) 0.1 ms^{-1} (d) 4 ms^{-1}

6. चित्रानुसार त्रिज्या R तथा आवेश q का एक ठोस धात्विय गोला आन्तरिक त्रिज्या a तथा बाह्य त्रिज्या b के गोलीय कोश के अन्दर समकेन्द्रिय रखा है। केन्द्र O से r दूरी फलन के रूप में विद्युत क्षेत्र E का निकटतम विचरण होगा

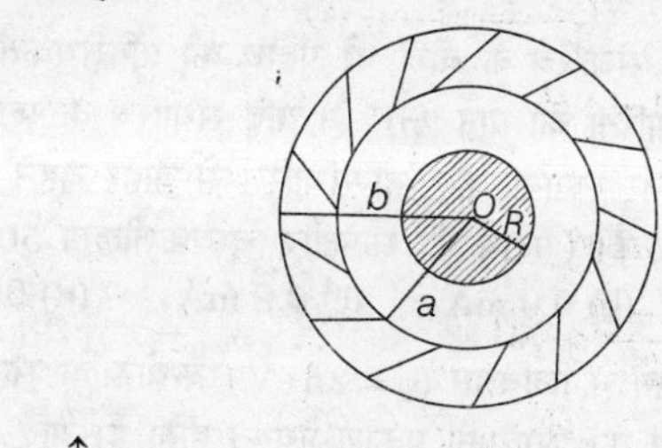

(a)
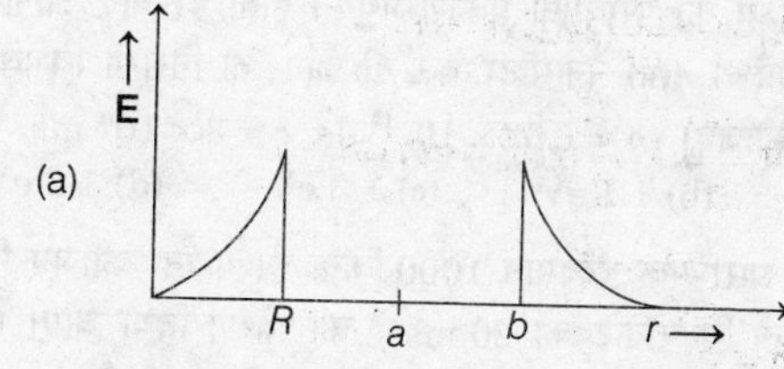

(b)
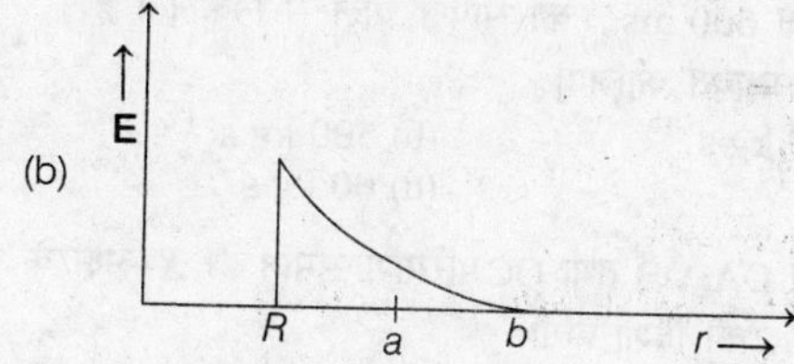

(c)
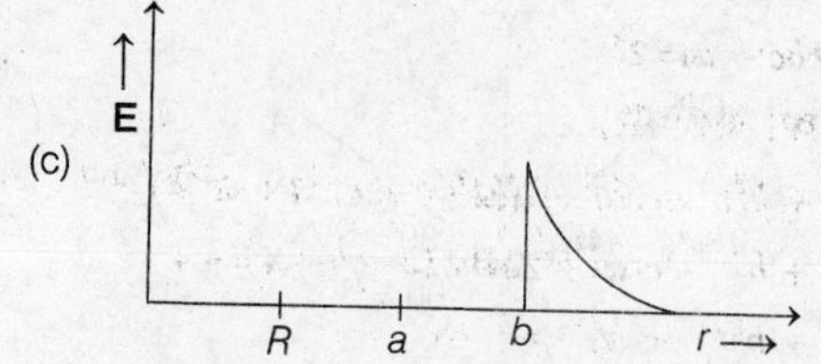

(d)
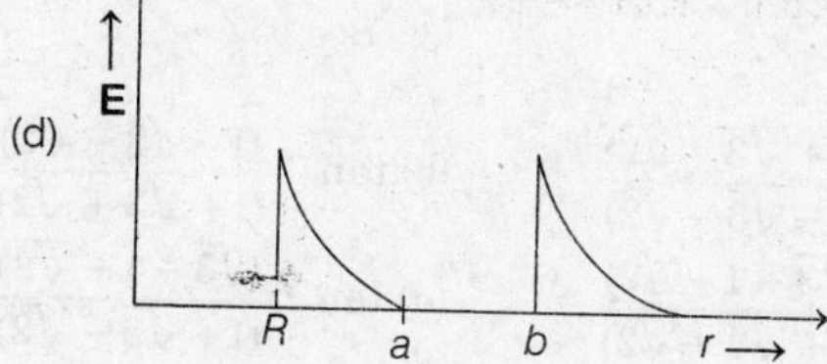

7. दिए गए चित्र में सेल का वि.वा. बल 2.2 वोल्ट तथा आन्तरिक प्रतिरोध 0.6Ω है। पूरे परिपथ में क्षय शक्ति की गणना कीजिए।

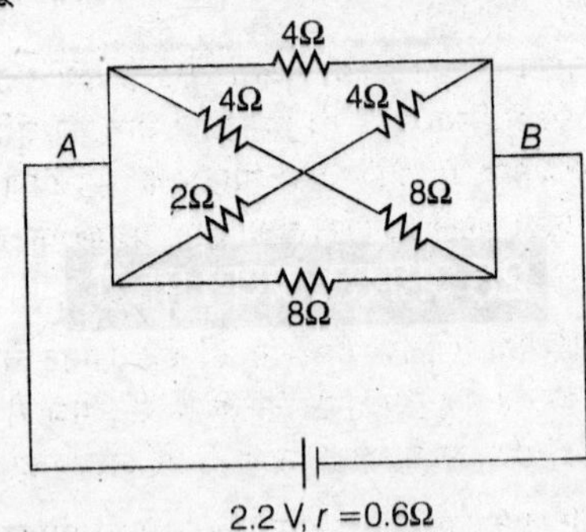

(a) 0.65 W (b) 4.4 W (c) 1.32 W (d) 2.2 W

8. एक प्रेरक कुण्डली 64 J चुम्बकीय क्षेत्र ऊर्जा एकत्रित करती है तथा 640 वाट की दर से ऊर्जा क्षय करती है जब इससे 8 ऐम्पियर की धारा प्रवाहित की जाती है। यदि कुण्डली को आदर्श बैटरी से जोड़ दिया जाए, तो परिपथ का समय नियतांक सेकण्ड में ज्ञात कीजिए।

(a) 0.8 (b) 0.125 (c) 0.4 (d) 0.2

9. एक समान्तर प्लेट संधारित्र के बीच भरे पदार्थ की प्रतिरोधकता $200\ \Omega m$ है। संधारित्र की धारिता का मान 2pF है। यदि संधारित्र के प्लेटों के बीच 40 वोल्ट विभवान्तर लगाया जाए, तो संधारित्र से बाहर बहने वाली क्षरण धारा का मान होता है। (पदार्थ की सापेक्षीय चुम्बकशीलता 50 दी गई है)

(a) $9.0\ \mu A$ (b) 9.0 mA (c) 0.9 mA (d) $0.9\ \mu A$

10. प्रकाश, वैद्युत प्रयोग में लिथियम ($\phi = 2.5$ eV) कैथोड के साथ 280 नैनोमीटर तरंगदैर्ध्य का पराबैंगनी प्रकाश प्रयुक्त होता है। यदि आपतित प्रकाश की तरंगदैर्ध्य 400 नैनोमीटर कर दी जाए, तो निरोधी विभव में परिवर्तन ज्ञात कीजिए। ($h = 6.63 \times 10^{-34}$ Js, $c = 3 \times 10^8\ ms^{-1}$)

(a) 0.6 eV (b) 1.1 eV (c) 1.3 eV (d) 1.9 eV

11. एक रॉकेट का प्रारम्भिक द्रव्यमान 1000 किग्रा है। गणना कीजिए कि ईंधन किस दर से जले कि रॉकेट को $20\ ms^{-2}$ का त्वरण दिया जाए। गैस रॉकेट के सापेक्ष $500\ ms^{-1}$ की सापेक्ष चाल से निकलती है।

[$g = 10\ m/s^2$ प्रयुक्त कीजिए]

(a) $6.0 \times 10^2\ kg\ s^{-1}$ (b) $500\ kg\ s^{-1}$
(c) $10\ kg\ s^{-1}$ (d) $60\ kg\ s^{-1}$

12. चित्र में सदिशों OA, OB तथा OC परिमाण समान हैं। X-अक्ष के साथ OA + OB − OC की दिशा होगी

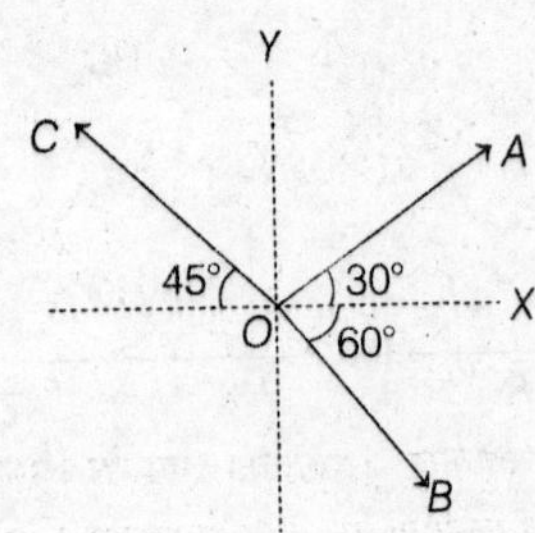

(a) $\tan^{-1} \frac{(1+\sqrt{3}-\sqrt{2})}{(1-\sqrt{3}-\sqrt{2})}$ (b) $\tan^{-1} \frac{(1-\sqrt{3}-\sqrt{2})}{(1+\sqrt{3}+\sqrt{2})}$

(c) $\tan^{-1} \frac{(\sqrt{3}-1+\sqrt{2})}{(1+\sqrt{3}+\sqrt{2})}$ (d) $\tan^{-1} \frac{(\sqrt{3}-1+\sqrt{2})}{(1+\sqrt{3}-\sqrt{2})}$

13. a त्रिज्या की धारावाही वृत्तीय कुण्डली के अक्ष पर केन्द्र से r दूरी पर तथा उसी कुण्डली के केन्द्र पर चुम्बकीय क्षेत्र की तीव्रता में भिन्नात्मक परिवर्तन होता है। ($r < a$ लीजिए)

(a) $\frac{2}{3}\frac{r^2}{a^2}$ (b) $\frac{3}{2}\frac{r^2}{a^2}$ (c) $\frac{2}{3}\frac{a^2}{r^2}$ (d) $\frac{3}{2}\frac{a^2}{r^2}$

14. किस समान लम्बाई तथा 2 मिमी व्यास के एक लोहे के तार तथा एक ताँबा-निकिल मिश्रधातु के तार को समान्तर में जोड़ने पर 3Ω ओम का तुल्य प्रतिरोध प्राप्त होता है?

[दिया है, लोहे तथा ताँबा-निकिल मिश्रधातु की प्रतिरोधकता क्रमशः $12\ \mu\Omega$ cm तथा $51\ \mu\Omega$ cm है]

(a) 82 m (b) 97 m (c) 110 m (d) 90 m

15. एक श्रेणी *L-C-R* परिपथ में प्रतिरोध $R = 3\ k\Omega$ प्रेरक प्रतिघात $X_L = 250\pi\Omega$ का प्रेरक तथा अज्ञात संधारित्र जुड़े हैं, इसको 50 Hz आवृत्ति पर 300 वोल्ट से परिचालित किया जाता है। औसत शक्ति को अधिकतम करने के लिए धारिता का मान μF में होगा

(a) $4\mu F$ (b) $400\mu F$ (c) $40\ \mu F$ (d) $25\ \mu F$

16. समान ताप पर हाइड्रोजन, ऑक्सीजन तथा कार्बन डाइऑक्साइड के वर्ग-माध्य-मूल चाल क्रमशः v_H, v_O तथा v_C हो, तो

(a) $v_H > v_O > v_C$ (b) $v_H = v_O = v_C$
(c) $v_C > v_O > v_H$ (d) $v_H = v_O = v_C$

17. एक विशेष हाइड्रोजन तुल्य आयन जब $n = 3$ से $n = 1$ पर संक्रमण करता है, तो 2.92×10^{15} Hz आवृत्ति का विकिरण उत्सर्जित करता है। $n = 2$ से $n = 1$ पर संक्रमण में उत्सर्जित विकिरण की आवृत्ति Hz में होगी

(a) 6.57×10^{15} (b) 2.46×10^{15}
(c) 4.38×10^{15} (d) 0.44×10^{15}

18. एकसमान गोलीय कोश के अन्दर

1. गुरुत्वीय क्षेत्र शून्य होता है।
2. गुरुत्वीय विभव शून्य होता है।
3. गुरुत्वीय क्षेत्र प्रत्येक स्थान पर समान होता है।
4. गुरुत्वीय विभव प्रत्येक स्थान पर समान होता है।
5. उपरोक्त सभी

नीचे दिए गए विकल्पों में सही उत्तर चुनिए।

(a) केवल 2, 3 तथा 4 (b) केवल 5
(c) केवल 1, 3 तथा 4 (d) केवल 1, 2 तथा 3

19. यदि *E*, *L*, *M* तथा *G* क्रमशः ऊर्जा, कोणीय संवेग, द्रव्यमान तथा गुरुत्वाकर्षण नियतांक को प्रदर्शित करते हों, तो सूत्र $P = EL^2M^{-5}G^{-2}$ P की विमा होगी

(a) $[M^1 L^1 T^{-2}]$ (b) $[M^{-1} L^{-1} T^2]$ (c) $[M^0 L^1 T^0]$ (d) $[M^0 L^0 T^0]$

20. **कथन** I सिलिकॉन अर्द्धचालक को पंचसंयोजक पदार्थ से अपमिश्रण कर पर इलेक्ट्रॉन घनत्व बढ़ता है।

कथन II *n*-टाइप अर्द्धचालक पर परिणामी आवेश ऋणात्मक होता है।

उपर्युक्त के आलोक में नीचे दिए गए विकल्पों से सही उत्तर चुनिए।

(a) दोनों **कथन** I तथा **कथन** II असत्य हैं।
(b) दोनों **कथन** I तथा **कथन** II सत्य हैं।
(c) **कथन** I असत्य है तथा **कथन** II सत्य है।
(d) **कथन** I सत्य है तथा **कथन** II असत्य है।

खण्ड 'B' न्यूमैरिकल वैल्यू प्रश्न

21. एक स्रोत तथा एक संसूचक, वायु की अनुपस्थिति में भूतल के सापेक्ष 20 m/s की चाल से एक-दूसरे से दूर गति करते हैं। यदि संसूचक स्रोत से आने वाली ध्वनि की 1800 Hz आवृत्ति का संकुलन करता है, तो ध्वनि की वायु में चाल 340 m/s मानते हुए स्रोत की मूल आवृत्ति ...... Hz होगी।

22. एक 3 सेमी त्रिज्या का साबुन का बुलबुला दूसरे 6 सेमी त्रिज्या के साबुन के बुलबुले के अन्दर बनता है। उस तुल्य बुलबुले की त्रिज्या ...... सेमी होगी। जिसका वायुमण्डलीय दाब के सापेक्ष आधिक्य दाब छोटे बुलबुले के अन्दर के आधिक्य दाब के बराबर हो।

23. एक आयाम माडुलित तरंग को $C_m(t) = 10(1 + 0.2\cos 12560\,t)\sin(111 \times 10^4 t)$ वोल्ट से प्रदर्शित किया जाता है। माडुलक आवृत्ति ...... kHz होगी।

24. एक समतल विद्युतचुम्बकीय तरंग में विद्युत क्षेत्र $\mathbf{E} = 200\cos\left[\left(\frac{0.5 \times 10^3}{\text{m}}\right)x - \left(1.5 \times 10^{11}\frac{\text{rad}}{\text{s}} \times t\right)\right]\frac{\text{V}}{\text{m}}\hat{\mathbf{j}}$ दिया गया है। 100 सेमी^{2} क्षेत्रफल के परावर्तक सतह पर यह तरंग अभिलम्बवत् पड़ती है। यदि विद्युत चुम्बकीय तरंग द्वारा सतह पर आरोपित विकिरण दाब 10 मिनट के उच्छादन के दौरान $\frac{x}{10^9}$ N/m^2 हो, तो x के मान को ज्ञात कीजिए।

25. 1 Am^2 चुम्बकीय आघूर्ण वाले दो चुम्बकीय द्विध्रुव m_1 तथा m_2 क्रमशः बिन्दु O तथा P पर रखे हैं। O तथा P के बीच दूरी 1 मी है। द्विध्रुव m_1 के उपस्थिति में द्विध्रुव m_2 द्वारा अनुभव किए गए बल-आघूर्ण की गणना कीजिए। बल-आघूर्ण ......$\times 10^{-7}$ Nm है।

m_1 (O) ↑ ; m_2 (P) →

26. यदि समान द्रव्यमान तथा 5 सेमी त्रिज्या की दो गोलीय गेंदें 3s के अन्तराल से एक ही ऊर्ध्वाधर दिशा में समान प्रारम्भिक वेग 35 m/s ऊपर की ओर फेंकी जाती है, तो यह गेंदे .... मी की ऊँचाई पर टकरायेगी। ($g = 10\,\text{m/s}^2$ लीजिए)

27. द्वि-स्लिट प्रयोग में श्वेत प्रकाश गुजारा जाता है तथा 1.5 मी दूर पर्दें पर व्यतिकरण प्रेक्षित किया जाता है। स्लिटों के बीच की दूरी 0.3 मिमी है। केन्द्रिय श्वेत फ्रिन्ज से क्रमशः 2.0 मिमी तथा 3.5 मिमी दूरी पर प्रथम बैंगनी तथा लाल फ्रिन्जें बनती हैं। लाल तथा बैंगनी प्रकाश की तरंगदैर्ध्यों का अन्तर .... nm है।

28. 3 मी लम्बाई तथा 3 किग्रा द्रव्यमान की एक समान चेन, चिकनी मेज पर, 2 मी मेज पर रहते हुए प्रलम्बन करती हैं यदि मेज से पूर्णतया खिसक जाने पर चेन की जूल में गतिज ऊर्जा k हो, तो k का मान ...... है।

29. चित्रानुसार दिखाए गए लम्बाई पैमाने के साथ बैडमिण्टन रैकेट पर विचार कीजिए।

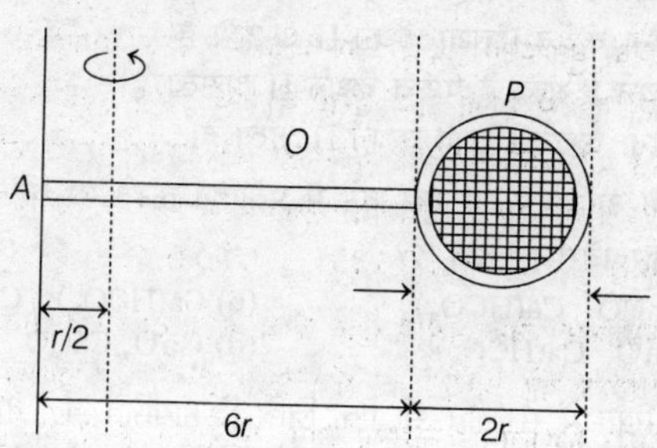

यदि बैडमिण्टन रैकेट के रेखीय तथा वृत्तीय भागों के द्रव्यमान (M) समान हैं तथा धागे का द्रव्यमान नगण्य है, तो रैकेट के A सिरे से हैन्डिल के अन्दर की ओर $r/2$ दूरी पर तथा हैंडिल पर लम्ब एक अक्ष के परितः रैकेट का जड़त्व आघूर्ण .... Mr^2 होगा।

30. दो प्रगामी तरंगें मिलकर एक अप्रगामी तरंग बनाती है, जो निम्नलिखित समीकरण से निरूपित होती है। $y = 10\,\text{mm}\cos(157\,\text{cm}^{-1}) \times \sin(78.5\,\text{s}^{-1})t$ मूलबिन्दु के निकटतम $x > 0$ क्षेत्र में निस्पन्द (नोड) $x =$ .... सेमी पर होगा।

रसायन विज्ञान

खण्ड 'A' ऑब्जेक्टिव प्रश्न

31. निम्नलिखित, अभिक्रिया क्रम में विरचित मुख्य उत्पाद A तथा B हैं

$C_6H_5-CO-CH_3 \xrightarrow[KOH]{Br_2} A + B$

(a) $A = C_6H_5-CO-CBr_3$; $B = C_6H_5-CHO$

(b) $A = $ (3-Br)$C_6H_4-CO-CH_2Br$; $B = $ (3-Br)$C_6H_4-CO-CH_2-OH$

(c) $A = C_6H_5-CO-OK$; $B = CHBr_3$

(d) $A = $ (3,5-Br$_2$)$C_6H_3-CO-CH_3$; $B = $ (3,5-(HO)$_2$)$C_6H_3-CO-CH_3$

32. नीचे दो कथन दिए हैं।

कथन-I एलिंघम आलेख, (ΔG का ताप के विरुद्ध एक आरेख), का उपयोग कर धातु निष्कर्षण के लिए उपचयन कारक चुना जा सकता है।

कथन-II ΔS का मान एलिंघम आलेख में बाँए से दाएँ और बढ़ता है।

उपरोक्त कथनों के सन्दर्भ में नीचे दिए गए विकल्पों में से सही उत्तर चुनिए।

(a) कथन-I असत्य है परन्तु कथन-II सत्य है।
(b) दोनों कथन-I तथा कथन-II असत्य हैं।
(c) कथन-I सत्य है परन्तु कथन-II असत्य है।
(d) दोनों कथन-I तथा कथन-II सत्य हैं।

33. नीचे दो कथन दिए गए हैं।

कथन-I प्रबल अम्ल तथा दुर्बल क्षार के मध्य अनुमापन के लिए मेथिल ऑरेन्ज सूचक के रूप में उपयुक्त है।

कथन-II ऐसीटिक अम्ल के NaOH के साथ अनुमापन के लिए फीनॉल्फ्थैलिन एक उपयुक्त सूचक नहीं है।

उपरोक्त कथनों के सन्दर्भ में नीचे दिए विकल्पों में से सही उत्तर चुनिए।

(a) कथन-I असत्य है परन्तु कथन-II सत्य है।
(b) दोनों कथन-I तथा कथन-II असत्य हैं।
(c) कथन-I सत्य है परन्तु कथन-II असत्य है।
(d) दोनों कथन-I तथा कथन-II सत्य हैं।

34. CO_2 के आधिक्य को बुझे चूने में प्रवाहित करने पर कौन-सा उत्पाद क्रमानुसार विरचित होते हैं?

(a) $CaCO_3, Ca(HCO_3)_2$ (b) $Ca(HCO_3)_2, CaCO_3$
(c) $CaO, Ca(HCO_3)_2$ (d) $CaO, CaCO_3$

35. निम्नलिखित में से कौन-सी एक विधि विआयनित जल तैयार करने के लिए सर्वाधिक उपयुक्त है?

(a) परम्यूटिट विधि (b) संश्लेषित रेजिन विधि
(c) कैल्गॉन विधि (d) क्लार्क विधि

36. निम्नलिखित में से कौन-सा नाइट्रोजन के वायुमण्डल में जल में घोलने पर रंगीन विलयन देता है?

(a) Cu_2Cl_2 (b) $CuCl_2$ (c) $ZnCl_2$ (d) $AgCl$

37. 125°C पर प्रकाश की उपस्थिति में आइसोब्यूटेन के आधिक्य की Br_2 से अभिक्रिया निम्नलिखित में से कौन-सा एक मुख्य उत्पाद के रूप में देती है?

(a) $CH_3—C(CH_3)(CH_3)—Br$ (b) $CH_3—CH(CH_2Br)—CH_2Br$
(c) $CH_3—C(Br)(CH_3)—CH_2—Br$ (d) $CH_3—CH(CH_3)—CH_2Br$

38. एक दिए ताप पर ठोस की सतह पर गैस के अधिशोषण के लिए निम्नलिखित में से कौन-सा एक सही है?

(a) $\Delta H < 0, \Delta S < 0$ (b) $\Delta H > 0, \Delta S < 0$
(c) $\Delta H > 0, \Delta S > 0$ (d) $\Delta H < 0, \Delta S > 0$

39. नीचे दो कथन दिए हैं।

कथन-I फ्रेन्केल दोष रिक्तिता तथा अन्तराकाशी दोष है।

कथन-II फ्रेन्केल दोष, F-केन्द्रों की उपस्थिति के कारण, आयनिक ठोसों में रंग उत्पन्न करता है।

उपरोक्त कथनों के सन्दर्भ में नीचे दिए विकल्पों में से सही उत्तर चुनिए।

(a) दोनों कथन-I तथा कथन-II असत्य हैं।
(b) कथन-I सत्य है परन्तु कथन-II असत्य है।
(c) कथन-I असत्य है परन्तु कथन-II सत्य है।
(d) दोनों कथन-I तथा कथन-II सत्य हैं।

40. नीचे दो कथन दिए गए हैं—

कथन-I KCl (प्रबल वैद्युत-अपघट्य) की सीमान्त मोलर चालकता CH_3COOH (दुर्बल वैद्युत-अपघट्य) के मान की तुलना में अधिक है।

कथन-II विद्युत अपघट्य की सान्द्रता घटने पर मोलर चालकता घट जाती है।

उपरोक्त कथनों के सन्दर्भ में नीचे दिए विकल्पों में सही उत्तर चुनिए।

(a) कथन-I सत्य है परन्तु कथन-II असत्य है।
(b) दोनों कथन-I तथा कथन-II सत्य हैं।
(c) कथन-I असत्य है परन्तु कथन-II सत्य है।
(d) दोनों कथन-I तथा कथन-II असत्य हैं।

41. गलत कथन है

(a) ClF जल-अपघटन से HOCl तथा HF बनाती है।
(b) ClF की अपेक्षा Cl_2 अधिक अभिक्रियाशील है।
(c) ClF की अपेक्षा F_2 अधिक अभिक्रियाशील है।
(d) जलीय विलयन में Cl_2 की अपेक्षा F_2 एक प्रबल ऑक्सीकरण कर्मक है।

42. जल में F^- आयन की उपस्थिति के कारण हाइड्रॉक्सीऐपेटाइट में परिवर्तन हो जाता है। हाइड्रॉक्सीऐपेटाइट का सही सूत्र है

(a) $[3Ca_3(PO_4)_2 \cdot CaF_2]$ (b) $[3Ca(OH)_2 \cdot CaF_2]$
(c) $[Ca_3(PO_4)_2 \cdot CaF_2]$ (d) $[3Ca_3(PO_4)_2 \cdot Ca(OH)_2]$

43. नीचे दो कथन दिए हैं

कथन-I परमाणु के बोर के मॉडल के अनुसार इलेक्ट्रॉन के वेग का परिमाण गुणात्मक रूप से नाभिक पर धनावेश घटने के साथ, बढ़ता है क्योंकि इलेक्ट्रॉन पर नाभिक का कोई प्रबल बन्धन नहीं रहता है।

कथन-II परमाणु के बोर मॉडल के अनुसार इलेक्ट्रॉन के वेग का परिमाण गुणात्मक रूप से मुख्य क्वाण्टम संख्या घटने के साथ बढ़ता है।

उपरोक्त कथनों के सन्दर्भ में नीचे दिए विकल्पों में से सही उत्तर चुनिए।

(a) कथन-I सत्य है परन्तु कथन-II असत्य है।
(b) कथन-I असत्य है परन्तु कथन-II सत्य है।
(c) दोनों कथन-I तथा कथन-II असत्य हैं।
(d) दोनों कथन-I तथा कथन-II सत्य हैं।

44. निम्नलिखित संकुलों में से किस एक का रंग बैंगनी है?

(a) $[Fe_4[Fe(CN)_6]_3 \cdot H_2O]$ (b) $[Fe(CN)_5NOS]^{4-}$
(c) $[Fe(CN)_6]^{4-}$ (d) $[Fe(SCN)_6]^{4-}$

45. बेन्जीन से 3-नाइट्रोबेन्जोइक अम्ल तैयार करने के लिए, अभिकर्मकों के संकलन का सही क्रम है

(a) $Br_2/AlBr_3, HNO_3/H_2SO_4$, Mg/ईथर, CO_2, H_3O^+
(b) $Br_2/AlBr_3$, NaCN, $H_3O^+, HNO_3/H_2SO_4$
(c) $HNO_3/H_2SO_4, Br_2/AlBr_3$, Mg/ईथर, CO_2, H_3O^+
(d) $Br_2/AlBr_3, HNO_3/H_2SO_4$, NaCN, H_3O^+

46. निम्नलिखित अभिक्रिया में विरचित मुख्य उत्पाद है

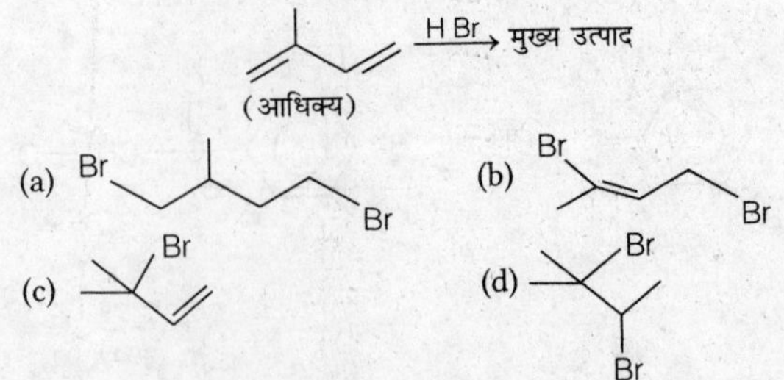

47. निम्नलिखित अभिक्रिया में उत्पाद A तथा B के लिए सही विकल्प हैं

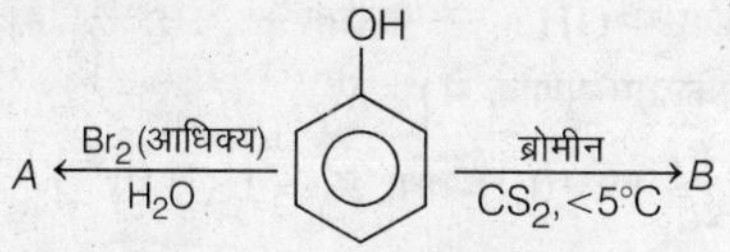

$A \xleftarrow[H_2O]{Br_2\,(\text{आधिक्य})}$ (OH फीनॉल) $\xrightarrow[CS_2,\,<5^\circ C]{\text{ब्रोमीन}} B$

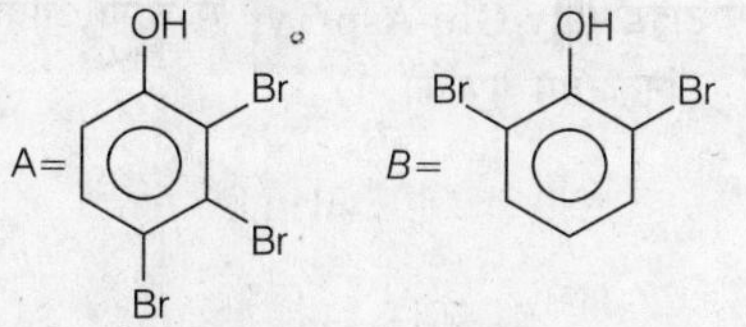

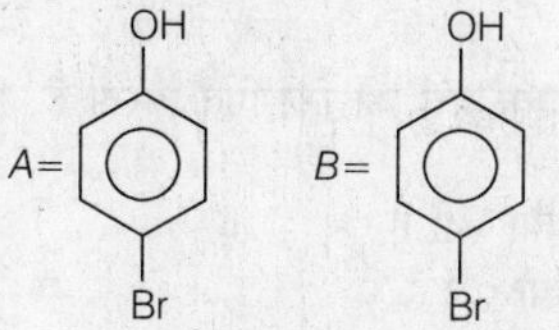

(a) A= (OH, Br, Br, Br) B= (OH, Br, Br)

(b) A= (OH, Br) B= (OH, Br)

(c) A= (OH, Br, Br, Br) B= (OH, Br, Br)

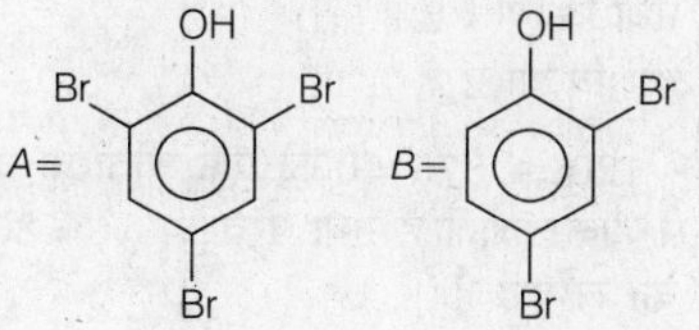

(d) 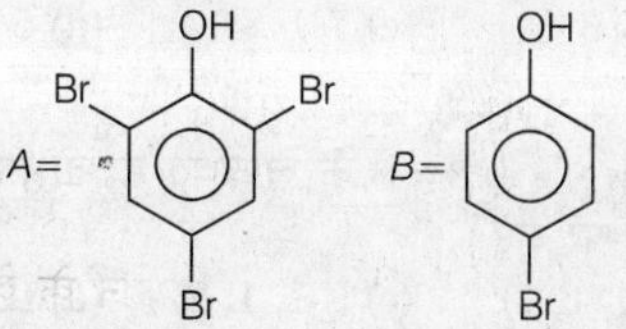 A= (OH, Br, Br, Br) B= (OH, Br)

48. नोवोलेक को फॉर्मेल्डिहाइड के साथ गर्म करने पर जो बहुलक बनता है, वह है

(a) बैकेलाइट (b) पॉलिस्टर (c) मेलैमीन (d) नायलॉन 6, 6

49. निम्नलिखित यौगिकों I-IV में से कौन-सा एक (i) NaOH (ii) dil. HNO_3 तथा (iii) $AgNO_3$ से इस क्रम में अभिक्रिया करके पीला अवक्षेप बनाता है?

(a) 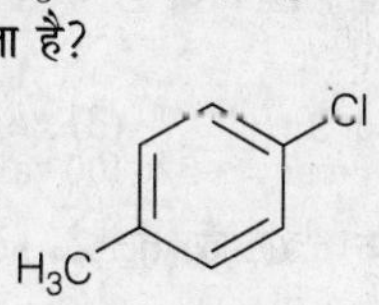 (H_3C, Cl) (b) 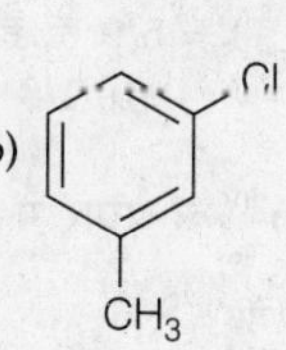 (Cl, CH_3)

(c) 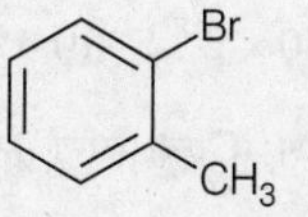 (Br, CH_3) (d) 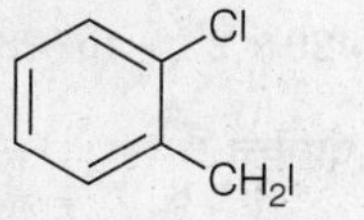 (Cl, CH_2I)

(a) I (b) III (c) II (d) IV

50. निम्नलिखित अभिक्रिया में विरचित मुख्य उत्पाद है–

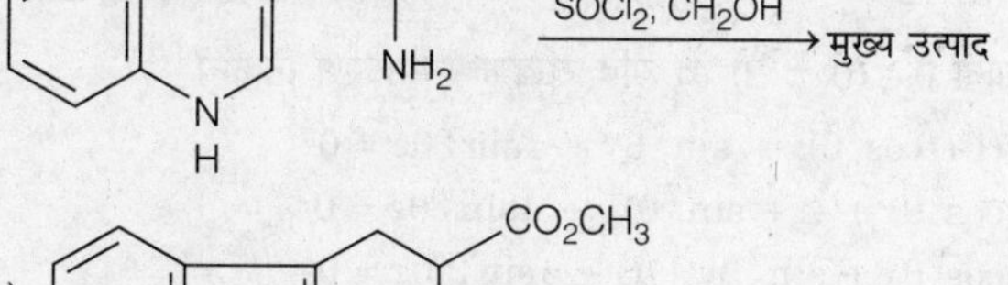

(COOH, NH_2, N–H) $\xrightarrow{SOCl_2,\ CH_3OH}$ मुख्य उत्पाद

(a) 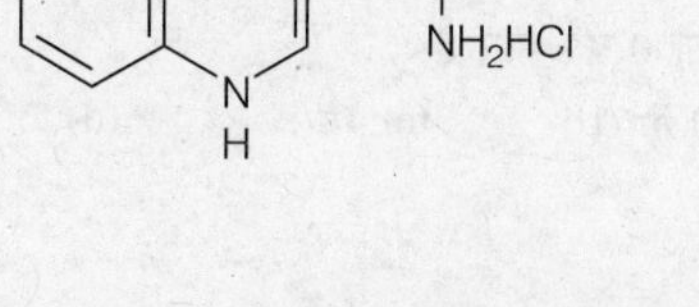 (CO_2CH_3, NH_2HCl, N–H)

(b) 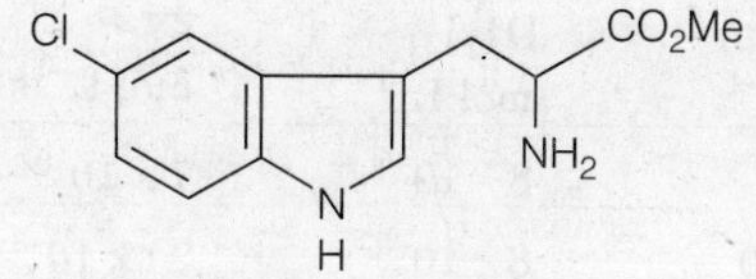 (Cl, CO_2Me, NH_2, N–H)

(c) 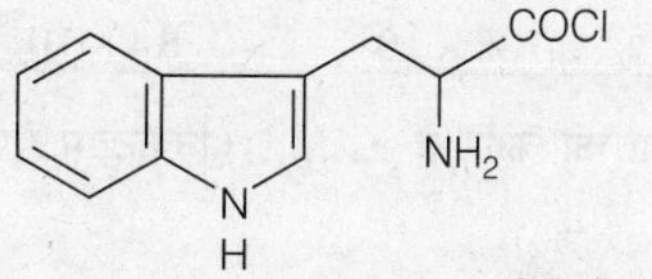 (COCl, NH_2, N–H)

(d) 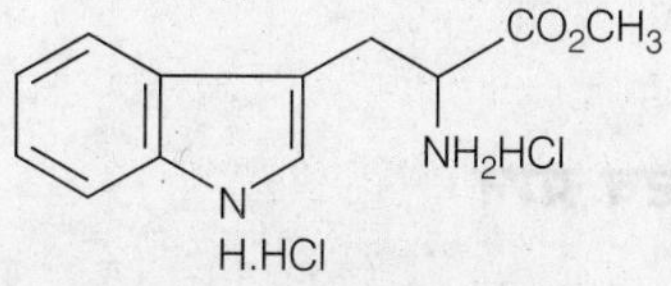 (CO_2CH_3, NH_2HCl, N, H.HCl)

खण्ड 'B' न्यूमैरिकल वैल्यू प्रश्न

51. Gd^{2+} के निम्नतम अवस्था इलेक्ट्रॉनिक विन्यास में $4f$ इलेक्ट्रॉनों की संख्या है .... [Gd की परमाणु संख्या = 64]

52. KCl के एक जलीय विलयन का घनत्व $1.20\ g\ mL^{-1}$ तथा मोललता $3.30\ mol\ kg^{-1}$ है। इस विलयन की मोलरता $mol\ L^{-1}$ है .... (निकटतम पूर्णांक में)

53. AB_3 एक T-आकृति का अन्तरा-हैलोजन अणु है। A पर इलेक्ट्रॉन युग्मों की संख्या है .... (निकटतम पूर्णांक में)

54. नीचे दिए चार जलीय विलयनों में से उन विलयनों की कुल संख्या जिनका हिमांक 0.10 M C_2H_5OH के हिमांक से नीचे है .... (निकटतम पूर्णांक में)

(i) 0.10 M $Ba_3(PO_4)_2$ (ii) 0.10 M Na_2SO_4
(iii) 0.10 M KCl (iv) 0.10 M Li_3PO_4

55. KCl के लिए बॉर्न हैबर चक्र का मूल्यांकन निम्नलिखित आँकड़ों के आधार पर किया गया है–

KCl के लिए $\Delta_f H^\ominus = -436.7\ kJ\ mol^{-1}$;

K के लिए $\Delta_{sub} H^\ominus = 89.2\ kJ\ mol^{-1}$;

K के लिए $\Delta_{ionisation} H^\ominus = 419\ kJ\ mol^{-1}$: Cl(g) के लिए $\Delta_{electron\ gain} H^\ominus = -348.6\ kJ\ mol^{-1}$;

Cl_2 के लिए $\Delta_{bond} H^\ominus = 243.0\ kJ\ mol^{-1}$

KCl की जालक एन्थैल्पी का परिमाण $kJ\ mol^{-1}$ में है .... (निकटतम पूर्णांक में)

56. ये एक तत्त्व के भौतिक गुण हैं–

(i) ऊर्ध्वपातन एन्थैल्पी (ii) आयनन एन्थैल्पी
(iii) जलयोजन एन्थैल्पी (iv) इलेक्ट्रॉन लब्धि एन्थैल्पी

उपरोक्त गुणों में से उनकी कुल संख्या जो अपचयन विभव को प्रभावित करते हैं ....

57. मोहर लवण तथा पोटाश फिटकरी में जल के अणुओं की संख्या का अनुपात है .... $\times 10^{-1}$ (निकटतम पूर्णांक में)

58. नीचे दी गयी रासायनिक अभिक्रिया के लिए 975 K पर निम्नलिखित आँकड़े प्राप्त हुए।

$2NO(g) + 2H_2(g) \longrightarrow N_2(g) + 2H_2O(g)$

	[NO] $mol\ L^{-1}$	$[H_2]$ $mol\ L^{-1}$	दर $mol\ L^{-1}s^{-1}$
(A)	8×10^{-5}	8×10^{-5}	7×10^{-9}
(B)	24×10^{-5}	8×10^{-5}	2.1×10^{-8}
(C)	24×10^{-5}	32×10^{-5}	8.4×10^{-8}

NO के प्रति अभिक्रिया की कोटि है .... (निकटतम पूर्णांक में)

59. 0.0504 M NH_4Cl के 5.0 mL तथा 0.0210 M NH_3 विलयन के 2 mL के मिश्रण में OH^- की सान्द्रता $x\times10^{-6}$ M है। x का मान है .... (निकटतम पूर्णांक में)

[दिया है, $K_w = 1\times10^{-14}$ तथा $K_b = 18\times10^{-5}$]

60. pH 12.5 पर टेट्रापेप्टाइड Gly-Glu-Asp-Tyr में ऋण आवेश की कुल संख्या होगी .... (निकटतम पूर्णांकों में)

गणित

खण्ड 'A' ऑब्जेक्टिव प्रश्न

61. समीकरण $\frac{\cos x}{1+\sin x} = |\tan 2x|$, $x \in \left(-\frac{\pi}{2}, \frac{\pi}{2}\right) - \left\{\frac{\pi}{4}, -\frac{\pi}{4}\right\}$ के हलों का योग है

(a) $\frac{\pi}{10}$ (b) $-\frac{7\pi}{30}$ (c) $-\frac{\pi}{15}$ (d) $-\frac{11\pi}{30}$

62. एक अस्पताल के सभी मरीजों में से 89% दिल की बीमारी से ग्रसित पाये गये तथा 98% के फेफड़े संक्रमित पाये गये। यदि K% दोनों बीमारियों से ग्रसित हैं, तो निम्न में से किस समुच्चय में K नहीं हो सकता?

(a) {80, 83, 86, 89} (b) {84, 87, 90, 93}
(c) {79, 81, 83, 85} (d) {84, 86, 88, 90}

63. माना $\mathbf{a} = \hat{i} + \hat{j} + \hat{k}$ तथा $\mathbf{b} = \hat{j} - \hat{k}$ है। यदि एक सदिश $\mathbf{c}$ इस प्रकार है कि $\mathbf{a}\times\mathbf{c} = \mathbf{b}$ तथा $\mathbf{a}\cdot\mathbf{c} = 3$ हैं, तो $\mathbf{a}\cdot(\mathbf{b}\times\mathbf{c})$ बराबर है

(a) –6 (b) 6 (c) –2 (d) 2

64. माना ABC एक त्रिभुज है जिसमें $A(-3, 1)$ तथा $\angle ACB = \theta$, $0 < \theta < \frac{\pi}{2}$ है। यदि B से माध्यिका रेखा का समीकरण $2x + y - 3 = 0$ है तथा $\angle C$ की समद्विभाजक रेखा का समीकरण $7x - 4y - 1 = 0$ है, तो $\tan\theta$ बराबर है

(a) 2 (b) 1/2 (c) 3/4 (d) 4/3

65. माना $f(x) = \cos\left(2\tan^{-1}\sin\left(\cot^{-1}\sqrt{\frac{1-x}{x}}\right)\right)$, $0 < x < 1$ है, तो

(a) $(1-x)^2 f'(x) + 2(f(x))^2 = 0$
(b) $(1-x)^2 f'(x) - 2(f(x))^2 = 0$
(c) $(1+x)^2 f''(x) + 2(f(x))^2 = 0$
(d) $(1+x)^2 f'(x) - 2(f(x))^2 = 0$

66. श्रेणी $\frac{1}{x+1} + \frac{2}{x^2+1} + \frac{2^2}{x^4+1} + \ldots + \frac{2^{100}}{x^{2^{100}}+1}$ का योग, जब $x = 2$ है, है

(a) $1 + \frac{2^{101}}{4^{101}-1}$ (b) $1 - \frac{2^{100}}{4^{100}-1}$
(c) $1 - \frac{2^{101}}{4^{101}-1}$ (d) $1 + \frac{2^{100}}{4^{101}-1}$

67. $\lim_{n\to\infty} \frac{1}{n}\sum_{r=0}^{2n-1} \frac{n^2}{n^2+4r^2}$ का मान है

(a) $\frac{1}{2}\tan^{-1}(4)$ (b) $\frac{1}{4}\tan^{-1}(4)$ (c) $\tan^{-1}(4)$ (d) $\frac{1}{2}\tan^{-1}(2)$

68. समीकरण $\arg\left(\frac{z-1}{z+1}\right) = \frac{\pi}{4}$ एक वृत्त को निरूपित करता है, जिसका

(a) केन्द्र (0, 0) है तथा त्रिज्या $\sqrt{2}$ है
(b) केन्द्र (0, 1) है तथा त्रिज्या $\sqrt{2}$ है
(c) केन्द्र (0, –1) है तथा त्रिज्या $\sqrt{2}$ है
(d) केन्द्र (0, 1) है तथा त्रिज्या 2 है

69. यदि वृत्त $4x^2 + 4y^2 + 120x + 675 = 0$ की एक जीवा के अनुदिश एक रेखा बिन्दु (–30, 0) से होकर जाती है तथा परवलय $y^2 = 30x$ की स्पर्श रेखा है, तो इस जीवा की लम्बाई है

(a) $3\sqrt{5}$ (b) $5\sqrt{3}$ (c) 7 (d) 5

70. एक समतल P में रेखा $x + 2y + 3z + 1 = 0 = x - y - z - 6$ स्थित है तथा P, समतल $-2x + y + z + 8 = 0$ के लम्बवत् है, तो निम्न में से कौन–सा बिन्दु समतल P पर है?

(a) (1, 0, 1) (b) (0, 1, 1) (c) (–1, 1, 2) (d) (2, –1, 1)

71. $\int_{-1/\sqrt{2}}^{1/\sqrt{2}} \left(\left(\frac{x+1}{x-1}\right)^2 + \left(\frac{x-1}{x+1}\right)^2 - 2\right)^{1/2} dx$ का मान है?

(a) $\log_e 4$ (b) $\log_e 16$ (c) $2\log_e 16$ (d) $4\log_e(3 + 2\sqrt{2})$

72. माना स्वतंत्र घटनाओं A तथा B के लिए $P(A) = p$ तथा $P(B) = 2p$ है, तो P का अधिकतम मान, जिसके लिए $P(A$ तथा B में से ठीक एक घटित होती है$) = 5/9$ है, हैं

(a) 5/12 (b) 1/3 (c) 1/9 (d) 2/9

73. यदि $(1+x)^{20}$ के प्रसार में x^r का गुणांक ${}^{20}C_r$ है, तो $\sum_{r=0}^{20} r^2\cdot{}^{20}C_r$ का मान बराबर है

(a) 420×2^{18} (b) 380×2^{19} (c) 380×2^{18} (d) 420×2^{19}

74. माना दीर्घवृत्त $\frac{x^2}{8} + \frac{y^2}{4} = 1$ पर दूसरे चतुर्थांश में एक बिन्दु P पर इस प्रकार है कि P पर दीर्घवृत्त की स्पर्श रेखा, रेखा $x + 2y = 0$ के लम्बवत् है। माना दीर्घवृत्त की नाभियाँ S तथा S' हैं तथा इसकी उत्केन्द्रता e है। यदि त्रिभुज SPS' का क्षेत्रफल A है, तो $(5 - e^2)\cdot A$ का मान है

(a) 12 (b) 6 (c) 14 (d) 24

75. माना $\theta \in (0, \pi/2)$ है। यदि रैखिक समीकरण निकाय

$(1 + \cos^2\theta)x + \sin^2\theta y + 4\sin 3\theta z = 0$
$\cos^2\theta x + (1 + \sin^2\theta)y + 4\sin 3\theta z = 0$
$\cos^2\theta x + \sin^2\theta y + (1 + 4\sin 3\theta)z = 0$

का अतुच्छ हल है, तो θ का मान है

(a) $\pi/18$ (b) $5\pi/18$ (c) $4\pi/9$ (d) $7\pi/18$

76. 20 प्रेक्षणों के माध्य तथा मानक विचलन क्रमश: 10 तथा 2.5 निकाले गये। यह पाया गया कि गलती से एक आँकड़ा 35 की जगह 25 लिया गया था। यदि सही आँकड़ों का माध्य तथा मानक विचलन क्रमश: α तथा $\sqrt{\beta}$ हैं, तो (α, β) हैं

(a) (10.5, 26) (b) (10.5, 25) (c) (11, 25) (d) (11, 26)

77. एक अनंत गुणोत्तर श्रेणी $a, ar, ar^2, ar^3, \ldots$ का योग 15 है तथा इसके प्रत्येक पद का वर्ग करने पर योग 150 है, तो $ar^2, ar^4, ar^6, \ldots$ का योग है

(a) 25/2 (b) 9/2 (c) 5/2 (d) 1/2

78. यदि $A = \begin{bmatrix} \frac{1}{\sqrt{5}} & \frac{2}{\sqrt{5}} \\ \frac{-2}{\sqrt{5}} & \frac{1}{\sqrt{5}} \end{bmatrix}, B = \begin{pmatrix} 1 & 0 \\ i & 1 \end{pmatrix}, i = \sqrt{-1}$ तथा $Q = A^T BA$ हैं, आव्यूह $AQ^{2021}A^T$ का व्युत्क्रम बराबर है

(a) $\begin{pmatrix} 1 & -2021i \\ 0 & 1 \end{pmatrix}$ (b) $\begin{pmatrix} 1 & 0 \\ 2021i & 1 \end{pmatrix}$

(c) $\begin{bmatrix} \frac{1}{\sqrt{5}} & -2021 \\ 2021 & \frac{1}{\sqrt{5}} \end{bmatrix}$ (d) $\begin{pmatrix} 1 & 0 \\ -2021i & 1 \end{pmatrix}$

79. यदि बूलीय व्यंजक $((p \vee q) \wedge (q \to r) \wedge (\sim r)) \to (p \wedge q)$ का सत्यमान असत्य है, तो कथन p, q, r के सत्यमान क्रमश: हैं

(a) T F T (b) T F F (c) F F T (d) F T F

80. माना अवकल समीकरण $(y + 1)\tan^2 x dx + \tan x dy + y dx = 0$, $x \in \left(0, \frac{\pi}{2}\right)$ का हल $y = y(x)$ है। यदि $\lim_{x \to 0^+} xy(x) = 1$ है, तो $y\left(\frac{\pi}{4}\right)$ का मान है

(a) $\frac{\pi}{4} + 1$ (b) $\frac{\pi}{4} - 1$ (c) $\frac{\pi}{4}$ (d) $-\frac{\pi}{4}$

खण्ड 'B' न्यूमैरिकल वैल्यू प्रश्न

81. 36 मी की एक तार को दो भागों में काटा गया है। एक भाग को मोड़कर एक वर्ग बनाया गया है तथा दूसरे भाग को मोड़कर एक वृत्त बनाया गया है। यदि दोनों आकृतियों के क्षेत्रफल का योग निम्नतम है तथा वृत्त की परिधि k है, तो $\left(\frac{4}{\pi} + 1\right)k$ बराबर है

82. माना $a, b \in R, b \neq 0$ हैं। एक फलन

$$f(x) = \begin{cases} a \sin \frac{\pi}{2}(x-1), & \text{के लिए } x \leq 0 \\ \frac{\tan 2x - \sin 2x}{bx^3}, & \text{के लिए } x > 0 \end{cases}$$

द्वारा परिभाषित है। यदि $x = 0$ पर f सतत् है, तो $10 - ab$ बराबर है

83. क्षेत्र $S = \{(x, y) : 3x^2 \leq 4y \leq 6x + 24\}$ का क्षेत्रफल है।

84. $k(k \neq 0)$ के सभी पूर्णांक मानों, जिनके लिए x में समीकरण $\frac{2}{x-1} - \frac{1}{x-2} = \frac{2}{k}$ का कोई वास्तविक मूल नहीं है, का योग है

85. माना रेखा $\frac{x-1}{2} = \frac{y-3}{1} = \frac{z-4}{2}$ का समतल $x - 2y - z = 3$ में प्रक्षेप रेखा L है। यदि बिन्दु (0, 0, 6) की L से दूरी d है, तो d^2 बराबर है

86. अंकों 0, 1, 3, 4, 6, 7 से बनने वाली तीन अंकों की सम संख्याओं, जबकि अंकों की पुनरावृत्ति की अनुमति नहीं है, की संख्या है

87. यदि $y = y(x)$, x का एक अस्पष्ट फलन इस प्रकार है कि $\log_e(x + y) = 4xy$ है, तो $x = 0$ पर $\frac{d^2y}{dx^2}$ बराबर है

88. माना $z = \frac{1 - i\sqrt{3}}{2}, i = \sqrt{-1}$ हैं, तो

$$21 + \left(z + \frac{1}{z}\right)^3 + \left(z^2 + \frac{1}{z^2}\right)^3 + \left(z^3 + \frac{1}{z^3}\right)^3 + \ldots + \left(z^{21} + \frac{1}{z^{21}}\right)^3$$

का मान बराबर है

89. यदि ${}^1P_1 + 2 \cdot {}^2P_2 + 3 \cdot {}^3P_3 + \ldots + 15 \cdot {}^{15}P_{15} = {}^qP_r - s, 0 \leq s \leq 1$ है, तो ${}^{q+s}C_{r-s}$ बराबर है

90. एक बिन्दु जो इस प्रकार चलता है कि इसकी बिंदुओं (0, 0), (1, 0), (0, 1), (1, 1) से दूरियों के वर्गों का योग 18 इकाई है, का बिंदुपथ d व्यास का एक वृत्त है, तो d^2 बराबर है

सही उत्तर

भौतिकी

1. (a) 2. (c) 3. (b) 4. (d) 5. (c) 6. (d) 7. (d) 8. (d) 9. (c) 10. (c)
11. (d) 12. (b) 13. (b) 14. (b) 15. (a) 16. (a) 17. (b) 18. (c) 19. (d) 20. (d)
21. (2050) 22. (2) 23. (2) 24. (354) 25. (1) 26. (50) 27. (300) 28. (40) 29. (52) 30. (1)

रसायन विज्ञान

31. (c) 32. (c) 33. (c) 34. (a) 35. (d) 36. (b) 37. (a) 38. (a) 39. (b) 40. (d)
41. (b) 42. (d) 43. (b) 44. (b) 45. (c) 46. (b) 47. (d) 48. (a) 49. (d) 50. (a)
51. (8) 52. (3) 53. (2) 54. (4) 55. (718) 56. (3) 57. (2.5) 58. (1) 59. (3) 60. (4)

गणित

61. (d) 62. (c) 63. (c) 64. (d) 65. (a) 66. (c) 67. (a) 68. (b) 69. (a) 70. (b)
71. (b) 72. (a) 73. (a) 74. (b) 75. (d) 76. (a) 77. (d) 78. (d) 79. (b) 80. (c)
81. (36) 82. (14) 83. (27) 84. (66) 85. (26) 86. (52) 87. (40) 88. (13) 89. (136) 90. (16)

संकेत एवं हल

भौतिकी

1. *(a)* यहाँ $X = \overline{A}$ और $B = \overline{Y}$

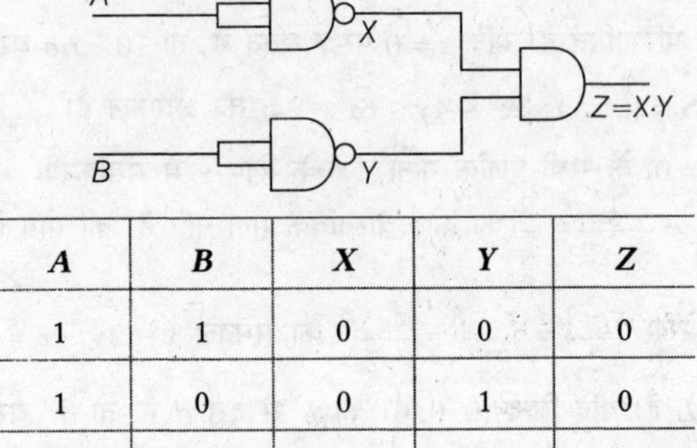

A	B	X	Y	Z
1	1	0	0	0
1	0	0	1	0
0	1	1	0	0
0	0	1	1	1

अत: यह NOR गेट है।

2. *(c)* दिया है, $\frac{Q}{t} = 6000$ J/min

$$t = \frac{6000}{60}\text{ J/s} = 100\text{ J/s} \Rightarrow U = 2.5 \times 10^3 \text{ जूल}$$

$$P = \frac{W}{t} = 90 \text{ वाट}$$

हम जानते हैं, $Q = \Delta U + W$

आन्तरिक ऊर्जा, $\Delta U = Q - W$

$$\frac{\Delta U}{\Delta t} = \frac{Q}{t} - \frac{W}{t} \Rightarrow \frac{2.5 \times 10^3}{\Delta t} = 100 - 90$$

$$2500 = 100(\Delta t) - 90(\Delta t)$$

वृद्धि होने में लगा समय, $\Delta t = 250\text{ s} = 2.5 \times 10^2\text{s}$

3. *(b)* हम जानते हैं कि बिन्दु A तथा बिन्दु B पर पानी का स्तर समान है।

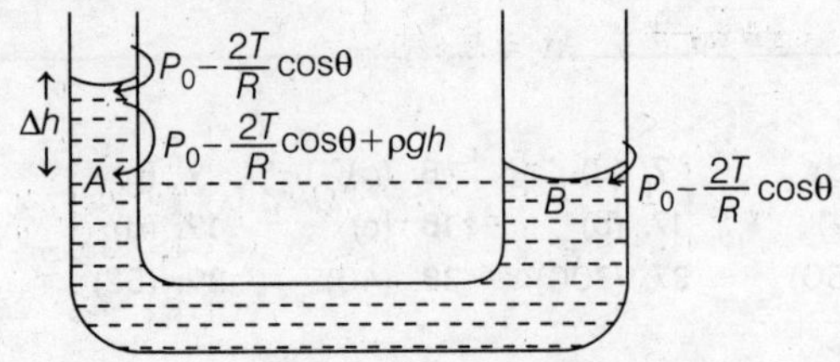

$$p_0 - \frac{2T}{R_1} + h_1\rho g = p_0 - \frac{2T}{R_2} + h_2\rho g$$

$$(h_1 - h_2)\rho g = 2T\left[\frac{1}{\frac{5}{2} \times 10^{-3}} - \frac{1}{\frac{8}{2} \times 10^{-3}}\right]$$

नलिका के दोनों भुजाओं में पानी के तल का अन्तर,

$$h_1 - h_2 = \frac{2 \times 7.3 \times 10^{-2}}{1000 \times 10 \times 10^{-3}} \times \frac{3}{20} = 2.19 \text{ mm}$$

4. *(d)* स्क्रूगेज का अल्पतमांक = 0.5 / 50 = 0.01 mm

स्क्रूगेज की शून्य त्रुटि = 5 × अल्पतमांक

$$= 5 \times 0.01 \times 0.05 = 0.05 \text{ mm}$$

स्क्रूगेज का पाठ्यांक = मुख्य स्केल पाठ्यांक + वृत्तीय पैमाने का पाठ्यांक × अल्पतमांक −शून्य त्रुटि

$$= 5 + 20 \times 0.01 - 0.05 = 5.15 \text{ mm}$$

5. *(c)* दिया है, $u = -1.9\text{ m} \Rightarrow f = 10\text{ cm}$

आवर्धन, $m = \frac{f}{f - u} = \frac{10}{10 - (-190)} \Rightarrow m = \frac{10}{200} = \frac{1}{20}$

$$v_1 = -m^2 v_0 = -\left(\frac{1}{20}\right)^2 \times 40$$

दर्पण में कार B के प्रतिबिम्ब का वेग, $v_1 = -0.1$ m/s

6. *(d)* माना गोलीय सतह अचालक है, तब धात्विक गोले के अन्दर विद्युत क्षेत्र का मान शून्य होगा।

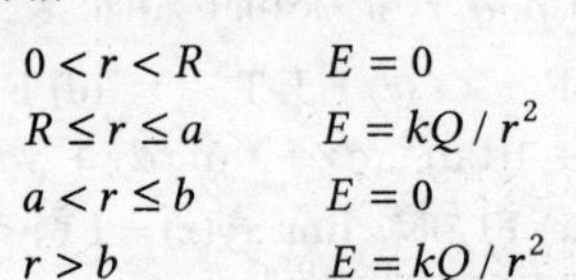

$0 < r < R \quad E = 0$
$R \le r \le a \quad E = kQ / r^2$
$a < r \le b \quad E = 0$
$r > b \quad E = kQ / r^2$

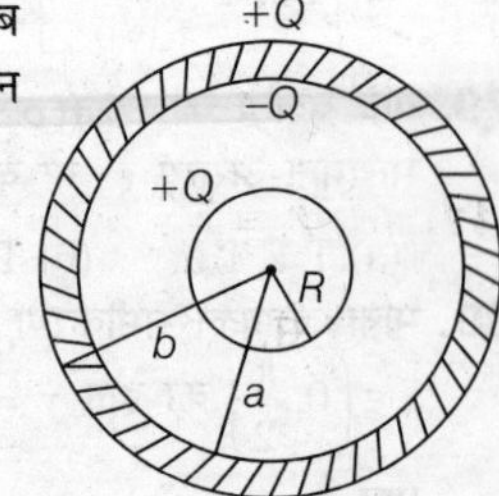

7. *(d)*

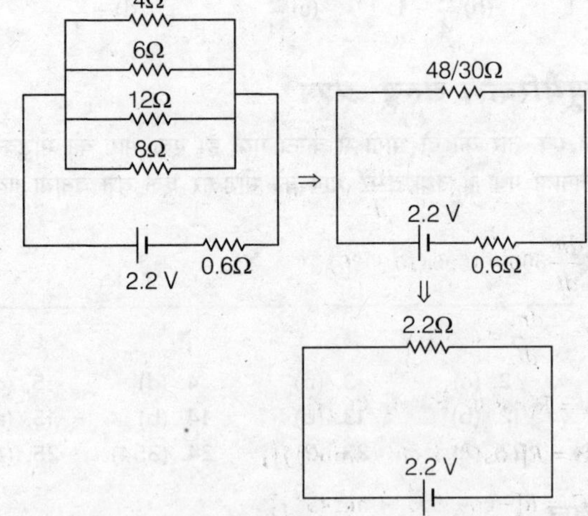

परिपथ में शक्ति क्षय, $R = \frac{V^2}{R}, P = \frac{(2.2)^2}{2.2} = 2.2$ W

8. *(d)*

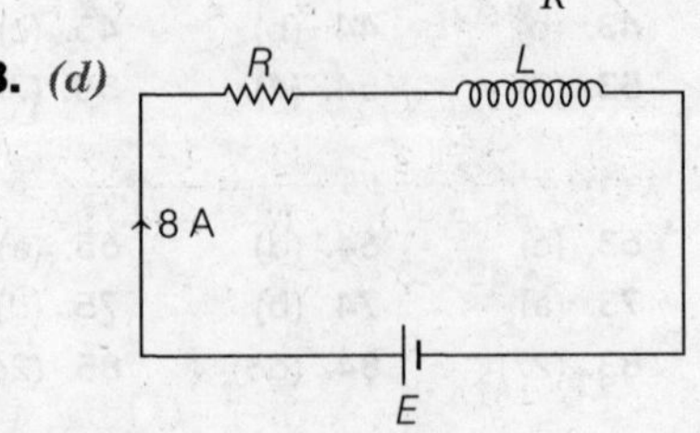

ऊर्जा, $U = \frac{1}{2}LI^2 \Rightarrow 64 = \frac{1}{2}L\,(8)^2 \Rightarrow L = 2\,\text{H}$

शक्ति, $P = I^2R \Rightarrow 640 = (8)^2R \Rightarrow R = 10\,\Omega$

समय नियतांक, $\tau = \frac{L}{R} = \frac{2}{10} = 0.2$

9. *(c)* दिया है, $\rho = 200\,\Omega\text{m} \Rightarrow K = 50$

धारिता, $C = \frac{\varepsilon_0 KA}{d} = 2 \times 10^{-12}\text{F}$

प्रतिरोध, $R = \rho d / A$

क्षरण धारा, $I = \frac{V}{R} = \frac{AV}{\rho d} = \frac{V}{\rho} \cdot \frac{C}{\varepsilon_0 K}$

$$= \frac{40}{200} \times \frac{2 \times 10^{-12}}{8.85 \times 10^{-12} \times 50} = 0.9\text{ mA}$$

10. *(c)* आइन्स्टीन की समीकरण द्वारा,

$$\text{KE}_{max} = \frac{hc}{\lambda} - \phi \Rightarrow eV_0 = \frac{hc}{\lambda} - \phi$$

$$\Rightarrow \quad eV_1 = \frac{hc}{280\text{ nm}} - \phi \Rightarrow eV_2 = \frac{hc}{400\text{nm}} - \phi$$

$$\Rightarrow \quad e(V_1 - V_2) = 1240\left(\frac{120}{280 \times 400}\right) = 1.3\text{ eV}$$

11. *(d)* $F_T = \frac{dm}{dt} \cdot V_r$

चित्र से,

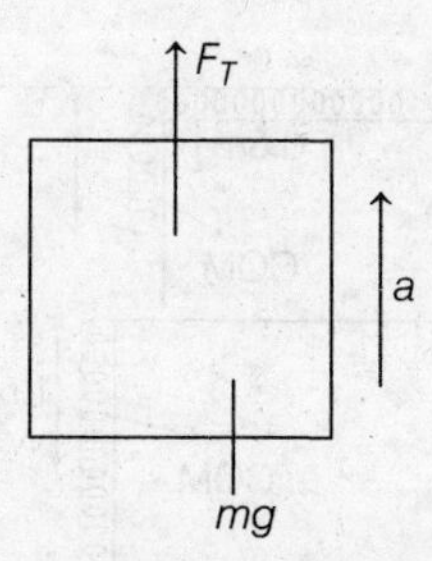

$$= ma \Rightarrow \frac{dm}{dt}v_r = mg + ma$$

$$\frac{dm}{dt}500 = 1000\,(10 + 20)$$

$$\Rightarrow \quad \frac{dm}{dt} = 60\text{ kg/s}$$

12. *(b)* $\text{OA} = R[\cos 30°\,\hat{i} + \sin 30°)\hat{j}]$

$\text{OB} = R[\cos 60°\,\hat{i} + ((-\sin 60°)\hat{j}]$

$\text{OC} = R[-\cos 45°\,\hat{i} + \sin 45°\,\hat{j}]$

$$\text{OA} + \text{OB} = \text{OC} = R\left[\frac{1}{2} + \frac{\sqrt{3}}{2} + \frac{1}{\sqrt{2}}\right]\hat{i} + R\left[\frac{1}{2} - \frac{\sqrt{3}}{2} - \frac{1}{\sqrt{2}}\right]\hat{j}$$

X-अक्ष के साथ बना कोण, $\tan\alpha = \dfrac{\frac{1}{2} - \frac{\sqrt{3}}{2} - \frac{1}{\sqrt{2}}}{\frac{1}{2} + \frac{\sqrt{3}}{2} + \frac{1}{\sqrt{2}}} = \dfrac{1 - \sqrt{3} - \sqrt{2}}{1 + \sqrt{3} + \sqrt{2}}$

$$\alpha = \tan^{-1}\left[\frac{1 - \sqrt{3} - \sqrt{2}}{1 + \sqrt{3} + \sqrt{2}}\right]$$

13. *(b)* कुण्डली की अक्ष पर चुम्बकीय क्षेत्र, $B_{\text{axis}} = \frac{\mu_0 iR^2}{2(R^2 + x^2)^{3/2}}$

कुण्डली के केन्द्र पर चुम्बकीय क्षेत्र, $B_{\text{centre}} = \mu_0 i / 2R$

$$\therefore \quad B_{\text{axis}} = \frac{\mu_0 ia^2}{2(a^2 + r^2)^{3/2}}$$

चुम्बकीय क्षेत्र में भिन्नात्मक परिवर्तन

$$= \frac{\frac{\mu_0 i}{2a} - \frac{\mu_0 ia^2}{2(a^2 + r^2)^{3/2}}}{\frac{\mu_0 i}{2a}} = 1 - \frac{1}{\left[1 + \left(\frac{r^2}{a^2}\right)\right]^{3/2}}$$

$$\approx 1 - \left[1 - \frac{3}{2}\frac{r^2}{a^2}\right] = \frac{3}{2}\frac{r^2}{a^2}$$

14. *(b)* समान्तर क्रम में, $\frac{R_1R_2}{R_1 + R_2} = 3\,\Omega$

$\because R = \rho\frac{l}{A} \therefore \frac{\rho_1\rho_2}{\rho_1 + \rho_2} \times \frac{l}{A} = 3\,\Omega$

लम्बाई, $\ell = 3 \times A \times \frac{(\rho_1 + \rho_2)}{\rho_1\,\rho_2} = \frac{3 \times \pi(10^{-3})^2 \times 63 \times 10^{-8}}{12 \times 51 \times 10^{-16}}$;

$\ell = 97\text{ m}$

15. *(a)* दिया है, $\omega = 2\pi f = 2\pi \times 50 = 100\pi$

अनुनाद की अवस्था में, $X_C = X_L$

$$1/\omega C = \omega L \Rightarrow 1/\omega C = 250\pi$$

औसत शक्ति को अधिकतम करने के लिए धारिता का मान,

$$C = \frac{1}{100\pi \times 250\pi} = 4\,\mu\text{F}$$

16. *(a)* गैसों की वर्ग-माध्य-मूल-चाल

$$v_{\text{rms}} = \sqrt{\frac{3RT}{M}} \propto \frac{1}{\sqrt{M}}$$

$\because \quad M_{\text{H}_2} < M_{\text{O}_2} < M_{\text{CO}_2}$

$\therefore \quad V_{\text{H}_2} > V_{\text{O}_2} > V_{\text{CO}_2}$

17. *(b)* हम जानते हैं, $h\nu = E_0 z^2\left[\frac{1}{n_1^2} - \frac{1}{n_2^2}\right]$

$$\therefore \quad \nu \propto \left[\frac{1}{n_1^2} - \frac{1}{n_2^2}\right] \Rightarrow \frac{2.19 \times 10^{15}}{\nu} = \frac{\left[\frac{1}{1} - \frac{1}{9}\right]}{\left[\frac{1}{1} - \frac{1}{4}\right]}$$

उत्सर्जित विकिरण की आवृत्ति, $\nu = 2.19 \times 10^{15} \times \frac{3}{4} \times \frac{9}{8}$

$$\nu = 2.46 \times 10^{15}\text{ Hz}$$

18. *(c)* एकसमान गोलीय कोश में गुरुत्वीय विभव प्रत्येक स्थान पर एकसमान रहता है। चित्र (a)

एकसमान गोलीय कोश में गुरुत्वीय क्षेत्र शून्य होता है। अत: प्रत्येक स्थान पर गुरुत्वीय क्षेत्र एकसमान रहता है। चित्र (b)

$$V = -\frac{GM}{R} = \text{नियत}$$

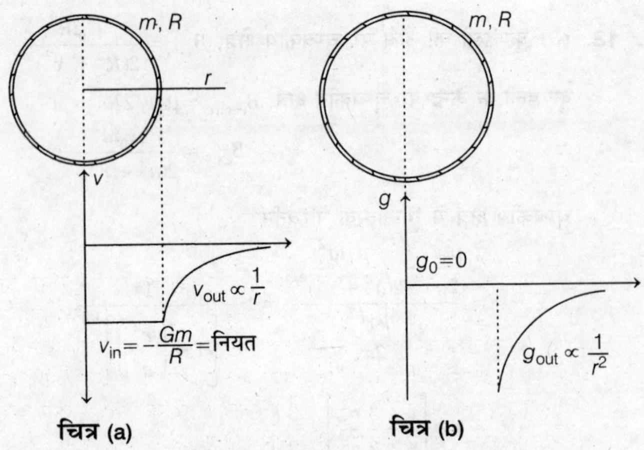

चित्र (a) चित्र (b)

19. *(d)* विमाएँ, $E = [M L^2 T^{-2}]$ $m = [M]$

$$L = [M L^2 T^{-1}] \Rightarrow P = [EL^2M^{-5}G^{-2}]$$
$$= [ML^2T^{-2}] \ [ML^2T^{-1}]^2 \ [M^{-5}] \ [M^{-1}L^3T^{-2}]^{-2}$$
$$P = [M^0 \ L^0 \ T^0]$$

20. *(d)* सिलिकॉन अर्द्धचालक को पंचसंयोजक पदार्थ से अपमिश्रण करने पर इलेक्ट्रॉन की संख्या बढ़ जाती है। जिसके कारण इलेक्ट्रॉन घनत्व बढ़ जाता है। लेकिन सम्पूर्ण अर्द्धचालक उदासीन रहती है।

21. *(2050)* आभासी आवृत्ति, $f' = f\left(\frac{v - v_0}{v + v_s}\right) \Rightarrow 1800 = f\left[\frac{340 - 20}{340 + 20}\right]$

स्रोत की आवृत्ति, $f = \frac{1800 \times 360}{320} \Rightarrow f = 2050$ Hz

22. *(2)* छोटे साबुन के बुलबुले में आधिक्य दाब, $\Delta p = \frac{4s}{r_1} + \frac{4s}{r_2}$ ...(i)

साबुन के बुलबुले में परिणामी अधिक दाब, $\Delta p = \frac{4s}{R_{eq}}$ ...(ii)

समी (i) व (ii) से,

$$\frac{4s}{R_{eq}} = \frac{4s}{r_1} + \frac{4s}{r_2} \Rightarrow \frac{1}{R_{eq}} = \frac{1}{r_1} + \frac{1}{r_2} = \frac{1}{6} + \frac{1}{3}$$
$$R_{eq} = 2 \text{ cm}$$

23. *(2)* $C_m = A_c\left[1 + \frac{A_m}{A_c}\sin 2\pi f_m t\right]$

दिए गए समीकरण से तुलना करने पर, $2\pi f_m = 12560$

$$f_m \approx 2000 \text{ Hz} \approx 2 \text{ kHz}$$

24. *(354)* $E_0 = 200$

तीव्रता, $I = \frac{1}{2}\varepsilon_0 E_0^2 c$

विकिरण दाब, $p = \frac{2I}{c} = \left(\frac{2}{c}\right)\left(\frac{1}{2}\varepsilon_0 E_0^2 c\right) = \varepsilon_0 E_0^2 = 8.85 \times 10^{-12} \times 200^2$

$$= 8.85 \times 10^{-8} \times 4 = \frac{354}{10^9}$$

25. *(1)* $\uparrow \mathbf{M}_1$ $\rightarrow \mathbf{M}_2$ $\downarrow \mathbf{B}_1$

बल आघूर्ण, $\tau = \mathbf{M}_2 \times \mathbf{B}_1$

$$\tau = M_2 B_1 \sin 90° = 1 \times \frac{\mu_0}{4\pi}\frac{M}{(1)^3} 1 = 10^{-7} \text{ Nm}$$

26. *(50)* जब दोनों गेंदें एक-दूसरे से टकराती हैं, तब

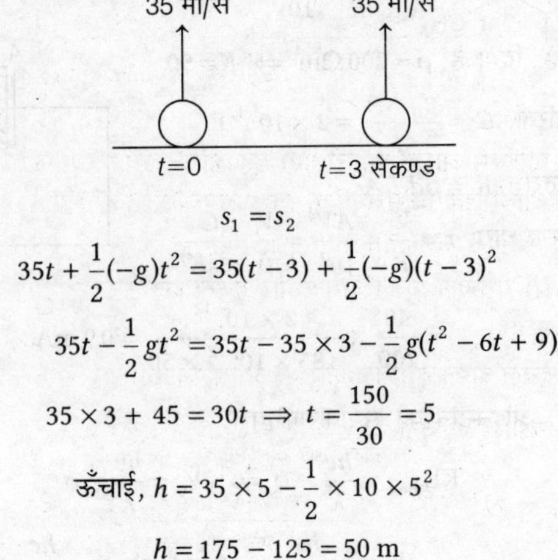

$$s_1 = s_2$$
$$35t + \frac{1}{2}(-g)t^2 = 35(t-3) + \frac{1}{2}(-g)(t-3)^2$$
$$35t - \frac{1}{2}gt^2 = 35t - 35 \times 3 - \frac{1}{2}g(t^2 - 6t + 9)$$
$$35 \times 3 + 45 = 30t \Rightarrow t = \frac{150}{30} = 5$$

ऊँचाई, $h = 35 \times 5 - \frac{1}{2} \times 10 \times 5^2$

$$h = 175 - 125 = 50 \text{ m}$$

27. *(300)* लाल रंग की तरंगदैर्ध्य, $y_1 = \lambda_r D / d$

बैंगनी रंग की तरंगदैर्ध्य, $y_2 = \lambda_v D / d$

तरंगदैर्ध्यों का अन्तर $\lambda_r - \lambda_v = (y_1 - y_2)\frac{d}{D}$

$$= (3.5 - 2) \text{ mm} \times \frac{0.3 \text{ mm}}{1.5 \text{ m}} = 300 \text{ mm}$$

28. *(40)*

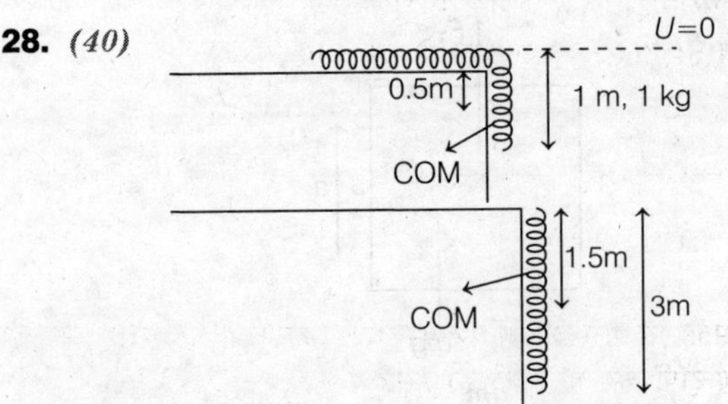

ऊर्जा के संरक्षण के नियम द्वारा, $U_i + K_i = U_f + K_f$

$$-1 \times 10 \times \left(\frac{1}{2}\right) + 0 = -3 \times 10 \times 1.5 + \text{KE}$$
$$\text{KE} = 45 - 5 \Rightarrow \text{KE} = 40 \text{ J}$$

29. *(52)* जड़त्व आघूर्ण, $I_A = \left[\frac{Mr^2}{2} + M\left(7r - \frac{r}{2}\right)^2\right]$

$$+ \left[\frac{M(6r)^2}{12} + \left(M\left(3r - \frac{r}{2}\right)^2\right)\right]$$
$$= \left\{\frac{Mr^2}{2} + M\frac{(169)r^2}{4}\right\} + \left\{M\,3r^2 + \frac{M25r^2}{4}\right\}$$
$$= \frac{171Mr^2}{4} + \frac{37Mr^2}{4} = \frac{208}{4}Mr^2 = 52Mr^2$$

30. *(1)* निस्पन्द पर, $y = 0$

$\therefore$ $1\cos(1.57x)\sin(178.5)t = 0$ या $\cos(1.57x) = 0$

या $1.57x = \pi/2 \Rightarrow x = 1$ cm

रसायन विज्ञान

31. *(c)* यह हैलोफॉर्म अभिक्रिया है।

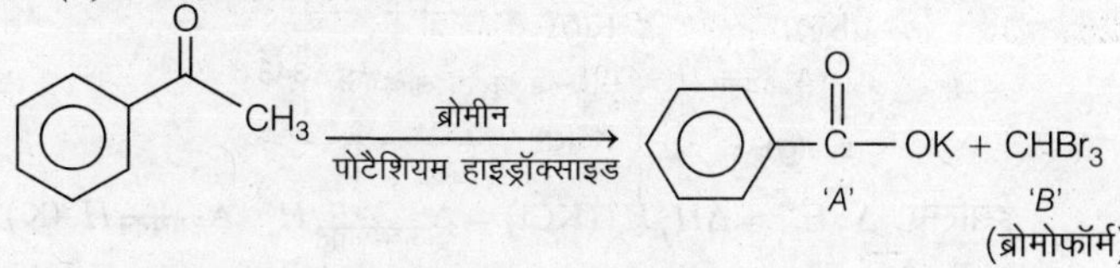

32. *(c)* एलिंघम आरेख का उपयोग यह जाँचने हेतु किया जाता है, कि कौन-सा धातु ऑक्साइड किस यौगिक द्वारा अपचयित किया जाता है।
अत: कथन-I सत्य है।

33. *(c)* (I) मेथेनॉल प्रबल अम्ल और दुर्बल क्षार के अनुमापन के लिए उपयुक्त सूचक है।

(II) दुर्बल अम्ल व प्रबल क्षार के अनुमापन के लिए HPh उपयुक्त सूचक है।

34. *(a)* बुझा हुआ चूना $\xrightarrow[\text{कार्बन डाइ ऑक्साइड}]{\text{प्रवाहित}}$ $CaCO_3\downarrow$

$$\xrightarrow[CO_2 \text{ को प्रवाहित करने पर}]{\text{लम्बे समय तक}} Ca(HCO_3)_2$$

35. *(d)* सभी घुलनशील खनिज लवणों से मुक्त शुद्ध अखनिज जल एक धनायन विनिमय और एक आयन विनिमय रेजिन के माध्यम से पानी को क्रमिक रूप से प्रवाहित करके प्राप्त किया जाता है।

$$2RH(s) + M^{2+}(aq) \rightleftharpoons MR_2(s) + 2H^+(aq)$$

36. *(b)* कॉपर क्लोराइड $CuCl_2$ पानी में घुल जाता है और रंगीन विलियन देता है। सिल्वर क्लोराइड AgCl पानी में घुलनशील नहीं है। Cu_2Cl_2 पानी में अघुलनशील है। $ZnCl_2$ घुलनशील है मगर रंगहीन है।

37. *(a)* $CH_3—C(CH_3)_2—H \xrightarrow[h\nu]{Br_2} CH_3—\overset{\bullet}{C}(CH_3)_2 \xrightarrow{Br^\bullet} CH_3—C(CH_3)_2—Br$

3°स्थायी मुख्य उत्पाद

38. *(a)* ठोस सतह पर गैस का अधिशोषण एक ऊष्माक्षेपी प्रक्रिया है और इस प्रक्रिया में एन्ट्रॉपी कम हो जाती है। इसलिए, $\Delta H < 0,\ \Delta S < 0$

39. *(b)* फ्रेन्केल दोष, F-केन्द्रों की उपस्थिति के कारण, आयनिक ठोसों में रंग उत्पन्न करता है।

40. *(d)*

आयन	K^+	Cl^-	CH_3COO^-	H^+
$\lambda°/(S\ cm^2\ mol^{-1})$	73.5	76.3	40.9	349.6

$$\lambda°_M(CH_3COOH) = \lambda°_M(H^+) + \lambda°_M(CH_3COO^-)$$
$$= 349.6 + 40.9$$
$$= 390.5\ S\ cm^2\ mol^{-1}$$
$$\lambda°_M\ (KCl) = \lambda°_M(K^+) + \lambda°_M(Cl^-)$$
$$= 73.5 + 76.3$$
$$= 149.8\ S\ cm^2\ mol^{-1}$$

इसलिए कथन-I असत्य है—

किसी विद्युत अपघट्य के तनुकरण पर सान्द्रता बढ़ती या घटती है। वियोजन की मात्रा बढ़ने के कारण आयनों की संख्या बढ़ जाती है इसलिए मोलर चालकता बढ़ती जाती है।

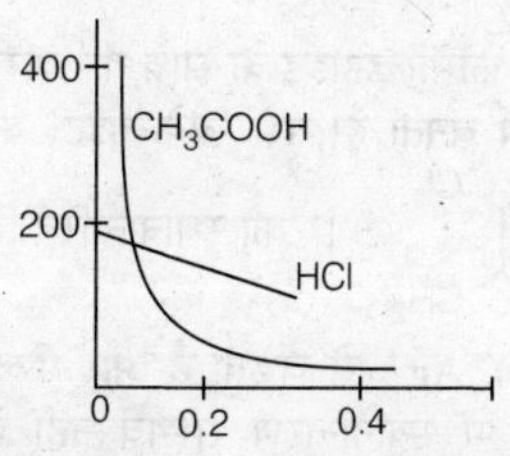

अत: कथन-II भी असत्य है।

41. *(b)* सामान्यत: अन्तर हैलोजन यौगिक, हैलोजन की तुलना में अधिक अभिक्रियाशील होते हैं क्योंकि अन्तर हैलोजन में $X - X'$ बन्ध दुर्बल होता है। $X—X$ बन्ध की तुलना में केवल F—F बन्ध को छोड़कर। ये सभी छोटे हैलोजन से प्राप्त हैलाइड जल-अपघटन से प्राप्त होते हैं हाइपो प्राप्त होता है जबकि (XX') हैलाइट (जबकि XX_3) हैलेट (जबकि XX_5') और परहैलेट (XX_7') आयन मिलते हैं। ज्यादा मात्रा में हैलोजन होता है।

42. *(d)* हाइड्रॉक्सीऐपेटाइट $[3Ca_3(PO_4)_2 \cdot Ca(OH)_2]$ हाइड्रॉक्सी ऐपेटाइट फ्लोराइड आयन्स की उपस्थिति में फ्लोराऐपेटाइट $[3Ca_3(PO_4)_2 \cdot CaF_2]$ में परिवर्तित हो जाता है।

43. *(b)* परमाणु के बोर के मॉडल के अनुसार इलेक्ट्रॉन के वेग का परिमाण गुणात्मक रूप से नाभिक पर धनावेश के बढ़ने के साथ इलेक्ट्रॉनों का वेग बढ़ता है तथा कथन-I असत्य है। मुख्य क्वाण्टम संख्या बढ़ने के साथ यह घटता है। अत: कथन-II सत्य है।

44. *(b)* सल्फर की उपस्थिति सोडियम थायोनाइट्रोप्रुसाइड के निर्माण द्वारा निश्चित होती है। प्राप्त यौगिक बैंगनी रंग का होता है।

$$S^{2-} + \underset{\text{सोडियम नाइट्रोप्रुसाइड}}{Na_2[Fe(CN)_5(NO)^+]} \longrightarrow \underset{\substack{\text{सोडियम थायो नाइट्रोप्रुसाइड} \\ \text{(बैंगनी संकुल)}}}{Na_4[Fe(CN)_5(NOS)]}$$

45. *(c)*

बेन्ज़ीन $\xrightarrow[\text{सल्फ्यूरिक अम्ल}]{\text{नाइट्रिक अम्ल}}$ (NO_2) $\xrightarrow[\substack{\text{ऐलुमिनियम} \\ \text{ब्रोमाइड}}]{Br_2}$ (NO_2, Br)

$\xrightarrow{\text{मैग्नीशियम ईथर}}$ (NO_2, MgBr) $\xrightarrow[\text{प्रोटॉनीकृत जल}]{\text{कार्बन डाइऑक्साइड}}$ (NO_2, COOH)

46. *(b)*

$\xrightarrow{\text{H Br}}$ $\ominus$ $\oplus$ $\longleftrightarrow$ $\oplus$

$\downarrow Br^-$

Br (मुख्य उत्पाद) अधिक स्थायी ऐल्कीन

अभिक्रिया में 25°C तापमान पर ऊष्मागतिकीय रूप से नियन्त्रित उत्पाद अधिक बनता है।

47. *(d)*

OH $\xrightarrow[CS_2]{Br_2}$ (OH, Br) (मुख्य उत्पाद) *(B)* + (OH, Br) OH $\xrightarrow[H_2O]{Br_2}$ (OH, Br, Br, Br) (2,4,6-ट्राइब्रोमोफीनॉल) *(A)*

48. *(a)* नोवोलेक को फॉर्मेल्डिहाइड के साथ गर्म करने पर क्रॉसलिंक से जो ठोस अघुलनशील पदार्थ बनता है। उसे 'बैकेलाइट' कहते हैं।

49. *(d)* केवल (2-क्लोरोबेन्ज़िल आयोडाइड, $C_6H_4(Cl)CH_2I$), I^- को स्थानान्तरित किया जा सकता है। OH^- से आयोडाइड (I^-), Ag^+ से जुड़ता है और पीला उत्पाद (AgI^-) बनता है। जबकि, I, II, III में स्थानान्तरण सम्भव नहीं है। क्योंकि इसमें थोड़ा सा द्विआबन्ध का गुण है।

50. *(a)*

Indole-CH_2-CH(NH_2)-COOH $\xrightarrow{SOCl_2}$ Indole-CH_2-CH(NH_2)-COCl $\xrightarrow{CH_3OH}$ Indole-CH_2-CH(NH_2)-$COOCH_3$ + HCl $\xrightarrow{SOCl_2}$ Indole-CH_2-CH(NH_2HCl)-CO_2CH_3

51. *(8)* $Gd = [Xe]\,4f^7\,5d^1 6s^2$

$Gd^{2+} = [Xe]\,4f^8$ कक्षक संकुचन के कारण।

52. *(3)* मोललता $(m) = \left\{\dfrac{M \times 1000}{1000 \times d - M \times M_{solute}}\right\}$

$$3.3 = \frac{M \times 1000}{1000 \times 1.20 - M \times 74.5}$$

$$3960 - 245.85\,M = 1000\,M \Rightarrow 1245.85\,M = 3960$$

$$\Rightarrow \quad M = \frac{3960}{1245.85} = 3.17 \approx 3\text{ M}$$

53. *(2)* अन्तरा हैलोजन अणु AB_3 में केन्द्रीय परमाणु A हैलोजन है। इसके बाह्यतम कोश में 7 इलेक्ट्रॉन हैं।

अतः इसकी संरचना निम्न होगी

B, A—B, B T-आकृति

अतः केन्द्रीय परमाणु में 2 इलेक्ट्रॉन युग्म हैं।

54. *(4)* $\Delta T_f = iK_m$

जैसे m सभी विलयनों में समान है, अतः ΔT_f वाण्ट हॉफ कारक (i) पर निर्भर करता है। (i) अधिकतम होने पर हिमांक बिन्दु कम होगा।

यौगिक	i
C_2H_5OH	1
$Ba_3(PO_4)_2$	5
Na_2SO_4	3
KCl	2
Li_3PO_4	4

इसलिए दिए गए हल में हिमांक बिन्दु एथेनॉल से कम है।

55. *(718)*

$K(s) + \frac{1}{2}Cl_2(g) \longrightarrow KCl(s);\ \Delta_f H° = -436.7\text{ kJ mol}^{-1}$

$K(s) \xrightarrow{\Delta_{\text{ऊर्ध्वपातन}} H° = 89.2} K(g) \xrightarrow{\Delta_{\text{आयनन}} H° = 419} K^+(g)$

$\frac{1}{2}Cl_2(g) \xrightarrow{\Delta_{\text{बन्ध}} H° = 243/2} K(g) \xrightarrow{\Delta\text{ इलेक्ट्रॉन लब्धि } H° = 348.6} K^-(g)$

$\Delta_{\text{जालक}} H°$

इसलिए, $\Delta_f H^\ominus = \Delta H_f H^\ominus(KCl) = \Delta_{\text{ऊर्ध्वपातन}} H^\oplus\ \Delta_{\text{आयनन}} H^\ominus(K)$

$+ \dfrac{1}{2}\Delta_{\text{बन्ध}} H^\ominus(Cl_2(g)) + \Delta_{\text{इलेक्ट्रॉन लब्धि}} H^\ominus + \Delta_{\text{जालक}} H^\ominus$

$$-436.7 = 89.2 + 419 + \frac{1}{2}(243) + (-348.6) + \Delta_{\text{जालक}} H^\ominus$$

$$\Delta_{\text{जालक}} H^\ominus = -717.8\text{ kJ mol}^{-1} \approx -718\text{ kJ mol}^{-1}$$

56. *(3)*

$M(s) \longrightarrow M^{n+}(aq) : \Delta H_{\text{अभिक्रिया}}$

$M(s) \xrightarrow{\Delta H_{\text{ऊर्ध्वपातन}}} M(g) \xrightarrow{\Delta H_{IE}} M^{n+}(g) + ne^- \xrightarrow{\Delta H_{\text{जलयोजन}}} M^{n+}(aq)$

अतः अपचयन विभव ऊर्ध्वपातन, आयनन तथा जलयोजन एन्थैल्पी पर निर्भर करता है।

57. *(2.5)* मोहर लवण $= FeSO_4 \cdot NH_4)_2SO_4 \cdot 6H_2O$

पोटाश ऐलम $= K_2SO_4 \cdot Al_2(SO_4)_3 \cdot 24H_2O$

अतः पानी के अणु का अनुपात $= (6/24) = 1/4 = 0.25 = 2.5 \times 10^{-1}$

58. *(1)* दर $= k[NO]^x[H_2]^y$

(A) से $7 \times 10^{-9} = k\,(8 \times 10^{-5})^x\,(8 \times 10^{-5})^y$ ...(i)

(B) से $2.1 \times 10^{-8} = k(24 \times 10^{-5})^2\,(8 \times 10^{-5})^y$ ...(ii)

समी (i)/(ii)

$$\Rightarrow \frac{7 \times 10^{-9}}{2.1 \times 10^{-8}} = \frac{k(8 \times 10^{-5})^x\,(8 \times 10^{-5})^y)}{k(24 \times 10^{-5})^x\,(8 \times 10^{-5})^y} \Rightarrow \left(\frac{1}{3}\right) = \left(\frac{1}{3}\right)^n \quad x = 1$$

NO के सन्दर्भ में अभिक्रिया की कोटि $x = 1$

59. *(3)* $[NH_4Cl] = [NH_4^+] = 0.0504$ M, $V = 5.0$ mL

$[NH_3] = 0.0210$ M, $V = 2.0$ mL $\Rightarrow K_b = \dfrac{[NH_4^+][OH^-]}{[NH_3]}$

$$[OH^-] = \frac{K_b \times [NH_3]}{[NH_4^+]} = \frac{1.8 \times 10^{-5} \times 0.0210 \times 2}{0.0504 \times 5} = 3 \times 10^6\text{ M}$$

60. *(4)*

$NH_2-CH_2-C(=O)-NH-CH(CH_2-CH_2-C(=O)-OH)-C(=O)-NH-CH(CH_2-C(=O)-OH)-C(=O)-NH-CH_2-C_6H_4-OH$

$\downarrow$ pH=12.5

$NH_2-CH_2-C(=O)-NH-CH(CH_2-CH_2-C(=O)-O^-)-C(=O)-NH-CH(CH_2-C(=O)-O^-)-C(=O)-NH-CH(COO^-)-CH_2-C_6H_4-O^-$

(Gly-Glu-Asp-Tyr)

गणित

61. *(d)* दिया है,

$$\frac{\cos x}{1+\sin x} = |\tan 2x|$$

$$= \frac{\cos^2\frac{x}{2} - \sin^2\frac{x}{2}}{\left(\cos\frac{x}{2} + \sin\frac{x}{2}\right)^2} = |\tan 2x|$$

$$= \frac{\left(\cos\frac{x}{2} + \sin\frac{x}{2}\right)\left(\cos\frac{x}{2} - \sin\frac{x}{2}\right)}{\left(\cos\frac{x}{2} + \sin\frac{x}{2}\right)^2} = |\tan 2x|$$

$$\Rightarrow \frac{\cos\frac{x}{2} - \sin\frac{x}{2}}{\cos\frac{x}{2} + \sin\frac{x}{2}} = |\tan 2x| \Rightarrow \frac{\sqrt{2}\sin\left(\frac{\pi}{4} - \frac{x}{2}\right)}{\sqrt{2}\cos\left(\frac{\pi}{4} - \frac{x}{2}\right)} = |\tan 2x|$$

$$\Rightarrow \tan\left(\frac{\pi}{4} - \frac{x}{2}\right) = |\tan 2x|$$

दोनों पक्षों का वर्ग करने पर,

$$\tan^2\left(\frac{\pi}{4} - \frac{x}{2}\right) = \tan^2 2x \Rightarrow 2x = n\pi \pm \left(\frac{\pi}{4} - \frac{x}{2}\right)$$

$n = -1$ पर, $2x = -\pi + \left(\frac{\pi}{4} - \frac{x}{2}\right)$

$$\frac{5x}{2} = \frac{-3\pi}{4} \Rightarrow x = \frac{-3\pi}{10}$$

$n = 0$ पर, $2x = 0 + \left(\frac{\pi}{4} - \frac{x}{2}\right)$

$$\frac{5x}{2} = \frac{\pi}{4} \Rightarrow x = \frac{\pi}{10}$$

तथा $2x = 0 - \frac{\pi}{4} + \frac{x}{2}$

$$\frac{3x}{2} = -\frac{\pi}{4} \Rightarrow x = -\frac{\pi}{6}$$

अत: अभीष्ट योगफल $= \frac{\pi}{10} - \frac{3\pi}{10} - \frac{\pi}{6}$

$$= \frac{6\pi - 18\pi - 10\pi}{60} = -\frac{22\pi}{60} = -\frac{11\pi}{30}$$

62. *(c)* माना दिल की बीमारी से ग्रसित तथा फेफड़े संक्रमित व्यक्तियों का समुच्चय क्रमश: H तथा L है।

$\therefore$ $n(H) = 89\%$

$n(L) = 98\%$

तथा $n(H \cap L) = K\%$

$\therefore$ $K \le 89\%$

$\because$ $n(H \cup L) = n(H) + n(L) - n(H \cap L)$

$100 = 89 + 98 - K\%$

$\therefore$ $K\% \ge 87$

अत: $87\% \le K \le 89\%$

63. *(c)* $\mathbf{a} = \hat{\mathbf{i}} + \hat{\mathbf{j}} + \hat{\mathbf{k}}, \mathbf{b} = \hat{\mathbf{j}} - \hat{\mathbf{k}}$

माना $\mathbf{c} = l\hat{\mathbf{i}} + m\hat{\mathbf{j}} + n\hat{\mathbf{k}}$

$\because$ $(\mathbf{a} \times \mathbf{c}) \times \mathbf{a} = \mathbf{b} \times \mathbf{a}$

$(|\mathbf{a}|^2)\mathbf{c} - (\mathbf{a} \cdot \mathbf{c})\mathbf{d} = \mathbf{b} \times \mathbf{a}$

$$\therefore \quad \mathbf{c} = \mathbf{a} + \frac{1}{3}(\mathbf{b} \times \mathbf{a}) \quad \text{...(i)}$$

$$\because \quad \mathbf{b} \times \mathbf{a} = \begin{vmatrix} \hat{\mathbf{i}} & \hat{\mathbf{j}} & \hat{\mathbf{k}} \\ 0 & 1 & -1 \\ 1 & 1 & 1 \end{vmatrix} = 2\hat{\mathbf{i}} - \hat{\mathbf{j}} - \hat{\mathbf{k}}$$

So, $$\mathbf{c} = (\hat{\mathbf{i}} + \hat{\mathbf{j}} + \hat{\mathbf{k}}) + \frac{1}{3}(2\hat{\mathbf{i}} - \hat{\mathbf{j}} - \hat{\mathbf{k}}) = \frac{5\hat{\mathbf{i}} + 2\hat{\mathbf{j}} + 2\hat{\mathbf{k}}}{3}$$

$$\therefore (\mathbf{a}\ \mathbf{b}\ \mathbf{c}) = \begin{vmatrix} 1 & 1 & 0 \\ 0 & 1 & -1 \\ 5/3 & 2/3 & 2/3 \end{vmatrix} = -\frac{10}{3} + \frac{2}{3} + \frac{2}{3} = -2$$

64. *(d)*

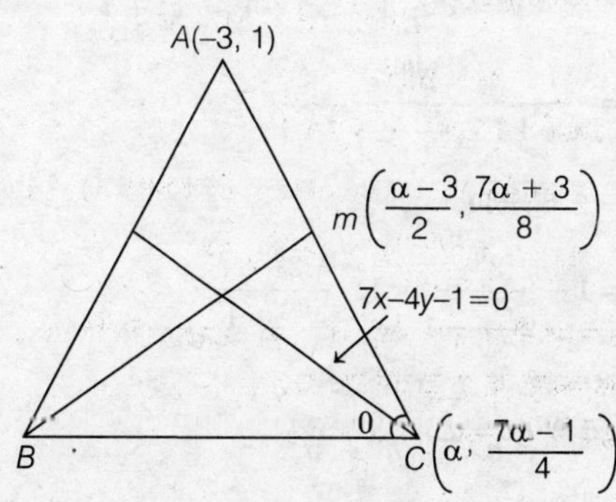

माना $C\left(\alpha, \frac{7\alpha - 1}{4}\right)$ ($\because C$ रेखा $7x - 4y - 1 = 0$ पर स्थित है)

AC का मध्य-बिन्दु $m\left(\frac{\alpha - 3}{2}, \frac{7\alpha + 3}{8}\right)$ है

अब, बिन्दु m रेखा $2x + y - 3 = 0$ पर स्थित होगा।

इसलिए, $C(3, 5)$

AC की प्रवणता $\frac{2}{3}$ है तथा

रेखा $7x - 4y - 1 = 0$ की प्रवणता $= 7/4$

$$\therefore \tan\frac{\theta}{2} = \frac{\frac{7}{4} - \frac{2}{3}}{1 + \frac{7}{4} \times \frac{2}{3}} = \frac{1}{2}$$

$$\Rightarrow \tan\theta = \frac{2 \cdot \frac{1}{2}}{1 - \frac{1}{4}} = \frac{4}{3} \Rightarrow \tan\theta = \frac{4}{3}$$

65. *(a)* $x = \sin^2\theta$ रखने पर,

$\sin\theta = \sqrt{x}$

$\Rightarrow f(x) = \cos\left(2\tan^{-1}\sin\left(\cot^{-1}\sqrt{\frac{1-\sin^2\theta}{\sin^2\theta}}\right)\right)$

$\Rightarrow f(x) = \cos(2\tan^{-1}(\sin\theta))$

$\Rightarrow f(x) = \cos(2\tan^{-1}\sqrt{x}) = \frac{1-\tan^2(\tan^{-1}\sqrt{x})}{1+\tan^2(\tan^{-1}\sqrt{x})}$

$\Rightarrow f(x) = \frac{1-x}{1+x}$

$\Rightarrow f'(x) = \frac{(1+x)(-1)-(1-x)\cdot 1}{(1+x)^2} = \frac{-2}{(1+x)^2}$

$\therefore (1-x)^2 f'(x) + 2(f(x))^2 = 0$

विकल्प (a) संतुष्ट होता है।

66. *(c)* दी गई श्रेणी में $\frac{1}{x-1}$ जोड़ने तथा घटाने पर,

$$S = \frac{1}{x-1} - \frac{1}{x-1} + \frac{1}{x+1} + \frac{2}{x^2+1} + \frac{2^2}{x^4+1} + \dots + \frac{2^{100}}{x^{2^{100}}+1}$$

$$S = \frac{1}{x-1} + \frac{-2}{x^2-1} + \frac{2}{x^2+1} + \frac{2^2}{x^4+1} + \dots + \frac{2^{100}}{x^{2^{100}}+1}$$

$$S = \frac{1}{x-1} - \frac{2^{101}}{x^{2^{101}}-1}$$

$x = 2$ के लिए,

$$\Rightarrow S = 1 - \frac{2^{101}}{2^{2^{101}}-1} = 1 - \frac{2^{101}}{4^{101}-1}$$

67. *(a)* $I = \lim_{n\to\infty} \frac{1}{n}\sum_{r=0}^{2n-1} \frac{n^2}{n^2+4r^2}$

$\Rightarrow I = \lim_{n\to\infty} \sum_{r=0}^{2n-1} \frac{1}{n} \frac{1}{1+4\left(\frac{r}{n}\right)^2}$

$\Rightarrow I = \int_0^2 \frac{1}{1+4x^2}\,dx = \frac{1}{4}\int_0^2 \frac{1}{\frac{1}{4}+x^2}\,dx$

$= \frac{1}{4} 2 [\tan^{-1} 2x]_0^2 = \frac{1}{2}\tan^{-1}(4)$

68. *(b)*

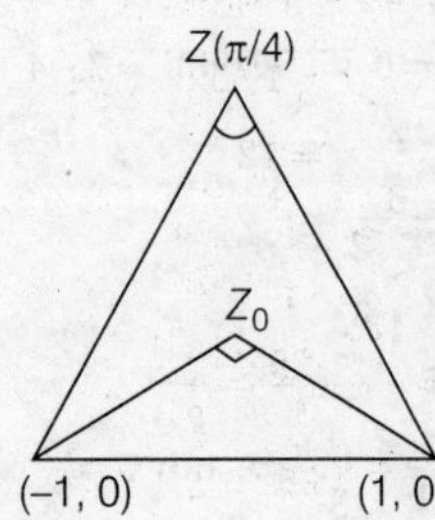

$\arg\left(\frac{z_0-1}{z_0+1}\right) = \frac{\pi}{2}$

$\Rightarrow \left(\frac{z_0-1}{z_0+1}\right) = \frac{|z_0-1|}{|z_0+1|} e^{i\frac{\pi}{2}}$

$\Rightarrow \frac{z_0-1}{z_0+1} = i \Rightarrow z_0 = \left(\frac{1+i}{1-i}\right)$

$\Rightarrow z_0 = \frac{(1+i)^2}{2} \Rightarrow z_0 = i$

$\Rightarrow$ केन्द्र (0, 1) तथा त्रिज्या $= \sqrt{2}$

69. *(a)*

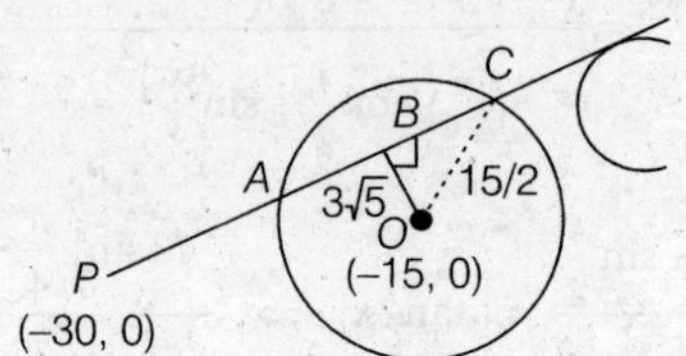

परवलय $y^2 = 30x$ की स्पर्शी का समीकरण

$y = mx + \frac{30}{4m}$ (जोकि बिन्दु (−30, 0) से होकर गुजरतीं है)

$\Rightarrow 0 = -30m + \frac{30}{4m} \Rightarrow 4m^2 = 1 \Rightarrow m = \pm\frac{1}{2}$

अब, $m = \frac{1}{2}$ के लिए,

$\Rightarrow y = \frac{x}{2} + 15 \Rightarrow x - 2y + 30 = 0$

OB की लम्बाई $= \frac{-15+0+30}{\sqrt{5}} = 3\sqrt{5}$, वृत्त की त्रिज्या $= \frac{15}{2}$

BC की लम्बाई $= \sqrt{\frac{225}{4} - 45} \Rightarrow BC = \frac{3\sqrt{5}}{2}$

जीवा AC की लम्बाई $= 2 \times \frac{3\sqrt{5}}{2} = 3\sqrt{5}$

समान रूप से, $m = -\frac{1}{2}$ के लिए,

जीवा AC की लम्बाई $= 3\sqrt{5}$

70. *(b)* समतल का समीकरण जिसमें रेखा $x + 2y + 3z + 1 = 0 = x - y - z - 6$ समाहित है

$(x + 2y + 3z + 1) + k(x - y - z - 6) = 0$

$\Rightarrow (1+k)x + (2-k)y + (3-k)z + 1 - 6k = 0$

$\because$ उपरोक्त समतल, समतल $-2x + y + z + 8 = 0$ के लम्बवत् है, तब

$-2(1+k) + 1(2-k) + 1(3-k) = 0$

$\Rightarrow k = 3/4$

समतल का समीकरण,

$\frac{7}{4}x + \frac{5}{4}y + \frac{9}{4}z = \frac{14}{4} \Rightarrow 7x + 5y + 9z = 14$

जहाँ, बिन्दु (0, 1, 1) समतल पर स्थित है।

71. *(b)* दिया है,

$$\int_{-1/\sqrt{2}}^{1/\sqrt{2}} \sqrt{\left[\frac{x-1}{x+1} - \frac{x+1}{x-1}\right]^2}\,dx$$

$$= \int_{-1/\sqrt{2}}^{1/\sqrt{2}} \sqrt{\left(\frac{-4x}{x^2-1}\right)^2}\, dx = \int_{-1/\sqrt{2}}^{1/\sqrt{2}} \sqrt{\frac{16x^2}{(1-x^2)^2}}\, dx$$

$$= \int_{-1/\sqrt{2}}^{1/\sqrt{2}} \frac{4|x|}{(1-x^2)}\, dx = 8\int_0^{1/\sqrt{2}} \frac{x}{1-x^2}\, dx$$

$$= -4 \ln|1-x^2|_0^{1/\sqrt{2}} = \log_e 16$$

72. *(a)* $P(A$ तथा B में से ठीक एक घटित होती है$)$

$$P(A) + P(B) - 2P(A)\,P(B) = \frac{5}{9}$$

$$\Rightarrow \quad p + 2p - 4p^2 = \frac{5}{9} \quad [\because P(A) = P \text{ तथा } P(B) = 2P]$$

$$\Rightarrow \quad 36p^2 - 27p + 5 = 0 \Rightarrow (12p-5)(3p-1) = 0$$

$$\therefore \quad p = \frac{1}{3} \text{ या } \frac{5}{12}$$

73. *(a)* दिया है, $\sum_{r=0}^{20} r^2\, {}^{20}C_r = \Sigma r(r \cdot {}^{20}C_r) = \sum_{r=1}^{20} r \cdot 20 \cdot {}^{19}C_{r-1}$

$$\Rightarrow \quad 20\sum_{r=1}^{20} (r-1+1)^{19}C_{r-1}$$

$$= 20\left(\sum_{r=1}^{20}(r-1)\cdot {}^{19}C_{r-1} + \sum_{r=1}^{20} {}^{19}C_{r-1}\right)$$

$$\Rightarrow \quad 20\left(19\sum_{r=2}^{20} {}^{18}C_{r-2} + \sum_{r=1}^{20} {}^{19}C_{r-1}\right)$$

$$\Rightarrow \quad (380)\,2^{18} + 20\cdot 2^{19}$$

$$\Rightarrow \quad 2^{20}\cdot(95+10) = (105)2^{20} = 420 \times 2^{18}$$

74. *(b)* यहाँ, $p(\sqrt{8}\cos\theta, 2\sin\theta)$

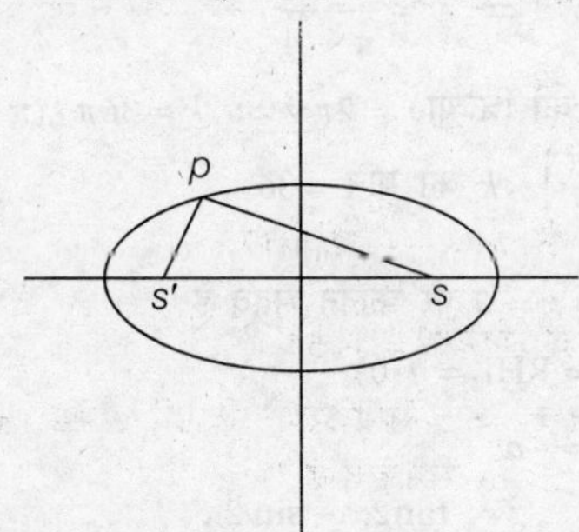

बिन्दु P पर स्पर्शी का समीकरण,

$$\frac{x}{\sqrt{8}}\cos\theta + \frac{y}{2}\sin\theta - 1 = 0$$

प्रवणता $= \frac{-1}{\sqrt{2}}\cot\theta = 2$

$$\cot\theta = -2\sqrt{2} \Rightarrow \cos\theta = \frac{-2\sqrt{2}}{3}, \sin\theta = \frac{1}{3}$$

इसलिए, बिन्दु $P\left(\frac{-8}{3}, \frac{2}{3}\right)$

$$A = \frac{1}{2} \times 2ae \times \frac{2}{3} = \frac{4}{3}\left(e = \frac{1}{\sqrt{2}}\right)$$

इसलिए, $(5-e^2)A = \left(5 - \frac{1}{2}\right) \times \frac{4}{3} = 6$

75. *(d)* $\begin{vmatrix} 1+\cos^2\theta & \sin^2\theta & 4\sin 3\theta \\ \cos^2\theta & 1+\sin^2\theta & 4\sin 3\theta \\ \cos^2\theta & \sin^2\theta & 1+4\sin 3\theta \end{vmatrix} = 0$

$R_3 \to R_3 - R_2$ लागू करने पर,

$$\begin{vmatrix} 1+\cos^2\theta & \sin^2\theta & 4\sin 3\theta \\ \cos^2\theta & 1+\sin^2\theta & 4\sin 3\theta \\ 0 & -1 & 1 \end{vmatrix}$$

$C_2 \to C_2 + C_3$ लागू करने पर,

$$\begin{vmatrix} 1+\cos^2\theta & \sin^2\theta + 4\sin 3\theta & 4\sin 3\theta \\ \cos^2\theta & 1+\sin^2\theta + 4\sin 3\theta & 4\sin 3\theta \\ 0 & 0 & 1 \end{vmatrix} = 0$$

$$\Rightarrow 2(1 + 2\sin 3\theta) = 0 \Rightarrow 2\sin 3\theta = -1$$

$$\sin 3\theta = \frac{-1}{2} \Rightarrow \theta = \frac{7\pi}{18}$$

76. *(a)* $x_1 + x_2 + x_3 + \ldots + x_{19} + 25 = 200$

$$\Rightarrow x_1 + x_2 + x_3 + \ldots + x_{19} = 175$$

अब, माध्य $= \frac{x_1 + x_2 + x_3 + \ldots + x_{19} + 35}{20} = \frac{175+35}{20} = 10.5$

मानक विचलन

$$= \sqrt{\frac{x_1^2 + x_2^2 + x_3^2 + \ldots + x_{19}^2 + (25)^2}{20} - (10)^2}$$

$$\Rightarrow \quad 2.5 = \sqrt{\frac{x_1^2 + x_2^2 + x_3^2 + \ldots + x_{19}^2 + (25)^2}{20} - (10)^2}$$

$$\Rightarrow \quad x_1^2 + x_2^2 + x_3^2 + \ldots + x_{19}^2 = 1500$$

नया मानक विचलन

$$= \sqrt{\frac{x_1^2 + x_2^2 + x_3^2 + \ldots + x_{19}^2 + (35)^2}{20} - (10.5)^2}$$

$$= \sqrt{\frac{1500 + (35)^2}{20} - (110.25)} = \sqrt{26}$$

$$\therefore (\alpha, \beta) = (10.5, 26)$$

77. *(d)* दिया है, $\frac{a}{1-r} = 15$ ...(i)

तथा $\frac{a^2}{1-r^2} = 150 \Rightarrow \left(\frac{a}{1+r}\right)\left(\frac{a}{1-r}\right) = 150$

$$\Rightarrow \quad \frac{a}{(1+r)} = 10 \quad \text{...(ii)}$$

समी (i) तथा (ii) को हल करने पर,

$$r = 1/5$$

$$\therefore \quad a = 12 \quad \text{[समी (i) से]}$$

अब, $ar^2 + ar^4 + ar^6 + \ldots \infty$

$$\Rightarrow \quad \frac{ar^2}{1-r^2} = \frac{12 \times \frac{1}{25}}{1 - \frac{1}{25}} = \frac{1}{2}$$

78. *(d)* $AA^T = \begin{bmatrix} \frac{1}{\sqrt5} & \frac{2}{\sqrt5} \\ \frac{-2}{\sqrt5} & \frac{1}{\sqrt5} \end{bmatrix} \begin{bmatrix} \frac{1}{\sqrt5} & \frac{-2}{\sqrt5} \\ \frac{2}{\sqrt5} & \frac{1}{\sqrt5} \end{bmatrix} = \begin{bmatrix} 1 & 0 \\ 0 & 1 \end{bmatrix} = I$

$Q = A^TBA \Rightarrow Q^2 = (A^TBA)(A^TBA) = A^TB^2A$

$\Rightarrow \quad Q^3 = A^TB^3A \Rightarrow Q^{2021} = A^TB^{2021}A$

अब, माना $P = AQ^{2021}A^T \Rightarrow P = A(A^TB^{2021}A)A^T$

दिया है, $AA^T = I \Rightarrow P = B^{2021}$

$B^2 = \begin{bmatrix} 1 & 0 \\ i & 1 \end{bmatrix}\begin{bmatrix} 1 & 0 \\ i & 1 \end{bmatrix} = \begin{bmatrix} 1 & 0 \\ 2i & 1 \end{bmatrix}$

$B^3 = \begin{bmatrix} 1 & 0 \\ 2i & 1 \end{bmatrix}\begin{bmatrix} 1 & 0 \\ i & 1 \end{bmatrix} = \begin{bmatrix} 1 & 0 \\ 3i & 1 \end{bmatrix}$

....

....

$B^{2021} = \begin{bmatrix} 1 & 0 \\ 2021i & 1 \end{bmatrix}$

P का व्युत्क्रम $= (p^{-1}) = (B^{2021})^{-1}$

$= \begin{pmatrix} 1 & 0 \\ -2021i & 1 \end{pmatrix}$

79. *(b)*

p	q	r	$p \vee q$	$q \to r$	$\sim r$	$(p \vee q) \wedge (q \to r) \wedge \sim r$	$p \wedge q$	$((p \vee q) \wedge (q \to r) \wedge (\sim r) \to (p \wedge q)$
T	T	T	T	T	F	F	T	T
T	T	F	T	F	T	F	T	T
T	F	T	T	T	F	F	F	T
T	F	F	T	T	T	T	F	F
F	T	T	T	T	F	F	F	T
F	T	F	T	F	T	F	F	T
F	F	T	F	T	F	F	F	T
F	F	F	F	T	T	F	F	T

80. *(c)* $\frac{dy}{dx} + (1 + y)\tan x = -y \cot x$

$\frac{dy}{dx} + y(\tan x + \cot x) = -\tan x$

समाकलन गुणांक $= e^{\int (\tan x + \cot x)\,dx} = e^{\int \frac{\tan^2 x + 1}{\tan x} dx} = \tan x$

$\Rightarrow \quad y \cdot \tan x = \int -\tan^2 x\,dx + C$

$\Rightarrow \quad y \cdot \tan x = \int (1 - \sec^2 x)\,dx + C$

$\Rightarrow \quad y \cdot \tan x = x - \tan x + C \Rightarrow \lim_{x \to 0^+} xy = 1$

$\Rightarrow \quad \lim_{x \to 0^+} (x/\tan x)(x - \tan x + C) = 1$

$\Rightarrow \quad (1)(0 - 0 + C) = 1 \Rightarrow C = 1$

तब फलन होगा, $y \tan x = x - \tan x + 1$

$y\left(\frac{\pi}{4}\right) \Rightarrow y \cdot 1 = \frac{\pi}{4} - 1 + 1$

$y = \pi/4$

81. *(36)*

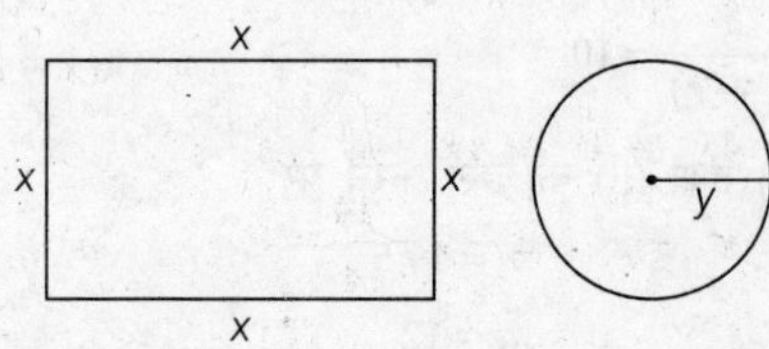

$4x + 2\pi y = 36$ (दिया है)

क्षेत्रफल $= x^2 + \pi y^2$

$A = x^2 + \frac{1}{\pi}(18 - 2x)^2$

$\Rightarrow \frac{dA}{dx} = 2x + \frac{2}{\pi}(18 - 2x)(-2) \Rightarrow \frac{dA}{dx} = \frac{2\pi x + (36 - 4x)(-2)}{\pi}$

$\Rightarrow \frac{dA}{dx} = 0 \Rightarrow 2\pi x - 72 + 8x = 0 \Rightarrow x = \frac{36}{\pi + 4}$

$\Rightarrow \frac{d^2A}{dx^2} > 0 \Rightarrow y = \frac{18}{\pi + 4}$

k (परिधि की त्रिज्या) $= 2\pi y \Rightarrow k = 36\pi/(\pi + 4)$

$\therefore \left(\frac{4 + \pi}{\pi}\right) \times k$ का मान $= 36$

82. *(14)* यदि $x = 0$ पर फलन सतत् है,

तब LHL = RHL = $f(0)$

LHL $= -a$

RHL $= \lim_{x \to 0} \frac{\tan 2x - \sin 2x}{bx^3}$

$\therefore \sin x = x - \frac{x^3}{3!} + \frac{x^5}{5!} + \ldots$

$\tan x = x + \frac{x^3}{3} + \frac{2x^5}{15} + \ldots$

$= \lim_{x \to 0^+} \frac{\frac{(2x)^3}{3} + \frac{(2x)^3}{6}}{bx^3} = \frac{\frac{8}{3} + \frac{8}{6}}{b} = \frac{4}{b}$

$\Rightarrow f(0) = a \sin\left[\frac{\pi}{2}(0 - 1)\right] = a \sin\left(-\frac{\pi}{2}\right) = -a$

$\Rightarrow$ LHL = RHL = $f(0) \Rightarrow 4/b = -a$

$\Rightarrow -ab = 4 \Rightarrow 10 - ab = 14$

83. *(27)* $S = \{(x, y) : 3x^2 \le 4y \le 6x + 24\}$

$\Rightarrow \quad y = 3x^2 / 4 \Rightarrow 4y = 6x + 24$

परिबद्ध भाग का क्षेत्रफल

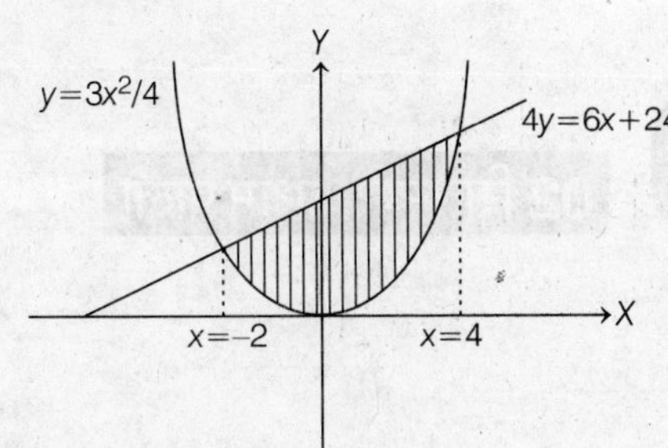

$$A = \int_{-2}^{4} \left(\frac{6x + 24}{4} - \frac{3x^2}{4} \right) dx = \left(\frac{3}{4} x^2 + 6x - \frac{x^3}{4} \right)_{-2}^{4}$$

$A = 20 - (-7) = 27$ वर्ग इकाई

84. *(66)* $\dfrac{2}{x-1} - \dfrac{1}{x-2} = \dfrac{2}{k}$

$\Rightarrow \quad \dfrac{2x - 4 - x + 1}{(x-1)(x-2)} = \dfrac{2}{k}$

$\Rightarrow \quad 2x^2 - (6 + k)\,x + 3k + 4 = 0$

किसी अवास्तविक हल के लिए $D < 0$

$\Rightarrow \quad (6 + k)^2 - 8(3k + 4) < 0$

$\Rightarrow \quad k^2 + 12k + 36 - 24k - 32 < 0$

$\Rightarrow \quad (k - 6)^2 - 32 < 0$

k के पूर्णांकीय मान $= 1, 2, 3, 4, 5, 6, 7, 8, 9, 10, 11$

$\therefore$ योगफल $= 66$

85. *(26)* रेखा पर कोई बिन्दु $P(2r + 1, r + 3, 2r + 4)$ है।

$\therefore$ समतल पर लम्बपाद होगा

$$\frac{x - (2r + 1)}{1} = \frac{y - (r + 3)}{-2} = \frac{z - (2r + 4)}{-1} = \frac{r + 6}{3}$$

$\Rightarrow \quad x = \dfrac{7r + 9}{3}; y = \dfrac{r - 3}{3}; z = \dfrac{5r + 6}{3}$

$\Rightarrow$ प्रक्षेप्य रेखा $L : \dfrac{x - 3}{7} = \dfrac{y + 1}{1} = \dfrac{z - 2}{5}$ ...(i)

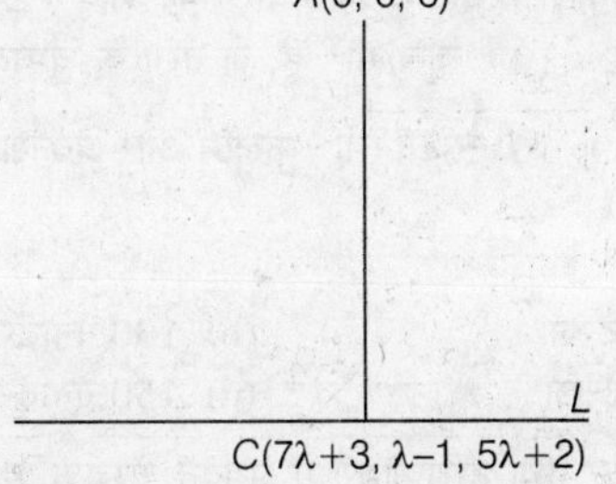

AC के दिक् अनुपात $7\lambda + 3, \lambda - 1, 5\lambda - 4$ है।

अब, AC प्रक्षेप्य रेखा (i) के लम्बवत् है इसलिए $\lambda = 0$

$\Rightarrow \quad C(3, -1, 2)$

$\Rightarrow \quad d^2 = AC^2 = 26$

86. *(52)* 0, 1, 3, 4, 6, 7

तीन-अंकीय सम संख्याएँ जिनका अंत 0 पर होता है $= 5 \times 4 = 20$

तीन-अंकीय सम संख्याएँ जिनका अंत 4 पर होता है $= 4 \times 4 = 16$

तीन-अंकीय सम संख्याएँ जिनका अंत 6 पर होता है $= 4 \times 4 = 16$

$\therefore$ कुल तीन-अंकीय सम संख्याएँ $= 20 + 16 + 16 = 52$

87. *(40)* जब $x = 0$, तब $y = 1$

$$\ln (x + y) = 4xy \Rightarrow x + y = e^{4xy}$$

अब, अवकलित करने पर,

$$1 + y' = e^{4xy} (4y + 4xy') \qquad \text{...(i)}$$

बिन्दु $(0, 1)$ पर $\Rightarrow y'(0) + 1 = 4 \Rightarrow y'(0) = 3$

अब, पुन: समी (i) को अवकलित करने पर,

$$y'' = e^{4xy} (4y + 4xy')^2 + e^{4xy} (4y' + 4y' + 4xy'')$$

बिन्दु $(0, 1)$ पर,

$$y''(0) = 1\,(4 \times 1 + 0)^2 + 1\,(4 \times 3 + 4 \times 3 + 0)$$

$\Rightarrow y''(0) = 16 + 24 = 40$

$\Rightarrow y''(0) = 40$

88. *(13)* $z = -\omega$

माना $k = \left(z + \dfrac{1}{z}\right)^3 + \left(z^2 + \dfrac{1}{z^2}\right)^3 + \left(z^3 + \dfrac{1}{z^3}\right)^3 + \ldots + \left(z^{21} + \dfrac{1}{z^{21}}\right)^3$

$\Rightarrow \quad k = \left(-\omega - \dfrac{1}{\omega}\right)^3 + \left(\omega^2 + \dfrac{1}{\omega^2}\right)^3 + \left(-\omega^3 - \dfrac{1}{\omega^3}\right)^3 + \ldots + \left(-\omega^{21} - \dfrac{1}{\omega^{21}}\right)^3$

$\therefore \quad k = -8$

$\Rightarrow \quad 21 + k = 21 - 8 = 13$

89. *(136)* ${}^1P_1 + 2 \cdot {}^2P_2 + 3 \cdot {}^3P_3 + \ldots + 15 \cdot {}^{15}P_{15}$

$= 1! + 2 \cdot 2! + 3 \cdot 3! + \ldots + 15 \cdot 15!$

$= 1! + (3! \cdot 2!) + (4! \cdot 3!) + \ldots + (16 \cdot 15!)$

$= 16! - 1! = {}^qP_r - s$

$\Rightarrow \quad q = r = 16$ तथा $s = 1$

इसलिए, ${}^{q+s}P_{r-s} = {}^{17}C_{15} = \dfrac{17 \times 16}{2} = 136$

90. *(16)* माना बिन्दु $P(x, y)$ है

$\Rightarrow \quad x^2 + y^2 + (x - 0)^2 + (y - 1)^2 + (x - 1)^2 + (y - 0)^2 + (x - 1)^2 + (y - 1)^2 = 18$

$\Rightarrow \quad 4x^2 + 4y^2 - 4x - 4y + 4 = 18$

$\Rightarrow \quad x^2 + y^2 - x - y - \dfrac{14}{4} = 0$

$\therefore \quad$ केन्द्र $\left(\dfrac{1}{2}, \dfrac{1}{2}\right)$ तथा $r = \sqrt{\dfrac{1}{4} + \dfrac{1}{4} + \dfrac{14}{4}} = 2$

$\Rightarrow \quad d = 2r = 2 \times 2 = 4$

$\therefore \quad d^2 = 16$

JEE Main संयुक्त प्रवेश परीक्षा

सॉल्वड पेपर 2020

02 सितम्बर, प्रथम पाली

भौतिकी

खण्ड 'A' ऑब्जेक्टिव प्रश्न

1. किसी तापमान T पर, एक गैस के मिश्रण में 3 मोल ऑक्सीजन तथा 5 मोल आर्गन उपस्थित है। माना कि गैस एक आदर्श गैस है तथा ऑक्सीजन के बंध (bond) दृढ़ है, तो मिश्रण की कुल आन्तरिक ऊर्जा (RT में) होगी

(a) 15 (b) 13

(c) 11 (d) 20

2.

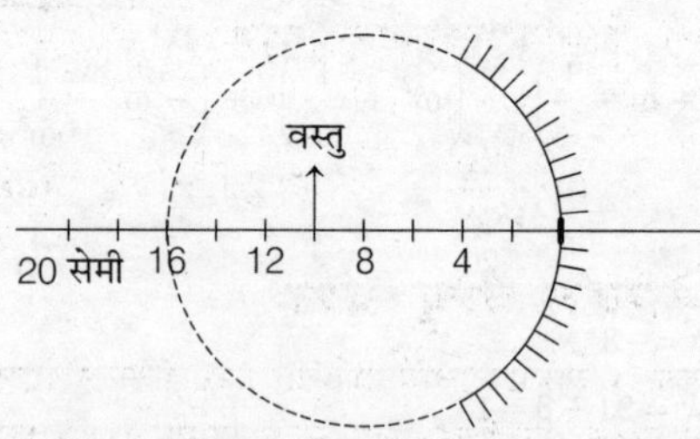

चित्र में दर्शाये गये खोखले काँच के गोले से गोलीय दर्पण प्राप्त किया जाता है। यदि वस्तु दर्पण के सम्मुख स्थित है, तो वस्तु के प्रतिबिम्ब की प्रकृति और आवर्धन क्षमता क्या होगी?

(a) सीधी, आभासी और अनआवर्धित (b) उल्टा, वास्तविक और आवर्धित

(c) सीधी, आभासी और आवर्धित (d) उल्टा, वास्तविक तथा अनआवर्धित

3. एक संयन्त्र में 2 किग्रा ${}_{92}U^{235}$ ईंधन, 30 दिन में पूर्णतः प्रयुक्त किया जाता है। यदि प्रत्येक संलयन में 200 MeV ऊर्जा उत्सर्जित होती है, तो संयन्त्र की निर्गत शक्ति होगी (आवोगाद्रो संख्या, $N = 6.023 \times 10^{26}$ प्रति किलोमोल और $1\ eV = 1.6 \times 10^{-19}$ जूल)

(a) 35 मेगावाट (b) 125 मेगावाट

(c) 60 मेगावाट (d) 54 मेगावाट

4. एक प्रकाश स्रोत ($\lambda = 632.8$ नैनोमीटर) द्वारा 1 मिमी की दूरी पर स्थित दो पतली स्लिट प्रदीप्त होती हैं, जिनका व्यतिकरण प्रारूप पर्दे पर प्राप्त होता है। यदि स्लिट तथा पर्दे के मध्य दूरी 100 सेमी है तथा केन्द्रीय दीप्त फ्रिन्ज से 1.27 मिमी की दूरी पर दीप्त फ्रिन्ज प्राप्त होती है, तो इस बिन्दु पर स्लिटों द्वारा पहुँचने वाली तरंगों के मध्य पथान्तर होगा

(a) 2 नैनोमीटर (b) 1.27 माइक्रोमीटर

(c) 2.87 नैनोमीटर (d) 2.05 माइक्रोमीटर

5.

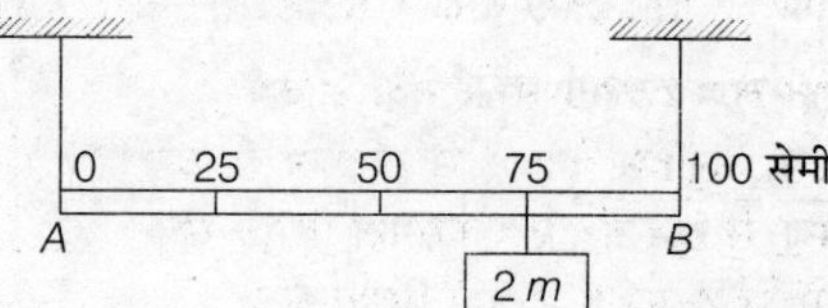

चित्र में दर्शाये अनुसार, 1 मी लम्बी छड़ AB को दो डोरियों द्वारा क्षैतिजतः लटकाया गया है। यदि छड़ का द्रव्यमान m है तथा छड़ के बिन्दु A से 75 सेमी की दूरी पर एक $2m$ द्रव्यमान को लटकाया गया है, तो बिन्दु A पर डोरी में तनाव होगा

(a) 1mg (b) 2mg (c) 0.75 mg (d) 0.5 mg

6. एकसमान बेलन का द्रव्यमान M तथा त्रिज्या R है तथा चित्र में दर्शाये अनुसार इसे ऊँचाई a से केन्द्र O पर बल F द्वारा धकेला जाता है, तो बल F का मान होगा

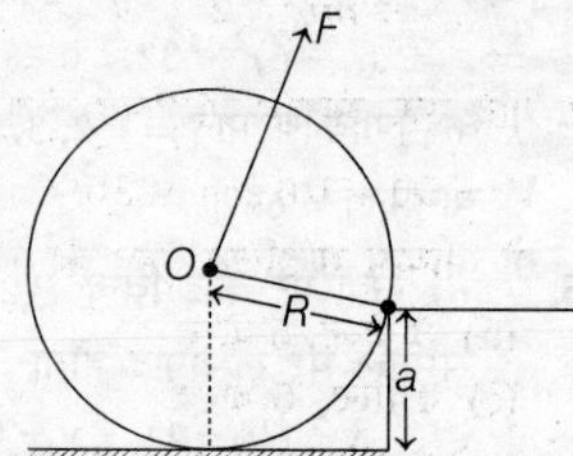

(a) $Mg\dfrac{a}{R}$

(b) $Mg\sqrt{1-\dfrac{a^2}{R^2}}$

(c) $Mg\sqrt{\left(\dfrac{R}{R-a}\right)^2-1}$ (d) $Mg\sqrt{1-\left(\dfrac{R-a}{R}\right)^2}$

7. निर्वात् में एक समतल विद्युत चुम्बकीय तरंग की आवृत्ति 2.0×10^{10} हर्ट्ज तथा ऊर्जा घनत्व 1.02×10^{-8} जूल/मी^{3} है, तो तरंग के चुम्बकीय क्षेत्र का आयाम होगा $\left[\dfrac{1}{4\pi\varepsilon_0} = 9 \times 10^9\right.$ न्यूटन-मी^{2}/कूलॉम और प्रकाश की चाल $\left.= 3 \times 10^8 \text{ मी से}^{-1}\right]$

(a) 190 नैनोटेस्ला (b) 160 नैनोटेस्ला

(c) 180 नैनोटेस्ला (d) 150 नैनोटेस्ला

8. स्थायी चुम्बक P तथा ट्रांसफॉर्मर में प्रयुक्त चुम्बक T के पदार्थ के गुण के सही आवश्यक गुण हैं

(a) T : उच्च धारणशीलता, निम्न निग्राहिता

(b) P : उच्च धारणशीलता, उच्च निग्राहिता

(c) P : निम्न धारणशीलता, उच्च निग्राहिता

(d) T : उच्च धारणशीलता, उच्च निग्राहिता

9. दो ट्रेने A तथा B समान्तर पटरियों पर विपरीत दिशा में क्रमशः 36 किमी/घण्टा तथा 72 किमी/घण्टा की चाल से गतिमान हैं। यदि ट्रेन A में स्थित व्यक्ति ट्रेन की गति की विपरीत दिशा में 1.8 किमी/घण्टा की चाल से चलता है, तो ट्रेन B में स्थित व्यक्ति को ट्रेन A में स्थित व्यक्ति की चाल प्रेक्षित होगी (पटरियों के मध्य दूरी नगण्य है)

(a) 28.5 मी/से (b) 30.5 मी/से (c) 29.5 मी/से (d) 31.5 मी/से

10. वर्नियर कैलीपर्स के मुख्य पैमाने का अल्पतमांक 1 मिमी है। वर्नियर पैमाने 10 भागों में विभाजित हैं तथा यह मुख्य पैमाने के 9 भागों के साथ सम्पाती है। जब वर्नियर पैमाने के जबड़े (Jaw) एक-दूसरे को स्पर्श करते हैं, तब वर्नियर पैमाने का 7वाँ भाग मुख्य पैमाने के एक भाग के सम्पाती होता है तथा वर्नियर पैमाने का शून्य, मुख्य पैमाने के शून्य के दायीं ओर स्थित है। जब इस वर्नियर द्वारा एक बेलन की लम्बाई मापी जाती है, तो वर्नियर पैमाने का शून्य 3.1 सेमी तथा 3.2 सेमी के मध्य होता है तथा वर्नियर पैमाने का 4 भाग मुख्य पैमाने के सम्पाती होता है, तो बेलन की लम्बाई होगी

(a) 3.2 सेमी (b) 2.99 सेमी (c) 3.07 सेमी (d) 3.21 सेमी

11. एक आवेशित कण (द्रव्यमान m तथा आवेश q) X-अक्ष के अनुदिश वेग v_0 से गतिमान है। जब कण मूलबिन्दु से गुजरते हुए एकसमान विद्युत क्षेत्र $\mathbf{E} = -E\hat{\mathbf{j}}$ में प्रवेश करता है तथा विद्युत क्षेत्र $x = d$ तक विस्तारित है, तो $x > d$ क्षेत्र में इलेक्ट्रॉन की गति के पथ की समीकरण होगी

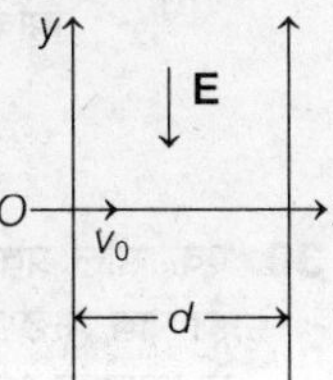

(a) $y = \dfrac{qEd}{mv_0^2}x$ (b) $y = \dfrac{qEd}{mv_0^2}(x-d)$

(c) $y = \dfrac{qEd}{mv_0^2}\left(\dfrac{d}{2}-x\right)$ (d) $y = \dfrac{qEd^2}{mv_0^2}x$

12. यदि एक आयाम मॉडुलित तरंग की समीकरण निम्न है

$V = 5(1 + 0.6\cos 6280t)\sin(211\times10^4 t)$ वोल्ट,

तो आयाम मॉडुलित तरंग का न्यूनतम तथा अधिकतम आयाम होगा

(a) 3 वोल्ट, 5 वोल्ट (b) 2 वोल्ट, 8 वोल्ट

(c) 4 वोल्ट, 5 वोल्ट (d) 5 वोल्ट, 8 वोल्ट

13. 0.3 टेस्ला के एक चुम्बकीय क्षेत्र में 60° के कोण पर प्रोटॉन का एक पुंज 4×10^5 मी/से की चाल से प्रवेश करता है, तो प्रोटॉन के कुण्डलित पथ की पिच होगी (प्रोटॉन का द्रव्यमान $= 1.67\times10^{-27}$ किग्रा तथा प्रोटॉन पर आवेश $= 1.69\times10^{-19}$ कूलॉम)

(a) 2 सेमी (b) 4 सेमी (c) 5 सेमी (d) 12 सेमी

14. केन्द्र से r से अधिक दूरी पर गोलीय आकाशगंगा का द्रव्यमान घनत्व k/r के अनुसार परिवर्तित होता है। इस क्षेत्र में एक छोटा तारा त्रिज्या R की वृत्तीय कक्षा में उपस्थित है, तो आवर्तकाल T, R पर निर्भर होगा

(a) $T \propto R$ (b) $T^2 \propto R^3$ (c) $T^2 \propto R$ (d) $T^2 \propto \dfrac{1}{R^3}$

15. एक बेलनाकार पात्र में द्रव भरा हुआ है, जोकि इसके अक्ष के परितः घुमता है, तो द्रव चित्र में दर्शाये अनुसार ऊपर चढ़ जाता है। यदि पात्र की त्रिज्या 5 सेमी तथा घूर्णन की कोणीय चाल ω रेडियन/से है, तो पात्र के केन्द्र तथा दीवारों के द्रव की ऊँचाई में अन्तर (h) का मान होगा

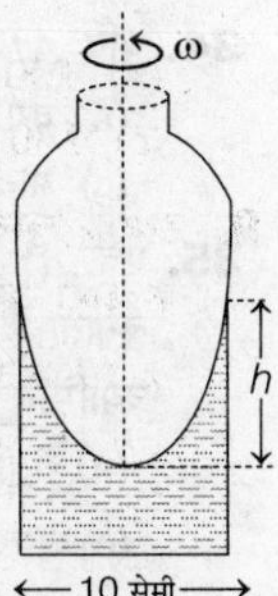

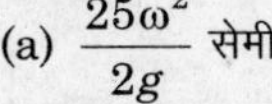

(a) $\dfrac{25\omega^2}{2g}$ सेमी (b) $\dfrac{5\omega^2}{2g}$ सेमी

(c) $\dfrac{2\omega^2}{25g}$ सेमी (d) $\dfrac{2\omega^2}{5g}$ सेमी

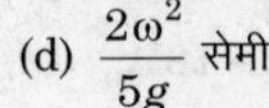

16. दो आदर्श डोरियाँ X तथा Z समान पदार्थ से निर्मित हैं तथा इनमें तनाव क्रमशः T_X तथा T_Z है। यदि इनकी मूल आवृत्तियाँ क्रमशः 450 हर्ट्ज तथा 300 हर्ट्ज है, तो $\dfrac{T_X}{T_Z}$ का अनुपात होगा

(a) 1.25 (b) 2.25 (c) 0.44 (d) 1.5

17. माना चार चालक पदार्थों, कॉपर, टंगस्टन, मर्करी तथा ऐलुमिनियम की प्रतिरोधकता क्रमशः ρ_C, ρ_T, ρ_M तथा ρ_A है, तब

(a) $\rho_A > \rho_T > \rho_C$ (b) $\rho_A > \rho_M > \rho_C$

(c) $\rho_C > \rho_A > \rho_T$ (d) $\rho_M > \rho_A > \rho_C$

18. यदि चाल v, क्षेत्रफल A तथा बल F मूलभूत मात्रक हैं, तो यंग के प्रत्यास्थता गुणांक का विमीय सूत्र होगा

(a) $[FA^2v^{-3}]$ (b) $[FA^{-1}v^0]$ (c) $[FA^2v^{-2}]$ (d) $[FA^2v^{-1}]$

19. m द्रव्यमान के एक कण का प्रारम्भिक वेग $u\hat{\mathbf{i}}$, जोकि विरामावस्था में स्थित $3m$ द्रव्यमान के साथ पूर्णतः प्रत्यास्थ संघट्ट करता है तथा संघट्ट के पश्चात् यह $v\hat{\mathbf{j}}$ वेग से गति करता है, तो v का मान होगा

(a) $\sqrt{\dfrac{2}{3}}u$ (b) $\dfrac{1}{\sqrt{6}}u$ (c) $\dfrac{u}{\sqrt{2}}$ (d) $\dfrac{u}{\sqrt{3}}$

20. एक तार को परवलयाकार ($y = 4cx^2$) आकृति में चित्रानुसार रखा गया है इसके बिन्दु $P(a, b)$ पर एक m द्रव्यमान का गोला रखा गया है जोकि कोणीय चाल ω से घूर्णन करता है, तो ω का मान होगा (घर्षण नगण्य है)

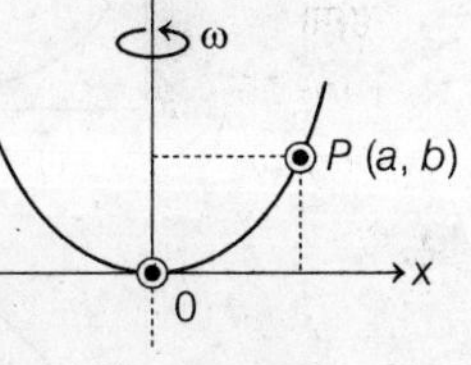

(a) $2\sqrt{2gc}$ (b) $\sqrt{\dfrac{2g}{c}}$ (c) $2\sqrt{gc}$ (d) $\sqrt{\dfrac{2gc}{ab}}$

खण्ड 'B' न्यूमैरिकल वैल्यू प्रश्न

21. 20°C ताप तथा 1 वायुमण्डलीय दाब पर एक इंजन 5 मोल वायु ग्रहण करता है तथा इसके वास्तविक आयतन को इसके 1/10 भाग तक रुद्धोष्म रूप से सम्पीड़ित कर देता है। यदि वायु द्वि-आण्विक आदर्श गैस है तथा इस प्रक्रम में आन्तरिक ऊर्जा में परिवर्तन X किलोजूल है, तो X का मान लगभग पूर्णांक में .... होगा।

22. एक धात्विक सतह को प्रदीप्त करने हेतु प्रयुक्त विकिरण की तरंगदैर्ध्य λ तथा निरोधी विभव V है। इसी सतह को 3λ तरंगदैर्ध्य के विकिरण से प्रदीप्त किया जाता है, तो निरोधी विभव $V/4$ होता है। यदि धात्विक सतह की क्रान्तिक तरंगदैर्ध्य $n\lambda$ है, तो n का मान .... होगा।

23. एक आनत तल AB से एक छोटा ब्लॉक बिन्दु B से फिसलना प्रारम्भ करता है तथा आनत तल क्षैतिज के साथ θ कोण बनाता है। यदि आनत तल का BC भाग चिकना तथा CA भाग रुक्ष (rough) है जिसका घर्षण गुणांक μ है। जब ब्लॉक नीचे (बिन्दु A) पहुँचता है, तो वह विरामावस्था में आ जाता है। यदि $BC = 2AC$ तथा घर्षण गुणांक $\mu = k\tan\theta$ से दिया जाता है, तो k का मान .... होगा।

24. 10 सेमी त्रिज्या की एक वृत्ताकार कुण्डली, एकसमान चुम्बकीय क्षेत्र 3.0×10^{-5} टेस्ला में स्थित है। प्रारम्भ में जिसका तल, चुम्बकीय क्षेत्र के लम्बवत् है कुण्डली अपने व्यास के अनुदिश अक्ष के परितः नियत कोणीय चाल से घूर्णन करती है। यह चुम्बकीय क्षेत्र के लम्बवत् 0.2 सेकण्ड में

आधा चक्र घुमती है, तो कुण्डली में प्रेरित विद्युत वाहक बल का अधिकतम पूर्णांक मान (μV में) .... होगा।

25. 220 वोल्ट की आपूर्ति द्वारा 5 माइक्रोफैरड के एक संधारित्र को पूर्णत: आवेशित किया जाता है तथा बाद में इसे आपूर्ति से विच्छेदित कर दिया जाता है। इस संधारित्र को 2.5 μF के अनावेशित संधारित्र के साथ श्रेणीक्रम में संयोजित किया जाता है। यदि आवेश पुनर्वितरण के दौरान ऊर्जा में परिवर्तन $\frac{x}{100}$ जूल है, तो x का मान लगभग पूर्णांक में .... होगा।

रसायन विज्ञान

खण्ड 'A' ऑब्जेक्टिव प्रश्न

26. निम्नलिखित कथनों में से कौन-सा कथन ओजोन के बारे में सत्य नहीं है?

(a) समताप मण्डल में, CFC द्वारा क्लोरीन मुक्त मूलक, मुक्त होता है, जो ओजोन (O_3) से क्रिया कर क्लोरीन डाइऑक्साइड मूलक देता है।

(b) वातावरण में यह CFC द्वारा विघटित होती है।

(c) समताप मण्डल में यह UV विकिरणों से सुरक्षा हेतु परत का निर्माण करती है।

(d) यह एक विषैली गैस है तथा यह NO के साथ अभिक्रिया कर NO_2 देती है।

27. निम्नलिखित ग्राफ मे से कौन-सा एक ग्राफ आदर्श गैस के लिए सही नहीं है?

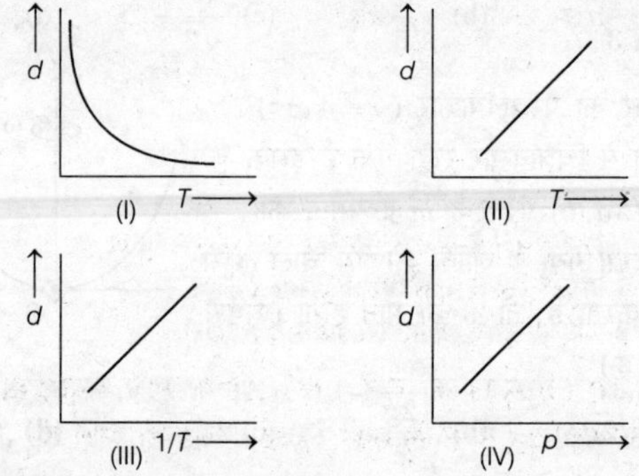

d = घनत्व, p = दाब, T = तापमान

(a) III (b) I (c) IV (d) II

28. HCN योग के दौरान दिए गए यौगिकों का बढ़ता क्रम है

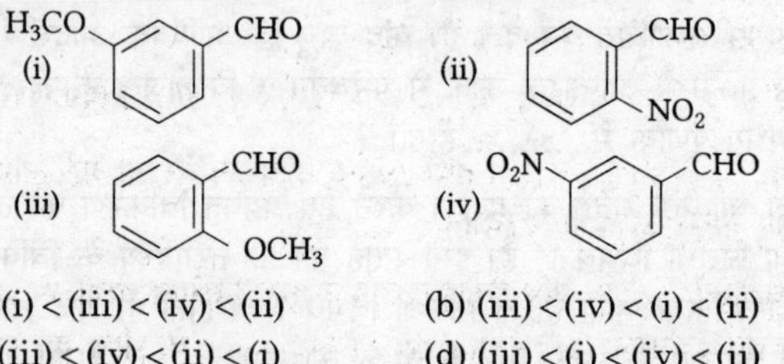

(a) (i) < (iii) < (iv) < (ii) (b) (iii) < (iv) < (i) < (ii)
(c) (iii) < (iv) < (ii) < (i) (d) (iii) < (i) < (iv) < (ii)

29. चित्रित आकृति में अणु की क्वाण्टम प्रकृति का प्रत्यक्ष प्रदर्शन नहीं है

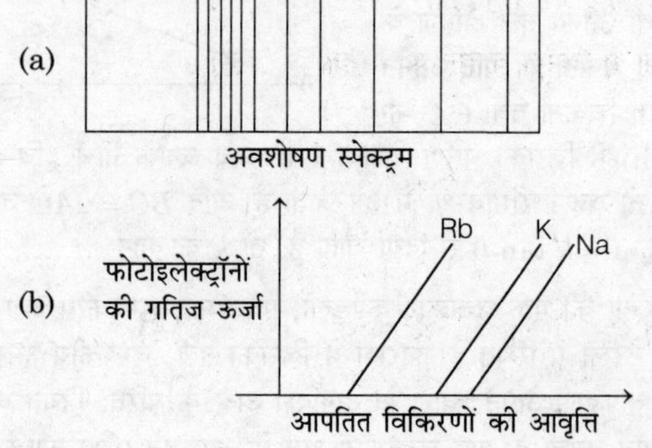

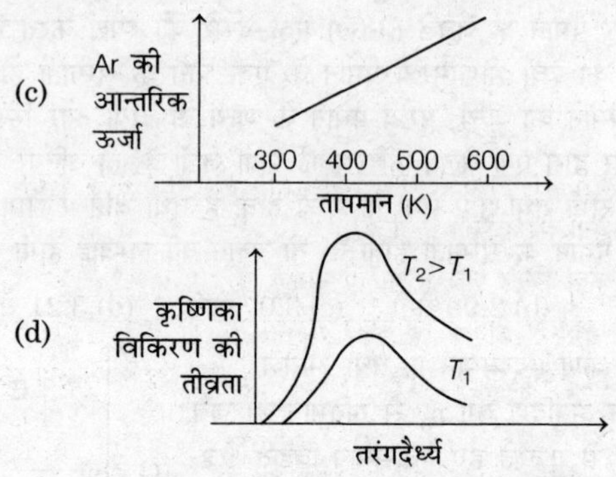

30. एक सील प्रवर्तक में एक खुला बीकर, जल वाष्प के साथ साम्यावस्था में है। जब कुछ ग्राम ग्लूकोस को जल के बीकर में डाला जाता है, तो जल के अणुओं की दर

(a) विलयन को कम कर देती है। (b) विलयन को बढ़ा देती है।
(c) वाष्प को बढ़ाती है। (d) वाष्प को कम करती है।

31. दी गई अभिक्रिया में प्रमुख ऐरोमैटिक उत्पाद 'C' है

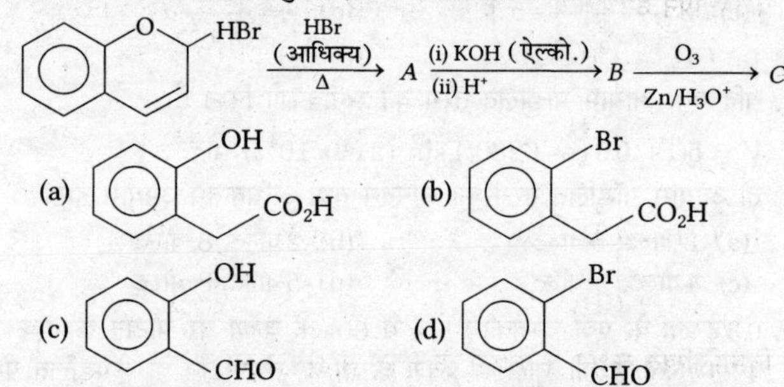

32. गर्म करने पर यौगिक (A) पर एक गैस (B) देता है, जो वायु का एक घटक है। उत्प्रेरक की उपस्थिति में H_2 के साथ क्रिया करने पर यह अन्य गैस (C) देता है, जो क्षारीय प्रकृति की है (A) नहीं होना चाहिए

(a) NH_4NO_2 (b) $(NH_4)_2Cr_2O_7$ (c) NaN_3 (d) $Pb(NO_3)_2$

33. सामान्यतया गुण (केवल परिमाण) जोकि, एक आवर्त में अन्य गुणों की तुलना में विपरीत गुणों को दर्शाता है

(a) विद्युत-ऋणात्मकता (b) इलेक्ट्रॉन लब्धि एन्थैल्पी
(c) आयनन एन्थैल्पी (d) परमाण्विक त्रिज्या

34. यदि AB_4 अणु एक ध्रुवीय अणु है, तो AB_4 की सम्भव ज्यामिति है

(a) वर्ग पिरैमिडीय (b) वर्ग समतलीय
(c) आयताकार समतलीय (d) चतुष्फलकीय

35. एक d^6 धात्विक आयन (M^{2+}) ऐक्वा लिगैण्ड के साथ एक संकुल बनाता है और संकुल का चुम्बकीय आघूर्ण 4.90 BM है, तो संकुल की ज्यामिति तथा क्रिस्टल क्षेत्र स्थायीकरण ऊर्जा होगी

(a) चतुष्फलकीय तथा $-1.6\Delta_t + 1P$ (b) अष्टफलकीय तथा $-2.4\,\Delta_0 + 2P$
(c) अष्टफलकीय तथा $-1.6\,\Delta_0$ (d) चतुष्फलकीय तथा $-0.6\,\Delta_t$

36. निम्नलिखित अभिक्रिया में प्रमुख उत्पाद है

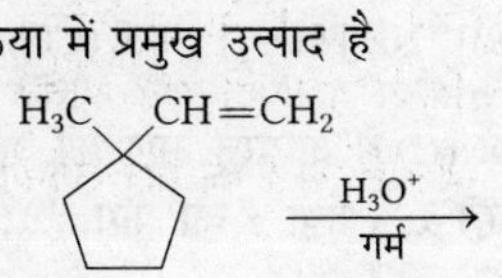

H_3C $CH{=}CH_2$ (साइक्लोपेन्टेन) $\xrightarrow[\text{गर्म}]{H_3O^+}$

(a) 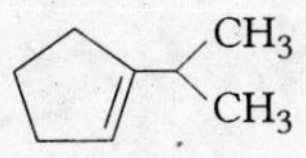 (साइक्लोपेन्टीन) $-CH(CH_3)_2$ (b) 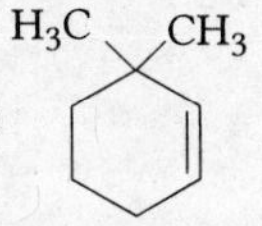 H_3C, CH_3 (साइक्लोहेक्सीन)

(c) 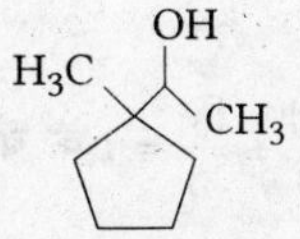 OH, H_3C, CH_3 (साइक्लोपेन्टेन) (d) 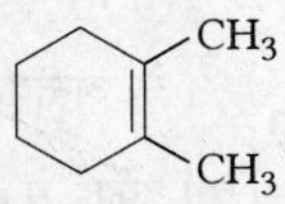 CH_3, CH_3 (साइक्लोहेक्सीन)

37. अष्टफलकीय Mn (II) तथा चतुष्फलकीय Ni (II) संकुल के लिए निम्नलिखित कथनों पर विचार कीजिए।

(I) दोनों संकुल उच्च चक्रण के हो सकते हैं।

(II) Ni (II) संकुल नगण्य ही निम्न चक्रण का हो सकता है।

(III) प्रबल क्षेत्र लिगैण्ड के साथ, Mn (II) संकुल निम्न चक्रण का हो सकता है।

(IV) Mn (II) आयन के जलीय विलयन का रंग पीला होता है।

(a) केवल I तथा II (b) केवल II, III तथा IV
(c) केवल I, II तथा III (d) केवल I, III तथा IV

38. ऐसी धातु जिसका उपयोग प्रकाश विद्युत सेल में होता है

(a) Na (b) Li (c) Cs (d) Rb

39. निम्नलिखित यौगिकों में से कौन-सा यौगिक OH^- आयन द्वारा नाभिकस्नेही प्रतिस्थापन अभिक्रिया के दौरान विन्यास का प्रतिधारण प्रदर्शित करता है?

(a) $CH_3-CH(C_6H_5)-Br$ (b) $CH_3-CH(C_2H_5)-CH_2Br$

(c) $CH_3-CH(CH_3)-Br$ (d) $CH_3-C(Br)(C_6H_{13})-H$

40. निम्नलिखित कथन व कारण के लिए सही विकल्प है

कथन (A) जब Cu (II) तथा सल्फाइड आयन को मिलाया जाता है तो ये तेजी से अभिक्रिया कर ठोस पदार्थ बनाते हैं।

कारण (R) $Cu^{2+}(aq) + S^{2-}(aq) = CuS(s)$ का साम्य स्थिरांक उच्च होता है, क्योंकि विलेयता उत्पाद निम्न है।

(a) दोनों (A) तथा (R) गलत हैं।
(b) दोनों (A) तथा (R) सही हैं तथा (A) के लिए (R) सही व्याख्या करता है।
(c) दोनों (A) तथा (R) सही हैं तथा (A) के लिए (R) सही व्याख्या नहीं करता है।
(d) (A) गलत है व (R) सही है।

41. कोलॉइडों के निर्माण के लिए निम्नलिखित में से किसका उपयोग किया जाता है?

(a) ब्रिडिग आर्क विधि (b) ओस्टवाल्ड प्रक्रम
(c) मॉण्ड प्रक्रम (d) वान-अर्केल विधि

42. हैलोजन निर्माण के कैरियस प्रक्रम में, 0.172 g एक कार्बनिक यौगिक, 0.08 g ब्रोमीन की उपस्थिति को प्रदर्शित करता है। निम्नलिखित में से कौन-सी संरचना इस यौगिक के लिए सही है?

(a) H_3C-Br (b) H_3C-CH_2-Br

(c) 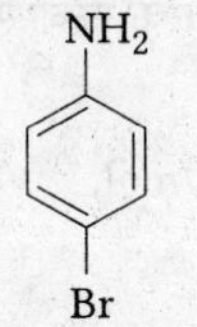 NH_2 (बेन्जीन वलय) Br (4-ब्रोमोऐनिलीन) (d) 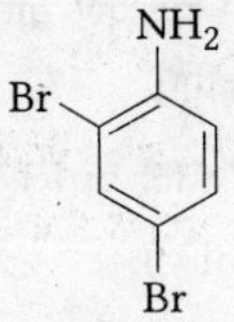 NH_2, Br, Br (2,4-डाइब्रोमोऐनिलीन)

43. निम्नलिखित अभिक्रियाओं पर विचार कीजिए।

(i) ग्लूकोस + $ROH \xrightarrow{\text{शुष्क HCl}}$ ऐसीटल $\xrightarrow{(CH_3CO)_2O \text{ के } x \text{ तुल्यांक}}$ ऐसीटिल व्युत्पन्न

(ii) ग्लूकोस $\xrightarrow{Ni/H_2} A \xrightarrow{(CH_3CO)_2O \text{ के } y \text{ तुल्यांक}}$ ऐसीटिल व्युत्पन्न

(iii) ग्लूकोस $\xrightarrow{(CH_3CO)_2O \text{ के } z \text{ तुल्यांक}}$ ऐसीटिल व्युत्पन्न

इस अभिक्रिया में '*x*', '*y*' तथा '*z*' क्रमश: हैं

(a) 5, 4 और 5 (b) 4, 5 और 5 (c) 5, 6 और 5 (d) 4, 6 और 5

44. दिए गए यौगिक का IUPAC नाम है

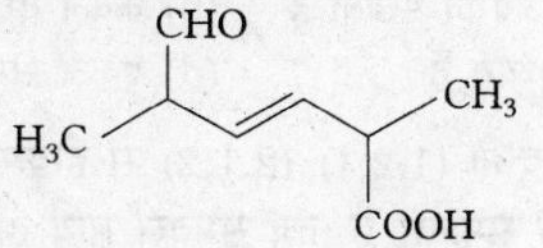

$H_3C-CH(CHO)-CH{=}CH-CH(CH_3)-COOH$

(a) 6-फॉर्मिल-2-मेथिल-हेक्स-3-ईन ओइक अम्ल
(b) 2, 5-डाइमेथिल-6-ऑक्सो-हेक्स-3-ईन ओइक अम्ल
(c) 2, 5-डाइमेथिल-6-कार्बोक्सि-हेक्स-3-ईनअल
(d) 2, 5-डाइमेथिल-5-कार्बोक्सि-हेक्स-3-ईनअल

45. जब तनु HCl विलयन को जलीय NaOH के साथ अनुमापित किया जाता है, तो निम्नलिखित में से किसकी आवश्यकता नहीं होती है?

(a) पीपेट तथा आसुत जल (b) ब्यूरेट तथा पॉरसलिन टाइल
(c) बुन्सेन बर्नर तथा मापन सिलेण्डर (d) क्लैम्प तथा फीनॉल्फ्थैलिन

खण्ड 'B' न्यूमैरिकल वैल्यू प्रश्न

46. $Cu(s) + Sn^{2+}(aq) \rightarrow Cu^{2+}(aq) + Sn(s)$;

$(E^\circ_{Sn^{2+}/Sn} = -0.16\ V,\ E^\circ_{Cu^{2+}/Cu} = 0.34\ V;\ F = 96500\ C\ mol^{-1}$

$[Cu^{2+}] = [Sn^{2+}] = 1\ M$ तथा 298 K तापमान पर दी गई अभिक्रिया के लिए गिब्स ऊर्जा में परिवर्तन ...... होगा।

47. अधिशोषक (*x*) के प्रति इकाई द्रव्यमान द्वारा विभिन्न दाबों पर अधिशोषित गैस का द्रव्यमान (*m*) है। $\log(x/m)$ तथा $\log p$ के बीच का ग्राफ सरल रेखा के रूप में होता है। जिसका ढ़ाल 2 तथा अन्तरखण्ड 0.477 के बराबर होता है। 4 वायुमण्डल के एक दाब पर $\log(x/m)$ का मान ...... है। (दिया है, $\log 3 = 0.4771$)

48. दिए गए अणु में किरैल कार्बन की संख्या ...... है।

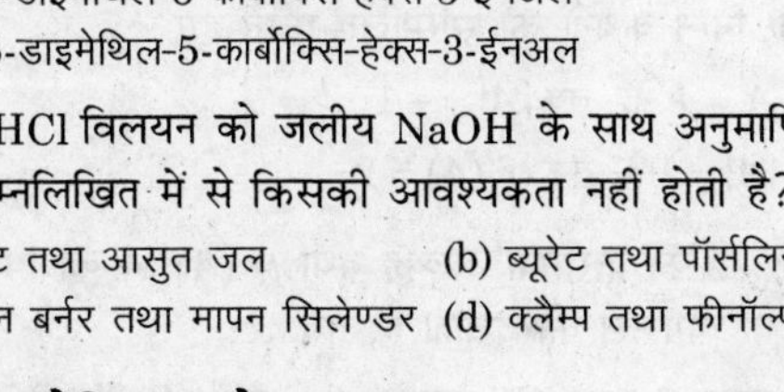

(संरचना: N, O, H, H_3C, HO, CH_3, N युक्त क्विनोलीन व्युत्पन्न)

49. 90 g जल के 100°C पर पूर्ण वाष्पीकरण द्वारा आन्तरिक ऊर्जा में परिवर्तन (J में)......होगा।

(दिया है, 373 K पर जल के लिए, $\Delta H_{vap} = 41 kJ/mol$, $R = 8.314 JK^{-1} mol^{-1}$)

50. $Na_4[Fe(CN)_5(NOS)]$, $Na_4[FeO_4]$, $[Fe_2(CO)_9]$
(A) (B) (C)

यौगिक (A), (B) तथा (C) में आयरन अणु की ऑक्सीकरण अवस्था क्रमशः x, y तथा z हैं। x, y तथा z का योग.......होगा।

गणित

खण्ड 'A' ऑब्जेक्टिव प्रश्न

51. माना कि S, सभी $\lambda \in R$ का एक समुच्चय है, जिसके लिए रैखिक समीकरणों

$$2x - y + 2z = 2$$
$$x - 2y + \lambda z = -4$$
$$x + \lambda y + z = 4$$

का कोई हल नहीं है, तब समुच्चय 'S'

(a) दो से अधिक अवयव रखता है (b) केवल दो अवयव रखता है
(c) एक रिक्त समुच्चय है (d) एकल समुच्चय है

52. समतल, जोकि बिन्दुओं (1,2,1), (2,1,2) से होकर गुजरता है तथा रेखा $2x = 3y, z = 1$ के समान्तर है, तब समतल साथ ही किस बिन्दु से गुजरेगा?

(a) (– 2, 0, 1) (b) (0, 6, – 2) (c) (0, – 6, 2) (d) (2, 0, – 1)

53. माना A एक 2×2 का वास्तविक आव्यूह है जिसमें प्रविष्टियाँ $\{0, 1\}$ तथा $|A| \neq 0$ है, निम्न कथनों को सम्मिलित करते हुए

(P) यदि $A \neq I_2$ है, तब $|A| = -1$

(Q) यदि $|A| = 1$ है, तब $tr(A) = 2$

जहाँ I_2, 2×2 का तत्समक आव्यूह तथा $tr(A)$, A की विकर्णीय प्रविष्टियों के योगफल को दर्शाता है, तब

(a) (P) असत्य है तथा (Q) सत्य है (b) दोनों (P) तथा (Q) असत्य हैं
(c) (P) सत्य तथा (Q) असत्य है (d) दोनों (P) तथा (Q) सत्य हैं

54. फलन, $f(x) = \sin^{-1}\left(\frac{|x| + 5}{x^2 + 1}\right)$ का प्रान्त $(-\infty, -a] \cup [a, \infty)$ है, तब a बराबर है

(a) $\frac{\sqrt{17}}{2} + 1$ (b) $\frac{\sqrt{17} - 1}{2}$ (c) $\frac{1 + \sqrt{17}}{2}$ (d) $\frac{\sqrt{17}}{2}$

55. माना समीकरण $5x^2 + 6x - 2 = 0$ के मूल α तथा β है। यदि $S_n = \alpha^n + \beta^n, n = 1, 2, 3, \ldots$ है, तब

(a) $5S_6 + 6S_5 + 2S_4 = 0$ (b) $6S_6 + 5S_5 + 2S_4 = 0$
(c) $6S_6 + 5S_4 = 2S_4$ (d) $5S_6 + 6S_5 = 2S_4$

56. सरल रेखा $2x - y = 0$ के समान्तर रेखा, जोकि अतिपरवलय $\frac{x^2}{4} - \frac{y^2}{2} = 1$ की बिन्दु (x_1, y_1) पर स्पर्शी है, तब $x_1^2 + 5y_1^2$ बराबर है

(a) 10 (b) 5 (c) 6 (d) 8

57. माना वक्र $y = x^2 + 7x + 2$ पर कोई बिन्दु $P(\lambda, K)$ है, जो कि रेखा $y = 3x - 3$ के समीप है, तब बिन्दु P पर वक्र के अभिलम्ब का समीकरण है

(a) $x - 3y - 11 = 0$ (b) $x - 3y + 22 = 0$
(c) $x + 3y - 62 = 0$ (d) $x + 3y + 26 = 0$

58. दीर्घवृत्त $\frac{x^2}{4} + \frac{y^2}{9} = 1$ के अन्तर्वृत तथा क्षेत्र $\frac{|x|}{2} + \frac{|y|}{3} = 1$ के बर्हिवृत्त क्षेत्र का क्षेत्रफल (वर्ग इकाई में) होगा

(a) $6(\pi - 2)$ (b) $3(\pi - 2)$ (c) $3(4 - \pi)$ (d) $6(4 - \pi)$

59. बॉक्स I में 30 कार्ड हैं, जिसमें 1 से 30 संख्याएँ निहित हैं तथा बॉक्स II में 20 कार्ड हैं, जिसमें 31 से 50 संख्याएँ निहित हैं एक बॉक्स को यादृच्छिक रूप से चुना जाता है तथा इसमें से कार्ड निकाला जाता है, तब निकाले गए कार्ड पर प्राप्त संख्या एक सह-अभाज्य संख्या है, तब कार्ड के बॉक्स I से निकाले जाने की प्रायिकता है

(a) $\frac{8}{17}$ (b) $\frac{2}{3}$ (c) $\frac{2}{5}$ (d) $\frac{4}{17}$

60. माना $\alpha > 0, \beta > 0$ इस प्रकार है कि $\alpha^3 + \beta^3 = 4$, यदि $(\alpha x^{1/9} + \beta x^{-1/6})^{10}$ के द्विपद विस्तार में x से स्वतन्त्र पद का महत्तम मान $10K$ है, तब K बराबर होगा

(a) 84 (b) 176 (c) 352 (d) 336

61. माना $X = \{x \in N : 1 \leq x \leq 17\}$ तथा $Y = \{ax + b : x \in X$ तथा $a, b \in R, a > 0\}$. यदि y के माध्य तथा प्रसरण क्रमश 17 तथा 216 हैं, तब $a + b$ बराबर है

(a) 9 (b) 7 (c) – 7 (d) – 27

62. माना $y = y(x)$ अवकल समीकरण $\frac{2 + \sin x}{y + 1} \cdot \frac{dy}{dx} = -\cos x, y > 0, y(0) = 1$ का हल है यदि $y(\pi) = a$ तथा $x = a$ पर, $\frac{dy}{dx} = b$ है, तब क्रमित युग्म (a, b) बराबर हैं

(a) (1, 1) (b) $\left(2, \frac{3}{2}\right)$ (c) (1, – 1) (d) (2, 1)

63. यदि $|x| < 1, |y| < 1$ तथा $x \neq y$ है, तब निम्नलिखित श्रेणी $(x + y) + (x^2 + xy + y^2) + (x^3 + x^2y + xy^2 + y^3) + \ldots$ के अनन्त पदों का योग होगा

(a) $\frac{x + y + xy}{(1 + x)(1 + y)}$ (b) $\frac{x + y - xy}{(1 - x)(1 - y)}$
(c) $\frac{x + y + xy}{(1 - x)(1 - y)}$ (d) $\frac{x + y - xy}{(1 + x)(1 + y)}$

64. यदि $p(x)$ एक बहुपद है, जिसकी कोटि तीन तथा उसका $x = 1$ पर स्थानीय महत्तम मान 8 तथा $x = 2$ पर स्थानीय निम्नतम मान 4 है, तब $p(0)$ बराबर होगा

(a) – 24 (b) 6 (c) 12 (d) – 12

65. यदि वक्र $y = x + \sin y$ की बिन्दु (a, b) पर स्पर्शी बिन्दुओं $\left(0, \frac{3}{2}\right)$ तथा $\left(\frac{1}{2}, 2\right)$ को मिलाने वाली रेखा के समान्तर है, तब

(a) $|b - a| = 1$ (b) $|a + b| = 1$ (c) $b = a$ (d) $b = \frac{\pi}{2} + a$

66. गुणोत्तर श्रेढ़ी के प्रथम तीन पदों का योग S तथा गुणन 27 है, तब S स्थित होगा

(a) $(-\infty, 9]$ (b) $[-3, \infty)$

(c) $(-\infty, -9] \cup [3, \infty)$ (d) $(-\infty, -3] \cup [9, \infty)$

67. यदि फलन $f(x)$ जोकि इस प्रकार परिभाषित है कि

$$f(x) = \begin{cases} ae^x + be^{-x}, & -1 \le x < 1 \\ cx^2, & 1 \le x \le 3 \\ ax^2 + 2cx, & 3 < x \le 4 \end{cases}$$

यह $a, b, c \in R$ के लिए सतत् है तथा $f'(0) + f'(2) = e$ है, तब a का मान होगा

(a) $\frac{e}{e^2 + 3e + 13}$ (b) $\frac{e}{e^2 - 3e - 13}$

(c) $\frac{1}{e^2 - 3e + 13}$ (d) $\frac{e}{e^2 - 3e + 13}$

68. यदि $R = \{(x, y) : x, y \in z, x^2 + 3y^2 \le 8\}$ एक पूर्णांक z के समुच्चय पर सम्बन्ध है, तब R^{-1} का प्रान्त है

(a) $\{-1, 0, 1\}$ (b) $\{-2, -1, 1, 2\}$

(c) $\{-2, -1, 0, 1, 2\}$ (d) $\{0, 1\}$

69. कथन ''यदि मैं स्टेशन समय पर पहुँच जाता हूँ, तब मैं रेलगाड़ी को पकड़ लूँगा'' का प्रतिधनात्मक होगा

(a) यदि मैं स्टेशन समय पर नहीं पहुँचता हूँ, तब मैं रेलगाड़ी को पकड़ लूँगा।

(b) यदि मैं रेलगाड़ी नहीं पकड़ता हूँ, तब मैं समय पर स्टेशन नहीं पहुँचता हूँ।

(c) यदि मैं समय पर स्टेशन नहीं पहुँचता हूँ, तब मैं रेलगाड़ी को नहीं पकड़ता हूँ।

(d) यदि मैं रेलगाड़ी को पकड़ लेता हूँ, तब मैं समय पर स्टेशन पहुँचता हूँ।

70. $\left(\dfrac{1 + \sin\frac{2\pi}{9} + i\cos\frac{2\pi}{9}}{1 + \sin\frac{2\pi}{9} - i\cos\frac{2\pi}{9}}\right)^3$ का मान है

(a) $-\frac{1}{2}(\sqrt{3} - i)$ (b) $-\frac{1}{2}(1 - i\sqrt{3})$

(c) $\frac{1}{2}(\sqrt{3} + i)$ (d) $\frac{1}{2}(1 + i\sqrt{3})$

खण्ड 'B' न्यूमैरिकल वैल्यू प्रश्न

71. यदि शब्द 'MOTHER' के अक्षरों को संचय किया जाता है तथा सभी शब्दों को वर्णमाला में निर्मित किया जाता है (आशय और बिना किसी आशय के), तब शब्द 'MOTHER' की स्थिति ...... होगी।

72. समाकलन $\int_0^2 ||x-1|-x| dx$ बराबर है......।

73. k के पूर्णांक मानों की संख्या जिसके लिए रेखा, $3x + 4y = k$, वृत्त $x^2 + y^2 - 2x - 4y + 4 = 0$ को दो बिन्दुओं पर प्रतिच्छेद करती है......।

74. यदि

$$\lim_{x \to 1} \frac{x + x^2 + x^3 + \ldots + x^n - n}{x - 1}$$

$= 820, (n \in N)$ है, तब n का मान बराबर है......।

75. माना **a**, **b** तथा **c** तीन एकल सदिश इस प्रकार हैं कि $|\mathbf{a} - \mathbf{b}|^2 + |\mathbf{a} - \mathbf{c}|^2 = 8$ है, तब $|\mathbf{a} + 2\mathbf{b}|^2 + |\mathbf{a} + 2\mathbf{c}|^2$ बराबर है......।

सही उत्तर

भौतिकी

1. (a)	2. (d)	3. (c)	4. (b)	5. (a)	6. (d)	7. (b)	8. (b)	9. (c)	10. (c)
11. (c)	12. (b)	13. (b)	14. (c)	15. (a)	16. (b)	17. (d)	10. (b)	19. (c)	20. (a)
21. (4)	22. (9)	23. (3)	24. (15)	25. (4)					

रसायन विज्ञान

26. (a)	27. (d)	28. (d)	29. (c)	30. (c)	31. (c)	32. (d)	33. (d)	34. (a)	35. (d)
36. (d)	37. (c)	38. (c)	39. (b)	40. (c)	41. (a)	42. (c)	43. (d)	44. (b)	45. (c)
46. (96500)	47. (48)	48. (5)	49. (189494)	50. (6)					

गणित

51. (b)	52. (a)	53. (d)	54. (c)	55. (d)	56. (c)	57. (d)	58. (a)	59. (a)	60. (d)
61. (c)	62. (a)	63. (b)	64. (d)	65. (a)	66. (d)	67. (d)	68. (a)	69. (b)	70. (a)
71. (309)	72. (1.5)	73. (9)	74. (40)	75. (2)					

संकेत एवं हल

भौतिकी

1. *(a)* गैस के मिश्रण की आन्तरिक ऊर्जा = इसके अवयवों की आन्तरिक ऊर्जा का योग

गैस की आन्तरिक ऊर्जा, $U = \frac{f}{2}nRT$

यहाँ, ऑक्सीजन (द्वि-परमाणुक) के लिए, $f = 5$

तथा आर्गन (एक-परमाणुक) के लिए, $f = 3$

मिश्रण की कुल ऊर्जा,

$$U = \left(\frac{f}{2}nRT\right)_{\text{ऑक्सीजन}} + \left(\frac{f}{2}nRT\right)_{\text{आर्गन}}$$

$$= \frac{5}{2} \times 3 \times RT + \frac{3}{2} \times 5 \times RT = 15RT$$

अत: विकल्प (a) सही है।

2. *(d)* दिया है, अवतल दर्पण की वक्रता त्रिज्या, $R = -8$ सेमी

$\therefore$ फोकस दूरी, $f = \frac{R}{2} = -\frac{8}{2} = -4$ सेमी

वस्तु की दूरी, $u = -10$ सेमी

दर्पण सूत्र द्वारा, $\frac{1}{v} = \frac{1}{f} - \frac{1}{u} = -\frac{1}{4} - \frac{1}{(-10)} = \frac{-3}{20}$

$\Rightarrow \quad v = -6.67$ सेमी (वास्तविक)

आवर्धन, $m = \frac{-v}{u} = -\frac{(-6.67)}{(-10)} = -0.667$

यहाँ m का मान ऋणात्मक तथा 1 से कम है। अत: प्रतिबिम्ब उल्टा, वास्तविक और अनआवर्धित है।

अत: विकल्प (d) सही है।

3. *(c)* दिया है, नमूने में U^{235} के मोलों की संख्या,

$$n = \frac{\text{नमूने का द्रव्यमान}}{\text{मोलर द्रव्यमान}} = \frac{2}{235} \text{ किलोमोल}$$

U^{235} के नमूने में अणुओं की संख्या

$= \text{मोलों की संख्या} \times N$

$= \frac{2}{235} \times 6.023 \times 10^{26}$

कुल प्राप्त ऊर्जा = अणुओं की संख्या × एक अणु की ऊर्जा

$$= \frac{2 \times 6.023 \times 10^{26}}{235} \times 200 \times 10^{6} \times 1.6 \times 10^{-19} \text{ जूल}$$

$\therefore$ शक्ति $= \frac{\text{ऊर्जा}}{\text{समय}}$

$$= \frac{2 \times 6.023 \times 10^{26} \times 200 \times 10^{6} \times 1.6 \times 10^{-19}}{235 \times 30 \times 24 \times 3600}$$

$= 63.2 \times 10^{6}$ वाट $= 63.2$ मेगावाट

यहाँ शक्ति का मान 60 मेगावाट के निकटस्थ है।

अत: विकल्प (c) सही है।

4. *(b)* प्रश्न में दिये गये यंग के द्वि-स्लिट प्रयोग की व्यवस्था निम्न है

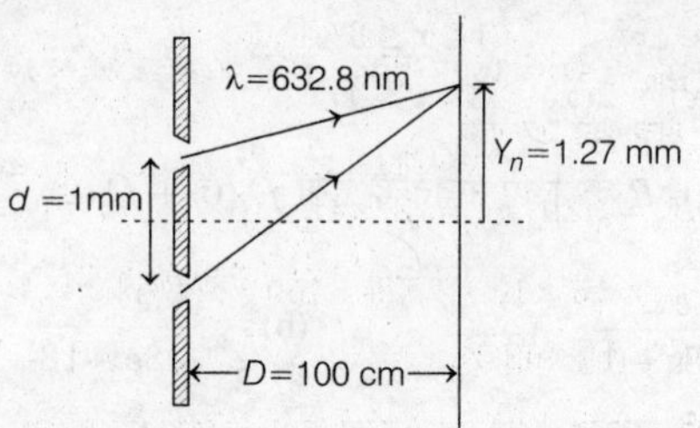

केन्द्रीय दीप्त फ्रिन्ज से दीप्त फ्रिन्ज की दूरी, $Y_n = \frac{n\lambda D}{d}$

यहाँ, $n\lambda$ = ऊपरी तथा निचली स्लिट से आने वाली किरणों के मध्य पथान्तर है।

अत: पथान्तर, $n\lambda = \frac{Y_n d}{D}$

$= \frac{1.27 \times 10^{-3} \times 10^{-3}}{100 \times 10^{-2}} = 1.27 \times 10^{-6}$ मी $= 1.27$ माइक्रोमीटर

अत: विकल्प (b) सही है।

5. *(a)* प्रश्न में दी गई व्यवस्था निम्न है

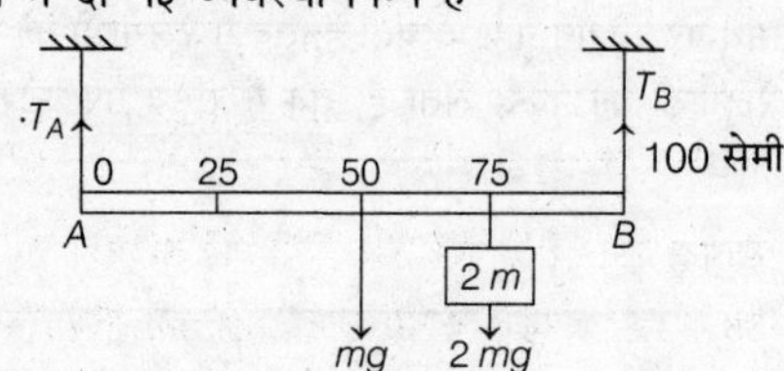

छड़ साम्यावस्था में है। अत: बिन्दु B के परित: कुल आघूर्ण शून्य है, तब

$$T_A \times 100 - mg \times 50 - 2mg \times 25 = 0 \Rightarrow T_A = 1\, mg$$

अत: विकल्प (a) सही है।

6. *(d)* एक बेलन पर चित्रानुसार बल आरोपित होता है

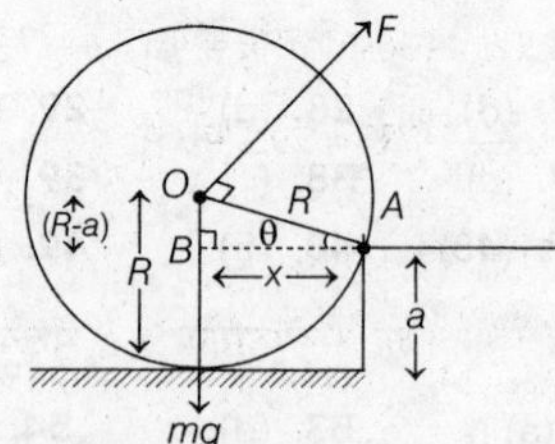

बिन्दु A के परित: आघूर्ण उत्पन्न करने हेतु बल F का मान पर्याप्त है।

$\therefore$ बिन्दु A के परित: बल के कारण आघूर्ण = बिन्दु A के परित: भार का आघूर्ण

$$F \cdot R = Mgx \quad \ldots(i)$$

ΔOAB में, $\quad x = \sqrt{R^2 - (R-a)^2} \quad \ldots(ii)$

समी (ii) से x मान समी (i) में रखने पर,

$\Rightarrow \quad F \cdot R = Mg\sqrt{R^2 - (R-a)^2}$

$\Rightarrow \quad F = \frac{Mg}{R}\sqrt{R^2-(R-a)^2} = Mg\sqrt{1-\left(\frac{R-a}{R}\right)^2}$

अतः विकल्प (d) सही है।

7. *(b)* एक विद्युत चुम्बकीय तरंग के चुम्बकीय क्षेत्र का ऊर्जा घनत्व,

$$u_B = \frac{1}{2}\left(\frac{B_0^2}{\mu_0}\right)$$

यहाँ, $\mu_0 = 4\pi \times 10^{-7}$ यूनिट तथा $u_B = 1.02 \times 10^{-8}$ जूल मी$^{-3}$

चुम्बकीय क्षेत्र का आयाम,

$$B_0 = \sqrt{2\mu_0 u_B} = \sqrt{2 \times 4\pi \times 10^{-7} \times 1.02 \times 10^{-8}}$$

$= 16 \times 10^{-8}$ टेस्ला $= 160$ नैनोटेस्ला

अतः विकल्प (b) सही है।

8. *(b)* स्थायी चुम्बक P में चुम्बकीय गुण अधिक समय तक उपस्थित रहते हैं। अतः स्थायी चुम्बक की निग्राहिता तथा धारणशीलता उच्च होती है। जबकि विद्युत चुम्बक तथा ट्रांसफॉर्मर की कोर T में शीघ्रता से चुम्बकत्व का गुण समाप्त हो जाता है। अतः इनकी निग्राहिता निम्न होती है। अतः विकल्प (b) सही है।

9. *(c)* प्रश्न में दी गई स्थिति को नीचे दर्शाया गया है

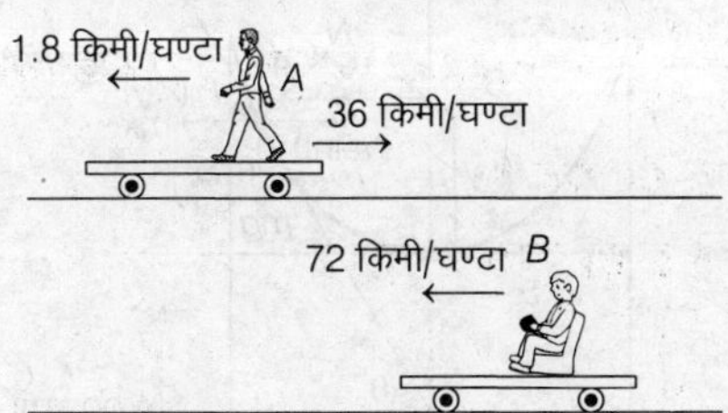

धरातल के सापेक्ष ट्रेन A में स्थित व्यक्ति की चाल

$= 36 - 1.8 = 34.2$ किमी/घण्टा (A की दिशा में)

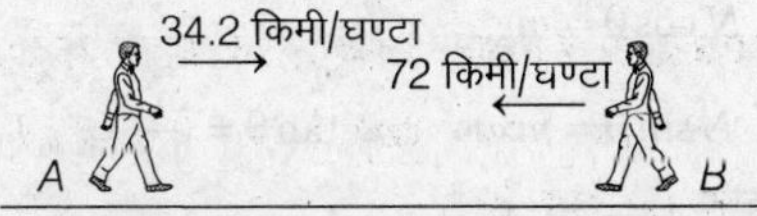

ट्रेन B के प्रेक्षक द्वारा ट्रेन A पर उपस्थित व्यक्ति की प्रेक्षित चाल,

$v_{AB} = 34.2 + 72 = 106.2$ किमी/घण्टा

$= 106.2 \times \frac{5}{18}$ मी/से $= 29.5$ मी/से

अतः विकल्प (c) सही है।

10. *(c)* दिया है, मुख्य पैमाने का अल्पतमांक = 1 मुख्य पैमाने का भाग (MSD) = 1 मिमी

वर्नियर पैमाने के 10 भाग = मुख्य पैमाने के 9 भाग

$\Rightarrow$ वर्नियर पैमाने का 1 भाग $= \frac{9}{10}$MSD $= 0.9$ MSD $= 0.9$ मिमी

वर्नियर नियतांक या यन्त्र का अल्पतमांक,

$$LC = 1\,MSD - 1\,VSD = 1\,MSD - \frac{9}{10}MSD$$

$$= \left(\frac{10-9}{10}\right)MSD = \frac{1}{10}MSD$$

$= \frac{1 \text{ मिमी}}{10} = 0.1$ मिमी या 0.01 सेमी

वर्नियर पैमाने का शून्य, मुख्य पैमाने के दायीं ओर है। अतः त्रुटि धनात्मक है।

शून्य त्रुटि $= 7 \times LC = 7 \times 0.01$ सेमी $= 0.07$ सेमी

दिया है, मुख्य पैमाने का पाठ्यांक, MSR = 3.1 सेमी

वर्नियर पैमाने का पाठ्यांक, VSR = 4 भाग

$\therefore$ प्रेक्षित मान = MSR + VSR × LC − शून्य त्रुटि

$= 3.1 + 4 \times 0.01 - 0.07 = 3.14$ सेमी $- 0.07$ सेमी

$= 3.07$ सेमी

अतः विकल्प (c) सही है।

11. *(c)* आवेशित कण द्वारा अनुसरित पथ को नीचे दिये गये चित्र में दर्शाया गया है

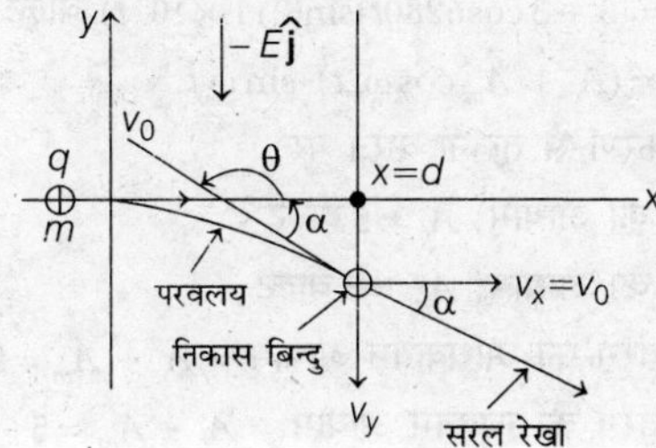

जब कण विद्युत क्षेत्र $(0 < x \le d)$ में होता है, तो इसके वेग के दो अवयव होते हैं—

X-अक्ष के अनुदिश, $\mathbf{v}_x = v_0\hat{\mathbf{i}}$ ...(i)

Y-अक्ष के अनुदिश, $\mathbf{v}_y = a_y \cdot t\hat{\mathbf{j}}$

यहाँ, t = कण द्वारा क्षेत्र को तय करने में लगा समय।

$\because \quad \mathbf{v}_y = \frac{F}{m}\cdot t\hat{\mathbf{j}} \quad (\because F = ma)$

$\Rightarrow \quad = \frac{-qEt}{m}\hat{\mathbf{j}}$ ...(ii)

यदि कण क्षेत्र को t समय में तय कर लेता है, तब

$d = v_0 t \Rightarrow t = \frac{d}{v_0}$ ...(iii)

समी (ii) तथा (iii) से,

$$\mathbf{v}_y = \frac{-qEd}{mv_0}\cdot\hat{\mathbf{j}} \Rightarrow \tan\alpha = \frac{|\mathbf{v}_y|}{|\mathbf{v}_x|} = \frac{qEd}{mv_0^2}$$

जब कण क्षेत्र से बाहर आता है, तब कण के पथ का ढाल (प्रवणता),

$$m' = \tan\theta = \tan(180° - \alpha)$$

$$= -\tan\alpha = \frac{-qEd}{mv_0^2}$$

निकास बिन्दु के y-निर्देशांक, $y = \frac{1}{2}a_y t^2$

$\Rightarrow \quad y = \frac{-1}{2}\left(\frac{qE}{m}\right)\cdot t^2 = -\frac{1}{2}\frac{qEd^2}{mv_0^2}$

चित्र में दर्शाये अनुसार अवरोधन दूरी $c, -y$ है।

$$c = \left(\frac{1}{2}\frac{qEd^2}{mv_0^2}\right)$$

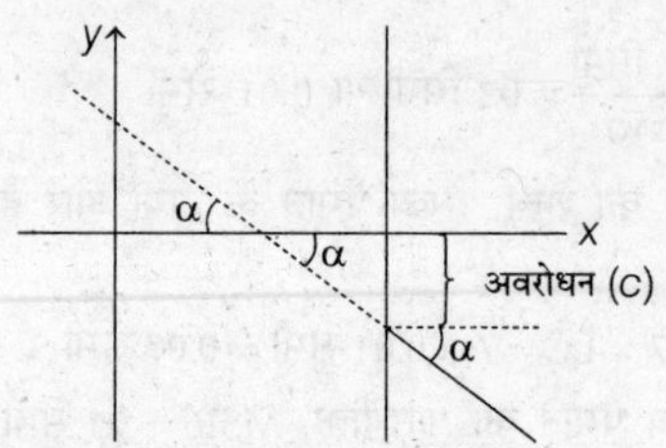

पथ की समीकरण, $y = m'x + c$

$$\Rightarrow \quad y = \frac{-qEdx}{mv_0^2} + \frac{1}{2}\frac{qEd^2}{mv_0^2} = \frac{qEd}{mv_0^2}\left(\frac{d}{2} - x\right)$$

अत: विकल्प (c) सही है।

12. *(b)* आयाम मॉडुलित तरंग की समीकरण,

$$V = 5(1 + 0.6\cos 6280t)\sin(211 \times 10^4 t) \text{ वोल्ट}$$
$$= (5 + 3\cos 6280t)\sin(211 \times 10^4 t) \text{ वोल्ट}$$
$$V = (A_c + A_m \cos\omega_m t)\cdot \sin\omega_c t$$

मानक समीकरण से तुलना करने पर,

वाहक तरंग का आयाम, $A_c = 5$ वोल्ट

सूचना तरंग का आयाम, $A_m = 3$ वोल्ट

$\therefore$ मॉडुलित तरंग का अधिकतम आयाम $= A_c + A_m = 5 + 3 = 8$ वोल्ट

$\therefore$ मॉडुलित तरंग का न्यूनतम आयाम $= A_c - A_m = 5 - 3 = 2$ वोल्ट

13. *(b)* कुण्डलीनुमा पथ की पिच

$$= T\cdot v\cos\theta = \frac{2\pi m}{Bq}\cdot v\cos\theta \qquad \left(\because T = \frac{2\pi m}{Bq}\right) \quad ...(i)$$

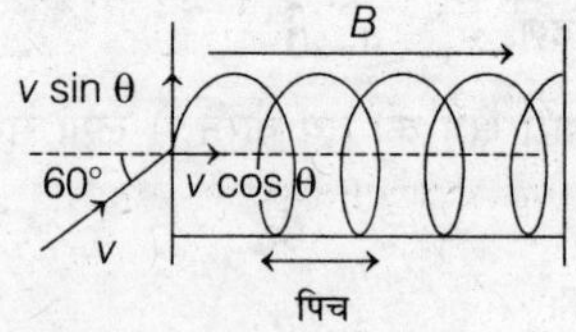

समी (i) में मान रखने पर,

$$= \frac{2 \times 3.14 \times 1.67 \times 10^{-27} \times 4 \times 10^5 \times \cos 60°}{(1.69 \times 10^{-19})(0.3)} = 0.04 \text{ मी} = 4 \text{ सेमी}$$

14. *(c)* त्रिज्या R की आकृति से सम्बद्ध द्रव्यमान m द्वारा तारे को बल प्रदान किया जाता है, जैसा कि चित्र में दर्शाया गया है

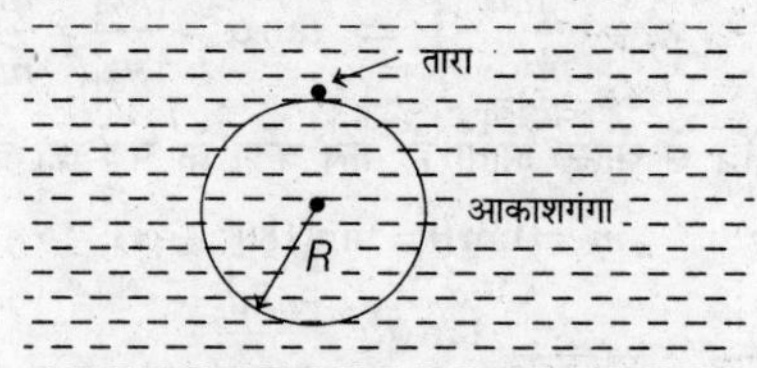

यहाँ, $R =$ तारे की कक्षीय त्रिज्या

माना एक गोलीय क्षेत्र की त्रिज्या r तथा मोटाई dr है।

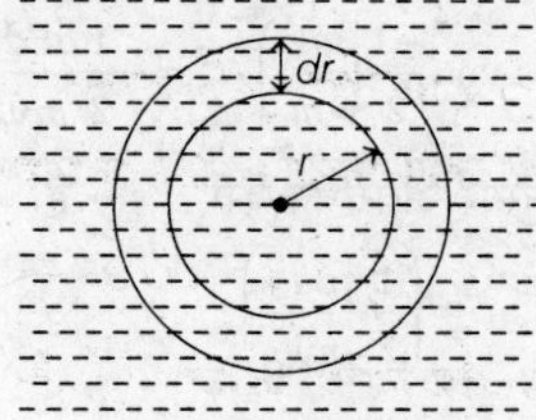

इस क्षेत्र में उपस्थित द्रव्यमान,

$$dm = \text{घनत्व} \times \text{आयतन} = \frac{k}{r}\cdot 4\pi r^2 \cdot dr$$

R त्रिज्या के क्षेत्र में उपस्थित कुल द्रव्यमान,

$$M = \int_0^R dm = \int_0^R \frac{k}{r}\cdot 4\pi r^2 dr = 4\pi k\left[\frac{r^2}{2}\right]_0^R = 2k\pi R^2$$

गुरुत्वीय बल, इसके द्रव्यमान को धकेलता है, जोकि तारे के घूर्णन हेतु अभिकेन्द्रीय बल प्रदान करता है। अत:

$$\frac{GMm}{R^2} = \frac{mv^2}{R} \Rightarrow v^2 = \frac{GM}{R} = \frac{G2k\pi R^2}{R} \Rightarrow v^2 = 2Gk\pi R$$

$$\Rightarrow \quad v = \sqrt{2Gk\pi R}$$

घूर्णन का आवर्तकाल,

$$T = \frac{2\pi R}{v} = \frac{2\pi R}{\sqrt{2Gk\pi R}} \Rightarrow T \propto \sqrt{R} \text{ या } T^2 \propto R$$

अत: विकल्प (c) सही है।

15. *(a)* माना कि किसी बिन्दु $P(x, y)$ की स्पर्श-ज्या X-अक्ष से चित्रानुसार कोण θ बनाती है।

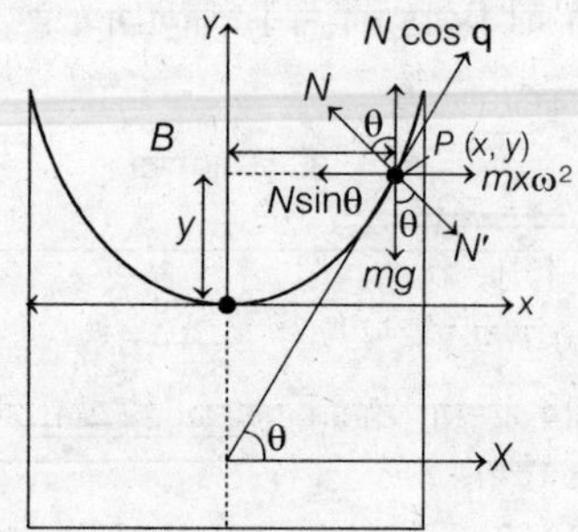

माना कि पात्र के घूर्णित निर्देश तन्त्र में N अभिक्रिया प्रतिबल है, तब

$$N\cos\theta = mg$$

तथा $\quad N\sin\theta = mx\omega^2 \Rightarrow \tan\theta = \frac{\omega^2 x}{g}$

परन्तु $\tan\theta = \frac{dy}{dx} =$ स्पर्श-ज्या का ढाल

$$\therefore \quad \frac{dy}{dx} = \frac{\omega^2 x}{g} \Rightarrow y = \int dy = \int \frac{\omega^2 x}{g}\cdot dx \Rightarrow y = \frac{\omega^2}{g}\cdot\frac{x^2}{2}$$

पात्र में उपस्थित द्रव के घूर्णन के उच्च बिन्दु पर

$$y = h \text{ और } x = R \Rightarrow h = \frac{\omega^2 R^2}{2g}$$

दिया है, $R = 5$ सेमी

$$\Rightarrow \quad h = \frac{\omega^2(5)^2}{2g} = \frac{25\,\omega^2}{2g} \text{ सेमी}$$

अत: विकल्प (a) सही है।

16. *(b)* तनी हुई डोरी के दोलन की मूल आवृत्ति, $f = \frac{1}{2l}\sqrt{\frac{T}{\mu}}$

यहाँ, $l =$ डोरी की लम्बाई, $T =$ डोरी में तनाव

तथा $\mu =$ डोरी की प्रति एकांक लम्बाई का द्रव्यमान।

दिया है, X तथा Z एक आदर्श डोरी है।

$\therefore X$ तथा Z के लिए l तथा μ का मान समान होगा

$$f \propto \sqrt{T} \Rightarrow \frac{f_X}{f_Z} = \sqrt{\frac{T_X}{T_Z}}$$

$$\frac{T_X}{T_Z} = \frac{f_X^2}{f_Z^2} = \left(\frac{450}{300}\right)^2 = \frac{9}{4} = 2.25$$

अत: विकल्प (b) सही है।

17. *(d)* ऐलुमिनियम का प्रतिरोध, कॉपर से अधिक होता है तथा मर्करी का प्रतिरोध सभी में उच्च होता है।

अत: $\rho_M > \rho_A > \rho_C$

अत: विकल्प (d) सही है।

18. *(b)* माना चाल, क्षेत्रफल तथा बल, यंग के प्रत्यास्थता गुणांक से निम्न प्रकार सम्बन्धित है

$$Y = F^x A^y v^z$$

$$[\mathrm{ML^{-1}T^{-2}}] = [\mathrm{MLT^{-2}}]^x [\mathrm{L^2}]^y [\mathrm{LT^{-1}}]^z$$

$$[\mathrm{ML^{-1}T^{-2}}] = [\mathrm{M}]^x [\mathrm{L}]^{x+2y+x} [z]^{-2x-z}$$

समान राशियों की घातों की तुलना करने पर,

$$x = 1, x + 2y + z = -1 \Rightarrow -2x - z = -2$$

हल करने पर,

$$x = 1, y = -1, z = 0$$

$$[Y] = [\mathrm{FA^{-1}v^0}]$$

अत: विकल्प (b) सही है।

19. *(c)* चित्र में दर्शाये अनुसार टक्कर प्रत्यास्थ है, अत: संवेग तथा गतिज ऊर्जा दोनों ही संरक्षित रहेंगे।

$u_1 = u\,\hat{\mathbf{i}}$ $u_2 = 0$

m $3m$

टक्कर से पूर्व

$v_1 = v\,\hat{\mathbf{j}}$

m $3m$ v_2

टक्कर के पश्चात्

संवेग संरक्षण द्वारा,

$$mu\hat{\mathbf{i}} = mv\hat{\mathbf{j}} + 3m\mathbf{v}_2 \Rightarrow \mathbf{v}_2 = \frac{1}{3}(u\hat{\mathbf{i}} - v\hat{\mathbf{j}})$$

$$\Rightarrow \quad |\mathbf{v}_2| = \sqrt{\frac{u^2 + v^2}{9}} \quad \text{या} \quad v_2^2 = (u^2 + v^2)/9 \quad \text{...(i)}$$

गतिज ऊर्जा संरक्षण द्वारा,

$$\Rightarrow \quad \frac{1}{2}mu^2 = \frac{1}{2}mv^2 + \frac{1}{2}3mv_2^2 \Rightarrow u^2 = v^2 + 3v_2^2 \quad \text{...(ii)}$$

समी (i) से v_2^2 का मान समी (ii) में रखने पर,

$$u^2 = v^2 + 3\left(\frac{u^2 + v^2}{9}\right)$$

$$\Rightarrow \quad \frac{2}{3}u^2 = \frac{4}{3}v^2 \Rightarrow v = \frac{u}{\sqrt{2}}$$

अत: विकल्प (c) सही है।

20. *(a)* प्रश्नानुसार,

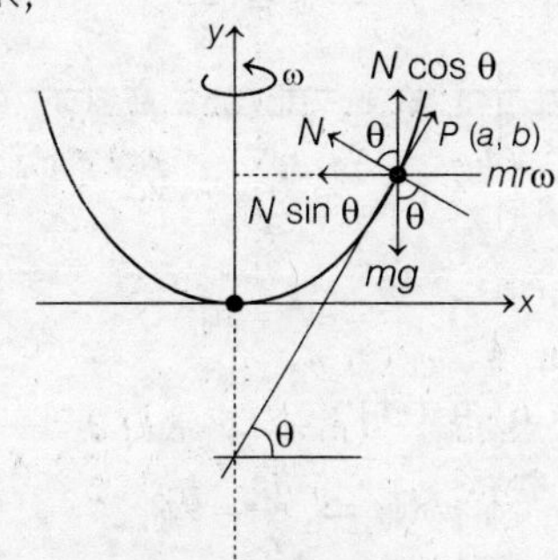

घूर्णित तार पर कार्यरत् अभिलम्ब बल,

$$N\cos\theta = mg \text{ तथा } N\sin\theta = mx\omega^2$$

$$\Rightarrow \quad \tan\theta = \frac{dy}{dx} = \frac{x\omega^2}{g} \quad \text{...(i)}$$

दिया है, $\quad y = 4\,cx^2 \Rightarrow \dfrac{dy}{dx} = 8\,cx$

$$\left.\frac{dy}{dx}\right|_{x=a,\, y=b \text{ पर}} = 8\,ca \quad \text{...(ii)}$$

समी (i) तथा (ii) से,

$$\frac{x\omega^2}{g} = 8\,ca$$

$x = a$, पर

$$\frac{a\omega^2}{g} = 8\,ca \Rightarrow \omega = \sqrt{8\,cg} = 2\sqrt{2g\,c}$$

अत: विकल्प (a) सही है।

21. *(4)* दिया है, वायु द्वि-परमाणुक गैस है, अत:

स्वतंत्रता की कोटि, $f = 5$

गैस की विशिष्ट ऊष्माओं का अनुपात,

$$\gamma = 1 + \frac{2}{f} = 1 + \frac{2}{5} = \frac{7}{5}$$

दिया है, $V_i = V$ तथा $V_f = \dfrac{V}{10}$

$$T_i = 20°\mathrm{C} = 273 + 20 = 293 \text{ केल्विन}$$

रुद्धोष्म परिवर्तन के लिए,

$$TV^{\gamma-1} = \text{नियतांक} \Rightarrow T_i V_i^{\gamma-1} = T_f V_f^{\gamma-1}$$

$$\Rightarrow \quad 293 \cdot V^{\frac{7}{5}-1} = T_f \cdot \left(\frac{V}{10}\right)^{\frac{7}{5}-1} \Rightarrow T_f = 293 \times 10^{2/5} \text{ केल्विन}$$

आन्तरिक ऊर्जा में परिवर्तन,

$$\Delta U = \frac{n \cdot f \cdot R(T_f - T_i)}{2} = \frac{5 \times 5 \times \frac{25}{3}(293 \times 10^{2/5} - 293)}{2}$$

$$= 4.195 \times 10^3 \text{ जूल} \approx 4 \text{ किलोजूल}$$

22. *(9)* तरंगदैर्ध्य λ तथा कार्य-फलन ϕ के लिए निरोधी विभव V है, तब

$$\frac{hc}{\lambda} - \phi_0 = eV \quad \text{...(i)}$$

जब तरंगदैर्ध्य 3λ है, तब निरोधी विभव $V/4$ है।

$$\Rightarrow \quad \frac{hc}{3\lambda} - \phi_0 = \frac{eV}{4} \quad ...(i)$$

समी (ii) को 3 से गुणा करके समी (i) में से घटाने पर,

$$\left(\frac{hc}{\lambda} - 3\phi_0\right) - \left(\frac{hc}{\lambda} - \phi_0\right) = \frac{3eV}{4} - eV$$

$$\Rightarrow \quad 2\phi_0 = \frac{1}{4}eV \Rightarrow eV = 8\phi_0$$

इस मान को समी (i) में रखने पर,

$$\frac{hc}{\lambda} - \phi_0 = 8\phi_0 \Rightarrow \frac{hc}{\lambda} = 9\phi_0$$

$$\Rightarrow \quad \frac{hc}{\lambda} = 9\frac{hc}{\lambda_0} \quad \left[\because \phi_0 = \frac{hc}{\lambda}\right]$$

यहाँ λ_0 = क्रान्तिक तरंगदैर्ध्य।

$$\Rightarrow \quad \lambda_0 = 9\lambda \quad \therefore \quad n = 9$$

23. *(3)* चित्र में आनत तल पर कार्यरत् विभिन्न बलों को दर्शाया गया है

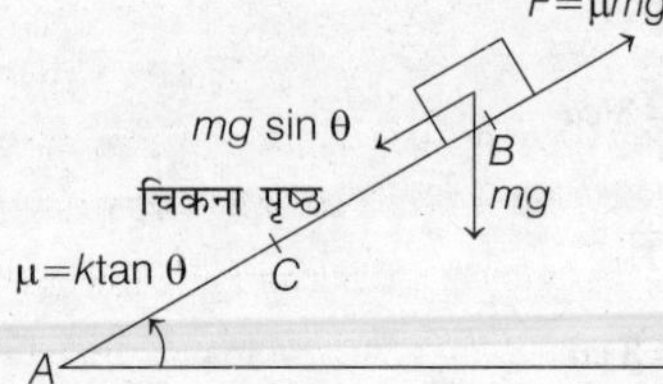

बिन्दु A पर ब्लॉक रूक जाता है अर्थात् भार के अवयव द्वारा कृत कार्य, घर्षण बल द्वारा क्षयित हो जाता है।

$$\Rightarrow \quad mg\sin\theta(3AC) = \mu mg\cos\theta(AC) \Rightarrow 3\tan\theta = \mu$$

दिया है, $\quad \mu = k\tan\theta$

दोनों की तुलना करने पर, $k = 3$

24. *(15)* कुण्डली से सम्बद्ध फ्लक्स,

$$\phi = \mathbf{B}\cdot\mathbf{A} = BA\cos\omega t$$

कुण्डली में प्रेरित विद्युत वाहक बल $= \left|\frac{d\phi}{dt}\right| = |BA\omega\sin\omega t|$

प्रेरित विद्युत वाहक बल का अधिकतम मान

$$= BA\omega = \frac{BA2\pi}{T} = \frac{3\times10^{-5}\times\pi\times(0.1)^2\times2\pi}{0.4}$$

$$\approx 15\times10^{-6} = 15\,\mu\text{V}$$

25. *(4)* आवेशित संधारित्र की प्रारम्भिक ऊर्जा,

$$U_1 = \frac{1}{2}C_1V_1^2 = \frac{1}{2}\times5\times10^{-6}\times(220)^2$$

$$= 121\times10^{-3} \text{ जूल}$$

आवेश के पुन:वितरण के पश्चात् उभयनिष्ठ विभव,

$$V = \frac{C_1V_1 + C_2V_2}{C_1 + C_2} \simeq \frac{C_1V_1}{C_1 + C_2} \simeq \frac{5\times10^{-6}\times220}{5\times10^{-6} + 2.5\times10^{-6}}$$

$$= 220\times\frac{2}{3} \text{ वोल्ट}$$

अन्तिम संग्राहित ऊर्जा,

$$U_2 = \frac{1}{2}(C_1 + C_2)V^2 = \frac{1}{2}\times7.5\times10^{-6}\times\left(220\times\frac{2}{3}\right)^2$$

$$\approx 80\times10^{-3} \text{ जूल}$$

ऊर्जा में क्षय या हानि,

$$\Delta U = (121 - 80)\times10^{-3} \text{ जूल} = 41\times10^{-3} \text{ जूल}$$

$$= \frac{4.1}{100} \text{ जूल} \approx \frac{4}{100} \text{ जूल}$$

दिया है, $\quad \Delta U = \frac{x}{100}$ जूल $\Rightarrow x = 4$

रसायन विज्ञान

26. *(a)* कथन (a) असत्य है।

समताप मण्डल में ओजोन परत के क्षय की क्रियाविधि निम्नलिखित है

(i) समताप मण्डल में क्लोरोफ्लुओरोकार्बन पराबैंगनी किरणों द्वारा अपघटित होकर क्लोरीन मुक्त मूलक ($Cl^\bullet$) मुक्त करती है

$$CF_2Cl_2(g) \xrightarrow[\text{क्लोरीन मुक्त मूलक}]{\text{पराबैंगनी प्रकाश}} \dot{C}l(g) + \dot{C}F_2Cl(g)$$

$$CFCl_3(g) \xrightarrow[\text{क्लोरीन मुक्त मूलक}]{} \dot{C}l(g) + \dot{C}FCl_2$$

(ii) क्लोरीन मुक्त मूलक ओजोन से क्रिया करके क्लोरीन मोनॉक्साइड मूलक तथा आण्विक ऑक्सीजन बनाते हैं।

$$\dot{C}l(g) + O_3(g) \longrightarrow Cl\dot{O}(g) + O_2(g)$$

(iii) क्लोरीन मोनॉक्साइड मूलक परमाणवीय ऑक्सीजन के साथ क्रिया करके और अधिक क्लोरीन मुक्त मूलक उत्पन्न करता है।

$$Cl\dot{O}(g) + O(g) \longrightarrow \dot{C}l(g) + O_2(g)$$

ये क्लोरीन मुक्त मूलक लगातार पुनर्योजित होकर ओजोन को विखण्डित करते रहते हैं। गणनाओं द्वारा ज्ञात हुआ है, कि CFCs का एक अणु O_3 के हजार से अधिक अणुओं को विखण्डित कर देता है। ओजोन परत के क्षय के लिए उत्तरदायी अन्य यौगिक कार्बन टेट्राक्लोराइड, हैलोजन तथा मेथिल क्लोरोफॉर्म हैं। ये ओजोन के साथ क्लोरोफ्लुओरो कार्बन के समान ही क्रिया करते हैं। क्लोरीन के अतिरिक्त हाइड्रॉक्सिल मूलक भी ओजोन का क्षय (अपघटन) करते हैं।

$$O_3 + \dot{O}H \longrightarrow HO_2 + HO\dot{O}$$

$$HO\dot{O} + O \longrightarrow \dot{O}H + O_2$$

यद्यपि ओजोन के क्षय की उपरोक्त अभिक्रियाएँ सम्पूर्ण समताप मण्डल में होती हैं, परन्तु ओजोन परत के क्षय के कारण ओजोन छिद्र (Ozone hole) केवल अण्टार्कटिका के ऊपर परिलक्षित होता है।

27. *(d)* आदर्श गैस के लिए ग्राफ (II) सही नहीं है, एक आदर्श गैस के n मोल के लिए,

$$pV = nRT = \frac{w}{M}RT$$

$$\Rightarrow \quad p = \frac{w}{V}\times\frac{RT}{M} = d\times\frac{RT}{M} \quad \left[\because \frac{w}{V} = d\right]$$

$$\Rightarrow \quad d = \frac{p \cdot M}{RT}$$

जहाँ, p = दाब, V = आयतन, T = तापमान (K में)

R = मोलर गैस स्थिरांक, w = गैस का द्रव्यमान (g में)

M = गैस का ग्राम मोलर द्रव्यमान

$d = \frac{w}{V}$ = गैस का घनत्व

(i) जब, p = स्थिरांक $\Rightarrow d \propto \frac{1}{T}$

अतः घनत्व (d) तथा तापमान (T) के मध्य वक्र (Graph) समकोणीय परवलय (I) प्राप्त होता है ना कि रैखिक (II)।

घनत्व (d) तथा $\frac{1}{T}$ के मध्य ग्राफ रैखिक प्राप्त होता है, जैसा कि (III) में है।

(ii) जब, T = स्थिरांक $\Rightarrow d \propto p$

यहाँ, d तथा p के मध्य वक्र रैखिक प्राप्त होगा (IV)।

28. *(d)* HCN का योग, कार्बोनिल यौगिक ($>C{=}O$) समूह के साथ कराने पर नाभिकस्नेही योगात्मक अभिक्रिया होती है।

नाभिकस्नेही अभिक्रिया की दर $\propto$ $>\overset{\delta+}{C}{=}\overset{\delta-}{O}$ समूह की ध्रुवता $\propto$ इलेक्ट्रॉन आकर्षी समूह (EWG) की उपस्थिति, (जैसे— $-R$ तथा $-I$ समूह)।

जहाँ, $-R > -I \propto \frac{1}{\text{इलेक्ट्रॉन विकर्षी समूह (EDG)}}$

अर्थात् ($+R$) तथा ($+I$) समूह हैं

प्रतिस्थापी बेन्ज़ैल्डिहाइड में —NO_2(EWG), *o*, *p*-स्थिति पर ($-R$) प्रभाव दर्शाता है तथा NO_2, $-I$ प्रभाव केवल *मेटा*-स्थिति से दर्शाता है। —OCH_3(EDG) समूह *o*, *p*-स्थिति से $+R$ प्रभाव दर्शाता है, परन्तु केवल $+I$ प्रभाव *मेटा*-स्थिति से दर्शाता है।

EWG($-R > -I$) $>C{=}O$ समूह के sp^2–C पर इलेक्ट्रॉन न्यूनता ($\delta+$) बढ़ा देता है। अतः नाभिकस्नेही (CN^-) का आक्रमण शीघ्रता से होगा।

(i) CH_3O ($-I$), CHO (मेटा) (ii) CHO, NO_2 ($-R$) (ऑर्थो)

(iii) CHO, OCH_3 ($+R$) (ऑर्थो) (iv) O_2N ($-I$), CHO (मेटा)

अतः HCN के योग का बढ़ता क्रम

(iii) < (i) < (iv) < (ii)

($+R$) ($-I$) ($-I$) ($-R$)

$-I$ प्रभाव : $NO_2 > OCH_3$

29. *(c)* परमाणुओं की क्वाण्टम प्रकृति से सम्बन्धित निम्नलिखित प्रक्रम है

(i) अवशोषण स्पेक्ट्रम (ii) उत्सर्जन स्पेक्ट्रम

(iii) कृष्णिका विकिरण (iv) प्रकाश-विद्युत प्रभाव

अवशोषण स्पेक्ट्रम तथा उत्सर्जन स्पेक्ट्रम प्लांक क्वाण्टम सिद्धान्त पर आधारित है, $\Delta E = h\nu$

प्लांक क्वाण्टम सिद्धान्त तथा रैले जीन्स समीकरण का उपयोग कर विकिरण का घनत्व ज्ञात कर सकते हैं।

विकिरण घनत्व $= 8\pi\, KT \times \lambda^{-4}\, d\lambda$

जहाँ, K = बोल्ट्ज़मान स्थिरांक

T = तापमान (K में); λ = विकिरण की आवृत्ति

उत्सर्जित इलेक्ट्रॉन की गतिज ऊर्जा

$$\text{KE} = E - E_0 = h\nu - h\nu_0$$

लेकिन, किसी कण की आन्तरिक ऊर्जा, उस तन्त्र के ऊष्मागतिकीय चर (p, V, T) पर निर्भर करती है। अतः, $U = f(p, T)$

या $U = f_1(T, V)$ या $U = f_2(p, V)$

इस कारण अणु की क्वाण्टम प्रकृति इसकी आन्तरिक ऊर्जा पर निर्भर नहीं करती है।

अतः ग्राफ (c) अणुओं के क्वाण्टम सिद्धान्त पर आधारित नहीं है।

30. *(c)* शुद्ध जल एक वाष्पशील तरल विलायक होता है, जबकि ग्लूकोस एक अवाष्पशील विलेय है।

एक निश्चित तापमान पर, सील प्रवर्तक में जल वाष्प के साथ जल एक सन्तुलन या साम्य स्थिति रखता है। जब ग्लूकोस को जल में मिलाया जाता है, तो पूर्णतया मिश्रित विलयन बनता है जिसमें ग्लूकोस अणु विलायक (H_2O) अणुओं के अन्तर-आण्विक स्थान पर उपस्थित होते हैं। इस विलयन में, जल के अणुओं द्वारा सतह का अंश कम हो जाता है। इस कारण जल की सतह से जलवाष्प के रूप में निकलने वाले विलायक अणुओं की संख्या भी कम हो जाती है। फलस्वरूप, हम यह कह सकते हैं, कि जलवाष्प अणुओं का संघनन इसकी विलयन अवस्था में बढ़ जाता है, क्योंकि द्रव अवस्था तथा वाष्प अवस्था में अणुओं की गतिज ऊर्जा स्थिर हो जाती है।

31. *(c)* दी गई अभिक्रिया में प्रमुख ऐरोमैटिक उत्पाद सैलिसैल्डिहाइड बनता है। पूर्ण क्रियाविधि निम्न प्रकार है

$\overset{\delta+}{H}-\overset{\delta-}{Br}$ [HBr के साथ ईथर का अपघटन]

$\overset{\delta+}{H}-\overset{\delta-}{Br}$ [HBr तथा C=C का इलेक्ट्रॉन स्नेही योग]

HBr (आधिक्य), Δ, $-2\,Br^{\ominus}$ →

H, $Br^{\ominus}$(S_N2 आक्रमण), 2°, $Br^{\ominus}$

अनुनाद द्वारा 2°- बेन्जिल कार्बधनायन का स्थायित्व

$2Br^{\ominus}$, Δ, योग →

OH, Br, CH_2, H, H, Br

A

KOH (alc.), α,β-विलोपन, $-HBr$ →

$\overset{\ominus}{O}\overset{\oplus}{K}$, $CH{=}CH-CH{=}CH_2$

संयुग्मित डाइईन (स्थायी)

$H^{\oplus}$ →

OH, $CH{=}CH-CH{=}CH_2$ (O O, O O)

B

(i) O_3 (ii) Zn/H_3O^+ →

OH, $CH{=}O$ + $CH{=}O$, $CH{=}O$ + $CH_2{=}O$

C

32. *(d)* यौगिक (A), NH_4NO_2 या $(NH_4)_2Cr_2O_7$ या NaN_3 हो सकता है, लेकिन $Pb(NO_3)_2$ नहीं होगा। क्योंकि, विकल्प (a), (b) और (c) N_2 गैस देते हैं।

$$NH_4NO_2 \xrightarrow{\Delta} N_2 + 2H_2O$$
$$(NH_4)_2Cr_2O_7 \xrightarrow{\Delta} N_2 + Cr_2O_3 + 4H_2O$$
$$2NaN_3 \xrightarrow{\Delta} 3N_2 + 2Na$$

लेकिन, $Pb(NO_3)_2$ को गर्म करने पर NO_2 तथा O_2 देता है।

$$2Pb(NO_3)_2 \xrightarrow{\Delta} 2PbO + 4NO_2 + O_2$$

33. *(d)*

(a) **विद्युतऋणात्मकता** किसी आवर्त में बाएँ से दाएँ जाने पर परमाणु आकार कम होता है तथा प्रभावी नाभिकीय आवेश बढ़ता जाता है, परिणामस्वरूप विद्युतऋणात्मकता का मान बढ़ता है।

(b) **इलेक्ट्रॉन लब्धि एन्थैल्पी** प्रत्येक आवर्त में बाएँ से दाएँ जाने पर परमाणुओं का आकार घटता है तथा इलेक्ट्रॉन लब्धि एल्थैल्पी का मान बढ़ता है।

(c) **आयनन एन्थैल्पी** किसी आवर्त में बाएँ से दाएँ जाने पर परमाणुओं का आयनन विभव बढ़ता है।

(d) आवर्त में बाएँ से जाने पर परमाणु त्रिज्या घटती है।

अत: $Z \propto$ विद्युतऋणता $\propto$ इलेक्ट्रॉन लब्धि एन्थैल्पी $(\Delta_{eg} H)$

$\propto$ आयनन एथैल्पी $\Delta_i H$; $\propto \dfrac{1}{\text{परमाण्विक त्रिज्या}}$

34. *(a)* यदि AB_4 अणु एक ध्रुवीय अणु होता है तथा इसकी सम्भव ज्यामिति वर्ग पिरैमिडी होती है। AB_4 की सभी सम्भव संरचनाएँ इस प्रकार है

(i) $AB_4 \Rightarrow L = 0$

$\Rightarrow A, sp^3$संकरित है। (चतुष्फलकीय)

A, dsp^2 संकरित है। (वर्ग समतलीय)

$\Rightarrow$ द्विध्रुव आघूर्ण $\mu = 0$ (अध्रुवीय)

(ii) $AB_4L_2 \Rightarrow L = 2$

$\Rightarrow A\ sp^3d^2$ संकरित है। (अष्टफलकीय)

$\Rightarrow \mu = 0$ (अध्रुवीय) क्योंकि

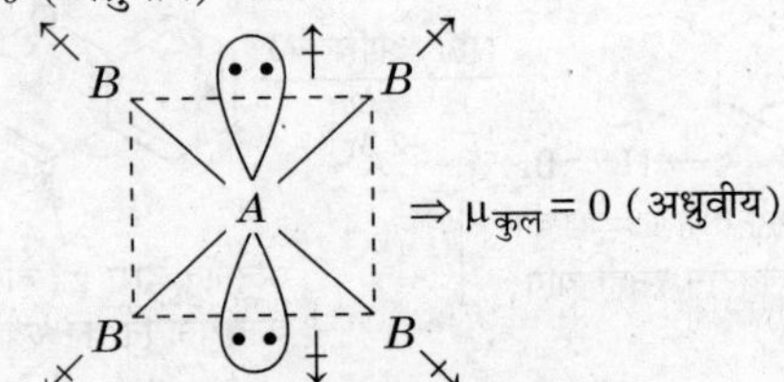

माना B, A की तुलना में अधिक विद्युतऋणी है।

(iii) $AB_4\ L \Rightarrow L = 1$

$\Rightarrow A, sp^3d$ संकरित है। (वर्ग पिरैमिडीय या त्रिकोणीय द्विपिरैमिडीय)

$\Rightarrow \mu \neq 0$ (ध्रुवीय), क्योंकि

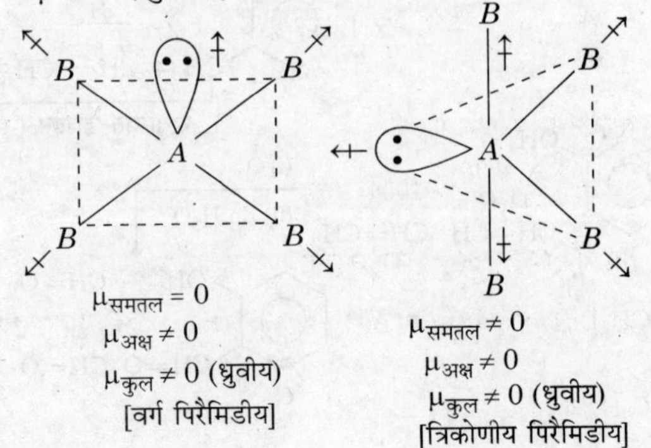

$\mu_{समतल} = 0$
$\mu_{अक्ष} \neq 0$
$\mu_{कुल} \neq 0$ (ध्रुवीय)
[वर्ग पिरैमिडीय]

$\mu_{समतल} \neq 0$
$\mu_{अक्ष} \neq 0$
$\mu_{कुल} \neq 0$ (ध्रुवीय)
[त्रिकोणीय पिरैमिडीय]

अत: जब AB_4 अणु एक ध्रुवीय अणु होता है, तो इसकी सम्भव ज्यामिति वर्ग पिरैमिडीय होती है।

35. *(d)* $\underset{(d^6)}{M^{2+}} + mH_2O \rightarrow [M(H_2O)_m]^{2+}$

यहाँ, H_2O एक दुर्बल क्षेत्र लिगैण्ड है और यह प्रबल चक्रण संकुल बनाते हैं। ($\mu = 4.90$ BM)

हम जानते हैं, $\mu = \sqrt{n(n+2)}$ BM $= 4.90$ BM $(n = 4)$

[$\because n$ = संकुल में अयुग्मित इलेक्ट्रॉनों की संख्या]

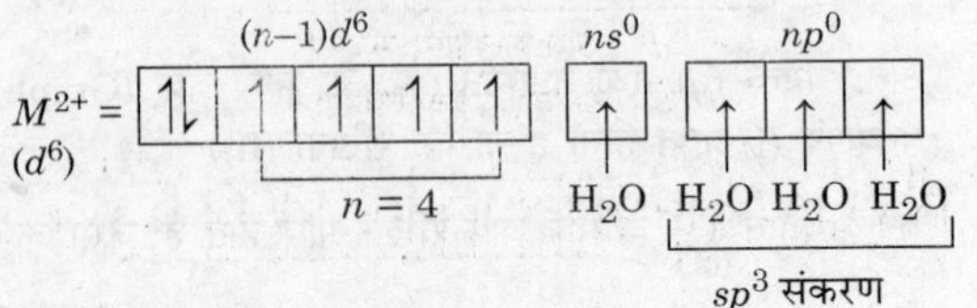

$M^{2+}\ sp^3$ संकरित है अर्थात् यह चतुष्फलकीय संकुल आयन $[M(H_2O)_4]^{2+}$ है। $[\therefore M = 4]$

अत: संकुल का चतुष्फलकीय क्षेत्र में $(n-1)$ d-कक्षकों का विपाटन होता है।

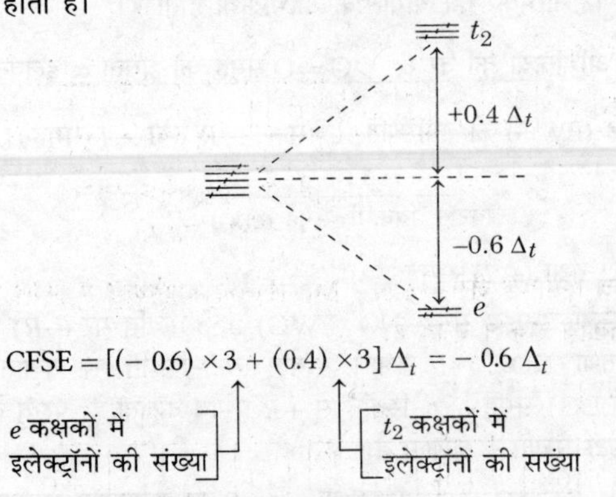

$$CFSE = [(-0.6) \times 3 + (0.4) \times 3]\ \Delta_t = -0.6\ \Delta_t$$

e कक्षकों में इलेक्ट्रॉनों की संख्या

t_2 कक्षकों में इलेक्ट्रॉनों की सख्या

इस प्रकार संकुल की ज्यामिति चतुष्फलकीय तथा क्रिस्टल क्षेत्र स्थायीकरण ऊर्जा $-0.6\ \Delta_t$ होगी।

36. *(d)* अभिक्रिया की क्रियाविधि इस प्रकार है

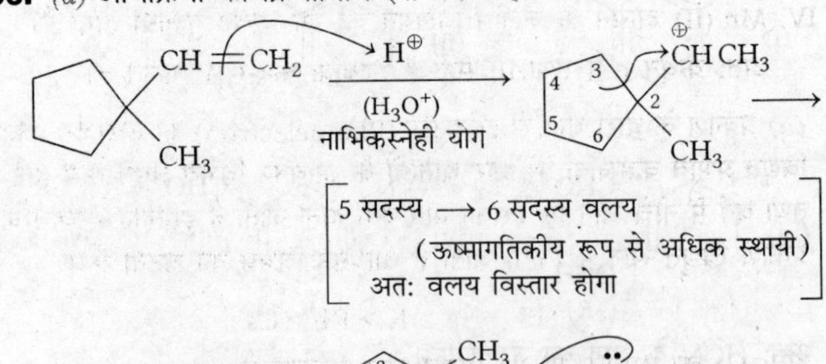

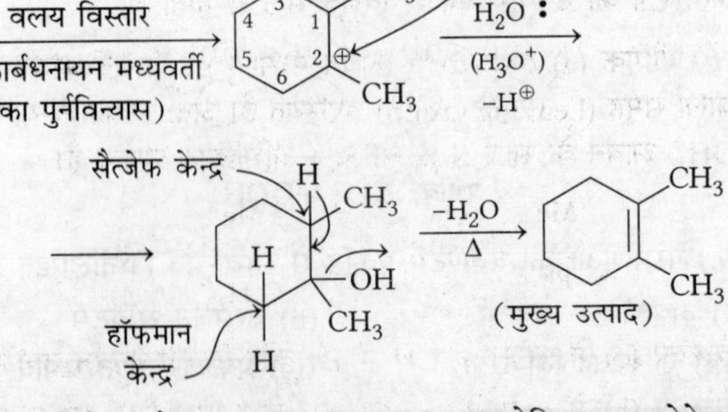

दी गयी अभिक्रिया में प्राप्त मुख्य उत्पाद 1, 2-डाइमेथिल साइक्लोहेक्सीन है।

37. *(c)* दुर्बल क्षेत्र लिगैण्ड की उपस्थिति में अष्टफलकीय Mn (II) तथा चतुष्फलकीय Ni (II) उच्च प्रचक्रण संकुल होते हैं।

जैसे—

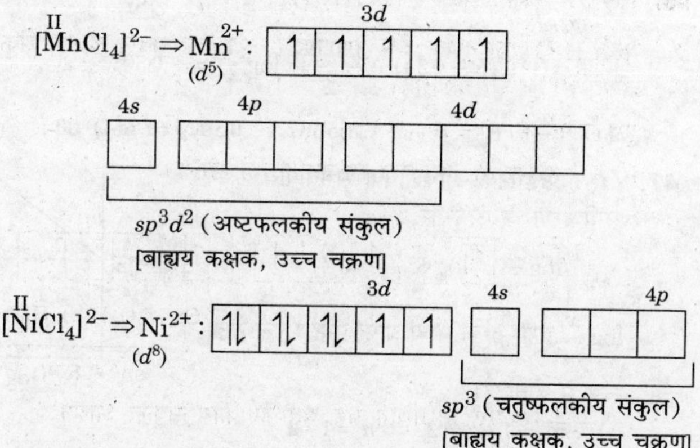

II. प्रबल क्षेत्र लिगैण्ड, जैसे—CN^-, Ni^{2+} आदि की उपस्थिति में निम्न चक्रण वर्ग समतलीय संकुल का निर्माण होता है।

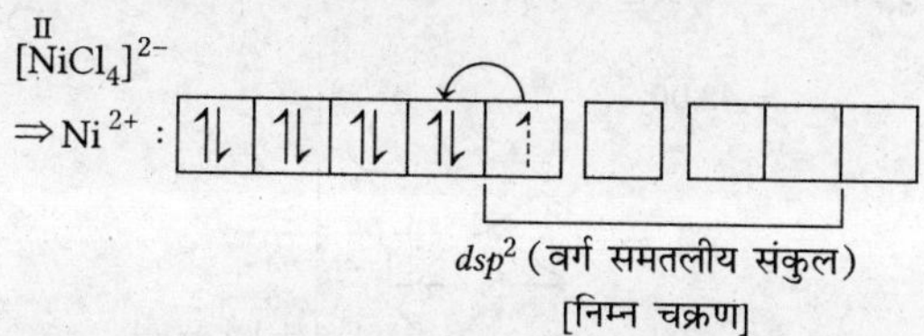

III. प्रबल क्षेत्र लिगैण्ड जैसे—CN^-, Mn(II) की उपस्थिति में निम्न चक्रण अष्टफलकीय संकुल बनते हैं।

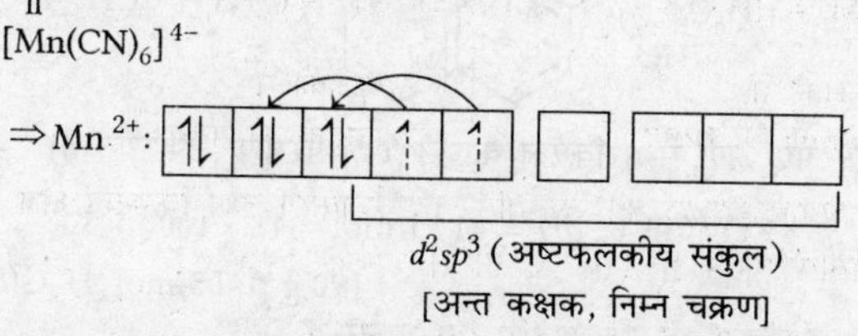

IV. Mn (II) आयन के जलीय विलयन का रंग हल्का गुलाबी होता है।

अत: कथन I, II तथा III सही हैं, जबकि कथन IV गलत है।

38. *(c)* प्रकाश के द्वारा धातु से इलेक्ट्रॉन (Photoelectron) का उत्सर्जन प्रकाश विद्युत प्रभाव कहलाता है। क्षार धातुओं के आयनन विभव बहुत कम होते हैं तथा वर्ग में नीचे जाने पर इसका मान कम होता जाता है इसलिए इनके प्रयोग प्रकाश विद्युत सेल में किया जाता है आयनन विभव का घटता क्रम

$$Li > Na > K > Rb > Cs$$

अत: Cs का उपयोग प्रकाश विद्युत सेल में होता है।

39. *(b)* यौगिक (a) तथा (d) में कार्बन परमाणु पर किरैल कार्बन एवं निकलने वाला समूह (Leaving group) उपस्थित है। अत: इनका विन्यासित परिवर्तन OH^- आयन के साथ S_N2 या S_N1 अभिक्रिया दर्शाता है।

Me, Ph, $\overset{*}{C}$—Br   Me, C_6H_{13}, $\overset{*}{C}$—Br

विकल्प (c) में, $(CH_3)_2\,CH$— Br कोई किरैल कार्बन उपस्थित नहीं है। विकल्प (b) में α-कार्बन —CH_2Br के सापेक्ष जिस पर S_N2 अभिक्रिया होगी, केवल किरैल है यह α-कार्बन S_N2 अभिक्रिया में अप्रभावित होता है। अत: विन्यास में अधिधारण प्रदर्शित करता है।

40. *(c)* (A) तथा (R) दोनों सही हैं, लेकिन (R), (A) की सही व्याख्या नहीं करता है,

[A] $Cu^{2+}(aq)$ तथा $S^{2-}(aq)$ आयनों के मध्य आयनिक अभिक्रिया होती है, जिसकी दर बहुत अधिक होती है।

$$Cu^{2+}(aq) + S^{2-}(aq) \rightarrow CuS(s)\downarrow$$

[R] अभिक्रिया के लिए,

$$Cu^{2+}(aq) + S^{2-}(aq) \rightleftharpoons CuS(s)$$

साम्यावस्था स्थिरांक का व्यंजक, $K_{eq} = \dfrac{[CuS]}{[Cu^{2+}][S^{2-}]}$

परन्तु CuS (s) का विलेयता गुणनफल (K_{sp})

$$CuS(s) \rightleftharpoons Cu^{2+}(aq) + S^{2-}(aq)$$

$$K_{sp} = [Cu^{2+}][S^{2-}]$$

अत: $K_{eq} = \dfrac{[CuS]}{K_{sp}} \Rightarrow K_{eq} \propto \dfrac{1}{K_{sp}}$

CuS के अधिक स्थायित्व के कारण, K_{eq} का मान अधिकतम होता है, अत: CuS के K_{sp} का मान न्यूनतम होगा।

41. *(a)* (a) **ब्रिडिग आर्क विधि** (Bredig's Arc method)

ब्रिडिग द्वारा प्लेटिनम, सिल्वर, कॉपर, गोल्ड आदि के कोलॉइडी विलयन प्राप्त किए जाते हैं। इस विधि में जिस धातु का कोलॉइडी विलयन बनाना होता है उसके दो इलेक्ट्रोड बनाए जाते हैं और इन्हें क्षार (KOH) युक्त जल (परिक्षेपण माध्यम) में डुबा दिया जाता है। परिक्षेपण माध्यम को बर्फ द्वारा ठण्डा रखा जाता है। दोनों इलेक्ट्रोडों के मध्य विद्युत स्फुलिंग करने पर अत्यधिक मात्रा में ऊष्मा उत्पन्न होती है, जो धातु को वाष्पित कर देती है। धातु की वाष्प ठण्डें जल के सम्पर्क में आकर कोलॉइडी आकार के कणों में परिवर्तित हो जाती है। जिससे कोलॉइडी विलयन प्राप्त होता है। यहाँ KOH स्थायीकारक का कार्य करता है।

(b) **ओस्टवाल्ड विधि** (Ostwald process) यह नाइट्रिक अम्ल के निर्माण की आधुनिक विधि है।

(i) $4NH_3 + 5O_2 \xrightarrow[500\text{ K, 9 atm}]{\text{Pt गैंग}} 3NO + 6H_2O$

(ii) $2NO + O_2 \longrightarrow 2NO_2$

(iii) $3NO_2 + H_2O \longrightarrow 2HNO_3 + NO$

(c) **मॉण्ड प्रक्रम** (Mcnd process) द्वारा निकैल का शोधन किया जाता है।

$$\underset{\text{अशुद्ध}}{Ni} + 4CO \xrightarrow{80°C} [Ni(CO)_4] \xrightarrow[-4\,CO]{200°C} \underset{\text{शुद्ध}}{Ni}$$

(d) **वान अर्केल प्रक्रम** (van Arkel process) का प्रयोग Ti, Hf, Ti, Zr आदि के शोधन में किया जाता है।

$$\underset{\text{अशुद्ध}}{Zr} + 4I_2 \xrightarrow{600°C} ZrI_4(g) \xrightarrow[-2I_2]{1800°C} \underset{\text{शुद्ध}}{Zr}$$

42. *(c)* कार्बनिक यौगिक में,

$$Br\% = \frac{0.08}{0.172} \times 100 = 46.51$$

दिए गए यौगिकों के Br% की गणना इस प्रकार है

(a) $CH_3Br\ (M = 95) \Rightarrow Br\% = \dfrac{80}{95} \times 100 = 84.21$

(b) $C_2H_5Br\ (M = 109) \Rightarrow Br\% = \dfrac{80}{109} \times 100 = 73.39$

(c) C_6H_5NBr $(M = 172)$ $\Rightarrow$ $Br\% = \frac{80}{172} \times 100 = 46.51$

(d) $C_6H_5NBr_2$ $(M = 251)$ $\Rightarrow$ $Br\% = \frac{160}{251} \times 100 = 63.74$

अत: विकल्प (c) में Br% की मात्रा सही है।

43. *(d)* ग्लूकोस एक पॉलिहाइड्रॉक्सी ऐल्डोहेक्सॉस यौगिक है। ग्लूकोस, पिरीडीन की उपस्थिति में ऐसीटिक ऐनहाइड्राइड अणुओं से अभिक्रिया कर [OH] समूहों की उपस्थिति की पुष्टि करता है। इसमें $(CH_3CO)_2O/Py$ या CH_3COCl / Py का उपयोग इस प्रकार होता है

$$R{-}O\boxed{H + CH_3{-}\overset{O}{\overset{\|}{C}}{-}O}{-}\overset{O}{\overset{\|}{C}}{-}CH_3 \xrightarrow[Py]{-CH_3COOH} R{-}O{-}\overset{O}{\overset{\|}{C}}{-}CH_3$$

ऐसीटिल व्युत्पन्न

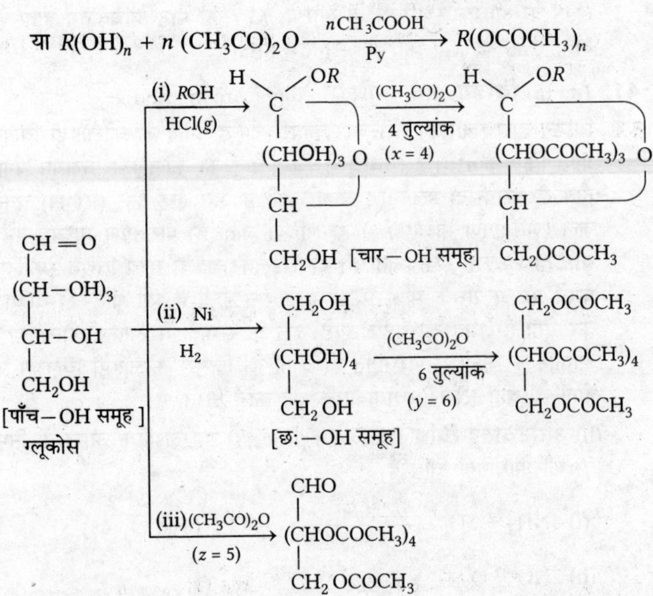

अत: इस अभिक्रिया में x, y तथा z क्रमश: 4, 6 तथा 5 हैं।

44. *(b)*

H_3C, CHO, CH_3, COOH — मुख्य श्रृंखला

दिए गए यौगिक का IUPAC नाम – 2, 5-डाइमेथिल-6-ऑक्सो-हेक्स-3-ईन-ओइक-अम्ल है।

45. *(c)* जलीय NaOH के साथ तनु HCl विलयन के अनुमापन (उदासीनीकरण) के लिए निम्नलिखित चरणों तथा उपकरणों की आवश्यकता होती है। NaOH विलयन को बनाने के लिए आसुत जल तथा ठोस NaOH को एक ब्यूरेट में लिया जाता है तथा उसके पश्चात् इसे एक क्लैम्प के साथ लगाया जाता है। HCl के मानक विलयन की दी गई मात्रा को एक शंक्वाकार फ्लास्क (Conical flask) में अनुमापन करते हैं। इसके पश्चात् फीनॉल्फ्थैलीन सूचक की कुछ बूँदे HCl विलयन में डाली जाती है। अत: इस प्रक्रिया में मापन सिलेण्डर तथा बुन्सेन बर्नर की आवश्यकता नहीं होती है।

46. *(96500)* $Cu(s) + \underset{(1M)}{Sn^{2+}(aq)} \longrightarrow \underset{(1M)}{Cu^{2+}(aq)} + Sn(s)$

$$E_{cell} = (E^\circ_{Sn^{2+}/Sn} - E^\circ_{Cu^{2+}/Cu}) - \frac{0.0591}{2} \log \frac{[Cu^{2+}]}{[Sn^{2+}]}$$

$$= (-0.16 - 0.34) - \frac{0.0591}{2} \log \frac{1}{1} = -0.50\text{ V}$$

$$\Delta G = -nFE^\circ_{cell} = -2 \times 96500 \times (-0.50)\text{ J} = 96500.00\text{ J}$$

47. *(48)* फ्रैंडलिक अधिशोषण समतापीय समीकरण के अनुसार,

$$\log \frac{x}{m} = \log K + \frac{1}{n} \log p$$

$\log \frac{x}{m}$ तथा p के मध्य ग्राफ एक सरल रेखा के रूप में होता है।

($\log \frac{x}{m}$, θ, $\log p$)

(i) ढाल $= 1/n = 2 \Rightarrow n = 1/2$

(ii) अन्त:खण्ड $= \log K = 0.4771$

$\Rightarrow \log K = \log 3 \Rightarrow K = 3$

अत: $\frac{x}{m} = Kp^{1/n} = 3 \times 4^2$ $(\because p = 4\text{ atm})$

$= 48.00$

48. *(5)*

(N, O, H, C^*, H_3C, HO, CH_3)

दिए गए अणु में 5 किरैल कार्बन (C^*) परमाणु उपस्थित हैं।

49. *(189494)* दिया है, $dH = 41\text{ kJ/mol} = 41 \times 1000 \times 5\text{ J}$

[90 g तथा 5 mol $H_2O(l)$ के लिए]

	$H_2O(l) \longrightarrow$	$H_2O(g)$
$t = 0$	$\frac{90}{18}$ mol	–
$t = \infty$	0	5 mol

$\Rightarrow \Delta n_g = 5 \because T = 373\text{ K}$

हम जानते हैं, कि

$dH = dU + \Delta n_g RT$

dU = आन्तरिक ऊर्जा परिवर्तन

$= dH - \Delta n_g RT = 41 \times 1000 \times 5 - \times 8.314 \times 373$

$= 18949439\text{ J} \approx 189494.00\text{ J}$

50. *(6)* $Na[\underline{Fe}(CN)_5NOS] \Rightarrow 4 \times (+1) + x + 5 \times (-1) + (+1) + (-2) = 0$

$\Rightarrow x = +2$

(CN^-, NO^+, S^{2-}, y)

$Na_4[\underline{Fe}O_4] \Rightarrow 4(+1) + y + 4 \times (-2) = 0 \Rightarrow y = +4$

$[\underline{Fe_2}(CO)_9] \Rightarrow 2 \times z + 9 \times 0 = 0 \Rightarrow z = 0$

अत: $x + y + z = (+2) + (+4) + (0) = 6$

गणित

51. *(b)* दिया गया समीकरण निकाय,

$$2x - y + 2z = 2$$
$$x - 2y + \lambda z = -4$$

तथा $x + \lambda y + z = 4$

का हल नहीं है,

$$\therefore \quad \Delta = 0 \Rightarrow \begin{vmatrix} 2 & -1 & 2 \\ 1 & -2 & \lambda \\ 1 & \lambda & 1 \end{vmatrix} = 0$$

$\Rightarrow 2(-2 - \lambda^2) + 1(1 - \lambda) + 2(\lambda + 2) = 0$

$\Rightarrow -2\lambda^2 + \lambda + 1 = 0 \quad \Rightarrow 2\lambda^2 - \lambda - 1 = 0$

$\Rightarrow 2\lambda^2 - 2\lambda + \lambda - 1 = 0 \Rightarrow (2\lambda + 1)(\lambda - 1) = 0$

$\Rightarrow \lambda = -\dfrac{1}{2}$ या 1 तथा $\Delta_1 = \begin{vmatrix} 2 & -1 & 2 \\ -4 & -2 & \lambda \\ 4 & \lambda & 1 \end{vmatrix}$

$= 2(-2 - \lambda^2) + 1(-4 - 4\lambda) + 2(-4\lambda + 8)$

$= -2\lambda^2 - 12\lambda + 8 = -2(\lambda^2 + 6\lambda - 4)$

$\lambda = -\dfrac{1}{2}$ पर, $\Delta_1 = -2\left(\dfrac{1}{4} - 3 - 4\right) = \dfrac{27}{2} \neq 0$

$\therefore \lambda = -\dfrac{1}{2}$ के निकाय का कोई हल नहीं है

तथा $\lambda = 1$ पर, $\Delta_1 = -2(1 + 6 - 4) = -6 \neq 0$

$\therefore$ निकाय का $\lambda = 1$ के लिए कोई हल नहीं है।

अत: समुच्चय S में तथ्यत: दो अवयव हैं।

52. *(a)* माना अभीष्ट समतल का समीकरण

$ax + by + cz + d = 0$ ...(i)

चूँकि समतल (i) बिन्दुओं (1, 2, 1) व (2, 1, 2) से होकर गुजरता है।

$\therefore \quad a + 2b + c + d = 0$ ...(ii)

तथा $\quad 2a + b + 2c + d = 0$ ...(iii)

तथा रेखा $\quad 2x = 3y, z = 1$

$\Rightarrow \quad \dfrac{x}{3} = \dfrac{y}{2} = \dfrac{z-1}{0}$ ...(iv)

$\therefore$ समतल (i) का अभिलम्ब, रेखा (iv) पर लम्ब है, इसलिए

$3a + 2b + 0C = 0$ ...(v)

समी (ii) तथा (iii) से,

$a - b + c = 0$ ...(vi)

समी (v) तथा (vi) से, वज्र गुणन द्वारा

$$\frac{a}{2-0} = \frac{b}{0-3} = \frac{c}{-3-2} \Rightarrow \frac{a}{-2} = \frac{b}{3} = \frac{c}{5} = k \quad \text{(माना)}$$

$\therefore a = -2k, b = 3k$ और $c = 5k$

$\therefore d = -a - 2b - c = 2k - 6k - 5k \Rightarrow d = -9k$

इसलिए अभीष्ट समतल का समीकरण

$$-2x + 3y + 5z - 9 = 0$$

तथा अभीष्ट समतल $(-2, 0, 1)$ से होकर गुजरता है।

53. *(d)* दिया है कि A एक 2×2 का वास्तविक आव्यूह है, जिसमें प्रविष्टियाँ {0, 1} तथा $|A| \neq 0$ है, तब निम्न आव्यूह सम्भावित होंगे।

(i) $A = \begin{bmatrix} 1 & 0 \\ 0 & 1 \end{bmatrix}$, यहाँ $|A| = 1$ तथा $tr(A) = 2$

(ii) $A = \begin{bmatrix} 1 & 1 \\ 0 & 1 \end{bmatrix}$ या $\begin{bmatrix} 1 & 0 \\ 1 & 1 \end{bmatrix}$, यहाँ $|A| = 1$ तथा $tr(A) = 2$

(iii) $A = \begin{bmatrix} 0 & 1 \\ 1 & 0 \end{bmatrix}$, यहाँ $A \neq I_2$ तथा $|A| = -1$

(iv) $A = \begin{bmatrix} 1 & 1 \\ 1 & 0 \end{bmatrix}$ या $\begin{bmatrix} 0 & 1 \\ 1 & 1 \end{bmatrix}$, यहाँ $A \neq I_2$ तथा $|A| = -1$

इसलिए दिए गए कथन

(P) यदि $A \neq I_2$ है, तब $|A| = -1$ सत्य होगा जैसा कि प्रतिबन्ध (iii) व (iv) में है परन्तु (ii) में $A \neq I_2$ तथा $|A| = 1$

(Q) यदि $|A| = 1$ है, तब $tr(A) = 2$ सत्य होगा जैसा कि प्रतिबन्ध (i) तथा (ii) से है।

54. *(c)* दिया गया कथन, $f(x) = \sin^{-1}\left(\dfrac{|x| + 5}{x^2 + 1}\right)$

f के प्रान्त के लिए,

$\dfrac{|x| + 5}{x^2 + 1} \leq 1$, जैसा कि $\dfrac{|x| + 5}{x^2 + 1} > 0 \forall x \in R$

$\Rightarrow |x| + 5 \leq x^2 + 1$ जैसा कि $x^2 + 1$ धनात्मक है, $\forall x \in R$

$\Rightarrow x^2 - |x| - 4 \geq 0$

$\Rightarrow |x|^2 - |x| - 4 \geq 0 [\because \forall x \in R, x^2 = |x|^2]$ ...(i)

$\because |x|^2 - |x| - 4 = 0$ के लिए,

$\Rightarrow \quad |x| = \dfrac{1 \pm \sqrt{1 + 16}}{2}$

$\Rightarrow |x| = \dfrac{1 \pm \sqrt{17}}{2} \Rightarrow |x| = \dfrac{1 + \sqrt{17}}{2}$ जैसा कि $|x| > 0$

$\therefore \quad |x| \geq \dfrac{\sqrt{17} + 1}{2}$

$\Rightarrow \quad x \in \left(-\infty, -\dfrac{\sqrt{17} + 1}{2}\right] \cup \left[\dfrac{\sqrt{17} + 1}{2}, \infty\right)$

$\therefore \quad a = \dfrac{\sqrt{17} + 1}{2}$

55. *(d)* दी गई द्विघात समीकरण $5x^2 + 6x - 2 = 0$, जिसके मूल α तथा β हैं तथा $S_n = \alpha^n + \beta^n, n = 1, 2, 3$

अब, न्यूटन प्रमेय के अनुसार, $5S_{n+2} + 6S_{n+1} - 2S_n = 0$

$n = 4$ रखने पर,

$$5S_6 + 6S_5 - 2S_4 = 0 \Rightarrow 5S_6 + 6S_5 = 2S_4$$

56. *(c)* दिए गए अतिपरवलय का समीकरण

$$\frac{x^2}{4} - \frac{y^2}{2} = 1$$

तथा बिन्दु (x_1, y_1) अतिपरवलय पर स्थित है, इसलिए

$$\frac{x_1^2}{4} - \frac{y_1^2}{2} = 1 \quad ...(i)$$

अब, बिन्दु (x_1, y_1) पर दिए गए अतिपरवलय की स्पर्शी की प्रवणता

$$\left.\frac{dy}{dx}\right|_{(x_1, y_1)} = \frac{x_1}{2y_1}$$

तथा स्पर्शी, रेखा $2x - y = 0$ के समान्तर है

इसलिए, $\frac{x_1}{2y_1} = 2 \Rightarrow x_1 = 4y_1$ ...(ii)

समी (i) तथा (ii) से,

$$\frac{16y_1^2}{4} - \frac{y_1^2}{2} = 1 \Rightarrow \frac{14}{4}y_1^2 = 1 \Rightarrow y_1^2 = \frac{2}{7}$$

तथा $x_1^2 = 16y_1^2 \Rightarrow x_1^2 = \frac{32}{7}$

इसलिए, $x_1^2 + 5y_1^2 = \frac{32}{7} + \frac{10}{7} = \frac{42}{7} = 6$

57. *(d)* जैसा कि बिन्दु $P(\lambda, K)$ रेखा $y = 3x - 3$ से वक्र $y = x^2 + 7x + 2$ का निकटतम बिन्दु है।

इसलिए, बिन्दु $P(h, K)$ पर परवलय $y = x^2 + 7x + 7$ की स्पर्शी, रेखा $y = 3x - 3$ के समान्तर है।

$$\therefore \left.\frac{dy}{dx}\right|_P = 2h + 7 = 3 \Rightarrow h = -2 \quad ...(i)$$

तथा बिन्दु $P(h, K)$ वक्र पर स्थित है, इसलिए

$$K = h^2 + 7h + 2 = (-2)^2 + 7(-2) + 2$$
$$= 4 - 14 + 2 \Rightarrow K = -8$$

$\therefore$ बिन्दु $P(-2, -8)$ है।

अब, बिन्दु $P(-2, -8)$ पर परवलय $y = x^2 + 7x + 7$ के अभिलम्ब का समीकरण

$$y + 8 = \frac{-1}{\left.\frac{dy}{dx}\right|_P}(x + 2)$$

$$\Rightarrow \quad y + 8 = -\frac{1}{3}(x + 2) \Rightarrow x + 3y + 26 = 0$$

58. *(a)* दिए गए वक्रों के समीकरण

$$\frac{|x|}{2} + \frac{|y|}{3} = 1 \quad ...(i)$$

तथा $$\frac{x^2}{4} + \frac{y^2}{9} = 1 \quad ...(ii)$$

दी गई समरुपता के अनुसार दिए गए वक्र को ग्राफ पर अंकित करने पर, अभीष्ट क्षेत्रफल (छायांकित भाग का क्षेत्रफल)

= दीर्घवृत्त का क्षेत्रफल – 4 (ΔAOB का क्षेत्रफल)

$= \pi(2)(3) - 4\left(\frac{1}{2} \times 2 \times 3\right)$ [$\because$ दीर्घवृत्त $\frac{x^2}{a^2} + \frac{y^2}{b^2} = 1$ द्वारा परिबद्ध भाग का क्षेत्रफल πab होता है]

$= 6\pi - 12 = 6(\pi - 2)$ वर्ग इकाई

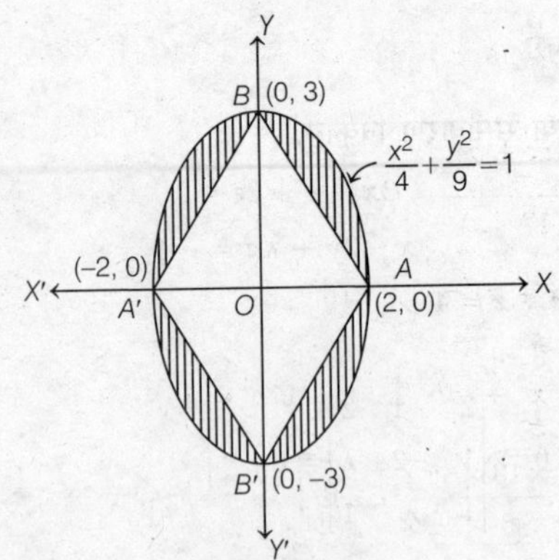

59. *(a)* प्रश्नानुसार, माना कि दी गई घटनाएँ हैं

E_1 = बॉक्स I को चुनने की घटना

E_2 = बॉक्स II को चुनने की घटना

$\therefore P(E_1) = P(E_2) = \frac{1}{2}$

तथा A = कार्ड पर अभाज्य संख्या ना होने की घटना

$\therefore P\left(\frac{A}{E_1}\right) = \frac{20}{30} = \frac{2}{3}$ तथा $P\left(\frac{A}{E_2}\right) = \frac{15}{20} = \frac{3}{4}$

बे प्रमेय अनुसार,

$$P(E_1/A) = \frac{P(E_1)P(A/E_1)}{P(E_1)P(A/E_1) + P(E_2)P(A/E_2)}$$

$$= \frac{\frac{1}{2} \times \frac{2}{3}}{\left(\frac{1}{2} \times \frac{2}{3}\right) + \left(\frac{1}{2} \times \frac{3}{4}\right)} = \frac{2/3}{2/3 + 3/4} = \frac{2/3}{\frac{8+9}{12}} = \frac{8}{17}$$

60. *(d)* दिया गया द्विपद $(\alpha x^{1/9} + \beta x^{-1/6})^{10}$ है।

$\therefore$ द्विपद के प्रसार में सामान्य पद

$$T_{r+1} = {}^{10}C_r(\alpha x^{1/9})^{10-r}(\beta x^{1/6})^r$$
$$= {}^{10}C_r\,\alpha^{10-r}\beta^r x^{\left(\frac{10-r}{9} - \frac{r}{6}\right)} = {}^{10}C_r\,\alpha^{10-r}\beta^r x^{\left(\frac{20-2r-3r}{18}\right)}$$

x के स्वतन्त्र पद के लिए,

$$20 - 2r - 3r = 0 \Rightarrow r = 4$$

इसलिए, x के स्वतन्त्र पद का मान

$$^{10}C_4\,\alpha^6\beta^4 = 210\,\alpha^6\beta^4$$

अब, दिया है कि $\alpha > 0, \beta > 0$ इस प्रकार है कि $\alpha^3 + \beta^2 = 4$

इसलिए असमिका में $AM - GM$ के अनुसार,

$$\frac{\alpha^3 + \beta^2}{2} \geq \sqrt{\alpha^3\beta^2} \Rightarrow \frac{4}{2} \geq \sqrt{\alpha^3\beta^2} \Rightarrow \alpha^6\beta^4 \leq 16$$

दिया है, कि $210\alpha^6\beta^4$ का महत्तम मान $= 10^K$ है।

$\Rightarrow 210 \times 16 = 10K \Rightarrow K = 336$

61. *(c)* दिए गए समुच्चय

$X = \{x \in N : 1 \leq x \leq 17$ तथा

$Y = \{ax + b : x \in X$ तथा $a, b \in R, a > 0\}$

अब, $$\frac{\sum_{x=1}^{17}(ax+b)}{17} = 17$$

$\Rightarrow \quad a \sum_{x=1}^{17} x + 17b = 17 \times 17 \Rightarrow 9a + b = 17$ ...(i)

तथा $\dfrac{\sum_{x=1}^{17} (ax+b)^2}{17} - (17)^2 = 216$

$\Rightarrow \sum_{x=1}^{17} (ax+b)^2 = 17[216 + 289] = 17 \times 505 = 8585$

$\Rightarrow a^2 \sum_{x=1}^{17} x^2 + 2ab \sum_{x=1}^{17} x + 17b^2 = 8585$

$\Rightarrow a^2 \left(\dfrac{17 \times 18 \times 35}{6}\right) + 2ab\left(\dfrac{17 \times 18}{2}\right) + 17b^2 = 8585$

$\Rightarrow 105a^2 + 18ab + b^2 = 505$ ...(ii)

समी (i) तथा (ii) से,

$105a^2 + 18a(17 - 9a) + (17 - 9a)^2 = 505$

$\Rightarrow 105a^2 + 306a - 162a^2 + 289 + 81a^2 - 306a = 505$

$\Rightarrow 24a^2 = 216 \Rightarrow a^2 = 9 \Rightarrow a = 3$ जैसाकि $a > 0$

इसलिए, $b = -10$

$\therefore a + b = 3 - 10 = -7$

62. *(a)* दी गई अवकल समीकरण

$\dfrac{2 + \sin x}{y+1} \dfrac{dy}{dx} = -\cos x \Rightarrow \int \dfrac{dx}{y+1} = -\int \dfrac{\cos x}{2 + \sin x} dx$

$\Rightarrow \log_e |y+1| = -\log_e |2 + \sin x| + \log_e C$

$\therefore y(0) = 1 \Rightarrow \log_e C = \log_e^4$

इसलिए , $(y+1)(2+\sin x) = 4$

$\Rightarrow y = \dfrac{4}{2 + \sin x} - 1$

$\because y(\pi) = a \Rightarrow a = \dfrac{4}{2} - 1 = 2 - 1 = 1$

तथा $\dfrac{dy}{dx} = -\dfrac{4\cos x}{(2 + \sin x)^2}$

चूँकि $\left.\dfrac{dy}{dx}\right|_{x=\pi} = b \Rightarrow \dfrac{4}{4} = b \Rightarrow b = 1$

$\therefore$ क्रमित युग्म $(a, b) = (1, 1)$ है।

63. *(b)* दिए गए अनन्त पदों की श्रेणी,

यदि $|x| < 1, |y| < 1$ तथा $x \neq y$

$S = (x+y) + (x^2 + xy + y^2) +$

$(x^3 + x^2y + xy^2 + y^3) + \ldots$

दोनों पक्षों में $(x - y)$ से गुणा करने पर,

$\Rightarrow (x-y)S = (x^2 - y^2) + (x^3 - y^3) + (x^4 - y^4) +$

$= [x^2 + x^3 + x^4 + \ldots] - [y^2 + y^3 + y^4 + \ldots]$

$= \dfrac{x^2}{1-x} - \dfrac{y^2}{1-y}$, जब $|x| < 1$ तथा $|y| < 1$

$\Rightarrow (x-y)S = \dfrac{x^2(1-y) - y^2(1-x)}{(1-x)(1-y)} = \dfrac{(x^2-y^2) - (x^2y - y^2x)}{(1-x)(1-y)}$

$\Rightarrow (x-y)S = \dfrac{(x-y)[(x+y) - xy]}{(1-x)(1-y)} \Rightarrow S = \dfrac{x+y-xy}{(1-x)(1-y)}$

64. *(d)* चूँकि $p'(x) = 0$, $x = 1$ पर तथा $x = 2$ पर $p(x)$ एक घन बहुपद है, इसलिए

$p'(x) = a(x-1)(x-2) = a(x^2 - 3x + 2)$

$\therefore p(x) = a\left(\dfrac{x^3}{3} - \dfrac{3}{2}x^2 + 2x\right) + b$

प्रश्नानुसार,

$P(1) = 8 \Rightarrow a\left(\dfrac{1}{3} - \dfrac{3}{2} + 2\right) + b = 8 \Rightarrow a\left(\dfrac{1}{3} + \dfrac{1}{2}\right) + b = 8$

$\Rightarrow 5a + 6b = 48$ ...(i)

तथा $p(2) = 4 \Rightarrow a\left(\dfrac{8}{3} - 6 + 4\right) + b = 4 \Rightarrow 2a + 3b = 12$ ...(ii)

समी (i) तथा (ii) से,

$a = 24, b = -12$

$\because \quad p(0) = b = -12$

65. *(a)* दिया गया वक्र

$$y = x + \sin y$$

$\therefore x$ के सापेक्ष दोनों पक्षों का अवकलन करने पर,

$\dfrac{dy}{dx} = 1 + \cos y \dfrac{dy}{dx} \Rightarrow \dfrac{dy}{dx} = \dfrac{1}{1 - \cos y}$ ...(i)

$\because$ बिन्दु (a, b) पर स्पर्शी बिन्दुओं $\left(0, \dfrac{3}{2}\right)$ व $\left(\dfrac{1}{2}, 2\right)$ को मिलाने वाली रेखा के समान्तर है, इसलिए

$\left.\dfrac{dy}{dx}\right|_{(a,b)} = \dfrac{2 - \dfrac{3}{2}}{\dfrac{1}{2} - 0} = 1$

$\Rightarrow \quad \dfrac{1}{1 - \cos b} = 1 \Rightarrow 1 = 1 - \cos b \Rightarrow \cos b = 0 \Rightarrow \sin b = \pm 1$

अब, दिए गए वक्र पर बिन्दु (a, b) स्थित है, इसलिए

$b = a + \sin b \Rightarrow b - a = \sin b$

$\Rightarrow \quad |b - a| = |\sin b| \Rightarrow |b - a| = 1$

66. *(d)* माना गुणोत्तर श्रेणी के तीन पद $\dfrac{a}{r}, a, ar$ हैं, दिया गया है कि

$\dfrac{a}{r} \times a \times ar = 27 \Rightarrow a = 3$ तथा $S = \dfrac{a}{r} + a + ar$

$\Rightarrow \quad S = 3\left(\dfrac{1 + r + r^2}{r}\right)$

$\Rightarrow \quad 3r^2 + (3 - S)r + 3 = 0 \quad [\because r \neq 0]$

$\because \quad r \in R$

$\therefore \quad D \geq 0 \Rightarrow (3 - S)^2 - 4(3)(3) \geq 0$

$\Rightarrow \quad (3 - S - 6)(3 - S + 6) \geq 0$

$\Rightarrow \quad (S+3)(S-9) \geq 0 \Rightarrow S \in (-\infty, -3] \cup [9, \infty)$

67. *(d)* दिया गया फलन

$$f(x) = \begin{cases} ae^x + be^{-x}, & -1 \leq x < 1 \\ cx^2, & 1 \leq x \leq 3 \\ ax^2 + 2cx, & 3 < x \leq 4 \end{cases}$$

चूँकि दिया गया फलन कुछ $a, b, c \in R$ के लिए सतत् है, इसलिए

$$\lim_{x\to 1^-} f(x) = \lim_{x\to 1^+} f(x) \Rightarrow ae + be^{-1} = c \quad ...(i)$$

तथा $\lim_{x\to 3^-} f(x) = \lim_{x\to 3^+} f(x) \Rightarrow c(3)^2 = 9a + 6c$

$\Rightarrow \quad 3c = 9a \Rightarrow c = 3a$ ...(ii)

अब, $f'(0) + f'(2) = a - b + 4c = e$ दिया है, ...(iii)

समी (i), (ii) तथा (iii) से,

$$a - (3a - ae)e + 12a = e \quad \Rightarrow \quad (13 - 3e + e^2)a = e$$

$$\Rightarrow \quad a = \frac{e}{e^2 - 3e + 13}$$

68. *(a)* दिया गया सम्बन्ध

$R = \{(x, y) : x, y \in Z, x^2 + 3y^2 \le 8\}$

$y^2 = 0, x^2 = 0, 1, 4$ के लिए

$y^2 = 1, x^2 = 0, 1, 4$ के लिए $y^2 = 4, x^2 \in \phi$ के लिए

y के सम्भावित मानों का परास

$\therefore \{-1, 0, 1\}$

$\therefore R^{-1}$ का प्रान्त $= R$ का परास $= \{-1, 0, 1\}$

69. *(b)* माना कि कथन

P: मैं समय पर स्टेशन पहुँचता हूँ।

q: मैं रेलगाड़ी को पकड़ लूँगा।

जैसा कि हम जानते हैं कि $P \Rightarrow q$ का प्रतिधनात्मक $\equiv (\sim q) \Rightarrow (\sim q)$ होता है।

इसलिए दिए गए कथन ''यदि मैं समय पर स्टेशन पहुँचता हूँ, तब मैं रेलगाड़ी पकड़ लूँगा'' का प्रतिधनात्मक ''यदि मैं रेलगाड़ी नहीं पकड़ पाता हूँ, तब मैं समय पर स्टेशन नहीं पहुँचता हूँ।''

70. *(a)* दिया गया व्यंजक

$$\left(\frac{1 + \sin\frac{2\pi}{9} + i\cos\frac{2\pi}{9}}{1 + \sin\frac{2\pi}{9} - i\cos\frac{2\pi}{9}}\right)^3$$

$$= \left[\frac{\left(\sin^2\frac{2\pi}{9} - i^2\cos^2\frac{2\pi}{9}\right) + \left(\sin\frac{2\pi}{9} + i\cos\frac{2\pi}{9}\right)}{1 + \sin\frac{2\pi}{9} - i\cos\frac{2\pi}{9}}\right]^3$$

$$= \left[\frac{\left(\sin\frac{2\pi}{9} + i\cos\frac{2\pi}{9}\right)\left\{\sin\frac{2\pi}{9} - i\cos\frac{2\pi}{9} + 1\right\}}{1 + \sin\frac{2\pi}{9} - i\cos\frac{2\pi}{9}}\right]^3$$

$$= \left(\sin\frac{2\pi}{9} + i\cos\frac{2x}{9}\right)^3 = \left(-i^2\sin\frac{2\pi}{9} + i\cos\frac{2\pi}{9}\right)^3$$

$$= i^3\left[\cos\frac{2\pi}{9} - i\sin\frac{2\pi}{9}\right]^3 = -i\left[\cos\left(-\frac{2\pi}{9}\right) + i\sin\left(-\frac{2\pi}{9}\right)\right]^3$$

$$= -i\left[\cos\frac{2\pi}{3} - i\sin\frac{2\pi}{3}\right] \text{[De-Movier's प्रमेय अनुसार]}$$

$$= -i\left[\left(-\frac{1}{2}\right) - i\frac{\sqrt{3}}{2}\right] = -\frac{\sqrt{3}}{2} + \frac{i}{2} = -\frac{1}{2}(\sqrt{3} - i)$$

71. *(309)* दिया गया शब्द MOTHER है, अब अक्षरों को क्रम में रखने पर, शब्द EHMORT होगा। इसलिए अभीष्ट शब्दों की संख्या

E ------ में 5!

H ------ में 5!

M E ------ में 4!

M H ------ में 4!

M O E ------ में 3!

M O H ------ में 3!

M O R ------ में 3!

M O T E ------ में 2!

M O T H E R में 1

इसलिए शब्द 'MOTHER' की स्थिति

$5! + 5! + 4! + 4! + 3! + 3! + 3! + 2! + 1$

$= 120 + 120 + 24 + 24 + 6 + 6 + 6 + 2 + 1 = 309$

72. *(1.5)* दिया गया समाकलन

$$\int_0^2 ||x - 1| - x|\,dx = \int_0^1 |-(x-1) - x|\,dx + \int_1^2 |x - 1 - x|\,dx$$

$$= \int_0^1 |1 - 2x|\,dx + \int_1^2 dx = \int_0^{1/2}(1 - 2x)\,dx + \int_{1/2}^1 (2x - 1)\,dx + 1$$

$$= [x - x^2]_0^{1/2} + [x^2 - x]_{1/2}^1 + 1$$

$$= \frac{1}{2} - \frac{1}{4} + 1 - 1 - \frac{1}{4} + \frac{1}{2} + 1 = \frac{1}{2} + 1 = \frac{3}{2} = 1.5$$

73. *(9)* चूँकि, रेखा $3x + 4y = k$

वृत्त $x^2 + y^2 - 2x - 4y + 4 = 0$ को प्रतिच्छेद करता है।

$\Rightarrow$ वृत्त $(x-1)^2 + (y-2)^2 = 1$ के दो भिन्न बिन्दुओं पर प्रतिच्छेद करता है, इसलिए रेखा $3x + 4y - k = 0$ से केन्द्र $(1, 2)$ की लाम्बिक दूरी अवश्य ही त्रिज्या 1 से कम होनी चाहिए।

$$\therefore \left|\frac{3 + 8 - k}{\sqrt{9 + 16}}\right| < 1$$

$\Rightarrow |11 - k| < 5 \Rightarrow (k - 11) \in (-5, 5) \quad \Rightarrow k \in (6, 16)$

$\Rightarrow k = 7, 8, 9, 10, 11, 12, 13, 14, 15$

$\therefore k$ के पूर्णांकीय मानों की संख्या 9 है।

74. *(40)* दिया है,

$$\lim_{x\to 1}\frac{x + x^2 + x^3 + ... + x^n - n}{x - 1} = 820, \ (n \in N)$$

$$\Rightarrow \quad \lim_{x\to 1}\left\{\frac{x-1}{x-1} + \frac{x^2-1}{x-1} + \frac{x^3-1}{x-1} + ... + \frac{x^n-1}{x-1}\right\} = 820$$

$$\Rightarrow \quad 1 + 2 + 3 + ... + n = 820 \quad \Rightarrow \frac{n(n+1)}{2} = 820$$

$$\Rightarrow \quad n(n+1) = 1640 = 40 \times 41 \quad \Rightarrow n = 40$$

75. *(2)* दिया है, किसी सदिश **a**, **b** तथा **c** के लिए,

$$|\mathbf{a} - \mathbf{b}|^2 + |\mathbf{a} - \mathbf{c}|^2 = 8$$

$\Rightarrow |\mathbf{a}|^2 + |\mathbf{b}|^2 - 2\mathbf{a}\cdot\mathbf{b} + |\mathbf{a}|^2 + |\mathbf{c}|^2 - 2\mathbf{a}\cdot\mathbf{c} = 8$

$\Rightarrow -2[\mathbf{a}\cdot\mathbf{b} + \mathbf{a}\cdot\mathbf{c}] = 4 \Rightarrow \mathbf{a}\cdot\mathbf{b} + \mathbf{a}\cdot\mathbf{c} = -2$ ...(i)

अब, $|\mathbf{a} + 2\mathbf{b}|^2 + |\mathbf{a} + 2\mathbf{c}|^2$

$= |\mathbf{a}|^2 + 4|\mathbf{b}|^2 + 4\mathbf{a}\cdot\mathbf{b} + |\mathbf{a}|^2 + 4|\mathbf{c}|^2 + 4\mathbf{a}\cdot\mathbf{c}$

$= 10 + 4[\mathbf{a}\cdot\mathbf{b} + \mathbf{a}\cdot\mathbf{c}] = 10 + 4(-2)$ [समी. (i) से,]

$= 10 - 8 = 2$

JEE Main संयुक्त प्रवेश परीक्षा

सॉल्वड पेपर 2020

02 सितम्बर, द्वितीय पाली

भौतिकी

1. एक विभवमापी के तार PQ की लम्बाई 1 मी है और इसे एक मानक सैल E_1 के साथ जोड़ा गया है। 1.02 वोल्ट विद्युत विद्युत वाहक बल वाले एक, दूसरे सैल E_2 को एक प्रतिरोधक r तथा एक स्विच S से चित्रानुसार जोड़ा गया है, जब स्विच S खुला रखा गया हो, तो शून्य बिन्दु की स्थिति Q से 49 सेमी दूरी पर पायी जाती है। विभवमापी के तार में विभव प्रवणता है

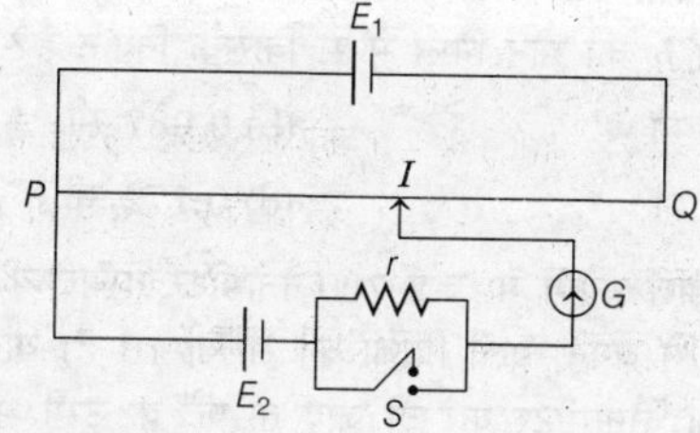

(a) 0.01 वोल्ट/सेमी

(b) 0.02 वोल्ट/सेमी

(c) 0.03 वोल्ट/सेमी

(d) 0.04 वोल्ट/सेमी

2. पृथ्वी की सतह से h ऊँचाई पर एक पिण्ड का भार उतना ही है जितना सतह से उतनी h गहराई पर, h का मान है

(माना, R = पृथ्वी की त्रिज्या, पृथ्वी के घूर्णन का भार पर प्रभाव नगण्य)

(a) $\frac{\sqrt{5}}{2}R - R$ (b) $\frac{\sqrt{5}R - R}{2}$

(c) $\frac{\sqrt{3}R - R}{2}$ (d) $\frac{R}{2}$

3. एक बन्द बर्तन में भरी आदर्श गैस को धीरे-धीरे गर्म किया जाता है, जैसे-जैसे इसका तापमान बढ़ता है, तो निम्नलिखित कथनों में से कौन-कौन से कथन सत्य होंगे?

1. गैस के अणुओं के औसत मुक्त पथ का मान घटता है।
2. गैस के अणुओं के औसत टकराने के समय का मान घटता है।
3. गैस के अणुओं के औसत मुक्त पथ का मान नहीं बदलता है।
4. गैस के अणुओं के औसत टकराने के समय का मान नहीं बदलता है।

(a) 3 व 4 (b) 2 व 3

(c) 1 व 2 (d) 1 व 4

4. जैसा कि चित्र में दिखाया गया है, एक तार, जिसमें विद्युत धारा I बह रही है, से $ABCDEFA$ आकृति बनायी गयी है। इसमें $ABCDA$ तथा $ADEFA$ दो आयत हैं, जो एक-दूसरे पर लम्बवत् हैं। यदि इन आयतों का आकार $a \times b$ हो, तो आकृति $ABCDEFA$ के चुम्बकीय आघूर्ण का परिमाण व दिशा होगी

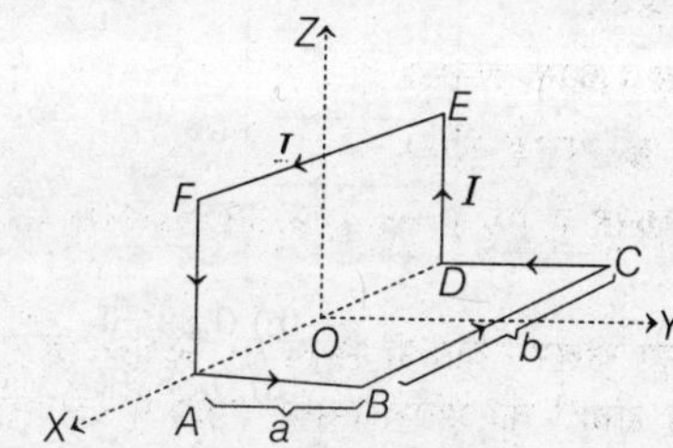

(a) $abI, \left(\frac{\hat{j}}{\sqrt{5}} + \frac{2\hat{k}}{\sqrt{5}}\right)$ दिशा में

(b) $\sqrt{2}\,abI, \left(\frac{\hat{j}}{\sqrt{2}} + \frac{\hat{k}}{\sqrt{2}}\right)$, दिशा में

(c) $abI, \left(\frac{\hat{j}}{\sqrt{2}} + \frac{\hat{k}}{\sqrt{2}}\right)$, दिशा में

(d) $\sqrt{2}\,abI, \left(\frac{\hat{j}}{\sqrt{2}} + \frac{2\hat{k}}{\sqrt{5}}\right)$, दिशा में

5. जब एक धातु से बने तार का तापमान 0°C से 10°C तक बढ़ाया जाता है, तो इसकी लम्बाई 0.02% बढ़ जाती है। इस कारण इसके घनत्व में होने वाले प्रतिशत बदलाव का मान निम्न में से किसके निकटतम है?

(a) 0.8 (b) 0.06

(c) 0.008 (d) 2.3

6. सरल आवर्त गति करते हुए एक कण का विस्थापन-समय ग्राफ चित्र में दिखाया गया है

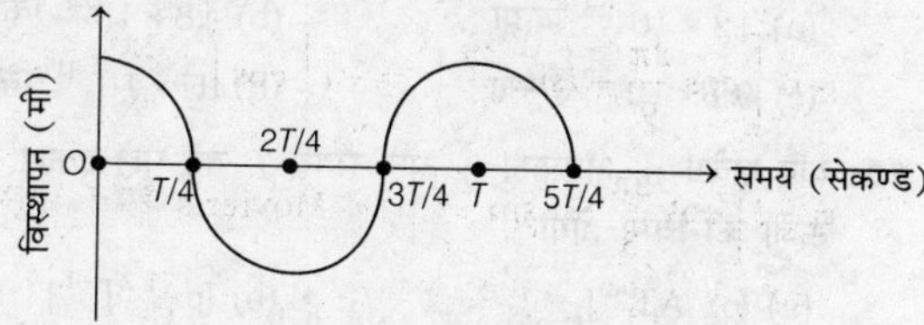

दिखाए गए ग्राफ के लिए निम्न में से कौन-सा/से कथन सही होगा/होगें।

1. $t = \frac{3T}{4}$ पर बल शून्य है।
2. $t = T$ पर त्वरण अधिकतम है।
3. $t = \frac{T}{4}$ पर गति अधिकतम है।
4. $t = \frac{T}{2}$ पर दोलन की स्थितिज एवं गतिज ऊर्जाएँ बराबर हैं।

(a) 1 व 4 (b) 1, 2 व 3
(c) 1, 2 व 4 (d) 2, 3 व 4

7. चित्र में, l लम्बाई का एक क्षेत्र दिखाया गया है, जिसमें 0.3 टेस्ला का एक एकसमान चुम्बकीय क्षेत्र है। इस क्षेत्र में एक प्रोटॉन 4×10^5 मी/से की गति से चुम्बकीय क्षेत्र से 60° कोण बनाते हुए प्रवेश करता है। (यदि इस क्षेत्र को पार करने तक प्रोटॉन 10 परिक्रमण पूरे करता है, तो l का मान निम्न में से किसके निकट है?)

(प्रोटॉन का द्रव्यमान $= 1.67 \times 10^{-27}$ किग्रा
प्रोटॉन का आवेश $= 1.6 \times 10^{-19}$ कूलॉम)

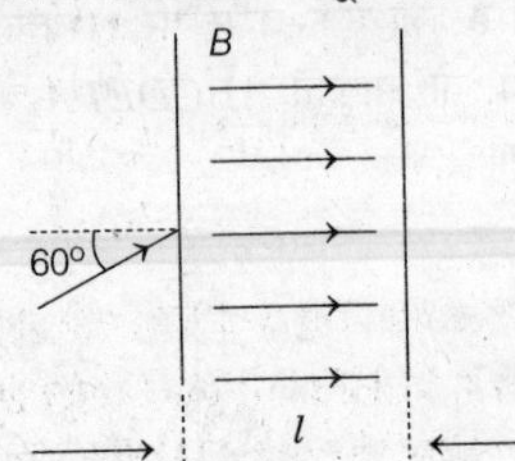

(a) 0.11 मी (b) 0.22 मी
(c) 0.44 मी (d) 0.88 मी

8. एक 10 μF धारिता वाले संधारित्र को 50 वोल्ट के विभवान्तर से जोड़कर पूरी तरह आवेशित करा जाता है। अब इसे वोल्टता के स्रोत से हटाकर एक-दूसरे संधारित्र से पार्श्व सम्बन्धन में जोड़ दिया जाता है। यदि अब संधारित्रों में विभवान्तर 20 वोल्ट हो जाए, तो दूसरे संधारित्र की धारिता है

(a) 15μF (b) 10μF (c) 30μF (d) 20μF

9. दिखाए गए डिजिटल परिपथ (digital circuit) में Z पर निर्गत के मान होंगे जब निवेश (A, B) के मान (1, 0), (0, 0), (1, 1) और (0, 1) हों

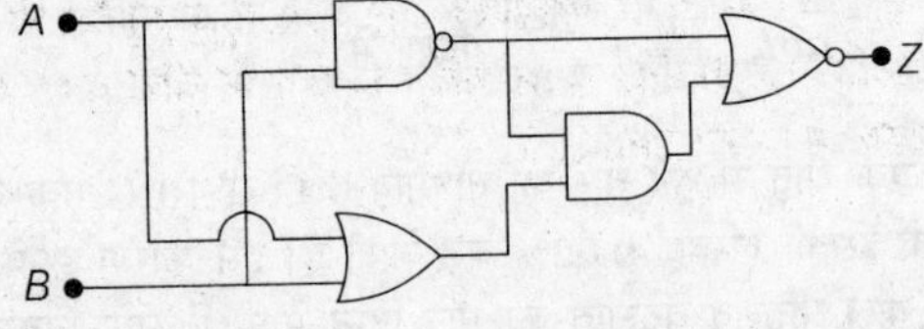

(a) 0 0 1 0 (b) 0 1 0 0 (c) 1 0 1 1 (d) 1 1 0 1

10. तेजी से चलते हुए एक कण की गति एक गतिमान इलेक्ट्रॉन से 5 गुना ज्यादा है। कण की डी-ब्रोग्ली तरंगदैर्ध्य और इस इलेक्ट्रॉन की डी-ब्रोग्ली तरंगदैर्ध्य का अनुपात 1.878×10^{-4} है। कण का द्रव्यमान होगा लगभग

(a) 1.2×10^{-28} किग्रा (b) 4.8×10^{27} किग्रा
(c) 9.7×10^{-28} किग्रा (d) 9.1×10^{-31} किग्रा

11. यदि संवेग p, क्षेत्रफल A और समय T को मूल इकाई माना जाए तो ऊर्जा की विमा होगी

(a) $[p^{1/2}AT^{-2}]$ (b) $[pA^{1/2}T^{-1}]$
(c) $[p^{1/2}AT^{-1}]$ (d) $[pA^{-1}T^{-2}]$

12. आवेश Q दो समकेन्द्रीय सुचालक पतले गोलीय कवच पदार्थ पर इस प्रकार बँटा हुआ है कि दोनों कवचों पर आवेश का पृष्ठ आवेश घनत्व बराबर है। कवचों की त्रिज्याएँ r और $R\ (R > r)$ हैं। उभयनिष्ठ केन्द्र पर वैद्युत विभव होगा

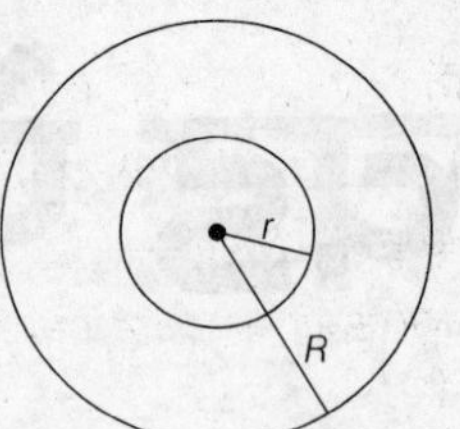

(a) $\frac{1}{4\pi\varepsilon_0} \frac{(R+r)}{(R^2+r^2)} Q$ (b) $\frac{1}{4\pi\varepsilon_0} \frac{(R+2r)Q}{2(R^2+r^2)}$
(c) $\frac{1}{4\pi\varepsilon_0} \frac{(2R+r)}{(R^2+r^2)} Q$ (d) $\frac{1}{4\pi\varepsilon_0} \frac{(R+r)}{2(R^2+r^2)} Q$

13. त्रिज्या 0.15 मिमी की एक काँच से बनी केशिका को मिथाइल आयोडाइड (पृष्ठ तनाव = 0.05 न्यूटन/मी, घनत्व $= 667$ किग्रा मी$^{-3}$) से भरे एक बीकर में सीधा (ऊर्ध्वाधर दिशा में) डुबाया जाता है, तो यह द्रव इसमें h ऊँचाई तक चढ़ जाता है। इस पर यह देखा जाता है कि काँच और द्रव की अन्त: सतह पर यदि विपरीत दिशाओं से स्पर्शी रेखाएँ खींची जाएँ, तो वे एक-दूसरे से 60° का कोण बनाती हैं, तब h का मान निम्न में से किसके निकट है? ($g = 10$ मी/से^{2})

(a) 0.049 मी (b) 0.087 मी
(c) 0.137 मी (d) 0.172 मी

14. यंग के द्वि-झिर्री प्रयोग में, जब 700 नैनोमीटर तरंगदैर्ध्य के प्रकाश से पर्दे के एक भाग में बनने वाली फ्रिंजों की संख्या 16 है। यदि प्रकाश की तरंगदैर्ध्य 400 नैनोमीटर कर दी जाए तो पर्दे के उसी भाग में बनने वाली फ्रिंजों की संख्या होगी

(a) 30 (b) 28 (c) 18 (d) 24

15. एक छोटे धनावेशित कण को एक मेज के किनारे से छोड़ा जाता है। इस क्षेत्र में क्षैतिज दिशा में एक एकसमान विद्युत क्षेत्र है (चित्र में)। ऐसी अवस्था में निम्न में से कौन-सा ग्राफ कण के पथ को उचित रूप से दर्शाता है?

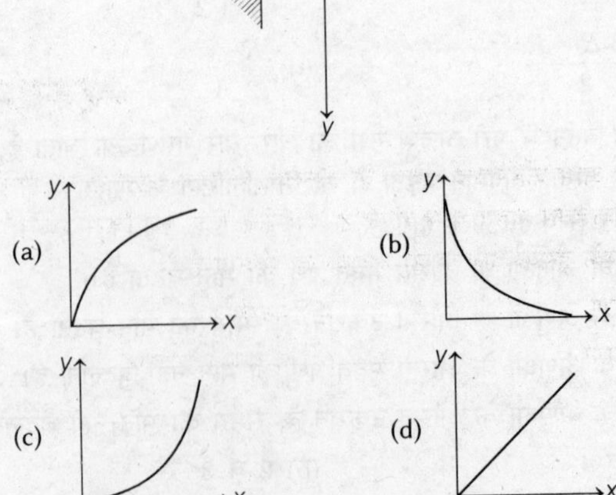

16. एक प्रेरकत्व कुण्डली की प्रतिघात क्षमता 400Ω है, जब इसे 1000 हर्ट्ज आवृत्ति के एक प्रत्यावर्ती धारा (AC) के स्रोत से जोड़ा जाता है, तो लगायी गयी वोल्टता इसमें बहने वाली धारा से 45° आगे रहती है। कुण्डली के स्वप्रेरकत्व का मान है

(a) 5.5×10^{-5} हेनरी (b) 6.7×10^{-7} हेनरी
(c) 11×10^{-1} हेनरी (d) 11×10^{-2} हेनरी

17. 50.0% दक्षता का एक इन्जन 1915 जूल, – 40 जूल, + 125 जूल व – Q जूल ऊष्मा का प्रदान एक चक्र में करता है। ऐसी स्थिति में Q का मान है

(a) 400 जूल (b) 40 जूल (c) 640 जूल (d) 980 जूल

18. दो एकसमान वृत्ताकार डिस्क अपने उभयनिष्ठ अक्ष, जोकि उनके केन्द्रों से होकर जाती हैं, पर एक ही दिशा में स्वतन्त्र रूप से घूम रही हैं। पहली डिस्क का जड़त्व आघूर्ण व कोणीय वेग क्रमशः 0.1 किग्रा-मी^{2} और 10 रेडियन से$^{-1}$ है तथा दूसरी डिस्क के जड़त्व आघूर्ण और कोणीय वेग क्रमशः 0.2 किग्रा-मी^{2} और 5 रेडियन/से$^{-1}$ हैं किसी क्षण पर दोनों डिस्क आपस में चिपक जाती हैं और अब एक निकाय की भाँति उनके उभयनिष्ठ अक्ष पर समान कोणीय वेग से घूमने लगती हैं। इस नये निकाय की गतिज ऊर्जा होगी

(a) $\frac{10}{3}$ जूल (b) $\frac{2}{3}$ जूल (c) $\frac{5}{3}$ जूल (d) $\frac{20}{3}$ जूल

19. एक समतल विद्युत-चुम्बकीय तरंग में विद्युत क्षेत्र व चुम्बकीय क्षेत्र की दिशाएँ क्रमशः $\hat{k}$ और $2\hat{i} - 2\hat{j}$ की ओर हैं। तरंग के चलने की दिशा में इकाई वेक्टर है

(a) $\frac{1}{\sqrt{5}}(\hat{i} + 2\hat{j})$ (b) $\frac{1}{\sqrt{2}}(\hat{j} + \hat{k})$ (c) $\frac{1}{\sqrt{5}}(2\hat{i} + \hat{j})$ (d) $\frac{1}{\sqrt{2}}(\hat{i} + \hat{j})$

20. एक हाइड्रोजन परमाणु इलेक्ट्रॉन $(n + 1)$th कक्षा से n th कक्षा पर जाता है। यदि $n >> 1$ हो, तो उत्सर्जित विकिरण की आवृत्ति निम्न में से किसके समानुपाती होगी?

(a) $\frac{1}{n}$ (b) $\frac{1}{n^4}$ (c) $\frac{1}{n^3}$ (d) $\frac{1}{n^2}$

21. 9×10^{-3} किग्रा सेमी$^{-3}$ घनत्व के एक तार को खींचकर 1 मी दूरी पर लगे दो क्लैम्प्स् पर कस दिया जाता है। इस कारण, तार में उत्पन्न विकृति 4.9×10^{-4} है इस स्थिति में, तार में अनुप्रस्थ कम्पन की निम्नतम आवृत्ति का निकटतम पूर्णांक ...... होगा (तार के यंग गुणांक का मान $Y = 9 \times 10^{10}$ न्यूटन/मी^{2})।

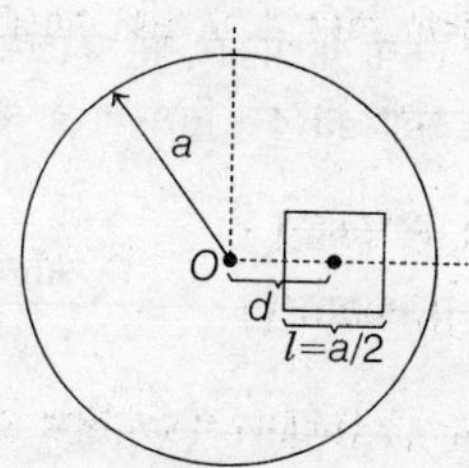

22. त्रिज्या a की एक वृत्ताकार चकती केन्द्र O से $d = \frac{a}{2}$ दूरी पर $l = \frac{a}{2}$ भुजा का एक वर्गाकार छिद्र काटा जाता है। यदि बचे हुए भाग का संहति-केन्द्र O से $-\frac{a}{X}$ दूरी पर हो, तो X पूर्णांक के निकटतम है

23. द्रव्यमान m का एक कण X-अक्ष पर प्रारम्भिक वेग $u\hat{i}$ से चल रहा है। यह द्रव्यमान $10m$ के विरामावस्था में रखे हुए एक कण से प्रत्यास्थ टक्कर करता है और तत्पश्चात् यह अपनी प्रारम्भिक गतिज ऊर्जा की आधी ऊर्जा से चलता है (चित्र में)। यदि $\sin\theta_1 = \sqrt{n}\sin\theta_2$ हो, तो n का मान होगा ......।

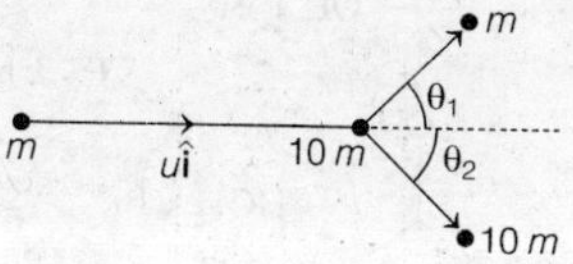

24. चित्रानुसार एक 10 वोल्ट विद्युत-वाहक बल के आदर्श सैल को एक परिपथ में जोड़ा गया है। इस परिपथ में प्रत्येक प्रतिरोधक का मान 2Ω है। इस स्थिति में, जब संधारित्र पूर्ण रूप से आवेशित हो जाए, तो उसके बीच विभवान्तर (वोल्ट में) होगा ...... ।

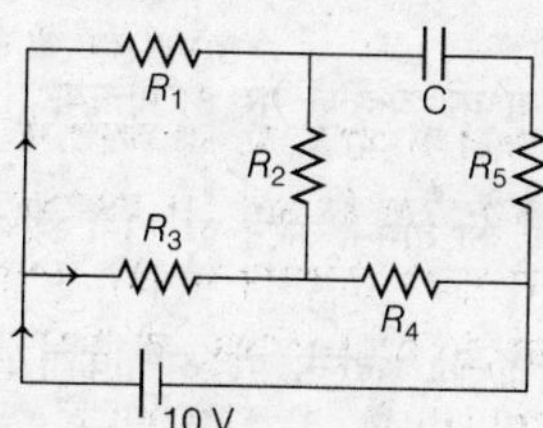

25. काँच के बने हुए एक ठोस गोले का अपवर्तनांक $\mu = \sqrt{3}$ है। इसमें 60° आपतित कोण बनाते हुए एक प्रकाश की किरण प्रवेश करती है और दूसरी ओर की सतह पर परावर्तित और साथ में अपवर्तित भी होती है। ऐसी स्थिति में, परावर्तित व अपवर्तित किरणों के बीच बनने वाले कोण का (डिग्री में) मान होगा ...... ।

रसायन विज्ञान

26. जब कच्चे आम को सान्द्र लवण के विलयन में रखा जाता है तो उसका आकार सिकुड़कर बहुत कम हो जाता है। नीचे दिए गए किस प्रक्रम का उपयोग करके इसके कारण को बताया जा सकता है?

(a) विसरण (b) अपोहन
(c) परासरण (d) उत्क्रम परासरण

27. $[XeF_5]$ तथा $[XeO_3F_2]$ का आकार/संरचना क्रमशः हैं

(a) त्रिसमनताक्ष द्विपिरैमिडी तथा पंचकोणीय समतलीय
(b) पंचकोणीय समतलीय तथा त्रिसमनताक्ष द्विपिरैमिडी
(c) त्रिसमनताक्ष द्विपिरैमिडी तथा त्रिसमनताक्ष द्विपिरैमिडी
(d) अष्टफलकीय तथा वर्ग पिरैमिडी

28. कॉलम I के अन्योन्य क्रिया के प्रकार को कॉलम II में उनके अन्योन्य क्रिया ऊर्जा की दूरी निर्भरता के साथ सुमेलित कीजिए।

कॉलम I	कॉलम II
1. आयन-आयन	A. $\frac{1}{r}$
2. द्विध्रुव-द्विध्रुव	B. $\frac{1}{r^2}$
3. लण्डन-परिक्षेपण	C. $\frac{1}{r^3}$
	D. $\frac{1}{r^6}$

1 2 3   1 2 3
(a) A B C   (b) A C D
(c) A B D   (d) B D C

29. नीचे दिये गये अभिक्रिया अनुक्रम पर विचार कीजिए।

$$(CH_3)_3C{-}Br \xrightarrow[H_2O]{OH^{\ominus}} (CH_3)_3C{-}OH + Br^{\ominus} \quad \text{....(i)}$$

दर $= k\,[t\text{-BuBr}]$

$$(CH_3)_3C{-}Br \xrightarrow[C_2H_5OH]{OH^{\ominus}} H_2C{=}C(CH_3){-}CH_3 + HOH + Br^{\ominus} \quad \text{...(ii)}$$

दर $= k\,[t\text{-BuBr}]\,[OH^{\ominus}]$

निम्नलिखित में से कौन-सा कथन सही है?

(a) क्षार को $OH^{\ominus}$ से $OR^{\ominus}$ में बदलने पर अभिक्रिया (ii) पर कोई प्रभाव नहीं पड़ेगा।
(b) क्षार की सान्द्रता को बदलने पर अभिक्रिया (ii) पर कोई प्रभाव नहीं पड़ेगा।
(c) क्षार की सान्द्रता को दोगुना करने पर दोनों अभिक्रियाओं की दर दोगुनी हो जायेगी।
(d) क्षार की सान्द्रता को बदलने पर अभिक्रिया (i) पर कोई प्रभाव नहीं पड़ेगा।

30. क्वाण्टम संख्या $n = 4$ तथा $m = -2$ से सम्बन्धित उपकोशों की संख्या है
(a) 16 (b) 2 (c) 4 (d) 8

31. दो तत्व A तथा B के समान रासायनिक गुण हैं। वे ठोस हाइड्रोजन कार्बोनेट नहीं बनाते हैं, परन्तु नाइट्रोजन के साथ अभिक्रिया करके नाइट्राइड बनाते हैं। A तथा B क्रमशः हैं
(a) Na तथा Rb (b) Li तथा Mg
(c) Na तथा Ca (d) Cs तथा Ba

32. दो यौगिक A तथा B जिनका आण्विक सूत्र (C_3H_6O) समान हैं, मेथिलमैग्नीशियम ब्रोमाइड के साथ ग्रिग्नार्ड अभिक्रिया करके उत्पाद C तथा D देते हैं। उत्पाद C तथा D निम्नलिखित रासायनिक परीक्षण देते हैं

परीक्षण	C	D
सेरिक अमोनियम नाइट्रेट परीक्षण	सकारात्मक	सकारात्मक
ल्यूकास परीक्षण	5 मिनट के बाद अविलेयता की प्राप्ति	तुरन्त अविलेयता की प्राप्ति
आयोडोफॉर्म परीक्षण	सकारात्मक	नकारात्मक

C तथा D क्रमशः हैं

(a) $C = H_3C{-}C(CH_3)_2{-}OH$; $D = H_3C{-}CH_2{-}CH(OH){-}CH_3$
(b) $C = H_3C{-}CH_2{-}CH_2CH_2OH$; $D = CH_3CH_2{-}CH(OH){-}CH_3$
(c) $C = H_3C{-}CH_2{-}CH(OH){-}CH_3$; $D = H_3C{-}C(CH_3)_2{-}OH$
(d) $C = H_3C{-}CH_2{-}CH_2{-}CH_2{-}OH$; $D = H_3C{-}C(CH_3)_2{-}OH$

33. निम्नलिखित अभिक्रिया में सही प्रेक्षण है:

सूक्रोस $\xrightarrow[\text{विदलन}]{\text{ग्लाइकोसाइडिक आबन्ध विदलन}}$ $A + B$ $\xrightarrow[\text{अभिकर्मक}]{\text{सॉलिनॉफ}}$
(जल-अपघटन)

(a) कोई रंग नहीं देता है (b) लाल रंग का बनना
(c) बैंगनी रंग का बनना (d) नीले रंग का बनना

34. एक कार्बनिक यौगिक 'A' ($C_9H_{10}O$) को जब सान्द्र HI के साथ अभिक्रियित कराया जाता है, तो इसका विदलन होता है तथा यौगिक 'B' तथा 'C' प्राप्त होते हैं। 'B' $AgNO_3$ के साथ पीले रंग का अवक्षेप देता है जबकि 'C', 'D' चलावयवित होता है। 'D' सकारात्मक आयोडोफॉर्म परीक्षण देता है। 'A' हो सकता है

(a) $H_3C{-}C_6H_4{-}OCH{=}CH_2$ (b) $C_6H_5{-}OCH{=}CH{-}CH_3$
(c) $C_6H_5{-}OCH_2CH{=}CH_2$ (d) $C_6H_5{-}CH_2OCH{=}CH_2$

35. SF_6 की आण्विक ज्यामिति अष्टफलकीय है। SF_4 की ज्यामिति (इलेक्ट्रॉनों के एकल युग्मों के सहित, यदि कोई है) क्या है?
(a) पिरैमिडी (b) वर्ग समतलीय
(c) चतुष्फलकीय (d) त्रिकोणीय द्विपिरैमिडी

36. M^{n+} आयन के तीन संकुलों 1, 2 तथा 3 के सामान्य अवशोषण स्पेक्ट्रा नीचे दिये गये हैं। उनके λ_{max} के मानों को A, B तथा C से क्रमशः चिह्नित किया गया है

संकुलों तथा उनके λ_{max} मान के सही मिलान है।

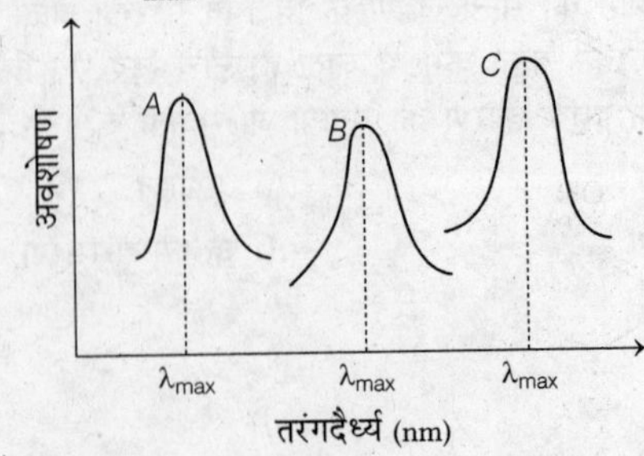

1. $[M(NCS)_6]^{(-6+n)}$ 2. $[MF_6]^{(-6+n)}$ 3. $[M(NH_3)_6]^{n+}$

संकुलों तथा उनके λ_{max} मानो के बीच सही सुमेल है

(a) A-(3), B-(2), C-(1) (b) A-(2), B-(1), C-(3)
(c) A-(2), B-(3), C-(1) (d) A-(1), B-(2), C-(3)

37. निम्न में से कौन-सा समावयवता प्रदर्शित नहीं करता है

(a) $[Ni(NH_3)_4(H_2O)]^{2+}$ (b) $[Ni(NH_3)_2]Cl_2$
(c) $[Pt(NH_3)_2Cl_2]$ (d) $[Ni(en)_3]^{2+}$

38. 3-ब्रोमो-2-फ्लुओरोपेन्टेन के E_2-विलोपन से प्राप्त मुख्य उत्पाद है

(a) $CH_3—CH=CH—CH(F)—CH_3$
(b) $CH_3—CH_2—C(Br)=CH—CH_3$
(c) $CH_3CH_2CH=C(CH_3)—F$
(d) $CH_3CH_2—CH(Br)—CH=CH_2$

39. निम्नलिखित चिन्हित हाइड्रोजनों को अम्लीयता के घटते क्रम में क्रमबद्ध कीजिए।

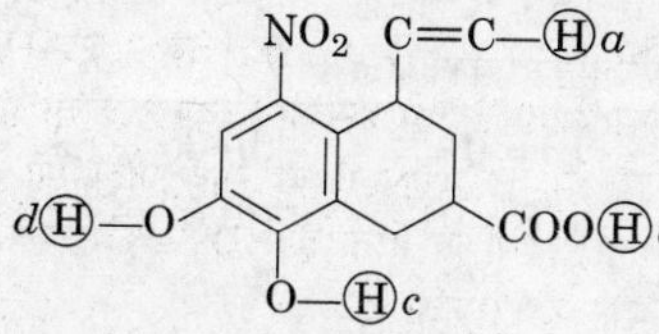

NO_2 C≡C—Ⓗa
dⒽ—O COOⒽb
O—Ⓗc

(a) $b > c > d > a$ (b) $c > b > a > d$
(c) $c > b > d > a$ (d) $b > a > c > d$

40. ढलवाँ लोहे को किसके उत्पादन के लिए उपयोग में लाया जाता है?

(a) पिटवाँ लोहा तथा कच्चा लोहा
(b) कच्चा लोहा, खराब लोहा तथा इस्पात
(c) पिटवाँ लोहा तथा इस्पात
(d) पिटवाँ लोहा, कच्चा लोहा तथा इस्पात

41. निम्नलिखित अभिक्रिया का मुख्य उत्पाद है

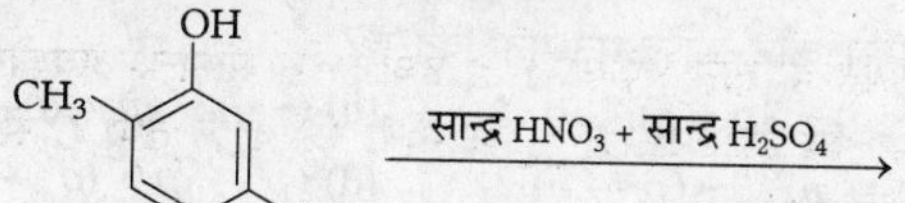

(OH, CH_3, NO_2 प्रतिस्थापित बेंजीन) $\xrightarrow{\text{सान्द्र } HNO_3 + \text{ सान्द्र } H_2SO_4}$

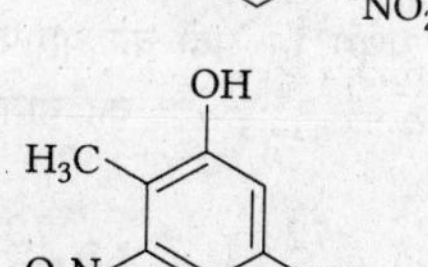

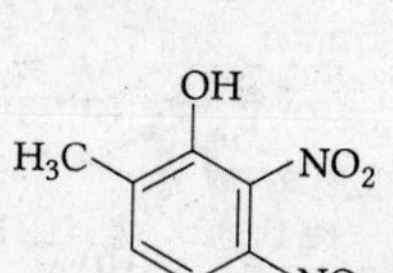

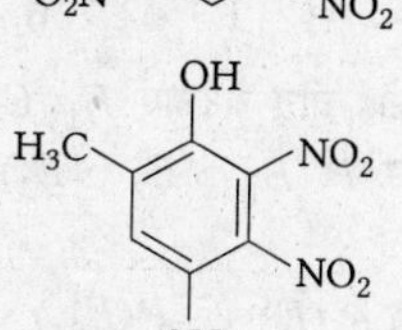

(a) OH, H_3C, O_2N, NO_2
(b) OH, H_3C, NO_2, NO_2
(c) OH, H_3C, NO_2, NO_2, NO_2
(d) OH, H_3C, NO_2, NO_2

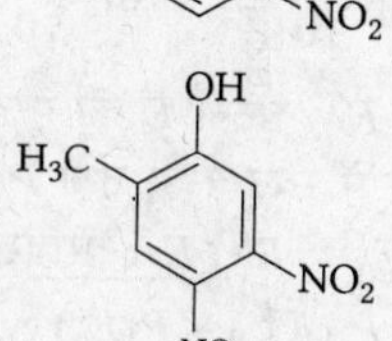

42. तीन तत्व X, Y तथा Z आवर्त सारणी के तृतीय आवर्त में हैं। X, Y तथा Z की ऑक्साइड क्रमशः क्षारीय, उभयधर्मी तथा अम्लीय हैं। X, Y तथा Z की परमाणु संख्याओं का सही क्रम है

(a) $X < Z < Y$ (b) $Y < X < Z$ (c) $X < Y < Z$ (d) $Z < Y < X$

43. यदि आप शौचालय को साफ करने वाले एक रासायनिक द्रव को अपने हाथ पर गिरा लेते हैं, तो आपका प्राथमिक उपचार होगा

(a) जलीय $NaHCO_3$ (b) जलीय NH_3
(c) सिरका (d) जलीय NaOH

44. अधिशोषण के सम्बन्ध में नीचे दिए गए कथनों में से जो मान्य हैं वह है

1. जैसे-जैसे अधिशोषण होता है ΔH का मान कम ऋणात्मक होता जाता है।
2. किसी दिए गए अधिशोषक पर, नाइट्रोजन गैस की अपेक्षा अमोनिया का अधिशोषण अधिक होता है।
3. अधिशोषण होने पर, अधिशोषक के पृष्ठ के साथ कार्य करने वाला अवशिष्ट बल बढ़ जाता है।
4. ताप के बढ़ने पर, अधिशोष्य का साम्य सान्द्रण बढ़ जाता है।

(a) 1 तथा 2 (b) 3 तथा 4 (c) 2 तथा 3 (d) 4 तथा 1

45. निम्नलिखित अभिक्रिया के गतिक अध्ययन के दौरान नीचे सारणी में दिए गए परिणाम प्राप्त हुए

$$2A + B \longrightarrow C + D$$

प्रयोग	$[A]$/mol L^{-1}	$[B]$/mol L^{-1}	आरम्भिक दर/ mol L^{-1} min^{-1}
I	0.1	0.1	6.00×10^{-3}
II	0.1	0.2	2.40×10^{-2}
III	0.2	0.1	1.20×10^{-2}
IV	X	0.2	7.20×10^{-2}
V	0.3	Y	2.88×10^{-1}

दी गई सारणी में X तथा Y क्रमशः हैं

(a) 0.4, 0.4 (b) 0.3,0.3 (c) 0.3, 0.4 (d) 0.4,0.3

46. 298 K पर असमानुपातन अभिक्रिया $2Cu^+ (aq)$ $Cu(s) + Cu^{2+} (aq)$ के लिए $\ln K$ है (जहाँ, K साम्यस्थिरांक है)...$\times 10^{-1}$।

दिया है

$(E^\circ_{Cu^{2+}/Cu^+} = 0.16\text{ V}, E^\circ_{Cu^+/Cu} = 0.52\text{V}, \frac{RT}{F} = 0.025)$

47. एक संतृप्त अचक्रीय कार्बनिक यौगिक 'X' के 'C और H' तथा 'C और O' की संहति प्रतिशतताओं का अनुपात क्रमशः 4 : 1 तथा 3 : 4 हैं तो कार्बनिक यौगिक 'X' के दो मोल के सम्पूर्ण दहन के लिए ऑक्सीजन गैस के आवश्यक मोल ... हैं।

48. सोडियम धातु का कार्यफलन 4.41×10^{-19} J है। यदि धातु पर तरंगदैर्ध्य 300 nm के फोटॉन आपतित होते हैं,तो उत्सर्जित इलेक्ट्रॉनों की गतिज ऊर्जा ... $\times 10^{-21}$ J होगी।

$(h = 6.63 \times 10^{-34}\text{ J s}; c = 3 \times 10^8\text{ m/s})$

49. $K_2Cr_2O_7$, $KMnO_4$ तथा K_2FeO_4 में संक्रमण धातु परमाणुओं की ऑक्सीकरण अवस्थाएँ क्रमशः x, y तथा z है। x, y तथा z का योग ... है।

50. स्थिर दाब पर एथेनॉल का कार्बन डाइऑक्साइड तथा जल में दहन की ऊष्मा – 327 kcal है। स्थिर आयतन तथा 27°C पर (यदि सभी गैसों की प्रकृति आदर्श है) उत्सर्जित ऊष्मा (cal में) होगी $(R = 2\text{ cal mol}^{-1}\text{ K}^{-1})$...।

गणित

51. बिन्दु (3, 1, 1) से होकर जाने वाले समतल में दो सरल रेखाएँ हैं, जिनके दिक् अनुपात (direction ratios) क्रमश: 1,– 2, 2 तथा 2, 3, – 1 हैं। यदि यह समतल बिन्दु (α, – 3, 5) से भी होकर जाता है, तो α बराबर है

(a) 10 (b) – 10 (c) – 5 (d) 5

52. यदि $A = \{X = (x, y, z)^T : PX = 0$ तथा $x^2 + y^2 + z^2 = 1\}$, जबकि $P = \begin{bmatrix} 1 & 2 & 1 \\ -2 & 3 & -4 \\ 1 & 9 & -1 \end{bmatrix}$ है, तो A:

(a) एक रिक्त समुच्चय है (b) एक ही अवयव वाला समुच्चय है

(c) में दो से अधिक अवयव हैं (d) में मात्र दो अवयव हैं

53. $x = 0$ पर, वक्र $y = (1 + x)^{2y} + \cos^2 (\sin^{-1} x)$ पर खींचे गए अभिलम्ब का समीकरण है

(a) $2y + x = 4$ (b) $x + 4y = 8$

(c) $y + 4x = 2$ (d) $y = 4x + 2$

54. किसी $\theta \in \left(0, \frac{\pi}{2}\right)$ के लिए, यदि अतिपरवलय, $x^2 - y^2 \sec^2 \theta = 10$ की उत्केन्द्रता, दीर्घवृत्त, $x^2 \sec^2 \theta + y^2 = 5$ की उत्केन्द्रता का $\sqrt{5}$ गुणा है, तो दीर्घवृत्त की नाभिलम्ब जीवा की लम्बाई बराबर है

(a) $\frac{4\sqrt{5}}{3}$ (b) $\sqrt{30}$ (c) $\frac{2\sqrt{5}}{3}$ (d) $2\sqrt{6}$

55. यदि एक वक्र, $y = f(x)$ बिन्दु (1, 2) से होकर जाता है तथा अवकल समीकरण $2x^2 dy = (2xy + y^2) dx$, का हल है, तो $f\left(\frac{1}{2}\right)$ बराबर है

(a) $1 + \log_e 2$ (b) $\frac{-1}{1 + \log_e 2}$

(c) $\frac{1}{1 + \log_e 2}$ (d) $\frac{1}{1 - \log_e 2}$

56. अन्तराल $(0, \pi)$ में θ के सभी सम्भावित मूल्यों का समुच्चय, जिसके लिए दोनों बिन्दु, (1, 2) तथा $(\sin\theta, \cos\theta)$, सरल रेखा $x + y = 1$ के एक ही तरफ स्थित हैं, है

(a) $\left(\frac{\pi}{4}, \frac{3\pi}{4}\right)$ (b) $\left(0, \frac{\pi}{2}\right)$ (c) $\left(0, \frac{3\pi}{4}\right)$ (d) $\left(0, \frac{1}{4}\right)$

57. माना श्रेणी
$\{x + ka\} + \{x^2 + (k + 2)a\} + \{x^3 + (k + 4)a\} + \{x^4 + (k + 6)a\} + \ldots$ के प्रथम 9 पदों का योगफल S के बराबर है, जबकि $a \neq 0$ तथा $x \neq 1$ है। यदि

$$S = \frac{x^{10} - x + 45a(x - 1)}{x - 1}$$ है, तो k बराबर है

(a) 1 (b) – 3 (c) – 5 (d) 3

58. यदि समीकरण $\cos^4 \theta + \sin^4 \theta + \lambda = 0$ के θ में वास्तविक हल हैं, तो λ निम्न में से किस अन्तराल में स्थित है?

(a) $\left[-1, -\frac{1}{2}\right]$ (b) $\left[-\frac{3}{2}, -\frac{5}{4}\right]$

(c) $\left(-\frac{5}{4}, -1\right)$ (d) $\left(\frac{1}{2}, -\frac{1}{4}\right]$

59. माना $a, b, c \in R$ तथा सभी अशून्य हैं और $a^3 + b^3 + c^3 = 2$ को सन्तुष्ट करते हैं। यदि आव्यूह $A = \begin{bmatrix} a & b & c \\ b & c & a \\ c & a & b \end{bmatrix}$ के लिए $A^T A = 1$ है, तो abc का एक मान हो सकता है

(a) 3 (b) $\frac{2}{3}$ (c) $\frac{1}{3}$ (d) $-\frac{1}{3}$

60. माना एक फलन $f : \mathbf{R} \to \mathbf{R}$, प्रत्येक $x, y \in \mathbf{R}$ के लिए $f(x + y) = f(x) + f(y)$ को सन्तुष्ट करता है।
यदि $f(1) = 2$ तथा $g(n) = \sum_{k=1}^{(n-1)} f(k), n \in \mathbf{N}$ है, तो n का वह मान, जिसके लिए $g(n) = 20$ है, है

(a) 9 (b) 4 (c) 5 (d) 20

61. एक समबाहु त्रिभुज, जिसका एक शीर्ष, परवलय, $y^2 = 8x$ के शीर्ष पर है, परवलय के अन्तर्गत खींचा गया है, तो त्रिभुज का क्षेत्रफल (वर्ग इकाइयों में) है

(a) $64\sqrt{3}$ (b) $128\sqrt{3}$ (c) $192\sqrt{3}$ (d) $256\sqrt{3}$

62. एक क्षेत्र $\mathbf{R} = \{(x, y) \in \mathbf{R}^2 : x^2 \leq y \leq 2x\}$ पर विचार कीजिए। यदि एक सरल रेखा $y = \alpha$, क्षेत्र **R** के क्षेत्रफल को दो बराबर भागों में बाँटती है, तो निम्न में से कौन-सा सत्य है?

(a) $\alpha^3 - 6\alpha^2 + 16 = 0$ (b) $3\alpha^2 - 8\alpha + 8 = 0$

(c) $3\alpha^2 - 8\alpha^{3/2} + 8 = 0$ (d) $\alpha^3 - 6\alpha^{3/2} - 16 = 0$

63. $\lim_{x \to 0} \left(\tan\left(\frac{\pi}{4} + x\right)\right)^{1/x}$ बराबर है

(a) e^2 (b) 2 (c) e (d) 1

64. माना $n > 2$ एक पूर्णांक है तथा एक शहर में n मेट्रो स्टेशन हैं, जो एक वृत्ताकार पथ पर स्थित हैं। प्रत्येक दो स्टेशन एक सीधे ट्रैक (Track) से जोड़े गए हैं। इसके अतिरिक्त प्रत्येक दो निकटतम स्टेशन ब्लू लाईन (Blue line) से तथा अन्य दो स्टेशन रेड लाईन (Red line) से जोड़े गए हैं। यदि रेड लाईन्स की संख्या ब्लू लाईन्स की संख्या का 99 गुणा है, तो n का मान है

(a) 199 (b) 200 (c) 201 (d) 101

65. निम्न में से कौन-सा कथन पुनरुक्ति है?

(a) $(\sim p) \wedge (p \vee q) \to q$ (b) $(\sim q) \vee (p \wedge q) \to q$

(c) $(q \to p) \vee \sim (p \to q)$ (d) $(p \to q) \wedge (q \to p)$

66. यदि समान्तर श्रेणी $a_1, a_2, a_3, \ldots$ के प्रथम 11 पदों का योगफल $0 \ (a_1 \neq 0)$ है और समान्तर श्रेणी $a_1, a_3, a_5, \ldots, a_{23}$ का योगफल ka_1 है, तो k बराबर है

(a) $-\frac{121}{10}$ (b) $\frac{121}{10}$ (c) $-\frac{72}{5}$ (d) $\frac{72}{5}$

67. माना E^C घटना E का पूरक है। यदि कोई तीन घटनाएँ E_1, E_2 तथा E_3 युग्मों में स्वतन्त्र हैं, तथा $P(E_1) > 0$ और $P(E_1 \cap E_2 \cap E_3) = 0$, तो $P(E_2^C \cap E_3^C / E_1)$ बराबर है

(a) $P(E_3^C) - P(E_2)$ (b) $P(E_3^C) - P(E_2^C)$

(c) $P(E_2^C) + P(E_3)$ (d) $P(E_3) - P(E_2^C)$

68. माना $f(x)$ एक द्विघात बहुपद है, जिसके लिए $f(-1) + f(2) = 0$ है। यदि $f(x) = 0$ का एक मूल 3 है, तो दूसरा मूल निम्न में से किस अन्तराल में स्थित है?

(a) $(0, 1)$
(b) $(-1, 0)$
(c) $(-3, -1)$
(d) $(1, 3)$

69. यदि $f : (-1, \infty) \to \mathbf{R}, f(0) = 1$ तथा $f(x) = \frac{1}{x} \log_e (1 + x), x \neq 0$ द्वारा परिभाषित है,
तो फलन f

(a) $(-1, \infty)$ में वर्धमान है
(b) $(-1, 0)$ में वर्धमान है तथा $(0, \infty)$ में ह्रासमान है
(c) $(-1, 0)$ में ह्रासमान है तथा $(0, \infty)$ में वर्धमान है
(d) $(-1, \infty)$ में ह्रासमान है

70. $(3 + 2\sqrt{-54})^{1/2} - (3 - 2\sqrt{-54})^{1/2}$ का काल्पनिक भाग हो सकता है

(a) $\sqrt{6}$
(b) 6
(c) $-\sqrt{6}$
(d) $-2\sqrt{6}$

71. माना बिन्दुओं 'A' तथा 'B' के स्थिति सदिश क्रमश: $\hat{\mathbf{i}} + \hat{\mathbf{j}} + \hat{\mathbf{k}}$ तथा $2\hat{\mathbf{i}} + \hat{\mathbf{j}} + 3\hat{\mathbf{k}}$ हैं। एक बिन्दु P रेखा खण्ड AB को अन्त: अनुपात $\lambda : 1 (\lambda > 0)$ में विभाजित करता है। यदि O मूल बिन्दु है तथा $\mathbf{OB} . \mathbf{OP} - 3|\mathbf{OA} \times \mathbf{OP}|^2 = 6$ है, तो λ बराबर है......।

72. एक धन पूर्णांक n के लिए, $\left(1 + \frac{1}{x}\right)^n$ को x की बढ़ती घातों में प्रसारित किया गया है। यदि इस प्रसार में तीन क्रमागत गुणांकों का अनुपात $2 : 5 : 12$ है, तो n बराबर है ...।

73. यदि $b_1, b_2, b_3, \ldots, b_{11}$ एक वर्धमान समान्तर श्रेणी है और इसके पदों का प्रसरण 90 है, तो इस समान्तर श्रेणी का सार्वान्तर है...।

74. यदि $y = \sum_{k=1}^{6} k \cos^{-1} \left\{\frac{3}{5} \cos kx - \frac{4}{5} \sin kx\right\}$,

तो $x = 0$ पर $\frac{dy}{dx}$ का मान है ...।

75. यदि $[t]$ महत्तम पूर्णांक $\leq t$ है, तो $\int_1^2 |2x - [3x]| dx$ का मान बराबर है...।

सही उत्तर

भौतिकी

1. (b) 2. (b) 3. (b) 4. (b) 5. (b) 6. (b) 7. (c) 8. (a) 9. (a) 10. (c)
11. (b) 12. (a) 13. (b) 14. (b) 15. (d) 16. (d) 17. (d) 18. (d) 19. (d) 20. (c)
21. (35) 22. (23) 23. (10) 24. (8) 25. (90)

रसायन विज्ञान

26. (c) 27. (b) 28. (b) 29. (b) 30. (b) 31. (b) 32. (c) 33. (b) 34. (c) 35. (d)
36. (b) 37. (b) 38. (c) 39. (a) 40. (c) 41. (d) 42. (c) 43. (a) 44. (a) 45. (c)
46. (144) 47. (5) 48. (222) 49. (19) 50. (–326400)

गणित

51. (d) 52. (d) 53. (b) 54. (a) 55. (c) 56. (b) 57. (b) 58. (a) 59. (c) 60. (c)
61. (c) 62. (c) 63. (a) 64. (c) 65. (a) 66. (c) 67. (a) 68. (b) 69. (d) 70. (d)
71. (0.8) 72. (118) 73. (3) 74. (91.00) 75. (1.00)

संकेत एवं हल

भौतिकी

1. *(b)* असंतुलन की स्थिति में, प्रतिरोध r, E_2 से धारा प्रवाह को नियन्त्रित करता है परन्तु सन्तुलन बिन्दु पर G तथा E_2 से कोई धारा प्रवाहित नहीं होती है अत: प्रतिरोध (r), सन्तुलन बिन्दु की स्थिति को प्रभावित नहीं करता है जैसा कि चित्र में दर्शाया गया है

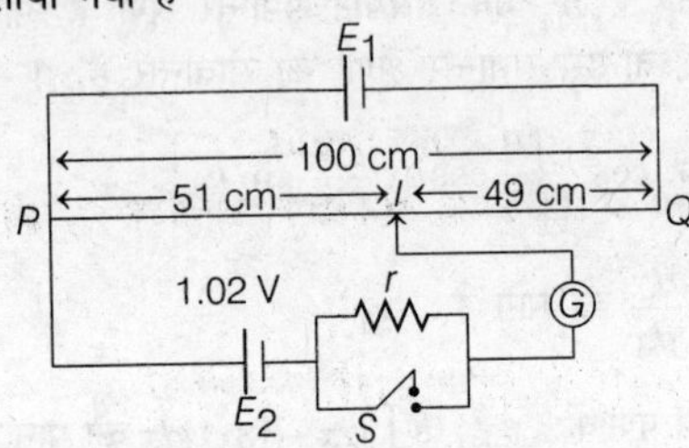

51 सेमी की तार की लम्बाई के लिए 1.02 वोल्ट सन्तुलित होता है।

अत: तार PQ की विभव प्रवणता = एकांक लम्बाई का विभव पतन

$$= \frac{1.02}{51} = 0.02 \text{ वोल्ट/सेमी}$$

अत: विकल्प (b) सही है।

2. *(b)* पृथ्वी सतह से ऊँचाई h पर गुरुत्वीय त्वरण,

$$g_h = g\left(\frac{R^2}{(R+h)^2}\right)$$

पृथ्वी सतह से $(d = h)$ गहराई पर गुरुत्वीय त्वरण,

$$g_d = g\left(1 - \frac{d}{R}\right) = g\left(1 - \frac{h}{R}\right)$$

दिया है;

ऊँचाई h पर वस्तु का भार = गहराई d पर वस्तु का भार

$$mg_h = mg_d \Rightarrow g_h = g_d$$

$$\Rightarrow g\left(\frac{R^2}{(R+h)^2}\right) = g\left(1 - \frac{h}{R}\right) \Rightarrow \frac{R^2}{(R+h)^2} = 1 - \frac{h}{R}$$

$$\Rightarrow R^3 = (R-h)(R+h)^2$$

$$\Rightarrow R^3 = (R^3 - hR^2 + h^2R - h^3 + 2R^2h - 2Rh^2)$$

$$\Rightarrow h^2 + Rh - R^2 = 0$$

$$\Rightarrow h = \frac{-R \pm \sqrt{R^2 - 4(1)(-R^2)}}{2(1)} \Rightarrow h = \frac{-R \pm \sqrt{5}R}{2}$$

h एक धनात्मक संख्या है

अत: $$h = \frac{-R + \sqrt{5}R}{2} \text{ और } \frac{\sqrt{5}R - R}{2}$$

अत: विकल्प (b) सही है।

3. *(b)* माध्य मुक्त पथ,

$$\lambda = \frac{V}{\sqrt{2}\pi d^2 N} = \frac{kT}{\sqrt{2}\pi d^2 p}$$

यहाँ, V = चालक का आयतन, N = अणुओं की संख्या,
d = अणु का व्यास, k = बोल्ट्ज़मान नियतांक,
T = तापमान तथा p = दाब।

परन्तु आदर्श गैस समीकरण से, $\frac{p}{T} = \frac{nR}{V}$

n तथा V के नियत मान के लिए, $\frac{p}{T}$ = नियतांक

अत: माध्य मुक्त पथ $\frac{p}{T}$ या p और T पर निर्भर नहीं करता है।

अत: दी गई स्थिति (बन्द बर्तन) में माध्य मुक्त पथ नियत या अपरिवर्तित रहेगा।

∴ कथन 1 असत्य है परन्तु 3 सत्य है।

दो टक्करों के मध्य, माध्य समय,

$$\tau = \frac{\text{माध्य मुक्त पथ}}{V_{\text{औसत}}} = \frac{\lambda}{V_{\text{औसत}}}$$

$$V_{\text{औसत}} \propto \sqrt{T}$$

औसत समय, $$\tau \propto \frac{1}{\sqrt{T}}$$

अत: ताप का मान बढ़ाने पर टकराने का समय (τ) घटता है। अत: कथन (2) सत्य है।

अत: विकल्प (b) सही है।

4. *(b)* चुम्बकीय आघूर्ण सदिश राशि है

$$M = NIA$$

इसकी दिशा, क्षेत्रफल सदिश के समान्तर होती है।

दिया है कि जब आयताकार लूप को देखा जाता है, तो वह दो लूप $ABCDA$ तथा $ADEFA$ का संयोजन दिखाई देती हैं।

अत: m (लूप) $= m(ABCDA) + m(ADEFA)$

$ABCDA$ का क्षेत्रफल सदिश Z-अक्ष के अनुदिश है तथा $ADEFA$ का क्षेत्रफल सदिश Y-अक्ष के अनुदिश है जैसा कि चित्र में दर्शाया गया है

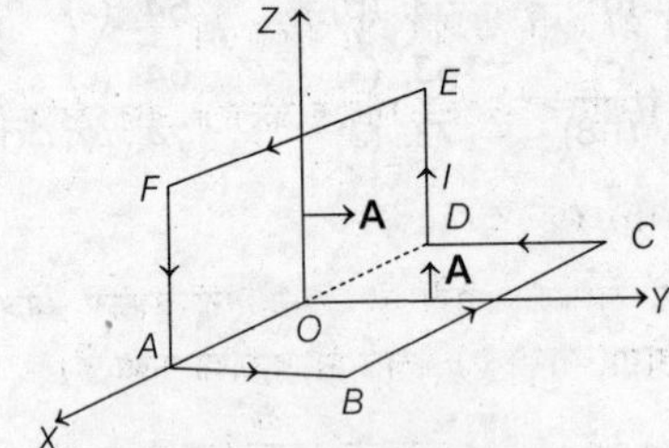

$$\mathbf{m}\,(ABCDA) = IA\hat{\mathbf{k}} = I(ab)\hat{\mathbf{k}}$$

और $$\mathbf{m}\,(ADEFA) = IA\hat{\mathbf{j}} = I(ab)\hat{\mathbf{j}}$$

$$\therefore \quad \mathbf{m}\,(\text{लूप}) = Iab\hat{\mathbf{k}} + Iab\hat{\mathbf{j}} = Iab(\hat{\mathbf{k}} + \hat{\mathbf{j}})$$

$$= (Iab\sqrt{2})\left(\frac{\hat{\mathbf{k}}}{\sqrt{2}} + \frac{\hat{\mathbf{j}}}{\sqrt{2}}\right)$$

$\mathbf{m}$ का परिमाण

और $\frac{1}{\sqrt{2}}(\hat{\mathbf{j}} + \hat{\mathbf{k}})$ के अनुदिश $\mathbf{m}$ की दिशा होगी।

अत: विकल्प (b) सही है।

5. *(b)* घनत्व $= \dfrac{\text{द्रव्यमान}}{\text{आयतन}} = \dfrac{\text{द्रव्यमान}}{\text{क्षेत्रफल} \times \text{लम्बाई}}$

$$\Rightarrow \quad \rho = \frac{M}{AL} \Rightarrow \frac{\Delta\rho}{\rho} = \frac{\Delta M}{M} + \frac{\Delta A}{A} + \frac{\Delta L}{L}$$

परन्तु $\Delta M = 0$, द्रव्यमान नियत रहता है।

$$\therefore \quad \frac{\Delta\rho}{\rho} = \frac{\Delta A}{A} + \frac{\Delta L}{L} = \beta\Delta T + \alpha\Delta T \qquad [\because \beta = 2\alpha]$$

$$= 2\alpha\Delta T + \alpha\Delta T = 3\alpha\Delta T \qquad \text{...(i)}$$

$$\frac{\Delta L}{L} \times 100 = \alpha\Delta T = 0.02\%$$

समी (i) से,

$$\frac{\Delta\rho}{\rho} \times 100 = 3 \times 0.02\% = 0.06\%$$

अत: विकल्प (b) सही है।

6. *(b)* सरल-आवर्त गति के विस्थापन-समय ग्राफ को नीचे दर्शाया गया है

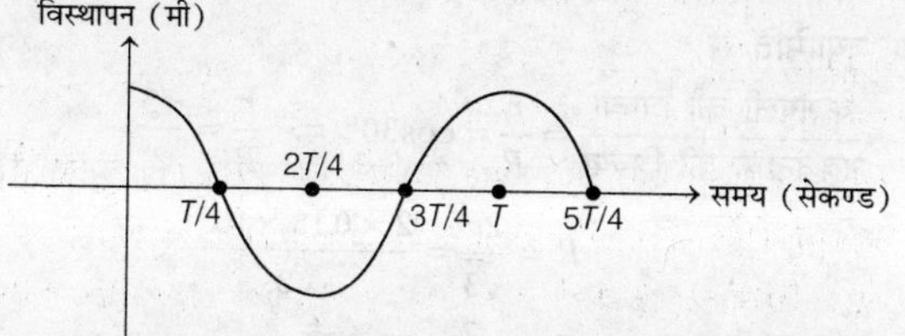

- $t = \dfrac{3T}{4}$ स्थिति पर कण, माध्य स्थिति पर होता है। सरल आवर्त गति की माध्य स्थिति में कण का त्वरण शून्य होता है। अर्थात् बल शून्य है, अत: कथन (1) सत्य है।
- $t = T$ स्थिति पर कण, चरम बिन्दु पर होता है इस स्थिति में दिशा परिवर्तित होती रहती है। अत: त्वरण अधिकतम होता है अत: कथन (2) सत्य है।
- $t = \dfrac{T}{4}$ पर कण माध्य स्थिति में है, अत: कण की पूर्ण ऊर्जा, गतिज ऊर्जा होती है। अत: कथन (3) सत्य है।
- $t = \dfrac{T}{8}$ पर स्थितिज ऊर्जा = गतिज ऊर्जा है अत: कथन (4) असत्य है।

अत: विकल्प (b) सही है।

7. *(c)* V, B के लम्बवत् नहीं है, अत: चुम्बकीय क्षेत्र में कण का पथ कुण्डलीनुमा होगा, जैसा कि चित्र में दर्शाया गया है।

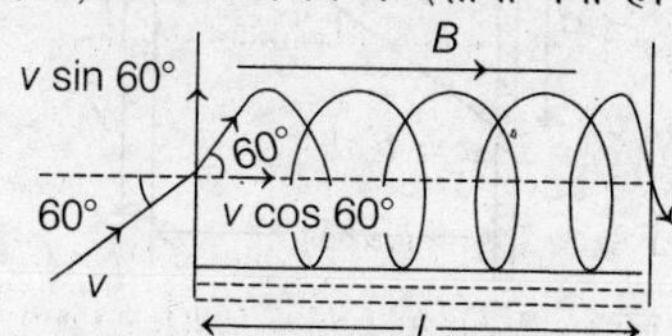

माना एक चक्र को पूर्ण करने का समय T है, तब

$$T = \frac{2\pi m}{Bq}$$

माना लम्बाई l के चुम्बकीय क्षेत्र को पार करने में लगा समय T है

$$t = 10\,T = 10 \times \frac{2\pi m}{Bq}$$

पथ की लम्बाई, l = चाल × समय $= v\cos\theta \times t$

$$= v\cos 60^\circ \times 10 \times \frac{2\pi m}{Bq}$$

$$= \frac{4 \times 10^5 \times \frac{1}{2} \times 10 \times 2\pi \times 1.67 \times 10^{-27}}{0.3 \times 1.6 \times 10^{-19}} = 0.437 \approx 0.44 \text{ मी}$$

अत: विकल्प (c) सही है।

8. *(a)* प्रारम्भ में संधारित्र की धारिता,

$$C_1 = 10\,\mu\text{F} \text{ तथा } V_1 = 50 \text{ वोल्ट}$$

संधारित्र पर आवेश,

$$Q = C_1V_1 = 10 \times 50 = 500\,\mu\text{C}$$

चित्र में दर्शाये अनुसार, एक अनावेशित संधारित्र C_2 को C_1 के समान्तर क्रम में जोड़ा गया है

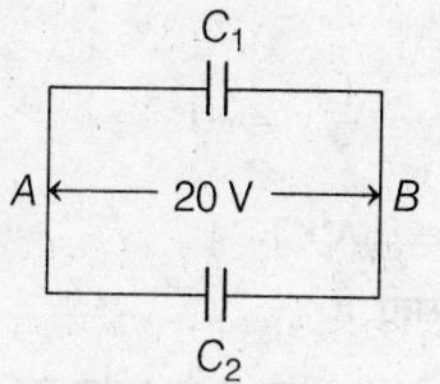

आवेश पुनर्वितरण के कारण उभयनिष्ठ विभव 20 वोल्ट है।

C_1 पर अन्तिम आवेश, $Q_1 = C_1V = 10 \times 20 = 200\ \mu\text{C}$

अन्य संधारित्र पर आवेश, $Q_2 = 500 - 200 = 300\,\mu\text{F}$

विभव, $V = 20$ वोल्ट

धारिता, $C_2 = \dfrac{Q_2}{V} = \dfrac{300}{20} = 15\,\mu\text{F}$

अत: विकल्प (a) सही है।

9. *(a)* प्रश्नानुसार,

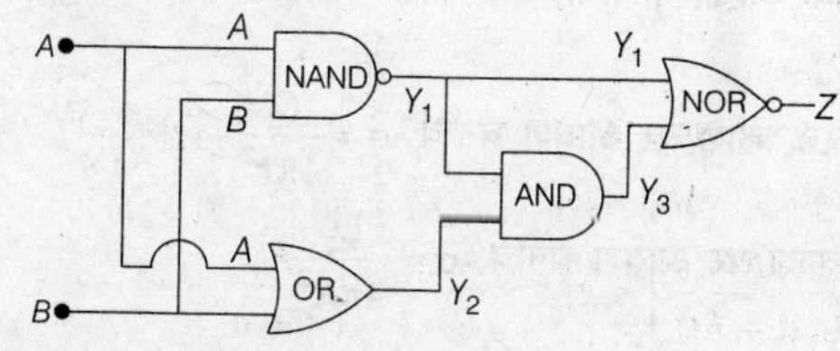

उपरोक्त परिपथ की सत्यता सारणी

A	B	$Y_1 = \overline{A \cdot B}$	$Y_2 = A + B$	$Y_3 = Y_1 \cdot Y_2$	$Z = \overline{Y_1 + Y_3}$
1	0	1	1	1	0
0	0	1	0	0	0
1	1	0	1	0	1
0	1	1	1	1	0

अत: विकल्प (a) सही है।

10. *(c)* कण की डी-ब्रोग्ली तरंगदैर्ध्य

$$\lambda = \frac{h}{p} = \frac{h}{mv}$$

दिया है;

$$\frac{\lambda_{\text{कण}}}{\lambda_{\text{इलेक्ट्रॉन}}} = 1.878 \times 10^{-4} \Rightarrow \frac{m_e v_e}{m_p v_p} = 1.878 \times 10^{-4}$$

$\Rightarrow \dfrac{m_e \times v_e}{m_p \times 5v_e} = 1.878 \times 10^{-4} \quad (\because v_p = 5v_e)$

$\Rightarrow \quad m_p = \dfrac{m_e}{5 \times 1.878 \times 10^{-4}} = \dfrac{9.1 \times 10^{-31}}{5 \times 1.878 \times 10^{-4}}$

$= 9.7 \times 10^{-28}$ किग्रा

अत: विकल्प (c) सही है।

11. *(b)* माना संवेग p, क्षेत्रफल A तथा समय T के पदों में ऊर्जा की विमा निम्न है

$$[E] = [p]^x [A]^y [T]^z$$

$$[ML^2T^{-2}] = [MLT^{-1}]^x [L^2]^y [T]^z$$

समान राशियों की घातों की तुलना करने पर,

$$x = 1, x + 2y = 2$$

$$-x + z = -2$$

अत: $\quad x = 1, y = \dfrac{1}{2}, z = -1$

E का विमीय सूत्र $= [pA^{1/2}T^{-1}]$

अत: विकल्प (b) सही है।

12. *(a)* दिया है कि त्रिज्या r तथा R के कोश पर कुल आवेश Q एकसमान रूप से वितरित है।

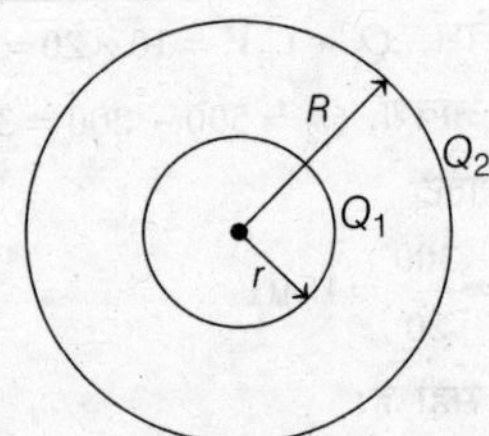

माना कि आन्तरिक तथा बाह्य कोश पर आवेश क्रमश: Q_1 तथा Q_2 हैं, अत:

आन्तरिक कोश पर आवेश घनत्व, $\sigma = \dfrac{Q_1}{4\pi r^2}$

बाह्य कोश पर आवेश घनत्व, $\sigma = \dfrac{Q_2}{4\pi R^2}$

$\Rightarrow \quad \dfrac{Q_1}{4\pi r^2} = \dfrac{Q_2}{4\pi R^2}$

$\Rightarrow \quad \dfrac{Q_1}{r^2} = \dfrac{Q_2}{R^2} \Rightarrow Q_2 = \dfrac{Q_1 R^2}{r^2}$

$$Q_1 + Q_2 = Q \Rightarrow Q_1 + \frac{Q_1 R^2}{r^2} = Q$$

या $\quad Q_1 = \dfrac{Qr^2}{(r^2 + R^2)}$ और $Q_2 = \dfrac{QR^2}{(r^2 + R^2)}$

आवेश Q_1 तथा Q_2 के कारण कोशों के उभयनिष्ठ केन्द्र पर विभव,

$$V = V_{Q_1} + V_{Q_2} = \frac{kQ_1}{r} + \frac{kQ_2}{R}$$

$$= \frac{kQr}{r^2 + R^2} + \frac{kQR}{r^2 + R^2} = \frac{1}{4\pi\varepsilon_0} \cdot \frac{Q(r + R)}{r^2 + R^2}$$

अत: विकल्प (a) सही है।

13. *(b)* नवचन्द्रक के सम्पर्क बिन्दु पर खींची गई स्पर्शज्या चित्रानुसार $60°$ कोण बनाती है।

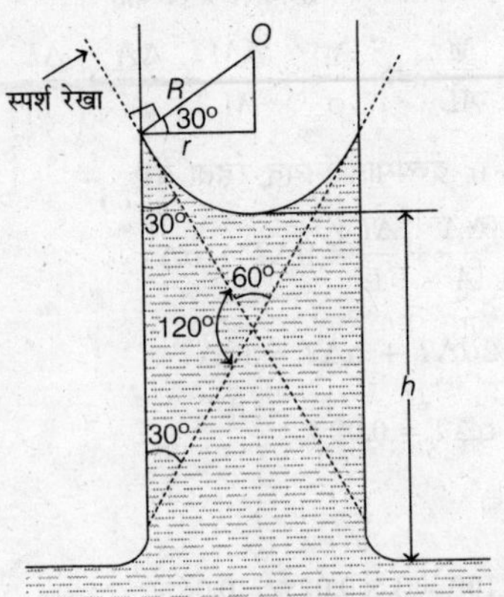

स्पर्शज्या पर एक अभिलम्ब खींचा गया है, जोकि नवचन्द्रक के केन्द्र से गुजरता है।

माना केशनली की त्रिज्या r है तथा नवचन्द्रक की त्रिज्या R है। चित्र की ज्यामिति से,

$\dfrac{\text{केशनली की त्रिज्या}}{\text{नवचन्द्रक की त्रिज्या}} = \dfrac{r}{R} = \cos 30° \Rightarrow \dfrac{r}{R} = \dfrac{\sqrt{3}}{2}$

$$R = \frac{2r}{\sqrt{3}} = \frac{2 \times 0.15 \times 10^{-3}}{\sqrt{3}}$$

$R = \sqrt{3} \times 10^{-4}$ मी

हम जानते हैं

$h = \dfrac{2T}{\rho g R} = \dfrac{2 \times 0.05}{6.67 \times 10 \times \sqrt{3} \times 10^{-4}} = 0.087$ मी

वैकल्पिक हल

स्पर्श कोण, $\theta = 30°$

ऊर्ध्वाधर स्तम्भ की ऊँचाई,

$h = \dfrac{2T \cos \theta}{r \rho g} = \dfrac{2 \times 0.05 \times \cos 30°}{0.15 \times 10^{-3} \times 667 \times 10} = 0.087$ मी

अत: विकल्प (b) सही है।

14. *(b)* यंग के द्वि-स्लिट प्रयोग की व्यवस्था निम्न प्रकार है

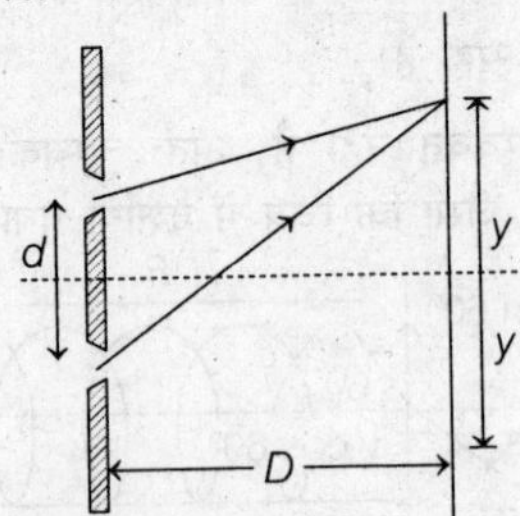

तब $\quad 2y = 2 \times N \times \dfrac{\lambda D}{d}$

यहाँ, $N =$ लम्बाई, $2y$ में फ्रिन्जों की संख्या।

$\Rightarrow \quad N\lambda = \dfrac{yd}{D}$

समान लम्बाई के भाग के लिए $N\lambda$ नियत है।

$\Rightarrow \quad N_1\lambda_1 = N_2\lambda_2$

दिया है, $N_1 = 16$, $\lambda_1 = 700$ नैनोमीटर

$N_2 = ?$, $\lambda_2 = 400$ नैनोमीटर

$$\Rightarrow \quad N_2 = \frac{N_1\lambda_1}{\lambda_2} = 16 \times \frac{700}{400} = 28$$

अतः विकल्प (b) सही है।

15. *(d)* गुरुत्वीय बल, विद्युत बल की तुलना में बहुत छोटा है अतः मुख्य त्वरण, विद्युत क्षेत्र की दिशा में है, अतः छोटे द्रव्यमान के आवेशित कण का पथ, सरल रेखीय होगा। अतः विकल्प (d) में दिया गया ग्राफ सही है।

16. *(d)* दिया है, प्रतिघात, $X_L = 100\,\Omega$

प्रत्यावर्ती धारा की आवृत्ति, $f = 1000$ हर्ट्ज

वोल्टेज, धारा से 45° कोण से अग्रगामी है, अतः कुण्डली में कुछ प्रतिरोध है

$$\tan\phi = \frac{X_L}{R} \Rightarrow \tan 45° = \frac{X_L}{R} \text{ या } X_L = R$$

$\therefore$ प्रतिरोध तथा प्रेरक वाले परिपथ की प्रतिघात,

$$\sqrt{X_L^2 + R^2} = 100 \Rightarrow \sqrt{X_L^2 + X_L^2} = 100 \text{ या } X_L = 50\sqrt{2}\,\Omega$$

परन्तु $X_L = L\omega$

$$\Rightarrow \quad L = \frac{X_L}{\omega} = \frac{X_L}{2\pi f} = \frac{50\sqrt{2}}{2\pi \times 1000} = 1.125 \times 10^{-2} \text{ हेनरी}$$

अतः विकल्प (d) सही है।

17. *(d)* ऊष्मा इंजन के एक चक्र में निम्न प्रक्रिया होती है

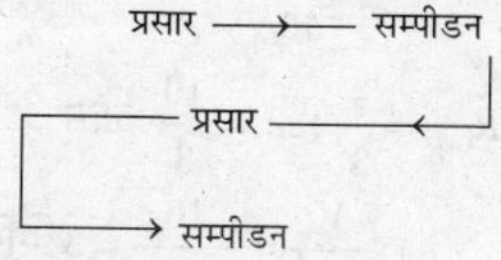

अतः Q ऋणात्मक होगा।

प्रक्रम में कृतकार्य = दी गई ऊष्मा − उत्सर्जित ऊर्जा

$$= (1915 + 125) - (40 + Q)$$

चक्र को दी गई ऊष्मा = 1915 + 125 जूल

दिया है,

दक्षता = 50%

$$\eta = \frac{\text{कृत कार्य}}{\text{दी गई ऊष्मा}} \Rightarrow \frac{50}{100} = \frac{(1915 + 125) - (40 + Q)}{1915 + 125}$$

$$Q = 2000 - 1020 = 980 \text{ जूल}$$

अतः विकल्प (d) सही है।

18. *(d)* प्रश्न में दी गई स्थिति निम्न है

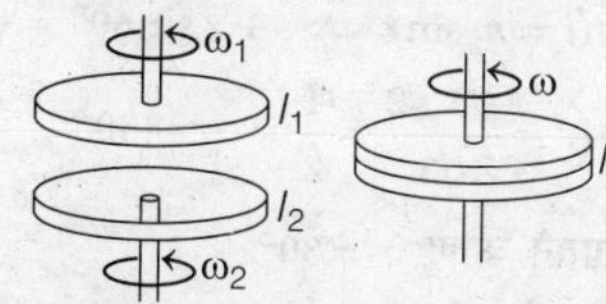

यहाँ कोई भी बाह्य आघूर्ण उपस्थित नहीं है, अतः निकाय का कोणीय संवेग संरक्षित है।

$$L_1 + L_2 = L_{\text{निकाय}} \Rightarrow I_1\omega_1 + I_2\omega_2 = (I_1 + I_2)\omega$$

$$\Rightarrow \quad \omega = \frac{I_1\omega_1 + I_2\omega_2}{I_1 + I_2} = \frac{0.1 \times 10 + 0.2 \times 5}{(0.1 + 0.2)} \text{ या } \omega = \frac{20}{3} \text{ रेडियन/से}$$

संयुक्त निकाय की गतिज ऊर्जा,

$$K = \frac{1}{2} I_{\text{निकाय}}\,\omega^2 = \frac{1}{2}(0.1 + 0.2) \times \left(\frac{20}{3}\right)^2 = \frac{20}{3} \text{ जूल}$$

अतः विकल्प (d) सही है।

19. *(d)* $\mathbf{E} \times \mathbf{B}$ द्वारा विद्युत चुम्बकीय तरंग के संचरण की दिशा दी जाती है। संचरण की दिशा में एकांक सदिश

$$= \frac{\mathbf{E} \times \mathbf{B}}{|\mathbf{E} \times \mathbf{B}|} = \frac{\hat{\mathbf{k}} \times (2\hat{\mathbf{i}} - 2\hat{\mathbf{j}})}{|\mathbf{E} \times \mathbf{B}|} = \frac{2(\hat{\mathbf{k}} \times \hat{\mathbf{i}} - \hat{\mathbf{k}} \times \hat{\mathbf{j}})}{|\mathbf{E} \times \mathbf{B}|} = \frac{2(\hat{\mathbf{k}} \times \hat{\mathbf{i}} + \hat{\mathbf{j}} \times \hat{\mathbf{k}})}{|\mathbf{E} \times \mathbf{B}|}$$

$$= \frac{2(\hat{\mathbf{j}} + \hat{\mathbf{i}})}{|\mathbf{E} \times \mathbf{B}|} = \frac{1}{2\sqrt{2}} 2(\hat{\mathbf{i}} + \hat{\mathbf{j}})$$

$$\mathbf{E} \times \mathbf{B} = \hat{\mathbf{k}} \times (2\hat{\mathbf{i}} - 2\hat{\mathbf{j}}) = 2(\hat{\mathbf{k}} \times \hat{\mathbf{i}}) - 2(\hat{\mathbf{k}} \times \hat{\mathbf{j}})$$

$$= 2(\hat{\mathbf{j}}) - 2(-\hat{\mathbf{i}}) = 2\hat{\mathbf{j}} + 2\hat{\mathbf{i}}$$

$$\therefore |\mathbf{E} \times \mathbf{B}| = \sqrt{2^2 + 2^2} = 2\sqrt{2} = \frac{2\hat{\mathbf{j}} + 2\hat{\mathbf{i}}}{2\sqrt{2}} = \frac{\hat{\mathbf{i}} + \hat{\mathbf{j}}}{\sqrt{2}} = \frac{1}{2}(\hat{\mathbf{i}} + \hat{\mathbf{j}})$$

अतः विकल्प (d) सही है।

20. *(c)* हाइड्रोजन परमाणु के $(n+1)$th तल से nth में संक्रमण के दौरान उत्सर्जित विकिरण की आवृत्ति,

$$f = \frac{\Delta E}{h} \qquad \{\because \Delta E = hf\}$$

$$= \frac{1}{h}[E_{n+1} - E_n] = \frac{1}{h}\left(\frac{-13.6}{(n+1)^2} - \left(\frac{-13.6}{n^2}\right)\right)$$

$$= \frac{1}{h} \times 13.6 \times \left(\frac{1}{n^2} - \frac{1}{(n+1)^2}\right) = \frac{13.6}{h}\left\{\frac{2n+1}{n^2(n+1)^2}\right\}$$

$$\Rightarrow \quad f = \frac{13.6}{h}\left\{\frac{n\left(2 + \frac{1}{n}\right)}{n^4\left(1 + \frac{1}{n^2}\right)^2}\right\} \qquad \ldots(\text{i})$$

यदि $n >> 1, \frac{1}{n}$ और $\frac{1}{n^2} \approx 0$

समी (i) में $\frac{1}{n}$ तथा $\frac{1}{n^2}$ को नगण्य मानने पर,

$$f = \frac{13.6}{h} \times \left(\frac{2n}{n^4}\right) = \frac{2 \times 13.6}{h} \times \frac{1}{n^3} \Rightarrow f \propto \frac{1}{n^3}$$

अतः विकल्प (c) सही है।

21. *(35)* दिया है, तार का घनत्व, $d = 9 \times 10^{-3}$ किग्रा/सेमी^{3}

तार में विकृति, $\varepsilon = 4.9 \times 10^{-4}$

तार का यंग प्रत्यास्थता गुणांक, $Y = 9 \times 10^{10}$ न्यूटन/मी^{2}

तार के कम्पन की न्यूनतम आवृत्ति,

$$f = \frac{1}{2L}\sqrt{\frac{T}{(M/L)}} \qquad \ldots(\text{i})$$

$$\frac{T}{M/L} = \frac{T}{V\rho/L} = \frac{T}{\left(\frac{LA \cdot \rho}{L}\right)} = \frac{T}{A\rho}$$

परन्तु $\frac{T}{A}$ = प्रतिबल = $Y \times$ विकृति = $Y \times \varepsilon$

$$\Rightarrow \quad \frac{T}{M/L} = \frac{Y \times \varepsilon}{\rho}$$

समी (i) से,

$$f = \frac{1}{2L}\sqrt{\frac{T}{(M/L)}} = \frac{1}{2L}\sqrt{\frac{Y \times \varepsilon}{\rho}} = \frac{1}{2 \times 1} \times \sqrt{\frac{9 \times 10^{10} \times 4.9 \times 10^{-4}}{9 \times 10^{3}}}$$

$= 35$ हर्ट्ज

22. *(23)* शेष भाग का द्रव्यमान केन्द्र,

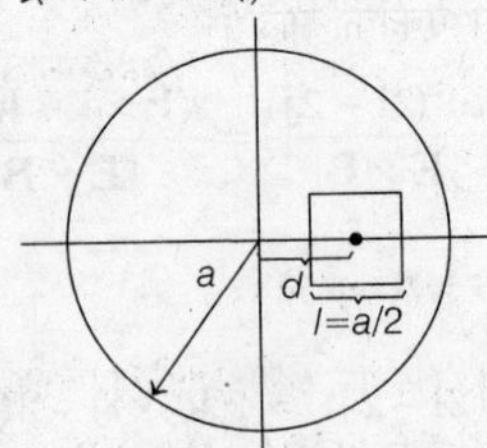

$$X_{CM} = \frac{m_1 x_1 - m_2 x_2}{m_1 - m_2}$$

यहाँ पर हटाये गये द्रव्यमान m_2 को ऋणात्मक द्रव्यमान मानते हैं।

माना x = एकसमान चकती की प्रतिएकांक क्षेत्रफल का द्रव्यमान

तब m_1 = सम्पूर्ण चकती का द्रव्यमान $= x \cdot \pi a^2$

m_2 = वर्गाकार भाग का द्रव्यमान $= \dfrac{x \cdot a^2}{4}$

$x_1 = (m_1 = 0)$ के द्रव्यमान केन्द्र के x-निर्देशांक

$x_2 = (m_2 = d)$ के द्रव्यमान केन्द्र के x-निर्देशांक

$$\Rightarrow X_{CM} = \frac{x\pi a^2 \times 0 - x\frac{a^2}{4} \times d}{x\pi a^2 - x\frac{a^2}{4}} = \frac{-a}{2(4\pi - 1)} \quad \left[\text{परन्तु}, d = \frac{a}{2}\right] \quad ...(i)$$

दिया है, $X_{CM} = -\dfrac{a}{X}$ ...(ii)

समी (i) तथा (ii) की तुलना करने पर

$\therefore$ $X = 2(4\pi - 1) = 23.12$ या $X \approx 23$

23. *(10)* प्रश्नानुसार,

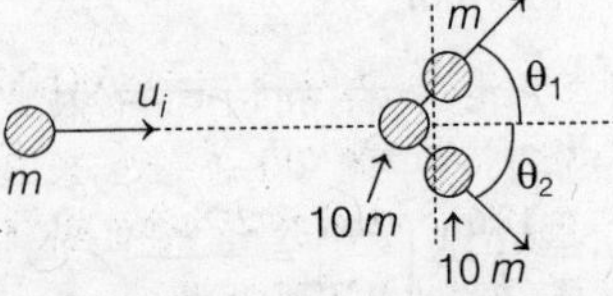

कण-1 की अन्तिम गतिज ऊर्जा, इसके प्रारम्भिक मान के आधे के तुल्य है।

$$\Rightarrow K_f = \frac{1}{2}K_i \Rightarrow \frac{1}{2}m_1 v_1^2 = \left(\frac{1}{2}m_1 u^2\right) \times \frac{1}{2}$$

$\Rightarrow m_1$ का अन्तिम वेग, $v_1 = \dfrac{u}{\sqrt{2}}$

y-दिशा में संवेग संरक्षित है।

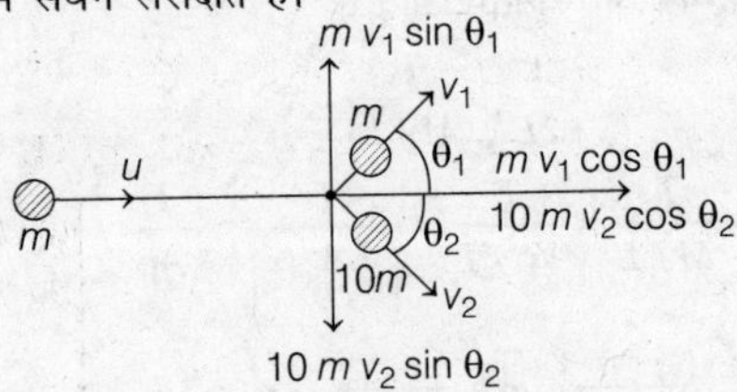

$$10mv_2 \sin\theta_2 = mv_1 \sin\theta_1$$

यहाँ, $v_1 = \dfrac{u}{\sqrt{2}}$ और $\sin\theta_1 = \sqrt{n}\sin\theta_2$

$$10mv_2 \cdot \sin\theta_2 = \frac{mu}{\sqrt{2}} \cdot \sqrt{n}\sin\theta_2 \Rightarrow v_2 = \frac{u\sqrt{n}}{10\sqrt{2}} \quad ...(i)$$

टक्कर प्रत्यास्थ है, अतः गतिज ऊर्जा संरक्षित है।

$$\Rightarrow \frac{1}{2}mu^2 = \frac{1}{2}mv_1^2 + \frac{1}{2}(10m)v_2^2$$

v_1 तथा v_2 के मान रखने पर,

$$u^2 = \left(\frac{u}{\sqrt{2}}\right)^2 + 10\left(\frac{u^2 n}{100 \times 2}\right) \Rightarrow \frac{u^2}{2} = \frac{u^2 n}{10 \times 2} \Rightarrow n = 10$$

24. *(8)* जब संधारित्र पूर्णतः आवेशित हो, तब परिपथ निम्नानुसार होगा

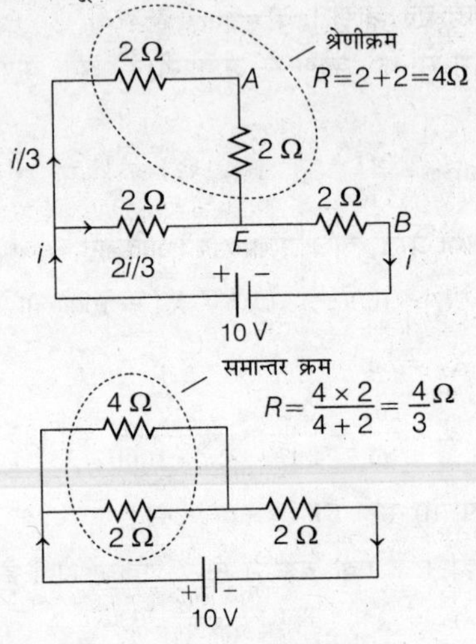

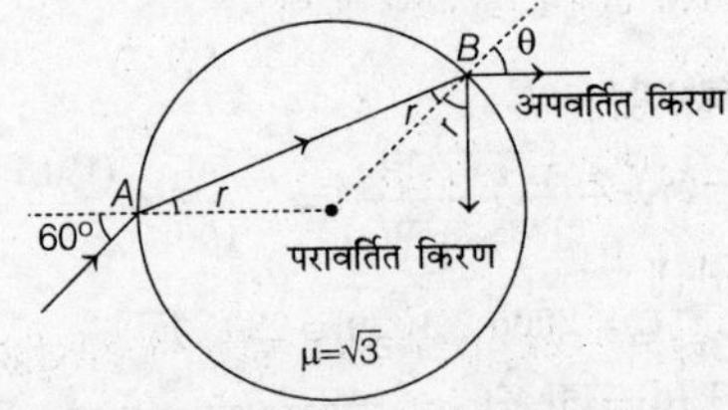

कुल प्रतिरोध, $R_{eq} = \dfrac{4}{3} + 2 = \dfrac{10}{3}$ ओम

परिपथ में धारा, $i = \dfrac{V}{R_{eq}} = \dfrac{10}{10/3} = 3$ ऐम्पियर

अतः संधारित्र के एक्रॉस विभवान्तर $= AEB$ के एक्रॉस विभवान्तर

$$= 2\,i/3 + 2 \times i = 2 \times \frac{3}{3} + 2 \times 3 = 8 \text{ वोल्ट}$$

25. *(90)* प्रश्न में दी गई स्थिति निम्न है

बिन्दु A पर स्नैल के नियम द्वारा,

$$n_1 \sin i = n_2 \sin r \Rightarrow 1 \times \sin 60° = \sqrt{3} \times \sin r$$

$$\Rightarrow \sin r = \frac{\sqrt{3}/2}{\sqrt{3}} = \frac{1}{2} \Rightarrow r = 30°$$

बिन्दु B पर आपतन कोण, $r = 30°$

पुनः बिन्दु B पर स्नैल के नियम द्वारा,

$$\sqrt{3}\sin 30° = 1 \times \sin\theta \Rightarrow \sin\theta = \frac{\sqrt{3}}{2} \Rightarrow \theta = 60°$$

और अपवर्तन कोण, $r = 30°$

बिन्दु B पर परावर्तित तथा अपवर्तित किरण के मध्य कोण

$$= 180° - \theta - r = 180° - 60° - 30° = 90°$$

रसायन विज्ञान

26. *(c)* जब हम किसी कच्चे आम को सान्द्र लवण के विलयन में रखते हैं तो आम सिकुड़ जाता है क्योंकि बाह्य परासरण के कारण आम का छिलका अर्द्ध-पारगम्य झिल्ली के समान कार्य करता है।

यदि लवणीय विलयन की सान्द्रता C_2M तथा आम के कोशिका द्रव की सान्द्रता C_1M हो तो, $C_1 < C_2$ इसलिए परासरण दाब लवणीय विलयन में उत्पन्न हो जाता है। क्योंकि π_2 अधिक है। अतः π से दिए गए ताप पर, $\pi_1 = C_1RT$ और $\pi_2 = C_2RT$

इसलिए विलेय पदार्थ आम के अन्दर से बाहर की ओर गति करता है और आम सिकुड़ जाता है, इसे प्लाज्मोलायसिस भी कहते हैं।

27. *(b)* $[XeF_5]^-$

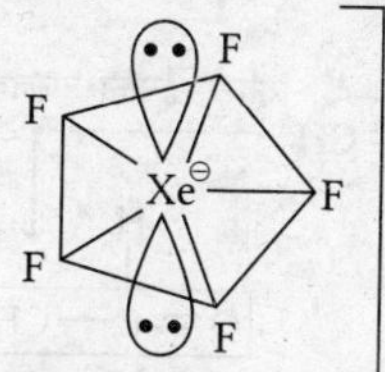

Xe : sp^3d^3-संकरण
ज्यामिति-पंचकोणीय द्विपिरैमिड
संरचना-पंचकोणीय समतली

$[XeO_3F_2]$

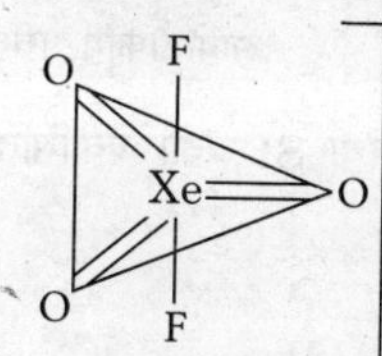

Xe : sp^3d-संकरण
ज्यामिति-त्रिकोणीय द्विपिरैमिड क्योंकि, XeO_3F_2 में Xe के पास कोई इलेक्ट्रॉन युग्म नहीं होता है।

28. *(b)* जहाँ r दो कणों के मध्य की दूरी,

1. आयन-आयन अन्योन्य क्रिया $\propto \frac{1}{r}$
2. द्विध्रुव-द्विध्रुव अन्योन्य क्रिया $\propto \frac{1}{r^3}$
3. लण्डन परिक्षेपण अन्योन्य क्रिया $\propto \frac{1}{r^6}$

प्रेरित द्विध्रुव-प्रेरित द्विध्रुव अन्योन्य क्रिया $\propto \frac{1}{r^6}$

इसलिए सही मेल है।

विकल्प (b) 1.-(A), 2.-(C), 3.-(D)

29. *(b)* **अभिक्रिया 1**

दर = k[*t*-BuBr] यह एक प्रथम कोटि की S_N1 अभिक्रिया है इसलिए इस अभिक्रिया की दर केवल अभिकारक की सान्द्रता *t*-BuBr पर निर्भर करती है। इसलिए विकल्प (d) सही है परन्तु विकल्प (c) सही नहीं है।

$$\text{(t-BuBr) } 3^\circ\text{—Br} \xrightarrow[-Br]{RDS} \text{कार्बधनायन मध्यवर्ती}^{\oplus} \xrightarrow[\text{तीव्र}]{^{\ominus}OH} \text{—OH}$$

अभिक्रिया 2

दर $= k[t-\text{BuBr}][\text{OH}^-]$ यह एक द्वितीय कोटि की अभिक्रिया है। जिसे a, β-विलोपन अभिक्रिया भी कहते हैं, जो HBr के साथ प्रबल क्षार की उपस्थिति में ऐल्केन बनाती है। अतः अभिक्रिया की दर, सान्द्रता एवं क्षार (—OH) पर निर्भर करती है।

इसलिए विकल्प (b) सही नहीं है।

OR^- प्रबल क्षार है। OH^- से। इसलिए OR^- के प्रयोग से अभिक्रिया तीव्र गति से सम्पन्न होगी।

$$\underset{(t\text{-BuBr})}{\text{H—CH}_2(\beta)\text{—C}(\alpha)\text{—Br}} \xrightarrow[\text{OH (ऐल्को.)}]{\text{धीमा}} \underset{\text{आइसोब्यूटाइलीन}}{(CH_3)_2C{=}CH_2} + Br^{\ominus} + H_2O$$

अतः विकल्प (a) भी सही नहीं है।

30. *(b)* मुख्य क्वाण्टम संख्या को n से प्रदर्शित किया जाता है। यह कोशों की संख्या को बताती है। दिगंशी क्वाटण्म संख्या को l से प्रदर्शित किया जाता है। यह उपकोशों की संख्या को प्रदर्शित करती है $l = 0 .... (n-1)$

इसलिए, जब $n = 4$

l का सम्भावित मान और उपकोश

$l = 0 \rightarrow s$-उपकोश $= 1 \rightarrow p$-उपकोश

$= 2 \rightarrow d$-उपकोश $= 3 \rightarrow f$-उपकोश

परन्तु, यहाँ l का मान चुम्बकीय क्वान्टम संख्या द्वारा प्रतिबन्धित है $m = -2$ यहाँ m, l पर निर्भर करता है।

अतः $m = -2$ का मान दो उपकोशों के लिए सम्भव है अर्थात् $l = 3$ (f-उपकोश) तथा $l = 2$ (d-उपकोश)

$m = -l .... 0 .... +l$

इसलिए, $l = 3$

$\Rightarrow m \Rightarrow -3, -2 -1, 0, +1, +2, +3$

$l = 2 \Rightarrow m = -2, -1, 0, +1, +2$

31. *(b)* समूह-2 के धातु (Be, Me, Ca, Sr, Ba) के नाइट्राइड (M_3N_2) और बाइकार्बोनेट्स $[M(HCO_3)]_2$, केवल विलयन प्रावस्था में पाए जाते हैं।

$$M + N_2 \xrightarrow{\Delta} \overset{II}{M_3} N_2$$

$$\overset{II}{M}CO_3(s) + CO_2(g) + H_2O(l) \xrightarrow{25°C} \overset{II}{M}(HCO_3)_2(aq)$$

उपरोक्त दो गुणधर्म वर्ग-I के धातु (Li Na, K, Rb Cs) (Li के अलावा) का वर्ग-II के रासायनिक गुणधर्मों से तुलना करने पर Li (*A*) और Mg (*B*) समान रासायनिक गुणधर्म प्रदर्शित करते हैं।

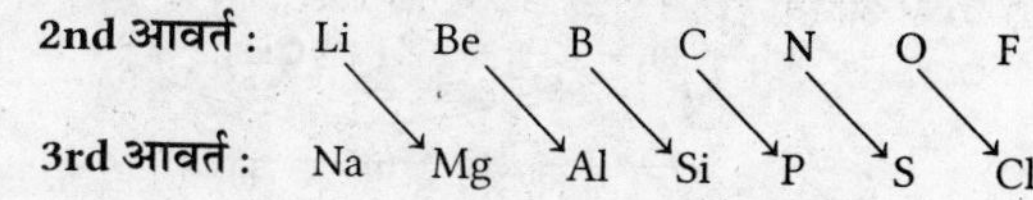

32. *(c)*

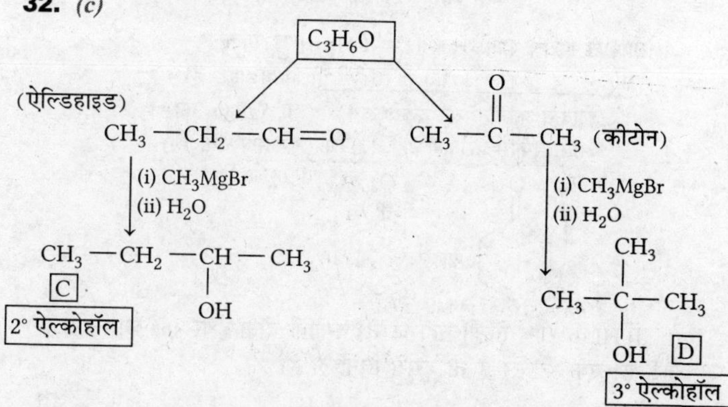

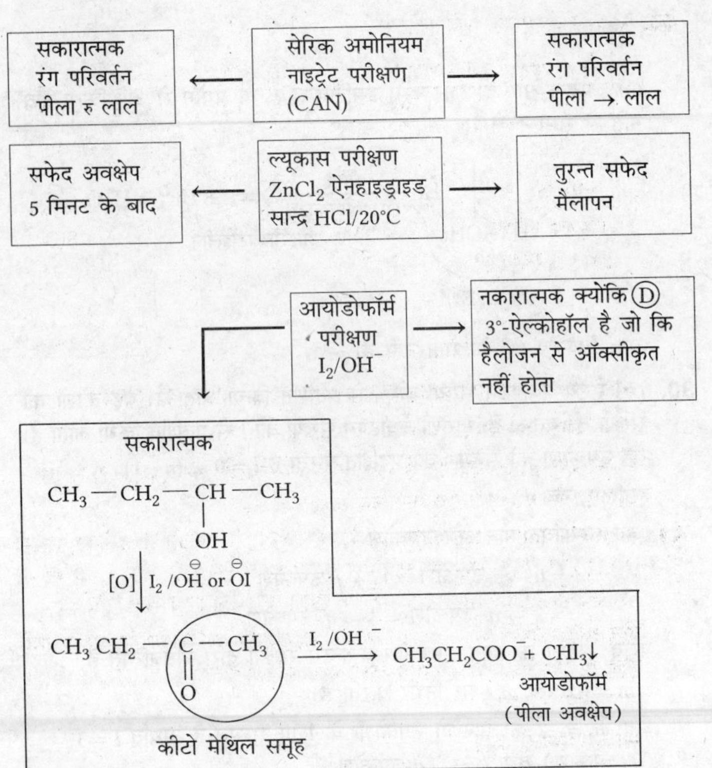

(b) ऐरिल बन्धुता, विनाइल बन्धुता

$H_3C-CH=CH-O-C_6H_5$ (A) ; $CH_3-C_6H_4-O-CH=CH_2$ (A)

(c) $C_6H_5-CH_2-\ddot{O}-CH=CH_2 \xrightarrow[-I^{\ominus}]{H-I}$

$Ph-CH_2-\overset{H}{\overset{|}{O^{\oplus}}}-CH=CH_2$ sp^2 (विनाइल) $\xrightarrow{\ominus I}$

sp^3 (बेन्जिल)

$\underset{(B)}{Ph-CH_2-I} + \underset{(C)}{\overset{H}{O}-CH=CH_2}$ कीटो-ईनॉल चलावयवता

$\downarrow AgNO_3$ $\qquad$ $\underset{H}{O=C-CH_3}$ (D)

$[PhCH_2^{\oplus}]\ \overset{\ominus}{N}O_3 + AgI$

स्थायी कार्बधनायन $\qquad$ पीला अवक्षेप

कीटो मेथिल समूह उपस्थित है इसलिए (D) आयोडोफॉर्म परीक्षण देता है।

33. *(b)* $\underset{\text{सुक्रोस}}{C_{12}H_{22}O_{11}} + H_2O \xrightarrow[\text{वियोजन (म्यूटारोटेशन)}]{\text{ग्लाइकोसिडिक बन्ध}} \underset{\text{ग्लूकोस } (A)}{C_6H_{12}O_6} + \underset{\text{फ्रक्टोस } (B)}{C_6H_{12}O_6}$

$\xrightarrow[\text{तरल रिसॉर्सिनॉल + तनु HCl}]{\text{सॉविनॉर्फ अभिकर्मक}}$ लाल रंग

सॉलिनॉर्फ अभिकर्मक परीक्षण कीटोहेक्सोस (यहाँ) तथा सुक्रोज द्वारा दिया जाता है जबकि ऐल्डोहेक्सोस, लैक्टोज और माल्टोज द्वारा नहीं।

34. *(c)* $A(C_9H_{10}O)$ की अभिक्रिया सान्द्र HI से कराने पर चार समावयवी ईथर विकल्प *a, b, c* और *d* प्राप्त होते हैं।

(a) $C_6H_5-\ddot{O}-CH_2-CH=CH_2$ (A) $\xrightarrow[-I^{\ominus}]{HI}$

$Ph-\overset{H}{\overset{|}{O^{\oplus}}}-CH_2-CH=CH_2 \xrightarrow{\ominus I}$

परन्तु I^- की sp^2 ऐरोमैटिक कार्बन के साथ S_N2 अभिक्रिया नहीं होगा

$\underset{(C)}{PhOH} + \underset{(B)}{I-CH_2-CH=CH_2}$ (यह एलिल आयोडाइड है। जो $AgNO_3$ का परीक्षण देता है।)

लेकिन फीनॉल का कीटो रूप आयोडोफॉर्म परीक्षण नही देता है।

(साइक्लोहेक्साडाइईनोन संरचनाएँ) या

(b, d) HI के साथ क्रिया नहीं करते, क्योंकि दोनों ईथर sp^2 कार्बन से जुड़े हैं। एक फेनिल है तो दूसरा विनाइल है।

35. *(d)* SF_6 की ज्यामिति अष्टफलकीय तथा SF_4 की ज्यामिति त्रिकोणीय द्विपिरैमिडीय होती है।

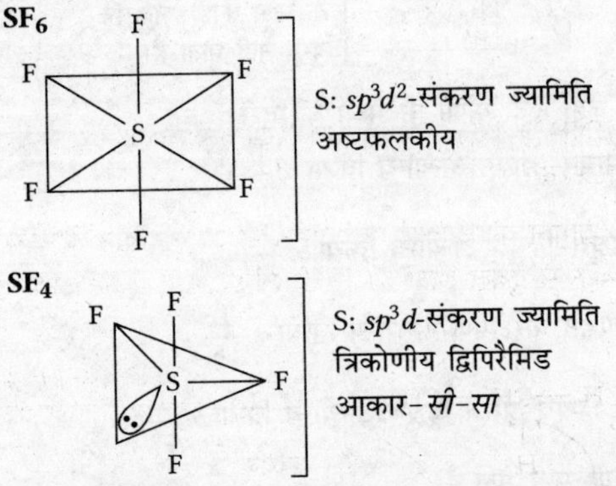

36. *(b)* यहाँ एक ही धातु आयन, M^{n+} तीन पृथक् एकदन्तुक लिगैण्डों क्रमश: $\overset{\ominus}{N}CS$, $\overset{\ominus}{F}$ तथा NH_3 के संयोग से होमोलैप्टिक अष्टफलकीय संकुल बनाता (i), (ii) तथा (iii) बनाता है, अत: हम इनकी CFSE(Δ_0) तथा तरंगदैर्ध्य (λ) मानों की तुलना करते हैं, जहाँ $\Delta E(\text{CFSE}) = \frac{hc}{\lambda}$ या $\Delta_0 \propto \frac{1}{\lambda}$ है। पुन: Δ_0 का मान स्पैक्ट्रोकैमिकल श्रेणी में स्थित लिगैण्ड की सामर्थ्य पर निर्भर करते हैं।

लिगैण्ड की सामर्थ्य $\Delta_0 \propto \frac{1}{\lambda}1$

$F^- < NCS^- < NH_3$, $F^- > NCS^- > NH_3$

⟶ लिगैण्ड की सामर्थ्य का क्रम

⟵ λ का क्रम

⟶ Δ_0 का क्रम

अत: दिए गए संकुलों के लिए ग्राफ (अवशोषण सापेक्ष λ के) से यह प्रमाण मिलता है

$$\underset{(C)\,[F^-]}{\lambda_{max}^{(ii)}} > \underset{(B)\,[NCS^-]}{\lambda_{max}^{(i)}} > \underset{(A)\,[NH_3]}{\lambda_{max}^{(iii)}}$$

37. *(b)* Ma_4b_2 सूत्रवाला $[Ni(NH_3)_4(H_2O)]^{2+}$ ज्यामितीय समावयवता प्रदर्शित करता है।

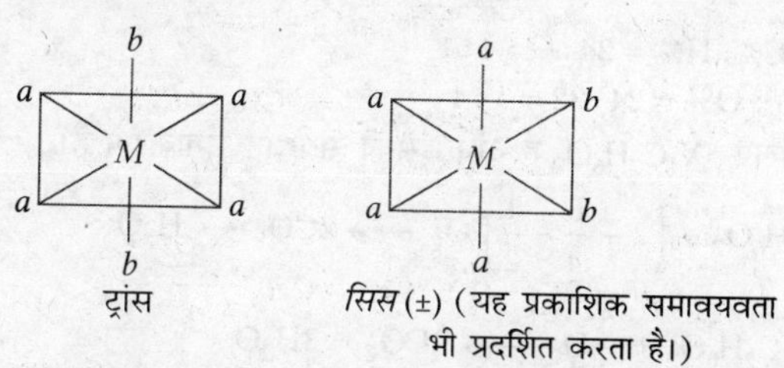

ट्रांस सिस (±) (यह प्रकाशिक समावयवता भी प्रदर्शित करता है।)

$M(a\text{-}a)_3$ प्रकार के सूत्र वाला संकुल $[Ni(en)_3]^{2+}$ प्रकाशिक समावयवता प्रदर्शित करता है।

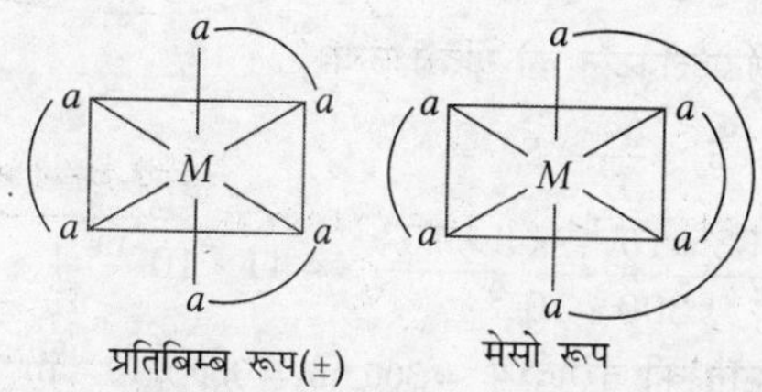

प्रतिबिम्ब रूप(±) मेसो रूप

$[Ni(NH_3)_2Cl_2]$ में Ni (II) sp^3 संकरित है, अत: संकुल की चतुष्फलकीय ज्यामिति है, अत: त्रिविमसमावयवी (ज्यामितीय तथा प्रकाशिक) व संरचनात्मक समावयवी संकुल द्वारा नहीं दर्शायी जाएगी, $[Pt(NH_3)_2]Cl_2$ ज्यामितीय समावयवता प्रदर्शित करता है।

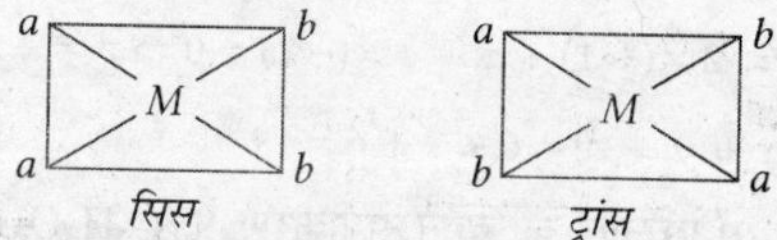

सिस ट्रांस

$[Ni(NH_3)_2]Cl_2$ चतुष्फलकीय संरचना का है, जो समावयवता प्रदर्शित नहीं करता।

38. *(c)* ब्रोमीन का आकार फ्लुओरीन से अधिक होने के कारण C—Br बन्ध C—F से दुर्बल होता है। E_2 विलोपन में C—Br बन्ध टूटता है।

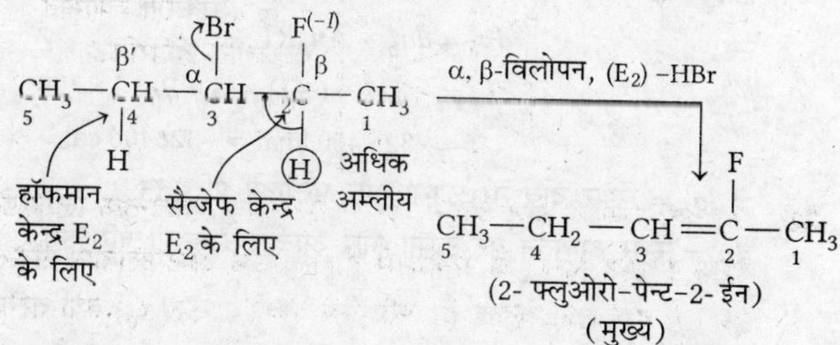

फ्लुओरीन का $-I$ प्रभाव β-हाइड्रोजन को अधिक अम्लीय बनाकर विलोपन अभिक्रिया देता है। प्रबल क्षार के उपयोग द्वारा E_2 अभिक्रिया में विलोपन होता है।

39. *(a)*

कार्बोक्सिलिक—COOH(*b*)

फीनॉलिक— OH (*c* और *d*) से अधिक प्रबल है।

फीनॉलिक —OH(*c*), —OH(*d*) से अधिक *R* प्रभाव दर्शाता है,

40. *(c)* निम्नलिखित फ्लो चार्ट में,

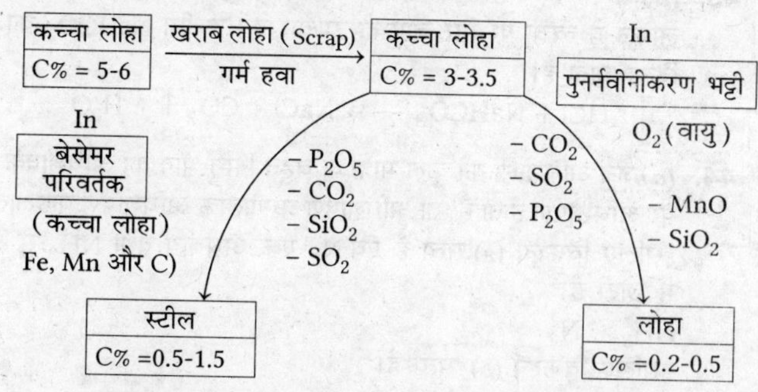

अत: कच्चे लोहे का प्रयोग लौह (Wrought) बनाने में होता है।

अत: अम्ल सामर्थ्य : $c > d$ और $b > c > d$

H-परमाणु (*a*) *sp*-संकरित है, ($s\%=50$) अम्लीय है। परन्तु (b, c, d) से कम अम्लीय है अत: अम्लता का क्रम $b > c > d > a$

41. *(d)* अभिकारक नाइट्रीकरण अभिक्रिया ($ArSE_2$) दर्शाता है। इलेक्ट्रॉनस्नेही (NO_2^+) बेन्जीन नभिक पर आक्रमण करता है जो इलेक्ट्रॉन धनी ($+R$ या $+I$ प्रतिस्थापी द्वारा, जहाँ $+R > +I$) के साथ कम त्रिविमबाधित होता है।

तीन प्रतिस्थापियों में से, –OH समूह अभिक्रिया दर के प्रारम्भ पर प्रभावी होते हैं, क्योंकि – OH समूह का प्रबल सक्रियणकारी ($+R$ या M प्रभाव द्वारा) गुण होता है।

सक्रियणकारी क्रम

$-OH > -CH_3 > -NO_2$
($+R$ प्रभाव) ($+ve$ अतिसंयुग्मन) ($-R$ प्रभाव)

$\frac{3}{4}$OH तथा $\frac{3}{4}OH_2$ समूह से त्रिविम प्रतिकर्षण अनुभव करेगा

+ve अतिसंयुग्मन

NO_2 के लिए इलेक्ट्रॉनिक तथा त्रिविम रूप से अनुकूल होता है।

$HNO_3 + H_2SO_4$ (NO_2^+) (मुख्य)

42. *(c)* जब एक आवर्त में दायें से बायें चलते हैं तो तत्वों के धात्विक गुण पहले अधातु गुणों में परिवर्तित न होकर उपधातु गुणों में परिवर्तित होते हैं, अत: धातु क्षारीय ऑक्साइड देते हैं।

उपधातु उभयधर्मी ऑक्साइड उत्पन्न करते हैं।

अधातु, अम्लीय ऑक्साइड देते हैं।

अत: *X*-धातु, *Y*-उपधातु तथा *Z*-अधातु → परमाणु क्रमांक का क्रम $X < Y < Z$

माना *X*, *Y* तथा *Z*, 3rd आवर्त से सम्बन्धित है।

अत: *X*, Na या Mg हो सकता है।

Y, Al या Si हो सकता है।

Z, P या S या Cl हो सकता है।

43. *(a)* तरल पदार्थ द्वारा शौचालय की सफाई मुख्यत: HCl द्वारा की जाती है। लेकिन ये त्वचा पर गिर जाए तो उपचार हेतू जलीय $NaHCO_3$ का उपयोग किया जाता है।

$$HCl + NaHCO_3 \longrightarrow NaCl + CO_2 \uparrow + H_2O$$

44. *(a)* जब अधिशोष्य की कुल मात्रा के बहुत निम्न भाग का अधिशोषक के पृष्ठ पर अधिशोषण होता है, तो अधिशोषण ऋणात्मक अधिशोषण कहलाता है। इसलिए विकल्प (a) सत्य है एवं N_2 एक अध्रुवीय तथा NH_3 से आकार में छोटी है।

$NH_3 > N_2$

इसलिए विकल्प (b) सत्य है।

45. *(c)* माना, अभिक्रिया की दर नियम $r \propto [A]^a[B]^b$

$\therefore$ a और b अभिक्रिया की कोटि क्रमश: A और B के आधार पर,

$\Rightarrow$ प्रथम तीन प्रयोगों (I, II, III) की तुलना करने पर,

$$\frac{r_{II}}{r_I} = \left(\frac{0.1}{0.1}\right)^a \times \left(\frac{0.2}{0.1}\right)^b \Rightarrow \frac{2.4 \times 10^{-2}}{6 \times 10^{-3}} = 1 \times 2^b \Rightarrow 2^b = 4 \Rightarrow b = 2$$

$$\frac{r_{III}}{r_I} = \left(\frac{0.2}{0.1}\right)^a \times \left(\frac{0.1}{0.1}\right)^2 \Rightarrow \frac{1.2 \times 10^{-2}}{6 \times 10^{-3}} = 2^a \times 1 \Rightarrow 2^a \times 2 \Rightarrow a = 1$$

$\Rightarrow \quad r_I = k \times (0.1)^1 (0.1)^2 \Rightarrow 6 \times 10^{-3} = k \times 10^{-3}$

$\Rightarrow \quad k = 6$ L^2 मोल$^{-2}$ मिनट$^{-1}$

$\Rightarrow$ **प्रयोग** IV : $r_{II} = 6 \times (X)^1 \times (0.2)^2$

$\Rightarrow \quad 7.2 \times 10^{-2} = 6 \times (X) \times (4 \times 10^{-2}) \Rightarrow X = 0.3$ मोल L^{-1}

$\Rightarrow$ **प्रयोग** V : $r_V = 6 \times (0.3)^1 \times (Y)^2$

$\Rightarrow \quad 2.88 \times 10^{-1} = 6 \times 0.3 \times (Y)^2 \Rightarrow Y = 0.4$ मोल L^{-1}

46. *(144)* $2Cu^+(aq) \rightleftharpoons Cu(s) + Cu^{2+}(aq)$

सेल अभिक्रिया के लिए,

$$E^\circ_{Cell} = E^\circ_{Cu^+/Cu} - E^\circ_{Cu^{2+}/Cu^+} = (0.52 - 0.16)\text{ V} = 0.36\text{ V}$$

$$\Rightarrow \Delta G^\circ = -nFE^\circ_{Cell} \Rightarrow -RT\ln K = -nFE^\circ_{Cell}$$

$$\Rightarrow \ln K = n \times \frac{E}{RT} \times E^\circ_{Cell} = 1 \times \frac{1}{0.025} \times 0.36 = 14.4 = 144 \times 10^{-1}$$

47. *(5)* आण्विक सूत्र के लिए, $C_nH_{2n+2}O_2$ (M = अणुभार)

$$C\% = \frac{12n}{M} \times 100, H\% = \frac{2n+2}{M} \times 100, O\% = \frac{32}{M} \times 100$$

संतृप्त (Saturated) और ऐलिसाइक्लिक (Alicyclic) , $n = 2$

$$C\% = \frac{24}{M} \times 100, H\% = \frac{6}{M} \times 100 \text{ और } O\% = \frac{32}{M} \times 100$$

$\Rightarrow C\% : H\% = 24 : 6 = 4 : 1$

$C\% : O\% = 24 : 32 = 3 : 4$

इसलिए, X $C_2H_6O_2$ है और इसकी संयोजन समीकरण है।

$$C_2H_6O_2 + \left(2 + \frac{6}{4} - \frac{1}{2}\right) O_2 \longrightarrow 2CO_2 + \frac{6}{2}H_2O$$

$$\Rightarrow C_2H_6O_2 + \frac{5}{2}O_2 \longrightarrow 2CO_2 + 3H_2O$$

1 मोल 5/2 मोल

2 मोल $5/2 \times 2 = 5$ मोल O_2 की आवश्यकता होगी।

48. *(222)* फोटोइलेक्ट्रॉन की गतिज ऊर्जा

$$KE = E - E_a = \frac{hc}{\lambda} - E_0$$

$$= \frac{6.63 \times 10^{-34} \times 3 \times 10^8}{300 \times 10^{-9}} - 4.41 \times 10^{-19} \text{ J} = 222 \times 10^{-21} \text{ J}$$

λ = फोटॉन की तरंगदैर्ध्य $= 300$ nm $= 300 \times 10^{-9}$ m

E_0 = देहली ऊर्जा = सोडियम धातु के लिए कार्य फलन

$= 4.41 \times 10^{-19}$ J

49. *(19)* $K_2\overset{x}{Cr_2}O_7 \Rightarrow 2(+1) + 2x + 7 \times (-2) = 0 \Rightarrow x = +6$ $K\overset{y}{M}nO_4$

$\Rightarrow 1 \times (+1) + x + 4 \times (-2) = 0 \Rightarrow y = +7$

$K_2\overset{z}{Fe}O_4 \Rightarrow 2 \times (+1) + z + 4 \times (-2) = 0 \Rightarrow z = +6$

इसलिए, $(x + y + z) = 6 + 7 + 6 = 19$

50. *(– 326400)* एथेनॉल की दहन समीकरण में (C_2H_5OH या C_2H_6O)

$$C_2H_6O(l) + \left(2 + \frac{6}{9} - \frac{1}{2}\right) O_2(g) \xrightarrow{300\text{ K}} 2CO_2(g) + \frac{6}{2}H_2O(l)$$

या $C_2H_6O(l) + 3O_2(g) \longrightarrow 2CO_2(g) + 3H_2O(l)$

$\Delta n_g = (2 + 0) - (0 + 3) = -1 \Rightarrow dq_p = du_v + \Delta n_g RT$

$\Rightarrow \quad du_v = dq_p - \Delta n_g RT$

$= -327 - (-1) \times (2 \times 10^{-3}) \times 300$

$= -326.400$ kcal $= -326400$ cal

$\because dq_p$ = स्थिर दाब पर ऊष्मा और एन्थैल्पी परिवर्तन

du_v = स्थिर आयतन पर ऊष्मा और आन्तरिक ऊष्मा परिवर्तन

गणित

51. *(d)* माना बिन्दु (3,1,1) से गुजरने वाले तथा समतल के अभिलम्ब के दिक् अनुपात a, b, c वाले समतल का समीकरण

$$a(x - 3) + b(y - 1) + c(z - 1) = 0 \quad \text{...(i)}$$

चूँकि तल (i) में दो सरल रेखाएँ स्थित हैं, जिनके दिक् अनुपात क्रमश: $1, -2, 2$ तथा $2, 3, -1$ हैं।

अत: $\quad a - 2b + 2c = 0 \quad$ ...(ii)

तथा $\quad 2a + 3b - c = 0 \quad$ ...(iii)

वज्रगुणन से,

$$\frac{a}{2-6} = \frac{b}{4+1} = \frac{c}{3+4} \Rightarrow \frac{a}{-4} = \frac{b}{5} = \frac{c}{7}$$

$\therefore \quad a : b : c = -4 : 5 : 7$

अत: तल का समीकरण होगा

$$-4(x - 3) + 5(y - 1) + 7(z - 1) = 0$$

$\Rightarrow \quad 4x - 5y - 7z = 0$

पुन: तल बिन्दु $(\alpha, -3, 5)$ से गुजरता है

$\therefore \quad 4\alpha + 15 - 35 = 0$

$\Rightarrow \quad 4\alpha = 20$

$\Rightarrow \quad \alpha = 5$

अत: विकल्प (d) सही है।

52. *(d)* दिया गया है,

समुच्चय $A = \{X = (x, y, z)^T : Px = 0$ तथा $x^2 + y^2 + z^2 = 1\}$

जहाँ, $P = \begin{bmatrix} 1 & 2 & 1 \\ -2 & 3 & -4 \\ 1 & 9 & -1 \end{bmatrix}$

$\because \quad Px = \begin{bmatrix} 1 & 2 & 1 \\ -2 & 3 & -4 \\ 1 & 9 & -1 \end{bmatrix} \begin{bmatrix} x \\ y \\ z \end{bmatrix} = 0$ [दिया गया है]

$\because |P| = \begin{vmatrix} 1 & 2 & 1 \\ -2 & 3 & -4 \\ 1 & 9 & -1 \end{vmatrix}$

$= 1(-3 + 36) - 2(2 + 4) + 1(-18 - 3) = 33 - 12 - 21 = 0$

अब, क्रेमर नियम के अनुसार, रैखिक समीकरणों का समघातीय निकाय $PX = 0$ है, जिसके अनेक अनन्त हल हैं, इसलिए तल, समीकरणों के निकाय जिसमें मूलबिन्दु से गुजरने वाली अद्वितीय रेखा समाहित है, को दर्शाता है। तथा समीकरण $x^2 + y^2 + z^2 = 1$, गोले के समीकरण को दर्शाता है, जिसका केन्द्र (0, 0, 0) तथा त्रिज्या 1 है। इसलिए, अद्वितीय रेखा गोले को दो भिन्न बिन्दुओं पर प्रतिच्छेद करती है। इसलिए, समुच्चय A में तथ्यत: दो अवयव होंगे।

अत: विकल्प (d) सही है।

53. *(b)* दिए गए वक्र का समीकरण है

$$y = (1 + x)^{2y} + \cos^2(\sin^{-1} x)$$
$$= (1 + x)^{2y} + 1 - \sin^2(\sin^{-1} x)$$
$$= (1 + x)^{2y} + 1 - x^2 \quad \text{...(i)} \; [\because \sin(\sin^{-1} x) = x]$$

अत: $x = 0$ पर

$$y = (1 + 0)^{2y} + 1 - 0 \Rightarrow y = 1 + 1 = 2$$

$\therefore P(0, 2)$ वक्र पर स्थित बिन्दु है।

समी (i) का x का सापेक्ष अवकलन करने पर,

$$\frac{dy}{dx} = (1 + x)^{2y} \left[2 \frac{dy}{dx} \log(1 + x) + \frac{2y}{1 + x}\right] - 2x$$

$\therefore$ बिन्दु $P(0, 2)$ पर,

$$\frac{dy}{dx} = (1 + 0)^{2 \times 2}$$
$$\left[2 \frac{dy}{dx} \log(1 + 0) + \frac{2 \times 2}{1 + 0}\right] - 2 \times 0 \Rightarrow \frac{dy}{dx} = 4$$

अत: बिन्दु $P(0, 2)$ पर वक्र पर अभिलम्ब का समीकरण होगा

$$y - 2 = -\frac{1}{4}(x - 0) \Rightarrow 4y - 8 = -x \Rightarrow x + 4y = 8$$

अत: विकल्प (b) सही है।

54. *(a)* दिए गए अतिपरवलय का समीकरण है

$$x^2 - y^2 \sec^2\theta = 10 \Rightarrow \frac{x^2}{10} - \frac{y^2}{10\cos^2\theta} = 1$$

$\therefore$ उत्केन्द्रता $(e_1) = \sqrt{1 + \frac{(10\cos^2\theta)}{10}} = \sqrt{1 + \cos^2\theta}$

पुन: दिए गए दीर्घवृत्त का समीकरण है

$$x^2 \sec^2\theta + y^2 = 5$$

$$\Rightarrow \quad \frac{x^2}{5\cos^2\theta} + \frac{y^2}{5} = 1$$

$\therefore$ उत्केन्द्रता $(e_2) = \sqrt{1 - \frac{(5\cos^2\theta)}{5}} = \sqrt{1 - \cos^2\theta}$

प्रश्नानुसार,

$$e_1 = \sqrt{5}\, e_2 \Rightarrow \sqrt{1 + \cos^2\theta} = \sqrt{5}\sqrt{1 - \cos^2\theta}$$
$$\Rightarrow \quad 1 + \cos^2\theta = 5(1 - \cos^2\theta),$$
$$\Rightarrow \quad 6\cos^2\theta = 4 \Rightarrow \cos^2\theta = \frac{2}{3}$$

$\therefore$ दीर्घवृत्त (i) के नाभिलम्ब की लम्बाई

$$= \frac{2(5\cos^2\theta)}{\sqrt{5}} = 2\sqrt{5}\cos^2\theta = 2\sqrt{5} \times \frac{2}{3} = \frac{4}{3}\sqrt{5}$$

अत: विकल्प (a) सही है।

55. *(c)* दी गई अवकल समीकरण है

$$2x^2 dy = (2xy + y^2)\, dx \Rightarrow \frac{dy}{dx} = \frac{2xy + y^2}{2x^2}$$

जोकि एक समघातीय अवकल समीकरण है।

माना $y = vx \Rightarrow \frac{dy}{dx} = v + x\frac{dv}{dx}$

$\therefore$ अवकल समीकरण होगा

$$v + x\frac{dv}{dx} = \frac{2vx^2 + v^2x^2}{2x^2} \Rightarrow x\frac{dv}{dx} = \frac{2v + v^2 - 2v}{2}$$
$$\Rightarrow \quad x\frac{dv}{dx} = \frac{v^2}{2} \Rightarrow \frac{2}{v^2}\, dv = \frac{dx}{x}$$

दोनों पक्षों का समाकलन करने पर,

$$\int \frac{2}{v^2}\, dv = \int \frac{dx}{x} \Rightarrow 2\left(-\frac{1}{v}\right) = \log_e x + c$$
$$\Rightarrow \quad \log_e x + \frac{2x}{y} + c = 0 \quad \left[\because v = \frac{y}{x}\right] \text{...(i)}$$

वक्र (i), बिन्दु (1, 2) से गुजरता है

$$\therefore \quad \log_e 1 + \frac{2 \times 1}{2} + c = 0 \Rightarrow c = -1$$
$$\therefore \quad \log_e x + \frac{2x}{y} - 1 = 0 \Rightarrow \frac{2x}{y} = 1 - \log_e x$$
$$\Rightarrow \quad y = \frac{2x}{1 - \log_e x}$$

पुन: $x = \frac{1}{2}$ रखने पर,

$$y = \frac{2 \times \frac{1}{2}}{1 - \log_e\left(\frac{1}{2}\right)} = \frac{1}{1 + \log_e 2} \quad \therefore \quad f\left(\frac{1}{2}\right) = \frac{1}{1 + \log_e 2}$$

अत: विकल्प (c) सही है।

56. *(b)* प्रश्नानुसार, बिन्दु (1, 2) तथा $(\sin\theta, \cos\theta)$, $\theta \in (0, \pi)$ रेखा $x + y = 1$ के एक ही तरफ स्थित है, अत:

$$(1 + 2 - 1)(\sin\theta + \cos\theta - 1) > 0$$
$$\Rightarrow \quad \sin\theta + \cos\theta > 1$$

$$\Rightarrow \quad \frac{1}{\sqrt{2}}\sin\theta + \frac{1}{\sqrt{2}}\cos\theta > \frac{1}{\sqrt{2}} \quad \Rightarrow \sin\left(\theta + \frac{\pi}{4}\right) > \frac{1}{\sqrt{2}}$$

$$\Rightarrow \quad 2n\pi + \frac{\pi}{4} < \frac{\pi}{4} + \theta < 2n\pi + \frac{3\pi}{4},\ n \in I$$

$$\Rightarrow \quad 2n\pi < \theta < 2n\pi + \frac{\pi}{2}$$

चूँकि $\theta \in (0, \pi)$, अत: $n = 0$ के लिए $\theta \in \left(0, \frac{\pi}{2}\right)$

अत: विकल्प (b) सही है।

57. *(b)* दिया गया है

$$S = \{x + ka\} + \{x^2 + (k+2)a\} + [x^3 + (k+4)a] + \{x^4 + (k+6)a\} + \ldots \text{ 9 पदों तक}$$

$$= \{x + x^2 + x^3 + x^4 + \ldots + x^9\} + a\{k + (k+2) + (k+4) + (k+6) + \ldots + (k+16)\}$$

$$= \frac{x(x^9 - 1)}{x - 1} + a\left[9k + \frac{2(8)(9)}{2}\right] = \frac{x(x^9 - 1)}{x - 1} + 9a(k+8)$$

$$= \frac{x^{10} - x + 9a(k+8)(x-1)}{x-1}$$

लेकिन दिया गया है

$$S = \frac{x^{10} - x + 45a(x-1)}{x-1}$$

$$\therefore \quad 9(k+8) = 45 \Rightarrow k + 8 = 5 \Rightarrow k = -3$$

अत: विकल्प (b) सही है।

58. *(a)* हम जानते हैं,

$$\cos^4\theta + \sin^4\theta = (\cos^2\theta + \sin^2\theta)^2 - 2\cos^2\theta\sin^2\theta = 1 - \frac{1}{2}\sin^2 2\theta$$

$\because 0 \le \sin^2 2\theta \le 1,\ \theta \in R$

$$\Rightarrow -\frac{1}{2} \le -\frac{1}{2}\sin^2 2\theta \le 0,\ \theta \in R \Rightarrow \frac{1}{2} \le 1 - \frac{1}{2}\sin^2 2\theta \le 1,\ \theta \in R$$

अब, $\cos^4\theta + \sin^4\theta + \lambda = 0 \Rightarrow \lambda = -(\cos^4\theta + \sin^4\theta)$

$$\therefore -1 \le \lambda \le -\frac{1}{2} \qquad \left[\because \cos^4\theta + \sin^4\theta \in \left[\frac{1}{2}, 1\right]\right]$$

$$\Rightarrow \lambda \in \left[-1, -\frac{1}{2}\right]$$

अत: विकल्प (a) सही है।

59. *(c)* दी गई आव्यूह $A = \begin{bmatrix} a & b & c \\ b & c & a \\ c & a & b \end{bmatrix}$

$$\therefore A^T = \begin{bmatrix} a & b & c \\ b & c & a \\ c & a & b \end{bmatrix}^T = \begin{bmatrix} a & b & c \\ b & c & a \\ c & a & b \end{bmatrix}$$

पुन: दिया गया है

$AA^T = I$

$$\Rightarrow \begin{bmatrix} a & b & c \\ b & c & a \\ c & a & b \end{bmatrix}\begin{bmatrix} a & b & c \\ b & c & a \\ c & a & b \end{bmatrix} = \begin{bmatrix} 1 & 0 & 0 \\ 0 & 1 & 0 \\ 0 & 0 & 1 \end{bmatrix}$$

$$\Rightarrow \begin{bmatrix} a^2+b^2+c^2 & ab+bc+ca & ab+bc+ca \\ ab+bc+ca & a^2+b^2+c^2 & ab+bc+ca \\ ab+bc+ca & ab+bc+ca & a^2+b^2+c^2 \end{bmatrix} = \begin{bmatrix} 1 & 0 & 0 \\ 0 & 1 & 0 \\ 0 & 0 & 1 \end{bmatrix}$$

$$\therefore \quad a^2 + b^2 + c^2 = 1 \text{ तथा } ab + bc + ca = 0 \qquad \ldots(i)$$

अब, हम जानते हैं

$$(a+b+c)^2 = a^2 + b^2 + c^2 + 2(ab + bc + ca) = 1 + 2 \times 0 = 1$$

$$\Rightarrow \quad a + b + c = \pm 1 \qquad \ldots(ii)$$

पुन: हम जानते हैं

$$a^3 + b^3 + c^3 - 3abc = (a+b+c)(a^2 + b^2 + c^2 - ab - bc - ca)$$

$$\Rightarrow 2 - 3abc = (a+b+c)(1-0) \Rightarrow 2 - 3abc = \pm 1$$

$$\Rightarrow 3abc = 2 \pm 1 \Rightarrow 3abc = 3 \text{ या } 1 \Rightarrow abc = 1 \text{ या } \frac{1}{3}$$

अत: विकल्प (c) सही है।

60. *(c)* दिया गया है,

$f : \mathbf{R} \to \mathbf{R}$ सन्तुष्ट करता है

$$f(x+y) = f(x) + f(y)$$

अत: $x = y = 1$ पर,

$$f(2) = f(1) + f(1) = 2f(1) = 2 \times 2 = 4 \qquad [\because f(1) = 2]$$

पुन: $x = 2$ तथा $y = 1$ पर

$$f(3) = f(2) + f(1) = 4 + 2 = 6$$

इसी प्रकार, $f(4) = 8$ तथा आगे तक

$$\text{अब, } g(n) = \sum_{k=1}^{n-1} f(k) = f(1) + f(2) + f(3) + \ldots + f(n-1)$$

$$= 2 + 4 + 6 + \ldots + 2(n-1) = 2 \times \frac{(n-1)n}{2} = n^2 - n$$

दिया गया है

$$g(n) = 20 \Rightarrow n^2 - n = 20$$

$$\Rightarrow \quad n(n-1) = 5 \times 4 \Rightarrow n = 5$$

अत: विकल्प (c) सही है।

61. *(c)* दिया गया है, एक समबाहु त्रिभुज, जिसका एक शीर्ष परवलय, $y^2 = 8x$ के शीर्ष पर है, परवलय के अन्तर्गत खींचा गया है।

अत: समरुपता के अनुसार, त्रिभुज के बाकी दो शीर्षों को $A(2t^2, 4t)$ तथा $B(2t_1^2 - 4t)$ ले सकते हैं।

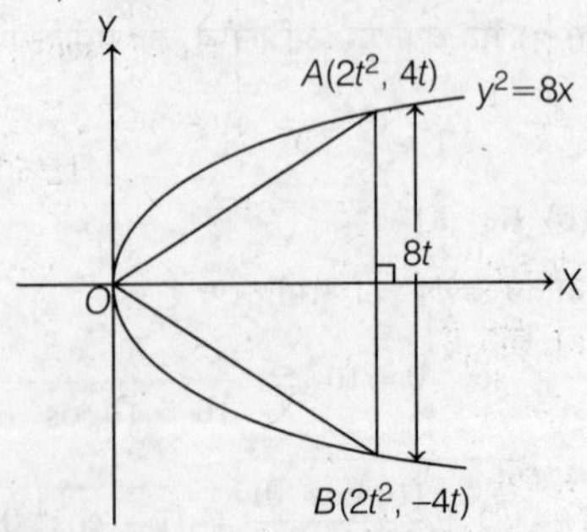

$$\therefore \Delta OAB \text{ का क्षेत्रफल } = \Delta = \frac{1}{2}(2t^2)(8t) = 8t^3$$

चूँकि ΔOAB एक समबाहु त्रिभुज है जिसकी भुजा $8t$ है।

$\therefore \Delta OAB$ का क्षेत्रफल $= \dfrac{\sqrt{3}}{4}(8t)^2$

$\therefore \quad 8t^3 = \dfrac{\sqrt{3}}{4}(8t)^2 \Rightarrow t = 2\sqrt{3}$

$\therefore$ समबाहु ΔOAB का क्षेत्रफल $= 8t^3 = 8(2\sqrt{3})^3$

$= 192\sqrt{3}$ वर्ग इकाई

अत: विकल्प (c) सही है।

62. *(c)*

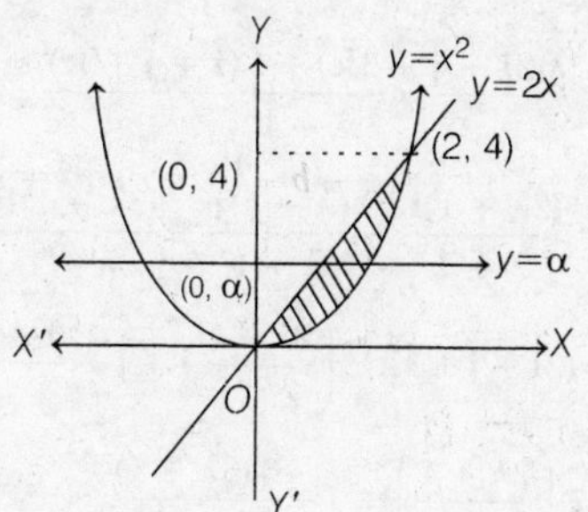

प्रश्नानुसार,

$$\int_0^{\alpha}\left(\sqrt{y} - \frac{y}{2}\right)dy = \int_{\alpha}^{4}\left(\sqrt{y} - \frac{y}{2}\right)dy$$

$$\Rightarrow \left[\frac{2}{3}y^{3/2} - \frac{y^2}{4}\right]_0^{\alpha} = \left[\frac{2}{3}y^{3/2} - \frac{y^2}{4}\right]_{\alpha}^{4}$$

$$\Rightarrow \frac{2}{3}\alpha\sqrt{\alpha} - \frac{\alpha^2}{4} = \left(\frac{2\times 4}{3}\times 2 - \frac{16}{4}\right) - \left(\frac{2}{3}\alpha\sqrt{\alpha} - \frac{\alpha^2}{4}\right)$$

$$\Rightarrow \frac{4}{3}\alpha\sqrt{\alpha} - \frac{\alpha^2}{2} = \frac{64-48}{12} = \frac{16}{12} \Rightarrow \frac{4}{3}\alpha\sqrt{\alpha} - \frac{\alpha^2}{2} = \frac{4}{3}$$

$$\Rightarrow 4\alpha\sqrt{\alpha} - \frac{3\alpha^2}{2} = 4 \Rightarrow 8\alpha\sqrt{\alpha} - 3\alpha^2 = 8$$

$$\Rightarrow 3\alpha^2 - 8(\alpha)^{\frac{3}{2}} + 8 = 0$$

अत: विकल्प (c) सही है।

63. *(a)* दिया गया है,

$$\lim_{x\to 0}\left(\tan\left(\frac{\pi}{4}+x\right)\right)^{\frac{1}{x}} \qquad [1^{\infty} \text{ रुप }]$$

$$= e^{\lim_{x\to 0}\left(\frac{\tan\left(\frac{\pi}{4}+x\right)-1}{x}\right)} = e^{\lim_{x\to 0}\sec^2\left(\frac{\pi}{4}+x\right)}$$

[L' हॉस्पिटल नियम से]

$$= e^{\sec^2\frac{\pi}{4}} = e^{(\sqrt{2})^2} = e^2$$

अत: विकल्प (a) सही है।

64. *(c)* प्रश्नानुसार,

ब्लू लाइनों की संख्या $= n$

तथा रेड लाइनों की संख्या $= {}^nC_2 - n$

पुन: दिया गया है

रेड लाइनों की संख्या $= 99 \times$ ब्लू लाइनों की संख्या

$$\Rightarrow \quad {}^nC_2 - n = 99n \Rightarrow \frac{n(n-1)}{2} = 100n$$

$$\Rightarrow \quad n(n-1) = 200n \Rightarrow n - 1 = 200 \Rightarrow n = 201$$

अत: विकल्प (c) सही है।

65. *(a)* सत्यता सारणी

p	q	$\sim p$	$\sim q$	$p \vee q$	$p \wedge q$	$p \to q$	$q \to p$	$\sim(p \to q)$	$(\sim p)\wedge(p \vee q)$	$(\sim p)\wedge(p \vee q) \to q$	$(q \to p) \vee \sim(p \to q)$
T	T	F	F	T	T	T	T	F	F	T	T
T	F	F	T	T	F	F	T	T	F	T	T
F	T	T	F	T	F	T	F	F	T	T	F
F	F	T	T	F	F	T	T	F	F	T	T

$(\sim q)\vee(P \wedge q)$	$(\sim q)\vee(P \wedge q) \to q$	$(P \to q)\wedge(q \to P)$
T	T	T
F	T	F
T	T	F
T	F	T

अत: सत्यता सारणी से सिद्ध होता है कि $(\sim p) \wedge (p \vee q) \to q$ एक पुनरुक्ति है। अत: विकल्प (a) सही है।

66. *(c)* माना समान्तर श्रेणी $a_1, a_2, a_3, \ldots$ का सार्वन्तर 'd' है। दिया गया है,

$$a_1 + a_2 + a_3 + \ldots + a_{11} = 0 \Rightarrow S_{11} = 0$$

$$\Rightarrow \frac{11}{2}[2a_1 + (11-1)d] = 0 \Rightarrow 2a_1 + 10d = 0$$

$$\Rightarrow \qquad a_1 + 5d = 0 \qquad \ldots(i)$$

पुन: दिया गया है

$$a_1 + a_3 + a_5 + \ldots + a_{23} = ka_1$$

$$\Rightarrow \frac{12}{2}[2a_1 + (12-1)(2d)] = ka_1$$

$$\Rightarrow 6[2a_1 + 22d] = ka_1 \Rightarrow 12[a_1 + 11d] = ka_1$$

$\Rightarrow 12[-5d + 11d] = k(-5d)$ [समी (i) से]

$$\Rightarrow 72d = -5kd \Rightarrow k = -\frac{72}{5}$$

अत: विकल्प (c) सही है।

67. *(a)* हम जानते हैं

$P(E_2^C \cap E_3^C | E_1) = P(\overline{E_2 \cup E_3} / E_1)$ [डी मॉर्गन प्रमेय से,]

$$= 1 - P((E_2 \cup E_3)|E_1) = 1 - \frac{P[(E_2 \cup E_3) \cap E_1]}{P(E_1)}$$

$$= 1 - \frac{P[(E_2 \cap E_1) \cup (E_3 \cap E_1)]}{P(E_1)}$$

$$= 1 - \frac{[P(E_2 \cap E_1) + P(E_3 \cap E_1) - P(E_2 \cap E_1) \cap (E_3 \cap E_1)]}{P(E_1)}$$

$$= 1 - \frac{[P(E_2 \cap E_1) + P(E_3 \cap E_1) - P(E_1 \cap E_2 \cap E_3)]}{P(E_1)}$$

$$= 1 - \frac{P(E_2 \cap E_1) + P(E_3 \cap E_1)}{P(E_1)} \qquad [\because P(E_1 \cap E_2 \cap E_3) = 0]$$

$= 1 - \dfrac{P(E_2)\,P(E_1) + P(E_3)\,P(E_1)}{P(E_1)}$

[$\because E_1, E_2, E_3$ युग्मों में स्वतन्त्र हैं]

$= 1 - P(E_2) - P(E_3) = P(E_3^C) - P(E_2)$

अतः विकल्प (a) सही है।

68. *(b)* माना $f(x) = 0$ का दूसरा मूल α है।

$\therefore f(x) = a(x-3)(x-\alpha), a \neq 0$

$\because f(-1) + f(2) = 0$

$\Rightarrow \quad a(-1-3)(-1-\alpha) + a(2-3)(2-\alpha) = 0$

$\Rightarrow \quad a[4(1+\alpha) + \alpha - 2] = 0 \Rightarrow 5\alpha + 2 = 0 \qquad [\because a \neq 0]$

$\Rightarrow \quad \alpha = -\dfrac{2}{5}$

$\therefore \quad \alpha \in (-1, 0)$

अतः विकल्प (b) सही है।

69. *(d)* $f(x) = \begin{cases} \dfrac{1}{x}\log_e(1+x), & x \neq 0 \\ 1, & x = 0 \end{cases}$

$x \in (-1, \infty)$ के लिए

अब, $f'(x) = \dfrac{1}{x(1+x)} - \dfrac{\log_e(1+x)}{x^2}, \ x \in (-1,\infty) - \{0\}$

$= \dfrac{x - (1-x)\log_e(1+x)}{x^2(1+x)}$

माना अन्य फलन

$g(x) = x - (1+x)\log e(1+x)$

$\therefore \quad g'(x) = 1 - 1 - \log_e(1+x) = -\log_e(1+x)$

चूँकि, $x \in (-1,0)$ के लिए, $g'(x) > 0$, इसलिए $x \in (-1,0)$ के लिए वर्द्धमान फलन है।

परन्तु $g(x) < g(0), \forall x \in (-1,0)$

$\therefore \quad g(x) < 0, \forall x \in (-1,0)$

$\therefore f'(x) = \dfrac{g(x)}{x^2} < 0 \Rightarrow f(x)$ वर्द्धमान फलन है

$x \in (-1,0)$ के लिए,

समान रूप से, $x \in (0,\infty)$ के लिए $g'(x) < 0$, इसलिए $x \in (0,\infty)$ के लिए ह्रासमान फलन है

इसलिए, $g(x) < g(0) \Rightarrow g(x) < 0, \forall x \in (0,\infty)$

$\therefore f'(x) = \dfrac{g(x)}{x^2} < 0 \Rightarrow f(x), x \in (0,\infty)$ के लिए ह्रासमान फलन है

$\therefore$ दिया गया फलन $f(x), (-1,\infty)$ के लिए ह्रासमान फलन है

अतः विकल्प (d) सही है।

70. *(d)* दिया गया है,

$(3 + 2\sqrt{-54})^{1/2} - (3 - 2\sqrt{-54})^{1/2}$

$= (3 + 2 \times 3\sqrt{6}i)^{1/2} - (3 - 2 \times 3\sqrt{6}i)^{1/2}$

$= (3 + 6\sqrt{6}i)^{1/2} - (3 - 6\sqrt{6}i)^{1/2}$

$= (9 - 6 + 2 \times 3 \times \sqrt{6}i)^{1/2} - (9 - 6 - 2 \times 3 \times \sqrt{6}i)^{1/2}$

$= [(3)^2 + 2 \times 3 \times \sqrt{6}i + (\sqrt{6}i)^2]^{1/2} - [(3)^2 - 2 \times 3 \times \sqrt{6}i + (\sqrt{6}i)^2]^{1/2}$

$= [(3 + \sqrt{6}i)^2]^{1/2} - [(3 - \sqrt{6}i)^2]^{1/2}$

$= \pm(3 + \sqrt{6}\,i) \mp (3 - \sqrt{6}i) = \pm 2\sqrt{6}i$

$\therefore$ काल्पनिक भाग $= \pm 2\sqrt{6}i$

अतः विकल्प (d) सही है।

71. *(0.8)* दिया गया है,

$\mathbf{OA} = \hat{\mathbf{i}} + \hat{\mathbf{j}} + \hat{\mathbf{k}}$ तथा $\mathbf{OB} = 2\hat{\mathbf{i}} + \hat{\mathbf{j}} + 3\hat{\mathbf{k}}$

$\because$ बिन्दु P, रेखाखण्ड AB को अन्तः अनुपात $\lambda : 1$ में विभाजित करता है, अतः

$$\mathbf{OP} = \frac{\lambda(2\hat{\mathbf{i}} + \hat{\mathbf{j}} + 3\hat{\mathbf{k}}) + 1(\hat{\mathbf{i}} + \hat{\mathbf{j}} + \hat{\mathbf{k}})}{\lambda + 1}$$

$$= \frac{(2\lambda+1)\hat{\mathbf{i}}}{\lambda+1} + \frac{(\lambda+1)\hat{\mathbf{j}}}{\lambda+1} + \frac{(3\lambda+1)\hat{\mathbf{k}}}{\lambda+1}$$

$$\therefore \mathbf{OB}\cdot\mathbf{OP} = (2\hat{\mathbf{i}} + \hat{\mathbf{j}} + 3\hat{\mathbf{k}})\cdot\left(\frac{2\lambda+1}{\lambda+1}\hat{\mathbf{i}} + \hat{\mathbf{j}} + \frac{3\lambda+1}{\lambda+1}\hat{\mathbf{k}}\right)$$

$$= 2\left(\frac{2\lambda+1}{\lambda+1}\right) + 1 + \frac{3(3\lambda+1)}{\lambda+1}$$

$$= \frac{4\lambda + 2 + \lambda + 1 + 9\lambda + 3}{\lambda+1} = \frac{14\lambda+6}{\lambda+1}$$

$$\text{तथा } \mathbf{OA}\times\mathbf{OP} = \begin{vmatrix} \hat{\mathbf{i}} & \hat{\mathbf{j}} & \hat{\mathbf{k}} \\ 1 & 1 & 1 \\ \frac{2\lambda+1}{\lambda+1} & 1 & \frac{3\lambda+1}{\lambda+1} \end{vmatrix}$$

$$= \hat{\mathbf{i}}\left[\frac{3\lambda+1}{\lambda+1} - 1\right] - \hat{\mathbf{j}}\left[\frac{3\lambda+1}{\lambda+1} - \frac{2\lambda+1}{\lambda+1}\right] + \hat{\mathbf{k}}\left[1 - \frac{2\lambda+1}{\lambda+1}\right]$$

$$= \frac{2\lambda}{\lambda+1}\hat{\mathbf{i}} - \frac{\lambda}{\lambda+1}\hat{\mathbf{j}} - \frac{\lambda}{\lambda+1}\hat{\mathbf{k}}$$

$$\therefore |\mathbf{OA}\times\mathbf{OP}| = \sqrt{\left(\frac{2\lambda}{\lambda+1}\right)^2 + \left(\frac{-\lambda}{\lambda+1}\right)^2 + \left(\frac{-\lambda}{\lambda+1}\right)^2}$$

$$= \sqrt{\frac{4\lambda^2 + \lambda^2 + \lambda^2}{(\lambda+1)^2}} = \sqrt{\frac{6\lambda^2}{(\lambda+1)^2}} = \frac{\lambda\sqrt{6}}{\lambda+1}$$

$$\Rightarrow |\mathbf{OA}\cdot\mathbf{OP}|^2 = \frac{6\lambda^2}{(\lambda+1)^2}$$

दिया गया है,

$$\mathbf{OB}\cdot\mathbf{OP} - 3|\mathbf{OA}\times\mathbf{OP}|^2 = 6$$

$$\Rightarrow \frac{14\lambda+6}{\lambda+1} - 3\left(\frac{6\lambda^2}{(\lambda+1)^2}\right) = 6 \Rightarrow \frac{14\lambda+6}{\lambda+1} - \frac{18\lambda^2}{(\lambda+1)^2} = 6$$

$\Rightarrow (14\lambda + 6)(\lambda+1) - 18\lambda^2 = 6(\lambda+1)^2$

$\Rightarrow 14\lambda^2 + 14\lambda + 6\lambda + 6 - 18\lambda^2 = 6\lambda^2 + 12\lambda + 6$

$\Rightarrow 10\lambda^2 - 8\lambda = 0 \Rightarrow \lambda(10\lambda - 8) = 0 \Rightarrow \lambda = 0, 0.8$

चूँकि, $\lambda > 0$

$\therefore \lambda = 0.8$

अतः उत्तर 0.8 होगा।

72. *(118)* माना $\left(1+\frac{1}{x}\right)^n$ में तीन क्रमागत गुणांक हैं

$${}^nC_{r-1}, {}^nC_r, {}^nC_{r+1}$$

प्रश्नानुसार,

$${}^nC_{r-1} : {}^nC_r : {}^nC_{r+1} = 2:5:12$$

अब, ${}^nC_{r-1} : {}^nC_r = 2:5$

$$\Rightarrow \frac{{}^nC_{r-1}}{{}^nC_r} = \frac{2}{5} \Rightarrow \frac{r}{n-r+1} = \frac{2}{5} \left[\because \frac{{}^nC_{r-1}}{{}^nC_r} = \frac{r}{n-r+1}\right]$$

$$\Rightarrow 2n - 2r + 2 = 5r \Rightarrow 2n - 7r + 2 = 0 \quad \text{...(i)}$$

तथा ${}^nC_r : {}^nC_{r+1} = 5:12$

$$\Rightarrow \frac{{}^nC_r}{{}^nC_{r+1}} = \frac{5}{12} \Rightarrow \frac{r+1}{n-r} = \frac{5}{12} \left[\because \frac{{}^nC_{r-1}}{{}^nC_r} = \frac{r}{n-r+1}\right]$$

$$\Rightarrow 5n - 5r = 12r + 12 \Rightarrow 5n - 17r - 12 = 0 \quad \text{...(ii)}$$

समी (i) व (ii) से r के विलुप्त करने पर,

$$35n - 119r - 84 = 0$$

$$34n - 119r + 34 = 0$$

$$- \quad + \quad -$$

$$n - 118 = 0$$

$\Rightarrow n = 118$ अत: उत्तर 118 होगा।

73. *(3)* माना समान्तर श्रेढ़ी $b_1, b_2, b_3, ..., b_{11}$ का सार्वान्तर d है।

$\therefore$ समान्तर श्रेढ़ी होगी

$b_1, b_1 + d, b_1 + 2d, b_1 + 3d_1, ..., b_1 + 10d$

$\therefore$ पदों का प्रसरण, $\text{Var} = \frac{\Sigma x_i^2}{N} - \left(\frac{\Sigma Xi}{N}\right)^2$

$$= \left[\frac{b_1^2 + (b_1+d)^2 + (b_1+2d)^2 + ... + (b_1+10d)^2}{11}\right] - \left[\frac{b_1 + (b_1+d) + (b_1+2d) + ... + (b_1+10d)}{11}\right]^2$$

$$= \left(\frac{11b_1^2 + d^2(1^2 + 2^2 + ... + 10^2) + 2b_1 d(1 + 2 + ... + 10)}{11}\right) - \left(\frac{11b_1 + d(1 + 2 + 3 + ... + 10)}{11}\right)^2$$

$$= \left(\frac{11b_1^2 + \frac{d^2 \times 10 \times 11 \times 21}{6} + 2b_1 d \times \frac{10 \times 11}{2}}{11}\right) - \left(\frac{11b_1 + \frac{d \times 10 \times 11}{2}}{11}\right)^2$$

$$= b_1^2 + 35d^2 + 10b_1 d - b_1^2 - 25d^2 - 10b_1 d = 10d^2$$

दिया गया है,

$$\text{Var} = 90 \Rightarrow 10d^2 = 90 \Rightarrow d^2 = 9 \Rightarrow d = \pm 3$$

परन्तु समान्तर श्रेढ़ी वर्धमान है, अत: $d = 3$ सही उत्तर 3 है।

74. *(91.00)* दिया गया है,

$$y = \sum_{k=1}^{6} k \cos^{-1}\left\{\frac{3}{5}\cos kx - \frac{4}{5}\sin kx\right\}$$

माना $\frac{3}{5} = \cos\theta \Rightarrow \sin\theta = \frac{4}{5}$

$$\therefore \quad \frac{3}{5}\cos kx - \frac{4}{5}\sin kx = \cos\theta$$

$$\cos kx - \sin\theta \sin kx = \cos(kx + \theta) \quad \left[\text{जहाँ, } \tan\theta = \frac{4}{3}\right]$$

$$\therefore \quad y = \sum_{k=1}^{6} k \cos^{-1}\cos(kx + \theta)$$

$$= \sum_{k=1}^{6} k(kx + \theta) = \sum_{k=1}^{6}(k^2 x + k\theta)$$

$$= x\frac{6(6+1)(12+1)}{6} + \theta\frac{6(6+1)}{2}$$

$$= 91x + 21\theta = 91x + 21\tan^{-1}\left(\frac{4}{3}\right)$$

$$\left[\because \tan\theta = \frac{4}{3} \Rightarrow \theta = \tan^{-1}\frac{4}{3}\right]$$

$$\therefore \quad \frac{dy}{dx} = 91 \Rightarrow \left.\frac{dy}{dx}\right|_{x=0} = 91$$

अत: उत्तर 91.00 होगा।

75. *(1.00)* माना, $1 = \int_1^2 |2x - [3x]|\, dx$

$$= \int_1^{4/3} |2x - [3x]|\, dx + \int_{4/3}^{5/3} |2x - [3x]|\, dx + \int_{5/3}^{2} |2x - [3x]|\, dx$$

$$= \int_1^{4/3} |2x - 3|\, dx + \int_{4/3}^{5/3} |2x - 4|\, dx + \int_{5/3}^{2} |2x - 5|\, dx$$

$$= -\int_1^{4/3} (2x - 3)\, dx - \int_{4/3}^{5/3} (2x - 4)\, dx - \int_{5/3}^{2} (2x - 5)\, dx$$

$$= \int_1^{4/3} (3 - 2x)\, dx + \int_{4/3}^{5/3} (4 - 2x)\, dx + \int_{5/3}^{2} (5 - 2x)\, dx$$

$$= [3x - x^2]_1^{4/3} + [4x - x^2]_{4/3}^{5/3} + [5x - x^2]_{5/3}^{2}$$

$$= \left[\left(4 - \frac{16}{9}\right) - (3 - 1)\right] + \left[\left(\frac{20}{3} - \frac{25}{9}\right) - \left(\frac{16}{3} - \frac{16}{9}\right)\right] + \left[(10 - 4) - \left(\frac{25}{3} - \frac{25}{9}\right)\right]$$

$$= \left(2 - \frac{16}{9}\right) + \left(\frac{35}{9} - \frac{32}{9}\right) + \left(6 - \frac{25}{3} + \frac{25}{9}\right)$$

$$= \frac{2}{9} + \frac{3}{9} + \frac{54 - 75 + 25}{9} = \frac{2}{9} + \frac{3}{9} + \frac{4}{9} = \frac{9}{9} = 1$$

अत: उत्तर (1.00) होगा।

JEE Main संयुक्त प्रवेश परीक्षा

सॉल्वड पेपर 2020 03 सितम्बर, प्रथम पाली

भौतिकी

1. t समय पश्चात् रेडियोसक्रिय पदार्थ के सक्रिय भाग का अनुपात $\frac{9}{16}$ है, तो $\frac{t}{2}$ समय पश्चात् सक्रिय पदार्थ का अनुपात होगा

(a) $\frac{4}{5}$ (b) $\frac{3}{5}$ (c) $\frac{3}{4}$ (d) $\frac{7}{8}$

2. एक दीर्घवृत्ताकार लूप का प्रतिरोध R है जिसका अर्द्ध-दीर्घाक्ष (semi major axis) a तथा अर्द्ध-लघुअक्ष (semi minor axis) b है। इस लूप को चित्रानुसार, एक चुम्बकीय क्षेत्र में रखा गया है यदि लूप X-अक्ष के परित: कोणीय आवृत्ति ω से घूमता है, तो जूल के तापीय प्रभाव के कारण लूप में औसत शक्ति क्षय होगा

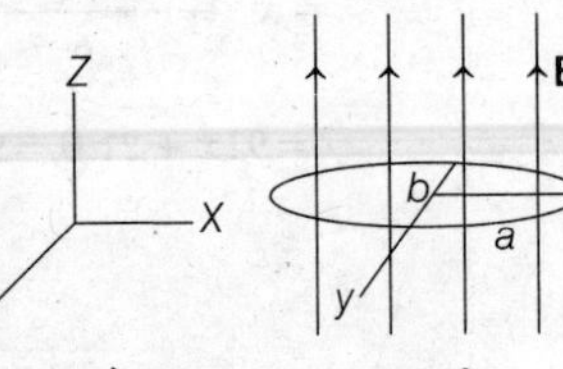

(a) $\frac{\pi^2 a^2 b^2 B^2 \omega^2}{2R}$ (b) शून्य

(c) $\frac{\pi abB\omega}{R}$ (d) $\frac{\pi^2 a^2 b^2 B^2 \omega^2}{R}$

3.

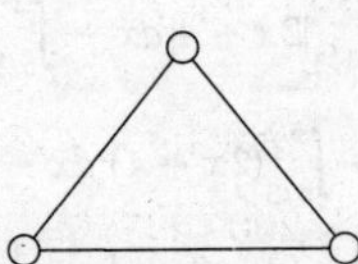

माना कोई गैस, त्रि-आण्विक है, जिसके अणु त्रिभुजाकार रूप से व्यवस्थित है त्रिभुज की भुजाएँ द्रव्यमान रहित दृढ़ छड़ों से व्यक्त होती हैं, तो तापमान T पर गैस के अणु की आन्तरिक ऊर्जा होगी

(a) $\frac{5}{2}RT$ (b) $\frac{3}{2}RT$ (c) $\frac{9}{2}RT$ (d) $3\,RT$

4. दो पृथ्यकित (isolated) चालकीय गोले S_1 तथा S_2 की त्रिज्या क्रमश: $\frac{2}{3}R$ तथा $\frac{1}{3}R$ है तथा इन पर आवेश क्रमश: $12\mu C$ तथा $-3\mu C$ है यह एक-दूसरे से एक बड़ी दूरी a पर स्थित है। यदि इन्हें एक चालक तार द्वारा संयोजित किया जाता है, तो कुछ समय पश्चात् S_1 तथा S_2 पर आवेश क्रमश: होंगे

(a) दोनों पर $4.5\,\mu C$ (b) $+4.5\,\mu C$ और $-4.5\,\mu C$

(c) $3\,\mu C$ और $6\,\mu C$ (d) $6\,\mu C$ और $3\,\mu C$

5. एक बेलन का द्रव्यमान m, लम्बाई L तथा त्रिज्या R है। बेलन के अक्ष के लम्बवत् केन्द्र से गुजरने वाले अक्ष के परित: बेलन का जड़त्वाघूर्ण,

$$I = m\left(\frac{R^2}{r} + \frac{L^2}{12}\right) \text{ है।}$$

यदि कोई बेलन दिये गये पदार्थ के द्रव्यमान से निर्मित हो, तो I के सम्भव न्यूनतम मान के लिए $4R$ का अनुपात होगा

(a) $\frac{2}{3}$ (b) $\frac{3}{2}$ (c) $\sqrt{\frac{3}{2}}$ (d) $\sqrt{\frac{2}{3}}$

6. एक टॉर्च की बैटरी की लम्बाई l है तथा इसके संकेन्द्रीय बेलनों में से पतले बेलन की त्रिज्या a तथा मोटे बेलन की त्रिज्या b है तथा इनके मध्य प्रतिरोधकता ρ का एक अपघट्य भरा गया है (चित्र में)। यदि बैटरी को एक प्रतिरोध R से जोड़ा जाता है, तो R में अधिकतम जूल ऊष्मा उत्पन्न होगी

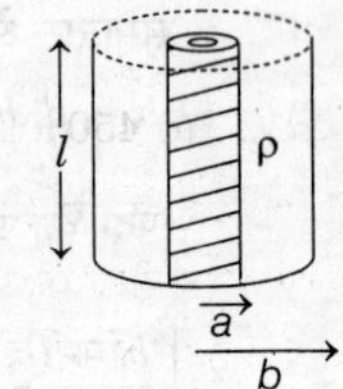

(a) $\frac{\rho}{2\pi l}\left(\frac{b}{a}\right)$ (b) $\frac{\rho}{2\pi l}\ln\left(\frac{b}{a}\right)$

(c) $\frac{\rho}{\pi l}\ln\left(\frac{b}{a}\right)$ (d) $\frac{2\rho}{\pi l}\ln\left(\frac{b}{a}\right)$

7. 10 सेमी भुजा तथा 50 फेरों वाली षट्कोणीय आकृति की कुण्डली में धारा I $\left(\frac{\mu_0 I}{\pi}\text{ के मात्रकों में}\right)$ प्रवाहित हो रही है, तो कुण्डली के केन्द्र पर चुम्बकीय क्षेत्र का परिमाण (SI मात्रक) में होगा

(a) $250\sqrt{3}$ (b) $50\sqrt{3}$ (c) $500\sqrt{3}$ (d) $5\sqrt{3}$

8. एक गुब्बारे में 32°C तथा 1.7 atm पर हीलियम गैस भरी हुई है, जब गुब्बारा फटता है, तो हीलियम गैस का प्रसार होगा

(a) अनुत्क्रमणीय समतापी (b) अनुत्क्रमणीय रूद्धोष्म

(c) उत्क्रमणीय रूद्धोष्म (d) उत्क्रमणीय समतापी

9. 750 हर्ट्ज तथा 20 वोल्ट का एक स्रोत 100 Ω के प्रतिरोध 0.1803 हेनरी के प्रेरक तथा 10 μF के संधारित्र से श्रेणीक्रम में संयोजित है, तो किस समय में प्रतिरोध का ताप 10°C हो जाएगा? (ऊष्माधारिता 2 जूल/°C) (वातावरण में कोई ऊष्मा हानि नहीं होती है)

(a) 418 सेकण्ड (b) 245 सेकण्ड

(c) 365 सेकण्ड (d) 348 सेकण्ड

10. समतल विद्युत चुम्बकीय तरंग का चुम्बकीय क्षेत्र निम्न है

$\mathbf{B} = 3 \times 10^{-8} \sin[200\pi(y + ct)]\hat{\mathbf{i}}$ टेस्ला

यहाँ, $c = 3 \times 10^8$ मी से$^{-1}$ तो इसके संगत विद्युत क्षेत्र है

(a) $\mathbf{E} = 9\sin[200\pi(y + ct)]\hat{\mathbf{k}}$ वोल्ट/मी

(b) $\mathbf{E} = -10^{-6} \sin[200\pi(y + ct)]\hat{\mathbf{k}}$ वोल्ट/मी

(c) $\mathbf{E} = 3 \times 10^{-8} \sin[200\pi(y + ct)]\hat{\mathbf{k}}$ वोल्ट/मी

(d) $\mathbf{E} = -9\sin[200\pi(y + ct)]\hat{\mathbf{k}}$ वोल्ट/मी

11. $1\,\mu C$ का एक आवेशित कण $(2\hat{\mathbf{i}} + 3\hat{\mathbf{j}} + 4\hat{\mathbf{k}})$ मी/से के वेग से गतिमान है। यदि जिस क्षेत्र में कण गतिमान है उस क्षेत्र में $(5\hat{\mathbf{i}} + 3\hat{\mathbf{j}} - 6\hat{\mathbf{k}}) \times 10^{-3}$ टेस्ला का बाह्य चुम्बकीय क्षेत्र उपस्थित है, कण पर कार्यरत् बल $\mathbf{F} \times 10^{-9}$ न्यूटन है, तो सदिश $\mathbf{F}$ है

(a) $-0.30\hat{\mathbf{i}} + 0.32\hat{\mathbf{j}} - 0.09\hat{\mathbf{k}}$ (b) $-30\hat{\mathbf{i}} + 32\hat{\mathbf{j}} - 9\hat{\mathbf{k}}$

(c) $-300\hat{\mathbf{i}} + 320\hat{\mathbf{j}} - 90\hat{\mathbf{k}}$ (d) $-3.0\hat{\mathbf{i}} + 3.2\hat{\mathbf{j}} - 0.9\hat{\mathbf{k}}$

12. नीचे दर्शाये गये परिपथ में कुल आवेश $750\,\mu C$ और C_2 के एक्रॉस वोल्टेज 20 वोल्ट है, तो संधारित्र C_2 पर आवेश है

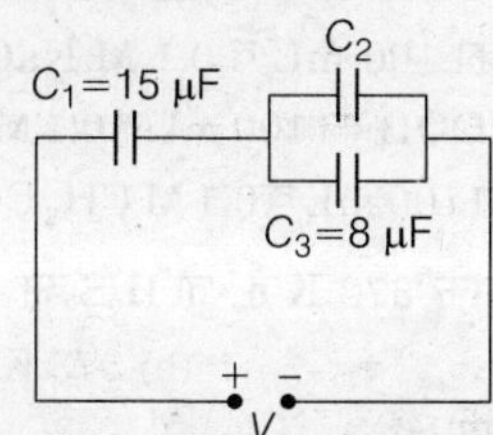

(a) $450\,\mu C$ (b) $590\,\mu C$ (c) $160\,\mu C$ (d) $650\,\mu C$

13. यंग के द्वि-स्लिट प्रयोग में व्यतिकरण प्रारूप प्राप्त करने हेतु 500 नैनोमीटर के प्रकाश का उपयोग किया जाता है। जब स्लिटों के मध्य दूरी 0.05 मिमी हो, तब पर्दे पर प्राप्त फ्रिन्ज की कोणीय चौड़ाई होगी

(a) 0.17° (b) 0.57° (c) 1.7° (d) 0.07°

14. एक घर्षणरहित क्षैतिज सतह पर $m = 1$ किग्रा द्रव्यमान का एक ब्लॉक 6 मी/से के वेग से फिसलता है तथा एकसमान ऊर्ध्वाधर छड़ से टकराता है (चित्र में), उस पर चिपक जाता है। छड़ बिन्दु O पर कीलकित है जोकि टक्कर के कारण θ कोण पर विस्थापित हो जाती है तथा पुनः विरामावस्था में आ जाती है। यदि छड़ का द्रव्यमान $m = 2$ किग्रा तथा लम्बाई $l = 1$ मी हो, तो θ का लगभग मान होगा ($g = 10$ मी/से^{2})

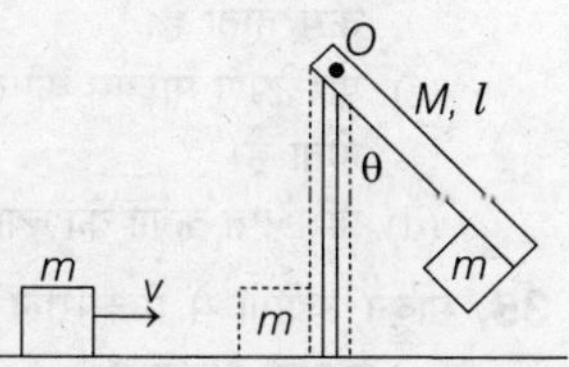

(a) 63° (b) 55° (c) 69° (d) 49°

15. यदि 0.1 सेमी पिच तथा वृत्तीय पैमाने पर 50 भाग वाले स्क्रूगेज की सहायता से एक वस्तु की मोटाई नापी जाती है, तो इसका सही मान होगा

(a) 2.121 सेमी (b) 2.124 सेमी (c) 2.125 सेमी (d) 2.123 सेमी

16. एक समरूप पतली डोरी की लम्बाई 12 मी है तथा 6 किग्रा का द्रव्यमान ऊर्ध्वाधरतः दृढ़ आधार से लटकाया गया है तथा इसके मुक्त सिरे पर 2 किग्रा का द्रव्यमान लटका हुआ है यदि डोरी के निचले सिरे पर 6 सेमी तरंगदैर्ध्य की अनुप्रस्थ लघु तरंग उत्पन्न होती है, तो तरंग प्रारूप के डोरी के उच्च सिरे पर पहुँचने पर तरंगदैर्ध्य का मान (सेमी में) होगा

(a) 3 (b) 6 (c) 12 (d) 9

17. एक धातु पर आपतित विकिरण की तरंगदैर्ध्य को 500 मिमी से 200 नैनोमीटर में परिवर्तित किया जाता है, तो प्रकाश विद्युत इलेक्ट्रॉन की अधिकतम गतिज ऊर्जा तीन गुना अधिक हो जाती है, तो धातु की कार्य-फलन होगा

(a) 0.81 eV (b) 1.02 eV (c) 0.52 eV (d) 0.61 eV

18. जब डायोड अग्र अभिनति में होता है, तो इसका विभव पतन 0.5 वोल्ट होता है। डायोड में धारा की परास 10 मिली ऐम्पियर है यदि परिपथ में 1.5 वोल्ट की बैटरी जोड़ दी जाती है, तो डायोड में परास से अधिक धारा न प्रवाहित होने हेतु डायोड के श्रेणीक्रम में संयोजित प्रतिरोध का मान होगा

(a) 300 Ω (b) 50 Ω (c) 100 Ω (d) 200 Ω

19. दो साबुन के बुलबुलों के अन्दर दाब क्रमशः 1.01 तथा 1.02 वायुमण्डलीय है, तो इनके आयतन का अनुपात है

(a) 4 : 1 (b) 0.8 : 1 (c) 8 : 1 (d) 2 : 1

20. एक उपग्रह पृथ्वी के निकटतः वृत्तीय कक्षा में गतिमान है जिसकी त्रिज्या लगभग, पृथ्वी की त्रिज्या R_e के तुल्य है। उपग्रह पर लगे हुए रॉकेट के प्रक्षेपण के कारण उपग्रह की चाल, गति की दिशा में $\sqrt{\frac{3}{2}}$ गुना बढ़ जाती है तथा उपग्रह पृथ्वी के केन्द्र से R दूरी पर चला जाता है, तो R का मान है

(a) $4R_e$ (b) $2.5R_e$ (c) $3R_e$ (d) $2R_e$

21. चित्र में दर्शाये अनुसार एक प्रेक्षक पात्र की भुजा उपस्थित छिद्र (त्रिज्या 15 सेमी) को देखता है छिद्र पात्र के तल से 15 सेमी ऊँचाई पर स्थित है। पात्र में 30 सेमी ऊँचाई तक द्रव भर दिया जाता है तथा छिद्र 45 सेमी ऊँचाई पर होता है तथा द्रव का अपवर्तनाक $N/100$ है यहाँ, N पूर्णांक है, तो N का मान .... होगा।

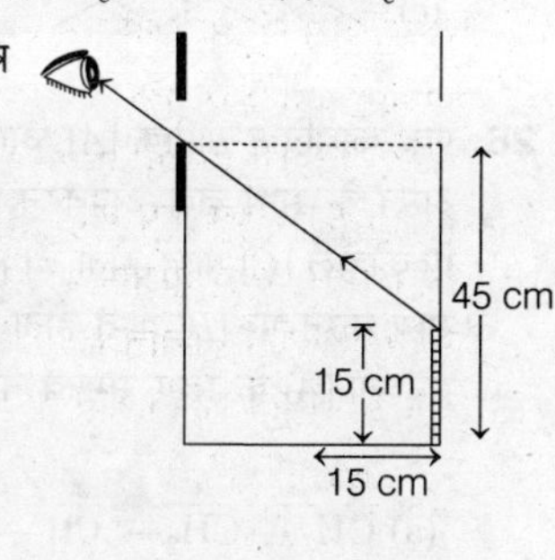

22. एक बॉलिंग मशीन की सहायता से एक गेंद को ऊर्ध्वाधरतः 20 मी की अधिकतम ऊँचाई तक फेंका जाता है, गेंद का द्रव्यमान 0.15 किग्रा है। यदि बल पर कार्यरत् नियत बल F है और गेंद क्षैतिजतः 0.2 मी की दूरी तय करती है, तो F का (न्यूटन में) .... होगा। ($g = 10$ मी से$^{-2}$)

23. 80 किग्रा का एक व्यक्ति, 200 किग्रा की वृत्तीय प्लेटफॉर्म की रिम पर खड़ा है। यह रिम अपने अक्ष के परितः प्रत्येक मिनट में 5 घूर्णन करती है। यदि व्यक्ति प्लेटफॉर्म के केन्द्र की ओर चलना प्रारम्भ करता है, तो प्लेटफॉर्म के केन्द्र पर पहुँचने पर प्लेटफॉर्म की घूर्णीय चाल (rpm में) .... होगी।

24. जब 0.015 सेमी त्रिज्या की केशनली को द्रव में डुबोया जाता है, तो इसमें 15 सेमी ऊँचाई तक द्रव चढ़ता है। यदि काँच तथा द्रव के मध्य सम्पर्क कोण 0° है, तो द्रव का पृष्ठ तनाव (मिली न्यूटन/मी में) .... होगा।

($\rho_{\text{द्रव}} = 900$ किग्रा मी$^{-3}$, $g = 10$ मी से$^{-2}$)

(उत्तर को निकटतः पूर्णांक में दें)

25. 30°C ताप पर बीकर का आयतन 500 cc है। जब बीकर को पारे के आयतन V_m (30°C) से आंशिक रूप से भरा जाता है, तो बीकर के खाली भाग का आयतन, ताप परिवर्तित करने पर भी नियत रहता है। यदि $\gamma_{(\text{बीकर})} = 6 \times 10^{-6}\ ^\circ C^{-1}$ और $\gamma_{(\text{मर्करी})} = 1.5 \times 10^{-4}\ ^\circ C^{-1}$, यहाँ γ = आयतन प्रसार गुणांक है तो V_m (cc में) .... होगा।

रसायन विज्ञान

26. 298 K तापमान पर जल में गैस के चार हेनरी स्थिरांक α, β, γ तथा δ इस प्रकार हैं

	α	β	γ	δ
K_H	50	2	2×10^{-5}	0.5

(जल का घनत्व 298 K ताप पर $= 10^3$ kg m^{-3})

अत: दिए गए विकल्पों में से कौन-सा विकल्प सही है?

(a) एक दिए गए दाब पर जल में α की अधिकतम विलेयता है।

(b) 298 K ताप की तुलना में 308 K ताप पर γ की विलेयता न्यूनतम है।

(c) γ के 55.5 मोलल विलयन का दाब 1 bar है।

(d) δ के 55.5 मोलल वियलन का दाब 250 bar है।

27. निम्नलिखित में से कौन-सा यौगिक हाइड्रोजनीकरण पर प्रकाशीय असक्रिय यौगिक देता है?

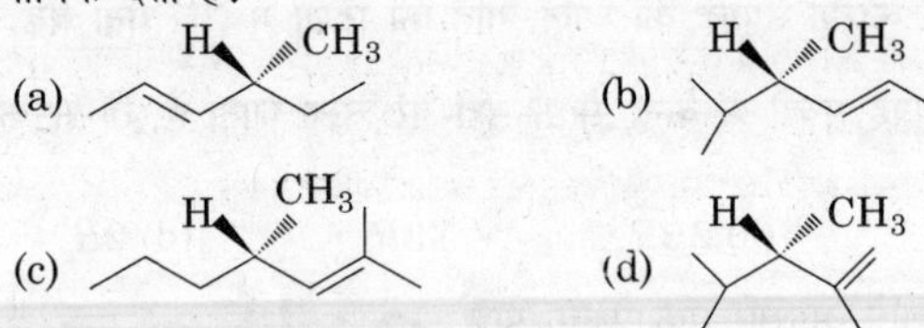

28. एक कार्बनिक यौगिक [A], आण्विक सूत्र $C_{10}H_{20}O_2$ को तनु सल्फ्यूरिक अम्ल के साथ जल-अपघटन करने पर कार्बोक्सिलिक अम्ल [B] तथा एक ऐल्कोहॉल [C] प्राप्त होता है। [C] का ऑक्सीकरण CrO_3—H_2SO_4 के साथ करने पर [B] प्राप्त होता है। दी गई संरचनाओं में से कौन-सी संरचना [A] के लिए सम्भव नहीं है?

(a) $CH_3—CH_2—\underset{CH_3}{CH}—OCOCH_2\overset{CH_3}{CH}—CH_2CH_3$

(b) $CH_3—CH_2—\underset{CH_3}{CH}—COOCH_2\overset{CH_3}{CH}—CH_2CH_3$

(c) $CH_3CH_2CH_2COOCH_2CH_2CH_2CH_3$

(d) $(CH_3)_3C—COOCH_2C(CH_3)_3$

29. S_N1 अभिक्रिया की क्रियाविधि इस प्रकार है—

$$R—X \longrightarrow \underset{\text{आयन युग्म}}{R^{\oplus}X^{\ominus}} \longrightarrow \underset{\text{पृथक् विलायक आयन युग्म}}{R^{\oplus}||X^{\ominus}} \xrightarrow{Y^{\ominus}} R—Y + X^{\ominus}$$

एक विद्यार्थी दी गई क्रियाविधि के आधार पर सामान्य गुणों का प्रेक्षण करता है

(A) अभिक्रिया दुर्बल नाभिकस्नेही द्वारा सम्पन्न होगी।

(B) $R^{\oplus}$ आसानी से निर्मित होता है, अगर प्रतिस्थायी बड़ा (Bulky) हो।

(C) अभिक्रिया रेसेमीकरण द्वारा होगी।

(D) अभिक्रिया अध्रुवीय विलायक द्वारा सम्पन्न होगी।

उपरोक्त में से कौन-से प्रेक्षण सही हैं?

(a) (A) और (B) (b) (A) और (C)
(c) (A), (B) और (C) (d) (B) और (D)

30. निम्नलिखित में से कौन-सा एक यौगिक अधिक अम्लीय हाइड्रोजन को प्रदर्शित करता है?

(a) N≡C–C(H)(H)–C≡N

(b) $H_3C—C≡C—H$

(c) $H_3C–C(=O)–CH_3$

(d) MeO–C(=O)–CH(H)(COOMe)–C(=O)–OMe

31. ताप विद्युत संयन्त्र मुख्यत: सहायक है

(a) अम्लीय वर्षा (b) ब्लू बेबी सिन्ड्रॉम
(c) ओजोन परत क्षरण (d) सुपोषण

32. एक अम्लीय बफर को मिश्रित कर प्राप्त किया जा सकता है

(a) 0.1 M CH_3COOH का 100 mL व 0.1 M NaOH का 100 mL

(b) 0.1 M HCl का 100 mL व 0.1 M NaCl का 200 mL

(c) 0.1 M CH_3COOH का 100 mL व 0.1 M NaOH का 200 mL

(d) 0.1 M HCl का 100 mL व 0.1 M CH_3COONa का 200 mL

33. यदि H_2O का क्वथनांक 373 K है, तो H_2S का क्वथनांक होगा

(a) 300 K से कम (b) 373 K के बराबर

(c) 373 K में अधिक

(d) 300 K से अधिक लेकिन 373 K से कम

34. टिण्डल प्रभाव प्रदर्शित होता है, जब

(a) प्रयुक्त प्रकाश के तरंगदैर्ध्य की तुलना में परिक्षेपित कणों का व्यास बहुत अधिक होता है।

(b) प्रयुक्त प्रकाश के तरंगदैर्ध्य की तुलना में परिक्षेपित कणों का व्यास बहुत कम होता है।

(c) परिक्षेपण माध्यम की तुलना में परिक्षिप्त प्रावस्था का अपवर्तनांक अधिक होता है।

(d) परिक्षिप्त कणों का व्यास, प्रयुक्त प्रकाश के तरंगदैर्ध्य के बराबर होता है।

35. साबुन उद्योगों में ग्लिसरॉल को प्राप्त किया जाता है

(a) प्रभाजी आसवन (b) विभेदन निष्कर्षण
(c) भाप आसवन (d) निम्न दाब पर आसवन

36. $[Ti(H_2O)_6]^{3+}$ का इलेक्ट्रॉनिक स्पेक्ट्रम 20,300 cm^{-1} पर अधिकतम एकल विस्तृत शीर्ष (Peak) प्रदर्शित करता है। संकुल की क्रिस्टल क्षेत्र स्थायीकरण ऊर्जा (CFSE) kJ mol^{-1} में होगी

(a) 145.5 (b) 242.5 (c) 83.7 (d) 97

37. नाइट्रोजन आकलन का जेल्डाल प्रक्रम निम्नलिखित अभिक्रिया उत्पादों में से किसके लिए विफल है

I. $C_6H_5NO_2 \xrightarrow{Sn/HCl}$ II. $C_6H_5CN \xrightarrow{LiAlH_4}$

III. $C_6H_5CH_2CN \xrightarrow[\text{(ii) } H_2O]{\text{(i) } SnCl_2+HCl}$ IV. $C_6H_5NH_2 \xrightarrow[HCl]{NaNO_2}$

(a) III और IV (b) I और IV (c) I, III और IV (d) II और III

38. अननिलइनियम (Unnilennium) तत्व का परमाणु क्रमांक है

(a) 109 (b) 102 (c) 108 (d) 119

39. यह सत्य है कि

(a) द्वितीय कोटि की अभिक्रिया हमेशा एक से अधिक चरणों की अभिक्रिया है।
(b) शून्य कोटि की अभिक्रिया बहु-चरण अभिक्रिया है।
(c) प्रथम कोटि की अभिक्रिया हमेशा एकल चरण अभिक्रिया होती है।
(d) शून्य कोटि अभिक्रिया एकल चरण अभिक्रिया है।

40. T तापमान पर, C_{NaCl} तथा C_{BaSO_4} के चालन का मापन क्रमश: NaCl तथा $BaSO_4$ के संतृप्त जलीय विलयन के लिए किया जाता है। निम्नलिखित में से कौन-सा गलत है?

(a) T तापमान के साथ दोनों लवणों की आयनिक गतिशीलता बढ़ेगी।
(b) $C_{BaSO_4}(T_2) > C_{BaSO_4}(T_1)$ के लिए $T_2 > T_1$
(c) $C_{NaCl}(T_2) > C_{NaCl}(T_1)$ के लिए $T_2 > T_1$
(d) $C_{NaCl} >> C_{BaSO_4}$ दिए गए T पर

41. संकुल, जो प्रकाशीय सक्रियता प्रदर्शित करता है

(a) *ट्रांस*-$[Cr(Cl_2)(ox)_2]^{3-}$ (b) *ट्रांस*-$[Fe(NH_3)_2(CN)_4]^-$
(c) *सिस*-$[Fe(NH_3)_2(CN)_4]^-$ (d) *सिस*-$[CrCl_2(ox)_2]^{3-}$
(ox = ऑक्सिलेट)

42. *ऐक्वारेजिया* का उपयोग उत्कृष्ट धातुओं (Au, Pt, आदि) को गलाने में किया जाता है। इस प्रक्रिया में उत्पन्न गैस है

(a) NO (b) N_2O_5 (c) N_2 (d) N_2O_3

43. पाइरोफॉस्फोरिक अम्ल के एक अणु में P—OH, P═O तथा P—O—P की संख्या क्रमश: (बन्धों की संख्या में) होगी

(a) 2, 4 एवं 1 (b) 3, 3, एवं 3 (c) 4, 2, एवं 0 (d) 4, 2, एवं 1

44. प्रतिजनन औषधि 'नोवेस्ट्रॉल' निम्न के साथ अभिक्रिया कर सकती है

(a) $ZnCl_2$ / HCl; $FeCl_3$; ऐल्कोहॉलिक HCN
(b) Br_2/जल; $ZnCl_2$ / HCl; $FeCl_3$
(c) ऐल्कोहॉलिक HCN; NaOCl; $ZnCl_2$ / HCl
(d) Br_2 /जल; $ZnCl_2$ / HCl; NaOCl

45. NO, NO^+, NO^{2+} तथा NO^- स्पीशीज में से निम्नतम बन्ध सामर्थ्य है

(a) NO^+ (b) NO (c) NO^{2+} (d) NO^-

46. एक जलीय द्विअंगी विलयन में ग्लूकोस ($C_6H_{12}O_6$) का मोल (प्रभाज) 0.1 है। जल का द्रव्यमान प्रतिशत लगभग .... (अंक में) होगा।

47. $Pt(s)|H_2(g, 1\ bar)|\ HCl\ (aq, pH=1)|AgCl(s)|\ Ag\ (s)$ दिए गए सेल में Na द्वारा प्रकाश विद्युत धारा (कार्य फलन, $w_0 = 2.3$ eV) को निर्गत् वोल्टेज द्वारा बन्द किया जाता है।

$K(w_0 = 2.25$ eV) द्वारा प्रकाश विद्युत धारा को बन्द करने के लिए जलीय HCl के pH .... $\times 10^{-2}$ (लगभग अंकों में) की आवश्यकता होगी। शेष अन्य स्थितियाँ समान हैं।

दिया है

$$2.303\frac{RT}{F} = 0.06\ V;\ E^\circ_{AgCl|Ag|Cl^-} = 0.22\ V$$

48. एक तत्व का मोलर द्रव्यमान 2.7×10^{-2} kg mol^{-1} तथा किनारे (Edge) की लम्बाई 405 pm के साथ घन इकाई सेल बनाता है। यदि इसका घनत्व 2.7×10^3 kg m^{-3} है, तो इस तत्व की त्रिज्या लगभग .... $\times 10^{-12}$ m होगी।

49. $\underset{\text{(सामान्य प्रकाशीय सक्रिय ऐल्कीन)}}{A} \xrightarrow[\text{(ii) } X_2/\Delta]{\text{(i) } H_2/Ni/\Delta}$

दी गई अभिक्रिया में मोनोहैलोजनीकृत कार्बनिक उत्पाद (त्रिविम समावयिवों सहित) की कुल संख्या .... होगी।

50. 273 K ताप तथा 1 atm दाब पर 8.9 M H_2O_2 विलयन का आयतन सामर्थ्य .... होगा।

($R = 0.0821$ L atm K^{-1} mol^{-1})
(लगभग अंकों तक सन्निकटन)

गणित

51. यदि $y^2 + \log_e(\cos^2 x) = y, x \in \left(-\frac{\pi}{2}, \frac{\pi}{2}\right)$, है, तब

(a) $y''(0) = 0$ (b) $|y'(0)| + |y''(0)| = 1$
(c) $|y''(0)| = 2$ (d) $y'(0) = 1|\ y'(1)| = 3$

52. $2\pi - \left(\sin^{-1}\frac{4}{5} + \sin^{-1}\frac{5}{13} + \sin^{-1}\frac{16}{65}\right)$ बराबर है

(a) $\frac{\pi}{2}$ (b) $\frac{5\pi}{4}$ (c) $\frac{3\pi}{2}$ (d) $\frac{7\pi}{4}$

53. यदि समान्तर श्रेणी का प्रथम पद 3 तथा प्रथम 25 पदों का योग, आगे वाले 15 पदों के योग के बराबर है, तब समान्तर श्रेणी का सार्वान्तर होगा

(a) $\frac{1}{6}$ (b) $\frac{1}{5}$ (c) $\frac{1}{4}$ (d) $\frac{1}{7}$

54. एक अतिपरवलय, जिसमें क्षैतिज अक्ष की लम्बाई $\sqrt{2}$ है, तथा इसकी नाभि दीर्घवृत्त $3x^2 + 4y^2 = 12$ की नाभि के समान है, तब अतिपरवलय निम्न में से किस बिन्दु से होकर नहीं गुजरेगा?

(a) $\left(\frac{1}{\sqrt{2}}, 0\right)$ (b) $\left(-\sqrt{\frac{3}{2}}, 1\right)$ (c) $\left(1, -\frac{1}{\sqrt{2}}\right)$ (d) $\left(\sqrt{\frac{3}{2}}, \frac{1}{\sqrt{2}}\right)$

55. कथन $p \rightarrow \sim(p \wedge \sim q)$ बराबर है

(a) q (b) $(\sim p) \vee q$
(c) $(\sim p) \wedge q$ (d) $(\sim p) \vee (\sim q)$

56. माना P, परवलय $y^2 = 12x$ पर कोई बिन्दु है तथा N बिन्दु P से परवलय की अक्ष पर डाला गया लम्ब पाद है अब एक रेखा PN के मध्य बिन्दु M से खींची जाती है, जो कि अक्ष के समान्तर है तथा परवलय को Q पर मिलती है, यदि रेखा NQ का y-अन्त:खण्ड $\frac{4}{3}$ है, तब

(a) $PN = 4$ (b) $MQ = \frac{1}{3}$ (c) $MQ = \frac{1}{4}$ (d) $PN = 3$

57. माना दो समुच्चय $A = \{m \in \mathbf{R} : x^2 - (m+1)x + m + 4 = 0$ के दोनों मूल वास्तविक हैं$\}$ तथा $B = [-3, 5)$ है, तब निम्न में कौन-सा सत्य नहीं है?

(a) $A - B = (-\infty, -3) \cup (5, \infty)$
(b) $A \cap B = \{-3\}$
(c) $B - A = (-3, 5)$
(d) $A \cup B = \mathbf{R}$

58. यदि α तथा β समीकरण $x^2 + px + 2 = 0$ के मूल है तथा $\frac{1}{\alpha}$ व $\frac{1}{\beta}$ समीकरण $2x^2 + 2qx + 1 = 0$ के मूल हैं, तब $\left(\alpha - \frac{1}{\alpha}\right)\left(\beta - \frac{1}{\beta}\right)\left(\alpha + \frac{1}{\beta}\right)\left(\beta + \frac{1}{\alpha}\right)$ बराबर है

(a) $\frac{9}{4}(9 + q^2)$ (b) $\frac{9}{4}(9 - q^2)$ (c) $\frac{9}{4}(9 + p^2)$ (d) $\frac{9}{4}(9 - p^2)$

59. यदि $\Delta = \begin{vmatrix} x-2 & 2x-3 & 3x-4 \\ 2x-3 & 3x-4 & 4x-5 \\ 3x-5 & 5x-8 & 10x-17 \end{vmatrix} = Ax^3 + Bx^2 + Cx + D$ है, तब $B + C$ बराबर है

(a) -1 (b) 1 (c) -3 (d) 9

60. क्षेत्र $\{(x, y) : 0 \le y \le x^2 + 1, 0 \le y \le x + 1, \frac{1}{2} \le x \le 2\}$ का क्षेत्रफल (वर्ग इकाई में) होगा

(a) $\frac{23}{16}$ (b) $\frac{79}{24}$ (c) $\frac{79}{16}$ (d) $\frac{23}{6}$

61. बिन्दु (4, 2, 3) से, बिन्दुओं (1, – 2, 3) तथा (1, 1, 0) को मिलाने वाली रेखा पर डाला गया लम्ब पाद, किस तल पर स्थित है

(a) $2x + y - z = 1$ (b) $x - y - 2z = 1$
(c) $x - 2y + z = 1$ (d) $x + 2y - z = 1$

62. अवकल समीकरण $(1 + e^{-x})(1 + y^2)\frac{dy}{dx} = y^2$ का हल वक्र, जो कि बिन्दु (0, 1) से होकर गुजरता है

(a) $y^2 + 1 = y\left(\log_e\left(\frac{1 + e^{-x}}{2}\right) + 2\right)$

(b) $y^2 + 1 = y\left(\log_e\left(\frac{1 + e^{x}}{2}\right) + 2\right)$

(c) $y^2 = 1 + y\log_e\left(\frac{1 + e^{x}}{2}\right)$

(d) $y^2 = 1 + y\log_e\left(\frac{1 + e^{-x}}{2}\right)$

63. एक पासे को दो बार फेंका जाता है तथा पाया जाता है कि उन पर प्राप्त अंकों का योग 4 का गुणज है, तब सप्रतिबन्ध प्रायिकता के अंक 4 कम-से-कम एक बार प्राप्त हुआ होगा

(a) $\frac{1}{4}$ (b) $\frac{1}{3}$ (c) $\frac{1}{8}$ (d) $\frac{1}{9}$

64. $\int_{-\pi}^{\pi} |\pi - |x||\, dx$ बराबर है

(a) $\sqrt{2}\,\pi^2$ (b) $2\pi^2$ (c) π^2 (d) $\frac{\pi^2}{2}$

65. बारम्बारता बंटन के लिए

चर (x)	x_1	x_2	x_3	....	x_{15}
बारम्बारता (f)	f_1	f_2	f_3	....	f_{15}

जहाँ $0 < x_1 < x_2 < x_3 < .... < x_{15} = 10$ तथा $\sum_{i=1}^{15} f_i > 0$ है, तब मानक विचलन नहीं हो सकता है

(a) 4 (b) 1 (c) 6 (d) 2

66. रेखाएँ $\mathbf{r} = (\hat{\mathbf{i}} - \hat{\mathbf{j}}) + l\,(2\hat{\mathbf{i}} + \hat{\mathbf{k}})$ तथा $\mathbf{r} = (2\hat{\mathbf{i}} - \hat{\mathbf{j}}) + m\,(\hat{\mathbf{i}} + \hat{\mathbf{j}} - \hat{\mathbf{k}})$

(a) l तथा m के किसी भी मान के लिए प्रतिच्छेद नहीं करते हैं
(b) l तथा m के सभी मानों के लिए प्रतिच्छेद करते हैं
(c) जब $l = 2$ तथा $m = \frac{1}{2}$ है, तब प्रतिच्छेद करते हैं
(d) जब $l = 1$ तथा $m = 2$ है, तब प्रतिच्छेद करते हैं

67. माना $[f]$ महत्तम पूर्णांक ≤ 1 को दर्शाता है यदि कुछ $\lambda \in \mathbf{R} - \{0, 1\}$ के लिए, $\lim_{x \to 0}\left|\frac{1 - x + |x|}{\lambda - x + [x]}\right| = L$ है, तब L बराबर है

(a) 1 (b) 2 (c) $\frac{1}{2}$ (d) 0

68. $(2 \cdot {}^1P_0 - 3 \cdot {}^2P_1 + 4 \cdot {}^3P_2 .....$ 51 पदों तक) + $(1! - 2! + 3! - ....$ 51 पदों तक) का मान बराबर है

(a) $1 - 51\,(51)!$ (b) $1 + (51)!$ (c) $1 + (52)!$ (d) 1

69. फलन, $f(x) = (3x - 7)\,x^{\frac{2}{3}}, x \in \mathbf{R}$ सभी x के लिए वर्द्धमान है, तब स्थित होगा

(a) $(-\infty, 0) \cup \left(\frac{14}{15}, \infty\right)$ (b) $(-\infty, 0) \cup \left(\frac{3}{7}, \infty\right)$

(c) $\left(-\infty, \frac{14}{15}\right)$ (d) $\left(-\infty, \frac{14}{15}\right) \cup (0, \infty)$

70. यदि $(3^{1/2} + 5^{1/8})^n$ के विस्तार में पूर्णांक पदों की संख्या तथ्यत: 33 है, तब n का निम्नतम मान है

(a) 264 (b) 128
(c) 256 (d) 248

71. $0.16^{\log_{2.5}\left(\frac{1}{3} + \frac{1}{3^2} + \frac{1}{3} + ... \infty\right)}$ का मान बराबर है......।

72. माना $A = \begin{bmatrix} x & 1 \\ 1 & 0 \end{bmatrix}, x \in R$ तथा $A^4 = [a_{ij}]$ है, यदि $a_{11} = 109$ है, तब a_{22} बराबर है......।

73. वृत्त का व्यास जिसका केन्द्र रेखा $x + y = 2$ पर स्थित है तथा प्रथम चतुर्थांश में स्थित है व रेखा $x = 3$ तथा $y = 2$ दोनों को स्पर्श करता है......।

74. यदि $\left(\frac{1 + i}{1 - i}\right)^{\frac{m}{2}} = \left(\frac{1 + i}{i - 1}\right)^{\frac{n}{3}} = 1, (m, n \in N)$ है, तब m तथा n के न्यूनतम मानों के महत्तम उभयनिष्ठ भाजक है......।

75. यदि $\lim_{x \to 0}\left\{\frac{1}{x^8}\left(1 - \cos\frac{x^2}{2} - \cos\frac{x^2}{4} + \cos\frac{x^2}{2}\cos\frac{x^2}{4}\right)\right\} = 2^{-K}$ है, तब k का मान है......।

सही उत्तर

भौतिकी

1. (c)	**2.** (a)	**3.** (d)	**4.** (d)	**5.** (c)	**6.** (b)	**7.** (c)	**8.** (b)	**9.** (d)	**10.** (d)
11. (b)	**12.** (b)	**13.** (b)	**14.** (a)	**15.** (b)	**16.** (c)	**17.** (d)	**18.** (c)	**19.** (c)	**20.** (d)
21. (158)	**22.** (150)	**23.** (9)	**24.** (101)	**25.** (20)					

रसायन विज्ञान

26. (d)	**27.** (d)	**28.** (a, c)	**29.** (c)	**30.** (d)	**31.** (a)	**32.** (d)	**33.** (a)	**34.** (d)	**35.** (d)
36. (d)	**37.** (a)	**38.** (a)	**39.** (b)	**40.** (c)	**41.** (d)	**42.** (a)	**43.** (d)	**44.** (b)	**45.** (d)
46. (47.00)	**47.** (58.3)	**48.** (143.00)	**49.** (8.00)	**50.** (100.00)					

गणित

51. (c)	**52.** (c)	**53.** (a)	**54.** (d)	**55.** (b)	**56.** (c)	**57.** (a)	**58.** (d)	**59.** (c)	**60.** (b)
61. (a)	**62.** (c)	**63.** (d)	**64.** (c)	**65.** (c)	**66.** (a)	**67.** (b)	**68.** (c)	**69.** (a)	**70.** (c)
71. (4)	**72.** (10)	**73.** (3)	**74.** (4)	**75.** (8)					

संकेत एवं हल

भौतिकी

1. *(c)* रेडियोऐक्टिवता के क्षय नियम के अनुसार, t समय पश्चात् अक्षय पदार्थ का मान

$$M(t) = M_0 e^{-\lambda t}$$

यहाँ, $M_0 = (t = 0)$ पर नमूने का द्रव्यमान

λ = क्षय नियतांक

समय t के पश्चात् सक्रिय पदार्थ का अनुपात

$$\frac{M(t)}{M_0} = e^{-\lambda t} \quad ...(i)$$

दिया है, t समय के बाद, $\frac{M(t)}{M_0} = \frac{9}{16}$

अत: $e^{-\lambda t} = \frac{9}{16}$ (समी (i) से)

$\frac{t}{2}$ समय के पश्चात् सक्रिय पदार्थ का अनुपात

$$\frac{M\left(\frac{t}{2}\right)}{M_0} = e^{-\lambda \frac{t}{2}} = (e^{-\lambda t})^{\frac{1}{2}} = \left(\frac{9}{16}\right)^{\frac{1}{2}} = \frac{3}{4}$$

अत: विकल्प (c) सही है।

2. *(a)* कुण्डली के प्रतिरोध के कारण उत्पन्न औसत शक्ति

$$P_{\text{avg}} = \frac{V_{\text{rms}}^2}{R} = \frac{(V_{\max}/\sqrt{2})^2}{R} = \frac{V_{\max}^2}{2R}$$

$$V_{\max} = NBA\,\omega$$

दी गई कुण्डली में, $N = 1, A = \pi ab$

अत: $P_{\text{औसत}} = \frac{(BA\omega)^2}{2R} = \frac{B^2\pi^2 a^2 b^2 \omega^2}{2R}$

अत: विकल्प (a) सही है।

3. *(d)* T तापमान पर गैस के एक मोल की आन्तरिक ऊर्जा,

$$U = \frac{f}{2}RT$$

यहाँ, f = गैस की स्वतन्त्र्यता की कोटि

तथा R = गैस नियतांक।

चित्रानुसार त्रि-परमाणुक गैस के अणु तीन प्रकार की स्थानान्तरीय गति तथा तीन घूर्णन गतियाँ (X, Y तथा Z-अक्ष के अनुदिश) करता है अत: इसकी स्वतन्त्र्यता की कोटि 6 है।

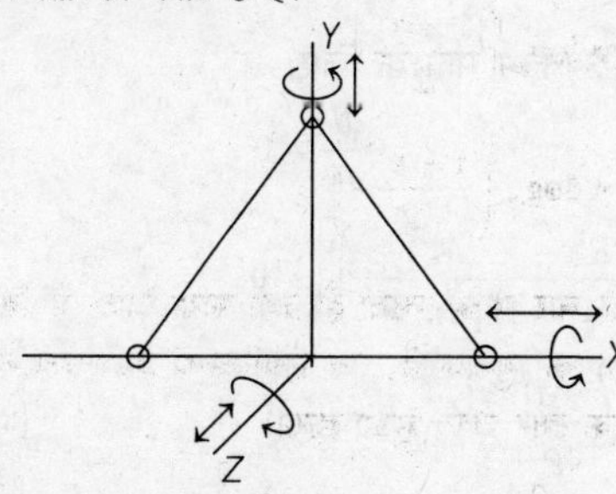

अत: आन्तरिक ऊर्जा, $U = \frac{f}{2}RT = \frac{6}{2}RT = 3RT$

अत: विकल्प (d) सही है।

4. *(d)* जब दो गोलों को चालक तार द्वारा जोड़ा जाता है, तो उच्च विभव वाले गोले से आवेश निम्न विभव वाले गोले की ओर प्रवाहित होता है यह प्रवाहन तब तक होता है जब तक कि दोनों गोलों पर समान विभव V_C उत्पन्न नहीं होता है।

$$V_C = \frac{Q_1 + Q_2}{C_1 + C_2}$$

गोले के लिए धारिता $C = 4\pi\varepsilon_0 R$

$$\therefore \quad V_C = \frac{12\times10^{-6} + (-3\times10^{-6})}{4\pi\varepsilon_0(R_1+R_2)}$$

$$= \frac{9\times10^{-6}}{4\pi\varepsilon_0\left(\frac{2}{3}R+\frac{1}{3}R\right)} = \frac{9\times10^{-6}}{4\pi\varepsilon_0 R}$$

आवेश पुन: वितरण के पश्चात् आवेशों के मान

Q_1 = प्रथम गोले पर आवेश

$$Q_1 = C_1V_C = 4\pi\varepsilon_0 R_1 \cdot \frac{(9\times10^{-6})}{4\pi\varepsilon_0 R}$$

$$= \frac{\left(4\pi\varepsilon_0 \frac{2}{3}R\right)(9\times10^{-6})}{4\pi\varepsilon_0 R} = \frac{2}{3}\times 9\times10^{-6}\ \text{C} = \frac{2}{3}\times 9\ \mu\text{C} = 6\ \mu\text{C}$$

तथा Q_2 = द्वितीय गोले पर आवेश

$$Q_2 = C_2V_C = \frac{4\pi\varepsilon_0\left(\frac{1}{3}R\right)\times 9\times10^{-6}}{4\pi\varepsilon_0 R} = 3\times10^{-6}\ \text{C} = 3\ \mu\text{C}$$

अत: विकल्प (d) सही है।

5. *(c)*

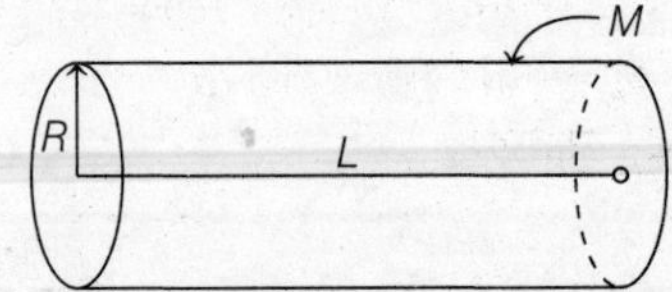

बेलन का द्रव्यमान, $M = \rho\pi R^2 L$ ...(i)

(यहाँ, ρ = पदार्थ का घनत्व)

$$\Rightarrow \quad L = \frac{M}{\rho\pi R^2} \quad ...(ii)$$

बेलन का जड़त्वाघूर्ण,

$$I = M\left(\frac{R^2}{4}+\frac{L^2}{12}\right) \Rightarrow I = M\left(\frac{R^2}{4}+\frac{M^2}{12\rho^2\pi^2R^4}\right)$$

जड़त्वाघूर्ण के न्यूनतम मान के लिए,

$$\frac{dI}{dR} = 0$$

$$\Rightarrow \quad \frac{d}{dR}\left[M\left(\frac{R^2}{4}+\frac{M^2}{12\rho^2\pi^2R^4}\right)\right] = 0$$

$$\Rightarrow \quad \frac{2R}{4}+\frac{M^2}{12\rho^2\pi^2}\cdot(-4R^{-5}) = 0 \quad [\because M = \text{नियतांक}]$$

$$\Rightarrow \quad \frac{2R}{4} = \frac{4M^2}{12\rho^2\pi^2R^5} \Rightarrow R^6 = \frac{2}{3}\frac{M^2}{\rho^2\pi^2}$$

$$\Rightarrow \quad R^6 = \frac{2}{3}\cdot\frac{\rho^2\pi^2R^4L^2}{\rho^2\pi^2} \quad \text{(समी (i) से)}$$

$$\Rightarrow \quad \left(\frac{R}{L}\right)^2 = \frac{2}{3} \Rightarrow \frac{L}{R} = \sqrt{\frac{3}{2}}$$

अत: विकल्प (c) सही है।

6. *(b)* अधिकतम शक्ति प्रमेय के अनुसार, बाह्य प्रतिरोध में ऊष्मा अधिकतम होती है जब कि बैटरी का आन्तरिक प्रतिरोध, बाह्य प्रतिरोध के तुल्य होता है।

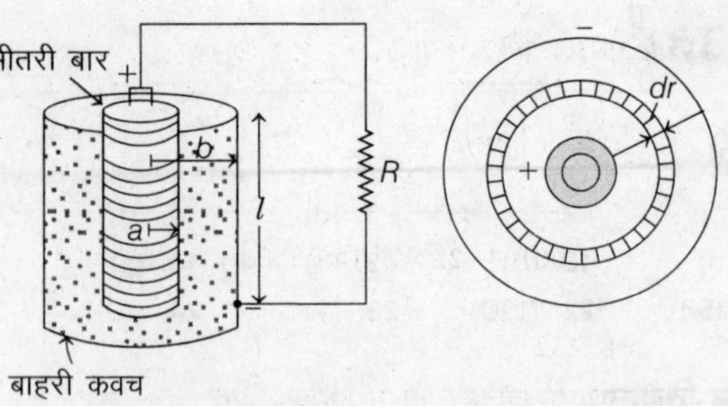

त्रिज्या r तथा मोटाई dr के बेलन के अवयव का प्रतिरोध

$$(dR)_{\text{आन्तरिक}} = \frac{\rho\cdot dr}{2\pi rl}$$

$$\Rightarrow \quad R_{\text{आन्तरिक}} = \int (dR)_{\text{आन्तरिक}} = \int_{r=a}^{r=b}\frac{\rho dr}{2\pi rl} = \frac{\rho}{2\pi l}\int_a^b\frac{dr}{r}$$

$$= \frac{\rho}{2\pi l}[\ln r]_a^b = \frac{\rho}{2\pi l}(\ln b - \ln a) = \frac{\rho}{2\pi l}\cdot\ln\left(\frac{b}{a}\right)$$

अधिकतम जूल ऊष्मा $R = R_{\text{आन्तरिक}} = \frac{\rho}{2\pi l}\cdot\ln\left(\frac{b}{a}\right)$

अत: विकल्प (b) सही है।

7. *(c)* षट्कोणीय कुण्डली की एक भुजा के कारण केन्द्र पर चुम्बकीय क्षेत्र का परिमाण, $B_1 = \frac{\mu_0 I}{4\pi r}\cdot 2\sin\phi$

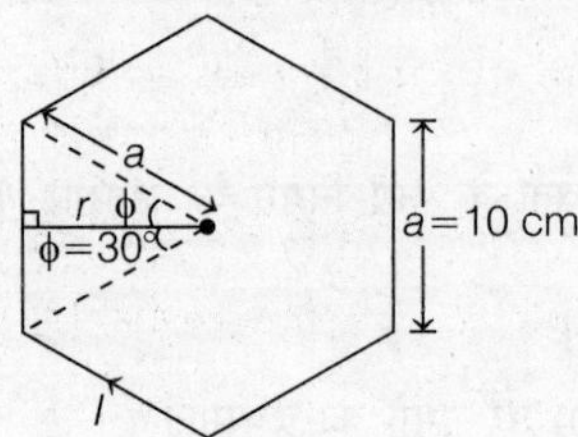

यहाँ, $r = 10\cos 30°$ सेमी $= 10\times10^{-2}\times\frac{\sqrt{3}}{2}$ मी

$= 5\sqrt{3}\times10^{-2}$ मी

अत: $B_1 = \frac{\mu_0 I\times 2\sin30°}{4\pi(5\sqrt{3}\times10^{-2})} \ (\because \phi = 30°)$

6 भुजा की कुण्डली के 1 फेरे के कारण चुम्बकीय क्षेत्र,

$$B_2 = 6B_1 = \frac{6\ \mu_0 I\times 2\sin30°}{4\pi(5\sqrt{3}\times10^{-2})}$$

इस प्रकार के 50 फेरों के कारण केन्द्र पर चुम्बकीय क्षेत्र,

$$B_3 = 50B_2 = \frac{50\times6\times\mu_0 I\times2\sin30°}{4\pi(5\sqrt{3}\times10^{-2})}$$

$$= 500\sqrt{3}\left(\frac{\mu_0 I}{\pi}\right) \text{ टेस्ला} = 500\sqrt{3}\ \left(\frac{\mu_0 I}{\pi} \text{ मात्रक में}\right)$$

अत: विकल्प (c) सही है।

8. *(b)* गुब्बारा अधिक तीव्रता के साथ फटता है तथा हीलियम, वायुमण्डल पर दाब डालता है, जिसके कारण हीलियम के अणुओं की आन्तरिक ऊर्जा बढ़ती है, अत: यह प्रक्रम अनुत्क्रमणीय रूद्धोष्म प्रक्रम है।

अत: विकल्प (b) सही है।

9. *(d)* दिया है, आवृत्ति $f = 750$ हर्ट्ज

$V_{\text{rms}} = 20$ वोल्ट, $R = 100\Omega$, $L = 0.1803$ हेनरी और $C = 10\ \mu\text{F}$

L-C-R परिपथ की प्रतिबाधा,

$$Z = \sqrt{R^2 + \left(2\pi fL - \frac{1}{2\pi fC}\right)^2}$$

$$= \sqrt{(100)^2 + \left(2\pi \times 750 \times 0.1803 - \frac{1}{2\pi \times 750 \times 10 \times 10^{-6}}\right)}$$

$$\approx 834\,\Omega$$

L-C-R परिपथ के प्रतिरोध R में क्षयित शक्ति,

$$P = V_{\text{rms}} I_{\text{rms}} \cos\phi$$

$$\cos\phi = \frac{R}{Z} \text{ तथा } I_{\text{rms}} = \frac{V_{\text{rms}}}{Z}$$

$$\Rightarrow \quad P = \frac{V_{\text{rms}}^2 \cdot R}{Z^2} = \frac{(20)^2 \times 100}{(834)^2} = 0.0575 \text{ जूल/से}$$

प्रतिरोध में उत्पन्न ऊष्मा, $H = Pt = S(\Delta\theta)$

यहाँ, t = समय, S = ऊष्माधारिता = 2 जूल/°C

$\Delta\theta$ = ताप परिवर्तन = 10 °C

$$\Rightarrow \quad t = \frac{S\Delta\theta}{P} = \frac{2 \times 10}{0.0575} = 348 \text{ सेकण्ड}$$

अत: विकल्प (d) सही है।

10. *(d)* विद्युत चुम्बकीय तरंग, सदिश $\mathbf{E} \times \mathbf{B}$ की दिशा में संचरित होती है।

- कला द्वारा तरंग का वेग दिया जाता है।
- विद्युत चुम्बकीय तरंग में विद्युत क्षेत्र का परिमाण

$$\mathbf{E} = c\mathbf{B}$$

यहाँ, $\mathbf{B} = B_0 \sin[200\pi(y + ct)]\hat{\mathbf{i}} = 3 \times 10^{-8} \sin[200\pi(y + ct)]\hat{\mathbf{i}}$

$\Rightarrow \quad E_0 = cB_0 = 3 \times 10^8 \times 3 \times 10^{-8} = 9$ वोल्ट/मी

कला $= y + ct$ = नियतांक

$$\Rightarrow \quad \frac{dy}{dt} = -c$$

तरंग, ऋणात्मक y -दिशा में गतिमान है।

$\mathbf{E} \times \mathbf{B}$, $-\hat{\mathbf{j}}$ के समान्तर है

$$\mathbf{E} \times \hat{\mathbf{i}} = \lambda(-\hat{\mathbf{j}}) \Rightarrow \mathbf{E} = -\hat{\mathbf{k}}$$

विद्युत क्षेत्र सदिश, $\mathbf{E} = E_0 \sin(ky + \omega t)(-\hat{\mathbf{k}})$

$$= -9\sin[200\pi(y + ct)]\hat{\mathbf{k}} \text{ वोल्ट/मी}$$

अत: विकल्प (d) सही है।

11. *(b)* चुम्बकीय क्षेत्र में गतिमान आवेशित कण पर कार्यरत् बल

$$\mathbf{F} = q(\mathbf{v} \times \mathbf{B})$$

यहाँ, $q = 1\ \mu C = 1 \times 10^{-6}$ C,

$\mathbf{v} = (2\hat{\mathbf{i}} + 3\hat{\mathbf{j}} + 4\hat{\mathbf{k}})$ मी/से

और $\mathbf{B} = (5\hat{\mathbf{i}} + 3\hat{\mathbf{j}} - 6\hat{\mathbf{k}}) \times 10^{-3}$ टेस्ला

कण का कार्यरत् बल,

$$\mathbf{F} \times 10^{-9} = 1 \times 10^{-6} \begin{vmatrix} \hat{\mathbf{i}} & \hat{\mathbf{j}} & \hat{\mathbf{k}} \\ 2 & 3 & 4 \\ 5 \times 10^{-3} & 3 \times 10^{-3} & -6 \times 10^{-3} \end{vmatrix} = 10^{-9} \begin{vmatrix} \hat{\mathbf{i}} & \hat{\mathbf{j}} & \hat{\mathbf{k}} \\ 2 & 3 & 4 \\ 5 & 3 & -6 \end{vmatrix}$$

$$\Rightarrow \quad \mathbf{F} = -30\hat{\mathbf{i}} + 32\hat{\mathbf{j}} - 9\hat{\mathbf{k}}$$

अत: विकल्प (b) सही है।

12. *(b)*

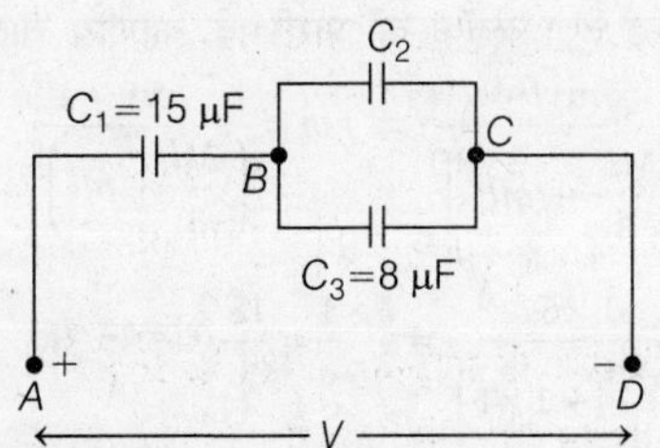

दी गई व्यवस्था में,

$V_{BC} = C_2$ के एक्रॉस विभव = 2वोल्ट

संधारित्र C_2 तथा C_3 समान्तर क्रम में संयोजित हैं अत: संधारित्र, C_3 के एक्रॉस विभव पतन 20 वोल्ट होगा।

$$Q_2 = C_3 \text{ पर आवेश} = C_3 \times V = 8 \times 10^{-6} \times 20 = 160\ \mu C$$

सैल द्वारा प्रदत्त कुल ओवश $Q = 750\ \mu C$

संधारित्र C_2 तथा C_3 का युग्म संधारित्र C_1 के साथ श्रेणीक्रम में संयोजित है अत:

C_1 पर आवेश = C_2 तथा C_3 के युग्म पर आवेश = सैल द्वारा प्रदत्त कुल आवेश

$$Q_1 + Q_3 = 750\,\mu C \Rightarrow Q_2 + 160 = 750$$

$$Q_2 = 750 - 160 = 590\ \mu C$$

अत: विकल्प (b) सही है।

13. *(b)*

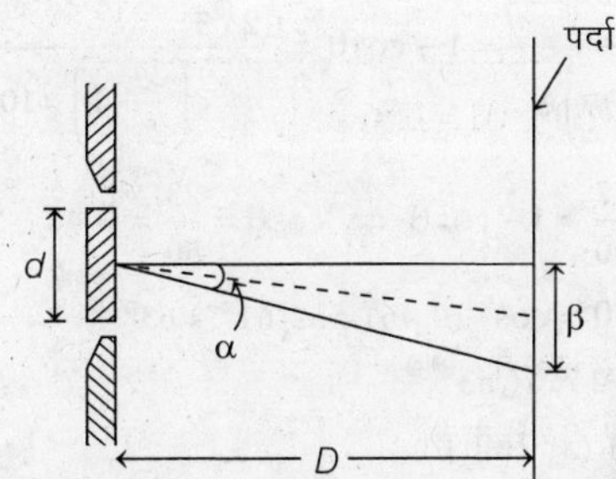

यंग के द्वि-स्लिट प्रयोग में केन्द्रीय उच्चिष्ठ की कोणीय चौड़ाई,

$$\alpha = \frac{\beta}{D} = \frac{\lambda}{d} \text{ (रेडियन में)} = \frac{\lambda}{d} \times \frac{180}{\pi} \text{ (डिग्री में)}$$

यहाँ, $\lambda = 500$ नैनोमीटर $= 500 \times 10^{-9}$ मी

और $d = 0.05$ मिमी $= 0.05 \times 10^{-3}$ मी

$$\text{कोणीय चौड़ाई, } \alpha = \frac{500 \times 10^{-9}}{0.05 \times 10^{-3}} \times \frac{180}{\pi} = 0.57°$$

अत: विकल्प (b) सही है।

14. *(a)*

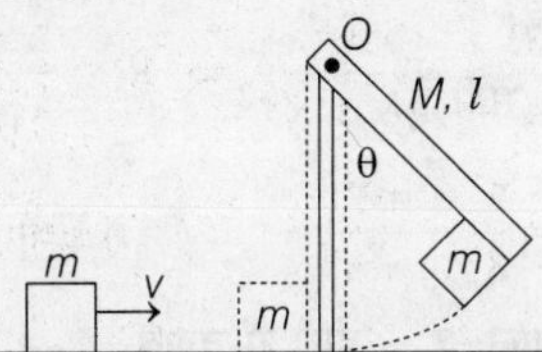

यहाँ पर कोई बाह्य आघूर्ण नहीं है, अत: कीलकन, बिन्दु O के परित: कोणीय संवेग संरक्षित है

$$\Rightarrow \quad L_i = L_f \Rightarrow mvl = (I_{\text{निकाय}})\omega \Rightarrow mvl = (I_{\text{छड़}} + I_{\text{पिण्ड}})\omega$$

$$\Rightarrow \quad mvl = \left(\frac{Ml^2}{3} + ml^2\right)\omega$$

यहाँ, ω = छड़ तथा ब्लॉक की प्रारम्भिक कोणीय चाल।

$$\omega = \frac{mvl}{\left(\frac{Ml^2}{3} + ml^2\right)} \Rightarrow \omega = \frac{mv}{\left(\frac{Ml}{3} + ml\right)}$$

$$\Rightarrow \omega = \frac{1 \times 6}{\left(\frac{2 \times 1}{3} + 1 \times 1\right)} = \frac{6 \times 3}{5} = \frac{18}{5} \text{ रेडियन/से}$$

ऊर्जा के संरक्षण नियम द्वारा छड़ तथा ब्लॉक की प्रारम्भिक घूर्णन गतिज ऊर्जा = ब्लॉक तथा छड़ के θ कोण पर अन्तिम स्थितिज ऊर्जा,

$$\frac{1}{2}(I_{\text{निकाय}}) \times \omega^2 = Mgh_1 + mgh_2$$

यहाँ, h_1 = छड़ के द्रव्यमान केन्द्र द्वारा चढ़ी गई ऊँचाई

$$= \frac{l}{2}(1 - \cos\theta)$$

तथा h_2 = ब्लॉक द्वारा चढ़ी गई ऊँचाई = $l(1 - \cos\theta)$।

अतः $$\frac{1}{2}(I_{\text{छड़}} + I_{\text{पिण्ड}})\,\omega^2 = Mg\frac{l}{2}(1 - \cos\theta) + mgl(1 - \cos\theta)$$

$$\Rightarrow \frac{1}{2}\left(\frac{Ml^2}{3} + ml^2\right)\omega^2 = gl\left(\frac{M}{2} + m\right) \times (1 - \cos\theta)$$

$$\Rightarrow \frac{\frac{1}{2}\left(\frac{M}{3} + m\right)l\omega^2}{\left(\frac{M}{2} + m\right)g} = 1 - \cos\theta \Rightarrow \frac{\frac{1}{2}\left(\frac{2}{3} + 1\right) \times 1 \times \left(\frac{18}{5}\right)^2}{\left(\frac{2}{2} + 1\right) \times 10} = 1 - \cos\theta$$

$$\Rightarrow \frac{27}{50} = 1 - \cos\theta \Rightarrow \cos\theta = \frac{23}{50} = 0.46$$

$$\Rightarrow \theta = \cos^{-1}(0.46) = 62.61° \approx 63°$$

अतः समीपस्थ उत्तर 63° है।

अतः विकल्प (a) सही है।

15. *(b)* दिया है,

पिच = 0.1 सेमी

वृत्तीय पैमाने पर भागों की संख्या = 50

$$\text{स्क्रूगेज का अल्पतमांक} = \frac{\text{पिच}}{\text{वृत्तीय पैमाने पर भागों की संख्या}}$$

$$= \frac{0.1}{50} = 0.002 \text{ सेमी}$$

अतः सही प्रेक्षित मान, अल्पतमांक के गुणक के रूप में होता है अतः मान 2.124 सेमी है।

अतः विकल्प (b) सही है।

16. *(c)* $v = \sqrt{\frac{T}{\mu}}$

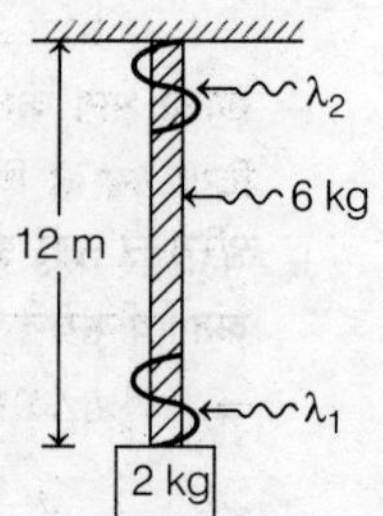

यहाँ, v = तरंग चाल, T = डोरी में तनाव

तथा μ = डोरी की प्रति एकांक लम्बाई का द्रव्यमान।

तली पर तनाव, $T_1 = 2g$

शीर्ष पर तनाव, $T_2 = (2 + 6)\,g = 8\,g$

यदि तली तथा शीर्ष पर तरंगदैर्ध्य क्रमशः λ_1 तथा λ_2 है, तब

$$\frac{v_1}{v_2} = \frac{f\lambda_1}{f\lambda_2} = \frac{\sqrt{\frac{T_1}{\mu}}}{\sqrt{\frac{T_2}{\mu}}} \Rightarrow \lambda_2 = \lambda_1\sqrt{\frac{T_2}{T_1}} = 6 \times \sqrt{\frac{8\,g}{2\,g}} = 12 \text{ सेमी}$$

अतः विकल्प (c) सही है।

17. *(d)* उत्सर्जित इलेक्ट्रॉन की अधिकतम गतिज ऊर्जा,

$$K_{\max} = \frac{hc}{\lambda} - \phi_0$$

यहाँ, $hc \approx 1240$ eV नैनोमीटर और ϕ_0 = कार्य-फलन

प्रश्नानुसार,

$$K = \frac{1240}{500} - \phi_0 \quad \text{...(i)}$$

और $$3K = \frac{1240}{200} - \phi_0 \quad \text{...(ii)}$$

समी (i) तथा (ii) से,

$$3\left(\frac{1240}{500} - \phi_0\right) = \frac{1240}{200} - \phi_0 \Rightarrow 2\phi_0 = \frac{3 \times 1240}{500} - \frac{1240}{200}$$

$$\Rightarrow 2\phi_0 = \frac{1240}{100}\left(\frac{3}{5} - \frac{1}{2}\right) = \frac{1240}{100}\left(\frac{1}{10}\right) \Rightarrow \phi_0 \approx \frac{1240}{2 \times 1000} \approx 0.61 \text{ eV}$$

अतः विकल्प (d) सही है।

18. *(c)* प्रश्नानुसार,

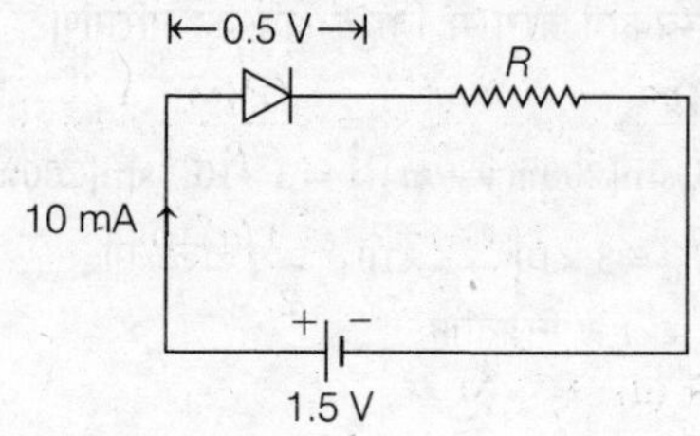

किरचॉक के लूप नियम द्वारा,

$$1.5 - 0.5 - R \times 10 \times 10^{-3} = 0 \Rightarrow R = 100\Omega$$

अतः विकल्प (c) सही है।

19. *(c)* साबुन के बुलबुले में आधिक्य दाब

$$\Delta p = p_i - p_o = \frac{4T}{R}$$

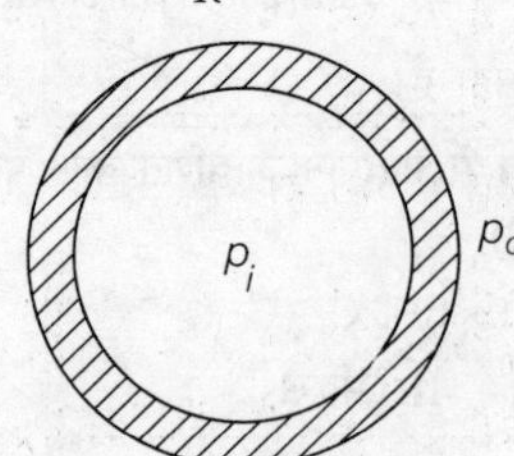

दिया है, $(p_i)_{\text{I}} = 1.01$ atm

और $(p_i)_{\text{II}} = 1.02$ atm

$(p_o)_{\text{I}} = (p_o)_{\text{II}} = 1$ atm

$(\Delta p)_{\text{I}} = 0.01$ atm और $(\Delta p)_{\text{II}} = 0.02$ atm

अतः $$\frac{(\Delta p)_{\text{I}}}{(\Delta p)_{\text{II}}} = \frac{4T/R_1}{4T/R_2} = \frac{R_2}{R_1} \Rightarrow \frac{0.01}{0.02} = \frac{R_2}{R_1} \Rightarrow \frac{R_1}{R_2} = \frac{2}{1}$$

साबुन के बुलबुलों के आयतनों का अनुपात,

$$\frac{V_1}{V_2} = \frac{\frac{4}{3}\pi R_1^3}{\frac{4}{3}\pi R_2^3} = \left(\frac{R_1}{R_2}\right)^3 = \left(\frac{2}{1}\right)^3 = \frac{8}{1} = 8:1$$

अत: विकल्प (c) सही है

20. *(d)*

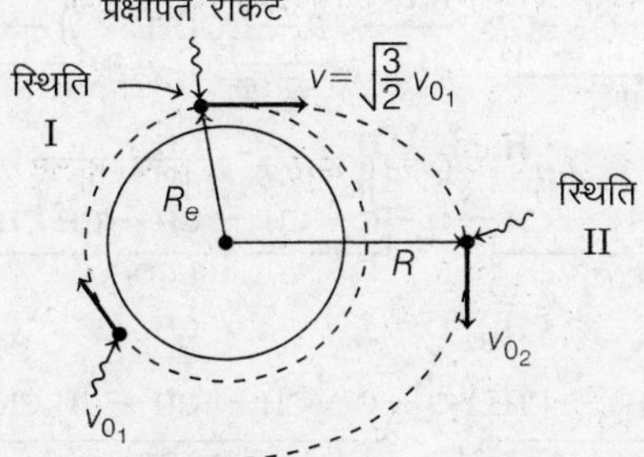

उपग्रह की स्थिति-I तथा स्थिति-II के लिए ऊर्जा के संरक्षण द्वारा,

$$(\text{PE} + \text{KE})_{\text{स्थिति -I}} = (\text{PE} + \text{KE})_{\text{स्थिति -II}}$$

$$\Rightarrow \quad \frac{-GMm}{R_e} + \frac{1}{2}mv_1^2 = \frac{-GMm}{R} + \frac{1}{2}mv_2^2$$

$$\Rightarrow \quad \frac{-GMm}{R_e} + \frac{1}{2}m\left(\frac{3}{2}{v_{0_1}}^2\right) = \frac{-GMm}{R} + \frac{1}{2}m{v_{0_2}}^2$$

कोणीय चाल, $v_0 = \sqrt{\frac{GM}{R}}$ (यहाँ, R = कोणीय त्रिज्या)

अत: $\frac{-GMm}{R_e} + \frac{1}{2}m\left(\frac{3}{2}\frac{GM}{R_e}\right) = -\frac{GMm}{R} + \frac{1}{2}m\left(\frac{GM}{R}\right)$

$$\Rightarrow \quad \frac{-1}{4}\left(\frac{GMm}{R_e}\right) = \frac{-1}{2}\left(\frac{GMm}{R}\right) \Rightarrow R = 2R_e$$

अत: विकल्प (d) सही है।

21. *(158)* प्रारम्भ में, जब पात्र खाली है।

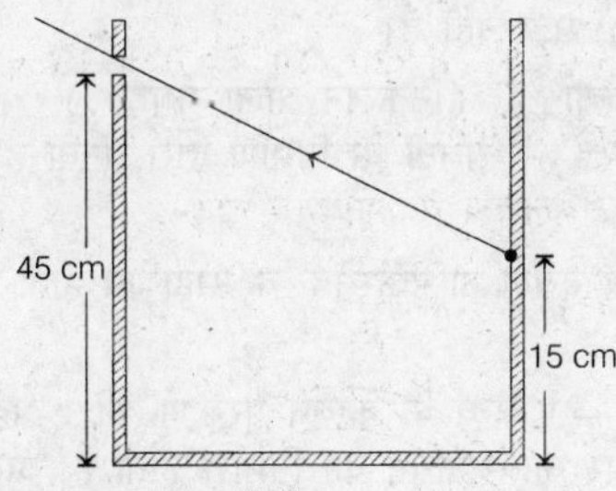

अन्त में, जब पात्र द्रव से भरा है।

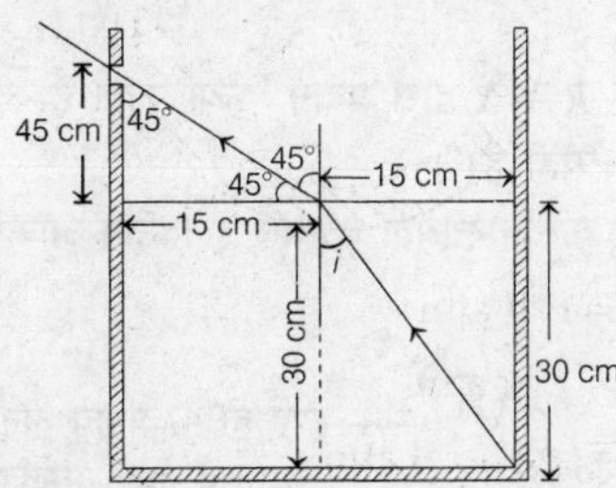

यदि आपतन कोण i है, तब

$$\tan i = \frac{15}{30} = \frac{1}{2} \Rightarrow \sin i = \frac{\text{लम्ब}}{\text{कर्ण}} = \frac{1}{\sqrt{5}}$$

अपवर्तन के नियम द्वारा,

$$n_1 \sin i = n_2 \sin r$$

$$\Rightarrow \quad \mu\left(\frac{1}{\sqrt{5}}\right) = 1 \times \sin 45° \Rightarrow \mu = \frac{\sqrt{5}}{\sqrt{2}} = 1.581$$

दिया है;

$$\frac{N}{100} = \mu \Rightarrow N = 100\mu = 100 \times 1.581 = 158.1$$

N का मान निकटतम पूर्णांक में 158 है।

22. *(150)* बॉलिंग मशीन द्वारा कृत कार्य = गेंद की प्रारम्भिक गतिज ऊर्जा = गेंद की अन्तिम स्थितिज ऊर्जा

बल × विस्थापन = mgh

$$\Rightarrow \quad F\,(0.2) = (0.15)\,(10)\,(20) \Rightarrow F = 150 \text{ न्यूटन}$$

23. *(9)*

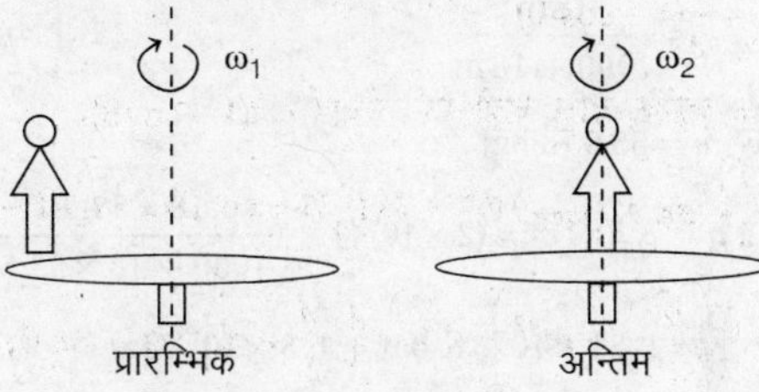

कोणीय संवेग संरक्षण द्वारा, $I_1\omega_1 = I_2\,\omega_2$

$$\Rightarrow \left(80R^2 + \frac{200R^2}{2}\right)\omega_1 = \left(\frac{200R^2}{2}\right)\omega_2 \Rightarrow \frac{360R^2}{2} \times 5 = \frac{200R^2}{2} \times \omega_2$$

$$\Rightarrow \omega_2 = 9 \text{ rpm}$$

24. *(101)* केशनली में द्रव की ऊँचाई,

$$h = \frac{2S\cos\theta}{\rho g r} \Rightarrow S = \frac{\rho g r h}{2\cos\theta}$$

यहाँ, $\rho = 900$ किग्रा मी$^{-3}$, $g = 10$ मी से$^{-2}$,

$r = 0.015$ सेमी $= 15 \times 10^{-5}$ मी,

$h = 15$ सेमी $= 15 \times 10^{-2}$ मी

और $\theta \approx 0° \Rightarrow \cos\theta = 1$

अत: $$S = \frac{900 \times 10 \times 15 \times 10^{-5} \times 15 \times 10^{-2}}{2 \times 1}$$

$= 101.25 \times 10^{-3}$ न्यूटन/मी ≈ 101 मिली-न्यूटन/मी

25. *(20)*

बीकर

मर्करी

खाली भाग का आयतन = बीकर का आयतन-मर्करी का आयतन

दिया गया है कि ताप में परिवर्तन के साथ बीकर के आयतन में कोई परिवर्तन नहीं होता है।

अत: बीकर के आयतन में परितर्वन = मर्करी के आयतन में परिवर्तन

$$\Rightarrow \quad V_b\gamma_b\Delta T = V_m\gamma_m\Delta T \Rightarrow V_b\gamma_b = V_m\gamma_m$$

$$\Rightarrow \quad V_m = \frac{V_b\gamma_b}{\gamma_m} = \frac{500 \times 6 \times 10^{-6}}{1.5 \times 10^{-4}} \Rightarrow = 20 \text{ सेमी}^3 = 20 \text{ cc}$$

रसायन विज्ञान

26. *(d)* दिए गए ताप पर किसी गैस (β) की विलेयता (S) के लिए, द्रव में हेनरी समीकरण गैस के मोल अंश (χ_B) के रूप में व्यक्त किया जाता है।

$p = K_H \times \chi_B = K_H \times S$

अत: गैस की विलेयता, $S \propto \dfrac{1}{K_H} T(\text{K})$ तथा दिए गए दाब पर गैसों की विलेयता का क्रम (K_H का उच्च मान, होने पर विलेयता निम्न होती है):

अत: विकल्प (a) सही नहीं है।

पुन: $K_H \propto$ ताप अर्थात् गैस की विलेयता भी ताप बढ़ने के साथ घटेगी। परन्तु यह निष्कर्ष सारणी से ज्ञात नहीं किया जा सकता है।

अत: विकल्प (b) सही नहीं है।

हम जानते हैं, जलीय द्विअंगी विलयन में विलेय (B) का मोल प्रभाज

$$\chi_B = \frac{18\text{m}}{1000 + 18\text{m}} \qquad [\because m = \text{मोललता}]$$

γ के लिए $m = 55.5$ मोलल

$$p = K_H^{\gamma} \times m = (2 \times 10^{-5}) \times \left(\frac{18 \times 55.5}{1000 + 18 \times 55.5}\right)$$

$$= 1.81 \times 10^{-5} \text{ K bar} = 1.8 \times 10^{-2} \text{ bar}$$

अत: विकल्प (c) सही नहीं है।

δ के लिए $m = 55.5$ मोलल

$$p = K_H^{\delta} = (0.5) \times \left(\frac{18 \times 55.5}{1000 + 18 \times 55.5}\right) = 0.2498 \text{ k bar} \simeq 250 \text{ bar}$$

अत: विकल्प (d) सही है।

27. *(d)* सभी विकल्पों की अभिक्रिया निम्न प्रकार है

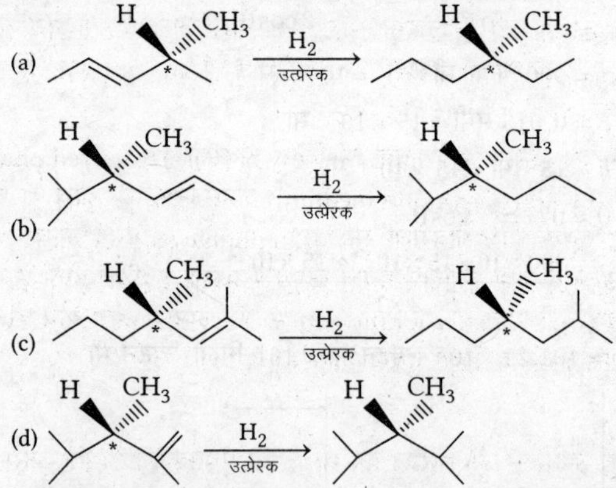

किरैलता/प्रकाशिक सक्रियता में (a), (b) तथा (c) के हाइड्रोजनीकरण के कारण कोई परिवर्तन नहीं होता है, परन्तु (d) क्रियाकारक (ऐल्कीन) हाइड्रोजनीकरण पर प्रकाशिक निष्क्रिय होता है क्योंकि प्राप्त उत्पाद में कोई किरैल कार्बन परमाणु नहीं होता है।

28. *(a, c)* A को इस प्रकार लिखा जा सकता है–

$(CH_3)_3C—COOCH_2C(CH_3)_3]$

$$\underset{(A)}{C_{10}H_{20}O_2} \xrightarrow[H_2SO_4]{H_2O} \underset{(B)}{\text{कार्बोक्सिलिक अम्ल}} + \underset{(C)}{\text{ऐल्कोहॉल}}$$

$(C) \xrightarrow[CrO_3/H_2SO_4]{[O]} (B)$

दी गई सूचनाओं से, यह स्पष्ट है कि A एक एस्टर है जिसमें 10 कार्बन परमाणु है। पुन: C ऑक्सीकरण पर B देता है। यह B तथा C को दर्शाता है जिसमें समान संख्या में कार्बन परमाणु होते हैं अर्थात् प्रत्येक B तथा C में 5 कार्बन परमाणु है।

$$\underbrace{R—\overset{O}{\overset{\|}{C}}—OR'}_{10C} \xrightarrow[H^+]{H_2O} \underbrace{R—COOH}_{5C\,(R+C)} + \underbrace{R'—OH}_{5C\,(R')}$$

(a) $\underbrace{CH_3CH_2—\overset{CH_3}{\overset{|}{CH}}}_{4C(R')}—O—\underbrace{\overset{O}{\overset{\|}{C}}—CH_2—\overset{CH_3}{\overset{|}{CH}}—CH_2CH_3}_{6C(R+C)}$

(b) $\underbrace{CH_3CH_2—\overset{CH_3}{\overset{|}{CH}}—\overset{O}{\overset{\|}{C}}}_{5C\,(R+C)}—O—\underbrace{CH_2—\overset{CH_3}{\overset{|}{CH}}—CH_2CH_3}_{5C\,(R')}$

(c) $\underbrace{CH_3CH_2CH_2—\overset{O}{\overset{\|}{C}}}_{4C\,(R+C)}—O—\underbrace{CH_2\,CH_2CH_2CH_3}_{4C\,(R')}$

नोट इसका आण्विक सूत्र $A(C_{10}H_{20}O_2)$ नहीं है। इसका आण्विक सूत्र $(C_8H_{16}O_2)$ है।

(d) $\underbrace{(CH_3)_3C—\overset{O}{\overset{\|}{C}}}_{5C\,(R+C)}—O—\underbrace{CH_2—C(CH_3)_3}_{5C\,(R')}$

$$\xrightarrow{H_3O^{\oplus}} \underset{(B)}{(CH_3)_3C—COOH} + \underset{(C)}{HO—CH_2—C(CH_3)_3}$$

$(C) \xrightarrow{[O]} (B)$

29. *(c)* $R—X \longrightarrow \overset{\oplus}{R}X^{\ominus} \longrightarrow \overset{\oplus}{R}||X^{-} \xrightarrow{Y^{\ominus}} R—Y + X^{-}$

यह दर्शाता है कि $R^{\oplus}$ कार्बधनायन बनता है तथा $R^{\oplus}$ इलेक्ट्रॉनिक कारक तथा ध्रुवीय विलायक अणुओं द्वारा स्थायित्व प्राप्त करता है, क्योंकि $R^{\oplus}$ विलायक पृथक्करण सम्भव है।

अत: कथन (D) सही नहीं है।

यहाँ, $R—X$ का X^{-} (निकलने वाला समूह), Y^{-} (नाभिक स्नेही) कार्बधनायन ($R^{\oplus}$) मध्यवर्ती के निर्माण द्वारा बनता है। अत: यह S_N1 अभिक्रिया है।

S_N1 क्रियाविधि दुर्बल नाभिकस्नेही के सहायक होती है। अत: कथन (A) सही है।

$R—X$ के $C—X$ बन्ध के कार्बन परमाणु की 3°-प्रकृति या वृहद् समूहों के जुड़े होने पर कार्बधनायन का निर्माण होता है। अत: कथन (B) भी सही है। S_N1 अभिक्रिया प्रतीपन तथा विन्यास में प्रतिधारण द्वारा सम्पन्न होती है अर्थात्

रेसेमीकरण 'R', $R—X$ द्वारा प्रदान किया जाता है, जो कि किरैल है।

अत: कथन (C) सही है।

30. *(d)* H-परमाणु की अम्लीयता $\propto$ प्रबल इलेक्ट्रॉन आकर्षी समूह के साथ जुड़ा होता है।

(a)

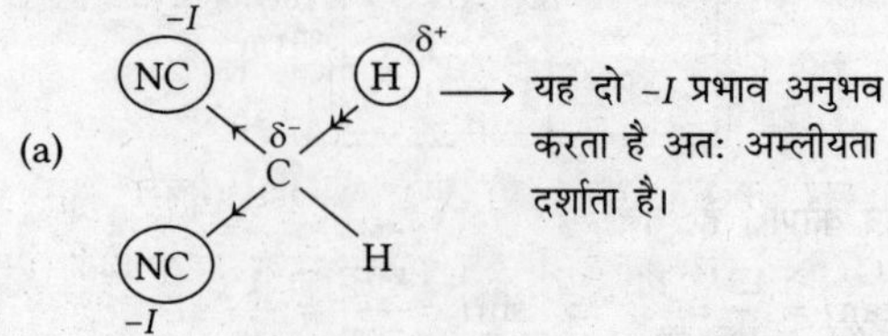

(b) $H_3C - C \equiv \overset{\delta^-}{C} \leftarrow \overset{\delta^+}{H} \longrightarrow$ यह भी निकलने वाला हाइड्रोजन है। (sp)

(c) $CH_3 - \overset{O}{\overset{\|}{C}} \leftarrow \overset{\delta^-}{CH_2} \leftarrow \overset{\delta^+}{H} \longrightarrow$ $-I$ प्रभावी के कारण यह अम्लीयता भी प्रदर्शित करता है। ($-I$)

(d) यह अत्यधिक अम्लीय है क्योंकि H-परमाणु युक्त कार्बन परमाणु तीन प्रबल $-I$ प्रभाव वाले समूहों $\left(-\overset{O}{\overset{\|}{C}}-OMe\right)$ का अनुभव करता है।

(प्रबल $-I$ प्रभाव; MeO, OMe, OMe; δ^-, H^{δ^+})

तीन प्रबल $-I$ प्रभाव युक्त समूहों के कारण यौगिक (d) अत्यधिक अम्लीय हाइड्रोजन वाला होता है।

31. *(a)* ताप विद्युत संयन्त्र (Thermal power plants) वायुमण्डल में नाइट्रोजन (NO_2) तथा सल्फर (SO_2) के ऑक्साइड का उत्सर्जन करते हैं, जो वर्षा जल (H_2O) की उपस्थिति के कारण क्रमश: HNO_3 तथा H_2SO_4 में परिवर्तित हो जाते हैं।

$$4NO_2 + O_2 + 2H_2O \longrightarrow 4HNO_3$$

$$SO_2 + \frac{1}{2}O_2 + H_2O \longrightarrow H_2SO_4$$

वर्षा जल में इन यौगिकों की उपस्थिति अम्लीय ($pH < 5.6$) हो जाती है और इसे अम्लीय वर्षा कहा जाता है।

'ब्लू बैबी सिन्ड्रॉम' मुख्यत: रक्त में ऑक्सीजन की कमी की स्थिति के कारण होता है जिसके परिणामस्वरूप शिशुओं में त्वचा का रंग नीला हो जाता है।

'ओजोन परत क्षय' के अन्तर्गत ओजोन अणु, क्लोरोफ्लुओरो कार्बन (CFCs) से अभिक्रिया करता है।

सुपोषण (Eutrophication) जल प्रदूषण से सम्बन्धित है, जिसमें अधिक मात्रा में फॉस्फेट तथा नाइट्रेट जलीय तन्त्रों में डाल दिए जाते हैं।

32. *(d)* अम्लीय बफर विलयन, दुर्बल अम्ल तथा प्रबल क्षार से क्रिया द्वारा बने लवण की सम मोलर मात्राओं को मिश्रित करने पर बनता है।

दो विलयनों के मिश्रण से प्राप्त प्रत्येक मिश्रण का संगठन इस प्रकार है :

(a) $CH_3COOH + NaOH \rightarrow CH_3CO\overset{-}{O}\overset{+}{Na} + H_2O$

मिलीमोल	CH_3COOH	$NaOH$	CH_3COONa	H_2O
$t = 0$	100×0.1	100×0.1	0	0
$t = \alpha$	0	0	10	10

यह एक बफर विलयन नहीं है

(b) NaCl एक लवण है, जिसमें प्रबल अम्ल (HCl) तथा प्रबल क्षार (NaOH) का जल-अपघटन नहीं होता है।

अत: यह भी एक बफर विलयन नहीं है।

(c) $CH_3COOH + NaOH \rightarrow CH_3CO\overset{-}{O}\overset{+}{Na} + H_2O$

मिलीमोल	CH_3COOH	$NaOH$	CH_3COONa	H_2O
$t = 0$	100×0.1 (Limiting)	200×0.1	0	0
$t = \alpha$	0	$20 - 10 = 10$	10	10

विलयन को मिश्रित करने पर यह NaOH (प्रबल क्षार) तथा $CH_3CO\overset{-}{O}\overset{+}{Na}$ (लवण) द्वारा सम मोलर मात्रा प्राप्त होती है। अत: विलयन बफर नहीं है।

(d) $CH_3CO\overset{-}{O}\overset{+}{Na} + HCl \rightarrow CH_3COOH + NaCl$

मिलीमोल	CH_3COONa	HCl	CH_3COOH	$NaCl$
$t = 0$	200×0.1	100×0.1 (Limiting)	0	0
$t = \alpha$	$20 - 10 = 10$	0	10	10

प्राप्त परिणामी विलयन में CH_3COOH (दुर्बल अम्ल) तथा CH_3COONa (एक प्रबल क्षार, NaOH के साथ CH_3COOH का लवण) विद्यमान रहते हैं। इस विलयन को ऐसीटेट बफर विलयन कहते हैं।

33. *(a)* अन्तरअणुक हाइड्रोजन आबन्ध के कारण एक से अधिक अणु परस्पर जुड़ जाते हैं। फलस्वरूप अणु का आकार बड़ा हो जाता है तथा अणुओं में परस्पर आकर्षण बल अधिक हो जाने के कारण यौगिकों के गलनांक एवं क्वथनांक अधिक हो जाते हैं।

उदाहरण—जल

$$nH_2O \xrightarrow{\text{अन्तरअणुक H-आबन्ध}} \underbrace{(H_2O)_n \text{ या } H_2O\,(l)}_{\text{जल}}$$

$$\cdots H - \overset{\delta^-}{O} \cdots \overset{\delta^+}{H} - \overset{\delta^-}{O} \cdots \overset{\delta^+}{H} - \overset{\delta^-}{O} \cdots$$

H-आबन्ध

H_2O द्रव (जल) का क्वथनांक H_2S से अधिक होता है, क्योंकि H_2O में अणुओं के बीच H-आबन्ध होते हैं, जबकि H_2S में S के कम ऋणविद्युती होने के कारण H-आबन्ध नहीं बनते हैं। अत: H_2O का क्वथनांक 373 K, H_2S से अधिक होता है।

34. *(d)* टिण्डल प्रभाव एक प्रकाशिक गुण है, जिसमें प्रकाश के प्रबल पुँज को अन्धेरे स्थान में रखे कोलॉइडी सॉल से गुजारा जाता है, तो पुँज का पथ प्रकाशित होने लगता है। प्रकाश पुँज का तरंगदैर्ध्य 400 nm आपतित पुँज से अधिक होता है।

यहाँ प्रकीर्णित प्रकाश की तीव्रता परिक्षिप्त अवस्था (Dispersed phase) व परिक्षेपण माध्यम (Dispersion medium) अपवर्तनांक के बीच के अन्तर पर निर्भर करती है। द्रवविरोधी सॉल (Lyophobic sol) यह अन्तर बहुत अधिक होता है तथा इसलिए प्रबल टिण्डल प्रभाव प्रदर्शित होता है, लेकिन द्रवस्नेही सॉल (Lyophilic sol) में यह अन्तर बहुत कम होता है। अत: टिण्डल प्रभाव बहुत दुर्बल होता है।

35. *(d)*

(d) साबुन उद्योग में, ग्लिसरॉल का शोधन या पृथक्करण निर्वात् आसवन या कम दाब पर आसवन द्वारा किया जाता है। इसमें ग्लिसरॉल, अपने क्वथनांक (563 K) पर अपघटित हो जाता है।

अत: (d) विकल्प सही है।

(a) **प्रभाजी आसवन** का उपयोग दो द्रवों के क्वथनांकों के मध्य का अन्तर कम (30°C से कम) होने पर किया जाता है।

उदाहरण-पेट्रोलियम के विभिन्न प्रभाजों का पृथक्करण।

(b) **विभेदी निष्कर्षण विधि** में किसी पदार्थ को एक विलायक से अन्य विलायक में पृथक् किया जाता है।

उदाहरण—बेन्जोइक अम्ल का इसके जलीय विलयन से बेन्जीन के प्रयोग द्वारा पृथक्करण।

(c) **भाप आसवन विधि** का प्रयोग ऐसे कार्बनिक ठोसों अथवा द्रवों के शोधन या पृथक्करण के लिए किया जाता है, जो भाप में वाष्पशील तथा जल में अमिश्रणीय होते हैं।
उदाहरण-*o*-नाइट्रोफीनॉल तथा *p*-नाइट्रोफीनॉल के पृथक्करण में।

36. *(d)* $[Ti(H_2O)]^{3+}$ में, Ti^{3+} आयन d^1 विन्यासित एक अष्टफलकीय संकुल है।
अष्टफलकीय क्रिस्टल क्षेत्र में, Ti^{3+}का विन्यास $t_{2g}^1 e_g^0$ होगा।

अतः, $\text{CFSE} = [(-0.4) \times 1 + (+0.6) \times 0]\,\Delta_0$

$$= -0.4 \times \Delta_0$$
$$= -0.4 \times 20{,}300 \text{ cm}^{-1} \quad [\because \Delta_0 = 20{,}300 \text{ cm}^{-1}]$$
$$= -0.4 \times \frac{20{,}300}{83.7} \text{ kJ mol}^{-1} \quad [\because 1 \text{ kJ mol}^{-1} = 83.7 \text{ cm}^{-1}]$$
$$= -97.103 \text{ kJ mol}^{-1}$$
$$\Rightarrow \quad \text{CFSE} = 97 \text{ kJ mol}^{-1}$$

37. *(a)* पूर्ण अभिक्रिया I, II, III, IV निम्न प्रकार हैं—

(I) नाइट्रोबेन्ज़ीन ($C_6H_5NO_2$) $\xrightarrow[\text{[H]}]{\text{Sn/HCl}}$ ऐनिलीन ($C_6H_5NH_2$)
NH_2 के N का आकलन जेल्डाल विधि से किया जाता है।

(II) $C_6H_5CN \xrightarrow[\text{[H]}]{\text{LiAlH}_4}$ $C_6H_5CH_2-NH_2$ (बेन्ज़िलऐमीन)

(III) $C_6H_5CH_2CN \xrightarrow[\text{(ii) } H_2O]{\text{(i) } SnCl_2 + HCl} C_6H_5CH_2CH{=}O$
(स्टीफन अपचयन) (2-फेनिल एथेनल)
इस यौगिक में N नहीं होता है। अतः जेल्डाल विधि प्रयुक्त नहीं होती है।

(IV) $C_6H_5NH_2 \xrightarrow[\text{HCl}]{\text{NaNO}_2} C_6H_5\ddot{N}{=}\overset{\oplus}{N}{:}\,Cl^{\ominus}$
(डाइएज़ोटिकरण अभिक्रिया) (बेन्ज़ीन डाइएज़ोनियम क्लोराइड)
(जेल्डाल विधि —N=N— या ऐज़ो समूह पर प्रयुक्त नहीं होती है।

अतः अभिक्रियाओं के उत्पाद (III) तथा (IV) (विकल्प (a)) जेल्डाल परीक्षण नहीं देते हैं। अतः विकल्प (a) सही है।

38. *(a)* अन-निल-इनियम तत्व का परमाणु क्रमांक 109 है।

(a) $Z = \underbrace{1}_{\text{un}}\ \underbrace{0}_{\text{nil}}\ \underbrace{9}_{\text{enn}}$ – ium ⇒ अननिलइनियम

(b) $Z = \underbrace{1}_{\text{un}}\ \underbrace{0}_{\text{nil}}\ \underbrace{2}_{\text{bi}}$ – ium ⇒ अननिलबियम

(c) $Z = \underbrace{1}_{\text{un}}\ \underbrace{1}_{\text{nil}}\ \underbrace{8}_{\text{oct}}$ – ium ⇒ अननिलऑक्टियम

(d) $Z = \underbrace{1}_{\text{un}}\ \underbrace{1}_{\text{nil}}\ \underbrace{9}_{\text{enn}}$ – ium ⇒ अनअनइनियम

39. *(b)* केवल कथन (b) सही है जबकि अन्य सभी कथन गलत हैं।
शून्य कोटि अभिक्रिया, एक बहुपद अभिक्रिया है क्योंकि अधिकांश शून्य कोटि की अभिक्रियाओं में मुक्त मूलक मध्यवर्ती बनता है, जो श्रृंखला प्रारम्भिक श्रृंखला संचरण तथा श्रृंखला-समापन पदों के अन्तर्गत होता है। उदाहरण-मुक्त मूलक प्रतिस्थापन अभिक्रिया

(a) द्वितीय कोटि की अभिक्रिया हमेशा एकल पद में होती है। उदाहरण-S_N2 और E_2 अभिक्रियाएँ
(c) प्रथम कोटि की अभिक्रिया में जब मध्यवर्ती उपस्थित हो, तो यह बहु पद अभिक्रिया हो सकती है। जैसे-कार्बधनायन(I_1), अधिक स्थायी आयन (I_2) में पुर्नव्यवस्थित हो जाता है।
विकल्प (d) भी इसी प्रकार हे।
अतः विकल्प (a), (c) तथा (d) गलत हैं।

40. *(c)* NaCl एक प्रबल विद्युत-अपघट्य है, जबकि $BaSO_4$ एक अल्पविलेय (दुर्बल) विद्युत अपघट्य है, इसलिए संतृप्त घोल में, NaCl का लगभग Na^+ और Cl^- में वियोजित हो जाता है। परन्तु $BaSO_4$ का Ba^{2+} और SO_4^{2-} में वियोजित बहुत कम मात्रा में हो पाता है।
लेकिन $BaSO_4$ के वियोजन की मात्रा ताप बढ़ाने के साथ बढ़ती है।

$$BaSO_4(s) \rightleftharpoons Ba^{2+}(aq) + SO_4^{2+}(aq)$$

पुनः ताप बढ़ाने से आयनिक गतिशीलता में भी वृद्धि होती है।
अतः विकल्प (a), (b) और (d) सही हैं, लेकिन (c) गलत है।
NaCl के जल की विलेयता ताप बढ़ाने पर लगभग स्थिर रहती है। विकल्प (c) गलत है।

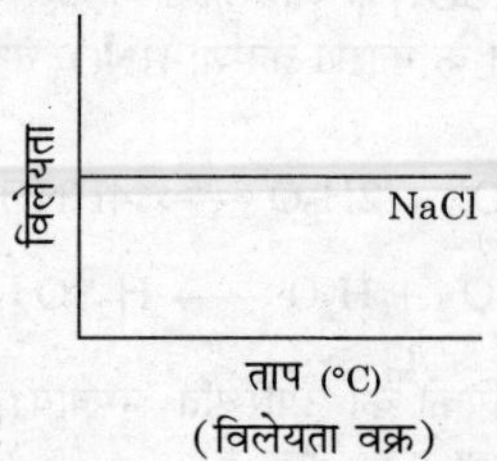

(विलेयता वक्र)

41. *(d)*

(a) $\Rightarrow$ *ट्रान्स*-$[Cr(Cl_2)(ox)_2]^{3-}$ अध्यारोपित दर्पण प्रतिबिम्ब देगा (प्रकाशिक अक्रिय)

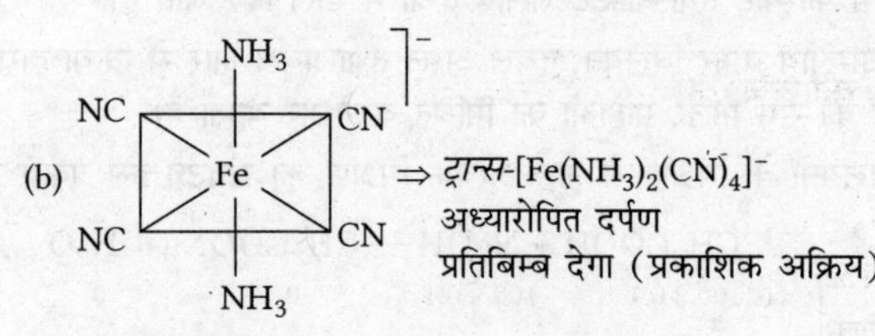

(b) $\Rightarrow$ *ट्रान्स*-$[Fe(NH_3)_2(CN)_4]^-$ अध्यारोपित दर्पण प्रतिबिम्ब देगा (प्रकाशिक अक्रिय)

(c) $\Rightarrow$ *सिस*- $[Fe(NH_3)_2(CN)_4]^-$ में तल सममिति उपस्थित है अतः यह भी प्रकाशिक अक्रिय है।

(d) $\Rightarrow$ *सिस*- $[CrCl_2(ox)_2]^{3-}$ अनअध्यारोपित दर्पण प्रतिबिम्ब देगा। अतः यह प्रकाशिक सक्रिय है।

अत: विकल्प (d) सही है।

42. *(a)* ऐक्वारेजिया HCl तथा सान्द्र HNO_3 (3 : 1, *V / V*) का मिश्रण होता है।

(i) $HNO_3 + 3HCl \longrightarrow NOCl + Cl_2\uparrow + 2H_2O$

(ii) $NOCl \longrightarrow NO\uparrow + [Cl]$

$\Rightarrow Pt(s) + 4[Cl] + 2HCl \longrightarrow H_2[PtCl_6](aq)$

$\Rightarrow Au(s) + 3[Cl] + HCl \longrightarrow \underbrace{H[AuCl_4](aq)}_{\text{विलेय रूप}}$

अत: इस प्रक्रिया में मुक्त गैस NO है।

43. *(d)* पाइरोफॉस्फोरिक अम्ल $(H_4P_2O_7)$ अणु की संरचना

$$HO-\underset{\underset{O}{\|}}{\overset{\overset{HO}{|}}{P}}-O-\underset{\underset{O}{\|}}{\overset{\overset{OH}{|}}{P}}-OH$$

P—OH की संख्या = 4, P ═ O बन्ध = 2 तथा P—O—P बन्ध = 1.

44. *(b)* प्रतिजनन औषध नोवेस्ट्रॉल या एथिनाइल एस्ट्रेडिओल की संरचना निम्न होती है।

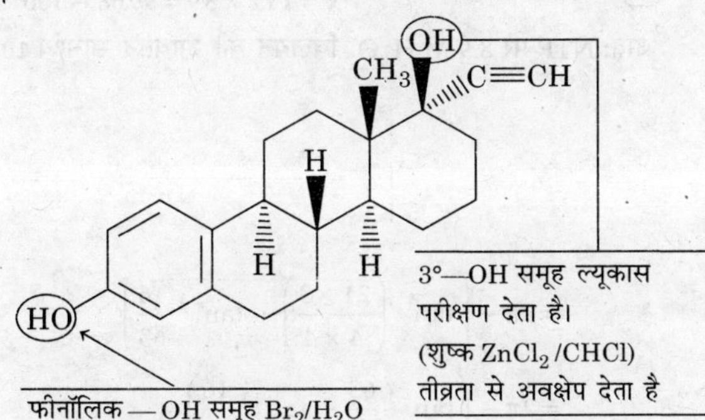

3°—OH समूह ल्यूकास परीक्षण देता है। (शुष्क $ZnCl_2$ /CHCl) तीव्रता से अवक्षेप देता है

फीनॉलिक — OH समूह Br_2/H_2O से क्रिया करके सफेद अवक्षेप देता है तथा फीनॉलिक — OH समूह $FeCl_3$ के साथ बैंगनी रंग देता है।

अत: विकल्प (b) में अभिकर्मकों का सही योग है अर्थात् Br_2/जल, $ZnCl_2$/HCl तथा $FeCl_3$

45. *(d)*

MOs का ऊर्जा क्रम $\sigma_{1s}\sigma^*_{1s}\sigma_{2s}\sigma^*_{2s}\pi_{2p_x}=\pi_{2p_y}\ \sigma_{2p_z}\ \pi^*_{2p_x}=\pi^*_{2p_y}$

$$\text{बन्धक्रम} = \frac{N_b - N_a}{2}$$

$NO(15e^-)$: 2 2 2 2 2 2 2 1 0 $\rightarrow \dfrac{10-5}{2} = 2.5$

$\overset{+}{N}O(14e^-)$: 2 2 2 2 2 2 2 0 0 $\rightarrow \dfrac{10-4}{2} = 3$

$\overset{2+}{N}O(13e^-)$: 2 2 2 2 2 2 1 0 0 $\rightarrow \dfrac{9-4}{2} = 2.5$

$\overset{-}{N}O(16e^-)$: 2 2 2 2 2 2 2 1 1 $\rightarrow \dfrac{10-6}{2} = 2$

हम जानते हैं,

$$\text{बन्ध लम्बाई} \propto \frac{1}{\text{बन्ध क्रम}} \propto \frac{1}{\text{बन्ध सामर्थ्य}}$$

अत: बन्ध सामर्थ्य का क्रम

$$NO^+ > NO = NO^{2+} > NO^-$$

अत: NO^- का बन्ध सामर्थ्य न्यूनतम होता है।

46. *(47.00)* माना ग्लूकोस के लिए,

द्रव्यमान = w_B g, मोल = n_B तथा मोल प्रभाज = χ_B

(मोलर द्रव्यमान, $M_B = 180\ g\ mol^{-1}$)

जल के लिए द्रव्यमान = w_A g, मोल = n_A तथा मोल अंश = χ_A

(मोलर द्रव्यमान, $M_A = 18\ g\ mol^{-1}$)

यहाँ, $\chi_A + \chi_B = 1$

$$\Rightarrow \frac{\chi_B}{\chi_A} = \frac{\chi_B}{1-\chi_B} = \frac{0.1}{0.9} = \frac{1}{9}$$

$$\Rightarrow \frac{\frac{n_B}{n_A+n_B}}{\frac{n_A}{n_A+n_B}} = \frac{1}{9} \quad \Rightarrow \frac{n_B}{n_A} = \frac{1}{9} \quad \Rightarrow \frac{\frac{w_B}{180}}{\frac{w_A}{18}} = \frac{1}{9}$$

$$\Rightarrow \frac{w_B}{180} \times \frac{18}{w_A} = \frac{1}{9} \quad \Rightarrow \frac{w_B}{w_A} = \frac{10}{9}$$

$$\Rightarrow \frac{w_B}{w_A} + 1 = \frac{10}{9} + 1 \quad \Rightarrow \frac{w_A}{w_A + w_B} = \frac{9}{19}$$

$$\Rightarrow \frac{w_A}{w_A + w_B} = \frac{9}{19} \times 100 = 47.368 \simeq 47.00$$

अत: विलयन में जल (*A*) का द्रव्यमान प्रतिशत 47.00 है।

47. *(58.3)*

$Pt(s)|H_2(g), 1\ bar|\ HCl(aq)(pH = 1)|\ Ag(s)|\ AgCl(s)$

अभिक्रिया

$$\frac{1}{2}H_2 + AgCl(s) \longrightarrow Ag(s) + H^+ + Cl^-$$

$$E_{cell} = E_{Ag} = \left\{0.22 - \frac{0.06}{1}\log[H^+][Cl^-]\right\}$$

$$E_K = 0.22 - \frac{0.06}{1}\log[H^+][Cl^-]$$

Na के लिए, $\dfrac{hc}{\lambda} = 2.3 - E_{Na}$ ...(i)

K के लिए, $\dfrac{hc}{\lambda} = 2.25 - E_K$ ...(ii)

समी (i) तथा (ii) से

$$2.3\ E_{Na} = 2.25 - E_K$$

$$0.05 - 0.22 + 0.06\log(10^{-1})(10^{-1})$$

$$= -0.22 + 0.06\log[H^+][Cl^-]$$

$$5 + 6\log(10^{-2}) = 6\log[H^+]^2 \quad -\frac{7}{12} = \log[H^+]$$

$$pH = +\frac{7}{12} = 0.5833$$

$$pH = x \times 10^{-2} = 58.3 \times 10^{-2}$$

अत: मान 58.3 है।

48. *(143.00)* घन के लिए $(Z = 4)$ इकाई कोष्ठिका

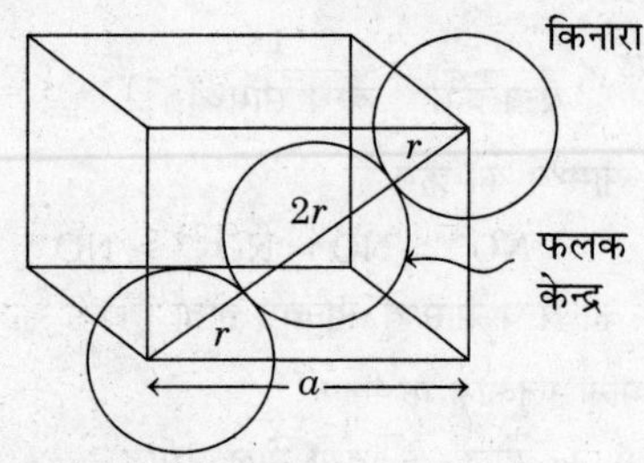

$r =$ तत्व की त्रिज्या

$a =$ घनीय इकाई कोष्ठिका (fcc) के किनारे की लम्बाई = 405 pm

$4r = \sqrt{2}a$

$\Rightarrow r = \frac{\sqrt{2} \times 405}{4}$ pm = 143.189 pm $\simeq$ 143 pm = 143×10^{-12} m

49. *(8.00)*

$$CH_3CH_2—\underset{\underset{(A)}{CH_3}}{\underset{|}{CH}}—CH=CH_2 \xrightarrow[(ii)\ X_2/\Delta]{(i)\ H_2/Ni/\Delta}$$

(साधारण प्रकाशिक सक्रिय ऐल्कीन)

X, * , (±) (P) + X, *, *, (±) (±) (Q) + X (R) + X (S)

अभिक्रिया में एकल हैलोजनीकृत उत्पादों (त्रिविम समावयवियों सहित) की संख्या

$P = 2, Q = 4, R = 1, S = 1$, अर्थात् कुल = 8

50. *(100.00)* 'x आयतन' $H_2O_2 = \frac{x}{11.2}$ M H_2O_2

अत: $\frac{x}{11.2} = 8.9$

$\Rightarrow x = 11.2 \times 8.9 = 99.68 \simeq 100$

अत: NTP पर 8.9 M H_2O_2 विलयन की आयतन सामर्थ्य 100 आयतन है।

गणित

51. *(c)* दिया गया समीकरण,

$y^2 + \log_e(\cos^2 x) = y, x \in \left(-\frac{\pi}{2}, \frac{\pi}{2}\right)$ ...(i)

x के सापेक्ष अवकलन करने पर,

$2yy' - 2\tan x = y'$ ...(ii)

पुन: x के सापेक्ष अवकलन करने पर,

$2(y')^2 + 2yy'' - 2\sec^2 x = y''$

$\Rightarrow 2(y')^2 + 2yy'' = 2\sec^2 x + y''$ ...(iii)

समीकरण (i) से, $y = 0$ या 1

अब, समीकरण (ii) से,

$x = 0$ पर, $y = 0 \Rightarrow y' = 0$ या $x = 0$ पर, $y = 1 \Rightarrow y' = 0$

अब, समीकरण (iii) से,

$x = 0$ पर, $y = 0$ तथा $y' = 0\ y'' = -2$

इसलिए $x = 0$ पर $y = 1$ तथा $y' = 0 \Rightarrow y'' = 2 \Rightarrow y''(0) = 2$

$\therefore |y''(0)| = 2$

अत: विकल्प (c) सही है।

52. *(c)* दिया है,

$$2\pi - \left(\sin^{-1}\frac{4}{5} + \sin^{-1}\frac{5}{13} + \sin^{-1}\frac{16}{65}\right)$$

$$= 2\pi - \left(\tan^{-1}\frac{4}{3} + \tan^{-1}\frac{5}{12} + \tan^{-1}\frac{16}{63}\right)$$

$$= 2\pi - \left(\tan^{-1}\frac{\frac{4}{3} + \frac{5}{12}}{1 - \frac{5}{9}} + \tan^{-1}\frac{16}{63}\right)$$

$$= 2\pi - \left(\tan^{-1}\left(\frac{21 \times 3}{4 \times 4}\right) + \tan^{-1}\frac{16}{63}\right)$$

$$= 2\pi - \left(\tan^{-1}\frac{63}{16} + \tan^{-1}\frac{16}{63}\right)$$

$$= 2\pi - \left(\cot^{-1}\frac{16}{63} + \tan^{-1}\frac{16}{63}\right) = 2\pi - \frac{\pi}{2} = \frac{3\pi}{2}$$

अत: विकल्प (c) सही है।

53. *(a)* माना समान्तर श्रेणी का सार्वान्तर, 'd' है, जिसका प्रथम पद 3 है, इसलिए प्रश्नानुसार

$S_{25} = S_{40} - S_{25} \Rightarrow 2S_{25} = S_{40}$

$\Rightarrow 2 \times \frac{25}{2}[(2 \times 3) + (25-1)d] = \frac{40}{2}[(2 \times 3) + (40-1)d]$

$\Rightarrow 5[6 + 24d] = 4[6 + 39d] \Rightarrow 30 + 120d = 24 + 156d$

$\Rightarrow 36d = 6 \Rightarrow d = \frac{1}{6}$

अत: विकल्प (a) सही है।

54. *(d)* दिए गए दीर्घवृत्त का समीकरण

$3x^2 + 4y^2 = 12 \Rightarrow \frac{x^2}{4} + \frac{y^2}{3} = 1$ ...(i)

$\therefore$ दीर्घवृत्त (i) की उत्केन्द्रता $(e_1) = \sqrt{1 - \frac{3}{4}} = \frac{1}{2}$

$\therefore$ नाभि के निर्देशांक $(\pm 1, 0)$ है।

अब, दिया है कि अतिपरवलय की अनुप्रस्थ अक्ष की लम्बाई $\sqrt{2}$ है, इसलिए $\frac{\sqrt{2}}{2} e_2 = 1$, जहाँ e_2 अतिपरवलय की उत्केन्द्रता है।

इसलिए, $e_2 = \sqrt{2}$

$\therefore$ दिया गया अतिपरवलय समकोणीय अतिपरवलय है तथा इसका समीकरण

$$\frac{x^2}{\left(\frac{1}{\sqrt{2}}\right)^2} - \frac{y^2}{\left(\frac{1}{\sqrt{2}}\right)^2} = 1 \Rightarrow x^2 - y^2 = \frac{1}{2} \quad ...(ii)$$

इसलिए, दिए गए विकल्पों में से बिन्दु $\left(\sqrt{\frac{3}{2}}, \frac{1}{\sqrt{2}}\right)$ अतिपरवलय (ii) से होकर नहीं गुजरता है।

अतः विकल्प (d) सही है।

55. *(b)* P का प्रतिधनात्मक $\Rightarrow \sim (P \wedge (\sim q)) = P$

$\Rightarrow (\sim p \vee q) = (\sim p) \vee ((\sim p) \vee q)$ [डी मॉर्गन प्रमेय से]

$= (\sim p) \vee q$

अतः विकल्प (b) सही है।

56. *(c)* दिए गए अतिपरवलय का समीकरण

$$y^2 = 12x \quad ...(i)$$

माना, परवलय पर कोई बिन्दु $P(3t^2, 6t)$ है।

चूँकि बिन्दु N, P से परवलय के अक्ष (अर्थात् X-अक्ष) पर डाला गया लम्ब पाद है। इसलिए N का निर्देशांक $(3t^2, 0)$ तथा M, PN का मध्य बिन्दु है, इसलिए M के निर्देशांक $(3t^2, 3t)$ हैं। अब, बिन्दु M से गुजरने वाले परवलय के अक्ष के समान्तर का समीकरण

$$y = 3t \quad ...(ii)$$

इसलिए, परवलय (i) तथा रेखा (ii) का प्रतिच्छेदन बिन्दु $Q\left(\frac{3t^2}{4}, 3t\right)$ है,

इसलिए रेखा NQ का समीकरण

$$y - 0 = \frac{3t}{\frac{3t^2}{4} - 3t^2}(x - 3t^2) \quad ...(iii)$$

रेखा (iii) से बने y अन्तःखण्ड के लिए, $x = 0$ रखने पर,

$$y = \frac{1}{1/4 - 1}(-3t) = \frac{12t}{3} = \frac{4}{3} \quad \text{(दिया है)}$$

$\Rightarrow \quad t = \frac{1}{3}$

$\therefore \quad P\left(\frac{1}{3}, 2\right), N\left(\frac{1}{3}, 0\right), M\left(\frac{1}{3}, 1\right), Q\left(\frac{1}{12}, 1\right)$

$\therefore PN = 2$ तथा $MQ = \frac{1}{3} - \frac{1}{12} = \frac{1}{4}$

57. *(a)* दिए गए समुच्चय

$A = \{m \in \mathbf{R} : x^2 - (m+1)x + m + 4$ के दोनों मूल वास्तविक हैं$\}$

तथा $B = [-3, 5)$

$\therefore \ x^2 - (m+1)x + m + 4 = 0;$

$m \in R$ के मूल वास्तविक हैं।

$\Rightarrow \quad (m+1)^2 - 4(m+4) \geq 0 \Rightarrow m^2 - 2m - 15 \geq 0$

$\Rightarrow \quad m^2 - 5m + 3m - 15 \geq 0 \quad \Rightarrow m(m-5) + 3(m-5) \geq 0$

$\Rightarrow \quad (m+3)(m-5) \geq 0 \quad \Rightarrow m \in (-\infty, -3] \cup [5, \infty)$

$\therefore \quad A = (-\infty, -3] \cup [5, \infty)$

$\therefore A - B = (-\infty, -3) \cup [5, \infty)$

$A \cap B = \{-3\}, B - A = (-3, 5)$ तथा $A \cup B = R$

अतः विकल्प (a) सही है।

58. *(d)* दिया है, द्विघात समीकरण जिसके मूल α तथा β हैं, $x^2 + px + 2 = 0$

इसलिए $\alpha + \beta = -P$ तथा $\alpha\beta = 2$ तथा जिसके मूल $\frac{1}{\alpha}$ तथा $\frac{1}{\beta}$ हैं,

$$2x^2 + 2qx + 1 = 0$$

इसलिए, $\frac{1}{\alpha} + \frac{1}{\beta} = -q$

$$\left(\alpha - \frac{1}{\alpha}\right)\left(\beta - \frac{1}{\beta}\right)\left(\alpha + \frac{1}{\beta}\right)\left(\beta + \frac{1}{\alpha}\right)$$

$$= \left(\alpha\beta - \frac{\alpha}{\beta} - \frac{\beta}{\alpha} + \frac{1}{\alpha\beta}\right)\left(\alpha\beta + 1 + 1 + \frac{1}{\alpha\beta}\right)$$

$$= \left(2 - \frac{\alpha^2 + \beta^2}{\alpha\beta} + \frac{1}{2}\right)\left(2 + 1 + 1 + \frac{1}{2}\right)$$

$$= \left[\frac{5}{2} - \frac{(\alpha+\beta)^2 - 2\alpha\beta}{2}\right]\left[\frac{9}{2}\right]$$

$$= \frac{9}{4}(5 - (P)^2 + 4) = \frac{9}{4}(9 - P^2)$$

अतः विकल्प (d) सही है।

59. *(c)* दिया गया सारणिक

$$\Delta = \begin{vmatrix} x-2 & 2x-3 & 3x-4 \\ 2x-3 & 3x-4 & 4x-5 \\ 3x-5 & 5x-8 & 10x-17 \end{vmatrix}$$

$R_3 \to R_3 - R_2 - R_1$ लागू करने पर,

$$\Delta = \begin{vmatrix} x-2 & 2x-3 & 3x-4 \\ 2x-3 & 3x-4 & 4x-5 \\ 0 & -1 & 3x-8 \end{vmatrix}$$

$R_2 \to R_2' - 2R_1$ लागू करने पर,

$$\Delta = \begin{vmatrix} x-2 & 2x-3 & 3x-4 \\ 1 & -x+2 & -2x+3 \\ 0 & -1 & 3x-8 \end{vmatrix}$$

$= (x-2)[(2-x)(3x-8) + (-2x+3)]$

$\quad - 1[(2x-3)(3x-8) + (3x-4)]$

$= (x-2)[-3x^2 + 14x - 16 - 2x + 3]$

$\quad - [6x^2 - 25x + 24 + 3x - 4]$

$= (x-2)[-3x^2 + 12x - 13] - [6x^2 - 22x + 20]$

$= -3x^3 + 18x^2 - 37x + 26 - 6x^2 + 22x - 20$

$= -3x^3 + 12x^2 - 15x - 7$

$= Ax^3 + Bx^2 + Cx + D$ [दिया है]

विभिन्न पदों के गुणांकों की तुलना करने पर,

$A = -3, B = 12, C = -15$ तथा $D = -7$

$\therefore B + C = 12 - 15 = -3$

अतः विकल्प (c) सही है।

60. *(b)* दिया गया क्षेत्र है

$\{(x, y): 0 \le y \le x^2 + 1, 0 \le y \le x + 1, \frac{1}{2} \le x \le 2\}$

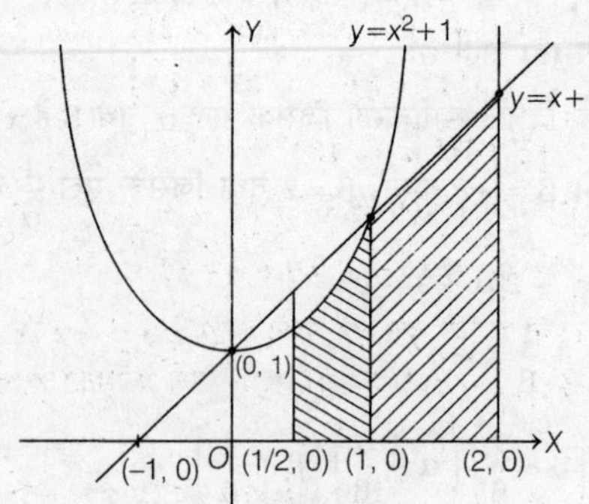

आकृति में छायांकित भाग का क्षेत्रफल

$$= \int_{1/2}^{1} (x^2 + 1)\, dx + \int_1^2 (x + 1) dx$$

$$= \left[\frac{x^3}{3} + x\right]_{1/2}^{1} + \left[\frac{x^2}{2} + x\right]_1^2$$

$$= \frac{1}{3} + 1 - \frac{1}{24} - \frac{1}{2} + \frac{4}{2} + 2 - \frac{1}{2} - 1$$

$$= 3 + \frac{1}{3} - \frac{1}{24} = \frac{72 + 8 - 1}{24} = \frac{79}{24} \text{ वर्ग इकाई}$$

अतः विकल्प (b) सही है।

61. *(a)* चूँकि, बिन्दुओं $(1, -2, 3)$ तथा $(1, 1, 0)$ को मिलाने वाली रेखा का समीकरण

$$\frac{x - 1}{0} = \frac{y - 1}{-3} = \frac{z - 0}{3} = k \qquad \text{(माना)}$$

$\therefore$ रेखा पर सामान्य बिन्दु के निर्देशांक $P(1, 1 - 3k, 3k)$ हैं। अब, माना कि बिन्दु $P(1, 1 - 3k, 3k)$, बिन्दु $M(4, 2, 3)$ से रेखा पर डाला गया लम्ब पाद है, इसलिए PM रेखा पर लम्ब है, अतः

$0(4 - 1) - 3(2 - 1 + 3k) + 3(3 - 3k) = 0$

$\Rightarrow -3 - 9k + 9 - 9k = 0$

$\Rightarrow 18k = 6 \Rightarrow k = \frac{1}{3}$

$\therefore$ बिन्दु $P(1, 0, 1)$ है तथा दिए गए विकल्पों में से समतल $2x + y - z = 1$ पर ही बिन्दु $P(1, 0, 1)$ स्थित है।

अतः विकल्प (a) सही है।

62. *(c)* दी गई अवकल समीकरण

$$(1 + e^{-x})(1 + y^2)\frac{dy}{dx} = y^2 \quad \Rightarrow \quad \int \frac{1 + y^2}{y^2}\, dy = \int \frac{e^x}{1 + e^x}\, dx$$

$$\Rightarrow \qquad \left(-\frac{1}{y} + y\right) = \log_c(1 + e^x) + c$$

जो कि बिन्दु $(0, 1)$ से होकर गुजरती है। इसलिए,

$$-1 + 1 = \log_e 2 + c \Rightarrow c = -\log_e 2$$

इसलिए, अभीष्ट वक्र का समीकरण

$$y^2 = 1 + y \log_e \left(\frac{1 + e^x}{2}\right)$$

अतः विकल्प (c) सही है।

63. *(d)* माना कि F वह घटना है, जिसमें एक पासे पर एक बार 4 प्राप्त हो तथा E वह घटना है, जिसमें पासों पर प्राप्त अंकों का योगफल 4 का गुणज है।

इसलिए, $F = \{(1, 4), (2, 4), (3, 4), (4, 4), (5, 4), (6, 4), (4, 6), (4, 5), (4, 3), (4, 2), (4, 1)\}$

तथा $E = \{(1, 3), (2, 2), (2, 6), (3, 5), (4, 4), (5, 3), (6, 2), (3, 1), (6, 6)\}$

अतः अभीष्ट सप्रतिबन्ध प्रायिकता

$$P\left(\frac{F}{E}\right) = \frac{P(F \cap E)}{P(E)} = \frac{1}{9}$$

अतः विकल्प (d) सही है।

64. *(c)* दिया गया समाकलन

$$\int_{-\pi}^{\pi} |\, \pi - |x|\, |\, dx$$

$$= 2\int_0^{\pi} |\, \pi - |x|\, |\, dx = 2\int_0^{\pi} |\, \pi - x\, |\, dx$$

$$= 2\int_0^{\pi} (\pi - x)\, dx \qquad [\because x \in (0, \pi)]$$

$$= 2\left[\pi x - \frac{x^2}{2}\right]_0^{\pi} = 2\left[\pi^2 - \frac{\pi^2}{2}\right] = 2\left(\frac{\pi^2}{2}\right) = \pi^2$$

अतः विकल्प (c) सही है।

65. *(c)* यदि चर m से M की ओर अग्रसर है, तब प्रसरण

$$\text{var}(x) \le \left(\frac{M - m}{2}\right)^2 \Rightarrow \text{var}(x) \le \left(\frac{10 - 0}{2}\right)^2$$

$\Rightarrow \text{var}(x) \le 25 \Rightarrow$ मानक विचलन $\in (-5, 5)$

$\therefore$ स्पष्टतः मानक विचलन 6 नही हो सकता है।

अतः विकल्प (c) सही है।

66. *(a)* दी गई रेखाएँ $\mathbf{r} = \hat{\mathbf{i}} - \hat{\mathbf{j}} + l(2\hat{\mathbf{i}} + \hat{\mathbf{k}})$ तथा

$\mathbf{r} = (2\hat{\mathbf{i}} - \hat{\mathbf{j}}) + m(\hat{\mathbf{i}} + \hat{\mathbf{j}} - \hat{\mathbf{k}})$, यदि ये प्रतिच्छेद करते हैं, तब

$(\hat{\mathbf{i}} - \hat{\mathbf{j}}) + l(2\hat{\mathbf{i}} + \hat{\mathbf{k}}) = (2\hat{\mathbf{i}} - \hat{\mathbf{j}}) + m(\hat{\mathbf{i}} + \hat{\mathbf{j}} - \hat{\mathbf{k}})$

इसलिए, $2l + 1 = m + 2$ ...(i)

$-1 = -1 + m$ ...(ii)

तथा $l = -m$ ...(iii)

समीकरण (ii) से, $m = 0$ तथा समीकरण (iii) से, $l = 0$

जहाँ $(l, m) = (0, 0)$, समीकरण (i) को सन्तुष्ट नहीं करता है।

इसलिए, रेखाएँ l तथा m के किसी भी मान के लिए प्रतिच्छेद नहीं करती हैं।

अतः विकल्प (a) सही है।

67. *(b)* कुछ $\lambda \in \mathbf{R} - \{0, 1\}$ के लिए

$$\lim_{x \to 0} \left|\frac{1 - x + |x|}{\lambda - x + [x]}\right| = L$$

$$\Rightarrow \qquad L = \lim_{x \to 0^-} \left|\frac{1 - x - x}{\lambda - 1}\right| = \lim_{x \to 0^+} \left|\frac{1 - x + x}{\lambda - 0}\right|$$

$$\Rightarrow \qquad L = \frac{1}{|\lambda - 1|} = \frac{1}{|\lambda|}$$

$\because |\lambda - 1| = |\lambda| \Rightarrow = \frac{1}{2}$

$\therefore \qquad L = 2$

अतः विकल्प (b) सही है।

68. (c) चूँकि, $^nP_{n-1} = \frac{n!}{1!} = n!$

इसलिए, $(2 \cdot {}^1P_0 - 3 \cdot {}^2P_1 + 4\ {}^3P_2 \ldots 51$ वें पद तक)

$+ (1! - 2! + 3! \ldots 51$वें पद तक)

$= (2(1!) - 3(2!) + 4(3!) \ldots 51$वें पद तक)

$+ (1! - 2! + 3! \ldots 51$वें पद तक)

$= (2! - 3! + 4! \ldots + (52)!) + (1! - 2! + 3! - \ldots + (51)!)$

$= 1 + (52)!$

अतः विकल्प (c) सही है।

69. (a) चूँकि, दिया गया फलन $f(x) = (3x - 7)x^{2/3}\ x \in R$ के लिए वर्द्धमान है

$\therefore \quad f'(x) \geq 0$

$\Rightarrow \quad \frac{2}{3} x^{-1/3}(3x - 7) + x^{2/3}(3) \geq 0, x \neq 0$

$\Rightarrow \quad \frac{2(3x - 7) + 9x}{x^{1/3}} \geq 0, x \neq 0$

$\Rightarrow \quad \frac{15x - 14}{x^{\frac{1}{3}}} \geq 0 \Rightarrow x \in (-\infty, 0) \cup \left(\frac{14}{15}, \infty\right)$

$\because \quad (-\infty, 0) \cup \left(\frac{14}{15}, \infty\right) \subset (-\infty, 0) \cup \left(\frac{14}{15}, \infty\right)$

अतः विकल्प (a) सही है।

70. (c) दिए गए द्विपद $(3^{1/2} + 5^{1/8})^n$ में सामान्य पद

$T_{r+1} = {}^nC_r\, 3^{\frac{n-r}{2}}\, 5^{\frac{r}{8}}$, जहाँ $0 \leq r \leq n$

अब, पूर्णांकीय पद $\frac{r}{8} \in I$ तथा $\frac{n-r}{2} \in 1$ के लिए, $\Rightarrow r = 0, 8, 16, 24, \ldots$

$\therefore$ यहाँ 33 पूर्णांकीय पद है, अतः r का महत्तम मान $= 256$

$\therefore n$ का निम्नतम मान 256 है।

अतः विकल्प (c) सही है।

71. (4) चूँकि, $(0.16)^{\log_{2.5}\left(\frac{1}{3} + \frac{1}{3^2} + \frac{1}{3^3} + \ldots \infty \text{ तक}\right)}$

$= (0.16)^{\log_{2.5}\left(\frac{1/3}{1 - 1/3}\right)} = (0.16)^{\log_{2.5}\left(\frac{1}{2}\right)}$

$= \frac{16}{100}^{\log_{2.5}(2)^{-1}} = \left(\frac{100}{16}\right)^{\log_{2.5}^2}$

$= \left(\frac{10}{4}\right)^{2\log_{2.5} 2} = (2.5)^{\log_{2.5} 2^2} = 2^2 = 4$

72. (10) दिया है, आव्यूह $A = \begin{bmatrix} x & 1 \\ 1 & 0 \end{bmatrix}$

$\Rightarrow \quad A^2 = \begin{bmatrix} x & 1 \\ 1 & 0 \end{bmatrix}\begin{bmatrix} x & 1 \\ 1 & 0 \end{bmatrix} = \begin{bmatrix} x^2 + 1 & x \\ x & 1 \end{bmatrix}$

$\Rightarrow \quad A^4 = \begin{bmatrix} x^2 + 1 & x \\ x & 1 \end{bmatrix}\begin{bmatrix} x^2 + 1 & x \\ x & 1 \end{bmatrix}$

$= \begin{bmatrix} (x^2 + 1)^2 + x^2 & x(x^2 + 2) \\ x(x^2 + 2) & x^2 + 1 \end{bmatrix}$

$\because \quad A^4 = [a_{ij}]$ तथा $a_{11} = 109$

$\Rightarrow (x^2 + 1)^2 + x^2 = 109 \Rightarrow x^2 = 9$

$\therefore \quad a_{22} = x^2 + 1 = 9 + 1 = 10$

73. (3) चूँकि, दिया है कि वृत्त का केन्द्र रेखा $x + y = 2$ पर स्थित है, इसलिए माना कि केन्द्र $(h, 2 - h)$ है एवं प्रथम चतुर्थांश में स्थित है, इसलिए $h > 0$ तथा $2 - h > 0$

$\Rightarrow \quad 0 < h < 2$

तथा वृत्त रेखाओं $x = 3$ तथा $y = 2$ को स्पर्श करता है, इसलिए त्रिज्या

$r = |h - 3| = |2 - h - 2|$

$\Rightarrow \quad r = |h - 3| = |h| \Rightarrow h = \frac{3}{2}$

$\therefore \quad r = \frac{3}{2} \Rightarrow$ वृत्त का व्यास $= 3$

74. (4) दिया है कि,

$$\left(\frac{1 + i}{1 - i}\right)^{m/2} = \left(\frac{1 + i}{i - 1}\right)^{n/2} = 1\ (m, n \in N)$$

$\Rightarrow \quad i^{\frac{m}{2}} = 1 = (-i)^{\frac{n}{3}}$

इसलिए 'm' और 'n' के न्यूनतम मान 8 और 12 हैं।

$\therefore \quad \text{GCD}(8, 12) = 4$

75. (8) दिया है,

$$\lim_{x \to 0} \left\{\frac{1}{x^8}\left(1 - \cos\frac{x^2}{2} - \cos\frac{x^2}{4} + \cos\frac{x^2}{2}\cos\frac{x^2}{4}\right)\right\} = 2^{-k}$$

$$\Rightarrow \quad \lim_{x \to 0} \frac{1}{x^8}\left(1 - \cos\frac{x^2}{2}\right)\left(1 - \cos\frac{x^2}{4}\right) = 2^{-k}$$

$$\Rightarrow \quad \lim_{x \to 0} \frac{2\sin^2\left(\frac{x^2}{4}\right) \cdot 2\sin^2\left(\frac{x^2}{8}\right)}{x^8} = 2^{-k}$$

$$\Rightarrow \quad \lim_{x \to 0} 4\left\{\left[\frac{\sin\frac{x^2}{4}}{\frac{x^2}{4}} \times \frac{\sin\frac{x^2}{8}}{\frac{x^2}{8}}\right]^2 \frac{\frac{x^8}{(32)^2}}{x^8}\right\} = 2^{-k}$$

$\Rightarrow \quad \frac{4}{2^{10}} = 2^{-k} \Rightarrow 2^{-k} = 2^{-8}$

$\Rightarrow \quad k = 8$

JEE Main संयुक्त प्रवेश परीक्षा

सॉल्वड पेपर 2020

04 सितम्बर, प्रथम पाली

भौतिकी

1. समतल ध्रुवित प्रकाश के पुँज का अनुप्रस्थ-काट क्षेत्रफल बड़ा है। यह पुँज, एक ध्रुवक (अनुप्रस्थ-काट क्षेत्रफल 3×10^{-4} मी^{2}) पर अभिलम्बवत् आपतित होता है। जिसकी एकसमान तीव्रता 3.3 वाट/मी^{2} है। ध्रुवक स्वयं के अक्ष के परित: 31.4 रेडियन/से की कोणीय चाल से घूमता है, तो ध्रुवक के प्रति घूर्णन में पारगमित प्रकाश की ऊर्जा है

(a) 15×10^{-4} जूल (b) 5.0×10^{-4} जूल

(c) 1.0×10^{-4} जूल (d) 1.0×10^{-5} जूल

2. दो बिन्दु आवेशों $4q$ तथा $-q$ को X-अक्ष पर $x = \frac{-d}{2}$ तथा $x = \frac{d}{2}$ पर रखा गया है यदि चित्र में दर्शाय गये अर्द्धवृत के अनुदिश एक आवेश q को मूलबिन्दु से $x = d$ ले जाते हैं, तो आवेश की ऊर्जा

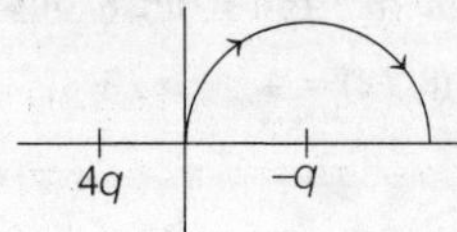

(a) $\frac{2q^2}{3\pi\varepsilon_0 d}$ से बढ़ जाती है (b) $\frac{4q^2}{3\pi\varepsilon_0 d}$ से घट जाती है

(c) $\frac{3q^2}{4\pi\varepsilon_0 d}$ से बढ़ जाती है (d) $\frac{q^2}{4\pi\varepsilon_0 d}$ से घट जाती है

3. 0.06 टेस्ला के बाह्य विद्युत क्षेत्र में एक छोटी चुम्बक, अक्ष से 30° कोण पर स्थित है, इस चुम्बक पर कार्यरत् बल-आघूर्ण 0.018 न्यूटन-मी है, तो इस चुम्बक को स्थायी से अस्थायी साम्यावस्था में घूर्णन कराने हेतु आवश्यक न्यूनतम कार्य है

(a) 9.2×10^{-3} जूल (b) 7.2×10^{-2} जूल

(c) 6.4×10^{-2} जूल (d) 11.7×10^{-3} जूल

4. एक लघु चुम्बक, कुण्डली के एक सिरे से दूसरे सिरे की ओर नियत चाल से गतिमान है, तो धारामापी में प्रेक्षित विक्षेप की सही श्रेणी है

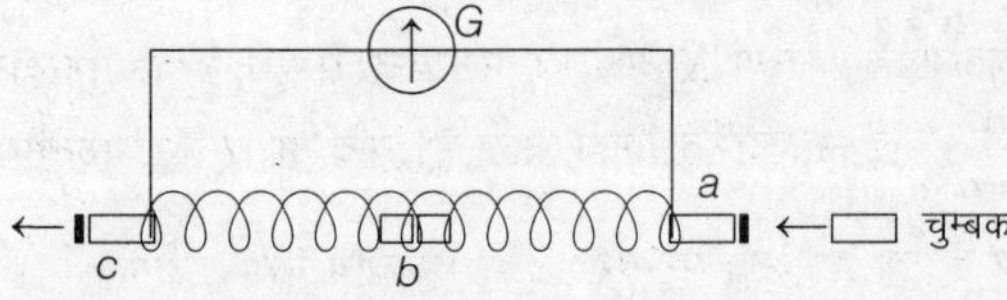

तीन स्थितियाँ प्रदर्शित करती हैं

(i) चुम्बक का प्रवेश

(ii) पूर्णत: चुम्बक का कुण्डली के अन्दर होना

(iii) चुम्बक का बाहर आना

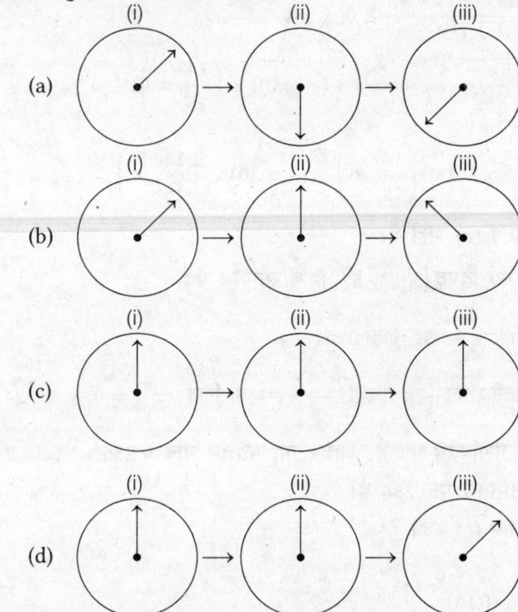

5. दो पतली आवेशित अनन्त प्लेटों का एकसमान पृष्ठीय आवेश घनत्व σ_+ तथा σ_- है, यहाँ $|\sigma_+| > |\sigma_-|$, जोकि एक-दूसरे को समकोण पर प्रतिच्छेदित करती है, तो निम्न मे से इस निकाय की चुम्बकीय बल-रेखाओं को प्रदर्शित करने वाला सही वक्र है

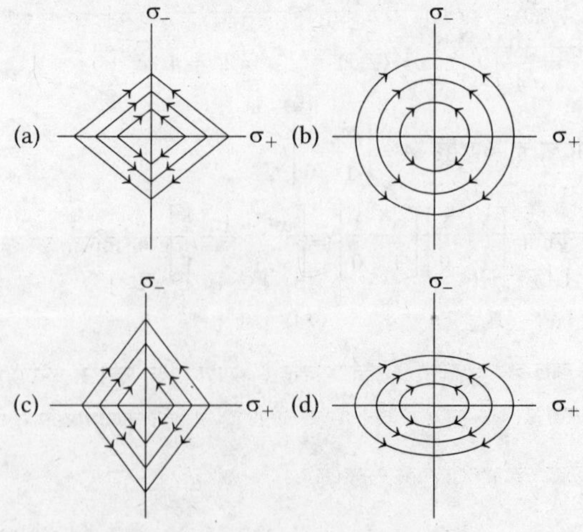

6. 1 सेमी त्रिज्या के वायु के बुलबुले, जल में उपस्थित हैं। जिस पर ऊपर की ओर कार्यरत् त्वरण 9.8 सेमी/से^{2} है। जल का घनत्व 1 ग्राम/सेमी^{3} और जल द्वारा बुलबुले पर कार्यरत् कर्षण (drag) बल नगण्य है, तो बुलबुले का द्रव्यमान होगा ($g = 980$ सेमी/से^{2})

(a) 1.52 ग्राम (b) 4.51 ग्राम

(c) 4.15 ग्राम (d) 3.15 ग्राम

7. परिपथ में प्रयुक्त जेनर डायोड का भंजन वोल्टेज 6 वोल्ट है नीचे दिये गये निवेशी वोल्टेज के चित्र के लिए, समय के साथ परिवर्तित निर्गत वोल्टेज का प्रारूप है

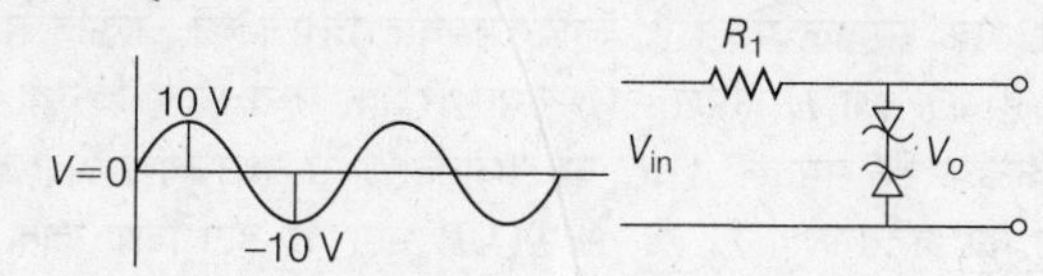

(a)

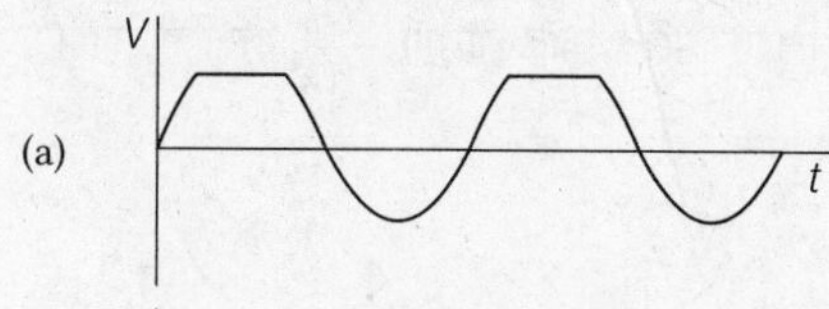

(b)

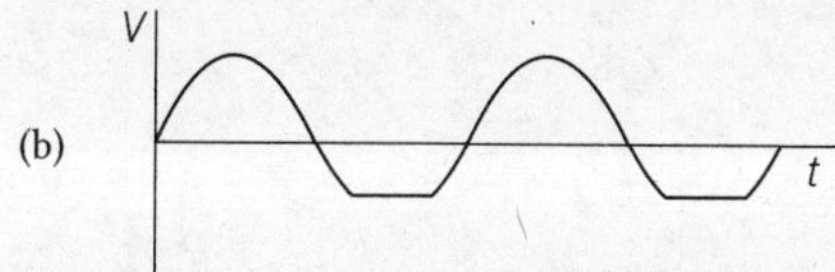

(c)

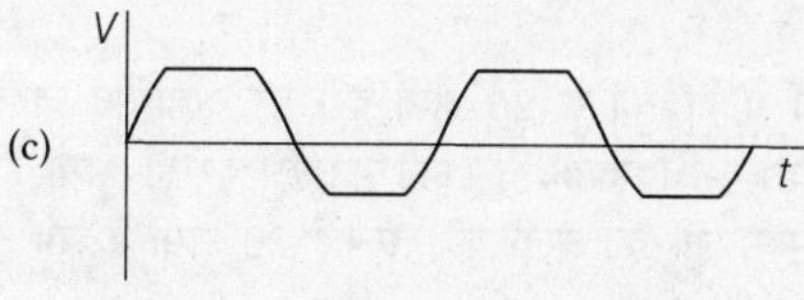

(d)

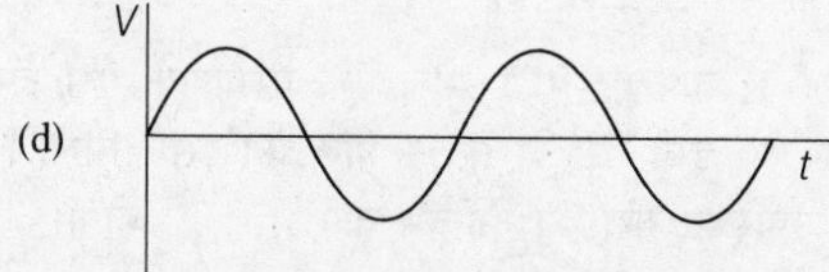

8. कण A का द्रव्यमान $m_A = \frac{m}{2}$ है, जोकि X-अक्ष के अनुदिश v_0 वेग से गतिमान है यह कण विरामावस्था में स्थित कण $B\left(m_B = \frac{m}{3}\right)$ से टकराता है। यदि दोनों कण X-अक्ष के अनुदिश गतिमान हैं, तो टक्कर से पूर्व कण A की डी-ब्रोग्ली तरंगदैर्ध्य में परिवर्तन, डी-ब्रोग्ली तरंगदैर्ध्य (λ_0) के पदों में होगी

(a) $\frac{5}{2}\lambda_0$ (b) $4\lambda_0$

(c) $2\lambda_0$ (d) $\frac{3}{2}\lambda_0$

9. तापीय चालकता का विमीय सूत्र है (यहाँ, K तापमान को इंगित करता है)

(a) $[M^1L^1T^{-2}K]$ (b) $[M^1L^1T^{-2}K^{-2}]$

(c) $[M^1L^1T^{-3}K^{-1}]$ (d) $[M^1L^1T^{-3}K]$

10. एक टेनिस बॉल को ऊँचाई h से छोड़ा जाता है, जोकि मुक्त रूप से लकड़ी के फर्श पर गिरती है तथा पुन: $\frac{h}{2}$ ऊँचाई तक जाती है, तो गति के दौरान वस्तु के वेग तथा ऊँचाई के मध्य ग्राफीय निरूप है

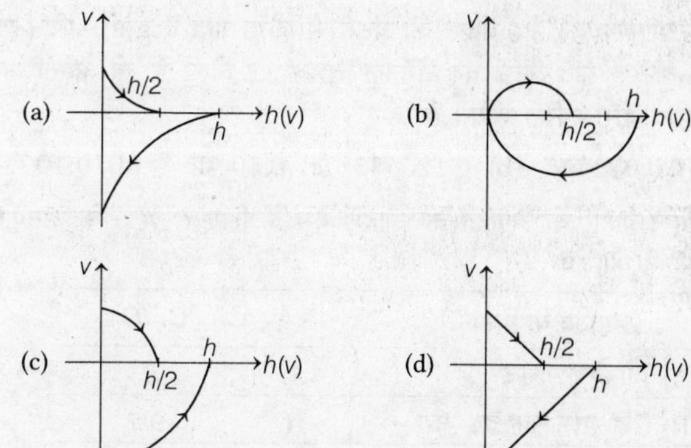

11. एक अनुप्रस्थ तरंग सरलरेखा के अनुदिश गतिमान है, जिसके दो श्रृंगों के मध्य दूरी 5 मी है, जबकि एक श्रृंग तथा एक गर्त के मध्य दूरी 1.5 मी है, तो तरंग की सम्भव तरंगदैर्ध्य है

(a) 1, 2, 3,..... (b) $\frac{1}{1}, \frac{1}{3}, \frac{1}{5}$,..... (c) 1, 3, 5,..... (d) $\frac{1}{2}, \frac{1}{4}, \frac{1}{6}$,.....

12. एक घर्षण रहित पृष्ठ पर $m, 2m, 4m$ तथा $8m$ के द्रव्यमानों को एक रेखा के अनुदिश व्यवस्थित किया गया है। द्रव्यमान m का एक अन्य ब्लॉक वेग v से चित्रानुसार, गतिमान है, जोकि द्रव्यमान m से पूर्णत: अप्रत्यास्थ संघट्ट करता है तथा अन्य सभी ब्लॉकों के मध्य भी पूर्ण प्रत्यास्थ संघट्ट होता है, जब अन्तिम ब्लॉक 8 m गति करना प्रारम्भ करता है, तो ऊर्जा में कुल हानि प्रारम्भिक ऊर्जा की P% होती है, तो P का मान है

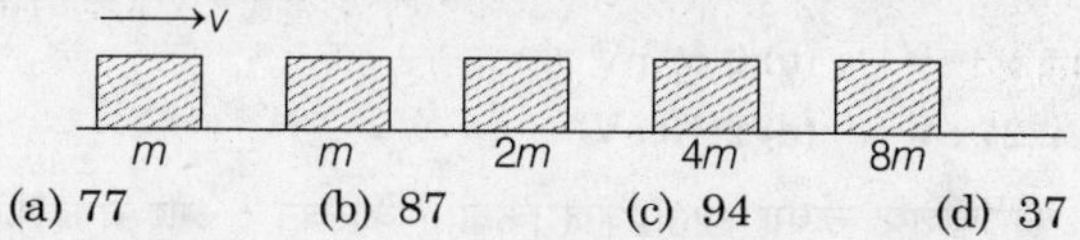

(a) 77 (b) 87 (c) 94 (d) 37

13. विद्युत चुम्बकीय तरंग के स्पेक्ट्रम के विभिन्न भागों की तरंगदैर्ध्यों के क्रम का सही विकल्प है

(a) $\lambda_{X\text{-किरण}} < \lambda_{\text{सूक्ष्म तरंग}} < \lambda_{\text{रेडियो तरंग}} < \lambda_{\text{दृश्य}}$

(b) $\lambda_{\text{दृश्य}} > \lambda_{X\text{-किरण}} > \lambda_{\text{रेडियो तरंग}} > \lambda_{\text{सूक्ष्म तरंग}}$

(c) $\lambda_{\text{रेडियो तरंग}} > \lambda_{\text{सूक्ष्म तरंग}} > \lambda_{\text{दृश्य}} > \lambda_{X\text{-किरण}}$

(d) $\lambda_{\text{दृश्य}} < \lambda_{\text{सूक्ष्म तरंग}} < \lambda_{\text{रेडियो तरंग}} < \lambda_{X\text{-किरण}}$

14. एक तार A को वृत्तीय चाप के रूप में मोड़ा गया है। जिसकी त्रिज्या 2 सेमी है तथा इसमें 2 ऐम्पियर की धारा प्रवाहित होती है। एक अन्य तार B को भी वृत्तीय चाप में मोड़ा गया है जिसकी त्रिज्या 4 सेमी है तथा इसमें 3 ऐम्पियर की धारा प्रवाहित होती है इन तारो को चित्रानुसार व्यवस्थित किया गया है, तो तार A तथा B के कारण उभयनिष्ठ केन्द्र O पर चुम्बकीय क्षेत्र का अनुपात होगा

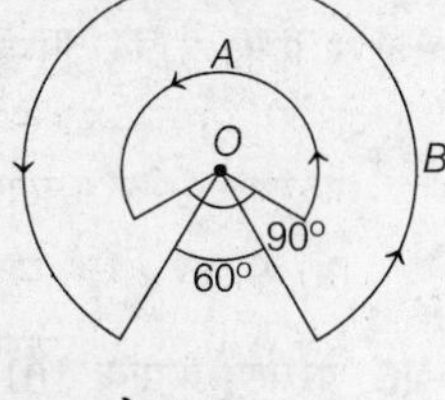

(a) 4 : 6 (b) 6 : 4 (c) 6 : 5 (d) 2 : 5

15. द्रव्यमान वितरण के कारण X-अक्ष पर मूलबिन्दु से x दूरी पर गुरुत्वीय क्षेत्र $\frac{Ax}{(x^2 + a^2)^{3/2}}$ से प्रदर्शित किया जाता है। यदि अनन्त पर गुरुत्वीय विभव शून्य है, तो X-अक्ष पर दूरी x पर गुरुत्वीय विभव होगा

(a) $\frac{A}{(x^2 + a^2)^{1/2}}$ (b) $A(x^2 + a^2)^{3/2}$

(c) $\frac{A}{(x^2 + a^2)^{3/2}}$ (d) $A(x^2 + a^2)^{1/2}$

16. एक प्रतिरोध को 3.0 वोल्ट की बैटरी से जोड़ा गया है इसमें क्षयित शक्ति 0.5 वाट है यदि बैटरी का टर्मिनल विभव 2.5 वोल्ट है, तो आन्तरिक प्रतिरोध द्वारा क्षयित शक्ति है

(a) 0.072 वाट (b) 0.125 वाट (c) 0.50 वाट (d) 0.10 वाट

17. विभिन्न प्रकार के अणुओं को आदर्श गैस के लिए C_p/C_V के अनुपात से सुमेलित कीजिए

	अणुओं के प्रकार		C_p/C_V
(A)	एक परमाणुक	I.	7/5
(B)	द्वि-परमाणुक दृढ़ अणु	II.	9/7
(C)	द्वि-परमाणुक अदृढ़ अणु	III.	4/3
(D)	त्रि-परमाणुक दृढ़ अणु	IV.	5/3

    A B C D   A B C D
(a) IV I II III   (b) III IV II I
(c) II III I IV   (d) IV II I III

18. एक धातु के लिए प्रकाश विद्युत प्रभाव के प्रयोग में प्राप्त कुछ बिन्दुओं को चित्र में दर्शाया गया है, तो इसकी सतह से इलेक्ट्रॉन के उत्सर्जन के लिए न्यूनतम ऊर्जा है
(प्लांक का नियतांक, $h = 6.62 \times 10^{-34}$ जूल-से)

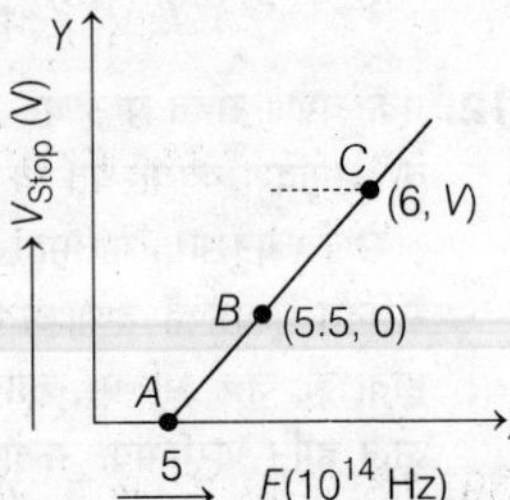

(a) 1.93 eV (b) 2.59 eV
(c) 2.27 eV (d) 2.10 eV

19. जल की विशिष्ट ऊष्मा 4200 जूल किग्रा$^{-1}$ केल्विन$^{-1}$ और बर्फ की गुप्त ऊष्मा 3.4×10^5 जूल/किग्रा है। 0°C पर 100 ग्राम बर्फ को 250 के 200 ग्राम जल में रखा गया है, तो जल का ताप 0°C तक पहुँचने में पिघलने वाली बर्फ की मात्रा (ग्राम में) है

(a) 63.8 (b) 69.3 (c) 64.6 (d) 61.7

20. एक कण मूलबिन्दु से $t = 0$ समय से चलना प्रारम्भ करता है, जिसका प्रारम्भिक वेग $5\hat{j}$ मी/से है कण xy-तल में नियत त्वरण $(10\hat{i} + 4\hat{j})$ मी/से^{2} से गतिमान है। किसी समय t पर कण के निर्देशांक (20 मी, y_0 मी) है, तो t तथा y_0 का मान क्रमशः होगा

(a) 2 सेकण्ड और 18 मी (b) 5 सेकण्ड और 25 मी
(c) 2 सेकण्ड और 24 मी (d) 4 सेकण्ड और 52 मी

21. द्रव्यमान m तथा त्रिज्या R की वृत्तीय चकती स्वयं के अक्ष के परितः कोणीय चाल ω_1 से गति करती है। यदि त्रिज्या $\frac{R}{2}$ तथा समान द्रव्यमान m की एक दूसरी चकती को इस पर समाक्षीय (co-axially) से गिराया जाता है, तो दोनों चकतियाँ एक नियत कोणीय चाल ω_2 प्राप्त कर लेती हैं। इस प्रक्रिया में ऊर्जा हानि, प्रारम्भिक ऊर्जा की P% है, तो P का मान .... है।

22. ABC एक समतल पटल है, जोकि समबाहु त्रिभुज की आकृति में बना हुआ है। D तथा E क्रमशः AB तथा AC के मध्य बिन्दु हैं तथा G पटल का केन्द्रक है। समतल ABC के लम्बवत् G से जाने वाले अक्ष के परितः पटल का जड़त्वाघूर्ण I_0 है। यदि ADE भाग को हटा दिया जाता है, तो शेष भाग का उसी अक्ष के परितः जड़त्वाघूर्ण $\frac{NI_0}{16}$ होता है, जहाँ N एक पूर्णांक है, तो N का मान .... है।

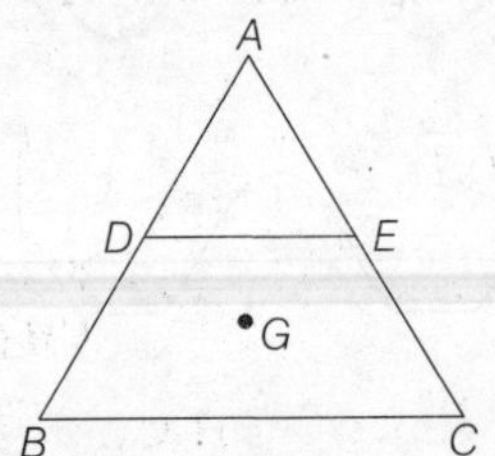

23. एक संयुक्त सूक्ष्मदर्शी में नेत्रिका से 25 सेमी दूरी पर आवर्धित वास्तविक प्रतिबिम्ब प्राप्त होता है। अभिदृश्यक लेंस की फोकस दूरी 1 सेमी है। यदि आवर्धन 100 तथा सूक्ष्मदर्शी की नली की लम्बाई 20 सेमी है, तो नेत्रिका की फोकस दूरी (सेमी में) .... है।

24. एक बन्द पात्र में 200 K ताप पर, 0.1 मोल एक परमाणुक गैस उपस्थित है। यदि 400 K ताप पर, इसी गैस के 0.05 मोल को इसमे मिला दिया जाता है, तो पात्र में उपस्थित गैस का अन्तिम ताप .... होगा।

25. हाइड्रोजन परमाणु के स्पेक्ट्रम में लाइमन श्रेणी की अधिकतम तथा न्यूनतम तरंगदैर्ध्य के मध्य अन्तर 304 Å है, तो पाश्चन श्रेणी के लिए संगत अन्तर (Å में) .... होगा।

रसायन विज्ञान

26. परमाणु क्रमांक 101 तथा 104 वाले तत्व क्रमशः सम्बन्धित होते हैं

(a) ऐक्टिनॉइड तथा समूह 4
(b) ऐक्टिनॉइड तथा समूह 6
(c) समूह 6 तथा ऐक्टिनॉइड
(d) समूह 11 तथा समूह 4

27. $[P]$, $Br_2/FeBr_3$ की उपस्थिति में CCl_4 से क्रिया द्वारा एकल समावयवी $C_8H_7O_2Br$ उत्पन्न करता है जबकि $[P]$ को सोडालाइम के साथ गर्म करने पर टॉलुईन देता है। यौगिक (P) है

(a) COOH, CH_3
(b) COOH, CH_3
(c) COOH, CH_3
(d) CH_2COOH

28. विद्युत चुम्बकीय स्पैक्ट्रम में क्षेत्र जहाँ बामर श्रेणी प्रदर्शित होती है

(a) अवरक्त (b) पराबैंगनी (c) माइक्रोवेव (d) दृश्य

29. $[Pt(en)(NO_2)_2]$ के सम्भव समावयवी है

(a) 3 (b) 2 (c) 4 (d) 1

30. लेड (II) नाइट्रेट को गर्म करने पर भूरी गैस (A) देता है। गैस (A) ठण्डा होने पर रंगहीन ठोस/द्रव (B) में परिवर्तित हो जाती है। $[B]$, NO के साथ गर्म करने पर ठोस (C) में परिवर्तित हो जाता है। ठोस (C) में नाइट्रोजन की ऑक्सीकरण संख्या है

(a) + 5 (b) + 4 (c) + 2 (d) + 3

31. Li, Na तथा K को वायु आधिक्य में गर्म करने पर निर्मित ऑक्साइड क्रमश: है

(a) Li_2O, Na_2O तथा K_2O_2 (b) Li_2O, Na_2O_2 तथा K_2O

(c) Li_2O, Na_2O_2 तथा KO_2 (d) Li_2O_2, Na_2O_2 तथा K_2O_2

32. जब निओपेन्टिल ऐल्कोहॉल को अम्ल के साथ गर्म करते हैं तो यह धीरे-धीरे क्रमश: ऐल्कीन A तथा B के 85 : 15 मिश्रण में परिवर्तित हो जाता है, यह ऐल्कीन है

(a) $(H_3C)_2C=CH-CH_3$ और $H_3C-C(=CH_2)-CH_2-CH_3$

(b) $(H_3C)_2CH-CH=CH_2$ और $H_2C=C(CH_3)-CH_2-CH_3$

(c) $(H_3C)_2C=CH-CH_3$ और $(H_3C)_2CH-CH=CH_2$

(d) $H_3C-C(=CH_2)-CH_2-CH_3$ और $(H_3C)_2CH-CH=CH_2$

33. निम्न कार्बनिक अणुओं की $AgNO_3$ विलयन के प्रति क्रियाशीलता का क्रम है

(A) 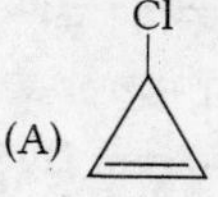
(B) 3-क्लोरो-1-मेथॉक्सीसाइक्लोप्रोपीन (Cl, OMe)

(C) $CH_3CH(Cl)CH_3$ (D) $CH_3CH(Cl)CH_2NO_2$

(a) (A) > (B) > (C) > (D) (b) (C) > (D) > (A) > (B)

(c) (B) > (A) > (C) > (D) (d) (A) > (B) > (D) > (C)

34. कथन (A)-(D) में से सही है।

(A) लाइम स्टोन, लोहे के ऑक्साइड से निष्कर्षण के दौरान CaO में विघटित हो जाता है।

(B) सिल्वर के निष्कर्षण में, सिल्वर ऋणायनिक संकुल के रूप में निष्कर्षित होता है।

(C) निकैल मॉण्ड प्रक्रिया द्वारा शुद्धिकृत किया जाता है।

(D) Zr तथा Ti का वान-अर्केल विधि द्वारा शोधन किया जाता है।

(a) (A), (B), (C) और (D) (b) केवल (A), (C) और (D)

(c) केवल (C) और (D) (d) केवल (B), (C) और (D)

35. *A, B, C* तथा *D* अणुओं के लिए अन्तर अणुक स्थितिज ऊर्जा निम्नानुसार दर्शायी गई है

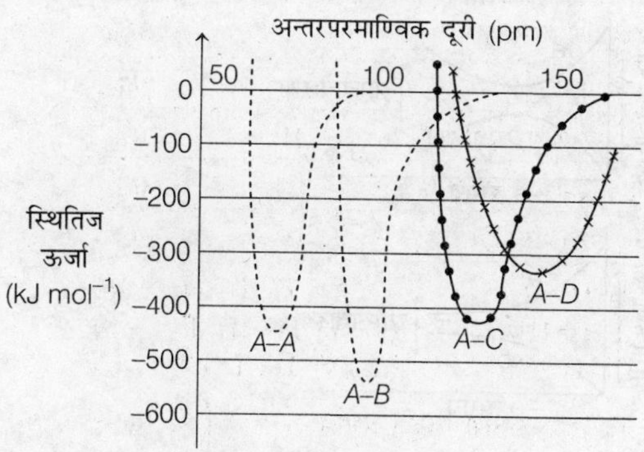

(a) *A*—*B* का प्रबल बन्ध होता है।

(b) *D*, अन्य परमाणुओं की अपेक्षा अधिक विद्युतऋणी है।

(c) *A*—*A* की अधिकतम बन्ध एन्थैल्पी होती है।

(d) *A*—*D* की बन्ध लम्बाई न्यूनतम होती है।

36. माल्टोज की संरचना में उपस्थित क्रियात्मक समूह क्या होता है?

(a) एक कीटैल तथा एक हेमीकीटैल

(b) एक ऐसीटैल तथा एक कीटैल

(c) एक ऐसीटैल तथा एक हेमीऐसीटैल

(d) दो ऐसीटैल

37.

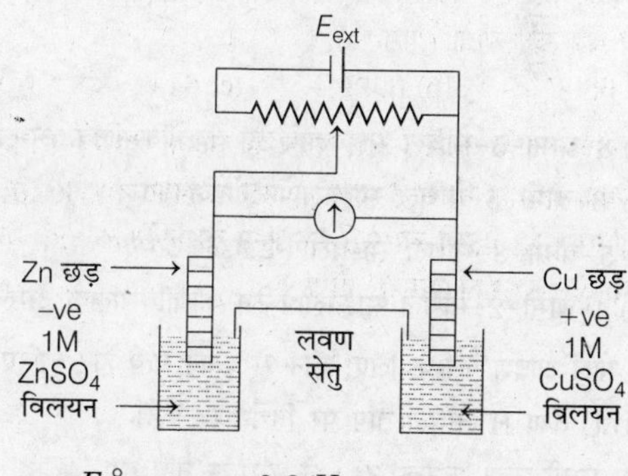

$$E^\circ_{Cu^{2+}/Cu} = +0.34V$$
$$E^\circ_{Zn^{2+}/Zn} = 0.76V$$

उपरोक्त सेल के लिए निम्न विकल्पों में से असत्य कथन को पहचानिए।

(a) यदि $E_{ext} > 1.1$ V, Zn, Zn इलेक्ट्रोड पर घुल जाता है तथा Cu, Cu इलेक्ट्रोड पर निक्षेपित हो जाता है।

(b) यदि $E_{ext} = 1.1$ V, इलेक्ट्रॉन या विद्युत प्रवाह नहीं होता है।

(c) यदि $E_{ext} > 1.1$ V, इलेक्ट्रॉन का प्रवाह Cu से Zn की ओर होता है।

(d) यदि $E_{ext} < 1.1$ V, जिंक, ऐनोड पर घुलता है तथा कॉपर कैथोड पर निक्षेपित होता है।

38. $A \rightleftharpoons B$ साम्यावस्था के लिए, अग्र (a) तथा पश्च (*b*) अभिक्रिया की समय के साथ दर को दिया जाता है।

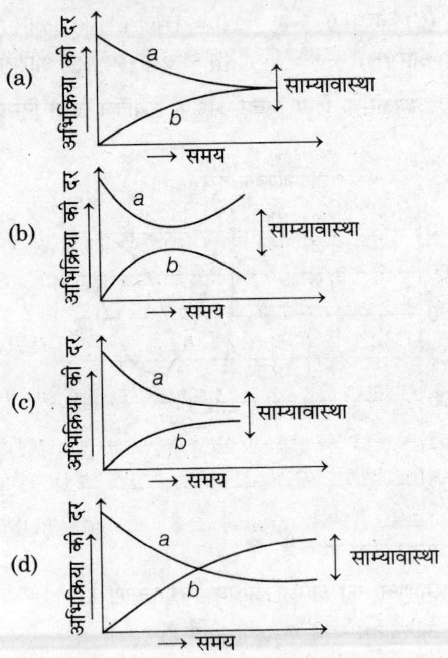

39. O^{2-}, F^-, Na^+ तथा Mg^{2+} की आयनिक त्रिज्या का क्रम है

(a) $O^{2-} > F^- > Mg^{2+} > Na^+$
(b) $Mg^{2+} > Na^+ > F^- > O^{2-}$
(c) $O^{2-} > F^- > Na^+ > Mg^{2+}$
(d) $F^- > O^{2-} > Na^+ > Mg^{2+}$

40. निम्न यौगिक का IUPAC नाम है।

CH_3 O
C—OH
Br

(a) 3-ब्रोमो-5-मेथिल साइक्लोपेन्टेन कार्बोक्सिलिक अम्ल
(b) 3-ब्रोमो-5-मेथिल साइक्लोपेन्टेनोइक अम्ल
(c) 5-ब्रोमो-3-मेथिल साइक्लोपेन्टेनोइक अम्ल
(d) 4-ब्रोमो-2-मेथिल साइक्लोपेन्टेन कार्बोक्सिलिक अम्ल

41. एक मोल आदर्श गैस के लिए, कौन-से कथन सत्य होने चाहिए?

(A) U तथा H केवल ताप पर निर्भर रहते हैं।
(B) सम्पीड्यता कारक *Z*, 1 के बराबर नहीं है।
(C) $C_{p,m} - C_{V,m} = R$
(D) किसी अभिक्रिया के लिए, $dU = C_V dT$

(a) (B), (C) तथा (D)
(b) (A) तथा (C)
(c) (A), (C) तथा (D)
(d) (C) तथा (D)

42. युग्म जिसमें दोनों स्पीशीज का समान चुम्बकीय आघूर्ण (केवल चक्रण) है

(a) $[Mn(H_2O)_6]^{2+}$ तथा $[Cr(H_2O)]^{2+}$
(b) $[Cr(H_2O)_6]^{2+}$ तथा $[Fe(H_2O)_6]^{2+}$
(c) $[Co(OH)_4]^{2-}$ तथा $[Fe(NH_3)_6]^{2+}$
(d) $[Cr(H_2O)_6]^{2+}$ तथा $[CoCl_4]^{2-}$

43. निम्न में से $CHCl_3$ + ऐल्कोहॉलीय KOH के समान क्रिया करेगा

(a) ऐडिनिन तथा लाइसिन
(b) थायमिन तथा लाइसिन
(c) ऐडिनिन तथा थायमिन
(d) ऐडिनिन तथा प्रोलिन

44. एक कार्बनिक यौगिक (*A*) (आण्विक सूत्र, $C_6H_{12}O_2$) तनु H_2SO_4 के साथ जल-अपघटन से कार्बोक्सिलिक अम्ल (*B*) तथा एक ऐल्कोहॉल (*C*) देता है। '*C*' की शुष्क $ZnCl_2$ तथा सान्द्र HCl से क्रिया के साथ तीव्रता से गंदलापन (Turbidity) देता है। कार्बनिक यौगिक (*A*) है।

(a) 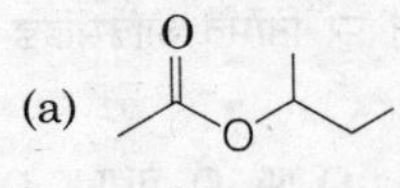
(b) O
(c) 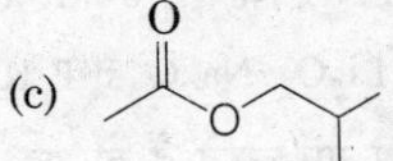
(d) O

45. निम्न को सुमेलित कीजिए

I. फॉम	(A) धुँआ
II. जैल	(B) कोशिका द्रव्य
III. ऐरोसॉल	(C) जैलिज
IV. पायस	(D) रबड़
	(E) झाग
	(F) दूध

(a) (I)-(D), (II)-(B), (III)-(A), (IV)-(E)
(b) (I)-(B), (II)-(C), (III)-(E), (IV)-(D)
(c) (I)-(E), (II)-(C), (III)-(A), (IV)-(F)
(d) (I)-(D), (II)-(B), (III)-(E), (IV)-(F)

46. 0.2 g अशुद्ध H_2O_2 युक्त 20.0 mL विलयन 0.316 g, $KMnO_4$ के साथ अम्लीय विलयन में पूर्णतया अभिक्रिया करता है। H_2O_2 की शुद्धता (% में) .... है।

(H_2O_2 का अणुभार = 34; $KMnO_4$ = 158 का आण्विक भार = 158)

47. 300 K पर 1 मोल *n*-हेक्सेन तथा 3 मोल हेप्टेन युक्त विलयन का वाष्पदाब 550 mm Hg होता है। समान ताप पर, यदि 1 मोल *n*-हेप्टेन को इस विलयन में मिलाया जाए तो विलयन का दाब 10 mm Hg बढ़ जाता है। शुद्ध अवस्था में *n*-हेप्टेन का वाष्पदाब mm Hg .... में होगा।

48. यदि प्रथम कोटि की अभिक्रिया 75%, 90 मिनट में पूर्ण होती है तो समान अभिक्रिया 60% लगभग (मिनट में) .... पूर्ण होती है। (log 2 = 0.30; log 2.5 = 0.40)

49. जब 2.8 kg डाइनाइट्रोजन गुणात्मक रूप से 1 kg डाइहाइड्रोजन के साथ क्रिया करता है, तो उत्पन्न अमोनिया का द्रव्यमान .... होगा।

50. [*B*] में उपस्थित कुल किरैल केन्द्रों की संख्या .... है।

—CH—C≡N (CH_3) $\xrightarrow[\text{(ii) } H_3O^+]{\text{(i) } C_2H_5MgBr}$ [*A*] $\xrightarrow[\text{(ii) } H_2O]{\text{(i) } CH_3MgBr}$ [*B*]

गणित

51. यदि $(a + \sqrt{2} b \cos x)(a - \sqrt{2} b \cos y) = a^2 - b^2$, जहाँ $a > b > 0$, तब $\left(\frac{\pi}{4}, \frac{\pi}{4}\right)$ पर $\frac{dx}{dy}$ होगा

(a) $\frac{a-b}{a+b}$ (b) $\frac{a+b}{a-b}$ (c) $\frac{2a+b}{2a-b}$ (d) $\frac{a-2b}{a+2b}$

52. 8 प्रेक्षणों का माध्य तथा प्रसरण क्रमशः 10 तथा 13.5 है यदि उनमें से 6 प्रेक्षण 5, 7, 10, 12, 14, 15 है, तब शेष दो प्रेक्षणों का निरपेक्ष अन्तर होगा

(a) 9 (b) 3 (c) 7 (d) 5

53. यदि $1 + (1 - 2^2 \cdot 1) + (1 - 4^2 \cdot 3) + (1 - 6^2 \cdot 5) + \ldots + (1 - 20^2 \cdot 19) = \alpha - 220\beta$, तब क्रमित युग्म (α, β) बराबर होगा

(a) (11, 97) (b) (10, 103) (c) (10, 97) (d) (11, 103)

54. एक सर्वे में पाया जाता है कि किसी शहर में 63% व्यक्ति समाचार पत्र A तथा 76% व्यक्ति समाचार पत्र B पढ़ते हैं यदि कुल जनसंख्या का x% दोनों समाचार पत्र पढ़ते हों, तब x का सम्भावित मान हो सकता है

(a) 55 (b) 29 (c) 65 (d) 37

55. निम्नलिखित दो कथन दिए गए हैं

$(S_1) : (q \vee P) \to (P \leftrightarrow \sim q)$ एक सत्यता है।

$(S_2) : \sim q \wedge (\sim p \to q)$ एक असत्यता है, तब

(a) दोनों S_1 तथा S_2 सही नहीं हैं (b) केवल S_1 सही है

(c) दोनों S_1 तथा S_2 सही हैं (d) केवल S_2 सही है

56. दो ऊर्ध्वाधर खम्भे $AB = 15$ मी तथा $CD = 10$ मी धरातल पर कुछ दूरी पर बिन्दु A तथा C पर खड़े हुए हैं यदि P, BC तथा AD का प्रतिच्छेद बिन्दु है, तब रेखा AC के ऊपर P की ऊँचाई (मी में) होगी

(a) $\frac{20}{3}$ (b) 6 (c) $\frac{10}{3}$ (d) 5

57. माना f, विन्दु (1, 6) पर द्वि-अवकलनीय फलन है यदि $f(2) = 8$, $f'(2) = 5$, $f'(x) \geq 1$ तथा $f''(x) \geq 4$ है, तब $x \in (1, 6)$ के लिए

(a) $f(5) + f'(5) \geq 28$ (b) $f(5) \leq 10$

(c) $f(5) + f'(5) \leq 26$ (d) $f(5) + f'(5) \leq 20$

58. $\sum_{r=0}^{20} {}^{50-r}C_6$ का मान बराबर है

(a) ${}^{50}C_7 - {}^{30}C_7$ (b) ${}^{51}C_7 - {}^{30}C_7$

(c) ${}^{51}C_7 + {}^{30}C_7$ (d) ${}^{50}C_6 - {}^{30}C_6$

59. यदि $A = \begin{bmatrix} \cos\theta & i\sin\theta \\ i\sin\theta & \cos\theta \end{bmatrix}$, $\left(\theta = \frac{\pi}{24}\right)$ तथा $A^5 = \begin{bmatrix} a & b \\ c & d \end{bmatrix}$, जहाँ $i = \sqrt{-1}$ तब निम्नलिखित में से कौन-सा सत्य नहीं है?

(a) $a^2 - d^2 = 0$ (b) $a^2 - c^2 = 1$

(c) $a^2 - b^2 = \frac{1}{2}$ (d) $0 \leq a^2 + b^2 \leq 1$

60. माना α तथा β समीकरण $x^2 - 3x + p = 0$ व γ तथा β समीकरण $x^2 - 6x + q = 0$ के मूल हैं यदि $\alpha, \beta, \gamma, \delta$ गुणोत्तर श्रेणी निर्मित करते हैं, तब अनुपात $(2q + p) : (2q - p)$ होगा

(a) 9 : 7 (b) 3 : 1 (c) 5 : 3 (d) 33 : 31

61. माना $\frac{x^2}{a^2} + \frac{y^2}{b^2} = 1 (a > b)$ एक दिया गया दीर्घवृत्त है जिसकी नाभिलम्ब की लम्बाई 10 है यदि इसकी उत्केन्द्रता, फलन $\phi(t) = \frac{5}{12} + t - t^2$ का महत्तम मान है, तब $(a^2 + b^2)$ बराबर होगा

(a) 145 (b) 116 (c) 126 (d) 135

62. एक त्रिभुज ΔABC जोकि प्रथम चतुर्थांश में स्थित है जिसके दो शीर्ष $A(1, 2)$ तथा $B(3, 1)$ हैं यदि $\angle BAC = 90°$ तथा $ar(\Delta ABC) = 5\sqrt{5}$ वर्ग इकाई है, तब शीर्ष C का भुज होगा

(a) $2 + \sqrt{5}$ (b) $1 + 2\sqrt{5}$ (c) $2\sqrt{5} - 1$ (d) $1 + \sqrt{5}$

63. माना $P(3, 3)$, अतिपरवलय $\frac{x^2}{a^2} - \frac{y^2}{b^2} = 1$ पर कोई बिन्दु है यदि P पर इससे डाला गया अभिलम्ब X-अक्ष को बिन्दु (9, 0) पर प्रतिच्छेद करता है एवं e इसकी उत्केन्द्रता है, तब क्रमित युग्म (a^2, e^2) बराबर होगा

(a) $\left(\frac{9}{2}, 3\right)$ (b) $\left(\frac{3}{2}, 2\right)$ (c) $\left(\frac{9}{2}, 2\right)$ (d) (9, 3)

64. समाकलन $\int \left(\frac{x}{x\sin x + \cos x}\right)^2 dx$ बराबर है

(जहाँ C समाकलन का अचर है)

(a) $\sec x - \frac{x\tan x}{x\sin x + \cos x} + C$

(b) $\sec x + \frac{x\tan x}{x\sin x + \cos x} + C$

(c) $\tan x - \frac{x\sec x}{x\sin x + \cos x} + C$

(d) $\tan x + \frac{x\sec x}{x\sin x + \cos x} + C$

65. माना $f(x) = \int \frac{\sqrt{x}}{(1+x)^2} dx \, (x \geq 0)$, तब $f(3) - f(1)$ बराबर होगा

(a) $-\frac{\pi}{6} + \frac{1}{2} + \frac{\sqrt{3}}{4}$ (b) $-\frac{\pi}{12} + \frac{1}{2} + \frac{\sqrt{3}}{4}$

(c) $\frac{\pi}{6} + \frac{1}{2} - \frac{\sqrt{3}}{4}$ (d) $\frac{\pi}{12} + \frac{1}{2} - \frac{\sqrt{3}}{4}$

66. माना $u = \frac{2z + i}{z - ki}$, $z = x + iy$ तथा $k > 0$ यदि $\text{Re}(u) + \text{Im}(u) = 1$ द्वारा निरूपित वक्र Y-अक्ष को बिन्दु P तथा Q पर प्रतिच्छेदित करता है, जहाँ $PQ = 5$, तब k का मान होगा

(a) 1/2 (b) 4 (c) 2 (d) 3/2

67. माना x_0, $f(x) = \mathbf{a} \cdot (\mathbf{b} \times \mathbf{c})$ का स्थानीय महत्तम बिन्दु है जहाँ $\mathbf{a} = x\hat{\mathbf{i}} - 2\hat{\mathbf{j}} + 3\hat{\mathbf{k}}$, $\mathbf{b} = -2\hat{\mathbf{i}} + x\hat{\mathbf{j}} - \hat{\mathbf{k}}$ तथा $\mathbf{c} = 7\hat{\mathbf{i}} - 2\hat{\mathbf{j}} + x\hat{\mathbf{k}}$, तब $x = x_0$ पर $\mathbf{a} \cdot \mathbf{b} + \mathbf{b} \cdot \mathbf{c} + \mathbf{c} \cdot \mathbf{a}$ का मान होगा

(a) 14 (b) – 4 (c) – 22 (d) – 30

68. माना $[t]$ महत्तम पूर्णांक $\leq t$ को दर्शाता है, तब x में समीकरण $[x]^2 + 2[x + 2] - 7 = 0$ के हल होंगे

(a) अनेक अनन्त हल (b) तथ्यतः चार पूर्णांकीय हल

(c) कोई पूर्णांकीय हल नहीं है (d) तथ्यतः दो हल

69. माना $y = y(x)$, अवकल समीकरण $xy' - y = x^2(x \cos x + \sin x)$, $x > 0$ का हल है यदि $y(\pi) = \pi$, तब $y''\left(\frac{\pi}{2}\right) + y\left(\frac{\pi}{2}\right)$ बराबर होगा

(a) $2 + \frac{\pi}{2} + \frac{\pi^2}{4}$ (b) $1 + \frac{\pi}{2}$

(c) $1 + \frac{\pi}{2} + \frac{\pi^2}{4}$ (d) $2 + \frac{\pi}{2}$

70. माना $f(x) = |x - 2|$ तथा $g(x) = f(f(x))$, $x \in [0, 4]$ है, तब $\int_0^3 (g(x) - f(x))$ बराबर होगा

(a) $\frac{3}{2}$ (b) $\frac{1}{2}$ (c) 0 (d) 1

71. माना $(2x^2 + 3x + 4)^{10} = \sum_{r=0}^{20} a_r x^r$ है, तब $\frac{a_7}{a_{13}}$ बराबर होगा......।

72. यदि समतल P का समीकरण, समतलों $x + 4y - z + 7 = 0$ तथा $3x + y + 5z = 8$ के प्रतिच्छेद से गुजरने वाले समतल P का समीकरण, कुछ $a, b \in R$ के लिए $ax + by + 6z = 15$ है, तब समतल P से बिन्दु $(3, 2, -1)$ की दूरी होगी......।

73. किसी व्यक्ति द्वारा लक्ष्य भेदने की प्रायिकता $\frac{1}{10}$ है, तब शॉटस की न्यूनतम संख्या, जब उस व्यक्ति द्वारा कम-से-कम एक बार लक्ष्य भेदने की प्रायिकता $\frac{1}{4}$ हो, ... होगी।

74. माना अवकलनीय फलन $f(x)$, तत्समकता $f(x + y) = f(x) + f(y) + xy^2 + x^2y$, सभी x तथा y के लिए को सन्तुष्ट करता है, यदि $\lim_{x \to 0} \frac{f(x)}{x} = 1$ है, तब $f'(3)$ बराबर होगा......।

75. यदि समीकरणों के निकाय

$$x - 2y + 3z = 9$$
$$2x + y + z = b$$
$$x - 7y + az = 24$$

के अनेक अनन्त हल हैं, तब $(a - b)$ बराबर होगा......।

सही उत्तर

भौतिकी

1. (c) 2. (b) 3. (b) 4. (b) 5. (c) 6. (c) 7. (c) 8. (b) 9. (c) 10. (c)
11. (b) 12. (c) 13. (c) 14. (c) 15. (a) 16. (d) 17. (a) 18. (c) 19. (d) 20. (a)
21. (20) 22. (11) 23. (6) 24. (266) 25. (10553)

रसायन विज्ञान

26. (a) 27. (b) 28. (d) 29. (a) 30. (d) 31. (c) 32. (a) 33. (c) 34. (a) 35. (a)
36. (c) 37. (a) 38. (a) 39. (c) 40. (d) 41. (c) 42. (b) 43. (a) 44. (b) 45. (c)
46. (85) 47. (*) 48. (60) 49. (3400) 50. (2)

गणित

51. (b) 52. (c) 53. (d) 54. (a) 55. (a) 56. (b) 57. (a) 58. (b) 59. (b) 60. (a)
61. (c) 62. (b) 63. (a) 64. (c) 65. (d) 66. (c) 67. (c) 68. (a) 69. (d) 70. (d)
71. (8) 72. (3) 73. (3) 74. (10) 75. (5)

नोट *(*) कोई भी विकल्प सही नहीं है।*

संकेत एवं हल

भौतिकी

1. *(c)* दिया है, ध्रुवक पर आपतित प्रकाश की तीव्रता,

$I_0 = 3.3$ वाट/मी^{2}

ध्रुवक का क्षेत्रफल, $A = 3 \times 10^{-4}$ मी^{2}

ध्रुवक के घूर्णन की कोणीय चाल,

$\omega = 3.14$ रेडियन/से

औसत ऊर्जा, $< E > = < IAt > = < I_0 \cos^2 \theta \times A \times t >$

$= I_0 At < \cos^2 \theta$

$= I_0 At \left(\frac{1}{2}\right) \qquad \left[\because < \cos^2 \theta > = \frac{1}{2}\right]$

एक घूर्णन के लिए,

लिया गया समय = आवर्तकाल

$$t = T = \frac{2\pi}{\omega} = \frac{2\pi}{3.14} = \frac{2\pi}{10\pi} = \frac{1}{5} \text{ सेकण्ड}$$

पुनः $< E > = I_0 At \left(\frac{1}{2}\right)$

मान रखने पर, $< E > = 3.3 \times 3 \times 10^{-4} \times \frac{1}{5} \times \left(\frac{1}{2}\right)$

$= 0.99 \times 10^{-4}$ जूल $\simeq 1 \times 10^{-4}$ जूल

अतः विकल्प (c) सही है।

2. *(b)*

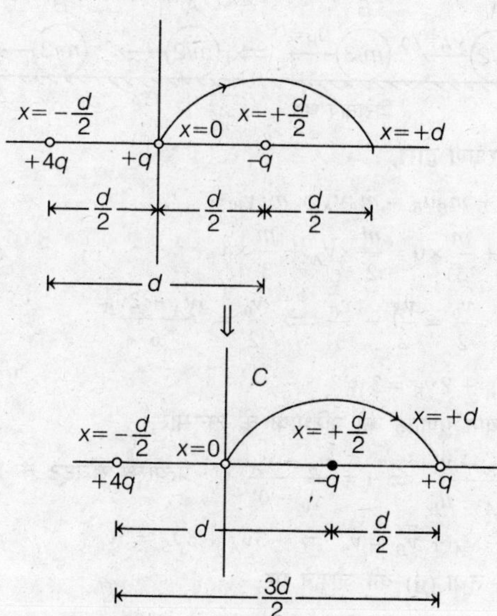

स्थितिज ऊर्जा में परिवर्तन, $\Delta U = U_f - U_i$

$$\Delta U = \left[\frac{k(4q)(-q)}{d} + \frac{k(4q)(q)}{\frac{3d}{2}} + \frac{k(-q)(q)}{\frac{d}{2}}\right] - \left[\frac{k(4q)(-q)}{d} + \frac{k(4q)(q)}{\frac{d}{2}} + \frac{k(-q)(q)}{\frac{d}{2}}\right]$$

$$= \frac{k(4q)(-q)}{d} + \frac{k(4q)(q)}{\frac{3d}{2}} + \frac{k(-q)(q)}{\frac{d}{2}} - \frac{k(4q)(-q)}{d} - \frac{k(4q)(q)}{\frac{d}{2}} - \frac{k(-q)(q)}{\frac{d}{2}}$$

$$= \frac{k(4q)(q)}{\frac{3d}{2}} - \frac{k(4q)(q)}{\frac{d}{2}} = \frac{8kq^2}{3d} - \frac{8kq^2}{d} = -\frac{16kq^2}{3d}$$

$$= -\frac{16q^2}{3d \times 4\pi\varepsilon_0} = -\frac{4q^2}{3\pi\varepsilon_0 d}$$

अतः ΔU का मान $\frac{4q^2}{3\pi\varepsilon_0 d}$ से घट जाता है।

अतः विकल्प (b) सही है।

3. *(b)* छड़ चुम्बक का बल-आघूर्ण $\tau = MB \sin \theta$

$$0.018 = M \times 0.06 \times \sin 30°$$

$$0.018 = M \times 0.06 \times \frac{1}{2}$$

$$M = 0.6 \text{ ऐम्पियर-मी}^2$$

छड़ चुम्बक को घुमाने में कृत कार्य,

$W = MB [\cos \theta_1 - \cos \theta_2]$

यहाँ, $\theta_1 = 0°$ (स्थायी साम्यावस्था के लिए)

और $\theta_2 = 180°$ (अस्थायी साम्यावस्था के लिए)

अतः $W = 0.6 \times 0.06 [\cos 0° - \cos 180°]$

$= 0.036 [(1) - (-1)] = 0.036 \times 2 = 0.072$ जूल

$= 7.2 \times 10^{-2}$ जूल

अतः विकल्प (b) सही है।

4. *(b)* बिन्दु (i) पर,

इस स्थिति में छड़ चुम्बक, कुण्डली में प्रवेश करती है जिसके कारण कुण्डली में से गुजरने वाली चुम्बकीय फ्लक्स परिवर्तित होती है तथा एक प्रेरित विद्युत वाहक बल उत्पन्न होता है जिसके परिणामस्वरूप प्रेरित धारा प्रवाहित होती है, अतः धारामापी का संकेतक एक निश्चित दिशा में विक्षेपित होता है।

(हम विक्षेप की स्थिति को नहीं बता सकते हैं, जब तक कि यह ज्ञात न हो कि चुम्बक का कौन-सा ध्रुव कुण्डली में प्रवेश करता है?

बिन्दु (ii) पर,

इस स्थिति में छड़ चुम्बक, पूर्णतः कुण्डली के अन्दर होती है अतः चुम्बकीय फ्लक्स में कोई परिवर्तन नहीं होता है तथा प्रेरित विद्युत वाहक बल तथा प्रेरित धारा उत्पन्न नहीं होती है अतः धारामापी के संकेतक द्वारा कोई विक्षेपण प्रदर्शित नहीं किया जाता है। यह केवल शून्य दर्शाती है।

बिन्दु (iii) पर,

इस स्थिति में छड़ चुम्बक, कुण्डली से बाहर निकलती है, अतः स्थिति (i) के विपरित चुम्बकीय फ्लक्स के मान में परिवर्तन होता है तथा प्रेरित विद्युत वाहक बल उत्पन्न होता है तथा विपरित दिशा में प्रेरित धारा

प्रवाहित होती है इस स्थिति में धारामापी में विक्षेपण स्थिति (i) के विक्षेपण की विपरित दिशा में होता है। विक्षेपण की विभिन्न स्थितियों के चित्र निम्न हैं

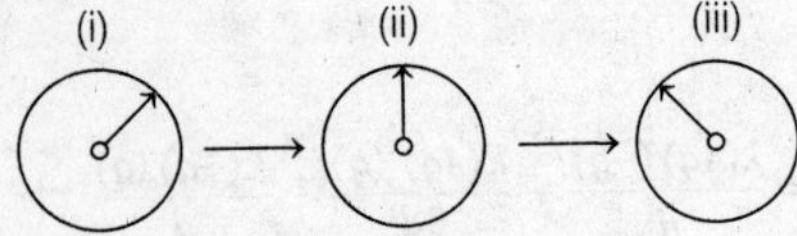

अत: विकल्प (b) सही है।

5. *(c)* प्रत्येक चतुर्थांश (quadrant) में विद्युत क्षेत्र निम्न प्रकार दर्शाया जाएगा

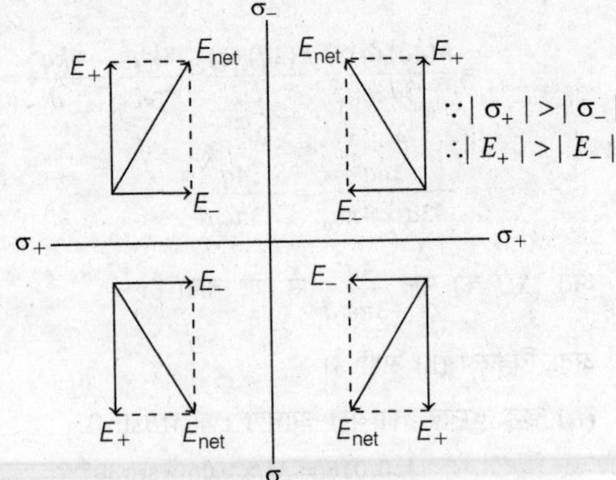

अत: अन्तिम विद्युत क्षेत्र को निम्न प्रकार दर्शाया जाएगा

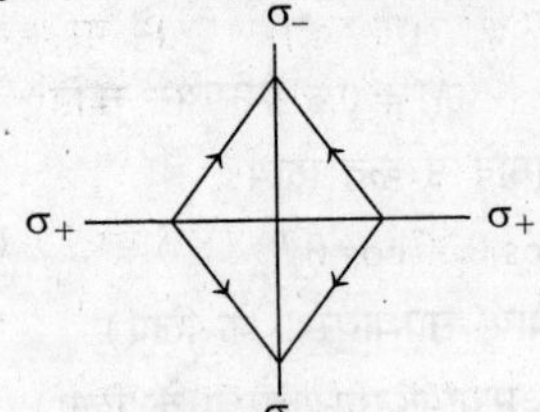

इसलिए निकटतम सुमेलित विकल्प है।

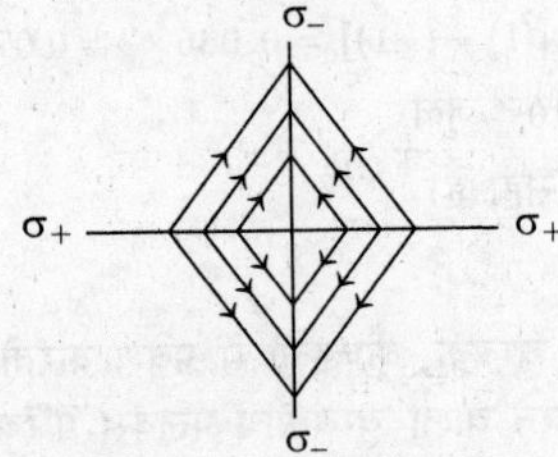

अत: विकल्प (c) सही है।

6. *(c)* मुक्त खण्ड आरेख द्वारा,

$$B - mg = ma \text{ (यहाँ, } B = \text{उत्प्लावन बल)}$$

$$\rho_w Vg - mg = ma \text{ (यहाँ, } V = \text{आयतन)}$$

$$\rho_w Vg = mg + ma \Rightarrow \rho_w Vg = m(g + a)$$

$$\Rightarrow \quad m = \frac{\rho_w Vg}{g + a} \quad \text{...(i)}$$

B, जल, वायु का बुलबुला, a, mg

दिया है, $\rho_w = 1$ ग्राम/सेमी^{3}, $g = 980$ सेमी/से^{2}, $a = 9.8$ सेमी/से^{2} और $r = 1$ सेमी

समी (i) में सभी मान रखने पर,

$$m = \frac{(1) \times \frac{4}{3}\pi r^3 \times 980}{980 + 9.8} = \frac{\frac{4}{3} \times \frac{22}{7} \times (1)^3 \times 980}{989.8}$$

$$= \frac{4 \times 22 \times 980}{3 \times 7 \times 989.8} = 4.148 \text{ ग्राम} \simeq 4.15 \text{ ग्राम}$$

अत: विकल्प (c) सही है।

7. *(c)* यहाँ पर दोनों डायोडों की ध्रुवता विपरित है, अत: यदि निवेशी वोल्टेज की ध्रुवता परिवर्तित की जाती है, तो एक जेनर डायोड अग्र अभिनति में होगा तथा दूसरा डायोड पश्च अभिनति में होगा तथा इनपुट वोल्टेज की प्रत्येक ध्रुवता के लिए यह होगा। यदि इनपुट वोल्टेज 6 वोल्ट से कम होता है, तो आउटपुट, इनपुट का अनुसंरण करेगा। अर्थात् यह ज्यावक्रीय होगा।

यदि इनपुट 6 वोल्ट से अधिक होगा, तो आउटपुट वोल्टेज 6 वोल्ट के तुल्य नियत रहेगा, अत: आउटपुट वोल्टेज का प्रारूप निम्न होगा

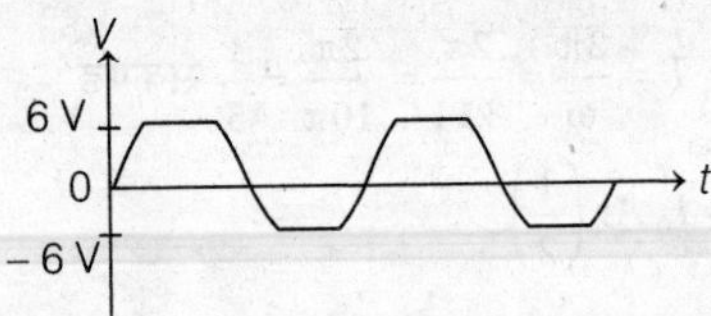

अत: विकल्प (c) सही है।

8. *(b)*

टक्कर से पूर्व: A ($m/2$), $u_A = v_0$; B ($m/3$), $u_B = 0$ (विरामावस्था) $\Rightarrow$ टक्कर के पश्चात्: A ($m/2$), v_A; B ($m/3$), v_B

संवेग संरक्षण द्वारा,

$$m_A u_A + m_B u_B = m_A v_A + m_B v_B$$

$$\frac{m}{2} \times v_0 + \frac{m}{3} \times 0 = \frac{m}{2} \times v_A + \frac{m}{3} \times v_B$$

$$\frac{v_0}{2} = \frac{v_A}{2} + \frac{v_B}{3} \Rightarrow \frac{v_0}{2} = \frac{3v_A + 2v_B}{6}$$

$$3v_A + 2v_B = 3v_0 \quad \text{... (i)}$$

प्रत्यावस्थान गुणांक की परिभाषा के अनुसार,

$$e = \frac{v_B - v_A}{u_A - u_B} \Rightarrow 1 = \frac{v_B - v_A}{v_0 - 0} \quad (\because \text{ प्रत्यास्थ संघट्ट के लिए, } e = 1)$$

$$\Rightarrow \quad -v_A + v_B = v_0 \Rightarrow -3v_A + 3v_B = 3v_0 \quad \text{...(ii)}$$

समी (i) तथा (ii) को जोड़ने पर,

$$\Rightarrow \quad 5v_B = 6v_0 \Rightarrow v_B = \frac{6v_0}{5}$$

समी (i) में मान रखने पर,

$$3v_A + 2\left(\frac{6v_0}{5}\right) = 3v_0 \Rightarrow 3v_A = 3v_0 - \frac{12}{5}v_0$$

$$3v_A = \frac{3}{5}v_0 \Rightarrow v_A = \frac{v_0}{5}$$

टक्कर से पूर्व, कण A की डी-ब्रोग्ली तरंगदैर्ध्य,

$$(\lambda_A)_i = \frac{h}{(p_A)_i} \Rightarrow \lambda_0 = \frac{h}{m_A u_A} \quad [\text{दिया है } (\lambda_A)_i = \lambda_0]$$

$$= \frac{h}{\frac{m}{2} \times v_0} = \frac{2h}{mv_0} \quad \text{...(iii)}$$

टक्कर के पश्चात्, कण A की डी-ब्रोग्ली तरंगदैर्ध्य,

$$(\lambda_A)_f = \frac{h}{(p_A)_f} = \frac{h}{m_A v_A} = \frac{h}{\frac{m}{2} \times \frac{v_0}{5}} = \frac{10h}{mv_0} = 5 \times \frac{2h}{mv_0} = 5\lambda_0$$

कण A की डी-ब्रोग्ली तरंगदैर्ध्य में परिवर्तन,

$$(\Delta\lambda)_A = (\lambda_A)_f - (\lambda_A)_i = 5\lambda_0 - \lambda_0 = 4\lambda_0$$

अत: विकल्प (b) सही है।

9. *(c)* ऊष्मा के चालन के लिए,

$$\frac{dQ}{dt} = KA\frac{dT}{dx}$$

$$K = \frac{\left(\frac{dQ}{dt}\right)}{A\left(\frac{dT}{dx}\right)} = \frac{dQ \times dx}{A \times dt \times dT}$$

$$= \frac{\text{जूल} \times \text{मीटर}}{(\text{मीटर})^2 \times \text{सेकण्ड} \times \text{केल्विन}}$$

$$= \frac{\frac{\text{किलोग्राम} \times \text{मीटर}^2}{(\text{सेकण्ड})^2} \times \text{मीटर}}{(\text{मीटर})^2 \times \text{सेकण्ड} \times \text{केल्विन}}$$

$$= \frac{\text{kg} \cdot \text{m}^2 \cdot \text{m}}{\text{s}^2 \cdot \text{m}^2 \cdot \text{s} \cdot \text{K}} = \frac{\text{kg} \cdot \text{m}}{\text{s}^3 \cdot \text{K}}$$

$$[K] = \frac{[\text{M}^1][\text{L}^1]}{[\text{T}^3][\text{K}^1]}$$

$$[K] = [\text{M}^1\text{L}^1\text{T}^{-3}\text{K}^{-1}]$$

अत: विकल्प (c) सही है।

10. *(c)* प्रश्नानुसार

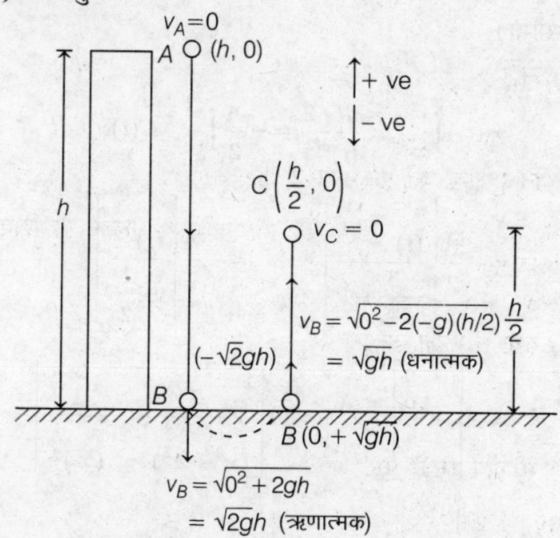

न्यूटन की गति के तृतीय समीकरण द्वारा,

$$v^2 = u^2 + 2gh = 0^2 + 2gh = 2gh \; v^2 \propto h$$

उपरोक्त समीकरण, परवलय का समीकरण है अत: v तथा h के मध्य ग्राफ की आकृति परवलयाकार होगी आरेख द्वारा प्राप्त निर्देशांकों को ग्राफ पर अंकित करने पर निम्न ग्राफ प्राप्त होता है

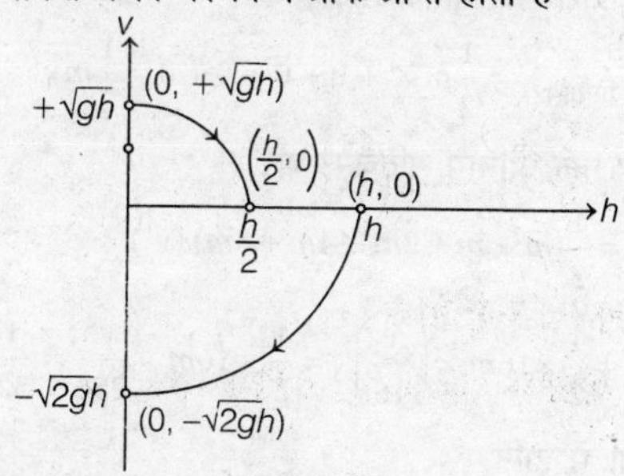

अत: विकल्प (c) सही है।

11. *(b)* दो श्रृगों (crest) के मध्य दूरी $n\lambda = 5$ ... (i)

यहाँ, n एक पूर्णांक है।

किसी भी श्रृंग तथा गर्त के मध्य दूरी

$$(2m+1)\frac{\lambda}{2} = 1.5 \quad (m \text{ एक पूर्णांक है})$$

$$(2m+1)\lambda = 3 \quad \text{... (ii)}$$

समी (i) को समी (ii) से विभाजित करने पर,

$$\frac{n\lambda}{(2m+1)\lambda} = \frac{5}{3} \Rightarrow 3n = 5(2m+1) \Rightarrow 3n = 10m + 5 \quad \text{... (iii)}$$

m तथा n के मानों को समी (iii) में रखने पर समीकरण को सन्तुष्ट कराने हेतु m तथा n के मान पूर्णांक होने चाहिए।

(i) $m = 1$ तथा $n = 5$

उपरोक्त मान समी (i) तथा (ii) में रखने पर, $\lambda = 1$

(ii) $m = 4$ तथा $n = 15$

उपरोक्त मान समी (i) तथा (ii) में रखने पर,

$$\lambda = \frac{1}{3}$$

(iii) $m = 7$ तथा $n = 25$

उपरोक्त मान समी (i) तथा (ii) में रखने पर,

$$\lambda = \frac{1}{5}$$

इसी प्रकार, λ के सम्भावित मान $\lambda = 1, \frac{1}{3}, \frac{1}{5}, ...$

अत: सही विकल्प (b) है।

12. *(c)*

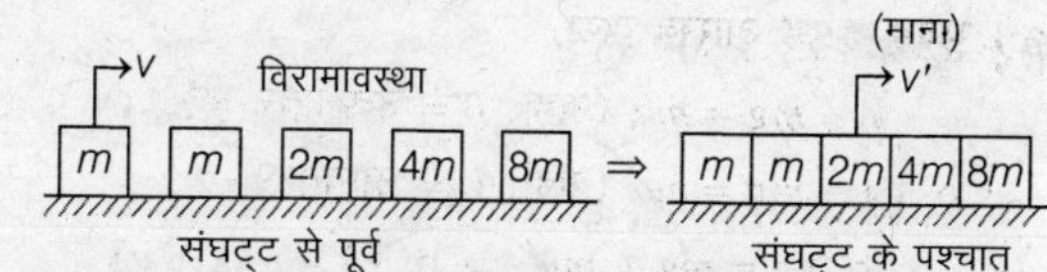

यहाँ पर द्रव्यमानों के मध्य पूर्णत: अप्रत्यास्थ संघट्ट होती है अत: संघट्ट के पश्चात् सभी ब्लॉक एक-साथ गति करते हैं माना अन्तिम वेग v' है, तो संवेग संरक्षण के सिद्धान्त द्वारा,

$$(\mathbf{p}_{\text{निकाय}})_i = (\mathbf{p}_{\text{निकाय}})_f$$

$$\Rightarrow mv + m(0) + 2m(0) + 4m(0) + 8m(0)$$

$$= (m + m + 2m + 4m + 8m)v'$$

$$mv = 16mv' \Rightarrow v' = \frac{v}{16} \quad ...(i)$$

निकाय की प्रारम्भिक गतिज ऊर्जा,

$$(K_{\text{निकाय}})_i = \frac{1}{2}mv^2 + 0 + 0 + 0 + 0 = \frac{1}{2}mv^2$$

और निकाय की अन्तिम गतिज ऊर्जा,

$$(K_{\text{निकाय}})_f = \frac{1}{2}(m + m + 2m + 4m + 8m)(v')^2$$

$$= \frac{1}{2} \times 16m \times \left(\frac{v}{16}\right)^2 = \frac{1}{2} \times 16m \times \frac{v^2}{256} = \frac{1}{32}mv^2$$

गतिज ऊर्जा में हानि,

$$(\Delta K_{\text{निकाय}})_{\text{हानि}} = (K_{\text{निकाय}})_i - (K_{\text{निकाय}})_f$$

$$= \frac{1}{2}mv^2 - \frac{1}{32}mv^2 = \frac{15}{32}mv^2$$

गतिज ऊर्जा में प्रतिशत हानि,

$$\%(\Delta K_{\text{निकाय}})_{\text{हानि}} = \frac{(\Delta K_{\text{निकाय}})_{\text{हानि}}}{(K_{\text{निकाय}})_i} \times 100\%$$

$$= \frac{\frac{15}{32}mv^2}{\frac{1}{2}mv^2} \times 100\% = \frac{15}{16} \times 100\% = 93.75\%$$

दिया है;

$$\%(\Delta K_{\text{निकाय}})_{\text{हानि}} = p\% \Rightarrow p = 93.75 \simeq 94$$

अत: विकल्प (c) सही है।

13. *(c)* $\lambda_{X\text{-किरण}} = 0.01 \text{Å}$ से 100 Å

$\lambda_{\text{दृश्य}} = 3800 \text{Å}$ से 7000 Å

$\lambda_{\text{सूक्ष्म तरंग}} = 10^7 \text{ Å}$ से $3 \times 10^9 \text{ Å}$

$\lambda_{\text{रेडियो तरंग}} = 10^7 \text{ Å}$ से 10^{15}Å

उपरोक्त तरंगदैर्ध्यों के मानों से स्पष्ट है कि

$\lambda_{\text{रेडियो तरंग}} > \lambda_{\text{सूक्ष्म तरंग}} > \lambda_{\text{दृश्य}} > \lambda_{X\text{-किरण}}$

अत: विकल्प (c) सही है।

14. *(c)* तार A के लिए,

$$\theta_A = 360° - 90° = 270° = \frac{3\pi}{2} \text{ रेडियन}$$

$I_A = 2$ ऐम्पियर

$R_A = 2$ सेमी $= 2 \times 10^{-2}$ m

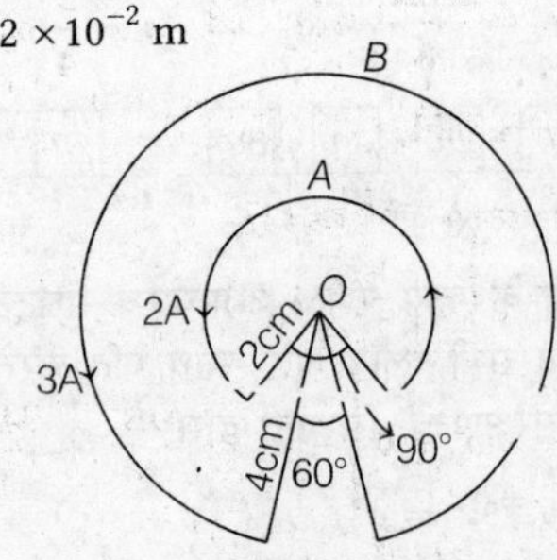

तार B के लिए,

$$\theta_B = 360° - 60° = 300° = \frac{5\pi}{3} \text{ रेडियन}$$

$I_B = 3$ ऐम्पियर

$R_B = 4$ सेमी $= 4 \times 10^{-2}$ मी

उभयनिष्ठ केन्द्र O पर तार A तथा तार B के कारण चुम्बकीय क्षेत्रों का अनुपात

$$\frac{B_A}{B_B} = \frac{\frac{\mu_0 \theta_A I_A}{4\pi R_A}}{\frac{\mu_0 \theta_B I_B}{4\pi R_B}} = \frac{\theta_A I_A R_B}{\theta_B I_B R_A} = \frac{\frac{3\pi}{2} \times 2 \times 4 \times 10^{-2}}{\frac{5\pi}{3} \times 3 \times 2 \times 10^{-2}} = \frac{12}{10} = \frac{6}{5}$$

अत: $B_A : B_B = 6 : 5$

अत: विकल्प (c) सही है।

15. *(a)* यहाँ, गुरुत्वीय क्षेत्र, $E_G = \frac{Ax}{(x^2 + a^2)^{3/2}}$

और अनन्त पर गुरुत्वीय विभव

$$V_\infty = 0 \Rightarrow dV = -\mathbf{E}_G \cdot d\mathbf{x}$$

$$\int_{V_\infty}^{V_x} dV = -\int_\infty^x \mathbf{E}_G \cdot d\mathbf{x}$$

$$[V]_{V_\infty}^{V_x} = -\int_\infty^x \frac{Ax}{(x^2 + a^2)^{3/2}} d\,x \cos 0°$$

$$V_x - V_\infty = -\int_\infty^x \frac{Ax}{(x^2 + a^2)^{3/2}} dx \times 1$$

$$V_x - 0 = -\int_\infty^x \frac{Ax}{(x^2 + a^2)^{3/2}} dx$$

$$V_x = -A\int_\infty^x \frac{x}{(x^2 + a^2)^{3/2}} dx \quad ...(i)$$

$x^2 + a^2 = t$ रखने पर

$$2xdx + 0 = dt \Rightarrow xdx = \frac{dt}{2}$$

$x = \infty$ पर,

$(\infty)^2 + a^2 = t \Rightarrow t = \infty$ (निम्न सीमा)

पुन: $x = x$ पर

$x^2 + a^2 = t \Rightarrow t = x^2 + a^2$

(उच्च सीमा)

समी (i) से,

$$V_x = -A\int_\infty^{x^2+a^2} \frac{dt/2}{(t)^{3/2}} = -\frac{A}{2}\int_\infty^{x^2+a^2} (t)^{-3/2} dt$$

$$= -\frac{A}{2}\left[\frac{(t)^{-\frac{3}{2}+1}}{-\frac{3}{2}+1}\right]_\infty^{x^2+a^2} = -\frac{A}{2}\left[\frac{(t)^{-\frac{1}{2}}}{-\frac{1}{2}}\right]_\infty^{x^2+a^2}$$

$$= A\left[\frac{1}{(t)^{\frac{1}{2}}}\right]_\infty^{x^2+a^2} = A\left[\frac{1}{(x^2+a^2)^{\frac{1}{2}}} - \frac{1}{(\infty)^{\frac{1}{2}}}\right]$$

$$= A\left[\frac{1}{(x^2+a^2)^{\frac{1}{2}}} - 0\right] = \frac{A}{(x^2+a^2)^{\frac{1}{2}}}$$

अत: विकल्प (a) सही है।

16. *(d)* किरचॉफ के लूप नियम द्वारा,

$V = E - ir \Rightarrow 2.5 = 3 - ir \Rightarrow ir = 0.5$ ...(i)

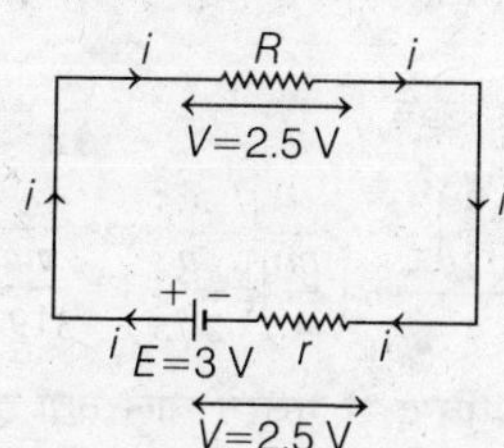

ओम के नियम द्वारा,

$V = iR \Rightarrow 2.5 = iR \Rightarrow iR = 2.5$ ...(ii)

दिया है, $P_R = 0.5 \Rightarrow i^2R = 0.5$ ...(iii)

समी (i) को समी (ii) से विभाजित करने पर,

$$\frac{ir}{iR} = \frac{0.5}{2.5} \Rightarrow \frac{r}{R} = \frac{1}{5} \quad \text{... (iv)}$$

$$\frac{P_r}{P_R} = \frac{i^2r}{i^2R} \Rightarrow \Rightarrow \frac{P_r}{0.5} = \frac{r}{R} \Rightarrow \frac{P_r}{0.5} = \frac{1}{5}$$

$\Rightarrow$ $P_r = 0.1$ वाट $= 0.10$ वाट

अत: विकल्प (d) सही है।

17. *(a)* $\because \quad \gamma = \frac{C_p}{C_V} = 1 + \frac{2}{f}$

यहाँ, f = स्वतंत्रता की कोटि।

(A) एक परमाणुक गैस के लिए, $f = 3$

अत: $\gamma = 1 + \frac{2}{3} = \frac{5}{3}$

(B) द्वि-परमाणुक दृढ़ गैस के लिए, $f = 5$

अत: $\gamma = 1 + \frac{2}{5} = \frac{7}{5}$

(C) द्वि-परमाणुक अदृढ़ गैस के लिए, $f = 7$

अत: $\gamma - 1 + \frac{2}{7} - \frac{9}{7}$

(D) त्रि-परमाणुक दृढ़ गैस के लिए, $f = 6$

अत: $\gamma = 1 + \frac{2}{6} = \frac{8}{6} = \frac{4}{3}$

अत: A-IV, B-I, C-II, D-III

अत: विकल्प (a) सही है।

18. *(c)* आइन्सटीन के प्रकाश विद्युत समीकरण द्वारा,

$\phi = \phi_0 + eV_0$ (यहाँ, V_0 = निरोधी विभव)

$h\nu = \phi_0 + eV_0$ ...(i)

ग्राफ द्वारा बिन्दु B (5.5×10^{14} हर्ट्ज, 0 वोल्ट)

बिन्दु B द्वारा समी (i) को सन्तुष्ट कराने पर,

$6.62 \times 10^{-34} \times 5.5 \times 10^{14} = \phi_0 + 1.6 \times 10^{-19} \times 0$

$36.41 \times 10^{-20} = \phi_0 + 0$

$\phi_0 = 36.41 \times 10^{-20}$ जूल $= \frac{36.41 \times 10^{-20}}{1.6 \times 10^{-19}}$ eV

$= 22.75 \times 10^{-1}$ eV $= 2.275$ eV $\simeq 2.27$ eV

अत: विकल्प (c) सही है।

19. *(d)* माना पिघलने वाली बर्फ का द्रव्यमान $= m_i$

जल द्वारा क्षयित ऊष्मा = बर्फ द्वारा प्राप्त ऊष्मा

$\Rightarrow \quad m_w c_w \Delta T_w = m_i L_i$

$\Rightarrow \frac{200}{1000} \times 4200 \times (25 - 0) = m_i \times 3.4 \times 10^5$

$\Rightarrow \quad 21000 = m_i \times 3.4 \times 10^5$

$\Rightarrow \quad m_i = \frac{21000}{3.4 \times 10^5} = 0.0617$ efkeâ«ee $= 61.7$ ग्राम

अत: पिघलने वाली बर्फ का द्रव्यमान 61.7 ग्राम है तथा शेष बर्फ पिघलती नहीं है।

अत: विकल्प (d) सही है।

20. *(a)* $\mathbf{u} = (5\hat{\mathbf{j}})$ मी/से $= (0\hat{\mathbf{i}} + 5\hat{\mathbf{j}})$ मी/से

$\mathbf{a} = (10\hat{\mathbf{i}} + 4\hat{\mathbf{j}})$ मी/से^{2}

$\mathbf{s} = [(20 - 0)\hat{\mathbf{i}} + (y_0 - 0)\hat{\mathbf{j}}]$ मी $= (20\hat{\mathbf{i}} + y_0\hat{\mathbf{j}})$ मी

x-दिशा में गति के द्वितीय समीकरण द्वारा,

$$s_x = u_x t + \frac{1}{2}a_x t^2 \Rightarrow 20 = (0)t + \frac{1}{2}(10)(t)^2$$

$20 = 0 + 5t^2 \Rightarrow t^2 = 4$

$t = 2$ सेकण्ड

y-दिशा में गति के द्वितीय समीकरण द्वारा,

$s_y = u_y t + \frac{1}{2}a_y t^2 = 5 \times 2 + \frac{1}{2} \times 4 \times (2)^2 = 10 + 8 = 18$ मी

अत: विकल्प (a) सही है।

21. *(20)* इस प्रक्रिया में कोई भी बाह्य आघूर्ण कार्यरत् नहीं है, अत: कोणीय संवेग संरक्षित रहेगा।

कोणीय संवेग संरक्षण नियम द्वारा,

$(\mathbf{L}_{\text{निकाय}})_i = (\mathbf{L}_{\text{निकाय}})_f$

$\Rightarrow \quad I_1\omega_1 + 0 = (I_1 + I_2)\omega_2$

$$\Rightarrow \frac{MR^2}{2} \times \omega_1 = \left[\frac{MR^2}{2} + \frac{M\left(\frac{R}{2}\right)^2}{2}\right]\omega_2$$

$$\Rightarrow \frac{MR^2}{2} \times \omega_1 = \left[\frac{MR^2}{2} + \frac{MR^2}{8}\right]\omega_2$$

$$\Rightarrow \frac{MR^2}{2} \times \omega_1 = \frac{5MR^2}{8} \times \omega_2 \Rightarrow \omega_1 = \frac{5}{4}\omega_2 \Rightarrow \omega_2 = \frac{4}{5}\omega_1 \text{...(i)}$$

घूर्णन गतिज ऊर्जा में हानि,

$$(\Delta K_{\text{निकाय}})_{\text{हानि}} = (K_{\text{निकाय}})_i - (K_{\text{निकाय}})_f$$

$$= \left[\frac{1}{2}I_1\omega_1^2 + 0\right] - \left[\frac{1}{2}(I_1 + I_2)\omega_2^2\right]$$

$$= \left[\frac{1}{2} \times \frac{MR^2}{2} \times \omega_1^2 + 0\right] - \left[\frac{1}{2} \times \left(\frac{MR^2}{2} + \frac{MR^2}{8}\right) \times \left(\frac{4}{5}\omega_1\right)^2\right]$$

$$= \frac{MR^2\omega_1^2}{4} - \frac{1}{2} \times \frac{5MR^2}{8} \times \frac{16\omega_1^2}{25}$$

$$= \frac{MR^2\omega_1^2}{4} - \frac{MR^2\omega_1^2}{5} = \frac{MR^2\omega_1^2}{20}$$

घूर्णन गतिज ऊर्जा में प्रतिशत हानि

$$\%(\Delta K_{\text{निकाय}})_{\text{हानि}} = \frac{(\Delta K_{\text{निकाय}})_{\text{हानि}}}{(K_{\text{निकाय}})_i} \times 100\%$$

$$= \frac{\left(\dfrac{MR^2\omega_1^2}{20}\right)}{\left(\dfrac{MR^2\omega_1^2}{4}\right)} \times 100\% = \frac{4}{20} \times 100\% = 20\%$$

दिया है, $\%(\Delta K_{\text{निकाय}})_{\text{हानि}} = P\%$

तुलना करने पर,

$$P = 20$$

22. *(11)* माना समबाहु त्रिभुजाकार आकृति के समतल पटल का द्रव्यमान m है तथा इसकी प्रत्येक भुजा a है

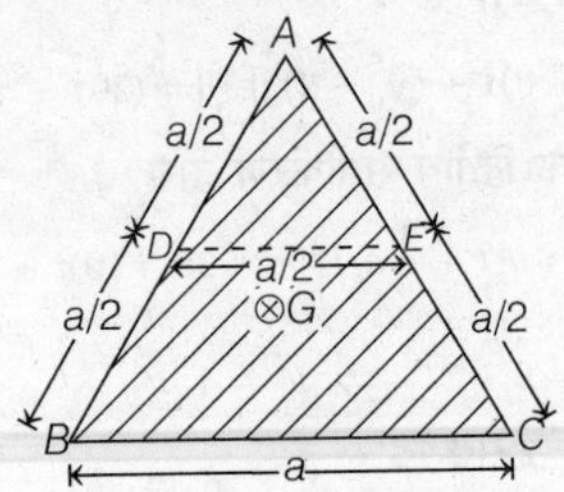

पटल ABC के केन्द्रक G तथा इसके तल के लम्बवत् गुजरने वाले अक्ष के परितः जड़त्वाघूर्ण

$$I_0 = \frac{ma^2}{12} \quad \text{...(i)}$$

जब ADE भाग को हटा दिया जाता है

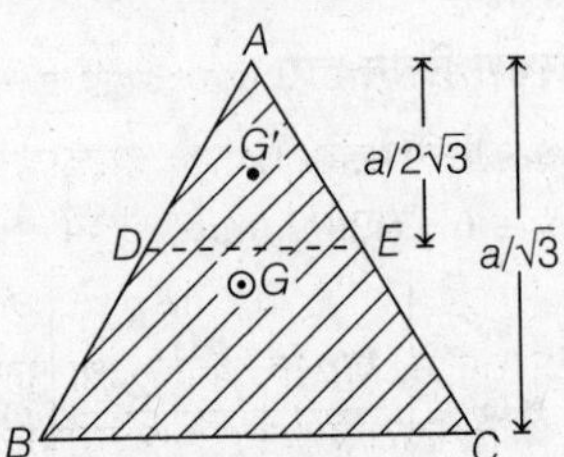

तो नये त्रिभुजाकार पटल (ADE) की भुजा $= \frac{a}{2}$

इसका केन्द्रक G है अतः $\quad AG' = \frac{a/2}{\sqrt{3}} = \frac{a}{2\sqrt{3}}$

हम जानते हैं कि त्रिभुजाकार पटल ABC का केन्द्रक G है अतः $AG = a/\sqrt{3}$

अतः भुजा $G'G = AG - AG' = \frac{a}{\sqrt{3}} - \frac{a}{2\sqrt{3}} = \frac{a}{2\sqrt{3}}$

त्रिभुजाकार पटल ADE का, G तथा इसके तल के लम्बवत् गुजरने वाले अक्ष के परितः जड़त्वाघूर्ण

$$I_1 = \frac{m_1\left(\dfrac{a}{2}\right)^2}{12} + m_1(G'G)^2 \quad \text{...(ii)}$$

माना पटल ADE का द्रव्यमान m_1 है

$$\therefore m_1 = \frac{\text{पटल } AB \text{ का द्रव्यमान}}{\text{पटल } ABC \text{ का क्षेत्रफल}} \times \text{पटल } ADE \text{ का क्षेत्रफल}$$

$$= \frac{m}{\dfrac{\sqrt{3}}{4}(a)^2} \times \frac{\sqrt{3}}{4}\left(\frac{a}{2}\right)^2 = \frac{m}{4}$$

समी (ii) में मान रखने,

$$I_1 = \frac{\left(\dfrac{m}{4}\right)\left(\dfrac{a}{2}\right)^2}{12} + \left(\frac{m}{4}\right)\left(\frac{a}{2\sqrt{3}}\right)^2 = \frac{ma^2}{192} + \frac{ma^2}{48} = \frac{5ma^2}{192} \quad \text{...(iii)}$$

शेष भाग का, G बिन्दु से गुजरने वाले तथा इसके तल के लम्बवत् अक्ष के परितः जड़त्वाघूर्ण,

$$I_{\text{net}} = I_0 - I_1 = \frac{ma^2}{12} - \frac{5ma^2}{192} = \frac{11\,ma^2}{192} = \frac{11}{16} \times \frac{ma^2}{12} = \frac{11}{16} I_0$$

दिया है, $\quad I_{\text{net}} = \frac{N}{16} I_0$

तुलना करने पर, $N = 11$

23. *(6)* जब संयुक्त सूक्ष्मदर्शी की नेत्रिका से अन्तिम प्रतिबिम्ब स्पष्ट दृष्टि की दूरी (25 सेमी) पर बनता है, तब आवर्धन

$$m = -\frac{v_0}{u_0}\left(1 + \frac{D}{f_e}\right) \Rightarrow m = \frac{-L}{f_0}\left(1 + \frac{D}{f_e}\right)$$

$$\Rightarrow \quad -100 = -\frac{20}{1}\left(1 + \frac{25}{f_e}\right) \Rightarrow 5 = 1 + \frac{25}{f_e}$$

$$4 = \frac{25}{f_e} \Rightarrow f_e = \frac{25}{4} = 6.25 \simeq 6 \text{ सेमी}$$

24. *(266)* आन्तरिक ऊर्जा के संरक्षण द्वारा,

$$U_1 + U_2 = U_1' + U_2'$$

$$n_1 C_V T_1 + n_2 C_V T_2 = (n_1 + n_2) C_V T$$

$$n_1 T_1 + n_2 T_2 = (n_1 + n_2)\, T$$

$$(0.1)(200) + (0.05)(400) = (0.1 + 0.05)\, T$$

$$20 + 20 = (0.15)\, T$$

$$T = \frac{40}{0.15} = 266.66 \text{ K} \simeq 266 \text{ K}$$

25. *(10553)* हम जानते हैं

$$\frac{1}{\lambda} = R\left(\frac{1}{n_i^2} - \frac{1}{n_f^2}\right) \Rightarrow \lambda = \frac{1}{R\left(\dfrac{1}{n_f^2} - \dfrac{1}{n_i^2}\right)} \quad \text{...(i)}$$

लाइमन श्रेणी के लिए,

अधिकतम तरंगदैर्ध्य $n_i = 2$ और $n_f = 1$

$$\lambda_1 = \frac{1}{R\left(\dfrac{1}{1^2} - \dfrac{1}{2^2}\right)} = \frac{1}{R\left(\dfrac{3}{4}\right)} = \frac{4}{3R}$$

न्यूनतम तरंगदैर्ध्य ($n_i = \infty$ और $n_f = 1$)

$$\lambda_2 = \frac{1}{R\left(\frac{1}{1^2} - \frac{1}{\infty^2}\right)} = \frac{1}{R(1)} = \frac{1}{R}$$

दिया है, कि लाइमन श्रेणी की अधिकतम तथा न्यूनतम तरंगदैर्ध्य के मध्य अन्तर 304 Å है।

$$\Delta\lambda = \lambda_1 - \lambda_2$$

$$304 = \frac{4}{3R} - \frac{1}{R} \Rightarrow 304 = \frac{1}{3R} \Rightarrow R = \frac{1}{3 \times 304} \Rightarrow R = \frac{1}{912} \quad \text{...(ii)}$$

पाश्चन श्रेणी के लिए

अधिकतम तरंगदैर्ध्य ($n_i = 4$ और $n_f = 3$)

$$\lambda_3 = \frac{1}{R\left(\frac{1}{3^2} - \frac{1}{4^2}\right)} = \frac{1}{R\left(\frac{7}{144}\right)} = \frac{144}{7R}$$

न्यूनतम तरंगदैर्ध्य ($n_i = \infty$ और $n_f = 3$)

$$\lambda_4 = \frac{1}{R\left(\frac{1}{3^2} - \frac{1}{\infty^2}\right)} = \frac{1}{R\left(\frac{1}{9}\right)} = \frac{9}{R}$$

पाश्चन श्रेणी की अधिकतम तथा न्यूनतम तरंगदैर्ध्य के मध्य अन्तर,

$$\Delta\lambda = \lambda_3 - \lambda_4$$

$$= \frac{144}{7R} - \frac{9}{R} = \frac{144 - 63}{7R} = \frac{81}{7R}$$

$$= \frac{81}{7\left(\frac{1}{912}\right)} \quad \text{(समी (i) से)}$$

$$= \frac{81 \times 912}{7} = 10553.14 \text{ Å} \simeq 10553 \text{ Å}$$

रसायन विज्ञान

26. *(a)* ऐक्टिनॉइड श्रेणी का परमाणु क्रमांक 90 से 103 (f-ब्लॉक तत्व) है। अतः 101 परमाणु क्रमांक (Z) वाला तत्व ऐक्टिनॉइड श्रेणी का है तथा तत्व जिसका परमाणु क्रमांक (Z) 104 तथा समूह 4 का है।

27. *(b)*

COOH

CH$_3$

(P)

यौगिक [P], 4-मेथिल बेन्जोइक अम्ल है।

यहाँ, —CH_3 समूह o-तथा p-निर्देशी समूह हैं परन्तु p-स्थिति पहले से ही — COOH द्वारा ग्रहण कर ली गई है। अतः केवल एक उत्पाद ही बनेगा।

(b) सोडालाइम के साथ क्रिया द्वारा COOH से CO_2 गैस मुक्त करता है।

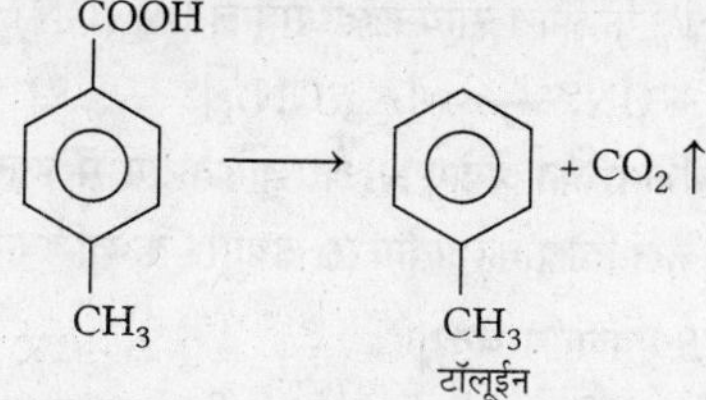

दिए गए अन्य विकल्प शर्तों को सन्तुष्ट नहीं करते हैं।

(a)

COOH

CH$_3$

ब्रोमीनीकरण पर 2 समावयवी सम्भव होगें

(c)

COOH

CH$_3$

COOH के सन्दर्भ में ब्रोमीनीकरण *ऑर्थो* पर होता है परन्तु *ऑर्थो* स्थिति CH_3 द्वारा भरी हुई है। अतः CH_3 के सन्दर्भ में ब्रोमीनीकरण सम्भव नहीं है।

(d)

CH_2COOH के सन्दर्भ में ब्रोमीनीकरण *ऑर्थो* तथा *पैरा* स्थिति पर होता है, तो एकल समावयवी सम्भव नहीं होता है।

28. *(d)* विद्युत चुम्बकीय स्पैक्ट्रम में, बामर श्रेणी दृश्य क्षेत्र में स्थित होती है। ऊर्जा से सम्बन्धित फोटॉन उच्च उत्तेजित हाइड्रोजन गैस द्वारा प्रबल रूप से अवशोषित होगा। अतः बामर रेखा तरंगदैर्ध्य पर अवशोषण के होने की सम्भावना है।

विद्युत चुम्बकीय स्पैक्ट्रम में, पाश्चन, ब्रैकेट तथा फुण्ड श्रेणी अवरक्त क्षेत्र में पाई जाती हैं जबकि केवल लाइमन श्रेणी पराबैंगनी क्षेत्र में पाई जाती है।

29. *(a)* $[Pt(en)(NO_2)_2]$ के लिए कुल सम्भव समावयवी 3 है।

NO_2-उभयदन्तुक लिगैण्ड है, en–द्विदन्तुक लिगैण्ड है तथा समन्वय संख्या 4 है। संरचनाएँ निम्न प्रकार हैं–

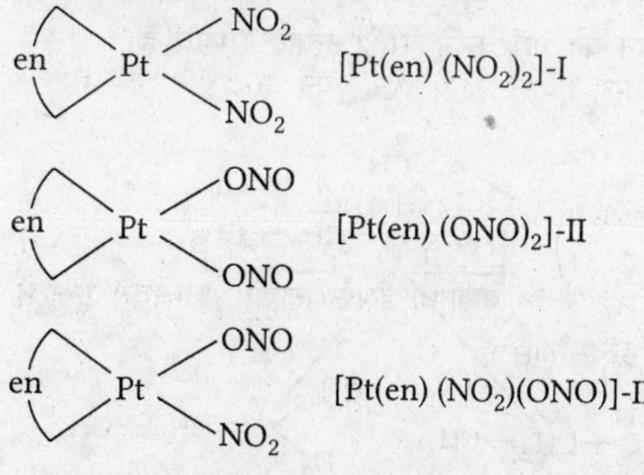

30. *(d)* लेड नाइट्रेट (II) को गर्म करने पर निम्न अभिक्रिया N_2O_3 देती है।

$$\underset{\text{लेड नाइट्रेट}}{Pb(NO_3)_2} \longrightarrow PbO + \underset{\substack{(A) \\ \text{भूरी गैस}}}{2NO_2} + \frac{1}{2}O_2(g)$$

गैस, $NO_2(A)$ ठण्डा करने पर N_2O_4 (B) देती है।

$$2NO_2(g) \xrightarrow{\text{ठण्डा करने पर}} \underset{(B)}{N_2O_4}$$

रंगहीन ठोस/द्रव N_2O_4 (B), NO के साथ अभिक्रिया द्वारा N_2O_3 देता है।

$$\underset{(B)}{N_2O_4} + 2NO \xrightarrow{\Delta} \underset{\text{नीला (ठोस)}}{\underset{(C)}{N_2O_3}}$$

$N_2O_3(C)$ में N की ऑक्सीकरण संख्या

$$N_2O_3 \Rightarrow 2x + 3(-2) = 0 \Rightarrow 2x = +6 \Rightarrow x = \frac{6}{2} = +3$$

अत: ऑक्सीकरण संख्या + 3 है।

31. *(c)* Li, Na तथा K के वायु के आधिक्य में दहन से क्रमशः मुख्य ऑक्साइड Li_2O, Na_2O_2 तथा KO_2 बनते हैं। अभिक्रियाएँ निम्न प्रकार हैं

$$Li + \underset{\text{आधिक्य}}{O_2} \longrightarrow \underset{\text{ऑक्साइड}}{Li_2O}$$

$$2Na + \underset{\text{आधिक्य}}{O_2} \longrightarrow \underset{\text{परॉक्साइड}}{Na_2O_2}$$

32. *(a)* अभिक्रिया निम्न प्रकार है—

$$H_3C-\underset{CH_3}{\overset{CH_3}{C}}-CH_2-\ddot{O}H \xrightarrow{H_2SO_4\ (\text{अम्ल})} H_3C-\underset{CH_3}{\overset{CH_3}{C}}-CH_2OH_2^{\oplus}$$

H_2SO_4 सल्फ्यूरिक अम्ल है जिसके पास $H^{\oplus}$ तथा ऐल्कोहॉल के ऑक्सीजन के पास इलेक्ट्रॉन युग्म होता है।

ऑक्सीजन का इलेक्ट्रॉन युग्म $H^{\oplus}$ ग्रहण करके $\overset{\oplus}{O}H_2$ बनाता है परन्तु ऑक्सीजन विद्युतऋणी तत्व है तथा यहाँ O के पास धनात्मक आवेश है जिसका अर्थ यह अस्थायी है तथा यहाँ से H_2O निकलेगा।

$$H_3C-\underset{CH_3}{\overset{CH_3}{C}}-CH_2-OH_2^{\oplus} \xrightarrow{-H_2O} H_3C-\underset{CH_3}{\overset{CH_3}{C}}-\overset{\oplus}{C}H_2$$

(1° कार्बोनियम आयन)

(3° कार्बोनियम आयन)

[कार्बोनियम आयन का स्थायित्व 3° > 1°.]

$$H_3C-\underset{\oplus}{\overset{CH_3}{C}}-CH_2-CH_3$$

3° कार्बोनियम आयन

3° कार्बोनियम आयन को गर्म करने पर 2 उत्पाद सम्भव हैं। यह निम्न प्रकार है

$$H_3C-\underset{\oplus}{\overset{CH_3}{C}}-CH_2-CH_3$$

(α: CH_3, H_3C, CH_2) बायाँ (−H⁺) दायाँ (−H⁺)

$$H_2C=\overset{CH_3}{C}-CH_2-CH_3 \qquad (CH_3)_2C=CH_2-CH_3$$

2- प्रतिस्थापित (गौण उत्पाद) (B) (15%)

3- प्रतिस्थापित (मुख्य उत्पाद) (A) 85%

अत: सही विकल्प (a) है।

33. *(c)* सामान्य अभिक्रिया,

$$AgNO_3 + X(\text{हैलोजन}) \longrightarrow AgX + NO_3^{2-}$$

यह S_N1 अभिक्रिया का अनुसरण करता है।

S_N1 अभिक्रिया में,

अभिक्रिया की दर ∝ कार्बोनियम आयन का स्थायित्व

(a) 3-क्लोरोसाइक्लोप्रोपीन (A) $\xrightarrow[AgNO_3]{-Cl^-}$ साइक्लोप्रोपेनिल धनायन + $NO_3^{\ominus}$ + AgCl
ऐरोमैटिक (i)

(b) 3-क्लोरो-1-मेथॉक्सीसाइक्लोप्रोपीन (B) (OCH_3) $\xrightarrow[AgNO_3]{-Cl^-}$ धनायन ($\ddot{O}CH_3$)
ऐरोमैटिक और +M प्रभाव (ii)

(c) $CH_3-\underset{Cl}{CH}-CH_3 \xrightarrow[AgNO_3]{-Cl^-} CH_3-\overset{\oplus}{C}H-CH_3$ (2°) (iii)
(C)

(d) $CH_3-\underset{Cl}{CH}-CH_2NO_2 \xrightarrow[AgNO_3]{-Cl^-} CH_3-\overset{\oplus}{C}H-CH_2-NO_2$ (iv)
(D)

NO_2, − M प्रभाव प्रदर्शित करता है

कार्बोधनायन का स्थायित्व

(ii) > (i) > (iii) > (iv)

अत: $AgNO_3$ विलयन की क्रियाशीलता का क्रम

(B) > (A) > (C) > (D)

34. *(a)* कथन (A), (B), (C) तथा (D) सही हैं।

(A) $\underset{\text{लाइमस्टोन}}{CaCO_3} \xrightarrow{\Delta} CaO + \underset{\text{गैस}}{CO_2}$

(B) Ag, $CN^{\ominus}$ के साथ सायनाइड संकुल $[Ag(CN)_2]^{\ominus}$ बनाती है।

$$Ag + CN^{\ominus} \longrightarrow [Ag(CN)_2]^{\ominus}$$

(C) मॉण्ड प्रक्रिया का प्रयोग Ni के शुद्धिकरण में होता है।

(D) वान-अर्केल विधि का प्रयोग Zr तथा Ti के शुद्धिकरण में किया जाता है।

35. *(a)* $A—B$ प्रबलतम बन्ध है।

यह सही है, क्योंकि $A—B$ बन्ध की स्थितिज ऊर्जा अधिकतम ऋणात्मक होती है। [−500 से −600 के मध्य] अधिक ऋणात्मक स्थितिज ऊर्जा का अर्थ अधिक ऊर्जा का मुक्त होना। अधिक ऊर्जा का निकलना अर्थात् अधिक स्थायित्व तथा अधिक प्रबल बन्ध का होना।

(b) D अन्य परमाणुओं की अपेक्षा अधिक विद्युतऋणी है। अत: असत्य है।

(c) $A—A$ की एन्थैल्पी अधिकतम होती है, यह असत्य है, क्योंकि $A—B$ में स्थितिज अधिक ऋणात्मक होती है।

(d) $A—D$ बन्ध लघुत्तम है, यह असत्य है क्योंकि $A—D$ के बीच अन्तर आण्विक दूरी 150 (pm) से अधिक होती है जोकि सभी में उच्चतम है।

36. *(c)* माल्टोस की संरचना में उपस्थित क्रियात्मक समूह एक ऐसीटल तथा एक हेमीऐसीटल हैं। यह निम्न संरचना द्वारा समझाया गया है।

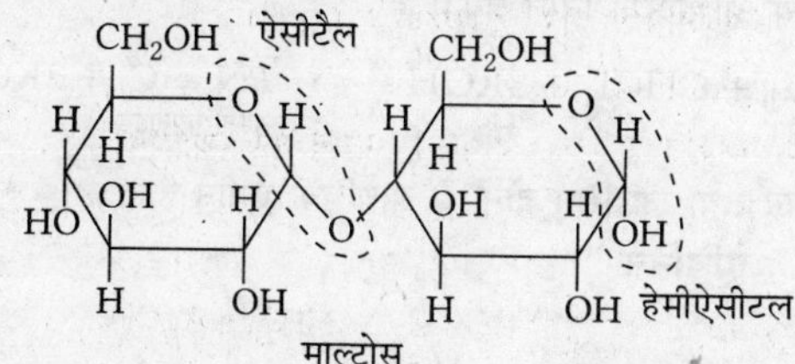

माल्टोस

37. *(a)* दिया है, $E^\circ_{Cu^{2+}/Cu} = -0.34\ V$

$E^\circ_{Zn^{2+}/Zn} = -0.76\ V$

$$E^\circ_{cell} = E^\circ_{Cu^{2+}/Cu} - E^\circ_{Zn^{2+}/Zn}$$

$$= 0.34 - (-0.76) = 1.10 \text{ वोल्ट}$$

कथन (a) असत्य है, जबकि अन्य सभी कथन सही हैं।

यदि $E_{ext} > 1.1\ V$ (विद्युत-अपघटनी सेल की तरह व्यवहार करता है।)

$Cu \rightarrow$ ऐनोड

$Zn \rightarrow$ कैथोड

यदि, $E_{ext} = 1.10\ V$

$Zn \rightarrow$ ऐनोड

$Cu \rightarrow$ कैथोड

अतः Zn कॉपर इलेक्ट्रोड पर तथा Cu जिंक इलेक्ट्रोड पर घुलता है।

38. *(a)* साम्यावस्था के लिए, $A \rightleftharpoons B$

साम्यावस्था पर, $r_a = r_b$

साम्यावस्था वह अवस्था है जब अग्र रासायनिक अभिक्रिया तथा पश्च रासायनिक अभिक्रिया समान दर से होती है। इसे निम्न ग्राफ से समझ सकते हैं।

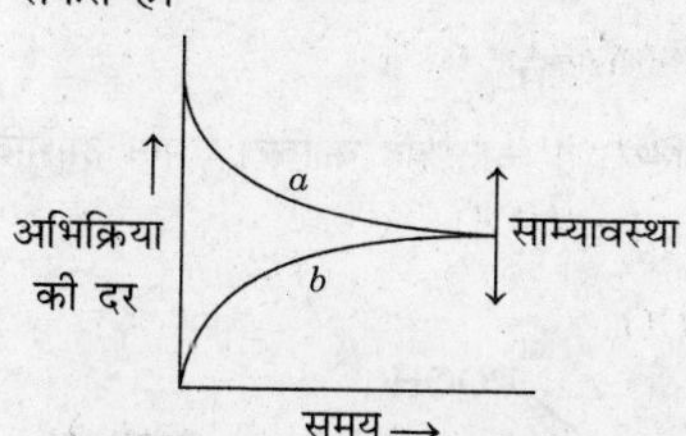

39. *(c)* O^{2-}, F^-, Na^+ तथा Mg^{2+} समइलेक्ट्रॉनिक स्पीशीज हैं।

आयनिक	O^{2-}	F^-	Na^+	Mg^{2+}
e^- की संख्या	10	10	10	10

समइलेक्ट्रॉनिक स्पीशीज के लिए,

$$\text{त्रिज्या} \propto \frac{\text{ऋणात्मक आवेश}}{\text{धनात्मक आवेश}}$$

अतः आयनिक त्रिज्या का सही क्रम $O^{2-} > F^- > Na^+ > Mg^{2+}$ है।

40. *(d)* दिए गए यौगिक का IUPAC नाम

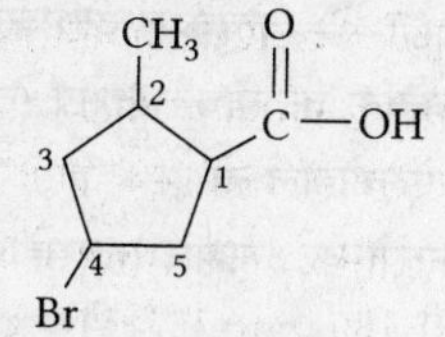

4-ब्रोमो-2-मेथिल साइक्लोपेन्टेन कार्बोक्सिलिक अम्ल

41. *(c)* कथन (A), (C) तथा (D) सत्य हैं, जबकि (B) असत्य है।

(A) 1 मोल के लिए, U = आन्तरिक ऊर्जा, H = एन्थैल्पी

स्थिर आयतन पर ऊष्माधारिता,

$$nC_V = \frac{dU}{dt} \Rightarrow dU = nC_V dT \qquad (n = 1 \text{ मोल})$$

$$dU = 1 \times C_V \times dT \ (\because C_V = \text{स्थिरांक})$$

$$U = f(T) \qquad (\text{ताप का फलन})$$

U ताप पर निर्भर करता है।

स्थिर आयतन पर ऊष्माधारिता,

$$nC_p = \frac{dH}{dT} \Rightarrow dH = nC_p dT \qquad [n = 1 \text{ मोल}]$$

$$dH = 1 \times C_p \times dT$$

गणितीय रूप में,

$$H = f(T) \qquad [\because C_p = \text{स्थिरांक}]$$

अतः H ताप के फलन पर निर्भर करता है।

(b) सम्पीड्यता कारक (Z) वास्तविक गैस के आदर्श गैस व्यवहार से विचलन की व्याख्या करता है।

$$Z = \frac{pV}{RT} \qquad ...(i)$$

आदर्श गैस के लिए,

$$pV = nRT \qquad [n = 1 \text{ मोल}]$$

$$pV = RT \qquad (ii)$$

pV का मान समी (ii) से समी (i) में रखने पर,

$$Z = \frac{RT}{RT} = 1$$

आदर्श गैस के लिए सम्पीड्यता गुणांक 1 है तथा विकल्प (b) असत्य है।

(c) आदर्श गैस के लिए,

$$C_p - C_V = nR \qquad (n = 1 \text{ मोल})$$

$$C_p - C_V = R$$

यह सही कथन है।

(d) $\Delta U = C_V dT \Rightarrow nC_V = \frac{dU}{dT} \Rightarrow dU = nC_V dT \qquad (n = 1 \text{ मोल})$

$$dU = C_V dT$$

यह भी सत्य है।

42. *(b)* युग्म, जिसमें दोनों स्पीशीज $[Cr(H_2O)_6]^{2+}$ तथा $[Fe(H_2O)_6]^{2+}$ का समान चुम्बकीय आघूर्ण होता है।

दिए गए सभी विकल्प निम्नानुसार वर्णित किया जा सकता है—

$[Mn(H_2O)_6]^{2+}$

इलेक्ट्रॉनिक विन्यास,

$$Mn = 3d^5 4s^2 \text{ या } Mn^{2+} = 3d^5$$

यहाँ, उपसमन्वय संख्या = 6

ऑक्सीकरण संख्या = +2

दुर्बल क्षेत्र लिगैण्ड = H_2O

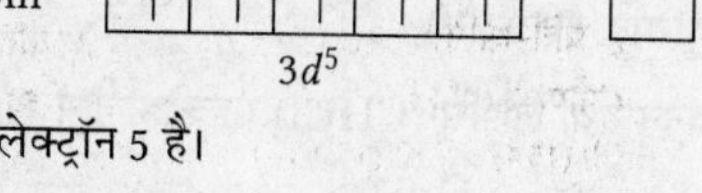

अतः अयुग्मित इलेक्ट्रॉन 5 है।

$[Cr(H_2O)_6]^{2+}$

इलेक्ट्रॉनिक विन्यास, $Cr = 2d^5 4s^1$

या $Cr^{2+} = 3d^4$

यहाँ, उपसमन्वय संख्या = 6

ऑक्सीकरण संख्या = + 2

दुर्बल क्षेत्र लिगैण्ड = H_2O

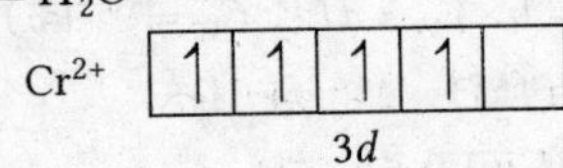

यहाँ, अयुग्मित इलेक्ट्रॉन 4 है।

$[Fe(H_2O)_6]^{2+}$

इलेक्ट्रॉनिक विन्यास, $Fe = 3d^6, 4s^2$ या $Fe^{2+} = 3d^6$

यहाँ, उपसमन्वय संख्या = 6

ऑक्सीकरण संख्या = + 2

दुर्बल क्षेत्र लिगैण्ड = H_2O

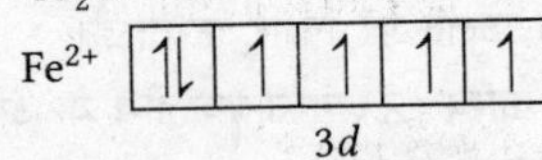

अयुग्मित इलेक्ट्रॉन 4 है।

$[Co(OH)_4]^{2-}$

इलेक्ट्रॉनिक विन्यास, $Co = 3d^7 4s^2$ या $Co^{2+} = 3d^7$

यहाँ, समन्वय संख्या = 4

ऑक्सीकरण संख्या = + 2

दुर्बल क्षेत्र लिगैण्ड = OH

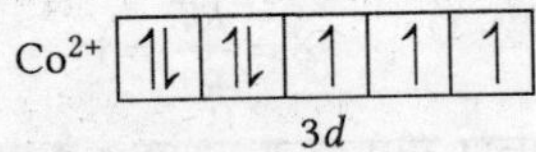

अतः अयुग्मित इलेक्ट्रॉन 3 है।

$[Fe(NH)_3]_6$

इलेक्ट्रॉनिक विन्यास, $Fe = 3d^6, 4s^2$ या $Fe^{2+} = 3d^6$

यहाँ, समन्वय संख्या = 6

ऑक्सीकरण संख्या = 2

दुर्बल क्षेत्र लिगैण्ड = NH_3

NH_3 प्रबल क्षेत्र लिगैण्ड है तथा Fe^{2+} के साथ दुर्बल क्षेत्र लिगैण्ड की तरह व्यवहार करता है।

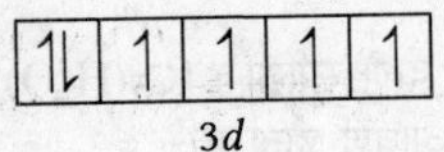

अतः अयुग्मित इलेक्ट्रॉन 4 है।

$[CoCl_4]^{2-}$

इलेक्ट्रॉनिक विन्यास, $Co = 3d^7, 4s^2$ या $Co^{2+} = 3d^7$

यहाँ, समन्वय संख्या = 4

ऑक्सीकरण संख्या = + 2

दुर्बल क्षेत्र लिगैण्ड = Cl

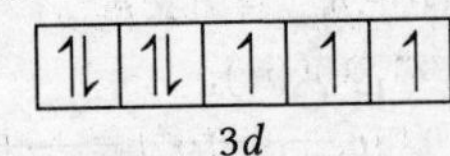

अतः अयुग्मित इलेक्ट्रॉन = 3

43. *(a)* ऐडिनिन तथा लाइसिन $CHCl_3$ ऐल्कोहॉलीय KOH के साथ क्रिया करते हैं।

इस प्रकार के अभिकर्मक कार्बिल ऐमीन क्रिया दर्शाते हैं।

कार्बिल ऐमीन अभिक्रिया प्राथमिक ऐमीन द्वारा दी जाती है।

सामान्य अभिक्रिया निम्न प्रकार है

$$\underset{1^\circ \text{ ऐमीन}}{RNH_2} + CHCl_3 + 3KOH \longrightarrow \underset{\text{आइसोसायनाइड}}{RN \equiv C} + 3KCl + 3H_2O$$

ऐडिनिन तथा लाइसिन दोनों में प्राथमिक ऐमीन होता है।

(a) **ऐडिनिन**

इस अभिक्रिया में, प्राथमिक ऐमीन उपस्थित होता है।

अतः यह कार्बिल ऐमीन अभिक्रिया दर्शाता है।

लाइसिन

2° ऐमीन उपस्थित होती है।

अतः यह कार्बिल ऐमीन अभिक्रिया दर्शाता है।

(b) **थायमिन**

यहाँ, 2° द्वितीयक ऐमीन उपस्थित है, अतः यह कार्बिल ऐमीन अभिक्रिया नहीं दर्शाता है।

प्रोलिन (चक्रीय ऐमीन)

यहाँ, द्वितीयक (2°) ऐमीन उपस्थित होती है। अतः यह कार्बिल ऐमीन अभिक्रिया नहीं दर्शाती है।

(c) **ऐडिनिन** यह अभिक्रिया दर्शाता है परन्तु थायमीन कार्बिल ऐमीन के साथ यह अभिक्रिया नहीं दर्शाता।

(d) **ऐडिनिन** यह कार्बिल ऐमीन के साथ यह अभिक्रिया दर्शाता है परन्तु **प्रोलिन** यह अभिक्रिया नहीं दर्शाता है।

44. *(b)* $ZnCl_2 + HCl \longrightarrow$ ल्यूकास अभिकर्मक

(C) ल्यूकास अभिकर्मक के साथ अवक्षेप (तुरन्त) देता है।

इसका अर्थ *C*, 3° ऐल्कोहॉल होगा।

अतः दिए गए विकल्पों के अनुसार (b) सही है।

तनु H_2SO_4 / जल-अपघटन → (*B*) + (*C*) (3°OH)

(*C*) 3°OH है। 3°OH में यह तीव्र अवक्षेप देता है। यह सही विकल्प है। अन्य विकल्पों की व्याख्या निम्न प्रकार है

(b)

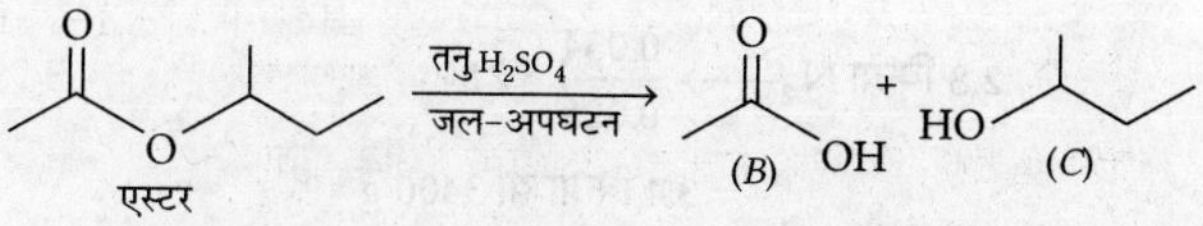

एस्टर $\xrightarrow[\text{जल-अपघटन}]{\text{तनु } H_2SO_4}$ (*B*) + (*C*)

(*C*), 2° ऐल्कोहॉल है, हमें 3° ऐल्कोहॉल चाहिए तो यह उत्तर गलत है।

(c)

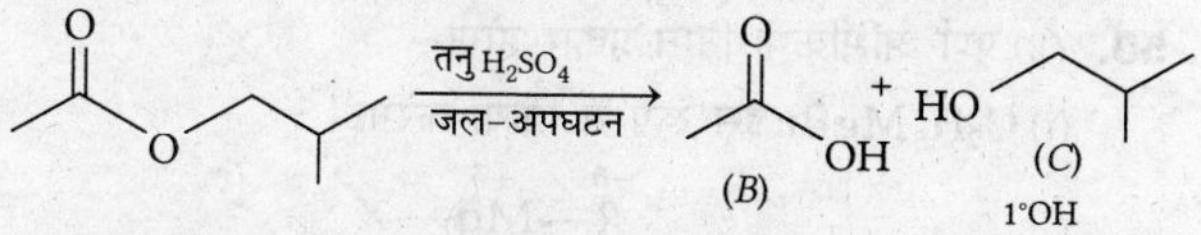

$\xrightarrow[\text{जल-अपघटन}]{\text{तनु } H_2SO_4}$ (*B*) + (*C*) 1°OH

(*C*), 1° ऐल्कोहॉल है। यह तुरन्त अवक्षेप नहीं देता है। अत: यह गलत है।

(d)

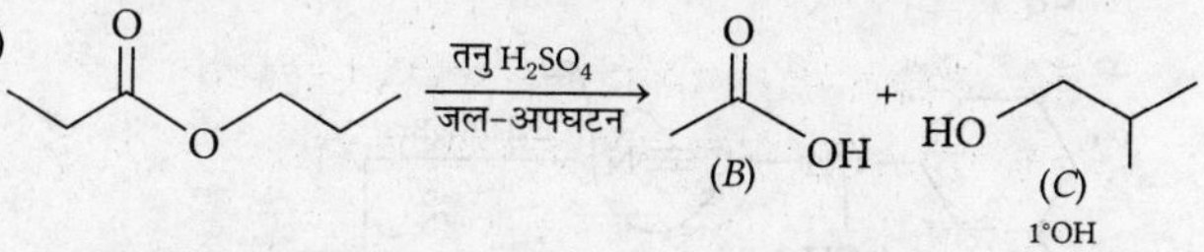

$\xrightarrow[\text{जल-अपघटन}]{\text{तनु } H_2SO_4}$ (*B*) + (*C*) 1°OH

(*C*), 1° ऐल्कोहॉल है यह तुरन्त परीक्षण नहीं देता। प्रश्नानुसार, यौगिक (*A*) कार्बोक्सिलिक अम्ल तथा ऐल्कोहॉल देता है। अत: *A* एक एस्टर होना चाहिए।

45. *(c)* सही मिलान (I) → E, (II) → C, (III) → A, (IV) → F है।

(I) फॉम-झाग

फॉम का निर्माण गैस कणों के ठोस या द्रव में फँस जाने के कारण होता है।

(II) जैल—जैलिज

जैल कोलॉइड है, यहाँ परिक्षेपित प्रावस्था द्रव है तथा परिक्षेपण माध्यम ठोस है।

(III) ऐरोसॉल—धुँआ

ऐरोसॉल एक कोलॉइड है, यहाँ ठोस/द्रव कण गैस में परिक्षिप्त होते हैं।

(IV) इमल्शन—दूध

पायस दो द्रवों के मिलाने पर बनता है।

(दूध, दो द्रवों का संयोग है।)

46. *(85)* दिया है, विलयन का आयतन = 20.0 mL

H_2O_2 का अशुद्ध नमूना = 0.2 g

$KMnO_4$ का द्रव्यमान = 0.316 g

अशुद्ध H_2O_2, अम्लीय $KMnO_4$ के साथ क्रिया करता है।

$$K\overset{+7}{Mn}O_4 + H_2\overset{-1}{O_2} \longrightarrow \overset{+2}{Mn} + \overset{0}{O_2}$$

$KMnO_4$ ऑक्सीकारक की भाँति व्यवहार करता है।

$$\overset{+7}{Mn} + 5e^- \longrightarrow \overset{+2}{Mn} \quad (\text{संयोजकता कारक} = 5)$$

$$\overset{-1}{O_2} \longrightarrow \overset{0}{O_2} + 2e^- \quad (\text{संयोजकता कारक} = 2)$$

हम $KMnO_4$ तथा H_2O_2 दोनों की तुलना करते हैं।

$$(\text{द्रव्यमान तुल्यांक})_{H_2O_2} = (\text{द्रव्यमान तुल्यांक})_{KMnO_4}$$

$$\frac{\text{भार}}{\text{आण्विक भार / संयोजी कारक}} \times 1000 = \frac{\text{भार}}{\text{आण्विक भार / संयोजी कारक}} \times 1000$$

$$\frac{(\text{भार})_{H_2O_2}}{34/2} \times 1000 = \frac{0.316}{158/5} \times 1000$$

$$(\text{भार})_{H_2O_2} = \frac{0.316}{158} \times 5 \times \frac{34}{2} = \frac{26.86}{158}$$

$$(\text{भार})_{H_2O_2} = 0.17 \text{ g}$$

$$(\text{शुद्ध})_{H_2O_2} = \frac{(\text{शुद्ध})_{H_2O_2}}{(\text{अशुद्ध})_{H_2O_2}} \times 100 = \frac{0.17}{0.2} \times 100 = 85\%$$

47. *(*)* दिया है,

विलयन का वाष्पदाब = 550 mmHg

हेक्सेन के मोल (n_{hex}) = 1 मोल

हेप्टेन के मोल (n_{hep}) = 3 मोल

राउल्ट के नियम से,

विलयन में वाष्पदाब = शुद्ध विलायक का वाष्पदाब × मोल अंश

$$p = p^\circ \chi$$

यहाँ, विलयन का वाष्पदाब = *p*,

शुद्ध विलायक का वाष्पदाब = p° तथा

मोल अंश = χ

विलयन का कुल वाष्प दाब

$$p_{total} = p^\circ_{hex}\chi_{hex} + p^\circ_{hep}\chi_{hep}$$

स्थिति I हेक्सेन का मोल अंश

$$\chi_{hex} = \frac{1}{1+3} = 0.25$$

हेप्टेन का मोल अंश,

$$\chi_{hep} = \frac{3}{1+3} = 0.75 \Rightarrow p = p^\circ_{hex} 0.25 + p^\circ_{hep} \times 0.75$$

$$550 = p^\circ_{hex} 0.25 + p^\circ_{hep} \times 0.75 \quad \text{...(i)}$$

स्थिति II प्रश्न के अनुसार, जब 1 मोल हेप्टेन को मिलाया जाता है तथा वाष्पदाब 10 mm Hg बढ़ता है।

हेक्सेन का मोल अंश

$$\chi_{hex} = \frac{1}{1+4} = 0.20$$

हेप्टेन का मोल अंश,

$$\chi_{hep} = \frac{4}{1+4} = 0.80$$

$$p = p^\circ_{hex}\chi_{hex} + p^\circ_{hep}\chi_{hep}$$

वाष्पदाब 10 mm Hg बढ़ता है, तो *p* = 560

$$\Rightarrow \quad 560 = p^\circ_{hex} 0.20 + p^\circ_{hep} 0.80 \quad \text{...(ii)}$$

समी (i) को 0.20 से गुणा करने पर

$$\Rightarrow 550 \times 0.20 = (0.25 \times 0.20)p^\circ_{hex} + (0.75 \times 0.20)p^\circ_{hep}$$

$$\Rightarrow \quad 110 = 0.05p^\circ_{hex} + 0.15p^\circ_{hep} \quad \text{...(iii)}$$

समी (ii) को 0.25 से गुणा करने पर,

$$\Rightarrow 560 \times 0.25 = (0.20 \times 0.25)p^\circ_{hex} + (0.8 \times 0.25)p^\circ_{hep}$$

$$140 = 0.05p^\circ_{hex} + 0.20p^\circ_{hep} \quad \text{...(iv)}$$

अब, समी (iii) तथा समी (iv),

$$\Rightarrow 0.05p^\circ_{hex} + 0.15p^\circ_{hep} - 0.05p^\circ_{hex} - 0.20p^\circ_{hep} = 110 - 140$$

$$\Rightarrow 0.15p^\circ_{hep} - 0.20p^\circ_{hep} = -30 \Rightarrow -0.05p^\circ_{hep} = -30$$

$$\Rightarrow \quad p^\circ_{hep} = \frac{30}{0.05} = 600 \text{ mm of Hg}$$

अत: शुद्ध *n*-हेप्टेन (p°_{hep}) का वाष्प 600 mm of Hg है।

48. *(60)* दिया है, प्रथम कोटि की अभिक्रिया

$t_{75} = 90$ मिनट

$t_{60} = ?$

निम्न अभिक्रिया में,

$$\underset{\text{(अभिकारक)}}{A} \longrightarrow \underset{\text{(उत्पाद)}}{B}$$

समय, $t = 0$ 100

$t_{15\%} = 90$ मिनट $(100 - 75) = 25$

$t_{60\%} = ?$ $(100 - 60) = 40$

प्रथम कोटि की अभिक्रिया के लिए,

$$T = \frac{2.303}{k}\log\left(\frac{a_0}{a}\right) \quad \left[\begin{array}{l} a_0 = \text{प्रारम्भिक सान्द्रता} \\ a = \text{सान्द्रता}\end{array}\right]$$

75% के लिए,

$$t_{75\%} = \frac{2.303}{k}\log\left(\frac{100}{25}\right) \quad \ldots\text{(i)} \left[\begin{array}{l}\text{प्रारम्भिक सान्द्रता} = 100 \\ \text{सान्द्रता} = 100 - 75 = 25\end{array}\right]$$

60% के लिए,

$$t_{60\%} = \frac{2.303}{k}\log\left(\frac{100}{40}\right) \quad \ldots\text{(ii)} \left[\begin{array}{l}\text{प्रारम्भिक सान्द्रता} = 100 \\ \text{सान्द्रता} = 100 - 60 = 40\end{array}\right]$$

समीकरण (i) तथा (ii) को बराबर करने पर,

$$\frac{T_{60\%}}{T_{75\%}} = \frac{\dfrac{2.303}{k}\log\left(\dfrac{100}{40}\right)}{\dfrac{2.303}{k}\log\left(\dfrac{100}{25}\right)}$$

$$T_{60\%} = T_{75\%} \times \left(\frac{0.3979}{0.602}\right)$$

$$T_{60\%} = 90 \times \frac{0.3979}{0.602}$$

$T_{60^\circ} = 59.48$ मिनट ≈ 60 मिनट

49. *(3400)* $\underset{1\text{ मोल}}{N_2} + \underset{3\text{ मोल}}{3H_2} \longrightarrow \underset{2\text{ मोल}}{2NH_3}$

N_2(kg) का आण्विक भार = 0.028 किग्रा/मोल

'N' परमाणु का भार = 14 g

तो N_2 अणु का भार = 28 g = 0.028 किग्रा/मोल

H_2 का आण्विक भार = 2 g

यहाँ, $3H_2 = 3 \times 2 = 6$ g = 0.006 किग्रा/मोल

NH_3 का आण्विक भार = 17 g

$2NH_3$ किग्रा का आण्विक भार = 0.034 किग्रा/मोल

0.028 किग्रा N_2 के लिए हाइड्रोजन = 0.006 किग्रा

1 किग्रा N_2 के लिए आवश्यक $= \dfrac{0.006}{0.028}$

2.8 किग्रा N_2 (सीमान्त के लिए आवश्यक अभिकर्मक)

$= \dfrac{0.006}{0.028} \times 2.8 = 0.6$ किग्रा H_2 (आधिक्य)

तो 0.6 किग्रा H_2 आधिक्य में तथा N_2 सीमान्त अभिकर्मक के रूप में प्रयुक्त होगा।

0.028 किग्रा $N_2 \xrightarrow{\text{आधिक्य}}$ 0.034 किग्रा का NH_3

1 किग्रा $N_2 \longrightarrow \dfrac{0.034}{0.028}$

2.8 किग्रा $N_2 \longrightarrow \dfrac{0.034}{0.028} \times 2.8$

= 3.4 किग्रा या 3400 g

NH_3 की मात्रा = 3400 g

50. *(2)* पूर्ण अभिक्रिया निम्न प्रकार होगी—

(i) C_2H_5MgBr इस रूप में क्रिया करेगा

$$\overset{-\delta}{R}—\overset{+\delta}{Mg}—X$$

पद I

(3-मेथिलसाइक्लोहेक्सिल)—$CH(CH_3)—C\equiv N$ + $\overset{-\delta}{C_2H_5}\overset{+\delta}{MgBr}$ ⟶ (3-मेथिलसाइक्लोहेक्सिल)—$CH(CH_3)—C(C_2H_5)=\overset{\ominus}{N}$ + $\overset{\delta+}{MgBr}$

C_2H_5 में $(-\delta)$ आवेश कार्बन पर आक्रमण करता है।

पद II जल-अपघटन पर निम्न मध्यवर्ती बनता है।

(3-मेथिलसाइक्लोहेक्सिल)—$CH(CH_3)—C(C_2H_5)=N—H$

पद III

(3-मेथिलसाइक्लोहेक्सिल)—$CH(CH_3)—C(C_2H_5)=N—H$ + $\overset{\delta-}{CH_3}—\overset{\delta+}{Mg}—Br$ ⟶ (3-मेथिलसाइक्लोहेक्सिल)—$CH(CH_3)—C(CH_3)(C_2H_5)—\overset{\ominus}{N}—H$ $\xrightarrow[\text{(जल-अपघटन)}]{H/H_2O}$ (3-मेथिलसाइक्लोहेक्सिल)—$\overset{*}{C}H(CH_3)—C(CH_3)(C_2H_5)—NH_2$

(B)

उत्पाद (B) में उपस्थित किरैल केन्द्र 2 है। किरैल कार्बन वह होता है जिसमें सभी प्रतिस्थापी भिन्न-भिन्न कार्बन से संलग्न होते हैं।

गणित

51. *(b)* दिया है, $(a + \sqrt{2}b \cos x)(a - \sqrt{2b} \cos y) = a^2 - b^2$

जहाँ $a > b > 0,$

y के सापेक्ष अवकलन करने पर,

$$(a - \sqrt{2}b \cos y)\left(0 + \sqrt{2}b(-\sin x)\frac{dx}{dy}\right)$$
$$+ (a + \sqrt{2}b \cos x)(0 - \sqrt{2}b(-\sin y)) = 0$$
$$\Rightarrow \quad (a - \sqrt{2}b \cos y)\left(-\sqrt{2}b(\sin x)\frac{dx}{dy}\right)$$
$$+ \sqrt{2}b(\sin y)(a + \sqrt{2}b \cos x) = 0 \left(\frac{\pi}{4}, \frac{\pi}{4}\right) \text{ पर}$$
$$\Rightarrow \quad (a - b)\left(-b\frac{dx}{dy}\right) + b(a + b) = 0 \Rightarrow \frac{dx}{dy} = \frac{a + b}{a - b}$$

अत: विकल्प (b) सही है।

52. *(c)* माना शेष दो प्रेक्षण x तथा y हैं, तब माध्य

$$= \frac{5 + 7 + 10 + 12 + 14 + 15 + x + y}{8} = 10$$
$$\Rightarrow \quad x + y = 80 - 63 \Rightarrow x + y = 17 \quad \text{...(i)}$$

तथा प्रसरण $= \dfrac{25 + 49 + 100 + 144 + 196 + 225 + x^2 + y^2}{8}$

$$- 100 = 13.5 \Rightarrow \frac{739 + x^2 + y^2}{8} = 113.5$$
$$\Rightarrow \quad x^2 + y^2 = 908 - 739 \Rightarrow x^2 + y^2 = 169 \quad \text{...(ii)}$$

समी (i) व (ii) से, $x = 12$ तथा $y = 5$

$\therefore \ |x - y| = |12 - 5| = 7$

अत: विकल्प (c) सही है।

53. *(d)* दी गई श्रेणी $1 + (1 - 2^2 \cdot 1) + (1 - 4^2 \cdot 3)$
$+ (1 - 6^2 \cdot 5) + \ldots + (1 - 20^2 \cdot 19) = \alpha - 220\beta$

$$\Rightarrow \quad 1 + \sum_{n=1}^{10}[1 - (2n)^2(2n - 1)] = \alpha - 220\beta$$
$$\Rightarrow \quad 1 + 10 - 8\sum_{n=1}^{10} n^3 + 4\sum_{n=1}^{10} n^2 = \alpha - 220\beta$$
$$\Rightarrow 11 - 8\left(\frac{10 \times 11}{2}\right)^2 + 4\left(\frac{10 \times 11 \times 21}{6}\right) = \alpha - 220\beta$$
$$\Rightarrow 11 - \frac{10 \times 11}{2} \times 4\left(\frac{10 \times 11}{2} \times 2 - \frac{21}{3}\right) = \alpha - 220\beta$$
$$\Rightarrow \quad 11 - (20 \times 11)(110 - 7) = \alpha - 220\beta$$
$$\Rightarrow \quad 11 - 220(103) = \alpha - 220\beta$$
$$\Rightarrow \quad \alpha = 11 \text{ और } \beta = 103 \Rightarrow (\alpha, \beta) = (11, 103)$$

अत: विकल्प (d) सही है।

54. *(a)* माना $n(A)$ = समाचार पत्र A पढ़ने वाले व्यक्तियों की संख्या = 63%

$n(B)$ = समाचार पत्र B पढ़ने वाले व्यक्तियों की संख्या = 76%

तथा $n(A \cap B)$ = दोनों समाचार पत्र पढ़ने वाले व्यक्तियों की संख्या = x%

$\because \quad n(A \cup B) = n(A) + n(B) - n(A \cap B)$ तथा

$$76 \le n(A \cup B) \le 100 \quad \therefore \ 76 \le 63 + 76 - x \le 100$$
$$\Rightarrow \quad 0 \le 63 - x \le 24 \Rightarrow 39 \le x \le 63$$

55. *(a)* दिया है, कथन $S_1 : (q \vee p) \to (p \leftrightarrow (\sim q))$ सत्यता है।

S_1 के लिए

p	q	$\sim q$	$q \vee p$	$p \leftrightarrow (\sim q)$	$(q \vee p) \to (p \leftrightarrow (\sim q))$
T	T	F	T	F	F
T	F	T	T	T	T
F	T	F	T	T	T
F	F	T	F	F	T

$\Rightarrow S_1$ एक सत्यता नहीं है, इसलिए S_1 कथन सही नहीं है।

अब, $S_2 : (\sim q) \wedge ((\sim p) \leftrightarrow q)$ असत्यता है।

S_2 के लिए

p	q	$\sim p$	$\sim q$	$(-p) \leftrightarrow q$	$(\sim q) \wedge ((\sim p) \leftrightarrow q)$
T	T	F	F	F	F
T	F	F	T	T	T
F	T	T	F	T	F
F	F	T	T	F	F

$\Rightarrow S_2$ असत्यता नहीं है, इसलिए S_2 कथन सही नहीं है।

अत: विकल्प (a) सही है।

56. *(b)* दी गई स्थिति के लिए चित्र

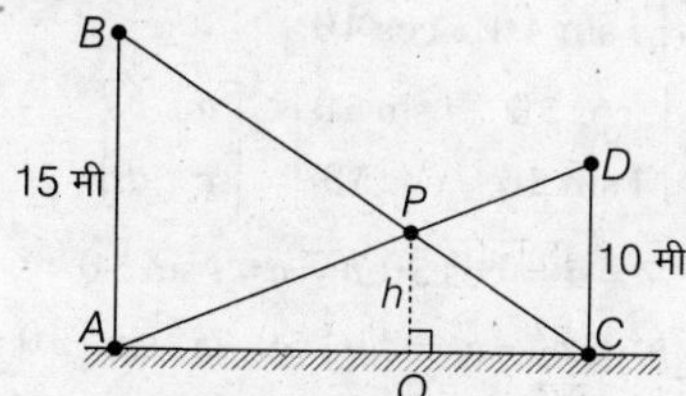

माना रेखा AC से P की ऊँचाई h मी है तथा $AQ = x$ मी व $CQ = y$ मी इसलिए

$$\frac{10}{x + y} = \frac{h}{x} \quad \text{...(i)}$$

तथा
$$\frac{15}{x + y} = \frac{h}{y} \quad \text{...(ii)}$$

समी (i) व (ii) से,
$$\frac{10}{15} = \frac{y}{x} \Rightarrow 2x = 3y \quad \text{...(iii)}$$

अब, समी (i) व (iii) से,
$$\frac{10}{x + \frac{2x}{3}} = \frac{h}{x} \Rightarrow \frac{10}{5/3} = h \Rightarrow h = 6 \text{ मी}$$

57. *(a)* बिन्दु (1, 6) पर द्विअवकलीय फलन, यह दिया है कि

$$f''(x) \ge 4 \quad \Rightarrow \int_2^x f''(x)\,dx \ge \int_2^x 4\,dx$$
$$\Rightarrow f'(x) - f'(2) \ge 4(x - 2) \Rightarrow f'(x) \ge 4x - 3 \text{ ...(i) } [\because f'(2) = 5]$$

तथा $f'(x) \ge 1$ (दिया है)

$$\Rightarrow \quad \int_2^x f'(x)\,dx \ge \int_2^x dx \Rightarrow f(x) - f(2) \ge (x - 2)$$

$\Rightarrow \quad f(x) \geq x + 6$ ...(ii) $[\because f(2) = 8]$

$\because x \in (1, 6)$ इसलिए दिए गए विकल्प के अनुसार

$x = 5$ रखने पर,

असमिका (i) व (ii) से,

$\therefore \quad f'(5) \geq 17$ तथा $f(5) \geq 11 \Rightarrow f(5) + f'(5) \geq 28$

अत: विकल्प (a) सही है।

58. *(b)* $\sum_{r=0}^{20} {}^{50-r}C_6$ का मान $= {}^{50}C_6 + {}^{49}C_6 + {}^{48}C_6 + \dots + {}^{30}C_6$

$$\Rightarrow \sum_{r=0}^{20} {}^{50-r}C_6 + {}^{30}C_7 = {}^{30}C_7 + [{}^{30}C_8 + {}^{31}C_6 + {}^{32}C_6 + \dots + {}^{50}C_6]$$

$$\Rightarrow \sum_{r=0}^{20} {}^{50-r}C_6 + {}^{30}C_7 \Rightarrow {}^{31}C_7 + {}^{31}C_6 + {}^{32}C_6 + \dots + {}^{50}C_6$$

$$[{}^nC_r + {}^nC_{r+1} = {}^{n+1}C_{r+1}]$$

इस प्रकार,

$$\sum_{r=0}^{20} {}^{50-r}C_6 + {}^{30}C_7 = {}^{51}C_7 \Rightarrow \sum_{r=0}^{20} {}^{50-r}C_6 = {}^{51}C_7 - {}^{30}C_7$$

अत: विकल्प (b) सही है।

59. *(b)* चूँकि, आव्यूह $A = \begin{bmatrix} \cos\theta & i\sin\theta \\ i\sin\theta & \cos\theta \end{bmatrix}$

$$\Rightarrow A^2 = \begin{bmatrix} \cos 2\theta & i\sin 2\theta \\ i\sin 2\theta & \cos 2\theta \end{bmatrix} \Rightarrow A^3 = \begin{bmatrix} \cos 3\theta & i\sin 3\theta \\ i\sin 3\theta & \cos 3\theta \end{bmatrix}$$

$$\Rightarrow A^4 = \begin{bmatrix} \cos 4\theta & i\sin 4\theta \\ i\sin 4\theta & \cos 4\theta \end{bmatrix}$$

$$\Rightarrow A^5 = \begin{bmatrix} \cos 5\theta & i\sin 5\theta \\ i\sin 5\theta & \cos 5\theta \end{bmatrix} = \begin{bmatrix} a & b \\ c & d \end{bmatrix}$$

$\Rightarrow \quad a = d = \cos 5\theta, b = c = i\sin 5\theta$

$\therefore \quad a^2 - b^2 = a^2 - c^2 = \cos^2 5\theta - i^2 \sin^2 5\theta = 1$

अत: विकल्प (b) सही है।

60. *(a)* दिया है, कि α तथा β, $x^2 - 3x + p = 0$ के मूल हैं, इसलिए

$\alpha + \beta = 3$ तथा $\alpha\beta = p$ ...(i)

तथा γ तथा δ, $x^2 - 6x + q = 0$ के मूल हैं, इसलिए

$\gamma + \delta = 6$ तथा $\gamma\delta = q$ ...(ii)

$\because \alpha, \beta, \gamma, \delta$ गुणोत्तर श्रेणी में हैं।

इसलिए, माना $\alpha = a, \beta = ar, \gamma = ar^2, \delta = ar^3$

$$\therefore \quad \frac{2q + p}{2q - p} = \frac{2\gamma\delta + \alpha\beta}{2\gamma\delta - \alpha\beta} = \frac{2a^2r^5 + a^2r}{2a^2r^5 - a^2r} = \frac{2r^4 + 1}{2r^4 - 1}$$

अब, $\alpha + \beta = 3 \Rightarrow a(1 + r) = 3$ तथा $\gamma + \delta = 6 \Rightarrow ar^2(1 + r) = 6$

इसलिए, $\quad r^2 = 2$

$$\therefore \quad \frac{2q + p}{2q - p} = \frac{2(r^2)^2 + 1}{2(r^2)^2 - 1} = \frac{2(2)^2 + 1}{2(2)^2 - 1} = \frac{9}{7}$$

61. *(c)* दिए गए दीर्घवृत्त का समीकरण

$$\frac{x^2}{a^2} + \frac{y^2}{b^2} = 1 \quad (a > b)$$

$\therefore$ नाभिलम्ब की लम्बाई $= \dfrac{2b^2}{a} = 10$ (दिया है)

$\Rightarrow \quad b^2 = 5a$ ...(i)

अब, दिया है, फलन $\phi(t) = \dfrac{5}{12} + t - t^2$

अधिकतम मान के लिए, $\phi'(t) = 0 \Rightarrow t - 2t = 0 \Rightarrow t = \dfrac{1}{2}$

उत्केन्द्रता की दी गई जानकारी के अनुसार,

$$e = \phi\left(\frac{1}{2}\right) = \frac{5}{12} + \frac{1}{2} - \frac{1}{4} = \frac{5 + 6 - 3}{12} = \frac{2}{3}; \quad \therefore \quad \sqrt{1 - \frac{b^2}{a^2}} = \frac{2}{3}$$

दोनों पक्षों का वर्ग करने पर,

$$\Rightarrow \quad 1 - \frac{b^2}{a^2} = \frac{4}{9} \Rightarrow \frac{b^2}{a^2} = \frac{5}{9} \Rightarrow b^2 = \frac{5}{9}a^2 \quad \text{...(ii)}$$

समी (i) व (ii) से,

$\dfrac{5}{9}a^2 = 5a \Rightarrow a = 9$, इसलिए $b^2 = 45$

$\therefore \quad a^2 + b^2 = 81 + 45 = 126$

अत: विकल्प (c) सही है।

62. *(b)* प्रश्नानुसार, माना $AC = l$ तथा $AB = \sqrt{2^2 + 1} = \sqrt{5}$

$\therefore$ समकोण त्रिभुज ΔABC का क्षेत्रफल $= \dfrac{1}{2}(AC)(AB) = 5\sqrt{5}$ (दिया है)

$\Rightarrow \quad \dfrac{1}{2}l(\sqrt{5}) = 5\sqrt{5} \Rightarrow l = 10$ इकाई

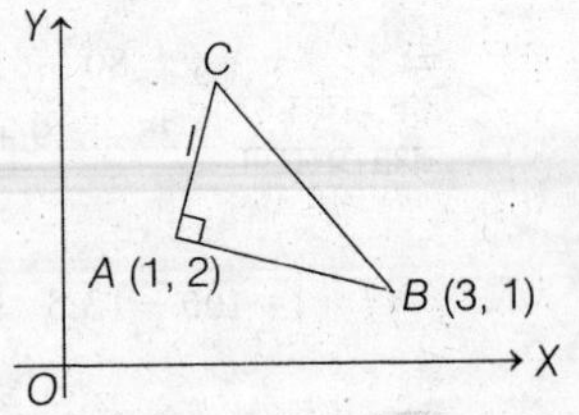

अब, शीर्ष C के रोटेशन भुज की अवधारणा के अनुसार, शीर्षों के निर्देशांक को सम्मिश्र रूप में आसानी से लिख सकते हैं, जैसे $A(1 + 2i)$, $B(3 + i)$ तथा माना $C(x_1 + iy_1)$, तब

$$\frac{x_1 + iy_1 - 1 - 2i}{3 + i - 1 - 2i} = \frac{AC}{AB}e^{\frac{i\pi}{2}} \Rightarrow \frac{(x_1 - 1) + i(y_1 - 2)}{2 - i} = \frac{10}{\sqrt{5}}i$$

$\Rightarrow \quad (x_1 - 1) + i(y_1 - 2) = 2\sqrt{5}i(2 - i)$

$\Rightarrow \quad (x_1 - 1) + i(y_1 - 2) = 2\sqrt{5} + 4\sqrt{5}i$

$\therefore$ शीर्ष C का भुज $x_1 = 1 + 2\sqrt{5}$ है।

अत: विकल्प (b) सही है।

63. *(a)* दिए गए अतिपरवलय का समीकरण

$$\frac{x^2}{a^2} - \frac{y^2}{b^2} = 1 \quad \text{...(i)}$$

चूँकि, बिन्दु $P(3, 3)$ समीकरण (i) पर है, इसलिए

$$\frac{9}{a^2} - \frac{9}{b^2} = 1 \quad \text{...(ii)}$$

अब, बिन्दु P से अतिपरवलय पर डाले गए अभिलम्ब का समीकरण

$$\frac{a^2x}{3} + \frac{b^2y}{3} = a^2 + b^2 \quad \text{...(iii)}$$

अभिलम्ब का समीकरण (iii), X-अक्ष को (9, 0) पर प्रतिच्छेद करता है

$\therefore \quad 3a^2 = a^2 + b^2 \Rightarrow b^2 = 2a^2$ ...(iv)

$\because$ अतिपरवलय (i) की उत्केन्द्रता

$$e = \sqrt{1 + \frac{b^2}{a^2}} = \sqrt{1 + 2} = \sqrt{3} \Rightarrow e^2 = 3$$

समी (ii) व (iv) से,

$$\frac{9}{a^2} - \frac{9}{2a^2} = 1 \Rightarrow 18 - 9 = 2a^2 \Rightarrow a^2 = \frac{9}{2}$$

$\therefore$ क्रमित युग्म $(a^2, e^2) = \left(\dfrac{9}{2}, 3\right)$

64. *(c)* दिया है, समाकलन

$$I = \int \frac{x^2}{(x \sin x + \cos x)^2} dx$$

$\because \frac{d}{dx}(x \sin x + \cos x) = x \cos x + \sin x - \sin x = x \cos x$

$$\therefore \quad I = \int (x \sec x) \frac{x \cos x}{(x \sin x + \cos x)^2} dx$$

समाकलन करने पर,

$$I = x \sec x \int \frac{x \cos x}{(x \sin x + \cos x)^2} dx - \int \left(\frac{d}{dx}(x \sec x) \int \frac{x \cos x}{(x \sin x + \cos x)^2} dx \right) dx$$

$$= x \sec x \left(-\frac{1}{(\sin x + \cos x)} \right) + \int \frac{(x \sec x \tan x + \sec x)}{(x \sin x + \cos x)} dx$$

$$= -\frac{x \sec x}{x \sin x + \cos x} + \int \frac{(x \sin x + \cos x)}{(x \sin x + \cos x)} \sec^2 x dx$$

$$= \tan x - \frac{x \sec x}{x \sin x + \cos x} + C$$

अत: विकल्प (c) सही है।

65. *(d)* यह दिया है, कि

$$f(x) = \int \frac{\sqrt{x}}{(1+x)^2} dx, (x \ge 0)$$

माना $x = \tan^2 t \Rightarrow dx = 2 \tan t \sec^2 t dt$

$$\therefore f(x) = \int \frac{2 \tan^2 t \sec^2 t}{\sec^4 t} dt = \int 2 \sin^2 t \, dt$$

$$= \int (1 - \cos 2t) \, dt \qquad [\because 2 \sin^2 x = 1 - \cos 2x]$$

$$= t - \frac{\sin 2t}{2} + C$$

इसलिए, $t - \frac{\tan t}{1 + \tan^2 t} + C = \tan^{-1} \sqrt{x} - \frac{\sqrt{x}}{1+x} + C$

$$\therefore f(3) - f(1) = \left(\tan^{-1}\sqrt{3} - \frac{\sqrt{3}}{1+3} + C \right) - \left(\tan^{-1}(1) - \frac{1}{1+1} + C \right)$$

$$= \frac{\pi}{3} - \frac{\sqrt{3}}{4} - \frac{\pi}{4} + \frac{1}{2} = \frac{\pi}{12} + \frac{1}{2} - \frac{\sqrt{3}}{4}$$

अत: विकल्प (d) सही है।

66. *(c)* यह दिया है, $u = \frac{2z+i}{z-ki}, z = x + iy, k > 0$

$$\Rightarrow u = \frac{2x + i(2y+1)}{x + i(y-k)} \times \frac{x - i(y-k)}{x - i(y-k)}$$

$$= \frac{[2x^2 + (2y+1)(y-k)] + i[x(2y+1) - 2x(y-k)]}{x^2 + (y-k)^2}$$

$\text{Re}(u) + \text{Im}(u)$

$$= \frac{2x^2 + (2y+1)(y-k) + x(2y+1) - 2x(y-k)}{x^2 + (y-k)^2} = 1 \quad \text{(दिया है)}$$

$$\Rightarrow \quad 2x^2 + 2y^2 + (1-2k)y - k + 2xy + x - 2xy + 2xk = x^2 + y^2 - 2ky + k^2$$

$\because$ यह वक्र Y-अक्ष पर प्रतिच्छेद करता है।

इसलिए, $x = 0$ रखने पर, तब

$2y^2 + (1-2k)y - k = y^2 - 2ky + k^2 \Rightarrow y^2 + y - (k^2 + k) = 0 \quad$ ...(i)

अब, P तथा Q के y-निर्देशांक, समीकरण (i) के मूल हैं।

इसलिए $PQ =$ मूलों का अन्तर $= \frac{\sqrt{D}}{|a|} = \sqrt{1 + 4(k^2 + k)} = 5$ (दिया है)

$\Rightarrow \quad 4k^2 + 4k + 1 = 25 \Rightarrow k^2 + k - 6 = 0$

$\Rightarrow \quad (k+3)(k-2) = 0 \Rightarrow k = -3, 2 \Rightarrow k = 2 \quad [\because k > 0]$

67. *(c)* दिया है, सदिश $\mathbf{a} = x\hat{\mathbf{i}} - 2\hat{\mathbf{j}} + 3\hat{\mathbf{k}}$, $\mathbf{b} = -2\hat{\mathbf{i}} + \hat{\mathbf{j}} - \hat{\mathbf{k}}$

तथा $\quad \mathbf{c} = 7\hat{\mathbf{i}} - 2\hat{\mathbf{j}} + x\hat{\mathbf{k}}$

तथा, यह दिया है,

$$f(x) = \mathbf{a} \cdot (\mathbf{b} \times \mathbf{c}) = \begin{vmatrix} x & -2 & 3 \\ -2 & x & -1 \\ 7 & -2 & x \end{vmatrix}$$

$$= x(x^2 - 2) + 2(-2x + 7) + 3(4 - 7x) = x^3 - 27x + 26$$

यह भी दिया है कि $x = x_0$ पर $f(x)$ का स्थानीय महत्तम बिन्दु है।

इसलिए, $f'(x_0) = 0 \Rightarrow 3x_0^2 - 27 = 0 \Rightarrow x_0^2 = 9$

$\Rightarrow \quad x_0 = \pm 3$, परन्तु $x_0 = -3$ पर महत्तम

अब, $\mathbf{a} \cdot \mathbf{b} + \mathbf{b} \cdot \mathbf{c} + \mathbf{c} \cdot \mathbf{a}$

$$= -2x - 2x - 3 - 14 - 2x - x + 7x + 4 + 3x = 3x - 13$$

$\therefore \quad x = x_0 = -3$ पर $\mathbf{a} \cdot \mathbf{b} + \mathbf{b} \cdot \mathbf{c} + \mathbf{c} \cdot \mathbf{a}$ का मान -22 होगा।

68. *(a)* दिया है x में समीकरण

$[x]^2 + 2[x+2] - 7 = 0$

$\because$ किसी n पूर्णांक के लिए, $[x+n] = [x] + n, \forall x \in R$.

इसलिए, $\quad [x]^2 + 2[x] + 4 - 7 = 0 \Rightarrow [x]^2 + 2[x] - 3 = 0$

$\Rightarrow \quad [x]^2 + 3[x] - [x] - 3 = 0 \Rightarrow ([x] - 1)([x] + 3) = 0$

$\Rightarrow \quad [x] = -3$ या $1 \quad \therefore x \in [-3 - 2) \cup [1, 2)$

$\therefore$ यहाँ अनेक अनन्त हल हैं।

69. *(d)* दी गई अवकल समीकरण

$$xy' - y = x^2 (x \cos x + \sin x), x > 0$$

$\Rightarrow \frac{dy}{dx} - \frac{1}{x} y = x(x \cos x + \sin x)$, यह रैखिक अवकल समीकरण $\frac{dy}{dx} + Py = Q$ के रूप में है।

इसलिए, $\text{IF} = e^{-\int \frac{dx}{x}} = \frac{1}{x}$

$\therefore$ दी गई अवकल समीकरण का हल

$y(\text{IF}) = \int Q(\text{IF}) \, dx + C$, जहाँ $Q = x(x \cos x + \sin x)$

$$\Rightarrow \frac{y}{x} = \int (x \cos x + \sin x) dx + C$$

$$= x \sin x + C \qquad [\because \int (xf'(x) + f(x)) dx = xf(x) + C]$$

$\because \quad y(\pi) = \pi \Rightarrow C = 1$

$\therefore \quad y = x^2 \sin x + x$

$\therefore \quad y' = 2x \sin x + x^2 \cos x + 1$

$\Rightarrow y'' = 2x \cos x + 2 \sin x + 2x \cos x - x^2 \sin x$

इसलिए, $y''\left(\frac{\pi}{2}\right) + y\left(\frac{\pi}{2}\right) = 2 - \frac{\pi^2}{4} + \frac{\pi^2}{4} + \frac{\pi}{2} = 2 + \frac{\pi}{2}$

70. *(d)* दिया है, फलन $f(x)=|x-2|$

$$=\begin{cases} x-2, & x\geq 2 \\ 2-x, & x<2 \end{cases}, x\in[0,4]$$

तथा $g(x)=f(f(x))=|f(x)-2|$

$$=\begin{cases} f(x)-2, & f(x)\geq 2 \\ 2-f(x). & f(x)<2 \end{cases}=\begin{cases} 2-(2-x), & 0\leq x<2 \\ 2-(x-2), & 2\leq x\leq 4 \end{cases}$$

$$=\begin{cases} x, & 0\leq x<2 \\ 4-x, & 2\leq x\leq 4 \end{cases}$$

$\therefore \int_0^3 (g(x))-f(x))\,dx$

$$=\int_0^2 [x-(2-x)]\,dx+\int_2^3 (4-x)-(x-2)]\,dx$$

$$=[x^2-2x]_0^2+[6x-x^2]_2^3=18-9-12+4=1$$

71. *(8)* यह दिया है, कि $(2x^2+3x+4)^{10}=\sum_{r=0}^{20} a_r x^r$

अब, $(2x^2+3x+4)^{10}$ के त्रिपद प्रसार का सामान्य पद

$$\frac{10!}{n_1!\,n_2!\,n_3!}2^{n_1}3^{n_2}4^{n_3}x^{2n_1+n_2}$$

इस प्रकार, $n_1+n_2+n_3=10$ तथा $n_1,n_2,n_3\geq 0$

a_7 के लिए, $2n_1+n_2=7$

$$\therefore a_7=\frac{10!}{0!7!3!}2^0 3^7 4^3+\frac{10!}{1!5!4!}2^1 3^5 4^4+\frac{10!}{2!3!5!}2^2 3^3 4^5+\frac{10!}{3!1!6!}2^3 3^1 4^6$$

n_1	n_2	n_3
0	7	3
1	5	4
2	3	5
3	1	6

तथा a_{13} के लिए, $2n_1+n_2=13$

$$\therefore a_{13}=\frac{10!}{3!7!0!}2^3 3^7+\frac{10!}{4!5!1!}2^4 3^5 4^1+\frac{10!}{5!3!2!}2^5 3^3 4^2+\frac{10!}{6!1!3!}2^6 3^1 4^3$$

n_1	n_2	n_3
0	13	असम्भव
1	11	असम्भव
2	9	असम्भव
3	7	0
4	5	1
5	3	2
6	1	3

$$\therefore \frac{a_7}{a_{13}}=\frac{\frac{10!}{7!3!}3^7 4^3+\frac{10!}{5!4!}2^1 3^5 4^4+\frac{10!}{2!3!5!}2^2 3^3 4^5+\frac{10!}{3!6!}2^3 3^1 4^6}{\frac{10!}{3!7!}2^3 3^7+\frac{10!}{4!5!}2^4 3^5 4^1+\frac{10!}{5!3!2!}2^5 3^3 4^2+\frac{10!}{6!3!}2^6 3^1 4^3}$$

$$=2^3\left[\frac{\frac{10!}{7!3!}2^3 3^7+\frac{10!}{4!5!}2^5 3^5+\frac{10!}{2!3!5!}2^9 3^3+\frac{10!}{6!3!}2^{12}3^1}{\frac{10!}{3!7!}2^3 3^7+\frac{10!}{4!5!}2^6 3^5+\frac{10!}{2!3!5!}2^9 3^3+\frac{10!}{6!3!}2^{12}3^1}\right]=2^3=8$$

72. *(3)* चूँकि दो समतलों के प्रतिच्छेदन से होकर जाने वाला समतल का समीकरण

$$x+4y-z+7=0 \text{ तथा } 3x+y+5z=8$$

$$(x+4y-z+7)+\lambda(3x+y+5z-8)=0$$

$$\Rightarrow (3\lambda+1)x+(4+\lambda)y+(5\lambda-1)z+(7-8\lambda)=0$$

जोकि $ax+by+6z=15$ समतल को दर्शाता है।

$$\frac{a}{3\lambda+1}=\frac{b}{4+\lambda}=\frac{6}{5\lambda-1}=\frac{15}{8\lambda-7}$$

इसलिए, $48\lambda-42=75\lambda-15 \Rightarrow 27\lambda=-27\Rightarrow \lambda=-1$

$\therefore$ अभीष्ट समतल P का समीकरण

$$-2x+3y-6z+15=0 \Rightarrow 2x-3y+6z-15=0$$

इसलिए, अभीष्ट दूरी

$$=\frac{|(2\times 3)-(3\times 2)-(6\times 1)-15|}{\sqrt{4+9+36}}=\frac{21}{7}=3 \text{ इकाई}$$

73. *(3)* माना लक्ष्य भेदने की प्रायिकता, $P=\frac{1}{10}$

इसलिए, लक्ष्य नहीं भेदने की प्रायिकता, $q=\frac{9}{10}$

इसलिए, n–बार लक्ष्य नहीं भेदने की प्रायिकता $=\left(\frac{9}{10}\right)^n$

$\therefore$ कम-से-कम एक बार लक्ष्य भेदने की प्रायिकता

$$=1-\left(\frac{9}{10}\right)^n>\frac{1}{4} \quad \text{(दिया है)}$$

$$\Rightarrow \quad (0.9)^n<0.75$$

$\therefore$ शॉट्स की न्यूनतम संख्या $=n_{\min}=3$

74. *(10)* दिया है, फलन की तत्समकता

$$f(x+y)=f(x)+f(y)+xy^2+x^2y$$

'x' के सापेक्ष अवकलन करने पर,

$f'(x+y)=f'(x)+y^2+2xy$ [y का स्थिरांक लेने पर]

अब, $y=-x$ रखने पर,

$$f'(0)=f'(x)+x^2-2x^2=f'(x)-x^2 \quad \text{...(i)}$$

इस प्रकार, $\lim_{x\to 0}\frac{f(x)}{x}=1\Rightarrow f(0)=0$ तथा $f'(0)=1$ ...(ii)

समी (i) व (ii) से,

$$f'(x)=1+x^2 \quad \therefore f'(3)=1+9=10$$

75. *(5)* दिए गए रैखिक समीकरण निकाय

$$x-2y+3z=9 \Rightarrow 2x+y+z=b$$

तथा $x-7y+az=24$ के अनेक अनन्त हल हैं।

इसलिए, $\Delta=0=\Delta_1=\Delta_2=\Delta_3 \quad \therefore \Delta=0$

$$\Rightarrow \begin{vmatrix} 1 & -2 & 3 \\ 2 & 1 & 1 \\ 1 & -7 & a \end{vmatrix}=0$$

$$\Rightarrow 1(a+7)+2(2a-1)+3(-14-1)=0 \Rightarrow 5a=40 \Rightarrow a=8$$

तथा $\Delta_3=0\Rightarrow \begin{vmatrix} 1 & -2 & 9 \\ 2 & 1 & b \\ 1 & -7 & 24 \end{vmatrix}=0$

$$\Rightarrow 1(24+7b)+2(48-b)+9(-14-1)=0$$

$$\Rightarrow \quad 5b+120-135=0 \Rightarrow b=3 \therefore a-b=8-3=5$$

JEE Main संयुक्त प्रवेश परीक्षा

सॉल्वड पेपर 2020 04 सितम्बर, द्वितीय पाली

भौतिकी

1. दर्शाए गए परिपथ चित्र में A से C के मध्य विद्युत धारा i_1 का मान है

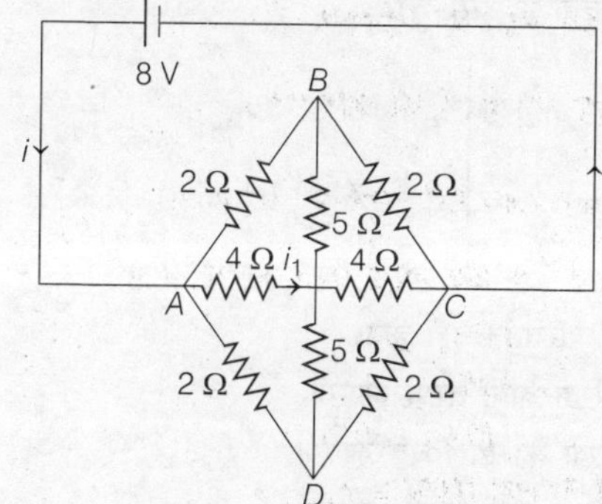

(a) 1 ऐम्पियर (b) 5 ऐम्पियर
(c) 2 ऐम्पियर (d) 4 ऐम्पियर

2. $^{120}_{50}\text{Sn}$ की प्रति न्यूक्लिऑन बन्धन ऊर्जा का मान ज्ञात कीजिए। प्रोटॉन का द्रव्यमान, $m_p = 1.00783$ u, न्यूट्रॉन का द्रव्यमान, $m_n = 1.00867$ u तथा टिन के नाभिक का द्रव्यमान, $m_{\text{Sn}} = 119.902199$u (1 u = 931MeV मान लीजिए)

(a) 9.0 MeV (b) 7.5 MeV
(c) 8.0 MeV (d) 8.5 MeV

3. एक L-R श्रेणीक्रम परिपथ एक V विद्युत वाहक बल की बैटरी से जुड़ा है। यदि $t = 0$ पर परिपथ को चालू (ON) किया जाता है, तो वह समय, जब प्रेरकत्व में संग्रहित ऊर्जा अपने अधिकतम मान के $\left(\frac{1}{n}\right)$ गुणा तक पहुँच जाएगी, होगा

(a) $\frac{L}{R}\ln\left(\frac{\sqrt{n}+1}{\sqrt{n}-1}\right)$ (b) $\frac{L}{R}\ln\left(\frac{\sqrt{n}}{\sqrt{n}+1}\right)$

(c) $\frac{L}{R}\ln\left(\frac{\sqrt{n}-1}{\sqrt{n}}\right)$ (d) $\frac{L}{R}\ln\left(\frac{\sqrt{n}}{\sqrt{n}-1}\right)$

4. समान पदार्थ से बनी समान मोटाई तथा असमान त्रिज्याओं $R_1 = R$ तथा $R_2 = \alpha R$ वाली दो एकसमान चकतियों पर विचार कीजिए। यदि इनके अक्ष के परितः जड़त्वाघूर्ण I_1 तथा I_2 का, तो α का मान है अनुपात $I_1 : I_2 = 1:16$ है।

(a) 2 (b) $2\sqrt{2}$ (c) 4 (d) $\sqrt{2}$

5. एक समतल विद्युत चुम्बकीय तरंग का विद्युत क्षेत्र,

$$\mathbf{E} = E_0\,(\hat{\mathbf{x}} + \hat{\mathbf{y}})\sin(kz - \omega t)$$

से दिया जाता है। इसका चुम्बकीय क्षेत्र दिया जाएगा

(a) $\frac{E_0}{c}(\hat{\mathbf{x}} + \hat{\mathbf{y}})\sin(kz - \omega t)$

(b) $\frac{E_0}{c}(-\hat{\mathbf{x}} + \hat{\mathbf{y}})\sin(kz - \omega t)$

(c) $\frac{E_0}{c}(\hat{\mathbf{x}} - \hat{\mathbf{y}})\sin(kz - \omega t)$

(d) $\frac{E_0}{c}(\hat{\mathbf{x}} - \hat{\mathbf{y}})\cos(kz - \omega t)$

6. एक निकाय में हो रहे ऊष्मागतिकी प्रक्रमों का सही स्थिति से मिलान कीजिए। इस तालिका में ΔQ दी गई ऊष्मा, ΔW किया गया कार्य तथा ΔU तन्त्र की आन्तरिक ऊर्जा में परिवर्तन है।

	प्रक्रम		स्थिति
A.	रूद्धोष्म	(i)	$\Delta W = 0$
B.	समतापीय	(ii)	$\Delta Q = 0$
C.	समआयतनिक	(iii)	$\Delta U \neq 0, \Delta W \neq 0$ तथा $\Delta Q \neq 0$
D.	समदाबी	(iv)	$\Delta U = 0$

	A	B	C	D
(a)	(ii)	(i)	(iv)	(iii)
(b)	(i)	(i)	(ii)	(iii)
(c)	(ii)	(iv)	(i)	(iii)
(d)	(i)	(ii)	(iv)	(iv)

7.

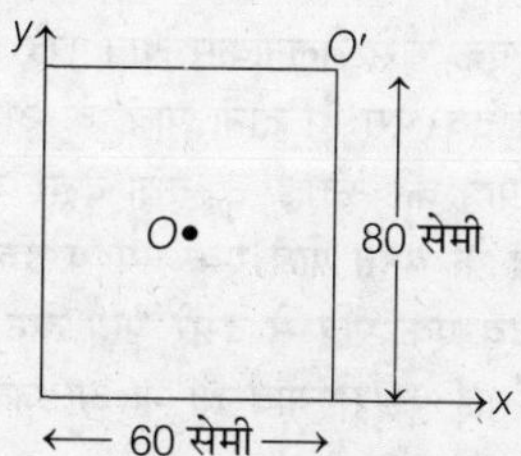

ऊपर चित्र में दर्शायी गयी एकसमान आयताकार शीट के बिन्दु O से गुजरने वाले तथा शीट के लम्बवत् अक्ष के परितः जड़त्वाघूर्ण का अनुपात होगा

(a) $\frac{1}{8}$ (b) $\frac{2}{3}$ (c) $\frac{1}{4}$ (d) $\frac{1}{2}$

8. जब एक अनुचुम्बकीय पदार्थ को 0.4 टेस्ला के चुम्बकीय क्षेत्र में 4K ताप पर रखा जाता है, तो इसका नैट चुम्बकत्व 6 ऐम्पियर/मी होता है। यदि इसे 24 K पर 0.3 टेस्ला के चुम्बकीय क्षेत्र में रखा जाए, तो इसका चुम्बकत्व होगा

(a) 4 ऐम्पियर/मी (b) 0.75 ऐम्पियर/मी
(c) 1 ऐम्पियर/मी (d) 2.25 ऐम्पियर/मी

9. एक वृत्तीय कुण्डली का इसके व्यास के सापेक्ष जड़त्व आघूर्ण 0.8 किग्रा-मी^{2} है तथा इसमें प्रवाहित धारा से 20 ऐम्पियर/मी^{2} का चुम्बकीय आघूर्ण उत्पन्न होता है। प्रारम्भ में इसे ऊर्ध्वाधर स्थिति में रखा गया है तथा यह क्षैतिज व्यास के परित: मुक्त रूप से घूर्णन करती है। जब इस पर ऊर्ध्वाधर के अनुदिश 4 टेस्ला का चुम्बकीय क्षेत्र लगाया जाता है, तो यह क्षैतिज व्यास के परित: घूर्णन प्रारम्भ कर देता है, तो 60° के घूर्णन के बाद कुण्डली द्वारा प्राप्त कोणीय चाल होगी

(a) 10 रेडियन से$^{-1}$ (b) 20π रेडियन से$^{-1}$
(c) 10π रेडियन से$^{-1}$ (d) 20 रेडियन से$^{-1}$

10. m द्रव्यमान तथा q आवेश का एक कण, x-दिशा में, एक विद्युत क्षेत्र $E = E_0(1 - ax^2)$ में प्रेक्षित है, जहाँ a तथा E_0 स्थिरांक हैं। प्रारम्भ में कण $x = 0$ पर विरामावस्था में है। प्रारम्भिक अवस्था के अतिरिक्त, मूलबिन्दु से जिस दूरी पर कण की गतिज ऊर्जा शून्य होगी, वह है

(a) $\sqrt{\frac{1}{a}}$ (b) a (c) $\sqrt{\frac{3}{a}}$ (d) $\sqrt{\frac{2}{a}}$

11. एक संधारित्र C, V_0 वोल्टेज से पूर्णत: आवेशित होता है। वोल्टता स्रोत से अनुच्छेदति करने के पश्चात् इसे $C/2$ धारिता के एक अन्य संधारित्र से समान्तर क्रम में जोड़ा गया है। दोनों संधारित्रों में आवेश वितरण के पश्चात् इस प्रक्रिया में कुल ऊर्जा क्षय है

(a) $\frac{1}{3}CV_0^2$ (b) $\frac{1}{6}CV_0^2$ (c) $\frac{1}{2}CV_0^2$ (d) $\frac{1}{4}CV_0^2$

12. m द्रव्यमान की एक छोटी गेंद को धरातल से ऊपर की ओर u वेग से फेंका गया है। गेंद पर एक प्रतिरोधी बल mkv^2 लग रहा है, जहाँ v इसकी चाल है। गेंद द्वारा प्राप्त अधिकतम ऊँचाई है

(a) $\frac{1}{k}\tan^{-1}\left(\frac{ku^2}{2g}\right)$ (b) $\frac{1}{2k}\ln\left(1+\frac{ku^2}{g}\right)$
(c) $\frac{1}{k}\ln\left(1+\frac{ku^2}{2g}\right)$ (d) $\frac{1}{2k}\tan^{-1}\left(\frac{ku^2}{g}\right)$

13. M द्रव्यमान तथा R त्रिज्या के एक ग्रह की निम्न वृत्तीय कक्षा में एक पिण्ड गति कर रहा है। इस कक्षा की त्रिज्या भी R ही ली जा सकती है, इस कक्षा में वस्तु की चाल तथा उपग्रह के पलायन वेग का अनुपात होगा

(a) 1 (b) $\frac{1}{\sqrt{2}}$ (c) $\sqrt{2}$ (d) 2

14. एक धरातल पर दो एक जैसे बेलनाकार पात्र रखे हैं तथा प्रत्येक में d घनत्व का एकसमान द्रव भरा है। दोनों पात्रों के आधारों का क्षेत्रफल S है परन्तु इनमें से एक पात्र की ऊँचाई x_1, तथा दूसरे की x_2 है। जब दोनों बेलनों को उनके पैंदे के बहुत पास एक नगण्य द्रव्यमान की नलिका से जोड़ा जाता है, तो द्रव एक पात्र से दूसरे पात्र तक तब तक बहता है जब तक कि एक नई ऊँचाई पर साम्यावस्था ना आ जाए। इस प्रक्रिया में निकाय की ऊर्जा में परिवर्तन है

(a) $gdS(x_2^2 + x_1^2)$ (b) $\frac{3}{4}gdS(x_2 - x_1)^2$
(c) $gdS(x_1 + x_2)^2$ (d) $\frac{1}{4}gdS(x_2 - x_1)^2$

15. जब एक बस चालक, एक बड़ी दीवार की ओर जा रहा होता है, तो वह अनुभूति करता है कि दीवार से परावर्तन के पश्चात् बस के हॉर्न की आवृत्ति 420 Hz से परिवर्तित होकर 490 Hz हो जाती है। यदि ध्वनि की चाल 330 मी/से हो, तो बस की चाल ज्ञात कीजिए

(a) 81 किमी/घण्टा (b) 91 किमी/घण्टा
(c) 71 किमी/घण्टा (d) 61 किमी/घण्टा

16. एक रूक्ष (rough) क्षैतिज तल पर रखे एक बॉक्स को एक व्यक्ति धकेलता है। वह 15 मी की दूरी तक, 200 न्यूटन का बल लगाता है तथा वह थक जाता है इसके बाद दूरी के साथ आरोपित बल रैखिक रूप से घटकर 100 न्यूटन रह जाता है। बॉक्स द्वारा कुल 30 मी की दूरी तय की गई है। बॉक्स की पूर्ण गति में व्यक्ति द्वारा किया गया कुल कार्य है

(a) 5250 जूल (b) 2780 जूल
(c) 3280 जूल (d) 5690 जूल

17. प्रकाश विद्युत प्रभाव के प्रयोग में निरोधी विभव V तथा तरंगदैर्ध्य के व्युत्क्रमानुपाती $1/\lambda$ के मध्य प्राप्त ग्राफ निम्न प्रकार है जैसे-जैसे विकिरणों की तीव्रता बढ़ती है, वैसे-वैसे

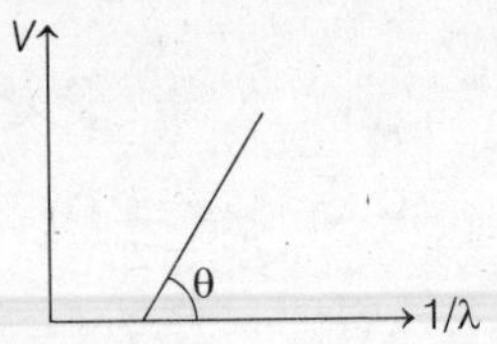

(a) ग्राफ में परिवर्तन नहीं होता
(b) सरल रेखा बायीं तरफ आएगी
(c) सरल रेखा का ढ़ाल बढ़ जाएगा
(d) सरल रेखा दायीं तरफ आएगी

18. 4 गीगा-पास्कल के एक तरल दाब में एक धात्विक घन रखा है। घन की लम्बाई में प्रतिशत परिवर्तन का निकट मान है
(धातु का आयतन प्रत्यास्थता गुणांक, $B = 8 \times 10^{10}$ पास्कल लीजिए)

(a) 1.67 (b) 0.6 (c) 20 (d) 5

19. दिए गए परिपथ द्वारा प्रदर्शित संक्रिया (operation) पहचानिए

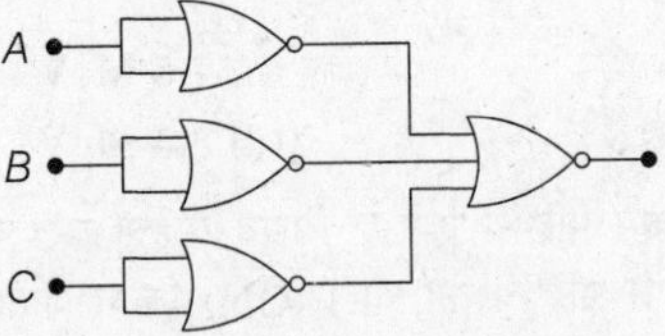

(a) AND (b) NAND
(c) NOT (d) OR

20. एक राशि, $x = \frac{IFv^2}{WL^4}$ से दी जाती है, जहाँ I जड़त्त्व आघूर्ण, F बल, W कार्य तथा L लम्बाई है, तब x का विमीय सूत्र तुल्य होगा

(a) प्लांक-स्थिरांक (b) बल-स्थिरांक
(c) श्यानता गुणांक (d) ऊर्जा घनत्व

21. 0.6×10^{-4} मी चौड़ाई की एक एकल स्लिट को 6000×10^{-10} मी तरंगदैर्ध्य के नारंगी प्रकाश से प्रकाशित किया गया है। केन्द्रीय उच्चिष्ठ के दोनों तरफ बन सकने वाले विवर्तन निम्निष्ठों की अधिकतम संख्या .... है।

22. नियत ताप पर, आदर्श गैस पर आरोपित अत्यल्प अतिरिक्त दाब Δp, के कारण आयतन में हुआ परिवर्तन, नियत दाब पर एक सूक्ष्म ताप ΔT से होने वाले आयतन में परिवर्तन के समान है। गैस का प्रारम्भिक तापमान तथा दाब क्रमशः
300 K तथा 2 atm थे। यदि $|\Delta T| = C \times |\Delta p|$, तब C का मान (K/atm में) .... है।

23. चार प्रतिरोध 40Ω, 60Ω, 90Ω तथा 110Ω मिलकर एक चतुर्भुज $ABCD$ बनाते हैं। AC के एक्रॉस एक 40 वोल्ट के विद्युत वाहक बल की बैटरी जुड़ी है तथा इसका आन्तरिक प्रतिरोध नगण्य है। BD के एक्रॉस विभवान्तर (वोल्ट में) .... है।

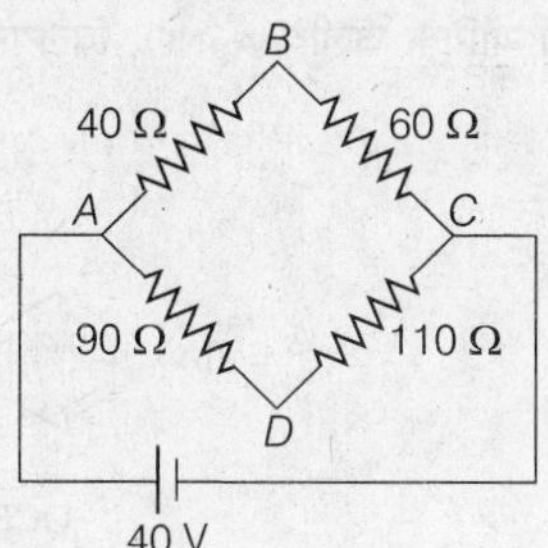

24. एक वस्तु तथा पर्दे के मध्य की दूरी 100 सेमी है। पर्दे तथा वस्तु के मध्य, एक लेंस, दो भिन्न स्थितियों के लिए वस्तु का वास्तविक प्रतिबिम्ब बना सकता है। इन दोनों स्थितियों के मध्य की दूरी 40 सेमी है। यदि लेंस की शक्ति $\left(\frac{N}{100}\right)$ डायोप्टर के निकट हो, जहाँ N एक पूर्णांक है, तब N का मान .... है।

25. एक कण का चाल-समय वक्र चित्र में दर्शाया गया है समयान्तराल $t = 0$ से $t = 4$ सेकण्ड के मध्य कण द्वारा तय की गई दूरी (मी में) .... है।

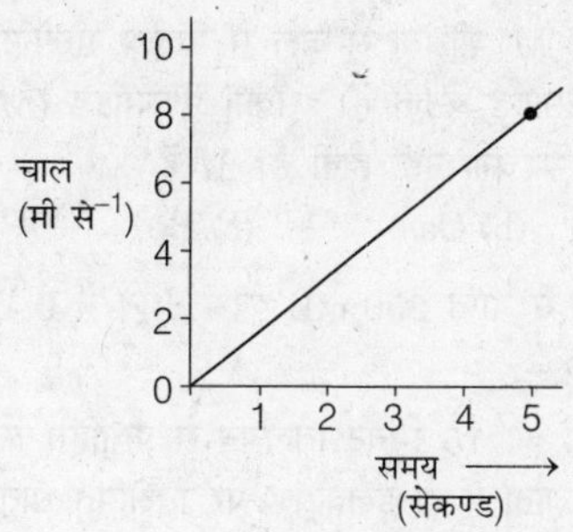

रसायन विज्ञान

26. $[CoF_3(H_2O)_3]$ की क्रिस्टल क्षेत्र स्थायीकरण ऊर्जा (CFSE) है।
($\Delta_0 < P$)

(a) $-0.8\,\Delta_0$ (b) $-0.8\,\Delta_0 + 2P$
(c) $-0.4\,\Delta_0$ (d) $-0.4\,\Delta_0 + P$

27. निष्कर्षण उद्योगों में निस्तापन तथा भर्जन के प्रक्रम क्रमशः करते हैं

(a) ग्लोबल वार्मिंग तथा अम्ल वर्षा
(b) ग्लोबल वार्मिंग तथा प्रकाश रासायनिक धुन्ध
(c) प्रकाश रासायनिक धुन्ध तथा ओजोन परत क्षय
(d) प्रकाश रासानयिक धुन्ध तथा ग्लोबल वार्मिंग

28. टरफेनिडीन (सेल्डेनल) की क्रियाविधि है

(a) हिस्टैमिन के स्रावण को रोकता है
(b) हिस्टैमिन ग्राही की क्रिया को रोकना
(c) हिस्टैमिन के स्रावण में सहायक
(d) हिस्टैमिन ग्राही को सक्रिय करता है

29. आदर्श गैस के 5 मोल 1 bar तथा 298K पर निर्वात् में दोगुने आयतन तक प्रसारित करने पर कार्य होता है

(a) $-RT\ln V_2/V_1$ (b) $-RT(V_2 - V_1)$
(c) $C_V(T_2 - T_1)$ (d) 0

30. लाल स्याही का नमूना (एक कोलॉइडी निलम्बन) इओसीन रंजक, अण्डे की सफेदी, HCHO जल को मिलाकर बनाया गया। स्याही के नमूने के स्थायित्व के लिए उत्तरदायी घटक है

(a) अण्डे की सफेदी (b) इओसीन रंजक
(c) HCHO (d) जल

31. निम्न अभिक्रिया क्रम में मुख्य उत्पाद *[R]* है

$$HC\equiv CH \xrightarrow[\text{(ii) } (H_3C)(CH_3)_2CH{-}CH{-}Br]{\text{(i) } LiNH_2/\text{ईथर}} [P] \xrightarrow[\text{(ii) } NaBH_4]{\text{(i) } HgSO_4/H_2SO_4} [Q] \xrightarrow[\Delta]{\text{Conc. } H_2SO_4} [R]$$

(a) $H_3C-C(CH(CH_3)_2)=CH-CH_3$
(b) $H_3C-CH(CH(CH_3)_2)-CH=CH_2$
(c) $H_3C-C(CH_2CH_3)=C(CH_3)_2$
(d) $H_2C=C(CH(CH_3)_2)-CH_2-CH_3$

32. अणु जिसके आण्विक कक्षक (MOs) संकर में केन्द्रीय परमाणु का केवल एक d-कक्षक होता है

(a) XeF_4 (b) $[CrF_6]^{3-}$ (c) BrF_5 (d) $[Ni(CN)_4]^{3-}$

33. निम्न अभिक्रिया में मुख्य उत्पाद *[B]* है

$$CH_3-CH_2-CH(CH_3)-CH_2-OCH_2-CH_3 \xrightarrow[\text{ऊष्मा}]{HI} [A] \text{ ऐल्कोहॉल } \xrightarrow[\Delta]{H_2SO_4} [B]$$

(a) $CH_3-CH=C(CH_3)-CH_3$ (b) $CH_2=CH_2$
(c) $CH_3-CH_2-C(CH_3)=CH_2$
(d) $CH_3-CH_2-CH=CH-CH_3$

34. लाइमन श्रेणी में H परमाणु की लघुतम तरंगदैर्ध्य λ_1 है तथा He^+ की बामर श्रेणी की दीर्घतम् तरंगदैर्ध्य है

(a) $\frac{36\lambda_1}{5}$ (b) $\frac{5\lambda_1}{9}$ (c) $\frac{9\lambda_1}{5}$ (d) $\frac{27\lambda_1}{5}$

35. $A \rightleftharpoons B + C$ के लिए साम्यावस्था स्थिरांक $K^1_{(eq)}$ तथा $B + C \rightleftharpoons P$ के लिए साम्यावस्था स्थिरांक $K^{(2)}_{eq}$ है। $A \rightleftharpoons P$ के लिए साम्यावस्था स्थिरांक होगा

(a) $K^{(1)}_{eq} / K^{(2)}_{eq}$ (b) $K^{(1)}_{eq} + K^{(2)}_{eq}$

(c) $K^{(1)}_{eq} K^{(2)}_{eq}$ (d) $K^{(2)}_{eq} - K^{(1)}_{eq}$

36. क्षारीय मृदा धातु *'M'* शीघ्रता से जल में विलेय सल्फेट तथा जल में अविलेय हाइड्रॉक्साइड बनाते हैं। इसका ऑक्साइड (*M*O) ताप स्थायी है तथा रॉक साल्ट संरचना नहीं होती है। *M* है

(a) Sr (b) Ca (c) Be (d) Mg

37. सुनार की दुकान से प्राप्त 250 mL व्यर्थ नमूने में 0.1 M $AgNO_3$ तथा 0.1 M AuCl है।

2V की 1A धारा को 15 मिनट विलयन में प्रवाहित करके विद्युत अपघटित किया जाता है तो इलेक्ट्रोड पर निक्षेपित धातु/धातुएँ होंगी

$(E^\circ_{Ag^+/Ag} = 0.80\text{ V}, E^\circ_{Au^+/Au} = 1.69\text{ V})$

(a) केवल सिल्वर

(b) सिल्वर तथा गोल्ड बराबर अनुपात में

(c) केवल गोल्ड

(d) सिल्वर तथा गोल्ड उनके परमाणु भारों के अनुपात है

38. अभिक्रिया जिसमें रेखांकित परमाणु का संकरण प्रभावित होता है

(a) $\underline{Xe}F_4 + SbF_5 \longrightarrow$ (b) $H_2\underline{S}O_4 + NaCl \xrightarrow{420\text{ K}}$

(c) $H_3\underline{P}O_2 \xrightarrow{\text{असमानुपातन}}$ (d) $\underline{N}H_3 \xrightarrow{H^+}$

39. प्रक्रिया जो ऊष्माशोषी नहीं है

(a) $O^-(g) + e^- \longrightarrow O^{2-}(g)$ (b) $Na(g) \longrightarrow Na^+(g) + e^-$

(c) $H(g) + e^- \longrightarrow H^-(g)$ (d) $Ar(g) + e^- \longrightarrow Ar^-(g)$

40. निम्न अभिक्रिया में C है

$p\text{-}CH_3C_6H_4NH_2 \xrightarrow[\text{(ii) } Cu_2Cl_2]{\text{(i) } NaNO_2 + HCl,\ 0\text{-}5^\circ C} [A] \xrightarrow[h\nu]{Cl_2} [B] \xrightarrow{\text{Na+ शुष्क ईथर}} [C]$ मुख्य उत्पाद

(a) $Cl{-}C_6H_4{-}CH_2{-}CH_2{-}C_6H_4{-}Cl$

(b) $CH_3{-}C_6H_4{-}C_6H_4{-}CH_3$

(c) $Cl{-}C_6H_4{-}CH_2{-}C_6H_4{-}CH_2{-}Cl$

(d) $ClCH_2{-}C_6H_4{-}C_6H_4{-}CH_2Cl$

41. 1 से 3 में से असत्य कथन है/हैं?

1. W(VI), Cr(VI) की तुलना अधिक स्थायी है।
2. HCl की उपस्थिति में परमैंगनेट अनुमापन सन्तुष्टिप्रद परिणाम देता है।
3. कुछ लैन्थेनॉइड ऑक्साइड फॉस्फोरस के रूप में प्रयुक्त किए जा सकते हैं।

(a) केवल 2 तथा 3

(b) केवल 2

(c) केवल 1

(d) केवल 1 तथा 2

42. निम्न में से कौन-सा यौगिक जलीय $AgNO_3$ विलयन के साथ शीघ्रता से अवक्षेप देगा?

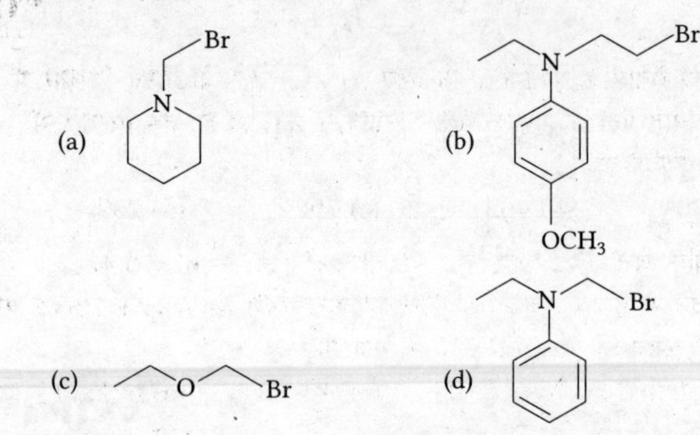

43. निम्न में से कौन-सा उच्चतम अनुचुम्बकीय व्यवहार वाला है? gly = ग्लाइसिनेटो; bpy = 2 बाइपिरीडिन

(a) $[Pd(gly)_2]$

(b) $[Fe(en)(bpy)(NH_3)_2]^{2+}$

(c) $[Co(ox)_2(OH)_2]^- (\Delta_0 > P)$

(d) $[Ti(NH_3)_6]^{3+}$

44. निम्न अभिक्रिया का मुख्य उत्पाद *[C]* होगा

$$CH_2 = CH{-}CHO \xrightarrow[\text{(ii) } SOCl_2]{\text{(i)} NaBH_4} [A] \xrightarrow[\text{Anhy. } AlCl_3]{C_6H_6} [B] \xrightarrow{DBr} [C]$$

(a) $C_6H_5{-}CH_2{-}CH(D){-}CH_2Br$ (b) $C_6H_5{-}CH_2{-}CH(Br){-}CH_2D$

(c) $C_6H_5{-}CH(Br){-}CH_2{-}CH_2D$ (d) $C_6H_5{-}CH(Br){-}CH(D){-}CH_3$

45. निम्न यौगिकों में से लघुतम C—Cl बन्ध युक्त यौगिक है

(a) $H_3C{-}Cl$ (b) $CH_2{=}CH{-}Cl$

(c) $(H_3C)_3C{-}Cl$ (d) $CH_2{=}CH{-}CH_2{-}Cl$

46. 1.43 g $Na_2CO_3 \cdot xH_2O$ को मिलाकर एक 10 mL विलयन बनाया गया। विलयन की नॉर्मलता 0.1 N है। x का मान......है।
(Na का परमाणु द्रव्यमान 23 ग्राम/मोल)

47. थ्रिओनीन में उपस्थित किरैल केन्द्रों की संख्या......है।

48. अभिक्रिया के लिए अणुओं की संख्या जिनकी ऊर्जा, देहली ऊर्जा से अधिक है। 27°C से 42°C तक ताप बढ़ाने पर 5 गुणा बढ़ जाती है। इसकी सक्रियण ऊर्जा .... जूल/मोल होगी।

($\ln 5 = 1.6094$; $R = 8.314 \text{ J mol}^{-1} \text{ K}^{-1}$ लेने पर)

49. माना निम्न समीकरण में,

$2Fe^{2+} + H_2O_2 \longrightarrow xA + yB$ (क्षारीय माध्यम में)

$2MnO_4^- + 6H^+ + 5H_2O_2 \longrightarrow x'C + y'D + z'E$
(अम्लीय माध्यम में)

उत्पादों A, B, C, D तथा E के लिए रससमीकरणमितीय गुणांकों (x, y, x', y' तथा z') का योग क्रमशः ......

50. NaCl के विलयन का परासरण दाब 0.10 atm है तथा ग्लूकोस विलयन का 0.20 atm है। 1 L सोडियम क्लोराइड तथा 2 L ग्लूकोस विलयन को मिलाकर बनाए गए विलयन का परासरण दाब $x \times 10^{-3}$ atm है। x .... है। (लगभग अंक)

गणित

51. यदि कुछ धनात्मक पूर्णांक n के लिए, $(1+x)^{n+5}$ के द्विपद विस्तार में तीन क्रमागत पदों के गुणांकों का अनुपात 5 : 10 : 14 है, तब विस्तार में महत्तम गुणांक होगा
(a) 330 (b) 462 (c) 792 (d) 252

52. वृत्त, जोकि वृत्तों $x^2 + y^2 - 6x = 0$ तथा $x^2 + y^2 - 4y = 0$ के प्रतिच्छेदन से होकर गुजरता है, जिसका केन्द्र रेखा $2x - 3y + 12 = 0$ पर स्थित है, साथ ही निम्न बिन्दु से भी गुजरेगा
(a) (– 1, 3) (b) (– 3, 1) (c) (1, – 3) (d) (– 3, 6)

53. यदि समीकरणों के निकाय

$$x + y + z = 2$$
$$2x + 4y - z = 6$$
$$3x + 2y + \lambda z = \mu$$ के अनेक अनन्त हल हैं, तब

(a) $2\lambda + \mu = 14$ (b) $2\lambda - \mu = 5$
(c) $\lambda - 2\mu = -5$ (d) $\lambda + 2\mu = 14$

54. $2^{\sin x} + 2^{\cos x}$ का निम्नतम मान है
(a) $2^{-1+\sqrt{2}}$ (b) $2^{1-\sqrt{2}}$
(c) $2^{-1+\frac{1}{\sqrt{2}}}$ (d) $2^{1-\frac{1}{\sqrt{2}}}$

55. माना $a_1, a_2, a_3, \ldots, a_n$ एक दी गई समान्तर श्रेणी है, जिसका सार्वान्तर एक पूर्णांक तथा $S_n = a_1 + a_2 + \ldots + a_n$ है यदि $a_1 = 1, a_n = 300$ तथा $15 \le n \le 50$ है, तब क्रमित युग्म (S_{n-4}, a_{n-4}) बराबर होगा
(a) (2490, 249) (b) (2480, 249)
(c) (2480, 248) (d) (2490, 248)

56. स्थिर झील से 200 मी ऊपर बिन्दु P से बादल C का उन्नयन कोण 30° है यदि बिन्दु P से झील में C के प्रतिबिम्ब का अवनमन कोण 60° है, तब PC (मी में) बराबर होगा
(a) 100 (b) 400
(c) $200\sqrt{3}$ (d) $400\sqrt{3}$

57. समाकलन $\int_{\pi/6}^{\pi/3} \tan^3 x \cdot \sin^2 3x \, (2\sec^2 x \cdot \sin^2 3x + 3\tan x \cdot \sin 6x)\, dx$ बराबर होगा
(a) $-\frac{1}{9}$ (b) $\frac{7}{18}$
(c) $-\frac{1}{18}$ (d) $\frac{9}{2}$

58. माना $f : (0, \infty) \to (0, \infty)$ एक अवकलनीय फलन इस प्रकार है कि $f(1) = e$ तथा $\lim_{t \to x} \frac{t^2 f^2(x) - x^2 f^2(t)}{t - x} = 0$ यदि $f(x) = 1$ है, तब x बराबर होगा
(a) $2e$ (b) $\frac{1}{e}$ (c) e (d) $\frac{1}{2e}$

59. माना $x = 4$, एक दीर्घवृत्त की नियता है, जिसका केन्द्र मूलबिन्दु पर तथा इसकी उत्केन्द्रता 1/2 है। यदि $P(1, \beta), \beta > 0$, दीर्घवृत्त पर कोई बिन्दु है, तब बिन्दु P पर इसके अभिलम्ब का समीकरण होगा
(a) $8x - 2y = 5$ (b) $4x - 3y = 2$
(c) $7x - 4y = 1$ (d) $4x - 2y = 1$

60. माना $\bigcup_{i=1}^{50} X_i = \bigcup_{i=1}^{n} Y_i = T$, जहाँ प्रत्येक X_i में 10 अवयव तथा प्रत्येक Y_i में 5 अवयव हैं यदि समुच्चय T के प्रत्येक अवयव में समुच्चय X_i के तथ्यत: 20 अवयव तथा समुच्चय Y_i के तथ्यत: 6 अवयव हैं, तब n बराबर होगा
(a) 50 (b) 15 (c) 45 (d) 30

61. यदि बिन्दुओं $P(1, 4)$ तथा $Q(k, 3)$ को मिलाने वाले रेखाखण्ड का लम्ब समद्विभाजक है, जिसका अन्त: खण्ड – 4 के बराबर है, तब k का मान होगा
(a) $\sqrt{15}$ (b) – 4 (c) $\sqrt{14}$ (d) – 2

62. माना सदिश x_1, x_2 तथा x_3, रैखिक समीकरण $Ax = b$ के निकाय का हल है, जब सदिश b क्रमश: b_1, b_2 तथा b_3 के दायीं ओर हैं यदि

$$x_1 = \begin{bmatrix} 1 \\ 1 \\ 1 \end{bmatrix}, x_2 = \begin{bmatrix} 0 \\ 2 \\ 1 \end{bmatrix}, x_3 = \begin{bmatrix} 0 \\ 0 \\ 1 \end{bmatrix}, b_1 = \begin{bmatrix} 1 \\ 0 \\ 0 \end{bmatrix}, b_2 = \begin{bmatrix} 0 \\ 2 \\ 0 \end{bmatrix} \text{ तथा } b_3 = \begin{bmatrix} 0 \\ 0 \\ 2 \end{bmatrix} \text{ है,}$$

तब A का सारणिक बराबर होगा
(a) $\frac{3}{2}$ (b) 2 (c) $\frac{1}{2}$ (d) 4

63. अवकल समीकरण $\frac{dy}{dx} - \frac{y + 3x}{\log_e(y + 3x)} + 3 = 0$ का हल होगा (जहाँ C समाकलन का अचर है)
(a) $x - \log_e(y + 3x) = C$ (b) $y + 3x - \frac{1}{2}(\log_e x)^2 = C$
(c) $x - 2\log_e(y + 3x) = C$ (d) $x - \frac{1}{2}(\log_e(y + 3x))^2 = C$

64. बिन्दु (1, – 2, 3) से समतल $x - y + z = 5$ की दूरी जो कि रेखा $\frac{x}{2} = \frac{y}{3} = \frac{z}{-6}$ के समान्तर है

(a) $\frac{1}{7}$ (b) 1 (c) 7 (d) $\frac{7}{5}$

65. एक खेल में, दो खिलाड़ी A तथा B बारी-बारी से निष्पक्ष पासे को फेंकते हैं जहाँ खिलाड़ी A खेल शुरू करता है तथा स्कोर को प्रत्येक बार लिखा जाता है। A खेल जीतता है यदि वह 6 का कुल स्कोर, B के 7 के कुल स्कोर से पहले प्राप्त करता है। B खेल जीतता है यदि वह 7 का कुल स्कोर, A के 6 के कुल स्कोर से पहले प्राप्त करता है खेल रूक जाता है यदि दोनों में से कोई खिलाड़ी जीतता है, तब A के खेल जीतने की प्रायिकता होगी

(a) $\frac{31}{61}$ (b) $\frac{30}{61}$

(c) $\frac{5}{31}$ (d) $\frac{5}{6}$

66. यदि a तथा b वास्तविक संख्याएँ इस प्रकार हैं कि $(2+\alpha)^4 = a + b\alpha$, जहाँ $\alpha = \frac{-1+i\sqrt{3}}{2}$, तब $(a + b)$ बराबर होगी

(a) 24 (b) 33 (c) 9 (d) 57

67. कथन 'यदि फलन f, a पर अवकलनीय है, तब वह 'a' पर भी अवकलनीय होगा' का प्रतिधनात्मक होगा

(a) यदि फलन f, a पर सतत् नहीं है, तब वह a पर अवकलनीय होगा

(b) यदि फलन f, a पर सतत् है, तब वह a पर अवकलनीय होगा

(c) यदि फलन f, a पर सतत् है, तब वह a पर अवकलनीय नहीं होगा

(d) यदि फलन f, a पर सतत् नहीं है, तब वह a पर अवकलनीय नहीं होगा

68. माना $\lambda \neq 0$, R में स्थित है यदि α तथा β समीकरण $x^2 - x + 2\lambda = 0$ के मूल हैं तथा α व γ समीकरण $3x^2 - 10x + 27\lambda = 0$ के मूल हैं, तब $\frac{\beta Y}{\lambda}$ बराबर है

(a) 36 (b) 9

(c) 27 (d) 18

69. फलन $f(x) = \begin{cases} \frac{\pi}{4} + \tan^{-1} x, & |x| \leq 1 \\ \frac{1}{2}(|x| - 1), & |x| > 1 \end{cases}$, है

(a) दोनों $R - \{1\}$ पर सतत् तथा अवकलनीय हैं

(b) दोनों $R - \{-1\}$ पर सतत् तथा अवकलनीय हैं

(c) $R - \{-1\}$ पर सतत् तथा $R - \{-1, 1\}$ पर अवकलनीय है

(d) $R - \{1\}$ पर सतत् तथा $R - \{-1, 1\}$ पर अवकलनीय है

70. महत्तम आयत $ABCD$ का क्षेत्रफल (वर्ग इकाई में), जिसके शीर्ष A तथा B, X-अक्ष पर स्थित हैं तथा शीर्ष C व D, X-अक्ष के नीचे परवलय $y = x^2 - 1$ पर स्थित हैं, होगा

(a) $\frac{4}{3\sqrt{3}}$ (b) $\frac{2}{3\sqrt{3}}$ (c) $\frac{1}{3\sqrt{3}}$ (d) $\frac{4}{3}$

71. माना PQ वृत्त $x^2 + y^2 = 9$ का व्यास है यदि α तथा β क्रमश: बिन्दु P तथा Q से सरल रेखा $x + y = 2$ पर डाले गए लम्ब की लम्बाई है, तब $\alpha\beta$ का महत्तम मान ...... होगा।

72. यदि $\mathbf{a} = 2\hat{\mathbf{i}} + \hat{\mathbf{j}} + 2\hat{\mathbf{k}}$ तब $|\hat{\mathbf{i}} \times (\mathbf{a} \times \hat{\mathbf{i}})|^2 + |\hat{\mathbf{j}} \times (\mathbf{a} \times \hat{\mathbf{j}})|^2 + |\hat{\mathbf{k}} \times (\mathbf{a} \times \hat{\mathbf{k}})|^2$ का मान ...... होगा।

73. एक परीक्षा में 6 बहुविकल्पीय प्रश्न पूछे जाते हैं, जिसमें प्रत्येक में 4 उत्तर होते हैं तथा उनमें से केवल एक सही होता है, तब परीक्षार्थी द्वारा 6 प्रश्नों में से तथ्यत: चार उत्तर सही देने के तरीकों की कुल संख्या ...... होगी।

74. माना $\{x\}$ तथा $[x]$ क्रमशः वास्तविक संख्या x के भिन्नात्मक भाग व महत्तम पूर्णांक $\leq x$ को निरूपित करते हैं यदि $\int_0^n \{x\}\,dx$, $\int_0^n [x]\,dx$ तथा $10(n^2 - n)$, $(n \in N, n > 1)$ गुणोत्तर श्रेणी के तीन क्रमागत पद हैं, तब n बराबर होगा......।

75. यदि बारम्बारता बंटन

वर्ग	10-20	20-30	30-40
बारम्बारता	2	x	2

का प्रसरण 50 है, तब x बराबर होगा......।

सही उत्तर

भौतिकी

1. (a) 2. (d) 3. (d) 4. (a) 5. (b) 6. (c) 7. (c) 8. (b) 9. (*) 10. (c)
11. (b) 12. (b) 13. (b) 14. (d) 15. (b) 16. (a) 17. (a) 18. (a) 19. (a) 20. (d)
21. (198) 22. (150) 23. (2) 24. (476) 25. (20)

रसायन विज्ञान

26. (c) 27. (a) 28. (b) 29. (d) 30. (a) 31. (c) 32. (d) 33. (a) 34. (c) 35. (c)
36. (c) 37. (c) 38. (a) 39. (c) 40. (a) 41. (b) 42. (a) 43. (d) 44. (c) 45. (b)
46. (10) 47. (2) 48. (84297.47) 49. (19) 50. (167)

गणित

51. (b) 52. (d) 53. (a) 54. (d) 55. (d) 56. (b) 57. (c) 58. (b) 59. (d) 60. (d)
61. (b) 62. (b) 63. (d) 64. (b) 65. (b) 66. (c) 67. (d) 68. (d) 69. (d) 70. (a)
71. (7) 72. (18) 73. (135) 74. (21) 75. (4)

नोट *(*) कोई भी विकल्प सही नहीं है।*

संकेत एवं हल

भौतिकी

1. *(a)* दिए गए परिपथ में A तथा C के मध्य एक पथ में विद्युत धारा i_1 है, अतः इसे निम्न प्रकार पुर्नव्यवस्थित किया जा सकता है

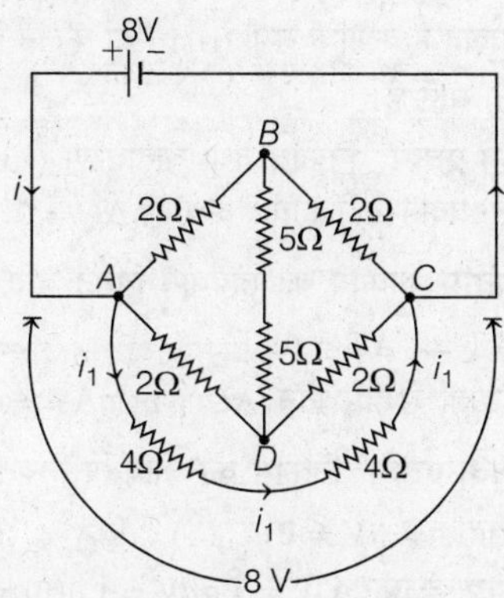

परिपथ से, A तथा C के मध्य विभवान्तर,

$$V_{AC} = 8 \text{ वोल्ट (समान्तर क्रम संयोजन)} \quad \text{...(i)}$$

और A तथा C के मध्य के i_1 धारा वाले पथ का प्रतिरोध,

$$R = R_1 + R_2 = 4\,\Omega + 4\,\Omega \Rightarrow R = 8\,\Omega \quad \text{...(ii)}$$

इसलिए, A तथा C के मध्य धारा,

$$i_1 = \frac{V_{AC}}{R} = \frac{8}{8} = 1 \text{ ऐम्पियर}$$

अतः विकल्प (a) सही है।

2. *(d)* टिन का सैद्धान्तिक द्रव्यमान,

$$m_{\text{सैद्धान्तिक}} = Zm_p + (A - Z)\,m_n$$
$$= 50(1.00783)\text{u} + (120 - 50)\,(1.00867)\text{u}$$
$$50.391500\text{u} + 70.606900\text{ u}$$
$$= 120.9984 \text{ u}$$

दिया गया है,
टिन का प्रायोगिक द्रव्यमान,

$$m_{\text{प्रायोगिक}} = 119.902199 \text{ u}$$
$$\Delta m = m_{\text{सैद्धान्तिक}} - m_{\text{प्रायोगिक}}$$
$$= 120.998400\,\text{u} - 119.902199\,\text{u} = 1.096201\text{ u}$$

अब, कुल बन्धन ऊर्जा, $(\text{BE}) = \Delta m \times 931 \text{ MeV}$

$$= 1.096201 \times 931 \text{ MeV}$$
$$= 1020.563131 \text{ MeV}$$

इसलिए, प्रति न्यूक्लियॉन बन्धन ऊर्जा,

$$(\text{BE})_{\text{प्रति न्यूक्लियॉन}} = \frac{\text{BE}}{\text{कुल न्यूक्लियॉन}} = \frac{1020.563131}{120} = 8.50 \text{ MeV}$$

अतः विकल्प (d) सही है।

3. *(d)* मान लीजिए कि प्रेरकत्व में संग्रहित ऊर्जा का मान इसके अधितम मान के $\left(\frac{1}{n}\right)$ गुणा होने में लगा समय t है।

प्रश्नानुसार, दिए गए L-R परिपथ में,

$$U = \frac{1}{n} U_{\max} \Rightarrow \frac{1}{2} LI^2 = \frac{1}{n} \times \frac{1}{2} LI^2_{\max}$$

$$\Rightarrow \quad \frac{1}{2} L \left[I_{\max} \left(1 - e^{\frac{-Rt}{L}} \right) \right]^2 = \frac{1}{n} \times \frac{1}{2} LI^2_{\max}$$

$$\Rightarrow \quad \frac{1}{2} LI^2_{\max} \left(1 - e^{\frac{-Rt}{L}} \right)^2 = \frac{1}{n} \times \frac{1}{2} LI^2_{\max}$$

$$\Rightarrow \quad \left(1 - e^{\frac{-Rt}{L}} \right)^2 = \frac{1}{n} \Rightarrow 1 - e^{\frac{-Rt}{L}} = \frac{1}{\sqrt{n}}$$

$$\Rightarrow \quad e^{\frac{-Rt}{L}} = 1 - \frac{1}{\sqrt{n}} = \frac{\sqrt{n} - 1}{\sqrt{n}}$$

दोनों तरफ ln लेने पर,

$$\ln \left(e^{\frac{-Rt}{L}} \right) = \ln \left(\frac{\sqrt{n} - 1}{\sqrt{n}} \right) \Rightarrow -\frac{Rt}{L} \ln(e) = \ln \left(\frac{\sqrt{n} - 1}{\sqrt{n}} \right)$$

$$\Rightarrow \quad -\frac{Rt}{L} = \ln \left(\frac{\sqrt{n} - 1}{\sqrt{n}} \right) \Rightarrow t = \frac{-L}{R} \ln \left(\frac{\sqrt{n} - 1}{\sqrt{n}} \right)$$

$$t = \frac{L}{R} \ln \left(\frac{\sqrt{n} - 1}{\sqrt{n}} \right)^{-1} \Rightarrow t = \frac{L}{R} \ln \left(\frac{\sqrt{n}}{\sqrt{n} - 1} \right)$$

अतः विकल्प (d) सही है।

4. *(a)* दोनों चकतियाँ समान पदार्थ से बनी हैं।
मान कि दोनों चकतियों के पदार्थ का घनत्व ρ तथा चकतियों की मोटाई t है।
अब, प्रथम चकती का जड़त्वाघूर्ण

$$I_1 = \frac{M_1 R_1^2}{2} = \frac{\rho A_1 t R_1^2}{2} = \frac{\rho(\pi R_1^2 t) R_1^2}{2} = \frac{\pi \rho R_1^4 t}{2}$$

$$\because \quad R_1 = R \Rightarrow I_1 = \frac{\pi \rho R^4 t}{2} \quad \text{...(i)}$$

अब, द्वितीय चकती का जड़त्वाघूर्ण

$$I_2 = \frac{M_2 R_2^2}{2} = \frac{\rho A t R_2^2}{2} = \frac{\rho(\pi R_2^2) t R_2^2}{2} = \frac{\pi \rho R_2^4 t}{2}$$

$$\because \quad R_2 = \alpha\, R$$

$$\therefore \quad I_2 = \frac{\pi\,\rho\,(\alpha\, R)^4 t}{2} = \frac{\alpha^4 \pi \rho R^4 t}{2} \quad \text{...(ii)}$$

समी (i) को (ii) से भाग देने पर,

$$\frac{I_1}{I_2} = \frac{\frac{\pi \rho R^4 t}{2}}{\frac{\alpha^4 \pi \rho R^4 t}{2}} = \frac{1}{\alpha^4} \quad \text{...(iii)}$$

दिया गया है, $\frac{I_1}{I_2} = \frac{1}{16}$ ...(iv)

समी. (iii) तथा (iv) की तुलना करने पर,

$$\frac{1}{\alpha^4} = \frac{1}{16} \Rightarrow \alpha^4 = 16 \Rightarrow \alpha = 2$$

अतः विकल्प (a) सही है।

5. *(b)* दी गई विद्युत चुम्बकीय तरंग का विद्युत क्षेत्र सदिश है

$$\mathbf{E} = E_0\,(\hat{\mathbf{x}} + \hat{\mathbf{y}})\sin(kz - \omega t)$$

$\therefore$ विद्युत क्षेत्र का आयाम $= E_0$

तथा विद्युत क्षेत्र का इकाई सदिश,

$$\hat{\mathbf{E}} = \frac{\hat{\mathbf{x}} + \hat{\mathbf{y}}}{\sqrt{1^2 + 1^2}} = \frac{\hat{\mathbf{x}} + \hat{\mathbf{y}}}{\sqrt{2}}$$

दी गई समीकरण में k का गुणांक z है। इसलिए तरंग z-दिशा के अनुदिश संचरण कर रही है। इसलिए विद्युत चुम्बकीय तरंग का संचरण की दिशा में एकक सदिश $\hat{\mathbf{e}} = \hat{\mathbf{z}}$ होगा।

दी गई विद्युत चुम्बकीय तरंग के चुम्बकीय क्षेत्र सदिश के लिए, हम कह सकते हैं कि

चुम्बकीय क्षेत्र का आयाम, $B_0 = \dfrac{E_0}{c}$

तथा चुम्बकीय क्षेत्र का इकाई सदिश $= \hat{\mathbf{B}}$

अतः चुम्बकीय क्षेत्र सदिश की आपेक्षित समीकरण होगी

$$\mathbf{B} = B_0(\hat{\mathbf{B}})\sin(kz - \omega t) = \frac{E_0}{c}(\hat{\mathbf{B}})\sin(kz - \omega t) \quad \text{...(i)}$$

साथ ही, $\hat{\mathbf{E}} \times \hat{\mathbf{B}} = \hat{\mathbf{e}} = \hat{\mathbf{z}}$ ...(ii)

अब, दिए गए विकल्पों में जाँच कर लेते हैं।

(a) $\mathbf{B} = \dfrac{E_0}{c}(\hat{\mathbf{x}} + \hat{\mathbf{y}})\sin(kz - \omega t)$

यहाँ, $\hat{\mathbf{B}} = \dfrac{\hat{\mathbf{x}} + \hat{\mathbf{y}}}{\sqrt{1^2 + 1^2}} = \dfrac{\hat{\mathbf{x}} + \hat{\mathbf{y}}}{\sqrt{2}}$

$$\therefore \quad \hat{\mathbf{E}} \times \hat{\mathbf{B}} = \left(\frac{\hat{\mathbf{x}} + \hat{\mathbf{y}}}{\sqrt{2}}\right) \times \left(\frac{\hat{\mathbf{x}} + \hat{\mathbf{y}}}{\sqrt{2}}\right)$$

$$= \frac{1}{2}[(\hat{\mathbf{x}} \times \hat{\mathbf{x}}) + (\hat{\mathbf{x}} \times \hat{\mathbf{y}}) + (\hat{\mathbf{y}} \times \hat{\mathbf{x}}) + (\hat{\mathbf{y}} \times \hat{\mathbf{y}})]$$

$$= \frac{1}{2}[(0) + (\hat{\mathbf{z}}) + (-\hat{\mathbf{z}}) + (0)] = \frac{1}{2}[\hat{\mathbf{z}} - \hat{\mathbf{z}}] = 0$$

जोकि विद्युत चुम्बकीय तरंग के लिए असम्भव है।

$\therefore$ यह विकल्प सही नहीं है।

(b) $\mathbf{B} = \dfrac{E_0}{c}(-\hat{\mathbf{x}} + \hat{\mathbf{y}})\sin(kz - \omega t)$

यहाँ, $\hat{\mathbf{B}} = \dfrac{-\hat{\mathbf{x}} + \hat{\mathbf{y}}}{\sqrt{-1^2 + 1^2}} = \dfrac{-\hat{\mathbf{x}} + \hat{\mathbf{y}}}{\sqrt{2}}$

$$\therefore \quad \hat{\mathbf{E}} \times \hat{\mathbf{B}} = \left(\frac{\hat{\mathbf{x}} + \hat{\mathbf{y}}}{\sqrt{2}}\right) \times \left(-\frac{\hat{\mathbf{x}} + \hat{\mathbf{y}}}{\sqrt{2}}\right)$$

$$= \frac{1}{2}[-(\hat{\mathbf{x}} \times \hat{\mathbf{x}}) + (\hat{\mathbf{x}} \times \hat{\mathbf{y}}) - (\hat{\mathbf{y}} \times \hat{\mathbf{x}}) + (\hat{\mathbf{y}} \times \hat{\mathbf{y}})]$$

$$= \frac{1}{2}[-(0) + (\hat{\mathbf{z}}) - (-\hat{\mathbf{z}}) + (0)] = \frac{1}{2}[\hat{\mathbf{z}} + \hat{\mathbf{z}}] = \frac{1}{2}(2\,\hat{\mathbf{z}}) = \hat{\mathbf{z}}$$

जोकि समी (ii) को सन्तुष्ट करता है।

$\therefore$ यह विकल्प सही है।

(c) $\mathbf{B} = \dfrac{E_0}{c}(\hat{\mathbf{x}} - \hat{\mathbf{y}})\sin(kz - \omega t)$

यहाँ, $\hat{\mathbf{B}} = \dfrac{\hat{\mathbf{x}} - \hat{\mathbf{y}}}{\sqrt{1^2 + -1^2}} = \dfrac{\hat{\mathbf{x}} - \hat{\mathbf{y}}}{\sqrt{2}}$

$$\therefore \quad \hat{\mathbf{E}} \times \hat{\mathbf{B}} = \left(\frac{\hat{\mathbf{x}} + \hat{\mathbf{y}}}{\sqrt{2}}\right) \times \left(\frac{\hat{\mathbf{x}} - \hat{\mathbf{y}}}{\sqrt{2}}\right)$$

$$= \frac{1}{2}[(\hat{\mathbf{x}} \times \hat{\mathbf{x}}) - (\hat{\mathbf{x}} \times \hat{\mathbf{y}}) + (\hat{\mathbf{y}} \times \hat{\mathbf{x}}) - (\hat{\mathbf{y}} \times \hat{\mathbf{y}})]$$

$$= \frac{1}{2}[(0) - (\hat{\mathbf{z}}) + (-\hat{\mathbf{z}}) - (0)] = \frac{1}{2}[-\hat{\mathbf{z}} - \hat{\mathbf{z}}] = \frac{1}{2}(-2\,\hat{\mathbf{z}}) = -\,\hat{\mathbf{z}}$$

जोकि समी (ii) को सन्तुष्ट नहीं करता।

$\therefore$ यह विकल्प सही नहीं है।

(d) $\mathbf{B} = \dfrac{E_0}{c}(\hat{\mathbf{x}} - \hat{\mathbf{y}})\cos(kz - \omega t)$

यह विकल्प भी गलत है क्योंकि समी (i) sin का फलन है, cosine का नहीं।

अतः विकल्प (b) सही है।

6. *(c)* **A. रुद्धोष्म प्रक्रम** निकाय तथा वातावरण (surroundings) में ऊष्मा का आदान-प्रदान नहीं होता। अर्थात्, $\Delta Q = 0$

B. समतापीय प्रक्रम निकाय का तापमान नियत बना रहता है।

अर्थात्, $T =$ नियत $\Rightarrow \Delta T = 0$

अतः, आन्तरिक ऊर्जा में परिवर्तन, $\Delta U = nC_V\Delta T = nC_V(0) = 0$

C. समआयतनिक प्रक्रम निकाय का आयतन नियत रहता है।

अर्थात्, $V =$ नियत $\Rightarrow \Delta V = 0$

इसलिए, किया गया कार्य, $\Delta W = \int p\,dV = \int p(0) = 0$

D. समदाबी प्रक्रम निकाय का दाब नियत बना रहता है।

अर्थात् $p =$ नियतांक (c) ...(i)

$\Rightarrow \quad \Delta p = 0$

$\therefore$ आन्तरिक ऊर्जा में परिवर्तन, $\Delta U = nC_V\Delta T = n\left(\dfrac{fR}{2}\right)\Delta T$

$$= \frac{f}{2}(nR\Delta T) = \frac{f}{2}(p\Delta V) = \frac{f}{2}(C\Delta V) \neq 0 \quad \text{(समी (i) से)}$$

तथा किया गया कार्य,

$$\Delta W = \int p\,dV = \int C\,dV = C\int dV = C\,\Delta V \neq 0$$

तथा स्थानान्तरित ऊर्जा,

$$\Delta Q = n\,C_p\Delta T = n\left[\frac{(f+2)R}{2}\right]\Delta T = \left(\frac{f+2}{2}\right)(nR\Delta T)$$

$$= \left(\frac{f+2}{2}\right)(p\Delta V) = \left(\frac{f+2}{2}\right)(C\,\Delta V) \neq 0$$

$\therefore$ A $\rightarrow$ (ii), B $\rightarrow$ (iv), C $\rightarrow$ (i) तथा D $\rightarrow$ (iii)

7. *(c)*

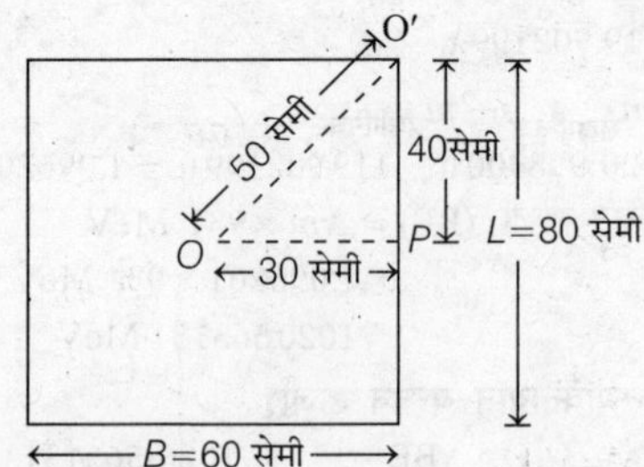

माना कि शीट का द्रव्यमान M है।

चित्र से, $O'P = \dfrac{L}{2} = \dfrac{80}{2}$ सेमी $= 40$ सेमी

$$OP = \frac{B}{2} = \frac{60}{2} \text{ सेमी} = 30 \text{ सेमी}$$

$$OO' = \sqrt{(OP)^2 + (O'P)^2} \quad \text{(पाइथागोरस प्रमेय से)}$$

$$= \sqrt{(30)^2 + (40)^2} = \sqrt{900 + 1600} = \sqrt{2500} = 50 \text{ सेमी}$$

अब, बिन्दु O से गुजर रहे तथा शीट के तल के लम्बवत् अक्ष के परितः जड़त्व आघूर्ण,

$$I_O = \frac{M}{12}[L^2 + B^2] = \frac{M}{12}[(80)^2 + (60)^2]$$

$$= \frac{M}{12}[6400 + 3600] = \frac{M}{12}[10000] \quad \text{...(i)}$$

तथा बिन्दु O' से गुजरने वाले व शीट के तल के लम्बवत् अक्ष के परितः जड़त्व आघूर्ण,

$I_{O'} = I_O + Md^2$ (समान्तर अक्षों की प्रमेय से)

जहाँ, $d = OO' = 50$ सेमी

इसलिए, $I_{O'} = \frac{M}{12}[10000] + M[50]^2 = \frac{M}{12}[10000] + M[2500]$

$$= \frac{M[10000] + M[30000]}{12} = \frac{M}{12}[40000] \quad \text{...(ii)}$$

समी (i) को (ii) से भाग देने पर,

$$\frac{I_O}{I_{O'}} = \frac{\frac{M}{12}[10000]}{\frac{M}{12}[40000]} = \frac{1}{4}$$

8. *(b)* माना, मुक्त आकाश की पारगम्यता $= \mu_0$

बाह्य चुम्बकीय क्षेत्र $= B_0$

चुम्बकन $= I$

चुम्बकन क्षेत्र की तीव्रता, $H = \frac{B_0}{\mu_0}$

चुम्बकीय प्रवृत्ति, $\chi_m = \frac{I}{H}$

तापमान $= T$

अनुचुम्बकीय पदार्थों के क्यूरी के नियम से,

$$\chi_m \propto \frac{1}{T} \Rightarrow \frac{I}{H} \propto \frac{1}{T} \Rightarrow \frac{I}{(B_0/\mu_0)} \propto \frac{1}{T} \Rightarrow \frac{\mu_0 I}{B_0} \propto \frac{1}{T}$$

$$\Rightarrow \quad I \propto \frac{B_0}{\mu_0 T} \Rightarrow I \propto \frac{B_0}{T} \quad (\because \mu_0 = \text{नियत})$$

$$\Rightarrow \quad \frac{I_1}{I_2} = \frac{(B_0)_1}{(B_0)_2} \times \frac{T_2}{T_1}$$

दिए गए मानों को उपरोक्त समीकरण में रखने पर,

$$\frac{6}{I_2} = \frac{0.4}{0.3} \times \frac{24}{4} \Rightarrow \frac{6}{I_2} = \frac{4}{3} \times \frac{6}{1} = 8$$

$$\Rightarrow \quad I_2 = \frac{6}{8} = \frac{3}{4} = 0.75 \text{ ऐम्पियर/मी}$$

9. *(*)* बोनस अंक

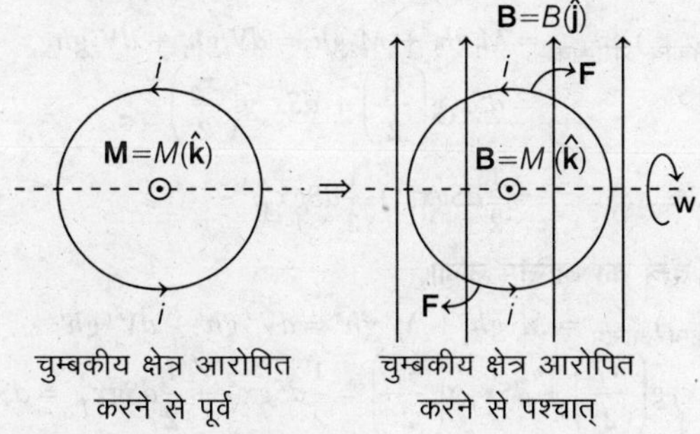

चुम्बकीय क्षेत्र आरोपित करने से पूर्व — चुम्बकीय क्षेत्र आरोपित करने से पश्चात्

दिया गया है, $I_{\text{dia}} = 0.8$ किग्रा-मी^{2}

$M = 20$ ऐम्पियर-मी^{2}; $B = 4$ टेस्ला

$\theta =$ कुण्डली के $60°$ घूर्णन के पश्चात् **M** तथा **B** कोण $= 90° - 60° = 30°$ तथा $\omega = ?$

ऊर्जा संरक्षण के नियम से,

$$(\text{TE})_{\text{प्रारम्भिक}} = (\text{TE})_{\text{अन्तिम}}$$

$$U_i + K_i = U_f + K_f$$

$$0 + 0 = -MB\cos\theta + \frac{1}{2}I_{\text{dia}}\omega^2$$

$$\Rightarrow \quad 0 = -20 \times 4\cos 30° + \frac{1}{2} \times 0.8 \times \omega^2$$

$$\Rightarrow \quad 0 = \left(-20 \times 4 \times \frac{\sqrt{3}}{2}\right) + \left(\frac{1}{2} \times 0.8 \times \omega^2\right)$$

$$= -40\sqrt{3} + 0.4\omega^2$$

$$\Rightarrow \quad 40\sqrt{3} = 0.4\,\omega^2 \Rightarrow \omega^2 = \frac{40\sqrt{3}}{0.4} = 100\sqrt{3} = 173.2$$

$$\Rightarrow \quad \omega = 131.16 \text{ रेडियन से}^{-1}$$

उत्तर विकल्पों मे उपलब्ध नहीं है। अतः बोनस अंक दिये जाएँगे।

10. *(c)* यहाँ कण की प्रारम्भिक गतिज ऊर्जा, $K_i = 0$ ($x = 0$ पर)

अन्तिम गतिज ऊर्जा, $K_f = 0$ $\quad [x = x_0$ (माना)$]$

$\therefore$ गतिज ऊर्जा में परिवर्तन,

$$\Delta K = K_f - K_i = 0$$

कार्य-ऊर्जा प्रमेय से,

किया गया कार्य = गतिज ऊर्जा में परिवर्तन

अर्थात् $\quad W = \Delta K \Rightarrow W = 0 \Rightarrow \int F dx = 0$

$$\Rightarrow \quad \int qE\, dx = 0 \quad (\because F = qE)$$

$$\Rightarrow \quad \int q[E_0(1 - ax^2)]dx = 0 \quad [\text{दिया गया है, } E = E_0(1 - ax^2)]$$

$$\Rightarrow \quad qE_0\int_0^{x_0}(1 - ax^2)dx = 0$$

$$\Rightarrow \quad qE_0\left[x - \frac{ax^3}{3}\right]_0^{x_0} = 0 \Rightarrow \left[\left\{x_0 - \frac{a x_0^3}{3}\right\} - \{0 - 0\}\right] = 0$$

$$\Rightarrow x_0 - \frac{ax_0^3}{3} = 0 \Rightarrow x_0 = \frac{ax_0^3}{3} \Rightarrow 1 = \frac{ax_0^2}{3} \Rightarrow x_0^2 = \frac{3}{a} \Rightarrow x_0 = \sqrt{\frac{3}{a}}$$

अतः विकल्प (c) सही है।

11. *(b)*

$+q_1 \; C \; -q_1$, $\leftarrow V_0 \rightarrow$, $q_2 = 0 \; C/2$, K $\quad\Rightarrow\quad$ $+q_1' \; C \; -q_1'$, $\leftarrow V_C \rightarrow$, $+q_2' \; C/2 \; -q_2'$, K, $\leftarrow V_C \rightarrow$

आवेश वितरण से पूर्व — आवेश वितरण के पश्चात्

आवेश संरक्षण के नियम से,

$$q_1 + q_2 = q_1' + q_2' \Rightarrow CV_0 + \frac{C}{2}(0) = CV_C + \frac{C}{2}V_C$$

$$\Rightarrow \quad CV_0 + 0 = \frac{3}{2}CV_C \Rightarrow CV_0 = \frac{3}{2}CV_C$$

$$V_0 = \frac{3}{2}V_C \Rightarrow V_C = \frac{2}{3}V_0 \quad \text{...(i)}$$

जहाँ, $V_C =$ उभयनिष्ठ विभव।

अब, प्रारम्भिक विद्युत ऊर्जा,

$$U_i = \frac{1}{2}CV_0^2 + \frac{1}{2}\left(\frac{C}{2}\right)(0)^2 = \frac{1}{2}CV_0^2 + 0 = \frac{1}{2}CV_0^2$$

तथा अन्तिम विद्युत ऊर्जा,

$$U_f = \frac{1}{2}\left(C + \frac{C}{2}\right)V_C^2 = \frac{1}{2} \times \frac{3}{2}C \times \left(\frac{2}{3}V_0\right)^2$$

$$= \frac{1}{2} \times \frac{3}{2}C \times \frac{4}{9}V_0^2 = \frac{1}{3}CV_0^2$$

∴ ऊर्जा में क्षय,

$$\Delta U_{\text{क्षय}} = U_i - U_f = \frac{1}{2}CV_0^2 - \frac{1}{3}CV_0^2 = \frac{3CV_0^2 - 2CV_0^2}{6} = \frac{1}{6}CV_0^2$$

अत: विकल्प (b) सही है।

12. *(b)*

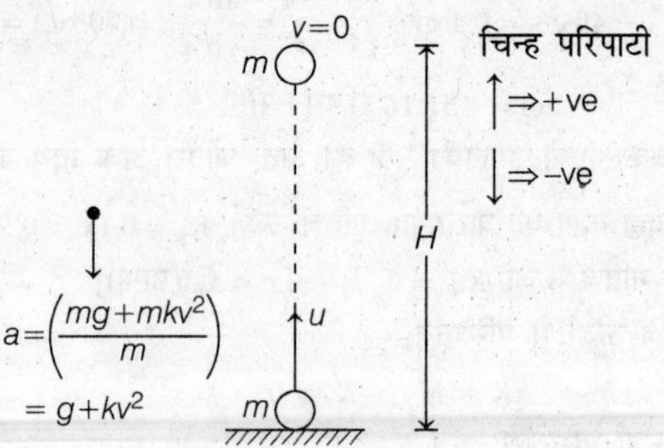

गेंद पर कुल बल = गेंद का भार + प्रतिरोधी बल

$$F_{\text{कुल}} = w + F_{\text{प्रतिरोधी}} = (-mg) + (-mkv^2) = -m(g + kv^2)$$

इसलिए, गेंद का कुल त्वरण,

$$a = \frac{F_{\text{कुल}}}{m} = \frac{-m(g + kv^2)}{m} = -(g + kv^2)$$

$$\Rightarrow \quad v\frac{dv}{dy} = -(g + kv^2) \Rightarrow \frac{vdv}{(g + kv^2)} = -dy$$

दोनों पक्षों का समाकलन करने पर,

$$\int_u^0 \frac{v}{(g + kv^2)}\,dv = -\int_0^H dy \qquad \text{...(i)}$$

माना, $g + kv^2 = t \Rightarrow 0 + 2kvdv = dt \Rightarrow vdv = \frac{1}{2k}dt$

निम्न सीमा

यदि $v = u$,

तब $g + kv^2 = t \Rightarrow t = g + ku^2$

उच्च सीमा

यदि $v = 0 \Rightarrow g + k(0)^2 = t \Rightarrow t = g$

ये मान समी (i) में रखने पर,

$$\int_{g+ku^2}^{g} \frac{\frac{1}{2k}dt}{t} = -\int_0^H dy \Rightarrow \frac{1}{2k}\int_{g+ku^2}^{g}\frac{1}{t}dt = -[y]_0^H$$

$$\Rightarrow \frac{1}{2k}[\ln(t)]_{g+ku^2}^{g} = -[H - 0] \Rightarrow \frac{1}{2k}[\ln(g) - \ln(g + ku^2)] = -[H]$$

$$\Rightarrow \quad H = \frac{1}{2k}[\ln(g + ku^2) - \ln(g)]$$

$$\Rightarrow \quad H = \frac{1}{2k}\left[\ln\left(\frac{g + ku^2}{g}\right)\right] \Rightarrow H = \frac{1}{2k}\ln\left(1 + \frac{ku^2}{g}\right)$$

13. *(b)* ग्रह के चारों ओर घूम रहे पिण्ड की कक्षीय गति,

$$v_o = \sqrt{\frac{GM}{r}}$$

जहाँ, M = ग्रह का द्रव्यमान

r = घूर्णन कर रहे पिण्ड की कक्षीय त्रिज्या = R (दिया गया है)

तथा G = सार्वत्रिक गुरुत्वाकर्षण नियतांक।

एक ग्रह की सतह से किसी पिण्ड का पलायन वेग,

$$v_e = \sqrt{\frac{2GM}{R}}$$

जहाँ, M = ग्रह का द्रव्यमान, R = ग्रह की त्रिज्या

तथा G = सार्वत्रिक गुरुत्वाकर्षण नियतांक।

$$\therefore \quad \frac{v_o}{v_e} = \frac{\sqrt{\frac{GM}{R}}}{\sqrt{\frac{2GM}{R}}} = \frac{1}{\sqrt{2}}$$

अत: विकल्प (b) सही है।

14. *(d)*

जोड़ने से पूर्व

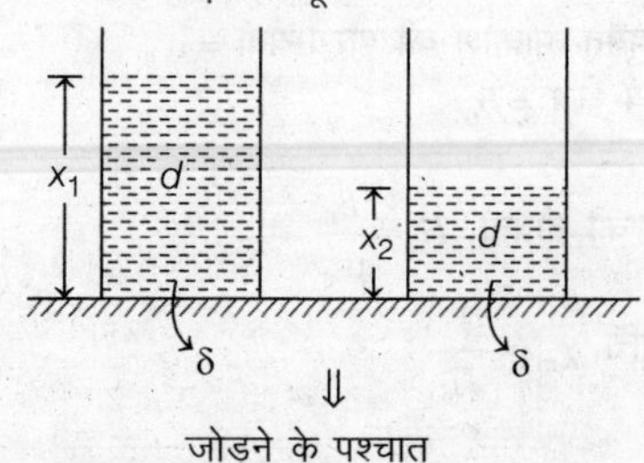

⇓

जोड़ने के पश्चात्

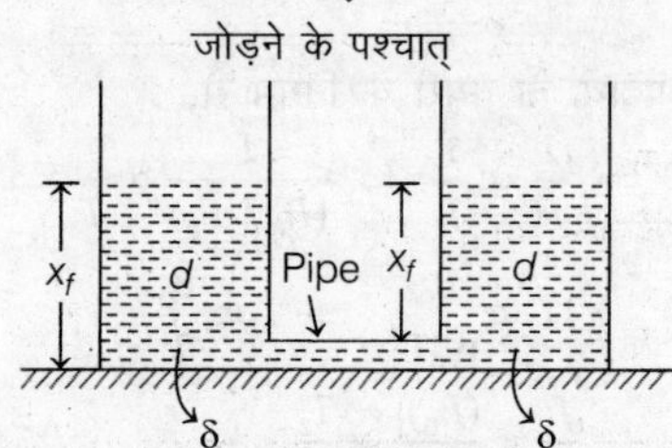

आयतन संरक्षण से,

$$(V_{\text{निकाय}})_{\text{प्रारम्भिक}} = (V_{\text{निकाय}})_{\text{अन्तिम}}$$

$$Sx_1 + Sx_2 = Sx_f + Sx_f \Rightarrow x_1 + x_2 = x_f + x_f$$

$$\Rightarrow \quad 2x_f = x_1 + x_2 \Rightarrow x_f = \frac{x_1 + x_2}{2} \qquad \text{...(i)}$$

अब निकाय की प्रारम्भिक ऊर्जा,

$$(U_{\text{निकाय}})_{\text{प्रारम्भिक}} = M_1gh_1 + M_2gh_2 = dV_1gh_1 + dV_2gh_2$$

$$= dSx_1g\left(\frac{x_1}{2}\right) + dSx_2g\left(\frac{x_2}{2}\right)$$

$$= \frac{1}{2}dSgx_1^2 + \frac{1}{2}dSgx_2^2 \qquad \text{...(ii)}$$

अब, तन्त्र की अन्तिम ऊर्जा,

$$(U_{\text{निकाय}})_{\text{अन्तिम}} = M'gh' + M'gh' = dV'gh' + dV'gh'$$

$$= dSx_fg\left(\frac{x_f}{2}\right) + dSx_fg\left(\frac{x_f}{2}\right) = \frac{1}{2}dSgx_f^2 + \frac{1}{2}dSgx_f^2 = dSgx_f^2$$

$$= dSg\left(\frac{x_1 + x_2}{2}\right)^2 \qquad \text{...(iii) [समी (i) से]}$$

इस कारण, निकाय की ऊर्जा में परिवर्तन,

$$\Delta U_{\text{निकाय}} = (U_{\text{निकाय}})_{\text{अन्तिम}} - (U_{\text{निकाय}})_{\text{प्रारम्भिक}}$$

$$= dSg\left(\frac{x_1 + x_2}{2}\right)^2 - \frac{1}{2}dSg(x_1^2 + x_2^2)$$

$$= dSg\left[\frac{x_1^2 + x_2^2 + 2x_1x_2}{4}\right] - dSg\left[\frac{x_1^2 + x_2^2}{2}\right]$$

$$= dSg\left[\left(\frac{x_1^2 + x_2^2 + 2x_1x_2}{4}\right) - \left(\frac{x_1^2 + x_2^2}{2}\right)\right]$$

$$= dSg\left[\frac{x_1^2 + x_2^2 + 2x_1x_2 - 2(x_1^2 + x_2^2)}{4}\right]$$

$$= \frac{1}{4}dSg[x_1^2 + x_2^2 + 2x_1x_2 - 2x_1^2 - 2x_2^2]$$

$$= \frac{1}{4}dSg[2x_1x_2 - x_1^2 - x_2^2]$$

$$= -\frac{1}{4}dSg[x_1^2 + x_2^2 - 2x_1x_2] = -\frac{1}{4}dSg[x_2 - x_1]^2$$

इसलिए ऊर्जा $\frac{1}{4}dSg(x_2 - x_1)^2$ से कम होगी।

15. *(b)*

$v_O = v_W = 0$
दीवार
f_0=420Hz
स्रोत
ध्वनि का वेग
f_1
$v_S = v_B$
बस
v =330 m/s
प्रेक्षक

माना बस की गति V_B है।

परावर्तन से पूर्व हॉर्न की आवृत्ति = 420 Hz

$$f_1 = \left(\frac{v}{v - v_s}\right)f_o \Rightarrow f_1 = \left(\frac{330}{330 - v_B}\right) \times 420 \quad \text{...(i)}$$

दीवार से परावर्तन के पश्चात् हॉर्न की आवृत्ति 490 Hz हो जाती है।

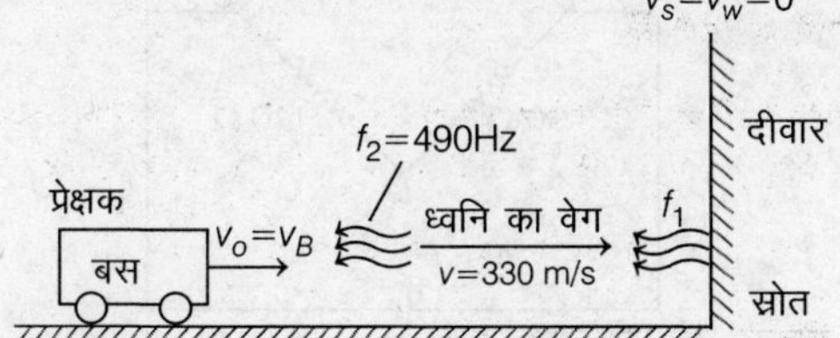

पुनः डॉप्लर प्रभाव से,

$$f_2 = \left(\frac{v + v_o}{v}\right)f_1 \Rightarrow 490 = \left(\frac{330 + v_B}{330}\right) \times \left(\frac{330}{330 - v_B}\right) \times 420$$

$$\Rightarrow \quad \frac{490}{420} = \frac{330 + v_B}{330 - v_B} \Rightarrow \frac{7}{6} = \frac{330 + v_B}{330 - v_B}$$

$$\Rightarrow \quad \frac{7+6}{7-6} = \frac{(330 + v_B) + (330 - v_B)}{(330 + v_B) - (330 - v_B)} \Rightarrow \frac{13}{1} = \frac{660}{2v_B}$$

$$\Rightarrow \quad v_B = \frac{330}{13} \text{ मी/से} = \frac{330}{13} \times \frac{18}{5} \text{ किमी/घण्टा}$$

$$= 91.38 \text{ किमी/घण्टा} \simeq 91 \text{ किमी/घण्टा}$$

16. *(a)* $0 \le x \le 15$ मी के लिए

$$F = 200 \text{ न्यूटन} \quad \text{...(i)}$$

15 मी $\le x \le 30$ मी के लिए F का मान रैखिक रूप 200 न्यूटन से 100 न्यूटन तक घटता है।

द्वि-बिन्दु सरल रेखा रूप से,

$$(y - y_1) = \left(\frac{y_2 - y_1}{x_2 - x_1}\right)(x - x_1) \Rightarrow (F - F_1) = \left(\frac{F_2 - F_1}{x_2 - x_1}\right)(x - x_1)$$

यहाँ, $x_1 = 15$ मी, $x_2 = 30$ मी, $F_1 = 200$ न्यूटन, $F_2 = 100$ न्यूटन

$$\therefore \quad (F - 200) = \left(\frac{100 - 200}{30 - 15}\right)(x - 15)$$

$$\Rightarrow \quad F - 200 = \frac{-100}{15}(x - 15)$$

$$\Rightarrow \quad F = 200 - \frac{20}{3}(x - 15) = 200 - \frac{20}{3}x + 100$$

$$\Rightarrow \quad F = \left(300 - \frac{20}{3}x\right) \text{ न्यूटन} \quad \text{...(ii)}$$

इस प्रकार,

$$F = \begin{cases} 200 \text{ न्यूटन}; & 0 \le x \le 15 \text{ मी} \\ \left(300 - \frac{20}{3}x\right) \text{ न्यूटन}; & 15 \text{ मी} < x \le 30 \text{ मी} \end{cases}$$

अब, बॉक्स की पूर्ण गति में किया गया कार्य,

$$W = \int_0^{30} F\,dx = \int_0^{15} 200\,dx + \int_{15}^{30}\left(300 - \frac{20}{3}x\right)dx$$

$$= 200[x]_0^{15} + \left[300x - \frac{20}{3}\frac{x^2}{2}\right]_{15}^{30}$$

$$= 200[15 - 0] + \left[\left\{300(30) - \frac{10}{3}(30)^2\right\} - \left\{300(15) - \frac{10}{3}(15)^2\right\}\right]$$

$$= 3000 + [\{9000 - 3000\} - \{4500 - 750\}]$$

$$= 3000 + [6000 - 3750] = 3000 + 2250 = 5250 \text{ जूल}$$

17. *(a)*

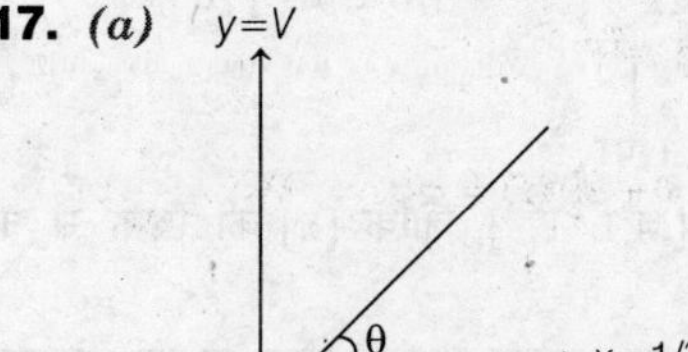

प्रकाश विद्युत प्रभाव समीकरण से,

$$\phi = \phi_0 + eV \Rightarrow \frac{hc}{\lambda} = \phi_0 + eV \Rightarrow eV = \frac{hc}{\lambda} - \phi_0$$

$$\Rightarrow \quad V = \frac{hc}{\lambda e} - \frac{\phi_0}{e} \Rightarrow V = \left(\frac{hc}{e}\right)\left(\frac{1}{\lambda}\right) - \frac{\phi_0}{e}$$

सरल रेखा की समीकरण $y = mx + c$ से तुलना करने पर,

$$\text{ढाल } m = \frac{hc}{e} \Rightarrow y\text{-घटक } c = -\frac{\phi_0}{e}$$

अब यदि हम आपतित विकिरणों की तीव्रता परिवर्तित करते हैं तो h, c, e तथा ϕ_0 परिवर्तित नहीं हो रहें। इस कारण न तो ग्राफ की ढाल और न ही ग्राफ का y-घटक परिवर्तित होगा। इसलिए ग्राफ में परिवर्तन नहीं होगा। अतः विकल्प (a) सही है।

18. *(a)* आयतन प्रत्यास्थता गुणांक, $B = \dfrac{\Delta p}{\left(-\dfrac{\Delta V}{V}\right)} \Rightarrow \dfrac{\Delta V}{V} = -\dfrac{\Delta p}{B}$

$$\Rightarrow \quad \frac{\Delta V}{V} \times 100\% = -\frac{\Delta p}{B} \times 100\% = \frac{-4 \times 10^9}{8 \times 10^{10}} \times 100\% = -\frac{1}{2} \times 10\%$$

$$= -0.5 \times 10\% = -5\%$$

अब $\quad V = l^3 \quad$ (घन के लिए)

$$\Rightarrow \quad l = (V)^{1/3}$$

$$\Rightarrow \quad \frac{\Delta l}{l} \times 100\% = \frac{1}{3}\left(\frac{\Delta V}{V} \times 100\%\right) = \frac{1}{3}(-5\%) = -1.67\ \%$$

इसलिए घन की लम्बाई 1.67% कम हो जाएगी।

19. *(a)* बूलियन बीजगणित से,

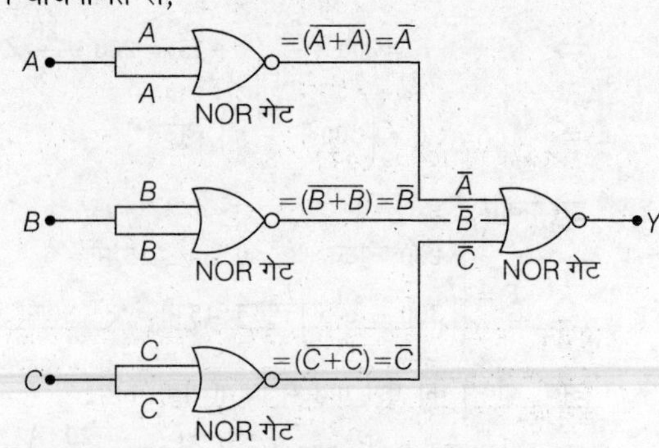

अब, $Y = \overline{\overline{A} + \overline{B} + \overline{C}} = \overline{\overline{A}} \cdot \overline{\overline{B}} \cdot \overline{\overline{C}}$ (डी-मॉर्गन प्रमेय से)

$$= ABC$$

इसलिए यह निकाय AND गेट की तरह व्यवहार कर रहा है।

20. *(d)* दिया गया है,

$$x = \frac{IF\,v^2}{WL^4}$$

विमीय रूप से, $[x] = \dfrac{[I]\,[F]\,[v]^2}{[W]\,[L]^4} = \dfrac{[\mathrm{M^1L^2}]\,[\mathrm{M^1L^1T^{-2}}]\,[\mathrm{L^1T^{-1}}]^2}{[\mathrm{M^1L^2T^{-2}}]\,[\mathrm{L^4}]}$

$$= [\mathrm{M^1L^{-1}T^{-2}}] \qquad \ldots\text{(i)}$$

दिए गए विकल्पों की जाँच करने पर,

(a) प्लांक-नियतांक $\Rightarrow [h] = [\mathrm{M^1L^2T^{-1}}]$, जोकि $[x]$ की विमा से नहीं मिलता।

(b) बल-स्थिरांक $\Rightarrow [K] = [\mathrm{M^1T^{-2}}]$ जोकि $[x]$ की विमा से नहीं मिलता।

(c) श्यानता गुणांक $\Rightarrow [\eta] = [\mathrm{M^1L^{-1}T^{-1}}]$ जोकि $[x]$ की विमा से नहीं मिलता।

(d) ऊर्जा घनत्व $\Rightarrow [E_d] = [\mathrm{M^1L^{-1}T^{-2}}]$ जोकि $[x]$ की विमा से नहीं मिलता।

अतः (d) सही विकल्प है।

21. *(198)* एकल स्लिट विवर्तन में यदि स्लिट की चौड़ाई a, प्रकाश की तरंगदैर्ध्य λ तथा पर्दे पर कोणीय स्थिति θ हो, तो n वें निम्निष्ठ के लिए,

$$a\sin(\theta) = n\lambda \Rightarrow \sin(\theta) = \frac{n\lambda}{a} \qquad \ldots\text{(i)}$$

अब $\quad \sin(\theta) < 1$

$$\Rightarrow \quad \frac{n\lambda}{a} < 1 \Rightarrow n < \frac{a}{\lambda} \Rightarrow n < \frac{0.6 \times 10^{-4}}{6000 \times 10^{-10}}$$

$$\Rightarrow \quad n < \frac{10^{-4}}{10^{-6}} \Rightarrow n < 100$$

इसलिए केन्द्रीय उच्चिष्ठ के एक तरफ निम्निष्ठों की अधिकतम संख्या, $n = 99$

इस कारण, केन्द्रीय उच्चिष्ठ के दोनों तरफ निम्निष्ठों की अधिकतम संख्या $= 2 \times 99 = 198$

22. *(150)* आदर्श गैस समीकरण से, $pV = nRT$

नियत ताप पर, p तथा V में सूक्ष्म परिवर्तन

$$\Delta(pV) = \Delta(nRT) \Rightarrow p\Delta V + V\Delta p = 0 \Rightarrow V\Delta p = -p\Delta V$$

$$\Rightarrow \quad \Delta p = -\frac{p\Delta V}{V} \Rightarrow |\Delta p| = \left|-\frac{p\Delta V}{V}\right| = \frac{p\Delta V}{V} \qquad \ldots\text{(i)}$$

पुनः आदर्श गैस समीकरण से,

$$pV = nRT$$

नियत दाब पर, V तथा T में सूक्ष्म परिवर्तन,

$$\Delta(pV) = \Delta(nRT) \Rightarrow p\,\Delta V = nR\Delta T$$

$$\Rightarrow \quad \Delta T = \frac{p\Delta V}{nR} \Rightarrow |\Delta T| = \left|\frac{p\Delta V}{nR}\right| = \frac{p\,\Delta V}{nR} \qquad \ldots\text{(ii)}$$

यदि ΔV का मान दोनों स्थितियों में समान हो (जैसा कि दिया गया है), तब समी (ii) को समी (i) से भाग देने पर,

$$\frac{|\Delta T|}{|\Delta p|} = \frac{\left(\dfrac{p\Delta V}{nR}\right)}{\left(\dfrac{p\Delta V}{V}\right)} = \frac{V}{nR} \Rightarrow |\Delta T| = \frac{V}{nR}|\Delta p|$$

$$\Rightarrow \quad |\Delta T| = \frac{T}{p}|\Delta p| \qquad \left(\because pV = nRT \Rightarrow \frac{V}{nR} = \frac{T}{p}\right)$$

$$\Rightarrow \quad |\Delta T| = \frac{300}{2}|\Delta p|$$

दिया गया है, $\quad |\Delta T| = C|\Delta p| \Rightarrow C = 150$

23. *(2)* 40 Ω तथा 60 Ω के प्रतिरोध श्रेणीक्रम में जुड़े हैं। इसी प्रकार, 50 Ω तथा 110 Ω के प्रतिरोध भी श्रेणीक्रम में है। इसलिए,

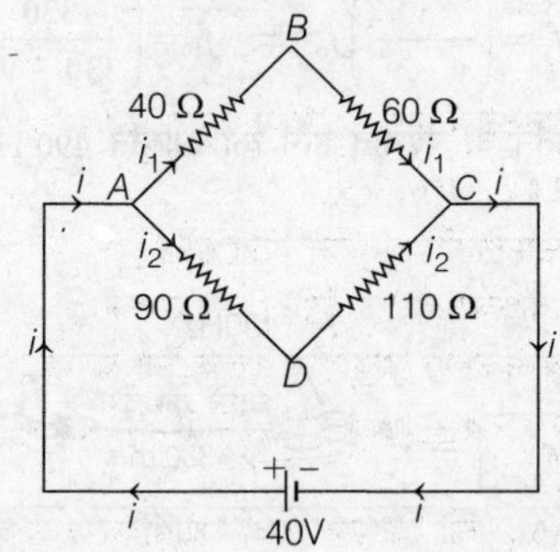

$$i_1 = \frac{V_{AC}}{R_{AB} + R_{BC}} = \frac{40}{40 + 60} = \frac{40}{100} = \frac{2}{5} \text{ ऐम्पियर}$$

तथा $\quad i_2 = \dfrac{V_{AC}}{R_{AD} + R_{DC}} = \dfrac{40}{90 + 110} = \dfrac{40}{200} = \dfrac{1}{5}$ ऐम्पियर

BAD पथ के लिए, किरचॉफ वोल्टेज नियम का प्रयोग करने पर

$$V_B + i_1 \times 40 - i_2 \times 90 = V_D \Rightarrow V_B + \frac{2}{5} \times 40 - \frac{1}{5} \times 90 = V_D$$

$$\Rightarrow \quad V_B + 16 - 18 = V_D \Rightarrow V_B - V_D = 2 \text{ वोल्ट}$$

इसलिए BD भुजा पर विभवान्तर 2वोल्ट है।

$$V_{BD} = 2 \text{ वोल्ट}$$

24. *(476)* विस्थापन विधि से लेंस की फोकस दूरी

$$f = \frac{D^2 - d^2}{4D} \quad ...(i)$$

दिया है, D = वस्तु तथा पर्दे के मध्य की दूरी = 100 सेमी

d = वस्तु द्वारा तय की गई दूरी = 40 सेमी

समी (i) में रखने पर,

$$f = \frac{(100)^2 - (40)^2}{4 \times 100} = \frac{10000 - 1600}{400} = \frac{8400}{400} = 21 \text{ सेमी} = 0.21 \text{ मी}$$

अब, लेंस की प्रकाशिक शक्ति,

$$P = \frac{1}{f} = \frac{1}{0.21 \text{ मी}} = \frac{100}{21 \text{ मी}} = \frac{100}{21} \text{ मी}^{-1} = \frac{100}{21} \text{ डायोप्टर}$$

$$= 4.76 \text{ डायोप्टर} = \left(\frac{476}{100}\right) \text{ डायोप्टर}$$

दिया गया है,

$$P = \left(\frac{N}{100}\right) \text{ डायोप्टर} \quad \therefore \quad N = 476$$

25. *(20)*

चाल (मी/से)
10, 8, 6, 4, 2, 0
1, 2, 3, 4, 5 → Y
समय (सेकण्ड)

तय की गई दूरी = चाल-समय वक्र का क्षेत्रफल

= ΔOAB का क्षेत्रफल

= $\frac{1}{2}$ × आधार × ऊँचाई

= $\frac{1}{2} \times 5 \times 8 = 20$ मी

$\therefore$ तय की गई दूरी = 20 मी

रसायन विज्ञान

26. *(c)* $[CoF_3(H_2O)_3]$ एक अष्टफलकीय संकुल है। इस संकुल (यौगिक) में सभी लिगैण्ड दुर्बल क्षेत्र लिगैण्ड होते हैं अर्थात् दुर्बल क्षेत्र लिगैण्ड के साथ $\Delta_0 < P$ (युग्मन ऊर्जा)।

अत: Co (III) का इलेक्ट्रॉनिक विन्यास $t_{2g}^4 e_g^2$ होगा, अर्थात् इसमें 4 अयुग्मित इलेक्ट्रॉन होते हैं।

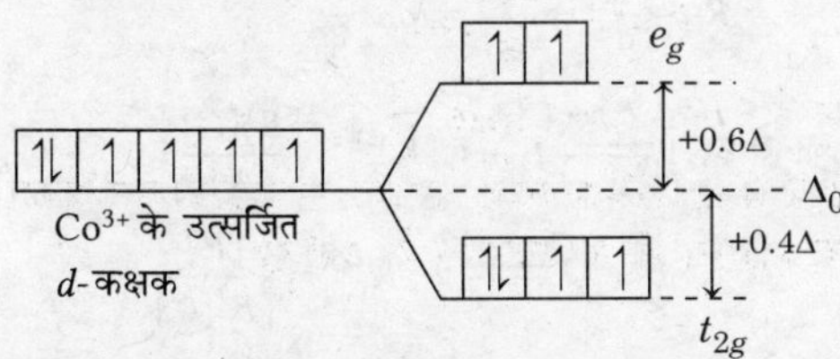

यहाँ, CFSE की गणना निम्न सूत्र द्वारा करते हैं

$$CFSE = [-0.4x + 0.6y]\,\Delta_0$$

यहाँ, Δ_0 = अष्टफलकीय संकुल की CFSE

$x = t_{2g}$ कक्षकों में इलेक्ट्रॉनों की संख्या

$y = e_g$ कक्षकों में अयुग्मित इलेक्ट्रॉनों की संख्या

$= [-0.4 \times 4 + 0.6 \times 2]\,\Delta_0 + 0 = [-1.6 + 1.2]\,\Delta_0$

$= [-0.4\,\Delta_0]$

यहाँ $[CoF_3(H_2O)_3]$ की क्रिस्टल क्षेत्र स्थायीकरण ऊर्जा (CFSE) $-0.4\,\Delta_0$ होगी।

27. *(a)* औद्योगिक प्रक्रमों के कारण क्रमश: निस्तापन में CO_2 तथा भर्जन में SO_2 मुक्त होती है, जो कि ग्लोबल वार्मिंग तथा अम्ल वर्षा के लिए उत्तरदायी होती है।

निस्तापन इस प्रक्रम में अयस्क को वायु की अनुपस्थिति में उसके गलनांक से निम्न ताप पर गर्म करते हैं, निस्तापन कहलाता है। इस क्रिया में कार्बोनेट से CO_2 मुक्त होती है।

उदाहरण

$$CaCO_3(s) \xrightarrow{\Delta} CaO(s) + CO_2\uparrow$$

(CO_2: कार्बन डाइऑक्साइड ग्लोबल वार्मिंग के लिए उत्तरदायी)

भर्जन भर्जन में अयस्क (सामान्यतया सल्फाइड अयस्क) को अकेले अथवा कुछ अन्य पदार्थों के साथ मिश्रित करके इनके गलनांकों से निम्न तापों पर वायु की उपस्थिति में गर्म किया जाता है।

$$2ZnS + 3O_2 \xrightarrow[\text{वायु}]{\Delta} 2ZnO + 2SO_2$$

(SO_2: अम्ल वर्षा के लिए उत्तरदायी)

28. *(b)* सेल्डेनल (टरफेनिडीन) एक प्रतिहिस्टैमिन औषधी है। यह हिस्टैमिन के साथ ग्राही की उस बन्धनी सतह के लिए प्रतिस्पर्द्धा करती हैं, जिस पर हिस्टैमिन अपना प्रभाव डालते हैं और इस प्रकार हिस्टैमिन के प्राकृतिक कार्य में बाधा डालती है। इस प्रकार यह उदर में अम्ल के स्रावण को प्रभावित नहीं करती है परन्तु हिस्टैमिन से प्रतिस्पर्धा करती है जहाँ हिस्टैमिन प्रभाव डालता है।

29. *(d)* निर्वात् ($p_{ext} = 0$) में गैस का प्रसार मुक्त प्रसार कहलाता है। मुक्त प्रसार के दौरान कोई कार्य नहीं होता, क्योंकि निर्वात् में प्रसार बाह्य दाब की अनुपस्थिति में होता है।

$$w = -p_{ext}\Delta V \Rightarrow w = 0$$

(यहाँ, $p_{ext} = 0$) क्योंकि प्रसार निर्वात् में होता है।

30. *(a)* अण्डे की सफेदी द्रवस्नेही (Lyophilic) कोलॉइड है तथा इसके स्थायित्व के लिए इसमें द्रवविरोधी कोलॉइड मिलाया जाता है इसे लाल स्याही के नमूने के साथ स्थायित्व के लिए मिलाया जाता है। अत: विकल्प (a) सही है।

31. *(c)*

$$\underset{\text{ऐसीटिलीन}}{H-C\equiv C-H} \xrightarrow[\text{यह ऐल्काइन से}]{\overset{\oplus}{Li}\overset{\ominus}{N}H_2/\text{ईथर}} \underset{(P)}{H-C\equiv \overset{\ominus}{C}\,Li^+}$$

यह ऐल्काइन से H^+ को ग्रहण कर लेता है तथा क्षार की भाँति व्यवहार करता है

$$H-C\equiv\overset{\ominus}{C}\,Li^+ + CH_3-\underset{\underset{CH(CH_3)_2}{|}}{CH}-Br$$

$$\downarrow$$

$$(CH_3)_2CH-CH(CH_3)-C\equiv C-H \quad (HO-H)$$

$$\downarrow \; Hg^{2+}\,(HgSO_4) \text{ जलयोजन}$$

चलावयता

$$H_3C-CH(CH_3)-CH(CH_3)-C(OH)=CH_2 \Rightarrow H_3C-CH(CH_3)-CH(CH_3)-C(=O)-CH_3$$

$\xrightarrow{NaBH_4}$ $CH_3-CH(CH_3)-CH(CH_3)-CH(OH)-CH_3$ (Q) $\xrightarrow[\Delta]{\text{सान्द्र } H_2SO_4}$ $H_3C-CH(CH_3)-C(CH_3)(H)-\overset{\oplus}{C}H-CH_3$

$-\overset{O}{\overset{\|}{C}}-$ समूह का अपचयन

स्थायी कार्बोनियम के निर्माण के लिए 1, 2-विस्थापन

$CH_3-CH(CH_3)-\overset{\oplus}{C}(CH_3)-CH_2-CH_3$

मार्कोनीकॉफ नियम के अनुसार, हाइड्रोजन उच्च प्रतिस्थायी कार्बन से विलोपित होता है

$CH_3-CH(CH_3)-C(=CH_2)-CH_2-CH_3$ (R)

मुख्य उत्पाद

32. *(d)*

	अणु	संकरण
(a)	XeF_4	sp^3d^2
(b)	$[CrF_6]^{3-}$	d^2sp^3
(c)	BrF_5	sp^3d^2
(d)	$[Ni(CN)_4]^{2-}$	dsp^2

$[Ni(CN)_4]^{2-}$ अणु के केन्द्रीय परमाणु के संकरित MOs में केवल d-कक्षक होते हैं।

33. *(a)*

$$CH_3-CH_2-CH(CH_3)-CH_2-O(H)-CH_2-CH_3$$

$\downarrow$ HI (S_N2) अभिक्रिया द्वारा — आयोडीन कम प्रतिस्थापी ऐल्किल समूह से जुड़ती है।

$$CH_3-CH_2-CH(CH_3)-CH_2-OH + CH_3-CH_2-I$$
[A]

$\downarrow$ H_2SO_4/Δ, E_1 अभिक्रिया

$$CH_3-CH_2-CH(CH_3)-\overset{\oplus}{C}H_2$$

पुर्नविन्यास 1, 2-H-विस्थापन अधिक स्थायी कार्बोनियम के लिए $\longrightarrow$ $CH_3-CH_2-\overset{\oplus}{C}(CH_3)-CH_3$

$\downarrow \Delta$ मार्कोनीकॉफ नियम के अनुसार, अधिक प्रतिस्थापी ऐल्कीन बनती है।

$$CH_3-CH_3-C(=CH_2)-CH_3 + CH_3-CH=C(CH_3)-CH_3$$

(गौण उत्पाद) (मुख्य उत्पाद) (B)

34. *(c)* जैसा कि हम जानते हैं,

$$\Delta E = \frac{hc}{\lambda}$$

अतः λ होगा, $\lambda = \dfrac{hc}{\Delta E}$

अतः λ = न्यूनतम, अर्थात् लघुत्तम

ΔE = अधिकतम

लाइमन श्रेणी के लिए, $n = 1$ तथा स्थानान्तरण ΔE_{max}, $n = \infty$ से $n = 1$ होना चाहिए।

अतः $\dfrac{1}{\lambda} = R_H Z^2 \left(\dfrac{1}{n_1^2} - \dfrac{1}{n_2^2}\right)$ $(\because n_1 = 1$ तथा $n_2 = \infty)$

$$\frac{1}{\lambda} = R_H \left(\frac{1}{1^2} - \frac{1}{\infty^2}\right) \times (1)^2$$

$$\frac{1}{\lambda} = R_H (1-0) \Rightarrow \frac{1}{\lambda} = R \times (1)^2 \Rightarrow \lambda_1 = \frac{1}{R}$$

अधिकतम तरंगदैर्ध्य के लिए, ΔE = बामर श्रेणी के लिए न्यूनतम, $n = 3$ से $n = 2$ के लिए ΔE न्यूनतम होगा।

He^+, $Z = 2$ के लिए,

अतः

$$\frac{1}{\lambda_2} = R_H \times 2^2 \left(\frac{1}{n_1^2} - \frac{1}{n_2^2}\right)$$

$$\frac{1}{\lambda_2} = R_H \times 4\left(\frac{1}{4} - \frac{1}{9}\right) \Rightarrow \frac{1}{\lambda_2} = R_H \times 4 \times \frac{5}{36}$$

$$\Rightarrow \frac{1}{\lambda_2} = R_H \times \frac{5}{9} \Rightarrow \lambda_2 = \lambda_1 \times \frac{9}{5}$$

35. *(c)* हम जानते हैं, $A \rightleftharpoons B + C; K_{eq}^{(1)} = \dfrac{[B][C]}{[A]}$ ... (i)

$$B + C \rightleftharpoons P; K_{eq}^{(2)} = \frac{[P]}{[B][C]} \quad \text{... (ii)}$$

$A \rightarrow P$ के लिए साम्यावस्था स्थिरांक,

$$A \rightleftharpoons P; K_{eq} = \frac{[P]}{[A]}$$

समीकरण (i) तथा (ii) को गुणा करने पर,

$$K_{eq}^{(1)} \times K_{eq}^{(2)} = \frac{[P]}{[A]} = K_{eq}$$

36. *(c)* दिए गए विकल्पों में $BeSO_4$ की विलेयता उच्चतम होती है तथा क्रम निम्न प्रकार होता है

$BeSO_4 > MgSO_4 > CaSO_4 > SrSO_4 > BaSO_4$

$BeSO_4$ जल में विलेय सल्फेट तथा $Be(OH)_2$ जल में अविलेय होता है। BeO का ताप स्थायी होता है तथा रॉक साल्ट संरचना नहीं बनाता है।

37. *(c)* आवेश $(q) = \dfrac{it}{96500} F = \dfrac{1 \times 15 \times 60}{96500} = \dfrac{900}{96500} = \dfrac{9}{965} F = 0.0093\ F$

Au^+ के मोलों की संख्या = 0.01 तथा Ag^+ के मोलों की संख्या = 0.01

उच्च मानक अपचयन विभव वाली स्पीशीज, $(E^\circ_{Au^+/Au} = 1.69\ V)$ कैथोड पर पहले निक्षेपित होगी।

$$\underset{0.01}{Au^+(aq)} + e^- \longrightarrow \underset{0.0093 \text{ मोल}}{Au(s)}$$

अतः केवल Au (गोल्ड) निक्षेपित होगा।

38. *(a)* संकरण में परिवर्तन के साथ पूर्ण अभिक्रिया निम्न प्रकार है

(a) $\underline{Xe}F_4 + SbF_5 \longrightarrow [XeF_3]^+[SbF_6]^-$

sp^3d^2 संकरण में परिवर्तन sp^3d

(b) $H_2\underline{S}O_4 + 2NaCl \longrightarrow Na_2SO_4 + 2HCl$

sp^3 संकरण अपरिवर्तित sp^3

(c) $H_3PO_2 \xrightarrow[\Delta]{\text{असमानुपातन}} H_3PO_4 + PH_3$

sp^3 असमानुपातन sp^3 संकरण अपरिवर्तित

(d) $\ddot{N}H_3 \xrightarrow{H^+} \overset{+}{N}H_4$

sp^3 संकरण अपरिवर्तित sp^3

अभिक्रिया *(a)* में, XeF_4 में Xe का संकरण sp^3d^2 है जोकि $[XeF_3]^+$ में परिवर्तित होता है। $[XeF_3]^+$ में Xe का संकरण sp^3d होता है।

39. *(c)* (a) $O^-(g) + e^- \longrightarrow O^{2-}(g)$ (ऊष्माशोषी)

(b) $Na(g) \longrightarrow Na^+(g) + e^-$ (ऊष्माशोषी)

(c) $H(g) + e^- \longrightarrow H^-(g)$ (ऊष्माक्षेपी)

(d) $Ar(g) + e^- \longrightarrow Ar^-(g)$ (ऊष्माशोषी)

अभिक्रिया (c) ऊष्माशोषी नहीं है, यह ऊष्माक्षेपी है। $H(g)$ की इलेक्ट्रॉन लब्धि एन्थैल्पी s-विन्यास के कारण ऋणात्मक होती है जबकि $Ar(g)$ की ns^2np^6 विन्यास के कारण धनात्मक होती है।

किसी परमाणु के लिए द्वितीय इलेक्ट्रॉन लब्धि एन्थैल्पी हमेशा धनात्मक होती है। किसी भी परमाणु का आयनन विभव धनात्मक होता है।

40. *(a)* NH_2–C_6H_4–CH_3 $\xrightarrow[\text{Cu}_2\text{Cl}_2 \text{ (डाइऐजोटीकरण अभिक्रिया)}]{NaNO_2 + HCl,\ 0\text{-}5°C}$ $N_2^{\oplus}Cl^-$–C_6H_4–CH_3 (A) $\xrightarrow{Cu_2Cl_2}$ Cl–C_6H_4–CH_3 (B) $\xrightarrow{Cl_2/h\nu}$ Cl–C_6H_4–CH_2Cl

(वुर्ट्ज अभिक्रिया) Na/निर्जल ईथर

Cl–C_6H_4–CH_2—CH_2–C_6H_4–Cl

(C)

(अन्तिम उत्पाद)

41. *(b)* केवल कथन 2 असत्य है, जबकि 1 तथा 3 सही हैं।

$KMnO_4$ सन्तुष्टिप्रद परिणाम नहीं देगा जब इसका अनुमापन HCl से किया जाएगा, क्योंकि $KMnO_4$ समान मात्रा HCl को Cl_2 में ऑक्सीकृत करने में प्रयुक्त हो जाएगी।

42. *(a)* प्रश्न में दी गई सभी स्पीशीज ऐल्किल हैलाइड हैं। ये जलीय $AgNO_3$ के साथ भिन्न-भिन्न दर से क्रिया करती हैं।

अभिक्रिया निम्न प्रकार होती है

$$R - X + AgNO_3(aq) \xrightarrow{\text{RDS}} R^+ + \underset{\text{अवक्षेप}}{AgX}$$

अत: AgX के अवक्षेप बनने की दर कार्बोनियम आयन (R^+) के स्थायित्व पर निर्भर करती है। दिए गए प्रश्न में निम्न कार्बोनियम आयन होगें

(a) (b) OCH_3 (c) (d)

उपरोक्त दिए गए विकल्पों में से, कार्बोनायन आयन (a) अत्यधिक स्थायी होता है, इसका कारण प्रबल + *M* प्रभाव अनुनाद है। अत: जलीय $AgNO_3$ के साथ शीघ्रता से अवक्षेप देता है।

43. *(d)*

संकुल	इलेक्ट्रॉनिक विन्यास	अयुग्मित इलेक्ट्रॉनों की संख्या	चुम्बकीय व्यवहार
(a) $[Pd(gly)_2]$	$Pd^{2+} = 4d^8$	0	प्रतिचुम्बकीय
(b) $[Fe(en)(bpy)(NH_3)_2]^{2+}$	$Fe^{2+} = 3d^6 \longrightarrow t_{2g}^6, e_g^0$	0	प्रतिचुम्बकीय
(c) $[Co(ox)_2(NH_3)_2]^-$ $(\Delta_0 > P)$	$Co^{3+} = 3d^6 \longrightarrow t_{2g}^6, e_g^0$	0	प्रतिचुम्बकीय
(d) $[Ti(NH_3)_6]^{3+}$	$Ti^{3+} = 3d^1 \longrightarrow t_{2g}^1, e_g^0$	1	अनुचुम्बकीय

संकुल के अनुचुम्बकत्व को चुम्बकीय आघूर्ण के रूप में व्यक्त किया जाता है। दिए गए यौगिक के केन्द्रीय परमाणु/आयन में अयुग्मित इलेक्ट्रॉनों की संख्या अधिक होने पर अनुचुम्बकीय गुण भी अधिक होगा। दिए गए विकल्पों में से $[Ti(NH_3)_6]^{3+}$ में अयुग्मित इलेक्ट्रॉन होते हैं। अत: इसका अनुचुम्बकीय गुण भी अधिकतम होता है।

44. *(c)*

$$CH_2{=}CH{-}\overset{O}{\overset{\|}{C}}{-}H \xrightarrow[\text{(ii) } SOCl_2]{\text{(i) } NaBH_4} \underset{(A)}{CH_2{=}CH{-}CH_2Cl}$$

(i) $NaBH_4$, —C(=O)— समूह को —OH में अचयित करता तथा (ii) $SOCl_2$ क्रिया करता है।

C_6H_6 + निर्जल $AlCl_3$

फ्रीडल क्राफ्ट अभिक्रिया

C_6H_5–CH_2—CH=CH_2 $\xrightarrow{\overset{\oplus}{D}\overset{\ominus}{Br}}$ C_6H_5–CH(Br)—CH_2—CH_2(D)

अतः (C) = [संरचना: बेन्ज़ीन वलय — CH(Br) — CH₂ — CH₂D] पद-I

उपरोक्त अभिक्रिया में,

पद-I $NaBH_4$, $—\overset{O}{\overset{||}{C}}—H$ समूह को ऐल्कोहॉल में अपचयित करता है।

पद-II $SOCl_2$ ऐल्कोहॉल से क्रिया करके $R-X$ बनाता है।

पद-III यह $R-X$ शुष्क $AlCl_3$ की उपस्थिति में बेन्जीन से फ्रीडैल क्राफ्ट अभिक्रिया द्वारा क्रिया करके उत्पाद बनाता है।

पद-IV DBr इस उत्पाद से क्रिया करता है तथा विन्यासित उत्पाद बनाता है।

45. *(b)* विकल्प (b) विनाइल क्लोराइड की C—Cl बन्ध न्यूनतम होती है। इसका कारण Cl (परमाणु) के इलेक्ट्रॉन युग्म का अनुनाद है। अनुनाद के कारण C—Cl बन्ध द्विआबन्ध गुण प्राप्त कर लेता है।

अतः विनाइल क्लोराइड की C—Cl बन्ध लम्बाई न्यूनतम होती है।

$\ddot{C}l:$ ⟵ अनुनाद में प्रयुक्त इलेक्ट्रॉन युग्म

$CH = CH_2$

46. *(10)* $Na_2CO_3 \cdot xH_2O$ का मोलर द्रव्यमान

$= 23 \times 2 + 12 + 48 + 18x$ (परमाणु द्रव्यमान, Na = 23, C = 12, O = 16)

$= 46 + 12 + 48 + 18x = (106 + 18x)$

$Na_2CO_3 \cdot xH_2O$ का तुल्यांक भार $= \dfrac{\text{मोलर द्रव्यमान}}{n \text{ कारक}} = \dfrac{M}{2} = (53 + 9x)$

[यहाँ, m = मोलर द्रव्यमान, n कारक = 2]

ग्राम तुल्यांक $= \dfrac{\text{भार}}{\text{तुल्यांक भार}}$

[दिया गया भार, $Na_2CO_3 \cdot xH_2O = 1.43\,g$]

$Na_2CO_3 \cdot xH_2O$ का ग्राम तुल्यांक भार, $= \dfrac{1.43}{53 + 9x}$

नॉर्मलता $= \dfrac{G_{meq}}{V_{litre}}$

$0.1 = \dfrac{\frac{1.43}{53+9x}}{0.1}$ {माना, आयतन = 100 mL = 0.1 L}

अतः $10^{-2} = \dfrac{1.43}{53 + 9x}$

$53 + 9x = 143 \Rightarrow 9x = 90 \Rightarrow x = 10.00$

47. *(2)* थ्रिओनीन की संरचना

$$NH_2—\overset{COOH}{\underset{\overset{*}{C}H—OH}{\overset{|}{\underset{|}{C^*}}}}—H$$

CH_3

थ्रिओनीन में दो किरैल कार्बन परमाणु होते हैं।

48. *(84297.47)* दिया है, ताप में वृद्धि 27°C to 42°C

$T_1 = 273 + 27 = 300\text{ K}$

$T_2 = 273 + 42 = 315\text{ K}$

$\{\ln 5 = 1.6094\ R = 8.314\text{ J mol}^{-1}\text{K}^{-1}\}$

प्रश्नानुसार, $k_{T_2} = 5k_{T_1}$ अणुओं में सक्रिय तथा 5 गुना हो जाती है। अतः k पाँच गुना हो जाएगा।

अब, $k = Ae^{-E_a/RT}$ (आर्हेनियस समीकरण)

दोनों और लघुगणक लेने पर,

$$\ln\left(\frac{k_{T_2}}{k_{T_1}}\right) = \frac{E_a}{R}\left(\frac{1}{T_1} - \frac{1}{T_2}\right)$$

यहाँ, $\dfrac{k_{T_2}}{k_{T_1}} = 5$

$$\ln 5 = \frac{E_a}{R}\left(\frac{1}{300} - \frac{1}{315}\right) \Rightarrow \ln 5 = \frac{E_a}{8.314}\left(\frac{315-300}{300 \times 315}\right)$$

$$\ln 5 = \frac{E_a}{8.314} \times \frac{15}{300 \times 315} \Rightarrow 1.6094 = \frac{E_a}{8.314} \times \frac{15}{300 \times 315}$$

$$E_a = \frac{1.6094 \times 8.314 \times 300 \times 315}{15}$$

$E_a = 84297.47\ 50$ जूल/मोल

49. *(19)* क्षारीय माध्यम में,

$[Fe^{2+} \longrightarrow Fe^{3+} + e^-] \times 2$

$H_2O_2 + 2e^- \longrightarrow 2HO^-$

$2Fe^{2+} + H_2O_2 \longrightarrow \underset{(A)}{2Fe^{3+}} + \underset{(B)}{2HO^-}$

अतः $x = 2$ तथा $y = 2$

अम्लीय माध्यम में,

$[8H^+ + MnO_4^- + 5e^- \longrightarrow Mn^{2+} + 4H_2O] \times 2$

$[H_2O_2 \longrightarrow O_2(g) + 2H^+ + 2e^-] \times 5$

$16H^+ + 2MnO_4^- + 5H_2O_2 \longrightarrow \underset{(C)}{2Mn^{2+}} + \underset{(D)}{8H_2O} + \underset{(E)}{5O_2(g)}$

अतः $x' = 2, y' = 8, z' = 5$

अतः $x + y + x' + y' + z'$

$\Rightarrow 2 + 2 + 2 + 8 + 5 \Rightarrow 19$

50. *(167)* परासरण दाब,

$\pi = i \times C \times RT$

यहाँ, i = वाण्ट हॉफ कारक, T = ताप

C = सान्द्रता तथा R = गैस स्थिरांक

NaCl के लिए $i = 2$

अतः $\pi_{NaCl} = i \times C_{NaCl} \times RT$

$0.1 = 2 \times C_{NaCl} \times RT$

$\Rightarrow C_{NaCl} = \dfrac{0.05}{RT}$

ग्लूकोस के लिए, $i = 1$, क्योंकि यह आयनित नहीं होता।

अतः $\pi_{\text{ग्लूकोस}} = i \times C_{\text{ग्लूकोस}} \times RT$

$0.2 = 1 \times C_{\text{ग्लूकोस}} \times RT$

$C_{\text{ग्लूकोस}} = \dfrac{0.2}{RT}$ ($\because n_{NaCl}$ = NaCl के मोलों की संख्या)

1 L n_{NaCl} में $= C_{\text{NaCl}} \times V_{\text{लीटर}}$

$$= \frac{0.05}{RT} \; (n_{\text{लीटर}} = \text{ग्लूकोस के मोलों की संख्या})$$

2 L में $n_{\text{ग्लूकोस}} = C_{\text{ग्लूकोस}} \times V_{\text{लीटर}} = \frac{0.4}{RT}$

$$V_{\text{कुल}} = 1 + 2 = 3\text{L}$$

अत: अन्तिम सान्द्रता NaCl $= \frac{0.05}{3RT}$

ग्लूकोस की अन्तिम सान्द्रता $= \frac{0.4}{3RT}$

$$\pi_{\text{कुल}} = \pi_{\text{NaCl}} + \pi_{\text{ग्लूकोस}}$$
$$= [i \times C_{\text{NaCl}} + C_{\text{ग्लूकोस}}]\, RT$$
$$= \left(\frac{2 \times 0.05}{3RT} + \frac{0.4}{3RT}\right) \times RT = \frac{0.5}{3} \text{ atm}$$
$$= 0.1666 \text{ atm} = 166.6 \times 10^{-3} \text{ atm} = 167.00 \times 10^{-3} \text{ atm}$$

अत: $x = 167.00$

गणित

51. *(b)* माना $(1+x)^{n+5}$ के द्विपद प्रसार में तीन क्रमागत पद ${}^{n+5}C_{r-1}$, ${}^{n+5}C_r$ तथा ${}^{n+5}C_{r+1}$ हैं।

अब, दी गई जानकारी के अनुसार

$${}^{n+5}C_{r-1} : {}^{n+5}C_r : {}^{n+5}C_{r+1} = 5:10:14$$

$$\Rightarrow \frac{(n+5)!}{(r-1)!\,(n-r+6)!} : \frac{(n+5)!}{r!(n-r+5)!} : \frac{(n+5)!}{(r+1)!\,(n-r+4)!} = 5:10:14$$

$$\Rightarrow \frac{1}{(n-r+6)\,(n-r+5)} : \frac{1}{r(n-r+5)} : \frac{1}{(r+1)r} = 5:10:14$$

इसलिए, $\frac{r}{n-r+6} = \frac{5}{10}$

$$\Rightarrow 2r = n - r + 6 \Rightarrow n + 6 = 3r \quad \text{...(i)}$$

और $\frac{r+1}{n-r+5} = \frac{5}{7}$

$$\Rightarrow 7r + 7 = 5n - 5r + 25 \Rightarrow 5n + 18 = 12r \quad \text{...(ii)}$$

समी (i) व (ii) से, $n = 6$

इसलिए, विस्तार में महत्तम गुणांक, उच्चतम द्विपद गुणांक के समान होगा

$${}^{11}C_5 \text{ या } {}^{11}C_6 = \frac{11!}{5!6!} = \frac{11 \times 10 \times 9 \times 8 \times 7}{5 \times 4 \times 3 \times 2} = 462$$

52. *(d)* वृत्त का समीकरण, जोकि वृत्तों $x^2 + y^2 - 6x = 0$ तथा $x^2 + y^2 - 4y = 0$ के प्रतिच्छेदन से होकर गुजरता है,

$$(x^2 + y^2 - 6x) + \lambda(x^2 + y^2 - 4y) = 0 \quad (\lambda \neq -1)$$

$\Rightarrow (1+\lambda)x^2 + (1+\lambda)y^2 - 6x - 4\lambda y = 0$, का केन्द्र $C\left(\frac{3}{1+\lambda}, \frac{2\lambda}{1+\lambda}\right)$ तथा जिसका केन्द्र C रेखा $2x - 3y + 12 = 0$ पर स्थित है।

इसलिए $\frac{6}{1+\lambda} - \frac{6\lambda}{1+\lambda} + 12 = 0 \Rightarrow 1 - \lambda + 2\lambda + 2 = 0 \Rightarrow \lambda = -3$

अत: अभीष्ट वृत्त का समीकरण

$$2x^2 + 2y^2 + 6x - 12y = 0$$
$$\Rightarrow x^2 + y^2 + 3x - 6y = 0 \quad \text{...(i)}$$

दिए गए विकल्पों में से, वृत्त (i) बिन्दु $(-3, 6)$ से होकर जाता है।

53. *(a)* दिए गए रैखिक समीकरण निकाय

$$x + y + z = 2 \Rightarrow 2x + 4y - z = 6$$

तथा $3x + 2y + \lambda z = \mu$ के अनेक अनन्त हल हैं,

$$\therefore \quad \Delta = 0 \Rightarrow \begin{vmatrix} 1 & 1 & 1 \\ 2 & 4 & -1 \\ 3 & 2 & \lambda \end{vmatrix} = 0$$

$$\Rightarrow 1(4\lambda + 2) - 1(2\lambda + 3) + 1(4 - 12) = 0$$
$$\Rightarrow 2\lambda - 9 = 0 \Rightarrow \lambda = \frac{9}{2}$$

तथा $\Delta_3 = 0 \Rightarrow \begin{vmatrix} 1 & 1 & 2 \\ 2 & 4 & 6 \\ 3 & 2 & \mu \end{vmatrix} = 0$

$$\Rightarrow 1(4\mu - 12) - 1(2\mu - 18) + 2(4 - 12) = 0$$
$$\Rightarrow 2\mu - 10 = 0 \Rightarrow \mu = 5$$
$$\therefore 2\lambda + \mu = 9 + 5 = 14$$

54. *(d)* $2^{\sin x}$ तथा $2^{\cos x}$, $\forall\, x \in R$ के लिए, धनात्मक राशि है। इसलिए AM-GM असमिका के अनुसार, हम जानते हैं,

$$\frac{2^{\sin x} + 2^{\cos x}}{2} \geq \sqrt{2^{\sin x} \cdot 2^{\cos x}}$$

$$\Rightarrow (2^{\sin x} + 2^{\cos x}) \geq 2 \times 2^{\frac{(\sin x + \cos x)}{2}}$$

अब, $\sin x + \cos x = \sqrt{2} \sin\left(\frac{\pi}{4} + x\right) \in [-\sqrt{2}, \sqrt{2}]$

$\therefore 2^{\sin x} + 2^{\cos x}$ का न्यूनतम मान, $2^{1 + \frac{1}{2}(\sin x + \cos x)}$ का न्यूनतम मान है

तथा यह $2^{1 + \frac{1}{2}(-\sqrt{2})} = 2^{1 - \frac{1}{\sqrt{2}}}$ के बराबर हैं।

55. *(d)* दी गई समान्तर श्रेणी के लिए

$$S_n = \frac{n}{2}[a_1 + a_n] = \frac{n}{2}[1 + 300] \quad \text{...(i)}$$

$$a_1 = 1 \text{ तथा } a_n = 300$$

तथा $300 = 1 + (n-1)d$, जहाँ d समान्तर श्रेणी का उभयनिष्ठ अनुपात है।

$$\Rightarrow d = \frac{299}{n-1} = \frac{23 \times 13}{n-1}$$

$\because d$ एक पूर्णांक है, इसलिए $n - 1 = 23$ या $13 \Rightarrow n = 24$ या 14

यह दिया है, कि $15 \leq n \leq 50$

इसलिए, $n = 24 \Rightarrow d = 13$

$$\therefore S_{n-4} = S_{20} = \frac{20}{2}[2 + 19 \times 13] = 10 \times 249 = 2490$$

तथा $a_{n-4} = a_{20} = 1 + (19 \times 13) = 248$

$\therefore$ क्रमित युग्म $(S_{n-4}, a_{n-4}) = (S_{20}, a_{20}) = (2490, 248)$

56. *(b)* प्रश्नानुसार, चित्र से, जहाँ $PQ = MN = 200$ मी तथा माना $CM = l$ मी इसलिए, $NC' = (l + 200$ मी)

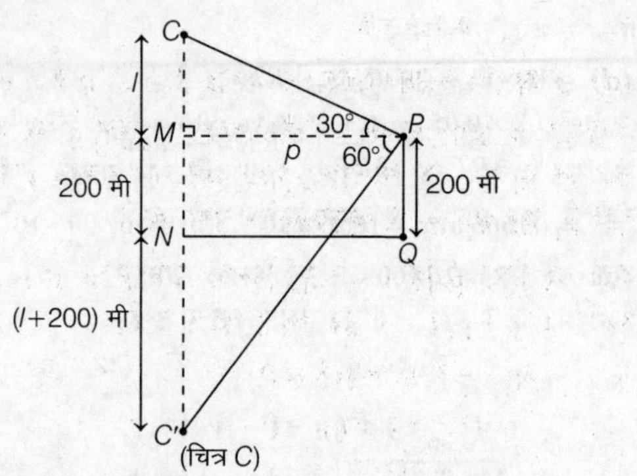

(चित्र C)

इसलिए, समकोण त्रिभुज CMP में,

$$\tan 30° = \frac{1}{P} \Rightarrow P = \sqrt{3}l \quad \text{...(i)}$$

तथा समकोण त्रिभुज PMC' में,

$$\tan 60° = \frac{200 + l + 200}{P} \Rightarrow \sqrt{3}P = 400 + l \quad \text{...(ii)}$$

समी (i) व (ii) से,

$$2l = 400 \Rightarrow l = 200 \text{ मी तथा } P = 200\sqrt{3} \text{ मी}$$

$$\therefore \quad PC = \sqrt{l^2 + P^2} = 400 \text{ मी}$$

57. *(c)* दिया है, समाकलन

$$I = \int_{\pi/6}^{\pi/3} \tan^3 x \cdot \sin^2 3x(2\sec^2 x \sin^2 3x + 3\tan x \cdot \sin 6x)\,dx$$

$$= \int_{\pi/6}^{\pi/3} [2\tan^3 x \sec^2 x \sin^4 3x + 3\tan^4 x(2\sin^3 3x \cos 3x)\,dx$$

$$= \int_{\pi/6}^{\pi/3} \left[\frac{d}{dx}\left(\frac{\tan^4 x \sin^4 3x}{2}\right)\right]dx$$

$$= \left[\frac{1}{2}\tan^4 x \sin^4 3x\right]_{\pi/6}^{\pi/3} = \frac{1}{2}\left[(9 \times 0) - \left(\frac{1}{9} \times 1\right)\right] = -\frac{1}{18}$$

58. *(b)* चूँकि $\lim\limits_{t \to x} \dfrac{t^2 f^2(x) - x^2 f^2(t)}{t - x} = 0$

L' हॉस्पिटल नियम लगाने पर,

$$\lim_{t \to x} \frac{2tf^2(x) - x^2 2f(t)\,f'(t)}{1} = 0$$

$$\Rightarrow \quad 2xf^2(x) - 2x^2 f(x)\,f'(x) = 0$$

चूँकि, x और $f(x) \in (0, \infty)$,

इसलिए, $\quad f(x) = xf'(x) \Rightarrow \int \dfrac{d(f(x))}{f(x)} = \int \dfrac{dx}{x}$

$\Rightarrow \quad \log_e f(x) = \log_e (Cx) \Rightarrow f(x) = Cx.$

$\because \quad f(1) = e \Rightarrow C = e$

$\therefore \quad f(x) = ex$

अब, $\quad f(x) = 1 \Rightarrow ex = 1 \Rightarrow x = \dfrac{1}{e}$

59. *(d)* प्रश्नानुसार, हमने माना एक दीर्घवृत्त $\dfrac{x^2}{a^2} + \dfrac{y^2}{b^2} = 1\ (a > b)$

$\therefore \quad \dfrac{a}{e} = 4 \Rightarrow a = 4e \Rightarrow a = 2 \qquad \left\{\text{इस प्रकार } e = \dfrac{1}{2}\right\}$

$\therefore \quad b^2 = a^2(1 - e^2) = 4\left(1 - \dfrac{1}{4}\right) = 3$

इसलिए, अभीष्ट दीर्घवृत्त, $\dfrac{x^2}{4} + \dfrac{y^2}{3} = 1$ है।

अब, बिन्दु $P(1, \beta), \beta > 0$, दीर्घवृत्त पर स्थित है, इसलिए

$$\frac{1}{4} + \frac{\beta^2}{3} = 1 \Rightarrow \beta^2 = \frac{9}{4} \Rightarrow \beta = \frac{3}{2} \quad (\text{इस प्रकार } \beta > 0)$$

$\therefore$ बिन्दु $P\left(1, \dfrac{3}{2}\right)$ पर इसके अभिलम्ब का समीकरण

$$\frac{x - 1}{\frac{1}{4}} = \frac{y - 3/2}{\frac{3/2}{3}} \Rightarrow 2x - 2 = y - \frac{3}{2}$$

$$\Rightarrow \quad 4x - 4 = 2y - 3 \Rightarrow 4x - 2y = 1$$

60. *(d)* प्रश्नानुसार, $\bigcup\limits_{i=1}^{50} X_i$ भिन्न-भिन्न अवयवों की संख्या $= \dfrac{50 \times 10}{20} = 25$

तथा $\bigcup\limits_{i=1}^{n} Y_i$ में भिन्न-भिन्न अवयवों की संख्या $= \dfrac{n \times 5}{6}$

$\because \quad \bigcup\limits_{i=1}^{50} X_i = \bigcup\limits_{i=1}^{n} Y_i = T \qquad$ (दिया है)

$\Rightarrow \quad 25 = \dfrac{n \times 5}{6} \Rightarrow n = 30$

61. *(b)* बिन्दुओं $P(1, 4)$ तथा $Q(k, 3)$ को मिलाने वाली रेखा का मध्य बिन्दु $M\left(\dfrac{1+k}{2}, \dfrac{4+3}{2}\right)$ है तथा PQ रेखा के लम्बवत् रेखा की ढाल $\dfrac{-1-k}{4-3} = k - 1$

$\therefore P$ तथा Q बिन्दुओं को मिलाने वाली रेखा के लम्ब-समद्विभाजक का समीकरण

$$y - \frac{7}{2} = (K - 1)\left(x - \frac{1 + K}{2}\right) \quad \text{...(i)}$$

तथा रेखा (i) बिन्दु $(0, -4)$ से होकर जाती है, इसलिए

$$-4 - \frac{7}{2} = (k - 1)\left(-\frac{1 + k}{2}\right) \Rightarrow 15 = k^2 - 1 \Rightarrow k = \pm 4$$

62. *(b)* माना, आव्यूह $A = \begin{bmatrix} a_1 & a_2 & a_3 \\ a_4 & a_5 & a_6 \\ a_7 & a_8 & a_9 \end{bmatrix}$ तथा x_1, x_2 व x_3, $Ax = b$ के निकाय का हल है, जब सदिश b क्रमशः b_1, b_2 तथा b_3 के दायीं ओर है। इसलिए

$$a_1 + a_2 + a_3 = 1, 2a_2 + a_3 = 0 \quad a_3 = 0$$

$$a_4 + a_5 + a_6 = 0, 2a_5 + a_6 = 2 \text{ तथा } a_6 = 0$$

$$a_7 + a_8 + a_9 = 0, 2a_8 + a_9 = 0 \quad a_9 = 2$$

$\therefore \quad a_2 = 0, a_5 = 1, a_8 = -1$ तथा $a_1 = 1, a_4 = -1, a_7 = -1$

$$\therefore \quad A = \begin{bmatrix} 1 & 0 & 0 \\ -1 & 1 & 0 \\ -1 & -1 & 2 \end{bmatrix} \Rightarrow |A| = 2$$

63. *(d)* दी गई अवकल समीकरण

$$\frac{dy}{dx} - \frac{y+3x}{\log_e(y+3x)} + 3 = 0$$

माना $y + 3x = t \Rightarrow \frac{dy}{dx} + 3 = \frac{dt}{dx}$

$\therefore \quad \frac{dt}{dx} - \frac{t}{\log_e(t)} = 0 \quad \Rightarrow \int \frac{\log(t)}{t}\, dt = \int dx$

$\Rightarrow \quad \frac{1}{2}(\log_e t)^2 = x + c'$

$\Rightarrow \quad x - \frac{1}{2}(\log_e(y+3x))^2 = C$, जहाँ $c' = -C$

64. *(b)* बिन्दु $A(1,-2,3)$ से होकर जाने वाली तथा रेखा $\frac{x}{2} = \frac{y}{3} = \frac{z}{-6}$ के समान्तर रेखा का समीकरण

$$\frac{x-1}{2} = \frac{y+2}{3} = \frac{z-3}{-6} = r \quad \text{(माना ...(i))}$$

$\therefore$ रेखा (i) पर स्थित बिन्दु के निर्देशांक

$P(2r+1, 3r-2, 3-6r)$

माना बिन्दु P पर दिए गए समतल $x - y + z = 5$ पर स्थित है।

इसलिए, $2r + 1 - 3r + 2 + 3 - 6r = 5$

$7r = 1 \Rightarrow r = \frac{1}{7}$

$\therefore$ अभीष्ट दूरी $AP = \sqrt{(2r)^2 + (3r)^2 + (-6r)^2} = 7r = 1$

65. *(b)* पासे को फेंकने पर 6 का योग आने के सम्भावित परिणाम (1, 5), (2, 4), (3, 3), (4, 2), (5, 1)

$\therefore$ 6 प्राप्त करने की प्रायिकता $P(6) = \frac{5}{36}$

तथा इसी प्रकार, पासे को फेंकने पर 7 का योग आने के सम्भावित परिणाम, (1, 6), (2, 5), (3, 4), (4, 3), (5, 2), (6, 1)

$\therefore$ 7 प्राप्त करने की प्रायिकता $P(7) = \frac{6}{36}$

$\therefore$ अभीष्ट प्रायिकता $= P(6) + P(\bar{6}) + P(\bar{7})\, P(6) + \dots$

$$= \frac{5}{36} + \left(\frac{31}{36} \times \frac{30}{36} \times \frac{5}{36}\right) + \dots = \frac{\frac{5}{36}}{1 - \frac{31}{36} \times \frac{30}{36}} = \frac{5 \times 36}{(36)^2 - 31 \times 30}$$

$$= \frac{5 \times 6}{(6 \times 36) - (31 \times 5)} = \frac{30}{216 - 155} = \frac{30}{61}$$

66. *(c)* दिया है, कि $(2+\alpha)^4 = a + b\alpha$, जहाँ $a, b \in R$

तथा $\alpha = \frac{-1 + i\sqrt{3}}{2}$

$\therefore \alpha = \frac{-1 + i\sqrt{3}}{2}$ अवास्तविक सम्मिश्र मूल हैं।

तथा हम जानते हैं $a^3 = 1$ तथा $1 + a + a^2 = 0$ इसलिए

$(2+\alpha)^4 = 16 + 32\alpha + 24\alpha^2 + 8\alpha^3 + \alpha^4$

$= 16 + 8\alpha + 24(\alpha + \alpha^2) + 8 + \alpha \quad [\because \alpha^3 = 1]$

$= 24 + 9\alpha - 24 \quad [\because 1 + \alpha + \alpha^2 = 0]$

$9\alpha = a + b\alpha$ (दिया है)

$\therefore \quad a = 0$ तथा $b = 9$

$\therefore \quad a + b = 9$

67. *(d)* कथन का प्रतिधनात्मक इस प्रकार है $p \rightarrow q$ है $\sim q \rightarrow \sim p$

$\therefore$ कथन पर प्रतिधनात्मक—'यदि फलन f बिन्दु a पर अवकलनीय है, तब यह बिन्दु a पर भी सतत् होगा और यदि फलन f बिन्दु a पर सतत् नहीं है, तब यह a पर अवकलनीय नहीं होगा।

68. *(d)* यह दिया है कि α दी गई द्विघात समीकरणों $x^2 - x + 2\lambda = 0$ तथा $3x^2 - 10x + 27\lambda = 0$ का उभयनिष्ठ मूल है।

$\therefore \quad 3\alpha^2 - 10\alpha + 27\lambda = 0$

$\quad 3\alpha^2 - 3\alpha + 6\lambda = 0$

$\quad - \quad + \quad -$

$\quad 0 - 7\alpha + 21\lambda = 0$

$\Rightarrow \quad \alpha = 3\lambda$

इसलिए, $9\lambda^2 - 3\lambda + 2\lambda = 0$

$\Rightarrow \quad \lambda = \frac{1}{9} \quad [\because \lambda \neq 0]$

$\Rightarrow \quad \alpha = \frac{1}{3}$

इस प्रकार, $\alpha\beta = 2\lambda \Rightarrow \beta = \frac{2\lambda}{\alpha} = \frac{2 \times \frac{1}{9}}{\frac{1}{3}} = \frac{2}{3}$

तथा $\alpha\gamma = 9\lambda \Rightarrow \gamma = \frac{9\lambda}{\alpha} = \frac{9 \times \frac{1}{9}}{\frac{1}{3}} = 3$

$\therefore \quad \frac{\beta\gamma}{\lambda} = \frac{\frac{2}{3} \times 3}{\frac{1}{9}} = 18$

69. *(d)* दिया है, फलन

$$f(x) = \begin{cases} \frac{\pi}{4} + \tan^{-1} x, & |x| \le 1 \\ \frac{1}{2}(|x| - 1), & |x| > 1 \end{cases}$$

$$\Rightarrow f(x) = \begin{cases} \frac{\pi}{4} + \tan^{-1} x, & x \in [-1, 1] \\ \frac{1}{2}(x-1), & x > 1 \\ \frac{1}{2}(-x-1), & x < -1 \end{cases}$$

$x = 1$ पर

$\because \quad f(1) = \frac{\pi}{2}, f(1^+) = 0$

$\Rightarrow x = 1$ पर f असतत् है, इसलिए $x = 1$ पर अवकलनीय नहीं होगा।

अब, $x = -1$ पर

$$f(-1) = \frac{\pi}{4} - \frac{\pi}{4} = 0$$

$f(-1^+) = 0$ और $f(-1^-) = 0$

$\Rightarrow x = -1$ पर f सतत् है।

$\because \quad f'(-1^+) = \frac{1}{2}$ तथा $f'(-1^-) = -\frac{1}{2}$

$\therefore x = -1$ पर f अवकलनीय नहीं है।

$\therefore f, R - \{1\}$ पर सतत् तथा $R - \{-1, 1\}$ पर अवकलनीय होगा।

70. *(a)* दिए गए परवलय का समीकरण $y = x^2 - 1$ समरुपता के अनुसार, माना निर्देशांक $A(-a, 0)$, $B(a, 0)$ $C(a, a^2 - 1)$ व $D(-a, a^2 - 1)$ है।

$\therefore$ आयत का क्षेत्रफल $P(a) = 2a(a^2 - 1)$

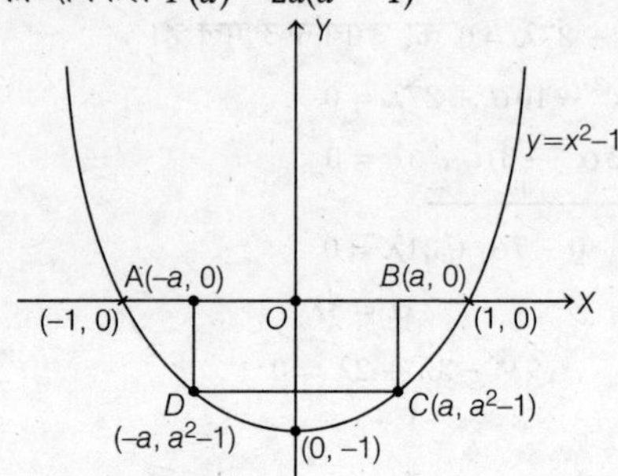

अब अधिकतम मान के लिए, $P'(a) = 0$

$\Rightarrow \quad 2(a^2 - 1) + 4a^2 = 0$

$\Rightarrow \quad 3a^2 = 1 \Rightarrow a = \frac{1}{\sqrt{3}}$ इकाई

$\therefore$ महत्तम आयत का क्षेत्रफल

$$\left| \frac{2}{\sqrt{3}} \left(\frac{1}{3} - 1 \right) \right| = \frac{4}{3\sqrt{3}} \text{ वर्ग इकाई}$$

71. *(7)* दिए गए वृत्त का समीकरण $x^2 + y^2 = 9$ है।
इसलिए, माना व्यास PQ के अन्तिम बिन्दु $P(3 \cos \theta, 3 \sin \theta)$ तथा $Q(-3 \cos \theta, -3 \sin \theta)$ हैं।
अब, बिन्दु P तथा Q से सरल रेखा $x + y = 2$ पर डाले गए लम्ब की लम्बाई क्रमशः

$$\alpha = \frac{|3\cos\theta + 3\sin\theta - 2|}{\sqrt{2}}$$

और $\quad \beta = \dfrac{|-3\cos\theta - 3\sin\theta - 2|}{\sqrt{2}}$

$$\therefore \quad \alpha\beta = \frac{|(3\cos\theta + 3\sin\theta)^2 - 2^2|}{2}$$

$$= \frac{|9 - 4 + 9\sin 2\theta|}{2} = \frac{|5 + 9\sin 2\theta|}{2}$$

चूँकि, $\alpha\beta$ का अधिकतम मान, यदि $\sin 2\theta = 1$

$$\therefore \quad \alpha\beta|_{\max} = \frac{5 + 9}{2} = 7$$

72. *(18)* दिया है, सदिश $\mathbf{a} = 2\hat{\mathbf{i}} + \hat{\mathbf{j}} + 2\hat{\mathbf{k}}$

$$\therefore \quad |\hat{\mathbf{i}} \times (\mathbf{a} \times \hat{\mathbf{i}})|^2 = |\mathbf{a} - (\mathbf{a} \cdot \hat{\mathbf{i}})\hat{\mathbf{i}}|^2 = |\mathbf{a} - 2\hat{\mathbf{i}}|^2 = |\hat{\mathbf{j}} + 2\hat{\mathbf{k}}|^2 = 5$$

इसी प्रकार, $|\hat{\mathbf{j}} \times (\mathbf{a} \times \hat{\mathbf{j}})|^2 = |\mathbf{a} - (\mathbf{a} \cdot \hat{\mathbf{j}})\hat{\mathbf{j}}|^2 = |\mathbf{a} - \hat{\mathbf{j}}|^2$

$$= |2\hat{\mathbf{i}} + 2\hat{\mathbf{k}}|^2 = 8$$

तथा $\quad |\hat{\mathbf{k}} \times (\mathbf{a} \times \hat{\mathbf{k}})|^2 = |\mathbf{a} - (\mathbf{a} \cdot \hat{\mathbf{k}})\hat{\mathbf{k}}|^2$

$$= |\mathbf{a} - 2\hat{\mathbf{k}}|^2 = |2\hat{\mathbf{i}} + \hat{\mathbf{j}}|^2 = 5$$

$$\therefore |\hat{\mathbf{i}} \times (\mathbf{a} \times \hat{\mathbf{i}})|^2 + |\hat{\mathbf{j}} \times (\mathbf{a} \times \hat{\mathbf{j}})|^2 + |\hat{\mathbf{k}} \times (\mathbf{a} \times \hat{\mathbf{k}})|^2 = 5 + 8 + 5 = 18$$

73. *(135)* 6 प्रश्नों में से 4 प्रश्नों को चुनने के तरीकों की संख्या $= {}^6C_4$
तथा इन प्रश्नों के सही उत्तर चुनने के तरीकों की संख्या

$$= 1 \times 1 \times 1 \times 1 = 1$$

तथा शेष 2 प्रश्नों के गलत उत्तर चुनने के तरीकों की संख्या

$$= 3 \times 3 = 9$$

$\therefore$ तरीकों की अभीष्ट संख्या $= {}^6C_4 \times 1 \times 9$

$$= \frac{6!}{2!\,4!} \times 9 = \frac{6 \times 5}{2} \times 9 = 135$$

74. *(21)* चूँकि $\int_0^n \{x\}dx = n\int_0^1 x\,dx$ (जैसे $n \in N, n > 1$)

$$= n\left[\frac{x^2}{2}\right]_0^1 = \frac{n}{2}$$

तथा $\int_0^n [x]dx = \int_0^1 0\,dx + \int_1^2 1\,dx + \int_2^3 2\,dx + \ldots + \int_{n-1}^n (n-1)dx$

$$= 0 + 1(2-1) + 2(3-2) + \ldots + (n-1)(n-(n-1))$$

$$= 1 + 2 + 3 + \ldots + (n-1) = \frac{n(n-1)}{2}$$

$\because \frac{n}{2}, \frac{n(n-1)}{2}, 10n(n-1)$ गुणोत्तर श्रेणी में है।

$\Rightarrow \frac{1}{2}, \frac{n-1}{2}, 10(n-1)$ गुणोत्तर श्रेणी में है। $[n > 1]$ के लिए

$\Rightarrow \quad \left(\frac{n-1}{2}\right)^2 = 5(n-1) \Rightarrow n - 1 = 20 \quad [n > 1]$

$\Rightarrow \quad n = 21$

75. *(4)* दिया है, बारम्बारता बंटन

वर्ग	10-20	20-30	30-40
बारम्बारता	2	x	2

x_i	f_i	$x_i - \bar{x}$	$(x_i - \bar{x})^2$	$f_i(x_i - \bar{x})^2$
15	2	−10	100	200
25	x	0	0	0
35	2	10	100	200

$$\because \quad \bar{x} = \frac{(15 \times 2) + (25 \times x) + (35 \times 2)}{2 + x + 2} = \frac{100 + 25x}{4 + x} = 25$$

$\because \quad \Sigma f_i = 4 + x$ तथा $\Sigma f_i(x_i - \bar{x})^2 = 400$

$\because \operatorname{var}(x) = \dfrac{\Sigma f_i(x_i - \bar{x})^2}{\Sigma f_i} = \dfrac{400}{4 + x} = 50$ (दिया है)

$$400 = 200 + 50x \Rightarrow x = 4$$

JEE Main संयुक्त प्रवेश परीक्षा

सॉल्वड पेपर 2020

05 सितम्बर, प्रथम पाली

भौतिकी

1. एक परमाण्विक आदर्श गैस में होने वाले तीन विभिन्न प्रक्रमों को p-V आरेख में दर्शाया गया है। पथों को $A \to B, A \to C$ और $A \to D$ द्वारा नामित किया है। इन प्रक्रमों के दौरान आन्तरिक ऊर्जाओं में परिवर्तन को E_{AB}, E_{AC} व E_{AD} एवं किए गए कार्य को W_{AB}, W_{AC} व W_{AD} लिया गया है।

इन प्राचलों के मध्य सही सम्बन्ध है

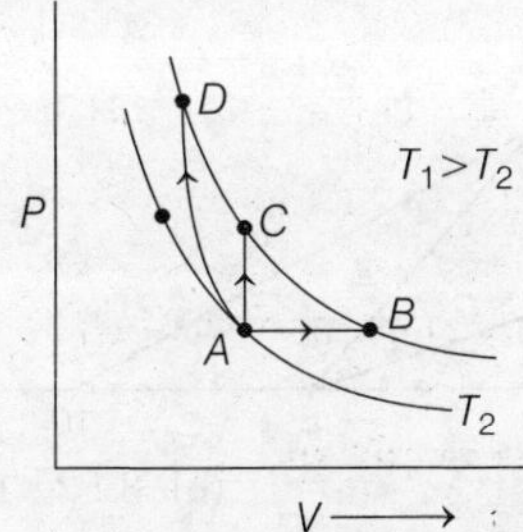

(a) $E_{AB} = E_{AC} < E_{AD}, W_{AB} > 0, W_{AC} = 0, W_{AD} < 0$
(b) $E_{AB} = E_{AC} = E_{AD}, W_{AB} > 0, W_{AC} = 0, W_{AD} > 0$
(c) $E_{AB} < E_{AC} < E_{AD}, W_{AB} > 0, W_{AC} > W_{AD}$
(d) $E_{AB} > E_{AC} > E_{AD}, W_{AB} < W_{AC} < W_{AD}$

2. एक विद्युतीय शक्ति लाइन जिसका कुल प्रतिरोध 2Ω है, 220 वोल्ट पर 1 किलोवाट शक्ति प्रदान करता है। संचरण लाइन की दक्षता लगभग है

(a) 91% (b) 85% (c) 96% (d) 72%

3. किसी तापमान T एवं पारे के 2 सेमी दाब पर एक परमाण्विय गैस के 4 सेमी^{3} आयतन में अणुओं की संख्या सन्निकट है? (दिया गया है; एक अणु की माध्य गतिज ऊर्जा (T ताप पर) 4×10^{-14} अर्ग है, $g = 980$ सेमी/से^{2}, पारे का घनत्व = 13.6 ग्राम/सेमी^{3})

(a) 5.8×10^{16} (b) 4.0×10^{16} (c) 4.0×10^{18} (d) 5.8×10^{18}

4. फोकल लम्बाई f के अवतल लेन्स के लिए, इसके ध्रुव से वस्तु व प्रतिबिम्ब की दूरी क्रमशः u व v के बीच सम्बन्ध को सर्वश्रेष्ठ रूप से दर्शाया जा सकता है ($u = v$ सन्दर्भ रेखा है)

(a)

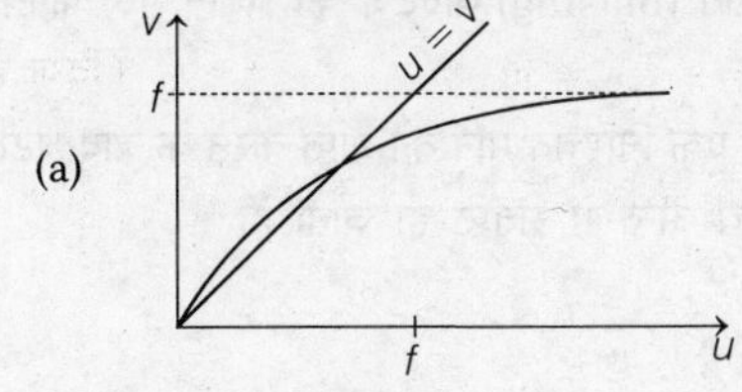

(b)

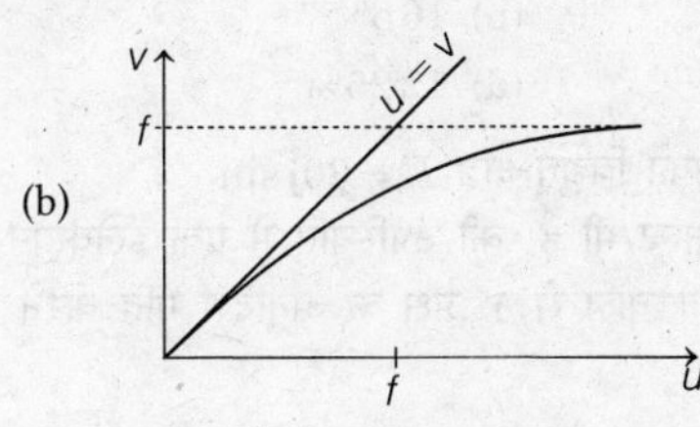

(c)

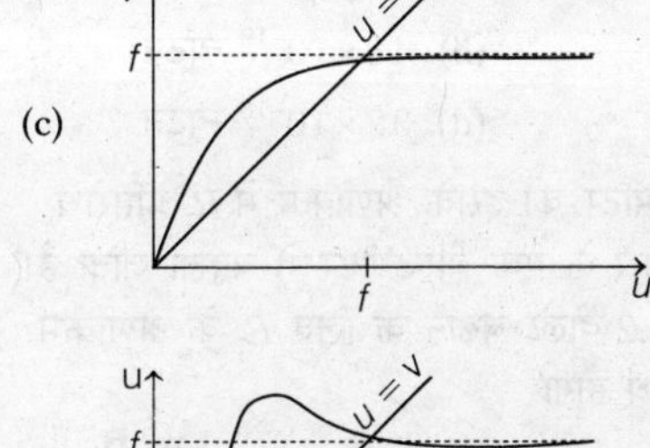

(d)

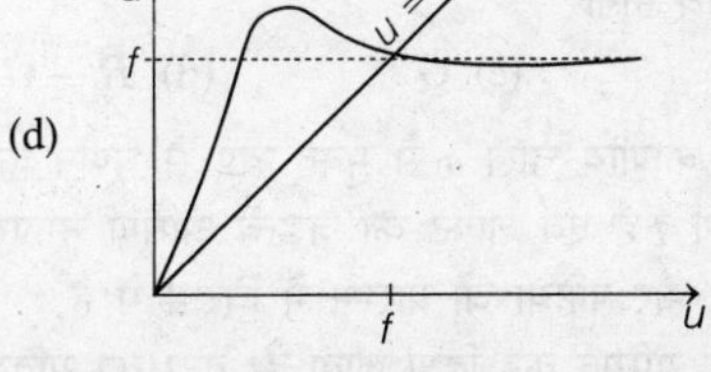

5. एक गुब्बारा धरातल पर बिन्दु A से ऊर्ध्वाधर ऊपर की ओर हवा में गति कर रहा है, जब यह ऊँचाई h_1 पर है, तब बिन्दु A से (चित्र में) दूरी d (बिन्दु B) पर खड़ी एक लड़की इसे ऊर्ध्वाधर के सापेक्ष 45° के कोण पर देखती है। जब गुब्बारा h_2 ऊँचाई ओर ऊपर जाता है, तब इसे ऊर्ध्वाधर के सापेक्ष 60° के कोण पर देखा जाता है यदि लड़की 2.464 d दूरी (बिन्दु C) और चलती है, तब ऊँचाई h_2 है (दिया गया है, $\tan 30° = 0.5774$)

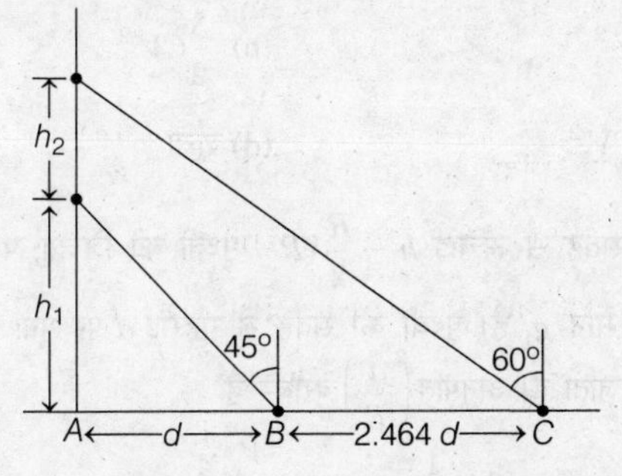

(a) 1.464 d (b) d (c) 0.464 d (d) 0.732 d

6. 210 मी/से चाल से गति करती हुई, 5 ग्राम की द्रव्यमान की एक गोली लकड़ी के स्थिर लक्ष्य (target) से टकराती है। इसकी गतिज ऊर्जा का आधा भाग गोली में ऊष्मा के रूप में बदल जाता है, जबकि शेष आधा लकड़ी में ऊष्मा के रूप में बदल जाता है। यदि गोली के पदार्थ की विशिष्ट ऊष्मा 0.030 कैलोरी/ग्राम-°C हो, तो गोली के तापमान में वृद्धि लगभग है

(a) 87.5°C (b) 83.3°C
(c) 119.2°C (d) 38.4°C

7. एक भौतिक राशि z चार प्रक्षेपित राशियों a, b, c व d से व्यंजक $z = \frac{a^2 b^{2/3}}{\sqrt{c} d^3}$ द्वारा संबंधित है। a, b, c व d के मापन में त्रुटियों का प्रतिशत क्रमश: 2%, 1.5%, 4% व 2.5% है। z में प्रतिशत है त्रुटि होगी,

(a) 13.5% (b) 16.5%
(c) 14.5% (d) 12.25%

8. विद्युत चुम्बकीय तरंग, जिसका विद्युत क्षेत्र $E = 30\hat{\mathbf{j}} \sin (1.8 \times 10^7 t - 5 \times 10^{-2} x)$ वोल्ट/मी है, की उपस्थिति में एक इलेक्ट्रॉन 0.1 c (c, प्रकाश की चाल) की चाल से Y-अक्ष के अनुदिश गति करने के लिए बाध्य है

इलेक्ट्रॉन द्वारा अनुभव किया गया अधिकतम चुम्बकीय बल होगा

(a) 2.4×10^{-18} न्यूटन (b) 4.8×10^{-19} न्यूटन
(c) 1.6×10^{-19} न्यूटन (d) 3.2×10^{-18} न्यूटन

9. G प्रतिरोध का एक गेल्वेनोमीटर को इसके श्रेणीक्रम में R_1 प्रतिरोध संयोजित कर 0.1 वोल्ट परास के एक वोल्टमीटर में बदला जाता है। वोल्टमीटर की परास को 0.2 वोल्ट बढ़ाने के लिए R_1 के श्रेणीक्रम में जोड़ा गया आन्तरिक प्रतिरोध होगा

(a) $R_1 + G$ (b) R_1 (c) G (d) $R_1 - G$

10. एक पहिया एक शाफ्ट पर कोणीय चाल ω से मुक्त रूप से घूर्णन कर रहा है। पहिए का जड़त्व आघूर्ण I है एवं शाफ्ट का जड़त्व आघूर्ण नगण्य है। $3I$ जड़त्व आघूर्ण का एक और पहिया जो प्रारम्भ में विराम में है, अचानक से उसी शाफ्ट पर युग्मित कर दिया जाता है। तन्त्र की गतिज ऊर्जा में परिणामी भिन्नात्मक हानि है

(a) $\frac{3}{4}$ (b) $\frac{5}{6}$ (c) 0 (d) $\frac{1}{4}$

11. C व $2C$ संधारिताओं के दो संधारित्रों को क्रमश: V व $2V$ विभवान्तरों तक आवेशित किया जाता है। अब इन्हें एक के धनात्मक सिरे से दूसरे के ऋणात्मक सिरे से समांतर क्रम में जोड़ दिया जाता है। इस विन्यास की अन्तिम ऊर्जा है

(a) $\frac{9}{2} CV^2$ (b) $\frac{3}{2} CV^2$
(c) $\frac{25}{6} CV^2$ (d) शून्य

12. पृथ्वी की सतह से ऊँचाई $h = \frac{R}{2}$ (R = पृथ्वी की त्रिज्या) पर गुरुत्वीय त्वरण का मान g_1 है। पृथ्वी की सतह से गहराई d पर पुन: यह g_1 के बराबर हो जाता है। अनुपात $\left(\frac{d}{R}\right)$ बराबर है

(a) $\frac{7}{9}$ (b) $\frac{1}{3}$ (c) $\frac{4}{9}$ (d) $\frac{5}{9}$

13. एक हेलीकॉप्टर धरातल पर विराम से नियत त्वरण g से ऊर्ध्वाधर ऊपर की ओर उठता है। जब यह ऊँचाई h पर होता है, तब हेलीकॉप्टर से एक खाने का पैकेट छोड़ दिया जाता है। पैकेट के द्वारा धरातल तक पहुँचने में लिया गया समय है (g गुरुत्वीय त्वरण है)

(a) $t = \frac{2}{3}\sqrt{\frac{h}{g}}$ (b) $t = 1.8\sqrt{\frac{h}{g}}$
(c) $t = \sqrt{\frac{2h}{3g}}$ (d) $t = 3.4\sqrt{\frac{h}{g}}$

14. $2a$ भुजा वाले एक वर्गाकार लूप जिसमें धारा I प्रवाहित हो रही है को xy-तल में इस तरह रखा जाता है, कि केन्द्र मूलबिन्दु पर हो। समान धारा I को ले जाने वाला एक लम्बा तार Z-अक्ष के समानांतर एवं बिन्दु (0, b, 0) से गुजरता है ($b >> a$)। Z-अक्ष के सापेक्ष लूप पर बलाघूर्ण का परिमाण है

(a) $\frac{2\mu_0 I^2 a^3}{\pi b^2}$ (b) $\frac{2\mu_0 I^2 a^2}{\pi b}$ (c) $\frac{\mu_0 I^2 a^3}{2\pi b^2}$ (d) $\frac{\mu_0 I^2 a^2}{2\pi b}$

15. तीन रेडियोधर्मी पदार्थों A, B व C की सक्रियताओं को चित्र में, A, B व C वक्रों द्वारा प्रदर्शित किया जाता है, तब इनकी अर्द्धआयु कालों का अनुपात $T_{\frac{1}{2}}(A) : T_{\frac{1}{2}}(B) : T_{\frac{1}{2}}(C)$ है

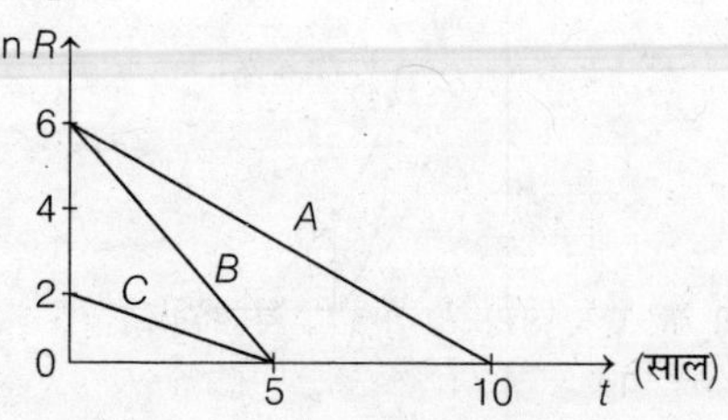

(a) 4 : 3 : 1 (b) 3 : 2 : 1
(c) 2 : 1 : 1 (d) 2 : 1 : 3

16. एक अनुनाद नली प्रयोग में, जब नली को नीचे से 17 सेमी की ऊँचाई तक पानी से भर दिया जाता है, तब यह दिए गए स्वरित्र से अनुनाद करता है। जब पानी का स्तर बढ़ाया जाता है, तब उसी स्वरित्र के साथ अगला अनुनाद 24.5 सेमी की ऊँचाई पर घटित होता है। यदि वायु में ध्वनि का वेग 330 मी/से हो, तो स्वरित्र की आवृत्ति है

(a) 1100 हर्ट्ज (b) 3300 हर्ट्ज
(c) 2200 हर्ट्ज (d) 550 हर्ट्ज

17. मान लो कि वायु का विस्थापन (s) ध्वनि तरंगों द्वारा उत्पन्न दाबान्तर Δp के समानुपाती है। विस्थापन (s) आगे ध्वनि के वेग (v), वायु के घनत्व (ρ) एवं आवृत्ति (f) पर निर्भर करता है। यदि $\Delta p \sim 10$ पास्कल, $v \sim 300$ मी/से, $\rho \sim 1$ किग्रा/मी^{3} व $f \sim 1000$ हर्ट्ज हो, तो s के परिमाण की कोटि (order of magnitude) होगी (गुणक स्थिरांक को 1 लें)

(a) 10 मिमी (b) 1 मिमी (c) $\frac{1}{10}$ मिमी (d) $\frac{3}{100}$ मिमी

18. एक फोटोडायोड के अभिनति (biasing) वोल्टेज को बढ़ाने पर, फोटो धारा का परिमाण

(a) प्रारम्भ में बढ़ता है एवं एक निश्चित मान को प्राप्त करने के बाद घटता है
(b) प्रारम्भ में बढ़ता है एवं अन्त में संतृप्त हो जाता है
(c) नियत रहता है
(d) रैखिक रूप से बढ़ता है

19. बाहरी त्रिज्या R का एक खोखला गोलाकार कोश पानी की सतह में पूर्णत: अंदर रहकर तैरता है। कोश की आन्तरिक त्रिज्या r है। यदि पानी के सापेक्ष कोश के पदार्थ का विशिष्ट गुरुत्व $\frac{27}{8}$ हो, तो r का मान है

(a) $\frac{8}{9}R$ (b) $\frac{1}{3}R$ (c) $\frac{2}{3}R$ (d) $\frac{4}{9}R$

20. R त्रिज्या के एक ठोस गोले पर आवेश $Q + q$ इसके आयतन में एकसमान रूप से वितरित है। m द्रव्यमान का इसका एक बहुत छोटा बिन्दु भाग गोले के नीचे से अलग हो जाता है एवं गुरुत्व के अधीन ऊर्ध्वाधर रूप से नीचे गिरता है। इस भाग पर आवेश q है। यदि यह ऊर्ध्वाधर y ऊँचाई गिरने पर v चाल प्राप्त कर लेता है। (चित्र में) तब (मान ले बचा हुआ भाग गोलाकार है)

(a) $v^2 = y\left[\frac{qQ}{4\pi\varepsilon_0 R^2 ym} + g\right]$

(b) $v^2 = 2y\left[\frac{qQ}{4\pi\varepsilon_0 R(R+y)m} + g\right]$

(c) $v^2 = y\left[\frac{qQ}{4\pi\varepsilon_0 R(R+y)m} + g\right]$

(d) $v^2 = 2y\left[\frac{qQR}{4\pi\varepsilon_0 (R+y)^3 m} + g\right]$

21. E ऊर्जा का एक इलेक्ट्रॉन पुँज 1 Å परमाण्विय दूरी वाले लक्ष्य से विवर्तित (scatter) होता है प्रथम अधिकतम तीव्रता $\theta = 60°$ पर प्राप्त होती है, तब E का मान (eV में) ...... होगा।

(प्लांक-नियतांक, $h = 6.64 \times 10^{-34}$ जूल-से

$1 \text{ eV} = 1.6 \times 10^{-19}$ जूल

इलेक्ट्रॉन द्रव्यमान, $m = 9.1 \times 10^{-31}$ किग्रा)

22. एक यौगिक सूक्ष्मदर्शी 10 सेमी दूरी पर रखे 1 सेमी फोकल लम्बाई का अभिदृश्यक लेन्स (objective lens) एवं 5 सेमी फोकल लम्बाई के नेत्रिका से मिलकर बना है। एक वस्तु एवं अभिदृश्यक लेन्स के बीच की दूरी, (जिस पर आँख पर तनाव न्यूनतम है), $\frac{n}{40}$ सेमी है। n का मान .... होगा।

23. 200 MeV/c^2 द्रव्यमान का एक कण विरामावस्था में एक हाइड्रोजन परमाणु से टकराता है। टक्कर के तुरन्त बाद कण विराम में आ जाता है और परमाणु प्रतिक्षेपित (recoil) होता है और अपनी पहली उत्तेजित अवस्था में चला जाता है।
कण की प्रारम्भिक गतिज ऊर्जा (eV में) $\frac{N}{4}$ है। N का मान .... होगा।
(दिया गया है, हाइड्रोजन परमाणु का द्रव्यमान 1 GeV/c^2 है)

24. दो संकेन्द्रिय वृत्ताकार कुण्डलियाँ C_1 व C_2 xy-तल में स्थित हैं। C_1 में 500 फेरे व त्रिज्या 1 सेमी है। C_2 में 200 फेरे व त्रिज्या 20 सेमी है। C_2 समय निर्भर धारा $I(t) = (5t^2 - 2t + 3)$ ऐम्पियर, जहाँ t सेकण्ड में है, को वहन करता है। C_1 में प्रेरित विद्युत वाहक बल (मिलीवोल्ट में) $t = 1$ सेकण्ड क्षण पर $\frac{4}{x}$ है। x का मान .... होगा।

25. एक बल $\mathbf{F} = (\hat{\mathbf{i}} + 2\hat{\mathbf{j}} + 3\hat{\mathbf{k}})$ न्यूटन एक बिन्दु $(4\hat{\mathbf{i}} + 3\hat{\mathbf{j}} - \hat{\mathbf{k}})$ मी पर कार्यरत है, तब बिन्दु $(\hat{\mathbf{i}} + 2\hat{\mathbf{j}} + \hat{\mathbf{k}})$ मी के सापेक्ष बलाघूर्ण का परिमाण $\sqrt{x}$ न्यूटन-मी होगा। x का मान .... होगा।

रसायन विज्ञान

26. वह स्थिति जो प्रदूषित वातावरण को इंगित करती है

(a) बारिश के पानी का pH 5.6
(b) सुपोषण
(c) BOD 5 ppm
(d) वातावरण में 0.03% CO_2 का होना

27. H_2 के लिए स्थितिज ऊर्जा वक्र अन्त: नाभिकीय दूरी का फलन है

(a)
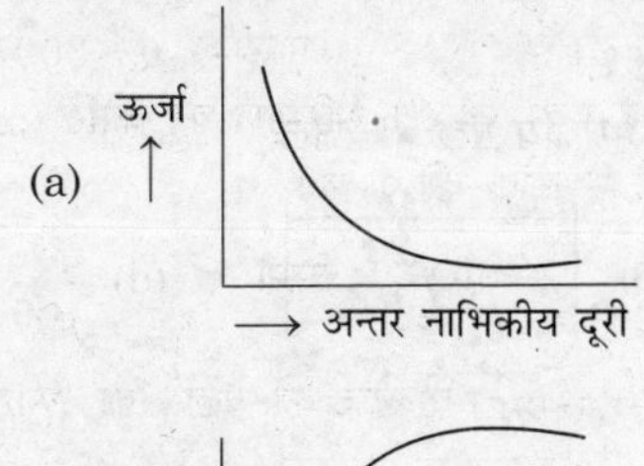

(b)
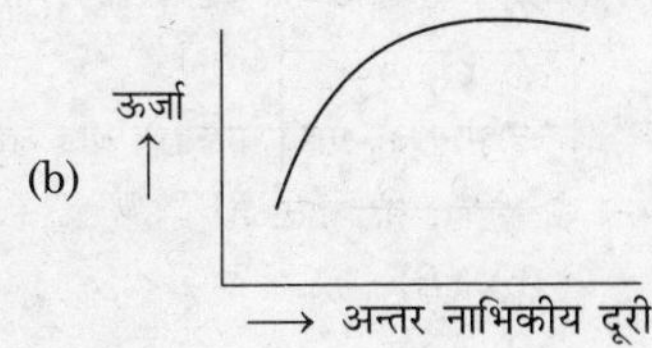

(c)
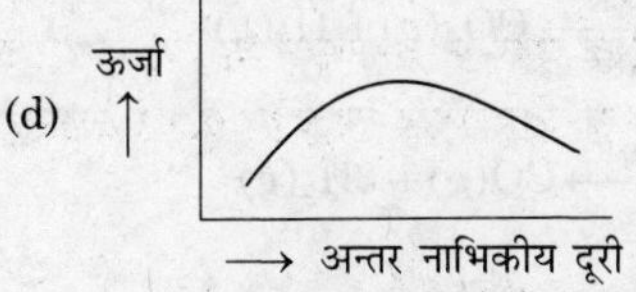

(d) ऊर्जा ↑

→ अन्तर नाभिकीय दूरी

28. एक उच्च चक्रण d^6 धातु आयन के अष्टफलकीय एवं चतुष्फलकीय के लिए क्रिस्टल क्षेत्र स्थायीकरण (CFSE) का मान क्रमश: होगा

(a) $-0.4\,\Delta_0$ एवं $-0.27\,\Delta t$ (b) $-1.6\,\Delta_0$ एवं $-0.4\,\Delta t$
(c) $-2.4\,\Delta_0$ एवं $-0.6\,\Delta t$ (d) $-0.4\,\Delta_0$ एवं $-0.6\,\Delta t$

29. निम्नलिखित अभिक्रिया पर विचार कीजिए

$$N_2O_4(g) \rightleftharpoons 2NO_2(g)\,;\,\Delta H° = +\,58 \text{ kJ}$$

A एवं B के प्रत्येक स्थिति के लिए किस दिशा में साम्य में परिवर्तन होता है।
(A) तापमान कम हो जाता है।
(B) एक नियत तापमान पर N_2 को मिलाकर दाब बढ़ाया जाता है।

(a) (A) उत्पादन की ओर (B) क्रियाकारकों की ओर
(b) (A) क्रियाकारकों की ओर (B) कोई परिवर्तन नहीं
(c) (A) क्रियाकारकों की ओर (B) उत्पाद की ओर
(d) (A) उत्पाद की ओर (B) कोई परिवर्तन नहीं

30. एक द्विअणुक X_2 में, 300 pm की कोष्ठिका कोर लम्बाई के साथ एक काय केन्द्रित एकक कोष्ठिका (bcc) संरचना है। अणु का घनत्व 6.17 g cm^{-3}. X_2 के 200 g में उपस्थित अणुओं की संख्या बताइए।
(आवोगाद्रो स्थिरांक $(N_A) = 6 \times 10^{23}$ मोल$^{-1}$)
(a) 40 N_A (b) 2 N_A (c) 8 N_A (d) 4 N_A

31. 6th आवर्त में भरी हुई कक्षाएँ हैं
(a) 6s, 5f, 6d, 6p (b) 6s, 4f, 5d, 6p
(c) 6s, 5d, 5f, 6p (d) 6s, 6p, 6d, 6f

32. C_2H_5CN से $CH_3CH_2CH_2NH_2$ में रूपान्तरण के लिए सबसे उपयुक्त अभिकर्मक है
(a) $Na(CN)BH_3$ (b) $LiAlH_4$
(c) $NaBH_4$ (d) CaH_2

33. निम्नलिखित यौगिकों में α-हाइड्रोजन की अम्लता को बढ़ते क्रम में बताइए।

(A) 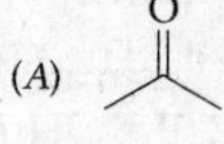
(B) 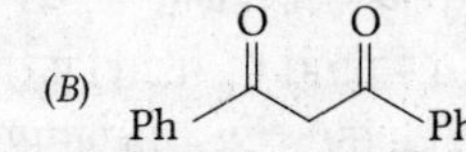

(C) 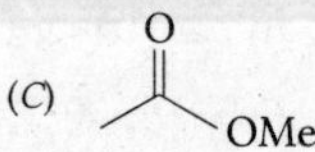

(D) 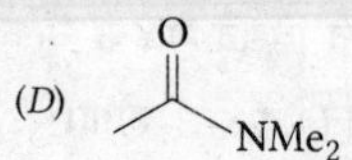

(a) $(D) < (C) < (A) < (B)$ (b) $(C) < (A) < (B) < (D)$
(c) $(A) < (C) < (D) < (B)$ (d) $(B) < (C) < (A) < (D)$

34. ठोस अवस्था में PCl_5 की सरंचना बताइए।
(a) चतुष्फलकीय $[PCl_4]^+$ एवं अष्टफलकीय $[PCl_6]^-$
(b) त्रिकोणमितीय द्विपिरैमिडीय
(c) वर्ग समतल $[PCl_4]^+$ एवं अष्टफलकीय $[PCl_6]^-$
(d) वर्ग पिरैमिडीय

35. निम्न में से कौन-सी अभिक्रिया जल-गैस शिफ्ट अभिक्रिया दर्शाती है?
(a) $C(s) + H_2O(g) \xrightarrow{1270\text{ K}} CO(g) + H_2(g)$
(b) $2C(s) + O_2(g) + 4N_2(g) \xrightarrow{1273\text{K}} 2CO(g) + 4N_2(g)$
(c) $CO(g) + H_2O(g) \xrightarrow[\text{उत्प्रेरक}]{673\text{ K}} CO_2(g) + H_2(g)$
(d) $CH_4(g) + H_2O(g) \xrightarrow[\text{Ni}]{1270\text{ K}} CO(g) + 3H_2(g)$

36. निम्नलिखित में से कौन-सा आवश्यक अमीनों अम्ल नहीं है?
(a) ल्यूसिन (b) वेलिन
(c) लाइसिन (d) टायरोसिन

37. निम्नलिखित यौगिकों की मौलिकता का बढ़ता क्रम है

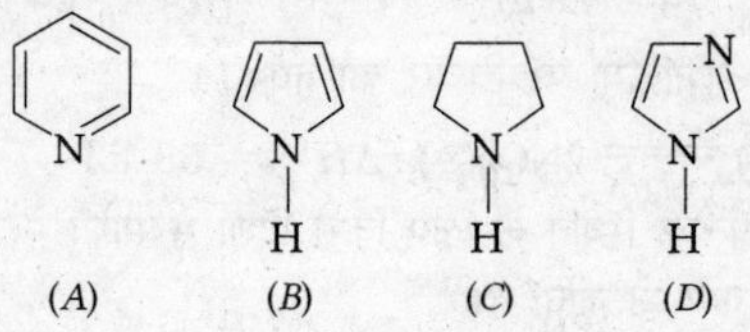

(a) $(A) < (B) < (C) < (D)$ (b) $(D) < (A) < (B) < (C)$
(c) $(B) < (A) < (D) < (C)$ (d) $(B) < (A) < (C) < (D)$

38. Li^{2+} की 3rd एवं 4th कक्षा की त्रिज्या का अन्तर ΔR_1 है। He^+ की 3rd एवं 4th कक्षा का अन्तर ΔR_2 है। $\Delta R_1 : \Delta R_2$ अनुपात बताए।
(a) 3 : 2 (b) 8 : 3
(c) 2 : 3 (d) 3 : 8

39. एलिंघम आरेख जानकारी देता है
(a) बलगतिकी की अपचायक प्रकृति।
(b) धातुओं की निष्कर्षण अपचायक अभिक्रियाओं में मानक इलेक्ट्रोड विभव की दाब पर निर्भरता।
(c) कुछ धातु ऑक्साइड के निर्माण में मानक गिब्स ऊर्जा की तापमान निर्भरता।
(d) pH और स्थितिज की परिस्थितियाँ, जिसके अन्तर्गत एक प्रजाति ऊष्मागतिकी रूप से स्थायी है।

40. सही इलेक्ट्रॉनिक विन्यास और केवल चक्रण चुम्बकीय आघूर्ण (BM) Gd^{3+} $(Z = 64)$ के लिए होगा
(a) [Xe] $4f^7$ SJeb 7.9 (b) [Xe] $5f^7$ SJeb 7.9
(c) [Xe] $5f^7$ SJeb 8.9 (d) [Xe] $4f^7$ SJeb 8.9

41. ऐल्कोहॉल के व्युत्पन्न निम्न में से कौन-से जलीय क्षार में अस्थायी है?

(a) 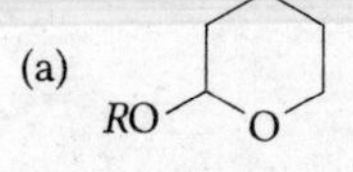

(b) 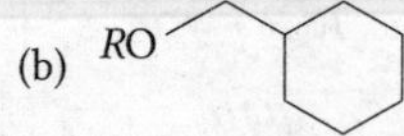

(c) 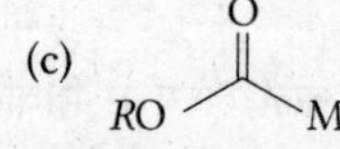

(d) $RO—CMe_3$

42. एक फ्लास्क में यौगिक A और B का मिश्रण होता है। दोनों यौगिकों को प्रथम कोटि बलगतिकी द्वारा विघटित किया जाता है। A एवं B का अर्द्ध-आयु काल 300 s और 180 s है। प्रारम्भ में A एवं B की सान्द्रता बराबर है, A की सान्द्रता के लिए B के चार गुना होने का समय होगा
(a) 120 (b) 180
(c) 300 (d) 900

43. यदि कोई व्यक्ति एड्रेनालाईन की कमी से पीड़ित है तो किस प्रकार की दवा का सुझाव दिया जा सकता है?
(a) प्रतिहिस्टैमिन (b) पीड़ाहारी
(c) अवसादरोधी (d) सूजनरोधी

44. सही आण्विक चित्र का चयन कीजिए, जो दर्शाता है कि एक पृष्ठ सक्रियकारक के जलीय घोल के क्रान्तिक मिसेल सान्द्रता (CMC) पर क्या होता है?

○ = ध्रुवीय शीर्ष ~ = अध्रुवीय पूँछ • = जल

(A) (B)

(C) 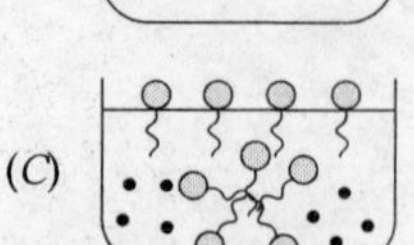
(D) 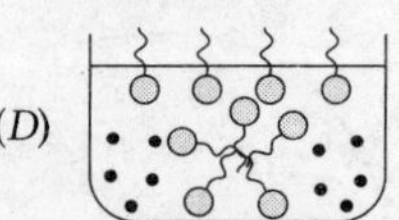

(a) (C) (b) (B)
(c) (D) (d) (A)

45. निम्नलिखित अभिक्रिया में प्रमुख उत्पाद A एवं B हैं

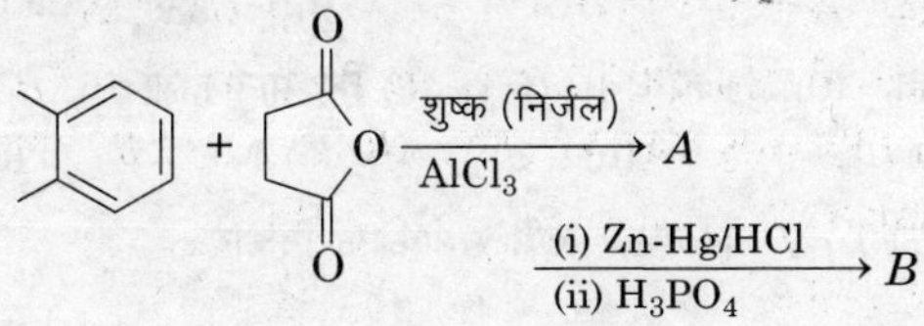

o-xylene + succinic anhydride $\xrightarrow[\text{AlCl}_3]{\text{शुष्क (निर्जल)}} A \xrightarrow[\text{(ii) H}_3\text{PO}_4]{\text{(i) Zn-Hg/HCl}} B$

(a) $A =$ 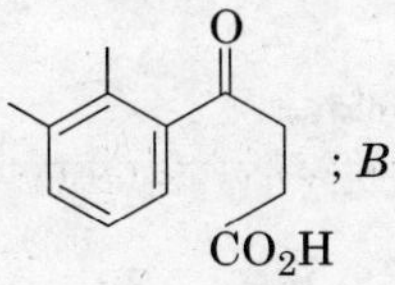 ; $B =$

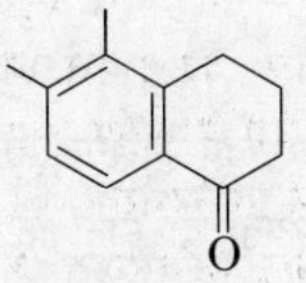

(b) $A =$ 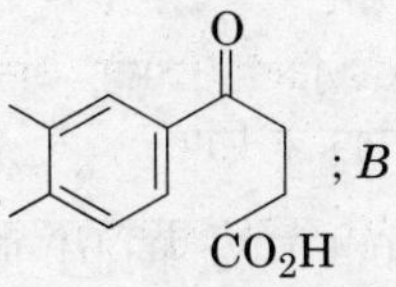 ; $B =$

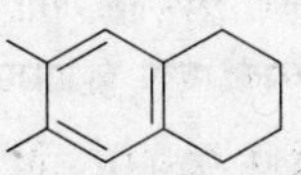

(c) $A =$ 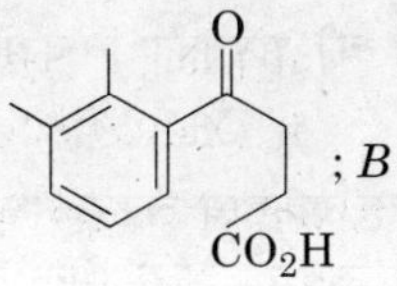 ; $B =$

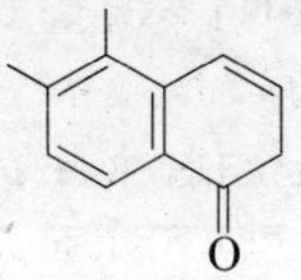

(d) $A =$ 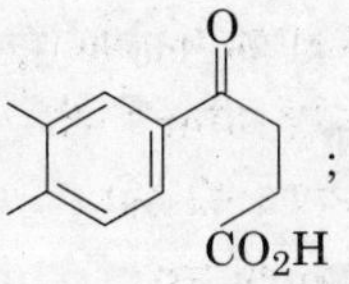 ; $B =$

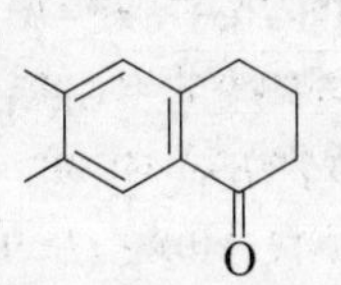

46. एथाइलिनडाइऐमीनटेट्राऐसीटेट $[\text{EDTA}^{4-}]$ में समन्वय संख्या कुल कितनी होगी?

47. एक शीतल पेय को कमरे के तापमान पर तरल पर 3 bar बार के CO_2 के आंशिक दाब के साथ बोतल में बन्द किया गया। CO_2 के आंशिक दाब, के ऊपर 30 bar तक पहुँचता है। जब CO_2 का 44 ग्राम, कमरे के तापमान पर 1 kg जल७ में घुल जाता है। शीतल पेय का अनुमानित pH .... होता है। (प्रथम वियोजन स्थिरांक $H_2CO_3 = 4.0 \times 10^{-7}$, $\log 2 = 0.3$, शीतल पेय का घनत्व $= 1\text{ g mL}^{-1}$)

48. एक ऑक्सीकरण-अपचयन अभिक्रिया जिसमें 3 इलेक्ट्रॉनों को स्थानान्तरित किया जाता है, 25° C पर ΔG का मान 17.37 kJ mol है। E°_{cell} का मान ...... $\times 10^{-2}$ होता है। (वोल्ट में) $(1\text{ F} = 96{,}500\text{ C mol}^{-1})$

49. पेप्टाइड Ile-Arg-Pro में उपस्थित किरैल कार्बन (s) की संख्या ज्ञात कीजिए।

50. O_2 के मोल की न्यूनतम संख्या, प्रोपेन के 1 मोल, और ब्यूटेन के 2 मोल के पूर्ण दहन के लिए आवश्यक है। ज्ञात कीजिए।

गणित

51. 7 प्रेक्षणों का माध्य तथा प्रसरण क्रमशः 8 व 16 हैं यदि पाँच प्रेक्षण 2, 4, 10, 12, 14 हैं, तब शेष प्रेक्षणों का निरपेक्ष अन्तर होगा

(a) 1 (b) 3 (c) 4 (d) 2

52. यदि दो बिन्दुओं A तथा B के निर्देशांक क्रमशः $(\sqrt{7}, 0)$ तथा $(-\sqrt{7}, 0)$ है व P कोई बिन्दु शांकव $9x^2 + 16y^2 = 144$ है, तब $PA + PB$ बराबर है

(a) 16 (b) 8 (c) 6 (d) 9

53. समीकरण $9x^2 - 18|x| + 5 = 0$ के मूलों का गुणनफल है

(a) $\frac{5}{27}$ (b) $\frac{25}{9}$ (c) $\frac{5}{9}$ (d) $\frac{25}{81}$

54. यदि समान्तर श्रेणी के प्रथम तीन पद $3^{2\sin 2\alpha - 1}$, 14 तथा $3^{4 - 2\sin 2\alpha}$ कुछ α के लिए, तब समान्तर श्रेणी का छठा पद है

(a) 81 (b) 65 (c) 60 (d) 66

55. यदि $2^{10} + 2^9 \cdot 3^1 + 2^8 \cdot 3^2 + \ldots + 2 \cdot 3^9 + 3^{10} = S - 2^{11}$, तब S बराबर होगा

(a) $\frac{3^{11}}{2} + 2^{10}$ (b) 3^{11}

(c) $2 \cdot 3^{11}$ (d) $3^{11} - 2^{12}$

56. यदि $\int (e^{2x} + 2e^x - e^{-x} - 1)(e^x + e^{-x})\, dx = g(x)\, e^{(e^x + e^{-x})} + C$, जहाँ C समाकलन का अचर है, तब $g(0)$ बराबर होगा

(a) 2 (b) e^2

(c) e (d) 1

57. यदि फलन $f: \left[\frac{\pi}{4}, \frac{\pi}{2}\right] \to R$, जोकि इस प्रकार परिभाषित है कि,

$$f(\theta) = \begin{vmatrix} -\sin^2\theta & -1-\sin^2\theta & 1 \\ -\cos^2\theta & -1-\cos^2\theta & 1 \\ 12 & 10 & -2 \end{vmatrix}$$, के निम्नतम व महत्तम मान

क्रमशः m तथा M हैं, तब क्रमित युग्म (m, M) बराबर हैं

(a) $(0, 2\sqrt{2})$ (b) $(-4, 4)$ (c) $(0, 4)$ (d) $(-4, 0)$

58. बूलीयन व्यंजक $x \leftrightarrow \sim y$ का निषेध बराबर है

(a) $(\sim x \wedge y) \vee (\sim x \wedge \sim y)$ (b) $(x \wedge y) \vee (\sim x \wedge \sim y)$

(c) $(x \wedge \sim y) \vee (\sim x \wedge y)$ (d) $(x \wedge y) \wedge (\sim x \vee \sim y)$

59. यदि चतुष्फलक का आयतन, जिसकी संलग्न भुजाएँ $\mathbf{a} = \hat{\mathbf{i}} + \hat{\mathbf{j}} + n\hat{\mathbf{k}}$, $\mathbf{b} = 2\hat{\mathbf{i}} + 4\hat{\mathbf{j}} - n\hat{\mathbf{k}}$ तथा $\mathbf{c} = \hat{\mathbf{i}} + n\hat{\mathbf{j}} + 3\hat{\mathbf{k}}$ $(n \geq 0)$ 158 घन इकाई है, तब

(a) $n = 9$ (b) $\mathbf{b} \cdot \mathbf{c} = 10$ (c) $\mathbf{a} \cdot \mathbf{c} = 17$ (d) $n = 7$

60. यदि श्रेणी $\tan^{-1}\left(\frac{1}{3}\right) + \tan^{-1}\left(\frac{1}{7}\right) + \tan^{-1}\left(\frac{1}{13}\right) + \tan^{-1}\left(\frac{1}{21}\right)$ + ... के प्रथम 10 पदों का योगफल S है, तब $\tan(S)$ बराबर होगा

(a) $-\frac{6}{5}$ (b) $\frac{5}{6}$ (c) $\frac{10}{11}$ (d) $\frac{5}{11}$

61. $\int_{-\pi/2}^{\pi/2} \frac{1}{1 + e^{\sin x}}\, dx$ का मान है

(a) $\frac{\pi}{2}$ (b) $\frac{\pi}{4}$ (c) π (d) $\frac{3\pi}{2}$

62. यदि समीकरण $P(x) = x^2 - x - 2 = 0$ का धनात्मक मूल α है, तब $\lim_{x \to \alpha^+} \frac{\sqrt{1-\cos(P(x))}}{x + \alpha - 4}$ बराबर होगा

(a) $\frac{1}{\sqrt{2}}$ (b) $\frac{1}{2}$ (c) $\frac{3}{\sqrt{2}}$ (d) $\frac{3}{2}$

63. यदि वक्र $4x^2 + 5y^2 = 20$ पर बिन्दु P, बिन्दु $Q(0, -4)$ से दूरी पर है, तब PQ^2 बराबर होगा

(a) 29 (b) 21 (c) 48 (d) 36

64. यदि रेखा $\frac{x+1}{2} = \frac{y-3}{-2} = \frac{z}{-1}$ में बिन्दु $(1, 2, -3)$ का प्रतिबिम्ब (a, b, c) है, तब $a + b + c$ बराबर होगा

(a) 3 (b) 2 (c) -1 (d) 1

65. एक सर्वे में पाया जाता है कि कार्यालय में काम करने वाले व्यक्तियों में 73% कॉफी, जबकि 65% चाय पसन्द करते हैं यदि x, दोनों चाय व कॉफी पसन्द करने की प्रायिकता को दर्शाता है, तब x नहीं हो सकता है

(a) 63 (b) 38 (c) 36 (d) 54

66. यदि फलन $f(x) = \begin{cases} k_1(x-\pi)^2 - 1, & x \le \pi \\ k_2 \cos x, & x > \pi \end{cases}$ द्विअवकलनीय है, तब क्रमित युग्म (k_1, k_2) बराबर होगा

(a) (1, 1) (b) $\left(\frac{1}{2}, 1\right)$ (c) (1, 0) (d) $\left(\frac{1}{2}, -1\right)$

67. यदि परवलयों $y^2 = 4x$ तथा $x^2 = 4y$ की उभयनिष्ठ स्पर्शी, वृत्त $x^2 + y^2 = c^2$ को भी स्पर्श करती है, तब C बराबर होगा

(a) $\frac{1}{\sqrt{2}}$ (b) $\frac{1}{4}$ (c) $\frac{1}{2}$ (d) $\frac{1}{2\sqrt{2}}$

68. यदि ऑर्गेण्ड तल में चार सम्मिश्र संख्याएँ $z, \bar{z}\ \bar{z} - 2\text{Re}(\bar{z})$ तथा $z - 2\text{Re}(z)$, 4 इकाई भुजा के वर्ग के शीर्षों को निरूपित करती है, तब $|z|$ बराबर होगा

(a) $4\sqrt{2}$ (b) 2

(c) $2\sqrt{2}$ (d) 4

69. यदि $y = y(x)$, अवकल समीकरण $\frac{5+e^x}{2+y}\frac{dy}{dx} + e^x = 0$ का हल है, जहाँ $y(0) = 1$ है, तब $y(\log_e 13)$ का मान होगा

(a) 0 (b) -1 (c) 1 (d) 2

70. माना $\lambda \in R$ है, तब रैखिक समीकरण निकाय

$$2x_1 - 4x_2 + \lambda x_3 = 1$$
$$x_1 - 6x_2 + x_3 = 2$$
$$\lambda x_1 - 10x_2 + 4x_3 = 3$$

किस मान के लिए असंगत होगी

(a) λ के तथ्यत: दो मानों के लिए

(b) λ के तथ्यत: एक धनात्मक मान के लिए

(c) λ के प्रत्येक मान के लिए

(d) λ के तथ्यत: एक ऋणात्मक मान के लिए

71. माना $f(x) = x \cdot \left[\frac{x}{2}\right], -10 < x < 10$ के लिए, जहाँ $[t]$ महत्तम पूर्णांक फलन को निरूपित करता है, तब f की असततता बिन्दुओं की संख्या ...... होगी।

72. शब्द 'SYLLABUS' में से 4 अक्षर एकसाथ लेकर अर्थ या बिना किसी अर्थ के बनने वाले शब्दों की संख्या जब दो अक्षर भिन्न तथा दो अक्षर असमान हों ......।

73. प्राकृत संख्या m, जिसके लिए $\left(x^m + \frac{1}{x^2}\right)^{22}$ के द्विपद विस्तार में x का गुणांक 1540 है, ...।

74. यदि रेखा $2x - y + 3 = 0$, रेखाओं $4x - 2y + \alpha = 0$ तथा $6x - 3y + \beta = 0$ से क्रमशः $\frac{1}{\sqrt{5}}$ तथा $\frac{2}{\sqrt{5}}$ दूरी पर है, तब α तथा β के सभी सम्भावित मानों का योगफल होगा ......।

75. चार निष्पक्ष पासों को स्वतन्त्र रूप से 27 बार फेंका जाता है, तब दो पासों पर कम-से-कम एक तीन या एक पाँच प्राप्त होने की प्रत्याशा होगी ......।

सही उत्तर

भौतिकी

1. (*)	2. (c)	3. (c)	4. (b)	5. (b)	6. (a)	7. (c)	8. (b)	9. (a)	10. (a)
11. (b)	12. (d)	13. (d)	14. (b)	15. (d)	16. (c)	17. (d)	18. (b)	19. (a)	20. (b)
21. (50)	22. (50)	23. (51)	24. (5)	25. (195)					

रसायन विज्ञान

26. (b)	27. (c)	28. (d)	29. (b)	30. (d)	31. (b)	32. (b)	33. (a)	34. (a)	35. (c)
36. (d)	37. (c)	38. (c)	39. (c)	40. (a)	41. (c)	42. (d)	43. (c)	44. (d)	45. (d)
46. (6)	47. (37)	48. (–6)	49. (4)	50. (18)					

गणित

51. (d)	52. (b)	53. (d)	54. (d)	55. (b)	56. (a)	57. (d)	58. (b)	59. (b)	60. (b)
61. (a)	62. (c)	63. (d)	64. (b)	65. (c)	66. (b)	67. (a)	68. (c)	69. (b)	70. (d)
71. (8.00)	72. (240.00)	73. (13.00)	74. (30.00)	75. (11.00)					

नोट *(*) कोई भी विकल्प सही नहीं है।*

संकेत एवं हल

भौतिकी

1. *(*)* चूँकि प्रारम्भिक व अन्तिम तापमानों का मान प्रत्येक प्रक्रम के लिए समान हैं।

$\therefore$ प्रत्येक प्रक्रम के लिए आन्तरिक ऊर्जा में परिवर्तन भी समान या बराबर होगा, अर्थात्

$$\Delta U = nC_V\Delta T = \text{समान}$$

इस प्रकार $E_{AB} = E_{AC} = E_{AD}$

अब, किया गया कार्य, $W = \int pdV$

प्रक्रम AB के लिए, आयतन बढ़ रहा है $\Rightarrow W_{AB} > 0$

प्रक्रम AD के लिए, आयतन घट रहा है $\Rightarrow W_{AD} < 0$

प्रक्रम AC के लिए, आयतन नियत है $\Rightarrow W_{AC} = 0 \quad [\because W = \int pdV]$

अतः दिए गए उत्तरों में से कोई भी विकल्प मेल नहीं खाता है।

2. *(c)* दिया है,

$$P = 1 \text{ किलोवाट} = 1000 \text{ वाट}, V = 220 \text{ वोल्ट}, R = 2\Omega$$

धारा, $I = \dfrac{P}{V} = \dfrac{1000}{220}$ ऐम्पियर

शक्ति हानि, $P_{\text{हानि}} = I^2R = \left(\dfrac{1000}{220}\right)^2 \times 2 = 41.32$ वाट

अब संचरण लाइन की दक्षता,

$$\eta = \left(\frac{P}{P + P_{\text{हानि}}}\right) \times 100 = \left(\frac{1000}{1000 + 41.32}\right) \times 100$$

$$\eta = 96.03\% \approx 96\%$$

अतः विकल्प *(c)* सही है।

3. *(c)* दिया है, ऊँचाई, $h = 2$ सेमी

गतिज ऊर्जा, $U = 4 \times 10^{-14}$ अर्ग

पारे का घनत्व, $\rho = 13.6$ ग्राम/सेमी^{3}

आयतन, $V = 4$ सेमी^{3}; $g = 980$ सेमी/से^{2}

गैस समीकरण के अनुसार,

$$pV = NKT \Rightarrow N = \frac{pV}{KT}$$

एक परमाण्विक गैस के लिए,

ऊर्जा, $U = \dfrac{3}{2}KT \Rightarrow KT = \dfrac{2}{3}U$

अब, $N = \dfrac{3pV}{2U}$

अब, $N = \dfrac{3g\rho hV}{2U} \qquad (\because \text{दाब, } p = \rho gh) \quad ...(i)$

दिए गए मानों को उपरोक्त समीकरण में प्रतिस्थापित करने पर,

$$N = \frac{3 \times 980 \times 13.6 \times 2 \times 4}{2 \times 4 \times 10^{-14}} = 3.99 \times 10^{18} \approx 4 \times 10^{18}$$

अतः विकल्प *(c)* सही है।

4. *(b)* लेन्स सूत्र का उपयोग करने पर,

$$\frac{1}{f} = \frac{1}{v} - \frac{1}{u} \Rightarrow \frac{1}{v} = \frac{1}{f} + \frac{1}{u} \Rightarrow v = \frac{uf}{u + f}$$

अब, दोनों स्थितियों पर विचार करते हुए,

स्थिति (I) यदि $v = u$,

$$\Rightarrow \quad u = \frac{uf}{u + f} \Rightarrow u + f = u \Rightarrow u = 0$$

अतः वक्र मूलबिन्दु से गुजरेगा।

स्थिति (II) यदि $u = \infty \Rightarrow v = f$

अतः जैसे-जैसे u अनन्त की ओर अग्रसित होता है वैसे-वैसे v फोकस की ओर अग्रसर होता है एवं अन्य सभी दूरियाँ फोकल दूरी f से कम होगी व यह $u = v$ रेखा को कभी-भी प्रतिच्छेदित नहीं करेंगी।

अतः विकल्प *(b)* सही है।

5. *(b)* दिया गया चित्र नीचे दर्शाया गया है

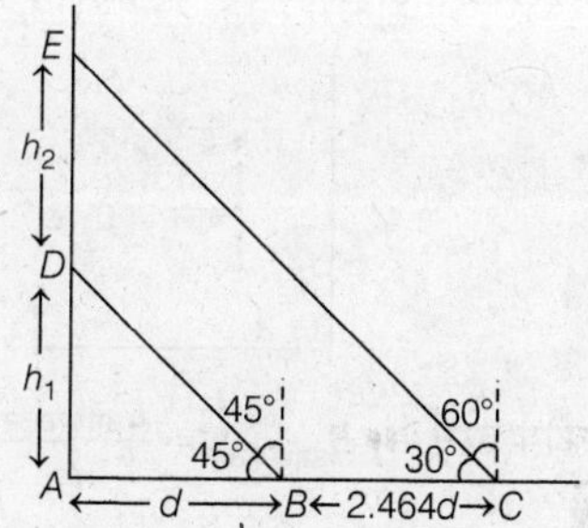

ΔABD में,

$$\tan 45° = \frac{h_1}{d} \Rightarrow \tan 45° = 1 \Rightarrow 1 = \frac{h_1}{d} \Rightarrow h_1 = d \quad ...(i)$$

अब ΔACE में,

$$\tan 30° = \frac{AD + DE}{AB + BC} \Rightarrow \frac{1}{\sqrt{3}} = \frac{h_1 + h_2}{d + 2.464d}$$

$$0.5774 = \frac{h_1 + h_2}{3.464d}$$

$$h_1 + h_2 = (0.5774) \times (3.464d)$$

$$h_1 + h_2 = 2d \Rightarrow d + h_2 = 2d \quad [\text{समी (i) से}]$$

$$h_2 = 2d - d = d$$

अतः विकल्प *(b)* सही है।

6. *(a)* हम जानते हैं कि,

ऊष्मा में परिवर्तन = द्रव्यमान × विशिष्ट ऊष्मा × ताप में परिवर्तन

अतः $\Delta Q = (ms\Delta T)_{\text{गोली}} \quad ...(i)$

एवं प्रश्नानुसार

$$\Delta Q = \frac{1}{2}\left(\frac{1}{2}mv^2\right) \quad ...(ii)$$

समी (i) व (ii) से,

$$(ms\Delta T)_{\text{गोली}} = \frac{1}{2}\left(\frac{1}{2}mv^2\right) \Rightarrow \Delta T = \frac{v^2}{4s}$$

दिया है, विशिष्ट ऊष्मा, $s = 0.030$ कैलोरी/ग्राम °C

एवं $v = 210$ मी/से

इन मानों को उपरोक्त समीकरण में प्रतिस्थापित करने पर,

$$\Delta T = \frac{(210)^2}{4 \times 4.2 \times 0.03 \times 1000} = 87.5\ ^\circ\text{C}$$

अत: विकल्प (a) सही है।

7. *(c)* दिया है, $z = \dfrac{a^2 b^{2/3}}{\sqrt{c}\, d^3}$

अत: z में % त्रुटि $= a$ में 2% त्रुटि $+ b$ में $\left(\frac{2}{3}\right)$ % त्रुटि $+ c$ में $\left(\frac{1}{2}\right)$% त्रुटि $+ d$ में 3% त्रुटि

$$\frac{\Delta z}{z} = 2\frac{\Delta a}{a} + \frac{2}{3}\frac{\Delta b}{b} + \frac{1}{2}\frac{\Delta c}{c} + 3\frac{\Delta d}{d}$$

$$= 2 \times 2\% + \frac{2}{3} \times 1.5\% + \frac{1}{2} \times 4\% + 3 \times 2.5\% = 14.5\%$$

अत: विकल्प (c) सही है।

8. *(b)* गतिमान इलेक्ट्रॉन को नीचे दिए गए चित्र में दर्शाया गया है

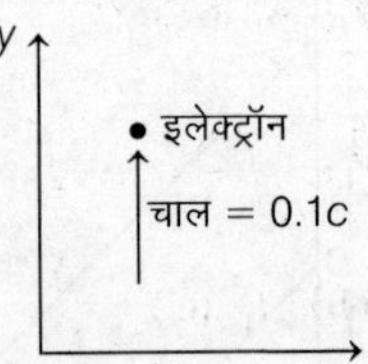

विद्युत चुम्बकीय तरंग में, $B_{\text{अधिकतम}} = \dfrac{E_{\text{अधिकतम}}}{c}$

हम जानते हैं कि, गतिमान आवेश (इलेक्ट्रॉन) पर चुम्बकीय होता है,

$$\mathbf{F} = q\mathbf{v} \times \mathbf{B}$$

यहाँ, $\mathbf{v}$ व $\mathbf{B}$ के मध्य कोण 90° है।

अत: $F_{\text{अधिकतम}} = qvB_{\text{अधिकतम}} \sin\theta = qvB_{\text{अधिकतम}} \sin 90° = \dfrac{qvE_{\text{अधिकतम}}}{c}$

दिया है, $c = 3 \times 10^8$ मी/से, $v = 0.1c$

इलेक्ट्रॉन पर आवेश, $q = 1.6 \times 10^{-19}$ कूलॉम

इन मानों को उपरोक्त समीकरण में प्रतिस्थापित करने पर,

$$F_{\text{अधिकतम}} = \frac{1.6 \times 10^{-19} \times 0.1 \times 3 \times 10^8 \times 30}{3 \times 10^8} = 4.8 \times 10^{-19} \text{ न्यूटन}$$

अत: विकल्प *(b)* सही है।

9. *(a)* प्रश्नानुसार,

i_g G R_1 1V

ओम के नियम से,

$$V = IR \Rightarrow i_g(R_1 + G) = 1 \text{ वोल्ट} \quad \text{...(i)}$$

मान लें कि x आवश्यक प्रतिरोध है

अब, $i_g(R_1 + G + x) = 2$ वोल्ट

i_g R_1+G x 2V

उपरोक्त समीकरण में, समी (i) का उपयोग करने पर,

$$\frac{1}{(R_1 + G)}(R_1 + G + x) = 2 \Rightarrow R_1 + G + x = 2(R_1 + G) \Rightarrow x = R_1 + G$$

अत: विकल्प (a) सही है।

10. *(a)* मान लें कि ω_c अन्तिम कोणीय चाल है।

कोणीय संवेग संरक्षण के नियम से,

प्रारम्भिक कोणीय संवेग = अन्तिम कोणीय संवेग

$$I\omega + 0 = I\omega_c + 3I\omega_c \Rightarrow I\omega = 4I\omega_c \Rightarrow \omega_c = \frac{\omega}{4}$$

गतिज ऊर्जा में हानि,

$$(\Delta\text{KE})_{\text{हानि}} = \text{प्रारम्भिक KE} - \text{अन्तिम KE}$$

$$\Rightarrow (\Delta\text{KE})_{\text{हानि}} = \frac{1}{2}I\omega^2 - \frac{1}{2}(I + 3I)\omega_c^2 = \frac{1}{2}I\omega^2 - \frac{1}{2}(I + 3I)\left(\frac{\omega}{4}\right)^2$$

$$= \frac{1}{2}I\omega^2 - \frac{1}{2}(4I)\left(\frac{\omega}{4}\right)^2 = \frac{1}{2}I\omega^2\left(1 - \frac{1}{4}\right) = \frac{3}{8}I\omega^2$$

निकाय की गतिज ऊर्जा में परिणामी भिन्नात्मक हानि

$$= \frac{(\Delta\text{KE})_{\text{हानि}}}{(\text{KE})_{\text{प्रारम्भिक}}} = \frac{3/8\, I\omega^2}{1/2\, I\omega^2} \quad \left(\because (\text{KE})_{\text{प्रारम्भिक}} = \frac{1}{2}I\omega^2\right)$$

$$= \frac{3}{4}$$

अत: विकल्प (a) सही है।

11. *(b)* जोड़ने से पूर्व,

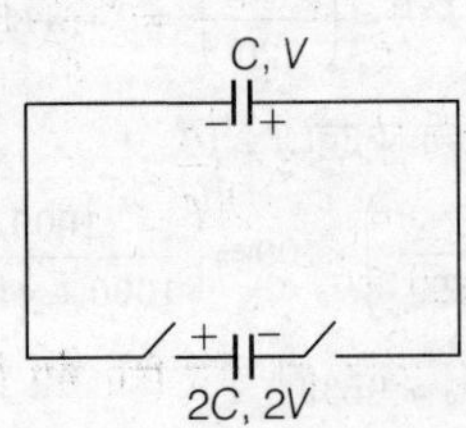

संधारित्र C पर आवेश, $Q_1 = CV$ एवं संधारित्र $2C$ पर आवेश, $Q_2 = 2C \times 2V = 4CV$

जोड़ने के पश्चात्, दोनों संधारित्र समान्तर क्रम में हैं

आवेश संरक्षण के नियम से,

C, V_1 2C, $2V_1$

$$4CV - CV = (C + 2C)V_{\text{उभयनिष्ठ}}$$

$$V_{\text{उभयनिष्ठ}} = \frac{4CV - CV}{3C} = V$$

$$V_{\text{उभयनिष्ठ}} = V$$

अब, विन्यास की अन्तिम ऊर्जा,

$$U_f = \frac{1}{2}CV^2 + \frac{1}{2} \times 2CV^2 = \frac{3}{2}CV^2$$

अत: विकल्प *(b)* सही है।

12. *(d)* दिया है,

पृथ्वी की सतह से h ऊँचाई पर गुरुत्वीय त्वरण = पृथ्वी की सतह के नीचे d गहराई पर गुरुत्वीय त्वरण $= g_1$

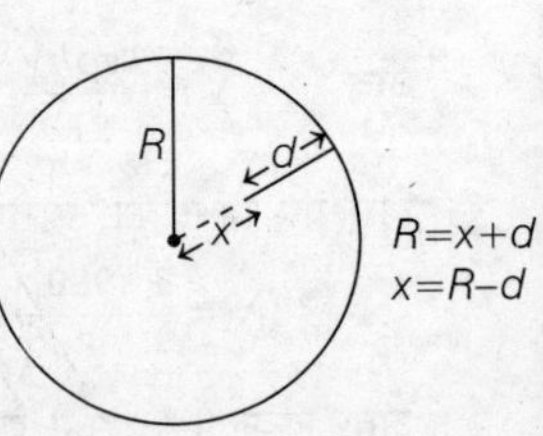

$$\Rightarrow g_1 = \frac{GM}{(R + h)^2} = \frac{GM}{R^3}(R - d)$$

$$\Rightarrow \quad \frac{GM}{\left(R+\frac{R}{2}\right)^2} = \frac{GM}{R^3}(R-d) \qquad \left[\because h = \frac{R}{2}\right]$$

$$\Rightarrow \quad \frac{4GM}{9R^2} = \frac{GM}{R^2}\left(1-\frac{d}{R}\right) \Rightarrow 1-\frac{d}{R} = \frac{4}{9} \Rightarrow \frac{d}{R} = 1-\frac{4}{9} = \frac{5}{9}$$

अत: विकल्प *(d)* सही है।

13. *(d)* मान लें कि पैकेट द्वारा धरातल पर पहुँचने में लिया गया समय t है। जैसा कि हेलीकॉप्टर विराम से ऊपर की दिशा में उठता है, इसका अन्तिम वेग है।

$$v = \sqrt{0^2 + 2gh} \Rightarrow v = \sqrt{2gh}$$

गति की द्वितीय समीकरण से,

$$s = ut + \frac{1}{2}at^2$$

यहाँ, $s = -h$; u या $v = \sqrt{2gh} \Rightarrow a = g$

इन सभी मानों को उपरोक्त समीकरण में प्रतिस्थापन करने पर,

$$-h = \sqrt{2gh}\, t + \frac{1}{2}(-g)t^2 \Rightarrow \frac{1}{2}gt^2 - \sqrt{2gh}\, t - h = 0$$

यह t में द्वि-घातीय समीकरण है।

$$\therefore \quad t = \frac{\sqrt{2gh} \pm \sqrt{(\sqrt{2gh})^2 - 4 \times \frac{g}{2}(-h)}}{2 \times \frac{g}{2}}$$

$$= \frac{\sqrt{2gh} \pm \sqrt{2gh + 2gh}}{g} = \frac{\sqrt{2gh}}{g}(1+\sqrt{2}) = \sqrt{\frac{2h}{g}}(1+\sqrt{2})$$

$$= (2+\sqrt{2})\sqrt{\frac{h}{g}} = 3.4\sqrt{\frac{h}{g}}$$

अत: विकल्प *(d)* सही है।

14. *(b)* प्रश्न में दी गई स्थिति को नीचे दिए गए चित्र में दर्शाया गया है

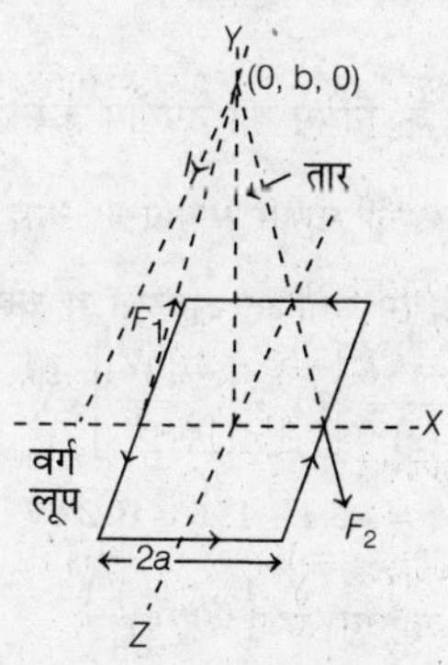

तार की ओर लगने वाला बल, $F_1 = \frac{\mu_0 I^2}{2\pi r}2a$

तार से दूर लगने वाला बल, $F_2 = \frac{\mu_0 I^2}{2\pi r}2a$

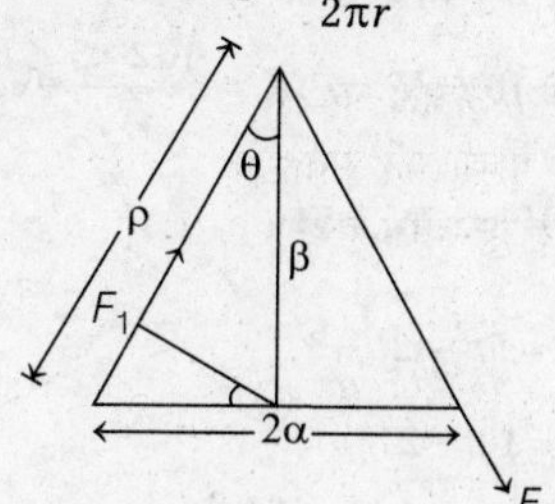

लूप पर Z-अक्ष के सापेक्ष लगने वाला बलाघूर्ण,

$$\tau = F_1 a\cos\theta + F_2 a\cos\theta$$

$$= 2\left(\frac{\mu_0 I^2 2a}{2\pi r}\right)a \cdot \frac{b}{r} \qquad \left(\because \cos\theta = \frac{b}{r}\right)$$

$$= \frac{2\mu_0 I^2 a^2 b}{\pi(a^2+b^2)} \qquad (\because r = \sqrt{a^2+b^2})$$

$$= \frac{2\mu_0 I^2 a^2 b}{\pi b^2} \qquad (\because b >>> a)$$

$$= \frac{2\mu_0 I^2 a^2}{\pi b}$$

अत: विकल्प *(b)* सही है।

15. *(d)* रेडियोधर्मी पदार्थों के विघटन के नियम के अनुसार,

$$R = R_0 e^{-\lambda t} \Rightarrow \ln R = -\lambda t + \ln R_0$$

अत: $\ln R$ व t के मध्य ग्राफ की ढाल $= \lambda$

साथ ही, क्षय नियतांक, $\lambda = \frac{\ln 2}{T_{1/2}} \Rightarrow T_{\frac{1}{2}} = \frac{1}{\lambda}\ln 2$

$\therefore$ वक्र A का ढाल $= \lambda_A = \frac{6}{10} \Rightarrow T_{\frac{1}{2}}(A) = \frac{10}{6}\ln 2$

इसी प्रकार से, वक्र B का ढाल $= \lambda_B = \frac{6}{5} \Rightarrow T_{\frac{1}{2}}(B) = \frac{5}{6}\ln 2$

एवं वक्र C का ढाल $= \lambda_C = \frac{2}{5} \Rightarrow T_{1/2}(C) = \frac{5}{2}\ln 2$

अत: $T_{1/2}(A) : T_{1/2}(B) : T_{1/2}(C) = \frac{10}{6} : \frac{5}{6} : \frac{5}{2} = 20 : 10 : 30 = 2 : 1 : 3$

अत: विकल्प (d) सही है।

16. *(c)* मान लें कि λ तरंगदैर्ध्य व L नली की लम्बाई है।

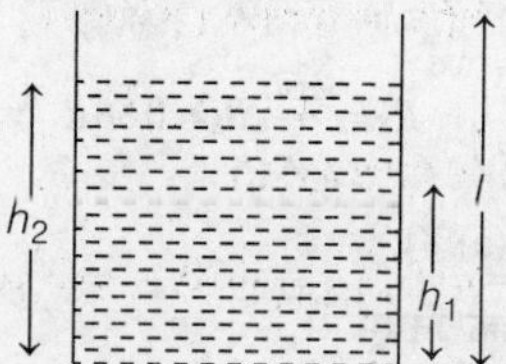

दी गई दोनों स्थितियों के लिए अनुनाद की शर्त इस प्रकार है

$$L - h_1 = \frac{n\lambda}{2} + \frac{\lambda}{4} \qquad \text{...(i)}$$

$$L - h_2 = (n-1)\frac{\lambda}{2} + \frac{\lambda}{4} \qquad \text{...(ii)}$$

समी (i) में से समी (ii) को घटाने पर,

$$(L-h_1) - (L-h_2) = \frac{n\lambda}{2} + \frac{\lambda}{4} - (n-1)\frac{\lambda}{2} - \frac{\lambda}{4} \Rightarrow h_2 - h_1 = \frac{\lambda}{2}$$

यहाँ $h_1 = 17.0$ सेमी व $h_2 = 24.5$ सेमी

इन मानों को उपरोक्त समीकरण में प्रतिस्थापित करने पर,

$$24.5 - 17.0 = \frac{\lambda}{2} \Rightarrow \frac{\lambda}{2} = 7.5 \text{ सेमी} \Rightarrow \lambda = 15.0 \text{ सेमी}$$

अब, स्वरित्र की आवृत्ति, $f = \frac{v}{\lambda} = \frac{330}{15 \times 10^{-2}} = 2200$ हर्ट्ज

अत: विकल्प *(c)* सही है।

17. *(d)* दाबान्तर, $\Delta p = \frac{B\omega}{v} \times s$

$\therefore$ वायु विस्थापन, $s = \frac{\Delta p \times v}{B\omega} = \frac{\Delta p v}{\rho v^2 \omega}$

$$= \frac{\Delta p}{\rho v \omega} = \frac{10}{1 \times 300 \times 1000} \approx \frac{3}{100} \text{ मिमी}$$

अत: विकल्प *(d)* सही है।

18. *(b)* एक फोटोडायोड के *I-V* चारित्रिक वक्र को नीचे दर्शाया गया है

I

V

फोटोडायोड की अग्रदिशिक वोल्टता बढ़ाने से, फोटोधारा पहले बढ़ती है एवं बाद में संतृप्त हो जाती है अर्थात् निश्चित विभव के पश्चात् इलेक्ट्रॉन-हॉल का उत्पादन लगभग नियत हो जायेगा।

अत: विकल्प (b) सही है।

19. *(a)* सापेक्षिक घनत्व या विशिष्ट गुरुत्व

$$\rho_r = \frac{\text{वस्तु का घनत्व}}{\text{पानी का घनत्व}} = \frac{27}{8} \text{ अर्थात } \frac{\rho_o}{\rho_w} = \frac{27}{8}$$

r

R

साम्यावस्था में,

$$\frac{4}{3}\pi R^3 \rho_w g = \frac{4}{3}\pi(R^3 - r^3)\rho_o \cdot g \Rightarrow R^3 = (R^3 - r^3)\left(\frac{27}{8}\right)$$

$$\Rightarrow \quad 8R^3 = 27R^3 - 27r^3 \Rightarrow 27r^3 = 27R^3 - 8R^3$$

$$\Rightarrow \quad 27r^3 = 19R^3 \Rightarrow \frac{r^3}{R^3} = \frac{19}{27}$$

$$\Rightarrow \quad r = \left(\frac{19}{27}\right)^{1/3} R = \frac{2.66}{3} R = 0.88R \Rightarrow r \approx \frac{8}{9} R$$

अत: सही विकल्प (a) है।

20. *(b)* ऊर्जा संरक्षण के नियम से,

$$\frac{1}{2}mv^2 = mgy + (\Delta PE)$$

$$\Rightarrow \quad \frac{1}{2}mv^2 = mgy + kQq\left[\frac{1}{R} - \frac{1}{(R+y)}\right]$$

$$\Rightarrow \quad v^2 = 2gy + \frac{2kQq}{m}\frac{y}{R(R+y)}$$

$$\Rightarrow \quad v^2 = 2y\left[\frac{qQ}{4\pi\varepsilon_0 R(R+y)m} + g\right] \qquad \left[\because k = \frac{1}{4\pi\varepsilon_0}\right]$$

अत: विकल्प (b) सही है।

21. *(50)* ब्रेग के नियम से,

$$2d\sin\theta = n\lambda$$

d

θ θ

प्रथम उच्चिष्ठ के लिए, $n = 1 \Rightarrow 2d\sin\theta = \lambda$

$$\Rightarrow \quad 2d\sin\theta = \frac{h}{\sqrt{2Em}} \qquad \left\{\because \frac{1}{2}mv^2 = E,\ p = \sqrt{2Em};\ \lambda = \frac{h}{p} = \frac{h}{\sqrt{2mE}}\right\}$$

$$\Rightarrow \quad 2Em = \frac{h^2}{4d^2\sin^2\theta} \Rightarrow E = \frac{h^2}{8md^2\sin^2\theta}$$

दिया गया है, $d = 1\,\text{Å} = 10^{-10}$ m, $\theta = 60°$

$h = 6.64 \times 10^{-34}$ जूल-से

$m = 9.1 \times 10^{-31}$ किग्रा

इन मानों को उपरोक्त समीकरण में प्रतिस्थापित करने पर,

$$E = \frac{(6.64 \times 10^{-34})^2}{8 \times 9.1 \times 10^{-31} \times (10^{-10})^2 \sin^2 60°}$$

$$= \frac{44.0896 \times 10^{-68}}{8 \times 9.1 \times 10^{-51} \times \left(\frac{3}{4}\right)} = 0.8075 \times 10^{-17} \text{ जूल}$$

$$= \frac{0.8075 \times 10^{-17}}{1.6 \times 10^{-19}} \text{ eV} = 50.47 \text{ eV} \approx 50 \text{ eV}$$

22. *(50)* आँख पर तनाव न्यूनतम है इसलिए मध्यवर्ती प्रतिबिम्ब का निर्माण नेत्रिका की फोकल लम्बाई पर है।

अभिदृश्यक लेन्स के लिए, $v = 5$ सेमी, $f = 1$ सेमी

$\therefore$ लेन्स सूत्र का उपयोग करने पर, $\frac{1}{v} - \frac{1}{u} = \frac{1}{f}$

$$\Rightarrow \quad \frac{1}{5} - \frac{1}{u} = \frac{1}{1} \Rightarrow u = \frac{-5}{4} \text{ सेमी} \Rightarrow |u| = \frac{5}{4} \text{ सेमी}$$

$$\Rightarrow \quad \frac{n}{40} = \frac{5}{4} \Rightarrow n = \frac{5}{4} \times 40 \Rightarrow n = 50$$

23. *(51)* यहाँ, हाइड्रोजन के परमाणु का द्रव्यमान टकराने वाले कण के द्रव्यमान का 5 गुना है।

रेखीय संवेग संरक्षण के नियम का उपयोग करने पर,

$$mv + 0 = 0 + 5mv' \Rightarrow v' = \frac{v}{5}$$

जब परमाणु अपनी प्रथम उत्तेजित अवस्था में चला जाता है,

$$\text{अवशेषित ऊर्जा} = \left[\frac{-13.6}{(2)^2}\right]\text{eV} - \left[\frac{-13.6}{(1)^2}\right]\text{eV}$$

$$= -3.4 + 13.6 = 10.2 \text{ eV} \qquad \text{...(i)}$$

$$\text{गतिज ऊर्जा में हानि} = \frac{1}{2}mv^2 - \frac{1}{2}(5m)\left(\frac{v}{5}\right)^2$$

$$= \frac{1}{2}mv^2\left(1 - \frac{1}{5}\right) = \frac{4}{5}\left(\frac{mv^2}{2}\right) = \frac{4}{5}K \qquad \text{...(ii)}$$

समी (i) व (ii) से, हमें प्राप्त होता हैं।

$$\frac{4}{5}K = 10.2 \text{ eV} \Rightarrow K = \frac{10.2 \times 5}{4}\text{ eV} = \frac{51.0}{4}\text{ eV}$$

$$\Rightarrow \quad \frac{N}{4} = \frac{51}{4}\text{ eV} \Rightarrow N = 51$$

24. *(5)* दिया है, $I(t) = 5t^2 - 2t + 3$

$$\frac{dI}{dt} = 10t - 2$$

$$t = 1 \text{ सेकण्ड } \frac{dI}{dt} = 8 \text{ ऐम्पियर/से}$$

चुम्बकीय फ्लक्स, $\phi = \left(\frac{\mu_0 I n_2}{2R}\right)(\pi r^2 n_1)$

प्रेरित विद्युत वाहक बल $e = \left|\frac{d\phi}{dt}\right| = \left(\frac{\mu_0 n_2}{2R}\right)\pi r^2 n_1 \frac{dI}{dt}$

दिया है, $n_1 = 200$, $r = 1$ सेमी $= 10^{-2}$ मी

$n_2 = 500$, $R = 20$ सेमी $= 20 \times 10^{-2}$ मी

एवं $\mu_0 = 4\pi \times 10^{-7}$ टेस्ला-मी/ऐम्पियर

दिए गए मानों को उपरोक्त समीकरण में रखने पर,

$$\therefore \quad e = \frac{4\pi \times 10^{-7} \times 200 \times \pi \times 10^{-4} \times 500 \times 8}{2 \times 20 \times 10^{-2}}$$

$= 8 \times 10^{-4}$ वोल्ट $= 0.8$ मिलीवोल्ट

प्रश्नानुसार, 0.8 मिलीवोल्ट $= \frac{4}{x}$

$$\Rightarrow \quad x = \frac{4}{0.8} = 5$$

25. *(195)* दिया है, $\mathbf{F} = (\hat{\mathbf{i}} + 2\hat{\mathbf{j}} + 3\hat{\mathbf{k}})$ न्यूटन

$\mathbf{r} = (4\hat{\mathbf{i}} + 3\hat{\mathbf{j}} - \hat{\mathbf{k}}) - (\hat{\mathbf{i}} + 2\hat{\mathbf{j}} + \hat{\mathbf{k}})$

$= (4-1)\hat{\mathbf{i}} + (3-2)\hat{\mathbf{j}} + (-1-1)\hat{\mathbf{k}} = (3\hat{\mathbf{i}} + \hat{\mathbf{j}} - 2\hat{\mathbf{k}})$ मी

बलाघूर्ण, $\tau = \mathbf{r} \times \mathbf{F}$

$$= \begin{vmatrix} \hat{\mathbf{i}} & \hat{\mathbf{j}} & \hat{\mathbf{k}} \\ 3 & 1 & -2 \\ 1 & 2 & 3 \end{vmatrix} = (3+4)\hat{\mathbf{i}} - (9+2)\hat{\mathbf{j}} + (6-1)\hat{\mathbf{k}}$$

$= (7\hat{\mathbf{i}} - 11\hat{\mathbf{j}} + 5\hat{\mathbf{k}})$ न्यूटन-मी

बलाघूर्ण का परिमाण, $|\tau| = \sqrt{(7)^2 + (-11)^2 + (5)^2}$

$= \sqrt{49 + 121 + 25} = \sqrt{195}$ न्यूटन-मी

अत: $x = 195$ है।

रसायन विज्ञान

26. *(b)* सुपोषण में पोषक तत्वों से समृद्ध जल निकाय एक घने पौधे की आबादी का समर्थन करते हैं, जो पशु जीवन को ऑक्सीजन से वंचित करके मारते हैं और इसके परिणामस्वरूप जैव विविधता का नुकसान होता है, यह प्रदूषित पर्यावरण को इंगित करता है।

27. *(c)* जब एक विशेष बिन्दु पर हाइड्रोजन नाभिक की दूरी कम हो रही है, तो ऊर्जा न्यूनतम है। इस बिन्दु पर सम्भावित ऊर्जा कम से कम होगी। इस बिन्दु पर बन्ध का निर्माण होता है।

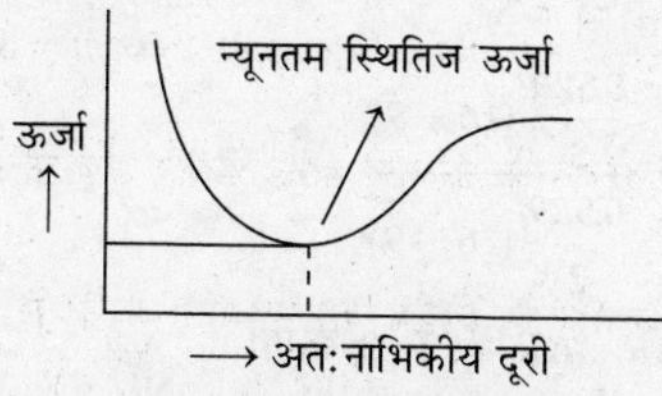

28. *(d)* क्रिस्टल क्षेत्र स्थायीत्वकरण ऊर्जा (CFSE) d^6 धातु आयन एवं उच्च चक्रण के लिए,

अष्टफलकीय सकुंल में क्रिस्टल क्षेत्र स्थायीकरण ऊर्जा

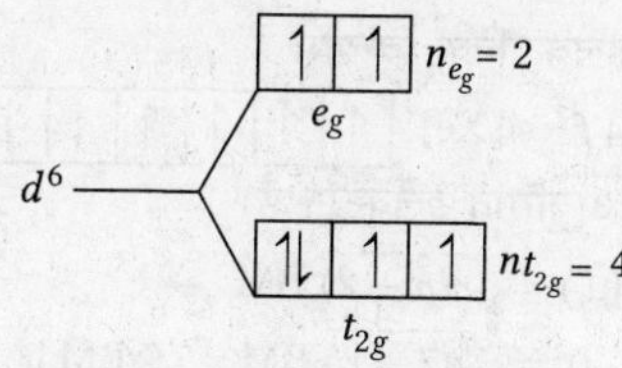

$\text{CFSE} = [-0.4 n_{t_{2g}} + 0.6 n_{e_g}]\Delta_0$

$= [-0.4 \times 4 + 0.6 \times 2]\Delta_0 = -0.4\,\Delta_0$

चतुष्फलकीय सकुंल में क्रिस्टल क्षेत्र स्थायीकरण ऊर्जा (CFSE)

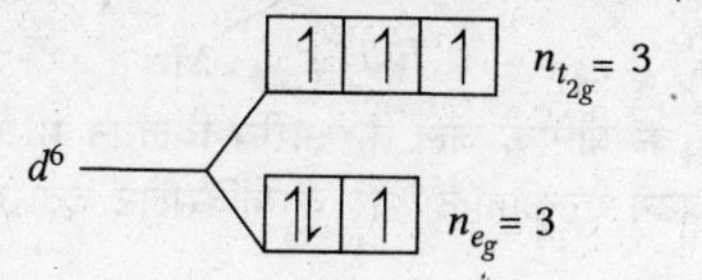

$\text{CFSE} = (-0.6\, n_{e_g} + 0.4 n_{t_{2g}})\Delta_t = (-0.6 \times 3 + 0.4 \times 3)\,\Delta_t$

$= (-1.8 + 1.2)\Delta_t = -0.6\,\Delta_t$

29. *(b)* $N_2O_4(s) \rightleftharpoons 2NO_2(s); \Delta H^\circ = +58$ kJ

क्योंकि ऊष्माशोषी अभिक्रिया ($\Delta H = +$ ve) में तापमान बढ़ने के साथ साम्य स्थिरांक भी बढ़ता है। जब अभिक्रिया अग्र दिशा में बढ़ती है तो जब N_2 मिलाया जाता है, दाब बढ़ता है। एक नियत ताप T पर और आयतन भी नियत ही होता है इसलिए कोई भी परिवर्तन देखा नहीं गया।

30. *(d)* हम जानते हैं, कि

$$d = \frac{Z \times M}{a^3 \times N_A}$$

दिया है, घनत्व, $d = 6.17$ g

किनारों की लम्बाई, $a = 300$ pm $= 3 \times 10^{-8}$ cm

$N_A = 6 \times 10^{23}$ मोल$^{-1}$

$$6.17 = \frac{2 \times M}{(3 \times 10^{-8})^3 \times 6 \times 10^{23}} \quad (\text{bcc के लिए, } Z = 2)$$

$\Rightarrow \quad M = 50$ g / mol

इसलिए, 200 g में उपस्थित यौगिकों की संख्या X_2 है

$$N = \frac{w}{M} \times N_A = \frac{200}{50} \times N_A = 4N_A$$

31. *(b)* किसी भी आवर्त की कक्षाओं में इलेक्ट्रॉन का भरना

$s \to ns(n-2)f\,(n-1)d\;\;np$
यदि आवश्यक यदि आवश्यक

6th आवर्त $n = 6$ के लिए $(n+1)$ नियम, से कक्षकों को निम्न क्रम में भरा जाता है।

$6s, 4f, 5d$ तथा $6p$

32. *(b)* C_2H_5CN को $CH_3CH_2CH_2NH_2$ के रुपान्तरण में एक प्रबल अपचायक (RA) की आवश्यकता है, दिए गए अपचायक में से $LiAlH_4$ एक प्रबल अपचायक वैलीन है। यह सबसे उपयुक्त अभिकर्मक है।

$$C_2H_5CN \xrightarrow{LiA1H_4} CH_3CH_2CH_2CH_2$$

33. *(a)*

Ph–CO–CH₂–CO–Ph (B) > CH_3COCH_3 (A) > CH_3COOMe (C) > CH_3CONMe_2 (D)

(B) सक्रिय मेथिलीन (अत्यधिक अम्लीय) (इसमें सबसे स्थायी ऋणायन का निर्माण होता है)

(D) निम्न–M (मेसोमेरिक) प्रभाव तुलनात्मक है। —C(=O)— समूह

यौगिक *(B)* एक सक्रिय मेथिलीन यौगिक है जो अत्यधिक अनुनाद स्थायी है। यह यौगिक दो प्रबल इलेक्ट्रॉन आकर्षी समूहों (जैसे कार्बोनिल समूह) के बीच स्थित मेथिलीन समूह युक्त होता है अत: ये प्रकृति में अत्यधिक अम्लीय है, *C* और *D* के पास इलेक्ट्रॉन दाता समूह हैं, जो अम्लता को कम कर देते हैं और यौगिक *A*, *C* एवं *D* से अधिक अम्लीय होता है, क्योंकि इसमें कोई भी इलेक्ट्रॉन आकर्षी समूह नहीं होता है, इसलिए विकल्प *(a)* सही है।

(D) < *(C)* < *(A)* < *(B)*

34. *(a)* फॉस्फोरस पेन्टाक्लोराइड PCl_5, $[PCl_4]^+$ और $[PCl_6]^-$ के रूप में उपस्थित है।

$[PCl_4]^+$ की संरचना — चतुष्फलकीय (sp^3-सकरंण)

$[PCl_6]^-$ की संरचना — अष्टफलकीय (sp^3d^2-सकरंण)

ठोस अवस्था में PCl_5, $[PCl_4]^+$ एवं $[PCl_6]^-$ जैसे विपरीत आयनों के रूप में रहना चाहते हैं।

तथा आयनिक बन्ध क्रिस्टलीय प्रकृति को बढ़ाते हैं। ये संरचनाएँ $[PCl_4]^+$ एवं $[PCl_6]^-$ ठोस अवस्था के लिए अतिरिक्त स्थायित्व प्रदान करते हैं।

35. *(c)* जल गैस शिफ्ट अभिक्रिया में, कार्बन मोनो–ऑक्साइड (CO) की अभिक्रिया द्वारा 673 K ताप पर आयरन, क्रोमियम एवं कॉपर जिंक उत्प्रेरक की उपस्थिति में हाइड्रोजन गैस को आर्थिक रूप से उत्पादित किया जाता है।

$$CO + H_2O(g) \xrightarrow[\Delta]{\text{उत्प्रेरक}} CO_2(g) + H_2(g)$$

36. *(d)* टायरोसिन एक आवश्यक ऐमीनो अम्ल नहीं है एवं शेष सभी आवश्यक ऐमीनो अम्ल है। ऐमीनो अम्ल जो शरीर द्वारा संश्लेषित होते हैं, अनआवश्यक कहा जाता है। दूसरी ओर उन ऐमीनो अम्लों को मानव शरीर में संश्लेषित नहीं किया जा सकता और आहार के रूप में आपूर्ती की जाती है उन्हें आवश्यक ऐमीनो अम्ल कहा जाता है। ऐसे दस ऐमीनो अम्ल हैं। वैलीन, ल्यूसिन, आइसोल्यूसिन, आर्जिनिन लाइसिन, थ्रिओनीन, मेथियोनीन, फेनिलऐलानिन, ट्रिप्टोफेन, हिस्टीडिन आवश्यक ऐमीनो अम्ल हैं।

37. *(c)*

(A) sp^2- संकरित स्थानीकृत इलेक्ट्रॉन

(B) sp^3- संकरित (ऐरोमैटिकता में सम्मिलित इलेक्ट्रॉन युग्म) → दुर्बलतम क्षार

(C) sp^3- संकरित

(D) (H^+ आयन ग्रहण करने के पश्चात् दर्शायी अनुनादी संरचनाएँ)

जितने अधिक एकाकी इलेक्ट्रॉन युग्म होगें दान के लिए, उतना ही क्षारीयता अधिक होगी।

(B) न्यूनतम क्षारीय < (A) < (D) < (C) अधिकतम क्षारीय

क्षारीयता का सही क्रम होगा

$$B < A < D < C$$

38. *(c)* हम जानते हैं,

$$r = 0.529\,\frac{n^2}{Z}\,\text{Å}$$

Li^{2+} के लिए,

$$(r_{Li^{2+}})_{n=4} - (r_{Li^{2+}})_{n=3} \Rightarrow \frac{0.529}{3}(16-9) = \Delta R_1 \quad \text{... (i)}$$

He^+ के लिए,

$$(r_{He^+})_{n=4} - (r_{He^+})_{n=3} \Rightarrow \frac{0.529}{3}(16-9) = \Delta R_2 \quad \text{... (ii)}$$

समी (i) और (ii) से,

$$\frac{\Delta R_1}{\Delta R_2} = \frac{\frac{0.529}{3}(16-9)}{\frac{0.529}{2}(16-9)} = \frac{3}{2}$$

अत: अनुपात $\Delta R_1 : \Delta R_2 = 2 : 3$ होगा।

39. *(c)* एलिंघम आरेख कुछ धातु ऑक्साइडों के निर्माण की मानक गिब्स ऊर्जा की तापमान निर्भरता के बारे में जानकारी प्रदान करता है। यह अयस्क की तापमान कमी को दर्शाता है अर्थात् दिए गए तापमान पर, प्रतिक्रिया की गिब्स ऊर्जा नकारात्मक होनी चाहिए।

40. *(a)* Gd^{3+} का इलेक्ट्रॉनिक विन्यास है

$_{64}Gd^{3+} = [Xe]4f^7 = [Xe]$ | 1 | 1 | 1 | 1 | 1 | 1 | 1 |

Gd^{3+} के पास 7 अयुग्मित इलेक्ट्रॉन है।

चुम्बकीय प्रकृति $(\mu) = \sqrt{n(n+2)}$ BM

$\Rightarrow \quad \mu = \sqrt{7(7+2)}$ BM = 7.9 BM

n = अयुग्मित इलेक्ट्रॉनों की संख्या

41. *(c)*

$RO–C(=O)–Me$

ऐल्कोहॉल के यौगिक जल के क्षारीय विलयन में अस्थायी है एवं जल-अपघटन ऐल्कोहॉल और कार्बोक्सिलेट देता है।

$$R—O—\underset{\underset{O}{\|}}{C}—CH_3 \xrightarrow{\overset{\ominus}{O}H/H_2O} R—O—\underset{\underset{O^{\ominus}}{|}}{\overset{OH}{|}{C}}—CH_3$$

$$CH_3—\underset{\underset{O}{\|}}{C}—O^- + R—OH \longleftarrow CH_3—\underset{\underset{O}{\|}}{C}—OH + \overset{\ominus}{O}R$$

अम्ल क्षार

ये क्षारीय माध्यम में एस्टर का जल-अपघटन है।

42. *(d)* हम जानते हैं, $N = N_0 e^{-Kt}$

K का पता लगाया जा सकता है।

$$K = \frac{\ln 2}{t_{1/2}} \quad (\text{यहाँ, } t_{1/2} = \text{अर्द्ध आयुकाल})$$

$\because$ A की सान्द्रता के लिए आवश्यक समय B का 4 गुना है

$$A = 4B$$

$$N_0 e^{\frac{-\ln 2}{300}} = 4N_0 e^{\frac{-\ln 2}{180}}$$

$$-\frac{\ln 2t}{300} = \ln 4 - \frac{\ln 2t}{180}$$

$$\ln 2t\left[\frac{1}{180} - \frac{1}{300}\right] = 2\ln 2$$

$$t = \frac{2 \times 180 \times 300}{120}$$

$$= 900 \text{ s}$$

43. *(c)* नॉरएड्रेनालाइन एक न्यूरोट्रांसमीटर है जो मूड परिवर्तन में महत्त्वपूर्ण भूमिका निभाता है। यदि शरीर में नॉरएड्रेनालाइन का स्तर किसी कारण से कम है तो सिग्नल भेजने वाली गतिविधि कम हो जाती है और व्यक्ति अवसाद से ग्रस्त हो जाता है। ऐसे मामलों में, अवसादरोधी दवाओं की आवश्यकता होती है।

ये दवाएँ उन एन्जाइमों को रोकती है जो नॉरएड्रेनालाइन के क्षरण को उत्प्रेरित करते हैं। यदि एन्जाइम को बाधित किया जाता है, तो यह महत्त्वपूर्ण न्यूरो ट्रांसमीटर धीरे-धीरे उपापचय हो जाता है और इसके ग्राही को अधिक समय तक सक्रिय कर सकता है, इस प्रकार अवसाद के प्रभाव का प्रतिकार होता है। आइप्रोनिजाइड और फिनेलेजाइन ऐसी दो अवसादरोधी दवाएँ हैं।

44. *(d)* CMC (क्रान्तिक मिसेल सान्द्रता) एक वृहद् प्रावस्था में एक पृष्ठीय सक्रियक की सान्द्रता है, जिसके ऊपर पृष्ठीय सक्रियक अणुओं के समुच्चय, जिसे मिसेल कहा जाता है, बनना प्रारम्भ होता है।

एक मिसेल एक तरल कोलॉइड में फैला हुआ एकलक पृष्ठीय सक्रियक अणुओं का एक समुच्चय है।

आस-पास के विलायक के सम्पर्क में जलस्नेही "शीर्ष" क्षेत्र, मिसेल केन्द्र में जलविरोधी "पूछ" क्षेत्रों को पृथक् करते हैं।

सही विकल्प (d) होगा।

45. *(d)*

शुष्क $AlCl_3$ का योग; $\overset{\oplus}{O}\overset{\ominus}{A}lCl_3$; वलय का खुलना; $\overset{\ominus}{O}AlCl_3$; $H^{\oplus}$; $AlCl_3$; Zn-Hg/HCl क्लीमेन्सन अपचयन; (A) मुख्य; $2H_3PO_4$, $H^{\oplus}$; $-H^+$; (B) (मुख्य उत्पाद)

46. *(6)* $[EDTA]^{4-}$—एथिलिनडाइऐमीनट्रेटाऐसीटेट ऋणायन है। यह एक पॉलिप्रोटिक अम्ल है जिसमें चार कार्बोक्सिलिक अम्ल समूह और दो ऐमाइन समूह हैं जिनमें एकांकी युग्म इलेक्ट्रॉन है। जो कैल्सियम और कई अन्य धातु आयनों के साथ संकुल बनाते हैं। इसकी समन्वय संख्या 6 है।

$$\begin{array}{c} ^-O—\overset{O}{\overset{\|}{C}}—CH_2 \qquad\qquad CH_2—\overset{O}{\overset{\|}{C}}—O^- \\ \ddot{N}CH_2CH_2\ddot{N} \\ ^-O—\underset{O}{\underset{\|}{C}}—CH_2 \qquad\qquad CH_2—\underset{O}{\underset{\|}{C}}—O^- \end{array}$$

यह 6 दन्तुक लिगैण्ड है।

47. *(37)* 30 बार दाब पर CO_2 का, 1 kg जल में द्रव्यमान = 44 g

3 बार दाब पर CO_2 का 1 kg जल में द्रव्यमान = 4.4 g

CO_2 के मोल 1 kg जल में $= \frac{4.4}{44} = 0.1$ मोल

विलयन में, $H_2O + CO_2 \rightleftharpoons H_2CO_3$ (0.1 मोल)

या $H_2CO_3 \rightleftharpoons H^+ + HCO_3^-$

	H_2CO_3	H^+	HCO_3^-
प्रारम्भ	0.1	–	–
साम्य	$0.1(1-\alpha)$	$0.1\,\alpha$	$0.1\,\alpha$

यहाँ, α = वियोजन की दर

$$K_{\alpha_1} = \frac{[H^+][HCO_3^-]}{[H_2CO_3]}$$

[यहाँ, K_{α_1}, H_2CO_3 का प्रथम वियोजन नियतांक है]

$$4\times10^{-7}=\frac{(0.1\,\alpha)^2}{0.1(1-\alpha)}=0.1\,\alpha^2 \qquad \left[\because \frac{K_\alpha}{C}<10^{-3},\ 1-\alpha\cong1\right]$$

$$4.0\times10^{-7}\times0.1=0.01\,\alpha^2 \Rightarrow \alpha=2\times10^{-3}$$

$$[H^+]=0.1\,\alpha=0.1\times2\times10^{-3}=2\times10^{-4}$$

$$pH=-\log[H^+]=-\log[2\times10^{-4}]$$
$$=-[\log2+\log[10^{-4}]]$$
$$=-[0.3-4]=3.7=37\times10^{-1}$$

48. *(–6)* $\therefore \Delta G^\circ=-nFE^\circ_{cell}$

यहाँ, $\Delta G^\circ=17.37$ kJ mol^{-1}

$n=$ इलेक्ट्रॉन की संख्या

$F=$ फैराडे नियतांक $=96500$ C /mol

$=17.37\times1000$ J mol^{-1}

$$17.37\times1000=-3\times96500\times E^\circ_{cell}$$

$$E^\circ_{cell}=\frac{17.37\times1000}{3\times96500}$$

$$E^\circ_{cell}=-0.06=-6\times10^{-2}$$

49. *(4)* दिए गए ट्राइपेप्टाइड Ile-Arg-Pro में उपस्थित ऐमीनो अम्ल आइसोल्यूसिन, आर्जिनिन और प्रोलीन हैं।

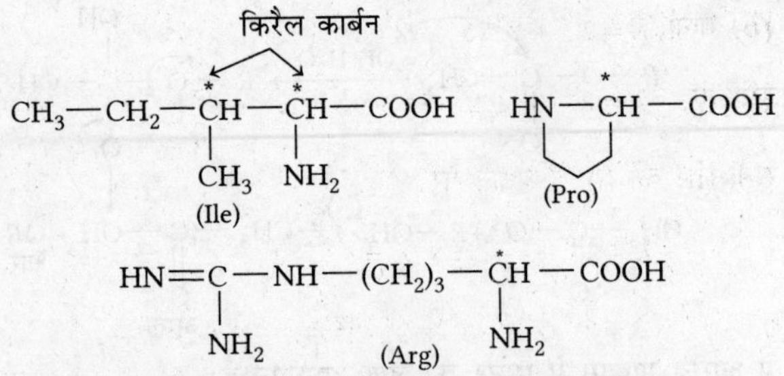

किरैल कार्बन

$$CH_3-CH_2-\overset{*}{C}H(CH_3)-\overset{*}{C}H(NH_2)-COOH \ \text{(Ile)} \qquad HN-\overset{*}{C}H-COOH \ \text{(Pro)}$$

$$HN{=}C(NH_2)-NH-(CH_2)_3-\overset{*}{C}H(NH_2)-COOH \ \text{(Arg)}$$

यहाँ दिए गए ट्राइपेप्टाइड में उपस्थित किरैल कार्बन की संख्या 4 है।

50. *(18)* **प्रोपेन का दहन**

$$\underset{\text{(प्रोपेन)}}{C_3H_8(g)}+5O_2(g)\longrightarrow 3CO_2(g)+4H_2O(l)$$

1 मोल प्रोपेन के दहन के लिए 5 मोल O_2 की आवश्यकता है।

ब्यूटेन का दहन

$$\underset{\text{ब्यूटेन (2 मोल)}}{C_4H_{10}(g)}+\frac{13}{2}O_2(g)\longrightarrow 4CO_2(g)+5H_2O(l)$$

2 मोल ब्यूटेन के लिए 13 मोल O_2 की आवश्यकता है।

$\therefore$ मोल की न्यूनतम संख्या 1 मोल प्रोपेन एवं ब्यूटेन के 2 मोल को ऑक्सीकरण करने की आवश्यकता होती है।

$$=5+2\times\frac{13}{2}=18$$

गणित

51. *(d)* माना शेष दो प्रेक्षण x तथा y हैं, तब प्रसरण

$$=\frac{2^2+4^2+10^2+12^2+14^2+x^2+y^2}{7}-8^2$$

$$\Rightarrow \frac{4+16+100+144+196+x^2+y^2}{7}-64=16 \text{ (दिया है)}$$

$$\Rightarrow 460+x^2+y^2-448=112 \Rightarrow x^2+y^2=100 \quad \text{...(i)}$$

तथा, माध्य $=\dfrac{2+4+10+12+14+x+y}{7}=8$ (दिया है)

$$\Rightarrow 42+x+y=56 \Rightarrow x+y=14 \quad \text{...(ii)}$$

समी (i) व (ii) से, हमने शेष दो प्रेक्षण 6 तथा 8 प्राप्त किए।

$\therefore$ शेष प्रेक्षणों का निरपेक्ष अन्तर $=2$

52. *(b)* दिए गए शांकव का समीकरण

$$9x^2+16y^2=144$$

$\Rightarrow \dfrac{x^2}{16}+\dfrac{y^2}{9}=1$ एक दीर्घवृत्त है, तब इसकी उत्केन्द्रता,

$$e=\sqrt{1-\frac{9}{16}}=\frac{\sqrt7}{4}$$

$\therefore$ नाभि के निर्देशांक हैं,

$$F_1(\sqrt7,0)=A \text{ तथा } F_2(-\sqrt7,0)=B$$

दीर्घवृत्त की परिभाषा के अनुसार जैसे कि, दीर्घवृत्त पर P को इंगित करें, इसलिए

$$PA+PB=2\times4=8$$

53. *(d)* दी गई समीकरण

$$9x^2-18|x|+5=0 \Rightarrow 9|x|^2-18|x|+5=0$$

$$\Rightarrow 9|x|^2-15|x|-3|x|+5=0$$

$$\Rightarrow 3|x|(3|x|-5)-1(3|x|-5)=0$$

$$\Rightarrow |x|=\frac13,\frac53 \Rightarrow x=\pm\frac13,\pm\frac53$$

इसलिए, मूलों का गुणनफल $=\left(\dfrac13\right)\left(-\dfrac13\right)\left(\dfrac53\right)\left(-\dfrac53\right)=\dfrac{25}{81}$

54. *(d)* दिया है, समान्तर श्रेणी के प्रथम तीन पद इस प्रकार हैं

$$3^{2\sin2\alpha-1},\ 14,\ 3^{4-2\sin2\alpha}$$

$$\therefore \quad 28=\frac{3^{2\sin2\alpha}}{3}+\frac{3^4}{3^{2\sin2\alpha}}$$

माना, $3^{2\sin2\alpha}=x$

इसलिए, $28=\dfrac{x}{3}+\dfrac{81}{x} \Rightarrow x^2-84x+243=0$

$$\Rightarrow x^2-81x-3x+243=0 \Rightarrow (x-81)(x-3)=0$$

$$\Rightarrow x=3,81 \Rightarrow 3^{2\sin2\alpha}=3^1 \text{ या } 3^4$$

$$\Rightarrow 2\sin2\alpha=1 \text{ या } 4$$

$$\Rightarrow \sin^{2\alpha}=\frac12 \qquad [\because \sin2\alpha\in[-1,1]$$

इसलिए, समान्तर श्रेणी के प्रथम तीन पद 1, 14, 27 होंगे।

$\therefore$ छठा पद, $a_6=1+(6-1)13=1+65=66$

55. *(b)* माना, $\lambda = 2^{10} + 2^9 \cdot 3^1 + 2^8 \cdot 3^2 + \ldots + 2 \cdot 3^9 + 3^{10}$ ...(i)

इसलिए, $\frac{3}{2}\lambda = 2^9 \cdot 3^1 + 2^8 \cdot 3^2 + \ldots + 3^{10} + \frac{3^{11}}{2}$ ...(ii)

समी (ii) को (i) से घटाने पर,

$-\frac{1}{2}\lambda = 2^{10} - \frac{3^{11}}{2} \Rightarrow \lambda = 3^{11} - 2^{11}$

$\because \quad \lambda = 2^{10} + 2^9 \cdot 3^1 + 2^8 \cdot 3^2 + \ldots + 2 \cdot 3^9 + 3^{10} = S - 2^{11}$ (दिया है)

$\therefore \; 3^{11} - 2^{11} = S - 2^{11} \Rightarrow S = 3^{11}$

56. *(a)* दिया गया, समाकलन

$$I = \int (e^{2x} + 2e^x - e^{-x} - 1)(e^x + e^{-x})\, dx$$

माना $e^x = t \Rightarrow dx = \frac{dt}{t}$

इसलिए, $I = \int \left(t^2 + 2t - \frac{1}{t} - 1\right) e^{\left(t + \frac{1}{t}\right)} \frac{dt}{t}$

$$= \int \left(t + 2 - \frac{1}{t^2} - \frac{1}{t}\right) e^{\left(t + \frac{1}{t}\right)} dt$$

$$= \int \left[\left(t - \frac{1}{t}\right) + \left(1 - \frac{1}{t^2}\right) + 1\right] e^{\left(t + \frac{1}{t}\right)} dt$$

$$= \int \left[(1 + t)\left(1 - \frac{1}{t^2}\right) + 1\right] e^{\left(t + \frac{1}{t}\right)} dt$$

$$= \int (1 + t)\left(1 - \frac{1}{t^2}\right) e^{\left(t + \frac{1}{t}\right)} dt + \int e^{\left(t + \frac{1}{t}\right)} dt$$

$$= (1 + t)e^{\left(t + \frac{1}{t}\right)} - \int 1 \cdot e^{\left(t + \frac{1}{t}\right)} dt + \int e^{\left(t + \frac{1}{t}\right)} dt$$

$$= (1 + t)e^{t + \frac{1}{t}} + c = (1 + e^x)\, e^{(e^x + e^{-x})} + c$$

$$= g(x)\, e^{(e^x + e^{-x})} + c \quad \text{(दिया है)}$$

$\therefore \quad g(x) = 1 + e^x \Rightarrow g(0) = 1 + 1 = 2$

57. *(d)* दिया गया फलन

$$F(\theta) = \begin{vmatrix} -\sin^2\theta & -1 - \sin^2\theta & 1 \\ -\cos^2\theta & -1 - \cos^2\theta & 1 \\ 12 & 10 & -2 \end{vmatrix}$$

$$= 2\begin{vmatrix} -\sin^2\theta & -1 - \sin^2\theta & 1 \\ -\cos^2\theta & -1 - \cos^2\theta & 1 \\ 6 & 5 & -1 \end{vmatrix}$$

$R_1 \to R_1 + R_3$ तथा $R_2 \to R_2 + R_3$ का प्रयोग करने पर,

$$f(\theta) = 2\begin{vmatrix} 6 - \sin^2\theta & 4 - \sin^2\theta & 0 \\ 6 - \cos^2\theta & 4 - \cos^2\theta & 0 \\ 6 & 5 & -1 \end{vmatrix}$$

$$= 2(-1)[(6 - \sin^2\theta)(4 - \cos^2\theta) - (4 - \sin^2\theta)(6 - \cos^2\theta)]$$

$$= -2[24 - 6\cos^2\theta - 4\sin^2\theta + \sin^2\theta\cos^2\theta - 24 + 4\cos^2\theta + 6\sin^2\theta - \sin^2\theta\cos^2\theta]$$

$$= -2[-2\cos^2\theta + 2\sin^2\theta] = 4\cos 2\theta$$

इस प्रकार, $\theta \in \left[\frac{\pi}{4}, \frac{\pi}{2}\right] \Rightarrow 2\theta \in \left[\frac{\pi}{2}, \pi\right]$

$\therefore \quad f(\theta)|_{\text{निम्नतम}} = f\left(\frac{\pi}{2}\right) = -4 = m$

तथा $\quad f(\theta)|_{\text{महत्तम}} = f\left(\frac{\pi}{4}\right) = 0 = M$

$\therefore$ क्रमित युग्म $(m, M) = (-4, 0)$ हैं।

58. *(b)* हम जानते हैं, कि

$$\sim(p \leftrightarrow q) = (p \wedge \sim q) \vee (\sim p \wedge q)$$

इसलिए $\sim(x \leftrightarrow \sim y) = (x \wedge y) \vee (\sim x \wedge \sim y)$

59. *(b)* हम जानते हैं, चतुष्फलक का आयतन, जिसकी संलग्न भुजाएँ सदिश रूप से दी गई हैं, $\mathbf{a} = \hat{\mathbf{i}} + \hat{\mathbf{j}} + n\hat{\mathbf{k}}$, $\mathbf{b} = 2\hat{\mathbf{i}} + 4\hat{\mathbf{j}} - n\hat{\mathbf{k}}$ तथा $\mathbf{c} = \hat{\mathbf{i}} + n\hat{\mathbf{j}} + 3\hat{\mathbf{k}}$, $(n \geq 0)$

$$\begin{vmatrix} 1 & 1 & n \\ 2 & 4 & -n \\ 1 & n & 3 \end{vmatrix} = 158 \text{ है, [दियाहै]}$$

$\Rightarrow \quad 1(12 + n^2) - 1(6 + n) + n(2n - 4) = 158$

$\Rightarrow \quad 3n^2 - 5n + 6 = 158 \Rightarrow 3n^2 - 5n - 152 = 0$

$\Rightarrow \quad 3n^2 - 24n + 19n - 152 = 0$

$\Rightarrow \quad (3n + 19)(n - 8) = 0 \Rightarrow n = 8, n \geq 0$

$\therefore \quad \mathbf{a} = \hat{\mathbf{i}} + \hat{\mathbf{j}} + 8\hat{\mathbf{k}}, \mathbf{b} = 2\hat{\mathbf{i}} + 4\hat{\mathbf{j}} - 8\hat{\mathbf{k}}$

तथा $\quad \mathbf{c} = \hat{\mathbf{i}} + 8\hat{\mathbf{j}} + 3\hat{\mathbf{k}}$

$\therefore \quad \mathbf{a} \cdot \mathbf{c} = 1 + 8 + 24 = 33$

तथा $\quad \mathbf{b} \cdot \mathbf{c} = 2 + 32 - 24 = 10$

60. *(b)* दी गई श्रेणी है,

$$S = \tan^{-1}\left(\frac{1}{3}\right) + \tan^{-1}\left(\frac{1}{7}\right) + \tan^{-1}\frac{1}{13} + \tan^{-1}\left(\frac{1}{21}\right) + \ldots + 10 \text{ पद तक}$$

$$= \tan^{-1}\frac{1}{1 + 2} + \tan^{-1}\frac{1}{1 + 6} + \tan^{-1}\frac{1}{1 + 12} + \tan^{-1}\frac{1}{1 + 20} + \ldots 10 \text{ पद तक}$$

$$= \tan^{-1}\frac{2 - 1}{1 + (1 \cdot 2)} + \tan^{-1}\frac{3 - 2}{1 + (2 \cdot 3)} + \tan^{-1}\frac{4 - 3}{1 + (3.4)} + \tan^{-1}\frac{5 - 4}{1 + (4.5)} + \ldots + 10 \text{ पद तक}$$

$$= [\tan^{-1}2 - \tan^{-1}1] + [\tan^{-1}3 - \tan^{-1}2] + [\tan^{-1}4 - \tan^{-1}3] + [\tan^{-1}5 - \tan^{-1}4] + \ldots + 10 \text{ heo lekeâ}$$

$$= \tan^{-1}11 - \tan^{-1}1 = \tan^{-1}\left(\frac{11 - 1}{1 + (11 \times 1)}\right)$$

$$\Rightarrow \quad S = \tan^{-1}\left(\frac{10}{12}\right) \Rightarrow \tan(S) = \frac{5}{6}$$

61. *(a)* दिया गया समाकलन,

$$I = \int_{-\pi/2}^{\pi/2} \frac{1}{1 + e^{\sin x}} dx \quad ...(i)$$

हम जानते हैं कि, $\int_a^b f(x)dx = \int_a^b f(a + b - x)dx$

इसलिए, $I = \int_{-\pi/2}^{\pi/2} \frac{1}{1 + e^{-\sin x}} dx = \int_{-\pi/2}^{\pi/2} \frac{e^{\sin x}}{e^{\sin x} + 1} dx \quad ...(ii)$

समी (i) व (ii) को जोड़ने पर,

$$2I = \int_{-\pi/2}^{\pi/2} \frac{1 + e^{\sin x}}{1 + e^{\sin x}} dx = \int_{-\pi/2}^{\pi/2} dx = \pi \Rightarrow I = \frac{\pi}{2}$$

62. *(c)* दी गई समीकरण $p(x) = x^2 - x - 2 = (x - 2)(x + 1)$ का धनात्मक मूल α है, इसलिए $\alpha = 2$

अब, $\lim_{x \to \alpha^+} \frac{\sqrt{1 - \cos(p(x))}}{x + \alpha - 4} = \lim_{x \to 2^+} \frac{\left|\sqrt{2}\sin\left(\frac{p(x)}{2}\right)\right|}{x - 2}$

$[\because \sin\theta > 0, \text{ यदि } \theta \to 0^+]$

$$= \lim_{x \to 2^+} \left[\sqrt{2}\frac{\sin\left(\frac{(x-2)(x+1)}{2}\right)}{\frac{(x-2)(x+1)}{2}} \times \left(\frac{x+1}{2}\right)\right] = \sqrt{2}\left(\frac{3}{2}\right) = \frac{3}{\sqrt{2}}$$

63. *(d)* दिए गए वक्र का समीकरण

$$4x^2 + 5y^2 = 20 \Rightarrow \frac{x^2}{5} + \frac{y^2}{4} = 1 \quad ...(i)$$

माना एक बिन्दु $P(\sqrt{5}\cos\theta, 2\sin\theta)$ वक्र (i) पर है।

$PQ^2 = (\sqrt{5}\cos\theta - 0)^2 + (2\sin\theta + 4)^2 \quad [\because \theta = (0, -4)]$

$\therefore \quad PQ^2 = 5\cos^2\theta + 16 + 4\sin^2\theta + 16\sin\theta$

$= 21 - \sin^2\theta + 16\sin\theta$

$= 21 - (8 - \sin\theta)^2 + 64 = 85 - (8 - \sin\theta)^2$

क्योंकि बिन्दु P, बिन्दु Q से दूर है, इसलिए $\sin\theta = 1$

तथा, इसलिए $PQ^2 = 85 - 49 = 36$

64. *(b)* रेखा $\frac{x+1}{2} = \frac{y-3}{-2} = \frac{z}{-1} \quad ...(i)$

में बिन्दु $(1, 2, -3)$ का प्रतिबिम्ब (a, b, c) हैं।

इसलिए, P तथा Q का मध्य-बिन्दु रेखा पर होगा।

$$\frac{\frac{a+1}{2} + 1}{2} = \frac{\frac{b+2}{2} - 3}{-2} = \frac{\frac{c-3}{2}}{-1} \Rightarrow \frac{a+3}{4} = \frac{b-4}{-4} = \frac{c-3}{-2}$$

$\Rightarrow \quad \frac{a+3}{-2} = \frac{b-4}{2} = \frac{c-3}{1} = k \quad$ (माना)

$\Rightarrow \quad a = -2k - 3, b = 2k + 4$ तथा $c = k + 3 \quad ...(ii)$

रेखा PQ, रेखा (i) पर लम्बवत् है।

$\therefore \quad 2(a - 1) - 2(b - 2) - 1(c + 3) = 0 \Rightarrow 2a - 2b - c = 1 \quad ...(iii)$

समी (ii) तथा (iii) से,

$-4k - 6 - 4k - 8 - k - 3 = 1 \Rightarrow 9k = -18 \Rightarrow k = -2$

$\therefore \quad a + b + c = k + 4 = -2 + 4 = 2$

65. *(c)* प्रश्न में दी गई जानकारी के अनुसार,

माना $\quad n(C) = 73$

$n(T) = 65$ तथा $n(C \cap T) = x$

हम जानते हैं कि

$$n(C \cup T) = n(C) + n(T) - n(C \cap T)$$

तथा $\quad 73 \le n(C \cup T) \le 100$

$\Rightarrow \quad 73 \le 73 + 65 - x \le 100 \Rightarrow 0 \le 65 - x \le 27$

$\Rightarrow \quad 38 \le x < 65$

इसलिए, x, 36 नहीं हो सकता।

66. *(b)* दिया गया फलन,

$$f(x) = \begin{cases} k_1(x - \pi)^2 - 1, & x \le \pi \\ k_2\cos x, & x > \pi \end{cases}$$

द्विअवकलनीय है, इसलिए $f(x)$, $x = \pi$, पर सतत् होगा, इसलिए,

$\lim_{x \to \pi^+} f(x) = f(\pi) \Rightarrow -k_2 = -1 \Rightarrow k_2 = 1 \quad ...(i)$

अब, $f'(x) = \begin{cases} 2k_1(x - \pi), & x < \pi \\ -k_2\sin x, & x > \pi \end{cases}$

तथा $f''(x) = \begin{cases} 2k_1, & x < \pi \\ -k_2\cos x, & x > \pi \end{cases}$

$\therefore \quad \lim_{x \to \pi^+} f''(x) = \lim_{x \to \pi^-} f''(x) \Rightarrow k_2 = 2k_1$

$\Rightarrow \quad k_1 = \frac{k_2}{2} = \frac{1}{2} \quad$ [समी (i) से]

$\therefore$ क्रमित युग्म $(k_1, k_2) = \left(\frac{1}{2}, 1\right)$

67. *(a)* परवलय $y^2 = 4x$ की ढाल 'm' वाली स्पर्श रेखा का समीकरण

$$y = mx + \frac{1}{m} \quad ...(i)$$

$\because$ रेखा (i), परवलय $x^2 = 4y$ की भी स्पर्शी है।

इसलिए, $x^2 - 4mx - \frac{4}{m} = 0$ का विविक्तकर 0 होगा।

इसलिए, $\quad 16m^2 + \frac{16}{m} = 0 \Rightarrow m = -1$

अत: दिए गए परवलयों की उभयनिष्ठ स्पर्शी का समीकरण

$$x + y + 1 = 0 \quad ...(ii)$$

यह दिया है, कि रेखा (ii), वृत्त $x^2 + y^2 = c^2$ को स्पर्श करती है।

$\therefore \quad c = \frac{1}{\sqrt{2}}$

68. *(c)* दिया है, कि $z, \bar{z}, \bar{z} - 2\text{Re}(\bar{z})$ तथा $z - 2\text{Re}(z)$, 4 इकाई भुजा के वर्ग के शीर्षों को निरूपित करते हैं।

$\therefore \quad |z - \bar{z}| = 4 \quad ...(i)$

अब, माना $z = x + iy$, इसलिए $\bar{z} = x - iy$ तथा $\text{Re}(z) = x$

अब, समी (i) से,

$2|y| = 4 \Rightarrow |y| = 2$ तथा $|z - (z - 2\text{Re}(z))| = 4$

$\Rightarrow \quad 2|x| = 4 \Rightarrow |x| = 2$

$\therefore \quad |z| = \sqrt{x^2 + y^2} = \sqrt{4 + 4} = 2\sqrt{2}$

69. *(b)* दी गई अवकलन समीकरण

$$\frac{5+e^x}{2+y}\frac{dy}{dx}+e^x=0 \Rightarrow \int\frac{dy}{2+y}+\int\frac{e^x}{5+e^x}dx=0$$

$\Rightarrow \quad \log_e|2+y|+\log_e|5+e^x|=\log_e C$

$\Rightarrow \quad |2+y||5+e^x|=C$

$\because \quad y(0)=1 \Rightarrow C=18$

$\therefore x=\log_e 13$ पर

$|2+y||5+13|=18 \Rightarrow |2+y|=1$

$\Rightarrow \quad y+2=\pm 1 \Rightarrow y=-1$ या -3

70. *(d)* दिया गया रैखिक समीकरण निकाय

$2x_1-4x_2+\lambda x_3=1$

$x_1-6x_2+x_3=2$

तथा $\lambda x_1-10x_2+4x_3=0$

असंगत है, तब

$$\Delta=0\Rightarrow\begin{vmatrix}2 & -4 & \lambda\\ 1 & -6 & 1\\ \lambda & -10 & 4\end{vmatrix}=0$$

$\Rightarrow \quad 2(-24+10)+4(4-\lambda)+\lambda(-10+6\lambda)=0$

$\Rightarrow \quad 6\lambda^2-14\lambda-12=0 \Rightarrow 3\lambda^2-7\lambda-6=0$

$\Rightarrow \quad 3\lambda^2-9\lambda+2\lambda-6=0 \Rightarrow 3\lambda(\lambda-3)+2(\lambda-3)=0$

$\Rightarrow \quad \lambda=-\frac{2}{3}, 3$

प्रथम या द्वितीय रैखिक समीकरण को जोड़ने पर,

$3x_1-10x_2+(\lambda+1)x_3=3$

तथा $\lambda=3$ पर, यह समीकरण तृतीय रैखिक समीकरण के समान है, इसलिए $\lambda=3$ के लिए, इसके अनन्त हल होंगे, लेकिन $\lambda=\frac{-2}{3}$ के लिए, दोनों हल अलग-अलग हैं। इसलिए $\lambda=\frac{-2}{3}$ के लिए रैखिक समीकरण निकाय असंगत होगा।

71. *(8.00)* दिया गया फलन $f(x)=x\cdot\left[\frac{x}{2}\right], -10<x<10$ के लिए, बिन्दुओं पर असततता होगा, जहाँ $\frac{x}{2}$ एक पूर्णांक है। इसलिए, सम्भव असतत् बिन्दु

$x=0,\pm2,\pm4,\pm6,\pm8$

लेकिन $x=0$ पर,

$\lim_{x\to0^+} f(x)=0$ तथा $\lim_{x\to0^-} f(x)=0$

$\therefore \quad x=0$ पर सतत् बिन्दु होगा।

इसलिए, दिया गया फलन निम्न बिन्दुओं पर असतत् होगा

$x=\pm2,\pm4,\pm6,\pm8$

अतः फलन f की असततता बिन्दुओं की संख्या 8 होगी।

72. *(240.00)* दिए गए शब्द 'SYLLABUS' में अक्षर SS, LL, ABUY हैं

अब, दो समान अक्षर चुनने के तरीकों की संख्या $={}^2C_1$

तथा दो भिन्न अक्षर चुनने के तरीकों की संख्या $={}^5C_2$

तथा दो समान अक्षरों और 2 भिन्न अक्षरों को क्रमबद्ध करने के तरीकों की संख्या है $=\frac{4!}{2!}$

अतः अभीष्ट शब्दों की संख्या $={}^2C_1\times{}^5C_2\times\frac{4!}{2!}=2\times10\times12=240$

73. *(13.00)* $\left(x^m+\frac{1}{x^2}\right)^{22}$ के द्विपद प्रसार में सामान्य पद (अर्थात् $(r+1)$ पद) $T_{r+1}={}^{22}C_r(x^m)^{22-r}x^{-2r}$

$\because \quad {}^{22}C_r$ का गुणांक $=1540$ (दिया है)

$\Rightarrow \quad r=3$ या 19

तथा $22m-mr-2r=1$

$r=3$ पर, $22m-3m-6=1 \Rightarrow 19m=7$

$\Rightarrow \quad m=\frac{7}{19}\notin N$

अब, $r=19$ पर, $22m-19m-38=1$

$\Rightarrow \quad 3m=39 \Rightarrow m=13\in N$

इसलिए, प्राकृत संख्या $m=13$

74. *(30.00)* दिया है, कि रेखाओं $2x-y+3=0$ तथा $4x-2y+\alpha=0$ के बीच की दूरी $\frac{1}{\sqrt5}$ है।

$\therefore \quad \frac{|6-\alpha|}{\sqrt{16+4}}=\frac{1}{\sqrt5}$

$\Rightarrow \quad |\alpha-6|=2 \Rightarrow \alpha=8,4$

तथा यह भी दिया है कि रेखाओं $2x-y+3=0$ तथा $6x-3y+\beta=0$ की बीच की दूरी $\frac{2}{\sqrt5}$ है।

$\therefore \quad \frac{|\beta-9|}{\sqrt{36+9}}=\frac{2}{15}$

$\Rightarrow \quad |\beta-9|=3 \Rightarrow \beta=12,6$

अतः α तथा β के सभी सम्भावित मानों का योगफल $4+8+6+12=30$ है।

75. *(11.00)* एक पासा फेंकने पर एक तीन या एक पाँच प्राप्त होने की प्रायिकता

$P(E)=\frac{2}{6}=\frac{1}{3}$

$\therefore \quad P(\overline{E})=\frac{2}{3}$

अब, चार निष्पक्ष पासों को स्वतन्त्र रूप से 27 बार फेंका जाता है। इसलिए कम-से-कम 2, 3 या 5 प्राप्त होने की प्रायिकता

$$p={}^4C_2\left(\frac{1}{3}\right)^2\left(\frac{2}{3}\right)^2+{}^4C_3\left(\frac{1}{3}\right)^3\left(\frac{2}{3}\right)+{}^4C_4\left(\frac{1}{3}\right)^4$$

$$=6\left(\frac{4}{3^4}\right)+4\frac{2}{3^4}+\frac{1}{3^4}=\frac{24+8+1}{3^4}$$

$$=\frac{33}{3^4}=\frac{11}{27}$$

अतः 27 परीक्षणों में अपेक्षित समय $27p=11$

JEE Main संयुक्त प्रवेश परीक्षा

सॉल्वड पेपर 2020 05 सितम्बर, द्वितीय पाली

भौतिकी

खण्ड 'A' ऑब्जेक्टिव प्रश्न

1. अन्तरिक्ष में एक अन्तरिक्षयान स्थिर अन्तर्ग्रहीय धूल को उड़ा ले जाता है। परिणामस्वरूप इसका द्रव्यमान $\frac{dM(t)}{dt} = bv^2(t)$ की दर से बढ़ता है, जहाँ $v(t)$ इसका तात्क्षणिक वेग है। उपग्रह का तात्क्षणिक त्वरण है

(a) $-bv^3(t)$ (b) $-\frac{bv^3}{M(t)}$ (c) $-\frac{2bv^3}{M(t)}$ (d) $-\frac{bv^3}{2M(t)}$

2. R त्रिज्या की वृत्तीय परिधि पर दस आवेशों को रखा गया है। दो क्रमागत आवेशों के मध्य कोणीय पृथक्करण (separation) नियत है। प्रत्येक एकान्तर आवेशों 1, 3, 5, 7, 9 पर आवेश $(+q)$ जबकि 2, 4, 6, 8, 10 प्रत्येक पर आवेश $(-q)$ है। वृत्त के केन्द्र पर विभव V एवं विद्युत क्षेत्र E है (अनन्त पर $V = 0$ लें)

(a) $V = \frac{10q}{4\pi\varepsilon_0 R}$; $E = 0$ (b) $V = 0$; $E = \frac{10q}{4\pi\varepsilon_0 R^2}$

(c) $V = 0$; $E = 0$ (d) $V = \frac{10q}{4\pi\varepsilon_0 R}$; $E = \frac{10q}{4\pi\varepsilon_0 R^2}$

3. I धारावाही का एक अनन्त लम्बा सीधा तार, एक तरफ खुला आयताकार लूप एवं एक फिसलने वाला योजक (connector) चालक C एक ही तल में स्थित है। योजक की लम्बाई l एवं प्रतिरोध R है। यह दायीं ओर v वेग से फिसलता है। चालक का प्रतिरोध एवं लूप स्वप्रेरकत्व नगण्य है। योजक एवं सीधे तार के मध्य, लूप में प्रेरित धारा की दूरी r के फलन के रूप में इस प्रकार है

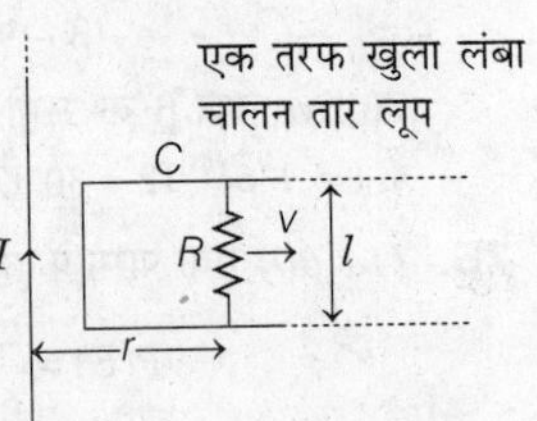

(a) $\frac{\mu_0}{4\pi}\frac{Ivl}{Rr}$ (b) $\frac{\mu_0}{\pi}\frac{Ivl}{Rr}$ (c) $\frac{2\mu_0}{\pi}\frac{Ivl}{Rr}$ (d) $\frac{\mu_0}{2\pi}\frac{Ivl}{Rr}$

4. दर्शाए गए परिपथ में, 5 μF संधारित्र पर आवेश है

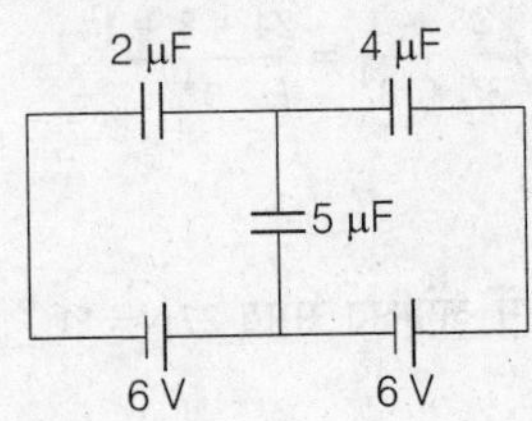

(a) 18.00 μC (b) 10.90 μC (c) 16.36 μC (d) 5.45 μC

5. एक गेल्वेनोमीटर का उपयोग प्रयोगशाला में विद्युत प्रयोगों में शून्य विक्षेप स्थिति का पता लगाने में किया जाता है। यदि 6 मिली ऐम्पियर धारा को प्रवाहित करने पर, यह 2° का विक्षेपण उत्पन्न करता है, इसका दक्षतांक (figure of merit) लगभग है

(a) 333° A/div (b) 6×10^{-3} A/div

(c) 666° A/div (d) 3×10^{-3} A/div

6. कॉलम I और कॉलम II में से सुमेलित कीजिए

कॉलम I (विकिरण)	**कॉलम II** (तरंगदैर्ध्य)
(A) सूक्ष्म-तरंगें	(I) 10^2 मी
(B) गामा-तरंगें	(II) 10^{-15} मी
(C) रेडियो-तरंगें	(III) 10^{-10} मी
(D) X-किरणें	(IV) 10^{-3} मी

	A	B	C	D
(a)	II	I	V	III
(b)	I	III	IV	II
(c)	III	II	I	IV
(d)	IV	II	I	III

7. ध्वनि के दो संगत स्रोत S_1 व S_2, $\lambda = 1$ मी की समान तरंगदैर्ध्य की ध्वनि तरंगों का कला में उत्पादन करते हैं। S_1 व S_2, 1.5 मी की दूरी पर रखे हैं (चित्र में)। एक श्रोता, L पर स्थित, S_2 के सामने पाता है कि तीव्रता न्यूनतम है जब वह S_2 से 2 मी की दूरी पर है। श्रोता S_2 से निश्चित दूरी बनाए हुए S_1 से दूर चला जाता है। समीपवर्ती अधिकतम तीव्रता, तब प्रेक्षित की जाती है जब श्रोता S_1 से d दूरी पर होता है, तब d का मान है

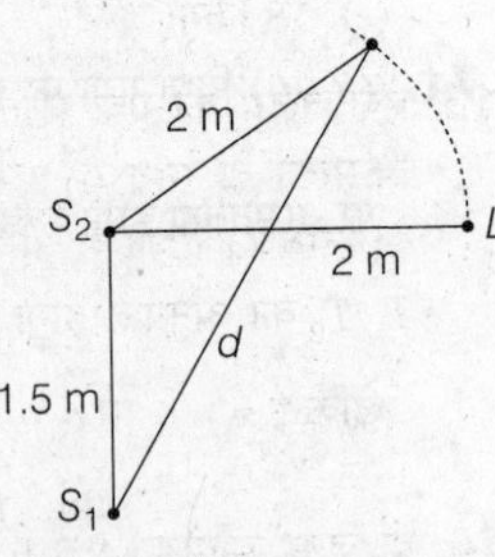

(a) 12 मी (b) 5 मी (c) 2 मी (d) 3 मी

8. L_1 व L_2 लम्बाइयों के दो अलग-अलग तारों, जिनके रेखीय प्रसार ताप गुणांक क्रमश: α_1 व α_2 हैं, के सिरों को जोड़ा जाता है, तब रेखीय प्रसार का प्रभावी ताप गुणांक है

(a) $\frac{\alpha_1 L_1 + \alpha_2 L_2}{L_1 + L_2}$ (b) $2\sqrt{\alpha_1\alpha_2}$

(c) $\frac{\alpha_1 + \alpha_2}{2}$ (d) $\frac{4\alpha_1\alpha_2}{\alpha_1 + \alpha_2}\frac{L_2 L_1}{(L_2 + L_1)^2}$

9. एक पिण्ड का रेखीय गति में वेग (v) व समय (t) का ग्राफ चित्र में दर्शाया गया है। बिन्दु S, 4.333 सेकण्ड पर है। पिण्ड द्वारा 6 सेकण्ड में तय की गई कुल दूरी है

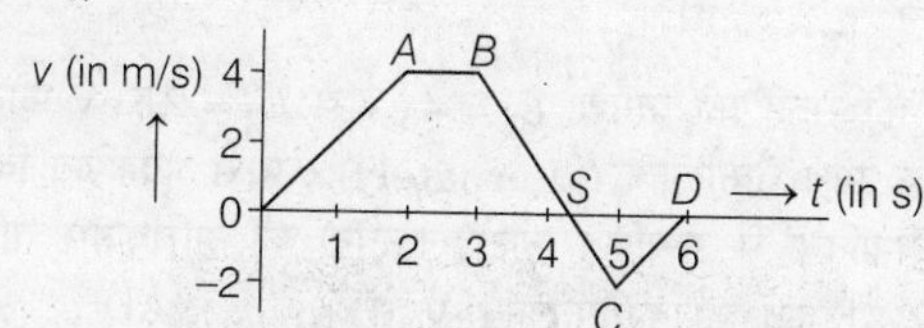

(a) $\frac{37}{3}$ मी (b) 12 मी (c) 11 मी (d) $\frac{49}{4}$ मी

10. स्टोक के नियम को सत्यापित करने के लिए, एक प्रयोग में, त्रिज्या r व घनत्व ρ की एक छोटी गोलाकार गेंद पानी के टैंक में प्रवेश करने से पूर्व वायु में h दूरी गुरुत्व के अधीन गिरती है। यदि पानी के अन्दर गेंद का सीमान्त वेग पानी की सतह में प्रवेश करने से ठीक पहले इसके वेग के बराबर है, तब h का मान अनुक्रमानुपाती है
(वायु की श्यानता नगण्य है।)

(a) r^4 (b) r (c) r^3 (d) r^2

11. एक समान्तर पट्ट संधारित्र की प्लेट की लम्बाई l, चौड़ाई w व प्लेटों के मध्य की दूरी d है। इसे विद्युत वाहक बल V की एक बैटरी से जोड़ा जाता है। समान मोटाई d व परावैद्युतांक $K = 4$ की एक परावैद्युत पट्टिका को संधारित्र की प्लेटों के मध्य प्रविष्ट कराया जाता है। प्लेटों के अन्दर पट्टिका की किस लम्बाई पर संधारित्र में संचित ऊर्जा प्रारम्भिक ऊर्जा की दो गुनी होगी?

(a) $\frac{2l}{3}$ (b) $\frac{l}{3}$ (c) $\frac{l}{4}$ (d) $\frac{l}{2}$

12. कार में एक चालक, ऊर्ध्वाधर दीवार की ओर पहुँचते हुए ध्यान देता है कि उसके कार के हॉर्न की आवृत्ति 440 हर्ट्ज से 480 हर्ट्ज तक बदल जाती है, जब यह दीवार से परावर्तित होती है। हवा में ध्वनि का वेग 345 मी/से हो, तो कार की चाल है

(a) 54 किमी/घण्टा (b) 36 किमी/घण्टा
(c) 18 किमी/घण्टा (d) 24 किमी/घण्टा

13. एक वलय को एक कील पर लटकाया जाता है। यह फिसलन के बिना या फिसलन के साथ (i) इसके तल में T_1 आवर्तकाल से और (ii) इसके तल के लम्बवत् दिशा में आगे व पीछे T_2 आवर्तकाल से दोलन कर सकती है। T_1/T_2 का अनुपात होगा

(a) $\frac{2}{\sqrt{3}}$ (b) $\frac{2}{3}$ (c) $\frac{3}{\sqrt{2}}$ (d) $\frac{\sqrt{2}}{3}$

14. दो जेनर डायोड (A व B) जिनकी भंजन वोल्टताएँ क्रमश: 6 वोल्ट व 4 वोल्ट है, को नीचे परिपथ में दर्शाए जोड़ा जाता है। निर्गत वोल्टेज V_{out} का बदलाव निवेशी वोल्टेज के साथ, जो रैखिक रूप से बढ़ता है, द्वारा दिया जाता है ($t = 0$ पर, $V_i = 0$ वोल्ट)
(आँकड़े गुणात्मक हैं)

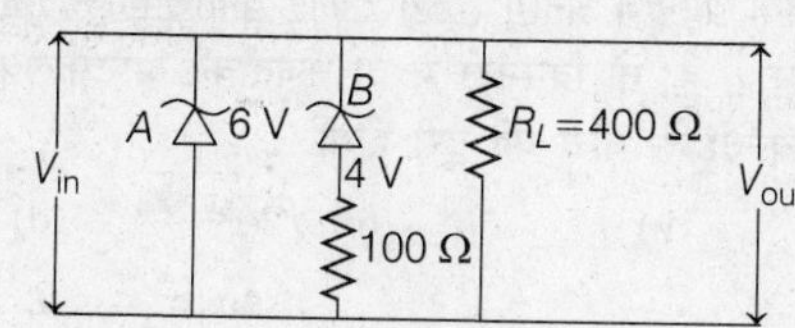

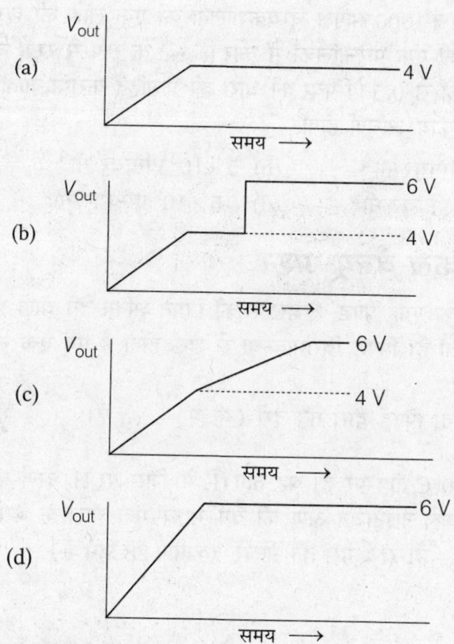

15. एक रेडियोधर्मी नाभिक दो अलग-अलग प्रक्रियाओं द्वारा क्षय होता है। प्रथम प्रक्रिया के लिए अर्द्धआयु काल 10 सेकण्ड है एवं द्वितीय प्रक्रिया के लिए 100 सेकण्ड है। नाभिक का प्रभावी अर्द्धआयु काल लगभग होगा

(a) 9 सेकण्ड (b) 6 सेकण्ड (c) 55 सेकण्ड (d) 12 सेकण्ड

16. राशियाँ $x = \frac{1}{\sqrt{\mu_0 \varepsilon_0}}$, $y = \frac{E}{B}$ व $z = \frac{l}{CR}$ द्वारा परिभाषित की जाती है, जहाँ C संधारिता, R प्रतिरोध, l लम्बाई, E विद्युत क्षेत्र, B चुम्बकीय क्षेत्र एवं ε_0, μ_0 क्रमश: मुक्त अंतरिक्ष की विद्युतशीलता व चुम्बकशीलता है, तब

(a) x, y व z की विमाएँ समान हैं (b) केवल x व z की विमाएँ समान हैं
(c) केवल x व y की विमाएँ समान हैं (d) केवल y व z की विमाएँ समान हैं

17. एक रूद्धोष्म प्रक्रम में, एक द्विपरमाण्विक गैस का घनत्व प्रारम्भिक मान का 32 गुना हो जाता है। गैस का अन्तिम दाब प्रारम्भिक दाब का n गुना पाया जाता है। n का मान है

(a) 32 (b) 326 (c) 128 (d) 1/32

18. पृथ्वी की सतह पर ध्रुवों पर गुरुत्वीय त्वरण का मान g है एवं ध्रुव से गुजरने वाले अक्ष के परित: पृथ्वी का कोणीय वेग ω है। एक वस्तु का भार स्प्रिंग तुला का प्रयोग करते हुए भूमध्य रेखा पर एवं ध्रुवों से h ऊँचाई पर मापा जाता है। यदि भार समान पाए जाते हैं, तो h है ($h << R$, जहाँ R पृथ्वी की त्रिज्या है)

(a) $\frac{R^2\omega^2}{2g}$ (b) $\frac{R^2\omega^2}{g}$ (c) $\frac{R^2\omega^2}{4g}$ (d) $\frac{R^2\omega^2}{8g}$

19. दिए गए परिपथ में, विभिन्न शाखाओं में धाराओं व एक प्रतिरोध का मान दर्शाया गया है, तब बिन्दु A के सापेक्ष बिन्दु B पर विभव है

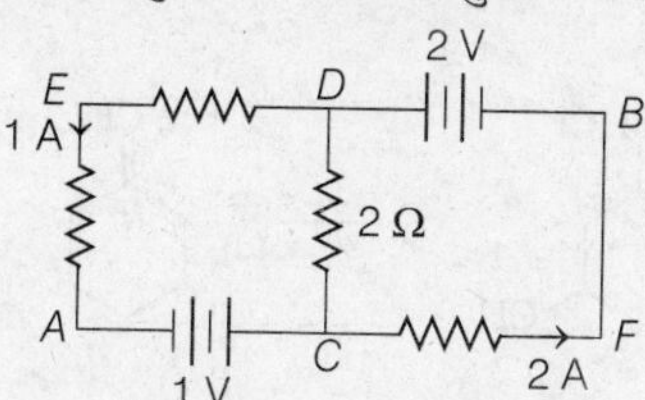

(a) +2 वोल्ट (b) −2 वोल्ट (c) −1 वोल्ट (d) +1 वोल्ट

20. 10^{-3} मी^{3} आयतन व 1000 सापेक्ष चुम्बकशीलता की एक लोहे की छड़ को 10 फेरे/सेमी की एक परिनालिका में कोर (core) के रूप में रखा जाता है। यदि परिनालिका से 0.5 ऐम्पियर की धारा को प्रवाहित कराया जाता है, तब छड़ का चुम्बकीय आघूर्ण होगा

(a) 50×10^2 ऐम्पियर-मी^{2} (b) 5×10^2 ऐम्पियर-मी^{2}

(c) 500×10^2 ऐम्पियर-मी^{2} (d) 0.5×10^2 ऐम्पियर-मी^{2}

खण्ड 'B' न्यूमैरिकल वैल्यू प्रश्न

21. 2 किग्रा द्रव्यमान का एक पिण्ड 1 जूल/से की नियत शक्ति देने वाले इंजन द्वारा संचालित होता है। पिण्ड विरामावस्था से शुरू होता है एवं एक सीधी रेखा में चलता है।
9 सेकण्डों के बाद, पिण्ड द्वारा तय दूरी (मी में) ...... है।

22. नाइट्रोजन गैस 300°C ताप पर है। वह ताप (K में) जिस पर H_2 अणु की वर्ग-माध्य-मूल चाल नाइट्रोजन अणु की वर्ग-माध्य-मूल चाल के बराबर होगी, वह .... है। (N_2 गैस का मोलर द्रव्यमान 28 ग्राम है)

23. $A = 1°$ कोण के एक प्रिज्म का अपवर्तनांक $\mu = 15$ है। विचलन के न्यूनतम कोण (डिग्री में) के लिए एक अच्छा अनुमान $\frac{N}{10}$ (लगभग) है। N का मान .... है।

24. एक धातु की सतह को क्रमश: $E_1 = 4$ eV व $E_2 = 2.5$ eV फोटॉन की ऊर्जाओं के साथ वैकल्पिक (alternately) रूप से प्रकाशित किया जाता है। दोनों स्थितियों में उत्सर्जित फोटोइलेक्ट्रॉनों की अधिकतम चालों का अनुपात 2 है। धातु का कार्यफलन (eV में) .... है।

25. 0.9 किग्रा द्रव्यमान व 1 मी लम्बाई की एक पतली छड़, जोकि विराम में है, इसके एक छोर से निलम्बित है ताकि यह ऊर्ध्वाधर तल में स्वतन्त्र रूप से दोलन कर सके। 0.1 किग्रा द्रव्यमान का एक कण 80 मी/से के वेग से एक सीधी रेखा में गति करते हुए छड़ के सबसे नीचे वाले बिन्दु पर टकराता है एवं इससे चिपक जाता है (चित्र में)। टक्कर के तुरन्त बाद छड़ की कोणीय चाल (रेडियन/से में) होगी ......।

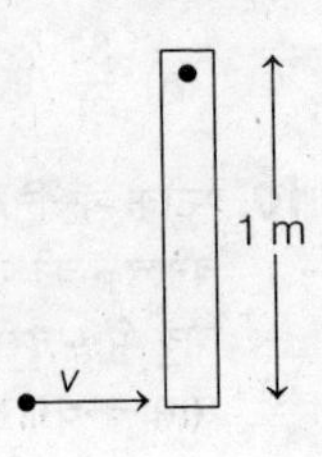

रसायन विज्ञान

खण्ड 'A' ऑब्जेक्टिव प्रश्न

26. निम्न अभिक्रिया का मुख्य उत्पाद है

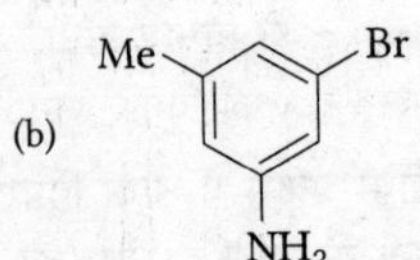

(a) 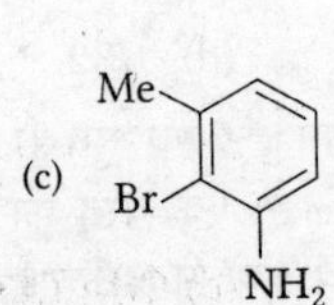

(b) 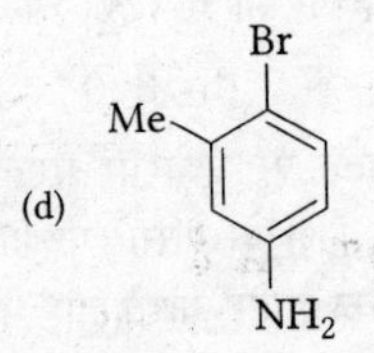

(c) 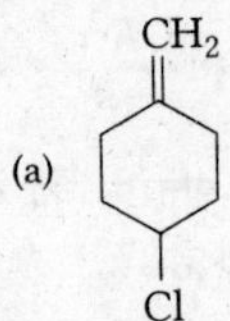

(d) 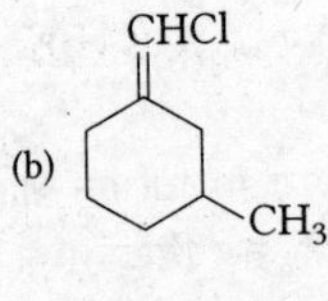

27. निम्न यौगिकों में से ज्यामितीय समावयवता दर्शाता है

(a) CH$_2$ ... Cl (b) CHCl ... CH$_3$

(c) 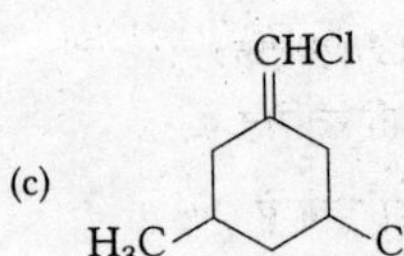

(d) 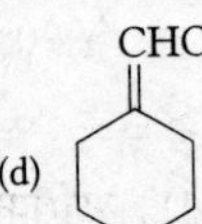

28. किसी गैस का अधिशोषण फ्रैंडलिक अधिशोषण समतापी के अनुसार होता है। यदि x अधिशोषित गैस का द्रव्यमान है, जो अधिशोषक के m द्रव्यमान पर अधिशोषित होती है। x/m के सापेक्ष p का सही ग्राफ है

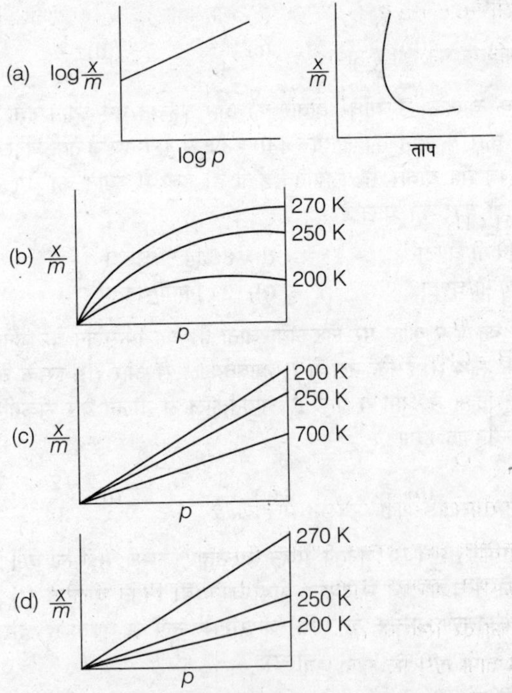

29. एक तत्व फलक केन्द्रित घनीय (fcc) इकाई कोष्ठिका में क्रिस्टलित होता है जिसका कोर a है, तो क्रिस्टल में दो नजदीकी अष्टफलकीय छिद्रों (Voids) के केन्द्रों के बीच की दूरी होगी

(a) $\frac{a}{\sqrt{2}}$ (b) a (c) $\sqrt{2a}$ (d) $\frac{a}{2}$

30. *ट्रांस* $[Co(en)_2Cl_2]^+$ (A) तथा *सिस* $[Co(en)_2Cl_2]^+$ (B) संकुल आयनों पर विचार कीजिए। इनके सन्दर्भ में सही कथन है

(a) (A) तथा (B) दोनों प्रकाशिक सक्रिय नहीं है।

(b) (A) प्रकाशिक सक्रिय है, परन्तु (B) प्रकाशिक सक्रिय नहीं है।

(c) (A) तथा (B) प्रकाशिक सक्रिय नहीं हो सकते हैं।

(d) (A) प्रकाशिक सक्रिय नहीं हो सकता, परन्तु (B) प्रकाशिक सक्रिय है।

31. निम्न यौगिकों के क्वथनांकों का बढ़ता क्रम है

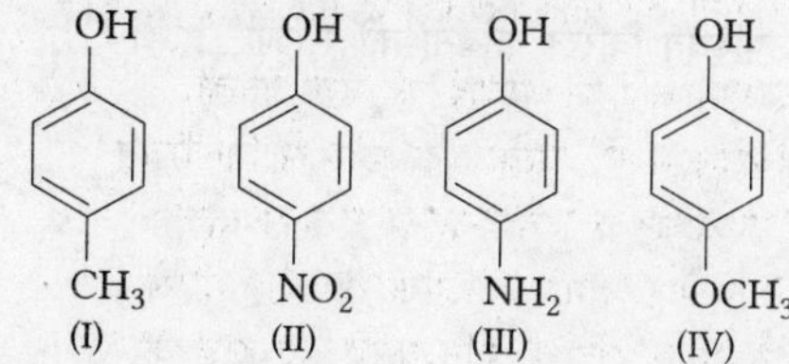

(a) I < III < IV < II (b) I < IV < III < II

(c) IV < I < II < III (d) III < I < II < IV

32. O^{2-} का आयनिक त्रिज्या का सही क्रम है N^{3-}, F^-, Mg^{2+}, Na^+ और Al^{3+} है

(a) $N^{3-} < O^{2-} < F^- < Na^+ < Mg^{2+} < Al^{3+}$

(b) $Al^{3+} < Na^+ < Mg^{2+} < O^{2-} < F^- < N^{3-}$

(c) $Al^{3+} < Mg^{2+} < Na^+ < F^- < O^{2-} < N^{3-}$

(d) $N^{3-} < F^- < O^{2-} < Mg^{2+} < Na^+ < Al^{3+}$

33. निम्न में से कौन-सा बहुलक संघनन बहुलीकरण द्वारा प्राप्त नहीं होता है?

(a) नाइलॉन-6,6 (b) ब्यूना-N (c) बैकेलाइट (d) नाइलॉन-6

34. निम्न अभिक्रिया का मुख्य उत्पाद है।

HO CH_2CH_3 $\xrightarrow{H_2SO_4}$

(a) CH_2CH_3 (b) CH_2CH_3

(c) $CH{=}CH_2$ (d) $CHCH_3$

35. हाइड्रोजन परॉक्साइड शुद्ध अवस्था में होता है

(a) असमतलीय तथा लगभग रंगहीन (b) रेखीय तथा नीले रंग का

(c) रेखीय तथा लगभग रंगहीन (d) समतलीय तथा नीले रंग का

36. अभिक्रिया का दर स्थिरांक (k) भिन्न-भिन्न तापों (T) पर मापा गया तथा आँकड़ों को दिए गए चित्रानुसार आरेखित किया गया। अभिक्रिया की सक्रियण ऊर्जा $kJ\ mol^{-1}$ में होगी (R गैस स्थिरांक)

10
ln k
5
0
1 2 3 4 5
$10^3/T$

(a) $\dfrac{2}{R}$ (b) $\dfrac{1}{R}$

(c) R (d) $2R$

37. NaCl की जालक एन्थैल्पी तथा विलयन की एन्थैल्पी क्रमशः 788 किलोजूल मोल$^{-1}$ तथा 4 किलोजूल मोल$^{-1}$ है। NaCl की जलायोजन एन्थैल्पी होगी

(a) – 780 किलोजूल मोल$^{-1}$ (b) 780 किलोजूल मोल$^{-1}$

(c) – 784 किलोजूल मोल$^{-1}$ (d) 784 किलोजूल मोल$^{-1}$

38. कौन-सा जल की स्थायी कठोरता के पृथक्करण के लिए उपयुक्त नहीं है?

(a) क्लार्क विधि (b) आयन-विनिमय विधि

(c) कैल्गॉन विधि (d) सोडियम कार्बोनेट के साथ क्रिया

39. यौगिक, जिसका अधिकतम H—M—H बन्ध कोण है (M = N, O, S, C)

(a) H_2O (b) NH_3 (c) H_2S (d) CH_4

40. अतिशुद्ध बोरॉन तथा सिलिकॉन प्राप्त किए जा सकते हैं

(a) द्रवीकरण (b) मण्डल परिष्करण

(c) वाष्प प्रावस्था परिष्करण (d) विद्युत अपघटनी परिष्करण

41. प्रायिकता घनत्व (केन्द्र से अनन्त दूरी के अतिरिक्त) के सन्दर्भ में सही कथन है

(a) यह 1s कक्षक के लिए शून्य हो सकता है।

(b) यह 2p के लिए ऋणात्मक हो सकता है।

(c) यह 3p कक्षक के लिए शून्य हो सकता है।

(d) यह 2s कक्षक का कभी भी शून्य नहीं होगा।

42. निम्न अभिक्रिया का मुख्य उत्पाद है

$$CH_3CH{=}CHCH(CH_3)_2 \xrightarrow{HBr}$$

(a) $CH_3CH(Br)CH_2CH(CH_3)_2$ (b) $CH_3CH_2CH(Br)CH(CH_3)_2$

(c) $Br(CH_2)_3CH(CH_3)_2$ (d) $CH_3CH_2CH_2C(Br)(CH_3)_2$

43. विद्युत-अपघट्य (X) के जलीय विलयन की सान्द्रता के साथ मोलर चालकता में भिन्नता को दिए गए चित्र में दर्शाया गया है

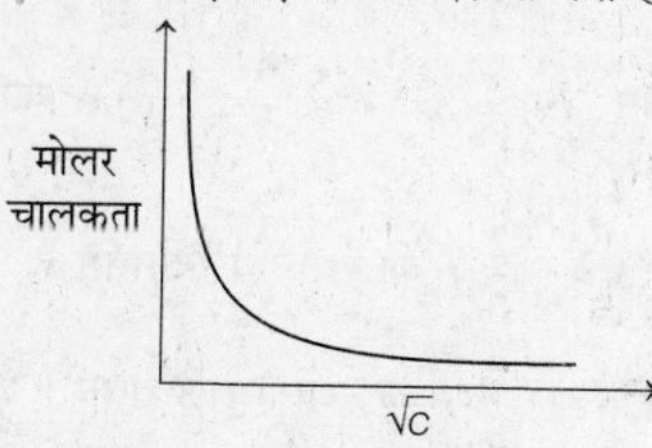

विद्युत-अपघट्य X है

(a) HCl (b) NaCl (c) KNO_3 (d) CH_3COOH

44. निम्न अणु के रूप में व्यवहार करता है

N $(CH_2)_2$ N Br

(ब्रोमफ्रेनिरामिन)

(a) पूतिरोधी (b) प्रतिअवसादक

(c) जीवाणुरोधी (d) प्रतिहिस्टैमिन

45. अमोनिया के साथ Cl_2 आधिक्य की अभिक्रिया देती है

(a) NH_4Cl और N_2 (b) NH_4Cl और HCl

(c) NCl_3 और NH_4Cl (d) NCl_3 और HCl

खण्ड 'B' न्यूमैरिकल वैल्यू प्रश्न

46. अम्लीय माध्यम में फेरस ऑक्सिलेट के 0.288g के साथ क्रिया करने वाले 0.02 M $K_2Cr_2O_7$ का आवश्यक आयतन ..... (mL में) होगा।
Fe का मोलर द्रव्यमान = 56 g mol^{-1}

47. द्विलकीकरण अभिक्रिया के लिए,
$2A(g) \longrightarrow A_2(g)$,
298 K पर, $\Delta U^\ominus = -20$ किलोजूल मोल$^{-1}$,
$\Delta S^\ominus = -30 \text{ JK}^{-1} \text{ mol}^{-1}$, तो $\Delta G^\ominus$ .... J. होगा।

48. माना $\Delta_0 > P$ है, तो $[Ru(H_2O)_6]^{2+}$ का (BM में) चुम्बकीय आघूर्ण......होगा।

49. $X + Y = 2Z$, अभिक्रिया के लिए 1.0 मोल x, 15 मोल y तथा 0.5 मोल z के 1L के पात्र में लेकर क्रिया करायी गयी। z की सान्द्रता 1.0 मोल L^{-1} है। अभिक्रिया की साम्यावस्था (स्थिरांक........$\frac{x}{15}$ है। x का मान .... है।

50. सुक्रोस में उपस्थित किरैल कार्बनों की संख्या......है।

गणित

खण्ड 'A' ऑब्जेक्टिव प्रश्न

51. यदि रैखिक समीकरण निकाय
$$x + y + 3z = 0$$
$$x + 3y + k^2z = 0$$
$$3x + y + 3z = 0$$
का अशून्य हल (x, y, z) है कुछ $k \in R$ के लिए, तब $x + \left(\frac{y}{z}\right)$ बराबर होगा

(a) – 3 (b) 9 (c) 3 (d) – 9

52. यदि α तथा β समीकरण $7x^2 - 3x - 2 = 0$ के मूल हैं, तब $\frac{\alpha}{1-\alpha^2} + \frac{\beta}{1-\beta^2}$ का मान होगा

(a) $\frac{27}{32}$ (b) $\frac{1}{24}$ (c) $\frac{3}{8}$ (d) $\frac{27}{16}$

53. यदि $x = 1$, फलन $f(x) = (3x^2 + ax - 2 - a)\, e^x$ का क्रान्तिक बिन्दु है, तब

(a) $x = 1$ तथा $x = -\frac{2}{3}$, f का स्थानीय निम्नतम है

(b) $x = 1$ तथा $x = -\frac{2}{3}$, f का स्थानीय उच्चतम है

(c) $x = 1$ स्थानीय उच्चतम तथा $x = -\frac{2}{3}$ स्थानीय निम्नतम f का मान है

(d) $x = 1$ स्थानीय निम्नतम तथा $x = -\frac{2}{3}$ स्थानीय उच्चतम, f का मान है

54. क्षेत्र $A = \{(x, y) : (x-1)[x] \le y \le 2\sqrt{x}, 0 \le x \le 2\}$ जहाँ $[t]$ महत्तम पूर्णांक फलन को दर्शाता है, का क्षेत्रफल (वर्ग इकाई में) है

(a) $\frac{8\sqrt{2}}{3} - \frac{1}{2}$ (b) $\frac{4}{3}\sqrt{2} + 1$ (c) $\frac{8}{3}\sqrt{2} - 1$ (d) $\frac{4}{3}\sqrt{2} - \frac{1}{2}$

55. यदि गुणोत्तर श्रेणी के दूसरे, तीसरे तथा चौथे पदों का योगफल 3 है तथा छठे, सातवें व आठवें पदों का योगफल 243 है, तब गुणोत्तर श्रेणी के प्रथम 50 पदों का योगफल होगा

(a) $\frac{1}{26}(3^{49} - 1)$ (b) $\frac{1}{26}(3^{50} - 1)$
(c) $\frac{2}{13}(3^{50} - 1)$ (d) $\frac{1}{13}(3^{50} - 1)$

56. $\left(\frac{-1 + i\sqrt{3}}{1 - i}\right)^{30}$ का मान है

(a) -2^{15} (b) $2^{15}i$ (c) $-2^{15}i$ (d) 6^5

57. यदि $L = \sin^2\left(\frac{\pi}{16}\right) - \sin^2\left(\frac{\pi}{8}\right)$ तथा $M = \cos^2\left(\frac{\pi}{16}\right) - \sin^2\left(\frac{\pi}{8}\right)$ है, तब

(a) $L = -\frac{1}{2\sqrt{2}} + \frac{1}{2}\cos\frac{\pi}{8}$ (b) $L = \frac{1}{4\sqrt{2}} - \frac{1}{4}\cos\frac{\pi}{8}$
(c) $M = \frac{1}{4\sqrt{2}} + \frac{1}{4}\cos\frac{\pi}{8}$ (d) $M = \frac{1}{2\sqrt{2}} + \frac{1}{2}\cos\frac{\pi}{8}$

58. यदि $a + x = b + y = c + z + 1$, जहाँ a, b, c, x, y, z अशून्य भिन्न वास्तविक संख्याएँ हैं, तब $\begin{vmatrix} x & a+y & x+a \\ y & b+y & y+b \\ z & c+y & z+c \end{vmatrix}$ बराबर होगा

(a) $y(b-a)$ (b) $y(a-b)$ (c) 0 (d) $y(a-c)$

59. यदि रेखा $y = mx + c$, अतिपरवलय $\frac{x^2}{100} - \frac{y^2}{64} = 1$ व वृत्त $x^2 + y^2 = 36$ की उभयनिष्ठ स्पर्शी है, तब निम्न में से कौन सा सत्य है?

(a) $c^2 = 369$ (b) $5m = 4$ (c) $4c^2 = 369$ (d) $8m + 5 = 0$

60. निम्न में से कौन सा बिन्दु, (1, 0) पर वक्र $x^4e^y + 2\sqrt{y+1}$ की स्पर्शी पर स्थित होगा?

(a) (2, 2) (b) (2, 6) (c) (– 2, 6) (d) (– 2, 4)

61. कथन $(p \to (q \to p)) \to (p \to (p \vee q))$ है

(a) $(p \wedge q) \vee (\sim q)$ के बराबर (b) एक व्याघात
(c) $(p \vee q) \wedge (\sim p)$ के बराबर (d) एक पुनरुक्ति

62. $\lim_{x \to 0} \frac{x(e^{(\sqrt{1+x^2+x^4}-1)/x} - 1)}{\sqrt{1+x^2+x^4} - 1}$

(a) $\sqrt{e}$ के बराबर (b) 1 के बराबर
(c) 0 के बराबर (d) अस्तित्व में नहीं

63. यदि श्रेणी $\log_{(7^{1/2})} x + \log_{(7^{1/3})} x + \log_{(7^{1/4})} x + \ldots$ के प्रथम 20 पदों का योगफल 460 है, तब x बराबर होगा

(a) 7^2 (b) $7^{1/2}$ (c) e^2 (d) $7^{46/21}$

64. $x = \frac{1}{2}$ पर $\tan^{-1}\left(\frac{\sqrt{1+x^2}-1}{x}\right)$ का $\tan^{-1}\left(\frac{2x\sqrt{1-x^2}}{1-2x^2}\right)$ के सापेक्ष अवकलज है

(a) $\frac{2\sqrt{3}}{5}$ (b) $\frac{\sqrt{3}}{12}$ (c) $\frac{2\sqrt{3}}{3}$ (d) $\frac{\sqrt{3}}{10}$

65. यदि $\int \frac{\cos\theta}{5+7\sin\theta-2\cos^2\theta}\,d\theta = A\log_c|B(\theta)|+C$, जहाँ C समाकलन अचर है, तब $\frac{B(\theta)}{A}$ हो सकता है

(a) $\frac{2\sin\theta+1}{\sin\theta+3}$ (b) $\frac{2\sin\theta+1}{5(\sin\theta+3)}$

(c) $\frac{5(\sin\theta+3)}{2\sin\theta+1}$ (d) $\frac{5(2\sin\theta+1)}{\sin\theta+3}$

66. माना $y = y(x)$, अवकल समीकरण $\cos x\frac{dy}{dx} + 2y\sin x = \sin 2x$, $x \in \left(0, \frac{\pi}{2}\right)$ का हल है यदि $y\left(\frac{\pi}{3}\right) = 0$ है, तब $y\left(\frac{\pi}{4}\right)$ बराबर होगा

(a) $2-\sqrt{2}$ (b) $2+\sqrt{2}$

(c) $\sqrt{2}-2$ (d) $\frac{1}{\sqrt{2}}-1$

67. यदि वृत्त $x^2 + y^2 = r^2\ (x > 0)$ के जीवा की लम्बाई रेखा, $y - 2x = 3$ के सापेक्ष r है, तब r^2 होगा

(a) 9/5 (b) 12

(c) 24/5 (d) 12/5

68. यदि प्रेक्षणों 3, 5, 7, a, b का माध्य व प्रसरण क्रमशः 5 तथा 2 हैं, तब a तथा b समीकरण के मूल होंगे

(a) $x^2 - 10x + 18 = 0$ (b) $2x^2 - 20x + 19 = 0$

(c) $x^2 - 10x + 19 = 0$ (d) $x^2 - 20x + 18 = 0$

69. यदि कुछ $\alpha \in R$ के लिए, रेखाएँ

$L_1 : \frac{x+1}{2} = \frac{y-2}{-1} = \frac{z-1}{1}$ तथा $L_2 : \frac{x+2}{\alpha} = \frac{y+1}{5-\alpha} = \frac{z+1}{1}$

समतलीय है, तब रेखा L_2 किस बिन्दु से होकर गुजरेगा

(a) (10, 2, 2) (b) (2, − 10, − 2)

(c) (10, − 2, − 2) (d) (− 2, 10, 2)

70. एक प्रश्न पत्र में 3 भाग हैं तथा प्रत्येक भाग में 5 प्रश्न है एक परीक्षार्थी को कुल 5 प्रश्नों का उत्तर देना होता है। प्रत्येक भाग में से एक प्रश्न को चुने। तब कुल तरीकों की संख्या जब परीक्षार्थी प्रश्न को चुन सकता है, होगी।

(a) 3000 (b) 1500 (c) 2255 (d) 2250

खण्ड 'B' न्यूमैरिकल वैल्यू प्रश्न

71. x की घात में $(1 + x + x^2 + x^3)^6$ के विस्तार में x^4 का गुणांक ... होगा।

72. एक बम आक्रमण में, बम द्वारा लक्ष्य भेदने की सम्भावना 50% है लक्ष्य को पूर्ण रूप से भेदने के लिए कम-से-कम दो बार स्वतन्त्र रूप से बम भेदा जाना है, तब बमों की न्यूनतम संख्या, जब लक्ष्य को पूर्ण रूप से भेदने की कम-से-कम सम्भावना 99% हो, ... होगी।

73. यदि रेखाएँ $x + y = a$ तथा $x - y = b$ वक्र $y = x^2 - 3x + 2$ को उस बिन्दु पर स्पर्श करती है, जिस पर वक्र X-अक्ष को प्रतिच्छेदित करता है, तब a/b बराबर होगा ......।

74. माना सदिश **a**, **b**, **c** इस प्रकार हैं कि $|\mathbf{a}| = 2$, $|\mathbf{b}| = 4$ तथा $|\mathbf{c}| = 4$ यदि **a** पर **b** का प्रक्षेपण, **a** पर **c** के प्रक्षेपण तथा **b**, **c** पर लम्ब के बराबर है, तब $|\mathbf{a} + \mathbf{b} + \mathbf{c}|$ का मान ...... होगा।

75. माना $A = \{a, b, c\}$ तथा $B = \{1, 2, 3, 4\}$ तब समुच्चय $C = \{f : A \to B\ 1\ 2 \in f(A)$ तथा f एकैक नहीं है$\}$ में अवयवों की संख्या है......।

सही उत्तर

भौतिकी

1. (b) 2. (c) 3. (d) 4. (c) 5. (d) 6. (d) 7. (d) 8. (a) 9. (a) 10. (a)
11. (b) 12. (a) 13. (a) 14. (c) 15. (a) 16. (a) 17. (c) 18. (a) 19. (d) 20. (b)
21. (18) 22. (41) 23. (5) 24. (2) 25. (20)

रसायन विज्ञान

26. (d) 27. (b) 28. (a) 29. (a) 30. (d) 31. (b) 32. (c) 33. (b) 34. (a) 35. (a)
36. (d) 37. (c) 38. (b) 39. (a) 40. (b) 41. (c) 42. (d) 43. (b) 44. (d) 45. (d)
46. (50) 47. (−13537.57) 48. (0) 49. (16) 50. (9.00)

गणित

51. (a) 52. (d) 53. (d) 54. (a) 55. (b) 56. (c) 57. (d) 58. (b) 59. (c) 60. (c)
61. (d) 62. (b) 63. (a) 64. (d) 65. (d) 66. (c) 67. (d) 68. (c) 69. (b) 70. (d)
71. (120.00) 72. (11.00) 73. (0.5) 74. (6.00) 75. (19.00)

संकेत एवं हल

भौतिकी

1. *(b)* दिया गया है कि,

द्रव्यमान $\frac{dM(t)}{dt} = bv^2(t)$ की दर से बढ़ता है।

अब, न्यूटन के द्वितीय नियम से,

बल = रेखीय संवेग के परिवर्तन की दर

अर्थात् $F = \frac{dp}{dt} = \frac{d}{dt}(Mv) = M\frac{dv}{dt} + v\frac{dM}{dt}$

$$= M\frac{dv}{dt} + v[bv^2(t)] = M\frac{dv}{dt} + bv^3(t)$$

अब, उपग्रह पर लग रहा बल शून्य है अर्थात्

$$F = 0 \Rightarrow M\frac{dv}{dt} = -bv^3 \Rightarrow \frac{dv}{dt} = -\frac{bv^3}{M(t)}$$

$\therefore$ उपग्रह का त्वरण, $a = -\frac{bv^3}{M(t)}$

अत: विकल्प *(b)* सही है।

2. *(c)* सभी आवेशों की व्यवस्था को नीचे दिए गए चित्र में दर्शाया गया है

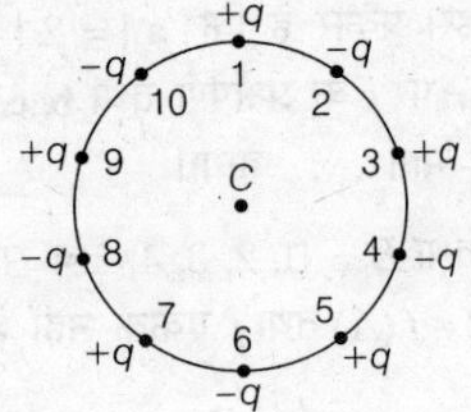

वृत्त के केन्द्र C पर विभव

$$V = \frac{kq}{R} + \frac{k(-q)}{R} + \frac{kq}{R} + \frac{k(-q)}{R} + \ldots = \Sigma\frac{kq}{R} = k\frac{\Sigma(q)}{R} = \frac{k(0)}{R} = 0$$

वृत्त केन्द्र C पर विद्युत क्षेत्र,

$\mathbf{E}$ = (पाँच धनावेशों के कारण विद्युत क्षेत्र)

+ (पाँच ऋणावेशों के कारण विद्युत क्षेत्र)

जैसा कि सभी आवेश केन्द्र से समदूरस्थ हैं।

अत: एक आवेश का विद्युत क्षेत्र इसके सामने अन्य सममितीय आवेश के कारण निरस्त हो जाएगा

$\therefore$ $E = 0$

अत: विकल्प *(c)* सही है।

3. *(d)* एक तार से r दूरी पर चुम्बकीय क्षेत्र, $B = \frac{\mu_0 I}{2\pi r}$

प्रेरित विद्युत वाहक बल, $\varepsilon_{\text{प्रेरित}} = Bvl = \frac{\mu_0 I\, vl}{2\pi r}$

अब लूप में प्रेरित धारा,

$$I_{\text{प्रेरित}} = \frac{\varepsilon_{\text{प्रेरित}}}{R} \Rightarrow I_{\text{प्रेरित}} = \frac{\mu_0 I}{2\pi}\frac{vl}{Rr}$$

अत: विकल्प *(d)* सही है।

4. *(c)* माना $5\,\mu F$ के संधारित्र हेतु आवश्यक आवेश q_2 है दिया गया परिपथ नीचे दर्शाया गया है

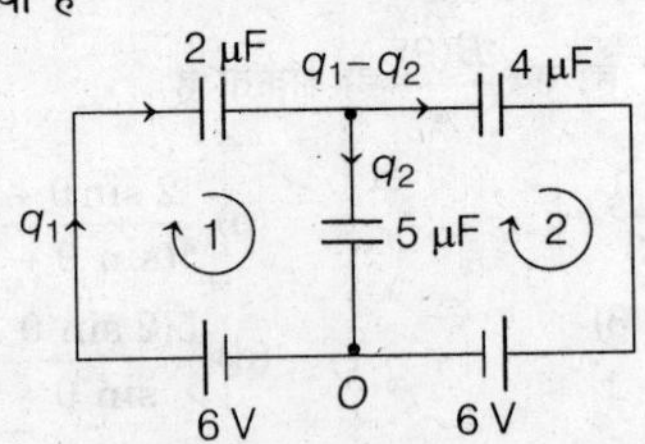

लूप 1 में किरचॉफ वोल्टेज नियम लगाने पर,

$$6 - \frac{q_1}{2} - \frac{q_2}{5} = 0 \quad \ldots(i)$$

इसी प्रकार, लूप 2 में किरचॉफ वोल्टेज नियम लगाने पर,

$$-\left(\frac{q_1 - q_2}{4}\right) - 6 + \frac{q_2}{5} = 0 \quad \ldots(ii)$$

समी (i) व (ii) को जोड़ने पर

$$-\left(\frac{q_1 - q_2}{4}\right) - \frac{q_1}{2} = 0 \Rightarrow -\frac{q_1}{4} + \frac{q_2}{4} - \frac{q_1}{2} = 0$$

$$\frac{q_2}{4} = \frac{q_1}{2} + \frac{q_1}{4} \Rightarrow \frac{q_2}{4} = \frac{3q_1}{4} \Rightarrow q_1 = \frac{q_2}{3} \quad \ldots(iii)$$

समी (i) में q_1 के मान को रखने पर,

$$6 - \frac{q_2}{6} - \frac{q_2}{5} = 0 \Rightarrow 6 = \frac{5q_2 + 6q_2}{30}$$

$$\frac{11}{30}q_2 = 6 \Rightarrow q_2 = \frac{180}{11}\,\mu C = 16.36\,\mu C$$

अत: विकल्प *(c)* सही है।

5. *(d)* गेल्वेनोमीटर का दक्षतांक धारा सुग्रहिता के व्युत्क्रम के बराबर होता है, अर्थात्

$$\text{दक्षतांक} = \frac{\text{धारा}}{\text{विक्षेपण}} = \frac{I}{\theta}$$

दिया है, धारा, $I = 6$ मिलीऐम्पियर $= 6 \times 10^{-3}$ A

व विक्षेपण, $\theta = 2°$

इन मानों को उपरोक्त समीकरण में रखने पर

$$\text{दक्षतांक} = \frac{6 \times 10^{-3}}{2} = 3 \times 10^{-3}\ \text{A/div}$$

अत: विकल्प (d) सही है।

6. *(d)* ऊर्जा, तरंगदैर्ध्य के व्युत्क्रमानुपाती होती है अर्थात्

$$E = \frac{hc}{\lambda} \Rightarrow E \propto \frac{1}{\lambda}$$

दिए गए विकिरणों की ऊर्जाओं का क्रम निम्न प्रकार है

$$E_{\gamma-\text{किरणें}} > E_{X-\text{किरणें}} > E_{\text{सूक्ष्म तरंगें}} > E_{\text{रेडियो तरंगें}}$$

$$\therefore \quad E_{\gamma-\text{किरणें}} < E_{X-\text{किरणें}} < E_{\text{सूक्ष्म तरंगें}} < E_{\text{रेडियो तरंगें}}$$

इस प्रकार, सूक्ष्म तरंगें $\rightarrow 10^{-3}$ मी

γ-किरणें $\rightarrow 10^{-15}$ मी
रेडियो तरंगें $\rightarrow 10^{2}$ मी
X-किरणें $\rightarrow 10^{-10}$ मी

$\therefore$ (A) → (IV), (B) → (II), (C) → (I), (D) → (III)

अत: विकल्प (d) सही है।

7. *(d)* दिए गए चित्र में, बिन्दुओं S_1 व L को जोड़ने पर,

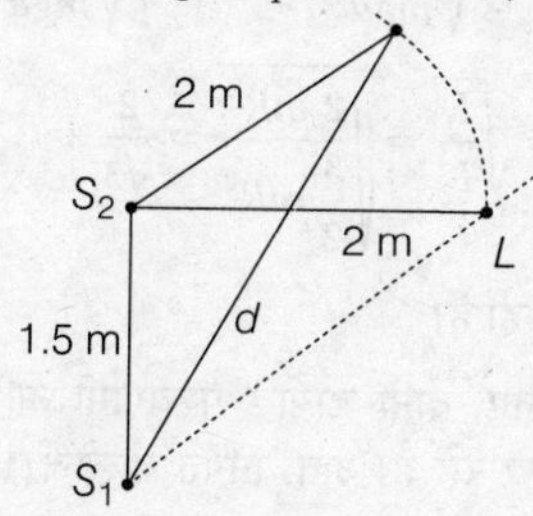

चित्र से, $S_2L = 2$ मी

$S_1L = \sqrt{(2)^2 + (1.5)^2} = \sqrt{4 + 2.25} = 2.5$ मी

प्रारम्भिक पथान्तर (जहाँ निम्निष्ठ प्रेक्षित किया जाता है)

$$\Delta x_1 = S_1L - S_2L = 2.5 - 2 = 0.5 \text{ मी}$$

अर्थात् नयी स्थिति पर पथान्तर, जहाँ उच्चिष्ठ प्रेक्षित किया जाता है।

$$\Delta x_2 = d - 2$$

क्रमागत उच्चिष्ठ व निम्निष्ठ के मध्य पथान्तर $\lambda/2$ है।

अर्थात् $\Delta x_2 - \Delta x_1 = \frac{\lambda}{2} \Rightarrow d - 2 - 0.5 = \frac{1}{2}$ $(\because \lambda = 1 \text{ मी})$

$\Rightarrow$ $d = 3$ मी

अत: विकल्प (d) सही है।

8. *(a)* रेखीय प्रसार का प्रभावी ताप गुणांक α मान लें

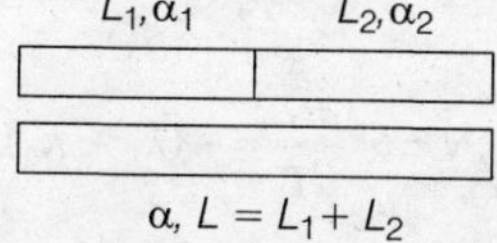

तुल्य तार की लम्बाई में परिवर्तन = प्रत्येक तार की लम्बाई में परिवर्तन का योग

$$\Delta L = \Delta L_1 + \Delta L_2 \Rightarrow L\alpha\Delta T = L_1\alpha_1\Delta T + L_2\alpha_2\Delta T$$

$\because$ $L = L_1 + L_2$

$\therefore$ $(L_1 + L_2)\,\alpha\,\Delta T = \Delta T(L_1\alpha_1 + L_2\alpha_2) \Rightarrow \alpha = \frac{L_1\alpha_1 + L_2\alpha_2}{L_1 + L_2}$

अत: विकल्प (a) सही है।

9. *(a)* दिया गया v-t ग्राफ नीचे दर्शाया गया है

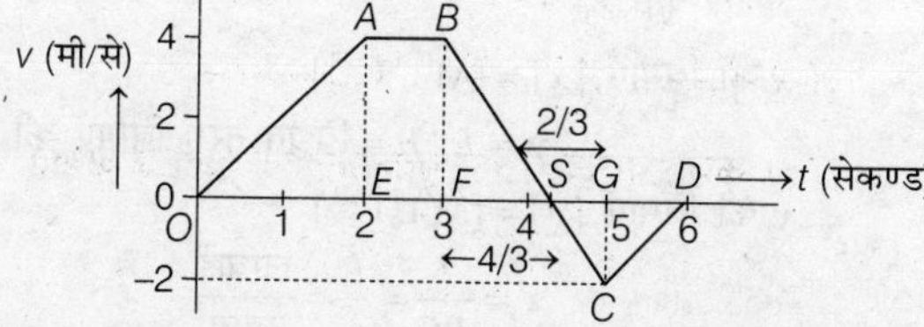

पिण्ड द्वारा 6 सेकण्ड में तय की गई दूरी = v - t वक्र में प्रत्येक भाग के क्षेत्रफलों के परिमाणों का योग

$s = \Delta AOE$ का क्षेत्रफल + आयत $ABFE$ का क्षेत्रफल + ΔBSF का क्षेत्रफल + ΔSCG का क्षेत्रफल + ΔGCD का क्षेत्रफल

$$= \frac{1}{2}(OE \times AE) + (EF \times AE) + \frac{1}{2}(SF \times BF) + \frac{1}{2}(SG \times GC) + \frac{1}{2}(GD \times GC)$$

$$= \frac{1}{2}(2 \times 4) + 1 \times 4 + \frac{1}{2} \times 4 \times \left(\frac{4}{3}\right) + \frac{1}{2} \times 2 \times \left(\frac{2}{3}\right) + \frac{1}{2} \times 2 \times 1$$

$$= 4 + 4 + \frac{8}{3} + \frac{2}{3} + 1 = \frac{37}{3} \text{ मी}$$

अत: विकल्प (a) सही है।

10. *(a)* माना पानी का घनत्व ρ_l है।

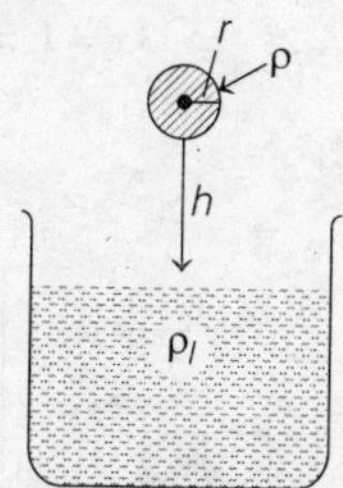

मुक्त रूप से गिरने के बाद गेंद का वेग, $v = \sqrt{2gh}$ ...(i)

h दूरी से गिरने के बाद, गेंद का वेग सीमान्त वेग के बराबर है।

सीमान्त वेग, $v = \frac{2r^2g(\rho_l - \rho)}{9\eta}$ ...(ii)

समी (i) व (ii) से,

$$\sqrt{2gh} = \frac{2}{9}\frac{r^2g}{\eta}(\rho_l - \rho) \Rightarrow 2gh = \frac{4}{81}\frac{r^4g^2}{\eta^2}(\rho_l - \rho)^2$$

$\Rightarrow$ $h = \frac{2}{81}\frac{r^4g^2}{\eta^2}(\rho_l - \rho)^2 \Rightarrow h \propto r^4$

अत: विकल्प (a) सही है।

11. *(b)* माना पट्टिका की आवश्यक लम्बाई x मान लेते हैं

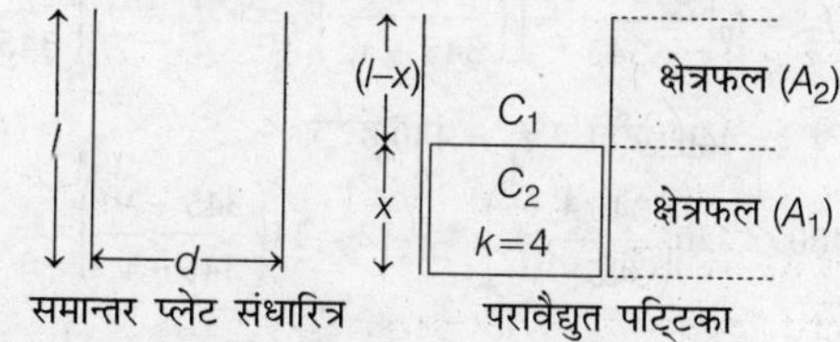

समान्तर प्लेट संधारित्र की संधारिता दी जाती है

$$C = \frac{\varepsilon_0 A}{d}$$

परावैद्युत पट्टिका को प्रवेश कराने से पूर्व समान्तर प्लेट संधारित्र की संधारिता

$$C_{\text{प्रारम्भिक}} = \frac{\varepsilon_0 A}{d} \Rightarrow C_{\text{प्रारम्भिक}} = \frac{\varepsilon_0 lw}{d}$$

परावैद्युत पट्टिका को प्रवेश कराने के पश्चात् समान्तर प्लेट संधारित्र की संधारिता

$$C_{\text{अन्तिम}} = C_1 + C_2 = \frac{k\varepsilon_0 A_1}{d} + \frac{\varepsilon_0 A_2}{d}$$

$$= \frac{k\varepsilon_0 wx}{d} + \frac{\varepsilon_0 w(l - x)}{d} = \frac{\varepsilon_0 w}{d}[kx + (l - x)]$$

$$= \frac{\varepsilon_0 w}{d}[l + (k - 1)x]$$

प्रश्नानुसार,
संधारित्र में संचित ऊर्जा = 2 (प्रारम्भिक संचित ऊर्जा)

$$\Rightarrow \quad \frac{1}{2} C_{\text{अन्तिम}} V^2 = 2\left(\frac{1}{2} C_{\text{प्रारम्भिक}} V^2\right)$$

$$\Rightarrow \quad C_{\text{अन्तिम}} = 2\, C_{\text{प्रारम्भिक}}$$

$$\Rightarrow \frac{\varepsilon_0 w}{d}[l + (4-1)x] = \frac{2\varepsilon_0 wl}{d}$$

$$\Rightarrow \quad \frac{\varepsilon_0 w}{d}[l + 3x] = \frac{2\varepsilon_0 wl}{d}$$

$$\Rightarrow \quad l + 3x = 2l \Rightarrow 3x = l \Rightarrow x = \frac{l}{3}$$

अत: विकल्प (*b*) सही है।

12. (*a*) माना कार की चाल v_c है

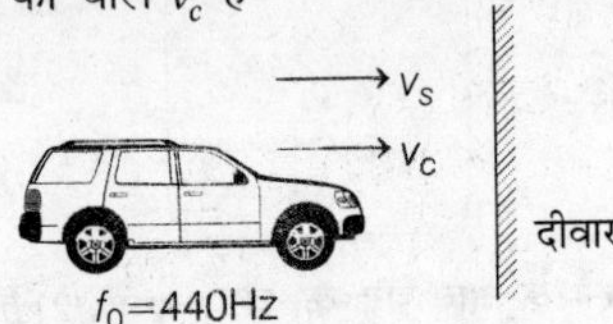

डॉप्लर प्रभाव का उपयोग करने पर,
दीवार द्वारा प्राप्त की गई आवृत्ति,

$$f_1 = f_0\left(\frac{v_s}{v_s - v_c}\right) = f_0\left(\frac{345}{345 - v_c}\right) \quad \ldots(i)$$

अब, दीवार आवृत्ति f_1 के स्रोत की तरह कार्य करेगी
दीवार से परावर्तन के पश्चात् ड्राइवर द्वारा प्राप्त की गई आवृत्ति,

$$f_2 = f_1\left(\frac{v_s + v_c}{v_s}\right) = f_1\left(\frac{345 + v_c}{345}\right)$$

समी (i) से f_1 के मान को रखने पर

$$f_2 = f_0\left(\frac{345 + v_c}{345}\right)\left(\frac{345}{345 - v_c}\right) \Rightarrow f_2 = f_0\left(\frac{345 + v_c}{345 - v_c}\right)$$

दिया है, $f_0 = 440$ हर्ट्ज व $f_2 = 480$ हर्ट्ज

$$\therefore \quad 480 = 440\left(\frac{345 + v_c}{345 - v_c}\right) \Rightarrow 12 = 11\left(\frac{345 + v_c}{345 - v_c}\right)$$

$$\Rightarrow 12(345 - v_c) = 11(345 + v_c) \Rightarrow 345 = 23v_c$$

$$\Rightarrow \quad v_c = 15 \text{ मी/से}$$

$$\Rightarrow \quad v_c = \frac{15 \times 18}{5} \text{ किमी/घण्टा} = 54 \text{ किमी/घण्टा}$$

अत: विकल्प (*a*) सही है।

13. (*a*) मान लें स्थिति (i) के लिए जड़त्व-आघूर्ण I_1 व स्थिति (ii) के लिए जड़त्व-आघूर्ण I_2

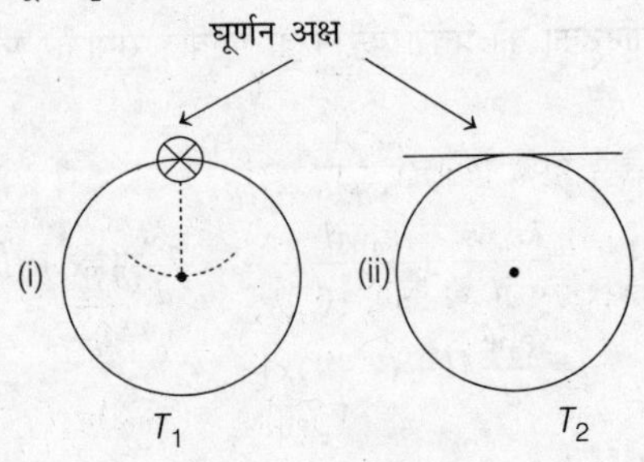

दिया है, भौतिक लोलक का आवर्तकाल,

$$T = 2\pi\sqrt{\frac{I}{mgd}} \text{ (जहाँ, } d = R)$$

यहाँ, $\quad I_1 = 2\,mR^2 \Rightarrow I_2 = \frac{3}{2}\,mR^2$

$$\therefore \quad T_1 = 2\pi\sqrt{\frac{I_1}{mgd}} \text{ व } T_2 = 2\pi\sqrt{\frac{I_2}{mgd}}$$

$$\Rightarrow \quad \frac{T_1}{T_2} = \sqrt{\frac{I_1}{I_2}} = \sqrt{\frac{2\,mR^2}{\frac{3}{2}\,mR^2}} = \frac{2}{\sqrt{3}}$$

अत: विकल्प (*a*) सही है।

14. (*c*) $V < 4V$ के लिए, दोनों डायोड पश्चगामी अभिनति में हैं लेकिन जेनर क्षेत्र में कार्य नहीं कर रहे हैं। अत: निर्गत वोल्टेज (V_{out}) निवेशी वोल्टेज के बराबर होगी।
$4V$ से अधिक वोल्टताओं के लिए, डायोड A धारा का संचालन नहीं करेगा लेकिन डायोड B जेनर भाग में कार्य करेगा एवं अधिक मात्रा में धारा इससे प्रवाहित होगी।
अत: विभव बढ़ेगा लेकिन कुछ विभवपात संयोजक तारो में होगा। इस प्रकार V_{out} व t ग्राफ का ढाल कम होगा।
जब दोनों डायोड जेनर भाग में कार्य करना शुरू कर देते हैं, तब आउटपुट वोल्टेज 6 वोल्ट हो जाएगा एवं इसके पश्चात्, यह नहीं बदलेगा।
अत: विकल्प (*c*) सही है।

15. (*a*) यदि एक रेडियोधर्मी नमूना एक साथ दो अलग-अलग प्रक्रियाओं से गुजरता हो, तो

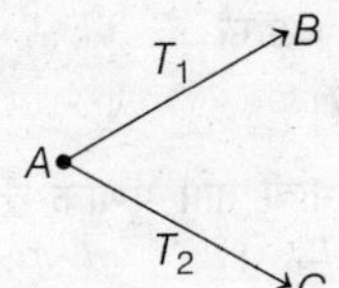

$$\frac{dN}{dT} = -\lambda_1 N - \lambda_2 N \Rightarrow \frac{dN}{dT} = -(\lambda_1 + \lambda_2)N \Rightarrow \frac{dN}{dT} = -\lambda_{\text{प्रभावी}} N$$

यहाँ, $\lambda_{\text{प्रभावी}} = \lambda_1 + \lambda_2$

नाभिक की प्रभावी अर्द्धआयु काल $T_{\text{प्रभावी}}$ लें।

$$\Rightarrow \frac{\ln 2}{T_{\text{प्रभावी}}} = \frac{\ln 2}{T_1} + \frac{\ln 2}{T_2} \Rightarrow \frac{1}{T_{\text{प्रभावी}}} = \frac{1}{T_1} + \frac{1}{T_2} = \frac{1}{10} + \frac{1}{100} = \frac{11}{100}$$

$$\Rightarrow \quad T_{\text{प्रभावी}} = \frac{100}{11} = 9.09 \text{ सेकण्ड} \approx 9 \text{ सेकण्ड}$$

अत: विकल्प (*a*) सही है।

16. (*a*) $x = \frac{1}{\sqrt{\mu_0 \varepsilon_0}}$ = निर्वात् में प्रकाश की चाल

$\therefore$ x की विमाएँ, $[x] = [M^0 L^1 T^{-1}]$

$y = E/B$ = विद्युत तरंग विमाएँ की चाल

$\therefore$ y की विमाएँ, $[y] = [M^0 L^1 T^{-1}]$

$$z = \frac{l}{RC} = \frac{l}{\tau} = \frac{\text{लम्बाई}}{\text{समय}}$$

$\therefore$ z की विमाएँ, $[z] = [M^0 L^1 T^{-1}]$

इस प्रकार, सभी राशियों की समान विमाएँ अर्थात् वेग के समान है।
अत: विकल्प (*a*) सही है।

17. *(c)* दिया है, गैस का घनत्व 32 गुना हो जाता है एवं हम जानते हैं, कि घनत्व ρ आयतन V के व्युत्क्रमानुपाती होता है।

अतः आयतन प्रारम्भिक आयतन का $\frac{1}{32}$ हो जाता है।

रूद्धोष्म प्रक्रम में, pV^{γ} = नियत $\Rightarrow p_iV_i^{\gamma} = p_fV_f^{\gamma}$

अब, $\gamma = 7/5$ द्वि-परमाण्विक गैस के लिए

$$\Rightarrow \frac{p_f}{p_i} = \left(\frac{V_i}{V_f}\right)^{\gamma} = (32)^{\frac{7}{5}} = 128$$

अतः विकल्प (c) सही है।

18. *(a)* भूमध्य रेखा के समीप वस्तु का भार $= m(g - R\omega^2)$

एवं ध्रुवों के समीप h ऊँचाई पर भार $= mg\dfrac{R^2}{(R+h)^2}$

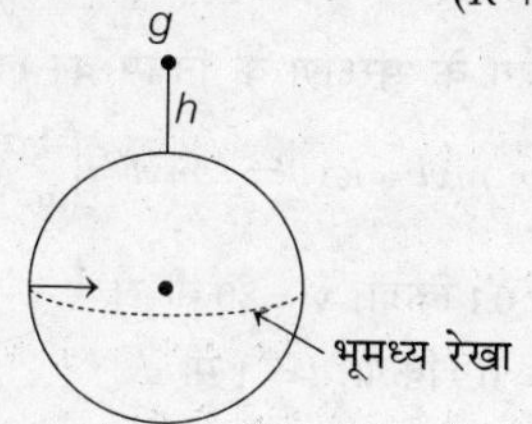

प्रश्नानुसार, दोनों भार समान हैं

$$\Rightarrow m(g - R\omega^2) = \frac{mgR^2}{(R+h)^2}$$

$$(g - R\omega^2) = gR^2\left[\frac{1}{R^2 + h^2 + 2Rh}\right] = \frac{gR^2}{R^2}\left[\frac{1}{1 + \frac{h^2}{R^2} + \frac{2Rh}{R^2}}\right]$$

$$= g\left[\frac{1}{1 + \frac{2h}{R}}\right] \quad \{\because h << R\}$$

$$= g\left[1 - \frac{2h}{R}\right]$$

$$\Rightarrow R\omega^2 = \frac{2gh}{R} \Rightarrow h = \frac{R^2\omega^2}{2g}$$

अतः विकल्प (a) सही है।

19. *(d)* दिए गए परिपथ को इस प्रकार आरेखित किया जा सकता है

(परिपथ: E, 1A, D, 2A, 2 V, B; i_3, 2 Ω; A, i_1=1A, C, F, 1 V, i_2=2A)

शाखा DC में धारा (बिन्दु C पर किरचॉफ का धारा नियम लगाने पर)

$$i_1 + i_3 = i_2 \Rightarrow 2 - 1 - i_3 = 0 \Rightarrow i_3 = 1 \text{ ऐम्पियर}$$

अब, C व D से होते हुए A से B की ओर जाने पर, $ACDB$ के अनुदिश विभव

$$V_A + 1 + 2 \times i_3 - 2 = V_B \Rightarrow V_B - V_A = 1 \text{ वोल्ट}$$

अतः विकल्प (d) सही है।

20. *(b)* एक लौह-कॉर परिनालिका का चुम्बकीय आघूर्ण,

$$M = \mu_r NiA$$

जहाँ, μ_r = सापेक्षिक पारगम्यता = 1000,

N = फेरों की संख्या = 10 फेरे/सेमी

i = धारा = 0.5 ऐम्पियर

व A = अनुप्रस्थ-काट का क्षेत्रफल,

अब, $M = \mu_r Ni\dfrac{V}{l}$ $\left\{\because A = \dfrac{V}{l}\right\}$

दिए गए सभी मानों को उपरोक्त समीकरण में रखने पर,

$$M = 1000 \times \frac{10}{10^{-2}} \times 0.5 \times 10^{-3} \quad [V = 10^{-3} \text{मी}^3]$$

$= 500$ ऐम्पियर मी$^2 = 5 \times 10^2$ ऐम्पियर मी^{2}

अतः विकल्प (b) सही है।

21. *(18)* माना आवश्यक दूरी s है

(P = नियतांक (1 J/s); u=0, x=0; $v \longrightarrow$, x=s)

कार्य ऊर्जा प्रमेय से,

कार्य = गतिज ऊर्जा में परिवर्तन

$\Rightarrow$ शक्ति × समय $= \Delta K$

अर्थात् $Pt = \Delta K \Rightarrow Pt = \frac{1}{2}mv^2$ ...(i)

दिया है, $P = 1$ जूल से$^{-1}$

$t = 9$ सेकण्ड $m = 2$ किग्रा

दिए गए सभी मानों को उपरोक्त समीकरण में प्रतिस्थापित करने पर,

$$1 \times 9 = \frac{1}{2}(2)\, v^2 \Rightarrow v^2 = 9$$

$\Rightarrow$ $v = 3$ मी/से ($t = 9$ सेकण्ड पर)

जैसा कि, $Fv = P$

$\Rightarrow (ma)v = P$ $[\because F = ma]$

$$\Rightarrow m\left[\frac{dv}{dt}\right]v = P \Rightarrow m\left[\frac{ds}{dt}\frac{dv}{ds}\right]v = P \Rightarrow m\left[v\frac{dv}{ds}\right]v = P$$

$\Rightarrow 2v^2dv = ds$ {$\because P = 1$ जूल/से एवं $m = 2$ किग्रा}

दोनों पक्षों में समाकलन करने पर,

$$\int_0^3 2v^2dv = \int_0^s ds \Rightarrow \frac{2}{3}[v^3]_0^3 = s \Rightarrow \frac{2}{3}[27 - 0] = s \Rightarrow s = 18 \text{ मी}$$

अतः 9 सेकण्ड के पश्चात्, वस्तु 18 मी की दूरी तय कर चुकी है।

22. *(41)* वर्ग-माध्य-मूल चाल दी जाती है,

$$v_{\text{rms}} = \sqrt{\frac{3RT}{M}}$$

नाइट्रोजन अणुओं के लिए, $(v_{\text{rms}})_{N_2} = \sqrt{\dfrac{3RT_1}{M_1}}$

एवं हाइड्रोजन अणुओं के लिए, $(v_{\text{rms}})_{H_2} = \sqrt{\dfrac{3RT_2}{M_2}}$

प्रश्नानुसार, $(v_{\text{rms}})_{N_2} = (v_{\text{rms}})_{H_2}$

$$\Rightarrow \quad \sqrt{\frac{3RT_1}{M_1}} = \sqrt{\frac{3RT_2}{M_2}} \Rightarrow \frac{T_1}{M_1} = \frac{T_2}{M_2} \Rightarrow \frac{T_1}{T_2} = \frac{M_1}{M_2}$$

$$\Rightarrow \quad T_2 = \frac{T_1 M_2}{M_1} \quad \text{...(i)}$$

दिया गया है, $T_1 = 300°C = 300 + 273 = 573$ K

$M_1 = 28$ g व $M_2 = 2$ g

इन सभी मानों को समी (i), में प्रतिस्थापित करने पर,

$$T_2 = 573 \times \frac{2}{28} \quad \{\because T_1 = 300 + 273 = 573\}$$

$$= 40.93 \text{ K} \approx 41 \text{ K}$$

इस प्रकार, आवश्यक तापमान 41 K है।

23. *(5)* लघु कोणीय प्रिज्म के लिए विचलन निम्न प्रकार दिया जाता है

$$\delta = (\mu - 1) A$$

दिया गया है, $A = 1°$, $\mu = 1.5$

इन मानों को उपरोक्त समीकरण में प्रतिस्थापित करने पर,

$$\delta = (1.5 - 1) \times 1 \text{ या } \delta = 0.5$$

प्रश्नानुसार, $\delta = \frac{N}{10} \Rightarrow 0.5 = \frac{N}{10} \Rightarrow N = 5$

इस प्रकार, N का मान 5 है।

24. *(2)* धातु का कार्यफलन ϕ मान लेते हैं।

$$\text{KE} = \frac{hc}{\lambda} - \phi$$

स्थिति I के लिए, $\frac{1}{2} mv_1^2 = 4 - \phi$ ...(i)

स्थिति II के लिए, $\frac{1}{2} mv_2^2 = 2.5 - \phi$ ...(ii)

दिया गया है, $\frac{v_1}{v_2} = 2$

समी (i) व (ii) से,

$$\frac{v_1^2}{v_2^2} = \frac{4 - \phi}{2.5 - \phi} \Rightarrow (2)^2 = \frac{4 - \phi}{2.5 - \phi}$$

$$\Rightarrow \quad 4(2.5 - \phi) = 4 - \phi \Rightarrow 10 - 4\phi = 4 - \phi \Rightarrow 3\phi = 6$$

$$\Rightarrow \quad \phi = \frac{6}{3} = 2 \text{ eV}$$

इस प्रकार, धातु का कार्य-फलन 2eV है।

25. *(20)* दी गई स्थिति को निम्नलिखित चित्र में दर्शाया गया है

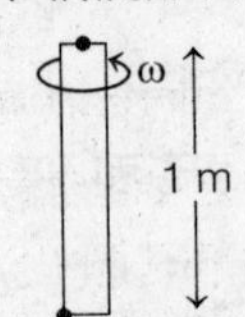

सापेक्ष कोणीय संवेग के संरक्षण के नियम को लगाने पर,

$$\mathbf{L}_i = \mathbf{L}_f \Rightarrow mvl = I\omega \Rightarrow mvl = \left(\frac{1}{3} ML^2 + mL^2\right) \omega \quad \text{...(i)}$$

दिया गया है, $m = 0.1$ किग्रा; $v = 80$ मी से$^{-1}$

$M = 0.9$ किग्रा; $l = 1$ मी

इन सभी मानों को समी (i) में प्रतिस्थापित करने पर,

$$0.1 \times 80 \times 1 = \left(\frac{0.9 \times 1^2}{3} + 0.1 \times 1^2\right) \omega$$

$$8 = \left(\frac{3}{10} + \frac{1}{10}\right) \omega \Rightarrow 8 = \frac{4}{10} \omega$$

$$\Rightarrow \quad \omega = 20 \text{ रेडियन/से}$$

इस प्रकार, छड़ का कोणीय वेग 20 रेडियन/से है।

रसायन विज्ञान

26. *(d)* m-टॉलूडीन (CH_3, NH_2 युक्त बेन्जीन) $\xrightarrow[\text{ऐसीटिलीकरण}]{CH_3-\underset{\underset{O}{\|}}{C}-O-\underset{\underset{O}{\|}}{C}-CH_3}$ CH_3 युक्त बेन्जीन—$H-N-\underset{\underset{O}{\|}}{C}-OCH_3$ $\xrightarrow[\text{Br}_2/\text{FeCl}_3]{\text{ब्रोमीनीकरण}}$ Br, CH_3 युक्त बेन्जीन—$H-N-\underset{\underset{O}{\|}}{C}-OCH_3$ $\xrightarrow[-CH_3COOH]{+HOH}$ Br, CH_3, NH_2 युक्त बेन्जीन

m-टॉलूडीन

m-टॉलूडीन की क्षारीय प्रकृति CH_3-समूह द्वारा बहुत अधिक प्रभावित नहीं होती है।

$-NH-\underset{\underset{O}{\|}}{C}-OCH_3$ मध्यम सक्रियण कारक समूह है। यह CH_3 समूह के दुर्बल सक्रियण पर प्रभावी होता है।

$-NHCO-CH_3$ की वृहद् (Bulky) प्रकृति के कारण *पैरा* स्थिति पर आक्रमण होता है। यहाँ NH_2 समूह ऐसीटिल व्युत्पन्न के निर्माण द्वारा संरक्षित हो जाता है तथा ब्रोमीनीकरण को बाधित नहीं करता है।

27. *(b)* ज्यामितीय समावयवी वे अणु होते हैं जिनमें चक्रीय संरचना या द्विआबन्ध के कारण एक-दूसरे के सापेक्ष उनकी आकाशीय स्थितियाँ, निषिद्ध होती है। चक्रीय संरचना या द्विआबन्ध के कारण प्रतिबन्धित घूर्णन की स्थिति होती है। दो भिन्न समूह किसी भी दो प्रतिबन्धित कार्बन परमाणुओं से बन्धित होते हैं।

(a) $H-\underset{\|}{C}-H$ (4-Cl युक्त साइक्लोहेक्सेन) ज्यामितीय समावयवता नहीं दर्शाता है।

(b) $H-\underset{\|}{C}-Cl$ (3-CH_3 युक्त साइक्लोहेक्सेन) ज्यामितीय समावयवता दर्शाता है। (*सिस* तथा *ट्रांस* समावयवी सम्भव) तथा $Cl-\underset{\|}{C}-H$ (3-CH_3 युक्त साइक्लोहेक्सेन)

(c) $H\!-\!C(Cl)=$ (3,5-डाइमेथिलसाइक्लोहेक्सिलिडीन; H_3C, CH_3) ज्यामितीय समावयवता नहीं दर्शाता

(d) $H\!-\!C(Cl)=$ (साइक्लोहेक्सिलिडीन) ज्यामितीय समावयवता नहीं दर्शाता

अत: विकल्प (b) ज्यामितीय समावयवता नहीं दर्शाएगा।

28. *(a)* फ्रैंडलिक ने स्थिर ताप पर अधिशोषक के प्रति इकाई द्रव्यमान द्वारा अधिशोषित गैस की मात्रा तथा साम्य दाब के मध्य एक सम्बन्ध प्रस्तुत किया। इस सम्बन्ध को फ्रैंडलिक अधिशोषण समतापी कहा जाता है।

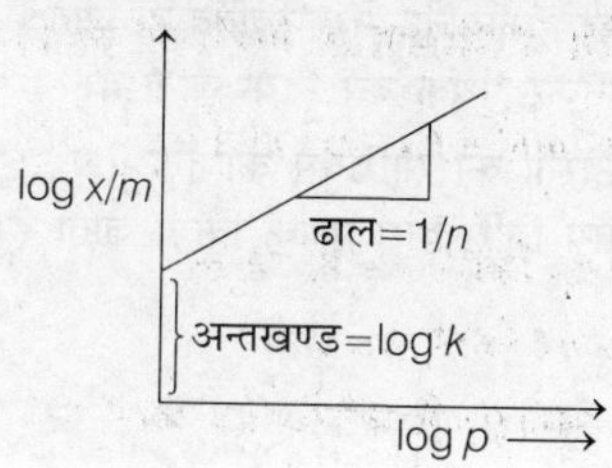

इसे निम्न प्रकार से प्रदर्शित करते हैं

$$\frac{x}{m} = kp^{1/n} \quad \text{(स्थिर ताप पर, } n > 1) \qquad ...(i)$$

यहाँ, x = अधिशोषित गैस का द्रव्यमान, m = ठोस अधिशोषक का द्रव्यमान

$\frac{x}{m}$ = अधिशोषण की मात्रा = प्रतिग्राम ठोस अधिशोषक पर अधिशोषित गैस का द्रव्यमान, p = गैस का दाब

k तथा n स्थिर ताप पर, किसी निश्चित अधिशोषक के लिए स्थिरांक है, जो अधिशोषक व गैस की प्रकृति पर निर्भर करते हैं।

समी (i) के दोनों पक्षों का लघुगणक लेने पर,

$$\log \frac{x}{m} = \left(\frac{1}{n}\right) \log p + \log k$$

$$\frac{x}{m} \propto p \qquad \text{(निम्न दाब पर)}$$

$$\frac{x}{m} \propto p^{\circ} \qquad \text{(उच्च दाब पर)}$$

ताप बढ़ाने पर भौतिक अधिशोषण घटता है।

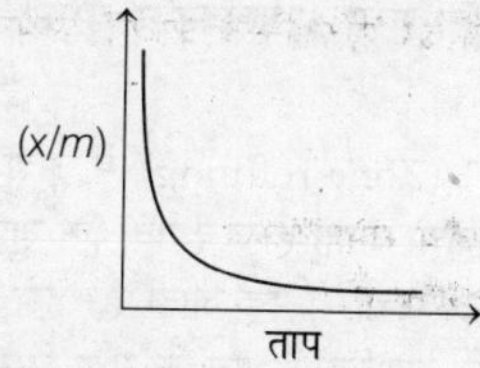

अत: विकल्प (a) सही है।

29. *(a)*

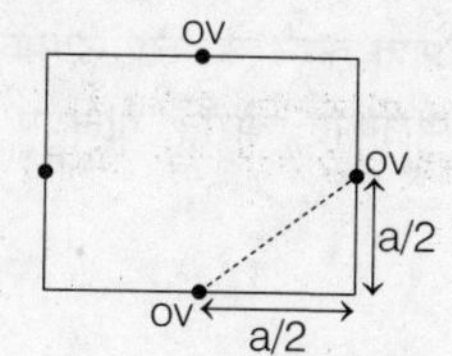

fcc में अष्टफलकीय छिद्र (Void) होते हैं।

किनारे पर, काय केन्द्र पर उपस्थित होते हैं।

दो अष्टफलकीय छिद्रों के बीच की न्यूनतम दूरी =

$$x = \sqrt{\left(\frac{a}{2}\right)^2 + \left(\frac{a}{2}\right)^2} = \sqrt{\frac{a^2}{4} + \frac{a^2}{4}} = \frac{a}{\sqrt{2}}$$

30. *(d)* *(A)* *ट्रांस* $[Co(en)_2Cl_2]^+$

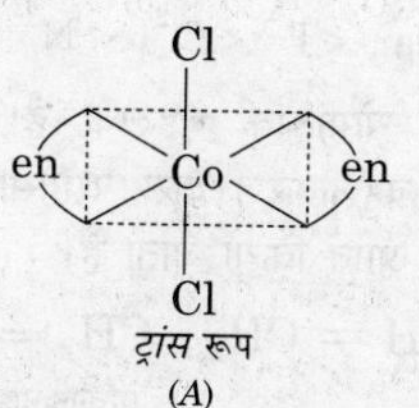

ट्रांस रूप
(A)

(A) *ट्रांस*-रूप है तथा यह तल समिति दर्शाता है जिसके कारण यह प्रकाशिक निष्क्रिय होता है।

(B) *सिस*-$[Co(en)_2Cl_2]^+$

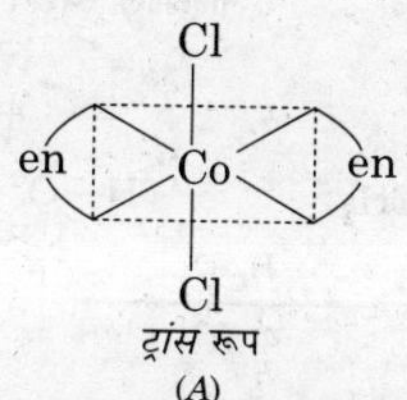

ट्रांस रूप
(A)

सिस रूप में कोई तल सममिति नहीं होती है। अत: यौगिक *(B)* प्रकाशिक सक्रिय है।

31. *(b)*

OH (4-नाइट्रोफीनॉल, NO_2) (II) —OH समूह से प्रबल हाइड्रोजन बन्धन दर्शाता है।

OH (4-अमीनोफीनॉल, NH_2) (III) —OH समूह तथा —NH_2 समूह दोनों सिरो से प्रबल हाइड्रोजन बन्धन दर्शाता है।

OH (4-मेथॉक्सीफीनॉल, OCH_3) (IV) एक सिरे से —OH समूह हाइड्रोजन बन्धन तथा अन्य सिरे से OCH_3 समूह केवल द्विध्रुव-द्विध्रुव अन्तक्रिया दर्शाता है।

OH (4-मेथिलफीनॉल, CH_3) (I) क्वथनांक $\propto$ द्विध्रुव आघूर्ण (μ).

केवल —OH समूह द्वारा हाइड्रोजन बन्धन दर्शाता है।

32. *(c)* स्पीशीज का आकार $\propto \frac{1}{\text{नाभिकीय आवेश}}$

समइलेक्ट्रॉनिक स्पीशीज वे परमाणु या आयन हैं जिनमें समान संख्या में इलेक्ट्रॉन उपस्थित होते हैं। स्पीशीज का आकार प्रोटॉन संख्या बढ़ाने के साथ घटता है। जितना प्रभावी नाभिकीय आवेश (Z_{eff}) होगा, उतना ही आयनिक आकार कम होगा।

आयनिक त्रिज्या का सही क्रम

$Al^{3+} < Mg^{2+} < Na^+ < F^- < O^{2-} < N^{3-}$

33. *(b)* ब्यूना-N एक योगात्मक बहुलक है। इसे 1, 3-ब्यूटाडाइईन तथा ऐक्रिलोनाइट्राइल के बहुलीकरण द्वारा परॉक्साइड उत्प्रेरक की उपस्थिति में सहबहुलीकरण द्वारा प्राप्त किया जाता है।

$CH_2=CH-CH=CH_2 + CH_2=CH-C\equiv N$
ब्यूटा-1, 3-डाइईन ऐक्रिलोनाइट्राइल

$\downarrow$ Na

$-\!\!\left[CH_2-CH=CH_2-\underset{CN}{CH}-CH_2\right]\!\!-$

नाइट्राइल रबड़ (ब्यूना-N)

34. *(a)*

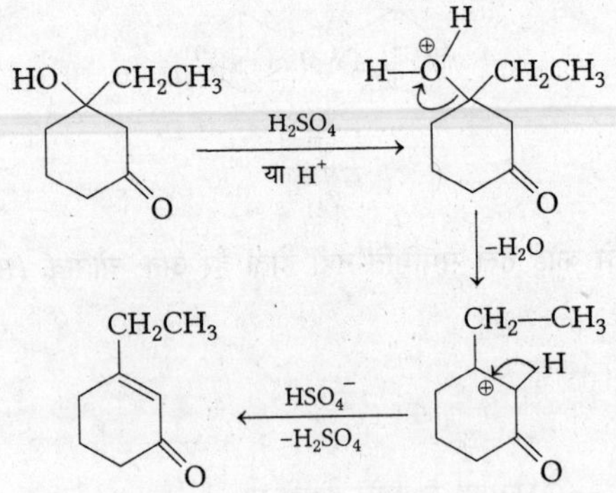

HO, CH_2CH_3 (साइक्लोहेक्सेनोन) $\xrightarrow[\text{या } H^+]{H_2SO_4}$ H–$\overset{\oplus}{O}$(H), CH_2CH_3 $\xrightarrow{-H_2O}$ CH_2-CH_3, $\oplus$, H $\xrightarrow[-H_2SO_4]{HSO_4^-}$ CH_2CH_3 (असंतृप्त कीटोन)

35. *(a)*

H–O–O–H (एकाकी युग्म सहित)

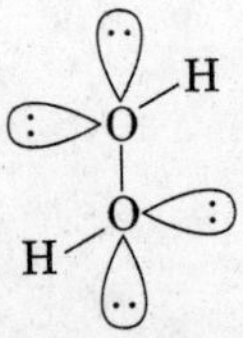

हाइड्रोजन परॉक्साइड रंगहीन कम श्यान द्रव है परन्तु अधिक मात्रा में यह हल्के नीले द्रव के रूप में दिखाई देता है। हाइड्रोजन परॉक्साइड एक मध्यम पूतिरोधी के रूप में प्रयुक्त होता है, जो त्वचा के संक्रमण को रोकता है।

36. *(d)* $\therefore k = Ae^{-E_a/RT}$

दोनों ओर लघुगणक लेने पर, आर्हेनियस समीकरण

$$\ln k = A - \left(\frac{E_a}{R}\right)\frac{1}{T} \text{ में}$$

$$\ln k = \ln A - \left(\frac{E_a}{R\times 10^3}\right)\times\frac{10^3}{T}$$

$$\text{ग्राफ का ढाल} = \frac{-E_a}{R\times 10^3} = \frac{-10}{5}$$

$$E_a = 2R\times 10^3 \text{ जूल मोल}^{-1} \Rightarrow E_a = 2R \text{ किलो जूल}$$

37. *(c)* किसी आयनिक ठोस के विलयन की एन्थैल्पी आंकिक रूप से इसके जलयोजन तथा जालक ऊर्जा के योग के बराबर होगी।

i.e. $\Delta H^\circ_{\text{विलयन}} = \Delta H^\circ_{\text{जलायोजन}} + \Delta H^\circ_{\text{जालक}}$

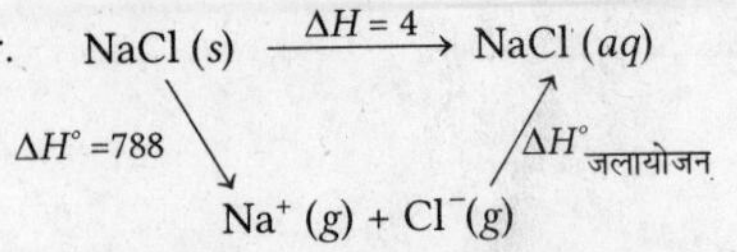

$\therefore$ $NaCl(s) \xrightarrow{\Delta H = 4} NaCl(aq)$

$\Delta H^\circ = 788$ ↘ $Na^+(g) + Cl^-(g)$ ↗ $\Delta H^\circ_{\text{जलायोजन}}$

$$\Delta_{\text{विलयन}}H^\circ = \Delta_{\text{जालक}}H^\circ + \Delta_{\text{जलायोजन}}H^\circ$$

$$4 = 788 + \Delta_{\text{जलयोजन}}H^\circ$$

$$\Delta_{\text{जलायोजन}}H^\circ = -784 \text{ किलोजूल मोल}$$

38. *(b)* जल की अस्थायी कठोरता को **क्लार्क विधि** तथा क्वथनांक विधि द्वारा पृथक् किया जा सकता है। इस विधि में चूने के पानी ($Ca(OH)_2$) की मापित मात्रा को अस्थायी कठोरता युक्त जल में मिलाते हैं। इस प्रक्रिया में विलेय बाइकार्बोनेट अविलेय कार्बोनेट में परिवर्तित हो जाते हैं जो कि अवक्षेपित हो जाते हैं, जिन्हें छानकर पृथक् कर दिया जाता है।

जबकि स्थायी कठोरता को सोडियम कार्बोनेट (Na_2CO_3), कैल्गॉन विधि तथा आयन विनिमय विधि द्वारा पृथक् किया जाता है।

39. *(a)*

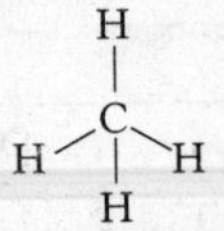

CH_4 (H, H, H, H)

[$CH_4 = sp^3$-संकरण। इलेक्ट्रॉन युग्मों की संख्या 0 है। अतः बन्धकोण अधिकतम अर्थात् 109° 28′]

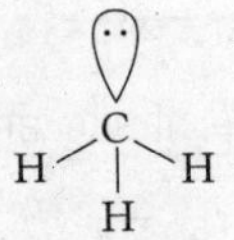

(H, H, H)

[$NH_3 = sp^3$ संकरण, 1 इलेक्ट्रॉन युग्म, अतः बन्ध कोण 107°]

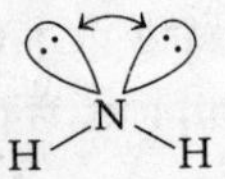

N (H, H)

[$H_2O = sp^3$ संकरण दो इलेक्ट्रॉन युग्म, अतः बन्ध कोण 104°5′]

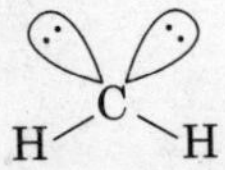

C (H, H)

[ड्रेगो नियम के अनुसार, कोई संकरण नहीं। अतः बन्धकोण 92°]

VSEPR सिद्धान्त के अनुसार,

इलेक्ट्रॉन युग्म-इलेक्ट्रॉन युग्म > इलेक्ट्रॉन युग्म – बन्ध युग्म > बन्ध युग्म – बन्ध युग्म

40. *(b)* मण्डल परिष्करण (Zone refining) में अशुद्ध धातु छड़ को विद्युतीय रूप से जब तक गर्म किया जाता है जब तक कि शुद्ध धातु क्रिस्टलीय होती है एवं अशुद्धियाँ गलित अवस्था में रह जाती है। इस प्रकार इस प्रक्रम को कई बार दोहराते हैं, जिससे अशुद्धियाँ धातु के एक सिरे पर एकत्रित हो जाती है। इस प्रकार अतिशुद्ध धातु प्राप्त होती है। यह विधि अर्द्धचालक तथा अन्य उच्च शुद्धता वाली धातु को प्राप्त करने के लिए उपयोगी है।

उदाहरण जर्मेनियम, सिलिकॉन, बोरॉन, गैलियम तथा इण्डियम, आदि।

41. *(c)*

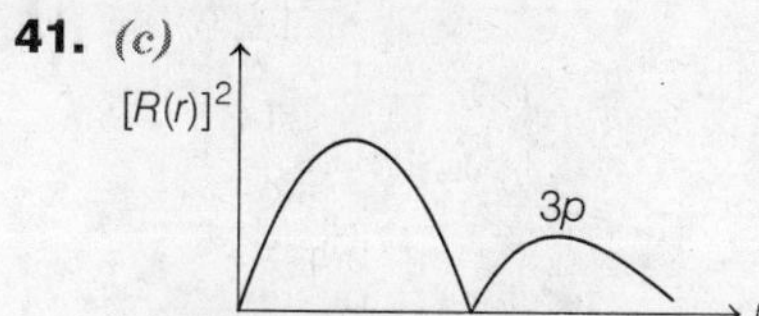

$3p$-कक्षक के लिए ϕ^2 (प्रायिकता घनत्व) अन्य के सापेक्ष अनन्त दूरी पर शून्य हो सकता है।

चूँकि $n = 3, l = 1$ $3p$-कक्षक के लिए अरीय नोड की संख्या $= 3 - 1 - 1 = 1$

42. *(d)* $CH_3-CH=CH-\underset{\underset{CH_3}{|}}{CH}-CH_3 \xrightarrow{+H^{\oplus}}$

$CH_3-CH_2-CH-\overset{\overset{H}{|}}{\underset{\underset{CH_3}{|}}{C}}-CH_3$

↓ 1, 2 - H विस्थापन (अधिक स्थायी कार्बोधनायन के लिए)

$CH_3-CH_2-CH_2-\overset{\oplus}{\underset{\underset{CH_3}{|}}{C}}-CH_3$

↓ $Br^{\ominus}$

$CH_3-CH_2-CH_2-\overset{\overset{Br}{|}}{\underset{\underset{CH_3}{|}}{C}}-CH_3$

मुख्य

43. *(b)* मोलर चालकता λ_m किसी विलयन के निश्चित आयतन में उपस्थित विद्युत अपघट्य के 1 मोल द्वारा उपलब्ध कराए गए आयनों की चालकता होती है। यह विलयन की आयनिक सामर्थ्य का फलन होती है।

दुर्बल तथा प्रबल विद्युत अपघट्यों की मोलर चालकता सान्द्रता घटने के साथ बढ़ती है। मोलर चालकता वह चालकता है, जो एक मोल आयनों द्वारा उत्पन्न होती हैं।

तनुता बढ़ाने पर विद्युत अपघट्य का अधिक आयनन होता है तथा अधिक संख्या में आयन उत्पन्न होते हैं तथा प्रभावी रूप से सक्रिय आयनों की संख्या विलियन में बढ़ती है। इन सक्रिय आयनों के कारण चालकता बढ़ जाती है।

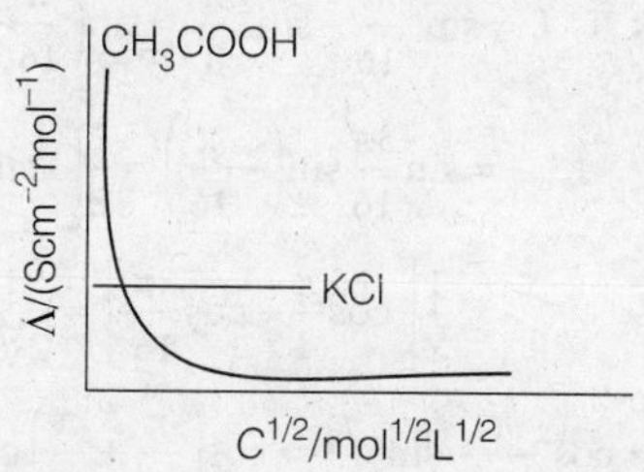

44. *(d)* संश्लेषित ब्रोमफ्रेनिरामिन एक प्रतिहिस्टैमिन है जो कि छींक, बहती नाक तथा खुजली या नम आँखें जो कि एलर्जी है, बुखार तथा सर्दी के कारण होती है, उपचार में प्रयुक्त होता है।

45. *(d)* एक पीला विस्फोटक द्रव नाइट्रोजन ट्राइक्लोराइड बनता है।

$$N_2 + \underset{(\text{आधिक्य})}{3Cl_2} \longrightarrow 3HCl + \underset{\text{नाइट्रोजन ट्राइक्लोराइड}}{NCl_3}$$

यदि अमोनिया को आधिक्य में लिया जाए तो अमोनियम क्लोराइड बनता है।

$$\underset{(\text{आधिक्य})}{8NH_3} + 3Cl_2 \longrightarrow NH_4Cl + N_2$$

46. *(50)* $K_2Cr_2O_7$ का मोलर द्रव्यमान $= FeC_2O_4$ का मोलर द्रव्यमान

$$K_2Cr_2O_7 + 7H_2SO_4 + FeCrO_4 \longrightarrow Fe_2(SO_4)_3 + K_2SO_4 + Cr_2(SO_4)_3 + 4CO_2 + 7H_2O$$

$$FeC_2O_4 + Cr_2O_7^{2-} \longrightarrow Fe^{3+} + CO_2 + Cr^{3+}$$

$$V \times 0.02 \times 6 = \frac{0.288 \times 3 \times 1000}{144}$$

$$V = 50 \text{ मिली}$$

47. *(–13537.57)* $\Delta H = \Delta U + \Delta n_g RT$

$\Delta H = -20 \times 1000 - 1 \times 8.314$ जूल/मोल $K \times 298\ K = -22477.572\ J$

$\Delta G = \Delta H - T\Delta S \Rightarrow \Delta G = -22477.572 + 298 \times 30$

$\Delta G = -13537.57$ जूल

48. *(0)* $Ru(H_2O)_6]^2$ का चुम्बकीय आघूर्ण (BM में) होगा, माना, जब $\Delta_0 > P$,

$Ru_{(44)}$; [Kr] $4d^7 s^1$ (आद्य अवस्था में)

$\Rightarrow Ru^{2+}$ में $= 4d^6 = (t_{2g})^6 (e_g)^0$

$(e_g)^0$

$\Delta_0 > P$

$4d^6$

$(t_{2g})^6$

यहाँ Ru^{2+} में अयुग्मित इलेक्ट्रॉनों की संख्या

$Ru^{2+} = (t_{2g})^6 (e_g)^0 = 0$

अतः $\mu = \sqrt{n(n+2)}\text{BM} = 0$ BM

49. *(16)*

	x	$+$ y	$\rightleftharpoons$ $2z$
$t = t_{eq.}$	$1 - a$	$1.5 - a$	$0.5 + 2\alpha$ ($a = 1$ mol)

$x + y \longrightarrow 2z$ ($a = 0.25$)

0.75 मोल 1.25 मोल 1 मोल

$$K_{eq} = \frac{[z]^2}{[x][y]} = \frac{1}{0.75 \times 1.25} = \frac{x}{15} \Rightarrow x = \frac{15}{0.75 \times 1.25} = 16$$

50. *(9.00)*

CH_2OH, O, OH, H, OH, H, OH, H, OH, O, $OHCH_2$, O, H, H, OH, CH_2OH, OH, H

ग्लाइकोसाइडिक बन्धन

सुक्रोस में कुल किरैल कार्बन की संख्या = 9

गणित

51. *(a)* दिया गया, रैखिक समीकरण निकाय

$$x + y + 3z = 0 \quad ...(i)$$
$$x + 3y + k^2 z = 0 \quad ...(ii)$$
$$3x + y + 3z = 0 \quad ...(iii)$$

अशून्य हल रखता है, इसलिए

$$D = 0 \Rightarrow \begin{vmatrix} 1 & 1 & 3 \\ 1 & 3 & k^2 \\ 3 & 1 & 3 \end{vmatrix} = 0$$

$$\Rightarrow 1(9 - k^2) - 1(3 - 3k^2) + 3(1 - 9) = 0$$

$$\Rightarrow 9 - k^2 - 3 + 3k^2 - 24 = 0 \Rightarrow 2k^2 - 18 = 0 \Rightarrow k^2 = 9 \Rightarrow k = 3$$

$\therefore$ समी (i) व (ii) से,

$$x + y + 3z = 0 \Rightarrow x + 3y + 9z = 0 \Rightarrow 2y + 6z = 0$$

$$\Rightarrow \quad \frac{y}{z} = -3 \text{ तथा } x = 0$$

$$\therefore \quad x + \frac{y}{z} = 0 - 3 = -3$$

52. *(d)* दिया है, α तथा β द्विघात समीकरण $7x^2 - 3x - 2$ के मूल हैं। इसलिए,

$$\alpha + \beta = \frac{3}{7} \text{ तथा } \alpha\beta = -\frac{2}{7}$$

अब, $$\frac{\alpha}{1 - \alpha^2} + \frac{\beta}{1 - \beta^2} = \frac{\alpha - \alpha\beta^2 + \beta - \beta\alpha^2}{1 - (\alpha^2 + \beta^2) + \alpha^2\beta^2}$$

$$= \frac{(\alpha + \beta) - \alpha\beta(\alpha + \beta)}{1 - [(\alpha + \beta)^2 - 2\alpha\beta] + (\alpha\beta)^2}$$

$$= \frac{\frac{3}{7} + \frac{2}{7}\left(\frac{3}{7}\right)}{1 - \left[\left(\frac{3}{7}\right)^2 + \frac{4}{7}\right] + \frac{4}{49}} = \frac{21 + 6}{49 - 37 + 4} = \frac{27}{16}$$

53. *(d)* दिया है, कि $x = 1$, फलन $f|x| = (3x^2 + \alpha x - 2 - \alpha)e^x$ का क्रान्तिक बिन्दु है।

इसलिए, $f'(1) = e^x(6x + a) + e^x(3x^2 + \alpha x - 2 - \alpha)\Big|_{x=1} = 0$

$$\Rightarrow \quad 6 + a + 3 + a - 2 - a = 0 \Rightarrow a = -7$$

$$\therefore \quad f'(x) = e^x[3x^2 - x - 2] = 0 \Rightarrow x = 1 \text{ या } \left(-\frac{2}{3}\right)$$

तथा $f''(x) = e^x(6x - 1 + 3x^2 - x - 2) = e^x(3x^2 + 5x - 3)$

$f''(1) = 5e > 0 \Rightarrow x = 1$, स्थानीय निम्नतम का बिन्दु है।

तथा $f''\left(-\frac{2}{3}\right) = e^{-\frac{2}{3}}\left(\frac{4}{3} - \frac{10}{3} - 3\right) = -5e^{-\frac{2}{3}} < 0$

$\Rightarrow x = -\frac{2}{3}$ स्थानीय उच्चतम का बिन्दु है।

54. *(a)* हम जानते हैं कि

$$y = (x - 1)[x] = \begin{cases} 0, & 0 \le x < 1 \\ x - 1, & 1 \le x < 2 \\ 2(x - 1), & x = 2 \end{cases}$$

अब, वक्र की समीकरण की सहायता से दिए गए क्षेत्र का ग्राफ खींचते हैं।

$$y = (x - 1)[x] \text{ तथा } y = 2\sqrt{x}$$

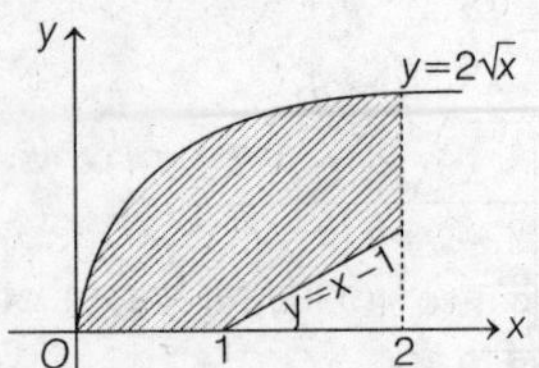

$\therefore$ दिए गए क्षेत्र का क्षेत्रफल $= \int_0^1 2\sqrt{x}\,dx + \int_1^2 (2\sqrt{x} - x + 1)dx$

$$= \left[\frac{4}{3}x^{\frac{3}{2}}\right]_0^1 + \left[\frac{4}{3}x^{\frac{3}{2}} - \frac{x^2}{2} + x\right]_1^2$$

$$= \frac{4}{3} + \left[\frac{8\sqrt{2}}{3} - 2 + 2 - \frac{4}{3} + \frac{1}{2} - 1\right] = \frac{8\sqrt{2}}{3} - \frac{1}{2} \text{ वर्ग इकाई}$$

55. *(b)* माना गुणोत्तर श्रेणी का प्रथम पद तथा उभयनिष्ठ अनुपात क्रमशः a तथा r हैं, तब दी गई जानकारी अनुसार

$$ar + ar^2 + ar^3 = 3 \quad ...(i)$$

तथा $$ar^5 + ar^6 + ar^7 = 243 \quad ...(ii)$$

समी (i) तथा (ii) से,

$$\therefore \quad r^4 = 81 \Rightarrow r = 3 \quad [\because \text{ धनात्मक पद है}]$$

$$\therefore \quad 3a + 9a + 27a = 3 \Rightarrow a + 3a + 9a = 1 \Rightarrow a = \frac{1}{13}$$

$\therefore$ गुणोत्तर श्रेणी के प्रथम 50 पदों का योग

$$S_{50} = \frac{1}{13}\frac{(3^{50} - 1)}{3 - 1} = \frac{1}{26}(3^{50} - 1)$$

56. *(c)* $$\left(\frac{-1 + i\sqrt{3}}{1 - i}\right)^{30} = \left(\frac{(-1 + i\sqrt{3})(1 + i)}{2}\right)^{30} = (1 + i)^{30}$$

$$\left[\because \frac{-1 + i\sqrt{3}}{2} \text{ घनमूल है, इसलिए } \left(\frac{-1 + i\sqrt{3}}{2}\right)^3 = 1 \Rightarrow \left(\frac{-1 + i\sqrt{3}}{2}\right)^{30} = 1\right]$$

$$\therefore \quad (1 + i)^{30} = [(1 + i)^2]^{15} = (1 - 1 + 2i)^{15} = 2^{15}i^{15}$$
$$= 2^{15}i^3 = -2^{15}i$$

57. *(d)* दिया है, $L = \sin^2\frac{\pi}{16} - \sin^2\frac{\pi}{8} = \sin\left(\frac{\pi}{16} + \frac{\pi}{8}\right)\sin\left(\frac{\pi}{16} - \frac{\pi}{8}\right)$

$$= \sin\frac{3\pi}{16}\sin\left(-\frac{\pi}{16}\right) = \frac{1}{2}\left[2\sin\frac{3\pi}{16}\sin\left(-\frac{\pi}{16}\right)\right]$$

$$= \frac{1}{2}\left[\cos\frac{\pi}{4} - \cos\frac{2\pi}{16}\right] = \frac{1}{2\sqrt{2}} - \frac{1}{2}\cos\frac{\pi}{8}.$$

तथा $M = \cos^2\frac{\pi}{16} - \sin^2\frac{\pi}{8} = \cos\left(\frac{\pi}{16} + \frac{\pi}{8}\right)\cos\left(\frac{\pi}{16} - \frac{\pi}{8}\right)$

$$= \cos\frac{3\pi}{16}\cos\left(-\frac{\pi}{16}\right) = \frac{1}{2}\left[2\cos\frac{3\pi}{16}\cos\frac{\pi}{16}\right] = \frac{1}{2}\left[\cos\frac{\pi}{4} + \cos\frac{2\pi}{16}\right]$$

$$= \frac{1}{2\sqrt{2}} + \frac{1}{2}\cos\frac{\pi}{8}.$$

58. (b) दी गई सारणिक

$$D=\begin{vmatrix} x & a+y & x+a \\ y & b+y & y+b \\ z & c+y & z+c \end{vmatrix}=\begin{vmatrix} x & a+y & x \\ y & b+y & y \\ z & c+y & z \end{vmatrix}+\begin{vmatrix} x & a+y & a \\ y & b+y & b \\ z & c+y & c \end{vmatrix}$$

$$=0+\begin{vmatrix} x & a & a \\ y & b & b \\ z & c & c \end{vmatrix}+\begin{vmatrix} x & y & a \\ y & y & b \\ z & y & c \end{vmatrix}=y\begin{vmatrix} x & 1 & a \\ y & 1 & b \\ z & 1 & c \end{vmatrix}$$

$C_1 \to C_1 + C_3$ के प्रयोग से

$$D=y\begin{vmatrix} x+a & 1 & a \\ y+b & 1 & b \\ z+c & 1 & c \end{vmatrix}$$

यह दिया है, कि $a+x=b+y=c+z+1=\lambda$ (माना)

इसलिए, $D=y\begin{vmatrix} \lambda & 1 & a \\ \lambda & 1 & b \\ \lambda-1 & 1 & c \end{vmatrix}$

$R_1 \to R_1 - R_3$ तथा $R_2 \to R_2 - R_3$ के प्रयोग से

$$D=y\begin{vmatrix} 1 & 0 & a-c \\ 1 & 0 & b-c \\ \lambda-1 & 1 & c \end{vmatrix}=y(-1)[(b-c)-(a-c)]=y(a-b)$$

59. (c) दिया है, कि रेखा $y=mx+c$, अतिपरवलय $\frac{x^2}{100}-\frac{y^2}{64}=1$ व वृत्त $x^2+y^2=36$ की उभयनिष्ठ स्पर्शी है।

इसलिए $c^2=100m^2-64=36(1+m^2)$

$\therefore \quad 64m^2=100 \Rightarrow m^2=\frac{100}{64}$

$\Rightarrow \quad m=\pm\frac{10}{8}$ तथा $c^2=\frac{36\times164}{64}=\frac{9\times41}{4}=\frac{369}{4} \Rightarrow 4c^2=369$

60. (c) दिए गए वक्र का समीकरण

$$x^4e^y+2\sqrt{y+1}=3$$

x के सापेक्ष अवकलन करने पर,

$$e^y(4x^3)+x^4e^y\frac{dy}{dx}+\frac{1}{\sqrt{y+1}}\frac{dy}{dx}=0$$

$\therefore$ बिन्दु $P(1,0)$ पर,

$$e^0(4\times1)+1.e^0\frac{dy}{dx}+\frac{1}{\sqrt{0+1}}\frac{dy}{dx}=0 \Rightarrow \left.\frac{dy}{dx}\right|_P=-2$$

बिन्दु $P(1,0)$ पर स्पर्शी का समीकरण

$$y=-2(x-1) \Rightarrow 2x+y=2 \quad \text{...(i)}$$

दिए गए विकल्पों में, बिन्दु $(-2,6)$ स्पर्शी (i) को सन्तुष्ट करता है।

61. (d) सत्य सारणी

p	q	$p \vee q$	$q \to p$	$p \to (q \to p)$	$p \to (p \vee q)$	$p \to (q \to p)) \to (p \to (p \vee q))$
T	T	T	T	T	T	T
T	F	T	T	T	T	T
F	T	T	F	T	T	T
F	F	F	T	T	T	T

$\therefore$ कथन $p \to (q \to p) \to (p \to (p \vee q))$ एक पुनरुक्ति है।

62. (b) $\lim_{x\to0}\frac{x(e^{(\sqrt{1+x^2+x^4}-1)/x}-1)}{\sqrt{1+x^2+x^4}-1}=\lim_{x\to0}\frac{e^{(\sqrt{1+x^2+x^4}-1)/x}-1}{(\sqrt{1+x^2+x^4}-1)/x}=1$

$$\left[\because \lim_{x\to0}\frac{(1+x^2+x^4)^{1/2}-1}{x}=0 \text{ तथा } \lim_{y\to0}\frac{e^y-1}{y}=1\right]$$

63. (a) दी गई श्रेणी

$S=\log_{(7^{1/2})}x+\log_{(7^{1/3})}x+\log_{(7^{1/4})}x+.....+$ 20 पद तक

$\Rightarrow S=2\log_7 x+3\log_7 x+4\log_7 x+....+$ 20 पद तक

$\Rightarrow S=(2+3+4+....+21)\log_7 x=460$ [दिया है]

$\Rightarrow \quad \left(\frac{21\times22}{2}-1\right)\log_7 x=460$

$\Rightarrow (231-1)\log_7 x=460 \Rightarrow \log_7 x=2 \Rightarrow x=7^2.$

64. (d) माना, $\alpha=\tan^{-1}\left(\frac{\sqrt{1+x^2}-1}{x}\right)$

माना $x=\tan\theta$

$\therefore \quad \alpha=\tan^{-1}\left(\frac{\sec\theta-1}{\tan\theta}\right)=\tan^{-1}\left(\frac{1-\cos\theta}{\sin\theta}\right)$

$=\tan^{-1}\left(\frac{2\sin^2\theta/2}{2\sin\theta/2\cos\theta/2}\right)=\tan^{-1}(\tan\theta/2)=\frac{\theta}{2}=\frac{1}{2}\tan^{-1}x$

तथा, माना $\beta=\tan^{-1}\left(\frac{2x\sqrt{1-x^2}}{1-2x^2}\right)$ $x=\sin\phi$ रखने पर,

$\therefore \quad \beta=\tan^{-1}\left(\frac{2\sin\phi\cos\phi}{1-2\sin^2\phi}\right)=\tan^{-1}\left(\frac{\sin2\phi}{\cos2\phi}\right)=\tan^{-1}(\tan2\phi)$

$\Rightarrow \quad \beta=2\phi=2\sin^{-1}x$

$\therefore \quad \frac{d\alpha}{d\beta}=\frac{\frac{d\alpha}{dx}}{\frac{d\beta}{dx}}=\frac{\frac{1}{2}\left(\frac{1}{1+x^2}\right)}{2\frac{1}{\sqrt{1-x^2}}}=\frac{\sqrt{1-x^2}}{4(1+x^2)}$

$\therefore \quad \left.\frac{d\alpha}{d\beta}\right|_{x=1/2}=\frac{\sqrt{1-\frac{1}{4}}}{4\left(1+\frac{1}{4}\right)}=\frac{\sqrt{3}}{10}$

65. (d) चूँकि, $I=\int\frac{\cos\theta}{5+7\sin\theta-2\cos^2\theta}d\theta=\int\frac{\cos\theta}{3+7\sin\theta+2\sin^2\theta}d\theta$

माना $\sin\theta=t \Rightarrow \cos\theta\, d\theta=dt$

$\therefore \quad I=\int\frac{dt}{2t^2+7t+3}=\frac{1}{2}\int\frac{dt}{t^2+\frac{7}{2}t+\frac{3}{2}}$

$=\frac{1}{2}\int\frac{dt}{\left(t+\frac{7}{4}\right)^2+\left(\frac{3}{2}-\frac{49}{16}\right)}=\frac{1}{2}\int\frac{dt}{\left(t+\frac{7}{4}\right)^2-\left(\frac{5}{4}\right)^2}$

$=\frac{1}{2}\times\frac{1}{2\times\frac{5}{4}}\log_e\left|\frac{t+\frac{7}{4}-\frac{5}{4}}{t+\frac{7}{4}+\frac{5}{4}}\right|+C'$

$=\frac{1}{5}\log_e\left|\frac{2t+1}{2t+6}\right|+C'=\frac{1}{5}\log_e\left|\frac{2\sin\theta+1}{\sin\theta+3}\right|+C$

जहाँ $C = C' - \frac{1}{5}\log_e 2 = A\log_e|B(\theta)| + C$ [दिया है]

$\therefore \frac{B(\theta)}{A} = \frac{5(2\sin\theta + 1)}{(\sin\theta + 3)}$

66. *(c)* दी गई अवकल समीकरण

$(\cos x)\frac{dy}{dx} + 2y\sin x = \sin 2x,\ x \in \left(0, \frac{\pi}{2}\right)$

$\Rightarrow \frac{dy}{dx} + 2(\tan x)y = 2\sin x$, यह रैखिक अवकल समीकरण रूप में है।

इसलिए $\text{IF} = e^{2\int \tan x dx} = \sec^2 x$

$\therefore y(\sec^2 x) = \int 2\tan x \sec x dx + c = 2\sec x + c$

$\because \quad y\left(\frac{\pi}{3}\right) = 0 \Rightarrow c = -4$

इसलिए, अभीष्ट समीकरण, $y(\sec^2 x) = 2\sec x - 4$

$x = \frac{\pi}{4}$ पर, $\quad 2y = 2\sqrt{2} - 4; \quad \therefore y\left(\frac{\pi}{4}\right) = \sqrt{2} - 2$

67. *(d)* दिए गए वृत्त का समीकरण

$$x^2 + y^2 = r^2 \quad \text{...(i)}$$

तथा जीवा $\quad y = 2x + 3 \quad$ ...(ii)

चित्र से,

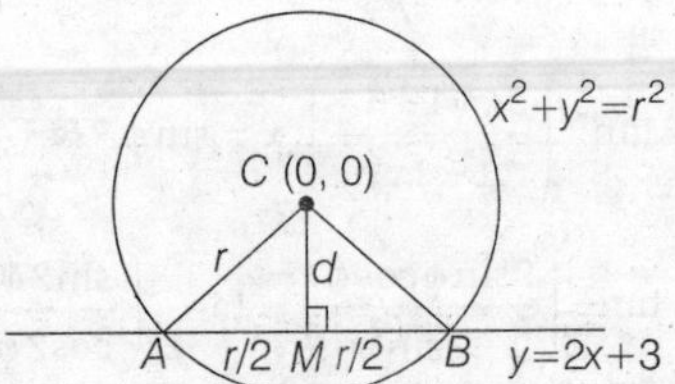

$AB = r$ [दिया है]

$d = \sqrt{r^2 - \frac{r^2}{4}} = \frac{\sqrt{3}}{2}r$ तथा $d = \frac{3}{\sqrt{1+4}}; \therefore \frac{3}{\sqrt{5}} = \frac{\sqrt{3}}{2}r \Rightarrow r^2 = \frac{12}{5}$

68. *(c)* दिए गए प्रेक्षणों 3, 5, 7, *a*, *b* का माध्य = *S*

$\Rightarrow \frac{3+5+7+a+b}{5} = 5 \Rightarrow 15 + a + b = 25 \Rightarrow a + b = 10 \quad$ ...(i)

तथा $\text{SD} = 2 \Rightarrow \sqrt{\frac{9+25+49+a^2+b^2}{5} - 25} = 2$

$\Rightarrow \quad a^2 + b^2 - 42 = 20 \Rightarrow a^2 + b^2 = 62 \quad$ ...(ii)

समी (i) व (ii) से,

$$ab = \frac{(a+b)^2 - (a^2+b^2)}{2} = \frac{100-62}{2} = 19$$

$\therefore a$ तथा b समीकरण के मूल हैं,

$$x^2 - (a+b)x + ab = 0 \Rightarrow x^2 - 10x + 19 = 0$$

69. *(b)* दी गई रेखाएँ $L_1 : \frac{x+1}{2} = \frac{y-2}{-1} = \frac{z-1}{1}$ तथा

$L_2 : \frac{x+2}{\alpha} = \frac{y+1}{5-\alpha} = \frac{z+1}{1}$ समतलीय हैं, इसलिए

$$\begin{vmatrix} -2+1 & -1-2 & -1-1 \\ \alpha & 5-\alpha & 1 \\ 2 & -1 & 1 \end{vmatrix} = 0 \Rightarrow \begin{vmatrix} -1 & -3 & -2 \\ \alpha & 5-\alpha & 1 \\ 2 & -1 & 1 \end{vmatrix} = 0$$

$\Rightarrow -1(5 - \alpha + 1) + 3(\alpha - 2) - 2(-\alpha - 10 + 2\alpha) = 0$

$\Rightarrow \quad 2\alpha + 8 = 0 \Rightarrow \alpha = -4$

$\therefore$ रेखा L_2 का समी. $\frac{x+2}{-4} = \frac{y+1}{9} = \frac{z+1}{1}$

अब, दिए गए विकल्पों में, बिन्दु (2,–10,–2) रेखा L_2 को सन्तुष्ट करता है।

70. *(d)* प्रत्येक भाग में 5 प्रश्न हैं, तब 5 प्रश्न चुनने के तरीकों की संख्या

S_1	S_2	S_3
1	1	3
1	3	1
3	1	1

तथा

S_1	S_2	S_3
1	2	2
2	1	2
2	2	1

$\therefore$ 5 प्रश्नों के चुने जाने की कुल संख्या

$$= 3 \times ({}^5C_1 \times {}^5C_1 \times {}^5C_3) + 3 \times ({}^5C_1 \times {}^5C_2 \times {}^5C_3)$$
$$= 3(5 \times 5 \times 10) + 3(5 \times 10 \times 10) = 750 + 1500 = 2250$$

71. *(120.00)* $(1 + x + x^2 + x^3)^6$ के प्रसार में x^4 का गुणांक

$= \left(\frac{1-x^4}{1-x}\right)^6$ में x^4 का गुणांक $= (1 - 6x^4)(1-x)^{-6}$ में x^4 का गुणांक

$= (1 - 6x^4)[1 + {}^6C_1 x + {}^7C_2 x^2 + \ldots]$ में x^4 का गुणांक

$= {}^9C_4 - 6 = \frac{9 \times 8 \times 7 \times 6}{4 \times 3 \times 2} - 6 = 126 - 6 = 120$

72. *(11.00)* माना n बम भेदे जा रहे हैं।

$\because \ P(x \geq 2) \geq 0.99 \Rightarrow 1 - P(x \leq 2) \geq 0.99$

$\Rightarrow P(x \leq 2) \leq 0.01 \Rightarrow P(x = 0) + P(x = 1) \leq 0.01$

$\Rightarrow {}^nC_0 p^0 q^n + {}^nC_1 p^1 q^{n-1} \leq 0.01$ [जहाँ $p = \frac{1}{2} = q$]

$\Rightarrow \quad \left(\frac{1}{2}\right)^n + n\left(\frac{1}{2}\right)^n \leq 0.01 \Rightarrow 2^n \geq (n+1)100 \Rightarrow n \geq 11$

73. *(0.5)* दिया है कि वक्र $y = x^2 - 3x + 2$, X–अक्ष को $x = 1$ तथा $x = 2$ पर प्रतिच्छेद करता है। तथा यह भी दिया है कि रेखाएँ $x + y = a$ तथा $x - y = b$, वक्र $y = x^2 - 3x + 2$ को बिन्दु (1, 0) तथा (2, 0) पर स्पर्श करती है।

तथा $\quad \left.\frac{dy}{dx}\right|_{x=1} = -1$ तथा $\left.\frac{dy}{dx}\right|_{x=2} = 1$

$\therefore \quad a = 1$ तथा $b = 2$

$\therefore \quad \frac{a}{b} = \frac{1}{2} = 0.5$

74. *(6.00)* दिया है, **a** पर **b** का प्रक्षेपण, **a** पर **c** का प्रक्षेपण के बराबर है, जहाँ $|\mathbf{a}| = 2, |\mathbf{b}| = 4$ तथा $|\mathbf{c}| = 4$, इसलिए,

$$\frac{\mathbf{a} \cdot \mathbf{b}}{2} = \frac{\mathbf{a} \cdot \mathbf{c}}{2} \Rightarrow \mathbf{a} \cdot \mathbf{b} = \mathbf{a} \cdot \mathbf{c}$$

तथा $\mathbf{b} \cdot \mathbf{c}$ पर लम्ब है, इसलिए $\mathbf{b} \cdot \mathbf{c} = 0$

अब, $|\mathbf{a} + \mathbf{b} - \mathbf{c}|^2 = |\mathbf{a}|^2 + |\mathbf{b}|^2 + |\mathbf{c}|^2 + 2\mathbf{a} \cdot \mathbf{b} - 2\mathbf{b} \cdot \mathbf{c} - 2\mathbf{a} \cdot \mathbf{c}$

$= 4 + 16 + 16 = 36$

$\therefore \quad |\mathbf{a} + \mathbf{b} - \mathbf{c}| = 6$

75. *(19.00)* फलन में इसके सह-प्रान्त में एक तत्व या दो तत्व शामिल होंगे और 2 प्रत्येक सह-प्रान्त के तत्व होंगे।

इसलिए, सम्भावित सह-प्रान्त {2}, {1, 2,}, {2, 3} या {2, 4}

$\therefore$ फलन की कुल संख्या $= 1 + 3 \times (2^3 - 2) = 1 + (3 \times 6) = 19$

JEE Main संयुक्त प्रवेश परीक्षा

सॉल्वड पेपर 2020

06 सितम्बर, प्रथम पाली

भौतिकी

खण्ड 'A' ऑब्जेक्टिव प्रश्न

1. एक स्क्रूगेज के वृत्तीय स्केल पर भागों (अंशों) की संख्या 50 है। स्क्रूगेज को प्रयोग में लेने से पूर्व वृत्तीय स्केल, पिच स्केल निशान से 4 इकाई आगे है। वृत्तीय स्केल के एक पूर्ण घूर्णन करवाने पर पिच स्केल पर 0.5 mm का विस्थापन देखा जाता है। स्क्रूगेज में शून्यांक त्रुटि एवं अल्पतमांक, क्रमश: हैं

(a) ऋणात्मक, 2 μm (b) धनात्मक, 10 μm
(c) धनात्मक, 0.1 mm (d) धनात्मक, 0.1 μm

2. एक ध्वनि स्रोत S सीधी पटरियों के सहारे v वेग से गतिमान है तथा ν_0 आवृत्ति की ध्वनि उत्सर्जित कर रहा है (चित्र में) एक प्रेक्षक पटरियों से निश्चित दूरी O बिन्दु पर खड़ा है। प्रेक्षक को सुनाई देने वाली आवृत्ति के समय में परिवर्तन को भलीभाँति प्रदर्शित किया जाता है।

(यहाँ t_0 उस समय को प्रदर्शित कर रहा है, जब स्रोत व प्रेक्षक के मध्य दूरी न्यूनतम है)

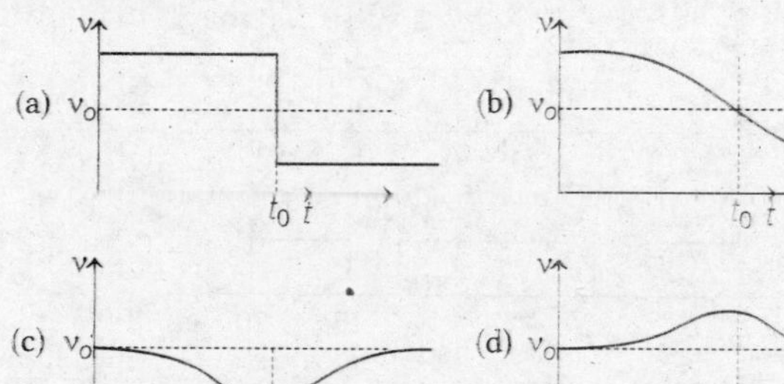

3. दिए गए चित्र में P एवं Q दो समान तीव्रता के सम्बद्ध स्रोत है जो कि 20 m तरंगदैर्ध्य की विकिरण उत्सर्जित कर रहे हैं। P एवं Q के मध्य 5 m की दूरी है तथा P की कला, Q की कला से 90° आगे है। A, B और C तीन स्पष्ट प्रेक्षण बिन्दु हैं तथा प्रत्येक बिन्दु PQ के मध्य बिन्दु से समान दूरी पर है। A, B एवं C बिन्दु पर विकिरण की तीव्रता का अनुपात होगा

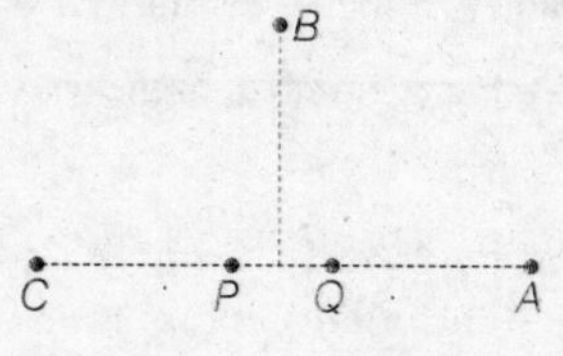

(a) 0 : 1 : 4 (b) 2 : 1 : 0 (c) 0 : 1 : 2 (d) 4 : 1 : 0

4. यदि दो अणुओं के बीच की स्थितिज ऊर्जा $U = -\frac{A}{r^6} + \frac{B}{r^{12}}$ द्वारा दी जाती है, तो साम्यावस्था पर, अणुओं के बीच की दूरी तथा स्थितिज ऊर्जा है।

(a) $\left(\frac{B}{2A}\right)^{1/6}, -\frac{A^2}{2B}$ (b) $\left(\frac{B}{A}\right)^{1/6}, 0$

(c) $\left(\frac{2B}{A}\right)^{1/6}, -\frac{A^2}{4B}$ (d) $\left(\frac{2B}{A}\right)^{1/6}, -\frac{A^2}{2B}$

5. किसी AC परिपथ में $R = 100\,\Omega$, $C = 2\,\mu F$ तथा $L = 80$ मिली हेनरी श्रेणीक्रम में जुड़े हैं। परिपथ का गुणवत्ता गुणांक है

(a) 2 (b) 0.5 (c) 20 (d) 400

6. आवेश Q_1 तथा Q_2 किसी समकोण त्रिभुज OAB के बिन्दु A तथा B पर स्थित हैं (चित्र में)। यदि O बिन्दु पर परिणामी विद्युत क्षेत्र कर्ण के लम्बवत् है, तो Q_1 / Q_2 समानुपाती है

(a) 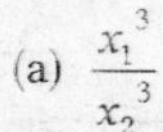 $\frac{x_1^3}{x_2^3}$ (b) $\frac{x_2}{x_1}$

(c) $\frac{x_1}{x_2}$ (d) $\frac{x_2^2}{x_1^2}$

7. चित्र में एक खोखला शंकु दर्शाया गया है (इसका ऊपरी भाग खुला है)। यदि इसका द्रव्यमान M, ऊपरी भाग की त्रिज्या R तथा ऊँचाई H है, तो इसके अक्ष के परित: जड़त्व आघूर्ण होगा

(a) 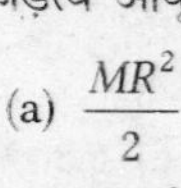 $\frac{MR^2}{2}$ (b) $\frac{M(R^2 + H^2)}{4}$

(c) $\frac{MH^2}{3}$ (d) $\frac{MR^2}{3}$

8. चार बिन्दु द्रव्यमान, जिनमें प्रत्येक का द्रव्यमान m है, किसी l भुजा के वर्ग के शीर्षों पर स्थित है। चित्र में दिखाए अनुसार यह वर्ग, किसी अक्ष के परित: ω कोणीय आवृत्ति से घूर्णन कर रहा है और यह अक्ष वर्ग के किसी एक शीर्ष से गुजरता है तथा वर्ग के विकर्ण के समानान्तर है। इस वर्ग का इस अक्ष के परित: कोणीय संवेग होगा

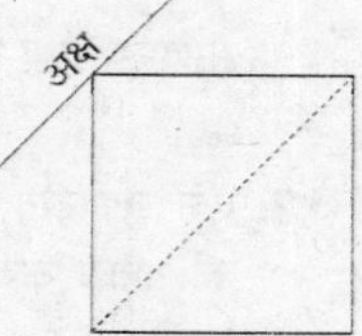

(a) $ml^2\omega$ (b) $4\,ml^2\omega$ (c) $3\,ml^2\omega$ (d) $2\,ml^2\omega$

9. दिए गए निवेशित वोल्टता तरंगरूप $V_{in}(t)$ के लिए संधारित्र के सिरे पर निर्गत वोल्टता तरंगरूप $V_{out}(t)$ सही तरीके से दर्शाया जा सकता है

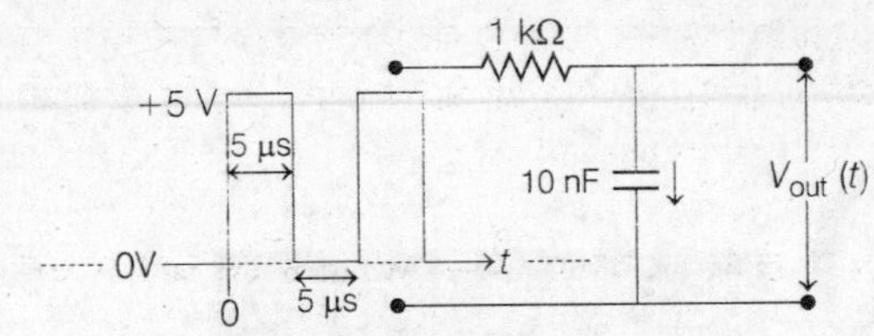

(a)
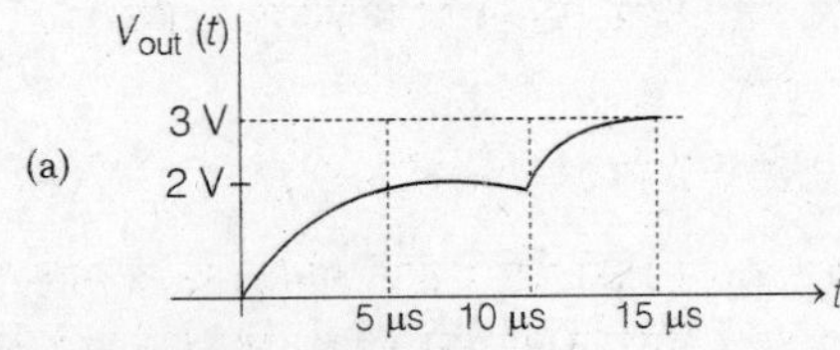

(b)
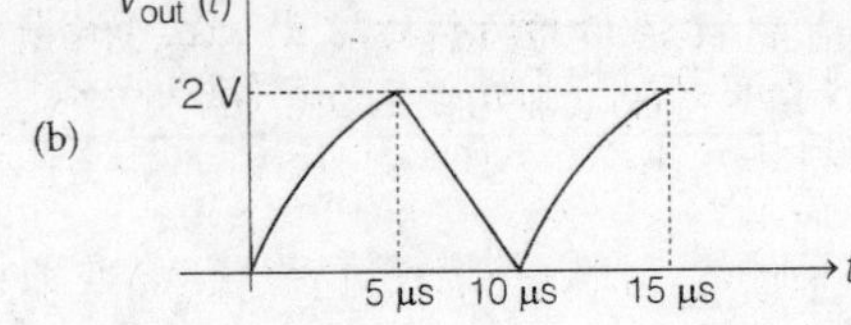

(c)
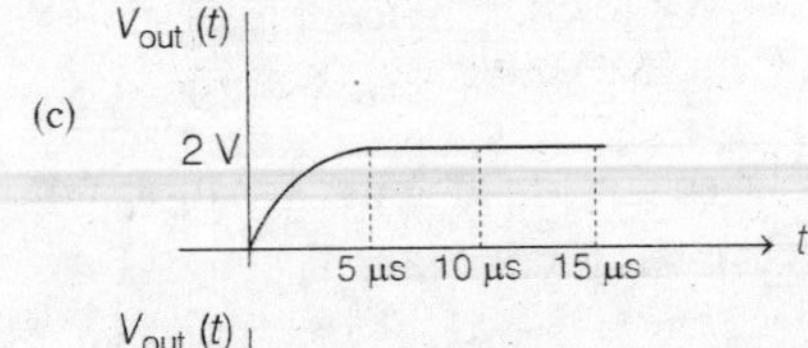

(d)
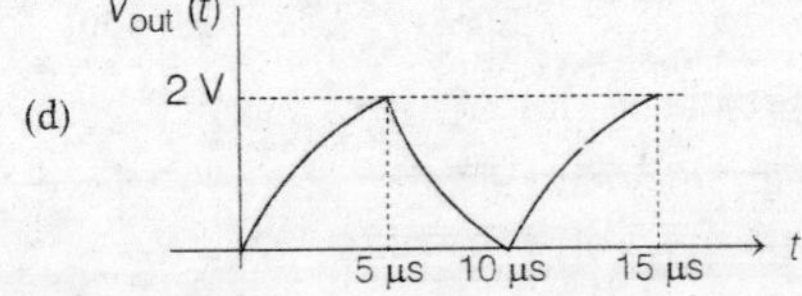

10. एक कण, जिसका आवेश q तथा द्रव्यमान m है, $-v\hat{\mathbf{i}}(v \neq 0)$ वेग से, d दूरी पर yz-तल में रखे हुए एक बड़े पर्दे की ओर गतिमान है। यदि वहाँ पर $\mathbf{B} = B_0\hat{\mathbf{k}}$ चुम्बकीय क्षेत्र विद्यमान है, तो वेग का न्यूनतम मान क्या होगा जिसके लिए कण पर्दे से ना टकराएँ?

(a) $\frac{qdB_0}{3m}$ (b) $\frac{2qdB_0}{m}$ (c) $\frac{qdB_0}{m}$ (d) $\frac{qdB_0}{2m}$

11. एक कीड़ा 1 मी त्रिज्या की एक खाई के पैंदे पर है। यह खाई में ऊपर की ओर रेंगता है परन्तु खाई के पैंदे से h ऊँचाई पर आने के बाद फिसल जाता है। यदि धरातल और कीड़े के बीच घर्षण गुणांक 0.75 है, तो h होगा ($g = 10$ मी/से^{2})

(a) 0.20 मी (b) 0.45 मी (c) 0.60 मी (d) 0.80 मी

12. एक उपग्रह किसी ग्रह P की दीर्घवृत्तीय कक्षा में है। यह देखा गया कि जब उपग्रह, ग्रह से अधिकतम दूरी पर होता है तब उपग्रह की गति, उपग्रह, ग्रह के समीपस्थ होता है। उस समय की गति से 6 गुणा कम होती है, तब समीपस्थ तथा दूरस्थ बिन्दु पर ग्रह तथा उपग्रह के मध्य दूरी का अनुपात है

(a) 1 : 6 (b) 1 : 3 (c) 1 : 2 (d) 3 : 4

13. एक इलेक्ट्रॉन, एक द्वि-आवेशित हीलियम आयन (He^{++}) और एक प्रोटॉन की गतिज ऊर्जाएँ समान हैं। उनकी डी-ब्रोग्ली तरंगदैर्ध्य $\lambda_e, \lambda_{He^{++}}$ तथा λ_p में सम्बन्ध होगा

(a) $\lambda_e > \lambda_{He^{++}} > \lambda_p$ (b) $\lambda_e < \lambda_{He^{++}} = \lambda_p$
(c) $\lambda_e > \lambda_p > \lambda_{He^{++}}$ (d) $\lambda_e < \lambda_p < \lambda_{He^{++}}$

14. एक घड़ी की सेकण्ड की सुईं लगातार घूम रही है जिसकी लम्बाई 0.1 मी है। इस सुईं की नोक का औसत त्वरण किस कोटि का होगा

(a) 10^{-3} (b) 10^{-4} (c) 10^{-2} (d) 10^{-1}

15. दिया गया है कि ${}^7_3Li$ का द्रव्यमान = 7.0160 u

${}^4_2He$ का द्रव्यमान = 4.0026 u

${}^1_1H$ का द्रव्यमान = 1.0079 u.

जब प्रोटॉन परिग्रहण (capture) द्वारा ${}^7_3Li$ का 20 ग्राम ${}^4_2He$ में परिवर्तित किया जाता है, तो विमुक्त ऊर्जा होगी (kWh में)

[नाभिक का द्रव्यमान = 1 GeV/c^2]

(a) 4.5×10^5 (b) 8×10^6 (c) 6.82×10^5 (d) 1.33×10^6

16. एक बिन्दु बिम्ब, 0.5 मी फोकस दूरी वाले उत्तल लेन्स के समाने 1 मी दूरी पर रखा गया है। एक समतल दर्पण इस लेन्स के पीछे 2 मी दूरी पर रखा गया है। इस तन्त्र द्वारा निर्मित अन्तिम प्रतिबिम्ब की स्थिति तथा व्यवहार होगा

(a) दर्पण से 2.6 मी, वास्तविक (b) दर्पण से 1 मी, आभासी
(c) दर्पण से 1 मी, वास्तविक (d) दर्पण से 2.6 मी, आभासी

17. दिए गए निवेश A और B से बने गेट के संयोजन में सही निर्गत सिग्नल Y की पहचान करें

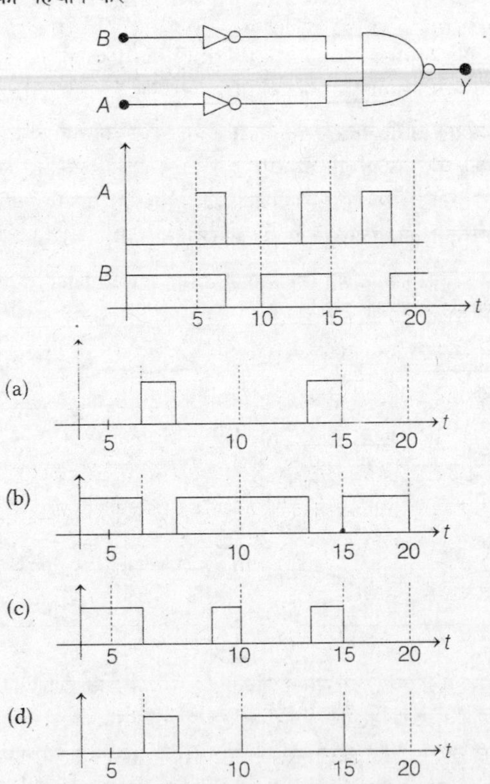

18. किसी आदर्श गैस के अणुओं की 3 स्थानान्तरीय और 2 घूर्णी स्वतन्त्रता कोटि की मानी जाती है तथा गैस का तापमान T बनाए रखा गया है। गैस के एक मोल की कुल आन्तरिक ऊर्जा तथा $\gamma = C_p/C_V$ का मान क्रमशः होगा

(a) $U = \frac{5}{2}RT$ और $\gamma = \frac{6}{5}$ (b) $U = 5RT$ और $\gamma = \frac{7}{5}$
(c) $U = \frac{5}{2}RT$ और $\gamma = \frac{7}{5}$ (d) $U = 5RT$ और $\gamma = \frac{6}{5}$

19. एक m द्रव्यमान की वस्तु, L लम्बाई तथा A अनुप्रस्थ-काट के क्षेत्रफल को भारहीन तार के एक छोर पर लटकाई गई है। तार की धातु का यंग प्रत्यास्थता गुणांक Y है। यदि द्रव्यमान को थोड़ा-सा नीचे खींचा जाता है, तो ऊर्ध्वाधर दिशा में दोलन की आवृत्ति होगी

(a) $f=\frac{1}{2\pi}\sqrt{\frac{mL}{YA}}$ (b) $f=\frac{1}{2\pi}\sqrt{\frac{YA}{mL}}$

(c) $f=\frac{1}{2\pi}\sqrt{\frac{mA}{YL}}$ (d) $f=\frac{1}{2\pi}\sqrt{\frac{YL}{mA}}$

20. एक इलेक्ट्रॉन $+x$- दिशा के अनुदिश 6×10^6 मी से$^{-1}$ के वेग से गति कर रहा है। यह इलेक्ट्रॉन 300 वोल्ट/सेमी मान के $+y$ दिशा में संकेत करने वाले एकसमान विद्युत क्षेत्र में प्रवेश करता है। चुम्बकीय क्षेत्र का वह परिमाण तथा दिशा क्या होगी कि इलेक्ट्रॉन x-दिशा के अनुदिश ही गतिमान रहे

(a) 3×10^{-4} टेस्ला, $+z$-दिशा के अनुदिश
(b) 5×10^{-3} टेस्ला, $-z$-दिशा के अनुदिश
(c) 5×10^{-3} टेस्ला, $+z$-दिशा के अनुदिश
(d) 3×10^{-4} टेस्ला, $-z$-दिशा के अनुदिश

खण्ड 'B' न्यूमैरिकल वैल्यू प्रश्न

21. किसी ठोस धात्विक गोले का घनत्व, उसके द्रव्यमान तथा उसका व्यास माप कर ज्ञात किया जाता है। गोले के घनत्व में अधिकतम त्रुटि $\left(\frac{x}{100}\right)$% है। यदि द्रव्यमान और व्यास मापन में आपेक्षिक त्रुटि क्रमशः 6.0% और 1.5% है, तो x का मान .... होगा।

22. समान द्रव्यमान की दो वस्तुएँ समान गति से एक ही तल में परन्तु अलग-अलग दिशा में गतिमान हैं। यदि वे पूर्ण अप्रत्यास्थ संघट्टन के पश्चात् एकसाथ अन्तिम चाल से गति करती है अन्तिम चाल, प्रारम्भिक चाल की आधी है। दोनों वस्तुओं के प्रारम्भिक वेगों के बीच कोण (डिग्री में) .... होगा।

23. माना किसी लेजर की तीव्रता $\left(\frac{315}{\pi}\right)$ W/m^{2}है इस स्रोत से सम्बद्ध वर्ग-माध्य-मूल (rms) विद्युत क्षेत्र, (V/m) का निकटतम पूर्णांक .... है।

($\varepsilon_0 = 8.86\times10^{-12}$ C^{2}Nm^{-2} और $c=3\times10^8$ ms^{-1})

24. प्रारम्भ में द्वि-परमाणुक अणुओं की गैस एक V_1 आयतन के बेलनाकार बर्तन में p_1 दाब तथा 250 K तापमान पर भरी हुई है। माना की 25% अणु वियोजित होकर मोलों की संख्या में परिवर्तन करते हैं। यदि परिणामी गैस को $2V_1$ आयतन के बर्तन में 2000 K तापमान पर भरा जाए, तो दाब p_2 होगा। p_2/p_1 अनुपात .... है।

25. एक सम्पूर्ण परिपथ का एक भाग चित्र में दिखाया गया है। किसी क्षण धारा I का मान 1 A है और यह 10^2 As^{-1}की दर से कम हो रही है। उस क्षण पर विभवान्तर $V_P - V_Q$ (वोल्ट में) का मान .... होगा।

P —— L=50 mH —— 30 V —— R=2Ω —— Q

रसायन विज्ञान

खण्ड 'A' ऑब्जेक्टिव प्रश्न

26. (N_2) डाइनाइट्रोजन के सम्बन्ध में सही कथन है

(a) N_2 की प्रकृति प्रतिचुम्बकीय है।
(b) यह 25°C पर O_2 के साथ क्रिया कर सकता है।
(c) तरल डाइनाइट्रोजन का उपयोग क्रायोसर्जरी में नहीं किया जाता।
(d) इसका उपयोग निष्क्रिय मन्दक के रूप में क्रियाशील रसायन के लिए किया जा सकता है।

27. निम्नलिखित अभिक्रिया में,

(A) (C_7H_{14}) $\xrightarrow{\text{ओज़ोनीकरण}}$ $(B)+(C)$

'B' $\xrightarrow[\Delta]{(I_2 + NaOH)}$ पीला अवक्षेप

'B' $\xrightarrow[\Delta]{Ag_2O}$ सिल्वर दर्पण

(C) $\xrightarrow[\Delta]{(I_2 + NaOH)}$ पीला अवक्षेप नहीं

(C) $\xrightarrow[\Delta]{LiAlH_4}$ (D) $\xrightarrow[\text{और सान्द्र HCl}]{\text{निर्जल } ZnCl_2}$ 5 मिनट में सफेद अवक्षेप

(A) है

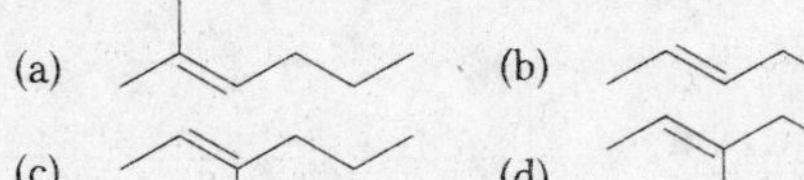

(c) 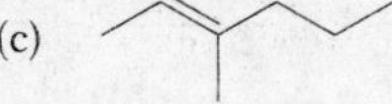 (d) 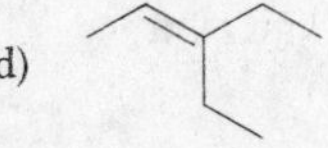

28. निम्नलिखित अभिक्रिया का मुख्य उत्पाद है

$O_2N-C_6H_4-C\equiv C-C_6H_4-OCH_3$ $\xrightarrow[H_2O]{Hg^{2+}/H^+}$

(a) O_2N, O, OCH_3

(b) O_2N, O, OH

(c) O_2N, O, OH

(d) O_2N, O, OCH_3

29. एक विलयन जिसे दो अवयवों द्वारा बनाया गया है, जिसमें पहले अवयव के n_1 मोल तथा दूसरे अवयव के n_2 मोल हैं तथा जिनका अणुभार क्रमशः M_1 और M_2 हैं। d विलयन का घनत्व है। ($g\,m\,L^{-1}$ में) C_2 मोलरता तथा χ_2 मोल भिन्न है दूसरे अवयव C_2 को किस सूत्र से अभिव्यक्त किया जा सकता है।

(a) $C_2 = \dfrac{1000\chi_2}{M_1 + \chi_2 (M_2 - M_1)}$ (b) $C_2 = \dfrac{d\chi_2}{M_1 + \chi_2 (M_2 - M_1)}$

(c) $C_2 = \dfrac{1000d\chi_2}{M_1 + \chi_2 (M_2 - M_1)}$ (d) $C_2 = \dfrac{d\chi_1}{M_2 + \chi_2 (M_2 - M_1)}$

30. निम्नलिखित में से गलत कथन है

(a) काँसा एक मिश्रधातु है, जो Cu और Sn से बनी है।
(b) कच्चे लोहे का उपयोग लोहा (Wrought iron) बनाने में किया जाता है।
(c) जर्मन सिल्वर एक मिश्रधातु है, जो Cu और Zn से मिलकर बनी है।
(d) पीतल एक मिश्रधातु है, जो Cu और Ni से मिलकर बनी है।

31. अभिकथन एवं कारण पर विचार कीजिए।

अभिकथन ***A*** एथिलीन से उच्च घनत्व पॉलिथोन, उच्च दाब तथा ताप पर बहुलीकरण द्वारा *जिग्लर-नट्टा* उत्प्रेरक की उपस्थिति में बनाती है जिससे बाल्टी, कूड़ादान आदि का निर्माण होता है।

कारण ***R*** उच्च घनत्व का बहुलक निबिड़ संकुलन (Close packing) और दृढ़ (कठोर) होता है। निम्नलिखित में सही विकल्प का चयन कीजिए।

(a) (A) सही है लेकिन (R) गलत है
(b) दोनों (A) और (R) सही हैं परन्तु (R), (A) की सही व्याख्या नहीं है
(c) दोनों (A) और (R) सही हैं। लेकिन (R), (A) की सही व्याख्या है
(d) (A) और (R) दोनों गलत हैं

32. निम्नलिखित विलयनों को उसके pOH के घटते हुए क्रम में लिखिए।

A. 0.01 M HCl B. 0.01 M NaOH
C. 0.01 M CH_3COONa D. 0.01 M NaCl

(a) A > C > D > B (b) A > D > C > B
(c) B > C > D > A (d) B > D > C > A

33. क्षारीय मृदा धातुओं के सल्फेटों में $BaSO_4$ तथा $MgSO_4$ की जल में विलयेता होती है

(a) कम और कम
(b) ज्यादा और कम
(c) ज्यादा और ज्यादा
(d) कम और ज्यादा

34. निम्नलिखित अभिक्रिया का मुख्य उत्पाद है

$CH_3-CH(CH_3)-CH(OSO_2CH_3)-CH_3 \xrightarrow[\text{(ii) } O_3/H_2O_2]{\text{(i) } KO^tBu/\Delta}$

(a) CH_3COCH_3 + CH_3CHO (b) CH_3COCH_3 + CH_3COOH
(c) $(CH_3)_2CHCHO$ + HCHO (d) $(CH_3)_2CHCOOH$ + HCOOH

35. निम्न अभिक्रिया का मुख्य उत्पाद है

(4-मेथिल-1-नाइट्रो साइक्लोहेक्सा-1,3-डाइईन; CH_3, NO_2) $\xrightarrow{2HBr}$

(a) H_3C, Br ; Br, NO_2 (b) CH_3, Br ; Br, NO_2
(c) CH_3, Br ; Br, NO_2 (d) Br, CH_3 ; Br, NO_2

36. पीने के पानी में घुलनशील फ्लुओराइड की मात्रा 1 ppm है।

(a) दाँतों के लिए हानिकारक (b) त्वचा के लिए हानिकारक
(c) हड्डियों के लिए हानिकारक (d) दाँतों के लिए सुरक्षित

37. pK_b मान के बढ़ते हुए क्रम में निम्नलिखित यौगिकों को लिखिए

(I) $N(CH_3)_2$, OCH_3 (II) $N(CH_3)_2$ (III) $NHCH_3$, CN (IV) $NHCH_3$, OH

(a) II < IV < III < I (b) I < II < IV < III
(c) II < I < III < IV (d) I < II < III < IV

38. निम्नलिखित में से कौन-सा यौगिक ज्यामितीय समावयवता प्रदर्शित करता है?

(a) 2-मेथिल पेन्ट-2-ईन (b) 4-मेथिल पेन्ट-2-ईन
(c) 4-मेथिल पेन्ट-1-ईन (d) 2-मेथिल पेन्ट-1-ईन

39. निम्नलिखित परमाणु क्रमांकों में से कौन-सा समूह संक्रमण तत्वों से सम्बन्धित है?

(a) 37, 42, 50, 64 (b) 21, 25, 42, 72
(c) 9, 17, 34, 38 (d) 21, 32, 53, 64

40. साम्यवस्था स्थिरांक की भिन्नता ताप के साथ निम्नलिखित है।

ताप	साम्यावस्था स्थिरांक
$T_1 = 25°C$	$K_1 = 10$
$T_2 = 100°C$	$K_2 = 100$

$\Delta H°, \Delta G°$ के समान T_1 और T_2 ताप पर ($kJ\,mol^{-1}$ में) क्रमशः दिए गए है [$R = 8.314\,JK^{-1}\,mol^{-1}$]

(a) 28.4, − 7.14 और − 5.71 (b) 0.64, − 7.14 और − 5.71
(c) 28.4, − 5.71 और − 14.29 (d) 0.64, − 5.71 और − 14.29

41. क्राफ्ट ताप (Kraft temperature) T_K ताप है

(a) जिससे निम्न ताप पर अपमार्जक का जलीय विलयन जमना (Freezing) प्रारम्भ कर देता है।

(b) जिससे निम्न ताप पर मिसेल का बनना प्रारम्भ होता है।

(c) जिससे अधिक ताप पर अपमार्जक का जलीय विलयन उबलना (Boiling) प्रारम्भ कर देता है

(d) जिससे अधिक ताप पर मिसेल का बनना प्रारम्भ हो जाता है।

42. निम्नलिखित अभिक्रिया में,

$$Fe_2N(s) + \frac{3}{2}H_2(g) \rightleftharpoons 2Fe(s) + NH_3(g)$$

(a) $K_C = K_p(RT)$ (b) $K_C = K_p(RT)^{-1/2}$

(c) $K_C = K_p(RT)^{1/2}$ (d) $K_C = K_p(RT)^{3/2}$

43. निम्न संकुल यौगिक जिसमें घूर्णन चुम्बकीय आघूर्ण का मान 5.9 BM तथा ज्यामिति चतुष्फलकीय (T_d) है

(a) $[Ni(CN)_4]^{2-}$ (वर्ग समतलीय) (b) $[NiCl_4]^{2-}(T_d)$

(c) $[Ni(CO)_4](T_d)$ (d) $[MnBr_4]^{2-}(T_d)$

44. निम्नलिखित में से कौन-सा लैन्थेनॉइड + 4 ऑक्सीकरण संख्या प्रदर्शित नहीं करता?

(a) Dy (b) Ce (c) Eu (d) Tb

45. निम्नलिखित अभिक्रिया में

$A \rightarrow p_1; B \rightarrow p_2; C \rightarrow p_3; D \rightarrow p_4$

उपरोक्त अभिक्रिया की कोटि क्रमशः a, b, c, d हैं। निम्नलिखित ग्राफ log (दर) तथा log (सान्द्रता) के मध्य बनाया गया है।

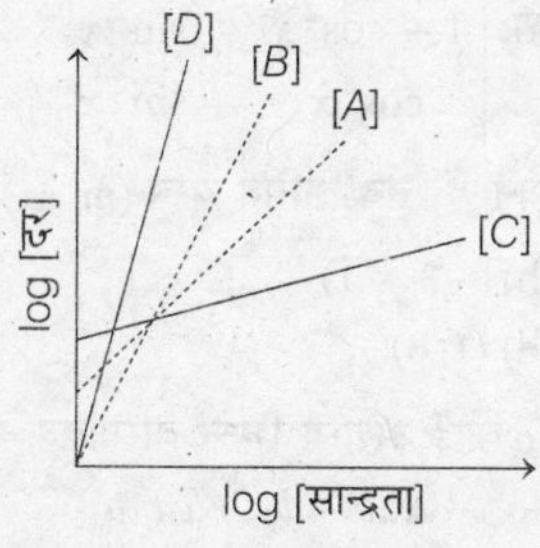

निम्नलिखित में से अभिक्रिया की कोटि का सही क्रम है

(a) $D > A > B > C$ (b) $A > B > C > D$

(c) $C > A > B > D$ (d) $D > B > A > C$

खण्ड 'B' न्यूमैरिकल वैल्यू प्रश्न

46. कैरिअस विधि (Carius method) द्वारा ब्रोमीन के आंकलन में 1.6g कार्बनिक पदार्थ 1.88g AgBr देता है।

तो ब्रोमीन की द्रव्यमान प्रतिशतता ज्ञात कीजिए।

(परमाणु भार : Ag = 108, Br = 80 g mol^{-1})

47. पोटैशियम क्लोरेट का निर्माण KCl (क्षारीय विलयन) के विद्युत अपघटन द्वारा

$$6OH^- + Cl^- \rightarrow ClO_3^- + 3H_2O + 6e^-$$

यदि केवल 60% विद्युत धारा का उपयोग अभिक्रिया में किया जाता है, तो समय (घण्टे में) ज्ञात कीजिए, जिसमें 10 g $KClO_3$ 2A विद्युत धारा का उपयोग करके बनाया जा सके।

(दिया है, $F = 96500$ C mol^{-1})

$KClO_3$ का अणुभार = 122 g mol^{-1}

48. परक्लोरिक अम्ल (Prechloric acid) में

Cl = O बन्धों की संख्या ...... है।

49. 0.10 m जलीय $CrCl_3 \cdot x\,NH_3$ विलयन का क्वथनांक उन्नयन 0.05 m जलीय $CaCl_2$ विलयन से दोगुना हो तो x ...... होगा।

(उपसहसंयोजक यौगिक तथा $CaCl_2$ का आयनन 100% होता है। Cr की समन्वय संख्या 6 है तथा सभी NH_3 समन्वय यौगिक के परिसर में उपस्थित हों।

50. एक गोलाकार (Spherical) गुब्बारे में हीलियम गैस 48×10^{-3} bar दाब से भरी गई है। इसी ताप और दाब पर 12 cm त्रिज्या वाले गोलाकार (Spherical) गुब्बारे में समान मात्रा में गैस ...... $\times 10^{-6}$ bar भरी जाएगी।

गणित

खण्ड 'A' ऑब्जेक्टिव प्रश्न

51. यदि α तथा β समीकरण $x^2 - 64x + 256 = 0$ के दो मूल हैं, तब $\left(\frac{\alpha^3}{\beta^5}\right)^{1/8} + \left(\frac{\beta^3}{\alpha^5}\right)^{1/8}$ होगा

(a) 2 (b) 3

(c) 1 (d) 4

52. क्षेत्र $A = \{(x, y) : |x| + |y| \le 1, 2y^2 \ge |x|\}$ का क्षेत्रफल (वर्ग इकाई में) होगा

(a) $\frac{1}{3}$ (b) $\frac{7}{6}$

(c) $\frac{1}{6}$ (d) $\frac{5}{6}$

53. अवकलन समीकरण $\sqrt{1 + x^2 + y^2 + x^2y^2} + xy\frac{dy}{dx} = 0$ का सामान्य हल है (जहाँ C समाकलन का अचर है।)

(a) $\sqrt{1+y^2} + \sqrt{1+x^2} = \frac{1}{2}\log_e\left(\frac{\sqrt{1+x^2}+1}{\sqrt{1+x^2}-1}\right) + C$

(b) $\sqrt{1+y^2} - \sqrt{1+x^2} = \frac{1}{2}\log_e\left(\frac{\sqrt{1+x^2}+1}{\sqrt{1+x^2}-1}\right) + C$

(c) $\sqrt{1+y^2} + \sqrt{1+x^2} = \frac{1}{2}\log_e\left(\frac{\sqrt{1+x^2}-1}{\sqrt{1+x^2}+1}\right) + C$

(d) $\sqrt{1+y^2} - \sqrt{1+x^2} = \frac{1}{2}\log_e\left(\frac{\sqrt{1+x^2}-1}{\sqrt{1+x^2}+1}\right) + C$

54. माना L_1, परवलय $y^2 = 4(x+1)$ तथा L_2, परवलय $y^2 = 8(x+2)$ की स्पर्शी इस प्रकार है कि L_1 तथा L_2 समकोण पर प्रतिच्छेद करते हैं, तब L_1 व L_2 सरल रेखा पर मिलते हैं

(a) $x+3=0$ (b) $2x+1=0$
(c) $x+2=0$ (d) $x+2y=0$

55. यदि $f(x+y) = f(x)\,f(y)$ तथा $\sum_{x=1}^{\infty} f(x) = 2,\ x, y \in N$, जहाँ N प्राकृत संख्याओं का समुच्चय है, तब $\frac{f(4)}{f(2)}$ का मान है

(a) $\frac{2}{3}$ (b) $\frac{1}{9}$ (c) $\frac{1}{3}$ (d) $\frac{4}{9}$

56. यदि $I_1 = \int_0^1 (1-x^{50})^{100} dx$ तथा $I_2 = \int_0^1 (1-x^{50})^{101} dx$ इस प्रकार है कि $I_2 = \alpha I_1$, तब α बराबर होगा

(a) $\frac{5049}{5050}$ (b) $\frac{5050}{5049}$ (c) $\frac{5050}{5051}$ (d) $\frac{5051}{5050}$

57. 11 क्रमागत प्राकृत संख्याओं में से यदि तीन संख्याएँ यादृच्छिक रूप से (बिना किसी पुनरावृत्ति) चुनी जाती है, तब प्रायिकता ज्ञात कीजिए कि संख्याएँ समान्तर हैं जहाँ धनात्मक सार्वान्तर है

(a) $\frac{15}{101}$ (b) $\frac{5}{101}$ (c) $\frac{5}{33}$ (d) $\frac{10}{90}$

58. बिन्दु A पर रेखा $x=1$ पर, बिन्दु $(2, 2\sqrt{3})$ से एक किरण आती हुई $30°$ के कोण पर झुकी हुई है रेखा $x=1$ पर किरण परावर्तित होकर X-अक्ष को बिन्दु B पर मिलती है तब रेखा AB बिन्दु से गुजरेगी

(a) $\left(3, -\frac{1}{\sqrt{3}}\right)$ (b) $\left(4, -\frac{\sqrt{3}}{2}\right)$ (c) $(3, -\sqrt{3})$ (d) $(4, -\sqrt{3})$

59. निम्न में से कौन-सा बिन्दु, दीर्घवृत्त $\frac{x^2}{4} + \frac{y^2}{2} = 1$ के किसी बिन्दु से इस पर खींची गई स्पर्शी पर डाले गए लम्ब पाद के बिन्दुपथ पर स्थित होगा?

(a) $(-2, \sqrt{3})$ (b) $(-1, \sqrt{2})$ (c) $(-1, \sqrt{3})$ (d) $(1, 2)$

60. क्षेत्र $\{z = x + iy \in c : |z| - \text{Re}(z) \le 1\}$ का भाग किस असमिका द्वारा निरूपित होता है

(a) $y^2 \ge 2(x+1)$ (b) $y^2 \le 2\left(x + \frac{1}{2}\right)$
(c) $y^2 \le x + \frac{1}{2}$ (d) $y^2 \ge x + 1$

61. किसी गतिशील कार की t समय पर स्थिति $f(t) = at^2 + bt + c, t > 0$ जहाँ a, b तथा c, 1 से बड़ी वास्तविक संख्याएँ हैं, तब कार की औसत गति समय अन्तराल $[t_1, t_2]$ में किस बिन्दु पर स्थित होगी

(a) $t_2 - t_1 / 2$ (b) $a(t_2 - t_1) + b$
(c) $(t_1 + t_2)/2$ (d) $2a(t_1 + t_2) + b$

62. $\lim_{x \to 1} \left(\frac{\int_0^{(x-1)^2} t \cos(t^2)\, dt}{(x-1)\sin(x-1)} \right)$

(a) $\frac{1}{2}$ के बराबर (b) 1 के बराबर
(c) $-\frac{1}{2}$ के बराबर (d) अस्तित्व में नहीं है

63. यदि $\sum_{i=1}^{n} (x_i - a) = n$ तथा $\sum_{i=1}^{n} (x_i - a)^2 = na\ (n, a > 1)$ है, तब n प्रेक्षणों $x_1, x_2, x_3, \ldots, x_n$ का मानक विचलन होगा

(a) $a-1$ (b) $n\sqrt{a-1}$
(c) $\sqrt{n(a-1)}$ (d) $\sqrt{a-1}$

64. यदि $\{P\}$ संख्या P का भिन्नात्मक भाग दर्शाता है, तब $\left\{\frac{3^{200}}{8}\right\}$ बराबर होगा

(a) 5/8 (b) 7/8 (c) 3/8 (d) 1/8

65. रेखाओं $\frac{x-1}{0} = \frac{y+1}{-1} = \frac{z}{1}$ तथा $x+y+z+1=0$, $2x-y+z+3=0$ के बीच की न्यूनतम दूरी होगी

(a) 1 (b) $\frac{1}{\sqrt{3}}$ (c) $\frac{1}{\sqrt{2}}$ (d) $\frac{1}{2}$

66. बूलियन व्यंजक $p \vee (\sim p \wedge q)$ का निषेधन बराबर है

(a) $p \wedge \sim q$ (b) $\sim p \wedge \sim q$
(c) $\sim p \vee q$ (d) $p \vee q$

67. किसी पंक्ति में दो परिवार जिनमें प्रत्येक में तीन सदस्य तथा एक परिवार जिसमें चार सदस्यों को बैठाया जाना है, तब उन्हें कितने तरीकों से बैठाया जा सकता है, जब समान परिवार के सदस्य अलग-अलग ना बैठे हों?

(a) 2!3!4! (b) $(3!)^3.(4!)$ (c) $(3!)^2.(4!)$ (d) $3!.(4!)^3$

68. माना m तथा M क्रमशः $\begin{vmatrix} \cos^2 x & 1+\sin^2 x & \sin 2x \\ 1+\cos^2 x & \sin^2 x & \sin 2x \\ \cos^2 x & \sin^2 x & 1+\sin 2x \end{vmatrix}$ के निम्नतम व महत्तम मान हैं, तब क्रमित युग्म (m, M) बराबर होंगे

(a) $(-3, 3)$ (b) $(-3, -1)$
(c) $(-4, -1)$ (d) $(1, 3)$

69. माना a, b, c, d तथा p कोई अशून्य भिन्न वास्तविक संख्याएँ इस प्रकार हैं कि $(a^2 + b^2 + c^2)\,p^2 - 2(ab + bc + cd)p + (b^2 + c^2 + d^2) = 0$, तब

(a) a, c, p समान्तर श्रेणी में होंगे
(b) a, c, p गुणोत्तर श्रेणी में होंगे
(c) a, b, c, d गुणोत्तर श्रेणी में होंगे
(d) a, b, c, d समान्तर श्रेणी में होंगे

70. λ व μ के वे मान जिनके लिए रैखिक समीकरण निकाय

$$x + y + z = 2$$
$$x + 2y + 3z = 5$$
$$x + 3y + \lambda z = \mu$$

के अनेक अनन्त हल हों, क्रमशः होंगे

(a) 6 व 8 (b) 5 व 7 (c) 5 व 8 (d) 4 व 9

खण्ड 'B' न्यूमैरिकल वैल्यू प्रश्न

71. समुच्चय A में m अवयव तथा समुच्चय B में n अवयव हैं। यदि A के उपसमुच्चयों की कुल संख्या, B के उपसमुच्चयों की कुल संख्या से 112 अधिक है, तब $m \cdot n$ का मान .... होगा।

72. माना $f : R \to R$ इस प्रकार परिभाषित है कि

$$f(x) = \begin{cases} x^5 \sin\left(\frac{1}{x}\right) + 5x^2 & , \quad x < 0 \\ 0 & , \quad x = 0 \\ x^5 \cos\left(\frac{1}{x}\right) + \lambda x^2 & ; \quad x > 0 \end{cases}$$

तब λ का मान जिसके लिए $f'(0)$ का मान अस्तित्व में है, ... होगा।

73. यदि $\mathbf{a}$ तथा $\mathbf{b}$ दो एकांक सदिश हैं, तब $\sqrt{3}\,|\mathbf{a} + \mathbf{b}| + |\mathbf{a} - \mathbf{b}|$ का महत्तम मान ...... होगा।

74. माना AD तथा BC क्रमशः क्षैतिज धरातल पर बिन्दुओं A व B पर खड़े दो ऊर्ध्वाधर खम्भे हैं यदि $AD = 8$ मी, $BC = 11$ मी व $AB = 10$ मी है, तब AB पर बिन्दु M की बिन्दु A से दूरी (मीटर में) इस प्रकार है कि $(MD^2 + MC^2)$ निम्नतम है, ... होगी।

75. क्षैतिज समतल पर स्थित किसी बिन्दु से पहाड़ी के शिखर का उन्नयन कोण जो कि पहाड़ी के पाद से होकर गुजरता है, 45° पाया गया। क्षैतिज समतल पर 30° के कोण पर झुकी हुई ढ़ाल से शिखर की ओर 80 मी की दूरी तय करने पर उन्नयन कोण 75° हो जाता है, तब पहाड़ी की ऊँचाई (मीटर में) ...... होगी।

सही उत्तर

भौतिकी

1. (b)	2. (b)	3. (b)	4. (c)	5. (a)	6. (c)	7. (a)	8. (c)	9. (a)	10. (c)
11. (a)	12. (a)	13. (c)	14. (a)	15. (d)	16. (a)	17. (b)	18. (c)	19. (b)	20. (c)
21. (1050)	22. (120)	23. (194)	24. (5)	25. (33)					

रसायन विज्ञान

26. (d)	27. (d)	28. (a)	29. (c)	30. (d)	31. (c)	32. (b)	33. (c)	34. (d)	35. (d)
36. (d)	37. (b)	38. (b)	39. (b)	40. (c)	41. (d)	42. (c)	43. (d)	44. (c)	45. (d)
46. (50)	47. (11)	48. (3.00)	49. (5.00)	50. (750)					

गणित

51. (a)	52. (d)	53. (a)	54. (a)	55. (d)	56. (c)	57. (c)	58. (c)	59. (c)	60. (b)
61. (c)	62. (*)	63. (d)	64. (d)	65. (b)	66. (b)	67. (b)	68. (b)	69. (c)	70. (c)
71. (28.00)	72. (5.00)	73. (4.00)	74. (5.00)	75. (80.00)					

नोट *(*) कोई भी विकल्प सही नहीं हैं।*

संकेत एवं हल

भौतिकी

1. *(b)* दिया गया है,

वृत्तीय स्केल पर भागों की संख्या = 50

चूड़ी अन्तराल (पिच) = 0.5 mm = 5×10^{-4} m

$$\text{स्क्रूगेज का अल्पतमांक} = \frac{\text{चूड़ी अन्तराल}}{\text{वृत्तीय स्केल पर भागों की संख्या}}$$

$$= \frac{5 \times 10^{-4}}{50} = 1 \times 10^{-5} \text{ मी}$$

$$= 10\,\mu\text{m}$$

चूँकि वृत्तीय स्केल, पिच स्केल निशान से 4 इकाई आगे है, जिसका आशय है कि धनात्मक शून्यांक त्रुटि है।

अतः विकल्प (b) सही है।

2. *(b)* D ऊँचाई के स्थिर प्रेक्षक की स्थिति को दिए गए चित्र से दिखाया जा सकता है

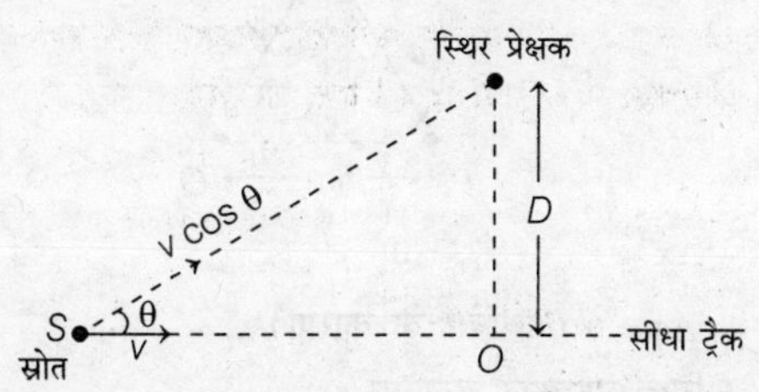

स्रोत की आवृत्ति = ν_o

डॉप्लर प्रभाव के सिद्धान्त को प्रयोग करने पर प्रेक्षित आवृत्ति

$$\nu_{\text{प्रेक्षित}} = \left(\frac{v_{\text{ध्वनि}}}{v_{\text{ध्वनि}} - v\cos\theta}\right)\nu_o$$

जब $\quad t < t_0 (0° < \theta < 90°)$

प्रारम्भ में θ का मान कम है परन्तु समय के बढ़ने के साथ $\cos\theta$ का मान लगातार कम होता है और $\nu_{\text{प्रेक्षित}}$ का मान भी कम होता है।

जब $\quad t = t_0 (\theta = 90°) \Rightarrow \cos\theta = \cos 90° = 0, \nu_{\text{प्रेक्षित}} = \nu_o$

जब $\quad t > t_0 (0° < \theta < 90°)$

अर्थात् ध्वनि स्रोत प्रेक्षक से दूर जा रहा है अतः इस स्थिति में प्रेक्षित आवृत्ति भी परिवर्तित होगी

$$\nu_{\text{प्रेक्षित}} = \left(\frac{v_{\text{ध्वनि}}}{v_{\text{ध्वनि}} + v\cos\theta}\right)\nu_o$$

समय कम होने से θ का मान भी कम होता है और $\cos\theta$ का मान बढ़ता है। अतः $\nu_{\text{प्रेक्षित}}$ भी लगातार कम होता है।

अतः सही ग्राफ है

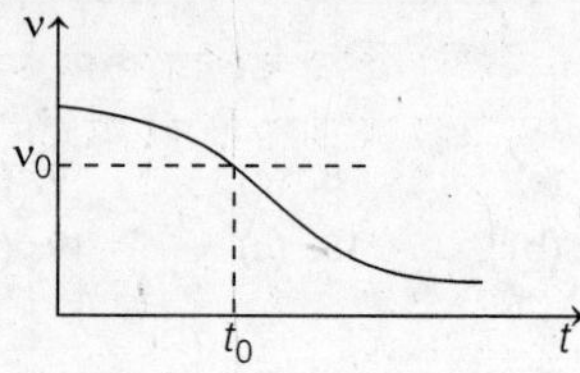

अतः विकल्प (b) सही है।

3. *(b)* A बिन्दु के लिए

x_{P_A}, x_{Q_A}; P —5m— Q —d— A

पथान्तर $\Delta x = x_{P_A} - x_{Q_A} = 5$ मी

पथान्तर के कारण कलान्तर

$$\Delta\phi = \frac{2\pi}{\lambda} \times \Delta x = \frac{2\pi}{20} \times 5 = \frac{\pi}{2}$$

चूँकि P की कला, Q से $90°$ अथवा $\frac{\pi}{2}$ आगे है।

अतः A बिन्दु पर कुल कलान्तर

$$\Delta\phi = \frac{\pi}{2} - \frac{\pi}{2} = 0°$$

$\therefore A$ बिन्दु पर तीव्रता

$$I_A = I_1 + I_2 + 2\sqrt{I_1}\sqrt{I_2}\cos\Delta\phi = I_0 + I_0 + 2I_0\cos 0° = 4I_0$$

B बिन्दु के लिए,

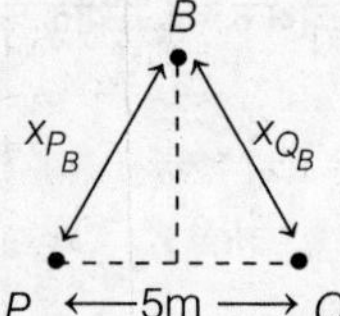

$$\Delta x = x_{P_B} - x_{Q_B} = 0$$

$\therefore \quad \Delta\phi = 0$ (पथान्तर के कारण)

अतः B बिन्दु पर कुल कलान्तर

$$\Delta\phi = \frac{\pi}{2} + 0 = 90°$$

$\therefore B$ बिन्दु पर तीव्रता

$$I_B = I_1 + I_2 + 2\sqrt{I_1}\sqrt{I_2}\cos\Delta\phi = I_0 + I_0 + 2I_0\cos 90°$$

$\Rightarrow \quad I_B = 2I_0$

C बिन्दु के लिए

x_{Q_C}, x_{P_C}, 5 मी; C —— P —— Q

$$\Delta x = x_{Q_C} - x_{P_C} = 5 \text{ मी}$$

पथान्तर के कारण $\Delta\phi = \pi/2$

अतः C बिन्दु पर कुल कलान्तर

$$\Delta\phi = \frac{\pi}{2} + \frac{\pi}{2} = \pi = 180°$$

($\because P$ की कला, Q की कला से $90°$ आगे है)

$\therefore C$ बिन्दु पर तीव्रता,

$$I_C = I_1 + I_2 + 2\sqrt{I_1}\sqrt{I_2}\cos\Delta\phi = I_0 + I_0 + 2I_0\cos 180° = 0$$

तीव्रताओं का अनुपात,

$$I_A : I_B : I_C = 4I_0 : 2I_0 : 0 = 2 : 1 : 0$$

अतः विकल्प (b) सही है।

4. *(c)* दो अणुओं के बीच की स्थितिज ऊर्जा,

$$U = -\frac{A}{r^6} + \frac{B}{r^{12}}$$

बल तथा स्थितिज ऊर्जा के बीच सम्बन्ध से, अणुओं के मध्य कार्य करने वाला बल,

$$F = -\frac{dU}{dr} \Rightarrow F = -\frac{d}{dr}\left(-\frac{A}{r^6} + \frac{B}{r^{12}}\right)$$

$$= -\left(\frac{6A}{r^7} - \frac{12B}{r^{13}}\right) = \frac{6}{r^7}\left(-A + \frac{2B}{r^6}\right)$$

साम्यावस्था पर, $F = 0$

$$\Rightarrow \quad \frac{6}{r^7}\left(-A + \frac{2B}{r^6}\right) = 0 \Rightarrow -A + \frac{2B}{r^6} = 0 \quad (\because r \neq 0)$$

$$\Rightarrow \quad r^6 = \frac{2B}{A} \quad \text{या} \quad r = \left(\frac{2B}{A}\right)^{1/6}$$

उपर्युक्त परिकलित r का मान साम्यावस्था पर अणुओं के मध्य दूरी है। अतः इस मान को स्थितिज ऊर्जा के समीकरण में रखने पर

$$U = -\frac{A}{\left\{\left(\frac{2B}{A}\right)^{1/6}\right\}^6} + \frac{B}{\left\{\left(\frac{2B}{A}\right)^{1/6}\right\}^{12}} = -\frac{A^2}{2B} + \frac{A^2}{4B} \Rightarrow U = -\frac{A^2}{4B}$$

अतः विकल्प (c) सही है।

5. *(a)* दिया गया है

$$R = 100\,\Omega, C = 2\,\mu\text{F}, L = 80\text{ mH}$$

श्रेणीबद्ध L - C - R, AC परिपथ के लिए

$$\text{गुणवत्ता गुणांक}, \phi = \frac{1}{R}\sqrt{\frac{L}{C}} = \frac{1}{100}\sqrt{\frac{80 \times 10^{-3}}{2 \times 10^{-6}}} = 2$$

अतः विकल्प (a) सही है।

6. *(c)* माना आवेश Q_1 तथा Q_2 द्वारा बिन्दु O पर उत्पन्न विद्युत क्षेत्र क्रमशः E_1 तथा E_2 है। विद्युत क्षेत्र की दिशा चित्र में दर्शायी गई है तथा भुजा AB पर एक लम्ब बनाया गया है जोकि O बिन्दु से गुजरता है

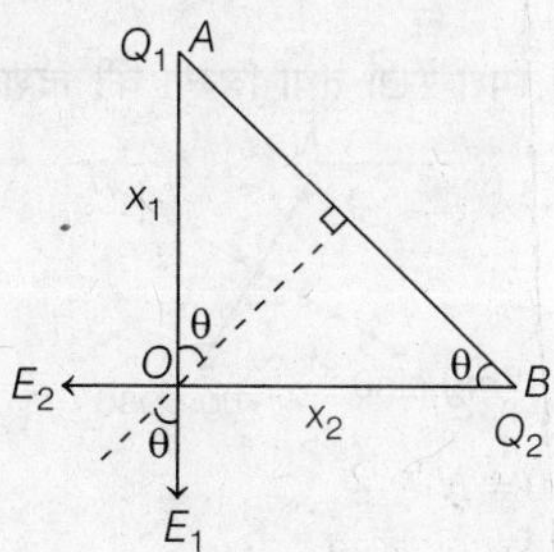

यदि O बिन्दु पर परिणामी विद्युत क्षेत्र कर्ण के लम्बवत् दिशा में है इसका आशय है कि E_1 तथा E_2 का परिणाम इसकी दिशा में होगा

$$\therefore \quad \tan\theta = \frac{E_2}{E_1} = \frac{\frac{KQ_2}{x_2^2}}{\frac{KQ_1}{x_1^2}} = \frac{Q_2}{Q_1}\frac{x_1^2}{x_2^2} \quad \ldots \text{(i)}$$

त्रिभुज ΔOAB में, $\tan\theta = \frac{x_1}{x_2}$ ... (ii)

समी (i) तथा (ii) से,

$$\frac{Q_2}{Q_1}\cdot\frac{x_1^2}{x_2^2} = \frac{x_1}{x_2} \quad \text{अथवा} \quad \frac{Q_1}{Q_2} = \frac{x_1}{x_2}$$

अत: विकल्प (c) सही है।

7. *(a)* खोखले शंकु को विभिन्न त्रिज्याओं के अनेक वलयों से निर्मित माना जा सकता है। सामान्यत: हम वलय (अवयव) को dy मोटाई तथा r त्रिज्या का अवयव मानेंगे जोकि शीर्ष O से दूरी पर है (चित्रानुसार)

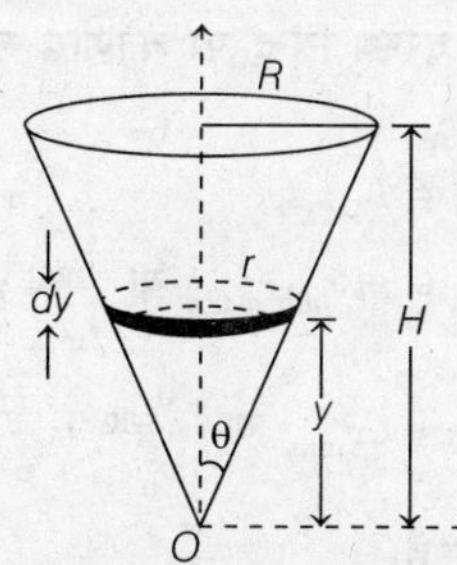

शंकु का क्षेत्रफल, $A = \pi Rl = \pi R\sqrt{R^2 + H^2}$

अवयव का क्षेत्रफल, $dA = 2\pi r dl = 2\pi r \frac{dy}{\cos\theta}$

अवयव का द्रव्यमान, dm = पृष्ठीय घनत्व × क्षेत्रफल

$$= \frac{M}{\pi R\sqrt{R^2 + H^2}} \times \frac{2\pi r\, dy}{\cos\theta}$$

ऊपर दर्शाए गए चित्रानुसार,

$$\tan\theta = \frac{r}{y} \text{ अथवा } r = y\tan\theta$$

$$\therefore \quad dm = \frac{2M\tan\theta y\, dy}{R\cos\theta\sqrt{R^2 + H^2}}$$

शंकु की अक्ष के परित: अवयव का जड़त्व आघूर्ण,

$$dI = (dm)r^2$$

$$= \left(\frac{2M\tan\theta y\, dy}{R\cos\theta\sqrt{R^2 + H^2}}\right)(y\tan\theta)^2 = \frac{2M\tan^3\theta y^3 dy}{R\cos\theta\sqrt{R^2 + H^2}}$$

कुल जड़त्व आघूर्ण,

$$I = \int dI = \frac{2M\tan^3\theta}{R\cos\theta\sqrt{R^2 + H^2}}\int_0^H y^3 dy$$

$$= \frac{2M\tan^3\theta}{R\cos\theta\sqrt{R^2 + H^2}}\cdot\frac{H^4}{4}$$

पुन: ऊपर दर्शाए गए चित्रानुसार,

$$\tan\theta = \frac{R}{H} \text{ और } \cos\theta = \frac{H}{\sqrt{R^2 + H^2}}$$

इन मानों को जड़त्व आघूर्ण के समीकरण में रखने पर

$$I = \frac{MR^2}{2}$$

अत: विकल्प (a) सही है।

8. *(c)* दी गई अक्ष के परित: वर्ग का कोणीय संवेग, प्रत्येक बिन्दु द्रव्यमान के कारण उत्पन्न कोणीय संवेग के येाग के बराबर होगा

अत: $L = L_1 + L_2 + L_3 + L_4$

$= I_1\omega_1 + I_2\omega_2 + I_3\omega_3 + I_4\omega_4$

यहाँ कोणीय आवृत्ति समान होगी

अत: $\omega_1 = \omega_2 = \omega_3 = \omega_4 = \omega$ (माना)

$\therefore \quad L = (I_1 + I_2 + I_3 + I_4)\omega$

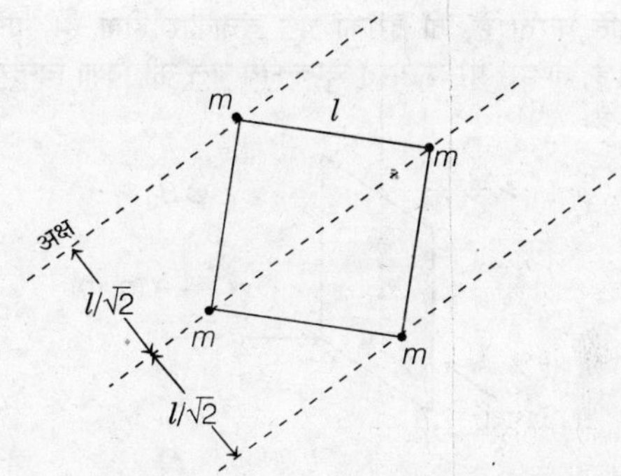

$$L = \left\{m(0)^2 + 2\times m\left(\frac{l}{\sqrt{2}}\right)^2 + m(\sqrt{2}l)^2\right\}\omega = 3ml^2\omega$$

अत: विकल्प (c) सही है।

9. *(a)* यह प्रश्न स्पष्ट रूप से R - C परिपथ के दिष्ट धारा निवेश से समबन्धित जो कि नियत नहीं रहती। 5 वोल्ट की वोल्टता से, प्रथम 5 μs के लिए संधारित्र आवेशित होता है तथा अगले 5 μs के लिए संधारित्र निरावेशित हो जाता है तथा वोल्टता शून्य हो जाती है। परिपथ को पुन: सरल तरीके से बनाने पर

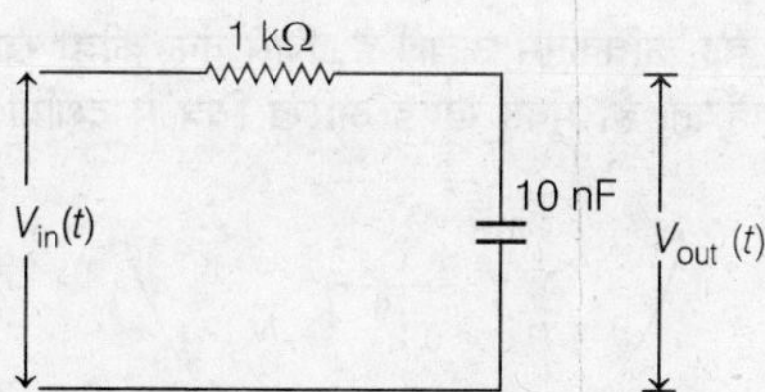

समय नियतांक = RC

$$= (1\times 10^3)\times(10\times 10^{-9}) = 10\,\mu\text{s}$$

$t = 5\,\mu s$ पर,

संधारित्र की एक्रॉस वोल्टता,

$$V_{निर्गत} = V_m(1 - e^{-t/\tau}) = 5\left(1 - e^{-\frac{5\mu s}{10\mu s}}\right) \quad [\because V_m = 5 \text{ वोल्ट}]$$

$$= 5(1 - e^{-0.5}) = 1.96 \text{ वोल्ट} \simeq 2 \text{ वोल्ट}$$

अतः संधारित्र 2 वोल्ट वोल्टता तक आवेशित हुआ है

$V_c = 2$ वोल्ट

अगले $5\,\mu s$ के लिए $V_{in} = 0$ अर्थात् संधारित्र विसर्जित हो रहा है।

अतः निर्गत वोल्टता,

$$V_{निर्गत} = V_C e^{-t/\tau} = 2e^{-\frac{5}{10}} = 2e^{-0.5} = 1.21 \text{ वोल्ट}$$

अब अगले $5\,\mu s$ के लिए,

$$V_{निर्गत} = 5(1 - e^{-t/\tau}) + 1.21 e^{-t/\tau} = 5 - 3.79 e^{-t/\tau}$$

$$= 5 - 3.79\, e^{-\frac{5}{10}} = 2.71 \text{ वोल्ट} \simeq 3 \text{ वोल्ट}$$

यह निर्गत वोल्टता का मान ग्राफ (a) में दर्शायी गयी निर्गत वोल्टता से मेल खाता है।

अतः विकल्प (a) सही है।

10. *(c)* जैसा की हम जानते है कि यदि एक आवेशित कण एकसमान चुम्बकीय क्षेत्र में गति करता है, तो इसका पथ वृत्ताकार होता है। माना यह कण धनावेशित है, तो इस पर कार्यरत् चुम्बकीय बल की दिशा बिन्दुयुक्त रेखा से दर्शाई गई है।

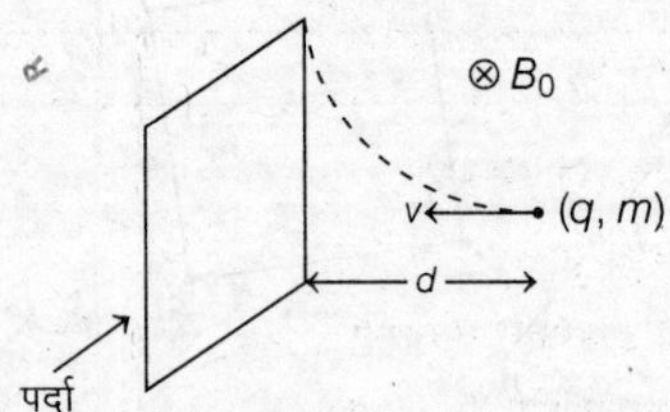

आवेशित कण पर्दे से नहीं टकरायेगा यदि इसके वृत्ताकार पथ की त्रिज्या पर्दे की दूरी d से कम होगी

$$R \le d \Rightarrow \frac{mv}{qB_0} \le d \qquad \left[\because R = \frac{mv}{qB_0}\right]$$

$$v \le \frac{qB_0 d}{m}$$

v का अधिकतम मान $= \dfrac{qB_0 d}{m}$

अतः विकल्प (c) सही है।

11. *(a)* माना h वह अधिकतम ऊँचाई है, जिस तक कीड़ा खाई में रेंग कर पहुँचता है। मुक्त खण्ड आरेख चित्र में दर्शाया गया है।

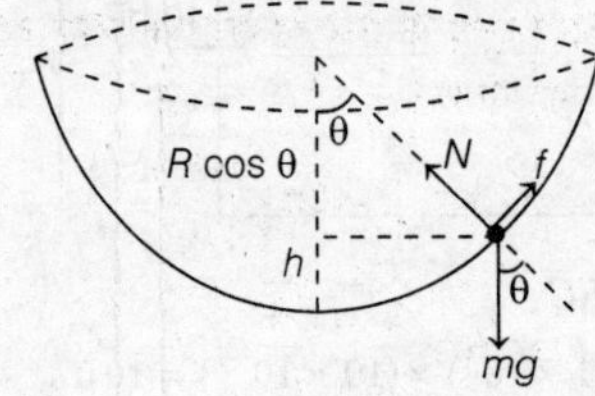

बल के घटकों को स्पर्श रेखा तथा त्रिज्या की दिशा में वियोजित करने पर

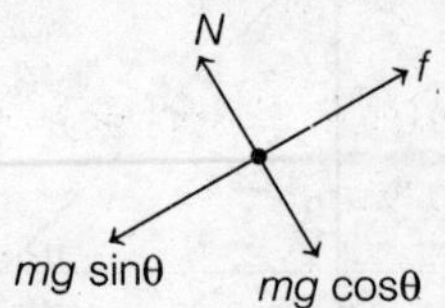

$$mg\cos\theta = N$$

$$mg\sin\theta = f_{अधिकतम} = \mu N \Rightarrow mg\sin\theta = \mu mg\cos\theta$$

$$\frac{\sin\theta}{\cos\theta} = \frac{\mu mg}{mg} \Rightarrow \tan\theta = \mu = 0.75 = \frac{3}{4}$$

$\Rightarrow \quad \cos\theta = \dfrac{4}{5}$ (पाइथागोरस प्रमेय से)

चित्रानुसार, $h = R - R\cos\theta = R - R\left(\frac{4}{5}\right) = \frac{R}{5}$

अथवा $\quad h = \dfrac{1}{5} = 0.20$ मी

अतः विकल्प (a) सही है।

12. *(a)* उपग्रह की दीर्घवृत्ताकार कक्ष में गति को चित्र में दर्शाया गया है

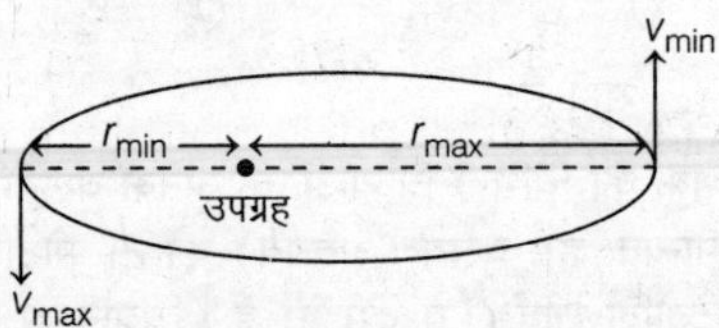

ग्रह के निकटतम तथा दूरस्थ बिन्दु पर कोणीय संवेग सरक्षण का नियम लगाने पर

$$L_{निकटतम} = L_{दूरस्थ}$$

$$mv_{max}r_{min} = mv_{min}r_{max} \text{ या } \frac{r_{min}}{r_{max}} = \frac{v_{min}}{v_{max}}$$

दिया गया है $\quad v_{max} = 6v_{min}$ या $\dfrac{v_{min}}{v_{max}} = \dfrac{1}{6} \Rightarrow \dfrac{r_{min}}{r_{max}} = \dfrac{1}{6}$

अतः विकल्प (a) सही है।

13. *(c)* किसी गतिज ऊर्जा वाले कण की डी-ब्रोग्ली तरंगदैर्ध्य

$$\lambda = \frac{h}{p} = \frac{h}{\sqrt{2m(\text{KE})}}$$

समान गतिज ऊर्जा के लिए,

$$\lambda \propto \frac{1}{\sqrt{m}}$$

$\because \quad m_{He^{++}} > m_p > m_e$

$\therefore \quad \lambda_{He^{++}} < \lambda_p < \lambda_e$

अतः विकल्प (c) सही है।

14. *(a)* दिया गया है,

त्रिज्या, $R = 0.1$ m

कोणीय आवृत्ति $\omega = \dfrac{2\pi}{T} = \dfrac{2\pi}{60} = 0.105$ रेडियन/से

$\therefore$ औसत त्वरण, $a = \omega^2 R = (0.105)^2(0.1) = 1.102 \times 10^{-3}\ \text{m/s}^2$

अतः 10^{-3} कोटि का औसत त्वरण होगा।

अतः विकल्प (a) सही है।

15. *(d)* दिया है,

$$m({}^7_3\text{Li}) = 7.0160 \text{ u} \Rightarrow m({}^4_2\text{He}) = 4.0026 \text{ u}$$
$$m({}^1_1\text{H}) = 1.0079 \text{ u}$$

नाभिकीय अभिक्रिया,

$${}^7_3\text{Li} + {}^1_1\text{H} \longrightarrow {}^4_2\text{He} + {}^4_2\text{He}$$

एक नाभिकीय अभिक्रिया के कारण उत्सर्जित ऊर्जा,

$$Q = \Delta mc^2 = \Delta m \times 931 \text{ MeV}$$
$$= (7.0160 + 1.0079 - 2 \times 4.0026) \times 931$$
$$= 17.41 \text{ MeV}$$

Li के 20 g में परमाणुओं की संख्या,

$$= \frac{20}{7} \times 6.023 \times 10^{23} = 1.72 \times 10^{24}$$

कुल विमुक्त ऊर्जा $= Q \times$ कुल Li के परमाणुओं की संख्या

$$= (17.41) \times (1.72 \times 10^{24}) = 4.79 \times 10^{12} \text{ जूल}$$

$$\text{ऊर्जा (kWh में)} = \frac{4.79 \times 10^{12}}{3.6 \times 10^6} \quad (\because 1 \text{ kWh} = 3.6 \times 10^6 \text{ जूल})$$

$$= 1.33 \times 10^6 \text{ kWh}$$

अत: विकल्प (d) सही है।

16. *(a)* दिया है,

उत्तल लेन्स के लिए,

$$u_1 = -1 \text{ m}, f = +0.5 \text{ m}$$

लेन्स सूत्र लगाने पर,

$$\frac{1}{v_1} - \frac{1}{u_1} = \frac{1}{f} \Rightarrow \frac{1}{v_1} - \frac{1}{-1} = \frac{1}{0.5}$$

$$\Rightarrow \quad v_1 = +1 \text{ m}$$

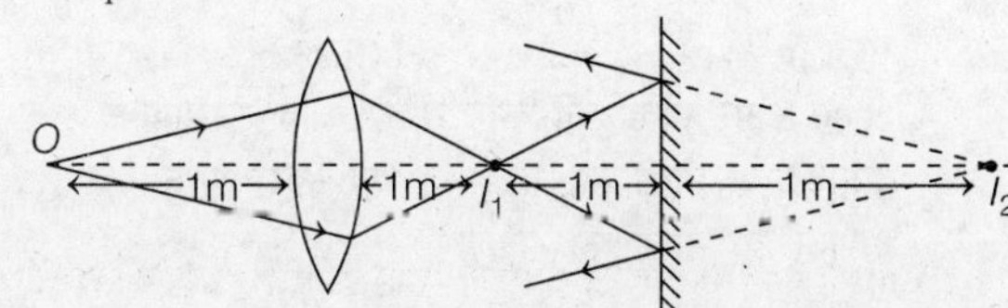

प्रतिबिम्ब I_1, समतल दर्पण के लिए बिम्ब की भाँति कार्य करेगा। अत: प्रतिबिम्ब दर्पण के पीछे 1 m दूरी पर बनेगा जैसा कि चित्र में दर्शाया गया है।

अब आभासी प्रतिबिम्ब I_2, लेन्स के लिए बिम्ब की भाँति कार्य करेगा, जोकि 3m दूरी पर है।

अन्तिम प्रतिबिम्ब के लिए,

$$u = -3 \text{ m} \Rightarrow f = +0.5 \text{ m}$$

लेन्स सूत्र लगाने पर,

$$\frac{1}{v} - \frac{1}{u} = \frac{1}{f} \Rightarrow \frac{1}{v} - \frac{1}{-3} = \frac{1}{0.5}$$

$$v = \frac{3}{5} = +0.6 \text{ मी}$$

अत: अन्तिम प्रतिबिम्ब की दर्पण से कुल दूरी

$$= 2 + 0.6 = 2.6 \text{ मी}$$

अन्तिम प्रतिबिम्ब वास्तविक होगा।

अत: विकल्प (a) सही है।

17. *(b)* दिया गए परिपथ है

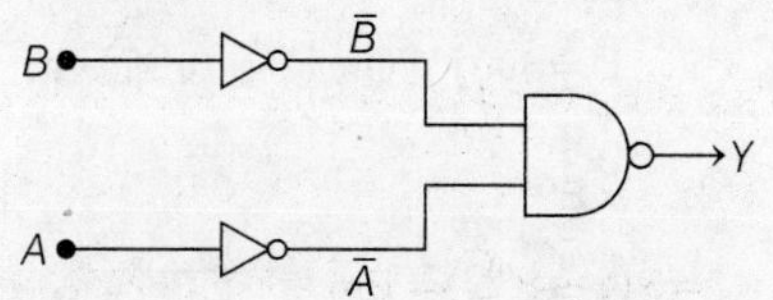

निर्गम $Y = \overline{\bar{A} \cdot \bar{B}} = \bar{\bar{A}} + \bar{\bar{B}} = A + B$

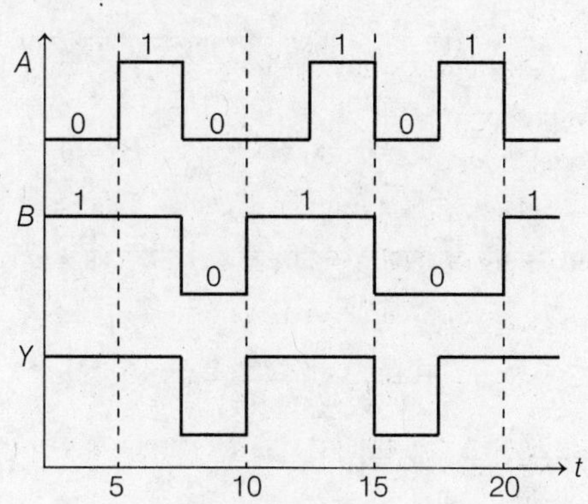

सत्यता सारणी

A	B	$Y = A + B$
0	0	0
0	1	1
1	0	1
1	1	1

अत: विकल्प (b) सही है।

18. *(c)* दिया गया है,

स्थानान्तरीय स्वतंत्रता की कोटि, $f_{\text{trans}} = 3$

घूर्णी स्वतंत्रता कोटि, $f_{\text{rot}} = 2$

कुल स्वतंत्रता कोटि, $f = f_{\text{trans}} + f_{\text{rot}} = 3 + 2 = 5$

T तापमान पर आदर्श गैस की कुल आन्तरिक ऊर्जा,

$$U = \frac{f}{2}\mu RT \quad [\because \mu = 1]$$

$$U = \frac{5}{2}RT \Rightarrow \gamma = \frac{C_p}{C_V} = 1 + \frac{2}{f} = 1 + \frac{2}{5} \Rightarrow \gamma = \frac{7}{5}$$

अत: विकल्प (c) सही है।

19. *(b)* हम जानते हैं कि एक प्रत्यास्थ तार एक प्रत्यास्थ कमानी (स्प्रिंग) की तरह व्यवहार करती है जिसका कमानी स्थिरांक का मान

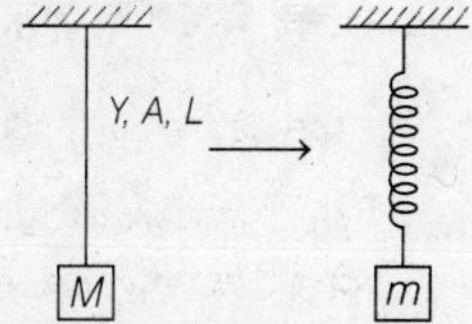

$$K = \frac{YA}{L}$$

गुटके-तार का निकाय एक कमानी निकाय की तरह व्यवहार करता है, जिसके दोलन का आवर्तकाल

$$T = 2\pi\sqrt{\frac{m}{K}} = 2\pi\sqrt{\frac{mL}{YA}}$$

$\therefore$ दोलन आवृत्ति, $f = \dfrac{1}{T} = \dfrac{1}{2\pi}\sqrt{\dfrac{YA}{mL}}$

अत: विकल्प (b) सही है।

20. *(c)* दिया गया है, $\mathbf{v} = 6 \times 10^6\ \hat{\mathbf{i}}$ m/s,

$$\mathbf{E} = 300\hat{\mathbf{j}}\ \text{V/cm} = 3 \times 10^4\ \hat{\mathbf{j}}\ \text{V/m}$$

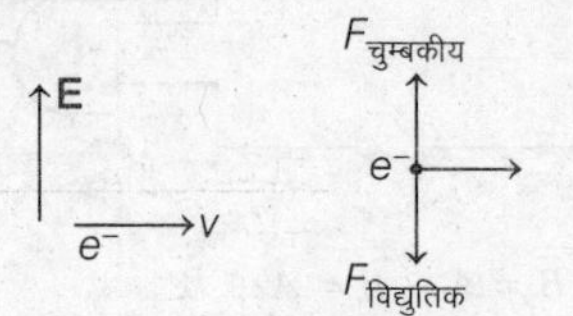

इलेक्ट्रॉन को x-दिशा के अनुदिश गतिमान रखने के लिए,

$$\mathbf{F}_{\text{net}} = 0$$

यह $\mathbf{F}_{\text{वैद्युतिक}} + \mathbf{F}_{\text{चुम्बकीय}} = 0 \Rightarrow q\mathbf{E} + q(\mathbf{v} \times \mathbf{B}) = 0$

$$\mathbf{E} + \mathbf{v} \times \mathbf{B} = 0$$

यह तभी सम्भव है जब चुम्बकीय क्षेत्र $\mathbf{B}$ की दिशा $+z$-दिशा के अनुदिश होगी

$$\mathbf{B} = \frac{\mathbf{E}}{\mathbf{v}} = \frac{3 \times 10^4 \hat{\mathbf{j}}}{6 \times 10^6 \hat{\mathbf{i}}} = 5 \times 10^{-3} \hat{\mathbf{k}}\text{T}$$

अतः विकल्प (c) सही है।

21. *(1050)* दिया गया है,

द्रव्यमान में आपेक्षिक त्रुटि $= \dfrac{\Delta m}{m} \times 100 = 6\%$

व्यास में आपेक्षिक त्रुटि $= \dfrac{\Delta d}{d} \times 100 = 1.5\%$

गोले का घनत्व, $\rho = \dfrac{\text{द्रव्यमान}}{\text{आयतन}} = \dfrac{M}{\frac{4}{3}\pi r^3} = \dfrac{M}{\frac{4}{3}\pi\left(\frac{d}{2}\right)^3}$

$$\rho = \frac{6}{\pi} M d^{-3} \text{ अथवा } \rho \propto M d^{-3}$$

घनत्व में अधिकतम त्रुटि के लिए

$$\frac{\Delta\rho}{\rho} \times 100 = \frac{\Delta M}{M} \times 100 + 3 \times \frac{\Delta d}{d} = 6\% + 3 \times 1.5\%$$

$$\frac{\Delta\rho}{\rho} \times 100 = 10.5\%$$

$$\frac{1050}{100}\% = \frac{x}{100}\% \text{ (दिया गया है)}$$

$$x = 1050$$

22. *(120)* माना दोनों वस्तुएँ क्षैतिज दिशा से θ_1 तथा θ_2 कोण बनाती हैं जैसा कि चित्र में दर्शाया गया है

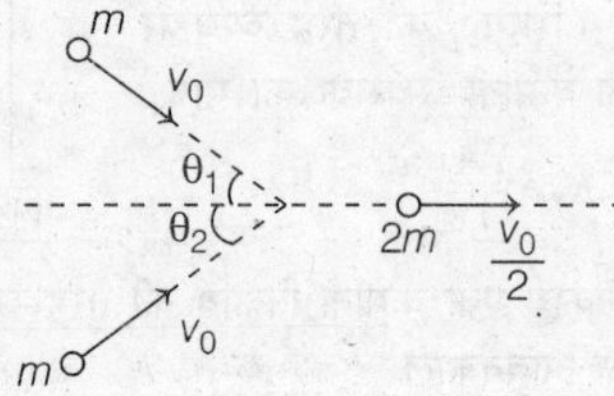

प्रारम्भिक संवेग, $\mathbf{p}_i = \mathbf{p}_1 + \mathbf{p}_2$

$$= \{mv_0 \cos\theta_1 \hat{\mathbf{i}} + mv_0 \sin\theta_1 \hat{\mathbf{j}}\} + \{mv_0 \cos\theta_2 \hat{\mathbf{i}} + mv_0 \sin\theta_2 - \hat{\mathbf{j}}\}$$

$$= mv_0(\cos\theta_1 + \cos\theta_2)\hat{\mathbf{i}} + mv_0(\sin\theta_1 - \sin\theta_2)\hat{\mathbf{j}}$$

अन्तिम संवेग, $\mathbf{p}_f = (2m)\left(\dfrac{v_0}{2}\right)\hat{\mathbf{i}} \Rightarrow \mathbf{p}_f = mv_0\hat{\mathbf{i}}$

संघट्ट में संवेग संरक्षित रहता है,
अतः संवेग संरक्षण का नियम लगाने पर,

$$\mathbf{p}_f = \mathbf{p}_i$$

अथवा $\quad mv_0\hat{\mathbf{i}} = mv_0(\cos\theta_1 + \cos\theta_2)\hat{\mathbf{i}} + mv_0(\sin\theta_1 - \sin\theta_2)\hat{\mathbf{j}}$

$\Rightarrow \sin\theta_1 - \sin\theta_2 = 0 \quad \Rightarrow \theta_1 = \theta_2$

तथा $\quad mv_0 = 2mv_0 \cos\theta$ या $\cos\theta = \dfrac{1}{2}$ या $\theta = 60°$

परन्तु प्रारम्भिक वेगों के बीच कोण $\theta_1 + \theta_2$ है।
अतः $\quad 60° + 60° = 120°$
$\therefore$ प्रारम्भिक वेगों के बीच कोण 120° होगा।

23. *(194)* दिया गया है,

तीव्रता, $I = \left(\dfrac{315}{\pi}\right)$ W/m^2

निरपेक्ष विद्युत्-शीलता, $\varepsilon_0 = 8.86 \times 10^{-12}\ \text{C}^2\text{Nm}^{-2}$

प्रकाश का चाल, $c = 3 \times 10^8$ m/s

तीव्रता, $\quad I = \dfrac{1}{2}\varepsilon_0 E_0^2 c$

या $\quad E_0 = \sqrt{\dfrac{2I}{\varepsilon_0 c}} = \sqrt{\dfrac{2 \times \left(\dfrac{315}{\pi}\right)}{8.86 \times 10^{-12} \times 3 \times 10^8}}$

$$E_0 \approx 275 \text{ V/m} \Rightarrow E_{\text{rms}} = \frac{E_0}{\sqrt{2}} = \frac{275}{\sqrt{2}} \simeq 194 \text{ V/m}$$

24. *(5)*

p_1, V_1, μ_1	p_2, V_2, μ_2
250 K	2000 K

माना $\mu_1 = \mu_0, V_2 = 2V_1$ (दिया है)
2000 K पर मोलों की कुल संख्या = द्वि-परमाणुक अणुओं के मोलों की संख्या + एक-परमाणुक अणुओं के मोलों की संख्या

$$\mu_2 = 0.75\mu_0 + 2 \times 0.25\mu_0 = 1.25\mu_0$$

प्रथम स्थिति के लिए, आदर्श गैस समीकरण

$$p_1V_1 = \mu_0 RT_1 \Rightarrow p_1V_1 = \mu_0 R(250) \quad \text{... (i)}$$

द्वितीय स्थिति के लिए,

$$p_2V_2 = (1.25\mu_0)R(2000) \Rightarrow p_2(2V_1) = (1.25\mu_0)R(2000) \quad \text{... (ii)}$$

समी (i) से समी (ii) को भाग देने पर,

$$\frac{p_1V_1}{p_2(2V_1)} = \frac{\mu_0 R(250)}{(1.25\mu_0)R(2000)} \Rightarrow \frac{p_1}{p_2} = \frac{1}{5} \text{ या } \frac{p_2}{p_1} = 5$$

25. *(33)* दिया है, किसी क्षण भर, $I = 1$ A

$$\frac{dI}{dt} = -10^2 \text{ A/s (धारा का मान कम हो रहा है)}$$

$$P \overset{L=50\text{mH}}{—\!\!\!\text{0000000}\!\!\!—} \xleftarrow{I} \overset{}{|\!|}_{30\text{V}} \overset{R=2\Omega}{\text{\textbackslash/\textbackslash/\textbackslash/}} Q$$

बिन्दु P से Q तक किरचॉफ वोल्टता का नियम लगाने पर,

$$V_P + \frac{LdI}{dt} - 30 + IR = V_Q$$

$$V_P - V_Q = 30 - 1 \times 2 - 50 \times 10^{-3} \times (-10^2) \Rightarrow V_P - V_Q = 33 \text{ V}$$

रसायन विज्ञान

26. *(d)* (a) N_2 के सभी इलेक्ट्रॉन युग्मित होते हैं। अत: यह प्रतिचुम्बकीय प्रकृति का होता है, ना कि अनुचुम्बकीय प्रकृति का।

(b) $N_2 + O_2 \xrightleftharpoons{(2000°C \text{ से अधिक})} 2NO(g)$

यह 2000°C से अधिक ताप पर क्रिया करता है ना कि 25°C ताप पर।

(c) तरल N_2 का उयोग क्रायोसर्जरी में किया जाता है।

(d) N_2 का उपयोग निष्क्रिय मन्दक के रूप में क्रियाशील रसायन के लिए किया जाता है।

अत: कथन (d) N_2 के सम्बन्ध में सही है।

27. *(d)* (A) $\xrightarrow{\text{ओजोनीकरण}}$ (B) + (C)

ऐल्कीन *(A)* ओजोनीकरण द्वारा ऐल्डिहाइड एवं कीटोन बनाती है।

$(B) \xrightarrow[\Delta]{I_2+NaOH} H-\overset{O}{\overset{\|}{C}}-O\overset{-}{}Na^+ + CHI_3$ (पीला अवक्षेप)

$(B) \xrightarrow[\Delta]{Ag_2O} CH_3COO^- + Ag(\downarrow)$ (सिल्वर दर्पण)

$(C) \xrightarrow[\Delta]{I_2+NaOH}$ पीला अवक्षेप नहीं

$(C) \xrightarrow[\Delta]{LiAlH_4} C_2H_5-\overset{OH}{\overset{|}{CH}}-C_2H_5 \; (D) \xrightarrow[\text{सान्द्र HCl}]{\text{निर्जल } ZnCl_2} C_2H_5-\underset{Cl}{\underset{|}{CH}}-C_2H_5$ (सफेद अवक्षेप)

मेथिल कीटोन I_2 + NaOH के साथ क्रिया करते हैं, अत: (a) तथा (c) विकल्प सही नहीं हैं। विकल्प (b) में केवल ऐल्डिहाइड प्राप्त होता है।

अत: विकल्प (b) सही नहीं है

केवल विकल्प (d) सही है।

28. *(a)* ऐल्काइन का निर्जलीकरण $HgSO_4$ तथा ईथर की उपस्थिति में कराने पर मुख्य उत्पाद निम्नलिखित अभिक्रिया द्वारा प्राप्त होता है।

$O_2N-C_6H_4-C\equiv C-C_6H_4-OCH_3 \xrightarrow[H_2O]{Hg^{2+}/H^+}$

$O_2N-C_6H_4-CH=\overset{OH}{\overset{|}{C}}-C_6H_4-OCH_3$

चलावयवता $\Big\Updownarrow$

$O_2N-C_6H_4-CH_2-\overset{O}{\overset{\|}{C}}-C_6H_4-OCH_3$

मुख्य उत्पाद

अत: विकल्प (a) सही है।

29. *(c)* पहले अवयव में,

द्रव्यमान = मोलों की संख्या × अणुभार = n_1M_1

दूसरे अवयव में, द्रव्यमान = n_2M_2

विलयन का द्रव्यमान = $n_1M_1 + n_2M_2$ ...(i)

मोल भिन्न $(\chi_2) = \dfrac{n_2}{n_1 + n_2}$

$\therefore \quad n_1 = \dfrac{n_1(1-\chi_2)}{\chi_2}$ ...(ii)

n_1 का मान समी (i) में रखने पर

$$\therefore \quad \frac{n_2(1-\chi_2)M_1}{\chi_2} + n_2M_2 \Rightarrow \frac{n_2}{\chi_2}(M_2\chi_2 - M_1\chi_2 + M_1)$$

विलयन का आयतन, $C_2 = \dfrac{n_2(M_2\chi_2 - M_1\chi_2 + M_1)}{1000 \times d \times \chi_2}$

$$\Rightarrow \quad C_2 = \frac{1000 \times n_2 \times d\chi_2}{n_2(M_2\chi_2 - M_1\chi_2 + M_1)}$$

$$\therefore \quad C_2 = \frac{1000d\ \chi_2}{M_1 + \chi_2(M_2 - M_1)}$$

अत: विकल्प (c) सही है।

30. *(d)* कथन (d) सही नहीं है। कथन (a), (b), (c) सही हैं।

(a) काँसा एक मिश्रधातु है। Cu (96%) और Sn (4%)

(b) कच्चे लोहे का उपयोग लोहा (wrought iron) बनाने में किया जाता है।

(c) जर्मन सिल्वर एक मिश्रधातु है। Cu (50%), Zn (30%) और Ni (20%)

(d) पीतल एक मिश्रधातु है। Cu (70%) और Zn (30%)।

31. *(c)* दोनों *(A)* और *(R)* सही हैं और *(R)*, *(A)* की सही व्याख्या नहीं करता है। उच्च घनत्व पॉलिथीन (बहुलक) का निर्माण *जिग्लर-नट्टा* उत्प्रेरक $(C_2H_5)_3Al + TiCl_4$ की उपस्थिति में एथिलीन के बहुलीकरण द्वारा (333 K से 343 K तथा 6-7 वायुमण्डलीय दाब पर) किया जाता है।

उच्च घनत्व पॉलिथीन (HDP) एक रेखीय बहुलक है। इसका घनत्व उच्च होता है। इसका उपयोग बाल्टी, बोतल, कूड़ादान (Dustbins), पाइप आदि बनाने में किया जाता है।

32. *(b)* (A) 0.01 M HCl का pOH

$\underset{(0.01\,M)}{HCl} \longrightarrow \underset{(0.01\,M)}{H^+} + \underset{(0.01\,M)}{OH^-}$

$[H^+] = (0.01\,M)$; $pH = -\log[H^+]$

$\Rightarrow \quad -\log(10^{-2}) \Rightarrow 2$

$\therefore \quad pOH = 14 - pH \Rightarrow 14 - 2 = 12$

(B) 0.01 M NaOH का pOH

$\underset{(0.01\,M)}{NaOH} \rightarrow \underset{(0.01\,M)}{Na^+} + \underset{(0.01\,M)}{OH^-}$

$[OH^-] = 10^{-2}$

$\therefore \quad pOH = -\log[OH^-] \Rightarrow -\log(10^{-2}) = 2$

(C) 0.01 M $CH_3COO^-Na^+$ का pOH

(दुर्बल अम्ल के लवण + प्रबल क्षार)

$pH = 7 + \dfrac{1}{2}[pK_a + \log(10^{-2})]$

$\therefore \quad pH > 7$

अत: $\quad pOH > 7$

(D) 0.01 M NaCl का pOH

(यह एक प्रबल अम्ल के लवण + प्रबल क्षार

$\therefore pH = pOH \Rightarrow 7$

अत: pOH का घटता हुआ क्रम, (A) > (D) > (C) > (B)

अत: विकल्प (b) सही है।

33. *(c)* $BeSO_4$ तथा $MgSO_4$ की जलयोजन एन्थैल्पी का अधिक मान Mg^{2+} तथा Be^{2+} आयन का छोटे आकार के कारण होता है। इनकी जलयोजन एन्थैल्पी का मान जालक एन्थैल्पी से अधिक होने के कारण ये जल में अधिक घुलनशील हैं। अत: विकल्प (c) सही है।

34. *(d)* तृतीयक क्षार एक वृहद् क्षार, जिसके कारण यह कम प्रतिस्थापित ऐल्कीन (हॉफमान उत्पाद) का निर्माण करता है। O_3 / H_2O_2 की उपस्थिति में ऐल्कीन के ऑक्सीकारी ओजोनीकरण द्वारा हमें 2-मेथिल प्रोपेनोइक अम्ल तथा फॉर्मिक अम्ल प्राप्त होता है।

$$CH_3-\underset{CH_3}{\overset{|}{C}H}-\underset{COSO_2CH_3}{\underset{|}{C}H}-CH_3 \xrightarrow{(i)\ KO^t\ Bu/\Delta}$$

$$CH_3-\overset{CH_3}{\overset{|}{C}H}-\underset{H}{\underset{|}{C}}=CH_2 \xrightarrow{(ii)\ O_3/H_2O_2} \overset{CH_3}{\overset{|}{CH_3\,CH}}COOH + HCOOH$$

2-मेथिल प्रोपेनोइक अम्ल फॉर्मिक अम्ल

35. *(d)* ऐल्कीन में HBr का योग मार्कोनीकॉफ नियम के अनुसार,

(अभिक्रिया: H^+Br^-, $Br^\ominus$, H^+Br^- ; CH_3, NO_2 युक्त वलय; अंतिम उत्पाद में दो Br)

(मुख्य उत्पाद)

अत: सही विकल्प (d) है।

36. *(d)* WHO के अनुसार, पीने के पानी में फ्लुओराइड की अनुकूलतम मात्रा 0.5 से 1 ppm होनी चाहिए। 1 ppm फ्लुओराइड की मात्रा दाँतों के लिए सुरक्षित है।

अत: (d) सही विकल्प है।

37. *(b)*

(I)	(II)	(III)	(IV)
$N(CH_3)_2$, OCH_3 (पैरा)	$N(CH_3)_2$	$NHCH_3$, CN (मेटा)	$NHCH_3$, OH (मेटा)
(+M, +R, −I) (— OCH_3 समूह का प्रभाव)		(— CN समूह का − *I*-प्रभाव)	(— OH समूह का − *I*-प्रभाव)

pK_b क्षारीय सामर्थ्य के व्युत्क्रमानुपाती होता है तथा जैसे-जैसे वलय में इलेक्ट्रॉन घनत्व बढ़ता है; K_b का बढ़ता है तथा pK_b का मान घटता है। इलेक्ट्रॉन घनत्व वलय (I) में सर्वाधिक है, अत: इसकी pK_b मान न्यूनतम होता है, अत: विकल्प (a), (c) तथा (d) गलत है।

III संरचना में —CN समूह *मेटा* स्थिति पर होने के कारण यह इलेक्ट्रॉन घनत्व को कम प्रभावित करता हैं, इसलिए संरचना IV की pK_b मान संरचना III से कम है। अत: K_b का घटता हुआ क्रम I > II > IV > III

$\therefore pK_b$: III > IV > II > I

अत: विकल्प (b) सही है।

38. *(b)* केवल, 4-मेथिल पेन्ट-2 इन ज्यामितीय समावयवता प्रदर्शित करता है।

$$\underset{H_3C}{\overset{H_3C}{}}\!>\!\underset{H}{CH}-\overset{H}{C}=\overset{H}{C}-CH_3 \qquad \overset{(CH_3)_2CH}{}\!\underset{H}{}\!>C=C<\!\overset{H}{\underset{CH_3}{}}$$

सिस-4 पेन्ट-2-इन मेथिल ट्रांस-4 मेथिल पेन्ट-2-ईन

39. *(b)* आवर्तसारणी में *d*-ब्लॉक के तत्व संक्रमण तत्व कहलाते हैं। केवल 21, 25, 42, 72 परमाणु क्रमाकों वाले तत्वों का समूह संक्रमण तत्व है।

d-ब्लॉक										
21 Sc	22 Ti	23 V	24 Cr	25 Mn	26F e	27C o	28 Ni	29C u	30 Zn	Sc परमाणु क्रमांक 21
39 Y	40 Zr	41 Nb	42 Mo	43 Tc	44 Ru	45 Rh	46 Pd	47 Ag	48 Cd	Mn परमाणु क्रमांक 25
57 La	72 Hf	73 Ta	74 W	75 Re	76 Os	77 Ir	78 Pt	79 Au	80 Hg	Mo परमाणु क्रमांक 42
89 Ac	104 Rf	105 Db	106 Sg	107 Bh	108 Hs	109 Mt	110 Ds	111 Rg	112 Uun	Hf परमाणु क्रमांक 72

40. *(c)* $T_1 = 298\ K, T_2 = 373\ K, K_1 = 10, K_2 = 100$

$$\log\left(\frac{K_2}{K_1}\right) = \frac{\Delta H^\circ}{2303R}\left(\frac{1}{T_1} - \frac{1}{T_2}\right)$$

$$\log\left(\frac{100}{10}\right) = \frac{\Delta H^\circ}{2.303 \times 8.314}\left(\frac{1}{298} - \frac{1}{373}\right)$$

$\therefore \qquad \Delta H^\circ = 28.4$ kJ/mol

हम जानते हैं, कि $\Delta G^\circ = -RT \ln K$

$\therefore \Delta G^\circ$ at $T_1 = -8.314 \times 298 \times 2.303 \times \log(10) \Rightarrow -5.71$ kJ/mol

ΔG° at $T_2 = -8.314 \times 373 \times 2.303 \times \log(100) \Rightarrow -14.29$ kJ/mol

अत: सही विकल्प (c) है

41. *(d)* मिसेल का निर्माण क्राफ्ट ताप (Kraft temperature) T_K से अधिक ताप पर होता है।

अत: सही विकल्प (d) है।

42. *(c)* $K_p = K_C (RT)^{\Delta n_g}$

Δn_g = गैसीय उत्पाद में अणुओं की संख्या − गैसीय अभिकारक अणुओं की संख्या $= 1 - \frac{3}{2} = -\frac{1}{2}$

अब, $K_p = K_C(RT)^{-1/2}$

$$\therefore \quad K_C = \frac{K_p}{(RT)^{-1/2}} \Rightarrow K_p (RT)^{1/2}$$

अत: सही विकल्प (c) है।

43. *(d)* दिया है, $\sqrt{n(n+2)} = 5.91$ BM.

$\therefore \qquad n = 5$

	संकुल यौगिक	इलेक्ट्रॉनिक विन्यास	अयुग्मित इलेक्ट्रॉन	लिगैण्ड
(a)	$[Ni(CN)_4]^{2-}$	$Ni^{2+} = [Ar]3d^8$	0	$(CN)^-$ प्रबल
(b)	$[NiCl_4]^{2-}$	$Ni^{2+} = [Ar]3d^8$	2	(Cl^-) दुर्बल
(c)	$[Ni(CO)_4]$	$Ni = [Ar]3d^8$	2	(CO) प्रबल
(d)	$[MnBr_4]^{2-}$	$Mn^{2+} = [Ar]3d^5$	5	(Br^-) दुर्बल

केवल $[MnBr_4]^{2-}$ में 5 अयुग्मित इलेक्ट्रॉन है। यह एक दुर्बल लिगैण्ड के कारण उच्च चक्रण संकुल है।

$\therefore$ चुम्बकीय आघूर्ण $(\gamma) = \sqrt{n(n+2)}$ BM

$n = 5$

$\therefore \qquad (\gamma) = \sqrt{5(5+2)} = \sqrt{35}, \gamma = 5.9$ BM

44. *(c)* यूरोपियम (Eu = परमाणु क्रमांक 63)
इलेक्ट्रॉनिक अभिविन्यास $Eu = [Xe]\,4f^7, 6s^2$
यह + 2 तथा + 3 ऑक्सीकरण अवस्था प्रदर्शित करता है।
+ 2 ऑक्सीकरण अवस्था में, $Eu^{2+} \Rightarrow [Xe]4f^4 . 6s^0$
+ 3 ऑक्सीकरण अवस्था में, $Eu^{3+} = [Xe]\,4f^6, 6s^0$
उच्च आयनन विभव (4140 kJ/mol) के कारण यूरोपियम + 4 ऑक्सीकरण अवस्था प्रदर्शित नहीं करता।
अतः विकल्प (c) सही है।

45. *(d)* हम जानते हैं,
अभिक्रिया की दर $= k$ (सान्द्रता)^n
n = अभिक्रिया की कोटि, k = दर स्थिरांक
log (दर) = log k + n log (सान्द्रता)
तो अभिक्रिया की कोटि का सही क्रम $D > B > A > C$
अतः विकल्प (d) सही है।

46. *(50)* AgBr का मोलर द्रव्यमान = 108 + 80 = 188 g/mol
कार्बनिक यौगिक का भार = 1.6 g
AgBr का भार = 1.88 g

$$\text{Br की प्रतिशतता} = \frac{\text{AgBr का भार} \times 80}{\text{कार्बनिक यौगिक का भार} \times 1.88} \times 100$$

$$= \frac{1.88 \times 80}{1.6 \times 1.88} = 50\%$$

अतः सही उत्तर 50% है।

47. *(11)* एक मोल ClO_3^- के लिए 6 F आवेश की आवश्यकता होती है। लेकिन आवेश दक्षता केवल 60% है।
इसलिए 1 मोल ClO_3^-, 10 F आवेश आवश्यक है।

अब $KClO_3$ के आवश्यक मोल $= \frac{10g}{122}$

$\therefore$ आवेश $= \frac{10}{122} \times 10$ F

प्रयुक्त विद्युत धारा = 2 A

$$W = Z \times I \times t;\ \therefore \frac{100}{122} = \frac{2}{96500} \times 2 \times 3600;\ \therefore t = 11 \text{ घण्टे}$$

अतः सही उत्तर 11 है।

48. *(3.00)* परक्लोरिक अम्ल ($HClO_4$) की संरचना

```
    O
    ‖
    Cl—OH
  O⫽  ⫽O
```

अतः $HClO_4$ की संरचना में 3 (Cl = O) बन्ध है।

49. *(5.00)* $\Delta T_b = i \times m \times K_b$
$CaCl_2$ के लिए $i = 3, m_{(CaCl_2)} = 0.05$ m
$\therefore \quad \Delta T_b = 3 \times 0.05 \times K_b = 0.15\ K_b$
मोललता $CrCl_3 \cdot xNH_3$ – 0.1 m
$\therefore \quad \Delta T_b' = i \times m \times K_b = 0.1\ iK_b$
दिया है $0.1\ iK_b = 2 \times 0.15 \times K_b$
$\therefore\ i = 3$ और समन्वय संख्या 6 है।
अतः संकुल यौगिक $[Cr(NH_3)_5\ Cl]Cl_2$ होगा
$\therefore \quad x = 5$
अतः सही उत्तर 5 है।

50. *(750)* प्रारम्भिक दाब $(p_1) = 48 \times 10^{-3}$ bar
अन्तिम दाब $(p_2) = ... \times 10^{-6}$ bar
प्रारम्भिक आयतन $= (V)_1 = \frac{4}{3}\pi(3)^3$
अन्तिम आयतन $(V_2) = \frac{4}{3}\pi(12)^3$
बॉयल के नियम के अनुसार, $p_1V_1 = p_2V_2$

$$p_2 = \frac{p_1V_1}{V_2}$$

$$p_2 = \frac{48 \times 10^{-3} \times \frac{4}{3}\pi(3)^3}{\frac{4}{3}\pi(12)^3} = \frac{48 \times 10^{-3} \times (3)^3}{(12)^3}$$

$$= \frac{48 \times 10^{-3} \times 27}{1728} = 0.0277 \times 27 \times 10^{-3} = 750 \times 10^{-6} \text{ bar}$$

अतः 750 सही उत्तर है।

गणित

51. *(a)* α तथा β, दी गई द्विघात समीकरण $x^2 - 64x + 256 = 0$ के मूल हैं, इसलिए

$$\alpha + \beta = 64 \text{ तथा } \alpha\beta = 256$$

$$\text{अब, } \left(\frac{\alpha^3}{\beta^5}\right)^{1/8} + \left(\frac{\beta^3}{\alpha^5}\right)^{1/8} = \frac{\alpha + \beta}{(\alpha\beta)^{5/8}} = \frac{64}{(256)^{5/8}} = \frac{64}{2^5} = \frac{64}{32} = 2$$

52. *(d)* दिए गए क्षेत्र का क्षेत्रफल

$$A = \{(x, y) : |x| + |y| \le 1, 2y^2 \ge |x|\}$$

समरुपता के कारण चित्र से,

$$A = 4\int_0^{1/2}\left(1 - x - \sqrt{\frac{x}{2}}\right) dx$$

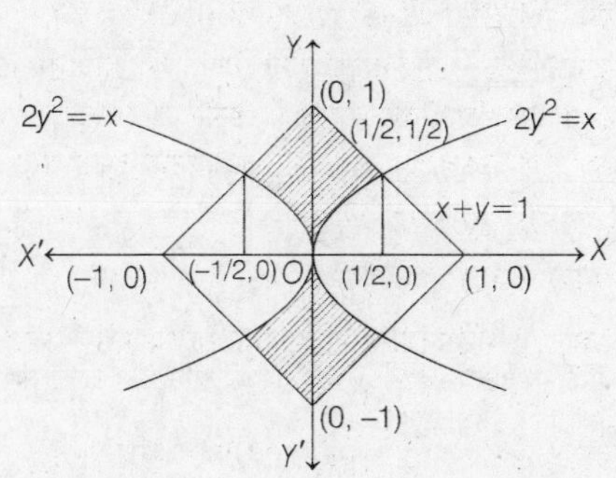

$$\left[\because 2y^2 + y - 1 = 0 \Rightarrow (2y - 1)(y + 1) = 0 \Rightarrow y = \frac{1}{2}\right]$$

$$= 4\left[x - \frac{x^2}{2} - \frac{2x^{3/2}}{3\sqrt{2}}\right]_0^{1/2} = 4\left[\frac{1}{2} - \frac{1}{8} - \frac{2}{12}\right]$$

$$= 4\left[\frac{12-3-4}{24}\right] = \frac{5}{6}$$ वर्ग इकाई

53. *(a)* दी गई अवकलन समीकरण

$$\sqrt{1 + x^2 + y^2 + x^2y^2} + xy\frac{dy}{dx} = 0$$

$$\Rightarrow \quad \sqrt{(1 + x^2)(1 + y^2)} + xy\frac{dy}{dx} = 0$$

$$\Rightarrow \quad \int \frac{\sqrt{1 + x^2}}{x} dx + \int \frac{y}{\sqrt{1 + y^2}} dy = 0 \quad \text{...(i)}$$

अब, माना $I_1 = \int \frac{\sqrt{1 + x^2}}{x} dx$

$x = \tan\theta$ रखने पर,

$$\Rightarrow \quad dx = \sec^2\theta\, d\theta$$

$$\therefore \quad I_1 = \int \frac{\sec\theta}{\tan\theta}\sec^2\theta\, d\theta = \int \frac{d\theta}{\sin\theta\cos^2\theta} = \int \frac{\sin\theta}{\cos^2\theta(1 - \cos^2\theta)} d\theta$$

$\cos\theta = t$ रखने पर

$$\Rightarrow -\sin\theta\, d\theta = dt$$

$$\therefore \quad I_1 = \int \frac{-dt}{t^2(1 - t^2)} = \int \left(\frac{-1}{1 - t^2} - \frac{1}{t^2}\right) dt$$

$$= -\frac{1}{2}\log_e\left|\left(\frac{1 + t}{1 - t}\right)\right| + \frac{1}{t} + C_1$$

$$= \frac{-1}{2}\log_e\left|\frac{1 + \cos\theta}{1 - \cos\theta}\right| + \frac{1}{\cos\theta} + C_1$$

$$= \frac{-1}{2}\log_e\left|\frac{1 + \frac{1}{\sqrt{1 + x^2}}}{1 - \frac{1}{\sqrt{1 + x^2}}}\right| + \sqrt{1 + x^2} + C_1$$

$$\Rightarrow I_1 = \frac{-1}{2}\log_e\left|\frac{\sqrt{1 + x^2} + 1}{\sqrt{1 + x^2} - 1}\right| + \sqrt{1 + x^2} + C_1 \quad \text{... (ii)}$$

तथा $I_2 = \frac{1}{2}\int \frac{2y}{\sqrt{1 + y^2}} dy = \frac{1}{2}\frac{\sqrt{1 + y^2}}{1/2} + C_2 = \sqrt{1 + y^2} + C_2$ ...(iii)

समी (i), (ii) व (iii) से,

$$-\frac{1}{2}\log_e\left(\frac{\sqrt{1 + x^2} + 1}{\sqrt{1 + x^2} - 1}\right) + \sqrt{1 + x^2} + \sqrt{1 + y^2} - C = 0$$

$$\Rightarrow \sqrt{1 + x^2} + \sqrt{1 + y^2} = \frac{1}{2}\log_e\left(\frac{\sqrt{1 + x^2} + 1}{\sqrt{1 + x^2} - 1}\right) + C$$

[जहाँ $C = C_1 + C_2$]

54. *(a)* चूँकि परवलय $y^2 = 4(x + 1)$ की ढाल 'm' वाली स्पर्श का समीकरण

$$y = m(x + 1) + \frac{1}{m}$$

$$\Rightarrow \quad y = mx + \left(m + \frac{1}{m}\right) \quad \text{...(i)}$$

इसी प्रकार, परवलय $y^2 = 8(x + 2)$ की ढाल 'm'' वाली स्पर्शी का समीकरण

$$y = m'(x + 2) + \frac{2}{m'} \Rightarrow \quad y = m'x + \left(2m' + \frac{2}{m'}\right) \quad \text{... (ii)}$$

$\because$ दिया है, कि स्पर्श रेखाएँ लम्बवत् हैं, इसलिए $mm' = -1$

$\therefore$ समी (ii) से,

$$y = -\frac{1}{m}x - 2m - \frac{2}{m} \quad \text{... (iii)}$$

माना स्पर्शी (i) तथा (iii), बिन्दु $P(h, k)$ पर एक-दूसरे को प्रतिच्छेद करती हैं, इसलिए

$(h + 1)m^2 - km + 1 = 0$ तथा $2m^2 + km + (h + 2) = 0$

$$\therefore \quad \frac{h + 1}{2} = \frac{-k}{k} = \frac{1}{h + 2} \Rightarrow h + 3 = 0$$

बिन्दु $P(h, k)$ का बिन्दुपथ लेने पर

$$x + 3 = 0$$

55. *(d)* दिया है, फलन में सम्बन्ध

$$f(x + y) = f(x)\cdot f(y) \Rightarrow f(x) = a^x$$

चूँकि $\sum_{x=1}^{\infty} f(x) = 2$, इसलिए $|a| < 1 \Rightarrow a + a^2 + a^3 + \ldots = 2$

$$\Rightarrow \quad \frac{a}{1 - a} = 2 \Rightarrow 3a = 2 \Rightarrow a = \frac{2}{3}$$

इसलिए, $\frac{f(4)}{f(2)} = \frac{a^4}{a^2} = a^2 = \left(\frac{2}{3}\right)^2 = \frac{4}{9}$

56. *(c)* दिया है,

$$I_1 = \int_0^1 (1 - x^{50})^{100} dx \text{ तथा } I_2 = \int_0^1 (1 - x^{50})^{101} dx$$

$$= \int_0^1 (1 - x^{50})(1 - x^{50})^{100} dx$$

$$= \int_0^1 (1 - x^{50})^{100} dx - \int_0^1 x \cdot x^{49}(1 - x^{50})^{100} dx$$

अब, माना $I = \int_0^1 x \cdot x^{49}(1 - x^{50})^{100} dx$

$$= [x\int x^{49}(1 - x^{50})^{100} dx - \int 1 \int x^{49}(1 - x^{50})^{100}\, dx]_0^1$$

$$= \left[t^{1/50}\int \frac{(1 - t)^{100}}{50} dt - \int\left(\int \frac{(1 - t)^{100}}{50} dt\right) dx\right]_0^1$$

[जहाँ $x^{50} = t$]

$$I = 0 - \frac{I_2}{50 \times 101}$$

$$\therefore \quad I_2 = I_1 - \frac{I_2}{5050} \Rightarrow \frac{5051}{5050} I_2 = I_1$$

$$\because \quad I_2 = \alpha I_1; \therefore \alpha = \frac{5050}{5051}$$

57. *(c)* दिया है, 11 क्रमागत प्राकृत संख्याओं में से यदि तीन संख्याएँ यादृच्छिक रूप से इस प्रकार चुनी जाती हैं कि ये संख्याएँ समान्तर श्रेणी में हों, तब दो संख्याएँ या तो सम या विषम होनी चाहिए और तीसरी संख्या स्वत: रूप से चुनी जाए, इसलिए हम इसे ${}^6C_2 + {}^5C_2$ तरीके से कर सकते हैं तथा 11 क्रमागत प्राकृत संख्याओं में से 3 संख्याएँ चुनने की तरीको की संख्या ${}^{11}C_3$ है।

इसलिए, अभीष्ट प्रायिकता $= \frac{{}^6C_2 + {}^5C_2}{{}^{11}C_3} = \frac{15 + 10}{165} = \frac{25}{165} = \frac{5}{33}$

58. *(c)* प्रश्नानुसार, यदि हम आकृत्ति बनाते हैं।

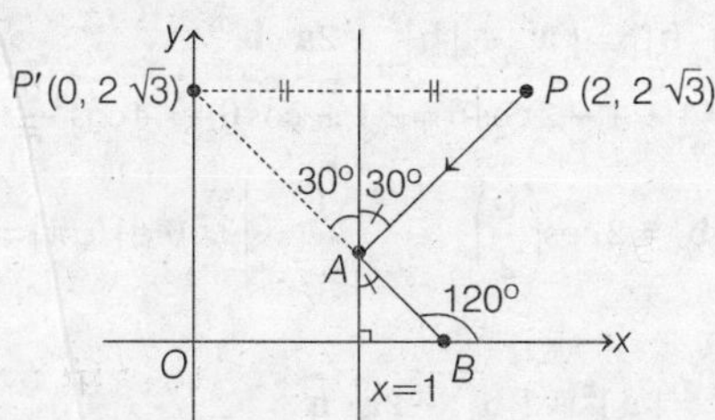

$\because$ रेखा $x = 1$, बिन्दु $P(2, 2\sqrt{3})$ तथा Y-अक्ष से समदूरस्थ है।

इसलिए $P'(0, 2\sqrt{3})$ तथा परावर्तन के नियम के अनुसार रेखा AB बिन्दु $P'(0, 2\sqrt{3})$ से होकर जाती है।

इस प्रकार कोण $\angle P'BX = \angle ABX = 120°$

$\therefore$ रेखा AB की ढाल $= \tan 120° = -\sqrt{3}$

$\therefore$ रेखा AB का समीकरण

$$y - 2\sqrt{3} = -\sqrt{3}(x - 0) \Rightarrow \sqrt{3}x + y = 2\sqrt{3} \quad \text{... (i)}$$

दिए गए विकल्पों में, रेखा (i) बिन्दु $(3, -\sqrt{3})$ से होकर जाती है।

59. *(c)* हम जानते हैं कि बिन्दु दीर्घवृत्त $\frac{x^2}{4} + \frac{y^2}{2} = 1$ के किसी बिन्दु से इस पर खींची गई स्पर्शी पर डाले गए लम्बपाद का बिन्दुपथ, इसके किसी भी नाभि से सहायक वृत्त है, जिसका समीकरण $x^2 + y^2 = 4$ ... (i)

इसलिए दिए गए विकल्पों में, सहायक वृत्त (i), बिन्दु $(-1, \sqrt{3})$ से होकर जाता है।

60. *(b)* यह दिया है, कि एक सम्मिश्र संख्या $z = x + iy \in c$

इस प्रकार है, $|z| - \text{Re}(z) \le 1 \Rightarrow \sqrt{x^2 + y^2} \le 1 + x$

दोनों पक्षों का वर्ग करने पर,

$$x^2 + y^2 \le 1 + x^2 + 2x \Rightarrow y^2 \le 2\left(x + \frac{1}{2}\right)$$

61. *(c)* समय अन्तराल $[t_1, t_2]$ के लिए, कार की औसत गति

$$\frac{f(t_2) - f(t_1)}{t_2 - t_1} = \frac{a(t_2^2 - t_1^2) + b(t_2 - t_1)}{t_2 - t_1} = \frac{d(f(t))}{dt}$$

$$\therefore \quad 2at + b = a(t_2 + t_1) + b \Rightarrow t = \frac{t_1 + t_2}{2}$$

$\therefore$ कार की औसत गति समय अन्तराल $[t_1, t_2]$ में, बिन्दु $\frac{t_1 + t_2}{2}$ पर स्थित होगी।

62. *(*)* $L = \lim_{x \to 1} \left(\frac{\int_0^{(x-1)^2} t\cos(t^2)dt}{(x-1)\sin(x-1)} \right)$

माना $x - 1 = h$ इसलिए इस प्रकार $x \to 1 \Rightarrow h \to 0$

$$\therefore \quad L = \lim_{h \to 0} \left(\frac{\int_0^{h^2} t\cos(t^2)dt}{h\sin h} \right)$$

L' हॉस्पिटल नियम लागू करने पर,

$$L = \lim_{h \to 0} \left(\frac{h^2(\cos(h^4)) \cdot 2h}{h\cosh + \sin h} \right) = \lim_{h \to 0} \frac{2h^2\cos(h^4)}{\cosh + \frac{\sin h}{h}} = \frac{0 \times 1}{1 + 1} = 0$$

63. *(d)* यह दिया है, कि

$$\sum_{i=1}^{n} (x_i - a) = n \text{ तथा } \sum_{i=1}^{n} (x_i - a)^2 = na \, (n, a > 1)$$

$\therefore$ 'n' प्रेक्षणों का मानक विचलन

$$= \sqrt{\frac{\sum_{i=1}^{n}(x_i - a)^2}{n} - \frac{\sum_{i=1}^{n}(x_i - a)}{n}} = \sqrt{\frac{na}{n} - \frac{n}{n}} = \sqrt{a - 1}$$

64. *(d)* $\because 3^{200} = (1 + 8)^{100} = 1 + {}^{100}C_1(8) + {}^{100}C_2(8)^2 + \ldots$

$$\therefore \quad \frac{3^{200}}{8} = \frac{1}{8} + {}^{100}C_1 + {}^{100}C_2(8) + {}^{100}C_3(8)^2 + \ldots = \frac{1}{8} + n$$

[जहाँ, n प्राकृत संख्या है]

$$\therefore \quad \left\{\frac{3^{200}}{8}\right\} = \left\{\frac{1}{8} + n\right\} = \frac{1}{8}$$

65. *(b)* दिए गए समतलों $x + y + z + 1 = 0$ तथा $2x - y + z + 3 = 0$ के प्रतिच्छेदन रेखा से जाने वाले समतल का समीकरण

$(x + y + z + 1) + \lambda(2x - y + z + 3) = 0$

$\Rightarrow (1 + 2\lambda)x + (1 - \lambda)y + (1 + \lambda)z + (1 + 3\lambda) = 0$ ... (i)

रेखा $\frac{x-1}{0} = \frac{y+1}{-1} = \frac{z}{1}$ से न्यूनतम दूरी के लिए, समतल (i), रेखा के समान्तर होना चाहिए, इसलिए

$$0(1 + 2\lambda) - 1(1 - \lambda) + 1(1 + \lambda) = 0 \Rightarrow 2\lambda = 0 \Rightarrow \lambda = 0$$

$\therefore$ रेखा $\frac{x-1}{0} = \frac{y+1}{-1} = \frac{z}{1}$ से न्यूनतम दूरी, समतल $x + y + z + 1 = 0$ स्वयं है।

$\therefore$ न्यूनतम दूरी $d = \frac{1 - 1 + 0 + 1}{\sqrt{1 + 1 + 1}} = \frac{1}{\sqrt{3}}$

66. *(b)* बूलीयन व्यंजक $p \vee (\sim p \wedge q)$ का निषेधन

$\sim(p \vee (\sim p \wedge q)) = \sim((p \vee (\sim p)) \wedge (p \vee q)) = \sim(p \vee q) = (\sim p) \wedge (\sim q)$

67. *(b)* चूँकि दो परिवार जिनमें प्रत्येक में तीन सदस्य तथा एक परिवार जिसमें चार सदस्यों को बैठाया जाता है। जब समान परिवार के सदस्य अलग-अलग ना बैठे, तो बैठने का तरीका क्रमशः 3!, 3! तथा 4! है।

अब, समूह का व्यवस्थित करने के तरीके $= 3!$

अतः, अभीष्ट तरीको की संख्या $= 3! \times 3! \times 4! \times 3! = (3!)^3 \cdot 4!$

68. *(b)* दिया है, सारणिक

$$D = \begin{vmatrix} \cos^2 x & 1 + \sin^2 x & \sin 2x \\ 1 + \cos^2 x & \sin^2 x & \sin 2x \\ \cos^2 x & \sin^2 x & 1 + \sin 2x \end{vmatrix}$$

$R_2 \to R_2 - R_1$ तथा $R_3 \to R_3 - R_1$ लागू करने पर,

$$D = \begin{vmatrix} \cos^2 x & 1 + \sin^2 x & \sin 2x \\ 1 & -1 & 0 \\ 0 & -1 & 1 \end{vmatrix}$$

$$= \cos^2 x(-1 - 0) - (1 + \sin^2 x)(1 - 0) + \sin 2x(-1 - 0)$$

$$= -\cos^2 x - 1 - \sin^2 x - \sin 2x = -(2 + \sin 2x)$$

$\therefore D$ का न्यूनतम मान 'm' $= -(2 + 1) = -3$

तथा D का अधिकतम मान 'M' $= -(2-1) = -1$

$\therefore$ क्रमित युग्म $(m, M) = (-3, -1)$.

69. *(c)* दी गई समीकरण

$(a^2+b^2+c^2)p^2 - 2(ab+bc+cd)p + (b^2+c^2+d^2) = 0$

$\Rightarrow (a^2p^2 - 2apb + b^2) + (b^2p^2 - 2bpc + c^2)$
$+ (c^2p^2 - 2cpd + d^2) = 0$

$\Rightarrow (ap-b)^2 + (bp-c)^2 + (cp-d)^2 = 0$

$\Rightarrow ap - b = 0 = bp - c = cp - d$

$\Rightarrow p = \frac{b}{a} = \frac{c}{b} = \frac{d}{c} \Rightarrow a, b, c, d$ गुणोत्तर श्रेणी में हैं।

70. *(c)* रैखिक समीकरण निकाय

$x + y + z = 2,\ x + 2y + 3z = 5,\ x + 3y + \lambda z = \mu$

के अनेक अनन्त हल हैं, इसलिए

$$\Delta = 0 \Rightarrow \begin{vmatrix} 1 & 1 & 1 \\ 1 & 2 & 3 \\ 1 & 3 & \lambda \end{vmatrix} = 0$$

$\Rightarrow 1(2\lambda - 9) - 1(\lambda - 3) + 1(3-2) = 0 \Rightarrow \lambda = 5$ तथा $\Delta_3 = 0$

$$\Rightarrow \begin{vmatrix} 1 & 1 & 2 \\ 1 & 2 & 5 \\ 1 & 3 & \mu \end{vmatrix} = 0$$

$\Rightarrow 1(2\mu - 15) - 1(\mu - 5) + 2(3-2) = 0 \Rightarrow \mu = 8$

71. *(28.00)* यह दिया है, कि $n(A) = m$ तथा $n(B) = n$ तथा

$2^m = 2^n + 112$

[$\because$ समुच्चय A तथा B में क्रमशः सह-समुच्चयों की संख्या 2^m तथा 2^n हैं]

$\Rightarrow 2^m - 2^n = 2^4(7) \Rightarrow 2^n(2^{m-n} - 1) = 2^4(2^3 - 1)$

तुलना करने पर, $n = 4$ तथा $m - n = 3$

$\therefore\quad m = 7$ अतः $m \cdot n = 28$

72. *(5.00)* दिया है, फलन

$$f(x) = \begin{cases} x^5 \sin\left(\frac{1}{x}\right) + 5x^2, & x < 0 \\ 0, & x = 0 \\ x^5 \cos\left(\frac{1}{x}\right) + \lambda x^2, & x > 0 \end{cases}$$

$$\Rightarrow f'(x) = \begin{cases} 5x^4 \sin\left(\frac{1}{x}\right) - x^3 \cos\left(\frac{1}{x}\right) + 10x, & x < 0 \\ 5x^4 \cos\left(\frac{1}{x}\right) + x^3 \sin\left(\frac{1}{x}\right) + 2\lambda x, & x > 0 \end{cases}$$

$$\Rightarrow f''(x) = \begin{cases} 20x^3 \sin\left(\frac{1}{x}\right) - 5x^2 \cos\left(\frac{1}{x}\right) - 3x^2 \cos\left(\frac{1}{x}\right) + x \sin\frac{1}{x} + 10, & x < 0 \\ 20x^3 \cos\left(\frac{1}{x}\right) + 5x^2 \sin\left(\frac{1}{x}\right) + 3x^2 \sin\left(\frac{1}{x}\right) - x \cos\frac{1}{x} + 2\lambda, & x > 0 \end{cases}$$

यह दिया है कि $f''(0)$ का अस्तित्व है।

इसलिए, $f''(0^+) = f''(0^-) \Rightarrow 2\lambda = 10 \Rightarrow \lambda = 5$

73. *(4.00)* माना एकांक सदिश **a** तथा **b** के मध्य कोण $\theta \in [0, \pi]$ है।

तब, $|\mathbf{a} + \mathbf{b}|^2 = |\mathbf{a}|^2 + |\mathbf{b}|^2 + 2\mathbf{a} \cdot \mathbf{b}$

$= 1 + 1 + 2\cos\theta = 2(1 + \cos\theta) = 4\cos^2\frac{\theta}{2}$

$\Rightarrow |\mathbf{a} + \mathbf{b}| = 2\cos\left(\frac{\theta}{2}\right)$ $\left[\because \theta \in [0, \pi] \Rightarrow \cos\left(\frac{\theta}{2}\right) \geq 0\right]$

इसी प्रकार,

$|\mathbf{a} - \mathbf{b}|^2 = |\mathbf{a}|^2 + |\mathbf{b}|^2 - 2\mathbf{a} \cdot \mathbf{b}$

$= 1 + 1 - 2\cos\theta = 2(1 - \cos\theta) = 4\sin^2\frac{\theta}{2}$

$\Rightarrow |\mathbf{a} - \mathbf{b}| = 2\sin\left(\frac{\theta}{2}\right)$

इसलिए, $\sqrt{3}\,|\mathbf{a} + \mathbf{b}| + |\mathbf{a} - \mathbf{b}| = 2\left[\sqrt{3}\cos\left(\frac{\theta}{2}\right) + \sin\left(\frac{\theta}{2}\right)\right]$

महत्तम मान $= 2\sqrt{3 + 1} = 4$

[$\because a\cos\theta + b\sin\theta$ का महत्तम मान $\sqrt{a^2 + b^2}$ है]

74. *(5.00)* प्रश्नानुसार, आकृत्ति बनाने पर

$MD^2 + MC^2 = 64 + x^2 + 121 + (10 - x)^2 = f(x)$

$\Rightarrow\quad f(x) = 2x^2 - 20x + 285$ (माना)

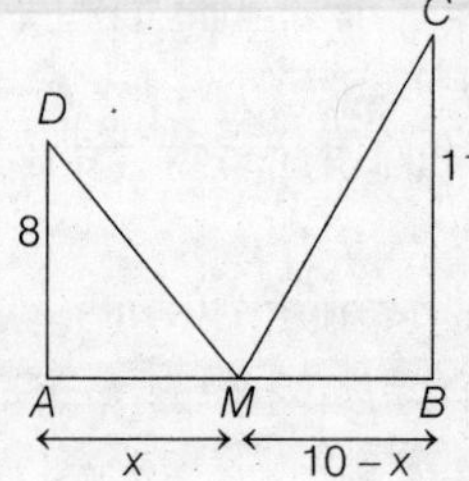

निम्नतम के लिए $f'(x) = 0 \Rightarrow 4x - 20 = 0 \Rightarrow x = 5$

इस प्रकार $f''(x) = 4 > 0;\ \therefore\ AM = 5$ ceer

75. *(80.00)* प्रश्नानुसार, आकृति बनाने पर

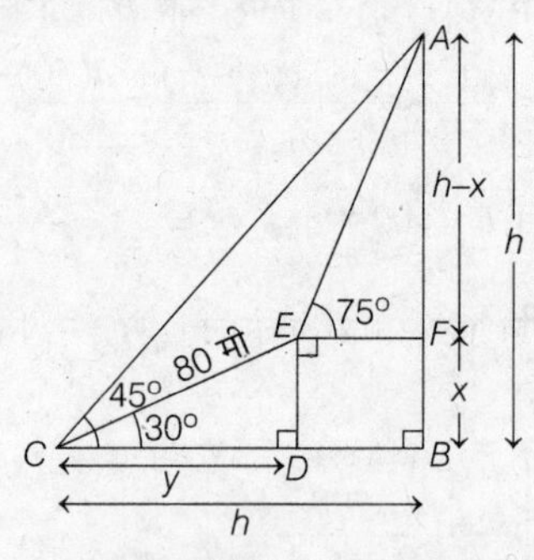

$\because\quad \angle ACB = 45°.\ \therefore\ AB = BC = h$ (ceevee)

अब, आकृति से, $\sin 30° = \frac{x}{80}$ (ΔCDE ceW)

$\Rightarrow\quad x = 40$ मी तथा $\cos 30° = \frac{y}{80} \Rightarrow y = 40\sqrt{3}$ ceer

अब, ΔAEF में,

$\tan 75° = \frac{h - x}{h - y} \Rightarrow \frac{\sqrt{3} + 1}{\sqrt{3} - 1} = \frac{h - 40}{h - 40\sqrt{3}}$

$\Rightarrow\quad \sqrt{3}h + h - 120 - 40\sqrt{3} = \sqrt{3}h - h - 40\sqrt{3} + 40$

$\Rightarrow\quad 2h = 160 \Rightarrow h = 80$ मी

JEE Main संयुक्त प्रवेश परीक्षा

सॉल्वड पेपर 2019

09 जनवरी, प्रथम पाली

भौतिकी

1. चिकनी सतह पर रखे m द्रव्यमान के एक गुटके को स्प्रिंग नियतांक k की एक कमानी (जिसका द्रव्यमान नगण्य है) से जोड़ा गया है। कमानी का दूसरा सिरा चित्रानुसार अचल है। आरम्भ में गुटका अपनी साम्यावस्था में स्थायी है। यदि गुटके को एक नियत बल F से खींचा जाए, तो गुटके की अधिकतम चाल होगी

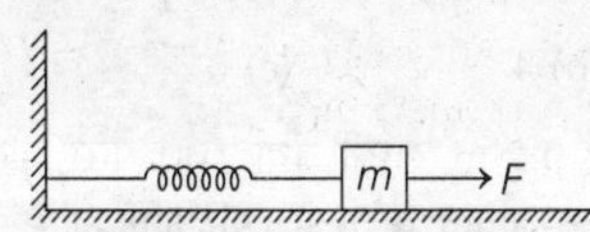

(a) $\frac{F}{\pi\sqrt{mk}}$ (b) $\frac{\pi F}{\sqrt{mk}}$ (c) $\frac{F}{\sqrt{mk}}$ (d) $\frac{2F}{\sqrt{mk}}$

2. काँच (अपवर्तनांक = 1.5) से बने एक टैंक की तली मोटी है। इसमें अपवर्तनांक μ का एक द्रव भरा है। एक छात्र पाता है कि किसी भी आपतन कोण i (चित्र देखिए) पर द्रव में आपतित प्रकाश की किरण के लिए द्रव-काँच अन्तर्पृष्ठ से परावर्तित किरण, कभी भी पूर्णतया ध्रुवित नहीं होती है। ऐसा होने के लिए μ का न्यूनतम मान होगा

(a) 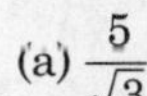 $\frac{5}{\sqrt{3}}$ (b) $\frac{4}{3}$ (c) $\frac{3}{\sqrt{5}}$ (d) $\sqrt{\frac{5}{3}}$

3. एक अनन्त लम्बाई का धारावाहक तार तथा एक छोटा-सा धारावाहक पाश कागज के समतल में चित्रानुसार रखे हैं। पाश की त्रिज्या a तथा तार से इसके केन्द्र की दूरी d है ($d >> a$)। यदि पाश द्वारा तार पर बल F है, तो

(a) $F = 0$ (b) $F \propto \left(\frac{a}{d}\right)^2$

(c) 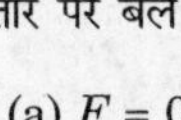 $F \propto \left(\frac{a^2}{d^3}\right)$ (d) $F \propto \left(\frac{a}{d}\right)$

4. द्रव्यमान M की एक भारी गेंद को एक कार की छत से एक द्रव्यमान m की हल्की डोरी ($m << M$) से लटकाया गया है। जब कार स्थिरावस्था में है, तो डोरी में अनुप्रस्थ तरंगों की गति 60 ms^{-1} है। जब कार का त्वरण a है, तरंग गति 60.5 ms^{-1} हो जाती है। a का गुरुत्वीय त्वरण g के रूप में, सन्निकट मान होगा

(a) $\frac{g}{30}$ (b) $\frac{g}{20}$ (c) $\frac{g}{5}$ (d) $\frac{g}{10}$

5. एक प्रतिरोध को चित्र में दर्शाया गया है। इसका मान तथा सह्यता क्रमश: होंगे

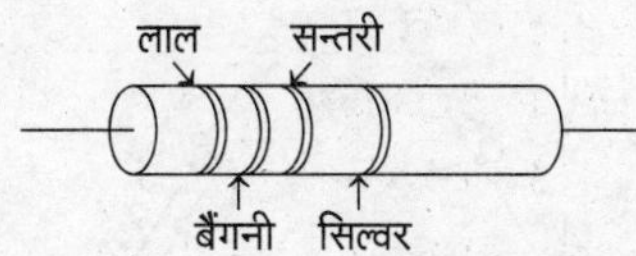

(a) $270\,\Omega$, 5% (b) $27\,\text{k}\Omega$, 20%
(c) $270\,\text{k}\Omega$, 10% (d) $27\,\text{k}\Omega$, 10%

6. दो कला-सम्बद्ध तरंग स्रोतों से उत्पन्न विभिन्न तीव्रताओं की तरंगों का व्यतिकरण होता है। व्यतिकरण के बाद अधिकतम तथा न्यूनतम तीव्रताओं का अनुपात 16 है, तो तरंगों की तीव्रताओं का अनुपात होगा

(a) 4 : 1 (b) 16 : 9 (c) 5 : 3 (d) 25 : 9

7. रेडियोधर्मी पदार्थ A के एक नमूने की ऐक्टिवता 10 mCi ($1 \text{ Ci} = 3.7 \times 10^{10}$ decays/s) है। इस नमूने में नाभिकों की संख्या दूसरे रेडियोधर्मी पदार्थ B के नमूने के नाभिकों की संख्या की दोगुनी है, दूसरे नमूने की ऐक्टिवता 20 mCi है। A तथा B की क्रमश: अर्द्ध-आयु के बारे में कौन-सा कथन सत्य है?

(a) 10 दिन एवं 40 दिन (b) 20 दिन एवं 5 दिन
(c) 5 दिन एवं 10 दिन (d) 20 दिन एवं 10 दिन

8. एक पात्र में 2 मोल हीलियम (परमाणु द्रव्यमान = 4u) तथा 1 मोल ऑर्गन (परमाणु द्रव्यमान = 40u) गैसों का मिश्रण 300 K पर रखा गया है। परमाणुओं के वर्ग-माध्य-मूल वेगों के अनुपात, $\left[\frac{v_{\text{rms}} \text{ (हीलियम)}}{v_{\text{rms}} \text{ (ऑर्गन)}}\right]$ का निकट मान होगा

(a) 0.32 (b) 3.16 (c) 2.24 (d) 0.45

9. 10 kg द्रव्यमान का एक गुटका एक खुरदरे आनत समतल पर चित्रानुसार रखा है। गुटके पर 3N का बल लगाते हैं। गुटके तथा आनत समतल के बीच स्थैतिक घर्षणांक 0.6 है। बल P का न्यूनतम मान क्या होगा, जिससे कि गुटका नीचे की ओर गति नहीं करेगा? ($g = 10 \text{ m/s}^2$ लीजिए)

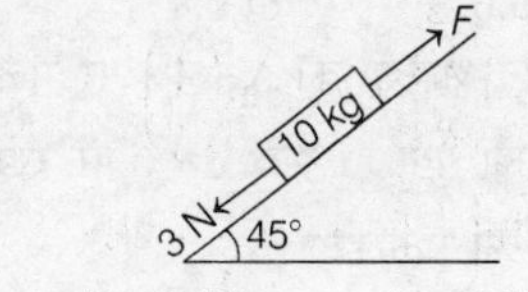

(a) 32 N (b) 23 N (c) 25 N (d) 18 N

10. $2L$ लम्बाई की एक छड़ AB के दो सिरों के बीच तापान्तर 120°C रखा गया है। एक और इसी अनुप्रस्थ-काट की $\frac{3L}{2}$ लम्बाई की मुड़ी हुयी छड़ PQ को चित्रानुसार AB से जोड़ा गया है। स्थिरावस्था में P तथा Q के बीच तापमान के अन्तर का सन्निकट मान होगा

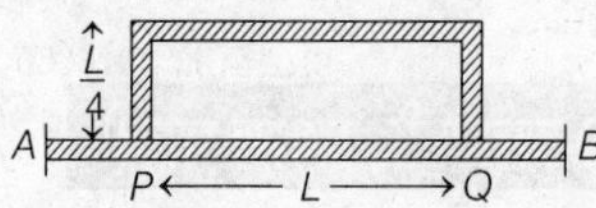

(a) 75°C (b) 45°C (c) 60°C (d) 35°C

11. दो वृत्ताकार चापों तथा त्रिज्यक रेखाओं से बना एक धारा पाश चित्र में दिखाया है। पाश में 10 A की धारा प्रवाहित हो रही है। बिन्दु O पर चुम्बकीय क्षेत्र का सन्निकट मान होगा

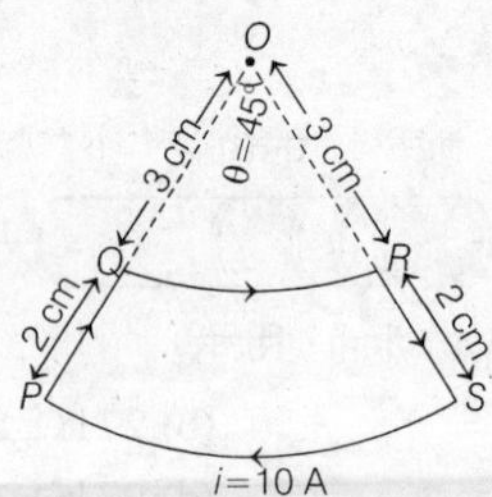

(a) 1.5×10^{-5} T (b) 1.0×10^{-7} T
(c) 1.0×10^{-5} T (d) 1.5×10^{-7} T

12. एक गैस को अवस्था A से B में दो भिन्न प्रक्रमों ACB तथा ADB द्वारा ले जा सकते हैं। प्रक्रम ACB में 60 J ऊष्मा निकाय में जाती है तथा निकाय द्वारा 30 J कार्य किया जाता है। यदि प्रक्रम ADB में निकाय द्वारा 10 J कार्य किया जाता है, तो इसमें निकाय में ऊष्मा प्रवाह का मान होगा

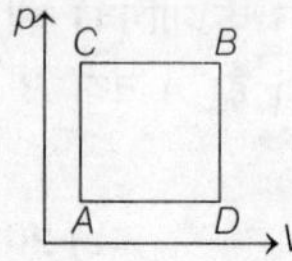

(a) 80 J (b) 100 J (c) 20 J (d) 40 J

13. ताँबे के 5 mm^2 अनुप्रस्थ-काट के क्षेत्रफल के एक तार से जब 1.5 A की धारा बहती है, तो इलेक्ट्रॉनों का अपवाह वेग (drift velocity) v है। यदि ताँबे में इलेक्ट्रॉनों की संख्या का घनत्व $9 \times 10^{26}/m^3$ है, तो v का (mm/s में) सन्निकट मान होगा (दिया है , इलेक्ट्रॉन का आवेश = 1.6×10^{-19}C)

(a) 0.2 (b) 3 (c) 2 (d) 0.02

14. एक धातु के पृष्ठ को पहले $\lambda_1 = 350$ nm तरंगदैर्ध्य के प्रकाश और फिर $\lambda_2 = 540$ nm तरंगदैर्ध्य के प्रकाश से प्रकाशित करते हैं। इससे उत्सर्जित फोटोइलेक्ट्रॉनों की अधिकतम चालों में 2 का अनुपात पाया जाता है। धातु के कार्य-फलन का (eV में) मान होगा (फोटॉन की ऊर्जा = $\frac{1240}{\lambda \text{ (nm में)}}$ eV)

(a) 2.5 (b) 5.6 (c) 1.4 (d) 1.8

15. $+Q$, q तथा $+Q$ के तीन आवेशों को X-अक्ष पर मूलबिन्दु से क्रमश: दूरी 0, $\frac{d}{2}$ तथा d पर रखा गया है। यदि $x = 0$ पर रखे $+Q$ आवेश पर कुल बल शून्य है, तो q का मान होगा

(a) $+\frac{Q}{2}$ (b) $+\frac{Q}{4}$ (c) $-\frac{Q}{2}$ (d) $-\frac{Q}{4}$

16. रेखीय प्रसार गुणांक α/°C वाली धातु से बनी लम्बाई L तथा एकसमान अनुप्रस्थ-काट के क्षेत्रफल A की एक छड़ को कक्ष तापमान पर रखा गया है। जब एक बाह्य संदाबी बल F को इसके प्रत्येक सिरों पर लगाते हैं, तो ΔT केल्विन की तापमान वृद्धि होने पर छड़ की लम्बाई में कोई परिवर्तन नहीं पाया जाता है। इस धातु का यंग प्रत्यास्थता गुणांक Y होगा

(a) $\frac{2F}{A\alpha \Delta T}$ (b) $\frac{F}{A\alpha(\Delta T - 273)}$
(c) $\frac{F}{A\alpha \Delta T}$ (d) $\frac{F}{2A\alpha \Delta T}$

17. चित्रानुसार एक चिकने क्षैतिज समतल पर तीन गुटके A, B एवं C रखे हैं। A एवं B का द्रव्यमान बराबर तथा m है, जबकि C का द्रव्यमान M है। गुटके A को एक आरम्भिक गति v, B की ओर दी जाती, जिससे यह B से एक पूर्णतया अप्रत्यास्थ टक्कर करता है। यह संयुक्त द्रव्यमान गुटके C से भी एक पूर्णतया अप्रत्यास्थ टक्कर करता है। इन टक्करों में आरम्भिक गतिज ऊर्जा का $\frac{5}{6}$th भाग क्षयित हो जाता है। M/m का मान होगा

A	B	C
m	m	M

(a) 2 (b) 4 (c) 5 (d) 3

18. एक छड़ चुम्बक को 0.2 m लम्बी तथा 100 फेरों वाली एक परिनालिका के अन्दर रखकर विचुम्बकित करते हैं। परिनालिका में 5.2 A धारा प्रवाहित हो रही है। छड़ चुम्बक की निग्राहिता है

(a) 285 A/m (b) 520 A/m
(c) 1200 A/m (d) 2600 A/m

19. एक ताँबे के तार को खींचकर 0.5% से लम्बा कर दिया जाता है। यदि इसका आयतन नहीं बदलता है, तो इसके विद्युत प्रतिरोध में प्रतिशत परिवर्तन का मान होगा

(a) 2.5% (b) 0.5% (c) 2.0% (d) 1.0%

20. इलेक्ट्रॉनों की गतिशीलता उनके अपवाह वेग तथा लगाए हुए विद्युत क्षेत्र के अनुपात से परिभाषित होती है। यदि एक n-टाइप के अर्द्धचालक में इलेक्ट्रॉनों का संख्या घनत्व $10^{19}m^{-3}$ तथा उनकी गतिशीलता 1.6 m^2/(V-s) है, तो इसकी प्रतिरोधकता का सन्निकट मान होगा (n-टाइप अर्द्धचालक में कोटरों का योगदान उपेक्षणीय है)

(a) 4 Ω-m (b) 0.4 Ω-m (c) 0.2 Ω-m (d) 2 Ω-m

21. त्रिज्या R के एक एकसमान आवेशित वलय के विद्युत क्षेत्र का मान उसके अक्षर पर केन्द्र से h दूरी पर अधिकतम है। h का मान होगा

(a) $\frac{R}{\sqrt{2}}$ (b) R (c) $\frac{R}{\sqrt{5}}$ (d) $R\sqrt{2}$

22. एक उत्तल लेन्स को एक प्रकाश स्रोत से 10 cm दूरी पर रखने से उसका स्पष्ट प्रतिबिम्ब लेन्स से 10 cm दूरी पर रखी स्क्रीन पर बनता है। जब एक काँच (अपवर्तनांक 1.5) के 1.5 cm मोटे गुटके को प्रकाश स्रोत के बिल्कुल सटाकर रखते हैं, तो पुन: स्पष्ट प्रतिबिम्ब को पाने के लिए स्क्रीन को d दूरी से खिसकाना पड़ता है, तब d का मान होगा

(a) 1.1 cm लेन्स से दूर
(b) 0.55 cm लेन्स की तरफ
(c) 0.55 cm लेन्स से दूर
(d) शून्य

23. द्रव्यमान m तथा $m/2$ के दो पिण्डों को एक लम्बाई l की द्रव्यमानरहित छड़ के सिरों पर जोड़ा गया है। इस छड़ को एक मरोड़ांक (Torsion) k के तार से, छड़-द्रव्यमान संयोजन के द्रव्यमान केन्द्र से चित्रानुसार लटकाया गया है। मरोड़ांक k के कारण छड़ के कोणीय विस्थापन θ से उस पर बल-आघूर्ण $\tau = k\theta$ लगता है। यदि छड़ को θ_0 कोण से घुमा कर छोड़ देता है, तो इसमें तनाव का मान, जब छड़ अपनी माध्य अवस्था से गुजरती है, होगा

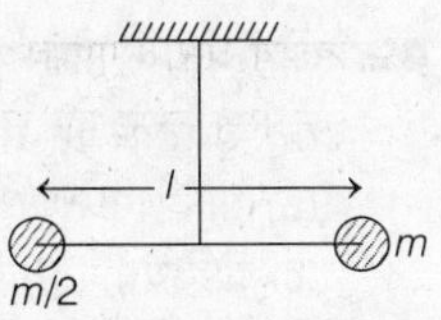

(a) $\frac{3k\theta_0^2}{l}$ (b) $\frac{k\theta_0^2}{2l}$ (c) $\frac{2k\theta_0^2}{l}$ (d) $\frac{k\theta_0^2}{l}$

24. भुजा a वाली दो वर्गाकार प्लेटों को दूरी d पर रखकर एक समान्तर प्लेट संधारित्र बनाया जाता है, दिया है $(d << a)$। इसमें से परावैद्युतांक K के परावैद्युत को चित्रानुसार लगाते हैं, जिससे निचले त्रिभुजाकार भाग में परावैद्युत पदार्थ रहता है। इस संधारित्र की धारिता होगी

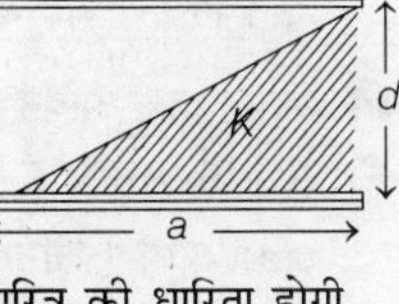

(a) $\frac{K\,\varepsilon_0\,a^2}{2d\,(K+1)}$ (b) $\frac{K\,\varepsilon_0\,a^2}{d}\ln K$

(c) $\frac{K\,\varepsilon_0\,a^2}{d(K-1)}\ln K$ (d) $\frac{1}{2}\frac{K\,\varepsilon_0\,a^2}{d}$

25. एक कण वेग $\mathbf{v} = K(y\hat{\mathbf{i}} + x\hat{\mathbf{j}})$ की दर से चल रहा है, जहाँ K एक नियतांक है। इस कण के पथ का व्यापक समीकरण होगा

(a) $y = x^2$ + नियतांक (b) $y^2 = x$ + नियतांक

(c) xy = नियतांक (d) $y^2 = x^2$ + नियतांक

26. एकसमान द्रव्यमान घनत्व की छड़ों से बनाई हुई L-आकृति के एक वस्तु को चित्रानुसार एक डोरी से लटकाया गया है। यदि $AB = BC$ तथा AB द्वारा ऊर्ध्वाधर निम्न दिशा से बनाया कोण θ है, तो

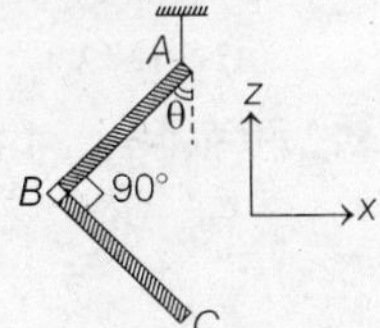

(a) $\tan\theta = \frac{1}{2}$ (b) $\tan\theta = \frac{1}{3}$

(c) $\tan\theta = \frac{1}{2\sqrt{3}}$ (d) $\tan\theta = \frac{2}{\sqrt{3}}$

27. एक पतले चालक तार से बने हुए वृत्ताकार पाश का क्षेत्रफल 3.5×10^{-3} m^2 तथा प्रतिरोध 10Ω है। इसे एक लम्बवत् चुम्बकीय क्षेत्र, जोकि समय पर निर्भर किन्तु एकसमान है, $B(t) = (0.4T)\sin(50\pi t)$ में रखा गया है। समय $t = 0$ s से $t = 10$ ms तक पाश में बहने वाले नेट आवेश का मान होगा

(a) 7 mC (b) 14 mC

(c) 21 mC (d) 6 mC

28. यदि सूर्य के परित: वृत्तीय कक्ष में घूमते हुए द्रव्यमान m के एक ग्रह का सूर्य के केन्द्र के सापेक्ष कोणीय संवेग L है, तो इसकी क्षेत्रीय गति होगी

(a) $\frac{2L}{2}$ (b) $\frac{4L}{m}$

(c) $\frac{L}{2m}$ (d) $\frac{L}{m}$

29. आवृत्ति 50 MHz की समतल विद्युत चुम्बकीय तरंग धनात्मक x-दिशा की दिशा में मुक्त आकाश में जा रही है। आकाश में एक निश्चित समय तथा बिन्दु पर $\mathbf{E} = 6.3\,\hat{\mathbf{j}}$ V/m है, तो इसके संगत चुम्बकीय क्षेत्र $\mathbf{B}$ होगा

(a) $6.3 \times 10^{-8}\,\hat{\mathbf{k}}$T (b) $18.9 \times 10^{-8}\,\hat{\mathbf{k}}$T

(c) $2.1 \times 10^{-8}\,\hat{\mathbf{k}}$T (d) $18.9 \times 10^{8}\,\hat{\mathbf{k}}$T

30. दिए गए परिपथ में जब स्विच S को बन्द करते हैं, तो धारा i का मान होगा

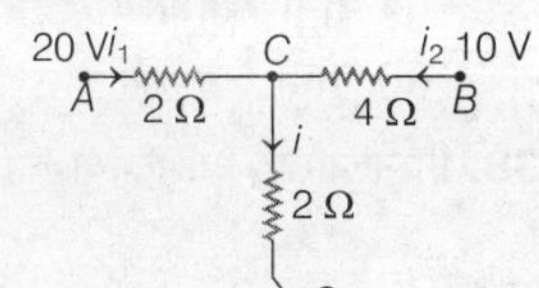

(a) 3A

(b) 5A

(c) 4A

(d) 2A

रसायन विज्ञान

31. हेनरी नियम के सम्बन्ध में निम्नलिखित कथनों में से कौन-सा एक सही नहीं है?

(a) एक ही ताप पर, विभिन्न गैसों के K_H (हेनरी नियम स्थिरांक) भिन्न होते हैं।

(b) वाष्प प्रावस्था में गैस का आंशिक दाब विलयन में गैस के मोल अंश के समानुपाती होता है।

(c) K_H का मान ताप के बढ़ने पर बढ़ता है तथा K_H गैस की प्रकृति का फलन है।

(d) एक दिए गए दाब पर, द्रव में गैस की विलेयता अधिक होने पर K_H का मान अधिक होता है।

32. निम्न में से कौन-सा प्रबलतम् अम्ल है?

(a) $CHBr_3$ (b) $CHCl_3$ (c) CHI_3 (d) $CH(CN)_3$

33. a से d में से सिलिकॉन के सम्बन्ध में सही कथन हैं

A. ये बहुलक जल-विरागी प्रकृति के होते हैं।

B. इनकी जैवसंगतिता होती है।

C. साधारणतया, इनका उच्च ऊष्मा स्थायित्व तथा निम्न परावैद्युत सामर्थ्य होता है।

D. सामान्यतया, ये ऑक्सीकरण प्रतिरोधी होते हैं तथा ग्रीज की तरह उपयोग में लाए जाते हैं।

(a) केवल A, B तथा C (b) केवल A तथा B

(c) केवल A, B तथा D (d) A, B, C तथा D

34. एक गैस का अधिशोषण फ्रैण्डलिक अधिशोषण समताप वक्र का अनुसरण करता है। दिए गए प्लॉट में, p दाब पर अधिशोषण के m है। x/m समानुपातिक है।

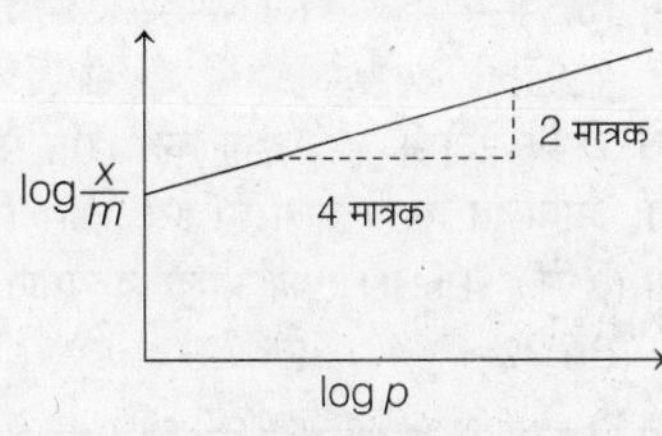

(a) p^2 के (b) p के

(c) $p^{1/2}$ के (d) $p^{1/4}$ के

35. आयरन तथा कॉपर दोनों जिस अयस्क में उपस्थित हैं वह है

(a) ऐजुराइट (b) कॉपर पाइराइट
(c) मैलेकाइट (d) डोलोमाइट

36. पदों-I तथा II के मध्य सही सुमेल है

	पद-I (औषध)	पद-II (परीक्षण)
A.	क्लोरॉक्सिलिनॉल	(i) कर्बिल ऐमीन
B.	नारएथिनड्रॉन	(ii) सोडियम हाइड्रोजन कार्बोनेट परीक्षण
C.	सल्फापिरिडीन	(iii) फेरिक क्लोराइड परीक्षण
D.	पेनिसिलिन	(iv) बेयर का परीक्षण

(a) A $\rightarrow$ (ii), B $\rightarrow$ (i), C $\rightarrow$ (iv), D $\rightarrow$ (iii)
(b) A $\rightarrow$ (ii), B $\rightarrow$ (iv), C $\rightarrow$ (i), D $\rightarrow$ (iii)
(c) A $\rightarrow$ (iii), B $\rightarrow$ (iv), C $\rightarrow$ (i), D $\rightarrow$ (ii)
(d) A $\rightarrow$ (iii), B $\rightarrow$ (i), C $\rightarrow$ (iv), D $\rightarrow$ (ii)

37. आण्विक कक्षक सिद्धान्त के अनुसार, Li^{2+} तथा Li^{2-} के सम्बन्ध में निम्नलिखित में से कौन सत्य है?

(a) Li^{2+} अस्थायी है तथा Li^{2-} स्थायी है
(b) Li^{2+} स्थायी है तथा Li^{2-} अस्थायी है
(c) दोनों स्थायी हैं
(d) दोनों अस्थायी हैं

38. निम्नलिखित अभिक्रिया का मुख्य उत्पाद है

Br, Br — (i) KOH (*aq.*), (ii) CrO_3/H^+, (iii) H_2SO_4/Δ $\rightarrow$

(a) (b) (c) (d)

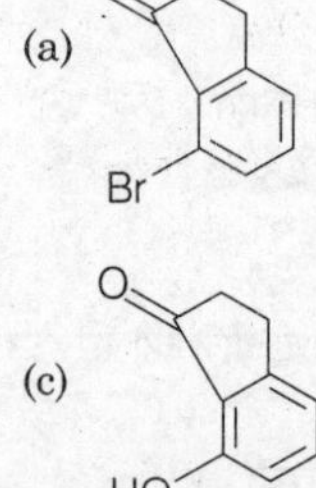

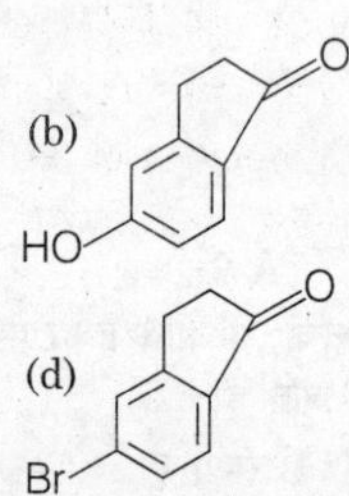

39. 1000 K पर 10 m^3 आयतन के एक पात्र में 0.5 मोल गैस *A* तथा *x* मोल गैस *B*, 200 Pa का दाब बनाते हैं। यदि *R* गैस स्थिरांक (JK^{-1} mol^{-1} में) हो तो *x* है

(a) $\frac{4-R}{2R}$ (b) $\frac{2R}{4+R}$ (c) $\frac{2R}{4-R}$ (d) $\frac{4+R}{2R}$

40. एक लेड-अम्ल बैटरी के ऐनोडी अर्द्ध-सेल को 0.05 फैराडे विद्युत का उपयोग करके पुन: आवेशित किया जाता है। इस प्रक्रम में विद्युत अपघटित $PbSO_4$ की मात्रा (g में) ($PbSO_4$ का मोलर द्रव्यमान = 303 g mol^{-1})

(a) 15.2 (b) 22.8 (c) 7.6 (d) 11.6

41. सभी संक्रमण धातु संकुलों में सर्वाधिक परिकलित प्रचक्रण मात्र चुम्बकीय आघूर्ण (BM में) है

(a) 4.90 (b) 6.93 (c) 3.87 (d) 5.92

42. हाइड्रोजन के समस्थानिक हैं

(a) ड्यूटीरियम तथा ट्राइटियम मात्र
(b) प्रोटियम तथा ड्यूटीरियम मात्र
(c) प्रोटियम, ड्यूटीरियम तथा ट्राइटियम
(d) ट्राइटियम तथा प्रोटियम मात्र

43. ऐलुमीनियम सामान्यतया +3 ऑक्सीकरण अवस्था में पाया जाता है। इसके विपरीत, थैलियम +1 तथा +3 ऑक्सीकरण अवस्थाओं में रहता है। इसका कारण है

(a) अक्रिय युग्म प्रभाव (b) लैन्थेनॉइड आकुंचन
(c) विकर्ण सम्बन्ध (d) लैटिस प्रभाव

44. सामान्यत:, आवर्त सारणी के वर्ग में नीचे जाने पर घटने तथा बढ़ने वाले गुणधर्म क्रमश: है

(a) परमाणु त्रिज्या तथा विद्युत-ऋणात्मकता
(b) विद्युत-ऋणात्मकता तथा परमाणु त्रिज्या
(c) इलेक्ट्रॉनलब्धि एन्थैल्पी तथा विद्युत-ऋणात्मकता
(d) विद्युत-ऋणात्मकता तथा इलेक्ट्रॉनलब्धि एन्थैल्पी

45. 20 mL 0.1 M H_2SO_4 के विलयन को 30 mL 0.2 M NH_4OH के विलयन में मिलाने पर प्राप्त मिश्रण के pH का मान है : (pK_b of NH_4OH = 4.7)

(a) 9.0 (b) 5.2 (c) 9.4 (d) 5.0

46. क्षारीय मृदा धातु नाइट्रेट जिसका जल के अणुओं के साथ क्रिस्टलीकरण नहीं होता है, वह हैं

(a) $Sr(NO_3)_2$ (b) $Mg(NO_3)_2$ (c) $Ba(NO_3)_2$ (d) $Ca(NO_3)_2$

47. निम्नलिखित अभिक्रिया का मुख्य उत्पाद है

(i) Br_2, (ii) EtOH $\rightarrow$

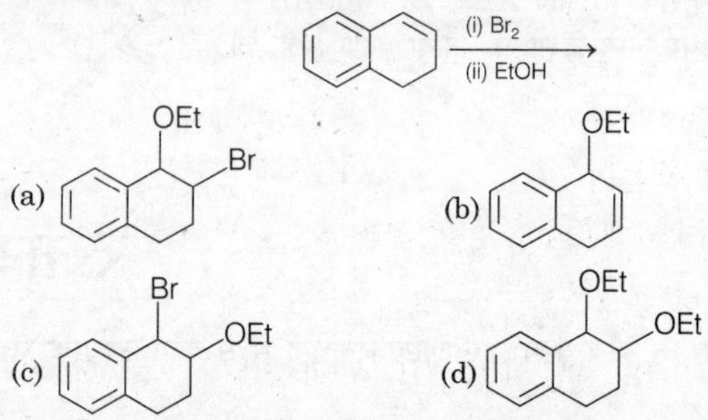

(c) (d)

48. एक जल के प्रतिदर्श में निम्नलिखित धातुओं के ppm सान्द्रता का स्तर है। Fe = 0.2; Mn = 5.0; Cu = 3.0, Zn = 5.0 धातु जिसके कारण जल प्रतिदर्श पीने योग्य नहीं है, वह है

(a) Fe (b) Zn (c) Cu (d) Mn

49. जलीय विलयन में निम्नलिखित ऐमीनों अम्लों के pK_a का बढ़ता क्रम है
Gly, Asp, Lys, Arg

(a) Asp < Gly < Lys < Arg (b) Arg < Lys < Gly < Asp
(c) Asp < Gly < Arg < Lys (d) Gly < Asp < Arg < Lys

50. अम्ल सामर्थ्य के लिए सही घटता क्रम है

(a) $CNCH_2COOH > O_2NCH_2COOH > FCH_2COOH > ClCH_2COOH$
(b) $FCH_2COOH > NCCH_2COOH > NO_2CH_2COOH > ClCH_2COOH$
(c) $NO_2CH_2COOH > NCCH_2COOH > FCH_2COOH > ClCH_2COOH$
(d) $NO_2CH_2COOH > FCH_2COOH > CNCH_2COOH > ClCH_2COOH$

51. निम्नलिखित अभिक्रिया के गतिक अध्ययनों के दौरान निम्नलिखित परिणाम प्राप्त हुए

$$2A + B \longrightarrow \text{उत्पाद}$$

प्रयोग	$[A]$ (mol L^{-1} में)	$[B]$ (mol L^{-1} में)	आरम्भिक अभिक्रिया दर (mol L^{-1} min^{-1} में)
I	0.10	0.20	6.93×10^{-3}
II	0.10	0.25	6.93×10^{-3}
III	0.20	0.30	1.386×10^{-2}

A के आधे भाग को समाप्त करने के लिए आवश्यक समय (मिनट में) होगा

(a) 1 (b) 5 (c) 10 (d) 100

52. निम्नलिखित अभिक्रिया में यौगिक A और B क्रमशः हैं

बेन्ज़ीन $\xrightarrow{\text{HCHO+HCl}} A \xrightarrow{\text{AgCN}} B$

(a) A = बेन्जिल ऐल्कोहॉल, B = बेन्जिल आइसोसायनाइड
(b) A = बेन्जिल क्लोराइड, B = बेन्जिल सायनाइड
(c) A = बेन्जिल क्लोराइड, B = बेन्जिल आइसोसायनाइड
(d) A = बेन्जिल ऐल्कोहॉल, B = बेन्जिल सायनाइड

53. क्षारकता के घटते क्रम में निम्न ऐमीनों को व्यवस्थित कीजिए।

(I) पिरिडीन (II) पिरोल (N—H) (III) पिपेरिडीन (N—H)

(a) I > III > II (b) III > I > II
(c) III > II > I (d) I > II > III

54. निम्नलिखित अभिक्रिया का मुख्य उत्पाद है

$$R\text{—C} \equiv \text{N} \xrightarrow[\text{(2)}H_2O]{\text{(1)}AlH(i\text{-}Bu)_2}$$

(a) $RCONH_2$ (b) RCH_2NH_2 (c) $RCHO$ (d) $RCOOH$

55. दो संकुल $[Cr(H_2O)_6]Cl_3$ (A) तथा $[Cr(NH_3)_6]Cl_3$ (B) क्रमशः बैंगनी तथा पीले रंग के हैं। इनके सम्बन्ध में गलत कथन है

(a) (A) के लिए Δ_0 का मान (B) की तुलना में कम है
(b) दोनों अपने पूरक रंगों के अनुकूल ऊर्जा का अवशोषण करते हैं
(c) (A) तथा (B) के Δ_0 मानों का परिकलन क्रमशः बैंगनी तथा प्रकाश की ऊर्जाओं के द्वारा किया जाता है
(d) दोनों अयुग्मित इलेक्ट्रॉनों के साथ अनुचुम्बकीय हैं

56. सोडियम सल्फेट के एक विलयन में प्रति किलोग्राम जल में 92 g Na^+ आयन हैं। Na^+ आयन की उस विलयन में मोललता (mol kg^{-1}) में होगी

(a) 16 (b) 12 (c) 8 (d) 4

57. दाब-विद्युत पदार्थ की तरह विस्तीर्ण उपयोग में आने वाला अयस्क है

(a) ट्राइडाइमाइट (b) अक्रिस्टलीय सिलिका
(c) क्वार्ट्ज (d) माइका

58. परमाणु हाइड्रोजन के $n_i = 8$ से $n_t = n$ तक की उत्सर्जन लाइन के लिए $\left(\frac{1}{n^2}\right)$ के विरूद्ध तरंग संख्या $(\bar{v})$ का प्लॉट होगा, (रिडबर्ग स्थिरांक, R_H तरंग संख्या के मात्रक में)

(a) $-R_H$ अन्तः खण्ड के साथ रैखिक
(b) $-R_H$ स्लोप के साथ रैखिक
(c) अरैखिक
(d) $-R_H$ स्लोप के साथ रैखिक

59. निम्नलिखित अभिक्रिया का मुख्य उत्पाद है

$CH_2{=}C(Cl){-}C(O)Cl + H_2N{-}CH_2{-}C(O){-}NH_2 \xrightarrow[\text{(ii) मुक्त मूलक अभिक्रिया}]{\text{(i) }Et_3N}$

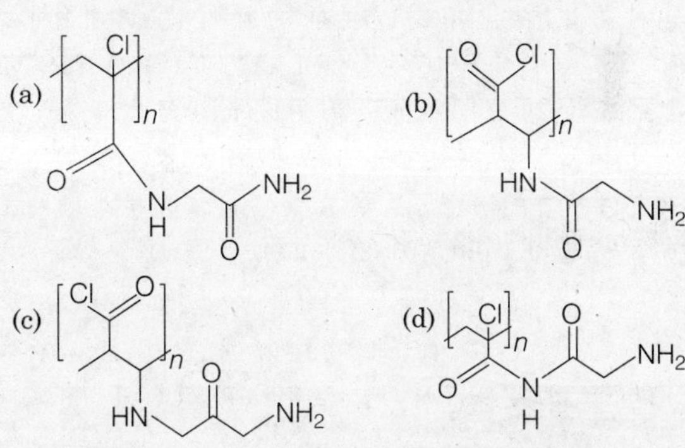

60. दो भिन्न तापों T_1 तथा $T_2 (T_1 < T_2)$ पर एक बन्द निकाय में एक आदर्श गैस के उत्क्रमणीय समतापी प्रसार पर विचार कीजिए। किए गए कार्य (W) की अन्तिम आयतन (V) पर निर्भरता का सही आलेखिक चित्रण है

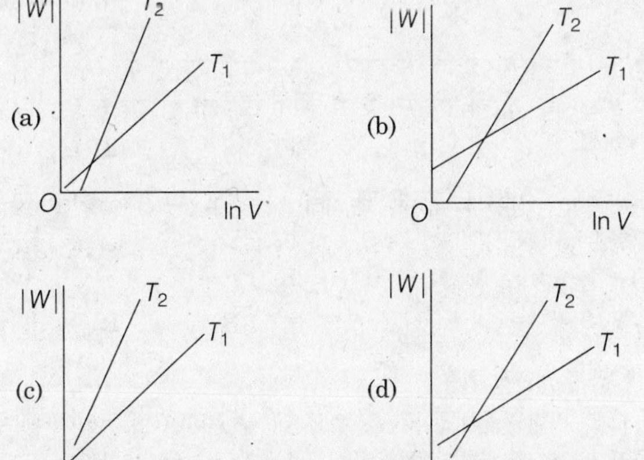

गणित

61. माना $0<\theta<\frac{\pi}{2}$ है। यदि अतिपरवलय $\frac{x^2}{\cos^2\theta}-\frac{y^2}{\sin^2\theta}=1$ की उत्केन्द्रता 2 से अधिक है, तो इसके नाभिलम्ब की लम्बाई जिस अन्तराल में है, वह है

(a) $\left(\frac{3}{2}, 2\right]$ (b) $(3, \infty)$ (c) $(2, 3]$ (d) $\left(1, \frac{3}{2}\right]$

62. यदि वक्रों $y=10-x^2$ तथा $y=2+x^2$ के बीच एक प्रतिच्छेद बिन्दु पर न्यून कोण θ है, तो $|\tan\theta|$ बराबर है

(a) $\frac{4}{9}$ (b) $\frac{8}{15}$ (c) $\frac{8}{17}$ (d) $\frac{7}{17}$

63. माना $a_1, a_2, \ldots, a_{30}$ एक समान्तर श्रेढ़ी है, $S=\sum_{i=1}^{30} a_i$ तथा $T=\sum_{i=1}^{15} a_{(2i-1)}$

यदि $a_5=-27$ तथा $S-2T=75$, तो a_{10} बराबर है

(a) 47 (b) 42 (c) 52 (d) 57

64. एक कक्षा के 5 विद्यार्थियों की ऊँचाइयों का माध्य 150 सेमी तथा प्रसरण 18 वर्ग सेमी है। 156 सेमी ऊँचाई वाला एक नया विद्यार्थी उनसे आ मिला। इन छः विद्यार्थियों की ऊँचाइयों का प्रसरण है

(a) 20 (b) 22 (c) 16 (d) 18

65. यदि बूलियन व्यंजक $(p \oplus q) \wedge (\sim p \cdot q)$, $p \wedge q$ के तुल्य है, जहाँ $\oplus, \cdot \in \{\vee, \wedge\}$ है तो क्रमित युग्म $(\oplus, \cdot)$ है

(a) $(\wedge, \wedge)$ (b) $(\vee, \vee)$ (c) $(\vee, \wedge)$ (d) $(\wedge, \vee)$

66. परवलय $y=x^2-1$, इस परवलय पर स्थित एक बिन्दु (2, 3) पर खींची गई स्पर्श रेखा तथा Y-अक्ष से घिरे क्षेत्र का क्षेत्रफल (वर्ग इकाइयों में) है

(a) $\frac{56}{3}$ (b) $\frac{8}{3}$ (c) $\frac{32}{3}$ (d) $\frac{14}{3}$

67. 3 मी तिर्यक (slant) ऊँचाई वाले लम्बवृत्तीय शंकु का अधिकतम आयतन (घन मी में) है

(a) 6π (b) $2\sqrt{3}\pi$ (c) $\frac{4}{3}\pi$ (d) $3\sqrt{3}\pi$

68. यदि तीन भिन्न वास्तविक संख्याएँ a, b तथा c एक गुणोत्तर श्रेढ़ी में हैं तथा $a+b+c=xb$, तो x निम्न में से कौन-सा नहीं हो सकता?

(a) 2 (b) −3 (c) −2 (d) 4

69. वृत्त $x^2+y^2-6x=0$ तथा परवलय $y^2=4x$, की एक उभयनिष्ठ स्पर्श रेखा का समीकरण है

(a) $\sqrt{3}y=3x+1$ (b) $\sqrt{3}y=x+3$
(c) $2\sqrt{3}y=12x+1$ (d) $\sqrt{3}y=-x-12$

70. माना फलन $f: R \to R$

$$f(x)=\begin{cases} 5, & \text{यदि } x \le 1 \\ a+bx, & \text{यदि } 1<x<3 \\ b+5x, & \text{यदि } 3 \le x < 5 \\ 30, & \text{यदि } x \ge 5 \end{cases}$$

द्वारा परिभाषित है, तो f

(a) सतत् है यदि $a=0$ तथा $b=5$
(b) b के किसी भी मान के लिए सतत् नहीं है।
(c) सतत् है यदि $a=-5$ तथा $b=10$
(d) सतत् है यदि $a=5$ तथा $b=5$

71. माना $z=\left\{\theta \in \left(-\frac{\pi}{2}, \pi\right): \frac{3+2i\sin\theta}{1-2i\sin\theta}\right.$ मात्र काल्पनिक है$\left.\right\}$

तो z के अवयवों का योग है

(a) $\frac{2\pi}{3}$ (b) π (c) $\frac{5\pi}{6}$ (d) $\frac{3\pi}{4}$

72. रैखिक समीकरण निकाय

$$x+y+z=2$$
$$2x+3y+2z=5$$
$$2x+3y+(a^2+1)z=a+1$$

(a) असंगत है जब $a=4$
(b) के $a=4$ के लिए अनन्त हल हैं
(c) असंगत है जब $|a|=\sqrt{3}$
(d) का $|a|=\sqrt{3}$ के लिए मात्र एक हल है

73. 5 लड़कियों तथा 7 लड़कों की एक कक्षा का विचार कीजिए। इस कक्षा की 2 लड़कियों तथा 3 लड़कों को लेकर बन सकने वाली भिन्न टीमों, यदि दो विशेष लड़के A तथा B एक ही टीम के सदस्य बनने से मना करते हैं, की संख्या है

(a) 300 (b) 350 (c) 500 (d) 200

74. माना $\mathbf{a}=\hat{i}-\hat{j}$, $\mathbf{b}=\hat{i}+\hat{j}+\hat{k}$ तथा $\mathbf{c}$ ऐसे सदिश हैं कि $\mathbf{a}\times\mathbf{c}+\mathbf{b}=\mathbf{0}$ तथा $\mathbf{a}\cdot\mathbf{c}=4$ है, तो $|\mathbf{c}|^2$ बराबर है

(a) $\frac{17}{2}$ (b) $\frac{19}{2}$ (c) 8 (d) 9

75. यदि $A=\begin{bmatrix}\cos\theta & -\sin\theta \\ \sin\theta & \cos\theta\end{bmatrix}$, तो आव्यूह A^{-50} जब $\theta=\frac{\pi}{12}$ बराबर है

(a) $\begin{bmatrix}\frac{1}{2} & -\frac{\sqrt{3}}{2} \\ \frac{\sqrt{3}}{2} & \frac{1}{2}\end{bmatrix}$ (b) $\begin{bmatrix}\frac{\sqrt{3}}{2} & \frac{1}{2} \\ -\frac{1}{2} & \frac{\sqrt{3}}{2}\end{bmatrix}$

(c) $\begin{bmatrix}\frac{\sqrt{3}}{2} & -\frac{1}{2} \\ \frac{1}{2} & \frac{\sqrt{3}}{2}\end{bmatrix}$ (d) $\begin{bmatrix}\frac{1}{2} & \frac{\sqrt{3}}{2} \\ -\frac{\sqrt{3}}{2} & \frac{1}{2}\end{bmatrix}$

76. $\lim_{y\to 0}\frac{\sqrt{1+\sqrt{1+y^4}}-\sqrt{2}}{y^4}$

(a) अस्तित्व है तथा $\frac{1}{2\sqrt{2}}$ के बराबर है
(b) अस्तित्व है तथा $\frac{1}{2\sqrt{2}(\sqrt{2}+1)}$ के बराबर है
(c) अस्तित्व है तथा $\frac{1}{4\sqrt{2}}$ के बराबर है
(d) अस्तित्व नहीं है

77. यदि संख्या $\frac{2^{403}}{15}$ का भिन्नात्मक भाग $\frac{k}{15}$ है, तो k बराबर है

(a) 14 (b) 8 (c) 6 (d) 4

78. $\int_0^{\pi} |\cos x|^3 \, dx$ का मान है

(a) $\frac{4}{3}$ (b) $\frac{2}{3}$ (c) $-\frac{4}{3}$ (d) 0

79. यदि α तथा β समीकरण $x^2 + 2x + 2 = 0$ के दो मूल हैं, तो $\alpha^{15} + \beta^{15}$ बराबर है

(a) 512 (b) – 256 (c) 256 (d) – 512

80. बिन्दु (–4, 3, 1) से होकर जाने वाली रेखा, जो समतल $x + 2y - z - 5 = 0$ के समान्तर है तथा रेखा $\frac{x+1}{-3} = \frac{y-3}{2} = \frac{z-2}{-1}$ को काटती है, का समीकरण है

(a) $\frac{x+4}{1} = \frac{y-3}{1} = \frac{z-1}{3}$ (b) $\frac{x+4}{3} = \frac{y-3}{-1} = \frac{z-1}{1}$

(c) $\frac{x+4}{-1} = \frac{y-3}{1} = \frac{z-1}{1}$ (d) $\frac{x-4}{2} = \frac{y+3}{1} = \frac{z+1}{4}$

81. $x^2 \neq n\pi + 1$, $n \in N$ (प्राकृत संख्याओं का समुच्चय), के लिए, समाकलन $\int x \sqrt{\frac{2\sin(x^2-1) - \sin 2(x^2-1)}{2\sin(x^2-1) + \sin 2(x^2-1)}} \, dx$ बराबर है

(जहाँ c एक समाकलन अचर है)

(a) $\frac{1}{2}\log_e \left| \sec^2\left(\frac{x^2-1}{2}\right) \right| + C$ (b) $\frac{1}{2}\log_e |\sec(x^2-1)| + C$

(c) $\log_e \left| \frac{1}{2}\sec^2(x^2-1) \right| + C$ (d) $\log_e \left| \sec\left(\frac{x^2-1}{2}\right) \right| + C$

82. किसी $\theta \in \left(\frac{\pi}{4}, \frac{\pi}{2}\right)$, के लिए व्यंजक

$3(\sin\theta - \cos\theta)^4 + 6(\sin\theta + \cos\theta)^2 + 4\sin^6\theta$ बराबर है

(a) $13 - 4\cos^4\theta + 2\sin^2\theta\cos^2\theta$

(b) $13 - 4\cos^4\theta + 6\sin^2\theta\cos^2\theta$

(c) $13 - 4\cos^6\theta$

(d) $13 - 4\cos^2\theta + 6\cos^4\theta$

83. 52 पत्तों की एक अच्छी प्रकार से फेंटी गई ताश की गड्डी से एक के बाद एक, दो पत्ते प्रतिस्थापना सहित निकाले गए। माना X, दोनों बार में प्राप्त इक्कों की संख्या को दर्शाने वाला यादृच्छिक चर है, तो $P(X = 1) + P(X = 2)$ बराबर है

(a) $\frac{52}{169}$ (b) $\frac{24}{169}$ (c) $\frac{49}{169}$ (d) $\frac{25}{169}$

84. यदि $\cos^{-1}\left(\frac{2}{3x}\right) + \cos^{-1}\left(\frac{3}{4x}\right) = \frac{\pi}{2} \left(x > \frac{3}{4}\right)$, तब x बराबर है

(a) $\frac{\sqrt{145}}{12}$ (b) $\frac{\sqrt{145}}{10}$

(c) $\frac{\sqrt{146}}{12}$ (d) $\frac{\sqrt{145}}{11}$

85. Y-अक्ष के समान्तर तथा समतलों $x + y + z = 1$ और $2x + 3y - z + 4 = 0$ के प्रतिच्छेदन से होकर जाने वाला समतल निम्न में से किस बिन्दु से भी होकर जाता है?

(a) (3, 3, – 1) (b) (–3, 0, – 1)

(c) (3, 2, 1) (d) (–3, 1, 1)

86. a, b, c $(a < b < c)$ त्रिज्याओं वाले तीन वृत्त परस्पर बाह्य स्पर्श करते हैं। यदि X-अक्ष उनकी एक उभयनिष्ठ स्पर्श रेखा है, तो

(a) a, b, c एक समान्तर श्रेढ़ी में हैं

(b) $\frac{1}{\sqrt{a}} = \frac{1}{\sqrt{b}} + \frac{1}{\sqrt{c}}$

(c) $\sqrt{a}, \sqrt{b}, \sqrt{c}$ समान्तर श्रेढ़ी में हैं

(d) $\frac{1}{\sqrt{b}} = \frac{1}{\sqrt{a}} + \frac{1}{\sqrt{c}}$

87. एक परवलय का अक्ष X-अक्ष के अनुदिश है। यदि इसके शीर्ष तथा नाभि, X-अक्ष की धनात्मक दिशा में मूलबिन्दु से क्रमशः 2 तथा 4 की दूरी पर हैं, तो इनमें से कौन-सा बिन्दु इस परवलय पर स्थित नहीं है?

(a) $(6, 4\sqrt{2})$ (b) $(5, 2\sqrt{6})$

(c) (4, – 4) (d) (8, 6)

88. $x \in R - \{0, 1\}$ के लिए, तीन फलन $f_1(x) = \frac{1}{x}$, $f_2(x) = 1 - x$ तथा $f_3(x) = \frac{1}{1-x}$ दिए गए हैं। यदि एक फलन $J(x)$, $(f_2 \cdot J \cdot f_1)(x) = f_3(x)$ को सन्तुष्ट करता है, तो $J(x)$ बराबर है

(a) $\frac{1}{x} f_3(x)$ (b) $f_1(x)$

(c) $f_3(x)$ (d) $f_2(x)$

89. ऐसी सभी रेखाओं $px + qy + r = 0$ के समुच्चय पर विचार कीजिए जिनके लिए $3p + 2q + 4r = 0$ है, तो निम्न में से कौन-सा एक कथन सत्य है?

(a) रेखाएँ संगामी नहीं हैं।

(b) सभी रेखाएँ समान्तर हैं।

(c) रेखाएँ बिन्दु $\left(\frac{3}{4}, \frac{1}{2}\right)$ पर संगामी हैं।

(d) प्रत्येक रेखा मूलबिन्दु से होकर जाती है।

90. यदि $y = y(x)$ अवकल समीकरण $x\frac{dy}{dx} + 2y = x^2$ का हल है जो $y(1) = 1$, को सन्तुष्ट करता है, तो $y\left(\frac{1}{2}\right)$ बराबर है

(a) $\frac{1}{4}$ (b) $\frac{7}{64}$

(c) $\frac{49}{16}$ (d) $\frac{13}{16}$

सही उत्तर

भौतिकी

1. (c)	2. (c)	3. (b)	4. (c)	5. (d)	6. (d)	7. (b)	8. (b)	9. (a)	10. (b)
11. (c)	12. (d)	13. (d)	14. (*)	15. (d)	16. (c)	17. (b)	18. (d)	19. (d)	20. (b)
21. (a)	22. (c)	23. (d)	24. (c)	25. (d)	26. (b)	27. (b)	28. (c)	29. (c)	30. (b)

रसायन विज्ञान

31. (d)	32. (d)	33. (d)	34. (c)	35. (b)	36. (c)	37. (c)	38. (d)	39. (a)	40. (c)
41. (d)	42. (c)	43. (a)	44. (b)	45. (a)	46. (c)	47. (a)	48. (d)	49. (a)	50. (c)
51. (c)	52. (c)	53. (b)	54. (c)	55. (c)	56. (d)	57. (c)	58. (d)	59. (a)	60. (c)

गणित

61. (b)	62. (b)	63. (c)	64. (a)	65. (d)	66. (b)	67. (b)	68. (a)	69. (b)	70. (b)
71. (a)	72. (c)	73. (a)	74. (b)	75. (b)	76. (c)	77. (b)	78. (a)	79. (b)	80. (b)
81. (d)	82. (c)	83. (d)	84. (a)	85. (c)	86. (b)	87. (d)	88. (c)	89. (c)	90. (c)

नोट *(*) कोई भी विकल्प सही नहीं है।*

संकेत एवं हल

भौतिकी

1. *(c)* स्प्रिंग-ब्लॉक के निकाय में जब ब्लॉक को नियत बल F द्वारा धकेला या खींचा जाता है तो माध्य स्थिति पर इसकी चाल अधिकतम होती है तथा त्वरण शून्य होता है। इस स्थिति में निकाय पर कार्यरत् बल,

$$F = kx \qquad \text{...(i)}$$

जहाँ, x स्प्रिंग में उत्पन्न विस्तार (extension) है।

या $x = \frac{F}{k}$

जब निकाय माध्य स्थिति पर कम्पन्न करता है, तो इसका अधिकतम वेग, $u_{\max} = A\omega$

जहाँ, A आयाम तथा ω कोणीय चाल है।

जब ब्लॉक माध्य स्थिति में हैं, तब

$$A = x = \frac{F}{k} \Rightarrow u_{\max} = \frac{F}{k}\sqrt{\frac{k}{m}} \qquad \left[\because \omega = \sqrt{\frac{k}{m}}\right]$$

अतः गुटके की अधिकतम चाल, $u = \frac{F}{\sqrt{km}}$

वैकल्पिक विधि

कार्य-ऊर्जा प्रमेय से,

निकाय द्वारा कृत कुल कार्य = गतिज ऊर्जा में परिवर्तन

जहाँ, कुल कृत कार्य = बाह्य बल द्वारा कृत कार्य ($W_{\text{बाह्य}}$) + स्प्रिंग द्वारा कृत कार्य ($W_{\text{स्प्रिंग}}$)

$$W_{\text{बाह्य}} = F\cdot x \quad \text{और} \quad W_{\text{स्प्रिंग}} = \frac{-1}{2}kx^2$$

$$\Rightarrow \quad \Delta\text{KE} = F\cdot x + \left(-\frac{1}{2}kx^2\right)$$

$$(\Delta\text{KE})_f - (\Delta\text{KE})_i = F\cdot x - \frac{1}{2}kx^2$$

$$\Rightarrow \quad \frac{1}{2}mv_{\max}^2 - \frac{1}{2}m(0)^2 = F\cdot\left(\frac{F}{k}\right) - \frac{1}{2}k\left(\frac{F}{k}\right)^2 \qquad \text{[समी. (i) से]}$$

$$\Rightarrow \quad \frac{1}{2}mv_{\max}^2 = \frac{F^2}{k} - \frac{F^2}{2k} = \frac{F^2}{2k} \text{ अर्थात } v_{\max}^2 = \frac{F^2}{km}$$

$$\Rightarrow \quad v_{\max} = F/\sqrt{km}$$

2. *(c)* **संकेत** *जब μ अपवर्तनांक के पारदर्शी माध्यम से अध्रुवित प्रकाश परावर्तित होता है, तब परावर्तित प्रकाश किरण, एक नियत आपतन कोण (i_B) के लिए पूर्णतः समतल ध्रुवित हो जाती है, जिसे ब्रूस्टर कोण कहते हैं।*

दी गई स्थिति में, आपतन कोण के सापेक्ष परावर्तित प्रकाश कभी भी पूर्णतः ध्रुवित नहीं होता है।

अतः $\qquad i_C > i_B \qquad$ ...(i)

जहाँ, i_C = क्रान्तिक कोण

ब्रूस्टर के नियम से,

$$\tan i_B = {}^w\mu_g = \frac{\mu_{\text{काँच}}}{\mu_{\text{जल}}} = \frac{1.5}{\mu} \qquad \text{...(ii)}$$

[समी. (i) तथा (ii) से,]

$$\frac{1}{\mu} < \frac{1.5}{\sqrt{(1.5)^2 + (\mu)^2}} \Rightarrow \sqrt{(1.5)^2 + \mu^2} > 1.5\,\mu$$

$$\mu^2 + (1.5)^2 < (1.5\,\mu)^2 \text{ or } \mu > \frac{3}{\sqrt{5}}$$

$\therefore$ μ का न्यूनतम मान $\frac{3}{\sqrt{5}}$ होगा।

3. *(b)* दी गई स्थिति में, धारावाही चालक से बहुत अधिक दूरी पर एक धारावाही लूप स्थित है। अत: इसे एक द्विध्रुव माना जाएगा। माना द्विध्रुव की प्रभावी लम्बाई, l है तथा नीचे दिए गए आरेख में स्थिति के शीर्ष दृश्य को दर्शाया गया है

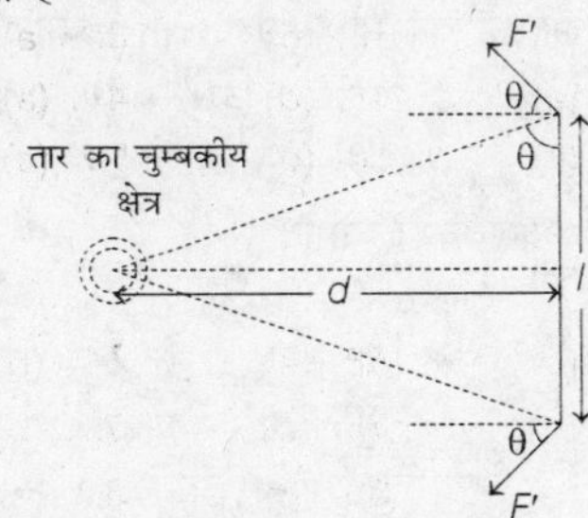

तार के कारण पाश पर कुल बल

$$F = 2F' \cos\theta = 2mB \cos\theta$$

जहाँ, m चुम्बक की ध्रुव सामर्थ्य है।

चित्र से,

$$\cos\theta = \frac{l/2}{\sqrt{d^2 + \frac{l^2}{4}}} \Rightarrow F = \frac{2mB\,l}{2\sqrt{d^2 + \frac{l^2}{4}}} = \frac{MB}{2\sqrt{d^2 + \frac{l^2}{4}}} \quad \text{...(i)}$$

a त्रिज्या के पाश का चुम्बकीय आघूर्ण, $M = IA = I\pi a^2$ ...(ii)

अनन्त लम्बाई के धारावाही चालक के कारण d दूरी पर चुम्बकीय क्षेत्र,

$$B = \frac{\mu_0 I'}{2\pi d} \quad \text{...(iii)}$$

$\therefore$ समी. (ii) तथा (iii) द्वारा, समी. (i) को पुन: लिखने पर,

$$F = \frac{I\pi a^2 \mu_0 I'}{2\pi d\left(\sqrt{d^2 + \frac{l^2}{4}}\right)^2} \Rightarrow F \propto \frac{a^2}{d\left(\sqrt{d^2 + \frac{l^2}{4}}\right)}$$

यदि पाश अधिक दूरी पर रखा है, अत: l को नगण्य (शून्य) मानने पर,

अत: पाश द्वारा तार पर बल, $F \propto \left(\frac{a}{d}\right)^2$

4. *(c)* जब कार विरामावस्था में होती है, तो इस स्थिति का आरेख निम्न होगा

जहाँ, $m << M$ है, अत: डोरी का द्रव्यमान (m) नगण्य होगा।

डोरी में तरंग का प्रारम्भिक वेग,

$$v = \sqrt{\frac{T}{\mu}} = \sqrt{\frac{Mg}{\frac{M}{l}}} = 60 \text{ m/s} \quad \text{...(i)}$$

जहाँ, T = डोरी में तनाव

तथा μ = प्रति एकांक लम्बाई (l) पर ब्लॉक का द्रव्यमान।

यदि कार का त्वरण a हो, तो स्थिति निम्न चित्रानुसार होगी।

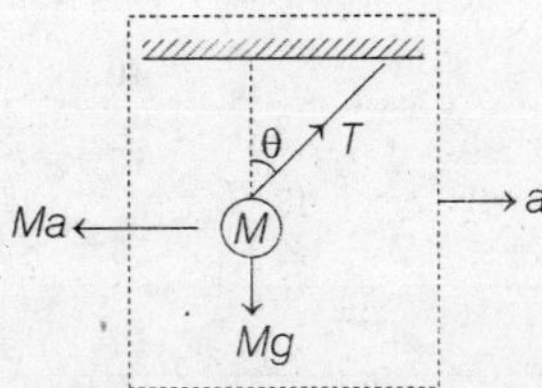

T के अवयवों को x तथा y के अनुदिश घटकों में वियोजित करने पर,

$$T\cos\theta = Mg \quad \text{...(ii)}$$

$$T\sin\theta = Ma \quad \text{...(iii)}$$

समी. (ii) व (iii) का वर्ग करके जोड़ने पर,

$$T^2(\sin^2\theta + \cos^2\theta) = M^2(g^2 + a^2)$$

$$\Rightarrow \quad T = M(g^2 + a^2)^{\frac{1}{2}} \quad \text{...(iv)}$$

अब डोरी में तरंग का वेग,

$$v' = \sqrt{\frac{T}{\mu}} = \sqrt{\frac{M(g^2 + a^2)^{\frac{1}{2}}}{\frac{M}{l}}} = 60.5 \text{ m/s} \quad \text{...(v)}$$

समी. (i) का समी. (v) से भाग देने पर,

$$\frac{v}{v'} = \frac{\sqrt{\frac{Mg}{\frac{M}{l}}}}{\sqrt{\frac{M(g^2 + a^2)^{1/2}}{\frac{M}{l}}}} = \sqrt{\frac{g}{(g^2 + a^2)^{1/2}}} = \frac{60}{60.5}$$

या $$\frac{60.5}{60} = \sqrt{\frac{(g^2 + a^2)^{1/2}}{g}}$$

दोनों पक्षों का वर्ग करने पर,

$$\frac{(60.5)^2}{(60)^2} = \frac{(g^2 + a^2)^{1/2}}{g}$$

या $$\left(1 + \frac{0.5}{60}\right)^2 = \sqrt{1 + \left(\frac{a}{g}\right)^2}$$

द्विपद प्रमेय से,

$$(1 + x)^n = 1 + \frac{nx}{1!} + \ldots$$

$$\Rightarrow \quad 1 + 2 \times \frac{0.5}{60} = 1 + \frac{1}{2} \cdot \frac{a^2}{g^2}$$

$$\Rightarrow \quad 1 + \frac{1}{60} = 1 + \frac{1}{2} \cdot \frac{a^2}{g^2}$$

या $$\frac{a}{g} = \frac{1}{\sqrt{30}} \text{ या } a = \frac{g}{\sqrt{30}} = \frac{g}{5.4} \simeq \frac{g}{5}$$

5. *(d)* कार्बन प्रतिरोध का मान, $R = AB \times C \pm D\,\%$

जहाँ प्रथम दो रंगीन पट्टियाँ A तथा B, प्रतिरोध के दो सार्थक अंकों को प्रदर्शित करती है (ओम में), तीसरी पट्टी दशमलव गुणक को दर्शाती है तथा अन्तिम पट्टी (D) सहनशीलता को प्रदर्शित करती है।

रंग पट्टी	मान (A, B)	गुणांक (C)	सहनशीलता (D) (%)
काला	0	10^0	
भूरा	1	10^1	
लाल	2	10^2	
नारंगी	3	10^3	
पीला	4	10^4	
हरा	5	10^5	
नीला	6	10^6	
बैंगनी	7	10^7	
सलेटी	8	10^8	
सफेद	9	10^9	
सुनहरा			±5%
चाँदी			±10%
कोई रंग नहीं			±20%

प्रश्न में दी गई पट्टिका को तालिका से सुमेलित करने पर,
$R = 27 \times 10^3\ \Omega\ \pm 10\% = 27\ k\Omega\ \pm 10\%$

6. *(d)* माना दो कला सम्बद्ध स्रोतों की तीव्रताएँ क्रमशः I_1 व I_2 है।

दिया है, $\dfrac{\text{अधिकतम तीव्रता}}{\text{न्यूनतम तीव्रता}} = \dfrac{I_{max}}{I_{min}} = \dfrac{16}{1}$

हम जानते हैं,

$$I_{max} = (\sqrt{I_1} + \sqrt{I_2})^2 \quad \text{तथा} \quad I_{min} = (\sqrt{I_1} - \sqrt{I_2})^2$$

$$\therefore \quad \frac{I_{max}}{I_{min}} = \frac{(\sqrt{I_1} + \sqrt{I_2})^2}{(\sqrt{I_1} - \sqrt{I_2})^2} = 16 \Rightarrow \frac{\sqrt{I_1} + \sqrt{I_2}}{\sqrt{I_1} - \sqrt{I_2}} = \frac{\sqrt{16}}{1} = \frac{4}{1}$$

$$\sqrt{I_1} + \sqrt{I_2} = 4\sqrt{I_1} - 4\sqrt{I_2} \Rightarrow 5\sqrt{I_2} = 3\sqrt{I_1}$$

$$\frac{\sqrt{I_1}}{\sqrt{I_2}} = \frac{5}{3}$$

दोनों पक्षों का वर्ग करने पर,

$$\frac{I_1}{I_2} = \frac{25}{9}$$

अतः कला सम्बद्ध स्त्रोतों की तीव्रताओं का अनुपात 25:9 होता है।

7. *(b)* रेडियोएक्टिव पदार्थ की सक्रियता,

$$R = \lambda N$$

जहाँ, λ = क्षय नियतांक
तथा N = रेडियोएक्टिव पदार्थ में नाभिकों की संख्या।
पदार्थ A के लिए, $R_A = \lambda_A N_A = 10\ \text{mCi}$
पदार्थ B के लिए, $R_B = \lambda_B N_B = 20\text{mCi}$ ...(i)
दिया है,
$N_A = 2N_B \Rightarrow R_A = \lambda_A(2N_B) = 10\ \text{mCi}$ ...(ii)
समी. (ii) को (i) से भाग देने पर,

$$\frac{R_A}{R_B} = \frac{\lambda_A(2N_B)}{\lambda_B(N_B)} = \frac{10}{20} \quad \text{तथा} \quad \frac{\lambda_A}{\lambda_B} = \frac{1}{4} \quad ...(iii)$$

रेडियोएक्टिव पदार्थ की अर्द्ध-आयु, $T_{1/2} = \dfrac{0.693}{\lambda}$

$\therefore$ पदार्थ A तथा B के लिए,

$$\frac{(T_{1/2})_A}{(T_{1/2})_B} = \frac{\frac{0.693}{\lambda_A}}{\frac{0.693}{\lambda_B}} = \frac{\lambda_B}{\lambda_A} \quad \text{[समी. (iii) से]}$$

$$\frac{(T_{1/2})_A}{(T_{1/2})_B} = \frac{4}{1}$$

अतः दिए गए विकल्पों में विकल्प *(d)* इस अनुपात को सन्तुष्ट करता है।

$$\therefore \quad (T_{1/2})_A = 20 \text{ दिन} \quad \text{तथा} \quad (T_{1/2})_B = 5 \text{ दिन}$$

8. *(b)* गैस के अणुओं का वर्ग माध्य-मूल (rms) वेग,

$$v_{rms} = \sqrt{\frac{3RT}{M}}$$

यहाँ, M गैस का आण्विक द्रव्यमान,

$$\Rightarrow \quad v_{rms} \propto \sqrt{\frac{1}{M}}$$

$$\therefore \quad \frac{v_{rms\ (\text{हीलियम})}}{v_{rms\ (\text{आर्गन})}} = \sqrt{\frac{M_{\text{आर्गन}}}{M_{\text{हीलियम}}}} \quad ...(i)$$

दिया है $M_{\text{आर्गन}} = 40\,u$ तथा $M_{\text{हीलियम}} = 4u$
समी. (i) में मान रखने पर,

$$\frac{v_{rms\ (\text{हीलियम})}}{v_{rms\ (\text{आर्गन})}} = \sqrt{\frac{40}{4}} = \sqrt{10} = 3.16$$

9. *(a)* दिए गए आरेख का मुक्त-खण्ड आरेख निम्न चित्र में दर्शाया गया है।

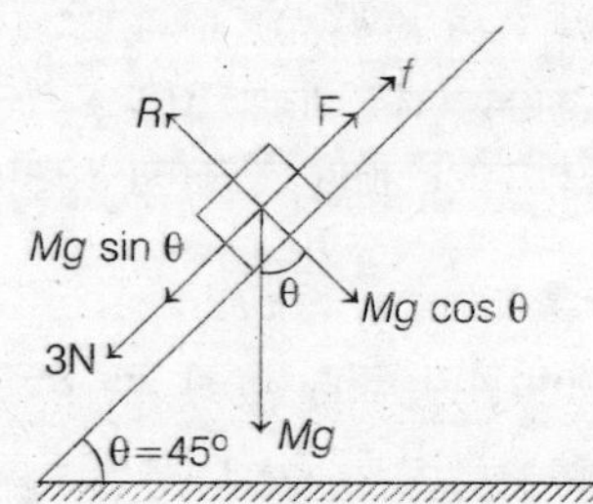

ब्लॉक साम्यावस्था में है, अर्थात् ब्लॉक नीचे की ओर गतिमान नहीं है, तब

$$\Sigma f_x = 0$$

$$\therefore \quad 3 + Mg\sin\theta - F - f = 0 \quad \text{या} \quad 3 + Mg\sin\theta = F + f$$

घर्षण बल, $f = \mu R$

$$\therefore \quad 3 + Mg\sin\theta = F + \mu R \quad ...(i)$$

इसी प्रकार, $\Sigma f_y = 0$

$$-Mg\cos\theta + R = 0 \text{ या } Mg\cos\theta = R \quad ...(ii)$$

समी. (ii) से R का मान समी. (i) में रखने पर,

$$3 + Mg\sin\theta = F + \mu(Mg\cos\theta) \quad ...(iii)$$

यहाँ, $M = 10$ kg, $\theta = 45°$, $g = 10\ \text{m/s}^2$ और $\mu = 0.6$
μ का मान समी. (iii) में रखने पर,
$3 + (10 \times 10\sin 45°) - (0.6 \times 10 \times 10\cos 45°) = F$

$$\Rightarrow \quad F = 3 + \frac{100}{\sqrt{2}} - \frac{60}{\sqrt{2}} = 3 + \frac{40}{\sqrt{2}} = 3 + 20\sqrt{2} = 31.28\ \text{N}$$

या $F \simeq 32$ N

अतः बल F का मान 32 N होगा, जिससे गुटका नीचे की ओर गति नहीं करेगा।

10. *(b)* प्रश्नानुसार निम्न चित्र में प्रत्येक भाग की लम्बाई दर्शायी गई है,

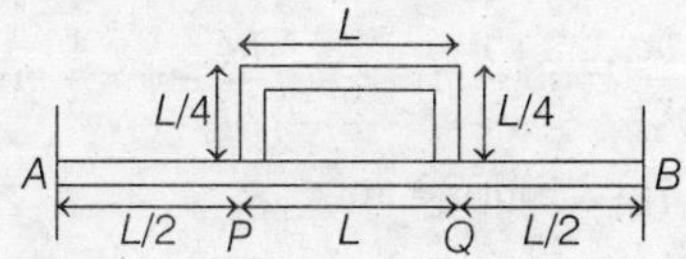

माना चित्र में दर्शाए गए प्रत्येक भाग की ऊष्मीय चालकता समान है इसे ऊष्मीय प्रतिरोध के पदों में नीचे दर्शाया गया है;

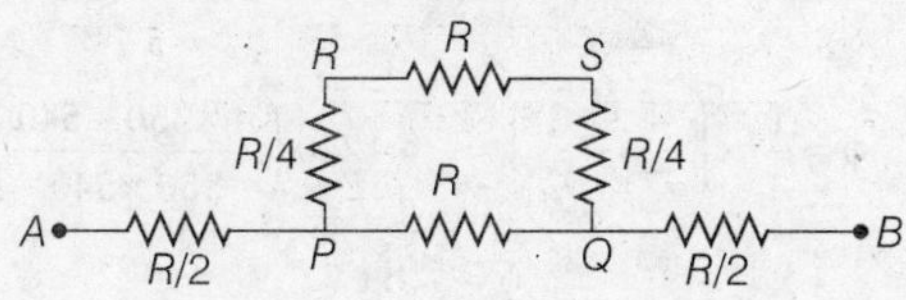

भाग $PQRS$ का प्रतिरोध $=\dfrac{R\times\frac{3R}{2}}{\frac{5R}{2}}=\dfrac{3R}{5}$ ...(i)

परिपथ का कुल प्रतिरोध

$$R_{\text{कुल}}=\frac{R}{2}+\frac{R}{2}+\frac{3R}{5}=\frac{8R}{5}$$

तापीय धारा, $I=\dfrac{\Delta T_{AB}}{R_{\text{कुल}}}$

$$I=\frac{120-0}{\left(\frac{8R}{5}\right)}=\frac{120\times5}{8R}$$ [दिया है, $\Delta T_{AB}=120°C$]

P तथा Q बिन्दुओं के मध्य-तापान्तर

$$T_P-T_Q=I\times\frac{3R}{5}$$ [समी. (i) से]

$$=\frac{120\times5}{8R}\times\frac{3R}{5}=45°C$$

11. *(c)* ***संकेत*** *यदि किसी धारावाही चालक की अक्ष पर एक बिन्दु P स्थित हो तो बिन्दु P पर चुम्बकीय क्षेत्र सदैव शून्य होता है।*

प्रश्न में दिए गए चित्र को निम्न प्रकार दर्शाया जा सकता है,

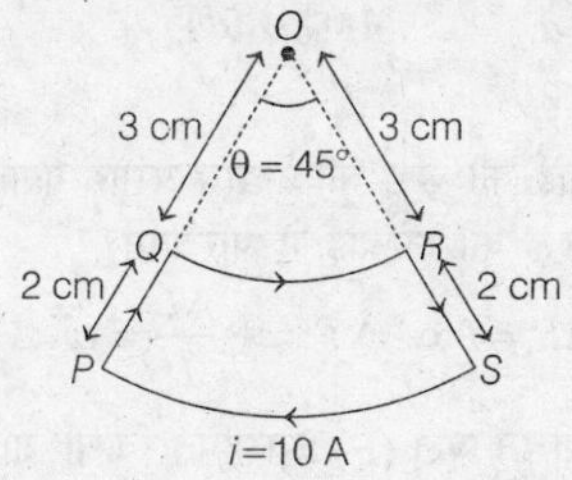

तार PQ तथा RS के कारण बिन्दु O पर चुम्बकीय क्षेत्र शून्य होगा।

चाप QR के कारण बिन्दु O पर चुम्बकीय क्षेत्र,

$$B_1=\frac{\theta}{2\pi}\left(\frac{\mu_0 i}{2a}\right)$$

दिया है, $\theta=45°=\dfrac{\pi}{4}$ rad, $i=10$ A तथा $a=3\text{ cm}=3\times10^{-2}$ m

$$\Rightarrow \quad B_1=\frac{\pi}{2\pi\times4}\left(\frac{\mu_0\times10}{2\times3\times10^{-2}}\right)$$

$$=\frac{\mu_0\times5}{2\times12\times10^{-2}}=\frac{5\times\mu_0\times10^2}{24}$$

चुम्बकीय क्षेत्र B_1 की दिशा चित्र के समतल से बाहर की ओर है। इसी प्रकार, चाप SP के कारण बिन्दु O पर चुम्बकीय क्षेत्र,

$$B_2=\frac{\pi}{4}\left(\frac{1}{2\pi}\right)\left[\frac{\mu_0\times10}{2\times(2+3)\times10^{-2}}\right]=\frac{\mu_0\times5}{2\times20\times10^{-2}}$$

$$=\frac{\mu_0}{2\times4\times10^{-2}}=\frac{\mu_0\times10^2}{8}$$

चुम्बकीय क्षेत्र B_2 की दिशा चित्र के समतल के अन्दर की ओर है।

$\therefore$ बिन्दु O पर परिणामी चुम्बकीय क्षेत्र,

$$B=B_1-B_2=\frac{1}{2}\left(\frac{5\times\mu_0}{12\times10^{-2}}-\frac{\mu_0}{4\times10^{-2}}\right)$$

$$=\frac{1}{2}\left(\frac{5\mu_0-3\mu_0}{12\times10^{-2}}\right)=\frac{1}{2}\left(\frac{2\mu_0}{12\times10^{-2}}\right)=\frac{4\pi\times10^{-7}}{12\times10^{-2}}\cong1\times10^{-5}\text{ T}$$

12. *(d)* प्रक्रम ACB के लिए आरेख निम्न चित्र में दर्शाया गया है,

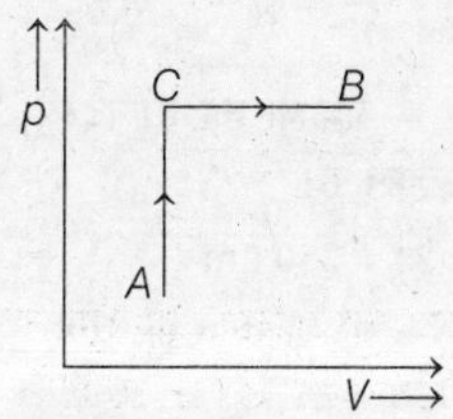

ऊष्मागतिकी के प्रथम नियम से,

ऊष्मा में हानि $\Delta Q=$ कृत कार्य $(\Delta W)+$ आन्तरिक ऊर्जा (ΔU)

$\Rightarrow$ अतः ऊष्मा हानि $\Delta Q_{ACB}=\Delta W_{ACB}+(U_B-U_A)$

[जहाँ, $\Delta U=U_B-U_A$]

या $\quad U_B-U_A=\Delta Q_{ACB}-\Delta W_{ACB}$

दिया है,

निकाय द्वारा ली गई ऊष्मा $=\Delta Q_{ACB}=60$ J

तथा निकाय द्वारा किया गया कार्य, $\Delta W_{ACB}=30$ J

समी. (i) में मान रखने पर,

$$U_B-U_A=60-30=30\text{J}$$ ...(ii)

इसी प्रकार, प्रक्रम ADB को निम्न प्रकार दर्शाया जा सकता है

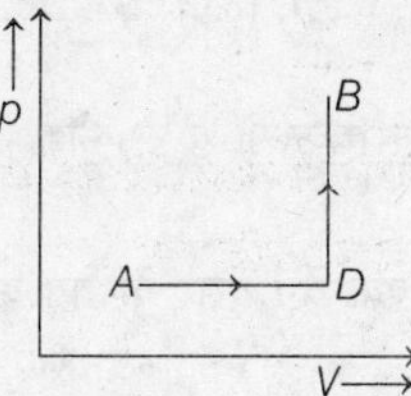

$$\Delta Q_{ADB}=\Delta W_{ADB}+(U_B-U_A)$$

दिया है, निकाय द्वारा किया गया कार्य, $W_{ADB}=10$ J

$\Rightarrow \quad \Delta Q_{ADB}=10+30$ [समी. (i) से,]

$=40$ J

अतः निकाय ADB में ऊष्मा प्रवाह का मान 40 J होगा।

13. *(d)* तार में प्रवाहित धारा (I) तथा अनुगमन वेग (v) में निम्न सम्बन्ध होता है,

$$I=neAv$$

जहाँ, $n=$ इलेक्ट्रॉन-घनत्व तथा $A=$ तार के अनुप्रस्थ-काट का क्षेत्रफल

$$\Rightarrow \quad v=\frac{I}{neA}$$

दिया है, अनुप्रस्थ-काट का क्षेत्रफल, $A = 5\text{ mm}^2 = 5.0 \times 10^{-3}\text{m}$

इलेक्ट्रॉन घनत्व, $n = 9.0 \times 10^{26}/\text{m}^3$

मान रखने पर,

$$v = \frac{1.5}{9 \times 10^{28} \times 1.6 \times 10^{-19} \times 5 \times 10^{-6}}$$

$$v = \frac{1.5 \times 10^{-3}}{72}\text{ m/s} = 0.2 \times 10^{-4}\text{ m/s} \text{ या } v = 0.02\text{ mm/s}$$

14. *(*)* माना प्रथम तथा द्वितीय स्थिति में फोटॉन की अधिकतम चाल क्रमशः v_1 तथा v_2 है।

अवधारणा I यदि दोनों स्थितियों में अधिकतम चाल में अन्तर 2 है तब $v_1 = v$ तथा $v_2 = 3v$

आइन्सटीन के प्रकाश विद्युत समीकरण से,

आपतित फोटॉन की ऊर्जा = कार्यफलन + गतिज ऊर्जा

$$\frac{hc}{\lambda} = \phi_0 + \frac{1}{2}mv^2$$

यहाँ, $hc = 1240$ eV, λ प्रकाश की तरंगदैर्ध्य, ϕ कार्यफलन तथा v फोटो-इलेक्ट्रॉन की चाल है।

जब $\lambda_1 = 350$ nm

$$\therefore \frac{hc}{350} = \phi_0 + \frac{1}{2}mv^2 \text{ या } \frac{hc}{350} - \phi_0 = \frac{1}{2}mv^2 \quad ...(i)$$

जब $\lambda_2 = 540$ nm

$$\therefore \frac{hc}{540} = \phi_0 + \frac{1}{2}m(3v)^2$$

$$\therefore \frac{hc}{540} - \phi_0 = (\frac{1}{2}mv^2) \times 9 \quad ...(ii)$$

समी. (i) को (ii) से भाग देने पर,

$$\frac{\frac{hc}{350} - \phi_0}{\frac{hc}{540} - \phi_0} = \frac{\frac{1}{2}mv^2}{(\frac{1}{2}mv^2) \times 9} = \frac{1}{9}$$

या $$9\left(\frac{hc}{350} - \phi_0\right) = \frac{hc}{540} - \phi_0 \text{ या } 8\phi_0 = hc\left[\frac{9}{350} - \frac{1}{540}\right]$$

या $$\phi_0 = \frac{1}{8} \times 1240\left[\frac{9 \times 540 - 350}{350 \times 540}\right] = 3.7\text{ eV}$$

अत: प्रश्न में दिए गए विकल्पों में से कोई भी विकल्प सही नहीं है।

वैकल्पिक विधि

अवधारणा II यदि एक वेग दूसरे के वेग का दुगुना है माना $v_1 = 2v$ तथा $v_2 = v$

आइन्सटीन प्रकाश विद्युत समीकरण से आपतित विकिरण की ऊर्जा = कार्य फलन + गतिज ऊर्जा

या $$\frac{hc}{\lambda} = \phi + \frac{1}{2}mv^2$$

माना जब $\lambda_1 = 350$ nm

तब $v_1 = 2v$

तथा जब $\lambda_1 = 540$ nm

तब $v_2 = v$

$$\frac{hc}{\lambda_1} = \phi + \frac{1}{2}m(2v^2)$$

या $$\frac{hc}{\lambda_1} - \phi = \frac{1}{2}m \times 4v^2 \quad ...(i)$$

या $$\frac{hc}{\lambda_2} = \phi + \frac{1}{2}mv^2 \text{ या } \frac{hc}{\lambda_2} - \phi = \frac{1}{2}mv^2 \quad ...(ii)$$

समी. (i) को (ii) से भाग देने पर,

$$\frac{\frac{hc}{\lambda_1} - \phi}{\frac{hc}{\lambda_2} - \phi} = \frac{\frac{1}{2}m \times 4v^2}{\frac{1}{2}mv^2} = 4 \text{ या } \frac{hc}{\lambda_1} - \phi = \frac{4hc}{\lambda_2} - 4\phi$$

या $$\phi = \frac{1}{3}hc\left(\frac{4}{\lambda_2} - \frac{1}{\lambda_1}\right) = \frac{1}{3} \times 1240\left(\frac{4 \times 350 - 540}{350 \times 540}\right)$$

या $$\phi = 1.8\text{ eV}$$

अवधारणा II के अनुसार, विकल्प *(a)* सही है।

15. *(d)* प्रश्न में दी गई स्थिति को चित्र में दर्शाया गया है,

$x=0$, $+Q$ — q — $+Q$; $\longleftarrow d/2 \longrightarrow$; $\longleftarrow d \longrightarrow$

कूलॉम के नियमानुसार, r दूरी पर स्थित दो आवेश q_1 तथा q_2 के मध्य बल

$$F = \frac{1}{4\pi\varepsilon_0}\frac{q_1q_2}{r^2}$$

$\therefore$ मूल बिन्दु $(x = 0)$ पर स्थित आवेश Q पर अध्यारोपण के सिद्धान्तानुसार, कुल बल

$$F_{\text{कुल}} = \frac{1}{4\pi\varepsilon_0} \cdot \frac{Q \times q}{\left(\frac{d}{2}\right)^2} + \frac{1}{4\pi\varepsilon_0} \cdot \frac{Q \times Q}{(d)^2}$$

प्रश्नानुसार, $F_{\text{कुल}} = 0$

$$\Rightarrow \frac{1}{4\pi\varepsilon_0} \cdot \frac{Q \times q}{\left(\frac{d}{2}\right)^2} + \frac{1}{4\pi\varepsilon_0} \cdot \frac{Q \times Q}{(d)^2} = 0$$

$$\Rightarrow \frac{1}{4\pi\varepsilon_0} \cdot \frac{Q \times q}{\left(\frac{d}{2}\right)^2} = -\frac{1}{4\pi\varepsilon_0} \cdot \frac{Q \times Q}{(d)^2} \text{ or } q = -\frac{Q}{4}$$

16. *(c)* यदि L लम्बाई की छड़ का रेखीय प्रसार गुणांक $\alpha/°\text{C}$ हो तो ΔT K ताप बढ़ाने पर छड़ की लम्बाई में परिवर्तन,

$$\Delta L = L\,\alpha \cdot \Delta T \Rightarrow \frac{\Delta L}{L} = \alpha \cdot \Delta T \quad ...(i)$$

जब छड़ पर संपीडन बल (F) आरोपित किया जाता है तब यंग प्रत्यास्थता गुणांक,

$$Y = \frac{\text{प्रतिबल}}{\text{विकृति}} = \frac{\frac{F}{A}}{\frac{\Delta L}{L}} \Rightarrow \frac{\Delta L}{L} = \frac{F}{YA} \quad ...(ii)$$

प्रश्नानुसार, छड़ की लम्बाई परिवर्तित नहीं होती है, अत: समी. (i) तथा (ii) से,

$$\alpha \cdot \Delta T = \frac{F}{YA}$$

$$\Rightarrow Y = \frac{F}{A\alpha \cdot \Delta T}$$

17. *(b)* **संकेत** *पूर्णतः अप्रत्यास्थ टक्कर के लिए निकाय का संवेग संरक्षित रहता है परन्तु गतिज ऊर्जा में कुछ हानि होती है तथा संघट्ट (टक्कर) के बाद वस्तुएँ आपस में चिपक कर एक निकाय की तरह गति करती है।*

प्रारम्भ में ब्लॉक A वेग v से चित्र में दर्शाए अनुसार गतिमान है,

A [m →v] B [m] C [M]

ब्लॉक A, B से अप्रत्यास्थ टक्कर करता है तथा उसके बाद दोनों द्रव्यमान संयुक्त होकर चित्रानुसार, v' वेग से गति करते हैं।

[m m →v'] C [M]

यदि संयुक्त निकाय, ब्लॉक C से पुन: अप्रत्यास्थ टक्कर करता है तो निकाय का वेग v'' में परिवर्तित हो जाता है, जैसे कि नीचे चित्र में दर्शाया गया है,

[m m M →v'']

संवेग संरक्षण के सिद्धान्त द्वारा,

निकाय का प्रारम्भिक संवेग = निकाय का अन्तिम संवेग

$$\Rightarrow \quad mv=(2m+M)v'' \quad \text{या} \quad v''=\left(\frac{mv}{2m+M}\right) \quad \ldots(i)$$

निकाय की (प्रारम्भिक) गतिज ऊर्जा,

$$(\text{KE})_i=\frac{1}{2}mv^2 \quad \ldots(ii)$$

निकाय की अन्तिम गतिज ऊर्जा

$$(\text{KE})_f=\frac{1}{2}(2m+M)(v'')^2$$

$$=\frac{1}{2}(2m+M)\left(\frac{mv}{2m+M}\right)^2 \quad [\because \text{समी. (i) से,}]$$

$$=\frac{1}{2}\cdot\frac{v^2m^2}{(2m+M)} \quad \ldots(iii)$$

समी. (iii) को समी. (ii) से भाग देने पर,

$$\frac{(\text{KE})_f}{(\text{KE})_i}=\frac{\frac{1}{2}\frac{m^2v^2}{(2m+M)}}{\frac{1}{2}mv^2}=\frac{m}{2m+M} \quad \ldots(iv)$$

प्रश्नानुसार, इन टक्करों में प्रारम्भिक गतिज ऊर्जा $(\text{KE})_i$, के $\frac{5}{6}$ भाग क्षयित होता है।

$$\text{अतः} \quad (\text{KE})_f=\frac{1}{6}(\text{KE})_i \Rightarrow \frac{(\text{KE})_f}{(\text{KE})_i}=\frac{1}{6} \quad \ldots(v)$$

समी. (iv) तथा (v) की तुलना करने पर,

$$\frac{m}{2m+M}=\frac{1}{6} \Rightarrow 6m=2m+M \Rightarrow 4m=M \Rightarrow \frac{M}{m}=4$$

18. *(d)* छड़ चुम्बक की निग्राहिता, चुम्बकीय क्षेत्र तीव्रता H का वह मान होती है जिसके चुम्बकत्व का मान शून्य हो जाता है।

परिनालिका का चुम्बकीय क्षेत्र,

$$B=\mu_0 nI \quad \ldots(i)$$

यहाँ, n = प्रति एकांक लम्बाई (l) में फेरों की संख्या तथा I = धारा

$$B=\mu_0 H \quad \ldots(ii)$$

$\therefore$ समी. (i) व (ii) से मान रखने पर,

$$\mu_0 nI=\mu_0 H \quad \text{अर्थात्} \quad H=nI=\frac{N}{l}I$$

दिया है, $N=100, l=0.2$ m, $I=5.2$ A

$$H=\frac{100}{0.2}\times 5.2 = 2600 \text{ A/m}$$

अतः छड़ चुम्बक की निग्राहिता का मान 2600 A/m है।

19. *(d)* लम्बाई, l अनुप्रस्थ-काट का क्षेत्रफल, A तथा ρ प्रतिरोधकता के तार का विद्युत् प्रतिरोध,

$$R=\rho\frac{l}{A} \quad \ldots(i)$$

$$\text{तार का आयतन,} \quad V=A\times l \quad \ldots(ii)$$

समी. (i) तथा (ii) से,

$$R=\rho\frac{l^2}{V} \quad \ldots(iii)$$

जब तार को खींचकर 0.5% से लम्बा कर दिया जाता है,

तब तार की नई लम्बाई,

$$l'=l+l \text{ का } 0.5\%=l+0.005\,l=1.005\,l$$

परन्तु V तथा ρ अपरिवर्तित रहते हैं।

$$\text{अतः नया प्रतिरोध,} \quad R'=\frac{\rho[(1.005)\,l]^2}{V} \quad \ldots(iv)$$

समी. (iv) को (iii) से भाग देने पर,

$$\frac{R'}{R}=(1.005)^2$$

प्रतिरोध में प्रतिशत परिवर्तन,

$$=\left(\frac{R'}{R}-1\right)\times 100$$

$$=[(1.005)^2-1]\times 100=1.0025\%\simeq 1\%$$

20. *(b)* n-प्रकार के अर्द्धचालकों में कोटरों की सान्द्रता को नगण्य (शून्य) माना जाता है,

अतः अर्द्धचालक पदार्थ की चालकता $\sigma=n_e e\mu_e$

यहाँ, n_e = इलेक्ट्रॉनो का संख्या-घनत्व

e = इलेक्ट्रॉन का आवेश, μ_e = गतिशीलता

दिया है, $n_e=10^{19}\text{ m}^{-3}, \mu_e=1.6\text{ m}^2/\text{V-s}$

मान रखने पर,

$$\sigma=10^{19}\times 1.6\times 10^{-19}\times 1.6=2.56$$

$$\text{प्रतिरोधकता,} \quad \rho=\frac{1}{\sigma}=\frac{1}{2.56}$$

अर्थात् $\rho=0.39\approx 0.4\,\Omega$-m

21. *(a)* एक समान रूप से आवेशित वलय के केन्द्र से h दूरी पर विद्युत क्षेत्र,

$$E=\frac{1}{4\pi\varepsilon_0}\cdot\frac{qh}{(h^2+R^2)^{3/2}}$$

परिमाण के अधिकतम मान के लिए,

$$\frac{dE}{dh}=0 \Rightarrow \frac{dE}{dh}=\frac{q}{4\pi\varepsilon_0}$$

$$\left[\frac{(h^2+R^2)^{3/2}-h[3/2(h^2+R^2)^{1/2}\,2h]}{(h^2+R^2)^3}\right]=0$$

$$\Rightarrow \quad 0 = \frac{(h^2 + R^2)^{3/2} - 3h^2(h^2 + R^2)^{1/2}}{(h^2 + R^2)^3}$$

$$\Rightarrow \quad (h^2 + R^2)^{3/2} = 3h^2(h^2 + R^2)^{1/2} \Rightarrow 3h^2 = (h^2 + R^2)$$

$$3h^2 - h^2 = R^2 \Rightarrow 2h^2 = R^2 \Rightarrow h = \pm \frac{R}{\sqrt{2}}$$

अतः आवेशित वलय के विद्युत क्षेत्र का मान उसके अक्ष पर केन्द्र से $\frac{R}{\sqrt{2}}$ दूरी पर अधिकतम होता है।

22. *(c)* प्रारम्भ में जब प्रकाश स्रोत (अर्थात् वस्तु) उत्तल लेन्स से 10 सेमी की दूरी पर रखा है तो चित्र में दर्शाए अनुसार प्रतिबिम्ब निर्मित होगा।

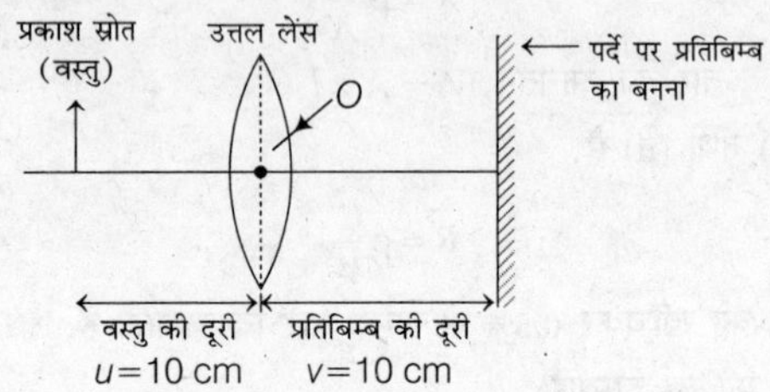

जब वस्तु लेन्स के $2f$ पर स्थित होगी तब $u = v$ होगा, अतः प्रतिबिम्ब लेन्स के दूसरी ओर $2f$ दूरी पर बनेगा।

अतः लेन्स के प्रकाशिक केन्द्र की दूरी

$= 2 \times$ फोकस दूरी $(f) =$ वस्तु की दूरी $\Rightarrow 2 \times f = 10$ या $f = 5$ cm

जब प्रकाश स्रोत को काँच के ब्लॉक के सम्पर्क में रखा जाता है तो इस स्थिति को निम्न चित्र द्वारा प्रदर्शित किया जा सकता है।

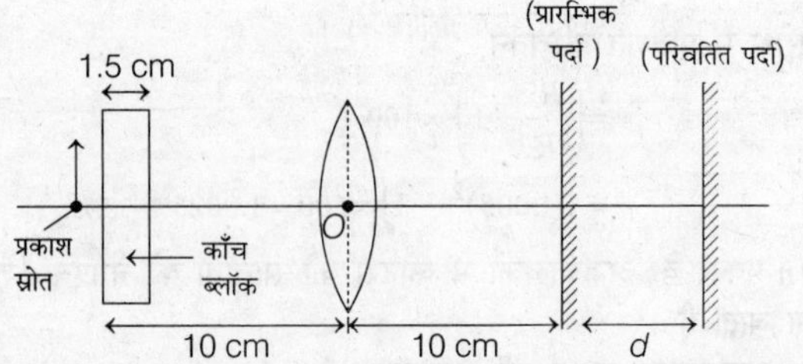

काँच के ब्लॉक के कारण लेन्स के सामने अपवर्तन के कारण वस्तु की स्थिति विस्थापित हो जाती है। अतः वस्तु की स्थिति में विस्थापन,

$$x = \left(1 - \frac{1}{\mu}\right) t$$

यहाँ, μ = ब्लॉक का अपवर्तनांक तथा t = ब्लॉक की मोटाई

$$\Rightarrow \quad x = \left(1 - \frac{1}{1.5}\right) 1.5 = \left(1 - \frac{2}{3}\right)\frac{3}{2} = \frac{1}{3} \times \frac{3}{2} = \frac{1}{2} = 0.5 \text{ cm}$$

लेन्स से प्रकाश स्रोत की नई दूरी,

$$u' = 10 - 0.5 = 9.5 \text{ cm}$$

लेन्स की फोकस दूरी = 5 cm,

$$\frac{1}{v'} = \frac{1}{f} + \frac{1}{u'} \quad \text{(लेन्स सूत्र से,)}$$

उपरोक्त मानों को रखने पर, $\frac{1}{v'} = \frac{1}{5} + \left(\frac{1}{-9.5}\right) = \frac{+9.5 - 5}{47.5} = \frac{4.5}{47.5}$

या $\quad v' = 10.55$ cm

$\therefore \quad d = v' - v = 10.55 - 10 = 0.55$ cm (लेन्स से दूर)

अतः स्पष्ट प्रतिबिम्ब प्राप्त करने के लिए स्क्रीन को 0.55 cm की दूरी से खिसकाना पडेगा।

23. *(d)* दिए गए प्रश्न में, बल आघूर्ण $(\tau) \propto$ कोणीय विस्थापन (α)

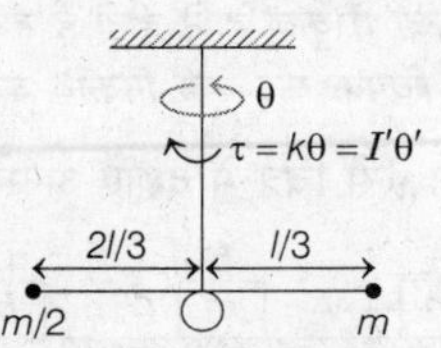

अतः जब इसे छोड़ा जाता है तब निकाय सरल आवर्त गति करता है, जिसका आवर्तकाल,

$$T = 2\pi\sqrt{\frac{I}{k}}$$

यहाँ, I जड़त्वाघूर्ण तथा k मरोड़ांक है और कोणीय आवृत्ति, $\omega = \sqrt{\frac{k}{I}}$

ऊपर दिए गए चित्र का शीर्ष प्रारूप निम्नवत् होगा,

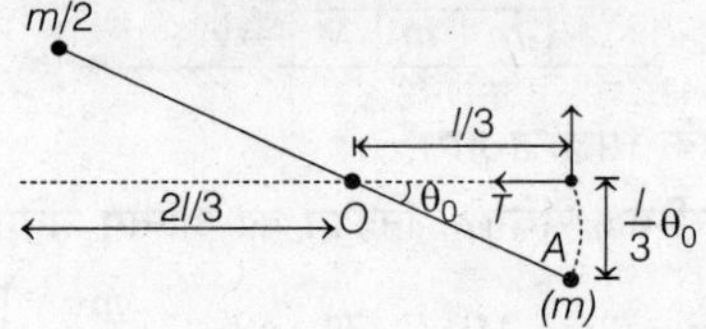

बिन्दु A पर कोणीय विस्थापन θ_0 के लिए, अधिकतम वेग

$$v_{\max} = \frac{l}{3}\theta_0\omega = \frac{l}{3}\theta_0\sqrt{\frac{k}{I}} \quad \text{...(i)}$$

जब छड़ माध्य स्थिति से गुजरती है तब छड़ में उत्पन्न तनाव

$$T = \frac{m \times v_{\max}^2}{\frac{l}{3}} = \frac{ml^2\theta_0^2 k \times 3}{9 \times l \times I} \quad \text{[समी. (i) से,]}$$

$$= \frac{ml\,\theta_0^2 k}{3I}$$

अतः बिन्दु O पर जड़त्वाघूर्ण, (I)

$$= \frac{m}{2}\left(\frac{2l}{3}\right)^2 + m\left(\frac{l}{3}\right)^2 = \frac{2l^2 m}{9} + \frac{ml^2}{9} = \frac{3ml^2}{9} = \frac{ml^2}{3}$$

$$\Rightarrow \quad T = \frac{ml\,\theta_0^2\,k \times 3}{3 \times ml^2} = \frac{\theta_0^2 k}{l} = \frac{k\theta_0^2}{l}$$

24. *(c)* चित्र में दर्शाए अनुसार, माना प्लेट के बाएँ भाग से x दूरी पर प्लेट की मोटाई dx है, चित्र से स्पष्ट है कि ΔABC तथा ΔADC समबाहु त्रिभुज है,

$$\Rightarrow \quad \frac{y}{x} = \frac{d}{a} \Rightarrow y = \left(\frac{d}{a}\right)x \quad \text{...(i)}$$

हम जानते हैं, समान्तर प्लेट संधारित्र की धारिता,

$$C = \frac{\varepsilon_0 A}{d} \Rightarrow C_1 = \frac{\varepsilon_0(adx)}{(d-y)} \text{ leLee } C_2 = \frac{K\varepsilon_0(adx)}{y}$$

परिवर्ती मोटाई के साथ दो संधारित्र श्रेणीक्रम में संयोजित हैं, अतः तुल्य धारिता,

$$C_{\text{eq}} = \frac{C_1C_2}{C_1 + C_2} \Rightarrow C_{\text{eq}} = \frac{K\varepsilon_0 adx}{Kd + (1-K)y} \quad \text{...(ii)}$$

समाकलन करने पर, 0 से a की सीमा तक,

$$C = \int_0^a \frac{K\varepsilon_0 a dx}{Kd + (1-K)y}$$

समी. (i) से, $y = \left(\frac{d}{a}\right)x, C = \varepsilon_0 a \int_0^a \frac{dx}{d + \left(\frac{1}{K} - 1\right)\frac{d}{a}x}$

$$\Rightarrow \quad C = \frac{\varepsilon_0 a}{\left(\frac{1-K}{K}\right)\frac{d}{a}} \ln\left[\frac{1}{K}\right] \Rightarrow C = \frac{K\varepsilon_0 a^2 \ln K}{(K-1)d}$$

25. *(d)* दिया है, कण का वेग $\mathbf{v} = k(y\,\hat{\mathbf{i}} + x\,\hat{\mathbf{j}})$ ...(i)

माना कण की स्थिति, $\mathbf{r} = x\,\hat{\mathbf{i}} + y\,\hat{\mathbf{j}}$

$$\therefore \quad \mathbf{v} = \frac{d\mathbf{r}}{dt} = \frac{d}{dt}(x\,\hat{\mathbf{i}} + y\,\hat{\mathbf{j}}) = \frac{dx}{dt}\hat{\mathbf{i}} + \frac{dy}{dt}\hat{\mathbf{j}} \quad \text{...(ii)}$$

समी. (i) तथा (ii) की तुलना करने पर,

$$\frac{dx}{dt} = y \quad \text{...(iii)}$$

तथा

$$\frac{dy}{dt} = x \quad \text{...(iv)}$$

समी. (iii) को समी. (iv) से भाग देने पर,

$$\frac{dt/dx}{dy/dt} = \frac{y}{x} \Rightarrow x\frac{dx}{dt} = y\frac{dy}{dt} \text{ या } xdx = ydy$$

दोनों पक्षों का समाकलन करने पर,

$$\int xdx = \int ydy \text{ या } \frac{x^2}{2} + \frac{c_1}{2} = \frac{y^2}{2} + \frac{c_2}{2}$$

यहाँ, c_1 तथा c_2 समाकलन नियतांक हैं।

$\Rightarrow \quad x^2 + c = y^2$ [यहाँ, c (नियतांक) $= c_1 - c_2$]

या $\quad y^2 = x^2 +$ नियतांक

अत: उपरोक्त समीकरण कण के पथ का व्यापक समीकरण होगा।

26. *(b)* ***संकेत*** *एक समान घनत्व वाली छड़ का द्रव्यमान केन्द्र, छड़ के केन्द्र पर ही होता है।*

ज्यामिति की सहायता से, छड़ों के निकाय को निम्न प्रकार दर्शाया जा सकता है

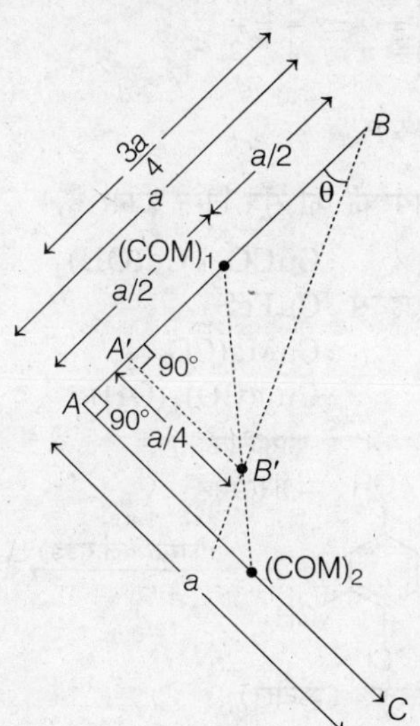

यहाँ, $(\text{COM})_1$ तथा $(\text{COM})_2$ छड़ AB तथा AC के द्रव्यमान केन्द्र हैं।

अत: $\Delta A'BB'$ में,

$$\tan\theta = \frac{A'B'}{A'B} = \frac{\frac{a}{4}}{\frac{3a}{4}} = \frac{1}{3} \Rightarrow \tan\theta = \frac{1}{3}$$

27. *(b)* चुम्बकीय क्षेत्र समय पर निर्भर करता है अत: पाश में प्रवाहित कुल आवेश

$$Q = \frac{\text{फ्लक्स में परिवर्तन } (\Delta\phi_B)}{\text{प्रतिरोध } (R)}$$

$$\Delta\phi_B = BA\cos\theta$$

यहाँ, $A =$ पाश का पृष्ठीय क्षेत्रफल, तथा $\theta = B$ तथा A के मध्य बना कोण

यहाँ, $\quad \theta = 0° \Rightarrow \Delta\phi_B = BA$

समयान्तराल, $t = 0$ ms से $t = 10$ ms, के लिए

$$Q = \frac{\Delta\phi_B}{R} = \frac{A}{R}(B_{f(0.01\text{s पर})} - B_{i(0\text{s पर})})$$

दिया है, $A = 3.5 \times 10^{-3}\ \text{m}^2$, $R = 10\Omega$

मान रखने पर,

$$= \frac{3.5 \times 10^{-3}}{10}[0.4\sin(0.5\pi) - 0.4\sin 0°]$$

$$= 3.5 \times 10^{-4}(0.4\sin\pi/2) = 1.4 \times 10^{-4}\ \text{C} = 14\ \text{mC}$$

अत: पाश में बहने वाले नेट आवेश का मान 14 mC होगा।

28. *(c)* केप्लर के द्वितीय नियम के अनुसार, किसी ग्रह को सूर्य से मिलाने वाली काल्पनिक रेखा समान समयान्तरालों में समान क्षेत्रफल तय करती है अर्थात् ग्रह की क्षेत्रफलीय चाल नियत रहती है।

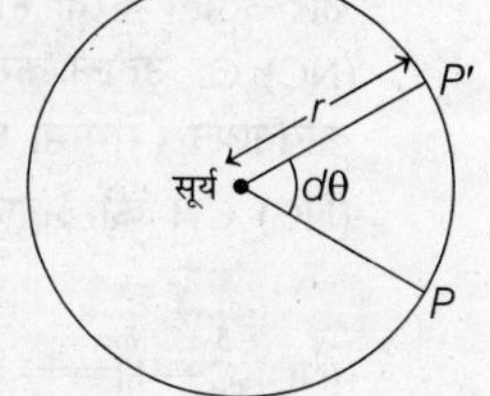

P से P' तक तय क्षेत्रफल dA है, जिसे निम्न प्रकार दिया जाता है,

$$dA = \frac{d\theta}{2\pi} \times \pi r^2 \Rightarrow dA = \frac{1}{2}r^2 d\theta \text{ या } \frac{dA}{dt} = \frac{1}{2}r^2\frac{d\theta}{dt}$$

यहाँ, $\frac{d\theta}{dt} = \omega$, कोणीय चाल

$$\frac{dA}{dt} = \frac{1}{2}r^2\omega$$

अर्थात् $\quad \frac{dA}{dt} = \frac{1}{2}r^2 \cdot \frac{L}{mr^2} \quad (\because$ कोणीय संवेग, $L = mr^2\omega)$

अत: क्षेत्रीय गति, $\quad \frac{dA}{dt} = \frac{L}{2m}$

29. *(c)* विद्युत चुम्बकीय तरंग के चुम्बकीय तथा विद्युत क्षेत्र के परिमाण में निम्न सम्बन्ध होता है,

$$\frac{|\mathbf{E}|}{|\mathbf{B}|} = c$$

यहाँ, $c =$ निर्वात् में प्रकाश की चाल

यहाँ, $|\mathbf{E}| = 6.3$ तथा $c = 3 \times 10^8$ m/s

$$\Rightarrow \quad |\mathbf{B}| = \frac{|\mathbf{E}|}{c} = \frac{6.3}{3 \times 10^8} = 2.1 \times 10^{-8}$$

अत: विद्युत चुम्बकीय तरंग में विद्युत क्षेत्र (E) तथा चुम्बकीय क्षेत्र (B) एक-दूसरे के लम्बवत् होते हैं तथा चुम्बकीय तरंग के संचरण $(E \times B)$ के भी लम्बवत् होते हैं।

यहाँ विद्युत चुम्बकीय तरंग का विद्युत क्षेत्र E, y-दिशा $(\hat{j})$ में है तथा तरंग के संचरण की दिशा, $+x$ दिशा $(\hat{i})$ में है

अतः चुम्बकीय क्षेत्र $(B) = 2.1 \times 10^{-8} \hat{k}$ T

30. *(b)* जब स्विच S बन्द होता है तो परिपथ आरेख निम्न होगा,

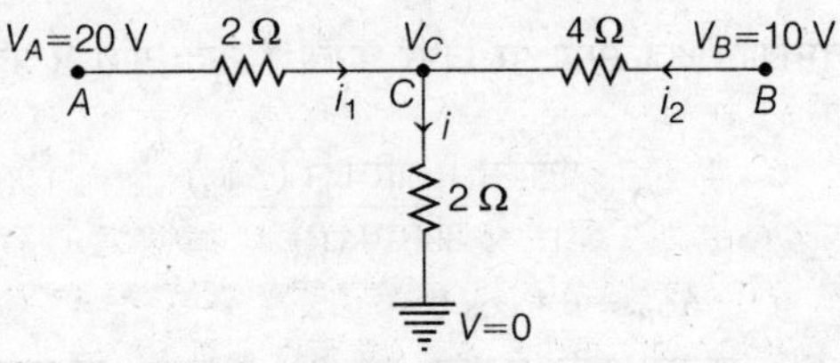

किरचॉफ के धारा नियम के अनुसार, किसी सन्धि पर आने वाली धाराओं का योग उस सन्धि से जाने वाली धाराओं के योग के तुल्य होता है, अतः बिन्दु C पर,

$$\therefore \quad i_1 + i_2 = i$$

$$\Rightarrow \quad \frac{V_A - V_C}{2} + \frac{V_B - V_C}{4} = \frac{V_C - V}{2} \quad (\because \text{ ओम के नियम से, } V = iR)$$

या $$\frac{20 - V_C}{2} + \frac{10 - V_C}{4} = \frac{V_C - 0}{2}$$

$$\Rightarrow \quad 2(20 - V_C) + 10 - V_C = 2V_C \Rightarrow \quad 50 = 3V_C + 2V_C$$

$$50 = 5V_C \quad \text{या} \quad V_C = 10 \text{ V}$$

$\therefore$ धारा, $$i = \frac{V_C}{2} = \frac{10}{2} = 5\text{A}$$

रसायन विज्ञान

31. *(d)* स्थिर ताप पर, गैस (S) की विलेयता हेनरी नियम के स्थिरांक (K_H) के व्युत्क्रमानुपाती होती है,

$$K_H = \frac{\text{दाब}}{\text{द्रव में गैस की विलेयता}} = \frac{p}{S}$$

अतः दिए गए दाब पर K_H का मान अधिक होगा, तो गैस की द्रव में विलेयता कम होगी।

32. *(d)* हम जानते है, प्रबल अम्ल स्वयं का स्थायी प्रबल या दुर्बल संयुग्मी क्षार उत्पन्न करता है। यहाँ $CH(CN)_3$ अधिक स्थायी संयुग्मी क्षार $(NC)_3C^-$ उत्पन्न करता है CN^- समूह का प्रबल $-R$ तथा $-I$- प्रभाव, कार्बेनायन (संयुग्मी क्षार) को अधिक स्थायी बनाता है।

$(NC)_3CH$ की अनुनाद संकरित संरचना निम्न प्रकार है

$(NC)_3\overset{\delta-}{C}—\overset{\delta+}{H} \rightleftharpoons NC \leftarrow C^{\ominus}(CN)(C{\equiv}N{:}\,(-R)) + H^{\oplus} \longleftrightarrow (NC)_2C{=}C{=}\ddot{N}{:}$ (NC: $(-I)$)

$[{:}N{\equiv}C—C(C{\equiv}N{:})_2]^{\ominus}$

$(NC)_3CH$ की अनुनाद संरचना

यद्यपि, हैलोजन $(X = Cl, Br, I)$ $-I$- प्रभाव दर्शाते हैं, परन्तु हैलोजन का $+R$- प्रभाव, कार्बेनायन को अस्थायी कर देता है। X_3C^- (हैलोफॉर्म का संयुग्मी क्षार HCX_3 है)

$X_2\overset{\ominus}{\ddot{C}} \longrightarrow \ddot{X}{:}\ (+R, -I)$

अतः दिए गए विकल्पों में $CH(CN)_3$ प्रबल अम्ल है।

33. *(d)* सिलिकॉन पॉलीसिलिकॉन है जिनका सामान्य सूत्र $[R_2SiO]_n$ होता है जहाँ, R एक कार्बनिक समूह है,

जैसे- $—CH_3$, $—C_2H_5$, $—C_6H_5$ इत्यादि।

सिलिकॉन में अनेक उपयोगी गुण होते है

(i) यह जल को प्रतिकर्षित करते हैं तथा जलरोधी सील बनाने में प्रयुक्त होते है।

(ii) यह ऊष्मारोधी होते हैं, क्योंकि एक बड़े परास में ताप $(-100° \text{ से } 250° \text{ C})$ में गुणों में स्थिरता प्रदर्शित करते हैं।

(iii) सिलिकॉन अविषैले होते हैं।

(iv) सिलिकॉन, कमरे के ताप पर सूक्ष्म जीवाणुओं की वृद्धि में सहायक नहीं होते है तथा यह कमरे के ताप पर गैस में उच्च पारगम्यता वाले होते हैं।

(v) ये O_2, O_3 तथा UV-विकिरणों के लिए प्रतिरोधी है।

(vi) सिलिकॉन विद्युतीय कुचालक के रूप में तैयार किए जाते हैं।

(vii) सिलिकॉन ग्रीस का प्रयोग ब्रेक के भागों में स्नेहक (Lubricant) के रूप में ऑटोमोबाइल में प्रयुक्त होते हैं, क्योंकि यह उच्च ताप पर स्थायी होते हैं। यह जल में अविलेय तथा गन्धहीन, श्यान द्रव है।

34. *(c)* फ्रेण्डलिक अधिशोषण समतापी के अनुसार,

$$\frac{x}{m} \propto p^{1/n} \Rightarrow \frac{x}{m} = Kp^{1/n}$$

दोनों पक्षों का लघुगणक (log) लेने पर,

$$\log\left(\frac{x}{m}\right) = \log K + \frac{1}{n}\log p$$

उपरोक्त समीकरण की सरल रेखा से तुलना करने पर, $(y = mx + c)$

$\log \frac{x}{m}$ के सापेक्ष $\log p$ का ग्राफ

$$\text{ढाल, } \frac{(y_2 - y_1)}{(x_2 - x_1)} = \frac{1}{n} \Rightarrow \frac{2}{4} = \frac{1}{2}$$

$$\therefore \quad \frac{x}{m} \propto p^{1/2}$$

35. *(b)* दिए गए अयस्कों का सूत्र निम्न प्रकार है,

मैलेकाइट : $CuCO_3 \cdot Cu(OH)_2$

कॉपर पायराइटस : $CuFeS_2$

डोलोमाइट : $CaMg(CO_3)_2$

ऐजुराइट : $Cu_3(CO)_3(OH)_2$

36. *(c)*

फीनॉलिक –OH समूह

(A) [OH, H_3C, CH_3, Cl युक्त बेन्जीन वलय] $\xrightarrow[\text{(iii)}]{FeCl_3 \text{ (फेरिक क्लोराइड)}}$ बैंगनी रंग

क्लोरोजाइलिनोल (डिटोल)

(B) नॉरएथिनड्रॉन (OH, H_3C, $C \equiv CH$) $\xrightarrow[\text{बेयर परीक्षण (iv)}]{\text{तनु } KMnO_4/5°C/OH^-}$ $KMnO_4$ से गुलाबी रंग मुक्त होता है

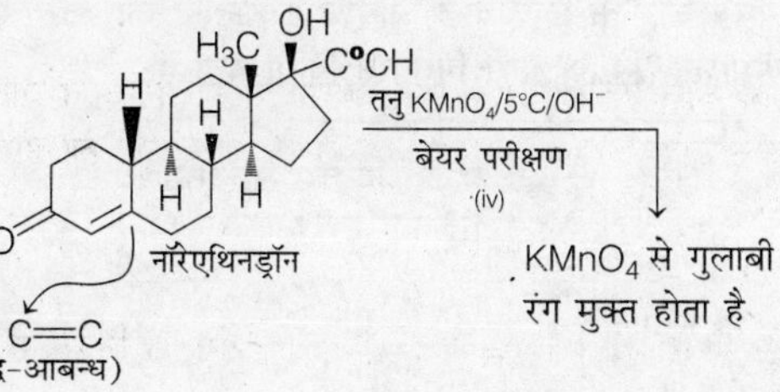

C=C (द्वि-आबन्ध)

(C) $H_2N-C_6H_4-SO_2-NH-$(पिरिडीन) सल्फापाइरिडीन

प्राथमिक ऐमीन $(-NH_2)$ $\xrightarrow[\text{(कार्बिलऐमीन परीक्षण) (i)}]{CHCl_3 + KOH \text{ (alc.)}}$ आइसोसायनाइड की दुर्गन्ध

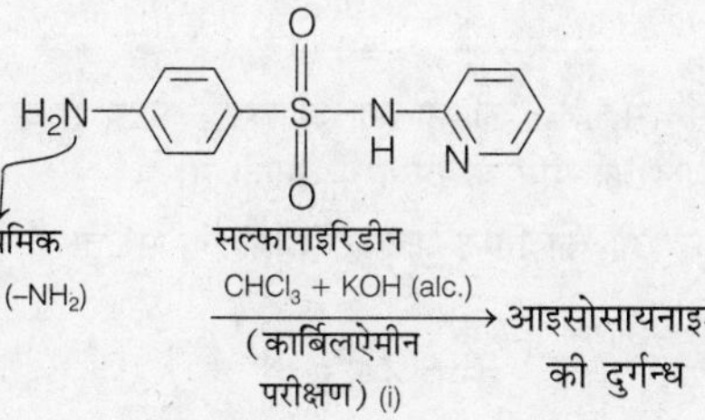

(D) $R-CO-NH-$ ... $-COOH$ पेनिसिलिन $\xrightarrow[\text{सोडियम हाइड्रोजन कार्बोनेट (ii)}]{NaHCO_3(aq)}$ CO_2 गैस धूम्र के साथ घुलती है

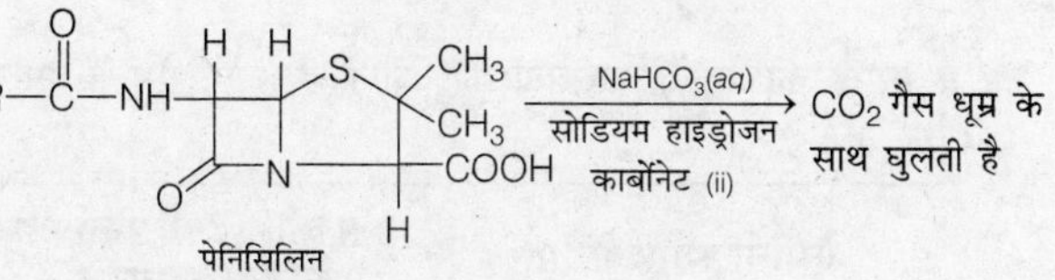

अत: सही मिलान निम्न प्रकार है

$A \rightarrow$ (iii), $B \rightarrow$ (iv), $C \rightarrow$ (i), $D \rightarrow$ (ii)

37. *(c)* आण्विक कक्षक सिद्धान्त के अनुसार,

Li_2^+ कुल इलेक्ट्रॉन = 5 का इलेक्ट्रॉनिक विन्यास

$Li_2^+ (Z = 5) = \sigma 1s^2, \sigma^* 1s^2, \sigma 2s^1$

बन्ध क्रम $= \dfrac{N_b - N_a}{2} = \dfrac{3-2}{2} = \dfrac{1}{2}$

Li_2^- कुल इलेक्ट्रॉन = 7 का इलेक्ट्रॉनिक विन्यास

$= \sigma 1s^2, \sigma^* 1s^2, \sigma 2s^2, \sigma^* 2s^1$

बन्ध क्रम $= \dfrac{N_b - N_a}{2} = \dfrac{4-3}{2} = \dfrac{1}{2}$

दी गई स्पीशीज के बन्ध क्रम का मान समान है, स्पीशीज, जिनमें कम संख्या में प्रतिबन्धी इलेक्ट्रॉन $[N_a]$ होते हैं, अधिक स्थायी होते हैं।

यहां, $Li_2^+(2)$ का $N_a < Li_2 (3)$ का N_a.

अत: इनके स्थायित्व का क्रम होगा- $Li_2^+ > Li_2^-$.

38. *(d)* ***संकेत*** *दी गई अभिक्रिया प्रथम-पद में नाभिकस्नेही प्रतिस्थापन अथवा जल-अपघटन की अभिक्रिया है। अन्तिम पद (अगले पद) में ऑक्सीकरण एवं निर्जलीकरण होता है। मुख्य तथ्य यह है कि बेन्जीन वलय से आबन्धित Br समूह प्रथम पद में प्रतिस्थापन अभिक्रिया में भाग नही लेता है।*

दी गयी अभिक्रिया के लिए, पथ

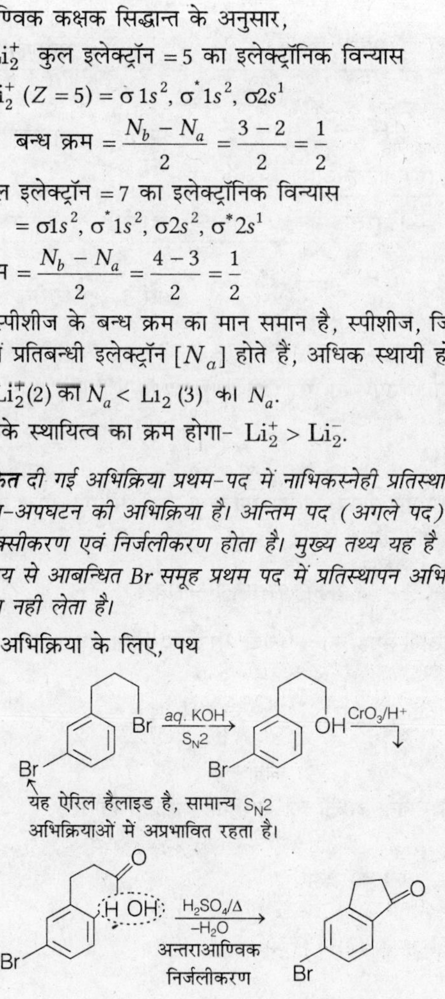

Br $\xrightarrow[S_N2]{aq.\ KOH}$ OH $\xrightarrow{CrO_3/H^+}$

यह ऐरिल हैलाइड है, सामान्य S_N2 अभिक्रियाओं में अप्रभावित रहता है।

H OH $\xrightarrow[-H_2O]{H_2SO_4/\Delta}$ (अन्तराआण्विक निर्जलीकरण)

39. *(a)* आदर्श गैस समीकरण से,

$$pV = \Sigma nRT \quad \text{...(i)}$$

दिया है, $p = 200$ Pa, $V = 10\,m^3$, $T = 1000$ K

$n_A = 0.5$ मोल, $n_B = x$ मोल

दिए गए मानों को समीकरण में रखने पर,

$$200 \times 10 = (n_A + n_B) \times R \times 1000$$

$$0.5 + x = \frac{200 \times 10}{R \times 1000} \Rightarrow \frac{1}{2} + x = \frac{2}{R} = \frac{2}{R} - \frac{1}{2} = \frac{4-R}{2R}$$

40. *(c)* ***संकेत*** *यह प्रश्न फैराडे के प्रथम नियम पर आधारित है, जो यह बताता है, कि किसी इलेक्ट्रोड पर निक्षेपित/मुक्त पदार्थ का द्रव्यमान प्रवाहित विद्युत धारा की मात्रा के सीधे समानुपाती होता है।*

आवेशन के दौरान,

$$Pb + SO_4^{2-} \longrightarrow PbSO_4 + 2e^-$$

$\Rightarrow$ $1\,F \equiv 1\,PbSO_4$ का 1 ग्राम तुल्यांक

$PbSO_4$ का $\dfrac{1}{2}$ मोल $\Rightarrow PbSO_4$ के $\dfrac{303}{2}$ ग्राम

$\therefore$ $0.05\,F \equiv \dfrac{303}{2} \times PbSO_4$ का 0.05 ग्राम

$= PbSO_4$ का 7.575 ग्राम ≈ 7.6 ग्राम

41. *(d)* केवल चक्रण चुम्बकीय आघूर्ण μ (BM में) निम्न प्रकार दिया जाता है,

$$\mu \text{ (BM में)} = \sqrt{n(n+2)}$$

यहाँ, $n =$ अयुग्मित इलेक्ट्रॉनों की संख्या

धातु संकुल में n का अधिकतम मान 5 तथा इसका विन्यास d^5 होता है।

$\therefore$ $\mu = \sqrt{5(5+2)}$ BM = 5.916 BM

42. *(c)* हाइड्रोजन के तीन समस्थानिक होते हैं। प्रत्येक का परमाणु क्रमांक 1 तथा परमाणु भार क्रमश: 1, 2 तथा 3 होता है इन्हें प्रोटियम (^{1}H) ड्यूटीरियम (^{2}H या D) तथा ट्राइटियम (^{3}H या T) कहा जाता है। सबसे सामान्य समस्थानिक साधारण हाइड्रोजन है, जिसे सामान्यतया प्रोटियम कहा जाता है। इसमें एक प्रोटॉन नाभिक में तथा एक इलेक्ट्रॉन नाभिक के चारों ओर चक्कर लगाता है।

हाइड्रोजन का द्वितीय समस्थानिक भारी हाइड्रोजन या ड्यूटीरियम कहलाता है। इसमें 1 प्रोटॉन तथा 1 न्यूट्रॉन नाभिक में तथा 1 इलेक्ट्रॉन नाभिक के चारों ओर चक्कर लगाता है। हाइड्रोजन का तृतीय समस्थानिक ट्राइटियम कहलाता है। इसमें 1 प्रोटॉन, 2 न्यूट्रॉन नाभिक में तथा 1 इलेक्ट्रॉन नाभिक के चारों ओर चक्कर लगाता है।

43. *(a)* अक्रिय युग्म प्रभाव के कारण, समूह-13 के तत्व (ns^2np^1) अपने यौगिकों में + 3 तथा + 1 ऑक्सीकरण अवस्था दर्शाते हैं। इन ऑक्सीकरण अवस्थाओं के स्थायित्व का क्रम निम्न है,

+ 3 ऑक्सीकरण अवस्थाएँ

$$B^{3+} > Al^{3+} > Ga^{3+} > In^{3+} > Tl^{3+}$$

B^{3+} मुक्त अवस्था में नहीं होता है। सभी B(III) यौगिक सहसंयोजक होते हैं।

+ 1 ऑक्सीकरण अवस्थाएँ

$$B^+ < Al^+ < Ga^+ < In^+ < Tl^+$$

B^+, आयनिक व सहसंयोजक अवस्था में नहीं पाये जाते हैं।

44. *(b)* आवर्ती गुणों में विभिन्न तत्वों का संक्षिप्त विवरण सारणी में दिया गया है

क्रमांक	आवर्ती गुण	विभिन्नता	
		(आवर्त में)	(वर्ग में)
1.	परमाणु त्रिज्या	कमी	वृद्धि
2.	इलेक्ट्रॉन लब्धि एन्थैल्पी	वृद्धि	कमी
3.	विद्युत-ऋणात्मकता	वृद्धि	कमी

अत: आवर्त सारणी के वर्ग में ऊपर से नीचे जाने पर विद्युत ऋणात्मकता में कमी तथा परमाणु त्रिज्या में वृद्धि होती है।

45. *(a)* जब H_2SO_4 को NH_4OH में मिलाया जाता है, तो अभिक्रिया निम्न प्रकार होती है

$$H_2SO_4 + 2NH_4OH \longrightarrow (NH_4)_2SO_4 + 2H_2O$$

	प्रबल अम्ल	दुर्बल क्षार	प्रबल अम्ल + दुर्बल क्षार का लवण
$t = 0$ पर मिलीमोल	$20 \times 0.1 = 2$	$30 \times 0.2 = 6$	0
$t = t$ पर मिलीमोल	0	2	2

अत: परिणामी विलयन क्षारीय बफर $[NH_4OH + (NH_4)_2SO_4]$ होता है।

हैन्डरसन समीकरण के अनुसार,

$$pOH = pK_b + \log \frac{[(NH_4)_2SO_4]}{[NH_4OH]} = 4.7 + \log \frac{2}{2} = 4.7$$

$$\Rightarrow \quad pH = 14 - pOH = 14 - 4.7 = 9.3$$

46. *(c)* $\overset{I}{M}(NO_3)_2$ के संतृप्त विलयन के क्रिस्टलीकरण पर जलयोजित $\overset{II}{M}(NO_3)_2 \cdot nH_2O$ केवल तब उत्पन्न होगा जब M^{2+} आयन की जलयोजन एन्थैल्पी (ΔH°_{hyd}) अधिक ऋणात्मक होगी। इसके आयन का जलयोजन, आकार पर निर्भर करता है। आयन का आकार छोटा होने पर, इसका आवेश घनत्व अधिक होता है तथा जिसके परिणामस्वरूप यह द्विध्रुव अन्तर्क्रिया के कारण अधिक जलयोजित होगा।

समूह-2 के धातु आयनों का आकार समूह में नीचे की ओर बढ़ता है। अत: उनकी जलयोजित क्रिस्टल बनाने की क्षमता का क्रम निम्न होगा

$$Be^{2+} >> Mg^{2+} >> Ca^{2+} >> Sr^{2+} >> Ba^{2+}$$

अत: $Ba(NO_3)_2$ जल में हल्का या कम विलेय होता है।

47. *(a)* दी गयी अभिक्रिया के लिए, पथ

विलगित C=C; Br_2/CCl_4; Br_2 का विलगित C=C के साथ प्रति योग (इलेक्ट्रॉनस्नेही); Br, Br; EtOH (ध्रुवीय प्रोटिक माध्यम एवं नाभिकस्नेही); $S_N1, -\bar{B}r$; 2°-बेन्जिल कार्बोकैटायन (स्थायी); Br; $\ddot{E}tOH$, $-H^{\oplus}$; OEt, Br; रेसीमीकृत ± व प्रतीप (+ तथा –)

48. *(d)* पीने योग्य जल के लिए कुछ आवश्यक धातुओं का स्तर, यूरोपियन पर्यावरण कमीशन (EEC) द्वारा निर्धारित किया गया है।

धातु	ppm में अधिकतम सान्द्रता
Zn	5
Mn	0.05
Fe	0.2
Cu	3

दिए गए नमूने में, Mn की सान्द्रता आवश्यक मात्रा से अधिक है। अत: यह पीने वाले जल को पीने के अयोग्य बनाती है।

49. *(a)* ऐमीन अणुओं को निम्न प्रकार दर्शाया जा सकता है,

$$R—CH\begin{matrix}COOH \\ NH_2\end{matrix}$$

'R' समूह की प्रकृति क्षारीयता को दर्शाती है, अत: ऐमीनों अम्ल का (pK_a)

	ऐमीनों समूह में 'R'	R की प्रकृति	ऐमीनों अम्लों की प्रकृति
1.	$—(CH_2)_3—NH—C(=\overset{+}{N}H_2)NH_2$ (आर्जिनीन : Arg)	क्षारीय	अधिक क्षारीय (ऐसीटेमिडीन समूह की उपस्थिति के कारण)
2.	$—CH_2—C(=O)O^-$ (ऐस्पार्टिक अम्ल : Asp)	अम्लीय	अम्लीय
3.	—H (ग्लाइसीन) : Gly	उदासीन	उदासीन
4.	$—(CH_2)_4—\overset{+}{N}H_3$ (लाइसीन Lys)	क्षारीय	क्षारीय

आर्जिनिन में उपस्थित ऐसीटेमिडीन समूह निम्न है

$$—C\begin{matrix}NH_2 \\ \ddot{N}H\end{matrix}$$

इसका स्व:प्रोटॉनीकरण/विप्रोटॉनीकरण इसमें संयुग्मी अम्ल को अधिक स्थायी बनाता है।

अत: $—C\begin{matrix}NH_2 \\ \ddot{N}H\end{matrix}$ प्रकृति में प्रबल क्षारीय है।

ऐसीटेमिडीन समूह की अनुनादी संरचनाएँ निम्न प्रकार है,

$$—C\begin{matrix}\ddot{N}H_2 \\ \ddot{N}H\end{matrix} \rightleftharpoons —C\begin{matrix}\ddot{N}H^- \\ \overset{+}{N}H_2\end{matrix} \rightleftharpoons —C\begin{matrix}\ddot{N}H \\ \ddot{N}H_2\end{matrix}$$

दिये गये ऐमीनो अम्लों की क्षारीयता का क्रम निम्न है

$$Asp < Gly < Lys < Arg$$

अत: pK_a मानों का क्रम,

	Asp <	Gly <	Lys <	Arg
pK_a मान	(3)	(6)	(9.8)	(10.8)

50. *(c)* दिए गए यौगिक α-एकल प्रतिस्थापी ऐसीटिक अम्ल व्युत्पन्न है तथा α-प्रतिस्थापन प्रबल-*I* समूह/परमाणुओं द्वारा होता है। अधिक शक्तिशाली -*I* समूह होने पर अम्ल प्रबल होगा।

विभिन्न समूहों की-*I* सामर्थ्य निम्न प्रकार होगी

$$—NO_2 > —CN > —F > —Cl$$

अत: अम्ल सामर्थ्य के लिए सही घटता क्रम निम्न होगा।

$$NO_2CH_2COOH > NCCH_2COOH > FCH_2COOH > ClCH_2COOH$$

51. *(c)* माना, दर व्यंजक $r \propto [A]^a [B]^b$ है।

प्रयोग I व II से

$$\frac{r_2}{r_1} = \left(\frac{0.1}{0.1}\right)^a \times \left(\frac{0.25}{0.20}\right)^b \Rightarrow \frac{6.93 \times 10^{-3}}{6.93 \times 10^{-3}} = 1 \times \left(\frac{5}{4}\right)^b$$

$$\Rightarrow 1 = \left(\frac{5}{4}\right)^b \Rightarrow \left(\frac{5}{4}\right)^0 = \left(\frac{5}{4}\right)^b \Rightarrow b = 0$$

प्रयोग II व III से, $\frac{r_3}{r_1} = \left(\frac{0.2}{0.1}\right)^a \times \left(\frac{0.30}{0.20}\right)^b$

$$\Rightarrow \frac{1.386 \times 10^{-2}}{0.693 \times 10^{-3}} = (2)^a \times (1.5)^0 \Rightarrow 2 = 2^a \times 1 \Rightarrow 2^1 = 2^a \Rightarrow a = 1$$

$\Rightarrow$ अत: $r \propto [A]^1[B]^0 \Rightarrow r \propto [A]$

अभिक्रिया का क्रम $(n) = 1$

$\Rightarrow$ अब, माना 1st प्रयोग के लिए,

$$r_1 = k \cdot [A] \quad \Rightarrow \quad k = \frac{r_1}{[A]} = \frac{6.93 \times 10^{-3}}{0.1} = 6.93 \times 10^{-2}\ m^{-1}$$

$$\Rightarrow \quad t_{50} = \frac{0.693}{k} = \frac{0.693}{6.93 \times 10^{-2}} = 10 \text{ मिनट}$$

52. *(c)* दी गयी अभिक्रिया की क्रियाविधि निम्न है,

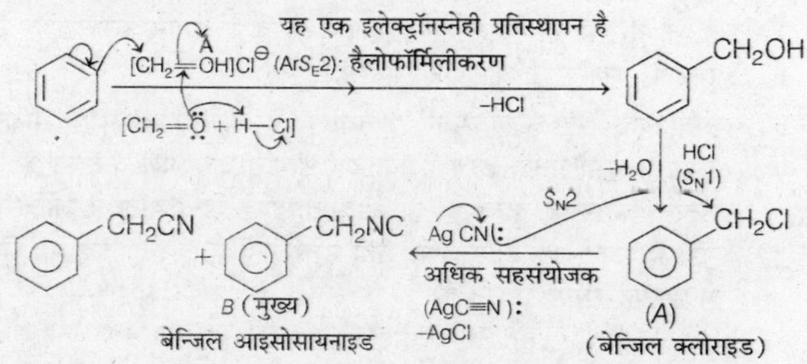

अत: बेन्जिल सायनाइड तथा बेन्जिल आइसोसायनाइड अभिक्रिया के उत्पाद हैं, परन्तु बेन्जिल आयसोसायनाइड मुख्य उत्पाद होगा, अत: विकल्प (c) सही है।

53. *(b)* **संकेत** *क्षारीयता ∝ इलेक्ट्रॉन युग्म देने की क्षमता*

$$\propto \frac{1}{\text{N का } s\text{-गुण }\%} \propto \frac{1}{\text{N की विद्युत-ऋणात्मक}}$$

दी गयी ऐमीनों में % *s*-गुण इस प्रकार है

पिरीडीन (I): sp^2-संकरित [*s*-गुण=33.3%]; पाइरोल (II): sp^2-संकरित [*s*-गुण=33.3%]; पाइपिरीडीन (III): sp^3-संकरित [*s*-गुण=25%]

अत: पाइपिरीडीन (III) में % *s*-गुण बहुत कम होता है, अत: अत्यधिक क्षारीय है। शेष पिरीडीन (I) तथा पाइरोल (II) में से नाइट्रोजन का इलेक्ट्रॉन युग्म विस्थानीकरण मे प्रयुक्त होता है तथा $(4n + 2)\ \pi$ ऐरोमैटिक $(n = 1)$ निकाय का अनुसरण करता है।

अत: पाइरोल (II) का N-परमाणु कम क्षारीयता दर्शायेगा।

अत: क्षारीयता का क्रम निम्न होगा

(III) > (I) > (II)

54. *(c)* ***संकेत*** *DIBAL-H डाइआइसोब्यूटिल ऐलुमिनियम हाइड्राइड* $[(CH_3)_2CHCH_2]_2AlH$ *है। यह एक चयनात्मक अपचायक है। यह कार्बोक्सिलिक अम्ल, कार्बोक्सिलिक अम्ल के व्युत्पन्नों तथा नाइट्राइल को ऐल्डिहाइड में अपचयित कर देता है। यह एक इलेक्ट्रॉनस्नेही अपचायक है।*

अभिक्रिया की क्रियाविधि निम्न प्रकार होगी,

(DIBAL-H) (इलेक्ट्रॉनस्नेही), Al (sp^2); R—C≡N: नाभिकस्नेही (नाइट्राइल) ⟶ R—C≡N⊕ ... Al⊖, H हाइड्राइड दाता (अपचायक) ⟶ Al—N=CH—R (ईमीन) $\xrightarrow[-NH_3,\ -DIBAL\text{-}H]{H_2O}$ R—CH=O (ऐल्डिहाइड)

अत: $R—\overset{\text{O}}{\overset{\|}{C}}—H$ सही उत्तर है।

55. *(c)* '*A*', निम्न ऊर्जा के पीले प्रकाश को अवशोषित करता है तथा बैंगनी प्रकाश उच्च ऊर्जा को उत्सर्जित करता है। (सम्पूरक रंग), क्योंकि H_2O एक दुर्बल क्षेत्र लिगेण्ड है परन्तु '*B*' वाली स्थिति में प्रबल क्षेत्र लिगेण्ड (NH_3) की उपस्थिति के कारण यह उच्च ऊर्जा के बैंगनी प्रकाश को अवशोषित करता है तथा कम ऊर्जा वाले सम्पूरक पीले रंग को उत्सर्जित करता है। Δ(CFSE) को दिए गए उपसहसंयोजक यौगिक द्वारा अवशोषित किए गए रंग की तरंगदैर्ध्य की सहायता से ज्ञात किया जाता है,

$$\Delta_0 = h\nu = h \times \frac{c}{\lambda}$$

दोनों संकुलों में तीन अयुग्मित इलेक्ट्रॉन होते हैं, अत: दोनों अनुचुम्बकीय हैं।

56. *(d)* $$\text{मोललता} = \frac{\text{विलेय के मोलों की संख्या}}{\text{विलायक का द्रव्यमान (ग्राम में)}} \times 1000$$

$$= \frac{\text{विलेय (ग्राम में) भार} = (\text{g में}) \times 1000}{[\text{विलेय का आण्विक भार} \times \text{विलायक का भार (ग्राम में)}]}$$

$$= \frac{w_{Na^+} \times 1000}{M_{Na^+} \times w_{H_2O}}$$

$$= \frac{92 \times 1000}{23 \times 1000} = 4 \text{mol kg}^{-1}$$

57. *(c)* दाब-विद्युत पदार्थ, वे पदार्थ हैं जो यान्त्रिक बल लगाने पर विद्युत-धारा उत्पन्न करते हैं। क्रिस्टलीय ठोस पदार्थ, इसके लिए प्रयुक्त किए जाते हैं।

अत: क्वार्ट्ज सही उत्तर है।

58. *(d)* रिड्बर्ग सूत्र के अनुसार, तरंग संख्या,

$$(\bar{\nu}) = R_H Z^2 \left[\frac{1}{n_i^2} - \frac{1}{n_f^2}\right]$$

दिया है, $n_i = 8,\ n_f = n$ [∵ यह उत्सर्जन की स्थिति है।]

$$\bar{\nu} = R_H \times (1)^2 \left[\frac{1}{8^2} - \frac{1}{n^2}\right]$$

$$\bar{\nu} = R_H \left[\frac{1}{64} - \frac{1}{n^2}\right] = \frac{R_H}{64} - \frac{R_H}{n^2}$$

सरल रेखा के समीकरण से तुलना करने पर, $y = mx + c$,

ढाल $= R_H$, अन्त:खण्ड $= \frac{-R_H}{n^2}$.

अत: तरंग संख्या ($\bar{\nu}$) के सापेक्ष $\frac{1}{n^2}$ का ग्राफ रेखीय होगा, जिसका ढाल ($-R_H$) होगा।

59. *(a)* दोनों क्रियाकारकों का विश्लेषण:

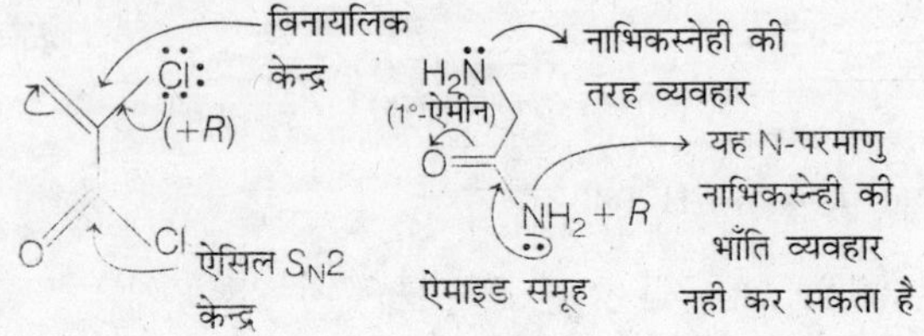

अत: अभिक्रिया निम्न प्रकार हो सकती है

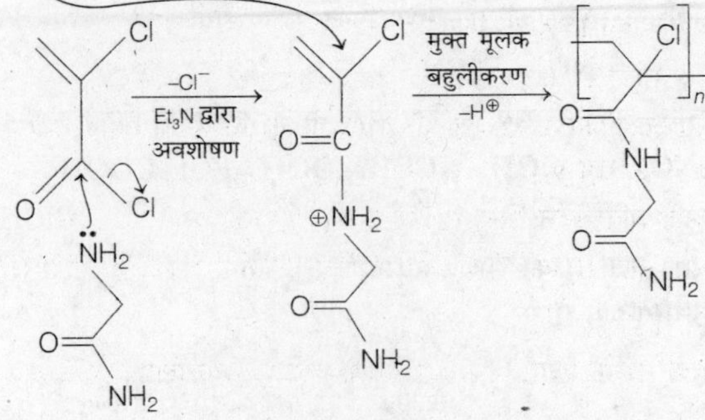

60. *(c)* उत्क्रमणीय समतापीय प्रसार के लिए,

$$|W| = nRT \ln \frac{V_f}{V_i} = nRT \ln \frac{V}{V_i}$$

यहाँ, $V =$ अन्तिम आयतन, $V_i =$ प्रारम्भिक आयतन या

$|W| = nRT \ln V - nRT \ln V_i$

अत: $|W|$ के साथ $\ln V$ का ग्राफ सीधी रेखा देता है जिसमें $2(T_2)$ का ढाल; $1(T_1)$ के ढाल की तुलना में अधिक होता है जोकि सभी विकल्पों में दिया गया है।

अब, यदि $V_i < 1$, तो y अन्त:खण्ड ($-nRT\ V_i$) धनात्मक होता है तथा यदि यह एक स्थिति के लिए धनात्मक होता है तो दूसरी स्थिति के लिए भी धनात्मक होगा।

इस प्रकार, यह सम्भव नहीं है, कि एक y-अन्त:खण्ड ऊपर जाये तथा दूसरा y-अन्त:खण्ड नीचे जाये अत: विकल्प (b) तथा (d) गलत है। यदि दिए गए विकल्प (a) में दिए ग्राफ को विस्तारित करते हैं, तो यह प्रतीत होता है कि यह मिल रहा है जोकि सम्भव नहीं है. क्योंकि यदि ये मिलते हैं, तो ये समान y-अन्त:खण्ड देता है परन्तु ये समान अन्त:खण्ड नहीं दे सकता, क्योंकि T का मान भिन्न है।

अब, यदि रेखा का विस्तार T_1 तथा T_2 है जोकि विकल्प (c) में दिया गया है। ऐसा प्रतीत होता है कि यह उत्पत्ति को स्पर्श कर रहे हैं। यदि ये उत्पत्ति को स्पर्श करते हैं, तो y-अन्त:खण्ड शून्य होता है जोकि सम्भव नहीं है। अत: यह वास्तव में सही उत्तर नहीं है, परन्तु दिए गए विकल्पों में से यह सबसे उचित है।

गणित

61. *(b)* अतिपरवलय $\frac{x^2}{a^2} - \frac{y^2}{b^2} = 1$ के लिए, $e = \sqrt{1 + \frac{b^2}{a^2}}$

∴ दिए गए अतिपरवलय के लिए,

$$e = \sqrt{1 + \frac{\sin^2\theta}{\cos^2\theta}} > 2 \quad (\because a^2 = \cos^2\theta \text{ तथा } b^2 = \sin^2\theta)$$

$$\Rightarrow \quad 1 + \tan^2\theta > 4 \Rightarrow \tan^2\theta > 3$$

$$\Rightarrow \quad \tan\theta \in (-\infty, -\sqrt{3}) \cup (\sqrt{3}, \infty)$$

$$[x^2 > 3 \Rightarrow |x| > \sqrt{3} \Rightarrow x \in (-\infty, -\sqrt{3}) \cup (\sqrt{3}, \infty)]$$

परन्तु $\theta \in \left(0, \frac{\pi}{2}\right) \Rightarrow \tan\theta \in (\sqrt{3}, \infty) \Rightarrow \theta \in \left(\frac{\pi}{3}, \frac{\pi}{2}\right)$

अब, नाभिलम्ब की लम्बाई

$$= \frac{2b^2}{a} = 2\frac{\sin^2\theta}{\cos\theta} = 2\sin\theta\tan\theta$$

चूँकि, $\sin\theta$ तथा $\tan\theta$ दोनों $\left(\frac{\pi}{3}, \frac{\pi}{2}\right)$ में वर्द्धमान फलन है।

∴ नाभिलम्ब का निम्नतम मान

$$> 2\sin\frac{\pi}{3} \cdot \tan\frac{\pi}{3} = 2 \cdot \frac{\sqrt{3}}{2} \cdot \sqrt{3} = 3 \quad \left(\theta = \frac{\pi}{3} \text{ पर}\right)$$

तथा नाभिलम्ब का महत्तम मान $< \infty$

अत: नाभिलम्ब लम्बाई $\in (3, \infty)$

62. *(b)* दिए गए वक्रों के समीकरण

$$y = 10 - x^2 \quad \text{...(i)}$$

तथा $$y = 2 + x^2 \quad \text{...(ii)}$$

प्रतिच्छेदन बिन्दु के लिए,

$$10 - x^2 = 2 + x^2 \Rightarrow 2x^2 = 8 \Rightarrow x^2 = 4 \Rightarrow x = \pm 2$$

स्पष्टतः, जब $x=2$, तब $y=6$ (समी (i) के उपयोग से) तथा जब $x=-2$, तब $y=6$

अत: प्रतिच्छेदन बिन्दु (2, 6) तथा (−2,6) है।

माना वक्र (i) की स्पर्शी की प्रवणता m_1 तथा वक्र (ii) की स्पर्शी की प्रवणता m_2 है।

वक्र (i) के लिए, $\frac{dy}{dx} = -2x$ तथा वक्र (ii) के लिए, $\frac{dy}{dx} = 2x$

$\therefore$ बिन्दु (2, 6) पर, प्रवणता $m_1 = -4$ तथा $m_2 = 4$ है, तब इस स्थिति में,

$$|\tan\theta| = \left|\frac{m_2 - m_1}{1 + m_1 m_2}\right| = \left|\frac{4+4}{1-16}\right| = \frac{8}{15}$$

बिन्दु (−2, 6) पर, प्रवणता $m_1 = 4$ तथा $m_2 = -4$, इस स्थिति में,

$$|\tan\theta| = \left|\frac{m_2 - m_1}{1 + m_1 m_2}\right| = \left|\frac{-4-4}{1-16}\right| = \frac{8}{15}$$

63. *(c)* दिया है, $S = a_1 + a_2 + \ldots + a_{30}$

$$= 15[2a_1 + 29d] \quad \text{...(i) (जहाँ } d \text{ सार्वान्तर है)}$$

$$\left[\because S_n = \frac{n}{2}[2a + (n-1)d]\right]$$

तथा $T = a_1 + a_3 + \ldots + a_{29}$

$$= \frac{15}{2}[2a_1 + 14 \times 2d)] \quad (\because \text{ सार्वान्तर } 2d \text{ है})$$

$$\Rightarrow \quad 2T = 15[2a_1 + 28d] \quad \text{...(ii)}$$

समी (i) तथा (ii) से,

$$S - 2T = 15d = 75 \quad [\because S - 2T = 75]$$

$$\Rightarrow \quad d = 5$$

अब,
$$a_{10} = a_5 + 5d$$
$$= 27 + 25 = 52$$

64. *(a)* माना पाँच विद्यार्थियों की ऊँचाइयाँ x_1, x_2, x_3, x_4, x_5 हैं, तब

माध्य, $$\bar{x} = \frac{\sum_{i=1}^{5} x_i}{5} = 150 \Rightarrow \sum_{i=1}^{5} x_i = 750 \quad \text{...(i)}$$

तथा प्रसरण $$= \frac{\sum_{i=1}^{5} x_i^2}{n} - (\bar{x})^2 \Rightarrow \frac{\sum_{i=1}^{5} x_i^2}{5} - (150)^2 = 18$$

$$\Rightarrow \quad \sum_{i=1}^{5} x_i^2 = 112590 \quad \text{...(ii)}$$

अब, नया माध्य $$= \frac{\sum_{i=1}^{6} x_i}{6} = \frac{\sum_{i=1}^{5} x_i + 156}{6} = \frac{750 + 156}{6} \quad \text{[समी (i) से]}$$

$$\Rightarrow \quad \bar{x}_{new} = 151$$

तथा नया प्रसरण $$= \frac{\sum_{i=1}^{6} x_i^2}{6} - (\bar{x}_{new})^2 = \frac{\sum_{i=1}^{5} x_i^2 + (156)^2}{6} - (151)^2$$

$$= \frac{112590 + (156)^2}{6} - (151)^2 \quad \text{[समी (ii) के उपयोग से]}$$

$$= 22821 - 22801 = 20$$

65. *(d)* अब विकल्पों की जाँच करते हैं

(A) माना $\oplus = \wedge$ तथा $\cdot = \vee$

इस स्थिति में,

$(p \wedge q) \quad (\sim p \vee q) \quad \equiv (p \cap q)$

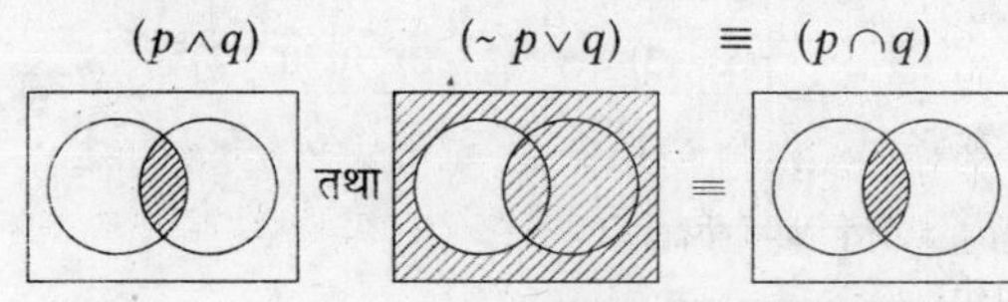

[$\vee \approx \cup$ तथा $\wedge \approx \cap$ लेने पर]

(B) माना $\oplus = \wedge$ तथा $\cdot = \vee$

इस स्थिति में,

$(p \wedge q) \quad \wedge \quad (\sim p \wedge q) \quad \equiv$ रिक्त समुच्चय

(C) माना $\oplus = \vee$ तथा $\cdot = \wedge$

इस स्थिति में,

$(p \vee q) \quad \wedge \quad (\sim p \wedge q) \quad \equiv \quad (\sim p \wedge q)$

तथा ≡

(D) माना $\oplus = \vee$ तथा $\odot = \vee$

इस स्थिति में,

$(p \vee q) \quad \wedge \quad (\sim p \vee q) \quad \equiv \quad q$

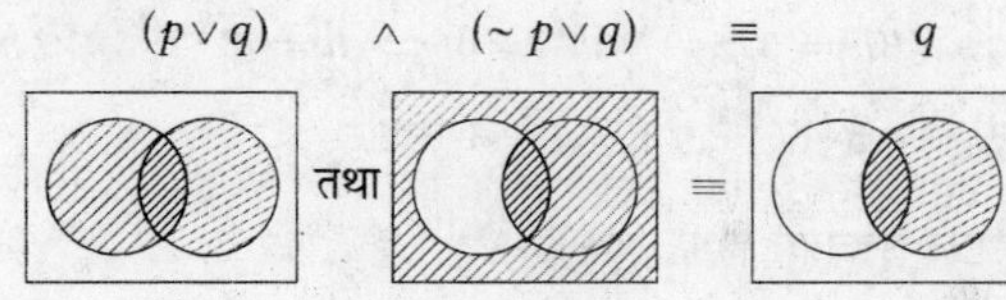

66. *(b)* दिया है, परवलय का समीकरण $y = x^2 - 1$,

जिसे $x^2 = y + 1$ या $x^2 = (y - (-1))$ के रूप में लिख सकते है।

$\Rightarrow$ परवलय का शीर्ष (0, −1) तथा यह ऊपरी ओर खुलने वाला है।

बिन्दु (2,3) पर स्पर्शी का समीकरण, $T = 0$

$$\Rightarrow \quad \frac{y + y_1}{2} = x\,x_1 - 1, \text{ जहाँ, } x_1 = 2 \text{ तथा } y_1 = 3$$

$$\Rightarrow \quad \frac{y + 3}{2} = 2x - 1 \Rightarrow y = 4x - 5$$

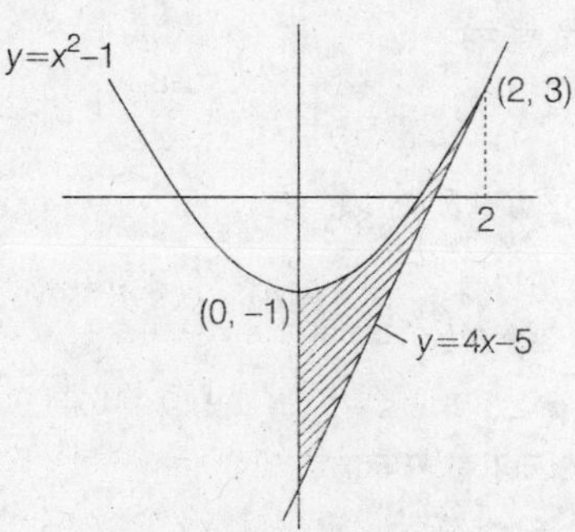

अब, अभीष्ट क्षेत्रफल = छायांकित भाग का क्षेत्रफल

$$= \int_0^2 [y(\text{परवलय}) - y(\text{स्पर्शी})]\,dx$$

$$= \int_0^2 [(x^2 - 1) - (4x - 5)]\, dx$$

$$= \int_0^2 (x^2 - 4x + 4)\, dx = \int_0^2 (x-2)^2\, dx$$

$$= \left| \frac{(x-2)^3}{3} \right|_0^2 = \frac{(2-2)^3}{3} - \frac{(0-2)^3}{3} = \frac{8}{3} \text{ वर्ग इकाई}$$

67. *(b)* माना h= शंकु की ऊँचाई

तथा r= वृत्ताकार आधार की त्रिज्या

$= \sqrt{(3)^2 - h^2}$ $\quad [\because l^2 = h^2 + r^2]$

$= \sqrt{9 - h^2}$ ...(i)

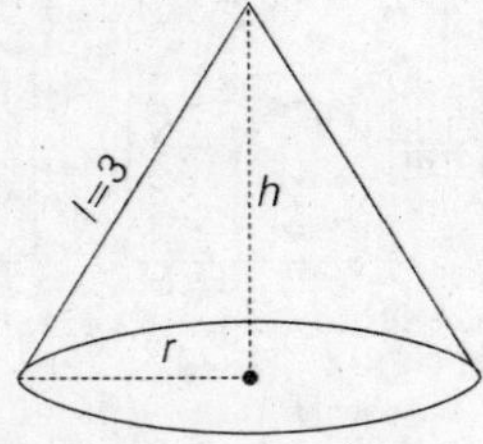

अब शंकु का आयतन $(V) = \frac{1}{3}\pi r^2 h$

$\Rightarrow \quad V(h) = \frac{1}{3}\pi(9 - h^2)h$ [समी (i) से]

$= \frac{1}{3}\pi\, [9h - h^3]$ ...(ii)

उच्चतम आयतन के लिए $V'(h) = 0$ तथा $V''(h) < 0$

यहाँ, $\quad V'(h) = 0 \Rightarrow (9 - 3h^2) = 0 \Rightarrow h = \sqrt{3}$ $\quad [\because h \not< 0]$

तथा $V''(h) = \frac{1}{3}\pi(-6h) < 0, h = \sqrt{3}$ के लिए

अत: आयतन उच्चतम होगा, जब $h=\sqrt{3}$

अब, उच्चतम आयतन

$V(\sqrt{3}) = \frac{1}{3}\pi(9\sqrt{3} - 3\sqrt{3})$ [समी (ii) से]

$= 2\sqrt{3}\pi$

68. *(a)* माना $b = ar$ तथा $c = ar^2$ है, जहाँ r सार्वानुपात है

तब, $\quad a + b + c = xb \Rightarrow a + ar + ar^2 = xar$

$\Rightarrow \quad 1 + r + r^2 = xr$ ... (i) $[\because a \neq 0]$

$\Rightarrow \quad x = \frac{1 + r + r^2}{r} = 1 + r + \frac{1}{r}$

हम जानते हैं कि,

$r + \frac{1}{r} \geq 2$ $\quad (r > 0$ के लिए)

तथा $\quad r + \frac{1}{r} \leq -2$ $\quad (r < 0$ के लिए)

$[\because \text{AM} \geq \text{GM}]$

$\therefore \quad 1 + r + \frac{1}{r} \geq 3$ या $1 + r + \frac{1}{r} \leq -1$

$\Rightarrow \quad x \geq 3$ या $x \leq -1 \Rightarrow x \in (-\infty, -1] \cup [3, \infty)$

अत: x, 2 नहीं हो सकता है।

अन्य हल

समी (i) से,

$$1 + r + r^2 = xr \Rightarrow r^2 + (1 - x)r + 1 = 0$$

r के वास्तविक हल के लिए, $D \geq 0$

$\Rightarrow \quad (1 - x)^2 - 4 \geq 0 \Rightarrow x^2 - 2x - 3 \geq 0 \Rightarrow (x - 3)(x + 1) \geq 0$

$\Rightarrow \quad x \in (-\infty, -1] \cup [3, \infty)$

$\therefore \quad x$, 2 नहीं हो सकता है।

69. *(b)* हम जानते हैं, कि परवलय $y^2 = 4ax$ से स्पर्शी का समीकरण $y = mx + \frac{a}{m}$

$\therefore$ परवलय $y^2 = 4x$ से स्पर्शी का समीकरण

$y = mx + \frac{1}{m}$ $\quad (\because a = 1)$

$\Rightarrow \quad m^2 x - my + 1 = 0$ ...(i)

अब, माना कि रेखा (i) भी वृत्त की स्पर्श रेखा है।

$\therefore$ वृत्त का समीकरण $x^2 + y^2 - 6x = 0$

स्पष्टत:, दिए गए वृत्त का केन्द्र (3,0) तथा त्रिज्या = 3

[$\because$ वृत्त $x^2 + y^2 + 2gx + 2fy + c = 0$ के लिए, केन्द्र $= (-g, -f)$ तथा त्रिज्या $= \sqrt{g^2 + f^2 - c}$]

$\therefore$ रेखा (i) से बिन्दु (3, 0) की लम्बवत् दूरी 3 है।

[$\because$ त्रिज्या, वृत्त की स्पर्शी के लम्बवत् है]

$$\Rightarrow \quad \frac{|m^2 \cdot 3 - m \cdot 0 + 1|}{\sqrt{(m^2)^2 + (-m)^2}} = 3$$

[बिन्दु (x_1, y_1) से रेखा $ax + by + c = 0$ के लम्ब की लम्बाई $\left|\frac{ax_1 + by_1 + c}{\sqrt{a^2 + b^2}}\right|$ है।]

$$\Rightarrow \quad \frac{3m^2 + 1}{\sqrt{m^4 + m^2}} = 3$$

$$\Rightarrow \quad 9m^4 + 6m^2 + 1 = 9(m^4 + m^2)$$

$$\Rightarrow \quad m \approx \infty \text{ या } m = \pm \frac{1}{\sqrt{3}}$$

$$\left[\because \lim_{m \to \infty} \frac{3m^2 + 1}{\sqrt{m^4 + m^2}} = \lim_{m \to \infty} \frac{3 + \frac{1}{m^2}}{\sqrt{1 + \frac{1}{m^2}}} = 3\right]$$

$\therefore$ उभयनिष्ठ स्पर्शी का समीकरण $x = 0$,

$$y = \frac{x}{\sqrt{3}} + \sqrt{3}$$

तथा $\quad y = \frac{-x}{\sqrt{3}} - \sqrt{3}$ $\quad \left(y = mx + \frac{1}{m}\text{ के उपयोग से}\right)$

अर्थात् $\quad x = 0, \sqrt{3}\, y = x + 3$

तथा $\quad \sqrt{3}y = -x - 3$

70. *(b)* दिया है,

$$f(x)=\begin{cases}5 &, \text{ यदि } x\le 1\\ a+bx &, \text{ यदि } 1<x<3\\ b+5x &, \text{ यदि } 3\le x<5\\ 30 &, \text{ यदि } x\ge 5\end{cases}$$

स्पष्टतः, $f(x)$ के सतत् होने के लिए, इसे $x=1, x=3$ तथा $x=5$ पर सतत् होना चाहिए। [$\because$ शेष भाग में यह सर्वत्र सतत् है]

$\therefore$ $\lim_{x\to 1^+}(a+bx)=a+b=5$ ...(i)

$[\because \lim_{x\to 1^-} f(x)=\lim_{x\to 1^+} f(x)=f(1)]$

$\lim_{x\to 5^-}(b+5x)=b+25=30$ ...(ii)

$[\because \lim_{x\to 5^-} f(x)=\lim_{x\to 5^+} f(x)=f(5)]$

समी (i) तथा (ii) को हल करने पर, $b=5$ तथा $a=0$

अब, हमें $x=3$ पर $f(x)$ की सततता की जाँच करनी है।

यहाँ, $\lim_{x\to 3^-}(a+bx)=a+3b=15$

तथा $\lim_{x\to 3^+}(b+5x)=b+15=20$

अतः $a=0$ तथा $b=5$ के लिए, $f(x), x=3$ पर सतत् नहीं है।

$\therefore f(x)$, a तथा b के किसी भी मान के लिए सतत् नहीं हो सकता है।

71. *(a)* माना $z=\left(\frac{3+2i\sin\theta}{1-2i\sin\theta}\right)\times\left(\frac{1+2i\sin\theta}{1+2i\sin\theta}\right)$

(हर का परिमेयीकरण करने पर)

$=\frac{3-4\sin^2\theta+8i\sin\theta}{1+4\sin^2\theta}$ [$\because a^2-b^2=(a+b)(a-b)$ तथा $i^2=-1$]

$=\left(\frac{3-4\sin^2\theta}{1+4\sin^2\theta}\right)+\left(\frac{8\sin\theta}{1+4\sin^2\theta}\right)i$

चूँकि, z का वास्तविक भाग $=0$

$\therefore \frac{3-4\sin^2\theta}{1+4\sin^2\theta}=0 \Rightarrow 3-4\sin^2\theta=0$

$\Rightarrow \sin^2\theta=\frac{3}{4} \Rightarrow \sin\theta=\pm\frac{\sqrt3}{2}$

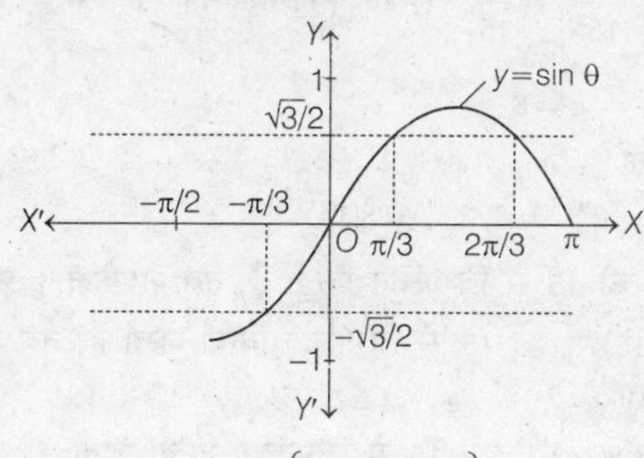

$\Rightarrow \theta\in\left\{-\frac{\pi}{3},\frac{\pi}{3},\frac{2\pi}{3}\right\}$

θ के मानों का योग $=\frac{2\pi}{3}$

72. *(c)* दिए गए रैखिक समीकरण निकाय हैं

$$x+y+z=2$$
$$2x+3y+2z=5$$
$$2x+3y+(a^2-1)z=a+1$$

क्रैमर नियम के उपयोग से,

$$D=\begin{vmatrix}1&1&1\\2&3&2\\2&3&a^2-1\end{vmatrix}=\begin{vmatrix}1&0&0\\2&1&0\\2&1&a^2-3\end{vmatrix}$$

($C_2\to C_2-C_1$ तथा $C_3\to C_3-C_1$ लागू करने पर)

$=a^2-3$ (R_1 के अनुदिश विस्तार करने पर)

तथा $D_1=\begin{vmatrix}2&1&1\\5&3&2\\a+1&3&a^2-1\end{vmatrix}=\begin{vmatrix}2&1&0\\5&3&-1\\a+1&3&a^2-1-3\end{vmatrix}$

($C_3\to C_3-C_2$ लागू करने पर)

$=\begin{vmatrix}2&0&0\\5&3-\frac{5}{2}&-1\\a+1&3-\frac{(a+1)}{2}&a^2-1-3\end{vmatrix}$ ($C_2\to C_2-\frac{1}{2}C_1$ लागू करने पर)

$=\begin{vmatrix}2&0&0\\5&\frac{1}{2}&-1\\a+1&\frac{5}{2}-\frac{a}{2}&a^2-4\end{vmatrix}$

$=2\left[\frac{1}{2}(a^2-4)+\left(\frac{5}{2}-\frac{a}{2}\right)\right]$ [R_1 के अनुदिश विस्तार करने पर]

$=2\left[\frac{a^2}{2}-2+\frac{5}{2}-\frac{a}{2}\right]=a^2-4+5-a=a^2-a+1$

स्पष्टतः, जब $a=4$, तब $D=13\neq 0 \Rightarrow$ अद्वितीय हल तथा जब $|a|=\sqrt3$, तब $D=0$ तथा $D_1\neq 0$.

$\therefore$ जब $|a|=\sqrt3$, तब निकाय का कोई हल नहीं होगा अर्थात् निकाय असंगत होगा।

73. *(a)* कक्षा में लड़कियों की संख्या =5 तथा कक्षा में लड़कों की संख्या =7

अब, 3 लड़कों तथा 2 लड़कियों के द्वारा बनने वाली टीम के तरीकों की कुल संख्या $={}^7C_3\cdot{}^5C_2=350$

परन्तु यदि दो विशेष लड़के टीम में हो, तब तरीकों की संख्या

$={}^5C_1\cdot{}^5C_2=50$

अब, समान टीम में दोनों विशेष लड़कों के टीम में ना होने के तरीके $=350-50=300$

अन्य हल

जब A को चुना जाता है तथा B को नहीं, के तरीकों की संख्या $={}^5C_2\cdot{}^5C_2=100$

जब B को चुना जाता है तथा A को नहीं, के तरीकों की संख्या $={}^5C_2\cdot{}^5C_2=100$

जब दोनों A तथा B को नहीं चुना जाता है, के तरीकों की संख्या $={}^5C_3\cdot{}^5C_2=100$

$\therefore$ अभीष्ट तरीके $=100+100+100=300$

74. *(b)* दिया है, $(\mathbf{a}\times\mathbf{c})+\mathbf{b}=\mathbf{0}$

$\Rightarrow \mathbf{a}\times(\mathbf{a}\times\mathbf{c})+\mathbf{a}\times\mathbf{b}=\mathbf{0}$

(दोनों पक्षों में **a** के साथ वज्रगुणन करने पर)

$$\Rightarrow (\mathbf{a}\cdot\mathbf{c})\mathbf{a}-(\mathbf{a}\cdot\mathbf{a})\,\mathbf{c}+\begin{vmatrix}\hat{\mathbf{i}} & \hat{\mathbf{j}} & \hat{\mathbf{k}}\\ 1 & -1 & 0\\ 1 & 1 & 1\end{vmatrix}=0$$

$$(\because \mathbf{a}\times(\mathbf{b}\times\mathbf{c})=(\mathbf{a}\cdot\mathbf{c})\mathbf{b}-(\mathbf{a}\cdot\mathbf{b})\mathbf{c})$$

$$\Rightarrow \quad 4(\hat{\mathbf{i}}-\hat{\mathbf{j}})-2\mathbf{c}+(-\hat{\mathbf{i}}-\hat{\mathbf{j}}+2\hat{\mathbf{k}})=0$$

[$\because \mathbf{a}\cdot\mathbf{a}=(\hat{\mathbf{i}}-\hat{\mathbf{j}})(\hat{\mathbf{i}}-\hat{\mathbf{j}})=1+1=2$ तथा $\mathbf{a}\cdot\mathbf{c}=4$]

$$\Rightarrow \quad 2\mathbf{c}=4\hat{\mathbf{i}}-4\hat{\mathbf{j}}-\hat{\mathbf{i}}-\hat{\mathbf{j}}+2\hat{\mathbf{k}}$$

$$\Rightarrow \quad \mathbf{c}=\frac{3\hat{\mathbf{i}}-5\hat{\mathbf{j}}+2\hat{\mathbf{k}}}{2} \Rightarrow |\mathbf{c}|^2=\frac{9+25+4}{4}=\frac{19}{2}$$

75. *(b)* दिया है, $A=\begin{bmatrix}\cos\theta & -\sin\theta\\ \sin\theta & \cos\theta\end{bmatrix}$

$$\therefore \quad |A|=\cos^2\theta+\sin^2\theta=1$$

तथा $\quad \text{adj}\,A=\begin{bmatrix}\cos\theta & \sin\theta\\ -\sin\theta & \cos\theta\end{bmatrix}$

[$\because$ यदि $A=\begin{bmatrix}a & b\\ c & d\end{bmatrix}$, तब $\text{adj}\,A=\begin{bmatrix}d & -b\\ -c & a\end{bmatrix}$]

$$\Rightarrow \quad A^{-1}=\begin{bmatrix}\cos\theta & \sin\theta\\ -\sin\theta & \cos\theta\end{bmatrix} \qquad \left(\because A^{-1}=\frac{\text{adj}\,A}{|A|}\right)$$

$$\because \quad A^{-50}=(A^{-1})^{50}$$

अब, $A^{-2}=(A^{-1})(A^{-1})$

$$\Rightarrow \quad A^{-2}=\begin{bmatrix}\cos\theta & \sin\theta\\ -\sin\theta & \cos\theta\end{bmatrix}\begin{bmatrix}\cos\theta & \sin\theta\\ -\sin\theta & \cos\theta\end{bmatrix}$$

$$=\begin{bmatrix}\cos^2\theta-\sin^2\theta & \cos\theta\sin\theta+\sin\theta\cos\theta\\ -\cos\theta\sin\theta-\cos\theta\sin\theta & -\sin^2\theta+\cos^2\theta\end{bmatrix}$$

$$=\begin{bmatrix}\cos2\theta & \sin2\theta\\ -\sin2\theta & \cos2\theta\end{bmatrix}$$

साथ ही, $A^{-3}=(A^{-2})(A^{-1})$

$$A^{-3}=\begin{bmatrix}\cos2\theta & \sin2\theta\\ -\sin2\theta & \cos2\theta\end{bmatrix}\begin{bmatrix}\cos\theta & \sin\theta\\ -\sin\theta & \cos\theta\end{bmatrix}=\begin{bmatrix}\cos3\theta & \sin3\theta\\ -\sin3\theta & \cos3\theta\end{bmatrix}$$

इसी प्रकार, $A^{-50}=\begin{bmatrix}\cos50\theta & \sin50\theta\\ -\sin50\theta & \cos50\theta\end{bmatrix}$

$$=\begin{bmatrix}\cos\frac{25}{6}\pi & \sin\frac{25}{6}\pi\\ -\sin\frac{25}{6}\pi & \cos\frac{25}{6}\pi\end{bmatrix}\left(\text{जब } \theta=\frac{\pi}{12}\right)$$

$$=\begin{bmatrix}\cos\frac{\pi}{6} & \sin\frac{\pi}{6}\\ -\sin\frac{\pi}{6} & \cos\frac{\pi}{6}\end{bmatrix}$$

$$\left[\begin{array}{l}\because \cos\left(\frac{25\pi}{6}\right)=\cos\left(4\pi+\frac{\pi}{6}\right)=\cos\frac{\pi}{6}\\ \text{तथा } \sin\left(\frac{25\pi}{6}\right)=\sin\left(4\pi+\frac{\pi}{6}\right)=\sin\frac{\pi}{6}\end{array}\right]$$

$$=\begin{bmatrix}\frac{\sqrt{3}}{2} & \frac{1}{2}\\ \frac{-1}{2} & \frac{\sqrt{3}}{2}\end{bmatrix}$$

76. *(c)* स्पष्टत:

$$\lim_{y\to0}\frac{\sqrt{1+\sqrt{1+y^4}}-\sqrt{2}}{y^4}$$

$$=\lim_{y\to0}\frac{\sqrt{1+\sqrt{1+y^4}}-\sqrt{2}}{y^4}\times\frac{\sqrt{1+\sqrt{1+y^4}}+\sqrt{2}}{\sqrt{1+\sqrt{1+y^4}}+\sqrt{2}}$$

[अंश का परिमेयीकरण करने पर]

$$=\lim_{y\to0}\frac{(1+\sqrt{1+y^4})-2}{y^4(\sqrt{1+\sqrt{1+y^4}}+\sqrt{2})} \qquad [\because (a+b)(a-b)=a^2-b^2]$$

$$=\lim_{y\to0}\frac{\sqrt{1+y^4}-1}{y^4(\sqrt{1+\sqrt{1+y^4}}+\sqrt{2})}\times\frac{\sqrt{1+y^4}+1}{\sqrt{1+y^4}+1}$$

[पुन:, अंश का परिमेयीकरण करने पर]

$$=\lim_{y\to0}\frac{y^4}{y^4(\sqrt{1+\sqrt{1+y^4}}+\sqrt{2})(\sqrt{1+y^4}+1)}$$

$$=\frac{1}{2\sqrt{2}\times2}$$

(y^4 को निरस्त करने पर तत्पश्चात् प्रत्यक्ष प्रतिस्थापन करने पर)

$$=\frac{1}{4\sqrt{2}}$$

77. *(b)* माना,

$$2^{403}=2^{400+3}=8\cdot2^{400}=8\cdot(2^4)^{100}=8\,(16)^{100}=8(1+15)^{100}$$

$$=8(1+{}^{100}C_1(15)+{}^{100}C_2(15)^2+\ldots+{}^{100}C_{100}(15)^{100})$$

[द्विपद प्रमेय से]

$(1+x)^n={}^nC_0+{}^nC_1x+{}^nC_2x^2+\ldots{}^nC_nx^n,\ n\in N]$

$$=8+8\,({}^{100}C_1(15)+{}^{100}C_2(15)^2+\ldots+{}^{100}C_{100}(15)^{100})=8+8\times15\lambda$$

जहाँ, $\lambda={}^{100}C_1+\ldots\ldots+{}^{100}C_{100}(15)^{99}\in N$

$$\therefore \quad \frac{2^{403}}{15}=\frac{8+8\times15\lambda}{15}=8\lambda+\frac{8}{15}$$

$$\Rightarrow \quad \left\{\frac{2^{403}}{15}\right\}=\frac{8}{15}$$ (जहाँ {.} भिन्नात्मक भाग फलन है)

$$k=8$$

अन्य हल

$$2^{403}=8\cdot2^{400}=8(16)^{100}$$

जब 16 को 15 से विभाजित किया है, तब शेषफल 1 प्राप्त होता है।

$\therefore$ जब $(16)^{100}$ को 15 से विभाजित किया जाता है, तब शेषफल $1^{100}=1$ प्राप्त होता है।

तथा जब $8(16)^{100}$ को 15 से विभाजित किया जाता है, तब शेषफल 8 प्राप्त होता है।

$$\left\{\frac{2^{403}}{15}\right\}=\frac{8}{15}$$

जहाँ {.} भिन्नात्मक भाग फलन है।

$$\Rightarrow \quad k=8$$

78. *(a)* हम जानते हैं कि, $y=\cos x$ का आलेख

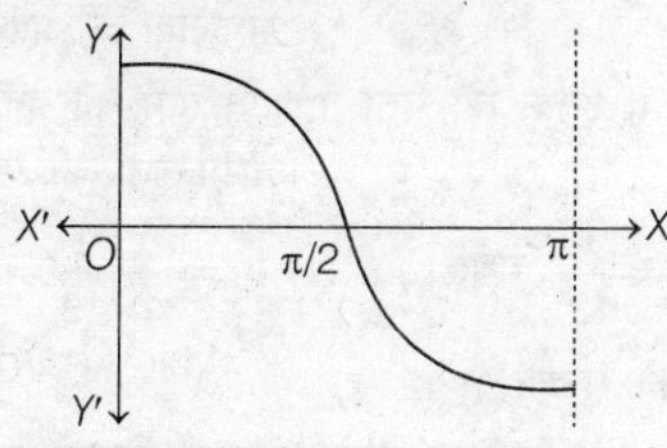

$\therefore y=|\cos x|$ का आलेख

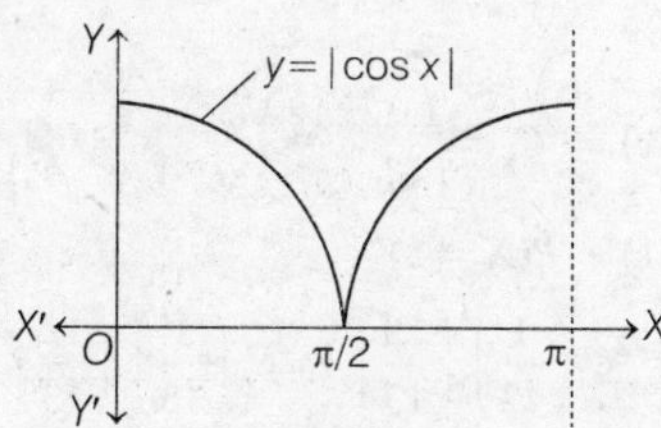

$\therefore I=\int_0^{\pi}|\cos x|^3=2\int_0^{\frac{\pi}{2}}|\cos x|^3 dx$

($\because y=|\cos x|, x=\frac{\pi}{2}$ के सापेक्ष सममित है)

$=2\int_0^{\frac{\pi}{2}}\cos^3 x\,dx \quad \left[\because \cos x \geq 0, x\in\left[0,\frac{\pi}{2}\right] \text{ के लिए}\right]$

अब, चूँकि $\cos 3x=4\cos^3 x-3\cos x$

$\therefore \cos^3 x=\frac{1}{4}(\cos 3x+3\cos x)$

$\therefore \quad I=\frac{2}{4}\int_0^{\frac{\pi}{2}}(\cos 3x+3\cos x)dx$

$=\frac{1}{2}\left[\frac{\sin 3x}{3}+3\sin x\right]_0^{\frac{\pi}{2}}$

$=\frac{1}{2}\left\{\left[\frac{1}{3}\sin\frac{3\pi}{2}+3\sin\frac{\pi}{2}\right]-\left[\frac{1}{3}\sin 0+3\sin 0\right]\right\}$

$=\frac{1}{2}\left\{\left[\frac{1}{3}(-1)+3\right]-[0+0]\right\}$

$\left[\because \sin\frac{3\pi}{2}=\sin\left(\pi+\frac{\pi}{2}\right)=-\sin\frac{\pi}{2}=-1\right]$

$=\frac{1}{2}\left[-\frac{1}{3}+3\right]=\frac{4}{3}$

79. *(b)* दिया है, $x^2+2x+2=0$

$\Rightarrow \quad x=\frac{-2\pm\sqrt{4-8}}{2}$

$\left[\because ax^2+bx+c=0 \text{ के मूल, } x=\frac{-b\pm\sqrt{b^2-4ac}}{2a}\right]$

$\Rightarrow \quad x=-1\pm i$

माना $\quad \alpha=-1+i$ तथा $\beta=-1-i$

तब, $\alpha^{15}+\beta^{15}=(-1+i)^{15}+(-1-i)^{15}=-[(1-i)^{15}+(1+i)^{15}]$

$=-\left[\left\{\sqrt{2}\left(\frac{1}{\sqrt{2}}-\frac{i}{\sqrt{2}}\right)\right\}^{15}+\left\{\sqrt{2}\left(\frac{1}{\sqrt{2}}+\frac{i}{\sqrt{2}}\right)\right\}^{15}\right]$

$=-\left[\left\{\sqrt{2}\left(\cos\frac{\pi}{4}-i\sin\frac{\pi}{4}\right)\right\}^{15}+\left\{\sqrt{2}\left(\cos\frac{\pi}{4}+i\sin\frac{\pi}{4}\right)\right\}^{15}\right]$

$=-(\sqrt{2})^{15}\left[\left(\cos\frac{15\pi}{4}-i\sin\frac{15\pi}{4}\right)+\left(\cos\frac{15\pi}{4}+i\sin\frac{15\pi}{4}\right)\right]$

[डि-मॉयवर प्रमेय के उपयोग से,
$(\cos\theta\pm i\sin\theta)^n=\cos n\theta\pm i\sin n\theta, n\in Z$]

$=-(\sqrt{2})^{15}\left[2\cos\frac{15\pi}{4}\right]=-(\sqrt{2})^{15}\left[2\times\frac{1}{\sqrt{2}}\right]$

$\left[\because \cos\frac{15\pi}{4}=\cos\left(4\pi-\frac{\pi}{4}\right)=\cos\frac{\pi}{4}=\frac{1}{\sqrt{2}}\right]$

$=-(\sqrt{2})^{16}=-2^8=-256$

अन्य हल

$\alpha^{15}+\beta^{15}=(-1+i)^{15}+(-1-i)^{15}$

$=-[(1-i)^{15}+(1+i)^{15}]$

$=-\left[\frac{(1-i)^{16}}{1-i}+\frac{(1+i)^{16}}{1+i}\right]=-\left[\frac{[(1-i)^2]^8}{1-i}+\frac{[(1+i)^2]^8}{1+i}\right]$

$=-\left[\frac{[1+i^2-2i]^8}{1-i}+\frac{[1+i^2+2i]^8}{1+i}\right]$

$=-\left[\frac{(-2i)^8}{1-i}+\frac{(2i)^8}{1+i}\right]=-2^8\left[\frac{1}{1-i}+\frac{1}{1+i}\right]$

$[\because i^{4n}=1, n\in Z]$

$=-256\left[\frac{2}{1-(i)^2}\right]=-256\left[\frac{2}{2}\right]=-256$

80. *(b)* रेखा $\frac{x+1}{-3}=\frac{y-3}{2}=\frac{z-2}{-1}$ पर कोई बिन्दु $(-3\lambda-1, 2\lambda+3, -\lambda+2)$ रूप में है।

$\left[\frac{x+1}{-3}=\frac{y-3}{2}=\frac{z-2}{-1}=\lambda \text{ लेने पर} \Rightarrow x=-3\lambda-1,\right.$

$\left. y=2\lambda+3 \text{ तथा } z=-\lambda+2\right]$

इसलिए, $\lambda\in R$ के लिए, दोनों रेखाओं के प्रतिच्छेदन बिन्दु के निर्देशांक $(-3\lambda-1, 2\lambda+3, -\lambda+2)$ होंगे।

माना बिन्दु $A\equiv(-3\lambda-1, 2\lambda+3, -\lambda+2)$ तथा $B\equiv(-4,3,1)$

तब, $\quad \mathbf{AB}=\mathbf{OB}-\mathbf{OA}$

$=(-4\hat{\mathbf{i}}+3\hat{\mathbf{j}}+\hat{\mathbf{k}})-\{(-3\lambda-1)\hat{\mathbf{i}}+(2\lambda+3)\hat{\mathbf{j}}+(-\lambda+2)\hat{\mathbf{k}}\}$

$=(3\lambda-3)\hat{\mathbf{i}}-2\lambda\hat{\mathbf{j}}+(\lambda-1)\hat{\mathbf{k}}$

अब, चूँकि रेखा दिए गए समतल के समान्तर है इसलिए **AB** दिए गए समतल के समान्तर होगी तथा इसलिए **AB**, समतल के अभिलम्ब के लम्बवत् होगी।

$\Rightarrow \mathbf{AB}\cdot\lambda=0$, जहाँ $\mathbf{n}=\hat{\mathbf{i}}+2\hat{\mathbf{j}}-\hat{\mathbf{k}}$, समतल के अभिलम्बवत् है।

$\Rightarrow ((3\lambda-3)\hat{\mathbf{i}}-2\lambda\hat{\mathbf{j}}+(\lambda-1)\hat{\mathbf{k}})\cdot(\hat{\mathbf{i}}+2\hat{\mathbf{j}}-\hat{\mathbf{k}})=0$

$\Rightarrow 3(\lambda-1)-4\lambda+(-1)(\lambda-1)=0$

[$\because$ यदि $\mathbf{a}=a_1\hat{\mathbf{i}}+a_2\hat{\mathbf{j}}+a_3\hat{\mathbf{k}}$ तथा $\mathbf{b}=b_1\hat{\mathbf{i}}+b_2\hat{\mathbf{j}}+b_3\hat{\mathbf{k}}$,
तब, $\mathbf{a}\cdot\mathbf{b}=a_1b_1+a_2b_2+a_3b_3$]

$\Rightarrow \quad 3\lambda-3-4\lambda-\lambda+1=0 \Rightarrow -2\lambda=2 \Rightarrow \lambda=-1$

अब, बिन्दुओं $A(2,1,3)$ तथा $B(-4,3,1)$ को मिलाने वाली अभीष्ट समीकरण

$$\frac{x-(-4)}{2-(-4)}=\frac{y-3}{1-3}=\frac{z-1}{3-1}$$

[$\because$ बिन्दुओं (x_1, y_1, z_1) तथा (x_2, y_2, z_2) को मिलाने वाली रेखा का समीकरण $\frac{x-x_1}{x_2-x_1}=\frac{y-y_1}{y_2-y_1}=\frac{z-z_1}{z_2-z_1}$]

$$\Rightarrow \frac{x+4}{6}=\frac{y-3}{-2}=\frac{z-1}{2} \text{ या } \frac{x+4}{3}=\frac{y-3}{-1}=\frac{z-1}{1}$$

[2 से गुणा करने पर]

81. *(d)* माना $I=\int x\sqrt{\frac{2\sin(x^2-1)-\sin 2(x^2-1)}{2\sin(x^2-1)+\sin 2(x^2-1)}}\,dx$

$\frac{x^2-1}{2}=\theta$ रखने पर,

$\Rightarrow\ x^2-1=2\theta \Rightarrow 2x\,dx=2\,d\theta \Rightarrow x\,dx=d\theta$

अब, $I=\int\sqrt{\frac{2\sin 2\theta-\sin 4\theta}{2\sin 2\theta+\sin 4\theta}}\,d\theta$

$=\int\sqrt{\frac{2\sin 2\theta-2\sin 2\theta\cos 2\theta}{2\sin 2\theta+2\sin 2\theta\cos 2\theta}}\,d\theta$ [$\because \sin 2A=2\sin A\cos A$]

$=\int\sqrt{\frac{2\sin 2\theta(1-\cos 2\theta)}{2\sin 2\theta(1+\cos 2\theta)}}\,d\theta$

$=\int\sqrt{\frac{1-\cos 2\theta}{1+\cos 2\theta}}\,d\theta=\int\sqrt{\frac{2\sin^2\theta}{2\cos^2\theta}}\,d\theta$

[$\because 1-\cos 2A=2\sin^2 A$

तथा $1+\cos 2A=2\cos^2 A$]

$=\int\sqrt{\tan^2\theta}\,d\theta=\int\tan\theta\,d\theta$

$=\log_e|\sec\theta|+C=\log_e\left|\sec\left(\frac{x^2-1}{2}\right)\right|+C$ $\left[\because \theta=\frac{x^2-1}{2}\right]$

82. *(c)* दिया गया व्यंजक,

$=3(\sin\theta-\cos\theta)^4+6(\sin\theta+\cos\theta)^2+4\sin^6\theta$

$=3((\sin\theta-\cos\theta)^2)^2+6(\sin\theta+\cos\theta)^2+4(\sin^2\theta)^3$

$=3(1-\sin 2\theta)^2+6(1+\sin 2\theta)+4(1-\cos^2\theta)^3$

[$\because 1+\sin 2\theta=(\cos\theta+\sin\theta)^2$

तथा $1-\sin 2\theta=(\cos\theta-\sin\theta)^2$]

$=3(1^2+\sin^2 2\theta-2\sin 2\theta)+6(1+\sin 2\theta)$
$+4(1-\cos^6\theta-3\cos^2\theta+3\cos^4\theta)$

[$\because (a-b)^2=a^2+b^2-2ab$

तथा $(a-b)^3=a^3-b^3-3a^2b+3ab^2$]

$=3+3\sin^2 2\theta-6\sin 2\theta+6+6\sin 2\theta+4$
$-4\cos^6\theta-12\cos^2\theta+12\cos^4\theta$

$=13+3\sin^2 2\theta-4\cos^6\theta-12\cos^2\theta+12\cos^4\theta$

$=13+3(2\sin\theta\cos\theta)^2-4\cos^6\theta-12\cos^2\theta(1-\cos^2\theta)$

$=13+12\sin^2\theta\cos^2\theta-4\cos^6\theta-12\cos^2\theta\sin^2\theta$

$=13-4\cos^6\theta$

83. *(d)* माना $p=$ फेंक में इक्के का पत्ता प्राप्त होने की प्रायिकता
= सफलता की प्रायिकता

तथा $q=$ फेंक में इक्के का पत्ता न प्राप्त होने की प्रायिकता
= असफलता की प्रायिकता

तब, $p=\frac{4}{52}=\frac{1}{13}$ तथा $q=1-p=1-\frac{1}{13}=\frac{12}{13}$

यहाँ, प्रयत्नों की संख्या, $n=2$

स्पष्टत:, X के निम्नलिखित द्विपद बंटन है जिसमें प्राचल $n=2$ तथा $p=\frac{1}{13}$

अब, $P(X=x)={}^2C_x\left(\frac{1}{13}\right)^x\left(\frac{12}{13}\right)^{2-x}$, $x=0,1,2,$

$\therefore\quad P(X=1)+P(X=2)$

$={}^2C_1\left(\frac{1}{13}\right)^1\left(\frac{12}{13}\right)+{}^2C_2\left(\frac{1}{13}\right)^2\left(\frac{12}{13}\right)^0$

$=2\left(\frac{12}{169}\right)+\frac{1}{169}=\frac{24}{169}+\frac{1}{169}=\frac{25}{169}$

84. *(a)* दिया है, $\cos^{-1}\left(\frac{2}{3x}\right)+\cos^{-1}\left(\frac{3}{4x}\right)=\frac{\pi}{2}$

$\Rightarrow \cos^{-1}\left(\frac{2}{3x}\cdot\frac{3}{4x}-\sqrt{1-\frac{4}{9x^2}}\sqrt{1-\frac{9}{16x^2}}\right)=\frac{\pi}{2}$

[$\because \cos^{-1}x+\cos^{-1}y=\cos^{-1}(xy-\sqrt{1-x^2}\sqrt{1-y^2})$]

$\Rightarrow\ \cos^{-1}\left(\frac{1}{2x^2}-\frac{\sqrt{9x^2-4}\sqrt{16x^2-9}}{12x^2}\right)=\frac{\pi}{2}$

$\Rightarrow\ \frac{6-\sqrt{9x^2-4}\sqrt{16x^2-9}}{12x^2}=\cos\frac{\pi}{2}=0$

$\Rightarrow\quad \sqrt{9x^2-4}\sqrt{16x^2-9}=6$

दोनों पक्षों का वर्ग करने पर,

$\Rightarrow\quad (9x^2-4)(16x^2-9)=36$

$\Rightarrow 144x^4-81x^2-64x^2+36=36$

$\Rightarrow\ 144x^4-145x^2=0 \Rightarrow x^2(144x^2-145)=0$

$\Rightarrow x=0$ या $x=\pm\sqrt{\frac{145}{144}}=\pm\frac{\sqrt{145}}{12}$

लेकिन $\quad x>\frac{3}{4};\ \therefore\ x=\frac{\sqrt{145}}{12}$

85. *(c)* समतलों $x+y+z-1=0$ तथा $2x+3y-z+4=0$ के प्रतिच्छेदन से गुजरने वाले समतल का समीकरण

$(x+y+z-1)+\lambda(2x+3y-z+4)=0,$

जहाँ $\lambda\in R$

$\Rightarrow (1+2\lambda)x+(1+3\lambda)y+(1-\lambda)z+(4\lambda-1)=0,$ जहाँ, $\lambda\in R$ ... (i)

चूँकि, यह समतल Y-अक्ष के समान्तर है, इसलिए इसका अभिलम्ब Y-अक्ष पर लम्ब है।

$\Rightarrow\quad \{(1+2\lambda)\hat{\mathbf{i}}+(1+3\lambda)\hat{\mathbf{j}}+(1-\lambda)\hat{\mathbf{k}}\}\cdot\hat{\mathbf{j}}=0$

$\Rightarrow\quad 1+3\lambda=0\Rightarrow\lambda=-\frac{1}{3}$

अब, समतल का अभीष्ट समीकरण

$$\left(1-\frac{2}{3}\right)x+\left(1-\frac{3}{3}\right)y+\left(1+\frac{1}{3}\right)z+\left(-\frac{4}{3}-1\right)=0$$

[समी (i) में $\lambda = \frac{-1}{3}$ रखने पर]

$\Rightarrow \quad x + 4z - 7 = 0$

यहाँ केवल (3, 2, 1) उपरोक्त समीकरण को सन्तुष्ट करता है।

86. *(b)* दी गई संरचना के अनुसार, आकृति निम्नवत् है।

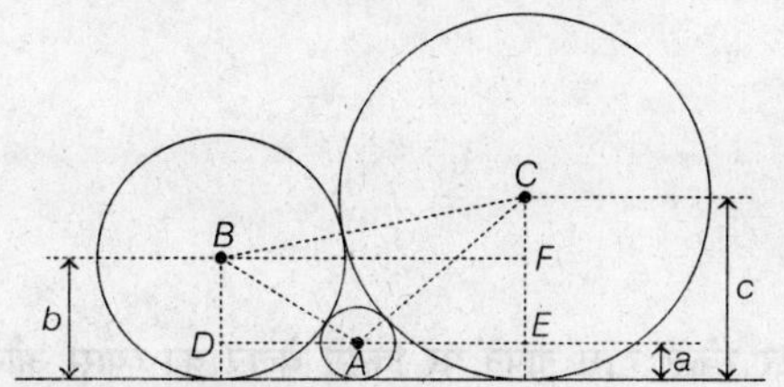

जहाँ A, B तथा C वृत्तों के केन्द्र है

स्पष्टतः, $AB = a + b$ (त्रिज्याओं का योग) तथा

$BD = b - a$

$\therefore \quad AD = \sqrt{(a+b)^2-(b-a)^2}$ (ΔABD में पाइथागोरस प्रमेय से)

$= 2\sqrt{ab}$

समान रूप से, $AC = a + c$ तथा $CE = c - a$

$\therefore \quad \Delta ACE$ में, $AE = \sqrt{(a+c)^2-(c-a)^2} = 2\sqrt{ac}$

समान रूप से, $BC = b + c$ तथा $CF = c - b$

$\therefore \quad \Delta BCF$ में, $BF = \sqrt{(b+c)^2-(c-b)^2} = 2\sqrt{bc}$

$\because \quad AD + AE = BF$

$\therefore \quad 2\sqrt{ab} + 2\sqrt{ac} = 2\sqrt{bc} \Rightarrow \frac{1}{\sqrt{c}} + \frac{1}{\sqrt{b}} = \frac{1}{\sqrt{a}}$

87. *(d)* दी गई सूचना अनुसार, आकृति निम्नवत् है

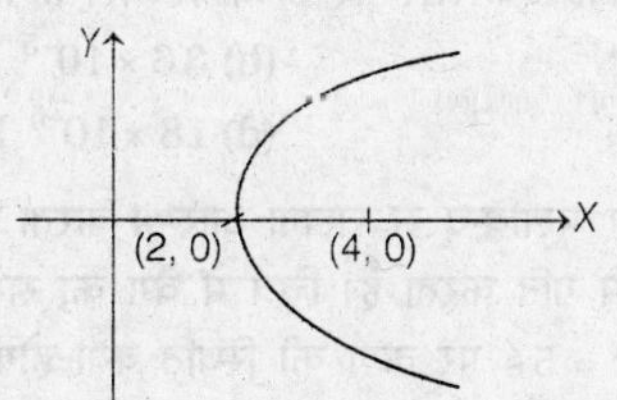

अब, यदि मूलबिन्दु को (2,0) से स्थानान्तरित कर दिया जाए तथा नए मूलबिन्दु के सापेक्ष निर्देशांक (X, Y) हो, तब परवलय का समीकरण

$$Y^2 = 4aX$$

जहाँ, $X = x - 2$ तथा $Y = y$ तथा $a = 4 - 2 = 2$

$\therefore \quad y^2 = 8(x-2)$

अब, बिन्दु (8, 6) ही केवल वह बिन्दु है जोकि समीकरण को सन्तुष्ट नहीं करता है।

88. *(c)* दिया है,

$f_1(x) = \frac{1}{x}, f_2(x) = 1 - x$ तथा $f_3(x) = \frac{1}{1-x}$

साथ ही, दिया है $(f_2 \text{ o J o } f_1)(x) = f_3(x) \Rightarrow f_2((\text{J o } f_1)(x)) = f_3(x)$

$\Rightarrow \quad f_2(\text{J}(f_1(x))) = f_3(x)$

$\Rightarrow \quad 1 - \text{J}(f_1(x)) = \frac{1}{1-x}$ $\quad [\because f_2(x) = 1 - x$ तथा $f_3(x) = \frac{1}{1-x}]$

$\Rightarrow \quad 1 - \text{J}\left(\frac{1}{x}\right) = \frac{1}{1-x}$ $\quad [\because f_1(x) = \frac{1}{x}]$

$\Rightarrow \quad \text{J}\left(\frac{1}{x}\right) = 1 - \frac{1}{1-x} = \frac{1-x-1}{1-x} = \frac{-x}{1-x}$

अब, $\frac{1}{x} = X$ रखने पर, तब

$$\text{J}(X) = \frac{\frac{-1}{X}}{1-\frac{1}{X}} \quad \left[\because x = \frac{1}{X}\right]$$

$$= \frac{-1}{X-1} = \frac{1}{1-X}$$

$\Rightarrow \quad \text{J}(X) = f_3(X)$ या $\text{J}(x) = f_3(x)$

89. *(c)* दिया है, $px + qy + r = 0$ रेखा का समीकरण इस प्रकार है कि

$3p + 2q + 4r = 0$

माना, $\quad 3p + 2q + 4r = 0 \quad$ ...(i)

$\Rightarrow \quad \frac{3p}{4} + \frac{2q}{4} + r = 0$ (समी (i) में 4 का भाग देने पर)

$\Rightarrow \quad p\left(\frac{3}{4}\right) + q\left(\frac{1}{2}\right) + r = 0$

$\Rightarrow$ बिन्दु $\left(\frac{3}{4}, \frac{1}{2}\right)$, $px + qy + r = 0$ को सन्तुष्ट करता है

इसलिए, रेखाएँ सदैव बिन्दु $\left(\frac{3}{4}, \frac{1}{2}\right)$ से होकर गुजरती है।

90. *(c)* दी गई अवकल समीकरण को $\frac{dy}{dx} + \left(\frac{2}{x}\right) \cdot y = x$ के रूप में लिख सकते है, जोकि $\frac{dy}{dx} + Py = Q$ के रूप में रैखिक अवकल समीकरण है

जहाँ, $P = \frac{2}{x}$ तथा $Q = x$

अब, समाकल गुणांक

$(\text{IF}) = e^{\int \frac{2}{x} dx} = e^{2\log x} = e^{\log x^2} = x^2 \quad [\because e^{\log f(x)} = f(x)]$

तथा इसका हल

$y(\text{IF}) = \int (Q \times \text{IF})\, dx + C$

$\Rightarrow \quad yx^2 = \int x^3\, dx + C \Rightarrow yx^2 = \frac{x^4}{4} + C \quad$ ...(i)

चूँकि, दिया है कि $y = 1$, जब $x = 1$

$\therefore$ समी (i) से,

$1 = \frac{1}{4} + C \Rightarrow C = \frac{3}{4} \quad$ ...(ii)

$\therefore \quad 4x^2y = x^4 + 3$ [समी (i) तथा (ii) के उपयोग से]

$\Rightarrow \quad y = \frac{x^4+3}{4x^2}$

अब, $\quad y\left(\frac{1}{2}\right) = \frac{\frac{1}{16}+3}{4 \times \frac{1}{4}} = \frac{49}{16}$

JEE Main संयुक्त प्रवेश परीक्षा

सॉल्वड पेपर 2019

10 जनवरी, द्वितीय पाली

भौतिकी

1. दो बल P तथा Q, जिनके परिमाण क्रमशः $2F$ तथा $3F$ हैं, परस्पर θ कोण बनाते हैं। यदि बल Q को दोगुना कर दें, तो इनका परिणामी बल भी दोगुना हो जाता है। तब कोण θ होगा

(a) 30° (b) 60° (c) 90° (d) 120°

2. दिए गए परिपथ में जेनर डायोड में धारा का मान होगा

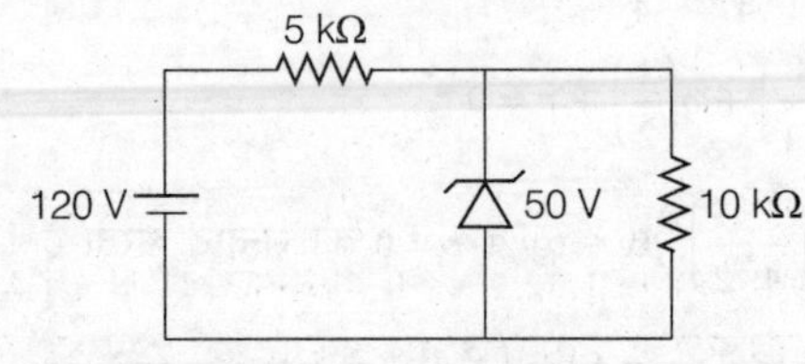

(a) 14 mA (b) 9 mA

(c) शून्य (d) 5 mA

3. दो सदिशों **A** तथा **B** के परिमाण बराबर हैं। (**A** + **B**) का परिमाण (**A** – **B**) के परिमाण का n गुना है। **A** तथा **B** के बीच कोण है

(a) $\sin^{-1}\left(\frac{n-1}{n+1}\right)$ (b) $\cos^{-1}\left[\frac{n^2-1}{n^2+1}\right]$

(c) $\sin^{-1}\left[\frac{n^2-1}{n^2+1}\right]$ (d) $\cos^{-1}\left[\frac{n-1}{n+1}\right]$

4. माना कि आँख एक एकल अपवर्तक पृष्ठ है, इस पृष्ठ की वक्रता त्रिज्या कॉनिया की वक्रता त्रिज्या (7.8 mm) के बराबर है। यह पृष्ठ अपवर्तनांक 1 तथा 1.34 के माध्यमों को पृथक् करता है। इस अपवर्तक पृष्ठ से वह दूरी जिस पर प्रकाश की समान्तर किरणें पृष्ठ से फोकस में आएगी, होगी

(a) 4.0 cm (b) 2 cm (c) 1 cm (d) 3.1 cm

5. एक बन्द ऑर्गन पाइप की मूलभूत आवृत्ति 1. 5 kHz है। इस ऑर्गन पाइप से एक व्यक्ति को स्पष्ट सुनाई देने वाले अधिस्वरों की संख्या होगी (व्यक्ति अधिकतम 20000 Hz आवृत्ति की ध्वनि सुन सकता है)

(a) 5 (b) 4 (c) 6 (d) 7

6. एक अज्ञात प्रतिरोध से जब 2 mA की धारा बहती है, तो 4. 4 W शक्ति का क्षय होता है। यदि इस प्रतिरोध को 11 V की एक आदर्श बैटरी से जोड़ा जाए, तो शक्ति क्षय का मान होगा

(a) 11×10^{-4} W (b) 11×10^{5} W

(c) 11×10^{-3} W (d) 11×10^{-5} W

7. एक मीटर स्केल द्वारा नापने पर किसी बेलन का व्यास और ऊँचाई क्रमशः 12.6 ± 0.1 cm और 34.2 ± 0.1 cm आते हैं।

उपयुक्त सार्थक अंकों में इसके आयतन का मान क्या होगा?

(a) $4264\pm81\,cm^3$ (b) $4300\pm80\,cm^3$

(c) $4260\pm80\,cm^3$ (d) $4264.4\pm81.0\,cm^3$

8. एक कण 5 cm आयाम से सरल आवर्त गति कर रहा है। जब कण अपनी माध्य स्थिति से 4 cm दूरी पर है, तब इसके वेग से परिमाण SI मानकों में इसके त्वरण में परिमाण के बराबर है, तो कण का सेकण्ड में आवर्तकाल होगा

(a) $\frac{3}{8}\pi$ (b) $\frac{4\pi}{3}$ (c) $\frac{7}{3}\pi$ (d) $\frac{8\pi}{3}$

9. किसी स्थान पर पृथ्वी के चुम्बकीय क्षेत्र का क्षैतिज घटक 18×10^{-16} T है। इस स्थान पर 0.12 m लम्बाई तथा 1. 8 Am ध्रुव की तीव्रता वाली एक चुम्बकीय सुई को उसके मध्य-बिन्दु से एक धागे द्वारा लटकाया जाता है। साम्यावस्था में यह सुई क्षैतिज से 45° का कोण बनाती है। सुई को क्षैतिज रखने हेतु इसके कोई एक सिरे पर ऊर्ध्वाधर बल होगा।

(a) 6.5×10^{-5} N (b) 3.6×10^{-5} N

(c) 1.3×10^{-5} N (d) 1.8×10^{-5} N

10. एक कण $t=0$ पर मूलबिन्दु से चलना आरम्भ करता है और धनात्मक x-अक्ष की दिशा में गति करता है। चित्र में वेग का समय के सापेक्ष ग्राफ दिखाया गया है। $t=5$ s पर कण की स्थिति क्या होगी?

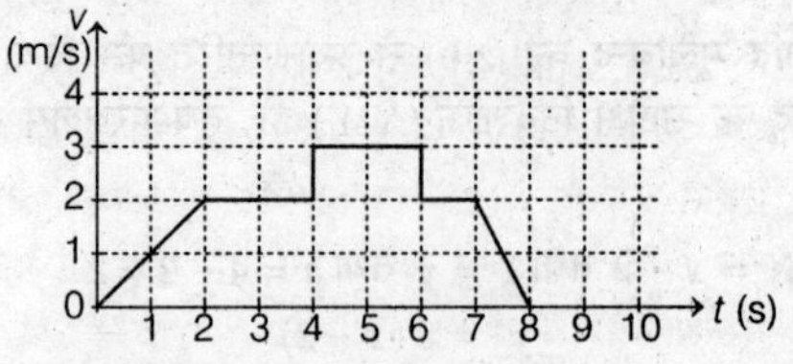

(a) 6 m (b) 9 m (c) 3 m (d) 16 m

11. 12 pF धारिता के एक समान्तर प्लेट संधारित्र को 10 V विभवान्तर की सेल से आवेशित किया जाता है। सेल को हटाने के पश्चात् उसमें परावैद्युतांक 6. 5 की एक पोर्सिली पट्टी को प्लेटों के ठीक बीच में डाल दिया जाता है। संधारित्र द्वारा पट्टी पर किया गया कार्य होगा

(a) 692 pJ (b) 600 pJ

(c) 508 pJ (d) 560 pJ

12. एक कण किसी एक बल $\mathbf{F} = 3\hat{\mathbf{i}} - 12\hat{\mathbf{j}}$ के अन्तर्गत $\mathbf{d} = 4\hat{\mathbf{i}}$ से विस्थापित से पूर्व गतिज ऊर्जा 3 J थी, तो विस्थापन के बाद उसकी गतिज ऊर्जा का मान होगा

(a) 9 J (b) 15 J (c) 10 J (d) 12 J

13. चित्र में दिखाए गए यंग के द्वि-झिर्री प्रयोग के अनुसार तरंगदैर्ध्य λ के रूप में झिर्रियों के बीच की वह दूरी d क्या होगी, जिससे प्रथम निम्निष्ठ झिर्री S_1 के ठीक सामने बनता है?

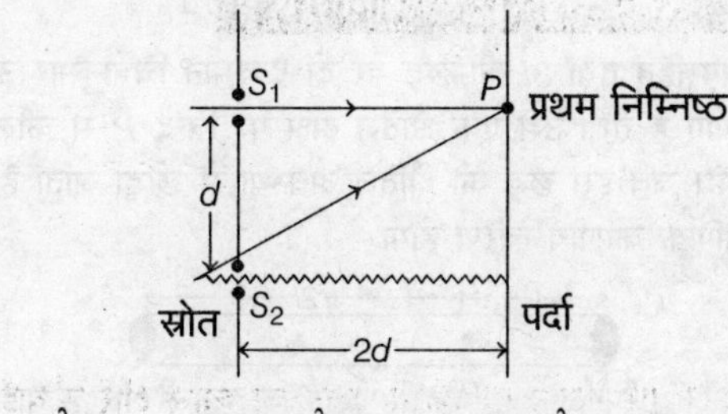

(a) $\frac{\lambda}{(\sqrt{5}-2)}$ (b) $\frac{\lambda}{2(5-\sqrt{2})}$ (c) $\frac{\lambda}{2(\sqrt{5}-2)}$ (d) $\frac{\lambda}{(5-\sqrt{2})}$

14. नगण्य द्रव्यमान की प्लास्टिक की एक बेलनाकार बोतल में 310 mL पानी भरा है तथा यह बोतल शान्त पानी के तालाब में तैरती है। यदि इसे थोड़ा नीचे को दबाकर छोड़ते हैं, तो यह कोणीय आवृत्ति ω से सरल आवर्त गति करती है। यदि बोतल की त्रिज्या 2. 5 cm है, तो ω का मान होगा (दिया है, पानी का घनत्व $= 10^3$ kg/m^3)

(a) 5.00 rad s^{-1} (b) 3.70 rad s^{-1}

(c) 2.50 rad s^{-1} (d) 1.25 rad s^{-1}

15. 192 g द्रव्यमान की एक अज्ञात धातु को 100°C तक गर्म करो उसे पीतल के एक कैलोरीमीटर में, जिसका द्रव्यमान 128 g है तथा इसमें 240 g पानी 8.4°C पर भरा है, डालते हैं। यदि पानी का तापमान 21.5°C पर स्थायी हो जाता है, तो अज्ञात धातु की विशिष्ट ऊष्मा होगी (पीतल की विशिष्ट ऊष्मा 394 J kg^{-1} K^{-1})

(a) 916 J kg^{-1} K^{-1} (b) 458 J kg^{-1} K^{-1}

(c) 1232 J kg^{-1} K^{-1} (d) 654 J kg^{-1} K^{-1}

16. 2 किग्रा एकपरमाणुक गैस 4×10^4 N/m^2 के दाब पर है, गैस का घनत्व 8 kg/m^3 है। इस गैस में ऊष्मीय गति के कारण ऊर्जा की परिमाण कोटि होगी

(a) 10^5 J (b) 10^4 J (c) 10^6 J (d) 10^3 J

17. दो तारे, जिनमें प्रत्येक का द्रव्यमान 3×10^{31} kg है तथा उनके बीच की दूरी 2×10^{11} m है, अपने उभयनिष्ठ द्रव्यमान केन्द्र O के परितः किसी समतल में घूम रहे हैं। एक उल्का पिण्ड O से उनके घूर्णन समतल के लम्बवत् दिशा से गुजरता है। इन दो तारों के गुरुत्वाकर्षण से पलायन करने के लिए उल्का पिण्ड की बिन्दु O पर न्यूनतम गति का मान होगा (सार्वत्रिक गुरुत्वाकर्षण नियतांक, $G = 6.67 \times 10^{-11}$ N-m^2 kg^{-2})

(a) 3.8×10^4 m/s (b) 1.4×10^5 m/s

(c) 2.8×10^5 m/s (d) 2.4×10^4 m/s

18. एकपरमाणुक आदर्श गैस के आधे मोल को 1 atm के नियत दाब पर 20°C से 90°C तक गर्म करते हैं। इसे गैस द्वारा किए गए कार्य का सन्निकट मान होगा (दिया है, $R = 831$J/mol-K)

(a) 581 J (b) 146 J (c) 291 J (d) 73 J

19. एक नाभिकीय विघटन है $Ne^{20} \rightarrow 2He^4 + C^{12}$ यदि Ne^{20}, He^4 तथा C^{12} की प्रति न्यूक्लिऑन बन्धन ऊर्जा क्रमशः 8.03 MeV, 7.07 MeV तथा 7.86 MeV हैं, तो निम्न में से कौन-सा कथन सत्य है?

(a) 11.9 MeV ऊर्जा को बाहर से देना पड़ेगा

(b) 8.3 MeV ऊर्जा उत्सर्जित होगी

(c) ऊर्जा को बाहर से देना पड़ेगा

(d) 3.6 MeV ऊर्जा उत्सर्जित होगी

20. चार बराबर बिन्दु आवेशों Q को xy-समतल में बिन्दु (0, 2), (4, 2), (4, – 2) तथा (0, – 2) रखा है। एक पाँचवे आवेश Q को मूलबिन्दु पर रखने में किया गया कार्य होगा

(a) $\frac{Q^2}{4\pi\varepsilon_0}\left(1+\frac{1}{\sqrt{3}}\right)$ (b) $\frac{Q^2}{4\pi\varepsilon_0}\left(1+\frac{1}{\sqrt{5}}\right)$

(c) $\frac{Q^2}{4\pi\varepsilon_0}$ (d) $\frac{Q^2}{2\sqrt{2}\pi\varepsilon_0}$

21. 1×10^{-4} m^2 क्षेत्रफल की धातु की एक प्लेट को 16 mW/m^2 तीव्रता के प्रकाश से प्रकाशित किया जाता है, धातु का कार्य-फलन 5 eV है। आपतित फोटॉनों की ऊर्जा 10 eV है तथा केवल 10% फोटॉनों से इलेक्ट्रॉन उत्सर्जित होते हैं। प्रति सेकण्ड उत्सर्जित हुए कुल फोटोइलेक्ट्रॉन तथा उनकी अधिकतम ऊर्जा क्रमशः होगी (दिया है, 1 eV $= 1.6 \times 10^{-19}$eV)

(a) 10^{10} तथा 5 eV (b) 10^{11} तथा 5 eV

(c) 10^{12} तथा 5 eV (d) 10^{14} तथा 10 eV

22. जब एक कुण्डली में धारा को 1 s में एकसमान दर से 10 A से 25 A बढ़ाते हैं, तो कुण्डली में स्वप्रेरित विद्युत वाहक बल 25 V है। कुण्डली की ऊर्जा में परिवर्तन का मान होगा

(a) 540 J (b) 740 J (c) 637.5 J (d) 437.5 J

23. द्रव्यमान M तथा त्रिज्या R की दो एकसमान गोलाकार गेंदों को $2R$ लम्बाई तथा द्रव्यमान M की एक छड़ के सिरों पर चित्रानुसार जोड़ा गया है। इस संयोजन का छड़ के केन्द्र से जाने वाली तथा छड़ के लम्बवत् अक्ष के परितः जड़त्व आघूर्ण का मान होगा

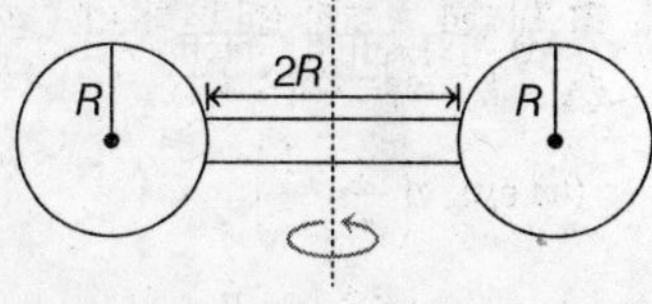

(a) $\frac{152}{15}MR^2$ (b) $\frac{209}{15}MR^2$ (c) $\frac{137}{15}MR^2$ (d) $\frac{17}{15}MR^2$

24. A तथा B पर रखे हुए आवेश क्रमशः $-q$ और $+q$ एक विद्युत द्विध्रुव बनाते हैं। दूरी $AB = 2a$ है तथा AB का मध्य-बिन्दु O है। OP रेखा AB के लम्बवत् है तथा $OP = y$ है, जहाँ $y >> 2a$ पर रखे एक Q को P से OP की दिशा में P' पर ले जाते हैं, जहाँ $OP' = \left(\frac{y}{3}\right)$, तो इस पर लगे बल का सन्निकट मान होगा $\left(\text{दिया है,}: \frac{y}{3} >> 2a\right)$

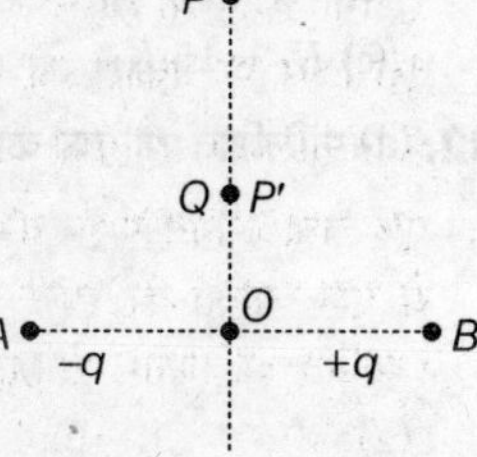

(a) 3 F (b) 27 F (c) 9 F (d) $\frac{F}{3}$

25. एक मुक्त आकाश में समतल ध्रुवित विद्युत चुम्बकीय तरंग का $t = 0$ पर विद्युत क्षेत्र निम्न है

$\mathbf{E}(x, y) = 10\hat{\mathbf{j}} \cos[(6x + 8z)]$

इसका चुम्बकीय क्षेत्र $\mathbf{B}(x, z, t)$ होगा

(c, प्रकाश की चाल है)

(a) $\frac{1}{c}(6\hat{\mathbf{k}} - 8\hat{\mathbf{i}})\cos[(6x + 8z + 10ct)]$

(b) $\frac{1}{c}(6\hat{\mathbf{k}} + 8\hat{\mathbf{i}})\cos[(6x + 8z - 10ct)]$

(c) $\frac{1}{c}(6\hat{\mathbf{k}} + 8\hat{\mathbf{i}})\cos[(6x - 8z + 10ct)]$

(d) $\frac{1}{c}(6\hat{\mathbf{k}} - 8\hat{\mathbf{i}})\cos[(6x + 8z - 10ct)]$

26. एक AM रेडियो स्टेशन की मॉडुलन आवृत्ति 250 kHz है, जोकि उसकी वाहक तरंग आवृत्ति की 10% है। यदि एक और रेडियो स्टेशन लाइसेंस के लिए आता है, तो आप कौन-सी प्रसार आवृत्ति आवंटित करेंगे?

(a) 2750 kHz (b) 2250 kHz
(c) 2900 kHz (d) 2000 kHz

27. दिए गए चित्र में व्हीटस्टोन सेतु सन्तुलित होता है जब कार्बन प्रतिरोध R_1 का कलर कोड नारंगी, लाल तथा भूरा है। प्रतिरोध R_1 व R_2 क्रमशः 80Ω तथा 40Ω हैं। यह मानते हुए कि कलर कोड कार्बन प्रतिरोध का यथार्थ मान देता है, R_3 को कार्बन प्रतिरोध का यथार्थ मान देता है, R_3 को कार्बन प्रतिरोध मानते हुए उसका कलर कोड होगा

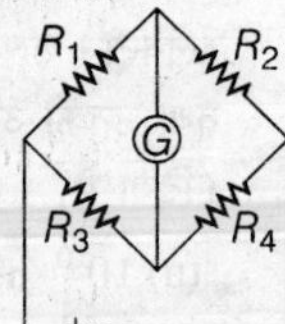

(a) लाल, हरा, भूरा
(b) सलेटी, काला, भूरा
(c) भूरा, नीला, भूरा
(d) भूरा, नीला, काला

28. स्थायी चुम्बकीय पदार्थ से बने हुए एक छल्ले तथा एक ठोस बेलन का द्रव्यमान तथा त्रिज्या बराबर हैं। इनके चुम्बकीय आघूर्ण उनकी अपनी अक्ष के समान्तर हैं, लेकिन छल्ले का चुम्बकीय आघूर्ण बेलन से दोगुना है। इन दोनों को एकसमान चुम्बकीय क्षेत्र में इस तरह छोड़ा जाता है कि इनका चुम्बकीय आघूर्ण, चुम्बकीय क्षेत्र की दिशा से एक छोटा-सा कोण बनाता है। यदि छल्ले एवं बेलन के दोलन का आवर्तकाल क्रमशः T_h तथा T_c है, तो

(a) $T_h = T_c$ (b) $T_h = 0.5\, T_c$
(c) $T_h = 2T_c$ (d) $T_h = 1.5\, T_c$

29. एक द्रव्यमानरहित तथा $3l$ की छड़ पर दो द्रव्यमान चित्रानुसार उसके सिरों पर लगाए हैं तथा उसे एक क्षैतिज अक्ष पर बिन्दु P से कीलकित किया जाता है। जब इस छड़ को क्षैतिज अवस्था से छोड़ा जाता है, तो उसका तात्क्षणिक कोणीय त्वरण होगा

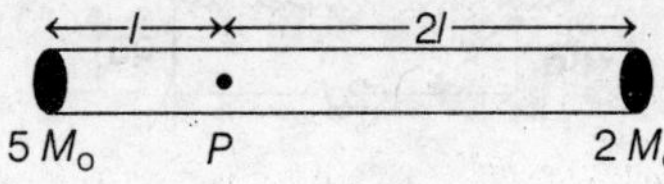

(a) $\frac{g}{3l}$ (b) $\frac{g}{13l}$ (c) $\frac{7g}{3l}$ (d) $\frac{g}{2l}$

30. चित्र में दिखाए गए प्रतिरोध R का वास्तविक मान 30Ω है। इसे एक मानक सूत्र $R = \frac{V}{I}$ का उपयोग करके मापा जाता है। जहाँ, V तथा I क्रमशः वोल्टमीटर तथा अमीटर की रीडिंग हैं। यदि R का मापा गया मान 5% कम आता है, तो वोल्टमीटर के आन्तरिक प्रतिरोध का मान होगा

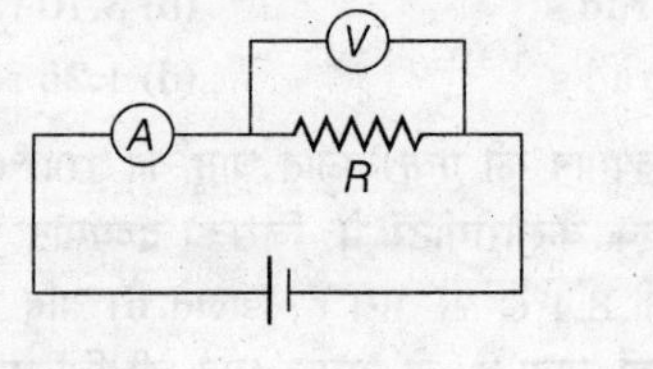

(a) 35Ω (b) 600Ω (c) 570Ω (d) 350Ω

रसायन विज्ञान

31. ग्लूकोज के 1 मोलल विलयन के क्वथनांक में उन्नयन 2K है। ग्लूकोज के उसी विलायक में 2 मोलल विलयन के हिमांक में अवनमन 2K है। K_b तथा K_f सम्बन्ध है

(a) $K_b = 0.5\, K_f$ (b) $K_b = K_f$
(c) $K_b = 1.5\, K_f$ (d) $K_b = 2\, K_f$

32. निम्नलिखित यौगिक का IUPAC नाम क्या है?

$$\mathrm{CH_3(H)C{=}C(CH_3)-C(H)(Br)CH_3}$$

(a) 2-ब्रोमो-3-मेथिलपेन्ट-3-ईन
(b) 3-ब्रोमो-1, 2-डाइमेथिलब्यूट-1-ईन
(c) 4-ब्रोमो-3-मेथिलपेन्ट-2-ईन
(d) 3-ब्रोमो-3-मेथिल-1,2-डाइमेथिलप्रोप-1-ईन

33. अम्लीय माध्यम में ऑक्जेलेट की परमैंगनेट के साथ अभिक्रिया में, CO_2 के एक अणु को बनाने में निहित इलेक्ट्रॉनों की संख्या है

(a) 5 (b) 1 (c) 2 (d) 10

34. ऐमीनो अम्लों को पहचानने के लिए निम्नलिखित में से कौन-से परीक्षण का उपयोग नहीं कर सकते हैं?

(a) ब्यूरेट परीक्षण (b) बार्फोड परीक्षण
(c) निन्हाइड्रिन परीक्षण (d) जैन्थोप्रोटीइक परीक्षण

35. निम्नलिखित सेल में, $Pt(s) | H_2(g, 1bar) | HCl(aq) | AgCl(s) | Ag(s) | Pt(s)$

10^{-6} मोलल HCl विलयन का उपयोग होता है तो सेल का विभव 0.92 V है। (AgCl/Ag, Cl^-) इलेक्ट्रोड का मानक इलेक्ट्रोड विभव है

$\left\{\text{दिया गया है } \frac{2.303RT}{F} = 0.06\text{V } 298 \text{ K पर}\right\}$

(a) 0.76 V (b) 0.20 V (c) 0.94 V (d) 0.40 V

36. एक कार्बनिक यौगिक A जिसका आण्विक सूत्र $C_7H_6O_2$ है, जलीय अमोनिया के साथ गर्म करने पर यौगिक B बनाता है। यौगिक B आण्विक ब्रोमीन तथा पोटैशियम हाइड्रॉक्साइड के साथ अभिक्रिया करके यौगिक C देता है। जिसका आण्विक सूत्र C_6H_7N है। A की संरचना है

(a) 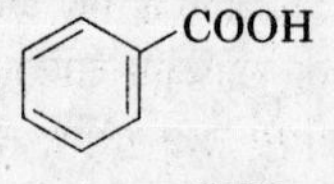 COOH
(b) 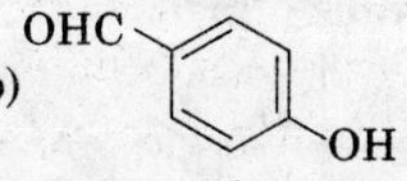 OHC, OH
(c) 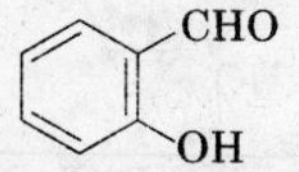 CHO, OH
(d) 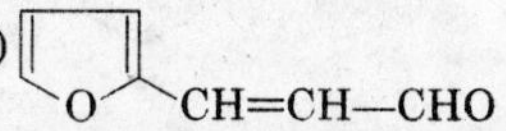 O, CH=CH—CHO

37. शर्करा के दो लीटर 0.1 M जलीय विलयन को बनाने के लिए शर्करा ($C_{12}H_{22}O_{11}$) की आवश्यक मात्रा है

(a) 68.4 g (b) 34.2 g (c) 17.1 g (d) 136.8 g

38. समतापमण्डल में ओजोन परतों के अवक्षय में जो अभिक्रिया नहीं सम्मिलित होती है, वह है

(a) $HOCl(g) \xrightarrow{h\nu} \dot{O}H(g) + \dot{C}l(g)$

(b) $CF_2Cl_2(g) \xrightarrow{h\nu} \dot{C}l(g) + \dot{C}F_2Cl(g)$

(c) $\dot{C}lO(g) + O(g) \longrightarrow \dot{C}l(g) + O_2(g)$

(d) $CH_4 + 2O_3 \longrightarrow 3CH_2=O + 3H_2O$

39. निम्नलिखित अभिक्रिया में प्राप्त होने वाला कौन-सा मुख्य उत्पाद है?

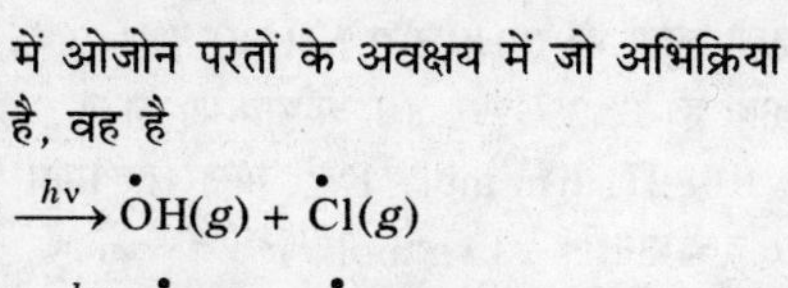

CO_2Et, O, O $\xrightarrow{NaOEt/\Delta}$

(a) 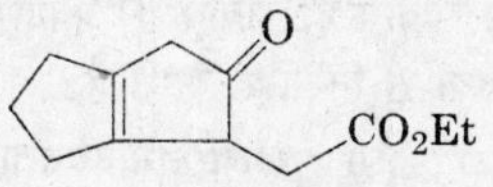 O, CO_2Et
(b) 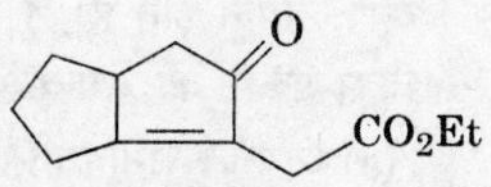 O, CO_2Et
(c) 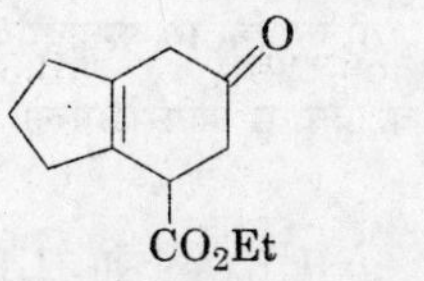 O, CO_2Et
(d) 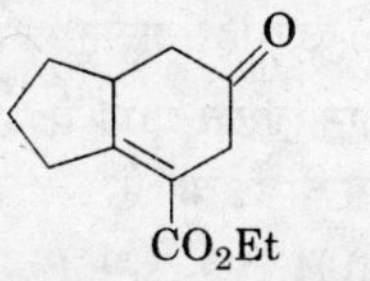 O, CO_2Et

40. A_2B_3 सूत्र वाले एक यौगिक में hcp जालक है। कौन-सा परमाणु hcp जालक बनाता है तथा चतुष्फलकीय रिक्तियों का कौन-सा अंश दूसरे परमाणु द्वारा अध्यासित होता है?

(a) hcp जालक-A, $\frac{2}{3}$ चतुष्फलकीय रिक्तियाँ-B

(b) hcp जालक-B, $\frac{1}{3}$ चतुष्फलकीय रिक्तियाँ-A

(c) hcp जालक-B, $\frac{2}{3}$ चतुष्फलकीय रिक्तियाँ-A

(d) hcp जालक-A, $\frac{1}{3}$ चतुष्फलकीय रिक्तियाँ-B

41. निम्नलिखित रूपान्तरण के लिए सर्वाधिक उपयुक्त अभिकर्मक क्या है?

$CH_3—CH=CH—CH_2—\overset{OH}{\overset{|}{C}}—H—CH_3 \longrightarrow CH_3—CH=CH—CH_2CO_2H$

(a) CrO_2Cl_2, CS_2 (b) क्षारीय $KMnO_4$
(c) टॉलूईन अभिकर्मक (d) I_2/NaOH

42. हाइड्रोजन परमाणु की मूल अवस्था ऊर्जा -13.6 eV है। He^+ आयन की द्वितीय उत्तेजित अवस्था की ऊर्जा, eV में, है

(a) -27.2 (b) -54.4 (c) -3.4 (d) -6.04

43. निम्नलिखित मोनोनाइट्रेशन अभिक्रिया में कौन-सा मुख्य उत्पाद होगा?

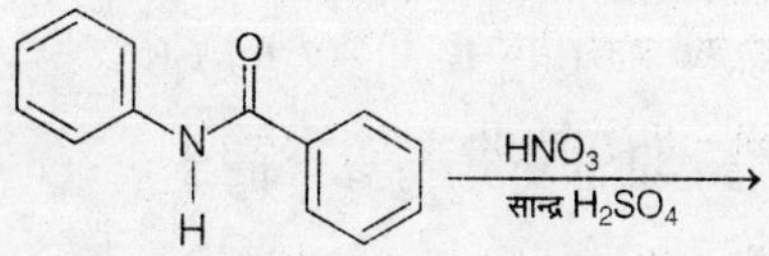

O, N, H $\xrightarrow[\text{सान्द्र } H_2SO_4]{HNO_3}$

(a) 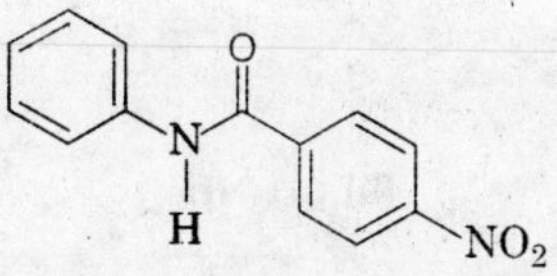 O, N, H, NO_2
(b) 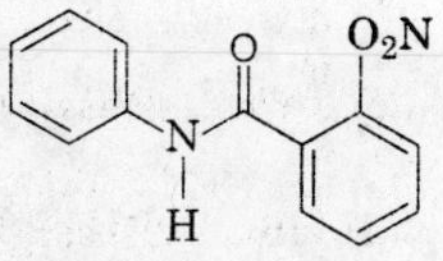 O_2N, O, N, H
(c) 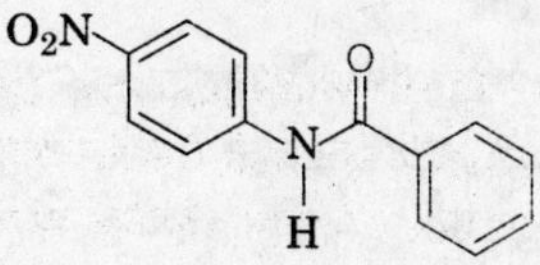 O_2N, O, N, H
(d) 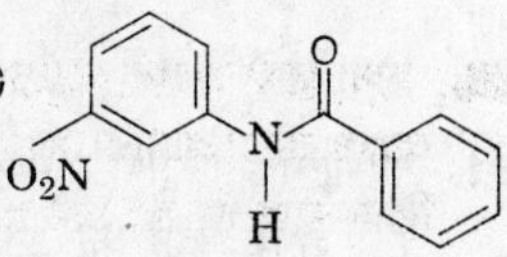 O, N, O_2N, H

44. द्रव अमोनिया में सोडियम धातु को विलयित करने पर एक गहरे नीले रंग का विलयन देता है, इसका कारण है

(a) सोडामाइड का बनना
(b) अमोनिकृत इलेक्ट्रॉनों का बनना
(c) सोडियम-अमोनिया संकुल का बनना
(d) सोडियम आयन-अमोनिया संकुल का बनना

45. हीमोग्लोबिन तथा गोल्ड सॉल उदाहरण है

(a) ऋणात्मक आवेशित सॉलों के
(b) धनात्मक आवेशित सॉलों के
(c) क्रमशः धनात्मक तथा ऋणात्मक आवेशित सॉलों के
(d) क्रमशः ऋणात्मक तथा धनात्मक आवेशित सॉलों के

46. सोना तथा चाँदी के वैद्युत लेपन में उपयोग होने वाले वैद्युत अपघट्य क्रमशः है

(a) $[Au(CN)_2]^-$ तथा $[AgCl_2]^-$ (b) $[Au(NH_3)_2]^+$ तथा $[Ag(CN)_2]^-$
(c) $[Au(CN)_2]^-$ तथा $[Ag(CN)_2]^-$ (d) $[Au(OH)_4]^-$ तथा $[Ag(OH)_2]^-$

47. एक धातु आयन के उच्च-प्रचक्रण तथा निम्न-प्रचक्रण वाले अष्टफलकीय संकुलों के अयुग्मित इलेक्ट्रॉनों की संख्याओं में दो का अन्तर है। धातु आयन है

(a) Co^{2+} (b) Fe^{2+} (c) Mn^{2+} (d) Ni^{2+}

48. निम्न अभिक्रिया का मुख्य उत्पाद है

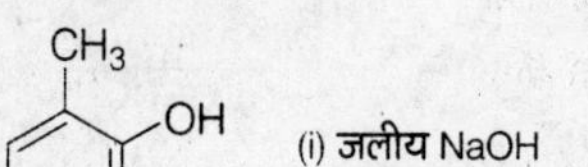

CH_3, OH $\xrightarrow[\text{(ii) } CH_3I]{\text{(i) जलीय NaOH}}$

(a) 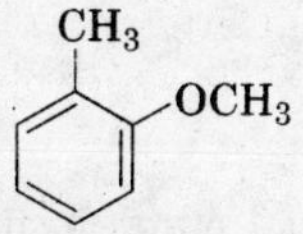 CH_3, OCH_3
(b) 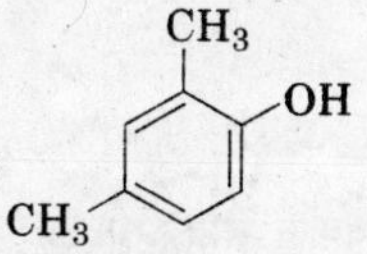 CH_3, OH, CH_3
(c) 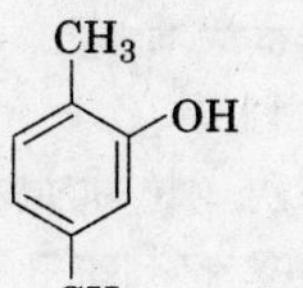 CH_3, OH, CH_3
(d) 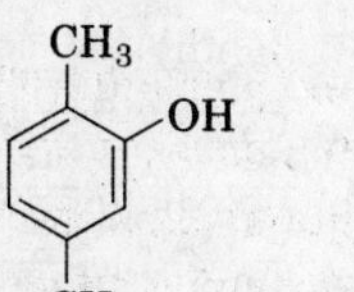 CH_3, OH, CH_3

49. $4\ Nm^{-2}$ के स्थिर बाह्य दाब के विरूद्ध, एक आदर्श गैस का समतापी सम्पीडन $5\ m^3$ से $1\ m^3$ तक किया जाता है। इस प्रक्रम में उत्सर्जित ऊष्मा का प्रयोग 1 मोल Al के ताप को बढ़ाने के लिए किया जाता है। यदि Al की मोलर ऊष्माधारिता $24\ J\ mol^{-1}K^{-1}$ है तो Al का ताप जितना बढ़ता है, वह है

(a) $\frac{3}{2}$K (b) $\frac{2}{3}$K (c) 1 K (d) 2 K

50. निम्नलिखित अभिक्रिया का मुख्य उत्पाद है

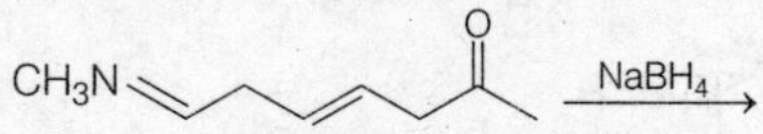

$CH_3N{=}CH{-}CH{=}CH{-}CH_2{-}C(=O){-}CH_3 \xrightarrow{NaBH_4}$

(a) CH_3NH–(CH₂)₅–C(=O)–CH₃ (b) CH_3NH–CH₂CH₂CH₂–CH=CH–CH(OH)–CH₃

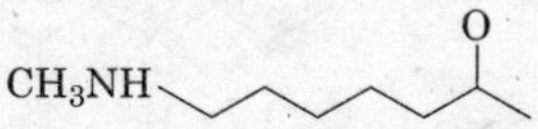

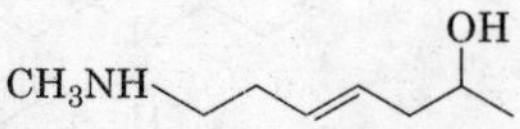

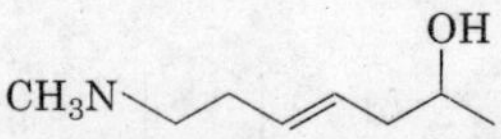

(c) CH_3N–CH₂CH₂–CH=CH–CH₂–CH(OH)–CH₃ (d) 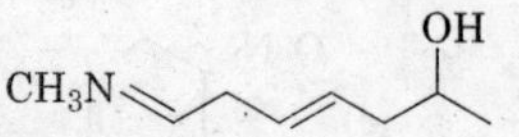 CH_3N=CH–CH=CH–CH₂–CH(OH)–CH₃

51. ऋणात्मक एन्ट्रॉपी परिवर्तन वाला प्रक्रम है

(a) शुष्क बर्फ का ऊर्ध्वपातन

(b) आयोडीन का जल में विलयन

(c) $CaSO_4(s)$ का $CaO(s)$ तथा $SO_3(g)$ में वियोजन

(d) N_2 तथा H_2 से अमोनिया का संश्लेषण

52. कॉलम I तथा II के मध्य सही सुमेल है

कॉलम I (यौगिक)	कॉलम II (अभिकर्मक)
A. लाइसीन	(i) 1-नैफ्थॉल
B. फरफ्यूरल	(ii) निन्हाइड्रिन
C. बेन्जाइल ऐल्कोहॉल	(iii) $KMnO_4$
D. स्टाइरीन	(iv) सेरिक अमोनियम नाइट्रेट

(a) A → (iii), B → (i), C → (ii), D → (iv)

(b) A → (ii), B → (i), C → (iv), D → (iii)

(c) A → (ii), B → (iii), C → (iv), D → (i)

(d) A → (ii), B → (i), C → (iii), D → (iv)

53. B_2H_6 में 2-केन्द्र-2-इलेक्ट्रॉन तथा 3-केन्द्र-2-इलेक्ट्रॉन आबन्धों की संख्या क्रमशः है

(a) 2 तथा 4 (b) 2 तथा 2 (c) 4 तथा 2 (d) 2 तथा 1

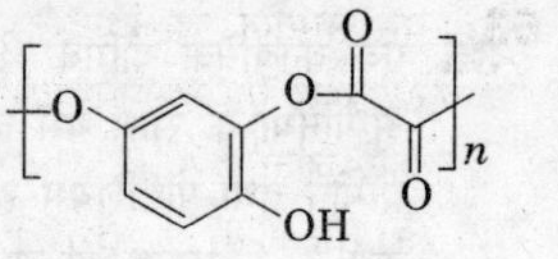

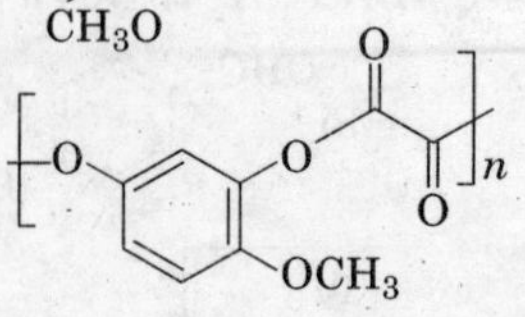

54. निम्नलिखित अभिक्रिया का मुख्य उत्पाद है

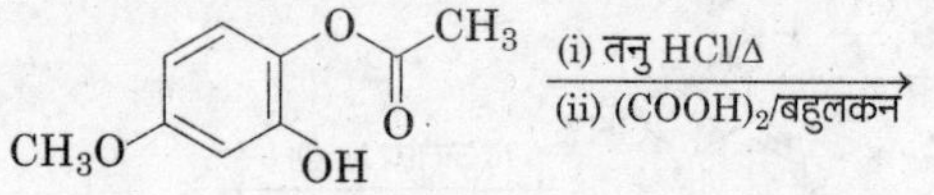

(4-CH_3O, 2-OH फेनिल ऐसीटेट) $\xrightarrow[\text{(ii) } (COOH)_2/\text{बहुलकन}]{\text{(i) तनु HCl}/\Delta}$

(a) 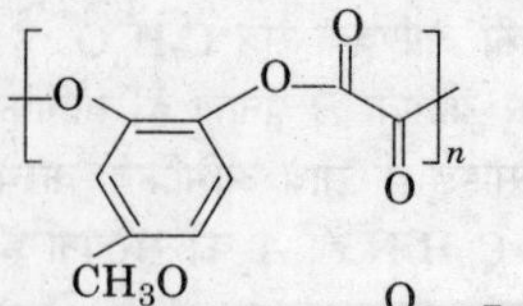 $[-O-C_6H_3(CH_3O)-O-C(=O)-C(=O)-]_n$ (b) $[-O-C_6H_3(OH)-O-C(=O)-C(=O)-]_n$

(c) $[-O-C_6H_3(OCH_3)-O-C(=O)-C(=O)-]_n$ (d) 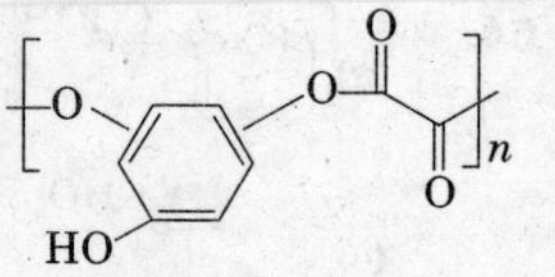 $[-O-C_6H_3(HO)-O-C(=O)-C(=O)-]_n$

55. एक तत्व X, जिसकी परमाणु संख्या 71 है, उसका 71वाँ इलेक्ट्रॉन जिस कक्षक में प्रवेश करता है, वह है

(a) $6s$ (b) $5d$ (c) $4f$ (d) $6p$

56. 5.1 g NH_4SH को 327°C पर 3.0 L के एक रिक्त किए गए फ्लास्क में डाला जाता है। 30% ठोस NH_4SH, NH_3 तथा H_2S गैसों में अपघटित हो जाता है। 327°C पर इस अभिक्रिया का K_p है ($R = 0.082\ L\ atm\ mol^{-1}K^{-1}$, मोलर द्रव्यमान $S = 32\ g\ mol^{-1}$, मोलर द्रव्यमान $N = 14\ g\ mol^{-1}$)

(a) $4.9 \times 10^{-3}\ atm^2$ (b) $0.242 \times 10^{-4}\ atm^2$

(c) $1 \times 10^4\ atm^2$ (d) $0.242\ atm^2$

57. हैलोजन के साथ हाइड्रोजन की निम्नलिखित अभिक्रियाओं में से जिसमें एक उत्प्रेरक की आवश्यकता होती है, वह है

(a) $H_2 + F_2 \longrightarrow 2HF$ (b) $H_2 + Cl_2 \longrightarrow 2HCl$

(c) $H_2 + I_2 \longrightarrow 2HI$ (d) $H_2 + Br_2 \longrightarrow 2HBr$

58. कोबाल्ट (III) क्लोराइड तथा ऐथिलीनडाइऐमीन की 1 : 2 मोल अनुपात में अभिक्रिया से दो समावयवी उत्पाद A (बैंगनी रंग का) तथा उत्पाद B (हरे रंग का) उत्पन्न होते है। A प्रकाशीय सक्रिय है, जबकि B प्रकाशीय अक्रिय है। किस प्रकार की समावयवता A तथा B निरूपित करते हैं?

(a) आयनन समावयवता (b) श्रृंखला समावयवता

(c) उपसहसंयोजन समावयवता (d) ज्यामितीय समावयवता

59. निम्नलिखित युग्मों में से जिस युग्म के प्रत्येक ऑक्सोअम्लों में दो P—H आबन्ध हैं, वह है

(a) $H_4P_2O_5$ तथा H_3PO_3 (b) $H_4P_2O_5$ तथा $H_4P_2O_6$

(c) H_3PO_2 तथा $H_4P_2O_5$ (d) H_3PO_3 तथा H_3PO_2

60. एक प्रारम्भिक रासायनिक अभिक्रिया, $A_2 \underset{k_{-1}}{\overset{k_1}{\rightleftharpoons}} 2A$ के लिए व्यंजक $\frac{d[A]}{dt}$ है

(a) $2k_1[A_2] - k_{-1}[A]^2$ (b) $k_1[A_2] + k_{-1}[A]^2$

(c) $k_1[A_2] - k_{-1}[A]^2$ (d) $2k_1[A_2] - 2k_{-1}[A]^2$

गणित

61. अवकल समीकरण $(x^2 - y^2)dx + 2xy\,dy = 0$ द्वारा निरूपित वक्रों के कुल (family) का वह वक्र जो (1, 1) से होकर जाता है, है

(a) एक वृत्त जिसका केन्द्र X-अक्ष पर है।

(b) एक अतिपरवलय जिसका अनुप्रस्थ X-अक्ष की दिशा में है।

(c) एक दीर्घवृत्त जिसका दीर्घ अक्ष Y-अक्ष की दिशा में है।

(d) एक वृत्त जिसका केन्द्र Y-अक्ष पर है।

62. λ का वह धनात्मक मान जिसके लिए व्यंजक $x^2\left(\sqrt{x} + \frac{\lambda}{x^2}\right)^{10}$ में x^2 का गुणांक 720 है, है

(a) $\sqrt{5}$ (b) 3

(c) $2\sqrt{2}$ (d) 4

63. वह समतल, जो बिन्दुओं (–3, – 3, 4) तथा (3, 7, 6) को मिलाने वाले रेखाखण्ड का लम्बसमद्विभाजन करता है, निम्न में से किस एक बिन्दु से होकर जाता है?

(a) (2, 1, 3) (b) (4, 1, – 2) (c) (4, – 1, 7) (d) (–2, 3, 5)

64. यदि $\int_0^x f(t)\,dt = x^2 + \int_0^1 t^2 f(t)\,dt$ है, तो $f'\left(\frac{1}{2}\right)$ है

(a) $\frac{4}{5}$ (b) $\frac{18}{25}$ (c) $\frac{6}{25}$ (d) $\frac{24}{25}$

65. $\cos\frac{\pi}{2^2}\cdot\cos\frac{\pi}{2^3}\ldots,\cos\frac{\pi}{2^{10}}\cdot\sin\frac{\pi}{2^{10}}$ का मान है

(a) $\frac{1}{1024}$ (b) $\frac{1}{2}$ (c) $\frac{1}{512}$ (d) $\frac{1}{256}$

66. माना $A = \begin{bmatrix} 2 & b & 1 \\ b & b^2+1 & b \\ 1 & b & 2 \end{bmatrix}$ जहाँ $b > 0$ है, तो $\frac{\det(A)}{b}$ का न्यूनतम मान है

(a) $-\sqrt{3}$ (b) $-2\sqrt{3}$ (c) $\sqrt{3}$ (d) $2\sqrt{3}$

67. माना f एक ऐसा अवकलनीय फलन है, कि $f'(x) = 7 - \frac{3}{4}\frac{f(x)}{x}, (x > 0)$ तथा $f(1) \neq 4$ है, तो $\lim_{x \to 0^+} xf\left(\frac{1}{x}\right)$

(a) का अस्तित्व है तथा 4 के समान है।

(b) का अस्तित्व नहीं है।

(c) का अस्तित्व है तथा $\frac{4}{7}$ के समान है।

(d) का अस्तित्व है तथा 0 के समान है।

68. एक त्रिभुज के दो शीर्ष (0, 2) तथा (4, 3) हैं। यदि इसका लम्बकेन्द्र मूलबिन्दु पर है, तो इसका तीसरा शीर्ष किस चतुर्थांश में है?

(a) तीसरा (b) दूसरा (c) प्रथम (d) चौथा

69. एक वृत्त $x^2 + y^2 + 10x + 12y + c = 0$ के अन्तर्गत एक समबाहु त्रिभुज का क्षेत्रफल $27\sqrt{3}$ वर्ग इकाई है, तो c बराबर है

(a) –25 (b) 13 (c) 25 (d) 20

70. परवलय $x^2 = 4y$ की उस जीवा, जिसका समीकरण $x - \sqrt{2}y + 4\sqrt{2} = 0$ है, की लम्बाई है

(a) $6\sqrt{3}$ (b) $8\sqrt{2}$ (c) $3\sqrt{2}$ (d) $2\sqrt{11}$

71. यदि $\alpha = (\lambda - 2)\mathbf{a} + \mathbf{b}$ तथा $\beta = (4\lambda - 2)\mathbf{a} + 3\mathbf{b}$ दो दिए गए सदिश हैं, जहाँ सदिश **a** तथा **b** संरेख नहीं हैं। λ का वह मान जिसके लिए α तथा β संरेख हैं, है

(a) –4 (b) –3 (c) 3 (d) 4

72. माना $a_1, a_2, a_3 \ldots, a_{10}$ गुणोत्तर श्रेढ़ी में हैं तथा $i = 1, 2, \ldots, 10$ के लिए $a_i > 0$ है और S, ऐसे युग्मों $(r, k), r, k \in N$ (प्राकृत संख्याओं का समुच्चय) का समुच्चय है जिनके लिए

$$\begin{vmatrix} \log_e a_1^r a_2^k & \log_e a_2^r a_3^k & \log_e a_3^r a_4^k \\ \log_e a_4^r a_5^k & \log_e a_5^r a_6^k & \log_e a_6^r a_7^k \\ \log_e a_7^r a_8^k & \log_e a_8^r a_9^k & \log_e a_9^r a_{10}^k \end{vmatrix} = 0,$$ तो S के अवयवों की संख्या है

(a) 4 (b) अनन्त (c) 10 (d) 2

73. $\int_{-\pi/2}^{\pi/2} \frac{dx}{[x] + [\sin x] + 4}$ का मान, जहाँ $[t]$ वह महत्तम पूर्णांक है, जो t से कम या उसके बराबर है, है

(a) $\frac{1}{12}(7\pi - 5)$ (b) $\frac{3}{10}(4\pi - 3)$

(c) $\frac{3}{20}(4\pi - 3)$ (d) $\frac{1}{12}(7\pi + 5)$

74. यदि $\int x^5 e^{-4x^3} dx = \frac{1}{48} e^{-4x^3} f(x) + C$, जहाँ C एक समाकलन अचर है, तो $f(x)$ बराबर है

(a) $-2x^3 + 1$ (b) $-4x^3 - 1$ (c) $4x^3 + 1$ (d) $-2x^3 - 1$

75. निम्न तीन कथनों पर विचार कीजिए

P : 5 एक अभाज्य संख्या है।

Q : 7 192 का एक गुणनखण्ड है।

R : 5 तथा 7 का ल. स. 35 है।

तो निम्न में से कौन–से कथन का सत्यमान (truth value) सत्य (T) है?

(a) $(\sim P) \vee (Q \wedge R)$ (b) $(P \wedge Q) \vee (\sim R)$

(c) $P \vee (\sim Q \wedge R)$ (d) $(\sim P) \wedge (\sim Q \wedge R)$

76. माना समुच्चय N प्राकृत संख्याओं को दर्शाता है तथा दो फलन f और g निम्न तरीके से परिभाषित हैं $f, g : N \to N$

$$f(n) = \begin{cases} \frac{n+1}{2} \text{ जब } n \text{ विषम है} \\ \frac{n}{2} \text{ जब } n \text{ सम है} \end{cases}$$ तथा $g(n) = n - (-1)^n$, तो फलन fog

(a) आच्छादी है परन्तु एकैकी नहीं है।

(b) एकैकी तथा आच्छादी दोनों है।

(c) न आच्छादी है और न ही एकैकी है।

(d) एकैकी है परन्तु आच्छादी नहीं है।

77. माना $z = \left(\frac{\sqrt{3}}{2} + \frac{i}{2}\right)^5 + \left(\frac{\sqrt{3}}{2} - \frac{i}{2}\right)^5$ है। यदि $R(z)$ तथा $I(z)$ क्रमशः z के वास्तविक तथा काल्पनिक भागों को दर्शाता है, तो

(a) $R(z) = -3$ (b) $R(z) > 0$ तथा $I(z) > 0$

(c) $R(z) < 0$ तथा $I(z) > 0$ (d) $I(z) = 0$

78. माना $S = \left\{(x, y) \in R^2 : \frac{y^2}{1+r} - \frac{x^2}{1-r} = 1\right\}$, जहाँ $r \neq \pm 1$ है, तो S जिसे निरूपित करता है, वह है

(a) एक अतिपरवलय जिसकी उत्केन्द्रता $\frac{2}{\sqrt{1-r}}$ है, जबकि $0 < r < 1$ है।

(b) एक दीर्घवृत्त जिसकी उत्केन्द्रता $\sqrt{\frac{2}{r+1}}$ है, जबकि $r > 1$ है।

(c) एक अतिपरवलय जिसकी उत्केन्द्रता $\frac{2}{\sqrt{r+1}}$ है, जबकि $0 < r < 1$ है।

(d) एक अतिपरवलय जिसकी उत्केन्द्रता $\frac{1}{\sqrt{r+1}}$ है, जबकि $r > 1$ है।

79. वक्र $y = xe^{x^2}$ की वह स्पर्श रेखा जो बिन्दु $(1, e)$ से होकर जाती है, निम्न में से किस बिन्दु से भी होकर जाती है?

(a) $\left(\frac{4}{3}, 2e\right)$ (b) $(2, 3e)$ (c) $(3, 6e)$ (d) $\left(\frac{5}{3}, 2e\right)$

80. एक हैलीकॉप्टर वक्र $y - x^{3/2} = 7, (x \geq 0)$ के अनुदिश उड़ रहा है। एक सैनिक बिन्दु $\left(\frac{1}{2}, 7\right)$ पर है तथा हैलीकॉप्टर को उस समय गोली मारकर गिराना चाहता है जब यह उसके निकटतम है, तो यह निकटतम दूरी है

(a) $\frac{1}{2}$ (b) $\frac{1}{3}\sqrt{\frac{7}{3}}$ (c) $\frac{1}{6}\sqrt{\frac{7}{3}}$ (d) $\frac{\sqrt{5}}{6}$

81. सामान्य संकेतों में ΔABC में यदि $\angle A + \angle B = 120°$, $a = \sqrt{3} + 1$ तथा $b = \sqrt{3} - 1$ है, तो अनुपात $\angle A : \angle B$ बराबर है

(a) 9 : 7 (b) 7 : 1 (c) 3 : 1 (d) 5 : 3

82. एक गोली चलाने वाले द्वारा एक लक्ष्य को किसी प्रयास में भेदने की प्रायिकता $\frac{1}{3}$ है, तो लक्ष्य को कम-से-कम बार भेदने की प्रायिकता $\frac{5}{6}$ से अधिक होने के लिए उसे लक्ष्य भेदने के कम-से-कम कितने स्वतन्त्र प्रयासों की आवश्यकता है?

(a) 6 (b) 5 (c) 4 (d) 3

83. यदि पाँच प्रेक्षणों x_1, x_2, x_3, x_4, x_5 का माध्य तथा मानक विचलन क्रमशः 10 तथा 3 है, तो 6 प्रेक्षणों $x_1, x_2, \ldots, x_5$ तथा –50, का प्रसरण है

(a) 586.5 (b) 507.5 (c) 582.5 (d) 509.5

84. $\cot\left(\sum_{n=1}^{19}\cot^{-1}\left(1 + \sum_{p=1}^{n} 2p\right)\right)$ का मान है

(a) $\frac{19}{21}$ (b) $\frac{21}{19}$ (c) $\frac{22}{23}$ (d) $\frac{23}{22}$

85. एक समान्तर चतुर्भुज की दो भुजाएँ, रेखाओं $x + y = 3$ तथा $x - y + 3 = 0$ के अनुदिश हैं। यदि इसके विकर्ण (2, 4) पर प्रतिच्छेद करते हैं, तो इसका एक शीर्ष है

(a) (3, 6) (b) (2, 1) (c) (2, 6) (d) (3, 5)

86. रेखा $\frac{x-4}{2} = \frac{y-5}{2} = \frac{z-3}{1}$ तथा समतल $x + y + z = 2$ का प्रतिच्छेदन बिन्दु निम्न में से किस रेखा पर स्थित है?

(a) $\frac{x-1}{1} = \frac{y-3}{2} = \frac{z+4}{-5}$ (b) $\frac{x-2}{2} = \frac{y-3}{2} = \frac{z+3}{3}$

(c) $\frac{x-4}{1} = \frac{y-5}{1} = \frac{z-5}{-1}$ (d) $\frac{x+3}{3} = \frac{4-y}{3} = \frac{z+1}{-2}$

87. λ का वह मान जिसके लिए द्विघात समीकरण $x^2 + (3 - \lambda)x + 2 = \lambda$ के मूलों के वर्गों के योग का मान न्यूनतम है, है

(a) $\frac{15}{8}$ (b) 2 (c) $\frac{4}{9}$ (d) 1

88. माना $f : (-1, 1) \to R$ एक फलन है, जो $f(x) = \max\{-|x|, -\sqrt{1-x^2}\}$ द्वारा परिभाषित है। यदि K उन सभी बिन्दुओं का समुच्चय है जिन पर f अवकलनीय नहीं है, तो K में मात्र (exactly)

(a) एक अवयव है। (b) दो अवयव हैं।

(c) पाँच अवयव हैं। (d) तीन अवयव हैं।

89. $\theta \in (0, \pi)$ के ऐसे मानों की संख्या, जिनके लिए निम्न रैखिक समीकरण निकाय

$$x + 3y + 7z = 0$$
$$-x + 4y + 7z = 0$$
$$(\sin 3\theta)x + (\cos 2\theta)y + 2z = 0$$

का एक अतुच्छ हल है, है

(a) चार (b) तीन

(c) एक (d) दो

90. यदि $\sum_{r=0}^{25}\{{}^{50}C_r \cdot {}^{50-r}C_{25-r}\} = K({}^{50}C_{25})$ है, तो K बराबर है

(a) 2^{25} (b) $2^{25} - 1$ (c) $(25)^2$ (d) 2^{24}

सही उत्तर

भौतिकी

1.(d)	2.(b)	3.(b)	4.(d)	5.(c)	6.(d)	7.(c)	8.(d)	9.(a)	10.(b)
11.(c)	12.(b)	13.(c)	14.(*)	15.(a)	16.(b)	17.(c)	18.(c)	19.(*)	20.(b)
21.(b)	22.(d)	23.(c)	24.(b)	25.(d)	26.(d)	27.(c)	28.(a)	29.(b)	30.(c)

रसायन विज्ञान

31. (d)	32. (c)	33. (b)	34. (b)	35. (b)	36. (a)	37. (a)	38. (d)	39. (b)	40. (b)
41. (d)	42. (d)	43. (c)	44. (b)	45. (c)	46. (c)	47. (a)	48. (a)	49. (b)	50. (b)
51. (d)	52. (b)	53. (c)	54. (a)	55. (b)	56. (d)	57. (c)	58. (d)	59. (c)	60. (d)

गणित

61. (a)	62. (d)	63. (b)	64. (d)	65. (c)	66. (d)	67. (a)	68. (b)	69. (c)	70. (a)
71. (a)	72. (b)	73. (c)	74. (b)	75. (c)	76. (a)	77. (d)	78. (b)	79. (a)	80. (c)
81. (b)	82. (b)	83. (b)	84. (b)	85. (a)	86. (a)	87. (b)	88. (d)	89. (d)	90. (a)

नोट *(*) कोई भी विकल्प सही नहीं है।*

संकेत एवं हल

भौतिकी

1. *(d)* दो बल P तथा Q जिनके परिमाण क्रमशः 2F तथा 3F है परस्पर θ कोण पर कार्यरत् है, इन बलों का परिणामी,

$$F_r^2 = F_1^2 + F_2^2 + 2F_1F_2\cos\theta \quad \ldots(i)$$

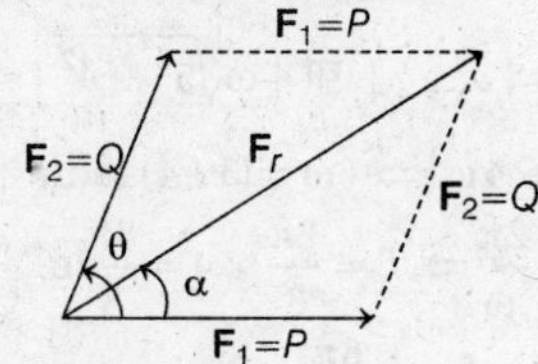

प्रथम स्थिति में, $F_1 = 2F$ तथा $F_2 = 3F$

$\Rightarrow \quad F_r^2 = 4F^2 + 9F^2 + 2\times 2\times 3F^2\cos\theta$

$\Rightarrow \quad F_r^2 = 13F^2 + 12F^2\cos\theta \quad \ldots(ii)$

द्वितीय स्थिति में, $F_1 = 2F$ तथा $F_2 = 6F$ $\quad$ ($\because$ बल Q दोगुना है।)

तथा $\quad F_r' = 2F_r$ $\quad$ (दिया है)

यह मान समी. (i) में रखने पर,

$(2F_r)^2 = (2F)^2 + (6F)^2 + 2\times 2\times 6F^2\cos\theta$

$\Rightarrow \quad 4F_r^2 = 40F^2 + 24F^2\cos\theta \quad \ldots(iii)$

समी. (ii) तथा (iii) से,

$52F^2 + 48F^2\cos\theta = 40F^2 + 24F^2\cos\theta$

$\Rightarrow \quad 12 + 24\cos\theta = 0$ या $\cos\theta = -1/2$

या $\quad \theta = 120^\circ \quad (\because \cos 120^\circ = -1/2)$

2. *(b)* परिपथ की विभिन्न शाखाओं में धाराओं को दर्शाया गया है,

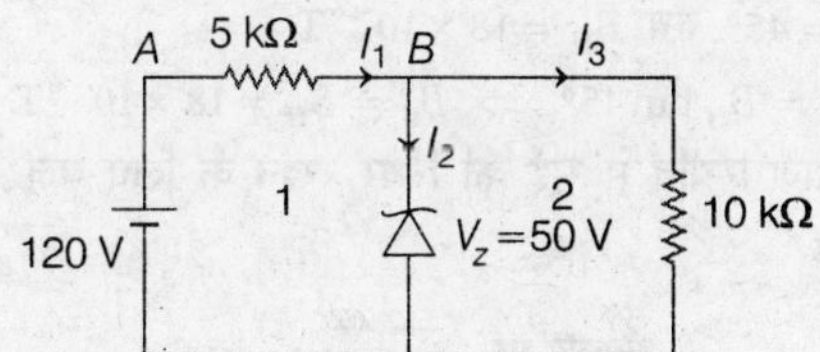

किरचॉफ के सन्धि नियम से,

$$I_1 = I_2 + I_3 \quad \ldots(i)$$

जेनर डायोड के भंजन की स्थिति में A तथा B के मध्य विभवान्तर,

$$V_{AB} = 120 - 50 = 70\text{ V}$$

परिपथ के बन्द लूप (पाश) में धारा,

$$I_1 = \frac{V_{AB}}{5\text{ k}\Omega} = \frac{70}{5\times 10^3}$$

$$I_1 = 14\text{ mA} \quad \ldots(ii)$$

जेनर डायोड तथा 10 kΩ का प्रतिरोध दोनों परिपथ में समान्तर क्रम में जुड़े है, अतः 10 kΩ के प्रतिरोध में एक्रॉस-वोल्टेज 50 V होगा।

$\therefore \quad I_3 = \dfrac{50}{10\text{ k}\Omega} = \dfrac{50}{10\times 10^3}$

अतः $\quad I_3 = 5\text{ mA} \quad \ldots(iii)$

$\therefore$ समी. (i), (ii) तथा (iii) से,

$$14\text{ mA} = I_2 + 5\text{mA}$$

या जेनर डायोड में प्रवाहित धारा,

$$I_2 = 14\text{ mA} - 5\text{mA} = 9\text{ mA}$$

अतः जेनर डायोड में प्रवहित धारा का मान, $I_2 = 9$ mA होगा।

3. *(b)* दिया है, $|\mathbf{A}| = |\mathbf{B}|$ या $A = B \quad \ldots(i)$

माना $(\mathbf{A} + \mathbf{B})$ का परिमाण R तथा $(\mathbf{A} - \mathbf{B})$ का परिमाण R' है।

अब, $\quad \mathbf{R} = \mathbf{A} + \mathbf{B}$

दोनों पक्षों का वर्ग करने पर,

$R^2 = A^2 + B^2 + 2AB\cos\theta$

$R^2 = 2A^2 + 2A^2\cos\theta \quad$ [$\because$ समी (i) से]

$R^2 = 2A^2(1 + \cos\theta) \quad \ldots(ii)$

पुनः $\mathbf{R}' = \mathbf{A} - \mathbf{B}$

दोनों पक्षों का वर्ग करने पर,

$R'^2 = A^2 + B^2 - 2AB\cos\theta$

$R'^2 = 2A^2 - 2A^2\cos\theta \quad$ [$\because$ समी (i) से]

$R'^2 = 2A^2(1 - \cos\theta) \quad \ldots(iii)$

दिया है, $\quad R = nR'$ या $\left(\dfrac{R}{R'}\right)^2 = n^2$

समी. (ii) को (iii) से भाग देने पर,

$$\frac{n^2}{1} = \frac{1+\cos\theta}{1-\cos\theta} \text{ या } \frac{n^2-1}{n^2+1} = \frac{(1+\cos\theta)-(1-\cos\theta)}{(1+\cos\theta)+(1-\cos\theta)}$$

(परिगेयकरण करने पर,)

$\Rightarrow \quad \dfrac{n^2-1}{n^2+1} = \dfrac{2\cos\theta}{2} = \cos\theta$ या $\theta = \cos^{-1}\left(\dfrac{n^2-1}{n^2+1}\right)$

अतः सदिशों A तथा B के बीच का कोण $\theta = \cos^{-1}\left(\dfrac{n^2-1}{n^2+1}\right)$ होगा।

4. *(d)* प्रश्न में दी गई स्थिति को नीचे चित्र में दर्शाया गया है,

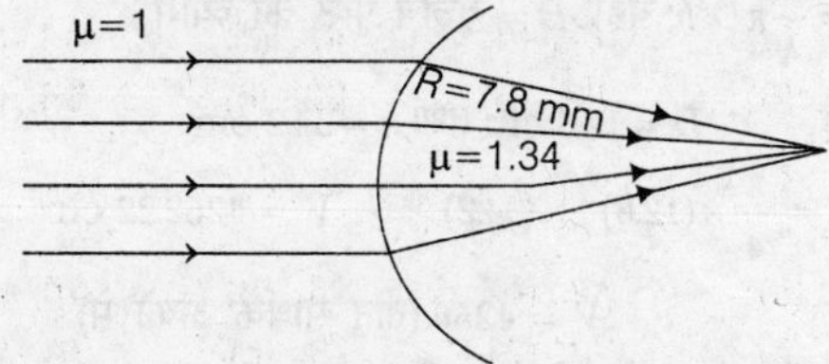

यहाँ समान्तर किरणें वायु (निर्वात् में, $\mu = 1$) से आ रही है जोकि गोलीय सतह (नेत्र, $\mu = 1.34$) पर जा रही है।

इस पृष्ठ की वक्रता त्रिज्या गोलीय सतह के लिए प्रतिबिम्ब का कार्य करती है।

अत: $\frac{\mu_r}{v} - \frac{\mu_i}{u} = \frac{\mu_r - \mu_i}{R}$ ... (i)

दिया है, $\mu_r = 1.34$, $\mu_i = 1$, $u = \infty$ (– ve) तथा $R = 7.8$

ये मान समी. (i) में रखने पर,

$$\frac{1.34}{v} + \frac{1}{\infty} = \frac{1.34 - 1}{7.8} \text{ या } \frac{1.34}{v} = \frac{0.34}{7.8} \Rightarrow v = \frac{1.34 \times 7.8}{0.34} \text{ mm}$$

$\Rightarrow \quad v = \frac{4}{3} \times 3 \times 7.8 \text{ mm} \Rightarrow v = 31.2$ mm या 3.12 cm

($\because$ लगभग $1.34 = 4/3$ तथा $0.34 = 1/3$)

अत: अपवर्तक पृष्ठ से वह दूरी जिस पर प्रकाश की समान्तर किरणें पृष्ठ से फोकस पर आती है, लगभग 3.1 cm के बराबर होगी।

5. *(c)* बन्द ऑर्गन पाइप की मूल आवृत्ति, $f_0 = v/4L$,

यहाँ, v = ध्वनि का वेग, L = पाइप की लम्बाई

तथा $f = (2n+1)\frac{v}{4L}$ अर्थात् $f = (2n+1) f_0$

दिया है, $f_0 = 1500$ Hz तथा $f_{max} = 20000$ Hz

अर्थात् $\quad f_{max} > f$

अत: $\quad f_{max} > (2n+1) f_0 \Rightarrow 20000 > (2n+1) 1500$

$\Rightarrow \quad 2n + 1 < 13.33 \quad \Rightarrow 2n < 13.33 - 1$

$\Rightarrow \quad 2n < 12.33$ या $n < 6.16$

या $\quad n = 6$ (पूर्णांक संख्या)

अत: ऑर्गन पाइप से एक व्यक्ति को स्पष्ट सुनाई देने वाले अधिस्वरों की संख्या छ: होगी।

6. *(d)* जब प्रतिरोध में धारा I प्रवाहित की जाती है तो परिपथ में वैद्युत शक्ति क्षय,

$$P = I^2 R \quad \text{... (i)}$$

दिया है, $I = 2$ mA $= 2 \times 10^{-3}$ A तथा $P = 4.4$ W

समी. (i) से,

$$4.4 = (2 \times 10^{-3})^2 \times R \text{ या } R = \frac{4.4}{4 \times 10^{-6}} \Omega \quad \text{...(ii)}$$

जब प्रतिरोध 11 V की आपूर्ति से जुड़ा होता है तब वैद्युत शक्ति क्षय,

$$P = \frac{V^2}{R} \text{ या } P = \frac{(11)^2}{4.4} \times 4 \times 10^{-6} \quad [\because \text{ समी. (ii) से,}]$$

$$\Rightarrow \quad P = \frac{11 \times 11 \times 4 \times 10^{-6}}{44 \times 10^{-1}} \text{ W या } P = 11 \times 10^{-5} \text{ W}$$

7. *(c)* h ऊँचाई तथा 'r' त्रिज्या के बेलन का आयतन,

$$V = \pi r^2 h$$

या $V = \frac{1}{4}\pi D^2 h$, यहाँ, D = वृत्तीय पृष्ठ का व्यास

दिया है, $\quad D = 12.6$ cm तथा $h = 34.2$ cm

$\Rightarrow \quad V = \frac{\pi}{4} \times (12.6)^2 \times (34.2) \Rightarrow V = 4262.22 \text{ cm}^3$

$V = 4260$ (तीन सार्थक अंकों में)

आयतन के मापन में प्रतिशत त्रुटि,

$$\frac{\Delta V}{V} = 2\left(\frac{\Delta D}{D}\right) + \frac{\Delta h}{h} = \frac{2 \times 0.1}{12.6} + \frac{0.1}{34.2}$$

$$\Rightarrow \quad \frac{\Delta V}{V} = 0.0158 + 0.0029$$

$\Rightarrow \quad \Delta V = (0.01879) \times (4262.22)$

$\Rightarrow \quad \Delta V = 79.7 \simeq 80 \text{ cm}^3$

$\therefore$ सही सार्थक अंकों में V का मान $= 4260 \pm 80 \text{ cm}^3$

8. *(d)* सरल आवर्त गति में कण की स्थिति (x), वेग (v) तथा त्वरण (a) को निम्न प्रकार दिया जाता है,

$x = A\sin\omega t$, $v = \omega\sqrt{A^2 - x^2}$ या $v = A\omega\cos\omega t$

तथा $\quad a = -\omega^2 x \quad$ या $a = -\omega^2 A\sin\omega t$

दिया है, $A = 5$ cm तथा विस्थापन $x = 4$ cm

$x = 4$ cm पर वेग तथा त्वरण का परिमाण समान है।

अत: $|v_{x=4}| = |a_{x=4}|$ या $|\omega\sqrt{5^2 - 4^2}| = |-4\omega^2|$

$\Rightarrow \quad 3\omega = +4\omega^2 \Rightarrow \omega = (3/4)$ rad/s

आवर्तकाल, $T = \frac{2\pi}{\omega} \Rightarrow T = \frac{2\pi}{3} \times 4 = \frac{8\pi}{3}$ s

अत: कण का आवर्तकाल $\frac{8\pi}{3}$ s होगा।

9. *(a)* बिना बल आरोपित किए पृथ्वी के परिणामी चुम्बकीय क्षेत्र में सूई स्थिर रहती है अत: इस स्थान पर नतिकोण $\theta = 45°$ होता है।

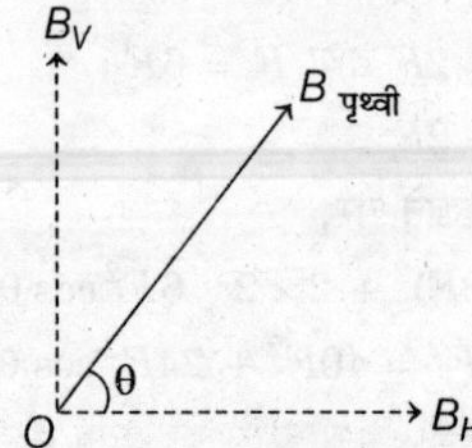

पृथ्वी के चुम्बकीय क्षेत्र के क्षैतिज तथा ऊर्ध्वाधर घटक में निम्न सम्बन्ध होता है,

$$\frac{B_V}{B_H} = \tan\theta$$

यहाँ, $\theta = 45°$ तथा $B_H = 18 \times 10^{-6}$T

$\therefore \quad B_V = B_H \tan 45° \Rightarrow B_V = B_H = 18 \times 10^{-6}$T $\quad (\because \tan 45° = 1)$

जब क्षैतिज स्थिति में सुई को स्थिर रखने के लिए बल आरोपित किया जाता है।

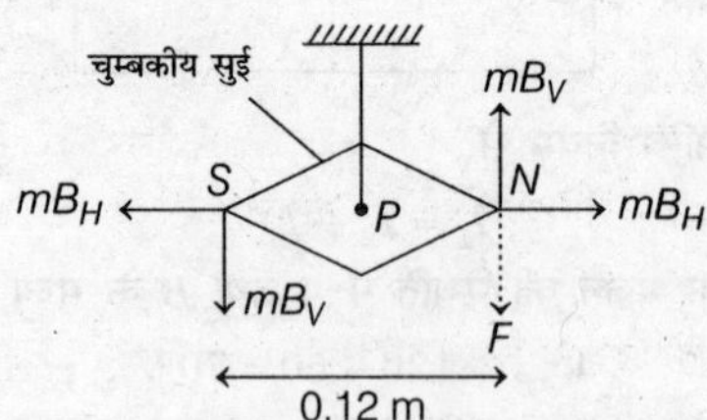

तब बिन्दु P का बल आघूर्ण, $mB_V \times 2l = Fl$

$\therefore \quad F = 2 \times mB_V$

दिए गए मान रखने पर,

$$= 2 \times 1.8 \times 18 \times 10^{-6}$$
$$= 6.48 \times 10^{-5} = 6.5 \times 10^{-5} \text{ N}$$

10. *(b)* वेग-समय ग्राफ के अधीन क्षेत्रफल विस्थापन को दर्शाता है। $t = 5$ सेकण्ड पर कण की स्थिति ज्ञात करने के लिए वक्र के छायांकित भाग के क्षेत्रफल की गणना करनी होगी।

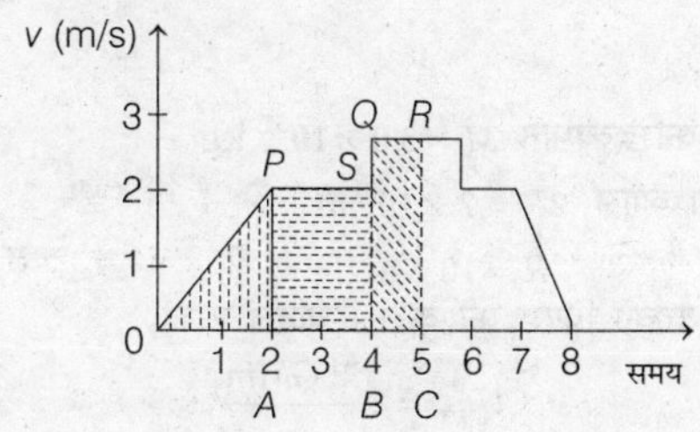

$\therefore$ कण का विस्थापन $= OPA$ का क्षेत्रफल $+ PABSP$ का क्षेत्रफल

$+ QBCRQ$ का क्षेत्रफल

$$= \left(\frac{1}{2} \times 2 \times 2\right) + (2 \times 2) + (3 \times 1) = 2 + 4 + 3 = 9 \text{ m}$$

अत: $t = 5$ s पर कण की स्थिति 9 m होगी।

11. *(c)* संधारित्र में संचित स्थितिज ऊर्जा, $U = \frac{1}{2} CV^2$ या $\frac{1}{2} \cdot \frac{Q^2}{C}$ ... (i)

दिया है, $C = 12 \times 10^{-12}$F तथा $V = 10$ V

$\Rightarrow \quad U = \frac{1}{2} \times 12 \times 10^{-12} \times 100 \Rightarrow U = 6 \times 10^{-10}$ J ... (ii)

पोर्सिली पट्टी को ठीक बीच में रखने के बाद, संधारित्र की धारिता, $C' = KC$ तथा

अन्तिम ऊर्जा, $U' = \frac{1}{2} \cdot \frac{Q^2}{C'} = \frac{1}{2} \frac{Q^2}{KC}$

$\Rightarrow \quad U' = \frac{1}{K} U = \frac{1}{6.5} \times 6 \times 10^{-10}$ J ... (iv)

($\because$ दिया है, $K = 6.5$)

इस प्रक्रिया में क्षयित ऊर्जा, कृत कार्य के तुल्य होती है।

अत: $\quad \Delta U = U - U' = \left(1 - \frac{1}{6.5}\right) \times 6 \times 10^{-10}$ J

$\Rightarrow \quad \Delta U = \frac{5.5}{6.5} \times 6 \times 10^{-10}$ J $\cong 5.08 \times 10^{-10}$ J या 508 kJ

अत: संधारित्र द्वारा पट्टी पर 508 pJ का कार्य करना पड़ेगा।

12. *(b)* दिया है, $\mathbf{F} = (3\hat{\mathbf{i}} - 12\hat{\mathbf{j}})N$ तथा $d = 4\hat{\mathbf{i}}$

बल F के अधीन वस्तु को d, दूरी तक विस्थापित करने में कृत कार्य,

$$\Delta W = \mathbf{F} \cdot \mathbf{d}$$

F तथा **d** के मान रखने पर,

$\Rightarrow \quad \Delta W = (3\hat{\mathbf{i}} - 12\hat{\mathbf{j}}) \cdot (4\hat{\mathbf{i}}) \Rightarrow \Delta W = 12$ J ...(i)

कार्य ऊर्जा प्रमेय द्वारा,

कृत कार्य, (ΔW) = गतिज ऊर्जा में परिवर्तन

या $\quad \Delta W = K_2 - K_1$ ...(ii)

समी. (i) व (ii) की तुलना करने पर,

$$K_2 - K_1 = 12 \text{ J या } K_2 = K_1 + 12 \text{ J}$$

दिया है, वस्तु की प्रारम्भिक गतिज ऊर्जा, $K_1 = 3$ J

$\therefore$ अन्तिम गतिज ऊर्जा, $K_2 = 3$ J $+ 12$ J $= 15$ J

13. *(c)* चित्र में प्रथम उच्चिष्ठ की स्थिति दर्शाई गई है,

S_1 P (प्रथम उच्चिष्ठ)
d
S_2
2d

यंग के द्विझिर्री प्रयोग में निम्निष्ठ स्थिति के लिए पथान्तर,

$$\Delta x = (2n - 1)\lambda / 2$$

प्रथम उच्चिष्ठ के लिए, $n = 1 \Rightarrow \Delta x = \lambda / 2$ ... (i)

आभासी स्रोत S_1 तथा S_2 से बिन्दु 'P' पर आने वाली किरणों के मध्य पथान्तर,

$\Delta x = S_2P - S_1P$ ... (ii)

त्रिभुज S_1S_2P से, $\quad S_1P = 2d$ ...(iii)

पाइथागोरस प्रमेय से,

तथा $\quad (S_2P)^2 = (S_1S_2)^2 + (S_1P)^2 = d^2 + (2d)^2$

$\Rightarrow \quad (S_2P)^2 = 5d^2$ या $S_2P = \sqrt{5}\, d$ ...(iv)

समी. (iii) तथा (iv) का मान समी. (ii) में रखने पर,

$\Delta x = \sqrt{5}\, d - 2d$ ...(v)

समी. (i) तथा (v) से,

$$\sqrt{5}\, d - 2d = \lambda / 2 \Rightarrow d = \frac{\lambda}{2(\sqrt{5} - 2)}$$

अत: तरंगदैर्ध्य λ के रूप में झिर्रियों के बीच की दूरी $d = \frac{\lambda}{2(\sqrt{5} - 2)}$ होगी।

14. *(*)* साम्यावस्था में बोतल जल में तैरती है तथा बोतल में जिस ऊँचाई तक जल भरा है बोतल उतनी ही लम्बाई (l) तक जल में डूब जाती है।

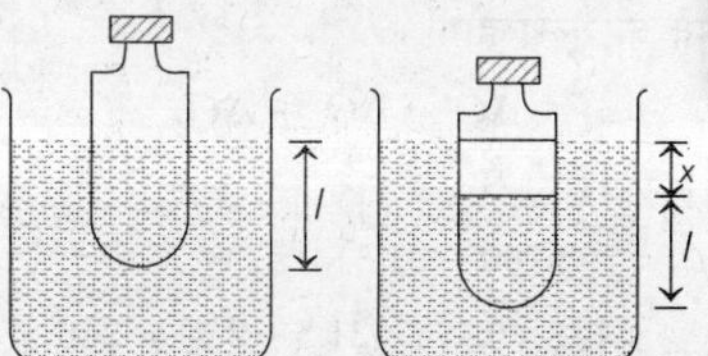

यहाँ, $\quad l =$ बोतल में जल का आयतन/क्षेत्रफल

$$= \frac{310}{\pi \times (2.5)^2} = 15.8 \text{ cm} = 0.158 \text{ m}$$

जब बोतल को जल के अन्दर x दूरी तक दबाया जाता है तो जल द्वारा बोतल पर एक प्रणोद बल (प्रत्यानयन बल) लगता है।

प्रत्यानयन बल,

$F = -(\rho A x) g$ ...(i)

यहाँ, $\rho =$ जल का घनत्व, $A =$ बोतल का अनुप्रस्थ काट-क्षेत्रफल

$x =$ साम्यावस्था से विस्थापन

परन्तु, $\quad F = ma$ ...(ii)

यहाँ, $m =$ जल तथा बोतल के निकाय का द्रव्यमान $= Al\rho$

समी. (i) तथा (ii) से,

$$Al\rho\alpha = -\rho A x g \quad \text{या} \quad a = -\frac{g}{l} x$$

सरल आवर्त गति के लिए, $a = -\omega^2 x$

$$\omega = \sqrt{\frac{g}{l}} = \sqrt{\frac{10}{0.158}} = \sqrt{63.29} \approx 8 \text{ rad s}^{-1}$$

$\therefore$ कोई विकल्प सही नहीं है।

15. *(a)* ***संकेत*** *कैलोरीमिति के सिद्धान्त से, गर्म वस्तु की ऊष्मा में हुई हानि, ठण्डी वस्तु द्वारा ग्रहण ऊष्मा के तुल्य होती है। क्योंकि वातावरण से ऊष्मा का कोई आदान-प्रदान नहीं होता है।*

माना अज्ञात धातु की विशिष्ट ऊष्मा s है तथा इस धातु द्वारा ऊष्मा क्षय ΔQ है।

अत: किसी धातु के ऊष्मा क्षय तथा विशिष्ट ऊष्मा में निम्न सम्बन्ध होता है,

$\Delta Q = ms\Delta T$ ...(i)

अज्ञात धातु के लिए, $m = 192$ g तथा $\Delta T = (100 - 21.5)°C$

$$\Delta Q' = 192\,(100 - 21.5) \times s \quad ...(ii)$$

यह ऊष्मा कैलोरीमीटर तथा जल द्वारा ग्रहण की जाएगी।

कैलोरीमीटर द्वारा ग्रहण की गई ऊष्मा की गणना समी. (i) से कर सकते हैं। दिया है, पीतल की विशिष्ट ऊष्मा,

$$s = 394\text{ J kg}^{-1}\text{ K}^{-1} = 0.394\text{ J g}^{-1}\text{ K}^{-1}$$

कैलोरीमीटर का द्रव्यमान, $m = 128$ g

ताप में परिवर्तन, $\Delta T = (21.5 - 8.4)°C$

कैलोरीमीटर के लिए समी. (i) से पीतल द्वारा ग्रहण ऊष्मा,

$$\Delta Q_1 = 128 \times 0.394 \times (21.5 - 8.4) \quad ...(iii)$$

जल द्वारा ग्रहण ऊष्मा की गणना निम्नानुसार है,

जल का द्रव्यमान, $m = 240$ g,

जल की विशिष्ट ऊष्मा, $s = 4.18\text{ J g}^{-1}\text{K}^{-1}$,

ताप में परिवर्तन, $\Delta T = (21.5 - 8.4)°C$

समी. (i) के प्रयोग से जल द्वारा ग्रहण की गई ऊष्मा,

$$\Delta Q_2 = 240 \times 4.18 \times (21.5 - 8.4) \quad ...(iv)$$

कैलोरीमिति के सिद्धान्तानुसार, कैलोरीमीटर द्वारा ग्रहण ऊष्मा अज्ञात धातु से क्षयित ऊष्मा के तुल्य होगी,

$$\Delta Q' = \Delta Q_1 + \Delta Q_2$$

समी. (ii), (iii) तथा (iv) से,

$$= 192(100 - 21.5) \times s$$

$$= 128 \times 0.394 \times (21.5 - 8.4) + 240 \times 4.18 \times (21.5 - 8.4)$$

$$\Rightarrow \quad 15072\, s = 660.65 + 13142$$

$$\Rightarrow \quad s = 0.916\text{ J g}^{-1}\text{ K}^{-1} \text{ या } s = 916\text{ J Kg}^{-1}\text{K}^{-1}.$$

अत: अज्ञात धातु की विशिष्ट ऊष्मा $916\text{ Jkg}^{-1}\text{ K}^{-1}$ होगी।

16. *(b)* दिया है, एक परमाणुक गैस का द्रव्यमान, $m = 2$ kg

गैस का दाब, $p = 4 \times 10^4\text{ N/m}^2$

गैस का घनत्व, $\rho = 8\text{ kg/m}^3$

गैस का आयतन $= \dfrac{\text{द्रव्यमान}}{\text{घनत्व}} \Rightarrow V = \dfrac{2}{8} = \dfrac{1}{4}\text{ m}^3 \quad ...(i)$

आदर्श गैस समीकरण से, $pV = nRT$

ये मान समी. में रखने पर,

$$\Rightarrow \quad nRT = 4 \times 10^4 \times \frac{1}{4} \Rightarrow nRT = 10^4 \quad ...(ii)$$

n मोलों वाली एक परमाणुक गैस की आन्तरिक ऊर्जा,

$$U = \frac{3}{2}nRT \Rightarrow U = \frac{3}{2} \times 10^4\text{ J} = 1.5 \times 10^4\text{ J}$$

अत: गैस में ऊष्मीय गति के कारण ऊर्जा की परिमाण कोटि 10^4 J होगी।

17. *(c)* माना तारे x तथा y-तल में गतिमान है जिसका द्रव्यमान केन्द्र, मूल बिन्दु पर है जैसा चित्र में दर्शाया गया है,

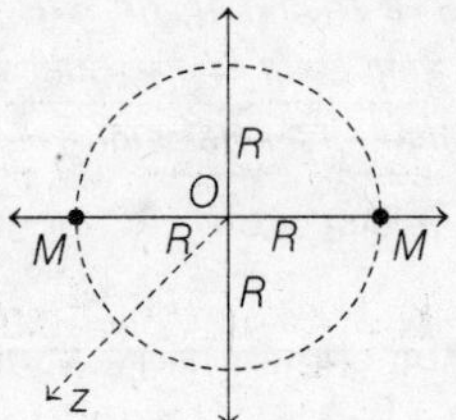

प्रश्नानुसार,

प्रत्येक तारे का द्रव्यमान, $M = 3.0 \times 10^{31}$ kg

तथा वृत्त का व्यास, $2R = 2 \times 10^{11}$m

$$R = 10^{11}\text{ m}$$

बिन्दु O पर उल्का पिण्ड की कुल स्थितिज ऊर्जा,

$$U_{\text{कुल}} = -\frac{2\,GMm}{r}$$

यदि O पर उल्का पिण्ड का कुल वेग v है तो उल्का पिण्ड की गतिज ऊर्जा,

$$K = \frac{1}{2}mv^2$$

इन दो तारों के गुरुत्वाकर्षण से पलायन करने के लिए तारों से अनन्त दूरी पर उल्का पिण्ड की यान्त्रिक ऊर्जा शून्य है।

ऊर्जा संरक्षण के सिद्धान्तानुसार,

$$\frac{1}{2}mv^2 - \frac{2\,GMm}{R} = 0$$

$$\Rightarrow \quad v^2 = \frac{4\,GM}{R} = \frac{4 \times 6.67 \times 10^{-11} \times 3 \times 10^{31}}{10^{11}}$$

$$\Rightarrow \quad v = 2.83 \times 10^5\text{m/s}$$

अत: उल्का पिण्ड की बिन्दु O पर न्यनूतम गति का मान 2.8×10^5 m/s होती है।

18. *(c)* नियत दाब पर ऊष्मीय प्रक्रम में गैस द्वारा कृत कार्य,

$$\Delta W = p\Delta V$$

आदर्श गैस समीकरण से,

$$pV = nRT$$

$$\Rightarrow \quad p\Delta V = nR\Delta T$$

अत: $\quad \Delta W = nR\Delta T \quad ...(i)$

दिया है, $n = \dfrac{1}{2}$ तथा $\Delta T = 90°C - 20°C$

$$= 363\text{ K} - 293\text{ K} = 70\text{ K}$$

तथा गैस नियतांक $(R) = 8.31$ J/mol, K

समी. (i) में मान रखने पर,

$$\Delta W = \frac{1}{2} \times 8.31 \times 70 = 290.85\text{ J}$$

$$= \Delta W \simeq 291\text{ J}$$

अत: गैस द्वारा किया गया कार्य लगभग 291 J होगा।

19. *(*)* नाभिकीय ऊर्जा में अवशोषित या क्षयित ऊर्जा,

$\Delta Q =$ उत्पाद की बन्धन ऊर्जा–अभिकारकों की ऊर्जा,

यदि अवशोषण ऊर्जा ऋणात्मक है तथा धनात्मक ऊर्जा निकलती है तब

बन्धन ऊर्जा = प्रति न्यूक्लिऑन बन्धन ऊर्जा

× नाभिक में उपस्थित न्यूक्लिऑनों की संख्या

$= 2 \times (He^4$ की बन्धन ऊर्जा$) + (C^{12}$ की बन्धन ऊर्जा$)$

$= 2\,(4 \times 7.07) + (12 \times 7.86) = 150.88$ MeV

अभिकारकों की ऊर्जा, $= 20 \times 8.03 = 160.6$ MeV

अत: $\Delta Q =$ (बन्धन ऊर्जा)$_{\text{उत्पाद}}$ − (बन्धन ऊर्जा)$_{\text{अभिकारक}}$

($\because \Delta Q$ ऋणात्मक है।)

$$= 150.88 - 160.6 = -9.72\text{ MeV}$$

$\therefore$ अभिक्रिया में 9.72 MeV ऊर्जा अवशोषित होगी।

$\therefore$ कोई विकल्प सही नहीं है।

20. *(b)* चार आवेशों की स्थितियों को चित्र में दर्शाया गया है,

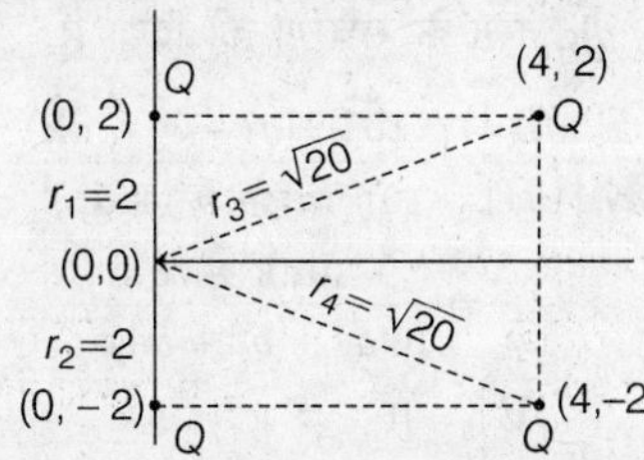

इन आवेशों के कारण मूल बिन्दु पर वैद्युत विभव,

$$\therefore\ V = \frac{KQ}{r_1} + \frac{KQ}{r_2} + \frac{KQ}{r_3} + \frac{KQ}{r_4} \quad \text{...(i)}$$

$$\Rightarrow V = KQ\left[\frac{1}{2} + \frac{1}{2} + \frac{1}{\sqrt{20}} + \frac{1}{\sqrt{20}}\right] = KQ\left[1 + \frac{1}{\sqrt{5}}\right]$$

$$\Rightarrow V = KQ\frac{(\sqrt{5}+1)}{\sqrt{5}}\text{ V} \quad \text{...(ii)}$$

यदि अन्य आवेश Q मूल बिन्दु पर है तब कृत कार्य

$$W = QV \quad \text{...(iii)}$$

समी. (ii) से V का मान समी. (iii) में रखने पर,

$$W = KQ^2\frac{(\sqrt{5}+1)}{\sqrt{5}}\text{J} \text{ या } W = \frac{Q^2}{4\pi\varepsilon_0}\left(1 + \frac{1}{\sqrt{5}}\right)\text{J}$$

अत: पाँच वे आवेश Q को मूल बिन्दु पर रखने में किया गया कार्य $\frac{Q^2}{4\pi\varepsilon 0}\left(1 + \frac{1}{\sqrt{5}}\right)$ J होगा।

21. *(b)* प्रति एकांक समय में प्रति एकांक क्षेत्रफल पर आपतित विकिरण की तीव्रता, (ऊर्जा E के साथ)

$$\Rightarrow \quad I = \frac{dE}{dA \times dt} \Rightarrow \frac{dE}{dt} = IdA \text{ या } IA$$

प्रति एकांक समय में आपतित ऊर्जा = IA

मान रखने पर, $\frac{dE}{dt} = 16 \times 10^{-3} \times 1 \times 10^{-4}$

$$\frac{dE}{dt} = 16 \times 10^{-7}\text{ W} \quad \text{...(i)}$$

प्रकाश वैद्युत समीकरण का उपयोग कर आपतित किरण की गतिज ऊर्जा निम्न प्रकार ज्ञात कर सकते हैं,

$$E = \frac{1}{2}mv^2 + \phi \quad \text{(यहाँ, } \phi \text{ धातु का कार्यफलन है)}$$

या $E = \text{KE} + \phi \Rightarrow \text{KE} = E - \phi = 10\text{ eV} - 5\text{ eV}$

$$\Rightarrow \quad \text{KE} = 5\text{ eV} \quad \text{...(ii)}$$

आपतित फोटॉन के प्रति एकांक समय में ऊर्जा,

$$\because\ E = Nh\nu \quad \therefore \frac{dE}{dt} = h\nu\frac{dN}{dt} \text{ अर्थात् } h\nu N \quad \text{...(iii)}$$

समी. (i) तथा (iii) से,

$$h\nu N = 16 \times 10^{-7} \text{ या } EN = 16 \times 10^{-7}$$

परन्तु, $E = 10$ eV,

अत: $N(10 \times 1.6 \times 10^{-19}) = 16 \times 10^{-7} \Rightarrow N = 10^{12}$

∵ आपतित फोटॉन में से केवल 10% फोटॉन, इलेक्ट्रॉन उत्सर्जित करते हैं। अत: प्रति एकांक सेकण्ड में उत्सर्जित इलेक्ट्रॉन,

$$\frac{10}{100} \times 10^{12} = 10^{11}$$

22. *(d)* ***संकेत*** *यदि एक कुण्डली प्रेरक में I धारा प्रवाहित होती है तथा प्रेरक का प्रेरकत्व, L है तो संचित ऊर्जा $E = \frac{1}{2}LI^2$*

यदि कुण्डली मं धारा का मान I_1 से I_2 में परिवर्तित होता है तो ऊर्जा में परिवर्तन,

$$\Delta E = E_2 - E_1 = \frac{1}{2}LI_2^2 - \frac{1}{2}LI_1^2 \quad \text{...(i)}$$

कुण्डली में प्रेरित विद्युत वाहक बल, $\varepsilon = L\frac{dI}{dt}$

दिया है, $\varepsilon = 25$ V,

$$dI = I_2 - I_1 = (25 - 10) = 15\text{ A तथा } dt = 1\text{ s}$$

$$\Rightarrow \quad 25 = L \times \frac{15}{1} \text{ या } L = \frac{25}{15} = 5/3\text{ H}$$

समी. (i) में L, I_1 तथा I_2 का मान रखने पर,

$$\Delta E = \frac{1}{2} \times \frac{5}{3} \times [25^2 - 10^2] = \frac{1}{2} \times \frac{5}{3} \times 525 \Rightarrow \Delta E = 437.5\text{ J}$$

अत: कुण्डली की ऊर्जा में परिवर्तन 437.5 J होगा।

23. **(c)** ***संकेत*** *किसी अक्ष के परित: जड़त्व आघूर्ण (I), उस पिण्ड के द्रव्यमान केन्द्र को जाने वाली समान्तर अक्ष के परित: जड़त्वाघूर्ण (I_{cm}) तथा पिण्ड के द्रव्यमान व दोनों अक्षों के बीच की लम्बवत् दूरी के वर्ग के गुणनफल के योग के बराबर होता है।*

समान्तर अक्षों की प्रमेय, $I = I_{cm} + Md^2$

गोले के मुख्य अक्ष के परित: जड़त्वाघूर्ण,

$$I_{\text{गोला}} = \frac{2}{5}MR^2 \quad \text{...(i)}$$

समान्तर अक्षों की प्रमेय द्वारा दिए गए अक्ष के परित: जड़त्वाघूर्ण,

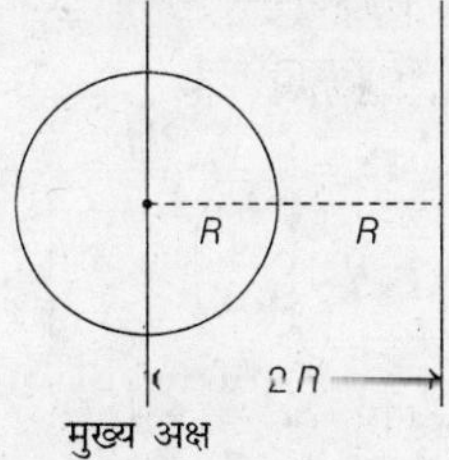

$$I_1 = \frac{2}{5}MR^2 + M(2R)^2 \Rightarrow I_1 = \frac{22}{5}MR^2 \quad \text{... (ii)}$$

माना दोनों गोले अक्ष से समान दूरी पर है तब इस अक्ष के परित: दोनों गोलों का जड़त्वाघूर्ण,

$$2I_1 = 2 \times 22/5\ MR^2$$

छड़ के लम्ब-अर्द्धक के परित: जड़त्वाघूर्ण,

$$I_2 = \frac{1}{12}ML^2$$

दिया है, $L = 2R$

← R → ← R →

$$\therefore \quad I_2 = \frac{1}{12}M(2R)^2 = \frac{1}{3}MR^2 \quad \text{... (iii)}$$

निकाय का कुल जड़त्वाघूर्ण,

$$I = 2I_1 + I_2 = 2 \times \frac{22}{5} MR^2 + \frac{1}{3} MR^2$$

अतः $$I = \left(\frac{44}{5} + \frac{1}{3}\right) MR^2 = \frac{137}{15} MR^2$$

इसलिए छड़ के लम्बवत् अक्ष के परितः जड़त्व आघूर्ण, $\frac{137}{15} MR^2$ होगा।

24. *(b)* द्विध्रुव के केन्द्र से r दूरी पर निरक्ष पर स्थित बिन्दु पर वैद्युत क्षेत्र,

$$E = \frac{2kp}{(r^2 + a^2)^{3/2}} \quad \text{... (i)}$$

यहाँ, $p =$ आवेश का द्विध्रुव आघूर्ण

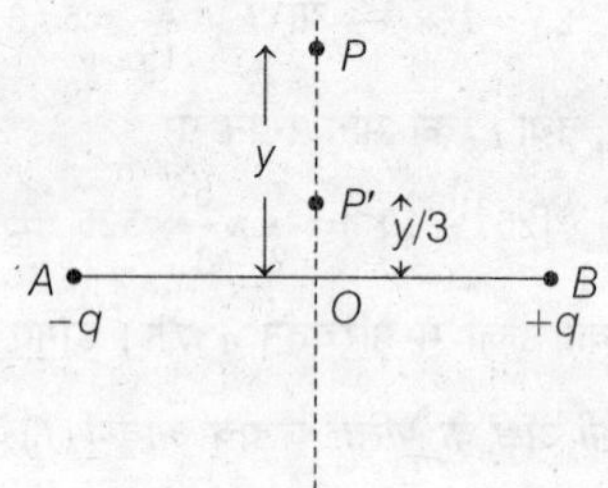

प्रथम स्थिति में, $r = y \Rightarrow E_1 = \frac{2kp}{(y^2 + a^2)^{3/2}}$

यहाँ, $y^2 >> a^2 \Rightarrow y^2 + a^2 \approx y^2$ या $E_1 = \frac{2kp}{y^3}$ ... (ii)

बिन्दु P पर बल,

$$F = QE_1 = \frac{2kpQ}{y^3} \quad \text{... (iii)}$$

द्वितीय स्थिति में, $r = y/3$

समी. (i) से बिन्दु P' पर विद्युत क्षेत्र,

$$E_2 = \frac{2kp}{\left[\left(\frac{y}{3}\right)^2 + a^2\right]^{3/2}}$$

पुनः $\frac{y}{3} >> a \Rightarrow \left(\frac{y}{3}\right)^2 + a^2 \approx \left(\frac{y}{3}\right)^2$

$$\Rightarrow \quad E_2 = \frac{2kp}{(y/3)^3} \Rightarrow E_2 = 27 \times \frac{2kp}{y^3}$$

इस स्थिति में आवेश पर लगने वाला बल,

$$F' = QE_2 = 27 \times \frac{2kpQ}{y^3} \quad \text{... (iv)}$$

समी. (iii) तथा (iv) से,

$$F' = 27\,F$$

25. *(d)* वैद्युत क्षेत्र,

$$\mathbf{E} = 10\,\hat{\mathbf{j}} \cos(6x + 8z) \quad \text{... (i)}$$

यहाँ, पथान्तर समय पर निर्भर नहीं करता है।

चुम्बकीय तरंग का $t = 0$, पर कलान्तर, $\phi = 6x + 8z$.

चुम्बकीय क्षेत्र B के लिए कलान्तर, $6x + 8z$ होगा, क्योंकि वैद्युत चुम्बकीय तरंग में $\mathbf{E}$ तथा $\mathbf{B}$ एक ही कला में दोलन करते हैं। अतः तरंग संचरण की दिशा,

$$= \frac{6\hat{\mathbf{i}} + 8\hat{\mathbf{k}}}{\sqrt{6^2 + 8^2}} = \frac{6\hat{\mathbf{i}} + 8\hat{\mathbf{k}}}{10} \quad \text{... (ii)}$$

माना चुम्बकीय क्षेत्र सदिश,

$\mathbf{B} = a\hat{\mathbf{i}} + b\hat{\mathbf{j}} + d\hat{\mathbf{k}}$, तरंग के संचरण की दिशा में,

अतः $$\frac{\mathbf{E} \times \mathbf{B}}{|\mathbf{E}'||\mathbf{B}|} = \frac{10\hat{\mathbf{j}} \times (a\hat{\mathbf{i}} + b\hat{\mathbf{j}} + d\hat{\mathbf{k}})}{10 \times (a^2 + b^2 + d^2)^{1/2}}$$

$$= \frac{-10a\hat{\mathbf{k}} + 10d\hat{\mathbf{i}}}{10(a^2 + b^2 + d^2)^{1/2}} \quad \text{... (iii)}$$

जैसे, $$|\mathbf{B}| = \frac{|\mathbf{E}|}{c} = \frac{10}{c}$$

$$|\mathbf{B}| = \sqrt{a^2 + b^2 + d^2} = 10/c$$

चुम्बकीय क्षेत्र $\mathbf{B}$ के इस मान को समी. (iii) तथा (ii) में रखने पर,

$$\frac{c10(d\hat{\mathbf{i}} - a\hat{\mathbf{k}})}{10 \times 10} = \frac{6\hat{\mathbf{i}} \times 8\hat{\mathbf{k}}}{10}$$

$\Rightarrow$ $d = 6/c$ और $a = -8/c$

अतः $$\mathbf{B} = \frac{6}{c}\hat{\mathbf{k}} - \frac{8}{c}\hat{\mathbf{i}} = \frac{1}{c}(6\hat{\mathbf{k}} - 8\hat{\mathbf{i}})$$

धनात्मक y-दिशा में संचरित वैद्युत चुम्बकीय तरंग का समीकरण,

$$B = B_0 \cos(Ry - \omega t))$$

$$\therefore \quad \mathbf{B} = \frac{1}{c}(6\hat{\mathbf{k}} - 8\hat{\mathbf{i}}) \cos(6x + 8z - 10ct)$$

अतः चुम्बकीय क्षेत्र $B(x, z, t)$ का मान, $\frac{1}{c}(6\hat{\mathbf{k}} - 8\hat{\mathbf{i}})$ $\cos(6x + 8z - 10ct$ होगा।

वैकल्पिक विधि

xy-समतल में वैद्युत क्षेत्र

$\because \quad \mathbf{E} = 10\hat{\mathbf{j}}\cos(6x + 8z)$

$\therefore$ **B**, x-z समतल में है।

$\therefore$ तरंग का संचरण y-दिशा में है।

[$\because$ विद्युत चुम्बकीय तरंग के लिए $\mathbf{E} \perp \mathbf{B} \perp$ तरंग संचरण की दिशा]

प्वाइण्टिंग वेक्टर के अनुसार, $\mathbf{E} \times \mathbf{B}$, $(6\hat{\mathbf{i}} + 8\hat{\mathbf{k}})$ के समान्तर है।

माना $\mathbf{B} = (x\hat{\mathbf{i}} + z\hat{\mathbf{k}})$,

तब $\mathbf{E} \times \mathbf{B} = \hat{\mathbf{j}} \times (x\hat{\mathbf{i}} + z\hat{\mathbf{k}}) = 6\hat{\mathbf{i}} + 8\hat{\mathbf{k}}$

या $-x\hat{\mathbf{k}} + z\hat{\mathbf{i}} = 6\hat{\mathbf{i}} + 8\hat{\mathbf{k}}$

अर्थात् दोनों पक्षों की तुलना करने पर, $x = -8$ तथा $z = 6$

$$\therefore \quad \mathbf{B} = \frac{1}{c}(6\hat{\mathbf{k}} - 8\hat{\mathbf{i}}) \cos(6x + 8z - 10ct) \quad \left[\because \frac{|\mathbf{E}|}{|\mathbf{B}|} = c\right]$$

26. *(d)* दी गई वाहक तरंग आवृत्ति f_c तथा मॉडुलेशन आवृत्ति f_m के लिए बैण्ड चौड़ाई,

$$f_{\text{उच्च}} = f_c + f_m \Rightarrow f_{\text{निम्न}} = f_c - f_m \quad \text{... (i)}$$

बैण्ड-चौड़ाई के अध्यारोपण को नगण्य (शून्य) मानते हुए अगली प्रसारण आवृत्ति, $f_1 = f_c \pm 2f_m$, $f_2 = f_c \pm 3f_m$

अगली उपलब्ध आवृत्ति,

$f_1 = f_c + 2f_m$ and $f_1' = f_c - 2f_m$

दिया है, $f_m = 250$ kHz

$f_m = f_c$ का 10% = 2500 kHz

अतः $f_1 = 2500 + (2 \times 250) = 3000$ kHz

तथा $f'_1 = 2500 - (2 \times 250) = 2000$ kHz

अतः प्रसार आवृत्ति का मान 2000 kHz होगा।

27. *(c)* R_1 का मान (नारंगी, लाल, भूरा) $= 32 \times 10^1 = 320\,\Omega$

दिया है, $R_2 = 80\,\Omega$ तथा $R_4 = 40\,\Omega$

व्हीटस्टोन सेतु की साम्यावस्था के लिए,

$$\frac{R_1}{R_2} = \frac{R_3}{R_4} \Rightarrow R_3 = R_4 \times \frac{R_1}{R_2} \Rightarrow R_3 = \frac{40 \times 320}{80}$$

या $\qquad R_3 = 160\,\Omega = 16 \times 10^1$

R_3 के मान को कार्बन प्रतिरोध को दिए गए रंगों से तुलना करने पर,

$$R_3 = 16 \times 10^1$$

भूरा नीला भूरा

अत: R_3 को कार्बन प्रतिरोध मानते हुए उसके कलर कोड़ भूरा, नीला, भूरा होगा।

28. *(a)* यदि किसी चुम्बक का चुम्बकीय आघूर्ण, M तथा जड़त्वाघूर्ण, I है तो चुम्बकीय क्षेत्र में स्थित चुम्बक के दोलन का आवर्तकाल,

$$T = 2\pi\sqrt{\frac{I}{MB}} \qquad \ldots (i)$$

यदि छल्ले का चुम्बकीय आघूर्ण M_h तथा जड़त्वाघूर्ण I_h हो तो आवर्तकाल,

$$T_h = 2\pi\sqrt{\frac{I_h}{M_hB}} \qquad \ldots (ii)$$

इस प्रकार, ठोस बेलन का आवर्तकाल,

$$T_c = 2\pi\sqrt{\frac{I_c}{M_cB}} \qquad \ldots (iii)$$

समी. (ii) को (iii) से भाग देने पर,

$$\frac{T_h}{T_c} = \sqrt{\frac{I_hM_c}{M_hI_c}} \qquad \ldots (iv)$$

दिया है, $\qquad M_h = 2M_c$

हम जानते हैं छल्ले का जड़त्वाघूर्ण,

$I_h = mR^2$ तथा ठोस बेलन का जड़त्वाघूर्ण,

$$I_c = \frac{1}{2}\,mR^2$$

मान रखने पर, $\dfrac{T_h}{T_c} = \sqrt{\dfrac{mR^2 \times M_c}{\frac{1}{2}mR^2 \times 2M_c}} = 1 \quad \Rightarrow T_h = T_c$

अत: छल्ले एवं बेलन दोनों पर आवर्तकाल लगभग एक समान होगा।

29. *(b)* प्रश्न में दी गई स्थिति को निम्न चित्र द्वारा दर्शाया जा सकता है,

$|r_1| = l$ $\quad |r_2| = 2l$

$5\,M_0$ $\quad P \quad$ $2\,M_0$

$F_1 = 5\,M_0g$ $\qquad F_2 = 2\,M_0g$

बिन्दु P के परित: आघूर्ण, $(\tau) = \mathbf{r}_1 \times \mathbf{F}_1 + \mathbf{r}_2 \times \mathbf{F}_2 \qquad \ldots (i)$

$\Rightarrow \tau = l \times 5M_0g$ (बाहर की ओर) $- 2l \times 2M_0g$ (अन्दर की ओर)

$\Rightarrow \qquad \tau = 5M_0gl - 4M_0gl$ (बाहर की ओर)

$\Rightarrow \qquad \tau = M_0gl$ (बाहर की ओर)

या $\qquad \tau = M_0gl \qquad \ldots$(ii)

बल-आघूर्ण, $\qquad \tau = I\alpha \qquad \ldots$(iii)

यहाँ, $I =$ बिन्दु P के सापेक्ष छड़ का जड़त्वाघूर्ण तथा $\alpha =$ कोणीय त्वरण

बिन्दु P के लिए, $I = (5M_0) \times l^2 + (2M_0)(2l)^2 \qquad [\because I = MR^2]$

$\Rightarrow \qquad I = 13M_0l^2 \qquad \ldots$(iv)

समी (iv) का मान समी (iii) में रखने पर,

$$\tau = (13M_0l^2)\,\alpha \qquad \ldots (v)$$

समी. (ii) तथा (v) से,

$$M_0gl = 13M_0l^2\alpha$$

$$\Rightarrow \qquad \alpha = \frac{g}{13l}$$

अत: छड़ को क्षैतिज अवस्था से छोड़ने पर उसका तात्क्षणिक कोणीय त्वरण $\dfrac{g}{13l}$ होगा।

30. *(c)* R का मापित मान वास्तविक मान से 5% कम है।

अत: R का वास्तविक मान $= 30\,\Omega$

तथा R का मापित मान,

$$R' = 30 - (30 \text{ का } 5\,\%) = 30 - \frac{5}{100} \times 30$$

$$\Rightarrow \qquad R' = 28.5\,\Omega \qquad \ldots (i)$$

माना वोल्टमीटर का आन्तरिक प्रतिरोध R_V है तो वोल्टमीटर को आन्तरिक प्रतिरोध से प्रदर्शित करने पर निम्न परिपथ प्राप्त होगा,

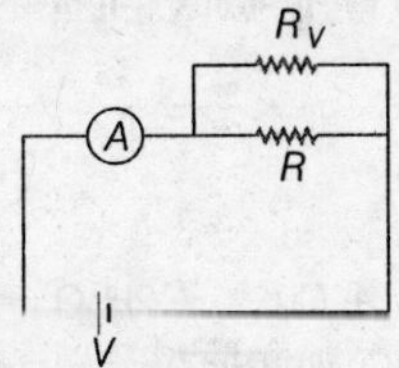

अत: परिपथ से स्पष्ट है कि मापित मान R', R तथा R_V के समान्तर क्रम संयोजन के तुल्य है।

$$R' = \frac{RR_V}{R + R_V} = 28.5\,\Omega$$

दिया है, $\qquad R = 30\,\Omega$

$$\Rightarrow \qquad \frac{30R_V}{30 + R_V} = 28.5$$

$$\Rightarrow \qquad 30R_V = (28.5 \times 30) + 28.5\,R_V$$

$$\Rightarrow \qquad 1.5R_V = 28.5 \times 30$$

$$\Rightarrow \qquad R_V = \frac{28.5 \times 30}{1.5} = 19 \times 30$$

या $\qquad R_V = 570\,\Omega$

अत: वोल्टमीटर के आन्तरिक प्रतिरोध का मान $570\,\Omega$ होगा।

रसायन विज्ञान

31. *(d)* क्वथनांक में उन्नयन $(\Delta T_b) = K_b \times m \times i$

हिमांक में अवनमन $(\Delta T_f) = K_f \times m \times i$

जहाँ, $m =$ मोललता

ग्लूकोस विलयन के लिए, वान्ट हॉफ गुणांक $(i) = 1$

$$\Delta T_b^{1m} = \Delta T_f^{2m} = 2K$$

इसलिए, $K_b \times 1 \times 1 = K_f \times 2 \times 1 \Rightarrow K_b = 2K_f$

32. *(c)* जब यौगिक का नामकरण किया जाता है, तो ऐल्कीन को क्रियात्मक समूह (—Br) से अधिक प्राथमिकता दी जाती है और ऐल्कीन की तरफ से अंकन प्रारम्भ किया जाता है। इसलिए, IUPAC नाम: 4-ब्रोमो-3-मेथिलपेन्ट-2-ईन होगा।

33. *(b)* अम्लीय माध्यम में ऑक्जेलेट की परमैंगनेट के साथ अभिक्रिया निम्न प्रकार होगी

$$16H^+ + 5C_2O_4^{-2} + 2MnO_4^- \longrightarrow 10\,CO_2 + 2Mn^{+2} + 8H_2O$$

n-कारक मोलों की संख्या $(4-3) \times 2 = 2$; 5 ; $(7-2) = 5$; 10

$\Rightarrow 5C_2O_4^{-2}$ आयन 10 इलेक्ट्रॉनों का स्थानान्तरण करते हैं, जिससे CO_2 के 10 मोल बनते हैं इसलिए 10 मोल CO_2 उत्पन्न करने के लिए 10 इलेक्ट्रॉन आवश्यक होंगे। इसी प्रकार, 1 मोल CO_2 उत्पन्न करने के लिए 1 इलेक्ट्रॉन आवश्यक होगा।

34. *(b)* बार्फोड परीक्षण का उपयोग मोनोसैकेराइडों जैसे—ग्लूकोस, फ्रक्टोस आदि को पहचानने में किया जाता है। बार्फोड अभिकर्मक Cu (II) ऐसीटेट का विलयन है।

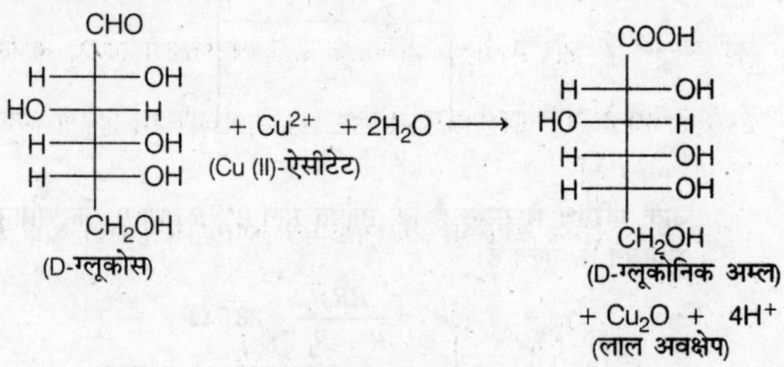

+ Cu_2O + $4H^+$
(लाल अवक्षेप)

(ii) ऐमीनो अम्ल (प्रोटीन) — (निन्हाइड्रिन परीक्षण) निन्हाइड्रिन/Δ → बैंगनी रंग का उत्पाद; (जैन्थोप्रोटिक परीक्षण) सान्द्र HNO_3 → पीले रंग का उत्पाद; (ब्यूरेट परीक्षण) $CuSO_4\,(aq)$ + NaOH → बैंगनी रंग का उत्पाद

35. *(b)* यह एक विद्युत रासायनिक सेल है। सम्पूर्ण सेल अभिक्रिया को निम्न प्रकार लिखा जा सकता है-

$$H_2(g) + 2AgCl(s) \longrightarrow 2HCl\,(aq) + 2Ag(s)$$
(1 बार) $\quad$ $(10^{-6}$ M)

(i) नेर्नस्ट् समीकरण के अनुसार,

$$E_{\text{सेल}} = (E^\circ_{\text{कैथोड}} - E^\circ_{\text{ऐनोड}}) - \frac{2.303 \times RT}{n \times F} \log \frac{[HCl]^2[Ag]^2}{p_{H_2}[AgCl]^2}$$

यहाँ, (i) $E^\circ_c = E^\circ_{AgCl/Ag,\,Cl^-} = E^\circ_{\text{कैथोड}}$

(ii) $E^\circ_{\text{ऐनोड}} = E^\circ_{2H^+/H_2} = 0.00$ V

(मानक हाइड्रोजन इलेक्ट्रोड)

$$\Rightarrow 0.92 = (E^\circ_c - 0) - 0.06 \times \log \frac{(10^{-6})^2 \times 1^2}{1 \times 1^2} = E^\circ_c + 0.06 \times 6 \times 2$$

$$\Rightarrow E^\circ_c = 0.92 - 0.72 = 0.20 \text{ V}$$

नोट 10^{-6} *मोलल* HCl *विलयन बहुत तनु होता है इसलिए,* $10^{-6}\,m \simeq 10^{-6}\,M$

36. *(a)* पूर्वव्यापी संश्लेषण का उपयोग करके यौगिक *A*, *B* और *C* प्राप्त किए जा सकते है

C_6H_7N (*C*) [1°-ऐमीन] (C की संख्या=6 1 कार्बन कम) $\xleftarrow[\text{KOH}]{Br_2}$ (हॉफमान-ब्रोमेमाइड अभिक्रिया) *B* [ऐमाइड] (C की संख्या=7) $\xleftarrow{NH_3/\Delta}$ *C* [कार्बोक्सिलिक अम्ल] $[C_7H_6O_2]$

इस प्रकार, अभिक्रिया को निम्न प्रकार प्रदर्शित किया जा सकता है

COOH (*A*) $[C_7H_6O_2]$ बेन्जोइक अम्ल $\xrightarrow[-H_2O]{NH_3/\Delta}$ $CONH_2$ (*B*) बेन्जेमाइड $\xrightarrow[-K_2CO_3,\ -KBr]{Br_2/KOH}$ NH_2 (*C*) $[C_6H_7N]$ ऐनिलीन

37. *(a)* मोलरता $= \dfrac{\text{विलेय के मोलों की संख्या}\,(n)}{\text{विलयन का आयतन (L)}}$

तथा $n = \dfrac{w_B\,(g)}{M_B\,(g\,mol^{-1})}$; ∴ मोलरता $= \dfrac{w_B / M_B}{V}$

दिया गया है, $w_B =$ ग्राम में विलेय (*B*) का द्रव्यमान

$M_B = B(C_{12}H_{22}O_{11})$ का आण्विक द्रव्यमान $= 342$ g mol^{-1}

मोलरता = 0.1 M; आयतन $(V) = 2$ L

$$\Rightarrow 0.1 = \frac{w_B / 342}{2} \Rightarrow w_B = 0.1 \times 342 \times 2\text{ g} = 68.4\text{ g}$$

38. *(d)* CH_4 समतापमण्डल में उपस्थित नहीं होती और यह फ्रेऑन-12 (CF_2Cl_2) की तरह वायुमण्डल से विसरित भी नहीं होती। समतापमण्डल में ओजोन परत अवक्षय में मुख्यत: क्लोरोफ्लोरोकार्बन जैसे—(CF_2Cl_2) भाग लेते हैं। ओजोन परत अवक्षय की क्रियाविधि निम्न प्रकार है

(i) $CF_2Cl_2(g) \xrightarrow{h\nu} \dot{C}l(g) + \dot{C}F_2Cl(g)$ [विकल्प, (b)]

(ii) $\dot{C}l(g) + O_3(g) \longrightarrow ClO^\bullet(g) + O_2$

(iii) $ClO^\bullet(g) + O(g) \longrightarrow Cl^\bullet(g) + O_2(g)$ [विकल्प (c)]

(iv) $\dot{C}l(g) + H_2O(g) \longrightarrow HOCl(g) + H^\bullet(g)$
[समतापमण्डल में उपस्थित]

(v) $HOCl(g) \xrightarrow{h\nu} \dot{O}H(g) + Cl^\bullet(g)$ [विकल्प (a)]

$\Rightarrow$ एक क्लोरीन का मुक्त मूलक $(Cl^\bullet)$, 10^5 ओजोन अणुओं को नष्ट कर सकता है।

39. *(b)* प्रबल क्षार की उपस्थिति में, अम्लीय H आसानी से हटेगा, जिससे ऋणायन का निर्माण होगा। बना हुआ ऋणायन, अन्तराण्विक नाभिकस्नेही योग अभिक्रिया देगा। इस अभिक्रिया द्वारा निर्मित उत्पाद को गर्म करने पर जल अपघटन द्वारा आवश्यक उत्पाद प्राप्त होगा

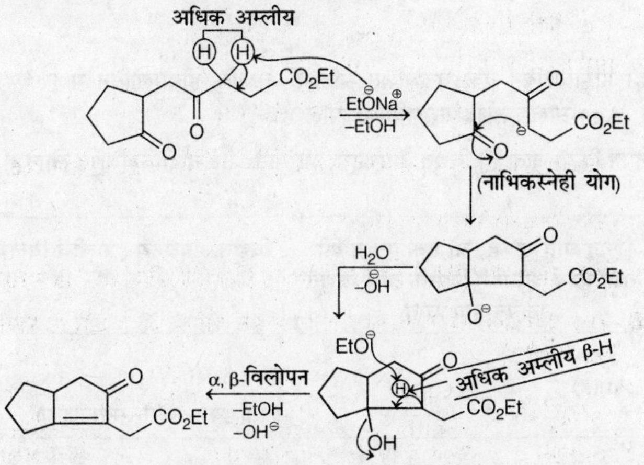

अधिक अम्लीय; $\xrightarrow[-EtOH]{EtO^{\ominus}Na^{\oplus}}$; (नाभिकस्नेही योग); H_2O, $\overset{\ominus}{O}H$, $-\overset{\ominus}{O}H$; अधिक अम्लीय β-H; α, β-विलोपन, –EtOH, $-OH^{\ominus}$; CO_2Et

40. *(b)* hcp इकाई जालक में कुल प्रभावी परमाणुओं की संख्या= 6 hcp जालक में अष्टफलकीय रिक्तियों की संख्या = 6

$\therefore$ hcp जालक में चतुष्फलकीय रिक्तियों की संख्या
$= 2 \times$ hcp जालक में परमाणुओं की संख्या $= 2 \times 6 = 12$

इस प्रकार, जालक का सूत्र A_2B_3 है।

माना कि	A	B
	$\left(\frac{1}{3} \times TV\right)$	(hcp)
$\Rightarrow$	$\frac{1}{3} \times 12$	6
$\Rightarrow$	$\frac{2}{3}$	1
$\Rightarrow$	2	3

इसलिए $A = \frac{1}{3}$ चतुष्फलकीय रिक्तियाँ, $B =$ hcp जालक

41. *(d)* दिए गए रूपान्तरण के लिए सर्वाधिक उपर्युक्त अभिकर्मक I_2/NaOH हैं

$$\underset{6}{CH_3}-\underset{5}{CH}=\underset{4}{CH}-\underset{3}{CH_2}-\underset{2}{\overset{OH}{\overset{|}{CH}}}-\underset{1}{CH_3} \xrightarrow[\text{(ऑक्सीकरणीय विदलन)}]{\text{प्रबल ऑक्सीकरण, [O]}}$$

$$\underset{6}{CH_3}-\underset{5}{CH}=\underset{4}{CH}-\underset{3}{CH_2}-\underset{2}{\overset{O}{\overset{||}{C}}}-OH + CHI_3 \downarrow + CO_2 \uparrow$$

यहाँ, हैलोफॉर्म अभिक्रिया निम्न प्रकार होगी

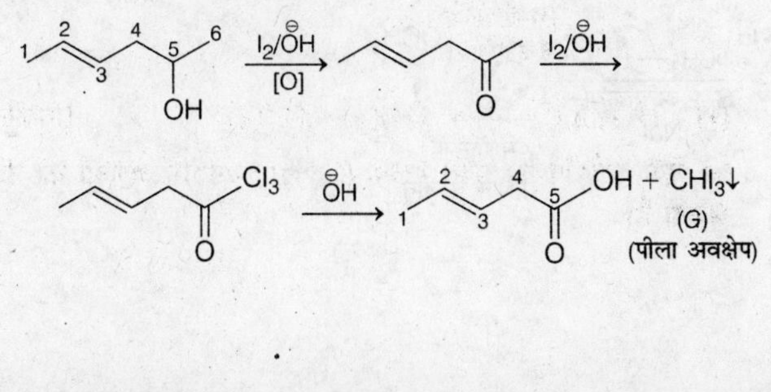

$\xrightarrow[{[O]}]{I_2/\overset{\ominus}{O}H}$ $\xrightarrow{I_2/\overset{\ominus}{O}H}$ CCl_3 $\xrightarrow{\overset{\ominus}{O}H}$ OH + $CHI_3\downarrow$ *(G)* (पीला अवक्षेप)

(i) टॉलेन अभिकर्मक ($AgNO_3 + NH_4OH$) एक मन्द ऑक्सीकारक है। यह $-\underset{OH}{\underset{|}{C}H}-OH$ (2°-ऐल्कोहॉल). के साथ अभिक्रिया नहीं करता।

(ii) क्षारीय $KMnO_4$ ऑक्सीकरणीय विदलन नहीं देगा। यह C=C को हाइड्रॉक्सी समूह में परिवर्तित करेगा।

$$\underset{6}{CH_3}-\underset{5}{CH}=\underset{4}{CH}-\underset{3}{CH_2}-\underset{2}{\overset{OH}{\overset{|}{CH}}}-\underset{1}{CH_3}$$

$$\xrightarrow[OH^-]{KMnO_4} \underset{6}{CH_3}-\underset{5}{\overset{OH}{\overset{|}{CH}}}-\underset{4}{\overset{OH}{\overset{|}{CH}}}-\underset{3}{CH_2}-\underset{2}{\overset{OH}{\overset{|}{CH}}}-\underset{1}{CH_3}$$

(iv) CrO_2Cl_2 / CS_2 यहाँ अभिक्रिया नहीं देगा।

42. *(d)* हाइड्रोजन परमाणु की मूल अवस्था ऊर्जा – 13.6 eV है।

He^+ आयन की द्वितीय उत्तेजित अवस्था के लिए, $n = 2 + 1 = 3$

$$\therefore E_3(He^+) = -13.6 \times \frac{Z^2}{n^2} \text{ eV} \quad [\because He^+ \text{ के लिए, } Z = 2]$$

$$= -13.6 \times \frac{2^2}{3^2} \text{ eV} = -6.04 \text{ eV}$$

43. *(c)* यहाँ मोनोनाइट्रीकरण के लिए (HNO_3 + सान्द्र H_2SO_4से) इलेक्ट्रॉनस्नेही $\overset{+}{N}O_2$ उत्पन्न होगा।

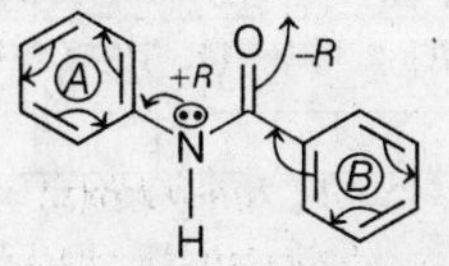

(A), +R, –R, (B), H

$-\ddot{N}H-$ समूह के + *R*-प्रभाव के कारण वलय (*A*) सक्रिय है एवं अधिक नाभिकस्नेही है और ArS_{E^2} अभिक्रिया में इलेक्ट्रॉनस्नेही $\overset{\oplus}{N}O_2$ के लिए *o* / *p*-निर्देशी है। मोनोनाइट्रीकरण के लिए $\overset{\oplus}{N}O_2$ *p*-स्थिति पर जुड़ेगा, जबकि वलय (*B*) $-\overset{O}{\overset{||}{C}}-$ समूह के –*R*- प्रभाव के कारण अक्रिय हो जाती है।

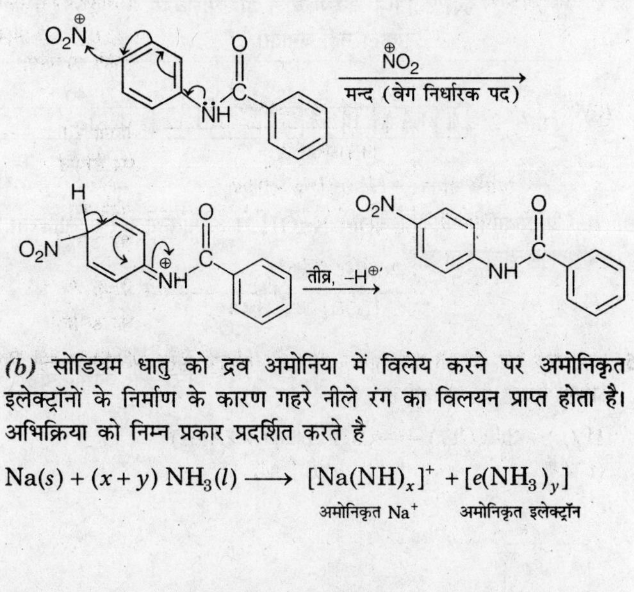

$O_2\overset{\oplus}{N}$ $\xrightarrow[\text{मन्द (वेग निर्धारक पद)}]{\overset{\oplus}{N}O_2}$

H, O_2N, $\overset{\oplus}{N}H$ $\xrightarrow{\text{तीव्र, } -H^{\oplus}}$ O_2N, NH

44. *(b)* सोडियम धातु को द्रव अमोनिया में विलेय करने पर अमोनिकृत इलेक्ट्रॉनों के निर्माण के कारण गहरे नीले रंग का विलयन प्राप्त होता है। अभिक्रिया को निम्न प्रकार प्रदर्शित करते है

$$Na(s) + (x + y)\, NH_3(l) \longrightarrow \underset{\text{अमोनिकृत } Na^+}{[Na(NH)_x]^+} + \underset{\text{अमोनिकृत इलेक्ट्रॉन}}{[e(NH_3)_y]}$$

अमोनिकृत (विलेय) इलेक्ट्रॉन, दृश्य क्षेत्र में इलेक्ट्रॉनिक संक्रमण दर्शाते हैं, जिससे विलयन का रंग गहरा नीला होगा।
यह नीले रंग का विलयन अमोनिकृत इलेक्ट्रॉनों की उपस्थिति के कारण निम्न गुण भी दर्शाता है

1. यह प्रबल अपचायक होता है।
2. यह अनुचुम्बकीय होता है।
3. यह विद्युत का चालक होता है।

45. *(c)* हीमोग्लोबिन और गोल्ड सॉल दोनों कोलॉइड है और विद्युत आवेश रखते हैं। हीमोग्लोबिन एक धनावेशित सॉल है, क्योंकि हीमोग्लोबिन में Fe^{2+} आयन अष्टफलकीय संकुल का केन्द्रीय धातु आयन है। सभी धातु सॉल जैसे—Au-सॉल, Ag—सॉल इत्यादि ऋणावेशित सॉल है।

46. *(c)* विद्युत लेपन की प्रक्रिया में विद्युत धारा द्वारा एक धातु पर किसी अन्य धातु का लेपन किया जाता है। विद्युत अपघट्य, जो सोने और चाँदी के विद्युत लेपन में प्रयोग किए जाते हैं नीचे सारणी में दिए गए है

	प्रक्रिया	वस्तुएँ, जो लेपित होगा, कैथोड के रूप में कार्य करता है।	शुद्ध धातु खण्ड, जो एक एनोड की तरह कार्य करता है जिसके द्वारा विद्युत लेपन पूर्ण होगा	विद्युत अपघट्य (जलीय विलयन)
(a)	सोने का लेपन	वस्तुएँ	Au(*s*)	$Na[\overset{I}{Au}(CN)_2]$ (सोडियम ऑरो-सायनाइड)
(b)	चाँदी का लेपन	वस्तुएँ	Ag(*s*)	$Na[\overset{I}{Ag}(CN)_2]$ (सोडियम अर्जेन्टो सायनाइड)

47. *(a)* विभिन्न धातु आयनों के उच्च-चक्रण तथा निम्न-चक्रण वाले अष्टफलकीय संकुलों के अयुग्मित इलेक्ट्रॉनों की संख्याओं में अन्तर नीचे सारणी में दिया गया हैं-

धातु आयन	उच्च चक्रण संकुल में इलेक्ट्रॉनों की संख्या (n_1)	निम्न चक्रण संकुल में इलेक्ट्रॉनों की संख्या (n_2)	$n_1 - n_2$
Mn^{2+}	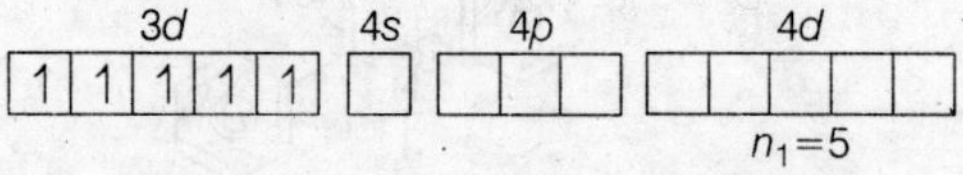 3*d* [↑][↑][↑][↑][↑] 4*s* [ ] 4*p* [ ][ ][ ] 4*d* [ ][ ][ ][ ][ ]; $n_1=5$	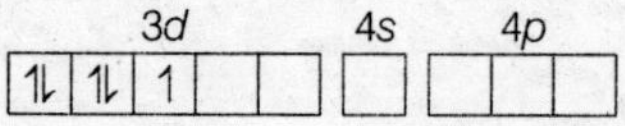 3*d* [↑↓][↑↓][↑][ ][ ] 4*s* [ ] 4*p* [ ][ ][ ]	$5-1=4$
Fe^{2+}	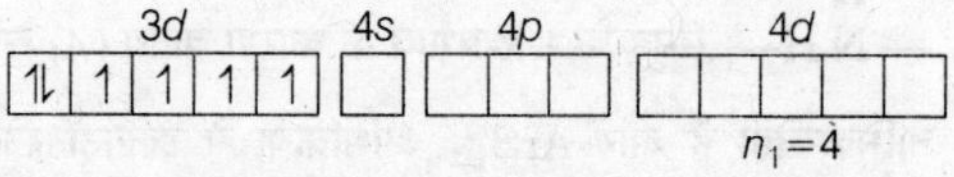 3*d* [↑↓][↑][↑][↑][↑] 4*s* [ ] 4*p* [ ][ ][ ] 4*d* [ ][ ][ ][ ][ ]; $n_1=4$	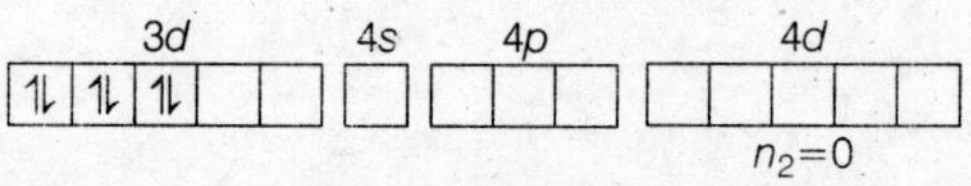 3*d* [↑↓][↑↓][↑↓][ ][ ] 4*s* [ ] 4*p* [ ][ ][ ] 4*d* [ ][ ][ ][ ][ ]; $n_2=0$	$4-0=4$
Ni^{2+}	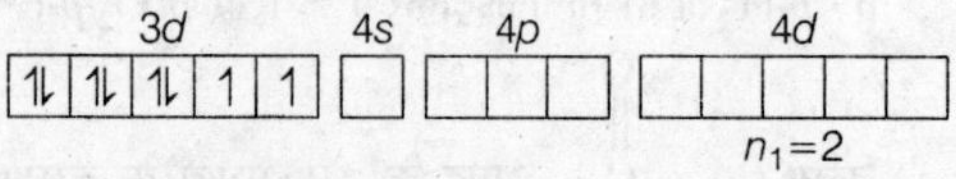 3*d* [↑↓][↑↓][↑↓][↑][↑] 4*s* [ ] 4*p* [ ][ ][ ] 4*d* [ ][ ][ ][ ][ ]; $n_1=2$ Ni^{2+} निम्न चक्रण वाले अष्टफलकीय संकुल नहीं बनाता।		
Co^{2+}	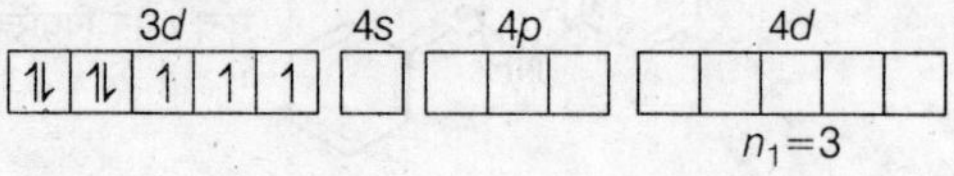 3*d* [↑↓][↑↓][↑][↑][↑] 4*s* [ ] 4*p* [ ][ ][ ] 4*d* [ ][ ][ ][ ][ ]; $n_1=3$	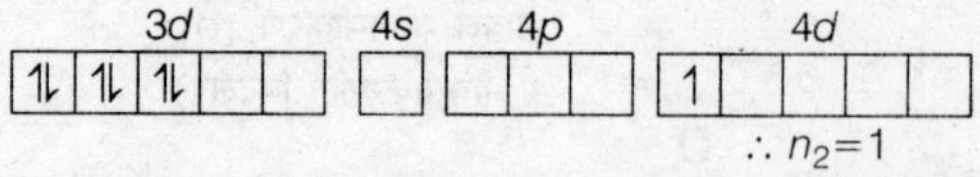 3*d* [↑↓][↑↓][↑↓][ ][ ] 4*s* [ ] 4*p* [ ][ ][ ] 4*d* [↑][ ][ ][ ][ ]; $\therefore n_2=1$	$3-1=2$

48. *(a)* प्रतिस्थापित फीनॉल जलीय NaOH से अभिक्रिया करके सोडियम फीनॉक्साइड बनाते हैं, जो S_N2 अभिक्रिया द्वारा CH_3I से अभिक्रिया करके 2-मेथॉक्सी-1 मेथिल बेन्जीन देता है

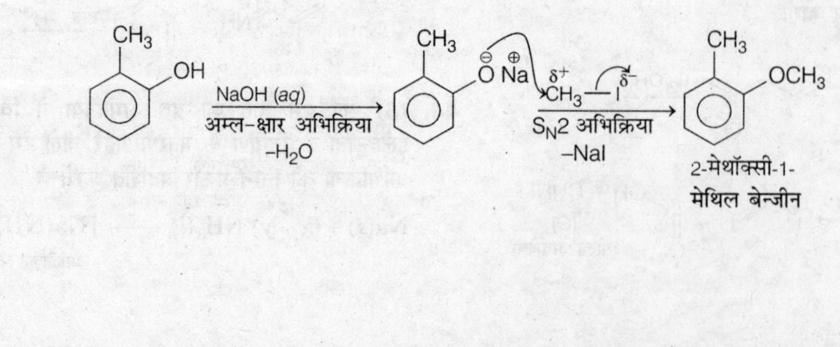

$$\text{(2-}CH_3\text{-}C_6H_4\text{-}OH) \xrightarrow[\text{अम्ल-क्षार अभिक्रिया},\ -H_2O]{NaOH\,(aq)} \text{(2-}CH_3\text{-}C_6H_4\text{-}\overset{\ominus}{O}\overset{\oplus}{Na}) \xrightarrow[S_N2\ \text{अभिक्रिया},\ -NaI]{\overset{\delta+}{CH_3}-\overset{\delta-}{I}} \text{(2-}CH_3\text{-}C_6H_4\text{-}OCH_3)$$

2-मेथॉक्सी-1-मेथिल बेन्जीन

49. *(b)* यह आदर्श गैस का अनुत्क्रमणीय समतापीय सम्पीड़न है।

(i) $dE = dq + p(V_f - V_i)$

जहाँ, $dE =$ आन्तरिक ऊर्जा परिवर्तन

$dq =$ उत्सर्जित ऊष्मा की मात्रा

$\Rightarrow \quad 0 = dq + p(V_f - V_i)$

[$\because dE = 0$ समतापीय प्रक्रम के लिए]

$\Rightarrow \quad dq = -4(1-5) = 16$ J

(ii) $dq = n \times C \times \Delta T$ (for Al)

$\Rightarrow 16 \text{ J} = 1 \text{ mol} \times 24 \text{ J mol}^{-1} \text{K}^{-1} \times \Delta T$

$\Rightarrow \Delta T = \frac{16}{24} \text{K} = \frac{2}{3} \text{K}$

50. *(b)* $NaBH_4$ एक चयनात्मक अपचायक है। यह $>C=O$ समूह को ऐल्कोहॉल में तथा N-मेथिलऐमीन समूह (Me—N=CH—) को 2° ऐमीन में अपचयित कर सकता है, लेकिन पृथक द्विबन्ध (C=C) को अपचयित नहीं कर सकता

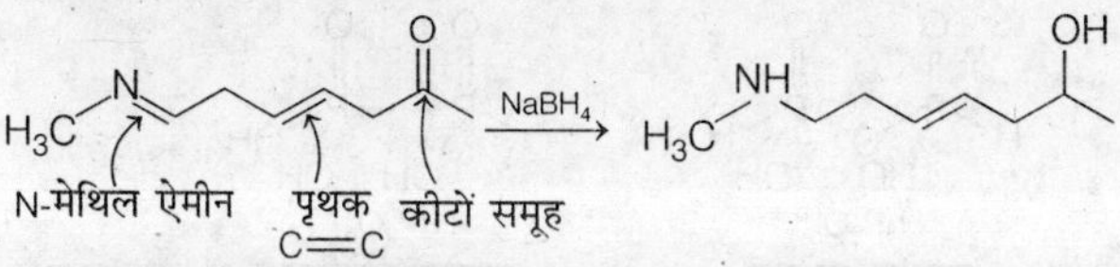

H_3C–N=CH–...–C(=O)– $\xrightarrow{NaBH_4}$ H_3C–NH–...–CH(OH)–

N-मेथिल ऐमीन, पृथक C=C, कीटों समूह

51. *(d)* सभी विकल्पों की व्याख्या निम्न प्रकार है

(a) ऊर्ध्वपातन की प्रक्रिया में ठोस अणु गैसीय अवस्था में चले जाते हैं

$CO_2(s) \longrightarrow CO_2(g)$
शुष्क बर्फ

इसलिए, $\Delta S = +$ ve

(b) विलयन में, Δए = + न क्योंकि ठोस विलेय (यहाँ आयोडीन है) के अणु या आयन विलयन की विलेयशील अवस्था में चले जाते हैं

$$I_2(s) \xrightarrow[\text{(KI)}]{\text{जल}} I_2(aq)$$

(c) $CaSO_4(s) \xrightarrow{\Delta} CaO(s) + SO_3(g)$,

$\Delta n_g = (1+0) - 0 = +1$

इसलिए, $\Delta S = +$ ve

(d) $N_2(g) + 3H_2(g) \longrightarrow 2NH_3(g), \quad \Delta n_g = 2-(1+3) = -2$

इसलिए, ΔS ऋणात्मक है (ऐन्ट्रॉपी में कमी)

52. *(b)* (A) → (ii); B → (i) ; C → (iv), D → (iii)

(A) लाइसीन ($R = -(CH_2)_4-NH_2$)

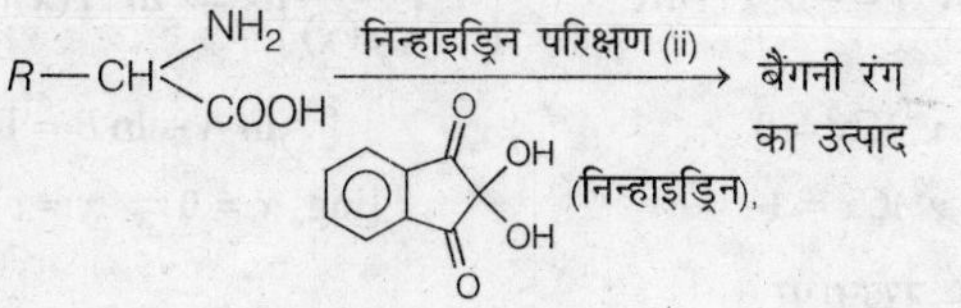

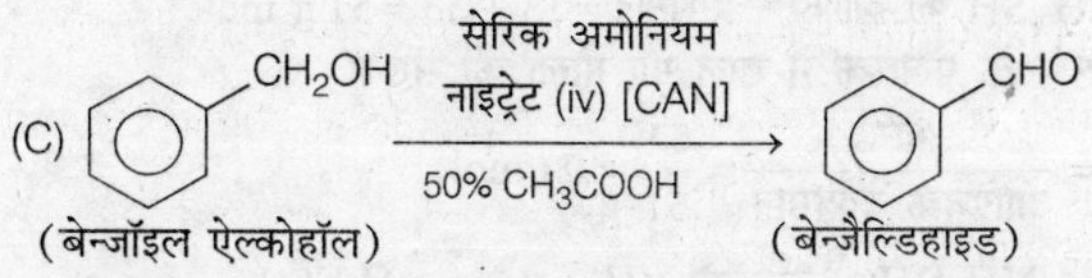

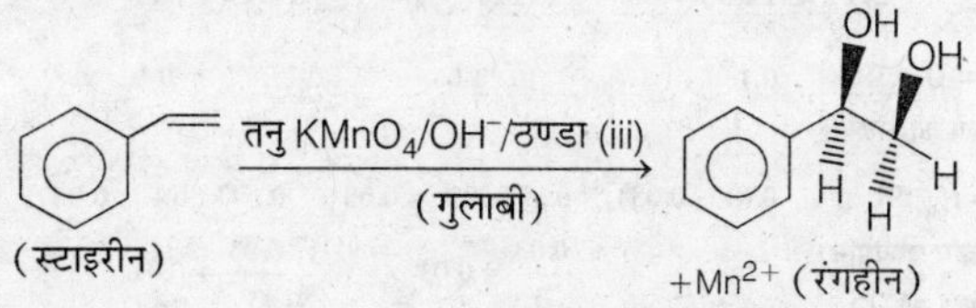

$R-CH(NH_2)COOH \xrightarrow{\text{निन्हाइड्रिन परिक्षण (ii)}}$ बैंगनी रंग का उत्पाद

(निन्हाइड्रिन)

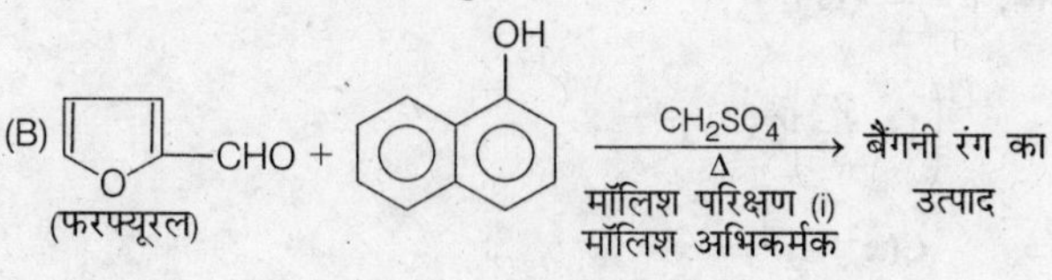

(B) (फरफ्यूरल) –CHO + (α-नैफ्थॉल, OH) $\xrightarrow[\text{मॉलिश परिक्षण (i)}]{CH_2SO_4,\ \Delta}$ बैंगनी रंग का उत्पाद

मॉलिश अभिकर्मक

(C) (बेन्जॉइल ऐल्कोहॉल) $C_6H_5CH_2OH \xrightarrow[\text{50\% } CH_3COOH]{\text{सेरिक अमोनियम नाइट्रेट (iv) [CAN]}} C_6H_5CHO$ (बेन्जैल्डिहाइड)

(D) (स्टाइरीन) $C_6H_5CH=CH_2 \xrightarrow[\text{(गुलाबी)}]{\text{तनु } KMnO_4/OH^-/\text{ठण्डा (iii)}} C_6H_5CH(OH)CH_2OH$ $+Mn^{2+}$ (रंगहीन)

53. *(c)* B_2H_6 की संरचना को निम्न प्रकार प्रदर्शित कर सकते हैं

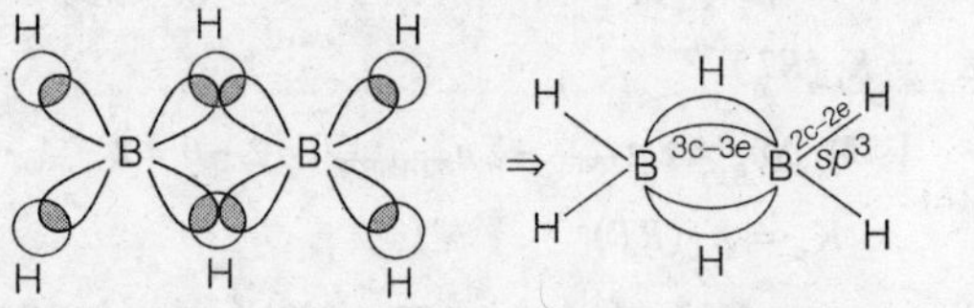

(3c–2e, 2c-2e, sp^3)

B_2H_6 में, चार, 2-केन्द्र-2-इलेक्ट्रॉन ($2c-2e^-$) बन्ध समान तल में और दो, 3-केन्द्र-2-इलेक्ट्रॉन ($3c-2e^-$) बन्ध दूसरे तल में उपस्थित होते हैं।

54. *(a)* दी गई अभिक्रिया में एस्टर तनु HCl की उपस्थिति में टूटता है और आसानी से ऐल्कोहॉल बनाता है। बहुलीकरण अभिक्रिया द्वारा यह ऐल्कोहॉल, ऑक्सेलिक अम्ल के साथ अभिक्रिया करके उत्पाद निर्मित करता है।

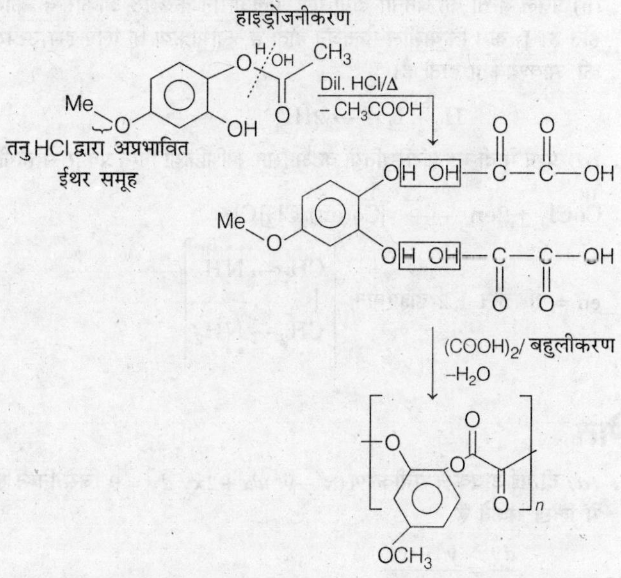

एस्टर समूह का हाइड्रोजनीकरण

तनु HCl द्वारा अप्रभावित ईथर समूह

$\xrightarrow[-CH_3COOH]{\text{Dil. HCl}/\Delta}$

$\xrightarrow[-H_2O]{(COOH)_2/\text{ बहुलीकरण}}$

OCH_3, n

55. *(b)* लैन्थेनाइड श्रेणी में परमाणु क्रमांक 58 (Ce) से 71 (Lu) तक के, 14 4f-ब्लॉक के तत्व आते हैं। इट्रबियम, Yb(Z = 70) का इलेक्ट्रॉनिक विन्यास $[Xe]4f^{14}6s^2$ है। इसलिए ल्यूटियम, Lu (Z = 71) का 71 वाँ इलेक्ट्रॉन $5d$ कक्षक में प्रवेश करेगा और यहाँ इलेक्ट्रॉनिक विन्यास $[Xe]4f^{14}5d^16s^2$ होगा। ऐसा इसलिए होता है, क्योंकि f-ब्लॉक तत्वों का सामान्य इलेक्ट्रॉनिक विन्यास $(n-2)f^{1-14}(n-1)d^{1-10}ns^2$ तथा $4f[4f^{14}]$ पूर्ण-पूरित एवं स्थायी विन्यास का होता है, इसलिए विकल्प (b) सही है।

56. *(d)* NH_4SH का आण्विक द्रव्यमान $= 18 + 33 = 51 \text{ g mol}^{-1}$

NH_4SH के फ्लास्क में डाले गए मोलों की संख्या

$$= \frac{\text{भार}}{\text{आण्विक द्रव्यमान}} = \frac{5.1}{51} = 0.1 \text{ mol}$$

$$NH_4SH(s) \rightleftharpoons NH_3(g) + H_2S(g)$$

	$NH_4SH(s)$	$NH_3(g)$	$H_2S(g)$
$t = 0$ पर मोलों की संख्या	0.1	0	0
$t = t_{eq}$ पर	$0.1(1 - 0.03)$	0.1का 30% = 0.03	0.1का 30% = 0.03
सक्रिय द्रव्यमान (मोल ली$^{-1}$)		$\frac{0.03}{3} = 0.01$	$\frac{0.03}{3} = 0.01$

$$K_C = \frac{[NH_3][H_2S]}{[NH_4HS(s)]} = \frac{0.01 \times 0.01}{1} = 10^{-4} \ (\text{mol L}^{-1})^2$$

$$\Rightarrow K_p = K_C(RT)^{\Delta n_g}$$

[जहाँ, $\Delta n_g = \Sigma n_{\text{उत्पाद}} - \Sigma n_{\text{अभिकारक}}] = 2 - 0 = 2$

$$\therefore \quad K_p = K_C(RT)^2$$

$$= 10^{-4} \times [0.082 \times (273 + 327)]^2 \text{ atm}^2 = 0.242 \text{ atm}^2$$

57. *(c)* वर्ग में नीचे की तरफ जाने पर हैलोजनों की रासायनिक अभिक्रियाशीलता घटती है-

$$F_2 > Cl_2 > Br_2 > I_2$$

फ्लुओरीन की उच्चतम क्रियाशीलता के लिए निम्न दो कारक उत्तरदायी है-

(i) $F - F$ बन्ध की कम वियोजन ऊर्जा।

(ii) प्रबल बन्धों का बनना। दोनों गुण, फ्लुओरीन के छोटे आकार के कारण होते हैं। I_2 कम क्रियाशील हैलोजन होता है, अभिक्रिया के लिए इसे उत्प्रेरक की आवश्यकता होती है।

$$H_2 + I_2 \longrightarrow 2HI$$

58. *(d)* प्रश्न में दी गई परिस्थितियों के अनुसार अभिक्रिया निम्न प्रकार से होगी-

$$\overset{III}{CoCl_3} + 2en \longrightarrow \overset{III}{[Co(en)_2Cl_2]Cl}$$

en = एथिलीन-1, 2-डाइऐमीन, $\left[\begin{array}{l} CH_2 - \ddot{N}H_2 \\ | \\ CH_2 - \underset{\bullet\bullet}{N}H_2 \end{array}\right]$

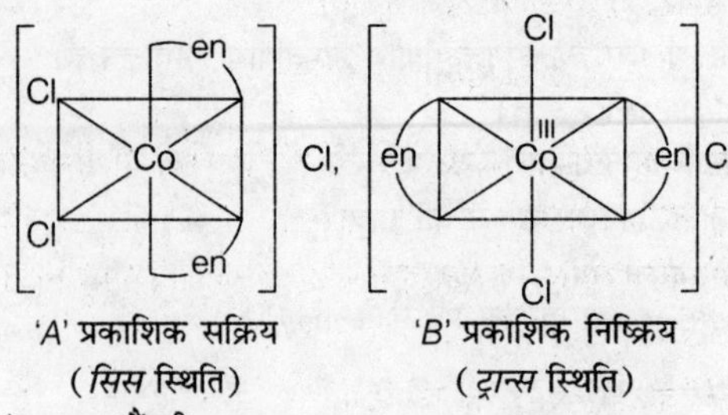

'*A*' प्रकाशिक सक्रिय (*सिस* स्थिति) (बैंगनी) — '*B*' प्रकाशिक निष्क्रिय (*ट्रान्स* स्थिति) (हरा)

59. *(c)* फॉस्फोरस के ऑक्सीअम्लों की संरचनाएँ निम्न प्रकार है-

H_3PO_2 हाइपोफॉस्फोरस अम्ल (P — H बन्ध =2)

H_3PO_3 ऑर्थोफॉस्फोरस अम्ल (P — H बन्ध = 1)

$H_4P_2O_5$ पायरोफॉस्फोरस अम्ल (P — H बन्ध=2)

$H_4P_2O_6$ हाइपोफॉस्फोरिक अम्ल (P — H बन्ध=0)

60. *(d)* एक प्रारम्भिक रासायनिक अभिक्रिया, $A_2 \underset{k_{-1}}{\overset{k_1}{\rightleftharpoons}} 2A$

विपरीत गतिकी का अनुसरण करती है

(i) अभिक्रिया की दर,

$$r = r_{\text{अग्र}} - r_{\text{पश्च}} = k_1[A_2] - k_{-1}[A]^2 \quad \text{... (i)}$$

(ii) पुनः अभिक्रिया की दर को निम्न प्रकार प्रदर्शित कर सकते है

$$r = -\frac{d[A_2]}{dt} = +\frac{1}{2}\frac{d[A]}{dt}$$

इस प्रकार, A के प्रकट होने की दर

$$\frac{d[A]}{dt} = 2r = 2k_1[A_2] - 2k_{-1}[A]^2 \quad \text{[समी (i) से]}$$

गणित

61. *(a)* दी गई अवकल समीकरण $(x^2 - y^2)dx + 2xy\, dy = 0$, जिसे निम्न रूप में लिख सकते हैं

$$\frac{dy}{dx} = \frac{y^2 - x^2}{2xy}$$

$y = vx$ रखने पर, [∵ यह समघातीय रूप में है]

$$\Rightarrow \quad \frac{dy}{dx} = v + x\frac{dv}{dx}$$

अब, अवकल समीकरण होगी

$$v + x\frac{dv}{dx} = \frac{v^2x^2 - x^2}{2x(vx)} \Rightarrow v + x\frac{dv}{dx} = \frac{(v^2 - 1)x^2}{2vx^2}$$

$$\Rightarrow x\frac{dv}{dx} = \frac{v^2 - 1}{2v} - v = \frac{v^2 - 1 - 2v^2}{2v}$$

$$\Rightarrow x\frac{dv}{dx} = -\frac{1 + v^2}{2v} \Rightarrow \int \frac{2v\, dv}{1 + v^2} = -\int \frac{dx}{x}$$

$$\Rightarrow \ln(1 + v^2) = -\ln x - \ln C \quad \left[\because \int \frac{f'(x)}{f(x)}dx \Rightarrow \ln|f(x)| + C\right]$$

$$\Rightarrow \ln|(1 + v^2)Cx| = 0 \quad [\because \ln A + \ln B = \ln AB]$$

$$\Rightarrow \quad (1 + v^2)Cx = 1 \quad [\log_e x = 0 \Rightarrow x = e^0 = 1]$$

अब, $v = \frac{y}{x}$ रखने पर,

$$\left(1 + \frac{y^2}{x^2}\right)Cx = 1$$

$$\Rightarrow \quad C(x^2 + y^2) = x$$

$\because$ वक्र बिन्दु (1, 1) से होकर गुजरता है।

$$C(1+1)=1 \Rightarrow C=\frac{1}{2}$$

अत: अभीष्ट वक्र $x^2+y^2-2x=0$ है, जो कि वृत्त को निरूपित करता है जिसका केन्द्र (1, 0) है।

$\therefore$ दी गई अवकल समीकरण का हल उस वृत्त को निरूपित करता है जिसका केन्द्र X-अक्ष पर है।

62. *(d)* द्विपद व्यंजक $(a+b)^n$ के प्रसार में सामान्य पद $T_{r+1}={}^nC_r a^{n-r}b^r$,

इसलिए द्विपद व्यंजक $x^2\left(\sqrt{x}+\frac{\lambda}{x^2}\right)^{10}$ के प्रसार में सामान्य पद होगा

$$T_{r+1}=x^2\left({}^{10}C_r(\sqrt{x})^{10-r}\left(\frac{\lambda}{x^2}\right)^r\right)$$

$$={}^{10}C_r\ x^2\cdot x^{\frac{10-r}{2}}\ \lambda^r\ x^{-2r}={}^{10}C_r\,\lambda^r\,x^{2+\frac{10-r}{2}-2r}$$

x^2 के गुणांक के लिए,

$$2+\frac{10-r}{2}-2r=2 \text{ रखने पर,}$$

$$\Rightarrow \frac{10-r}{2}-2r=0 \Rightarrow 10-r=4r \Rightarrow r=2$$

इसलिए, x^2 का गुणांक ${}^{10}C_2\,\lambda^2=720$ [दिया है]

$$\Rightarrow \frac{10!}{2!\,8!}\lambda^2=720 \Rightarrow \frac{10\cdot 9\cdot 8!}{2\cdot 8!}\lambda^2=720$$

$$\Rightarrow 45\lambda^2=720 \Rightarrow \lambda^2=16 \Rightarrow \lambda=\pm 4$$

63. *(b)* माना दिए गए बिन्दु $A(-3,-3,4)$ तथा $B(3,7,6)$ हैं, तब A, B को मिलाने वाली रेखा के मध्य-बिन्दु

$$P\left(\frac{-3+3}{2},\frac{-3+7}{2},\frac{4+6}{2}\right)=P(0,2,5)$$

अभीष्ट समतल A, B को मिलाने वाली रेखा का लम्ब अर्द्धक है, इसलिए समतल के अभिलम्ब के दिक् अनुपात A, B को मिलाने वाली रेखा के दिक् अनुपात के समानुपात में है। इसलिए, समतल के अभिलम्ब के दिक् अनुपात 6, 10, 2 हैं।

[$\because$ AB के दिक् अनुपात $3+3, 7+3, 6-4$, अर्थात् 6, 10, 2 है]

अब, समतल का समीकरण

$$a(x-x_1)+b(y-y_1)+c(z-z_1)=0$$

$$6(x-0)+10(y-2)+2(z-5)=0$$

[$\because P(0,2,5)$ समतल पर स्थित है]

$$\Rightarrow 3x+5y-10+z-5=0$$

$$\Rightarrow 3x+5y+z=15 \quad \ldots(i)$$

सभी विकल्पों की जाँच करने पर, विकल्प $(4,1,-2)$ समतल (i) की समीकरण को सन्तुष्ट करता है।

64. *(d)* दिया है, $\int_0^x f(t)\,dt=x^2+\int_x^1 t^2 f(t)\,dt$

दोनों पक्षों का x के सापेक्ष अवकलन करने पर,

$$f(x)=2x+0-x^2f(x)$$

$$\left[\because \frac{d}{dx}\left[\int_{\phi(x)}^{\psi(x)} f(t)\,dt\right]=f(\psi(x))\frac{d}{dx}\psi(x)-f(\phi(x))\frac{d}{dx}\phi(x)\right]$$

$$\Rightarrow (1+x^2)f(x)=2x \Rightarrow f(x)=\frac{2x}{1+x^2}$$

x के सापेक्ष अवकलन करने पर,

$$f'(x)=\frac{(1+x^2)(2)-(2x)(0+2x)}{(1+x^2)^2}$$

$$=\frac{2+2x^2-4x^2}{(1+x^2)^2}=\frac{2-2x^2}{(1+x^2)^2}$$

$\Rightarrow$ $x=1/2$ रखने पर

$$\therefore f'\left(\frac{1}{2}\right)=\frac{2-2\left(\frac{1}{2}\right)^2}{\left(1+\left(\frac{1}{2}\right)^2\right)^2}=\frac{2-2\left(\frac{1}{4}\right)}{\left(1+\frac{1}{4}\right)^2}=\frac{2-\frac{1}{2}}{\left(\frac{5}{4}\right)^2}=\frac{\frac{3}{2}}{\frac{25}{16}}=\frac{24}{25}$$

65. *(c)* हम जानते हैं कि,

$$\cos\alpha\cdot\cos(2\alpha)\cos(2^2\alpha)\ldots\cos(2^{n-1}\alpha)=\frac{\sin(2^n\alpha)}{2^n\sin\alpha}$$

$$\therefore \cos\frac{\pi}{2^2}\cdot\cos\frac{\pi}{2^3}\ldots\cos\frac{\pi}{2^{10}}\cdot\sin\frac{\pi}{2^{10}}$$

$$=\left\{\frac{\sin\left(\frac{\pi}{2^{10}}2^9\right)}{2^9\sin\left(\frac{\pi}{2^{10}}\right)}\right\}\sin\frac{\pi}{2^{10}} \qquad \left[\because \text{ यहाँ, } \alpha=\frac{\pi}{2^{10}} \text{ तथा } n=9\right]$$

$$=\frac{1}{2^9}\sin\left(\frac{\pi}{2}\right)=\frac{1}{2^9}=\frac{1}{512}$$

66. *(d)* दिया गया आव्यूह

$$A=\begin{bmatrix}2 & b & 1\\ b & b^2+1 & b\\ 1 & b & 2\end{bmatrix}, b>0$$

$$\text{इसलिए, } \det(A)=|A|=\begin{vmatrix}2 & b & 1\\ b & b^2+1 & b\\ 1 & b & 2\end{vmatrix}$$

$$=2[2(b^2+1)-b^2]-b(2b-b)+1(b^2-b^2-1)$$

$$=2[2b^2+2-b^2]-b^2-1=2b^2+4-b^2-1=b^2+3$$

$$\Rightarrow \frac{\det(A)}{b}=\frac{b^2+3}{b}=b+\frac{3}{b}$$

अब, AM $\geq$ GM से,

$$\frac{b+\frac{3}{b}}{2}\geq\left(b\times\frac{3}{b}\right)^{1/2} \qquad \{\because b>0\}$$

$$\Rightarrow b+\frac{3}{b}\geq 2\sqrt{3}$$

इसलिए, $\frac{\det(A)}{b}$ का निम्नतम मान $=2\sqrt{3}$

67. *(a)* दिया है, $f'(x)=7-\frac{3}{4}\frac{f(x)}{x}, (x>0)$

$f(x)=y$ तथा $f'(x)=\frac{dy}{dx}$ रखने पर,

$$\frac{dy}{dx}=7-\frac{3}{4}\frac{y}{x} \Rightarrow \frac{dy}{dx}+\frac{3}{4x}y=7 \quad \ldots(i)$$

जो कि $\frac{dy}{dx}+Py=Q$, रूप की रैखिक अवकल समीकरण है

जहाँ, $P=\frac{3}{4x}$ तथा $Q=7$

अब, समाकलन गुणांक (IF) $=e^{\int\frac{3}{4x}dx}$

$$=e^{\frac{3}{4}\log x}=e^{\log x^{3/4}}=x^{3/4}$$

तथा अवकल समी (i) का हल,

$$y(\text{IF})=\int(Q\cdot(\text{IF}))dx+C$$

$$yx^{3/4}=\int 7x^{3/4}dx+C$$

$$\Rightarrow \quad yx^{3/4}=7\frac{x^{\frac{3}{4}+1}}{\frac{3}{4}+1}+C\Rightarrow yx^{3/4}=4x^{\frac{7}{4}}+C$$

$$\Rightarrow \quad y=4x+C\,x^{-3/4}$$

इसलिए, $y=f(x)=4x+C\cdot x^{-3/4}$

अब, $f\left(\frac{1}{x}\right)=\frac{4}{x}+C\cdot x^{3/4}$

$$\therefore \lim_{x\to 0^+}x\,f\left(\frac{1}{x}\right)=\lim_{x\to 0^+}x\left(\frac{4}{x}+Cx^{3/4}\right)$$

$$=\lim_{x\to 0^+}(4+Cx^{7/4})=4$$

68. *(b)* माना ABC दिया गया त्रिभुज है, जिसमें शीर्ष $B(0,2)$, $C(4,3)$ तथा तीसरा शीर्ष $A(a,b)$ है।

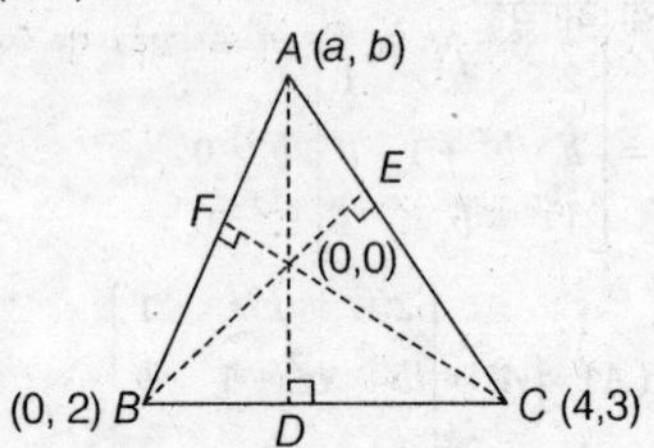

साथ ही, माना कि A, B तथा C से डाले गए लम्ब पाद D, E तथा F हैं।

तब, $AD\perp BC\Rightarrow \frac{b-0}{a-0}\times\frac{3-2}{4-0}=-1$

यदि रेखाएँ जिनकी प्रवणताएँ m_1 तथा m_2 हैं, लम्बवत् होंगी यदि $m_1m_2=-1$

$$\Rightarrow \quad b+4a=0 \quad \ldots(i)$$

तथा $CF\perp AB$

$$\Rightarrow \quad \frac{b-2}{a-0}\times\frac{3-0}{4-0}=-1$$

$$\Rightarrow \quad 3b-6=-4a \Rightarrow 4a+3b=6 \quad \ldots(ii)$$

सभी (i) तथा (ii) से,

$$-b+3b=6\Rightarrow 2b=6\Rightarrow b=3$$

तथा $a=-\frac{3}{4}$ [समी (i)से]

इसलिए, तीसरा शीर्ष $(a,b)\equiv\left(-\frac{3}{4},3\right)$, जोकि II चतुर्थांश में स्थित है।

69. *(c)* स्पष्टत: परिवृत्त का केन्द्र, समबाहु त्रिभुज ABC का केन्द्रक G है।
[$\because$ समबाहु त्रिभुज में परिकेन्द्र तथा केन्द्रक संपाती हैं।]

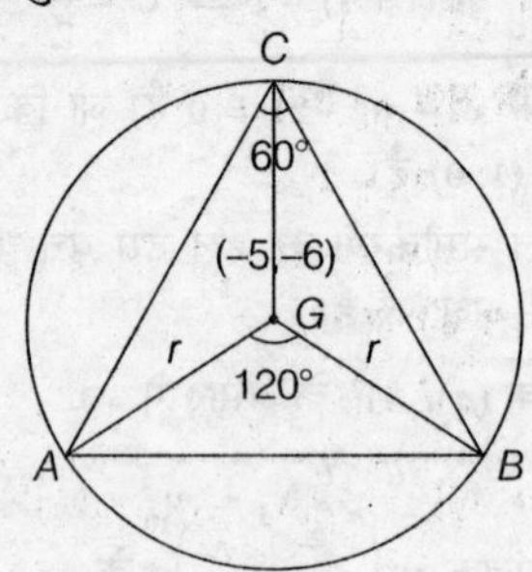

साथ ही, हम जानते हैं कि

$\Delta AGB\cong\Delta BGC\cong\Delta CGA$ [SAS सर्वांगसमता नियम से]

$\therefore$ क्षेत्रफल$(\Delta ABC)=3$ क्षेत्रफल (ΔAGB)

$$=3\left(\frac{1}{2}r^2\sin 120^\circ\right) \quad \ldots(i)$$

[$\because$ त्रिभुज का क्षेत्रफल $=\frac{1}{2}ab\sin(\angle C)$]

$\because$ क्षेत्रफल$(\Delta ABC)=27\sqrt{3}$ [दिया है]

$\therefore$ $\frac{3}{2}r^2\frac{\sqrt{3}}{2}=27\sqrt{3}$ [समी (i) से]

[$\sin 120^\circ=\sin(180^\circ-60^\circ)=\sin 60^\circ=\frac{\sqrt{3}}{2}$]

$$\Rightarrow \quad r^2=4\times 9\Rightarrow r=6$$

अब, वृत्त की त्रिज्या दिए गए वृत्त के समीकरण में,

$$r=\sqrt{g^2+f^2-c}$$

$\Rightarrow$ $6=\sqrt{25+36-c}$ [$\because$ दिए गए वृत्त के समीकरण में, $2g=10$ तथा $2f=12\Rightarrow g=5$ तथा $f=6$]

$$\Rightarrow \quad 36=25+36-c \Rightarrow c=25$$

70. *(a)* दिया है, परवलय का समीकरण

$$x^2=4y \quad \ldots(i)$$

तथा जीवा का समीकरण $x-\sqrt{2}y+4\sqrt{2}=0$ ... (ii)

समी (i) तथा (ii) से,

$$[\sqrt{2}(y-4)]^2=4y \Rightarrow 2(y-4)^2=4y$$

$$\Rightarrow \quad (y-4)^2=2y \Rightarrow y^2-8y+16=2y$$

$$\Rightarrow \quad y^2-10y+16=0 \quad \ldots(iii)$$

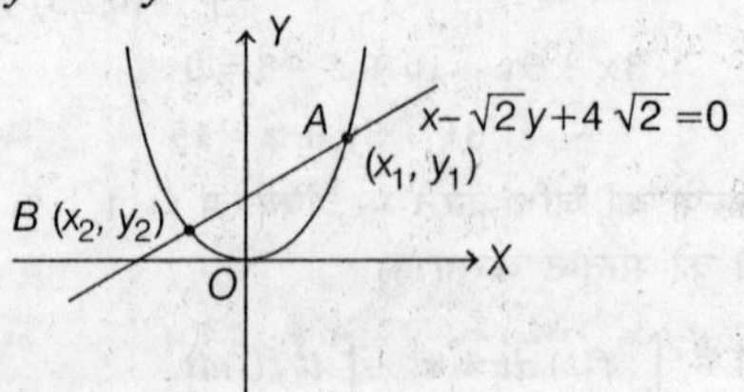

माना समी (iii) के मूल y_1 तथा y_2 हैं,

तब, $y_1+y_2=10$ तथा $y_1y_2=16$ ... (iv)

पुनः समी (i) तथा (ii) से,

$$x^2 = 4\left[\frac{x}{\sqrt{2}} + 4\right] \Rightarrow x^2 - 2\sqrt{2}x - 16 = 0 \quad \text{... (v)}$$

माना समी (v) के मूल x_1 तथा x_2 हैं।

तब, $x_1 + x_2 = 2\sqrt{2}$

तथा $x_1x_2 = -16$ ... (vi)

स्पष्टत: जीवा AB की लम्बाई

$= \sqrt{(x_1 - x_2)^2 + (y_1 - y_2)^2}$

$= \sqrt{(x_1 + x_2)^2 - 4x_1x_2 + (y_1 + y_2)^2 - 4y_1y_2}$

$[\because (a - b)^2 = (a + b)^2 - 4ab]$

$= \sqrt{8 + 64 + 100 - 64} = \sqrt{108}$ [समी (iv) तथा (vi) से]

$= 6\sqrt{3}$

71. *(a)* दो सदिश **c** तथा **d** संरेखीय कहलाएँगे, यदि इसे हम $\mathbf{c} = \lambda\mathbf{b}$ के रूप में लिख सके, कुछ शून्येत्तर अदिशों के लिए।

माना सदिश $\alpha = (\lambda - 2)\mathbf{a} + \mathbf{b}$ तथा $\beta = (4\lambda - 2)\mathbf{a} + 3\mathbf{b}$ संरेखीय हैं, जहाँ **a** तथा **b** असंरेखीय हैं।

$\therefore$ इसे लिख सकते हैं

$\alpha = k\beta$, कुछ $k \in R - \{0\}$ के लिए

$\Rightarrow (\lambda - 2)\mathbf{a} + \mathbf{b} = k[(4\lambda - 2)\mathbf{a} + 3\mathbf{b}]$

$\Rightarrow [(\lambda - 2) - k(4\lambda - 2)]\mathbf{a} + (1 - 3k)\mathbf{b} = 0$

अब, **a** और **b** असंरेखीय हैं, इसलिए ये रेखीय स्वतन्त्र हैं अत:

$(\lambda - 2) - k(4\lambda - 2) = 0$ तथा $1 - 3k = 0$

$\Rightarrow \lambda - 2 = k(4\lambda - 2)$ तथा $3k = 1$

$\Rightarrow \lambda - 2 = \frac{1}{3}(4\lambda - 2)$ $\left[\because 3k = 1 \Rightarrow k = \frac{1}{3}\right]$

$\Rightarrow 3\lambda - 6 = 4\lambda - 2 \Rightarrow \lambda = -4$

72. *(b)* दिया है,
$$\begin{vmatrix} \log_e a_1^r a_2^k & \log_e a_2^r a_3^k & \log_e a_3^r a_4^k \\ \log_e a_4^r a_5^k & \log_e a_5^r a_6^k & \log_e a_6^r a_7^k \\ \log_e a_7^r a_8^k & \log_e a_8^r a_9^k & \log_e a_9^r a_{10}^k \end{vmatrix} = 0$$

प्रारम्भिक संक्रियाएँ लागू करने पर,

$C_2 \to C_2 - C_1$ तथा $C_3 \to C_3 - C_1$,

$$\begin{vmatrix} \log_e a_1^r a_2^k & \log_e a_2^r a_3^k - \log_e a_1^r a_2^k & \log_e a_3^r a_4^k - \log_e a_1^r a_2^k \\ \log_e a_4^r a_5^k & \log_e a_5^r a_6^k - \log_e a_4^r a_5^k & \log_e a_6^r a_7^k - \log_e a_4^r a_5^k \\ \log_e a_7^r a_8^k & \log_e a_8^r a_9^k - \log_e a_7^r a_8^k & \log_e a_9^r a_{10}^k - \log_e a_7^r a_8^k \end{vmatrix} = 0$$

$$\Rightarrow \begin{vmatrix} \log_e a_1^r a_2^k & \log_e\left(\frac{a_2^r a_3^k}{a_1^r a_2^k}\right) & \log_e\left(\frac{a_3^r a_4^k}{a_1^r a_2^k}\right) \\ \log_e a_4^r a_5^k & \log_e\left(\frac{a_5^r a_6^k}{a_4^r a_5^k}\right) & \log_e\left(\frac{a_6^r a_7^k}{a_4^r a_5^k}\right) \\ \log_e a_7^r a_8^k & \log_e\left(\frac{a_8^r a_9^k}{a_7^r a_8^k}\right) & \log_e\left(\frac{a_9^r a_{10}^k}{a_7^r a_8^k}\right) \end{vmatrix} = 0$$

$\left[\because \log_e m - \log_e n = \log_e\left(\frac{m}{n}\right)\right]$

[$\because a_1, a_2, a_3 \ldots\ldots, a_{10}$ गुणोत्तर श्रेढ़ी में हैं इसलिए $a_1 = a, a_2 = aR, a_3 = aR^2, \ldots, a_{10} = aR^9$ रखने पर]

$$\Rightarrow \begin{vmatrix} \log_e a^{r+k} & R^k & \log_e\left(\frac{a^{r+k}R^{r+2k}}{a^{r+k}R^k}\right) & \log_e\left(\frac{a^{r+k}R^{2r+3k}}{a^{r+k}R^k}\right) \\ \log_e a^{r+k} & R^{3r+4k} & \log_e\left(\frac{a^{r+k}R^{4r+5k}}{a^{r+k}R^{3r+4k}}\right) & \log_e\left(\frac{a^{r+k}R^{5r+6k}}{a^{r+k}R^{3r+4k}}\right) \\ \log_e a^{r+k} & R^{6r+7k} & \log_e\left(\frac{a^{r+k}R^{7r+8k}}{a^{r+k}R^{6r+7k}}\right) & \log_e\left(\frac{a^{r+k}R^{8r+9k}}{a^{r+k}R^{6r+7k}}\right) \end{vmatrix} = 0$$

$$\Rightarrow \begin{vmatrix} \log_e(a^{r+k}R^k) & \log_e R^{r+k} & \log_e R^{2r+2k} \\ \log_e a^{r+k}R^{3r+4k} & \log_e R^{r+k} & \log_e R^{2r+2k} \\ \log_e a^{r+k}R^{6r+7k} & \log_e R^{r+k} & \log_e R^{2r+2k} \end{vmatrix} = 0$$

$$\Rightarrow \begin{vmatrix} \log_e(a^{r+k}R^k) & \log_e R^{r+k} & 2\log_e R^{r+k} \\ \log_e(a^{r+k}R^{3r+4k}) & \log_e R^{r+k} & 2\log_e R^{r+k} \\ \log_e(a^{r+k}R^{6r+7k}) & \log_e R^{r+k} & 2\log_e R^{r+k} \end{vmatrix} = 0$$

[$\because \log m^n = n \log m$ तथा यहाँ $\log_e R^{2r+2k} = \log_e R^{2(r+k)} = 2\log_e R^{r+k}$]

$\because$ स्तम्भ C_2 तथा C_3 समानुपात में हैं।

इसलिए, $(r, k), r, k \in N$ के किसी भी मान के लिए सारणिक का मान शून्य होगा।

$\therefore$ समुच्चय 'S' के कई अनन्त हल हैं।

73. *(c)* माना $I = \int_{-\frac{\pi}{2}}^{\frac{\pi}{2}} \frac{dx}{[x] + [\sin x] + 4}$

$$= \int_{-\frac{\pi}{2}}^{-1} \frac{dx}{[x] + [\sin x] + 4} + \int_{-1}^{0} \frac{dx}{[x] + [\sin x] + 4} + \int_{0}^{1} \frac{dx}{[x] + [\sin x] + 4} + \int_{1}^{\frac{\pi}{2}} \frac{dx}{[x] + [\sin x] + 4}$$

$$\because [x] = \begin{cases} -2, & -\pi/2 < x < -1 \\ -1, & -1 \le x < 0 \\ 0, & 0 \le x < 1 \\ 1, & 1 \le x < \pi/2 \end{cases} \text{ तथा } [\sin x] = \begin{cases} -1, & -\pi/2 < x < -1 \\ -1, & -1 < x < 0 \\ 0, & 0 < x < 1 \\ 0, & 1 < x < \pi/2 \end{cases}$$

[$\because x < 0$ के लिए, $-1 \le \sin x < 0$ तथा $x > 0$ के लिए, $0 < \sin x \le 1$]

इसलिए, $I = \int_{-\frac{\pi}{2}}^{-1} \frac{dx}{-2 - 1 + 4} + \int_{-1}^{0} \frac{dx}{-1 - 1 + 4} + \int_{0}^{1} \frac{dx}{0 + 0 + 4} + \int_{1}^{\frac{\pi}{2}} \frac{dx}{1 + 0 + 4}$

$$= \int_{-\frac{\pi}{2}}^{-1} \frac{dx}{1} + \int_{-1}^{0} \frac{dx}{2} + \int_{0}^{1} \frac{dx}{4} + \int_{1}^{\frac{\pi}{2}} \frac{dx}{5}$$

$$= \left(-1+\frac{\pi}{2}\right)+\frac{1}{2}(0+1)+\frac{1}{4}(1-0)+\frac{1}{5}\left(\frac{\pi}{2}-1\right)$$
$$= \left(-1+\frac{1}{2}+\frac{1}{4}-\frac{1}{5}\right)+\left(\frac{\pi}{2}+\frac{\pi}{10}\right)$$
$$= \frac{-20+10+5-4}{20}+\frac{5\pi+\pi}{10} = -\frac{9}{20}+\frac{3\pi}{5} = \frac{3}{20}(4\pi-3)$$

74. *(b)* दिया है, $\int x^5 e^{-4x^3}\,dx = \frac{1}{48}e^{-4x^3} f(x) + C$

बाएँ पक्ष में, $x^3 = t$ रखने पर,

$\Rightarrow \quad 3x^2 dx = dt$

इसलिए, $\int x^5 e^{-4x^3} dx = \frac{1}{3}\int t\, e^{-4t} dt = \frac{1}{3}\left[t\frac{e^{-4t}}{-4} - \int \frac{e^{-4t}}{-4}dt\right]$

(खण्डश: समाकलन के उपयोग से)

$$= \frac{1}{3}\left[\frac{te^{-4t}}{-4}+\frac{e^{-4t}}{-16}\right]+C = -\frac{1}{48}e^{-4t}[4t+1]+C$$
$$= -\frac{e^{-4x^3}}{48}[4x^3+1]+C \qquad [\because t = x^3]$$

$\therefore f(x) = -1-4x^3$ (दिए गए समीकरण से तुलना करने पर)

75. *(c)* चूँकि कथन

$P:5$ एक अभाज्य संख्या है, एक सत्य कथन है।

$Q:7,192$ का गुणनखण्ड है यह असत्य कथन है।

तथा $R:5$ तथा 7 का ल. स. 35 है, एक सत्य कथन है।

इसलिए P का सत्य मान T, Q का F, R का T है।

अब, विकल्पों की जाँच करने से,

P	Q	R	$\sim P$	$\sim Q$	$\sim R$	$P \wedge Q$	$Q \wedge R$	$\sim Q \wedge R$
T	F	T	F	T	F	F	F	T

$(P \wedge Q) \vee (\sim R)$	$P \vee (\sim Q \wedge R)$	$(\sim P) \vee (Q \wedge R)$	$(\sim P) \wedge (\sim Q \wedge R)$
F	T	F	F

स्पष्टत: $P \vee (\sim Q \wedge R)$ का सत्य मान T है।

76. *(a)* दिया है, $f(n) = \begin{cases} \frac{n+1}{2}, & \text{यदि } n \text{ विषम है} \\ \frac{n}{2}, & \text{यदि } n \text{ सम है} \end{cases}$

तथा $g(n) = n-(-1)^n = \begin{cases} n+1, & \text{यदि } n \text{ विषम है} \\ n-1, & \text{यदि } n \text{ सम है} \end{cases}$

अब,

$$f(g(n)) = \begin{cases} f(n+1), & \text{यदि } n \text{ विषम है} \\ f(n-1), & \text{यदि } n \text{ सम है} \end{cases} = \begin{cases} \frac{n+1}{2}, & \text{यदि } n \text{ विषम है} \\ \frac{n-1+1}{2} = \frac{n}{2}, & \text{यदि } n \text{ सम है} \end{cases}$$

$= f(x)$

$\because$ यदि n विषम है, तब $(n+1)$ सम तथा यदि n सम है, तब $(n-1)$ विषम होगा। स्पष्टत: फलन एकैकी नहीं होगा जब $f(2) = f(1) = 1$ परन्तु यह आच्छादक फलन है।

[$\because$ यदि $m \in N$ (सहप्रान्त) विषम है, तब $2m \in N$ (प्रान्त) इस प्रकार है कि $f(2m) = m$ तथा यदि $m \in N$ सहप्रान्त सम है, तब $2m-1 \in N$ (प्रान्त) इस प्रकार है कि $f(2m-1) = m$]

$\therefore$ फलन आच्छादक है परन्तु एकैकी नहीं है।

77. *(d)* दिया है, $z = \left(\frac{\sqrt{3}}{2}+\frac{i}{2}\right)^5 + \left(\frac{\sqrt{3}}{2}-\frac{i}{2}\right)^5$

$\because \frac{\sqrt{3}}{2}+\frac{i}{2}$ का यूलर रूप $= \left(\cos\frac{\pi}{6}+i\sin\frac{\pi}{6}\right) = e^{i(\pi/6)}$

तथा $\frac{\sqrt{3}}{2}-\frac{i}{2}$ का यूलर रूप $= \cos\left(\frac{-\pi}{6}\right)+i\sin\left(-\frac{\pi}{6}\right) = e^{-i\pi/6}$

इसलिए, $z = (e^{i\pi/6})^5 + (e^{-i\pi/6})^5 = e^{i\frac{5\pi}{6}} + e^{-i\frac{5\pi}{6}}$

$$= \left(\cos\frac{5\pi}{6}+i\sin\frac{5\pi}{6}\right)+\left(\cos\frac{5\pi}{6}-i\sin\frac{5\pi}{6}\right)$$
$$[\because e^{i\theta} = \cos\theta + i\sin\theta]$$
$$= 2\cos\frac{5\pi}{6}$$

$\therefore \quad I(z) = 0$

तथा $R(z) = -2\cos\frac{\pi}{6} = -\sqrt{3} < 0$

$$\left[\because \cos\frac{5\pi}{6} = \cos\left(\pi-\frac{\pi}{6}\right) = -\cos\frac{\pi}{6}\right]$$

78. *(b)* दिया है, $S = \left\{(x, y) \in R^2 : \frac{y^2}{1+r} - \frac{x^2}{1-r} = 1\right\}$

$$= \left\{(x, y) \in R^2 : \frac{y^2}{1+r} + \frac{x^2}{r-1} = 1\right\}$$

$r > 1$ के लिए, $\frac{y^2}{1+r} + \frac{x^2}{r-1} = 1$, क्षैतिज दीर्घवृत्त को निरूपित करता है।

[$\because r > 1$ के लिए, $r-1 < r+1$ तथा $r-1 > 0$]

अब, उत्केन्द्रता $(e) = \sqrt{1-\frac{r-1}{r+1}}$

$$\left[\because \frac{x^2}{a^2}+\frac{y^2}{b^2} = 1, a < b \text{ के लिए, } e = \sqrt{1-\frac{a^2}{b^2}}\right]$$
$$= \sqrt{\frac{(r+1)-(r-1)}{r+1}} = \sqrt{\frac{2}{r+1}}$$

79. *(a)* दिए गए वक्र का समीकरण

$$y = xe^{x^2} \qquad \ldots(i)$$

चूँकि $(1, e)$ वक्र पर स्थित है, इसलिए स्पर्श बिन्दु $(1, e)$ है।

अब, वक्र (i) से बिन्दु $(1, e)$ पर स्पर्शी की प्रवणता

$$\left.\frac{dy}{dx}\right|_{(1,e)} = \left(x(2x)\,e^{x^2}+e^{x^2}\right)_{(1,e)} = 2e+e = 3e$$

अब, स्पर्शी का समीकरण

$$(y-y_1) = m(x-x_1)$$
$$y-e = 3e(x-1) \Rightarrow y = 3ex-2e$$

सभी विकल्पों की जाँच करने पर, विकल्प $\left(\frac{4}{3}, 2e\right)$ स्पर्शी के समीकरण को सन्तुष्ट करता है।

80. *(c)* हैलीकॉप्टर सैनिक के निकटतम होगा, यदि बिन्दु (x, y) पर हैलीकॉप्टर के वक्र $y = x^{3/2} + 7, (x \geq 0)$ की स्पर्शी, सैनिक की स्थितीय बिन्दु $\left(\frac{1}{2}, 7\right)$ तथा (x, y) को मिलाने वाली रेखा के लम्बवत् है।

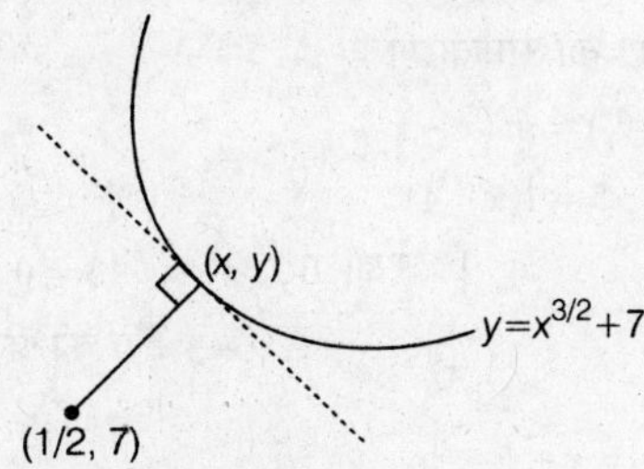

$\because$ बिन्दु (x, y) पर स्पर्शी की प्रवणता

$$\frac{dy}{dx} = \frac{3}{2}x^{1/2} = m_1 \text{ (माना)} \quad ...(i)$$

तथा बिन्दुओं (x, y) तथा $\left(\frac{1}{2}, 7\right)$ को मिलाने वाली रेखा की प्रवणता

$$m_2 = \frac{y-7}{x-\frac{1}{2}} \quad ...(ii)$$

अब, $m_1 \cdot m_2 = -1$

$\Rightarrow \frac{3}{2}x^{1/2}\left(\frac{y-7}{x-(1/2)}\right) = -1$ [समी (i) तथा (ii) से]

$\Rightarrow \frac{3}{2}x^{1/2}\frac{x^{3/2}}{x-\frac{1}{2}} = -1$ $[\because y = x^{3/2} + 7]$

$\Rightarrow \frac{3}{2}x^2 = -x + \frac{1}{2} \Rightarrow 3x^2 + 2x - 1 = 0$

$\Rightarrow 3x^2 + 3x - x - 1 = 0 \Rightarrow 3x(x+1) - 1(x+1) = 0$

$\Rightarrow (x+1)(3x-1) = 0 \Rightarrow x = \frac{1}{3}, -1$

$\because x \geq 0$

$\therefore x = \frac{1}{3}$

तथा इसलिए, $y = \left(\frac{1}{3}\right)^{3/2} + 7$ $[\because y = x^{3/2} + 7]$

अत: निकटतम बिन्दु $\left(\frac{1}{3}, \left(\frac{1}{3}\right)^{3/2} + 7\right)$ है।

अब, निकटतम दूरी $= \sqrt{\left(\frac{1}{2}-\frac{1}{3}\right)^2 + \left(7 - \left(\frac{1}{3}\right)^{3/2} - 7\right)^2} = \sqrt{\left(\frac{1}{6}\right)^2 + \left(\frac{1}{3}\right)^3}$

$$= \sqrt{\frac{1}{36} + \frac{1}{27}} = \sqrt{\frac{3+4}{108}} = \sqrt{\frac{7}{108}} = \frac{1}{6}\sqrt{\frac{7}{3}}$$

81. *(b)* ΔABC के लिए, दिया है कि $a = \sqrt{3} + 1$, $b = \sqrt{3} - 1$ तथा $\angle A + \angle B = 120°$

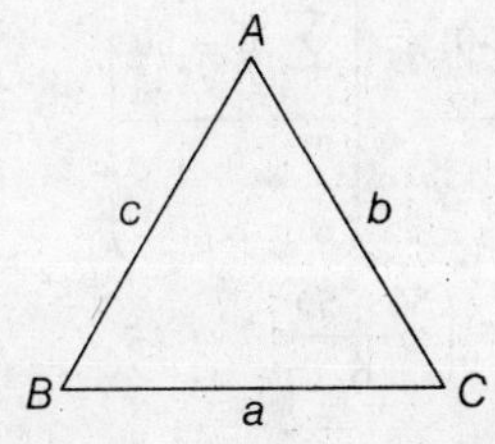

स्पष्टत: $\angle C = 60°$ $[\because \angle A + \angle B + \angle C = 180°]$

अब, स्पर्शज्या नियम से,

$$\tan\frac{A-B}{2} = \frac{a-b}{a+b}\cot\frac{C}{2}$$

$$= \frac{(\sqrt{3}+1) - (\sqrt{3}-1)}{(\sqrt{3}+1) + (\sqrt{3}-1)}\cot\left(\frac{60°}{2}\right)$$

$$= \frac{2}{2\sqrt{3}}\cot(30°) = \frac{1}{\sqrt{3}} \times \sqrt{3} = 1$$

$\Rightarrow \tan\left(\frac{A-B}{2}\right) = 1 = \tan 45° \Rightarrow \frac{A-B}{2} = 45°$

$\Rightarrow \angle A - \angle B = 90°$

$\angle A - \angle B = 90°$ तथा $\angle A + \angle B = 120°$ को हल करने पर,

$\angle A = 105°$ तथा $\angle B = 15°$

इसलिए, $\angle A : \angle B = 7 : 1$

82. *(b)* लक्ष्य को कम-से-कम एक बार भेदने की प्रायिकता

= 1 − (लक्ष्य को किसी भी प्रयत्न में न भेदने की प्रायिकता)

$= 1 - {}^nC_0 p^0 q^n$

जहाँ n, स्वतन्त्र प्रयत्नों की संख्या तथा p व q क्रमश: सफलता तथा असफलता की प्रायिकता हैं। (द्विपद बंटन के उपयोग से)

यहाँ, $p = \frac{1}{3}$ तथा $q = 1 - p = 1 - \frac{1}{3} = \frac{2}{3}$

प्रश्नानुसार,

$$1 - {}^nC_0\left(\frac{1}{3}\right)^0\left(\frac{2}{3}\right)^n > \frac{5}{6} \Rightarrow \left(\frac{2}{3}\right)^n < 1 - \frac{5}{6} \Rightarrow \left(\frac{2}{3}\right)^n < \frac{1}{6}$$

स्पष्टत: n का निम्नतम मान 5 है।

83. *(b)* पाँच प्रेक्षणों का माध्य, $\bar{x} = 10$ (दिया है)

$\Rightarrow \frac{x_1 + x_2 + x_3 + x_4 + x_5}{5} = 10$

$\Rightarrow x_1 + x_2 + x_3 + x_4 + x_5 = 50$ ... (i)

तथा मानक विचलन

$$SD = \sqrt{\frac{\sum_{i=1}^{5} x_i^2}{5} - (\bar{x})^2} = 3 \quad \text{(दिया है)}$$

$\Rightarrow \frac{\sum_{i=1}^{5} x_i^2}{5} - 100 = 9$

$\Rightarrow \sum_{i=1}^{5} x_i^2 = 5 \times 109 \Rightarrow \sum_{i=1}^{5} x_i^2 = 545$ ... (ii)

अब, 6 प्रेक्षणों x_1, x_2, x_3, x_4, x_5 तथा −50 का प्रसरण होगा

$$\sigma^2 = \frac{\sum_{i=1}^{5} x_i^2 + (-50)^2}{6} - \left(\frac{\sum_{i=1}^{5} x_i - 50}{6}\right)^2$$

$$= \frac{545 + 2500}{6} - \left(\frac{50-50}{6}\right)^2 \quad \text{[समी (i) तथा (ii) से]}$$

$$= \frac{3045}{6} = 507.5$$

84. *(b)* माना, $\cot\left(\sum_{n=1}^{19} \cot^{-1}\left(1 + \sum_{p=1}^{n} 2p\right)\right)$

$$= \cot\left(\sum_{n=1}^{19} \cot^{-1}(1 + n(n+1))\right) \quad \left[\because \sum_{p=1}^{n} p = \frac{n(n+1)}{2}\right]$$

$$= \cot\left(\sum_{n=1}^{19} \cot^{-1}(1 + n + n^2)\right)$$

$$= \cot\left(\sum_{n=1}^{19} \tan^{-1}\frac{1}{1+n(n+1)}\right) \quad \left[\because \cot^{-1} x = \tan^{-1}\frac{1}{x}, \text{यदि } x > 0\right]$$

$$= \cot\left(\sum_{n=1}^{19} \tan^{-1}\left(\frac{(n+1)-n}{1+n(n+1)}\right)\right) \quad [1 = (n+1) - n \text{ रखने पर}]$$

$$= \cot \sum_{n=1}^{19} (\tan^{-1}(n+1) - \tan^{-1} n)$$

$$\left[\because \tan^{-1}\frac{x-y}{1+xy} = \tan^{-1} x - \tan^{-1} y\right]$$

$$= \cot[(\tan^{-1}2 - \tan^{-1}1) + (\tan^{-1}3 - \tan^{-1}2) + \ldots\ldots + (\tan^{-1}20 - \tan^{-1}19)]$$

$$= \cot(\tan^{-1}20 - \tan^{-1}1)$$

$$= \cot\left[\left(\frac{\pi}{2} - \cot^{-1}20\right) - \left(\frac{\pi}{2} - \cot^{-1}1\right)\right]$$

$$[\because \tan^{-1} x + \cot^{-1} x = \pi/2]$$

$$= \cot(\cot^{-1}1 - \cot^{-1}20)$$

$$= \frac{\cot(\cot^{-1}1)\cot(\cot^{-1}20) + 1}{\cot(\cot^{-1}20) - \cot(\cot^{-1}1)} \quad \left[\because \cot(A-B) = \frac{\cot A \cot B + 1}{\cot B - \cot A}\right]$$

$$= \frac{(1 \times 20) + 1}{20 - 1} \quad [\because \cot(\cot^{-1} x) = x]$$

$$= \frac{21}{19}$$

85. *(a)* दी गई सूचना अनुसार, आकृति निम्नवत् है

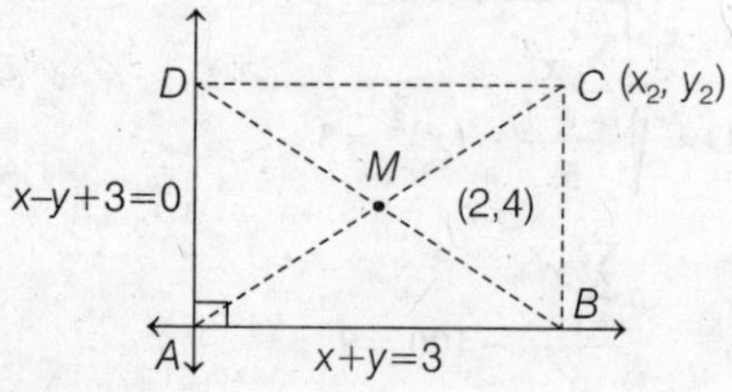

[चूँकि दी गई रेखाएँ परस्पर लम्बवत् हैं $m_1 \times m_2 = -1$]

स्पष्टत: बिन्दु A रेखाओं $x + y = 3$ ...(i) तथा $x - y = -3$ ...(ii) का प्रतिच्छेदन बिन्दु है। इसलिए, $A = (0, 3)$

[समी (i) तथा (ii) को हल करने पर]

अब बिन्दु M (2, 4), बिन्दुओं A तथा C को मिलाने वाली रेखा का मध्य-बिन्दु है, इसलिए

$$(2, 4) = \left(\frac{0 + x_2}{2}, \frac{3 + y_2}{2}\right)\left[\because \text{मध्य - बिन्दु} = \left(\frac{x_1 + x_2}{2}, \frac{y_1 + y_2}{2}\right)\right]$$

$$\Rightarrow \quad 2 = \frac{0 + x_2}{2}; 4 = \frac{3 + y_2}{2} \quad \Rightarrow x_2 = 4 \text{ तथा } y_2 = 5$$

$\therefore \quad C \equiv (4, 5)$

अब, रेखा BC का समीकरण

$$(y - y_1) = m(x - x_1)$$

$$y - 5 = 1(x - 4)$$

[$\because$ रेखा BC, $x - y + 3 = 0$ के समान्तर है तथा $x - y + 3 = 0$ की प्रवणता $\frac{(-1)}{(-1)} = 1$ है।]

$\Rightarrow \quad y = x + 1$ ...(iii)

तथा रेखा DC का समीकरण

$y - 5 = -1(x - 4)$ [$\because$ रेखा DC, $x + y = 3$ के समान्तर है तथा $x + y = 3$ की प्रवणता $\frac{-1}{1} = -1$ है।]

$\Rightarrow \quad x + y = 9$ ...(iv)

समी (i) तथा (iii) को हल करने पर, $B(1, 2)$ तथा समी (ii) तथा (iv) को हल करने पर $D(3, 6)$ प्राप्त होता है।

86. *(a)* दी गई रेखा का समीकरण

$$\frac{x-4}{2} = \frac{y-5}{2} = \frac{z-3}{1} = r \text{ (माना)} \quad \ldots(i)$$

$\Rightarrow \quad x = 2r + 4; y = 2r + 5$ तथा $z = r + 3$

$\therefore$ रेखा (i) पर सामान्य बिन्दु $p(2r + 4, 2r + 5, r + 3)$ हैं।

इसलिए, रेखा (i) तथा समतल $x + y + z = 2$ का प्रतिच्छेदन बिन्दु $P(2r + 4, 2r + 5, r + 3)$ रूप का होगा, $r \in R$ के लिए।

$\Rightarrow (2r + 4) + (2r + 5) + (r + 3) = 2$ [$\because$ बिन्दु, समतल पर स्थित है]

$\Rightarrow \quad 5r = -10 \Rightarrow r = -2$

इसलिए, प्रतिच्छेदन बिन्दु $P(0, 1, 1)$ है।

[$(2r + 4, 2r + 5, r + 3)$ में $r = -2$ रखने पर]

अत: विकल्पों की जाँच करने से, बिन्दु (0, 1, 1)

रेखा $\frac{x-1}{1} = \frac{y-3}{2} = \frac{z+4}{-5}$ में समाहित है।

87. *(b)* दी गई द्विघात समीकरण

$$x^2 + (3 - \lambda)x + 2 = \lambda$$

$$x^2 + (3 - \lambda)x + (2 - \lambda) = 0 \quad \ldots(i)$$

माना समी (i) के मूल α तथा β है, तब $\alpha + \beta = \lambda - 3$ तथा $\alpha\beta = 2 - \lambda$

[$\because ax^2 + bx + c = 0$, के लिए, मूलों का योग $= -\frac{b}{a}$ तथा मूलों का गुणनफल $= \frac{c}{a}$]

अब, $\alpha^2 + \beta^2 = (\alpha + \beta)^2 - 2\alpha\beta$

$$= (\lambda - 3)^2 - 2(2 - \lambda) = \lambda^2 - 6\lambda + 9 - 4 + 2\lambda$$

$$= \lambda^2 - 4\lambda + 5 = (\lambda^2 - 4\lambda + 4) + 1 = (\lambda - 2)^2 + 1$$

स्पष्टत: $\alpha^2 + \beta^2$ न्यूनतम होगा, जब $\lambda = 2$ है।

88. *(d)* दिया है, $f:(-1, 1) \longrightarrow R$ इस प्रकार है, कि

$f(x) =$ अधिकतम $\{-|x|, -\sqrt{1-x^2}\}$

आलेख खींचने पर, आकृति निम्नवत् है

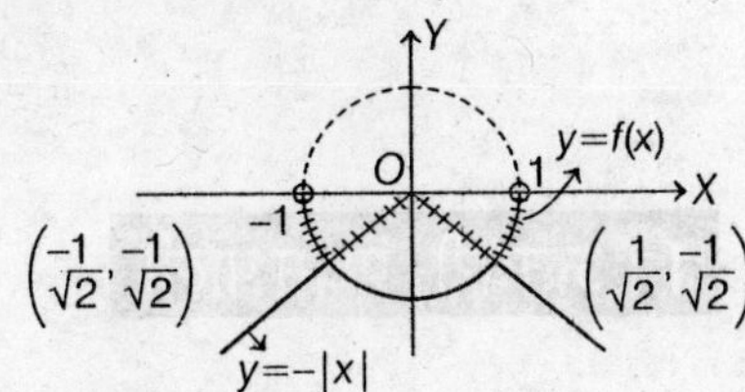

[$\because y = -|x|$ का आलेख है

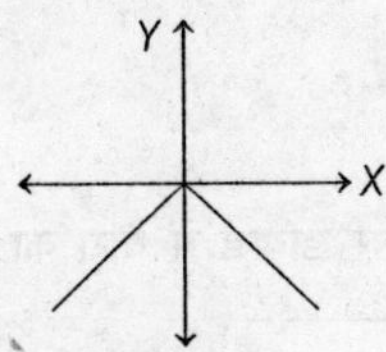

तथा $y = -\sqrt{1-x^2}$ का आलेख है

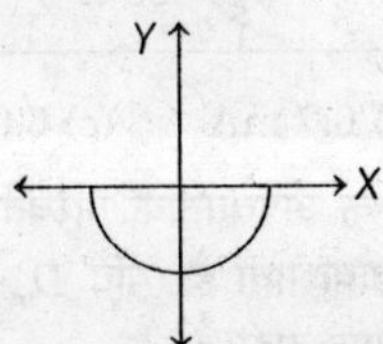

[$\because x^2 + y^2 = 1$, पूर्ण वृत्त को निरूपित करता है]

$$\Rightarrow f(x) = \begin{cases} -\sqrt{1-x^2}, & -1 < x \le -\frac{1}{\sqrt{2}} \\ -|x|, & -\frac{1}{\sqrt{2}} < x \le \frac{1}{\sqrt{2}} \\ -\sqrt{1-x^2}, & \frac{1}{\sqrt{2}} < x < 1 \end{cases}$$

आकृति से, स्पष्ट है कि फलन के बिन्दु $x = -\frac{1}{\sqrt{2}}, 0, \frac{1}{\sqrt{2}}$ पर तीक्ष्ण किनारे हैं।

$\therefore$ फलन इन तीन बिन्दुओं पर अवकलनीय नहीं है।

89. *(d)* हम जानते हैं कि रैखिक समीकरण निकाय

$$a_1x + b_1y + c_1z = 0$$
$$a_2x + b_2y + c_2z = 0$$
$$a_3x + b_3y + c_3z = 0$$

के अतुच्छ हल होंगे, यदि $\begin{vmatrix} a_1 & b_1 & c_1 \\ a_2 & b_2 & c_2 \\ a_3 & b_3 & c_3 \end{vmatrix} = 0$

अब, दी गई रैखिक समीकरण निकाय

$$x + 3y + 7z = 0$$
$$\Rightarrow \quad -x + 4y + 7z = 0$$

तथा $(\sin 3\theta)x + (\cos 2\theta)y + 2z = 0$

के अतुच्छ हल हैं, तब

$$\begin{vmatrix} 1 & 3 & 7 \\ -1 & 4 & 7 \\ \sin 3\theta & \cos 2\theta & 2 \end{vmatrix} = 0$$

$$\Rightarrow 1(8 - 7\cos 2\theta) - 3(-2 - 7\sin 3\theta) + 7(-\cos 2\theta - 4\sin 3\theta) = 0$$

$$\Rightarrow 8 - 7\cos 2\theta + 6 + 21\sin 3\theta - 7\cos 2\theta - 28\sin 3\theta = 0$$

$$\Rightarrow -7\sin 3\theta - 14\cos 2\theta + 14 = 0$$

$$\Rightarrow -7(3\sin\theta - 4\sin^3\theta) - 14(1 - 2\sin^2\theta) + 14 = 0$$

[$\because \sin 3A = 3\sin A - 4\sin^3 A$ तथा $\cos 2A = 1 - 2\sin^2 A$]

$$\Rightarrow 28\sin^3\theta + 28\sin^2\theta - 21\sin\theta - 14 + 14 = 0$$

$$\Rightarrow 7\sin\theta[4\sin^2\theta + 4\sin\theta - 3] = 0$$

$$\Rightarrow \sin\theta[4\sin^2\theta + 6\sin\theta - 2\sin\theta - 3] = 0$$

$$\Rightarrow \sin\theta[2\sin\theta(2\sin\theta + 3) - 1(2\sin\theta + 3)] = 0$$

$$\Rightarrow (\sin\theta)(2\sin\theta - 1)(2\sin\theta + 3) = 0$$

अब, या तो $\sin\theta = 0$ या $\frac{1}{2}$ $\left[\because \sin\theta \ne -\frac{3}{2}\right.$, जब $\left. -1 \le \sin\theta \le 1\right]$

अन्तराल $(0, \pi)$ में,

$$\sin\theta = \frac{1}{2} \Rightarrow \theta = \frac{\pi}{6}, \frac{5\pi}{6} \qquad [\because \sin\theta \ne 0, \theta \in (0, \pi)]$$

अतः अन्तराल $(0, \pi)$ में 2 हल हैं।

90. *(a)* दिया है, $\sum_{r=0}^{25} \{{}^{50}C_r \cdot {}^{50-r}C_{25-r}\} = K\ {}^{50}C_{25}$

$$\Rightarrow \sum_{r=0}^{25} \left(\frac{50!}{r!(50-r)!} \times \frac{(50-r)!}{(25-r)!25!}\right) = K\ {}^{50}C_{25}$$

$$\Rightarrow \sum_{r=0}^{25} \left(\frac{50!}{25!25!} \times \frac{25!}{r!(25-r)!}\right) = K\ {}^{50}C_{25}$$

[अंश तथा हर में 25! से गुणा करने पर]

$$\Rightarrow {}^{50}C_{25} \sum_{r=0}^{25} {}^{25}C_r = K\ {}^{50}C_{25} \qquad \left[\because {}^{50}C_{25} = \frac{50!}{25!\,25!}\right]$$

$$\Rightarrow K = \sum_{r=0}^{25} {}^{25}C_r = 2^{25} \qquad [\because {}^nC_0 + {}^nC_1 + {}^nC_2 + \dots + {}^nC_n = 2^n]$$

$$\Rightarrow K = 2^{25}$$

JEE Main संयुक्त प्रवेश परीक्षा

सॉल्वड पेपर 2019

11 जनवरी, प्रथम पाली

भौतिकी

1. $t=0$ पर क्षैतिज से $60°$ के कोण पर 10 ms^{-1} के वेग से एक पिण्ड को प्रक्षेपित करते हैं। $t=1\text{s}$ पर प्रक्षेप्य पथ की वक्रता त्रिज्या R है। वायु प्रतिरोध को नगण्य मानकर तथा गुरुत्वीय त्वरण $g=10\text{ms}^{-2}$ लेकर R का मान है

(a) 2.8 m (b) 2.5 m
(c) 10.3 m (d) 5.1 m

2. 40°C पर 50g पानी में −20°C पर रखी बर्फ मिलाते हैं। जब मिश्रण का तापमान 0°C हो जाता है, तो देखा जाता है कि 20 g बर्फ अभी भी जमी हुई है। पानी में मिलाई गई बर्फ की मात्रा का सन्निकट मान था (जल की विशिष्ट ऊष्मा = 4.2J/g/°C, बर्फ की विशिष्ट ऊष्मा = 2.1J/g/°C, 0°C पर जल की संगलन ऊष्मा = 334J/g

(a) 100 g (b) 40 g (c) 60 g (d) 50 g

3. एक आयाम मॉडुलित सिग्नल निम्नवत् दिया गया है
$V(t) = 10[1+0.3\cos(2.2\times10^4 t)]\sin(5.5\times10^5 t)]$, यहाँ t सेकण्ड में है। पार्श्व बैण्ड की आवृत्तियाँ (kHz में) होंगी [दिया है, $\pi = 22/7$]

(a) 892.5 तथा 857.5 (b) 89.25 तथा 85.75
(c) 1785 तथा 1715 (d) 178.5 तथा 171.5

4. एक परिपथ को निम्न चित्र में दिखाया गया है

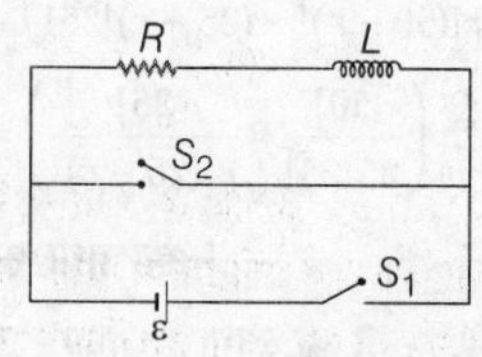

$t=0$ पर स्विच S_1 बन्द है, जबकि स्विच S_2 खुला रहता है। किसी समय (t_0) के पश्चात् स्विच S_1 खुला है और S_2 बन्द है। धारा I में समय t के साथ परिवर्तन किससे दिखाया जा सकता है?

(a) 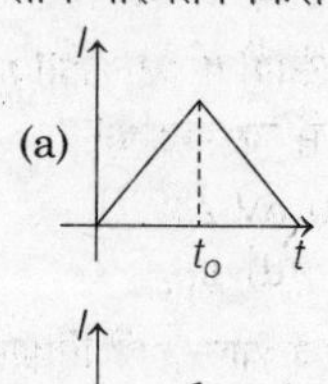
(b) 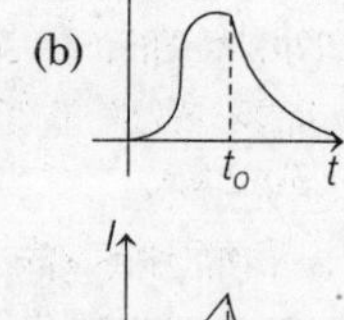
(c) 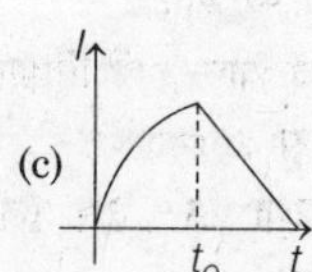
(d) 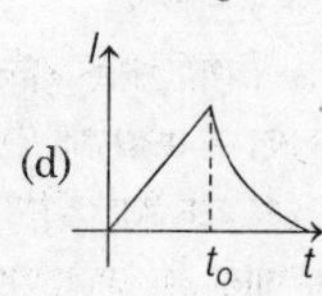

5. दिए गए परिपथ में जेनर डायोड में धारा का लगभग मान होगा

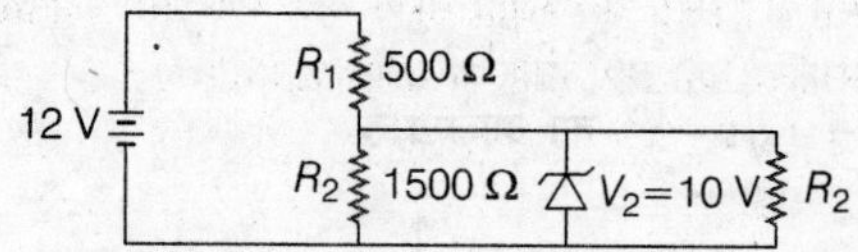

(a) 0.0 mA (b) 6.7 mA (c) 6.0 mA (d) 4.0 mA

6. क्राउन काँच के प्रिज्म के अपवर्तनांक परिवर्तन को आपतित प्रकाश की तरंगदैर्ध्य के साथ दिखाया गया है। यदि D_m न्यूनतम विचलन कोण है, तो निम्न में से कौन-सा ग्राफ सही है?

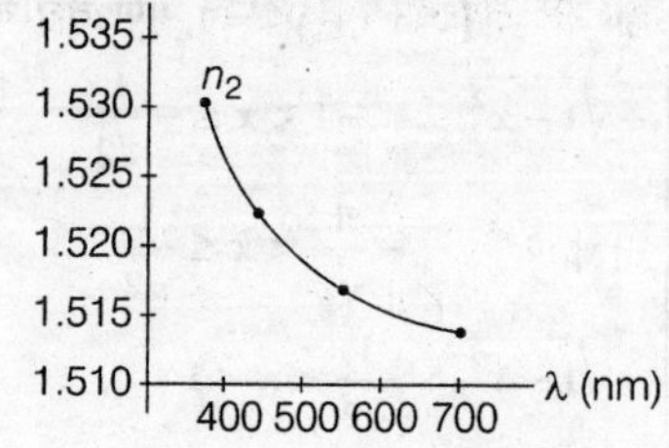

(a) 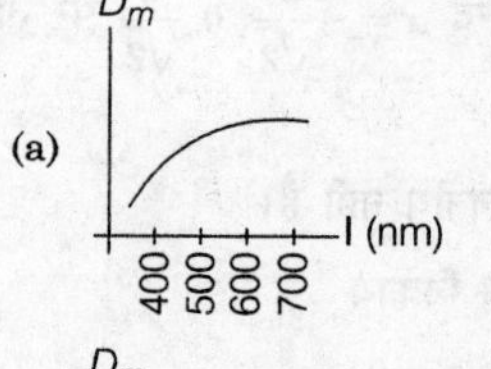
(b) 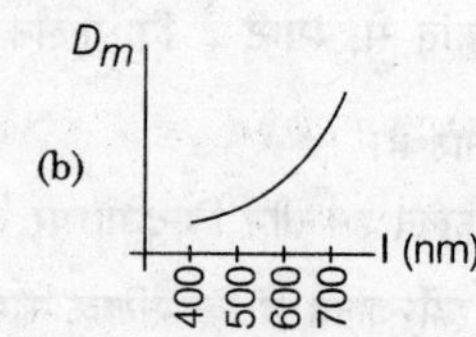
(c) 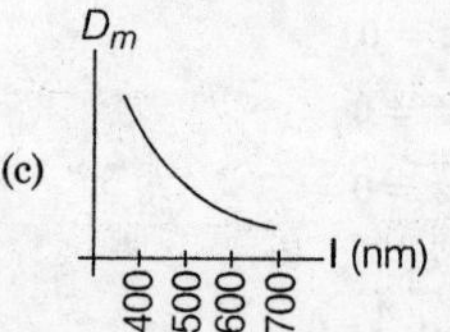
(d) 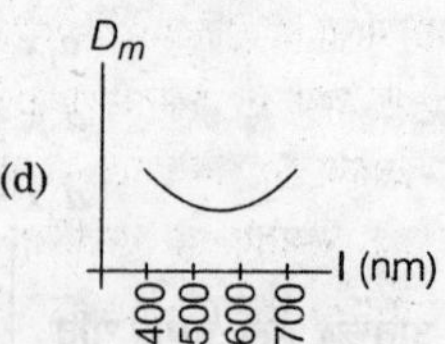

7. पृथ्वी की सतह से h ऊँचाई पर एक उपग्रह एक वृत्तीय कक्षा में इस प्रकार घूम रहा है कि $h << R$, जहाँ R पृथ्वी की त्रिज्या है। माना कि पृथ्वी के वायुमण्डल का प्रभाव नगण्य है। कक्षीय चाल में कितनी न्यूनतम वृद्धि होनी चाहिए, जिससे कि उपग्रह पृथ्वी के गुरुत्वीय क्षेत्र से पलायन कर सके?

(a) $\sqrt{gR}\,(\sqrt{2}-1)$ (b) $\sqrt{\frac{gR}{2}}$
(c) $\sqrt{2gR}$ (d) $\sqrt{gR}$

8. एक व्हीटस्टोन सेतु में (चित्र देखिए) प्रतिरोध P तथा Q लगभग बराबर हैं। जब $R = 400\,\Omega$ है, तो सेतु सन्तुलित है। P तथा Q को परस्पर बदलने पर सेतु को सन्तुलित रखने के लिए R का मान $405\,\Omega$ है। X का सन्निकट मान होगा

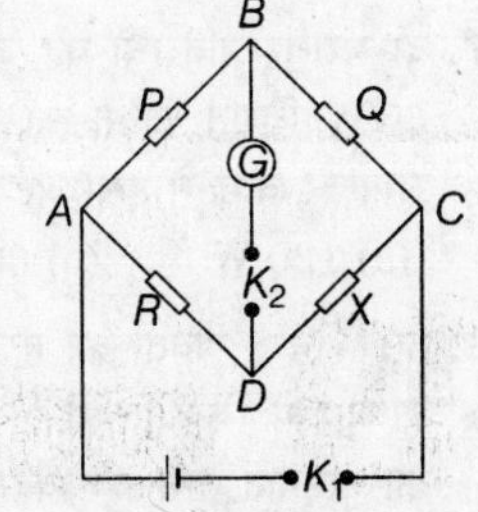

(a) $404.5\,\Omega$ (b) $402.5\,\Omega$
(c) $403.5\,\Omega$ (d) $401.5\,\Omega$

9. एक प्रयोग में इलेक्ट्रॉन को विराम अवस्था से 500 V वोल्टेज लगाकर त्वरित करते हैं। पथ की त्रिज्या ज्ञात कीजिए, यदि लगाया गया चुम्बकीय क्षेत्र 100 mT है। [इलेक्ट्रॉन का आवेश $= 1.6 \times 10^{-19}$ C, इलेक्ट्रॉन का द्रव्यमान $= 9.1 \times 10^{-31}$ kg]
(a) 7.5×10^{-2} m (b) 7.5 m
(c) 7.5×10^{-4} m (d) 7.5×10^{-3} m

10. दिखाए गए चित्र में $10\,\mu$F के संधारित्र की बाएँ प्लेट पर -30μC आवेश है। 6μF के संधारित्र की दाएँ प्लेट पर आवेश होगा

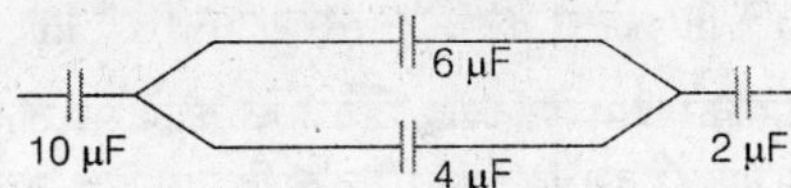

(a) $-12\,\mu$C (b) $+12\mu$C (c) -18μC (d) $+18\mu$C

11. दिखाए गए चित्रानुसार एक तख्त पर समान परिमाण F के दो बल $\mathbf{F}_1$ तथा $\mathbf{F}_2$ लगाए गए हैं। बल $\mathbf{F}_2$ XY-समतल में है, जबकि बल F_1, z-दिशा के अनुदिश बिन्दु $(2\hat{i} + 3\hat{j})$ पर लगा है। बिन्दु O के सापेक्ष इन बलों का आघूर्ण होगा

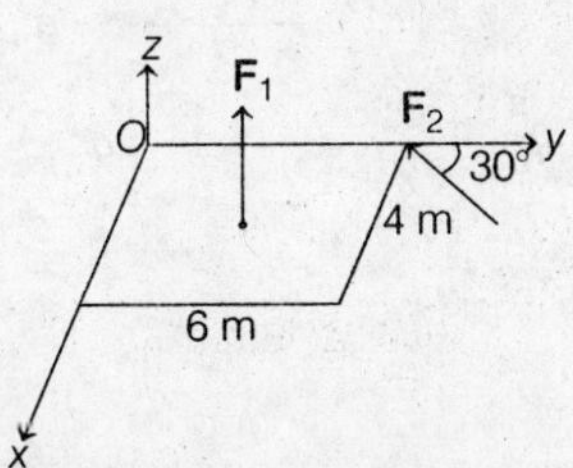

(a) $(3\hat{i} + 2\hat{j} + 3\hat{k})\,F$ (b) $(3\hat{i} + 2\hat{j} - 3\hat{k})\,F$
(c) $(3\hat{i} - 2\hat{j} - 3\hat{k})\,F$ (d) $(3\hat{i} - 2\hat{j} + 3\hat{k})\,F$

12. एक पतले ठोस लकड़ी के फलक से एक त्रिभुज ABC काटा गया है (चित्र देखिए)। दर्शाए गए अनुसार D, E तथा F इसकी भुजाओं के मध्य-बिन्दु हैं तथा G त्रिभुज का केन्द्र है। G से गुजरने वाली तथा त्रिभुज के समतल के लम्बवत् अक्ष के सापेक्ष त्रिभुज का जड़त्व आघूर्ण I_0 है। यदि छोटा त्रिभुज DEF, त्रिभुज ABC में से निकाल लिया जाए, तो शेष बचे हुए भाग का उसी अक्ष के सापेक्ष जड़त्व आघूर्ण I है। तब

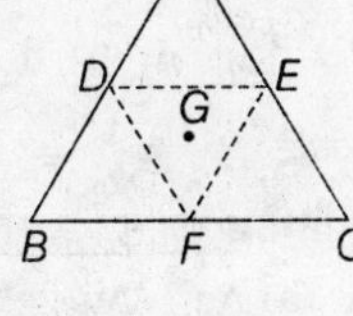

(a) $I = \frac{9}{16} I_0$ (b) $I = \frac{15}{16} I_0$ (c) $I = \frac{3}{4} I_0$ (d) $I = \frac{I_0}{4}$

13. यंग के द्वि-झिर्री प्रयोग में, पर्दे के एक बिन्दु पर व्यतिकरण करने वाले दो तरंगों का पथान्तर, तरंगदैर्ध्य का $\frac{1}{8}$ th गुना है। इस बिन्दु पर तीव्रता तथा दीप्त फ्रिंज पर तीव्रता का अनुपात लगभग होगा
(a) 0.94 (b) 0.74 (c) 0.85 (d) 0.80

14. एक कण एक वृत्ताकार पथ पर 10 ms^{-1} की नियत गति से चल रहा है। जब यह कण वृत्त के केन्द्र के परितः 60° चलता है, तो इसके वेग में हुए परिवर्तन का परिमाण होगा
(a) शून्य (b) 10 m/s (c) $10\sqrt{2}$ m/s (d) $10\sqrt{3}$ m/s

15. दो परमाणुओं के मध्य अन्योन्य क्रिया बल सम्बन्ध $F = \alpha\beta \exp\left(\frac{x^2}{\alpha kt}\right)$ से दिया जाता है, जहाँ x दूरी है, k बोल्ट्ज़मान नियतांक, T तापमान है और α तथा β दो स्थिरांक हैं। β की विमा होगी
(a) $M^2L^2T^{-2}$ (b) $M^0L^2T^{-4}$ (c) M^2LT^{-4} (d) MLT^{-2}

16. कक्षीय तापमान पर एक दृढ़ द्विपरमाणुक आदर्श गैस एक रूद्धोष्म प्रक्रम से गुजरती है। इस प्रक्रम के लिए तापमान और आयतन, $TV^x =$ नियतांक सम्बन्ध है, तो x होगा
(a) $\frac{2}{3}$ (b) $\frac{5}{3}$ (c) $\frac{3}{5}$ (d) $\frac{2}{3}$

17. दिए गए परिपथ में मीटर सेतु AB का प्रतिरोध 4Ω है। विद्युत वाहक बल $\varepsilon = 0.5$ V तथा धारा नियंत्रक के प्रतिरोध $R_h = 2\Omega$ के लिए शून्य बिन्दु J पर प्राप्त होता है। जब इस सेल को विद्युत वाहक बल $\varepsilon = \varepsilon_2$ की सेल से बदल देते हैं, तो $R_h = 6\Omega$ के लिए शून्य बिन्दु पुनः J पर मिलता है। विद्युत वाहक बल ε_2 होगा

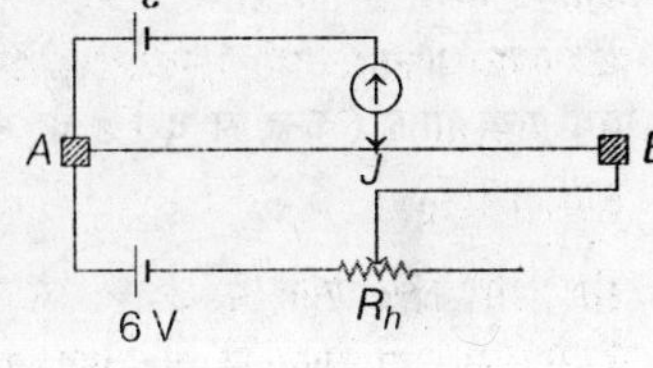

(a) 0.5 V (b) 0.3 V (c) 0.4 V (d) 0.6 V

18. गैस के एक मिश्रण में ऑक्सीजन के 3 मोल तथा ऑर्गन के 5 मोल तापमान T पर हैं। केवल स्थानान्तरीय और घूर्णन प्रणाली मानें, तो निकाय की कुल आन्तरिक ऊर्जा होगी
(a) 15 RT (b) 4 RT (c) 12 RT (d) 20 RT

19. समान लम्बाई l की दो लम्बी सम-अक्षीय परिनालिकाएँ हैं। आन्तरिक एवं बाह्य कुण्डलियों की त्रिज्याएँ क्रमशः r_1 तथा r_2 हैं और प्रति इकाई लम्बाई फेरों की संख्या क्रमशः n_1 तथा n_2 है। आन्तरिक कुण्डली के अन्योन्य प्रेरकत्व तथा स्व-प्रेरकत्व का अनुपात होगा
(a) $\frac{n_2}{n_1} \cdot \frac{r_2^2}{r_1^2}$ (b) $\frac{n_2}{n_1}$ (c) $\frac{n_1}{n_2}$ (d) $\frac{n_2}{n_1} \cdot \frac{r_1}{r_2}$

20. 1 kg द्रव्यमान एक पिण्ड 100 m ऊँचाई से स्वतन्त्र रूप से 3 kg द्रव्यमान के एक प्लेटफॉर्म पर गिरता है। यह प्लेटफॉर्म एक स्प्रिंग नियतांक $k = 1.25 \times 10^6$ N/m की स्प्रिंग पर लगा है। पिण्ड प्लेटफॉर्म पर चिपक जाता है और स्प्रिंग की अधिकतम सम्पीडन x पाया जाता है। x का निकटतम मान होगा ($g = 10\,\text{ms}^{-2}$)
(a) 40 cm (b) 80 cm (c) 4 cm (d) 8 cm

21. आरम्भिक मूल अवस्था में हाइड्रोजन परमाणु 980 Å तरंगदैर्ध्य का फोटॉन अवशोषित कर उत्तेजित हो जाता है। इस उत्तेजित स्तर में परमाणु की त्रिज्या बोर त्रिज्या a_0 के मात्रक में होगी ($hc = 12500$ eV-Å)
(a) $16a_0$ (b) $25a_0$ (c) $9a_0$ (d) $4a_0$

22. ρ घनत्व का द्रव, a त्रिज्या वाले हॉज पाइप में से क्षैतिज चाल v से निकल रहा है और एक जाल से टकराता है। 50% द्रव, जाल से अप्रभावित निकल जाता है, 25% द्रव का संवेग शून्य हो जाता है तथा 25% द्रव उसी चाल से वापस आ जाता है। जाल पर परिणामी दाब होगा
(a) $\frac{1}{2}\rho v^2$ (b) $\frac{1}{4}\rho v^2$ (c) $\frac{3}{4}\rho v^2$ (d) ρv^2

23. यदि इलेक्ट्रॉन की दे-ब्रॉग्ली तरंगदैर्ध्य 6×10^{14} Hz आवृत्ति के फोटॉन की तरंगदैर्ध्य के 10^{-3} गुना है, तो इलेक्ट्रॉन की चाल होगी (दिया है, प्रकाश की चाल $= 3 \times 10^8$ m/s, प्लांक नियतांक $= 6.63 \times 10^{-34}$ J-s, इलेक्ट्रॉन का द्रव्यमान $= 9.1 \times 10^{-31}$ kg)

(a) 1.7×10^6 m/s (b) 1.45×10^6 m/s
(c) 1.8×10^6 m/s (d) 1.1×10^6 m/s

24. सरल आवर्त गति करते हुए एक कण का समय पर निर्भर विस्थापन सम्बन्ध $x(t) = A \sin \frac{\pi t}{90}$ से दिया गया है। $t = 210$ s पर इस कण की गतिज एवं क्षैतिज ऊर्जाओं का अनुपात होगा

(a) 1/9 (b) 1 (c) 3 (d) 2

25. 5 g/m रेखीय घनत्व वाली तनी हुई डोरी में प्रगामी तरंग का समीकरण निम्न है; $y = 0.03 \sin(450t - 9x)$, जहाँ दूरी और समय SI मात्रकों में हैं। डोरी में तनाव है

(a) 12.5 N (b) 7.5 N (c) 10 N (d) 5 N

26. दिया गया ग्राफ (केन्द्र से दूरी r के साथ) बदलाव दिखाता है

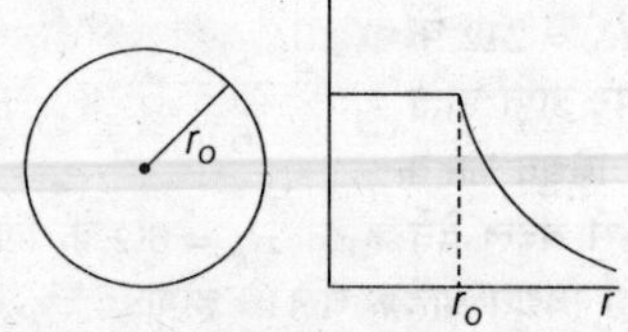

(a) समावेशित गोलीय कोश के विद्युत क्षेत्र का
(b) समावेशित गोले के विभव का
(c) समावेशित गोलीय कोश के विभव का
(d) समावेशित गोले के विद्युत क्षेत्र का

27. दो बराबर प्रतिरोधों को जब श्रेणीक्रम में एक बैटरी से जोड़ते हैं, तो ये 60 W विद्युत शक्ति का उपभोग करते हैं। यदि इन प्रतिरोधों को अब समान्तर क्रम में इसी बैटरी से जोड़ा जाए, तो उपभोग की गई शक्ति होगी

(a) 120 W (b) 60 W (c) 30 W (d) 240 W

28. 50 Wm^{-2} तीव्रता की एक विद्युत चुम्बकीय तरंग n अपवर्तनांक के एक माध्यम में बिना किसी क्षय के प्रवेश करने के पूर्व तथा पश्चात् विद्युत क्षेत्रों का अनुपात तथा चुम्बकीय क्षेत्रों का अनुपात क्रमशः होंगे

(a) $(\sqrt{n}, \sqrt{n})$ (b) $\left(\frac{1}{\sqrt{n}}, \sqrt{n}\right)$
(c) $\left(\sqrt{n}, \frac{1}{\sqrt{n}}\right)$ (d) $\left(\frac{1}{\sqrt{n}}, \frac{1}{\sqrt{n}}\right)$

29. 0.3 m फोकस दूरी के उत्तल लेन्स से कोई वस्तु 20 m की दूरी पर है। लेन्स द्वारा वस्तु का प्रतिबिम्ब बनता है। यदि यह वस्तु लेन्स से दूर 5 m/s की चाल से जाती है, तो प्रतिबिम्ब की चाल और दिशा होंगी

(a) 0.92×10^{-3} m/s लेन्स से दूर (b) 3.22×10^{-3} m/s लेन्स से दूर
(c) 1.16×10^{-3} m/s लेन्स की ओर (d) 2.26×10^{-3} m/s लेन्स की ओर

30. दिखाए गए समीकरणीय समद्विबाहु त्रिभुज के कोनों पर तीन आवेश $Q, +q$ तथा $+q$ रख गए हैं। इस विन्यास की कुल विद्युतस्थैतिक ऊर्जा शून्य होगी, यदि Q का मान है

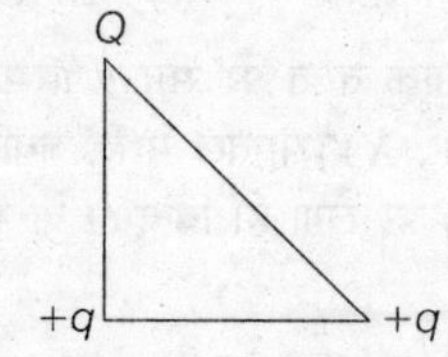

(a) $+q$ (b) $-\frac{\sqrt{2}q}{\sqrt{2}+1}$ (c) $-2q$ (d) $\frac{-q}{1+\sqrt{2}}$

रसायन विज्ञान

31. ठोस सॉल किसका एक उदाहरण है

(a) मक्खन (b) हेयर क्रीम
(c) पेन्ट (d) जेम स्टोन

32. एक कार्बनिक यौगिक का ड्यूमा विधि से आकलन करने पर पाया गया, कि 6 मोल CO_2, 4 मोल H_2O तथा 1 मोल नाइट्रोजन उत्सर्जित होते हैं। इस यौगिक का सूत्र है

(a) C_6H_8N (b) $C_6H_8N_2$
(c) $C_{12}H_8N_2$ (d) $C_{12}H_8N$

33. एक ही धातु के समान संहति वाले दो ब्लॉकों को क्रमशः ताप T_1 तथा T_2 पर परस्पर एक दूसरे के सम्पर्क में लाया गया। नियत दाब पर ऊष्मीय साम्य प्राप्त करने दिया गया। इस प्रक्रम में एन्ट्रॉपी परिवर्तन ΔS है

(a) $2C_p \ln\left(\frac{T_1 + T_2}{4T_1T_2}\right)$ (b) $2C_p \ln\left(\frac{(T_1 + T_2)^{\frac{1}{2}}}{T_1T_2}\right)$

(c) $C_p \ln\left[\frac{(T_1 + T_2)^2}{4T_1T_2}\right]$ (d) $2C_p \ln\left[\frac{T_1 + T_2}{2T_1T_2}\right]$

34. सेल $Zn(s)|Zn^{2+}(aq)||M^{x+}(aq)|M(s)$ के लिए विभिन्न अर्द्ध-सेल तथा मानक इलेक्ट्रोड विभव नीचे दिये गये हैं

$M^{x+}(aq)/M(s)$	$Au^{3+}(aq)/Au(s)$	$Ag^{+}(aq)/Ag(s)$	$Fe^{3+}(aq)/Fe^{2+}(aq)$	$Fe^{2+}(aq)/Fe(s)$
$E^\circ_{M^{x+}/M}$/(V)	1.40	0.80	0.77	− 0.44

यदि $E^\circ_{Zn^{2+}/Zn} = -0.76$ V, तो प्रति इलेक्ट्रॉन स्थानान्तरण के लिए कौन कैथोड का E°_{Cell} सर्वाधिक होगा

(a) Au^{3+}/Au (b) Fe^{3+}/Fe^{2+} (c) Fe^{2+}/Fe (d) Ag^{+}/Ag

35. कॉलम (I) तथा (II) के बीच सही सुमेल है

कॉलम I	कॉलम II
A. नॉरएथिनड्रॉन	(i) प्रतिजैविक
B. आफ्लोक्सासिन	(ii) प्रतिजनन क्षमता
C. एक्वैनिल	(iii) अतितनाव
	(iv) पीड़ाहारी

कूट

	A	B	C		A	B	C
(a)	(ii)	(iii)	(iv)	(b)	(iii)	(i)	(iv)
(c)	(ii)	(i)	(iii)	(d)	(iii)	(i)	(iii)

36. धातुओं (कॉलम I) को उपसहसंयोजन यौगिकों/ एन्जाइम (कॉलम II) के साथ सुमेलित कीजिए

कॉलम I (धातु)	कॉलम II (उपसहसंयोजन यौगिक/एन्जाइम)
A. Co	(i) विलकिन्सन उत्प्रेरक
B. Zn	(ii) क्लोरोफिल
C. Rh	(iii) विटामिन-B_{12}
D. Mg	(iv) कार्बोनिक ऐन्हाइड्रेज

कूट

	A	B	C	D		A	B	C	D
(a)	(i)	(ii)	(iii)	(iv)	(b)	(iv)	(iii)	(i)	(ii)
(c)	(iii)	(iv)	(i)	(ii)	(d)	(ii)	(i)	(iv)	(iii)

37. C, Cs, Al, तथा S के परमाणवीय त्रिज्याओं का सही अनुक्रम है

(a) C < S < Al < Cs (b) S < C < Al < Cs
(c) S < C < Cs < Al (d) C < S < Cs < Al

38. निम्नलिखित अभिक्रियाओं से प्राप्त होने वाला बहुलक है

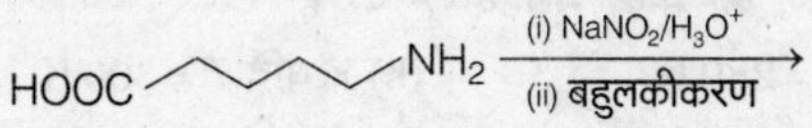

HOOC–$(CH_2)_4$–NH_2 $\xrightarrow[\text{(ii) बहुलकीकरण}]{\text{(i) } NaNO_2/H_3O^+}$

(a) $\left[\overset{O}{\overset{\|}{C}}-(CH_2)_4-\overset{O}{\overset{\|}{C}} \right]_n$ (b) $\left[HN\overset{O}{\overset{\|}{C}}(CH_2)_4-\overset{O}{\overset{\|}{C}}-\overset{H}{\overset{|}{N}} \right]_n$

(c) $\left[\overset{O}{\overset{\|}{C}}(CH_2)_4\overset{H}{\overset{|}{N}} \right]_n$ (d) $\left[\overset{O}{\overset{\|}{C}}O(CH_2)_4O \right]_n$

39. कॉलम (I) तथा (II) के बीच सही सुमेल है

कॉलम I (मिश्रण)	कॉलम II (पृथक्करण विधि)
A. H_2O : शर्करा	(i) ऊर्ध्वपातन
B. H_2O : एनिलीन	(ii) पुन: क्रिस्टलन
C. H_2O : टॉलूईन	(iii) भाप आसवन
	(iv) प्रभाजी आसवन

कूट

	A	B	C		A	B	C
(a)	(ii)	(iii)	(i)	(b)	(iii)	(i)	(iv)
(c)	(iv)	(iii)	(i)	(d)	(ii)	(iii)	(iv)

40. निम्नलिखित अभिक्रिया है

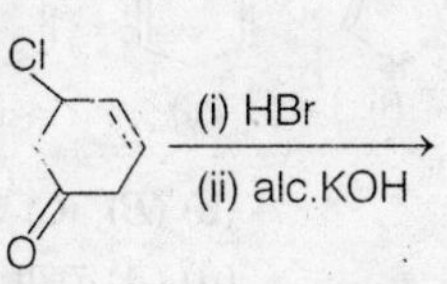

Cl-युक्त साइक्लोहेक्सीनोन $\xrightarrow[\text{(ii) alc.KOH}]{\text{(i) HBr}}$

(a) 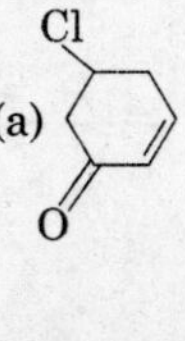 Cl, O (b) 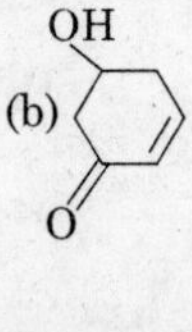 OH, O (c) 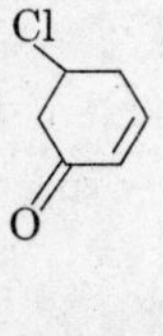 Cl, O (d) 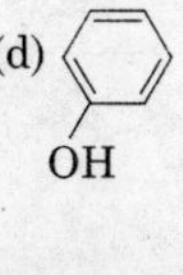 OH

41. यदि एक अभिक्रिया आर्हेनियस समीकरण का अनुसरण करती है, तो प्लॉट $\ln k$ vs $1/(RT)$, तो प्रवणता $(-y)$ मात्रक के साथ एक सीधी रेखा देता है। अभिकारकों को सक्रिय करने के लिए आवश्यक ऊर्जा है

(a) $-y$ मात्रक (b) y मात्रक (c) y/R मात्रक (d) yR मात्रक

42. निम्न अभिक्रिया से प्राप्त होने वाला मुख्य उत्पाद है

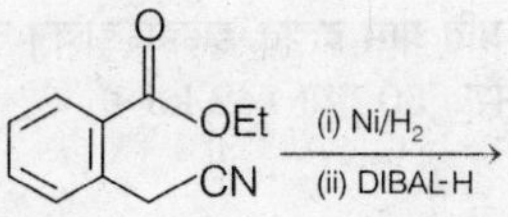

(C=O)OEt, CH_2CN युक्त बेंजीन $\xrightarrow[\text{(ii) DIBAL-H}]{\text{(i) } Ni/H_2}$

(a) OH, NH_2 (b) 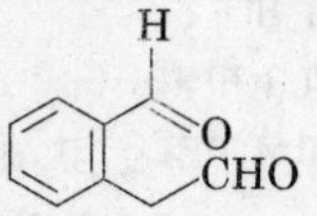 H, O, CHO (c) 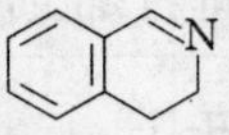 N (d) 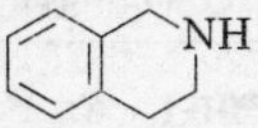 NH

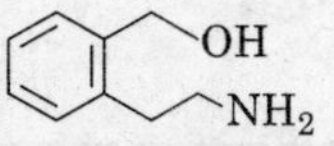

43. निम्नलिखित अभिक्रिया पर विचार कीजिए

$N_2(g) + 3H_2(g) \rightleftharpoons 2NH_3(g)$

उपर्युक्त अभिक्रिया का साम्य स्थिरांक K_p है। यदि अशुद्ध अमोनिया को वियोजित होने दिया जाता है, तो साम्यावस्था पर अमोनिया का आंशिक दाब है (मान लीजिए साम्यावस्था पर $p_{NH_3} << p_{total}$)

(a) $\frac{3^3 K_p^{1/2} P^2}{16}$ (b) $\frac{3^{3/2} K_p^{1/2} P^2}{4}$ (c) $\frac{K_p^{1/2} P^2}{4}$ (d) $\frac{K_p^{1/2} P^2}{16}$

44. सामान्य रूप से परिवर्तनीय ऑक्सीकरण अवस्था नहीं प्रदर्शित करने वाला तत्व है

(a) Cu (b) Ti (c) Sc (d) V

45. परॉक्सीऐसीटाइल नाइट्रेट (PAN), एक नेत्र उत्तेजक, निम्नलिखित में से किसमें उत्पन्न होता है?

(a) चिरसम्मत धूमकुहो (b) कार्बनिक अपशिष्ट
(c) प्रकाश रासायनिक धूमकुहा (d) अम्ल वर्षा

46. NaH एक उदाहरण है

(a) इलेक्टॉन-धनी हाइड्राइड का (b) लवण हाइड्राइड का
(c) आण्विक हाइड्राइड का (d) धात्विक हाइड्राइड का

47. मांसपेशीय दर्द के ऊष्मा उपचार के लिए लगभग 900 nm के तरंगदैर्ध्य के विकिरण का उपयोग होता है। इसके लिए H-परमाणु की कौन-सी स्पेक्ट्रल लाइन उपयुक्त है?

$R_H = 1 \times 10^5 \text{ cm}^{-1}, h = 6.6 \times 10^{-34} \text{ Js}, c = 3 \times 10^8 \text{ ms}^{-1}]$

(a) पाश्चन, $\infty \to 3$ (b) पाश्चन, $5 \to 3$
(c) बामर, $\infty \to 2$ (d) लाइमैन, $\infty \to 1$

48. निम्नलिखित अभिक्रिया का मुख्य उत्पाद है

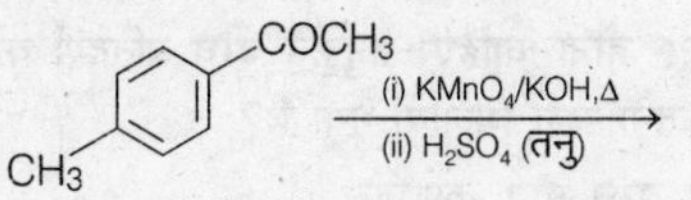

$COCH_3$, CH_3 युक्त बेंजीन $\xrightarrow[\text{(ii) } H_2SO_4 \text{ (तनु)}]{\text{(i) } KMnO_4/KOH, \Delta}$

(a) 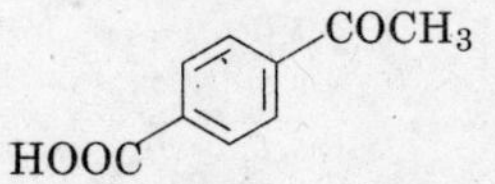 $COCH_3$, HOOC (b) 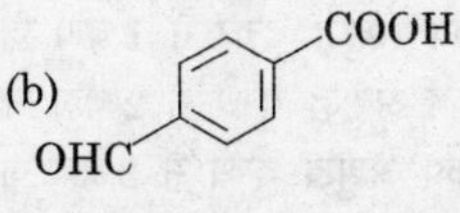 COOH, OHC
(c) 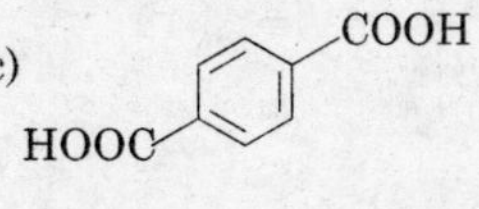 COOH, HOOC (d) 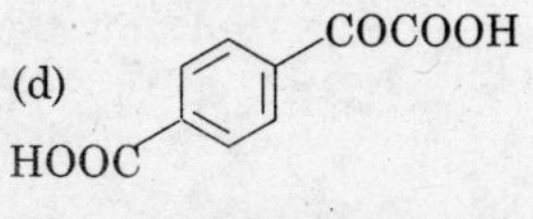 COCOOH, HOOC

49. ईंधन के रूप में H_2 के बारे में, (a) से (d) में से सही कथन हैं

1. यह पेट्रोल की अपेक्षा कम प्रदूषकों को बनाता है
2. उसी मात्रा की ऊर्जा उत्पन्न करने के लिए एक पेट्रोल टैंक की तुलना में एक सम्पीडित हाइड्रोजन का सिलिन्डर ~ 30 गुना अधिक भारी होता है।
3. डाइहाइड्रोजन को $NaNi_5$ की तरह के धातु मिश्रधातु के टैंक में रखा जाता है।
4. दहन के उपरान्त, प्रति ग्राम द्रवित डाइहाइड्रोजन तथा LPG से उत्सर्जित ऊर्जा के मान क्रमश: 50 तथा 142 kJ हैं

(a) 1 तथा 3 मात्र
(b) 2 तथा 4 मात्र
(c) 1, 2 तथा 3 मात्र
(d) 2, 3 तथा 4 मात्र

50. अयस्कों (कॉलम I) को धातुओं (कॉलम II) के साथ सुमेलित कीजिए

	कॉलम-I (अयस्क)		कॉलम-II (धातु)
A.	सिडेराइट	(i)	जिंक
B.	केओलिनाइट	(ii)	कॉपर
C.	मैलेकाइट	(iii)	आयरन
D.	कैलेमाइन	(iv)	ऐल्युमिनियम

कूट

	A	B	C	D		A	B	C	D
(a)	(iii)	(iv)	(ii)	(i)	(b)	(ii)	(iii)	(iv)	(i)
(c)	(iii)	(iv)	(i)	(ii)	(d)	(i)	(ii)	(iii)	(iv)

51. निम्नलिखित यौगिकों में से कौन-सा एक RNA में पाया जाता है?

(a) NH_2, N, N, H, O
(b) H_3C, O, NH, N, H, O
(c) O, N Me, N, O, Me
(d) O, NH, N, H, O

52. उभयधर्मी हाइड्रॉक्साइड है

(a) $Sr(OH)_2$
(b) $Mg(OH)_2$
(c) $Ca(OH)_2$
(d) $Be(OH)_2$

53. एक तनुकृत दुग्ध प्रतिदर्श का हिमांक $-0.2°C$ पाया गया, जबकि अशुद्ध दुग्ध का हिमांक $-0.5°C$ होना चाहिए। तनुकृत दुग्ध प्रतिदर्श को बनाने के लिए अशुद्ध दुग्ध में कितना जल मिलाया गया है?

(a) 3 कप अशुद्ध दुग्ध में 1 कप जल
(b) 2 कप अशुद्ध दुग्ध में 1 कप जल
(c) 3 कप अशुद्ध दुग्ध में 2 कप जल
(d) 2 कप अशुद्ध दुग्ध में 3 कप जल

54. निम्नलिखित अभिक्रिया का मुख्य उत्पाद है

OH, SO_3H $\xrightarrow{Br_2\text{ (आधिक्य)}}$

(a) OH, Br, Br, Br

(b)
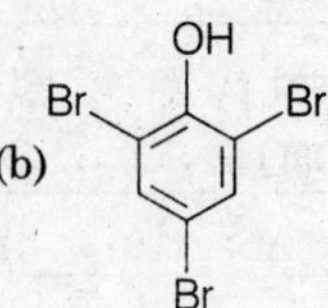

(c) OH, Br, Br, Br

(d) OH, Br, SO_3H

55. क्लोराइड जिसका जल-अपघटन नहीं हो सकता है, वह है

(a) $PbCl_4$ (b) $SiCl_4$ (c) CCl_4 (d) $SnCl_4$

56. रासायनिक अभिक्रिया $X \rightleftharpoons Y$ के लिए, मानक अभिक्रिया गिब्स ऊर्जा ताप (K में) पर निम्नलिखित की तरह आश्रित होती है

$\Delta_r G°$(kJ mol^{-1} में) $= 120 - \frac{3}{8}T$

अभिक्रिया मिश्रण का मुख्य संघटक T पर है

(a) Y यदि $T = 280$ K
(b) Y यदि $T = 300$ K
(c) X यदि $T = 315$ K
(d) X यदि $T = 350$ K

57. एक ठोस, जिसका घनत्व 9×10^3 kg m^{-3} है, फलक केन्द्रित घनीय क्रिस्टल बनाता है, जिसके कोर की लम्बाई $200\sqrt{2}$ pm है। ठोस का मोलर द्रव्यमान क्या है? [आवोगाद्रो नियतांक $\cong 6 \times 10^{23}$ mol^{-1}, $\pi \cong 3$]

(a) 0.0432 kg mol^{-1}
(b) 0.0305 kg mol^{-1}
(c) 0.4320 kg mol^{-1}
(d) 0.0216 kg mol^{-1}

58. ठण्डे जल में घुलित ऑक्सीजन (DO) के सान्द्रता की ऊपरी सीमा हो सकती है

(a) 8 ppm (b) 16 ppm (c) 14 ppm (d) 10 ppm

59. सोडियम बाइकार्बोनेट तथा ऑक्सेलिक अम्ल युक्त एक 10 mg का बुदबुदाने वाला टैबलेट T = 298.15 K तथा p = 1 bar पर 0.25 mL CO_2 उत्सर्जित करता है। ऐसी दशा में, यदि CO_2 का मोलर आयतन 25.0 L है, तो प्रत्येक टैबलेट में सोडियम बाइकार्बोनेट का क्या प्रतिशत है? [$NaHCO_3$ का मोलर द्रव्यमान $= 84\text{ g mol}^{-1}$]

(a) 0.84 (b) 33.6 (c) 8.4 (d) 16.8

60. निम्नलिखित में से कौन-सा/से यौगिक ऐरोमैटिक नहीं है/हैं?

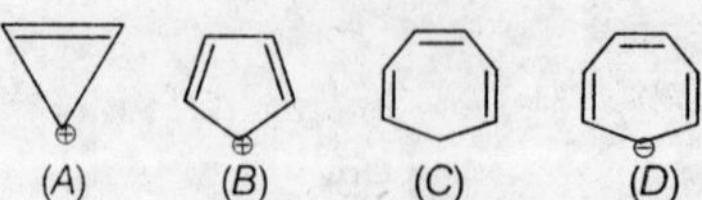

(a) (B)
(b) (B), (C) तथा (D)
(c) (C) तथा (D)
(d) (A) तथा (D)

गणित

61. समुच्चय $\{1, 2, \ldots, 11\}$ से दो पूर्णांक यादृच्छिक लिए गए हैं। दिया है कि ली गई संख्याओं का योग सम है, दोनों संख्याओं के सम होने की सप्रतिबन्ध (conditional) प्रायिकता है

(a) $\frac{7}{10}$ (b) $\frac{2}{5}$ (c) $\frac{1}{2}$ (d) $\frac{3}{5}$

62. माना $\mathbf{a} = \hat{i} + 2\hat{j} + 4\hat{k}$, $\mathbf{b} = \hat{i} + \lambda\hat{j} + 4\hat{k}$ तथा $\mathbf{c} = 2\hat{i} + 4\hat{j} + (\lambda^2 - 1)\hat{k}$ समतलीय सदिश है, तो शून्येत्तर सदिश $\mathbf{a} \times \mathbf{c}$ है

(a) $-10\hat{i} - 5\hat{j}$ (b) $-10\hat{i} + 5\hat{j}$ (c) $-14\hat{i} - 5\hat{j}$ (d) $-14\hat{i} + 2\hat{j}$

63. समाकल $\int_{-2}^{2} \frac{\sin^2 x}{\left[\frac{x}{\pi}\right] + \frac{1}{2}} dx$ (जहाँ $[x]$, x के समान या उससे कम महत्तम पूर्णांक को दर्शाता है) का मान है

(a) $\sin 4$ (b) $4 - \sin 4$ (c) 4 (d) 0

64. परवलय $y^2 = 4x$ तथा अतिपरवलय $xy = 2$ की एक उभयनिष्ठ स्पर्श रेखा का समीकरण है

(a) $x + 2y + 4 = 0$ (b) $x - 2y + 4 = 0$
(c) $4x + 2y + 1 = 0$ (d) $x + y + 1 = 0$

65. निर्देशांक अक्षों के समान्तर भुजाओं का एक वर्ग, वृत्त $x^2 + y^2 - 6x + 8y - 103 = 0$ के अन्तर्गत है, तो इस वर्ग का वह शीर्ष जो मूलबिन्दु के सबसे निकट है, की दूरी है

(a) $\sqrt{41}$ (b) 13 (c) $\sqrt{137}$ (d) 6

66. बिन्दुओं $(0, -1, 0)$ तथा $(0, 0, 1)$ से होकर जाने वाले तथा समतल $y - z + 5 = 0$ के साथ $\frac{\pi}{4}$ का कोण बनाने वाले समतल के अभिलम्ब के दिक् अनुपात (direction ratios) हैं

(a) $2, -1, 1$ (b) $\sqrt{2}, 1, -1$ (c) $2\sqrt{3}, 1, -1$ (d) $2, \sqrt{2}, -\sqrt{2}$

67. माना $f(x) = \begin{cases} -1, & -2 \le x < 0 \\ x^2 - 1, & 0 \le x \le 2 \end{cases}$ तथा $g(x) = |f(x)| + f(|x|)$, तो अन्तराल $(-2, 2)$ में g

(a) दो बिन्दुओं पर अवकलनीय नहीं है
(b) सतत् नहीं है
(c) एक बिन्दु पर अवकलनीय नहीं
(d) सभी बिन्दुओं पर अवकलनीय है

68. एक त्रिभुज की दो भुजाओं की लम्बाई का योग x है और इन्हीं दो भुजाओं की लम्बाई का गुणनफल y है। यदि $x^2 - c^2 = y$, जहाँ c त्रिभुज की तीसरी भुजा की लम्बाई है, तब त्रिभुज के परिवृत्त की त्रिज्या है

(a) $\frac{c}{\sqrt{3}}$ (b) $\frac{3}{2}y$ (c) $\frac{c}{3}$ (d) $\frac{y}{\sqrt{3}}$

69. यदि अवकल समीकरण $\frac{dy}{dx} + \left(\frac{2x+1}{x}\right) y = e^{-2x}$, $x > 0$ का हल $y(x)$ है, जहाँ $y(1) = \frac{1}{2}e^{-2}$, तो

(a) $y(\log_e 2) = \log_e 4$ (b) $y(\log_e 2) = \frac{\log_e 2}{4}$
(c) $\left(\frac{1}{2}, 1\right)$ में $y(x)$ ह्रासमान है (d) $(0, 1)$ में $y(x)$ ह्रासमान है

70. r का वह मान जिसके लिए ${}^{20}C_r \, {}^{20}C_0 + {}^{20}C_{r-1} \, {}^{20}C_1 + {}^{20}C_{r-2} \, {}^{20}C_2 + \ldots + {}^{20}C_0 \, {}^{20}C_r$ अधिकतम है, है

(a) 20 (b) 11 (c) 10 (d) 15

71. वक्र $x^2 = 4y$ तथा सरल रेखा $x = 4y - 2$ द्वारा घिरे क्षेत्र का क्षेत्रफल (वर्ग इकाइयों में) है

(a) $\frac{9}{8}$ (b) $\frac{5}{4}$ (c) $\frac{7}{8}$ (d) $\frac{3}{4}$

72. यदि रैखिक समीकरण निकाय

$$2x + 2y + 3z = a$$
$$3x - y + 5z = b$$
$$x - 3y + 2z = c$$

जहाँ a, b, c शून्येत्तर वास्तविक संख्याएँ हैं, के एक से अधिक हल हैं, तो

(a) $a + b + c = 0$ (b) $b - c + a = 0$
(c) $b + c - a = 0$ (d) $b - c - a = 0$

73. यदि दीर्घवृत्त $x^2 + 2y^2 = 2$ के चार शीर्षों के अतिरिक्त इसके सभी बिन्दुओं पर स्पर्श रेखाएँ खींची गई हैं, तो इन स्पर्श रेखाओं पर स्पर्श रेखाएँ खींची गई हैं, तो इन स्पर्श रेखाओं के निर्देशांक अक्षों के बीच के अन्त:खण्डों के मध्य-बिन्दु निम्न में से किस वक्र पर है?

(a) $\frac{x^2}{4} + \frac{y^2}{2} = 1$ (b) $\frac{1}{2x^2} + \frac{1}{4y^2} = 1$
(c) $\frac{1}{4x^2} + \frac{1}{2y^2} = 1$ (d) $\frac{x^2}{2} + \frac{y^2}{4} = 1$

74. माना $A = \begin{bmatrix} 0 & 2q & r \\ p & q & -r \\ p & -q & r \end{bmatrix}$ यदि $AA^T = I_3$, तो $|p|$ बराबर है

(a) $\frac{1}{\sqrt{5}}$ (b) $\frac{1}{\sqrt{3}}$ (c) $\frac{1}{\sqrt{6}}$ (d) $\frac{1}{\sqrt{2}}$

75. यदि द्विघात समीकरण $81x^2 + kx + 256 = 0$ का एक मूल दूसरे मूल का घन है, तो k का एक मान है

(a) 144 (b) -300 (c) 100 (d) -81

76. x के उन वास्तविक मानों जिनके लिए $\left(\frac{x^3}{3} + \frac{3}{x}\right)^8$ के द्विपद प्रसार का मध्य पद 5670 है, का योग है

(a) 6 (b) 4 (c) 8 (d) 0

77. धन पदों की एक अनन्त गुणोत्तर श्रेढ़ी का योग 3 है तथा इसके पदों के घनों का योग $\frac{27}{19}$ है, तो इस श्रेणी का सार्वानुपात है

(a) $\frac{2}{3}$ (b) $\frac{1}{3}$ (c) $\frac{2}{9}$ (d) $\frac{4}{9}$

78. उपर्युक्त पूर्णांक m तथा एक फलन $A(x)$ के लिए यदि $\int \frac{\sqrt{1-x^2}}{x^4} dx = A(x) (\sqrt{1-x^2})^m + C$ जहाँ C एक समाकलन अचर है, तो $(A(x))^m$ बराबर है

(a) $\frac{-1}{27x^9}$ (b) $\frac{1}{27x^6}$ (c) $\frac{1}{9x^4}$ (d) $\frac{-1}{3x^3}$

79. यदि $x\log_e(\log_e x) - x^2 + y^2 = 4(y>0)$, तो $\frac{dy}{dx}$ का मान $x = e$, पर बराबर है

(a) $\frac{(1+2e)}{2\sqrt{4+e^2}}$ (b) $\frac{e}{\sqrt{4+e^2}}$ (c) $\frac{(2e-1)}{2\sqrt{4+e^2}}$ (d) $\frac{(1+2e)}{\sqrt{4+e^2}}$

80. माना $f : R \to R$, $f(x) = \frac{x}{1+x^2}$, $x \in R$ द्वारा परिभाषित किया गया है, तो f का परिसर है

(a) $R - [-1, 1]$ (b) $(-1, 1) - \{0\}$ (c) $R - \left[-\frac{1}{2}, \frac{1}{2}\right]$ (d) $\left[-\frac{1}{2}, \frac{1}{2}\right]$

81. माना $a_1, a_2, \ldots, a_{10}$ एक गुणोत्तर श्रेढ़ी है। यदि $\frac{a_3}{a_1} - 25$, तो $\frac{a_9}{a_5}$ बराबर है

(a) $4(5^2)$ (b) 5^3 (c) $2(5^2)$ (d) 5^4

82. समुच्चय $S = \{x \in R : x^2 + 30 \le 11x\}$ पर फलन $f(x) = 3x^3 - 18x^2 + 27x - 40$ का अधिकतम मान है

(a) -122 (b) 222 (c) -222 (d) 122

83. समतल, जिसमें रेखा $\frac{x-3}{2} = \frac{y+2}{-1} = \frac{z-1}{3}$ अन्तर्विष्ट है तथा इस रेखा का समतल $2x + 3y - z = 5$ पर प्रक्षेप भी अन्तर्विष्ट है, पर निम्न में से कौन-सा बिन्दु स्थित है?

(a) (2, 2, 0) (b) (– 2, 2, 2) (c) (0, – 2, 2) (d) (2, 0, – 2)

84. बराबर त्रिज्या के दो वृत्त, बिन्दुओं (0, 1) तथा (0, –1) पर काटते हैं। इनमें से एक वृत्त के बिन्दु (0, 1) पर स्पर्श रेखा दूसरे वृत्त के केन्द्र से होकर जाती है, तो इन वृत्तों के केन्द्रों के बीच की दूरी है

(a) $\sqrt{2}$ (b) 1 (c) $2\sqrt{2}$ (d) 2

85. माना $k = 1, 2, 3, \ldots$ के लिए $f_k(x) = \frac{1}{k}(\sin^k x + \cos^k x)$, तो सभी $x \in R$ के लिए $f_4(x) - f_6(x)$ का मान बराबर है

(a) $\frac{-1}{12}$ (b) $\frac{1}{12}$ (c) $\frac{1}{4}$ (d) $\frac{5}{12}$

86. माना $[x]$, x के समान या उसे कम महत्तम पूर्णांक को दर्शाता है, तो $\lim_{x \to 0} \frac{\tan(\pi \sin^2 x) + (|x| - \sin(x[x]))^2}{x^2}$

(a) π के बराबर है (b) का अस्तित्व नहीं है

(c) 0 के बराबर है (d) $\pi + 1$ के बराबर है

87. 30 आइटम (items) का परिणाम देखा गया; इनमें से 10 आइटम में प्रत्येक ने परिणाम $\frac{1}{2} - d$ दिया, 10 आइटम में प्रत्येक ने परिणाम $\frac{1}{2}$ दिया तथा बाकी 10 आइटम में प्रत्येक ने परिणाम $\frac{1}{2} + d$ दिया। यदि इन आँकड़ों का प्रसरण $\frac{4}{3}$ है, तो $|d|$ बराबर है

(a) $\sqrt{2}$ (b) $\frac{2}{3}$

(c) 2 (d) $\frac{\sqrt{5}}{2}$

88. यदि q असत्य है तथा $p \wedge q \leftrightarrow r$ सत्य है, तो निम्न में से कौन-सा कथन एक पुनरूक्ति (tautology) है?

(a) $p \wedge r$ (b) $(p \vee r) \to (p \wedge r)$

(c) $p \vee r$ (d) $(p \wedge r) \to (p \wedge r)$

89. सरल रेखा $x + 2y = 1$ निर्देशांक अक्षों को A तथा B पर काटती है। मूलबिन्दु, A तथा B से होकर जाने वाला वृत्त खींचा गया है, तो मूलबिन्दु पर वृत्त की स्पर्श रेखा की A तथा B से लम्बवत् दूरियों का योग है

(a) $2\sqrt{5}$ (b) $4\sqrt{5}$ (c) $\frac{\sqrt{5}}{4}$ (d) $\frac{\sqrt{5}}{2}$

90. माना $\left(-2 - \frac{1}{3}i\right)^3 = \frac{x+iy}{27}$ $(i = \sqrt{-1})$, जहाँ x तथा y वास्तविक संख्याएँ हैं, तो $y - x$ बराबर है

(a) 91 (b) 85

(c) – 91 (d) – 85

सही उत्तर

भौतिकी

1. (a)	2. (b)	3. (b)	4. (b)	5. (a)	6. (c)	7. (a)	8. (b)	9. (c)	10. (d)
11. (d)	12. (b)	13. (c)	14. (b)	15. (c)	16. (a)	17. (b)	18. (a)	19. (b)	20. (*)
21. (a)	22. (c)	23. (b)	24. (*)	25. (a)	26. (c)	27. (d)	28. (c)	29. (c)	30. (b)

रसायन विज्ञान

31. (d)	32. (b)	33. (c)	34. (a)	35. (c)	36. (c)	37. (d)	38. (d)	39. (d)	40. (d)
41. (b)	42. (c)	43. (a)	44. (c)	45. (c)	46. (b)	47. (a)	48. (c)	49. (c)	50. (a)
51. (d)	52. (d)	53. (d)	54. (b)	55. (c)	56. (c)	57. (b)	58. (d)	59. (c)	60. (b)

गणित

61. (b)	62. (b)	63. (d)	64. (a)	65. (a)	66. (b, d)	67. (c)	68. (a)	69. (c)	70. (a)
71. (a)	72. (d)	73. (b)	74. (d)	75. (b)	76. (d)	77. (a)	78. (a)	79. (c)	80. (d)
81. (d)	82. (d)	83. (d)	84. (d)	85. (b)	86. (b)	87. (a)	88. (d)	89. (d)	90. (a)

नोट *(*) कोई भी विकल्प सही नहीं है।*

संकेत एवं हल

भौतिकी

1. *(a)* माना किसी क्षण t पर वस्तु को वेग v से θ कोण पर प्रक्षेपित किया जाता है। वस्तु के वेग को दो घटकों में वियोजित करने पर,

क्षैतिज घटक, $v_x = u\cos\theta + g_x t$ तथा

ऊर्ध्वाधर घटक, $v_y = u\sin\theta + g_y t$

यहाँ, समय $t = 1\text{s}$ पर वेग का क्षैतिज घटक,

$$v_x = u\cos 60^\circ + 0 \qquad [\text{दिया है, } g_x = 0]$$

$$= 10 \times \frac{1}{2} = 5\ \text{m/s} \qquad [\because u = 10\ \text{ms}^{-1}]$$

तथा ऊर्ध्वाधर घटक, $v_y = u\sin 60^\circ + (-10)\times(1)$

$$= 10 \times \frac{\sqrt{3}}{2} + (-10)\times(1) = 5\sqrt{3} - 10$$

$\Rightarrow |v_y| = |10 - 5\sqrt{3}|\ \text{m/s}$

अब, $t = 1\ \text{s}$ पर, वेग सदिश द्वारा बना कोण,

$$|\tan\alpha| = \left|\frac{v_y}{v_x}\right| = \frac{|10-5\sqrt{3}|}{5} \Rightarrow \tan\alpha = |2-\sqrt{3}| \text{ या } \alpha = 15^\circ$$

$\because$ प्रक्षेपित वस्तु के प्रक्षेप पथ की वक्रता त्रिज्या,

$$R = \frac{V^2}{g\cos\alpha} = \frac{(5)^2 + (10-5\sqrt{3})^2}{10 \times 0.97}$$

$$[\because v^2 = v_x^2 + v_y^2 \text{ तथा } \cos 15^\circ = 0.97]$$

$\Rightarrow \quad R = 2.77\ \text{m} \approx 2.8\ \text{m}$

अत: R का मान लगभग 2.8 m होगा।

2. *(b)* माना पानी में मिलाए गए बर्फ की मात्रा 'x' ग्राम है। कैलोरीमिति सिद्धान्त के अनुसार,

पानी द्वारा दी गई ऊष्मा = बर्फ द्वारा ली गई ऊष्मा

यहाँ, पानी द्वारा दी गई ऊष्मा-हानि,

$$\Delta Q = ms_{\text{पानी}}\,\Delta T$$

दिया है, $\quad m = 50g,\ S_{\text{पानी}} = 4.2\ \text{J/g/°C}]$

$\Delta T = 40°\text{C}$

इन मानों को प्रतिस्थापित करने पर,

$$\Delta Q = 50 \times 4.2 \times 40 \qquad \ldots\text{(i)}$$

बर्फ द्वारा ली गई ऊष्मा,

$$\Delta Q = x\, s_{\text{बर्फ}}\,\Delta T + (x-20)\,L$$

$$= x \times 2.1 \times 20 + (x-20)\times 334$$

दिया है, $\quad S_{\text{पानी}} = 2.1\ \text{J/g/°C}$

$\Delta T = 20°\text{C}, \quad L = 334\ \text{J/g}$

$$= 20x \times 2.1 + 334x - 6680 \qquad \ldots\text{(ii)}$$

$\therefore \quad 20x \times 2.1 + 334x - 6680 = 50 \times 4.2 \times 40$

$$42x + 334x - 6680 = 8400 \Rightarrow 376x = 15080$$

अर्थात् $\quad x = 40.10\ \text{g} \Rightarrow x \simeq 40\ \text{g}$

अत: पानी में मिलाए गए बर्फ की मात्रा का सन्निकट मान लगभग 40 g होगा।

3. *(b)* दिया है, आयाम मॉडुलित सिग्नल

$$V(t) = 10[1 + 0.3\cos(2.2\times10^4 t)][\sin(5.5\times10^5 t)] \qquad \ldots\text{(i)}$$

आयाम मॉडुलित सिग्नल का व्यापक समी. निम्न है,

$$C_m(t) = A_c\sin\omega_c t + \frac{\mu A_c}{2}\cos(\omega_c - \omega_m)t - \frac{\mu A_c}{2}\cos(\omega_c + \omega_m) \ldots\text{(ii)}$$

जहाँ, $\omega_c - \omega_m$ तथा $\omega_c + \omega_m$ निम्न तथा उच्च-पार्श्व बैण्ड की आवृत्तियाँ है।

समी. (i) व (ii) की तुलना करने पर,

ऊपरी बैण्ड की कोणीय आवृत्ति,

$$\omega_u = (2.2\times10^4 + 5.5\times10^5)\ \text{rad/s} = 572\times10^3\ \text{rad/s}$$

इसी प्रकार, निचले-बैण्ड की कोणीय आवृत्ति,

$$\omega_L = (5.5\times10^5 - 2.2\times10^4)\ \text{rad/s} = 528\times10^3\ \text{rad/s}$$

$\therefore$ पार्श्व-बैण्ड की आवृत्ति,

$$f_u = \frac{\omega_u}{2\pi} = \frac{572}{2\pi}\ \text{kHz} \simeq 91\ \text{kHz} \text{ तथा } f_L = \frac{\omega_L}{2\pi} = \frac{528}{2\pi}\ \text{kHz} \simeq 84\ \text{kHz}$$

इसलिए, पार्श्व-बैण्ड की आवृत्तियाँ लगभग 89.25 तथा 85.75 Hz होती है।

4. *(b)* प्रारम्भ में दिए गए R-L परिपथ में जब स्विच S_1, बन्द तथा स्विच S_2 खुला है, $t \le t_0$ पर धारा,

$$I_1 = \frac{V}{R}\left[1 - \exp\left(\frac{-R}{L}t\right)\right]$$

इस स्थिति में, प्रेरक L आवेशन (Charged) की स्थिति में है।

जब स्विच S_2 बन्द तथा स्विच S_1 खुला है। ($t > t_0$ के बाद) तब प्रेरक प्रतिरोध धारा द्वारा अनावेशित (Uncharged) होगा। इस स्थिति में, ($t > t_0$)

$$I_2 = \frac{V}{R}\exp\left[-\frac{R}{L}(t - t_0)\right]$$

इस प्रकार, I का t के साथ परिवर्तन नीचे दिए गए चित्र में दर्शाया गया है,

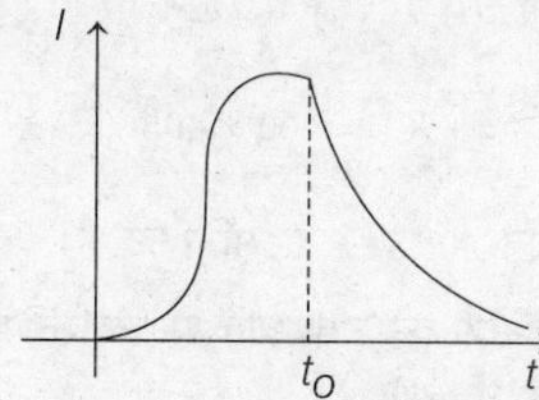

5. *(a)* *संकेत जब जेनर डायोड पर आरोपित पश्च-वोल्टता (V) का मान भंजन वोल्टता के बराबर होता है तब इसमें से उच्च मान की धारा प्रवाहित होती है, अन्यथा यह लगभग शून्य होती है।*

दिए गए परिपथ में माना जेनर डायोड भंजन की स्थिति पर है तब 1500Ω तथा 500Ω के प्रतिरोध पर विभव पतन क्रमश: 10 V तथा 2 V होगा

$\therefore$ प्रतिरोध R_1 में प्रवाहित धारा $= \dfrac{2}{500} = 4\text{mA} = I_1$ (माना)

इसी प्रकार, प्रतिरोध R_2 में प्रवाहित धारा,

$$= \frac{10}{750} = \frac{2}{150} = 13.33\ \text{mA} = I_2 \qquad \text{(माना)}$$

$\Rightarrow I_1 < I_2$ यह स्थिति सम्भव नहीं है।

जेनर डायोड की पश्च बॉयस स्थिति में प्रवाहित धारा लगभग शून्य होगी। अत: जेनर डायोड भंजन की स्थिति तक कभी नहीं पहुँचेगा।

6. *(c)* क्राउन काँच के पतले प्रिज्म के लिए अर्थात्, अल्प-कोण वाले प्रिज्म हेतु, न्यूनतम विचलन कोण, $D_m = (n-1)A$

जहाँ, A प्रिज्म कोण है तथा n अपवर्तनांक है।

$$D_m \propto n \quad \text{...(i)}$$

चूँकि दिए गए ग्राफ से, n का मान 'λ' में वृद्धि के साथ घटता है। इसलिए, सम्बन्ध (i) से विचलन कोण (D_m) का मान भी तरंगदैर्ध्य (λ) में वृद्धि के साथ घटेगा।

∴ अत: विकल्प (c) सही है।

7. *(a)* उपग्रह का कक्षीय वेग, $v_O = \sqrt{\dfrac{GM}{R+h}}$ चूँकि, $R >> h$

$$\therefore \quad v_O = \sqrt{\frac{GM}{R}} = \sqrt{gR} \qquad \left[\because g = \frac{GM}{R^2}\right]$$

उपग्रह का पलायन वेग,

$$v_e = \sqrt{\frac{2\,GM}{R+h}} = \sqrt{\frac{2\,GM}{R}} = \sqrt{2gR}$$

चूँकि हम जानते हैं, कि किसी भी पिण्ड को पृथ्वी के गुरुत्वीय क्षेत्र से बाहर निकलने के लिए पिण्ड को पलायन वेग की आवश्यकता होती है।

∴ कक्षीय चाल में न्यूनतम वृद्धि, $\Delta v = v_e - v_O = \sqrt{gR}\,(\sqrt{2}-1)$

8. *(b)* व्हीटस्टोन सेतु की सन्तुलन स्थिति के लिए, $\dfrac{P}{R} = \dfrac{Q}{X}$

प्रथम स्थिति में, जब $R = 400\,\Omega$ है, तब सन्तुलित समीकरण, $\dfrac{P}{R} = \dfrac{Q}{X}$

$$\Rightarrow \quad \frac{P}{400\,\Omega} = \frac{Q}{X} \Rightarrow P = \frac{400 \times Q}{X} \quad \text{...(i)}$$

द्वितीय स्थिति में, P तथा Q परस्पर बदल दिए जाते हैं तथा $R = 405\,\Omega$,

$$\therefore \quad \frac{Q}{R} = \frac{P}{X} \Rightarrow \frac{Q}{405} = \frac{P}{X} \quad \text{...(ii)}$$

P का मान समी. (i) से (ii) में रखने पर,

$$\frac{Q}{405} = \frac{Q \times 400}{X^2} \Rightarrow X^2 = 400 \times 405 \Rightarrow X = \sqrt{400 \times 405} = 402.5$$

अत: X का मान $402.5\,\Omega$ के सन्निकट है।

9. *(c)* चुम्बकीय क्षेत्र की उपस्थिति में, त्वरित इलेक्ट्रॉन की वृत्तीय गति में वृत्ताकार पथ की त्रिज्या,

$$r = \frac{mv}{Be} = \frac{\sqrt{2meV}}{eB}$$

जहाँ, V, इलेक्ट्रॉन का वेग तथा V वोल्टेज है,

दिया है, $m = 9.1 \times 10^{-31}$ kg, $e = 1.6 \times 10^{-19}$ C, $V = 500$ V

$$B = 100 \text{ mT} = 100 \times 10^{-3} \text{ T}$$

ये मान उपरोक्त सम्बन्ध में रखने पर,

$$= \frac{\sqrt{2 \times 9.1 \times 10^{-31} \times 1.6 \times 10^{-19} \times 500}}{1.6 \times 10^{-19} \times 100 \times 10^{-3}} = 10\left[\frac{2 \times 9.1 \times 500}{1.6} \times 10^{-12}\right]^{1/2}$$

$r = 7.5 \times 10^{-4}$ m

अत: वृत्ताकार पथ की त्रिज्या 7.5×10^{-4} m होगी।

10. *(d)* दिए गए परिपथ में,

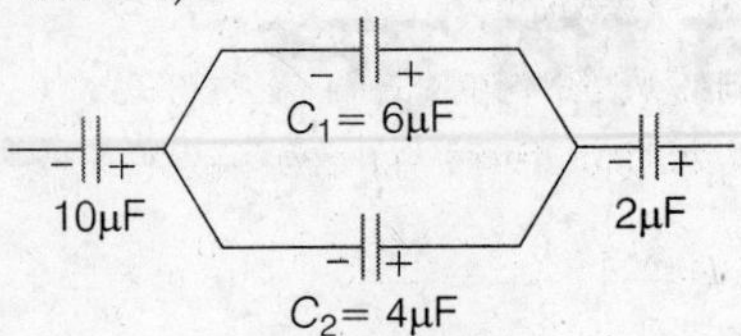

संधारित्र C_1 तथा C_2 समान्तर क्रम में जुड़े है, अत: इस संयोजन में कुल धारिता, $C = (6+4) = 10\,\mu F$, अत: इस संयोजन में कुल आवेश $30\,\mu C$ होगा।

∴ 6 μF के संधारित्र पर आवेश की मात्रा,

$$= \left(\frac{C_1}{C_1 + C_2}\right) q = \frac{6}{6+4} \times 30 = 18\,\mu\text{C}$$

अत: 6 μF के संधारित्र की दाँए प्लेट पर आवेश, 18 μC होगा।

वैकल्पिक विधि

माना 6 μF के संधारित्र पर आवेश q μC है।

अब, 6 μF पर विभवान्तर = 4 μF पर विभवान्तर

$$\therefore \quad \frac{q}{6\,\mu\text{F}} = \frac{30-q}{4\,\mu\text{F}} \qquad (\because V = q/C)$$

$$\Rightarrow \quad 4q = -6q + 180 \Rightarrow q = 18\,\mu\text{C}$$

11. *(d)* प्रश्न में दिए गए चित्र को नीचे दिखाया गया है,

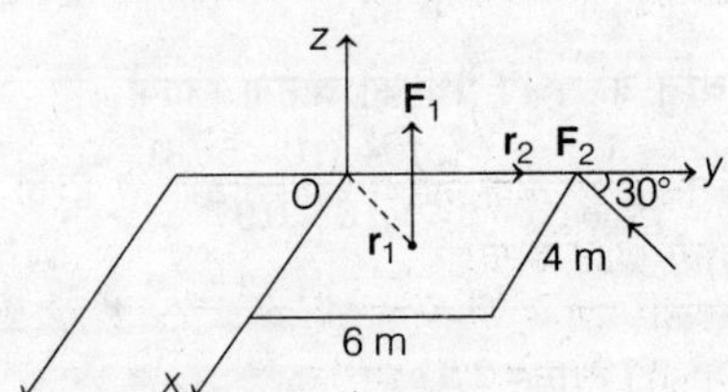

दिया है, $\mathbf{r}_1 = 2\hat{\mathbf{i}} + 3\hat{\mathbf{j}}$ तथा $\mathbf{r}_2 = 6\hat{\mathbf{j}}$

$$\mathbf{F}_1 = F\,\hat{\mathbf{k}} \text{ तथा } \mathbf{F}_2 = (-\sin 30^\circ\,\hat{\mathbf{i}} - \cos 30^\circ\,\hat{\mathbf{j}})\,F$$

बलाघूर्ण, $\tau = \mathbf{r} \times \mathbf{F}$

जहाँ, $\mathbf{r}$ लम्बवत् दूरी तथा $\mathbf{F}$ बल है।

∴ $\mathbf{F}_1$ के कारण बल आघूर्ण,

$$\tau_1 = (2\hat{\mathbf{i}} + 3\hat{\mathbf{j}}) \times (F\,\hat{\mathbf{k}}) = -2F\,\hat{\mathbf{j}} + 3F\,\hat{\mathbf{i}} \quad \text{...(i)}$$

$\mathbf{F}_2$ के कारण बल आघूर्ण,

$$\tau_2 = (6\hat{\mathbf{j}}) \times (-\sin 30^\circ\,\hat{\mathbf{i}} - \cos 30\,\hat{\mathbf{j}})\,F = 6\sin 30^\circ\,F\,\hat{\mathbf{k}} = 3F\,\hat{\mathbf{k}} \quad \text{...(ii)}$$

∴ परिणामी बल आघूर्ण,

$$\tau = \tau_1 + \tau_2 = 3F\,\hat{\mathbf{i}} - 2F\,\hat{\mathbf{j}} + 3F\,\hat{\mathbf{k}} = (3\hat{\mathbf{i}} - 2\hat{\mathbf{j}} + 3\hat{\mathbf{k}})\,F.$$

अत: बिन्दु O के सापेक्ष इन बलों का आघूर्ण $(3\hat{\mathbf{i}} - 2\hat{\mathbf{j}} + 3\hat{\mathbf{k}})$ Nm होगा।

12. *(b)* माना ΔABC का द्रव्यमान 'M' तथा त्रिभुज की प्रत्येक भुजा की लम्बाई 'l' है। जब ΔDEF को अलग किया जाता हैं, तब अलग किए गए त्रिभुज का द्रव्यमान $\left(\dfrac{M}{4}\right)$ तथा भुजा की लम्बाई $\left(\dfrac{l}{2}\right)$ होगी जैसा कि, नीचे चित्र दिखाया गया है,

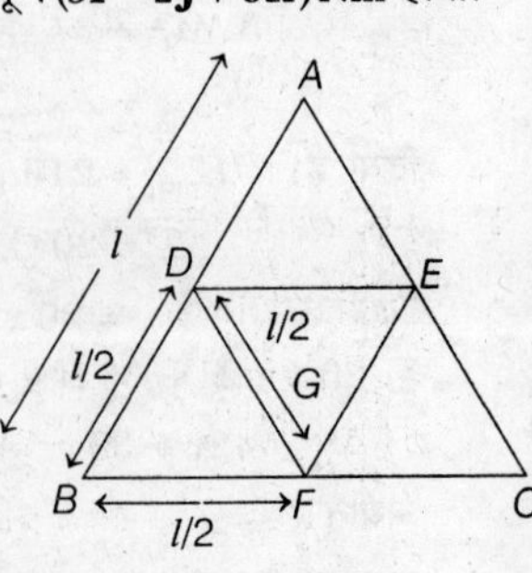

चूँकि हम जानते है, कि त्रिभुज का उसके गुरुत्व केन्द्र से गुजरने वाले अक्ष के परित: जड़त्वाघूर्ण,

$I = kml^2$, जहाँ k एक नियतांक है।

अब, ΔDEF के लिए, त्रिभुज की अक्ष के परित: जड़त्वाघूर्ण,

$$I = k\left(\frac{M}{4}\right)\left(\frac{l}{2}\right)^2 = \frac{kMl^2}{16} \quad ...(i)$$

ΔABC का जड़त्वाघूर्ण, $I_0 = kMl^2$ ...(ii)

शेष भाग का जड़त्वाघूर्ण,

$$I' = I_0 - I = kMl^2 - \frac{kMl^2}{16} \quad [\because \text{समी. (i) तथा (ii) से,}]$$

$$= \frac{15kMl^2}{16} \text{ या } I' = \frac{15}{16}I_0$$

अत: शेष बचे हुए भाग का उसी अक्ष के परित: जड़त्व आघूर्ण $\frac{15}{16}I_0$ होगा।

13. *(c)* माना प्रत्येक तरंग की तीव्रता I_0 है। तब दीप्त फ्रिन्ज के केन्द्र पर तीव्रता का मान $4I_0$ होगा।

दिया है, पथान्तर, $\Delta x = \lambda / 8$

$\therefore$ कलान्तर, $\phi = \Delta x \times \frac{2\pi}{\lambda} \Rightarrow \phi = \frac{\lambda}{8} \times \frac{2\pi}{\lambda}$ या $\phi = \pi/4$

अत: इस बिन्दु पर तरंग की परिणामी तीव्रता,

$$I' = I_0 + I_0 + 2I_0 \cos(\pi/4) = 2I_0 + \sqrt{2}\, I_0 = 3.41\, I_0$$

अत: $\frac{I'}{4I_0} = \frac{3.41}{4} = 0.85$

अत: पर्दे के बिन्दु पर व्यतिकरण करने वाली दो तरंगो की तीव्रताओं का अनुपात लगभग 0.85 होगा।

14. *(b)* माना वृत्ताकार पथ के अनुदिश गति कर रहे कण का प्रारम्भिक वेग v_1 है। जब यह कण $60°$ के कोण पर गति करता है तब वेग $\mathbf{v}_1$ से $\mathbf{v}_2$ हो जाता है जैसा कि चित्र में दिखाया गया है,

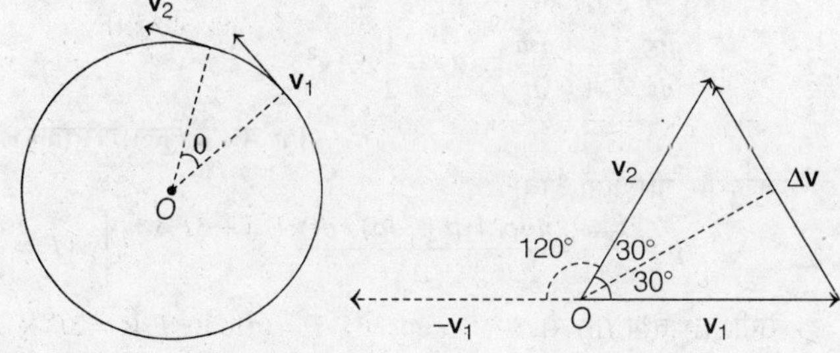

चित्र से,

$$\Delta \mathbf{v} = \mathbf{v}_2 - \mathbf{v}_1$$

$\Rightarrow |\Delta \mathbf{v}| = 2v \sin\frac{\theta}{2} = 2\,\mathbf{v}\sin 30° \quad [\because |\mathbf{v}_1| = |\mathbf{v}_2|]$

$= 2v \times \frac{1}{2} = v \quad$ (दिया है, $\mathbf{v} = 10$ m/s)

अत: वेग में परिवर्तन का परिमाण, $|\Delta \mathbf{v}| = 10$ m/s

वैकल्पिक विधि

$\because \Delta\mathbf{v} = \mathbf{v}_2 - \mathbf{v}_1 = \mathbf{v}_2 + (-\mathbf{v}_1)$

$\therefore |\Delta\mathbf{v}|^2 = \mathbf{v}_1^2 + \mathbf{v}_2^2 + 2\mathbf{v}_1\mathbf{v}_2\cos 120°$

$= \mathbf{v}^2 + \mathbf{v}^2 + 2\mathbf{v} \times \mathbf{v} \times \left(-\frac{1}{2}\right)$

अत: $|\Delta \mathbf{v}| = \mathbf{v} = 10$ m/s

15. *(c)* दिया है, दो परमाणुओं के मध्य अन्योन्य-क्रिया बल,

$$F = \alpha\beta \exp(-x^2/\alpha kT)$$

जैसा कि हम जानते है, चरघातांकी पद सदैव विमाहीन (Dimensionless) होते है।

अत: $\left(\frac{-x^2}{\alpha kT}\right)$ की विमा $= [M^0L^0T^0]$

$\therefore \alpha$ की विमा $= (x^2/kT)$ की विमा।

अब, समी. में विशिष्ट पदों की विमा को प्रतिस्थापित करने पर,

α की विमा $= \frac{[M^0L^2T^0]}{[M^1L^2T^{-2}]} = [M^{-1}L^0T^2]$

{$\because kT$ की विमा, ऊर्जा की विमा $= [M^1L^2T^{-2}]$ के तुल्य है}

अब, दिए गए समीकरण से,

F की विमा $= \alpha$ की विमा $\times \beta$ की विमा

$\therefore \beta$ की विमा $= \frac{F}{\alpha}$ की विमा $= \frac{[M^1L^1T^{-2}]}{[M^{-1}L^0T^2]}$

अत: β की विमा $[M^2L^1T^{-4}]$ होगी।

16. *(a)* ***संकेत*** *कक्षीय तापमान पर रुद्धोष्म प्रक्रम के अन्तर्गत एक आदर्श गैस के लिए, PV^γ = नियतांक या $TV^{\gamma-1}$ = नियतांक*

द्वि-परमाणुक गैस के लिए, स्वतन्त्रता की कोटि, $f = 5$

$$\therefore \quad \gamma = 1 + 2/f = 1 + \frac{2}{5} = \frac{7}{5}$$

चूँकि रुद्धोष्म प्रक्रम के लिए,

$$TV^{\gamma-1} = \text{नियतांक} \quad ...(i)$$

तथा दिया है, TV^x = नियतांक ...(ii)

समी. (i) तथा (ii) की तुलना करने पर,

$$\gamma - 1 = x \Rightarrow \frac{7}{5} - 1 = x \text{ या } x = 2/5$$

अत: x का मान $\frac{2}{5}$ होगा।

17. *(b)* माना उदासीन बिन्दु 'J' की लम्बाई x तथा विभवमापी तार की लम्बाइ 'L' है।

प्रथम स्थिति में परिपथ में धारा, $I_1 = \frac{6}{4+2} = 1$ A

$\therefore$ विभव प्रवणता $= I \times R = \frac{1 \times 4}{L}$

'AJ' भाग में उत्पन्न विभवान्तर $= \frac{1 \times 4}{L} \times x = \varepsilon_1$

दिया है, $\varepsilon_1 = 0.5 = \frac{4x}{L}$ या $\frac{x}{L} = \frac{1}{8} \Rightarrow x = \frac{L}{8}$ ...(i)

द्वितीय स्थिति में, परिपथ में उत्पन्न धारा, $I_2 = \frac{6}{4+6} = 0.6$

$\therefore$ विभव प्रवणता $= \frac{0.6 \times 4}{L}$

$\Rightarrow$ 'AJ' भाग में उत्पन्न विभवान्तर $= \frac{0.6 \times 4}{L} \times x = \varepsilon_2$

$\Rightarrow \quad \varepsilon_2 = \frac{0.6 \times 4}{L} \times \frac{L}{8} \quad$ [समी. (i) से,]

$\Rightarrow \quad \varepsilon_2 = 0.3$ V

अत: वैद्युत वाहक बल ε का मान 0.3 V होगा।

18. *(a)* f स्वातन्त्रय की कोटि वाले एक गैस की आन्तरिक ऊर्जा,

$U = \frac{n f RT}{2}$, जहाँ, n गैसों में उपस्थित मोलों की संख्या।

द्वि-परमाणुक ऑक्सीजन O_2 गैस के कारण आन्तरिक ऊर्जा,

$$U_1 = \frac{n_1 f_1 RT}{2} = 3 \times \frac{5}{2} RT$$

($\because n_1 = 3$ मोल की द्वि-परमाणुक गैस के लिए स्वातन्त्रय कोटि, $f_1 = 5$)

एक-परमाणुक, Ar गैस के कारण आन्तरिक ऊर्जा,

$$U_2 = \frac{n_2 f_2 RT}{2} = 5 \times \frac{3}{2} RT$$

($\because n_2 = 5$ मोल एकपरमाणुक गैस हेतु स्वातन्त्रय कोटि, $f_2 = 3$)

$\therefore$ कुल आन्तरिक ऊर्जा, $U = U_1 + U_2$

$$U = \frac{3 \times 5}{2} RT + 5 \times \frac{3}{2} RT \Rightarrow U = 15\,RT$$

अत: निकाय की कुल ऊर्जा $15\,RT$ होगी।

19. *(b)* समान लम्बाई l की दो लम्बी सम-अक्षीय (Coaxially) परिनालिकाओं जिनकी आन्तरिक एवं बाह्य कुण्डलियों की त्रिज्याएँ क्रमश: r_1 तथा r_2 है तथा प्रति इकाई फेरों की संख्या क्रमश: n_1 तथा n_2 है। r_1 त्रिज्या की आन्तरिक कुण्डली के कारण अन्योन्य प्रेरकत्व,

$$M = \mu_0 n_1 n_2 \pi r_1^2 l$$

आन्तरिक कुण्डली का स्व-प्रेरकत्व, $L = \mu_0 n_1^2 \pi r_1^2 l$

अत: आन्तरिक कुण्डली के अन्योन्य प्रेरकत्व तथा स्व-प्रेरकत्व का अनुपात,

$$\frac{M}{L} = \frac{n_1 n_2}{n_1^2} = \frac{n_2}{n_1}$$

20. *(*)* स्प्रिंग में प्रारम्भिक संपीड़न,

$$mg = k\left(\frac{x_0}{100}\right) \quad (x_0 \text{ cm में,})$$

दिया है, $m = 3$ kg

स्प्रिंग बल नियतांक, $k = 1.25 \times 10^6$ N/m

$$\therefore \quad x_0 = \frac{3 \times 10 \times 100}{1.25 \times 10^6} = \frac{3}{1250}$$

x_0 का मान बहुत अल्प है, तथा इसे नगण्य (शून्य) माना जा सकता है।

अत: संवेग संरक्षण सिद्धान्त से,

संघट्ट के पहले का संवेग = संघट्ट के पश्चात् संवेग

$$m \times \sqrt{2gh} = (m + M)\,v$$

($\because$ संघट्ट से ठीक पहले M पिण्ड का द्रव्यमान, $m = 1$ kg तथा ऊँचाई $h = 100$ m)

$v^2 - 0^2 = 2gh$ या $v = \sqrt{2gh}$)

दिए गए मानों को रखने पर,

$$1 \times \sqrt{2 \times 10 \times 100} = 4v \text{ या } 4v = 20\sqrt{5} \quad \therefore v = 5\sqrt{5} \text{ m/s}$$

माना यह अधिकतम वेग है, तब दिए गए निकाय के लिए, प्रयोग करने पर,

$$\frac{1}{2} mv^2 = \frac{1}{2} kx^2$$

$$\therefore \quad \frac{1}{2} \times 4 \times 125 = \frac{1}{2} \times 1.25 \times 10^6 \times \left(\frac{x}{100}\right)^2$$

$$\Rightarrow \quad 4 = 10^4 \times \frac{x^2}{10^4} \text{ या } x = 2 \text{ cm}$$

अत: प्रश्न में दिए गए विकल्पों में से कोई भी विकल्प सही नही हैं।

21. *(a)* हम जानते हैं कि λ तरंगदैर्ध्य के फोटॉन एक ऊर्जा-स्तर से दूसरे ऊर्जा-स्तर में जाता है तब ऊर्जा में कुल परिवर्तन,

$$\Delta E = hc / \lambda$$

दिया है, $hc = 12500$ eVÅ तथा $\lambda = 980$ Å

$$\Delta E = 12500/980 = 12.76 \text{ eV} \quad [\because hc = 12500 \text{ eVÅ}]$$

$$\Rightarrow \quad E_n - E_1 = 12.76 \text{ eV}$$

बोर की nवीं कक्षा में इलेक्ट्रॉन की ऊर्जा,

$$E_n = \frac{-13.6}{n^2} \text{ eV} \quad \text{...(i)}$$

$$\Rightarrow \quad E_n = E_1 + 12.76 \text{ eV} \quad \text{...(ii)}$$

$$= \frac{-13.6}{(1)^2} + 12.76 = -0.84$$

यह मान समी. (i) में रखने पर,

$$\Rightarrow \quad n^2 = \frac{-13.6}{-0.84} = 16 \Rightarrow n = 4$$

तथा nवीं कक्षा की त्रिज्या, $r_n = n^2 a_0 \Rightarrow r_n = 16\,a_0$

22. *(c)* द्रव के प्रवाह में प्रति एकांक समय का द्रव्यमान,

$$\frac{dm}{dt} = \rho A v$$

जहाँ, ρ = द्रव का घनत्व, A = द्रव प्रवाह क्षेत्र का क्षेत्रफल

तथा v = द्रव के प्रवाह का क्षैतिज वेग

$\therefore$ 25% द्रव के संवेग में परिवर्तन होता है; जिससे संवेग में कमी होती है।

[दिया है, $c = 3 \times 10^8$ m/s, $v_p = 6 \times 10^{14}$ m/s, $h = 6.63 \times 10^{-34}$ $m = 9.1 \times 10^{-31}$ kg]

$$\frac{dp_1}{dt} = \frac{1}{4}\left(\frac{dm}{dt}\right) v = \frac{1}{4} \rho A v^2 \quad \text{...(i)}$$

तथा 25% द्रव के संवेग में परिवर्तन, जोकि जाल से टकराकर उसी चाल से वापस आ जाता है।

$$\frac{dp_2}{dt} = \frac{1}{4}\left(\frac{dm}{dt}\right) \times 2v = \frac{1}{2} \rho A v^2 \quad \text{...(ii)}$$

[$\because$ वेग में कुल परिवर्तन $= 2v$]

जाल पर परिणामी दाब,

$$p = \frac{F_{\text{कुल}}}{A} = \frac{(dp_1/dt + dp_2/dt)}{A} \quad \left[\because F = \frac{dp}{dt}\right]$$

समी. (i) तथा (ii) से,

$$p = \frac{3}{4} \rho v^2 A / A = \frac{3}{4} \rho v^2$$

अत: जाल पर परिणामी द्रव का दाब, $\frac{3}{4} \rho v^2$ होगा।

23. *(b)* दिए गए फोटॉन की तरंगदैर्ध्य,

$$\lambda_p = \frac{c}{v_p} = \frac{3 \times 10^8}{6 \times 10^{14}} \text{ m} = 5 \times 10^{-7} \text{ m} \quad \text{...(i)}$$

दिया है, इलेक्ट्रॉन की डी-ब्रोग्ली तरंगदैर्ध्य,

$$\lambda_e = 10^{-3} \times \lambda_p \quad [\because \text{समी (i) से,}]$$

$$= 5 \times 10^{-10} \text{ m}$$

अत: इलेक्ट्रॉन की डी-ब्रोग्ली तरंगदैर्ध्य,

$$\lambda_e = \frac{h}{p} = \frac{h}{mv_e} \Rightarrow v_e = \frac{h}{\lambda_e m_e}$$

मान रखने पर,

$$\lambda_e = \frac{6.63\times10^{-34}}{5\times10^{-10}\times9.1\times10^{-31}}\ \text{m/s} = 1.45\times10^{6}\ \text{m/s}$$

अत: इलेक्ट्रॉन की चाल 1.45×10^6m/s होती है।

24. (*) दिया है, कण का समय पर निर्भर विस्थापन,

$$x(t) = A\sin\frac{\pi t}{90}$$

जहाँ, A सरल आवर्त गति का आयाम तथा t समय में कण उस बिन्दु पर पहुँच जाता है जहाँ उसकी स्थितिज ऊर्जा, $U = \frac{1}{2}kx^2$ तथा गतिज ऊर्जा $K = \frac{1}{2}k(A^2 - x^2)$ होती है।

समय $t = 210$s पर कण की ऊर्जा,

$$U = \frac{1}{2}kx^2 = \frac{1}{2}kA^2\sin^2\left(\frac{210}{90}\pi\right)$$

$$= \frac{1}{2}kA^2\sin^2\left(2\pi + \frac{3}{9}\pi\right) = \frac{1}{2}kA^2\sin^2\left(\frac{\pi}{3}\right)$$

समय, $t = 210$s पर कण की गतिज ऊर्जा,

$$K = \frac{1}{2}k(A^2 - x^2) = \frac{1}{2}kA^2\left[1 - \sin^2\left(\frac{210\pi}{90}\right)\right]$$

$$= \frac{1}{2}kA^2\cos^2(210\,\pi/90)$$

$$\Rightarrow \quad K = \frac{1}{2}kA^2\cos^2(\pi/3)$$

अत: गतिज तथा स्थितिज ऊर्जाओं का अनुपात,

$$\frac{K}{U} = \frac{\frac{1}{2}kA^2\cos^2(\pi/3)}{\frac{1}{2}kA^2\sin^2(\pi/3)} = \cot^2(\pi/3) = \frac{1}{3}$$

अत: प्रश्न में दिए गए विकल्पों में से कोई भी विकल्प सही नहीं है।

25. *(a)* दिया है, प्रगामी तरंग का समी.

$$y = 0.03\sin(450t - 9x) \quad \text{या} \quad y = 0.03\sin 450\left(t - \frac{9x}{450}\right) \quad \text{...(i)}$$

हम जानते हैं कि प्रगामी तरंग की सामान्य समीकरण,

$$y = A\sin\left(\omega t - \frac{x}{v}\right) \quad \text{...(ii)}$$

समी. (i) तथा (ii) की तुलना करने पर,

प्रगामी तरंग का वेग, $v = \frac{450}{9} = 50$ m/s

तथा कोणीय वेग, $\omega = 450$ rad/s

चूँकि 'T' तनाव वाली तनित डोरी में तरंग का वेग,

$$v = \sqrt{T/\mu}$$

जहाँ, μ रेखीय घनत्व है।

$$\therefore \quad T = \mu v^2 = 5\times10^{-3}\times50\times50 = 12.5\ \text{N}$$

($\because$ दिया है, $\mu = 5\ \text{g/m} = 5\times10^{-3}\ \text{kg/m}$)

26. *(c)* समावेशित गोलीयकोश के लिए, आन्तरिक वैद्युत विभव

$V_{\text{आन्तरिक}} = V_{\text{पृष्ठ}} = kq/r_0 =$ नियतांक

जहाँ, $r_0 =$ कोश की त्रिज्या

तथा r दूरी पर कोश के बाहर वैद्युत विभव,

$$V_{\text{बाह्य}} = \frac{kq}{r} \Rightarrow V \propto 1/r$$

अत: ग्राफ, समावेशित गोलिय कोश के कारण केन्द्र से r दूरी के साथ विभव में परिवर्तन को दर्शाता है।

27. *(d)* माना प्रतिरोध की वैद्युत शक्ति क्रमश: P_1 तथा P_2 है। अत: श्रेणीक्रम संयोजन में वैद्युत शक्ति,

$$P_0 = \frac{P_1P_2}{P_1 + P_2} = 60\text{W}$$

चूँकि, प्रतिरोध बराबर है, इसलिए श्रेणीक्रम संयोजन में प्रत्येक प्रतिरोध से प्रवाहित धारा का मान भी समान होगा।

तब, $P_1 = P_2 = 120$ W $\quad \left[\because P = \frac{V^2}{2R}\right]$

समान्तर क्रम संयोजन में,

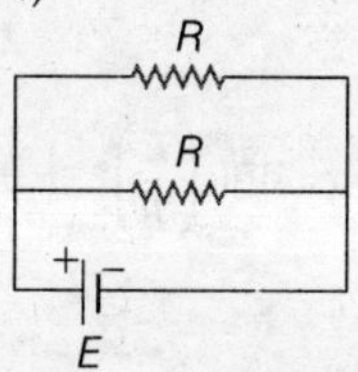

$$P = P_1 + P_2 = 120 + 120 = 240\ \text{W}$$

अत: समान्तर क्रम में जोड़ने पर परिपथ की वैद्युत शक्ति 240 W होगी।

वैकल्पिक विधि

माना R प्रतिरोध को श्रेणीक्रम तथा समान्तर क्रम में जोड़ा जाता है।

$\therefore$ श्रेणी क्रम में कुल प्रतिरोध $= R + R = 2R$

$$P = \frac{V^2}{2R} = 60\ \text{W} \Rightarrow \frac{V^2}{R} = 120\ \text{W}$$

समान्तर क्रम संयोजन में प्रतिरोध $= \frac{R\times R}{R + R} = R/2$

$$P' = \frac{V^2}{R/2} = 2\left(\frac{V^2}{R}\right) = 240\ \text{W}$$

28. *(c)* निर्वात् में, वैद्युत चुम्बकीय तरंग का वेग,

$$c = \frac{1}{\sqrt{\mu_0\varepsilon_0}} = \frac{E_0}{B_0} \quad \text{...(i)}$$

जहाँ, E_0 तथा B_0 क्रमश: परिवर्ती वैद्युत तथा चुम्बकीय क्षेत्रों के आयाम है। अब, जब यह 'n' अपवर्तनांक के माध्यम में प्रवेश करती है, तरंग का वेग

$$v = \frac{1}{\sqrt{\mu\varepsilon}} = \frac{1}{\sqrt{K\varepsilon_0\mu}} = \frac{E}{B} \quad \text{...(ii)}$$

जहाँ, K माध्यम का परावैद्युतांक है, समी. (i) तथा (ii) से,

$$\frac{v}{c} = \frac{1}{\sqrt{K}} \quad \text{...(iii)}$$

($\because$ एक पारदर्शी माध्यम हेतु, $\mu_0 \approx \mu$)

$\therefore$ यदि माध्यम का अपवर्तनांक 'n' हो

तब, $\frac{c}{v} = n$ या $\frac{v}{c} = \frac{1}{n}$ ...(iv)

∴ समी. (iii) तथा (iv) से,

$$n = \sqrt{K} \text{ या } K = n^2 \quad ...(v)$$

वैद्युत चुम्बकीय तरंग की तीव्रता,

$$I = \frac{1}{2}\varepsilon_0 E_0^2 c$$

तथा माध्यम में, तरंग की तीव्रता का समी.,

$$I' = \frac{1}{2}K\varepsilon_0 E^2 v$$

दिया है, $I = I'$

$$\frac{1}{2}\varepsilon_0 E_0^2 c = \frac{1}{2}K\varepsilon_0 E^2 v \text{ या } \left(\frac{E_0}{E}\right)^2 = \frac{Kv}{c} \quad ...(vi)$$

समी. (iv), (v) तथा (vi) से,

$$\left(\frac{E_0}{E}\right)^2 = \frac{n^2}{n} = n \quad \text{या } E_0/E = \sqrt{n}$$

इसी प्रकार, $\frac{1}{2}\cdot\frac{B_0^2}{\mu_0}c = \frac{1}{2}\cdot\frac{B^2}{\mu_0}v \Rightarrow \frac{B_0}{B} = \frac{1}{\sqrt{n}}$

वैकल्पिक विधि

हम जानते है कि

$$\left(\frac{E_0}{B_0}\right)_{\text{वायु / निर्वात}} = c \text{ तथा } \left(\frac{E}{B}\right)_{\text{माध्यम}} = v$$

$$\because \quad n = \frac{c}{v}$$

$$\frac{E_0/B_0}{E/B} = \frac{c}{v} = n \Rightarrow \frac{E_0/E}{B_0/B} = n$$

यह तभी सम्भव है, जब $\frac{E_0}{E} = \sqrt{n}$ तथा $\frac{B_0}{B} = \frac{1}{\sqrt{n}}$.

29. *(c)* लेन्स सूत्र से,

$$\frac{1}{f} = \frac{1}{v} - \frac{1}{u} \quad ...(i)$$

$$\Rightarrow \frac{1}{v} = \frac{1}{f} + \frac{1}{u} \Rightarrow \frac{uf}{u+f} = v \Rightarrow \frac{v}{u} = \frac{f}{u+f} \quad ...(ii)$$

अब, t के सापेक्ष समी. (i) का अवकलन करने पर,

$$0 = -\frac{1}{v^2}\cdot\frac{dv}{dt} + \frac{1}{u^2}\cdot\frac{du}{dt}$$

[∵ उत्तल लेन्स की फोकस दूरी f नियत है]

या $\frac{dv}{dt} = \frac{v^2}{u^2}\cdot du/dt \Rightarrow \frac{dv}{dt} = \left(\frac{f}{u+f}\right)^2\cdot\frac{du}{dt}$ [समी. (ii) से,]

दिया है, $f = 0.3$ m, $u = -20$ m, $du/dt = 5$ m/s

∴ प्रतिबिम्ब की चाल, $\frac{dv}{dt} = \left(\frac{0.3}{0.3-20}\right)^2 \times 5$

$$= \left(\frac{3}{197}\right)^2 \times 5 = 1.16 \times 10^{-3} \text{ m/s}$$

इस प्रकार प्रतिबिम्ब, 1.16×10^{-3} m/s की चाल के साथ लेन्स की ओर गति करता है।

30. *(b)* r दूरी पर स्थित दो आवेशों q_1 तथा q_2 के मध्य वैद्युत स्थितिज ऊर्जा,

$$U = \frac{Kq_1q_2}{r}$$

अध्यारोपण सिद्धान्त के अनुसार, आवेश निकाय की कुल ऊर्जा,

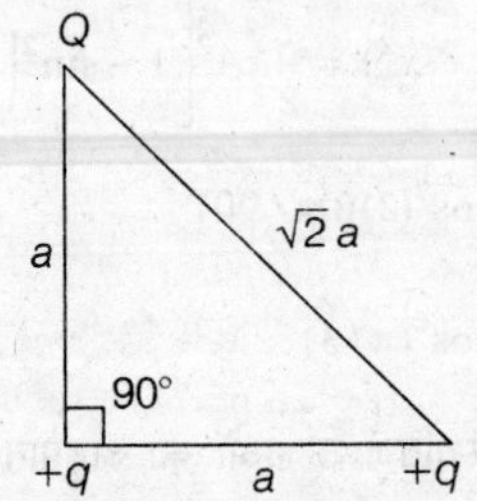

$$U = \frac{Kq^2}{a} + \frac{KQq}{a} + \frac{KQq}{\sqrt{2}a}$$

दिया है, $U = 0$

$$\therefore \frac{Kq}{a}\left[q + Q + \frac{Q}{\sqrt{2}}\right] = 0 \Rightarrow Q = \frac{-\sqrt{2}\times q}{(\sqrt{2}+1)}$$

अतः इस विन्यास में आवेश Q का मान $\frac{-\sqrt{2}\times q}{\sqrt{2}+1)}$ होगा।

रसायन विज्ञान

31. *(d)* ठोस सॉल में परिक्षिप्त अवस्था एवं परिक्षेपण माध्यम दोनों ठोस होते हैं। *जैम*-स्टोन में, धातु क्रिस्टल (लवण तथा धातु के ऑक्साइड) ठोस (पत्थर) माध्यम में परिक्षिप्त होते हैं। हेयर क्रीम एक पायस (द्रव में द्रव) है। मक्खन (ठोस में द्रव) एक कोलॉइडी विलयन है। पेन्ट भी (द्रव में ठोस) सॉल है।

32. *(b)* ड्यूमा विधि में, दहन नली में कार्बनिक यौगिकों को शुष्क क्यूप्रिक ऑक्साइड के साथ CO_2 के वायुमण्डल में गर्म करते हैं, गर्म करने पर उपस्थित कार्बन एवं हाइड्रोजन, CO_2 तथा जलवाष्प में अम्लीकृत हो जाती है, जबकि N_2 मुक्त रहती है।

माना कार्बनिक यौगिक का (1 मोल) आण्विक सूत्र $C_xH_yN_z$ है। ड्यूमा विधि में,

$$C_xH_yN_z + \left(2x + \frac{y}{2}\right)CuO \longrightarrow xCO_2 + \underset{\frac{y}{2}\text{ मोल}}{\frac{y}{2}H_2O} + \underset{\frac{z}{2}\text{ मोल}}{\frac{z}{2}N_2} + \left(2x + \frac{y}{2}\right)Cu$$

अब, $x = 6, \frac{y}{2} = 4 \Rightarrow y = 8$ और $\frac{z}{2} = 1 \Rightarrow z = 2$

∴ यौगिक का आण्विक सूत्र $C_6H_8N_2$ होता है।

33. *(c)* तापीय साम्यावस्था पर अन्तिम ताप $T_f = \frac{T_1 + T_2}{2}$

⇒ प्रथम ब्लॉक के लिए, $\Delta S_I = C_p \ln\frac{T_f}{T_1}$

⇒ द्वितीय ब्लॉक के लिए, $\Delta S_{II} = C_p \ln\frac{T_f}{T_2}$

जब एक-दूसरे के सम्पर्क में आते हैं

$$\Delta S = \Delta S_I + \Delta S_{II} = C_p \ln \frac{T_f}{T_1} + C_p \ln \frac{T_f}{T_2}$$

$$= C_p \ln\left(\frac{T_f}{T_1} \times \frac{T_f}{T_2}\right) = C_p \ln\left[\frac{T_f^2}{T_1 T_2}\right]$$

$$= C_p \ln\left[\frac{\left(\frac{T_1 + T_2}{2}\right)^2}{T_1 T_2}\right] = C_p \ln\left[\frac{(T_1 + T_2)^2}{4T_1 T_2}\right]$$

34. *(a)*

सेल ऐनोड *(A)* कैथोड *(C)*	$E°_{सेल}$ (SRP) = $E°_C - E°_A$	$E°_{सेल}$ **मुक्त इलेक्ट्रॉन स्थानान्तरण**
Zn Ag 1. $[Zn + 2Ag^+ \longrightarrow Zn^{2+} + 2Ag]$	0.80 − (−0.76) = + 1.56 V के लिए $2e^-$	$+\frac{1.56}{2}$ = + 0.78 V
Zn Fe 2. $[Zn + Fe^{2+} \longrightarrow Zn^{2+} + Fe]$	− 0.44 − (− 0.76) = + 0.32 V के लिए $2e^-$	$+\frac{0.32}{2}$ = + 0.16 V
Zn Au 3. $[3Zn + 2Au^{3+} \longrightarrow 3Zn^{2+} + 2Au]$	1.40 − (−0.76) = + 2.4 V के लिए $6e^-$	$+\frac{2.16}{6}$ = + 0.36 V
Zn Fe 4. $[3Zn + 2Fe^{3+} \longrightarrow Zn^{2+} + 2Fe^{2+}]$	0.77 − (−0.76) = + 1.53 V के लिए $2e^-$	$+\frac{1.53}{2}$ = + 0.765 V

35. *(c)* सही मिलान A → (ii) B → (i) C → (iii)

(A) **नॉरऐथिनेड्रॉन** यह एक प्रतिजनन औषधि (ii) है, जिसमें कृत्रिम प्रोजेस्ट्रोन व्युत्पन्न होता है [अन्य समान औषधि एथिनिलएस्ट्रेडियोल (नोवेस्ट्रोल)]

(B) **ऑफ्लोक्सिन** यह एक प्रतिजैविक (i), है, अर्थात् पूर्णतया या आंशिक रूप से रासायनिक संश्लेषण द्वारा निम्न सान्द्रता के सूक्ष्मजीवों द्वारा उत्पन्न होता है। [कुछ अन्य समान औषधि पेनिसिलिन क्लोरम्फेनिकोल, सैल्वरसन इत्यादि हैं]

(C) ऐक्वानिल (मेप्रोबैमेट) यह एक मध्यम प्रशान्तक है, जो उच्च रक्तचाप के उपचार में प्रयुक्त होता है। यह चिन्ता, तनाव एवं उत्तेजना को शान्त करता है। (अन्य समान औषधि क्लोरम्जीपॉक्साइड हैं।)

36. *(c)* सही मिलान A → (iii) B → (iv) C → (i) D → (ii)

(A) कोबाल्ट (Co), विटामिन B_{12} (iii) में उपस्थित होता है। विटामिन B_{12} का आण्विक सूत्र, $C_{63}H_{88}\overset{II}{Co}N_{14}O_{14}P$ होता है।

(B) जिंक, (Zn) कार्बोनिक ऐनहाइड्रेज (iv) में उपस्थित होता है। जिसमें तीन हिस्टीडीन इकाईयाँ तथा —OH समूह एक जिंक (II) आयन के साथ जुड़े होते है।

(C) Rh, विल्किन्सन उत्प्रेरक (i) में उपस्थित होता है। जिसका आण्विक सूत्र $[RhCl(PPh_3)_3]$ होता है।

(D) Mg, क्लोरोफिल (ii) में उपस्थित रहता है, जिसका आण्विक सूत्र $C_{55}H_{70}O_6N_4Mg$ (क्लोरोफिल-(b)) होता है।

37. *(a)*

तत्व	आवर्त संख्या	समूह संख्या	
C	2nd	14	
Al	3rd	13	आवर्त में परमाणु त्रिज्या घटती है, अत: त्रिज्या Al > S.
S	3rd	16	
Cs	6th	1	

नए कोश में आवर्त संख्या व परमाणु त्रिज्या बढ़ती हैं, क्योंकि क्रमागत एक अतिरिक्त इलेक्ट्रॉन का योग होता है, अत: दिए गए तत्वों की परमाणु त्रिज्या C < S < Al < Cs होगी।

38. *(d)* दिया गया ऐमीनो अम्ल $NaNO_2 / H_3O^+$ के साथ डाइऐजोटीकरण अभिक्रिया देता है, जो आगे $-N_2$ गैस के निकलने के साथ कार्बोकैटायन बनाता है। उसके बाद जल से अभिक्रिया के साथ यह HOOC—$(CH_2)_4$—OH बनाता है, जो बहुलीकरण के द्वारा बहुलक देता है

$$HOOC(CH_2)_4NH_2 \xrightarrow[\text{(डाइऐजोटीकरण)}]{NaNO_2/H_3O^+} HOOC(CH_2)_4N_2^{\oplus} \xrightarrow{-N_2} HOOC(CH_2)_3\overset{+}{C}H_2$$

डाइऐजोनियम आयन ऐलिफैटिक (अस्थायी)

$\xrightarrow{-H^{\oplus},\ -H_2O}$ HOOC—$(CH_2)_4$—OH $\xrightarrow{\text{बहुलीकरण}}$ HO—C(=O)—$(CH_2)_4$—O—H + HO—C(=O)—$(CH_2)_4$—OH $\xrightarrow{-H_2O}$

----O—$(CH_2)_4$—C(=O)—O—$(CH_2)_4$—C(=O)---- (एक एस्टर समूह) or $[$—O—$(CH_2)_4$—C(=O)—$]_n$ (पॉलीमर)

39. *(d)* सही विकल्प है

A → (ii); B → (iii); C → (iv)

(A) **H_2O तथा चीनी का मिश्रण** ये रासायनिक रूप से क्रिया नहीं करते हैं। गर्म करने पर, H_2O में चीनी की विलेयता बढ़ती है तथा संतृप्त विलयन को तीव्रता से ठण्डा करने पर, चीनी पुन: क्रिस्टलीकृत (ii) हो जाती है।

(B) **H_2O तथा ऐनिलीन का मिश्रण** ऐनिलीन भाप में वाष्पशील, परन्तु जल में अविलेय है। अत: भाप आसवन (iii) का प्रयोग उनके पृथक्करण के लिए प्रयुक्त किया जाता है।

(C) **H_2O तथा टॉलूईन का मिश्रण** टॉलूईन भाप में अवाष्पशील तथा जल में अविलेय है। अत: विभेदीपृथक्करण विधि (प्रभाजी आसवन) (iv) का प्रयोग इनके पृथक्करण में किया जाता है।

40. *(d)* HBr की उपस्थिति में, >C═C< समूह वाले क्रियाकारकों में इलेक्ट्रॉनस्नेही योग अभिक्रिया होती है तथा प्रतिस्थापित ऐल्किल हैलाइड देते हैं और पुन: ऐल्कोहॉलिक KOH के साथ क्रिया द्वारा α,β-विलोपन होता है, जिससे सम्बन्धित डाइईन उत्पन्न होती है। डाइईन ईनॉलिकरण द्वारा स्थायी उत्पाद (फीनॉल) देता है।

Cl C═C के α-स्थिति पर-/- प्रभाव

HBr

ऐसीटिक β–H

HBr के इलेक्ट्रॉनस्नेही योग में कार्बोकैटायन का निर्माण

C═C की β-स्थिति पर-/ -प्रभाव

−HCl −HBr ऐल्को KOH (α, β−विलोपन)

[संयुग्मित डाइईन, स्थायी]

ऐरोमैटिकता के लिए ईनॉलिकरण

[अधिक स्थायी, फीनॉल]

41. *(b)* रासायनिक अभिक्रिया की दर की तापमान पर निर्भरता को आर्हेनियस समीकरण व्यंजक द्वारा व्यक्त करते हैं

$$k = Ae^{-E_a/RT} \quad ...(i)$$

यहाँ, A = आर्हेनियस कारक या कम्पन्न कारक या प्रीएक्सपोनेशियल कारक

R = गैस स्थिरांक, E_a = सक्रियण ऊर्जा

दोनों ओर समीकरण (i) का लघुगणक लेने पर

$$\ln k = \ln A - \frac{E_a}{RT}$$

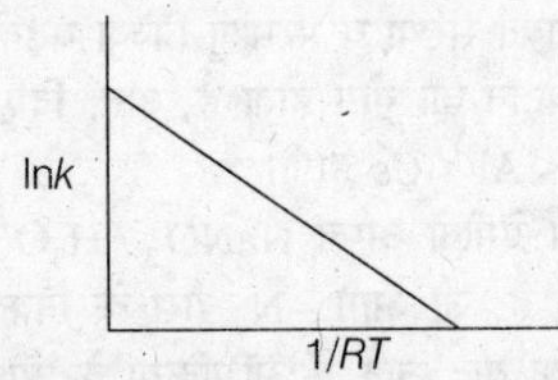

सरल रेखा समीकरण ($y = mx + c$) से तुलना करने पर

$\ln k$ के सापेक्ष $\frac{1}{RT}$ ग्राफ की प्रकृति निम्न प्रकार होगी

(i) अन्त:खण्ड $= C = \ln A$

(ii) ढाल $= m = -E_a = -y \Rightarrow E_a = y$

अत: क्रियाकारक को सक्रिय करने के लिए आवश्यक ऊर्जा अभिक्रिया की संक्रियण ऊर्जा $E_a = y$) है।

42. *(c)* Ni/H_2, $—C \equiv N$ को $—CH_2—NH_2$ (1° ऐमीन) में अपचयित कर सकता है, परन्तु एस्टर समूह ($—CO_2Et$) को नहीं, जबकि DIBAL-H, डाईआइसोब्यूटिल ऐलुमिनियम हाइड्राइड, $[(CH_3)_2CH]_2AlH]$; एस्टर समूह ($—CO_2Et$) को CHO (ऐल्डिहाइड) तथा C_2H_5OH में अपचयित कर देता है

OEt, C≡N —Ni/H₂/Δ→ OEt, NH₂ —DIBAL–H, –EtOH→ CH=O, NH₂ —–H₂O (नाभिकस्नेही योगात्मक विलोपन अभिक्रिया)→ (1, 2 N, 3, 4)

43. *(a)* $N_2(g) + 3H_2(g) \rightleftharpoons 2NH_3(g)$

साम्यावस्था पर, $p_{N_2} = P$, $p_{H_2} = 3P$, $p_{NH_3} = 2P$

$\Rightarrow \quad p_{(total)} = p_{N_2} + p_{H_2} + p_{NH_3} \simeq p_{N_2} + p_{H_2}$ $[\because P_{(total)} >> p_{NH_3}]$

$= p + 3p = 4p$

अब, $$K_p = \frac{p^2_{NH_3}}{p_{N_2} \times p^3_{H_2}} = \frac{p^2_{NH_3}}{p \times (3p)^3}$$

$$= \frac{p^2_{NH_3}}{27 \times p^4} = \frac{p^2_{NH_3}}{27 \times \left(\frac{P}{4}\right)^4} \quad [\because P = 4p]$$

$$K_p = \frac{p^2_{NH_3} \times 4^4}{3^2 \times 3 \times P^4} \Rightarrow p^2_{NH_3} = \frac{3^2 \times 3 \times P^4 \times K_p}{4^4}$$

$$\Rightarrow \quad p_{NH_3} = \frac{3 \times 3^{1/2} \times P^2 \times K_p^{1/2}}{4^2} = \frac{3^{3/2} \times P^2 \times K_p^{1/2}}{16}$$

44. *(c)* दिए गए $3d$-श्रेणी की संक्रमण धातुओं के यौगिकों में अधिक स्थायी ऑक्सीकरण अवस्था निम्न प्रकार है

Sc : +3; Ti : +3, +4; V : +2, +3, +4, +5; Cu : +1, +2

Sc ($Z = 21$) का इलेक्ट्रॉनिक विन्यास $[Ar]\,3d^1, 4s^2$ है।

केवल एक $3d$-इलेक्ट्रॉन (युग्मन ऊर्जा नहीं) तथा दो $4s$-इलेक्ट्रॉनों की उपस्थिति के कारण ये आसानी से आयनित होकर अधिक स्थायी +3 ऑक्सीकरण अवस्था ग्रहण कर लेते हैं।

45. *(c)* परॉक्सीऐसीटिल नाइट्रेट (PAN) का आण्विक सूत्र

$$CH_3—\overset{\overset{O}{\|}}{C}—O—O—NO_2$$

यह एक द्वितीयक प्रदूषक है, यह प्रकाश रासायनिक स्मॉग (ऑक्सीकारी या लॉस ऐंजिलस स्मॉग) में उपस्थित होता है। PAN एक शक्तिशाली अश्रु उत्पन्न करने वाला होता है तथा इसके कारण श्वसन में बाधा होती है।

46. *(b)* Na^+H^- आयनिक या लवणीय हाइड्राइड है। ये हाइड्राइड तब बनते है, जब हाइड्रोजन धातु (कम विद्युत ऋणी), अधिक विद्युत धनी धातु (हाइड्रोजन के सापेक्ष) के साथ संयोग करती हैं। Be तथा Mg के अतिरिक्त, सभी s-ब्लॉक धातुएँ लवणीय हाइड्राइड बनाती है।

p-ब्लॉक तत्वों के हाइड्राइड सहसंयोजक प्रकृति के होते हैं अर्थात् इलेक्ट्रॉन न्यून हाइड्राइड (समूह-13 के तत्वों द्वारा) इलेक्ट्रॉन यथार्थ हाइड्राइड (समूह-14 के तत्वों द्वारा) तथा इलेक्ट्रॉन धनी हाइड्राइड (15-17 समूहों के तत्वों द्वारा) बनते हैं। d, f-ब्लॉक के धातु हाइड्राइड अन्तरास्थलीय या धात्विक हाइड्राइड कहलाते हैं।

47. *(a)* $$\Delta E = hc \times \frac{1}{\lambda} = hc \times \left[R_H\left(\frac{1}{n_1^2} - \frac{1}{n_2^2}\right) \times Z^2\right]$$

$$\Rightarrow \quad \frac{1}{n_1^2} - \frac{1}{n_2^2} = \frac{hc}{R_H \times \lambda \times Z^2 \times hc} \quad [\text{H परमाणु के लिए } Z = 1]$$

$$= \frac{1}{R_H \times \lambda} = \frac{1}{(1 \times 10^7\ m^{-1})} \times \frac{1}{(900 \times 10^{-9}\ m)}$$

$$\Rightarrow \quad \frac{1}{n_1^2} - \frac{1}{n_2^2} = \frac{1}{9}$$

इसलिए विकल्प (a) में $\frac{1}{3^2} - \frac{1}{\infty^2} = \frac{1}{9} - 0 = \frac{1}{9}$ $\left[\because n_1 = 3, n_2 = \infty\right]$

48. *(c)* क्षारीय $KMnO_4$ की उपस्थिति में, ऐल्किल या ऐसिल बेन्जीन का ऑक्सीकरण होता है। ऑक्सीकरण के दौरान, ऐरोमैटिक नाभिक अक्रिय रहता है, परन्तु पूरी श्रृंखला — COOH समूह में कार्बन श्रृंखला की लम्बाई के सन्दर्भ में ऑक्सीकृत हो जाती है

O=C—CH₃ —प्रबल (MnO₄⁻/OH⁻/Δ) ऑक्सीकारी विदलन→ O=C—O⁻K⁺

(CH₃ भी ऑक्सीकृत होता है) —KMnO₄/KOH/Δ, प्रबल ऑक्सीकरण [O]→ COO⁻K⁺ —H₃O⁺ (तनु H₂SO₄)→ COOH, COOH

49. *(c)* (1) H_2 100% प्रदूषण मुक्त ईंधन है, अत: कथन (1) सही है।

(2) H_2 का आण्विक भार (2u) $= \frac{1}{29} \times$ ब्यूटेन का आण्विक भार,

C_4H_{10} (LPG) [58u].

अतः सम्पीडित H_2 का भार पेट्रोल टैंक की तुलना में~30 गुना होता है। अतः कथन (2) सही है।

(3) $NaNi_5$, Ti-TiH_2 इत्यादि का प्रयोग H_2 की कम मात्रा के संग्रहण में काम आता है, अतः कथन (3) सही है।

(4) द्रव हाइड्रोजन (H_2) के प्रति ग्राम दहन से मुक्त ऊर्जा का मान 142 kJ g^{-1} तथा LPG के लिए : 50 kJ g^{-1} होता है, अतः कथन (4) असत्य है।

50. *(a)* सही सुमेल A → (iii); B → (iv); C → (ii); D → (i) है

(A) सिडेराइट आयरन का अयस्क है, जिसका सूत्र $FeCO_3$(iii) है।

(B) क्रायोलिनाइट ऐलुमिनियम का अयस्क है, जिसका सूत्र $Al_2Si_2(OH)_2O_5$ (iv) है।

(C) मैलेकाइट कॉपर का अयस्क है, जिसका आण्विक सूत्र $CuCO_3 \cdot Cu(OH)_2$ (ii) होता है।

(D) कैलेमाइन जिंक का अयस्क है, जिसका आण्विक सूत्र $ZnCO_3$(i) है।

51. *(d)* RNA में ऐडिनिन (*A*), ग्वानीन (*G*), साइटोसीन (*C*) तथा यूरेसिल (*U*) पाए जाते है। दिए गए विकल्पों में

(a) साइटोसीन है (DNA तथा RNA दोनों में उपस्थित)

(b) थायमीन है (केवल DNA में उपस्थित)

(c) यह पिरीमिडीन क्षार नहीं है, परन्तु पिरीमिडीन का व्युत्पन्न है।

(d) यूरेसिल है (केवल RNA में उपस्थित)

52. *(d)* समूह-2 के धातु हाइड्रॉक्साइडों के लिए, क्षारीयता समूह में नीचे की ओर बढ़ती है जैसे–

$Be(OH)_2 < Mg(OH)_2 < Ca(OH)_2 < Sr(OH)_2 < Ba(OH)_2$

क्योंकि धातु परमाणु का आकार बढ़ता है। *M*—OH बन्ध लम्बाई बढ़ती है या *M*—OH बन्ध दुर्बल हो जाता है, अतः शीघ्रता से टूट जाता है OH^- मुक्त करता है, जो कि इन विलयनों की क्षारीयता के लिए उत्तरदायी है, परन्तु $Be(OH)_2$ उभयधर्मी (अम्लीय के साथ क्षारीय) गुण दर्शाता है। यह अम्ल तथा क्षार दोनों के साथ क्रिया करता है, जिनकी अभिक्रियाएँ निम्न प्रकार है,

$Be(OH)_2$ क्षार के रूप में

$$Be(OH)_2 + 2HCl \longrightarrow BeCl_2 + 2H_2O$$

$Be(OH)_2$ अम्ल के रूप में

$$Be(OH)_2 + 2NaOH \longrightarrow Na_2[Be(OH)_4]$$

53. *(d)* हम जानते है, हिमांक बिन्दु (ΔT_f) में अवनमन

$$T°_f - T_f = K_f \times m \times i$$

यहाँ, K_f = मोलल अवनमन स्थिरांक

$$m = \text{मोललता} = \frac{w_{\text{विलेय}} \times 1000}{M_{\text{विलेय}} \times w_{\text{विलायक (ग्राम में)}}}$$

i = वान्ट हॉफ गुणांक

तनु दुग्ध के लिए

$$\Delta T_{f_1} = K_f \times m_1 \times i$$

$$\Rightarrow 0-(0.2) \Rightarrow 0.2 = K_f \times \frac{w_{milk} \times 1000}{M_{milk} \times w_1(H_2O)} \times 1$$

शुद्ध दुग्ध के लिए

$$\Delta T_{f_2} = K_f \times m_2 \times i$$

$$\Rightarrow 0-(-0.5) = 0.5 = K_f \times \frac{w_{milk} \times 1000}{M_{milk} \times w_2(H_2O)} \times 1$$

इसलिए

$$\frac{0.2}{0.5} = \frac{K_f}{K_f} \times \frac{w_{milk} \times 1000}{M_{milk} \times w_1(H_2O)} \times \frac{M_{milk} \times w_2(H_2O)}{w_{milk} \times 1000} = \frac{w_2(H_2O)}{w_1(H_2O)}$$

$$\Rightarrow \frac{w_2(H_2O) \text{ (शुद्ध दूध में)}}{w_1(H_2O) \text{ (तनु दूध में)}} = \frac{2}{5}$$

अर्थात् 3 कप पानी को 2 कप शुद्ध दुग्ध में मिलाया गया।

54. *(b)* (OH तथा SO_3H युक्त बेन्ज़ीन) में इप्सो आक्रमण होता है, जिस कार्बन पर SO_3H समूह उपस्थित होता है।

ArS_E2 की अभिक्रिया के वेग निर्धारक पद में Br^+ इलेक्ट्रॉनस्नेही द्वारा विसल्फोनिकरण तीव्रता से होता है।

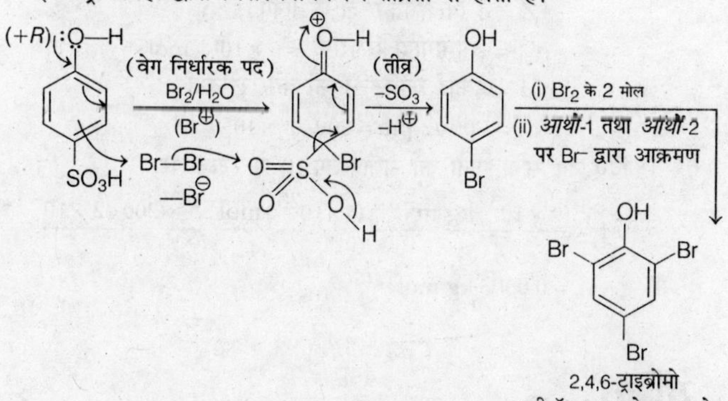

55. *(c)* दिए गए यौगिक समूह-14 के टेट्राहैलाइड (MCl_4) है MCl_4 के जल-अपघटन (नाभिकस्नेही प्रतिस्थापन) के लिए *M*—Cl बन्ध होना आवश्यक है।

$\overset{\delta^+}{M}$—$\overset{\delta^-}{Cl}$

यह अपनी सहसंयोजकता को 4 से अधिक विस्तृत *d*-कक्षकों के प्रयोग द्वारा कर सकता है, जिससे यह H_2O (नाभिक स्नेही) के इलेक्ट्रॉन युग्मों को ग्रहण कर सके।

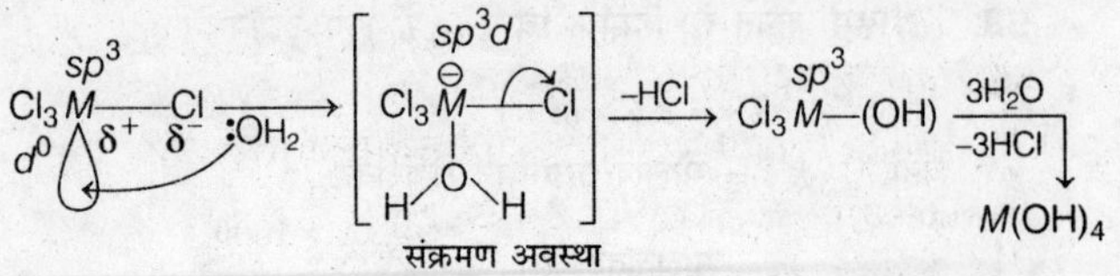

$$Cl_3\overset{sp^3}{M}—Cl \; :OH_2 \xrightarrow{} \left[Cl_3\overset{sp^3d}{\overset{\ominus}{M}}—Cl \right] \xrightarrow{-HCl} Cl_3\overset{sp^3}{M}—(OH) \xrightarrow[-3HCl]{3H_2O} M(OH)_4$$

संक्रमण अवस्था

यहाँ, M, Si, Sn तथा Pb हो सकता है, क्योंकि इनके पास रिक्त nd-कक्षक होते हैं, परन्तु कार्बन द्वितीय आवर्त ($n = 2, l = 0, 1$), का सदस्य है। इसके पास d-कक्षक ($l = 2$) नहीं है, अत: CCl_4 जल-अपघटित नहीं होगा, अत: विकल्प (c) सही है।

56. *(c)* दिए गए T के मान के लिए,

(i) यदि $\Delta_r G^\circ < 0$ होता है, तो अभिक्रिया अग्रदिशा में स्वत: होगी तथा इसके लिए मुख्य तथा गौण घटक क्रमश: X तथा Y है।

(ii) यदि $\Delta_r G^\circ > 0$ होता है, तो अभिक्रिया अग्रदिशा में स्वत: नही होगी तथा इसके लिए: मुख्य तथा गौण घटक क्रमश: Y तथा X है।

(a) $\Delta_r G^\circ = 120 - \frac{3}{8} \times 280 = 15$

अर्थात $\Delta_r G^\circ > 0$, मुख्य घटक $= X$

(b) $\Delta_r G^\circ = 120 - \frac{3}{8} \times 300 = 7.5$

अर्थात $\Delta_r G^\circ > 0$, मुख्य घटक $= X$

(c) $\Delta_r G^\circ = 120 - \frac{3}{8} \times 315 = 1.875$

अर्थात $\Delta_r G^\circ > 0$, मुख्य घटक $= X$

(d) $\Delta_r G^\circ = 120 - \frac{3}{8} \times 350 = -11.25$

अर्थात $\Delta_r G^\circ < 0$, मुख्य घटक $= Y$

57. *(b)* क्रिस्टल का घनत्व

$$d = \frac{M \times Z}{N_A \times a^3} \Rightarrow M = \frac{d \times N_A \times a^3}{Z} \quad \ldots \text{(i)}$$

दिया है, $d = 9 \times 10^3$ kg m^{-3}

M = ठोस का मोलर द्रव्यमान

$Z = 4$ (fcc क्रिस्टल के लिए)

N_A = आवोगाद्रो स्थिरांक $= 6 \times 10^{23}$ mol^{-1}

a = इकाई कोष्ठिका की कोर लम्बाई

$= 200\sqrt{2}$ pm $= 200\sqrt{2} \times 10^{-12}$ m

दिए गए सभी मानों को समीकरण (i) में रखने पर

$$M = \frac{(9 \times 10^3)\text{kg m}^{-3} \times (6 \times 10^{23})\text{mol}^{-1} \times (200\sqrt{2} \times 10^{-12})^3 \text{m}^3}{4}$$

$M = 0.0305$ kg mol^{-1}

58. *(d)* घुलित ऑक्सीजन (DO) वह ऑक्सीजन है, जो या तो वायुमण्डल या प्रकाश संश्लेषण से जल में घुली होती है। जल नमूनें में घुलित ऑक्सीजन की निम्न मात्रा का अर्थ जल नमूनें का अधिक प्रदूषित होना है। ठण्डे पानी में घुलित ऑक्सीजन की मात्रा 10 ppm तक पहुँच जाती है, परन्तु सामान्य जल (कक्ष ताप पर) 5 ppm होती है।

59. *(c)* $\underset{2\text{ मोल}}{2NaHCO_3} + \underset{1\text{ मोल}}{H_2C_2O_4} \longrightarrow \underset{2\text{ मोल}}{2CO_2} + Na_2C_4O_4 + H_2O$

$\Rightarrow$ अभिक्रिया में उत्पन्न CO_2 के मोल

$$n = \frac{pV}{RT} = \frac{1 \text{ bar} \times 0.25 \times 10^{-3}\text{ L}}{0.082 \text{ L atm K}^{-1}\text{mol}^{-1} \times 298.15 \text{ K}}$$

$$= 1.02 \times 10^{-5} \text{ mol}$$

$$NaHCO_3 \text{ के मोलों की संख्या} = \frac{NaHCO_3 \text{ का भार}}{NaHCO_3 \text{ का आण्विक द्रव्यमान}}$$

$\therefore \quad w_{NaHCO_3} = 1.02 \times 10^{-5} \times 84 \times 10^3 \text{ mg} = 0.856 \text{ mg}$

$\Rightarrow NaHCO_3\,\% = \frac{0.856}{10} \times 100 = 8.56\%$

60. *(b)* एक यौगिक ऐरोमैटिक होगा, यदि यह तीन नियमों का पालन करता है

(a) चक्रीय तथा समतलीय होना चाहिए

(b) इसमें संयुग्मित निकाय होना चाहिए

(c) इनके द्वारा हकल के नियम का पालन करना चाहिए।

जिसके अनुसार π-इलेक्ट्रॉनों की संख्या $= (4n + 2)$ होनी चाहिए।

(a)  $\Rightarrow 2\pi$-e^- निकाय $\quad [(4n + 2)\pi, n = 0]$

$\Rightarrow$ ऐरोमैटिक

(b) 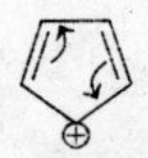 $\Rightarrow 4\pi$-e^- निकाय $\quad [4n\pi, n = 1]$

$\Rightarrow$ प्रति-ऐरोमैटिक

(c)  $\Rightarrow 8\pi$-e^- निकाय $\quad [4n\pi, n = 2]$

प्रति-ऐरोमैटिक

(d) 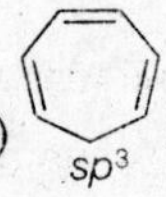 sp^3 $\Rightarrow sp^3$-कार्बन संयुग्मन नहीं दर्शाता है,

अत: समतलीय नहीं है $\Rightarrow$ नॉन-ऐरोमैटिक

गणित

61. *(b)* समुच्चय $\{1, 2, 3, \ldots, 11\}$ में 5 सम संख्याएँ तथा 6 विषम संख्याएँ हैं दोनों संख्याओं का योग सम तभी संभव होगा, जब दोनों सम या दोनों विषम हों।

माना दोनों संख्याओं के सम होने की घटना A तथा दोनों संख्याओं के विषम होने की घटना को B दर्शाता है।

तब, $n(A) = {}^5C_2$ तथा $n(B) = {}^6C_2$

$\therefore$ अभीष्ट प्रायिकता

$$P(A / A \cup B) = \frac{P(A) \cap (A \cup B)}{P(A \cup B)} = \frac{P(A)}{P(A \cup B)}$$

$$= \frac{{}^5C_2 / {}^{11}C_2}{\frac{({}^6C_2 + {}^5C_2)}{{}^{11}C_2}} = \frac{{}^5C_2}{{}^6C_2 + {}^5C_2} = \frac{10}{15 + 10} = \frac{2}{5}$$

62. *(b)* हम जानते हैं कि, **a**, **b**, **c** समतलीय सदिश हैं, तब [**a** **b** **c**] = 0

$$\therefore \begin{vmatrix} 1 & 2 & 4 \\ 1 & \lambda & 4 \\ 2 & 4 & \lambda^2 - 1 \end{vmatrix} = 0$$

$\Rightarrow \quad 1\{\lambda(\lambda^2 - 1) - 16\} - 2((\lambda^2 - 1) - 8) + 4(4 - 2\lambda) = 0$

$\Rightarrow \quad \lambda^3 - \lambda - 16 - 2\lambda^2 + 18 + 16 - 8\lambda = 0$

$\Rightarrow \quad \lambda^3 - 2\lambda^2 - 9\lambda + 18 = 0 \Rightarrow \lambda^2(\lambda - 2) - 9(\lambda - 2) = 0$

$\Rightarrow \quad (\lambda - 2)(\lambda^2 - 9) = 0 \Rightarrow (\lambda - 2)(\lambda + 3)(\lambda - 3) = 0$

$\therefore \quad \lambda = 2, 3$ या -3

यदि $\lambda = 2$ है, तब

$$\mathbf{a} \times \mathbf{c} = \begin{vmatrix} \hat{\mathbf{i}} & \hat{\mathbf{j}} & \hat{\mathbf{k}} \\ 1 & 2 & 4 \\ 2 & 4 & 3 \end{vmatrix} = \hat{\mathbf{i}}(6-16) - \hat{\mathbf{j}}(3-8) + \hat{\mathbf{k}}(4-4) = -10\hat{\mathbf{i}} + 5\hat{\mathbf{j}}$$

यदि $\lambda = \pm 3$ है, तब $\mathbf{a} \times \mathbf{c} = \begin{vmatrix} \hat{\mathbf{i}} & \hat{\mathbf{j}} & \hat{\mathbf{k}} \\ 1 & 2 & 4 \\ 2 & 4 & 8 \end{vmatrix} = 0$

[$\because R_2$ तथा R_3 समानुपाती है]

63. *(d)* माना $I = \int_{-2}^{2} \frac{\sin^2 x}{\frac{1}{2} + \left[\frac{x}{\pi}\right]} dx$

साथ ही, माना $f(x) = \frac{\sin^2 x}{\frac{1}{2} + \left[\frac{x}{\pi}\right]}$

तब, $\quad f(-x) = \frac{\sin^2(-x)}{\frac{1}{2} + \left[-\frac{x}{\pi}\right]}$ (x को $-x$ से परिवर्तित करने पर)

$$= \frac{\sin^2 x}{\frac{1}{2} + \left(-1 - \left[\frac{x}{\pi}\right]\right)}$$

$$\left[\because [-x] = \begin{cases} -[x], & \text{यदि} \quad x \in I \\ -1 - [x], & \text{यदि} \quad x \notin I \end{cases}\right]$$

$\Rightarrow \quad f(-x) = -\frac{\sin^2 x}{\frac{1}{2} + \left[\frac{x}{\pi}\right]} = -f(x)$

अर्थात् $f(x)$ एक विषम फलन है।

$\therefore I = 0$

$$\left[\because \int_{-a}^{a} f(x)\, dx = \begin{cases} 0, & \text{यदि } f(x) \text{ एक विषम फलन है} \\ 2\int_0^a f(x)dx, & \text{यदि } f(x) \text{ एक सम फलन है} \end{cases}\right]$$

64. *(a)* हम जानते हैं कि परवलय $y^2 = 4ax$ पर स्पर्शी का समीकरण $y = mx + \frac{a}{m}$ होता है।

$\therefore$ परवलय $y^2 = 4x$ पर स्पर्शी का समीकरण $y = mx + \frac{1}{m}$ है

($\because a = 1$) माना, यह स्पर्शी, अतिपरवलय $xy = 2$, की भी स्पर्शी है।

अब, $xy = 2$ में $y = mx + \frac{1}{m}$ रखने पर,

$$x\left(mx + \frac{1}{m}\right) = 2 \Rightarrow m^2x^2 + x - 2m = 0$$

चूँकि, स्पर्शी दोनों वक्रों को केवल एक बिन्दु पर स्पर्श करती है इसलिए उपरोक्त समीकरण के दोनों मूल बराबर होंगे। ($\because D = b^2 - 4ac$)

$\Rightarrow \quad D = 0 \Rightarrow 1 = 4(m^2)(-2m) \Rightarrow m^3 = \left(-\frac{1}{2}\right)^3 \Rightarrow m = -\frac{1}{2}$

$\therefore$ स्पर्शी का अभीष्ट समीकरण

$$y = -\frac{x}{2} - 2 \Rightarrow 2y = -x - 4 \Rightarrow x + 2y + 4 = 0$$

65. *(a)* दिए गए वृत्त का समीकरण

$x^2 + y^2 - 6x + 8y - 103 = 0$, जिसे लिख सकते हैं

$(x-3)^2 + (y+4)^2 = 128 = (8\sqrt{2})^2$

$\therefore$ केन्द्र $= (3, -4)$ तथा त्रिज्या $= 8\sqrt{2}$

अब दी गई सूचना के अनुसार, आकृति निम्नवत् है

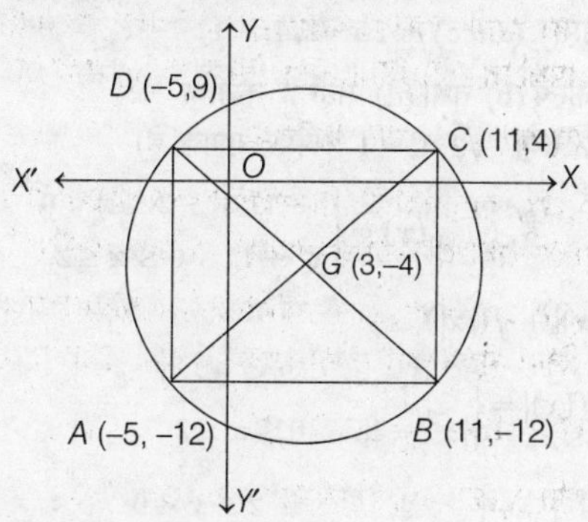

A तथा C के निर्देशांक के लिए,

माना $\quad \frac{x-3}{\frac{1}{\sqrt{2}}} = \frac{y+4}{\frac{1}{\sqrt{2}}} = \pm 8\sqrt{2}$

[रेखा के दूरी (प्राचल) रूप के उपयोग से $\frac{x - x_1}{\cos\theta} = \frac{y - y_1}{\sin\theta} = r$]

$\Rightarrow \quad x = 3 \pm 8, y = -4 \pm 8$

$\therefore \quad A(-5, -12)$ तथा $C(11, 4)$

समान रूप से, B तथा D के निर्देशांक के लिए, माना

$\frac{x-3}{-\frac{1}{\sqrt{2}}} = \frac{y+4}{\frac{1}{\sqrt{2}}} = \pm 8\sqrt{2}$ [इस स्थिति में, $\theta = 135°$]

$\Rightarrow \quad x = 3 \mp 8, y = -4 \pm 8$

$\therefore \quad B(11, -12)$ तथा $D(-5, 4)$

अब, $\quad OA = \sqrt{25 + 144} = \sqrt{169} = 13;$

($\because$ दूरी $= \sqrt{(x_1 - x_2)^2 + (y_1 - y_2)^2}$)

$OB = \sqrt{121 + 144} = \sqrt{265}$

$OC = \sqrt{121 + 16} = \sqrt{137}$ तथा $OD = \sqrt{25 + 16} = \sqrt{41}$

66. *(b, d)* माना समतल का समीकरण

$$a(x - 0) + b(y + 1) + c(z - 0) = 0$$

[$\because$ बिन्दु (x_1, y_1, z_1) से गुजरने वाले समतल का समीकरण $a(x - x_1) + b(y - y_1) + c(z - z_1) = 0$]

$\Rightarrow \quad ax + by + cz + b = 0 \quad \ldots(i)$

चूँकि, यह बिन्दु $(0, 0, 1)$ से भी होकर गुजरता है, इसलिए

$c + b = 0 \quad \ldots(ii)$

अब, समतलों $ax + by + cz + b = 0$ तथा $y - z + 5 = 0$ के बीच का कोण $\frac{\pi}{4}$ है।

$\therefore \cos\left(\frac{\pi}{4}\right) = \frac{|\mathbf{n}_1 \cdot \mathbf{n}_2|}{|\mathbf{n}_1||\mathbf{n}_2|}$; जहाँ $\mathbf{n}_1 = a\hat{\mathbf{i}} + b\hat{\mathbf{j}} + c\hat{\mathbf{k}}$ तथा

$\mathbf{n}_2 = 0\hat{\mathbf{i}} + \hat{\mathbf{j}} - \hat{\mathbf{k}}$

$\Rightarrow \quad \dfrac{1}{\sqrt{2}} = \dfrac{|(a\hat{\mathbf{i}} + b\hat{\mathbf{j}} + c\hat{\mathbf{k}})\cdot(0\hat{\mathbf{i}} + \hat{\mathbf{j}} - \hat{\mathbf{k}})|}{\sqrt{a^2+b^2+c^2}\,\sqrt{0+1+1}} = \dfrac{|b-c|}{\sqrt{a^2+b^2+c^2}\sqrt{2}}$

$\Rightarrow \quad a^2 + b^2 + c^2 = |b-c|^2 = (b-c)^2 = b^2 + c^2 - 2bc$

$\Rightarrow \quad a^2 = -2bc \Rightarrow a^2 = 2b^2$ [समी (ii) के उपयोग से]

$\Rightarrow \quad a = \pm\sqrt{2}b$

$\Rightarrow$ दिक् अनुपात $(a,b,c) = (\pm\sqrt{2}, 1, -1)$

इसलिए, विकल्प (b) तथा (d) सही हैं क्योंकि $2, \sqrt{2}, -\sqrt{2}$ तथा $\sqrt{2}, 1, -1$ परस्पर गुणज है।

67. *(c)* दिया है, $f(x) = \begin{cases} -1, & -2 \le x < 0 \\ x^2 - 1, & 0 \le x \le 2 \end{cases}$ तथा

$g(x) = |f(x)| + f(|x|)$

स्पष्टतः, $|f(x)| = \begin{cases} 1, & -2 \le x < 0 \\ |x^2 - 1|, & 0 \le x \le 2 \end{cases}$

$= \begin{cases} 1, & -2 \le x < 0 \\ -(x^2-1), & 0 \le x < 1 \\ x^2 - 1, & 1 \le x \le 2 \end{cases}$

तथा $f(|x|) = |x|^2 - 1, 0 \le |x| \le 2$

[$\because f(|x|) = -1$ संभव नहीं है, चूँकि $|x| \not< 0$]

$= x^2 - 1, \ |x| \le 2 \quad [\because |x|^2 = x^2]$

$= x^2 - 1, \ -2 \le x \le 2$

$\therefore \ g(x) = |f(x)| + f(|x|)$

$= \begin{cases} 1 + x^2 - 1, & -2 \le x < 0 \\ -(x^2-1) + x^2 - 1, & 0 \le x < 1 \\ x^2 - 1 + x^2 - 1, & 1 \le x \le 2 \end{cases}$

$= \begin{cases} x^2, & -2 \le x < 0 \\ 0, & 0 \le x < 1 \\ 2(x^2-1), & 1 \le x \le 2 \end{cases}$

अब, $y = g(x)$ का आलेख खींचते हैं, जैसा आकृति में दिखाया है

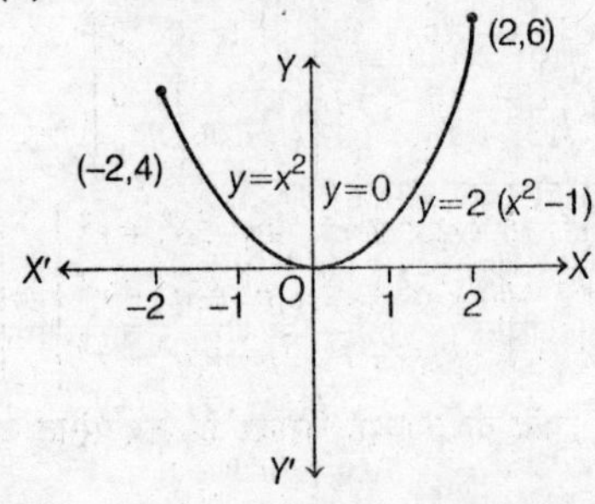

[यहाँ, $y = 2(x^2-1)$ या $x^2 = \frac{1}{2}(y+2)$, परवलय को निरूपित करता है जिसका शीर्ष $(0, -2)$ तथा ऊपरी ओर खुला है]

यहाँ, केवल $x = 1$ पर तीक्ष्ण किनारा है, इसलिए $g(x)$ केवल $x = 1$ पर अवकलनीय नहीं है।

68. *(a)* हम जानते हैं कि, $\dfrac{a}{\sin A} = \dfrac{b}{\sin B} = \dfrac{c}{\sin C} = 2R$

तथा दिया है कि, $a + b = x, ab = y$ तथा $x^2 - c^2 = y$

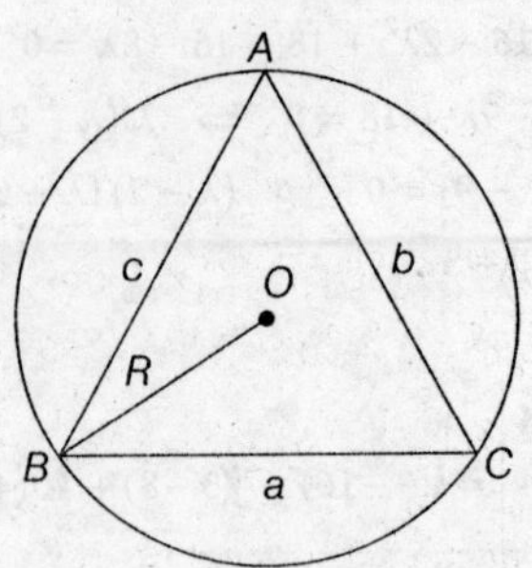

$\therefore \quad (a+b)^2 - c^2 = ab \Rightarrow a^2 + b^2 - c^2 = -2ab + ab$

$\Rightarrow a^2 + b^2 - c^2 = -ab \Rightarrow \dfrac{a^2+b^2-c^2}{2ab} = \dfrac{-ab}{2ab} = -\dfrac{1}{2}$

$\therefore \quad \cos C = -\dfrac{1}{2} \Rightarrow C = 120°$

[कोज्या नियम के उपयोग से, $\cos C = \dfrac{a^2+b^2-c^2}{2ab}$]

अब, $\dfrac{c}{\sin C} = 2R \Rightarrow R = \dfrac{1}{2}\dfrac{c}{\sin(120°)} = \dfrac{c}{2}\dfrac{2}{\sqrt{3}}$

$\therefore \quad R = \dfrac{c}{\sqrt{3}}$

69. *(c)* दिया है, $\dfrac{dy}{dx} + \left(\dfrac{2x+1}{x}\right)y = e^{-2x}$

जोकि $\dfrac{dy}{dx} + Py = Q$ के रूप में है, जहाँ

$P = \dfrac{2x+1}{x}$ तथा $Q = e^{-2x}$

अब, IF $= e^{\int P dx} = e^{\int\left(\frac{1+2x}{x}\right)dx} = e^{\int\left(\frac{1}{x}+2\right)dx}$

$= e^{\ln x + 2x} = e^{\ln x}\cdot e^{2x} = x\cdot e^{2x}$

तथा दी गई समीकरण का हल

$y\cdot(\text{IF}) = \int(\text{IF})Q\,dx + C$

$\Rightarrow y(xe^{2x}) = \int(x\,e^{2x}\cdot e^{-2x})\,dx + C = \int x\,dx + C = \dfrac{x^2}{2} + C$ ...(i)

यह बिन्दु $\left(1, \dfrac{1}{2}e^{-2}\right)$ से गुजरता है।

चूँकि, $y = \dfrac{1}{2}e^{-2}$, जब $x = 1$

$\therefore \quad \dfrac{1}{2}e^{-2}\cdot e^{2} = \dfrac{1}{2} + C \Rightarrow C = 0$ [समी (i) के उपयोग से]

$\therefore \quad y\,(xe^{2x}) = \dfrac{x^2}{2} \quad \Rightarrow y = \dfrac{x}{2}e^{-2x}$

अब, $\dfrac{dy}{dx} = \dfrac{1}{2}e^{-2x} + \dfrac{x}{2}e^{-2x}(-2) = e^{-2x}\left\{\dfrac{1}{2} - x\right\} < 0,$

यदि $\dfrac{1}{2} < x < 1$ (अवकलज के गुणन नियम के उपयोग से)

तथा $y(\log_e 2) = \dfrac{\log_e 2}{2}\,e^{-2\log_e 2} = \dfrac{1}{2}\log_e 2\,e^{\log_e 2^{-2}}$

$= \dfrac{1}{2}\cdot\log_e 2\cdot 2^{-2} = \dfrac{1}{8}\log_e 2$

70. *(a)* हम जानते हैं, कि

$(1+x)^{20} = {}^{20}C_0 + {}^{20}C_1x + {}^{20}C_2x^2 + \ldots + {}^{20}C_{r-1}x^{r-1} + {}^{20}C_rx^r + \ldots + {}^{20}C_{20}x^{20}$

$\therefore (1+x)^{20}\cdot(1+x)^{20} = ({}^{20}C_0 + {}^{20}C_1x + {}^{20}C_2x^2 + \ldots + {}^{20}C_{r-1}x^{r-1} + {}^{20}C_rx^r + \ldots + {}^{20}C_{20}x^{20})$
$\times({}^{20}C_0 + {}^{20}C_1x + \ldots + {}^{20}C_{r-1}x^{r-1} + {}^{20}C_rx^r + \ldots + {}^{20}C_{20}x^{20})$

$\Rightarrow (1+x)^{40} = ({}^{20}C_0\cdot{}^{20}C_r + {}^{20}C_1\,{}^{20}C_{r-1}\ldots{}^{20}C_r\,{}^{20}C_0)\,x^r + \ldots$

दोनों पक्षो में x^r के गुणांको की तुलना करने पर,

${}^{20}C_0\,{}^{20}C_r + {}^{20}C_1\,{}^{20}C_{r-1} + \ldots + {}^{20}C_r\,{}^{20}C_0 = {}^{40}C_r$

${}^{40}C_r$ का महत्तम मान केवल तभी संभव है, जब $r = 20$

[$\because {}^nC_{n/2}$ महत्तम होगा, जब n सम है]

अत: r का अभीष्ट मान 20 है।

71. *(a)* दिया है, वक्र का समीकरण $x^2 = 4y$, जोकि परवलय को निरूपित करता है जिसका शीर्ष (0, 0) तथा यह ऊपरी ओर खुला है।

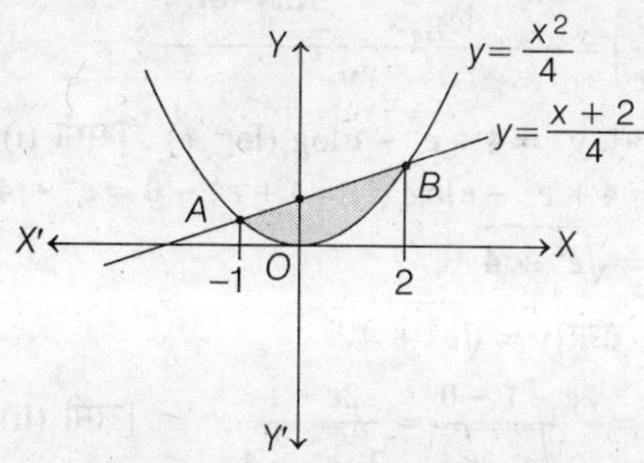

अब, $x^2 = 4y$ तथा $4y = x + 2$ का प्रतिच्छेदन बिन्दु ज्ञात करते हैं।

इसके लिए, $x^2 = x + 2 \Rightarrow x^2 - x - 2 = 0$

$\Rightarrow (x-2)(x+1) = 0 \Rightarrow x = -1,\ x = 2$

जब $x = -1$, तब $y = \frac{1}{4}$ तथा जब $x = 2$, तब $y = 1$

अत: प्रतिच्छेदन बिन्दु $A\left(-1, \frac{1}{4}\right)$ तथा $B(2, 1)$ है। अब,

अभीष्ट क्षेत्रफल = छायांकित भाग का क्षेत्रफल

$= \int_{-1}^{2}\{y\ (\text{रेखा}) - y\ (\text{परवलय})\}\,dx$

$= \int_{-1}^{2}\left(\frac{x+2}{4} - \frac{x^2}{4}\right)dx = \frac{1}{4}\left[\frac{x^2}{2} + 2x - \frac{x^3}{3}\right]_{-1}^{2}$

$= \frac{1}{4}\left[\left(2 + 4 - \frac{8}{3}\right) - \left(\frac{1}{2} - 2 + \frac{1}{3}\right)\right]$

$= \frac{1}{4}\left[8 - \frac{1}{2} - 3\right] = \frac{1}{4}\left[5 - \frac{1}{2}\right] = \frac{9}{8}$ वर्ग इकाई

72. *(d)* हम जानते हैं कि, समीकरण निकाय

$a_1x + b_1y + c_1z = d_1$
$a_2x + b_2y + c_2z = d_2$
$a_3x + b_3y + c_3z = d_3$

के एक से अधिक हल हैं, तब $D = 0$ तथा $D_1 = D_2 = D_3 = 0$

$$D_1 = 0 \Rightarrow \begin{vmatrix} a & 2 & 3 \\ b & -1 & 5 \\ c & -3 & 2 \end{vmatrix} = 0$$

$\Rightarrow a(-2 + 15) - 2(2b - 5c) + 3(-3b + c) = 0$

$\Rightarrow 13a - 4b + 10c - 9b + 3c = 0 \Rightarrow 13a - 13b + 13c = 0$

$\Rightarrow a - b + c = 0 \Rightarrow b - a - c = 0$

73. *(b)* दिए गए दीर्घवृत्त का समीकरण $x^2 + 2y^2 = 2$, जिसे निम्न रूप में लिख सकते हैं।

$$\frac{x^2}{2} + \frac{y^2}{1} = 1$$

माना कि दीर्घवृत्त पर इसके चारों शीर्षों से अन्य बिन्दु P है, तब P के प्राचलिक निर्देशांक $(\sqrt{2}\cos\theta, \sin\theta)$ होंगे।

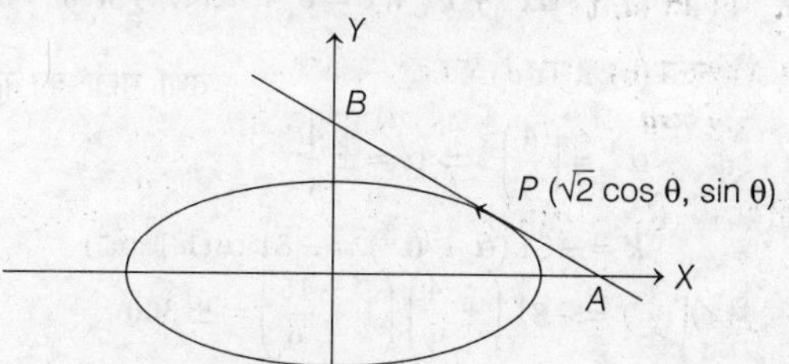

अब, बिन्दु P पर स्पर्शी का समीकरण

$$\frac{x\sqrt{2}\cos\theta}{2} + \frac{y\sin\theta}{1} = 1$$

[$\because$ बिन्दु (x_1, y_1) पर स्पर्शी का समीकरण $T = 0 \Rightarrow \frac{xx_1}{a^2} + \frac{yy_1}{b^2} = 1$]

$\Rightarrow \frac{x}{\sqrt{2}\sec\theta} + \frac{y}{\text{cosec}\,\theta} = 1$

$\therefore A(\sqrt{2}\sec\theta, 0)$ तथा $B(0, \text{cosec}\,\theta)$

माना AB का मध्य-बिन्दु $R(h, k)$, है, तब

$h = \frac{\sqrt{2}\sec\theta}{2}$ तथा $k = \frac{\text{cosec}\,\theta}{2} \Rightarrow 2h = \sqrt{2}\sec\theta$ तथा $2k = \text{cosec}\,\theta$

$\Rightarrow \cos\theta = \frac{1}{\sqrt{2}h}$ तथा $\sin\theta = \frac{1}{2k}$

हम जानते हैं कि, $\cos^2\theta + \sin^2\theta = 1$

$\therefore \frac{1}{2h^2} + \frac{1}{4k^2} = 1$

इसलिए (h, k) का बिन्दुपथ $\frac{1}{2x^2} + \frac{1}{4y^2} = 1$

74. *(d)* दिया है, $AA^T = I$

$$\Rightarrow \begin{bmatrix} 0 & 2q & r \\ p & q & -r \\ p & -q & r \end{bmatrix}\begin{bmatrix} 0 & p & p \\ 2q & q & -q \\ r & -r & r \end{bmatrix} = \begin{bmatrix} 1 & 0 & 0 \\ 0 & 1 & 0 \\ 0 & 0 & 1 \end{bmatrix}$$

$$\Rightarrow \begin{bmatrix} 0 + 4q^2 + r^2 & 0 + 2q^2 - r^2 & 0 - 2q^2 + r^2 \\ 0 + 2q^2 - r^2 & p^2 + q^2 + r^2 & p^2 - q^2 - r^2 \\ 0 - 2q^2 + r^2 & p^2 - q^2 - r^2 & p^2 + q^2 + r^2 \end{bmatrix} = \begin{bmatrix} 1 & 0 & 0 \\ 0 & 1 & 0 \\ 0 & 0 & 1 \end{bmatrix}$$

हम जानते हैं कि, यदि दो आव्यूह बराबर हैं, तब संगत अवयव भी बराबर होंगे।

$4q^2 + r^2 = 1 = p^2 + q^2 + r^2$, ... (i)

$2q^2 - r^2 = 0 \Rightarrow r^2 = 2q^2$ ... (ii)

तथा $p^2 - q^2 - r^2 = 0$ ... (iii)

समी (ii) तथा (iii) के उपयोग से,

$p^2 = 3q^2$ ... (iv)

समी (i) में, समी (ii) तथा (iv) के उपयोग से,

$4q^2 + 2q^2 = 1 \Rightarrow 6q^2 = 1 \Rightarrow 2p^2 = 1$ [समी (iv) के उपयोग से]

$p^2 = \frac{1}{2} \Rightarrow p = \frac{1}{\sqrt{2}}$

75. (*b*) दी गई द्विघात समीकरण

$$81x^2 + kx + 256 = 0$$

माना एक मूल α है, तब दूसरा α^3 होगा।

अब, $\alpha + \alpha^3 = -\frac{k}{81}$ तथा $\alpha \cdot \alpha^3 = \frac{256}{81}$

[$\because ax^2 + bx + c = 0$ के लिए, मूलों का योग $= -\frac{b}{a}$

तथा मूलों का गुणन $= \frac{c}{a}$]

$\Rightarrow \quad \alpha^4 = \left(\frac{4}{3}\right)^4 \Rightarrow \alpha = \pm\frac{4}{3}$

$\therefore \quad k = -81(\alpha + \alpha^3) = -81\,\alpha\,(1 + \alpha^2)$

$= -81\left(\pm\frac{4}{3}\right)\left(1 + \frac{16}{9}\right) = \pm 300$

76. (*d*) $\left(\frac{x^3}{3} + \frac{3}{x}\right)^8$ के प्रसार में, मध्य पद T_{4+1} है।

[$\because$ यहाँ $n = 8$, जोकि सम है, इसलिए मध्य पद $= \left(\frac{n+2}{2}\right)$ वाँ पद]

$\therefore 5670 = {}^8C_4\left(\frac{x^3}{3}\right)^4\left(\frac{3}{x}\right)^4 = \frac{8\cdot7\cdot6\cdot5}{1\cdot2\cdot3\cdot4}x^8$ [$\because T_{r+1} = {}^nC_r\, x^{n-r}a^r$]

$\Rightarrow \quad x^8 = 3^4 \Rightarrow x = \pm\sqrt{3}$

इसलिए, x के सभी मानों का योगफल $+\sqrt{3}$ तथा $-\sqrt{3} = 0$

77. (*a*) माना गुणोत्तर श्रेढ़ी $a, ar, ar^2, ar^3, ..., \infty$; है, जहाँ $a > 0$ तथा $0 < r < 1$ है।

तब, प्रश्नानुसार

$3 = \frac{a}{1-r}$ तथा $\frac{27}{19} = a^3 + (ar)^3 + (ar^2)^3 + (ar^3)^3 + ...$

$\Rightarrow \quad \frac{27}{19} = \frac{a^3}{1-r^3}$ $\left[\because S_\infty = \frac{a}{1-r}\right]$

$\Rightarrow \quad \frac{27}{19} = \frac{(3(1-r))^3}{1-r^3}$ $\left[\because 3 = \frac{a}{1-r} \Rightarrow a = 3(1-r)\right]$

$\Rightarrow \quad \frac{27}{19} = \frac{27(1-r)(1+r^2-2r)}{(1-r)(1+r+r^2)}$ $[\because (1-r)^3 = (1-r)(1-r)^2]$

$\Rightarrow \quad r^2 + r + 1 = 19(r^2 - 2r + 1) \Rightarrow 18r^2 - 39r + 18 = 0$

$\Rightarrow \quad 6r^2 - 13r + 6 = 0 \Rightarrow (3r-2)(2r-3) = 0$

$\therefore \quad r = \frac{2}{3}$ या $r = \frac{3}{2}$ (अमान्य) $[\because 0 < r < 1]$

78. (*a*) दिया है,

$$\int \frac{\sqrt{1-x^2}}{x^4}dx = A(x)(\sqrt{1-x^2})^m + C \quad ...(i)$$

माना $\quad I = \int \frac{\sqrt{1-x^2}}{x^4}dx = \int \frac{\sqrt{x^2\left(\frac{1}{x^2}-1\right)}}{x^4}dx$

$= \int \frac{x\sqrt{\frac{1}{x^2}-1}}{x^4}dx = \int \frac{1}{x^3}\sqrt{\frac{1}{x^2}-1}\,dx$

$\frac{1}{x^2} - 1 = t^2 \Rightarrow \frac{1}{x^2} - 1 = t^2$ रखने पर,

$\Rightarrow \frac{-2}{x^3}dx = 2t\,dt \Rightarrow \frac{1}{x^3}dx = -t\,dt$

$\therefore I = -\int t^2dt = -\frac{t^3}{3} + C = -\frac{1}{3}\cdot\left(\frac{1-x^2}{x^2}\right)^{3/2} + C \left[\because t = \left(\frac{1}{x^2} - 1\right)^{1/2}\right]$

$= -\frac{1}{3}\frac{1}{x^3}(\sqrt{1-x^2})^3 + C \quad ...(ii)$

समी (i) तथा (ii) की तुलना करने पर,

$A(x) = -\frac{1}{3x^3}$ तथा $m = 3 \;\therefore\; (A(x))^m = (A(x))^3 = -\frac{1}{27x^9}$

79. (*c*) दिया है, $x\log_e(\log_e x) - x^2 + y^2 = 4$, जिसे निम्न रूप में लिख सकते हैं

$y^2 = 4 + x^2 - x\log_e(\log_e x) \quad ...(i)$

समी (i) का x के सापेक्ष अवकलन करने पर,

$2y\frac{dy}{dx} = 2x - x\frac{1}{\log_e x}\cdot\frac{1}{x} - 1\cdot\log_e(\log_e x)$

[अवकलज के गुणन नियम के उपयोग से]

$\Rightarrow \quad \left(\frac{dy}{dx}\right) = \frac{2x - \frac{1}{\log_e x} - \log_e(\log_e x)}{2y} \quad ...(ii)$

अब, $x = e$ पर, $y^2 = 4 + e^2 - e\log_e(\log_e e)$ [समी (i) के उपयोग से]

$= 4 + e^2 - e\log_e(1) = 4 + e^2 - 0 = e^2 + 4$

$\Rightarrow \quad y = \sqrt{e^2 + 4}$ $[\because y > 0]$

$\therefore x = e$ पर, तथा $y = \sqrt{e^2 + 4}$,

$\frac{dy}{dx} = \frac{2e - 1 - 0}{2\sqrt{e^2+4}} = \frac{2e-1}{2\sqrt{e^2+4}}$ [समी (ii) के उपयोग से]

80. (*d*) दिया है, $f(x) = \frac{x}{1+x^2}, x \in R$

प्रथम विधि $f(x)$ एक विषम फलन है तथा $x = 1$ पर महत्तम है

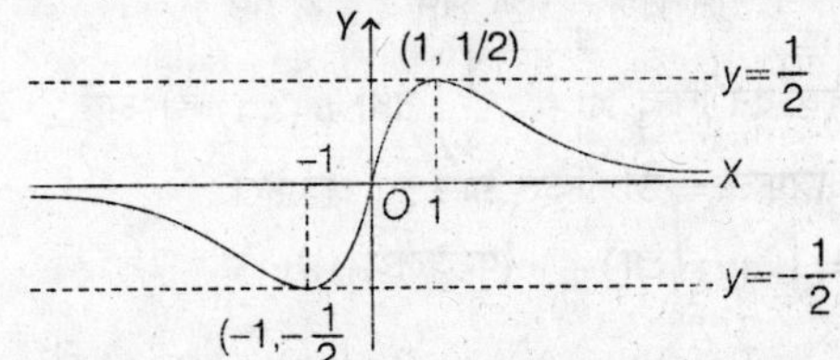

आलेख से स्पष्ट है कि $f(x)$ का परास $\left[-\frac{1}{2}, \frac{1}{2}\right]$ है।

द्वितीय विधि $f(x) = \frac{1}{x + \frac{1}{x}}$

यदि $x > 0$, तब AM $\geq$ GM से, $x + \frac{1}{x} \geq 2$

$\Rightarrow \quad \frac{1}{x+\frac{1}{x}} \leq \frac{1}{2} \Rightarrow 0 < f(x) \leq \frac{1}{2}$

यदि $x < 0$, तब AM $\geq$ GM से, $x + \frac{1}{x} \leq -2$

$\Rightarrow \quad \frac{1}{x+\frac{1}{x}} \geq -\frac{1}{2} \Rightarrow -\frac{1}{2} \leq f(x) < 0$

यदि $x = 0$, तब $f(0) = \frac{0}{1+0} = 0$

अतः $\quad -\frac{1}{2} \leq f(x) \leq \frac{1}{2}$; अतः $f(x) \in \left[-\frac{1}{2}, \frac{1}{2}\right]$

तृतीय विधि

माना $y = \dfrac{x}{1+x^2} \Rightarrow yx^2 - x + y = 0$

$\because x \in R$, इसलिए $D \geq 0$

$\Rightarrow 1 - 4y^2 \geq 0 \Rightarrow (1-2y)(1+2y) \geq 0 \Rightarrow y \in \left[-\dfrac{1}{2}, \dfrac{1}{2}\right]$

− + −
−1/2 1/2

इसलिए, परास $\left[-\dfrac{1}{2}, \dfrac{1}{2}\right]$ है।

81. *(d)* माना दी गई गुणोत्तर श्रेढ़ी का सार्वानुपात r है, तब निम्नलिखित अनुक्रम होगा

$$a_1, a_2 = a_1 r, a_3 = a_1 r^2, \ldots, a_{10} = a_1 r^9$$

अब, $a_3 = 25\, a_1 \Rightarrow a_1 r^2 = 25 a_1 \Rightarrow r^2 = 25$

माना $\dfrac{a_9}{a_5} = \dfrac{a_1 r^8}{a_1 r^4} = r^4 = (25)^2 = 5^4$

82. *(d)* दिया है,

$$f(x) = 3x^3 - 18x^2 + 27x - 40$$

$\Rightarrow f'(x) = 9x^2 - 36x + 27 = 9(x^2 - 4x + 3) = 9(x-1)(x-3)$ ...(i)

साथ ही, दिया है

$$S = \{x \in R : x^2 + 30 \leq 11x\}$$

स्पष्टतः, $x^2 + 30 \leq 11x \Rightarrow x^2 - 11x + 30 \leq 0$

$\Rightarrow (x-5)(x-6) \leq 0 \Rightarrow x \in [5, 6]$

इसलिए, $S = [5, 6]$

चूँकि $f(x)$ अन्तराल $[5, 6]$ में वर्द्धमान है।

$\because f'(x) > 0, x \in [5, 6]$ के लिए

$\therefore f(6)$ महत्तम है, जहाँ $f(6) = 3(6)^3 - 18(6)^2 + 27(6) - 40 = 122$

83. *(d)* माना रेखा के $\dfrac{x-3}{2} = \dfrac{y+2}{-1} = \dfrac{z-1}{3}$ का दिक् सदिश $\mathbf{b} = 2\hat{\mathbf{i}} - \hat{\mathbf{j}} + 3\hat{\mathbf{k}}$ है। चूँकि, अभीष्ट समतल में यह रेखा तथा समतल $2x + 3y - z = 5$, के सापेक्ष प्रक्षेप भी अन्तर्विष्ट है साथ ही, इसमें समतल $2x + 3y - z = 5$ का अभिलम्ब भी अन्तर्विष्ट है।

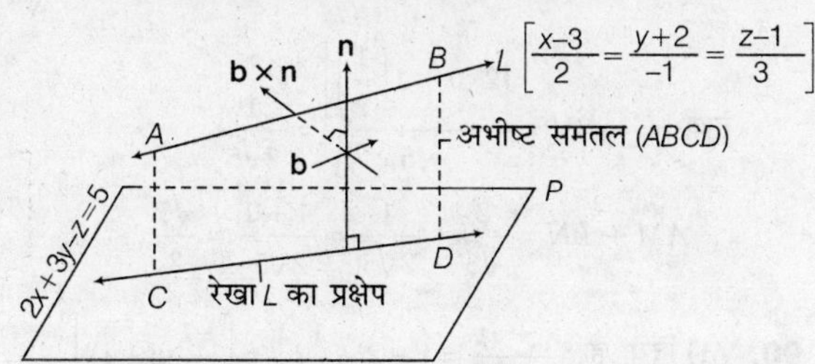

समतल $2x + 3y - z = 5$ का अभिलम्ब सदिश $\mathbf{n} = 2\hat{\mathbf{i}} + 3\hat{\mathbf{j}} - \hat{\mathbf{k}}$ है।

अब, अभीष्ट समतल जिसमें $\mathbf{b} = 2\hat{\mathbf{i}} - \hat{\mathbf{j}} + 3\hat{\mathbf{k}}$ तथा $\mathbf{n} = 2\hat{\mathbf{i}} + 3\hat{\mathbf{j}} - \hat{\mathbf{k}}$ अन्तर्विष्ट है।

$\therefore$ अभीष्ट समतल का अभिलम्ब $\mathbf{b} \times \mathbf{n}$ होगा।

चूँकि, समतल में रेखा $\dfrac{x-3}{2} = \dfrac{y+2}{-1} = \dfrac{z-1}{3}$, अन्तर्विष्ट है, इसलिए इसमें बिन्दु $\mathbf{a} = 3\hat{\mathbf{i}} - 2\hat{\mathbf{j}} + \hat{\mathbf{k}}$ अन्तर्विष्ट है।

अब, अभीष्ट समतल का समीकरण $(\mathbf{r} - \mathbf{a}) \cdot (\mathbf{b} \times \mathbf{n}) = 0$

$$\begin{vmatrix} x-3 & y+2 & z-1 \\ 2 & -1 & 3 \\ 2 & 3 & -1 \end{vmatrix} = 0$$

$\Rightarrow (x-3)[1-9] - (y+2)[-2-6] + (z-1)[6+2] = 0$

$\Rightarrow -8x + 8y + 8z + 32 = 0 \Rightarrow x - y - z = 4$

चूँकि $(2, 0, -2)$ केवल वह बिन्दु है जोकि उपरोक्त समीकरण को सन्तुष्ट करता है।

84. *(d)* स्पष्टतः, वृत्त लम्बकोणीय है, क्योंकि एक प्रतिच्छेद बिन्दु पर स्पर्शी अन्य बिन्दु के केन्द्र से होकर गुजरता है।

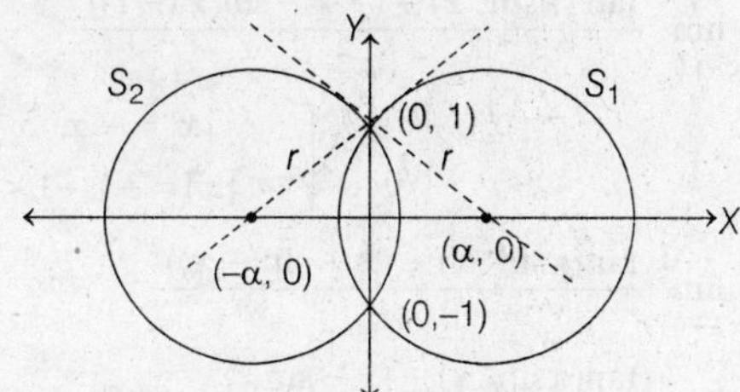

माना केन्द्र $C_1(\alpha, 0)$ तथा $C_2(-\alpha, 0)$ है।

तब, $S_1 \equiv (x-\alpha)^2 + y^2 = \alpha^2 + 1 \Rightarrow S_1 \equiv x^2 + y^2 - 2\alpha x - 1 = 0$

[$\because$ त्रिज्या, $r = \sqrt{(\alpha - 0)^2 + (0-1)^2}$]

तथा $S_2 \equiv (x+\alpha)^2 + y^2 = \alpha^2 + 1 \Rightarrow S_2 \equiv x^2 + y^2 + 2\alpha x - 1 = 0$

अब, $2(\alpha)(-\alpha) + 2 \cdot 0 \cdot 0 = (-1) + (-1) \Rightarrow \alpha = \pm 1$

[$\because$ लम्बकोणीय होने का प्रतिबन्ध $2g_1 g_2 + 2f_1 f_2 = c_1 + c_2$]

$\therefore C_1(1, 0)$ तथा $C_2(-1, 0) \Rightarrow C_1C_2 = 2$

85. *(b)* दिया है,

$$f_k(x) = \frac{1}{k}(\sin^k x + \cos^k x), k = 1, 2, 3, \ldots$$

$$\therefore \quad f_4(x) = \frac{1}{4}(\sin^4 x + \cos^4 x)$$

$$= \frac{1}{4}((\sin^2 x + \cos^2 x)^2 - 2\sin^2 x \cos^2 x)$$

$$= \frac{1}{4}\left(1 - \frac{1}{2}(\sin 2x)^2\right) = \frac{1}{4} - \frac{1}{8}\sin^2 2x$$

तथा $f_6(x) = \dfrac{1}{6}(\sin^6 x + \cos^6 x)$

$$= \frac{1}{6}\{(\sin^2 x + \cos^2 x)^3 - 3\sin^2 x \cos^2 x(\sin^2 x + \cos^2 x)\}$$

$$= \frac{1}{6}\left\{1 - \frac{3}{4}(2\sin x \cos x)^2\right\} = \frac{1}{6} - \frac{1}{8}\sin^2 2x$$

अब, $f_4(x) - f_6(x) = \dfrac{1}{4} - \dfrac{1}{6} = \dfrac{3-2}{12} = \dfrac{1}{12}$

86. *(b)* $x = 0$ पर,

दायीं पक्ष सीमा $= \displaystyle\lim_{x \to 0^+} \frac{\tan(\pi \sin^2 x) + (|x| - \sin(x[x]))^2}{x^2}$

$$= \lim_{x \to 0^+} \frac{\tan(\pi \sin^2 x) + (x - \sin(x \cdot 0))^2}{x^2}$$

[$\because |x| = x, x > 0$ के लिए तथा $[x] = 0, 0 < x < 1$ के लिए]

$$= \lim_{x \to 0^+} \frac{\tan(\pi \sin^2 x) + x^2}{x^2} = \lim_{x \to 0^+} \left(\frac{\tan(\pi \sin^2 x)}{\pi \sin^2 x} \cdot \frac{\pi \sin^2 x}{x^2} + 1 \right)$$

$$= \pi \lim_{x \to 0^+} \frac{\tan(\pi \sin^2 x)}{\pi \sin^2 x} \cdot \lim_{x \to 0^+} \frac{\sin^2 x}{x^2} + 1$$

$$= \pi + 1 \quad \left[\because \lim_{x \to 0} \frac{\tan x}{x} = 1 \text{ तथा } \lim_{x \to 0} \frac{\sin x}{x} = 1 \right]$$

तथा बायीं पक्ष सीमा

$$= \lim_{x \to 0^-} \frac{\tan(\pi \sin^2 x) + (|x| - \sin(x[x]))^2}{x^2}$$

$$= \lim_{x \to 0^-} \frac{\tan(\pi \sin^2 x) + (-x - \sin(x(-1)))^2}{x^2}$$

$$\left[\begin{array}{l} \because |x| = -x, \ x < 0 \text{ के लिए} \\ \text{तथा } [x] = -1, -1 < x < 0 \text{ के लिए} \end{array} \right]$$

$$= \lim_{x \to 0^-} \frac{\tan(\pi \sin^2 x) + (x + \sin(-x))^2}{x^2}$$

$$= \lim_{x \to 0^-} \frac{\tan(\pi \sin^2 x) + (x - \sin x)^2}{x^2} \quad [\because \sin(-\theta) = -\sin\theta]$$

$$= \lim_{x \to 0^-} \left(\frac{\tan(\pi \sin^2 x) + x^2 + \sin^2 x - 2x \sin x}{x^2} \right)$$

$$= \lim_{x \to 0^-} \left(\frac{\tan(\pi \sin^2 x)}{x^2} + 1 + \frac{\sin^2 x}{x^2} - \frac{2x \sin x}{x^2} \right)$$

$$= \lim_{x \to 0^-} \left(\frac{\tan(\pi \sin^2 x)}{\pi \sin^2 x} \cdot \frac{\pi \sin^2 x}{x^2} + 1 + \frac{\sin^2 x}{x^2} - 2 \frac{\sin x}{x} \right)$$

$$= \lim_{x \to 0^-} \frac{\tan(\pi \sin^2 x)}{\pi \sin^2 x} \cdot \lim_{x \to 0^-} \frac{\pi \sin^2 x}{x^2} + 1 + \lim_{x \to 0^-} \frac{\sin^2 x}{x^2} - 2 \lim_{x \to 0^-} \frac{\sin x}{x}$$

$$= \pi + 1 + 1 - 2 = \pi$$

$\because$ दायीं पक्ष सीमा $\neq$ बायीं पक्ष सीमा

$\therefore$ सीमा विद्यमान नहीं है।

87. *(a)* दिया है,

$$\sigma^2 = \frac{\Sigma x^2}{n} - \mu^2 = \frac{10\left(\frac{1}{2} - d\right)^2 + 10 \times \frac{1}{4} + 10\left(\frac{1}{2} + d\right)^2}{30} - \left(\frac{10\left(\frac{1}{2} - d\right) + 10 \times \frac{1}{2} + 10\left(\frac{1}{2} + d\right)}{30} \right)^2 \quad \left[\because \mu = \frac{\Sigma x_i}{n} \right]$$

$$= \frac{20\left(\frac{1}{4} + d^2\right) + 5/2}{30} - \left(\frac{1}{4}\right) = \frac{\frac{15}{2} + 20d^2}{30} - \frac{1}{4}$$

$$= \frac{1}{4} + \frac{2d^2}{3} - \frac{1}{4} = \frac{2}{3} d^2$$

$$\therefore \frac{2}{3} d^2 = \frac{4}{3} \Rightarrow d^2 = 2 \Rightarrow |d| = \sqrt{2}$$

88. *(d)* दिया है, $(p \wedge q) \leftrightarrow r$ सत्य है, यह केवल दो स्थितियों में सम्भव हैं

स्थिति I जब दोनों $(p \wedge q)$ तथा r सत्य हों, जोकि संभव नहीं है क्योंकि q असत्य है।

स्थिति II जब दोनों $(p \wedge q)$ तथा r दोनों असत्य हों

$\Rightarrow \quad p \equiv T$ या F; $q \equiv F, r \equiv F$

इस स्थिति में,

(a) $p \wedge r$, F है।

(b) $(p \vee r) \to (p \wedge r)$, ($T$ या F) $\to F$ जोकि T या F हो सकता है।

(c) $p \vee r$, T या F है

(d) $(p \wedge r) \to (p \vee r)$, $F \to$ (T या F) है जोकि सदैव T के परिणाम में है।

अत: विकल्प (d) सही है।

89. *(d)* दी गई सूचना के अनुसार, आकृति निम्नवत है

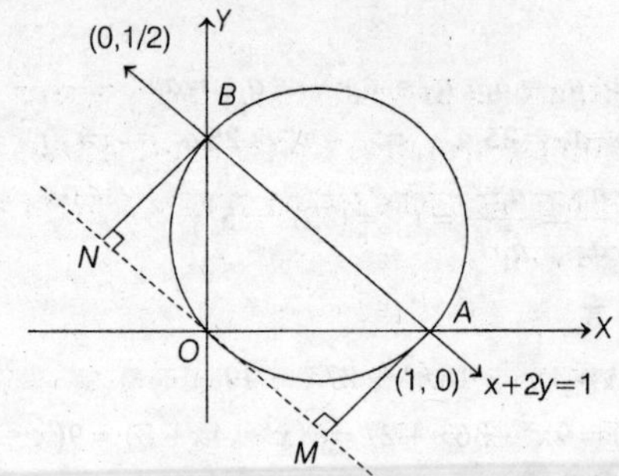

आकृति से, वृत्त का समीकरण (व्यास रूप)

$$(x-1)(x-0) + (y-0)\left(y - \frac{1}{2}\right) = 0 \Rightarrow x^2 + y^2 - x - \frac{y}{2} = 0$$

बिन्दु (0, 0) पर स्पर्शी का समीकरण $x + \frac{y}{2} = 0$ है।

[$\because$ बिन्दु (x_1, y_1) पर स्पर्शी का समीकरण $T = 0$ होगा, यहाँ $T = 0$

$\Rightarrow xx_1 + yy_1 - \frac{1}{2}(x + x_1) - \frac{1}{4}(y + y_1) = 0$] $\Rightarrow 2x + y = 0$

अब, $$AM = \frac{|2 \cdot 1 + 1 \cdot 0|}{\sqrt{5}} = \frac{2}{\sqrt{5}}$$

[$\because$ बिन्दु $P(x_1, y_1)$ की रेखा $ax + by + c = 0$ से दूरी $\frac{|ax_1 + by_1 + c|}{\sqrt{a^2 + b^2}}$ है]

तथा $$BN = \frac{\left|2 \cdot 0 + 1\left(\frac{1}{2}\right)\right|}{\sqrt{5}} = \frac{1}{2\sqrt{5}}$$

$$\therefore AM + BN = \frac{2}{\sqrt{5}} + \frac{1}{2\sqrt{5}} = \frac{4+1}{2\sqrt{5}} = \frac{\sqrt{5}}{2}$$

90. *(a)* दिया है, $\frac{x + iy}{27} = \left(-2 - \frac{1}{3}i\right)^3 = \left[\frac{-1}{3}(6 + i)\right]^3$

$$\Rightarrow \frac{x + iy}{27} = -\frac{1}{27}(216 + 108i + 18i^2 + i^3) = -\frac{1}{27}(198 + 107i)$$

$$[\because (a + b)^3 = a^3 + b^3 + 3a^2b + 3ab^2 \text{ तथा } i^2 = -1]$$

वास्तविक तथा काल्पनिक भागों की तुलना करने पर,

$x = -198$ तथा $y = -107$

$\Rightarrow y - x = -107 + 198 = 91$

JEE Main संयुक्त प्रवेश परीक्षा

सॉल्वड पेपर 2019

12 जनवरी, द्वितीय पाली

भौतिकी

1. एक m द्रव्यमान का अल्फा कण किसी अज्ञात द्रव्यमान के स्थिर नाभिक से एक-विमीय प्रत्यास्थ संघट्ट करके अपनी प्रारम्भिक गतिज ऊर्जा का 64% भाग क्षय करके ठीक विपरीत दिशा में प्रकीर्णित हो जाता है। नाभिक का द्रव्यमान होगा

(a) $3.5\,m$ (b) $1.5\,m$ (c) $4\,m$ (d) $2\,m$

2. एक अनुनादी नली पुरानी है तथा उसके किनारे खराब हैं। इसको तभी से प्रयोगशाला में, वायु में ध्वनि की चाल ज्ञात करने के लिए उपयोग करते हैं। नली के खुले सिरे के समीप निर्देशक चिन्ह से 11 cm नीचे एक चिन्ह तक नली में जब पानी भर देते हैं, तो 512 Hz आवृत्ति का एक स्वरित्र द्विभुज प्रथम अनुनाद उत्पन्न करता है। यह प्रयोग दूसरे 256 Hz वाले स्वरित्र द्विभुज के साथ दोहराते हैं, तो प्रथम अनुनाद निर्देशक चिन्ह से 27 cm नीचे उत्पन्न हो जाता है। प्रयोग में पाई गई ध्वनि की वायु में सन्निकट चाल होगी

(a) 322 m/s (b) 341 m/s (c) 328 m/s (d) 335 m/s

3. एक समान्तर प्लेट संधारित्र की प्रत्येक प्लेट का क्षेत्रफल 1m^2 तथा प्लेटों के बीच की दूरी 0.1 m है। यदि प्लेटों के बीच विद्युत क्षेत्र 100 N/C हो, तो संधारित्र की प्रत्येक प्लेट पर आवेश का परिमाण है

(दिया है, $\varepsilon_0 = 8.85 \times 10^{-12} \dfrac{\text{C}^2}{\text{N-m}^2}$)

(a) 6.85×10^{-10} C (b) 7.85×10^{-10} C
(c) 9.85×10^{-10} C (d) 8.85×10^{-10} C

4. एक टी.वी.प्रसारण मीनार के विस्तार परास को दोगुना करने के लिए उसकी ऊँचाई को बदलना होगा

(a) 4 गुना (b) 2 गुना (c) $\sqrt{2}$ गुना (d) $\dfrac{1}{\sqrt{2}}$ गुना

5. एक उभयोत्तल लेन्स से एक वास्तविक प्रतिबिम्ब का बनना चित्र में दर्शाया गया है

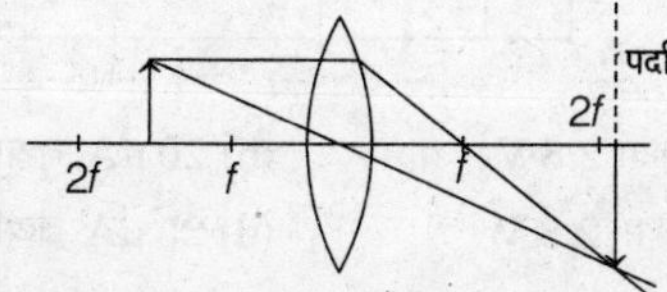

वस्तु तथा पर्दे की स्थिति को बिना विचलित किए इस सम्पूर्ण संयोजन को यदि पानी में डुबा दिया जाए, तो पर्दे पर क्या दिखेगा?

(a) ऊर्ध्व (Erect) वास्तविक प्रतिबिम्ब (b) कोई बदलाव नहीं
(c) ऊर्ध्व वास्तविक प्रतिबिम्ब (d) आवर्धित प्रतिबिम्ब

6. दिखाए गए परिपथ में, यदि पूरे परिपथ की प्रभावी धारिता 0.5 μF है, तो C का मान क्या होगा? परिपथ में सभी धारिताएँ μF में हैं।

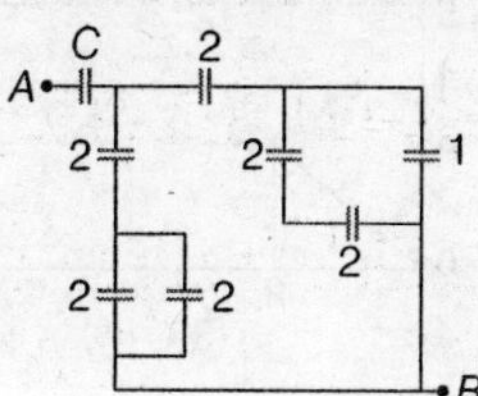

(a) $\dfrac{7}{11}\mu\text{F}$ (b) $4\mu\text{F}$ (c) $\dfrac{7}{10}\mu\text{F}$ (d) $\dfrac{6}{5}\mu\text{F}$

7. एक 10 m का क्षैतिज तार, उत्तर-पूर्व से दक्षिण-पश्चिम दिशा में विस्तृत है और $5.0\ \text{ms}^{-1}$ की चाल से पृथ्वी के चुम्बकीय क्षेत्र के क्षैतिज घटक $0.3 \times 10^{-4}\ \text{Wb/m}^2$ के लम्बवत् गिर रहा है। तार के प्रेरित वाहक बल का मान होगा

(a) 1.1×10^{-3} V (b) 2.5×10^{-3} V
(c) 0.3×10^{-3} V (d) 1.5×10^{-3} V

8. किसी एक रेडियोऐक्टिव क्षय श्रृंखला में आरम्भिक नाभिक $^{232}_{90}\text{Th}$ है। अन्त में कुल 6 α-कण एवं 4 β-कण उत्सर्जित हुए हैं। अन्त नाभिक $^{A}_{Z}X$ है, तो A और Z के मान होंगे

(a) $A = 202; Z = 80$ (b) $A = 208; Z = 80$
(c) $A = 200; Z = 81$ (d) $A = 208; Z = 82$

9. एक सरल आवर्त गति को निम्न समीकरण से दिखाया जाता है

$$y = 5(\sin 3\pi t + \sqrt{3}\cos 3\pi t)\ \text{cm}$$

गति के आयाम तथा आवर्तकाल होंगे

(a) $5\,\text{cm}, \dfrac{2}{3}\,\text{s}$ (b) $10\,\text{cm}, \dfrac{3}{2}\,\text{s}$ (c) $10\,\text{cm}, \dfrac{2}{3}\,\text{s}$ (d) $5\,\text{cm}, \dfrac{3}{2}\,\text{s}$

10. चित्रानुसार एक खुरदरे आनत तल पर एक गुटका रखा है। यदि गुटके पर समतल के समदिश व नीचे की ओर 2N मान तक का बल लगाया जाता है, तो गुटका स्थिर रहता है। ऐसा बल जब ऊपर की ओर लगाते हैं, तो 10N बल के मान तक गुटका स्थिर रहता है। गुटके व समतल के बीच घर्षण गुणांक का मान होगा ($g = 10\,\text{m/s}^2$)

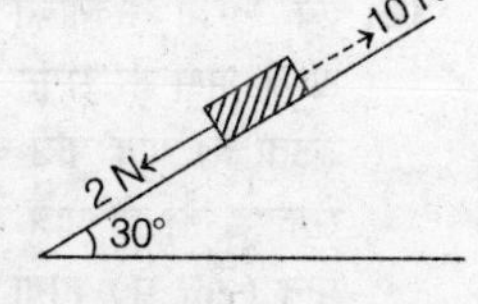

(a) $\dfrac{\sqrt{3}}{4}$ (b) $\dfrac{1}{2}$ (c) $\dfrac{\sqrt{3}}{2}$ (d) $\dfrac{2}{3}$

11. $50\,\Omega$ प्रतिरोध वाले एक धारामापी में 25 भाग हैं। जब इसमें 4×10^{-4} A की धारा प्रवाहित करते हैं, तो इसकी सुई द्वारा 1 भाग का विक्षेप होता है। इस धारामापी को 2.5 V परास वाले वोल्टमीटर के रूप में उपयोग करने के लिए इसके साथ कौन-सा प्रतिरोध जोड़ना पड़ेगा?

(a) $250\,\Omega$ (b) $200\,\Omega$ (c) $6200\,\Omega$ (d) $6250\,\Omega$

12. एक समतल-उत्तल लेन्स (फोकस दूरी f_2, अपवर्तनांक μ_2, वक्रता त्रिज्या R) एक समतल-अवतल लेन्स (फोकस दूरी f_1, अपवर्तनांक μ_1, वक्रता त्रिज्या R) में ठीक बैठ जाता है। उनके समतल पृष्ठ एक-दूसरे के समान्तर हैं। इस संयोजन की फोकस दूरी होगी

(a) $\frac{R}{\mu_2-\mu_1}$ (b) f_1-f_2 (c) $\frac{2f_1f_2}{f_1+f_2}$ (d) f_1+f_2

13. एक परिपथ में संधारित्र की प्लेट पर आवेश का समय के साथ फलन चित्र में दिखाया गया है।

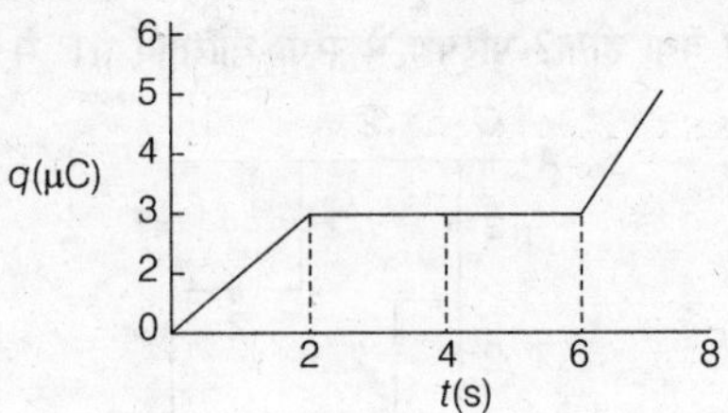

$t=4$ s पर धारा का मान क्या है?

(a) 2 μA (b) 3 μA (c) शून्य (d) 1.5 μA

14. सरल उपकरण के एक प्रयोग में M kg द्रव्यमान के एक भार को 2m लम्बाई तथा 1.0 mm त्रिज्या के एक स्टील के तार से लटकाते हैं। तार की लम्बाई में 4.0 mm की वृद्धि होती है। अब भार को आपेक्षिक घनत्व 2 वाले द्रव में डुबो देते हैं। भार के पदार्थ का आपेक्षिक घनत्व 8 है। तार की लम्बाई में वृद्धि का नया मान होगा

(a) 3.0 mm (b) शून्य (c) 5.0 mm (d) 4.0

15. दिखाए गए परिपथ में धाराएँ $I_1=-0.3$A, $I_4=0.8$A तथा $I_5=0.4$A प्रवाहित हो रही हैं। धाराओं I_2, I_3 तथा I_6 के मान क्रमश: होंगे

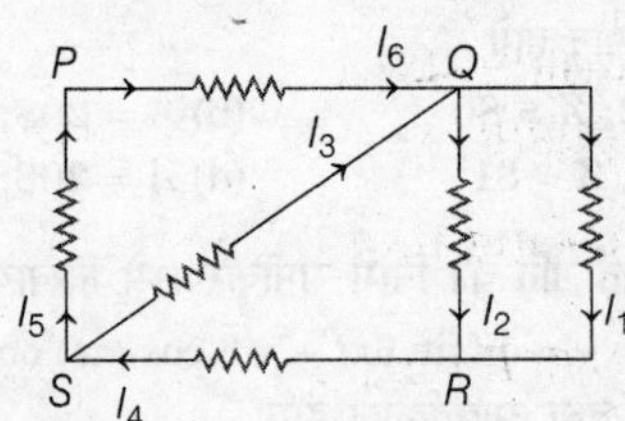

(a) 1.1 A, 0.4 A, 0.4 A (b) -0.4 A, 0.4 A, 1.1 A
(c) 0.4 A, 1.1 A, 0.4 A (d) 1.1 A, -0.4, 0.4 A

16. एक लम्बा बेलनाकार पात्र, द्रव से आधा भरा हुआ है। जब पात्र को अपनी ऊर्ध्व अक्ष के संगत घुमाते हैं, तो, द्रव पात्र की दीवार के समीप ऊपर उठता है। यदि पात्र की त्रिज्या 5 cm तथा इसकी घूर्णन गति 2 चक्कर प्रति सेकण्ड है, तो पात्र के मध्य तथा किनारे पर द्रव की ऊँचाई में अन्तर का मान (cm में) होगा

(a) 0.1 (b) 1.2 (c) 0.4 (d) 2.0

17. एक अनुचुम्बकीय पदार्थ में 10^{28} परमाणु/m^3 है। पदार्थ की 350 K तापमान पर चुम्बकीय प्रवृत्ति 2.8×10^{-4} है। 300 K पर उसकी चुम्बकीय प्रवृत्ति होगी

(a) 3.726×10^{-4} (b) 3.672×10^{-4}
(c) 3.267×10^{-4} (d) 2.672×10^{-4}

18. जब कोई प्रकाश संवेदी सतह ν आवृत्ति के एक वर्णीय प्रकाश द्वारा प्रकाशित की जाती है, तो प्रकाश वैद्युत धारा का निरोधी विभव $-V_0/2$ होता है। जब वही सतह $\nu/2$ आवृत्ति के एकवर्णी प्रकाश द्वारा प्रकाशित की जाती है, तो निरोधी विभव $-V_0$ पाया जाता है। प्रकाश वैद्युत उत्सर्जन की देहली आवृत्ति होगी

(a) $\frac{4}{3}\nu$ (b) 2ν (c) $\frac{3\nu}{2}$ (d) $\frac{5\nu}{3}$

19. दिखाए गए परिपथ में $C=\frac{\sqrt{3}}{2}\,\mu$F, $R_2=20\,\Omega$, $L=\frac{\sqrt{3}}{10}$H तथा $R_1=10\Omega$ है। L-R_1 पथ में धारा I_1 और C-R_2 पथ में धारा I_2 है। AC स्रोत की वोल्टता $V=200\sqrt{2}\sin(100t)$ वोल्ट सूत्र द्वारा दी गई है। I_1 तथा I_2 के बीच कलान्तर है

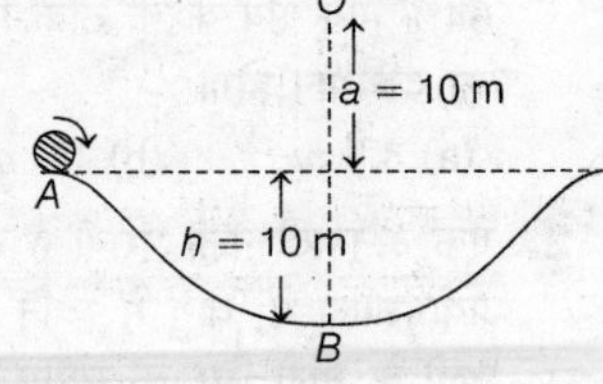

(a) 60° (b) 0° (c) 30° (d) 90°

20. चित्रानुसार 20 g द्रव्यमान के एक कण को 5 m/s व वक्र के अनुगत आरम्भिक वेग से बिन्दु A से छोड़ा जाता है। बिन्दु A की बिन्दु B से ऊँचाई h है। यह कण घर्षणहीन पृष्ठ पर सरकता है। जब कण बिन्दु B पर पहुँचता है, तो इसका बिन्दु O के सापेक्ष कोणीय संवेग क्या होगा?

(a) 3 kg-m^2/s (b) 6 kg-m^2/s (c) 2 kg-m^2/s (d) 8 kg-m^2/s

21. दो कण A एवं B बराबर कोणीय वेग ω से R_1 एवं R_2 त्रिज्या के दो समकेन्द्रित वृत्तों पर चल रहे हैं। समय $t=0$ पर उनकी गति की दिशाएँ एवं स्थितियों को चित्र में दिखाया गया है।

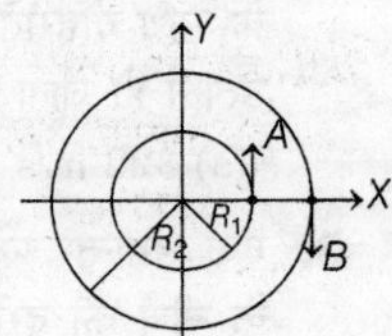

$t=\frac{\pi}{2\omega}$ पर सापेक्ष वेग $\mathbf{v}_A-\mathbf{v}_B$ होगा

(a) $\omega(R_2-R_1)\hat{i}$ (b) $\omega(R_1-R_2)\hat{i}$
(c) $-\omega(R_1+R_2)\hat{i}$ (d) $\omega(R_1+R_2)\hat{i}$

22. दिखाए गए चित्र में V_{BB} स्रोत 0 से 5.0 V तक बदल सकता है, $V_{CC}=5$ V, $\beta_{DC}=200$, $R_B=100$ kΩ, $R_C=1$kΩ तथा $V_{BE}=1.0$ V हैं। न्यूनतम आधार धारा तथा निवेशी सिग्नल जिस पर ट्रांजिस्टर संतृप्ति अवस्था में पहुँच जाए क्रमश: होंगे

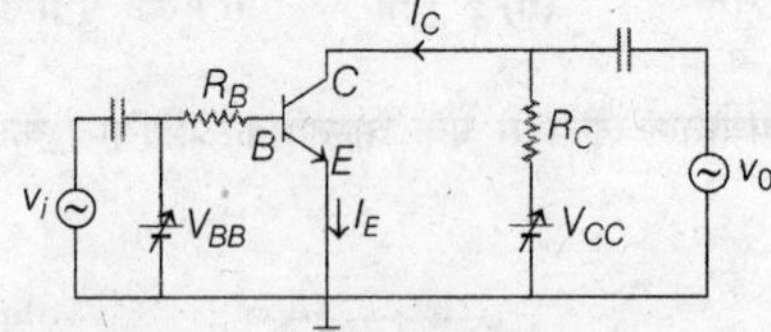

(a) 25 μA तथा 2.8 V (b) 20 μA तथा 3.5 V
(c) 20 μA तथा 2.8 V (d) 25 μA तथा 3.5 V

23. एक बन्द सिलेण्डर में एक आदर्श गैस 2 atm दाब एवं 300 K तापमान पर है। दो क्रमागत संघट्टों के बीच औसत समय 6×10^{-8}s है। यदि दाब को दोगुना तथा तापमान को 500 K कर दें, तो दो क्रमागत संघट्टों के बीच औसत समय का सन्निकट मान होगा

(a) 3×10^{-6} s (b) 4×10^{-8} s
(c) 2×10^{-7} s (d) 5×10^{-8} s

24. माना l, r, c व v क्रमशः प्रेरकत्व, प्रतिरोध, धारिता व विभव को दर्शाते हैं। $\frac{l}{rcv}$ की विमा (SI मात्रकों में) होगी

(a) $[LT^2]$ (b) $[LA^{-2}]$ (c) $[LTA]$ (d) $[A^{-1}]$

25. सूर्य की सतह पर विकिरण की औसत तीव्रता लगभग 10^8 W/m^2 है, तो संगत चुम्बकीय क्षेत्र का निकटतम वर्ग-माध्य-मूल मान होगा

(a) 10^2 T (b) 1 T (c) 10^{-2} T (d) 10^{-4} T

26. गैस से भरे हुए एक बन्द ऊर्ध्वाधर बेलनाकार बर्तन को एक घर्षणहीन एवं नगण्य मोटाई के m द्रव्यमान के पिस्टन से दो भागों में बाँटते हैं। पिस्टन, बेलन की लम्बाई के अनुदिश चलने को स्वतन्त्र है। पिस्टन के ऊपर बेलन की लम्बाई l_1 और पिस्टन के नीचे की लम्बाई l_2 इस प्रकार है कि $l_1 > l_2$ है। बेलन के प्रत्येक भाग में एक आदर्श गैस के n मोल समान तापमान T पर हैं। यदि पिस्टन स्थायी है, तो इसके द्रव्यमान m का मान होगा (R सार्वत्रिक गैस नियतांक तथा g गुरुत्वीय त्वरण है)

(a) $\frac{RT}{g}\left[\frac{2l_1 + l_2}{l_1 l_2}\right]$ (b) $\frac{RT}{ng}\left[\frac{l_1 - 3l_2}{l_1 l_2}\right]$

(c) $\frac{nRT}{g}\left[\frac{1}{l_2} + \frac{1}{l_1}\right]$ (d) $\frac{nRT}{g}\left[\frac{l_1 - l_2}{l_1 l_2}\right]$

27. दो उपग्रहों A और B के द्रव्यमान क्रमशः m एवं $2m$ हैं। पृथ्वी के परितः A, त्रिज्या R के वृत्ताकार कक्षा में तथा B त्रिज्या, $2R$ के वृत्ताकार कक्षा में चल रहे हैं। उपग्रहों की गतिज ऊर्जाओं के अनुपात $\frac{T_A}{T_B}$ का मान होगा

(a) 1 (b) $\sqrt{\frac{1}{2}}$ (c) 2 (d) $\frac{1}{2}$

28. एक ठोस गोले का जड़त्व आघूर्ण, एक अक्ष के सापेक्ष, जो उसके व्यास के समान्तर तथा उससे x दूरी पर है, $I(x)$ है। निम्न में से कौन-सा ग्राफ $I(x)$ का x के साथ परिवर्तन को सही दर्शाता है?

(a) (b) (c) (d)

29. एक नली के मुख पर एक यान्त्रिक पम्प से फुलाकर एक साबुन के बुलबुले का आयतन, समय के साथ एक स्थिर दर से बढ़ता है। निम्न ग्राफों में कौन बुलबुले के अन्दर के दाब का समय के साथ बदलाव को सही चित्रित करता है?

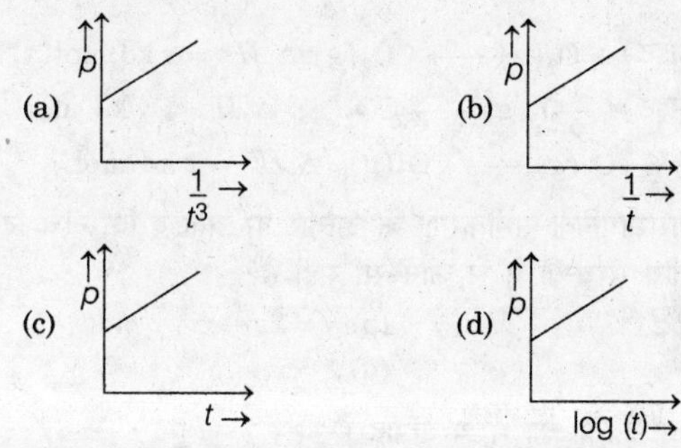

30. एक फ्रैंक-हर्ट्ज प्रयोग के दौरान 5.6 eV ऊर्जा का एक इलेक्ट्रॉन पारे के वाष्प से गुजरकर 0.7 eV की ऊर्जा के साथ बाहर निकलता है। पारे के परमाणु द्वारा उत्सर्जित फोटॉन की न्यूनतम तरंगदैर्ध्य का सन्निकट मान होगा

(a) 1700 nm (b) 220 nm (c) 2020 nm (d) 250 nm

रसायन विज्ञान

31. निम्नलिखित अभिक्रिया का मुख्य उत्पाद है

$CH_3CH_2CH(Br)—CH_2(Br) \xrightarrow[\text{(ii) } NaNH_2 \text{ in liq. } NH_3]{\text{(i) KOH alc.}}$

(a) $CH_3CH{=}C{=}CH_2$ (b) $CH_3CH{=}CHCH_2NH_2$

(c) $CH_3CH_2C{\equiv}CH$ (d) $CH_3CH_2CH(NH_2)—CH(NH_2)$

32. निम्नलिखित अभिक्रिया का मुख्य उत्पाद है

$H_3C—C(CH_2CH_3)(COOCH_2CH_3)—Cl \xrightarrow[\Delta]{NaOEt}$

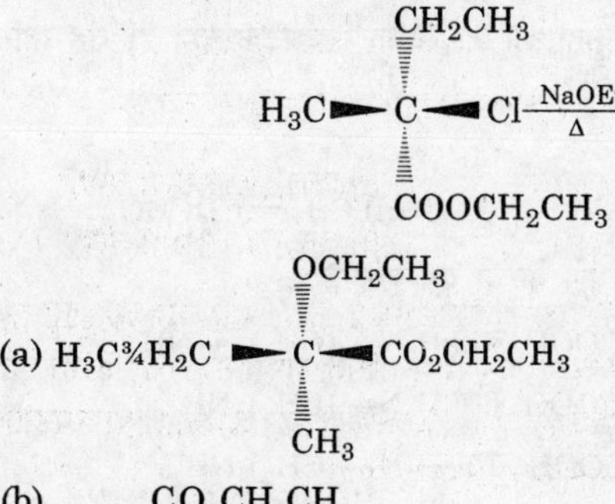

(a) H_3C¾H_2C — C(OCH_2CH_3)(CH_3) — $CO_2CH_2CH_3$

(b) $CH_3C(CO_2CH_2CH_3){=}CHCH_3$

(c) $CH_3CH_2C(CO_2CH_2CH_3){=}CH_2$

(d) H_3C — C(CH_2CH_3)($COOCH_2CH_3$) — OCH_2CH_3

33. निम्नलिखित में से, असत्य कथन है

(a) वायुयान की सहायता से बादलों पर उपस्थित आवेश से विपरीत आवेशित रेत के कणों को फेंक कर कृत्रिम वर्षा करवाना सम्भव है

(b) द्रवरागी, सॉल का स्कन्दन एक विद्युत अपघट्य मिलाकर किया जा सकता है

(c) लेटेक्स, रबर के कणों का एक कोलॉइडी विलयन है, जो धनावेशित होता है

(d) टिण्डल प्रभाव का उपयोग एक कोलॉइडी विलयन तथा वास्तविक विलयन में अन्तर करने के लिए किया जा सकता है

34. 27°C पर स्थित एक खुले पात्र को तब तक गर्म किया जाता है। जब तक इसमें उपस्थित वायु (आदर्श गैस मानते हुए) के दो पाँचवें भाग (2/5) पात्र

से निकल नहीं जाता। यह मानकर की पात्र का आयतन स्थिर है, ताप जिस पर पात्र को मर्ग किया गया है, वह है

(a) 750 K (b) 750°C
(c) 500°C (d) 500 K

35. गर्म तथा सान्द्र सोडियम हाइड्रॉक्साइड के क्लोरीन की अभिक्रिया देती है

(a) ClO_3^- तथा ClO_2^- (b) Cl^- तथा ClO^-
(c) Cl^- तथा ClO_3^- (d) Cl^- तथा ClO_2^-

36. यदि Ag_2CO_3 का K_{sp} 8×10^{-12} है, तो Ag_2CO_3 की 0.1 M $AgNO_3$ में मोलर विलेयता है

(a) 8×10^{-10} M (b) 8×10^{-12} M
(c) 8×10^{-13} M (d) 8×10^{-11} M

37. दिया गया है

(i) C(ग्रेफाइट) + $O_2(g) \longrightarrow CO_2(g); \Delta_r H^- = x$ kJ mol^{-1}

(ii) C(ग्रेफाइट)+ $\frac{1}{2}O_2(g) \longrightarrow CO_2(g); \Delta_r H^- = y$ kJ mol^{-1}

(iii) $CO(g) + \frac{1}{2}O_2(g) \longrightarrow CO_2(g); \Delta_r H^- = z$ kJ mol^{-1}

उपर्युक्त ऊष्मारासायनिक समीकरणों के आधार पर बताइए कि नीचे दिए गए बीजगणितीय सम्बन्धों में से कौन-सा सही है?

(a) $x = y - z$ (b) $y = 2z - x$
(c) $x = y + z$ (d) $z = x + y$

38. निम्नलिखित अभिक्रिया का मुख्य उत्पाद है

H_3C–CO–O–(3-aminopropyl)phenyl–NH_2 $\xrightarrow[\text{(iii) } H_2SO_4 \text{ (सान्द्र), } \Delta]{\text{(i) } NaNO_2/H^+ \text{ (ii) } CrO_3/H^+}$

(a) HO– (b) CH_3–C(=O)–O–
(c) CH_3–C(=O)–O– (d) HO–

39. युग्म जिसके लिए निस्तापन की आवश्यकता होती है, वह है

(a) ZnO तथा MgO (b) $ZnCO_3$ तथा CaO
(c) Fe_2O_3 तथा $CaCO_3 \cdot MgCO_3$ (d) ZnO तथा $Fe_2O_3 \cdot xH_2O$

40. निम्नलिखित अभिक्रिया का मुख्य उत्पाद है

$\xrightarrow[\text{EtOH}]{NaBH_4}$

(a) O (b) OH, OEt
(c) OH (d) OH, OEt

41. निम्नलिखित अभिक्रिया का मुख्य उत्पाद है

H_3C, $=CH_2$, H $\xrightarrow{HCl}$

(a) H_3C, $-CH_2-Cl$, H (b) CH_2, $-CH_3$, H, Cl
(c) CH_2—Cl, CH_3, H (d) H_3C, CH_3, Cl, H

42. बेन्जोइक अम्ल (C_6H_5COOH) के अणु बेन्जीन में द्वितीयक होते हैं। 30 g बेन्जीन में घुलित w g अम्ल 2K के बराबर हिमांक में अवनमन प्रदर्शित करता है। यदि विलयन में अम्ल के संगुणन का प्रतिशत 80 है तो w का मान है

(दिया गया है, $K_f = 5$ kg mol^{-1}, बेन्जोइक ऐसिड का मोलर द्रव्यमान $= 122$ g mol^{-1})

(a) 2.4 g (b) 1.8 g
(c) 1.0 g (d) 1.5 g

43. 8 g NaOH को 18 g H_2O में घोला गया है। विलयन में NaOH को मोल अंश तथा विलयन की मोललता (मोल प्रति किलोग्राम) क्रमशः है

(a) 0.2, 11.11 (b) 0.167, 11.11
(c) 0.167, 22.20 (d) 0.2, 22.20

44. NaCl, HCl तथा NaA के लिए Λ_m° क्रमश 126.4, 425.9 तथा 100.5 S cm^2 mol^{-1} हैं। यदि 0.001 M HA की चालकता 5×10^{-5} S cm^{-1} हो तो HA की वियोजन मात्रा है

(a) 0.125 (b) 0.50 (c) 0.75 (d) 0.25

45. 1 M H_2O का आयतन सामर्थ्य है (H_2O_2 का मोलर द्रव्यमान $= 34$ g mol^{-1})

(a) 11.35 (b) 22.4
(c) 16.8 (d) 5.6

46. परमाणु त्रिज्याओं का सही क्रम है

(a) Eu > Ce > Ho > N (b) N > Ce > Eu > Ho
(c) Ce > Eu > Ho > N (d) Ho > N > Eu > Ce

47. $p\pi$-$p\pi$ बहुबन्ध बनाने की प्रबल योग्यता रखने वाला तत्व है

(a) Ge (b) Sn (c) C (d) Si

48. प्रकाश रासायनिक धूमकुहा का जो सामान्य संघटक नहीं है, वह यौगिक है

(a) $H_3C-C(=O)-OONO_2$ (b) O_3
(c) CF_2Cl_2 (d) $CH_2=CHCHO$

49. नायलॉन-6, 6 के संश्लेषण के दो एकलक हैं

(a) $HOOC(CH_2)_4COOH$ तथा $H_2N-(CH_2)_6-NH_2$
(b) $HOOC(CH_2)_6COOH$ तथा $H_2N-(CH_2)_4NH_2$
(c) $HOOC(CH_2)_6COOH$ तथा $H_2N-(CH_2)_6NH_2$
(d) $HOOC(CH_2)_4COOH$ तथा $H_2N-(CH_2)_4NH_2$

50. एक सान्द्र अम्लीय विलयन (pH=2) में, हिस्टीडीन की सही संरचना है

(a) $H_3\overset{\oplus}{N}$—CH—$CO\overset{\ominus}{O}H$

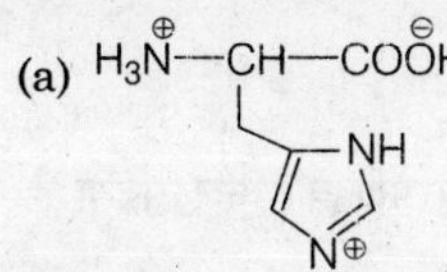

(b) $H_3\overset{\oplus}{N}$—CH—COOH (वलय पर $\overset{\oplus}{N}H_2$, N)

(c) $H_3\overset{\oplus}{N}$—CH—$CO\overset{\ominus}{O}$ (वलय पर $\overset{\oplus}{N}H_2$, N)

(d) $H_3\overset{\oplus}{N}$—CH—$CO\overset{\ominus}{O}$ (वलय पर $\overset{\oplus}{N}H_2$, $\overset{\oplus}{N}$H)

51. यदि एक हाइड्रोजन परमाणु में, nवें (n^{th}) बोर कक्षक में स्थित इलेक्ट्रॉन का दे-ब्रॉग्ली तरंगदैर्ध्य $1.5\,\pi a_0$ के बराबर है, तो n/z का मान है (a_0 बोर त्रिज्या है)

(a) 0.75 (b) 0.40
(c) 1.0 (d) 1.50

52. कोशिका तरल में बाहुल्य रूप में पाए जाने वाले पोटैशियम आयनों के सम्बन्ध में I से III में से सही कथन है/हैं?

I. वे कई एन्जाइमों को सक्रिय करते हैं।
II. वे ग्लूकोस के ऑक्सीकरण द्वारा ATP के बनाने में भागीदारी करते हैं।
III. सोडियम आयन के साथ, तन्त्रिकाओं के संकेतों के संचरण के लिए जिम्मेदार होते हैं।

(a) केवल I तथा III (b) केवल III
(c) केवल I तथा II (d) I, II तथा III

53. ऊपरी समतापमण्डल जिसमें उपस्थित ओजोन परत हमें सूर्य के विकिरण से बचाती है, उसका तरंगदैर्ध्य क्षेत्र है

(a) 0.8–1.5 nm (b) 400 – 550 nm
(c) 200 – 315 nm (d) 600 – 750 nm

54. शृंखलन नहीं प्रदर्शित करने वाला है

(a) Sn (b) Si
(c) Ge (d) Pb

55. एक आदर्श गैस के समतापीय प्रसरण को नहीं निरूपित करने वाले प्लॉटों का संयोजन है

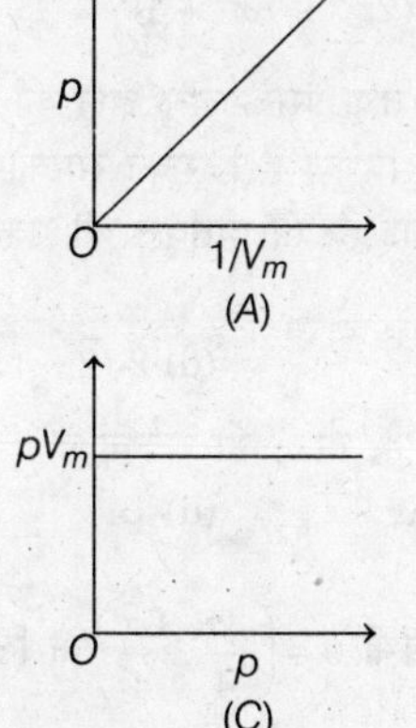

p vs V_m (B); U vs V_m (D)

(a) (B) तथा (C) (b) (A) तथा (C)
(c) (A) तथा (D) (d) (B) तथा (D)

56. निम्नलिखित की $LiAlH_4$ के साथ अभिक्रियाशीलता का बढ़ता क्रम है

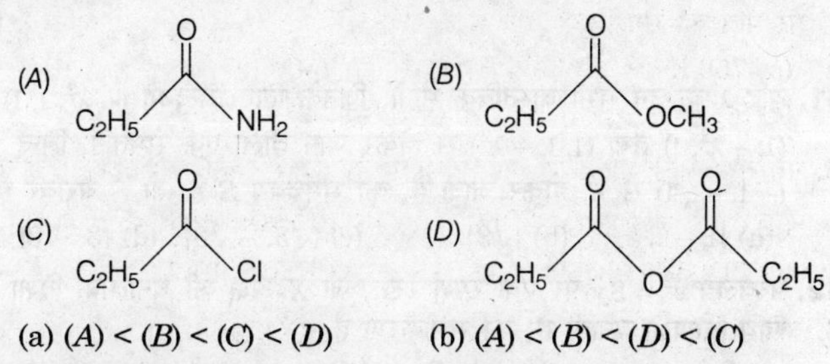

(a) (A) < (B) < (C) < (D) (b) (A) < (B) < (D) < (C)
(c) (B) < (A) < (D) < (C) (d) (B) < (A) < (C) < (D)

57. एक अभिक्रिया के लिए दिए गए चित्र में $\ln k$ vs $1/T$ के प्लॉट पर विचार कीजिए।

यदि इस अभिक्रिया का दर नियतांक 400 K पर $10^{-5}\ s^{-1}$ है, तो 500 K पर उसका दर नियतांक है

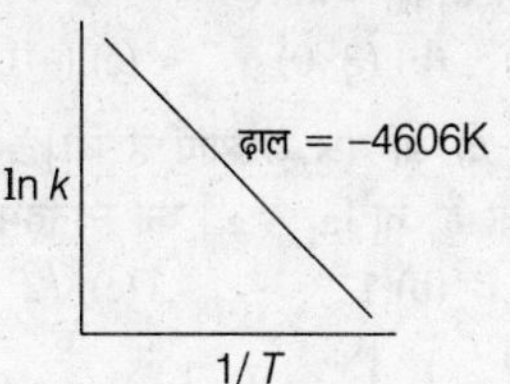

(a) $10^{-4}\ s^{-1}$ (b) $4\times10^{-4}\ s^{-1}$ (c) $2\times10^{-4}\ s^{-1}$ (d) $10^{-6}\ s^{-1}$

58. एक समतुल्य ग्रिग्नार्ड अभिक्रिया के साथ ग्रिग्नार्ड उत्पाद नहीं देने वाले ऐल्डिहाइड हैं

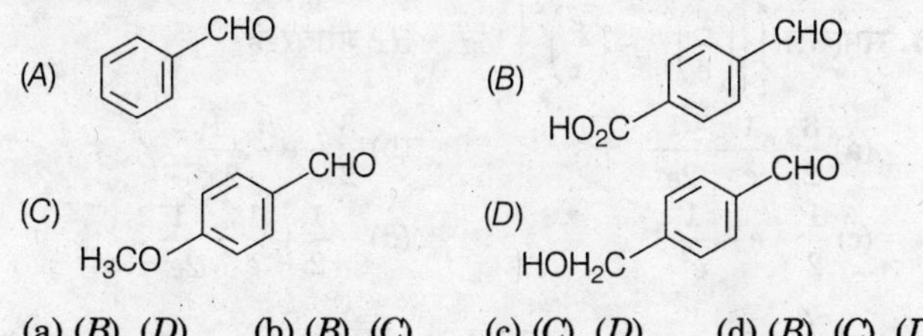

(a) (B), (D) (b) (B), (C) (c) (C), (D) (d) (B), (C), (D)

59. एक अष्टफलक होमोलेप्टिक Mn(II) के संकुल का चुम्बकीय आघूर्ण 5.9 BM है। इस संकुल के लिए उपयुक्त सलग्नी है

(a) एथिलीनडाइऐमीन (b) CN^-
(c) NCS^- (d) CO

60. निम्नलिखित रूपान्तरण में सही उत्पाद है

$CH_3O-C_6H_4-CH{=}CH-CH_3 \xrightarrow[\text{(ऊष्मा)}]{\text{HBr (आधिक्य)}} ?$

(a) $HO-C_6H_4-\underset{Br}{CH}-CH_2-CH_3$

(b) $CH_3O-C_6H_4-\underset{Br}{CH}-CH_2-CH_3$

(c) $CH_3O-C_6H_4-CH_2-\underset{Br}{CH}-CH_3$

(d) $HO-C_6H_4-CH_2-\underset{Br}{CH}-CH_3$

गणित

61. यदि λ के उन सभी वास्तविक मानों, जिनके लिए बिन्दुओं $(-\lambda^2, 1, 1)$, $(1, -\lambda^2, 1)$ तथा $(1, 1, -\lambda^2)$ से होकर जाने वाला एक समतल, बिन्दु $(-1, -1, 1)$ से भी होकर जाता है, का समुच्चय S है, तो S बराबर है
(a) $\{1, -1\}$ (b) $\{\sqrt{3}\}$ (c) $\{\sqrt{3}, -\sqrt{3}\}$ (d) $\{3, -3\}$

62. परवलय $x^2 = 8y$ पर एक स्पर्श रेखा, जो X-अक्ष की धनात्मक दिशा के साथ कोण θ बनाती है, का समीकरण है
(a) $y = x\tan\theta - 2\cot\theta$ (b) $x = y\cot\theta + 2\tan\theta$
(c) $y = x\tan\theta + 2\cot\theta$ (d) $x = y\cot\theta - 2\tan\theta$

63. यदि एक वक्र बिन्दु $(1, -2)$ से होकर जाता है तथा इस पर किसी बिन्दु (x, y) पर स्पर्श रेखा का ढाल (slope) $\frac{x^2 - 2y}{x}$ है, तो यह वक्र निम्न में से किस बिन्दु से होकर जाता है?
(a) $(-\sqrt{2}, 1)$ (b) $(3, 0)$ (c) $(-1, 2)$ (d) $(\sqrt{3}, 0)$

64. माना z_1 तथा z_2 दो सम्मिश्र संख्याएँ हैं जो $|z_1| = 9$ तथा $|z_2 - 3 - 4i| = 4$ को सन्तुष्ट करती है, तो $|z_1 - z_2|$ का न्यूनतम मान है
(a) 0 (b) 1 (c) $\sqrt{2}$ (d) 2

65. यदि श्रेणी $\left(\frac{3}{4}\right)^3 + \left(1\frac{1}{2}\right)^3 + \left(2\frac{1}{4}\right)^3 + 3^3 + \left(3\frac{3}{4}\right)^3 + \ldots$ के प्रथम 15 पदों का योग $225k$ के बराबर है, तो k बराबर है
(a) 54 (b) 27 (c) 9 (d) 108

66. समाकल $\int_1^e \left\{\left(\frac{x}{e}\right)^{2x} - \left(\frac{e}{x}\right)^x\right\} \log_e x \, dx$ बराबर है
(a) $\frac{3}{2} - \frac{1}{e} - \frac{1}{2e^2}$ (b) $\frac{3}{2} - e - \frac{1}{2e^2}$
(c) $\frac{1}{2} - e - \frac{1}{e^2}$ (d) $-\frac{1}{2} + \frac{1}{e} - \frac{1}{2e^2}$

67. $\lim_{n \to \infty}\left(\frac{n}{n^2+1^2} + \frac{n}{n^2+2^2} + \frac{n}{n^2+3^2} + \ldots + \frac{1}{5n}\right)$ बराबर है
(a) $\tan^{-1}(3)$ (b) $\tan^{-1}(2)$ (c) $\pi/2$ (d) $\pi/4$

68. यदि बिन्दु $P(-3, 4)$ से होकर जाने वाली एक सरल रेखा इस प्रकार है कि इसके निर्देशांक अक्षों के बीच अन्त:खण्डित भाग का मध्य-बिन्दु P है, तो इसका समीकरण है
(a) $x - y + 7 = 0$ (b) $4x - 3y + 24 = 0$
(c) $3x - 4y + 25 = 0$ (d) $4x + 3y = 0$

69. 60 छात्रों की एक कक्षा में, 40 ने NCC ली, 30 ने NSS ली तथा 20 ने NCC और NSS दोनों ली। यदि इनमें से एक छात्र यादृच्छिक चुना गया है, तो चुने हुए छात्र के न तो NCC, न ही NSS लेने की प्रायिकता है
(a) $\frac{5}{6}$ (b) $\frac{1}{6}$ (c) $\frac{2}{3}$ (d) $\frac{1}{3}$

70. यदि फलन $f(x) = x^3 - 3(a-2)x^2 + 3ax + 7$, किसी $a \in R$ के लिए $(0,1]$ में वर्धमान है तथा $[1, 5)$ में ह्रासमान है, तो समीकरण $\frac{f(x) - 14}{(x-1)^2} = 0 \; (x \neq 1)$ का एक हल है
(a) 5 (b) 7 (c) -7 (d) 6

71. $\left(7^{\frac{1}{5}} - 3^{\frac{1}{10}}\right)^{60}$ के द्विपद प्रसार में अपरिमेय पदों की कुल संख्या है
(a) 48 (b) 55 (c) 49 (d) 54

72. वक्र $y = x^2 - 5x + 5$ की स्पर्श रेखा, जो रेखा $2y = 4x + 1$ के समान्तर है, निम्न में से किस बिन्दु से होकर जाती है
(a) $\left(\frac{7}{2}, \frac{1}{4}\right)$ (b) $\left(-\frac{1}{8}, 7\right)$ (c) $\left(\frac{1}{4}, \frac{7}{2}\right)$ (d) $\left(\frac{1}{8}, -7\right)$

73. एक खेल में एक अनभिनत पासा फेंकने पर 5 या 6 आने पर एक व्यक्ति ₹ 100 जीतता है तथा पासे पर कोई अन्य संख्या आने पर ₹ 50 हारता है। यदि वह यह तय करता है कि वह या तब तक पासा फेंकेगा जब तक 5 या 6 न आ जाए अथवा अधिक-से-अधिक तीन बार पासा फेंकेगा, तो उसकी सम्भावित लाभ/हानि (₹ में) है
(a) 0 (b) $\frac{400}{9}$ हानि
(c) $\frac{400}{3}$ लाभ (d) $\frac{400}{3}$ हानि

74. यदि $\sin^4\alpha + 4\cos^4\beta + 2 = 4\sqrt{2}\sin\alpha\cos\beta$; $\alpha, \beta \in [0, \pi]$, तो $\cos(\alpha + \beta) - \cos(\alpha - \beta)$ बराबर है
(a) $-\sqrt{2}$ (b) 0
(c) $\sqrt{2}$ (d) -1

75. पाँच प्रेक्षणों का माध्य तथा प्रसरण क्रमश: 4 तथा 5.20 है। यदि इन प्रेक्षणों में से तीन ३, 4 तथा 4 हैं, तो अन्य प्रेक्षणों के अन्तर का निरपेक्ष (absolute) मान है
(a) 1 (b) 3 (c) 5 (d) 7

76. समाकलन $\int \frac{3x^{13} + 2x^{11}}{(2x^4 + 3x^2 + 1)^4} dx$ बराबर है
(जहाँ C समाकलन का एक अचर है)
(a) $\frac{x^{12}}{(2x^4 + 3x^2 + 1)^3} + C$ (b) $\frac{x^4}{(2x^4 + 3x^2 + 1)^3} + C$
(c) $\frac{x^4}{6(2x^4 + 3x^2 + 1)^3} + C$ (d) $\frac{x^{12}}{6(2x^4 + 3x^2 + 1)^3} + C$

77. माना एक दीर्घवृत्त की नाभियाँ S तथा S' है तथा इसके लघु अक्ष का कोई एक शीर्ष B है। यदि $\Delta S'BS$ एक समकोण त्रिभुज है जिसका समकोण B पर है तथा $\Delta S'BS$ का क्षेत्रफल 8 वर्ग इकाई है, तो दीर्घवृत्त की एक नाभिलम्ब जीवा की लम्बाई है
(a) 2 (b) $4\sqrt{2}$ (c) 4 (d) $2\sqrt{2}$

78. यदि ${}^nC_4$, ${}^nC_5$ तथा ${}^nC_6$, समान्तर श्रेढ़ी में हैं, तो n हो सकता है
(a) 9 (b) 12 (c) 11 (d) 14

79. यदि $A = \begin{bmatrix} 1 & \sin\theta & 1 \\ -\sin\theta & 1 & \sin\theta \\ -1 & -\sin\theta & 1 \end{bmatrix}$ तो सभी $\theta \in \left(\frac{3\pi}{4}, \frac{5\pi}{4}\right)$ के लिए det (A) निम्न में से किस अन्तराल में स्थित है
(a) $\left(\frac{3}{2}, 3\right]$ (b) $\left[1, \frac{5}{2}\right)$ (c) $\left[\frac{5}{2}, 4\right)$ (d) $\left(0, \frac{3}{2}\right]$

80. λ के उन सभी मानों, जिनके लिए रैखिक समीकरण निकाय
$x - 2y - 2z = \lambda x$, $x + 2y + z = \lambda y$, $-x - y = \lambda z$
का एक अतुच्छ (non-trivial) हल है
(a) के समुच्चय में मात्र दो अवयव हैं।
(b) का समुच्चय रिक्त है।
(c) का समुच्चय एकल है।
(d) के समुच्चय में दो अधिक अवयव हैं।

81. माना Z पूर्णांकों का समुच्चय है। यदि
$A = \{x \in Z : 2^{(x+2)(x^2-5x+6)} = 1\}$ तथा
$B = \{x \in Z : -3 < 2x - 1 < 9\}$, तो $A \times B$ के उपसमुच्चयों की संख्या है
(a) 2^{18} (b) 2^{12} (c) 2^{15} (d) 2^{10}

82. एक शतरंज प्रतियोगिता में m पुरुष तथा दो महिलाएँ भाग ले रही हैं। प्रत्येक प्रतिभागी (participant) दूसरे प्रत्येक प्रतिभागी के साथ दो गेम खेलता है। यदि पुरुषों के बीच आपस में खेले गए गेम की संख्या, पुरुषों तथा महिलाओं के बीच खेले गए गेमों की संख्या से 84 अधिक है, तो m का मान है
(a) 9 (b) 7 (c) 12 (d) 11

83. m के उन पूर्णांक मानों, जिनके लिए द्विपद व्यंजक
$(1+2m)x^2 - 2(1+3m)x + 4(1+m)$, $x \in R$ सदैव धनात्मक है, की संख्या है
(a) 6 (b) 3 (c) 8 (d) 7

84. यदि R त्रिज्या का एक वृत्त मूलबिन्दु O से होकर जाता है तथा निर्देशांक अक्षों को A और B पर काटता है, तो O से रेखा AB पर डाले गए लम्ब के पाद का बिन्दुपथ है
(a) $(x^2 + y^2)(x + y) = R^2xy$ (b) $(x^2 + y^2)^3 = 4R^2x^2y^2$
(c) $(x^2 + y^2)^2 = 4Rx^2y^2$ (d) $(x^2 + y^2)^2 = 4R^2x^2y^2$

85. $\lim_{x \to 1^-} \frac{\sqrt{\pi} - \sqrt{2\sin^{-1} x}}{\sqrt{1-x}}$ बराबर है
(a) $\frac{1}{\sqrt{2\pi}}$ (b) $\sqrt{\frac{2}{\pi}}$ (c) $\sqrt{\pi}$ (d) $\sqrt{\frac{\pi}{2}}$

86. माना **a**, **b** तथा **c** तीन एकक सदिश है, जिनमें से सदिश **b** तथा **c** असमान्तर हैं। यदि सदिश **a**, सदिशों **b** तथा **c** से क्रमशः कोण α तथा β बनाता है और $\mathbf{a} \times (\mathbf{b} \times \mathbf{c}) = \frac{1}{2}\mathbf{b}$ तो $|\alpha - \beta|$ बराबर है
(a) 45° (b) 60° (c) 30° (d) 90°

87. व्यंजक $\sim(\sim p \to q)$ निम्न में से किसके तर्क संगत तुल्य है
(a) $\sim p \wedge q$ (b) $\sim p \wedge \sim q$
(c) $p \wedge q$ (d) $p \wedge \sim q$

88. यदि रेखा $\frac{x+1}{2} = \frac{y-2}{1} = \frac{z-3}{-2}$ तथा समतल $x - 2y - kz = 3$ के बीच का कोण $\cos^{-1}\left(\frac{2\sqrt{2}}{3}\right)$ है, तो k का एक मान है
(a) $\sqrt{\frac{3}{5}}$ (b) $\sqrt{\frac{5}{3}}$
(c) $-\frac{5}{3}$ (d) $-\frac{3}{5}$

89. माना f एक अवकलनीय फलन इस प्रकार है कि $f(1)=2$ तथा सभी $x \in R$ के लिए $f'(x) = f(x)$ यदि $h(x) = f(f(x))$, तो $h'(1)$ बराबर है
(a) $2e$ (b) $4e^2$ (c) $4e$ (d) $2e^2$

90. एक झील से 25 मी ऊपर एक बिन्दु P से एक बादल का उन्नयन कोण 30° है तथा P से झील में बादल के प्रतिबिम्ब का अवनमन कोण 60° है, तो झील की सतह से बादल की ऊँचाई (मीटर में) है
(a) 45 (b) 50 (c) 60 (d) 42

सही उत्तर

भौतिकी

1. (c)	2. (c)	3. (d)	4. (a)	5. (c)	6. (a)	7. (d)	8. (d)	9. (c)	10. (c)
11. (b)	12. (a)	13. (c)	14. (a)	15. (a)	16. (d)	17. (c)	18. (c)	19. (c)	20. (b)
21. (a)	22. (d)	23. (b)	24. (d)	25. (d)	26. (d)	27. (a)	28. (b)	29. (b)	30. (d)

रसायन विज्ञान

31. (c)	32. (b)	33. (c)	34. (d)	35. (c)	36. (a)	37. (c)	38. (a)	39. (a)	40. (c)
41. (d)	42. (a)	43. (b)	44. (a)	45. (a)	46. (a)	47. (c)	48. (c)	49. (a)	50. (a)
51. (a)	52. (d)	53. (c)	54. (d)	55. (d)	56. (b)	57. (a)	58. (a)	59. (c)	60. (a)

गणित

61. (c)	62. (b)	63. (d)	64. (a)	65. (b)	66. (b)	67. (b)	68. (b)	69. (b)	70. (b)
71. (d)	72. (d)	73. (a)	74. (a)	75. (d)	76. (d)	77. (c)	78. (d)	79. (a)	80. (c)
81. (c)	82. (c)	83. (d)	84. (b)	85. (b)	86. (c)	87. (b)	88. (b)	89. (c)	90. (b)

संकेत एवं हल

भौतिकी

1. *(c)* प्रश्नानुसार दो द्रव्यमानों के मध्य एक-विमीय प्रत्यास्थ संघट्ट को नीचे दर्शाया गया है।

जहाँ, α-कण का द्रव्यमान = m

तथा नाभिक का द्रव्यमान = M

माना m द्रव्यमान का एक α कण v_1 वेग से किसी अज्ञात द्रव्यमान के स्थिर नाभिक से एकविमीय प्रत्यास्थ संघट्ट (टक्कर) करता है।

अत: α-कण की अन्तिम ऊर्जा = प्रारम्भिक ऊर्जा का 36%

$$\Rightarrow \quad \frac{1}{2}mv_1^2 = 0.36 \times \frac{1}{2}mv^2 \Rightarrow v_1 = 0.6\,v \quad \text{...(i)}$$

चूँकि अज्ञात नाभिक 64% ऊर्जा प्राप्त करता है।

$$\text{अत:} \quad \frac{1}{2}Mv_2^2 = 0.64 \times \frac{1}{2}mv^2 \Rightarrow v_2 = \sqrt{\frac{m}{M}} \times 0.8\,v \quad \text{...(ii)}$$

संवेग संरक्षण के सिद्धान्त से, $mv = Mv_2 - mv_1$

v_1 तथा v_2 के मान समी. (i) तथा (ii) से रखने पर,

$$mv = M\sqrt{\frac{m}{M}} \times 0.8v - m \times 0.6v$$

$$\Rightarrow 1.6mv = \sqrt{mM} \times 0.8v \Rightarrow 2m = \sqrt{mM} \Rightarrow 4m^2 = mM$$

अत: नाभिक का द्रव्यमान, $M = 4m$

2. *(c)* **संकेत** *अनुनादी लम्बाई के मापन में प्राप्त होने वाली त्रुटि को कम करने के लिए हम लम्बाई में अंतिम सिरे का गुणांक e को समाविष्ट करते हैं।*

प्रथम अनुनाद में, वायु स्तम्भ की लम्बाई, $l = \frac{\lambda}{4}$

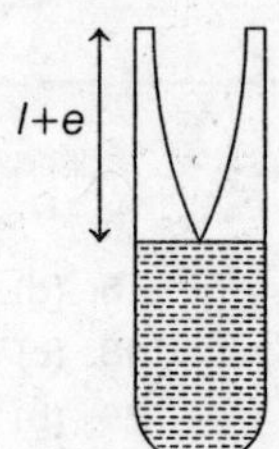

$$\text{अत:} \quad l_1 + e = \frac{\lambda}{4} \quad \text{या} \quad 11 \times 4 + 4e = \lambda$$

अत: ध्वनि की चाल, $v = f_1\lambda = 512(44 + 4e)$ ...(i)

तथा द्वितीय स्थिति में,

$$l_1' + e = \frac{\lambda'}{4} \text{ या } 27 \times 4 + 4e = \lambda' \Rightarrow v = f_2\lambda' = 256\,(108 + 4e) \quad \text{...(ii)}$$

समी. (i) में (ii) का भाग देने पर,

$$1 = \frac{512\,(44 + 4e)}{256\,(108 + 4e)} \Rightarrow e = 5\,\text{cm}$$

e का मान समी. (i) में प्रतिस्थापित करने पर,

ध्वनि की वायु में चाल, $v = 512\,(44 + 4e)$

$= 512\,(44 + 4 \times 5) = 512 \times 64\,\text{cms}^{-1} = 327.68\,\text{ms}^{-1} \approx 328\,\text{ms}^{-1}$

अत: ध्वनि की वायु सन्निकट में चाल 328 m/s होती है।

3. *(d)* यदि समान्तर प्लेट संधारित्र की प्रत्येक प्लेट पर आवेश की मात्रा Q है, तब

$$Q = CV = \frac{\varepsilon_0 A}{d} \cdot Ed = \varepsilon_0 AE$$

दिया है, $A = 1\,\text{m}^2, E = 100\,\text{N/C}, d = 0.1\,\text{m}$

तथा $\quad \varepsilon_0 = 8.85 \times 10^{-12} \frac{\text{C}^2}{\text{Nm}^2}$

दिए गए मान समी. (i) में रखने पर,

$Q = 8.85 \times 10^{-12} \times 1 \times 100 = 8.85 \times 10^{-10}$ C

अत: संधारित्र की प्रत्येक प्लेट पर 8.85×10^{-10} C का आवेश होगा।

4. *(a)* हम जानते है कि, टी.वी. प्रसारण मीनार की विस्तार परास, $d = \sqrt{2hR}$

जहाँ, h प्रसारण मीनार की ऊँचाई है।

प्रश्नानुसार, जब टी. वी. प्रसारण मीनार के विस्तार परास को दोगुना कर दिया जाए अर्थात् $d = 2d$

$$\therefore \quad 2d = 2\sqrt{2hR} = \sqrt{2(4h)R}$$

अत: टी. वी. प्रसारण मीनार की ऊँचाई को 4 को गुना बदलना होगा।

5. *(c)* प्रश्नानुसार जब सम्पूर्ण संयोजन को पानी में डुबा दिया जाए तो लेन्स की फोकस दूरी बढ़ जाती है।

$$\frac{f_{\text{द्रव}}}{f_{\text{द्रव}}} = \frac{n_{ga} - 1}{n_{gl} - 1} = \frac{n_{ga} - 1}{\left(\frac{n_{ga}}{n_{la}} - 1\right)}$$

$$\text{अब, } n_{ga} = \frac{3}{2} \text{ तथा } n_{la} = \frac{4}{3}$$

$$\therefore f_{\text{द्रव}} = f_{\text{द्रव}}\left(\frac{1/2}{1/8}\right) = 4\,f_{\text{द्रव}}$$

चूँकि फोकस दूरी बढ़ती है अर्थात् पर्दे पर कोई भी प्रतिबिम्ब फोकस नहीं होता है।

$\therefore$ प्रतिबिम्ब अदृश्य हो जाएगा।

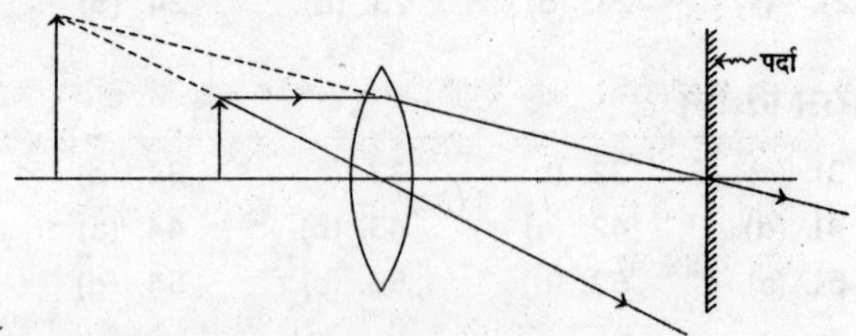

अत: सम्पूर्ण संयोजन को पानी में डुबा देने पर एक अदृश्य (आभासी) प्रतिबिम्ब वस्तु की तरफ बनता है।

6. *(a)* **संकेत** *दो संधारित्र C_1 तथा C_2, यदि श्रेणी क्रम में जुड़े हुए हैं, तब इनकी तुल्य धारिता है,*

$$C_{\text{eq}} = \frac{C_1 \times C_2}{C_1 + C_2}$$

यदि वे समान्तर क्रम में जुड़े है, तब उनकी तुल्य धारिता है,

$C_{\text{eq}} = C_1 + C_2$.

दिए गए परिपथ को सरल करने पर,

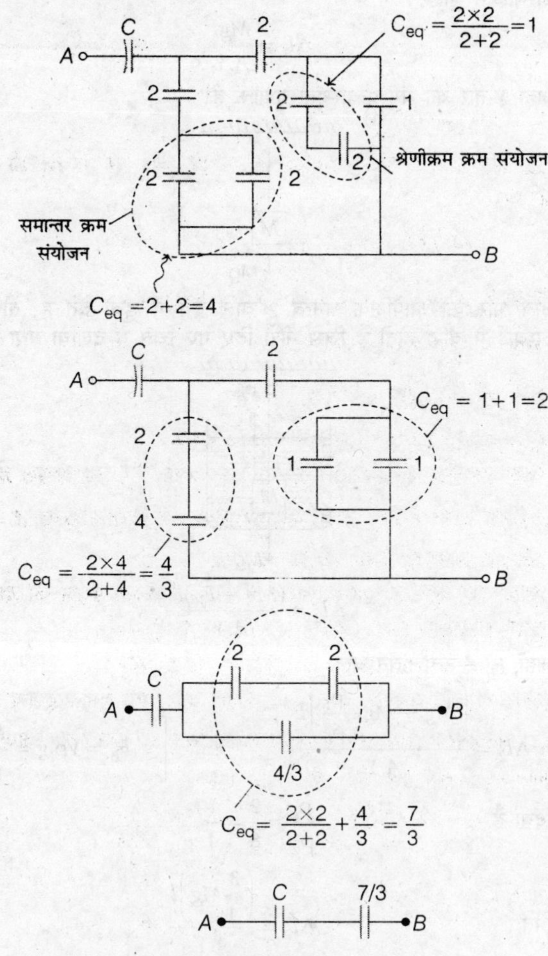

$\therefore$ A तथा B कक मध्य तुल्य धारिता

$$C_{AB} = \frac{C \times 7/3}{C + 7/3} = \frac{1}{2} \quad (\text{दिया है}, AB = 0.5\mu F = \frac{1}{2}\mu F)$$

$$\Rightarrow \quad \frac{7C}{3} = \frac{C}{2} + \frac{7}{6} \Rightarrow \left(\frac{14-3}{6}\right) C = \frac{7}{6} \Rightarrow C = \frac{7}{11}\mu F$$

अत: C का मान $\frac{7}{11}\mu F$ होगा।

7. *(d)* प्रश्नानुसार, तार पृथ्वी के चुम्बकीय क्षेत्र के क्षैतिज घटक के लम्बवत् होता है, अत: चालक तार में प्रेरित विद्युत वाहक बल, $\varepsilon = Blv$

दिया है, $B = 0.3 \times 10^{-4}$ Wb/m^2; $l = 10$, $v = 50$ ms^{-1}

मान रखने पर,

$$\varepsilon = 0.3 \times 10^{-4} \times 10 \times 5 = 1.5 \times 10^{-3} \text{ V}$$

अत: तार मे प्रेरित वैद्युत वाहक बल का मान 1.5×10^{-3} V होगा।

8. *(d)* जब किसी परमाणु नाभिक से एक α कण का क्षय होता है तो द्रव्यमान संख्या में 4 तथा परमाणु क्रमांक संख्या में 2 की कमी होती है।

$\therefore 6\alpha$-कणों के क्षय का परिमाण,

$$^{232}_{90}\text{Th} \xrightarrow{6\alpha} {}^{232-24}_{90-12}\text{Y} = {}^{208}_{78}\text{Y}$$

β-क्षय से द्रव्यमान संख्या में कोई परिवर्तन उत्पन्न नहीं होता है परन्तु परमाणु संख्या में 1 की वृद्धि होती है।

$\therefore 4\beta$-कणों के क्षय का परिमाण,

$$^{208}_{78}\text{Y} \xrightarrow{4\beta} {}^{208}_{82}\text{X}$$

अत: अन्तिम नाभिक में, $A = 208$, $Z = 82$

9. *(c)* दिया है, सरल आवर्त गति की समीकरण

$$y = 5(\sin 3\pi t + \sqrt{3}\cos 3\pi t)$$
$$= 5 \times 2\left(\frac{1}{2} \times \sin 3\pi t + \frac{\sqrt{3}}{2}\cos 3\pi t\right)$$
$$= 5 \times 2\left(\cos\frac{\pi}{3} . \sin 3\pi t + \sin\frac{\pi}{3} . 3\pi t\right) = 5 \times 2\sin\left(3\pi t + \frac{\pi}{3}\right)$$

[त्रिकोणमितीय सम्बन्ध, $\sin(a+b) = \sin a\cos b + \cos a \sin b$ से,]

या $$y = 10\sin\left(3\pi t + \frac{\pi}{3}\right) \quad ...(i)$$

हम जानते है कि सरल आवर्त गति की सामान्य समीकरण

$$y = A\sin\left(\frac{2\pi t}{T} + \phi\right) \quad ...(ii)$$

समी. (i) तथा (ii) की तुलना करने पर,

आयाम, $A = 10$ cm तथा $3\pi = \frac{2\pi}{T}$ या आवर्तकाल, $T = \frac{2}{3}$ s

अत: सरल आवर्त गति के समी. से गति के आयाम तथा आवर्तकाल, 10 cm तथा $\frac{2}{3}$s होगें।

10. *(c)* आनत तल पर रखे गुटके पर नीचे की ओर अधिकतम 2 N बल आरोपित करने पर भी गुटका स्थिर रहता है।

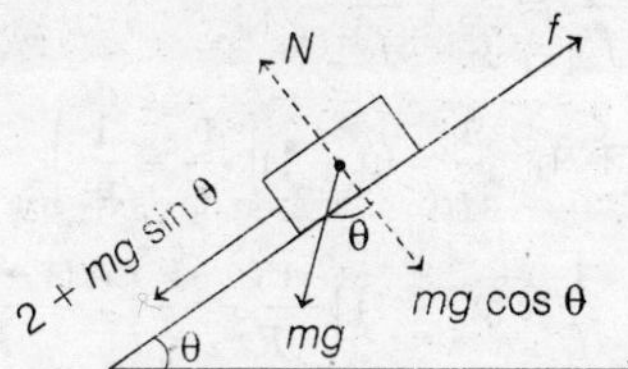

अत: बलों की तुलना करने पर,

$$2 + mg\sin\theta = f \quad \text{या} \quad 2 + mg\sin\theta = \mu\, mg\cos\theta \quad ...(i)$$

आनत तल पर रखे गुटके पर ऊपर की ओर अधिकतम 10 N बल आरोपित करने पर भी यह स्थिर रहता है।

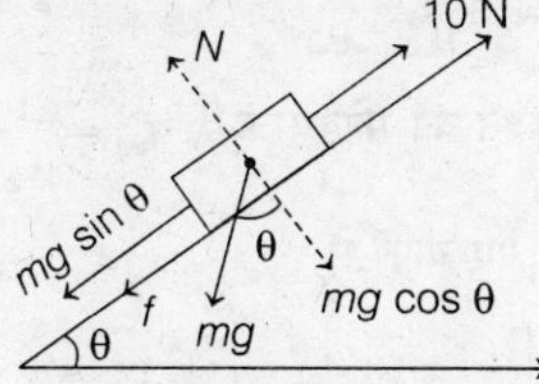

अब, बलों की तुलना करने पर,

$$mg\sin\theta + f = 10\text{ N} \quad \text{या} \quad mg\sin\theta + \mu mg\cos\theta = 10 \quad ...(ii)$$

अब, समी. (i) तथा (ii) को हल करने पर,

$$mg\sin\theta = 4 \quad ...(iii)$$

तथा $$\mu\, mg\cos\theta = 6 \quad ...(iv)$$

समी. (iv) को (iii) से विभाजित करने पर,

$$\mu\cot\theta = \frac{3}{2} \Rightarrow \mu = \frac{3\tan\theta}{2} = \frac{3\tan 30°}{2}$$

$\Rightarrow$ अत: घर्षण गुणांक, $\mu = \frac{\sqrt{3}}{2}$

11. *(b)* दिया है, सुई द्वारा एक भाग विक्षेपण के लिए धारा, $= 4 \times 10^{-4}$ A

अत: पूर्ण पैमाने पर विक्षेप के लिए धारा, I_g

= पैमाने पर बने भागों की संख्या × 1 भाग के लिए धारा

$\Rightarrow \quad I_g = 25 \times 4 \times 10^{-4} = 1 \times 10^{-2}$ A, $V = 2.5$ V

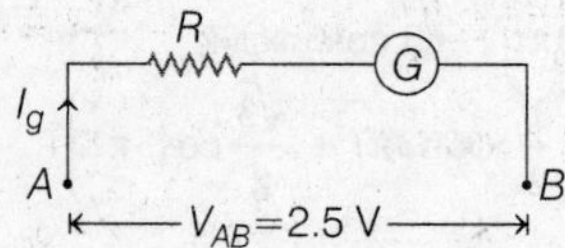

माना धारामापी को 2.5 V परास वाले वोल्टमीटर बनाने के लिए श्रेणी क्रम में $R\Omega$ का प्रतिरोध जोड़ते है।

तब, $\quad I_g(R+G) = V_{AB} \Rightarrow 1 \times 10^{-2}(R+50) = 2.5$

[$\because$ दिया है, $G = 50\,\Omega, V_{AB} = 2.5$ V]

$\therefore$ प्रतिरोध, $\quad R = 250 - 50 = 200\,\Omega$

12. *(a)* प्रश्नानुसार, संयोजन को नीचे चित्र में दर्शाया गया है,

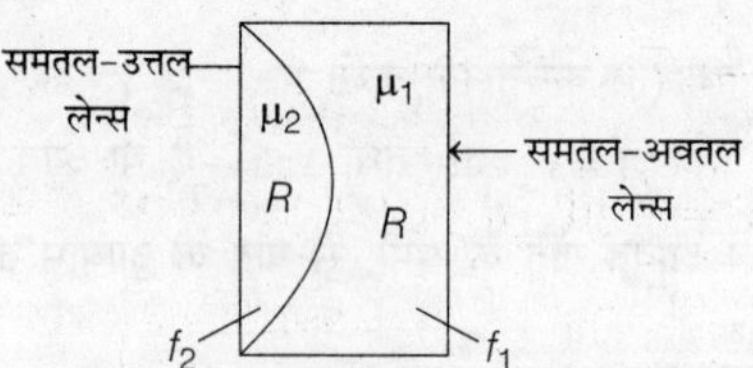

चूँकि लेन्स संयोजन में है तब संयोजन की तुल्य फोकस दूरी,

$$\frac{1}{f_{\text{eq}}} = \frac{1}{f_1} + \frac{1}{f_2}$$

लेन्स मेकर सूत्र से, $\quad \frac{1}{f} = (\mu - 1)\left(\frac{1}{R_1} - \frac{1}{R_2}\right)$

यहाँ, $\quad \frac{1}{f_1} = (\mu_1 - 1)\left(\frac{1}{-R} - \frac{1}{\infty}\right) = \frac{(1-\mu_1)}{R}$

तथा $\quad \frac{1}{f_2} = (\mu_2 - 1)\left(\frac{1}{\infty} - \frac{1}{-R}\right) = \frac{(\mu_2 - 1)}{R}$

$$\therefore \quad \frac{1}{f_{\text{eq}}} = \left(\frac{\mu_2 - 1}{R}\right) + \left(\frac{1-\mu_1}{R}\right) = \frac{\mu_2 - 1 + 1 - \mu_1}{R} = \frac{\mu_2 - \mu_1}{R}$$

अत: $\quad f_{\text{eq}} = \frac{R}{\mu_2 - \mu_1}$

इसलिए इस संयोजन की फोकस दूरी, $f_{eq} = \frac{R}{\mu_2 - \mu_1}$ होगी।

13. *(c)* प्रश्न में दिए गए ग्राफ से,

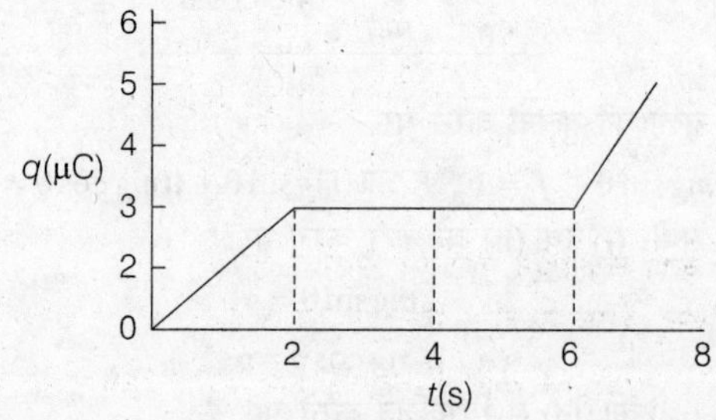

जैसा कि हम जानते है, धारा $I = \frac{dq}{dt}$

q-t ग्राफ की प्रवणता, $t = 4$s पर धारा का मान शून्य होता है। $\because$ ग्राफ एक समय अक्ष $t = 4$s पर समान्तर रेखा पर स्थित होता है।

14. *(a)* प्रश्नानुसार, जब भार M को स्टील के तार से लटकाते है, तार की लम्बाई में वृद्धि,

$$\Delta l_1 = \frac{Mgl}{A.Y} \quad \text{...(i)}$$

जहाँ, Y तार का यंग-प्रत्यास्थता गुणांक है।

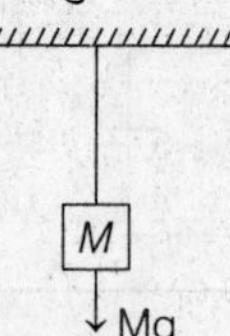

अब भार को आपेक्षिक घनत्व 2 वाले द्रव में डुबो देते है, तो तार की लम्बाई में वृद्धि होती है जिसे नीचे दिए गए चित्र में दर्शाया गया है,

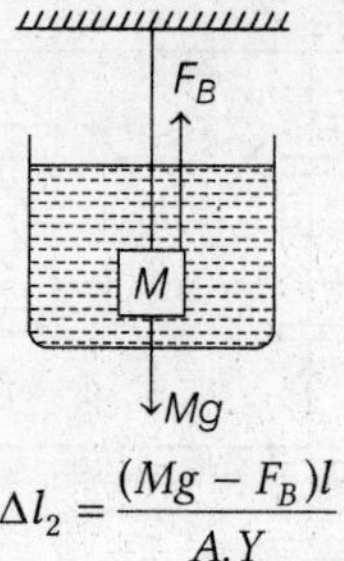

$$\Delta l_2 = \frac{(Mg - F_B)l}{A.Y}$$

जहाँ, F_B = उत्पलावन बल

$$\therefore \Delta l_2 = \frac{\left(Mg - Mg \cdot \frac{\rho_l}{\rho_b}\right)l}{A.Y} \quad \left[\because F_B = V\rho_l g = \frac{Mg}{\rho_b}\rho_l g\right]$$

दिया हैं, $\quad \frac{\rho_l}{\rho_b} = \frac{2}{8} = \frac{1}{4}$

अत: $\quad \Delta l_2 = \frac{\left(\frac{3}{4}Mg\right)l}{A.Y} \quad \text{...(ii)}$

समी. (ii) मे (i) का भाग देने पर,

$$\frac{\Delta l_2}{\Delta l_1} = \frac{3}{4} \Rightarrow \Delta l_2 = \frac{3}{4} \times \Delta l_1 = \frac{3}{4} \times 4 \text{ mm}$$

अत: तार की लम्बाई में वृद्धि, $\Delta l_2 = 3$ mm

15. *(a)* प्रश्न में दिया गया चित्र नीचे दर्शाया गया है। $I_1 = -0.3$ A दिया है, इसके कारण हम I_1 की दिशा इस चित्र में परिवर्तित करते है।]

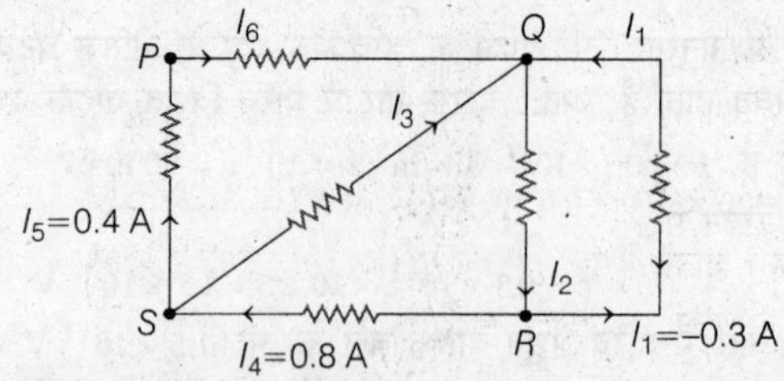

किरचॉफ के सन्धि नियम से, $\Sigma I = 0$

सन्धि S पर, $\quad I_4 = I_5 + I_3$

$\Rightarrow \quad 0.8 = 0.4 + I_3$

$\Rightarrow \quad I_3 = 0.4$ A

सन्धि P पर, $\quad I_5 = I_6$

$\Rightarrow \quad I_6 = 0.4$ A

दिया है
$\because I_1 = -0.3$ A
$I_4 = 0.8$ A
$I_5 = 0.4$ A

सन्धि Q पर,

$$I_2 + I_1 = I_3 + I_6$$

$$\Rightarrow \quad I_2 = -I_1 + I_3 + I_6 = 0.3 + 0.4 + 0.4 = 1.1 \text{ A}$$

अब धाराओं I_2, I_3 तथा I_6 के मान क्रमशः 1.1 A, 0.4 A तथा 0.4 A होंगे।

16. *(d)* प्रश्नानुसार, जब द्रव से आधा भरा हुआ बेलनाकार पात्र को ऊर्ध्व अक्ष के संगत घुमाते हैं तो अभिकेन्द्रीय बल के कारण द्रव पात्र की दीवार के समीप ऊपर उठता है अर्थात परवलयाकार मार्ग पर गति करता है जैसा कि नीचे चित्र मे दर्शाया गया है।

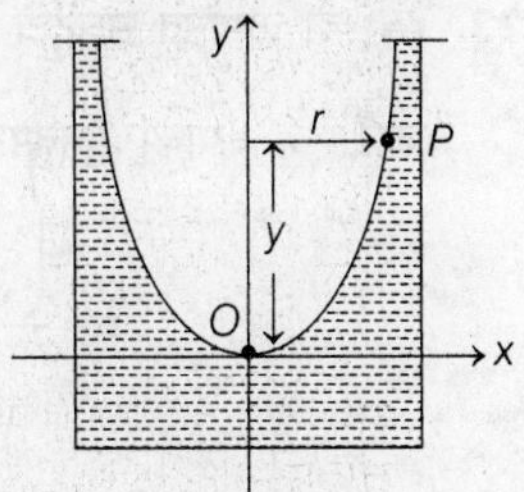

किसी बिन्दु P पर घूर्णन के कारण दाब,

$$p_R = \frac{1}{2}\rho r^2 \omega^2$$

y गहराई पर गेज दाब, $p_0 = -\rho g y$

यदि p_0 वायुमण्डलीय दाब है, तब बिन्दु P पर कुल दाब,

$$p = p_0 + \frac{1}{2}\rho r^2 \omega^2 - \rho g y$$

घूर्णित द्रव की सतह पर किसी बिन्दु के लिए,

$$p = p_0$$

अतः किसी सतह पर बिन्दु के लिए,

$$p_0 = p_0 + \frac{1}{2}\rho r^2\omega^2 - \rho g y \quad \text{या} \quad \frac{1}{2}\rho r^2 \omega^2 = \rho g y \quad \text{या} \; y = \frac{r^2\omega^2}{2g} \quad \ldots\text{(i)}$$

दी गई स्थिति में,

कोणीय गति, $\omega = 2rps = 2 \times 2\pi = 4\pi \text{ rad s}^{-1}$

पात्र की त्रिज्या, $r = 5 \text{ cm} = 0.05 \text{ m}$

तथा गुरुत्वीय त्वरण, $g = 10 \text{ ms}^{-2}$

समी. (i) में मान रखने पर,

$$y = \frac{\omega^2 r^2}{2g} = \frac{(4\pi)^2 (0.05)^2}{2 \times 10} = 0.02 \text{ m} = 2 \text{ cm}$$

अतः पात्र के मध्य तथा किनारो पर द्रव की ऊँचाई में अंतर 2 cm है।

17. *(c)* अनुचुम्बकीय पदार्थ के लिए, क्यूरी ताप के नियम से, चुम्बकीय प्रवृत्ति, $\chi \propto \frac{1}{T}$

$$\therefore \quad \frac{\chi_2}{\chi_1} = \frac{T_1}{T_2} \Rightarrow \chi_2 = \frac{\chi_1 . T_1}{T_2}$$

दिया है, $\quad T_1 = 350 \text{ K}, T_2 = 5300 \text{ K}, x_1 = 2.8 \times 10^{-4}$

$$\Rightarrow \quad \chi_2 = \frac{2.8 \times 10^{-4} \times 350}{300} = 3.267 \times 10^{-4}$$

अतः 300 K पर पदार्थ की चुम्बकीय प्रवृत्ति 3.267×10^{-4} होगी।

18. *(c)* हम जानते हैं कि निरोधी विभव तथा आपतित प्रकाश की आवृत्ति के मध्य सम्बन्ध, $eV_0 = hf - \phi_0$

जहाँ, V_0 निरोधी विभव तथा ϕ_0 संवेदी सतह का कार्यफलन है।

प्रश्नानुसार जब प्रकाश संवेदी सतह ν आवृत्ति के एकवर्णी प्रकाश द्वारा प्रकाशित की जाती है तो प्रकाश वैद्युत धारा का निरोधी विभव $-\frac{V_0}{2}$ होता है तथा वही सतह $\frac{\nu}{2}$ आवृत्ति में एकवर्णी प्रकाश द्वारा प्रकाशित की जाती है तो निरोधी विभव $-V_0$ पाया जाता है।

अतः $\quad -e\frac{V_0}{2} = h\nu - \phi_0 \quad \ldots\text{(i)}$

तथा $\quad -eV_0 = \frac{h\nu}{2} - \phi_0 \quad \ldots\text{(ii)}$

समी. (i) को (ii) में से घटाने पर,

$$-eV_0 - \left(-\frac{eV_0}{2}\right) = \frac{h\nu}{2} - h\nu \Rightarrow -\frac{eV_0}{2} = -\frac{h\nu}{2} \Rightarrow eV_0 = h\nu$$

यह मान समी. (i) में रखने पर,

$$-\frac{eV_0}{2} = eV_0 - \phi_0 \Rightarrow -\left(\frac{3}{2}eV_0\right) = -\phi_0 \text{ या } \frac{3}{2}h\nu = \phi_0$$

यदि देहली आवृत्ति ν_0 है,

तब, $\quad h\nu_0 = \frac{3}{2}h\nu \Rightarrow \nu_0 = \frac{3}{2}\nu$

अतः प्रकाश वैद्युत उत्सर्जन की देहली आवृत्ति $\frac{3}{2}\nu$ होगी।

19. *(c)* I_2 तथा V के मध्य कलान्तर, अर्थात् $C - R_2$ परिपथ में,

$$\tan\phi = \frac{X_C}{R_2} \quad \Rightarrow \tan\phi = \frac{1}{C\omega R_2}$$

दिया है, $\quad C = \frac{\sqrt{3}}{2}\mu\text{F}, \; R_2 = 20\Omega, \; L = \frac{\sqrt{3}}{10}\text{H}, \; R_1 = 10\Omega$

तथा $\quad V = 200\sqrt{2}\sin(100t) \quad \ldots\text{(i)}$

वोल्टता की सामान्य समी, $V = A\sin(\omega t) \quad \ldots\text{(ii)}$

हम जानते है कि समी (i) व (ii) की तुलना करने पर, $\omega = 100$

$$\tan\phi = \frac{1}{\frac{\sqrt{3}}{2} \times 10^{-6} \times 100 \times 20} = \frac{10^3}{\sqrt{3}}$$

कलान्तर ϕ_1 का मान 90° के निकटतम है।

I_1 तथा V के मध्य कलान्तर अर्थात् L-R_1 में

$$\tan\phi_2 = -\frac{X_L}{R_1} = -\frac{L\omega}{R}$$

मान रखने पर,

$$\tan\phi_2 = \frac{\frac{\sqrt{3}}{10} \times 100}{10} = -\sqrt{3}$$

चूँकि $\quad \tan\phi_2 = -\sqrt{3}; \quad \therefore \phi_2 = 120°$

अब, I_1 तथा I_2 के बीच कलान्तर,

$$\Delta\phi = \phi_2 - \phi_1 = 120° - 90° = 30°$$

20. *(b)* प्रश्न में दिया गया चित्र नीचे दर्शाया गया है,

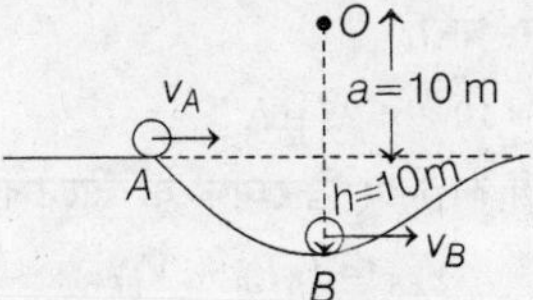

$\because$ यह कण घर्षणहीन पृष्ठ पर सरकता है,

अतः बिन्दु A पर ऊर्जा = बिन्दु B पर ऊर्जा

$$\Rightarrow \quad \frac{1}{2}mv_A^2 + mgh = \frac{1}{2}mv_B^2 \Rightarrow v_A^2 + 2gh = v_B^2$$

या $\quad v_B^2 = (5)^2 + 2 \times 10 \times 10 = 225 \Rightarrow v_B = 15 \text{ ms}^{-1}$

बिन्दु 'O' के सापेक्ष कोणीय संवेग,

$$= mv_B r_B = 20 \times 10^{-3} \times 15 \times 20 \quad [\because m = 20 \text{ g}, i_B = 20 \text{ m}]$$

$$= 6 \text{ kg-m}^2 \text{ s}^{-1}$$

21. *(a)* समय-अवधि 0 से $\frac{\pi}{2\omega}$ में प्रत्येक कण द्वारा तय किया गया कोण,

$$\theta = \omega \times t = \omega \times \frac{\pi}{2\omega} = \frac{\pi}{2}\ \text{rad}$$

अत: $t = \frac{\pi}{2\omega}$ पर कण की स्थिति नीचे चित्र में दर्शाई गई है,

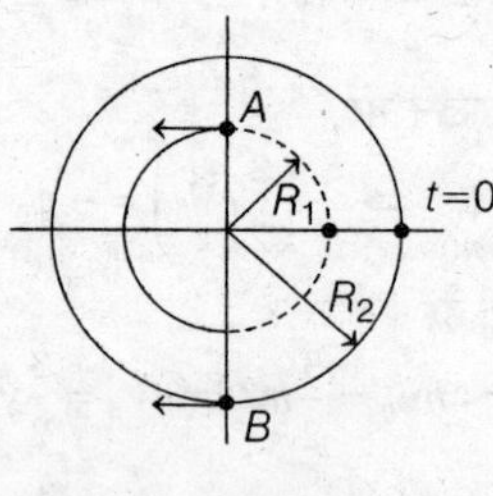

$$t = \frac{\pi}{2\omega}$$

$t = \frac{\pi}{2\omega}$ समय पर कणों A तथा B का वेग,

$\mathbf{v}_A = -\omega R_1 \hat{\mathbf{i}}$ तथा $\mathbf{v}_B = -\omega R_2 \hat{\mathbf{i}}$

अत: $t = \frac{\pi}{2\omega}$ पर, कणों का सापेक्ष वेग,

$$\mathbf{v}_A - \mathbf{v}_B = -\omega R_1 \hat{\mathbf{i}} - (-\omega R_2 \hat{\mathbf{i}}) = -\omega(R_1 - R_2)\hat{\mathbf{i}} = \omega(R_2 - R_1)\hat{\mathbf{i}}$$

22. *(d)* जब ट्रांजिस्टर संतृप्ति अवस्था में पहुँचता है, तब $V_{CE} = 0$. अब, संग्राहक तथा उत्सर्जक के बन्द लूप के लिए, किरचॉफ के वोल्टेज नियम से,

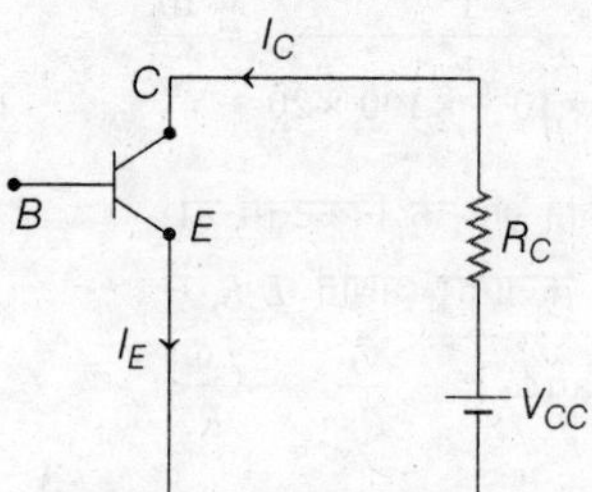

$$V_{CE} = V_{CC} - I_C R_C \Rightarrow 0 = V_{CC} - I_C R_C$$

$$\Rightarrow \quad I_C = \frac{V_{CC}}{R_C} = \frac{5}{1 \times 10^3} = 5 \times 10^{-3}\ \text{A}$$

अब, $\beta_{DC} = 200$ (दिया है,)

$$\Rightarrow \quad \frac{I_C}{I_B} = \beta_{DC} = 200 \Rightarrow I_B = \frac{I_C}{200} = \frac{5 \times 10^{-3}}{200}$$

अत: न्यूनतम आधार-धारा,

$$\Rightarrow \quad I_B = 2.5 \times 10^{-5} = 25\ \mu\text{A}$$

आधार-उत्सर्जक लूप के लिए किरचॉफ के वोल्टेज नियम से,

$$V_{BB} = I_B R_B + V_{BE}$$

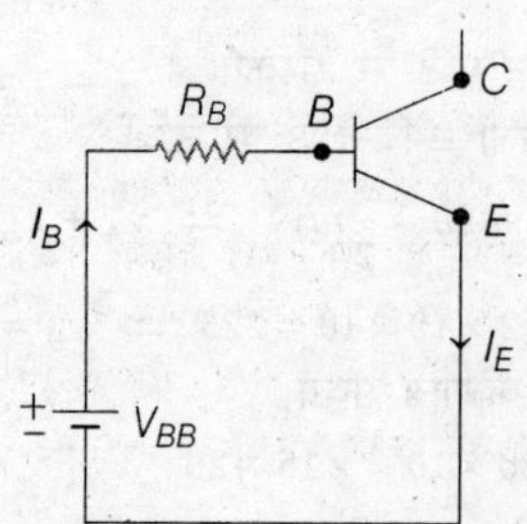

$\Rightarrow$ अत: निवेशी सिग्नल

$$V_{BB} = (25 \times 10^{-6} \times 100 \times 1000) + 1 = 3.5\ \text{V}$$

इसलिए न्यूनतम आधार धारा तथा निवेशी सिग्नल जिस पर ट्रांजिस्टर संतृप्ति अवस्था में पहुँच जाए क्रमश: 25 μ A तथा 3.5 V होंगे।

23. *(b)* दो क्रमागत संघट्टों के बीच माध्य मुक्त समय, $t = \frac{\lambda}{v}$

जहाँ, λ = माध्य-मुक्तपथ तथा v = गैस के अणुओं की माध्य-गति

$$\therefore \quad t = \frac{\left(\frac{k_B t}{\sqrt{2}\pi d^2 p}\right)}{\sqrt{\frac{8}{\pi} \cdot \frac{k_B T}{M}}} \Rightarrow t = \frac{C\sqrt{T}}{p}$$

$$\because \quad C = \frac{1}{4d^2}\sqrt{\frac{k_B M}{\pi}} = \text{गैस के लिए नियतांक}$$

$$\text{अत:} \quad \frac{t_2}{t_1} = \frac{\sqrt{T_2}}{\sqrt{T_1}} \cdot \left(\frac{p_1}{p_2}\right) \qquad \text{... (i)}$$

यहाँ, दिया है, $\frac{p_1}{p_2} = \frac{2}{4} = \frac{1}{2}, \sqrt{\frac{T_2}{T_1}} = \sqrt{\frac{500}{300}} = \sqrt{\frac{5}{3}}$

तथा $\quad t_1 = 6 \times 10^{-8}$ s

समी. (i) में मान रखने पर,

दो क्रमागत संघट्टों के बीच औसत समय

$$t_2 = 6 \times 10^{-8} \times \sqrt{\frac{5}{3}} \times \frac{1}{2} = 3.86 \times 10^{-8}\ \text{s} \approx 4 \times 10^{-8}\ \text{s}$$

24. *(d)* दी गई राशियों की विमा, है

l = प्रेरकत्व = $[\text{M}^1 \text{L}^2 \text{T}^{-2} \text{A}^{-2}]$

r = प्रतिरोध = $[\text{M}^1 \text{L}^2 \text{T}^{-3} \text{A}^{-2}]$

c = संधारित्र = $[\text{M}^{-1} \text{L}^{-2} \text{T}^4 \text{A}^2]$

v = विभव = $[\text{M}^1 \text{L}^2 \text{T}^{-3} \text{A}^{-1}]$

अत: $\frac{l}{rcv}$ की विमा है,

$$\left[\frac{l}{rcv}\right] = \frac{[\text{M} \text{L}^2 \text{T}^{-2} \text{A}^{-2}]}{[\text{M}^1 \text{L}^2 \text{T}^{-2} \text{A}^{-1}]} = [\text{A}^{-1}]$$

25. *(d)* सूर्य की सतह पर विकिरण औसत तीव्रता

$$I = \varepsilon_0 c E_{\text{rms}}^2 = \varepsilon_0 c (c B_{\text{rms}})^2 \quad \left[\because \frac{E_{\text{rms}}}{B_{\text{rms}}} = c, \text{प्रकाश की चाल}\right]$$

$$= \varepsilon_0 c^3 B_{\text{rms}}^2$$

$$\Rightarrow B_{\text{rms}} = \sqrt{\frac{I}{\varepsilon_0 c^3}}$$

दिया है

$$I = 10^8\ \text{W/m}^2;\ c = 3 \times 10^8\ \text{m/s};\ \varepsilon_0 = 8.85 \times 10^{-12}$$

मान रखने पर,

$$= \sqrt{\left(\frac{10^8}{8.85 \times 10^{-12} \times (3 \times 10^8)^3}\right)}$$

$$= \sqrt{\left(\frac{10^8}{8.85 \times 27 \times 10^{12}}\right)} \approx \sqrt{(10^{-8})} \approx 10^{-4}\ \text{T}$$

अत: चुम्बकीय क्षेत्र का निम्नतम वर्ग माध्य मूल मान 10^{-4} T होगा।

26. *(d)* **संकेत** *साम्यावस्था (स्थायी) की स्थिति में पिस्टन पर कुल बल शून्य होता है।*

जब पिस्टन साम्यावस्था (स्थायी) में है जैसा कि नीचे चित्र में दर्शाया गया है,

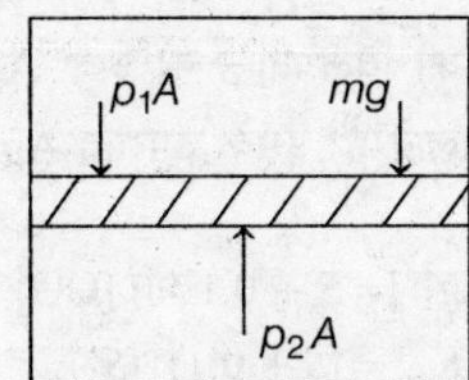

तब, $p_1A + mg = p_2A$

$$mg = p_2A - p_1A \quad \text{या} \quad mg = \left(\frac{nRTA}{V_2} - \frac{nRTA}{V_1}\right)$$

{$\because pV = nRT$ (आदर्श गैस समीकरण)}

दिया है, पिस्टन के ऊपर बेलन की लम्बाई l_1 तथा नीचे की लम्बाई l_2 है अर्थात् $l_1 > l_2$

$$\Rightarrow \quad mg = nRT\left(\frac{A}{Al_2} - \frac{A}{Al_1}\right) \quad [V = Al]$$

$$= nRT\left(\frac{l_1 - l_2}{l_1 l_2}\right)$$

या $$m = \frac{nRT}{g}\left(\frac{l_1 - l_2}{l_1 l_2}\right)$$

यदि पिस्टन स्थायी है तो इसके द्रव्यमान m का मान $\frac{nRT}{g}\left(\frac{l_1 - l_2}{l_1 \cdot l_2}\right)$ होगा।

27. *(a)* वृत्ताकार कक्ष में उपग्रह की कक्षीय गति, $v_0 = \sqrt{\left(\frac{GM}{r_0}\right)}$

जहाँ, r_0 वृत्तीय कक्षक की त्रिज्या है।

दिया है, $m_A = m, m_B = 2m, R_A = R \; R_B = 2R$

अतः उपग्रह A तथा B की गतिज ऊर्जाएँ,

$$T_A = \frac{1}{2} m_A v_{OA}^2 = \frac{GMm}{2R}$$

$$T_B = \frac{1}{2} m_B v_{OB}^2 = \frac{GM(2m)}{2(2R)} = \frac{GMm}{2R}$$

गतिज ऊर्जाओं का अनुपात है, $\frac{T_A}{T_B} = 1$

28. *(b)* ठोस गोले का इसके द्रव्यमान केन्द्र के अक्ष के परित: जड़त्व-आघूर्ण,

$$I_C = \frac{2}{5} MR^2$$

द्रव्यमान केन्द्र से गुजरने वाली अक्ष से x दूरी पर व्यास के समान्तर अक्ष के परित: जड़त्वाघूर्ण

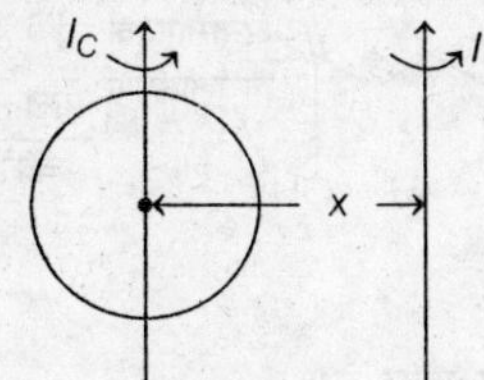

$$I = I_C + Mx^2 \quad (\because \text{समान्तर अक्षों की प्रमेय से,})$$

अत: I का x के साथ परिवर्तन परवलयिक ग्राफ दर्शाया गया है,

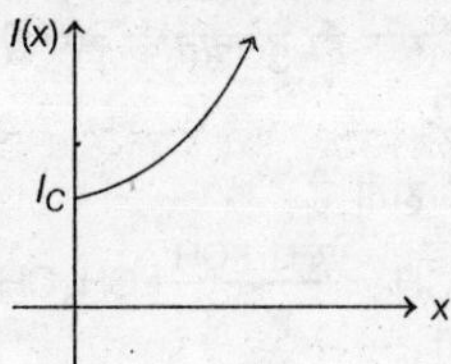

29. *(b)* जब साबुन का बुलबुला हवा से भर जाता है तथा तापमान नियत रहता है, तब यह बॉयल के नियम से,

$$pV = \text{नियतांक (k)}$$

$$\Rightarrow \quad p = \frac{k}{V}$$

उपरोक्त समीकरण का समय के साथ अवकलन करने पर,

$$\frac{dp}{dt} = k.\frac{d}{dt}\left(\frac{1}{V}\right) \Rightarrow \frac{dp}{dt} = k\left(\frac{-1}{V^2}\right).\frac{dV}{dt}$$

दिया है, $\frac{dV}{dt} = c$ (एक नियतांक)

अत: $$\frac{dp}{dt} = \frac{-kc}{V^2} \quad \left[\begin{matrix}\frac{dV}{dt} = c, \text{से} \\ dV = c\,dt\end{matrix}\right] \quad \text{...(i)}$$

या $$\int dV = \int c\,dt \text{ या } V = ct \quad \text{...(ii)}$$

समी. (i) तथा (ii) से,

$$\frac{dp}{dt} = \frac{-kc}{c^2t^2} \text{ या } \frac{dp}{dt} = -\left(\frac{k}{c}\right)t^{-2}$$

$$\Rightarrow \quad dp = -\frac{k}{c}.t^{-2}dt$$

दोनों पक्षों का समाकलन करने पर,

$$\int dp = -\frac{k}{c}\int t^{-2}dt$$

$$p = -\frac{k}{c}.\left(\frac{t^{-2+1}}{-2+1}\right) = -\frac{k}{c}.\frac{-1}{t} = \frac{k}{ct} \text{ या } p \propto \frac{1}{t}$$

अत: $p - \frac{1}{t}$ में ग्राफ एक सीधी रेखा है, जो सही रूप से विकल्प (b) में दर्शाई गई है।

30. *(d)* जब पारे का अणु उच्च ऊर्जा-स्तर से विसंक्रमित होता है, तब तरंगदैर्ध्य न्यूनतम होती है।

$\therefore$ पारे की अणु द्वारा अधिकतम अवशोषित सम्भावित ऊर्जा,

$$= \Delta E = 5.6 - 0.7 = 4.9 \text{ eV}$$

अत पारे के परमाणु द्वारा उत्सर्जित फोटॉन की न्यूनतम तरंगदैर्ध्य,

$$\lambda = \frac{hc}{E} \approx \frac{1240 \text{ eVnm}}{4.9 \text{ eV}} \approx 250 \text{ nm}$$

नोट फ्रैंक-हट्र्ज प्रयोग परमाणु की क्वाण्टम प्रकृति को दर्शाने वाला प्रथम वैद्युत-मापन यन्त्र था। नलिका में ऊर्जावान कण निर्वातित पतली मर्करी झिल्ली में गति करते हैं इससे यह खोजा गया कि जब इलेक्ट्रॉन, मर्करी या पारे के अणु के साथ संघट्ट करता है तो यह अपनी गतिज ऊर्जा का कुछ भाग (4.9 eV) खो देता है। यह प्रयोग क्वाण्टम ऊर्जा-स्तरों के अस्तित्व को दर्शाता है।

रसायन विज्ञान

31. *(c)* ***संकेत*** *द्रव अमोनिया में दोनों (ऐल्को KOH तथा $NaNH_2$) विहाइड्रोहैलोजनी अभिकर्मक है। तुलनात्मक रूप से $NaNH_2$/द्रव NH_3 क्रिया करने में प्रबल है।*

अभिक्रिया निम्न प्रकार होती है

$$CH_3CH_2-\underset{Br}{\underset{|}{CH}}-\underset{Br}{\underset{|}{CH_2}} \xrightarrow{\text{ऐल्को. KOH}} CH_3CH_2-\underset{Br}{\underset{|}{C}}=CH_2$$

$$\xrightarrow{NaNH_2/\text{द्रव } NH_3} CH_3CH_2C\equiv\bar{C}Na^+ \xrightarrow{H^+} CH_3-CH_2-C\equiv CH$$

32. *(b)* प्रबल क्षार (EtO^-) तथा ऊष्मा (heat) की उपस्थिति में विलोपन क्रिया होती है, इसलिए यौगिक का विहाइड्रोहैलोजनीकरण होता है तथा ऐल्कीन बनती है।
जैसे कि Cl को निष्कासित करते हैं, तो निम्न दो ऐल्कीन उत्पाद के रूप में प्राप्त होती है

(i) $CH_3CH_2\underset{COOCH_2CH_3}{\underset{|}{C}}=CH_2$ (ii) $CH_3CH=\underset{COOCH_2CH_3}{\underset{|}{C}}-CH_3$

सैत्जेफ के नियमानुसार,

$CH_3CH=\underset{COOCH_2CH_3}{\underset{|}{C}}-CH_3$ मुख्य उत्पाद होगा।

33. *(c)* दिए गए कथनों में से, कथन (c) गलत है। लैटेक्स एक स्थिर परिक्षेपण अवस्था होती है जिसमें बहुलक के सूक्ष्म कणों का द्रवित माध्यम में पायसन (emulsion) होता है।
ये सूक्ष्म कण रबर के होते हैं तथा ऋणावेशित प्रकृति के होते हैं। प्राकृतिक लैटेक्स में कुछ मात्रा शर्करा, रेजिन, प्रोटीन तथा राख की उपस्थित होती है।
SBR, स्टाइरो ब्यूटेन रबर, एक संश्लेषित लैटेक्स है, जो प्राकृतिक लैटेक्स के समान गुण रखता है।
शेष सभी कथन सही है।

34. *(d)* दिया गया ताप $(T_1) = 27°C = 273 + 27 = 300\ K$
पात्र का आयतन = स्थिर
पात्र का दाब = स्थिर
निकलने वाली वायु का आयतन $\frac{2}{5}$ है, तो शेष बची वायु का आयतन $\frac{3}{5}$ होगा।
माना पात्र में T_1 पर वायु का आयतन 'n' है, तथा T_2 पर वायु का आयतन होगा $\frac{3}{5}n$, अब, जैसे कि p तथा V स्थिर है, इसलिए,

$$n \cdot T_1 = \frac{3}{5} n\ T_2 \quad ...(i)$$

T_1 का मान समी (i) में रखने पर,

$$n \times 300 = \frac{3}{5} n \times T_2 \quad \text{या} \quad T_2 = 300 \times \frac{5}{3} = 500K$$

35. *(c)* हैलोजन, गर्म तथा सान्द्र NaOH के विलयन के साथ क्रिया करके हैलेट् तथा हैलाइड बनाते हैं।

$$3X_2 + 6NaOH \longrightarrow 5NaX + NaXO_3 + 3H_2O$$

अत: उपरोक्त अभिक्रिया में Cl_2, Cl^- (जैसे–NaCl) तथा ClO_3^- (जैसे–$NaClO_3$) देगा।

नोट जब हैलोजन, ठण्डे व तनु NaOH के विलयन से क्रिया कर हाइपोहैलाइट तथा हैलाइड बनाते हैं।

$$X_2 + 2NaOH \longrightarrow NaX + NaXO + H_2O$$

36. *(a)* माना, Ag_2CO_3 की विलेयता S है। अब, $AgNO_3$ का 0.1 M उपरोक्त विलयन में मिलाते हैं। इसके उपरान्त Ag_2CO_3 की विलेयता S' हो जाती है।

$\therefore$ $[Ag^+] = S + 0.1$ और $[CO_3^{2-}] = S'$

$$K_{sp} = (S + 0.1)^2 (S') \quad ...(i)$$

दिया है, $K_{sp} = 8 \times 10^{-12}$

$\because$ K_{sp} बहुत सूक्ष्म है, हम S' को S के सापेक्ष नगण्य मानते हैं।

$\therefore$ $K_{sp} = (0.1)^2 S'$ या $8 \times 10^{-12} = 0.01 S'$

या $S' = 8 \times 10^{-12} \times 10^2 = 8 \times 10^{-10}$ M

अत: Ag_2CO_3 की 0.1 M $AgNO_3$ में मोलर विलेयता 8×10^{-10} M है।

37. *(c)* प्रश्न में दी गई समीकरण दो (ii) गलत है, इसलिए कोई उत्तर सही नहीं है, यदि दी गई (ii) समीकरण को सही करें तो,

$$C_{(\text{ग्रेफाइट})} + \frac{1}{2} O_2(g) \longrightarrow CO(g)$$

यदि उपरोक्त समीकरण को माने, तो $x = y + z$ सही उत्तर होगा।

(ii) ग्रेफाइट + $\frac{1}{2} O_2(g) \longrightarrow CO(g), \Delta_r H° = y$ kJ/mol

(iii) $CO(g) + \frac{1}{2} O_2(g) \longrightarrow CO_2(g), \Delta_r H° = z$ kJ/mol

दोनों समीकरणों को जोड़ने पर, हम पाते हैं

C (ग्रेफाइट) + $O_2(g) \longrightarrow CO_2(g), \Delta_r H° = x$ kJ/mol

अत: x, y तथा z में सम्बन्ध $x = y + z$

38. *(a)* ***संकेत*** *अभिक्रिया में उपस्थित पद*

A. पद (i) में ऐमीनीकरण
B. पद (ii) में ऑक्सीकरण
C. पद (iii) में जल-अपघटन

अभिक्रिया के सम्पूर्ण पद निम्न प्रकार है

(i) $NaNO_2/H^+$, विऐमीनीकरण

(ii) CrO_3/H^+, ऑक्सीकरण

(iii) जल-अपघटन, अन्तराण्विक निर्जलीकरण, सान्द्र H_2SO_4/Δ, चक्रीयकरण, अन्तिम उत्पाद

अत: विकल्प (a) सही उत्तर है।

39. *(a)* हाइड्रॉक्साइड, हाइड्रेटेड-ऑक्साइड तथा कार्बोनेट अयस्कों का सान्द्रण (समृद्धीकरण) के बाद निस्तापन करते हैं। इस प्रक्रिया में अयस्कों को इनके गलनांक के नीचे तथा वायु की अनुपस्थिति में गर्म करते हैं। परिणामस्वरूप ये ऑक्साइडों में परिवर्तित हो जाते हैं। दिए गए विकल्पों में जो कार्बोनेट (उदाहरण $ZnCO_3$ और $CaCO_3 \cdot MgCO_3$) या हाइड्रेटेड ऑक्साइड (उदाहरण—$Fe_2O_3 \cdot xH_2O$) को कैल्सिकरण की आवश्यकता है, जबकि विकल्प (*a*) के युग्म, ZnO तथा MgO को निस्तापन की आवश्यकता नहीं होती है।

40. *(c)* अपचायक जैसे- $LiAlH_4$, $NaBH_4$ आदि संकुल हाइड्राइड, सामान्यत: ओलिफिनिक या π-बन्ध को प्रभावित नहीं करते। इसी प्रकार, यदि $NaBH_4$ का उपयोग

जैसे— (O) पर करते है, तो इसका $\rangle C = O$ बन्ध अपचयित होगा और हमें (OH) अन्तिम उत्पाद प्राप्त होता है, अर्थात्

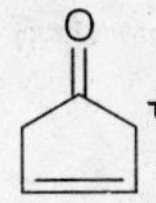

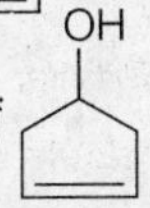

विकल्प (c) सही उत्तर है।

41. *(d)* यह सामान्य मार्कोनिकॉफ (Markovnikov's) योगात्मक अभिक्रिया है। अभिक्रिया निम्न प्रकार होती है

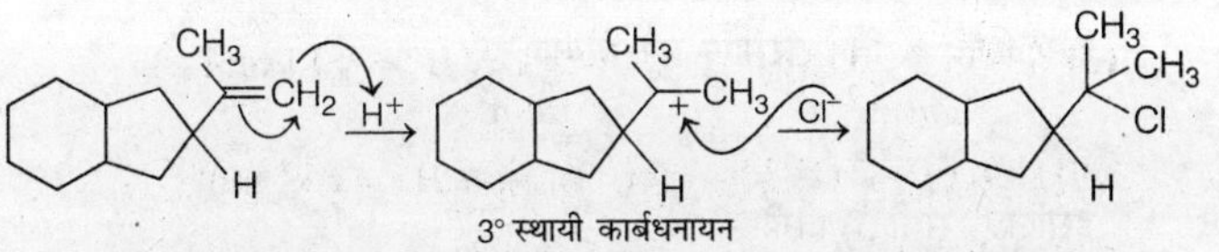

CH_3, $=CH_2$, $\xrightarrow{H^+}$, CH_3, CH_3, $\xrightarrow{Cl^-}$, CH_3, CH_3, Cl, H, H, H

3° स्थायी कार्बधनायन

दिए गए उत्पादों की संरचना भ्रमित करने वाली है, क्योंकि वलय का आकार बढ़ा (Ring expansion) हुआ है, परन्तु ये केवल गौण उत्पाद (minor product) है।

[प्रक्रिया में बने, स्थायी 3° कार्बधनायन के कारण] मुख्य उत्पाद निम्न है

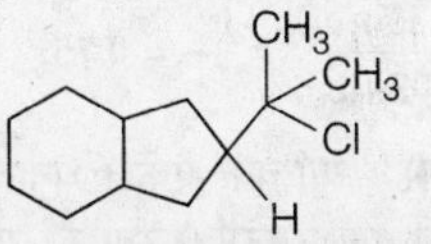

CH_3, CH_3, Cl, H

42. *(a)* बेन्जोइक अम्ल के अणु बेन्जीन में द्वितीयक होते हैं,

$$2(C_6H_5COOH) \rightleftharpoons (C_6H_5COOH)_2$$

हम जानते हैं, कि हिमांक में अवनमन (ΔT_f) निम्न समीकरण द्वारा प्रदर्शित कर सकता है

$$\Delta T_f = i \times K_f \times m = \frac{i \times K_f \times w_{\text{विलेय}} \times 1000}{Mw_{\text{विलेय}} \times w_{\text{विलायक}}} \qquad ...(i)$$

दिया गया है, $w_{\text{विलेय}}$ (बेन्जोइक अम्ल) $= w$ g

$w_{\text{विलायक}}$ (बेन्जीन) $= 30$ g

$Mw_{\text{विलेय}}$ (बेन्जोइक अम्ल) $= 122 \text{ g mol}^{-1}$, $\Delta T_f = 2$ K

$K_f = 5 \text{ K kg mol}^{-1}$, $\%\alpha = 80$ या $\alpha = 0.8$

$$2(C_6H_5COOH) \rightleftharpoons (C_6H_5COOH)_2$$

प्रारिम्भिक	1	0
अन्तिम	$1-\alpha$	$\alpha / 2$
	$= 1 - 0.8$	$0.8 / 2 = 0.4$
	$= 0.2$	

साम्यावस्था पर कुल मोलों की संख्या $= 0.2 + 0.4 = 0.6$

$$i = \frac{\text{साम्यावस्था पर मोलों की संख्या}}{\text{अन्तिम अवस्था में उपस्थित मोलों की संख्या}} \Rightarrow i = \frac{0.6}{1} = 0.6$$

समी. (i) में दिए गए मान रखने पर,

$$2 = \frac{0.6 \times 5 \times w \times 1000}{122 \times 30}, \quad w = 2.44 \text{ g}$$

अत: अम्ल का भार (w) 2.4 g है।

43. *(b)* विलेय का मोल अंश

$$= \frac{\text{विलेय के मोलों की संख्या + विलायक के मोलों की संख्या}}{\text{विलेय के मोलों की संख्या}}$$

$$\chi_{\text{विलेय}} = \frac{n_{\text{विलेय}}}{n_{\text{विलेय}} + n_{\text{विलायक}}} = \frac{\dfrac{w_{\text{विलेय}}}{Mw_{\text{विलेय}}}}{\dfrac{w_{\text{विलेय}}}{Mw_{\text{विलेय}}} + \dfrac{w_{\text{विलायक}}}{Mw_{\text{विलायक}}}}$$

दिया गया है $w_{\text{विलेय}} = w_{NaOH} = 8$ g

$Mw_{\text{विलेय}} = Mw_{NaOH} = 40 \text{ g mol}^{-1}$

$w_{\text{विलायक}} = w_{H_2O} = 18$ g

$Mw_{\text{विलायक}} = 18 \text{ g mol}^{-1}$

$$\therefore \quad \chi_{\text{विलेय}} = \chi_{NaOH} = \frac{\dfrac{8}{40}}{\dfrac{8}{40} + \dfrac{18}{18}} = \frac{0.2}{0.2 + 1} = \frac{0.2}{1.2} = 0.167$$

$$\text{अब, मोललता } (m) = \frac{\text{विलेय के मोल}}{\text{विलायक का द्रव्यमान (kg में)}}$$

$$= \frac{\dfrac{w_{\text{विलेय}}}{Mw_{\text{विलेय}}}}{w_{\text{विलायक}} (\text{g में})} \times 1000 = \frac{\dfrac{8}{40}}{18} \times 1000 = \frac{0.2}{18} \times 1000$$

$$= 11.11 \text{ mol kg}^{-1}$$

अत: विलयन में NaOH का मोल अंश तथा विलयन की मोललता क्रमश: 0.167 तथा 11.11 मोल प्रति किलोग्राम है।

44. *(a)* कोलराऊश नियम के अनुसार, अनन्त तनुकरण पर (HA) की मोलर चालकता होगी

$$\Lambda^\circ_m(HA) = [\Lambda^\circ_m(H^+) + \Lambda^\circ_m(Cl^-)] + [\Lambda^\circ_m(Na^+) + \Lambda^\circ_m(A^-)] - [\Lambda^\circ_m(Na^+) + \Lambda^\circ_m(Cl^-)]$$

$$= 425.9 + 100.5 - 126.4 = 400 \text{ S cm}^2 \text{ mol}^{-1}$$

दी गई, सान्द्रता पर मोलर चालकता $\Lambda_m = \dfrac{1000 \times \kappa}{M}$

दी गई, κ = चालकता $\Rightarrow 5 \times 10^{-5} \text{ S cm}^{-1}$

M = मोलरता $\Rightarrow$ 0.001 M

$$\therefore \quad \Lambda_m = \frac{1000 \times 5 \times 10^{-5} \text{S cm}^{-1}}{10^{-3} \text{ M}} = 50 \text{ S cm}^2 \text{ mol}^{-1}$$

इसलिए, HA की वियोजन मात्रा है,

$$\alpha = \frac{\Lambda_m}{\Lambda^\circ_m} = \frac{50 \text{ S cm}^2 \text{mol}^{-1}}{400 \text{ S cm}^2 \text{mol}^{-1}} = 0.125$$

45. *(a)* H_2O_2 की सान्द्रता को, आयतन सामर्थ्य में व्यक्त करते हैं। जैसे "NTP पर H_2O_2 द्वारा निष्कासित O_2 का आयतन" मोलरता का आयतन सामर्थ्य के साथ सम्बन्ध निम्न प्रकार है

$$\text{मोलरता } (M) = \frac{x}{11.2} \text{ या } x = \text{मोलरता} \times 11.2$$

जहाँ, x = आयतन सामर्थ्य

इसलिए 1 M H_2O_2 के लिए, $x = 1 \times 11.2 = 11.2$

दिए गए विकल्पों में 11.35, 11.2 के लगभग समान है।

46. *(a)* परमाणु त्रिज्याओं का सही क्रम है

यूरोपियम (Eu) > सीरियम (Ce) > होल्मियम (Ho) > नाइट्रोजन (N)

199 pm, 183 pm, 176 pm, 65 pm

नोट

(i) N, *p*-ब्लॉक के दूसरे आवर्त का सदस्य है, इसकी परमाणु त्रिज्या सबसे छोटी है।

(ii) शेष तीनों लैन्थेनॉइड के सदस्य है, Eu शेष दोनों की तुलना में अर्द्ध-पूरित स्थायी विन्यास रखता है, इसलिए इसका आकार बढ़ा है।

(iii) Ce और Ho में Ce का आकार बढ़ा है। इसे 'लैन्थेनॉइड संकुचन' के आधार पर समझाया जा सकता है।

47. *(c)* कार्बन $p\pi$-$p\pi$ बहुबन्ध बनाने की प्रबल योग्यता रखने वाला तत्व है। इसका $2p$-कक्षक इस प्रक्रिया में भाग लेता है। बहुबन्ध के स्थायित्व के लिए उत्तरदायी, C का इसके नाभिक के साथ निकटता है इस प्रकार C का छोटा आकार इस प्रक्रिया में मुख्य भूमिका निभाता है।

48. *(c)* CFCs या क्लोरोफ्लोरोकार्बन, प्रकाश रासायनिक धूम्र कोहरा का सामान्य संघटक नहीं है। यह धूम्र कोहरा क्षोभमण्डलीय प्रदूषण के कारण होता है, जबकि फ्रेऑन (CFCs), समतापमण्डलीय प्रदूषण का संघटक है। ये ओजोन परत के क्षय का मुख्य कारण है।

49. *(a)* नायलॉन- 6, 6 की संरचना निम्न है

$$\left[-\underset{\underset{\text{H}}{|}}{\text{N}}-(\text{CH}_2)_6-\underset{\underset{\text{H}}{|}}{\text{N}}-\overset{\overset{\text{O}}{||}}{\text{C}}-(\text{CH}_2)_4-\overset{\overset{\text{O}}{||}}{\text{C}}-\right]_n$$

6 C-परमाणु, 6 C−परमाणु

यह संघनन बहुलक है, इसकी प्रत्येक एकलक इकाई में 6-कार्बन परमाणु आवश्यक है। अतः दो एकलक, ऐडीपिक अम्ल एवं हेक्सामेथाइलीन डाइऐमीन का जुड़ना सही उत्तर है। उपरोक्त दोनों एकलक इकाईयाँ अभिक्रिया कर नायलॉन-6, 6 बनाती है

$$n\text{H}-\underset{\underset{\text{H}}{|}}{\text{N}}-(\text{CH}_2)_6-\underset{\underset{\text{H}}{|}}{\text{N}}-\text{H} + \text{OH}-\overset{\overset{\text{O}}{||}}{\text{C}}-(\text{CH}_2)_4-\overset{\overset{\text{O}}{||}}{\text{C}}-\text{OH}$$

हेक्सामेथाइलीन डाइऐमीन ऐडीपिक अम्ल

$\downarrow -nH_2O$

$$\left[-\underset{\underset{\text{H}}{|}}{\text{N}}-(\text{CH}_2)_6-\underset{\underset{\text{H}}{|}}{\text{N}}-\underset{\underset{\text{O}}{||}}{\text{C}}-(\text{CH}_2)_4-\overset{\overset{\text{O}}{||}}{\text{C}}-\right]_n$$

नायलॉन-6, 6

50. *(a)* हिस्टीडीन की संरचना निम्न है

$H_2\ddot{N}-CH(CH_2\text{-imidazole})-C(=O)-OH$

नाइट्रोजन अपने दोनों एकल युग्म (lone pair) देने के लिए स्वतन्त्र है।

यह नाइट्रोजन एकल युग्म (lone pairs) देने के लिए स्वतन्त्र नहीं है क्योंकि, यह बन्ध के साथ विस्थानीकृत है।

उच्च अम्लीय pH = 2 पर, दोनों एकल युग्म (lone pair) युक्त नाइट्रोजन एक-एक H^+ ग्रहण करते है तथा $-\overset{\overset{\text{O}}{||}}{\text{C}}-\text{OH}$ अपना (स्वयं का) H^+ आयन निष्कासित नही करता। pH = 2 पर हिस्टीडीन की सही संरचना होगी

$H_3\overset{+}{N}-CH(CH_2\text{-imidazolium, } H-\overset{+}{N} \text{ and } NH)-C(=O)-OH$

अतः विकल्प (a) सही उत्तर है।

नोट *ऐमीनों ऐसिड की सामान्य संरचना*

$$R-\underset{\underset{\text{NH}_2}{|}}{\overset{|}{\text{C}}}-\text{COOH}$$

इसमें — COOH *समूह के उच्च क्षारीय pH पर* H^+ *त्यागते हैं, जबकि* —NH_2 *समूह निम्न अम्लीय pH पर* H^+ *ग्रहण करते हैं।*

51. *(a)* तरंगों की संख्या $= \dfrac{\text{परिधि}}{\text{तरंगदैर्ध्य}} \Rightarrow n = \dfrac{2\pi r}{\lambda} \therefore 2\pi r = n\lambda$ ...(i)

हम जानते हैं कि, परमाणु की त्रिज्या है

$$r = \frac{a_0 n^2}{Z}$$

इसलिए, समी (i) होगी–

$$2\pi a_0 \frac{n^2}{Z} = n\lambda \quad ...(ii)$$

$$\therefore \quad 2\pi a_0 \frac{n^2}{Z} = n(1.5\,\pi a_0) \quad [\text{दिया है, } \lambda = 1.5\,\pi a_0]$$

$$\frac{n}{Z} = \frac{1.5\pi a_0}{2\pi a_0} = \frac{1.5}{2} = 0.75$$

52. *(d)* सही कथन है। K^+ धात्विक एकल धनात्मक आयन होने के कारण, एन्जाइम सक्रियक की भाँति कार्य करता है। यह ग्लाइकोलाइसिस तथा क्रेब्स चक्र की कई अभिक्रियाओं में ग्लूकोज से ATP का निर्माण करता है। यह सोडियम आयन के साथ, तन्त्रिकाओं के संकेतों के संचरण के लिए जिम्मेदार होते है (Na^+, आयन-पम्प सिद्धान्त)।

53. *(c)* सूर्य, UV-विकिरणें उत्सर्जित करता है इनको तरंगदैर्ध्य परिसर (Range) 1 nm से 400 nm के अनुसार वर्गीकृत किया गया है

प्रकार	तरंगदैर्ध्य
रेडियो तरंग	> 0.1 m
माइक्रो तरंग	0.1 m से 1 mm
अवरक्त तरंग	1 mm से 700 nm
दृश्य तरंग	700 nm से 400 nm
पराबैंगनी तरंग	400 nm से 1 nm
X-किरणें	1 nm से 10^{-3} nm
गामा-किरणें	< 10^{-3} nm

अतः विकल्प (c) 200-315 तरंगदैर्ध्य क्षेत्र सही है।

54. *(d)* किसी तत्व के परमाणुओं का सहसंयोजक बन्ध द्वारा स्वत: जुड़कर सीधी या शाखित श्रृंखला तथा विभिन्न प्रकार की वलय बनाने (निर्माण) का गुण, श्रृंखलन कहलाता है, समूह (वर्ग) मे नीचे जाने पर श्रृंखलन में कमी आती है, क्योंकि तत्वों की बन्ध-सामर्थ्य (bond strength) घटती है कार्बन (C), सिलिकॉन (Si), जर्मेनियम (Ge), टिन (Sn), लेड (Pb) आदि समूह-14 के तत्व है

कार्बन में, श्रृंखलन गुण सबसे उच्च होता है, दूसरे स्थान पर सिलिकॉन में श्रृंखलन गुण पाया जाता है, क्योंकि इनकी बन्ध-ऊर्जा का मान परिवार (समूह) के अन्य सदस्यों (तत्वों) से उच्च होता है।

समूह-14 के तत्वों का श्रृंखलन गुण घटते क्रम में निम्न हैं

$$C >> Si > Ge \approx Sn$$

जबकि, Pb श्रृंखलन गुण प्रदर्शित नहीं करता है।

55. *(d)* समतापीय प्रसार में,

$$pV_m = K \text{ (स्थिर)}$$

उपरोक्त सम्बन्ध को ग्राफ 'C' में आरेखित किया है

$$p = \frac{K}{V_m}$$

उपरोक्त सम्बन्ध को ग्राफ "A" में आरेखित किया है, इसलिए ग्राफ *B* तथा *D* गलत है, इनके लिए सही ग्राफ निम्न है

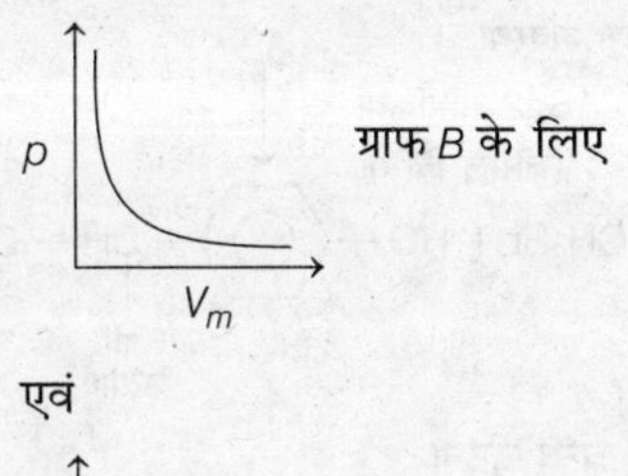

एवं

U

V_m

ग्राफ *D* के लिए

56. *(b)* दिए गए सभी यौगिक, अम्ल के व्युत्पन्न (derivatives) है, क्योंकि इनमें कार्बोनिल-समूह उपस्थित है।

$LiAlH_4$, नाभिकस्नेही प्रतिस्थापन द्वारा (योगात्मक विलोपन अभिक्रिया के द्वारा) यौगिकों का अपचयन करता है।

अभिक्रिया की दर निम्न घटकों पर निर्भर करती है

(i) ऐल्किल समूह का आकार

(ii) $\rangle C{=}O$ समूह के चारों ओर उपस्थित त्रिविम बाधा (steric hindrance)।

(iii) $\rangle C{=}O$ समूह के *C*-परमाणु पर उपस्थित (+)ve (धनात्मक) आवेश।

ऐल्किल समूह, सभी दिए यौगिकों में लगभग समान है। इसलिए दिए गए यौगिकों की क्रियाशीलता क्रम उपरोक्त (ii) व (iii) घटकों पर निर्भर करता है। इन दोनों घटकों के संचयी प्रभाव के फलस्वरूप प्रतिस्थापी की प्रतिकर्षी समूह क्षमता (leaving group ability) (LGA) का क्रम निम्न है

$$\underset{\text{प्रबल निष्काषित समूह}}{Cl^-} > O^-{-}\overset{O}{\overset{\|}{C}}{-}CH_3 > \bar{O}CH_3 > \underset{\text{दुर्बल निष्काषित समूह}}{NH_2}$$

यहाँ निष्काषित समूह की क्षमता सीधे क्रियाशीलता क्रम के अनुरूप है अत: सही क्रियाशीलता क्रम है

$$\underset{\substack{\text{अधिक क्रियाशील}\\(C)}}{C_2H_5{-}\overset{O}{\overset{\|}{C}}{-}Cl} > \underset{(D)}{C_2H_5\overset{O}{\overset{\|}{C}}{-}O{-}\overset{O}{\overset{\|}{C}}C_2H_5}$$

$$> \underset{(B)}{C_2H_5{-}\overset{O}{\overset{\|}{C}}{-}OCH_3} > \underset{\substack{\text{कम क्रियाशील}\\(A)}}{CH_3{-}\overset{O}{\overset{\|}{C}}{-}NH_2}$$

नोट (Cl का $-I$ प्रभाव तथा $-\ddot{N}H_2{-}O{-}\overset{O}{\overset{\|}{C}}{-}C_2H_5$ $-OCH_3$ समूह का $+M$ प्रभाव जब $-\underset{\underset{O}{\|}}{C}-$ पर जुड़ते हैं, तो अपचयित हो जाते हैं।

57. *(a)* एक रासायनिक अभिक्रिया का तापमान किस पर निर्भर (आधारित) होता है, यह आर्हेनियस समीकरण द्वारा समझाया जा सकता है

$$k = Ae^{-E_a/RT} \quad \text{...(i)}$$

दोनों तरफ लघुगणक (log) लेने पर, आर्हेनियस समीकरण होगा

$$\ln k = \ln A - \frac{E_a}{RT}$$

जहाँ, $-\frac{E_a}{R}$ आरेख (plot) की ढाल है तथा In *A* आरेख का अन्त:खण्ड।

एक रासायनिक अभिक्रिया के लिए दो भिन्न तापमानों पर समीकरण (i) होगी

$$\ln\frac{k_2}{k_1} = \frac{E_a}{R}\left(\frac{1}{T_1} - \frac{1}{T_2}\right) \quad \text{...(ii)}$$

⇒ प्रश्न में दिया गया है

$$T_1 = 400\text{ K}, T_2 = 500\text{ K}, \quad k_1 = 10^{-5}\text{ s}^{-1}, k_2 = ?$$

$$-\frac{E_a}{R} \text{ (ढाल)} = -4606$$

दिये गये मानों को समी (ii) में रखने पर,

$$\ln\frac{k_2}{10^{-5}} = 4606\left(\frac{1}{400} - \frac{1}{500}\right) \rightarrow \ln\frac{k_2}{10^{-5}} - 2.303$$

$$\frac{k_2}{10^{-5}} = 10 \Rightarrow k_2 = 10^{-4}\text{ s}^{-1}$$

इसलिए, अभिक्रिया का दर नियतांक 500 K पर $10^{-4}s^{-1}$ है।

58. *(a)* ग्रिग्नार्ड अभिकर्मक सामान्यत: $\rangle C = O$ समूह पर निम्न प्रकार से आक्रमण करता है–

$$\rangle C = O + RMgX \longrightarrow \underset{\text{आयनिक लवण}}{\rangle C\langle^{OMgX}_{R}} \xrightarrow[-Mg(OH)X]{\text{निर्जलीकरण}} \rangle C\langle^{OH}_{R}$$

दिए गए यौगिकों में, (जैसे यौगिक *B* व *D*)

यदि ग्रिग्नार्ड अभिकर्मक किसी सक्रिय हाइड्रोजन त्यागने वाले यौगिक के सम्पर्क में आता है, तो ऐल्केन का निर्माण करता है। जैसे–

$$ROH + R'MgX \xrightarrow[\text{ईथर}]{\text{शुष्क}} R'H + Mg\langle^{OR}_{X}$$

ये अभिक्रियाएँ, अम्ल-क्षार अभिक्रिया के समान है। अत: उपरोक्त दोनों यौगिकों द्वारा ग्रिग्नार्ड उत्पाद बनाने के लिए

1 तुल्यांक से अधिक *R*—Mg—*X* की आवश्यकता होती है। ये यौगिक दो प्रकार के उत्पाद देगा,

जैसे—

(i) $\rangle C = O$ सूमह द्वारा

(ii) सक्रिय हाइड्रोजन वाले समूह द्वारा निम्न योगात्मक अभिक्रियाएँ होती है,

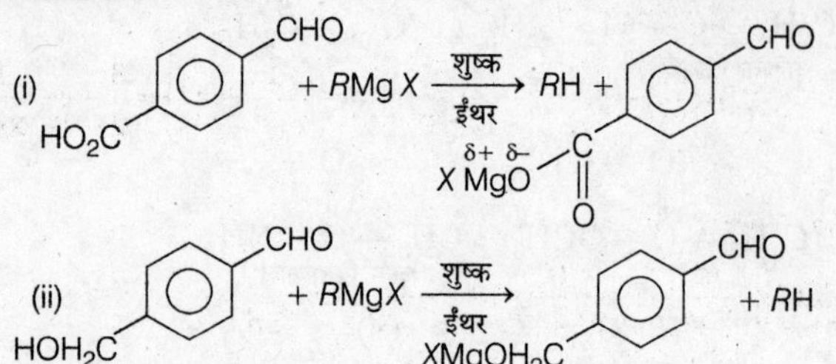

59. *(c)* चुम्बकीय आघूर्ण 5.9 BM के परिमाण के अनुसार, Mn(II) में 5 अयुग्मित इलेक्ट्रॉन उपस्थित है,

$$\mu = \sqrt{n(n+2)} \text{ BM}$$

उपरोक्त सूत्र में 5 अयुग्मित इलेक्ट्रॉनों को रखकर जाँच कर सकते हैं। इस प्रकार, संकुल में Mn(II) का इलेक्ट्रॉनिक विन्यास निम्न है

Mn^{2+} = [1 | 1 | 1 | 1 | 1] (3*d*) [ ] (4*s*) [| |] (4*p*) [| | | |] (4*d*)

अष्टफलक होमोलेप्टिक संकुल के अनुसार, इस संकुल में sp^3d^2-संकरण होता है।

sp^3d^2-संकरण

Mn^{2+} = [1 | 1 | 1 | 1 | 1] (3*d*) [ ] (4*s*) [| |] (4*p*) [| | | |] (4*d*)

संकुल में 5 अयुग्मित इलेक्ट्रॉन उपस्थित हैं, अत: संकुल के लिए दुर्बल NCS^- लिगेण्ड (संलग्नी) सही विकल्प है।

60. *(a)* ***संकेत*** *अभिक्रिया को उच्च तापमान व HBr की अधिकता में कराते है, तो दो उद्देश्य पूर्ण होते हैं*

(i) S_N2 क्रियाविधि द्वारा ईंथर का जल-अपघटन (जीसल विधि)

(ii) शाखा के द्विबन्ध पर मार्कोनीकॉफ योग होता है।

सम्पूर्ण अभिक्रिया का क्रम निम्न प्रकार है

$CH_3-O-C_6H_4-CH=CH-CH_3$

↓ H^+ HBr अधिकता/ताप

$CH_3-O-C_6H_4-\overset{+}{C}H-CH_2-CH_3$

↓ Br^-

$CH_3-\ddot{O}-C_6H_4-CH(Br)-CH_2-CH_3$

↓ H^+ (Br^-)

$\overset{\delta-}{Br} \cdots BF \cdots \overset{\delta\oplus}{C}H_3 \cdots BB \cdots \overset{\delta-}{O}(\cdots BF\ H^{\delta+})-C_6H_4-CH(Br)-CH_2-CH_3$

संक्रमण अवस्था

↓ S_N2 अभिक्रिया (जीसल विधि)

$CH_3Br + HO-C_6H_4-CH(Br)-CH_2-CH_3$

उत्पाद

जहाँ, BB = बन्ध टूटना

BF = बन्ध निर्माण

गणित

61. *(c)* प्रश्नानुसार, बिन्दु $(-\lambda^2, 1, 1), (1, -\lambda^2, 1)$ तथा $(1, 1, -\lambda^2)$, बिन्दु $(-1, -1, 1)$ के साथ समतलीय है,

इसलिए
$$\begin{vmatrix} 1-\lambda^2 & 2 & 0 \\ 2 & 1-\lambda^2 & 0 \\ 2 & 2 & -\lambda^2-1 \end{vmatrix} = 0$$

$$\left[\because \text{ समतलीय होने का प्रतिबन्ध } \begin{vmatrix} x_2-x_1 & y_2-y_1 & z_2-z_1 \\ x_3-x_1 & y_3-y_1 & z_3-z_1 \\ x_4-x_1 & y_4-y_1 & z_4-z_1 \end{vmatrix} = 0\right]$$

$\Rightarrow (-1-\lambda^2)[(1-\lambda^2)^2-4] = 0$

$\Rightarrow -(1+\lambda^2)[(1-\lambda^2-2)(1-\lambda^2+2)] = 0 \Rightarrow (1+\lambda^2)^2(3-\lambda^2) = 0$

$\Rightarrow \qquad \lambda^2 = 3 \qquad [\because 1+\lambda^2 \neq 0 \ \forall \ \lambda \in R]$

$\Rightarrow \qquad \lambda = \pm\sqrt{3}$

62. *(b)* दिया है, परवलय का समीकरण

$$x^2 = 8y \qquad \text{...(i)}$$

अब परवलय (i) के किसी बिन्दु (x, y) पर स्पर्शी की प्रवणता

$\dfrac{dy}{dx} = \dfrac{x}{4} = \tan\theta$ [$\because$ स्पर्शी, *X*-अक्ष की धनात्मक दिशा के साथ θ कोण बनाती है]

इसलिए, $x = 4\tan\theta \Rightarrow 8y = (4\tan\theta)^2$

[समी (i) में, $x = 4\tan\theta$ रखने पर]

$\Rightarrow \qquad y = 2\tan^2\theta$

अब, अभीष्ट स्पर्शी का समीकरण

$y - 2\tan^2\theta = \tan\theta(x - 4\tan\theta) \Rightarrow y = x\tan\theta - 2\tan^2\theta$

$\Rightarrow \qquad x = y\cot\theta + 2\tan\theta$

63. *(d)* दिया है,

$$\frac{dy}{dx} = \frac{x^2-2y}{x} \Rightarrow \frac{dy}{dx} + \frac{2}{x}y = x \qquad \text{...(i)}$$

जोकि $\dfrac{dy}{dx} + P(x)\cdot y = Q(x)$ रूप की अवकल समीकरण है।

जहाँ, $\qquad P(x) = \dfrac{2}{x}$ तथा $Q(x) = x$

अब, समाकलन गुणांक

$$(\text{IF}) = e^{\int P(x)dx} = e^{\int \frac{2}{x}dx} = e^{2\log_e x}$$

$$= e^{\log_e x^2} \quad [\because m\log a = \log a^m]$$

$$= x^2 \quad [\because e^{\log_e f(x)} = f(x)]$$

तथा अवकल समी (i) का हल

$$y(\text{IF}) = \int Q(x)(\text{IF})dx + C \Rightarrow y(x^2) = \int x\cdot x^2\,dx + C$$

$$\Rightarrow \quad yx^2 = \frac{x^4}{4} + C \quad \text{...(ii)}$$

$\because$ वक्र (ii), बिन्दु (1,–2) से होकर गुजरता है, इसलिए

$$-2 = \frac{1}{4} + C \Rightarrow C = -\frac{9}{4}$$

$\therefore$ अभीष्ट वक्र का समीकरण $4yx^2 = x^4 - 9$

अब सभी विकल्पों की जाँच से, केवल $(\sqrt{3}, 0)$ उपरोक्त समीकरण को सन्तुष्ट करता है।

64. *(a)* स्पष्टत: $|z_1| = 9$, उस वृत्त को दर्शाता है जिसका केन्द्र $C_1(0, 0)$ तथा त्रिज्या $r_1 = 9$ है तथा $|z_2 - 3 - 4i| = 4$, उस वृत्त को दर्शाता है जिसका केन्द्र $C_2(3, 4)$ तथा त्रिज्या $r_2 = 4$ है।

$|z_1 - z_2|$ का न्यूनतम मान वृत्तों $|z_1| = 9$ तथा $|z_2 - 3 - 4i| = 4$ के बीच की न्यूनतम दूरी के बराबर होता है।

$$\because C_1C_2 = \sqrt{(3-0)^2 + (4-0)^2} = \sqrt{9+16} = \sqrt{25} = 5$$

तथा $|r_1 - r_2| = |9 - 4| = 5 \Rightarrow C_1C_2 = |r_1 - r_2|$

$\therefore$ वृत्त परस्पर लम्बकोणीय स्पर्श करते हैं

अत: $|z_1 - z_2|_{\text{न्यूनतम}} = 0$

65. *(b)* दी गई श्रेणी

$$\left(\frac{3}{4}\right)^3 + \left(1\frac{1}{2}\right)^3 + \left(2\frac{1}{4}\right)^3 + 3^3 + \left(3\frac{3}{4}\right)^3 + \ldots$$

माना $S = \left(\frac{3}{4}\right)^3 + \left(\frac{6}{4}\right)^3 + \left(\frac{9}{4}\right)^3 + \left(\frac{12}{4}\right)^3 + \left(\frac{15}{4}\right)^3 + \ldots + 15$ पदों तक

$$= \left(\frac{3}{4}\right)^3 [1^3 + 2^3 + 3^3 + 4^3 + 5^3 + \ldots + 15^3] = \left(\frac{3}{4}\right)^3 \left(\frac{15\times16}{2}\right)^2$$

$$\left[\because 1^3 + 2^3 + 3^3 + \ldots + n^3 = \left(\frac{n(n+1)}{2}\right)^2, n \in N\right]$$

$$= \frac{27}{64} \times \frac{225\times256}{4} = 27 \times 225$$

$\Rightarrow \quad S = 27 \times 225 = 225\,k$ [दिया है]

$\Rightarrow \quad k = 27$

66. *(b)* माना $I = \int_1^e \left\{\left(\frac{x}{e}\right)^{2x} - \left(\frac{e}{x}\right)^x\right\} \log_e x\,dx$

अब, $\left(\frac{x}{e}\right)^x = t$ रखने पर,

$$\Rightarrow \quad x\log_e\left(\frac{x}{e}\right) = \log t \Rightarrow x(\log_e x - \log_e e) = \log t$$

$$\Rightarrow \left[x\left(\frac{1}{x}\right) + (\log_e x - \log_e e)\right]dx = \frac{1}{t}dt$$

$$\Rightarrow (1 + \log_e x - 1)\,dx = \frac{1}{t}dt \Rightarrow (\log_e x)\,dx = \frac{1}{t}dt$$

साथ ही ऊपरी सीमा, $x = e \Rightarrow t = 1$

तथा निम्न सीमा, $x = 1 \Rightarrow t = \frac{1}{e}$

$$\therefore \quad I = \int_{1/e}^1 \left(t^2 - \frac{1}{t}\right)\cdot\frac{1}{t}dt \Rightarrow I = \int_{1/e}^1 (t - t^{-2})\,dt$$

$$I = \left[\left(\frac{t^2}{2} + \frac{1}{t}\right)\right]_{\frac{1}{e}}^1 = \left\{\left(\frac{1}{2}+1\right) - \left(\frac{1}{2e^2} + e\right)\right\} = \frac{3}{2} - e - \frac{1}{2e^2}$$

67. *(b)* स्पष्टत:

$$\lim_{n\to\infty}\left(\frac{n}{n^2+1^2} + \frac{n}{n^2+2^2} + \frac{n}{n^2+3^2} + \ldots + \frac{1}{5n}\right)$$

$$= \lim_{n\to\infty}\left(\frac{n}{n^2+1^2} + \frac{n}{n^2+2^2} + \frac{n}{n^2+3^2} + \ldots + \frac{n}{n^2+(2n)^2}\right)$$

$$= \lim_{n\to\infty}\sum_{r=1}^{2n}\frac{n}{n^2+r^2} = \lim_{n\to\infty}\sum_{r=1}^{2n}\frac{1}{1+\left(\frac{r}{n}\right)^2}\cdot\frac{1}{n} = \int_0^2\frac{dx}{1+x^2}$$

$$\left[\because \lim_{n\to\infty}\sum_{r=1}^{pn}\frac{1}{n}f\left(\frac{r}{n}\right) = \int_0^p f(x)dx\right]$$

$$= [\tan^{-1}x]_0^2 = \tan^{-1}2$$

68. *(b)* माना अभीष्ट रेखा का समीकरण जिसका अक्षों के साथ अन्त:खण्ड a तथा b हैं।

$$\frac{x}{a} + \frac{y}{b} = 1 \quad \text{...(i)}$$

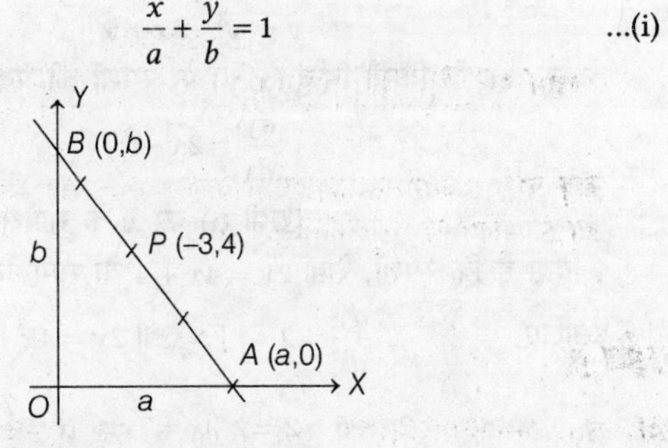

प्रश्नानुसार, P, AB का मध्य-बिन्दु है।

$$\therefore \quad P = \left(\frac{a}{2}, \frac{b}{2}\right) = (-3, 4) \quad \text{[दिया है]}$$

$$\Rightarrow \quad (a, b) = (-6, 8)$$

समी (i) में a तथा b के मान रखने पर,

$$\frac{x}{-6} + \frac{y}{8} = 1 \Rightarrow 8x - 6y = -48 \Rightarrow 4x - 3y + 24 = 0$$

69. *(b)* माना कि C तथा S क्रमश: NCC तथा NSS लेने वाले विद्यार्थियों के समुच्चयों को दर्शाता है, तब, $n(C) = 40, n(S) = 30, n(C\cap S) = 20$ तथा $n(U) = 60$

अब, $n(\overline{C}\cup\overline{S}) = n(\overline{C\cup S}) = n(U) - n(C\cup S)$

$$= 60 - [n(C) + n(S) - n(C\cap S)] = 60 - [40 + 30 - 20] = 10$$

इसलिए, अभीष्ट प्रायिकता $= \frac{10}{60} = \frac{1}{6}$

70. *(b)* दिया गया फलन, $f(x) = x^3 - 3(a-2)x^2 + 3ax + 7$, कुछ $a \in R$ के लिए, अन्तराल (0,1] में वर्धमान तथा अन्तराल [1, 5) में ह्रासमान है।

$f'(1) = 0$ [$\because x = 1$ पर स्पर्शी, X-अक्ष के समान्तर होगा]

$\Rightarrow \ (3x^2 - 6(a-2)\,x + 3a)_{x=1} = 0 \Rightarrow 3 - 6(a-2) + 3a = 0$

$\Rightarrow \quad 3 - 6a + 12 + 3a = 0 \Rightarrow 15 - 3a = 0 \Rightarrow a = 5$

इसलिए, $\quad f(x) = x^3 - 9x^2 + 15x + 7$

$\Rightarrow \quad f(x) - 14 = x^3 - 9x^2 + 15x - 7$

$\Rightarrow \quad f(x) - 14 = (x-1)(x^2 - 8x + 7)$

$= (x-1)(x-1)(x-7)$

$\Rightarrow \quad \dfrac{f(x) - 14}{(x-1)^2} = (x-7) \quad \ldots(i)$

अब, $\dfrac{f(x) - 14}{(x-1)^2} = 0, (x \neq 1) \Rightarrow x - 7 = 0$ [समी (i) से]

$\Rightarrow \quad x = 7$

71. *(d)* $(a+b)^n$ के द्विपद प्रसार में सामान्य पद, $T_{r+1} = {}^nC_r\, a^{n-r} b^r$ है, इसलिए $(7^{1/5} - 3^{1/10})^{60}$ के प्रसार में सामान्य पद है

$T_{r+1} = {}^{60}C_r\,(7^{1/5})^{60-r}(-3^{1/10})^r$

$= {}^{60}C_r 7^{\frac{60-r}{5}}(-1)^r 3^{\frac{r}{10}} = (-1)^r\, {}^{60}C_r\, 7^{12 - \frac{r}{5}} 3^{\frac{r}{10}}$

r के सम्भावित ऋणेत्तर पूर्णांकीय मान जिसके लिए $\dfrac{r}{5}$ तथा $\dfrac{r}{10}$ पूर्णांक है, जहाँ, $r \leq 60$ है तथा $r = 0, 10, 20, 30, 40, 50, 60$

$\therefore$ यहाँ द्विपद प्रसार में 7 परिमेय पद है तथा शेष $61 - 7 = 54$ अपरिमेय पद है।

72. *(d)* दिया गया वक्र

$y = x^2 - 5x + 5 \quad \ldots(i)$

अब, वक्र के किसी बिन्दु (x, y) पर स्पर्शी की प्रवणता

$\dfrac{dy}{dx} = 2x - 5 \quad \ldots(ii)$

[समी (i) का x के सापेक्ष अवकलन करने पर]

$\because$ दिया है कि स्पर्शी, रेखा $2y = 4x + 1$ के समान्तर है।

इसलिए, $\quad \dfrac{dy}{dx} = 2 \quad [\because$ रेखा $2y = 4x + 1$ की प्रवणता 2 है]

$\Rightarrow \quad 2x - 5 = 2 \Rightarrow 2x = 7 \Rightarrow x = \dfrac{7}{2}$

समी (i) में $x = \dfrac{7}{2}$ रखने पर,

$y = \dfrac{49}{4} - \dfrac{35}{2} + 5 = \dfrac{69}{4} - \dfrac{35}{2} = -\dfrac{1}{4}$

अब, वक्र (i) के बिन्दु $\left(\dfrac{7}{2}, -\dfrac{1}{4}\right)$ पर स्पर्शी का समीकरण जिसकी प्रवणता 2 है, होगी।

$y + \dfrac{1}{4} = 2\left(x - \dfrac{7}{2}\right)$

$\Rightarrow \quad y + \dfrac{1}{4} = 2x - 7 \Rightarrow y = 2x - \dfrac{29}{4} \quad \ldots(iii)$

सभी विकल्पों की जाँच से केवल $\left(\dfrac{1}{8}, -7\right)$ रेखा (iii) को सन्तुष्ट करता है।

73. *(a)* माना p तथा q क्रमश: प्रयत्न में सफलता तथा असफलता की प्रायिकता को दशाते हैं, तब

$p = P(5 \text{ या } 6) = \dfrac{2}{6} = \dfrac{1}{3}$ तथा $q = 1 - p = \dfrac{4}{6} = \dfrac{2}{3}$

अब, व्यक्ति यह तय करता है कि वह तब तक पासा फेंकेगा जब तक 5 या 6 न आ जाए अथवा अधिक-से-अधिक तीन बार पासा फेंकेगा, इसलिए वह सफलता प्रथम फेंक में, द्वितीय अथवा तृतीय फेंक में या तीनों में से किसी भी एक में सफलता न प्राप्त कर सकता है। इसलिए, सम्भावित लाभ/हानि (₹ में)

$= (p \times 100) + qp(-50 + 100) + q^2 p(-50 - 50 + 100) + q^3(-50 - 50 - 50)$

$= \left(\dfrac{1}{3} \times 100\right) + \left(\dfrac{2}{3} \times \dfrac{1}{3}\right)(50) + \left(\dfrac{2}{3}\right)^2\left(\dfrac{1}{3}\right)(0) + \left(\dfrac{2}{3}\right)^3(-150)$

$= \dfrac{100}{3} + \dfrac{100}{9} + 0 - \dfrac{1200}{27}$

$= \dfrac{900 + 300 - 1200}{27} = \dfrac{1200 - 1200}{27} = 0$

74. *(a)* संख्याओं $\sin^4\alpha, 4\cos^4\beta$, 1 तथा 1 में AM $\geq$ GM असमिका लागू करने पर,

$\dfrac{\sin^4\alpha + 4\cos^4\beta + 2}{4} \geq ((\sin^4\alpha)(4\cos^4\beta)\cdot 1 \cdot 1)^{1/4}$

$\Rightarrow \quad \sin^4\alpha + 4\cos^4\beta + 2 \geq 4\sqrt{2}\sin\alpha\cos\beta$

परन्तु दिया है कि

$\sin^4\alpha + 4\cos^4\beta + 2 = 4\sqrt{2}\sin\alpha\cos\beta$

इसीलिए $\quad \sin^4\alpha = 4\cos^4\beta = 1$

[$\because$ AM $\geq$ GM में, असमिका का प्रतिबन्ध तभी होगा जब दी गई सभी धनात्मक राशियाँ बराबर हों]

$\Rightarrow \quad \sin\alpha = 1$ तथा $\sin\beta = \dfrac{1}{\sqrt{2}} \quad \ldots(i) \quad [\because \alpha, \beta \in [0, \pi]]$

अब, $\cos(\alpha + \beta) - \cos(\alpha - \beta) = -2\sin\alpha\sin\beta$

$\left[\because \cos C - \cos D = 2\sin\dfrac{C+D}{2}\sin\dfrac{D-C}{2}\right]$

$= -2 \times 1 \times \dfrac{1}{\sqrt{2}}$ [समी (i) से]

$= -\sqrt{2}$

75. *(d)* दिया है, माध्य $(\bar{x}) = 4$

प्रसरण $\quad (\sigma^2) = 5.20$

तथा प्रेक्षणों की संख्या $n = 5$

माना $x_1 = 3, x_2 = 4, x_3 = 4$ तथा x_4, x_5 पाँच प्रेक्षण हैं

इसलिए, $\quad \sum_{i=1}^{5} x_i = 5 \cdot \bar{x} = 5 \times 4 = 20$

$\Rightarrow \quad x_1 + x_2 + x_3 + x_4 + x_5 = 20$

$\Rightarrow \quad 3 + 4 + 4 + x_4 + x_5 = 20 \Rightarrow x_4 + x_5 = 9 \quad \ldots(i)$

अब, प्रसरण $\sigma^2 = \dfrac{\sum_{i=1}^{5} x_i^2}{5} - (\bar{x})^2$

$\Rightarrow \quad \dfrac{x_1^2 + x_2^2 + x_3^2 + x_4^2 + x_5^2}{5} - (4)^2 = 5.20$

$\Rightarrow \quad \dfrac{9 + 16 + 16 + x_4^2 + x_5^2}{5} = 16 + 5.20$

$\Rightarrow \quad 41 + x_4^2 + x_5^2 = 5 \times 21.20 \Rightarrow x_4^2 + x_5^2 = 106 - 41$

$\Rightarrow \quad x_4^2 + x_5^2 = 65 \quad \ldots(ii)$

$\because \quad (x_4 + x_5)^2 = x_4^2 + x_5^2 + 2x_4x_5$

$\therefore \quad 81 = 65 + 2x_4x_5$ [समी (i) तथा (ii) से]

$\Rightarrow \quad 16 = 2x_4x_5 \quad \Rightarrow x_4x_5 = 8$ ...(iii)

अब, $(|x_4 - x_5|)^2 = x_4^2 + x_5^2 - 2x_4x_5$

$= 65 - 16$ [समी (ii) तथा (iii) से]

$= 49$

$\Rightarrow \quad |x_4 - x_5| = 7$

76. *(d)* माना

$$I = \int \frac{3x^{13} + 2x^{11}}{(2x^4 + 3x^2 + 1)^4} dx = \int \frac{\dfrac{3}{x^3} + \dfrac{2}{x^5}}{\left(2 + \dfrac{3}{x^2} + \dfrac{1}{x^4}\right)^4} dx$$

[अंश तथा हर को x^{16} से भाग करने पर]

अब, $2 + \dfrac{3}{x^2} + \dfrac{1}{x^4} = t$ रखने पर,

$$\Rightarrow \left(\frac{-6}{x^3} - \frac{4}{x^5}\right) dx = dt \Rightarrow \left(\frac{3}{x^3} + \frac{2}{x^5}\right) dx = -\frac{dt}{2}$$

इसलिए, $I = \int \dfrac{-dt}{2t^4} = -\dfrac{1}{2} \times \dfrac{t^{-4+1}}{-4+1} + C = \dfrac{1}{6t^3} + C$

$$= \frac{1}{6\left(2 + \dfrac{3}{x^2} + \dfrac{1}{x^4}\right)^3} + C \qquad \left[\because t = 2 + \frac{3}{x^2} + \frac{1}{x^4}\right]$$

$$= \frac{x^{12}}{6(2x^4 + 3x^2 + 1)^3} + C$$

77. *(c)* माना दीर्घवृत्त का समीकरण $\dfrac{x^2}{a^2} + \dfrac{y^2}{b^2} = 1$ है।

तब प्रश्नानुसार, आकृति निम्नवत् है।

स्पष्टतः रेखा SB की प्रवणता $= \dfrac{b}{-ae}$

तथा रेखा $S'B$ की प्रवणता $= \dfrac{b}{ae}$

$\because$ रेखाएँ SB तथा $S'B$ परस्पर लम्बवत् हैं, इसलिए

$$\left(\frac{b}{-ae}\right) \cdot \left(\frac{b}{ae}\right) = -1$$

[$\because$ दो लम्बवत् रेखाओं का गुणनफल (−1) होता है]

$\Rightarrow \quad b^2 = a^2e^2$ ...(i)

साथ ही, दिया है कि $\Delta S'BS$ का क्षेत्रफल $= 8$

$\therefore \quad \dfrac{1}{2}a^2 = 8$

[$\because S'B = SB = a$ क्योंकि $S'B + SB = 2a$ तथा $S'B = SB$]

$\Rightarrow \quad a^2 = 16 \Rightarrow a = 4$ ...(ii)

$\because \quad e^2 = 1 - \dfrac{b^2}{a^2} = 1 - e^2$ [समी (i) से]

$\Rightarrow \quad 2e^2 = 1 \Rightarrow e^2 = \dfrac{1}{2}$ ...(iii)

समी (i) तथा (iii) से,

$$b^2 = a^2\left(\frac{1}{2}\right) = 16\left(\frac{1}{2}\right) \qquad \text{[समी (ii) से]}$$

$\Rightarrow \quad b^2 = 8$

अब, नाभिलम्ब की लम्बाई $= \dfrac{2b^2}{a} = \dfrac{2 \times 8}{4} = 4$ इकाई

78. *(d)* यदि ${}^nC_4$, ${}^nC_5$ तथा ${}^nC_6$ समान्तर श्रेढ़ी में हैं, तब

$$2 \cdot {}^nC_5 = {}^nC_4 + {}^nC_6$$

[यदि a, b, c समान्तर श्रेढ़ी में हैं, तब $2b = a + c$]

$$\Rightarrow 2\frac{n!}{5!(n-5)!} = \frac{n!}{4!(n-4)!} + \frac{n!}{6!(n-6)!} \qquad \left[\because {}^nC_r = \frac{n!}{r!(n-r)!}\right]$$

$$\Rightarrow \frac{2}{5 \cdot 4!(n-5)(n-6)!} = \frac{1}{4!(n-4)(n-5)(n-6)!} + \frac{1}{6 \cdot 5 \cdot 4!(n-6)!}$$

$$\Rightarrow \frac{2}{5(n-5)} = \frac{1}{(n-4)(n-5)} + \frac{1}{30} \Rightarrow \frac{2}{5(n-5)} = \frac{30 + (n-4)(n-5)}{30(n-4)(n-5)}$$

$\Rightarrow 12(n-4) = 30 + n^2 - 9n + 20$

$\Rightarrow \quad n^2 - 21n + 98 = 0 \Rightarrow n^2 - 14n - 7n + 98 = 0$

$\Rightarrow n(n-14) - 7(n-14) = 0 \Rightarrow (n-7)(n-14) = 0$

$\Rightarrow \quad n = 7$ या 14

79. *(a)* दिया गया आव्यूह, $A = \begin{bmatrix} 1 & \sin\theta & 1 \\ -\sin\theta & 1 & \sin\theta \\ -1 & -\sin\theta & 1 \end{bmatrix}$

$$\Rightarrow \det(A) = |A| = \begin{vmatrix} 1 & \sin\theta & 1 \\ -\sin\theta & 1 & \sin\theta \\ -1 & -\sin\theta & 1 \end{vmatrix}$$

$$= 1(1 + \sin^2\theta) - \sin\theta(-\sin\theta + \sin\theta) + 1(\sin^2\theta + 1)$$

$\Rightarrow \quad |A| = 2(1 + \sin^2\theta)$ ...(i)

हम जानते हैं कि, $\theta \in \left(\dfrac{3\pi}{4}, \dfrac{5\pi}{4}\right) \Rightarrow \sin\theta \in \left(-\dfrac{1}{\sqrt{2}}, \dfrac{1}{\sqrt{2}}\right)$

$\Rightarrow \sin^2\theta \in \left[0, \dfrac{1}{2}\right) \Rightarrow 1 + \sin^2\theta \in \left[0 + 1, \dfrac{1}{2} + 1\right)$

$\Rightarrow \quad 1 + \sin^2\theta \in \left[1, \dfrac{3}{2}\right)$

$\Rightarrow \quad 2(1 + \sin^2\theta) \in [2, 3) \Rightarrow |A| \in [2, 3) \subset \left(\dfrac{3}{2}, 3\right]$

80. *(c)* दिया गया रैखिक समीकरण निकाय

$$x - 2y - 2z = \lambda x$$
$$x + 2y + z = \lambda y$$
$$-x - y - \lambda z = 0$$

जिसे हम लिख सकते है

$$(1 - \lambda)x - 2y - 2z = 0$$
$$\Rightarrow x + (2 - \lambda)y + z = 0$$
$$x + y + \lambda z = 0$$

अब, अतुच्छ हल के लिए,

$$\begin{vmatrix} 1-\lambda & -2 & -2 \\ 1 & 2-\lambda & 1 \\ 1 & 1 & \lambda \end{vmatrix} = 0$$

[$\because$ यदि $a_1x + b_1y + c_1z = 0$; $a_2x + b_2y + c_2z = 0$

तथा $a_3x + b_3y + c_3z = 0$

के अतुच्छ हल है, तब $\begin{vmatrix} a_1 & b_1 & c_1 \\ a_2 & b_2 & c_2 \\ a_3 & b_3 & c_3 \end{vmatrix} = 0$]

$\Rightarrow \quad (1 - \lambda)[(2 - \lambda)\lambda - 1] + 2[\lambda - 1] - 2[1 - 2 + \lambda] = 0$

$\Rightarrow \quad (\lambda - 1)[\lambda^2 - 2\lambda + 1 + 2 - 2] = 0 \Rightarrow (\lambda - 1)^3 = 0 \Rightarrow \lambda = 1$

81. *(c)* दिया है,

समुच्चय $A = \{x \in Z : 2^{(x+2)(x^2-5x+6)} = 1\}$

माना $2^{(x+2)(x^2-5x+6)} = 1 = 2^0$

$\Rightarrow (x+2)(x-3)(x-2) = 0 \Rightarrow x = -2, 2, 3 \Rightarrow A = \{-2, 2, 3\}$

साथ ही, समुच्चय $B = \{x \in Z : -3 < 2x - 1 < 9\}$

माना $-3 < 2x - 1 < 9, x \in Z \Rightarrow -2 < 2x < 10, x \in Z$

$\Rightarrow -1 < x < 5, x \in Z \Rightarrow B = \{0, 1, 2, 3, 4\}$

इसलिए, $A \times B$ के 15 अवयव होंगे।

$\therefore$ $A \times B$ के उपसमुच्चयों की संख्या $= 2^{15}$

[$\because$ यदि $n(A) = m$ है, तब सम्भावित उपसमुच्चयों की संख्या $= 2^m$]

82. *(c)* चूँकि, यहाँ m पुरुष तथा दो महिलाएँ तथा प्रत्येक प्रतिभागी दूसरे प्रत्येक प्रतिभागी के साथ दो खेल खेलता है।

$\therefore$ पुरुषों द्वारा उनके बीच खेले गए खेलों की संख्या $= 2 \times {}^mC_2$

तथा पुरुषों व महिलाओं द्वारा उनके बीच खेले गए खेलों की संख्या

$$= 2 \times {}^mC_1 \times {}^2C_1$$

अब, प्रश्नानुसार, $2\, {}^mC_2 = 2\, {}^mC_1\, {}^2C_1 + 84$

$$\Rightarrow \frac{m!}{2!(m-2)!} = m \times 2 + 42$$

$\Rightarrow m(m-1) = 4m + 84 \Rightarrow m^2 - m = 4m + 84$

$\Rightarrow m^2 - 5m - 84 = 0 \Rightarrow m^2 - 12m + 7m - 84 = 0$

$\Rightarrow m(m-12) + 7(m-12) = 0 \Rightarrow m = 12$ [$\because m > 0$]

83. *(d)* द्विघात व्यंजक $ax^2 + bx + c, x \in R$ सदैव धनात्मक है, यदि $a > 0$ तथा $D < 0$ इसलिए, द्विघात व्यंजक $(1+2m)x^2 - 2(1+3m)x + 4(1+m)$, $x \in R$ सदैव धनात्मक होगा, यदि

$$1 + 2m > 0 \quad \text{... (i)}$$

तथा $D = 4(1+3m)^2 - 4(2m+1)4(1+m) < 0$ ...(ii)

समी (i) की असमिका से,

$$m > -\frac{1}{2} \quad \text{...(iii)}$$

समी (ii) की असमिका से,

$1 + 9m^2 + 6m - 4(2m^2 + 3m + 1) < 0 \Rightarrow m^2 - 6m - 3 < 0$

$\Rightarrow [m - (3 + \sqrt{12})][m - (3 - \sqrt{12})] < 0$

$$\left[\because m^2 - 6m - 3 = 0 \Rightarrow m = \frac{6 \pm \sqrt{36+12}}{2} = 3 \pm \sqrt{12}\right]$$

$\Rightarrow 3 - \sqrt{12} < m < 3 + \sqrt{12}$ ...(iv)

समी (iii) तथा (iv) की असमिका से, m के पूर्णांकीय मान 0,1,2,3,4,5,6 है। अत: m के पूर्णांकीय मानों की संख्या 7 है।

84. *(b)* माना लम्ब पाद $P(h, k)$ है, तब रेखा OP की प्रवणता $= \frac{k}{h}$

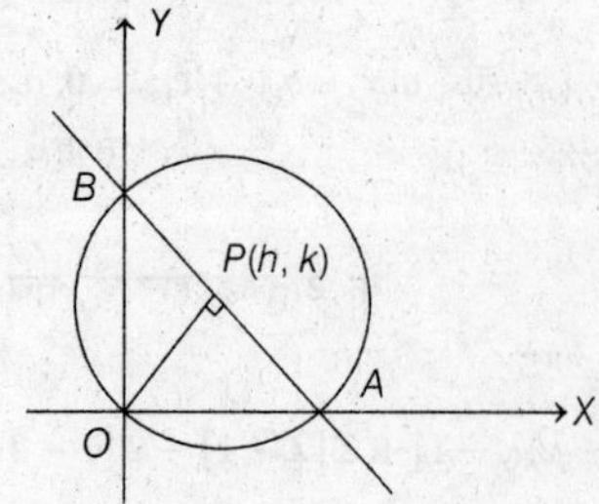

$\because$ रेखा AB, रेखा OP के लम्बवत् है, इसलिए रेखा AB की प्रवणता $= -\frac{h}{k}$

[$\because$ दो लम्बवत् रेखाओं की प्रवणताओं का गुणनफल (–1) होता है।]

अब, रेखा AB का समीकरण

$$y - k = -\frac{h}{k}(x - h) \Rightarrow hx + ky = h^2 + k^2$$

या $$\frac{x}{\left(\frac{h^2+k^2}{h}\right)} + \frac{y}{\left(\frac{h^2+k^2}{k}\right)} = 1$$

इसलिए, बिन्दु $A\left(\frac{h^2+k^2}{h}, 0\right)$ तथा $B\left(0, \frac{h^2+k^2}{k}\right)$ है।

$\because \Delta AOB$ एक समकोणीय त्रिभुज है इसलिए वृत्त के व्यास में से एक AB है, जिसकी त्रिज्या R है (दिया है)

$$\Rightarrow AB = 2R \Rightarrow \sqrt{\left(\frac{h^2+k^2}{h}\right)^2 + \left(\frac{h^2+k^2}{k}\right)^2} = 2R$$

$$\Rightarrow (h^2+k^2)^2\left(\frac{1}{h^2} + \frac{1}{k^2}\right) = 4R^2 \Rightarrow (h^2+k^2)^3 = 4R^2h^2k^2$$

h को x से तथा k को y से परिवर्तित करने पर,

$$(x^2+y^2)^3 = 4R^2x^2y^2$$

जोकि अभीष्ट बिन्दुपथ है।

85. *(b)* माना $L = \lim_{x \to 1^-} \frac{\sqrt{\pi} - \sqrt{2\sin^{-1}x}}{\sqrt{1-x}}$, है,

तब $$L = \lim_{x \to 1^-} \frac{\sqrt{\pi} - \sqrt{2\sin^{-1}x}}{\sqrt{1-x}} \times \frac{\sqrt{\pi} + \sqrt{2\sin^{-1}x}}{\sqrt{\pi} + \sqrt{2\sin^{-1}x}}$$

[परिमेयीकरण करने पर]

$$= \lim_{x \to 1^-} \frac{\pi - 2\sin^{-1}x}{\sqrt{1-x}} \times \frac{1}{\sqrt{\pi} + \sqrt{2\sin^{-1}x}}$$

$$= \lim_{x \to 1^-} \frac{\pi - 2\left(\frac{\pi}{2} - \cos^{-1}x\right)}{\sqrt{1-x}} \times \frac{1}{\sqrt{\pi} + \sqrt{2\sin^{-1}x}}$$

$$\left[\because \sin^{-1}x + \cos^{-1}x = \frac{\pi}{2}\right]$$

$$= \lim_{x \to 1^-} \frac{2\cos^{-1}x}{\sqrt{1-x}} \times \lim_{x \to 1^-} \frac{1}{\sqrt{\pi} + \sqrt{2\sin^{-1}x}}$$

$$= \frac{1}{2\sqrt{\pi}} \lim_{x \to 1^-} \frac{2\cos^{-1}x}{\sqrt{1-x}} \quad \left[\because \lim_{x \to 1^-} \sin^{-1}x = \frac{\pi}{2}\right]$$

$x = \cos\theta$, रखने पर तब $x \to 1^-$, इसलिए $\theta \to 0^+$

अब, $$L = \frac{1}{2\sqrt{\pi}} \lim_{\theta \to 0^+} \frac{2\theta}{\sqrt{1-\cos\theta}}$$

$$= \frac{1}{2\sqrt{\pi}} \lim_{\theta \to 0^+} \frac{2\theta}{\sqrt{2}\sin\left(\frac{\theta}{2}\right)} \quad \left[\because 1 - \cos\theta = 2\sin^2\frac{\theta}{2}\right]$$

$$= \frac{1}{2\sqrt{\pi}} \cdot \sqrt{2} \lim_{\theta \to 0^+} \frac{2 \cdot \left(\frac{\theta}{2}\right)}{\sin\left(\frac{\theta}{2}\right)} = \frac{1}{2\sqrt{\pi}} 2\sqrt{2} = \sqrt{\frac{2}{\pi}} \quad \left[\because \lim_{\theta \to 0^+} \frac{\theta}{\sin\theta} = 1\right]$$

86. (c) दिया है, $\mathbf{a} \times (\mathbf{b} \times \mathbf{c}) = \frac{1}{2}\mathbf{b}$

$\Rightarrow \quad (\mathbf{a}\cdot\mathbf{c})\mathbf{b} - (\mathbf{a}\cdot\mathbf{b})\mathbf{c} = \frac{1}{2}\mathbf{b} \quad [\because \mathbf{a} \times (\mathbf{b} \times \mathbf{c}) = (\mathbf{a}\cdot\mathbf{c})\mathbf{b} - (\mathbf{a}\cdot\mathbf{b})\mathbf{c}]$

दोनों पक्षों की तुलना करने पर,

$\mathbf{a}\cdot\mathbf{c} = \frac{1}{2}$ ...(i)

तथा $\mathbf{a}\cdot\mathbf{b} = 0$ ...(ii)

$\because$ **a**, **b** तथा **c** एकांक सदिश हैं तथा **a** व **b** के बीच का कोण α तथा **a** व **c** के बीच का कोण β है, तब

$|\mathbf{a}||\mathbf{c}| \cos\beta = \frac{1}{2}$ [समी (i) से]

$\Rightarrow \quad \cos\beta = \frac{1}{2}$ $[\because |\mathbf{a}| = 1 = |\mathbf{c}|]$

$\Rightarrow \quad \beta = \frac{\pi}{3}$ $\left[\because \cos\frac{\pi}{3} = \frac{1}{2}\right]$ ...(iii)

तथा $|\mathbf{a}||\mathbf{b}| \cos\alpha = 0$ [समी (ii) से]

$\Rightarrow \quad \alpha = \frac{\pi}{2}$ ...(iv)

समी (iii) तथा (iv) से,

$|\alpha - \beta| = \frac{\pi}{2} - \frac{\pi}{3} = \frac{\pi}{6} = 30^\circ$

87. (b) चूँकि, व्यंजक

$p \to q \equiv \sim p \vee q$

इसलिए, $\sim p \to q \equiv p \vee q$

तथा इसलिए, $\sim(\sim p \to q) \equiv \sim(p \vee q)$

$\equiv (\sim p) \wedge (\sim q)$ [डी मॉर्गन नियम से]

88. (b) स्पष्टत: दी गई रेखा के दिक् अनुपात 2, 1, – 2 तथा दिए गए समतल के अभिलम्ब के दिक् अनुपात 1, – 2, – k है।

हम जानते हैं कि रेखा तथा समतल के बीच का कोण 'θ' होगा

$$\sin\theta = \frac{|a_1 a_2 + b_1 b_2 + c_1 c_2|}{\sqrt{a_1^2 + b_1^2 + c_1^2}\sqrt{a_2^2 + b_2^2 + c_2^2}}$$

इसलिए, $\sin\theta = \frac{|2 - 2 + 2k|}{\sqrt{4 + 1 + 4}\sqrt{1 + 4 + k^2}}$

$\Rightarrow \quad \sin\left(\cos^{-1}\frac{2\sqrt{2}}{3}\right) = \frac{|2k|}{3\sqrt{5 + k^2}}$ $\left[\text{दिया है, } \theta = \cos^{-1}\frac{2\sqrt{2}}{3}\right]$

$\Rightarrow \frac{2|k|}{3\sqrt{5 + k^2}} = \frac{1}{3}$ $\left[\because \cos\theta = \frac{2\sqrt{2}}{3} \Rightarrow \sin\theta = \frac{1}{3} \Rightarrow \theta = \sin^{-1}\left(\frac{1}{3}\right)\right.$

$\left. \Rightarrow \cos^{-1}\frac{2\sqrt{2}}{3} = \sin^{-1}\left(\frac{1}{3}\right)\right]$

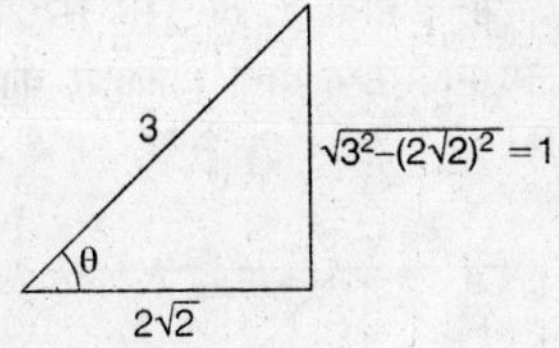

$\Rightarrow \quad 4k^2 = 5 + k^2$

$\Rightarrow \quad 3k^2 = 5 \quad \Rightarrow \quad k = \pm\sqrt{\frac{5}{3}}$

89. (c) दिया है, $f'(x) = f(x)$

$\Rightarrow \frac{f'(x)}{f(x)} = 1 \Rightarrow \int \frac{f'(x)}{f(x)} dx = \int 1 dx$

[दोनों पक्षों का x के सापेक्ष समाकलन करने पर]

$\Rightarrow \quad f(x) = t$ रखने पर $\Rightarrow f'(x)dx = dt$

$\therefore \quad \int \frac{dt}{t} = \int 1\, dx \Rightarrow \ln|t| = x + C$ $\left[\because \int \frac{dx}{x} = \ln|x| + C\right]$

$\Rightarrow \quad \ln|f(x)| = x + C$ $[\because t = f(x)]$ ...(i)

$\because \quad f(1) = 2$

इसलिए, $\ln(2) = 1 + C$ [समी (i) के उपयोग से]

$\Rightarrow \quad C = \ln 2 - \ln e$ $[\because \ln e = 1]$

$\Rightarrow \quad C = \ln\left(\frac{2}{e}\right)$ $\left[\because \ln A - \ln B = \ln\left(\frac{A}{B}\right)\right]$

समी (i) से,

$\ln|f(x)| = x + \ln\left(\frac{2}{e}\right) \Rightarrow \ln|f(x)| - \ln\left(\frac{2}{e}\right) = x$

$\Rightarrow \quad \ln\left|\frac{ef(x)}{2}\right| = x$ $\left[\because \ln A - \ln B = \ln\left(\frac{A}{B}\right)\right]$

$\Rightarrow \quad \left|\frac{e}{2} f(x)\right| = e^x$ $[\because \ln a = b \Rightarrow a = e^b, a > 0]$

$\Rightarrow \quad |f(x)| = 2e^{x-1}$ $\left[\because \left|\frac{e}{2} f(x)\right| = \frac{e}{2}|f(x)|\right]$

$f(x) = 2e^{x-1}$ या $-2e^{x-1}$

अब, $h(x) = f(f(x)) \Rightarrow h'(x) = f'(f(x)) \cdot f'(x)$

[दोनों पक्षों का x के सापेक्ष अवकलन करने पर]

$\Rightarrow \quad h'(1) = f'(f(1)) \cdot f'(1) = f'(2) \cdot f'(1)$ $[\because f(1) = 2$ (दिया है)$]$

$= 2e^{2-1} \cdot 2e^{1-1}$ $[\because f'(x) = 2e^{x-1}$ Ùee $-2e^{x-1}]$

$= 4e$

90. (b) दी गई सूचना अनुसार आकृति निम्नवत् है

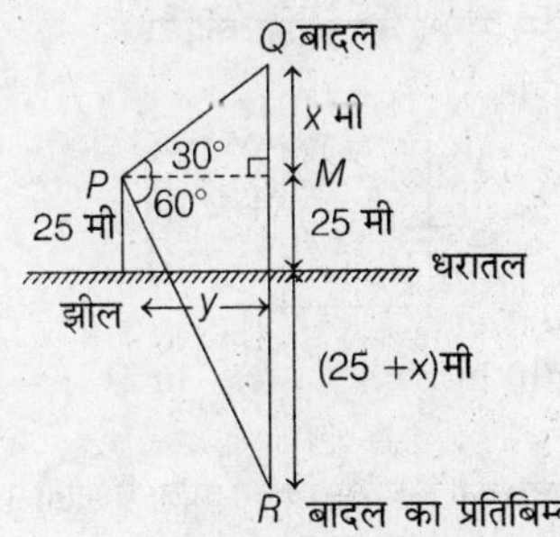

ΔPQM में, $\tan 30^\circ = \frac{x}{y}$ ...(i)

ΔPRM में, $\tan 60^\circ = \frac{25 + (25 + x)}{y}$ ...(ii)

समी (i) तथा (ii) से y को विलोपित करने पर,

$\sqrt{3} = \frac{25 + (25 + x)}{\sqrt{3}x} \Rightarrow 3x = 50 + x \Rightarrow 2x = 50 \Rightarrow x = 25$ मी

$\therefore$ धरातल से बादल की ऊँचाई $= x + 25 = 50$ मी

JEE Main संयुक्त प्रवेश परीक्षा

सॉल्वड पेपर 2019

8 अप्रैल, प्रथम पाली

भौतिकी

1. 5.0 μC आवेश वाला द्रव्यमान 2g का एक सरल लोलक का बॉब तीव्रता 2000V/m के एकसमान क्षैतिज विद्युत क्षेत्र में विराम अवस्था पर है। साम्यावस्था में ऊर्ध्वाधर से लोलक जो कोण बनाएगा, वह है ($g = 10\,\text{m/s}^2$ लें)

(a) $\tan^{-1}(0.5)$ (b) $\tan^{-1}(2.0)$ (c) $\tan^{-1}(5.0)$ (d) $\tan^{-1}(0.2)$

2. दो कण एक-दूसरे से लम्बवत् दिशाओं में गतिशील हैं। इन कणों की दे-ब्रॉग्ली तरंग लम्बाइयाँ क्रमशः λ_1 तथा λ_2 हैं। इन कणों का पूर्णतया अप्रत्यास्थ संघट्ट होता है। परिणामी कण की दे-ब्रॉग्ली तरंगदैर्ध्य λ, किस समीकरण से दी जाती है?

(a) $\frac{1}{\lambda^2} = \frac{1}{\lambda_1} + \frac{1}{\lambda_2}$ (b) $\lambda = \sqrt{\lambda_1 \lambda_2}$

(c) $\frac{2}{\lambda} = \frac{1}{\lambda_1} + \frac{1}{\lambda_2}$ (d) $\lambda = \frac{\lambda_1 + \lambda_2}{2}$

3. एक 20 हेनरी प्रेरण कुण्डली को 10 ओम प्रतिरोध से श्रेणीक्रम में जोड़ा गया है, जैसाकि चित्र में दर्शाया गया है। जब प्रतिरोध में क्षय ऊर्जा (जूल ऊष्मा) की दर प्रेरण कुण्डली में संचित होने वाली चुम्बकीय ऊर्जा की दर के समान हो, तब उस समय की गणना कीजिए।

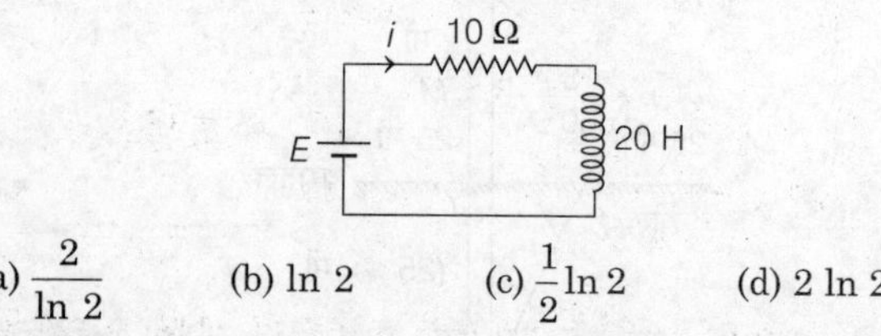

(a) $\frac{2}{\ln 2}$ (b) $\ln 2$ (c) $\frac{1}{2}\ln 2$ (d) $2 \ln 2$

4. 0°C पर 150g पानी को ऊष्मीय विलग पात्र में रखा गया है। पात्र से वायु को रूद्धोष्म प्रक्रम द्वारा निष्कासित करते हैं। पानी का एक भाग बर्फ में तथा शेष 0°C की वाष्प में परिवर्तित हो जाता है। वाष्पित पानी के द्रव्यमान का निकटतम मान होगा (पानी के वाष्पीकरण की गुप्त ऊष्मा $= 2.10 \times 10^6\,\text{J kg}^{-1}$ और पानी के गलन की गुप्त ऊष्मा $= 3.36 \times 10^5\,\text{kg}^{-1}$)

(a) 20g (b) 130g (c) 35g (d) 150g

5. एक आधुनिक प्रकाशीय फाइबर संचरण प्रणाली में वाहक तरंग की निकटतम तरंगदैर्ध्य है

(a) 1500 nm (b) 2400 nm (c) 600 nm (d) 900 nm

6. नगण्य प्रतिरोध वाले एक U-आकार के तार पर 10 cm लम्बी एक पतली पट्टी रखी है और इसे $0.5\,\text{Nm}^{-1}$ स्थिरांक वाली एक कमानी से जोड़ा गया है। समायोजन को एक 0.1T के एकसमान चुम्बकीय क्षेत्र में रखा गया है। यदि पट्टी को इसकी साम्यावस्था से खींचा जाता है और फिर छोड़ दिया जाता है, तब इसके आयाम में e के गुणक से कमी आने के लिए किए गए दोलनों की संख्या N है। यदि पट्टी का द्रव्यमान 50 ग्राम है, इसका प्रतिरोध 10 Ω है और वायु अवरोध (drag) नगण्य है, तब N का मान लगभग होगा

(a) 10000 (b) 5000 (c) 1000 (d) 50000

7. 20 cm फोकस लम्बाई वाले एक अभिसारी लेन्स के सामने 40 cm की दूरी पर एक सीधी वस्तु को रखा गया है। लेन्स के दूसरी ओर 60cm की दूरी पर 10 cm फोकस लम्बाई वाले एक अभिसारी दर्पण को रखा गया है। अन्तिम प्रतिबिम्ब की स्थिति और आकार होगा

(a) अभिसारी दर्पण से 40 cm पर, वस्तु के आकार का दोगुना

(b) अभिसारी दर्पण से 20 cm पर, वस्तु के समान आकार का

(c) अभिसारी दर्पण से 40 cm पर, वस्तु के समान आकार का

(d) अभिसारी लेन्स से 20 cm पर, वस्तु के आकार का दोगुना

8. त्रिज्या r और चक्कर N वाली एक वृत्तीय कुण्डली में धारा I प्रवाहित हो रही है। इसे चुम्बकीय क्षेत्र $B\hat{i}$ में XZ-समतल में रखा जाता है। चुम्बकीय क्षेत्र के कारण कुण्डली पर बल-आघूर्ण होगा

(a) $B\frac{r^2 I}{\pi N}$ (b) शून्य (c) $\frac{B\pi r^2 I}{N}$ (d) $B\pi r^2 IN$

9. चित्र में $I = 2\,\text{m}$ लम्बे तथा $d = 20\,\mu\text{m}$ व्यास के एक प्रकाश तन्तु को दिखाया गया है। यदि प्रकाश की किरण इस तन्तु के एक सिरे पर $\theta_1 = 40°$ कोण पर आपतित होती है, तो दूसरे सिरे से निकलने से पूर्व इसके परावर्तनों की लगभग संख्या होगी (फाइबर का अपवर्तनांक 1.31 है और $\sin 40° = 0.64$)

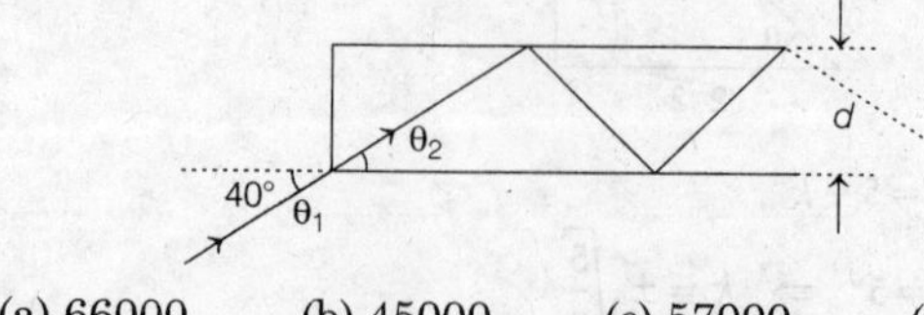

(a) 66000 (b) 45000 (c) 57000 (d) 55000

10. एक बालक की गुलेल 42 cm लम्बी और 6mm अनुप्रस्थ-काट के व्यास की रबड़ की डोरी की बनी है, जिसका द्रव्यमान नगण्य है। बालक 0.02 kg भार का एक पत्थर इसपर रखता है और डोरी को एक नियत बल से 20 cm द्वारा तानित करता है। जब इसे छोड़ता है, तब पत्थर 20 ms^{-1} के वेग से जाता है। तानित होने पर डोरी के अनुप्रस्थ-काट में परिवर्तन नगण्य है। रबड़ के यंग प्रत्यास्थता गुणांक का निकटतम मान है

(a) 10^6 Nm^{-2} (b) 10^8 Nm^{-2} (c) 10^3 Nm^{-2} (d) 10^4 Nm^{-2}

11. आवेश Q वाले एक ठोस चालकीय गोले को एक अनावेशित चालकीय खोखले गोलीय कवच से घेरा गया है। ठोस गोले के पृष्ठ और खोखले कवच के बाह्य पृष्ठ के बीच विभवान्तर V है। यदि कवच को अब एक आवेश $-4Q$ दिया जाता है, तब उन्हीं दोनों पृष्ठों के बीच नया विभवान्तर होगा

(a) $4V$ (b) $2V$ (c) $-2V$ (d) V

12. एक ही पदार्थ के एकसमान लम्बाई परन्तु भिन्न त्रिज्या r तथा $2r$ के दो तारों को जोड़कर $2L$ लम्बाई का एक तार बनाया जाता है। यह इस प्रकार कम्पित होता है कि दोनों तारों का जोड़ एक निस्पन्द बने। यदि तार A में प्रस्पन्दों की संख्या p है और B में q है, तब अनुपात $p:q$ है

A B
←L→←L→

(a) 1 : 2 (b) 3 : 5 (c) 1 : 4 (d) 4 : 9

13. द्रव्यमान $m_A = m$, $m_B = 2m$, $m_C = 3m$ तथा $m_D = 4m$ वाले चार कण A, B, C और D एक वर्ग के कोनों पर रखे गए हैं। उनके त्वरण एकसमान परिमाण के हैं और दर्शाए गए चित्र के अनुसार हैं। कणों के द्रव्यमान केन्द्र का त्वरण है

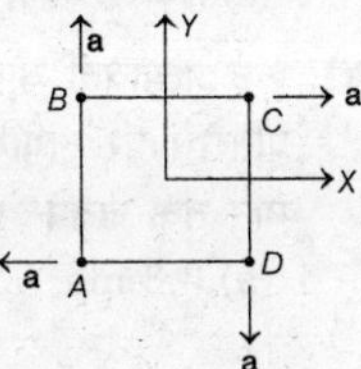

(a) $\frac{a}{5}(\hat{i} - \hat{j})$ (b) $\frac{a}{5}(\hat{i} + \hat{j})$

(c) $a(\hat{i} + \hat{j})$ (d) शून्य

14. एक समान्तर प्लेट संधारित्र की निर्धारित वोल्टता (rating) 500 V है। इसका परावैद्युत पदार्थ अधिकतम 10^6V/m का विद्युत क्षेत्र सहन कर सकता है। प्लेट का क्षेत्रफल 10^{-4} m^2 है। यदि संधारित्र की धारिता का मान 15pF हो, तो परावैद्युतांक का मान होगा
(दिया है, $\varepsilon_0 = 8.86 \times 10^{-12} C^2/N\text{-}m^2$)

(a) 3.8 (b) 4.5 (c) 8.5 (d) 6.2

15. एक पाइप से पानी 100 लीटर प्रति मिनट की दर से निकल रहा है। यदि पाइप की त्रिज्या 5 cm है, तब प्रवाह की रेनॉल्ड संख्या की कोटि है
(पानी का घनत्व = 1000 kg/m^3, पानी का श्यानता गुणांक = 1mPa s)

(a) 10^6 (b) 10^4

(c) 10^3 (d) 10^2

16. परिपथ में, जेनर की पश्चदिशिक भंजन वोल्टता 5.6 V है।

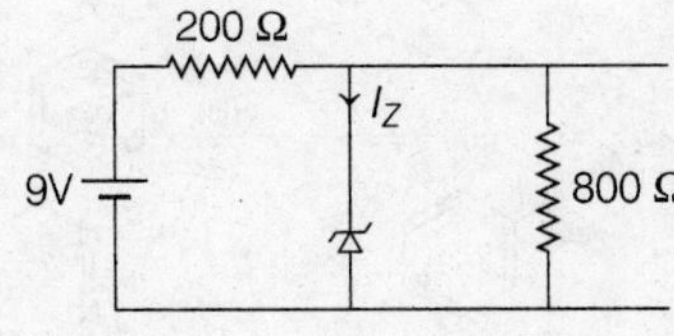

जेनर में धारा I_Z है

(a) 17 mA (b) 15 mA

(c) 10 mA (d) 7 mA

17. यदि प्रत्येक 10^{-26}kg द्रव्यमान के 10^{22} गैस अणु 10^4 m/s की चाल से 1m^2 क्षेत्रफल पर प्रति सेकण्ड प्रत्यास्थ संघट्ट कर रहे हैं, तब गैस अणुओं द्वारा लगाए गए दाब का कोटिमान होगा

(a) 10^8 N/m^2 (b) 10^{16} N/m^2 (c) 10^3 N/m^2 (d) 10^4 N/m^2

18. किसी व्यतिकरण के प्रयोग में कलाबद्ध स्रोतों के आयामों का अनुपात $\frac{a_1}{a_2} = \frac{1}{3}$ है। फ्रिंजों की अधिकतम और न्यूनतम तीव्रताओं का अनुपात होगा

(a) 1 : 4 (b) 4 : 1 (c) 1 : 9 (d) 9 : 1

19. SI इकाई में $\sqrt{\frac{\varepsilon_0}{\mu_0}}$ की विमा है

(a) $A^{-1}TML^3$ (b) $AT^2M^{-1}L^{-1}$

(c) $AT^{-3}ML^{3/2}$ (d) $A^2T^3M^{-1}L^{-2}$

20. द्रव्यमान M के चार एकसमान कण भुजा a के एक वर्ग के कोनों पर स्थित हैं। यदि ये कण एक-दूसरे के गुरुत्वाकर्षण प्रभाव में एक वर्ग के परित: एक वृत्तीय कक्षा में गतिशील हैं, तो कण की चाल क्या होगी?

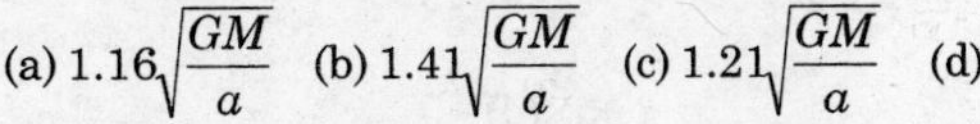

(a) $1.16\sqrt{\frac{GM}{a}}$ (b) $1.41\sqrt{\frac{GM}{a}}$ (c) $1.21\sqrt{\frac{GM}{a}}$ (d) $1.35\sqrt{\frac{GM}{a}}$

21. दो एकसमान बीकर A एवं B में दो भिन्न द्रवों के समान आयतन 60°C तापमान पर रखे हैं और ठण्डा होने के लिए छोड़ दिए गए हैं। A में द्रव का घनत्व 8×10^2 kg/m^3 है और विशिष्ट ऊष्मा 2000$Jkg^{-1}K^{-1}$, जबकि B में द्रव का घनत्व 10^3 kgm^{-3} है और विशिष्ट ऊष्मा 4000$Jkg^{-1}K^{-1}$ है। निम्नलिखित में से कौन-सा ग्राफ तापमान का समय के साथ परिवर्तन विधिवत् रूप से प्रदर्शित करता है? (दोनों बीकरों की उत्सर्जकता एकसमान मान लें)

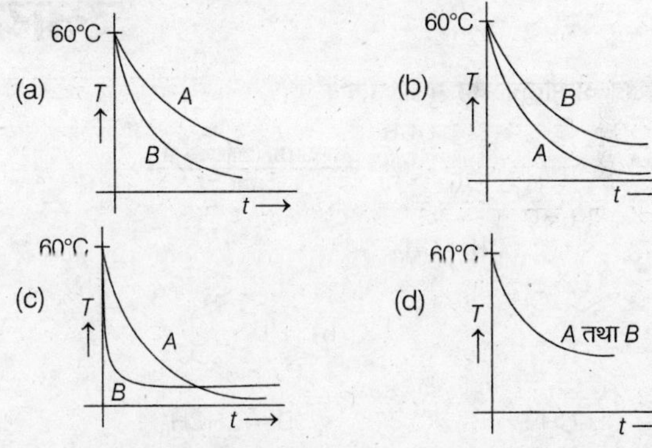

22. एक समतल विद्युत चुम्बकीय तरंग मुक्त आकाश में x-दिशा में गतिशील है। आकाश के एक विशेष बिन्दु पर तरंग का विद्युत क्षेत्र घटक, एक समय पर $E = 6\,Vm^{-1}$, y-दिशा में है। उसके संगत इसका चुम्बकीय क्षेत्र घटक B होगा

(a) x-दिशा में 6×10^{-8}T (b) y-दिशा में 2×10^{-8}T

(c) z- दिशा में 6×10^{-8}T (d) z-दिशा में 2×10^{-8}T

23. जहाज A वेग $v = 30\hat{i} + 50\hat{j}$ km/h से उत्तर-पूर्व दिशा में जलयात्रा कर रहा है, जहाँ $\hat{i}$ पूर्व तथा $\hat{j}$ उत्तर की ओर इंगित है। जहाज B, जहाज A से 80 km पूर्व की ओर, 150 km उत्तर की ओर, दूरी पर स्थित है और पश्चिम की ओर 10 km/h की चाल से जलयात्रा कर रहा है। A से B की न्यूनतम दूरी होगी

(a) 4.2 h (b) 2.6 h (c) 3.2 h (d) 2.2 h

24. दिखाए गए परिपथ में, $R_1 = 1.0\Omega$, $R_2 = 2.0\Omega$, $E_1 = 2V$ और $E_2 = E_3 = 4V$ हैं। बिन्दुओं a एवं b के बीच विभवान्तर लगभग (वोल्ट में) है

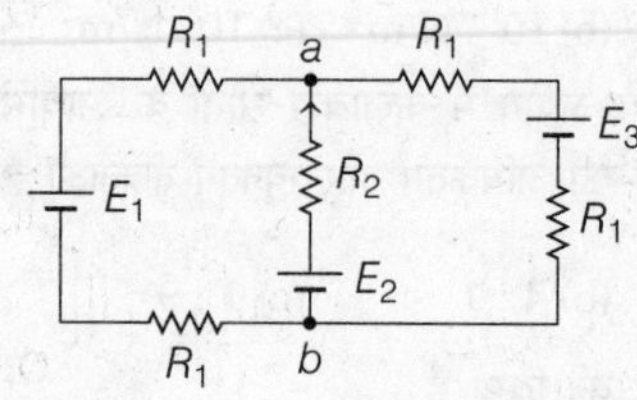

(a) 2.3 (b) 3.3
(c) 2.7 (d) 3.7

25. द्रव्यमान M और त्रिज्या R की एक वृत्तीय प्लेट का घनत्व $\rho(r) = \rho_0 r$ के अनुसार परिवर्तित हो रहा है, जहाँ ρ_0 स्थिरांक और r उसके केन्द्र से दूरी है। प्लेट के लम्बवत् और प्लेट की परिधि से जाने वाली अक्ष के परितः वृत्तीय प्लेट का जड़त्व आघूर्ण $I = aMR^2$ है। गुणांक a का मान है

(a) $\frac{3}{5}$ (b) $\frac{8}{5}$
(c) $\frac{3}{2}$ (d) $\frac{1}{2}$

26. 4kg के भार को वहन करते हुए एक 2.0 mm त्रिज्या के स्टील के एक तार को छत से लटकाया गया है। तार में उत्पन्न तन्य प्रतिबल (tensile stress) का मान क्या होगा (दिया है, $g = 3.1\pi \text{ ms}^{-2}$)?

(a) $3.1 \times 10^6 \text{ Nm}^{-2}$ (b) $4.8 \times 10^6 \text{ Nm}^{-2}$
(c) $6.2 \times 10^6 \text{ Nm}^{-2}$ (d) $5.2 \times 10^6 \text{ Nm}^{-2}$

27. 200Ω के एक प्रतिरोध का एक निश्चित वर्ण संकेत (colour code) है। यदि लाल वर्ण को हरे वर्ण से विस्थापित कर देते हैं, तो नया प्रतिरोध होगा

(a) 500Ω (b) 400Ω (c) 300Ω (d) 100Ω

28. एक कण एक बल के प्रभाव में विराम अवस्था से गति प्रारम्भ करता है। बल, कण द्वारा चली दूरी के अनुसार इस प्रकार परिवर्तित होता है, जैसाकि चित्र में दर्शाया गया है। 3m दूरी चलने के बाद कण की गतिज ऊर्जा है

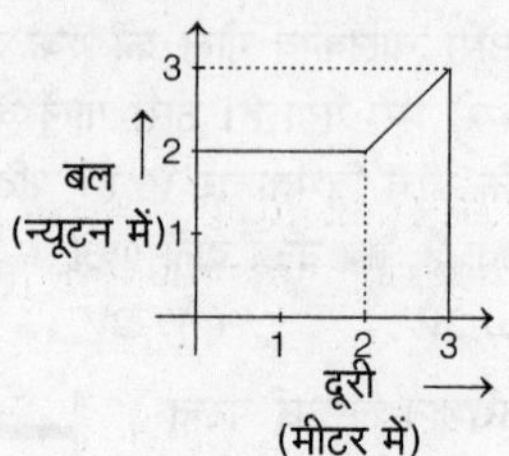

(a) 5 J (b) 4 J (c) 2.5 J (d) 6.5 J

29. हाइड्रोजन परमाणु के $n = 2$ से $n = 1$ संक्रमण से निकला विकिरण He^+ की $n = 1$ और $n = 2$ अवस्थाओं पर पड़ता है। हीलियम आयनों द्वारा इस विकिरण की ऊर्जा शोषण से संभव संक्रमण है

(a) $n = 2 \to n = 3$ (b) $n = 1 \to n = 4$
(c) $n = 2 \to n = 5$ (d) $n = 2 \to n = 4$

30. एक प्रत्यावर्ती वोल्टेज स्रोत $V(t) = 220 \sin 100\pi t$ वोल्ट को एक 50Ω प्रतिरोध पर लगाया गया है। धारा का मान आधे शिखर मान से पूर्ण शिखर मान तक बढ़ने में लगे समय का मान होगा

(a) 3.3 ms (b) 5 ms (c) 7.2 ms (d) 2.2 ms

रसायन विज्ञान

31. निम्नलिखित अभिक्रिया का मुख्य उत्पाद है

m-OCH_3-C_6H_4-$CH{=}CH_2$ $\xrightarrow[\text{ऊष्मा}]{\text{सान्द्र HBr (आधिक्य में)}}$

(a)
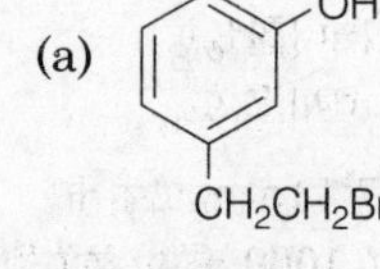

(b)
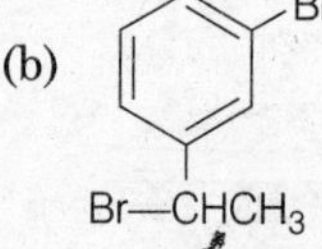

(c)
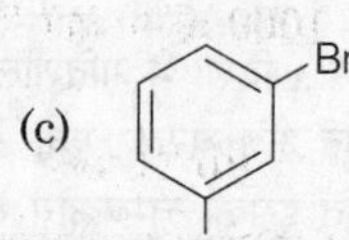

(d) OH, Br—CHCH3

32. एक कार्बनिक यौगिक 'X' जो निम्न विलेयता की रूपरेखा प्रदर्शित करता है, होगा

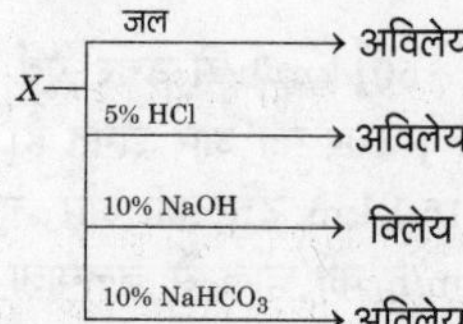

(a) बेन्जेमाइड (b) o-टॉलूडीन (c) ऑलेइक अम्ल (d) m-क्रिसॉल

33. अभिक्रिया $2A + B \longrightarrow C$ के लिए, अभिकारकों की विभिन्न सान्द्रताओं पर प्रारम्भिक दर के मान नीचे दी गई तालिका में दिए गए हैं। अभिक्रिया के लिए दर नियम होगा

$[A]$(mol L^{-1})	$[B]$(mol L^{-1})	प्रारम्भिक दर (mol $L^{-1}s^{-1}$)
0.05	0.05	0.045
0.10	0.05	0.090
0.20	0.10	0.72

(a) दर $= k[A][B]^2$ (b) दर $= k[A]^2[B]$
(c) दर $= k[A][B]$ (d) दर $= k[A]^2[B]^2$

34. क्षारीय माध्यम में, बेन्जीन डाइऐजोनियम क्लोराइड को 1-नैफ्थॉल के साथ युग्मित करने पर प्राप्त होता है

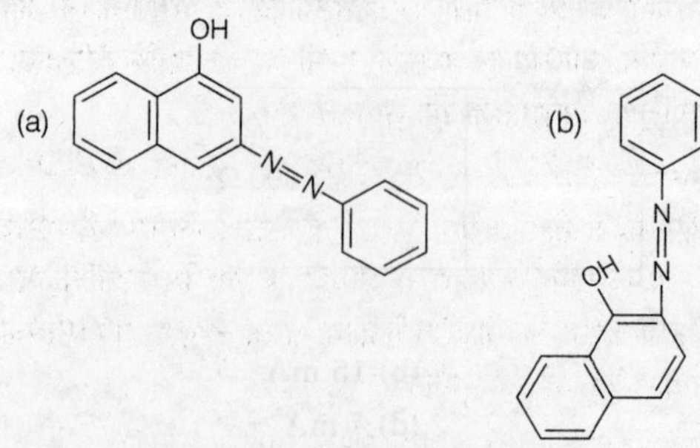

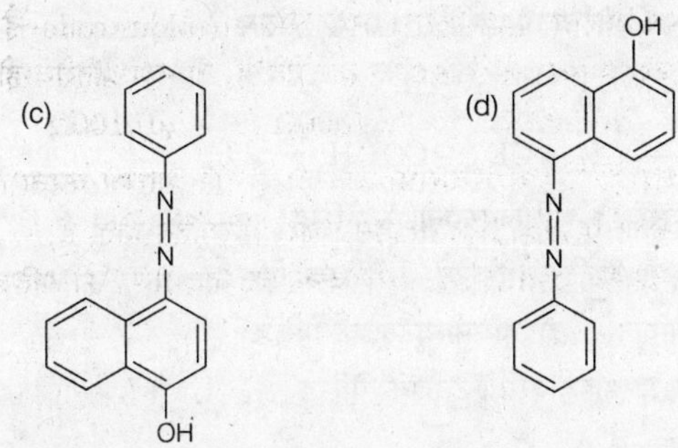

35. अम्लीय माध्यम में, FeC_2O_4, $Fe_2(C_2O_4)_3$, $FeSO_4$ तथा $Fe_2(SO_4)_3$ प्रत्येक के एक मोल मिश्रण को उपचयित करने के लिए आवश्यक $KMnO_4$ के मोलों की संख्या होगी

(a) 1.5 (b) 2 (c) 3 (d) 1

36. कौन-सा हमारे पर्यावरण की रक्षा करने के लिए मनुष्य की जिम्मेदारी के संगत गलत है।

(a) प्लास्टिक बेग का प्रयोग करके
(b) वाहनों के निषेध करके
(c) तेज प्रकाश की लाईट के उपयोग को त्यागकर
(d) बगीचों में खाद्य टिन की व्यवस्था करके

37. निम्न में से कौन-सा समीकरण थर्मोडायनामिक्स के प्रथम सिद्धान्त को दिए गए प्रक्रमों के लिए, जिसमें आदर्श गैस है। सही रूप में प्रस्तुत नहीं करता है (मान लें कि अप्रसारण कार्य शून्य है)

(a) समतापी प्रक्रम : $q = -w$ (b) समायतनिक प्रक्रम : $\Delta U = q$
(c) रूद्धोष्म प्रक्रम : $\Delta U = -w$ (d) चक्रीय प्रक्रम : $q = -w$

38. माल्टोस तनु HCl के साथ अभिकृत करने पर देता है

(a) D-फ्रक्टोज (b) D-ग्लूकोज तथा D-फ्रक्टोज
(c) D-ग्लूकोज (d) D-गैलेक्टोज

39. दिया गया है, $E^{\ominus}_{O_2/H_2O} = +1.23V$

$E^{\ominus}_{S_2O_8^{2-}/SO_4^{2}} = 2.05V;$

$E^{\ominus}_{Br_2/Br^-} = +1.09V;$

$E^{\ominus}_{Au^{3+}/Au} = +1.4V$

प्रबलतम अपचायक है

(a) O_2 (b) Br_2 (c) Au^{3+} (d) $S_2O_8^{2-}$

40. क्षार धातु आयनों के जलयोजन एन्थैल्पी का सही क्रम हैं

(a) $Li > Na^+ > K^+ > Cs^+ > Rb^+$
(b) $Na > Li^+ > K^+ > Cs^+ > Rb^+$
(c) $Na^+ > Li^+ > K^+ > Rb^+ > Cs^+$
(d) $Li > Na^+ > K^+ > Rb^+ > Cs^+$

41. तत्व 'B', ccp संरचना बनाता है तथा 'A' अष्टफलकीय रिक्तियों के आधे में उपस्थित हैं, जबकि ऑक्सीजन परमाणु सभी चतुष्फलकीय रिक्तियों में उपस्थित है। द्विधात्विक ऑक्साइड की संरचना है

(a) A_2BO_4 (b) A_2B_2O (c) AB_2O_4 (d) A_4B_2O

42. एक कार्बनिक यौगिक न तो उदासीन फेरिक क्लोराइड विलयन के साथ और न ही फेहलिंग विलयन के साथ अभिक्रिया करता है। हालाँकि यह यौगिक ग्रिगनार्ड अभिकर्मक के साथ अभिक्रिया करता है तथा सकारात्मक आयोडोफॉर्म परीक्षण देता है। यह यौगिक है

(a) CH_3, H, O (b) O, C_2H_5, CH_3
(c) OH, CH_3, C_2H_5, O (d) O, CH_3, OH

43. यदि $Zr_3(PO_4)_4$ के विलेयता गुणनफल को K_{sp} द्वारा तथा इसकी मोलर विलेयता को S द्वारा अभिव्यक्त करते हों तो S तथा K_{sp} के बीच सही सम्बन्ध है

(a) $S = \left(\frac{K_{sp}}{6912}\right)^{1/2}$ (b) $S = \left(\frac{K_{sp}}{929}\right)^{1/9}$
(c) $S = \left(\frac{K_{sp}}{216}\right)^{1/7}$ (d) $S = \left(\frac{K_{sp}}{144}\right)^{1/6}$

44. निम्न अभिक्रिया का मुख्य उत्पाद है—

O, Br $\xrightarrow[\text{MeOH, 25°C}]{NaBH_4}$

(a) OMe (b) O
(c) OH, OMe (d) OH, Br

45. डाइबोरेन (B_2H_6), O_2 तथा H_2O के साथ स्वतन्त्र रूप से अभिक्रिया करके क्रमशः उत्पादित करती है

(a) HBO_2 तथा H_3BO_3 (b) B_2O_3 तथा $[BH_4]^-$
(c) B_2O_3 तथा H_3BO_3 (d) H_3BO_2 तथा B_2O_3

46. सिल्वर के लिए, $C_p(JK^{-1}mol^{-1}) = 23 + 0.0T$ यदि 1 atm दाब पर सिल्वर के 3 मोल का ताप (T) 300 K से बढ़कर 1000 K हो जाए तो ΔH का मान किसके नजदीक होगा?

(a) 13 kJ (b) 16 kJ (c) 62 kJ (d) 21 kJ

47. **कथन :** स्ट्रेटोस्फीयर के-ऊपरी भाग में CFCs द्वारा ओजोन का विनाश होता है।

कारण : ओजोन परत छिद्रों से पृथ्वी पर पहुँचने वाली UV विकिरणों की मात्रा बढ़ती है।

(a) कथन तथा कारण दोनों सही हैं और कारण, कथन की सही व्याख्या करता है।
(b) कथन गलत है, परन्तु कारण सही है।
(c) कथन तथा कारण सही हैं, परन्तु कारण, कथन की सही व्याख्या नहीं है।
(d) कथन तथा कारण दोनों गलत है।

48. निम्न में से कौन-सा ऐमीन गैब्रिएल थैलिमाइड अभिक्रिया द्वारा तैयार किया जा सकता है।

(a) निओपेन्टिलऐमीन (b) ट्राइएथिलऐमीन

(c) *n*-ब्यूटिलऐमीन (d) *t*-ब्यूटिलऐमीन

49. एक गैस का अधिशोषण, फ्रैण्डलिक अधिशोषण समताप का पालन करता है। अधिशोषक के m द्रव्यमान पर अधिशोषित गैस का द्रव्यमान x है। $\log \frac{x}{m}$ के विरुद्ध $\log p$ का प्लॉट दिए गए ग्राफ में दर्शाया गया है। $\frac{x}{m}$ जिसके अनुपातिक है, वह है

(a) p^3 (b) p^2 (c) $p^{2/3}$ (d) $p^{3/2}$

50. निम्नलिखित यौगिकों, में क्षारीय सामर्थ्य का घटता क्रम होगा

(a) $(C_2H_5)_2NH > C_2H_5NH_2 > NH_3$

(b) $(C_2H_5)_2NH > NH_3 > C_2H_5NH_2$

(c) $NH_3 > C_2H_5NH_2 > (C_2H_5)_2NH$

(d) $C_2H_5NH_2 > NH_3 > (C_2H_5)_2NH$

51. वह लैन्थेनॉयड आयन जो रंग प्रदर्शित करेगा, है

(a) La^{3+} (b) Lu^{3+} (c) Gd^{3+} (d) Sm^{3+}

52. 298 K पर शुद्ध द्रव A तथा B के वाष्प दाब क्रमशः 400 तथा 600 mmHg हैं। दोनों द्रवों को मिलाने पर उनके प्रारम्भिक आयतनों का योग उनके अन्तिम मिश्रण के आयतन के बराबर है। मिश्रण में द्रव B का मोल अणु 0.5 है। अन्तिम विलयन का वाष्प दाब एवं A तथा B अवयवों का वाष्प प्रवस्था में मोल अणु अंश क्रमशः होंगे

(a) 500 mmHg, 0.4, 0.6 (b) 450 mmHg 0.4, 0.6

(c) 500 mmHg 0.5, 0.5 (d) 450 mmHg, 0.5, 0.5

53. एक जल प्रतिदर्श के 100 mL में 0.81g कैल्शियम बाइकार्बोनेट तथा 0.73 g मैग्नीशियम बाइकार्बोनेट हैं। इस जल प्रतिदर्श की कठोरता $CaCO_3$ के समतुल्य रूप में व्यक्त करने पर होगी (कैल्शियम बाइकार्बोनेट तथा मैग्नीशियम बाइकार्बोनेट के मोलर द्रव्यमान क्रमशः $162\ g\ mol^{-1}$ तथा $146\ g\ mol^{-1}$ हैं)

(a) 100 ppm (b) 5000 ppm

(c) 10000 ppm (d) 1000 ppm

54. एलिंघम आरेख एक अयस्क के निम्न में से किसके होने की सम्भावना की प्रायुक्ति करने में हमारी मदद करता है,

(a) तापीय अपचयन (b) जोन परिष्करण

(c) विद्युत अपघटन (d) वाष्प प्रावस्था परिष्करण

55. चार इलेक्ट्रॉनों की कवाण्टम संख्याएँ नीचे दी गई हैं

(I) $n = 4, \ell = 2, m_l = -2, m_s = -\frac{1}{2}$

(II) $n = 3, \ell = 2, m_l = -2, m_s = +\frac{1}{2}$

(III) $n = 4, \ell = 1, m_l = -0, m_s = +\frac{1}{2}$

(IV) $n = 3, \ell = 1, m_l = -1, m_s = -\frac{1}{2}$

इनकी बढ़ती ऊर्जाओं का सही क्रम होगा

(a) I < II < III < IV (b) I < III < II < IV

(c) IV < II < III < I (d) IV < III < II < I

56. निम्न यौगिक का आई.यू.पी.ए.सी. (IUPAC) नाम है

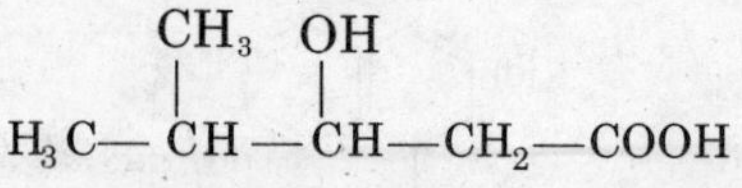

$$H_3C-\underset{\displaystyle CH_3}{\overset{}{CH}}-\underset{\displaystyle OH}{CH}-CH_2-COOH$$

(a) 3-हाइड्रॉक्सी-4-मेथिलपेन्टानोइक ऐसिड

(b) 2-मेथिल-3-हाइड्रॉक्सीपेन्टेन-5-ओइक ऐसिड

(c) 4,4-डाइमेथिल-3-हाइड्रॉक्सीब्यूटेनोइक ऐसिड

(d) 4-मेथिल-3-हाइड्रॉक्सीपेन्टेनोइक ऐसिड

57. निम्नलिखित संलग्नी हैं

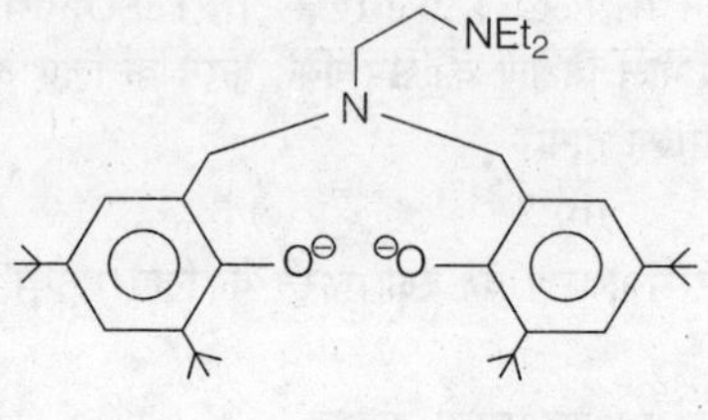

NEt_2, N, $O^{\ominus}$, $^{\ominus}O$

(a) द्वि-दन्तुर (b) षट्-दन्तुर

(c) त्रि-दन्तुर (d) चतुरदन्तुर

58. निम्न अभिक्रिया का मुख्य उत्पाद है

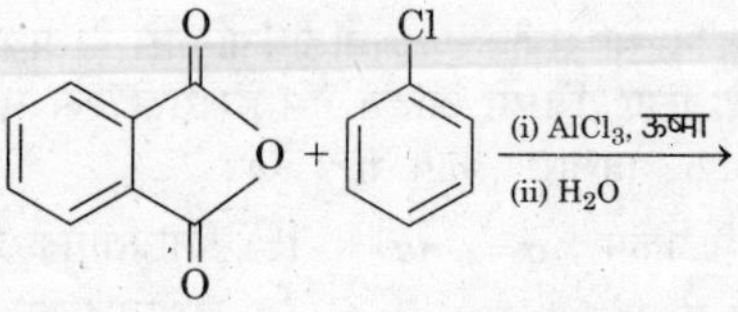

O, O, O, Cl, (i) $AlCl_3$, ऊष्मा, (ii) H_2O

(a) 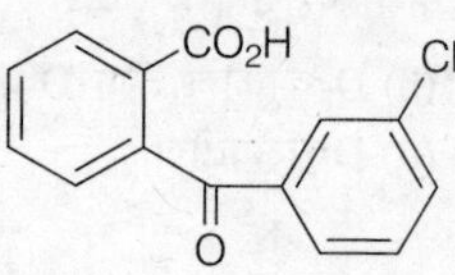 CO_2H, O, Cl (b) 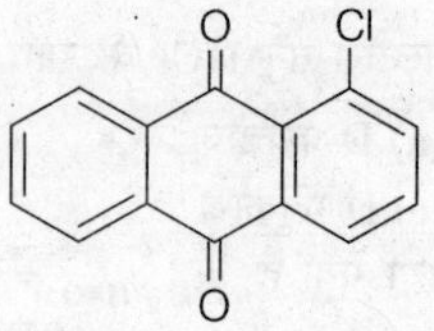 O, Cl, O

(c) 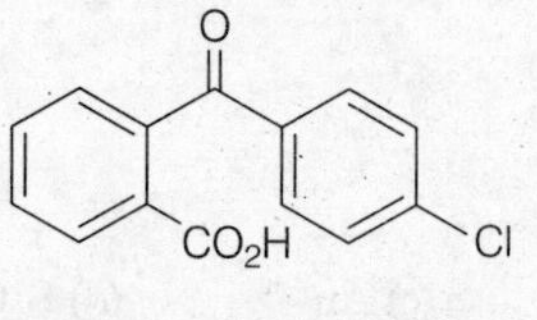 O, CO_2H, Cl (d) 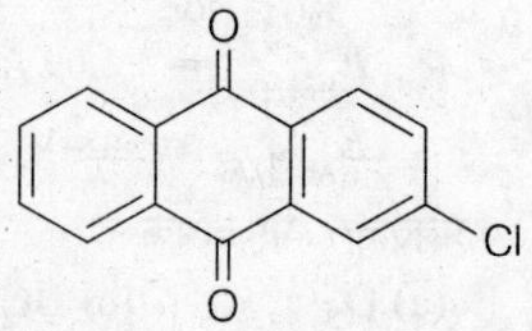 O, O, Cl

59. निम्न में से किसके द्वारा समइलेक्ट्रॉनी स्पीशीज Cl^-, Ar तथा Ca^{2+} का आकार प्रभावित होगा

(a) नाभिकीय आवेश

(b) संयोजकता कोश की मुख्य क्वाण्टम संख्या

(c) संयोजकता कोश की ऐजीमूथल क्वाण्टम संख्या

(d) बाह्य कक्षकों में इलेक्ट्रॉन-इलेक्ट्रॉन अन्योन्यक्रिया

60. दिए गए निम्न-प्रचक्रण संकरो $[V(CN)_6]^{4-}$, $[Fe(CN)_6]^{4-}$, $[Ru(NH_3)_6]^{3+}$ तथा $[Cr(NH_3)_6]^{2+}$ में धातु आयनों के प्रचक्रण मात्र चुम्बकीय आघूर्णों का सही क्रम है

(a) $V^{2+} > Cr^{2+} > Ru^{3} > Fe^{2+}$

(b) $Cr^{2+} > Ru^{3+} > Cr^{2+} > Fe^{2+}$

(c) $V^{2} > Ru^{3+} > Cr^{2+} > Fe^{2+}$

(d) $Cr^{2+} > V^{2+} > Ru^{3+} > Fe^{2+}$

गणित

61. कथन "यदि आप भारत में जन्मे हैं, तो आप भारत के एक नागरिक हैं।" का प्रतिधनात्मक कथन है

(a) यदि आप भारत के नागरिक नहीं है, तो आप भारत में नहीं जन्मे है।
(b) यदि आप भारत के नागरिक है, तो आप भारत में जन्मे है।
(c) यदि आप भारत में जन्मे है, तो आप भारत के नागरिक नहीं है।
(d) यदि आप भारत में नहीं जन्मे है, तो आप भारत के नागरिक नहीं है।

62. वृत्त $x^2 + y^2 = 16$, पर रेखाओं $x + y = n$, $n \in N$, जहाँ N सभी प्राकृत संख्याओं का समुच्चय है, द्वारा काटी गई जीवाओं की लम्बाइयों के वर्गों का योग है

(a) 105 (b) 210 (c) 320 (d) 160

63. यदि समीकरण $x^2 - 2x + 2 = 0$ के मूल α तथा β हैं, तो n का न्यूनतम मान, जिसके लिए $\left(\frac{\alpha}{\beta}\right)^n = 1$ है

(a) 3 (b) 4 (c) 2 (d) 5

64. ऐसी सभी प्राकृत संख्याएँ 'n' जो इस प्रकार हैं कि $100 < n < 200$ तथा म.स.प. $(91, n) > 1$ का योग है

(a) 3303 (b) 3203 (c) 3221 (d) 3121

65. $\int \frac{\sin\frac{5x}{2}}{\sin\frac{x}{2}} dx$ बराबर है, (जहाँ C एक समाकलन अचर है)

(a) $x + 2\sin x + 2\sin 2x + C$ (b) $2x + \sin x + \sin 2x + C$
(c) $2x + \sin x + 2\sin 2x + C$ (d) $x + 2\sin x + \sin 2x + C$

66. क्षेत्र $A = \{(x, y) \in R \times R | 0 \le x \le 3, 0 \le y \le 4, y \le x^2 + 3x\}$ का क्षेत्रफल (वर्ग इकाइयों में) है

(a) $\frac{26}{3}$ (b) 8 (c) $\frac{59}{6}$ (d) $\frac{53}{6}$

67. यदि फलन $f(x) = 9x^4 + 12x^3 - 36x^2 + 25, x \in R$ के स्थानीय निम्नतम तथा स्थानीय उच्चतम बिन्दुओं के समुच्चय क्रमशः S_1 तथा S_2 हैं, तो

(a) $S_1 = \{-1\}$; $S_2 = \{0, 2\}$ (b) $S_1 = \{-2, 0\}$; $S_2 = \{1\}$
(c) $S_1 = \{-2\}$; $S_2 = \{0, 1\}$ (d) $S_1 = \{-2, 1\}$; $S_2 = \{0\}$

68. सभी अंकों 1, 1, 2, 2, 2, 2, 3, 4, 4 को एक साथ लेकर सभी सम्भव संख्याएँ बनाई गई हैं। इस प्रकार की संख्याओं, जिनमें विषम अंक सम स्थानों पर हैं, की संख्या है

(a) 180 (b) 162 (c) 160 (d) 175

69. सात प्रेक्षणों के माध्य तथा प्रसरण क्रमशः 8 तथा 16 है। यदि इनमें से 5 प्रेक्षण 2, 4, 10, 12, 14 हैं, तो शेष दो प्रेक्षणों का गुणनफल है

(a) 40 (b) 48 (c) 49 (d) 45

70. $f : [0, 2] \to R$ दो बार अवकलनीय फलन इस प्रकार है कि सभी $x \in (0, 2)$ के लिए $f''(x) > 0$ है। यदि $\phi(x) = f(x) + f(2 - x)$ है, तो ϕ

(a) (0, 1) पर ह्रासमान तथा (1, 2) पर वर्धमान है।
(b) (0, 2) पर वर्धमान है।
(c) (0, 1) पर वर्धमान तथा (1, 2) पर ह्रासमान है।
(d) (0, 2) पर ह्रासमान है।

71. $c \in R$ का अधिकतम मान, जिसके लिए रैखिक समीकरण निकाय $x - cy - cz = 0$, $cx - y + cz = 0$, $cx + cy - z = 0$ का एक अतुच्छ हल है, है

(a) -1 (b) 2 (c) $\frac{1}{2}$ (d) 0

72. रेखा $y = x$ तथा वक्र $y^2 = x - 2$ के बीच की न्यूनतम दूरी है

(a) $\frac{7}{4\sqrt{2}}$ (b) 2 (c) $\frac{7}{8}$ (d) $\frac{11}{4\sqrt{2}}$

73. $(x + \sqrt{x^3 - 1})^6 + (x - \sqrt{x^3 - 1})^6$, $(x > 1)$ के प्रसार में x के सभी समघातीय पदों के गुणांकों का योग बराबर है

(a) 24 (b) 26 (c) 29 (d) 32

74. यदि दीर्घवृत्त $4x^2 + y^2 = 8$ के बिन्दुओं (1, 2) तथा (a, b) पर खींची गई स्पर्श रेखाएँ परस्पर लम्बवत हैं, तो a^2 बराबर है

(a) $\frac{128}{17}$ (b) $\frac{2}{17}$ (c) $\frac{64}{17}$ (d) $\frac{4}{17}$

75. यदि $\cos(\alpha + \beta) = \frac{3}{5}$, $\sin(\alpha - \beta) = \frac{5}{13}$ तथा $0 < \alpha, \beta < \frac{\pi}{4}$, तब $\tan(2\alpha)$ बराबर है

(a) $\frac{63}{52}$ (b) $\frac{21}{16}$ (c) $\frac{63}{16}$ (d) $\frac{33}{52}$

76. श्रेणी $2\,{}^{20}C_0 + 5\,{}^{20}C_1 + 8\,{}^{20}C_2 + 11\,{}^{20}C_3 + \dots + 62\,{}^{20}C_{20}$ का योग बराबर है

(a) 2^{26} (b) 2^{24} (c) 2^{23} (d) 2^{25}

77. माना $A = \begin{bmatrix} \cos\alpha & -\sin\alpha \\ \sin\alpha & \cos\alpha \end{bmatrix}$, $(\alpha \in R)$ इस प्रकार है कि $A^{32} = \begin{bmatrix} 0 & -1 \\ 1 & 0 \end{bmatrix}$, तो α का एक मान है

(a) $\frac{\pi}{16}$ (b) $\frac{\pi}{32}$ (c) 0 (d) $\frac{\pi}{64}$

78. सदिश $2\hat{i} + 3\hat{j} + \hat{k}$ के सदिशों $\hat{i} + \hat{j} + \hat{k}$ तथा $\hat{i} + 2\hat{j} + 3\hat{k}$ को अन्तर्विष्ट करने वाले समतल के लम्बवृतीय सदिश पर प्रक्षेप का परिमाण है

(a) $3\sqrt{6}$ (b) $\sqrt{6}$ (c) $\sqrt{\frac{3}{2}}$ (d) $\frac{\sqrt{3}}{2}$

79. माना $y = y(x)$, अवकल समीकरण $(x^2 + 1)^2 \frac{dy}{dx} + 2x(x^2 + 1)y = 1$ का हल है, जबकि $y(0) = 0$ है। यदि $\sqrt{a}\, y(1) = \frac{\pi}{32}$ है, तो 'a' का मान है

(a) $\frac{1}{16}$ (b) $\frac{1}{4}$ (c) $\frac{1}{2}$ (d) 1

80. यदि $f(x) = \log_e\left(\frac{1 - x}{1 + x}\right), |x| < 1$ हो, तो $f\left(\frac{2x}{1 + x^2}\right)$ बराबर है

(a) $(f(x))^2$ (b) $2f(x)$ (c) $-2f(x)$ (d) $2f(x^2)$

81. बिन्दु $(2, -1, 4)$ से सरल रेखा, $\frac{x + 3}{10} = \frac{y - 2}{-7} = \frac{z}{1}$ पर खींचे गए लम्ब की लम्बाई

(a) 2 से अधिक परन्तु 3 से कम है (b) 4 से अधिक है
(c) 2 से कम है (d) 3 से अधिक परन्तु 4 से कम है

82. समतलों $2x - y - 4 = 0$ तथा $y + 2z - 4 = 0$ की प्रतिच्छेदन रेखा को अन्तर्विष्ट करने वाले तथा बिन्दु (1, 1, 0) से होकर जाने वाले समतल का समीकरण है

(a) $x + 3y + z = 4$ (b) $x - 3y - 2z = -2$
(c) $2x - z = 2$ (d) $x - y - z = 0$

83. माना $O(0, 0)$ तथा $A(0, 1)$ दो निश्चित बिन्दु हैं, तो ऐसे बिन्दु P जिनके लिए ΔAOP का परिमाप 4 हो, का बिन्दुपथ है

(a) $9x^2 - 8y^2 + 8y = 16$ (b) $8x^2 - 9y^2 + 9y = 18$
(c) $9x^2 + 8y^2 - 8y = 16$ (d) $8x^2 + 9y^2 - 9y = 18$

84. सरल रेखा $3x + 5y = 15$ पर स्थित एक बिन्दु, जो निर्देशांक अक्षों से समदूरस्थ है, केवल स्थित है

(a) प्रथम तथा द्वितीय चतुर्थांश में
(b) चतुर्थ चतुर्थांश में
(c) प्रथम, द्वितीय तथा चतुर्थ चतुर्थांश में
(d) प्रथम चतुर्थांश में

85. $\lim_{x \to 0} \frac{\sin^2 x}{\sqrt{2} - \sqrt{1 + \cos x}}$ बराबर है

(a) 4 (b) $4\sqrt{2}$ (c) $2\sqrt{2}$ (d) $\sqrt{2}$

86. यदि $f(x) = \frac{2 - x\cos x}{2 + x\cos x}$ तथा $g(x) \log_e x$, $(x > 0)$ हैं, तो समाकल $\int_{-\pi/4}^{\pi/4} g(f(x))dx$ का मान है

(a) $\log_e 3$ (b) $\log_e e$ (c) $\log_e 2$ (d) $\log_e 1$

87. समीकरण $|\sqrt{x} - 2| + \sqrt{x}(\sqrt{x} - 4) + 2 = 0, (x > 0)$ के हलों का योग बराबर है

(a) 10 (b) 4
(c) 12 (d) 9

88. यदि $\alpha = \cos^{-1}\left(\frac{3}{5}\right), \beta = \tan^{-1}\left(\frac{1}{3}\right)$, जहाँ $0 < \alpha, \beta < \frac{\pi}{2}$, तब $\alpha - \beta$ बराबर है

(a) $\tan^{-1}\left(\frac{9}{14}\right)$ (b) $\cos^{-1}\left(\frac{9}{5\sqrt{10}}\right)$
(c) $\sin^{-1}\left(\frac{9}{5\sqrt{10}}\right)$ (d) $\tan^{-1}\left(\frac{9}{5\sqrt{10}}\right)$

89. यदि $2y = \left(\cot^{-1}\left(\frac{\sqrt{3}\cos x + \sin x}{\cos x - \sqrt{3}\sin x}\right)\right)^2, x \in \left(0, \frac{\pi}{2}\right)$, तब $\frac{dy}{dx}$ बराबर है

(a) $x - \frac{\pi}{6}$ (b) $2x - \frac{\pi}{3}$
(c) $\frac{\pi}{3} - x$ (d) $\frac{\pi}{6} - x$

90. यदि A तथा B दो ऐसी अरिक्त (non-null) घटनाएँ हैं कि $A \subset B$ है, तो निम्न में से कौन-सा कथन हमेशा सही है?

(a) $P(A|B) \geq P(A)$
(b) $P(A|B) \leq P(A)$
(c) $P(A|B) = P(B) - P(A)$
(d) $P(A|B) = 1$

सही उत्तर

भौतिकी

1. (a)	2. (a)	3. (d)	4. (a)	5. (a)	6. (b)	7. (*)	8. (d)	9. (c)	10. (a)
11. (d)	12. (a)	13. (a)	14. (c)	15. (b)	16. (c)	17. (*)	18. (b)	19. (d)	20. (a)
21. (b)	22. (d)	23. (b)	24. (b)	25. (*)	26. (a)	27. (a)	28. (d)	29. (d)	30. (a)

रसायन विज्ञान

31. (d)	32. (d)	33. (a)	34. (c)	35. (b)	36. (a)	37. (c)	38. (c)	39. (d)	40. (d)
41. (c)	42. (c)	43. (a)	44. (b)	45. (c)	46. (c)	47. (b)	48. (c)	49. (c)	50. (a)
51. (d)	52. (a)	53. (c)	54. (a)	55. (c)	56. (a)	57. (d)	58. (c)	59. (a)	60. (a)

गणित

61. (a)	62. (b)	63. (b)	64. (d)	65. (d)	66. (c)	67. (d)	68. (a)	69. (b)	70. (a)
71. (c)	72. (a)	73. (a)	74. (b)	75. (c)	76. (d)	77. (d)	78. (c)	79. (a)	80. (b)
81. (d)	82. (d)	83. (c)	84. (a)	85. (b)	86. (d)	87. (a)	88. (c)	89. (a)	90. (a)

नोट *(*) कोई भी विकल्प सही नहीं है।*

संकेत एवं हल

भौतिकी

1. *(a)* बॉब पर कार्यरत् बलों को चित्र में दर्शाया गया है,

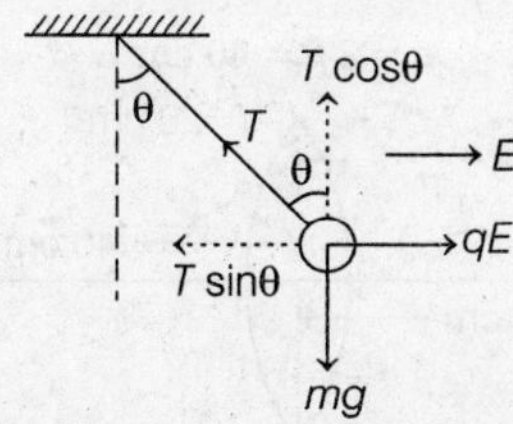

साम्यावस्था के लिए, अर्थात् बॉब पर कार्यरत् बलों को दो घटकों में वियोजित करने पर,

$$T\cos\theta = mg \quad \text{...(i)}$$

तथा $$T\sin\theta = qE \quad \text{...(ii)}$$

समी. (ii) का समी. (i) से भाग देने पर,

$$\tan\theta = \frac{qE}{mg} \quad \text{...(iii)}$$

दिया है, $q = 5\mu C = 5\times10^{-6}$ C, $E = 2000$ V / m,
$m = 2g = 2\times10^{-3}$ kg, $g = 10$ ms^{-2}

ये मान समी. (iii) में रखने पर,

$$\therefore \quad \tan\theta = \frac{5\times10^{-6}\times2000}{2\times10^{-3}\times10} = \frac{1}{2} = 0.5$$

∴ सरल लोलक की रस्सी द्वारा ऊर्ध्वाधर से बनाया गया कोण,

$$\theta = \tan^{-1}(0.5)$$

2. *(a)* दिया है, कणों की दे-ब्रॉग्ली तरंगदैर्ध्य λ_1 तथा λ_2 हैं।

$$\therefore \quad \lambda_1 = \frac{h}{p_1} \text{ तथा } \lambda_2 = \frac{h}{p_2}$$

एवं कणों का संवेग, $p_1 = \frac{h}{\lambda_1}$ तथा $p_2 = \frac{h}{\lambda_2}$

दिया है, कण एक-दूसरे के लम्बवत् गति करते हैं तथा अप्रत्यास्थ संघटट् करते हैं।

∴ संघट्ट के पश्चात् ये एक कण के रूप में गति करते हैं। जिसे नीचे दिये गये चित्र में दर्शाया गया है—

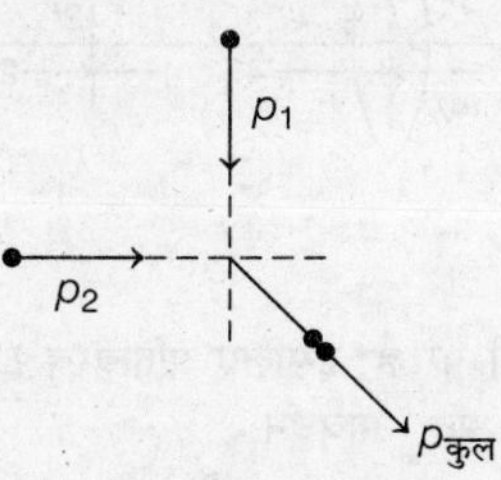

संवेग संरक्षण एवं सदिश योग नियम से संघटट् के पश्चात् कुल रेखीय संवेग,

$$p = \sqrt{p_1^2 + p_2^2 + 2p_1p_2\cos90°} = \sqrt{p_1^2 + p_2^2}$$

यहाँ, $$p_1 = \frac{h}{\lambda_1} \text{ तथा } p_2 = \frac{h}{\lambda_2} \Rightarrow p = \sqrt{\frac{h^2}{\lambda_1^2} + \frac{h^2}{\lambda_2^2}} \quad \text{...(i)}$$

माना संघटट् के पश्चात् दे-ब्रोग्ली तरंगदैर्ध्य λ हैं,

तब $$p = \frac{h}{\lambda} \quad \text{...(ii)}$$

समी. (i) तथा (ii) से,

$$\frac{h}{\lambda} = \sqrt{\frac{h^2}{\lambda_1^2} + \frac{h^2}{\lambda_2^2}} \Rightarrow \frac{1}{\lambda^2} = \frac{1}{\lambda_1^2} + \frac{1}{\lambda_2^2}$$

अतः परिणामी कण की दे-ब्रॉग्ली तरंग दैर्ध्य λ का समी.
$\frac{1}{\lambda^2} = \frac{1}{\lambda_1^2} + \frac{1}{\lambda_2^2}$ होगा।

3. *(d)* दिया गया परिपथ एक *L-R* श्रेणी परिपथ है,

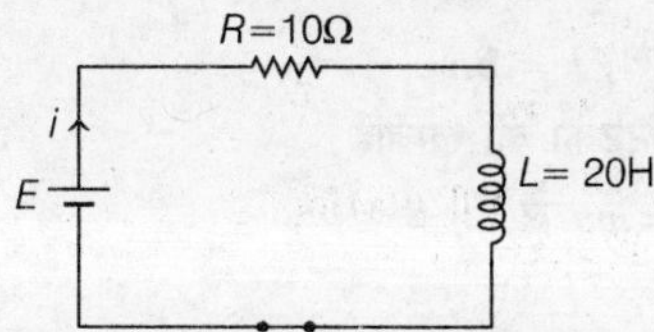

L-R परिपथ में, धारा वृद्धि,

$$i = \frac{E}{R}\left(1 - e^{\frac{-R}{L}t}\right)$$

अब, प्रेरकत्व में संचित ऊर्जा, $U_L = \frac{1}{2}Li^2$

जहाँ, L = कुण्डली का स्व-प्रेरकत्व तथा
i = परिपथ में प्रवाहित धारा

प्रतिरोध द्वारा क्षय ऊर्जा, $U_R = i^2R$

दिया है, प्रेरकत्व में संचित ऊर्जा की दर प्रतिरोध में क्षय ऊर्जा की दर के बराबर होती है।

$$\therefore \quad U_L = U_R \Rightarrow \frac{1}{2}Li^2 = i^2R$$

∴ अवकलन करने के पश्चात्,

$$iL\frac{di}{dt} = i^2R \Rightarrow \frac{di}{dt} = \frac{R}{L}i \Rightarrow \frac{E}{R}\cdot\frac{R}{L}e^{-\frac{R}{L}t} = \frac{R}{L}\cdot\frac{E}{R}\left(1 - e^{-\frac{R}{L}t}\right)$$

$$\Rightarrow \quad 2e^{-\frac{R}{L}t} = 1 \Rightarrow e^{-\frac{R}{L}t} = \frac{1}{2}$$

दोनों पक्षों का लघुगणक (log) लेने पर,

$$\Rightarrow \frac{-R}{L}t = \ln\left(\frac{1}{2}\right) \Rightarrow \frac{R}{L}t = \ln2 \Rightarrow t = \frac{L}{R}\ln2 = \frac{20}{10}\ln2 \Rightarrow t = 2\ln2$$

4. *(a)* माना x ग्राम जल की मात्रा को वाष्पित किया गया।

कैलोरीमिती सिद्धान्त के अनुसार, गर्म पदार्थ द्वारा दी गई ऊष्मा = ठण्डे पदार्थ द्वारा ग्रहण की गई ऊष्मा

दिया है, जल का द्रव्यमान = 150 g

$$\Rightarrow (150 - x)\times10^{-3}\times3.36\times10^5 = x\times10^{-3}\times2.10\times10^6$$

$\Rightarrow \quad (150-x)\times 3.36 = 21x \Rightarrow \quad x = \frac{150}{7.25} = 20.6$

$\therefore \quad x \approx 20\text{ g}$

अत: वाष्पित जल का द्रव्यमान 20g होगा।

5. *(a)* एक आधुनिक प्रकाशीय फाइबर संचार प्रणाली में वाहक तरंग की तरंगदैर्ध्य (1310-1550) nm तक होती है। अर्थात् संचार प्रणाली में वाहक तरंग की निकटतम तरंगदैर्ध्य का मान 1500 nm तक होता है।

6. *(b)* चित्र में दर्शायी गई पट्टिका पर दो बल कार्यरत् हैं,

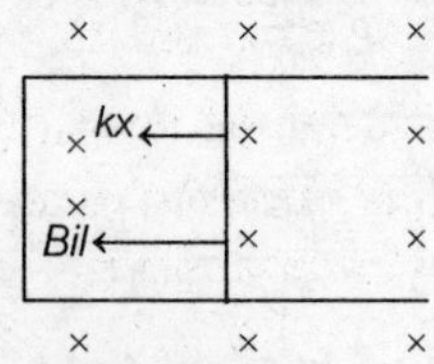

(i) स्प्रिंग पर लगा बल, $F = kx$

जहाँ, $k =$ स्प्रिंग बल नियतांक

पट्टिका को एकसमान चुम्बकीय क्षेत्र ($B = 0.1$ T) में रखा जाता है, जहाँ पर यह एक बल का अनुभव करती है जिसे चुम्बकीय बल कहते है।

(ii) चुम्बकीय बल, $F = Bil$

जहाँ, $l =$ पट्टिका की लम्बाई

अब, $F_{कुल} = ma$ से,

हम जानते है,

$$(-kx)+(-Bil) = ma \Rightarrow -kx - Bil - ma = 0$$

$$\Rightarrow \quad -kx - \frac{B^2l^2}{R}\cdot v - ma = 0 \quad \left[\because i = \frac{Blv}{R}\right]$$

तथा $\quad$ त्वरण $(a) = \frac{d^2x}{dt^2}$

अत: संशोधित समीकरण निम्नलिखित होगी,

$$\Rightarrow \quad \frac{md^2x}{dt^2} + \frac{B^2l^2}{R}\left(\frac{dx}{dt}\right) + kx = 0$$

यह अवमंदित सरल आवर्त गति की समीकरण है।

$\therefore$ दोलन का आयाम समय के साथ निम्न प्रकार से परिवर्तित होता है,

$$A = A_0 e^{-\frac{B^2l^2}{2Rm}\cdot t}$$

जब आयाम $\frac{A_0}{e}$ है, तब $\frac{A_0}{e} = A_0 e^{-\frac{B^2l^2}{2Rm}\cdot t}$

दोनों पक्षों का लघुगणक (log) लेने पर,

$$\Rightarrow \quad \ln\left(\frac{1}{e}\right) = \ln\left(e^{-\frac{B^2l^2}{2Rm}\cdot t}\right) \Rightarrow -\ln e = \left(-\frac{B^2l^2}{2Rm}\cdot t\right)\ln e$$

$$\Rightarrow \quad \left(\frac{B^2l^2}{2Rm}\right)t = 1 \quad \text{या} \quad t = \frac{2Rm}{B^2l^2}$$

प्रश्नानुसार, चुम्बकीय बल, $B = 0.1$T, पतली पट्टी का द्रव्यमान, $m = 50\times 10^{-3}$ kg तथा प्रतिरोध, $R = 10\,\Omega$, $l = 10\text{ cm} = 10\times 10^{-2}$ m

$$\therefore \quad t = \frac{2Rm}{B^2l^2} = \frac{2\times 10\times 50\times 10^{-3}}{(0.1)^2\times(10\times 10^{-2})^2} = \frac{1}{10^{-4}} = 10000\text{ s}$$

दिया है, स्प्रिंग बल नियतांक, $k = 0.5\text{ Nm}^{-1}$

अत: बेलन का आवर्तकाल,

$$T = 2\pi\sqrt{\frac{m}{k}} = 2\pi\sqrt{\frac{50\times 10^{-3}}{0.5}} = \frac{2\pi}{\sqrt{10}} \approx 2\text{s}$$

$\therefore$ दोलनों की संख्या, $N = \frac{t}{T} = \frac{10000}{2} = 5000$

7. *(*)* लेन्स तथा दर्पण के दिए गए निकाय में वस्तु O की स्थिति $2f$ दूरी पर लेन्स के सामने है।

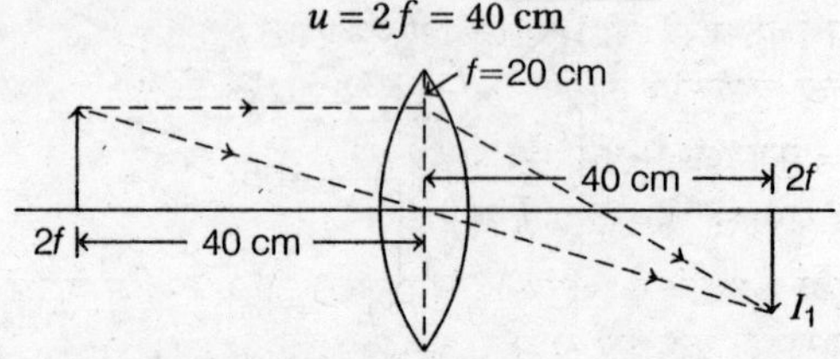

इसलिए, प्रतिबिम्ब (I_1) की वास्तविक दूरी, $v = 2f = 2\times 20 = 40$ cm (लेन्स के पीछे) वास्तविक एवं उल्टा बनता है;

आवर्धन, $m_1 = \frac{v}{u} = \frac{40}{40} = 1$

अत: प्रतिबिम्ब का आकार वस्तु के आकार के बराबर होता है। यह प्रतिबिम्ब (I_1) दर्पण के लिए, वास्तविक वस्तु की तरह कार्य करता है।

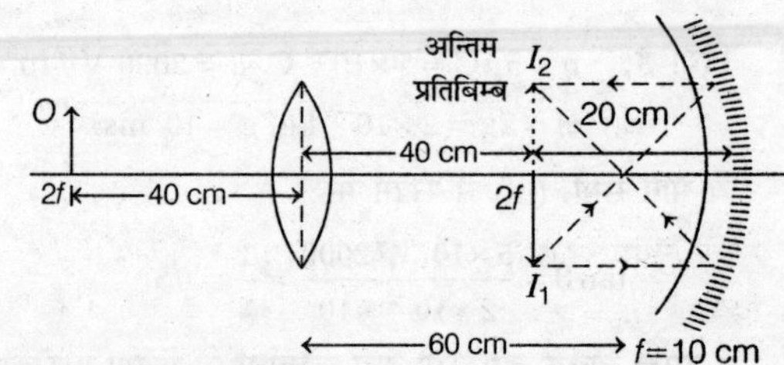

अत: दर्पण के लिए वस्तु की दूरी, $u = C = 2f = -20$ cm

जहाँ, $C =$ दर्पण का वक्रता केन्द्र।

इसलिए प्रतिबिम्ब I_2 दर्पण से $2f$ दूरी पर बनेगा।

$\therefore$ दर्पण के लिए, $v = 2f = 2(-10) = -20$ cm

आवर्धन, $m_2 = -\frac{v}{u} = -\frac{(-20)}{(-20)} = -1$

अत: प्रतिबिम्ब का आकार वस्तु के आकार के बराबर है। इसलिए दर्पण द्वारा बना प्रतिबिम्ब I_2 लेन्स के लिए वस्तु की तरह कार्य करेगा।

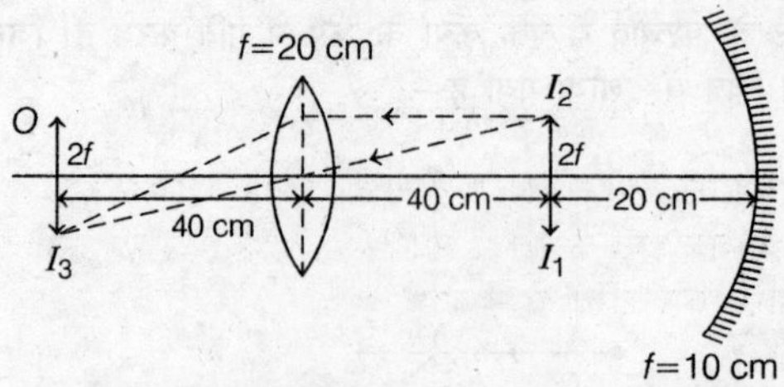

लेन्स से वस्तु $2f$ दूरी पर है, इसलिए प्रतिबिम्ब I_3, $2f$ या 40 cm की दूरी पर स्थित होगा। अत: आवर्धन,

$$m_3 = \frac{v}{u} = \frac{40}{40} = 1$$

$\therefore$ कुल आवर्धन, $\quad m = m_1\times m_2\times m_3 = -1$

अत: अन्तिम प्रतिबिम्ब (I_3) वास्तविक, वस्तु के आकार का उल्टा तथा वस्तु के साथ संपाती होता है।

8. *(d)* प्रश्नानुसार, कुण्डली की स्थिति

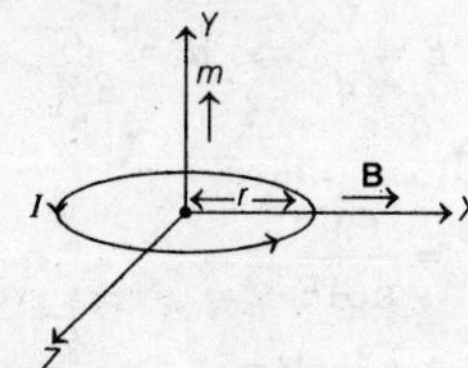

माना धारा I कुण्डली की वामावर्त दिशा में प्रवाहित हो रही है, तब कुण्डली का चुम्बकीय आघूर्ण, $m = NIA$

जहाँ, N = कुण्डली में फेरों की संख्या

तथा A = कुण्डली का क्षेत्रफल $= \pi r^2$

इसकी दिशा कुण्डली के क्षेत्रफल के लम्बवत् तथा Y-अक्ष के अनुदिश है, तब धारावाही कुण्डली मे बल-आघूर्ण,

$\tau = \mathbf{m} \times \mathbf{B} = mB\sin 90° = NIAB = NI\pi r^2 B$ N-m

अत: चुम्बकीय क्षेत्र के कारण कुण्डली पर बलाघूर्ण $B\pi r^2 IN$ N-m होगा।

9. *(c)* प्रकाशीय तन्तु में पूर्ण आन्तरिक परावर्तन चित्र में दर्शाये अनुसार होता है—

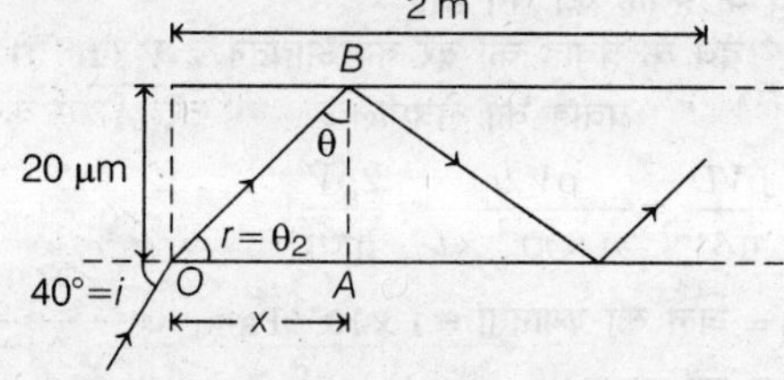

स्नेल नियमानुसार, $n_1 \sin i = n_2 \sin r$

दिया है, $n_1 = 1$, $n_2 = 1.31$ तथा $i = 40°$

$\therefore 1 \sin 40° = 1.31 \sin r \Rightarrow \sin r = \frac{0.587}{1.31} = 0.448 \approx 0.5$

परावर्तन कोण $(r) = 30°$ से,

अब, ΔOAB में, $\theta = 90° - r = 60°$

अब, $\tan\theta = \frac{x}{20\ \mu m} \Rightarrow \tan 60° = \frac{x}{20}$

$\Rightarrow \quad x = 20\sqrt{3}\ \mu m \quad [\because \tan 60° = \sqrt{3}]$

अत: प्रथम परावर्तन $20\sqrt{3}$ पर होता है,

$\therefore$ 2m पर कुल परावर्तनों की संख्या,

$$n = \frac{2m}{20\sqrt{3}\ \mu m} = \frac{2}{20\sqrt{3} \times 10^{-6}}$$

$= 57735$ परावर्तन ≈ 57000 परावर्तन

10. *(a)* जब रबड़ की डोरी को खींचा जाता है, तो यह स्थितिज ऊर्जा का संग्रहण करती हैं तथा जब डोरी को छोड़ा जाता है, तब यह स्थितिज ऊर्जा, पत्थर की गतिज ऊर्जा में रूपान्तरित हो जाता है।

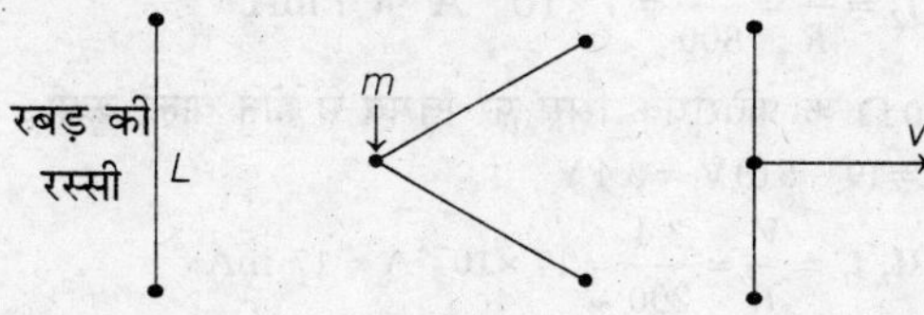

$\therefore$ खींची हुई डोरी की स्थितिज ऊर्जा = पत्थर की गतिज ऊर्जा

$$\Rightarrow \quad \frac{1}{2} Y \left(\frac{\Delta L}{L}\right)^2 A \cdot L = \frac{1}{2} m v^2$$

दिया है, $\Delta L = 20$ cm $= 0.2$ m, $L = 42$ cm $= 0.42$ m, $v = 20\ ms^{-1}$, $m = 0.02$ kg तथा $d = 6$ mm $= 6 \times 10^{-3}$ m

$$\therefore \quad A = \pi r^2 = \pi\left(\frac{d}{2}\right)^2 = \pi\left(\frac{6 \times 10^{-3}}{2}\right)^2$$

$$= \pi (3 \times 10^{-3})^2 = 9\pi \times 10^{-6}\ m^2$$

ये सभी मान उपरोक्त समीकरण में रखने पर,

$$Y = \frac{mv^2 L}{A(\Delta L)^2} = \frac{0.02 \times (20)^2 \times 0.42}{9\pi \times 10^{-6} \times (0.2)^2} \approx 3.0 \times 10^6\ Nm^{-2}$$

अत: यंग प्रत्यास्थता का निकटतम मान $10^6\ Nm^{-2}$ होता है।

11. *(d)* प्रारम्भ में, जब अनावेशित खोखले गोलें का आवेश, Q प्रेरकत्व के कारण आवेश वितरण खोखले गोले में दशाया जाता है,

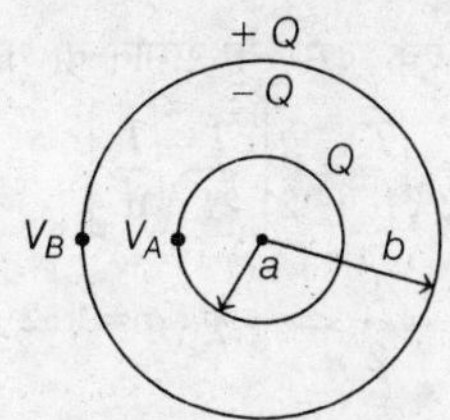

गोले के भीतरी कोश की सतह पर विभव,

$$V_A = \frac{kQ}{a} + \frac{k(-Q)}{b} + \frac{kQ}{b} \quad \text{...(i)}$$

जहाँ, k = समानुपाती स्थिरांक।

गोले की बाह्य कोश की सतह पर विभव,

$$V_B = \frac{kQ}{b} + \frac{k(-Q)}{b} + \frac{kQ}{b} \quad \text{...(ii)}$$

तब, $\Delta V_{AB} = V_A - V_B = kQ\left(\frac{1}{a} - \frac{1}{b}\right)$

दिया है, $\Delta V_{AB} = V$

इसलिए, $kQ\left(\frac{1}{a} - \frac{1}{b}\right) = V \quad$ ...(iii)

अंतत: बाह्य कोश को $-4Q$ आवेश देने के बाद विभवान्तर,

$$\Delta V_{AB} = V_A - V_B$$

$$= \left(\frac{kQ}{a} + \frac{k(-4Q)}{b}\right) - \left(\frac{kQ}{b} + \frac{k(-4Q)}{b}\right) = kQ\left(\frac{1}{a} - \frac{1}{b}\right) = V$$

[समी. (iii) से]

अत: विभवान्तर बाह्य गोलीय कोश के आवेश पर निर्भर नही करता है अर्थात् यहाँ पर विभवान्तर समान रहता हैं।

12. *(a)* प्रश्न में दिए गए चित्रानुसार,

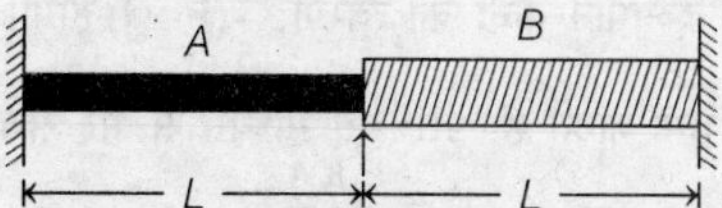

माना तार का द्रव्यमान प्रति एकांक लम्बाई में क्रमश: μ_A तथा μ_B हैं।

$\because$ समान पदार्थ के लिए, घनत्व भी समान होता है।

अत: $\mu_A = \frac{\rho \pi r^2 L}{L} = \mu$ तथा $\mu_B = \frac{\rho 4\pi r^2 L}{L} = 4\mu$

अत: दोनों जुड़े तारों में तनाव भी समान होगा।

$\therefore$ तारों में तरंग की चाल,

$$v_A = \sqrt{\frac{T}{\mu_A}} = \sqrt{\frac{T}{\mu}}$$

$\because$ $\mu_A = \mu$ तथा $\mu_B = 4\mu$

अतः $$v_B = \sqrt{\frac{T}{\mu_B}} = \sqrt{\frac{T}{4\mu}}$$

$\therefore$ तार प्रणाली में, nवीं आवृत्ति,

$$f_{\text{nth}} = \frac{pv}{2L} \Rightarrow f_A = \frac{pv_A}{2L} = \frac{p}{2L}\sqrt{\frac{T}{\mu}} \quad (p \text{ प्रस्पन्दों के लिए})$$

$$\therefore \quad f_B = \frac{qv_B}{2L} = \frac{q}{2L}\sqrt{\frac{T}{4\mu}} = \frac{1}{2}\left(\frac{q}{2L}\sqrt{\frac{T}{\mu}}\right) \quad (q \text{ प्रस्पन्दों के लिए})$$

आवृत्तियाँ f_A तथा f_B एक-दूसरे के समान दी गई हैं।

अतः $$f_A = f_B \Rightarrow \frac{p}{2L}\sqrt{\frac{T}{\mu}} = \frac{q}{2}\left[\frac{1}{2L}\sqrt{\frac{T}{\mu}}\right]$$

$$\frac{p}{q} = \frac{1}{2} \Rightarrow p : q = 1 : 2$$

$\therefore$ तार A तथा B में प्रस्पन्दों की संख्या का अनुपात $p : q = 1 : 2$ होगा।

13. *(a)* हम जानते है कि, निकाय के विभिन्न द्रव्यमानों के द्रव्यमान केन्द्र का त्वरण,

$$\mathbf{a}_{\text{CM}} = \frac{m_A\mathbf{a}_A + m_B\mathbf{a}_B + m_C\mathbf{a}_C + m_D\mathbf{a}_D}{m_A + m_B + m_C + m_D}$$

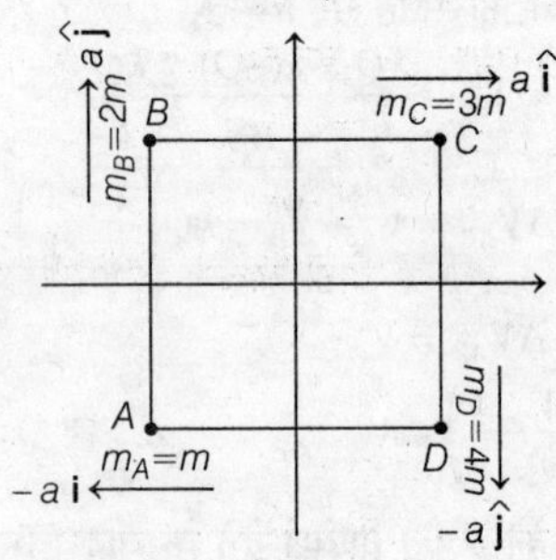

दिया है, $m_A = m$, $m_B = 2m$, $m_C = 3m$ तथा $m_D = 4m$

प्रश्नानुसार, $|\mathbf{a}_A| = |\mathbf{a}_B| = |\mathbf{a}_C| = |\mathbf{a}_D| = a$

$$\therefore \quad a_{\text{CM}} = \frac{-ma\hat{\mathbf{i}} + 2ma\hat{\mathbf{j}} + 3ma\hat{\mathbf{i}} - 4ma\hat{\mathbf{j}}}{m + 2m + 3m + 4m}$$

$$= \frac{2a\hat{\mathbf{i}} - 2a\hat{\mathbf{j}}}{10} = \frac{a}{5}\cdot(\hat{\mathbf{i}} - \hat{\mathbf{j}})\,\text{ms}^{-2}$$

अतः कणों के द्रव्यमान केन्द्र का त्वरण, $\frac{a}{5}(\hat{\mathbf{i}} - \hat{\mathbf{j}})$ होगा।

14. *(c)* जैसा कि हम जानते हैं, परावैद्युत माध्यम से भरे संधारित्र की धारिता,

$$C = \frac{\varepsilon_0 KA}{d} \quad \text{...(i)}$$

d

C

E

A=क्षेत्रफल

V

तथा प्लेटों के मध्य उत्पन्न विभवान्तर,

$$E = \frac{V}{d} \Rightarrow d = \frac{V}{E} \quad \text{...(ii)}$$

$\therefore$ समी. (i) तथा (ii) से,

$$K = \frac{CV}{\varepsilon_0 AE} \quad \text{...(iii)}$$

दिया है, $C = 15\,\text{pF} = 15 \times 10^{-12}$ F

$V = 500$ V, $E = 10^6$ Vm^{-1}, $A = 10^{-4}$ m^2

तथा $\varepsilon_0 = 8.85 \times 10^{-12}$ C^{2}N^{-1}m^{-2}

ये सभी मान समी. (iii) में रखने पर,

अतः परावैद्युत माध्यम,

$$K = \frac{15 \times 10^{-12} \times 500}{8.85 \times 10^{-12} \times 10^{-4} \times 10^6} = 8.47 \approx 8.5$$

15. *(b)* दिया है, द्रव के प्रवाह के लिए रेनॉल्डस संख्या,

$$R_e = \frac{\rho v D}{\eta}$$

जहाँ, v द्रव के प्रवाह का वेग है।

अतः $$v = \frac{\text{द्रव के प्रवाह की दर का आयतन}}{\text{प्रवाह का क्षेत्रफल}} = \frac{V/t}{A}$$

$$\therefore \quad R_e = \frac{\rho VD}{\eta At} = \frac{\rho V 2r}{\eta \times \pi r^2 \times t} = \frac{2\rho V}{\eta \pi r t}$$

दिया है, η = जल की श्यानता $= 1 \times 10^{-3}$ Pa-s,

तथा ρ (जल का घनत्व) $= 1000$ kgm^{-3},

अतः $$\frac{V}{t} = \frac{100 \times 10^{-3}}{60}\,\text{m}^3\text{s}^{-1}$$

तथा पाइप की त्रिज्या $(r) = 5 \times 10^{-2}$ m

ये सभी मान उपरोक्त सम्बन्ध में रखने पर,

$$R_e = \frac{2 \times 1000 \times 100 \times 10^{-3}}{1 \times 10^{-3} \times 60 \times 3.14 \times 5 \times 10^{-2}} = 212.3 \times 10^2 \approx 2.0 \times 10^4$$

अतः रेनॉल्डस संख्या 10^4 कोटि की होगी।

16 *(c)* दिए गए परिपथ में, जेनर डायोड को दर्शाया गया है

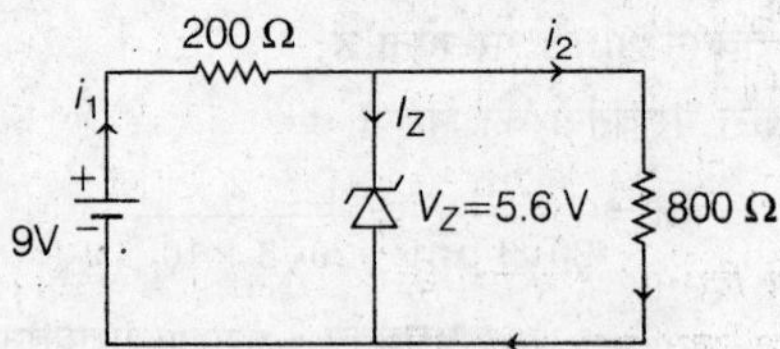

जहाँ, 800 Ω के प्रतिरोध के सिरों पर विभव में कमी

= जेनर डायोड के सिरों पर विभव में कमी = 5.6 V

$\therefore$ धारा, $i_2 = \frac{V}{R} = \frac{5.6}{800} = 7 \times 10^{-3}$ A या 7 mA

अब, 200 Ω के प्रतिरोधक सिरों पर विभव में होने वाली कमी

$= (9 - 5.6)\,\text{V} = 3.4$ V

अतः धारा, $i_1 = \frac{V}{R} = \frac{3.4}{200} = 17 \times 10^{-3}\,\text{A} = 17$ mA

$\therefore$ धारा, $I_Z = i_1 - i_2 = (17 - 7) = 10$ mA

अतः जेनर डायोड में धारा I_z का माना 10mA होता है।

17. (*) एक संघट्ट में सतह पर उत्पन्न संवेग,

$$\Delta p = (p_i - p_f) = mv - (-mv) = 2mv \quad ...(i)$$

n संघट्ट प्रति सेकण्ड के कारण सतह पर लगाया गया बल,

$$F = \frac{n}{t}(\Delta p) = n\Delta p \quad (\because t = 1\text{s})$$

$$= 2\,mnv \quad \text{[समी. (i) से]}$$

$\therefore$ पृष्ठ की सतह पर दाब, $p = \frac{F}{A} = \frac{2mnv}{A}$

दिया है, $m = 10^{-26}$ kg, $n = 10^{22}\ \text{s}^{-1}$, $v = 10^4\ \text{ms}^{-1}$, $A = 1\ \text{m}^2$

$\therefore$ दाब, $p = \frac{2 \times 10^{-26} \times 10^{22} \times 10^4}{1} = 2\ \text{N/m}^2$

अत: पृष्ठ पर लगाया गया दाब 10^0 की कोटि का होता है।

इसलिए प्रश्न में दिए गए विकल्पों में से कोई भी विकल्प सही नहीं है।

18. (b) दिया है, यंग द्वि-स्लिट प्रयोग में अधिकतम एवं न्यूनतम तीव्रताओं का अनुपात,

$$\frac{I_{\max}}{I_{\min}} = \left(\frac{\sqrt{I_1} + \sqrt{I_2}}{\sqrt{I_1} - \sqrt{I_2}}\right)^2 = \left(\frac{\sqrt{I_1/I_2} + 1}{\sqrt{I_1/I_2} - 1}\right)^2$$

तीव्रता $(I) \propto$ आयाम $(a)^2$,

$$\therefore \quad \frac{I_1}{I_2} = \left(\frac{a_1}{a_2}\right)^2 = \left(\frac{1}{3}\right)^2 = \frac{1}{9}$$

इसलिए, $\frac{I_{\max}}{I_{\min}} = \left(\frac{(1/3)+1}{(1/3)-1}\right)^2 = 4:1$

अत: फ्रिन्जों की अधिकतम और न्यूनतम तीव्रताओं का अनुपात 4:1 होगा।

19. (d) मुक्त आकाश की वैद्युतशीलता ε_0 की विमा,

$$[\varepsilon_0] = [\text{M}^{-1}\text{L}^{-3}\text{T}^4\text{A}^2]$$

सम्बन्ध, $c^2 = \frac{1}{\mu_0 \varepsilon_0}$ जहाँ, c प्रकाश की चाल है।

$\therefore c$ की विमा $[c] = [\text{LT}^{-1}]$

$\sqrt{\frac{\varepsilon_0}{\mu_0}}$ की विमा,

$$\left[\sqrt{\frac{\varepsilon_0}{\mu_0}}\right] = \left[\sqrt{\frac{\varepsilon_0^2}{\varepsilon_0 \mu_0}}\right] = [\varepsilon_0 c]$$

$$= [\text{M}^{-1}\text{L}^{-3}\text{T}^4\text{A}^2][\text{LT}^{-1}] = [\text{M}^{-1}\text{L}^{-2}\text{T}^3\text{A}^2]$$

20. (a) **संकेत** *दिए गए द्रव्यमानों के अभिविन्यास में कुल गुरुत्वीय बल घूमने के लिए आवश्यक अभिकेन्द्रीय बल प्रदान करता है।*

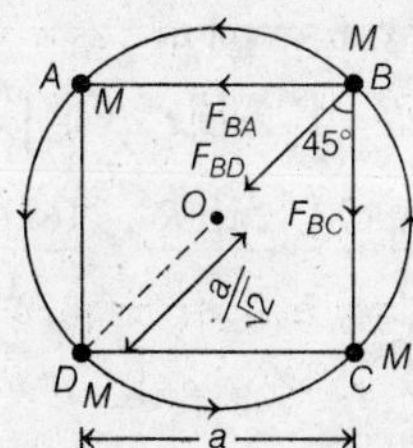

वृत्त के केन्द्र की ओर B स्थिति पर, द्रव्यमान M पर कुल बल,

$$F_{BO\,\text{कुल}} = F_{BD} + F_{BA}\sin 45^\circ + F_{BC}\cos 45^\circ$$

$$= \frac{GM^2}{(\sqrt{2}a)^2} + \frac{GM^2}{a^2}\left(\frac{1}{\sqrt{2}}\right) + \frac{GM^2}{a^2}\left(\frac{1}{\sqrt{2}}\right)$$

जहाँ, विकर्ण की लम्बाई $BD = \sqrt{2}a$ है।

$$= \frac{GM^2}{2a^2} + \frac{GM^2}{a^2}\left(\frac{2}{\sqrt{2}}\right) = \frac{GM^2}{a^2}\left(\frac{1}{2} + \sqrt{2}\right)$$

यह बल अभिकेन्द्रीय बल के रूप में कार्य करेगा।

वृत्त के केन्द्र से कण की दूरी $\frac{a}{\sqrt{2}}$ है।

यहाँ, $F_{\text{अभिकेन्द्रीय}} = \frac{Mv^2}{r} = \frac{Mv^2}{a/\sqrt{2}} = \frac{\sqrt{2}Mv^2}{a} \quad \left(\because r = \frac{a}{\sqrt{2}}\right)$

इसलिए, केन्द्र के परित: घूर्णन के लिए,

$$F_{\text{अभिकेन्द्रीय}} = F_{BO(\text{कुल})}$$

$$\Rightarrow \quad \sqrt{2}\frac{Mv^2}{a} = \frac{GM^2}{a^2}\left(\frac{1}{2} + \sqrt{2}\right)$$

$$\Rightarrow \quad v^2 = \frac{GM}{a}\left(1 + \frac{1}{2\sqrt{2}}\right) = \frac{GM}{a}(1.35) \Rightarrow v = 1.16\sqrt{\frac{GM}{a}}$$

अत: कण की चाल $1.16\sqrt{\frac{GM}{a}}$ होगी।

21. (b) **संकेत** *न्यूटन के शीतलन नियम से शीतलन की दर,*

$$\frac{dQ}{dt} = -\frac{h}{ms}(T - T_0)$$

जहाँ, h = ऊष्मा संचरण नियतांक, T = वस्तु का तापमान,

T_0 = वातावरण का तापमान, m = द्रव्यमान तथा s = विशिष्ट ऊष्मा

हम जानते हैं, द्रव्यमान, $m = V \cdot \rho$

जहाँ, V = आयतन तथा ρ = घनत्व।

$$\therefore \frac{dQ}{dt} = \frac{h}{ms}(T - T_0) = \frac{h(T - T_0)}{V \cdot \rho s}$$

यहाँ, h, $(T - T_0)$ तथा V दोनों बीकरों के स्थिरांक है,

$$\therefore \quad \frac{dQ}{dt} \propto \frac{1}{\rho s}$$

दिया है, $\rho_A = 8 \times 10^2\ \text{kgm}^{-3}$,

$\rho_B = 10^3\ \text{kgm}^{-3}$, $s_A = 2000\ \text{J kg}^{-1}\ \text{K}^{-1}$ तथा $s_B = 4000\ \text{J kg}^{-1}\ \text{K}^{-1}$,

$\rho_A s_A = 16 \times 10^5$ तथा $\rho_B s_B = 4 \times 10^6$

इसलिए , $\rho_A < \rho_B, s_A < s_B$ तथा $\rho_A s_A < \rho_B s_B$

$$\Rightarrow \quad \frac{1}{\rho_A s_A} > \frac{1}{\rho_B s_B} \Rightarrow \frac{dQ_A}{dt} > \frac{dQ_B}{dt}$$

अत: B बीकर के लिए शीतलन की दर बीकर A से कम है, यहाँ B ग्राफ A ग्राफ से ऊपर परिवर्तित होता है तथा यह एक सीधी रेखा नहीं है। (A का ढ़ाल B से अधिक है)

अत: ग्राफ में तापमान का समय के साथ परिवर्तन विधिवत् रूप से विकल्प (b) में दर्शाया गया है।

22. (d) **संकेत** *वैद्युत चुम्बकीय तरंग के लिए, वैद्युत एवं चुम्बकीय क्षेत्र के परिमाणों का अनुपात $\frac{E}{B} = c$ जहाँ, c निर्वात् में वैद्युत् चुम्बकीय तरंग की चाल होती है।*

दिया है, $E = 6$ V/m, $c = 3 \times 10^8\ \text{ms}^{-1}$

इसलिए, $B = \frac{E}{c} = \frac{6}{3 \times 10^8} = 2 \times 10^{-8}\text{T}$

वैद्युत चुम्बकीय तरंग में संचरण की दिशा,

$$\hat{\mathbf{n}} = \mathbf{E} \times \mathbf{B}$$

यहाँ, $\hat{\mathbf{n}} = \hat{\mathbf{i}}$ तथा $\mathbf{E}$ = वैद्युत क्षेत्र $(\hat{\mathbf{j}})$ का सदिश

तथा $\mathbf{B}$ = चुम्बकीय क्षेत्र का एकांक सदिश।

$\Rightarrow \quad \hat{\mathbf{i}} = \hat{\mathbf{j}} \times \mathbf{B} \qquad \therefore \quad \mathbf{B} = \hat{\mathbf{k}}$

अत: चुम्बकीय क्षेत्र का घटक,

$$\mathbf{B} = 2 \times 10^{-8} \hat{\mathbf{k}} \mathrm{T} = 2 \times 10^{-8} \mathrm{T} \quad (z\text{-दिशा के अनुदिश})$$

23. *(b)* जहाज A की प्रारम्भिक स्थिति को मूल बिन्दु पर मानते हैं इसलिए जहाज की स्थिति एवं वेग,

$$\mathbf{v}_A = (30\hat{\mathbf{i}} + 50\hat{\mathbf{j}}) \text{ तथा } \mathbf{r}_A = (0\hat{\mathbf{i}} + 0\hat{\mathbf{j}})$$

प्रश्नानुसार, जहाज B का वेग एवं स्थिति,

$$\mathbf{v}_B = -10\hat{\mathbf{i}} \quad \text{तथा} \quad \mathbf{r}_B = (80\hat{\mathbf{i}} + 150\hat{\mathbf{j}})$$

यहाँ, दी गई स्थिति को ग्राफ द्वारा दर्शाया गया है

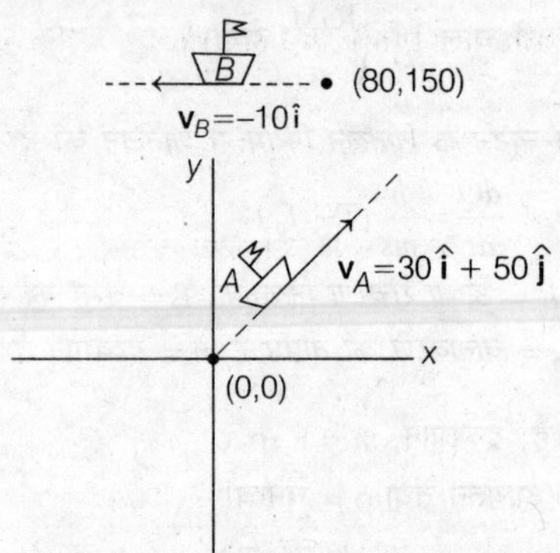

t समय पश्चात् जहाज A तथा B के निर्देशांक क्रमश: $(80-10t, 150)$ तथा $(30t, 50t)$ हैं।

इसलिए, t समय बाद A एवं B के मध्य की दूरी,

$$d = \sqrt{(x_2-x_1)^2 + (y_2-y_1)^2}$$

$$= \sqrt{(80-10t-30t)^2 + (150-50t)^2}$$

$$\Rightarrow \quad d^2 = (80-40t)^2 + (150-50t)^2$$

न्यूनतम दूरी के लिए, $\dfrac{d}{dt}(d^2) = 0$

अवकलन करने पर,

$$\Rightarrow \quad \frac{d}{dt}[(80-40t)^2 + (150-50t)^2] = 0$$

$$\Rightarrow \quad 2(80-40t)(-40) + 2(150-50t)(-50) = 0$$

$$\Rightarrow \quad -3200 + 1600t - 7500 + 2500t = 0$$

$$\Rightarrow \quad 4100t = 10700 \quad \Rightarrow t = \frac{10700}{4100} = 2.6 \text{ h}$$

अत: जहाज A से B तक की न्यूनतम दूरी को 2.6 h में पूरा करेगा।

वैकल्पिक हल

वह समय, जिसके पश्चात् A एवं B के मध्य न्यूनतम दूरी की गणना की जा सकती है,

$$t = \frac{|\mathbf{r}_{BA} \cdot \mathbf{v}_{BA}|}{|\mathbf{v}_{BA}|^2}$$

जहाँ, $\mathbf{r}_{BA} = \mathbf{r}_B - \mathbf{r}_A = 80\hat{\mathbf{i}} + 150\hat{\mathbf{j}}$

तथा $\mathbf{v}_{BA} = -10\hat{\mathbf{i}} - (30\hat{\mathbf{i}} + 50\hat{\mathbf{j}}) = -40\hat{\mathbf{i}} - 50\hat{\mathbf{j}}$

$$\Rightarrow \quad t = \frac{|(80\hat{\mathbf{i}} + 150\hat{\mathbf{j}}) \cdot (-40\hat{\mathbf{i}} - 50\hat{\mathbf{j}})|}{|-40\hat{\mathbf{i}} - 50\hat{\mathbf{j}}|^2} = \frac{3200 + 7500}{4100} = \frac{10700}{4100} = 2.6 \text{ h}$$

24. *(b)* दिए गए परिपथ में,

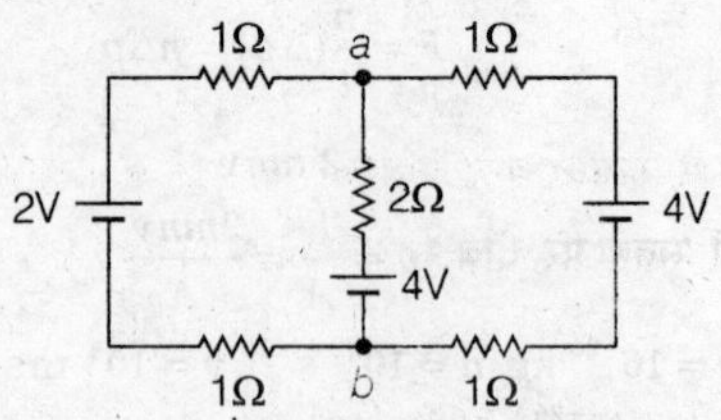

उपरोक्त परिपथ को निम्न प्रकार बनाया जा सकता हैं,

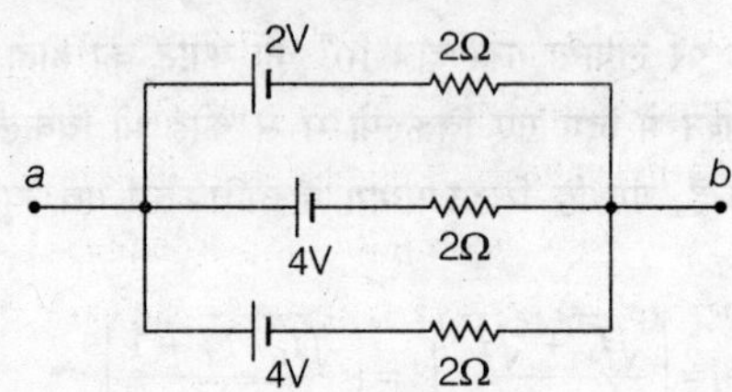

यह तीन सेलों का समान्तर क्रम में संयोजन है या अन्य शब्दों में, आन्तरिक प्रतिरोध के साथ तीन सेलों का एक समान्तर समूह हैं।

$$\therefore V_{ab} = E_{\text{eq}} = \frac{I_{\text{eq}}}{r_{\text{eq}}} = \frac{\dfrac{E_1}{r_1} + \dfrac{E_2}{r_2} + \dfrac{E_3}{r_3}}{\dfrac{1}{r_1} + \dfrac{1}{r_2} + \dfrac{1}{r_3}} = \frac{\dfrac{2}{2} + \dfrac{4}{2} + \dfrac{4}{2}}{\dfrac{1}{2} + \dfrac{1}{2} + \dfrac{1}{2}} = \frac{10}{3} \text{ V} \approx 3.3 \text{ V}$$

अत: बिन्दुओं a एवं b बीच लगभग 3.3 वोल्ट का विभवान्तर उत्पन्न होगा।

25. *(*)* माना एक वृत्तीय प्लेट की मोटाइ dx तथा त्रिज्या x हैं।

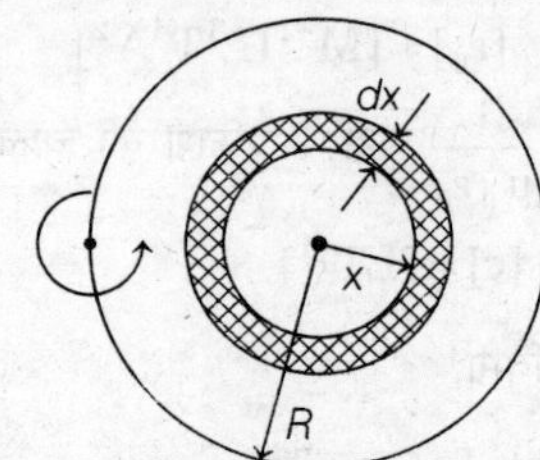

केन्द्र के लम्बवत् अक्ष के सापेक्ष इस प्लेट का जड़त्व आघूर्ण,

$$dI_c = dm \cdot x^2 = \rho_0 x(2\pi x)dx \cdot x^2 = 2\pi\rho_0 x^4 dx$$

किनारे के किसी एक बिन्दु पर लम्बवत् अक्ष के सापेक्ष वृत्तीय प्लेट का जड़त्व आघूर्ण, (समान्तर अक्षों की प्रमेय से)

$$dI = dmx^2 + dmR^2 = 2\pi\rho_0 x^4 dx + 2\pi\rho_0 R^2 x^2 dx$$

सम्पूर्ण डिस्क का जड़त्व आघूर्ण,

$$I = \int_0^R dI = \int_0^R 2\pi\rho_0 x^4 dx + \int_0^R 2\pi\rho_0 R^2 x^2 dx$$

$$= \frac{2\pi\rho_0 R^5}{5} + \frac{2\pi\rho_0 R^5}{3} = \frac{16\pi\rho_0 R^5}{15} \quad \text{(i)}$$

प्रश्नानुसार, $I = aMR^2$ ...(ii)

समी. (i) तथा (ii) से,

$$\therefore \quad a = \frac{16}{15}$$

अत: गुणांक a का मान $\dfrac{16}{15}$ है, जो प्रश्न मे दिए गए विकल्पों में से नहीं है।

26. *(a)* दिया है, तार की त्रिज्या, $r = 2\text{ mm} = 2\times10^{-3}\text{ m}$
भार का द्रव्यमान, $m = 4\text{ kg}$, $g = 3.1\,\pi\text{ms}^{-2}$

$$\therefore \text{तन्य प्रतिबल} = \frac{\text{बल }(F)}{\text{क्षेत्रफल }(A)} = \frac{mg}{\pi r^2} = \frac{4\times3.1\times\pi}{\pi\times(2\times10^{-3})^2}$$
$$= 3.1\times10^6\text{Nm}^{-2}$$

अत: तार में उत्पन्न तन्य प्रतिबल का मान $3.1\times10^6\text{ Nm}^{-2}$ होगा।

27. *(a)* दिया है, प्रतिरोध, $R = 200\,\Omega = 20\times10^1\Omega$

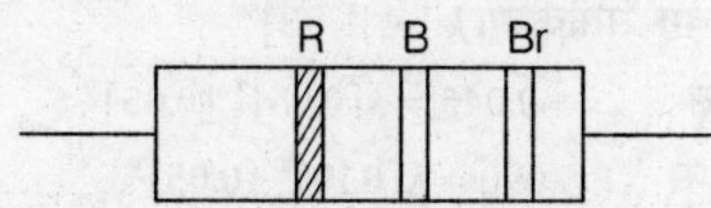

इसलिए रंगों का क्रम लाल, काला तथा भूरा होगा।
लाल बैंड का सार्थक अंक 2 एवं हरे रंग का 5 है। जब लाल वर्ण को हरे वर्ण से विस्थापित करते है। तब नया प्रतिरोध,

$$200\text{ ohm} \longrightarrow 500\text{ ohm}$$

अत: लाल वर्ण को हरे वर्ण से विस्थापित करने पर नया प्रतिरोध $500\,\Omega$ का होगा।

28. *(d)* **संकेत** *बल-विस्थापन ग्राफ में किए गए कार्य का मान वक्र ABC के क्षेत्रफल के बराबर होता है।*

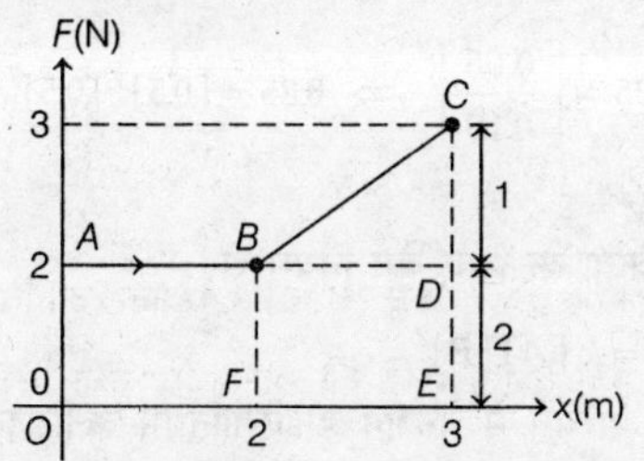

$\therefore$ कण पर किया गया कार्य = वक्र ABC का क्षेत्रफल

W = वर्ग $ABFO$ का क्षेत्रफल + त्रिभुज BCD का क्षेत्रफल + आयत $BDEF$ का क्षेत्रफल

$$= 2\times2 + \frac{1}{2}\times1\times1 + 2\times1 = 6.5\text{ J}$$

29. *(d)* संक्रमण में हाइड्रोजन इलेक्ट्रॉन की उत्सर्जित या अवशोषित ऊर्जा, $n = 2$ से $n = 1$ तक है।

$$E = 13.6\times\left(\frac{1}{n_f^2} - \frac{1}{n_i^2}\right)\text{eV} = 13.6\left(\frac{1}{1^2} - \frac{1}{2^2}\right) = 10.2\text{ eV}$$

अब, हीलियम आयन के ऊर्जा-स्तर में (He^+) इलेक्ट्रॉन
(हीलियम के लिए, $Z = 2$)

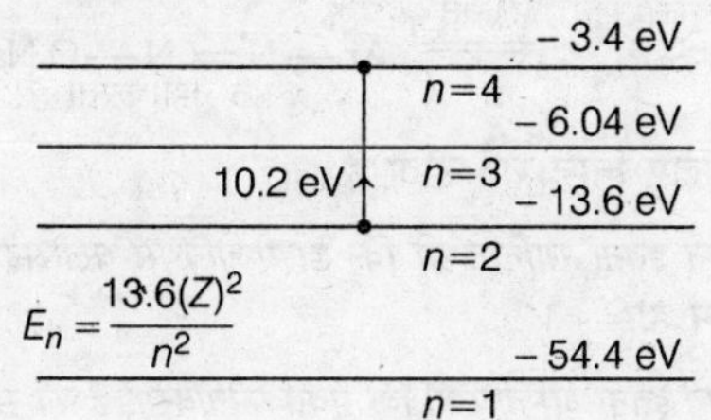

इसलिए, He^+ आयन में $n = 2$ से $n = 4$ संक्रमण के कारण एक फोटॉन की ऊर्जा 10.2 eV होगी।
अत: हीलियम (He^+) आयनों द्वारा इस विकिरण की ऊर्जा शोषण से सम्भव संक्रमण, $n = 2 \longrightarrow n = 4$ होगा।

वैकल्पिक हल

हीलियम आयन He^+ के लिए, जब $n = 1$ स्तर में,

$$10.2 = 13.6\times2^2\left(\frac{1}{1^2} - \frac{1}{n^2}\right) \Rightarrow n = 1$$

इस प्रकार, कोई संक्रमण नहीं होता है।
इसी प्रकार, जब $n = 2$ स्तर में,

$$10.2 = 13.6\times2^2\left(\frac{1}{2^2} - \frac{1}{n^2}\right) \Rightarrow n = 4$$

30. *(a)* दिया है, प्रत्यावर्ती वोल्टेज स्रोत का समी.

$$v(t) = 220\sin100\,\pi t\text{ V}$$

AC प्रतिरोधक परिपथ में धारा एवं वोल्टता समान कला में होती हैं।

$$\therefore \qquad I = \frac{V}{R} \Rightarrow I = \frac{220}{50}\sin(100\pi t) \qquad \text{...(i)}$$

$\therefore$ धारा के एक सम्पूर्ण चक्र का आवर्तकाल,

$$T = \frac{2\pi}{\omega} = \frac{2\pi}{100\pi} = \frac{1}{50}\text{ s}$$

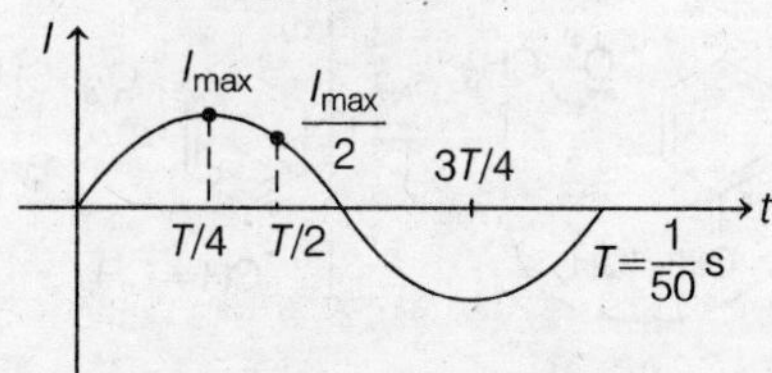

इसलिए, धारा इसके अधिकतम मान पर पहुँचती है।

$$t_1 = \frac{T}{4} = \frac{1}{200}\text{ s}$$

जब धारा इसके अधिकतम मान की आधी होती है, तब समी. (i) से

$$I = \frac{I_{\max}}{2} = I_{\max}\sin(100\pi t_2)$$

$$\Rightarrow \qquad \sin(100\pi t_2) = \frac{1}{2}$$

$$\Rightarrow \qquad 100\pi t_2 = \frac{5\pi}{6}$$

इसलिए, वह तात्कालिक समय, जिस पर धारा अधिकतम मान की आधी होती है, $t_2 = \dfrac{1}{120}$,

अत: वह समयान्तराल जिसमें अधिकतम (शिखर) मान तक पहुँचने के पश्चात् धारा अपने अधिकतम (शिखर) मान के आधे तक पहुँचती है।

$$\Delta t = t_2 - t_1 = \frac{1}{120} - \frac{1}{200} = \frac{1}{300}\text{ s} = 3.3\text{ ms}$$

रसायन विज्ञान

31. *(d)* ***संकेत*** *ईथर कम क्रियाशील समूह है। ईथर में C — O बन्ध का विघटन शुष्क परिस्थितियों में HX के आधिक्य में होता है।*

अभिक्रिया में प्राप्त मुख्य उत्पाद निम्न है

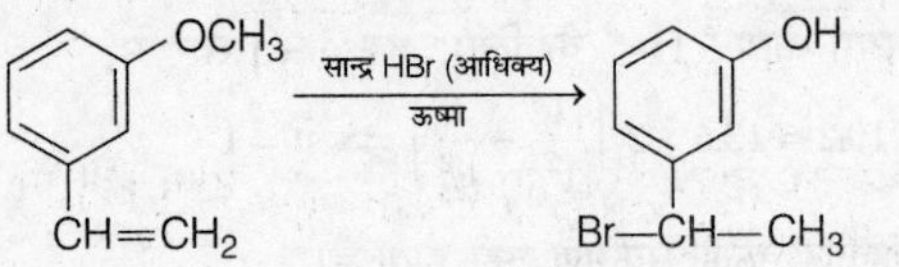

सान्द्र HBr (आधिक्य) / ऊष्मा

यदि HBr की सान्द्रता आधिक्य में हो, तो अभिक्रिया दोनों प्रतिस्थापियों पर होगी।

क्रियाविधि

पद-1 ईथर का प्रोटॉनीकरण ऑक्सोनियम आयन बनाता है।

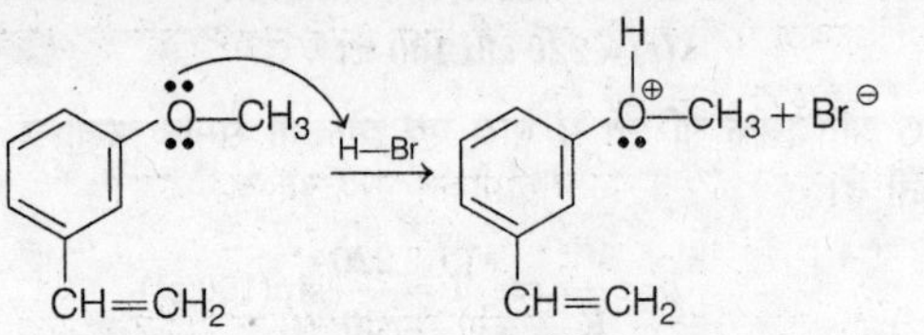

ऑक्सोनियम आयन

पद-2 नाभिकस्नेही का प्रोटॉनीकृत ईथर पर आक्रमण

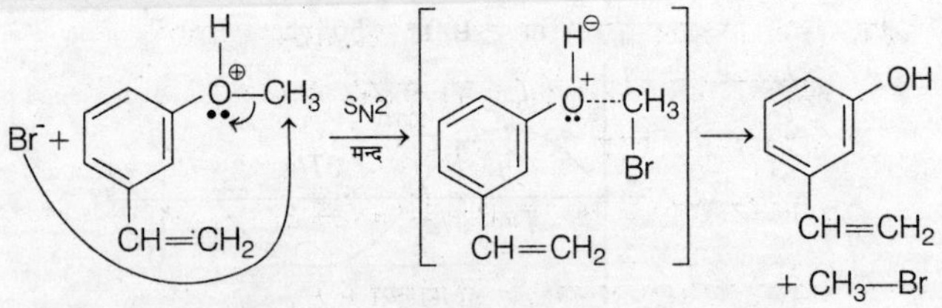

S_N2 मन्द

$+ CH_3—Br$

पद-3 HBr के आधिक्य में अभिक्रिया ऐल्कीन पर भी होती है।

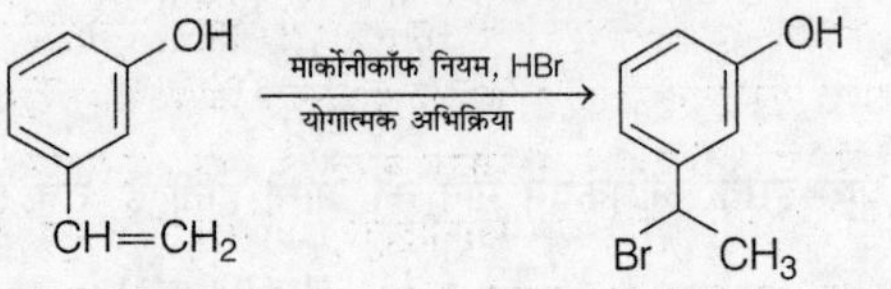

मार्कोनीकॉफ नियम, HBr / योगात्मक अभिक्रिया

32. *(d)* *m*-क्रिसॉल एक कार्बनिक यौगिक है, जो निम्न प्रकार विलेयता दर्शाता है

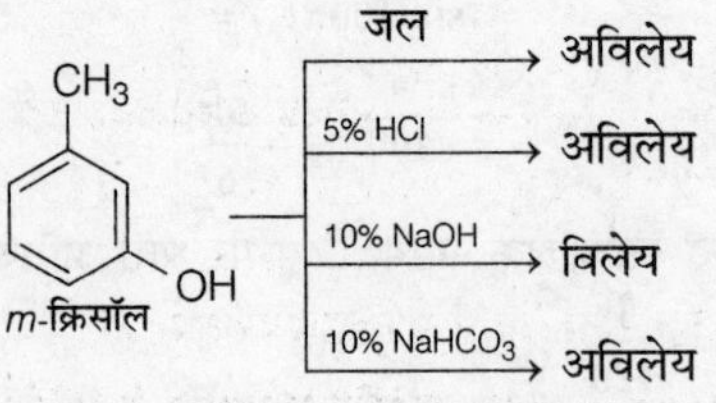

m-क्रिसॉल: जल → अविलेय; 5% HCl → अविलेय; 10% NaOH → विलेय; 10% $NaHCO_3$ → अविलेय

m-क्रिसॉल तथा 10% NaOH आपस में क्रिया करके 3-मेथिल सोडियम फीनॉक्साइड आयन बनाते हैं।

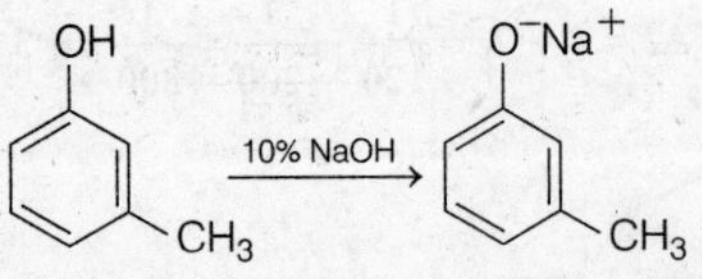

10% NaOH

यह H_2O, 5% HCl तथा 10% $NaHCO_3$ के साथ क्रिया नहीं करता है। ऑलेइक अम्ल $(C_{18}H_{34}O_2)$, 10% NaOH तथा 10% $NaHCO_3$ में COOH समूह की उपस्थिति के कारण विलेय है।

बेन्जेमाइड, $(C_6H_5—\overset{O}{\overset{\|}{C}}—NH_2)$; 5% HCl, 10% NaOH तथा 10% $NaHCO_3$ में $—CONH_2$ समूह की उपस्थिति के कारण अविलेय है। *o*-टॉलूडीन 5% HCl में वलय से जुड़े क्षारीय समूह $(—NH_2)$ के कारण घुलनशील है।

33. *(a)* माना वेग समीकरण $k[A]^x[B]^y$

प्रथम मानों से $\quad 0.045 = k[0.05]^x[0.05]^y \quad$ ...(i)

द्वितीय मानों से $\quad 0.090 = k[0.10]^x[0.05]^y \quad$ ...(ii)

तृतीय मानों से $\quad 0.72 = k[0.20]^x[0.10]^y \quad$ ...(iii)

समी (i) को (ii), से भाग करने पर

$$\frac{0.045}{0.09} = \left[\frac{0.05}{0.10}\right]^x \Rightarrow \left[\frac{0.05}{0.10}\right]^1 = \left[\frac{0.05}{0.10}\right]^x$$

$\therefore \quad x = 1$

समान रूप से समी (ii) को (iii), से भाग देने पर

$$\frac{0.09}{0.72} = \left[\frac{0.1}{0.2}\right]^x\left[\frac{0.05}{0.10}\right]^y \Rightarrow \frac{0.01}{0.08} = \frac{0.1}{0.2}\left[\frac{0.05}{0.1}\right]^y$$

$$0.25 = \left[\frac{0.05}{0.10}\right]^y \Rightarrow 0.25 = [0.5]^y[0.5]^2 = [0.5]^2$$

$\therefore \quad y = 2$

अतः अभिक्रिया के लिए वेग नियम से,

$$\text{दर} = k[A][B]^2$$

34. *(c)* क्षारीय माध्यम में बेन्जीन डाइऐज़ोनियम क्लोराइड की 1-नैफ्थॉल के साथ युग्मन अभिक्रिया निम्न प्रकार होगी

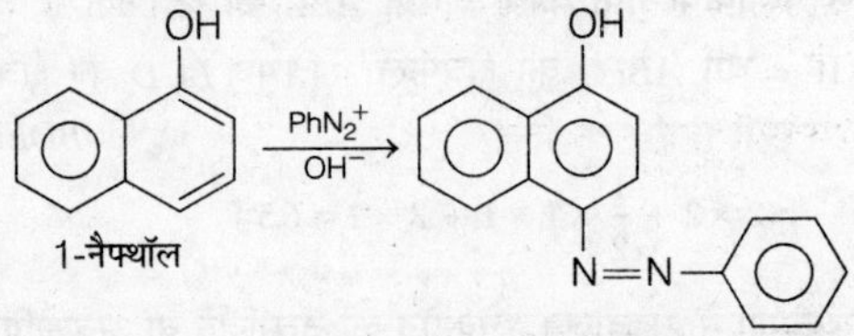

1-नैफ्थॉल $\xrightarrow[OH^-]{PhN_2^+}$

$\overset{-}{OH}$ आयनों की उपस्थिति में, $Ar\overset{+}{N_2}$, अनआयनित यौगिक $(Ar — N = N—OH)$ तथा $[ArN{=}N^+]^-$ लवणों के साथ साम्यावस्था में होता है। यह OH^- से ही बनते हैं, जो कि युग्मित नही होते।

$$[Ar — N \equiv N]^+ \overset{\ominus}{OH} \underset{H^+}{\overset{NaOH}{\rightleftharpoons}} \underset{\text{युग्मन नहीं करता}}{Ar—N{=}N—OH}$$

$$\underset{H^+}{\overset{NaOH}{\rightleftharpoons}} \underset{\text{युग्मन नहीं करता}}{Ar—N{=}N—\overset{-}{O}\overset{+}{Na}}$$

युग्मन के लिए निम्न शर्तें होती है

(a) विलयन इतना सान्द्रित हो कि डाइऐज़ोनियम क्लोराइड की सान्द्रता न्यूनतम हो।

(b) विलयन इतना अम्लीय हो कि मुक्त फीनॉक्साइड की सान्द्रता न्यूनतम हो।

35. *(b)* $FeC_2O_4 + KMnO_4 \longrightarrow Fe^{3+} + CO_2 + Mn^{2+}$

v.f = संयोजकता गुणांक होता है।

$$v.f = 2, v.f = 5, \quad 1 \times 2 = \text{mole} \times 5,$$

$$\text{mole } n = \frac{2}{5}$$

$$Fe_2(C_2O_4)_3 + KMnO_4 \longrightarrow Fe^{3+} + CO_2 + Mn^{2+}$$

v.f = 6 v.f = 5,

$1 \times 6 = \text{mole} \times 5$, $\text{mole} = \frac{6}{5}$

$$FeSO_4 + KMnO_4 \longrightarrow Fe^{3+} + SO_4^{2-} + Mn^{2+}$$

v.f = 2 v.f = 5,

$1 \times 1 = \text{moles} \times 5$, $\text{mole} = \frac{2}{5}$

$Fe_2(SO_4)_3$ ऑक्सीकृत नही होता है।

$KMnO_4$ के कुल मोल $= \frac{2}{5} + \frac{6}{5} + \frac{2}{5} = 2$

अत: (b) सही उत्तर है।

36. *(a)* हमारे पर्यावरण को बचाने के लिए लोगों का उत्तरदायित्त्व है कि वह प्लास्टिक थैलों का प्रयोग न करें।

प्लास्टिक बैग प्रकृति में अजैवनिम्नीकृत है। यह पर्यावरण में बैक्टीरिया (जीवाणुओं) द्वारा विघटित नहीं होते है। यदि इनका उपयुक्त तरीके से निपटान (disposed) नहीं किया जाये, तो यह पर्यावरण को गम्भीर नुकसान पहुँचा सकते हैं। क्रियाकलाप जिनके द्वारा पर्यावरण को बचाया जा सकता है निम्न प्रकार है

- वाहनों के प्रयोग को निषेध करके
- तेज प्रकाश की लाईट पर रोक लगाकर
- उद्यानों में कम्पोस्टटिन की व्यवस्था करके

37. *(c)* उष्मागतिकी के प्रथम नियम से, $\Delta U = q + W$

यहाँ, ΔU = आन्तरिक ऊर्जा में परिवर्तन

q = उष्मा, W = किया गया कार्य

उपरोक्त समीकरण दिये गये प्रक्रमों में आदर्श गैस के आधार पर निम्न प्रकार है

(a) **समतापी प्रक्रम** के लिए

$$\Delta U = 0 \qquad (\because \Delta T = 0)$$

$$\therefore \quad q = -W$$

अत: विकल्प (a) सही है।

(b) **समआयतनी प्रक्रम** के लिए

$$\Delta V = 0. \text{ अत: } W = 0 \qquad (\because W = p\Delta V)$$

$$\therefore \quad \Delta U = q$$

अत: विकल्प (b) सही है।

(c) **रूद्धोष्म प्रक्रम** के लिए

$$q = 0; \quad \therefore \Delta U = W$$

अत: विकल्प (c) असत्य है।

(d) **चक्रीय प्रक्रम** के लिए

$$\Delta U = 0; \quad \therefore q = -W$$

अत: विकल्प (d) सही है।

अत: (c) सही उत्तर है।

38. *(c)* माल्टोस की तनु HCl के साथ क्रिया द्वारा D-ग्लूकोज बनता है। माल्टोस के जल-अपघटन से α-D-ग्लूकोज के दो मोल प्राप्त होते हैं। अत: यह α-D-ग्लूकोज की दो इकाईयों से मिलकर बना हुआ होता है, जिसमें एक ग्लूकोज इकाई (I) का C-1, दूसरी ग्लूकोज इकाई (II) के C-4 द्वारा बन्धित होता है। विलयन में मुक्त ऐल्डिहाइड समूह द्वितीय ग्लूकोज के C-1 पर उत्पन्न होता है तथा यह अपचायक गुण दर्शाता है।

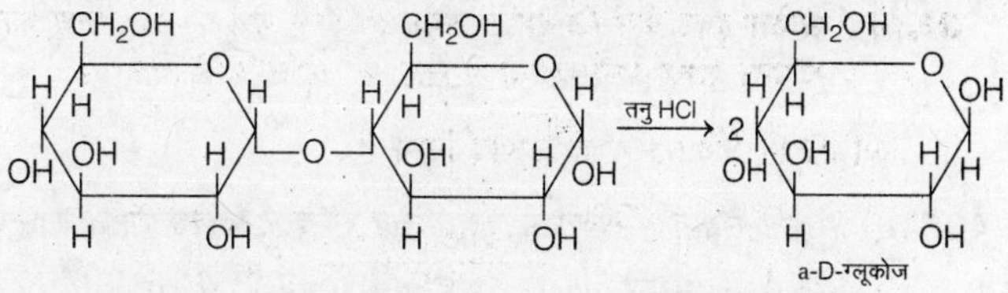

तनु HCl → 2 a-D-ग्लूकोज

39. *(d)* मानक अपचयन विभव ($E^\circ_{M^{n+}/M}$), उच्च होने पर अच्छा ऑक्सीकारक होता है।

दिये गये विकल्पों में $E^\circ_{S_2O_8^{2-}/SO_4^{2-}}$ उच्चतम है, अत: $S_2O_8^{2-}$ प्रबल ऑक्सीकारक है। दिये गये विकल्पों में ऑक्सीकारकों का निम्न क्रम होगा

$$S_2O_8^{2-} > Au^{3+} > O_2 > Br_2$$

40. *(d)* ***संकेत*** *जब एक मोल गैसीय आयन जल के साथ जुड़ते हैं जलयोजित आयनों का निर्माण होता है तथा ऊर्जा मुक्त होती है जलयोजन एन्थैल्पी या ऊर्जा कहलाती है।*

क्षारीय धातु आयनों की जलयोजन एन्थैल्पी का क्रम

$$Li^+ > Na^+ > K^+ > Rb^+ > Cs^+$$

Li^+ के छोटे आकार के कारण अधिकतम जलयोजन ऊर्जा होती है। जलयोजन एन्थैल्पी के अनुसार इन आयनों की गति भी प्रभावित होती है। जलीय विलयन में Cs^+ की उच्च तथा Li^+ की निम्नतम गति होती है।

41. *(c)* क्रिस्टल संरचना में तत्व 'B' की संख्या = $4N$

चतुष्फलकीय छिद्रों (voids) की संख्या = $2N$

अष्टफलकीय छिद्रों की संख्या = N

$\therefore$ क्रिस्टल में 'A' की संख्या $= \frac{N}{2} = \frac{4}{2} = 2$

ऑक्सीजन (O) परमाणुओं की संख्या $= 2N = 2 \times 4 = 8$

$\therefore$ द्विधातु ऑक्साइड की संरचना $= A_2 B_4 O_8 = AB_2 O_4$

42. *(c)* दी गयी परिस्थितियों के अनुसार यौगिक (*c*) ना ही उदासीन फेरिक क्लोराइड विलयन से और ना ही फेहलिंग विलयन से क्रिया करेगा। यद्यपि यह ग्रिग्नार्ड अभिकर्मक से क्रिया करता है तथा सकारात्मक आयोडोफॉर्म परीक्षण देता है। यौगिक में फीनॉलिक (—OH) समूह अनुपस्थित है, अत: यह ऋणात्मक उदासीन $FeCl_3$ के साथ परीक्षण देता है

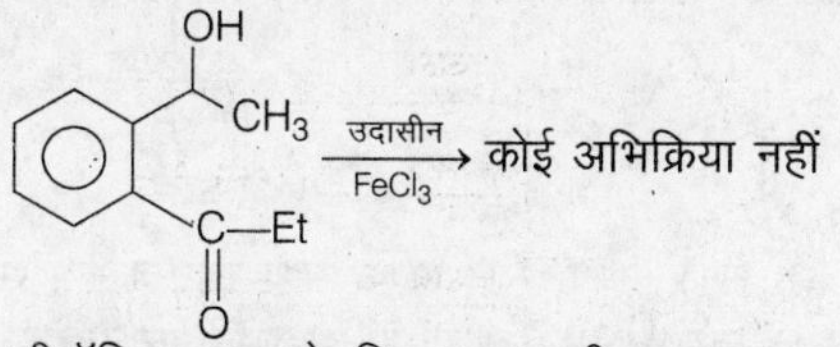

उदासीन $FeCl_3$ → कोई अभिक्रिया नहीं

फीनॉलिक समूह के लिए $FeCl_3$ परीक्षण

यौगिक $RMgX$ के साथ अभिक्रिया दर्शाता है, अत: इसमें —C(=O)—Et समूह होता है

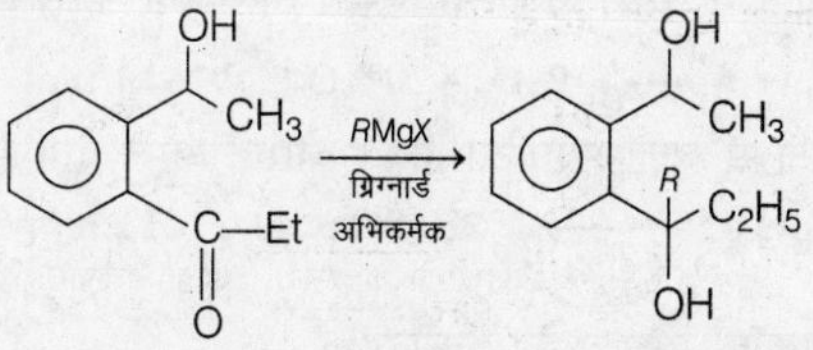

$RMgX$ ग्रिग्नार्ड अभिकर्मक →

$CH_3CH(OH)$— समूह युक्त यौगिक NaOH तथा I_2 की उपस्थिति में आयोडोफॉर्म परीक्षण देगा।

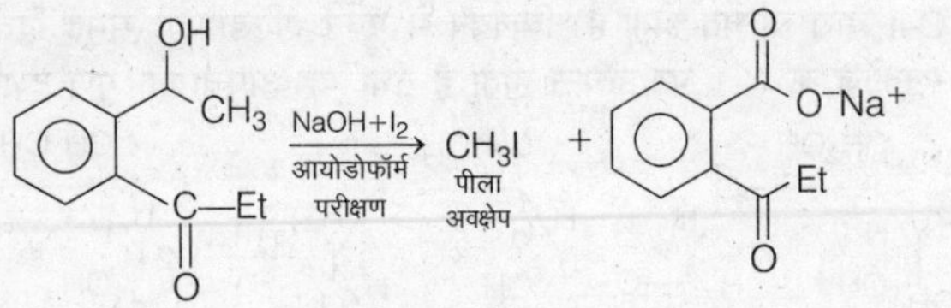

OH, CH_3, C—Et, O $\xrightarrow[\text{आयोडोफॉर्म परीक्षण}]{NaOH+I_2}$ CH_3I पीला अवक्षेप + O^-Na^+, Et

43. *(a)* **संकेत** *संतृप्त विलयन में पदार्थों की सान्द्रता विलेयता (S) कहलाती है*

$$A_xB_y \rightleftharpoons xA^{y+} + yB^{x-};\ K_{sp} = [A^{y+}]^x\,[B^{x-}]^y$$

$Zr_3(PO_4)_4$, के लिए

$$Zr_3(PO_4)_4(s) \rightleftharpoons \underset{3SM}{3Zr^{4+}(aq)} + \underset{4SM}{4PO_4^{3-}(aq)}$$

$$K_{sp} = [Zr^{4+}]^3\,[PO_4^{3-}]^4$$

$$K_{sp} = (3S)^3(4S)^4 = 6912\,S^7 \text{ or } S = \left(\frac{K_{sp}}{6912}\right)^{1/7}$$

इस प्रकार मोलर विलेयता (S) तथा विलेयता उत्पाद (K_{sp}) में सम्बन्ध

$$S = \left(\frac{K_{sp}}{6912}\right)^{1/7}$$

44. *(b)* दी गई अभिक्रिया में मुख्य उत्पाद निम्नलिखित होगा

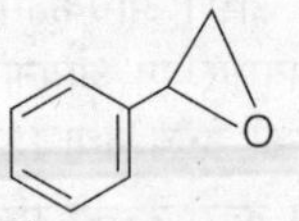

अभिक्रिया में $NaBH_4$ का प्रयोग हाइड्राइड आयन एवं एक प्रोटॉन के योग द्वारा अपचयन में होता है। कार्बन-ऑक्सीजन द्विआबन्ध सोडियम बोरोहाइड्राइड द्वारा आसानी से अपचयित हो जाता है। इन अपचयनों में वास्तविक अपचायक हाइड्राइड आयन (H^-) है। हाइड्राइड आयन कार्बोनिल कार्बन पर योग करता है तथा निर्मित ऐल्कॉक्साइड आयन जो क्रमिक रूप से जल द्वारा प्रोटॉनीकृत होता है। अन्य शब्दों में कार्बोनिल समूह का अपचयन H^- के योग के बाद H^+ योग द्वारा सम्पन्न होता है

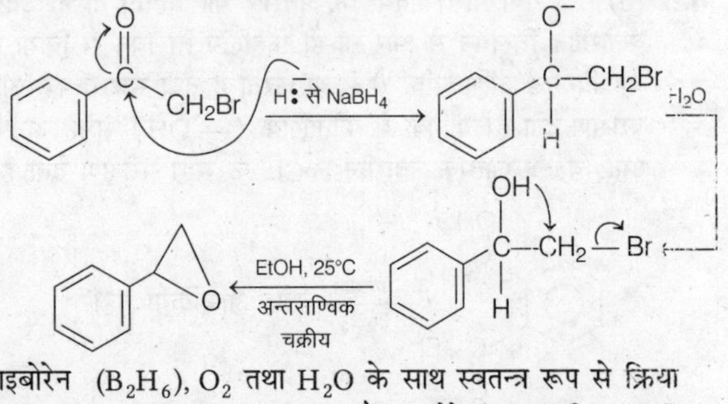

O, CH_2Br —H: से $NaBH_4$→ O^-, C—CH_2Br, H —H_2O→ OH, C—CH_2—Br —EtOH, 25°C, अन्तराण्विक चक्रीय→ O

45. *(c)* डाइबोरेन (B_2H_6), O_2 तथा H_2O के साथ स्वतन्त्र रूप से क्रिया करके क्रमश: B_2O_3 तथा H_3BO_3 बनाता है। डाइबोरेन एक रंगहीन, अत्यधिक विषैली गैस है, जिसका क्वथनांक 180K होता है। ज्वलनशील प्रकृति के कारण वायु में खुला छोड़ने पर यह स्वत: आग पकड़ लेती है तथा ऑक्सीजन की उपस्थिति मे जलने लगती है जिससे अत्यधिक ऊर्जा मुक्त होती है

$$B_2H_6 + 3O_2 \longrightarrow B_2O_3 + 3H_2O + 1976\ \text{kJ/mol}$$

यह आसानी से जल अपघटित होकर बोरिक अम्ल देता है

$$\underset{\text{बोरेन}}{B_2H_6} + 6H_2O \longrightarrow \underset{\text{ऑर्थोबोरिक अम्ल}}{2H_3BO_3} + \underset{\text{डाइहाइड्रोजन}}{6H_2\uparrow}$$

46. *(c)* किरचॉफ सम्बन्ध के अनुसार,

$$\Delta H = n\int_{T_1}^{T_2} C_p dT \quad \text{...(i)}$$

यहाँ, ΔH = एन्थैल्पी में परिवर्तन, C_p = स्थिर दाब पर उष्माधारिता

दिया है $n = 3$ मोल, $T_1 = 300$ K, $T_2 = 1000$ K, $C_p = 23 + 0.01\,T$

दिये गये मान समीकरण (i), में रखने पर

$$\Delta H = 3\int_{300}^{1000}(23 + 0.01\,T)\,dT = 3\int_{300}^{1000} 23\,dT + 0.01\,T\,dT$$

$$= 3\left[23T + \frac{0.01\,T^2}{2}\right]_{300}^{1000}$$

$$= 3\left[23\,(1000-300) + \frac{0.01}{2}(1000^2 - 300^2)\right]$$

$$= 3\,[16100 + 4550] = 61950\ \text{J} \approx 62\ \text{kJ}$$

47. *(c)* ओजोन, CFCs द्वारा ऊपरी समतापमण्डल में नष्ट हो जाती है। यह यौगिक अन्त में समतापमण्डल में पहुँच जाता है जहाँ ये शक्तिशाली UV विकिरणों द्वारा टूटकर क्लोरीन मुक्त मूलक प्रदान करता है। क्लोरीन मुक्त मूलक ओजोन के साथ क्रिया करके क्लोरीन मोनॉक्साइड तथा आण्विक ऑक्सीजन में बदल जाते हैं

$$CF_2Cl_2(g) \xrightarrow{h\nu} Cl(g) + \dot{C}F_2Cl(g)$$

$$CFCl_3(g) \xrightarrow{h\nu} CFCl_2(g) + \dot{C}l(g)$$

$$\dot{C}l\,(g) + O_3(g) \longrightarrow Cl\dot{O}(g) + O_2(g)$$

ओजोन छिद्र, पृथ्वी पर पहुँचने वाली UV विकिरणों की सान्द्रता को बढ़ाते हैं। इन विकिरणों के कारण त्वचा कैन्सर, धूप से झुलसना, त्वचा क्षय हो सकते हैं।

48. *(c)* *n*-ब्यूटिल ऐमीन ($CH_3CH_2CH_2CH_2NH_2$) गेब्रियल थैलेमाइड अभिक्रिया द्वारा बनाया जा सकता है।

इस विधि द्वारा द्वितीयक या तृतीयक ऐमीन प्राप्त न होकर केवल प्राथमिक ऐमीन प्राप्त होते है। इस विधि में थैलेमाइड की क्रिया, ऐथेनॉलिक KOH से होती है जिससे थैलेमाइड का पोटैशियम लवण बनता है, जो ऐल्किल हैलाइड के साथ क्रिया के बाद क्षारीय जल अपघटन द्वारा सम्बन्धित प्राथमिक ऐमीन बनाता है।

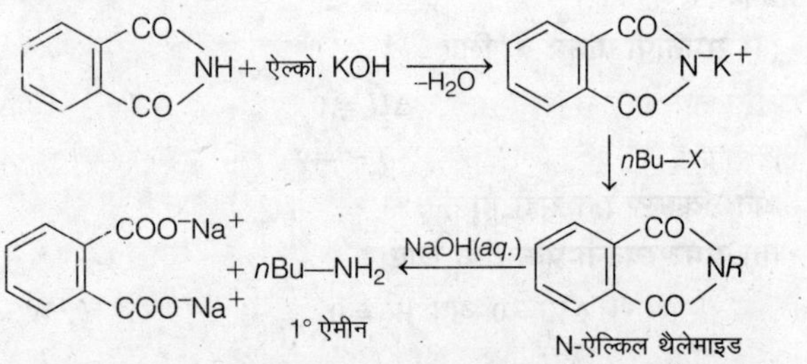

CO, CO, NH + ऐल्को. KOH $\xrightarrow{-H_2O}$ CO, CO, N^-K^+ —*n*Bu—X→ CO, CO, N*R* (N-ऐल्किल थैलेमाइड) —NaOH(*aq*.)→ COO^-Na^+, COO^-Na^+ + *n*Bu—NH_2 (1° ऐमीन)

ट्राइएथिल ऐमीन, तृतीयक ब्यूटिल ऐमीन तथा नियोपेन्टिल ऐमीन को गैब्रियल थैलेमाइड अभिक्रिया द्वारा नहीं बनाया जा सकता है।

49. *(c)* ***संकेत*** *फ्रैण्डलिक के अनुसार,* $\frac{x}{m} = Kp^{1/n}[n > 1]$

जहाँ, m = अधिशोषक का द्रव्यमान x = अवशोषित गैस का द्रव्यमान

$\frac{x}{m}$ = *ठोस अधिशोषक के प्रति इकाई द्रव्यमान द्वारा अधिशोषित गैस की मात्रा*

p = दाब, k तथा n = स्थिरांक

फ्रैण्डलिक अधिशोषण समतापी का लघुगणक समीकरण निम्न प्रकार है

$$\log\frac{x}{m} = \log k + \frac{1}{n}\log p$$

उपरोक्त समीकरण की सरल रेखा समीकरण ($y = mx + c$) से तुलना करने पर

$$m = \text{ढाल} = \frac{1}{n} \text{ तथा } c = \log K$$

दिये गये ग्राफ से $m = \frac{y_2 - y_1}{x_2 - x_1} = \frac{1}{n} = \frac{2}{3}; \quad \therefore \frac{x}{m} = kp^{2/3}$

50. *(a)* ऐल्केऐमीन तथा अमोनिया के क्षारीय सामर्थ्य की तुलना प्रोटॉन के साथ अभिक्रिया द्वारा की जा सकती है

$$R\text{—}\overset{H}{\underset{H}{N}}\!: + H^+ \rightleftharpoons R\text{—}\overset{H}{\underset{H}{N^+}}\text{—}H$$

$$H\text{—}\overset{H}{\underset{H}{N}}\!: + H^+ \rightleftharpoons H\text{—}\overset{H}{\underset{H}{N^+}}\text{—}H$$

जलीय विलयन में ऐमीन की क्षारीयता जल से प्राप्त प्रोटॉन द्वारा निर्मित अमोनियम धनायन की विलेयता पर निर्भर करती है। अमोनियम धनायन का स्थायित्व निम्न कारकों पर निर्भर करता है।

(a) $+I$ प्रभाव (b) त्रिविम प्रभाव (c) विलायकन प्रभाव

प्रथम स्थिति में ऐल्किल समूह के आकार में वृद्धि से $+I$ प्रभाव में वृद्धि होती है तथा अमोनियम आयन का धनात्मक आवेश आसानी से वितरित हो जाता है, इसलिए क्षारीयता का क्रम

2° ऐमीन > 1° ऐमीन > अमोनिया

द्वितीय स्थिति में, प्रतिस्थापित अमोनियम धनायन जल अणुओं के विलायकन द्वारा भी स्थायी हो जाता है। आयन के आकार में वृद्धि के साथ विलायकन कम होगा तथा आयन का स्थायित्व कम होगा।

$C_2H_5\text{—}N^+(H\cdots OH_2)_3$ (1° ऐमीन) > $(C_2H_5)_2N^+(H\cdots OH_2)_2$ (2° ऐमीन)

त्रिविम तथा विलायकन प्रभाव दोनों पर विचार करने पर यह निष्कर्ष निकलता है कि N-परमाणुओं पर अधिक संख्या में हाइड्रोजन परमाणु होने के कारण हाइड्रोजन बन्धन भी अधिक होता है तथा अमोनियम धनायन का स्थायित्व भी अधिक होता है, परन्तु —C_2H_5 समूह की स्थिति में $+I$ प्रभाव H-बन्धन से अधिक प्रभावी होता है। इसलिए, क्रम

2° ऐमीन > 1° ऐमीन > अमोनिया

अर्थात् $(C_2H_5)_2NH > C_2H_5NH_2 > NH_3$

51. *(d)* Sm^{3+} लैन्थेनॉइड आयन रंग प्रदर्शित करेगा यौगिक का रंग 4*f*-कक्षक में इलेक्ट्रॉनों की संख्या पर निर्भर करता है।

दिये गये लैन्थेनॉइडों का इलेक्ट्रॉनिक विन्यास निम्न प्रकार हैं

$Gd^{3+} = 4f^7 \quad Sm^{3+} = 4f^5$

$La^{3+} = 4f^0 \quad Lu^{3+} = 4f^{14}$

Gd^{3+} के पास अर्धपूरित 4*f*-कक्षक है।

La^{3+} के 4*f*-कक्षक में कोई इलेक्ट्रॉन नहीं है।

Lu^{3+} के पास पूर्णपूरित 4*f*-कक्षक है।

केवल Sm^{3+} के पास 4*f*-कक्षक में पाँच इलेक्ट्रॉन है। इलेक्ट्रॉन आसानी से उत्तेजित हो सकते है, जिसके परिणामस्वरूप रंग निर्मित होते है।

52. *(a)* डॉल्टन के आंशिक दाब नियम के अनुसार

$$p_{\text{कुल}} = p_A + p_B = p^\circ_A \chi_A + p^\circ_B \chi_B \quad \text{...(i)}$$

दिया गया है, $p^\circ_A = 400$ mm Hg, $p^\circ_B = 600$ mmHg

$\chi_B = 0.5, \chi_A + \chi_B = 1$

$\therefore \quad \chi_A = 0.5$

समीकरण (i) में दिये गये मान रखने पर

$p_{\text{कुल}} = 400 \times 0.5 + 600 \times 0.5 = 500$ mmHg

वाष्प प्रावस्था में A का मोल अंश

$$Y_A = \frac{p_A}{p_{\text{कुल}}} = \frac{p^\circ_A \chi_A}{p_{\text{कुल}}} = \frac{0.5 \times 400}{500} = 0.4$$

वाष्प प्रावस्था में B के मोल,

$Y_A + Y_B = 1 \Rightarrow Y_B = 1 - 0.4 = 0.6$

53. *(c)* दिया, $w_{Ca(HCO_3)_2} = 0.81$ g

$w_{Mg(HCO_3)} = 0.73$ g

$M_{Ca(HCO_3)_2} = 162$ g mol^{-1},

$M_{Mg(HCO_3)_2} = 146$ g mol^{-1}

$V_{H_2O} = 100$ mL

Now, $n_{eq}(CaCO_3) = n_{eq}[Ca(HCO_3)_2] + n_{eq}[Mg(HCO_3)_2]$

$$\frac{w}{100} \times 2 = \frac{0.81}{162} \times 2 + \frac{0.73}{146} \times 2$$

$$\therefore \quad \frac{w}{100} = 0.005 + 0.005 \Rightarrow w = 0.01 \times 100 = 1$$

अत: जल के नमूने की कठोरता $= \frac{1}{100} \times 10^6 = 10000$ ppm

54. *(a)* अयस्क के सन्दर्भ में, एलिंघम आरेख तापीय अपचयन के होने की सम्भावना को बताने में सहायता करता हैं। यह ग्राफ गिब्स ऊर्जा परिवर्तन के सापेक्ष परमताप में परिवर्तन को दर्शाता है।

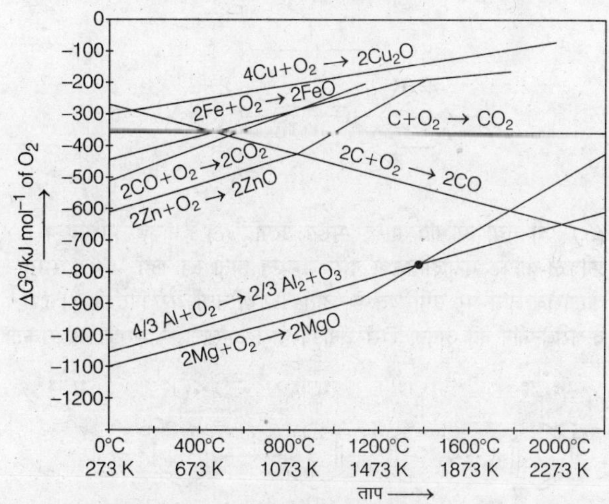

कुछ ऑक्साइडों के निर्माण के लिए गिब्स ऊर्जा $\Delta G°$ तथा T के मध्य ग्राफ (सांकेतिक) (एलिंघम आरेख)

सामान्यता, आरेख में कुछ तत्वों के ऑक्साइडों के निर्माण के लिए $\Delta G°$ का T के सापेक्ष ग्राफ दिया गया है।

$$2xM(s) + O_2(g) \longrightarrow \underset{\text{तापीय अपचयन उत्पाद}}{2M_xO(s)}$$

इस अभिक्रिया में गैस की मात्रा घटती है जिससे अनियमितता घटती है। अत: ΔS ऋणात्मक होता है इसलिए ताप में वृद्धि के साथ मुक्त ऊर्जा के मान में

वृद्धि होती है। ग्राफ में एक बिन्दु है जिसके नीचे ΔS ऋणात्मक होता है। अत: M_xO स्थायी है। इस बिन्दु से ऊपर M_xO स्वयं विघटित हो जायेगा।

55. *(c)* $(n+l)$ का मान कम होने पर ऊर्जा भी कम होती है। यदि दो या अधिक उपकक्षकों के $(n+l)$ का मान समान होता है, तो जिस उपकक्षक के लिए n का मान कम होता है उसके लिए ऊर्जा भी कम होती है। अत: दिये गये विकल्पों के लिए $(n+l)$ का मान निम्न प्रकार होगा

I. $n=4, l=2; n+l=6$ II. $n=3, l=2; n+l=5$

III. $n=4, l=1, n+l=5$ IV. $n=3, l=1, n+l=4$

(II) तथा (III) में से $n=3$ के लिए ऊर्जा कम होती है, अत: उनकी ऊर्जा का बढ़ता हुआ क्रम IV < II < III < I होगा।

56. *(a)* दिये गये यौगिक का IUPAC नाम 3-हाइड्रॉक्सी-4-मेथिल पेन्टेनोइक अम्ल होता है

$$\overset{5}{H_3C} - \overset{4}{\underset{}{CH}}(CH_3) - \overset{3}{CH}(OH) - \overset{2}{CH_2} - \overset{1}{COOH}$$

मुख्य शृंखला में जब यौगिक का नामकरण करते हैं तो सर्वप्रथम सबसे लम्बी शृंखला का चयन किया जाता है, जिसमें मुख्य क्रियात्मक समूह (—COOH) उपस्थित है तथा अंकन इस प्रकार किया जाता है कि मुख्य क्रियात्मक समूह को निम्नतम अंक मिलें। —OH प्रतिस्थापी के रूप में प्रयुक्त होता है और इसको नामकरण में पूर्वलग्न के रूप में प्रयुक्त किया जाता है।

57. *(d)* ***संकेत*** *लिगेण्ड की दन्तुकता से तात्पर्य दाता स्थलों या जुड़ने वाले समूहों की संख्या से है।*

दिया गया लिगेण्ड चर्तुदन्तुक है। इसमें चार दाता परमाणु होते है। यह दो नाइट्रोजन तथा दो ऑक्सीजन परमाणु द्वारा केन्द्रीय धातु आयन से बन्धित होता है।

लिगेण्ड, केन्द्रीय परमाणु या आयन से उपसहसंयोजक बन्ध द्वारा समन्वय इकाई में बन्धित होते हैं। यह लुईस क्षार की तरह व्यवहार करता है। दिये गये लिगेण्ड के आक्रमणकारी स्थल गहरे (bold) किये गये है।

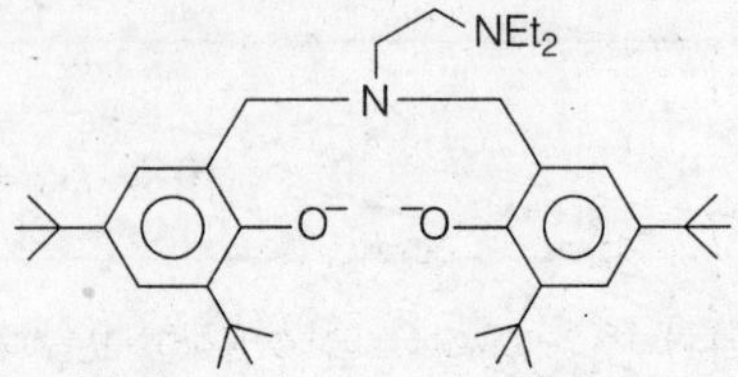

NEt₂, N, O⁻, O⁻

58. *(c)* दी गयी अभिक्रिया का मुख्य उत्पाद (c) है। यह अभिक्रिया फ्रीडल-क्राफ्ट ऐसीलीकरण द्वारा सम्पन्न होती है। यहाँ —Cl समूह कलोरोबेन्जीन पर उपस्थित है, अत: *ऑर्थो* तथा *पैरा*-निर्देशी है। इसे क्लोरोबेन्जीन की अनुनादी संरचनाओं द्वारा आसानी से समझा जा सकता है।

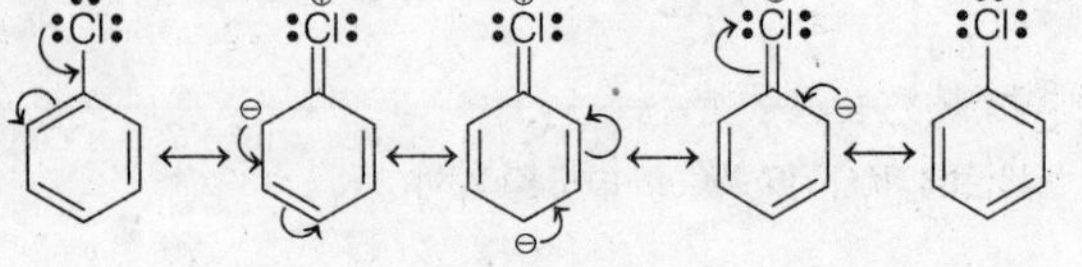

:Cl: ⟷ ⊕Cl: ⟷ ⊕Cl: ⟷ ⊕Cl: ⟷ :Cl:

दी गई, अभिक्रिया निम्न प्रकार सम्पन्न होती है

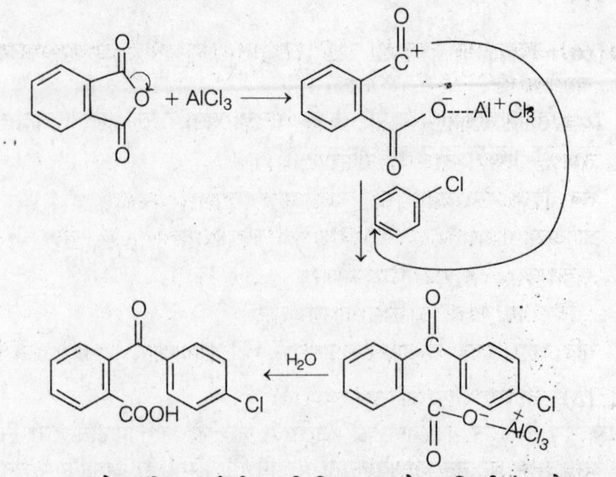

Phthalic anhydride + $AlCl_3$ ⟶ C^+ ... O^----Al^+Cl_3 ; + chlorobenzene (Cl) ⟶ ... $C-O^- \; \overset{+}{Al}Cl_3$; $\xleftarrow{H_2O}$ product with COOH and Cl

59. *(a)* समइलेक्ट्रॉनिक स्पीशीज की त्रिज्या उनके नाभिकीय आवेश या परमाणु संख्या (Z) के व्युत्क्रमानुपाती होती है। अत: Z का मान उच्च होने पर समइलेक्ट्रॉनिक स्पीशीज की त्रिज्या कम होती है।

60. *(a)* ***संकेत*** *प्रबल क्षेत्र लिगेण्ड की उपस्थिति में $\Delta_o > P$, होता है। चौथा अधिक उत्तेजित रूप से उपयुक्त t_{2g} कक्षक ग्रहण करेगा तथा $t_{2g}^4 e_g^0$ विन्यास प्राप्त करके निम्न चक्रण संकुल बनायेगा।*

दिये गये संकुलों में धातु आयनों का केवल चक्रण चुम्बकीय आघूर्ण का क्रम $V^{2+} > Cr^{2+} > Ru^{3+} > Fe^{2+}$ होगा। दिये गये सभी संकुलों में प्रबल क्षेत्र लिगेण्ड (CN, NH_3) है। अत: आसानी से निम्न चक्रण संकुलों का निर्माण होगा।

संकुल	ऑक्सीकरण अवस्था	विन्यास	कक्षक विपाटन	अयुग्मित इलेक्ट्रॉनों की संख्या
$[V(CN)_6]^{4-}$	V^{2+}	$t_{2g}^3 e_g^0$	e_g: [ ][ ] ; t_{2g}: [1][1][1]	3
$[Cr(NH_3)_6]^{2+}$	Cr^{2+}	$t_{2g}^4 e_g^0$	e_g: [ ][ ] ; t_{2g}: [1l][1][1]	2
$[Ru(NH_3)_6]^{3+}$	Ru^{3+}	$t_{2g}^5 e_g^0$	e_g: [ ][ ] ; t_{2g}: [1l][1l][1]	1
$[Fe(CN)_6]^{4-}$	Fe^{2+}	$t_{2g}^6 e_g^0$	e_g: [ ][ ] ; t_{2g}: [1l][1l][1l]	0

गणित

61. *(a)* दिया गया कथन है ''यदि आप भारत में जन्में हैं, तो आप भारत के एक नागरिक हैं।''

अब, माना कथन p: आप भारत में जन्में हैं।

तथा q: आप भारत के नागरिक हैं।

तब, दिया गया कथन है, ''यदि आप भारत में जन्में हैं, तो आप भारत के एक नागरिक हैं'' का समतुल्य $p \Rightarrow q$ है।

$\therefore$ कथन $p \Rightarrow q$ का विरोधाभास $\sim q \Rightarrow \sim p$ है।

$\therefore$ दिए गए कथन का विरोधाभास होगा।

यदि आप भारत के नागरिक नहीं हैं, तो आप भारत में नहीं जन्में हैं।

62. *(b)* दी गई रेखा का समीकरण है

$$x + y = n, n \in N \quad ...(i)$$

तथा वृत्त का समीकरण है

$$x^2 + y^2 = 16 \quad ...(ii)$$

अब, वृत्त (ii) द्वारा रेखा (i) के साथ बनाए गए अन्त: खण्ड के लिए

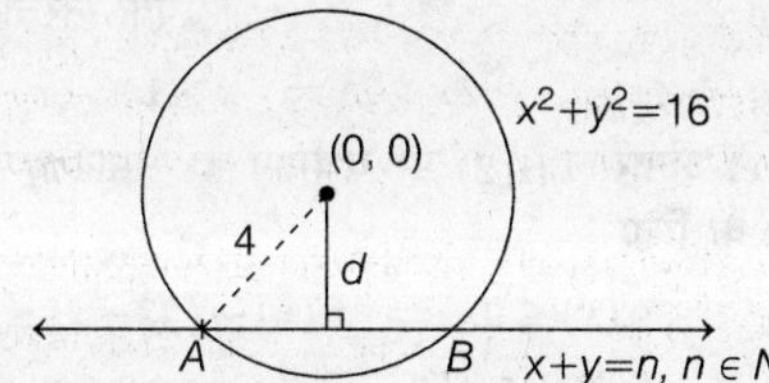

$$d < 4 \Rightarrow \frac{n}{\sqrt{2}} < 4$$

[$\because$ d = रेखा $x + y = n$ की मूलबिन्दु (0, 0) से लम्बवत् दूरी $\frac{|0+0-n|}{\sqrt{1^2+1^2}} = \frac{n}{\sqrt{2}}$]

$$\Rightarrow \quad n < 4\sqrt{2} \quad ...(iii)$$

$\therefore n \in N$, इसलिए $n = 1, 2, 3, 4, 5$

स्पष्टत: जीवा AB की लम्बाई $= 2\sqrt{4^2 - d^2} = 2\sqrt{16 - \frac{n^2}{2}}$ $\left[\because d = \frac{n}{\sqrt{2}}\right]$

$\therefore$ जीवा ($n = 1, 2, 3, 4, 5$ के लिए) की सभी लम्बाइयों के वर्गों का योगफल

$$= 4\left[(16 \times 5) - \frac{1}{2}(1^2 + 2^2 + 3^2 + 4^2 + 5^2)\right]$$

$$= 320 - 2 \times \frac{5(6)(11)}{6}$$

$$\left[\because 1^2 + 2^2 + 3^2 + \ldots + n^2 = \frac{n(n+1)(2n+1)}{6}\right]$$

$$= 320 - 110 = 210$$

63. *(b)* दिया है, α तथा β द्विघात समीकरण $x^2 - 2x + 2 = 0$ के मूल हैं।

$$\Rightarrow \quad (x-1)^2 + 1 = 0 \Rightarrow (x-1)^2 = -1$$

$$\Rightarrow \quad x - 1 = \pm i \quad (\text{जहाँ B}, i = \sqrt{-1})$$

$$\Rightarrow \quad x = (1+i) \text{ या } (1-i)$$

स्पष्टत: यदि $\alpha = 1 + i$, तब $\beta = 1 - i$

प्रश्नानुसार, $\left(\frac{\alpha}{\beta}\right)^n = 1 \Rightarrow \left(\frac{1+i}{1-i}\right)^n = 1$

$$\Rightarrow \left(\frac{(1+i)(1+i)}{(1-i)(1+i)}\right)^n = 1 \Rightarrow \left(\frac{1+i^2+2i}{1-i^2}\right)^n = 1$$

$$\Rightarrow \left(\frac{2i}{2}\right)^n = 1 \Rightarrow i^n = 1 \quad [\because i^4 = 1]$$

इसलिए, n का न्यूनतम मान 4 है।

64. *(d)* 100 तथा 200 के बीच प्राकृत संख्याएँ 101, 102, 103,......, 199 हैं।

चूँकि, $91 = 13 \times 7$, इसलिए 100 तथा 200 के बीच प्राकृत संख्याएँ जिनका म.स.प. 91, 1 से अधिक है वह संख्याएँ होंगी जोकि या तो 7 या 13 से विभाज्य है। इसलिए, 100 तथा 200 के बीच संख्याओं का अभीष्ट योग = (7 से विभाज्य संख्याओं का योग) + (13 से विभाज्य संख्याओं का योग) − (91 से विभाज्य संख्याओं का योग)

$$= \sum_{r=1}^{14}(98 + 7r) + \sum_{r=1}^{8}(91 + 13r) - (182)$$

$$= (98 \times 14) + 7\left(\frac{14 \times 15}{2}\right) + (91 \times 8) + 13\left(\frac{8 \times 9}{2}\right) - (182)$$

$$= 1372 + 735 + 728 + 468 - 182 = 3303 - 182 = 3121$$

65. *(d)* माना $I = \int \frac{\sin\frac{5x}{2}}{\sin\frac{x}{2}} dx = \int \frac{2\sin\frac{5x}{2}\cos\frac{x}{2}}{2\sin\frac{x}{2}\cos\frac{x}{2}} dx$

(अंश तथा हर में $2\cos\frac{x}{2}$ से गुणा करने पर)

$$= \int \frac{\sin 3x + \sin 2x}{\sin x} dx$$

[$\because 2\sin A\cos B = \sin(A+B) + \sin(A-B)$ तथा $\sin 2A = 2\sin A\cos A$]

$$= \int \frac{(3\sin x - 4\sin^3 x) + 2\sin x\cos x}{\sin x} dx$$

[$\because \sin 3x = 3\sin x - 4\sin^3 x$]

$$= \int (3 - 4\sin^2 x + 2\cos x)\, dx$$

$$= \int [3 - 2(1 - \cos 2x) + 2\cos x]\, dx \quad [\because 2\sin^2 x = 1 - \cos 2x]$$

$$= \int (3 - 2 + 2\cos 2x + 2\cos x)\, dx$$

$$= \int [1 + 2\cos 2x + 2\cos x]\, dx = x + 2\sin x + \sin 2x + C$$

66. *(c)* दिया है, $y \le x^2 + 3x$

$$\Rightarrow \quad y \le \left(x + \frac{3}{2}\right)^2 - \frac{9}{4} \Rightarrow \left(x + \frac{3}{2}\right)^2 \ge \left(y + \frac{9}{4}\right)$$

चूँकि, $0 \le y \le 4$ तथा $0 \le x \le 3$

$\therefore$ दी गई असमिका के लिए आकृति है

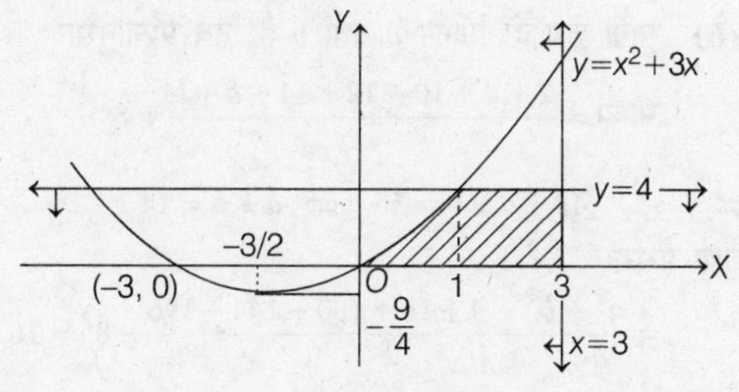

तथा वक्रों $y = x^2 + 3x$ व $y = 4$ के प्रतिच्छेदन बिन्दु (1,4) तथा (-4, 4) हैं। अब, अभीष्ट क्षेत्रफल

$$= \int_0^1 (x^2 + 3x)\,dx + \int_1^3 4\,dx = \left[\frac{x^3}{3} + \frac{3x^2}{2}\right]_0^1 + [4x]_1^3$$

$$= \frac{1}{3} + \frac{3}{2} + 4(3-1) = \frac{2+9}{6} + 8 = \frac{11}{6} + 8 = \frac{59}{6} \text{ वर्ग इकाई}$$

67. *(d)* दिया गया फलन है

$f(x) = 9x^4 + 12x^3 - 36x^2 + 25 = y$ (माना)

उच्चिष्ठ तथा निम्निष्ठ के लिए, $\frac{dy}{dx} = 0$ रखने पर,

$$\Rightarrow \frac{dy}{dx} = 36x^3 + 36x^2 - 72x = 0$$

$$\Rightarrow x^3 + x^2 - 2x = 0 \Rightarrow x[x^2 + x - 2] = 0$$

$$\Rightarrow x[x^2 + 2x - x - 2] = 0 \Rightarrow x[x(x+2) - 1(x+2)] = 0$$

$$\Rightarrow x(x-1)(x+2) = 0 \Rightarrow x = -2, 0, 1$$

चिन्ह विधि द्वारा,

– + – +
–2 0 1

चूँकि, $\frac{dy}{dx}$ का चिन्ह '$x = -2$' तथा 1 पर ऋणात्मक से धनात्मक में परिवर्तित हो रहा है, इसलिए $x = -2, 1$ स्थानीय निम्नतम बिन्दु है। साथ ही, $\frac{dy}{dx}$ का चिन्ह $x = 0$ पर धनात्मक से ऋणात्मक में परिवर्तित हो रहा है, इसलिए $x = 0$ स्थानीय उच्चतम बिन्दु है।

$\therefore \quad S_1 = \{-2, 1\}$ तथा $S_2 = \{0\}$

68. *(a)* दी गई संख्याएँ हैं 1, 1, 2, 2, 2, 2, 3, 4, 4.

प्रश्नानुसार, विषम अंक केवल सम स्थानों पर हैं

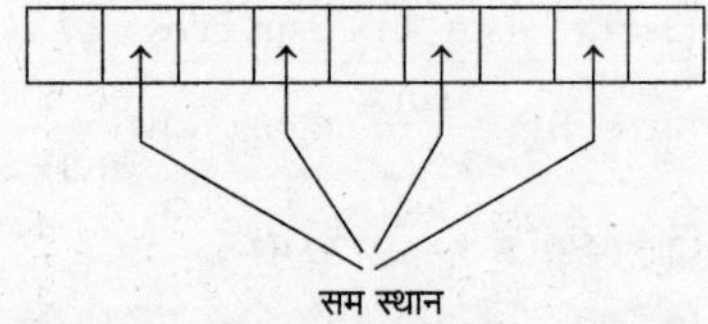

$\therefore$ सम स्थानों पर विषम अंकों को व्यवस्थित करने के तरीकों की संख्या ${}^4C_3 \times \frac{3!}{2!}$ है।

तथा शेष सम संख्याओ को व्यवस्थित करने के तरीकों की संख्या $\frac{6!}{4!2!}$ है। इसलिए, 9 अंकों की कुल संख्याएँ जोकि दी गई संख्याओं द्वारा बनाई गई हैं, होंगी

$${}^4C_3 \times \frac{3!}{2!} \times \frac{6!}{4!2!} = 4 \times 3 \times 15 = 180$$

69. *(b)* माना शेष दो प्रेक्षण a तथा b हैं, तब प्रश्नानुसार

$$\text{माध्य} = \frac{2 + 4 + 10 + 12 + 14 + a + b}{7} = 8$$

$$\Rightarrow 42 + a + b = 56 \Rightarrow a + b = 14 \quad \text{...(i)}$$

तथा प्रसरण

$$= \frac{a^2 + b^2 + 4 + 16 + 100 + 144 + 196}{7} - 8^2 = 16$$

$$\Rightarrow \frac{a^2 + b^2 + 460}{7} - 64 = 16 \Rightarrow \frac{a^2 + b^2 + 460}{7} = 80$$

$$\Rightarrow a^2 + b^2 + 460 = 560 \Rightarrow a^2 + b^2 = 100 \quad \text{...(ii)}$$

हम जानते हैं कि

$$(a+b)^2 = (a^2 + b^2) + 2ab$$

$$\Rightarrow (14)^2 = 100 + 2ab \quad \text{[समी (i) तथा (ii) से]}$$

$$\Rightarrow 196 = 100 + 2ab \Rightarrow 2ab = 96 \Rightarrow ab = 48$$

इसलिए, शेष दो प्रेक्षणों का गुणनफल 48 है।

70 *(a)* दिया है, $\phi(x) = f(x) + f(2-x), \forall x \in (0, 2)$

$$\Rightarrow \phi'(x) = f'(x) - f'(2-x) \quad \text{...(i)}$$

साथ ही, दिया है $f''(x) > 0 \; \forall \; x \in (0, 2)$

$\Rightarrow f'(x)$ निरन्तर वर्धमान फलन है $\forall \; x \in (0, 2)$

अब, $\phi(x)$ के वर्धमान के लिए,

$$\phi'(x) \geq 0 \Rightarrow f'(x) - f'(2-x) \geq 0 \quad \text{[समी (i) से]}$$

$$\Rightarrow f'(x) \geq f'(2-x) \Rightarrow x > 2 - x$$

($\because f'$ एक निरन्तर वर्धमान फलन है)

$$\Rightarrow 2x > 2 \Rightarrow x > 1$$

अत: $\phi(x)$ अन्तराल (1, 2) पर वर्धमान है। समान रूप से, $\phi(x)$ के ह्रासमान के लिए

$$\phi'(x) \leq 0 \Rightarrow f'(x) - f'(2-x) \leq 0 \quad \text{[समी (i) से]}$$

$$\Rightarrow f'(x) \leq f'(2-x) \Rightarrow x < 2 - x$$

($\because f'$ एक निरन्तर वर्धमान फलन है)

$$\Rightarrow 2x < 2 \Rightarrow x < 1$$

अत: $\phi(x)$ अन्तराल (0, 1) पर ह्रासमान है।

71. *(c)* दिए गए रैखिक समीकरण निकाय है

$$x - cy - cz = 0, \quad cx - y + cz = 0 \quad \text{तथा } cx + cy - z = 0$$

हम जानते हैं कि समघातीय रैखिक समीकरण निकाय का अतुच्छ हल होगा, यदि

$$\Delta = 0$$

$$\Rightarrow \begin{vmatrix} 1 & -c & -c \\ c & -1 & c \\ c & c & -1 \end{vmatrix} = 0$$

$$\Rightarrow 1(1-c)^2 + c(-c-c^2) - c(c^2+c) = 0$$

$$\Rightarrow 1 - c^2 - c^2 - c^3 - c^3 - c^2 = 0$$

$$\Rightarrow -2c^3 - 3c^2 + 1 = 0 \Rightarrow 2c^3 + 3c^2 - 1 = 0$$

$$\Rightarrow (c+1)[2c^2 + c - 1] = 0 \Rightarrow (c+1)[2c^2 + 2c - c - 1] = 0$$

$$\Rightarrow (c+1)(2c-1)(c+1) = 0 \Rightarrow c = -1 \text{ या } \frac{1}{2}$$

स्पष्टत: c का महत्तम मान 1/2 है।

72 *(a)* दिए गए वक्र का समीकरण

$$y^2 = x - 2 \quad \text{...(i)}$$

तथा रेखा का समीकरण

$$y = x \quad \text{...(ii)}$$

माना परवलय (i) पर बिन्दु $P(t^2 + 2, t)$ है वक्र (i) तथा रेखा (ii) के बीच न्यूनतम दूरी के लिए, रेखा PM अवश्य ही रेखा (ii) तथा परवलय

(i) के लम्बवत् होनी चाहिए अर्थात् बिन्दु P पर स्पर्शी $y = x$ के समान्तर होनी चाहिए।

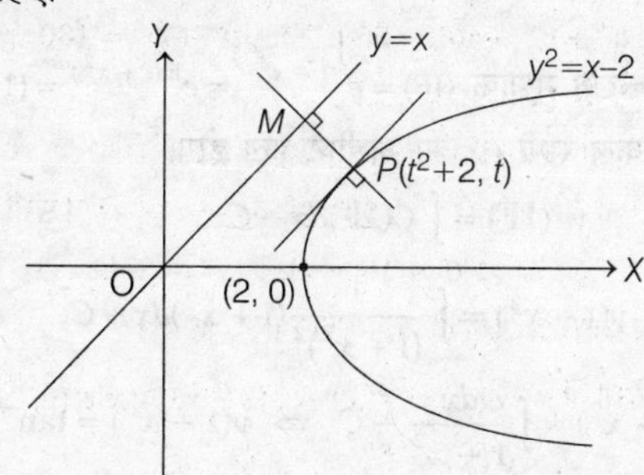

$\therefore \left.\dfrac{dy}{dx}\right|_{\text{बिन्दु } P \text{ पर}}$ = वक्र (i) के बिन्दु P स्पर्शी की प्रवणता

$= 1$ [$\because$ स्पर्शी, रेखा $y = x$ के समान्तर है]

$= \left.\dfrac{1}{2y}\right|_P = 1$ [वक्र (i) का अवकलन करने पर, $2y\dfrac{dy}{dx} = 1$]

$\Rightarrow \dfrac{1}{2t} = 1 \Rightarrow t = \dfrac{1}{2}$ [$\because P(x, y) = P(t^2 + 2, t)$]

इसलिए, बिन्दु $P\left(\dfrac{9}{4}, \dfrac{1}{2}\right)$ है।

अब, न्यूनतम दूरी $= PM = \dfrac{\left|\dfrac{9}{4} - \dfrac{1}{2}\right|}{\sqrt{2}} = \dfrac{7}{4\sqrt{2}}$ इकाई

[$\because$ रेखा $ay + by + c = 0$ की बिन्दु $P(x_1, y_1)$ से दूरी $\dfrac{|ax_1 + by_1 + c|}{\sqrt{a^2 + b^2}}$]

73. *(a)* दिया गया व्यंजक

$(x + \sqrt{x^3 + 1})^6 + (x - \sqrt{x^3 - 1})^6$

$= 2[{}^6C_0x^6 + {}^6C_2x^4(\sqrt{x^3 - 1})^2 + {}^6C_4x^2(\sqrt{x^3 - 1})^4 + {}^6C_6(\sqrt{x^3 - 1})^6]$

$\{\because (a + b)^n + (a - b)^n = 2[{}^nC_0a^n + {}^nC_2a^{n-2}b^2 + {}^nC_4a^{n-4}b^4 + \ldots]\}$

$= 2[{}^6C_0x^6 + {}^6C_2x^4(x^3 - 1) + {}^6C_4x^2(x^3 - 1)^2 + {}^6C_6(x^3 - 1)^3]$

x की सम घातों के पदों का योगफल

$= 2[{}^6C_0x^6 + {}^6C_2(-x^4) + {}^6C_4x^8 + {}^6C_4x^2 + {}^6C_6(-1 - 3x^6)]$

$= 2[{}^6C_0x^6 - {}^6C_2x^4 + {}^6C_4x^8 + {}^6C_4x^2 - 1 - 3x^6]$

अब, x की सम घातों के गुणांकों का अभीष्ट योगफल

$(x + \sqrt{x^3 - 1})^6 + (x - \sqrt{x^3 - 1})^6 = 2[{}^6C_0 - {}^6C_2 + {}^6C_4 + {}^6C_4 - 1 - 3]$

$= 2[1 - 15 + 15 + 15 - 1 - 3] = 2(15 - 3) = 24$

74. *(b)* दिए गए दीर्घवृत्त का समीकरण

$$4x^2 + y^2 = 8 \quad \ldots\text{(i)}$$

$\Rightarrow \dfrac{x^2}{2} + \dfrac{y^2}{8} = 1 \Rightarrow \dfrac{x^2}{(\sqrt{2})^2} + \dfrac{y^2}{(2\sqrt{2})^2} = 1$

अब, बिन्दु $(1, 2)$ पर स्पर्शी का समीकरण

$$2x + y = 4 \quad \ldots\text{(ii)}$$

[$\because$ दीर्घवृत्त $\dfrac{x^2}{a^2} + \dfrac{y^2}{b^2} = 1$ के बिन्दु (x_1, y_1) पर स्पर्शी का समीकरण $\dfrac{xx_1}{a^2} + \dfrac{yy_1}{b^2} = 1$ है]

तथा बिन्दु (a, b) पर अन्य स्पर्शी का समीकरण

$$4ax + by = 8 \quad \ldots\text{(iii)}$$

चूँकि रेखाएँ (ii) तथा (iii) परस्पर लम्बवत् हैं।

$\left(\dfrac{-2}{1}\right) \times \left(\dfrac{-4a}{b}\right) = -1$

[यदि रेखाएँ $a_1x + b_1y + c_1 = 0$ तथा $a_2x + b_2y + c_2 = 0$ परस्पर लम्बवत् हैं, तब $\left(-\dfrac{a_1}{b_1}\right)\left(-\dfrac{a_2}{b_2}\right) = -1$]

$\Rightarrow \quad b = -8a \quad \ldots\text{(iv)}$

साथ ही बिन्दु (a, b) दीर्घवृत्त (i) पर स्थित है, इसलिए

$4a^2 + b^2 = 8 \Rightarrow 4a^2 + 64a^2 = 8$ [समी (iv) से]

$\Rightarrow 68a^2 = 8 \Rightarrow a^2 = \dfrac{8}{68} \Rightarrow a^2 = \dfrac{2}{17}$

75. *(c)* दिया है, $\sin(\alpha - \beta) = \dfrac{5}{13}$

तथा $\cos(\alpha + \beta) = \dfrac{3}{5}$, जहाँ $\alpha, \beta \in \left(0, \dfrac{\pi}{4}\right)$

चूँकि $0 < \alpha < \dfrac{\pi}{4}$ तथा $0 < \beta < \dfrac{\pi}{4}$

$\therefore \quad 0 < \alpha + \beta < \dfrac{\pi}{4} + \dfrac{\pi}{4} = \dfrac{\pi}{2} \Rightarrow 0 < \alpha + \beta < \dfrac{\pi}{2}$

साथ ही, $-\dfrac{\pi}{4} < -\beta < 0$

$\therefore \quad 0 - \dfrac{\pi}{4} < \alpha - \beta < \dfrac{\pi}{4} + 0 \Rightarrow -\dfrac{\pi}{4} < \alpha - \beta < \dfrac{\pi}{4}$

$\therefore \alpha + \beta \in \left(0, \dfrac{\pi}{2}\right)$ तथा $\alpha - \beta \in \left(-\dfrac{\pi}{4}, \dfrac{\pi}{4}\right)$

परन्तु $\sin(\alpha - \beta) > 0$, इसलिए $\alpha - \beta \in \left(0, \dfrac{\pi}{4}\right)$

अब, $\sin(\alpha - \beta) = \dfrac{5}{13} \Rightarrow \tan(\alpha - \beta) = \dfrac{5}{12} \quad \ldots\text{(i)}$

तथा $\cos(\alpha + \beta) = \dfrac{3}{5} \Rightarrow \tan(\alpha + \beta) = \dfrac{4}{3} \quad \text{(ii)}$

अब, $\tan(2\alpha) = \tan[(\alpha + \beta) + (\alpha - \beta)]$

$= \dfrac{\tan(\alpha + \beta) + \tan(\alpha - \beta)}{1 - \tan(\alpha + \beta)\tan(\alpha - \beta)} = \dfrac{\dfrac{4}{3} + \dfrac{5}{12}}{1 - \dfrac{4}{3} \times \dfrac{5}{12}}$

[समी (i) तथा (ii) से]

$= \dfrac{48 + 15}{36 - 20} = \dfrac{63}{16}$

76. *(d)* दी गई श्रेणी

$2 \cdot {}^{20}C_0 + 5 \cdot {}^{20}C_1 + 8 \cdot {}^{20}C_2 + \ldots + 62 \cdot {}^{20}C_{20} = \sum_{r=0}^{20} (3r + 2) \cdot {}^{20}C_r$

[$\because$ अनुक्रम 2, 5, 8, ..., जोकि समान्तर श्रेणी बनाती है, का सामान्य पद $2 + (n - 1)3 = 3n - 1$ होगा, जहाँ $n = 1, 2, 3, \ldots$ तथा इसे $3n + 2$ के रूप में लिख सकते हैं, जहाँ, $n = 0, 1, 2, 3 \ldots$]

$= 3 \cdot \sum_{r=0}^{20} r\,{}^{20}C_r + 2\sum_{r=0}^{20} {}^{20}C_r$

$$=3\sum_{r=1}^{20} r\left(\frac{20}{r}\right){}^{19}C_{r-1}+2\sum_{r=0}^{20}{}^{20}C_r \qquad \left[\because {}^nC_r=\frac{n}{r}{}^{n-1}C_{r-1}\right]$$

$$=3\times 20\sum_{r=1}^{20}{}^{19}C_{r-1}+2\sum_{r=0}^{20}{}^{20}C_r=60\sum_{r=0}^{19}{}^{19}C_r+2\sum_{r=0}^{20}{}^{20}C_r$$

$$\left[\because \sum_{r=1}^{20}{}^{19}C_{r-1}=\sum_{r=0}^{19}{}^{19}C_r\right]$$

$$=(60\times 2^{19})+(2\times 2^{20}) \qquad \left[\because \sum_{r=0}^{n}{}^nC_r=2^n\right]$$

$$=(15\times 2^{21})+2^{21}=16\times 2^{21}=2^{25}$$

77. *(d)* दिया गया आव्यूह $A=\begin{bmatrix}\cos\alpha & -\sin\alpha\\ \sin\alpha & \cos\alpha\end{bmatrix}$

$$\therefore A^2=\begin{bmatrix}\cos\alpha & -\sin\alpha\\ \sin\alpha & \cos\alpha\end{bmatrix}\begin{bmatrix}\cos\alpha & -\sin\alpha\\ \sin\alpha & \cos\alpha\end{bmatrix}$$

$$=\begin{bmatrix}\cos^2\alpha-\sin^2\alpha & -\cos\alpha\sin\alpha-\sin\alpha\cos\alpha\\ \sin\alpha\cos\alpha+\cos\alpha\sin\alpha & -\sin^2\alpha+\cos^2\alpha\end{bmatrix}$$

$$=\begin{bmatrix}\cos 2\alpha & -\sin 2\alpha\\ \sin 2\alpha & \cos 2\alpha\end{bmatrix}$$

समान रूप से,

$$A^n=\begin{bmatrix}\cos(n\alpha) & -\sin(n\alpha)\\ \sin(n\alpha) & \cos(n\alpha)\end{bmatrix}, n\in N$$

$$\Rightarrow \quad A^{32}=\begin{bmatrix}\cos(32\alpha) & -\sin(32\alpha)\\ \sin(32\alpha) & \cos(32\alpha)\end{bmatrix}=\begin{bmatrix}0 & -1\\ 1 & 0\end{bmatrix} \quad \text{(दिया है)}$$

इसलिए, $\cos(32\alpha)=0$ तथा $\sin(32\alpha)=1$

$$\Rightarrow \quad 32\alpha=\frac{\pi}{2}\Rightarrow \alpha=\frac{\pi}{64}$$

78. *(c)* सदिशों $(\hat{\mathbf{i}}+\hat{\mathbf{j}}+\hat{\mathbf{k}})$ तथा $(\hat{\mathbf{i}}+2\hat{\mathbf{j}}+3\hat{\mathbf{k}})$ को समाहित करने वाले समतल का अभिलम्ब

$$=\begin{vmatrix}\hat{\mathbf{i}} & \hat{\mathbf{j}} & \hat{\mathbf{k}}\\ 1 & 1 & 1\\ 1 & 2 & 3\end{vmatrix}$$

$$=\hat{\mathbf{i}}(3-2)-\hat{\mathbf{j}}(3-1)+\hat{\mathbf{k}}(2-1)=\hat{\mathbf{i}}-2\hat{\mathbf{j}}+\hat{\mathbf{k}}$$

अब, अभिलम्ब सदिश $\mathbf{n}$ पर सदिश $2\hat{\mathbf{i}}+3\hat{\mathbf{j}}+\hat{\mathbf{k}}$ प्रेक्षण का परिमाण

$$\frac{|(2\hat{\mathbf{i}}+3\hat{\mathbf{j}}+\hat{\mathbf{k}})\cdot\mathbf{n}|}{|\mathbf{n}|}=\frac{|(2\hat{\mathbf{i}}+3\hat{\mathbf{j}}+\hat{\mathbf{k}})\cdot(\hat{\mathbf{i}}-2\hat{\mathbf{j}}+\hat{\mathbf{k}})|}{\sqrt{1+4+1}}$$

$$=\frac{|2-6+1|}{\sqrt{6}}=\frac{3}{\sqrt{6}}=\sqrt{\frac{3}{2}} \text{ इकाई}$$

79. *(a)* दिया गया अवकल समीकरण

$$(x^2+1)^2\frac{dy}{dx}+2x(x^2+1)y=1$$

$$\Rightarrow \quad \frac{dy}{dx}+\left(\frac{2x}{1+x^2}\right)y=\frac{1}{(1+x^2)^2}$$

(प्रत्येक पद को $(1+x^2)^2$ से भाग देने पर) ...(i)

यह $\frac{dy}{dx}+P\cdot y=Q$ रूप की रैखिक अवकल समीकरण है

यहाँ, $P=\frac{2x}{(1+x^2)}$ तथा $Q=\frac{1}{(1+x^2)^2}$

$\therefore$ समाकलन गुणांक (IF) $=e^{\int\frac{2x}{1+x^2}dx}=e^{\ln(1+x^2)}=(1+x^2)$

तथा अवकल समी (i) का अभीष्ट हल होगा

$$y\cdot(\text{IF})=\int Q(\text{IF})dx+C$$

$$\Rightarrow \quad y(1+x^2)=\int\frac{1}{(1+x^2)^2}(1+x^2)dx+C$$

$$\Rightarrow y(1+x^2)=\int\frac{dx}{1+x^2}+C \Rightarrow y(1+x^2)=\tan^{-1}(x)+C \quad \text{...(ii)}$$

$\because \quad y(0)=0$

$\therefore$ समी (ii) से,

$$0=\tan^{-1}(0)+C\Rightarrow 0=\tan^{-1}(\tan 0)+C \Rightarrow C=0$$

C का समी (ii) में रखने पर,

$$y(1+x^2)=\tan^{-1}(x) \quad \text{...(iii)}$$

अब, $\sqrt{a}y(1)=\pi/32$

$\therefore$ समी (iii) से,

$\sqrt{a}y(1+x^2)=\sqrt{a}\tan^{-1}(x)$ [दोनों पक्षों में $\sqrt{a}$ से गुणा करने पर]

$$\because \quad \sqrt{a}y(1)=\frac{\pi}{32},$$

$$\therefore \quad \frac{\pi}{32}(1+1^2)=\sqrt{a}\tan^{-1}(1)$$

$$\Rightarrow \quad \frac{2\pi}{32}=\sqrt{a}\tan^{-1}\left(\tan\frac{\pi}{4}\right) \quad \left\{\because \tan\frac{\pi}{4}=1\right\}$$

$$\Rightarrow \quad \frac{2\pi}{32}=\sqrt{a}\frac{\pi}{4}\Rightarrow \sqrt{a}=\frac{2\pi}{32}\times\frac{4}{\pi}=\frac{1}{4}\Rightarrow a=\left(\frac{1}{4}\right)^2=\frac{1}{16}$$

80 *(b)* दिया है, $f(x)=\log_e\left(\frac{1-x}{1+x}\right), |x|<1$, तब

$$f\left(\frac{2x}{1+x^2}\right)=\log_e\left(\frac{1-\frac{2x}{1+x^2}}{1+\frac{2x}{1+x^2}}\right) \quad \left[\because \left|\frac{2x}{1+x^2}\right|<1\right]$$

$$=\log_e\left(\frac{\frac{1+x^2-2x}{1+x^2}}{\frac{1+x^2+2x}{1+x^2}}\right)=\log_e\left[\frac{(1-x)^2}{(1+x)^2}\right]$$

$$=\log_e\left(\frac{1-x}{1+x}\right)^2=2\log_e\left(\frac{1-x}{1+x}\right)$$

$$[\because \log_e|A|^m=m\log_e|A|]$$

$$=2f(x) \quad \left[\because f(x)=\log_e\left(\frac{1-x}{1+x}\right)\right]$$

81. *(d)* दी गई रेखा का समीकरण

$$\frac{x+3}{10}=\frac{y-2}{-7}=\frac{z}{1}=r \text{ (माना)} \quad \text{...(i)}$$

रेखा (i) पर बिन्दु के निर्देशांक $A(10r-3,-7r+2,r)$

अब, माना बिन्दुओं $P(2, -1, 4)$ तथा $A(10r-3, -7r+2, r)$ को मिलाने वाली रेखा, रेखा (i) के लम्बवत् है।

$$\mathbf{PA} \cdot (10\hat{\mathbf{i}} - 7\hat{\mathbf{j}} + \hat{\mathbf{k}}) = 0$$

[∵ रेखा (i) के अनुदिश सदिश $(10\hat{\mathbf{i}} - 7\hat{\mathbf{j}} + \hat{\mathbf{k}})$ है]

$\Rightarrow \quad [(10r-5)\hat{\mathbf{i}} + (-7r+3)\hat{\mathbf{j}} + (r-4)\hat{\mathbf{k}}] \cdot [10\hat{\mathbf{i}} - 7\hat{\mathbf{j}} + \hat{\mathbf{k}}] = 0$

$\Rightarrow 10(10r-5) - 7(3-7r) + (r-4) = 0$

$\Rightarrow \quad 100r - 50 - 21 + 49r + r - 4 = 0$

$\Rightarrow \quad 150r = 75 \Rightarrow r = \frac{1}{2}$

इसलिए, लम्ब पाद $A\left(2, -\frac{3}{2}, \frac{1}{2}\right)$ है।

[बिन्दु A के निर्देशांक में $r = \frac{1}{2}$ रखने पर]

अब, बिन्दु $P(2, -1, 4)$ की रेखा (i) से लम्बवत् दूरी

$$PA = \sqrt{(2-2)^2 + \left(-\frac{3}{2}+1\right)^2 + \left(\frac{1}{2}-4\right)^2}$$

$$= \sqrt{\frac{1}{4} + \frac{49}{4}} = \sqrt{\frac{50}{4}} = \frac{5}{\sqrt{2}} \text{ इकाई}$$

जोकि (3, 4) के मध्य स्थित है।

82. *(d)* दिए गए समतलों का समीकरण

$$2x - y - 4 = 0 \quad \text{...(i)}$$

तथा $$y + 2z - 4 = 0 \quad \text{...(ii)}$$

अब, समतलों के कुल का समीकरण, जो दिए गए समतलों (i) तथा (ii) के प्रतिच्छेद बिन्दु से गुजरता है

$$(2x - y - 4) + \lambda(y + 2z - 4) = 0 \quad \text{...(iii)}$$

प्रश्नानुसार,

समतल (iii) बिन्दु (1, 1, 0) से होकर गुजरता है, इसलिए

$(2 - 1 - 4) + \lambda(1 + 0 - 4) = 0 \Rightarrow -3 - 3\lambda = 0 \Rightarrow \lambda = -1$

अब, समतल (iii) में $\lambda = -1$ रखने पर, अभीष्ट समतल का समीकरण प्राप्त किया जा सकता है

$\Rightarrow \quad (2x - y - 4) - 1(y + 2z - 4) = 0$

$\Rightarrow \quad 2x - y - 4 - y - 2z + 4 = 0$

$\Rightarrow \quad 2x - 2y - 2z = 0 \Rightarrow x - y - z = 0$

83. *(c)* ΔAOP के दिए गए शीर्ष $O(0, 0)$ तथा $A(0, 1)$ हैं।

माना बिन्दु P के निर्देशांक (x, y) हैं।

स्पष्टतः, परिमाप $= OA + AP + OP = 4$ दिया है।

$\Rightarrow \sqrt{(0-0)^2 + (0-1)^2} + \sqrt{(0-x)^2 + (1-y)^2} + \sqrt{x^2 + y^2} = 4$

$\Rightarrow \quad 1 + \sqrt{x^2 + (y-1)^2} + \sqrt{x^2 + y^2} = 4$

$\Rightarrow \quad \sqrt{x^2 + y^2 - 2y + 1} + \sqrt{x^2 + y^2} = 3$

$\Rightarrow \quad \sqrt{x^2 + y^2 - 2y + 1} = 3 - \sqrt{x^2 + y^2}$

$\Rightarrow x^2 + y^2 - 2y + 1 = 9 + x^2 + y^2 - 6\sqrt{x^2 + y^2}$

[दोनों पक्षों का वर्ग करने पर]

$\Rightarrow \quad 1 - 2y = 9 - 6\sqrt{x^2 + y^2}$

$\Rightarrow \quad 6\sqrt{x^2 + y^2} = 2y + 8 \Rightarrow 3\sqrt{x^2 + y^2} = y + 4$

$\Rightarrow \quad 9(x^2 + y^2) = (y + 4)^2$ [दोनों पक्षों का वर्ग करने पर]

$\Rightarrow \quad 9x^2 + 9y^2 = y^2 + 8y + 16 \Rightarrow 9x^2 + 8y^2 - 8y = 16$

अतः बिन्दु $P(x, y)$ का बिन्दुपथ $9x^2 + 8y^2 - 8y = 16$ है।

84. *(a)* दी गई रेखा का समीकरण

$$3x + 5y = 15 \quad \text{...(i)}$$

स्पष्टतः रेखा (i) पर बिन्दु जोकि X तथा Y-अक्ष से समदूरस्थ है वह या तो $y = x$ या $y = -x$ पर स्थित होगा

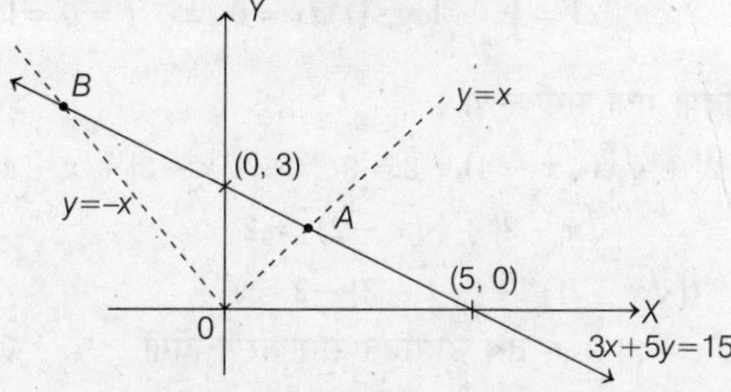

उपरोक्त आकृति में, बिन्दु A तथा B रेखा (i) पर स्थित है तथा निर्देशांक अक्षों से समदूरस्थ है।

रेखा (i) तथा $y = x$ को हल करने पर, $A\left(\frac{15}{8}, \frac{15}{8}\right)$

समान रूप से, रेखा (i) तथा $y = -x$ को हल करने पर,

$B\left(-\frac{15}{2}, \frac{15}{2}\right)$

इसलिए अभीष्ट बिन्दु केवल I तथा II चतुर्थांश में स्थित है।

85. *(b)* दिया है, $\lim_{x \to 0} \frac{\sin^2 x}{\sqrt{2} - \sqrt{1 + \cos x}}$ $\left[\frac{0}{0} \text{ रूप}\right]$

$$= \lim_{x \to 0} \frac{\sin^2 x}{\sqrt{2} - \sqrt{2}\cos\frac{x}{2}} \quad \left[\because 1 + \cos x = 2\cos^2\frac{x}{2}\right]$$

$$= \lim_{x \to 0} \frac{\sin^2 x}{\sqrt{2}\left(1 - \cos\frac{x}{2}\right)} = \lim_{x \to 0} \frac{\sin^2 x}{\sqrt{2} \times 2\sin^2\left(\frac{x}{4}\right)}$$

$$\left[\because 1 - \cos\frac{x}{2} = 2\sin^2\frac{x}{4}\right]$$

$$= \lim_{x \to 0} \frac{x^2}{2\sqrt{2}\left(\frac{x}{4}\right)^2} \quad [\lim_{x \to 0} \sin x = \lim_{x \to 0} x]$$

$$= \frac{16}{2\sqrt{2}} = 4\sqrt{2}$$

86. *(d)* दिए गए फलन हैं

$$g(x) = \log_e x, x > 0 \text{ तथा } f(x) = \frac{2 - x\cos x}{2 + x\cos x}$$

माना $\quad I = \int_{-\pi/4}^{\pi/4} g(f(x))dx$

तब, $\quad I = \int_{-\pi/4}^{\pi/4} \log_e\left(\frac{2 - x\cos x}{2 + x\cos x}\right)dx \quad \text{...(i)}$

अब, गुणधर्म के उपयोग से,

$$\int_a^b f(x)dx = \int_a^b f(a + b - x)dx,$$

$$I = \int_{-\pi/4}^{\pi/4} \log_e\left(\frac{2 + x\cos x}{2 - x\cos x}\right)dx \quad \text{...(ii)}$$

समी (i) तथा (ii) को जोड़ने पर,

$$2I = \int_{-\pi/4}^{\pi/4}\left[\log_e\left(\frac{2 - x\cos x}{2 + x\cos x}\right) + \log_e\left(\frac{2 + x\cos x}{2 - x\cos x}\right)\right]dx$$

$$= \int_{-\pi/4}^{\pi/4}\log_e\left(\frac{2 - x\cos x}{2 + x\cos x} \times \frac{2 + x\cos x}{2 - x\cos x}\right)dx$$

$$[\because \log_e A + \log_e B = \log_e AB]$$

$$\Rightarrow \quad 2I = \int_{-\pi/4}^{\pi/4}\log_e(1)dx = 0 \Rightarrow I = 0 = \log_e(1)$$

87. *(a)* दिया गया समीकरण

$$|\sqrt{x} - 2| + \sqrt{x}(\sqrt{x} - 4) + 2 = 0 \Rightarrow |\sqrt{x} - 2| + x - 4\sqrt{x} + 4 = 2$$

$$\Rightarrow \quad |\sqrt{x} - 2| + (\sqrt{x} - 2)^2 = 2$$

$$\Rightarrow \quad (|\sqrt{x} - 2|)^2 + |\sqrt{x} - 2| - 2 = 0$$

माना $|\sqrt{x} - 2| = y$, तब उपरोक्त समीकरण होगी

$$y^2 + y - 2 = 0 \Rightarrow y^2 + 2y - y - 2 = 0$$

$$\Rightarrow \quad y(y + 2) - 1(y + 2) = 0$$

$$\Rightarrow \quad (y + 2)(y - 1) = 0 \Rightarrow y = 1, -2$$

$$\therefore \quad y = 1 \qquad [\because y = |\sqrt{x} - 2| \geq 0]$$

$$\Rightarrow \quad |\sqrt{x} - 2| = 1 \Rightarrow \sqrt{x} - 2 = \pm 1$$

$\Rightarrow \quad \sqrt{x} = 3$ या $1 \Rightarrow x = 9$ या 1

$\therefore$ मूलों का योगफल $= 9 + 1 = 10$

88. *(c)* दिया है, $\alpha = \cos^{-1}\left(\frac{3}{5}\right)$ तथा $\beta = \tan^{-1}\left(\frac{1}{3}\right)$

जहाँ $\quad 0 < \alpha, \beta < \frac{\pi}{2}$

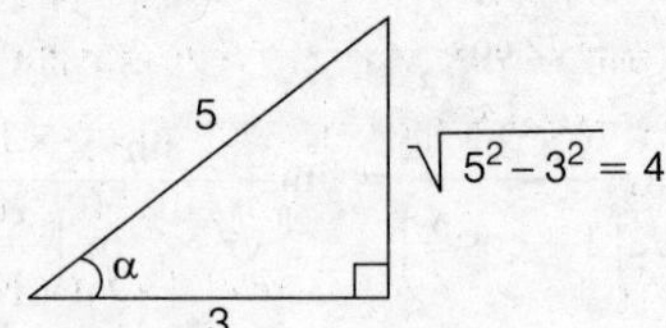

स्पष्टतः, $\quad \alpha = \tan^{-1}\frac{4}{3}$

इसलिए, $\quad \alpha - \beta = \tan^{-1}\frac{4}{3} - \tan^{-1}\frac{1}{3} = \tan^{-1}\left[\frac{\frac{4}{3} - \frac{1}{3}}{1 + \left(\frac{4}{3} \times \frac{1}{3}\right)}\right]$

$$\left[\because \tan^{-1}x - \tan^{-1}y = \tan^{-1}\frac{x - y}{1 + xy}, \text{ यदि } xy > -1\right]$$

$$= \tan^{-1}\frac{1}{1 + \frac{4}{9}} = \tan^{-1}\frac{9}{13}$$

$\sqrt{9^2 + 13^2} = \sqrt{250}$
9
α −β
13

$$= \sin^{-1}\frac{9}{\sqrt{9^2 + 13^2}} = \sin^{-1}\frac{9}{\sqrt{250}} = \sin^{-1}\left(\frac{9}{5\sqrt{10}}\right)$$

89. *(a)* दिया गया व्यंजक

$$2y = \left(\cot^{-1}\left(\frac{\sqrt{3}\cos x + \sin x}{\cos x - \sqrt{3}\sin x}\right)\right)^2$$

$$= \left(\cot^{-1}\left(\frac{\sqrt{3}\cot x + 1}{\cot x - \sqrt{3}}\right)\right)^2$$

[अंश तथा हर के प्रत्येक पद को $\sin x$ से भाग देने पर]

$$= \left(\cot^{-1}\left(\frac{\cot\frac{\pi}{6}\cot x + 1}{\cot x - \cot\frac{\pi}{6}}\right)\right)^2 \qquad \left[\because \cot\frac{\pi}{6} = \sqrt{3}\right]$$

$$= \left(\cot^{-1}\left(\cot\left(\frac{\pi}{6} - x\right)\right)\right)^2$$

$$\left[\because \cot(A - B) = \frac{\cot A\cot B + 1}{\cot B - \cot A}\right]$$

$$= \begin{cases}\left(\frac{\pi}{6} - x\right)^2, & 0 < x < \frac{\pi}{6} \\ \left(\pi + \left(\frac{\pi}{6} - x\right)\right)^2, & \frac{\pi}{6} < x < \frac{\pi}{2}\end{cases}$$

$$\left[\because \cot^{-1}(\cot\theta) = \begin{cases}\pi + \theta, & -\pi < \theta < 0 \\ \theta, & 0 < \theta < \pi \\ \theta - \pi, & \pi < \theta < 2\pi\end{cases}\right]$$

$$\Rightarrow \quad 2y = \begin{cases}\left(\frac{\pi}{6} - x\right)^2, & 0 < x < \frac{\pi}{6} \\ \left(\frac{7\pi}{6} - x\right)^2, & \frac{\pi}{6} < x < \frac{\pi}{2}\end{cases}$$

$$\Rightarrow \quad 2\frac{dy}{dx} = \begin{cases}2\left(\frac{\pi}{6} - x\right)(-1), & 0 < x < \frac{\pi}{6} \\ 2\left(\frac{7\pi}{6} - x\right)(-1), & \frac{\pi}{6} < x < \frac{\pi}{2}\end{cases}$$

$$\Rightarrow \quad \frac{dy}{dx} = \begin{cases}x - \frac{\pi}{6}, & 0 < x < \frac{\pi}{6} \\ x - \frac{7\pi}{6}, & \frac{\pi}{6} < x < \frac{\pi}{2}\end{cases}$$

90. *(a)* हम जानते हैं कि, $P(A/B) = \frac{P(A \cap B)}{P(B)}$

[सहप्रतिबन्ध प्रायिकता की परिभाषा से]

$$\because \quad A \subset B \Rightarrow A \cap B = A$$

$$\therefore \quad P(A/B) = \frac{P(A)}{P(B)} \qquad \text{...(i)}$$

जैसा कि हम जानते हैं, $0 \leq P(B) \leq 1$

$$\therefore \quad 1 \leq \frac{1}{P(B)} < \infty \Rightarrow P(A) \leq \frac{P(A)}{P(B)} < \infty \Rightarrow \frac{P(A)}{P(B)} \geq P(A) \qquad \text{...(ii)}$$

अब, समी (i) तथा (ii) से,

$$P(A/B) \geq P(A)$$

JEE Main संयुक्त प्रवेश परीक्षा

सॉल्वड पेपर 2019

9 अप्रैल, द्वितीय पाली

भौतिकी

1. 20 cm फोकस दूरी के एक उत्तल लेंस से किसी वस्तु के प्रतिबिम्ब का आवर्धन 2 ही होता, जब वस्तु को लेंस से दो दूरियों x_1 तथा x_2 $(x_1 > x_2)$ पर रखते हैं। x_1 और x_2 का अनुपात है

(a) 4 : 3 (b) 2 : 1 (c) 5 : 3 (d) 3 : 1

2. एक वर्ग का क्षेत्रफल 5.29 cm^2 है। ऐसे सात वर्गों का क्षेत्रफल उचित सार्थक अंकों में होगा

(a) 37.0 cm^2 (b) 37 cm^2
(c) 37.03 cm^2 (d) 37.030 cm^2

3. द्रव्यमान m का एक कण चाल $2v$ से जाते हुये एक द्रव्यमान $2m$ के कण जो इसी दिशा में चाल v से जा रहा है, से संघट्ट के बाद पहला कण स्थिर अवस्था में आ जाता है तथा दूसरा कण एक ही द्रव्यमान m के दो कणों में विभाजित हो जाता है। ये दोनों कण आरम्भिक दिशा से 45° के कोण पर जाते हैं, प्रत्येक चलायमान कण की गति का मान होगा

(a) $\frac{v}{(2\sqrt{2})}$ (b) $\sqrt{2}\,v$
(c) $\frac{v}{\sqrt{2}}$ (d) $2\sqrt{2}\,v$

4. संचार प्रणाली में ट्रांसमीटर और रिसीवर ऐन्टीना के भौतिक आकार हैं

(a) हुक और मॉडुलन आवृत्ति दोनो से स्वतन्त्र
(b) वाहक आवृत्ति के लिए व्युत्क्रमानुपातिक
(c) वाहक आवृत्ति के लिए समानुपातिक
(d) मॉडुलन आवृत्ति के लिए व्युत्क्रमानुपातिक

5. चार बिन्दु आवेशों $-q, +q, +q$ और $-q$ को Y-अक्ष पर क्रमशः $y = -2d$, $y = -d$, $y = +d$ तथा $y = +2d$ पर रखा गया है। X-अक्ष पर उपस्थित एक बिन्दु $x = D$, जहाँ $D >> d$ है, पर विद्युत क्षेत्र के परिमाण E का व्यवहार होगा

(a) $E \propto \frac{1}{D}$ (b) $E \propto \frac{1}{D^2}$
(c) $E \propto \frac{1}{D^4}$ (d) $E \propto \frac{1}{D^3}$

6. दिखाए गए चित्रानुसार $3K$ तथा K ऊष्माचालकता गुणांक एवं क्रमशः d तथा $3d$ मोटाई वाले दो पदार्थों को जोड़कर एक पट्टिका बनायी गयी है। उनके बाहरी सतहों के तापमान क्रमशः θ_2 और θ_1 हैं $(\theta_2 > \theta_1)$। अंतरपृष्ठ का तापमान है

(a) $\frac{\theta_1}{6} + \frac{5\theta_2}{6}$ (b) $\frac{\theta_1}{3} + \frac{2\theta_2}{3}$ (c) $\frac{\theta_2 + \theta_1}{2}$ (d) $\frac{\theta_1}{10} + \frac{9\,\theta_2}{10}$

7. 1.5 अपवर्तनांक के एक पतले उत्तल लेन्स L को किसी समतल दर्पण M की सतह पर रखते हैं। जब एक पिन को A पर रखते हैं, तब इसका वास्तविक किन्तु उल्टा प्रतिबिम्ब दिखाये चित्रानुसार A पर ही बनता है।

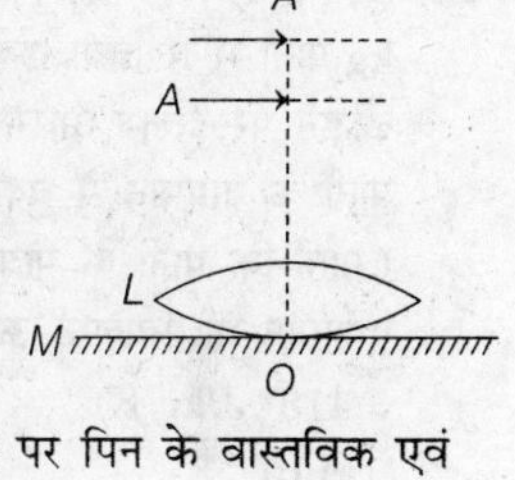

दिया है, $OA = 18$ cm, अपवर्तनांक μ_l के एक द्रव को लेन्स तथा दर्पण के बीच डालने पर पिन के वास्तविक एवं उल्टे प्रतिबिम्ब को A' तक इस प्रकार उठाते हैं कि $OA' = 27$ cm, μ_l का मान होगा

(a) 4/3 (b) $\sqrt{2}$ (c) $\sqrt{3}$ (d) 3/4

8. एक सोलर पैनल की सतह पर 50 W/m^2 ऊर्जा घनत्व का सूर्य का प्रकाश अभिलम्बवत् आपतित होता है। आपतित ऊर्जा का कुछ भाग (25%) सतह से परावर्तित हो जाता है तथा बचा हुआ भाग अवशोषित हो जाता है। सतह के 1 m^2 क्षेत्रफल पर लगने वाला बल होगा ($c = 3 \times 10^8$ m/s)

(a) 35×10^{-8} N (b) 10×10^{-8} N
(c) 15×10^{-8} N (d) 20×10^{-8} N

9. दो कुण्डलियों P तथा Q कुछ दूरी पर रखी हैं। जब कुण्डली P में 3 A की धारा प्रवाहित होती है, तो कुण्डली Q से 10^{-3} Wb का चुम्बकीय फ्लक्स गुजरता है। Q में कोई धारा नहीं है, जब P में कोई धारा नहीं है तथा Q से 2 A धारा प्रवाहित होती है, तो P से गुजरने वाला फ्लक्स होगा

(a) 6.67×10^{-3} Wb (b) 3.67×10^{-3} Wb
(c) 3.67×10^{-4} Wb (d) 6.67×10^{-4} Wb

10. एक परीक्षण कण, द्रव्यमान घनत्व $\rho(r) = \frac{K}{r^2}$ से उत्पन्न गुरुत्वीय क्षेत्र में एक वृत्ताकार कक्षा में घूम रहा है। कण के कक्ष की त्रिज्या R तथा इसके आवर्तकाल T के बीच सही सम्बन्ध होगा

(a) TR नियत है (b) $\frac{T}{R^2}$ नियत है (c) $\frac{T}{R}$ नियत है (d) $\frac{T^2}{R^3}$ नियत है

11. $3\,\Omega$ प्रतिरोध वाले एक धातु के तार को खींचकर उसकी पुरानी लम्बाई को दोगुना एकसमान तार बनाया गया है। इस नये तार को मोड़कर तथा दोनों सिरे जोड़कर एक वृत्त बनाते हैं। यदि इस वृत्त के दो बिन्दु केन्द्र से 60° का कोण बनाते हैं, तो इन दोनों बिन्दुओं के बीच तुल्य प्रतिरोध होगा

(a) $\frac{5}{2}\,\Omega$ (b) $\frac{12}{5}\,\Omega$ (c) $\frac{5}{3}\,\Omega$ (d) $\frac{7}{2}\,\Omega$

12. किसी चालक में यदि चालक इलेक्ट्रॉनों की संख्या प्रति एकांकी आयतन 8.5×10^{28} m^{-3} है और माध्य मुक्त समय 25 fs (फेम्टो-सेकण्ड) है, तो उसकी करीबी प्रतिरोधकता है ($m_e = 9.1 \times 10^{-31}$ kg)

(a) 10^{-8} Ω-m (b) 10^{-7} Ω-m
(c) 10^{-6} Ω-m (d) 10^{-5} Ω-m

13. दो कण x तथा y जिनकी दे-ब्रॉग्ली तरंगदैर्ध्य क्रमशः λ_x तथा λ_y हैं, के सम्पूर्ण अप्रत्यास्थ संघट्ट से एक कण P बना है। यदि कण x तथा y विपरीत दिशाओं में गतिशील थे, तो P की दे-ब्रॉग्ली तरंगदैर्ध्य है

(a) $\lambda_x - \lambda_y$ (b) $\frac{\lambda_x \lambda_y}{|\lambda_x - \lambda_y|}$
(c) $\lambda_x + \lambda_y$ (d) $\frac{\lambda_x \lambda_y}{\lambda_x + \lambda_y}$

14. 500 g द्रव्यमान से जुड़ी एक द्रव्यमानरहित स्प्रिंग (k = 800 N/m) को 1 kg पानी में पूर्णतया डुबोया गया है। स्प्रिंग को 2 cm लम्बाई से खींचकर छोड़ने पर दोलन आरम्भ हो जाते हैं। जब दोलन पूर्णतया रुक जाते हैं, तब पानी के तापमान में बदलाव की कोटि होगी
(माना कि पानी के पात्र और स्प्रिंग को मिली ऊष्मा नगण्य है तथा द्रव्यमान की विशिष्ट ऊष्मा = 400 J/kg K, पानी की विशिष्ट ऊष्मा = 4184 J/kg K)

(a) 10^{-2} K (b) 10^{-3} K
(c) 10^{-4} K (d) 10^{-5} K

15. एक धारामापी का प्रतिरोध 50 Ω है तथा इससे अधिकतम 0.002 A की धारा प्रवाहित हो सकती है। इसको 0-0.5 A परास के अमीटर में परिवर्तित करने के लिये इसमें कितना प्रतिरोध जोड़ना चाहिये?

(a) 0.5 Ω (b) 0.02 Ω (c) 0.002 Ω (d) 0.2 Ω

16. एक चल कुण्डली धारामापी में 175 फेरों वाली तथा 1 cm^2 क्षेत्रफल की एक कुण्डली लगी है। इसमें मरोड़ांक 10^{-6} N-m/rad वाले एक मरोड़ बैण्ड का प्रयोग होता है। इस कुण्डली को एक चुम्बकीय क्षेत्र B में रखते हैं, जोकि इसके समतल के समान्तर है। 1 mA धारा के लिये कुण्डली में विक्षेप 1° है। B का मान (टेस्ला में) लगभग है

(a) 10^{-2} (b) 10^{-1} (c) 10^{-3} (d) 10^{-4}

17. बाल्टी में तैरते हुए एक लकड़ी के गुटके के आयतन का $\frac{4}{5}$ भाग पानी में डूबा है। जब बाल्टी में कुछ तेल डालते हैं, तो पाया जाता है कि गुटका तेल की सतह से ठीक नीचे तथा इसका आधा हिस्सा तेल के अन्दर और आधा पानी के अन्दर है। पानी के सापेक्ष तेल का घनत्व होगा

(a) 0.6 (b) 0.5 (c) 0.8 (d) 0.7

18. दो कार A तथा B एक-दूसरे से दूर विपरीत दिशा में जा रही हैं। दोनों कार पृथ्वी के सापेक्ष 20 ms^{-1} की चाल से चल रही हैं। यदि कार A में बैठा प्रेक्षक, कार B से आने वाली ध्वनि की आवृत्ति 2000 Hz पाता है, तो कार B में ध्वनि स्रोत की वास्तविक आवृत्ति है (ध्वनि की वायु में चाल = 340 ms^{-1})

(a) 2060 Hz (b) 2300 Hz (c) 2150 Hz (d) 2250 Hz

19. एक कण की स्थिति सदिश, समय के साथ निम्न सूत्र से बदलता है $\mathbf{r}(t) = 15t^2\hat{\mathbf{i}} + (4 - 20t^2)\hat{\mathbf{j}}$, $t = 1$ पर कण के त्वरण का परिमाण होगा

(a) 25 (b) 100 (c) 40 (d) 50

20. एक दूरदर्शी के अभिदृश्यक लेन्स का व्यास 250 cm है। एक दूर स्थित वस्तु से आने वाले तरंगदैर्ध्य 600 nm के प्रकाश के लिये दूरदर्शी की विभेदन सीमा लगभग होगी

(a) 1.5×10^{-7} rad (b) 4.5×10^{-7} rad
(c) 3.0×10^{-7} rad (d) 2.0×10^{-7} rad

21. R त्रिज्या की अत्याधिक लम्बी परिनालिका में प्रवाहित धारा $I(t) = kte^{-\alpha t}$ $(k > 0)$ समय के फलन $(t \geq 0)$ के रूप में है। वामावर्त दिशा में धारा को धनात्मक लिया गया है। $2R$ त्रिज्या वाली एक वृत्ताकार कुण्डली को परिनालिका के समकेन्द्रीय तथा इसके मध्यवर्ती समतल में रखते हैं। बाह्य कुण्डली में प्रेरित धारा को समय के फलन में सही रूप से दर्शाने वाला ग्राफ है

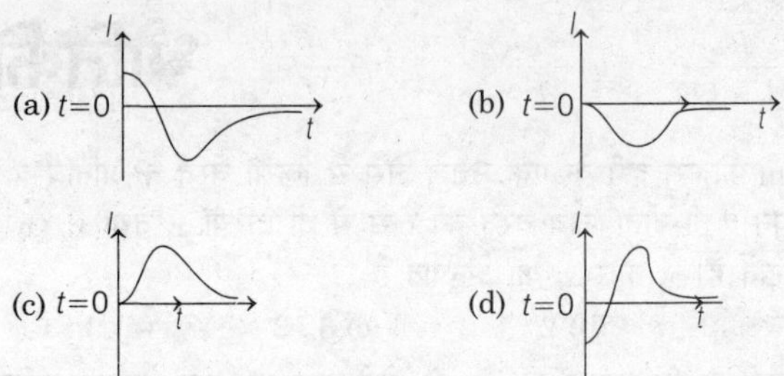

22. दिये गये लॉजिक परिपथ का तुल्य लॉजिक गेट है

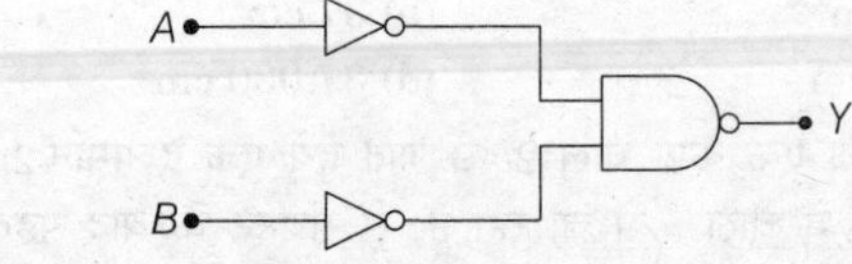

(a) NOR (b) OR (c) AND (d) NAND

23. एक He^+ आयन अपनी प्रथम उत्तेजित अवस्था में है। इसकी आयनन ऊर्जा होगी

(a) 13.60 eV (b) 54.40 eV (c) 48.36 eV (d) 6.04 eV

24. एक द्विपरमाणु गैस A के अणुओं की विशिष्ट ऊष्मायें (J $mol^{-1}K^{-1}$ की इकाई में) C_p तथा C_V क्रमशः 29 और 22 हैं। दूसरी द्विपरमाणुक गैस B के अणुओं के लिए संगत मान 30 और 21 हैं। यदि इन्हें आदर्श गैस माना जाये, तो

(a) A में एक कम्पन विधा B में दो कम्पन विधायें हैं
(b) A में एक कम्पन विधा है किन्तु B में कोई कम्पन विधा नहीं है
(c) A और B दोनों में एक-एक कम्पन विधायें हैं
(d) A दृढ़ है किन्तु B में एक कम्पन विधा है

25. वायु से भरे दो समान्तर प्लेट संधारित्रों, जिनकी धारिताएँ C तथा nC हैं, समान्तर संयोजन को V वोल्टता की बैटरी से जोड़ा गया है। जब संधारित्र की दोनों प्लेटों को हटा दिया जाता है और तत्पश्चात् पहले संधारित्र की दोनों प्लेटों के बीच परावैद्युतांक K का परावैद्युत पदार्थ रख देते हैं, तब संयुक्त संयोजन के लिये नया विभवान्तर है

(a) $\frac{V}{K+n}$ (b) $\frac{nV}{K+n}$ (c) $\frac{(n+1)V}{(K+n)}$ (d) V

26. $M = 4m$ द्रव्यमान का एक वेज (wedge) आकार का गुटका एक घर्षणरहित सतह पर रखा है। m द्रव्यमान का एक कण गुटके की ओर v चाल से आता है। कण और सतह या कण और गुटके के बीच कोई घर्षण नहीं है। कण के द्वारा गुटके के ऊपर चढ़ी गयी अधिकतम ऊँचाई होगी

(a) $\frac{2v^2}{7g}$ (b) $\frac{2v^2}{5g}$ (c) $\frac{v^2}{2g}$ (d) $\frac{v^2}{g}$

27. एक कण की स्थिति समय t के फलन में निम्न है $x(t) = at + bt^2 - ct^3$, जहाँ a, b तथा c नियतांक हैं। जब कण का त्वरण शून्य है, तब उसका वेग होगा

(a) $a + \frac{b^2}{3c}$ (b) $a + \frac{b^2}{4c}$ (c) $a + \frac{b^2}{c}$ (d) $a + \frac{b^2}{2c}$

28. द्रव्यमान M तथा लम्बाई L की एक पतली छड़ कोणीय चाल ω_0 से छड़ के लम्बवत् तथा उसके केन्द्र से जाने वाली अक्ष के परित: स्वतंत्र रूप से घूम रही है। द्रव्यमान m तथा नगण्य आकार की दो मणिकायें आरम्भ में छड़ के केन्द्र पर हैं। यह मणिकायें जब छड़ के विपरीत सिरों पर पहुँचती हैं, तो इस विन्यास की कोणीय चाल होगी

(a) $\frac{M\omega_0}{M + 6m}$ (b) $\frac{M\omega_0}{M + 3m}$ (c) $\frac{M\omega_0}{M + m}$ (d) $\frac{M\omega_0}{M + 2m}$

29. एक पिण्ड का दिये गये अक्ष के परित: जड़त्व आघूर्ण 1.5 kg m^2 है। आरम्भ में पिण्ड विरामावस्था में है। 1200 J की घूर्णन गतिज ऊर्जा उत्पन्न करने के लिये उसी अक्ष के परित: 20 rad/s^2 का कोणीय त्वरण कितने समयान्तराल तक लगाना होगा?

(a) 2 s (b) 2.5 s
(c) 5 s (d) 3 s

30. दोनों सिरों से बँधी हुई 2.0 m लम्बी एक डोरी 240 Hz के एक कम्पन से चालित है। डोरी अपने तीसरे गुणावृत्ती (harmonic) में कम्पन करती है। तरंग की चाल और इसकी मूल आवृत्ति है

(a) 320 m/s, 120 Hz (b) 180 m/s, 80 Hz
(c) 180 m/s, 120 Hz (d) 320 m/s, 80 Hz

रसायन विज्ञान

31. एक अम्ल क्षारक अनुमापन में 0.1 M HCl विलयन को एक अज्ञात सामर्थ्य वाले NaOH के विलयन में मिलाया गया। इस प्रयोग में निम्न में से कौन अनुमापन मिश्रण के pH परिवर्तन को सही-सही प्रदर्शित करता है?

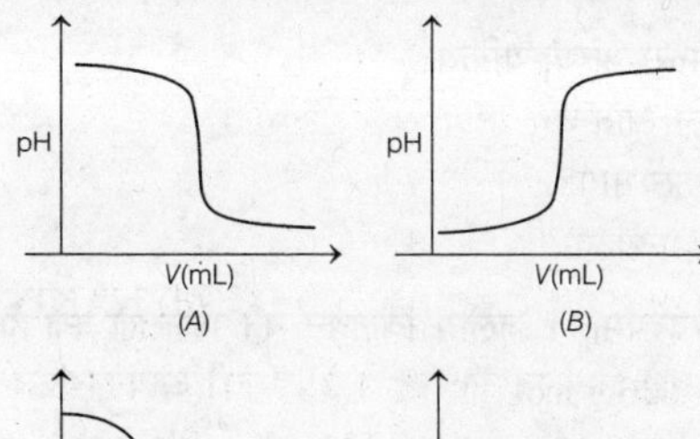

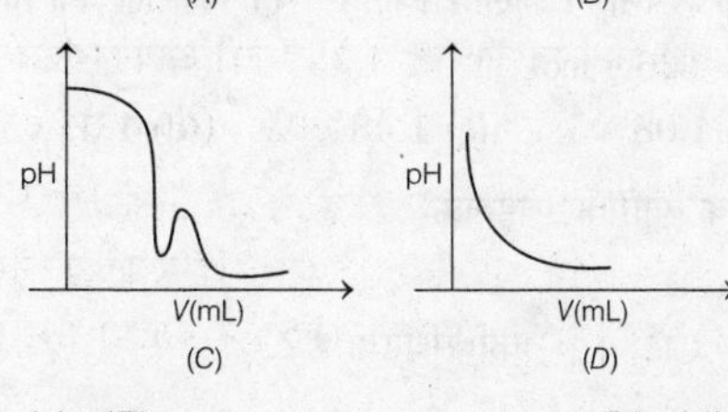

(a) (B) (b) (A)
(c) (C) (d) (D)

32. S_N1 प्रतिस्थापन के लिए निम्न यौगिकों की अभिक्रियाशीलता का बढ़ता क्रम है

CH_3—CH(—CH_3)—CH_2—Cl (A) H_3C—CH_2—Cl (B)

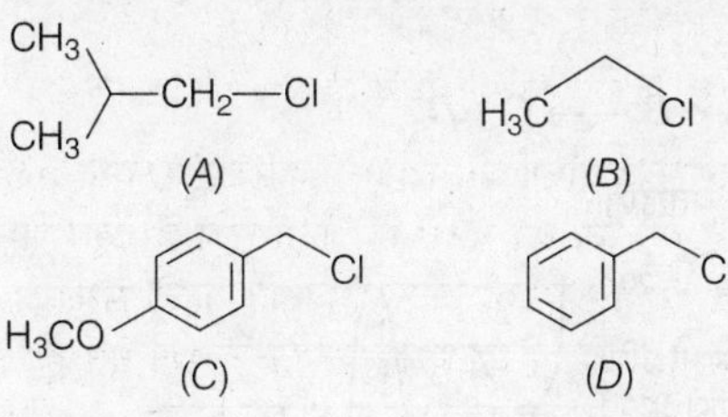

(a) (B) < (C) < (A) < (D) (b) (A) < (B) < (D) < (C)
(c) (B) < (C) < (D) < (A) (d) (B) < (A) < (D) < (C)

33. समूह-13 तत्वों के ऑक्साइडों से सम्बन्धित I से III में से सही कथन है

(I) बोरॉन ट्राइऑक्साइड अम्लीय है।
(II) ऐलुमिनियम तथा गैलियम के ऑक्साइड उभयधर्मी हैं।
(III) इण्डियम तथा थैलियम के ऑक्साइड क्षारीय हैं।

(a) (I) तथा (II) मात्र (b) (I) तथा (III) मात्र
(c) (I), (II) तथा (III) (d) (II) तथा (III) मात्र

34. एक स्प्रिंग को सम्पीडित करने में किया गया कार्य 10 kJ है तथा 2 kJ ऊष्मा के रूप में वातावरण को चला जाता है। आन्तरिक ऊर्जा में परिवर्तन ΔU (kJ में) होगा

(a) 8 (b) −12 (c) 12 (d) −8

35. 0.1 फैराडे विद्युत का प्रयोग करते हुए प्लेटिनम इलेक्ट्रोडो के बीच $Ni(NO_3)_2$ के विलयन को विद्युत अपघटित किया गया। कैथोड पर Ni का कितना मोल निक्षेपित होगा?

(a) 0.20 (b) 0.15 (c) 0.10 (d) 0.05

36. हाइड्रोजन परमाणु के 1s-कक्षक में उपस्थित इलेक्ट्रॉन के बारे में निम्न में से कौन सा सही नहीं है? (बोर त्रिज्या को a_0 द्वारा प्रदर्शित किया गया है।)

(a) इलेक्ट्रॉन की कुल ऊर्जा उच्चतम तब होगी जब वह नाभिक से a_0 दूरी पर है
(b) औसतन, स्थितिज ऊर्जा का मान इसके गतिज ऊर्जा के मान का दुगुना है
(c) इलेक्ट्रॉन के पाये जाने का प्रायिकता घनत्व नाभिक पर सर्वाधिक है
(d) इलेक्ट्रॉन, नाभिक से $2a_0$ की दूरी पर पाया जा सकता है

37. बेरीलियम क्लोराइड की संरचनाएँ ठोस अवस्था तथा वाष्प प्रावस्था में क्रमश: हैं

(a) शृंखला तथा शृंखला (b) शृंखला तथा द्वितीयक
(c) द्वितीयक तथा शृंखला (d) द्वितीयक तथा द्वितीयक

38. ऐक्टीनॉइडों की सम्भव ऑक्सीकरण अवस्थाओं की उच्चतम संख्या निम्न में से किसके द्वारा प्रदर्शित होती है?

(a) बर्केलियम (Bk) तथा केलीफोर्नियम (Cf)
(b) नोबेलियम (No) तथा लॉरेन्सियम (Lr)
(c) ऐक्टीनियम (Ac) तथा थोरियम (Th)
(d) नेप्चूनियम (Np) तथा प्लुटोनियम (Pu)

39. 1 mM पृष्ठ संक्रियक विलयन का 10 mL एक पोलर अवस्तर पर एक मोनोलेयर बनाकर 0.24 cm^2 घेरता है। यदि पोलर हेड को एक घनक रूप में माना जाए तो इसके कोर की लम्बाई क्या होगी?

(a) 1.0 pm (b) 2.0 nm (c) 0.1 nm (d) 2.0 pm

40. हिन्सबर्ग अभिकर्मक है

(a) $SOCl_2$ (b) C_6H_5COCl

(c) $(COCl)_2$ (d) $C_6H_5SO_2Cl$

41. I से III में से सही कथन है

(I) संक्रमण धातु संकरों द्वारा प्रदर्शित रंग को संयोजकता आबन्ध सिद्धान्त समझा नहीं सकता।

(II) संक्रमण धातु संकरों के चुम्बकीय गुणों की मात्रात्मक प्रायुक्ति संयोजकता आबन्ध सिद्धान्त कर सकता है।

(III) संयोजकता आबन्ध सिद्धान्त दुर्बल तथा प्रबल क्षेत्र के लिगैन्डों के बीच अन्तर नहीं बता सकता।

(a) (I) तथा (III) मात्र (b) (I) तथा (II) मात्र

(c) (I), (II) तथा (III) (d) (II) तथा (III) मात्र

42. वह पेप्टाइड जो सकारात्मक सेरिक अमोनियम नाइट्रेट तथा कार्बिलऐमीन परीक्षण देता है, वह है

(a) Asp-Gln (b) Lys-Asp (c) Ser-Lys (d) Gln-Asp

43. सिलिका का अक्रिस्टलीय रूप है

(a) क्वार्ट्ज (b) ट्राइडाइमाइट

(c) क्रिस्टोबेलाइट (d) कीजेलगूर

44. निम्न अभिक्रिया का मुख्य उत्पाद है

$\xrightarrow[\text{CHCl}_3]{H_2SO_4\text{(उत्प्रेरक)}}$

(a) (b) (c) (d)

45. निम्न स्पीशीज में, प्रतिचुम्बकीय अणु है

(a) CO (b) B_2 (c) NO (d) O_2

46. एक विलायक के लिए मोलल अवनमन स्थिरांक 4.0 K kg mol^{-1} है। K_2SO_4 के 0.03 mol kg^{-1} विलयन के लिए विलायक के हिमांक में गिरावट होगी, (मान लीजिए विद्युत अपघटन का वियोजन पूर्ण रूपेण है।)

(a) 0.12 K (b) 0.24 K (c) 0.36 K (d) 0.18 K

47. सामान्य संक्रमण तथा आन्तरिक संक्रमण धातु के प्रति नीचे दिये गये लिगैण्ड की अधिकतम सम्भव दन्तिकतायें क्रमशः हैं

(a) 6 तथा 8 (b) 6 तथा 6 (c) 8 तथा 6 (d) 8 तथा 8

48. वह एक जो कार्बोनेट अयस्क नहीं है, वह है

(a) बॉक्साइट (b) मैलेकाइट (c) सिडेराइट (d) कैलेमाइन

49. निम्नलिखित अभिक्रियाओं के मुख्य उत्पाद A तथा B क्रमशः हैं

$\xrightarrow[\text{DMSO}]{\text{KCN}} [A] \xrightarrow{H_2/Pd} [B]$

(a) ; (b) ; (c) ; (d) ;

50. HF का क्वथनांक हाइड्रोजन हैलाइडों में उच्चतम होता है, इसका कारण है

(a) प्रबलतम वाण्डरवाल्स अन्योन्यक्रिया

(b) प्रबलतम हाइड्रोजन आबन्धन

(c) निम्नतम आयनिक स्वभाव

(d) निम्नतम वियोजन एन्थैल्पी

51. KI के 20% (द्रव्यमान/द्रव्यमान) जलीय विलयन की मोललता क्या होगी? (KI का मोलर द्रव्यमान = 166 g mol^{-1})

(a) 1.35 (b) 1.08 (c) 1.48 (d) 1.51

52. निम्न में से कौन सा एक यौगिक, बहुलक

$\left[HN - \overset{O}{\overset{\|}{C}} - NH - CH_2 \right]_n$ का संघटक है?

(a) मेथिल ऐमीन (b) N-मेथिल यूरिया

(c) फॉर्मेल्डीहाइड (d) अमोनिया

53. निम्नलिखित A एवं B के बीच अभिक्रिया की एन्थैल्पी के दिये गये प्लॉट पर विचार कीजिए।

$$A + B \longrightarrow C + D$$

तथा गलत कथन को बताइए।

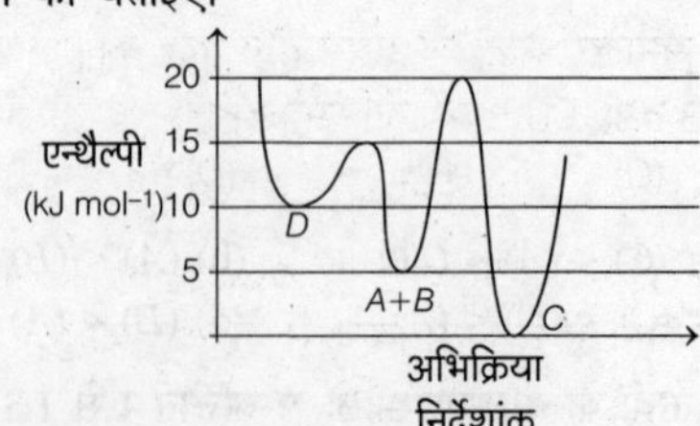

(a) C ऊष्मागतिकीय रूप में स्थिर उत्पाद है

(b) A से A तथा B के बनने में संक्रियण एन्थैल्पी उच्चतम है

(c) C को बनाने में संक्रियण एन्थैल्पी D को बनाने में लगने वाली संक्रियण एन्थैल्पी से 6 kJ mol^{-1} कम है

(d) D गतिकत स्थायी उत्पाद है

54. समुन्द्र तल से 10 से 50 km ऊँचाई पर उपस्थित सतह को कहा जाता है

(a) समताप मण्डल (b) मीसोस्फीयर
(c) थर्मोस्फीयर (d) क्षोभमण्डल

55. स्थितिज ऊर्जा का निम्न में से कौन सा आरेख S_N1 अभिक्रिया को अभिव्यक्त करता है

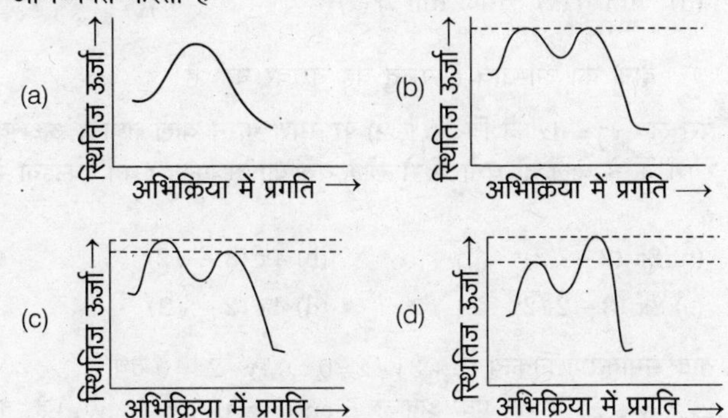

56. कथन आयरन के निष्कर्षण के लिए हेमेटाइट अयस्क प्रयुक्त होता है।
कारण हेमेटाइट आयरन का कार्बोनेट अयस्क है।

(a) कथन और कारण दोनों सत्य हैं और कारण कथन की सही व्याख्या करता है।
(b) मात्र कारण सत्य है।
(c) कथन और कारण दोनों सत्य हैं परन्तु कारण कथन की सही व्याख्या नहीं करता है।
(d) मात्र कथन सत्य है।

57. दिये गये ताप T पर यह पाया गया कि Ne, Ar, Xe तथा Kr गैसें आदर्श गैस व्यवहार से विचलित होती हैं। उनकी अवस्था समीकरण को इस प्रकार दिया है $p = \frac{RT}{V - b}$ पर T। यहाँ वाण्डरवाल्स स्थिरांक है। कौन-सी गैस Z (सम्पीडनकारक) तथा p के प्लॉट में सर्वाधिक खड़ी वृद्धि प्रदर्शित करेगी?

(a) Xe (b) Ar
(c) Kr (d) Ne

58. कार्बन-टेट्राक्लोराइड में ब्रोमीन के साथ अभिक्रिया करने पर p-हाइड्रॉक्सी बेन्जोफिनॉन देता है

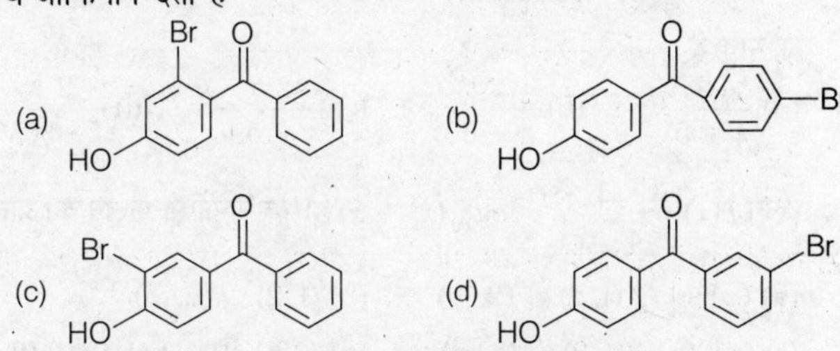

59. निम्न अभिक्रिया में, कार्बोनिल यौगिक $+ \text{MeOH} \xrightleftharpoons{\text{HCl}}$ ऐसीटल अभिक्रिया की दर निम्न में से किसके लिए उच्चतम है?

(a) ऐसीटोन अवस्तर के रूप में तथा मेथेनॉल आधिक्य में
(b) प्रोपेनल अवस्तर के रूप में तथा मेथेनॉल आधिक्य में
(c) ऐसीटोन अवस्तर के रूप में तथा मेथेनॉल स्टॉइकियोमेट्री में
(d) प्रोपेनल अवस्तर के रूप में तथा मेथेनॉल स्टॉइकियोमेट्री मात्रा में

60. नरऐड्रीनेलिन है एक

(a) तंत्रकीय संचालक (b) प्रतिअम्ल
(c) प्रति-अवसादक (d) प्रतिहिस्टामिन

गणित

61. एक पानी की टंकी उल्टे लम्बवृत्तीय शंकु के आकार की है, जिसका अर्धशीर्ष कोण $\tan^{-1}\left(\frac{1}{2}\right)$ है। इसमें पानी 5 घन मी/मिनट की समान दर से डाला जाता है, तो टंकी में पानी की गहराई 10 मी होने पर वह दर (मी/मिनट में), जिस पर पानी की सतह बढ़ रही है, है

(a) $\frac{1}{5\pi}$ (b) $\frac{2}{\pi}$ (c) $\frac{1}{15\pi}$ (d) $\frac{1}{10\pi}$

62. यदि एक समान्तर श्रेणी के प्रथम तीन पदों का योगफल तथा गुणनफल क्रमशः 33 तथा 1155 है, तो इसके 11वें पद का एक मान है

(a) −36 (b) −35 (c) 25 (d) −25

63. वृत्तों $x^2 + y^2 = 4$ तथा $x^2 + y^2 + 6x + 8y - 24 = 0$ की उभयनिष्ठ स्पर्श रेखा निम्न में से किस बिन्दु से होकर जाती है

(a) $(-4, 6)$ (b) $(6, -2)$ (c) $(4, -2)$ (d) $(-6, 4)$

64. आव्यूहों $A = \begin{bmatrix} 0 & 2y & 1 \\ 2x & y & -1 \\ 2x & -y & 1 \end{bmatrix}$, $(x, y \in R, x \neq y)$ जिनके लिए $A^T A = 3I_3$ है, की कुल संख्या है

(a) 3 (b) 4 (c) 6 (d) 2

65. एक वृत्त, जिसका एक व्यास रेखा $3y = x + 7$ के अन्तर्गत एक आयत बनाया गया है। यदि आयत के दो संलग्न शीर्ष $(8, 5)$ तथा $(6, 5)$ हैं, तो आयत का क्षेत्रफल (वर्ग इकाइयों में) है

(a) 98 (b) 84 (c) 56 (d) 72

66. यदि परवलय $y^2 = x$ के एक बिन्दु $(\alpha, \beta), (\beta > 0)$ पर, स्पर्श रेखा, दीर्घवृत्त $x^2 + 2y^2 = 1$ की भी स्पर्श रेखा है, तो α बराबर है

(a) $2\sqrt{2} + 1$ (b) $2\sqrt{2} - 1$ (c) $\sqrt{2} - 1$ (d) $\sqrt{2} + 1$

67. यदि $\int e^{\sec x} (\sec x \tan x f(x) + (\sec x \tan x + \sec^2 x))\, dx = e^{\sec x} f(x) + C$, तो $f(x)$ का एक सम्भव विकल्प है

(a) $\sec x + x \tan x - \frac{1}{2}$ (b) $\sec x + \tan x + \frac{1}{2}$
(c) $x \sec x + \tan x + \frac{1}{2}$ (d) $\sec x - \tan x - \frac{1}{2}$

68. यदि $f : R \to R$ एक अवकलनीय फलन है तथा $f(2) = 6$ है, तो $\int_6^{f(x)} \frac{2t\, dt}{(x - 2)}$ है

(a) 0 (b) $2f'(2)$
(c) $12f'(2)$ (d) $24f'(2)$

69. क्षैतिज धरातल पर खड़े दो खम्भों की ऊँचाई क्रमशः 5 मी तथा 10 मी है। उनके शिखरों को मिलाने वाली रेखा धरातल से 15° का कोण बनाती है, तो खम्भों के बीच की दूरी (मी में) है

(a) $10(\sqrt{3}-1)$ (b) $\frac{5}{2}(2+\sqrt{3})$

(c) $5(2+\sqrt{3})$ (d) $5(\sqrt{3}+1)$

70. यदि फलन $f(x)=\begin{cases} a\,|\,\pi-x\,|+1, & x\le 5 \\ b\,|\,x-\pi\,|+3, & x>5 \end{cases}$, $x=5$ पर सतत् है, तो $a-b$ का मान है

(a) $\frac{-2}{\pi+5}$ (b) $\frac{2}{\pi-5}$ (c) $\frac{2}{\pi+5}$ (d) $\frac{2}{5-\pi}$

71. फलन $f(x)=\frac{1}{4-x^2}+\log_{10}(x^3-x)$ द्वारा परिभाषित फलन का प्रान्त है

(a) $(-1, 0)\cup(1, 2)\cup(2, \infty)$ (b) $(1, 2)\cup(2, \infty)$

(c) $(-1, 0)\cup(1, 2)\cup(3, \infty)$ (d) $(-2, -1)\cup(-1, 0)\cup(2, \infty)$

72. माना P एक समतल है जिसमें समतलों $x+y+z-6=0$ तथा $2x+3y+z+5=0$ की प्रतिच्छेदन रेखा अन्तर्विष्ट है तथा यह XY-तल के लम्बवत् है, तो बिन्दु $(0, 0, 256)$ की P से दूरी बराबर है

(a) $205\sqrt{5}$ (b) $63\sqrt{5}$ (c) $\frac{11}{\sqrt{5}}$ (d) $\frac{17}{\sqrt{5}}$

73. यदि दो रेखाएँ $x+(a-1)\,y=1$ तथा $2x+a^2y=1$ $(a\in R-\{0, 1\})$ लम्बवत् हैं, तो उनके प्रतिच्छेदन बिन्दु की मूलबिन्दु से दूरी है

(a) $\frac{2}{\sqrt{5}}$ (b) $\sqrt{\frac{2}{5}}$ (c) $\frac{2}{5}$ (d) $\frac{\sqrt{2}}{5}$

74. वर्धमान क्रम में निम्न दस संख्याओं 10, 22, 26, 29, 34, x, 42, 67, 70, y के माध्य तथा माध्यिका क्रमशः 42 तथा 35 हैं, तो $\frac{y}{x}$ बराबर है

(a) 8/3 (b) 9/4 (c) 7/3 (d) 7/2

75. एक शहर में दो समाचार-पत्र A तथा B प्रकाशित होते हैं। यह ज्ञात है कि शहर की 25% जनसंख्या, A पढ़ती है तथा 20% जनसंख्या, B पढ़ती है जबकि 8% जनसंख्या A तथा B दोनों पढ़ती है। इसके अतिरिक्त, A पढ़ने तथा B न पढ़ने वालों में 30% विज्ञापन देखते हैं और B पढ़ने तथा A न पढ़ने वालों में भी 40% विज्ञापन देखते हैं, जबकि समाचार पत्र A तथा B दोनों को पढ़ने वालों में से 50% विज्ञापन देखते हैं, तो जनसंख्या में विज्ञापन देखने वालों का प्रतिशत है

(a) 12.8 (b) 13 (c) 13.5 (d) 13.9

76. यदि एक मात्रक सदिश $\mathbf{a}$, $\hat{\mathbf{i}}$ से $\frac{\pi}{3}$, $\hat{\mathbf{j}}$ से $\frac{\pi}{4}$ तथा $\hat{\mathbf{k}}$ से $\theta\in(0, \pi)$ कोण बनाता है, तो θ का एक मान है

(a) $\frac{\pi}{4}$ (b) $\frac{2\pi}{3}$ (c) $\frac{5\pi}{6}$ (d) $\frac{5\pi}{12}$

77. श्रेणी $1+2\times3+3\times5+4\times7+\ldots$ के 11वें पद तक योगफल है

(a) 915 (b) 945 (c) 946 (d) 916

78. यदि $f(x)=[x]-\left[\frac{x}{4}\right]$, $x\in R$ है, जहाँ $[x]$ महत्तम पूर्णांक फलन है, तो

(a) $\lim_{x\to4^-} f(x)$ का अस्तित्व है, परन्तु $\lim_{x\to4^+} f(x)$ का अस्तित्व नहीं है

(b) $x=4$ पर f सतत् है

(c) $\lim_{x\to4^+} f(x)$ का अस्तित्व है परन्तु $\lim_{x\to4^-} f(x)$ का अस्तित्व नहीं है

(d) $\lim_{x\to4^-} f(x)$ तथा $\lim_{x\to4^+} f(x)$ दोनों का अस्तित्व है परन्तु वह बराबर नहीं है

79. परवलय $y^2=4x$ को बिन्दु $(1, 2)$ पर स्पर्श करने वाले तथा X-अक्ष को स्पर्श करने वाले दो वृत्तों में से छोटे वृत्त का क्षेत्रफल (वर्ग इकाइयों में) है

(a) $8\pi\,(2-\sqrt{2})$ (b) $4\pi\,(3+\sqrt{2})$

(c) $8\pi\,(3-2\sqrt{2})$ (d) $4\pi\,(2-\sqrt{2})$

80. यदि समीकरण निकाय $2x+3y-z=0$, $x+ky-2z=0$ तथा $2x-y+z=0$ का एक अतुच्छ (non-trivial) हल (x, y, z) है, तो $\frac{x}{y}+\frac{y}{z}+\frac{z}{x}+k$ बराबर है

(a) -4 (b) $\frac{3}{4}$ (c) $\frac{1}{2}$ (d) $-\frac{1}{4}$

81. कुछ एक जैसी गेंदें पंक्तियों में इस प्रकार रखी गई हैं कि वह एक समबाहु त्रिभुज बनाती हैं। पहली पंक्ति में एक गेंद है, दूसरी पंक्ति में दो गेंदें हैं तथा इसी प्रकार अन्य पंक्तियों में गेंदें हैं।

समबाहु त्रिभुज बनाने में लगी कुल गेंदों में यदि एक जैसी 99 गेंदें और जोड़ दी जाएँ, तो इन सारी गेंदों को एक ऐसे वर्ग के आकार में रखा जा सकता है जिसकी प्रत्येक भुजा में त्रिभुज की प्रत्येक भुजा से ठीक दो गेंदें कम हैं, तो समबाहु त्रिभुज बनाने में लगी गेंदों की संख्या है

(a) 190 (b) 225 (c) 262 (d) 157

82. ΔABC के शीर्ष B तथा C रेखा $\frac{x+2}{3}=\frac{y-1}{0}=\frac{2}{4}$ पर स्थित हैं तथा $BC=5$ इकाई है। यदि दिया है कि बिन्दु $A(1, -1, 2)$ है, तो इस त्रिभुज का क्षेत्रफल (वर्ग इकाइयों में) है

(a) $5\sqrt{17}$ (b) 6 (c) $\sqrt{34}$ (d) $2\sqrt{34}$

83. क्षेत्र $A=\left\{(x, y):\frac{y^2}{2}\le x\le y+4\right\}$ का क्षेत्रफल (वर्ग इकाइयों में) है

(a) $\frac{53}{3}$ (b) 30 (c) 16 (d) 18

84. यदि $\cos x\frac{dy}{dx}-y\sin x=6x$, $\left(0<x<\frac{\pi}{2}\right)$ तथा $y\left(\frac{\pi}{3}\right)=0$ है, तो $y\left(\frac{\pi}{6}\right)$ बराबर है

(a) $\frac{\pi^2}{2\sqrt{3}}$ (b) $-\frac{\pi^2}{2}$

(c) $-\frac{\pi^2}{4\sqrt{3}}$ (d) $-\frac{\pi^2}{2\sqrt{3}}$

85. समाकल $\int_0^1 x\cot^{-1}(1-x^2+x^4)\,dx$ का मान है

(a) $\frac{\pi}{2}-\frac{1}{2}\log_e 2$ (b) $\frac{\pi}{4}-\log_e 2$

(c) $\frac{\pi}{2}-\log_e 2$ (d) $\frac{\pi}{4}-\frac{1}{2}\log_e 2$

86. माना $z \in C$ इस प्रकार है कि $|z| < 1$, यदि $\omega = \frac{5+3z}{5(1-z)}$ तो

(a) $4\,\text{Im}(\omega) > 5$ (b) $5\text{Re}(\omega) > 4$
(c) $5\,\text{Re}(\omega) > 1$ (d) $5\,\text{Im}\,(\omega) < 1$

87. यदि द्विघातीय समीकरण $(m^2+1)\,x^2 - 3x + (m^2+1)^2 = 0$ में m इस प्रकार लिया जाता है कि इसके मूलों का योगफल अधिकतम है, तो इसके मूलों के घन का निरपेक्ष अन्तर है

(a) $10\sqrt{5}$ (b) $4\sqrt{3}$
(c) $8\sqrt{3}$ (d) $8\sqrt{5}$

88. यदि $p \Rightarrow (q \vee r)$ सत्य नहीं है, तो p, q, r के सत्य मान क्रमश: है

(a) T, F, F (b) T, T, F
(c) F, T, T (d) F, F, F

89. यदि $(x+1)^n$ के x की घातों में द्विपद प्रसार में कोई तीन क्रमागत गुणांक 2 : 15 : 70 के अनुपात में हैं, तो इन तीन गुणांकों का औसत है

(a) 227 (b) 232 (c) 625 (d) 964

90. $\sin 10° \sin 30° \sin 50° \sin 70°$ का मान है

(a) $\frac{1}{18}$ (b) $\frac{1}{32}$ (c) $\frac{1}{16}$ (d) $\frac{1}{36}$

सही उत्तर

भौतिकी

1. (d)	2. (c)	3. (d)	4. (b)	5. (c)	6. (d)	7. (a)	8. (d)	9. (d)	10. (c)
11. (c)	12. (a)	13. (b)	14. (d)	15. (d)	16. (c)	17. (a)	18. (d)	19. (d)	20. (c)
21. (d)	22. (b)	23. (a)	24. (b)	25. (c)	26. (b)	27. (a)	28. (a)	29. (a)	30. (d)

रसायन विज्ञान

31. (b)	32. (d)	33. (c)	34. (a)	35. (d)	36. (c)	37. (c)	38. (d)	39. (d)	40. (d)
41. (a)	42. (c)	43. (d)	44. (b)	45. (a)	46. (c)	47. (a)	48. (a)	49. (a)	50. (b)
51. (d)	52. (c)	53. (c)	54. (a)	55. (c)	56. (d)	57. (a)	58. (c)	59. (b)	60. (a)

गणित

61. (a)	62. (d)	63. (b)	64. (b)	65. (b)	66. (d)	67. (b)	68. (c)	69. (c)	70. (d)
71. (a)	72. (c)	73. (b)	74. (c)	75. (d)	76. (b)	77. (c)	78. (b)	79. (c)	80. (c)
81. (a)	82. (c)	83. (d)	84. (d)	85. (d)	86. (c)	87. (d)	88. (a)	89. (b)	90. (c)

संकेत एवं हल

भौतिकी

1. *(d)* चूँकि उत्तल लेन्स द्वारा बना प्रतिबिम्ब वास्तविक तथा आभासी प्रकृति का होता है।

अत: लेन्स का आवर्धन, $m = +2$ तथा -2.

सर्वप्रथम हम प्रतिबिम्ब को वास्तविक प्रकृति का मान लेते हैं।

तब, $m = -2 = \frac{v}{u}$, जहाँ v लेन्स से प्रतिबिम्ब के बीच की दूरी तथा u लेन्स से वस्तु की दूरी है।

$\Rightarrow \quad v = -2x_1$ [$u = x_1$ लेने पर]

लेन्स सूत्र से,

$$\frac{1}{v} - \frac{1}{u} = \frac{1}{f} \qquad [\text{दिया है, } f = 20\,\text{cm}]$$

$$\Rightarrow \frac{1}{-2x_1} - \frac{1}{x_1} = \frac{1}{20} \Rightarrow \frac{-3}{2x_1} = \frac{1}{20} \Rightarrow x_1 = -30\,\text{cm}$$

अत: जब प्रतिबिम्ब वास्तविक प्रकृति का होगा तब लेन्स से वस्तु की दूरी, $u = -30$ cm होगी।

अब, हम प्रतिबिम्ब को आभासी प्रकृति का मान लेते हैं।

तब, $m = 2 = \frac{v}{u} \Rightarrow v = 2x_2$ [$\because u = x_2$ लेने पर,]

पुन: लेन्स सूत्र से,

$$\frac{1}{v} - \frac{1}{u} = \frac{1}{f} \Rightarrow \frac{1}{2x_2} - \frac{1}{x_2} = \frac{1}{20} \Rightarrow \frac{-1}{2x_2} = \frac{1}{20} \Rightarrow x_2 = -10\,\text{cm}$$

$\therefore$ x_1 तथा x_2 का अनुपात,

$$\frac{x_1}{x_2} = \frac{-30}{-10} = 3:1$$

अत: लेन्स की वास्तविक तथा आभासी प्रकृति होने पर लेन्स से वस्तु की दूरियों का अनुपात 3:1 होगा।

वैकल्पिक हल

लेन्स के आवर्धन सूत्र से,

$$m = \left(\frac{f}{f+u}\right)$$

जब $m = -2$ (वास्तविक प्रतिबिम्ब के लिए)

$$-2 = \frac{f}{f + x_1}$$

$$\Rightarrow -2f + (-2)\, x_1 = f \text{ या } x_1 = -\frac{3f}{2}$$

इसी प्रकार, $m = +2$ (आभासी प्रतिबिम्ब के लिए,)

$$+2 = \frac{f}{f + x_2} \Rightarrow 2f + 2x_2 = f \text{ या } x_2 = \frac{-f}{2}$$

अत: x_1 एवं x_2 का अनुपात,

$$\frac{x_1}{x_2} = \frac{\frac{-3f}{2}}{-f/2} = \frac{3}{1} \qquad \therefore\ x_1 : x_2 = 3:1$$

2. *(c)* दिया है, एक वर्ग एक का क्षेत्रफल = 5.29 cm^2

ऐसे ही सात वर्गों का क्षेत्रफल

= 1 वर्ग के क्षेत्रफल का सात बार योग

= 5.29 + 5.29 + 5.29 ... 7 बार = 37.03 cm^2

जैसा कि हम जानते हैं कि यदि मापित मान में दशमलव संख्या n के बाद सबसे कम संख्या में सार्थक अंक जोड़े या घटाए जाते हैं तब योग तथा अन्तर में दशमलव के बाद सार्थक अंकों की संख्या n होनी चाहिए। यहाँ, 5.29 में दशमलव के बाद अंकों की संख्या 2 है, इसलिए हमारे उत्तर में दशमलव बिन्दु के बाद केवल दो अंक होते हैं।

$\therefore$ क्षेत्रफल = 37.03 cm^2

3. *(d)* प्रश्नानुसार,

प्रारम्भिक स्थिति,

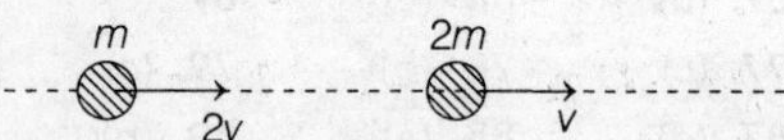

अन्तिम स्थिति,

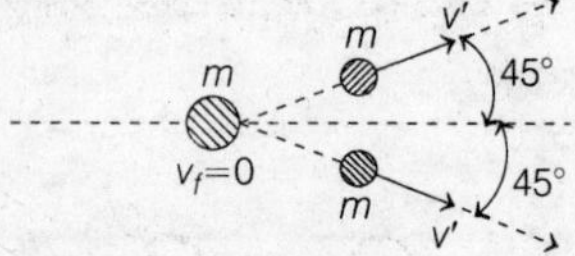

जैसा कि हम जानते हैं, कणों के संघट्ट में अलग-अलग x तथा y दोनों दिशाओं में रेखीय संवेग संरक्षित रहता है।

$$(p_x)_{\text{प्रारम्भिक}} = (p_x)_{\text{अन्तिम}}$$

$$m(2v) + 2m(v) = 0 + mv' \cos 45° + mv' \cos 45°$$

$$\Rightarrow \quad 4mv = \frac{2m}{\sqrt{2}} v' \Rightarrow v' = 2\sqrt{2}v$$

इसलिए, प्रत्येक चलायमान कण $2\sqrt{2}\, v$ चाल से गति करेगा।

4. *(b)* एन्टीना का आकार, सिग्नल की तरंगदैर्ध्य (λ) के समानुपाती होता है।

अत: सिग्नलों के चलने की चाल = वाहक आवृत्ति (f) × तरंगदैर्ध्य (λ)

$$\Rightarrow \quad f\lambda = c \text{ (प्रकाश की चाल)} \Rightarrow \lambda \propto \frac{1}{f}$$

$\therefore$ ट्रान्समीटर तथा रिसीवर ऐन्टीना का आकार वाहक तरंग की आवृत्ति के लिए व्युत्क्रमानुपातिक होता है।

नोट एन्टीना का न्यूनतम आकार $\frac{\lambda}{4}$ होता है।

5. *(c)* दिए गए आवेशों का वितरण नीचे चित्र में दर्शाया गया है,

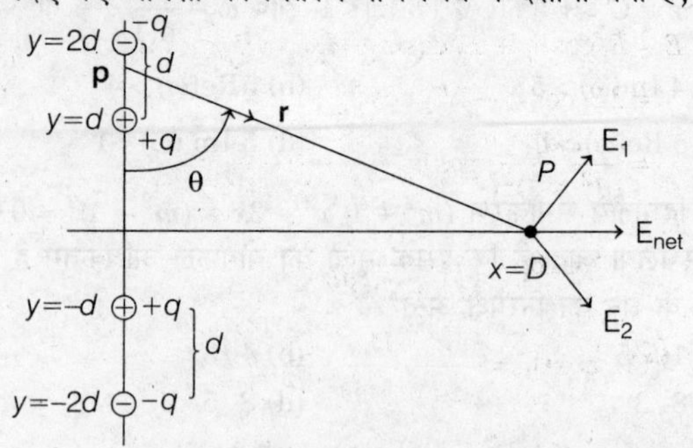

इसलिए हम उपरोक्त बिन्दुवत् आवेशों की व्यवस्था को द्विध्रुव या चर्तुध्रुव के युग्म के रूप में देख सकते हैं। सममिती से, चर्तुध्रुव के समान्तर क्षेत्र के घटक नष्ट हो जाते हैं।

अत: बिन्दु P पर परिणामी वैद्युत क्षेत्र की तीव्रता

$$E = \frac{2q}{4\pi\varepsilon_0}\left(\frac{1}{D^2} - \frac{D}{(D^2 + d^2)^{3/2}}\right) = \frac{2q}{4\pi\varepsilon_0 D^2}\left(1 - \left(1 + \frac{d^2}{D^2}\right)^{-3/2}\right)$$

जैसे– $\left(1 + \frac{d^2}{D^2}\right)^{-\frac{3}{2}} \approx \left(1 - \frac{3}{2}\frac{d^2}{D^2}\right)$ (द्विपद प्रमेय से,)

$$E = \frac{3qd^2}{4\pi\varepsilon_0 D^4}$$

$$\therefore \quad E \propto \frac{1}{D^4}$$

अत: परिणामी वैद्युत क्षेत्र की तीव्रता बिन्दु P से दूरी D की चतुर्थ घात के व्युत्क्रमानुपाती होती है।

नोट एक बिन्दुवत् आवेश के लिए क्षेत्र की निर्भरता,

$$E \propto \frac{1}{r^2}$$

द्विध्रुव के लिए,

$$E \propto \frac{1}{r^3}$$

चर्तुध्रुव के लिए,

$$E \propto \frac{1}{r^4} \text{ ..... इत्यादि}$$

वैकल्पिक हल

दिए गए आवेशों के वितरण को नीचे चित्र में दर्शाया गया है,

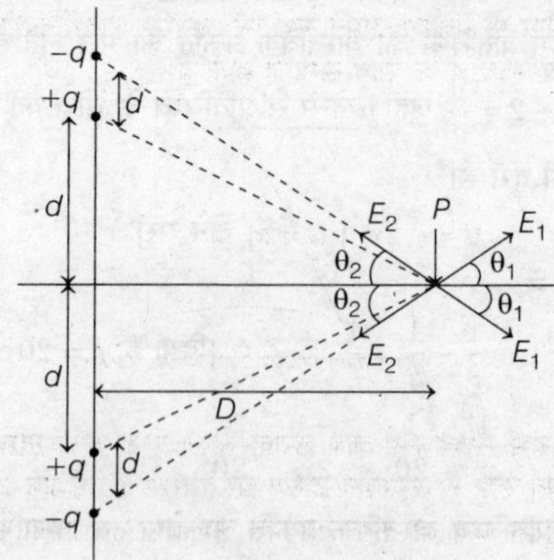

बिन्दु P पर परिणामी वैद्युत क्षेत्र,

$$E = E_1 \cos\theta_1 + E_1 \cos\theta_1 - E_2 \cos\theta_2 - E_2 \cos\theta_2$$
$$= 2E_1 \cos\theta_1 - 2E_2 \cos\theta_2$$
$$= \frac{2kq}{(d^2 + D^2)} \cos\theta_1 - \frac{2kq}{(2d)^2 + D^2} \cos\theta_2$$

अत: $\cos\theta_1 = \dfrac{D}{(d^2 + D^2)^{1/2}}$

इसी प्रकार, $\cos\theta_2 = \dfrac{D}{[(2d)^2 + D^2]^{1/2}}$

$$= 2kqD[(d^2 + D^2)^{-3/2} - (4d^2 + D^2)^{-3/2}]$$
$$= \frac{2kqD}{D^3}\left[\left(1 + \frac{d^2}{D^2}\right)^{-3/2} - \left(1 + \frac{4d^2}{D^2}\right)^{-3/2}\right]$$

जब, $D >> d$, तब द्विपद प्रमेय से,

$$= \frac{2kq}{D^2}\left[1 - \frac{3}{2}\frac{d^2}{D^2} - \left(1 - \frac{3}{2}\left(\frac{4d^2}{D^2}\right)\right)\right] = \frac{2kq}{D^2}\left[\frac{9d^2}{2D^2}\right] = \frac{9kqd^2}{D^4}$$

$\therefore$ $$E \propto \frac{1}{D^4}$$

6. *(d)* माना चालन की स्थिर अवस्था में अंतरपृष्ठ का तापमान θ है, तब चालक के किनारों से ऊष्मा की हानि नही होती हैं।

$$\begin{pmatrix}\text{पहली पटि्टका से} \\ \text{ऊष्मा प्रवाह की दर}\end{pmatrix} = \begin{pmatrix}\text{द्वितीय पटि्टका से} \\ \text{ऊष्मा प्रवाह की दर}\end{pmatrix}$$

d θ 3d
θ_2 | 3K → K | θ_1

$$\frac{(3K)\,A(\theta_2 - \theta)}{d} = \frac{KA(\theta - \theta_1)}{3d}$$

$\Rightarrow$ $$9(\theta_2 - \theta) = \theta - \theta_1 \Rightarrow 9\theta_2 + \theta_1 = 10\theta$$

अत: चालन की स्थिर अवस्था में अंतरपृष्ठ का तापमान,

$\Rightarrow$ $$\theta = \frac{9}{10}\theta_2 + \frac{1}{10}\theta_1$$

अत: अंतरपृष्ठ का तापमान, $\theta = \dfrac{9}{10}\theta_2 + \dfrac{1}{10}\theta_1$ होगा।

7. *(a)* ***संकेत*** *प्रकाश का किसी नत समतल से टकराकर वापस परावर्तित होने की क्रिया को प्रकाश का परावर्तन कहते हैं।*

समतल दर्पण से प्रकाश अपने पथ पर वापस परावर्तित होता है, जिससे A का प्रतिबिम्ब स्वंय A के साथ सम्पाती होता है।

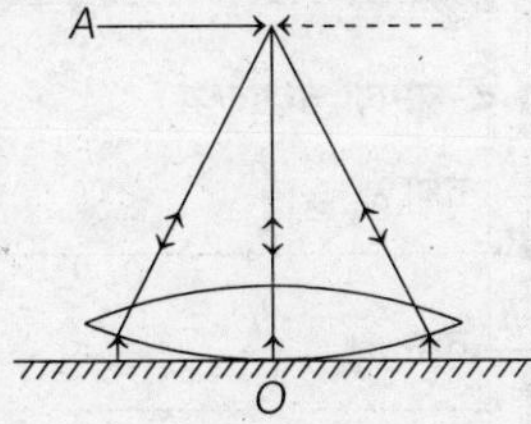

यह घटना तभी सम्भव है जब उत्तल लेन्स द्वारा अपवर्तित किरणें अभिलम्बवत् रूप से समतल दर्पण पर गिरती है अर्थात् आपतित किरणें, लेन्स के मुख्य अक्ष के समान्तर एक पुँज (beam) बनाती है। इसलिए वस्तु उत्तल लेन्स के फोकस पर होगी।

$\therefore$ उत्तल लेन्स की फोकस दूरी, $f_1 = 18$ cm

लेन्स एवं दर्पण के मध्य द्रव से, पुन: प्रतिबिम्ब वस्तु के साथ सम्पाती होता है।

अत: द्रव लेन्स एवं उत्तल लेन्स के संयोजन की तुल्य फोकस दूरी,

$$\therefore \frac{1}{f_{eq}} = \frac{1}{f_1} + \frac{1}{f_2} \Rightarrow \frac{1}{18} + \frac{1}{f_2} = \frac{1}{27} \Rightarrow f_2 = -54 \text{ cm}$$

लेन्स मेकर सूत्र से,

$$\frac{1}{f} = (\mu - 1)\left(\frac{2}{R}\right) \Rightarrow \frac{1}{18} = 0.5 \times \frac{2}{R} \Rightarrow R = 18 \text{ cm}$$

तथा समतलोत्तल द्रव लेन्स के लिए,

$$\frac{1}{f} = (\mu_l - 1)\left(\frac{-1}{R}\right) \Rightarrow -\frac{1}{54} = (\mu_l - 1)\left(\frac{-1}{18}\right) \Rightarrow \mu_l = 1 + \frac{1}{3} = \frac{4}{3}$$

8. *(d)* जब प्रकाश की किरणें किसी सतह पर गिरती हैं तो प्रति सेकण्ड क्षेत्र में विकिरण दाब या संवेग प्रदान करता है।

$$p = \begin{cases} \dfrac{2I}{c} ; & \text{विकिरण के परावर्तन के लिए} \\ \dfrac{I}{c} ; & \text{विकिरण के अपवर्तन के लिए} \end{cases}$$

जहाँ, I प्रकाश की तीव्रता है।

दी गई स्थिति में, यहाँ 25% परावर्तन तथा 75% अवशोषण का भाग है।

इसलिए, विकिरण दाब = प्रति एकांक क्षेत्रफल पर लगने वाल बल,

दिया है, $I = 50 \text{ W/m}^2$ $[c = 3 \times 10^8 \text{ m/s}]$

$$= \frac{25}{100} \times \frac{2I}{c} + \frac{75}{100} \times \frac{I}{c} = \frac{1}{2} \times \frac{I}{c} + \frac{3}{4} \times \frac{I}{c} = \frac{5}{4} \times \frac{I}{c} = \frac{5}{4} \times \frac{50}{3 \times 10^8}$$
$$= 20.83 \times 10^{-8} \text{N/m}^2 \approx 20 \times 10^{-8} \text{ N/m}^2$$

अत: सतह के 1 m^2 क्षेत्रफल पर लगने वाला बल 20×10^{-8}N होगा।

9. *(d)* नीचे दर्शाए गए चित्र के अनुसार, दोनों कुण्डलियों का अन्योन्य प्रेरण गुणांक समान होता है।

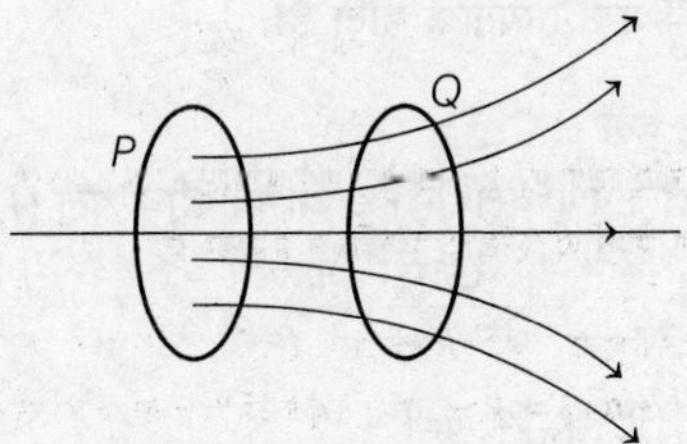

$\therefore$ $$M_{PQ} = M_{QP} \Rightarrow \frac{N_P \phi_{PQ}}{I_Q} = \frac{N_Q \phi_{QP}}{I_P} \quad \text{...(i)}$$

यहाँ, $N_P = N_Q = 1$

$\phi_{PQ} = ?\ \phi_{QP} = 10^{-3}$ Wb

$I_Q = 2\text{A}, I_P = 3\text{A}$

ये मान समी (i) में प्रतिस्थापित करने पर,

$$\phi_{PQ} = \frac{I_Q \cdot \phi_{QP}}{I_P} = \frac{2}{3} \times 10^{-3} = 0.667 \times 10^{-3} = 6.67 \times 10^{-4} \text{ Wb}$$

अत: बिन्दु P से गुजरने वाला वैद्युत फलक्स 6.67×10^{-4} Wb होगा।

10. *(c)* माना परीक्षण कण का द्रव्यमान m तथा उसकी कक्षीय रेखीय चाल v है। परीक्षण कण को आवश्यक अभिकेन्द्र बल द्रव्यमान घनत्व से उत्पन्न गुरुत्व बल से प्राप्त होता है।

अतः गुरुत्वाकर्षण बल (F_g) = अभिकेन्द्रीय बल (F_c)

अब, द्रव्यमान घनत्व के केन्द्र से r दूरी पर एक वलय लेते हैं। इस वलय का द्रव्यमान = आयतन × घनत्व $= \rho 4\pi r^2 \cdot dr$

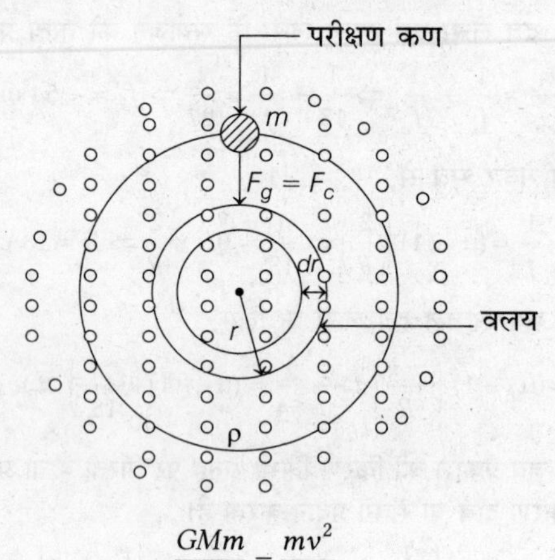

$$\Rightarrow \quad \frac{GMm}{R^2} = \frac{mv^2}{R}$$

जहाँ, $M = \int_0^R \rho(r) \cdot 4\pi r^2 \cdot dr$

$$\Rightarrow \quad \frac{G\left(\int_0^R \frac{K}{r^2} \cdot 4\pi r^2 \cdot dr\right)}{R^2} = \frac{v^2}{R} \qquad \left[\text{दिया है, } \rho(r) = \frac{K}{r^2}\right]$$

$$\Rightarrow \quad G \cdot 4\pi K = v^2$$

∴ परीक्षण कण की कक्षीय चाल, $m = v = \sqrt{G4\pi K}$ ... (i)

परीक्षण कण के घूमने का आवर्तकाल,

$$T = \frac{2\pi R}{v} = \frac{2\pi R}{\sqrt{G \cdot 4\pi K}} \qquad [\because \text{ समी. (i) से,}]$$

अतः $\dfrac{T}{R} = \sqrt{\dfrac{\pi}{GK}} = \text{a}$ (नियतांक)

अतः कण के कक्ष की त्रिज्या R तथा इसके आवर्तकाल T के बीच सही सम्बन्ध, $\dfrac{T}{R}$ एक नियतांक होता है।

वैकल्पिक हल

यहाँ, गुरुत्वाकर्षण बल (F_g) = अभिकेन्द्रीय बल (F_c)

$$\frac{GM_m}{R^2} = \frac{mv^2}{R}$$

$$\frac{G\int_0^R \left(\frac{K}{r^2} \cdot 4\pi r^2 \cdot dr\right)}{R^2} = m\omega^2 R = m\left(2\frac{\pi}{T}\right)^2 R$$

$$\Rightarrow \quad \frac{G \cdot 4\pi KR}{R^2} = \frac{4\pi^2}{T^2} R$$

या $\dfrac{T^2}{R^2} = \dfrac{\pi}{GK} \Rightarrow \dfrac{T}{R} = \sqrt{\dfrac{\pi}{GK}} = \text{a}$ (नियतांक)

11. *(c)* तार का प्रारम्भिक प्रतिरोध 3 Ω है। माना इसकी लम्बाई l तथा क्षेत्रफल A है।

तब, $R_{\text{प्रारम्भिक}} = \rho \dfrac{l}{A} = 3\,\Omega$ ... (i)

जब तार को खींचा जाता है तो लम्बाई दोगुनी हो जाती है। तब इसका क्षेत्रफल A' का तुल्यांकी आयतन,

$$Al = A'2l \Rightarrow A' = \frac{A}{2}$$

इसलिए, खींचने के पश्चात् तार का प्रतिरोध,

$$R' = R_{\text{अन्तिम}} = \rho \frac{l'}{A'} = 4\rho \frac{l}{A} = 12\,\Omega \qquad [\text{समी. (i) से,}]$$

अब इस तार को मोड़कर तथा दोनों सिरे A तथा B जोड़कर एक वृत्त बनाते हैं (जो केन्द्र से A तथा B के बीच 60° का कोण बनाता है।)

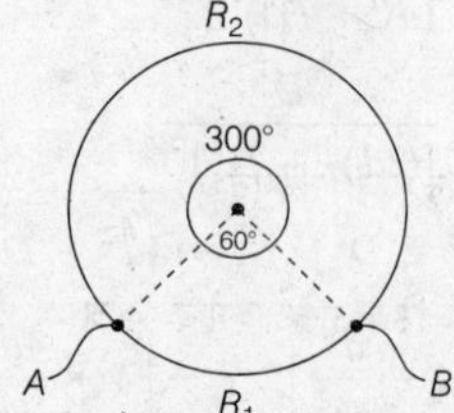

अब, उपरोक्त व्यवस्था दो प्रतिरोधों के समान्तर क्रम के संयोजन में हैं।

$$R_1 = \frac{60 \times R'}{360} = \frac{1}{6} \times 12 = 2\,\Omega$$

तथा $R_2 = \dfrac{300}{360} \times R' = \dfrac{5}{6} \times 12 = 10\,\Omega$

यहाँ, R_1 तथा R_2 समान्तर क्रम में जुड़े हुए हैं।

अतः तुल्य प्रतिरोध, $R_{AB} = \dfrac{R_1 R_2}{R_1 + R_2} = \dfrac{10 \times 2}{12} = \dfrac{5}{3}\,\Omega$

12. *(a)* चालक की प्रतिरोधकता,

$$\rho = \frac{m_e}{ne^2\tau} \qquad \text{... (i)}$$

जहाँ, m_e = इलेक्ट्रॉन का द्रव्यमान $= 9.1 \times 10^{-31}$ kg,

n = इलेक्ट्रॉनों की संख्या प्रति एकांक आयतन $= 8.5 \times 10^{28}\ \text{m}^{-3}$,

τ = माध्य मुक्त समय या श्रांतिकाल $= 25\ \text{fs} = 25 \times 10^{-15}\text{s}$

तथा e = इलेक्ट्रॉन का आवेश $= 1.6 \times 10^{-19}$ C

ये सभी मान समी. (i) में रखने पर,

$$\rho = \frac{9.1 \times 10^{-31}}{8.5 \times 10^{28} \times (1.6 \times 10^{-19})^2 \times 25 \times 10^{-15}}$$

$$= \frac{9.1 \times 10^{-6}}{8.5 \times 2.56 \times 25} = 0.016 \times 10^{-6}$$

$$= 1.6 \times 10^{-8}\ \Omega\,\text{m} \simeq 10^{-8}\ \Omega\,\text{m}$$

अतः चालक तार की प्रतिरोधकता लगभग $1.6 \times 10^{-8}\Omega$-m होगी।

13. *(b)* प्रारम्भ में,

$x \quad p_x \longrightarrow \qquad \longleftarrow p_y \quad y$

कणों से सम्बद्ध दे-ब्रोग्ली तरंगदैर्ध्य,

$$\lambda_x = \frac{h}{p_x} \text{ तथा } \lambda_y = \frac{h}{p_y}$$

$$\Rightarrow \quad p_x = \frac{h}{\lambda_x} \text{ तथा } p_y = \frac{h}{\lambda_y}$$

अन्त में कण सम्पूर्ण अप्रत्यास्थ संघट्ट से एक कण P बनाता है।

$x\ y \longrightarrow P$

जैसा कि हम जानते हैं कि संघट्ट में रेखीय संवेग संरक्षित रहता है।

$$\therefore \quad \mathbf{p}_p = |\mathbf{p}_x - \mathbf{p}_y| \Rightarrow \mathbf{p}_p = \left|\frac{h}{\lambda_x} - \frac{h}{\lambda_y}\right|$$

इसलिए संयुग्मित कण की दे-ब्रोग्ली तरंगदैर्ध्य,

$$\lambda_p = \frac{h}{|\mathbf{p}_p|} = \frac{h}{\left|\frac{h}{\lambda_x} - \frac{h}{\lambda_y}\right|} = \frac{h}{\left|\frac{h\lambda_y - h\lambda_x}{\lambda_x\lambda_y}\right|} = \frac{\lambda_x\lambda_y}{|\lambda_x - \lambda_y|}$$

अत: कण P की दे-ब्रॉग्ली तरंगदैर्ध्य $\frac{\lambda_x\lambda_y}{|\lambda_x - \lambda_y|}$ होगी।

14. *(d)* प्रश्न में दी गई स्थिति को नीचे चित्र में दर्शाया गया है,

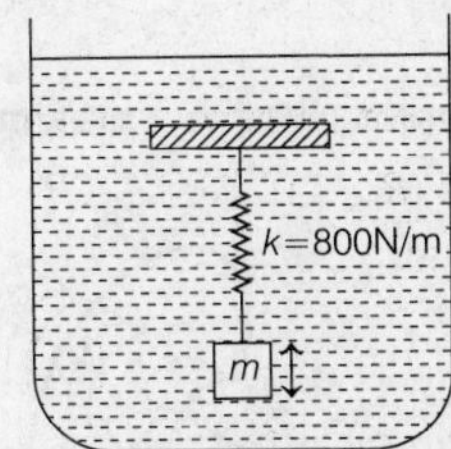

जब कम्पन्न करने वाली वस्तु अचानक कम्पन्न करना बन्द कर दे तो दोलन ऊर्जा (या स्प्रिंग में संग्रहित ऊर्जा) ऊष्मा के रूप में क्षयित होती है जिसके कारण ताप में वृद्धि हो जाती है।

$$\frac{1}{2}kx_m^2 = (m_1s_1 + m_2s_2)\Delta T \quad \text{...(i)}$$

जहाँ, x_m = दोलन का आयाम $= 2 \text{ cm} = 2 \times 10^{-2}$ m

s_1 = द्रव्यमान की विशिष्ट ऊष्मा = -400/kg K

s_2 = पानी की विशिष्ट ऊष्मा = -4184 J/kg K

तथा ΔT = तापमान में वृद्धि

$m_1 = 500$ g, $m_2 = 11$ g, $k = 800$ N/m

दिए गए मान समी. (i) में रखने पर,

$$\frac{1}{2} \times 800 \times (2 \times 10^{-2})^2 = \left(\left(\frac{500}{1000}\right) \times 400 + 1 \times 4184\right)\Delta T$$

$$\Delta T = \frac{16 \times 10^{-2}}{4384} = 3.65 \times 10^{-5} \text{ K}$$

इसलिए, तापमान में परिवर्तन का परिमाण लगभग 10^{-5} कोटि का होगा।

15. *(d)* ***संकेत*** *अमीटर, धारामापी का एक प्रकार है जिसमें शन्ट धारामापी के समान्तर क्रम में संयोजित होता है*

नीचे चित्र में एक अमीटर परिपथ को दर्शाया गया है,

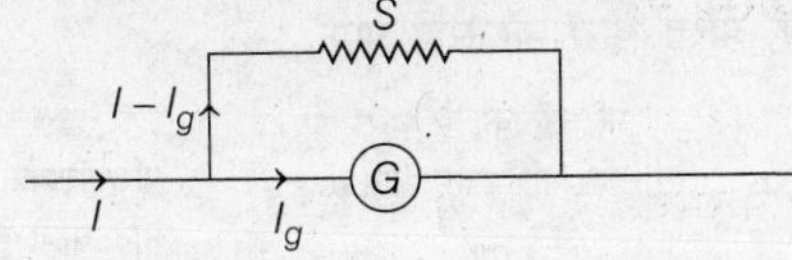

इसलिए, $I_gG = (I - I_g)S$

यहाँ, $I_g = 0.002$ A, $I = 0.5$ A, $G = 50\,\Omega$

इसलिए, आवश्यक शन्ट प्रतिरोध,

$$S = \frac{I_gG}{I - I_g} = \frac{0.002 \times 50}{(0.5 - 0.002)} \approx 0.2\,\Omega$$

अत: धारामापी को अमीटर में परिवर्तित करने के लिए $0.2\,\Omega$ का प्रतिरोध जोड़ना चाहिए।

16. *(c)* चल कुण्डली धारामापी की साम्यावस्था में धारा के कारण कुण्डली का बलाघूर्ण, मरोड़ बैण्ड के बलाघूर्ण से सन्तुलित होता है।

अत: कुण्डली पर उत्पन्न बलाघूर्ण,

$$\tau = \mathbf{M} \times \mathbf{B} = NIAB\sin\alpha$$

जहाँ, B = चुम्बकीय क्षेत्र की तीव्रता, I = कुण्डली में प्रवाहित धारा

N = कुण्डली में फेरों की संख्या

यहाँ कुण्डली का तल, क्षेत्र के समान्तर है।

$\therefore \quad \alpha = 90° \Rightarrow \tau = NIBA$

मरोड़ी बैण्ड का बलाघूर्ण, $\tau = k\theta$

जहाँ, k = मरोड़ी बैण्ड का बलाघूर्ण

तथा θ = कुण्डली में उत्पन्न विक्षेप (रेडियन में) या प्रत्यानयन बलाघूर्ण के मोड़ द्वारा बना कोण,

$$\therefore \quad BINA = k\theta \text{ या } B = \frac{k\theta}{INA} \quad \text{... (i)}$$

दिया है, $k = 10^{-6}$ N-m/rad, $I = 1\text{mA} = 1 \times 10^{-3}$ A

$N = 175$, $A = 1 \text{ cm}^2 = 1 \times 10^{-4} \text{ m}^2$

$\theta = 1° = \frac{\pi}{180}$ rad

समी. (i) में मान रखने पर,

$$B = \frac{10^{-6} \times 22}{1 \times 10^{-3} \times 175 \times 7 \times 180 \times 10^{-4}} = 0.998 \times 10^{-3} \simeq 10^{-3} \text{ T}$$

अत: चुम्बकीय क्षेत्र, B का मान $0.998 \times 10^{-3} \simeq 10^{-3}$ T होगा।

17. *(a)* तैरती हुई वस्तु के लिए,

उत्पलावन बल = तरल में डूबी हुई वस्तु का भार

प्रथम स्थिति,

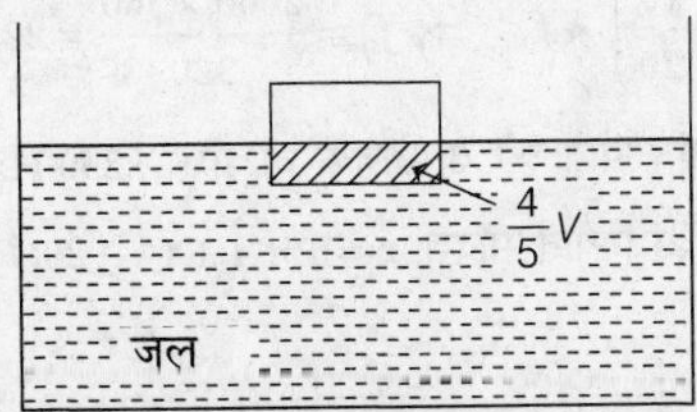

इसलिए, लकडी के गुटके का भार

विस्थापित जल का भार $\Rightarrow V\rho_b g = \frac{4}{5}V\rho_w g$

जहाँ, ρ_b = लकडी के गुटके का घनत्व तथा ρ_w = जल का घनत्व

$$\therefore \quad \frac{\rho_b}{\rho_w} = \frac{4}{5} \quad \text{... (i)}$$

द्वितीय स्थिति में,

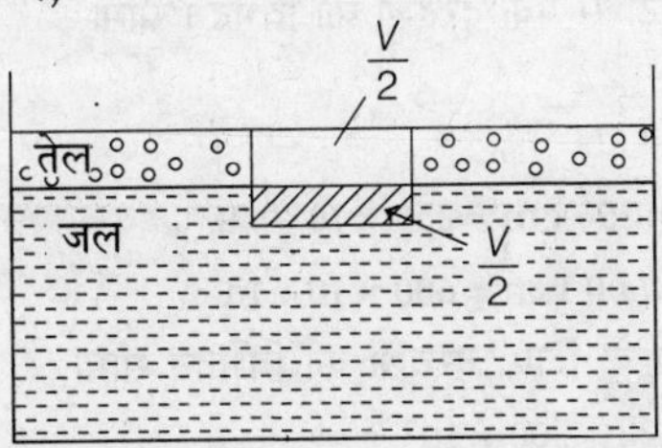

इसलिए, लकड़ी का गुटके का भार = विस्थापित तेल का भार + विस्थापित जल का भार

$\Rightarrow \quad V\rho_b = \dfrac{V}{2}\rho_0 g + \dfrac{V}{2}\rho_w g$

जहाँ, ρ_0 = तेल का घनत्व

$\Rightarrow \quad 2\rho_b = \rho_0 + \rho_w \quad \Rightarrow \dfrac{2\rho_b}{\rho_w} = \dfrac{\rho_0}{\rho_w} + 1$

$\Rightarrow \quad 2 \times \dfrac{4}{5} = \dfrac{\rho_0}{\rho_\omega} + 1$ [समी. (i) से]

$\Rightarrow \quad \rho_0/\rho_w = \dfrac{8}{5} - 1 = \dfrac{3}{5} = 0.6$

अत: जल के सापेक्ष तेल का घनत्व 0.6 होगा।

18. *(d)* प्रश्न में दी गई स्थिति को नीचे चित्र मे दर्शाया गया है,

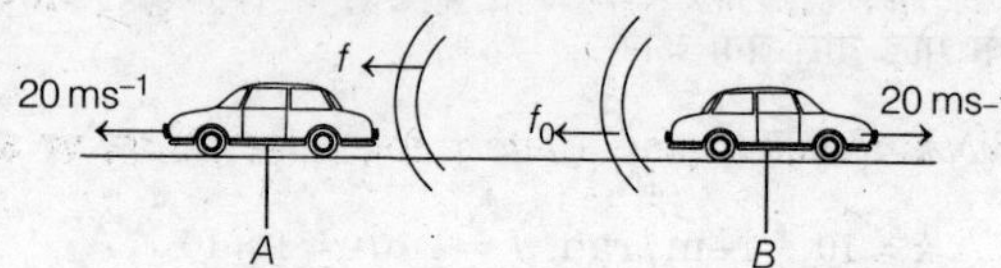

यहाँ स्रोत तथा प्रेक्षक दोनों एक-दूसरे से दूर जा रहे हैं। इसलिए डॉप्लर प्रभाव के अनुसार आभासी आवृत्ति,

$$f = f_0\left(\frac{v + v_o}{v - v_s}\right) \quad \text{... (i)}$$

जहाँ, v = ध्वनि की चाल = 340 ms^{-1},

v_o = प्रेक्षक की चाल = − 20 ms^{-1},

v_s = स्रोत की चाल = − 20 ms^{-1},

f_0 = वास्तविक आवृत्ति तथा f = आभासी आवृत्ति = 2000 Hz

दिए गए मानों को समी (i) में प्रतिस्थापित करने पर,

$$2000 = \left(\frac{340 - 20}{340 + 20}\right) \times f_0 \quad \Rightarrow f_0 = \frac{2000 \times 360}{320} = 2250 \text{ Hz}$$

अत: कार B में ध्वनि स्रोत की वास्तविक आवृत्ति, 2250 Hz है।

19. *(d)* दिया है, कण का स्थिति सदिश, $\mathbf{r} = 15t^2\hat{\mathbf{i}} + (4 - 20t^2)\hat{\mathbf{j}}$

कण का वेग,

$$\mathbf{v} = \frac{d\mathbf{r}}{dt} = \frac{d}{dt}[15t^2\hat{\mathbf{i}} + (4 - 20t^2)\hat{\mathbf{j}}] = 30t\ \hat{\mathbf{i}} - 40\ t\ \hat{\mathbf{j}}$$

कण का त्वरण, $\mathbf{a} = \dfrac{d}{dt}(\mathbf{v}) = \dfrac{d}{dt}(30t\hat{\mathbf{i}} - 40t\hat{\mathbf{j}})$

$= 30\hat{\mathbf{i}} - 40\hat{\mathbf{j}}$

इसलिए, $t = 1$ s पर कण के त्वरण का परिमाण,

$$|\mathbf{a}|_{t=1s} = \sqrt{a_x^2 + a_y^2} = \sqrt{30^2 + 40^2} = 50 \text{ ms}^{-2}$$

20. *(c)* रैले-कसौटी से एक दूरदर्शी की विभेदन सीमा,

$$\theta_R = \frac{1.22\lambda}{D}$$

यहाँ, $D = 250$ cm $= 250 \times 10^{-2}$ m

तथा $\lambda = 600$ nm $= 600 \times 10^{-9}$m

इसलिए प्रकाश के लिए, दूरदर्शी की विभेदन सीमा,

$$\theta_R = \frac{1.22 \times 600 \times 10^{-9}}{250 \times 10^{-2}}$$

$= 2.93 \times 10^{-7}$ rad $\approx 3 \times 10^{-7}$ rad

21. *(d)* बाह्य कुण्डली से सम्बद्ध चुम्बकीय फ्लक्स,

$$\phi_{\text{बाह्य}} = \mu_0 \pi NR \cdot I = \mu_0 N\pi R(kte^{-\alpha t}) = Cte^{-\alpha t}$$

जहाँ,

$C = \mu_0 N\pi Rk$ = नियतांक

प्रेरित विद्युत वाहक बल (emf)

$$e = \frac{-d\phi_{\text{बाह्य}}}{dt} = Ce^{-\alpha t} + (-\alpha\ C\ t\ e^{-\alpha t}) = -Ce^{-\alpha t}(1 - \alpha t)$$

प्रेरित धारा, $I = \dfrac{e}{\text{प्रतिरोध}}$

$\Rightarrow \quad t = 0$, पर I = − ve (ऋणात्मक)

∴ यह स्थिति दिए गए विकल्प (d) में ग्राफ को सही प्रदर्शित कर रही है।

वैकल्पिक हल

प्रश्न में दी गई स्थिति को चित्र में दर्शाया गया है,

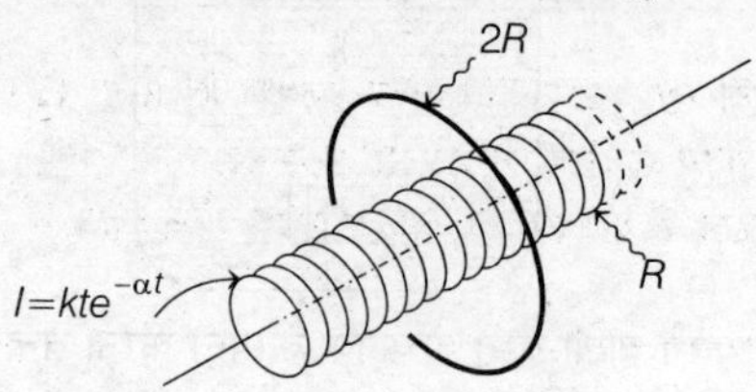

$t = 0$ पर परिनालिका में प्रवाहित धारा,

$= I(t = 0) = k(0)\ e^{-\alpha \cdot 0} = 0$

$e^{\alpha t}$ तथा kt का ग्राफ समय के सापेक्ष दर्शाया गया है,

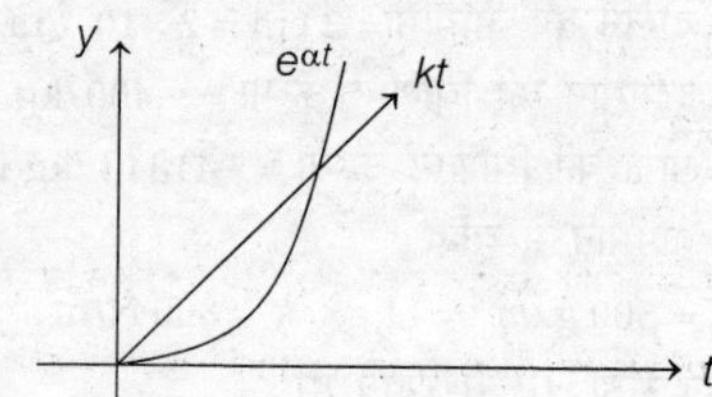

अत: $\quad I = \dfrac{kt}{e^{\alpha t}}$

प्रारम्भ में, $kt > e^{\alpha t}$

इसलिए, परिमाण में धारा वृद्धि हो रही है। अन्त में अल्प समय के बाद $kt < e^{\alpha t}$। परिमाण में धारा में कमी हो रही है। दोनों स्थितियों में यह लगभग धनात्मक या दक्षिणावर्ती होती है। इसलिए प्रथम वामावर्ती (स्नैल नियम से) पर धारा प्रेरित होती है एवं तब यह दक्षिणा वर्ती प्राप्त होगी तथा अन्त में $t \to \infty$ पर शून्य तक घटती है।

इसलिए, प्रेरित धारा का सही ग्राफ,

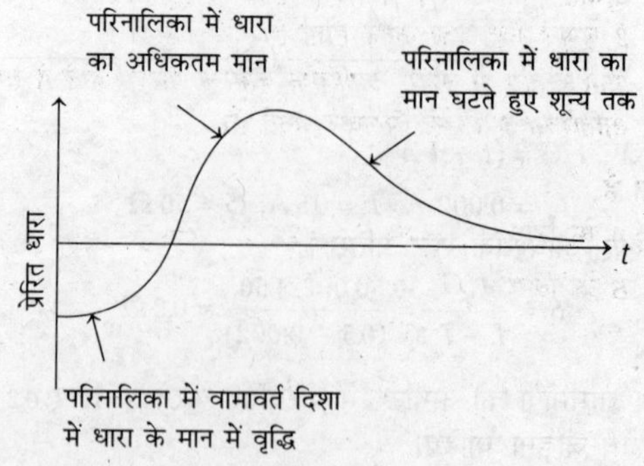

22. *(b)* दिए गए लॉजिक परिपथ की सत्यता सारणी,

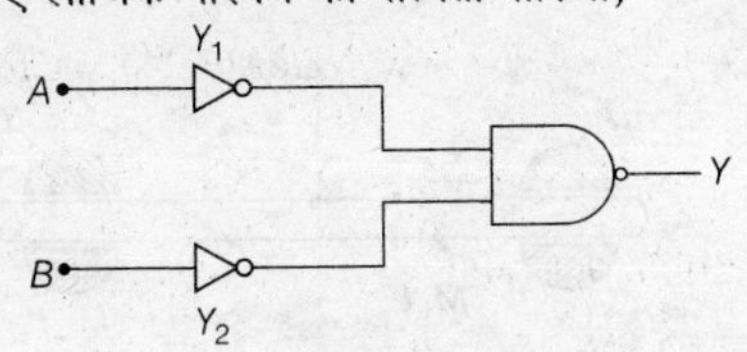

सत्यता सारणी

A	B	$Y_1 = \overline{A}$	$Y_2 = \overline{B}$	$Y = \overline{Y_1 \cdot Y_2}$
0	0	1	1	0
1	0	0	1	1
0	1	1	0	1
1	1	0	0	1

निर्गत् Y, एक OR गेट के निर्गत् के समान है, अत: दिए गए लॉजिक परिपथ का तुल्य लॉजिक गेट 'OR' गेट है।

वैकल्पिक हल दिया गया लॉजिक परिपथ नीचे चित्र में दर्शाया गया है,

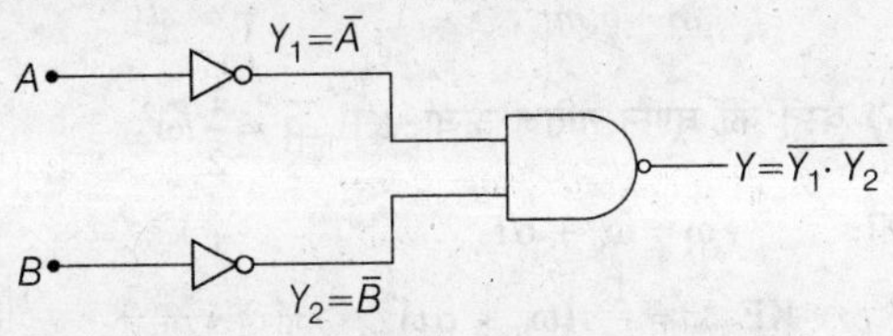

यहाँ, $Y = \overline{Y_1 \cdot Y_2} = \overline{\overline{A} \cdot \overline{B}}$

डी-मॉर्गन प्रमेय से, $\overline{x \cdot y} = \overline{x} + \overline{y}$

$\therefore \quad Y = \overline{\overline{A}} + \overline{\overline{B}} = A + B \qquad [\because \overline{\overline{x}} = x]$

यह OR गेट के लिए बूलयिन व्यंजक को प्रदर्शित करता है।

23. *(a)* बोहर मॉडल के अनुसार, हाइड्रोजन परमाणु की ऊर्जा,

$$E_n = -13.6 \frac{Z^2}{n^2}$$

जहाँ, Z = परमाणु क्रमांक तथा n = मुख्य क्वाण्टम संख्या

प्रथम उत्तेजित अवस्था में He^+ आयन के लिए,

$n = 2, Z = 2$

$\therefore \quad E_2 = -13.6 \times \frac{4}{4} = -13.6 \text{ eV}$

इसलिए, इसकी आयनन ऊर्जा $(E_2) = 13.60$ eV.

24. *(b)* **संकेत** *एक द्वि-परमाण्विक गैस अणु की स्वतन्त्रता कोटि 5 होती है अर्थात् न्यूनतम ताप परिसर (~ 250 से 750 K) में 3 स्थानान्तरीय तथा 2 घूर्णन स्वतन्त्रता कोटि होती है।*

750 K ताप से ऊपर, आण्विक कम्पन्न प्रारम्भ होते हैं तथा यह दो अतिरिक्त कोटि से मिलकर बनते हैं।

दिया है,

गैस A के लिए, $C_p = 29, C_V = 22$

गैस B के लिए, $C_p = 30, C_V = 21$

अत: $\gamma = \frac{C_p}{C_V}, 1 + \frac{2}{f}$

अत: गैस A के लिए,

$$1 + \frac{2}{f} = \frac{29}{22} \approx 1.3 \Rightarrow f = 6.67 \approx 7$$

इसलिए, गैस A में स्वतन्त्रता की कोटि की कम्पन विद्या है,

गैस B के लिए,

$$1 + \frac{2}{f} = \frac{30}{21} \approx 1.4 \Rightarrow f = 5$$

यहाँ, गैस B में स्वतन्त्रता की कोटि का कोई कम्पन विद्या नहीं है।

25. *(c)* **संकेत** *जब परावैद्युत पट्टिका प्लेटों के मध्य जगह को पूर्ण रूप से भरा जाता है तब संधारित्र की प्लेटों पर आवेश समान रहता है। हालाँकि धारिता अर्थात् $C = KC_0$ का मान बढ़ता है। जहाँ, C_0 बिना पट्टिका के संधारित्र की धारिता तथा पट्टिका का परावैद्युत स्थिरांक K है।*

जब समान्तर क्रम संयोजन पूर्णत: आवेशित होता है तब संयोजन पर आवेश की मात्रा,

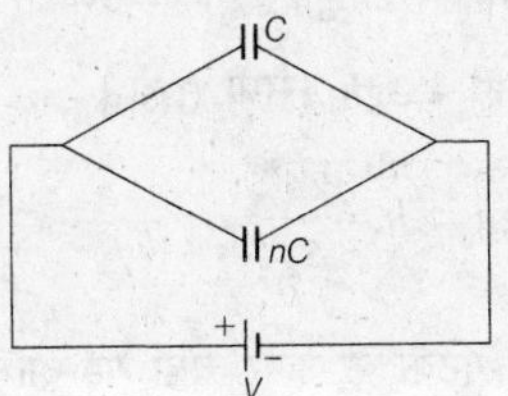

$$Q = C_{eq}V = C(1 + n)V$$

जब बैटरी हटा दी जाती है एवं पहले संधारित्र की दोनों प्लेटों के बीच परावैद्युतांक K का परावैद्युत पदार्थ रख देते है तब निकाय में आवेश का मान समान रहता है। अब, परावैद्युत पदार्थ रखने के पश्चात् तुल्य धारिता,

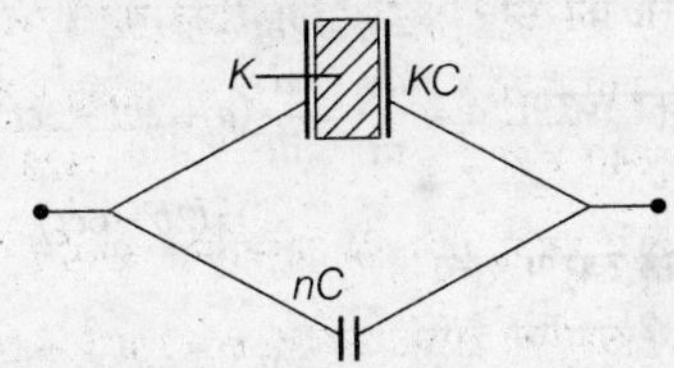

$$C_{eq} = KC + nC = (n + K)C$$

यदि परावैद्युत पदार्थ रखने के पश्चात् संयुक्त संयोजन पर विभवान्तर V' है तब निकाय पर आवेश,

$$Q' = C_{eq}V' = (n + K)CV'$$

जब, $\quad Q = Q' \Rightarrow C(1 + n)V = (n + K)CV'$

$\therefore \quad V' = \frac{(1 + n)V}{(n + K)}$

अत: परिपथ में संयुक्त संयोजन के लिए नया विभवान्तर $\frac{(n+1)V}{(K+n)}$ होगा।

26. *(b)* **संकेत** *पृष्ठ घर्षण रहित है अत: जब कण वेज से टकराता है और वेज पर चढ़ता है तो वेज भी गति करेगा। अत: संवेग तथा ऊर्जा संरक्षण के नियम से कण द्वारा अधिकतम प्राप्य ऊँचाई की गणना की जा सकती है।*

प्रारम्भिक स्थिति को नीचे चित्र में दिखाया जा सकता है,

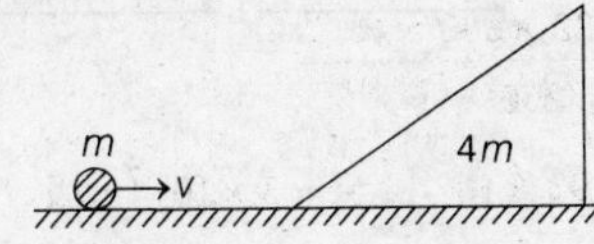

जब m द्रव्यमान का कोई कण वेज (किनारों) के साथ (टक्कर) करता है, तब वेज (किनारे) एवं द्रव्यमान दोनों v' चाल से गतिमान होते हैं।

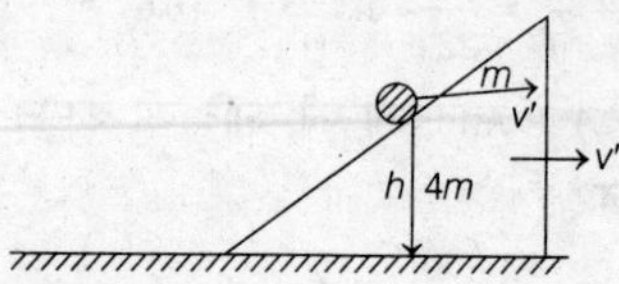

रेखीय संवेग संरक्षण के नियम से,
निकाय का प्रारम्भिक संवेग = निकाय का अन्तिम संवेग

$$mv + 0 = (m + 4m)\, v' \Rightarrow \quad v' = \frac{v}{5} \qquad \text{...(i)}$$

अब, यदि द्रव्यमान m वेज (किनारे) के ऊपर h ऊँचाई तक चढ़ता है तब यान्त्रिक ऊर्जा के संरक्षण नियम से,
निकाय की प्रारम्भिक ऊर्जा = निकाय की अंतिम ऊर्जा

$$\frac{1}{2}mv^2 + 0 = \frac{1}{2}mv'^2 + mgh + \frac{1}{2}(4m)v'^2$$

$$mv^2 = (m + 4m)v'^2 + 2mgh \Rightarrow v^2 = 5v'^2 + 2gh$$

$$\Rightarrow \qquad v^2 = \frac{1}{5}v^2 + 2gh \quad [\text{समी. (i)से,}]$$

$$\Rightarrow \qquad \frac{4}{5}v^2 = 2gh \Rightarrow h = \frac{2v^2}{5g}$$

अतः कण के द्वारा गुटके के ऊपर चढ़ी गई अधिकतम ऊँचाई, $h = \dfrac{2v^2}{5g}$ होगी।

27. *(a)* कण की स्थिति, $x(t) = at + bt^2 - ct^3$

इसलिए कण का वेग, $v = \dfrac{dx}{dt} = \dfrac{d}{dt}(at + bt^2 - ct^3)$

$$= a + 2bt - 3ct^2 \qquad \text{...(i)}$$

तथा कण का त्वरण, $a = \dfrac{dv}{dt} = \dfrac{d}{dt}(a + 2bt - 3ct^2)$

$$= (2b - 6ct) \qquad \text{...(ii)}$$

जब कण का त्वरण शून्य है,

$$\Rightarrow \qquad 2b - 6ct = 0$$

$$\Rightarrow \qquad t = \frac{2b}{6c} = \frac{b}{3c}$$

t मान समी. (i) में रखने पर,

$$v = a + 2b\left(\frac{b}{3c}\right) - 3c\left(\frac{b}{3c}\right)^2 = a + \frac{2b^2}{3c} - \frac{b^2}{3c} = a + \frac{b^2}{3c}$$

जब कण का त्वरण शून्य है, तब उसका वेग, $a + \dfrac{b^2}{3c}$ होगा।

28. *(a)* यहाँ, विन्यास पर कोई बाह्य बलाघूर्ण नहीं है।
अतः विन्यास का कोणीय संवेग संरक्षित रहता है।

$$\Rightarrow \qquad I_i \omega_i = I_f \omega_f$$

प्रारम्भ में, जब M द्रव्यमान की दो मणिकाऐं छड़ के केन्द्र पर है,

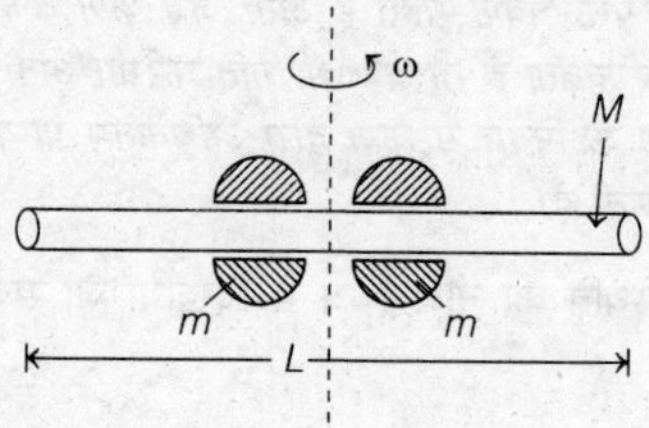

अन्त में, जब मणिकाऐं छड़ के विपरीत सिरों पर पहुचँती है,

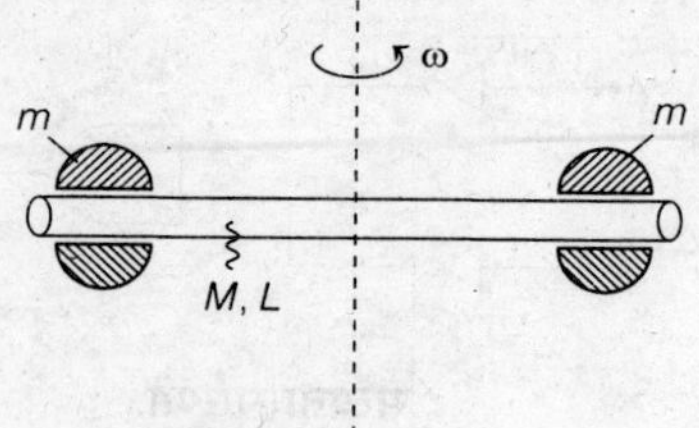

$$\Rightarrow \qquad \frac{ML^2}{12}\cdot \omega_0 + 0 = \left(\frac{ML^2}{12} + 2(m)\left(\frac{L}{2}\right)^2\right)\omega$$

इसलिए, विन्यास की अन्तिम कोणीय चाल,

$$\Rightarrow \qquad \omega = \frac{\dfrac{ML^2}{12}\cdot\omega_0}{\left(\dfrac{ML^2 + 6mL^2}{12}\right)} = \frac{M\omega_0}{M + 6m}$$

ये मणिकाएँ जब छड़ के विपरीत सिरों पर पहुँचती हैं, तो विन्यास की कोणीय चाल $\dfrac{M\omega_0}{M + 6\,m}$ होगी।

29. *(a)* वस्तु की घूर्णन गतिज ऊर्जा, $\text{KE}_{\text{घूर्णन}} = \dfrac{1}{2}I\omega^2$

जहाँ, $\qquad \omega = \omega_0 + \alpha t$

$$\therefore \qquad \text{KE}_{\text{घूर्णन}} = \frac{1}{2}\, I(\omega_0 + \alpha t)^2 \qquad \text{...(i)}$$

दिया है, $I = 1.5 \text{ kg-m}^2$

$\text{KE} = 1200$ J तथा

$\alpha = 20 \text{ rad/s}^2$ तथा $\omega_0 = 0$

ये मान समी. (i) में रखने पर,

$$1200 = \frac{1}{2}(1.5)\,(20 \times t)^2$$

$$t^2 = \frac{2 \times 1200}{1.5 \times 400} = 4$$

$$\therefore \qquad t = 2 \text{ s}$$

30. *(d)* डोरी की nवीं आवर्ती में कम्पन्न की आवृत्ति,

$$f_n = n \cdot \frac{v}{2l} \qquad \text{... (i)}$$

जहाँ, v = तरंग की चाल, l = लम्बाई

यहाँ, $f_3 = 240$ Hz, $l = 2$ m तथा $n = 3$

ये मान समी. (i) में रखने पर,

$$\therefore \qquad 240 = 3 \times \frac{v}{2 \times 2}$$

$$\Rightarrow \qquad v = \frac{4 \times 240}{3} = 320 \text{ m/s}$$

अतः डोरी के कम्पनों की मूल आवृत्ति,

$$f = \frac{f_n}{n} = \frac{f_3}{3} = \frac{240}{3} = 80 \text{ Hz}$$

रसायन विज्ञान

31. *(b)* प्रयोग में अनुमापन मिश्रण के pH में उचित परिवर्तन को निम्न ग्राफ में दर्शाया गया है

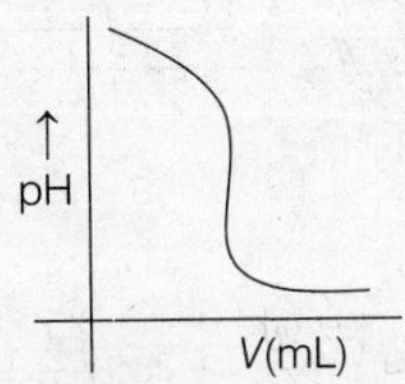

इस स्थिति में दोनों अनुमापक पूर्णतया आयनित होते हैं।

$$HCl + NaOH \rightleftharpoons \overset{+\,-}{NaCl} + H_2O$$

जैसे ही क्षारीय विलयन में $\overset{\oplus}{H}$ मिलाया जाता है, तो $[OH^{\ominus}]$ घटता है तथा $[H^+]$ बढ़ता है। इसीलिए, pH घटता है। तुल्यांक बिन्दु पर $[OH^{\ominus}]$ तीव्रता से घटता है। इस बिन्दु के बाद भी $[OH^{\ominus}]$ तीव्रता से घटता है तथा विलयन का pH स्थिर रहता है। अतः तुल्यांक बिन्दु पर नमन बिन्दु होता है। अन्तिम बिन्दु तथा तुल्यांक बिन्दु के मध्य NaOH विलयन के आयतन में अन्तर सामान्यतया प्रयुक्त सूचकों के लिए उपयोगी नहीं होता है, क्योंकि pH मान में तुल्यांक बिन्दु के समीप अधिक परिवर्तन होता है। उनमें से अधिकांश रंग परिवर्तन pH परिवर्तन के ऊपर होते हैं।

32. *(d)* एकाण्विक नाभिकस्नेही (S_N1) प्रतिस्थापन अभिक्रियाओं की क्रियाशीलता कार्बोकैटायन के निर्माण पर निर्भर करती है। कार्बोकैटायन का स्थायित्व अधिक होने पर ऐल्किल हैलाइड का निर्माण भी अधिक होगा तथा अभिक्रिया भी तीव्र होगी।

अतः (S_N1) क्रियाशीलता का सही क्रम निम्न प्रकार होगा

CH_2Cl–C_6H_4–OCH_3 (+R) (C) > C_6H_5–CH_2—Cl (D) > $(CH_3)_2CH–CH_2Cl$ (A) > CH_3CH_2Cl (D)

यौगिक *C* में निर्मित कार्बोकैटायन सक्रियकारी समूह $(—OCH_3)$ द्वारा स्थायित्व प्राप्त करता है।

यौगिक *D* बेन्जिल कार्बोकैटायन $(C_6H_5—\overset{\oplus}{C}H_2)$ बनाता है। जोकि अनुनाद द्वारा स्थायी होता है।

यौगिक *A* प्राथमिक कार्बोकैटायन उत्पन्न करता है जो पुनर्विन्यासित होकर द्वितीयक कार्बोकैटायन बनाता है।

$(CH_3)_2CH–CH_2Cl \xrightarrow{Nu^{\ominus}} (CH_3)_2CH–\overset{\oplus}{C}H_2$ (1° कार्बोकैटायन) $\xrightarrow{\text{पुनर्विन्यास}}$ 2° कार्बोकैटायन

33. *(c)* दिए गए सभी कथन सही है। समूह 13 के तत्वों के लिए ऑक्साइडों की अम्लीय प्रकृति घटती है तथा ऑक्साइडों की क्षारीय प्रकृति B से Tl की ओर जाने पर बढ़ती है, क्योंकि नीचे की ओर जाने पर तत्वों का परमाणु आकार बढ़ता है जबकि आयनन ऊर्जा घटती है। जिसके कारण धातु ऑक्साइड (*MO*) बन्ध की सामर्थ्य घटती है। अतः बोरॉन ट्राइऑक्साइड या बोरॉन ऑक्साइड अम्लीय है तथा क्षारीय ऑक्साइड के साथ क्रिया करके धातु बोरेट देता है। ऐलुमिनियम तथा गैलियम के ऑक्साइड उभयधर्मी है, जबकि इण्डियम तथा थैलियम के ऑक्साइड क्षारीय प्रकृति के होते है।

34. *(a)* दिए गए निकाय में एक स्प्रिंग के सम्पीडन के दौरान किया गया कार्य 10 kJ तथा परिवेश में निकली ऊष्मा 2 kJ है।

अतः $q = -2$ kJ तथा $W = 10$ kJ

ऊष्मागतिकी के प्रथम नियम के अनुसार,

$$\Delta U = q + W = -2 \text{ kJ} + 10 \text{ kJ} \Rightarrow \Delta U = 8\text{kJ}$$

आन्तरिक ऊर्जा में परिवर्तन ΔU (kJ में) 8 kJ है।

35. *(d)* $Ni(NO_3)_2$ के एक विलयन का प्लेटिनम इलेक्ट्रोडों के बीच 0.1 फैराडे विद्युत धारा द्वारा विद्युत अपघटन किया जाता है। इसका तात्पर्य है कि 0.1 तुल्यांक Ni^{2+} प्राप्त होगा।

$Ni(NO_3)_2$ का विद्युत अपघटन निम्न प्रकार होगा

$Ni^{2+} + 2e^- \longrightarrow Ni$ (Ni का परमाणु द्रव्यमान = 58.7)

$\because$ तुल्यांकों की संख्या = मोलों की संख्या × इलेक्ट्रॉनों की संख्या

0.1 = मोलों की संख्या × 2

$\therefore$ Ni के मोलों की संख्या $= \dfrac{0.1}{2} = 0.05$

36. *(c)* कथन (c) असत्य है, क्योंकि नाभिक पर इलेक्ट्रॉन पाए जाने का प्रायिकता-घनत्व शून्य होता है।

37. *(c)* बेरीलियम क्लोराइड की ठोस अवस्था तथा वाष्प अवस्था में संरचना क्रमशः द्विलक तथा श्रृंखला होती है। वाष्प प्रावस्था 900°C से ऊपर $BeCl_2$ एकलक रूप में होता है जिसकी रेखीय संरचना (Cl—Be—Cl) होती है। $BeCl_2$ में बन्धन सहसंयोजक तथा Be परमाणु 2 + 2 = 4 इलेक्ट्रॉनों को दो *sp*-संकरित कक्षकों में रखता है। 900°C से नीचे बेरीलियम क्लोराइड वाष्प प्रावस्था में $BeCl_2$ एकलक तथा Be_2Cl_4 द्विलक के मिश्रण के रूप में होता है।

38. *(d)* ऐक्टिनॉइडों की अधिकतम सम्भव ऑक्सीकरण अवस्थाएँ नेप्चूनियम (Np) तथा प्लूटोनियम (Pu) द्वारा दर्शायी जाती है। ये ऐक्टिनॉइड +3, +4, +5 तथा +6 ऑक्सीकरण अवस्थाएँ दर्शाते हैं।

39. *(d)* दिए गए आयतन = 10 mL

मोलरता = 1 mM = 10^{-3} M

मिलीमोलों की संख्या = 10 mL × 10^{-3} M = 10^{-2}

मोलों की संख्या = 10^{-5}

$\because$ अणुओं की संख्या = मोलों की संख्या × आवोगाद्रो संख्या

$= 10^{-5} \times 6 \times 10^{23} = 6 \times 10^{18}$

6×10^{18} अणुओं द्वारा घेरा गया पृष्ठीय क्षेत्रफल = 0.24 cm^2

1 अणु द्वारा घेरा गया पृष्ठीय क्षेत्रफल $= \dfrac{0.24}{6 \times 10^{18}} = 0.04 \times 10^{-18}$ cm^2

माना दिए गए ध्रुवीय शीर्ष लगभग घन है।

अतः घन का पृष्ठीय क्षेत्रफल $= a^2$,

जहाँ a = कोर लम्बाई

$\therefore \quad a^2 = 4 \times 10^{-20}$ $cm^2 \Rightarrow a = 2 \times 10^{-10}$ cm = 2 pm

40. *(d)* हिन्सबर्ग अभिकर्मक $C_6H_5SO_2Cl$ (बेन्जीन सल्फोनिल क्लोराइड) है। इस अभिकर्मक का प्रयोग प्राथमिक, द्वितीयक तथा तृतीयक ऐमीनों में अन्तर ज्ञात करने के लिए होता है।

41. *(a)* दिए गए कथनों में सही कथन केवल I तथा III है। सहसंयोजक बन्ध सिद्धान्त (VBT) संक्रमण धातु संकुलों द्वारा दर्शाये गये रंगों को नहीं समझा सका। यह सिद्धान्त दुर्बल एवं प्रबल क्षेत्र लिगेण्डों में अन्तर नहीं कर पाया।

42. *(c)* वे पेप्टाइड जो धनात्मक सेरिक अमोनियम नाइट्रेट तथा कार्बिलऐमीन परीक्षण देते है। *ser-lys* है सीरीन तथा लाइसीन की सरंचना निम्न प्रकार है

$$\underset{\text{Ser}}{HOCH_2-\underset{|}{\overset{}{C}}H(NH_2)-COOH}; \quad \underset{\text{Lys}}{H_2N(CH_2)_4-CH(NH_2)-COOH}$$

43. *(d)* सिलिका प्रकृति में अनेक अक्रिस्टलीय तथा क्रिस्टलीय रुपों में मिलता है। कीजेलगुर, सिलिका का अक्रिस्टलीय रूप है। क्वार्ट्ज, ट्राइडाइमाइट एवं क्रिस्टोबेलाइट सिलिका के क्रिस्टलीय रूप है।

44. *(b)* दी गयी अभिक्रिया में एस्टर के अम्लीय जल अपघटन के बाद अन्तराअणुक वलयीकरण होता है। रासायनिक समीकरण निम्न प्रकार है

OH, CH_2OH, COEt $\xrightarrow[\text{CHCl}_3]{H_2SO_4\text{(उत्प्रेरक)}}$ OH, CH_2OH, C—OH (O) $+C_2H_5OH$

OH, CH_2OH, C—OH (O) $\xrightarrow{-H_2O}$ OH (वलयित लैक्टोन, O)

45. *(a)* **संकेत** *चुम्बकीय प्रकृति को आणविक कक्षक सिद्धान्त द्वारा जाँचा जा सकता है। अयुग्मित इलेक्ट्रॉनों की उपस्थिति का अर्थ अनुचुम्बकीय तथा अयुग्मित इलेक्ट्रॉनों की अनुपस्थिति का अर्थ प्रतिचुम्बकीय प्रकृति होता है।*

दिए गए विकल्पों में, CO प्रतिचुम्बकीय अणु है। इसे आणविक कक्षक (MO) सिद्धान्त द्वारा सिद्ध किया जा सकता है। दिये गये द्विपरमाणुक अणुओं का इलेक्ट्रॉनिक विन्यास निम्न प्रकार है

- CO (इलेक्ट्रॉनों की संख्या = 14)
  इलेक्ट्रॉनिक विन्यास = $\sigma 1s^2, \sigma^* 1s^2, \sigma 2s^2, \sigma^* 2s^2, \sigma 2p_z^2, \pi 2p_x^2 \approx \pi 2p_y^2$
  CO में कोई अयुग्मित इलेक्ट्रॉन नहीं है। अत: प्रतिचुम्बकीय है।
- NO (इलेक्ट्रॉनों की संख्या = 15)
  इलेक्ट्रॉनिक विन्यास = $\sigma 1s^2, \sigma^* 1s^2, \sigma 2s^2,$
  $\sigma^* 2s^2, \sigma 2p_z^2, \pi 2p_x^2 \approx \pi 2p_y^2, \pi^* 2p_x^1 \approx \pi^* 2p_y^0$
  NO में $\pi^* 2p_x^1$ कक्षक में एक अयुग्मित इलेक्ट्रॉन है। अत: अनुचुम्बकीय है।
- B_2 (इलेक्ट्रॉनों की संख्या = 10)
  इलेक्ट्रॉनिक विन्यास = $\sigma 1s^2, \sigma^* 1s^2, \sigma 2s^2, \sigma^* 2s^2, \pi 2p_x^1 \approx \pi p_y^1$
  B_2 में $\pi 2p_x^1$ तथा $\pi 2p_y^1$ कक्षक में दो अयुग्मित इलेक्ट्रॉन उपस्थित है, अत: यह अनुचुम्बकीय है।
- O_2 (इलेक्ट्रॉनों की संख्या = 16)
  इलेक्ट्रॉनिक विन्यास = $\sigma 1s^2, \sigma^* 1s^2, \sigma 2s^2, \sigma^* 2s^2, \sigma 2p_z^2,$
  $\pi 2p_x^2 \approx 2\pi p_y^2, \pi^* 2p_x^1 \approx \pi p_y^1$
  O_2 में $\pi^* 2p_x^1$ तथा $\pi^* 2p_y^1$ कक्षक में दो अयुग्मित इलेक्ट्रॉन उपस्थित है, अत: यह अनुचुम्बकीय है।

46. *(c)* **संकेत** *हिमांक बिन्दु में अवनमन* (ΔT_f) *निम्न सूत्र द्वारा ज्ञात किया जा सकता है*

$$\Delta T_f = iK_f m$$

जहाँ, i = *वाण्ट हॉफ गुणांक,* K_f = *मोलल अवनमन स्थिरांक*
m = *मोललता*

$K_f = 4.0 \text{ K kg mol}^{-1}$ (दिया गया है)
$m = 0.03 \text{ mol kg}^{-1}$ (दिया गया है)
$\Delta T_f = ?$ (दिया गया है)
K_2SO_4 के लिए $i = 3$

इसे निम्न समीकरण द्वारा जाँचा जा सकता है,

$$K_2SO_4 \rightleftharpoons 2K^+ + SO_4^{2-},$$

$$\Delta T_f = iK_f \times m \Rightarrow \Delta T_f = 3 \times 4 \times 0.03 = 0.36 \text{ K}$$

47. *(a)* दिए गए लिगेण्ड में सामान्य संक्रमण तथा आन्तरिक संक्रमण धातु आयन के प्रति अधिकतम दन्तुकता क्रमश: 6 तथा 8 होती है।

$(^-OOC-CH_2)_2N-CH_2CH_2-N(CH_2COO^-)-CH_2CH_2-N(CH_2COO^-)_2$

दिया गया लिगेण्ड संक्रमण धातु के प्रति षटदन्तुक लिगेण्ड की भाँति व्यवहार करता है, क्योंकि सामान्य ऑक्सीकरण अवस्था +3 दर्शायी जाती हैं। जबकि आन्तरिक संक्रमण धातु की स्थिति में इसकी दन्तुकता 8 होती है, क्योंकि उनकी सामान्य ऑक्सीकरण अवस्था +4 होती है।

48. *(a)* बॉक्साइट, कार्बोनेट अयस्क नहीं है। इसका रासायनिक सूत्र Al_2O_3 या $AlO_x(OH)_{3-2x}$ है, यहाँ $0 < x < 1$ है। अन्य विकल्पों में दिए गए अयस्कों के रासायनिक सूत्र निम्न प्रकार है
सिडेराइट- $FeCO_3$, कैलेमाइन-$ZnCO_3$
मैलेकाइट- $CuCO_3 \cdot Cu(OH)_2$

49. *(a)*

2-(3-आयोडोप्रोपिल)साइक्लोहेक्सेनोन (—I) $\xrightarrow[\text{DMSO}]{\text{पद-I} \; KCN}$ —CN [A] $\xrightarrow{\text{पद-II} \; H_2/Pd}$ —CH_2NH_2 [B]

पद-I नाभिकस्नेही प्रतिस्थापन अभिक्रियाएँ होती है, जिसमें आयोडीन (I), —CN समूह द्वारा प्रतिस्थापित होते है।
पद-II अपचयन प्रक्रिया के लिए H_2/Pd अभिकर्मक प्रयुक्त होता है। यहाँ —CN समूह —CH_2NH_2 में अपचयित होता है।

50. *(b)* हाइड्रोजन हैलाइडों में HF का क्वथनांक बिन्दु उच्चतम होता है, क्योंकि इसमें प्रबलतम हाइड्रोजन बन्ध होते है। इसमें हाइड्रोजन बन्ध, एक अणु के हाइड्रोजन तथा दूसरे अणु के फ्लुओरीन परमाणु के बीच निम्न प्रकार से होते है

$$\ldots\overset{\delta+}{H}-\overset{\delta-}{F}\ldots\overset{\delta+}{H}-\overset{\delta-}{F}\ldots\overset{\delta+}{H}-\overset{\delta-}{F}$$

इस अणु में हाइड्रोजन बन्ध दो परमाणुओं के बीच सेतु की तरह व्यवहार करता है। जो एक परमाणु को सहसंयोजक बन्ध तथा अन्य को हाइड्रोजन बन्ध द्वारा बन्धित रखता है।

51. *(d)* **संकेत** *1 किलोग्राम विलायक में उपस्थित विलेय के मोलों की संख्या मोललता कहलाती है*

$$m = \frac{w_2 \times 1000}{M_{w_2} \times w_1}$$

w_2 = *विलेय का द्रव्यमान* (= 20 *ग्राम*)

M_{w_2} = *विलेय का आण्विक भार* (= 16 *ग्राम*)

w_1 = *विलायक का द्रव्यमान* (= 80 *ग्राम*)

20% (द्रव्यमान/द्रव्यमान) KI के जलीय विलयन की मोललता की गणना निम्न सूत्र द्वारा की जा सकती है

$$m = \frac{w_2 \times 1000}{M_{w_2} \times w_1}$$

20% KI के जलीय विलयन का तात्पर्य 20 ग्राम KI का 80 ग्राम विलायक में उपस्थित होना है।

$$m = \frac{20}{166} \times \frac{1000}{80} = 1.506 \approx 1.51 \text{ मोल/किलोग्राम}$$

52. *(c)* $-[NH-\overset{O}{\overset{||}{C}}-NH-CH_2]_n-$ का एकलक फॉर्मेल्डिहाइड है। यह बहुलक यूरिया-फॉर्मेल्डिहाइड रेजिन के नाम से जाना जाता है। यह यूरिया (NH_2CONH_2) तथा फॉर्मेल्डिहाइड (HCHO) से मिलकर बना होता है।

$$\underset{\text{यूरिया}}{NH_2CONH_2} + \underset{\text{फॉर्मेल्डिहाइड}}{HCHO} \xrightarrow{\text{बहुलकीकरण}} \underset{\text{यूरिया फॉर्मेल्डिहाइड रेजिन}}{-(NH-\overset{O}{\overset{||}{C}}-NH-CH_2)_n-}$$

इसका प्रयोग न टूटने वाले कप तथा लेमिनेटेड शीट बनाने में होता है।

53. *(c)* केवल कथन (c) असत्य है। *C* के निर्माण की सक्रियण एन्थैल्पी 15 kJ mol^{-1} है, जो *D* के निर्माण की 5 kJ mol^{-1} सक्रियण एन्थैल्पी की तुलना में अधिक है। इसे निम्न ग्राफ द्वारा शीघ्रता से समझाया जा सकता है।

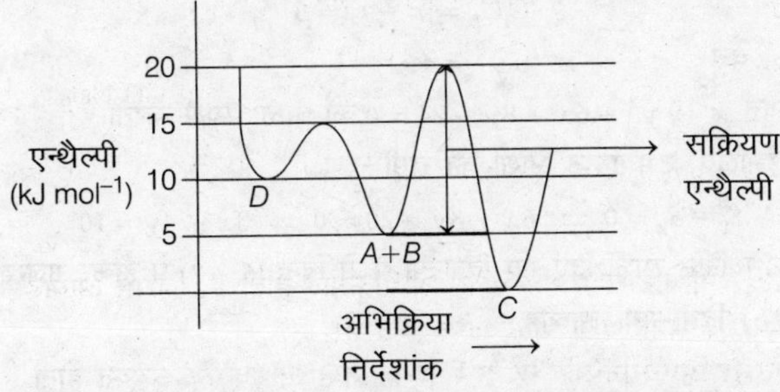

सक्रियण एन्थैल्पी (या ऊर्जा) क्रियाकारक अणुओं की अतिरिक्त आवश्यक ऊर्जा है जिसके परिणामस्वरूप प्रभावी टक्करें होती है जिससे उत्पाद निर्मित होते है।

54. *(a)* समुद्र तल से 10 से 50 km की ऊँचाई से ऊपर वायुमण्डल समतापमण्डल होता है। ऊँचाई पर वायुमण्डल समान मोटाई का नहीं होता है।

55. *(c)* S_N1 अभिक्रिया के लिए स्थितिज ऊर्जा (PE) का ग्राफ निम्न प्रकार है।

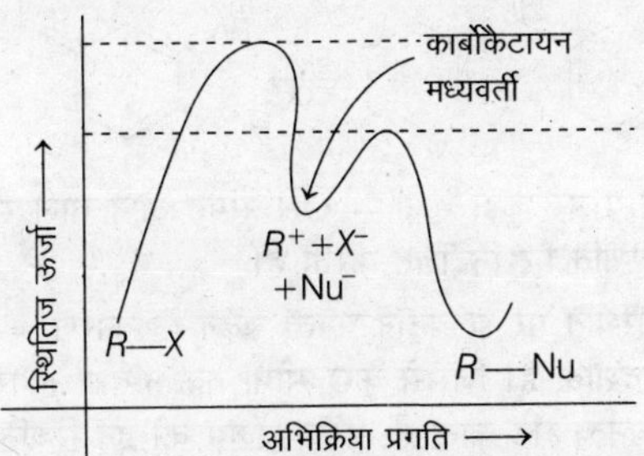

S_N1 अभिक्रिया 2 पदों में होती है प्रथम पद में कार्बन हैलोजन बन्ध विषमांश रूप से टूटता है जिसमें हैलोजन परमाणु के पास साझित इलेक्ट्रॉन युग्म होता है। द्वितीय पद में नाभिकस्नेही तीव्रता से प्रथम पद में बने कार्बोकैटायन से क्रिया करता है। उपरोक्त ग्राफ में केवल ऐल्किल हैलाइड स्पीशीज ही वेग निर्धारक पद में भाग लेती है। यहाँ अभिक्रिया का वेग ऐल्किल हैलाइड की सान्द्रता पर निर्भर करता है तथा नाभिकस्नेही की सान्द्रता पर निर्भर नहीं करता है।

56. *(d)* केवल कथन सही है तथा कारण गलत है। हैमेटाइट कार्बोनेट अयस्क नहीं है। यह एक ऑक्साइड अयस्क अर्थात् Fe_2O_3 है। कास्ट आयरन मुख्यतया इसके ऑक्साइड अयस्क (हैमेटाइट) द्वारा कोक तथा चूना पत्थर की उपस्थिति में वात्या भट्टी में गर्म करके निष्कर्षित किया जाता है।

57. *(a)* उत्कृष्ट गैसें जैसे Ne, Ar, Xe तथा Kr आदर्श गैस व्यवहार से विचलन दर्शाती है। Xe गैस, *Z* तथा *p* के मध्य ग्राफ में तीव्र वृद्धि दर्शाती है। अवस्था समीकरण निम्न प्रकार होती है

$$p = \frac{RT}{(V-b)} \Rightarrow p(V-b) = RT$$

$$pV - pb = RT \Rightarrow pV = RT + pb$$

$$\frac{pV}{RT} = 1 + \frac{pb}{RT}$$

$$\because \quad Z = \frac{pV}{RT}$$

$$\text{अतः} \quad Z = 1 + \frac{pb}{RT} \Rightarrow y = c + mx$$

Z तथा *p* के मध्य ग्राफ निम्न प्रकार होगा

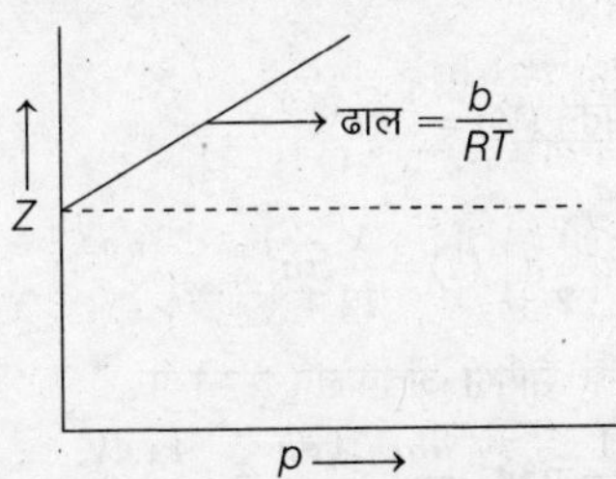

गैस जिसके लिए *b* का मान उच्च होता है तीव्र ढाल वाली होती है तथा ढाल *b* के सीधे समानुपाती होता है। *b* वाण्डरवाल्स स्थिरांक है तथा गैस के वास्तविक आयतन का चार गुना होता है। दी गयी उत्कृष्ट गैसों (Ne, Kr, Ar) में सबसे अधिक परमाणु आयतन Xe गैस का होता है। अतः यह गैस *Z* (सम्पीडयता गुणांक) तथा *P* के ग्राफ में तीव्र वृद्धि दर्शाती है।

58. *(c)* *p*-हाइड्रॉक्सीबेन्जोफीनॉन, ब्रोमीन के साथ कार्बन- टेट्राक्लोराइड की उपस्थिति में अभिक्रिया द्वारा 3-ब्रोमो-4-हाइड्रॉक्सी बेन्जोफीनॉन देता है।

HO–C_6H_4–CO–C_6H_5 $\xrightarrow[CCl_4]{Br_2}$ HO(Br)–C_6H_3–CO–C_6H_5

बेन्जीन वलय पर जुड़ा हुआ —OH समूह आने वाले समूह को *आर्थो* तथा *पैरा* स्थिति पर निर्देशित करता हैं।

o तथा p-स्थिति पर इलेक्ट्रॉन घनत्व बढ़ने के कारण —OH समूह $-I$ प्रभाव भी दर्शाता है। जिससे कुछ सीमा तक o तथा p-स्थिति पर इलेक्ट्रॉन घनत्व घट जाता है, परन्तु वलय की इन स्थितियों पर अनुनाद के कारण इलेक्ट्रॉन घनत्व बढ़ जाता है। अत: ब्रोमीन –Br का आक्रमण *आर्थो* स्थिति पर होता है।

अनुनादी संरचनाएँ निम्न प्रकार है

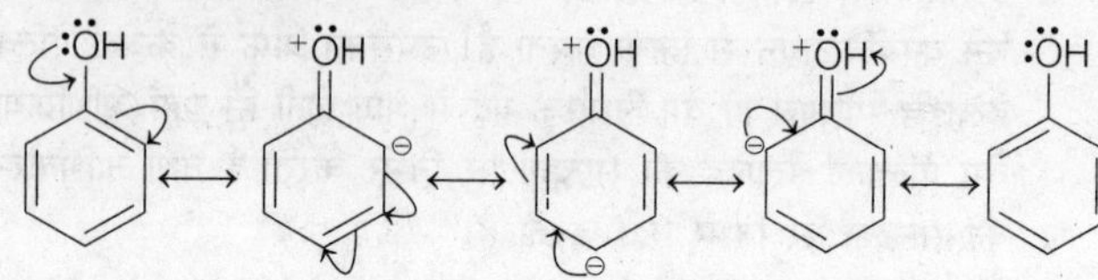

गणित

61. *(a)* दिया है, लम्बवृत्तीय शंकु का अर्द्ध-शीर्ष कोण $= \tan^{-1}\left(\frac{1}{2}\right)$

माना $\alpha = \tan^{-1}\left(\frac{1}{2}\right) \Rightarrow \tan\alpha = \frac{1}{2}$

$\Rightarrow \quad \frac{r}{h} = \frac{1}{2}$ $\quad$ [आकृति से, $\tan\alpha = \frac{r}{h}$]

$\Rightarrow \quad r = \frac{1}{2}h$ $\quad$ ...(i)

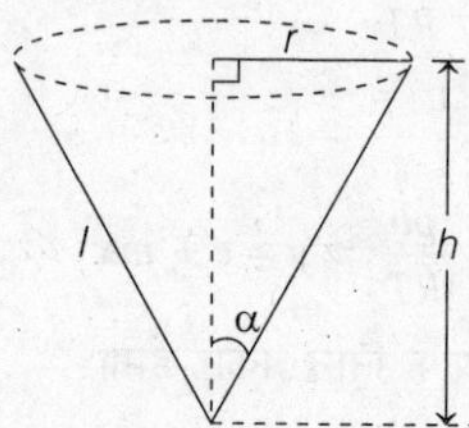

$\because$ शंकु का आयतन $(V) = \frac{1}{3}\pi r^2 h$

$\therefore \quad V = \frac{1}{3}\pi\left(\frac{1}{2}h\right)^2 (h) = \frac{1}{12}\pi h^3$ $\quad$ [समी (i) से]

दोनों पक्षों का t के सापेक्ष अवकलन करने पर,

$$\frac{dV}{dt} = \frac{1}{12}\pi(3h^2)\frac{dh}{dt} \Rightarrow \frac{dh}{dt} = \frac{4}{\pi h^2}\frac{dV}{dt}$$

$\Rightarrow \quad \frac{dh}{dt} = \frac{4}{\pi h^2} \times 5$ $\quad$ [$\because$ दिया है, $\frac{dV}{dt} = 5$ मी^{3}/मिनट]

अब, $h = 10$ मी पर वह दर जिस पर पानी का स्तर बढ़ रहा है

$$= \left.\frac{dh}{dt}\right|_{h=10}$$

$$= \frac{4}{\pi(10)^2} \times 5 = \frac{1}{5\pi} \text{ मी/मिनट}$$

59. *(b)* **संकेत** *नाभिकस्नेही योग अभिक्रियाओं में ऐल्डिहाइड कीटोन की अपेक्षा अधिक क्रियाशील है।*

अभिक्रिया के लिए

कार्बोनिल यौगिक + MeOH $\xrightleftharpoons{HCl}$ ऐसीटेल

मेथेनॉल के आधिक्य में क्रियाकारक के रूप में प्रोपेनल के लिए अभिक्रिया की दर अधिकतम होगी। प्रोपेनल एक ऐल्डिहाइड है तथा कीटोन की तुलना में अधिक सक्रिय है। जब MeOH को आधिक्य में लिया जाता है तो अभिक्रिया अग्र दिशा में होगी जिसके परिणामस्वरूप ऐसीटेल का निर्माण होगा। अभिक्रिया निम्न प्रकार होगी

Et(H)C=O $\xrightleftharpoons{H^+/MeOH}$ Et(H)C(OH)(OMe) $\xrightleftharpoons[\text{आधिक्य}]{MeOH}$ Et(H)C(OMe)(OMe)
ऐसीटेल

60. *(a)* नॉरऐड्रीनेलिन एक तन्त्रिकीय संचारक का उदाहरण है। यह मानसिक परिवर्तन में महत्वपूर्ण भूमिका अदा करता है। यदि किन्ही कारणों से नॉरऐड्रीनेलिन का स्तर कम हो जाता है तो संकेत भेजने की क्रिया मन्द हो जाती है तथा व्यक्ति तनाव ग्रस्त हो जाता है।

62. *(d)* माना समान्तर श्रेढ़ी के प्रथम तीन पद $a - d, a, a + d$ हैं।

इसलिए, $\quad 3a = 33$

$\Rightarrow \quad a = 11$ [दिया है, तीन पदों का योग $= 33$ तथा पदों का गुणनफल $= 1155$]

$\Rightarrow \quad (11 - d)11(11 + d) = 1155 \Rightarrow 11^2 - d^2 = 105$

$\Rightarrow \quad d^2 = 121 - 105 = 16 \Rightarrow d = \pm 4$

इसलिए, समान्तर श्रेढ़ी के प्रथम तीन पद या तो 7, 11, 15 या 15, 11, 7 हैं।

इसलिए, 11वाँ पद या तो $7 + (10 \times 4) = 47$ $\quad [T_n = a + (n-1)d]$

या $15 + \{(10 \times (-4)\} = -25$ है।

63. *(b)* दिए गए वृत्त $x^2 + y^2 = 4$, केन्द्र $C_1(0, 0)$ तथा त्रिज्या $r_1 = 2$ तथा $x^2 + y^2 + 6x + 8y - 24 = 0$, केन्द्र $C_2(-3, -4)$ तथा त्रिज्या $r_2 = 7$

$\because \quad C_1C_2 = \sqrt{9 + 16} = 5$ तथा $|r_1 - r_2| = 5$

$\because \quad C_1C_2 = |r_1 - r_2| = 5$

$\therefore$ वृत्त $\quad x^2 + y^2 = 4,$

वृत्त $x^2 + y^2 + 6x + 8y - 24 = 0$ को अन्त: स्पर्श करता है।

इसलिए, उभयनिष्ठ स्पर्शी का समीकरण

$$S_1 - S_2 = 0 \Rightarrow 6x + 8y - 20 = 0 \Rightarrow 3x + 4y = 10 \quad \text{...(i)}$$

उभयनिष्ठ स्पर्शी दिए गए विकल्पों में से बिन्दु $(6, -2)$ से होकर गुजरती है।

64. *(b)* दिया गया आव्यूह

$$A = \begin{bmatrix} 0 & 2y & 1 \\ 2x & y & -1 \\ 2x & -y & 1 \end{bmatrix}, (x, y \in R, x \neq y)$$

$A^T A = 3I_3$ के लिए,

$$\Rightarrow \begin{bmatrix} 0 & 2x & 2x \\ 2y & y & -y \\ 1 & -1 & 1 \end{bmatrix}\begin{bmatrix} 0 & 2y & 1 \\ 2x & y & -1 \\ 2x & -y & 1 \end{bmatrix} = \begin{bmatrix} 3 & 0 & 0 \\ 0 & 3 & 0 \\ 0 & 0 & 3 \end{bmatrix}$$

$$\Rightarrow \quad \begin{bmatrix} 8x^2 & 0 & 0 \\ 0 & 6y^2 & 0 \\ 0 & 0 & 3 \end{bmatrix} = \begin{bmatrix} 3 & 0 & 0 \\ 0 & 3 & 0 \\ 0 & 0 & 3 \end{bmatrix}$$

यहाँ दो आव्यूह समान है, इसलिए संगत अवयवों की तुलना करने पर,

$$8x^2 = 3 \text{ तथा } 6y^2 = 3 \Rightarrow x = \pm\sqrt{\frac{3}{8}} \text{ तथा } y = \pm\frac{1}{\sqrt{2}}$$

$\therefore$ x तथा y प्रत्येक के लिए 2 भिन्न मान है।

इसलिए, 4 आव्यूह इस प्रकार सम्भव है कि $A^T A = 3I_3$

65. *(b)* दिए गए बिन्दु $(-8, 5)$ तथा $(6, 5)$ है जिसमें y-निर्देशांक समान है अर्थात् ये बिन्दु ऊर्ध्वाधर रेखा $y = 5$ पर स्थित है।

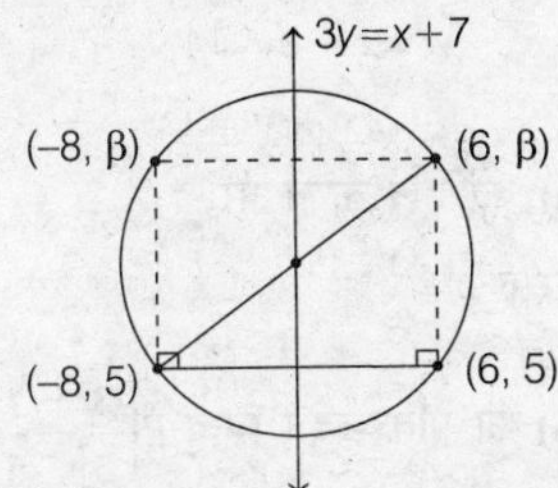

माना दर्शायी गयी आकृति में आयत के अन्य शीर्षों के निर्देशांक $(-8, \beta)$ तथा $(6, \beta)$ है।

चूँकि बिन्दुओं $(-8, 5)$ तथा $(6, \beta)$ को मिलाने वाली रेखा का मध्य-बिन्दु, रेखा $3y = x + 7$ पर स्थित है।

$$\therefore \quad 3\left(\frac{5+\beta}{2}\right) = \frac{-8+6}{2} + 7$$

$$\Rightarrow \quad 15 + 3\beta = -2 + 14 \Rightarrow 3\beta = -3 \Rightarrow \beta = -1$$

अब, आयत का क्षेत्रफल $= |-8-6| \times |\beta - 5| = 14 \times 6$

$= 84$ वर्ग इकाई

66. *(d)* चूँकि बिन्दु (α, β) परवलय $y^2 = x$ पर स्थित है

इसलिए, $\alpha = \beta^2$ ...(i)

अब, परवलय $y^2 = x$ के बिन्दु (α, β) पर स्पर्शी का समीकरण $T = 0$

$$\Rightarrow \quad y\beta = \frac{1}{2}(x + \alpha)$$

[$\because$ बिन्दु (x_1, y_1) पर परवलय $y^2 = 4ax$ की स्पर्शी का समीकरण $yy_1 = 2a(x + x_1)$ होगा]

$\Rightarrow \quad 2y\beta = x + \beta^2$ [समी (i) से]

$\Rightarrow \quad y = \dfrac{x}{2\beta} + \dfrac{\beta}{2}$ ...(ii)

चूँकि, रेखा (ii) भी दीर्घवृत्त $x^2 + 2y^2 = 1$ की स्पर्शी है।

$$\therefore \quad \left(\frac{\beta}{2}\right)^2 = (1)^2\left(\frac{1}{2\beta}\right)^2 + \frac{1}{2}$$

[$\because$ दीर्घवृत्त $\dfrac{x^2}{a^2} + \dfrac{y^2}{b^2} = 1$ पर रेखा $y = mx + c$ के स्पर्शी होने का प्रतिबन्ध $c^2 = a^2m^2 + b^2$ होता है

यहाँ, $m = \dfrac{1}{2\beta}, a = 1, b = \dfrac{1}{\sqrt{2}}$ तथा $c = \dfrac{\beta}{2}$]

$$\Rightarrow \quad \frac{\beta^2}{4} = \frac{1}{4\beta^2} + \frac{1}{2} \Rightarrow \beta^4 = 1 + 2\beta^2 \Rightarrow \beta^4 - 2\beta^2 - 1 = 0$$

$$\Rightarrow \quad \beta^2 = \frac{2 \pm \sqrt{4+4}}{2} = \frac{2 \pm 2\sqrt{2}}{2} = 1 \pm \sqrt{2}$$

$$\Rightarrow \quad \beta^2 = 1 + \sqrt{2} \quad [\because \beta^2 > 0]$$

$$\because \quad \alpha = \beta^2 = 1 + \sqrt{2}$$

67. *(b)* दिया है,

$$\int e^{\sec x}[(\sec x \tan x) f(x) + (\sec x \tan x + \sec^2 x)]dx = e^{\sec x} \cdot f(x) + C$$

दोनों पक्षों का x के सापेक्ष अवकलन करने पर,

$$e^{\sec x}[(\sec x \tan x) f(x) + (\sec x \tan x + \sec^2 x)] = e^{\sec x} f'(x) + e^{\sec x}(\sec x \tan x) f(x)$$

$$\Rightarrow \quad e^{\sec x}(\sec x \tan x + \sec^2 x) = e^{\sec x} f'(x)$$

$$\Rightarrow \quad f'(x) = \sec x \tan x + \sec^2 x$$

इसलिए, $f(x) = \int f'(x)dx = \int (\sec x \tan x + \sec^2 x)dx$

$= \sec x + \tan x + C$

इसलिए, विकल्पों में से $f(x)$ का सम्भावित मान

$$f(x) = \sec x + \tan x + \frac{1}{2}$$

68. *(c)* माना $l = \lim\limits_{x \to 2} \int_6^{f(x)} \dfrac{2t dt}{(x-2)} = \lim\limits_{x \to 2} \dfrac{\int_6^{f(x)} 2t dt}{(x-2)}$

$\left[\dfrac{0}{0}\right.$ रूप, चूँकि $f(2) = 6\Big]$

L–हॉस्पिटल नियम लागू करने पर,

$$l = \lim_{x \to 2} \frac{2f(x)f'(x)}{1}$$

$$\left[\because \frac{d}{dx}\int_{\phi_1(x)}^{\phi_2(x)} f(t)dt = f(\phi_2(x)) \cdot \phi_2'(x) - f(\phi_1(x)) \cdot \phi_1'(x)\right]$$

इसलिए, $l = 2f(2) \cdot f'(2) = 12f'(2)$ [$\because f(2) = 6$]

$$\therefore \quad \lim_{x \to 2} \int_6^{f(x)} \frac{2t dt}{x-2} = 12f'(2), \text{ यदि } f(2) = 6$$

69. *(c)* दिए गए दोनों खम्भों की ऊँचाई 5 मी तथा 10 मी हैं।

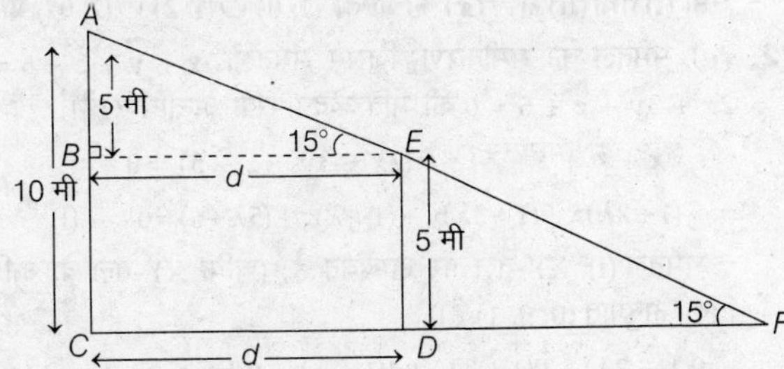

आकृति से, $AC = 10$ मी, $DE = 5$ मी

$\therefore \quad AB = AC - DE = 10 - 5 = 5$ मी

माना दोनों खम्भों के बीच की दूरी d है।

स्पष्टत: $\Delta ABE \sim \Delta ACF$ [AA समरुपता कसौटी से]

$\therefore \quad \angle AEB = 15°$

ΔABE में, दिया है,

$$\tan 15° = \frac{AB}{BE} \Rightarrow \frac{\sqrt{3}-1}{\sqrt{3}+1} = \frac{5}{d} \quad \left[\because \tan 15° = \frac{\sqrt{3}-1}{\sqrt{3}+1}\right]$$

$\Rightarrow \quad d = \dfrac{5(\sqrt{3}+1)}{(\sqrt{3}-1)} \Rightarrow d = 5\dfrac{\sqrt{3}+1}{\sqrt{3}-1} \times \dfrac{\sqrt{3}+1}{\sqrt{3}+1}$

$= \dfrac{5(3+2\sqrt{3}+1)}{3-1} = \dfrac{5(2\sqrt{3}+4)}{2}$

$= \dfrac{2 \times 5(\sqrt{3}+2)}{2} = 5(2+\sqrt{3})$ मी

70. *(d)* दिया गया फलन है,

$$f(x) = \begin{cases} a|\pi - x| + 1, & x \le 5 \\ b|x - \pi| + 3, & x > 5 \end{cases}$$

तथा दिया है कि $f(x)$, $x = 5$ पर सतत् है।

स्पष्टत: $\quad f(5) = a(5-\pi) + 1 \quad$ ...(i)

$\lim_{x \to 5^-} f(x) = \lim_{h \to 0} [a|\pi - (5-h)| + 1] = a(5-\pi) + 1 \quad$ ...(ii)

तथा $\lim_{x \to 5^+} f(x) = \lim_{h \to 0} [b|(5+h) - \pi| + 3] = b(5-\pi) + 3 \quad$ ...(iii)

$\because$ फलन, $x = 5$ पर $f(x)$ सतत् है।

$\therefore \quad f(5) = \lim_{x \to 5^+} f(x) = \lim_{x \to 5^-} f(x)$

$\Rightarrow \quad a(5-\pi) + 1 = b(5-\pi) + 3 \Rightarrow (a-b)(5-\pi) = 2$

$\Rightarrow \quad a - b = \dfrac{2}{5-\pi}$

71. *(a)* दिया गया फलन $f(x) = \dfrac{1}{4-x^2} + \log_{10}(x^3 - x)$

$f(x)$ के प्रान्त के लिए, $4 - x^2 \ne 0 \Rightarrow x \ne \pm 2 \quad$ ...(i)

तथा $\quad x^3 - x > 0 \Rightarrow x(x-1)(x+1) > 0$

तरंग वक्र विधि से,

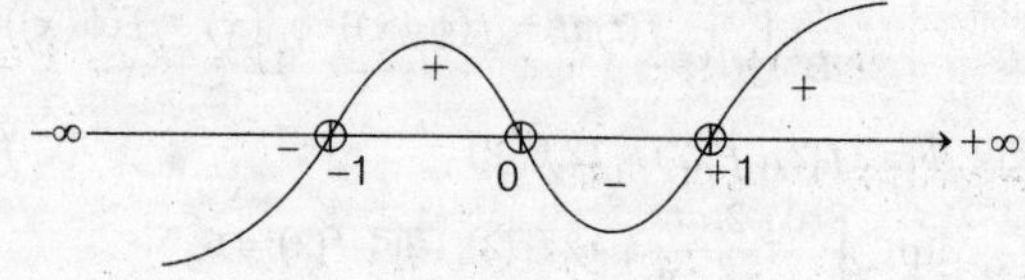

$x \in (-1, 0) \cup (1, \infty) \quad$ ...(ii)

समी (i) तथा (ii) से, $f(x)$ का प्रान्त $(-1, 0) \cup (1, 2) \cup (2, \infty)$ प्राप्त होता है।

72. *(c)* समतल का समीकरण, जिसमें समतलों $x + y + z - 6 = 0$ तथा $2x + 3y + z + 5 = 0$ की प्रतिच्छेदन रेखा अन्तर्विष्ट है।

$(x + y + z - 6) + \lambda(2x + 3y + z + 5) = 0$

$\Rightarrow (1+2\lambda)x + (1+3\lambda)y + (1+\lambda)z + (5\lambda - 6) = 0 \quad$ ...(i)

$\because$ समतल (i), XY-तल पर लम्बवत् है, (चूँकि XY-तल के अभिलम्ब के दिक् अनुपात (0, 0, 1) है।)

$\therefore 0(1+2\lambda) + 0(1+3\lambda) + 1(1+\lambda) = 0 \Rightarrow \lambda = -1$

समी (i) में $\lambda = -1$ रखने पर,

$-x - 2y - 11 = 0 \Rightarrow x + 2y + 11 = 0 \quad$ ...(ii)

जोकि अभीष्ट समतल का समीकरण है।

अब, समतल P से बिन्दु (0, 0, 256) की दूरी

$\dfrac{0 + 0 + 11}{\sqrt{1+4}} = \dfrac{11}{\sqrt{5}}$

[$\because$ समतल $ax + by + cz - d = 0$ से बिन्दु (x_1, y_1, z_1) की दूरी $\left| \dfrac{ax_1 + by_1 + cz_1 - d}{\sqrt{a^2 + b^2 + c^2}} \right|$ है।]

73. *(b)* दी गई रेखाएँ, $x + (a-1)y = 1$

तथा $2x + a^2 y = 1$, जहाँ $a \in R - \{0, 1\}$

परस्पर लम्बवत् है।

$\therefore \quad \left(-\dfrac{1}{a-1}\right) \times \left(-\dfrac{2}{a^2}\right) = -1$

[$\because$ यदि दो रेखाएं लम्बवत् हैं, तब उनकी प्रवणताओं का गुणनफल −1 होता है।]

$\Rightarrow \quad a^2(a-1) = -2 \Rightarrow a^3 - a^2 + 2 = 0$

$\Rightarrow \quad (a+1)(a^2 - 2a + 2) = 0 \Rightarrow a = -1$

$\therefore$ रेखा के समीकरण

$x - 2y = 1 \quad$ ...(i)

तथा $\quad 2x + y = 1 \quad$ ...(ii)

$\therefore$ समी (i) तथा (ii) को हल करने पर,

$x = \dfrac{3}{5}$ और $y = -\dfrac{1}{5}$

$\therefore$ रेखा (i) तथा (ii) का प्रतिच्छेदन बिन्दु $P\left(\dfrac{3}{5}, -\dfrac{1}{5}\right)$ है।

अब, बिन्दु $P\left(\dfrac{3}{5}, -\dfrac{1}{5}\right)$ की मूलबिन्दु से दूरी $= \sqrt{\dfrac{9}{25} + \dfrac{1}{25}} = \sqrt{\dfrac{10}{25}} = \sqrt{\dfrac{2}{5}}$

74. *(c)* दी गई दस संख्याएँ है

10, 22, 26, 29, 34, x, 42, 67, 70, y

तथा उनका माध्य = 42

$\therefore \quad \dfrac{10 + 22 + 26 + 29 + 34 + x + 42 + 67 + 70 + y}{10} = 42$

$\Rightarrow \quad \dfrac{300 + x + y}{10} = 42 \Rightarrow x + y = 120 \quad$ ...(i)

तथा उनकी माध्यिका (संख्याओं को बढ़ते क्रम में व्यवस्थित करने पर) = 35

$\Rightarrow \quad \dfrac{34 + x}{2} = 35 \Rightarrow 34 + x = 70 \Rightarrow x = 36$

समी (i) में $x = 36$ प्रतिस्थापित करने पर,

$36 + y = 120 \Rightarrow y = 84$

$\therefore \quad \dfrac{y}{x} = \dfrac{84}{36} = \dfrac{7}{3}$

75. *(d)* माना शहर की जनसंख्या 100 है।

तब $n(A) = 25$, $n(B) = 20$ तथा $n(A \cap B) = 8$

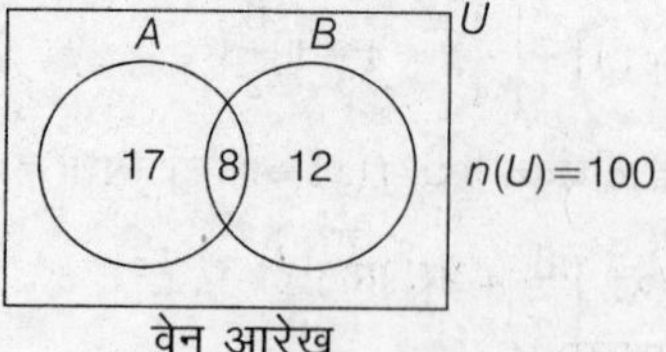

वेन आरेख

इसलिए, $n(A \cap \bar{B}) = 17$ तथा $n(\bar{A} \cap B) = 12$

प्रश्नानुसार, विज्ञापन देखने वाली जनसंख्या का प्रतिशत

$= \left[\dfrac{30}{100} \times n(A \cap \bar{B})\right] + \left[\dfrac{40}{100} \times n(\bar{A} \cap B)\right] + \left[\dfrac{50}{100} \times n(A \cap B)\right]$

$= \left(\dfrac{30}{100} \times 17\right) + \left(\dfrac{40}{100} \times 12\right) + \left(\dfrac{50}{100} \times 8\right)$

$= 5.1 + 4.8 + 4 = 13.9$

76. *(b)* दिया है, एकांक सदिश **a**, $\hat{\mathbf{i}}$ के साथ कोण $\frac{\pi}{3}$, $\hat{\mathbf{j}}$ के साथ $\frac{\pi}{4}$ तथा $\hat{\mathbf{k}}$ के साथ $\theta \in (0, \pi)$ कोण बनाता है।

अब, हम जानते हैं कि $\cos^2\alpha + \cos^2\beta + \cos^2\gamma = 1$, जहाँ α, β तथा γ सदिशों $\hat{\mathbf{i}}$, $\hat{\mathbf{j}}$ तथा $\hat{\mathbf{k}}$ के साथ बनाए गए कोण हैं।

$$\therefore \quad \cos^2\left(\frac{\pi}{3}\right) + \cos^2\left(\frac{\pi}{4}\right) + \cos^2\theta = 1$$

$$\Rightarrow \frac{1}{4} + \frac{1}{2} + \cos^2\theta = 1 \Rightarrow \cos^2\theta = \frac{1}{4} \Rightarrow \cos\theta = \pm\frac{1}{2}$$

$$\Rightarrow \quad \cos\theta = \cos\left(\frac{\pi}{3}\right) \text{ या } \cos\left(\frac{2\pi}{3}\right) \Rightarrow \theta = \frac{\pi}{3} \text{ या } \frac{2\pi}{3}$$

इसलिए, $\theta = \frac{2\pi}{3}$ है।

77. *(c)* दी गई श्रेणी

$1 + (2 \times 3) + (3 \times 5) + (4 \times 7) + \dots$ 11 पदों तक

अब, श्रेणी का r वाँ पद, $a_r = r(2r - 1)$

$\therefore$ प्रथम 11 पदों का योगफल

$$S_{11} = \sum_{r=1}^{11} r(2r-1) = \sum_{r=1}^{11}(2r^2 - r) = 2\sum_{r=1}^{11} r^2 - \sum_{r=1}^{11} r$$

$$= 2\frac{11 \times (11+1)(2 \times 11 + 1)}{6} - \frac{11 \times (11+1)}{2}$$

$$\left[\because \sum_{r=1}^{n} r^2 = \frac{n(n+1)(2n+1)}{6} \text{ तथा } \sum_{r=1}^{n} r = \frac{n(n+1)}{2}\right]$$

$$= \left(\frac{11 \times 12 \times 23}{3}\right) - \left(\frac{11 \times 12}{2}\right)$$

$$= (11 \times 4 \times 23) - (11 \times 6) = 11(92 - 6) = 11 \times 86 = 946$$

78. *(b)* दिया गया फलन है, $f(x) = [x] - \left[\frac{x}{4}\right], x \in R$

अब, $\lim_{x \to 4^+} f(x) = \lim_{h \to 0}\left([4 + h] - \left[\frac{4+h}{4}\right]\right)$

$[\because x = 4 + h$ रखने पर, जब $x \to 4^+$, तब $h \to 0]$

$$= \lim_{h \to 0}(4 - 1) = 3$$

तथा $\lim_{x \to 4^-} f(x) = \lim_{h \to 0}\left([4 - h] - \left[\frac{4-h}{4}\right]\right)$

$[\because x = 4 - h$ रखने पर, जब $x \to 4^-$, तब $h \to 0]$

$$= \lim_{h \to 0}(4 - 1) = 3$$

तथा $\quad f(4) = [4] - \left[\frac{4}{4}\right] = 4 - 1 = 3$

$\because \quad \lim_{x \to 4^-} f(x) = f(4) = \lim_{x \to 4^+} f(x) = 3$

इसलिए, फलन $f(x)$, $x = 4$ पर सतत् है।

79. *(c)* दिया गया परवलय

$$y^2 = 4x \quad \dots(i)$$

इसलिए, बिन्दु $(1, 2)$ पर परवलय (i) की स्पर्शी का समीकरण

$2y = 2(x + 1)$

[$\because$ बिन्दु (x_1, y_1) पर परवलय $y^2 = 4ax$ की स्पर्शी का समीकरण $yy_1 = 2a(x + x_1)$]

$$\Rightarrow \quad y = x + 1 \quad \dots(ii)$$

अब, बिन्दु $(1, 2)$ पर परवलय को स्पर्श करने वाले वृत्त का समीकरण

$$(x-1)^2 + (y-2)^2 + \lambda(x - y + 1) = 0$$

$$\Rightarrow x^2 + y^2 + (\lambda - 2)x + (-4 - \lambda)y + (5 + \lambda) = 0 \quad \dots(iii)$$

साथ ही, वृत्त (iii) X-अक्ष को स्पर्श करता है, इसलिए,

$$g^2 = c \Rightarrow \left(\frac{\lambda - 2}{2}\right)^2 = 5 + \lambda$$

$$\Rightarrow \lambda^2 - 4\lambda + 4 = 4\lambda + 20 \Rightarrow \lambda^2 - 8\lambda - 16 = 0$$

$$\Rightarrow \quad \lambda = \frac{8 \pm \sqrt{64 + 64}}{2}$$

$$\Rightarrow \quad \lambda = 4 \pm \sqrt{32} = 4 \pm 4\sqrt{2}$$

अब, वृत्त की त्रिज्या $r = \sqrt{g^2 + f^2 - c} \Rightarrow r = |f| \quad [\because g^2 = c]$

$$= \left|\frac{\lambda + 4}{2}\right| = \frac{8 + 4\sqrt{2}}{2} \text{ या } \frac{8 - 4\sqrt{2}}{2}$$

न्यूनतम क्षेत्रफल के लिए,

$$r = \frac{8 - 4\sqrt{2}}{2} = 4 - 2\sqrt{2} \text{ इकाई}$$

इसलिए, क्षेत्रफल $= \pi r^2 = \pi(16 + 8 - 16\sqrt{2})$

$$= 8\pi(3 - 2\sqrt{2}) \text{ वर्ग इकाई}$$

80. *(c)* दिया गया रैखिक समीकरण निकाय

$$2x + 3y - z = 0$$
$$x + ky - 2z = 0$$

तथा $2x - y + z = 0$ अतुच्छ हल (x, y, z) रखता है।

$$\therefore \quad \Delta = 0 \Rightarrow \begin{vmatrix} 2 & 3 & -1 \\ 1 & k & -2 \\ 2 & -1 & 1 \end{vmatrix} = 0$$

$$2(k-2) - 3(1+4) - 1(-1-2k) = 0$$

$$\Rightarrow \quad 2k - 4 - 15 + 1 + 2k = 0 \Rightarrow 4k = 18 \Rightarrow k = \frac{9}{2}$$

इसलिए रैखिक समीकरण निकाय

$$2x + 3y - z = 0 \quad \dots(i)$$
$$2x + 9y - 4z = 0 \quad \dots(ii)$$

तथा $\quad 2x - y + z = 0 \quad \dots(iii)$

समी (i) तथा (ii) से,

$$6y - 3z = 0 \Rightarrow \frac{y}{z} = \frac{1}{2}$$

समी (i) तथा (iii) से,

$$4x + 2y = 0 \Rightarrow \frac{x}{y} = -\frac{1}{2}$$

इसलिए, $\quad \frac{x}{z} = \frac{x}{y} \times \frac{y}{z} = -\frac{1}{4} \Rightarrow \frac{z}{x} = -4 \quad \left[\because \frac{y}{z} = \frac{1}{2} \text{ तथा } \frac{x}{y} = -\frac{1}{2}\right]$

$$\therefore \quad \frac{x}{y} + \frac{y}{z} + \frac{z}{x} + k = -\frac{1}{2} + \frac{1}{2} - 4 + \frac{9}{2} = \frac{1}{2}$$

81. *(a)* माना समबाहु त्रिभुज की भुजाएँ बनाने के लिए n गेंदें प्रयोग में ली जाती है, तब प्रश्नानुसार,

$$\frac{n(n+1)}{2} + 99 = (n-2)^2$$

$$\Rightarrow \quad n^2 + n + 198 = 2[n^2 - 4n + 4]$$

$$\Rightarrow \quad n^2 - 9n - 190 = 0 \Rightarrow n^2 - 19n + 10n - 190 = 0$$

$\Rightarrow \quad (n-19)(n+10)=0$

$\Rightarrow \quad n=19,-10 \Rightarrow n=19$ [$\because$ गेदों की संख्या $n>0$]

अब, समबाहु त्रिभुज बनाने के लिए प्रयोग में ली गई गेंदों की संख्या

$$=\frac{n(n+1)}{2}=\frac{19\times 20}{2}=190$$

82. *(c)* दी गई रेखा,

$$\frac{x+2}{3}=\frac{y-1}{0}=\frac{z}{4}$$

रेखा के अनुदिश सदिश, $\mathbf{a}=3\hat{\mathbf{i}}+4\hat{\mathbf{k}}$

तथा बिन्दुओं $(1,-1,2)$ तथा $(-2,1,0)$ को मिलाने वाला सदिश

$\mathbf{b}=(1+2)\hat{\mathbf{i}}+(-1-1)\hat{\mathbf{j}}+(2-0)\hat{\mathbf{k}}=3\hat{\mathbf{i}}-2\hat{\mathbf{j}}+2\hat{\mathbf{k}}$

तथा $|\mathbf{BC}|=5$ इकाई

अब, अभीष्ट ΔABC का क्षेत्रफल $=\frac{1}{2}|\mathbf{BC}||\mathbf{b}||\sin\theta|$ ...(i)

[जहाँ θ, सदिशों $\mathbf{a}$ तथा $\mathbf{b}$ के बीच का कोण है]

$\because \quad |\mathbf{b}|\sin\theta=\frac{|\mathbf{a}\times\mathbf{b}|}{|\mathbf{a}|}$

$\because \quad |\mathbf{a}\times\mathbf{b}|=\begin{vmatrix}\hat{\mathbf{i}} & \hat{\mathbf{j}} & \hat{\mathbf{k}}\\ 3 & 0 & 4\\ 3 & -2 & 2\end{vmatrix}=8\hat{\mathbf{i}}+6\hat{\mathbf{j}}-6\hat{\mathbf{k}}$

$\Rightarrow |\mathbf{a}\times\mathbf{b}|=\sqrt{64+36+36}=\sqrt{136}=2\sqrt{34}$ तथा $|\mathbf{a}|=\sqrt{9+16}=5$

$\therefore \quad |\mathbf{b}|\sin\theta=\frac{2\sqrt{34}}{5}$

समी (i) में इन मानों को रखने पर,

अभीष्ट क्षेत्रफल $=\frac{1}{2}\times 5\times\frac{2\sqrt{34}}{5}=\sqrt{34}$ वर्ग इकाई

अन्य विधि

दी गई रेखा,

$$\frac{x+2}{3}=\frac{y-1}{0}=\frac{z}{4}=\lambda \text{ (माना)} \quad ...(i)$$

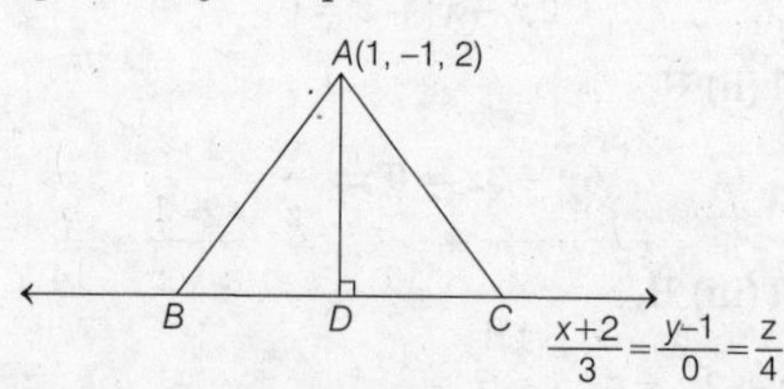

चूँकि, बिन्दु D रेखा BC पर स्थित है।

$\therefore D$ का निर्देशांक $=(3\lambda-2,1,4\lambda)$

अब, BC के दिक् अनुपात

$\Rightarrow \quad a_1=3, b_1=0, c_1=4$

तथा AD के दिक् अनुपात

$\Rightarrow \quad a_2=3\lambda-3, b_2=2, c_2=4\lambda-2$

चूँकि, $AD\perp BC, a_1a_2+b_1b_2+c_1c_2=0$

$3\times(3\lambda-3)+0(2)+4(4\lambda-2)=0$

$\Rightarrow \quad 9\lambda-9+0+16\lambda-8=0$

$\Rightarrow \quad 25\lambda-17=0 \Rightarrow \lambda=\frac{17}{25}$

$\therefore D$ के निर्देशांक $=\left(\frac{1}{25},1,\frac{68}{25}\right)$

अब, $AD=\sqrt{\left(1-\frac{1}{25}\right)^2+(-1-1)^2+\left(2-\frac{68}{25}\right)^2}$

$=\sqrt{\left(\frac{24}{25}\right)^2+(-2)^2+\left(\frac{-18}{25}\right)^2}=\sqrt{\frac{576}{625}+4+\frac{324}{625}}=\frac{2}{5}\sqrt{34}$

$\therefore \Delta ABC$ का क्षेत्रफल $=\frac{1}{2}BC\times AD=\frac{1}{2}\times 5\times\frac{2}{5}\sqrt{34}$

$=\sqrt{34}$ वर्ग इकाई

83. *(d)* दिया गया क्षेत्र

$$A=\left\{(x,y):\frac{y^2}{2}\le x\le y+4\right\}$$

$\therefore \quad \frac{y^2}{2}=x\Rightarrow y^2=2x$ ...(i)

तथा $\quad x=y+4\Rightarrow y=x-4$ ...(ii)

A का ज्यामितीय निरूपण है

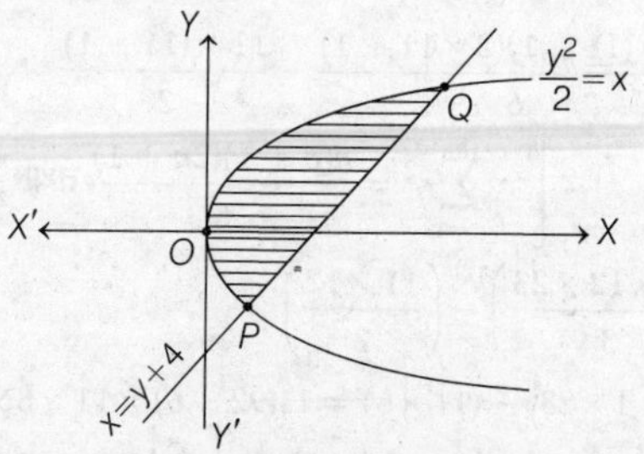

समी (ii) से $y=x-4$ समी (i) में रखने पर,

$(x-4)^2=2x \Rightarrow x^2-8x+16=2x$

$\Rightarrow \quad x^2-10x+16=0\Rightarrow (x-2)(x-8)=0$

$\Rightarrow \quad x=2,8$

$\therefore \quad y=-2,4$ [समी (ii) से]

इसलिए, समी (i) तथा (ii) का प्रतिच्छेदन बिन्दु $P(2,-2)$ तथा $Q(8,4)$ है।

अब, क्षेत्र A द्वारा परिबद्ध क्षेत्रफल

$=\int_{-2}^{4}\left[(y+4)-\frac{y^2}{2}\right]dy=\left[\frac{y^2}{2}+4y-\frac{y^3}{6}\right]_{-2}^{4}$

$=\left(\frac{16}{2}+16-\frac{64}{6}\right)-\left(\frac{4}{2}-8+\frac{8}{6}\right)=8+16-\frac{32}{3}-2+8-\frac{4}{3}$

$=30-12=18$ वर्ग इकाई

84. *(d)* दी गई अवकल समीकरण,

$\cos x\frac{dy}{dx}-(\sin x)y=6x \Rightarrow \frac{dy}{dx}-(\tan x)y=\frac{6x}{\cos x}$

जोकि रैखिक अवकल समीकरण रूप में है

$$\frac{dy}{dx}+Px=Q$$

जहाँ, $\quad P=-\tan x$ तथा $Q=\frac{6x}{\cos x}$

इसलिए, $\quad \text{IF}=e^{-\int\tan x\,dx}=e^{-\log(\sec x)}=\cos x$

$\therefore$ अवकल समीकरण का अभीष्ट हल

$$y(\cos x) = \int (6x)\frac{\cos x}{\cos x}dx + C = 6\frac{x^2}{2} + C = 3x^2 + C$$

दिया है, $y\left(\frac{\pi}{3}\right) = 0$

इसलिए, $0 = 3\left(\frac{\pi}{3}\right)^2 + C \Rightarrow C = -\frac{\pi^2}{3}$

$\therefore \quad y(\cos x) = 3x^2 - \frac{\pi^2}{3}$

$x = \frac{\pi}{6}$ पर,

$$y\left(\frac{\sqrt{3}}{2}\right) = 3\frac{\pi^2}{36} - \frac{\pi^2}{3} = -\frac{\pi^2}{4} \Rightarrow y = -\frac{\pi^2}{2\sqrt{3}}$$

85. *(d)* माना $I = \int_0^1 x\cot^{-1}(1 - x^2 + x^4)dx$

अब, $x^2 = t$ रखने पर,

$\Rightarrow \quad 2xdx = dt$

निम्न सीमा $x = 0$ पर, $t = 0$

उपरी सीमा $x = 1$ पर, $t = 1$

$$\therefore \quad I = \frac{1}{2}\int_0^1 \cot^{-1}(1 - t + t^2)dt$$

$$= \frac{1}{2}\int_0^1 \tan^{-1}\left(\frac{1}{1 - t + t^2}\right)dt \quad \left[\because \cot^{-1}x = \tan^{-1}\frac{1}{x}\right]$$

$$= \frac{1}{2}\int_0^1 \tan^{-1}\left(\frac{t-(t-1)}{1 + t(t-1)}\right)dt$$

$$= \frac{1}{2}\left[\int_0^1 (\tan^{-1}t - \tan^{-1}(t-1)dt\right]$$

$$\left[\because \tan^{-1}\frac{x-y}{1+xy} = \tan^{-1}x - \tan^{-1}y\right]$$

$$\because \int_0^1 \tan^{-1}(t-1)dt = \int_0^1 \tan^{-1}(1-t-1)dt = -\int_0^1 \tan^{-1}(t)dt$$

क्योंकि $\int_0^a f(x)dx = \int_0^a f(a-x)dx$

इसलिए, $I = \frac{1}{2}\int_0^1 (\tan^{-1}t + \tan^{-1}t)\, dt$

$$= \int_0^1 \tan^{-1}t\, dt = [t\tan^{-1}t]_0^1 - \int_0^1 \frac{t}{1+t^2}dt$$

[खण्डश: समाकलन विधि से]

$$= \frac{\pi}{4} - \frac{1}{2}[\log_e(1+t^2)]_0^1 = \frac{\pi}{4} - \frac{1}{2}\log_e 2$$

86. *(c)* दी गई सम्मिश्र संख्या

$$\omega = \frac{5 + 3z}{5(1-z)}$$

$\Rightarrow \quad 5\omega - 5\omega z = 5 + 3z \Rightarrow (3 + 5\omega)z = 5\omega - 5$

$\Rightarrow \quad |3 + 5\omega||z| = |5\omega - 5| \quad$ ...(i)

[दोनों पक्षों का मापांक लेने पर तथा $|z_1z_2| = |z_1||z_2|$]

$\because \quad |z| < 1$

$\therefore \quad |3 + 5\omega| > |5\omega - 5| \quad$ [समी (i) से]

$\Rightarrow \quad \left|\omega + \frac{3}{5}\right| > |\omega - 1|$

माना $\omega = x + iy$, है, तब

$$\left(x + \frac{3}{5}\right)^2 + y^2 > (x-1)^2 + y^2 \Rightarrow x^2 + \frac{9}{25} + \frac{6}{5}x > x^2 + 1 - 2x$$

$$\Rightarrow \frac{16x}{5} > \frac{16}{25} \Rightarrow x > \frac{1}{5} \Rightarrow 5x > 1 \Rightarrow 5\,\text{Re}(\omega) > 1 \; [\because x = \text{Re}(\omega)]$$

87. *(d)* दी गई द्विघात समीकरण

$$(m^2 + 1)x^2 - 3x + (m^2 + 1)^2 = 0 \quad \text{...(i)}$$

माना समी (i) के मूल α तथा β हैं, इसलिए

$$\alpha + \beta = \frac{3}{m^2 + 1} \text{ तथा } \alpha\beta = m^2 + 1$$

प्रश्नानुसार, मूलों का योगफल महत्तम होगा तथा यह सम्भव तभी होगा जब "$(m^2 + 1)$ न्यूनतम हो तथा $m^2 + 1$ का निम्नतम मान जब $m = 0$"

$\therefore \quad \alpha + \beta = 3$ तथा $\alpha\beta = 1$, तब $m = 0$

अब, मूलों के घनों का निरपेक्ष अन्तर

$$= |\alpha^3 - \beta^3| = |\alpha - \beta||\alpha^2 + \beta^2 + \alpha\beta|$$

$$= \sqrt{(\alpha+\beta)^2 - 4\alpha\beta}\,|(\alpha+\beta)^2 - \alpha\beta| = \sqrt{9-4}\,|9-1| = 8\sqrt{5}$$

88. *(a)* दिया गया कथन $p \Rightarrow (q \vee r)$ असत्य है।

$\because p \Rightarrow (q \vee r) = (\sim p) \vee (q \vee r)$

अब, प्रयत्न तथा त्रुटि विधि से, यदि p का सत्य मान T, q का F तथा r का F है। तब $(q \vee r)$ का सत्य मान F होगा।

इसलिए, $[(\sim p) \vee (q \vee r)]$ का सत्य मान असत्य होगा।

अत: यदि p, q, r के सत्य मान T, F है, तब कथन $p \rightarrow (q \vee r)$ असत्य होगा।

89. *(b)* दिया गया द्विपद $(x + 1)^n$, जिसका सामान्य पद $T_{r+1} = {}^nC_r x^r$ है।

प्रश्नानुसार, ${}^nC_{r-1} : {}^nC_r : {}^nC_{r+1} = 2 : 15 : 70$

अब, $$\frac{{}^nC_{r-1}}{{}^nC_r} = \frac{2}{15} \Rightarrow \frac{\frac{n!}{(r-1)!(n-r+1)!}}{\frac{n!}{r!(n-r)!}} = \frac{2}{15}$$

$$\Rightarrow \frac{r}{n-r+1} = \frac{2}{15} \Rightarrow 15r = 2n - 2r + 2 \Rightarrow 2n - 17r + 2 = 0 \quad \text{...(i)}$$

समान रूप से, $$\frac{{}^nC_r}{{}^nC_{r+1}} = \frac{15}{70}$$

$$\Rightarrow \frac{\frac{n!}{r!(n-r)!}}{\frac{n!}{(r+1)!(n-r-1)!}} = \frac{3}{14} \Rightarrow \frac{r+1}{n-r} = \frac{3}{14}$$

$$\Rightarrow \quad 14r + 14 = 3n - 3r \Rightarrow 3n - 17r - 14 = 0 \quad \text{...(ii)}$$

समी (i) तथा (ii) को हल करने पर,

$$n - 16 = 0 \Rightarrow n = 16 \text{ तथा } r = 2$$

$$\text{अब, औसत} = \frac{{}^{16}C_1 + {}^{16}C_2 + {}^{16}C_3}{3} = \frac{16 + 120 + 560}{3} = \frac{696}{3} = 232$$

90. *(c)* दिया है, $\sin 10°\sin 30°\sin 50°\sin 70°$

$$= \sin(30°)[\sin(10°)\sin(50°)\sin(70°)]$$

$$= \frac{1}{2}[\sin(10°)\sin(60° - 10°)\sin(60° + 10°)]$$

$$= \frac{1}{2}\left[\frac{1}{4}\sin(3(10°))\right] \quad \left[\because \sin\theta\sin(60° - \theta)\sin(60° + \theta) = \frac{1}{4}\sin 3\theta\right]$$

$$= \frac{1}{8}\sin 30° = \frac{1}{8} \times \frac{1}{2} = \frac{1}{16}$$

JEE Main संयुक्त प्रवेश परीक्षा

सॉल्वड पेपर 2019

10 अप्रैल, प्रथम पाली

भौतिकी

1. दिए गए परिपथ में एक आदर्श वोल्टमीटर को जब $10\,\Omega$ प्रतिरोध के सिरों पर लगाते हैं, तो वह 2V मापता है। प्रत्येक सेल का आन्तरिक प्रतिरोध r होगा

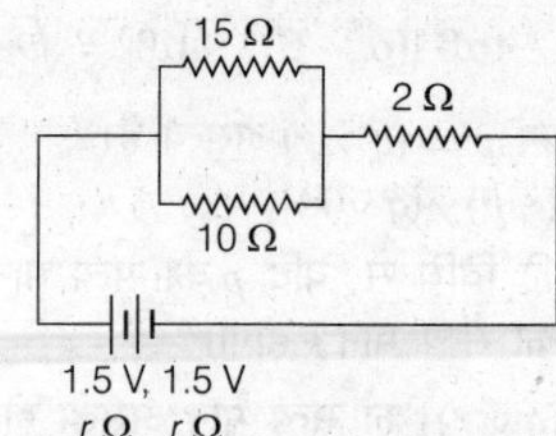

(a) $0\,\Omega$ (b) $0.5\,\Omega$

(c) $1\,\Omega$ (d) $1.5\,\Omega$

2. एक समतल विद्युत चुम्बकीय तरंग का विद्युत क्षेत्र निम्न है—

$$E = E_0 \hat{\mathbf{i}} \cos(kz) \cos(\omega t)$$

तब संगत चुम्बकीय क्षेत्र **B** होगा

(a) $\mathbf{B} = \frac{E_0}{C}\,\hat{\mathbf{j}} \cos(kz) \sin(\omega t)$ (b) $\mathbf{B} = \frac{E_0}{C}\,\hat{\mathbf{j}} \sin(kz) \sin(\omega t)$

(c) $\mathbf{B} = \frac{E_0}{C}\,\hat{\mathbf{j}} \sin(kz) \sin(\omega t)$ (d) $\mathbf{B} = \frac{E_0}{C}\,\hat{\mathbf{j}} \sin(kz) \cos(\omega t)$

3. एक मीटर सेतु प्रयोग के लिए परिपथ तथा संगत परीक्षण सारणी चित्र में दिए गए हैं।

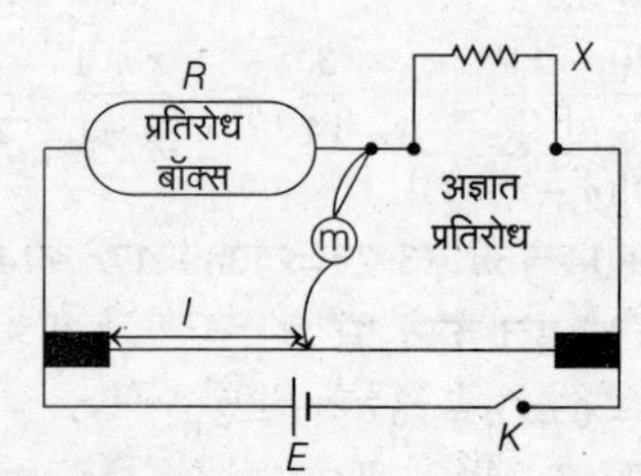

क्र. सं.	$R(\Omega)$	I (सेमी)
1.	1000	60
2.	100	13
3.	10	1.5
4.	1	1.0

इनमें से कौन-सा पाठ्यांक असंगत है?

(a) 4 (b) 1 (c) 3 (d) 2

4. एक n-p-n ट्रांजिस्टर 60 dB शक्ति लब्धि वाले उभयनिष्ठ उत्सर्जक प्रवर्धक के रूप में काम करता है। इस परिपथ का निवेशी प्रतिरोध $100\,\Omega$ तथा निर्गत लोड प्रतिरोध $10\,k\Omega$ है। उभयनिष्ठ उत्सर्जक धारा लब्धि β है

(a) 10^2 (b) 10^4 (c) 6×10^2 (d) 60

5. दो रेडियोधर्मी पदार्थों A तथा B के क्षय नियतांक क्रमश: $10\,\lambda$ तथा λ हैं। यदि आरम्भ में उनके नाभिकों की संख्या बराबर हो, तो कितने समय बाद A तथा B के नाभिकों की संख्या का अनुपात $1/e$ होगा?

(a) $\frac{1}{10\,\lambda}$ (b) $\frac{1}{11\,\lambda}$ (c) $\frac{1}{9\,\lambda}$ (d) $\frac{11}{10\,\lambda}$

6. एक चल कुण्डली धारामापी की पूर्ण विक्षेप धारा का मान 10^{-4} A है। इसको एक 0-5 V परास के वोल्टमीटर में बदलने के लिए $2\,M\Omega$ के प्रतिरोध की आवश्यकता होती है, तो इसे एक 0-10 mA परास के अमीटर में बदलने के लिए किस शंट प्रतिरोध की आवश्यकता होगी?

(a) $500\,\Omega$ (b) $10\,\Omega$ (c) $100\,\Omega$ (d) $200\,\Omega$

7. एक प्रकाश की किरण AO निर्वात से काँच में $60°$ के कोण पर आपतित है तथा इसका अपवर्तन $30°$ के कोण पर OB के समदिश चित्रानुसार होता है। इस किरण की A से B तक प्रकाशिक पथ लम्बाई होगी

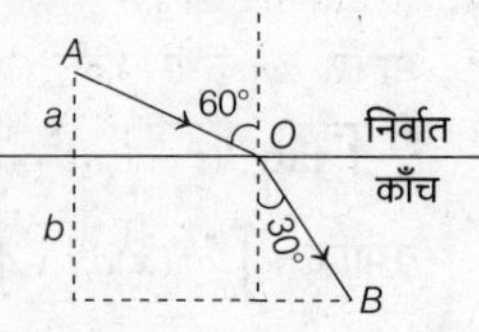

(a) $2a + \frac{2b}{3}$ (b) $\frac{2\sqrt{3}}{a} + 2b$

(c) $2a + 2b$ (d) $2a + \frac{2b}{\sqrt{3}}$

8. एक अवमन्दित आवर्ती दोलक का विस्थापन निम्न है, $x(t) = e^{-0.1t} \cos(10\pi t + \phi)$, यहाँ t सेकण्ड में है। इसके दोलन आयाम को अपने आरम्भिक मान से आधा होने में लगे समय का सन्निकट मान होगा

(a) 13 s (b) 7 s (c) 4 s (d) 27 s

9. एक प्रोटॉन, एक इलेक्ट्रॉन और एक हीलियम नाभिक की ऊर्जाएँ बराबर हैं। वे एक समतल में उसके लम्बवत् चुम्बकीय क्षेत्र के कारण वृत्ताकार कक्षा में गतिशील हैं। यदि r_p, r_e और r_{He} प्रोटॉन, इलेक्ट्रॉन तथा हीलियम नाभिक के वृत्ताकार पथ की त्रिज्याएँ हैं, तो

(a) $r_e > r_p = r_{He}$ (b) $r_e > r_p > r_{He}$

(c) $r_e < r_p < r_{He}$ (d) $r_e < r_p = r_{He}$

10. नीचे बाएँ स्तम्भ में विभिन्न संचार विधाएँ एवं दाएँ स्तम्भ में तरंगों के प्रकार दिए गए हैं।

स्तम्भ-I		स्तम्भ-II	
A.	ऑप्टिकल फाइबर संचार	P.	पराध्वनि
B.	रडार	Q.	अवरक्त प्रकाश
C.	सोनार	R.	सूक्ष्म तरंगें
D.	मोबाइल फोन	S.	रेडियो तरंगें

दिए गए विकल्पों में, दाएँ तथा बाएँ स्तम्भ की प्रविष्टियों का सर्वोचित मिलान क्या होगा?

(a) A-Q, B-S, C-P, D-R (b) A-S, B-Q, C-R, D-P
(c) A-Q, B-S, C-R, D-P (d) A-R, B-P, C-S, D-Q

11. अनुप्रस्थ-काट की त्रिज्या 5 mm वाले ताँबे (प्रतिरोधकता $= 1.7 \times 10^{-8}\ \Omega\text{-m}$) के एक चालक से 5 A की धारा प्रवाहित होती है। यदि आवेशों का अपवाह वेग 1.1×10^{-3} m/s है, तो उनकी गतिशीलता होगी

(a) 1.5 m^2/Vs (b) 1.3 m^2/Vs (c) 1.0 m^2/Vs (d) 1.8 m^2/Vs

12. एक नियत आयतन 67.2 लीटर के सिलेण्डर में मानक तापमान एवं दाब (STP) पर हीलियम गैस भरी है। गैस का तापमान 20°C से बढ़ाने के लिए आवश्यक ऊष्मा होगी
(दिया है, $R = 8.31\ \text{J mol}^{-1}\ \text{K}^{-1}$)

(a) 748 J (b) 374 J (c) 700 J (d) 350 J

13. एक स्थिर स्रोत 500 Hz आवृत्ति से ध्वनि उत्सर्जित करता है। दो श्रोता एक ही रेखा, जोकि स्रोत से होकर जाती है, में चलते हैं, तो उन्हें ध्वनि की आवृत्ति 480 Hz और 530 Hz सुनाई देती है। इन श्रोताओं की चाल क्रमश (ms^{-1} में) होगी (दिया है, = 300 m/s)

(a) 16, 14 (b) 12, 16 (c) 12, 18 (d) 8, 18

14. दो दिए गए संधारित्रों को श्रेणी तथा समान्तर क्रम में लगाने पर उनका आवेश (q) तथा वोल्ट (V) के बीच का सम्बन्ध ग्राफ चित्र में दर्शाया गया है। इनकी धारिताओं के मान होंगे

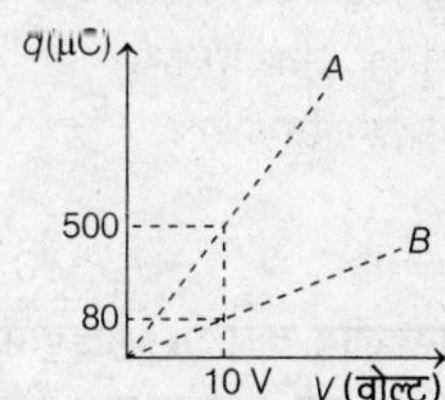

(a) 50 μF तथा 30 μF (b) 40 μF तथा 10 μF
(c) 60 μF तथा 40 μF (d) 20 μF तथा 30 μF

15. द्रव्यमान M तथा $2M$ के दो कण, गति 10 m/s तथा 5 m/s से चित्रानुसार चलते हुए मूलबिन्दु पर प्रत्यास्थ संघट्ट करते हैं। संघट्ट के बाद वो क्रमश: v_1 तथा v_2 की गति से दिखाई गई दिशाओं में चलते हैं। v_1 तथा v_2 के निकटतम मान होंगे

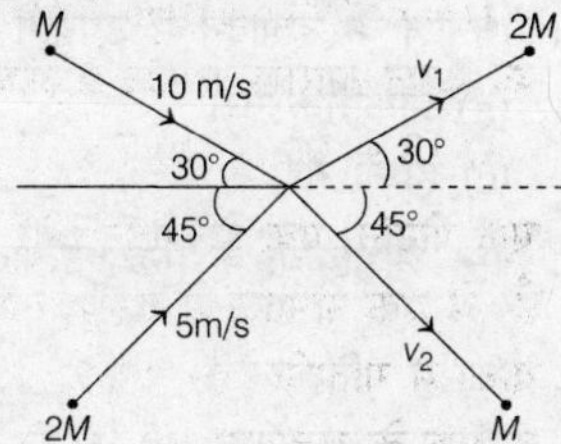

(a) 6.5 मी/से तथा 3.2 मी/से (b) 3.2 मी/से तथा 6.3 मी/से
(c) 6.5 मी/से तथा 6.3 मी/से (d) 3.2 मी/से तथा 12.6 मी/से

16. दिखाए गए चित्र में दो तार A तथा B में प्रवाहित धाराएँ I_1 तथा I_2 हैं, उनके बीच की दूरी d है। I धारा वाला एक तीसरे तार C को इनके समान्तर A से x दूरी पर इस प्रकार रखते हैं कि इस पर कुल बल शून्य है। x के सम्भव मान होंगे

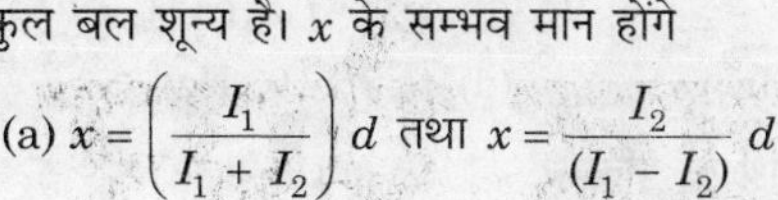

(a) $x = \left(\dfrac{I_1}{I_1 + I_2}\right) d$ तथा $x = \dfrac{I_2}{(I_1 - I_2)} d$

(b) $x = \left(\dfrac{I_2}{I_1 + I_2}\right) d$ तथा $x = \left(\dfrac{I_2}{I_1 - I_2}\right) d$

(c) $x = \left(\dfrac{I_2}{I_1 - I_2}\right) d$ तथा $x = \left(\dfrac{I_2}{I_1 + I_2}\right) d$

(d) $x = \pm \dfrac{I_1 d}{(I_1 - I_2)}$

17. जड़त्व आघूर्ण I_1 तथा $\dfrac{I_1}{2}$ की दो समअक्षीय डिस्क कोणीय वेग ω_1 तथा $\dfrac{\omega_1}{2}$ से अपनी उभयनिष्ठ अक्ष के परित: घूम रही है। जब दोनों डिस्क को सटा दिया जाता है, तो वे बराबर कोणीय वेग से घूमते हैं। यदि E_t तथा E_i अन्तिम एवं प्रारम्भिक कुल ऊर्जाएँ हों, तो $(E_f - E_i)$ का मान होगा

(a) $-\dfrac{I_1\omega_1^2}{24}$ (b) $-\dfrac{I_1\omega_1^2}{12}$ (c) $\dfrac{I_1\omega_1^2}{6}$ (d) $\dfrac{3}{8} I_1\omega_1^2$

18. द्रव्यमान m के एक पिण्ड का पथ निम्न है

$$x = x_0 + a \cos \omega_1 t$$
$$x = y_0 + b \sin \omega_2 t$$

$t = 0$ पर मूलबिन्दु के सापेक्ष पिण्ड पर लगने वाला जड़त्व आघूर्ण होगा

(a) $m(-x_0 b - y_0 a)\, \omega_1^2\, \hat{\mathbf{k}}$ (b) $-m(x_0 b\omega_2^2 - y_0 a\omega_1^2)\hat{\mathbf{k}}$
(c) शून्य (d) $+ m y_0 a \omega_1^2 \hat{\mathbf{k}}$

19. कुल आवेश q तथा त्रिज्या $3a$ का एक एकसमान आवेशित वलय XY-समतल में मूलबिन्दु पर केन्द्रित रखा है। एक बिन्दु आवेश q इस वलय की तरफ Z-अक्ष पर चल रहा है। इसकी $z = 4a$ पर चाल v है। मूलबिन्दु को पार करने के लिए v का न्यूनतम मान होगा

(a) $\sqrt{\dfrac{2}{m}}\left(\dfrac{2}{15}\dfrac{q^2}{4\pi\varepsilon_0 a}\right)^{1/2}$ (b) $\sqrt{\dfrac{2}{m}}\left(\dfrac{4}{15}\dfrac{q^2}{4\pi\varepsilon_0 a}\right)^{1/2}$

(c) $\sqrt{\dfrac{2}{m}}\left(\dfrac{1}{15}\dfrac{q^2}{4\pi\varepsilon_0 a}\right)^{1/2}$ (d) $\sqrt{\dfrac{2}{m}}\left(\dfrac{1}{5}\dfrac{q^2}{4\pi\varepsilon_0 a}\right)^{1/2}$

20. द्रव्यमान M तथा त्रिज्या R की एक पतली डिस्क का प्रति इकाई क्षेत्रफल $\sigma(r) = kr^2$ है, जहाँ r केन्द्र से दूरी है। डिस्क के केन्द्र से जाने वाली तथा इसके लम्बवत् अक्ष के परित: जड़त्व आघूर्ण होगा

(a) $\dfrac{MR^2}{3}$ (b) $\dfrac{2MR^2}{3}$ (c) $\dfrac{MR^2}{6}$ (d) $\dfrac{MR^2}{2}$

21. पारा तथा पानी के पृष्ठ तनाव का अनुपात 7.5 है, जबकि उनके घनत्व का अनुपात 13.6 है। उनके काँच के साथ सम्पर्क कोण के लगभग मान क्रमश: 135° तथा 0° हैं। यह पाया जाता है कि पारा एक त्रिज्या r_1 की केशिका नली में ऊँचाई h से अवनत होता है, जबकि पानी त्रिज्या r_2 की केशिका नली में उसी ऊँचाई h से उन्नत होता है। अनुपात r_1/r_2 का निकट मान होगा

(a) $\dfrac{4}{5}$ (b) $\dfrac{3}{5}$ (c) $\dfrac{2}{5}$ (d) $\dfrac{2}{3}$

22. 100 MHz आवृत्ति तथा शिखर वोल्टता 100 V के एक सूचना सिग्नल का उपयोग 300 GHz आवृत्ति तथा शिखर वोल्टता 400 V की एक वाहक तरंग का आयाम मॉडुलन करने के लिए करते हैं। मॉडुलन सूचकांक तथा दोनों पार्श्व बैण्ड की आवृत्तियों का अन्तर होगा

(a) $4, 1\times10^8$ Hz (b) $0.25, 1\times10^8$ Hz
(c) $0.25, 2\times10^8$ Hz (d) $4, 2\times10^8$ Hz

23. एक प्रयोग में एक पदार्थ के प्रतिरोध का तापमान के फलन में (किसी परास में) ग्राफ बनाया जाता है। दिखाए गए चित्रानुसार यह एक सरल रेखा है। इससे निष्कर्ष निकाल सकते हैं कि

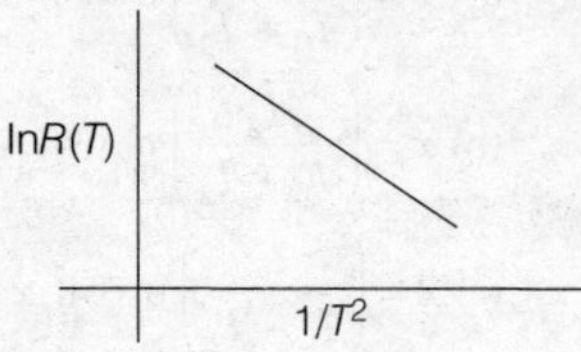

(a) $R(T) = \frac{R_0}{T^2}$ (b) $R(T) = R_0 e^{\frac{T^2}{T_0^2}}$
(c) $R(T) = R_0 e^{-\frac{T_0^2}{T^2}}$ (d) $R(T) = R_0 e^{-\frac{T^2}{T_0^2}}$

24. एक समतल-उत्तल और एक समतल-अवतल लेन्स, जिनकी त्रिज्या R है, वो अलग पदार्थों के बने हैं। इन दोनों को चित्रानुसार चिपका दिया जाता है। यदि लेन्स-1 के पदार्थ का अपवर्तनांक μ_1 तथा लेन्स-2 के पदार्थ का अपवर्तनांक μ_2 है, तो इस संयोजन की फोकस दूरी होगी

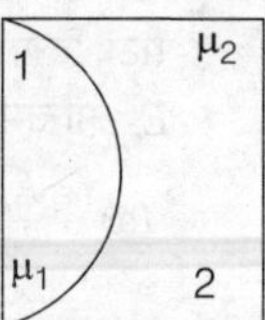

(a) $\frac{R}{2-(\mu_1-\mu_2)}$ (b) $\frac{2R}{\mu_1-\mu_2}$
(c) $\frac{R}{\mu_1-\mu_2}$ (d) $\frac{R}{2(\mu_1-\mu_2)}$

25. एक 25×10^{-3} m^3 आयतन के सिलेण्डर में 1 मोल O_2 गैस कक्षीय तापमान (300 K) पर भरी है। O_2 के आण्विक व्यास तथा वर्ग-माध्य-मूल वेग के मान क्रमश: 0.3 nm तथा 200 m/s पाए जाते हैं। किसी O_2 अणु के संघट्ट दर का मान (प्रति सेकण्ड) क्या होगा?

(a) $\sim10^{13}$ (b) $\sim10^{10}$ (c) $\sim10^{12}$ (d) $\sim10^{11}$

26. पृथ्वी की सतह पर गुरुत्वीय त्वरण का मान $9.8\ ms^{-2}$ है। पृथ्वी की सतह से वह ऊँचाई जहाँ गुरुत्वीय त्वरण घटकर $4.9\ ms^{-2}$ हो जाती है, होगी (पृथ्वी की त्रिज्या $= 6.4\times10^6$ m)

(a) 2.6×10^6 m (b) 6.4×10^6 m
(c) 9.0×10^6 m (d) 1.6×10^6 m

27. एक नियत आयतन ऊष्माधारिता C_V की आदर्श गैस के n मोल का समदाबीय प्रसार किसी आयतन से होता है। प्रक्रिया में किए गए कार्य का दी गई ऊष्मा से अनुपात है

(a) $\frac{4nR}{C_V - nR}$ (b) $\frac{4nR}{C_V + nR}$ (c) $\frac{nR}{C_V + nR}$ (d) $\frac{nR}{C_V - nR}$

28. एक गेंद को पृथ्वी की सतह से आरम्भिक वेग v_0 से ऊपर की ओर फेंका जाता है। गेंद की गति एक अवरोधक बल $m\gamma v^2$ से प्रभावित होती है। यहाँ m गेंद का द्रव्यमान, v उसका तात्कालिक वेग तथा γ एक स्थिरांक है। गेंद द्वारा अपने शीर्ष बिन्दु तक पहुँचने में लगा समय होगा

(a) $\frac{1}{\sqrt{\gamma g}}\tan^{-1}\left(\sqrt{\frac{\gamma}{g}}\,v_0\right)$ (b) $\frac{1}{\sqrt{\gamma g}}\ln\left(1+\sqrt{\frac{\gamma}{g}}\,v_0\right)$
(c) $\frac{1}{\sqrt{\gamma g}}\sin^{-1}\left(\sqrt{\frac{\gamma}{g}}\,v_0\right)$ (d) $\frac{1}{\sqrt{2\gamma g}}\tan^{-1}\left(\sqrt{2\frac{\gamma}{g}}\,v_0\right)$

29. 300 फेरों वाली प्रारम्भिक कुण्डली तथा 150 फेरों वाली द्वितीयक कुण्डली वाले एक ट्रांसफॉर्मर की निर्गत शक्ति 2.2 kW है। यदि द्वितीयक कुण्डली में धारा का मान 10 A है, तो निवेशी वोल्टेज और प्राथमिक कुण्डली में धारा के मान हैं

(a) 220 V तथा 10 A (b) 220 V तथा 20 A
(c) 440 V तथा 20 A (d) 440 V तथा 5 A

30. एक प्रकाश विद्युत प्रवाह प्रयोग में प्रकाश की देहली तरंगदैर्ध्य 380 nm है। यदि आपतित किरण की तरंगदैर्ध्य 260 nm हो, तो उत्सर्जित इलेक्ट्रॉनों की अधिकतम गतिज ऊर्जा होगी

दिया है, E (eV में) $= \frac{1237}{\gamma \text{ (मिमी में)}}$

(a) 3.0 eV (b) 4.5 eV (c) 1.5 eV (d) 15.1 eV

रसायन विज्ञान

31. श्रृंखलन का सही क्रम है

(a) C > Sn > Si ≈ Ge (b) Si > Sn > C > Ge
(c) Ge > Sn > Si > C (d) C > Si > Ge ≈ Sn

32. निम्नलिखित अभिक्रिया का मुख्य उत्पाद है

$CH_3\underset{|}{\overset{OH}{C}}HCH_2CH_2NH_2 \xrightarrow[\text{ट्राईएथिलऐमीन}]{\text{एथिल फॉर्मेट (1 तुल्य)}}$

(a) $CH_3CH(OCHO)CH_2CH_2NH_2$ (O पर $-\overset{O}{C}-H$ समूह)
(b) $CH_3CH = CH-CH_2NH_2$
(c) $CH_3-\overset{OH}{CH}-CH=CH_2$
(d) $CH_3\overset{OH}{C}HCH_2CH_2NHCHO$

33. 300 K तथा 1 वायुमण्डलीय दाब पर, हाइड्रोकार्बन के 10 mL के पूर्ण दहन के लिए 55 mL O_2 की आवश्यकता होती है तथा 40 mL O_2 उत्पन्न होती है। हाइड्रोकार्बन का सूत्र है

(a) C_4H_7Cl (b) C_4H_6 (c) C_4H_{10} (d) C_4H_8

34. मेथेनॉल के उत्पादन में उपयोग किए जाने पर जल गैस का पर्यायवाची है

(a) प्राकृतिक गैस (b) ईंधन गैस
(c) हास्य गैस (d) *सिन* गैस

35. निम्न अभिक्रिया के मुख्य उत्पाद है

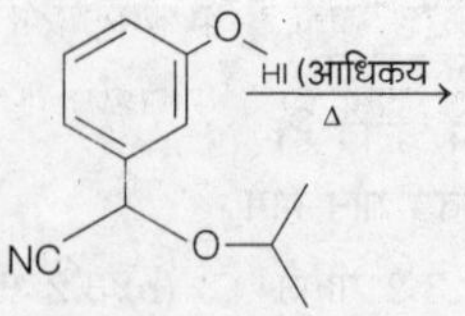

(a) OH, NC, I

(b) I, NC, OH

(c) OH, NC, OH

(d) I, NC, I

36. $|\Psi|^2$ तथा r (रेडियल दूरी) के बीच ग्राफ नीचे प्रदर्शित है। यह दर्शाता है

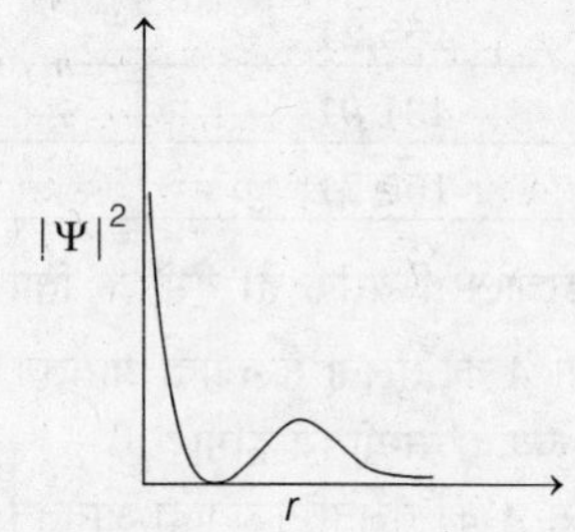

(a) 1s-कक्षक (b) 3s-कक्षक (c) 2p-कक्षक (d) 2s-कक्षक

37. निम्न अभिक्रिया के मुख्य उत्पाद है

CHO + HCHO $\xrightarrow[\text{(ii) } H_3O^+]{\text{(i) 50\% NaOH}}$

(a) CH_2OH तथा COOH

(b) HCOOH तथा CH_2OH

(c) CH_3OH तथा COOH

(d) CH_3OH तथा HCO_2H

38. कक्ष ताप पर, यूरिया का एक तनु विलयन 0.60 g यूरिया को 360 g जल में घोलकर बनाया जाता है। इस ताप पर यदि शुद्ध जल का वाष्प दाब 35 mmHg हो तो वाष्प दाब का अवनमन होगा (यूरिया का मोलर द्रव्यमान $= 60 \text{ g mol}^{-1}$)

(a) 0.027 mmHg (b) 0.028 mmHg
(c) 0.017 mmHg (d) 0.031 mmHg

39. एक आन्तरिक घाव में बैक्टीरिया संक्रमण इस प्रकार बढ़ता है $N'(t) = N_0 \exp(t)$ जहाँ समय t घण्टे में है। मुख से ऐन्टीबायोटिक की एक खुराक लेने पर ऐन्टीबायोटिक घान तक पहुँचने में एक घण्टा लेती है। एक बार वह वहाँ पहुँच जाती है तो बैक्टीरिया की संख्या नीचे इस प्रकार, $\frac{dN}{dt} = -5N^2$ चली जाती है। $\frac{N_0}{N}$ सापेक्ष t ग्राफ एक घण्टे बाद होगा

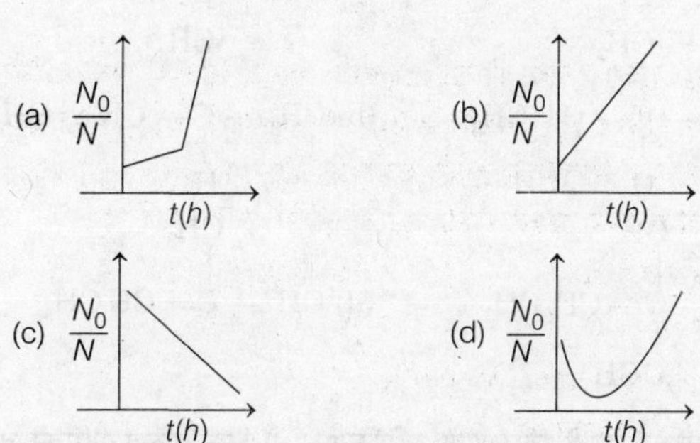

40. परिशोधन की विधियों (सूची-I) के साथ धातुएँ (सूची-II) के साथ मिलान करें।

सूची-I (परिशोधन विधियाँ)		सूची-II (धातुएँ)
(i) द्रवीकरण	(a)	Zr
(ii) मण्डल परिधोधन	(b)	Ni
(iii) मॉण्ड प्रक्रम	(c)	Sn
(iv) वेन-ऑर्कल विधि	(d)	Ga

(a) (i)-(c); (ii)-(d); (iii)-(b); (iv)-(a)
(b) (i)-(b); (ii)-(c); (iii)-(d); (iv)-(a)
(c) (i)-(b); (ii)-(d); (iii)-(a); (iv)-(c)
(d) (i)-(c); (ii)-(a); (iii)-(b); (iv)-(d)

41. तीन संकुल $[CoCl(NH_3)_5]^{2+}$ (I), $[Co(NH_3)_5H_2O]^{3+}$ तथा $[Co(NH_3)_6]^{3+}$ द्रश्य क्षेत्र में प्रकाश को अवशोषित करते है। इसके द्वारा अवशोषित किए गए प्रकाश की तंरगदैर्ध्य की कोटि का क्रम होगा।

(a) (III) > (I) > (II) (b) (II) > (I) > (III)
(c) (I) > (II) > (III) (d) (III) > (II) > (I)

42. निम्न में से किसके साथ अभिकृत किए जाने पर N-एथिलथैलीमाइड से एथिलऐमीन $(C_2H_5NH_2)$ प्राप्त किया जा सकता है?

(a) CaH_2 (b) H_2O (c) NH_2NH_2 (d) $NaBH_4$

43. आयनों का समइलेक्ट्रॉनिकी सेट है

(a) F^-, Li^+, Na^+ और Mg^{2+}
(b) Li^+, Na^+, O^{2-} और F^-
(c) N^{3-}, Li^+, Mg^{2+} और O^{2-}
(d) N^{3-}, O^{2-}, F^- और Na^+

44. ऐमिलोपेक्टिन इनसे निर्मित है

(a) α-D-ग्लूकोज, C_1 - C_4 तथा C_2 - C_6 बन्ध
(b) β-D-ग्लूकोज, C_1 - C_4 तथा C_2 - C_6 बन्ध
(c) α-D-ग्लूकोज, C_1 - C_4 और C_1 - C_6 बन्ध
(d) β-D-ग्लूकोज, C_1 - C_4 तथा C_1 - C_6 बन्ध

45. निम्न अभिक्रिया का मुख्य उत्पाद है

$CH_3—C(CH_3)(H)—CHCH_3(Br) \xrightarrow{CH_3OH}$

(a) $CH_3-\underset{H}{\overset{CH_3}{|}}{C}-\underset{OCH_3}{CHCH_3}$ (b) $CH_3-\underset{H}{\overset{CH_3}{|}}{C}-CH=CH_2$

(c) $CH_3-\underset{OCH_3}{\overset{CH_3}{|}}{C}-CH_2CH_3$ (d) $CH_3-\overset{CH_3}{\overset{|}{C}}=CHCH_3$

46. ऐरोमैटिक इलेक्ट्रॉनस्नेही प्रतिस्थापन अभिक्रियाओं में निम्नलिखित यौगिकों की बढ़ती अभिक्रियात्मकता का सही क्रम है

Cl (I) CH_3 (II) $COCH_3$ (III)

(a) II < I < III (b) III < I < II (c) III < II < I (d) I < III < II

47. वायुमण्डल का वही भाग जहाँ बादल बनते हैं तथा जिसमें हम रहते है, उसे क्रमशः कहते हैं

(a) स्ट्रेटोस्फीयर तथा स्ट्रेट्रोस्फीयर
(b) स्ट्रेटोस्फीयर तथा ट्रोपोस्फीयर
(c) ट्रोपोस्फीयर तथा स्टेट्रोस्फीयर (समताप मण्डल)
(d) ट्रोपोस्फीयर (क्षोभमण्डल) तथा ट्रोपोस्फीयर

48. सल्फर का वह ऑक्सोऐसिड जिसमें सल्फर के परमाणुओं के बीच आबन्ध नहीं होता है

(a) $H_2S_2O_4$ (b) $H_2S_4O_6$ (c) $H_2S_2O_7$ (d) $H_2S_2O_3$

49. कॉलम क्रोमेटोग्राफी का सिद्धान्त है

(a) ठोस प्रावस्था पर पदार्थों का अवकलनीय अधिशोषण
(b) ठोस प्रावस्था पर पदार्थों का अवकलनीय अवशोषण
(c) गुरुत्वीय बल
(d) केशीकीय क्रिया

50. वह स्पीशीज जिसका एक *ट्रान्स*-आइसोमर हो सकता है, हैं (en = एथेन-1, 2-डाइऐमीन, ox = ऑक्जेलेट)

(a) $[Pt(en)Cl_2]$ (b) $[Pt(en)_2Cl_2]^{2+}$
(c) $[Zn(en)Cl_2]$ (d) $[Cr(en)_2(ox)]^+$

51. एक गैस का एक पृष्ठ पर भौतिक अधिशोषण होता है और वह दिए गए फ्रैण्डलिक अधिशोषण समतापी समीकरण का अनुसरण करती है।

$$\frac{x}{m} = kp^{0.5}$$

गैस का अधिशोषण बढ़ेगा यदि

(a) p घटाएँ तथा T बढ़ाएँ (b) p बढ़ाएँ तथा T घटाएँ
(c) p घटाएँ तथा T घटाएँ (d) p बढ़ाएँ तथा T बढ़ाएँ

52. वायुयान के निर्माण में प्रयुक्त इस्पात है

(a) Mg-Sn (b) Mg-Zn (c) Mg-Al (d) Mg-Mn

53. एक प्रक्रम सभी तापों पर स्वत: होगा यदि

(a) $\Delta H > 0$ तथा $\Delta S < 0$ (b) $\Delta H < 0$ तथा $\Delta S < 0$
(c) $\Delta H < 0$ तथा $\Delta S > 0$ (d) $\Delta H > 0$ तथा $\Delta S < 0$

54. Ti^{2+}, V^{2+}, Ti^{3+} और Sc^{3+} के जलयोजित आयनों पर विचार कीजिए। उनके स्पिन-मात्र चुम्बकीय आघूर्णों का सही क्रम है

(a) $Sc^{3+} < Ti^{3+} < Ti^{2+} < V^{2+}$ (b) $Ti^{3+} < Ti^{2+} < Sc^{3+} < V^{2+}$
(c) $V^{2+} < Ti^{2+} < Ti^{3+} < Sc^{3+}$ (d) $Sc^{3+} < Ti^{3} < V^{2+} < Ti^{2+}$

55. निम्न में से कौन-सा संघनन बहुलक है?

(a) ब्यूना-S (b) नायलॉन-6, 6 (c) टेफ्लॉन (d) निओप्रीन

56. निम्न तालिका पर विचार कीजिए

	गैस a/(kPa $dm^6\ mol^{-1}$)	b/($dm^3\ mol^{-1}$)
A.	642.32	005196
B.	155.21	0.04136
C.	431.91	0.05196
D.	155.21	0.4382

a तथा b वाण्डरवाल्स स्थिरांक हैं। गैसों के विषय में सही कथन है

(a) गैस C गैस A की तुलना में ज्यादा आयतन घेरेगी; गैस B, गैस D की तुलना में ज्यादा सम्पीड्य होगी
(b) गैस C गैस A की तुलना में ज्यादा आयतन घेरेगी; गैस B, गैस D की तुलना में कम सम्पीड्य होगी
(c) गैस C गैस A की तुलना में कम आयतन घेरेगी; गैस B, गैस D की तुलना में ज्यादा सम्पीड्य होगी
(d) गैस C गैस A की तुलना में कम आयतन घेरेगी; गैस B, गैस D की तुलना में कम सम्पीड्य होगी

57. निम्न यौगिकों में S_N1 अभिक्रिया की बढ़ती दर होगी

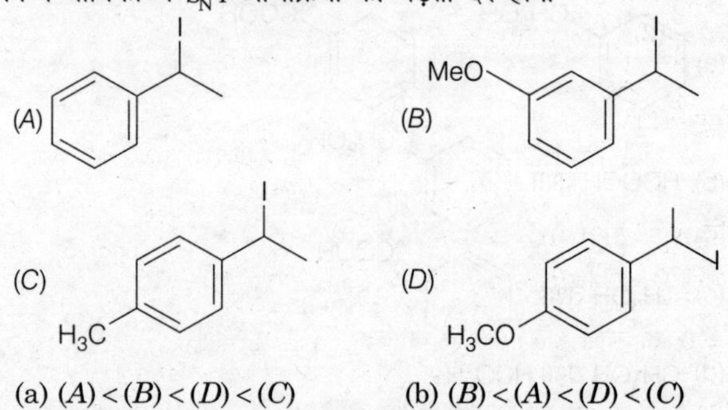

(a) (A) < (B) < (D) < (C) (b) (B) < (A) < (D) < (C)
(c) (A) < (B) < (C) < (D) (d) (B) < (A) < (C) < (D)

58. कथन 1 तथा कथन 2 पर विचार कीजिए।

कथन 1. विद्युत् अपघट्य की सान्द्रता में कमी के साथ चालकता सदैव बढ़ती है।

कथन 2. विद्युत् अपघट्य की सान्द्रता में कमी आने के साथ मोलर चालकता हमेशा बढ़ती है। निम्न में सही विकल्प होगा

(a) कथन 1 तथा कथन 2 दोनों सही हैं
(b) कथन 1 तथा कथन 2 दोलों गलत हैं
(c) कथन 1 गलत है तथा कथन 2 सही है
(d) कथन 1 सही है तथा कथन 2 गलत है

59. O_2 को O_2^- में परिवर्तन के समय आने वाला इलेक्ट्रॉन जिस कक्षक में जाएगा वही है

(a) $\pi 2p_y$ (b) $\sigma^* 2p_z$ (c) $\pi^* 2p_x$ (d) $\pi 2p_x$

60. निम्न कथनों पर विचार कीजिए

A. उस मिश्रण का pH, जिसमें 400 mL 0.1 M H_2SO_4 तथा 400 mL 0.1 M NaOH है, लगभग 1.3 होगा।

B. जल का आयनी गुणनफल ताप पर आश्रित है

C. $K_a = 10^{-5}$ वाले एक एकक्षारकीय की अम्ल का pH = 5 है, इस अम्ल की वियोजन मात्रा 50% है।

D. ला-शातेलिए सिद्धान्त सम-आयन प्रभाव पर नहीं लागू होता है।

सही कथन है

(a) 'B' तथा 'C'
(b) 'A' तथा 'B'
(c) 'A', 'B' तथा 'D'
(d) 'A', 'B' तथा 'C'

गणित

61. $|x-y| \le 2$ तथा $|x+y| \le 2$ द्वारा प्रदर्शित क्षेत्र जिसके द्वारा प्रतिबद्ध (bounded) है, वह है

(a) एक समचतुर्भुज जिसका क्षेत्रफल $8\sqrt{2}$ वर्ग इकाई है
(b) एक वर्ग जिसकी भुजा की लम्बाई $2\sqrt{2}$ वर्ग इकाई है
(c) एक वर्ग जिसका क्षेत्रफल 16 वर्ग इकाई है
(d) एक समचतुर्भुज जिसकी भुजा की लम्बाई 2 वर्ग इकाई है

62. $\frac{3\times1^3}{1^2}+\frac{5\times(1^3+2^3)}{1^2+2^2}+\frac{7\times1^3+2^3+3^3}{1^2+2^2+3^2}+\ldots$ के प्रथम दस पदों का योगफल है

(a) 660 (b) 600
(c) 620 (d) 980

63. $\lim_{n\to\infty}\left(\frac{(n+1)^{\frac{1}{3}}}{n^{\frac{4}{3}}}+\frac{(n+2)^{\frac{1}{3}}}{n^{\frac{4}{3}}}+\ldots+\frac{(2n)^{\frac{1}{3}}}{n^{\frac{4}{3}}}\right)$ बराबर है

(a) $\frac{3}{4}(2)^{\frac{4}{3}}-\frac{3}{4}$ (b) $\frac{3}{4}(2)^{\frac{4}{3}}-\frac{4}{3}$
(c) $\frac{4}{3}(2)^{\frac{4}{3}}$ (d) $\frac{4}{3}(2)^{\frac{3}{4}}$

64. यदि $\Delta_1=\begin{vmatrix} x & \sin\theta & \cos\theta \\ \sin\theta & x & 1 \\ \cos\theta & 1 & x\end{vmatrix}$ तथा $\begin{vmatrix} x & \sin2\theta & \cos2\theta \\ \sin\theta & x & 1 \\ \cos2\theta & 1 & x\end{vmatrix}$,

$x\neq0$, तो सभी $\theta\in\left(0,\frac{\pi}{2}\right)$ के लिए

(a) $\Delta_1-\Delta_2=x(\cos2\theta-\cos4\theta)$
(b) $\Delta_1+\Delta_2=-2x^3$
(c) $\Delta_1+\Delta_2=-2(x^3+x-1)$
(d) $\Delta_1-\Delta_2=-2x^3$

65. यदि $\int\frac{dx}{(x^2-2x+10)^2}=A\left(\tan^{-1}\left(\frac{x-1}{3}\right)+\frac{f(x)}{x^2-2x+10}\right)+C$

जहाँ C एक समाकलन अचर है, तो

(a) $A=\frac{1}{27}$ तथा $f(x)=9(x-1)$
(b) $A=\frac{1}{54}$ तथा $f(x)=9(x-1)^2$
(c) $A=\frac{1}{81}$ तथा $f(x)=3(x-1)$
(d) $A=\frac{1}{54}$ तथा $f(x)=3(x-1)$

66. यदि बिन्दु $(\beta,0,\beta)$ $(\beta\neq0)$ से रेखा $\frac{x}{1}=\frac{y-1}{0}=\frac{z+1}{1}$ पर खींचे गए लम्ब की लम्बाई $\sqrt{\frac{3}{2}}$ है, तो β बराबर है

(a) 1 (b) – 1 (c) 2 (d) – 2

67. यदि $a>0$ तथा $z=\frac{(1+i)^2}{a-i}$, का परिमाण $\sqrt{\frac{2}{5}}$, है, तो $\bar{z}$ बराबर है

(a) $-\frac{1}{5}-\frac{3}{5}i$ (b) $\frac{1}{5}+\frac{3}{5}i$ (c) $\frac{1}{5}-\frac{3}{5}i$ (d) $-\frac{3}{5}-\frac{1}{5}i$

68. यदि $\lim_{x\to1}\frac{x^4-1}{x-1}=\lim_{x\to k}\frac{x^3-k^3}{x^2-k^2}$, तो k बराबर है

(a) $\frac{4}{3}$ (b) $\frac{3}{2}$ (c) $\frac{3}{8}$ (d) $\frac{8}{3}$

69. माना $f(x)=e^x-x$ तथा $g(x)=x^2-x, \forall x\in R$, तो सभी $x\in R$ जिनके लिए फलन $h(x)=(fog)(x)$ वर्धमान है, का समुच्चय है

(a) $\left[0,\frac{1}{2}\right]\cap[1,\infty)$ (b) $\left[\frac{-1}{2},0\right]\cap[1,\infty)$
(c) $\left[-1,\frac{-1}{2}\right]\cap\left[\frac{1}{2},\infty\right)$ (d) $[0,\infty)$

70. यदि बिन्दु P का समतल $3x-y+4z=2$ में प्रतिबिम्ब $Q(0,-1,-3)$ है तथा $R(3,-1,-2)$, एक अन्य बिन्दु है, तो ΔPQR का क्षेत्रफल (वर्ग इकाइयों में) होगा

(a) $\frac{\sqrt{91}}{4}$ (b) $\frac{\sqrt{65}}{2}$ (c) $\frac{\sqrt{91}}{2}$ (d) $2\sqrt{13}$

71. यदि $a_1,a_2,a_3,\ldots,a_n$ एक समान्तर श्रेढ़ी में हैं तथा $a_1+a_4+a_7+\ldots+a_{16}=114$ है, तो $a_1+a_6+a_{11}+a_{16}$ बराबर है

(a) 64 (b) 38 (c) 76 (d) 98

72. यदि $f(x)=\begin{cases}\frac{\sin(p+1)x+\sin x}{x}, & x<0\\ q, & x=0\\ \frac{\sqrt{x+x^2}-\sqrt{x}}{x^{\frac{3}{2}}}, & x>0\end{cases}$

$x=0$ पर सतत् है, तो क्रमित युग्म (p,q) बराबर है

(a) $\left(-\frac{3}{2},\frac{1}{2}\right)$ (b) $\left(\frac{5}{2},\frac{1}{2}\right)$
(c) $\left(-\frac{3}{2},-\frac{1}{2}\right)$ (d) $\left(-\frac{1}{2},\frac{3}{2}\right)$

73. यदि रेखा $x - 2y = 12$ दीर्घवृत्त $\frac{x^2}{a^2} + \frac{y^2}{b^2} = 1$ को बिन्दु $\left(3, \frac{-9}{2}\right)$, पर स्पर्श करती है, तो इसके नाभिलम्ब की लम्बाई है

(a) 9 (b) $8\sqrt{3}$ (c) $12\sqrt{2}$ (d) 5

74. वह सभी युग्म (x, y) जो असमिका $2^{\sqrt{\sin^2 x - 2\sin x + 5}} \cdot \frac{1}{4^{\sin^2 y}} \le 1$ को सन्तुष्ट करते है, निम्न में से किस समीकरण को भी सन्तुष्ट करते हैं?

(a) $\sin x = |\sin y|$ (b) $2|\sin x| = 3\sin y$

(c) $\sin x = 2\sin y$ (d) $2\sin x = 2\sin y$

75. यदि द्विघाती समीकरण, $x^2 + x\sin\theta - 2\sin\theta = 0, \theta \in \left(0, \frac{\pi}{2}\right)$, के मूल α तथा β हैं, तो $\frac{\alpha^{12} + \beta^{12}}{(\alpha^{-12} + \beta^{-12}) \cdot (\alpha - \beta)^{24}}$ बराबर है

(a) $\frac{2^{12}}{(\sin\theta - 8)^6}$ (b) $\frac{2^{12}}{(\sin\theta + 8)^{12}}$

(c) $\frac{2^{12}}{(\sin\theta - 4)^{12}}$ (d) $\frac{2^6}{(\sin\theta + 8)^{12}}$

76. माना $f : R \to R, c \in R$ पर अवकलनीय है तथा $f(c) = 0$ है यदि $g(x) = |f(x)|$, तो $x = c$, पर g

(a) अवकलनीय नहीं है

(b) अवकलनीय है यदि $f'(c) = 0$

(c) अवकलनीय नहीं है यदि $f'(c) = 0$

(d) अवकलनीय है यदि $f'(c) \neq 0$

77. माना एक त्रिभुज के शीर्ष बिन्दु $A(3, 0, -1)$, $B(2, 10, 6)$ तथा $C(1, 2, 1)$ हैं तथा AC का मध्यबिन्दु M है। यदि G, BM को $2 : 1$ के अनुपात में विभाजित करता है, तो $\cos(\angle GOA)$ (O मूलबिन्दु है) बराबर है

(a) $\frac{1}{6\sqrt{10}}$ (b) $\frac{1}{2\sqrt{15}}$

(c) $\frac{1}{\sqrt{15}}$ (d) $\frac{1}{\sqrt{30}}$

78. यदि वृत्तों $x^2 + y^2 + 5Kx + 2y + K = 0$ तथा $2(x^2 + y^2) + 2Kx + 3y - 1 = 0$, $(K \in R)$, के प्रतिच्छेदन बिन्दु P तथा Q हैं, तो रेखा $4x + 5y - K = 0$ के बिन्दुओं P तथा Q से होकर जाने के लिए

(a) K का मात्र एक मान है (b) K के मात्र दो मान है

(c) K का कोई मान नहीं है (d) K के अनन्त मान है

79. यदि x की घातों में व्यंजक $(1 + ax + bx^2)(1 - 3x)^{15}$ के प्रसार में x^2 तथा x^3 दोनों के गुणांक शून्य के बराबर है, तो क्रमित युग्म (a, b) बराबर है

(a) $(28, 315)$ (b) $(28, 861)$

(c) $(-21, 714)$ (d) $(-54, 315)$

80. एक अतिपरवलय का केन्द्र मूलबिन्दु पर है तथा यह बिन्दु $(4, -2\sqrt{3})$ से होकर जाता है। यदि इसकी एक नियता $5x = 4\sqrt{5}$ है तथा इसकी उत्केन्द्रता e है, तो

(a) $4e^4 - 12e^2 - 27 = 0$ (b) $4e^4 + 8e^2 - 35 = 0$

(c) $4e^4 - 24e^2 + 27 = 0$ (d) $4e^4 - 24e^2 + 35 = 0$

81. यदि किसी $x \in R$, के लिए 20 विद्यार्थियों द्वारा एक परीक्षा में प्राप्त अंकों का बारम्बारता बंटन है

अंक	2	3	5	7
बारम्बारता	$(x+1)^2$	$2x - 5$	$x^2 - 3x$	x

तो अंकों का माध्य है

(a) 2.5 (b) 2.8 (c) 3.0 (d) 3.2

82. $\int_0^{2\pi} [\sin 2x(1 + \cos 3x)]\, dx$, का मान है, जहाँ $[t]$ महत्तम पूर्णांक फलन को व्यक्त करता है

(a) 2π (b) -2π (c) $-\pi$ (d) π

83. ABC एक त्रिभुजाकार पार्क है जिसमें $AB = AC = 100$ मी है। BC के मध्य-बिन्दु पर एक सीधी मीनार खड़ी है। यदि मीनार के शिखर के बिन्दुओं A तथा B पर उन्नयन कोण क्रमशः $\cot^{-1}(3\sqrt{2})$ तथा $\text{cosec}^{-1}(2\sqrt{2})$ हैं, तो मीनार की ऊँचाई (मीटर में) है

(a) $\frac{100}{3\sqrt{3}}$ (b) 25 (c) $10\sqrt{5}$ (d) 20

84. निम्न बूलियन व्यंजकों में से कौन-सा एक, एक पुनरूक्ति है?

(a) $(p \vee q) \wedge (p \vee \sim q)$ (b) $(p \vee q) \wedge (\sim p \vee \sim q)$

(c) $(p \wedge q) \vee (p \wedge \sim q)$ (d) $(p \vee q) \vee (p \vee \sim q)$

85. माना प्रत्येक जन्म लेने वाले बच्चे का लड़का अथवा लड़की होना समसम्भाव्य है। माना दो परिवारों में प्रत्येक में दो बच्चे है। यदि यह दिया गया है कि कम-से-कम दो बच्चे लड़कियाँ हैं, तो सभी बच्चों के लड़की होने की प्रायिकता है

(a) $\frac{1}{11}$ (b) $\frac{1}{10}$ (c) $\frac{1}{17}$ (d) $\frac{1}{12}$

86. यदि रेखा $x = y$ एक वृत्त की बिन्दु $(1, 1)$ पर स्पर्श करती है। यदि वृत्त बिन्दु $(1, -3)$ से गुजरता है, तो इसकी त्रिज्या है

(a) $3\sqrt{2}$ (b) 3 (c) $2\sqrt{2}$ (d) 2

87. यदि $y = y(x)$ अवकल समीकरण $\frac{dy}{dx} = (\tan x - y)\sec^2 x, x \in \left(-\frac{\pi}{2}, \frac{\pi}{2}\right)$, जबकि $y(0) = 0$, का हल है, तो $y\left(-\frac{\pi}{4}\right)$ बराबर है

(a) $e - 2$ (b) $\frac{1}{e} - 2$ (c) $2 + \frac{1}{e}$ (d) $\frac{1}{2} - e$

88. अंकों 0, 1, 2, 5, 7 तथा 9 के प्रयोग से छः अंकों वाली ऐसी संख्याओं जो 11 से भाज्य हों तथा जिनमें कोई भी अंक दोबारा न आए, की संख्या है

(a) 36 (b) 72 (c) 48 (d) 60

89. माना $f(x) = x^2, x \in R$ किसी भी $A \subseteq R$, के लिए $g(A) = \{x \in R : f(x) \in A\}$ है। यदि $S = [0, 4]$ है, तो निम्न में से कौन-सा एक कथन सही नहीं है?

(a) $f(g(S)) = S$ (b) $f(g(S)) \neq f(S)$

(c) $g(f(S)) \neq S$ (d) $g(f(S)) = g(S)$

90. यदि रैखिक समीकरण निकाय $x + y + z = 5, x + 2y + 2z = 6$, $x + 3y + \lambda z = \mu, (\lambda, \mu \in R)$, के अनन्त हल है तो $\lambda + \mu$ का मान है

(a) 9 (b) 7 (c) 12 (d) 10

सही उत्तर

भौतिकी

1. (b)	**2.** (b)	**3.** (a)	**4.** (a)	**5.** (c)	**6.** (*)	**7.** (c)	**8.** (b)	**9.** (c)	**10.** (a)
11. (c)	**12.** (a)	**13.** (c)	**14.** (b)	**15.** (c)	**16.** (d)	**17.** (a)	**18.** (d)	**19.** (a)	**20.** (b)
21. (c)	**22.** (c)	**23.** (c)	**24.** (c)	**25.** (*)	**26.** (a)	**27.** (c)	**28.** (a)	**29.** (d)	**30.** (c)

रसायन विज्ञान

31. (d)	**32.** (d)	**33.** (b)	**34.** (d)	**35.** (a)	**36.** (d)	**37.** (b)	**38.** (c)	**39.** (b)	**40.** (a)
41. (c)	**42.** (c)	**43.** (d)	**44.** (c)	**45.** (c)	**46.** (b)	**47.** (d)	**48.** (c)	**49.** (a)	**50.** (b)
51. (b)	**52.** (c)	**53.** (c)	**54.** (a)	**55.** (b)	**56.** (a)	**57.** (d)	**58.** (c)	**59.** (c)	**60.** (d)

गणित

61. (b)	**62.** (a)	**63.** (a)	**64.** (b)	**65.** (d)	**66.** (b)	**67.** (a)	**68.** (d)	**69.** (a)	**70.** (c)
71. (c)	**72.** (a)	**73.** (a)	**74.** (a)	**75.** (b)	**76.** (b)	**77.** (c)	**78.** (c)	**79.** (a)	**80.** (d)
81. (b)	**82.** (c)	**83.** (d)	**84.** (a)	**85.** (a)	**86.** (c)	**87.** (a)	**88.** (d)	**89.** (d)	**90.** (d)

संकेत एवं हल

भौतिकी

1. *(b)* प्रश्न में दिया गया परिपथ निम्न है,

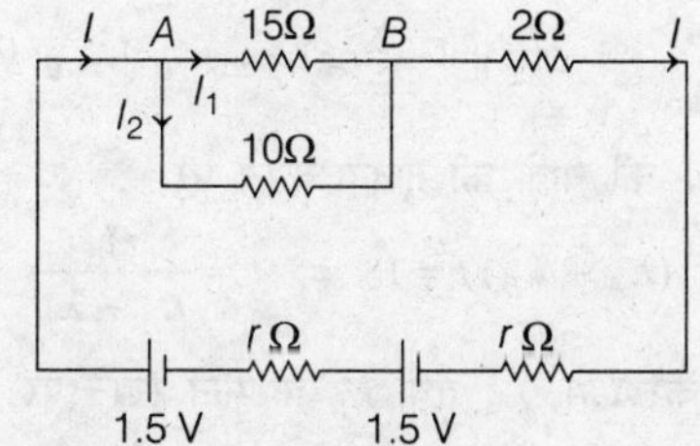

दिया है, $V_{AB} = 2\text{V}$

$\therefore$ किरचॉफ के सन्धि नियम से परिपथ में प्रवाहित धारा,

$$I = I_1 + I_2 = \frac{2}{15} + \frac{2}{10} \qquad [\because V = IR \text{ या } I = V/R]$$

$$= \frac{4+6}{30} = \frac{1}{3}\text{A} \qquad \ldots \text{(i)}$$

$(r + r)$ प्रतिरोध के एक्रॉस-विभव पतन

= सेल का वोल्टेज $-$ AB के एक्रॉस विभव

$= 3 - 2 = 1\text{ V}$

सम्पूर्ण परिपथ के लिए, ओम के नियम $V = IR$ से,

$$\Rightarrow \quad 1 = I(2 + 2r) = \frac{1}{3}(2 + 2r) \qquad \text{[समी. (i) से,]}$$

$$\Rightarrow \quad 3 = 2 + 2r \quad \text{या} \quad 2r = 1\,\Omega$$

$$\text{या} \quad r = \frac{1}{2}\Omega = 0.5\,\Omega$$

अत: परिपथ में जुड़े प्रत्येक सेल का आन्तरिक प्रतिरोध $r = 0.5\Omega$ होगा।

वैकल्पिक हल

A तथा B के मध्य तुल्य प्रतिरोध,

$$\frac{1}{R_{AB}} = \frac{1}{10} + \frac{1}{15} = \frac{1}{6} \Rightarrow R_{AB} = 6\,\Omega$$

अब परिपथ को निम्न प्रकार दर्शाया जा सकता है,

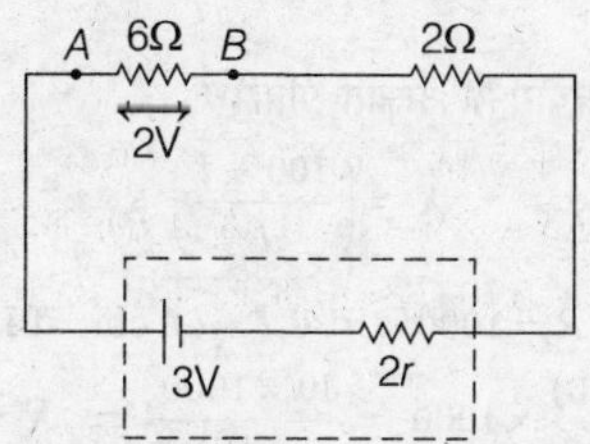

$\therefore$ सम्पूर्ण परिपथ का तुल्य प्रतिरोध,

$$R_{eq} = 6\,\Omega + 2\,\Omega + 2r = 8 + 2r$$

सम्पूर्ण परिपथ में प्रवाहित धारा,

$$I = \frac{E_{net}}{R_{eq}}$$

यहाँ, $\quad E_{net} = 1.5 + 1.5 = 3\text{ V} \Rightarrow I = \dfrac{3}{8 + 2r}$

वोल्टमीटर का पाठ्यांक, $V = I \cdot R_{AB}$

यहाँ, $\quad V = 2\text{ V}$

$$2 = \left(\frac{3}{8 + 2r}\right) \times 6 \Rightarrow 8 + 2r = 9 \quad \text{या} \quad r = \frac{1}{2} = 0.5\,\Omega$$

2. *(b)* **संकेत** *वैद्युत चुम्बकीय तरंग में वैद्युत क्षेत्र सदिश (E) तथा चुम्बकीय क्षेत्र सदिश (B) एक-दूसरे के लम्बवत् होते हैं तथा यह तरंग संचरण की दिशा के भी लम्बवत् होते हैं।*

हम जानते हैं कि $\mathbf{E} \times \mathbf{B}$, विद्युत चुम्बकीय तरंग के संचरण की दिशा को प्रदर्शित करता है,

$$\therefore \qquad (\mathbf{E} \times \mathbf{B}) \parallel v$$

$\therefore$ दिए गए वैद्युत क्षेत्र के लिए, संचरण की दिशा Z-अक्ष के अनुदिश तथा $\mathbf{E}$ की दिशा X-अक्ष के अनुदिश होती है।

उपरोक्त विवरण से स्पष्ट है कि $\mathbf{B}$, Y-दिशा में है।

मैक्सवेल समीकरण से,

$$\nabla \times \mathbf{E} = -\frac{\partial \mathbf{B}}{\partial t}$$

यहाँ, $$\frac{\partial \mathbf{E}}{\partial Z} = -\frac{\partial B}{\partial t} \qquad \text{... (i)}$$

तथा $$B_0 = E_0 / c \qquad \text{... (ii)}$$

दिया है, $$\mathbf{E} = E_0\, \hat{\mathbf{i}} \cos kz \cos \omega t$$

दोनों पक्षों का अवकलन करने पर,

$$\frac{-\partial \mathbf{E}}{\partial Z} = kE_0 \sin kz \cos \omega t$$

$\therefore$ समी (i) से,

$$\frac{\partial \mathbf{B}}{\partial t} = kE_0 \sin kz \cos \omega t$$

पुन: समय t के सापेक्ष उपरोक्त समीकरण के दोनों पक्षों का समाकलन करने पर,

$$\Rightarrow \qquad \mathbf{B} = \frac{k}{\omega} E_0 \sin kz \sin \omega t = \frac{E_0}{c} \sin kz \sin \omega t$$

$$\Rightarrow \qquad \mathbf{B} = \frac{E_0}{c} \sin(kz) \sin(\omega t)\, \hat{\mathbf{j}}$$

अत: संगत चुम्बकीय क्षेत्र $\mathbf{B}$ का मान $\frac{E_0}{C} \sin(kz)\sin(\omega t)\hat{\mathbf{j}}$ होता है।

3. *(a)* मीटर सेतु प्रयोग में अज्ञात प्रतिरोध,

$$X = \left(\frac{100 - l}{l}\right) R$$

स्थिति (1) जब $R = 1000\,\Omega$ तथा $l = 60$ cm, तब

$$X = \frac{(100 - 60)}{60} \times 1000 = \frac{40 \times 1000}{60} \Rightarrow X = \frac{2000}{3}\,\Omega \approx 667\,\Omega$$

स्थिति (2) जब $R = 100\,\Omega$ तथा $l = 13$ cm, तब

$$X = \left(\frac{100 - 13}{13}\right) \times 100 = \frac{100 \times 87}{13} = \frac{8700}{13}\,\Omega \approx 669\,\Omega$$

स्थिति (3) जब $R = 10\,\Omega$ तथा $l = 1.5$ cm, तब

$$X = \left(\frac{100 - 1.5}{1.5}\right) \times 10 = \frac{98.5}{1.5} \times 10 = \frac{9850}{15}\,\Omega \approx 656\,\Omega$$

स्थिति (4) जब $R = 1\,\Omega$ तथा $l = 1.0$ cm, तब

$$X = \left(\frac{100 - 1}{1}\right) \times 1$$

$$\therefore \qquad X = 99\,\Omega$$

ऊपर दी गई स्थितियों में से, स्थिति (4) में प्राप्त मान असंगत या अनुचित है।

4. *(a)* दिया है, शक्ति लब्धि, $A_P = 60$ dB (डेसीबल में)

डेसीबल में शक्ति लब्धि,

$$A_P = 10 \log_{10}\left(\frac{\text{निर्गत् शक्ति}}{\text{निवेशी शक्ति}}\right) \Rightarrow 60 = 10 \log_{10}\left(\frac{P_{\text{निर्गत्}}}{P_{\text{निवेशी}}}\right)$$

$$\Rightarrow \qquad \log_{10}\left(\frac{P_{\text{निर्गत्}}}{P_{\text{निवेशी}}}\right) = 6 \Rightarrow \frac{P_{\text{निर्गत्}}}{P_{\text{निवेशी}}} = 10^6 = A_P \qquad \text{... (i)}$$

दिया है, $R_{\text{निर्गत्}} = 10\text{ k}\Omega$, $R_{\text{निवेशी}} = 100\,\Omega$

$\therefore$ ट्रांजिस्टर का शक्ति लब्धि,

$$A_P = \beta^2 \left(\frac{R_{\text{निर्गत्}}}{R_{\text{निवेशी}}}\right)$$

जहाँ, β धारा लब्धि है।

$$\Rightarrow \qquad \beta^2 = A_P \times \frac{R_{\text{निवेशी}}}{R_{\text{निर्गत्}}} = 10^6 \times \frac{100}{10 \times 10^3}$$

$$\Rightarrow \qquad \beta^2 = 10^4 \text{ या } \beta = 10^2$$

अत: उभयनिष्ठ उत्सर्जक धारा लब्धि β का मान 10^2 होगा।

5. *(c)* दिया है, $\lambda_A = 10\lambda$ तथा $\lambda_B = \lambda$

पदार्थ में किसी क्षण उपस्थित नाभिकों की संख्या, $N = N_0 e^{-\lambda t}$

पदार्थ A तथा B के लिए,

$$\frac{N_A}{N_B} = \frac{e^{-\lambda_A t}}{e^{-\lambda_B t}} = e^{-(\lambda_A - \lambda_B)t} \qquad \text{...(i)}$$

दिया है,

$$\frac{N_A}{N_B} = \frac{1}{e} \qquad \text{... (ii)}$$

समी. (i) व (ii) से,

$$\frac{1}{e} = e^{-(\lambda_A - \lambda_B)t} \Rightarrow e^{-1} = e^{-(\lambda_A - \lambda_B)t}$$

दोनों पक्षों में e की घातों की तुलना करने पर,

$$\text{या} \qquad (\lambda_A - \lambda_B)\, t = 1 \Rightarrow t = \frac{1}{\lambda_A - \lambda_B}$$

उपरोक्त समीकरण में, λ_A तथा λ_B के मान रखने पर,

$$t = \frac{1}{10\,\lambda - \lambda} \Rightarrow t = \frac{1}{9\lambda}$$

6. *(*)* दिया है,

पूर्ण विक्षेप धारा, $I = 10^{-4}$ A, $R_S = 2\text{ M}\Omega = 2 \times 10^6\,\Omega$,

$$V_{\max} = 5\text{ V}$$

माना चल कुण्डली धारामापी का आन्तरिक प्रतिरोध R_G है।

इसको 0-5 V परास के वोल्टमीटर में बदलने हेतु शन्ट प्रतिरोध (R_S) को निम्न चित्रानुसार संयोजित करते हैं,

I → R_G — R_S (वोल्टमीटर)

$$\text{तब,} \qquad I \times R_S + I \times R_G = V_{\max}$$

$$\Rightarrow \qquad 2 \times 10^6 \times 10^{-4} + 10^{-4} \times R_G = 5$$

$$\Rightarrow \qquad 10^{-4} R_G = 5 - 200 = -195 \text{ या } R_G = -195 \times 10^4\,\Omega$$

प्रतिरोध कभी ऋणात्मक नहीं हो सकता है।

$\therefore$ कोई भी विकल्प सही नहीं है।

7. *(c)* प्रश्न में दिया गया चित्र निम्न है,

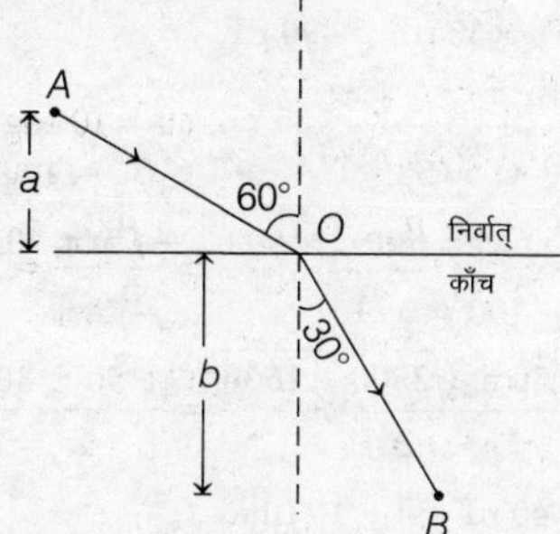

चित्र से,

$$\cos 60° = \frac{a}{AO} \Rightarrow AO = \frac{a}{\cos 60°} = \frac{a}{1/2} \text{ या } 2a \quad ...(i)$$

तथा $\cos 30° = \dfrac{b}{BO}$

या $$BO = \frac{b}{\cos 30°} = \frac{b}{\sqrt{3}/2} = \frac{2}{\sqrt{3}}b \quad ...(ii)$$

प्रकाश किरण के प्रकाशीय पथ की लम्बाई,

$$= AO + \mu\,(BO) \quad ...(iii)$$

यहाँ, μ के मान की गणना स्नैल के नियम द्वारा की जा सकती है, अत: स्नैल के नियम से,

$$\mu = \frac{\sin i}{\sin r} = \frac{\sin 60°}{\sin 30°} = \frac{\sqrt{3}/2}{1/2} = \sqrt{3} \quad ...(iv)$$

समी. (i), (ii) तथा (iv) के मान समी. (iii) में रखने पर,

$\therefore$ प्रकाशीय पथ $= 2a + (\sqrt{3} \times \frac{2}{\sqrt{3}}b) = 2a + 2b$

अत: इस किरण की A से B तक प्रकाशिक पथ (Optical path) की $(2a+2b)$ लम्बाई होगी।

8. *(b)* दिया है, विस्थापन $x(t) = e^{-0.1t}\cos(10\pi t + \phi)$

दोलक का आयाम, $A = e^{-0.1t}$ ...(i)

माना आयाम का मान आधा होने में t सेकण्ड का समय लगता है,

अत: $t = 0$ पर, $A = 1$ [समी (i) से,]

$t = t$ पर, $A' = \dfrac{A}{2} = \dfrac{1}{2}$

अत: समी (i) को निम्न प्रकार लिख सकते हैं,

$$e^{-0.1t} = \frac{1}{2} \text{ या } e^{0.1t} = 2 \text{ या } 0.1\,t = \ln(2)$$

या $$t = \frac{1}{0.1}\ln(2) = 10\ln(2)$$

यहाँ, $\ln(2) = 0.693$

$\therefore$ $t = 10 \times 0.693 = 6.93$ s या $t \approx 7$ s

अत: इसके दोलन आयाम को अपने आरम्भिक मान से आधा होने में लगे समय का सन्निकट मान $7s$ होगा।

9. *(c)* जब गतिमान आवेशित कण चुम्बकीय क्षेत्र **B** में रखा जाता है, तब आवेश पर कुल चुम्बकीय बल,

$$\mathbf{F}_m = q(\mathbf{v} \times \mathbf{B}) \Rightarrow \mathbf{F}_m = q\,vB\sin\theta$$

यहाँ, $\theta = 90°$, $\mathbf{F}_m = q\,vB$

इस बल के कारण आवेशित कण वृतीय पथ में गति करता है जिसे आवश्यक अभिकेन्द्रीय बल, F_m द्वारा प्रदत्त किया जाता है।

अत: चुम्बकीय बल = अभिकेन्द्रीय बल

$$\frac{mv^2}{r} = qvB \Rightarrow r = \frac{mv^2}{qvB} = \frac{mv}{qB} \Rightarrow r \propto m$$

अत: इलेक्ट्रॉन के लिए, $r_e = \dfrac{m_e v}{eB}$ या $r_e \propto m_e$

प्रोटॉन के लिए, $r_p = \dfrac{m_p v}{eB}$ या $r_p \propto m_p$

He-कण के लिए, $r_{\text{He}} = \dfrac{4m_p v}{2eB} = \dfrac{2m_p v}{eB}$ या $r_{\text{He}} \propto 2m_p$

स्पष्टत: $r_{\text{He}} > r_p$ $(\because r_{\text{He}} = 2r_p)$

तथा हम जानते हैं,

$$m_p > m_e \quad \begin{bmatrix} \because m_p \approx 10^{-27}\text{kg}, \\ \text{तथा } m_e \approx 10^{-31}\text{ kg} \end{bmatrix}$$

$\therefore$ $r_p > r_e \Rightarrow r_{\text{He}} > r_p > r_e$

10. *(a)* ऑप्टिकल फाइबर संचार में सूचनाओं को एक स्थान से दूसरे स्थान पर प्रेषित (Transmit) करने हेतु अवरक्त प्रकाश का उपयोग करते हैं।

रडार (RADAR) द्वारा रेडियों तरगों के माध्यम से वस्तु के परास कोण या वेग का पता लगाया जाता है।

सोनार (SONAR) विधि द्वारा जल के अन्दर वस्तु, तथा पन्नडुब्बी आदि का पता लगाने हेतु पराध्वनिक ध्वनि का उपयोग किया जाता है।

मोबाइल फोन एक ऐसी युक्ति है, जिसके माध्यम से कॉल की जाती है यह सूक्ष्म तरंगों का उपयोग करता हैं।

$\therefore$ अत: सही क्रम निम्न है,

$$A \to Q,\ B \to S,\ C \to P \text{ तथा } D \to R$$

11. *(c)* दिया है धारा, $I = 5\text{A}$,

प्रतिरोधकता, $\rho = 1.7 \times 10^{-8}\ \Omega\text{m}$,

त्रिज्या, $r = 5\text{ mm} = 5 \times 10^{-3}\text{ m}$,

अपवाह अथवा अनुगमन वेग, $v_d = 1.1 \times 10^{-3}$ m/s

चालक में आवेशों की गतिशीलता, $\mu = \dfrac{v_d}{E}$ ...(i)

प्रतिरोधकता,

$$\rho = \frac{E}{J} = \frac{E}{I/A} \quad \left(\because J = \sigma E = \frac{1}{\rho} \times E\right)$$

$$\Rightarrow \quad \rho = \frac{EA}{I} \text{ या } E = \frac{\rho I}{A} \quad ...(ii)$$

समी. (i) तथा (ii) से,

$$\mu = \frac{v_d A}{\rho I}$$

दिए गए मानों को रखने पर,

$$= \frac{1.1 \times 10^{-3} \times \pi \times (5 \times 10^{-3})^2}{1.7 \times 10^{-8} \times 5}$$

$$= \frac{86.35 \times 10^{-9}}{8.5 \times 10^{-8}} = 10.1 \times 10^{-1}$$

$\therefore$ $\mu \approx 1\text{ m}^2/\text{Vs}$

अत: आवेशों की गतिशीलता $1.0\text{m}^2/\text{vs}$ होती है।

12. *(a)* दिया है, सिलेण्डर की क्षमता = 67.2 L तथा $\Delta T = 20°C$

सामान्य ताप तथा दाब पर आयतन = 22.4 L

$\therefore$ मोलों की संख्या $= \frac{67.2}{22.4} = 3$

ऊष्मा में परिवर्तन,

$$\Delta Q = nC_V \cdot \Delta T$$

मान रखने पर,

$$\Delta Q = 3 \times \frac{3R}{2} \times 20 \quad (\because \text{He गैस के लिए}, C_V = \frac{3}{2}R)$$

$$= 90\ R\ J$$

दिया है, $R = 8.31\ J\ mol^{-1}K^{-1}$

$$\therefore \quad \Delta Q = 90 \times 8.31 = 747.9\ J = 748\ J$$

अत: गैस का तापमान 20°C बढ़ाने के लिए 748 J ऊष्मा की आवश्यकता होगी।

13. *(c)* दिया है,

ध्वनि स्रोत की आवृत्ति, $f_0 = 500$ Hz

श्रोता-1 द्वारा सुनी गई आभासी आवृत्ति, $f_1 = 480$ Hz तथा श्रोता-2 द्वारा सुनी गई आभासी आवृत्ति, $f_2 = 530$ Hz

माना ध्वनि की चाल v_0 है,

जब श्रोता, स्रोत के विपरीत गति करता है, तब

$$\text{आभासी आवृत्ति, } f_1 = f_0\left(\frac{v - v_0'}{v}\right) \quad \text{... (i)}$$

जब प्रेक्षक स्रोत की ओर गति करता है, तब आभासी आवृत्ति,

$$f_2 = f_0\left(\frac{v + v_0''}{v}\right) \quad \text{... (ii)}$$

समी. (i) में मान रखने पर,

$$480 = 500\left(\frac{300 - v_0'}{300}\right) \Rightarrow 96 \times 3 = 300 - v_0' \Rightarrow v_0' = 12\ m/s$$

समी. (ii) में मान रखने पर,

$$530 = 500\left(\frac{300 + v_0''}{300}\right)$$

$$\Rightarrow \quad 106 \times 3 = 300 + v_0'' \quad \Rightarrow v_0'' = 18\ m/s$$

अत: इनकी चाल क्रमश: 12 m/s तथा 18 m/s हैं।

14. *(b)* **संकेत** *संधारित्र के लिए*

$$Q = CV \Rightarrow C = Q/V$$

अत: Q-V वक्र का ढ़ाल धारिता को प्रदर्शित करता है।

दिए गए चित्र में, OA का ढ़ाल > OB का ढ़ाल

हम जानते हैं,

समान्तर क्रम में संयोजन की धारिता > श्रेणीक्रम संयोजन की धारिता

$\therefore$ समान्तर क्रम में संयोजन की धारिता,

$$C_P = C_1 + C_2 = \frac{500\ \mu C}{10\ V} = 50\mu F \quad \text{... (i)}$$

श्रेणीक्रम संयोजन की धारिता,

$$C_S = \frac{C_1C_2}{C_1 + C_2} = \frac{80\mu C}{10\ V} = 8\ \mu F \quad \text{... (ii)}$$

या $\quad C_1C_2 = 8 \times (C_1 + C_2) \quad$ ...(iii)

$= 8 \times 50\ \mu F = 400\ \mu F$ [समी. (i) से,]

समी. (i) तथा (iii) से,

$$C_1 = 50 - C_2 \quad \text{तथा } C_1C_2 = 400$$

$$\Rightarrow \quad C_2(50 - C_2) = 400 \Rightarrow 50C_2 - C_2^2 = 400$$

या $C_2^2 - 50C_2 + 400 = 0$

$$\Rightarrow \quad C_2 = \frac{+50 \pm \sqrt{2500 - 1600}}{2} = \frac{+50 \pm 30}{2}$$

$$\Rightarrow \quad C_2 = +40\ \mu F \text{ या } +10\ \mu F$$

$$C_1 = 50 - C_2 \Rightarrow C_1 = +10\ \mu F \text{ या } +40\ \mu F$$

अत: दिए गए दो संधारित्रों की धारिता 10 μF तथा 40 μF हैं।

15. *(c)* दी गई स्थिति का आरेख निम्नानुसार है,

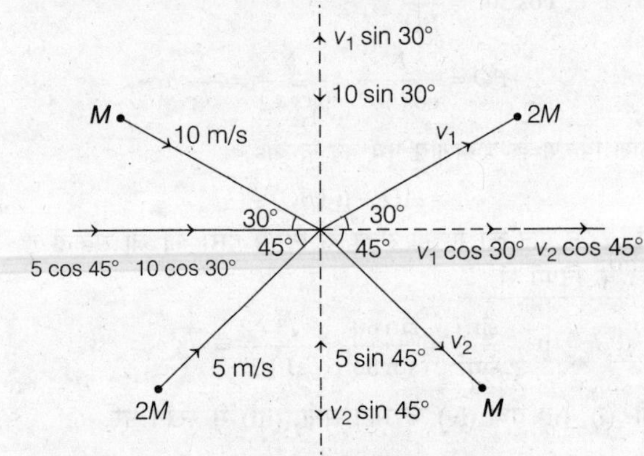

X-दिशा में रेखीय संवेग संरक्षण के सिद्धान्त द्वारा,

प्रारम्भिक संवेग = अन्तिम संवेग

$$(M \times 10\cos 30°) + (2M \times 5\cos 45°)$$

$$= (M \times v_2 \cos 45°) + (2M \times v_1 \cos 30°)$$

$$\Rightarrow \left(M \times 10 \times \frac{\sqrt{3}}{2}\right) + \left(2M \times 5 \times \frac{1}{\sqrt{2}}\right)$$

$$= \left(M \times v_2 \times \frac{1}{\sqrt{2}}\right) + \left(2M \times v_1 \times \frac{\sqrt{3}}{2}\right)$$

$$\Rightarrow \quad 5\sqrt{3} + 5\sqrt{2} = \frac{v_2}{\sqrt{2}} + v_1\sqrt{3} \quad \text{... (i)}$$

Y-अक्ष में रेखीय संवेग संरक्षण के सिद्धान्त द्वारा,

$$(M \times 10\sin 30°) - (2M \times 5\sin 45°)$$

$$= (M \times v_2 \sin 45°) - (2M \times v_1 \sin 30°)$$

$$\Rightarrow \left(M \times 10 \times \frac{1}{2}\right) - \left(2M \times 5 \times \frac{1}{\sqrt{2}}\right)$$

$$= \left(M \times v_2 \times \frac{1}{\sqrt{2}}\right) - \left(2M \times v_1 \times \frac{1}{2}\right)$$

$$\Rightarrow \quad 5 - 5\sqrt{2} = \frac{v_2}{\sqrt{2}} - v_1 \quad \text{... (ii)}$$

समी. (i) में से समी. (ii) को घटाने पर,

$$(5\sqrt{3} + 5\sqrt{2}) - (\sqrt{5} - 5\sqrt{2}) = \left(\frac{v_2}{\sqrt{2}} + v_1\sqrt{3}\right) - \left(\frac{v_2}{\sqrt{2}} - v_1\right)$$

$\Rightarrow \quad 5\sqrt{3} + 10\sqrt{2} - 5 = v_1\sqrt{3} + v_1$

$\Rightarrow \quad v_1 = \left(\dfrac{5\sqrt{3} + 10\sqrt{2} - 5}{1 + \sqrt{3}}\right) = \dfrac{8.66 + 14.142 - 5}{1 + 1.732} = \dfrac{17.802}{2.732}$

$\Rightarrow \quad v_1 = 6.516 \text{ m/s} \approx 6.5 \text{ m/s}$ ... (iii)

समी. (iii) से मान समी. (i) में रखने पर,

$5\sqrt{3} + 5\sqrt{2} = \dfrac{v_2}{\sqrt{2}} + 6.51 \times \sqrt{3}$

$\Rightarrow \quad v_2 = (5\sqrt{3} + 5\sqrt{2} - 6.51 \times \sqrt{3})\sqrt{2}$

$v_2 = (8.66 + 7.071 - 11.215)\, 1.414$

$\Rightarrow \quad v_2 = 4.456 \times 1.414 \Rightarrow v_2 \approx 6.3 \text{ m/s}$

16. *(d)* प्रथम स्थिति में यदि तार में धारा I प्रवाहित होती है, तो तीसरे तार पर आरोपित कुल बल,

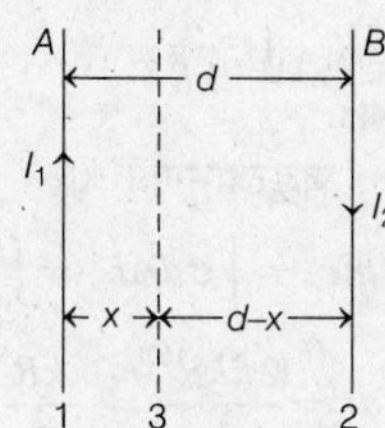

$$F_{13} + F_{23} = 0$$

फ्लेमिंग के बाएँ हाथ के नियम से, B की दिशा तार A तथा B के क्षेत्र के अन्दर समान होती है।

$\therefore \quad \dfrac{\mu_0 I_1 I}{2\pi x} + \dfrac{\mu_0 I_2 I}{2\pi(d-x)} = 0 \Rightarrow \dfrac{I_1}{x} + \dfrac{I_2}{d-x} = 0 \Rightarrow \dfrac{I_1}{x} = \dfrac{I_2}{x-d}$

या $\quad (x-d)\, I_1 = x\, I_2 \Rightarrow x\,(I_1 - I_2) = dI_1$

$\Rightarrow \quad x = \dfrac{I_1}{(I_1 - I_2)} \cdot d$ ... (i)

संतुलित बल की द्वितीय स्थिति को चित्र में नीचे दर्शाया गया है,

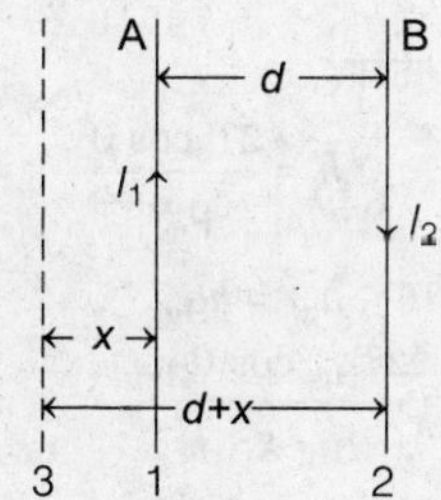

फ्लेमिंग का बाएँ हाथ के नियम से, B की दिशा तार A तथा B के क्षेत्र के अन्दर विपरीत दिशा में होती है, तब कुल बल,

$\dfrac{\mu_0 I_1 I}{2\pi x} - \dfrac{\mu_0 I_2 I}{2\pi(d+x)} = 0$ या $\dfrac{I_1}{x} - \dfrac{I_2}{(d+x)} = 0 \Rightarrow \dfrac{I_1}{x} = \dfrac{I_2}{d+x}$

$\Rightarrow \quad (d+x)\, I_1 = x\, I_2 \Rightarrow (I_2 - I_1)\, x = dI_1$

$\Rightarrow \quad x = -\dfrac{I_1}{(I_1 - I_2)} \cdot d$ ... (ii)

समी. (i) तथा (ii) से,

$$x = \pm \frac{I_1}{(I_1 - I_2)}\, d$$

अत: x के सम्भव मान $\pm \dfrac{I_1}{(I_1 - I_2)} d$ होंगे।

17. *(a)* दिए गए निकाय की प्रारम्भिक गतिज ऊर्जा,

$(\text{KE}_i) = \dfrac{1}{2} I_1\omega_1^2 + \dfrac{1}{2}\left(\dfrac{I_1}{2}\right)\left(\dfrac{\omega_1}{2}\right)^2 = \left(\dfrac{1}{2} + \dfrac{1}{16}\right) I_1\omega_1^2 = \dfrac{9}{16} I_1\omega_1^2$ ... (i)

माना सम्पर्क के पश्चात् कोणीय वेग ω है तो

कोणीय संवेग संरक्षण के सिद्धान्त द्वारा,

प्रारम्भिक कोणीय संवेग = अन्तिम कोणीय संवेग

$I_1\omega_1 + \left(\dfrac{I_1}{2}\right)\left(\dfrac{\omega_1}{2}\right) = I_1\omega' + \dfrac{I_1}{2}\omega'$

$\Rightarrow \quad \dfrac{5}{4}\omega_1 = \dfrac{3}{2}\omega'$ या $\omega' = \dfrac{5}{6}\omega_1$ ... (ii)

अन्तिम गतिज ऊर्जा,

$(\text{KE})_f = \dfrac{1}{2} I_1\omega'^2 + \dfrac{1}{2}\left(\dfrac{I_1}{2}\right)\omega'^2$

$= \dfrac{1}{2} I_1 \left(\dfrac{5}{6}\omega_1\right)^2 + \dfrac{1}{4} I_1 \left(\dfrac{5}{6}\omega_1\right)^2$ [समी. (ii) से,]

$= \left(\dfrac{25}{72} + \dfrac{25}{144}\right) I_1\omega_1^2 = \dfrac{25}{48} I_1\omega_1^2$ ...(iii)

अत: गतिज ऊर्जा में परिवर्तन,

$\Delta\text{KE} = (\text{KE}_f) - (\text{KE}_i)$

$= \dfrac{25}{48} I_1\omega_1^2 - \dfrac{9}{16} I_1\omega_1^2$ [समी. (i) तथा (iii) से,]

$\Delta\text{KE} = -\dfrac{1}{24} I_1\omega_1^2$

अत: अन्तिम तथा प्रारम्भिक गतिज ऊर्जाओं में अन्तर

$(E_f - E_i) = -\dfrac{1}{24} I_1\omega_1^2$ होगा।

18. *(d)* द्रव्यमान m के एक पिण्ड का पथ समीकरण निम्न हैं,

$x = x_0 + a\cos\omega_1 t \Rightarrow y = y_0 + b\sin\omega_2 t$

अब, $v_x = dx/dt = -a\omega_1 \sin\omega_1 t$ $\left(\because v = \dfrac{dx}{dt}\right)$

तथा $v_y = \dfrac{dy}{dt} = b\omega_2 \cos\omega_2 t$

इसी प्रकार,

$\Rightarrow \quad a_x = \dfrac{dv_x}{dt} = -a\omega_1^2 \cos(\omega_1 t)$ $\left(\because a = \dfrac{dv}{dt}\right)$

इसी प्रकार, $a_y = \dfrac{dv_y}{dt} = -b\omega_2^2 \sin(\omega_2 t)$

$t = 0$ पर $x = x_0 + a\,;\, y = y_0$ तथा

$a_x = -a\omega_1^2\,;\, a_y = 0$ ... (i)

कण पर कार्यरत् बल आघूर्ण,

$\tau = \mathbf{r} \times \mathbf{F} = m(\mathbf{r} \times \mathbf{a})$

यहाँ, $\mathbf{r} = (x_0 + a)\hat{\mathbf{i}} + y_0\hat{\mathbf{j}} + 0\hat{\mathbf{k}}$ तथा $\mathbf{a} = -a\omega_1^2\hat{\mathbf{i}} + 0\hat{\mathbf{j}} + 0\hat{\mathbf{k}}$

$t = 0$ पर बल आघूर्ण,

$\tau = m(-a\omega_1^2) \times y_0(-\hat{\mathbf{k}})$ [समी. (i) से,]

$\Rightarrow \quad \tau = +m y_0 a \omega_1^2 \hat{\mathbf{k}}$

अत: $t = 0$ पर मूलबिन्दु के सापेक्ष पिण्ड पर लगने वाला जड़त्व आघूर्ण $\tau = +m y_0 a\omega_1^2 \hat{\mathbf{k}}$ होगा।

वैकल्पिक हल

हम समी (i) से कुल बल की गणना कर सकते हैं,

$\mathbf{F} = -m(a\omega_1^2 \cos \omega_1 t\ \hat{\mathbf{i}} + b\omega_2^2 \sin \omega_2 t\ \hat{\mathbf{j}})$

तथा $\mathbf{r} = x\hat{\mathbf{i}} + y\hat{\mathbf{j}} = (x_0 + a\cos \omega_1 t)\hat{\mathbf{i}} + (y_0 + b\sin \omega_2 t)\hat{\mathbf{j}}$

अब, बल आघूर्ण, $\tau = \mathbf{r} \times \mathbf{F}$

$$= [(x_0 + a\cos \omega_1 t)\ \hat{\mathbf{i}} + (y_0 + b\sin \omega_2 t)\hat{\mathbf{j}}] \times [-m(a\omega_1^2 \cos \omega_1 t\,\hat{\mathbf{i}} + b\omega_2^2 \sin \omega_2 t\ \hat{\mathbf{j}})]$$

$$= -m\begin{bmatrix} \hat{\mathbf{i}} & \hat{\mathbf{j}} & \hat{\mathbf{k}} \\ x_0 + a\cos\omega_1 t & y_0 + b\sin\omega_2 t & 0 \\ a\omega_1^2 \cos\omega_1 t & b\omega_2^2 \sin\omega_2 t & 0 \end{bmatrix}$$

$$= -m\,[x_0\, b\,\omega_2^2 \sin\omega_2 t + ab\omega^2 \sin \omega_2 t \cos \omega_1 t - y_0\, a\,\omega_1^2 \cos \omega_1 t - ab\,\omega_1^2 \sin \omega_2 t \cos \omega_1 t]\ \hat{\mathbf{k}}$$

$t = 0$ पर हल करने पर,

$\tau = ma\ \omega_1^2\ y_0\ \hat{\mathbf{k}}$

19. *(a)* वलय के केन्द्र से x दूरी पर स्थित किसी बिन्दु पर विभव

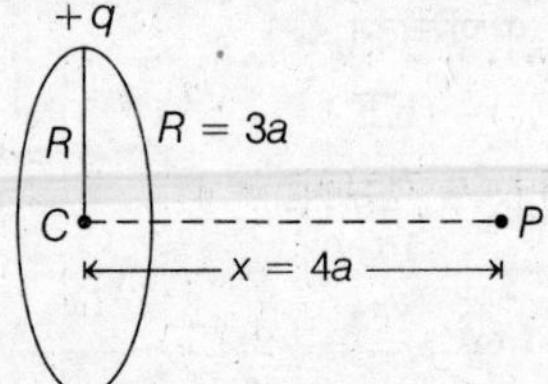

$$V_P = \frac{Kq}{\sqrt{R^2 + x^2}}$$

दिया है, $R = 3a$ तथा $x = 4a$

$$\therefore \quad V_P = \frac{Kq}{\sqrt{9a^2 + 16a^2}} = \frac{Kq}{5a} \quad \text{... (i)}$$

केन्द्र पर, $x = 0$

अत: केन्द्र पर विभव,

$$V_C = \frac{Kq}{R} = \frac{Kq}{3a} \quad \text{... (ii)}$$

आवेश को $x = 4a$ से केन्द्र तक ले जाने हेतु आवश्यक ऊर्जा,

$$\Delta U = q\ \Delta V = q\,[V_C - V_P] = q\left[\frac{Kq}{3a} - \frac{Kq}{5a}\right] = \frac{Kq^2}{a}\left[\frac{1}{3} - \frac{1}{5}\right]$$

$$\Delta U = \frac{2}{15}\frac{Kq^2}{a} \quad \text{... (iii)}$$

यह ऊर्जा, आवेश की गतिज ऊर्जा में परिवर्तन के तुल्य (या कम) होगी,

अत: $\quad \frac{1}{2}mv^2 \geq \frac{2}{15}\frac{Kq^2}{a}$

न्यूनतम आवश्यक ऊर्जा,

$$\frac{1}{2}mv^2 = \frac{2}{15} \times \frac{1}{4\pi\varepsilon_0} \times \frac{q^2}{a} \quad (K = 1/4\pi\varepsilon_0 \text{ रखने पर,})$$

$\therefore$ न्यूनतम वेग,

$$v^2 = \frac{2}{m} \times \frac{2}{4\pi\varepsilon_0} \times \frac{q^2}{15a} \quad \text{या} \quad v = \sqrt{\frac{2}{m}} \times \sqrt{\frac{2q^2}{4\pi\varepsilon_0 a \times 15}}$$

20. *(b)* दिया है, पृष्ठ द्रव्यमान घनत्व, $\sigma = kr^2$

डिस्क के द्रव्यमान की गणना हेतु डिस्क के छोटे से क्षेत्र जिसका क्षेत्रफल $2\pi rdr$ को लेते हैं तथा इसके पश्चात् इसका समाकलन कर पूर्ण डिस्क का द्रव्यमान ज्ञात कर लेते हैं।

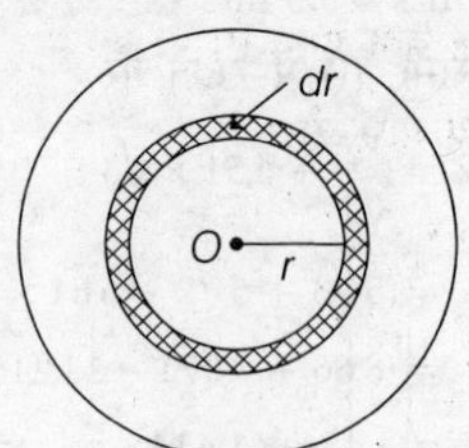

$$dm = \sigma\, dA = \sigma \times 2\pi rdr \Rightarrow \int dm = M = \int_0^R (kr^2)\, 2\pi rdr$$

$$M = 2\pi k\,\frac{R^4}{4} = \frac{1}{2}\pi kR^4 \quad \text{... (i)}$$

डिस्क के अक्ष के परित: जड़त्वाघूर्ण

$$I = \int dI = \int dmr^2 = \int \sigma dAr^2 = \int_0^R kr^2\,(2\pi rdr)\, r^2$$

$$\Rightarrow \quad I = 2\pi k \int_0^R r^5\, dr = \frac{2\pi kR^6}{6} = \frac{\pi kR^6}{3} \quad \text{... (ii)}$$

समी. (i) तथा (ii) से,

$$I = \frac{2}{3}MR^2$$

डिस्क के केन्द्र से जाने वाली तथा इसके लम्बवत् अक्ष के परित: जड़त्व आघूर्ण $\frac{2}{3}MR^2$ होगा।

21. *(c)* दिया है,

$$\frac{T_{Hg}}{T_W} = 7.5, \frac{\rho_{Hg}}{\rho_W} = 13.6 \text{ तथा } \frac{\cos\theta_{Hg}}{\cos\theta_W} = \frac{\cos 135°}{\cos 0°} = \frac{1}{\sqrt{2}}$$

केशनली में तरल की ऊँचाई,

$$h = \frac{2T\cos\theta}{\rho gr}$$

दी गई स्थिति के अनुसार, $h_W = h_{Hg}$

$$\therefore \quad \frac{2\,T_W \cos\theta_W}{\rho_W\, g\, r_W} = \frac{2T_{Hg}\cos\theta_{Hg}}{\rho_{Hg}\, g\, r_{Hg}}$$

$$\therefore \quad \frac{r_{Hg}}{r_W} = \left(\frac{T_{Hg}}{T_W}\right)\left(\frac{\cos\theta_{Hg}}{\cos\theta_W}\right)\left(\frac{\rho_W}{\rho_{Hg}}\right)$$

दिया है, $r_{Hg} = r_1$ तथा $r_W = r_2$, तब

मान रखने पर,

$$\frac{r_{Hg}}{r_W} = \frac{r_1}{r_2} = 7.5 \times \frac{1}{\sqrt{2}} \times \frac{1}{13.6} = 0.4 = 2/5$$

अत: अनुपात $\frac{r_1}{r_2}$ का निकटतम मान $\frac{2}{5}$ होगा।

22. *(c)* दिया है, $f_m = 100$ MHz $= 100 \times 10^6$ Hz,

$A_m = 100$ V, तथा $A_c = 400$ V

आयाम मॉडुलेशन की स्थिति में, आवृत्ति की परास $(f_c - f_m)$ से $(f_c + f_m)$ तक होती है।

$\therefore$ बैण्ड चौड़ाई $= 2f_m = 2 \times 100 \times 10^6$ Hz $= 2 \times 10^8$Hz

तथा मॉडुलन सूचकांक, $\text{MI} = \frac{A_m}{A_c} = \frac{100}{400} = 0.25$

अत: मॉडुलन सूचकांक तथा दोनों पार्श्व-बैण्ड की आवृत्तियों का अन्तर 0.25 तथा 2×10^8Hz तक होता है।

23. *(c)* प्रश्न में दिए गए ग्राफ से,

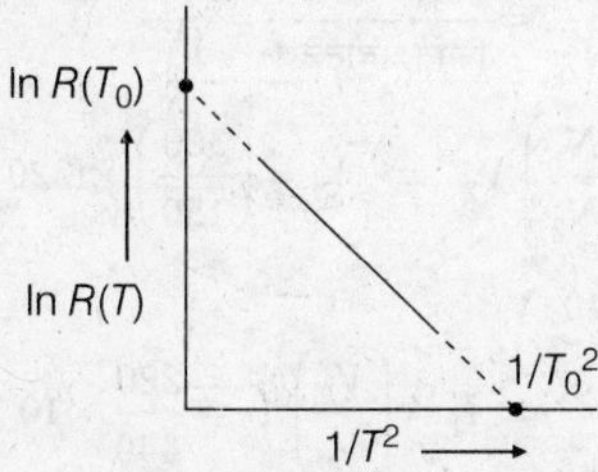

हम जानते हैं कि, $\ln R(T) \propto -\frac{1}{T^2}$

यहाँ, ऋणात्मक चिन्ह यह प्रदर्शित करता है कि ग्राफ का ढ़ाल ऋणात्मक है।

या $$\ln R(T) = \text{नियतांक}\left(-\frac{1}{T^2}\right)$$

$$\Rightarrow \quad R(T) = \frac{\exp}{\exp\left(\frac{1}{T^2}\right)} \Rightarrow R(T) = R_0 \exp\left(-\frac{T_0^2}{T^2}\right)$$

वैकल्पिक हल

ग्राफ से,

$$\frac{\frac{1}{T^2}}{\frac{1}{T_0^2}} + \frac{\ln R(T)}{\ln R(T_0)} = 1 \Rightarrow \ln R(T) = [\ln R(T_0)] \cdot \left[1 - \frac{T_0^2}{T^2}\right]$$

या $$R(T) = R_0 \exp\left(\frac{-T_0^2}{T^2}\right)$$

24. *(c)* **संकेत** *सम्पर्क में स्थित दो लेन्सों की फोकस दूरी,*

$$\frac{1}{f} = \frac{1}{f_1} + \frac{1}{f_2}$$

जहाँ, f_1 तथा f_2 लेन्सों की फोकस दूरी है।

लेन्स की फोकस दूरी, $\frac{1}{f} = (\mu_1 - 1)\left(\frac{1}{R_1} - \frac{1}{R_2}\right)$

$\therefore$ लेन्स-I अर्थात् समतलोत्तल लेन्स की फोकस दूरी,

$R_1 = \infty$ तथा $R_2 = -R$

$$\Rightarrow \quad \frac{1}{f_1} = \frac{\mu_1 - 1}{R}$$

1 μ_1

या $$f_1 = \frac{R}{(\mu_1 - 1)} \quad \text{... (i)}$$

इसी प्रकार, लेन्स-2 अर्थात् समतलावतल लेन्स की फोकस दूरी,

$R_1 = -R$ तथा $R_2 = \infty$

μ_2 2

$$\Rightarrow \quad \frac{1}{f_2} = -\frac{(\mu_2 - 1)}{R}$$

या $$f_2 = \frac{-R}{(\mu_2 - 1)} \quad \text{... (ii)}$$

समी. (i) तथा (ii) से,

$$\frac{1}{f} = \frac{\mu_1 - 1}{R} - \frac{\mu_2 - 1}{R} = \frac{\mu_1 - \mu_2}{R}$$

$$\Rightarrow \quad f = \frac{R}{\mu_1 - \mu_2}$$

अत: चित्र में दिए गए संयोजन की फोकस दूरी, $\frac{R}{\mu_1 - \mu_2}$ होगी।

25. *(*)* दिया है, आयतन, $V = 25 \times 10^{-3}\ \text{m}^3$

$N =$ ऑक्सीजन O_2 गैस का 1 मोल $= O_2$ के 6.023×10^{23} अणु तथा $T = 300$ K

O_2 गैस के अणुओं की वर्ग-माध्य-मूल चाल, $v_{\text{rms}} = 200$ m / s

त्रिज्या, $r = \frac{0.3}{2}\ \text{nm} = \frac{0.3}{2} \times 10^{-9}$ m

औसत समय, $\frac{1}{\tau} = \frac{v_{\text{av}}}{\lambda}$ जहाँ, $\lambda = \frac{RT}{\sqrt{2}\, N\pi r^2 p}$

जैसाकि, $p = \frac{RT}{V} \Rightarrow \lambda = \frac{V}{\sqrt{2}\, N\pi r^2}$

$\therefore$ प्रति एकांक सेकण्ड में औसत संघट्ट है।

$$\frac{1}{\tau} = \frac{v_{\text{av}}}{\lambda} = \frac{\sqrt{\frac{8}{3\pi}} \times v_{\text{rms}}}{\lambda}$$

$$\frac{1}{\tau} = \sqrt{\frac{8}{3\pi}} \times \frac{200 \times \sqrt{2} \times 6.023 \times 0^{23} \times \pi \times \frac{0.09}{4} \times 10^{-18}}{25 \times 10^{-3}}$$

$$\Rightarrow \quad \frac{1}{\tau} = 4.4 \times 10^8 \text{ प्रति सेकण्ड} \approx 10^8$$

$\therefore$ कोई विकल्प सही नहीं हैं।

26. *(a)* **संकेत** *पृथ्वी की सतह से h ऊँचाई पर गुरुत्वीय त्वरण,*

$$g_h = g\left(1 + \frac{h}{R_e}\right)^2$$

जहाँ, g = पृथ्वी पर गुरुत्वीय त्वरण तथा R_e = पृथ्वी की त्रिज्या,

दिया है, h ऊँचाई पर गुरुत्वीय त्वरण,

$$g_h = 4.9\ \text{m/s}^2 \approx \frac{g}{2} \quad \text{... (i)}$$

$\therefore$ पृथ्वी की सतह तथा h ऊँचाई पर गुरुत्वीय त्वरण का अनुपात,

$$\left(1 + \frac{h}{R_e}\right) = \sqrt{\frac{g}{g_h}} = \sqrt{2} \quad \text{[समी. (i) से,]}$$

$$\therefore \quad \frac{h}{R_e} = \sqrt{2} - 1 \quad \text{या } h = 0.414 \times R_e$$

($\because$ दिया है, पृथ्वी की त्रिज्या, $R_e = 6400$ km $= 6.4 \times 10^6$ m)

$h = 0.414 \times 6400$ km या $h = 2649.6$ km $= 2.6 \times 10^6$ m

अत: पृथ्वी की सतह से 2.6×10^6 m ऊँचाई पर गुरुत्वीय त्वरण घटकर 4.9 m/s² हो जाएगा।

27. *(c)* समदाबी प्रक्रम के लिए,

कृत कार्य, $W = nR\Delta T$

ऊष्मा, $\Delta Q = nC_p\Delta T$ तथा $C_p - \frac{C_V}{n} = R \Rightarrow C_p = R + C_V/n$

$$\therefore \frac{W}{\Delta Q} = \frac{nR\Delta T}{nC_p\Delta T} = \frac{R}{C_p} = \frac{R}{R + \frac{C_V}{n}} \Rightarrow \frac{W}{\Delta Q} = \frac{nR}{nR + C_V}$$

अत: इस प्रक्रिया में किए गए कार्य का दी गई ऊष्मा से अनुपात, $\frac{nR}{C_V + nR}$ होगा।

28. *(a)* दिया है, अवरोधक बल, $F = m\gamma v^2$ ...(i)

जड़त्व के द्वितीय नियम से, $F = ma$ ...(ii)

समी. (i) तथा (ii) की तुलना करने पर, $a = \gamma v^2$

$\therefore$ जब गेंद को ऊर्ध्वाधर ऊपर की दिशा में फेंका जाता है, तब कुल अवमन्दन,

$$a_{\text{net}} = -(g + \gamma v^2) = \frac{dv}{dt} \Rightarrow \frac{dv}{(g + \gamma v^2)} = -dt \quad \text{...(iii)}$$

जब गेंद को ऊर्ध्वाधरत् u_0 वेग से फेंका जाता है तो अधिकतम ऊँचाई पर वेग, $v = 0$ (शून्य हो जाता है)

अत: समी. (iii) का दोनों पक्षों का समाकलन करने पर,

$$\int_{v_0}^{0} \frac{dv}{(\gamma v^2 + g)} = \int_0^t -dt \quad \text{या} \quad \frac{1}{\gamma}\int_{v_0}^{0} \frac{1}{\left[\left(\sqrt{\frac{g}{\gamma}}\right)^2 + v^2\right]} dv = -\int_0^t dt$$

$$\Rightarrow \quad \frac{1}{\gamma} \cdot \frac{1}{\sqrt{g/\gamma}} \cdot \left[\tan^{-1}\left(\frac{v}{\sqrt{g/\gamma}}\right)\right]_{v_0}^{0} = -t$$

$$\left[\because \int \frac{1}{x^2 + a^2} dx = \frac{1}{a}\tan^{-1}\left(\frac{x}{a}\right)\right]$$

$$\Rightarrow \quad \frac{1}{\sqrt{\gamma g}} \cdot \tan^{-1}\left(\frac{\sqrt{\gamma}\, v_0}{\sqrt{g}}\right) = +t$$

अत: गेंद द्वारा अपने शीर्ष बिन्दु तक पहुँचने में लगा समय $\frac{1}{\sqrt{\gamma g}} . \tan^{-1}\left(\sqrt{\frac{\gamma}{g}}\, v_0\right)$ होगा।

29. *(d)* दिया है,

प्राथमिक कुण्डली में फेरों की संख्या, $N_1 = 300$

द्वितीयक कुण्डली में फेरों की संख्या, $N_2 = 150$

निर्गत् शक्ति, $P_2 = 2.2\text{ kW} = 2.2 \times 10^3\text{ W}$

द्वितीयक कुण्डली में धारा, $I_2 = 10\text{ A}$

निर्गत् शक्ति, $P_2 = I_2V_2 \Rightarrow V_2 = \frac{P_2}{I_2} = \frac{2.2 \times 10^3}{10} = 220\text{V}$ ...(i)

हम जानते है, $\frac{N_1}{N_2} = \frac{\text{निवेशी वोल्टेज}}{\text{निर्गत् वोल्टेज}} = \frac{V_1}{V_2}$

$$\Rightarrow \quad V_1 = \left(\frac{N_1}{N_2}\right)V_2 \Rightarrow V_1 = \left(\frac{300}{150}\right) \times (220\text{ V}) \quad \text{[समी. (i) से,]}$$

$$V_1 = 440\text{ V} \quad \text{...(ii)}$$

पुन: $\frac{V_1}{V_2} = \frac{I_2}{I_1} \Rightarrow I_1 = \left(\frac{V_2}{V_1}\right) I_2 = \frac{220}{440} \times 10$ [समी. (i) तथा (ii) से,]

$$\Rightarrow \quad I_1 = 5\text{A}$$

अत: ट्रांसफॉर्मर में निवेशी वोल्टेज तथा धारा के मान क्रमश: 440 V तथा 5A होगें।

30. *(c)* दिया है, देहली तरंगदैर्ध्य, $\lambda_0 = 380\text{ nm}$

आपतित प्रकाश की तरंगदैर्ध्य, $\lambda = 260\text{ nm}$

आइन्सटीन के प्रकाश-वैद्युत समीकरण से,

$$(\text{KE})_{\max} = eV_0 = h\nu - h\nu_0 \quad \text{...(i)}$$

परन्तु, $h\nu = E = \frac{1237}{\lambda(\text{nm})}$ eV (दिया है)

$$\therefore \quad E_0 = \frac{1237}{\lambda_0(\text{nm})}\text{ eV} \quad \text{...(ii)}$$

समी. (i) तथा (ii) से,

$$(\text{KE})_{\max} = E - E_0\left(\frac{1237}{\lambda} - \frac{1237}{\lambda_0}\right)\text{ eV}$$

$$= 1237\left[\frac{1}{\lambda} - \frac{1}{\lambda_0}\right]\text{ eV } (\lambda \text{ का मान nm में}) \quad \text{...(iii)}$$

समी. (iii) में λ तथा λ_0 का मान रखने पर,

$$(\text{KE})_{\max} = 1237\left(\frac{1}{260} - \frac{1}{380}\right)\text{ eV} = 1237 \times \left[\frac{380 - 260}{380 \times 260}\right]\text{ eV}$$

$$\Rightarrow \quad (\text{KE})_{\max} = 1.5\text{ eV}$$

अत: प्रकाश वैद्युत प्रभाव में इलेक्ट्रॉनों की अधिकतम गतिज ऊर्जा 1.5 eV होगी।

रसायन विज्ञान

31. *(d)* समूह 14 के तत्वों में शृंखलन का अद्वितीय गुण होता है। समूह 14 में नीचे की ओर जाने पर शृंखलन का गुण घटता है

$$\text{C} > \text{Si} > \text{Ge} \approx \text{Sn}$$

Pb शृंखलन नहीं दर्शाता है।

32. *(d)* दी गयी अभिक्रिया की क्रियाविधि निम्न प्रकार है

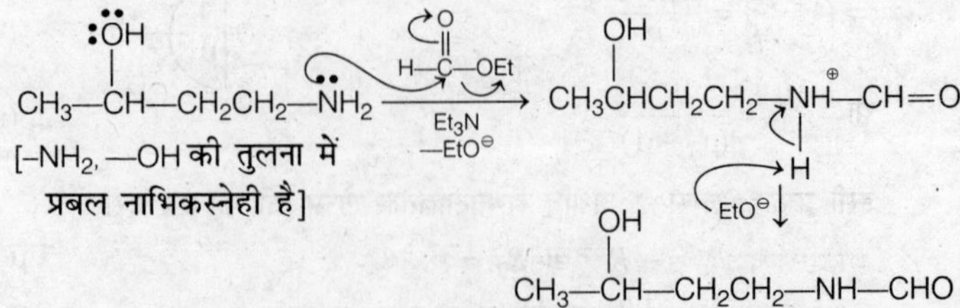

[$-NH_2$, —OH की तुलना में प्रबल नाभिकस्नेही है]

अभिक्रिया की सामान्य क्रियाविधि ऐसिल S_N2 है, क्योंकि एस्टर ($H—CO_2Et$) के sp^2-कार्बन पर नाभिकस्नेही $CH_3(OH)CH_2CH_2NH_2$ आक्रमण करता है तथा प्रतिस्थापित हो जाता है।

33. *(b)*

$$C_xH_y + \left(x+\frac{y}{4}\right)O_2 \xrightarrow[1\ \text{atm}]{300\ \text{K}} x\,CO_2 + \frac{y}{2}H_2O$$

1 mol	$\left(x+\frac{y}{4}\right)$ mol	x mol
1 mL	$\left(x+\frac{y}{4}\right)$ mL	x mL
10 mL	$\left(x+\frac{y}{4}\right)\times 10$ mL	$10x$ mL

दिया है, (i) $V_{CO_2} = 10x = 40\ \text{mL} \Rightarrow x = 4$

(ii) $V_{O_2} = 10\left(x+\frac{y}{4}\right)\text{mL} = 55\ \text{mL}$

$\Rightarrow \quad 10\left(4+\frac{y}{4}\right) = 55 \qquad [\because x = 4]$

$\Rightarrow \quad 40+\frac{y\times 10}{4} = 55 \Rightarrow y\times\frac{10}{4} = 15 \Rightarrow y = 15\times\frac{4}{10} = 6$

अतः हाइड्रोकार्बन (C_xH_y), C_4H_6 है।

34. *(d)* जल गैस से मेथेनॉल का उत्पादन निम्न प्रकार होता है

$$\underset{\text{जल गैस या सिन गैस}}{[CO + H_2]} + H_2 \xrightarrow[300\ \text{atm},\ 300^\circ C]{ZnO + Cr_2O_3} \underset{\text{मेथेनॉल}}{CH_3OH}$$

यह एक औद्योगिक प्रक्रिया है जिसका प्रयोग मेथेनॉल के उत्पादन में होता है यहाँ क्रियाकारक गैसों का आयतन अनुपात निम्न प्रकार होता हैं *सिन* गैस : $H_2 = 2:1$

तथा $ZnO - Cr_2O_3$ उत्प्रेरक की भाँति व्यवहार करता है।

अतः जल गैस *सिन* गैस भी कहलाती है, क्योंकि इसका प्रयोग मेथेनॉल के संश्लेषण में होता है।

35. *(a)* दी गयी अभिक्रिया निम्न प्रकार सम्पन्न होती है

HI (आधिक्य); विदलन-I; विदलन-II; विदलन-I; विदलन-II

विदलन II द्वारा → उत्पाद-1: + CH_3OH; + $\overset{+}{C}H \longrightarrow (CH_3)_2CHI$

S_N1 [विदलन-I द्वारा] → उत्पाद-2: + $\overset{+}{C}H_3 \xrightarrow{I^\ominus} CH_3I$; + $(CH_3)_2CHOH$

मुख्य उत्पाद-2 बनता है, क्योंकि

(i) विदलन-I अधिक स्थायी एरिल कार्बोकैटायन देगा।

(ii) विदलन-I मध्यवर्ती देता है, जो कि वलय के साथ संयुग्मन में होता है।

36. *(d)* $|\psi|^2$ तथा r के बीच ग्राफ अरीय घनत्व ग्राफ है। जिसमें $(n-l-1)$ अरीय नोड की संख्या है।

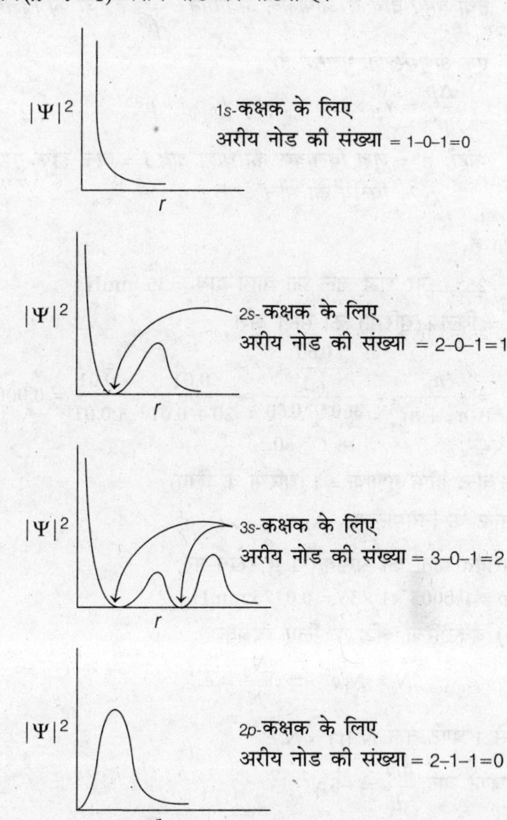

अतः $|\psi|^2$ तथा r के बीच दिया गया ग्राफ 2*s*-कक्षक को दर्शाता है।

37. *(b)* दी गयी अभिक्रिया क्रॉस कैनिजारों अभिक्रिया है, जो कि एक रेडॉक्स अभिक्रिया भी है।

Ph—CHO तथा HCHO के CHO समूह के कार्बन की ऑक्सीकरण संख्या क्रमशः +1 तथा शून्य है।

अतः HCHO, PhCHO की तुलना में एक प्रबल अपचायक है। जिसके परिणामस्वरूप HCHO, HCOONa में ऑक्सीकृत (हाइड्राइड H^- के त्याग द्वारा) तथा PhCHO (H^+ ग्रहण) $PhCH_2OH$ में अपचयित हो जाता है।

$$Ph—\overset{+1}{C}HO + H\overset{0}{C}HO \xrightarrow{50\%\ NaOH}$$

$$Ph—\overset{-1}{C}H_2OH + H\overset{+2}{C}OO\overset{-}{N}\overset{+}{a} \xrightarrow{H_3O^+} \underset{\text{(मुख्य उत्पाद)}}{PhCH_2OH} + HCOOH$$

अभिक्रिया निम्न क्रियाविधि द्वारा सम्पन्न होती है

$\overset{\delta+}{H_2C}=\overset{\delta-}{O} \xrightarrow[\text{मन्द}]{^-OH}$ H—C(OH)(H)—O⊖ $\xrightarrow[\text{Ph—CH=O}]{\text{मन्दतम्}}$ H—C(OH)=O + Ph—$CH_2O^\ominus$ ⇌(तीव्र) H—C(O⊖)=O + $PhCH_2OH$

नाभिकस्नेही योग के लिए अधिक ध्रुवीय तथा कम संघनित; H^- शिफ्ट

अतः सही विकल्प (b) है।

38. *(c)* **संकेत** *तनु विलयन के लिए, वाष्प दाब में अवनमन* $(\Delta p) = p° - p$ *तथा वाष्प दाब में आपेक्षिक अवनमन* $= \frac{\Delta p}{p°}$ *है, जो की विलयन का एक अणुसंख्यक गुणधर्म है।*

$$\frac{\Delta p}{p°} = \chi_B \times i \Rightarrow \quad \Delta p = \chi_B \times i \times p°$$

यहाँ, $p°$ = *शुद्ध विलायक का वाष्प दाब,* i = *वान्ट हॉफ गुणांक,* χ_B = *विलेय का मोल अंश*

दिया है,

$p° = 25° \text{C}$ पर शुद्ध जल का वाष्प दाब = 35 mmHg

χ_B = विलेय (यूरिया) का मोल अंश

$$= \frac{n_B}{n_A + n_B} = \frac{\frac{0.60}{60}}{\frac{360}{18} + \frac{0.60}{60}} = \frac{0.01}{20 + 0.01} = \frac{0.01}{20.01} = 0.0005$$

i = वान्ट हॉफ गुणांक = 1 (यूरिया के लिए)

राउल्ट के नियमानुसार, $\Delta p = \chi_B \times i \times p°$

उपरोक्त मानों को समीकरण में रखने पर,

$\Delta p = 0.0005 \times 1 \times 35 = 0.0175$ mmHg

39. *(b)* बैक्टीरिया वृद्धि के लिए व्यंजक

$$N = N_0 e^t \Rightarrow \frac{N_0}{N} = e^{-t}$$

0 से 1 घण्टे तक $N'(t) = N_0 e^t$

1 घण्टे बाद, $\frac{dN}{dt} = -5N^2$

उपरोक्त समीकरण का N' से N तक अवकलन करने पर,

$$\int_{eN_0}^{N} N^{-2} dN = -5 \int_1^t dt \qquad [\because 1 \text{ घण्टे में, } N' = eN_0]$$

$$\left[\frac{1}{N} - \frac{1}{eN_0}\right] = 5(t-1)$$

दोनों और N_0 से गुणा करने पर

$$\frac{N_0}{N} - \frac{1}{e} = 5N_0(t-1) \quad \text{or,} \quad \frac{N_0}{N} = 5N_0(t-1) + \frac{1}{e}$$

$$\frac{N_0}{N} = 5N_0 t + \left[\frac{1}{e} - 5N_0\right]$$

उपरोक्त समीकरण की तुलना सरल रेखा समीकरण $(y = mx + c)$ से करने पर

$\therefore \frac{N_0}{N}$ का t के सापेक्ष ग्राफ निम्न प्रकार प्राप्त होता है

$$m = 5N_0, c = \frac{1}{e} - 5N_0$$

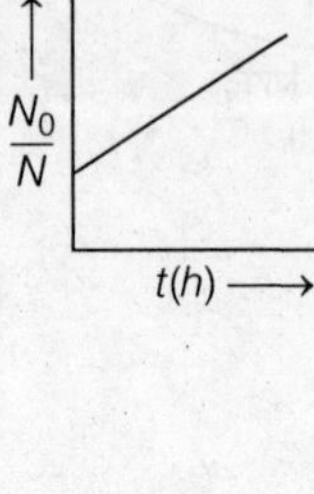

$\frac{N_0}{N}$

$t(h) \longrightarrow$

40. *(a)* कच्ची धातु के शोधन से शुद्ध धातु प्राप्त होती है तथा इसकी अशुद्धियाँ पृथक् हो जाती है।

(i) **द्रवीकरण** इस विधि में निम्न गलनांक धातुओं जैसे—Sn, Pb, Bi तथा Hg को ढाल वाली सतह से नीचे की ओर बहाने पर अशुद्धि (उच्च गलनांक वाली) को पीछे छोड़कर बह जाती है।

(ii) **मण्डल परिशोधन** इस विधि का सामान्य सिद्धान्त द्रवित धातु में अशुद्धियाँ, ठोस अवस्था धातु की तुलना अधिक विलेय होती है। इस विधि का प्रयोग अर्द्धचालक तथा अत्यधिक शुद्ध धातु जैसे— B, Ga, In, Si तथा Ge के उत्पादन में किया जाता है।

(iii) **मॉण्ड प्रक्रिया**

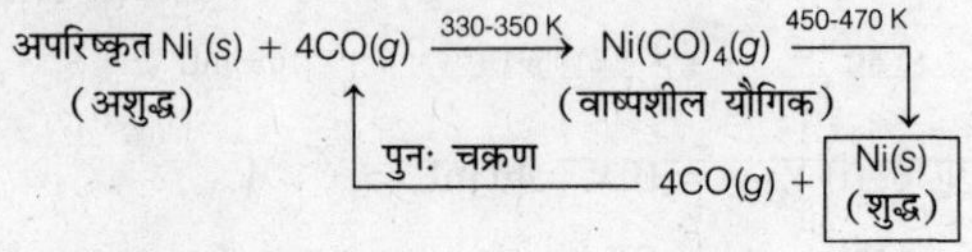

$$\underset{(\text{अशुद्ध})}{\text{अपरिष्कृत Ni}(s)} + 4CO(g) \xrightarrow{330\text{-}350 \text{ K}} \underset{(\text{वाष्पशील यौगिक})}{Ni(CO)_4(g)} \xrightarrow{450\text{-}470 \text{ K}} 4CO(g) + \boxed{\underset{(\text{शुद्ध})}{Ni(s)}}$$

(4CO(g) पुन: चक्रण)

(iv) **वैन-आर्केल विधि**

$$\underset{(\text{अपरिष्कृत धातु})}{M(s)} + 2I_2(g) \xrightarrow{500\text{-}600 \text{ K}} \underset{(\text{वाष्पशील यौगिक})}{MI_4(g)} \xrightarrow{1700\text{-}1800 \text{ K}} 2I_2(g) + \boxed{\underset{(\text{अतिशुद्ध})}{M(s)}}$$

($2I_2(g)$ पुन: चक्रण)

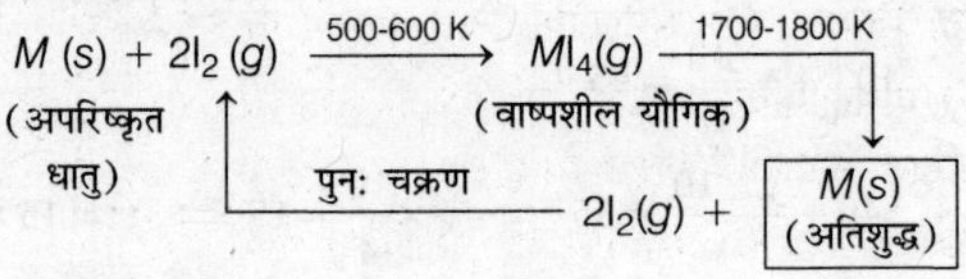

यहाँ, M = Zr, Hf, Ti

अत: सही मिलान है

(i) → (c), (ii) → (d), (iii) → (b), (iv) → (a).

41. (c) **संकेत** *संकुल द्वारा अवशोषित प्रकाश का तरंगदैर्ध्य* (λ), *इसके* Δ_0 *के व्युत्क्रमानुपाती होता है।*

CFSE *(परिमाण).* $\Delta_0(\text{CFSE}) \propto \frac{1}{\lambda}$

संकुल निम्न प्रकार लिखे जा सकते हैं

I. $[CoCl(NH_3)_5]^{2+} \equiv [Co(NH_3)_5(Cl)]^{2+}$

II. $[Co[NH_3]_5H_2O]^{3+} \equiv [Co(NH_3)_5(H_2O)]^{3+}$

III. $[Co(NH_3)_6]^{3+} \equiv [Co(NH_3)_5(NH_3)]^{3+}$

अत: Co (III) के अष्टफलकीय संकुलों I, II तथा III में विभेदित लिगेण्ड क्रमश: $Cl^{\ominus}$, H_2O तथा NH_3 है। स्पैक्ट्रोकैमिकल श्रेणी में क्रिस्टल क्षेत्र विपाटन सामर्थ्य का क्रम $Cl^- < H_2O < NH_3$ होगा।

अत: क्रिस्टल क्षेत्र विपाटन ऊर्जा (परिमाण) क्रम होगा

$\Delta_0^{\text{CFSE}}(\text{I}) < \Delta_0^{\text{CFSE}}(\text{II}) < \Delta_0^{\text{CFSE}}(\text{III})$

तथा संकुल द्वारा अवशोषित प्रकाश की तरंगदैर्ध्य का क्रम

$\lambda(\text{I}) > \lambda(\text{II}) > \lambda(\text{III})$ होगा। $\left[\because \text{ ऊर्जा } (\Delta_0^{\text{CFSE}}) \propto \frac{1}{\lambda}\right]$

42. *(c)* N-एथिल थैलेमाइड से एथिल ऐमीन उत्पादन के लिए अभिक्रिया निम्न प्रकार होती है

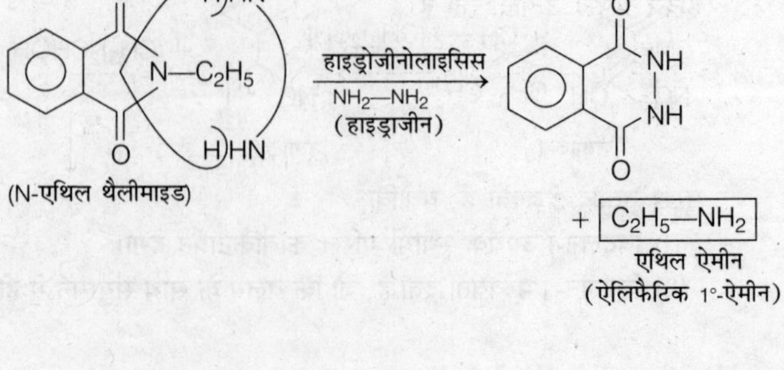

(N-एथिल थैलीमाइड) $\xrightarrow[\substack{NH_2—NH_2 \\ (\text{हाइड्राजीन})}]{\text{हाइड्रोजीनोलाइसिस}}$ + $\boxed{C_2H_5—NH_2}$

एथिल ऐमीन

(ऐलिफैटिक 1°-ऐमीन)

यह अभिक्रिया गैब्रियल थैलीमाइड संश्लेषण का द्वितीय पद है जिसके द्वारा ऐलिफैटिक 1°-ऐमीन तथा ऐमीनों अम्ल का निर्माण किया जाता है। इस पद में, हाइड्रॉजीन के स्थान पर सान्द्रित क्षार प्रयुक्त किया जाता है।

43. *(d)* **संकेत** *समइलेक्ट्रॉनी स्पीशीज में समान संख्या में इलेक्ट्रॉन होते हैं।*

परमाणु संख्या तथा इलेक्ट्रॉनों की संख्या के साथ स्पीशीज निम्न प्रकार है

स्पीशीज (आयन)	परमाणु संख्या (Z)	इलेक्ट्रॉनों की संख्या
N^{3-}	7	$7+3=10$
O^{2-}	8	$8+2=10$
F^-	9	$9+1=10$
Na^+	11	$11-1=10$
Li^+	3	$3-1=2$
Mg^{2+}	12	$12-2=10$

अत: विकल्प (d), समइलेक्ट्रॉनिक आयनों का समूह है।

44. *(c)* ऐमिलोपैक्टिन स्टॉर्च का जल विलेय घटक है। यह α-D-ग्लूकोस का शाखित श्रृंखला बहुलक है।

मुख्य श्रृंखला में α-1, 4′-ग्लाइकोसिडिक बन्ध द्वारा α - D- ग्लूकोज इकाईयाँ बन्धित रहती है तथा शाखाएँ, मुख्य श्रृंखला से α - 1,6′-ग्लाइकोसिडिक बन्ध द्वारा बन्धित होती है।

इसकी संरचना को निम्न प्रकार दर्शाते हैं

α-1, 6′-ग्लाइकोसिडिक बन्ध (शाखा)

α-1, 4′-ग्लाइकोसिडिक बन्ध (श्रृंखला)

(ऐमिलोपैक्टिन की संरचना)

45. *(c)* दिए गए प्रश्न में क्रियाकारक 2° हैलाइड (ब्रोमाइड) तथा विलायक CH_3OH (दुर्बल नाभिकस्नेही) प्रोटिक प्रकृति का होता है, अत: अभिक्रिया S_N1 क्रियाविधि द्वारा मध्यवर्ती के रूप में कार्बोकैटायन (I) के निर्माण द्वारा सम्पन्न होती है।

$$(Me)_2CH-CH(Br)Me \xrightarrow[\text{rds}]{-Br^{\ominus}} (Me)_2CH-\overset{\oplus}{C}H-Me \ (2°)\ (I) \xrightarrow[\text{तीव्र}]{CH_3\ddot{O}H,\ -H^{\oplus}} (Me)_2CH-CH(OCH_3)-Me \ \text{(अल्प)}$$

मध्यवर्ती, (I) अधिक स्थायी (3°) में α-हाइड्राइड शिफ्ट द्वारा परिवर्तित होकर प्रमुख उत्पाद देता है।

$$(Me)_2C(H)-\overset{\oplus}{C}H-Me \ (2° \text{ कार्बोकैटायन}) \xrightarrow{\alpha\text{-}\overset{\ominus}{H}\text{ शिफ्ट}} (Me)_2\overset{\oplus}{C}-CH_2Me \ (I')\ (3° \text{ कार्बोकैटायन}) \xrightarrow{CH_3\ddot{O}H,\ -H^{\oplus}} (Me)_2C(OCH_3)-CH_2-Me \ \text{(मुख्य)}$$

46. *(b)* **संकेत** *एरोमैटिक इलेक्ट्रॉनस्नेही प्रतिस्थापन* ($Ar\ S_E 2$) *अभिक्रियाओं में ऐरोमैटिक (बेन्जीन नाभिक) यौगिक (क्रियाकारक) नाभिकस्नेही की तरह व्यवहार करते है। जिन पर वेग निर्धारक पद में इलेक्ट्रॉनस्नेही आक्रमण करता है।*

नाभिकस्नेही पर उच्च इलेक्ट्रॉन घनत्व अर्थात् बेन्जीन नाभिक तीव्र अभिक्रिया करेगा। इलेक्ट्रॉन-दाता समूह (EDG) बेन्जीन नाभिक पर *+R/+M* दोनों अथवा केवल *+R* या *+M* तथा अतिसयुग्मन द्वारा इलेक्ट्रॉन घनत्व बढ़ जाता है।

दिए गए क्रियाकारक पर विचार करते हैं

I. $C_6H_5-\ddot{C}l$: –*I* प्रभाव पर +*R* प्रभाव प्रभावी

II. $C_6H_5-CH_3$ + अतिसंयुग्मन द्वारा अनुनाद

III. $C_6H_5-CO-CH_3$ –*R* प्रभाव

– *R* प्रभाव, – *I* प्रभाव की तुलना में अधिक प्रभावी होता है। अत: इलेक्ट्रॉनस्नेही के प्रति उनकी सक्रियता का क्रम निम्न होगा।

$$\underset{(-R)}{\text{III}} < \underset{(-I>+R)}{\text{I}} < \underset{(+\text{HPC})}{\text{II}}$$

47. *(d)* वायुमण्डल का सबसे निचला भाग क्षोभमण्डल होता है, जो समुद्र तल से 10 कि. मी. (लगभग) ऊँचाई तक विस्तृत होता है। हम क्षोभमण्डल वाले भाग में रहते हैं। इसमें वायु, जल वाष्प तथा धूल के कण होते है, जो कि वायु वेग की सहायता से बादल बनाते हैं। क्षोभमण्डल से ऊपर, समताप मण्डल समुद्री तल से 50 कि. मी. तक विस्तृत रहता है। इसमें मुख्यतया N_2, O_2, O_3 तथा कुछ मात्रा में जलवाष्प होती है। समतापमण्डल में ओजोन O_3, सूर्य से आंने वाली हानिकारक UV विकिरणों को 99.5% अवशोषित कर लेती है। जिससे कि पृथ्वी पर जीवन सुरक्षित रहता है।

48. *(c)* S — S बन्ध $H_2S_2O_7$ में उपस्थित नहीं होता है। (पायरोसल्फ्यूरिक अम्ल या ओलियम)

$$H_2S_2O_7 \Rightarrow HO-\underset{\underset{O}{\|}}{\overset{\overset{O}{\|}}{S}}-O-\underset{\underset{O}{\|}}{\overset{\overset{O}{\|}}{S}}-OH$$

जबकि दिए गए सल्फर के अन्य ऑक्सीअम्लों अर्थात $H_2S_2O_3$ (थायोसल्फ्यूरिक अम्ल), $H_2S_2O_4$ (हाइपोफॉस्फोरस या डाइथायोनल अम्ल) तथा $H_2S_4O_6$ (टेट्राथायोनिक अम्ल) में S—S बन्ध उपस्थित होता है।

$$H_2S_2O_3 \Rightarrow HO-\underset{\underset{S}{\|}}{\overset{\overset{O}{\|}}{S}}-OH$$

$$H_2S_2O_4 \Rightarrow HO(O{=})\ddot{S}-\ddot{S}({=}O)OH$$

$$H_2S_4O_6 \Rightarrow HO-\underset{\underset{O}{\|}}{\overset{\overset{O}{\|}}{S}}-S-S-\underset{\underset{O}{\|}}{\overset{\overset{O}{\|}}{S}}-OH$$

49. *(a)* स्तम्भ क्रोमेटोग्राफी में यौगिकों (अधिशोषक) के मिश्रण का पृथक्करण काँच की नली में स्थित ठोस अधिशोषक पर (सिलिका जैल तथा Al_2O_3) होता है। जब एक उचित द्रव को स्तम्भ में नीचे की ओर बहाया जाता है, तो मिश्रण में उपस्थित यौगिक अधिशोषक स्तम्भ की विभिन्न मात्रा में अधिशोषित हो जाता है तथा पूर्ण पृथक्करण हो जाता है। अत: स्तम्भ क्रोमेटोग्राफी पदार्थ के ठोस प्रावस्था में विभेदात्मक अधिशोषण पर निर्भर करती है।

50. *(b)* **संकेत** *वर्ग-समतलीय संकुलों का सामान्य सूत्र* $[M(a-a)b_2]$ *तथा* $[M(a-a)(b-b)]$ *ज्यामितीय समावयवता नहीं दर्शाते हैं, जबकि एक अष्टफलकीय संकुल* $[M(a-a)b_2]$ *ज्यामितीय समावयवता (समपक्ष-विपक्ष) दर्शा सकते हैं।*

$[Pt(en)_2(Cl_2)]^{2+}$ सूत्र $[M(a-a)_2b_2]$ ज्यामितीय समावयवता दर्शाएगा

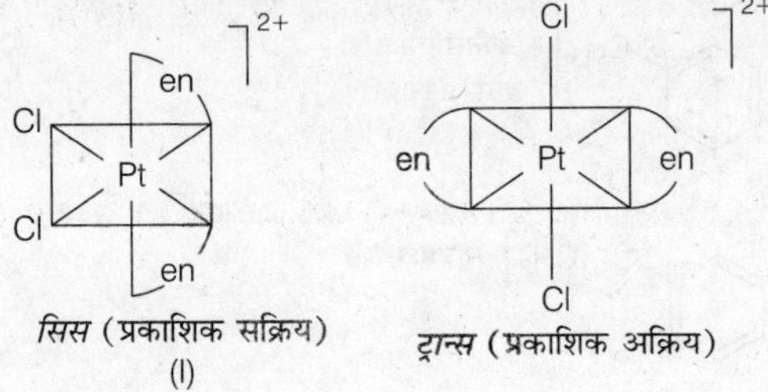

सिस (प्रकाशिक सक्रिय) (I) *ट्रान्स* (प्रकाशिक अक्रिय)

51. *(b)* भौतिक अधिशोषण के लिए, अधिशोषण समतापी वक्र (ताप, T = स्थिरांक) निम्न प्रकार है

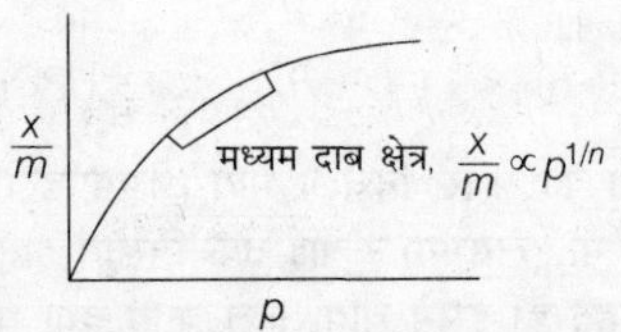

जहाँ, x = अधिशोष्य की मात्रा, m = अधिशोषक की मात्रा

$\frac{x}{m}$ = अधिशोषण की मात्रा, $\frac{1}{n}$ = अभिक्रिया का क्रम, जहाँ $0 < \frac{1}{n} < 1$ तथा

अत:, $1 < n < \infty$

यहाँ, $\frac{x}{m} = Kp^{\frac{1}{2}}$, अर्थात् $\frac{x}{m} \propto p^{\frac{1}{2}}$

अधिशोषण समदाबी (दाब, p = स्थिरांक)

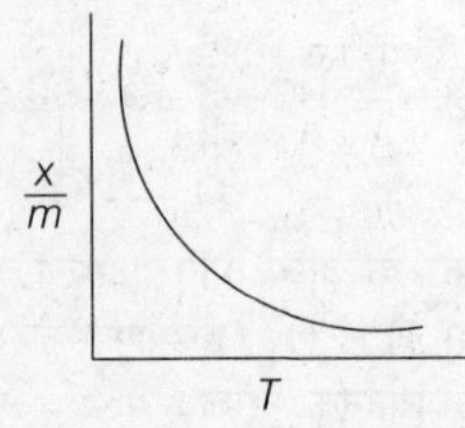

अत: गैस को भौतिक अधिशोषण p (जब, T स्थिर) के बढ़ने के साथ बढ़ता है तथा T के बढ़ने के साथ घटता है (जब p स्थिर हो)

52. *(c)* मैग्नीशियम मिश्रधातुओं के नाम दो वर्णों के बाद दो अंकों द्वारा किए जाते हैं। सामान्य मिश्रधातु तत्व A (ऐलुमीनियम), Z (जिंक), T (टिन), M (मैंगनीज) इत्यादि है।

अंक मिश्रधातु में मुख्य तत्वों के नाममात्र संघटन को दर्शाता है।

'AZ 91' मिश्रधातु के संघटन को बताता है Al = 9%, Zn = 1% तथा Mg = 100 − (9 + 1) = 90%दी गयी निम्न मिश्रधातुओं में से Mg − Al (Mg = 5%, Al =95%) हल्की, कठोर तथा मजबूत होती है अत: वायुयान में प्रयुक्त होती है।

53. *(c)* एक प्रक्रम स्वत: होगा जब इसका मुक्त ऊर्जा (गिब्स ऊर्जा) परिवर्तन ऋणात्मक होगा अर्थात् $\Delta G < 0$.

प्रक्रम की स्वत: प्रवर्तिता ΔG के मान द्वारा सुनिश्चित होती है, जिसे गिब्स समीकरण द्वारा ज्ञात किया जा सकता है। $\Delta G = \Delta H - T\Delta S$ के लिए उच्च/निम्न ताप पर ΔH तथा $T\Delta S$ के चिन्ह निम्न प्रकार होंगे

ΔH	ΔS	तापक्रम (T)	ΔG	प्रक्रिया
< 0	> 0	किसी भी ताप पर	< 0	स्वत:
> 0	< 0	किसी भी ताप पर	> 0	अस्वत:
< 0	< 0	निम्न ताप पर	< 0	स्वत:
> 0	> 0	उच्च ताप पर	< 0	स्वत:

54. *(a)* प्रत्येक आयन का चक्रण मात्र चुम्बकीय आघूर्ण (μ) निम्न प्रकार ज्ञात किया जा सकता है

$$\mu = \sqrt{n(n+2)}\ \text{BM}$$

[$\because n$ = अयुग्मित इलेक्ट्रॉनों (s) की संख्या] $\Rightarrow \mu \propto n$, अर्थात् अयुग्मित इलेक्ट्रॉनों की संख्या अधिक होने पर μ का मान भी उच्च होगा।

धातु आयन	Z	n (धातु आयन के लिए)	$M_{(BM)}$	प्रकृति
Ti^{2+}	22	2 $(3d^2)$	$\sqrt{8}$	अनुचुम्बकीय
V^{2+}	23	3 $(3d^3)$	$\sqrt{15}$	अनुचुम्बकीय
Ti^{3+}	22	1 $(3d^1)$	$\sqrt{3}$	अनुचुम्बकीय
Sc^{3+}	21	0 $(3d^0)$	0	प्रतिचुम्बकीय

अत: दिए गए जलयोजित आयनों के चक्रण मात्र चुम्बकीय आघूर्ण का सही क्रम निम्न प्रकार होगा

$$Sc^{3+} < Ti^{3+} < Ti^{2+} < V^{2+}$$

55. *(b)* नायलॉन-6, 6 (ऐमाइड) एक संघनन सहबहुलक है क्योंकि यह ऐडिपिक अम्ल तथा हैक्सामेथिलीन डाइऐमीन के बीच संघनन द्वारा प्राप्त होता है।

$$n\text{HO}-\overset{\text{O}}{\overset{\|}{\text{C}}}-(\text{CH}_2)_4-\overset{\text{O}}{\overset{\|}{\text{C}}}-\text{OH} + n\text{H}-\overset{\text{H}}{\overset{|}{\text{N}}}-(\text{CH}_2)_6-\overset{\text{H}}{\overset{|}{\text{N}}}-\text{H} \xrightarrow{-n\text{H}_2\text{O}} \left[-\overset{\text{O}}{\overset{\|}{\text{C}}}-(\text{CH}_2)_4-\overset{\text{O}}{\overset{\|}{\text{C}}}-\text{NH}-(\text{CH}_2)_6-\text{NH}-\right]_n$$

ऐडिपिक अम्ल; हैक्सामेथिलीन डाइऐमीन; 1 मोल नायलॉन-6,6

नियोप्रीन, टेफ्लॉन तथा ब्यूना-S योगात्मक बहुलक है

56. *(a)* वास्तविक गैस के 1 मोल के लिए वाण्डरवाल्स समीकरण निम्न प्रकार है

$$\left(p + \frac{a}{V^2}\right)(V - b) = RT$$

स्थिरांक 'a' गैस अणुओं के अन्तराणविक आकर्षण बलों की माप है तथा स्थिरांक 'b' गैस अणुओं के उचित अप्रत्यास्थ दिअंगी टक्करों के पश्चात का आयतन संशोधन है। गैस A तथा गैस C के लिए b का मान 0.05196 dm^3 मोल$^{-1}$ है।

यहाँ,

$a \propto$ अन्तराणविक आकर्षण बल

$\propto$ सम्पीड्यता $\propto$ वास्तविक प्रकृति

$\propto \frac{1}{\text{ग्रहण किया गया आयतन}}$

गैस A के लिए, $a/(\text{kPa dm}^6 \text{ mol}^{-1})$ का मान (642.32) > गैस C के लिए, (431.91) अत: गैस C, A गैस की तुलना अधिक आयतन ग्रहण करेगी।

समान रूप से a लिए, दिया गया मान 155.21 kPa dm^6 mol^{-1} गैस B तथा गैस D के लिए कहा जाता है।

$\frac{1}{b} \propto$ अन्तराणुक आकर्षण बल

$\propto$ सम्पीड्यता $\propto$ वास्तविक प्रकृति

$\propto \frac{1}{\text{ग्रहण आयतन}}$

गैस B/$b/(\text{dm}^3 \text{ mol}^{-1})$ के लिए (0.04136) < गैस (0.4382)

अत: गैस B, D की तुलना में अधिक सम्पीड्य होगी।

57. *(d)* मध्यवर्ती कार्बोकैटायन अधिक स्थायी होने पर S_N1 अभिक्रिया की दर भी उच्च होगी।

अभिक्रिया में मध्यवर्ती के रूप में कार्बोकैटायन बनता है। दिए गए यौगिक निम्न प्रकार है

(A) $\xrightarrow[\text{वेग निर्धारक पद}]{-I^{\ominus}}$ (A′) [CH_3 — तीन धनात्मक अतिसंयुग्मक; ⊕ ← 2°-बेन्जिल कार्बोकैटायन ⇒ स्थायी; +R]

(B) $\xrightarrow[\text{वेग निर्धारक पद}]{-I^{\ominus}}$ (B′) ⇒ कम स्थायित्व [MeO — I-प्रभाव m-स्थिति से (B′)]

(C) $\xrightarrow[\text{वेग निर्धारक पद}]{-I^{\ominus}}$ (C′) ⇒ अधिक स्थायित्व [H_3C — अतिरिक्त तीन अतिसंयुग्मन (C′)]

(D) $\xrightarrow[\text{वेग निर्धारक पद}]{-I^{\ominus}}$ (D′) ⇒ उच्च स्थायित्व [CH_3—Ö— p-स्थिति से अतिरिक्त +R प्रभाव (D′)]

मध्यवर्ती का स्थायित्व क्रम निम्न प्रकार होगा

$B' < A' < C' < D'$

(−I) (−अतिसंयुग्मन=3) (+अतिसंयुग्मन=6) (+अतिसंयुग्मन=3, +R=1)

अत: दिए गए यौगिकों के लिए S_N1 अभिक्रिया की दर का क्रम निम्न प्रकार होगा

$$B < A < C < D$$

58. *(c)* कथन 1 तथा कथन 2 की व्याख्या निम्न प्रकार है

चालकता सेल में, 1 सेमी लम्बाई एवं 1 सेमी^{2} अनुप्रस्थ काट के क्षेत्रफल वाले विलयन के चालकत्व को उसका विशिष्ट चालकत्व या चालकता (κ) कहते हैं

$$\kappa = c \times \frac{l}{a} \Rightarrow \kappa \propto c \text{ जब } l = 1, a = 1$$

अत: विद्युत अपघट्य की सान्द्रता में कमी के साथ, दिए गए इकाई आयतन में आयनों की संख्या भी घटेगी अर्थात् κ [चालकता] भी घटेगी।

अत: कथन 1 असत्य है। मोलर चालकता (λ_m) किसी विलयन में उपस्थित उन सभी आयनों की चालकत्व क्षमता जो कि विद्युत अपघट्य के 1 मोल घुले होने पर उत्पन्न होते हैं

$$\lambda_m = \kappa \times V_{mL} = \kappa \times \frac{1000}{M},$$

यहाँ, $V_{mL} = 1$ मोल विद्युत अपघट्य वाले विलयन का आयतन (mL में)

m = मोलर सान्द्रता (मोल/L)

अत: चालकता सेल में $\lambda_m \propto \frac{1}{M}$

अर्थात मोलर चालकता विद्युत अपघट्य की सान्द्रता (M) में कमी के साथ बढ़ती हैं।

अत: कथन 2 सही है।

59. *(c)* O_2 का O_2^- में परिवर्तन निम्न प्रकार हो सकता है

O_2 (16 e^-) [डाइऑक्सीजन] → ऊर्जा $\xrightarrow{+e^-}$ O_2^- (17 e^-) [सुपरऑक्साइड] → ऊर्जा

$[8e^-]\ \sigma 2p_z^2\ \pi 2p_x^2 = \pi 2p_y^2\ \overset{*}{\pi} 2p_x^1 = \overset{*}{\pi} 2p_y^1$

अर्द्धपूरित प्रतिबन्धी π^*-MO_s

$[8e^-]\ \sigma 2p_z^2\ \pi 2p_x^2 = \pi 2p_y^2\ \overset{*}{\pi} 2p_x^2 = \overset{*}{\pi} 2p_y^1$

अत: O_2 से O_2^- के निर्माण में 17 वाँ इलेक्ट्रॉन $\overset{*}{\pi} 2p_x$ या $\overset{*}{\pi} 2p_y$ आणविक कक्षक (प्रतिबन्धी) में जाता है, जो कि O_2 में अर्द्धपूरित है।

60. *(d)* दिए गए कथनों की व्याख्या निम्न प्रकार है

कथन (A) में H^+ के मिलीमोल = $400 \times 0.1 \times 2 = 80$

OH^- के मिलीमोल = $400 \times 0.1 = 40$

$\therefore$ शेष H^+ के मिलीमोल = $80 - 40 = 40$

$$[H^+] = \frac{40}{400 + 400} = \frac{40}{800} M = \frac{1}{20} M$$

$$\Rightarrow \quad pH = -\log[H^+] = -\log\left(\frac{1}{20}\right)$$

$$= -\log 1 + \log 2 + \log 10 = -0 + 0.301 + 1 = 1.30$$

अत: कथन (A) सही है।

कथन (B) जल का आयनिक गुणनफल ताप पर निर्भर करता है। ताप घटने पर यह घटता है तथा ताप बढने पर बढता है। अत: कथन (B) सही है।

कथन (C) pH = 5 वाले एकक्षारकीय अम्ल की वियोजन मात्रा 50% है। अत: कथन (C) सही है।

कथन (D) ला-शातेलिए नियम सम-आयन प्रभाव पर लागू होता है। अत: कथन (D) गलत है।

गणित

61. *(b)* दी गई असमिकाएँ $|x - y| \le 2$ तथा $|x + y| \le 2$

उपरोक्त असमिकाओं का आरेख खींचने पर, प्राप्त वर्ग

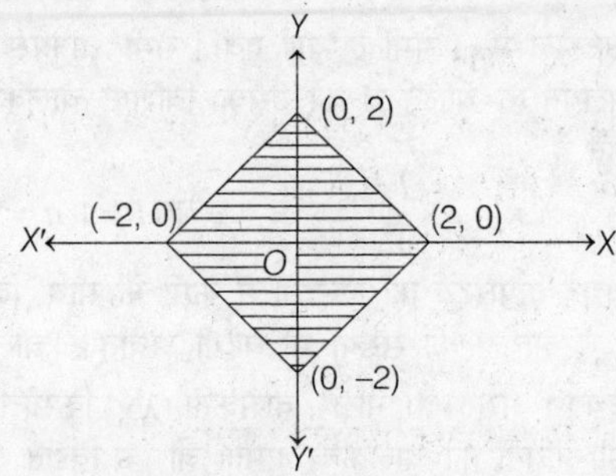

अब, छायांकित भाग का क्षेत्रफल, वर्ग के क्षेत्रफल के बराबर होगा जिसकी भुजा की लम्बाई $= \sqrt{(2-0)^2 + (0-2)^2} = 2\sqrt{2}$ इकाई

62. *(a)* दी गई श्रेणी

$$\frac{3\times1^3}{1^2} + \frac{5\times(1^3+2^3)}{1^2+2^2} + \frac{7\times(1^3+2^3+3^3)}{1^2+2^2+3^2} + \ldots$$

इसलिए, nवाँ पद

$$T_n = \frac{(3+(n-1)2)(1^3+2^3+3^3+\ldots+n^3)}{1^2+2^2+3^2+\ldots+n^2} = \frac{(2n+1)\times\left(\frac{n(n+1)}{2}\right)^2}{\frac{n(n+1)(2n+1)}{6}}$$

$$\left[\because \sum_{r=1}^{n} r^3 = \left[\frac{n(n+1)}{2}\right]^2 \text{ तथा } \sum_{r=1}^{n} r^2 = \frac{n(n+1)(2n+1)}{6}\right]$$

इसलिए, $T_n = \frac{3n(n+1)}{2} = \frac{3}{2}(n^2+n)$

अब, दी गई श्रेणी के n पदों का योगफल

$$S_n = \Sigma T_n = \frac{3}{2}[\Sigma n^2 + \Sigma n] = \frac{3}{2}\left[\frac{n(n+1)(2n+1)}{6} + \frac{n(n+1)}{2}\right]$$

$$\therefore \quad S_{10} = \frac{3}{2}\left[\frac{10\times11\times21}{6} + \frac{10\times11}{2}\right] = \frac{3}{2}[(5\times11\times7) + (5\times11)]$$

$$= \frac{3}{2}\times55(7+1) = \frac{3}{2}\times55\times8 = 3\times55\times4 = 12\times55 = 660$$

63. *(a)* माना $p = \lim_{n\to\infty}\left(\frac{(n+1)^{1/3}}{n^{4/3}} + \frac{(n+2)^{1/3}}{n^{4/3}} + \ldots + \frac{(2n)^{1/3}}{n^{4/3}}\right)$

$$= \lim_{n\to\infty}\sum_{r=1}^{n}\frac{(n+r)^{1/3}}{n^{4/3}} = \lim_{n\to\infty}\sum_{r=1}^{n}\frac{\left(1+\frac{r}{n}\right)^{1/3} n^{1/3}}{n^{4/3}}$$

$$= \lim_{n\to\infty}\frac{1}{n}\sum_{r=1}^{n}\left(1+\frac{r}{n}\right)^{1/3}$$

अब, सीमा के योग के नियम से,

माना $\frac{r}{n} = x$ तथा $\frac{1}{n} = dx$ $\quad [\because n\to\infty]$

तब, समाकल की ऊपरी सीमा 1 तथा समाकल की निम्न सीमा 0 है।

इसलिए, $p = \int_0^1 (1+x)^{1/3}\,dx$ $\quad \left[\because \lim_{n\to\infty}\frac{1}{n}\sum_{r=1}^{n} f\left(\frac{r}{n}\right) = \int_0^1 f(x)\,dx\right]$

$$= \left[\frac{3}{4}(1+x)^{4/3}\right]_0^1 = \frac{3}{4}(2^{4/3}-1) = \frac{3}{4}(2)^{4/3} - \frac{3}{4}$$

64. *(b)* दिया गया सारणिक

$$\Delta_1 = \begin{vmatrix} x & \sin\theta & \cos\theta \\ -\sin\theta & -x & 1 \\ \cos\theta & 1 & x \end{vmatrix}$$

$$= -x^3 + \sin\theta\cos\theta - \sin\theta\cos\theta + x\cos^2\theta - x + x\sin^2\theta$$

$$= -x^3$$

$$\text{तथा } \Delta_2 = \begin{vmatrix} x & \sin2\theta & \cos2\theta \\ -\sin2\theta & -x & 1 \\ \cos2\theta & 1 & x \end{vmatrix}, x \ne 0$$

$= -x^3$ (Δ_1 के समान)

इसलिए विकल्प के अनुसार, $\Delta_1 + \Delta_2 = -2x^3$

65. *(d)* माना

$$I = \int\frac{dx}{(x^2-2x+10)^2} = \int\frac{dx}{[(x-1)^2+3^2]^2}$$

अब, $x - 1 = 3\tan\theta$ रखने पर

$\Rightarrow \quad dx = 3\sec^2\theta\,d\theta$

इसलिए, $I = \int\frac{3\sec^2\theta\,d\theta}{(3^2\tan^2\theta+3^2)^2} = \int\frac{3\sec^2\theta\,d\theta}{3^4\sec^4\theta} = \frac{1}{27}\int\cos^2\theta\,d\theta$

$$= \frac{1}{27}\int\frac{1+\cos2\theta}{2}d\theta \qquad \left[\because \cos^2\theta = \frac{1+\cos2\theta}{2}\right]$$

$$= \frac{1}{54}\int(1+\cos2\theta)\,d\theta = \frac{1}{54}\left(\theta + \frac{\sin2\theta}{2}\right) + C$$

$$= \frac{1}{54}\tan^{-1}\left(\frac{x-1}{3}\right) + \frac{1}{108}\left(\frac{2\tan\theta}{1+\tan^2\theta}\right) + C$$

$$\left[\because \sin2\theta = \frac{2\tan\theta}{1+\tan^2\theta}\right]$$

$$= \frac{1}{54}\tan^{-1}\left(\frac{x-1}{3}\right) + \frac{1}{54}\frac{\left(\frac{x-1}{3}\right)}{1+\left(\frac{x-1}{3}\right)^2} + C$$

$$= \frac{1}{54}\tan^{-1}\left(\frac{x-1}{3}\right) + \frac{1}{18}\left(\frac{x-1}{(x-1)^2+3^2}\right) + C$$

$$= \frac{1}{54}\tan^{-1}\left(\frac{x-1}{3}\right) + \frac{1}{18}\left(\frac{x-1}{x^2-2x+10}\right) + C$$

$$= \frac{1}{54}\left[\tan^{-1}\left(\frac{x-1}{3}\right) + \frac{3(x-1)}{x^2-2x+10}\right] + C$$

दिया है, कि

$$I = A\left[\tan^{-1}\left(\frac{x-1}{3}\right) + \frac{f(x)}{x^2-2x+10}\right] + C$$

$\therefore \quad A = \frac{1}{54}$ तथा $f(x) = 3(x-1)$

66. *(b)* दी गई रेखा का समीकरण

$$\frac{x}{1}=\frac{y-1}{0}=\frac{z+1}{-1} \quad ...(i)$$

अब, रेखा पर बिन्दुओं में से एक बिन्दु $P(0, 1, -1)$ तथा दिया गया बिन्दु $Q(\beta, 0, \beta)$ है।

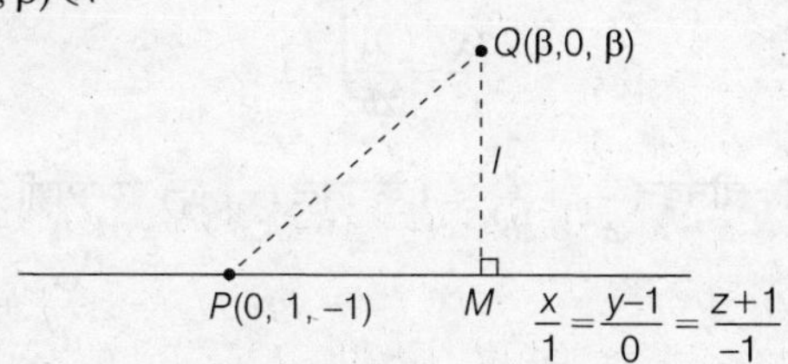

आकृति से, लम्ब की लम्बाई

$$QM = l = \sqrt{\frac{3}{2}} \quad \text{[दिया है]}$$

$$\Rightarrow \frac{|\mathbf{PQ} \times \mathbf{PM}|}{|\mathbf{PM}|} = \sqrt{\frac{3}{2}}$$

$$\because \quad \mathbf{PQ} = \beta\hat{\mathbf{i}} - \hat{\mathbf{j}} + (\beta+1)\hat{\mathbf{k}}$$

तथा $\mathbf{PM}$ = दी गई रेखा (i) के अनुदिश सदिश $= \hat{\mathbf{i}} - \hat{\mathbf{k}}$

$$\text{इसलिए, } \mathbf{PQ} \times \mathbf{PM} = \begin{vmatrix} \hat{\mathbf{i}} & \hat{\mathbf{j}} & \hat{\mathbf{k}} \\ \beta & -1 & \beta+1 \\ 1 & 0 & -1 \end{vmatrix}$$

$$= \hat{\mathbf{i}} - \hat{\mathbf{j}}(-\beta-\beta-1) + \hat{\mathbf{k}} = \hat{\mathbf{i}} + (2\beta+1)\hat{\mathbf{j}} + \hat{\mathbf{k}}$$

$$\text{इसलिए, } \frac{|\mathbf{PQ} \times \mathbf{PM}|}{|\mathbf{PM}|} = \frac{\sqrt{1+(2\beta+1)^2+1}}{\sqrt{1+1}} = \sqrt{\frac{3}{2}}$$

$$\Rightarrow \sqrt{4\beta^2+4\beta+3} = \sqrt{3} \Rightarrow 4\beta(\beta+1) = 0$$

$$\Rightarrow \quad \beta = 0, -1 \Rightarrow \beta = -1 \quad [\because \beta \neq 0]$$

67. *(a)* दी गई सम्मिश्र संख्या

$$z = \frac{(1+i)^2}{a-i} = \frac{(1-1+2i)(a+i)}{a^2+1} \quad [\because i^2 = -1]$$

$$= \frac{2i(a+i)}{a^2+1} = \frac{-2+2ai}{a^2+1}$$

$$\because \quad |z| = \sqrt{2/5} \quad \text{[दिया है]}$$

$$\Rightarrow \sqrt{\frac{4+4a^2}{(a^2+1)^2}} = \sqrt{\frac{2}{5}} \Rightarrow \frac{2}{\sqrt{1+a^2}} = \sqrt{\frac{2}{5}}$$

$$\Rightarrow \frac{4}{1+a^2} = \frac{2}{5} \Rightarrow a^2+1 = 10 \Rightarrow a^2 = 9 \Rightarrow a = 3 \quad [\because a > 0]$$

$$\text{इसलिए, } z = \frac{-2+6i}{10} = -\frac{1}{5} + \frac{3}{5}i$$

$$\Rightarrow \quad \bar{z} = -\frac{1}{5} - \frac{3}{5}i \quad [\because \text{ यदि } z = x+iy, \text{ तब } \bar{z} = x-iy]$$

68. *(d)* दिया है,

$$\lim_{x\to 1} \frac{x^4-1}{x-1} = \lim_{x \to k} \frac{x^3-k^3}{x^2-k^2}$$

$$\Rightarrow \lim_{x\to 1} \frac{(x-1)(x+1)(x^2+1)}{x-1} = \lim_{x\to k} \frac{(x-k)(x^2+k^2+xk)}{(x-k)(x+k)}$$

$$\Rightarrow \quad 2 \times 2 = \frac{3k^2}{2k} \Rightarrow k = \frac{8}{3}$$

69. *(a)* दिए गए फलन

$$f(x) = e^x - x, \text{ तथा } g(x) = x^2 - x, \forall x \in R$$

तब, $h(x) = (fog)(x) = f(g(x))$

अब, $h'(x) = f'(g(x)) \cdot g'(x)$

$$= (e^{g(x)} - 1) \cdot (2x-1) = (e^{(x^2-x)} - 1)(2x-1)$$

$$= (e^{x(x-1)} - 1)(2x-1)$$

$\because$ दिया है कि $h(x)$ एक वर्द्धमान फलन है

इसलिए $h'(x) \geq 0 \Rightarrow (e^{x(x-1)} - 1)(2x-1) \geq 0$

स्थिति I $(2x-1) \geq 0$ तथा $(e^{x(x-1)} - 1) \geq 0$

$$\Rightarrow \quad x \geq \frac{1}{2} \text{ तथा } x(x-1) \geq 0$$

$$\Rightarrow \quad x \in [1/2, \infty) \text{ तथा } x \in (-\infty, 0] \cup [1, \infty),$$

इसलिए $x \in [1, \infty)$

स्थिति II $(2x-1) \leq 0$ तथा $[e^{x(x-1)} - 1] \leq 0$

$$\Rightarrow \quad x \leq \frac{1}{2} \text{ तथा } x(x-1) \leq 0 \Rightarrow x \in \left(-\infty, \frac{1}{2}\right] \text{ तथा } x \in [0, 1]$$

$$\text{इसलिए, } x \in \left[0, \frac{1}{2}\right]$$

$$\text{उपरोक्त स्थिति से, } x \in \left[0, \frac{1}{2}\right] \cup [1, \infty)$$

70. *(c)* दिए गए समतल का समीकरण $3x - y + 4z = 2$ ...(i) तथा बिन्दु $Q(0, -1, -3)$, समतल (i) में बिन्दु P का प्रतिबिम्ब है, इसलिए बिन्दु P भी समतल (i) के सापेक्ष बिन्दु Q का प्रतिबिम्ब है।

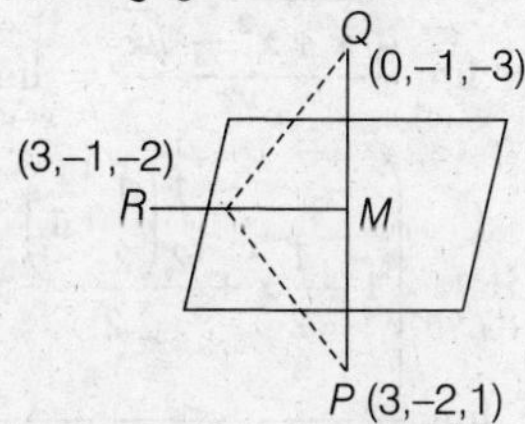

माना बिन्दु P के निर्देशांक (x_1, y_1, z_1) है, तब

$$\frac{x_1-0}{3} = \frac{y_1+1}{-1} = \frac{z_1+3}{4} = -2\frac{[3(0)-1(-1)+4(-3)-2]}{3^2+(-1)^2+4^2}$$

[$\because$ समतल $ax+by+cz+d=0$ में बिन्दु (x_1, y_1, z_1) का प्रतिबिम्ब (x, y, z) है, जहाँ

$$\frac{x-x_1}{a} = \frac{y-y_1}{b} = \frac{z-z_1}{c} = \frac{-2(ax_1+by_1+cz_1+d)}{a^2+b^2+c^2}]$$

$$\Rightarrow \frac{x_1-0}{3} = \frac{y_1+1}{-1} = \frac{z_1+3}{4} = -2\frac{(1-12-2)}{26} = \frac{26}{26} = 1$$

$$\Rightarrow P(x_1, y_1, z_1) = (3, -2, 1)$$

अब, ΔPQR का क्षेत्रफल, जहाँ बिन्दु $R(3, -1, -2)$ है।

$$= \frac{1}{2}|\mathbf{PQ} \times \mathbf{PR}|$$

$$= \frac{1}{2}\left|(-3\hat{\mathbf{i}} + \hat{\mathbf{j}} - 4\hat{\mathbf{k}}) \times (0\hat{\mathbf{i}} + \hat{\mathbf{j}} - 3\hat{\mathbf{k}})\right|$$

$$= \frac{1}{2}\left\|\begin{matrix} \hat{\mathbf{i}} & \hat{\mathbf{j}} & \hat{\mathbf{k}} \\ -3 & 1 & -4 \\ 0 & 1 & -3 \end{matrix}\right\| = \frac{1}{2}\left|\hat{\mathbf{i}} + 9\hat{\mathbf{j}} - 3\hat{\mathbf{k}}\right|$$

$$= \frac{1}{2}\sqrt{1 + 81 + 9} = \frac{\sqrt{91}}{2} \text{ वर्ग इकाई}$$

71. *(c)* दी गई समान्तर श्रेढ़ी $a_1, a_2, a_3, \ldots, a_n$ है।

माना उपरोक्त समान्तर श्रेढ़ी का सार्वान्तर 'd' है, तब

$$a_1 + a_4 + a_7 + \ldots + a_{16}$$
$$= a_1 + (a_1 + 3d) + (a_1 + 6d) + \ldots + (a_1 + 15d)$$
$$= 6a_1 + (3 + 6 + 9 + 12 + 15)d = 6a_1 + 45d = 114 \quad \text{(दिया है)}$$

$$\Rightarrow \quad 2a_1 + 15d = 38 \qquad \ldots(i)$$

अब, $a_1 + a_6 + a_{11} + a_{16} = a_1 + (a_1 + 5d) + (a_1 + 10d) + (a_1 + 15d)$

$$= 4a_1 + 30d = 2(2a_1 + 15d) = 2 \times 38 = 76 \qquad \text{[समी (i) से]}$$

72. *(a)* दिया गया फलन

$$f(x) = \begin{cases} \dfrac{\sin(p+1)x + \sin x}{x}, & x < 0 \\ q, & x = 0 \\ \dfrac{\sqrt{x + x^2} - \sqrt{x}}{x^{3/2}}, & x > 0 \end{cases}$$

$x = 0$ पर सतत् है, तब

$$f(0) = \lim_{x \to 0^-} f(x) = \lim_{x \to 0^+} f(x) \qquad \ldots(i)$$

$$\lim_{x \to 0^-} f(x) = \lim_{x \to 0^-} \frac{\sin(p+1)x + \sin x}{x}$$

$$= p + 1 + 1 = p + 2 \qquad \left[\because \lim_{x \to 0} \frac{\sin(ax)}{x} = a\right]$$

तथा $\displaystyle \lim_{x \to 0^+} f(x) = \lim_{x \to 0^+} \frac{\sqrt{x + x^2} - \sqrt{x}}{x^{3/2}} = \lim_{x \to 0^+} \frac{\sqrt{x}[(1+x)^{1/2} - 1]}{x\sqrt{x}}$

$$= \lim_{x \to 0^+} \frac{\left(1 + \frac{1}{2}x + \frac{\frac{1}{2}\left(\frac{1}{2} - 1\right)}{2!}x^2 + \ldots - 1\right)}{x}$$

$$\left[\because (1+x)^n = 1 + nx + \frac{n(n-1)}{1 \cdot 2}x^2 + \frac{n(n-1)(n-2)}{1 \cdot 2 \cdot 3}x^3 + \ldots, |x| < 1\right]$$

$$= \lim_{x \to 0^+}\left(\frac{1}{2} + \frac{\frac{1}{2}\left(\frac{1}{2} - 1\right)}{2!}x + \ldots\right) = \frac{1}{2}$$

समी (i) से,

$$f(0) = q = \frac{1}{2} \text{ तथा } \lim_{x \to 0^-} f(x) = p + 2 = \frac{1}{2} \Rightarrow p = -\frac{3}{2}$$

इसलिए, $(p, q) = \left(-\frac{3}{2}, \frac{1}{2}\right)$

73. *(a)* दिए गए दीर्घवृत्त का समीकरण है

$$\frac{x^2}{a^2} + \frac{y^2}{b^2} = 1 \qquad \ldots(i)$$

अब, दीर्घवृत्त (i) के बिन्दु $\left(3, -\frac{9}{2}\right)$ पर स्पर्शी का समीकरण

$$\Rightarrow \quad \frac{3x}{a^2} - \frac{9y}{2b^2} = 1 \qquad \ldots(ii)$$

[$\because$ दीर्घवृत्त $\dfrac{x^2}{a^2} + \dfrac{y^2}{b^2} = 1$ के बिन्दु (x_1, y_1) पर स्पर्शी कासमीकरण $\dfrac{xx_1}{a^2} + \dfrac{yy_1}{b^2} = 1$ है]

$\because$ स्पर्शी (ii) रेखा $x - 2y = 12$ को दर्शाता है, इसलिए

$$\frac{1}{\frac{3}{a^2}} = \frac{2}{\frac{9}{2b^2}} = \frac{12}{1} \Rightarrow a^2 = 36 \text{ तथा } b^2 = 27$$

अब, नाभिलम्ब की लम्बाई $= \dfrac{2b^2}{a} = \dfrac{2 \times 27}{6} = 9$ इकाई

74. *(a)* दी गई असमिका

$$2^{\sqrt{\sin^2 x - 2\sin x + 5}} \cdot \frac{1}{4^{\sin^2 y}} \le 1$$

$$\Rightarrow \quad 2^{\sqrt{(\sin x - 1)^2 + 4}} \cdot 2^{-2\sin^2 y} \le 1$$

$$\Rightarrow \quad 2^{\sqrt{(\sin x - 1)^2 + 4}} \le 2^{2\sin^2 y}$$

$$\Rightarrow \quad \sqrt{(\sin x - 1)^2 + 4} \le 2\sin^2 y$$

[यदि $a > 1$ तथा $a^m \le a^n \Rightarrow m \le n$]

$\because \sqrt{(\sin x - 1)^2 + 4}$ का परास $[2, 2\sqrt{2}]$ तथा $2\sin^2 y$ का परास $[0, 2]$ है।

$\therefore$ उपरोक्त असमिका प्रतिबन्धित होगी, यदि

$$\sqrt{(\sin x - 1)^2 + 4} = 2 = 2\sin^2 y$$

$$\Rightarrow \quad \sin x = 1 \text{ तथा } \sin^2 y = 1 \Rightarrow \sin x = |\sin y| \qquad \text{[विकल्पों से]}$$

75. *(b)* दी गई द्विघात समीकरण

$$x^2 + x\sin\theta - 2\sin\theta = 0, \theta \in \left(0, \frac{\pi}{2}\right)$$

तथा इसके मूल α तथा β हैं।

इसलिए, मूलों का योग $= \alpha + \beta = -\sin\theta$

तथा मूलों का गुणनफल $= \alpha\beta = -2\sin\theta$

$$\Rightarrow \quad \alpha\beta = 2(\alpha + \beta) \qquad \ldots(i)$$

अब, दिया गया व्यंजक $\dfrac{\alpha^{12} + \beta^{12}}{(\alpha^{-12} + \beta^{-12})(\alpha - \beta)^{24}}$

$$= \frac{\alpha^{12} + \beta^{12}}{\left(\frac{1}{\alpha^{12}} + \frac{1}{\beta^{12}}\right)(\alpha - \beta)^{24}}$$

$$= \frac{\alpha^{12} + \beta^{12}}{\left(\frac{\beta^{12} + \alpha^{12}}{\alpha^{12}\beta^{12}}\right)(\alpha - \beta)^{24}} = \left[\frac{\alpha\beta}{(\alpha - \beta)^2}\right]^{12}$$

$$= \left(\frac{\alpha\beta}{(\alpha + \beta)^2 - 4\alpha\beta}\right)^{12}$$

$$= \left[\frac{2(\alpha+\beta)}{(\alpha+\beta)^2 - 8(\alpha+\beta)}\right]^{12} \quad \text{[समी (i) से]}$$

$$= \left(\frac{2}{(\alpha+\beta)-8}\right)^{12} = \left(\frac{2}{-\sin\theta - 8}\right)^{12} \quad [\because \alpha+\beta = -\sin\theta]$$

$$= \frac{2^{12}}{(\sin\theta+8)^{12}}$$

76. *(b)* दिया है, फलन $g(x) = |f(x)|$

जहाँ $f: R \to R, c \in R$ पर अवकलनीय है तथा $f(c) = 0$, तब $x = c$ पर फलन 'g' के लिए

$$g'(c) = \lim_{h\to 0} \frac{g(c+h) - g(c)}{h} \text{[जहाँ, } h > 0]$$

$$= \lim_{h\to 0} \frac{|f(c+h)| - |f(c)|}{h}$$

$$= \lim_{h\to 0} \frac{|f(c+h)|}{h} \quad \text{[जहाँ, } f(c) = 0 \text{(दिया है)]}$$

$$= \lim_{h\to 0} \left|\frac{f(c+h) - f(c)}{h}\right| \quad [\because h > 0]$$

$$= \left|\lim_{h\to 0} \frac{f(c+h) - f(c)}{h}\right|$$

$$= |f'(c)| \quad [\because x = c \text{ पर } f \text{ अवकलनीय है]}$$

अब, यदि $f'(c) = 0$ है, तब $x = c$ पर $g(x)$ अवकलनीय है अन्यथा $(x = c)$ पर बायाँ पक्ष अवकलज तथा $(x = c)$ पर दायाँ पक्ष अवकलज भिन्न है।

77. *(c)* दिया है,

ΔABC के शीर्ष $A(3, 0, -1)$, $B(2, 10, 6)$ तथा $C(1, 2, 1)$ एवं AC का मध्य-बिन्दु M है तथा एक अन्य बिन्दु G, BM को अनुपात $2:1$ में विभाजित करता है, इसलिए ΔABC का केन्द्रक G है।

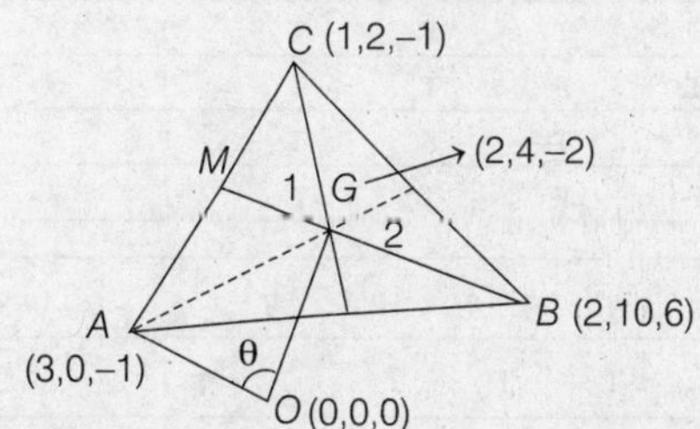

$$\therefore \quad G\left(\frac{3+2+1}{3}, \frac{0+10+2}{3}, \frac{-1+6+1}{3}\right) = (2, 4, 2)$$

अब, $\cos(\angle GOA) = \dfrac{\mathbf{OG}\cdot\mathbf{OA}}{|\mathbf{OG}||\mathbf{OA}|}$, जहाँ O मूलबिन्दु है।

$$\because \quad \mathbf{OG} = 2\hat{\mathbf{i}} + 4\hat{\mathbf{j}} + 2\hat{\mathbf{k}} \Rightarrow |\mathbf{OG}| = \sqrt{4+16+4} = \sqrt{24}$$

तथा $\quad |\mathbf{OA}| = 3\hat{\mathbf{i}} - \hat{\mathbf{k}} \Rightarrow |\mathbf{OA}| = \sqrt{9+1} = \sqrt{10}$

तथा $\mathbf{OG}\cdot\mathbf{OA} = 6 - 2 = 4$

$$\therefore \quad \cos(\angle GOA) = \frac{4}{\sqrt{24}\sqrt{10}} = \frac{1}{\sqrt{15}}$$

78. *(c)* दिए गए वृत्तों के समीकरण

$$x^2 + y^2 + 5Kx + 2y + K = 0 \quad \text{...(i)}$$

तथा $\quad 2(x^2 + y^2) + 2Kx + 3y - 1 = 0$

$$\Rightarrow \quad x^2 + y^2 + Kx + \frac{3}{2}y - \frac{1}{2} = 0 \quad \text{...(ii)}$$

समी (i) में से समी (ii) को घटाने पर,

$$4Kx + \frac{1}{2}y + K + \frac{1}{2} = 0 \Rightarrow 8Kx + y + (2K+1) = 0 \quad \text{...(iii)}$$

[यदि $S_1 = 0$ तथा $S_2 = 0$ दो वृत्त हैं, तब उनकी उभयनिष्ठ जीवा $S_1 - S_2 = 0$]

समी (iii) उभयनिष्ठ जीवा के समीकरण को निरूपित करता है तथा दिया है कि वृत्त (i) तथा (ii) परस्पर बिन्दु P तथा Q पर प्रतिच्छेद करते हैं।

चूँकि रेखा $4x + 5y - K = 0$ बिन्दु P तथा Q से होकर गुजरती है।

$$\therefore \quad \frac{8K}{4} = \frac{1}{5} = \frac{2K+1}{-K}$$

$$\Rightarrow \quad K = \frac{1}{10} \quad \text{[प्रथम तथा द्वितीय पदों की तुलना करने पर]}$$

तथा $-K = 10K + 5$ [द्वितीय तथा तृतीय पदों की तुलना करने पर]

$$\Rightarrow 11K + 5 = 0 \Rightarrow K = -\frac{5}{11}$$

$\because \dfrac{1}{10} \neq -\dfrac{5}{11}$, इसलिए K का कोई मान नहीं है, जिसके लिए रेखा $4x + 5y - K = 0$ बिन्दुओं P तथा Q से होकर गुजरती है।

79. *(a)* दिया गया व्यंजक $(1 + ax + bx^2)(1 - 3x)^{15}$ है।

$(1 - 3x)^{15}$ के प्रसार में $(r+1)$ वाँ पद

$$T_{r+1} = {}^{15}C_r(-3x)^r = {}^{15}C_r(-3)^r x^r$$

अब, $(1 + ax + bx^2)(1 - 3x)^{15}$ के प्रसार में x^2 का गुणांक

$${}^{15}C_2(-3)^2 + a\,{}^{15}C_1(-3)^1 + b\,{}^{15}C_0(-3)^0 = 0 \quad \text{[दिया है]}$$

$$\Rightarrow \quad (105\times 9) - 45a + b = 0 \Rightarrow 45a - b = 945 \quad \text{...(i)}$$

समान रूप से व्यंजक $(1 + ax + bx^2)(1 - 3x)^{15}$ में x^3 का गुणांक

$${}^{15}C_3(-3)^3 + a\,{}^{15}C_2(-3)^2 + b\,{}^{15}C_1(-3)^1 = 0 \quad \text{[दिया है]}$$

$$\Rightarrow \quad -12285 + 945a - 45b = 0$$

$$\Rightarrow \quad 63a - 3b = 819 \Rightarrow 21a - b = 273 \quad \text{...(ii)}$$

समी (i) तथा (ii) से,

$$24a = 672 \Rightarrow a = 28$$

इसलिए, $\quad b = 315 \Rightarrow (a, b) = (28, 315)$

80. *(d)* माना अतिपरवलय का समीकरण

$$\frac{x^2}{a^2} - \frac{y^2}{b^2} = 1 \quad \text{...(i)}$$

चूँकि, दी गई नियता का समीकरण $5x = 4\sqrt{5}$

इसलिए, $5\left(\dfrac{a}{e}\right) = 4\sqrt{5}$ $\quad$ [$\because$ नियता का समीकरण $x = \dfrac{a}{e}$]

$$\Rightarrow \quad \frac{a}{e} = \frac{4}{\sqrt{5}} \quad \text{...(ii)}$$

तथा अतिपरवलय (i) बिन्दु $(4, -2\sqrt{3})$ से होकर गुजरती है।

इसलिए, $\dfrac{16}{a^2} - \dfrac{12}{b^2} = 1$ $\quad$ ...(iii)

उत्केन्द्रता $e = \sqrt{1 + \dfrac{b^2}{a^2}} \Rightarrow e^2 = 1 + \dfrac{b^2}{a^2} \Rightarrow a^2e^2 - a^2 = b^2$ ...(iv)

समी (ii) तथा (iv) से,

$$\frac{16}{5}e^4 - \frac{16}{5}e^2 = b^2 \quad \text{...(v)}$$

समी (ii) तथा (iii) से,

$$\frac{16}{\frac{16}{5}e^2} - \frac{12}{b^2} = 1 \Rightarrow \frac{5}{e^2} - \frac{12}{b^2} = 1$$

$$\Rightarrow \quad \frac{12}{b^2} = \frac{5}{e^2} - 1 \Rightarrow \frac{12}{b^2} = \frac{5 - e^2}{e^2} \quad \Rightarrow \quad b^2 = \frac{12e^2}{5 - e^2} \qquad \text{...(vi)}$$

समी (v) तथा (vi) से,

$$16e^4 - 16e^2 = 5\left(\frac{12e^2}{5 - e^2}\right) \Rightarrow 16(e^2 - 1)(5 - e^2) = 60$$

$$\Rightarrow \quad 4(5e^2 - e^4 - 5 + e^2) = 15 \Rightarrow 4e^4 - 24e^2 + 35 = 0$$

81. *(b)* किसी $x \in R$ के लिए, 20 विद्यार्थियों द्वारा एक परीक्षा में प्राप्त अंकों का बारम्बारता बंटन निम्न है।

अंक	2	3	5	7
बारम्बारता	$(x+1)^2$	$2x-5$	x^2-3x	x

$\because$ विद्यार्थियों की संख्या $= 20 = \Sigma f_i$

$$\Rightarrow \quad (x+1)^2 + (2x-5) + (x^2 - 3x) + x = 20$$

$$\Rightarrow (x^2 + 2x + 1) + (2x - 5) + (x^2 - 3x) + x = 20$$

$$\Rightarrow \quad 2x^2 + 2x - 24 = 0 \Rightarrow x^2 + x - 12 = 0$$

$$\Rightarrow (x+4)(x-3) = 0 \Rightarrow x = 3 \qquad [x > 0 \text{ के लिए}]$$

अब, माध्य $(\bar{x}) = \frac{\Sigma f_i x_i}{\Sigma f_i}$

$$= \frac{2(x+1)^2 + 3(2x-5) + 5(x^2 - 3x) + 7x}{20}$$

$$= \frac{2(4)^2 + 3(1) + 5(0) + 7(3)}{20}$$

$$= \frac{32 + 3 + 21}{20} = \frac{56}{20} = 2.8$$

82. *(c)* दिया गया समाकल

$$I = \int_0^{2\pi} [\sin 2x \cdot (1 + \cos 3x)]dx$$

$$= \int_0^{\pi} [\sin 2x \cdot (1 + \cos 3x)]dx + \int_{\pi}^{2\pi} [\sin 2x \cdot (1 + \cos 3x)]dx$$

$$= I_1 + I_2 \text{ (माना)} \qquad \text{... (i)}$$

अब, $I_2 = \int_{\pi}^{2\pi} [\sin 2x \cdot (1 + \cos 3x)]dx$

माना $2\pi - x = t$, तब ऊपरी सीमा, $t = 0$ तथा निम्न सीमा, $t = \pi$ तथा $dx = -dt$

इसलिए, $I_2 = -\int_{\pi}^{0} [-\sin 2x \cdot (1 + \cos 3x)]dx$

$$= \int_0^{\pi} [-\sin 2x \cdot (1 + \cos 3x)]dx \qquad \text{...(ii)}$$

$$\therefore \quad I = \int_0^{\pi} [\sin 2x \cdot (1 + \cos 3x)]dx + \int_0^{\pi} [-\sin 2x \cdot (1 + \cos 3x)]dx$$

[समी (i) तथा (ii) से]

$$= \int_0^{\pi} (-1)dx = -\pi \qquad [\because [x] + [-x] = -1, x \notin \text{पूर्णांक}]$$

83. *(d)* दिया, है, ABC एक त्रिभुजाकार पार्क है जिसमें $AB = AC = 100$ मी है तथा BC के मध्य-बिन्दु पर एक सीधी मीनार खड़ी है। माना मीनार की ऊँचाई h मी है।

अब दी गई सूचना अनुसार, आकृति निम्नवत् है

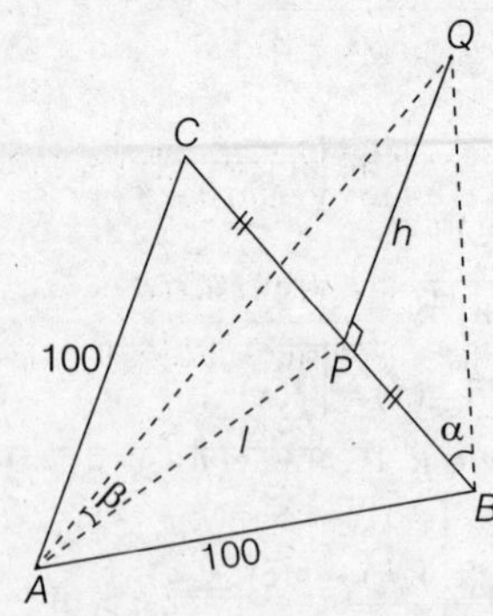

दी गई आकृति तथा सूचना से,

$$\beta = \cot^{-1}(3\sqrt{2}) \text{ तथा } \alpha = \text{cosec}^{-1}(2\sqrt{2})$$

अब, ΔQPA में,

$$\cot\beta = \frac{l}{h} \quad \Rightarrow l = (3\sqrt{2})h \qquad \text{...(i)}$$

तथा ΔBPQ में,

$$\tan\alpha = \frac{h}{BP} \quad \Rightarrow \cot\alpha = \frac{BP}{h} = \frac{\sqrt{(100)^2 - l^2}}{h}$$

[$\because$ p समद्विबाहु ΔABC का मध्य-बिन्दु है तथा, $AP \perp BC$]

$$\Rightarrow \quad h^2 \cot^2\alpha = (100)^2 - l^2$$

$$\Rightarrow h^2(\text{cosec}^2\alpha - 1) = (100)^2 - (3\sqrt{2}h)^2 \qquad \text{[समी (i) से]}$$

$$\Rightarrow \quad h^2(8 - 1) = (100)^2 - 18h^2 \quad \Rightarrow 25h^2 = (100)^2$$

$$\Rightarrow \quad h^2 = \left(\frac{100}{5}\right)^2 \quad \Rightarrow h = 20 \text{ मी}$$

84. *(a)* p तथा q के लिए सत्यता सारणी निम्नवत् है

(a)

p	q	$\sim q$	$p \vee q$	$p \vee \sim q$	$(p \vee q) \vee (p \vee \sim q)$
T	T	F	T	T	T
T	F	T	T	T	T
F	T	F	T	F	T
F	F	T	F	F	T

(b)

p	q	$p \vee q$	$\sim p$	$\sim q$	$\sim p \vee \sim q$	$(p \vee q) \wedge (\sim p \vee \sim q)$
T	T	T	F	F	F	F
T	F	T	F	T	T	T
F	T	T	T	F	T	T
F	F	F	T	T	T	T

(c)

p	q	$\vee q$	$p \vee q$	$p \wedge \sim q$	$(p \wedge q) \vee (p \wedge \sim q)$
T	T	F	T	F	T
T	F	T	F	T	T
F	T	F	F	F	F
F	F	T	F	F	F

(d)

p	q	$p \vee q$	$\vee q$	$p \vee \sim q$	$(p \vee q) \vee (p \vee \sim q)$
T	T	T	F	T	T
T	F	T	T	T	T
F	T	T	F	F	F
F	F	F	T	T	F

अत: उपरोक्त से स्पष्ट है कि विकल्प (a) सही है।

85. *(a)* माना लड़का होने की घटना B, जबकि लड़की होने की घटना G है।

प्रश्नानुसार, $P(B) = P(G) = \frac{1}{2}$

अब, सभी बच्चों के लड़की होने की अभीष्ट प्रायिकता जब कम-से-कम दो बच्चे लडकियाँ है।

$$= \frac{\text{सभी 4 लड़कियाँ}}{(\text{सभी 4 लड़कियाँ}) + (\text{यथावत् 3 लड़कियाँ} + 1\text{लड़का}) + (\text{यथावत् 2 लड़कियाँ} + 2\text{लड़के})}$$

$$= \frac{\left(\frac{1}{2}\right)^4}{\left(\frac{1}{2}\right)^4 + {}^4C_3\left(\frac{1}{2}\right)^3\left(\frac{1}{2}\right) + {}^4C_2\left(\frac{1}{2}\right)^2\left(\frac{1}{2}\right)^2} = \frac{1}{1+4+6} = \frac{1}{11}$$

86. *(c)* चूँकि स्पर्श बिन्दु (x_1, y_1) पर रेखा $L = 0$ को स्पर्श करने वाले वृत्तों के कुल का समीकरण

$$(x - x_1)^2 + (y - y_1)^2 + \lambda L = 0, \text{ जहाँ } \lambda \in R$$

$\therefore$ वृत्त का समीकरण, जब बिन्दु $(1, 1)$ पर $x = y$ को स्पर्श करता है।

$$(x-1)^2 + (y-1)^2 + \lambda(x - y) = 0$$

$\Rightarrow x^2 + y^2 + (\lambda - 2)x + (-\lambda - 2)y + 2 = 0$ ...(i)

$\because$ वृत्त (i) बिन्दु $(1, -3)$ से होकर गुजरता है।

$\therefore 1 + 9 + (\lambda - 2) + 3(\lambda + 2) + 2 = 0 \Rightarrow 4\lambda + 16 = 0 \Rightarrow \lambda = -4$

इसलिए, $\lambda = -4$ पर वृत्त (i) का समीकरण

$$x^2 + y^2 - 6x + 2y + 2 = 0$$

अब, वृत्त की त्रिज्या $= \sqrt{9 + 1 - 2} = 2\sqrt{2}$

87. *(a)* दी गई अवकल समीकरण

$$\frac{dy}{dx} = (\tan x - y)\sec^2 x \Rightarrow \frac{dy}{dx} + (\sec^2 x)y = \sec^2 x \tan x$$

जोकि $\frac{dy}{dx} + Py = Q$ रूप की रैखिक अवकल समीकरण है

जहाँ, $P = \sec^2 x$ तथा $Q = \sec^2 x \tan x$

$$\text{IF} = e^{\int \sec^2 x\, dx} = e^{\tan x}$$

इसलिए, दी गई रैखिक अवकल समीकरण का हल

$$y \times \text{IF} = \int (Q \times \text{IF})dx + C$$

$$y(e^{\tan x}) = \int e^{\tan x} \cdot \sec^2 x \tan x\, dx + C$$

माना $\tan x = t \Rightarrow \sec^2 x dx = dt$

$$ye^{\tan x} = \int e^t \cdot t\, dt + C = te^t - \int e^t dt + C$$

[खण्डश: समाकलन विधि से]

$$= e^t(t - 1) + C$$

$\Rightarrow y \cdot e^{\tan x} = e^{\tan x}(\tan x - 1) + C$ $[\because t = \tan x]$

$\because$ $y(0) = 0 \Rightarrow 0 = 1(0 - 1) + C \Rightarrow C = 1$

$\therefore$ $y \cdot e^{\tan x} = e^{\tan x}(\tan x - 1) + 1$

$x = -\frac{\pi}{4}$ पर,

$$ye^{-1} = e^{-1}(-1 - 1) + 1$$

$\Rightarrow$ $ye^{-1} = -2e^{-1} + 1 \Rightarrow y = e - 2$

88. *(d)* चूँकि, दिए गए अंकों का योगफल

$$0 + 1 + 2 + 5 + 7 + 9 = 24$$

माना छ: अंकीय संख्या $abcdef$ है जोकि 11 से विभाज्य है, इसलिए विषम स्थानों के योग व सम स्थानों के योग का अन्तर शून्य अथवा 11 का गुणज होना चाहिए अर्थात् $|(a + c + e) - (b + d + f)|$ या तो 0 या 11 का गुणज होना चाहिए। अत: सम्भावित स्थितियाँ निम्न है

$$a + c + e = 12 = b + d + f$$

स्थिति I

समुच्चय $\{a, c, e\} = \{0, 5, 7\}$ तथा

समुच्चय $\{b, d, f\} = \{1, 2, 9\}$

इसलिए, छ: अंकीय संख्याओं की संख्या

$= (2 \times 2!) \times (3!) = 24$ [$\because a$ के चयन के तरीके या तो 5 या 7 है]

स्थिति II

समुच्चय $\{a, c, e\} = \{1, 2, 9\}$ तथा

समुच्चय $\{b, d, f\} = \{0, 5, 7\}$

इसलिए, छ: अंकीय संख्याओं की संख्या $= 3! \times 3! = 36$

इसलिए, छ: अंकीय संख्याओं की कुल संख्या $= 24 + 36 = 60$

89. *(d)* दिया गया फलन $f(x) = x^2, x \in R$

तथा $g(A) = \{x \in R : f(x) \in A\}; A \subseteq R$

अब, $S = [0, 4]$ के लिए

$$g(S) = \{x \in R : f(x) \in S = [0, 4]\}$$
$$= \{x \in R : x^2 \in [0, 4]\} = \{x \in R : x \in [-2, 2]\}$$

$\Rightarrow g(S) = [-2, 2]$

इसलिए, $f(g(S)) = [0, 4] = S$

अब, $f(S) = \{x^2 : x \in S = [0, 4]\} = [0, 16]$

तथा $g(f(S)) = \{x \in R : f(x) \in f(S) = [0, 16]\}$

$$= \{x \in R : f(x) \in [0, 16]\} = \{x \in R : x^2 \in [0, 16]\}$$
$$= \{x \in R : x \in [-4, 4]\} = [-4, 4]$$

उपरोक्त से स्पष्ट है कि $g(f(S)) = g(S)$

90. *(d)* दिया गगा रैखिक समीकरण निकाय

$x + y + z = 5$ ...(i)

$x + 2y + 2z = 6$ ...(ii)

$x + 3y + \lambda z = \mu$ ...(iii)

$(\lambda, \mu \in R)$

उपरोक्त दिए गए रैखिक समीकरण निकाय के कई अनन्त हल हैं, तब वह समतल जोकि समीकरणों द्वारा रेखा पर परस्पर प्रतिच्छेदित होता है, अर्थात्

$(x + 3y + \lambda z - \mu)$

$= p(x + y + z - 5) + q(x + 2y + 2z - 6)$

$= (p + q)x + (p + 2q)y + (p + 2q)z - (5p + 6q)$

तुलना करने पर,

$$p + q = 1, p + 2q = 3, p + 2q = \lambda \text{ तथा } 5p + 6q = \mu$$

हल करने पर, $(p, q) = (-1, 2) \Rightarrow \lambda = 3$ तथा $\mu = 7$

$\Rightarrow$ $\lambda + \mu = 3 + 7 = 10$

JEE Main संयुक्त प्रवेश परीक्षा

सॉल्वड पेपर 2019

12 अप्रैल, द्वितीय पाली

भौतिकी

1. अपवर्तनांक μ_1 के एक द्रव में अपवर्तनांक $\mu_2(\mu_1 < \mu_2)$ के पारदर्शी गुटके को डुबोया जाता है। प्रकाश की एक किरण इस गुटके के पृष्ठ AB पर द्रव से चित्रानुसार θ कोण पर आपतित होती है। पृष्ठ BC के बिन्दु E पर पूर्ण आन्तरिक परावर्तन होने के लिए, θ का मान कौन-सा सम्बन्ध सन्तुष्ट करेगा?

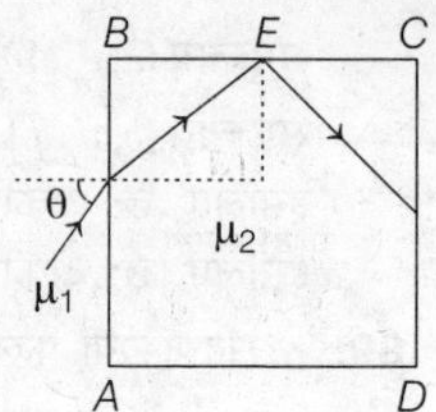

(a) $\theta < \sin^{-1}\sqrt{\frac{\mu_2^2}{\mu_1^2} - 1}$ (b) $\theta > \sin^{-1}\sqrt{\frac{\mu_2^2}{\mu_1^2} - 1}$

(c) $\theta < \sin^{-1}\frac{\mu_1}{\mu_2}$ (d) $\theta > \sin^{-1}\frac{\mu_1}{\mu_2}$

2. एक स्प्रिंग की स्वतन्त्र लम्बाई l तथा बल नियतांक k है। इसे काटकर l_1 तथा l_2 स्वतन्त्र लम्बाई की दो स्प्रिंगों में बाँटते हैं। $l_1 = nl_2$ है, जहाँ n एक पूर्णांक है। इनसे सम्बद्ध बल नियतांकों k_1 तथा k_2 का अनुपात $\frac{k_1}{k_2}$ होगा

(a) n (b) $\frac{1}{n}$ (c) n^2 (d) $\frac{1}{n^2}$

3. चित्र में भंजन वोल्टता = 6 वोल्ट के जेनर डायोड से बनाया विद्युत नियन्त्रक परिपथ दिखाया गया है। यदि अनियन्त्रित निवेशित विभव 10 वोल्ट तथा 16 वोल्ट के बीच बदलता है, तो जेनर डायोड में अधिकतम धारा का मान होगा

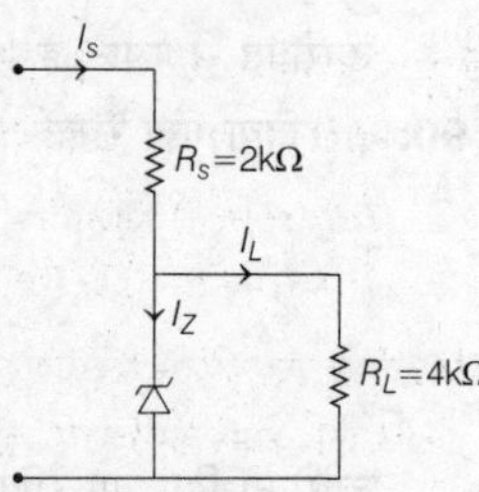

(a) 1.5 mA (b) 7.5 mA

(c) 3.5 mA (d) 2.5 mA

4. दो कणों को एक ही बिन्दु से एक ही चाल u से प्रक्षेपित किया जाता है जिससे उनकी परास R बराबर हैं किन्तु अधिकतम ऊँचाइयाँ h_1 तथा h_2 भिन्न हैं। निम्न में से सत्य कथन चुनिए।

(a) $R^2 = 2h_1h_2$ (b) $R^2 = 16\,h_1h_2$

(c) $R^2 = 4\,h_1h_2$ (d) $R^2 = h_1h_2$

5. एक गैस के अणुओं की संख्या घनत्व मूलबिन्दु से दूरी r पर निम्न ढंग से निर्भर है $n\,(r) = n_0e^{-\alpha r^4}$, तो इस गैस के अणुओं की कुल संख्या किसके समानुपाती होगी?

(a) $n_0\alpha^{\frac{1}{4}}$ (b) $n_0\alpha^{-\frac{3}{4}}$ (c) $n_0\alpha^{-3}$ (d) $\sqrt{n_0}\alpha^{\frac{1}{2}}$

6. एक दृढ़ अणुओं वाली द्विपरमाणुक गैस का जब नियत दाब पर प्रसार होता है, तो 10 जूल कार्य करती है। इस प्रक्रम में गैस द्वारा अवशोषित ऊष्मा का मान होगा

(a) 35 जूल (b) 25 जूल (c) 30 जूल (d) 40 जूल

7. कुल आवेश $2Q$ को त्रिज्या R के गोले में इस प्रकार वितरित करते हैं कि आवेश घनत्व सम्बन्ध $\rho(r) = kr$ से दिया जाता है, जहाँ r केन्द्र से दूरी है। दो बराबर $-Q$ आवेशों A तथा B को केन्द्र से a दूरी पर व्यासीय विपरीत बिन्दुओं पर रखा गया है। यदि A और B कोई बल अनुभव नहीं करते हैं, तो

(a) $a = \frac{3R}{2^{\frac{1}{4}}}$ (b) $a = 2^{-\frac{1}{4}}R$ (c) $a = 8^{-\frac{1}{4}}R$ (d) $a = \frac{R}{\sqrt{3}}$

8. एक कण चाल $v = b\sqrt{x}$ से धनात्मक X-अक्ष की दिशा में चल रहा है। समय $t = \tau$ पर कण की चाल होगी (माना कि $t = 0$ पर कण मूलबिन्दु पर है)

(a) $b^2\tau$ (b) $\frac{b^2\tau}{4}$ (c) $\frac{b^2\tau}{\sqrt{2}}$ (d) $\frac{b^2\tau}{2}$

9. एक हाइड्रोजन परमाणु में इलेक्ट्रॉन पहले तीसरी उत्तेजित अवस्था से दूसरी उत्तेजित अवस्था में और तत्पश्चात् दूसरी से प्रथम उत्तेजित अवस्था में जाता है। इन दो संक्रमणों में उत्सर्जित फोटॉनों के संगत तरंगदैर्ध्यों का अनुपात λ_1/λ_2 होगा

(a) $\frac{20}{7}$ (b) $\frac{7}{5}$ (c) $\frac{9}{7}$ (d) $\frac{27}{5}$

10. चित्र में एक L-R परिपथ दर्शाया है। यदि $t = 0$ पर कुँजी S को बन्द करते हैं, तो सेल से निकलने वाले आवेश का मान समयान्तराल $t = 0$ से $t = \frac{L}{R}$ के बीच होगा

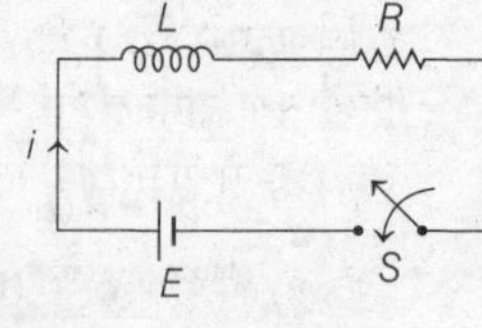

(a) $\frac{2.7EL}{R^2}$ (b) $\frac{7.3EL}{R^2}$ (c) $\frac{EL}{2.7R^2}$ (d) $\frac{EL}{7.3R^2}$

11. अनुनाद नली विधि द्वारा वायु में ध्वनि की चाल (v) ज्ञात करने के लिए एक प्रयोग में 480 Hz आवृत्ति के स्वरित्र का उपयोग करते हैं। वायु स्तम्भ की दो उत्तरोत्तर लम्बाइयों $l_1 = 30$ सेमी तथा $l_2 = 70$ सेमी के लिए अनुनाद प्राप्त होते हैं, तब v का मान है

(a) 338 मी/से (b) 332 मी/से (c) 384 मी/से (d) 379 मी/से

12. लम्बाई L तथा त्रिज्या r की एक एकसमान बेलनाकार छड़ का यंग प्रत्यास्थता गुणांक Y है। जब इस छड़ का तापमान T से बढ़ाते हैं तथा उस पर कुल अनुदैर्ध्य सम्पीडन बल F लगाते हैं, तो उसकी लम्बाई अपरिवर्तित रहती है। छड़ के पदार्थ के आयतन प्रसार गुणांक का लगभग मान होगा

(a) $\frac{F}{(3\pi r^2 YT)}$ (b) $\frac{3F}{(\pi r^2 YT)}$ (c) $\frac{6F}{(\pi r^2 YT)}$ (d) $\frac{9F}{(\pi r^2 YT)}$

13. माध्य प्रतिरोध (तापमान औसत) 20Ω की एक विद्युत केतली में 20°C के 1 किग्रा पानी को उबालते हैं। विद्युत आपूर्ति की rms वोल्टता 200 वोल्ट है। केतली से ऊष्मा हानि को नगण्य मानते हुए पानी को पूर्णतया वाष्पित होने में लगभग समय लगेगा [पानी की विशिष्ट ऊष्मा = 4200 J/(kg°C), पानी की गुप्त ऊष्मा = 2260kJ / kg]

(a) 16 मिनट (b) 10 मिनट (c) 22 मिनट (d) 3 मिनट

14. त्रिज्या R के एक ठोस गोले का श्यानता गुणांक η के एक द्रव में (गुरुत्वीय बल के कारण) सीमान्त वेग v_1 है। यदि इस ठोस गोले को बराबर त्रिज्या के 27 गोलों में बाँटा जाए, तो प्रत्येक गोले का सीमान्त वेग इसी द्रव में v_2 पाया जाता है, तो $\frac{v_1}{v_2}$ का मान होगा

(a) 27 (b) $\frac{1}{27}$ (c) $\frac{1}{9}$ (d) 9

15. एक आयामी मॉडुलन परिपथ में निवेशी वाहक तरंग $C(t) = 4 \sin (20000\,\pi t)$ है, जबकि मॉडुलन सिग्नल $m(t) = 2 \sin (2000\,\pi t)$ है। मॉडुलन सूचकांक तथा निचली पार्श्व बैण्ड आवृत्ति के मान होंगे

(a) 0.3 और 9 kHz (b) 0.5 और 9 kHz
(c) 0.5 और 10 kHz (d) 0.4 और 10 kHz

16. दो रेडियोधर्मी नाभिकों A तथा B की अर्द्धआयु क्रमशः 10 मिनट तथा 20 मिनट है। यदि एक नमूने में आरम्भ में दोनों नाभिकों की संख्या बराबर है, तो 60 मिनट पश्चात् A तथा B क्षयित नाभिकों की संख्या का अनुपात होगा

(a) 1 : 8 (b) 3 : 8 (c) 9 : 8 (d) 8 : 1

17. एक पिण्ड के पृथ्वी तथा एक-दूसरे ग्रह की सतह पर भारों का अनुपात 9 : 4 है। दूसरे ग्रह का द्रव्यमान, पृथ्वी के द्रव्यमान का $\frac{1}{9}$ है। यदि पृथ्वी की त्रिज्या R है, तो ग्रह की त्रिज्या क्या होगी? (माना कि दोनों ग्रहों का द्रव्यमान घनत्व समान है)

(a) $R/9$ (b) $R/4$ (c) $R/3$ (d) $R/2$

18. 5 किग्रा के एक गुटके को क्षैतिज से 30° कोण पर बल $F = 20$ न्यूटन से चित्रानुसार (i) दशा (A) में धकेलते हैं तथा (ii) दशा (B) खींचते हैं। गुटके तथा समतल के बीच घर्षण गुणांक $\mu = 0.2$ है। इन दो दशाओं (A) तथा (B) में गुटके के त्वरणों के अन्तर का मान होगा ($g = 10$ मी/से^{2})

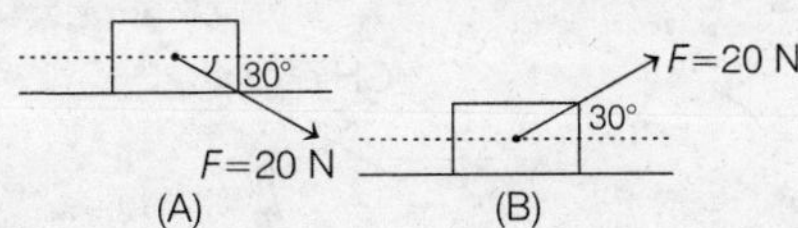

(a) 1.8 मी/से^{2} (b) 0 मी/से^{2} (c) 3.2 मी/से^{2} (d) 0.4 मी/से^{2}

19. एक कार्नो इन्जन की क्षमता 1/6 है। जब ऊष्मा कुण्ड (sink) का तापमान 62°C कम किया जाता है, तो क्षमता दोगुनी हो जाती है। ऊष्मा स्रोत तथा कुण्ड के तापमान क्रमशः होंगे

(a) 124°C, 62°C (b) 99°C, 37°C
(c) 37°C, 99°C (d) 62°C, 124°C

20. दो ध्वनि स्रोत S_1 तथा S_2 एक ही आवृत्ति 660 Hz की ध्वनि उत्पन्न करते हैं। एक श्रोता S_1 से S_2 की तरफ स्थिर गति u मी/से से जाते हुए प्रति सेकण्ड 10 विस्पन्द सुनता है। यदि ध्वनि की गति 330 मी/से है, तो u का मान होगा

(a) 15.0 मी/से (b) 10.0 मी/से (c) 2.5 मी/से (d) 5.5 मी/से

21. दिए गए परिपथ में $4\,\mu$F धारिता के संधारित्र पर आवेश का मान होगा

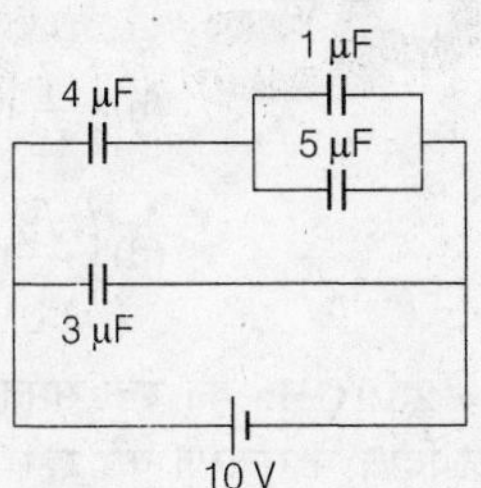

(a) 13.4 μC (b) 9.6 μC (c) 5.4 μC (d) 24 μC

22. प्रतिरोध G के एक चल कुण्डली धारामापी में धारा I_g पर पूर्ण विक्षेप पाया जाता है। इस धारामापी को परास 0 से I_0 ($I_0 > I_g$) धारा के अमीटर में एक शण्ट प्रतिरोध R_A लगाकर परिवर्तित कर सकते हैं। इसी धारामापी को परास 0 से V ($V = GI_0$) के वोल्टमीटर में एक श्रेणी प्रतिरोध R_V लगाकर परिवर्तित कर सकते हैं। तब

(a) $R_A R_V = G^2\left(\frac{I_0 - I_g}{I_g}\right)$ तथा $\frac{R_A}{R_V} = \left(\frac{I_g}{I_0 - I_g}\right)^2$

(b) $R_A R_V = G^2$ तथा $\frac{R_A}{R_V} = \frac{I_g}{I_0 - I_g}$

(c) $R_A R_V = G^2$ तथा $\frac{R_A}{R_V} = \left(\frac{I_g}{I_0 - I_g}\right)^2$

(d) $R_A R_V = G^2\left(\frac{I_g}{I_0 - I_g}\right)$ तथा $\frac{R_A}{R_V} = \left(\frac{I_0 - I_g}{I_g}\right)^2$

23. एक छोटे स्पीकर से 2 वाट शक्ति की ध्वनि निकलती है। इस स्पीकर से कितनी दूरी पर ध्वनि तीव्रता 120 dB होगी? [दिया है, ध्वनि की निर्देश (reference) तीव्रता = 10^{-12} W/m^2]

(a) 10 cm (b) 30 cm (c) 20 cm (d) 40 cm

24. एक हाइड्रोजन परमाणु में इलेक्ट्रॉन दूसरी उत्तेजित कक्षा में घूम रहा है (इस कक्षा की त्रिज्या 4.65Å है)। इस इलेक्ट्रॉन की दे-ब्रॉग्ली तरंगदैर्ध्य होगी

(a) 12.9 Å (b) 3.5 Å (c) 9.7 Å (d) 6.6 Å

25. 100 eV ऊर्जा का एक इलेक्ट्रॉन जो X-अक्ष के अनुदिश गतिमान है, $B = (1.5 \times 10^{-3}$ टेस्ला$)\,\hat{\mathbf{k}}$ के चुम्बकीय क्षेत्र में बिन्दु S पर प्रवेश करता है (चित्र देखिए)। चुम्बकीय क्षेत्र $x = 0$ से $x = 2$ सेमी तक विस्तृत है। बिन्दु S से 8 सेमी दूरी पर स्थित पर्दे पर इलेक्ट्रॉन का संसूचन बिन्दु Q पर होता है। बिन्दु P तथा Q के बीच की दूरी d (पर्दे पर) का मान होगा (इलेक्ट्रॉन का आवेश = 1.6×10^{-19} कूलॉम, इलेक्ट्रॉन का द्रव्यमान = 9.1×10^{-31} किग्रा)

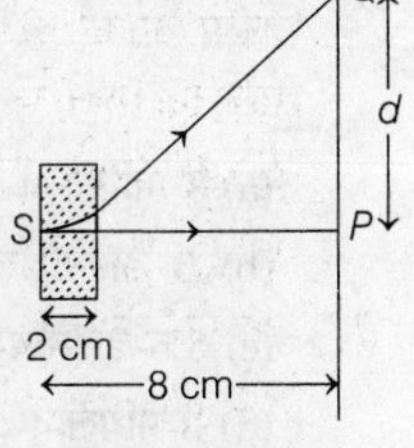

(a) 12.87 सेमी (b) 1.2 सेमी (c) 2.25 सेमी (d) 11.65 सेमी

26. 50 ग्राम, 100 ग्राम तथा 150 ग्राम के तीन कणों को चित्रानुसार 1 मीटर भुजा वाले एक समबाहु त्रिभुज के कोनों पर रखा है। इस निकाय के द्रव्यमान केन्द्र (x तथा y) के निर्देशांक होंगे

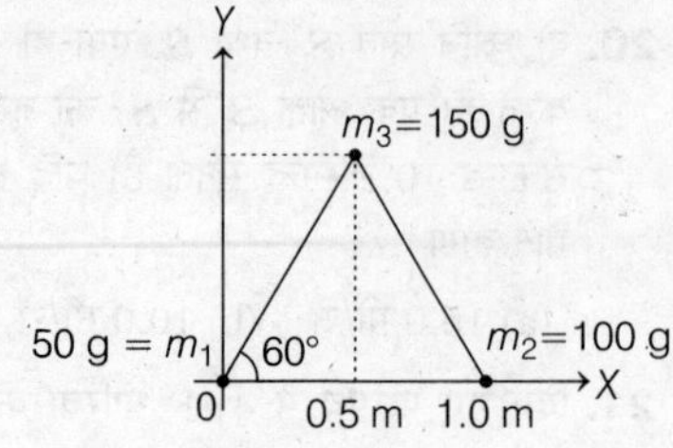

(a) $\left(\frac{7}{12}\text{m}, \frac{\sqrt{3}}{4}\text{m}\right)$ (b) $\left(\frac{7}{12}\text{m}, \frac{\sqrt{3}}{8}\text{m}\right)$

(c) $\left(\frac{\sqrt{3}}{4}\text{m}, \frac{5}{12}\text{m}\right)$ (d) $\left(\frac{\sqrt{3}}{7}\text{m}, \frac{7}{12}\text{m}\right)$

27. मुक्त अवस्था में $\nu = 23.9\,\text{GHz}$ की एक समतल विद्युत चुम्बकीय तरंग धनात्मक Z-अक्ष की दिशा में संचरण कर रही है। इसमें विद्युत क्षेत्र का अधिकतम मान 90 V/m है। निम्न में से कौन-सा विकल्प इस तरंग के चुम्बकीय क्षेत्र के लिए स्वीकार्य है?

(a) $\mathbf{B} = 60 \sin(0.5 \times 10^3\ x + 1.5 \times 10^{11}\ t)\hat{\mathbf{k}}$

(b) $\mathbf{B} = 2 \times 10^{-7} \sin(0.5 \times 10^3\ z - 1.5 \times 10^{11}\ t)\hat{\mathbf{i}}$

(c) $\mathbf{B} = 2 \times 10^{7} \sin(0.5 \times 10^3\ z + 1.5 \times 10^{11}\ t)\hat{\mathbf{i}}$

(d) $\mathbf{B} = 2 \times 10^{-7} \sin(1.5 \times 10^2\ x + 0.5 \times 10^{11}\ t)\hat{\mathbf{j}}$

28. 5 ऐम्पियर धारा के एक सीधे तार के 6 सेमी लम्बे खण्ड AB के कारण (चित्रानुसार) बिन्दु P पर चुम्बकीय क्षेत्र ज्ञात कीजिए।
($\mu_0 = 4\pi \times 10^{-7}\ \text{NA}^{-2}$)

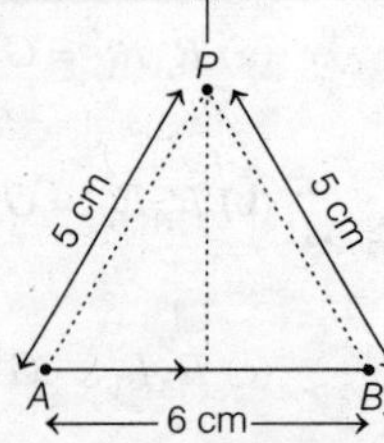

(a) 3.0×10^{-5} टेस्ला

(b) 1.5×10^{-5} टेस्ला

(c) 2.0×10^{-5} टेस्ला

(d) 2.5×10^{-5} टेस्ला

29. $2\pi r$ लम्बाई के एक घर्षणरहित तार को वृत्त बनाकर ऊर्ध्वाधर समतल में रखा है। एक मणिका (bead) इस तार पर फिसलती है। वृत्त को एक ऊर्ध्वाधर अक्ष AB के परित: चित्रानुसार कोणीय वेग ω से घुमाया जाता है, तो वृत्त के सापेक्ष मणिका चित्रानुसार बिन्दु P पर स्थिर पाई जाती है। ω^2 का मान होगा

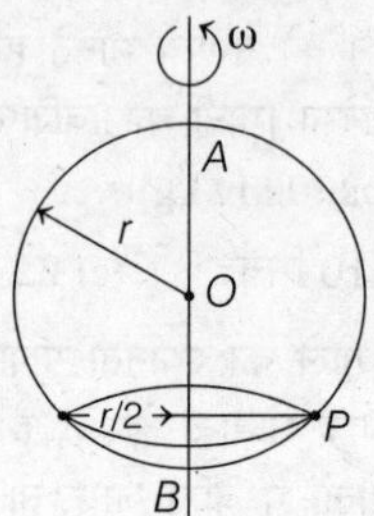

(a) $\frac{2g}{r}$ (b) $\frac{\sqrt{3}\,g}{2r}$ (c) $\frac{(g\sqrt{3})}{r}$ (d) $\frac{2g}{r\sqrt{3}}$

30. तीन ध्रुवकों P_1, P_2 तथा P_3 को इस तरह रखते हैं कि P_3 की पास-अक्ष से P_1 की पास-अक्ष से क्रॉसित है। P_2 की पास-अक्ष P_3 की पास-अक्ष से 60° कोण पर है। जब एक I_0 तीव्रता का अध्रुवित प्रकाश किरण पुंज P_1 पर आपतित होता है, तो इस तीन ध्रुवकों के समायोजन से I तीव्रता का प्रकाश किरण पुंज निर्गत होता है। अनुपात $\left(\frac{I_0}{I}\right)$ का निकटतम मान होगा

(a) 10.67 (b) 5.33

(c) 16.00 (d) 1.80

रसायन विज्ञान

31. निम्न में गलत मिलान किसमें है?

(a) $\Delta G^\circ > 0, K < 1$ (b) $\Delta G^\circ < 0, K < 1$

(c) $\Delta G^\circ = 0, K = 1$ (d) $\Delta G^\circ < 0, K > 1$

32. निम्न यौगिक के लिए IUPAC नाम है

H_3C ... CH_3 ... $\equiv CH$ ... CH_3 ... CH_2

(a) 3-मेथिल-4-(3-मेथिलप्रोप-1-ईनिल)-1-हेप्टाइन

(b) 5 डाइमेथिल-4-प्रोपिलहेप्ट-1-ईन-6-आइन

(c) 3,5-डाइमेथिल-4-प्रोपिलहेप्ट-6-ईन-1-आइन

(d) 3-मेथिल-4-(1-मेथिलप्रोप-2-आयनिल)-1-हेप्टीन

33. कोलॉइडस के सम्बन्ध में निम्न में से कौन-सा गलत है

(a) ये छोटे अणुओं की तुलना में बड़े होते हैं और उनका मोलर द्रव्यमान उच्च होता है

(b) कोलॉइडी कणों के व्यास का परास 1 तथा 1000 nm के बीच होता है

(c) एक ही सान्द्रता पर कोलॉइडी विलयन का परासरण दाब वास्तविक विलयन के दाब की तुलना में उच्चतर मान का होता है

(d) ये प्रकाश को प्रकीर्ण कर सकते हैं

34. निम्न बहुलक का सही नाम है

CH_3 CH_3 ... n

(a) पॉलीआइसोब्यूटेन (b) पॉलीटर्ट-ब्यूटाइलीन

(c) पॉलीआइसोब्यूटाइलीन (d) पॉलीआइसोप्रीन

35. एक अभिक्रिया के लिए आवश्यक NO_2 को CCl_4 में N_2O_5 के अपघटन द्वारा उत्पन्न करते हैं, जैसा कि नीचे समीकरण में है,
$2N_2O_5(g) \longrightarrow 4NO_2 + O_2(g)$. N_2O_5 की प्रारम्भिक सान्द्रता 3.00 $mol\ L^{-1}$ तथा 30 मिनट के बाद की सान्द्रता 2.75 $mol\ L^{-1}$ है। NO_2 के सम्भवन की दर होगी
(a) $8.333 \times 10^{-3}\ mol\ L^{-1}\ min^{-1}$
(b) $2.083 \times 10^{-3}\ mol\ L^{-1}\ min^{-1}$
(c) $1.667 \times 10^{-2}\ mol\ L^{-1}\ min^{-1}$
(d) $4.167 \times 10^{-3}\ mol\ L^{-1}\ min^{-1}$

36. 2-क्लोरो-1-फेनिलब्यूटेन को EtOK/EtOH के साथ गर्म करने पर X मुख्य रूप से प्राप्त होता है। $Hg(OAc)_2 / H_2O$ के साथ X की अभिक्रिया तत्पश्चात् $NaBH_4$ के साथ अभिक्रिया से प्राप्त Y मुख्य उत्पाद है

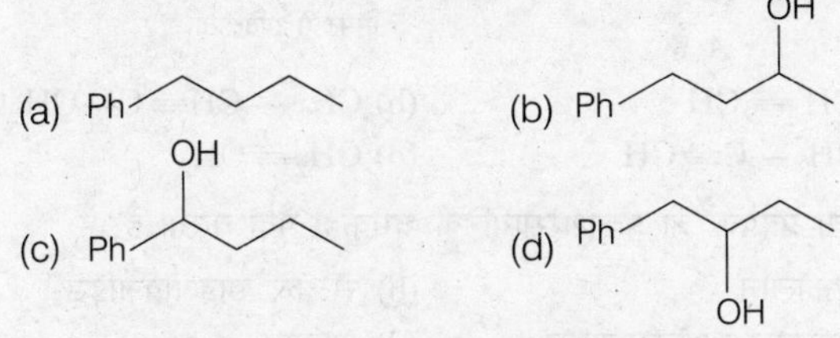

37. एक अज्ञात हाइड्रोकार्बन के 25 g को जलाने पर 88g CO_2 तथा 9g H_2O उत्पन्न होते हैं। इस अज्ञात हाइड्रोकार्बन में ये सन्निहित है।
(a) 22 g कार्बन तथा 3g हाइड्रोजन (b) 24 g कार्बन तथा 1g हाइड्रोजन
(c) 20 g कार्बन तथा 5g हाइड्रोजन (d) 28 g कार्बन तथा 7g हाइड्रोजन

38. एक कथन तथा एक कारण नीचे दिया गया है। निम्न विकल्पों में से सही उत्तर का चुनाव कीजिए

कथन A विनाइल हैलाइड का नाभिकरागी प्रतिस्थापन आसानी से नहीं होता।
कारण R अदृढ़ π-इलेक्ट्रॉनों द्वारा मध्यवर्ती कार्बोकेटायन के स्थायित्व के बावजूद भी प्रबल आबन्धन के कारण विदलन कठिन है।
(a) (A) तथा (R) दोनों सही है तथा, (R), (A) की सही व्याख्य है
(b) (A) सही है परन्तु, (R) गलत है
(c) (A) तथा (R) दोनों सही हैं परन्तु (R), (A) की सही व्ययाख्या नहीं है
(d) (A) तथा (R) दोनों ही गलत है

39. वह युग्म जिसकी परमाण्विक त्रिज्याएँ एक जैसी है
(a) Ti तथा Hf (b) Mo तथा W (c) Sc तथा Ni (d) Mn तथा Re

40. निम्न में से किसकी $AgNO_3$ विलयन के साथ अवक्षेप देने की सम्भावना है?
(a) CCl_4 (b) $CH_2{=}CH{-}Cl$
(c) $(CH_3)_3CCl$ (d) $CHCl_3$

41. $[Co(Cl)(en)_2]Cl$ तथा $K_3[Al(C_2O_4)_3]$, में Co तथा Al की उपसहसंयोजन संख्याएँ क्रमशः हैं
(a) 3 तथा 3 (b) 5 तथा 6 (c) 6 तथा 6 (d) 5 तथा 3

42. एथेन के निम्न विषमतलीय संरूपण में, H′—C—C—H″ द्वितल कोण है

H, H, H′, 29°, H, H″, H

(a) 58° (b) 149° (c) 120° (d) 151°

43. निम्न में से किसमें C—C आबन्ध लम्बाई अधिकतम है?
(a) C_{70} (b) हीरा (डायमण्ड) (c) ग्रेफाइट (d) C_{60}

44. मुख्य उत्पाद क्या होगा जब *m*-क्रिसॉल को ऐसीटोन में K_2CO_3 की उपस्थिति में प्रोपर्जिल ब्रोमाइड ($HC \equiv C-CH_2Br$) के साथ अभिकृत किया जाता है।

(a) OH, CH_3 (b) OH, CH_3
(c) OH, CH_3 (d) CH_3

45. ग्लाइकोजन के सम्बन्ध में दिए गए कथनों में से कौन-सा सही नहीं है?
(a) यह प्राणी कोशिकाओं में उपस्थित है
(b) ऐमिलोज की तरह यह एक ऋजुश्रृंखला बहुलक है
(c) अणुओं में मात्र α-बन्ध उपस्थित है
(d) यह कुछ (खमीर) तथा कवकों में उपस्थित है

46. जल में $Cd(OH)_2$ की मोलर विलेयता 1.84×10^{-5} M है। pH = 12 के एक बफर विलयन में $Cd(OH)_2$ की सम्भावित विलेयता होगी
(a) 2.49×10^{-10} M (b) 6.23×10^{-11} M
(c) $\frac{2.49}{1.84} \times 10^{-9}$ M (d) 1.84×10^{-9} M

47. जल प्रतिदर्श की अस्थायी कठोरता यौगिक X के कारण है। इस प्रतिदर्श को उबालने पर X बदलकर यौगिक Y हो जाता है। X तथा Y क्रमशः है
(a) $Mg(HCO_3)_2$ तथा $MgCO_3$ (b) $Ca(HCO_3)_2$ तथा CaO
(c) $Mg(HCO_3)_2$ तथा $Mg(OH)_2$ (d) $Ca(HCO_3)_2$ तथा $Ca(OH)_2$

48. गलत कथन है
(a) $LiNO_3$ गर्म करने पर अपघटित होकर $LiNO_2$ तथा O_2 देता है
(b) क्षार धातुओं में लीथियम प्रबलतम अपचायी कर्मक है
(c) LiCl जलीय विलयन से $LiCl \cdot 2H_2O$ के रूप में क्रिस्टलित होता है
(d) क्षार धातुओं में लीथियम जल के साथ सबसे कम अभिक्रियाशील है

49. तनु हाइड्रोक्लोरिक अम्ल की उपस्थिति में बेन्जीन डाइऐजोनियम कलोराइड, ऐनिलीन के साथ अभिक्रिया करके देता है

(a) $C_6H_5-N{=}N-C_6H_4-NH_2$
(b) $C_6H_5-C_6H_4-NH_2$
(c) $C_6H_5-N{=}N-NH-C_6H_5$
(d) $C_6H_5-N{=}N-C_6H_4$ (H_2N)

50. बोरॉन की तुलना में बेरीलियम रखता है

(a) उच्चतर नाभिकीय आवेश तथा निम्नतर प्रथम आयनन एन्थैल्पी

(b) निम्नतर नाभिकीय आवेश तथा उच्चतर प्रथम आयनन एन्थैल्पी

(c) निम्नतर नाभिकीय आवेश तथा निम्नतर प्रथम आयनन एन्थैल्पी

(d) उच्चतर नाभिकीय आवेश तथा उच्चतर प्रथम आयनन एन्थैल्पी

51. सरल घनीय, अन्त:केन्द्रित घनीय तथा फलक केन्द्रित घनीय संरचना में उपस्थित परमाणुओं की संख्या का अनुपात क्रमश: है होगा

(a) 4 : 2 : 1 (b) 8 : 1 : 6 (c) 4 : 2 : 3 (d) 1 : 2 : 4

52. निम्न जलीय विलयनों की विद्युतीय चालकता का घटता क्रम है

0.1 M फॉर्मिक ऐसिड (A),
0.1 M ऐसिटिक ऐसिड (B)
0.1 M बेन्जोइक ऐसिड (C)

(a) $A > B > C$ (b) $A > C > B$

(c) $C > A > B$ (d) $C > B > A$

53. निम्न किस एक साम्य में $K_P \neq K_C$ है?

(a) $2NO(g) \rightleftharpoons N_2(g) + O_2(g)$

(b) $2C(s) + O_2(g) \rightleftharpoons 2CO(g)$

(c) $NO_2(g) + SO_2(g) \rightleftharpoons NO(g) + SO_3(g)$

(d) $2H_2(g) \rightleftharpoons H_2(g) + I_2(g)$

54. सही कथन है

(a) धात्विक प्रक्रम के बीच कॉपर का ब्लिस्टर्ड रूप CO_2 के निर्गमन के कारण होता है

(b) ऐलुमिनियम तथा आयरन के उत्पादन के लिए हॉल-हेरॉल्ट प्रक्रम प्रयुक्त होता है

(c) सान्द्र NaOH विलयन का प्रयोग करते हुए, बॉक्साइट का निक्षालन सोडियम ऐलुमीनेट तथा सोडियम सिलिकेट देता है

(d) कास्ट आयरन (ढलवाँ लोहा) से पिग आयरन (कच्चा लोहा) प्राप्त किया जाता है

55. 513 K पर एक Mn यौगिक (X) के तापीय अपघटन से यौगिक Y, MnO_2 तथा एक गैसीय उत्पाद प्राप्त होता है NaCl तथा सान्द्र H_2SO_4 से MnO_2 अभिक्रिया करके एक तीखी गैस Z देता है। X, Y तथा Z क्रमश: है।

(a) $KMnO_4$, K_2MnO_4 तथा Cl_2

(b) K_2MnO_4, $KMnO_4$ तथा SO_2

(c) K_3MnO_4, K_2MnO_4 तथा Cl_2

(d) K_2MnO_4, $KMnO_4$ तथा Cl_2

56. निम्न अभिक्रियाओं पर विचार कीजिए

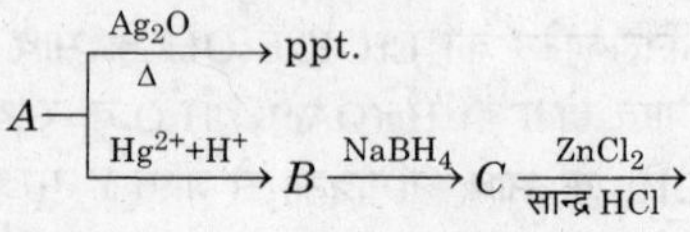

A है

(a) $CH \equiv CH$ (b) $CH_3 - CH \equiv C - CH_3$

(c) $CH_3 - C \equiv CH$ (d) $CH_2 \equiv CH_2$

57. प्राथमिक प्रदूषक जो प्रकाशरसायनिक धूमकुहा पैदा करता है, हैं

(a) ऐक्रोलीन (b) सल्फर डाइऑक्साइड

(c) नाइट्रोजन ऑक्साइडस (d) ओजोन

58. निम्न में, 2s-कक्षक की ऊर्जा किसमें निम्नतम है?

(a) Na (b) Li (c) H (d) K

59. लेड विषक्तिता के उपचार में प्रयुक्त यौगिक है

(a) D-पेनीसिलामाइन (b) EDTA

(c) डेसफेरीऑक्साइम B (d) *सिस्*-प्लेटिन

60. 27°C, पर एक विलयन को 100 mL जल में 0.6 g यूरिया (मोलर द्रव्यमान = 60 g mol^{-1}) तथा 1.8 g ग्लूकोज (मोलर द्रव्यमान = 180 g mol^{-1}) घोलकर तैयार किया गया। विलयन का परासरण दाब होगा (R = 0.08206 L atm K^{-1} mol^{-1})

(a) 8.2 atm (b) 1.64 atm (c) 2.46 atm (d) 4.92 atm

गणित

61. माना $f(x) = 5 - |x - 2|$ तथा $g(x) = |x + 1|, x \in R$, यदि $f(x)$ का अधिकतम मान α तथा $g(x)$ का न्यूनतम मान β पर है, तो

$\lim_{x \to -\alpha\beta} \frac{(x-1)(x^2 - 5x + 6)}{x^2 - 6x + 8}$ बराबर है

(a) $-\frac{3}{2}$ (b) $\frac{1}{2}$ (c) $\frac{3}{2}$ (d) $-\frac{1}{2}$

62. यदि परवलय $y^2 = 4\lambda x$ तथा रेखा $y = \lambda x, \lambda > 0$, से घिरे क्षेत्र का क्षेत्रफल (वर्ग इकाइयों में) $\frac{1}{9}$ है, तो λ बराबर है

(a) 24 (b) 48 (c) $2\sqrt{6}$ (d) $4\sqrt{3}$

63. मूलबिन्दु से 4 इकाई की दूरी पर एक सरल रेखा L, निर्देशांक अक्षों पर धनात्मक अन्त:खण्ड बनाती है तथा मूलबिन्दु से इस रेखा पर लम्ब, रेखा $x + y = 0$ के साथ 60° का कोण बनाती है। तो रेखा L का एक समीकरण है

(a) $(\sqrt{3} + 1)x + (\sqrt{3} - 1)y = 8\sqrt{2}$

(b) $(\sqrt{3} - 1)x + (\sqrt{3} + 1)y = 8\sqrt{2}$

(c) $\sqrt{3}x + y = 8$

(d) $x + \sqrt{3}y = 8$

64. $\frac{x}{2}$ के सापेक्ष $\tan^{-1}\left(\frac{\sin x - \cos x}{\sin x + \cos x}\right)$, जहाँ $\left(x \in \left(0, \frac{\pi}{2}\right)\right)$ का अवकलज है

(a) 2 (b) 1 (c) $\frac{1}{2}$ (d) $\frac{2}{3}$

65. एक व्यक्ति दो न्याय्य (fair) पासे उछालता है। एक द्विक (दोनों पासों पर एक ही संख्या) आने पर वह ₹ 15 जीतता है, दोनों पासों पर आए अंकों का योग 9 होने पर ₹ 12 जीतता है तथा किसी अन्य परिणाम (outcome) पर ₹ 6 हारता है। तो उस व्यक्ति का प्रत्याशित (expected) लाभ/हानि (₹ में) है

(a) हानि $\frac{1}{2}$ (b) हानि $\frac{1}{4}$ (c) लाभ $\frac{1}{2}$ (d) लाभ 2

66. $\lim_{x \to 0} \frac{x + 2\sin x}{\sqrt{x^2 + 2\sin x + 1} - \sqrt{\sin^2 x - x + 1}}$ बराबर है

(a) 1 (b) 3 (c) 2 (d) 6

67. यदि एक भिन्न पदों वाली गुणोत्तर श्रेढ़ी के तीन क्रमागत पद α, β तथा γ इस प्रकार है कि समीकरणों $\alpha x^2 + 2\beta x + \gamma = 0$ तथा $x^2 + x - 1 = 0$ का एक मूल समान है, तो $\alpha(\beta + \gamma)$ बराबर है

(a) 0 (b) $\alpha\gamma$ (c) $\beta\gamma$ (d) $\alpha\beta$

68. $\left(\frac{1}{60} - \frac{x^8}{81}\right) \cdot \left(2x^2 - \frac{3}{x^2}\right)^6$ के प्रसार में x से स्वतन्त्र पद है

(a) – 36 (b) – 72 (c) 36 (d) – 108

69. माना समुच्चय A, B तथा C इस प्रकार है कि $\phi \neq A \cap B \subseteq C$, तो निम्न में से कौन-सा कथन सत्य नहीं है?

(a) $B \cap C \neq \phi$

(b) यदि $(A - B) \subseteq C$, तो $A \subseteq C$

(c) $(C \cup A) \cap (C \cup B) = C$

(d) यदि $(A - C) \subseteq B$, तो $A \subseteq B$

70. माना $\alpha \in R$ तथा तीन सदिश $\mathbf{a} = \alpha\hat{\mathbf{i}} + \hat{\mathbf{j}} + 3\hat{\mathbf{k}}$, $\mathbf{b} = 2\hat{\mathbf{i}} + \hat{\mathbf{j}} - \alpha\hat{\mathbf{k}}$ तथा $\mathbf{c} = \alpha\hat{\mathbf{i}} - 2\hat{\mathbf{j}} + 3\hat{\mathbf{k}}$ हैं, तो समुच्चय $S = \{\alpha : \mathbf{a}, \mathbf{b}$ तथा $\mathbf{c}$ समतलीय है $\}$

(a) में तथ्यतः (exactly) दो धनात्मक संख्याएँ हैं

(b) रिक्त है

(c) में तथ्यतः दो संख्याएँ हैं जिसमें से केवल एक धनात्मक है

(d) एकल है

71. यदि ${}^{20}C_1 + (2^2)\,{}^{20}C_2 + (3^2)\,{}^{20}C_3 + \ldots\ldots + (20^2)\,{}^{20}C_{20} = A(2^\beta)$, तो क्रमित युग्म (A, β) बराबर है

(a) (380, 18) (b) (380, 19) (c) (420, 19) (d) (420, 18)

72. $\theta \in \left(0, \frac{\pi}{3}\right)$ का एक मान, जिसके लिए

$$\begin{vmatrix} 1+\cos^2\theta & \sin^2\theta & 4\cos 6\theta \\ \cos^2\theta & 1+\sin^2\theta & 4\cos 6\theta \\ \cos^2\theta & \sin^2\theta & 1+4\cos 6\theta \end{vmatrix} = 0 \text{ है, हैं}$$

(a) $\frac{7\pi}{36}$ (b) $\frac{\pi}{18}$ (c) $\frac{7\pi}{24}$ (d) $\frac{\pi}{9}$

73. प्रारम्भिक जाँच के लिए एक प्रवेश परीक्षा में एक परीक्षार्थी को पचास प्रश्न हल करने के लिए दिए गए हैं। यदि परीक्षार्थी के किसी एक प्रश्न को हल कर सकने की प्रायिकता $\frac{4}{5}$ है, तो उसके दो से कम प्रश्नों को हल करने में असमर्थ होने की प्रायिकता है

(a) $\frac{54}{5}\left(\frac{4}{5}\right)^{49}$ (b) $\frac{316}{25}\left(\frac{4}{5}\right)^{48}$ (c) $\frac{164}{25}\left(\frac{1}{5}\right)^{48}$ (d) $\frac{201}{5}\left(\frac{1}{5}\right)^{49}$

74. माना $\alpha \in \left(0, \frac{\pi}{2}\right)$ दिया है, यदि समाकल $\int \frac{\tan x + \tan \alpha}{\tan x - \tan \alpha} dx = A(x) \cos 2\alpha + B(x) \sin 2\alpha + C$, जहाँ C एक समाकलन अचर है, तो फलन $A(x)$ तथा $B(x)$ क्रमशः हैं

(a) $x + \alpha$ और $\log_e |\sin(x - \alpha)|$

(b) $x - \alpha$ और $\log_e |\sin(x - \alpha)|$

(c) $x + \alpha$ और $\log_e |\sin(x + \alpha)|$

(d) $x - \alpha$ और $\log_e |\cos(x - \alpha)|$

75. α का मान, जिसके लिए $\int_\alpha^{\alpha+1} \frac{dx}{(x + \alpha)(x + \alpha + 1)} = \log_e\left(\frac{9}{8}\right)$ है, है

(a) – 2 (b) $-\frac{1}{2}$ (c) $\frac{1}{2}$ (d) 2

76. वक्रों $y^2 = 16x$ तथा $xy = -4$ की एक उभयनिष्ठ स्पर्श रेखा का समीकरण है

(a) $x - 2y + 16 = 0$ (b) $2x - y + 2 = 0$

(c) $x + y + 4 = 0$ (d) $x - y + 4 = 0$

77. वक्र $y = (x - 2)^2 - 1$ के रेखा $x - y = 3$ से प्रतिच्छेदन बिन्दुओं पर वक्र की स्पर्श रेखाएँ निम्न में से किस बिन्दु पर मिलती है?

(a) $\left(-\frac{5}{2}, -1\right)$ (b) $\left(\frac{5}{2}, -1\right)$ (c) $\left(-\frac{5}{2}, 1\right)$ (d) $\left(\frac{5}{2}, 1\right)$

78. अवकल समीकरण $(y^2 - x^3)\,dx - xy\,dy = 0\ (x \neq 0)$ का व्यापक हल है

(जहाँ c एक समाकलन अचर है)

(a) $y^2 + 2x^2 + cx^3 = 0$ (b) $y^2 - 2x^2 + cx^3 = 0$

(c) $y^2 - 2x^3 + cx^2 = 0$ (d) $y^2 + 2x^3 + cx^2 = 0$

79. माना $z \in C$ जिसके लिए $\text{Im}(z) = 10$ तथा किसी प्राकृत संख्या n के लिए यह $\frac{2z - n}{2z + n} = 2i - 1$ को सन्तुष्ट करता है, तो

(a) $n = 20$ तथा $\text{Re}(z) = 10$ (b) $n = 20$ तथा $\text{Re}(z) = -10$

(c) $n = 40$ तथा $\text{Re}(z) = 10$ (d) $n = 40$ तथा $\text{Re}(z) = -10$

80. एक त्रिभुज का एक शीर्ष (1, 2) पर है तथा इससे होकर जाने वाली दो भुजाओं के मध्य-बिन्दु (– 1, 1) और (2, 3) हैं, तो इस त्रिभुज का केन्द्रक है

(a) $\left(1, \frac{7}{3}\right)$ (b) $\left(\frac{1}{3}, \frac{5}{3}\right)$ (c) $\left(\frac{1}{3}, 1\right)$ (d) $\left(\frac{1}{3}, 2\right)$

81. रेखाओं $\mathbf{r} = (\hat{\mathbf{i}} + \hat{\mathbf{j}}) + \lambda(\hat{\mathbf{i}} + 2\hat{\mathbf{j}} - \hat{\mathbf{k}})$ तथा $\mathbf{r} = (\hat{\mathbf{i}} + \hat{\mathbf{j}}) + \mu(-\hat{\mathbf{i}} + \hat{\mathbf{j}} - 2\hat{\mathbf{k}})$ को अन्तर्विष्ट करते समतल पर बिन्दु (2, 1, 4) से डाले गए लम्ब की लम्बाई है

(a) $\sqrt{3}$ (b) 3 (c) $\frac{1}{3}$ (d) $\frac{1}{\sqrt{3}}$

82. विद्यार्थियों के एक समूह में 5 लड़के तथा n लड़कियाँ हैं। यदि एक समूह में से तीन विद्यार्थियों की टीम यादृच्छिक इस प्रकार चुनने के तरीके, कि प्रत्येक टीम में कम-से-कम एक लड़का तथा कम-से-कम एक लड़की हो, 1750 हैं, तो n बराबर है

(a) 27 (b) 24 (c) 25 (d) 28

83. क्षैतिज तल पर खड़ी एक ऊर्ध्वाधर मीनार के शिखर का तल पर एक बिन्दु A से उन्नयन कोण 45° है। माना बिन्दु A से 30 मीटर ऊर्ध्वाधर ऊपर बिन्दु B है। यदि B से मीनार के शिखर का उन्नयन कोण 30° है, तो मीनार के पाद की बिन्दु A से दूरी (मीटर में) है

(a) $15(3 + \sqrt{3})$ (b) $15(1 + \sqrt{3})$

(c) $15(5 - \sqrt{3})$ (d) $15(3 - \sqrt{3})$

84. यदि $[x]$ महत्तम पूर्णांक $\leq x$ है, तो रैखिक समीकरण निकाय $[\sin\theta]\,x + [-\cos\theta]\,y = 0\ [\cot\theta]\,x + y = 0$

(a) के अनन्त हल हैं यदि $\theta \in \left(\frac{\pi}{2}, \frac{2\pi}{3}\right)$ तथा मात्र एक हल है यदि $\theta \in \left(\pi, \frac{7\pi}{6}\right)$

(b) का एक मात्र हल है यदि $\theta \in \left(\frac{\pi}{2}, \frac{2\pi}{3}\right) \cup \left(\pi, \frac{7\pi}{6}\right)$

(c) का मात्र एक हल है यदि $\theta \in \left(\frac{\pi}{2}, \frac{2\pi}{3}\right)$ तथा अनन्त हल है यदि $\theta \in \left(\pi, \frac{7\pi}{6}\right)$

(d) के अनन्त हल हैं यदि $\theta \in \left(\frac{\pi}{2}, \frac{2\pi}{3}\right) \in \left(\pi, \frac{7\pi}{6}\right)$

85. यदि $a_1, a_2, a_3, ...$ एक समान्तर श्रेढ़ी में इस प्रकार है कि $a_1 + a_7 + a_{16} = 40$ हैं, तो इस समान्तर श्रेढ़ी के प्रथम 15 पदों का योगफल है

(a) 280 (b) 120 (c) 200 (d) 150

86. बूलियन व्यंजक $\sim (p \Rightarrow (\sim q))$ निम्न में से किसके समतुल्य है?

(a) $(\sim p) \Rightarrow q$ (b) $p \vee q$

(c) $p \wedge q$ (d) $q \Rightarrow \sim p$

87. माना सभी $\alpha \in R$, जिसके लिए समीकरण $\cos 2x + \alpha \sin x = 2\alpha - 7$ का एक हल है, का समुच्चय S है, तो S बराबर है

(a) [1, 4] (b) [3, 7] (c) [2, 6] (d) R

88. X-अक्ष को (3, 0) पर स्पर्श करता हुआ तथा Y-अक्ष पर 8 लम्बाई का अन्त:खण्ड (intercept) बनाता हुआ एक वृत्त निम्न में से किस बिन्दु से होकर जाता है?

(a) (2, 3) (b) (3, 10) (c) (1, 5) (d) (3, 5)

89. एक दीर्घवृत्त, जिसकी नाभियाँ (0, 2) तथा (0, – 2) पर हैं तथा जिसके लघु अक्ष की लम्बाई 4 है, निम्न में से किस बिन्दु से होकर जाता है?

(a) $(\sqrt{2}, 2)$ (b) $(2, \sqrt{2})$ (c) $(1, 2\sqrt{2})$ (d) $(2, 2\sqrt{2})$

90. दो दिए गए समतलों $2x - y + 2z - 4 = 0$ तथा $x + 2y + 2z - 2 = 0$ के बीच के कोण को समद्विभाजित करता एक समतल, निम्न में से किस बिन्दु से होकर जाता है?

(a) (2, – 4, 1) (b) (1, – 4 1) (c) (1, 4, – 1) (d) (2, 4 , 1)

सही उत्तर

भौतिकी

1. (a)	2. (b)	3. (c)	4. (b)	5. (b)	6. (a)	7. (c)	8. (d)	9. (a)	10. (c)
11. (c)	12. (b)	13. (c)	14. (d)	15. (b)	16. (c)	17. (d)	18. (a)	19. (b)	20. (c)
21. (d)	22. (c)	23. (d)	24. (c)	25. (*)	26. (a)	27. (b)	28. (b)	29. (d)	30. (a)

रसायन विज्ञान

31. (b)	32. (b)	33. (c)	34. (c)	35. (c)	36. (c)	37. (b)	38. (b)	39. (b)	40. (c)
41. (b)	42. (b)	43. (b)	44. (d)	45. (b)	46. (a)	47. (c)	48. (a)	49. (a)	50. (b)
51. (d)	52. (b)	53. (b)	54. (c)	55. (a)	56. (c)	57. (c)	58. (d)	59. (b)	60. (d)

गणित

61. (b)	62. (a)	63. (b)	64. (a)	65. (a)	66. (c)	67. (c)	68. (a)	69. (d)	70. (b)
71. (d)	72. (d)	73. (a)	74. (b)	75. (a)	76. (d)	77. (b)	78. (d)	79. (d)	80. (d)
81. (a)	82. (c)	83. (a)	84. (a)	85. (c)	86. (c)	87. (c)	88. (b)	89. (a)	90. (a)

संकेत एवं हल

भौतिकी

1. *(a)* **संकेत** *क्रान्तिक कोण को आपतन कोण द्वारा निरुपित किया जाता है, जो एक 90° का अपवर्तन कोण प्रदत्त करता है।*

अत: क्रान्तिक कोण, $\theta_c = \sin^{-1} \frac{\mu_2}{\mu_1}$

जहाँ, μ_1 *तथा* μ_2 *माध्यमों के अपवर्तनांक है।*

पूर्ण आन्तरिक परावर्तन हेतु, माध्यम के फलक पर आपतन कोण i क्रान्तिक कोण C से अधिक होना चाहिए।

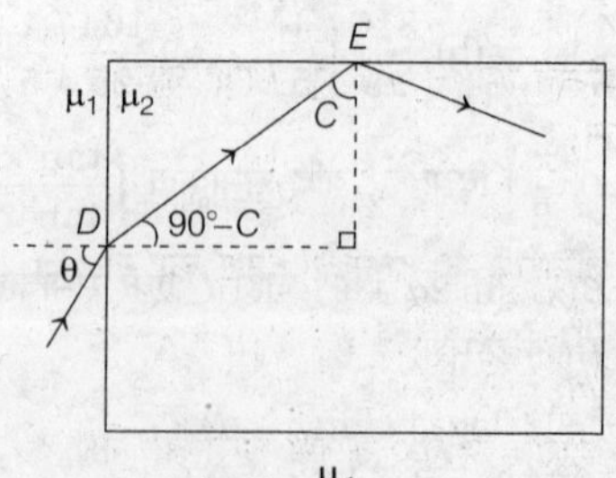

यहाँ, $\sin C = \frac{\mu_1}{\mu_2}$ ...(i)

दी गई अवस्था में, बिन्दु D पर

$$\frac{\sin i}{\sin r} = \frac{\mu_2}{\mu_1} \quad \text{(स्नैल के नियम से)}$$

$$\Rightarrow \quad \frac{\sin\theta}{\sin(90° - C)} = \frac{\mu_2}{\mu_1} \Rightarrow \frac{\sin\theta}{\cos C} = \frac{\mu_2}{\mu_1}$$

$$\Rightarrow \quad \sin\theta = \frac{\mu_2}{\mu_1}\cdot\cos C = \frac{\mu_2}{\mu_1}\sqrt{1-\sin^2 C}$$

समी (i) से मान रखने पर,

$$\sin\theta = \frac{\mu_2}{\mu_1}\sqrt{1-\frac{\mu_1^2}{\mu_2^2}} = \sqrt{\frac{\mu_2^2}{\mu_1^2}-1} \Rightarrow \theta = \sin^{-1}\sqrt{\left(\frac{\mu_2^2}{\mu_1^2}-1\right)}$$

बिन्दु E पर पूर्ण आन्तरिक परावर्तन (TIR) के लिए, $i > C$

अत: $$\theta < \sin^{-1}\sqrt{\left(\frac{\mu_2^2}{\mu_1^2}-1\right)}$$

अत: विकल्प (a) सही है।

2. *(b)* यदि कारक (जैसे पदार्थ, एकांक लम्बाई में लूपों की संख्या, अनुप्रस्थ-काट क्षेत्रफल, इत्यादि) समान रखते हैं, तो स्प्रिंग का बल-नियतांक इसकी लम्बाई के व्युत्क्रमानुपाती होता है।

अत: $$k_1 \propto \frac{1}{l_1} \text{ तथा } k_2 \propto \frac{1}{l_2}$$

$$\therefore \quad \frac{k_1}{k_2} = \frac{l_2}{l_1} = \frac{l_2}{nl_2} = \frac{1}{n} \quad [\because l_1 = nl_2]$$

अत: बल नियतांकों k_1 तथा k_2 का अनुपात $\frac{1}{n}$ के अनुपात में होगा।

3. *(c)* दिए गए वोल्टेज नियन्त्रक परिपथ का जेनर भंजन 6V पर होता है।

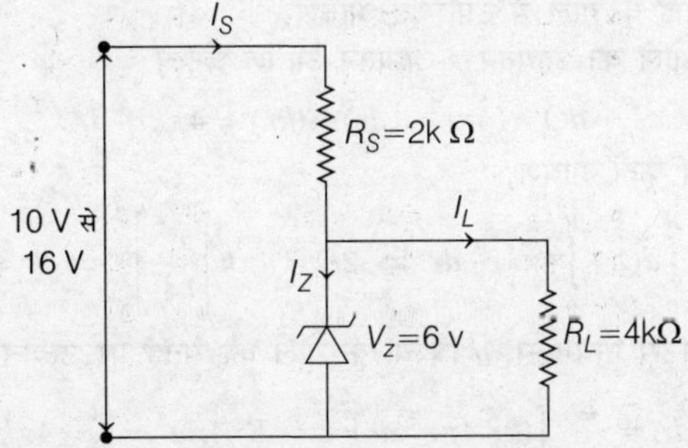

भंजन के पश्चात लोड प्रतिरोध ($R_L = 4\text{k}\Omega$) के सिरों पर विभव,

$$V = V_Z = 6\text{V}$$

$\therefore$ भंजन के बाद लोड-वैद्युत धारा,

$$I_L = \frac{V_Z}{R_L} = \frac{6}{4000} = 1.5\times10^{-3}\text{ A}$$

जब अनियन्त्रित आपूर्ति 16V है, श्रेणी प्रतिरोध ($R_S = 2\text{ k}\Omega$) के अनुदिश विभव पतन,

$$V_S = V - V_Z = 16 - 6 = 10\text{ V}$$

तब श्रेणी प्रतिरोध के अनुदिश धारा का मान,

$$I_S = \frac{V_S}{R_S} = \frac{10}{2\times10^3} = 5\times10^{-3}\text{ A}$$

तब जेनर डायोड में अधिकतम धारा का मान,

$$I_Z = I_S - I_L = 5\times10^{-3} - 1.5\times10^{-3}$$
$$= 3.5\times10^{-3}\text{ A} = 3.5\text{ mA}$$

4. *(b)* **संकेत** *किसी प्रारम्भिक गति के साथ प्रक्षेपित दो कणों की परास तब समान हो सकती हैं जब वे पूरक कोणों से प्रक्षेपित किए जाते हैं अर्थात्* $\theta_1 + \theta_2 = 90°$

जहाँ, θ_1 *तथा* θ_2 *प्रक्षेप्य कोण हैं।*

कणों का प्रक्षेपण, चित्र मे दर्शाया गया है,

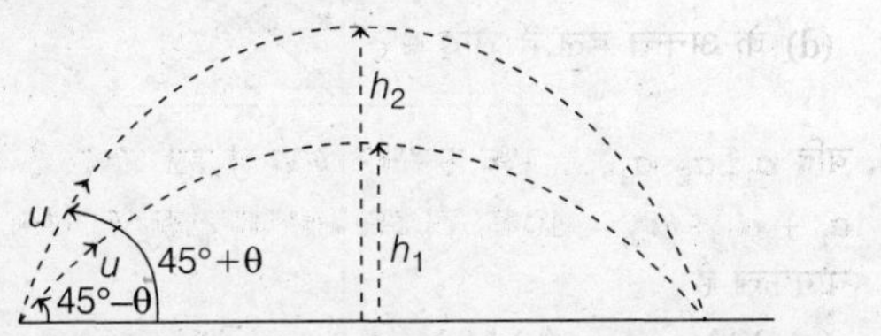

प्रक्षेप्य गति में अधिकतम परास प्राप्त करने के लिए हमें कणों को 45° के कोण पर प्रक्षेपित करना पडेगा। जिसे निम्न चित्र में दर्शाया गया है,

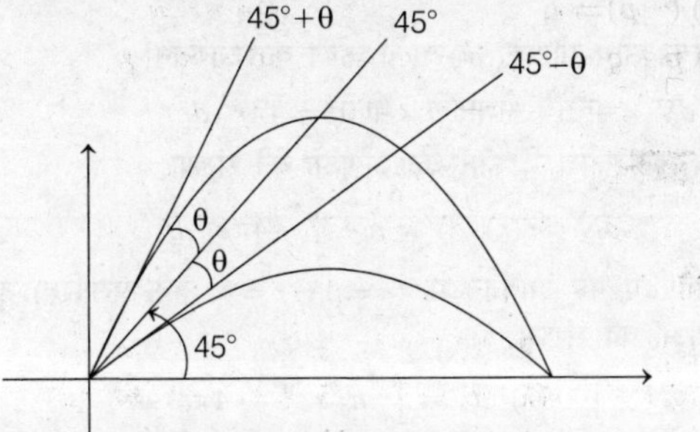

चित्र से, $\theta_1 = 45° + \theta, \theta_2 = 45° - \theta$

जहाँ, θ प्रक्षेप्यों का 45° रेखा के साथ कोण है। अत: कणों के प्रक्षेप्यों की परास,

$$R = R_1 = R_2 = \frac{u^2\sin 2(\theta_1)}{g}$$

$$\Rightarrow \quad R = \frac{u^2\sin 2(45° + \theta)}{g} \Rightarrow R = \frac{u^2\sin(90° + 2\theta)}{g}$$

$$\Rightarrow \quad R = \frac{u^2\cos 2\theta}{g} \Rightarrow R^2 = \frac{u^4\cos^2 2\theta}{g^2} \quad \text{...(i)}$$

दोनों स्थितियों में अधिकतम ऊँचाई,

$$h_1 = \frac{u^2\sin^2(45° + \theta)}{2g} \text{ तथा } h_2 = \frac{u^2\sin^2(45° - \theta)}{2g}$$

अत: $$h_1h_2 = \frac{u^4\sin^2(45° + \theta)\sin^2(45° - \theta)}{4g^2}$$

त्रिकोणमितीय सूत्र,

$2\sin A\cdot\sin B = \cos(A - B) - \cos(A + B)$, द्वारा

$$\sin(45° + \theta)\sin(45° - \theta) = \frac{1}{2}(\cos 2\theta - \cos 90°)$$

$$\Rightarrow \sin(45° + \theta)\sin(45° - \theta) = \frac{\cos 2\theta}{2} \quad [\because \cos 90° = 0]$$

अत: $$h_1h_2 = \frac{u^4\left(\frac{\cos 2\theta}{2}\right)^2}{4g^2} \Rightarrow h_1h_2 = \frac{u^4\cos^2 2\theta}{16g^2} \quad \text{...(ii)}$$

समी. (i) तथा (ii) से,

$$\Rightarrow \quad h_1h_2 = \frac{R^2}{16} \Rightarrow R^2 = 16\, h_1h_2$$

अत: कणों की परास का वर्ग $R^2 = 16\, h_1h_2$ होगा। अत: प्रश्न में दिया गया विकल्प (b) सही है।

5. *(b)* गैस में अणुओं का घनत्व, $n = \dfrac{\text{अणुओं की संख्या}}{\text{गैस का आयतन}}$

गैस में अणुओं की संख्या, $N = n \times$ गैस का आयतन

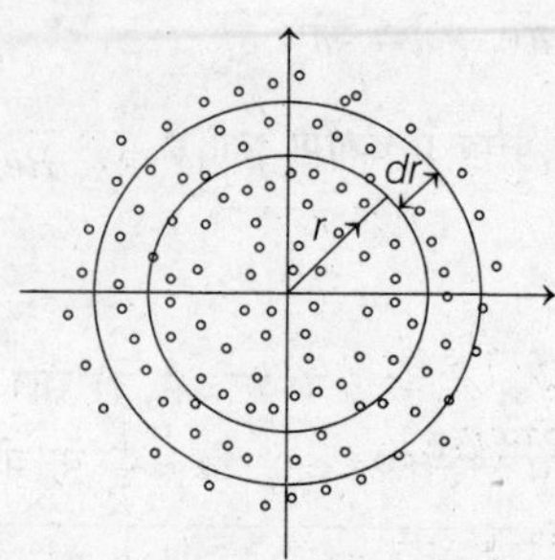

अब, एक r त्रिज्या तथा dr मोटाई का गोलीय कोश जिसका केन्द्र $r = 0$ लेते है।

अवकलनीय मोटाई (dr) वाली कोश का आयतन,

$dV =$ पृष्ठीय क्षेत्रफल $\times$ मोटाई $= 4\pi r^2\, dr$

अब, इस कोश में उपस्थित अणुओं की संख्या,

$$dN = n(r) \cdot dV = n_0 e^{-\alpha r^4} \cdot 4\pi r^2\, dr$$

अतः दिए गए आयतन में, ($r = 0$ से $r = \infty$ तक प्रसारित) उपस्थित कुल अणुओं की संख्या,

$$N = \int_0^\infty n(r) \cdot dV = \int_0^\infty n_0\, e^{-\alpha r^4} \cdot 4\pi r^2\, dr$$

$$= \int_0^\infty 4\pi n_0\, e^{-\alpha r^4} \cdot r^2\, dr \quad \text{...(i)}$$

यहाँ, $\alpha r^4 = t \Rightarrow r = t^{\frac{1}{4}} \cdot \alpha^{\frac{-1}{4}} \Rightarrow 4\alpha r^3 dr = dt$

$$\Rightarrow \quad r^2\, dr = \frac{dt}{4\alpha r} = \frac{dt}{4\alpha\, t^{\frac{1}{4}} \cdot \alpha^{-\frac{1}{4}}} = \frac{dt}{4\,\alpha^{3/4}\, t^{\frac{1}{4}}}$$

जब $r = 0, t = 0$ तब $r = \infty, t = \infty$ समी, (i) में रखने पर,

$$N = \int_0^\infty 4\pi n_0 e^{-t} \cdot \frac{dt}{4\,\alpha^{\frac{3}{4}}\, t^{\frac{1}{4}}}$$

गैस के अणुओं की कुल संख्या, $N = \pi\alpha^{-3/4} \,.\, n_0 \cdot \int_0^\infty e^{-t} \cdot t^{-1/4}\, dt$

चूँकि निश्चित समाकलन का मान $\int_0^\infty e^{-t} \cdot t^{-1/4}\, dt$ नियत है।

$$\therefore \quad N = \pi k n_0 \alpha^{-3/4} \Rightarrow N \propto n_0 \alpha^{-3/4} \quad \left(\because \int_0^\infty e^{-t} . t^{1/4} = k\right)$$

अतः गैस के अणुओं की कुल संख्या $n_0\alpha^{-3/4}$ के समानुपाती होती है।

6. *(a)* गैस द्वारा किया गया कार्य,

$$W = p . \Delta V = nR\Delta T = 10\,\text{J} \quad \text{...(i)}$$

द्वि–परमाणुक गैस में,

नियत दाब पर गैस की विशिष्ट ऊष्मा, $C_p = \dfrac{7}{2} R$

अतः नियत दाब पर गैस द्वारा अवशोषित ऊष्मा,

$$\Delta Q = nC_p\, \Delta T = n\frac{7}{2} R \Delta T = \frac{7}{2}(nR\,\Delta T) = \frac{7}{2} \times 10 \quad \text{[समी. (i) से]}$$

$$= 35\,\text{J}$$

अतः इस प्रक्रम में गैस द्वारा अवशोषित ऊष्मा का मान 35 J के बराबर होगा।

7. *(c)* *संकेत गोलीय कोश के अन्दर बिन्दु A पर आकर्षण बल शून्य होगा। क्योंकि बिन्दु A तथा B पर प्रतिकर्षण बल, बिन्दु A के धनात्मक आवेश का प्रतिकर्षण बल होता है।*

R त्रिज्या के गोले में कुल आवेश $2Q$ का वितरण चित्र में दर्शाया गया है,

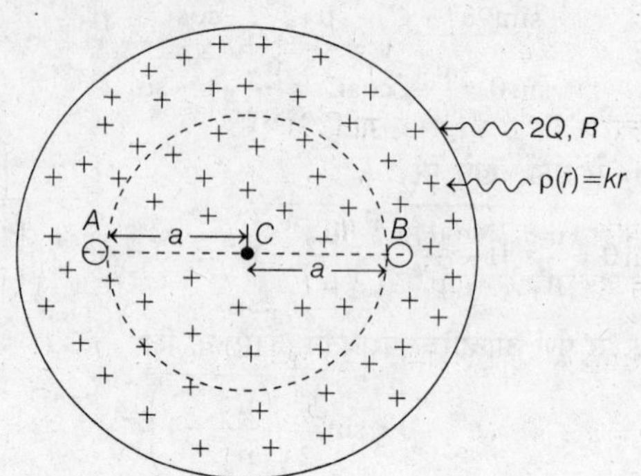

चित्र में, दिए गए आवेश वितरण में,

माना dr मोटाई के गोले की त्रिज्या r है।

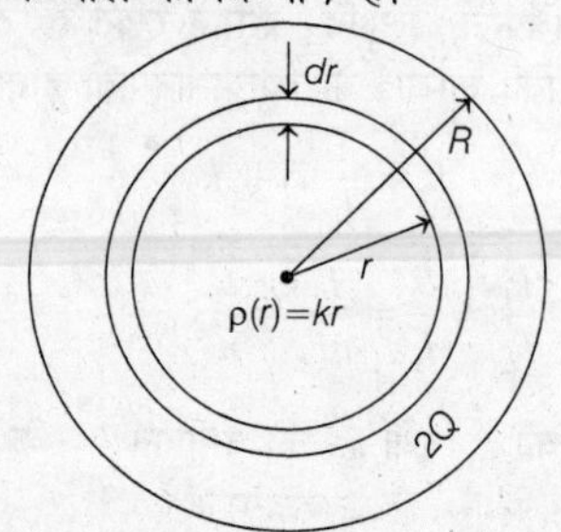

dr मोटाई के गोले में उपस्थित आवेश,

$dQ =$ गोले का आयतन $\times$ आयतन आवेश घनत्व

$$\Rightarrow \quad dQ = (4\pi r^2 \times dr) \times (kr) = 4\pi k r^3\, dr$$

गोले में कुल आवेश,

$$2Q = \int_0^R dQ = \int_0^R 4\pi k r^3\, dr \Rightarrow 2Q = 4\pi k \left[\frac{r^4}{4}\right]_0^R \Rightarrow k = \frac{2Q}{\pi R^4}$$

अब गाउस नियम से, a त्रिज्या के गोले की सतह पर उत्पन्न वैद्युत क्षेत्र,

$$E \int_0^a dA = \frac{1}{\varepsilon_0} \cdot \int_0^a (kr\, 4\pi r^2\, dr) \Rightarrow E \cdot 4\pi a^2 = \frac{1}{\varepsilon_0} \cdot 4\pi k \left(\frac{a^4}{4}\right)$$

$$\Rightarrow \quad E = \frac{ka^2}{4\varepsilon_0} = \frac{2Qa^2}{4\pi\varepsilon_0 R^4}$$

बिन्दु आवेश A तथा B पर इस क्षेत्र के कारण उत्पन्न आकर्षण बल,

$$F_1 = QE = \frac{2Q^2 a^2}{4\pi\varepsilon_0 R^4}$$

बिन्दु आवेश A पर B के कारण प्रतिकर्षण बल,

$$F_2 = \frac{1}{4\pi\varepsilon_0} \frac{Q^2}{(2a)^2} = \frac{1}{4\pi\varepsilon_0} \cdot \frac{Q^2}{4a^2}$$

यदि बिन्दु आवेश A तथा B कोई बल अनुभव नहीं करते हैं, तब,

$$F_1 = F_2$$

$$\Rightarrow \quad \frac{2Q^2 a^2}{4\pi\varepsilon_0 R^4} = \frac{1}{4\pi\varepsilon_0} \cdot \frac{Q^2}{4a^2} \Rightarrow 8a^4 = R^4 \Rightarrow a = 8^{-1/4} R$$

बिन्दु आवेशों A तथा B के बीच की दूरी, $a = 8^{-1/4} R$ होगी।

8. *(d)* दिया है, कण की चाल, $v = b\sqrt{x}$

दोनों पक्षों को समय के साथ अवकलित करने पर,

$$\frac{dv}{dt} = \frac{d}{dt} b\sqrt{x} \quad \text{त्वरण,} \quad a = \frac{b}{2\sqrt{x}} \cdot \frac{dx}{dt} \qquad \left[\because \frac{dv}{dt} = a\right]$$

$$\Rightarrow \qquad a = \frac{b}{2\sqrt{x}} \cdot v = \frac{b}{2\sqrt{x}} \cdot b\sqrt{x} = \frac{b^2}{2}$$

चूँकि त्वरण नियत है, अतः गति का समी.

$$v = u + at \qquad \text{...(i)}$$

अब, यदि $x = 0$ पर $t = 0$ होगा।

अतः कण की प्रारम्भिक चाल $u = b\sqrt{x}\Big|_{x=0} = b \times 0 = 0$

अतः समय $t = \tau$ पर, समी. (i) से कण की चाल,

$$v = u + at = 0 + \frac{b^2}{2} \cdot \tau = \frac{b^2}{2} \cdot \tau$$

9. *(a)* जब इलेक्ट्रॉन एक प्रारम्भिक ऊर्जा-स्तर n_i से किसी अन्तिम ऊर्जा-स्तर n_f में संक्रमित होता है, तो उत्सर्जित फोटॉन की तरंगदैर्ध्य, λ बामर सूत्र द्वारा दी जाती हैं,

$$\frac{1}{\lambda} = R\left(\frac{1}{n_f^2} - \frac{1}{n_i^2}\right)$$

जहाँ, $R =$ रिडबर्ग नियतांक तथा

ऊर्जा स्तर, $n = 4$ से $n = 3$ के संक्रमण में

$$\frac{1}{\lambda_1} = R\left(\frac{1}{3^2} - \frac{1}{4^2}\right) = R\left(\frac{7}{9 \times 16}\right) \qquad \text{...(i)}$$

ऊर्जा स्तर $n = 3$ से $n = 2$ के संक्रमण में,

$$\frac{1}{\lambda_2} = R\left(\frac{1}{2^2} - \frac{1}{3^2}\right) = R\left(\frac{5}{9 \times 4}\right) \qquad \text{...(ii)}$$

अतः समी. (i) तथा (ii) से,

$$\frac{\lambda_1}{\lambda_2} = \frac{\left(\frac{9 \times 16}{7R}\right)}{\left(\frac{9 \times 4}{5R}\right)} = \frac{20}{7}$$

अतः संक्रमणों में उत्सर्जित फॉटोनों के संगत तरंगदैर्ध्यों का अनुपात 20:7 होगा।

10. *(c)* दिए गए *L-R* परिपथ में,

आवेशन के दौरान विद्युत धारा, $I = I_0\left(1 - e^{-\frac{R}{L}t}\right)$

जहाँ, $I_0 = \frac{E}{R} =$ संतृप्त धारा

अतः $\frac{dq}{dt} = I = I_0\left(1 - e^{-\frac{R}{L}t}\right) \Rightarrow dq = I_0\left(1 - e^{-\frac{R}{L}t}\right) dt$

अतः q आवेश जो बैटरी में समय $t = 0$ से $t = \frac{L}{R}$ तक प्रवाहित होता है, जिसे उपरोक्त समीकरण की सीमा 0 से Q तक दोनों पक्षों का समाकलन करने पर प्राप्त किया जाता है।

$$q = \int_0^Q dq = \int_{t=0}^{t=\frac{L}{R}} I_0\left(1 - e^{-\frac{R}{L}t}\right) dt = I_0\left[\left(t - \frac{1}{\left(-\frac{R}{L}\right)} \cdot e^{-\frac{R}{L}t}\right)\right]_0^{L/R}$$

$$= \frac{E}{R}\left[\left\{\frac{L}{R} + \frac{L}{Re}\right\} - \left\{0 + \frac{L}{R}\right\}\right] = \frac{E}{R} \times \frac{L}{Re} = \frac{EL}{R^2 e}$$

$$\Rightarrow \qquad Q = \frac{EL}{2.7\,R^2} \qquad [\because e \approx 2.72]$$

अतः $t = 0$ पर कुंजी S को बन्द करते है, तो सेल से निकलने वाले आवेश का मान समयन्तराल $t = 0$ से $t = \frac{L}{R}$ के बीच $\frac{EL}{2.7R^2}$ होगा।

11. *(c)* अनुनादी नली के यन्त्र में, प्रथम तथा द्वितीय अनुनाद निम्न प्रकार होता है,

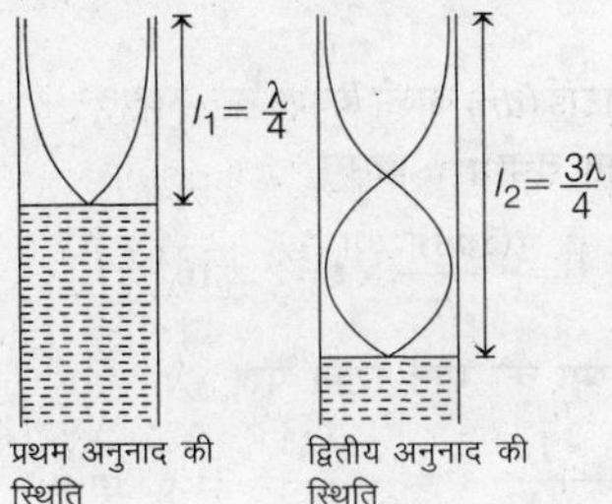

एक अप्रगामी तरंग में दो क्रमागत निस्पन्दों के मध्य की दूरी $\lambda / 2$ तथा एक निस्पन्द तथा प्रस्पन्द के मध्य की दूरी $\lambda / 4$ होती है।

$$\therefore \qquad l_2 - l_1 = \frac{3\lambda}{4} - \frac{\lambda}{4} = \frac{\lambda}{2}$$

अतः ध्वनि की चाल, $v = f\lambda$

$$= f \times 2\,(l_2 - l_1) = 480 \times 2 \times (70 - 30) \times 10^{-2} = 384 \text{ ms}^{-1}$$

12. *(b)* चूँकि छड़ की लम्बाई अपरिवर्तित रहती है।

अतः सम्पीड्य बलों के कारण प्रदत्त विकृति समान तथा ऊष्मीय विकृति के विपरीत होती है।

अब, यंग प्रत्यास्थता सूत्र से, सम्पीड्य विकृति

$$Y = \frac{F/A}{\Delta l / l}$$

सम्पीड्य विकृति,

$$\Rightarrow \qquad \frac{\Delta l}{l} = \frac{F}{AY} = \frac{F}{\pi Y r^2} \qquad \text{...(i)}$$

इसके अतिरिक्त छड़ में उत्पन्न ऊष्मीय विकृति को छड़ में प्रसार के सूत्र से प्राप्त करते हैं,

$$\Delta l = l\,\alpha \cdot \Delta T$$

$\therefore$ छड़ में उत्पन्न ऊष्मीय विकृति,

$$\frac{\Delta l}{l} = \alpha \cdot \Delta T \qquad \text{...(ii)}$$

समी. (i) तथा (ii) से छड़ का रेखीय प्रसार गुणांक,

$$\frac{F}{\pi r^2 Y} = \alpha\, T \qquad [\because \Delta T = T]$$

$$\therefore \qquad \alpha = \frac{F}{\pi r^2 Y T}$$

अत: छड़ के पदार्थ का आयतन प्रसार गुणांक,

$$\gamma = 3\alpha = \frac{3F}{\pi r^2 YT}$$

13. *(c)* जल के गर्म होने एवं वाष्पित होने के लिए आवश्यक ऊष्मा,

$$\Delta Q = ms\,\Delta T + mL$$

दिया है, $m = 1$ kg, $\Delta T = 100° - 20° = 80°$ C,

$$s = 4200\ \text{J kg}^{-1}\ °\text{C}^{-1},\quad L = 2260 \times 10^3\ \text{J kg}^{-1}$$

अत: आवश्यक ऊष्मा की मात्रा,

$$\Delta Q = 1 \times 4200 \times 80 + 1 \times 2260 \times 10^3$$
$$= 336 \times 10^3 + 2260 \times 10^3 = 2596 \times 10^3\ \text{J} \quad \text{...(i)}$$

यह ऊष्मा, प्रतिरोध $R = 200\Omega$ की ऊष्मीय कुण्डली जो AC मुख्य ($V_{\text{rms}} = 200$ V) के साथ जुड़ी है, द्वारा प्रदत्त की गई है। अत: ऊष्मीय कुण्डली द्वारा ऊष्मीय आपूर्ति,

$$Q = Pt = \frac{V_{\text{rms}}^2}{R} \times t$$

जहाँ, P = शक्ति तथा t = समय

$$\theta = \frac{(200)^2}{20} \times t = 2 \times 10^3 \times t \quad \text{...(ii)}$$

समी. (ii) में ऊष्मा का मान रखने पर,

$$t = \frac{2596 \times 10^3}{2 \times 10^3}\ \text{s} = \frac{2596}{2 \times 60} = 21.63\ \text{min}$$

अत: केतली से ऊष्मा हानि को नगण्य मानते हुए पानी को पूर्णतया वाष्पित होने में लगभग 22 min का समय लगेगा।

14. *(d)* **संकेत** *श्यान द्रव में गिरते हुए एक ठोस गोले का सीमान्त वेग,*

$$v_T = \frac{2}{9}\frac{r^2}{\eta}(\rho_0 - \rho_f)g$$

यहाँ, η = *द्रव का श्यानता गुणांक,* ρ_0 = *गिरते ठोस गोले का घनत्व तथा* ρ_f = *द्रव का घनत्व*

हम जानते हैं कि यदि अन्य कारक नियत रहते हैं, तो सीमान्त वेग, गिरते हुए गोले की त्रिज्या के वर्ग के समानुपाती होता है

अर्थात् $\quad v_T \propto r^2 \quad$ ...(i)

अब, R त्रिज्या का गोला 27 एकसमान r त्रिज्या के छोटे गोलों में टूट जाता है। तब, R त्रिज्या के गोले का आयतन,

$= 27 \times r$ त्रिज्या के छोटे गोलों का आयतन

$$\Rightarrow \quad \frac{4}{3}\pi R^3 = 27 \times \frac{4}{3}\pi r^3 \Rightarrow R = 3r \Rightarrow r = \frac{R}{3}$$

अत: समी. (i) से,

$$\frac{v_1}{v_2} = \frac{R^2}{(R/3)^2} = 9$$

अत: गोलों के सीमान्त वेग, $\frac{v_1}{v_2}$ का अनुपात 9 : 1 होगा।

15. *(b)* दिया है, निवेशी वाहक तरंग, $C(t) = 4\sin(20000\,\pi t)$

मॉडुलन सिग्नल, $m(t) = 2\sin(2000\,\pi t)$

अत: निवेशी वाहक तरंग का आयाम तथा आवृत्ति,

$$A_c = 4\ \text{V}$$
$$\omega_c = 20000\,\pi = 2\pi \times 10^4\ \text{rad/s}$$
$$f_c = \frac{\omega_c}{2\pi} = 10^4\ \text{Hz} = 10\ \text{kHz}$$

तथा मॉडुलन सिग्नल का आयाम तथा आवृत्ति,

$$A_m = 2\ \text{V},\ \omega_m = 2000\pi = 2\pi \times 10^3\ \text{rad/s}$$
$$f_m = \frac{\omega_m}{2\pi} = 10^3\ \text{Hz} = 1\ \text{kHz}$$

अत: मॉडुलन सूचकांक, $m = \frac{A_m}{A_c} = \frac{2}{4} = 0.5$

तथा निम्नतम पार्श्व-बैण्ड आवृत्ति,

$$f_{\text{LSB}} = f_c - f_m = 10 - 1 = 9\ \text{kHz}$$

अत: मॉडुलन सूचकांक तथा निम्नतम पार्श्व-बैण्ड आवृत्ति के मान क्रमश: 0.5 तथा 9 kHz है।

16. *(c)* पदार्थ A के लिए, अर्द्धआयु 10 min. है, अत: यह निम्न प्रकार से क्षयित होता है,

$$N_{0_A} \xrightarrow{10\,\text{min}} \frac{N_{0_A}}{2} \xrightarrow{10\,\text{min}} \frac{N_{0_A}}{4} \xrightarrow{10\,\text{min}} \frac{N_{0_A}}{8}$$

($t = 0$ पर नाभिक की प्रारंभिक संख्या) (10 min बाद शेष क्रियाशील नाभिक)

$$\xrightarrow{10\,\text{min}} \frac{N_{0_A}}{16} \xrightarrow{10\,\text{min}} \frac{N_{0_A}}{32} \xrightarrow{10\,\text{min}} \frac{N_{0_A}}{64}$$

(60 min बाद शेष क्रियाशील नाभिकों की संख्या)

$\therefore$ पदार्थ A के लिए, 60 min में क्षयित नाभिकों की संख्या,

$$N_{0_A} - \frac{N_{0_A}}{64} = \frac{63\,N_{0_A}}{64}$$

इसी प्रकार पदार्थ B के लिए, अर्द्ध-आयुकाल 20 min है अत: इसकी क्षयित, नाभिकों की संख्या है,

$$N_{0_B} \xrightarrow{20\,\text{min}} \frac{N_{0_B}}{2} \xrightarrow{20\,\text{min}} \frac{N_{0_B}}{4} \xrightarrow{20\,\text{min}} \frac{N_{0_B}}{8}$$

अत: 60 min में B के क्षयित नाभिकों की संख्या,

$$N_{0_B} - \frac{N_{0_B}}{8} = \frac{7}{8}N_{0_B}$$

अत: A तथा B के 60 min पश्चात् A तथा B क्षयित नाभिकों की संख्या का अनुपात,

$$\frac{\frac{63}{64}N_{0_A}}{\frac{7}{8}N_{0_B}} = \frac{9}{8} \qquad [\because N_{0_A} = N_{0_B}]$$

अत: 60 min पश्चात् A तथा B क्षयित नाभिको की संख्या का अनुपात 9:8 होगा।

17. *(d)* माना दी गई वस्तु का द्रव्यमान m है। तब, इसका पृथ्वी की सतह पर भार $= mg_e$

जहाँ, g_e = पृथ्वी की सतह पर गुरुत्व के द्वारा उत्पन्न त्वरण तथा ग्रह की सतह पर भार $= mg_p$

जहाँ g_p = ग्रह की सतह पर गुरुत्व के कारण त्वरण

दिया है,

$$\frac{mg_e}{mg_p} = \frac{9}{4} \Rightarrow \frac{g_e}{g_p} = \frac{9}{4}$$

परन्तु, $\qquad g = \frac{GM}{R^2}$

अत: $$\frac{\left(\frac{GM}{R^2}\right)}{\left(\frac{GM_p}{R_p^2}\right)} = \frac{9}{4}$$

यहाँ, M = पृथ्वी का द्रव्यमान, R = he=LJeer keâer ef$epÙee

M_p = ग्रह का द्रव्यमान = $\frac{M}{9}$ (दिया है)

तथा R_p = ग्रह की त्रिज्या

$$\therefore \quad \frac{M}{M_p}\cdot\frac{R_p^2}{R^2}=\frac{9}{4} \Rightarrow 9\cdot\left(\frac{R_p}{R}\right)^2=\frac{9}{4} \Rightarrow \frac{R_p}{R}=\frac{1}{2} \Rightarrow R_p=\frac{R}{2}$$

अत: ग्रह की त्रिज्या $\frac{R}{2}$ होगी।

18. *(a)* **स्थिति I** चित्र में दी गई स्थिति में गुटके को सतह पर खींचा जाता है।

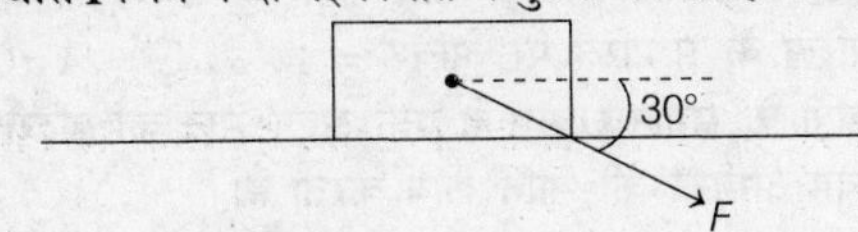

गुटके का मुक्त पिण्ड आरेख,

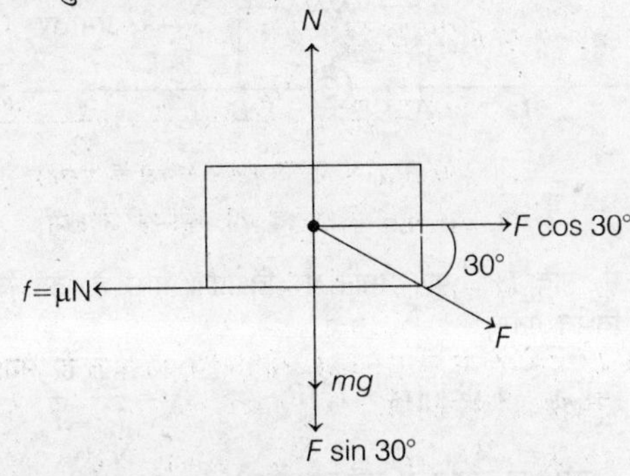

इस स्थिति में, सामान्य प्रतिक्रिया बल,

$$N = mg + F\sin 30° = 5\times 10 + 20\times\frac{1}{2} = 60 \text{ N}$$

[दिया है, $m = 5$ kg, $F = 20$ N]

गुटके तथा समतल के बीच घर्षण बल,

$$f = \mu N = 0.2\times 60 = 12 \text{ N} \qquad [\because \mu = 0.2]$$

अत: त्वरण ($\mathbf{a_1}$) के कारण उत्पन्न कुल बल,

$$F_{\text{कुल}} = ma_1 = F\cos 30° - f \Rightarrow ma_1 = 20\times\frac{\sqrt{3}}{2} - 12$$

$$\therefore \quad a_1 = \frac{10\sqrt{3}-12}{5} \approx 1 \text{ ms}^{-2}$$

स्थिति II चित्र में दी गई स्थिति में गुटके को सतह पर धकेला जाता है,

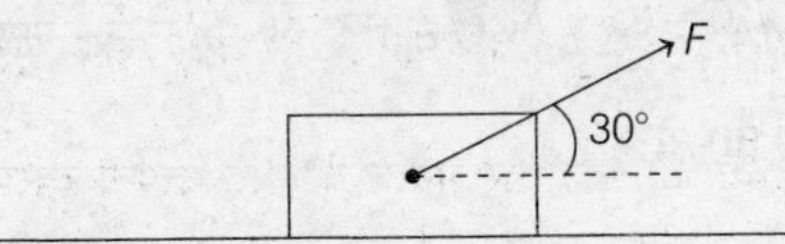

अत: गुटके का मुक्त आरेख,

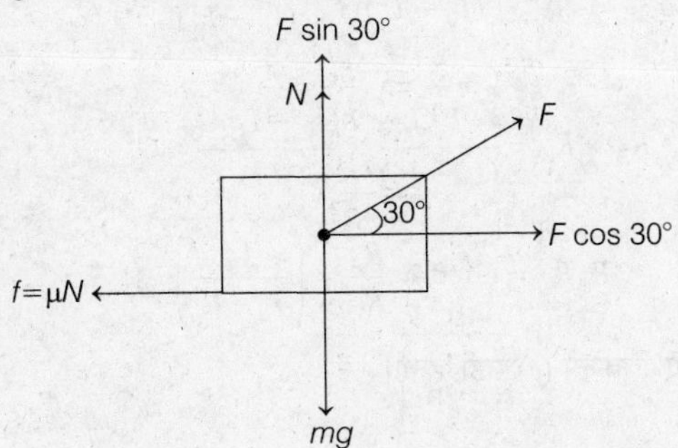

अत: त्वरण (a_2) के कारण गुटके पर आरोपित कुल बल

$$F_{\text{कुल}} = F\cos 30° - f = F\cos 30° - \mu N$$

$$\Rightarrow \quad F_{\text{कुल}} = F\cos 30° - \mu(mg - F\sin 30°)$$

यदि अब त्वरण a_2 है, तब

$$a_2 = \frac{F_{\text{कुल}}}{m} = \frac{F\cos 30° - \mu(mg - F\sin 30°)}{m}$$

$$= \frac{20\times\frac{\sqrt{3}}{2} - 0.2\left(5\times 10 - 20\times\frac{1}{2}\right)}{5} = \frac{10\sqrt{3}-8}{5}$$

$$\Rightarrow \quad a_2 \approx 1.8 \text{ ms}^{-2}$$

अत: गुटके के त्वरणों में अन्तर = $a_2 - a_1 = 1.8 - 1 = 0.8 \text{ ms}^{-2}$

19. *(b)* T_1 तथा T_2 तापमान वाले ऊष्मा स्रोत तथा ऊष्मा कुण्ड के मध्य कार्य कर रहे कार्नोट इंजन की दक्षता,

$$\eta = 1 - \frac{T_2}{T_1}$$

जहाँ, T_1 तथा T_2 ऊष्मा कुण्ड के परम ताप हैं।

$$\Rightarrow \quad \frac{1}{6} = 1 - \frac{T_2}{T_1} \Rightarrow \frac{T_2}{T_1} = \frac{5}{6} \text{(दिया है, } n = \frac{1}{6}\text{)}$$

ऊष्मा कुण्ड के ताप को 62°C से कम करने पर दक्षता दोगुनी हो जाती है।

$$\therefore \quad \eta = \frac{2}{6},\ T_{\text{सिंक}} = T_2' = T_2 - 62$$

अत: $\quad \eta = 1 - \frac{T'_2}{T'_1}$

$$\Rightarrow \quad \frac{2}{6} = 1 - \frac{T_2 - 62}{T_1} \Rightarrow \frac{T_2 - 62}{T_1} = \frac{4}{6}$$

$$\therefore \quad \frac{T_2}{T_1} - \frac{62}{T_1} = \frac{4}{6} \Rightarrow \frac{5}{6} - \frac{62}{T_1} = \frac{4}{6} \qquad \left[\because \frac{T_2}{T_1} = \frac{5}{6}\right]$$

$$\Rightarrow \quad T_1 = 6\times 62 = 372 \text{ K} = 372 - 273 = 99° \text{ C}$$

$$\Rightarrow \quad T_2 = \frac{5}{6}\times T_1 \simeq 310 \text{ K} = 310 - 273 = 37° \text{ C}$$

अत: ऊष्मा स्रोत तथा ऊष्मा कुण्ड के तापमान क्रमश: 99°C तथा 37°C होंगे।

20. *(c)* जब श्रोता, S_1 से दूर तथा S_2 की ओर जाता है,

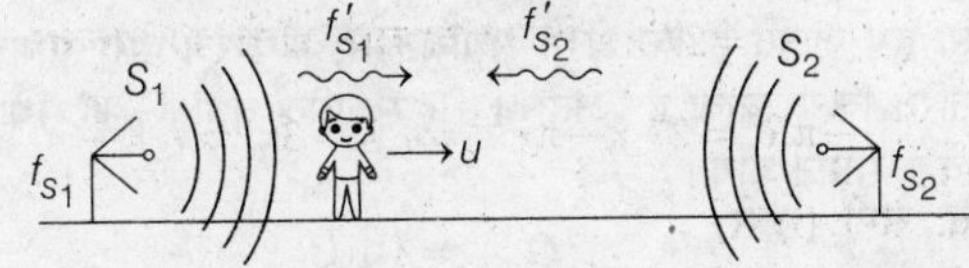

तब डॉप्लर प्रभाव के कारण श्रोता द्वारा स्रोत की प्रेक्षित आवृत्तियाँ,

$$f'_{S_1} = \frac{v - v_o}{v}\cdot f_{S_1} \quad \text{(श्रोता स्रोत से दूर जा रहा है)}$$

तथा $\quad f'_{S_2} = \left(\frac{v + v_o}{v}\right)\cdot f_{S_2}$ (श्रोता स्रोत की ओर जा रहा है)

(जहाँ, v = ध्वनि की चाल तथा v_o = प्रेक्षक की चाल।)

अत: श्रोता द्वारा उत्पन्न विस्पन्दों की प्रेक्षित आवृत्ति,

$$f_b = f'_{S_2} - f'_{S_1}$$

दिया है, $\quad v_o = u,\ v = 330 \text{ ms}^{-1}$

$$f_b = 10 \text{ Hz},\ f_{S_1} = f_{S_2} = 660 \text{ Hz}$$

दिए गए मानों को उपरोक्त व्यंजक में रखने पर,

$$f_b = f'_{S_2} - f'_{S_1} = \left(\frac{v+v_o}{v}\right)\cdot f_{S_2} - \left(\frac{v-v_o}{v}\right) f_{S_1}$$

$$= f_{S_1}\left\{\frac{v+v_o}{v} - \frac{v-v_o}{v}\right\} = f_{S_1}\cdot\frac{2v_o}{v}$$

$$\Rightarrow \quad 10 = \frac{660 \times 2u}{330} \qquad [\because v_o = u]$$

$$\Rightarrow \quad u = \frac{330 \times 10}{2 \times 660} \Rightarrow u = 2.5 \text{ ms}^{-1}$$

अत: श्रोता s_1 की चाल 2.5 m/s होगी।

21. *(d)* दिया गया परिपथ है,

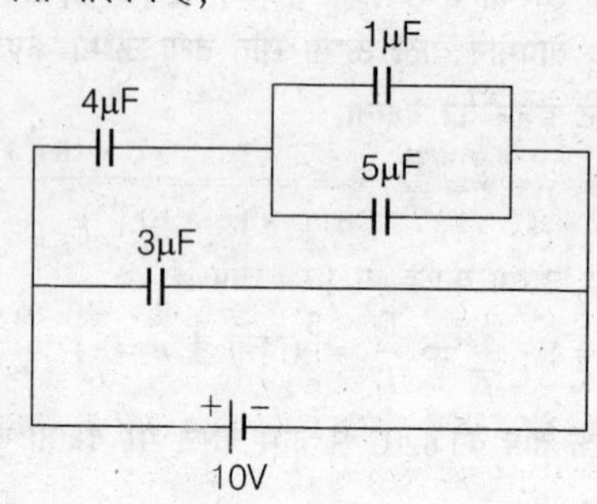

समान्तर क्रम में तुल्य धारिता, $C_{\text{कुल}} = 5 + 1 = 6\,\mu\text{F}$

तथा श्रेणीक्रम में तुल्य धारिता, $C'_{\text{कुल}} = \frac{6 \times 4}{6+4} = 2.4\,\mu\text{F}$

अत: परिपथ की तुल्य धारिता,

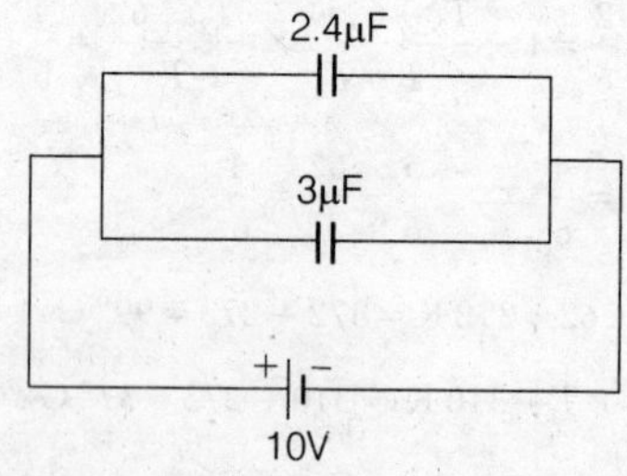

अत: ऊपर वाली शाखा में विभवान्तर, =10 V

अत: $Q = C \times V$ से,

$$Q = C'_{\text{कुल}} \cdot V = 2.4\,\mu\text{F} \times 10\text{V} = 24\,\mu\text{C}$$

जैसा हम जानते हैं कि श्रेणी संयोजन में, संधारित्र द्वारा समान आवेश वितरित किया जाता है, अत: 4 μF संधारित्र तथा 6 μF संधारित्र पर आवेश समान होगा।

जैसे $\quad Q'_{4\mu\text{F}} = 24\mu\text{C}$

अत: परिपथ में 4μ*F* धारिता के संधारित्र पर 24μ*C* आवेश होगा।

वैकल्पिक हल

दिए गए परिपथ का तुल्य परिपथ है,

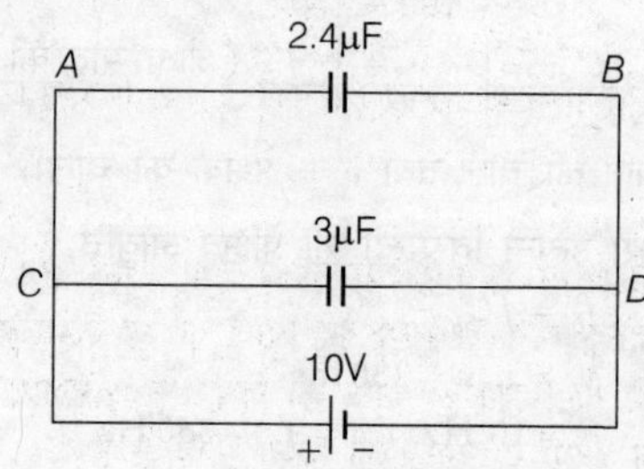

उपरोक्त परिपथ में 2.4 μF तथा 3 μF समान्तर क्रम में संयोजित है।

अत: परिपथ मे कुल धारिता,

$$C_{\text{कुल}} = 2.4 + 3 = 5.4\,\mu\text{F}$$

परिपथ में कुल प्रवाहित आवेश,

$$Q = C_{\text{कुल}} V = 5.4 \times 10 = 54\,\mu\text{C}$$

∴ यह आवेश दो शाखाओं *AB* तथा *CD* में निम्न प्रकार से धारिता के अनुपात में वितरित हो जाएगा,

$$\frac{Q_1}{Q_2} = \frac{2.4}{3} = \frac{4}{5} \Rightarrow 9x = 54\mu\text{C} \text{ या } x = 6\,\mu\text{C}$$

∴ 4 μF धारिता के संधारित्र पर आवेश = 4 × 6 μC = 24 μC

22. *(c)* धारामापी के समान्तर क्रम में एक अल्प-मान का प्रतिरोध संयोजित करने पर यह अमीटर की भांति कार्य करता है।

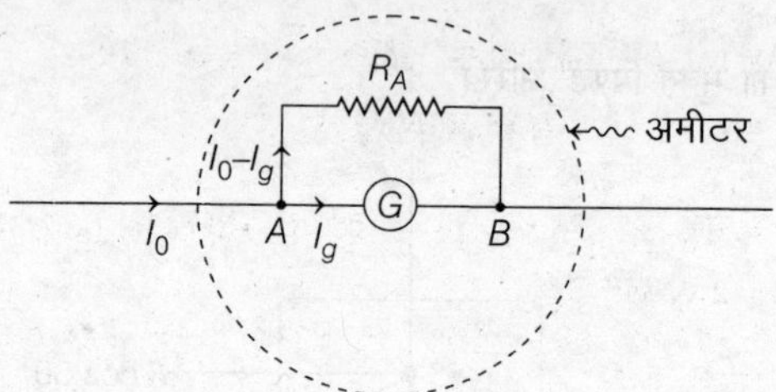

अमीटर में, यदि I_g = पूर्ण पैमाने पर विक्षेपण धारा है, तब बिन्दु *AB* के अनुदिश विभव पतन,

$$V_{AB} = I_g G = (I_0 - I_g) R_A \Rightarrow R_A = \frac{I_g G}{I_0 - I_g} \qquad \text{...(i)}$$

जहाँ, *G* = धारामापी कुण्डली का प्रतिरोध

धारामापी के श्रेणी क्रम में उच्च प्रतिरोध संयोजित करने पर यह वोल्टमीटर की भांति कार्य करता है।

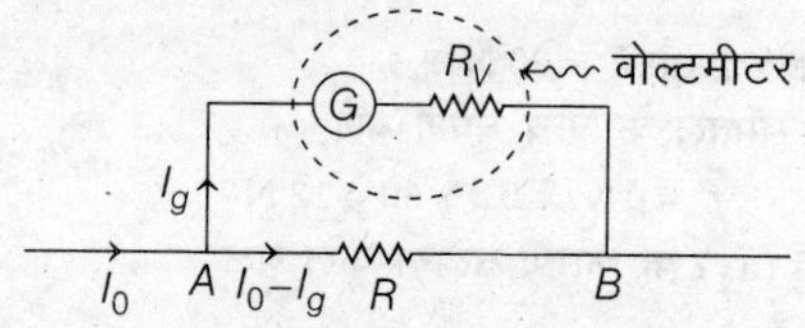

बिन्दु *AB* के अनुदिश विभव की तुलना करने पर,

$$V_{AB} = (G + R_V)\, I_g$$

परन्तु, $\quad V_{AB} = I_0 G \quad$ (दिया है)

अत: $\quad I_0 G = (G + R_V)\, I_g \Rightarrow R_V = \frac{(I_0 - I_g)G}{I_g} \qquad \text{...(ii)}$

समी. (i) तथा (ii) से,

$$\frac{R_A}{R_V} = \frac{\left(\frac{I_g G}{I_0 - I_g}\right)}{\frac{(I_0 - I_g)G}{I_g}} = \frac{I_g^2}{(I_0 - I_g)^2}$$

तथा $\quad R_A \times R_V = \frac{I_g G}{(I_0 - I_g)} \times \frac{(I_0 - I_g)G}{I_g} = G^2$

अत: $\quad R_A R_V = G^2$ तथा $\frac{R_A}{R_V} = \left(\frac{I_g}{I_0 - I_g}\right)^2$

इसलिए विकल्प *(c)* सही होगा।

23. *(d)* डेसीबल में ध्वनि की प्रबलता का सूत्र,

$$\beta = 10 \log_{10}\left(\frac{I}{I_0}\right)$$

जहाँ, I = ध्वनि की W/m^2 में तीव्रता,

I_0 = सन्दर्भ तीव्रता (10^{-12} W/m^2), चयन की जाती है क्योंकि यह मानव के सुनने की परास की निम्नतम सीमा के लगभग समीप है।

यहाँ, $\beta = 120$ dB

अतः $120 = 10 \log_{10}\left(\frac{I}{10^{-12}}\right) \Rightarrow 12 = \log_{10}\left(\frac{I}{10^{-12}}\right)$

दोनों पक्षों का प्रतिलघुगणक (Antilog) लेने पर,

$\Rightarrow$ $10^{12} = \frac{I}{10^{-12}} \Rightarrow I = 1\ W/m^2$

$I = 1\ W/m^2$ यह ध्वनि तीव्रता प्रेक्षक तक पहुँचती है।

अब, ध्वनि तीव्रता, $I = \frac{P}{4\pi r^2}$

जहाँ, r = स्रोत से प्रेक्षक तक की दूरी तथा P = निर्गत् (output) स्रोत की शक्ति यहाँ, $P = 2$ W लेने पर,

$$1 = \frac{2}{4\pi r^2} \Rightarrow r^2 = \frac{1}{2\pi} \Rightarrow r = \sqrt{\frac{1}{2\pi}}\ m = 0.398\ m \approx 40\ cm$$

अतः स्पीकर से 40 cm की दूरी पर ध्वनि की तीव्रता 120 dB होगी।

24. *(c)* बोहर की द्वितीय परिकल्पना के अनुसार, कक्षा में घूमते हुए इलेक्ट्रॉन के लिए,

कोणीय संवेग $= \frac{nh}{2\pi} \Rightarrow mvr_n = \frac{nh}{2\pi}$ ($\because$ कोणीय संवेग $= mvr_n$)

अतः इलेक्ट्रॉन का संवेग, $p = mv = \frac{nh}{2\pi r_n}$

इलेक्ट्रॉन की डी-ब्रोग्ली तरंगदैर्ध्य, $\lambda_n = \frac{h}{p} = \frac{2\pi r_n}{n}$

दिया है, $n = 3, r_n = 4.65$ Å

$\therefore$ $\lambda_n = \frac{(2 \times \pi \times 4.65)}{3} \approx 9.7$ Å

अतः इलेक्ट्रॉन की दे-ब्रॉग्ली तरंगदैर्ध्य (λ) का मान 9.7 होगा।

25. *(*)* प्रश्न में दिए गए चित्र के अनुसार,

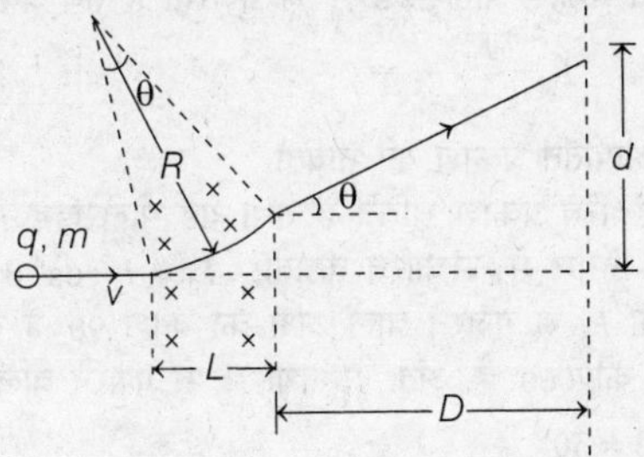

जब इलेक्ट्रॉन चुम्बकीय क्षेत्र में प्रवेश करता है तो यह लॉरेन्ज बल का अनुभव करता है, जो इलेक्ट्रॉन को R त्रिज्या के वृत्तीय पथ पर घूमाने की प्रवृत्ति रखता है।

अतः लॉरेन्ज बल एक अपकेन्द्रीय बल की भाँति कार्य करता है,

$$\frac{mv^2}{R} = Bqv$$

जहाँ, m = इलेक्ट्रॉन का द्रव्यमान, q = इलेक्ट्रॉन का आवेश, v = इलेक्ट्रॉन की कक्षीय चाल, R = पथ की त्रिज्या, तथा B = चुम्बकीय क्षेत्र

इलेक्ट्रॉन के पथ की त्रिज्या, $R = \frac{mv}{Bq}$

अब, दी गई व्यवस्था की ज्यामिती से, $\tan\theta$ (स्पर्शज्या) के मानों की तुलना करने पर,

$$\tan\theta = \frac{L}{R} = \frac{d}{D} \Rightarrow d = \frac{LD}{R} = \frac{Bq\ LD}{mv} \Rightarrow d = \frac{BqLD}{\sqrt{2mk}}$$

$[\because mv = \sqrt{2mk}]$

जहाँ, k = इलेक्ट्रॉन की गतिज ऊर्जा

दिया है, $B = 1.5 \times 10^{-3}$ T, $q = 1.6 \times 10^{-19}$ C,

$L = 2 \times 10^{-2}$ m, $D = 6 \times 10^{-2}$ m

$m = 9.1 \times 10^{-31}$ kg, $k = 100 \times 1.6 \times 10^{-19}$ J

दिए गए मान रखने पर,

$$d = \frac{(1.5 \times 10^{-3} \times 1.6 \times 10^{-19} \times 2 \times 10^{-2} \times 6 \times 10^{-2})}{\sqrt{(2 \times 9.1 \times 10^{-31} \times 100 \times 1.6 \times 10^{-19})}}$$

$$= \frac{28.8 \times 10^{-26}}{\sqrt{29.12 \times 10^{-48}}} = \frac{28.8 \times 10^{-26}}{5.39 \times 10^{-24}} = 5.34 \times 10^{-2} m = 5.34\ cm$$

दिए गए विकल्पों में कोई भी सही विकल्प नहीं है। अतः बिन्दु P तथा Q के बीच की दूरी d (पर्दे पर) 5.34 cm होगी।

26. *(a)* समबाहु त्रिभुज Δ की ऊँचाई, $h = y_3 = \sqrt{(1)^2 - (0.5)^2} = \sqrt{3}/2$ m

इस प्रकार, तीनों द्रव्यमानों के निर्देशांक (0, 0), (1, 0) तथा $\left(0.5, \frac{\sqrt{3}}{2}\right)$ हैं।

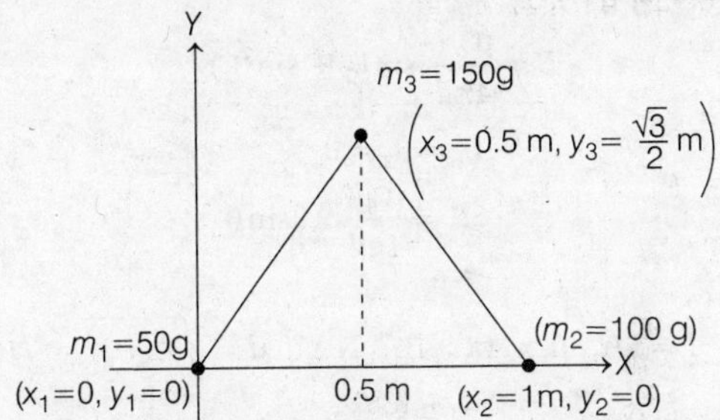

द्रव्यमान केन्द्र के सूत्र से,

$$X_{CM} = \frac{m_1x_1 + m_2x_2 + m_3x_3}{m_1 + m_2 + m_3}$$

$$X_{CM} = \frac{50 \times 0 + 100 \times 1 + 150 \times 0.5}{50 + 100 + 150} = \frac{175}{300} = \frac{7}{12}\ m$$

इसी प्रकार,

$$Y_{CM} = \frac{m_1y_1 + m_2y_2 + m_3y_3}{m_1 + m_2 + m_3}$$

$$= \frac{50 \times 0 + 100 \times 0 + 150 \times \frac{\sqrt{3}}{2}}{50 + 100 + 150} = \frac{\sqrt{3}}{4}\ m$$

अतः निकाय के द्रव्यमान केन्द्र (x तथा y) के निर्देशांक $\left(\frac{7}{12} m, \frac{\sqrt{3}}{4} m\right)$ होंगे।

27. *(b)* वैद्युत् चुम्बकीय तरंग में चुम्बकीय तथा वैद्युत क्षेत्र परस्पर लम्बवत् होते हैं तथा दोनों तरंग-संचरण की दिशा के भी लम्बवत् होते हैं। अब, संचरण की दी गई दिशा z- अक्ष की दिशा के अनुदिश होती है। अतः चुम्बकीय क्षेत्र x या y- अक्ष की दिशा में होता है।

अतः कोणीय तरंग संख्या,

$$k = \frac{2\pi}{\lambda} = \frac{2\pi\nu}{c} = \frac{2\pi \times 23.9 \times 10^9}{3 \times 10^8} \approx 0.5 \times 10^3 \text{m}^{-1}$$

तथा तरंग के लिए कोणीय आवृत्ति,

$\omega = 2\pi\nu = 2\pi \times 23.9 \times 10^9 \text{ Hz} = 1.5 \times 10^{11} \text{ Hz}$

अतः चुम्बकीय क्षेत्र का परिमाण,

$$B_0 = \frac{E_0}{c} = \frac{60}{3 \times 10^8} = 2 \times 10^{-7} \text{T}$$

$\because$ विद्युत चुम्बकीय तरंग का $+z$-अक्ष की दिशा में सामान्य समी

$$\mathbf{B} = B_0 \sin(kz - \omega t)\hat{\mathbf{i}} \text{ या } \hat{\mathbf{j}}$$

इसी प्रकार, B_0, k तथा ω का मान रखने पर चुम्बकीय क्षेत्र,

$\Rightarrow \mathbf{B} = 2 \times 10^{-7} \sin(0.5 \times 10^3 z - 1.5 \times 10^{11} t)\hat{\mathbf{i}}$ या $\hat{\mathbf{j}}$

28. *(b)* दिए गए चित्र को निम्न प्रकार बनाया जा सकता है,

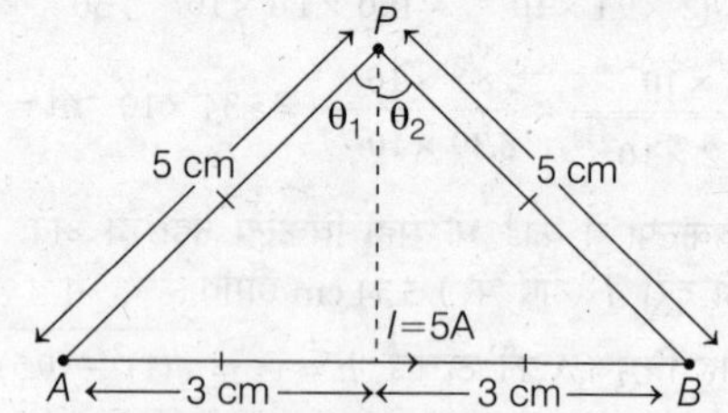

बायो-सावर्ट के नियम द्वारा, बिन्दु P पर एक तार-खण्ड के द्वारा चुम्बकीय क्षेत्र,

$$B = \frac{\mu_0 I}{4\pi d}(\sin\theta_1 + \sin\theta_2)$$

यहाँ, $\theta_1 = \theta_2 = \theta$ (माना)

तब, $$B = \frac{\mu_0 I}{4\pi d} \times 2\sin\theta \quad \text{...(i)}$$

दिया है,

$$I = 5\text{A}, \ \mu = 4\pi \times 10^{-7} \text{ NA}^{-2} \ d = \sqrt{5^2 - 3^2} = \sqrt{16} = 4 \text{ cm}$$

$$\sin\theta = \frac{3}{5}$$

ये सभी मान समी. (i) में रखने पर,

$$B = \frac{\mu_0 I}{4\pi d} \times 2\sin\theta = \frac{4\pi \times 10^{-7} \times 5}{4\pi \times 4 \times 10^{-2}} \times 2 \times \left(\frac{3}{5}\right) = \frac{5 \times 2 \times 3}{4 \times 5} \times 10^{-5}$$
$$= 1.5 \times 10^{-5} \text{ T}$$

अतः बिन्दु P पर चुम्बकीय क्षेत्र का मान 1.5×10^{-5} T होगा।

29. *(d)* वृतीय पथ पर गति करते हुए पिण्ड पर एक बल कार्य करता है जिसकी दिशा सदैव वृत्त के केन्द्र की ओर रहती है, इस बल को अभिकेन्द्र बल (Centripetal Force) कहते हैं।

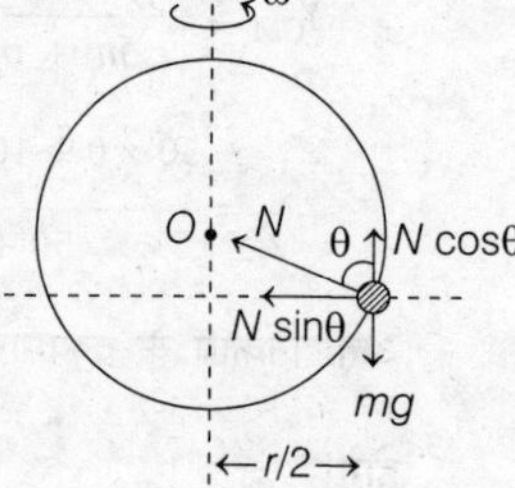

माना N = केन्द्र की ओर कार्यरत् तार के पाश (लूप) की सामान्य प्रतिक्रिया,

तब घटक $N\cos\theta$ मणिका के भार को संतुलित करता है,

$$\Rightarrow \quad N\cos\theta = mg \quad \text{...(i)}$$

तथा घटक $N\sin\theta$ मणिका पर आवश्यक अभिकेन्द्रीय बल प्रदान करता है।

$$\Rightarrow \quad N\sin\theta = m\left(\frac{r}{2}\right)\omega^2 \quad \text{...(ii)}$$

समी. (i) तथा (ii) से,

$$\tan\theta = \frac{r\omega^2}{2g} \quad \text{...(iii)}$$

अब चित्र की ज्यामिती से,

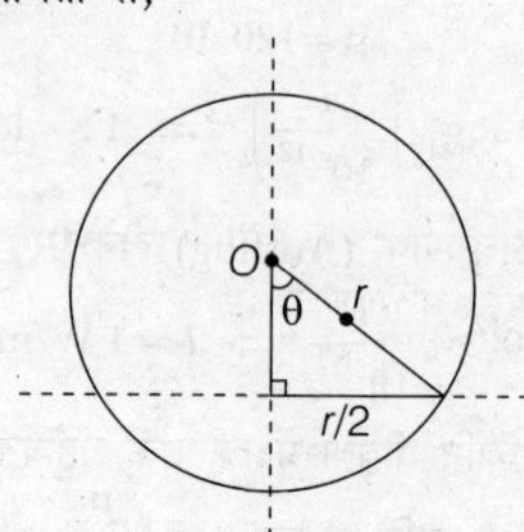

$$\tan\theta = \frac{\frac{r}{2}}{\sqrt{r^2 - \left(\frac{r}{2}\right)^2}} = \frac{r}{2\left(\frac{\sqrt{3}}{2}\right)r} = \frac{1}{\sqrt{3}} \quad \text{...(iv)}$$

यह मान समी. (iii) में रखने पर, $\omega^2 = \frac{2g}{r\sqrt{3}}$

अतः ω^2 का मान $\frac{2g}{r\sqrt{3}}$ होगा।

30. *(a)* प्रश्नानुसार,

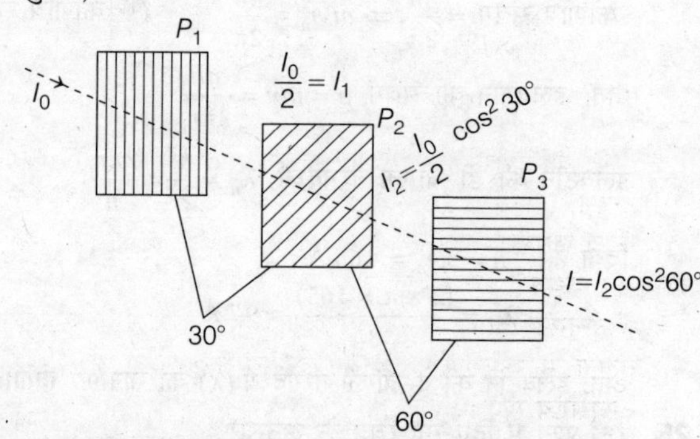

जब अध्रुवित प्रकाश पोलेरॉइड P_1 से गुजरता है तब प्रकाश तीव्रता,

$$I_1 = \frac{I_0}{2}$$

जहाँ, I_0 = आपतित प्रकाश की तीव्रता

अब, यह संचरित प्रकाश ध्रुवित है तथा यह पोलेरॉइड P_2 से गुजरता है। अतः मैलस नियम से, संचारित तीव्रता, $I_2 = I_1 \cos^2\theta$

चूँकि P_1 तथा P_3 से गुजरने वाले अक्ष का कोण 90° है तथा P_2 तथा P_3 के मध्य का कोण 60° है, अतः P_1 तथा P_2 से गुजरने वाली अक्ष का कोण, $(90° - 60°) = 30°$.

$$\text{अतः} \quad I_2 = \frac{I_0}{2}\cos^2 30° = \frac{I_0}{2} \times \left(\frac{\sqrt{3}}{2}\right)^2 = \frac{3}{8}I_0$$

जब यह प्रकाश तीसरे पोलेराइड P_3 से गुजरता है तो मैलस नियम से, संचारित तीव्रता

$$I = I_2\cos^2 60° = \left(\frac{3}{8}I_0\right)\cos^2 60° = \frac{3}{8}I_0 \times \left(\frac{1}{2}\right)^2 = \frac{3}{32}I_0$$

अतः अनुपात $\frac{I_0}{I} = \frac{32}{3}$ या 10.67 होता है।

रसायन विज्ञान

31. *(b)* गलत मिलान $\Delta G^\circ < 0, K < 1$ है।
एक आदर्श गैस के लिए, $\Delta G^\circ = -RT \ln K$

$\therefore \ln K = -\frac{\Delta G^\circ}{RT}$ और $K = e^{-\Delta G^\circ/RT}$

यह समीकरण अभिक्रिया की स्वत: प्रवर्तिता का पता लगाने में सहायक होती है।

(i) यदि $\Delta G^\circ < 0, -\Delta G^\circ/RT = +$ ve
तब $e^{-\Delta G^\circ/RT} > 1$, इसलिए $K > 1$
इसका मतलब, यह अभिक्रिया अग्र दिशा में स्वत: प्रवर्तित होगी।

(ii) यदि $\Delta G^\circ > 0; -\Delta G^\circ/RT = -$ ve
तब $e^{-\Delta G^\circ/RT} < 1$, इसलिए $K < 1$
इसका मतलब यह अभिक्रिया अग्र दिशा में (उत्पाद की तरफ) स्वत: प्रवर्तित नहीं होगी। जबकि विपरीत दिशा में (अभिकारक की तरफ) स्वत: प्रवर्तित होगी, लेकिन ऐसी अभिक्रिया बहुत कम देखने को मिलती है)

(iii) जब $K = 1$, तब $\Delta G^\circ = 0$
यह स्थिति साम्यावस्था पर प्राप्त होती है।

32. *(b)* दिए गए यौगिक का IUPAC नाम
3, 5-डाइमेथिल-4-प्रोपिलहेप्ट-1-इन-6-आईन है।

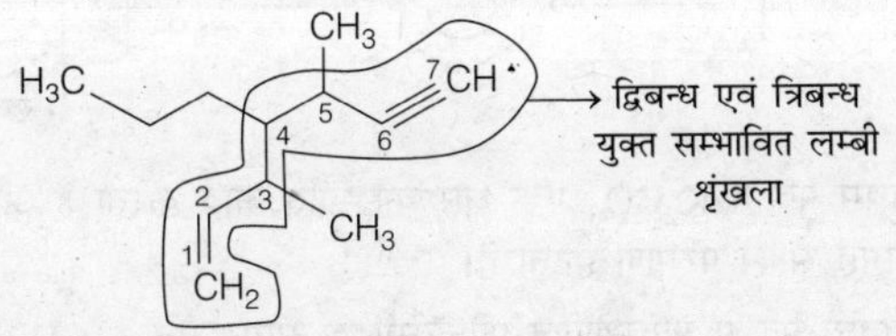

H_3C ... CH_3, CH^* (7), 5, 6, 4, 3, 2, 1, CH_3, CH_2 → द्विबन्ध एवं त्रिबन्ध युक्त सम्भावित लम्बी श्रृंखला

यदि यौगिक में द्विबन्ध और त्रिबन्ध दोनों उपस्थित होते हैं, तो अन्त में आइन, (अंक), डाइईन-(अंक)-आइन आदि उपयोग में लेते हैं। अंकन करते समय द्विबन्ध को कम से कम अंक दिए जाते हैं।

33. *(c)* कथन (c) कोलॉइड के सम्बन्ध में गलत है। वाष्प दाब में कमी क्वथनांक में उन्नयन, हिमांक में अवनमन और समान सान्द्रता पर वास्तविक विलयन की तुलना में कोलॉइडी विलयन के परासरण दाब में कमी होना, ये सभी अणुसंख्य गुणधर्म होते हैं।

34. *(c)* दिए गए बहुलक का सही नाम पॉलीआइसोब्यूटॉलुईन है। इसकी एकलक इकाई आइसोब्यूटॉलुईन है।
अभिक्रिया निम्न प्रकार होगी

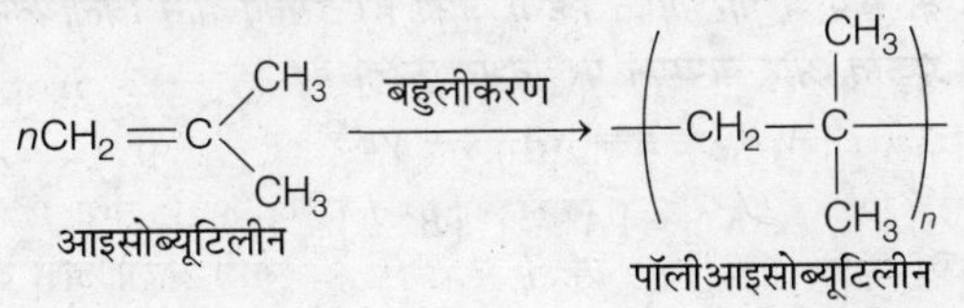

$$nCH_2{=}C(CH_3)_2 \xrightarrow{\text{बहुलीकरण}} \left(-CH_2-C(CH_3)_2- \right)_n$$

आइसोब्यूटिलीन — पॉलीआइसोब्यूटिलीन

उपरोक्त अभिक्रिया योगात्मक बहुलीकरण द्वारा सम्पन्न होगी। द्विबन्ध पर एकलक अणुओं के पुनरावृत्त योग द्वारा बहुलक का निर्माण होता है।

35. *(c)* रासायनिक अभिक्रिया की दर का तात्पर्य उस अभिक्रिया की गति से है।
अभिक्रिया $R \longrightarrow P$ के लिए,
R के लुप्त होने की दर

$$\frac{R \text{ की सान्द्रता में कमी}}{\text{लिया गया समय}} = -\frac{\Delta[R]}{\Delta t}$$

P के प्रकट होने की दर

$$\frac{P \text{ की सान्द्रता में वृद्धि}}{\text{लिया गया समय}} = +\frac{\Delta[P]}{\Delta t}$$

दिया गया है, $[N_2O_5]_{\text{प्रारम्भिक}} = 3.00 \text{ mol L}^{-1}$
30 मिनट बाद, $[N_2O_5] = 2.75 \text{ mol L}^{-1}$

$$2N_2O_5(g) \longrightarrow 4NO_2(g) + O_2(g)$$

$t = 0$ 3.0 M
$t = 30$ 2.75 M

उपरोक्त समीकरण से हम कह सकते हैं कि

$$\frac{1}{2} \times \frac{-\Delta[N_2O_5]}{\Delta t} = \frac{1}{4} \times \frac{\Delta[NO_2]}{\Delta t}$$

$$= \frac{-\Delta[N_2O_5]}{\Delta t} = \frac{-(2.75 - 3.00) \text{ mol L}^{-1}}{30} \Rightarrow \frac{0.25}{30}$$

और $\frac{\Delta[NO_2]}{\Delta t} = -2\frac{\Delta(N_2O_5)}{\Delta t}$

$$\Rightarrow \frac{\Delta[NO_2]}{\Delta t} = -2 \times \frac{0.25}{30} = -1.667 \times 10^{-2} \text{ mol L}^{-1} \text{ min}^{-1}$$

36. *(c)* 2-क्लोरो-1-फेनिल ब्यूटेन को EtOK/EtOH के साथ गर्म करने पर 1-फेनिल ब्यूट-1-ईन (X) प्राप्त होता है।
$Hg(OAc)_2 / H_2O$ के साथ X की अभिक्रिया तत्पश्चात् $NaBH_4$ के साथ अभिक्रिया से 1-फेनिल ब्यूटेन-1-ऑल (Y) प्राप्त होता है।
अभिक्रिया निम्न प्रकार होगी

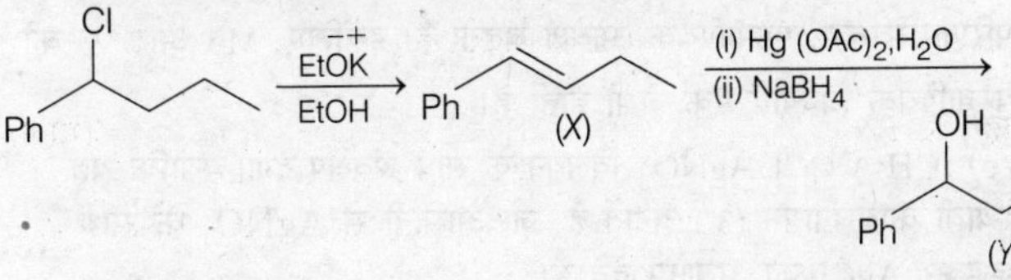

Ph–CH(Cl)–CH₂CH₂CH₃ $\xrightarrow[\text{EtOH}]{\text{EtOK}}$ Ph–CH=CH–CH₂CH₃ (X) $\xrightarrow[\text{(ii) } NaBH_4]{\text{(i) } Hg(OAc)_2, H_2O}$ Ph–CH(OH)–CH₂CH₂CH₃ (Y)

क्रियाविधि

Cl, Ph, H $\xrightarrow{\overset{\ominus}{O}Et}$ विहाइड्रोहैलोजनीकरण → Ph–CH=CH– (X) + $Hg(OAc)_2$ (OAc–$\overset{+}{Hg}$–OAc)

↓ ऑक्सीमर्क्यूरीकरण

OAc, Hg^+, Ph, H, H, H, C_2H_5 (मर्क्यूरिनियम आयन) ← $H_2\ddot{O}$:

Ph—CH—CH—Hg—OAc, $\ddot{O}$H (H), C_2H_5

↓ $:\overset{\ominus}{\ddot{O}}Ac$

$$Ph-CH(OH)-CH_2-C_2H_5 \ (Y) + AcO^{\ominus} \xleftarrow[NaBH_4]{\text{विमर्क्यूरीकरण}} Ph-CH(\ddot{O}H)-CH(C_2H_5)-HgOAc$$

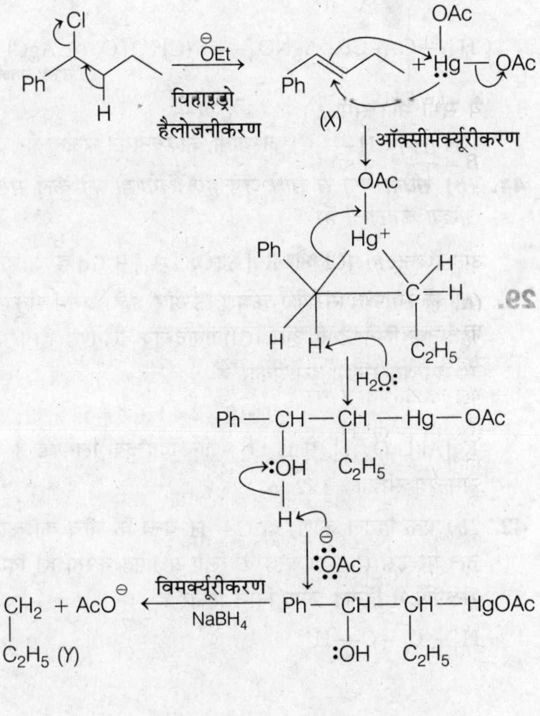

37. *(b)* C व H युक्त हाइड्रोकार्बन को जलाने पर CO_2 तथा जल वाष्प (H_2O) उत्पन्न होते हैं। इस अभिक्रिया को निम्न प्रकार से प्रदर्शित करते है

$$C_xH_y + (x + y/4)O_2 \longrightarrow xCO_2 + (y/2)H_2O$$

कार्बन का द्रव्यमान $= \frac{12}{44} \times CO_2$ का द्रव्यमान

$$= \frac{12}{44} \times 88 \text{ g} = 24 \text{ g}$$

हाइड्रोजन का द्रव्यमान $= \frac{2}{18} \times H_2O$ का द्रव्यमान

$$= \frac{2}{18} \times 9 = 1 \text{ g}$$

इस प्रकार, अज्ञात हाइड्रोकार्बन में 24 ग्राम कार्बन तथा 1 ग्राम हाइड्रोजन सन्निहित है।

38. *(b)* विनाइल हैलाइड ($CH_2 = CH—Cl$) नाभिकस्नेही प्रतिस्थापन अभिक्रिया नहीं देते है, क्योंकि ये अत्यधिक अस्थायी कार्बधनायन ($CH_2 = \overset{\oplus}{C}H$) बनाते है। इनके π-इलेक्ट्रॉन विस्थानीकृत नही होते। विनाइल हैलाइड में C—Cl बन्ध में द्विबन्ध के गुण भी होते है।

$$CH_2=CH—\ddot{C}l: \longleftrightarrow \overset{\ominus}{C}H_2—CH=\overset{\oplus}{C}l:$$

39. *(b)* Mo और W की परमाण्विक त्रिज्याएँ लैन्थेनॉइड संकुचन के कारण एक जैसी होती है। समान कक्षकों में एक इलेक्ट्रॉन का दूसरे इलेक्ट्रॉन द्वारा अपूर्ण परिरक्षण लैन्थेनॉइड संकुचन के लिए उत्तरदायी कारक है। विसरित आकार के कारण $4f$-कक्षक का परिरक्षण बहुत कम होता है। परिणामस्वरूप, परमाण्विक आवेश बढ़ता है। इसलिए, Mo और W की परमाण्विक त्रिज्याएँ एक जैसी होती है।

40. *(c)* $(CH_3)_3CCl$, $AgNO_3$ विलयन के साथ अवक्षेप देगा। क्योंकि यह स्थायी कार्बधनायन (3°) बनाते है, जो आसानी से $AgNO_3$ के साथ जुड़कर AgCl का अवक्षेप देते है।

$$CH_3—\underset{CH_3}{\overset{CH_3}{\underset{|}{\overset{|}{C}}}}—Cl + AgNO_3 \longrightarrow (CH_3)_3\overset{+}{C} + \underset{\text{(सफेद अवक्षेप)}}{AgCl}$$

$CH_2 = CH—$ Cl अस्थायी कार्बधनायन बनाता है।

41. *(b)* ***संकेत*** *धातु से सीधे जुड़े हुए लिगेण्डों की कुल संख्या, समन्वय संख्या कहलाती है।*

$[Co(Cl)(en)_2]Cl$ और $K_3[Al(C_2O_4)_3]$ में Co व Al की समन्वय संख्याएँ क्रमशः 5 और 6 है। प्रथम संकुल में (en) द्विदन्तुक लिगेण्ड है और (Cl) एकदन्तुक लिगेण्ड है। $[Co(Cl)(en)_2]Cl$ में समन्वय संख्या इस प्रकार है

$$= 1 + 2 \times 2 = 1 + 4 = 5$$

$K_3[Al(C_2O_4)_3]$, में '$C_2O_4^{2-}$ तीन द्विदन्तुक लिगेण्ड है।

समन्वय संख्या $= 3 \times 2 = 6$

42. *(b)* एक द्वितल कोण, दो C—H बन्ध के बीच का कोण है, जो एक तल पर इसे C—C बन्ध के लिए प्रक्षेपित करता है। दिए गए न्यूमैन संरूपण में द्वितल कोण निम्न प्रकार है

H′—C—C—H″

$= (H'—C—C—H_a) + (H_a—C—C—H')$

$= 29° + 120° = 149°$

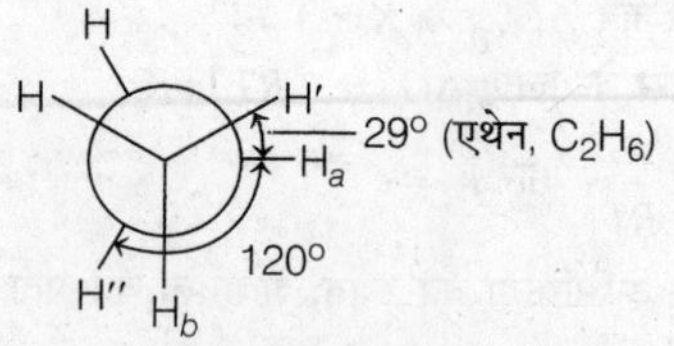

H, H, H′, H_a, H″, H_b; 29° (एथेन, C_2H_6); 120°

43. *(b)* हीरे में C—C बन्ध लम्बाई अधिकतम है, जिसका मान 154 pm है। इस संरचना में प्रत्येक कार्बन परमाणु का संकरण sp^3 है। प्रत्येक कार्बन परमाणु चार अन्य कार्बन परमाणुओं से संकरित कक्षकों द्वारा चतुष्फलकीय ज्यामिती में जुड़ें रहते है। इसमें कार्बन परमाणुओं का कठोर त्रि-आयामी जालक उपस्थित होता है।

ग्रेफाइट की परतों में C—C बन्ध लम्बाई 141.5 pm है। C_{60} (फ्लुओरीन) में एकल व द्विबन्ध के बीच C—C बन्ध दूरी क्रमशः 143.5 pm और 138.3 pm है।

44. *(d)* *m*-क्रिसॉल की ऐसीटोन में K_2CO_3 की उपस्थिति में प्रोपर्जिल ब्रोमाइड ($HC \equiv C—CH_2Br$) के साथ अभिक्रिया निम्न प्रकार है

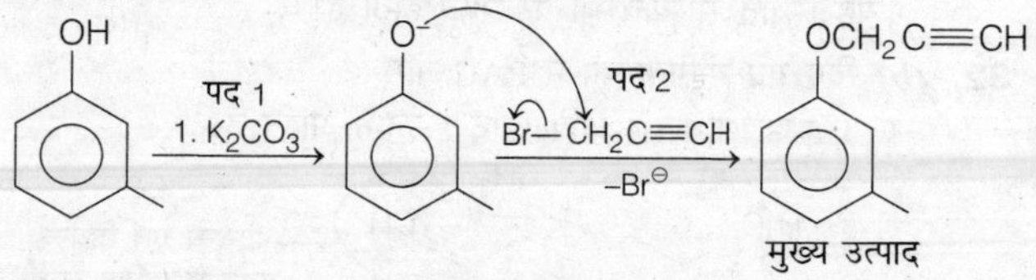

OH; पद 1, 1. K_2CO_3; O^-; पद 2, $Br—CH_2C\equiv CH$, $-Br^\ominus$; $OCH_2C\equiv CH$; मुख्य उत्पाद

प्रथम पद में K_2CO_3 एक क्षार की भाँति कार्य करता है और — OH समूह से H-परमाणु हटता है।

द्वितीय पद में प्रतिस्थापित फीनॉक्साइड आयन $Br—CH_2—C\equiv CH$ के साथ अभिक्रिया करके उत्पाद निर्मित करता है।

45. *(b)* कथन (b) गलत है। ग्लाइकोजन, ऐमिलोज की तरह एक ऋजु-शृंखला बहुलक नहीं है। इसकी ऐमिलोपैक्टिन की तरह उच्च शाखित संरचना होती है। इसे जानवरों की भण्डारण सामग्री के रूप में जाना जाता है। यह यकृत, पेशियों और मस्तिष्क में पाया जाता है। जब शरीर को ग्लूकोस की आवश्यकता होती है, तो यह एन्जाइम क्रिया द्वारा ग्लूकोस में टूट जाता है। यह यीस्ट एवं कवकों में भी पाया जाता है।

46. *(a)* ***संकेत*** *असंतृप्त विलयन में पदार्थ की सान्द्रता को इसकी विलेयता (S) के रूप में परिभाषित किया जाता है। इसका मान विलायक की प्रकृति और तापमान पर निर्भर करता है।*

$$A_xB_y \rightleftharpoons xA^{y+} + yB^{x-}$$

$$K_{sp} = [A^{y+}]^x [B^{x-}]^y$$

$Cd(OH)_2$ की विलेयता $(S) = 1.84 \times 10^{-5}$ M

दिया गया है, pH = 12 [बफर विलयन में $Cd(OH_2)$ के लिए],

इसलिए, $pOH = 2$ $(\because pH + pOH = pK_w)$

$12 + pOH = 14$

$pOH = 14 - 12 = 2$

$\therefore$ बफर विलयन में $[OH^-] = 10^{-2}$

अभिक्रिया के लिए,

$$Cd(OH)_2 \longrightarrow \underset{S}{Cd^{2+}} + \underset{S^2}{2OH^-}$$

$K_{sp} = [Cd^{2+}][OH^-]^2$

$K_{sp} = (S)(2S)^2 = 4S^3 = 4(1.84 \times 10^{-5})^3$

$K_{sp} = 24.9 \times 10^{-15}$

$[Cd^{2+}] = \frac{K_{sp}}{[OH^-]^2}$

$[Cd^{2+}] = \frac{24.9 \times 10^{-15}}{(10^{-2})^2} = 24.9 \times 10^{-15} \times 10^{+4}$

$\Rightarrow \quad = 24.9 \times 10^{-11}$ M

$[Cd^{2+}] \Rightarrow 2.49 \times 10^{-10}$ M

pH = 12 के एक बफर विलयन में $Cd(OH)_2$ की सम्भावित विलेयता 2.49×10^{-10} M है।

47. *(c)* जल प्रतिदर्श की अस्थायी कठोरता यौगिक $X\,[Mg(HCO_3)_2]$ के कारण होती है। इस प्रतिदर्श को उबालने पर X, $[Mg(HCO_3)_2]$ परिवर्तित यौगिक Y, $[Mg(OH)_2]$ हो जाता है। सामान्यतया जल की अस्थायी कठोरता मैग्नीशियम और कैल्शियम के हाइड्रोजन कार्बोनेटों (HCO_3^{-2}) की उपस्थिति के कारण होती है। इसे उबालकर भी दूर किया जा सकता है। उबालने के दौरान घुलनशील $Mg(HCO_3)_2$ अघुलनशील $Mg(OH)_2$ में बदलते है, और $Ca(HCO_3)_2$ अघुलनशील $CaCO_3$ में बदल जाते है। इन अवक्षेपों को छानकर दूर किया जा सकता है।

$Mg(HCO_3)_2 \xrightarrow{\text{गर्म करने पर}} Mg(OH)_2 \downarrow + 2CO_2 \uparrow$

$Ca(HCO_3)_2 \xrightarrow{\text{गर्म करने पर}} CaCO_3 \downarrow + H_2O + CO_2 \uparrow$

48. *(a)* कथन (a) गलत है। $LiNO_3$ (लीथियम नाइट्रेट) गर्म करने पर Li_2O, NO_2 तथा O_2 का मिश्रण देते हैं।

$4LiNO_3 \xrightarrow{\Delta} 2Li_2O + 4NO_2 \uparrow + O_2 \uparrow$

क्षार धातुओं में से लीथियम, सबसे प्रबल अपचायक है।

49. *(a)* तनु हाइड्रोक्लोरिक अम्ल की उपस्थिति में बेन्जीन डाइऐजोनियम क्लोराइड, ऐनिलीन के साथ युग्मन अभिक्रिया द्वारा *p*-ऐमीनो ऐजोबेन्जीन देते है। इस अभिक्रिया में बेन्जीन डाइऐजोनियम क्लोराइड, ऐनिलीन से अभिक्रिया करता है, जिसमें ऐनिलीन अणु की *p*-स्थिति, डाइऐजोनियम लवण के साथ युगित होती है। और *p*-ऐमीनो ऐजोबेन्जीन (पीला रंजक) बनता है

$C_6H_5-\overset{+}{N}\equiv N\overset{-}{Cl} + H-C_6H_4-NH_2$

बेन्जीन डाइऐजोनियम क्लोराइड ऐनिलीन

$\xrightarrow{H^+} C_6H_5-N=N-C_6H_4-NH_2 + Cl^- + H_2O$

p-ऐमीनो ऐजोबेन्जीन (पीला रंजक)

50. *(b)* बोरॉन की तुलना में, बेरीलियम निम्नतम नाभिकीय आवेश तथा उच्चतर प्रथम आयनन एन्थैल्पी रखता है।

Be(4) का इलेक्ट्रॉनिक विन्यास $= 1s^2, 2s^2$

Be के पास पूर्ण भरे हुए *s*-कक्षक है। इसलिए गैसीय परमाणु से एक इलेक्ट्रॉन बाहर निकालने के लिए अधिक ऊर्जा की आवश्यकता होती है। आवर्त सारणी में Be(4) से B(5) की ओर अर्थात् बाएँ से दाएँ चलने पर एक इलेक्ट्रॉन जुड़ने के कारण नाभिकीय आवेश बढ़ता है।

51. *(d)* सरल घनीय (SC), अन्तः केन्द्रित घनीय (BCC) और फलक केन्द्रित घनीय (FCC) संरचना में उपस्थित परमाणुओं की संख्या का अनुपात क्रमशः 1 : 2 : 4 है।

52. *(b)* दिए गए जलीय विलयन की विद्युतीय चालकता आयनन की मात्रा पर निर्भर करती है। आयनन की मात्रा अम्लीय सामर्थ्य के सीधे समानुपाती होती है।

संयुग्मी ऋणायन पर इलेक्ट्रॉन आकर्षी समूह (EWGs) अनुनाद प्रभाव द्वारा, कार्बोक्सिलेट आयन के स्थायित्व को बढ़ाते है। जबकि इलेक्ट्रॉन प्रतिकर्षी समूह (EDGs) ऋणात्मक आवेश को बढ़ाकर कार्बोक्सिलेट आयन के स्थायित्व को कम करते है

EWG ⟵ $C(O)O^{\ominus}$ EDG ⟶ $C(O)O^{\ominus}$

इलेक्ट्रॉन आकर्षी समूहों (EWGs) की उपस्थिति के कारण कार्बोक्सिलिक अम्लों की अम्लीयता बढ़ती है।

इलेक्ट्रॉन प्रतिकर्षी समूहों (EDGs) की उपस्थिति के कारण कार्बोक्सिलिक अम्लों की अम्लीयता घटती है।

विद्युतीय चालकता एवं अम्लीय सामर्थ्य का सही क्रम निम्न प्रकार होगा

$$HCOOH > PhCOOH > CH_3COOH$$

53. *(b)* ***संकेत*** *K_p एवं K_c में सम्बन्ध निम्न प्रकार है*

$$K_p = K_c(RT)^{\Delta n_g}$$

जहाँ, $\Delta n_g = n_{\text{उत्पाद}} - n_{\text{अभिकारक}}$

यदि $\Delta n_g = 0$ *तब* $K_p = K_c$

यदि $\Delta n_g = +ve$ *तब* $K_p > K_c$

यदि $\Delta n_g = -ve$ *तब* $K_p < K_c$

दी गई साम्य अभिक्रियाएँ निम्न प्रकार है

(a) $2NO(g) \rightleftharpoons N_2(g) + O_2(g)$

$\Delta n_g = n_{\text{उत्पाद}} - n_{\text{अभिकारक}} = 2 - 2 = 0$

$\Delta n_g = 0 \Rightarrow$ इसलिए, $K_p = K_c$

(b) $2C(s) + O_2(g) \rightleftharpoons 2CO(g)$

$\Delta n_g = n_{\text{उत्पाद}} - n_{\text{अभिकारक}} = 2 - (1) = 1$

$\Delta n_g \neq 0 \rightarrow$ इसलिए, $K_p \neq K_c$

(c) $NO_2(g) + SO_2(g) \rightleftharpoons NO(g) + SO_3(g)$

$\Delta n_g = n_{\text{उत्पाद}} - n_{\text{अभिकारक}} = 2 - 2 = 0$

$\Delta n_g = 0 \Rightarrow$ इसलिए, $K_p = K_c$

(d) $2HI(g) \rightleftharpoons H_2(g) + I_2(g)$

$\Delta n_g = n_{\text{उत्पाद}} - n_{\text{अभिकारक}} = 2 - 2 = 0$

$\Delta n_g = 0 \Rightarrow$ इसलिए, $K_p = K_c$

54. *(c)* "सान्द्र NaOH विलयन का प्रयोग करते हुए, बॉक्साइट का निक्षालन सोडियम ऐलुमिनेट तथा सोडियम सिलिकेट देता है", ये कथन सही है। बॉक्साइट में सामान्यतः SiO_2, आयरन के ऑक्साइड तथा टाइटेनियम ऑक्साइड (TiO_2) अशुद्धियों के रूप में पाए जाते हैं।

473 – 523 K ताप और 35–36 बार दाब पर NaOH के सान्द्र विलयन के साथ चूर्णित अयस्क की सान्द्रता को बढ़ाया जाता है।

Al_2O_3 को सोडियम ऐलुमिनेट (और सोडियम सिलिकेट के रूप में SiO_2 भी) के रूप में पृथक् किया जाता है।

$Al_2O_3(s) + 2NaOH(aq) + 3H_2O(l) \longrightarrow 2Na[Al(OH)_4](aq)$

ऐलुमिनेट को विलयन में CO_2 गैस प्रवाहित करके उदासीन किया जाता है और जलीय Al_2O_3 अवक्षेपित होता है।

$$2Na[Al(OH)_4](aq) + CO_2(g) \longrightarrow Al_2O_3 \cdot xH_2O(s) + 2NaHCO_3(aq)$$

विलयन में सोडियम सिलिकेट बचता है और जलीय ऐलुमिना को गर्म करने से शुद्ध Al_2O_3 प्राप्त होता है।

$$Al_2O_3 \cdot xH_2O(s) \xrightarrow{1470\text{ K}} Al_2O_3(s) + xH_2O(g)$$

55. *(a)* 513 K पर एक Mn यौगिक *X*, (जो $KMnO_4$ है) के तापीय अपघटन से यौगिक *Y*, (जो K_2MnO_4 है) MnO_2 तथा एक गैसीय उत्पाद प्राप्त होते हैं। MnO_2, NaCl तथा सान्द्र H_2SO_4 से अभिक्रिया करके एक तीखी गैस *Z* (जो Cl_2 है) देता है। अभिक्रिया निम्न प्रकार है

$$\underset{(X)}{2KMnO_4} \xrightarrow[\Delta]{513\text{ K}} \underset{(Y)}{K_2MnO_4} + MnO_2 + O_2(g)$$

$$MnO_2 + 4NaCl + 4H_2SO_4 \longrightarrow MnCl_2 + 4NaHSO_4 + 2H_2O + \underset{(Z)\text{ (तीखी गैस)}}{Cl_2(g)}$$

56. *(c)* दी गई परिस्थितियों के अनुसार, यौगिक (*A*) टर्मिनल ऐल्काइन होना चाहिए। रासायनिक अभिक्रिया इस प्रकार होगी

पद 1

$$\underset{\substack{\text{प्रोप-1-आईन} \\ (A)}}{CH_3-C\equiv CH} \xrightarrow[\Delta]{Ag_2O} \underset{\text{(अवक्षेप)}}{CH_3-C\equiv C-Ag\downarrow}$$

पद 2

$$\underset{(A)}{CH_3C\equiv CH} \xrightarrow[\text{तनु } H_2SO_4]{Hg^{2+}} \left[CH_3-\overset{OH}{\overset{|}{C}}=CH_2 \xrightleftharpoons{\text{चलावयवता}} CH_3-\overset{O}{\overset{\|}{C}}\ CH_3\right] \xrightarrow{NaBH_4} \underset{(2^\circ \text{ ऐल्कोहॉल})}{CH_3-\underset{OH}{\underset{|}{CH}}-CH_3} \xrightarrow[ZnCl_2]{\text{सान्द्र HCl}} CH_3-\underset{Cl}{\underset{|}{CH}}-CH_3$$

5 मिनट तक अविलेय रहता है। (ल्यूकॉस अभिकर्मक में लगभग अविलेय है।)

प्रथम पद में, प्रोप-1-आईन, Ag_2O के साथ अभिक्रिया करके $CH_3-C\equiv C-Ag$ का सफेद अवक्षेप देता है। द्वितीय पद में, प्रोप-1-आईन मर्क्यूरिक सल्फेट और तनु H_2SO_4 की उपस्थिति में कार्बनिक यौगिक $(CH_3)_2C=O$ देते है, जो आगे $NaBH_4$ की उपस्थिति में अभिक्रिया करके $(CH_3)_2CH-OH$ देते है। 2° ऐल्कोहॉल ल्यूकॉस अभिकर्मक के साथ अभिक्रिया करके 5 मिनट तक अविलेयता प्रकट करते है।

57. *(c)* प्राथमिक प्रदूषक जो प्रकाश रासायनिक धूम्र कोहरा पैदा करता है वह नाइट्रोजन ऑक्साइड है। ऑटोमोबाइल में पेट्रोल और डीजल जैसे जीवाश्म ईंधनों के जलने, नाइट्रोजन और ऑक्सीजन के बीच अभिक्रिया और इस तरह की क्रियाओं के परिणामस्वरूप विभिन्न प्रकार के प्रदूषक बनते है, जिनमें से दो मुख्य है, हाइड्रोकार्बन (बिना जला हुआ ईंधन) और नाइट्रिक ऑक्साइड (NO)।

$$N_2(g) + O_2(g) \xrightarrow[\text{डीजल ईंजन में}]{\text{पेट्रोल और}} 2NO(g)$$

जब इन प्रदूषकों की सान्द्रता उच्च होती है, तो नाइट्रोजन के ऑक्साइडों की सूर्य के प्रकाश के साथ प्रतिक्रिया द्वारा शृंखला अभिक्रिया प्रारम्भ होती है।

$$2NO(g) + O_2(g) \xrightarrow{\text{सूर्य का प्रकाश}} 2NO_2(g)$$

$$NO_2(g) \xrightarrow{hv} NO(g) + \underset{\text{नवजात ऑक्सीजन}}{[O]}$$

$$O_3(g) + NO(g) \longrightarrow \underset{\text{(भूरी गैस)}}{NO_2(g)} + O_2(g)$$

58. *(d)* 2*s*-कक्षक की ऊर्जा, पोटैशियम (K) में निम्नतम है। एक कक्षक का आकार, मुख्य क्वाण्टम संख्या (*n*) के बढ़ने से बढ़ता जाता है। इस प्रकार, ऐसे कक्षक में इलेक्ट्रॉन की ऊर्जा कम ऋणात्मक होगी, जिसका अर्थ है कि इलेक्ट्रॉन कम ऊर्जा का है और कम दृढ़ता से बंधा हुआ है। परमाणु क्रमांक के साथ मुख्य क्वाण्टम संख्या का ग्राफ इस प्रकार है

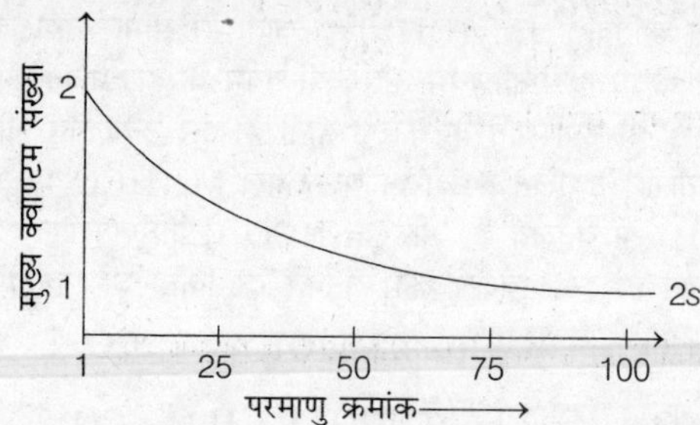

59. *(b)* लेड विषाक्तता के उपचार में प्रयुक्त यौगिक EDTA है। इसका प्रयोग किलेशन थैरेपी द्वारा उपचार में किया जाता है। कैल्शियम डाइसोडियम ऐथिलीनडाइऐमीनट्रेटाऐसीटिक अम्ल द्विसंयोजी धातु आयन जैसे Pb^{+2} के साथ किलैट बनाते हैं।

धातु, कैल्शियम द्वारा विस्थापित हो जाती है तथा किलैट बनता है। 5% से कम $CaNa_2$ EDTA जठरान्त्र पथ में अवशोषित होता है। और यह सम्भवत: Pb के अवशोषण को बढ़ाता है। इसलिए, इसको पीने के उपयोग (oral use) में नहीं लिया जाता।

60. *(d)* ***संकेत*** *दिए गए तापमान पर परासरण दाब विलयन की मोलरता (C) के समानुपाती होता है।*

इस प्रकार, $\pi \propto C, \pi = CRT$ *(तनु विलयन के लिए)*

$$\pi = \frac{n}{V}RT$$

सूत्र, $\pi = CRT = \frac{n}{V}RT$ द्वारा

दिया गया है, यूरिया का द्रव्यमान = 0.6 g

यूरिया का मोलर द्रव्यमान = 60 g mol^{-1}

ग्लूकोस का द्रव्यमान = 1.8 g

ग्लूकोज का मोलर द्रव्यमान = 180 g mol^{-1}

$$= \frac{[n_2(\text{यूरिया}) + n_2(\text{ग्लूकोस})]}{V}RT$$

$$= \frac{\left(\frac{0.6}{60} + \frac{1.8}{180}\right)}{100} \times 1000 \times 0.0821 \times 300$$

$$= (0.01 + 0.01) \times 10 \times 0.0821 \times 300$$

$$\pi = 4.92 \text{ atm}$$

गणित

61. *(b)* दिए गए फलन $f(x) = 5 - |x - 2|$

तथा $g(x) = |x + 1|$, जहाँ $x \in R$.

स्पष्टत:, $x = 2$ पर $f(x)$ का महत्तम मान होता है, इसलिए $\alpha = 2$

तथा $x = -1$ पर $g(x)$ का निम्नतम मान होता है, इसलिए $\beta = -1$

$\Rightarrow \quad \alpha\beta = -2$

अब, $\lim_{x \to -\alpha\beta} \frac{(x-1)(x^2 - 5x + 6)}{x^2 - 6x + 8}$

$= \lim_{x \to 2} \frac{(x-1)(x-3)(x-2)}{(x-4)(x-2)} \quad [\because \alpha\beta = -2]$

$= \lim_{x \to 2} \frac{(x-1)(x-3)}{(x-4)}$

$= \frac{(2-1)(2-3)}{(2-4)} = \frac{1 \times (-1)}{(-2)} = \frac{1}{2}$

62. *(a)* दिए गए वक्रों के समीकरण

$$y^2 = 4\lambda x \quad \text{...(i)}$$

तथा
$$y = \lambda x \quad \text{...(ii)}$$

$$\lambda > 0$$

दोनों वक्रों द्वारा परिबद्ध क्षेत्र की आकृति निम्नवत् है

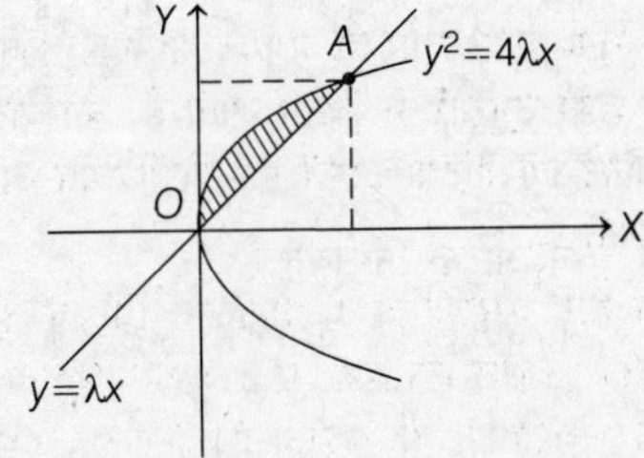

समी (i) तथा (ii) को हल करने पर, प्रतिच्छेदन बिन्दु A प्राप्त होता है

$$\lambda^2 x^2 = 4\lambda x$$

$\Rightarrow \quad x = \frac{4}{\lambda}$

इसलिए $\quad y = 4$

इसलिए, $\quad A\left(\frac{4}{\lambda}, 4\right)$

अब, अभीष्ट क्षेत्रफल $= \int_0^{4/\lambda} (2\sqrt{\lambda x} - \lambda x)\, dx$

$$= 2\sqrt{\lambda}\left[\frac{x^{3/2}}{\frac{3}{2}}\right]_0^{4/\lambda} - \lambda\left[\frac{x^2}{2}\right]_0^{4/\lambda}$$

$$= \frac{4}{3}\sqrt{\lambda}\,\frac{4\sqrt{4}}{\lambda\sqrt{\lambda}} - \frac{\lambda}{2}\left(\frac{4}{\lambda}\right)^2$$

$$= \frac{32}{3\lambda} - \frac{8}{\lambda} = \frac{32 - 24}{3\lambda} = \frac{8}{3\lambda}$$

दिया है, क्षेत्रफल $= \frac{1}{9} \Rightarrow \frac{8}{3\lambda} = \frac{1}{9}$

$\Rightarrow \quad \lambda = 24$

63. *(b)* प्रश्नानुसार, आकृति निम्नवत् है

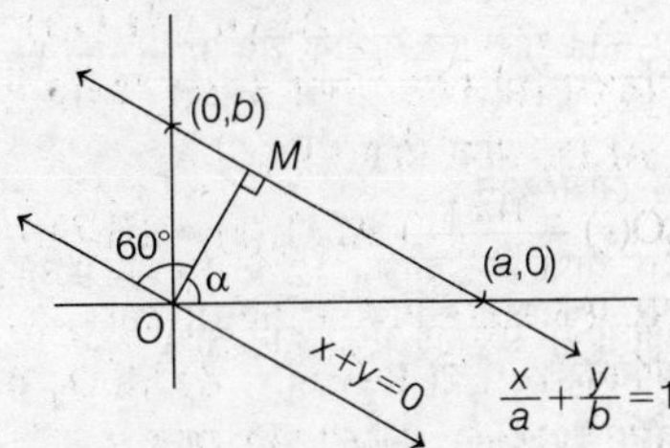

माना रेखा $x + y = 0$ का झुकाव 'θ' है।

तब, $\quad \tan\theta = -1 = \tan(180° - 45°)$

$\Rightarrow \quad \tan\theta = \tan 135° \Rightarrow \theta = 135°$

$\Rightarrow \quad \alpha + 60° = 135° \Rightarrow \alpha = 75°$

चूँकि, रेखा L की लम्बवत् दूरी $OM = 4$

इसलिए, रेखा 'L' का समीकरण

$$x\cos\alpha + y\sin\alpha = 4$$

$\Rightarrow \quad x\cos 75° + y\sin 75° = 4$

$\Rightarrow x\cos(45° + 30°) + y\sin(45° + 30°) = 4$

$\Rightarrow x\left\{\frac{\sqrt{3}}{2\sqrt{2}} - \frac{1}{2\sqrt{2}}\right\} + y\left\{\frac{\sqrt{3}}{2\sqrt{2}} + \frac{1}{2\sqrt{2}}\right\} = 4$

$\Rightarrow \quad (\sqrt{3} - 1)x + y(\sqrt{3} + 1) = 8\sqrt{2}$

64. *(a)* माना $f(x) = \tan^{-1}\left(\frac{\sin x - \cos x}{\sin x + \cos x}\right)$

$$= \tan^{-1}\left(\frac{\tan x - 1}{\tan x + 1}\right)$$

[अंश तथा हर को $\cos x > 0, x \in \left(0, \frac{\pi}{2}\right)$ से भाग देने पर]

$$= \tan^{-1}\left(\frac{\tan x - \tan\frac{\pi}{4}}{1 + \left(\tan\frac{\pi}{4}\right)(\tan x)}\right)$$

$$= \tan^{-1}\left[\tan\left(x - \frac{\pi}{4}\right)\right]$$

$$\left[\because \frac{\tan A - \tan B}{1 + \tan A \tan B} = \tan(A - B)\right]$$

चूँकि, दिया है कि $x \in \left(0, \frac{\pi}{2}\right)$, इसलिए $x - \frac{\pi}{4} \in \left(-\frac{\pi}{4}, \frac{\pi}{4}\right)$

साथ ही, $\left(x - \frac{\pi}{4}\right) \in \left(-\frac{\pi}{4}, \frac{\pi}{4}\right)$ के लिए,

तब, $f(x) = \tan^{-1}\left(\tan\left(x - \frac{\pi}{4}\right)\right) = x - \frac{\pi}{4}$

$$\left[\because \tan^{-1}\tan\theta = \theta, \theta \in \left(-\frac{\pi}{2}, \frac{\pi}{2}\right) \text{ के लिए}\right]$$

अब, $\frac{x}{2}$ के सापेक्ष $f(x)$ का अवकलज

$$\frac{d(f(x))}{d(x/2)} = 2\frac{df(x)}{d(x)} = 2 \times \frac{d}{dx}\left(x - \frac{\pi}{4}\right) = 2$$

65. *(a)* दिया है, कि व्यक्ति द्विक अर्थात् (1, 1), (2, 2), (3, 3), (4, 4), (5, 5), (6, 6)आने पर ₹ 15 जीतता है तथा परिणाम में दोनों पासों पर योग 9 अर्थात् (3, 6), (4, 5), (5, 4), (6, 3) आने पर ₹ 12 जीतता है। साथ ही, अन्य कोई परिणाम अर्थात् शेष $36-6-4=26$ आने पर वह ₹ 6 हारता है।

अब, प्रत्याशित लाभ/हानि

$= 15 \times P$ (द्विक प्राप्त होने की) $+ 12 \times P$ (योग 9 आने की) $- 6 \times P$ (शेष 26 परिणामों में से कोई एक आने की)

$$= \left(15 \times \frac{6}{36}\right) + \left(12 \times \frac{4}{36}\right) - \left(6 \times \frac{26}{36}\right)$$

$$= \frac{5}{2} + \frac{4}{3} - \frac{26}{6} = \frac{15+8-26}{6} = \frac{23-26}{6} = -\frac{3}{6} = -\frac{1}{2},$$

अर्थात् ₹ $\frac{1}{2}$ की हानि

66. *(c)* माना,

$$P = \lim_{x \to 0} \frac{x + 2\sin x}{\sqrt{x^2 + 2\sin x + 1} - \sqrt{\sin^2 x - x + 1}} \quad \left[\frac{0}{0} \text{ रूप}\right]$$

परिमेयीकरण करने पर,

$$P = \lim_{x \to 0}\left[\frac{(x + 2\sin x)}{x^2 + 2\sin x + 1 - \sin^2 x + x - 1} \times \left(\sqrt{x^2 + 2\sin x + 1} + \sqrt{\sin^2 x - x + 1}\right)\right]$$

$$= \lim_{x \to 0}\left(\sqrt{x^2 + 2\sin x + 1} + \sqrt{\sin^2 x - x + 1}\right) \times \lim_{x \to 0} \frac{x + 2\sin x}{x^2 - \sin^2 x + 2\sin x + x}$$

$$= 2 \times \lim_{x \to 0} \frac{x + 2\sin x}{x^2 - \sin^2 x + 2\sin x + x} \quad \left[\frac{0}{0} \text{ रूप}\right]$$

एल–हॉस्पिटल नियम लागू करने पर,

$$P = 2 \times \lim_{x \to 0} \frac{1 + 2\cos x}{2x - \sin 2x + 2\cos x + 1}$$

$$= 2\,\frac{(1+2)}{0 - 0 + 2 + 1} \quad \text{[सीमा रखने पर]}$$

$$= 2 \times \frac{3}{3} = 2$$

$$\Rightarrow \lim_{x \to 0} \frac{x + 2\sin x}{\sqrt{x^2 + 2\sin x + 1} - \sqrt{\sin^2 x - x + 1}} = 2$$

67. *(c)* दिया है, कि अचर गुणोत्तर श्रेढ़ी के तीन क्रमागत पद α, β तथा γ हैं।

माना $\alpha = \alpha, \beta = \alpha r, \gamma = \alpha r^2, \{r \neq 0, 1\}$

तथा दी गई द्विघात समीकरण

$$\alpha x^2 + 2\beta x + \gamma = 0 \quad \text{...(i)}$$

समी (i) में, α, β तथा γ के मानों को रखने पर,

$$\alpha x^2 + 2\alpha r x + \alpha r^2 = 0$$

$$\Rightarrow x^2 + 2rx + r^2 = 0$$

$$\Rightarrow (x + r)^2 = 0$$

$$\Rightarrow x = -r$$

$\because$ द्विघात समीकरणों $\alpha x^2 + 2\beta x + \gamma = 0$ तथा $x^2 + x - 1 = 0$ के मूल उभयनिष्ठ हैं, इसलिए $x = -r$, अवश्य ही समीकरण $x^2 + x - 1 = 0$ का मूल होगा, इसलिए

$$r^2 - r - 1 = 0 \quad \text{...(ii)}$$

अब, $\alpha(\beta + \gamma) = \alpha(\alpha r + \alpha r^2) = \alpha^2(r + r^2)$

विकल्पों से,

$$\beta\gamma = \alpha r \cdot \alpha r^2 = \alpha^2 r^3 = \alpha^2(r + r^2)$$

$$[\because r^2 - r - 1 = 0 \Rightarrow r^3 = r + r^2]$$

68. *(a)* माना द्विपद $\left(2x^2 - \frac{3}{x^2}\right)^6$ है, इसका $(r+1)$ वाँ पद

$$= T_{r+1} = {}^6C_r\,(2x^2)^{6-r}\left(-\frac{3}{x^2}\right)^r$$

$$= {}^6C_r\,(-3)^r\,(2)^{6-r}\,x^{12-2r-2r} = {}^6C_r\,(-3)^r\,(2)^{6-r}\,x^{12-4r} \quad \text{...(i)}$$

अब, $\left(\frac{1}{60} - \frac{x^8}{81}\right)\left(2x^2 - \frac{3}{x^2}\right)^6$ के प्रसार में x से स्वतन्त्र पद =

$\frac{1}{60}\left(2x^2 - \frac{3}{x^2}\right)^6$ के प्रसार में x से स्वतन्त्र पद +

$\left\{-\frac{x^8}{81}\left(2x^2 - \frac{3}{x^2}\right)^6\right\}$ के प्रसार में x से स्वतन्त्र पद

$$= \frac{{}^6C_3}{60}(-3)^3\,(2)^{6-3}\,x^{12-4(3)} \quad [r = 3 \text{ रखने पर}]$$

$$+ \left(-\frac{1}{81}\right){}^6C_5\,(-3)^5\,(2)^{6-5}\,x^{12-4(5)}\,x^8 \quad [r = 5 \text{ रखने पर}]$$

$$= \frac{1}{3}(-3)^3\,2^3 + \frac{3^5 \times 2(6)}{81} = 36 - 72 = -36$$

69. *(d)* प्रश्नानुसार, वेन आरेख निम्नवत् है,

यहाँ $A \cap B \subseteq C$ तथा $A \cap B \neq \phi$

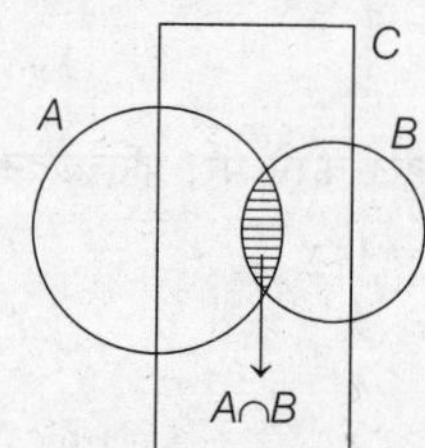

अब, वेन आरेख से स्पष्ट है कि, $B \cap C \neq \phi$, सत्य है

साथ ही, $(C \cup A) \cap (C \cup B) = C \cup (A \cap B) = C$ सत्य है। यदि $(A - B) \subseteq C$, तब इस कथन के लिए वेन आरेख निम्नवत् है

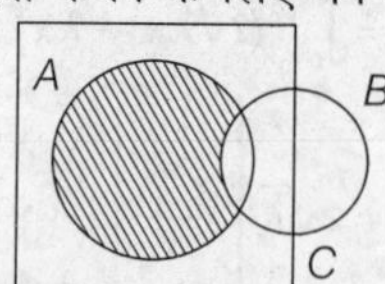

वेन आरेख से स्पष्ट है कि

यदि $A - B \subseteq C$, तब $A \subseteq C$

अब, यदि $(A - C) \subseteq B$, तब इस कथन के लिए वेन आरेख निम्नवत् है

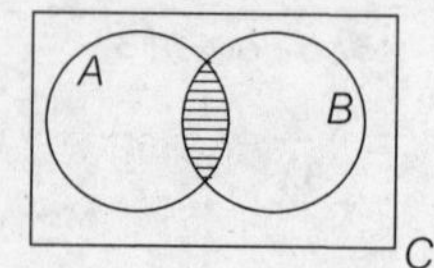

अब, वेन आरेख से स्पष्ट है कि

$A \cap B \neq \phi, A \cap B \subseteq C$ तथा $A - C = \phi \subseteq B$ परन्तु $A \subseteq B$

70. *(b)* दिए गए तीन सदिश हैं

$$\mathbf{a} = \alpha\hat{\mathbf{i}} + \hat{\mathbf{j}} + 3\hat{\mathbf{k}}$$
$$\mathbf{b} = 2\hat{\mathbf{i}} + \hat{\mathbf{j}} - \alpha\hat{\mathbf{k}}$$

तथा $$\mathbf{c} = \alpha\hat{\mathbf{i}} - 2\hat{\mathbf{j}} + 3\hat{\mathbf{k}}$$

स्पष्टतः, $[\mathbf{a}\ \mathbf{b}\ \mathbf{c}] = \begin{vmatrix} \alpha & 1 & 3 \\ 2 & 1 & -\alpha \\ \alpha & -2 & 3 \end{vmatrix}$

$$= \alpha(3 - 2\alpha) - 1(6 + \alpha^2) + 3(-4 - \alpha)$$
$$= -3\alpha^2 - 18 = -3(\alpha^2 + 6)$$

$\because$ यहाँ α का कोई मान नहीं है जिसके लिए $-3(\alpha^2 + 6)$ शून्य हो,

इसलिए $= \begin{vmatrix} \alpha & 1 & 3 \\ 2 & 1 & -\alpha \\ \alpha & -2 & 3 \end{vmatrix} [\mathbf{a}\ \mathbf{b}\ \mathbf{c}] \neq 0$

$\Rightarrow$ सदिश $\mathbf{a}$, $\mathbf{b}$ तथा $\mathbf{c}$ किसी मान $\alpha \in R$ के लिए समतलीय नहीं है।

इसलिए, समुच्चय $S = \{\alpha : \mathbf{a}, \mathbf{b}$ तथा $\mathbf{c}$ समतलीय हैं$\}$ एक रिक्त समुच्चय है।

71. *(d)* दिया है,

$$(1 + x)^n = {}^nC_0 + {}^nC_1x + {}^nC_2\,x^2 + \ldots + {}^nC_n\,x^n$$

दोनों पक्षों का x के सापेक्ष अवकलन करने पर,

$$n(1 + x)^{n-1} = {}^nC_1 + 2\,{}^nC_2\,x + \ldots + n\,{}^nC_n\,x^{n-1}$$

दोनों पक्षों को x से गुणा करने पर,

$$n\,x(1 + x)^{n-1} = {}^nC_1x + 2\,{}^nC_2x^2 + \ldots + n\,{}^nC_nx^n$$

पुन: दोनों पक्षों को x के सापेक्ष अवकलन करने पर,

$$n\,[(1 + x)^{n-1} + (n-1)\,x\,(1 + x)^{n-2}]$$
$$= {}^nC_1 + 2^2\,{}^nC_2x + \ldots + n^2\,{}^nC_nx^{n-1}$$

दोनों पक्षों में $x = 1$ रखने पर,

$${}^nC_1 + (2^2)\,{}^nC_2 + (3^2)\,{}^nC_3 + \ldots + (n^2)\,{}^nC_n$$
$$= n(2^{n-1} + (n-1)\,2^{n-2})$$

$n = 20$ के लिए,

$${}^{20}C_1 + (2^2)\,{}^{20}C_2 + (3^2)\,{}^{20}C_3 + \ldots + (20)^2\,{}^{20}C_{20}$$
$$= 20(2^{19} + (19)\,2^{18}) = 20\,(2 + 19)\,2^{18} = 420\,(2^{18}) = A(2^\beta) \quad \text{(दिया है)}$$

तुलना करने पर,

$(A, \beta) = (420, 18)$

72. *(d)* माना

$$\Delta = \begin{vmatrix} 1 + \cos^2\theta & \sin^2\theta & 4\cos 6\theta \\ \cos^2\theta & 1 + \sin^2\theta & 4\cos 6\theta \\ \cos^2\theta & \sin^2\theta & 1 + 4\cos 6\theta \end{vmatrix} = 0$$

$C_1 \to C_1 + C_2$ लागू करने पर,

$$\Delta = \begin{vmatrix} 2 & \sin^2\theta & 4\cos 6\theta \\ 2 & 1 + \sin^2\theta & 4\cos 6\theta \\ 1 & \sin^2\theta & 1 + 4\cos 6\theta \end{vmatrix} = 0$$

$R_1 \to R_1 - 2R_3$ तथा $R_2 \to R_2 - 2R_3$ लागू करने पर,

$$\Delta = \begin{vmatrix} 0 & -\sin^2\theta & -2 - 4\cos 6\theta \\ 0 & 1 - \sin^2\theta & -2 - 4\cos 6\theta \\ 1 & \sin^2\theta & 1 + 4\cos 6\theta \end{vmatrix} = 0$$

C_1 के अनुदिश विस्तार करने पर,

$$\Rightarrow \sin^2\theta\,(2 + 4\cos 6\theta) + (2 + 4\cos 6\theta)\,(1 - \sin^2\theta) = 0$$
$$\Rightarrow 2 + 4\cos 6\theta = 0 \Rightarrow \cos 6\theta = -\frac{1}{2} = \cos\frac{2\pi}{3}$$
$$\Rightarrow 6\theta = \frac{2\pi}{3} \Rightarrow \theta = \frac{\pi}{9} \qquad \left[\because \theta \in \left(0, \frac{\pi}{3}\right)\right]$$

73. *(a)* दिया है,

प्रवेश परीक्षा में एक परीक्षार्थी को पचास प्रश्न हल करने हैं तथा परीक्षार्थी द्वारा एक प्रश्न को हल कर सकने की प्रायिकता $\frac{4}{5} = q$ (माना)

इसलिए, परीक्षार्थी द्वारा प्रश्न को हल न कर सकने की प्रायिकता

$P = 1 - q = 1 - \frac{4}{5} = \frac{1}{5}$

अब, माना X यादृच्छिक चर है जोकि परीक्षार्थी द्वारा प्रश्न हल करने में असमर्थता की संख्या को दर्शाता है, तब X के निम्नलिखित द्विपद बंटन है जिसके प्राचल $n = 50$ तथा $p = \frac{1}{5}$

अब, द्विपद प्रायिकता बंटन नियम अनुसार

$$P(X = r) = {}^{50}C_r\left(\frac{1}{5}\right)^r\left(\frac{4}{5}\right)^{50-r}, \; r = 0, 1, \ldots, 50$$

$\therefore$ अभीष्ट प्रायिकता $= P(X < 2) = P(X = 0) + P(X = 1)$

$$= {}^{50}C_0\left(\frac{4}{5}\right)^{50} + {}^{50}C_1\frac{4^{49}}{(5)^{50}}$$
$$= \left(\frac{4}{5}\right)^{49}\left(\frac{4}{5} + \frac{50}{5}\right) = \frac{54}{5}\left(\frac{4}{5}\right)^{49}$$

74. *(b)* माना $I = \int \frac{\tan x + \tan\alpha}{\tan x - \tan\alpha}\,dx, \alpha \in \left(0, \frac{\pi}{2}\right)$

$$= \int \frac{\frac{\sin x}{\cos x} + \frac{\sin\alpha}{\cos\alpha}}{\frac{\sin x}{\cos x} - \frac{\sin\alpha}{\cos\alpha}}\,dx$$
$$= \int \frac{\sin x\cos\alpha + \sin\alpha\cos x}{\sin x\cos\alpha - \sin\alpha\cos x}\,dx = \int \frac{\sin(x + \alpha)}{\sin(x - \alpha)}\,dx$$

अब, $x - \alpha = t$ रखने पर $\Rightarrow dx = dt$, इसलिए

$$I = \int \frac{\sin(t + 2\alpha)}{\sin t}\,dt$$
$$= \int \frac{\sin t\cos 2\alpha + \sin 2\alpha\cos t}{\sin t}\,dt$$
$$= \int\left(\cos 2\alpha + \sin 2\alpha\,\frac{\cos t}{\sin t}\right)dt$$
$$= t\,(\cos 2\alpha) + (\sin 2\alpha)\log_e|\sin t| + C$$
$$= (x - \alpha)\cos 2\alpha + (\sin 2\alpha)\log_e|\sin(x - \alpha)| + C$$
$$= A(x)\cos 2\alpha + B(x)\sin 2\alpha + C \qquad \text{(दिया है)}$$

तुलना करने पर,

$A(x) = x - \alpha$ तथा $B(x) = \log_e|\sin(x - \alpha)|$

75. *(a)* माना $I = \int_{\alpha}^{\alpha+1} \frac{dx}{(x+\alpha)(x+\alpha+1)}$

$$= \int_{\alpha}^{\alpha+1} \frac{(x+\alpha+1)-(x+\alpha)}{(x+\alpha)(x+\alpha+1)}\, dx$$

$$= \int_{\alpha}^{\alpha+1} \left(\frac{1}{x+\alpha} - \frac{1}{x+\alpha+1} \right) dx$$

$$= \left[\log_e(x+\alpha) - \log_e(x+\alpha+1)\right]_{\alpha}^{\alpha+1}$$

$$= \left[\log_e \left(\frac{x+\alpha}{x+\alpha+1} \right) \right]_{\alpha}^{\alpha+1}$$

$$= \log_e \frac{2\alpha+1}{2\alpha+2} - \log_e \frac{2\alpha}{2\alpha+1}$$

$$= \log_e \left(\frac{2\alpha+1}{2\alpha+2} \times \frac{2\alpha+1}{2\alpha} \right) = \log_e \left(\frac{9}{8} \right) \quad \text{(दिया है)}$$

$\Rightarrow \quad \frac{(2\alpha+1)^2}{4\alpha(\alpha+1)} = \frac{9}{8}$

$\Rightarrow \quad 8[4\alpha^2 + 4\alpha + 1] = 36(\alpha^2 + \alpha)$

$\Rightarrow \quad 8\alpha^2 + 8\alpha + 2 = 9\alpha^2 + 9\alpha$

$\Rightarrow \quad \alpha^2 + \alpha - 2 = 0$

$\Rightarrow \quad (\alpha+2)(\alpha-1) = 0 \Rightarrow \alpha = 1, -2$

विकल्पों से, $\alpha = -2$

76. *(d)* दिए गए वक्रों के समीकरण

$y^2 = 16x$ (परवलय) ...(i)

तथा $xy = -4$ (समकोणीय अतिपरवलय) ...(ii)

स्पष्टतः, परवलय (i) पर प्रवणता 'm' की स्पर्शी का समीकरण

$$y = mx + \frac{4}{m} \quad \text{...(iii)}$$

अब, समी (ii) तथा (iii) से y विलोपित करने पर,

$$x\left(mx + \frac{4}{m}\right) = -4 \Rightarrow mx^2 + \frac{4}{m}x + 4 = 0$$

जोकि स्पर्शी तथा समकोणीय अतिपरवलय के प्रतिच्छेदन बिन्दु को प्रदान करता है

चूँकि, रेखा $y = mx + \frac{4}{m}$ भी समकोणीय अतिपरवलय की स्पर्शी है।

∴ द्विघात समीकरण का विविक्तकर

$mx^2 + \frac{4}{m}x + 4 = 0$, शून्य होना चाहिए

[∵ यहाँ केवल एक प्रतिच्छेदन बिन्दु होगा]

$\Rightarrow \quad D = \left(\frac{4}{m}\right)^2 - 4(m)(4) = 0 \Rightarrow m^3 = 1 \Rightarrow m = 1$

इसलिए, अभीष्ट स्पर्शी का समीकरण $y = x + 4$

77. *(b)* दिए गए परवलय का समीकरण

$$y = (x-2)^2 - 1$$

$\Rightarrow \quad y = x^2 - 4x + 3$ ...(i)

अब, माना कि परवलय (i) की स्पर्शियों तथा रेखा $x - y = 3$ का प्रतिच्छेदन बिन्दु (x_1, y_1) है। तब, परवलय (i) के सापेक्ष बिन्दु (x_1, y_1) की स्पर्शीय जीवा का समीकरण

$$T = 0$$

$\Rightarrow \quad \frac{1}{2}(y + y_1) = xx_1 - 2(x + x_1) + 3$

$\Rightarrow \quad y + y_1 = 2x(x_1 - 2) - 4x_1 + 6$

$\Rightarrow 2x(x_1 - 2) - y = 4x_1 + y_1 - 6$, यह समीकरण केवल $x - y = 3$ को दर्शाती है, इसलिए तुलना करने पर,

$$\frac{2(x_1-2)}{1} = \frac{-1}{-1} = \frac{4x_1 + y_1 - 6}{3}$$

$\Rightarrow \quad x_1 = \frac{5}{2}$ तथा $y_1 = -1$

अतः अभीष्ट बिन्दु $\left(\frac{5}{2}, -1\right)$ है।

78. *(d)* दी गई अवकल समीकरण

$$(y^2 - x^3)\,dx - xy\,dy = 0, (x \neq 0)$$

$\Rightarrow \quad xy\frac{dy}{dx} - y^2 = -x^3$

अब, $y^2 = t$ रखने पर,

$\Rightarrow \quad 2y\frac{dy}{dx} = \frac{dt}{dx} \Rightarrow y\frac{dy}{dx} = \frac{1}{2}\frac{dt}{dx}$

$\therefore \quad \frac{x}{2}\frac{dt}{dx} - t = -x^3$

$\Rightarrow \quad \frac{dt}{dx} - \frac{2}{x}t = -2x^2$

जोकि $\frac{dt}{dx} + Pt = Q$ रूप की रैखिक अवकल समीकरण है।

यहाँ, $P = -\frac{2}{x}$ तथा $Q = -2x^2$.

अब, $\text{IF} = e^{-\int \frac{2}{x}dx} = \frac{1}{x^2}$

∵ रैखिक अवकल समीकरण का हल

(IF) $t = \int Q(\text{IF})dx + \lambda$ [जहाँ, λ एक समाकलन अचर है]

$\therefore \quad t\left(\frac{1}{x^2}\right) = -2\int\left(x^2 \times \frac{1}{x^2}\right)dx + \lambda$

$\Rightarrow \quad \frac{t}{x^2} = -2x + \lambda \Rightarrow \frac{y^2}{x^2} + 2x = \lambda \quad [\because t = y^2]$

$\Rightarrow \quad y^2 + 2x^3 - \lambda x^2 = 0$

या $\quad y^2 + 2x^3 + cx^2 = 0 \quad$ [माना $c = -\lambda$]

79. *(d)* माना $z = x + 10i$, जब $\text{Im}(z) = 10$ [दिया है]

चूँकि, z सन्तुष्ट करता है

$$\frac{2z - n}{2z + n} = 2i - 1, n \in N,$$

$\therefore \quad (2x - 20i - n) = (2i - 1)(2x + 20i + n)$

$\Rightarrow \quad (2x - n) + 20i = (-2x - n - 40) + (4x + 2n - 20)i$

वास्तविक तथा काल्पनिक भागों की तुलना करने पर,

$2x - n = -2x - n - 40$ तथा $20 = 4x + 2n - 20$

$\Rightarrow \quad 4x = -40$ तथा $4x + 2n = 40$

$\Rightarrow \quad x = -10$ तथा $-40 + 2n = 40$

$\Rightarrow \quad n = 40$

इसलिए, $n = 40$ तथा $x = \text{Re}(z) = -10$

80. *(d)* माना ΔABC के शीर्ष $A(1, 2)$, $B(x_1, y_1)$ तथा $C(x_2, y_2)$ हैं।

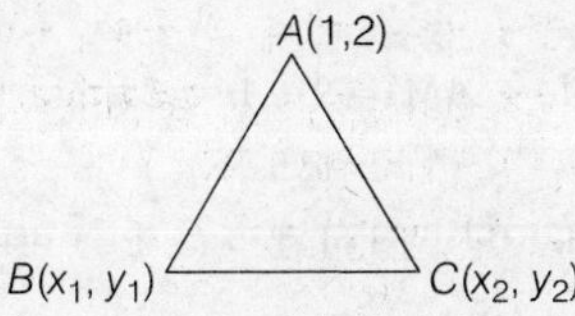

दिया है, कि भुजा AB का मध्य-बिन्दु $(-1, 1)$ है।

इसलिए, $\frac{x_1 + 1}{2} = -1$ तथा $\frac{y_1 + 2}{2} = 1$

$\Rightarrow$ $x_1 = -3$ तथा $y_1 = 0$

इसलिए, बिन्दु $B(-3, 0)$ है

साथ ही, दिया है कि भुजा AC का मध्य-बिन्दु $(2, 3)$ है, इसलिए

$$\frac{x_2 + 1}{2} = 2 \text{ तथा } \frac{y_2 + 2}{2} = 3$$

$\Rightarrow$ $x_2 = 3$ तथा $y_2 = 4$

इसलिए, बिन्दु $C(3, 4)$ है।

अब, ΔABC का केन्द्रक

$$G\left(\frac{1 + (-3) + 3}{3}, \frac{2 + 0 + 4}{3}\right) = G\left(\frac{1}{3}, 2\right)$$

81. *(a)* दिए गए रेखीय सदिश

$\mathbf{r} = (\hat{\mathbf{i}} + \hat{\mathbf{j}}) + \lambda(\hat{\mathbf{i}} + 2\hat{\mathbf{j}} - \hat{\mathbf{k}})$ तथा ...(i)

$\mathbf{r} = (\hat{\mathbf{i}} + \hat{\mathbf{j}}) + \mu(-\hat{\mathbf{i}} + \hat{\mathbf{j}} - 2\hat{\mathbf{k}})$ ...(ii)

अब, दिए गए सदिशों (i) तथा (ii) के लम्बवत् सदिश

$$\mathbf{n} = \begin{vmatrix} \hat{\mathbf{i}} & \hat{\mathbf{j}} & \hat{\mathbf{k}} \\ 1 & 2 & -1 \\ -1 & 1 & -2 \end{vmatrix}$$

$$= \hat{\mathbf{i}}(-4 + 1) - \hat{\mathbf{j}}(-2 - 1) + \hat{\mathbf{k}}(1 + 2)$$

$$= -3\hat{\mathbf{i}} + 3\hat{\mathbf{j}} + 3\hat{\mathbf{k}}$$

$\therefore$ दिए गए समतलों (i) तथा (ii) में समाहित समतल का समीकरण

$-3(x - 1) + 3(y - 1) + 3(z - 0) = 0$

$\Rightarrow$ $-3x + 3y + 3z = 0$

$\Rightarrow$ $x - y - z = 0$ ...(iii)

अब, बिन्दु $(2, 1, 4)$ से समतल $x - y - z = 0$ पर डाले गए लम्ब पाद की लम्बाई,

$$d_1 = \frac{|2 - 1 - 4|}{\sqrt{1 + 1 + 1}} = \frac{3}{\sqrt{3}} = \sqrt{3}$$

82. *(c)* दिया है कि विद्यार्थियों के एक समूह में 5 लड़के तथा n लड़कियाँ हैं, तब समूह में से 3 विद्यार्थियों की टीम के चयन के तरीकों की संख्या जिसमें कम-से-कम एक लड़का तथा कम-से-कम एक लड़की समूह में सम्मिलित हो

= (एक लड़का तथा 2 लड़कियों के चयन के तरीकों की संख्या) + (2 लड़के तथा 1 लड़की के चयन के तरीकों की संख्या)

$= ({}^5C_1 \times {}^nC_2) + ({}^5C_2 \times {}^nC_1) = 1750$ [दिया है]

$$\Rightarrow \left(5 \times \frac{n(n-1)}{2}\right) + \left(\frac{5 \times 4}{2} \times n\right) = 1750$$

$\Rightarrow$ $n(n - 1) + 4n = \frac{2}{5} \times 1750$

$\Rightarrow$ $n^2 + 3n = 2 \times 350 \Rightarrow n^2 + 3n - 700 = 0$

$\Rightarrow$ $n^2 + 28n - 25n - 700 = 0$

$\Rightarrow$ $n(n + 28) - 25(n + 28) = 0 \Rightarrow n = 25$ $[\because n \in N]$

83. *(a)* प्रश्नानुसार, आकृति निम्नवत् है

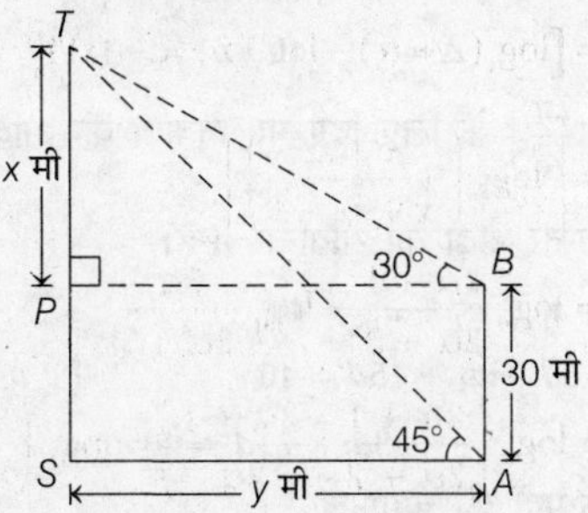

अब, माना कि बिन्दु A से मीनार के पाद की दूरी y मी है।

इस प्रकार, $BP \perp ST$ खींचा कि $PT = x$ मी

तब ΔTPB में,

$$\tan 30° = \frac{x}{y} \Rightarrow x = \frac{1}{\sqrt{3}} y \quad \text{...(i)}$$

तथा ΔTSA में,

$$\tan 45° = \frac{x + 30}{y} \Rightarrow y = x + 30 \quad \text{...(ii)}$$

समी (i) तथा (ii) से परिमाण x को विलोपित करने पर,

$$y = \frac{1}{\sqrt{3}} y + 30 \Rightarrow y\left(1 - \frac{1}{\sqrt{3}}\right) = 30$$

$$\Rightarrow \quad y = \frac{30\sqrt{3}}{\sqrt{3} - 1} = \frac{30\sqrt{3}(\sqrt{3} + 1)}{3 - 1}$$

$$= \frac{30}{2}\sqrt{3}(\sqrt{3} + 1) = 15(3 + \sqrt{3})$$

84. *(a)* दिया गया समीकरण निकाय

$[\sin\theta]\, x + [-\cos\theta]\, y = 0$ ...(i)

तथा $[\cot\theta]\, x + y = 0$ ...(ii)

जहाँ, $[x]$ महत्तम पूर्णांक $\le x$ को दर्शाता है

$$\text{यहाँ, } \Delta = \begin{vmatrix} [\sin\theta] & [-\cos\theta] \\ [\cot\theta] & 1 \end{vmatrix}$$

$\Rightarrow$ $\Delta = [\sin\theta] - [-\cos\theta][\cot\theta]$

जब, $\theta \in \left(\frac{\pi}{2}, \frac{2\pi}{3}\right)$, $\sin\theta \in \left(\frac{\sqrt{3}}{2}, 1\right) \Rightarrow [\sin\theta] = 0$ ...(iii)

$$-\cos\theta \in \left(0, \frac{1}{2}\right) \Rightarrow [-\cos\theta] = 0 \quad \text{...(iv)}$$

तथा $\cot\theta \in \left(-\frac{1}{\sqrt{3}}, 0\right) \Rightarrow [\cot\theta] = -1$ ...(v)

इसलिए,

$$\Delta = [\sin\theta] - [-\cos\theta][\cot\theta] - (0 \times (-1)) = 0$$

[समी (iii), (iv) तथा (v) से]

अतः $\theta \in \left(\frac{\pi}{2}, \frac{2\pi}{3}\right)$ के लिए, दिए गए समीकरण निकाय के अनन्त हल हैं।

जब, $\theta \in \left(\pi, \frac{7\pi}{6}\right)$, $\sin\theta \in \left(-\frac{1}{2}, 0\right)$

$\Rightarrow [\sin\theta] = -1 \qquad -\cos\theta \in \left(\frac{\sqrt{3}}{2}, 1\right)$

$\Rightarrow [\cos\theta] = 0$ तथा $\cot\theta \in (\sqrt{3}, \infty)$

$\Rightarrow \qquad [\cot\theta] = n, n \in N$

इसलिए, $\qquad \Delta = -1 - (0 \times n) = -1$

अतः $\theta \in \left(\pi, \frac{7\pi}{6}\right)$ के लिए दिए गए निकाय का अद्वितीय हल हैं।

85. *(c)* माना समान्तर श्रेढ़ी का सार्वान्तर d है।

चूँकि $\qquad a_1 + a_7 + a_{16} = 40$

$\therefore a_1 + a_1 + 6d + a_1 + 15d = 40 \qquad [\because a_n = a_1 + (n-1)d]$

$\Rightarrow \qquad 3a_1 + 21d = 40 \qquad \ldots(i)$

अब, प्रथम 15 पदों का योगफल

$$S_{15} = \frac{15}{2}[2a_1 + (15-1)d] = \frac{15}{2}[2a_1 + 14d] = 15[a_1 + 7d]$$

समी (i) से, $a_1 + 7d = \frac{40}{3}$

इसलिए, $\qquad S_{15} = 15 \times \frac{40}{3} = 5 \times 40 = 200$

86. *(c)* दिया गया बूलियन व्यंजक

$\sim(p \Rightarrow (\sim q)) \equiv \sim((\sim p) \vee (\sim q)) \qquad [\because p \Rightarrow q \equiv \sim p \vee q]$

$\equiv p \wedge q$

87. *(c)* दी गई त्रिकोणमितीय समीकरण

$$\cos 2x + \alpha \sin x = 2\alpha - 7$$

$\Rightarrow \quad 1 - 2\sin^2 x + \alpha \sin x = 2\alpha - 7 \quad [\because \cos 2x = 1 - 2\sin^2 x]$

$\Rightarrow \quad 2\sin^2 x - \alpha \sin x + 2\alpha - 8 = 0$

$\Rightarrow \quad 2(\sin^2 x - 4) - \alpha(\sin x - 2) = 0$

$\Rightarrow \quad 2(\sin^2 x - 2)(\sin x + 2) - \alpha(\sin x - 2) = 0$

$\Rightarrow \quad (\sin x - 2)(2\sin x + 4 - \alpha) = 0$

$\Rightarrow \quad 2\sin x + 4 - \alpha = 0 \qquad [\because \sin x + 2 \neq 0]$

$\Rightarrow \qquad \sin x = \frac{\alpha - 4}{2} \qquad \ldots(i)$

अब, हम जानते हैं कि $-1 \le \sin x \le 1$

$\therefore \qquad -1 \le \frac{\alpha - 4}{2} \le 1 \qquad$ [समी (i) से]

$\Rightarrow -2 \le \alpha - 4 \le 2 \Rightarrow 2 \le \alpha \le 6 \Rightarrow \alpha \in [2, 6]$

88. *(b)* दिया है कि वृत्त X-अक्ष को बिन्दु (3, 0) पर स्पर्श करता है तथा Y-अक्ष पर अन्तःखण्ड 8 बनाता है।

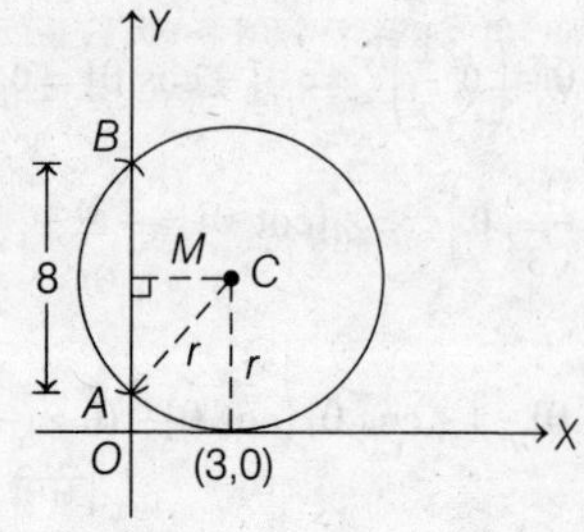

माना वृत्त की त्रिज्या 'r', तब वृत्त के केन्द्र के निर्देशांक $(3, r)$ हैं।

आकृति से, $CM = 3$, $CA =$ त्रिज्या $= r$ तथा $AM = BM = \frac{AB}{2} = 4$

तब, $\quad r^2 = CM^2 + AM^2 = 9 + 16 = 25$

$\Rightarrow \qquad r = \pm 5$

अब, वृत्त का समीकरण जिसका केन्द्र $(3, \pm 5)$ तथा त्रिज्या = 5 है

$$(x-3)^2 + (y \pm 5)^2 = 25$$

अब, विकल्प से बिन्दु (3, 10) वृत्त के समीकरण $(x-3)^2 + (y-5)^2 = 25$ को सन्तुष्ट करता है।

89. *(a)* माना दीर्घवृत्त का समीकरण

$$\frac{x^2}{a^2} + \frac{y^2}{b^2} = 1 \qquad \ldots(i)$$

चूँकि, नाभि बिन्दु (0, 2) तथा (0, –2) पर है, इसलिए दीर्घ अक्ष, Y- अक्ष के अनुदिश है।

इसलिए, $\qquad be = 2 \qquad \ldots(ii)$

[जहाँ, e दीर्घवृत्त की उत्केन्द्रता है]

तथा $2a =$ लघु अक्ष की लम्बाई = 4 $\qquad$ [दिया है]

$\Rightarrow \qquad a = 2 \qquad \ldots(iii)$

$\because \qquad e^2 = 1 - \frac{a^2}{b^2}$

$\Rightarrow \qquad \left(\frac{2}{b}\right)^2 = 1 - \frac{4}{b^2} \qquad \left[\because e = \frac{2}{b}\right]$

$\Rightarrow \qquad \frac{8}{b^2} = 1 \Rightarrow b^2 = 8$

अतः अभीष्ट दीर्घवृत्त का समीकरण

$$\frac{x^2}{4} + \frac{y^2}{8} = 1$$

अब, विकल्प से दीर्घवृत्त $\frac{x^2}{4} + \frac{y^2}{8} = 1$

बिन्दु $(\sqrt{2}, 2)$ से होकर गुजरता है।

90. *(a)* दिए गए समतलों के समीकरण

$2x - y + 2z - 4 = 0 \qquad \ldots(i)$

तथा $x + 2y + 2z - 2 = 0 \qquad \ldots(ii)$

अब, समतलों (i) तथा (ii) के बीच कोणों को समद्विभाजित करने वाले समतलों का समीकरण

$$\frac{2x - y + 2z - 4}{\sqrt{4+1+4}} = \pm \frac{x + 2y + 2z - 2}{\sqrt{1+4+4}}$$

$\Rightarrow \qquad 2x - y + 2z - 4 = \pm(x + 2y + 2z - 2)$

धनात्मक चिन्ह लेने पर, प्राप्त समतल

$$x - 3y = 2 \qquad \ldots(iii)$$

ऋणात्मक चिन्ह लेने पर, प्राप्त समतल

$$3x + y + 4z = 6 \qquad \ldots(iv)$$

अब, दिए गए विकल्पों में से बिन्दु (2, – 4, 1) समतल के कोण अर्द्धक $3x + y + 4z = 6$ को सन्तुष्ट करता है।

JEE Main संयुक्त प्रवेश परीक्षा

सॉल्वड पेपर 2018

भौतिकी

1. एक घन की तीन भुजाओं तथा द्रव्यमान के मापन द्वारा घन के पदार्थ का घनत्व ज्ञात किया जाता है। यदि द्रव्यमान तथा लम्बाई में आपेक्षिक प्रतिशत त्रुटि क्रमशः 1.5% तथा 1% है, तो घनत्व में अधिकतम त्रुटि होगी

(a) 2.5% (b) 3.5% (c) 4.5% (d) 6%

2. नीचे दिये गये समस्त आलेख एक ही प्रकार की गति को दर्शाते हैं। इनमें से एक आलेख गलत है। उसका चुनाव कीजिए।

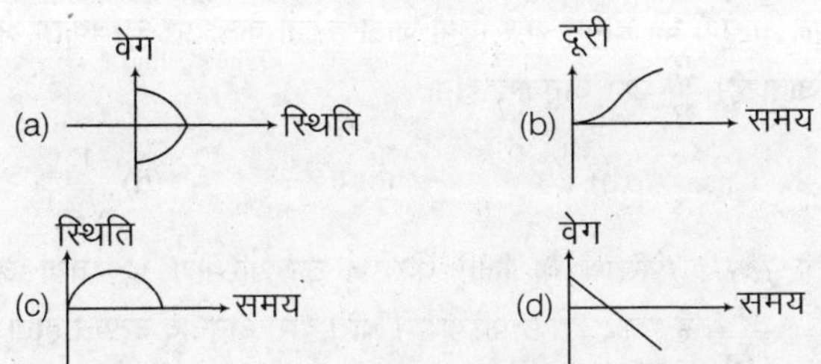

3. $m_1 = 5$ किग्रा तथा $m_2 = 10$ किग्रा के गतिमान दो द्रव्यमान, अवितान्य रस्सी द्वारा घर्षणरहित पुली की सहायता से चित्रानुसार समायोजित हैं। यदि क्षैतिज सतह का घर्षण गुणांक 0.15 है तब गति रोकने के लिये m_2 पर रखे द्रव्यमान m का न्यूनतम मान क्या होगा?

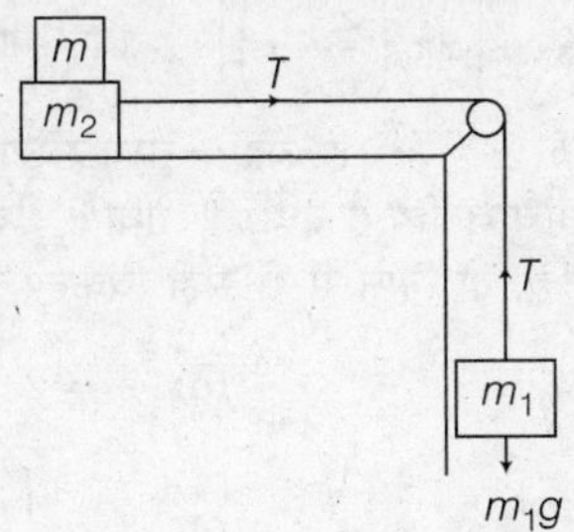

(a) 18.3 किग्रा (b) 27.3 किग्रा

(c) 43.3 किग्रा (d) 10.3 किग्रा

4. आकर्षण प्रकृति के विभव $U = -\frac{k}{2r^2}$ के अन्तर्गत एक कण a त्रिज्या के वृत्ताकार पथ पर गतिमान है, तो कण की कुल ऊर्जा होगी

(a) $-\frac{k}{4a^2}$ (b) $\frac{k}{2a^2}$

(c) शून्य (d) $-\frac{3}{2}\frac{k}{a^2}$

5. संरेखीय संघट्ट में, v_0 प्रारम्भिक चाल से गतिमान एक कण, अपने ही द्रव्यमान के तुल्य द्रव्यमान के एक स्थिर कण से टकराता है। यदि अन्तिम गतिज ऊर्जा, प्रारम्भिक गतिज ऊर्जा से 50% अधिक है, तो संघट्ट के पश्चात् दोनों कणों के आपेक्षिक गति का परिमाण होगा

(a) $\frac{v_0}{4}$ (b) $\sqrt{2}v_0$

(c) $\frac{v_0}{2}$ (d) $\frac{v_0}{\sqrt{2}}$

6. सात वृत्ताकार आदर्श चकतियों को चित्रानुसार समायोजित किया गया है। प्रत्येक चकती का द्रव्यमान M तथा त्रिज्या R है। इस व्यवस्था का जड़त्वाघूर्ण इसके के तल के लम्बवत् तथा P बिन्दु से जाने वाले अक्ष के परितः होगा

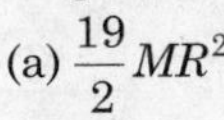

(a) $\frac{19}{2}MR^2$ (b) $\frac{55}{2}MR^2$

(c) $\frac{73}{2}MR^2$ (d) $\frac{181}{2}MR^2$

7. R त्रिज्या तथा $9M$ द्रव्यमान की एकसमान चकती से $R/3$ त्रिज्या की छोटी चकती को चित्र में दर्शाये गये अनुसार काट लिया जाता है। तब शेष चकती का जड़त्वाघूर्ण इसके तल के लम्बवत् तथा इसके केन्द्र से गुजरने वाले अक्ष के परितः होगा।

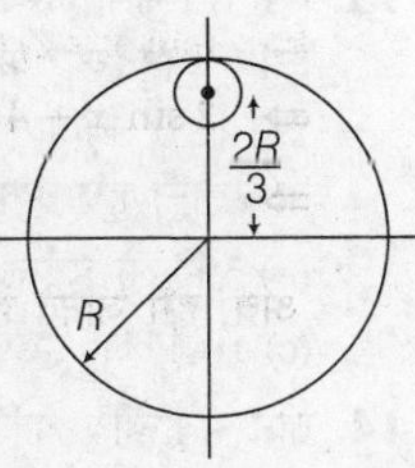

(a) $4MR^2$ (b) $\frac{40}{9}MR^2$

(c) $10MR^2$ (d) $\frac{37}{9}MR^2$

8. एक कण R त्रिज्या की वृत्ताकार कक्षा में एकसमान चाल से गतिमान है जिस पर कार्यरत् केन्द्रीय बल, R की nवी घात के समानुपाती है। यदि कण का आवर्तकाल T है, तब

(a) $T \propto R^{3/2}$ के किसी भी मान के लिए

(b) $T \propto R^{\frac{n}{2}+1}$

(c) $T \propto R^{(n+1)/2}$

(d) $T \propto R^{n/2}$

9. K आयतन गुणांक वाले पदार्थ से r त्रिज्या का एक ठोस गोला बना है, जोकि बेलनाकार पात्र में एक द्रव से घिरा हुआ है। एक द्रव्यमानरहित पिस्टन द्रव की सतह पर तैरता है। पिस्टन का क्षेत्रफल a है, पिस्टन द्वारा बेलनाकार पात्र की सम्पूर्ण अनुप्रस्थ–काट को घेरा जाता है। यदि द्रव को सम्पीडित करने हेतु पिस्टन पर m द्रव्यमान को रखा जाता है, तो गोले की त्रिज्या में कमी का भिन्नात्मक मान $\left(\frac{dr}{r}\right)$ होगा

(a) $\frac{Ka}{mg}$ (b) $\frac{Ka}{3mg}$ (c) $\frac{mg}{3Ka}$ (d) $\frac{mg}{Ka}$

10. 27°C पर एक परमाणुक आदर्श गैस के दो मोलों द्वारा V आयतन घेरा जाता है। यदि गैस रुद्धोष्म रूप से $2V$ आयतन तक प्रसारित होती है, तो गणना कीजिए

(i) गैस के अन्तिम ताप

(ii) गैस की आन्तरिक ऊर्जा में परिवर्तन

(a) (i) 189 K (ii) 2.7 kJ (b) (i) 195 K (ii) –2.7 kJ

(c) (i) 189 K (ii) –2.7 kJ (d) (i) 195 K (ii) 2.7 kJ

11. हाइड्रोजन परमाणु का द्रव्यमान 3.32×10^{-27} किग्रा है। यदि अभिलम्ब से 45° कोण पर स्थित 2 सेमी^{2} के क्षेत्रफल की दीवार पर 10^{23} हाइड्रोजन परमाणु प्रति सेकण्ड टकराते हैं और टकराने के पश्चात् 10^3 मी/से की चाल से पुनः वापस आते हैं, तो दीवार पर लगने वाले दाब का मान होगा

(a) 2.35×10^3 न्यूटन/मी^{2} (b) 4.70×10^3 न्यूटन/मी^{2}

(c) 2.35×10^2 न्यूटन/मी^{2} (d) 4.70×10^2 न्यूटन/मी^{2}

12. किसी ठोस में सिल्वर का परमाणु 10^{12} प्रति सेकण्ड की आवृत्ति से किसी दिशा में सरल आवर्त गति करता है। तब उस बल नियतांक का मान क्या होगा जिसके द्वारा ठोस के परमाणु एक दूसरे से जुड़े रहते है। (दिया है, सिल्वर का आण्विक द्रव्यमान = 108 और आवोगाद्रो संख्या = 6.02×10^{23} ग्राम मोल$^{-1}$)

(a) 6.4 न्यूटन/मी (b) 7.1 न्यूटन/मी

(c) 2.2 न्यूटन/मी (d) 5.5 न्यूटन/मी

13. एक 60 सेमी लम्बी ग्रेनाइट की छड़ को मध्य-बिन्दु से दबाया जाता है और इसमें अनुदैर्ध्य कम्पन उत्पन्न किये जाते हैं। यदि ग्रेनाइट का घनत्व 2.7×10^3 किग्रा/मी^{3} तथा यंग प्रत्यास्थता गुणांक 9.27×10^{10} पास्कल हो, तो उत्पन्न हुए अनुदैर्ध्य कम्पनों की मूल आवृत्ति क्या होगी?

(a) 5 किलो हर्ट्ज (b) 2.5 किलो हर्ट्ज

(c) 10 किलो हर्ट्ज (d) 7.5 किलो हर्ट्ज

14. तीन संकेन्द्रीय धात्विक कोशों A, B और C की त्रिज्या क्रमशः a, b और $c (a < b < c)$ है, जिनके पृष्ठ आवेश घनत्व क्रमशः $+\sigma, -\sigma$ और $+\sigma$ हैं, तो कोश B पर विभव का मान होगा

(a) $\frac{\sigma}{\varepsilon_0}\left[\frac{a^2 - b^2}{a} + c\right]$ (b) $\frac{\sigma}{\varepsilon_0}\left[\frac{a^2 - b^2}{b} + c\right]$

(c) $\frac{\sigma}{\varepsilon_0}\left[\frac{b^2 - c^2}{b} + a\right]$ (d) $\frac{\sigma}{\varepsilon_0}\left[\frac{b^2 - c^2}{c} + a\right]$

15. 90 pF धारिता के समान्तर प्लेट संधारित्र को 20 वोल्ट की बैटरी से संयोजित किया जाता है। यदि समान्तर प्लेट संधारित्र की प्लेटों के मध्य प्रविष्ट परावैद्युत का परावैद्युतांक $K = 5/3$ है, तो प्रेरित आवेश का परिमाण होगा

(a) 1.2 नैनो कूलॉम (b) 0.3 नैनो कूलॉम

(c) 2.4नैनो कूलॉम (d) 0.9 नैनो कूलॉम

16. एक AC परिपथ में तात्क्षणिक विद्युत वाहक बल तथा धारा के मान निम्न हैं

$$e = 100 \sin 30\,t,\ i = 20 \sin\left(30\,t - \frac{\pi}{4}\right)$$

प्रत्यावर्ती धारा के एक चक्र में परिपथ द्वारा क्षयित औसत शक्ति (वाट में) तथा वाटहीन धारा (ऐम्पियर में) होगी

(a) 50 , 10 (b) $\frac{1000}{\sqrt{2}}$, 10 (c) $\frac{50}{\sqrt{2}}$, 0 (d) 50 , 0

17. 12 वोल्ट तथा 13 वोल्ट की दो बैटरियों को लोड प्रतिरोध (10Ω) के समान्तर क्रम में जोड़ा गया है। यदि बैटरियों के आन्तरिक प्रतिरोध क्रमशः 1Ω तथा 2Ω हैं, तो लोड से गुजरने वाली वोल्टेज की परास होगी

(a) 11.6 वोल्ट तथा 11.7 V के बीच

(b) 11.5 V वोल्ट तथा 11.6 V के बीच

(c) 11.4 V वोल्ट तथा 11.5 V के बीच

(d) 11.7 V वोल्ट तथा 11.8 V के बीच

18. समान गतिज ऊर्जा के इलेक्ट्रॉन, प्रोटॉन और α-कण क्रमशः r_e, r_p तथा r_α त्रिज्या के वृत्तीय पथ में गतिमान हैं तथा वृत्तीय पथ एकसमान चुम्बकीय क्षेत्र B में स्थित है। r_e, r_p तथा r_α में सम्बन्ध होगा

(a) $r_e > r_p = r_\alpha$ (b) $r_e < r_p = r_\alpha$ (c) $r_e < r_p < r_\alpha$ (d) $r_e < r_\alpha < r_p$

19. एक वृत्ताकार लूप में I धारा प्रवाहित हो रही है, जिसका द्विध्रुव आघूर्ण m है और लूप के केन्द्र पर चुम्बकीय क्षेत्र B_1 है। यदि धारा को नियत रखकर द्विध्रुव आघूर्ण को दोगुना कर दिया जाता है, तो केन्द्र पर चुम्बकीय क्षेत्र B_2 हो जाता है। $\frac{B_1}{B_2}$ का अनुपात होगा

(a) 2 (b) $\sqrt{3}$ (c) $\sqrt{2}$ (d) $\frac{1}{\sqrt{2}}$

20. किसी R-L-C परिपथ के लिए वोल्टेज का परिमाण V_m तथा आवृत्ति $\omega_0 = \frac{1}{\sqrt{LC}}$ है, यदि इसके परिपथ में धारा द्वारा अनुनाद उत्पन्न होता है, तो विशेषता गुणांक Q का मान होगा

(a) $\frac{\omega_0 L}{R}$ (b) $\frac{\omega_0 R}{L}$ (c) $\frac{R}{\omega_0 C}$ (d) $\frac{CR}{\omega_0}$

21. एक विद्युत चुम्बकीय तरंग वायु से माध्यम में प्रवेश करती है। वायु में विद्युत क्षेत्र $\mathbf{E}_1 = E_{01}\hat{\mathbf{x}}\cos\left[2\pi\nu\left(\frac{z}{c} - t\right)\right]$ तथा माध्यम में विद्युत क्षेत्र $\mathbf{E}_2 = E_{02}\hat{\mathbf{x}}\cos[k(2z - ct)]$ है, यहाँ k तरंग संख्या और ν वायु में आवृत्ति है। यदि माध्यम अचुम्बकीय है तथा ε_{r_1} तथा ε_{r_2} क्रमशः वायु तथा माध्यम की विद्युतशीलता है, तो निम्न में से सही विकल्प है?

(a) $\frac{\varepsilon_{r_1}}{\varepsilon_{r_2}} = 4$ (b) $\frac{\varepsilon_{r_1}}{\varepsilon_{r_2}} = 2$

(c) $\frac{\varepsilon_{r_1}}{\varepsilon_{r_2}} = \frac{1}{4}$ (d) $\frac{\varepsilon_{r_1}}{\varepsilon_{r_2}} = \frac{1}{2}$

22. I तीव्रता का अध्रुवित प्रकाश एक आदर्श ध्रुवक A से पारगमित होता है तथा एक अन्य आदर्श ध्रुवक B, A के पीछे रखा है। B से निर्गत् प्रकाश की तीव्रता $\frac{I}{2}$ है। अब यदि A तथा B के मध्य एक अन्य आदर्श ध्रुवक C को रख दिया जाता है, तो B से निर्गत् तीव्रता $\frac{I}{8}$ हो जाती है, तो ध्रुवक A तथा C के मध्य कोण है

(a) 0° (b) 30°

(c) 45° (d) 60°

23. एकल झिर्री विवर्तन प्रारूप में केन्द्रीय उच्चिष्ठ की कोणीय चौड़ाई 60° हैं। झिर्री की चौड़ाई 1 μm है तथा इसे एकवर्णी प्रकाश द्वारा प्रदीप्त किया जाता है। यदि इसी चौड़ाई की एक अन्य झिर्री को इसके समीप लाया जाता है, तो झिर्री या स्लिट से 50 सेमी दूरी पर स्थित पर्दें पर यंग फ्रिन्ज प्राप्त होती है। यदि प्रेक्षित फ्रिन्ज की चौड़ाई 1 सेमी है, तो स्लिटों के मध्य दूरी क्या होगी?

(a) 25 μm (b) 50 μm
(c) 75 μm (d) 100 μm

24. इलेक्ट्रॉन के हाइड्रोजन परमाणु की विभिन्न उत्तेजित अवस्थाओं से मूल अवस्था में आने पर विकिरण उत्सर्जित होता है। माना कि n वी अवस्था तथा मूल अवस्था में इलेक्ट्रॉन की दे-ब्रोग्ली तरंगदैर्ध्य क्रमशः λ_n तथा λ_g है। यदि nवी अवस्था में मूल अवस्था में संक्रमण से उत्सर्जित फोटॉन की तरंगदैर्ध्य Λ_n है, तो n के अधिक मान के लिए (A और B) नियतांक है

(a) $\Lambda_n \approx A + \frac{B}{\lambda_n^2}$ (b) $\Lambda_n \approx A + B\lambda_n^2$
(c) $\Lambda_n^2 \approx A + B\lambda_n^2$ (d) $\Lambda_n^2 \approx \lambda$

25. यदि लाइमन श्रेणी की श्रेणी सीमा आवृत्ति ν_L है, तो फुण्ड श्रेणी की श्रेणी सीमा आवृत्ति होगी

(a) $25\, \nu_L$ (b) $16\, \nu_L$ (c) $\nu_L / 16$ (d) $\nu_L / 25$

26. यदि एक न्यूट्रॉन, विरामं में स्थित ड्यूट्रॉन के साथ प्रत्यास्थ संरेखीय संघट्ट करता है, तो इस ऊर्जा में भिन्नात्मक हानि P_d होती है। जबकि यदि न्यूट्रॉन, विराम में स्थित कार्बन नाभिक से संघट्ट करता है, तो ऊर्जा में भिन्नात्मक हानि P_c होती है। P_d तथा P_c के मान क्रमशः होगें

(a) (0.89, 0.28) (b) (0.28, 0.89)
(c) (0, 0) (d) (0, 1)

27. दिये गये परिपथ में सिलिकॉन डायोड के लिए अमीटर का पाठ्यांक होगा

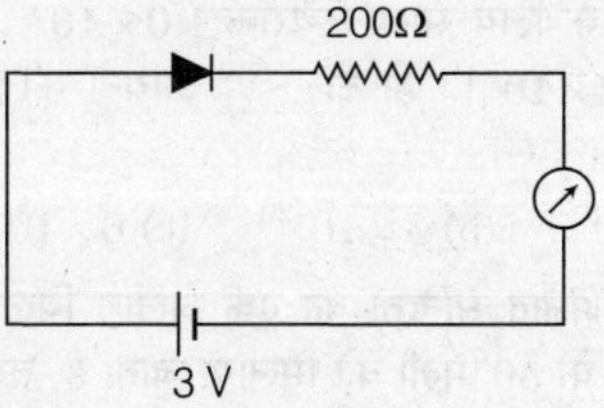

(a) 0 (b) 15 mA (c) 11.5 mA (d) 13.5 mA

28. एक टेलीफॉनिक सम्प्रेषण व्यवस्था 10 GHz की वाहक आवृत्ति पर कार्य कर रही है। इसके केवल 10% भाग का उपयोग प्रसारण हेतु किया जाता है, तो एक ही समय पर कितने टेलीफॉनिक चैनलों को सम्प्रेषित किया जा सकता है, यदि प्रत्येक चैनल के लिए 5 kHz की बैण्ड चौड़ाई की आवश्यकता होती है?

(a) 2×10^3 (b) 2×10^4 (c) 2×10^5 (d) 2×10^6

29. विभवमापी के प्रयोग में, यदि सेल के टर्मिनलों के बीच विभवमापी के तार की लम्बाई 52 सेमी है, तो गैल्वेनोमीटर से कोई धारा प्रवाहित नहीं होती है। यदि सेल के साथ 5Ω का शंट प्रतिरोध जोड़ दिया जाता है, तो 40 सेमी दूरी पर सन्तुलन अवस्था प्राप्त होती है। सेल का आन्तरिक प्रतिरोध होगा

(a) 1Ω (b) 1.5Ω (c) 2Ω (d) 2.5Ω

30. प्रतिरोधों को आपस में परिवर्तित कर देने पर मीटर सेतु का सन्तुलन बिन्दु 10 सेमी बायीं ओर विस्थापित हो जाता है। इन प्रतिरोधों श्रेणी संयोजन का कुल प्रतिरोध 1 kΩ है, तो प्रतिरोधों को आपस में परिवर्तित करने से पूर्व बायी ओर पर संयोजित प्रतिरोध का मान क्या था?

(a) 990 Ω (b) 505 Ω (c) 550 Ω (d) 910 Ω

रसायन विज्ञान

31. किसी कार्बनिक यौगिक ($C_xH_yO_z$) में C तथा H का द्रव्यमान प्रतिशत 6 : 1 अनुपात है। यदि यौगिक (C_xH_y) के एक अणु के पूर्ण दहन से CO_2 तथा H_2O प्राप्त करने के लिये यौगिक ($C_xH_yO_z$) के एक अणु में स्थित ऑक्सीजन की मात्रा अणु की आधी प्रयुक्त होती है, तो यौगिक $C_xH_yO_z$ का मूलानुपाती सूत्र होगा

(a) $C_3H_6O_3$ (b) C_2H_4O
(c) $C_3H_4O_2$ (d) $C_2H_4O_3$

32. अन्तराकाशी स्थानों पर धन आयनों की उपस्थिति मे किस प्रकार का दोष पाया जाता है?

(a) शॉट्की दोष
(b) रिक्तिका दोष
(c) फ्रेन्केंल दोष
(d) धातु न्यूनता दोष

33. आण्विक कक्षक सिद्धान्त के अनुसार, निम्नलिखित में से किस अणु का अस्तित्व सम्भव नहीं है?

(a) He_2^{2+} (b) He_2^{+}
(c) H_2^{-} (d) H_2^{2-}

34. ऊष्माक्षेपी अभिक्रिया के लिये निम्नलिखित रेखाओं में से कौन-सी रेखाओं द्वारा साम्यवस्था स्थिरांक (K) की ताप पर निर्भरता प्रदर्शित होती है?

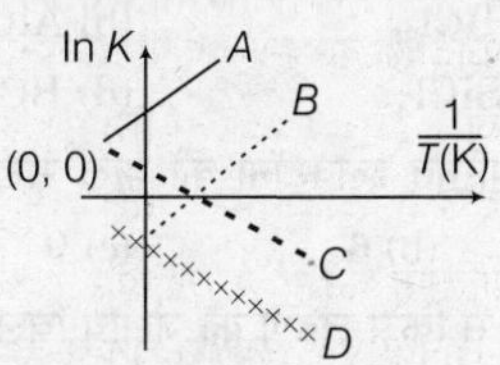

(a) A तथा B (b) B तथा C (c) C तथा D (d) A तथा D

35. बेन्जीन दहन पर, $CO_2(g)$ तथा $H_2O(l)$ देता है। दिया है, 25° C ताप तथा स्थिर आयतन पर बेन्जीन के दहन ऊष्मा – 32639 किलोजूल मोल$^{-1}$ है। स्थिर दाब पर बेन्जीन के दहन की ऊष्मा होगी ($R = 8.314$ J mol^{-1})

(a) 4152.6 (b) –452.46 (c) 3260 (d) –3267.6

36. निम्नलिखित यौगिकों के 1 मोलल के जलीय विलयन में किसका हिमांक बिन्दु सबसे अधिक होगा?

(a) $[Co(H_2O)_6]Cl_3$ (b) $[Co(H_2O)_5Cl]Cl_2 \cdot H_2O$
(c) $[Co(H_2O)_4Cl_2]Cl \cdot 2H_2O$ (d) $[Co(H_2O)_3Cl_3] \cdot 3H_2O$

37. एक जलीय विलयन में 0.10M H_2S तथा 0.20 MHCl है। यदि H_2S से HS^- बनाने के लिये साम्य स्थिरांक 1.0×10^{-7} तथा HS^- से S^{2-} बनाने के लिये 1.2×10^{-13} हो तो, S^{2-} आयनों की जलीय विलयन में सान्द्रता होगी

(a) 5×10^{-8} (b) 3×10^{-20} (c) 6×10^{-21} (d) 5×10^{-19}

38. Ba^{2+} की अज्ञात सान्द्रता का एक जलीय विलयन है। जब Na_2SO_4 के 1M विलयन के 50 मिली को मिलाया जाता है, तब $BaSO_4$ अवक्षेप उत्पन्न करना प्रारम्भ करता है। यदि अन्तिम आयतन 500 मिली है, तो Ba^{2+} की वास्तविक सान्द्रता क्या होगी $BaSO_4$ का विलेयता गुणनफल 1×10^{-10} है। Ba^{2+} की विलयन में मूल सान्द्रता क्या होगी?

(a) 5×10^{-9} M (b) 2×10^{-9} M
(c) 1.1×10^{-9} M (d) 1.0×10^{-10} M

39. 518°C पर गैसीय ऐसीटैल्डिहाइड के नमूने के अपघटन दर प्रारम्भिक दाब पर 363 टॉर, 5% अभिक्रिया के पश्चात् 1.00 टॉर/से तथा 33% अभिक्रिया के पश्चात् 0.5 टॉर/से है। अभिक्रिया की कोटि ज्ञात करो।

(a) 2 (b) 3 (c) 1 (d) 0

40. डाइबोरेन के जलीय-अपघटन के लिये 100 ऐम्पियर की विद्युत धारा लगभग कितने समय के लिये प्रवाहित की जायें, जिससे उत्पन्न ऑक्सीजन द्वारा 27.66 g डाइबोरेन का पूर्ण दहन हो सके?
(B का परमाणु भार $= 10.8\ \mu$)

(a) 6.4 घण्टे (b) 0.8 घण्टे (c) 3.2 घण्टे (d) 1.6 घण्टे

41. पेय जल में फ्लुओरीन आयन की अनुमोदित मात्रा 1 ppm तक है, क्योंकि फ्लुओरीन आयन, दन्त-वल्क (Enamel) को कठोरता प्रदान करता है, अत: $[3\ Ca_3(PO_4)_2 . Ca(OH)_2]$ निम्न में से परिवर्तित होगा?

(a) $[CaF_2]$ (b) $[3(CaF_2) \cdot Ca(OH)_2]$
(c) $[3Ca_3(PO_4)_2 \cdot CaF_2]$ (d) $[3\{Ca_3(PO_4)_2\} \cdot CaF_2]$

42. निम्नलिखित में कौन-से यौगिक संयोजक बन्ध नही बनाते हैं?

$KCl, PH_3, O_2, B_2H_6, H_2SO_4$

(a) KCl, B_2H_6, PH_3 (b) KCl, H_2SO_4
(c) KCl (d) KCl, B_2H_6

43. निम्नलिखित में लुईस अम्ल हैं

(a) PH_3 तथा BCl_3 (b) $AlCl_3$ तथा $SiCl_4$
(c) PH_3 तथा $SiCl_4$ (d) BCl_3 तथा $AlCl_3$

44. I_3^- आयन में युग्मित इलेक्ट्रॉनों की कुल संख्या हैं

(a) 3 (b) 6 (c) 9 (d) 12

45. निम्नलिखित में से किस लवण का जलीय विलयन सार्वधिक क्षारीय होगा?

(a) $Al(CN)_3$ (b) CH_3COOK
(c) $FeCl_3$ (d) $Pb(CH_3COO)_2$

46. हाइड्रोजन परॉक्साइड, $[Fe(CN)_6]^{4-}$ को अम्लीय माध्यम में $[Fe(CN)_6]^{3-}$ में ऑक्सीकृत कर देता है, लेकिन $[Fe(CN)_6]^{3-}$ को क्षारीय माध्यम में $[Fe(CN)_6]^{4-}$ में अपचयित करता है। अत: अन्य बनने वाले उत्पाद क्रमश: हैं

(a) $(H_2O + O_2)$ तथा H_2O
(b) $(H_2O + O_2)$ तथा $(H_2O + OH^-)$
(c) H_2O तथा $(H_2O + O_2)$
(d) H_2O तथा $(H_2O + OH^-)$

47. $[Cr(H_2O)_6]Cl_3$, $[Cr(C_6H_6)_2]$ तथा $K_2[Cr(CN)(O)_2 . (O)_2(NH_3)]$ में Cr की ऑक्सीकरण अवस्था क्रमश: होगी

(a) +3, +4 तथा +6 (b) +3, +2 तथा +4
(c) +3, 0 तथा +6 (d) +3, 0 तथा +4

48. किस यौगिक के तापीय विघटन द्वारा नाइट्रोजन गैस उत्पन्न नहीं होती है?

(a) $Ba(N_3)_2$ (b) $(NH_4)_2Cr_2O_7$
(c) NH_4NO_2 (d) $(NH_4)_2SO_4$

49. धातु (M) की NaOH से अभिक्रिया पर जिलेटिन जैसा श्वेत अवक्षेप (X) प्राप्त होता है, जो NaOH के आधिक्य में विलेय है। यौगिक (X) को अत्यधिक गर्म करने पर यह क्रोमैटोग्राफी में प्रयुक्त होने वाला ऑक्साइड देता है, जो अधिशोषक का कार्य करता है। धातु (M) है

(a) Zn (b) Ca
(c) Al (d) Fe

50. निम्नलिखित अभिक्रिया के द्वारा कथनों का विचार करें

$$[Co(NH_3)_4Br_2]^+ + Br^- \longrightarrow [Co(NH_3)_3Br_3] + NH_3$$

I. दो समस्थानिक उत्पन्न होगें यदि अभिक्रिया करने वाला संकर-आयन *समपक्ष*-समस्थानिक है।
II. दो समस्थानिक उत्पन्न होगें, यदि अभिक्रिया करने वाला संकर-आयन *विपक्ष* -समस्थानिक है।
III. केवल एक समस्थानिक उत्पन्न होगा, यदि अभिक्रिया करने वाला संकर-आयन *विपक्ष* -समस्थानिक है।
IV. केवल एक समस्थानिक उत्पन्न होगा, यदि अभिक्रिया करने वाला संकर-आयन *समपक्ष* -समस्थानिक है।

सही कथन हैं

(a) (I) तथा (II) (b) (I) तथा (III)
(c) (III) तथा (IV) (d) (II) तथा (IV)

51. ग्लूकोस को HI के साथ देर तक गर्म करने पर प्राप्त होता है

(a) n-हेक्सेन, (b) 1-हेक्सेन
(c) हेक्सेनोइक अम्ल (d) 6-आइडो हेक्सेनॉल

52. निम्नलिखित में, किसके साथ ऐल्काइनों के अपचयनों द्वारा *विपक्ष*-ऐल्कीन प्राप्त होते हैं,

(a) H_2-Pd/C, $BaSO_4$ के साथ (b) $NaBH_4$ के साथ
(c) Na/liq. NH_3 (द्रव) के साथ (d) Sn-HCl के साथ

53. जेल्डाल विधि द्वारा नाइट्रोजन के आकलन के लिये निम्नलिखित में से उपयुक्त यौगिक कौन-सा है?

(a) 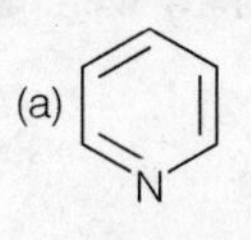

(b) 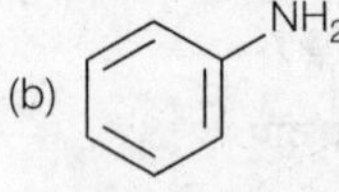

(c) 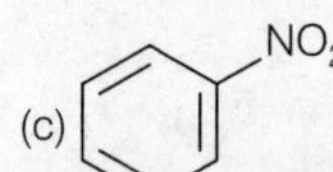

(d) 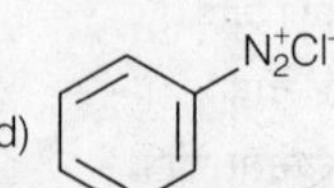

54. NaOH की उपस्थिति में फीनॉल की CO_2 से अभिक्रिया के उपरान्त अम्लीयकरण पर यौगिक (X) मुख्य उत्पाद के रूप में प्राप्त होता है। H_2SO_4 उत्प्रेरक की उपस्थिति में X तथा $(CH_3CO)_2O$ की अभिक्रिया का उत्पाद है

(a) (b)

(c) (d)

55. मेथिल ऑरेंज सूचक का प्रयोग करके एक क्षार का अम्ल के साथ अनुमापन किया गया। निम्नलिखित में सही युग्म है?

	क्षार	अम्ल	अन्त बिन्दु
(a)	दुर्बल	प्रबल	रंगहीन से गुलाबी
(b)	प्रबल	प्रबल	गुलाबी-लाल से पीला
(c)	दुर्बल	प्रबल	पीले से गुलाबी-लाल
(d)	प्रबल	प्रबल	गुलाबी से रंगहीन

56. मानव रक्त में स्थित हिस्टीडीन का मुख्य रूप है (हिस्टीडीन का $pK_a = 6.0$)

(a) (b)

(c) (d)

57. NaOH की उपस्थिति में फीनॉल की मेथिल क्लोरोफॉर्मेट से अभिक्रिया पर उत्पाद *A* प्राप्त होता है। उत्पाद A की Br_2 से अभिक्रिया पर उत्पाद *B* प्राप्त होता है। *A* तथा *B क्रमशः* हैं

(a) तथा

(b) तथा

(c) तथा

(d) तथा

58. निम्नलिखित यौगिकों की क्षारीयता में वृद्धि का क्रम है

I. II. III. IV.

(a) (I) < (II) < (III) < (IV)
(b) (II) < (I) < (III) < (IV)
(c) (II) < (I) < (IV) < (III)
(d) (IV) < (II) < (I) < (III)

59. निम्नलिखित अभिक्रिया में मुख्य उत्पाद है

HI / Heat

(a) (b)

(c) (d)

60. निम्नलिखित अभिक्रिया में मुख्य उत्पाद है

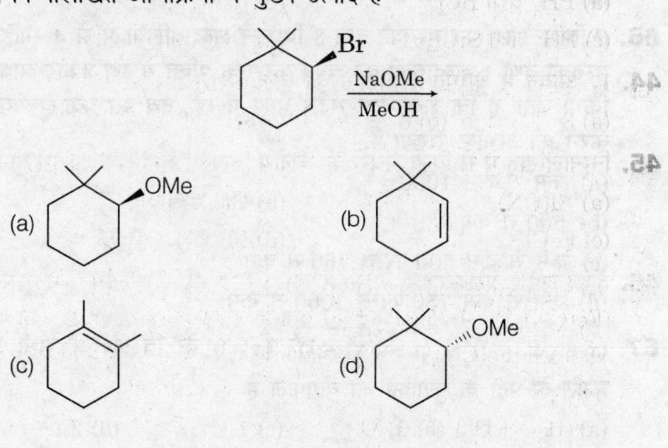

गणित

61. दो समुच्चय A तथा B इस प्रकार हैं कि
$A = \{(a, b) \in \mathbf{R} \times \mathbf{R} : |a - 5| < 1$ तथा $|b - 5| < 1\}$;
$B = \{(a, b) \in \mathbf{R} \times \mathbf{R} ; 4(a-6)^2 + 9(b-5)^2 \le 36\}$
तब,
(a) $B \subset A$
(b) $A \subset B$
(c) $A \cap B = \phi$ (एक रिक्त समुच्चय)
(d) न तो $A \subset B$ और न ही $B \subset A$

62. माना $S = \{x \in \mathbf{R}; x \ge 0$ तथा $2|\sqrt{x} - 3| + \sqrt{x}(\sqrt{x} - 6) + 6 = 0$
तब S
(a) एक रिक्त समुच्चय है
(b) केवल एक अवयव वाला समुच्चय है
(c) केवल दो अवयव वाला समुच्चय है
(d) केवल चार अवयव वाला समुच्चय है

63. यदि $\alpha, \beta \in \mathbf{C}$ समीकरण $x^2 - x + 1 = 0$ के भिन्न मूल हैं, तब $\alpha^{101} + \beta^{107}$ बराबर है
(a) -1 (b) 0 (c) 1 (d) 2

64. यदि $\begin{vmatrix} x-4 & 2x & 2x \\ 2x & x-4 & 2x \\ 2x & 2x & x-4 \end{vmatrix} = (A + Bx)(x - A)^2$ है, तब क्रमित युग्म (A, B) बराबर है
(a) $(-4, -5)$ (b) $(-4, 3)$ (c) $(-4, 5)$ (d) $(4, 5)$

65. यदि रैखिक समीकरणों का निकाय
$$x + ky + 3z = 0,\ 3x + ky - 2z = 0$$
$$2x + 4y - 3z = 0$$
का शून्येत्तर हल (x, y, z) है, तब $\frac{xz}{y^2}$ बराबर है
(a) -10 (b) 10 (c) -30 (d) 30

66. 6 विभिन्न साहित्य पुस्तकों तथा 3 विभिन्न शब्दावलियों में से 4 साहित्यिक पुस्तकों तथा 1 शब्दावली का चयन कर एक पंक्ति में इस प्रकार व्यवस्थित किया जाता है कि शब्दावली सदैव मध्य में रहे, तब इस प्रकार व्यवस्थित करने की अभीष्ट संख्या है
(a) कम से कम 1000
(b) 500 से कम
(c) कम से कम 500 परन्तु 750 से कम
(d) कम से कम 750 परन्तु 1000 से कम

67. $(x + \sqrt{x^3 - 1})^5 + (x - \sqrt{x^3 - 1})^5$, $(x > 1)$ के विस्तार में सभी विषम कोटि के पदों के गुणांकों का योगफल है
(a) -1 (b) 0 (c) 1 (d) 2

68. माना $a_1, a_2, a_3, \ldots, a_{49}$ समान्तर श्रेढ़ी इस प्रकार है कि $\sum_{k=0}^{12} a_{4k+1} = 416$ तथा $a_9 + a_{43} = 66$. यदि
$a_1^2 + a_2^2 + \ldots + a_{17}^2 = 140m$ है, तब m बराबर है
(a) 66 (b) 68 (c) 34 (d) 33

69. माना श्रेढ़ी
$$1^2 + 2 \cdot 2^2 + 3^2 + 2 \cdot 4^2 + 5^2 + 2 \cdot 6^2 + \ldots$$
के प्रथम 20 पदों का योग A तथा प्रथम 40 पदों का योग B है। यदि $B - 2A = 100\lambda$ है, तब λ बराबर है
(a) 232 (b) 248 (c) 464 (d) 496

70. प्रत्येक $t \in \mathbf{R}$ के लिए, माना $[t]$ एक महत्तम पूर्णांक t के बराबर अथवा कम है, तब $\lim_{x \to 0^+} x\left(\left[\frac{1}{x}\right] + \left[\frac{2}{x}\right] + \ldots + \left[\frac{15}{x}\right]\right)$
(a) 0 के बराबर है
(b) 15 के बराबर है
(c) 120 के बराबर है
(d) ($\mathbf{R}$ में) विद्यमान नहीं है।

71. माना $S = \{t \in \mathbf{R} : f(x) = |x - \pi| \cdot (e^{|x|} - 1)\sin|x|, t$ पर अवकलनीय नहीं है$\}$ तब समुच्चय S बराबर है
(a) ϕ (एक रिक्त समुच्चय)
(b) $\{0\}$
(c) $\{\pi\}$
(d) $\{0, \pi\}$

72. यदि वक्र $y^2 = 6x$, $9x^2 + by^2 = 16$ एक-दूसरे को समकोण पर प्रतिच्छेदित करते हैं, तब b का मान है
(a) 6 (b) 7/2 (c) 4 (d) 9/2

73. माना $f(x) = x^2 + \frac{1}{x^2}$ तथा $g(x) = x - \frac{1}{x}$, $x \in \mathbf{R} - \{-1, 0, 1\}$ है। यदि $h(x) = \frac{f(x)}{g(x)}$ है, तब $h(x)$ का स्थानीय निम्नतम मान है
(a) 3 (b) -3 (c) $-2\sqrt{2}$ (d) $2\sqrt{2}$

74. समाकलन $\int \frac{\sin^2 x \cos^2 x}{\left[\begin{array}{l}\sin^5 x + \cos^3 x \sin^2 x \\ + \sin^3 x \cos^2 x + \cos^5 x\end{array}\right]^2} dx$
बराबर है
(a) $\frac{1}{3(1 + \tan^3 x)} + C$
(b) $\frac{-1}{3(1 + \tan^3 x)} + C$
(c) $\frac{1}{1 + \cot^3 x} + C$
(d) $\frac{-1}{1 + \cot^3 x} + C$
(जहाँ, C समाकलन अचर है)

75. $\int_{-\frac{\pi}{2}}^{\pi/2} \frac{\sin^2 x}{1 + 2^x} dx$ का मान है
(a) $\pi/8$ (b) $\pi/2$ (c) 4π (d) $\pi/4$

76. माना $g(x) = \cos x^2$, $f(x) = \sqrt{x}$ तथा α, β $(\alpha < \beta)$, द्विघात समीकरण $18x^2 - 9\pi x + \pi^2 = 0$ के मूल हैं, तब वक्र $y = (gof)(x)$ तथा रेखाओं $x = \alpha$, $x = \beta$ तथा $y = 0$ द्वारा परिबद्ध भाग का क्षेत्रफल (वर्ग इकाई में) है
(a) $\frac{1}{2}(\sqrt{3} - 1)$ (b) $\frac{1}{2}(\sqrt{3} + 1)$ (c) $\frac{1}{2}(\sqrt{3} - \sqrt{2})$ (d) $\frac{1}{2}(\sqrt{2} - 1)$

77. माना अवकल समीकरण $\sin x \frac{dy}{dx} + y \cos x = 4x$, $x \in (0, \pi)$ का हल $y = y(x)$ है, यदि $y\left(\frac{\pi}{2}\right) = 0$ है, तब $y\left(\frac{\pi}{6}\right)$ बराबर है
(a) $\frac{4}{9\sqrt{3}}\pi^2$ (b) $\frac{-8}{9\sqrt{3}}\pi^2$ (c) $-\frac{8}{9}\pi^2$ (d) $-\frac{4}{9}\pi^2$

78. एक सरल रेखा स्थिर बिन्दु (2, 3) से निर्देशांक अक्षों को दो भिन्न बिन्दुओं P तथा Q पर प्रतिच्छेद करती है। यदि O मूलबिन्दु तथा आयत $OPRQ$ पूर्णत: है, तब R का बिन्दुपथ है

(a) $3x + 2y = 6$ (b) $2x + 3y = xy$
(c) $3x + 2y = xy$ (d) $3x + 2y = 6xy$

79. माना त्रिभुज का लम्बकेन्द्र तथा केन्द्रक क्रमश: $A(-3, 5)$ तथा $B(3, 3)$ है। यदि C त्रिभुज का परिकेन्द्र है, तब वृत्त की त्रिज्या, जिसमें रेखाखण्ड AC व्यास रूप में है, निम्न में से है

(a) $\sqrt{10}$ (b) $2\sqrt{10}$
(c) $3\sqrt{\frac{5}{2}}$ (d) $\frac{3\sqrt{5}}{2}$

80. यदि वक्र $x^2 = y - 6$ के बिन्दु (1, 7) पर स्पर्श रेखा, वृत्त $x^2 + y^2 + 16x + 12y + c = 0$ को स्पर्श करती है, तब c का मान है

(a) 195 (b) 185
(c) 85 (d) 95

81. परवलय $y^2 = 16x$ के बिन्दु $P(16, 16)$ पर स्पर्शी तथा अभिलम्ब खींचे जाते हैं, जोकि परवलय के अक्षों को क्रमश: A तथा B बिन्दुओं पर प्रतिच्छेद करती है। यदि बिन्दुओं P, A और B से गुजरने वाले वृत्त का केन्द्र C तथा $\angle CPB = \theta$ है, तब $\tan\theta$ का मान है

(a) $\frac{1}{2}$ (b) 2 (c) 3 (d) $\frac{4}{3}$

82. अतिपरवलय $4x^2 - y^2 = 36$ के बिन्दुओं P और Q पर स्पर्श रेखाएँ खींची जाती हैं। यदि ये स्पर्शियाँ बिन्दु $T(0, 3)$ पर प्रतिच्छेद करती है, तब ΔPTQ का क्षेत्रकल (वर्ग इकाई में) हैं

(a) $45\sqrt{5}$ (b) $54\sqrt{3}$ (c) $60\sqrt{3}$ (d) $36\sqrt{5}$

83. यदि L_1, समतलों $2x - 2y + 3z - 2 = 0$, $x - y + z + 1 = 0$ की प्रतिच्छेदक रेखा तथा L_2, समतलों $x + 2y - z - 3 = 0$ व $3x - y + 2z - 1 = 0$ की प्रतिच्छेदक रेखा है, तब मूलबिन्दु से इस समतल की दूरी ज्ञात कीजिए, जिसमें रेखाएँ L_1 तथा L_2 निहित हैं

(a) $\frac{1}{4\sqrt{2}}$ (b) $\frac{1}{3\sqrt{2}}$ (c) $\frac{1}{2\sqrt{2}}$ (d) $\frac{1}{\sqrt{2}}$

84. समतल $x + y + z = 7$ पर बिन्दुओं $(5, -1, 4)$ तथा $(4, -1, 3)$ को मिलाने वाले रेखाखण्ड के प्रक्षेप्य की लम्बाई है

(a) $\frac{2}{\sqrt{3}}$ (b) $\frac{2}{3}$ (c) $\frac{1}{3}$ (d) $\sqrt{\frac{2}{3}}$

85. माना $\mathbf{u}$ एक सदिश है, जोकि सदिशों $\mathbf{a} = 2\hat{i} + 3\hat{j} - \hat{k}$ तथा $\mathbf{b} = \hat{j} + \hat{k}$ के साथ समतलीय है। यदि $\mathbf{u}$, $\mathbf{a}$ तथा $\mathbf{u}.\mathbf{b} = 24$ पर लम्बवत् है, तब $|\mathbf{u}|^2$ का मान है

(a) 336 (b) 315 (c) 256 (d) 84

86. एक थैले में 4 लाल तथा 6 काली गेंदे हैं। थैले में से एक गेंद यादृच्छिक रूप से निकाली जाती है तथा इसका रंग देखा जाता है एवं इस गेंद के साथ अन्य दो संमान रंग की अतिरिक्त गेंदों को भी पुन: रखा जाता है। यदि अब थैले में से एक गेंद यादृच्छिक रूप से निकाली जाती है, तब निकाली गई गेंद के लाल होने की प्रायिकता है

(a) 3/10 (b) 2/5 (c) 1/5 (d) 3/4

87. यदि $\sum_{i=1}^{9}(x_i - 5) = 9$ तथा $\sum_{i=1}^{9}(x_i - 5)^2 = 45$ है, तब 9 अवयवों $x_1, x_2, \ldots, x_9$ का मानक विचलन है

(a) 9 (b) 4 (c) 2 (d) 3

88. यदि अन्तराल $[0, \pi]$ में समीकरण $8\cos x\left(\cos\left(\frac{\pi}{6}+x\right)\cdot\cos\left(\frac{\pi}{6}-x\right)-\frac{1}{2}\right)$ के सभी हलों का योगफल $k\pi$ है, तब k बराबर है

(a) 2/3 (b) 13/9 (c) 8/9 (d) 20/9

89. PQR एक त्रिभुजाकार उद्यान है, जिसमें $PQ = PR = 200$ मी है, एक टी.वी. टावर, QR के मध्य-बिन्दु पर स्थित है। यदि बिन्दु P, Q तथा R पर शीर्ष के उन्नयन कोण क्रमश: 45°, 30° तथा 30° हैं, तब टावर की ऊँचाई (मी में) है

(a) 100 (b) 50 (c) $100\sqrt{3}$ (d) $50\sqrt{2}$

90. बूलियन व्यंजक $\sim(p \vee q) \vee (\sim p \wedge q)$ बराबर है

(a) $\sim p$ (b) p (c) q (d) $\sim q$

सही उत्तर

भौतिकी

1. (c)	2. (b)	3. (b)	4. (c)	5. (b)	6. (d)	7. (a)	8. (c)	9. (c)	10. (c)
11. (a)	12. (b)	13. (a)	14. (b)	15. (a)	16. (b)	17. (b)	18. (b)	19. (c)	20. (a)
21. (c)	22. (c)	23. (a)	24. (a)	25. (d)	26. (a)	27. (c)	28. (c)	29. (b)	30. (c)

रसायन विज्ञान

31. (d)	32. (c)	33. (d)	34. (a)	35. (d)	36. (d)	37. (b)	38. (c)	39. (a)	40. (c)
41. (c)	42. (c)	43. (d)	44. (c)	45. (b)	46. (c)	47. (c)	48. (d)	49. (c)	50. (b)
51. (a)	52. (c)	53. (b)	54. (a)	55. (c)	56. (d)	57. (c)	58. (c)	59. (d)	60. (b)

गणित

61. (b)	62. (c)	63. (c)	64. (c)	65. (b)	66. (a)	67. (d)	68. (c)	69. (b)	70. (c)
71. (a)	72. (d)	73. (d)	74. (b)	75. (d)	76. (a)	77. (c)	78. (c)	79. (c)	80. (d)
81. (b)	82. (a)	83. (b)	84. (d)	85. (a)	86. (b)	87. (c)	88. (b)	89. (a)	90. (a)

संकेत एवं हल

भौतिकी

1. *(c)* ∴ घनत्व $(\rho) = \dfrac{\text{द्रव्यमान}}{\text{आयतन}} = \dfrac{M}{L^3}$

घनत्व में त्रुटि, $\dfrac{\Delta\rho}{\rho} = \dfrac{\Delta M}{M} + \dfrac{3\Delta L}{L}$

अत: घनत्व में अधिकतम प्रतिशत त्रुटि,

$$\frac{\Delta\rho}{\rho} \times 100 = \frac{\Delta M}{M} \times 100 + \frac{3\Delta L}{L} \times 100$$

$$\frac{\Delta\rho}{\rho} \times 100 = 1.5 + 3 \times 1 \Rightarrow \frac{\Delta\rho}{\rho} \times 100 = 1.5 + 3 = 4.5\%$$

2. *(b)* **संकेत** *यदि समय के सापेक्ष वेग के ग्राफ में सरल रेखा प्राप्त होती है तथा ग्राफ का ढाल ऋणात्मक होता है, तो त्वरण नियत तथा ऋणात्मक होगा।*

ऋणात्मक ढाल का दूरी-समय ग्राफ परवलयकार होगा $\left(s = ut - \dfrac{1}{2}at^2\right)$ अत: विकल्प (b) सही नहीं है।

3. *(b)* यदि m_1 के कारण खिंचाव, m तथा m_2 तथा पृष्ठ के मध्य घर्षण बल से कम या तुल्य होता है, तो गति रूक जाती है।

$\Rightarrow \quad m_1 g \le \mu\,(m_2 + m)\,g$

$\Rightarrow \quad 5 \times 10 \le 0.15\,(10 + m) \times 10 \Rightarrow m \ge 23.33$ किग्रा

यहाँ, निकटतम मान $= 27.3$ किग्रा

अत: $m_{\text{न्यूनतम}} = 27.3$ किग्रा

4. *(c)* ∴ बल $= -\dfrac{dU}{dr} \Rightarrow F = -\dfrac{d}{dr}\left(\dfrac{-k}{2r^2}\right) = -\dfrac{k}{r^3}$

कण वृतीय पथ पर गतिमान है, अत: यह बल अभिकेन्द्रीय बल के तुल्य होगा।

$\Rightarrow \quad |F| = \dfrac{mv^2}{r}$

अत: $\quad \dfrac{k}{r^3} = \dfrac{mv^2}{r} \Rightarrow \dfrac{1}{2}mv^2 = \dfrac{k}{2r^2}$

∴ कण की कुल ऊर्जा $= \text{KE} + \text{PE} = \dfrac{k}{2r^2} - \dfrac{k}{2r^2} = 0$

5. *(b)* **संकेत** *सभी प्रकार के संघट्टो में संवेग संरक्षित रहता है।* अन्तिम गतिज ऊर्जा, प्रारम्भिक गतिज ऊर्जा से 50% अधिक है

अत: $\dfrac{1}{2}mv_2^2 + \dfrac{1}{2}mv_1^2 = \dfrac{150}{100} \times \dfrac{1}{2}mv_0^2 \Rightarrow v_1^2 + v_2^2 = \dfrac{3}{2}v_0^2 \quad \ldots(\text{i})$

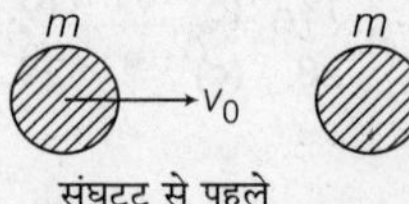

संघट्ट से पहले

m m v_1 v_2

संघट्ट के पश्चात्

संवेग संरक्षण के द्वारा,

$$mv_0 = mv_1 + mv_2 \Rightarrow v_0 = v_2 + v_1$$

दोनों पक्षों का वर्ग करने पर,

$v_1^2 + v_2^2 + 2v_1v_2 = v_0^2 \qquad \left[\dfrac{3}{2}v_0^2 + 2v_1v_2 = v_0^2\right]$ [समी (i) से]

$\Rightarrow \quad 2v_1v_2 = -\dfrac{v_0^2}{2}$

$\therefore \quad (v_1 - v_2)^2 = (v_1 + v_2)^2 - 4v_1v_2 = 2v_0^2$ या $v_{\text{वास्तविक}} = \sqrt{2}v_0$

6. *(d)* **संकेत** *सर्वप्रथम हम द्रव्यमान केन्द्र के परित: समान्तर अक्षों की प्रमेय द्वारा जड़त्वाघूर्ण का मान ज्ञात करेंगे। इसके द्वारा दिये गये अक्ष के परित: जड़त्वाघूर्ण का मान ज्ञात किया जायेगा।*

द्रव्यमान केन्द्र से जाने वाले अक्ष के परित: बाह्य चकती का जड़त्वाघूर्ण

M R R

$$= \frac{MR^2}{2} + M(2R)^2$$

$$= MR^2\left(4 + \frac{1}{2}\right) = \frac{9}{2}MR^2$$

इसी प्रकार, 6 चकतियों के लिए जड़त्वाघूर्ण

$$= 6 \times \frac{9}{2}MR^2 = 27MR^2$$

निकाय का जड़त्वाघूर्ण $= \dfrac{MR^2}{2} + 27MR^2 = \dfrac{55}{2}MR^2$

अत: $\quad I_P = \dfrac{55}{2}MR^2 + (7M \times 9R^2) \Rightarrow I_P = \dfrac{181}{2}MR^2$

$$I_{\text{निकाय}} = \frac{181}{2}MR^2$$

7. *(a)* शेष ठोस का जड़त्वाघूर्ण = सम्पूर्ण ठोस का जड़त्वाघूर्ण − निकाले गये ठोस के भाग का जड़त्वाघूर्ण

$\therefore \quad I = \dfrac{9MR^2}{2} - \left[\dfrac{M\,(R/3)^2}{2} + M\left(\dfrac{2R}{3}\right)^2\right] \Rightarrow I = 4MR^2$

8. *(c)* ∴ बल = द्रव्यमान × त्वरण $= m\omega^2 R$

दिया है, $\quad F \propto \dfrac{1}{R^n} \Rightarrow F = \dfrac{k}{R^n}$

अत: $\quad \dfrac{k}{R^n} = m\left(\dfrac{2\pi}{T}\right)^2 R$

$\Rightarrow \quad T^2 = \dfrac{4\pi^2 m}{k} \cdot R^{n+1} \Rightarrow T \propto R^{\frac{n+1}{2}}$

9. *(c)* ∴ आयतन गुणांक, $K = \dfrac{\text{आयतन प्रतिबल}}{\text{आयतन विकृति}} = \dfrac{\Delta p}{\dfrac{\Delta V}{V}}$

$\Rightarrow \quad K = \dfrac{mg}{a\left(\dfrac{3\Delta r}{r}\right)} \qquad \left[\because V = \dfrac{4}{3}\pi r^3 \text{ अत: } \dfrac{\Delta V}{V} = \dfrac{3\Delta r}{r}\right]$

$\Rightarrow \quad \dfrac{\Delta r}{r} = \dfrac{mg}{3aK}$

10. *(c)* रुद्धोष्म प्रक्रम के लिए ताप तथा आयतन में सम्बन्ध द्वारा,

$$T_2 V_2^{\gamma - 1} = T_1 V_1^{\gamma - 1}$$

$\Rightarrow T_2\,(2V)^{2/3} = 300\,(V)^{2/3} \qquad$ [एकपरमाण्विक गैस के लिए, $\gamma = \dfrac{5}{3}$]

$\Rightarrow \quad T_2 = \dfrac{300}{2^{2/3}} \approx 189$ केल्विन

रुद्धोष्म प्रक्रम में,

$$\Delta Q = 0, \Delta U = -\Delta W$$

या $\Delta U = -\dfrac{nR(\Delta T)}{\gamma - 1} = -2 \times \dfrac{3}{2} \times \dfrac{25}{3}(300 - 189) \approx -2.7\text{ kJ}$

$$T_2 \approx 189\text{ K}, \Delta U \approx 2.7\text{ kJ}$$

11. *(a)*

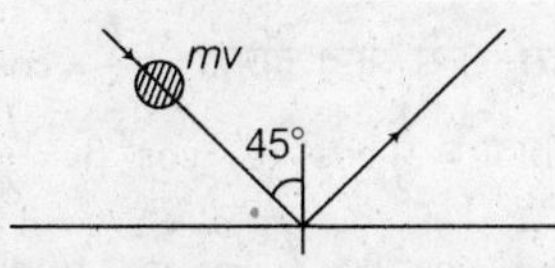

प्रथम संघट्ट से प्रदत्त संवेग

$$= 2mv \sin 45° = \sqrt{2}\, mv \qquad \left[\because \sin 45° = \frac{1}{\sqrt{2}}\right]$$

$\therefore$ पृष्ठ पर दाब $(p) = \dfrac{n\sqrt{2}\, mv}{\text{क्षेत्रफल}}$

$$= \frac{10^{23} \times \sqrt{2} \times 3.32 \times 10^{-27} \times 10^3}{(2 \times 10^{-2})^2}$$

$$p = 2.35 \times 10^3 \text{ न्यूटन/मी}^2$$

12. *(b)* आवृत्ति दोलित्र के लिए,

$$T = 2\pi\sqrt{\frac{m}{k}}$$

यहाँ, $k =$ बल नियतांक और $T = \dfrac{1}{f}$

$$\therefore \quad k = 4\pi^2 f^2 m = 4 \times \left(\frac{22}{7}\right)^2 (10^{12})^2 \times \frac{108 \times 10^{-3}}{6.02 \times 10^{23}}$$

$\Rightarrow \quad k = 7.1$ न्यूटन/मी

13. *(a)*

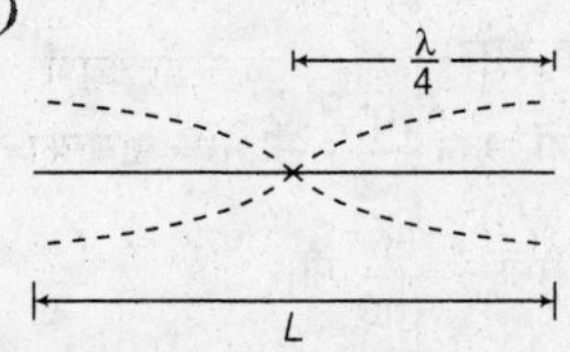

कम्पन के लिए

$$\lambda/2 = L \Rightarrow \lambda = 2L$$

$\therefore$ तरंग चाल, $v = \sqrt{\dfrac{y}{\rho}}$

अत: आवृत्ति, $f = \dfrac{v}{\lambda}$

$$\Rightarrow \quad f = \frac{1}{2L}\sqrt{\frac{y}{\rho}} = \frac{1}{2 \times 60 \times 10^{-2}}\sqrt{\frac{9.27 \times 10^{10}}{2.7 \times 10^3}}$$

≈ 5000 हर्ट्ज या $f = 5$ किलो हर्ट्ज

14. *(b)* **संकेत** *B पर विभव = आवेश के कारण A पर विभव + आवेश के कारण B पर विभव + आवेश के कारण C पर विभव*

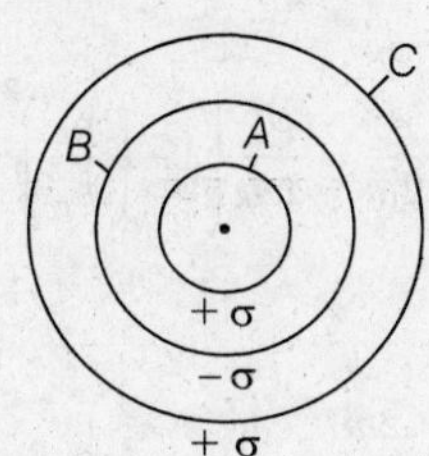

$$\therefore \quad V_B = \frac{k(Q_A + Q_B)}{b} + \frac{kQ_C}{c}$$

$$= \frac{1}{4\pi\varepsilon_0}\left[\frac{\sigma 4\pi a^2}{b} - \frac{\sigma 4\pi b^2}{b} + \frac{\sigma 4\pi c^2}{c}\right]$$

$$= \frac{\sigma}{\varepsilon_0}\left(\frac{a^2 - b^2}{b} + \frac{c^2}{c}\right) = \frac{\sigma}{\varepsilon_0}\left(\frac{a^2 - b^2}{b} + c\right)$$

$$V_B = \frac{\sigma}{\varepsilon_0}\left(\frac{a^2 - b^2}{b} + c\right)$$

15. *(a)* $\therefore$ प्रेरित आवेश का परिमाण, $(Q') = (K - 1)CV_0$

$$= \left(\frac{5}{3} - 1\right) \times 90 \times 10^{-12} \times 20 = 1.2 \times 10^{-9} \text{ कूलॉम}$$

$\therefore \quad Q' = 1.2$ नैनो कूलॉम

16. *(b)* दिया है, $e = 100 \sin 30\,t$ और $i = 20 \sin\left(30t - \dfrac{\pi}{4}\right)$

$\therefore$ औसत शक्ति, $P_{av} = V_{rms}\, I_{rms} \cos\phi = \dfrac{100}{\sqrt{2}} \times \dfrac{20}{\sqrt{2}} \times \cos\dfrac{\pi}{4}$

$= 1000/\sqrt{2}$ वाट

$\therefore$ वाटहीन धारा, $I = I_{rms} \sin\phi = \dfrac{20}{\sqrt{2}} \times \sin\dfrac{\pi}{4} = \dfrac{20}{2} = 10$ ऐम्पियर

$\therefore \quad P_{av} = \dfrac{1000}{\sqrt{2}}$ वाट और $I_{\text{वाटहीन}} = 10$ ऐम्पियर

17. *(b)*

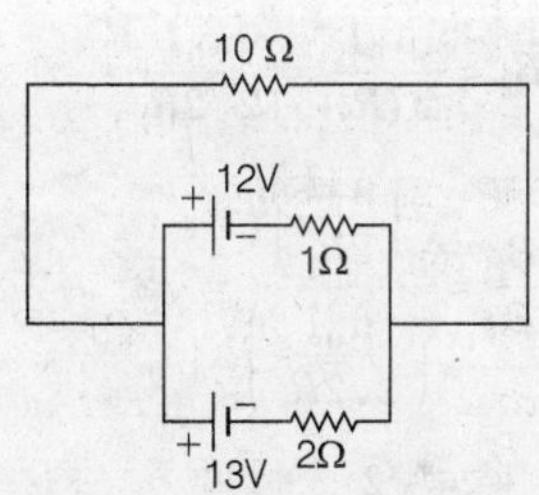

सेलों के समान्तर क्रम संयोजन के लिए,

$$E_{eq} = \frac{\dfrac{E_1}{r_1} + \dfrac{E_2}{r_2}}{\dfrac{1}{r_1} + \dfrac{1}{r_2}}$$

$$\therefore \quad E_{eq} = \frac{12/1 + 13/2}{\dfrac{1}{1} + \dfrac{1}{2}} = \frac{37}{3} \text{ वोल्ट}$$

10Ω के प्रतिरोध के एक्रॉस विभव पतन,

$$V = \left(\frac{E}{R_{\text{कुल}}}\right) \times 10 = \frac{37/3}{(10 + 2/3)} \times 10 = 11.56 \text{ वोल्ट}$$

$\therefore \quad V = 11.56$ वोल्ट

वैकल्पिक विधि

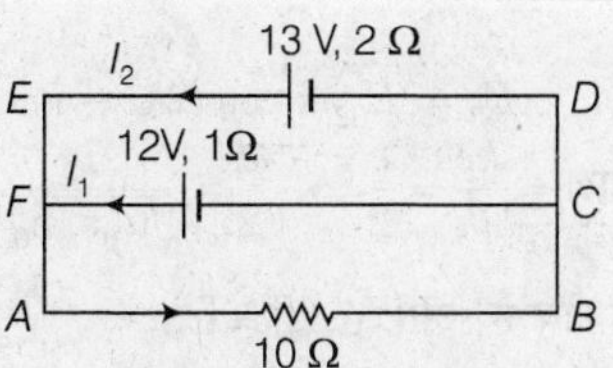

लूप $ABCFA$ में, KVL लगाने पर,

$$-12 + 10(I_1 + I_2) + 1 \times I_1 = 0 \Rightarrow 12 = 11I_1 + 10I_2 \qquad \text{...(i)}$$

इसी प्रकार, लूप $ABDEA$ में,

$-13+10(I_1+I_2)+2\times I_2=0 \Rightarrow 13=10I_1+12I_2$ ...(ii)

समी (i) और (ii) को हल करने पर,

$$I_1=\frac{7}{16} \text{ ऐम्पियर} \Rightarrow I_2=\frac{23}{32} \text{ ऐम्पियर}$$

$\therefore$ 10Ω के प्रतिरोध के सिरों पर विभव पतन,

$$V=10\left(\frac{7}{16}+\frac{23}{32}\right)=11.56 \text{ वोल्ट}$$

18. *(b)* हम जानते हैं, $Bqv=\frac{mv^2}{r} \Rightarrow r=\frac{mv}{Bq}=\frac{\sqrt{2mK}}{Bq}$

जहाँ, K गतिज ऊर्जा है। सभी कणों के लिए गतिज ऊर्जा समान है अत:

$$r\propto\frac{\sqrt{m}}{q} \quad \text{...(i)}$$

$$\Rightarrow r_e:r_p:r_\alpha=\frac{\sqrt{m_e}}{e}:\frac{\sqrt{m_p}}{e}:\frac{\sqrt{mp}}{e}$$

अत: $r_\alpha=r_p>r_e$

19. *(c)* **संकेत** *हम जानते हैं, द्विध्रुव (m) = IA अत: धारा को नियत रखकर लूप की त्रिज्या में परिवर्तन कर, द्विध्रुव आघूर्ण का मान बदला जा सकता है।*

प्रारम्भिक, $m=I\pi R^2$ और $B_1=\frac{\mu_0 I}{2R_1}$

अन्तिम, $m'=2m=I\pi R_2^2 \Rightarrow 2I\pi R_1^2=I\pi R_2^2$ या $R_2=\sqrt{2}R_1$

अत: $$B_2=\frac{\mu_0 I}{2(R_2)}=\frac{\mu_0 I}{2\sqrt{2}R_1}$$

अत: अनुपात, $$\frac{B_1}{B_2}=\frac{\left(\frac{\mu_0 I}{2R_1}\right)}{\left(\frac{\mu_0 I}{2\sqrt{2}R_1}\right)}=\sqrt{2}$$

$$\therefore \frac{B_1}{B_2}=\sqrt{2}$$

20. *(a)* अनुनादी L-C-R परिपथ के अभिलक्षण को अनुनादी कोणीय आवृत्ति तथा परिपथ की बैण्ड चौड़ाई के अनुपात द्वारा ज्ञात किया जाता है तथा इस अनुपात को ''विशेषता गुणांक'' या Q-गुणांक भी कहते हैं।

$$Q\text{-गुणांक}=\frac{\omega_0}{2\Delta\omega}=\frac{\omega_0 L}{R}$$

21. *(c)* **संकेत** *प्रगामी तरंग की चाल निम्न प्रकार दी जाती है,*

$$v=\frac{\omega}{k}$$

वायु में वैद्युत क्षेत्र, $E_1=E_{01}\hat{\mathbf{x}}\cos\left(\frac{2\pi vz}{c}-2\pi vt\right)$

$\therefore$ वायु में चाल $=\frac{2\pi v}{\left(\frac{2\pi v}{c}\right)}=c \quad \therefore c=\frac{1}{\sqrt{\mu_0\varepsilon_{r_1}\varepsilon_0}}$ ...(i)

माध्यम में,

$$E_2=E_{02}\hat{\mathbf{x}}\cos(2kz-kct)$$

$\therefore$ माध्यम में चाल $=\frac{kc}{2k}=\frac{c}{2} \Rightarrow \frac{c}{2}=\frac{1}{\sqrt{\mu_0\varepsilon_{r_2}\varepsilon_0}}$ ...(ii)

माध्यम अचुम्बकीय है, अत: $\mu_{\text{माध्यम}}=\mu_{\text{वायु}}$

समी (i) को समी (ii) द्वारा विभाजित करने पर,

$$2=\sqrt{\frac{\varepsilon_{r_2}}{\varepsilon_{r_1}}} \Rightarrow \frac{\varepsilon_{r_1}}{\varepsilon_{r_2}}=\frac{1}{4}$$

22. *(c)*

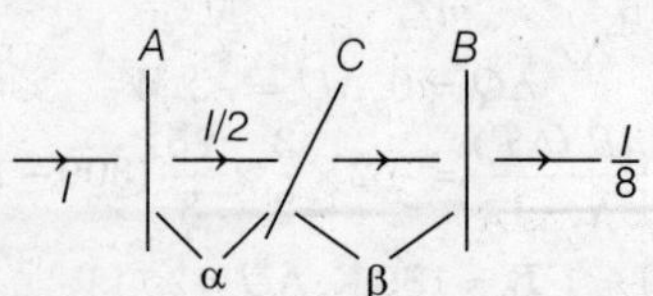

मैलस के नियम द्वारा C से प्राप्त तीव्रता $=\frac{I}{2}\times\cos^2\alpha$

और B से प्राप्त तीव्रता $=\frac{I}{2}\cos^2\alpha\times\cos^2\beta=\frac{I}{8}$ (दिया है)

अत: $\frac{I}{2}\times\cos^2\alpha\cdot\cos^2\beta=\frac{I}{8} \Rightarrow \cos^2\alpha\cdot\cos^2\beta=\frac{1}{4}$

जब $\alpha=45°$ तथा $\beta=45°$ होते हैं, तो उपरोक्त समीकरण संतुष्ट होगी। अत: A तथा C के मध्य कोण $45°$ होगा।

23. *(a)* विवर्तन प्रारूप की कोणीय चौड़ाई $=60°$

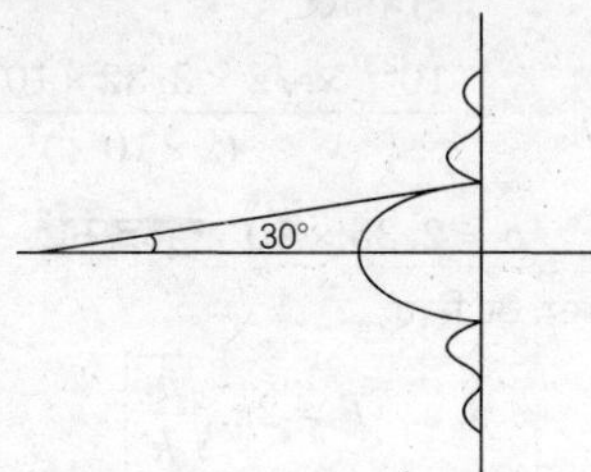

प्रथम निम्निष्ठ के लिए,

$$\frac{a}{2}\sin\theta=\frac{\lambda}{2} \quad [\text{यहाँ, } a=10^{-6} \text{ मी, } \theta=30°]$$

$$\Rightarrow \lambda=10^{-6}\times\sin 30° \Rightarrow \lambda=\frac{10^{-6}}{2} \text{ मी}$$

द्वितीय झिर्री लाने से व्यतिकरण होगा।

$\therefore$ फ्रिन्ज चौड़ाई, $\beta=\frac{\lambda D}{d}$ [यहाँ, $\lambda=\frac{10^{-6}}{2}$ मी, $\beta=1$ सेमी $=\frac{1}{100}$ मी]

$d=?$ और $D=50$ सेमी $=\frac{50}{100}$ मी]

अत: $$d=\frac{\lambda D}{\beta}=\frac{10^{-6}\times 50}{2\times\frac{1}{100}\times 100}=25\times 10^{-6} \text{मीटर}$$

या $d=25$ माइक्रोमीटर

24. *(a)* यदि उत्सर्जित फोटॉन की पुन: उत्तेजन तरंगदैर्ध्य $\wedge_n$ है तब

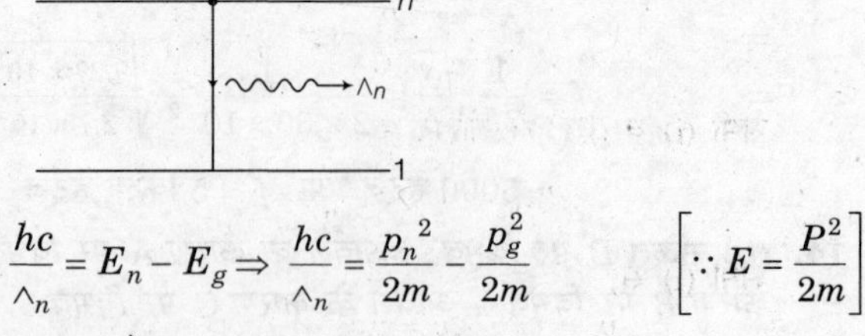

$$\frac{hc}{\wedge_n}=E_n-E_g \Rightarrow \frac{hc}{\wedge_n}=\frac{p_n^2}{2m}-\frac{p_g^2}{2m} \quad \left[\because E=\frac{P^2}{2m}\right]$$

ऊर्जा ऋणात्मक है,

अत: $$\frac{hc}{\Lambda_n}=\frac{p_g^2}{2m}-\frac{p_n^2}{2m}=\frac{p_g^2}{2m}\left(1-\left(\frac{p_n}{p_g}\right)^2\right)=\frac{h^2}{2m\lambda_g^2}\left(1-\frac{\lambda_g^2}{\lambda_n^2}\right)$$

$$\left[\because p\propto\lambda^{-1}, p=\frac{h}{\lambda}\right]$$

$$\Rightarrow \Lambda_n=\frac{2m\lambda_g^2 c}{h}\left(1-\frac{\lambda_g^2}{\lambda_n^2}\right)^{-1}$$

$$\Rightarrow \quad \Lambda_n = \frac{2m\lambda_g^2\, c}{h}\left(1+\frac{\lambda_g^2}{\lambda_n^2}\right) \quad [\because (1-x)^{-n} = 1+nx]$$

$$\Rightarrow \quad \boxed{\Lambda_n \approx A + \frac{B}{\lambda_n^2}}$$

जहाँ, $A = \left[\frac{2mc\lambda_g^2}{h}\right]$ और $B = \left[\frac{2mc\lambda_g^4}{h}\right]$ नियतांक हैं।

25. ***(d)* संकेत** *लाइमन श्रेणी के लिये संक्रमण की श्रेणी समी, $n_2 = \infty$ से $n_1 = 1$ तथा फुण्ड श्रेणी के लिये $n_2 = \infty$ से $n_1 = 5$ तक होती है।*

लाइमन श्रेणी के लिए,

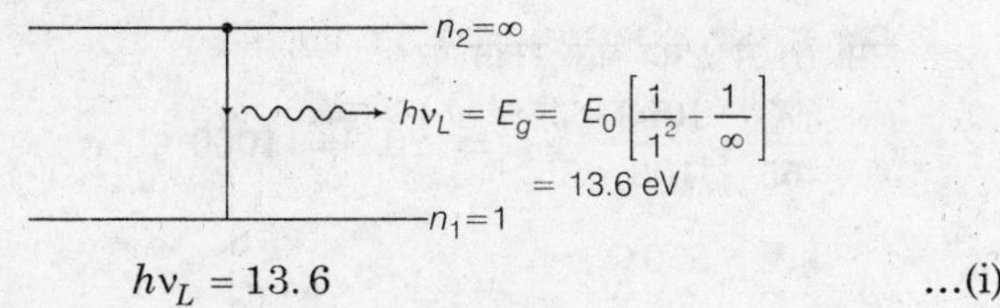

$$h\nu_L = 13.6 \quad \ldots(i)$$

फुण्ड श्रेणी में,

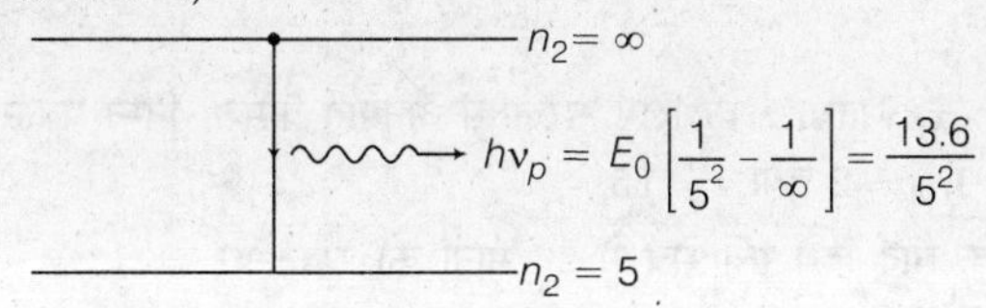

$$h\nu_p = \frac{13.6}{(5)^2} \quad \ldots(ii)$$

समी (i) और (ii) से,

$$25h\,\nu_p = h\nu_L \Rightarrow \nu_p = \frac{\nu_L}{25}$$

26. ***(a)*** न्यूट्रॉन-ड्यूट्रॉन संघट्ट,

m (v_0) → $2m$ ($v = 0$) → m (v_1) → $2m$ (v_2)

संवेग संरक्षण द्वारा,

$$mv_0 = mv_1 + 2mv_2 \Rightarrow v_0 = v_1 + 2v_2$$

संघट्ट प्रत्यास्थ है, अत: प्रत्यावस्था गुणांक, $e = 1$

$$\therefore \quad e = 1 = \frac{\text{संघट्ट के पश्चात् वेग}}{\text{संघट्ट के पूर्व वेग}}$$

$$\Rightarrow \quad 1 = \frac{v_2 - v_1}{v_0 - 0} \Rightarrow v_0 = v_2 - v_1 \quad \ldots(ii)$$

समी (i) व (ii) को जोड़ने पर,

$$2v_0 = 3v_2 \Rightarrow \frac{2v_0}{3} = v_2$$

समी (i) से,

$$v_1 = v_0 - 2v_2 = v_0 - \frac{4v_0}{3} \Rightarrow v_1 = -\frac{v_0}{3}$$

न्यूट्रॉन की ऊर्जा में भिन्नात्मक हानि

$$= \left(\frac{-K_f + K_i}{K_i}\right)_{\text{न्यूट्रॉन के लिए}}$$

$$= \frac{-\frac{1}{2}mv_1^2 + \frac{1}{2}mv_0^2}{\frac{1}{2}mv_0^2} = \frac{-\frac{v_0^2}{9} + v_0^2}{v_0^2}$$

$$= \left(-\frac{1}{9}+1\right) = \frac{8}{9} = 0.8\overline{8} = 0.89$$

m (v_0) → $12m$ → m (v_1) + $12m$ → v_2

इसी प्रकार, न्यूट्रॉन-कार्बन परमाणु के मध्य संघट्ट के लिए,

$$v_0 = v_1 + 12v_2 \text{ और } e = 1 \Rightarrow v_0 = v_2 - v_1$$

अत: $\quad v_1 = \frac{11}{13}v_0$

$$\therefore \text{ ऊर्जा में हानि } = \left(\frac{-121}{169}+1\right) = 0.28$$

अत: $P_d = 0.89$ और $P_c = 0.28$

27. ***(c)* संकेत** *अग्र अभिनति में सिलिकॉन डायोड के सिरों पर विभव पतन 0.7 वोल्ट होता है।*

दिये गये परिपथ में, 200Ω प्रतिरोध के सिरों पर विभव पतन,

$$I = \frac{\Delta V_R}{R} = \frac{3 - 0.7}{200} = 0.0115 \text{ ऐम्पियर} = 11.5 \text{ मिली ऐम्पियर}$$

28. ***(c)*** 10 GHz का 10% प्रेषण के लिए प्रयुक्त होता है।

$$\therefore \text{ प्रेषण के लिए उपलब्ध बैण्ड} = \frac{10}{100}\times 10\times 10^9 \text{ हर्ट्ज} = 10^9 \text{ हर्ट्ज}$$

n चैनल में से प्रत्येक की आवृत्ति 5 kHz हैं, तब

$$n \times 5\times 10^3 = 10^9 \Rightarrow n = 2\times 10^5$$

29. ***(b)*** केवल सेल के साथ,

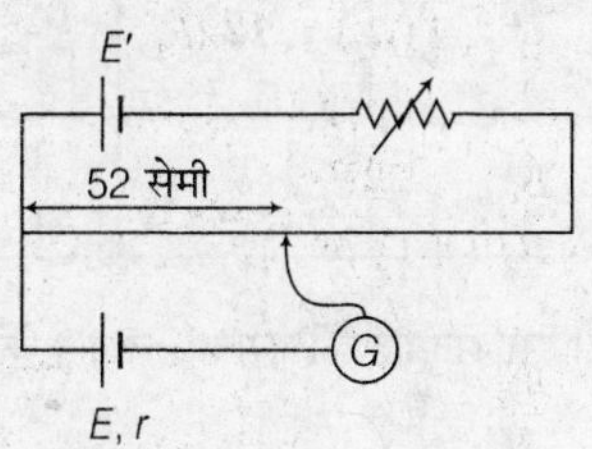

सन्तुलन की स्थिति में, $\quad E = 52 \times x \quad \ldots(i)$

जहाँ, x तार की विभव प्रवणता है।

जब सेल के साथ शन्ट प्रतिरोध लगा दिया जाता है

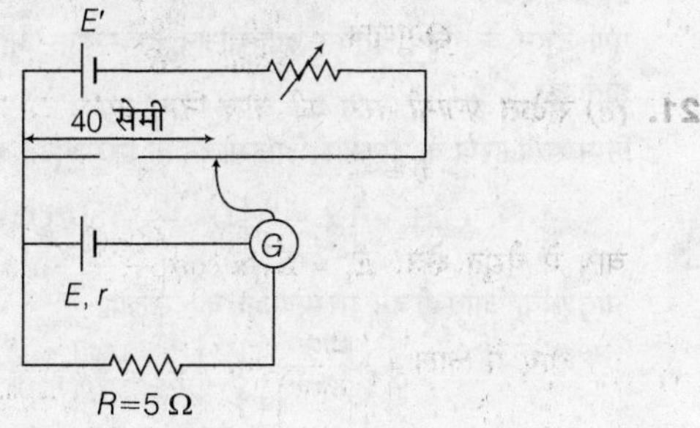

इसी प्रकार, संन्तुलन की अवस्था में,

$$V = E - \frac{Er}{(R+r)} = 40 \times x \quad \ldots(ii)$$

समी (i) व (ii) को हल करने पर, $\frac{E}{V} = \frac{1}{1-\frac{r}{R+r}}\frac{52}{40}$

$$\Rightarrow \frac{E}{V} = \frac{R+r}{R} = \frac{52}{40} \Rightarrow \frac{5+r}{5} = \frac{52}{40} \Rightarrow r = \frac{3}{2}\Omega$$

$$\therefore \quad r = 1.5\,\Omega$$

30. *(c)* $X + Y = 1000\Omega$

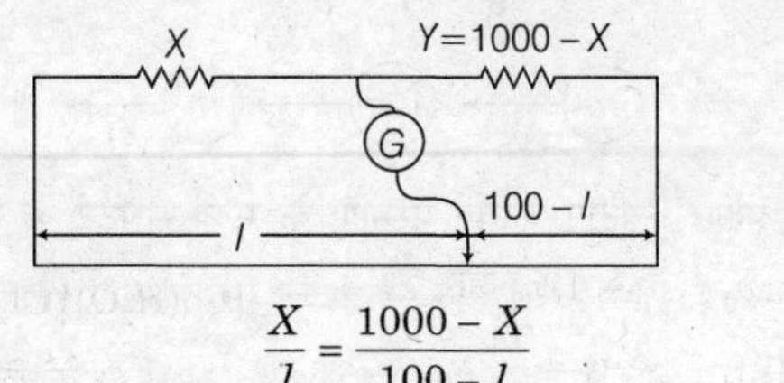

प्रारम्भ में, $$\frac{X}{l} = \frac{1000-X}{100-l} \quad \ldots(i)$$

X तथा Y के क्रम बदलने पर

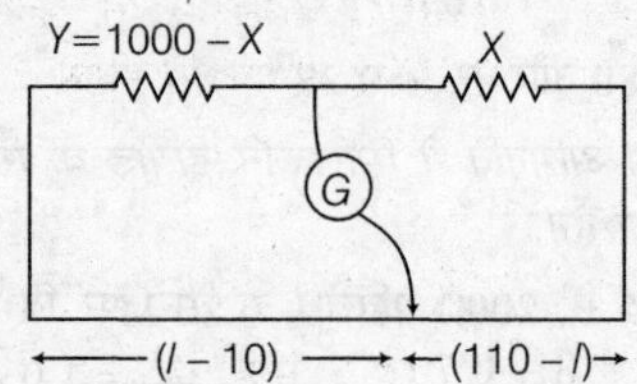

$$\frac{1000-X}{l-10} = \frac{X}{100-(l-10)}$$

या $$\frac{1000-X}{l-10} = \frac{X}{110-l} \quad \ldots(ii)$$

समी (i) और (ii) से,

$$\frac{100-l}{l} = \frac{l-10}{110-l}$$

$$(100-l)(110-l) = (l-10)\,l$$

$$11000 - 100\,l - 110\,l + l^2 = l^3 - 10\,l$$

$$\Rightarrow \quad 11000 = 200\,l$$

$$\therefore \quad 1 = 56 \text{ सेमी}$$

समी (i) में l का मान रखने पर,

$$\frac{X}{55} = \frac{1000-55}{100-55} \Rightarrow 20X = 11000$$

$$\therefore \quad X = 550\,\Omega$$

रसायन विज्ञान

31. *(d)* दिये गये आँकडे से हम C एवं H के सरलपूर्ण संख्या अनुपात की गणना निम्न प्रकार कर सकते हैं

तत्व	आपेक्षिक द्रव्यमान	आण्विक द्रव्यमान	आपेक्षिक मोल	पूर्ण संख्या अनुपात
C	6	12	$\frac{6}{12} = 0.5$	$\frac{0.5}{0.5} = 1$
H	1	1	$\frac{1}{1} = 1$	$\frac{1}{0.5} = 2$

वैकल्पिक रूप से इस अनुपात की गणना x तथा y के पद के रूप में सीधे की जा सकती हैं

$$\frac{12x}{y} = \frac{6}{1} \quad (\text{मोलर द्रव्यमान C} = 12 \text{ तथा H} = 1)$$

इस अनुपात की गणना के बाद प्रश्न में दी गयी 2 शर्तें देखते हैं अर्थात् C_xH_y यौगिक के 1 अणु के CO_2 तथा H_2O में पूर्ण दहन के लिये प्रयुक्त ऑक्सीजन आवश्यक ऑक्सीजन की आधी होती है।

निम्न समीकरण के अनुसार, ऑक्सीजन के परमाणुओं की गणना कर सकते हैं

$$C_xH_y + \left[x + \frac{y}{4}\right]O_2 \longrightarrow x\,CO_2 + \frac{y}{2}H_2O$$

आवश्यक ऑक्सीजन परमाणुओं की संख्या

$$= 2 \times \left[x + \frac{y}{4}\right] = \left[2x + \frac{y}{2}\right]$$

दिया गया है,

$$z = \frac{1}{2}\left[2x + \frac{y}{2}\right] = \left[x + \frac{y}{4}\right]$$

यहाँ, x तथा y को C तथा H के लिये सरलतम अनुपात मान लेते हैं, अब x तथा y के मानों को उपरोक्त समीकरण में रखते हैं

$$z = \left[x + \frac{y}{4}\right] = \left[1 + \frac{2}{4}\right] = 1.5$$

अत: x, y तथा z के लिए सरलतम अनुपात क्रमश: निम्न प्रकार है, $x = 1$, $y = 2$ तथा $z = 1.5$

इसके बाद दिये गये सूत्र में इन मानों को रखने पर

अर्थात् $C_xH_yO_z = C_1H_2O_{1.5}$

अत: मूलानुपाती सूत्र $= [C_1H_2O_{1.5}] \times 2$

$= C_2H_4O_3$

32. *(c)* यह फ्रेन्कल दोष है जिसमें धनायन अपने स्थान को छोड़कर अन्तराकाशी स्थल (जैसा कि चित्र में दर्शाया गया है) में चले जाते हैं।

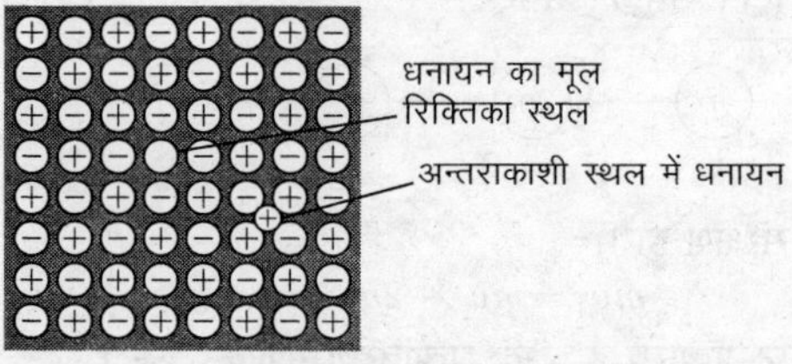

33. *(d)* **संकेत** *MOT के अनुसार, किसी अणु के अस्तित्व का निर्णय बन्ध क्रम की गणना के द्वारा किया जा सकता है*

अणु	इलेक्ट्रॉनिक विन्यास	बन्ध क्रम
He_2^+	$\sigma 1s^2 \sigma^* 1s^1$	$\frac{2-1}{2} = 0.5$
H_2^-	$\sigma 1s^2 \sigma^* 1s^1$	$\frac{2-1}{2} = 0.5$
H_2^{2-}	$\sigma 1s^2 \sigma^* 1s^2$	$\frac{2-2}{2} = 0$
He_2^{2+}	$\sigma 1s^2$	$\frac{2-0}{2} = 1$

जिस अणु के लिये बन्ध क्रम शून्य होगा उसका व्यावहारिक रूप से अस्तित्व नहीं होगा अत: H_2^{2-} (विकल्प d) सही उत्तर है।

34. *(a)* ऊष्मागतिकी से,

$$\ln k = \frac{-\Delta H^\circ}{RT} + \frac{\Delta S^\circ}{R} \quad \ldots(i)$$

गणितीय रूप से सरल रेखा का समीकरण है

$$y = c + m\,x \ldots\ldots\ldots \quad \ldots(ii)$$

समीकरण (ii) व (i) की तुलना करने पर,

ढाल (Slope) $= \frac{-\Delta H^\circ}{R}$ तथा अन्तखण्ड $= \frac{\Delta S^\circ}{R}$ जैसा कि हम जानते हैं ऊष्माक्षेपी अभिक्रिया के लिये ΔH ऋणात्मक (– ve) होता है

ढाल $= \frac{-\Delta H^\circ}{R}$ धनात्मक है। अत: निम्न चित्रानुसार ग्राफ में रेखा A तथा B ऊष्माक्षेपी अभिक्रिया के लिये साम्यवस्था स्थिरांक K की ताप पर निर्भरता को दर्शाते हैं।

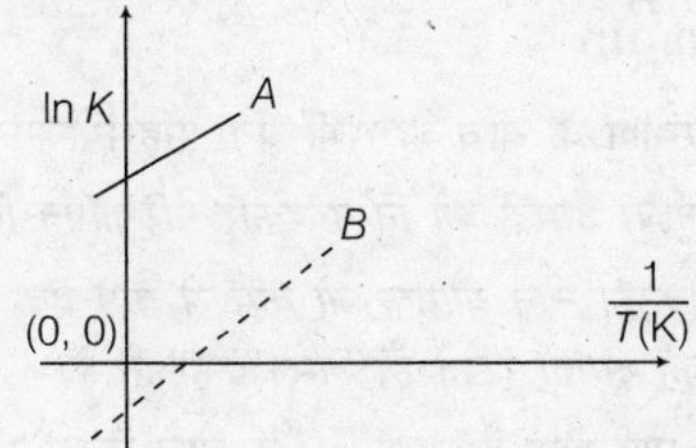

35. *(d)* **संकेत** *दहन उष्मा की गणना निम्न सूत्र की सहायता से करते हैं*

$$\Delta H_p = \Delta U + \Delta n_g RT$$

यहाँ, ΔH_p = स्थिर दाब पर दहन की ऊष्मा है

ΔU = स्थिर आयतन पर ऊष्मा (इसे ΔE भी कहा जाता है)

Δn_g = मोलों की संख्या में परिवर्तन (गैसीय अवस्था में)

R = गैस स्थिरांक, T = ताप

समीकरण से,

$$C_6H_6(l) + \frac{15}{2} O_2(g) \longrightarrow 6\,CO_2(g) + 3H_2O(l)$$

गैसीय मोलों की संख्या में परिवर्तन

$$\Delta n_g = 6 - \frac{15}{2} = -\frac{3}{2} \text{ या } -1.5$$

अब Δn_g का मान ज्ञात है तथा प्रश्न में दिये गये अन्य मान

$\Delta U = -3263.9$ kJ / mol

$T = 25°C = 273 + 25 = 298$ K

$R = 8.314$ JK^{-1}mol^{-1}

अत: $\Delta H_p = (-3263.9) + (-1.5) \times 8.314 \times 10^{-3} \times 298$

$= -3267.6$ kJ mol^{-1}

36. *(d)* **संकेत** *"शुद्ध विलायक में विलेय कणों को मिलाने पर हिमांक बिन्दु में अवनमन हो जाता है।"*

प्रश्न में दिये गये सभी यौगिक आयनिक प्रकृति के हैं। अत: अन्तिम निष्कर्ष के लिये वाण्ट हाफ गुणांक (i) पर विचार करते हैं। विलयन जिसका अधिकतम हिमांक बिन्दु होगा उसमें विलेय के कण न्यूनतम होंगें। इसे सामान्यतया वाण्ट हॉफ कारक की सहायता से ज्ञात किया जा सकता है।

अर्थात् विलेय के कणों की संख्या $\propto$ वाण्ट हॉफ गुणांक (i) अत: हम यह कह सकते हैं कि अधिकतम हिमांक बिन्दु वाले विलयन वह है जिसमें विलेय के वाण्ट हॉफ गुणांक का मान कम होता है।

$$[Co(H_2O)_6]Cl_3 \rightleftharpoons [Co(H_2O)_6]^{3+} + 3Cl^-$$

के लिये वाण्ट हॉफ कारक (i), 4 है।

इसी प्रकार,

$$[Co(H_2O)_5\,Cl]Cl_2 \cdot H_2O \rightleftharpoons [Co(H_2O)_5\,Cl]^{2+} + 2Cl^-$$

के लिये $i = 3$ है।

$$[Co(H_2O)_4Cl_2]Cl \cdot 2H_2O \rightleftharpoons [Co(H_2O)_4\,Cl_2]^+ + Cl^-$$

के लिये $i = 2$ है तथा $[Co(H_2O)_3\,Cl_3] \cdot 3H_2O$ के लिये $i = 1$ है अत: यह आयनन नहीं दर्शाता है।

अत: $[Co(H_2O)_3\,Cl_3] \cdot 3H_2O$ के विलयन में न्यूनतम कण है। अत: इसके विलयन का हिमांक बिन्दु अधिकतम होगा।

37. *(b)* दिया गया है,

$[H_2S] = 0.10$ M

$[HCl] = 0.20$ M अत: $[H^+] = 0.20$ M

$$H_2S \rightleftharpoons H^+ + HS^-, K_1 = 1.0 \times 10^{-7}$$
$$HS^- \rightleftharpoons H^+ + S^{2-}, K_2 = 1.2 \times 10^{-13}$$

अर्थात् $H_2S \rightleftharpoons 2H^+ + S^{2-}$

$$K = K_1 \times K_2 = 1.0 \times 10^{-7} \times 1.2 \times 10^{-13} = 1.2 \times 10^{-20}$$

अब $[S^{2-}] = \frac{K \times [H_2S]}{[H^+]^2}$ [अन्तिम समीकरण के अनुसार]

$$= \frac{1.2 \times 10^{-20} \times 0.1\text{ M}}{(0.2\text{M})^2} = \frac{1.2 \times 10^{-20} \times 1 \times 10^{-1}\text{M}}{4 \times 10^{-2}\text{M}}$$

$= 3 \times 10^{-20}$ M

38. *(c)* दिया गया है, कि अन्तिम विलयन 500 mL है तथा यह अन्तिम विलयन अज्ञात Ba^{2+} विलयन में 1 M Na_2SO_4 विलयन के 50 mL मिलाने पर प्राप्त होता है।

अत: हम अज्ञात Ba^{2+} के विलयन को 450 mL विलयन के रूप में बता सकते हैं।

450 mL + 50 mL ⟶ 500 mL
Ba^{2+} विलयन, Na_2SO_4 विलयन, $BaSO_4$ विलयन

इस प्रकार, हम विलयन में SO_4^{2-} आयन की सान्द्रता की गणना कर सकते हैं।

$$M_1V_1 = M_2V_2 \Rightarrow 1 \times 50 = M_2 \times 500$$

1 M Na_2SO_4 पर विचार करते हैं

$$M_2 = \frac{1}{10} = 0.1\text{ M}$$

केवल अवक्षेपण के लिये,

आयनिक उत्पाद = विलेयता उत्पाद (K_{sp})

अर्थात् $[Ba^{2+}][SO_4^{2-}]$ $BaSO_4$ = का K_{sp}

दिया गया है, $BaSO_4$ का $K_{sp} = 1 \times 10^{-10}$

अत: $[Ba^{2+}][0.1] = 1 \times 10^{-10}$ या $[Ba^{2+}] = 1 \times 10^{-9}$ M

स्मरणीय यह अन्तिम विलयन में Ba^{2+} आयनों की सान्द्रता है अत: वास्तविक विलयन में $[Ba^{2+}]$ की गणना

$\Rightarrow M_1V_1 = M_2V_2 \Rightarrow M_1 \times 450 = 10^{-9} \times 500$

अत: $M_1 = 1.1 \times 10^{-9}$M

39. *(a)* निम्न समीकरण के लिये,

$$CH_3CHO(g) \xrightarrow{\text{विघटन}} CH_4 + CO$$

माना CH_3CHO के सन्दर्भ में अभिक्रिया की कोटिm है।
दिया गया है $r_1 = 1$ टॉर/सेकण्ड है जब CH_3CHO, 5% अभिक्रिया करता है अर्थात् 95% शेष बचता (अनअभिकृत) है।
इसी प्रकार, $r_2 = 0.5$ टॉर/सेकण्ड है जब CH_3CHO, 33% अभिक्रिया करता है अर्थात् 67% शेष बचता (अनअभिकृत) है। निम्न सूत्र के प्रयोग द्वारा

$r \,\alpha\, (a-x)^m$ (जहाँ $(a-x)$ = अनअभिकृत मात्रा

अतः $\dfrac{r_1}{r_2} = \dfrac{(a-x_1)^m}{(a-x_2)^m}$ या $\dfrac{r_1}{r_2} = \left[\dfrac{a-x_1}{a-x_2}\right]^m$

दिये गये मानों को रखने पर,

$$\frac{1}{0.5} = \left(\frac{0.95}{0.67}\right)^m \Rightarrow 2 = (1.41)^m \text{ या } m = 2$$

40. *(c)* दिया गया है, $i = 100$ ऐम्पियर

27.66 ग्राम डाइबोरेन (B_2H_6)

(B_2H_6) का आण्विक द्रव्यमान $= 10.8 \times 2 + 6 = 27.6$

27.66 ग्राम B_2H_6 में मोलों की संख्या $= \dfrac{\text{दिया गया द्रव्यमान}}{\text{मोलर द्रव्यमान}} = \dfrac{27.66}{27.6} = 1$

निम्न समीकरण अनुसार,

$$B_2H_6 + 3O_2 \longrightarrow B_2O_3 + 3H_2O$$

इस समीकरण से हम बात सकते हैं कि 1 मोल (अर्थात् 27.6 ग्राम) B_2H_6 के पूर्ण दहन के लिए आवश्यक ऑक्सीजन 3 मोल है। अब, जल के विद्युत-अपघटन पर भी विचार करते हैं।

$$H_2O \rightleftharpoons 2H^+ + O^{--}$$

$$2H^+ \xrightarrow[\text{कैथोड}]{+2e} 2H \longrightarrow H_2\uparrow$$

$$O^{--} \xrightarrow[-2e^-]{\text{ऐनोड}} O \xrightarrow{\text{2 परमाणु}} O_2\uparrow$$

उपरोक्त समीकरण में, यह सरलता से बता सकते हैं कि जल में विद्युत-अपघटन द्वारा 1 मोल H_2O से ऐनोड पर 1 मोल ऑक्सीजन की प्राप्ति के लिये 4 मोल इलेक्ट्रॉन आवश्यक होते हैं।

इसी प्रकार, O_2 के 3 मोलों के उत्पादन के लिये $12\ (3 \times 4)$ मोल इलेक्ट्रॉनों की आवश्यकता होगी।

अतः 3 मोल ऑक्सीजन की प्राप्ति के लिये आवश्यक आवेश की कुल मात्रा $12 \times F$ या 12×96500 होगी।

$$12 \times F \text{ या } 12 \times 96500$$

हम जानते हैं, $Q = it$

अतः, $12 \times 96500 = 1700 \times t$ सेकण्ड में

या $\dfrac{12 \times 96500}{100 \times 3600} = t$ घण्टों में $= 3.2$ घण्टे

41. *(c)* फ्लुओराइड आयन दाँतों के इनैमल (Enamel) को $[3Ca_3(PO_4)_2 \cdot Ca(OH)_2]$ को हाइड्रॉक्सी ऐपेटाइट $[3Ca_3(PO_4)_2 \cdot CaF_2]$ अर्थात् फ्लोरऐपेटाइट (दाँतों के इनैमल को कठोर) में परिवर्तित करके निम्न अभिक्रिया अनुसार कठोर बनाता है।

$$[3Ca_3(PO_4)_2 . Ca(OH)_2] + \underset{\text{पेय जल से}}{2F^-} \longrightarrow [3Ca_3(PO_4)_2 . CaF_2] + 2OH^-$$

42. *(c)* केवल KCl ही आयनिक यौगिक है PH_3, O_2, B_2H_6 तथा H_2SO_4 की संरचना नीचे दी गयी है

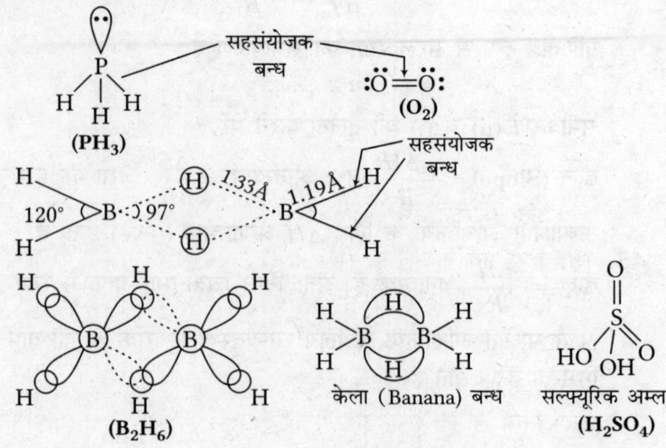

S तथा O परमाणु के बीच के सभी बन्ध सहसंयोजक बन्ध होते हैं।

43. *(d)* **संकेत** *लुईस अम्लों को निम्न प्रकार परिभाषित किया जाता हैं*

"वे इलेक्ट्रॉन न्यून यौगिक जो कम से कम एक इलेक्ट्रॉन युग्म को ग्रहण करने की क्षमता रखते हैं, अम्ल कहलाते हैं।

PH_3 अष्टक पूर्ण होता है, यद्यपि P के पास रिक्त $3d$-कक्षक होता है परन्तु इसमें एकल इलेक्ट्रॉन युग्म को ग्रहण करने की प्रवृत्ति नहीं होती है। अतः इसे लुईस अम्ल नहीं माना जाता है।

BCl_3 इसका अष्टक में निम्न कक्षक चित्रानुसार अपूर्ण होता है

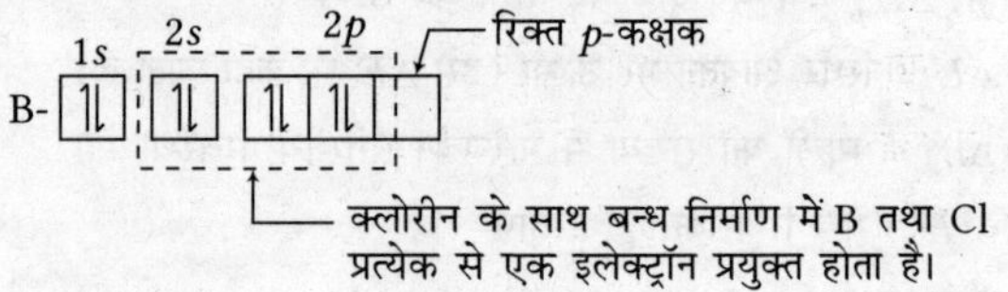

अतः B का रिक्त p-कक्षक एक इलेक्ट्रॉन युग्म को ग्रहण कर सकता है। इस प्रकार इसे लुईस अम्ल माना जाता है।

$AlCl_3$ इसी प्रकार की स्थिति $AlCl_3$ में प्रदर्शित होती है। Al (केवल संयोजक कक्षक)

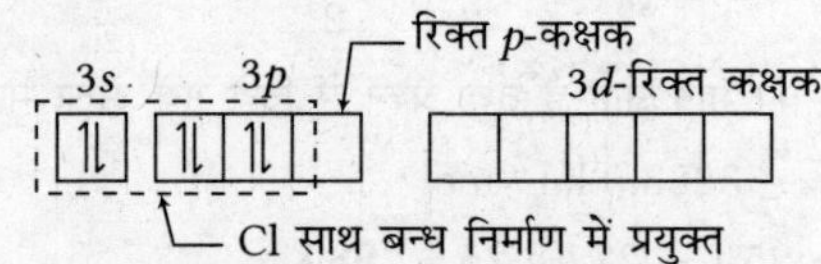

अतः इस यौगिक को लुईस अम्ल माना जाता है।

$SiCl_4$ यद्यपि इस यौगिक का अष्टक पूर्ण नहीं होता है, परन्तु यह रिक्त d-कक्षक में इलेक्ट्रॉन ग्रहण करने की प्रवृत्ति दर्शाता है। $SiCl_4$ की यह प्रवृत्ति निम्न अभिक्रिया में प्रदर्शित होती है।

$$SiCl_4 + H_2\ddot{O}: \longrightarrow Cl_4Si \leftarrow \ddot{O}H_2 \longrightarrow Cl_3Si{-}OH + HCl$$

d-कक्षक में इलेक्ट्रॉन युग्म की प्राप्ति

इस प्रकार विकल्प (b) तथा (d) दोनों सही प्रतीत होते हैं, परन्तु उचित उत्तर (d) है, लुईस अम्ल की शर्तों के अनुसार BCl_3 तथा $AlCl_3$ अधिक स्पष्ट है।

44. *(c)* I_3^- आयन की संरचना

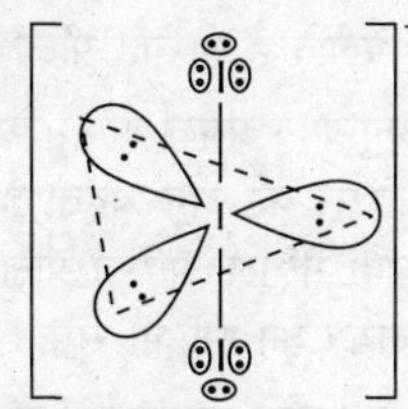

अत: 9 सही उत्तर है।

45. *(b)* दिये गये लवणों में से $FeCl_3$ अम्लीय प्रकृति का है अर्थात् इसका अम्लीय विलयन होता है। यह दुर्बल क्षार तथा प्रबल अम्ल का लवण है।

$Al(CN)_3$ तथा $Pb(CH_3COO)_2$ दुर्बल अम्ल तथा दुर्बल क्षार के लवण हैं।

CH_3COOK प्रबल क्षार तथा दुर्बल क्षार का लवण है,

अत: निम्न अभिक्रिया के कारण CH_3COOK का विलयन अत्यधिक क्षारीय होगा।

$$CH_3COOK + H_2O \rightleftharpoons \underset{\text{(दुर्बल अम्ल)}}{CH_3COOH} + \underset{\text{(प्रबल क्षार)}}{KOH}$$

46. *(c)* दोनों अभिक्रियाएँ पूर्ण रूप से निम्नानुसार लिख सकते हैं

(i) अम्लीय माध्यम में

$$[Fe^{2+}(CN)_6]^{4-} + H_2O_2^{-1} + 2H^+ \longrightarrow [Fe^{3+}(CN)_6]^{3-} + 2H_2O^{2-}$$

(ii) क्षारीय माध्यम में

$$[Fe^{3+}(CN)_6]^{3-} + H_2O_2^{-1} + 2OH^- \longrightarrow [Fe^{2+}(CN)_6]^{4-} + O_2 + 2H_2O$$

अत: H_2O ((i) अभिक्रिया के लिए) तथा $O_2 + H_2O$ ((ii) अभिक्रिया के लिए) सहउत्पाद के रूप में प्राप्त होता है।

47. *(c)* माना सभी स्थितियों में Cr की ऑक्सीकरण अवस्था '*x*' है

(i) $[Cr(H_2O)_6]Cl_3$ में Cr की ऑक्सीकरण अवस्था

$$x + (0 \times 6) + (-1 \times 3) = 0$$

या $x + 0 - 3 = 0$ या $x = +3$

(ii) $[Cr(C_6H_6)_2]$ में Cr की ऑक्सीकरण अवस्था

$$x + (2 \times 0) = 0 \text{ या } x = 0$$

(iii) $K_2[Cr(CN)_2(O)_2(O_2)(NH_3)]$ में Cr की ऑक्सीकरण अवस्था

$$1 \times 2 + x + (-1 \times 2) + (-2 \times 2) + (-2) + 0 = 0$$

या $2 \times -2 - 4 - 2 = 0$ या $x - 6 = 0$

अत: $x = +6$

अत: + 3, 0 और + 6 उत्तर है।

48. *(d)* दिये गये यौगिकों का तापीय अपघटन नीचे दर्शाया गया है

$$(NH_4)_2Cr_2O_7 \xrightarrow{\Delta} N_2 + 4H_2O + Cr_2O_3$$

$$NH_4NO_2 \xrightarrow{\Delta} N_2 + 2H_2O$$

$$(NH_4)_2SO_4 \xrightarrow{\Delta} 2NH_3 + H_2SO_4$$

$$Ba(N_3)_2 \longrightarrow Ba + 3N_2$$

इस प्रकार, केवल $(NH_4)_2SO_4$ गर्म करने पर N_2 नहीं देता है (यह NH_3 देता है) जबकि शेष दिये गये यौगिक तापीय अपघटन पर N_2 देते हैं।

49. *(c)* दी गयी धातुओं में से Al, NaOH के साथ सफेद जिलेटिन अवक्षेप बनाता है। अत: Al धातु हो सकती है। यह अवक्षेप NaOH के आधिक्य में सोडियम मेटाऐलुमिनेट बनने के कारण घुल जाता है।

दोनों अभिक्रियाएँ नीचे दर्शायी गयी हैं

$$Al^{3+} \xrightarrow{NaOH} Al(OH)_3 \downarrow$$

ऐलुमीनियम हाइड्रॉक्साइड सफेद जिलेटिन अवक्षेप (*X*)

↓ NaOH का आधिक्य

$NaAlO_2$

सोडियम मेटा ऐलुमिनेट विलेय

ऐलुमीनियम हाइड्रॉक्साइड तीव्र रूप से गर्म करने पर ऐलुमिना (Al_2O_3) देता है जो क्रोमेटोग्राफी में अधिशोषक (Adsorbent) के रूप में प्रयुक्त होता है।

यह अभिक्रिया निम्न प्रकार से होती है

$$2Al(OH)_3 \xrightarrow{\Delta} Al_2O_3 + 3H_2O$$

इस प्रकार धातु (*M*), Al है।

Ca विद्युत रसायन सक्रियता श्रेणी में यह सोडियम से नीचे होता है जो कि जलीय विलयन से Na को विस्थापित नहीं कर सकता है।

Zn, NaOH के साथ क्रिया करके सोडियम जिंकेट बनाता है जो कि विलेय यौगिक है।

Fe सोडियम हाइड्रॉक्साइड से अभिक्रिया करके टेट्राहाइड्रोफेरेट (II) सोडियम बनाता है जो कि एक विलेय सकुंल है।

50. *(b)* यदि क्रियाकारक *सिस* समावयवी है, तो निम्न अभिक्रिया होती है।

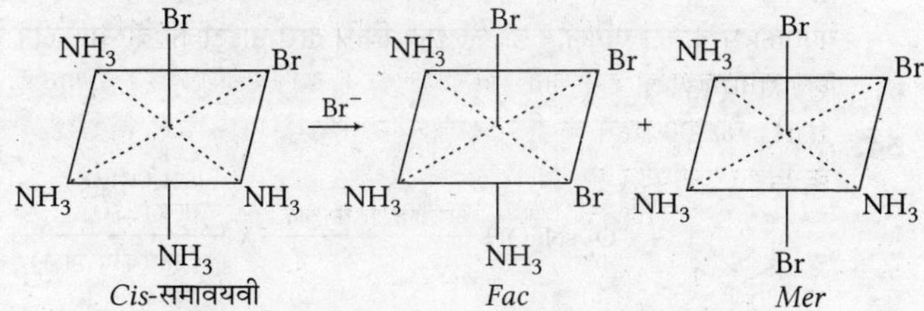

अर्थात् दो समावयवी उत्पन्न होते हैं।

यदि अभिकारक *विपक्ष* समावयवी है, तो निम्न अभिक्रिया होती है

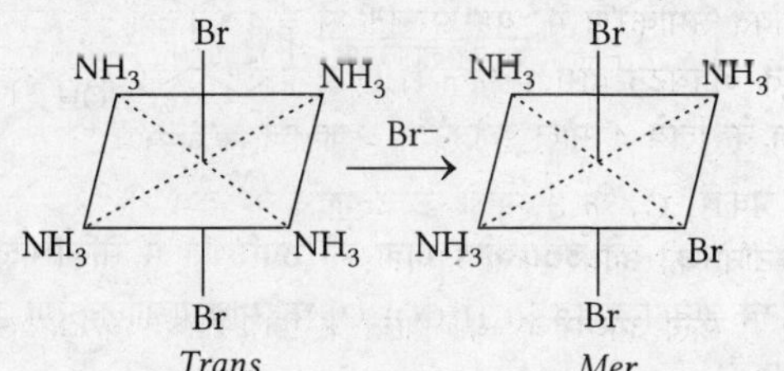

उदाहरण—केवल 1 समावयवी उत्पन्न होता है, इस प्रकार कथन I तथा III सही है, अत: विकल्प (b) सही है।

51. *(a)* HI एक प्रबल अपचायक है यह ग्लूकोस के प्राथमिक तथा द्वितीयक ऐल्कोहॉली समूह के साथ कार्बोनिल समूह को भी अपचयित कर *n*–हैक्सेन बनाता है।

CHO ← *A* कार्बोनिल समूह

$(CHOH)_4$ ← *B* द्वितीयक ऐल्कोहॉलिक समूह

CH_2OH ← *C* प्राथमिक ऐल्कोहॉलिक समूह

ग्लूकोस $\xrightarrow[\Delta \text{ (लम्बे समय तक)}]{HI}$ $CH_3-(CH_2)_4-CH_3$

n-हैक्सेन

52. *(c)* द्रव अमोनिया सोडियम धातु प्रति (Anti) त्रिविम रसायन के साथ ऐल्काइनों को अपचयित करके *ट्रान्स* ऐल्कीन देती है। क्योंकि अपचयन के दौरान विनाइल मूलक बनता है जो *विपक्ष* विन्यास में अधिक स्थायी है।

$R-C\equiv C-R' \longrightarrow$ (Na → Na⁺) विनाइलिक मूलक $\xrightarrow[-NH_2]{H-NH_2}$ (Na → Na⁺) विनाइलिक ऋणायन $\xrightarrow[-NH_2]{H-NH_2}$ ट्रान्स ऐल्कीन

सोडियम परमाणु ऐल्काइन को एक इलेक्ट्रॉन देता है, जो NH_3 से H के निकलने के बाद विनाइलिक मूलक बनाता है। अन्य इलेक्ट्रॉन का स्थानान्तरण विनाइलिक ऋणायन देता है जो *ट्रान्स* अवस्था में अधिक स्थायी है इसके विपरीत NH_3 से H पृथक्करण ट्रान्स ऐल्कीन देता है।

53. *(b)* जेल्डाल विधि द्वारा नाइट्रोजन के आकलन में वलय में नाइट्रोजन युक्त या नाइट्रो समूह में नाइट्रोजन या ऐजो समूह युक्त कार्बनिक यौगिक उपयुक्त नहीं होते हैं। इस कारण इन यौगिकों में नाइट्रोजन, अमोनियम सल्फेट $(NH_4)_2SO_4$ में प्रक्रम के दौरान परिवर्तित नहीं होती है। अत: दिये गये यौगिकों में केवल ऐनिलीन ही जेल्डाल विधि द्वारा नाइट्रोजन के आकलन के लिए उपयुक्त है।

54. *(a)*

$$C_6H_5OH + CO_2 + NaOH \xrightarrow{\text{अम्लीकरण के बाद}} X \xrightarrow[\text{(उत्प्रेरकीय मात्रा)}]{(CH_3CO)_2O,\ \text{सान्द्र } H_2SO_4} ?$$

उपरोक्त अभिक्रिया में प्रथम अभिक्रिया कोल्बे अभिक्रिया के जैसे प्रतीत होती है। जिसके परिणामस्वरूप सैलिसिलिक अम्ल बनता है।

$$C_6H_5OH \xrightarrow[\text{(ii) अम्लीयकरण}]{\text{(i) } CO_2,\ NaOH} o\text{-}HOC_6H_4COOH$$

सैलिसिलिक अम्ल (*X*)

सान्द्र H_2SO_4 की उत्प्रेरकीय मात्रा की उपस्थिति में सैलिसिलिक अम्ल, एसीटिक ऐनहाइड्राइड $[(CH_3CO)_2O]$ के साथ ऐसीलिकरण द्वारा ऐस्प्रिन बनाता है।

$$o\text{-}HOC_6H_4COOH + (CH_3CO)_2O \xrightarrow[H_2SO_4]{\text{सान्द्र}} o\text{-}CH_3COOC_6H_4COOH + CH_3COOH$$

ऐसीटिल सैलिसिलिक अम्ल (ऐस्प्रिन)

55. *(c)* अधिक अम्लीय माध्यम मेथिल ऑरेन्ज गुलाबी रंग दर्शाता है तथा क्षारीय माध्यम या कम अम्लीय माध्यम के प्रति पीला नारंगी रंग दर्शाता है। इसकी pH परिसर

गुलाबी लाल ← 3.9 –4.5 → पीला नारंगी

दुर्बल क्षार की pH परास 7 से अधिक होती है। जब मेथिल ऑरेन्ज को दुर्बल क्षार विलयन में मिलाते हैं तो यह पीला रंग दर्शाता है।

जब इस विलयन का अनुमापन प्रबल अम्ल के प्रति किया जाता है, तो pH अधिक अम्लीय परिसर की ओर बढ़ती है तथा 3.9 लगभग बिन्दु पर पहुँचकर अन्त मे जहाँ मेथिल ऑरेन्ज पीला नारंगी रंग, गुलाबी रंग में बदल जाता है तथा विलयन का रंग भी समान रूप से बदल जाता है।

56. *(d)* हमारा रक्त लगभग क्षारीय प्रकृति का होता है जिसका pH 7.35–7.5 के बीच होता है।

हिस्टीडीन की संरचना निम्न हैं

(इमिडाजोल वलय; ऐलिफैटिक ऐमीनो समूह NH_2; इमिडाजोल वलय का क्षारीय नाइट्रोजन)

यह हिस्टिडीन के विकार्बोक्सिलीकरण द्वारा उत्पन्न होती है।

(हिस्टिडीन: इमिडाजोल वलय–CH_2–CH(NH_2)–COOH)

यह उपरोक्त संरचना द्वारा स्पष्ट दिखाई देता है कि हिस्टीडीन में दो क्षारीय केन्द्र होते हैं जो कि ऐलिफैटिक ऐमीनों समूह तथा इमिडाजोल वलय के क्षारीय नाइट्रोजन होते हैं।

ऐलिफैटिक ऐमीनो समूह की pK_a लगभग 9.4 होती है। रक्त की pH लगभग 7.4 पर हिस्टीमीन का ऐमीनो समूह प्रोटानीकृत होकर एकल आवेश युक्त धनायन देता है।

(इमिडाजोल वलय–CH_2CH_2–$\overset{\oplus}{N}H_3$)

57. *(c)*

$$C_6H_5OH + \text{मेथिल क्लोरोफॉर्मेट} \xrightarrow{NaOH} A \xrightarrow{Br_2} B$$

उपरोक्त अभिक्रिया को देखने पर, अभिक्रिया अम्ल क्षार अभिक्रिया के रूप में दिखाई देती है जो S_NAE (नाभिक स्नेही प्रतिस्थापन योगात्मक तथा विलोपन द्वारा सम्पन्न होती है।) दोनों पद नीचे प्रदर्शित किये गये

(i) अम्ल–क्षार अभिक्रिया

$$C_6H_5OH \xrightarrow{^-OH} C_6H_5O^- + H_2O$$

(ii) S_NAE

$$C_6H_5O^- + Cl-\overset{O}{\overset{\|}{C}}-OCH_3 \longrightarrow C_6H_5O-\overset{O}{\overset{\|}{C}}-O-CH_3$$

S_NAE के उत्पाद में जुड़ा हुआ समूह *आर्थो* तथा *पैरा*-निर्देशी है।

क्रॉस संयुमन के कारण ऑक्सीजन का इलेक्ट्रॉन युग्म वलय के लिए आसानी से उपलब्ध होगा जिसके कारण 2, 4, 6 स्थितियों पर इलेक्ट्रॉन घनत्व 'समूह के सन्दर्भ में बढ़ जायेगा। यद्यपि स्थायित्व के अनुसार, प्रतिस्थापी समूह —O—C(=O)—O—CH_3 की ऑर्थो स्थिति को प्रमुखता नहीं दी जायेगी। अतः S_NAE के पुनः ब्रोमीनीकरण द्वारा *पैरा* ब्रोमो व्युत्पन्न उत्पाद मुख्य होगा।

58. *(c)* **संकेत** *दिये गये यौगिक की क्षारीय प्रकृति इलेक्ट्रॉन युग्म देने की प्रवृत्ति पर निर्भर करती है।*

दिये गये यौगिक में नाइट्रोजन sp^2-संकरित है। जिससे की नाइट्रोजन की विद्युतऋणता बढ़ जाती है तथा इलेक्ट्रॉन देने की प्रवृत्ति घट जाती है इस प्रकार यौगिक कम क्षारीय यौगिक बन जाता है शेष अन्य से बिल्कुल भिन्न है क्योंकि इस यौगिक में नाइट्रोजन का एक इलेक्ट्रॉन युग्म π-बन्ध के साथ संयुग्मन में है। अर्थात् इस संयुग्मन के परिणामस्वरूप धनायन बनता जो कि प्रोटॉनी करण के बाद अनुनाद द्वारा स्थायी हो जाता है।

प्रोटॉनीकरण

तुल्य अनुनाद

धनायन में यह तुल्य अनुनाद को अधिक क्षारीय बनाता है। शेष दो में वर्गीकरण बहुत आसान है।

NH_2 (प्राथमिक ऐमीन)

CH_3 (द्वितीयक एमीन)

प्राथमिक ऐमीन की तुलना कम क्षारीय है।

प्राथमिक ऐमीन, द्वितीयक ऐमीन की तुलना में कम क्षारीय है।

अतः सही क्रम (II) < (I) < (IV) < (III)

अर्थात् (c) विकल्प सही है।

संयुग्मन में

59. *(d)* **संकेत** दी गयी अभिक्रिया नाभिकस्नेही प्रतिस्थापन अभिक्रिया है जिसमें C—O के बन्ध का टूटना प्रदर्शित होता है उत्पाद का निर्माण निम्न विश्लेषण की सहायता से प्रदर्शित होता है।

उपरोक्त चित्र के साथ लिखे हुए तथ्य (fact) को ध्यानपूर्वक देखने पर यह निष्कर्ष निकाल सकते हैं कि (a) तथा (b) के रूप में चिन्हित C—O बन्ध का अभिक्रिया में विषमांश विदलन होता है। अभिक्रिया को निम्न प्रकार दर्शाया जा सकता है

HI / ऊष्मा → + I + CH_3OH

क्रियाविधि पद-I अभिक्रिया HI के H^+ द्वारा ऑक्सीजन पर आक्रमण से प्रारम्भ होती है तथा ऑक्सोनियम आयन बनता है।

ऑक्सोनियम आयन

पद-II ऑक्सोनियम आयन के विघटन तथा I^- के योग द्वारा दो उत्पाद बनते हैं। जिसे निम्न प्रकार प्रदर्शित कर सकते है

+ CH_3OH

पद-III समान अभिक्रिया दूसरे ऑक्सीजन के साथ भी प्रदर्शित होती है।

+ CH_3CH_2I

नोट अभिक्रिया की क्रियाविधि हमेशा घटनाओं का तार्किक क्रम होती है जो एक ही समय में होती है।

60. *(b)* पूर्ण अभिक्रिया को निम्न प्रकार दर्शाया जाता है

$Na^+\bar{O}Me$ / MeOH → + NaBr + MeOH

इस प्रकार दी गयी अभिक्रिया विहाइड्रोहैलोजनीकरण है जो कि β-विलोपन है तथा E_2 क्रियाविधि द्वारा सम्पन्न होती है।

क्रियाविधि अभिक्रिया निम्न संक्रमण अवस्था द्वारा सम्पन्न होती है जिसमें Br तथा H परमाणु का एक ही समय पृथक्करण होती है।

$Na^+ \rightarrow Na^+Br^-$ (बन्ध निर्माण, उत्पाद)

यहाँ, BB = बन्ध विदलन

BF = बन्ध निर्माण

(उत्पाद) (संक्रमण अवस्था) MeOH (उत्पाद)

गणित

61. *(b)* दिया है,

$$|a-5|<1 \text{ तथा } |b-5|<1$$

$\therefore -1<a-5<1$ तथा $-1<b-5<1 \Rightarrow 4<a<6$ तथा $4<b<6$

अब, $4(a-6)^2+9(b-5)^2 \le 36 \Rightarrow \frac{(a-6)^2}{9}+\frac{(b-5)^2}{4} \le 1$

a-अक्ष तथा b-अक्ष लेने पर,

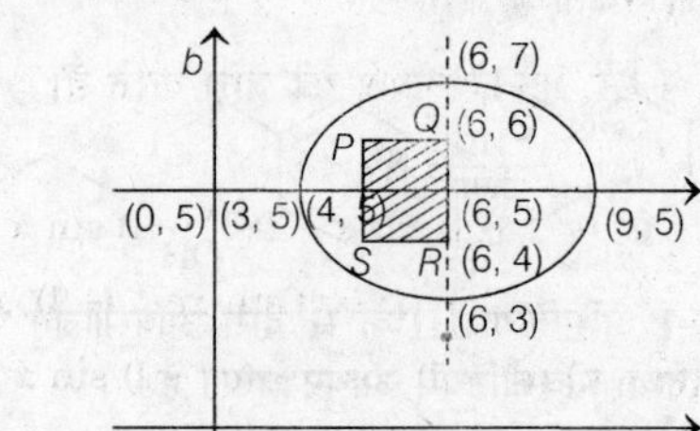

समुच्चय A वर्ग $PQRS$ को दर्शाता है, जोकि दीर्घवृत्त को निरूपित करने वाले समुच्चय B के अंत: स्थित है, अत: $A \subset B$.

62. *(c)* दिया है,

$$2|\sqrt{x}-3|+\sqrt{x}(\sqrt{x}-6)+6=0$$

माना $\sqrt{x}-3=y \Rightarrow \sqrt{x}=y+3$

$\therefore \quad 2|y|+(y+3)(y-3)+6=0$

$\Rightarrow \quad 2|y|+y^2-3=0 \Rightarrow |y|^2+2|y|-3=0$

$\Rightarrow \quad (|y|+3)(|y|-1)=0 \Rightarrow |y| \ne -3 \Rightarrow |y|=1$

$\Rightarrow \quad y=\pm 1 \Rightarrow \sqrt{x}-3=\pm 1 \Rightarrow \sqrt{x}=4, 2 \Rightarrow x=16, 4$

63. *(c)* दिया है,

α, β समीकरण $x^2-x+1=0$ के मूल हैं।

$\therefore x^2-x+1=0$ के मूल $-\omega, -\omega^2$ हैं।

माना $\alpha=-\omega$ तथा $\beta=-\omega^2$

$\Rightarrow \alpha^{101}+\beta^{107}=(-\omega)^{101}+(-\omega^2)^{107}=-(\omega^{101}+\omega^{214})$

$=-(\omega^2+\omega) \qquad (\because \omega^3=1)$

$=-(-1) \qquad [\because 1+\omega+\omega^2=0]$

$=1$

64. *(c)* दिया है,

$$\begin{vmatrix} x-4 & 2x & 2x \\ 2x & x-4 & 2x \\ 2x & 2x & x-4 \end{vmatrix}=(A+Bx)(x-A)^2$$

$\Rightarrow \quad C_1 \to C_1+C_2+C_3$ लागू करने पर,

$$\begin{vmatrix} 5x-4 & 2x & 2x \\ 5x-4 & x-4 & 2x \\ 5x-4 & 2x & x-4 \end{vmatrix}=(A+Bx)(x-A)^2$$

C_1 से $(5x-4)$ उभयनिष्ठ लेने पर,

$$(5x-4)\begin{vmatrix} 1 & 2x & 2x \\ 1 & x-4 & 2x \\ 1 & 2x & x-4 \end{vmatrix}=(A+Bx)(x-A)^2$$

$R_2 \to R_2-R_1$ तथा $R_3 \to R_3-R_1$ लागू करने पर,

$$(5x-4)\begin{vmatrix} 1 & 2x & 0 \\ 0 & -x-4 & 0 \\ 0 & 0 & -x-4 \end{vmatrix}=(A+Bx)(x-A)^2$$

C_1 के सापेक्ष विस्तार करने पर,

$(5x-4)(x+4)^2=(A+Bx)(x-A)^2$

तुलना करने पर, $A=-4$ तथा $B=5$

65. *(b)* दिया है,

$$x+ky+3z=0,\ 3x+ky-2z=0,\ 2x+4y-3z=0$$

समीकरण निकाय का शून्येत्तर हल होगा, यदि

$$\begin{vmatrix} 1 & k & 3 \\ 3 & k & -2 \\ 2 & 4 & -3 \end{vmatrix}=0$$

$\Rightarrow \quad (-3k+8)-k(-9+4)+3(12-2k)=0$

$\Rightarrow \quad -3k+8+9k-4k+36-6k=0$

$\Rightarrow \quad -4k+44=0 \Rightarrow k=11$

माना $z=\lambda$, तब $\quad x+11y+3\lambda=0 \qquad \ldots(i)$

$3x+11y-2\lambda=0 \qquad \ldots(ii)$

तथा $\quad 2x+4y-3\lambda=0 \qquad \ldots(iii)$

समी (i) व (ii) को हल करने पर,

$$x=\frac{5\lambda}{2}, y=-\frac{\lambda}{2}, z=\lambda; \quad \therefore \quad \frac{xz}{y^2}=\frac{5\lambda^2}{2\times\left(-\frac{\lambda}{2}\right)^2}=10$$

66. *(a)* दिया है, 6 विभिन्न साहित्य पुस्तक तथा 3 विभिन्न शब्दावली है। 6 साहित्य पुस्तकों में से 4 साहित्य पुस्तकों के चयन के तरीकों की संख्या $={}^6C_4=\frac{6!}{2!\,4!}=15$

3 विभिन्न शब्दावली में से 1 शब्दावली के चयन के तरीकों की संख्या, $={}^3C_1=\frac{3!}{1!\,2!}=3$

$\therefore$ 4 साहित्य पुस्तकों तथा 1 शब्दावली को व्यवस्थित करने की कुल संख्या जब शब्दावली मध्य में स्थित है,

$$15\times 3\times 4!=45\times 24=1080$$

67. *(d)* **संकेत** $=(a+b)^n+(a-b)^n$

$=2({}^nC_0a^n+{}^nC_2a^{n-2}b^2+{}^nC_4a^{n-4}b^4 \ldots)$

दिया है, $(x+\sqrt{x^3-1})^5+(x-\sqrt{x^3-1})^5, x>1$

$=2[{}^5C_0x^5+{}^5C_2x^3(\sqrt{x^3-1})^2+{}^5C_4x(\sqrt{x^3-1})^4]$

$=2[x^5+10x^3(x^3-1)+5x(x^3-1)^2]$

$=2(x^5+10x^6-10x^3+5x^7-10x^4+5x)$

$\therefore$ सभी विषम कोटि पदों के गुणांकों का योग,

$$2(1-10+5+5)=2$$

68. *(c)* दिया है, $a_1, a_2, a_3, \ldots, a_{49}$ समान्तर श्रेढ़ी में हैं।

$$\sum_{k=0}^{12} a_{4k+1}=416 \text{ तथा } a_9+a_{43}=66$$

माना $a_1=a$ तथा $d=$ सार्वान्तर

$\because \quad a_1+a_5+a_9+\ldots+a_{49}=416$

$\therefore \quad a+(a+4d)+(a+8d)+\ldots(a+48d)=416$

$\Rightarrow \frac{13}{2}(2a + 48d) = 416 \quad \Rightarrow a + 24d = 32$ ...(i)

साथ ही, $a_9 + a_{43} = 66$

$\therefore \quad a + 8d + a + 42d = 66 \quad \Rightarrow 2a + 50d = 66$

$\Rightarrow \quad a + 25d = 33$ ...(ii)

समी (i) तथा (ii) को हल करने पर,

$a = 8$ तथा $d = 1$

अब, $a_1^2 + a_2^2 + a_3^2 + ... + a_{17}^2 = 140m$

$8^2 + 9^2 + 10^2 + ... + 24^2 = 140m$

$\Rightarrow (1^2 + 2^2 + 3^2 + ... + 24^2) - (1^2 + 2^2 + 3^2 + ... + 7^2) = 140m$

$\Rightarrow \frac{24 \times 25 \times 49}{6} - \frac{7 \times 8 \times 15}{6} = 140m$

$\Rightarrow \frac{3 \times 7 \times 8 \times 5}{6}(7 \times 5 - 1) = 140m$

$\Rightarrow 7 \times 4 \times 5 \times 34 = 140m \Rightarrow 140 \times 34 = 140m \quad \Rightarrow m = 34$

69. *(b)* दिया है,

$1^2 + 2 \cdot 2^2 + 3^2 + 2 \cdot 4^2 + 5^2 + 2 \cdot 6^2 + ...$

$A = 20$ पदों का योगफल $B = 40$ पदों का योगफल

$\therefore A = 1^2 + 2 \cdot 2^2 + 3^2 + 2 \cdot 4^2 + 5^2 + 2 \cdot 6^2 + ... + 2 \cdot 20^2$

$A = (1^2 + 2^2 + 3^2 + ... + 20^2) + (2^2 + 4^2 + 6^2 + ... + 20^2)$

$A = (1^2 + 2^2 + 3^2 + ... + 20^2) + 4(1^2 + 2^2 + 3^2 + ... + 10^2)$

$A = \frac{20 \times 21 \times 41}{6} + \frac{4 \times 10 \times 11 \times 21}{6}$

$A = \frac{20 \times 21}{6}(41 + 22) = \frac{20 \times 21 \times 63}{6}$

इसी प्रकार,

$B = (1^2 + 2^2 + 3^2 + ... + 40^2) + 4(1^2 + 2^2 + ... + 20^2)$

$B = \frac{40 \times 41 \times 81}{6} + \frac{4 \times 20 \times 21 \times 41}{6}$

$B = \frac{40 \times 41}{6}(81 + 42) = \frac{40 \times 41 \times 123}{6}$

अब, $B - 2A = 100\lambda$

$\therefore \frac{40 \times 41 \times 123}{6} - \frac{2 \times 20 \times 21 \times 63}{6} = 100\lambda$

$\Rightarrow \frac{40}{6}(5043 - 1323) = 100\lambda \Rightarrow \frac{40}{6} \times 3720 = 100\lambda$

$\Rightarrow 40 \times 620 = 100\lambda \Rightarrow \lambda = \frac{40 \times 620}{100} = 248$

70. *(c)* **संकेत** *महत्तम पूर्णांक फलन* $[x] = x - \{x\}$ *के गुणधर्म के उपयोग से।*

दिया है,

$\lim_{x \to 0^+} x\left(\left[\frac{1}{x}\right] + \left[\frac{2}{x}\right] + ... + \left[\frac{15}{x}\right]\right)$

हम जानते हैं कि $[x] = x - \{x\}$

$\therefore \left[\frac{1}{x}\right] = \frac{1}{x} - \left\{\frac{1}{x}\right\}$ इसी प्रकार, $\left[\frac{n}{x}\right] = \frac{n}{x} - \left\{\frac{n}{x}\right\}$

$\therefore$ दी गई सीमा

$= \lim_{x \to 0^+} x\left(\frac{1}{x} - \left\{\frac{1}{x}\right\} + \frac{2}{x} - \left\{\frac{2}{x}\right\} + \cdots + \frac{15}{x} - \left\{\frac{15}{x}\right\}\right)$

$= \lim_{x \to 0^+} (1 + 2 + 3 + ... + 15) - x\left(\left\{\frac{1}{x}\right\} + \left\{\frac{2}{x}\right\} + ... + \left\{\frac{15}{x}\right\}\right)$

$= 120 - 0 = 120 \quad \left[\because 0 \le \left\{\frac{n}{x}\right\} < 1, \text{ इसलिए } 0 \le x\left\{\frac{n}{x}\right\} < x \Rightarrow \lim_{x \to 0^+} x\left\{\frac{n}{x}\right\} = 0\right]$

71. *(a)* दिया है,

$f(x) = |x - \pi| (e^{|x|} - 1) \sin |x|$

$$f(x) = \begin{cases} (x-\pi)(e^{-x} - 1)\sin x, & x < 0 \\ -(x-\pi)(e^x - 1)\sin x, & 0 \le x < \pi \\ (x-\pi)(e^x - 1)\sin x, & x \ge \pi \end{cases}$$

हम $x = 0$ तथा π पर अवकलनीयता की जाँच करते हैं।

दिया है,

$$f'(x) = \begin{cases} (x-\pi)(e^{-x} - 1)\cos x + (e^{-x} - 1)\sin x \\ \quad + (x-\pi)\sin x e^{-x}(-1), x < 0 \\ -[(x-\pi)(e^x - 1)\cos x + (e^x - 1)\sin x \\ \quad + (x-\pi)\sin x e^x], 0 < x < \pi \\ (x-\pi)(e^x - 1)\cos x + (e^x - 1)\sin x \\ \quad + (x-\pi)\sin x e^x, x > \pi \end{cases}$$

स्पष्टत: $\lim_{x \to 0^-} f'(x) = 0 = \lim_{x \to 0^+} f'(x)$

तथा $\lim_{x \to \pi^-} f'(x) = 0 = \lim_{x \to \pi^+} f'(x)$

$\therefore f, x = 0$ तथा $x = \pi$ पर अवकलनीय है।

अत: f, सभी x के लिए अवकलनीय है।

72. *(d)* दिया है, $y^2 = 6x \Rightarrow 2y\frac{dy}{dx} = 6 \Rightarrow \frac{dy}{dx} = \frac{3}{y}$

बिन्दु (x_1, y_1) पर स्पर्शी की प्रवणता $(m_1) = \frac{3}{y_1}$

साथ ही, $9x^2 + by^2 = 16 \Rightarrow 18x + 2by\frac{dy}{dx} = 0 \Rightarrow \frac{dy}{dx} = \frac{-9x}{by}$

बिन्दु (x_1, y_1) पर स्पर्शी की प्रवणता $(m_2) = \frac{-9x_1}{by_1}$

चूँकि, ये समकोण पर प्रतिच्छेद करती हैं।

$\therefore \quad m_1 m_2 = -1 \Rightarrow \frac{27x_1}{by_1^2} = 1 \Rightarrow \frac{27x_1}{6bx_1} = 1 \quad [\because y_1^2 = 6x_1]$

$\Rightarrow \quad b = \frac{9}{2}$

73. *(d)* दिया है,

$f(x) = x^2 + \frac{1}{x^2}$ तथा $g(x) = x - \frac{1}{x}$, $h(x) = \frac{f(x)}{g(x)}$

$\therefore h(x) = \frac{x^2 + \frac{1}{x^2}}{x - \frac{1}{x}} = \frac{\left(x - \frac{1}{x}\right)^2 + 2}{x - \frac{1}{x}} \Rightarrow h(x) = \left(x - \frac{1}{x}\right) + \frac{2}{x - \frac{1}{x}}$

$x - \frac{1}{x} > 0, \left(x - \frac{1}{x}\right) + \frac{2}{x - \frac{1}{x}} \in [2\sqrt{2}, \infty)$

$x - \frac{1}{x} < 0, \left(x - \frac{1}{x}\right) + \frac{2}{x - \frac{1}{x}} \in (-\infty, 2\sqrt{2}]$

$\therefore$ स्थानीय निम्नतम मान $2\sqrt{2}$ है।

74. *(b)* दिया है,

$$I = \int \frac{\sin^2 x \cos^2 x}{[\sin^5 x + \cos^3 x \sin^2 x + \sin^3 x \cos^2 x + \cos^5 x]^2} dx$$

$$= \int \frac{\sin^2 x \cos^2 x}{[\sin^3 x (\sin^2 x + \cos^2 x) + \cos^3 x (\sin^2 x + \cos^2 x)]^2} dx$$

$$= \int \frac{\sin^2 x \cos^2 x}{(\sin^3 x + \cos^3 x)^2} dx$$

$$= \int \frac{\sin^2 x \cos^2 x}{\cos^6 x (1 + \tan^3 x)^2} dx = \int \frac{\tan^2 x \sec^2 x}{(1 + \tan^3 x)^2} dx$$

$\tan^3 x = t$ रखने पर,

$$3 \tan^2 x \sec^2 x \, dx = dt$$

$$\therefore I = \frac{1}{3} \int \frac{dt}{(1+t)^2} \Rightarrow I = \frac{-1}{3(1+t)} + C \Rightarrow I = \frac{-1}{3(1 + \tan^3 x)} + C$$

75. *(d)* **संकेत**

गुणधर्म के उपयोग से,

$$= \int_a^b f(x)\, dx = \int_a^b f(a+b-x)\, dx$$

माना $I = \int_{-\pi/2}^{\pi/2} \frac{\sin^2 x}{1+2^x} dx \Rightarrow I = \int_{-\pi/2}^{\pi/2} \frac{\sin^2\left(-\frac{\pi}{2} + \frac{\pi}{2} - x\right)}{1 + 2^{-\frac{\pi}{2} + \frac{\pi}{2} - x}} dx$

$$\left[\because \int_a^b f(x)\, dx = \int_a^b f(a+b-x)\, dx\right]$$

$$\Rightarrow I = \int_{-\pi/2}^{\pi/2} \frac{\sin^2 x}{1 + 2^{-x}} dx \Rightarrow I = \int_{-\pi/2}^{\pi/2} \frac{2^x \sin^2 x}{2^x + 1} dx$$

$$\Rightarrow 2I = \int_{-\pi/2}^{\pi/2} \sin^2 x \left(\frac{2^x + 1}{2^x + 1}\right) dx \Rightarrow 2I = \int_{-\pi/2}^{\pi/2} \sin^2 x \, dx$$

$$\Rightarrow 2I = 2\int_0^{\pi/2} \sin^2 x \, dx \qquad [\because \sin^2 x \text{ एक समफलन है}]$$

$$\Rightarrow I = \int_0^{\pi/2} \sin^2 x \, dx$$

$$\Rightarrow I = \int_0^{\pi/2} \cos^2 x \, dx \quad \left[\because \int_0^a f(x)\, dx = \int_0^a f(a-x)\, dx\right]$$

$$\Rightarrow 2I = \int_0^{\pi/2} dx \Rightarrow 2I = [x]_0^{\pi/2} \Rightarrow I = \frac{\pi}{4}$$

76. *(a)* दिया है, $18x^2 - 9\pi x + \pi^2 = 0$

$\Rightarrow \quad 18x^2 - 6\pi x - 3\pi x + \pi^2 = 0$

$\Rightarrow \quad (6x - \pi)(3x - \pi) = 0 \Rightarrow x = \frac{\pi}{6}, \frac{\pi}{3}$

अब, $\alpha < \beta$

$\therefore \quad \alpha = \frac{\pi}{6}, \beta = \frac{\pi}{3}$

दिया है, $g(x) = \cos x^2$ तथा $f(x) = \sqrt{x} \Rightarrow y = gof(x)$

$\therefore \quad y = g[f(x)] = \cos x$

$x = \alpha, x = \beta, y = 0$ तथा वक्र $y = g[f(x)]$ द्वारा परिबद्ध भाग का क्षेत्रफल

$$A = \int_{\pi/6}^{\pi/3} \cos x \, dx \Rightarrow A = [\sin x]_{\pi/6}^{\pi/3}$$

$$A = \sin\frac{\pi}{3} - \sin\frac{\pi}{6} = \frac{\sqrt{3}}{2} - \frac{1}{2} \Rightarrow A = \left(\frac{\sqrt{3} - 1}{2}\right)$$

77. *(c)* दिया है, $\sin x \frac{dy}{dx} + y \cos x = 4x$

$$\Rightarrow \frac{dy}{dx} + y \cot x = 4x \operatorname{cosec} x$$

यह $\frac{dy}{dx} + Py = Q$ रूप में रैखिक अवकल समीकरण है।

जहाँ, $\quad P = \cot x, Q = 4x \operatorname{cosec} x$

अब, $\text{IF} = e^{\int P\, dx} = e^{\int \cot x \, dx} = e^{\log \sin x} = \sin x$

$\therefore$ अवकल समीकरण का हल

$$y \sin x = \int 4x \operatorname{cosec} x \sin x \, dx + C$$

$$\Rightarrow \quad y \sin x = \int 4x \, dx + C = 2x^2 + C$$

$x = \frac{\pi}{2}, y = 0$ रखने पर, $C = -\frac{\pi^2}{2}$

$$\therefore \quad y \sin x = 2x^2 - \frac{\pi^2}{2}$$

$x = \frac{\pi}{6}$ रखने पर,

$$\therefore \quad y\left(\frac{1}{2}\right) = 2\left(\frac{\pi^2}{36}\right) - \frac{\pi^2}{2} \Rightarrow y = \frac{\pi^2}{9} - \pi^2 \Rightarrow y = -\frac{8\pi^2}{9}$$

अन्य विधि दिया है, $\sin x \frac{dy}{dx} + y \cos x = 4x$ जिसे निम्न रूप में लिखा जा सकता है

$$\frac{d}{dx}(\sin x \cdot y) = 4x$$

दोनों पक्षों का समाकलन करने पर,

$$\int \frac{d}{dx}(\sin x \cdot y)\, dx = \int 4x \, dx$$

$$\Rightarrow y \cdot \sin x = \frac{4x^2}{2} + C \Rightarrow y \cdot \sin x = 2x^2 + C$$

अब, $y = 0$, जब $x = \frac{\pi}{2}$ है।

$$\therefore \quad C = -\frac{\pi^2}{2} \Rightarrow y \cdot \sin x = 2x^2 - \frac{\pi^2}{2}$$

अब, $x = \frac{\pi}{6}$ रखने पर,

$$y\left(\frac{1}{2}\right) = 2\left(\frac{\pi^2}{36}\right) - \frac{\pi^2}{2} \Rightarrow y = \frac{\pi^2}{9} - \pi^2 = -\frac{8\pi^2}{9}$$

78. *(c)*

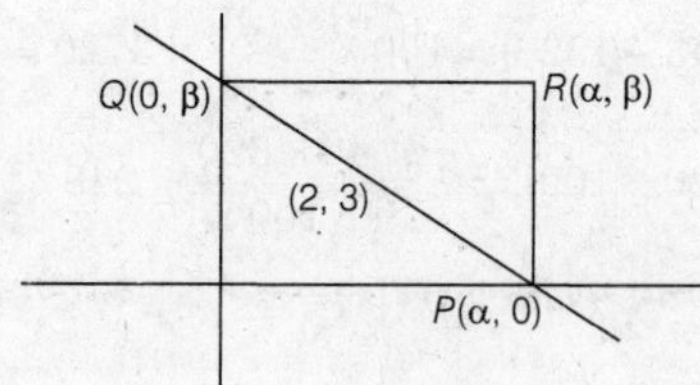

रेखा PQ का समीकरण $\frac{x}{\alpha} + \frac{y}{\beta} = 1$

चूँकि यह रेखा स्थिर बिन्दु (2, 3) से होकर गुजरती है।

$$\therefore \quad \frac{2}{\alpha} + \frac{3}{\beta} = 1$$

$\therefore R$ का बिन्दुपथ $2\beta + 3\alpha = \alpha\beta$

अर्थात् $2y + 3x = xy \Rightarrow 3x + 2y = xy$

79. *(c)* **संकेत** *लम्बकेन्द्र, केन्द्रक तथा परिकेन्द्र संरेखीय होते हैं तथा केन्द्रक, लम्बकेन्द्र व परिकेन्द्र को 2 : 1 अनुपात में विभाजित करता है।*

दिया है, त्रिभुज के लम्बकेन्द्र तथा केन्द्रक $A(-3, 5)$ तथा $B(3, 3)$ व परिकेन्द्र C हैं।

A(–3, 5) B(3,3) C

स्पष्टत: $AB = \sqrt{(3+3)^2 + (3-5)^2} = \sqrt{36+4} = 2\sqrt{10}$

हम जानते हैं कि $AB : BC = 2 : 1$

$\therefore \quad BC = \sqrt{10}$

अब, $AC = AB + BC = 2\sqrt{10} + \sqrt{10} = 3\sqrt{10}$

चूँकि AC वृत्त का व्यास है।

$\therefore \quad r = \dfrac{AC}{2} \Rightarrow r = \dfrac{3\sqrt{10}}{2} = 3\sqrt{\dfrac{5}{2}}$

80. *(d)* **संकेत** *वक्र $x^2 = 4ay$ के बिन्दु (x_1, y_1) पर स्पर्शी का समीकरण $xx_1 = 4a\left(\dfrac{y + y_1}{2}\right)$ है।*

वक्र $x^2 = y - 6$ के बिन्दु (1, 7) पर स्पर्शी,

$$x = \frac{y+7}{2} - 6 \Rightarrow 2x - y + 5 = 0 \qquad \ldots(i)$$

वृत्त का समीकरण,

$$x^2 + y^2 + 16x + 12y + c = 0$$

केन्द्र $(-8, -6)$, तथा त्रिज्या $r = \sqrt{8^2 + 6^2 - c} = \sqrt{100 - c}$

चूँकि रेखा $2x - y + 5 = 0$ वृत्त को भी स्पर्श करती है।

$$\therefore \sqrt{100-c} = \left|\frac{2(-8) - (-6) + 5}{\sqrt{2^2 + 1^2}}\right| \Rightarrow \sqrt{100-c} = \left|\frac{-16+6+5}{\sqrt{5}}\right|$$

$$\Rightarrow \sqrt{100-c} = |-\sqrt{5}| \Rightarrow 100 - c = 5 \Rightarrow c = 95$$

81. *(b)* वक्र $y^2 = 16x$ के बिन्दु (16, 16) पर अभिलम्ब तथा स्पर्शी के समीकरण क्रमश: $x - 2y + 16 = 0$ तथा $2x + y - 48 = 0$ हैं। यह समीकरण x अक्ष को प्रतिच्छेद करती है।

$A = (-16, 0)$; $B = (24, 0)$

C वृत्त का केन्द्र है, जोकि PAB से होकर गुजरता है।

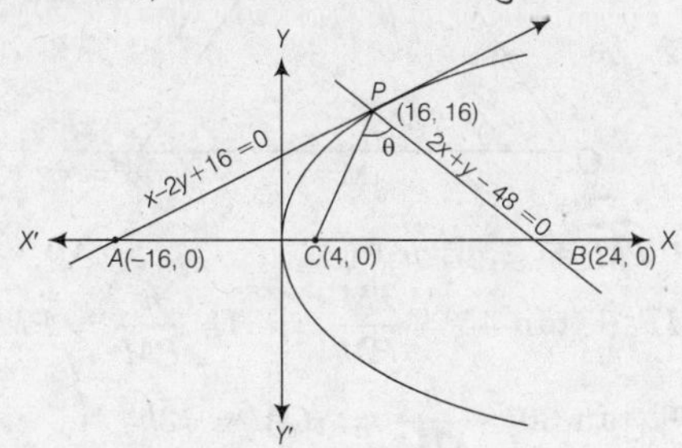

अर्थात् $C = (4, 0)$

PC की प्रवणता $= \dfrac{16-0}{16-4} = \dfrac{16}{12} = \dfrac{4}{3} = m_1$

PB की प्रवणता $= \dfrac{16-0}{16-24} = \dfrac{16}{-8} = -2 = m_2$

$$\tan\theta = \left|\frac{m_1 - m_2}{1 + m_1 m_2}\right| \Rightarrow \tan\theta = \left|\frac{\frac{4}{3} + 2}{1 - \left(\frac{4}{3}\right)(2)}\right| \Rightarrow \tan\theta = 2$$

82. *(a)* अतिपरवलय $4x^2 - y^2 = 36$ के बिन्दु P तथा Q पर स्पर्शी खींची जाती है। स्पर्शीयाँ बिन्दु $T(0, 3)$ पर प्रतिच्छेद करती हैं।

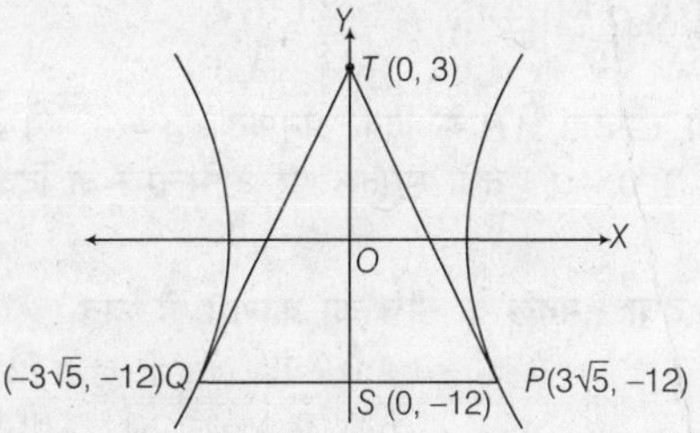

स्पष्टत: PQ स्पर्शीय जीवा है।

$\therefore PQ$ का समीकरण $-3y = 36 \Rightarrow y = -12$

वक्र $4x^2 - y^2 = 36$ तथा $y = -12$ को हल करने पर, $x = \pm 3\sqrt{5}$

ΔPQT का क्षेत्रफल $= \dfrac{1}{2} \times PQ \times ST = \dfrac{1}{2}(6\sqrt{5} \times 15) = 45\sqrt{5}$

83. *(b)* समतलों $2x - 2y + 3z - 2 = 0$ तथा $x - y + z + 1 = 0$ की प्रतिच्छेदन रेखा L_1 तथा समतलों $x + 2y - z - 3 = 0$ तथा $3x - y + 2z - 1 = 0$ की प्रतिच्छेदन रेखा L_2 है।

चूँकि $L_1 \begin{vmatrix} \hat{\mathbf{i}} & \hat{\mathbf{j}} & \hat{\mathbf{k}} \\ 2 & -2 & 3 \\ 1 & -1 & 1 \end{vmatrix}$ अर्थात् $\hat{\mathbf{i}} + \hat{\mathbf{j}}$ के समान्तर है।

तथा $L_2 \begin{vmatrix} \hat{\mathbf{i}} & \hat{\mathbf{j}} & \hat{\mathbf{k}} \\ 1 & 2 & -1 \\ 3 & -1 & 2 \end{vmatrix}$ अर्थात् $3\hat{\mathbf{i}} - 5\hat{\mathbf{j}} - 7\hat{\mathbf{k}}$ के समान्तर है।

साथ ही, L_2 बिन्दु $\left(\dfrac{5}{7}, \dfrac{8}{7}, 0\right)$ से होकर गुजरता है।

[अन्तिम दो समतलों में $z = 0$ रखने पर]।

इसलिए, समतल का समीकरण

$$\begin{vmatrix} x - \frac{5}{7} & y - \frac{8}{7} & z \\ 1 & 1 & 0 \\ 3 & -5 & -7 \end{vmatrix} = 0 \Rightarrow 7x - 7y + 8z + 3 = 0$$

अब, मूलबिन्दु से लम्बवत् दूरी

$$\left|\frac{3}{\sqrt{7^2 + 7^2 + 8^2}}\right| = \frac{3}{\sqrt{162}} = \frac{1}{3\sqrt{2}}$$

84. *(d)* **संकेत** *समतल $\mathbf{r} \cdot \mathbf{n} = d$ पर बिन्दुओं $\mathbf{a}_1$ तथा $\mathbf{a}_2$ को मिलाने वाले रेखाखण्ड के प्रक्षेप्य की लम्बाई $\left|\dfrac{(\mathbf{a}_2 - \mathbf{a}_1) \times \mathbf{n}}{|\mathbf{n}|}\right|$ होती है।*

समतल $x + y + z = 7$ पर बिन्दुओं $(5, -1, 4)$ तथा $(4, -1, 3)$ को मिलाने वाले रेखाखण्ड के प्रक्षेप्य की लम्बाई

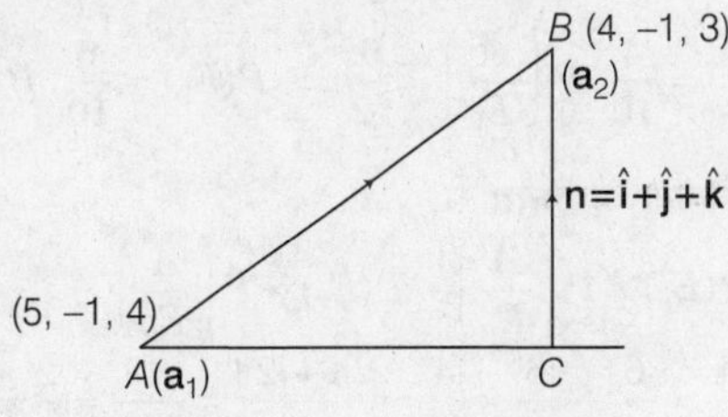

$$AC = \left|\frac{(\mathbf{a}_2 - \mathbf{a}_1) \times \mathbf{n}}{|\mathbf{n}|}\right| \Rightarrow AC = \frac{|(-\hat{\mathbf{i}} - \hat{\mathbf{k}}) \times (\hat{\mathbf{i}} + \hat{\mathbf{j}} + \hat{\mathbf{k}})|}{|\hat{\mathbf{i}} + \hat{\mathbf{j}} + \hat{\mathbf{k}}|}$$

$$AC = \frac{|\hat{\mathbf{i}} - \hat{\mathbf{k}}|}{\sqrt{3}} \Rightarrow AC = \frac{\sqrt{2}}{\sqrt{3}} = \sqrt{\frac{2}{3}}$$

अन्य विधि स्पष्टत: AB के दिक् अनुपात $< 4-5, -1+1, 3-4 >$ हैं, अर्थात् $<-1, 0, -1>$ तथा समतल पर अभिलम्ब के दिक् अनुपात $<1, 1, 1>$ हैं।

माना रेखा तथा समतल के बीच का कोण θ है, तब

$$\sin\theta = \frac{|-1+0-1|}{\sqrt{(-1)^2+(-1)^2}\sqrt{1^2+1^2+1^2}} = \frac{2}{\sqrt{2}\sqrt{3}} = \sqrt{\frac{2}{3}}$$

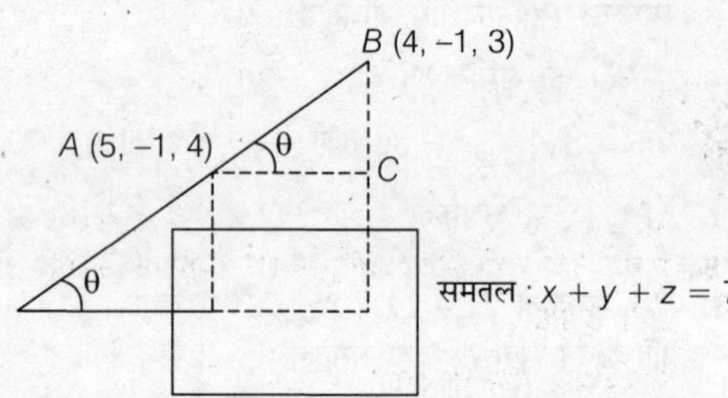

$$\Rightarrow \sin\theta = \sqrt{\frac{2}{3}} \Rightarrow \cos\theta = \sqrt{1-\sin^2\theta} = \sqrt{1-\frac{2}{3}} = \frac{1}{\sqrt{3}}$$

स्पष्टत: प्रक्षेप्य की लम्बाई

$$AB\cos\theta = \sqrt{2}\,\frac{1}{\sqrt{3}} \quad [\because AB = \sqrt{2}]$$

$$= \sqrt{\frac{2}{3}}$$

85. *(a)* **संकेत** *यदि कोई सदिश* $\mathbf{x}$, *सदिश* $\mathbf{y}$ *तथा* $\mathbf{z}$ *के समतलीय है, तब* $\mathbf{x} = \lambda\mathbf{y} + \mu\mathbf{z}$

यहाँ, $\mathbf{u}, \mathbf{d}$ तथा $\mathbf{b}$ के साथ समतलीय है।

$\therefore \quad \mathbf{u} = \lambda\mathbf{a} + \mu\mathbf{b}$

$\mathbf{a}$ के साथ बिन्दु गुणन करने पर,

$$\mathbf{u}\cdot\mathbf{a} = \lambda(\mathbf{a}\cdot\mathbf{a}) + \mu(\mathbf{b}\cdot\mathbf{a}) \Rightarrow 0 = 14\lambda + 2\mu \quad \ldots(i)$$

$$[\because \mathbf{a} = 2\hat{\mathbf{i}} + 3\hat{\mathbf{j}} - \hat{\mathbf{k}}, \mathbf{b} = \hat{\mathbf{j}} + \hat{\mathbf{k}}, \mathbf{u}\cdot\mathbf{a} = 0]$$

$\mathbf{b}$ के साथ बिन्दु गुणन करने पर,

$$\mathbf{u}\cdot\mathbf{b} = \lambda(\mathbf{a}\cdot\mathbf{b}) + \mu(\mathbf{b}\cdot\mathbf{b}) \Rightarrow 24 = 2\lambda + 2\mu \quad [\because \mathbf{u}\cdot\mathbf{b} = 24] \ldots(ii)$$

समी (i) तथा (ii) को हल करने पर, $\lambda = -$ २, $\mu =$ १४

$\mathbf{u}$ के साथ बिन्दु गुणन करने पर,

$$|\mathbf{u}|^2 = \lambda(\mathbf{u}\cdot\mathbf{a}) + \mu(\mathbf{u}\cdot\mathbf{b})$$

$$|\mathbf{u}|^2 = -2(0) + 14(24) \Rightarrow |\mathbf{u}|^2 = 336$$

86. *(b)* **संकेत** *सम्पूर्ण प्रायिकता प्रमेय के उपयोग से,*

माना E_1 = निकाली गई पहली गेंद के लाल होने की घटना

E_2 = निकाली गई पहली गेंद के काली होने की घटना

A = निकाली गई दूसरी गेंद के लाल होने की घटना

तब, $P(E_1) = \frac{4}{10}, P\left(\frac{A}{E_1}\right) = \frac{6}{12} \Rightarrow P(E_2) = \frac{6}{10}, P\left(\frac{A}{E_2}\right) = \frac{4}{12}$

सम्पूर्ण प्रायिकता के नियम से,

$$P(A) = P(E_1) \times P\left(\frac{A}{E_1}\right) + P(E_2) \times P\left(\frac{A}{E_2}\right)$$

$$= \frac{4}{10} \times \frac{6}{12} + \frac{6}{10} \times \frac{4}{12} = \frac{24+24}{120} = \frac{48}{120} = \frac{2}{5}$$

87. *(c)* **संकेत** *यदि प्रेक्षण में किसी स्थिर संख्या को प्रेक्षण से जोड़ा या घटाया जाता है, तब मानक विचलन अपरिवर्तित रहता है।*

दिया है, $\sum_{i=1}^{9}(x_i - 5) = 9$ तथा $\sum_{i=1}^{9}(x_i - 5)^2 = 45$

$$SD = \sqrt{\frac{\sum_{i=1}^{9}(x_i-5)^2}{9} - \left(\frac{\sum_{i=1}^{9}(x_i-5)}{9}\right)^2}$$

$$\Rightarrow SD = \sqrt{\frac{45}{9} - \left(\frac{9}{9}\right)^2} \Rightarrow SD = \sqrt{5-1} = \sqrt{4} = 2$$

88. *(b)* **संकेत** *सर्वसमिका लागू करने पर,*

$\cos(x+y)\cos(x-y) = \cos^2 x - \sin^2 y$

तथा $\quad \cos 3x = 4\cos^3 x - 3\cos x$

दिया है, $8\cos x\left(\cos\left(\frac{\pi}{6}+x\right)\cos\left(\frac{\pi}{6}-x\right) - \frac{1}{2}\right) = 1$

$$\Rightarrow 8\cos x\left(\cos^2\frac{\pi}{6} - \sin^2 x - \frac{1}{2}\right) = 1$$

$$\Rightarrow 8\cos x\left(\frac{3}{4} - \sin^2 x - \frac{1}{2}\right) = 1 \Rightarrow 8\cos x\left(\frac{3}{4} - \frac{1}{2} - 1 + \cos^2 x\right) = 1$$

$$\Rightarrow 8\cos x\left(\frac{-3+4\cos^2 x}{4}\right) = 1 \Rightarrow 2(4\cos^3 x - 3\cos x) = 1$$

$$\Rightarrow 2\cos 3x = 1 \Rightarrow \cos 3x = \frac{1}{2} \Rightarrow 3x = \frac{\pi}{3}, \frac{5\pi}{3}, \frac{7\pi}{3} \quad [0 \le 3x \le 3\pi]$$

$$\Rightarrow \quad x = \frac{\pi}{9}, \frac{5\pi}{9}, \frac{7\pi}{9}$$

$\therefore$ योगफल $= \frac{\pi}{9} + \frac{5\pi}{9} + \frac{7\pi}{9} = \frac{13\pi}{9} \Rightarrow k\pi = \frac{13\pi}{9}$

अत: $\quad k = \frac{13}{9}$

89. *(a)*

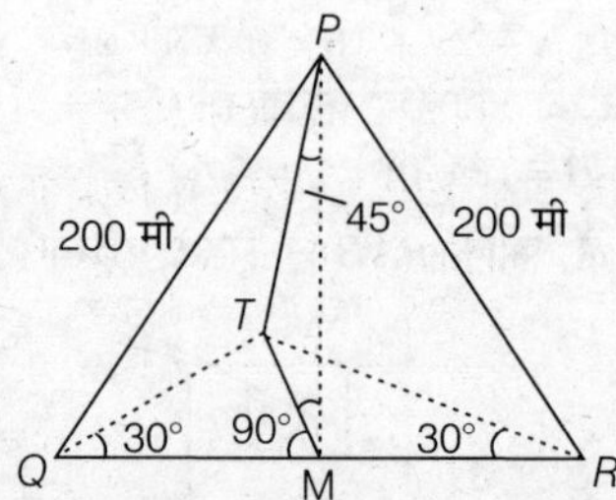

माना टावर TM की ऊँचाई h है।

ΔPMT में, $\tan 45° = \frac{TM}{PM} \Rightarrow 1 = \frac{h}{PM} \Rightarrow PM = h$

ΔTQM में, $\tan 30° = \frac{h}{QM} \Rightarrow QM = \sqrt{3}h$

ΔPMQ में, $PM^2 + QM^2 = PQ^2 \Rightarrow h^2 + (\sqrt{3}h)^2 = (200)^2$

$\Rightarrow \quad 4h^2 = (200)^2 \Rightarrow h = 100$ मी

90. *(a)* **संकेत** *डी-मॉर्गन तथा वितरण नियम के उपयोग से,*

दिया है, $\sim(p \vee q) \vee (\sim p \wedge q) \equiv (\sim p \wedge \sim q) \vee (\sim p \wedge q)$

[$\because$ डी-मॉर्गन नियम से, $\sim(p \vee q) \equiv (\sim p \wedge -q)$]

$\equiv \sim p \wedge (\sim q \vee q)$ [वितरण नियम से]

$\equiv \sim p \wedge t$ $\quad [\sim q \vee q = t]$

$\equiv \sim p$

JEE Main संयुक्त प्रवेश परीक्षा

सॉल्वड पेपर 2017

भौतिकी

1. एक प्रेक्षक प्रकाश गति की आधी गति से 10 GHz आवृत्ति के एक स्थिर सूक्ष्म तरंग (microwave) स्रोत की तरफ जा रहा है। प्रेक्षक द्वारा मापी गयी सूक्ष्म तरंग की आवृत्ति का मान होगा।
(प्रकाश की चाल $= 3 \times 10^8 \text{ ms}^{-1}$)।

(a) 10.1 GHz (b) 12.1 GHz (c) 17.3 GHz (d) 15.3 GHz

2. निम्न प्रेक्षणों को केशिका विधि से, पानी का पृष्ठ तनाव T नापने के लिए उपयोग किया जाता है।

केशिका का व्यास, $D = 1.25 \times 10^{-2}$ m

पानी का चढ़ाव, $h = 1.45 \times 10^{-2}$ m

$g = 9.80 \text{ m/s}^2$ तथा सरलीकृत सम्बन्ध

$T = \frac{rhg}{2} \times 10^3$ न्यूटन/मी, को उपयोग करते हुए पृष्ठ तनाव में सम्भावित त्रुटि का निकटतम मान होगा।

(a) 0.15% (b) 1.5%
(c) 2.4% (d) 10%

3. एक अणु के कुछ ऊर्जा स्तरों को चित्र में दिखाया गया है। तरंगदैर्ध्यों का अनुपात $r = \lambda_1/\lambda_2$ का मान होगा

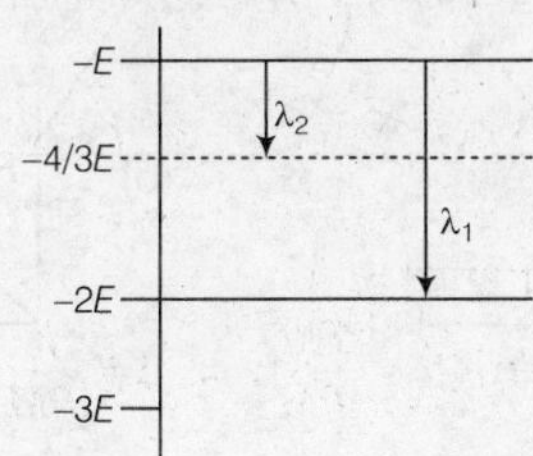

(a) $r = \frac{4}{3}$ (b) $r = \frac{2}{3}$ (c) $r = \frac{3}{4}$ (d) $r = \frac{1}{3}$

4. $m = 10^{-2}$ kg द्रव्यमान का एक पिण्ड एक माध्यम में गति कर रहा है और एक घर्षण बल $F = -kv^2$ का अनुभव करता हैं। पिण्ड का प्रारम्भिक वेग $v_0 = 10 \text{ ms}^{-1}$ है। यदि 10 s के बाद उसकी ऊर्जा $\frac{1}{8}mv_0^2$ है तो k का मान होगा

(a) 10^{-3} kg m^{-1} (b) 10^{-3} kg s^{-1}
(c) 10^{-4} kg m^{-1} (d) 10^{-1} kg m^{-1}s^{-1}

5. स्थिर दाब तथा स्थिर आयतन पर विशिष्ट ऊष्माएँ क्रमशः C_p तथा C_V हैं। ज्ञात है कि

हाइड्रोजन गैस के लिए, $C_p - C_V = a$

नाइट्रोजन गैस के लिए, $C_p - C_V = b$

a और b के बीच का सही सम्बन्ध होगा

(a) $a = \frac{1}{14}b$ (b) $a = b$ (c) $a = 14\,b$ (d) $a = 28\,b$

6. एक त्रिज्या R तथा लम्बाई l के एक समान बेलन का उसके अभिलम्ब द्विभाजक के सापेक्ष जड़त्व आघूर्ण I है। जड़त्व आघूर्ण के निम्नतम मान के लिए अनुपात l/R क्या होगा?

(a) $\sqrt{\frac{3}{2}}$ (b) $\frac{\sqrt{3}}{2}$ (c) 1 (d) $\frac{3}{\sqrt{2}}$

7. एक रेडियोएक्टिव नाभिक-A जिसकी अर्द्ध-आयु T है, का क्षय एक नाभिक-B में होता है। समय $t = 0$ पर कोई भी नाभिक-B नहीं है। एक समय t पर नाभिकों B तथा A की संख्या का अनुपात 0.3 है तो t का मान होगा

(a) $t = \frac{T}{2}\frac{\log_e 2}{\log 1.3}$ (b) $t = T\frac{\log(1.3)}{\log_e 2}$
(c) $t = T\log(1.3)$ (d) $t = \frac{T}{\log(1.3)}$

8. निम्नलिखित में से कौन-सा कथन गलत है?

(a) व्हीटस्टोन सेतु की सुग्रहीता सबसे अधिक तब होती है, जब चारों प्रतिरोधों का परिमाण तुल्य होता है
(b) एक संतुलित व्हीटस्टोन सेतु में, सेल एवं गैल्वेनोमीटर को आपस में बदलने पर शून्य विक्षेप बिन्दु प्रभावित होता है
(c) एक धारा नियन्त्रक को विभव विभाजक की तरह उपयोग कर सकते हैं
(d) किरचॉफ का द्वितीय नियम ऊर्जा के संरक्षण को दर्शाता है

9. एक विद्युत परिपथ में एक 2 μF धारिता के संधारित्र को 1 kV विभवान्तर के बिन्दुओं के बीच लगाना है। 1μF धारिता के बहुत सारे संधारित्र जो कि 300 V विभवान्तर तक वहन कर सकते हैं, उपलब्ध हैं।
उपरोक्त परिपथ को प्राप्त करने के लिए न्यूनतम कितने संधारित्रों की आवश्यकता होगी?

(a) 2 (b) 16 (c) 24 (d) 32

10. दिए गए परिपथ में जब धारा स्थिरावस्था में पहुँच जाती है तो धारिता C के संधारित्र पर आवेश का मान होगा

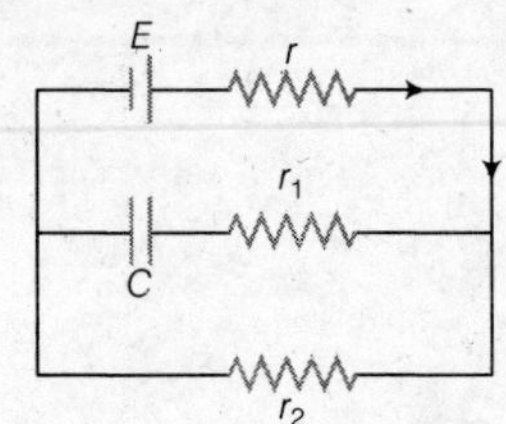

(a) CE (b) $CE\dfrac{r_1}{(r_2+r)}$

(c) $CE\dfrac{r_2}{(r+r_2)}$ (d) $CE\dfrac{r_1}{(r_1+r)}$

11.

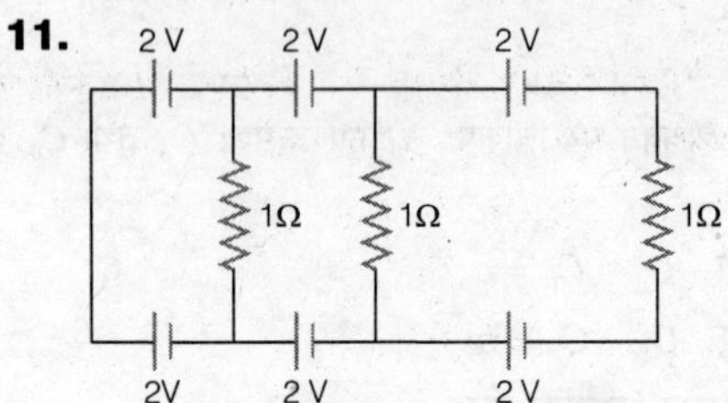

ऊपर दिए गए परिपथ में प्रत्येक प्रतिरोध में धारा का मान होगा

(a) 1 A (b) 0.25 A (c) 0.5 A (d) 0 A

12. आयाम मॉडुलन में ज्यावक्रीय वाहक आवृत्ति को ω_c से तथा सिग्नल आवृत्ति को ω_m से दर्शाते हैं। सिग्नल की बैण्ड चौड़ाई $(\Delta\omega_m)$ को इस तरह चुनते हैं कि $\Delta\omega_m < \Delta\omega_c$ निम्न में से कौन-सी आवृत्ति मॉडुलित तरंग में नहीं होगी?

(a) ω_m (b) ω_c (c) $\omega_m+\omega_c$ (d) $\omega_c-\omega_m$

13. *n-p-n* ट्रांजिस्टर से बनाये हुए एक उभयनिष्ठ उत्सर्जक प्रवर्धक परिपथ में निवेशित तथा निर्गत विभवों के बीच कलान्तर का मान होगा

(a) 45° (b) 90° (c) 135° (d) 180°

14. 100 g द्रव्यमान वाला ताँबे के एक गोले का तापमान T है। उसे एक 170 gm पानी से भरे हुए 100 g के ताँबे के कैलोरीमीटर, जोकि कमरे के तापमान पर है, में डाल दिया जाता हैं तत्पश्चात् निकाय का तापमान 75°C पाया जाता है। T का मान होगा

(दिया है : कमरे का तापमान = 30°C, ताँबे की विशिष्ट ऊष्मा = 0.1cal/g°C)

(a) 800°C (b) 885°C (c) 1250°C (d) 825°C

15. यंग के एक द्विझिरी प्रयोग में, झिरियों के बीच की दूरी 0.5 mm एवं पर्दे की झिरी से दूरी 150 cm है। एक प्रकाश पुँज, जिसमें 650 nm और 520 nm की दो तरंगदैर्ध्य हैं, को पर्दे पर व्यतीकरण फ्रिन्ज बनाने में उपयोग करते हैं। उभयनिष्ठ केन्द्रीय उच्चिष्ठ से वह बिन्दु, जहाँ दोनों तरंगदैर्ध्यों की दीप्त फ्रिन्जें सम्पाती होती है, की न्यूनतम दूरी होगी

(a) 1.56 mm (b) 7.8 mm (c) 9.75 mm (d) 15.6 mm

16. एक विद्युत द्विध्रुव का स्थिर द्विध्रुव $\mathbf{p}$ है जो कि X-अक्ष से θ कोण बनाता है। विद्युत क्षेत्र $\mathbf{E}_1 = E\hat{\mathbf{i}}$ में रखने पर यह बल आघूर्ण $\boldsymbol{T}_1 = \tau\hat{\mathbf{k}}$ का अनुभव करता है।

विद्युत क्षेत्र $\mathbf{E}_2 = \sqrt{3}\,E_1\hat{\mathbf{j}}$ में रखने पर यह बल आघूर्ण $\boldsymbol{T}_2 = -\boldsymbol{T}_1$ का अनुभव करता है। कोण θ का मान होगा

(a) 30° (b) 45° (c) 60° (d) 90°

17. एक द्रव्यमान M एवं लम्बाई l की पतली एवं एक समान छड़ का एक सिरा धुराग्रस्त है जिससे कि वह एक ऊर्ध्वाधर समतल में घूम सकती है। (चित्र देखिए, धुरी का घर्षण नगण्य है। छड़ के दूसरे सिरे को धुरी के ऊपर ऊर्ध्वाधर रखकर छोड़ दिया जाता है। जब छड़ ऊर्ध्व से θ कोण बनाती है तो उसका कोणीय त्वरण होगा

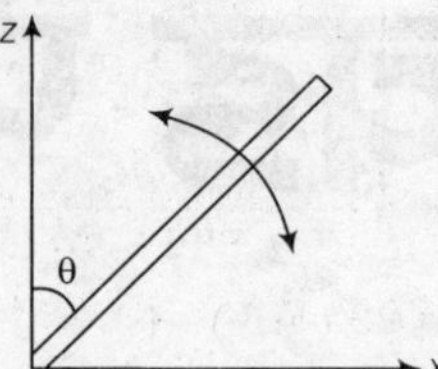

(a) $\dfrac{3g}{2l}\sin\theta$ (b) $\dfrac{2g}{3l}\sin\theta$ (c) $\dfrac{3g}{2l}\cos\theta$ (d) $\dfrac{2g}{3l}\cos\theta$

18. 0°C पर रखे हुए एक घन पर एक दाब P लगाया जाता है जिससे वह सभी तरफ से बराबर संपीडित होता है। घन के पदार्थ का आयतन प्रत्यास्थता गुणांक K एवं रेखीय प्रसार गुणांक α है। यदि घन को गर्म करके मूल आकार में लाना है तो उसके तापमान को कितना और बढ़ाना पड़ेगा?

(a) $\dfrac{P}{3\alpha K}$ (b) $\dfrac{P}{\alpha K}$ (c) $\dfrac{3\alpha}{PK}$ (d) $3\,PK\alpha$

19. एक 25 cm परिमाण की फोकस दूरी को अपसारी लेन्स को एक 20 cm परिमाण की फोकस दूरी के अभिसारी लेन्स से 15 cm की दूरी पर रखा जाता है। एक समान्तर प्रकाश पुँज अपसारी लेन्स पर आपतित होता है। परिणामी प्रतिबिम्ब होगा

(a) वास्तविक और अभिसारी लेन्स से 40 cm दूरी पर

(b) आभासी और अभिसारी लेन्स से 40 cm दूरी पर

(c) वास्तविक और अपसारी लेन्स से 40 cm दूरी पर

(d) वास्तविक और अभिसारी लेन्स से 6 cm दूरी पर

20. X-किरणें उत्पन्न करने के लिए एक इलेक्ट्रॉन किरणपुंज को विभवान्तर V से त्वरित करके धातु की प्लेट पर आपतित किया जाता है। इससे विविक्त (characteristic) एवं अविरत (continuous) X-किरणें उत्पन्न होती है। यदि X-किरण स्पेक्ट्रम में न्यूनतम सम्भव तरंगदैर्ध्य λ_{min} है तो $\log\lambda_{min}$ का $\log V$ के साथ बदलाव किस चित्र में सही दिखाया गया है?

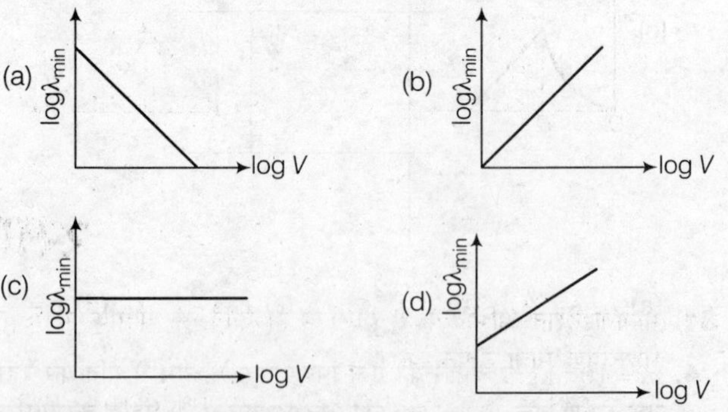

21. सूर्य की किरणों से एक खुले हुए 30 m^3 आयतन वाले कमरे का तापमान 17°C से 27°C हो जाता है। कमरे के अन्दर वायुमण्डलीय दाब 1×10^5 Pa ही रहता है। यदि कमरे के अन्दर अणुओं की संख्या गर्म होने से पहले एवं बाद में क्रमशः n_i व n_f हैं तो $n_f - n_i$ का मान होगा?

(a) -1.61×10^{23} (b) 1.38×10^{23}

(c) 2.5×10^{25} (d) -2.5×10^{25}

22. चुम्बकीय फ्लक्स के बदलनें से $100\,\Omega$ प्रतिरोध की कुण्डली में प्रेरित धारा को चित्र में दर्शाया गया है। कुण्डली से गुजरने वाले फ्लक्स में बदलाव का परिमाण होगा

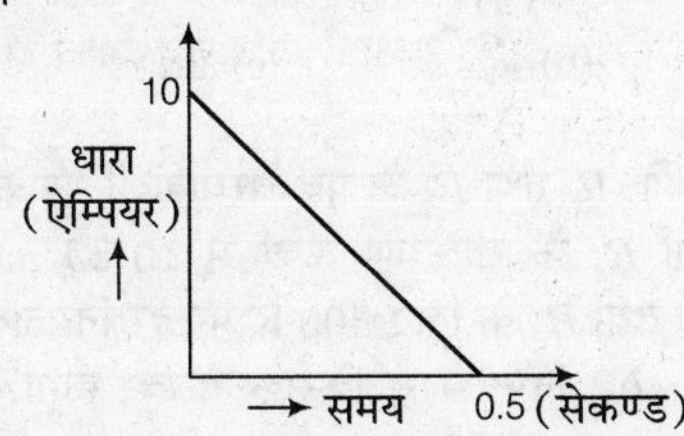

(a) 200 Wb (b) 225 Wb (c) 250 Wb (d) 275 Wb

23. $15\,\Omega$ के कुण्डली प्रतिरोध के गैल्वेनोमीटर से जब 5mA की धारा प्रवाहित की जाती है तो वह पूर्ण स्केल विक्षेप दर्शाता है। इसे 0-10 V परास के विभवमापी में बदलने के लिए किस मान के प्रतिरोध को गैल्वेनोमीटर के साथ श्रेणी क्रम में लगाना होगा?

(a) $1985 \times 10^3\,\Omega$ (b) $2045 \times 10^3\,\Omega$

(c) $2535 \times 10^3\,\Omega$ (d) $4005 \times 10^3\,\Omega$

24. 1 kg द्रव्यमान का एक कण, एक समय पर निर्भर (time dependent) बल $F = 6t$ का अनुभव करता हैं। यदि कण विरामावस्था से चलता है तो पहले 1 s में बल द्वारा किया गया कार्य होगा

(a) 4.5 J (b) 22 J (c) 9 J (d) 18 J

25. एक चुम्बकीय आघूर्ण 6.7×10^{-2} Am^2 एवं जड़त्व आघूर्ण 7.5×10^{-6} kg m^2 वाली चुम्बकीय छड़ एक 0.01 T तीव्रता के चुम्बकीय क्षेत्र में सरल आवृत्ति से दोलन कर रही है। 10 पूरे दोलन का समय होगा

(a) 6.65 s (b) 8.89 s (c) 6.98 s (d) 8.76 s

26. पृथ्वी के केन्द्र से दूरी d के साथ गुरुत्वीय त्वरण g का बदलाव निम्न में से किस ग्राफ में सबसे सही दर्शाया गया है? (R = पृथ्वी की त्रिज्या)

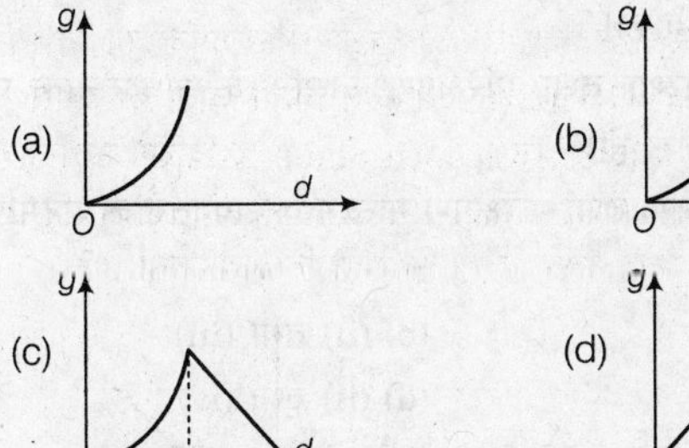

27. एक पिण्ड को ऊर्ध्वाधर ऊपर की तरफ फेंका जाता है। निम्न में से कौन-सा ग्राफ समय के साथ वेग को सही दर्शाता है?

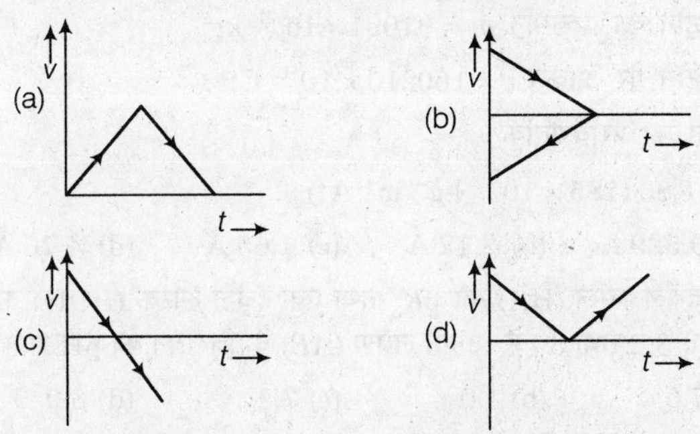

28. द्रव्यमान m एवं आरम्भिक वेग v के एक कण की टक्कर द्रव्यमान $\frac{m}{2}$ के स्थिर कण-B से होती है। यह टक्कर सम्मुख एवं प्रत्यास्थ है। टक्कर के बाद डि-ब्रॉग्ली तरंगदैर्ध्यों λ_A एवं λ_B का अनुपात होगा।

(a) $\frac{\lambda_A}{\lambda_B} = \frac{1}{3}$ (b) $\frac{\lambda_A}{\lambda_B} = 2$

(c) $\frac{\lambda_A}{\lambda_B} = \frac{2}{3}$ (d) $\frac{\lambda_A}{\lambda_B} = \frac{1}{2}$

29. एक कण, आवर्तकाल T से सरल आवर्त गति कर रहा है। समय $t = 0$ पर वह साम्यावस्था की स्थिति में है। निम्न में से कौन-सा ग्राफ समय के साथ गतिज ऊर्जा को सही दर्शाता है?

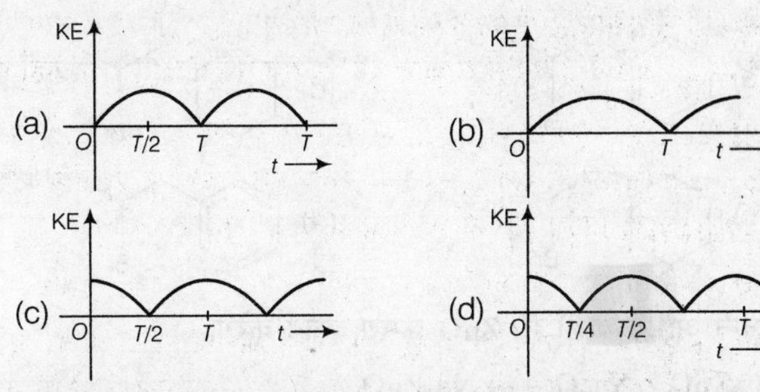

30. एक मनुष्य एक विशालकाय मानव में इस प्रकार परिवर्तित होता है कि उसकी रेखीय विमाएँ 9 गुना बढ़ जाती हैं। माना कि उसके घनत्व में कोई परिवर्तन नहीं होता है तो उसके टाँग में प्रतिबल कितने गुना हो जाएगा?

(a) 9 (b) 1/9

(c) 81 (d) 1/81

रसायन विज्ञान

31. मोनोनाइट्रेशन अभिक्रिया में निम्न में से कौन-सा यौगिक *मेटा* उत्पाद की महत्त्वपूर्ण मात्रा उत्पन्न करेगा?

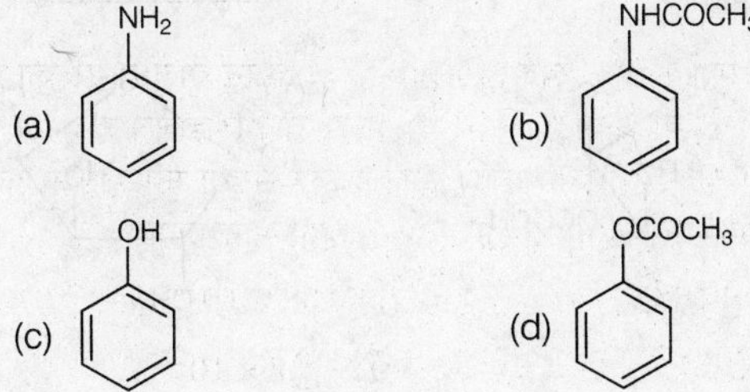

32. ΔU बराबर है

(a) रुद्धोष्म कार्य (b) समतापी कार्य

(c) सम-आयतनिक कार्य (d) समदाबी कार्य

33. S_N1 अभिक्रिया के लिए निम्न हैलाइडो की अभिक्रियात्मकता का बढ़ता क्रम है :

I. $CH_3CH(Cl)CH_2Cl_3$ II. $CH_3CH_2CH_2Cl$

III. p-$H_3CO - C_6H_4 - CH_2Cl$

(a) (I) < (III) < (II) (b) (II) < (III) < (I)

(c) (III) < (II) < (I) (d) (II) < (I) < (III)

34. हाइड्रोजन परमाणु के द्वितीय बोर कक्षा का अर्द्धव्यास होगा:
(प्लांक स्थिरांक $h = 6.6262 \times 10^{-34}$ Js;
इलेक्ट्रॉन का द्रव्यमान $m = 9.1091 \times 10^{-31}$ kg;
इलेक्ट्रॉन पर आवेश $e = 1.60210 \times 10^{-19}$ C;
निर्वात का परावैद्युतांक
$\varepsilon_0 = 8.854185 \times 10^{-12}\ kg^{-1} m^{-3} A^2$)

(a) 0.529 Å (b) 2.12 Å (c) 1.65 Å (d) 4.76 Å

35. एक दुर्बल अम्ल (HA) का pK_a तथा एक दुर्बल क्षारक (*B*OH) का pK_b क्रमश: 3.2 तथा 3.4 हैं। उनके लवण (*AB*) के विलयन का pH मान होगा

(a) 7.0 (b) 1.0 (c) 7.2 (d) 6.9

36. निम्न बहुलकों में से कौन से बहुलक में जल अपघटन अभिक्रिया सन्निहित है?

(a) नाइलॉन 6, 6 (b) टेरीलीन (c) नाइलॉन 6 (d) बैकेलाइट

37. एक स्वस्थ मनुष्य के शरीर में मात्रा की दृष्टि से बहुतायत से मिलने वाले तत्व हैं : ऑक्सीजन (61.4%); कार्बन (22.9%), हाइड्रोजन (10.0%) तथा नाइट्रोजन (2.6%)। 75 किग्रा वजन वाले एक व्यक्ति के शरीर से सभी ^1H परमाणुओं को ^2H परमाणुओं से बदल दिया जाए तो उसके भार में जो वृद्धि होगी, वह है

(a) 7.5 किग्रा (b) 10 किग्रा (c) 15 किग्रा (d) 37.5 किग्रा

38. निम्न में से कौन, *tert*-BuONa के साथ अभिकृत करने तथा ब्रोमीन जल के मिलाने पर, ब्रोमीन के रंग को रंगहीन करने में असमर्थ होता है?

(a) 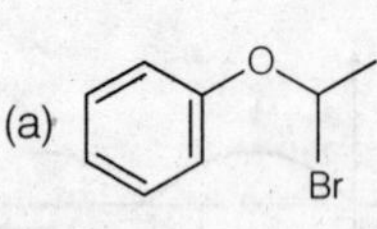

(b) (c) (d)

39. निम्न अभिक्रियाओं में, ZnO क्रमशः कार्य करेगा

1. $ZnO + Na_2O \longrightarrow Na_2ZnO_2$
2. $ZnO + CO_2 \longrightarrow ZnCO_3$

(a) अम्ल तथा अम्ल (b) अम्ल तथा क्षारक
(c) क्षारक तथा अम्ल (d) क्षारक तथा क्षारक

40. विकर्ण सम्बन्ध के कारण, लीथियम तथा मैग्नीशियम दोनो कई एक जैसे गुण प्रदर्शित करते हैं फिर भी, वह एक जो गलत है, हैं

(a) दोनों नाइट्राइड बनाते हैं
(b) लीथियम तथा मैग्नीशियम, दोनों के ही नाइट्रेट गर्म करने पर NO_2 तथा O_2 देते हैं
(c) दोनों क्षारीय कार्बोनेट बनाते हैं
(d) दोनों घुलनशील बाइकार्बोनेट बनाते हैं

41. पराक्साइड की उपस्थिति में, 3-मेथिल-पेन्ट-2-ईन, HBr के साथ अभिक्रिया करने पर एक संकलग्न उत्पाद बनाता है। उत्पाद के लिए सम्भव त्रिविम समावयवियों की संख्या होगी

(a) दो (b) चार (c) छः (d) शून्य

42. एक धातु फलक केन्द्रित घन संरचना में क्रिस्टलित होती है। यदि इसके एकल सेल की कोर लम्बाई *a* है, तो धात्विक क्रिस्टल में दो परमाणुओं के बीच सन्निकटतम दूरी होगी

(a) $\sqrt{2}a$ (b) $\frac{a}{\sqrt{2}}$ (c) $2a$ (d) $2\sqrt{2}a$

43. दो अभिक्रियाओं, R_1 तथा R_2 के पूर्व चरघातांकी गुणक एक जैसे हैं। R_1 की संक्रियण ऊर्जा R_2 के संक्रियण ऊर्जा से 10 kJ mol^{-1} ज्यादा है। यदि अभिक्रिया R_1 तथा R_2 के लिए 300 K पर दर नियतांक क्रमश: k_1 तथा k_2 हों तो $ln\ (k_2 / k_1)$ निम्न में से किसके बराबर होगा?
($R = 8.314\ J\ mol^{-1}\ K^{-1}$)

(a) 6 (b) 4 (c) 8 (d) 12

44. निम्न रूपान्तरण के लिए अभिकर्मकों का सही क्रम होगा

(a) $CH_3MgBr, [Ag(NH_3)_2]^+ OH^-, H^+ /CH_3OH$
(b) $[Ag(NH_3)_2]^+ OH^-, CH_3MgBr, H^+ /CH_3OH$
(c) $[Ag(NH_3)_2]^+ OH^-, H^+ /CH_3OH, CH_3MgBr$
(d) $CH_3MgBr, H^+ /CH_3OH, [Ag(NH_3)_2]^+ OH^-$

45. टिण्डल प्रभाव तभी दिखायी पड़ेगा जब निम्न शर्त सन्तुष्ट होती है

(i) परिक्षेपित कणों का व्यास, प्रयुक्त प्रकाश के तरंगदैर्ध्य की तुलना में बहुत छोटा हो।
(ii) परिक्षेपित कणों का व्यास, प्रयुक्त प्रकाश के तरंगदैर्ध्य की तुलना में बहुत छोटा नहीं हो।
(iii) परिक्षेपित प्रावस्था तथा परिक्षेपण माध्यम के अपवर्तनांक परिमाण लगभग एक जैसे हों।
(iv) परिक्षेपित प्रावस्था तथा परिक्षेपण माध्यम के अपवर्तनांक परिमाण बहुत भिन्न हों।

(a) (i) तथा (ii) (b) (ii) तथा (iii)
(c) (i) तथा (iv) (d) (ii) तथा (iv)

46. एक जलीय KOH विलयन में निम्न में से कौन-सा यौगिक एक अपचायक शर्करा के रूप में व्यवहार करेगा?

(a) 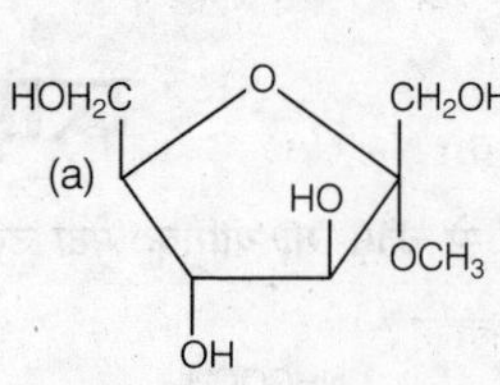

(b) 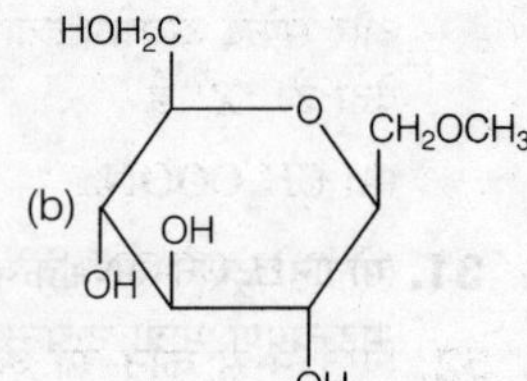

(c) 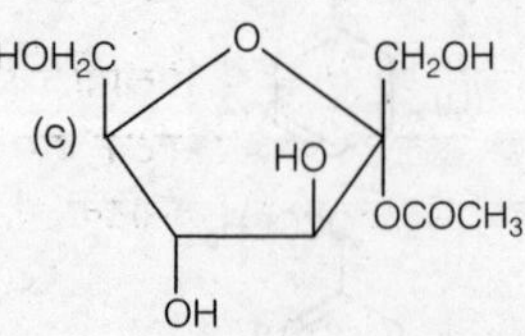

(d) 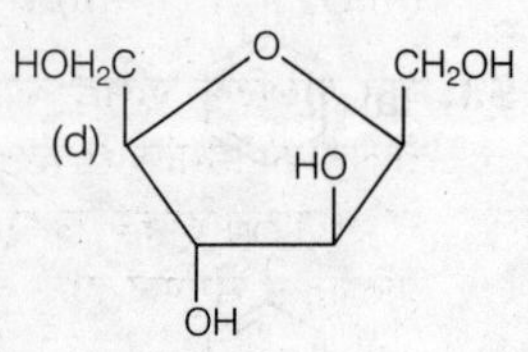

47. दिया गया है, $C_{(graphite)} + O_2(g) \longrightarrow CO_2(g)$

$\Delta_r H^\circ = -393.5 \text{ kJ mol}^{-1}$

$H_2(g) + \frac{1}{2}O_2(g) \longrightarrow H_2O(l)$

$\Delta_r H^\circ = -285.8 \text{ kJ mol}^{-1}$

$CO_2(g) = 2H_2O(l) \longrightarrow CH_4(g) + 2O_2(g)$

$\Delta_r H^\circ = +890.3 \text{ kJ mol}^{-1}$

ऊपर दिए गए ऊष्मरासायनिक समीकरणों के आधार पर, 298 K पर अभिक्रिया

$C_{(graphite)} + 2H_2(g) \longrightarrow CH_4(g)$ के लिए $\Delta_r H^\circ$ का मान होगा :

(a) $-74.8 \text{ kJ mol}^{-1}$ (b) $-144.0 \text{ kJ mol}^{-1}$

(c) $+74.8 \text{ kJ mol}^{-1}$ (d) $+144.0 \text{ kJ mol}^{-1}$

48. निम्न में से कौन-सी अभिक्रिया अपचयोपचय (रिडॉक्स) अभिक्रिया का उदाहरण है?

(a) $XeF_6 + H_2O \longrightarrow XeOF_4 + 2HF$

(b) $XeF_6 + 2H_2O \longrightarrow XeO_2F_2 + 4HF$

(c) $XeF_4 + O_2F_2 \longrightarrow XeF_6 + O_2$

(d) $XeF_2 + PF_5 \longrightarrow [XeF]^+ PF_6^-$

49. जब क्लोरीन गैस ठण्डे एवं तनु जलीय NaOH के साथ अभिक्रिया करती है तो प्राप्त होने वाले उत्पाद होंगे

(a) Cl^- एवं ClO^- (b) Cl^- तथा ClO_2^-

(c) ClO^- तथा ClO_3^- (d) ClO_2^- तथा ClO_3^-

50. निम्न अभिक्रिया में प्राप्त होने वाला मुख्य उत्पाद है

C_6H_5–CH(Br)(H)–$CH_2C_6H_5$ (+) $\xrightarrow[\Delta]{^tBuOK}$

(a) (+) $C_6H_5CH(O^tBu)CH_2C_6H_5$

(b) (–) $C_6H_5CH(O^tBu)CH_2C_6H_5$

(c) (±) $C_6H_5CH(O^tBu)CH_2C_6H_5$

(d) $C_6H_5CH = CHC_6H_5$

51. एक कार्बनिक अम्ल का सोडियम लवण 'X' सान्द्र H_2SO_4 के साथ बुदबुदाहट देता है। 'X' अम्लीय जलीय $CaCl_2$ के साथ अभिक्रिया करता है और सफेद अवक्षेप देता है जो $KMnO_4$ के अम्लीय विलयन को रंगहीन बना देता है। 'X' है

(a) CH_3COONa (b) $Na_2C_2O_4$

(c) C_6H_2COONa (d) HCOONa

52. निम्न में से कौन-सा अनुचुम्बकीय नहीं है?

(a) O_2 (b) B_2 (c) NO (d) CO

53. जब एसिटिक एसिड को 0.2 g बेंजीन के 20 g में मिलाया जाता है तो बेंजीन का हिमांक 0.45°C से कम हो जाता है। यदि एसिटिक एसिड बेंजीन में संगुणित होकर डाइमर (द्वितीय) बनाता है तो एसिटिक एसिड का प्रतिशतता संगुणन होगा

(बेंजीन के लिए $K_f = 5.12 \text{ kg mol}^{-1}$)

(a) 74.6% (b) 94.6%

(c) 64.6% (d) 80.4%

54. निम्न में कौन-सा अणु अनुनादिक रूप से न्यूनतम स्थिर है?

(a) 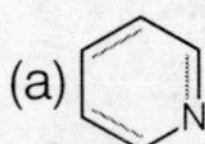
(b) 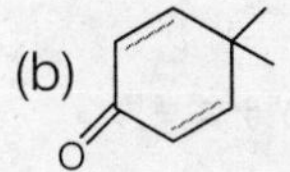
(c) 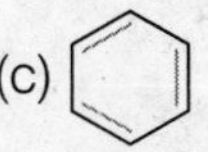
(d)

55. $CoCl_3 \cdot 6H_2O$ के 0.1 M विलयन के 100 mL को $AgNO_3$ के आधिक्य में अभिकृत करने पर 1.2×10^{22} आयन अवक्षेपित होते हैं। संकुल है:

(a) $[Co(H_2O)_6]Cl_3$ (b) $[Co(H_2O)_5Cl]Cl_2 \cdot H_2O$

(c) $[Co(H_2O)_4Cl_2]Cl \cdot 2H_2O$ (d) $[Co(H_2O)_3Cl_3] \cdot 3H_2O$

56. निम्न अभिक्रिया में प्राप्त मुख्य उत्पाद है

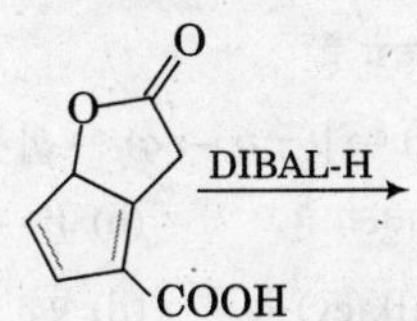

(a) 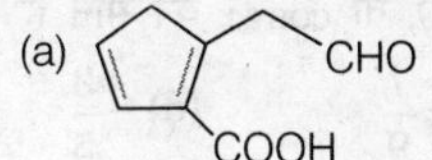

(b) 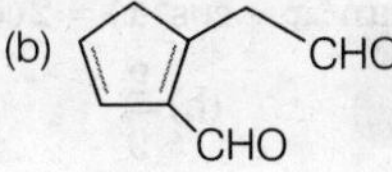

(c) 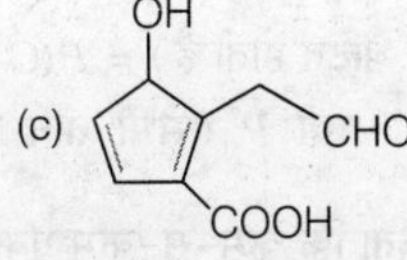

(d)

57. एक जल प्रतिदर्श में पी.पी.एम. (ppm) स्तर की निम्न ऋणायनों की सान्द्रता है।

$F^- = 10 ; SO_4^{2-} = 100; NO_3^- = 50$

वह/वे ऋणायन जो जल प्रतिदर्श को पीने के लिए अनुप्रयुक्त बनाता है/बनाते हैं, है/हैं

(a) मात्र F^- (b) मात्र SO_4^{2-}

(c) मात्र NO_3^- (d) SO_4^{2-} तथा NO_3^- दोनों

58. एक कार्बोनेट (M_2CO_3) के 1 ग्राम को HCl के आधिक्य में अभिक्रित किया जाता है और उससे 0.01186 मोल CO_2 पैदा होती है। M_2CO_3 का मोलर द्रव्यमान g mol^{-1} में है

(a) 118.6 (b) 11.86 (c) 1186 (d) 84.3

59. दिया गया है,

$E^\circ_{Cl_2/Cl^-} = 1.36 \text{ V}, E^\circ_{Cr^{3+}/Cr} = -0.74 \text{ V}$

$E^\circ_{Cr_2O_7^{2-}/Cr^{3+}} = 1.33 \text{ V}, E^\circ_{MnO_4^-/Mn^{2+}} = 1.51 \text{ V}$

निम्न में से प्रबलतम अपचायक है

(a) Cr^{3+} (b) Cl^-

(c) Cr (d) Mn^{2+}

60. वह ग्रुप जिसमें समइलेक्ट्रोनी हैं, है

(a) O^{2-}, F^-, Na, Mg^{2+} (b) O^-, F^-, Na^+, Mg^{2+}

(c) $O^{2-}, F^-, Na^+, Mg^{2+}$ (d) O^-, F^-, Na, Mg^+

गणित

61. यदि S, 'b' के उन विभिन्न मानों का समुच्चय है जिनके लिए निम्न रैखिक समीकरण निकाय

$$x + y + z = 1,$$
$$x + ay + z = 1$$
तथा $$ax + by + z = 0$$

का कोई हल नहीं है,तो S है/हैं

(a) एक अपरिमित समुच्चय है
(b) एक परिमित समुच्चय है जिसमें दो या अधिक अवयव हैं
(c) एक ही अवयव वाला समुच्चय है
(d) एक रिक्त समुच्चय है

62. निम्न कथन $(p \to q) \to [(\sim p \to q) \to q]$ हैं

(a) $\sim p \to q$ के समतुल्य है (b) $p \to \sim q$ के समतुल्य है
(c) एक हेत्वाभास (fallacy) है (d) एक पुनरुक्ति (tautology) है

63. यदि $5(\tan^2 x - \cos^2 x) = 2\cos 2x + 9$, तो $\cos 4x$ का मान है

(a) $\frac{1}{3}$ (b) $\frac{2}{9}$ (c) $-\frac{7}{9}$ (d) $-\frac{3}{5}$

64. तीन घटनाओं A, B तथा C के लिए P(A अथवा B में से केवल एक घटित होती है) = P(B अथवा C में से केवल एक घटित होती है) = P(C अथवा A में से केवल एक घटित होती है) $= \frac{1}{4}$ तथा P (सभी तीन घटनाएँ एकसाथ घटित होती हैं) $= \frac{1}{16}$ है, तो प्रायिकता कि कम-से-कम एक घटना घटित हो, है

(a) $\frac{7}{16}$ (b) $\frac{7}{64}$ (c) $\frac{3}{16}$ (d) $\frac{7}{32}$

65. माना ω एक सम्मिश्र संख्या ऐसी है कि $2\omega + 1 = z$ जहाँ, $z = \sqrt{-3}$ है। यदि $\begin{vmatrix} 1 & 1 & 1 \\ 1 & -\omega^2 - 1 & \omega^2 \\ 1 & \omega^2 & \omega^7 \end{vmatrix} = 3k$ है

तो k बराबर है

(a) z (b) -1 (c) 1 (d) $-z$

66. माना k एक ऐसा पूर्णांक है कि त्रिभुज, जिसके शीर्ष $(k, -3k)$, $(5, k)$ तथा $(-k, 2)$ हैं, का क्षेत्रफल 28 वर्ग इकाई है, तो त्रिभुज का लम्ब-केन्द्र जिस बिन्दु पर है, वह है

(a) $\left(1, \frac{3}{4}\right)$ (b) $\left(1, -\frac{3}{4}\right)$ (c) $\left(2, \frac{1}{2}\right)$ (d) $\left(2, -\frac{1}{2}\right)$

67. एक फूलों की क्यारी, जो एक वृत्त के त्रिज्याखण्ड के रूप में है, की घेराबंदी करने के लिए 20 मीटर तार उपलब्ध हैं। तो फूलों की क्यारी का अधिकतम क्षेत्रफल (वर्ग मी.) में है

(a) 10 (b) 25 (c) 30 (d) 12.5

68. क्षेत्र $\{(x, y) : x \geq 0, x + y \leq 3, x^2 \leq 4y$ तथा $y \leq 1 + \sqrt{x}\}$ का क्षेत्रफल (वर्ग इकाइयों) में है

(a) 3/2 (b) 7/3 (c) 5/2 (d) 59/12

69. यदि बिन्दु $P(1, -2, 3)$ का समतल $2x + 3y - 4z + 22 = 0$ में वह प्रतिबिम्ब जो रेखा $\frac{x}{1} = \frac{y}{4} = \frac{z}{5}$ के समान्तर है, Q है, तो PQ बराबर है

(a) $2\sqrt{42}$ (b) $\sqrt{42}$ (c) $6\sqrt{5}$ (d) $3\sqrt{5}$

70. यदि $x \in \left(0, \frac{1}{4}\right)$ के लिए $\tan^{-1}\left(\frac{6x\sqrt{x}}{1 - 9x^3}\right)$ का अवकलन $\sqrt{x} \cdot g(x)$ है, तो $g(x)$ बराबर है

(a) $\frac{3x\sqrt{x}}{1 - 9x^3}$ (b) $\frac{3x}{1 - 9x^3}$ (c) $\frac{3}{1 + 9x^3}$ (d) $\frac{9}{1 + 9x^3}$

71. यदि $(2 + \sin x)\frac{dy}{dx} + (y + 1)\cos x = 0$ तथा $y(0) = 1$ है, तो $y\left(\frac{\pi}{2}\right)$ बराबर है

(a) $-\frac{2}{3}$ (b) $-\frac{1}{3}$ (c) $\frac{4}{3}$ (d) $\frac{1}{3}$

72. माना एक ऊर्ध्वाधर मीनार AB ऐसी है कि उसका सिरा A भूमि पर है। माना AB का मध्य-बिन्दु C है तथा भूमि पर स्थित बिन्दु P ऐसा है कि $AP = 2AB$। यदि $\angle BPC = \beta$ है, तो $\tan\beta$ बराबर है

(a) 1/4 (b) 2/9
(c) 4/9 (d) 6/7

73. यदि $A = \begin{bmatrix} 2 & -3 \\ -4 & 1 \end{bmatrix}$ है, adj $(3A^2 + 12A)$ बराबर है

(a) $\begin{bmatrix} 51 & 63 \\ 84 & 72 \end{bmatrix}$ (b) $\begin{bmatrix} 51 & 84 \\ 63 & 72 \end{bmatrix}$

(c) $\begin{bmatrix} 72 & -63 \\ -84 & 51 \end{bmatrix}$ (d) $\begin{bmatrix} 72 & -84 \\ -63 & 51 \end{bmatrix}$

74. किन्हीं तीन धनात्मक वास्तविक संख्याओं a, b तथा c के लिए $9(25a^2 + b^2) + 25(c^2 - 3ac) = 15b(3a + c)$ है, तो

(a) b, c तथा a समान्तर श्रेणी में हैं (b) a, c तथा b समान्तर श्रेणी में हैं
(c) a, b तथा c गुणोत्तर श्रेणी में हैं (d) b, c तथा a गुणोत्तर श्रेणी में हैं

75. एक समतल जो बिन्दु $(1, -1, -1)$ से होकर जाता है तथा जिसका अभिलम्ब दोनों रेखाओं $\frac{x - 1}{1} = \frac{y + 2}{-2} = \frac{z - 4}{3}$ तथा $\frac{x - 2}{2} = \frac{y + 1}{-1} = \frac{z + 7}{-1}$ पर लम्ब है, की बिन्दु $(1, 3, -7)$ से दूरी है

(a) $\frac{10}{\sqrt{83}}$ (b) $\frac{5}{\sqrt{83}}$ (c) $\frac{10}{\sqrt{74}}$ (d) $\frac{20}{\sqrt{74}}$

76. माना $I_n = \int \tan^n x \, dx$, $(n > 1)$ है। यदि $I_4 + I_6 = a \tan^5 x + bx^5 + C$ है, जहाँ C एक समाकलन अचर है, तो क्रमित युग्म (a, b) बराबर है

(a) $\left(\frac{1}{5}, 0\right)$ (b) $\left(\frac{1}{5}, -1\right)$

(c) $\left(-\frac{1}{5}, 0\right)$ (d) $\left(-\frac{1}{5}, 1\right)$

77. एक दीर्घवृत्त, जिसका केन्द्र मूलबिन्दु पर है, की उत्केन्द्रता 1/2 है। यदि उसकी एक नियता $x = -4$ है, तो उसके बिन्दु (1, 3/2) पर उसके अभिलम्ब का समीकरण है

(a) $4x - 2y = 1$ (b) $4x + 2y = 7$
(c) $x + 2y = 4$ (d) $2y - x = 2$

78. एक अतिपरवलय बिन्दु $P(\sqrt{2}, \sqrt{3})$ से होकर जाता है, तथा उसकी नाभियाँ $(\pm 2, 0)$ पर हैं, तो अतिपरवलय के बिन्दु P पर खींची गई स्पर्श रेखा जिस बिन्दु से होकर जाती है, वह है

(a) $(2\sqrt{2}, 3\sqrt{3})$ (b) $(\sqrt{3}, \sqrt{2})$ (c) $(-\sqrt{2}, -\sqrt{3})$ (d) $(3\sqrt{2}, 2\sqrt{3})$

79. फलन $f : R \to \left[-\frac{1}{2}, \frac{1}{2}\right]$, जो $f(x) = \frac{x}{1+x^2}$ द्वारा परिभाषित है

(a) एकैकी है परन्तु आच्छादी नहीं है (b) आच्छादी है परन्तु एकैकी नहीं है
(c) न तो आच्छादी और न ही एकैकी है (d) व्युत्क्रमणीय है

80. $\lim_{x \to \frac{\pi}{2}} \frac{\cot x - \cos x}{(\pi - 2x)^3}$ बराबर है

(a) 1/16 (b) 1/8 (c) 1/4 (d) 1/24

81. माना $\mathbf{a} = 2\hat{\mathbf{i}} + \hat{\mathbf{j}} - 2\hat{\mathbf{k}}$ तथा $\mathbf{b} = \hat{\mathbf{i}} + \hat{\mathbf{j}}$ है और $\mathbf{c}$ एक ऐसा सदिश है कि $|\mathbf{c} - \mathbf{a}| = 3$, $|(\mathbf{a} \times \mathbf{b}) \times \mathbf{c}| = 3$ तथा $\mathbf{c}$ और $\mathbf{a} \times \mathbf{b}$ के बीच का कोण 30° है, तो $\mathbf{a} \cdot \mathbf{c}$ बराबर है

(a) 2 (b) 5 (c) 1/8 (d) 25/8

82. वक्र $y(x-2)(x-3) = x + 6$ के उस बिन्दु पर, जहाँ वक्र Y-अक्ष को काटता है, खींचा गया अभिलम्ब निम्न में से किस बिन्दु से होकर जाता है?

(a) $\left(\frac{1}{2}, \frac{1}{2}\right)$ (b) $\left(\frac{1}{2}, -\frac{1}{3}\right)$ (c) $\left(\frac{1}{2}, \frac{1}{3}\right)$ (d) $\left(-\frac{1}{2}, -\frac{1}{2}\right)$

83. यदि समुच्चय {0, 1, 2, 3, ..., 10} में से दो विभिन्न संख्याएँ निकाली गई, तो उनके योगफल तथा उनके अन्तर के निरपेक्ष मान, दोनों के चार के गुणक होने की प्रायिकता है

(a) $\frac{12}{55}$ (b) $\frac{14}{45}$ (c) $\frac{7}{55}$ (d) $\frac{6}{55}$

84. एक व्यक्ति X के 7 मित्र हैं, जिनमें 4 महिलाएँ हैं तथा 3 पुरुष हैं, उसकी पत्नी Y के भी 7 मित्र हैं, जिनमें 3 महिलाएँ तथा 4 पुरुष हैं। यह माना गया कि X तथा Y का कोई उभयनिष्ठ (common) मित्र नहीं है। तो उन तरीकों की संख्या जिनमें X तथा Y एक साथ 3 महिलाओं तथा 3 पुरुषों को पार्टी पर बुलाएँ कि X तथा Y प्रत्येक के तीन-तीन मित्र आएँ, है

(a) 468 (b) 469 (c) 484 (d) 485

85. $({}^{21}C_1 - {}^{10}C_1) + ({}^{21}C_2 - {}^{10}C_2) + ({}^{21}C_3 - {}^{10}C_3) + ({}^{21}C_4 - {}^{10}C_4) + \ldots + ({}^{21}C_{10} - {}^{10}C_{10})$ का मान है

(a) $2^{21} - 2^{10}$ (b) $2^{20} - 2^9$ (c) $2^{20} - 2^{10}$ (d) $2^{21} - 2^{11}$

86. एक बक्से में 15 हरी तथा 10 पीली गेंदें हैं। यदि एक-एक करके यादृच्छया, प्रतिस्थापना सहित, 10 गेंदें निकाली जाएँ, तो हरी गेंदों की संख्या का प्रसरण है

(a) 6 (b) 4 (c) 6/25 (d) 12/5

87. माना $a, b, c \in R$, यदि $f(x) = ax^2 + bx + c$ ऐसा है कि $a + b + c = 3$ है तथा सभी $x, y \in R$ के लिए $f(x+y) = f(x) + f(y) + xy$ हैं, तो $\sum_{n=1}^{10} f(n)$ बराबर है

(a) 165 (b) 190 (c) 255 (d) 330

88. न्यूनतम क्षेत्रफल वाले ऐसे वृत्त, जो वक्र $y = 4 - x^2$ तथा रेखाओं $y = |x|$ को स्पर्श करता है, की त्रिज्या है

(a) $2(\sqrt{2} - 1)$ (b) $4(\sqrt{2} - 1)$ (c) $4(\sqrt{2} + 1)$ (d) $2(\sqrt{2} + 1)$

89. यदि किसी धनपूर्णांक n के लिए, द्विघात समीकरण

$x(x+1) + (x+1)(x+2) + \ldots + (x + \overline{n-1})(x+n) = 10n$

के दो क्रमिक पूर्णांकीय हल है, तो n बराबर है

(a) 9 (b) 10 (c) 11 (d) 12

90. समाकलन $\int_{\frac{\pi}{4}}^{\frac{3\pi}{4}} \frac{dx}{1 + \cos x}$ बराबर है

(a) 2 (b) 4 (c) −1 (d) −2

सही उत्तर

भौतिकी

1. (c)	2. (b)	3. (d)	4. (c)	5. (c)	6. (a)	7. (b)	8. (b)	9. (d)	10. (c)
11. (d)	12. (a)	13. (d)	14. (b)	15. (b)	16. (c)	17. (a)	18. (a)	19. (c)	20. (a)
21. (d)	22. (c)	23. (a)	24. (a)	25. (a)	26. (d)	27. (c)	28. (b)	29. (d)	30. (a)

रसायन विज्ञान

31. (a)	32. (a)	33. (d)	34. (b)	35. (d)	36. (c)	37. (a)	38. (c)	39. (b)	40. (c)
41. (b)	42. (b)	43. (b)	44. (c)	45. (d)	46. (c)	47. (a)	48. (c)	49. (a)	50. (d)
51. (b)	52. (d)	53. (b)	54. (b)	55. (b)	56. (c)	57. (a)	58. (d)	59. (c)	60. (c)

गणित

61. (d)	62. (d)	63. (c)	64. (a)	65. (d)	66. (c)	67. (b)	68. (c)	69. (a)	70. (d)
71. (d)	72. (b)	73. (a)	74. (b)	75. (a)	76. (a)	77. (a)	78. (a)	79. (b)	80. (a)
81. (a)	82. (a)	83. (d)	84. (d)	85. (c)	86. (d)	87. (d)	88. (b)	89. (c)	90. (a)

संकेत एवं हल

भौतिकी

1. *(c)* प्रेक्षक, सापेक्ष गति से गतिमान है, अत: सूत्र $\frac{\Delta f}{f} = \frac{v_{\text{त्रिज्या}}}{c}$ को यहाँ लागू नहीं किया जा सकता है।

अत: डॉप्लर के सूत्र द्वारा, $f_{\text{प्रेक्षित}} = f_{\text{वास्तविक}} \cdot \left(\frac{1+v/c}{1-v/c}\right)^{1/2}$

यहाँ, $\frac{v}{c} = \frac{1}{2}$

अत: $f_{\text{प्रेक्षित}} = f_{\text{वास्तविक}} \left(\frac{3/2}{1/2}\right)^{1/2} \Rightarrow f_{\text{प्रेक्षित}} = 10 \times \sqrt{3} = 17.3\text{ GHz}$

2. *(b)* पृष्ठ तनाव $T = \frac{rhg}{2} \times 10^3$ न्यूटन/मी $\{\because g = \text{नियतांक}\}$

$$= \frac{dhg}{4} \times 10^3 \text{ न्यूटन/मी} \qquad \left[\because r = \frac{d}{2}\right]$$

$$\Rightarrow \frac{\Delta T}{T} = \frac{\Delta d}{d} + \frac{\Delta h}{h}$$

अत: प्रतिशत त्रुटि, $\frac{\Delta T}{T} \times 100 = \left(\frac{\Delta d}{d} + \frac{\Delta h}{h}\right) \times 100$

$$= \left(\frac{0.01 \times 10^{-2}}{1.25 \times 10^{-2}} + \frac{0.01 \times 10^{-2}}{145 \times 10^{-2}}\right) \times 100 = 15\%$$

अत: $\frac{\Delta T}{T} \times 100 = 15\%$

3. *(d)* हम जानते हैं,

$$\lambda = \frac{hc}{\Delta E}$$

$$\therefore \quad \frac{\lambda_1}{\lambda_2} = \frac{hc/\Delta E_1}{hc/\Delta E_2} = \frac{\Delta E_2}{\Delta E_1} = \frac{\left(\frac{4}{3}E - E\right)}{(2E - E)} = \frac{1}{3} \Rightarrow \frac{\lambda_1}{\lambda_2} = \frac{1}{3}$$

4. *(c)* दिया है,

बल $(F) = -kv^2$

अत: त्वरण $(a) = -\frac{k}{m}v^2$ या $\frac{dv}{dt} = \frac{-k}{m}v^2 \Rightarrow \frac{dv}{v^2} = -\frac{k}{m} \cdot dt$

दोनों पक्षों का समाकलन करने पर

$$\Rightarrow \int_{10}^{v} \frac{dv}{v^2} = -\frac{k}{m}\int_0^t dt \Rightarrow \left(-\frac{1}{v}\right)_{10}^{v} = -\frac{k}{m}t$$

$$-\frac{1}{V} + \frac{1}{10} = \frac{-k}{m}t \Rightarrow \frac{1}{v} = 0.1 + \frac{kt}{m}$$

$$\Rightarrow v = \frac{1}{0.1 + \frac{kt}{m}} = \frac{1}{0.1 + 1000k}$$

$$\frac{1}{2} \times m \times v^2 = \frac{1}{8}\text{ m } v_0^2 \Rightarrow v = \frac{v_0}{2} = 5$$

$$\Rightarrow \frac{1}{0.1 + 1000\,k} = 5 \Rightarrow 1 = 0.5 + 5000k \Rightarrow k = \frac{0.5}{5000}$$

$$\Rightarrow k = 10^{-4} \text{ किग्रा/मी}$$

5. *(c)* गैस के एक ग्राम मोल के लिए

$$C_p - C_v = R \qquad \text{[मेयर सूत्र द्वारा]}$$

जब n ग्राम मोल गैस दी गई है तब

$$C_p - C_v = \frac{R}{n}$$

इसलिए प्रश्नानुसार,

$$a = C_p - C_v = \frac{R}{2};\ H_2 \text{ के लिए}$$

$$b = C_p - C_v = \frac{R}{28};\ N_2 \text{ के लिए} \Rightarrow a = 14b$$

6. *(a)* ठोस बेलन की लम्बाई के अभिलम्ब द्विभाजक के परित: जड़त्व आघूर्ण,

$$I = M\left(\frac{l^2}{12} + \frac{R^2}{4}\right) \Rightarrow I = \frac{mR^2}{4} + \frac{ml^2}{12} = \frac{m^2}{4\pi\rho l} + \frac{ml^2}{12}$$

$$[\because \rho\pi R^2 l = m]$$

I के अधिकतम मान के लिए

$$\frac{dI}{dl} = -\frac{m^2}{4\pi\rho}\left(\frac{1}{l^2}\right) + \frac{ml}{6} = 0 \Rightarrow \frac{m^2}{4\pi\rho} = \frac{ml^3}{6} \Rightarrow l^3 = \frac{3m}{2\pi\rho}$$

$\Rightarrow l = \left(\frac{3}{2}\right)^{1/3}\left(\frac{m}{\pi\rho}\right)^{1/3} \Rightarrow \rho =$ [illegible] $\Rightarrow R^2 = \frac{m}{\pi\rho l}$

$$\Rightarrow R^2 = \frac{m}{\pi\rho}\left(\frac{2}{3}\right)^{1/3}\left(\frac{\pi\rho}{m}\right)^{1/3} = \left(\frac{m}{\pi\rho}\right)^{2/3}\left(\frac{2}{3}\right)^{1/3}$$

$$\Rightarrow R = \left(\frac{m}{\pi\rho}\right)^{1/3}\left(\frac{2}{3}\right)^{1/6} \Rightarrow \frac{l}{R} = \frac{\left(\frac{3}{2}\right)^{1/3}\left(\frac{m}{\pi\rho}\right)^{1/3}}{\left(\frac{m}{\pi\rho}\right)^{1/3}\left(\frac{2}{3}\right)^{1/6}} = \left(\frac{3}{2}\right)^{1/3} + \left(\frac{3}{2}\right)^{1/6}$$

$$\therefore \quad \frac{l}{R} = \sqrt{\frac{3}{2}}$$

7. *(b)* क्षय पद्धति निम्नानुसार है,

B के N परमाणु

$A \longrightarrow A, B$

माना t समय में B में परमाणु क्षय होते हैं

N_0 समय $t=0$ पर

A के $N_0 - N$ परमाणु

दिया है, $\frac{N_B}{N_A} = 0.3 = \frac{3}{10} \Rightarrow \frac{N_B}{N_A} = \frac{30}{100}$

अत: $N_0 = 100 + 30 = 130$ परमाणु

हम जानते हैं, $N = N_0 e^{-\lambda t}$

$$100 = 130\,e^{-\lambda t} \Rightarrow \frac{1}{1.3} = e^{-\lambda t} \Rightarrow \log 1.3 = \lambda t$$

यदि T अर्द्धकाल है, तब $\lambda = \frac{\log_e 2}{T} \Rightarrow \log 1.3 = \frac{\log_e 2}{T} \cdot t$

$$\therefore \quad T = \frac{T \cdot \log(1.3)}{\log_e 2}$$

8. *(b)* सन्तुलित व्हीटस्टोन सेतु में बैटरी तथा धारामापी की स्थिति आपस में परिवर्तित करने पर शून्य विक्षेप बिन्दु पर कोई प्रभाव नहीं पड़ता है, अत: विकल्प (b) असत्य है।

9. *(d)* प्रत्येक संधारित्र 300 वोल्ट विभवान्तर तक वहन कर सकता है, इसलिए प्रत्येक पंक्ति में चार संधारित्र 1kV के जुड़े होंगे जिनका विभवान्तर 1000 वोल्ट को चार भागों में बाँटने पर इनका विभवान्तर 250 वोल्ट होगा जो कि 300 वोल्ट से कम होगा।

अब, एक पंक्ति की तुल्यांकी धारिता $= \frac{1}{4} \times 1\mu F = 0.25\,\mu F$

$[\because$ श्रेणीक्रम में, $c_{eq} = \frac{c}{n}]$

अब, हमें $2\mu F$ तुल्यांकी धारिता के लिए n पंक्तियों की आवश्यकता होगी।

$\therefore \quad n \times 0.25 = 2\mu F$ $[\because$ समान्तर क्रम में $c_{eq} = nc]$

$$n = \frac{2}{0.25} = 8$$

$\therefore$ कुल संधारित्रों की संख्या = पंक्ति की संख्या × प्रत्येक पंक्ति में संधारित्रों की संख्या $= 8 \times 4 = 32$

10. *(c)* स्थायी अवस्था में संधारित्र से कोई धारा प्रवाहित नहीं होती है, इसलिए प्रतिरोध r_p अप्रभावित होगा। अत: परिपथ में धारा,

$$I = \frac{E}{r + r_2 (\text{कुल प्रतिरोध})}$$

संधारित्र के एक्रॉस विभव पतन = r_2 के एक्रॉस विभव पतन

$$= Ir_2 = E\frac{r_2}{r + r_2}$$

$\therefore$ संधारित्र में संचित आवेश $(Q) = CV = CE\frac{r_2}{r + r_2}$

11. *(d)* प्रत्येक प्रतिरोध को दो विपरीत दिशा में जुडे सेलों के साथ बदला गया है, जिससे प्रत्येक प्रतिरोध के एक्रॉस विभव पतन शून्य होता है, अत: प्रत्येक प्रतिरोध मे प्रवाहित धारा का मान शून्य होगा।

12. *(a)* मॉडुलित तरंग का आवृत्ति स्पैक्ट्रम निम्न है

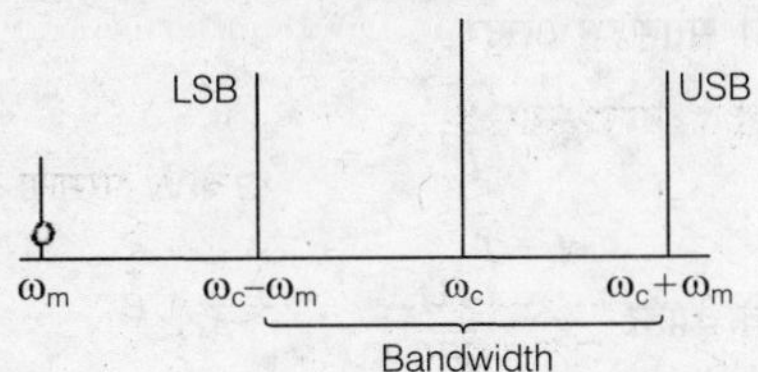

चित्र में स्पष्ट रूप से प्रदर्शित होता है कि ω_m स्पैक्ट्रम में सम्मिलित नहीं है।

13. *(d)*

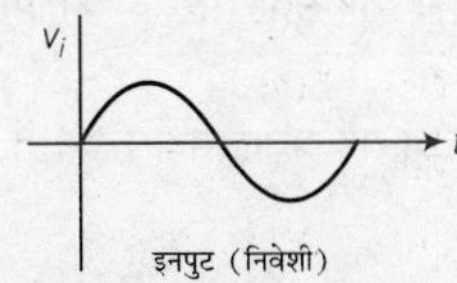

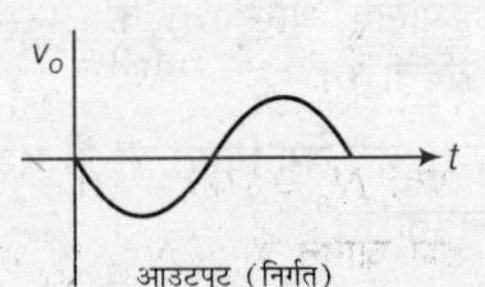

n-p-n ट्रांजिस्टर के उभयनिष्ठ उत्सर्जक प्रवर्धक का आउटपुट, इनपुट से 180° कलान्तर पर होता है।

14. *(b)* कॉपर बॉल द्वारा प्राप्त ऊष्मा (जल + कैलारी मीटर) = कॉपर बॉल द्वारा क्षय ऊष्मा

$\Rightarrow \quad m_W s_W \Delta T + m_C s_C \Delta T = m_B s_B \Delta T$

$\Rightarrow \quad 170 \times 1 \times 45 + 100 \times 0.1 \times 45 = 100 \times 0.1 \times (T - 75)$

$\therefore \quad T = 885°C$

15. *(b)* माना n_1वीं फ्रिन्ज प्रथम तरंगदैर्ध्य से बनी है तथा n_2वीं फ्रिन्ज द्वितीय तरंगदैर्ध्य से बनी है तथा दोनों एक दूसरे के सम्पाती है, जिनके केन्द्रीय उच्चिष्ठ की दूरियाँ बराबर होगी।

$$y_{n_1} = y_{n_2}$$

$$\Rightarrow \quad \frac{n_1\lambda_1 D}{d} = \frac{n_2\lambda_2 D}{d} \Rightarrow \frac{n_1}{n_2} = \frac{\lambda_1}{\lambda_2} = \frac{520}{650} = \frac{4}{5}$$

अत: केन्द्रीय उच्चिष्ठ से सम्पाती बिन्दु से दूरी

$$y_1 = \frac{n_1\lambda_1 D}{d} = \frac{n_2\lambda_2 D}{d} = \frac{4 \times 650 \times 10^{-9} \times 1.5}{0.5 \times 10^{-3}} = 7.8 \text{ मिमी}$$

$\therefore \quad y = 7.8$ मिमी

16. *(c)*

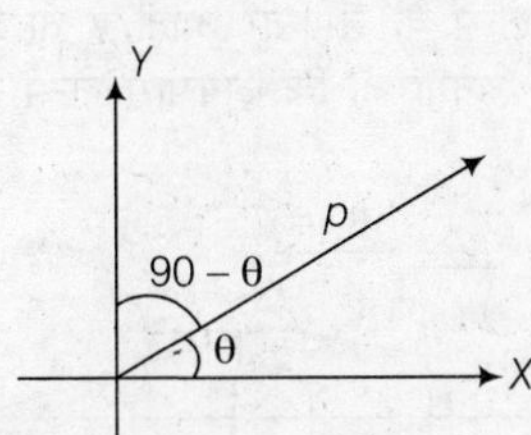

द्विध्रुव पर आरोपित आघूर्ण $\tau = pE\sin\theta$

जहाँ, θ = द्विध्रुव अक्ष और वैधुत क्षेत्र के बीच कोण

वैधुत क्षेत्र के लिए, $E_1 = E\hat{i}$

इसका अर्थ हैं कि वैधुत क्षेत्र X-अक्ष की धनात्मक दिशा में है; इसलिए वैधुत क्षेत्र और द्विध्रुव के बीच का कोण आघूर्ण की दिशा में होगा।

$\therefore \quad E_1 = pE_1 \sin\theta$

वैधुत क्षेत्र E_2 में, $E_2 = \sqrt{3}E\hat{j}$

इसका अर्थ है कि वैधुत क्षेत्र Y-अक्ष की धनात्मक दिशा में है, इसलिए द्विध्रुव और क्षेत्र के बीच का कोण $90 - \theta$ होगा।

इस दिशा में आघूर्ण $T_2 = pE\sin(90 - \theta) = p\sqrt{3}E_1 \cos\theta$

प्रश्नानुसार, $T_2 = -T_1 \Rightarrow |T_2| = |T_1|$

$\therefore \quad pE_1 \sin\theta - p\sqrt{3}E_1 \cos\theta$

$\tan\theta = \sqrt{3} \Rightarrow \tan\theta = \tan 60°$

$\therefore \quad \theta = 60°$

17. *(a)* ऊर्ध्वाधर समतल में एक छड़ घूर्णन करती हैं जिस पर एक बल आघूर्ण कार्यरत है, जिसमें छड़ का भार ऊर्ध्वाधर घटक के कारण है।

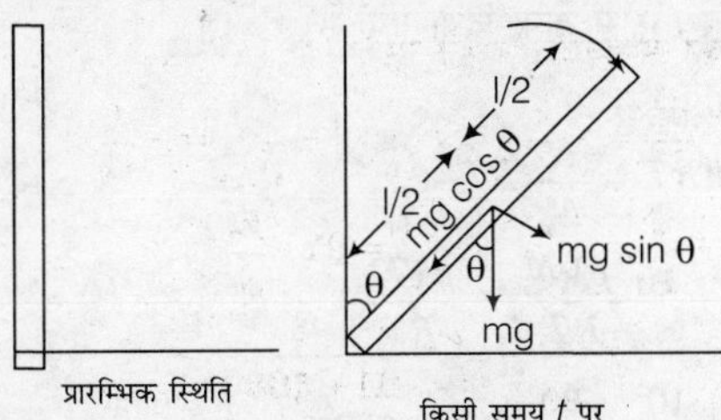

अब, बल आघूर्ण T = बल × घूर्णन अक्ष से बल की दिशा के लम्बवत् दूरी

$$= mg\sin\theta \times \frac{l}{2}$$

पुन: बल आघूर्ण $T = I\alpha$

जहाँ, I = जड़त्व आघूर्ण $= ml^2/3$, α = कोणीय त्वरण

$\therefore \quad mg\sin\theta \times \frac{l}{2} = \frac{ml^2}{3}\alpha$

$\therefore \quad \alpha = \frac{3g\sin\theta}{2l}$

18. *(a)* $K = \frac{P}{(-\Delta V/V)} \Rightarrow -\frac{\Delta V}{V} = \frac{P}{K} \Rightarrow -\Delta V = \frac{PV}{K}$

आयतन में परिवर्तन $\Delta V = \gamma V \Delta T$

जहाँ γ = आयतन प्रसार गुणांक

$\gamma = 3\alpha$

α रेखीय प्रसार गुणांक है।

$\therefore \quad \Delta V = V(3\alpha)\Delta T \Rightarrow \frac{PV}{k} = V(3\alpha)\Delta T \Rightarrow \Delta T = P/3\alpha K$

19. *(c)* अपसारी लेन्स की फोकस दूरी 25 सेमी है।

जब प्रकाश किरण लेन्स के समान्तर आती है तो प्रतिबिम्ब (I_1) अपसारी लेन्स के फोकस पर बनेगा जो कि अपसारी लेन्स से 25 सेमी बाँयी ओर होगा।

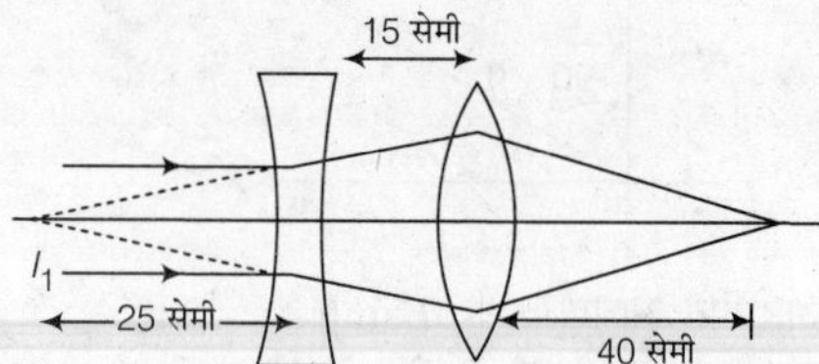

अब, प्रतिबिम्ब (I_1) अभिसारी लेन्स के लिए वस्तु का कार्य करेगी। अभिसारी लेन्स के लिए, वस्तु की दूरी

(प्रतिबिम्ब I_1 की दूरी) $= -(25+15) = -40$ सेमी

$f = 20$ सेमी

$\therefore$ लेन्स सूत्र से, $\frac{1}{f} = \frac{1}{v} - \frac{1}{u}$

$$\frac{1}{20} = \frac{1}{v} - \frac{1}{-40} \Rightarrow \frac{1}{v} = \frac{1}{20} - \frac{1}{40}$$

$$\frac{1}{v} = \frac{1}{40} \Rightarrow v = 40 \text{ सेमी}$$

v धनात्मक है इसलिए प्रतिबिम्ब वास्तविक होगा और प्रतिबिम्ब अभिसारी लेन्स से 40 सेमी की दूरी पर दाँयी ओर होगा।

20. *(a)* $\lambda_{\min} = hc/eV$

$\log(\lambda_{\min}) = \log\left(\frac{hc}{e}\right) - \log V \Rightarrow y = c - x$

अतः विकल्प (a) में ग्राफ दिया गया है।

21. *(d)* हम जानते है,

$pV = nRT = \frac{N}{N_A}RT$

अतः, $n_f - n_i = \frac{pVN_A}{RT_f} - \frac{pVN_A}{RT_i}$

$\Rightarrow n_f - n_i = \frac{10^5 \times 30}{8.3} \times 6.02 \times 10^{23} \cdot \left(\frac{1}{300} - \frac{1}{290}\right) = -2.5 \times 10^{25}$

$\therefore \quad \Delta n = -2.5 \times 10^{25}$

22. *(c)* प्रेरकत्व $I = \frac{e}{R}$

यहाँ, e = प्रेरकत्व वि.वा.बा. $= \frac{d\phi}{dt}$

$I = \frac{e}{R} = \left(\frac{d\phi}{dt}\right)\frac{1}{R} \Rightarrow d\phi = IRdt \Rightarrow \phi = \int IRdt$

$\therefore$ यहाँ, R नियतांक हैं।

$\therefore \quad \phi = R\int Idt$

$\int I \cdot dt = I \cdot t$ ग्राफ का क्षेत्रफल $= \frac{1}{2} \times 10 \times 0.5 = 2.5$

$\therefore \quad \phi = R \times 2.5 = 100 \times 2.5 = 250$ वेबर

23. *(a)* माना एक प्रतिरोध R_s धारामापी के साथ श्रेणीक्रम में जुड़ा है जो धारा को वोल्ट मीटर में परिवर्तित करता है।

[Circuit: I_g → G → R_s, V across]

$I_g(G + R_s) = V \Rightarrow R = \frac{V}{I_g} - G \Rightarrow R = 1985 = 1985\,\text{k}\Omega$

या $\quad R = 1985 \times 10^3\,\Omega$

24. *(a)* न्यूटन के द्वितीय नियम द्वारा,

$\frac{\Delta p}{\Delta t} = F \Rightarrow \Delta p = F\Delta t$

$\therefore \quad p = \int dp = \int_0^1 F\,dt \Rightarrow p = \int_0^1 6t\,dt = 3$ किग्रा $\left(\frac{\text{मी}}{\text{सेकण्ड}}\right)$

और, गतिज ऊर्जा में परिवर्तन $\Delta k = \frac{\Delta p^2}{2m} = \frac{3^2}{2\times1} = 4.5$

कार्य ऊर्जा प्रमेय से किया गया कार्य = गतिज ऊर्जा में परिवर्तन

अतः कृत कार्य $= \Delta k = 4.5$ जूल

कृत कार्य $= 4.5$ जूल

25. *(a)* दोलन का आवर्त्तकाल

$T = 2\pi\sqrt{\frac{I}{MB}} \Rightarrow T = 2\pi\sqrt{\frac{7.5\times10^{-6}}{6.7\times10^{-2}\times0.01}} = 0.665$ सेकण्ड

अतः 10 दोलनों के लिए समय, $t = 6.65$ सेकण्ड

26. *(d)* पृथ्वी की सतह के अन्दर,

$g = \frac{GM}{R^3}r$

जोकि, $\quad g \propto r$

पृथ्वी सतह के बाहर $\quad g = \frac{GM}{r^2}$

जोकि, $\quad g \propto \frac{1}{r^2}$

इसलिए, ग्राफ (d) के अनुसार पृथ्वी की सतह पर g का मान r दूरी पर बढ़ता है।

27. *(c)* जब वेग नियत दर से घटता है तब यह ऋणात्मक दिशा में समान दर से बढ़ता है।

28. *(b)* प्रत्यास्थ संघट्ट के लिए,

संघट्ट से पूर्व संवेग = संघट्ट के बाद संवेग

$mv = mv_A + \frac{m}{2}v_B \Rightarrow 2v = 2v_A + v_B \quad \ldots(i)$

अब, प्रत्यास्थता गुणांक, $e = \frac{v_B - v_A}{u_A - u_B}$

जहाँ, $u_B = 0$ (कण विराम में है)

और प्रत्यास्थता संघट्ट के लिए = 1

$$1 = \frac{v_B - v_A}{V} \Rightarrow v = v_B - v_A \quad \ldots(ii)$$

अतः: $$\frac{\lambda_A}{\lambda_B} = \frac{\left(\frac{h}{mv_A}\right)}{\left(\frac{h}{m/2 \cdot v_B}\right)} = \frac{v_B}{2\, v_A} = \frac{4/3}{2/3} = 2$$

$\therefore \quad \frac{\lambda_A}{\lambda_B} = 2$

रसायन विज्ञान

31. *(a)* नाइट्रीकारक मिश्रण (सान्द्र HNO_3 +सान्द्र H_2SO_4) की उपस्थिति में ऐनिलीन *m*-उत्पाद महत्त्वपूर्ण मात्रा (≈ 47%) उत्पन्न करती है, क्योंकि H_2SO_4 की उपस्थिति में इसका प्रोटॉनीकरण हो जाता है तथा ऐनिलिनियम आयन बनता है।

NH_2 (ऐनिलीन) $\xrightarrow{H_2SO_4}$ $\overset{\oplus}{N}H_3\overset{\ominus}{HSO_4}$ (ऐनिलिनियम आयन)

यहाँ, ऐनिलिनियम आयन प्रबल विसक्रियणकारी समूह है तथा इसकी प्रकृति मेटा निर्देशी होती है अतः यह मेटा नाइट्रीकरण उत्पाद है।

NH_2 $\xrightarrow[+ \text{ सान्द्र } HNO_3]{\text{सान्द्र } H_2SO_4}$ $\overset{\oplus}{N}H_3\overset{\ominus}{HSO_4}$, NO_2

32. *(a)* ऊष्मागतिकी के प्रथम नियम के अनुसार

$$\Delta U = q + W = q - p\Delta V$$

समआयतनी प्रक्रम में $(\Delta V = 0)$; $\Delta U = q$

समदाबी प्रक्रम में $(p = 0)$; $\Delta U = q$

रुद्धोष्म प्रक्रम में $(q = 0)$; $\Delta U = w$

समतापी प्रक्रम में $(\Delta T = 0)$ तथा $\Delta U = 0$

$\therefore \Delta U$ रुद्धोष्म कार्य के बराबर है।

33. *(d)* व्याख्या संकल्पना

(i) S_N1 अभिक्रिया की दर केवल ऐल्किल हैलाइड की सान्द्रता पर निर्भर करती है।

(ii) S_N1 अभिक्रिया में कार्बोकैटायन का निर्माण होता है। ऐल्किल हैलाइड की क्रियाशीलता वियोजन की मात्रा द्वारा निर्धारित होती है।

$$R{-}X \rightleftharpoons R^{\oplus} + X^{\ominus}$$

R^+ (कार्बोकैटायन) का उच्च स्थायित्व होने पर S_N1 अभिक्रिया की क्रिया भी उच्च होगी। दिए गए हैलाइड की S_N1 अभिक्रिया के प्रति बढ़ती हुई क्रियाशीलता का सही क्रम है

$CH_3CH_2CH_2Cl$ (II) $< CH_3\underset{\substack{|\\Cl}}{C}HCH_2CH_3$ (I) $< p\text{-}H_3CO - C_6H_4 - CH_2Cl$ (III)

$p\text{-}H_3CO - C_6H_4 - CH_2^+$ अनुनाद के कारण सर्वाधिक स्थायी कार्बोकैटायन होता है तथा इससे कम स्थायी $CH_3\overset{\oplus}{C}HCH_2CH_3$ (2° कार्बोकैटायन होगा। जबकि $CH_3CH_2\overset{\oplus}{C}H_2$ का स्थायित्व सबसे कम होगा।

34. *(b)* बोर त्रिज्या $(r_n) = \in_0 n^2h^2$

$$r_n = \frac{n^2h^2}{4\pi^2me^2kZ} \Rightarrow k = \frac{1}{4\pi\in_0}$$

$$r_n = \frac{n^2h^2\in_0}{\pi me^2Z} = \frac{n^2a_0}{Z}$$

जहाँ, m = इलेक्ट्रॉन का द्रव्यमान, e = इलेक्ट्रॉन का आवेश
h = प्लांक स्थिरांक, k = कूलॉम स्थिरांक

$$r_n = \frac{n^2 \times 0.53}{Z} \text{Å}$$

H-परमाणु के लिए n^{th} बोर कक्षक की त्रिज्या

$= 0.53\, n^2$ Å [Z = 1, H-परमाणु के लिए]

$\therefore$ H-परमाणु के लिए 2nd बोर कक्षक की त्रिज्या

$= 0.53 \times (2)^2 = 2.12$ Å

35. *(d)* किसी दुर्बल अम्ल तथा दुर्बल क्षार के लवण के लिए

$$pH = 7 + \frac{1}{2}pK_a - \frac{1}{2}pK_b$$

दिया, $pK_a(HA) = 3.2$, $pK_a(BOH) = 3.4$

$\therefore \quad pH = 7 + \frac{1}{2}(3.2) - \frac{1}{2}(3.4) = 7 + 1.6 - 1.7 = 6.9$

36. *(c)* नाइलॉन-6 या परलॉन को उच्च ताप पर एमीनों केप्रोइक अम्ल के बहुलीकरण द्वारा बनाया जाता है। केप्रोलेक्टम को पहले जल के साथ जलअपघटित करने पर ऐमीनों अम्ल बनता है जिसे गर्म करने पर बहुलीकरण द्वारा नाइलॉन-6 बनता है।

कैप्रोलेक्टम $\xrightarrow{\text{जल-अपघटन}} H_3\overset{+}{N}{-}(CH_2)_5{-}\overset{O}{\overset{\|}{C}}{-}\overset{-}{O} \xrightarrow[\text{बहुलीकरण}]{\Delta} {+}HN{-}(CH_2)_5{-}\overset{O}{\overset{\|}{C}}{+}_n$ (नाइलॉन-6)

37. *(a)* दिया है, द्रव्यमान के सापेक्ष तत्वों की प्रचुरता

ऑक्सीजन= 61.4% कार्बन = 22.9%, हाइड्रोजन = 10% तथा नाइट्रोजन = 2.6%

29. *(d)* माध्य स्थिति पर गतिज ऊर्जा अधिकतम होती है, तथा चरम बिन्दु पर $(t = \pi/4)$ पर गतिज ऊर्जा न्यूनतम होती है।

30. *(a)* प्रतिबल = $\frac{\text{भार}}{\text{क्षेत्रफल}}$

आयतन $(9)^3$ गुना होगा।

इसलिए भार = आयतन × घनत्व × g का $(9)^3$ गुना होगा।

अतः अनुप्रस्थ काट का क्षेत्रफल $(9)^3$ गुना होगा।

$$= \frac{9^3 \times W_0}{9^2 \times A_0} = 9\left(\frac{W_0}{A_0}\right)$$

$\therefore$ अतः प्रतिबल 9 गुना बढ़ जाएगा।

व्यक्ति का कुल भार = 75 किलोग्राम

^{1}H का द्रव्यमान = $\frac{75 \times 10}{100}$ = 7.5 किलोग्राम

^{1}H परमाणु ^{2}H परमाणु द्वारा प्रतिस्थापित है।

^{2}H के द्रव्यमान के कारण = (7.5×2) किलोग्राम

$\therefore$ व्यक्ति द्वारा प्राप्त द्रव्यमान = 7.5 किलोग्राम

38. *(c)* विरंजीकरण दर्शाने के लिए यौगिक असंतृप्त होना चाहिए।

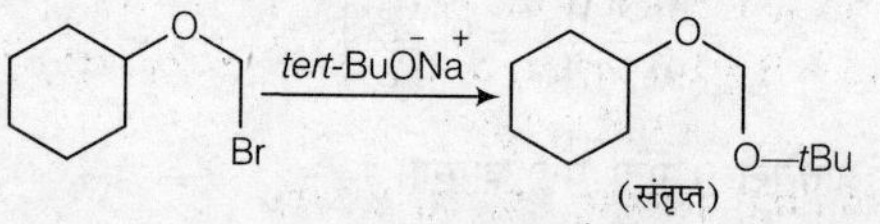

(संतृप्त) Br_2 जल को रंगहीन नहीं कर सकता

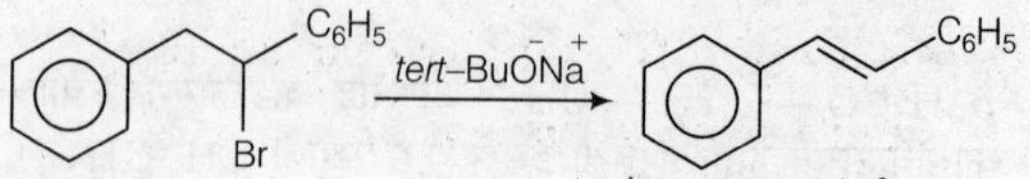

(असंतृप्त) Br_2 जल रंगहीन

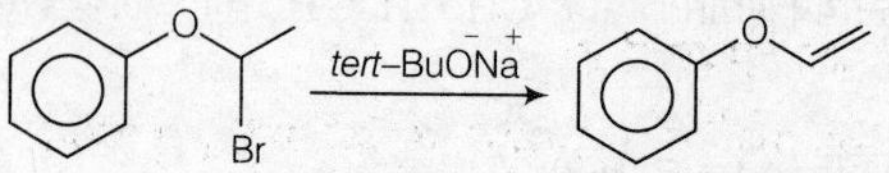

(असंतृप्त) Br_2 जल रंगहीन

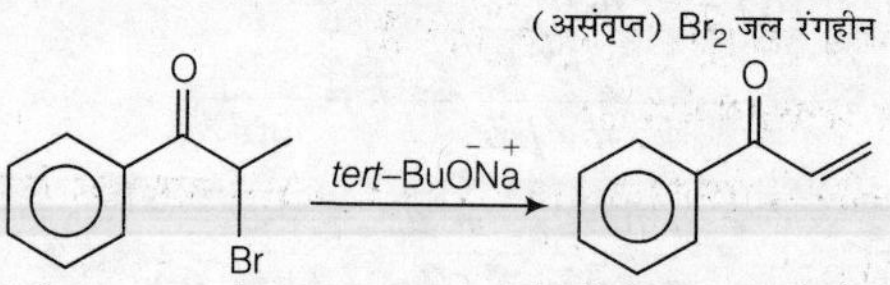

(असंतृप्त) Br_2 जल रंगहीन

39. *(b)* जब जिंक ऑक्साइड (ZnO) Na_2O से क्रिया करता है तो यह अम्ल की भाँति व्यवहार करता है जबकि CO_2 क्षार की भाँति व्यवहार करता है। अत: यह उभयधर्मी ऑक्साइड है।

$$\underset{\text{अम्ल}}{ZnO} + \underset{\text{क्षार}}{Na_2O} \longrightarrow \underset{\text{लवण}}{Na_2ZnO_2}$$

$$\underset{\text{अम्ल}}{ZnO} + \underset{\text{क्षार}}{CO_2} \longrightarrow \underset{\text{लवण}}{ZnCO_3}$$

40. *(c)* **Mg** क्षारीय कार्बोनेट बना सकता है परन्तु, **Li** नहीं।

$$5Mg^{2+} + 6CO_3^{2-} + 7H_2O \longrightarrow 4MgCO_3 \cdot Mg(OH)_2 \cdot 5H_2O + 2HCO_3^-$$

41. *(b)* अणु में त्रिविम समावयावियों की संख्या जो दो बराबर भागों में विभाज्य नहीं है तथा जिनमें असममित कार्बन परमाणुओं की संख्या = 2^n। 3-मेथिल-2-ईन HBr के साथ परॉक्साइड की उपस्थिति योगात्पाद बनाता है अर्थात्-2-ब्रोमो-3 मेथिल पेन्टेन इसमें दो किरेल केन्द्र होते हैं।

अत: 4 त्रिविमसमावयी सम्भव है।

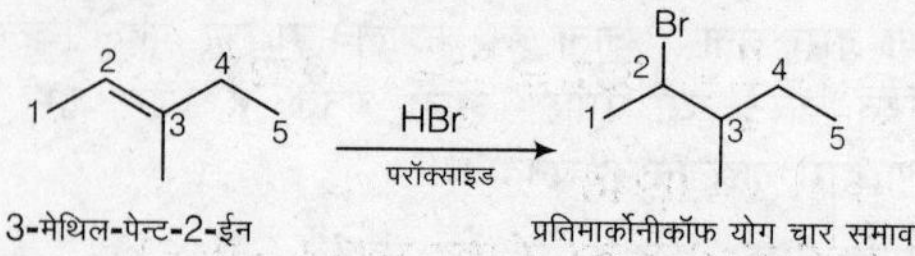

3-मेथिल-पेन्ट-2-ईन —HBr, परॉक्साइड→ प्रतिमार्कोनीकॉफ योग चार समावयवी (अणु में चार किरेल केन्द्र तथा असममित)

42. *(b)* fcc व्यवस्था के लिए, $4r = \sqrt{2}a$

जहाँ, r = त्रिज्या, a = किनारे (कोर) की लम्बाई

$\therefore$ समीपस्थ दूरी $= 2r = \frac{\sqrt{2}a}{2} = \frac{a}{\sqrt{2}}$

43. *(b)* आर्हेनियस समीकरण के अनुसार, $k = Ae^{-E_a/RT}$

जहाँ, A = पूर्णचरघातांकी कारक, R = गैस स्थिरांक

T = परमताप, E_a = सक्रियण की ऊर्जा

R_1 अभिक्रिया के लिए, $k_1 = Ae^{-E_{a_1}/RT}$ ...(i)

R_2 अभिक्रिया के लिए, $k_2 = Ae^{-E_{a2}/RT}$ ...(ii)

समी (ii) को (i) द्वारा विभाजित करने पर, हम पाते हैं

$$\frac{k_2}{k_1} = e^{-\frac{(E_{a_2} - E_{a_1})}{RT}} \quad ...(iii)$$

[$\because$ दोनों अभिक्रियाओं के लिए पूर्ण चरघातांकी कारक 'A' समान है।]

समी (iii) के दोनों ओर ln लेने पर,

$$\ln\left(\frac{k_2}{k_1}\right) = \frac{E_{a_1} - E_{a_2}}{RT} \text{ प्राप्त होगा।}$$

दिया है, $E_{a_1} = E_{a_2} + 10 \text{ kJ mol}^{-1} = E_{a_2} + 10{,}000 \text{ J mol}^{-1}$

$$\therefore \ln\frac{k_2}{k_1} = \frac{10{,}000 \text{ J mol}^{-1}}{8.314 \text{ J mol}^{-1}\text{K}^{-1} \times 300 \text{ K}} = 4$$

44. *(c)*

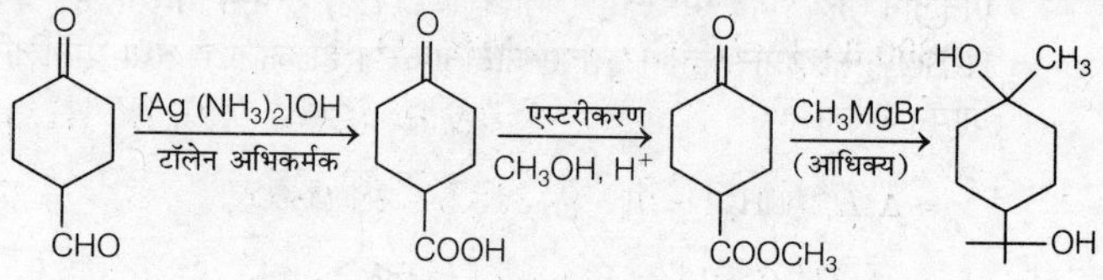

$[Ag(NH_3)_2]OH$ टॉलेन अभिकर्मक; एस्टरीकरण CH_3OH, H^+; CH_3MgBr (आधिक्य)

अन्तिम क्रिया से पहले बीच में निम्न क्रिया होगी

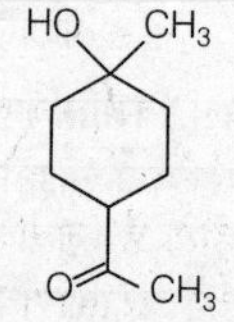

45. *(d)* कोलॉइडी विलयन कोलॉइडी कणों द्वारा सभी दिशाओं में प्रकाश के प्रकीर्णन के कारण टिण्डल प्रभाव प्रदर्शित करते हैं।

यह केवल निम्न स्थितियों में प्रेक्षित होता है

(i) कोलॉइड का आकार प्रयुक्त प्रकाश के आकार की तुलना बहुत कम नहीं होना चाहिए।

(ii) परिक्षेपित प्रावस्था तथा परिक्षेपण माध्यम के अपवर्तनांक परिमाण में बहुत अधिक अन्तर होना चाहिए।

46. *(c)* शर्करा जिनमें एक ऐल्डिहाइड, एक कीटोन, एक हेमीऐसीटल या हेमीकीटेल समूह होता है। शर्करा ऑक्सीकारक को अपचयित करने की क्षमता रखती है। इन शुगर को अपचायक शर्करा के रूप में वर्गीकृत किया जा सकता है।

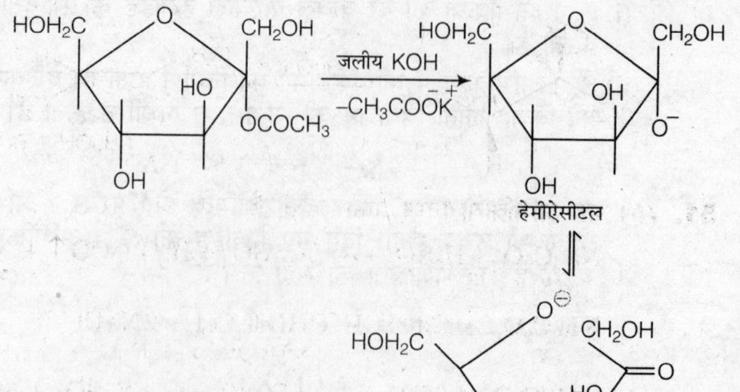

जलीय KOH, $-CH_3COO^-K^+$

हेमीऐसीटल

(α-हाइड्राक्सीकीटोन)

हेमीऐसीटल शीघ्रता से टॉलेन अभिकर्मको जैसे– ऑक्सीकारकों को अपचयित कर सकता है।

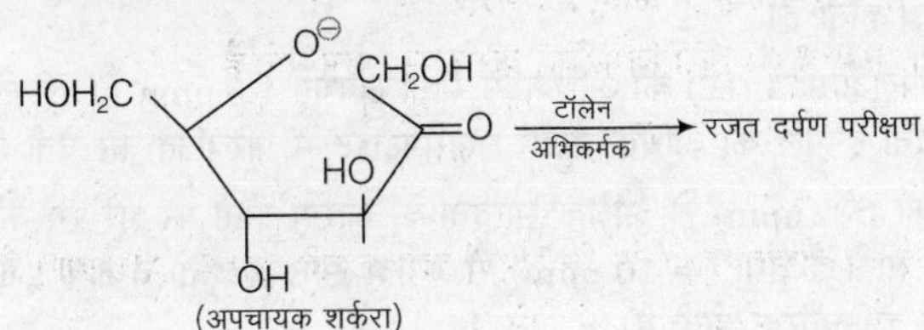

(अपचायक शर्करा)

47. *(a)* दिए गए $\Delta_r H^\circ$ के आधार पर,

$$\Delta_r H^\circ = H^\circ_{CO_2} = -393.5\,\text{kJ mol}^{-1} \quad \text{...(i)}$$

$$\Delta_r H^\circ = H^\circ_{H_2O} = -285.8\,\text{kJ mol}^{-1} \quad \text{...(ii)}$$

$$\Delta_r H^\circ = H^\circ_{O_2} = 0.00 \ (\text{तत्व}) \quad \text{...(iii)}$$

इस प्रकार, समी (iii) से

$$890.3 = [\Delta_r H^\circ (CH_4) + 2\Delta_r H^\circ (O_2)] - [\Delta_r H^\circ (CO_2) + 2\Delta_r H^\circ (H_2O)]$$

$$= \Delta_r H^\circ (CH_4) + 0] - [-393.5 - 2 \times 285.5]$$

$$\therefore \ \Delta_r H^\circ (CH_4) = -74.8 \text{ kJ / mol}$$

48. *(c)* वह अभिक्रिया जिसमें ऑक्सीकरण तथा अपचयन साथ होते हैं, रेडॉक्स अभिकिया कहलाती है।

$$\overset{+4}{X}eF_4 + \overset{+1}{O}_2 F_2 \longrightarrow \overset{+6}{X}eF_6 + \overset{0}{O}_2$$

चूँकि, Xe का ऑक्सीकरण होता है, जबकि O का अपचयन होता है अत: यह एक रेडॉक्स अभिक्रिया का उदाहरण है।

49. *(a)* Cl_2, Br_2 तथा I_2 की क्रिया जब ठण्डे तनु क्षार के साथ होती है तो हैलाइड तथा हाइपोहैलाइट का मिश्रण बनता है।
जबकि इसकी क्रिया सान्द्र गर्म क्षार के साथ होती है तो हैलाइड तथा हैलेट का मिश्रण प्राप्त होता है।

$$Cl_2 + 2\,NaOH \underset{\text{ठण्डा तथा तनु}}{\longrightarrow} NaCl + NaClO + H_2O$$

जब क्लोरीन गैस की क्रिया ठण्डे तथा तनु जलीय NaOH के साथ होती है तो Cl^- तथा ClO^- उत्पाद के रूप में प्राप्त होते हैं।

50. *(d)* एक ऐल्किल हैलाइड शाखित क्षार की उपस्थिति कार्बन से जुड़े हैलोजन के समीपस्थ कार्बन से प्रोटॉन को पृथक् करता है। यह अभिक्रिया E_2 (β-विलोपन अभिक्रिया) कहलाती है।

C_6H_5–CH(Br)–CH(C_6H_5)(H) $\xrightarrow{t\text{-BuO}^-K^+}$ C_6H_5(H)C=C(H)C_6H_5 + t-BuOH + Br^-

51. *(b)* यह अभिक्रिया निम्न प्रकार होती है

$$\underset{(X)}{Na_2C_2O_4} + \underset{(\text{सान्द्र})}{H_2SO_4} \longrightarrow Na_2SO_4 + H_2O + CO\uparrow + \underset{(\text{बुदबुदाहट})}{CO_2\uparrow}$$

$$\underset{(X)}{Na_2C_2O_4} + CaCl_2 \longrightarrow \underset{\text{सफेद अवक्षेप}}{CaC_2O_4} + 2NaCl$$

$$5CaC_2O_4 + \underset{\text{गुलाबी}}{2KMnO_4} + 8H_2SO_4 \longrightarrow K_2SO_4 + 5CaSO_4 + \underset{\text{रंगहीन}}{2MnSO_4} + 10CO_2 + 8H_2O$$

अत:, X, $Na_2C_2O_4$ है।

52. *(d)* प्रत्येक स्पीशीज के लिए आण्विक कक्षक विन्यास लिखते हैं। यदि सभी कक्षक पूर्ण रूप से भरे है तो स्पीशीज (प्रजाति) प्रतिचुम्बकीय होगी जबकि एक या अधिक आण्विक कक्षकों में अयुग्मित इलेक्ट्रॉन हैं तो अनुचुम्बकीय होते हैं।

(1) NO $(7 + 8 = 15)$ - $\sigma 1s^2, \sigma^* 1s^2, \sigma 2s^2, \sigma^* 2s^2, \pi 2p_x^2 = \pi 2p_y^2 \pi 2p_z^2, \pi^* 2p_x^1 = \pi^* 2p_y^0$
एक अयुग्मित इलेक्ट्रॉन उपस्थित होता है।
अत: यह प्रति चुम्बकीय है।

(2) CO $(6 + 8 = 14)$ -$\sigma 1s^2, \sigma^* 1s^2, \sigma 2s^2, \sigma^* 2s^2, \pi 2p_x^2 = \pi 2p_y^2, \sigma 2p_z^2$
कोई अयुग्मित इलेक्ट्रॉन उपस्थित नहीं है।
अत: यह अनुचुम्बकीय है।

(3) O_2 $(8 + 8 = 16)$ -$\sigma 1s^2, \sigma^* 1s^2, \sigma 2s^2, \sigma^* 2s^2, \sigma 2p_z^2, \pi 2p_x^2 = \pi 2p_x^2, \pi^* 2p_x^1 = \pi^* 2p_y^1$
दो अयुग्मित इलेट्रॉन उपस्थित हो।
अत: यह प्रति चुम्बकीय है।

(4) B_2 $(5 + 5)$ -$\sigma 1s^2, \sigma^* 1s^2, \sigma 2s^2, \sigma^* 2s^2, \pi 2p_x^1 = \pi 2p_y^1$
दो अयुग्मित इलेक्ट्रॉन उपस्थित होते हैं।
अत: यह प्रतिचुम्बकीय है।

53. *(b)* माना बेन्जीन में ऐसीटिक अम्ल (CH_3COOH) अम्ल के वियोजन की मात्रा α है, तो

$$2CH_3COOH \rightleftharpoons (CH_3COOH)_2$$

प्रारम्भिक मोल	1	0
साम्यवस्था पर मोल	$1-\alpha$	$\alpha/2$

$$\therefore \quad i = 1 - \frac{\alpha}{2}$$

अब, हिमांक (ΔT_F) में अवनमन को निम्न प्रकार किया जाता है

$$\Delta T_f = ik_f^m \quad \text{...(i)}$$

जहाँ, K_f = मोलल अवनमन स्थिरांक या क्रायोस्कोपिक स्थिरांक
m = मोललता

$$\text{गोललता} = \frac{\text{विलेय के मोलों की संख्या}}{\text{विलायक का भार (किग्रा मे)}} = \frac{0.2}{60} \times \frac{1000}{20}$$

समी (i) में मान रखने पर

$$\therefore \quad 0.45 = \left[1 - \frac{\alpha}{2}\right](5.12)\left[\frac{0.2}{60} \times \frac{1000}{20}\right]$$

$$1 - \frac{\alpha}{2} = \frac{0.45 \times 60 \times 20}{5.12 \times 0.2 \times 1000}$$

$$1 - \frac{\alpha}{2} = 0.527 \Rightarrow \frac{\alpha}{2} = 1 - 0.527$$

$$\therefore \quad x = 0.946$$

इस प्रकार, ऐसीटिक अम्ल का प्रतिशत संगुणन = 94.6%.

54. *(b)* ऐरोमैटिक यौगिक अनुनाद के कारण स्थायी होते हैं जबकि अऐरोमैटिक यौगिक नहीं।

हकल के नियम के अनुसार (या $4n + 2$ नियम),

"समतलीय, चक्रिय यौगिकों के ऐरोमैटिक होने के लिए। इनमें π इलेक्ट्रॉन अभ्र में $(4n + 2)$ π-इलेक्ट्रॉन होते हैं।

जहाँ n कोई पूर्ण संख्या है।

इस प्रकार

($6\pi e^-$ तन्त्र) ($4\pi e^- + 2e^-$ तन्त्र) ($6\pi e^-$ तन्त्र)

ऐरोमैटिक होते हैं तथा अनुनाद द्वारा स्थायी होते हैं।
यह हकल नियम का अनुसरण करते हैं।

अऐरोमैटिक है, अतः अनुनाद द्वारा न्यूनतम स्थायी है।

55. *(b)* मोलरता $(M) = \dfrac{\text{विलेय के मोलों की संख्या}}{\text{विलयन का आयतन (लीटर में)}}$

$\therefore$ संकुल के मोलों की संख्या $= \dfrac{\text{मोलरता} \times \text{आयतन (मिलीलीटर में)}}{1000}$

$$= \frac{0.1 \times 100}{1000} = 0.01 \text{ मोल}$$

अवक्षेपित आयनों के मोलों की संख्या $= \dfrac{1.2 \times 10^{22}}{6.02 \times 10^{23}} = 0.02$ मोल

$\therefore$ आयनन परिमण्डल में उपस्थित Cl^- की संख्या

$$= \frac{\text{अवक्षेपित आयनों के मोलों की संख्या}}{\text{संकुल के मोलों की संख्या}} = \frac{0.02}{0.01} = 2$$

$\therefore$ वर्गाकार कोष्ठक के बाहर $2Cl^-$ उपस्थित है अर्थात् आयनन परिमण्डल में संकुल का सूत्र $[Co(H_2O)_5Cl]\ Cl_2 \cdot H_2O$ है।

56. *(c)* DIBAL-H (डाइआइसोब्यूटिल ऐलुमीनियम हाइड्राइड) एक अपचायक है जिसका सूत्र (iBu_2AlH_2) होता है। इसका प्रयोग सामान्यतया ऐल्डिहाइड के निर्माण में होता है। (DIBAL-it) का प्रयोग द्वारा लेक्टॉन सीधे ऐल्डिहाइड में अपचयित हो जाते हैं।

57. *(a)* NO_3^- पीने के पानी में नाइट्रेट की अधिकतम सीमा 50 ppm है तथा इसके स्त्रोत उर्वरक हैं।

जब पानी में इसकी अधिकतम सीमा बढ़ती है तो इससे मिथेग्लोबिनोमिया (ब्लू बेबी सिन्ड्रोम) हो जाता है।

SO_4^{2-} WHO के अनुसार सल्फेट (SO_4^{2-}) की अधिकतम सीमा 500 ppm तथा इसके स्त्रोत अम्ल वर्षा के उद्योग है। SO_4^{2-} के आधिक्य से लैक्सेटिव प्रभाव होता है।

F^- फ्लुओराइड (F^-) की अधिकतम सीमा लगभग 1.5 ppm हैं। इसकी उच्च सान्द्रता ईनेमल को अधिक कठोर फ्लुरोपेटाइट में परिवर्तित कर देती है।

इसकी (> 2 ppm) से अधिक सान्द्रता के कारण दाँतों पर भूरे रंग की परत जम जाती है तथा (> 10 ppm) से ज्यादा सान्द्रता दाँतो तथा हड्डियों के लिए हानिकारक होती है।

पीने के जल में

$\therefore$ SO_4^- (100 ppm) तथा NO_3^- (50 ppm) पीने के लिए उपयुक्त होती है लेकिन F^- (10 ppm) की सान्द्रता जल को पीने के अनुप्रयुक्त बनाती है।

58. *(d)* $\underset{1\text{ ग्राम}}{M_2CO_3} + 2HCl \longrightarrow 2MCl + H_2O + \underset{0.01186\text{ मोल}}{CO_2}$

क्रिया करने वाले M_2CO_3 के मोलों की संख्या = मुक्त CO_2 के मोलों की संख्या

$1/M = 0.01186$ [$M = M_2CO_3$ का मोलर द्रव्यमान]

$$M = \frac{1}{0.01186} = 84.3 \text{ ग्राम मोल}^{-1}$$

59. *(c)* पदार्थ जिनका निम्न अपचयन विभव होता है प्रबल अपचायक होते हैं। अतः दिए गए विकल्पों में से ($E^\circ_{Cr^{3+}/Cr} = -0.74$ V) प्रबलतम अपचायक है।

60. *(c)* वह ग्रुप जिनमें समान संख्या में इलेक्ट्रॉन होते हैं समइलेक्ट्रॉनी कहलाती है।

ग्रुप	परमाणु क्रमांक	इलेक्ट्रॉनों की संख्या
O^{2-}	8	10
F^-	9	10
Na^+	11	10
Mg^{2+}	12	10
O^-	8	9
Na	11	11
Mg^+	12	11

$\therefore$ विकल्प (c) सही है जिसमें $O^{2-}, F^-, Na^+, Mg^{2+}$ समइलेक्ट्रॉनी है।

गणित

61. *(d)* $\because \Delta = \begin{vmatrix} 1 & 1 & 1 \\ 1 & a & 1 \\ a & b & 1 \end{vmatrix} \begin{aligned} &= 1(a-b) - 1(1-a) + 1(b-a^2) \\ &= -(a-1)^2 \end{aligned}$

$$\Delta_1 = \begin{vmatrix} 1 & 1 & 1 \\ 1 & a & 1 \\ 0 & b & 1 \end{vmatrix} \begin{aligned} &= 1(a-b) - 1(1) + 1(b) \\ &= -(a-1) \end{aligned}$$

$$\Delta_2 = \begin{vmatrix} 1 & 1 & 1 \\ 1 & a & 1 \\ a & 0 & 1 \end{vmatrix} = 1(-1) - 1(1-a) + 1(0-a) = 0$$

और $\Delta_3 = \begin{vmatrix} 1 & 1 & 1 \\ 1 & a & 1 \\ a & b & 0 \end{vmatrix} \begin{aligned} &= 1(-b) - 1(-a) + 1(b-a^2) \\ &= -a(a-1) \end{aligned}$

$a = 1$ के लिए

$\Delta = \Delta_1 = \Delta_2 = \Delta_3 = 0$

$b = 1$ के लिए

$$x + y + z = 1,\ x + y + z = 1 \text{ तथा } x + y + z = 0$$

अतः कोई हल नहीं है।

इस प्रकार केवल $6 = 1$ के लिए कोई हल नहीं है।

62. *(d)* दिए गए कथन की सत्यता सारणी निम्नवत् है।

p	q	$x \equiv p \to q$	$\sim p$	$\sim p \to q$	$y \equiv (\sim p \to q) \to q$	$x \to y$
T	T	T	F	T	T	T
T	F	F	F	T	F	T
F	T	T	T	T	T	T
F	F	T	T	F	T	T

अत: कथन पुनरुक्ति है।

63. *(c)* दिया है, $5(\tan^2 x - \cos^2 x) = 2\cos 2x + 9$

$$\Rightarrow 5\left(\frac{1-\cos 2x}{1+\cos 2x} - \frac{1+\cos 2x}{2}\right) = 2\cos 2x + 9$$

$\cos 2x = y$ रखने पर, $5\left(\frac{1-y}{1+y} - \frac{1+y}{2}\right) = 2y + 9$

$$\Rightarrow 5(2 - 2y - 1 - y^2 - 2y) = 2(1+y)(2y+9)$$

$$\Rightarrow 5(1 - 4y - y^2) = 2(2y + 9 + 2y^2 + 9y)$$

$$\Rightarrow 5 - 20y - 5y^2 = 22y + 18 + 4y^2$$

$$\Rightarrow 9y^2 + 42y + 13 = 0 \Rightarrow 9y^2 + 3y + 39y + 13 = 0$$

$$\Rightarrow 3y(3y+1) + 13(3y+1) = 0 \Rightarrow (3y+1)(3y+13) = 0$$

$$\Rightarrow y = -\frac{1}{3}, -\frac{13}{3}$$

$$\therefore \cos 2x = -\frac{1}{3}, -\frac{13}{3} \Rightarrow \cos 2x = -\frac{1}{3} \quad \left[\because \cos 2x \neq -\frac{13}{3}\right]$$

अब, $\cos 4x = 2\cos^2 2x - 1 = 2\left(-\frac{1}{3}\right)^2 - 1 = \frac{2}{9} - 1 = -\frac{7}{9}$

64. *(a)* दिया है, P(A अथवा B में से केवल एक घटित होती है)

$$= P(A \cup B) - P(A \cap B) = P(A) + P(B) - 2P(A \cap B)$$

$\therefore$ प्रश्नानुसार,

$$P(A) + P(B) - 2P(A \cap B) = \frac{1}{4} \quad \ldots(i)$$

$$P(B) + P(C) - 2P(B \cap C) = \frac{1}{4} \quad \ldots(ii)$$

और $P(C) + P(A) - 2P(C \cap A) = \frac{1}{4}$ ...(iii)

समी (i), (ii) व (iii) को जोड़ने पर,

$$2[P(A) + P(B) + P(C) - P(A \cap B) - P(B \cap C) - P(C \cap A)] = \frac{3}{4}$$

$$\Rightarrow P(A) + P(B) + P(C) - P(A \cap B) - P(B \cap C) - P(C \cap A) = \frac{3}{8}$$

अब, P(कम-से-कम एक घटना घटित हो)

$$= P(A \cup B \cup C) = P(A) + P(B) + P(C) - P(A \cap B) - P(B \cap C) - P(C \cap A) - P(A \cap B \cap C)$$

$$= \frac{3}{8} + \frac{1}{16} = \frac{7}{16} \quad \left[\because P(A \cap B \cap C) = \frac{1}{16}\right]$$

65. *(d)* दिया है, $2\omega + 1 = z \Rightarrow 2\omega + 1 = \sqrt{-3}$ $[\because z = \sqrt{-3}]$

$$\Rightarrow \omega = \frac{-1 + \sqrt{3}i}{2}$$

$\Rightarrow \omega$ इकाई का घनमूल है।

$\therefore$ $\omega^2 = \frac{-1 - \sqrt{3}i}{2}$ और $\omega^{3n} = 1$

अब, $\begin{vmatrix} 1 & 1 & 1 \\ 1 & -\omega^2 - 1 & \omega^2 \\ 1 & \omega^2 & \omega^7 \end{vmatrix} = 3k \Rightarrow \begin{vmatrix} 1 & 1 & 1 \\ 1 & \omega & \omega^2 \\ 1 & \omega^2 & \omega \end{vmatrix} = 3k$

$[\because 1 + \omega + \omega^2 = 0$ तथा $\omega^7 = (\omega^3)^2 \cdot \omega = \omega]$

$R_1 \to R_1 + R_2 + R_3$ लागू करने पर प्राप्त होता है,

$$\begin{vmatrix} 3 & 1+\omega+\omega^2 & 1+\omega+\omega^2 \\ 1 & \omega & \omega^2 \\ 1 & \omega^2 & \omega \end{vmatrix} = 3k \Rightarrow \begin{vmatrix} 3 & 0 & 0 \\ 1 & \omega & \omega^2 \\ 1 & \omega^2 & \omega \end{vmatrix} = 3k$$

$$\Rightarrow 3(\omega^2 - \omega^4) = 3k \Rightarrow 3(\omega^2 - \omega) = 3k \Rightarrow (\omega^2 - \omega) = k$$

$$\Rightarrow k = \left(\frac{-1 - \sqrt{3}i}{2}\right) - \left(\frac{-1 + \sqrt{3}i}{2}\right) = -\sqrt{3}i = -z$$

66. *(c)* दिए गए त्रिभुज के शीर्ष $(k, -3k)$, $(5, k)$ तथा $(-k, 2)$ है।

$$\therefore \frac{1}{2}\begin{vmatrix} k & -3k & 1 \\ 5 & k & 1 \\ -k & 2 & 1 \end{vmatrix} = \pm 28 \Rightarrow \begin{vmatrix} k & -3k & 1 \\ 5 & k & 1 \\ -k & 2 & 1 \end{vmatrix} = \pm 56$$

$$\Rightarrow k(k-2) + 3k(5+k) + 1(10 + k^2) = \pm 56$$

$$\Rightarrow k^2 - 2k + 15k + 3k^2 + 10 + k^2 = \pm 56$$

$$\Rightarrow 5k^2 + 13k + 10 = \pm 56$$

$$\Rightarrow 5k^2 + 13k + 66 = 0$$

या $5k^2 + 13k - 46 = 0 \Rightarrow k = 2$ $[\because k \in I]$

$\therefore$ त्रिभुज के शीर्षों के निर्देशांक $A(2, -6)$, $B(5, 2)$ और $C(-2, 2)$.

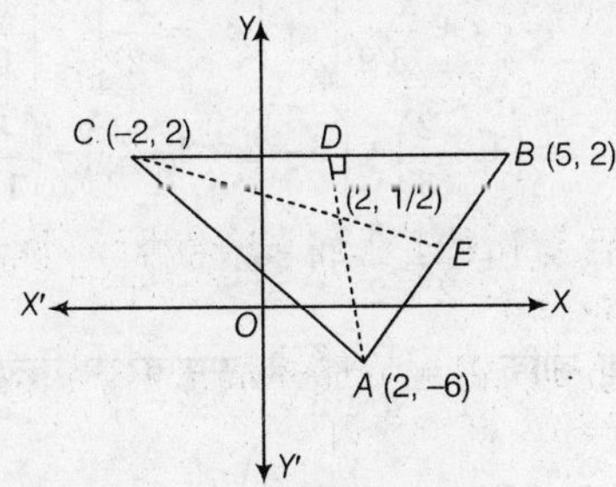

अब, शीर्ष A से डाले गए लम्ब का समीकरण

$$y - (-6) = \frac{-1}{\left(\frac{2-2}{-2-5}\right)}(x - 2) \Rightarrow x = 2 \quad \ldots(i)$$

शीर्ष C से डाले गए लम्ब का समीकरण

$$y - 2 = \frac{-1}{\left[\frac{2-(-6)}{5-2}\right]}[x - (-2)] \Rightarrow 3x + 8y - 10 = 0 \quad \ldots(ii)$$

समी (i) तथा (ii) को हल करने पर,

$$x = 2 \text{ और } y = 1/2$$

$\therefore$ लम्बकेन्द्र $= \left(2, \frac{1}{2}\right)$

67. *(b)*

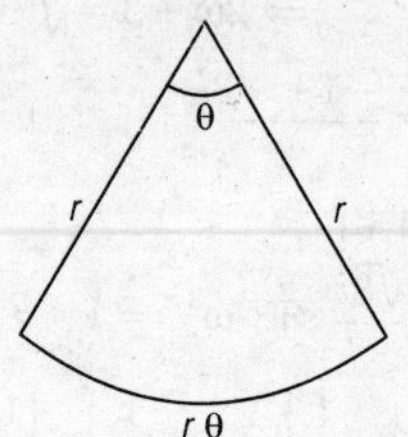

$\therefore$ कुल लम्बाई $= 2r + r\theta = 20 \Rightarrow \theta = \dfrac{20-2r}{r}$

अब, फूलों की क्यारी का क्षेत्रफल

$$A = \frac{1}{2}r^2\theta \Rightarrow A = \frac{1}{2}r^2\left(\frac{20-2r}{r}\right) \Rightarrow A = 10r - r^2$$

$$\therefore \quad \frac{dA}{dr} = 10 - 2r$$

अधिकतम क्षेत्र के लिए,

$$\frac{dA}{dr} = 0 \Rightarrow 10 - 2r = 0 \Rightarrow r = 5$$

$$\therefore \quad A_{\text{अधिकतम}} = \frac{1}{2}(5)^2\left[\frac{20-2(5)}{5}\right] = \frac{1}{2} \times 25 \times 2 = 25 \text{ वर्ग मी}$$

68. *(c)*

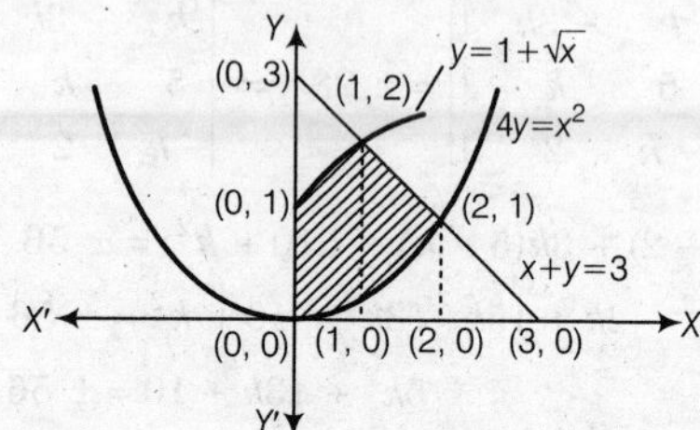

$$\therefore \text{ अभीष्ट क्षेत्रफल} = \int_0^1 (1+\sqrt{x})\,dx + \int_1^2 (3-x)\,dx - \int_0^2 \frac{x^2}{4}\,dx$$

$$= \left[x + \frac{x^{3/2}}{3/2}\right]_0^1 + \left[3x - \frac{x^2}{2}\right]_1^2 - \left[\frac{x^3}{12}\right]_0^2$$

$$= \left(1 + \frac{2}{3}\right) + \left(6 - 2 - 3 + \frac{1}{2}\right) - \left(\frac{8}{12}\right) = \frac{5}{3} + \frac{3}{2} - \frac{2}{3}$$

$$= 1 + \frac{3}{2} = \frac{5}{2} \text{ वर्ग इकाई}$$

69. *(a)* कोई रेखा जोकि $\dfrac{x}{1} = \dfrac{y}{4} = \dfrac{z}{5}$ के समान्तर व बिन्दु $P(1, -2, 3)$ से गुजरती है,

$$\frac{x-1}{1} = \frac{y+2}{4} = \frac{z-3}{5} = \lambda$$

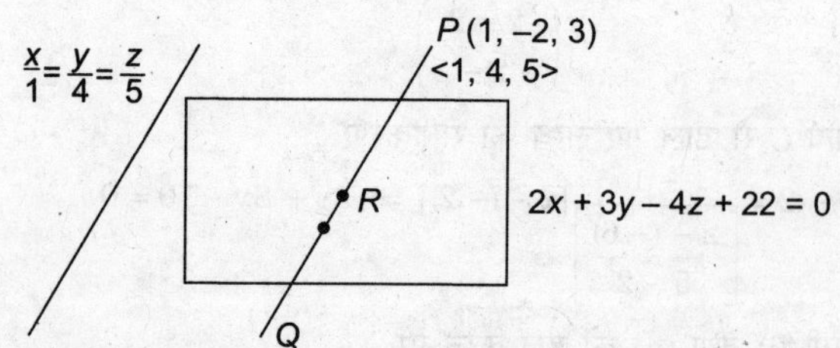

उपरोक्त रेखा पर किसी बिन्दु को $(\lambda + 1, 4\lambda - 2, 5\lambda + 3)$ के रूप में लिख सकते हैं।

$\therefore$ बिन्दु R के निर्देशांक $(\lambda + 1, 4\lambda - 2, 5\lambda + 3)$ है।

$\because$ बिन्दु R, तल पर स्थित है तब

$$\Rightarrow \quad 2(\lambda + 1) + 3(4\lambda - 2) - 4(5\lambda + 3) + 22 = 0 \Rightarrow \lambda = 1$$

$\therefore$ बिन्दु R (2, 2, 8) है

$$\Rightarrow \quad PR = \sqrt{(2-1)^2 + (2+2)^2 + (8-3)^2} = \sqrt{42}$$

$$\therefore \quad PQ = 2PR = 2\sqrt{42}$$

70. *(d)* माना $y = \tan^{-1}\left(\dfrac{6x\sqrt{x}}{1-9x^3}\right) = \tan^{-1}\left(\dfrac{2\cdot(3x^{3/2})}{1-(3x^{3/2})^2}\right)$

$$= 2\tan^{-1}(3x^{3/2}) \qquad \left[\because 2\tan^{-1}x = \tan^{-1}\frac{2x}{1-x^2}\right]$$

$$\therefore \quad \frac{dy}{dx} = 2\cdot\frac{1}{1+(3x^{3/2})^2}\cdot 3 \times \frac{3}{2}(x)^{1/2} = \frac{9}{1+9x^3}\cdot\sqrt{x}$$

$$\therefore \quad g(x) = \frac{9}{1+9x^3}$$

71. *(d)* दिया है, $(2 + \sin x)\dfrac{dy}{dx} + (y+1)\cos x = 0$

$$\Rightarrow \quad \frac{dy}{dx} + \frac{\cos x}{2+\sin x}y = \frac{-\cos x}{2+\sin x}$$

उपरोक्त समीकरण रैखिक अवकल समीकरण है

$$\therefore \text{ समाकलन गुणक } = e^{\int \frac{\cos x}{2+\sin x}dx} = e^{\log(2+\sin x)} = 2 + \sin x$$

$\therefore$ समीकरण का हल

$$y\cdot(2+\sin x) = \int \frac{\cos x}{2+\sin x}\cdot(2+\sin x)\,dx + C$$

$$\Rightarrow \quad y(2+\sin x) = -\sin x + C$$

साथ ही, $\quad y(0) = 1$

$$\therefore \quad 1(2+\sin 0) = -\sin 0 + C \Rightarrow C = 2$$

$$\therefore \quad y = \frac{2-\sin x}{2+\sin x} \Rightarrow y\left(\frac{\pi}{2}\right) = \frac{2-\sin\frac{\pi}{2}}{2+\sin\frac{\pi}{2}} = \frac{1}{3}$$

72. *(b)*

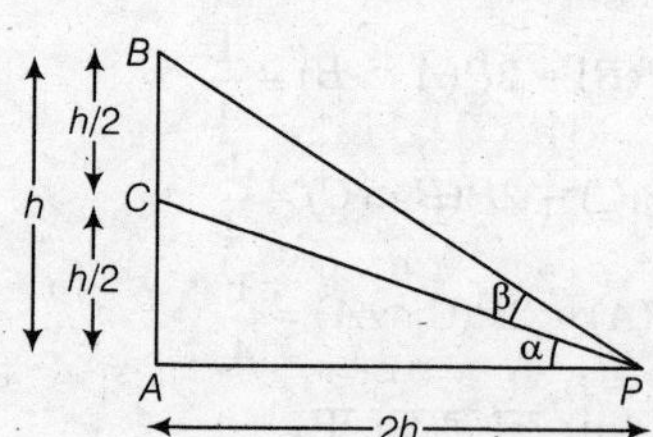

माना $AB = h$, तब $AP = 2h$ तथा $AC = BC = h/2$

माना $\quad \angle CPA = \alpha$

अब, ΔABP में,

$$\tan(\alpha + \beta) = \frac{AB}{AP} = \frac{h}{2h} = \frac{1}{2}$$

साथ ही, ΔACP में

$$\tan\alpha = \frac{AC}{AP} = \frac{h/2}{2h} = \frac{1}{4}$$

अब, $\quad \tan\beta = \tan[(\alpha+\beta) - \alpha]$

$$= \frac{\tan(\alpha+\beta) - \tan\alpha}{1 + \tan(\alpha+\beta)\tan\alpha} = \frac{\frac{1}{2} - \frac{1}{4}}{1 + \frac{1}{2}\times\frac{1}{4}} = \frac{\frac{1}{4}}{\frac{9}{8}} = \frac{2}{9}$$

73. *(a)* दिया है, $A = \begin{bmatrix} 2 & -3 \\ -4 & 1 \end{bmatrix}$

$\therefore \quad A^2 = A \cdot A$

$= \begin{bmatrix} 2 & -3 \\ -4 & 1 \end{bmatrix}\begin{bmatrix} 2 & -3 \\ -4 & 1 \end{bmatrix} = \begin{bmatrix} 4+12 & -6-3 \\ -8-4 & 12+1 \end{bmatrix}$

$= \begin{bmatrix} 16 & -9 \\ -12 & 13 \end{bmatrix}$

अब, $3A^2 + 12A = 3\begin{bmatrix} 16 & -9 \\ -12 & 13 \end{bmatrix} + 12\begin{bmatrix} 2 & -3 \\ -4 & 1 \end{bmatrix}$

$= \begin{bmatrix} 48 & -27 \\ -36 & 39 \end{bmatrix} + \begin{bmatrix} 24 & -36 \\ -48 & 12 \end{bmatrix} = \begin{bmatrix} 72 & -63 \\ -84 & 51 \end{bmatrix}$

$\therefore \text{adj}\,(3A^2 + 12A) = \begin{bmatrix} 51 & 63 \\ 84 & 72 \end{bmatrix}$

74. *(b)* दिया है, $9(25a^2 + b^2) + 25(c^2 - 3ac) = 15b(3a + c)$

$225a^2 + 9b^2 + 25c^2 - 75ac - 45ab - 15bc = 0$

$\Rightarrow \quad (15a)^2 + (3b)^2 + (5c)^2 - (15a)(5c) - (15a)(3b) - (3b)(5c) = 0$

$\Rightarrow \quad \frac{1}{2}[(15a - 3b)^2 + (3b - 5c)^2 + (5c - 15a)^2] = 0$

$\Rightarrow \quad 15a = 3b,\ 3b = 5c,\ 5c = 15a$

$\therefore \quad 15a = 3b = 5c \Rightarrow \frac{a}{1} = \frac{b}{5} = \frac{c}{3} = \lambda$

$\Rightarrow \quad a = \lambda, b = 5\lambda, c = 3\lambda$

$\therefore$ a, c, b समान्तर श्रेणी में है।

75. *(a)* दी गई रेखाओं के समीकरण है

$$\frac{x-1}{1} = \frac{y+2}{-2} = \frac{z-4}{3} \text{ और } \frac{x-2}{2} = \frac{y+1}{-1} = \frac{z+7}{-1}$$

माना $\mathbf{n}_1 = \hat{\mathbf{i}} - 2\hat{\mathbf{j}} + 3\hat{\mathbf{k}}$ तथा

$\mathbf{n}_2 = 2\hat{\mathbf{i}} - \hat{\mathbf{j}} - \hat{\mathbf{k}}$

$\therefore$ दिया है, सदिशों $\mathbf{n}_1, \mathbf{n}_2$ के लम्बवत् कोई सदिश

$\mathbf{n} = \mathbf{n}_1 \times \mathbf{n}_2$

$\Rightarrow \quad \mathbf{n} = \begin{vmatrix} \hat{\mathbf{i}} & \hat{\mathbf{j}} & \hat{\mathbf{k}} \\ 1 & -2 & 3 \\ 2 & -1 & -1 \end{vmatrix} = 5\hat{\mathbf{i}} + 7\hat{\mathbf{j}} + 3\hat{\mathbf{k}}$

$\therefore$ बिन्दु $(1, -1, -1)$ से गुजरने वाले व सदिश $\mathbf{n}$ के लम्बवत् तल का समीकरण

$5(x-1) + 7(y+1) + 3(z+1) = 0$

$\Rightarrow \quad 5x + 7y + 3z + 5 = 0$

$\therefore$ अभीष्ट दूरी $= \left|\frac{5 + 21 - 21 + 5}{\sqrt{5^2 + 7^2 + 3^2}}\right|$

$= \frac{10}{\sqrt{83}}$ इकाई

76. *(a)* दिया है, $I_n = \int \tan^n x\, dx$

$\therefore \quad I_n + I_{n+2} = \int \tan^n x\, dx + \int \tan^{n+2} x\, dx$

$= \int \tan^n x(1 + \tan^2 x)\, dx$

$= \int \tan^n x \sec^2 x\, dx = \frac{\tan^{n+1} x}{n+1} + C$

$n = 4$ रखने पर, $I_4 + I_6 = \frac{\tan^5 x}{5} + C$

$\therefore \quad a = \frac{1}{5}, b = 0$

77. *(a)* दिया है, $e = \frac{1}{2}$ तथा $\frac{a}{e} = 4$

$\therefore \quad a = 2$

अब, $b^2 = a^2(1 - e^2)$

$= (2)^2\left[1 - \left(\frac{1}{2}\right)^2\right] = 4\left(1 - \frac{1}{4}\right) = 4 \times \frac{3}{4} = 3$

$\therefore \quad b = \sqrt{3}$

$\therefore$ दीर्घवृत्त का समीकरण

$$\frac{x^2}{(2)^2} + \frac{y^2}{(\sqrt{3})^2} = 1 \Rightarrow \frac{x^2}{4} + \frac{y^2}{3} = 1$$

अब, बिन्दु $\left(1, \frac{3}{2}\right)$ पर अभिलम्ब का समीकरण

$$\frac{a^2x}{x_1} - \frac{b^2y}{y_1} = a^2 - b^2 \Rightarrow \frac{4x}{1} - \frac{3y}{(3/2)} = 4 - 3$$

$\Rightarrow \quad 4x - 2y = 1$

78. *(a)* माना अतिपरवलय का समीकरण

$$\frac{x^2}{a^2} - \frac{y^2}{b^2} = 1$$

$\therefore \quad ae = 2 \Rightarrow a^2e^2 = 4$

$\Rightarrow \quad a^2 + b^2 = 4 \Rightarrow b^2 = 4 - a^2$

$\therefore \quad \frac{x^2}{a^2} - \frac{y^2}{4 - a^2} = 1$

चूँकि बिन्दु $(\sqrt{2}, \sqrt{3})$ अतिपरवलय पर स्थित है।

$\therefore \quad \frac{2}{a^2} - \frac{3}{4 - a^2} = 1 \Rightarrow 8 - 2a^2 - 3a^2 = a^2(4 - a^2)$

$\Rightarrow \quad 8 - 5a^2 = 4a^2 - a^4 \Rightarrow a^4 - 9a^2 + 8 = 0$

$\Rightarrow \quad (a^4 - 8)(a^4 - 1) = 0 \Rightarrow a^4 = 8, a^4 = 1$

$\therefore \quad a = 1$

$\therefore$ अतिपरवलय का समीकरण $\frac{x^2}{1} - \frac{y^2}{3} = 1$

$\therefore$ बिन्दु $(\sqrt{2}, \sqrt{3})$ पर स्पर्शी का समीकरण

$$\sqrt{2}x - \frac{\sqrt{3}y}{3} = 1 \Rightarrow \sqrt{2}x - \frac{y}{\sqrt{3}} = 1$$

जोकि बिन्दु $(2\sqrt{2}, 3\sqrt{3})$ से गुजरती है।

79. *(b)* दिया है, $f(x) = \frac{x}{1 + x^2}$

$\therefore \quad f\left(\frac{1}{x}\right) = \frac{\frac{1}{x}}{1 + \frac{1}{x^2}} = \frac{x}{1 + x^2} = f(x)$

$\therefore \quad f\left(\frac{1}{2}\right) = f(2)$ अथवा $f\left(\frac{1}{3}\right) = f(3) \ldots$

$\therefore$ $f(x)$ बहुएकैकी है।

पुनः माना $y = f(x)$

$\Rightarrow y = \dfrac{x}{1+x^2} \Rightarrow y + x^2y = x \Rightarrow yx^2 - x + y = 0$

$\because \quad x \in R$

$\therefore \quad (-1)^2 - 4(y)(y) \geq 0 \Rightarrow 1 - 4y^2 \geq 0$

$\Rightarrow y \in \left[\dfrac{-1}{2}, \dfrac{1}{2}\right]$

$\therefore$ परास = सह प्रान्त $= \left[\dfrac{-1}{2}, \dfrac{1}{2}\right]$

$\therefore f(x)$ आच्छादक है

अत: $f(x)$ आच्छादक है परन्तु एकैकी नहीं है।

80. *(a)* $\lim\limits_{x \to \pi/2} \dfrac{\cot x - \cos x}{(\pi - 2x)^3} = \lim\limits_{x \to \pi/2} \dfrac{1}{8} \cdot \dfrac{\cos x(1 - \sin x)}{\sin x\left(\dfrac{\pi}{2} - x\right)^3}$

$$= \lim_{h \to 0} \frac{1}{8} \cdot \frac{\cos\left(\dfrac{\pi}{2} - h\right)\left[1 - \sin\left(\dfrac{\pi}{2} - h\right)\right]}{\sin\left(\dfrac{\pi}{2} - h\right)\left(\dfrac{\pi}{2} - \dfrac{\pi}{2} + h\right)^3}$$

$$= \frac{1}{8}\lim_{h \to 0} \frac{\sin h\,(1 - \cos h)}{\cos h \cdot h^3} = \frac{1}{8}\lim_{h \to 0} \frac{\sin h\left(2\sin^2\dfrac{h}{2}\right)}{\cos h \cdot h^3}$$

$$= \frac{1}{4}\lim_{h \to 0} \frac{\sin h \cdot \sin^2\left(\dfrac{h}{2}\right)}{h^3 \cos h}$$

$$= \frac{1}{4}\lim_{h \to 0}\left(\frac{\sin h}{h}\right)\left(\frac{\sin\dfrac{h}{2}}{\dfrac{h}{2}}\right)^2 \cdot \frac{1}{\cos h} \cdot \frac{1}{4} = \frac{1}{4} \times \frac{1}{4} = \frac{1}{16}$$

81. *(a)* दिया है, $\mathbf{a} = 2\hat{\mathbf{i}} + \hat{\mathbf{j}} - 2\hat{\mathbf{k}}$

$\Rightarrow \quad |\mathbf{a}| = \sqrt{4 + 1 + 4} = 3$

$\mathbf{b} = \hat{\mathbf{i}} + \hat{\mathbf{j}}$

$\Rightarrow \quad |\mathbf{b}| = \sqrt{1 + 1} = \sqrt{2}$

अब, $\quad |\mathbf{c} - \mathbf{a}| = 3 \Rightarrow |\mathbf{c} - \mathbf{a}|^2 = 9$

$\Rightarrow \quad (\mathbf{c} - \mathbf{a}) \cdot (\mathbf{c} - \mathbf{a}) = 9 \Rightarrow |\mathbf{c}|^2 + |\mathbf{a}|^2 - 2\mathbf{c} \cdot \mathbf{a} = 9 \quad \ldots(i)$

पुन:, $\quad |(\mathbf{a} \times \mathbf{b}) \times \mathbf{c}| = 3 \Rightarrow |\mathbf{a} \times \mathbf{b}||\mathbf{c}| \sin 30^\circ = 3$

$\Rightarrow \quad |\mathbf{c}| = \dfrac{6}{|\mathbf{a} \times \mathbf{b}|}$

परन्तु $\quad \mathbf{a} \times \mathbf{b} = \begin{vmatrix} \hat{\mathbf{i}} & \hat{\mathbf{j}} & \hat{\mathbf{k}} \\ 2 & 1 & -2 \\ 1 & 1 & 0 \end{vmatrix} = 2\hat{\mathbf{i}} - 2\hat{\mathbf{j}} + \hat{\mathbf{k}}$

$\therefore \quad |\mathbf{c}| = \dfrac{6}{\sqrt{4 + 4 + 1}} = 2 \quad \ldots(ii)$

समी. (i) तथा (ii) से,

$(2)^2 + (3)^2 - 2\mathbf{c} \cdot \mathbf{a} = 9$

$\Rightarrow \quad 4 + 9 - 2\mathbf{c} \cdot \mathbf{a} = 9 \Rightarrow \mathbf{c} \cdot \mathbf{a} = 2$

82. *(a)* दिए गए वक्र का समीकरण

$y(x - 2)(x - 3) = x + 6 \quad \ldots(i)$

समी (i) में $x = 0$ रखने पर,

$y(-2)(-3) = 6 \Rightarrow y = 1$

$\therefore$ प्रतिच्छेदक बिन्दु (0, 1) है

अब, $\quad y = \dfrac{x + 6}{(x - 2)(x - 3)}$

$\Rightarrow \quad \dfrac{dy}{dx} = \dfrac{1(x - 2)(x - 3) - (x + 6)(x - 3 + x - 2)}{(x - 2)^2(x - 3)^2}$

$\Rightarrow \quad \left(\dfrac{dy}{dx}\right)_{(0,1)} = \dfrac{6 + 30}{4 \times 9} = \dfrac{36}{36} = 1$

$\therefore$ बिन्दु (0, 1) पर अभिलम्ब का समीकरण

$y - 1 = \dfrac{-1}{1}(x - 0) \Rightarrow x + y - 1 = 0$

जोकि बिन्दु $\left(\dfrac{1}{2}, \dfrac{1}{2}\right)$ से गुजरती है।

83. *(d)* समुच्चय $\{0, 1, 2, \ldots, 10\}$ में से 2 भिन्न संख्याओं को चुनने के तरीकों की संख्या $= {}^{11}C_2 = 55$

माना चुनी गई दो संख्याएँ x व y है,

$\therefore \quad x + y = 4m \quad \ldots(i)$

तथा $\quad x - y = 4n \quad \ldots(ii)$

$\Rightarrow \quad 2x = 4(m + n)$ तथा $2y = 4(m - n)$

$\Rightarrow \quad x = 2(m + n)$ तथा $y = 2(m - n)$

$\therefore x$ तथा y दोनों सम संख्याएँ है।

x	y
0	4, 8
2	6, 10
4	0, 8
6	2, 10
8	0, 4
10	2, 6

$\therefore$ अभीष्ट प्रायिकता $= 6/55$

84. *(d)* दिया है,

X के 7 मित्र है जिनमें से 4 महिलाएँ व 3 पुरुष है तथा Y के 7 मित्र है जिनमें से 3 महिलाएँ व 4 पुरुष है।

$\therefore$ तरीकों की कुल संख्या

$= {}^3C_3 \times {}^4C_0 \times {}^4C_0 \times {}^3C_3 + {}^3C_2 \times {}^4C_1 \times {}^4C_1 \times {}^3C_2 + {}^3C_1 \times {}^4C_2 \times {}^4C_2 \times {}^3C_1 + {}^3C_0 \times {}^4C_3 \times {}^4C_3 \times {}^3C_0$

$= 1 + 144 + 324 + 16 = 485$

85. *(c)* $({}^{21}C_1 - {}^{10}C_1) + ({}^{21}C_2 - {}^{10}C_2) + ({}^{21}C_3 - {}^{10}C_3) + \ldots + ({}^{21}C_{10} - {}^{10}C_{10})$

$= ({}^{21}C_1 + {}^{21}C_2 + \ldots + {}^{21}C_{10}) - ({}^{10}C_1 + {}^{10}C_2 + \ldots + {}^{10}C_{10})$

$= \dfrac{1}{2}({}^{21}C_1 + {}^{21}C_2 + \ldots + {}^{21}C_{20}) - (2^{10} - 1)$

$= \dfrac{1}{2}({}^{21}C_1 + {}^{21}C_2 + \ldots + {}^{21}C_{21} - 1) - (2^{10} - 1)$

$= \dfrac{1}{2}(2^{21} - 2) - (2^{10} - 1) = 2^{20} - 1 - 2^{10} + 1 = 2^{20} - 2^{10}$

86. *(d)* दिया है, बक्से में 15 हरी तथा 10 पीली गेंदे हैं।

$\therefore$ गेंदों की कुल संख्या $= 15 + 10 = 25$

$$P\text{ (हरी गेंदें)} = \frac{15}{25} = \frac{3}{5} = P = \text{सफलता की प्रायिकता}$$

$$P\text{ (पीली गेंदें)} = \frac{10}{25} = \frac{2}{5} = q = \text{असफलता की प्रायिकता तथा}$$

$n = 10 =$ प्रयत्नों की संख्या

$$\therefore \quad \text{प्रसरण} = npq = 10 \times \frac{3}{5} \times \frac{2}{5} = \frac{12}{5}$$

87. *(d)* दिया है, $f(x) = ax^2 + bx + c$

अब, $f(x + y) = f(x) + f(y) + xy$

$y = 0$ रखने पर,

$$\Rightarrow \quad f(x) = f(x) + f(0) + 0$$

$$\Rightarrow \quad f(0) = 0 \Rightarrow c = 0$$

पुन: $y = -x$ रखने पर,

$$\therefore \quad f(0) = f(x) + f(-x) - x^2$$

$$\Rightarrow \quad 0 = ax^2 + bx + ax^2 - bx - x^2$$

$$\Rightarrow \quad 2ax^2 - x^2 = 0 \Rightarrow a = 1/2$$

साथ ही, $a + b + c = 3$

$$\Rightarrow \quad \frac{1}{2} + b + 0 = 3 \Rightarrow b = \frac{5}{2}$$

$$\therefore \quad f(n) = \frac{n^2 + 5n}{2} = \frac{1}{2}n^2 + \frac{5}{2}n$$

$$\Rightarrow \quad \sum_{n=1}^{10} f(n) = \frac{1}{2}\sum_{n=1}^{10} n^2 + \frac{5}{2}\sum_{n=1}^{10} n$$

$$= \frac{1}{2} \cdot \frac{10 \times 11 \times 21}{6} + \frac{5}{2} \times \frac{10 \times 11}{2}$$

$$= \frac{385}{2} + \frac{275}{2} = \frac{660}{2} = 330$$

88. *(b)*

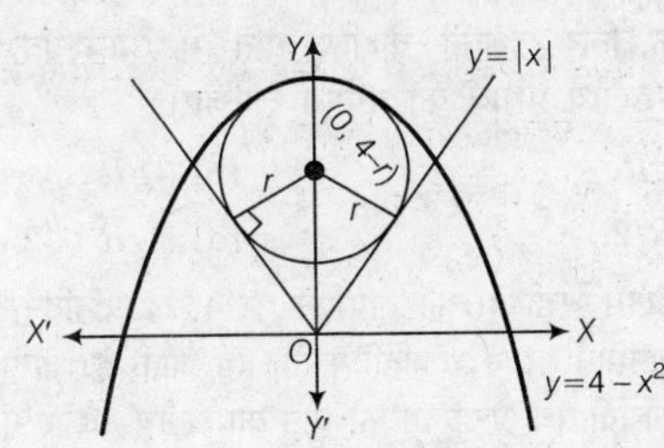

माना न्यूनतम क्षेत्रफल वाले वृत्त की त्रिज्या r है।

$\therefore$ केन्द्र के निर्देशांक $= (0, 4 - r)$

$\because$ वृत्त रेखा $y = x$ को प्रथम चतुर्थांश में स्पर्श करता है।

$$\therefore \quad \left|\frac{0 - (4 - r)}{\sqrt{2}}\right| = r \Rightarrow r - 4 = \pm r\sqrt{2}$$

$$\Rightarrow \quad r = \frac{4}{\sqrt{2} + 1} \text{ या } \frac{4}{1 - \sqrt{2}}$$

$$\text{परन्तु} \quad r \neq \frac{4}{1 - \sqrt{2}} \quad \left[\because \frac{4}{1 - \sqrt{2}} < \sigma\right]$$

$$\therefore \quad r = \frac{4}{\sqrt{2} + 1} = 4(\sqrt{2} - 1)$$

89. *(c)* दी गई द्विघात समीकरण

$$x(x + 1) + (x + 1)(x + 2) + \dots + (x + \overline{n - 1})(x + n) = 10n$$

$$\Rightarrow (x^2 + x^2 + \dots + x^2) + [(1 + 3 + 5 + \dots + 2n - 1)]x + [(1 \cdot 2 + 2 \cdot 3 + \dots + (n - 1)n] = 10n$$

$$\Rightarrow \quad nx^2 + n^2x + \frac{n(n^2 - 1)}{3} - 10n = 0$$

$$\Rightarrow \quad x^2 + nx + \frac{n^2 - 1}{3} - 10 = 0 \Rightarrow 3x^2 + 3nx + n^2 - 31 = 0$$

माना α तथा β समीकरण के मूल है चूँकि α तथा β क्रमागत है।

$$\therefore \quad |\alpha - \beta| = 1 \Rightarrow (\alpha - \beta)^2 = 1$$

$$\text{पुन:,} \quad (\alpha - \beta)^2 = (\alpha + \beta)^2 - 4\alpha\beta$$

$$\Rightarrow \quad 1 = \left(\frac{-3n}{3}\right)^2 - 4\left(\frac{n^2 - 31}{3}\right)$$

$$\Rightarrow \quad 1 = n^2 - \frac{4}{3}(n^2 - 31) \Rightarrow 3 = 3n^2 - 4n^2 + 124$$

$$\Rightarrow \quad n^2 = 121 \Rightarrow n = \pm 11 \quad [\because n > 0]$$

$$\therefore \quad n = 11$$

90. *(a)* माना $I = \int_{\pi/4}^{3\pi/4} \frac{dx}{1 + \cos x} = \int_{\pi/4}^{3\pi/4} \frac{1 - \cos x}{1 - \cos^2 x} dx$

$$= \int_{\pi/4}^{3\pi/4} \frac{1 - \cos x}{\sin^2 x} dx = \int_{\pi/4}^{3\pi/4} (\operatorname{cosec}^2 x - \operatorname{cosec} x \cot x) dx$$

$$= [-\cot x + \operatorname{cosec} x]_{\pi/4}^{3\pi/4} = [(1 + \sqrt{2}) - (-1 + \sqrt{2})] = 2$$

JEE Main संयुक्त प्रवेश परीक्षा

सॉल्वड पेपर 2016

भौतिकी

1. एक छात्र एक सरल-आवर्त-दोलक के 100 आवृत्तियों का समय 4 बार मापता है और उनको 90 s, 91 s, 95 s और 92 s पाता है। इस्तेमाल की गई घड़ी का न्यूनतम अल्पांश 1 s है। तब मापे गये माध्य समय को उसे लिखना चाहिये

(a) (92 ± 2) s (b) (92 ± 5) s (c) (92 ± 1.8) s (d) (92 ± 3) s

2. चित्र में भुजा a का वर्ग X-Y तल में है। m द्रव्यमान का एक कण एकसमान गति, v से इस वर्ग की भुजा पर चल रहा है जैसा कि चित्र में दर्शाया गया है।

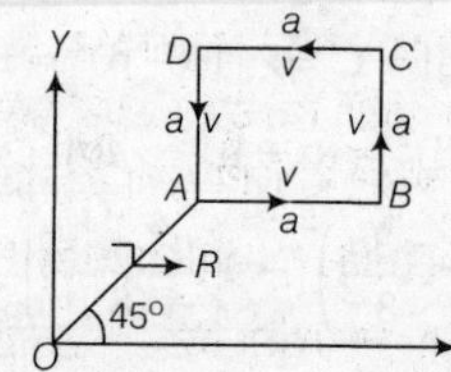

तब निम्न में से कौन-सा कथन, इस कण के मूलबिन्दु के गिर्द कोणीय आघूर्ण **L** के लिये, गलत है?

(a) $\mathbf{L} = -\dfrac{mv}{\sqrt{2}} R\,\hat{\mathbf{k}}$, जब कण A से B की ओर चल रहा है।

(b) $\mathbf{L} = mv\left(\dfrac{R}{\sqrt{2}} + a\right)\hat{\mathbf{k}}$, जब कण B से C की ओर चल रहा है।

(c) $\mathbf{L} = mv\left(\dfrac{R}{\sqrt{2}} - a\right)\hat{\mathbf{k}}$, जब कण C से D की ओर चल रहा है।

(d) $\mathbf{L} = \dfrac{mv}{\sqrt{2}} R\,\hat{\mathbf{k}}$, जब कण D से A की ओर चल रहा है।

3. m द्रव्यमान का एक बिन्दु कण एक खुरदरे पथ PQR (चित्र देखिये) पर चल रहा है। कण और पथ के बीच घर्षण गुणांक μ है। कण P से छोड़े जाने के बाद R पर पहुँच कर रुक जाता है। पथ के भाग PQ और QR पर चलने में कण द्वारा खर्च की गई ऊर्जाएँ बराबर हैं। PQ से QR पर होने वाले दिशा बदलाव में कोई ऊर्जा खर्च नहीं होती है। तब μ और दूरी $x(= QR)$ के मान लगभग हैं, क्रमशः

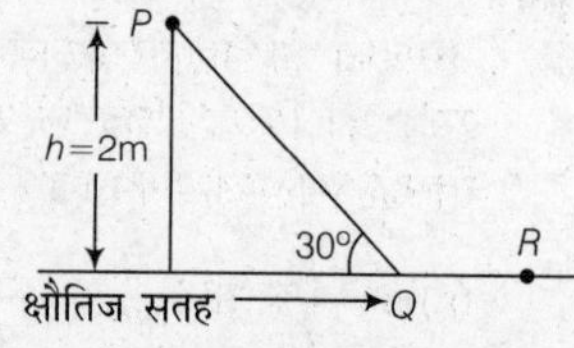

(a) 0.2 और 6.5 m (b) 0.2 और 3.5 m
(c) 0.29 और 3.5 m (d) 0.29 और 6.5 m

4. एक भारोत्तोलक भार को पहले ऊपर और फिर नीचे तक लाता है। यह माना जाता है कि सिर्फ भार को ऊपर ले जाने में कार्य होता है और नीचे लाने में स्थितिज ऊर्जा का ह्रास होता है। शरीर की वसा ऊर्जा देती है जो यान्त्रिकीय ऊर्जा में बदलती है। मान लें कि वसा द्वारा दी गई ऊर्जा 3.8×10^7 J प्रति kg भार है, तथा इसका मात्र 20% यान्त्रिकीय ऊर्जा में बदलता है। अब यदि एक भारोत्तोलक 10 kg के भार को 1000 बार 1 m की ऊँचाई तक ऊपर और नीचे करता है तब उसके शरीर से वसा का क्षय है :($g = 9.8$ m.s^{-2} लें)

(a) 2.45×10^{-3} kg (b) 6.45×10^{-3} kg
(c) 9.89×10^{-3} kg (d) 12.89×10^{-3} kg

5. दो शंकु को उनके शीर्ष O पर जोड़कर एक रोलर बनाया गया है और उसे AB व CD रेल पर असममित रखा गया है (चित्र देखिये)। रोलर का अक्ष CD से लम्बवत है और O दोनों रेल के बीचोबीच है। हल्के से धकेलने पर रोलर रेल पर इस प्रकार लुढ़कना आरम्भ करता है कि O का चालन CD के समान्तर है (चित्र देखिये)। चालित हो जाने के बाद यह रोलर

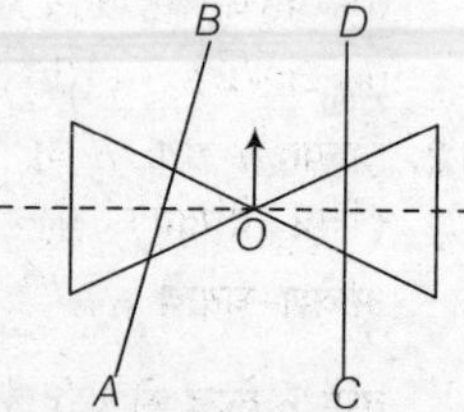

(a) बाँयी ओर मुड़ेगा (b) दाँयी ओर मुड़ेगा
(c) सीधा चलता रहेगा (d) बायें तथा दायें क्रमशः मुड़ता रहेगा

6. पृथ्वी की सतह से h ऊँचाई पर एक उपग्रह वृत्ताकार पथ पर चक्कर काट रहा है (पृथ्वी की त्रिज्या R तथा $h << R$)। पृथ्वी के गुरुत्व क्षेत्र से पलायन करने के लिये इसकी कक्षीय गति में आवश्यक न्यूनतम बदलाव है (वायुमण्डलीय प्रभाव को नगण्य लीजिए।)

(a) $\sqrt{2gR}$ (b) $\sqrt{gR}$
(c) $\sqrt{gR/2}$ (d) $\sqrt{gR}\,(\sqrt{2} - 1)$

7. एक पेन्डुलम घड़ी 40°C तापमान पर 12 s प्रतिदिन धीमी हो जाती है तथा 20°C तापमान पर 4 s प्रतिदिन तेज हो जाती है। तापमान जिस पर यह यही समय दर्शायेगी तथा पेन्डुलम की धातु का रेखीय-प्रसार गुणांक (α) क्रमशः हैं

(a) 25°C; $\alpha = 1.85 \times 10^{-5}$/°C (b) 60°C; $\alpha = 1.85 \times 10^{-4}$/°C
(c) 30°C; $\alpha = 1.85 \times 10^{-3}$/°C (d) 55°C; $\alpha = 1.85 \times 10^{-2}$/°C

8. एक आदर्श गैस उत्क्रमणीय स्थैतिक-कल्प प्रक्रम से गुजरती है तथा उसकी मोलर-ऊष्मा-धारिता C स्थिर रहती है। यदि इस प्रक्रम में उसके दाब P व आयतन V के बीच सम्बन्ध pV^n = constant है। (C_p तथा C_V क्रमशः स्थिर दाब व स्थिर आयतन पर ऊष्मा-धारिता है) तब n के लिये समीकरण है

(a) $n = \dfrac{C_p}{C_V}$ (b) $n = \dfrac{C - C_p}{C - C_V}$

(c) $n = \dfrac{C_p - C}{C - C_V}$ (d) $n = \dfrac{C - C_V}{C - C_p}$

9. n मोल आदर्श गैस एक प्रक्रम $A \rightarrow B$ से गुजरती है (चित्र देखिये)। इस प्रक्रम के दौरान उसका अधिकतम तापमान होगा

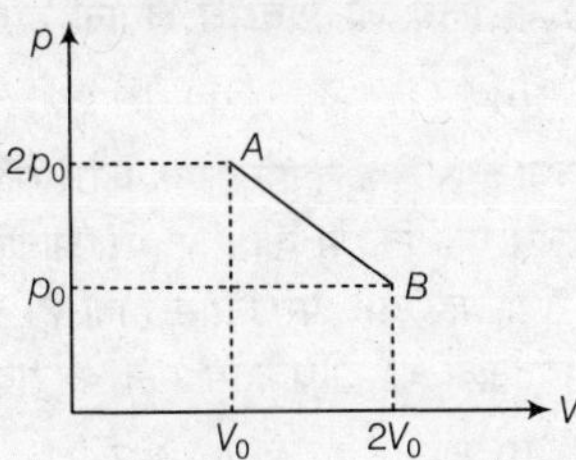

(a) $\frac{9p_0V_0}{4nR}$ (b) $\frac{3p_0V_0}{2nR}$ (c) $\frac{9p_0V_0}{2nR}$ (d) $\frac{9p_0V_0}{nR}$

10. एक कण A आयाम से सरल-आर्वत दोलन कर रहा है। जब यह अपने मूल-स्थान से $\frac{2A}{3}$ पर पहुँचता है तब अचानक इसकी गति तिगुनी कर दी जाती है। तब इसका नया आयाम है

(a) $\frac{A}{3}\sqrt{41}$ (b) $3A$ (c) $A\sqrt{3}$ (d) $\frac{7A}{3}$

11. 20 m लम्बाई की एकसमान डोरी को एक दृढ़ आधार से लटकाया गया है। इसके निचले सिरे से एक सूक्ष्म तरंग-स्पन्द चालित होता है। ऊपर आधार तक पहुँचने में लगने वाला समय है ($g = 10\text{ ms}^{-2}$ लें)।

(a) $2\pi\sqrt{2}$ s (b) 2 s (c) $2\sqrt{2}$ s (d) $\sqrt{2}$ s

12. त्रिज्या a तथा b के दो एक-केन्द्री गोलों के (चित्र देखिए) बीच के स्थान में आयतन आवेश-घनत्व $\rho = \frac{A}{r}$ है, जहाँ A स्थिरांक है तथा r केन्द्र से दूरी है। गोलों के केन्द्र पर एक बिन्दु-आवेश Q है। A का वह मान बतायें जिससे गोलों के बीच के स्थान में एकसमान वैद्युत-क्षेत्र हो

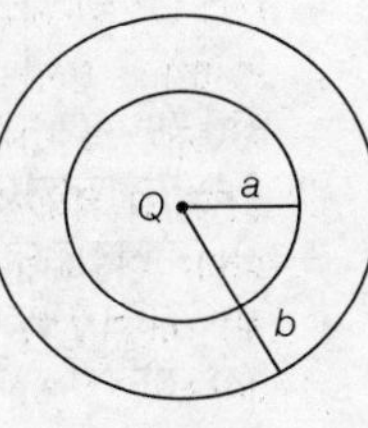

(a) $\frac{Q}{2\pi a^2}$ (b) $\frac{Q}{2\pi(b^2 - a^2)}$ (c) $\frac{2Q}{\pi(a^2 - b^2)}$ (d) $\frac{2Q}{\pi a^2}$

13. संधारित्रों से बने एक परिपथ को चित्र में दिखाया गया है। एक बिन्दु-आवेश Q (जिसका मान 4 μF तथा 9 μF वाले संधारित्रों के कुल आवेशों के बराबर है) के द्वारा 30 m दूरी पर वैद्युत-क्षेत्र का परिमाण होगा

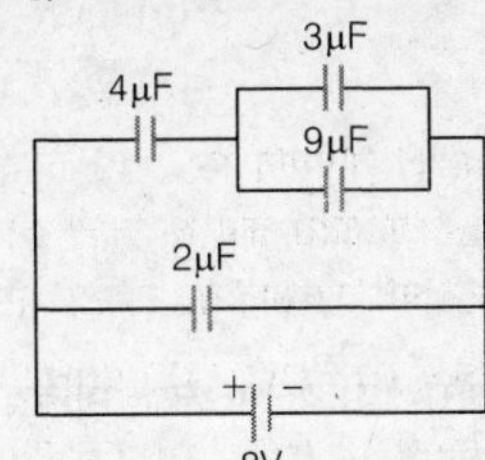

(a) 240 N/C (b) 360 N/C (c) 420 N/C (d) 480 N/C

14. ताँबा तथा अमादित (undoped) सिलिकॉन के प्रतिरोधों की उनके तापमान पर निर्भरता, 300-400 K तापमान अन्तराल में, के लिये सही कथन है

(a) ताँबा के लिये रेखीय बढ़ाव तथा सिलिकॉन के लिये रेखीय बढ़ाव
(b) ताँबा के लिये रेखीय बढ़ाव तथा सिलिकॉन के लिये चरघातांकी बढ़ाव
(c) ताँबा के लिये रेखीय बढ़ाव तथा सिलिकॉन के लिये चरघातांकी घटाव
(d) ताँबा के लिये रेखीय घटाव तथा सिलिकॉन के लिये रेखीय घटाव

15. दो एकसमान तार A व B प्रत्येक की लम्बाई l, में समान धारा I प्रवाहित है। A को मोड़कर R त्रिज्या का एक वृत्त और B को मोड़कर भुजा a का एक वर्ग बनाया जाता है। यदि B_A तथा B_B क्रमश: वृत्त के केन्द्र तथा वर्ग के केन्द्र पर चुम्बकीय क्षेत्र हैं, तब अनुपात $\frac{B_A}{B_B}$ होगा

(a) $\frac{\pi^2}{8}$ (b) $\frac{\pi^2}{16\sqrt{2}}$ (c) $\frac{\pi^2}{16}$ (d) $\frac{\pi^2}{8\sqrt{2}}$

16. दो चुम्बकीय पदार्थ A तथा B के लिये हिस्टेरेसिस-लूप नीचे दिखाये गये हैं

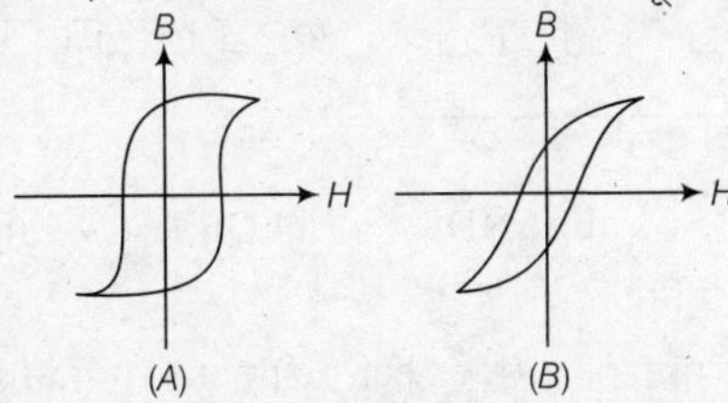

इन पदार्थों का चुम्बकीय उपयोग विद्युत-जेनेरेटर के चुम्बक, ट्रान्सफॉर्मर की क्रोड एवं विद्युत-चुम्बक की क्रोड आदि के बनाने में किया जाता है। तब यह उचित है कि

(a) A का इस्तेमाल विद्युत-जेनेरेटर तथा ट्रान्सफॉर्मर दोनों में किया जाए
(b) A का इस्तेमाल विद्युत-चुम्बक में तथा B का विद्युत-जेनेरेटर में किया जाए
(c) A का इस्तेमाल ट्रान्सफॉर्मर में तथा B का विद्युत-जेनेरेटर में किया जाए
(d) B का इस्तेमाल विद्युत-चुम्बक तथा ट्रान्सफॉर्मर दोनों में किया जाए

17. एक आर्क लैम्प को प्रकाशित करने के लिये 80 V पर 10 A की दिष्ट धारा (DC) की आवश्यकता होती है। उसी आर्क को 220 V (rms) 50 Hz प्रत्यावर्ती धारा (AC) से चलाने के लिये श्रेणी में लगने वाले प्रेरकत्व का मान है

(a) 80 H (b) 0.08 H (c) 0.044 H (d) 0.065 H

18. निम्न प्रति क्वाण्टम वैद्युत-चुम्बकीय विकिरणों को उनकी ऊर्जा के बढ़ते हुए क्रम में लगाएँ

A. नीला प्रकाश B. पीला प्रकाश C. X-किरणें D. रेडियो तरंग

(a) D, B, A, C (b) A, B, D, C
(c) C, A, B, D (d) B, A, D, C

19. दूर स्थित 10 m ऊँचे पेड़ को एक 20 आवर्धन क्षमता वाले टेलिस्कोप से देखने पर क्या महसूस होगा?

(a) पेड़ 10 गुना ऊँचा है (b) पेड़ 10 गुना पास है
(c) पेड़ 20 गुना ऊँचा है (d) पेड़ 10 गुना पास है

20. एक पिन-होल कैमरा की लम्बाई L है तथा छिद्र की त्रिज्या a है। उस पर λ तरंगदैर्ध्य का समान्तर प्रकाश आपतित है। छिद्र के सामने वाली सतह पर बने स्पॉट का विस्तार छिद्र के ज्यामितीय आकार तथा विवर्तन के कारण हुए विस्तार का कुल योग है। इस स्पॉट का न्यूनतम आकार $b_{\min}$ तब होगा जब

(a) $a = \frac{\lambda^2}{L}$ तथा $b_{\min} = \left(\frac{2\lambda^2}{L}\right)$ (b) $a = \sqrt{\lambda L}$ तथा $b_{\min} = \left(\frac{2\lambda^2}{L}\right)$
(c) $a = \sqrt{\lambda L}$ तथा $b_{\min} = \sqrt{4\lambda L}$ (d) $a = \frac{\lambda^2}{L}$ तथा $b_{\min} = \sqrt{4\lambda L}$

21. एक फोटो-सेल पर λ तरंगदैर्ध्य का प्रकाश आपतित है। उत्सर्जित इलेक्ट्रॉन की अधिकतम गति v है। यदि तरंगदैर्ध्य $\frac{3\lambda}{4}$ हो तब उत्सर्जित इलेक्ट्रॉन की अधिकतम गति होगी

(a) $> v\left(\frac{4}{3}\right)^{1/2}$ (b) $< v\left(\frac{4}{3}\right)^{1/2}$ (c) $= v\left(\frac{4}{3}\right)^{1/2}$ (d) $= v\left(\frac{3}{4}\right)^{1/2}$

22. दो रेडियोधर्मी तत्व A तथा B की अर्द्धआयु क्रमशः 20 min तथा 40 min हैं। प्रारम्भ में दोनों के नमूनों में नाभिकों की संख्या बराबर है। 80 min के उपरान्त A तथा B के क्षय हुए नाभिकों की संख्या का अनुपात होगा

(a) 1 : 16 (b) 4 : 1 (c) 1 : 4 (d) 5 : 4

23. एक गेट में a, b, c, d इनपुट हैं और x आऊटपुट है। तब दिये गये टाइम-ग्राफ के अनुसार गेट है

(a) (b)

(c) (d)

(x)

(a) NOT (b) AND (c) OR (d) NAND

24. सही कथन चुनिये

(a) आयाम मॉडुलन में उच्च आवृत्ति की वाहक तरंग के आयाम में बदलाव ध्वनि सिग्नल के आयामं के अनुपाती है

(b) आयाम मॉडुलन में उच्च आवृत्ति की वाहक तरंग की आवृत्ति में बदलाव ध्वनि सिग्नल के आयाम के अनुपाती है

(c) आवृत्ति मॉडुलन में उच्च आवृत्ति की वाहक तरंग के आयाम में बदलाव ध्वनि सिग्नल के आयाम के अनुपाती है

(d) आवृत्ति मॉडुलन में उच्च-आवृत्ति की वाहक तरंग की आयाम में बदलाव ध्वनि सिग्नल की आवृत्ति के अनुपाती है

25. एक स्क्रू-गेज का पिच 0.5 mm है और उसके वृत्तीय-स्केल पर 50 भाग हैं। इसके द्वारा एक पतली एल्युमीनियम शीट की मोटाई मापी गई। माप लेने के पूर्व यह पाया गया कि जब स्क्रू-गेज के दो जॉबों को सम्पर्क में लाया जाता है तब 45 वाँ भाग मुख्य स्केल लाईन के सम्पाती होता है और मुख्य स्केल का शून्य (0) मुश्किल से दिखता है। मुख्य स्केल का पाठ्याँक यदि 0.5 mm तथा 25 वाँ भाग मुख्य स्केल लाईन के सम्पाती हो, तो शीट की मोटाई क्या होगी?

(a) 0.75 mm (b) 0.80 mm (c) 0.70 mm (d) 0.50 mm

26. दोनों सिरों पर खुले एक पाइप की वायु में मूल-आवृत्ति f है। पाइप को ऊर्ध्वाधर उसकी आधी-लम्बाई तक पानी में डुबाया जाता है, तब इसमें बचे वायु-कॉलम की मूल आवृत्ति होगी

(a) $f/2$ (b) $3f/4$ (c) $2f$ (d) f

27. एक गैल्वेनोमीटर के कॉइल का प्रतिरोध 100 Ω है। 1 mA धारा प्रवाहित करने पर इसमें फुल-स्केल विक्षेप मिलता है। इस गैल्वेनोमीटर को 10 A के एमीटर में बदलने के लिये जो प्रतिरोध लगाना होगा, वह है

(a) 0.01 Ω (b) 2 Ω (c) 0.1 Ω (d) 3 Ω

28. एक प्रयोग करके तथा i- δ ग्राफ बनाकर एक काँच से बने प्रिज्म का अपवर्तनांक निकाला जाता है। जब एक किरण को 35° पर आपतित करने पर वह 40° से विचलित होती है तथा यह 79° पर निर्गम होती है। इस स्थिति में निम्न में से कौन-सा मान अपवर्तनांक के अधिकतम मान के सबसे पास है?

(a) 1.5 (b) 1.6 (c) 1.7 (d) 1.8

29. चित्र (a),(b),(c),(d) देखकर निर्धारित करें कि ये चित्र क्रमशः किन सेमीकण्डक्टर डिवाईस के अभिलाक्षणिक ग्राफ हैं?

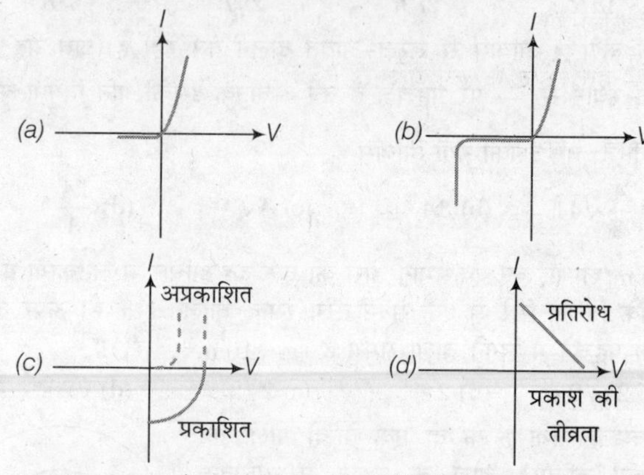

(a) साधारण डायोड, जीनर डायोड, सोलर सेल, LDR (लाईट डिपेन्डेन्ट रेजिस्टेन्स)

(b) जीनर डायोड, साधारण डायोड, LDR (लाईट डिपेन्डेन्ट रेजिस्टेन्स), सोलर सेल

(c) सोलर सेल, LDR (लाईट डिपेन्डेन्ट रेजिस्टेन्स), जीनर डायोड, साधारण डायोड

(d) जीनर डायोड, सोलर सेल, साधारण डायोड, LDR (लाईट डिपेन्डेन्ट रेजिस्टेन्स)

30. उभयनिष्ठ-उत्सर्जक विन्यास के लिये α तथा β के बीच निम्न में से कौन-सा सम्बन्ध गलत है? α तथा β चिह्न सामान्य मतलब वाले हैं

(a) $\frac{1}{\alpha} = \frac{1}{\beta} + 1$ (b) $\alpha = \frac{\beta}{1-\beta}$ (c) $\alpha = \frac{\beta}{1+\beta}$ (d) $\alpha = \frac{\beta^2}{1+\beta^2}$

रसायन विज्ञान

31. एक गर्म फिलामेन्ट से निकली इलेक्ट्रॉन धारा को V esu के विभवान्तर पर रखे दो आवेशित प्लेटों के बीच से भेजा जाता है। यदि इलेक्ट्रॉन के आवेश तथा संहति क्रमशः e तथा m हों तो $\frac{h}{\lambda}$ का मान निम्न में से किसके द्वारा दिया जाएगा? (जब इलेक्ट्रॉन तरंग से सम्बन्धित तरंगदैर्ध्य λ है)

(a) $2meV$

(b) $\sqrt{meV}$

(c) $\sqrt{2meV}$

(d) meV

32. मेथेनॉल में 2-क्लोरो-2-मेथिलपेन्टेन, सोडियम मेथॉक्साइड के साथ अभिक्रिया करके देती है

I. $C_2H_5CH_2C(CH_3)_2—OCH_3$ II. $C_2H_5CH_2C(CH_3)=CH_2$

III. $C_2H_5CH=C(CH_3)—CH_3$

(a) I तथा III (b) मात्र III (c) I तथा II (d) उपरोक्त सभी

33. निम्न में से कौन-सा यौगिक धात्विक तथा फेरोमैगनेटिक (लौह चुम्बकीय) है?
(a) CrO_2 (b) VO_2 (c) MnO_2 (d) TiO_2

34. निम्न घनत्व के पॉलिथीन के सम्बन्ध में निम्न में से कौन-सा कथन गलत है?
(a) यह विद्युत का हीन चालक है।
(b) इसमें डाइऑक्सीजन अथवा परॉक्साइड इनीसियेटर (प्रारम्भिक) उत्प्रेरक के रूप में चाहिए।
(c) यह बकेट (बाल्टी), डस्ट-बिन, आदि के उत्पादन में प्रयुक्त होती है।
(d) इसके संश्लेषण में उच्च दाब की आवश्यकता होती है।

35. फ्रॉयन्डलिक अधिशोषण समतापी वक्र में $\log\left(\frac{x}{m}\right)$ तथा $\log p$ के बीच खींचे गए रेखीय प्लॉट के लिए निम्न में से कौन-सा कथन सही है? (k तथा n स्थिरांक हैं)
(a) $\frac{1}{n}$ इन्टरसेप्ट के रूप में आता है
(b) मात्र $\frac{1}{n}$ स्लोप के रूप में आता है
(c) $\log\left(\frac{1}{n}\right)$ इन्टरसेप्ट के रूप में आता है
(d) k तथा $\frac{1}{n}$ दोनों ही स्लोप पद में आते हैं

36. कार्बन तथा कार्बन मोनॉक्साइड की दहन ऊष्माएँ क्रमश: – 393.5 तथा – 283.5 kJ mol^{-1} हैं। कार्बन मोनॉक्साइड की सम्भवन ऊष्मा (kJ में) प्रति मोल होगी
(a) 676.5 (b) –676.5 (c) –110.5 (d) 110.5

37. नीचे दी गई फिगर में बुन्सन फ्लेम का सर्वाधिक गर्म भाग है

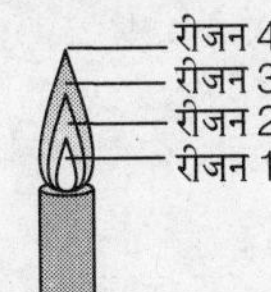

(a) रीजन 2 (b) रीजन 3 (c) रीजन 4 (d) रीजन 1

38. निम्न में से कौन-सा एनाइनिक डिटरजेंन्ट है?
(a) सोडियम लारिल सल्फेट (b) सेटिलट्राइमीथेल अमोनियम ब्रोमाइड
(c) ग्लिसरिल ओलिएट (d) सोडियम स्टीअरेट

39. 18 g ग्लूकोस ($C_6H_{12}O_6$) को 178.2 g पानी में मिलाया जाता है। इस जलीय विलयन के लिए जल का वाष्प दाब (torr में) होगा
(a) 76.0 (b) 752.4 (c) 759.0 (d) 7.6

40. साबुन उद्योग में भुक्तशेष लाइ (स्पेन्ट लाई) से ग्लिसरॉल पृथक् करने के लिए सबसे उपयुक्त आसवन विधि है
(a) प्रभाजी आसवन (b) वाष्प आसवन
(c) समानीत दाब पर आसवन (d) सामान्य आसवन

41. वह स्पीशीज़, जिसमें N परमाणु *sp*-संकरण की अवस्था में है, होगी
(a) NO_2^- (b) NO_3^- (c) NO_2 (d) NO_2^+

42. H_2O_2 का विघटन एक प्रथम कोटि की अभिक्रिया है। पचास मिनट में इस प्रकार के विघटन में H_2O_2 की सान्द्रता घटकर 0.5 से 0.125 M हो जाती है। जब H_2O_2 की सान्द्रता 0.05 M पहुँचती है, तो O_2 के बनने की दर होगी
(a) 6.93×10^{-4} mol min^{-1} (b) 2.66 L min^{-1} (STP पर)
(c) 1.34×10^{-2} mol min^{-1} (d) 6.93×10^{-2} mol min^{-1}

43. एक ही चुम्बकीय आघूर्ण का युग्म है
[At. no. Cr = 24, Mn = 25, Fe = 26, Co = 27]
(a) $[Cr(H_2O)_6]^{2+}$ तथा $[Fe(H_2O)_6]^{2+}$
(b) $[Mn(H_2O)_6]^{2+}$ तथा $[Cr(H_2O)_6]^{2+}$
(c) $[CoCl_4]^{2-}$ तथा $[Fe(H_2O)_6]^{2+}$
(d) $[Cr(H_2O)_6]^{2+}$ तथा $[CoCl_4]^{2-}$

44. दिए गए यौगिक का निरपेक्ष विन्यास है

CO_2H
H—┼—OH
H—┼—Cl
CH_3

(a) (2 *S*, 3 *R*) (b) (2 *S*, 3 *S*)
(c) (2 *R*, 3 *R*) (d) (2 *R*, 3 *S*)

45. तापमान 298 K पर, एक अभिक्रिया $A + B \rightleftharpoons C + D$ के लिए साम्य स्थिरांक 100 है। यदि प्रारम्भिक सान्द्रता सभी चारों स्पीशीज़ में से प्रत्येक की 1 M होती, तो D की साम्य सान्द्रता (mol L^{-1} में) होगी
(a) 0.818 (b) 1.818 (c) 1.182 (d) 0.182

46. फ्रॉथ फ्लोटेशन विधि द्वारा निम्न में से कौन-सा अयस्क सर्वाधिक रूप से सान्द्रित किया जा सकता है?
(a) सिडेराइट (b) गैलेना
(c) मैलाकाइट (d) मैग्नेटाइट

47. 300 K तथा 1 atm दाब पर, 15 mL गैसीय हाइड्रोकार्बन के पूर्ण दहन के लिए 375 mL वायु, जिसमें आयतन के आधार पर 20% ऑक्सीजन है, की आवश्यकता होती है। दहन के बाद गैसें 330 mL घेरती हैं। यह मानते हुए कि बना हुआ जल द्रव रूप में है तथा उसी तापमान एवं दाब पर आयतनों की माप की गई है तो हाइड्रोकार्बन का फॉर्मूला है
(a) C_3H_8 (b) C_4H_8 (c) C_4H_{10} (d) C_3H_6

48. वह युग्म जिनमें फॉस्फोरस परमाणुओं की फॉर्मल ऑक्सीकरण अवस्था +3 है, हैं
(a) पायरोफॉस्फोरस तथा हाइपोफॉस्फोरिक एसिड
(b) ऑर्थोफॉस्फोरस तथा हाइपोफॉस्फोरिक एसिड
(c) पायरोफॉस्फोरस तथा पायरोफॉस्फोरिक एसिड
(d) ऑर्थोफॉस्फोरस तथा पायरोफॉस्फोरस एसिड

49. निम्न में से कौन-सा कॉम्प्लेक्स प्रकाशिक समावयवता प्रदर्शित करेगा?
(a) *cis* $[Co(en)_2Cl_2]Cl$ (b) *trans* $[Co(en)_2Cl_2]Cl$
(c) $[Co(NH_3)_4Cl_2]Cl$ (d) $[Co(NH_3)_3Cl_3]$
(en = ethylenediamine)

50. तनु तथा सान्द्र नाइट्रिक एसिड के साथ जिंक की अभिक्रिया द्वारा क्रमश: उत्पन्न होते हैं
(a) NO_2 तथा NO (b) NO तथा N_2O
(c) NO_2 तथा N_2O (d) N_2O तथा NO_2

51. जल के सम्बन्ध में निम्न कथनों में से कौन-सा एक गलत है?
(a) जल, अम्ल तथा क्षारक दोनों ही रूप में कार्य कर सकता है
(b) इसके संघनित प्रावस्था में विस्तीर्ण अन्त:अणुक हाइड्रोजन आबन्ध होते हैं
(c) भारी जल द्वारा बना बर्फ सामान्य जल में डूबता है
(d) प्रकाश-संश्लेषण में जल ऑक्सीकृत होकर ऑक्सीजन देता है

52. भूमिगत झील से प्राप्त जल प्रतिदर्श में फ्लोराइड, लेड, नाइट्रेट तथा आयरन की सान्द्रता क्रमशः 1000 ppb, 40 ppb, 100 ppm तथा 0.2 ppm पाई गई। यह जल निम्न में से किसकी उच्च सान्द्रता से पीने योग्य नहीं है?

(a) लेड (b) नाइट्रेट (c) आयरन (d) फ्लोराइड

53. हवा के आधिक्य में Li, Na और K के दहन पर बनने वाली मुख्य ऑक्साइड क्रमशः हैं

(a) LiO_2, Na_2O_2 तथा K_2O (b) Li_2O_2, Na_2O_2 तथा KO_2
(c) Li_2O, Na_2O_2 तथा KO_2 (d) Li_2O, Na_2O तथा KO_2

54. थायोल ग्रुप जिसमें उपस्थित है, वह है

(a) सिस्टिन (b) सिस्टीन
(c) मेथाइओनीन (d) साइटोसीन

55. गैल्वनाइजेशन निम्न में से किसके कोट से होता है?

(a) Cr (b) Cu (c) Zn (d) Pb

56. निम्न परमाणुओं में किसकी प्रथम आयनन ऊर्जा उच्चतम है?

(a) Na (b) K (c) Sc (d) Rb

57. हॉफमान ब्रोमामाइड निम्नीकरण अभिक्रिया में NaOH तथा Br_2 के प्रयुक्त मोलों की संख्या प्रतिमोल ऐमीन के बनने में होगी

(a) चार मोल NaOH तथा दो मोल Br_2
(b) दो मोल NaOH तथा दो मोल Br_2
(c) चार मोल NaOH तथा एक मोल Br_2
(d) एक मोल NaOH तथा एक मोल Br_2

58. समान आयतन (V) के दो बन्द बल्ब, जिनमें एक आदर्श गैस प्रारम्भिक दाब p_i तथा ताप T_1 पर भरी गई है, एक नगण्य आयतन की पतली ट्यूब से जुड़े हैं जैसा कि नीचे के चित्र में दिखाया गया है। फिर इनमें से एक बल्ब का ताप बढ़ाकर T_2 कर दिया जाता है। अन्तिम दाब p_f है

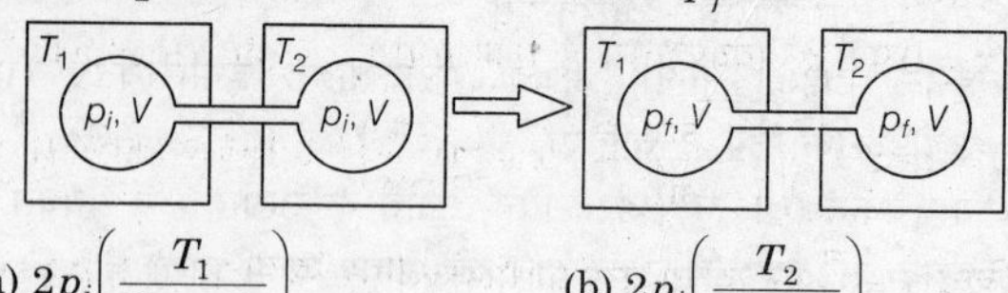

(a) $2p_i\left(\frac{T_1}{T_1+T_2}\right)$ (b) $2p_i\left(\frac{T_2}{T_1+T_2}\right)$
(c) $2p_i\left(\frac{T_1T_2}{T_1+T_2}\right)$ (d) $p_i\left(\frac{T_1T_2}{T_1+T_2}\right)$

59. प्रोपीन की HOCl ($Cl_2 + H_2O$) के साथ अभिक्रिया जिस मध्यवर्ती से होकर सम्पन्न होती है, वह है

(a) $CH_3-\overset{+}{C}H-CH_2-Cl$ (b) $CH_3-CH(OH)-\overset{+}{C}H_2$
(c) $CH_3-CHCl-\overset{+}{C}H_2$ (d) $CH_3-\overset{+}{C}H-CH_2-OH$

60. नीचे दी गई अभिक्रिया के लिए उत्पाद होगा

$\xrightarrow[\text{(ii) } H_2O/K_2CO_3]{\text{(i) NBS}/h\nu} X$

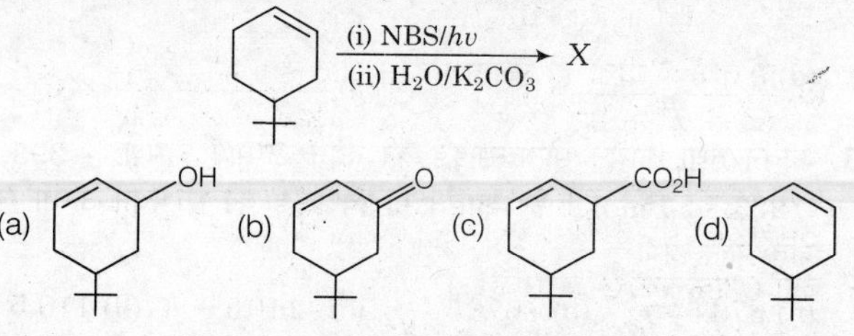

गणित

61. यदि $f(x) + 2f\left(\frac{1}{x}\right) = 3x$, $x \neq 0$ तथा $S = \{x \in R : f(x) = f(-x)\}$ है; तो S

(a) एक रिक्त समुच्चय है (b) में केवल एक अवयव है
(c) में तथ्यतः दो अवयव हैं (d) में दो से अधिक अवयव हैं

62. θ का वह एक मान जिसके लिए $\frac{2+3i\sin\theta}{1-2i\sin\theta}$ पूर्णतः काल्पनिक है, है

(a) $\frac{\pi}{3}$ (b) $\frac{\pi}{6}$ (c) $\sin^{-1}\left(\frac{\sqrt{3}}{4}\right)$ (d) $\sin^{-1}\left(\frac{1}{\sqrt{3}}\right)$

63. x के उन सभी वास्तविक मानों का योग जो समीकरण $(x^2-5x+5)^{x^2+4x-60} = 1$ को सन्तुष्ट करते हैं, है

(a) 3 (b) – 4 (c) 6 (d) 5

64. यदि $A = \begin{bmatrix} 5a & -b \\ 3 & 2 \end{bmatrix}$ तथा $A \text{ adj } A = AA^T$ हैं, तो $5a + b$ बराबर है

(a) – 1 (b) 5 (c) 4 (d) 13

65. रैखिक समीकरण निकाय

$$x + \lambda y - z = 0$$
$$\lambda x - y - z = 0$$
$$x + y - \lambda z = 0$$

का एक अतुच्छ हल होने के लिए

(a) λ के अनन्त मान हैं (b) λ का तथ्यतः एक मान है
(c) λ के तथ्यतः दो मान हैं (d) λ के तथ्यतः तीन मान हैं

66. शब्द SMALL के अक्षरों का प्रयोग करके, पाँच अक्षरों वाले सभी शब्दों (अर्थपूर्ण अथवा अर्थहीन) को शब्दकोश के क्रमानुसार रखने पर, शब्द SMALL का स्थान है

(a) 46वाँ (b) 59वाँ (c) 52वाँ (d) 58वाँ

67. यदि $\left(1-\frac{2}{x}+\frac{4}{x^2}\right)^n$, $x \neq 0$ के प्रसार में पदों की संख्या 28 है, तो इस प्रसार में आने वाले सभी पदों के गुणांकों का योग है

(a) 64 (b) 2187 (c) 243 (d) 729

68. यदि एक अचरेतर समान्तर श्रेढ़ी का दूसरा, 5वाँ तथा 9वाँ पद एक गुणोत्तर श्रेढ़ी में हैं, तो उस गुणोत्तर श्रेढ़ी का सार्वअनुपात है

(a) 8/4 (b) 4/3 (c) 1 (d) 7/4

69. यदि श्रेणी $\left(1\frac{3}{5}\right)^2 + \left(2\frac{2}{5}\right)^2 + \left(3\frac{1}{5}\right)^2 + 4^2 + \left(4\frac{4}{5}\right)^2 + \ldots$, के प्रथम दस पदों का योग $\frac{16}{5}m$ है, तो m बराबर है

(a) 102 (b) 101 (c) 100 (d) 99

70. माना $p = \lim_{x \to 0^+} (1+\tan^2\sqrt{x})^{1/2x}$ है, तो $\log p$ बराबर है

(a) 2 (b) 1 (c) 1/2 (d) 1/4

71. $x \in R$ के लिए $f(x) = |\log 2 - \sin x|$ तथा $g(x) = f(f(x))$ हैं, तो

(a) $x = 0$ पर g अवकलनीय नहीं है

(b) $g'(0) = \cos(\log 2)$ है

(c) $g'(0) = -\cos(\log 2)$ है

(d) $x = 0$ पर g अवकलनीय है तथा $g'(0) = -\sin(\log 2)$ है

72. $f(x) = \tan^{-1}\left(\sqrt{\frac{1+\sin x}{1-\sin x}}\right), x \in \left(0, \frac{\pi}{2}\right)$ पर विचार कीजिए। $y = f(x)$ के बिन्दु $x = \frac{\pi}{6}$ पर खींचा गया अभिलम्ब निम्न बिन्दु से भी होकर जाता है

(a) $(0, 0)$ (b) $\left(0, \frac{2\pi}{3}\right)$ (c) $\left(\frac{\pi}{6}, 0\right)$ (d) $\left(\frac{\pi}{4}, 0\right)$

73. 2 इकाई लम्बी एक तार को दो भागों में काटकर उन्हें क्रमशः x इकाई भुजा वाले वर्ग तथा r इकाई त्रिज्या वाले वृत्त के रूप में मोड़ा जाता है। यदि बनाए गए वर्ग तथा वृत्त के क्षेत्रफलों का योग न्यूनतम है, तो

(a) $2x = (\pi + 4)r$ (b) $(4 - \pi)x = \pi r$

(c) $x = 2r$ (d) $2x = r$

74. समाकल $\int \frac{2x^{12} + 5x^9}{(x^5 + x^3 + 1)^3}\, dx$ बराबर है

(a) $\frac{-x^5}{(x^5 + x^3 + 1)^2} + C$ (b) $\frac{x^{10}}{2(x^5 + x^3 + 1)^2} + C$

(c) $\frac{x^5}{2(x^5 + x^3 + 1)^2} + C$ (d) $\frac{-x^{10}}{2(x^5 + x^3 + 1)^2} + C$

जहाँ C एक स्वेच्छ अचर है।

75. $\lim_{n \to \infty} \left(\frac{(n+1)(n+2)\ldots 3n}{n^{2n}}\right)^{1/n}$ बराबर है

(a) $\frac{18}{e^4}$ (b) $\frac{27}{e^2}$ (c) $\frac{9}{e^2}$ (d) $3 \log 3 - 2$

76. क्षेत्र $\{(x, y) : y^2 \ge 2x$ तथा $x^2 + y^2 \le 4x$, $x \ge 0, y \ge 0\}$ का क्षेत्रफल (वर्ग इकाइयों में) है

(a) $\pi - \frac{4}{3}$ (b) $\pi - \frac{8}{3}$ (c) $\pi - \frac{4\sqrt{2}}{3}$ (d) $\frac{\pi}{2} - \frac{2\sqrt{2}}{3}$

77. यदि एक वक्र $y = f(x)$ बिन्दु $(1, -1)$ से होकर जाता है तथा अवकल समीकरण $y(1 + xy)\, dx = x\, dy$ को सन्तुष्ट करता है, तो $f\left(-\frac{1}{2}\right)$ बराबर है

(a) $-\frac{2}{5}$ (b) $-\frac{4}{5}$ (c) $\frac{2}{5}$ (d) $\frac{4}{5}$

78. यदि एक समचतुर्भुज की दो भुजाएँ, रेखाओं $x - y + 1 = 0$ तथा $7x - y - 5 = 0$ की दिशा में हैं तथा इसके विकर्ण बिन्दु $(-1, -2)$ पर प्रतिच्छेद करते हैं, तो इस समचतुर्भुज का निम्न में से कौन-सा शीर्ष है?

(a) $(-3, -9)$ (b) $(-3, -8)$ (c) $\left(\frac{1}{3}, -\frac{8}{3}\right)$ (d) $\left(-\frac{10}{3}, -\frac{7}{3}\right)$

79. उन वृत्तों के केन्द्र, जो वृत्त $x^2 + y^2 - 8x - 8y - 4 = 0$ को बाह्य रूप से स्पर्श करते हैं तथा X-अक्ष को भी स्पर्श करते हैं, स्थित हैं

(a) एक वृत्त पर (b) एक दीर्घवृत्त पर जो वृत्त नहीं है

(c) एक अतिपरवलय पर (d) एक परवलय पर

80. यदि समीकरण $x^2 + y^2 - 4x + 6y - 12 = 0$ द्वारा प्रदत्त एक वृत्त का एक व्यास एक अन्य वृत्त S, जिसका केन्द्र $(-3, 2)$ है, की जीवा है, तो वृत्त S की त्रिज्या है

(a) $5\sqrt{2}$ (b) $5\sqrt{3}$ (c) 5 (d) 10

81. माना परवलय $y^2 = 8x$ का P एक ऐसा बिन्दु है जो वृत्त $x^2 + (y + 6)^2 = 1$, के केन्द्र C से न्यूनतम दूरी पर है, तो उस वृत्त का समीकरण जो C से होकर जाता है तथा जिसका केन्द्र P पर है, है

(a) $x^2 + y^2 - 4x + 8y + 12 = 0$ (b) $x^2 + y^2 - x + 4y - 12 = 0$

(c) $x^2 + y^2 - \frac{x}{4} + 2y - 24 = 0$ (d) $x^2 + y^2 - 4x + 9y + 18 = 0$

82. उस अतिपरवलय, जिसके नाभिलम्ब की लम्बाई 8 है तथा जिसके संयुग्मी अक्ष की लम्बाई उसकी नाभियों के बीच की दूरी की आधी है, की उत्केन्द्रता है

(a) $\frac{4}{3}$ (b) $\frac{4}{\sqrt{3}}$ (c) $\frac{2}{\sqrt{3}}$ (d) $\sqrt{3}$

83. बिन्दु $(1, -5, 9)$ की समतल $x - y + z = 5$ से वह दूरी जो रेखा $x = y = z$ की दिशा में मापी गई है, है

(a) $3\sqrt{10}$ (b) $10\sqrt{3}$ (c) $\frac{10}{\sqrt{3}}$ (d) $\frac{20}{3}$

84. यदि रेखा $\frac{x-3}{2} = \frac{y+2}{-1} = \frac{z+4}{3}$, समतल $lx + my - z = 9$ में स्थित है, तो $l^2 + m^2$ बराबर है

(a) 26 (b) 18 (c) 5 (d) 2

85. माना $\hat{\mathbf{a}}, \hat{\mathbf{b}}$ तथा $\hat{\mathbf{c}}$ तीन ऐसे इकाई (unit) सदिश हैं कि $\hat{\mathbf{a}} \times (\hat{\mathbf{b}} \times \hat{\mathbf{c}}) = \frac{\sqrt{3}}{2}(\hat{\mathbf{b}} + \hat{\mathbf{c}})$ है। यदि $\hat{\mathbf{b}}, \hat{\mathbf{c}}$ के समान्तर नहीं है, तो $\hat{\mathbf{a}}$ तथा $\hat{\mathbf{b}}$ के बीच का कोण है

(a) $\frac{3\pi}{4}$ (b) $\frac{\pi}{2}$ (c) $\frac{2\pi}{3}$ (d) $\frac{5\pi}{6}$

86. यदि संख्याओं 2, 3, a तथा 11 का मानक विचलन 3.5 है, तो निम्न में से कौन-सा विकल्प सत्य है?

(a) $3a^2 - 26a + 55 = 0$ (b) $3a^2 - 32a + 84 = 0$

(c) $3a^2 - 34a + 91 = 0$ (d) $3a^2 - 23a + 44 = 0$

87. माना दो अनभिनत छः फलकीय पासे A तथा B एक साथ उछाले गए। माना घटना E_1 पासे A पर चार आना दर्शाती है, घटना E_2 पासे B पर 2 आना दर्शाती है तथा घटना E_3 दोनों पासों पर आने वाली संख्याओं का योग विषम दर्शाती है, तो निम्न में से कौन-सा कथन सत्य नहीं है?

(a) E_1 तथा E_2 स्वतन्त्र हैं (b) E_2 तथा E_3 स्वतन्त्र हैं

(c) E_1 तथा E_3 स्वतन्त्र हैं (d) E_1, E_2 तथा E_3 स्वतन्त्र हैं

88. यदि $0 \le x < 2\pi$ है, तो x के उन वास्तविक मानों की संख्या जो समीकरण

$$\cos x + \cos 2x + \cos 3x + \cos 4x = 0$$

को सन्तुष्ट करते हैं, है

(a) 3 (b) 5 (c) 7 (d) 9

89. एक व्यक्ति एक ऊर्ध्वाधर खम्भे की ओर एक सीधे पथ पर एकसमान चाल से जा रहा है। रास्ते पर एक बिन्दु A से वह खम्भे के शिखर का उन्नयन कोण 30° मापता है। A से उसी दिशा में 10 मिनट और चलने के बाद बिन्दु B से वह खम्भे के शिखर का उन्नयन कोण 60° पाता है, तो B से खम्भे तक पहुँचने में उसे लगने वाला समय (मिनटों में) है

(a) 6 (b) 10 (c) 20 (d) 5

90. बूलियन के व्यंजक (Boolean Expression) $(p \wedge \sim q) \vee q \vee (\sim p \wedge q)$ का समतुल्य है

(a) $\sim p \wedge q$ (b) $p \wedge q$

(c) $p \vee q$ (d) $p \vee \sim q$

सही उत्तर

भौतिकी

1. (a)	**2.** (b,d)	**3.** (c)	**4.** (d)	**5.** (a)	**6.** (d)	**7.** (a)	**8.** (b)	**9.** (a)	**10.** (d)
11. (c)	**12.** (a)	**13.** (c)	**14.** (c)	**15.** (d)	**16.** (d)	**17.** (d)	**18.** (a)	**19.** (c)	**20.** (c)
21. (a)	**22.** (d)	**23.** (c)	**24.** (b)	**25.** (c)	**26.** (d)	**27.** (a)	**28.** (a)	**29.** (a)	**30.** (a,c)

रसायन विज्ञान

31. (c)	**32.** (d)	**33.** (a)	**34.** (c)	**35.** (b)	**36.** (c)	**37.** (a)	**38.** (a)	**39.** (b)	**40.** (c)
41. (d)	**42.** (a)	**43.** (a)	**44.** (a)	**45.** (b)	**46.** (b)	**47.** (*)	**48.** (d)	**49.** (a)	**50.** (d)
51. (b)	**52.** (b)	**53.** (c)	**54.** (b)	**55.** (c)	**56.** (c)	**57.** (c)	**58.** (b)	**59.** (a)	**60.** (a)

गणित

61. (c)	**62.** (d)	**63.** (a)	**64.** (b)	**65.** (d)	**66.** (d)	**67.** (d)	**68.** (b)	**69.** (b)	**70.** (c)
71. (b)	**72.** (b)	**73.** (c)	**74.** (b)	**75.** (b)	**76.** (b)	**77.** (d)	**78.** (c)	**79.** (d)	**80.** (b)
81. (a)	**82.** (c)	**83.** (b)	**84.** (d)	**85.** (d)	**86.** (b)	**87.** (d)	**88.** (c)	**89.** (d)	**90.** (c)

संकेत एवं हल

भौतिक विज्ञान

1. *(a)* दोलित सरल लोलक की अंकगणितीय मूल स्थिति

$$= \frac{\Sigma x_i}{N} = \frac{90 + 91 + 92 + 95}{4} = 92 \text{ सेकण्ड}$$

सरल लोलक का माध्य विचलन

$$= \frac{\Sigma |\bar{x} - x_i|}{N} = \frac{2 + 1 + 3 + 0}{4} = 1.5$$

दिया है, घड़ी के मापन के लिए न्यूनतम विभाजन अर्थात् सरल लोलक

$= 1$ सेकण्ड

इस प्रकार, दोलित सरल लोलक की प्रतिवेदित माध्य स्थिति

$= (92 \pm 2)$ सेकण्ड

2. *(b, d)* a भुजा वाले वर्ग के चारों ओर चक्कर लगा रहे m द्रव्यमान के कण के लिए

मूल बिन्दु L के सापेक्ष कोणीय संवेग

$$= \mathbf{L} = \mathbf{r} \times \mathbf{p} = r_p \sin\theta\, \hat{\mathbf{n}}$$

या $\qquad \mathbf{L} = r\,(p)\,\hat{\mathbf{n}}$

जब कण D से A की ओर जा रहा हो,

तब $\qquad \mathbf{L} = \frac{R}{\sqrt{2}}\, mv(-\hat{\mathbf{k}})$

A से B की ओर जा रहे कण के लिए, $\mathbf{L} = \frac{R}{\sqrt{2}}\, mv(-\hat{\mathbf{k}})$

एवं C से D की ओर जाने पर, $\mathbf{L} = \left(\frac{R}{\sqrt{2}} + a\right) mv\, (\hat{\mathbf{k}})$

B से C के लिए, $\mathbf{L} = \left(\frac{R}{\sqrt{2}} + a\right) mv\, (\hat{\mathbf{k}})$

अर्थात् विकल्प (b) एवं (d) असत्य हैं।

3. *(c)* पथ PQ पर ऊर्जा ह्रास $= \mu\, mg \cos\theta \times 4$

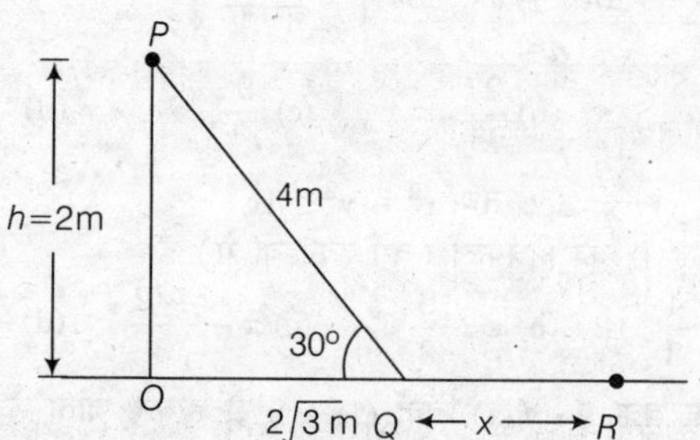

पथ QR पर ऊर्जा ह्रास $= \mu\, mgx$

अर्थात् $\mu\, mg \cos 30° \times 4 = \mu\, mgx$

$$x = 2\sqrt{3} = 3.45 \text{ m} \quad (\because \theta = 30°)$$

Q से R की ओर जाने पर कुल ऊर्जा ह्रास की, आधी ऊर्जा ह्रास होती है।

अर्थात् $\qquad \mu\, mgx = \frac{1}{2} \times mgh$

$\Rightarrow \qquad \mu x = \frac{h}{2} = \frac{2}{2} = 1 \Rightarrow \mu = \frac{1}{x} = \frac{1}{3.45}$

$\Rightarrow \qquad \mu = 0.29$

अत: घर्षण गुणांक μ और दूरी $(x = QR)$ के मान 0.29 तथा 3.45m हैं।

4. *(d)* दिया है,

भार को उठाने में दहन स्थितिज ऊर्जा $= mgh$

$$= mgh = 10 \times 9.8 \times 1 \times 1000$$

$$= 9.8 \times 10^4 \text{ जूल}$$

यदि व्यक्ति द्वारा व्यतीत द्रव्यमान m हो, तो ऊर्जा विक्षेपण

$$= m \times \frac{2}{10} \times 3.8 \times 10^7 \text{ जूल}$$

$$\Rightarrow \quad 9.8 \times 10^4 = m \times \frac{1}{5} \times 3.8 \times 10^7$$

$$\Rightarrow \quad m = \frac{5}{3.8} \times 10^{-3} \times 9.8 = 12.89 \times 10^{-3} \text{ किग्रा}$$

5. *(a)* जैसे-जैसे, पहिया आगे की ओर घूमता है, पहिए की त्रिज्या AB के सापेक्ष और घटती है। इस प्रकार, घूर्णन की समान संख्या प्राप्त करने के लिए उसे AB की ओर कम दूरी तय करनी पड़ती है, अर्थात् बायीं ओर घूमती है।

6. *(d)* दिया है,

पृथ्वी सतह से h ऊँचाई तथा R त्रिज्या पर वृत्तीय कक्षा में गति कर रहे उपग्रह के लिए $h << R$

उपग्रह का कक्षीय वेग

$$v = \sqrt{\frac{GM}{R+h}} = \sqrt{\frac{GM}{R}} \text{ जब } (h << R)$$

पलायन के लिए आवश्यक वेग

$$\frac{1}{2} mv'^2 = \frac{GMm}{R+h} \Rightarrow v' = \sqrt{\frac{2GM}{R+h}} = \sqrt{\frac{2GM}{R}} \text{ जब } (h << R)$$

$\therefore$ पृथ्वी के गुरुत्वाकर्षण क्षेत्र से पलायन करने के लिए न्यूनतम आवश्यक कक्षीय वेग

$$v' - v = \sqrt{\frac{2GM}{R}} - \sqrt{\frac{GM}{R}} = \sqrt{2gR} - \sqrt{gR} \qquad \left(\because g = \frac{GM}{R^2}\right)$$

$$= \sqrt{gR}\,(\sqrt{2} - 1)$$

7. *(a)* सरल लोलक का आवर्तकाल

$$T = 2\pi \sqrt{\frac{l}{g}}$$

जहाँ, l लोलक की लम्बाई तथा गुरूत्व के सापेक्ष त्वरण g है।

अत: लोलक के आवर्तकाल में परिवर्तन,

$$\frac{\Delta T}{T} = \frac{1}{2} \frac{\Delta l}{l}$$

जब घड़ी 12 सेकण्ड प्राप्त करती है,

$$\frac{12}{T} = \frac{1}{2} \alpha (40 - \theta) \qquad \ldots(i)$$

पुन: जब घड़ी में 4 सेकण्ड की कमी होती है

$$\frac{4}{T} = \frac{1}{2} \alpha (\theta - 20) \qquad \ldots(ii)$$

समी (i) तथा (ii) की तुलना करने पर

$$3 = \frac{40 - \theta}{\theta - 20} \Rightarrow 3\theta - 60 = 40 - \theta \Rightarrow 4\theta = 100 \Rightarrow \theta = 25°C$$

समी (i) में θ का मान रखने पर

$$\frac{12}{T} = \frac{1}{2} \alpha (40 - 25) \Rightarrow \frac{12}{24 \times 3600} = \frac{1}{2} \alpha (15)$$

$$\alpha = \frac{24}{24 \times 3600 \times 15} \Rightarrow \alpha = 1.85 \times 10^{-5} /°C$$

इस प्रकार लोलक घड़ी में रेखीय प्रसार गुणांक, $\alpha = 1.85 \times 10^{-5} /°C$

8. *(b)* बहुदैशिक प्रक्रम के लिए, आदर्श गैस की विशिष्ट ऊष्मा

$$C = \frac{R}{1-n} + C_V$$

$$\therefore \quad \frac{R}{1-n} + C_V = C \Rightarrow \frac{R}{1-n} = C - C_V$$

$$\Rightarrow \quad \frac{R}{C - C_V} = 1 - n \qquad (\text{जहाँ}, R = C_P - C_V)$$

$$\Rightarrow \quad \frac{C_p - C_V}{C - C_V} = 1 - n \Rightarrow n = 1 - \frac{C_p - C_V}{C - C_V} \Rightarrow n = \frac{C - C_p}{C - C_V}$$

अत: मोलों की संख्या, $n = \dfrac{C - C_p}{C - C_V}$

9. *(a)* T पर ताप अधिकतम होगा जब pV का गुणक महत्तम है।

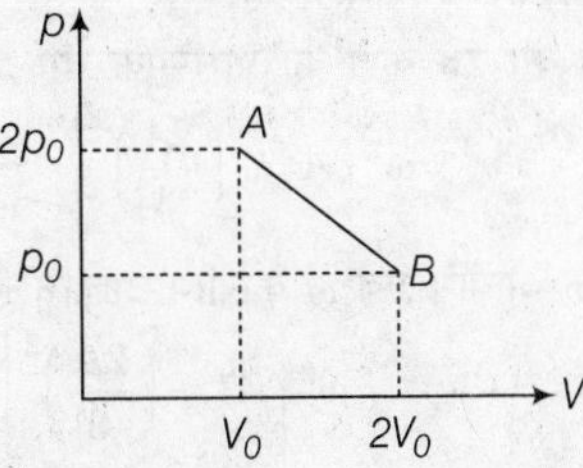

रेखा AB का समीकरण

$$y - y_1 = \frac{y_2 - y_1}{x_2 - x_1}(x - x_1) \Rightarrow p - p_0 = \frac{2p_0 - p_0}{V_0 - 2V_0}(V - 2V_0)$$

$$\Rightarrow \quad p - p_0 = \frac{-p_0}{V_0}(V - 2V_0) \Rightarrow p = \frac{-p_0}{V_0} V + 3p_0$$

$$pV = \frac{-p_0}{V_0} V^2 + 3p_0 V \Rightarrow$$

$$nRT = \frac{-p_0}{V_0} V^2 + 3p_0 V$$

$$T = \frac{1}{nR}\left(\frac{-p_0}{V_0} V^2 + 3p_0 V\right)$$

महत्तम ताप के लिए,

$$\frac{-p_0}{V_0}(2V) + 3p_0 = 0 \Rightarrow \frac{-p_0}{V_0}(2V) = -3p_0$$

$$\Rightarrow \quad V = \frac{3}{2} V_0 \qquad (\text{अधिकतम तापमान के लिए स्थिति})$$

इस प्रकार, प्रक्रम के दौरान गैसों का अधिकतम ताप होगा,

$$T_{\text{महत्तम}} = \frac{1}{nR}\left(\frac{-p_0}{V_0} \times \frac{9}{4} V_0^2 + 3p_0 \times \frac{3}{2} V_0\right)$$

$$= \frac{1}{nR}\left(-\frac{9}{4} p_0 V_0 + \frac{9}{2} p_0 V_0\right) = \frac{9}{4} \frac{p_0 V_0}{nR}$$

वैकल्पिक विधि

प्रारम्भिक एवं अन्तिम ताप बराबर हैं, अत: महत्तम ताप रेखा के मध्य बिन्दु पर होगा।

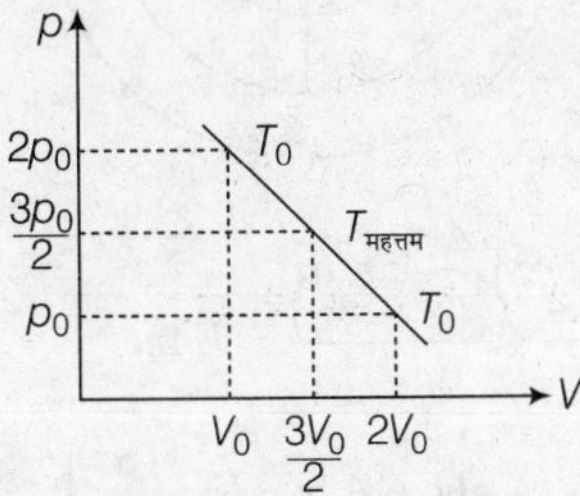

अर्थात् $\quad pV = nRT$

$$\Rightarrow \quad \frac{\left(\frac{3}{2} p_0\right)\left(\frac{3V_0}{2}\right)}{nR} = T_{\text{महत्तम}}$$

$$\Rightarrow \quad \frac{9}{4} \frac{p_0 V_0}{nR} = T_{\text{महत्तम}}$$

10. *(d)* सरल आवर्त गति में किसी भी समय कण के वेग की स्थिति को उसके विस्थापन परिवर्तन की समय-दर द्वारा परिभाषित करते हैं।

$$v = \omega\sqrt{A^2 - x^2}$$

जहाँ, ω कोणीय आवृत्ति, A आयाम तथा x कण का विस्थापन है।
माना कि, गति का नया आयाम A' है।
सरल आवर्त गति कर रहे कण का प्रारम्भिक वेग

$$v^2 = \omega^2\left[A^2 - \left(\frac{2A}{3}\right)^2\right] \quad \text{... (i)}$$

जहाँ, A प्रारम्भिक आयाम एवं ω कोणीय आवृत्ति है।

अन्तिम वेग $$(3v)^2 = \omega^2\left[A'^2 - \left(\frac{2A}{3}\right)^2\right] \quad \text{...(ii)}$$

समी (i) एवं (ii) से हम पाते हैं कि

$$\frac{1}{9} = \frac{A^2 - \frac{4A^2}{9}}{A'^2 - \frac{4A^2}{9}} \Rightarrow A' = \frac{7A}{3}$$

11. *(c)* एक 20 मीटर की एकसमान रस्सी को दृढ़ संगत (support) के सहारे लटकाया जाता है। अत: संगत तक पहुँचने में लगा समय

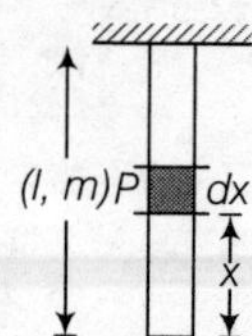

$$T = \frac{mgx}{l}$$

इसलिए, बिन्दु P पर वेग $P = \sqrt{\dfrac{\frac{mgx}{l}}{m/l}}$

अर्थात्, $$v = \sqrt{gx} \Rightarrow \frac{dx}{dt} = \sqrt{gx}$$

$$\Rightarrow \quad \int_0^{20} \frac{dx}{\sqrt{x}} = \int_0^t \sqrt{g}\,dt \Rightarrow [2\sqrt{x}]_0^{20} = \sqrt{10}\,t$$

$$\Rightarrow \quad 2\sqrt{20} = \sqrt{10}\,t \Rightarrow t = 2\sqrt{2} \text{ सेकेण्ड}$$

12. *(a)* केन्द्र से r दूरी पर गौसियन पृष्ठ

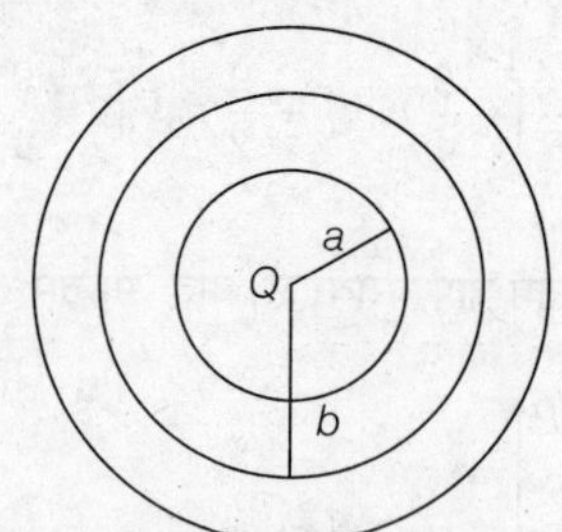

$$\frac{Q + \int_a^r \frac{A}{r} 4\pi r^2 dr}{\varepsilon_0} = E 4\pi r^2$$

$$E\, 4\pi\varepsilon_0 r^2 = Q + A\frac{4\pi}{r^2}\left(\frac{r^2 - a^2}{2}\right)$$

$$E = \frac{1}{4\pi\varepsilon_0}\left[\frac{Q}{r^2} + A\, 2\pi\left(\frac{r^2 - a^2}{r^2}\right)\right]$$

$$E = \frac{1}{4\pi\varepsilon_0}\left(\frac{Q}{r^2} + A\, 2\pi - \frac{A\, 2\pi a^2}{r^2}\right)$$

$$E = \frac{1}{4\pi\varepsilon_0} \times A \times 2\pi$$

गोलों के केन्द्र पर एक बिन्दु आवेश Q है।
A का मान विद्युतीय क्षेत्र तथा गोले के बीच स्थिर रहेगा।

अत: $$Q = 2\pi A a^2 \Rightarrow A = \frac{Q}{2\pi a^2}$$

13. *(c)* परिणामी परिपथ,

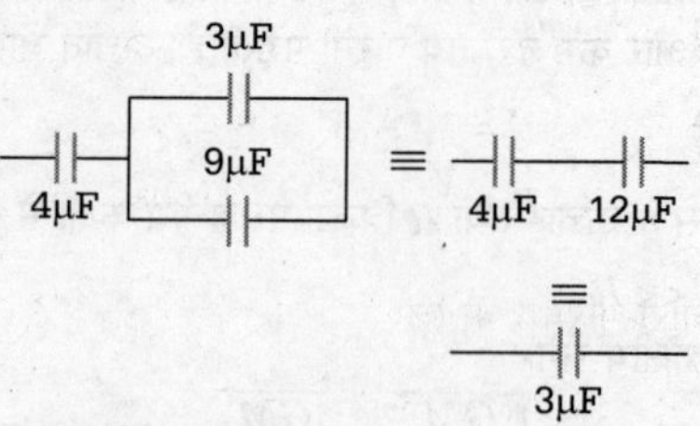

$3\mu\text{F}$ पर आवेश $= 3\mu\text{F} \times 8\text{V} = 24\mu\text{C}$

$\therefore$ $4\mu\text{F}$ पर आवेश $= 12\mu\text{F}$ पर आवेश $= 24\mu\text{C}$

$3\mu\text{F}$ पर आवेश $= 3\mu\text{F} \times 2\text{V} = 6\mu\text{C}$

$9\mu\text{F}$ पर आवेश $= 9\mu\text{F} \times 2\text{V} = 18\mu\text{C}$

$4\mu\text{F}$ पर आवेश $+$ $9\mu\text{F}$ पर आवेश $= (24 + 18)\mu\text{C} = 42\mu\text{C}$

$\therefore$ 30 मीटर दूरी पर विद्युतीय क्षेत्र $= \dfrac{9 \times 10^3 \times 42 \times 10^{-6}}{30 \times 30} = 420\text{N/C}$

14. *(c)* जैसा कि हम जानते हैं कि Cu सुचालक है, इसलिए ताप वृद्धि होने से, प्रतिरोध भी बढ़ेगा तथा Si अर्द्धचालक है इसलिए ताप वृद्धि होने से, प्रतिरोध घटेगा।

15. *(d)* R त्रिज्या वाले वृत्त में चुम्बकीय क्षेत्र

$$B_A = \frac{\mu_0 I}{2R}$$

$2\pi R = l$ (l= तार की लम्बाई)

$$R = \frac{l}{2\pi} \Rightarrow B_A = \frac{\mu_0 I}{2 \times \frac{l}{2\pi}} = \frac{\mu_0 I\pi}{l} \quad \text{...(i)}$$

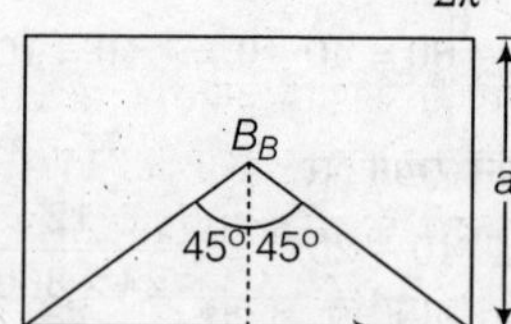

a भुजा वाले वर्ग के लिए चुम्बकीय क्षेत्र

$$B_B = 4 \times \frac{\mu_0}{4\pi} \times \frac{I}{\left(\frac{a}{2}\right)}\left(\frac{1}{\sqrt{2}} + \frac{1}{\sqrt{2}}\right) \Rightarrow B_B = \frac{4I\mu_0}{\pi a\sqrt{2}} = \frac{\mu_0 2\sqrt{2} I}{a\pi}$$

$$4a = l,\ a = \frac{l}{4} \Rightarrow B_B = \frac{8\sqrt{2}\,\mu_0 I}{\pi l} \quad \text{... (ii)}$$

समी (i) को समी (ii) से भाग देने पर

$$\frac{B_A}{B_B} = \frac{\pi^2}{8\sqrt{2}}$$

16. *(d)* **तथ्य** शैथिल्य लूप का क्षेत्र पदार्थ द्वारा अवशोषित कुल ऊर्जा प्रति आयतन के समानुपाती होता है जब चुम्बकत्व के सम्पूर्ण चक्र को लिया जाता है। विद्युत चुम्बक तथा ट्रांसफॉर्मर के लिए ऊर्जा ह्रास कम होना चाहिए। अर्थात् विरल शैथिल्यता वक्र।

अत: $|B| \to 0$ जब $H = 0$ एवं $|H|$ छोटा होना चाहिए जब $B \to 0$

17. *(d)* दिया है,

$$I = 10\,\text{A},\ V = 80\,\text{V},$$
$$R = \frac{V}{I} = \frac{80}{10} = 8\,\Omega \text{ तथा } \omega = 50\,\text{Hz}$$

प्रत्यावर्ती धारा परिपथ के लिए

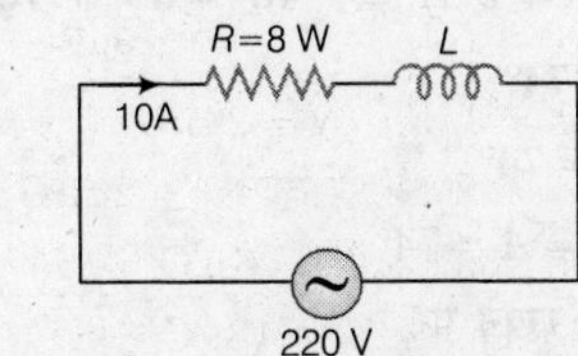

$$I = \frac{V}{\sqrt{8^2 + X_L^2}} \Rightarrow 10 = \frac{220}{\sqrt{64 + X_L^2}} \Rightarrow \sqrt{64 + X_L^2} = 22$$

दोनों ओर का वर्ग करने पर,

$$64 + X_L^2 = 484 \Rightarrow X_L^2 = 484 - 64 = 420$$
$$X_L = \sqrt{420} \Rightarrow 2\pi \times \omega L = \sqrt{420}$$

आर्क लैम्प में श्रेणीप्रेरण, $L = \frac{\sqrt{420}}{(2\pi \times 50)} = 0.065\,\text{H}$

18. *(a)* हम जानते हैं कि,

विमुक्त ऊर्जा, $E = \frac{hc}{\lambda}$

अर्थात् $E \propto \frac{1}{\lambda}$

इसलिए जितनी कम तरंगदैर्ध्य होगी, विद्युत चुम्बकीय विकिरण प्रति क्वाण्टम उतनी ही अधिक होगी।

दिया है तरंगदैर्ध्य का क्रम

एक्स-रे, V I B G Y O R, **रेडियो तरंग**

(C) (A) (B) (D)

∴ विद्युत चुम्बकीय विकिरण प्रति क्वाण्टम का क्रम

$\Rightarrow$ D < B < A < C

19. *(c)* 20 गुना ऊँचा होने से कोणीय आवर्धन भी 20 होगा। विकल्प (c) सही विकल्प नहीं हो सकता क्योंकि दूरदर्शी में प्रतिबिम्ब को अनन्त तथा स्पष्ट दृष्टि के लिए न्यूनतम दूरी के बीच समायोजित किया जाता है।

अत: यह कहना गलत होगा कि प्रतिबिम्ब प्रेक्षक के नजदीक बनेगा।

20. *(c)* विवर्तन में, प्रथम निम्निष्ठ

$$\sin\theta = \frac{\lambda}{a}$$

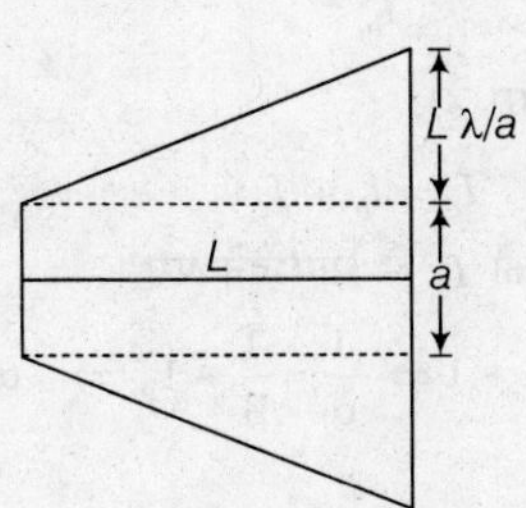

इसलिए बिन्दु का आकार,

$$b = 2a + \frac{2L\lambda}{a} \quad \text{...(i)}$$

तब, बिन्दु का न्यूनतम आकार हम पाते हैं

$$\frac{\partial b}{\partial a} = 0 \Rightarrow 1 - \frac{L\lambda}{a^2} = 0 \Rightarrow a = \sqrt{\lambda L} \quad \text{...(ii)}$$

इसलिए, $b_{\min} = 2\sqrt{\lambda L} + 2\sqrt{\lambda L}$

[समी (ii) का मान समी (i) में रखने पर]

$$b_{\min} = 4\sqrt{\lambda L}$$

अत: बिन्दु की त्रिज्या $\frac{4}{2}\sqrt{\lambda L} = \sqrt{4\lambda L}$

21. *(a)* ऊर्जा संरक्षण के नियम के अनुसार फोटॉन की ऊर्जा $(h\nu)$ = कार्य फलन (ϕ) + फोटो इलेक्ट्रॉन की गतिज ऊर्जा $\left(\frac{1}{2}mv_{\max}^2\right)$

आइंस्टीन के अनुसार प्रकाश का फोटो इलेक्ट्रिक उत्सर्जन

$$E = (\text{KE})_{\max} + \phi \Rightarrow \frac{hc}{\lambda} = (\text{KE})_{\max} + \phi$$

यदि विकिरण का तरंगदैर्ध्य $\frac{3\lambda}{4}$ में परिवर्तित हो जाए, तो

$$\Rightarrow \frac{4}{3}\frac{hc}{\lambda} = \left(\frac{4}{3}(\text{KE})_{\max} + \frac{\phi}{3}\right) + \phi$$

तीव्रतम भेदी इलेक्ट्रॉन के लिए,

$$(\text{KE})_{\max} = \frac{1}{2}mv'^2 + \phi$$
$$\Rightarrow \frac{1}{2}mv'^2 = \frac{4}{3}\left(\frac{1}{2}mv^2\right) + \frac{\phi}{3}$$
$$v' > v\left(\frac{4}{3}\right)^{1/2}$$

22. *(d)* प्रश्नानुसार,

80 मिनट = A की 4 अर्द्धआयु = B की 2 अर्द्धआयु

माना नाभिक के प्रत्येक नमूने की प्रारम्भिक संख्या N है।

रेडियोधर्मी तत्त्व A के लिए

80 मिनट बाद, $N_A = N/2^4$

$\Rightarrow$ A न्यूक्लिाइड क्षय की संख्या $= N - \frac{N}{16} = \frac{15}{16}N$

रेडियोधर्मी तत्त्व B के लिए

80 मिनट बाद, $N_B = N/2^2$

$\Rightarrow$ न्यूक्लिाइड B का क्षय $= N - \frac{N}{4} = \frac{3}{4}\text{N}$

∴ A तथा B के क्षय संख्या का अनुपात होगा

$$\frac{(15/16)N}{(3/4)N} = \frac{5}{4}$$

23. *(c)* OR गेट का निर्गम शून्य होगा, जब सभी निवेश 0 तथा निर्गम 1 होगा। कम से कम 1 निर्गम के प्रेक्षण निर्गम x: यह शून्य होगा जब सभी निवेश 0 तथा 1 होंगे।

∴ गेट OR गेट है।

वैकल्पिक विधि

OR गेट

a	b	c	d	x
0	0	0	0	0
0	0	0	1	1
0	0	1	0	1
0	0	1	1	1
0	1	0	0	1
0	1	0	1	1
0	1	1	0	1
0	1	1	1	1
1	0	0	0	1

24. *(b)* हम जानते हैं कि आयाम एक परिवर्तनीय तरंगे हैं। यह अंतराल परिवर्तनीय सिग्नल की आवृत्ति का दुगुना होता है। अत: आयाम परिवर्तनीय (AM), उच्च वाहक तरंगों की आवृत्ति को श्रव्य सिग्नल के आयाम के समानुपाती में विभक्त कर बनायी जाती है।

25. *(c)* दिया है,

स्क्रूगेज में शून्य त्रुटि है। इसलिए स्क्रूगेज की न्यूनतम मापन $= \frac{0.5}{50}$ मिमी

शीट की मोटाई, यदि मुख्य स्केल का मापन 0.5 मिमी तथा 25वाँ भाग मुख्य स्केल लाइन के साथ हो।

अत: $= 0.50$ मिमी $+ (25.5) \times \frac{0.5}{50}$ मिमी

$= 0.50$ मिमी $+ 0.20$ मिमी $= 0.70$ मिमी

26. *(d)* खुले सिरे के लिए, वायु में मूल आवृत्ति f

$$\frac{\lambda}{2} = l \Rightarrow \lambda = 2l$$

l

$$v = f\lambda \qquad \Rightarrow f = \frac{v}{\lambda} = \frac{v}{2l} \qquad \ldots(\text{i})$$

ऊर्ध्वाधर स्थिति में जल में डूबे पाइप के लिए, जिसका जल में आधा भाग डूबा हो,

$$\frac{\lambda}{4} = \frac{l}{2} \Rightarrow \lambda = 2l \Rightarrow v = f'\lambda$$

$$\Rightarrow \qquad f' = \frac{v}{\lambda} = \frac{v}{2l} = f$$

...(ii)

अब वायु स्तम्भ की मूल आवृत्ति $f = f'$

27. *(a)* गैल्वेनोमीटर कुण्डली को पार करने के लिए आवश्यक वोल्टेज

$$= 100\,\Omega \times 10^{-3}\ \text{A} = 0.1\,\text{V}$$

1mA 100 W अमीटर R_s

यदि R_s शंट प्रतिरोध हो, तो

$$R_s \times 10\text{A} = 0.1\,\text{V}$$

$$\Rightarrow \qquad R_s = 0.01\,\Omega$$

28. *(a)* तथ्य यदि μ प्रिज्म का अपवर्तनांक हो, तब स्नेल के नियम से,

$$\mu = \frac{\sin i}{\sin r} = \frac{\sin(A + \delta_m)/2}{\sin A/2} \qquad \ldots(\text{i})$$

जहाँ, A प्रिज्म का कोण तथा δ_m प्रिज्म द्वारा न्यूनतम विचलन है।

दिया है, $i = 35°, \delta = 40°, e = 79°$.

इसलिए, काँच के प्रिज्म का विचलन कोण,

$$\delta = i + e - A \Rightarrow 40° = 35° + 79° - A$$

$$A = 74°$$

प्रिज्म का कोण $A = 74°$

इस प्रकार, $r_1 + r_2 = A = 74°$

समी (i) में $\mu = 1.5$ रखने पर

$$1.5 = \frac{\sin\left(\frac{A + \delta_{\min}}{2}\right)}{\sin A/2} \Rightarrow 1.5 = \frac{\sin\left(\frac{74° + \delta_{\min}}{2}\right)}{\sin 37°}$$

$$\Rightarrow \qquad 0.9 = \sin\left(37° + \frac{\delta_{\min}}{2}\right) \quad (\because \sin 37° \approx 0.6)$$

गणना करने पर

$$\sin 64° = \sin\left(37° + \frac{\delta_{\min}}{2}\right) \qquad (\because \sin 64° = 0.9)$$

$$37° + \frac{\delta_{\min}}{2} = 64° \Rightarrow \delta_{\min} \approx 54°$$

यह कोण दिए गए 40° विचलन कोण से अधिक है। μ के अधिकतम मान के लिए विचलन भी उच्च होगा। अत: दिए गए प्रिज्म के लिए μ का मान 1.5 से कम होना चाहिए।

अत: सन्निकट विकल्प 1.5 होगा।

दी गई स्थिति को हल करने के लिए ज्ञात है, $\mu = 1.3$

29. *(a)* जीनर डायोड टूटन क्षेत्र में कार्य करता है।

इसलिए, साधारण डायोड $\rightarrow (a)$

जीनर डायोड $\rightarrow (b)$

सौर सेल $\rightarrow (c)$

प्रकाशीय निर्भर प्रतिरोध $\rightarrow (d)$

30. *(a, c)* हम जानते हैं कि,

उभयनिष्ठ उत्सर्जक विन्यास में दिष्टधारा लाभ, $\alpha = \frac{I_c}{I_e}$

जहाँ, I_c संग्राहक धारा तथा I_e उत्सर्जक धारा और प्रत्यावर्ती धारा लाभ,

$$\beta = \frac{I_c}{I_b}$$

जहाँ, I_b आधार धारा है।

$$I_e = I_b + I_c$$

सम्पूर्ण समीकरण को I_c से भाग देने पर

$$\Rightarrow \qquad \frac{I_e}{I_c} = \frac{I_b}{I_c} + 1 \Rightarrow \frac{1}{\alpha} = \frac{1}{\beta} + 1 \Rightarrow \alpha = \frac{\beta}{1 + \beta}$$

रसायन विज्ञान

31. *(c)* **योजना** जैसा कि आप विकल्पों में देख सकते हैं, 'ऊर्जा' पद का उल्लेख हुआ है। अत: हमें h/λ तथा ऊर्जा के बीच के सम्बन्ध को जानना पड़ेगा। इसके लिए, हम दे-ब्रॉग्ली तरंगदैर्ध्य तथा गतिज ऊर्जा (eV में) का उपयोग करेंगे।

किसी एक इलेक्ट्रॉन के लिए दे-ब्रॉग्ली तरंगदैर्ध्य $(\lambda) = \frac{h}{p}$

$$\Rightarrow \quad p = \frac{h}{\lambda} \quad \ldots(i)$$

एक इलेक्ट्रॉन की गतिज ऊर्जा = eV

जैसा कि हम जानते हैं कि, गतिज ऊर्जा (KE) $= \frac{p^2}{2m}$

$$\therefore \quad eV = \frac{p^2}{2m} \quad \text{या} \quad p = \sqrt{2meV} \quad \ldots(ii)$$

समी (i) तथा (ii) से, हम पाते हैं कि $\frac{h}{\lambda} = \sqrt{2meV}$

32. *(d)* **मूल अवधारणा** ध्रुवीय विलायक में प्रबल नाभिकस्नेही ($\bar{O}Me$) प्रतिस्थापन-उत्पादों के ऊपर निराकरण उत्पादों को देता है, किन्तु सभी उत्पाद विभिन्न मात्राओं में सम्भव है।

$$CH_3-\underset{CH_3}{\overset{Cl}{C}}-CH_2CH_2CH_3 \xrightarrow[MeOH]{Me\bar{O}Na^+} \underset{\text{(कम उत्पाद)}}{CH_3-\underset{CH_3}{\overset{OCH_3}{C}}-CH_2-CH_2CH_3} +$$

$$\underset{\text{(ज्यादा उत्पाद)}}{CH_3-\underset{CH_3}{C}=CH-CH_2-CH_3 + CH_2=\underset{CH_3}{C}-CH_2-CH_2-CH_3}$$

33. *(a)* केवल तीन तत्व, लोहा (Fe), कोबाल्ट (Co) तथा निकेल (Ni) कमरे के तापमान पर लौह-चुम्बकत्व प्रदर्शित करते हैं। क्रोमियम ऑक्साइड (CrO_2) भी एक धात्विक तथा लौह-चुम्बकीय यौगिक है, जिसका उपयोग कैसेट रिकॉर्डर के चुम्बकीय टेप बनाने में होता है।

34. *(c)* उच्च घनत्व वाले पॉलिथीन का उपयोग बाल्टी, कूड़ादान, आदि के बनाने में होता है।

35. *(b)* फ्रॉयन्डलिक अधिशोषण समताप ग्राफ के अनुसार, $\frac{x}{m} = kp^{1/n}$

दोनों तरफ log लेने पर, हम पाते हैं

$$\log\frac{x}{m} = \log k + \log p^{1/n} \quad \text{या} \quad \log\frac{x}{m} = \log k + \frac{1}{n}\log p$$

$$y = c + mx$$

log x/m
Slope = $\frac{1}{n}$
θ
log k
log p

$y = \log\frac{x}{m}$, c = intercept = $\log k$, m = slope = $\frac{1}{n}$ और $x = \log p$

36. *(c)* $C(s) + O_2(g) \longrightarrow CO_2(g);$

$$\Delta H = -393.5 \text{ किलोजूल मोल}^{-1} \quad \ldots(i)$$

$$CO + \frac{1}{2}O_2 \longrightarrow CO_2(g); \Delta H = -283.5 \text{ किलोजूल मोल}^{-1} \quad \ldots(ii)$$

समी (ii) से समी (i) को घटाने पर, हम पाते हैं

$$C(s) + \frac{1}{2}O_2(g) \longrightarrow CO(g);$$

$$\Delta H = (-393.5 + 283.5) \text{ किलोजूल मोल}^{-1}$$
$$= -110 \text{ किलोजूल मोल}^{-1}$$

37. *(a)* रीजन 1 (पूर्व-ऊष्मीय जोन)

रीजन 2 (प्राथमिक दहन जोन, सबसे गर्म जोन)

रीजन 3 (आन्तरिक जोन)

रीजन 4 (द्वितीयक अभिक्रिया जोन)

38. *(a)* सोडियम लॉराइल सल्फेट

$[(CH_3(CH_2)_{10}CH_2OSO_3^-Na^+)]$ = ऋणायनी डिटर्जेन्ट

सेटाइलट्राइमिथाइल अमोनियम ब्रोमाइड

$$\left[CH_3(CH_2)_{15}-\underset{CH_3}{\overset{CH_3}{N}}-CH_3\right]^+ Br^- = \text{धनआयनी डिटर्जेन्ट}$$

ग्लिसरील ओलेट $[(C_{17}H_{32}COO)_3C_3H_5]$ = धन-आयनी डिटर्जेन्ट

सोडियम स्टेरेट $[C_{17}H_{35}COO^-Na^+]$ = ऋणायनी साबुन

39. *(b)* **मुख्य अवधारणा** जल का वाष्प-दाब $(p°)$ = 760 टॉर

ग्लूकोस के मोलों की संख्या

$$= \frac{\text{ग्लूकोस का द्रव्यमान (ग्राम)}}{\text{ग्लूकोस का मोलर द्रव्यमान (ग्राम मोल}^{-1})}$$

$$= \frac{18 \text{ ग्राम}}{180 \text{ ग्राम मोल}^{-1}} = 0.1 \text{ मोल}$$

जल का मोलर द्रव्यमान = 18 ग्राम/मोल

जल का द्रव्यमान = 178.2 ग्राम

$$\text{जल के मोलों की संख्या} = \frac{\text{जल का द्रव्यमान}}{\text{जल का मोलर द्रव्यमान}}$$

$$= \frac{178.2 \text{ ग्राम}}{18 \text{ ग्राम / मोल}} = 9.9 \text{ मोल}$$

मोलों की कुल संख्या = ग्लूकोस के मोल + जल के मोल

= 0.1 + 9.9 = 10 मोल

अब, विलयन मे ग्लूकोस का मोल-अंश

= प्रारम्भिक दाब के सापेक्ष दाब में परिवर्तन

अत: $\frac{\Delta p}{p°} = \frac{0.1}{10}$ या $\Delta p = 0.01p° = 0.01 \times 760 = 7.6$ टॉर

$\therefore$ विलयन का वाष्प-दाब = (760 − 7.6) टॉर = 752.4 टॉर

40. *(c)* ग्लिसरॉल को उच्च क्वथनांक पर कम दबाव के अधीन आसवन द्वारा खपत लाई से पृथक् किया जा सकता है। इस प्रक्रम का उपयोग बहुत उच्च क्वथनांकों वाले द्रवों को परिष्कृत करने हेतु किया जाता है। इस प्रक्रम में, द्रव की सतह पर से दाब कम करके द्रव को उसके क्वथनांक से नीचे के ताप पर उबाला जाता है।

41. *(d)*

स्पीशीज	संकरण

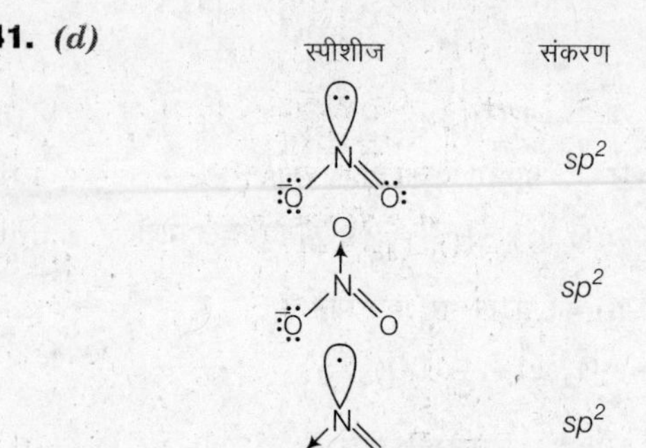

$O=\overset{+}{N}=O$ sp

42. *(a)* प्रथम श्रेणी की अभिक्रिया के लिए, $k = \frac{2.303}{t} \log \frac{a}{a-x}$

दिया है, $t = 50$ मिनट, $a = 0.5$ मोल, $a - x = 0.125$ मोल

$$\therefore \quad k = \frac{2.303}{50} \log \frac{0.5}{0.125} = 0.0277 \text{ मिनट}^{-1}$$

अब, अभिक्रिया के अनुसार,

$$2H_2O_2 \longrightarrow 2H_2O + O_2$$

$$-\frac{1}{2}\frac{d[H_2O_2]}{dt} = \frac{1}{2}\frac{d[H_2O]}{dt} = \frac{d[O_2]}{dt}$$

अभिक्रिया की दर, $-\frac{d[H_2O_2]}{dt} = k[H_2O_2]$

$$\therefore \quad \frac{d[O_2]}{dt} = -\frac{1}{2}\frac{d[H_2O_2]}{dt} = \frac{1}{2}k[H_2O_2]$$

...(i)

जब H_2O_2 का सान्द्रण 0.05 मोल, पर पहुँचता है, तो

$$\frac{d[O_2]}{dt} = \frac{1}{2} \times 0.0277 \times 0.05 \quad \text{[समी (i) से]}$$

या $$\frac{d[O_2]}{dt} = 6.93 \times 10^{-4} \text{ मोल मिनट}^{-1}$$

वैकल्पिक विधि

50 मिनट में, H_2O_2 का सान्द्रण 0.5 मोल से घटकर 0.125 मोल हो जाता है अथवा 1 अर्द्ध-आयु में, H_2O_2 की सान्द्रता 0.5 से घटकर 0.125 मोल हो जाती है।

या $2t_{1/2} = 50$ मिनट $t_{1/2} = 25$ मिनट

$$\therefore \quad k = \left(\frac{0.693}{25}\right) \text{ मिनट}^{-1} \text{ या } \frac{d[O_2]}{dt} = -\frac{1}{2}\frac{d[H_2O_2]}{dt} = \frac{k[H_2O_2]}{2}$$

$$= 6.93 \times 10^{-4} \text{ मोल मिनट}^{-1}$$

43. (a) $[Cr(H_2O)_6]^{2+}$ तथा $[Fe(H_2O)_6]^{2+}$

जटिल आयन	धातु आयन का इलेक्ट्रॉनिक विन्यास	अयुग्मित इलेक्ट्रॉन
$[Cr(H_2O)_6]^{2+}$	Cr^{2+}; [Ar] $3d^4$	↿ ↿ ↿ ↿ ↿ ; 4
$[Fe(H_2O)_6]^{2+}$	Fe^{2+}; [Ar] $3d^6$	⇅ ↿ ↿ ↿ ↿ ; 4
$[Mn(H_2O)_6]^{2+}$	Mn^{2+}; [Ar] $3d^5$	↿ ↿ ↿ ↿ ↿ ; 5
$[CoCl_4]^{2-}$	Co^{2+}; [Ar] $3d^7$	⇅ ⇅ ↿ ↿ ↿ ; 3

44. *(a)*

```
      1
     COOH
   H—2—OH
   H—3—Cl
      4
     CH3
```

C-2, के लिए, प्रतिस्थापियों का प्राथमिकता क्रम है:

$$OH > CH(Cl)(CH_3) > —COOH$$

C-3, के लिए, प्रतिस्थापियों का प्राथमिकता क्रम है:

$$Cl > CH(OH)COOH > CH_3$$

अत: सी.आई.पी. (CIP) नियम के अनुसार,

```
      3
     COOH
   H—+—OH  2S
      1
   H—+—Cl  3R
     2  1
      3
     CH3
```

45. *(b)*

	A	+	B	⇌	C	+	D
प्रारम्भ में $t = 0$	1		1		1		1
साम्यावस्था पर,	$1-x$		$1-x$		$1+x$		$1+x$

$$K_{eq} = \frac{[C][D]}{[A][B]} = \frac{(1+x)(1+x)}{(1-x)(1-x)} = \frac{(1+x)^2}{(1-x)^2}$$

या $100 = \left(\frac{1+x}{1-x}\right)^2$ या $10 = \frac{1+x}{1-x}$ या $10 - 10x = 1 + x$

$$10 - 1 = x + 10x \Rightarrow 9 = 11x \Rightarrow x = \frac{9}{11} = 0.818$$

$$\therefore \quad [D] = 1 + x = 1 + 0.818 = 1.818$$

46. *(b)* गैलेना सल्फाइड अयस्कों को फेन-प्लवन विधि द्वारा सान्द्रित किया जाता है।

47. (कोई नहीं)

$$\underset{15 \text{ मिली}}{C_xH_y(g)} + \underset{75 \text{ मिली}}{\left(x + \frac{y}{4}\right)} O_2(g) \longrightarrow \underset{30 \text{ मिली}}{xCO_2(g)} + \frac{y}{2}H_2O(l)$$

प्रयुक्त O_2 = 375 का 20% = 75 मिली

वायु का अक्रिय भाग = 375 का 80% = 300 मिली

गैसों का कुल आयतन = CO_2 का आयतन + वायु के अक्रिय भाग का आयतन = 30 + 300 = 330 मिली

$$\frac{x}{1} = \frac{30}{15} \Rightarrow x = 2 \Rightarrow \frac{x + \frac{y}{4}}{1} = \frac{75}{15} \Rightarrow x + \frac{y}{4} = 5$$

$$\Rightarrow \quad x = 2, y = 12 \Rightarrow C_2H_{12}$$

48. *(d)* ऑर्थोफॉस्फोरस तथा पायरोफॉस्फोरस अम्ल

ऑर्थोफॉस्फोरस अम्ल, H_3PO_3 : HO—P(=O)(H)—OH

$$H_3\overset{x}{P}O_3 = 3 + x + 3(-2) = 0 \text{ या } x = +3$$

पायरोफॉस्फोरस अम्ल, $H_4P_2O_5$:

HO—P(=O)(H)—O—P(=O)(H)—OH

$$H_4\overset{x}{P_2}O_5 = 4 + 2x + 5(-2) = 0 \Rightarrow 4 + 2x - 10 = 0 \Rightarrow x = +3$$

49. *(a)*

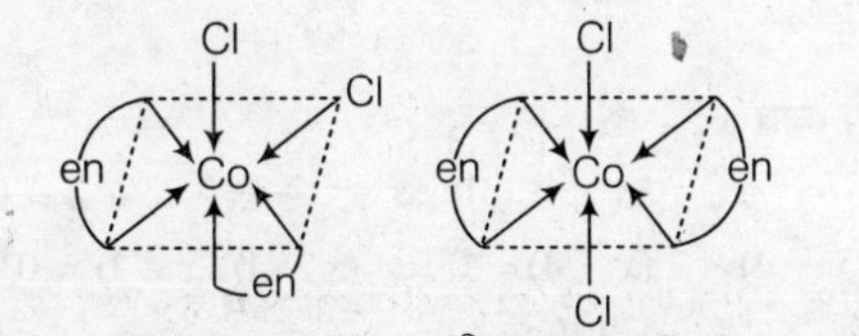

Cl, Cl, en, Co, en

समपक्ष-$[Co(en)_2Cl_2]Cl$
(प्रकाश सक्रिय)

Cl, en, Co, en, Cl

विपक्ष-$[Co(en)_2Cl_2]Cl$
(सममिति तल के कारण प्रकाश निष्क्रिय)

$[Co(NH_3)_4Cl_2]Cl$ समपक्ष तथा विपक्ष दोनों रूपों में उपस्थित रह सकता है जो नीचे दिया गया है:

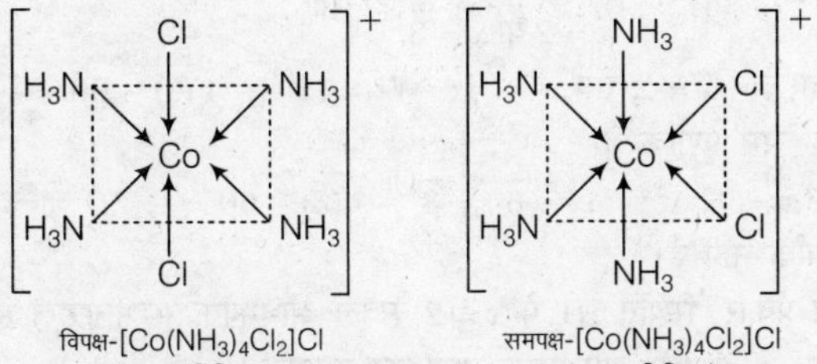

$[Co(Cl)_2(NH_3)_4]^+$: Cl, H_3N, NH_3, Co, H_3N, NH_3, Cl

विपक्ष-$[Co(NH_3)_4Cl_2]Cl$
(प्रकाश निष्क्रिय)

$[Co(NH_3)_4Cl_2]^+$: NH_3, H_3N, Cl, Co, H_3N, Cl, NH_3

समपक्ष-$[Co(NH_3)_4Cl_2]Cl$
(प्रकाश निष्क्रिय)

$[Co(NH_3)_3Cl_3]$ *fac* तथा *mer*– समावयक रूपों में पाए जाते हैं तथा दोनों प्रकाशकीय रूप से अक्रिय हैं।

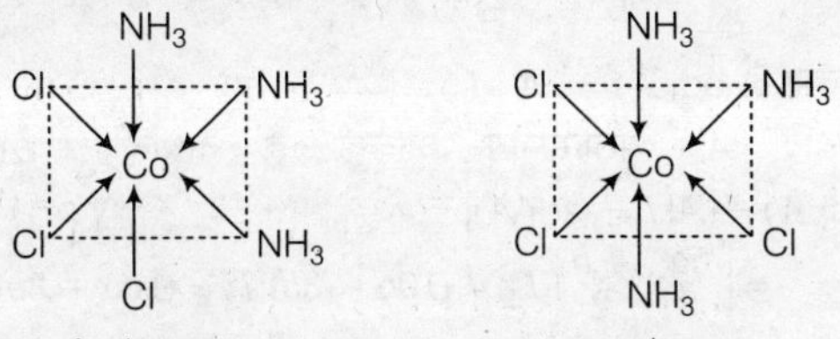

NH_3, Cl, NH_3, Co, Cl, NH_3, Cl

fac-isomer
(प्रकाश अक्रिय)

NH_3, Cl, NH_3, Co, Cl, Cl, NH_3

mer-isomer
(प्रकाश अक्रिय)

50. *(d)* $\underset{\text{(सान्द्र)}}{Zn + 4HNO_3} \longrightarrow Zn(NO_3)_2 + 2H_2O + 2NO_2$

$$\underset{\text{(तनु)}}{4Zn + 10HNO_3} \longrightarrow 4Zn(NO_3)_2 + N_2O + 5H_2O$$

51. *(b)* संघनित अवस्था में विस्तृत अंतराणविक हाइड्रोजन बन्धन पाया जाता है।

52. *(b)* यह जल नाइट्रेट के उच्च सान्द्रता के कारण पीने के लिए अनुपयुक्त है। पेयजल में, अधिकतम अनुज्ञेय सान्द्रता;

लेड $\simeq$ 50 ppb
नाइट्रेट $\simeq$ 50 ppb
लोहा $\simeq$ 0.2 ppm
फ्लोराइड $\simeq$ 1 ppm

53. *(c)* $2Li + \frac{1}{2}O_2(g) \longrightarrow Li_2O$
(वायु के आधिक्य में)

$2Na + O_2(g) \longrightarrow Na_2O_2$
(वायु के आधिक्य में)

$K + O_2(g) \longrightarrow KO_2$
(वायु के आधिक्य में)

54. *(b)*

सिस्टीन $HO-C(=O)-CH(NH_2)-CH_2-S-S-CH_2-CH(NH_2)-COOH$

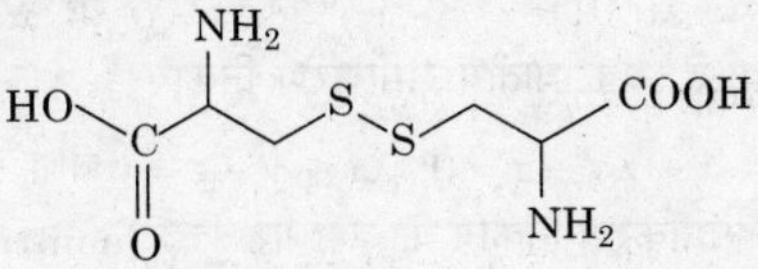

सिस्टीन $HS-CH_2-CH(NH_2)-COOH$

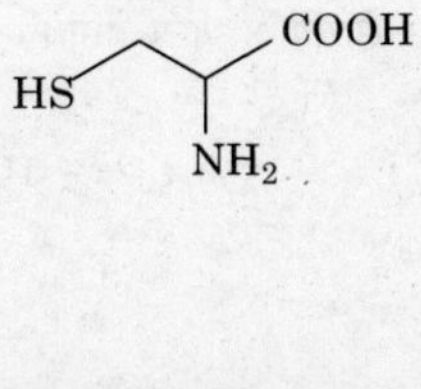

मिथाइओनीन $H_3C-S-CH_2-CH_2-CH(NH_2)-C(=O)OH$

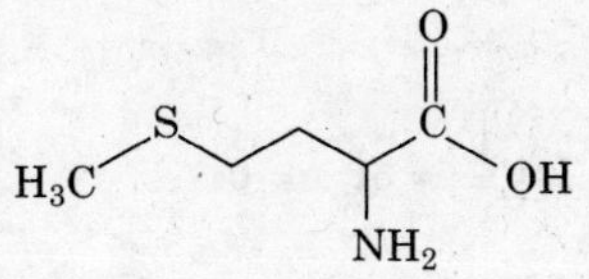

साइटोसीन (NH_2, N, O, N, H)

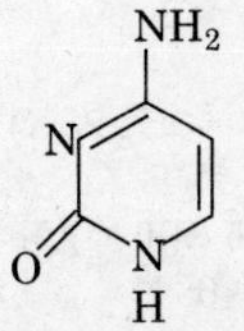

थायोल समूह (SH) सिस्टीन में उपस्थित है।

55. *(c)* लौह-सतहों को ढकने के लिए जस्ता-धातु सबसे अधिक स्थायी धातु है। जस्ते का लोहे की सतह पर लेपन की प्रक्रिया जस्तीकरण कहलाती है।

56. *(c)* प्रथम आयनीकरण ऊर्जा का क्रम है: $Sc > Na > K > Rb$.
दुर्बल परिरक्षण प्रभाव के कारण, 4*s* ऑर्बिटल से एक इलेक्ट्रॉन को हटाना 3*s* ऑर्बिटल की तुलना में कठिन है।

57. *(c)* हॉफमान-ब्रोग..इड पतन अभिक्रिया इस प्रकार है

$$RCONH_2 + 4NaOH + Br_2 \longrightarrow \underset{(1^\circ \text{एमीन})}{RNH_2} + Na_2CO_3 + 2NaBr + 2H_2O$$

अत: NaOH के चार मोल तथा Br_2 का एक मोल उपयोग हुआ है।

58. *(b)* प्रारम्भ में,

प्रत्येक बर्तन में गैसों की मोलों की संख्या $= \frac{p_iV}{RT_1}$

दोनों पात्रों (बर्तनों) में गैसों के मोलों की कुल संख्या $= 2\frac{p_iV}{RT_1}$

मिश्रण के पश्चात् चेम्बर में बचे मोलों की संख्या $= \frac{p_fV}{RT_1}$

दाएँ चेम्बर में मोलों की संख्या $= \frac{p_fV}{RT_2}$

मोलों की कुल संख्या $= \frac{p_fV}{RT_1} + \frac{p_fV}{RT_2} = \frac{p_fV}{R}\left(\frac{1}{T_1} + \frac{1}{T_2}\right)$

चूँकि मोलों की कुल संख्या नियत रहती है,

अत: $\frac{2p_iV}{RT_1} = \frac{p_fV}{RT_1} + \frac{p_fV}{RT_2} \Rightarrow p_f = 2p_i\left(\frac{T_2}{T_1 + T_2}\right)$

59. *(a)*

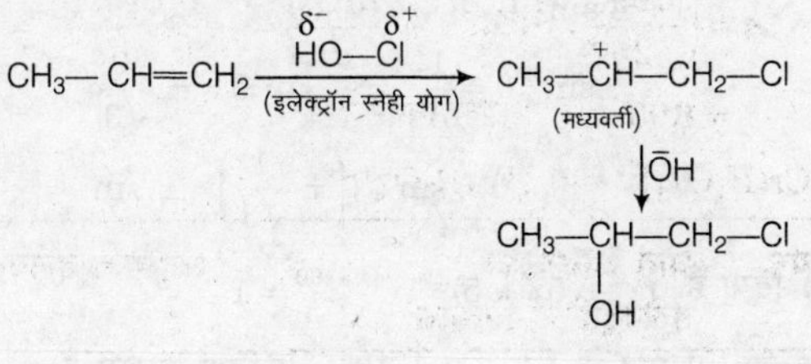

$$CH_3-CH{=}CH_2 \xrightarrow[\text{(इलेक्ट्रॉन स्नेही योग)}]{\overset{\delta^-}{HO}-\overset{\delta^+}{Cl}} \underset{\text{(मध्यवर्ती)}}{CH_3-\overset{+}{C}H-CH_2-Cl} \xrightarrow{\bar{O}H} CH_3-CH(OH)-CH_2-Cl$$

60. *(a)*

NBS, *hv*, Br, +, Br, H_2O/K_2CO_3, HO, +, OH

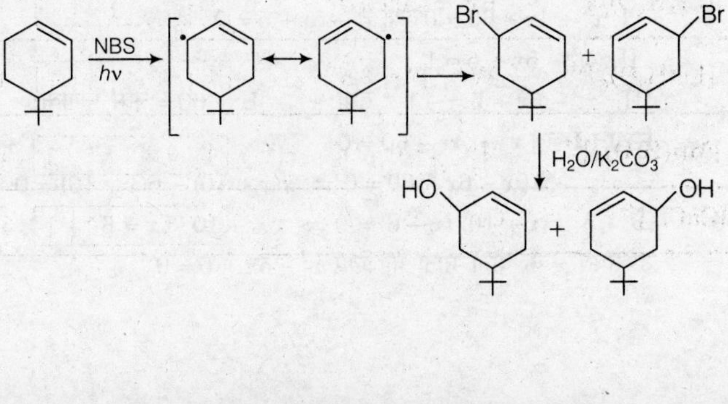

गणित

61. *(c)* दिया है, $f(x) + 2f\left(\frac{1}{x}\right) = 3x, x \neq 0$ ...(i)

समी (i) में x के स्थान पर $\frac{1}{x}$ रखने पर,

$$f\left(\frac{1}{x}\right) + 2f(x) = \frac{3}{x} \Rightarrow 2f(x) + f\left(\frac{1}{x}\right) = \frac{3}{x} \quad ...(ii)$$

समी (ii) को 2 से गुणा करके समी (i) में से घटाने पर,

$$4f(x) + 2f\left(\frac{1}{x}\right) = \frac{6}{x}$$

$$\underline{f(x) + 2f\left(\frac{1}{x}\right) = 3x}$$

$$3f(x) = \frac{6}{x} - 3x$$

$$\Rightarrow \quad f(x) = \frac{2}{x} - x$$

अब, क्योंकि $f(x) = f(-x)$

$$\Rightarrow \quad \frac{2}{x} - x = -\frac{2}{x} + x \Rightarrow \frac{4}{x} = 2x \Rightarrow 2x^2 = 4 \Rightarrow x^2 = 2$$

$$\Rightarrow \quad x = \pm\sqrt{2}$$

अत: समुच्चय S में तथ्यत: दो अवयव हैं।

62. *(d)* माना $z = \frac{2 + 3i \sin\theta}{1 - 2i \sin\theta}$ एक पूर्णत: काल्पनिक संख्या है, तब

$\text{Re}(z) = 0$

अब, क्योंकि $z = \frac{2 + 3i \sin\theta}{1 - 2i \sin\theta} = \frac{(2 + 3i \sin\theta)(1 + 2i \sin\theta)}{(1 - 2i \sin\theta)(1 + 2i \sin\theta)}$

$$= \frac{2 + 4i \sin\theta + 3i \sin\theta + 6i^2 \sin^2\theta}{1^2 - (2i \sin\theta)^2}$$

$$= \frac{2 + 7i \sin\theta - 6\sin^2\theta}{1 + 4\sin^2\theta}$$

$[\because i^2 = -1]$

$$= \frac{2 - 6\sin^2\theta}{1 + 4\sin^2\theta} + i\,\frac{7\sin\theta}{1 + 4\sin^2\theta}$$

$$\because \quad \text{Re}(z) = 0$$

$$\therefore \quad \frac{2 - 6\sin^2\theta}{1 + 4\sin^2\theta} = 0 \Rightarrow 2 = 6\sin^2\theta$$

$$\Rightarrow \quad \sin^2\theta = \frac{1}{3} \Rightarrow \sin\theta = \pm\frac{1}{\sqrt{3}}$$

$$\Rightarrow \quad \theta = \sin^{-1}\left(\pm\frac{1}{\sqrt{3}}\right) = \pm\sin^{-1}\left(\frac{1}{\sqrt{3}}\right)$$

63. *(a)* दिया है, $(x^2 - 5x + 5)^{x^2 + 4x - 60} = 1$

स्पष्टतया उपरोक्त के लिए निम्नलिखित स्थितियाँ सम्भव हैं

I. $x^2 + 4x - 60 = 0$ तथा $x^2 - 5x + 5 \neq 0$

II. $x^2 - 5x + 5 = 1$

III. $x^2 - 5x + 5 = -1$ तथा $x^2 + 4x - 60 =$ सम पूर्णांक

स्थिति I जब $x^2 + 4x - 60 = 0$

$$\Rightarrow \quad x^2 + 10x - 6x - 60 = 0 \Rightarrow x(x + 10) - 6(x + 10) = 0$$

$$\Rightarrow \quad (x + 10)(x - 6) = 0 \Rightarrow x = -10 \text{ या } x = 6$$

उपरोक्त x के दोनों मानों के लिए $x^2 - 5x + 5 \neq 0$

स्थिति II जब $x^2 - 5x + 5 = 1$

$$\Rightarrow \quad x^2 - 5x + 4 = 0 \Rightarrow x^2 - 4x - x + 4 = 0$$

$$\Rightarrow \quad x(x - 4) - 1(x - 4) = 0 \Rightarrow (x - 4)(x - 1) = 0$$

$$\Rightarrow \quad x = 4 \text{ या } x = 1$$

स्थिति III जब $x^2 - 5x + 5 = -1$

$$\Rightarrow \quad x^2 - 5x + 6 = 0 \Rightarrow x^2 - 2x - 3x + 6 = 0$$

$$\Rightarrow \quad x(x - 2) - 3(x - 2) = 0 \Rightarrow (x - 2)(x - 3) = 0$$

$$\Rightarrow \quad x = 2 \text{ या } x = 3$$

अब, जब $x = 2$, तब $x^2 + 4x - 60 = (2)^2 + 4(2) - 60 = -48$ जोकि एक सम पूर्णांक है।

जब $x = 3$, $x^2 + 4x - 60 = 3^2 + 4(3) - 60 = -39$, जोकि एक सम पूर्णांक नहीं है।

इस प्रकार, स्थिति III में $x = 2$ केवल आवश्यक सम्भव हल है।

अत: x के सभी वास्तविक मानों का योगफल

$$x = -10 + 6 + 4 + 1 + 2 = 3$$

64. *(b)* दिया है, $A = \begin{bmatrix} 5a & -b \\ 3 & 2 \end{bmatrix}$ तथा $A \text{ adj } A = AA^T$

स्पष्टतया $A(\text{adj } A) = |A| I_2$

[$\because$ यदि A व्युत्क्रमणीय आव्यूह है अर्थात् $|A| \neq 0$ तब $A(\text{adj } A) = |A|I = (\text{adj } A)$]

$$= \begin{vmatrix} 5a & -b \\ 3 & 2 \end{vmatrix} I_2 = (10a + 3b) I_2 = (10a + 3b)\begin{bmatrix} 1 & 0 \\ 0 & 1 \end{bmatrix}$$

$$= \begin{bmatrix} 10a + 3b & 0 \\ 0 & 10a + 3b \end{bmatrix} \quad ...(i)$$

तथा $AA^T = \begin{bmatrix} 5a & -b \\ 3 & 2 \end{bmatrix}\begin{bmatrix} 5a & 3 \\ -b & 2 \end{bmatrix} = \begin{bmatrix} 25a^2 + b^2 & 15a - 2b \\ 15a - 2b & 13 \end{bmatrix}$ ...(ii)

$\because A(\text{adj } A) = AA^T$

$$\therefore \begin{bmatrix} 10a + 3b & 0 \\ 0 & 10a + 3b \end{bmatrix} = \begin{bmatrix} 25a^2 + b^2 & 15a - 2b \\ 15a - 2b & 13 \end{bmatrix}$$

[समी (i) तथा (ii) से]

$$\Rightarrow \quad 15a - 2b = 0 \Rightarrow a = \frac{2b}{15} \quad ...(iii)$$

$$\text{तथा} \quad 10a + 3b = 13 \quad ...(iv)$$

समी (iii) से a का मान समी (iv) में रखने पर,

$$10 \cdot \left(\frac{2b}{15}\right) + 3b = 13 \Rightarrow \frac{20b + 45b}{15} = 13$$

$$\Rightarrow \quad \frac{65b}{15} = 13 \Rightarrow b = 3$$

अब b का मान समी (iii) में रखने पर,

$$a = \frac{2 \times 3}{15} \Rightarrow 5a = 2$$

$$\text{अत:} \quad 5a + b = 2 + 3 = 5$$

65. *(d)* दिया है, एक घातीय समीकरण निकाय

$$x + \lambda y - z = 0;\ \lambda x - y - z = 0 \text{ तथा } x + y - \lambda z = 0$$

उपरोक्त समीकरण निकाय का हल गैर तुच्छ (non-trivial) होगा यदि एक घातीय समीकरण निकाय का सारणिक शून्य होगा।

इस प्रकार $\begin{vmatrix} 1 & \lambda & -1 \\ \lambda & -1 & -1 \\ 1 & 1 & -\lambda \end{vmatrix} = 0$

$\Rightarrow\ 1(\lambda+1)-\lambda(-\lambda^2+1)-1(\lambda+1)=0$

$\Rightarrow\ \lambda+1+\lambda^3-\lambda-\lambda-1=0$

$\Rightarrow\ \lambda^3-\lambda=0 \Rightarrow \lambda(\lambda^2-1)=0 \Rightarrow \lambda=0$ या $\lambda=\pm 1$

इस प्रकार दिए गए एक घातीय समीकरण निकाय का हल λ के तीन मानों के लिए गैर तुच्छ (non-trivial) होगा।

66. *(d)* स्पष्टतया, A से प्रारम्भ होने वाले शब्दों की संख्या $= 4!/2! = 12$

L से प्रारम्भ होने वाले शब्दों की संख्या $= 4! = 24$

M से प्रारम्भ होने वाले शब्दों की संख्या $= \frac{4!}{2!} = 12$

SA से प्रारम्भ होने वाले शब्दों की संख्या $= \frac{3!}{2!} = 3$

L से प्रारम्भ होने वाले शब्दों की संख्या $= 3! = 6$

ध्यान दें, अगला शब्द SMALL होगा।

अत: शब्द "SMALL" का स्थान 58 वाँ होगा।

67. *(d)* स्पष्टतया, $\left(1-\frac{2}{x}+\frac{4}{x^2}\right)^n$ के प्रसार में पदों की संख्या

$= \frac{(n+2)(n+1)}{2}$ या ${}^{n+2}C_2$

[यहाँ $\frac{1}{x}$ तथा $1/x^2$ को अलग-अलग मानने पर]

$\therefore\ \frac{(n+2)(n+1)}{2} = 28$

$\Rightarrow\ (n+2)(n+1) = 56 = (6+1)(6+2) \Rightarrow n = 6$

अत: गुणांकों का योगफल $= (1-2+4)^6 = 3^6 = 729$

ध्यान दें $\frac{1}{x}$ तथा $\frac{1}{x^2}$ समान चर x के फलन हैं

इसलिए असमान पदों की संख्या $(2n+1)$ होगी जोकि विषम है अत: सम्भव नहीं है।

68. *(b)* माना AP का पहला पद a तथा सार्वान्तर d है, तब दिया है $a+d$, $a+4d$, $a+8d$ गुणोत्तर श्रेणी में है।

$(a+4d)^2 = (a+d)(a+8d)$

$\Rightarrow\ a^2+16d^2+8ad = a^2+8ad+ad+8d^2$

$\Rightarrow\ 8d^2 = ad \Rightarrow 8d = a$

$[\because d \neq 0]$

अब सार्वअनुपात $(r) = \frac{a+4d}{a+d} = \frac{8d+4d}{8d+d} = \frac{12d}{9d} = \frac{4}{3}$

69. *(b)* माना, श्रेणी के प्रथम दस पदों का योगफल S_{10} है।

प्रश्नानुसार, $S_{10} = \left(1\frac{3}{5}\right)^2 + \left(2\frac{2}{5}\right)^2 + \left(3\frac{1}{5}\right)^2 + 4^2 + \left(4\frac{4}{5}\right)^2 + \ldots$ 10 पदों तक

$= \left(\frac{8}{5}\right)^2 + \left(\frac{12}{5}\right)^2 + \left(\frac{16}{5}\right)^2 + 4^2 + \left(\frac{24}{5}\right)^2 + \ldots$ 10 पदों तक

$= \frac{1}{5^2}(8^2+12^2+16^2+20^2+24^2+\ldots$ 10 पदों तक$)$

$= \frac{4^2}{5^2}(2^2+3^2+4^2+5^2+\ldots$ 10 पदों तक$)$

$= \frac{4^2}{5^2}(2^2+3^2+4^2+5^2+\ldots+11^2)$

$= \frac{16}{25}[(1^2+2^2+\ldots+11^2)-1^2]$

$= \frac{16}{25}\left\{\frac{11\cdot(11+1)(2\cdot 11+1)}{6}-1\right\}$

$= \frac{16}{25}(506-1) = \frac{16}{25}\times 505$

$\Rightarrow\ \frac{16}{5}m = \frac{16}{25}\times 505 \Rightarrow m = 101$

70. *(c)* दिया है, $p = \lim_{x\to 0^+}(1+\tan^2\sqrt{x})^{\frac{1}{2x}}$ $(1^\infty$ form$)$

$= e^{\lim_{x\to 0^+}\frac{\tan^2\sqrt{x}}{2x}} = e^{\frac{1}{2}\lim_{x\to 0^+}\left(\frac{\tan\sqrt{x}}{\sqrt{x}}\right)^2} = e^{\frac{1}{2}}$

$\therefore\ \log p = \log = e^{\frac{1}{2}} = \frac{1}{2}$

71. *(b)* दिया है, $f(x) = |\log 2 - \sin x|$ तथा $g(x) = f(f(x)), x \in R$

जब $x \to 0, \log 2 > \sin x$

$\therefore\ f(x) = \log 2 - \sin x$

$\Rightarrow\ g(x) = \log 2 - \sin\{f(x)\}$

$= \log 2 - \sin(\log 2 - \sin x)$

स्पष्टतया, $g(x), x=0$ पर अवकलनीय है क्योंकि $\sin x, x=0$ पर अवकलनीय है।

अब, $g'(x) = -\cos(\log 2 - \sin x)(-\cos x)$

$= \cos x \cdot \cos(\log 2 - \sin x)$

$\Rightarrow\ g'(0) = 1\cdot\cos(\log 2)$

72. *(b)* दिया है, $f(x) = \tan^{-1}\sqrt{\frac{1+\sin x}{1-\sin x}}, x \in \left(0, \frac{\pi}{2}\right)$

$\Rightarrow\ f(x) = \tan^{-1}\sqrt{\frac{\left(\cos\frac{x}{2}+\sin\frac{x}{2}\right)^2}{\left(\cos\frac{x}{2}-\sin\frac{x}{2}\right)^2}}$

$= \tan^{-1}\left(\frac{\cos\frac{x}{2}+\sin\frac{x}{2}}{\cos\frac{x}{2}-\sin\frac{x}{2}}\right)$

$\left[\because \cos\frac{x}{2} > \sin\frac{x}{2}\right.$ जब $\left. 0 < \frac{x}{2} < \frac{\pi}{4}\right]$

$= \tan^{-1}\left(\frac{1+\tan\frac{x}{2}}{1-\tan\frac{x}{2}}\right)$

$= \tan^{-1}\left\{\tan\left(\frac{\pi}{4}+\frac{x}{2}\right)\right\} = \frac{\pi}{4}+\frac{x}{2}$

$\Rightarrow\ f'(x) = \frac{1}{2} \Rightarrow f'\left(\frac{\pi}{6}\right) = \frac{1}{2}$

अब $x = \frac{\pi}{6}$ पर अभिलम्ब का समीकरण

$\left[y - f\left(\frac{\pi}{6}\right)\right] = -2\left(x-\frac{\pi}{6}\right)$

$\Rightarrow\ \left(y-\frac{\pi}{3}\right) = -2\left(x-\frac{\pi}{6}\right)$ $\left[\because f\left(\frac{\pi}{6}\right) = \frac{\pi}{4}+\frac{\pi}{12} = \frac{4\pi}{12} = \frac{\pi}{3}\right]$

जोकि बिन्दु $\left(0, \frac{2\pi}{3}\right)$ से होकर जाती है।

73. *(c)* प्रश्नानुसार, वर्ग का परिमाप + वृत्त की परिधि = 2 इकाई

$\Rightarrow \quad 4x + 2\pi r = 2 \Rightarrow r = \dfrac{1-2x}{\pi}$ ...(i)

माना दिए गए वर्ग तथा वृत्त के क्षेत्रफलों का योगफल A है।

तब $A = x^2 + \pi r^2 = x^2 + \pi \dfrac{(1-2x)^2}{\pi^2} \Rightarrow A(x) = x^2 + \dfrac{(1-2x)^2}{\pi}$

$A(x)$ के निम्नतम मान के लिए, $\dfrac{dA}{dx} = 0$

$\Rightarrow \quad 2x + \dfrac{2(1-2x)}{\pi} \cdot (-2) = 0 \Rightarrow x = \dfrac{2-4x}{\pi}$

$\Rightarrow \quad \pi x + 4x = 2 \Rightarrow x = \dfrac{2}{\pi + 4}$ ...(ii)

समी (i) से हमें प्राप्त है,

$$r = \frac{1 - 2\cdot\frac{2}{\pi+4}}{\pi} = \frac{\pi+4-4}{\pi(\pi+4)} = \frac{1}{\pi+4} \quad ...(iii)$$

समी (ii) व (iii) से,

$$x = 2r$$

74. *(b)* माना $I = \int \dfrac{2x^{12} + 5x^9}{(x^5 + x^3 + 1)^3}\, dx = \int \dfrac{2x^{12} + 5x^9}{x^{15}(1 + x^{-2} + x^{-5})^3}\, dx$

$$= \int \frac{2x^{-3} + 5x^{-6}}{(1 + x^{-2} + x^{-5})^3}\, dx$$

माना $1 + x^{-2} + x^{-5} = t \Rightarrow (-2x^{-3} - 5x^{-6})\, dx = dt$

$\Rightarrow \quad (2x^{-3} + 5x^{-6})\, dx = -dt$

$\therefore \quad I = -\int \dfrac{dt}{t^3} = -\int t^{-3}\, dt = -\dfrac{t^{-3+1}}{-3+1} + C = \dfrac{1}{2t^2} + C$

$$= \frac{x^{10}}{2(x^5 + x^3 + 1)^2} + C$$

75. *(b)* माना $l = \lim\limits_{n\to\infty} \left[\dfrac{(n+1)\cdot(n+2)\dots(3n)}{n^{2n}}\right]^{\frac{1}{n}}$

$$= \lim_{n\to\infty} \left[\frac{(n+1)\cdot(n+2)\dots(n+2n)}{n^{2n}}\right]^{\frac{1}{n}}$$

$$= \lim_{n\to\infty} \left[\left(\frac{n+1}{n}\right)\left(\frac{n+2}{n}\right)\dots\left(\frac{n+2n}{n}\right)\right]^{\frac{1}{n}}$$

दोनों पक्षों का log लेने पर,

$$\log l = \lim_{n\to\infty} \frac{1}{n}\left[\log\left\{\left(1+\frac{1}{n}\right)\left(1+\frac{2}{n}\right)\dots\left(1+\frac{2n}{n}\right)\right\}\right]$$

$\Rightarrow \log l = \lim\limits_{n\to\infty} \dfrac{1}{n}$

$$\left[\log\left(1+\frac{1}{n}\right) + \log\left(1+\frac{2}{n}\right) + \dots + \log\left(1+\frac{2n}{n}\right)\right]$$

$\Rightarrow \quad \log l = \lim\limits_{n\to\infty} \dfrac{1}{n} \sum\limits_{r=1}^{2n} \log\left(1+\dfrac{r}{n}\right) \Rightarrow \log l = \int_0^2 \log(1+x)\, dx$

$\Rightarrow \quad \log l = \left[\log(1+x)\cdot x - \int \dfrac{1}{1+x}\cdot x\, dx\right]_0^2$

$\Rightarrow \log l = [\log(1+x)\cdot x]_0^2 - \int_0^2 \dfrac{x+1-1}{1+x}\, dx$

$\Rightarrow \quad \log l = 2\cdot\log 3 - \int_0^2 \left(1 - \dfrac{1}{1+x}\right) dx$

$\Rightarrow \quad \log l = 2\cdot\log 3 - [x - \log|1+x|]_0^2$

$\Rightarrow \quad \log l = 2\cdot\log 3 - [2 - \log 3]$

$\Rightarrow \quad \log l = 3\cdot\log 3 - 2 \Rightarrow \log l = \log 27 - 2$

$\Rightarrow \quad l = e^{\log 27 - 2} = 27\cdot e^{-2} = \dfrac{27}{e^2}$

76. *(b)* दिए गए वक्र का समीकरण, $y^2 = 2x$ ...(i)

जोकि एक परवलय निरूपित करता है जिसका शीर्ष (0, 0) तथा X-अक्ष के समान्तर है।

तथा $\quad x^2 + y^2 = 4x$ ...(ii)

जोकि एक वृत्त निरूपित करता है जिसका केन्द्र (2, 0) तथा त्रिज्या = 2 है।

समी (i) से y^2 का मान समी (ii) में रखने पर, हमें प्राप्त है,

$$x^2 + 2x = 4x \Rightarrow x^2 = 2x$$

$\Rightarrow \quad x = 0$ या $x = 2 \Rightarrow y = 0$ या $y = \pm 2$ [समी (i) से]

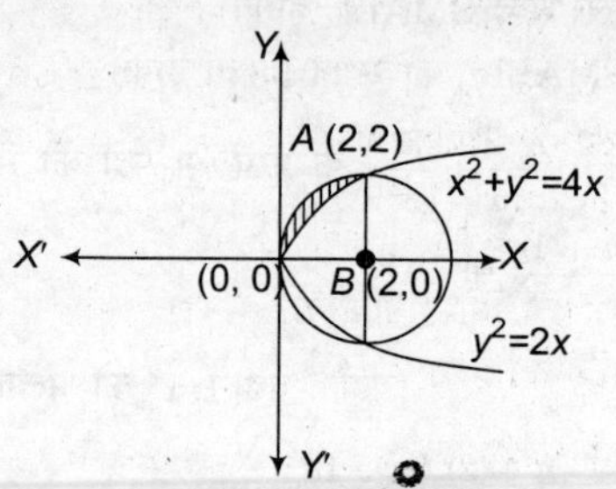

छायाँकित भाग का क्षेत्रफल $= \dfrac{\text{वृत्त का क्षेत्रफल}}{4} - \int_0^2 \sqrt{2x}\, dx$

$$= \frac{\pi(2)^2}{4} - \sqrt{2}\int_0^2 x^{1/2} dx = \pi - \sqrt{2}\left[\frac{x^{\frac{3}{2}}}{\frac{3}{2}}\right]_0^2$$

$$= \pi - \frac{2\sqrt{2}}{3}[2\sqrt{2} - 0] = \left(\pi - \frac{8}{3}\right) \text{ वर्ग इकाई}$$

77. *(d)* दिया है,

अवकल समीकरण $y(1 + xy)\, dx = x\, dy$

$\Rightarrow \quad y\, dx + xy^2 dx = x\, dy \Rightarrow \dfrac{x\, dy - y\, dx}{y^2} = x\, dx$

$\Rightarrow \quad -\dfrac{(y\, dx - x\, dy)}{y^2} = x\, dx \Rightarrow -d\left(\dfrac{x}{y}\right) = x\, dx$

दोनों पक्षों का समाकलन करने पर हमें प्राप्त है,

$$-\frac{x}{y} = \frac{x^2}{2} + C$$

$\because$ उपरोक्त समीकरण बिन्दु (1, –1) से होकर जाती है।

$\therefore \quad 1 = \dfrac{1}{2} + C \Rightarrow C = \dfrac{1}{2}$

अब, समी (i) से

$$-\frac{x}{y} = \frac{x^2}{2} + \frac{1}{2} \Rightarrow x^2 + 1 = -\frac{2x}{y} \Rightarrow y = -\frac{2x}{x^2+1}$$

$\therefore \quad f\left(-\dfrac{1}{2}\right) = \dfrac{4}{5}$

78. *(c)* दी गई रेखाओं के समीकरण $x - y + 1 = 0$ तथा $7x - y - 5 = 0$ हैं। जोकि समान्तर नहीं है अत: ये रेखाएँ दी गई समचतुर्भुज की आसन्न भुजाएँ हैं।

उपरोक्त रेखाओं के समीकरणों को हल करने पर हमें प्राप्त है,

$$x = 1 \text{ तथा } y = 2$$

इस प्रकार समचतुर्भुज का एक शीर्ष A (1, 2) है।

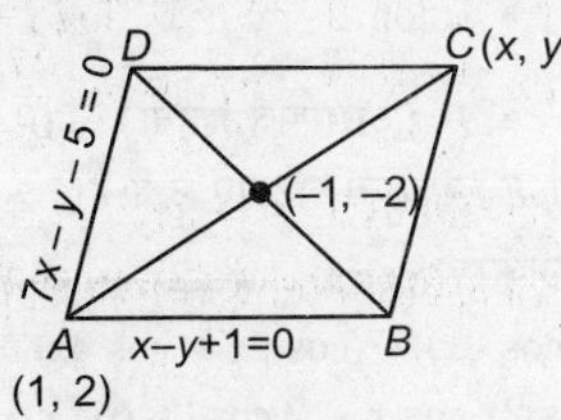

माना शीर्ष C का निर्देशांक (x, y) है,

तब $\quad -1 = \dfrac{x+1}{2}$ तथा $-2 = \dfrac{y+2}{2}$

$\Rightarrow \quad x + 1 = -2$ तथा $y = -4 - 2 \Rightarrow x = -3$ तथा $y = -6$

अत: बिन्दु C का अभीष्ट निर्देशांक = (– 3, – 6)

यहाँ समचतुर्भुज के शीर्ष B तथा D के निर्देशांक समीकरणों क्रमश: $x - y + 1 = 0$ तथा $7x - y - 5 = 0$ को सन्तुष्ट करेंगे।

क्योंकि विकल्प (c) समीकरण $7x - y - 5 = 0$ को सन्तुष्ट करता है अत: शीर्ष D का निर्देशांक $\left(\dfrac{1}{3}, \dfrac{-8}{3}\right)$ है।

79. *(d)* दिया है, वृत्त का समीकरण $x^2 + y^2 - 8x - 8y - 4 = 0$ जिसका केन्द्र $C(4, 4)$ तथा त्रिज्या $= \sqrt{4^2 + 4^2 + 4} = \sqrt{36} = 6$

माना आवश्यक वृत्त का केन्द्र $C_1(x, y)$ चूँकि यह X –अक्ष को स्पर्श करती है अत: इसकी त्रिज्या $= |y|$ तथा यह भी दिया गया है कि वृत्त जिसका केन्द्र $C_1(x, y)$ है वृत्त $x^2 + y^2 - 8x - 8y - 4 = 0$ को भी स्पर्श करती है

इसलिए $CC_1 = 6 + |y|$

$\Rightarrow \quad \sqrt{(x-4)^2 + (y-4)^2} = 6 + |y|$

$\Rightarrow \quad x^2 + 16 - 8x + y^2 + 16 - 8y = 36 + y^2 + 12|y|$

$\Rightarrow \quad x^2 - 8x - 8y + 32 = 36 + 12|y|$

$\Rightarrow \quad x^2 - 8x - 8y - 4 = 12|y|$

स्थिति I यदि $y > 0$, तब

$$x^2 - 8x - 8y - 4 = 12y$$

$\Rightarrow \quad x^2 - 8x - 20y - 4 = 0 \Rightarrow x^2 - 8x - 4 = 20y$

$\Rightarrow \quad (x-4)^2 - 20 = 20y \Rightarrow (x-4)^2 = 20(y+1)$

जोकि एक परवलय का समीकरण है।

स्थिति II यदि $y < 0$, तब

$x^2 - 8x - 8y - 4 = -12y \Rightarrow x^2 - 8x - 8y - 4 + 12y = 0$

$\Rightarrow \quad x^2 - 8x + 4y - 4 = 0 \Rightarrow x^2 - 8x - 4 = -4y$

$\Rightarrow \quad (x-4)^2 = 20 - 4y \Rightarrow (x-4)^2 = -4(y-5)$

यह भी एक परवलय का समीकरण है।

80. *(b)* दिया है, वृत्त का समीकरण $x^2 + y^2 - 4x + 6y - 12 = 0$ जिसका केन्द्र (2,– 3) तथा त्रिज्या $= \sqrt{2^2 + (-3)^2 + 12} = \sqrt{4 + 9 + 12} = 5$

प्रश्नानुसार, हमें निम्न चित्र प्राप्त है,

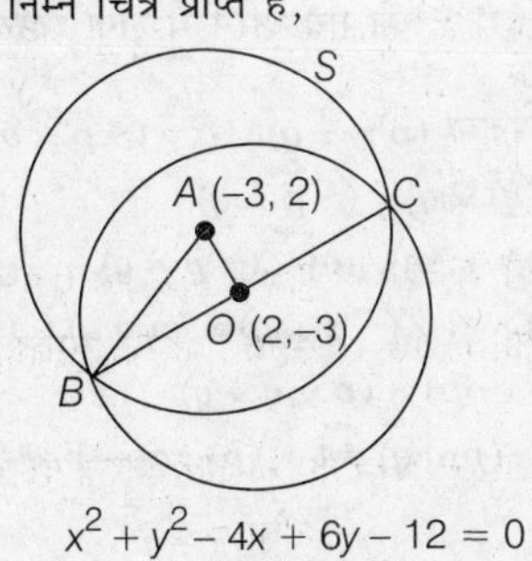

स्पष्टतया $AO \perp BC$ तथा बिन्दु O जीवा BC का मध्य-बिन्दु है।

अब, ΔAOB में,

$$OA = \sqrt{(-3-2)^2 + (2+3)^2} = \sqrt{25 + 25} = \sqrt{50} = 5\sqrt{2}$$

तथा $\quad OB = 5$

$\therefore \quad AB = \sqrt{OA^2 + OB^2} = \sqrt{50 + 25} = \sqrt{75} = 5\sqrt{3}$

81. *(a)* दिया है, वृत्त का समीकरण $x^2 + (y+6)^2 = 1$ जिसका केन्द्र $C(0, -6)$ है।

माना बिन्दु P का निर्देशांक $(2t^2, 4t)$

माना $\quad D = CP = \sqrt{(2t^2)^2 + (4t+6)^2}$

$\Rightarrow \quad D = \sqrt{4t^4 + 16t^2 + 36 + 48t}$

दोनों तरफ का वर्ग करने पर,

$\Rightarrow \quad D^2(t) = 4t^4 + 16t^2 + 48t + 36$

माना $\quad F(t) = 4t^4 + 16t^2 + 48t + 36$

निम्नतम मान के लिए, $\quad F'(t) = 0$

$\Rightarrow \quad 16t^3 + 32t + 48 = 0 \Rightarrow t^3 + 2t + 3 = 0$

$\Rightarrow \quad (t+1)(t^2 - t + 3) = 0 \Rightarrow t = -1$

अत: बिन्दु P का निर्देशांक (2, – 4) है।

अब, $\quad CP = \sqrt{2^2 + (-4+6)^2} = \sqrt{4+4} = 2\sqrt{2}$

अत: वृत्त का अभीष्ट समीकरण

$(x-2)^2 + (y+4)^2 = (2\sqrt{2})^2 \Rightarrow x^2 + 4 - 4x + y^2 + 16 + 8y = 8$

$\Rightarrow \quad x^2 + y^2 - 4x + 8y + 12 = 0$

82. *(c)* दिया है, $\dfrac{2b^2}{a} = 8$ तथा $2b = ae \Rightarrow b^2 = 4a$ तथा $2b = ae$

अब, $\quad 2b = ae \Rightarrow 4b^2 = a^2e^2$

$\Rightarrow \quad 4a^2(e^2 - 1) = a^2e^2 \Rightarrow 4e^2 - 4 = e^2 \qquad [\because a \neq 0]$

$\Rightarrow \quad 3e^2 = 4 \Rightarrow e = \dfrac{2}{\sqrt{3}} \qquad [\because e > 0]$

83. *(b)* रेखा का समीकरण जो बिन्दु (1, – 5, 9) से होकर जाती है तथा रेखा $x = y = z$ के समान्तर है, इस प्रकार है

$$\frac{x-1}{1} = \frac{y+5}{1} = \frac{z-9}{1} = \lambda \qquad \text{(माना)}$$

रेखा पर स्थित किसी बिन्दु P का निर्देशांक $(\lambda + 1, \lambda - 5, \lambda + 9)$ चूँकि यह बिन्दु रेखा और समतल का प्रतिच्छेद बिन्दु है।

अत: समतल $x - y + z = 5$ को सन्तुष्ट करेगा।

$(\lambda + 1) - (\lambda - 5) + \lambda + 9 = 5 \Rightarrow \lambda + 15 = 5 \Rightarrow \lambda = -10$

$\Rightarrow$ बिन्दु P का निर्देशांक (– 9, – 15, – 1)

अत: अभीष्ट दूरी $= \sqrt{(1+9)^2 + (-5+15)^2 + (9+1)^2}$

$$= \sqrt{10^2 + 10^2 + 10^2} = 10\sqrt{3}$$

84. *(d)* चूँकि रेखा $\dfrac{x-3}{2} = \dfrac{y+2}{-1} = \dfrac{z+4}{3}$ समतल $lx + my - z = 9$ में स्थित है।

अत: हमें प्राप्त है $\quad 2l - m - 3 = 0$

[$\because$ समतल का अभिलम्ब रेखा पर लम्बवत् है]

$\Rightarrow \quad 2l - m = 3 \qquad \ldots\text{(i)}$

तथा $\quad 3l - 2m + 4 = 9$

[$\because$ बिन्दु (3, – 2, – 4) समतल में स्थित है]

$\Rightarrow \quad 3l - 2m = 5$ ...(ii)

समी (i) व (ii) को हल करने पर,

हमें प्राप्त है, $l = 1$ तथा $m = -1$

$\therefore \quad l^2 + m^2 = 2$

85. *(d)* दिया है $|\hat{a}| = |\hat{b}| = |\hat{c}| = 1$ तथा $\hat{a} \times (\hat{b} \times \hat{c}) = \frac{\sqrt{3}}{2}(\hat{b} + \hat{c})$

अब चूँकि $\hat{a} \times (\hat{b} \times \hat{c}) = \frac{\sqrt{3}}{2}(\hat{b} + \hat{c})$

$\Rightarrow \quad (\hat{a} \cdot \hat{c})\hat{b} - (\hat{a} \cdot \hat{b})\hat{c} = \frac{\sqrt{3}}{2}\hat{b} + \frac{\sqrt{3}}{2}\hat{c}$

दोनों पक्षों की तुलना करने पर, हमें प्राप्त है

$\hat{a} \cdot \hat{b} = -\frac{\sqrt{3}}{2} \Rightarrow |\hat{a}||\hat{b}|\cos\theta = -\frac{\sqrt{3}}{2}$

$\Rightarrow \cos\theta = -\frac{\sqrt{3}}{2}$ $[\because |\hat{a}| = |\hat{b}| = 1]$

$\Rightarrow \cos\theta = \cos\left(\pi - \frac{\pi}{6}\right) \Rightarrow \theta = \frac{5\pi}{6}$

86. *(b)* हम जानते हैं कि यदि $x_1, x_2, ..., x_n$ n आँकड़े हैं, तब उनका मानक विचलन $\sqrt{\frac{1}{n}\Sigma x_i^2 - \left(\frac{\Sigma x_i}{n}\right)^2}$

दिया है, $(3.5)^2 = \frac{(2^2 + 3^2 + a^2 + 11^2)}{4} - \left(\frac{2 + 3 + a + 11}{4}\right)^2$

$\Rightarrow \frac{49}{4} = \frac{4 + 9 + a^2 + 121}{4} - \left(\frac{16 + a}{4}\right)^2$

$\Rightarrow \frac{49}{4} = \frac{134 + a^2}{4} - \frac{256 + a^2 + 32a}{16}$

$\Rightarrow \frac{49}{4} = \frac{4a^2 + 536 - 256 - a^2 - 32a}{16}$

$\Rightarrow 49 \times 4 = 3a^2 - 32a + 280 \Rightarrow 3a^2 - 32a + 84 = 0$

87. *(d)* स्पष्टतया,

$E_1 = \{(4, 1), (4, 2), (4, 3), (4, 4), (4, 5), (4, 6)\}$

$E_2 = \{(1, 2), (2, 2), (3, 2), (4, 2), (5, 2), (6, 2)\}$

तथा $E_3 = \{(1, 2), (1, 4), (1, 6), (2, 1), (2, 3), (2, 5), (3, 2), (3, 4), (3, 6), (4, 1), (4, 3), (4, 5), (5, 2), (5, 4), (5, 6), (6, 1), (6, 3), (6, 5)\}$

$\Rightarrow P(E_1) = \frac{6}{36} = \frac{1}{6} \Rightarrow P(E_2) = \frac{6}{36} = \frac{1}{6}$ तथा $P(E_3) = \frac{18}{36} = \frac{1}{2}$

अब, $P(E_1 \cap E_2) = P$ [पासा A पर अंक 4 तथा पासा B पर अंक 2 आने की प्रायिकता]

$= \frac{1}{36} = P(E_1) \cdot P(E_2)$

$P(E_2 \cap E_3) = P$ [पासा B पर अंक 2 तथा दोनों पासों के अंकों का योगफल विषम आने की प्रायिकता]

$= \frac{3}{36} = P(E_2) \cdot P(E_3)$

$P(E_1 \cap E_3) = P$ [पासा A पर 4 आने की तथा दोनों पासों के अंकों का योगफल विषम संख्या हो।]

$= \frac{3}{36} = P(E_1) \cdot P(E_3)$

तथा $P(E_1 \cap E_2 \cap E_3) = P$

[पासा A पर 4 पासा B पर 2 तथा दोनों पासों के अंकों का योगफल विषम संख्या हो।]

$= P$ (असम्भव घटना) $= 0$

अतः E_1, E_2 तथा E_3 स्वतन्त्र घटनाएँ नहीं हैं।

88. *(c)* दिया है, समीकरण $\cos x + \cos 2x + \cos 3x + \cos 4x = 0$

$\Rightarrow \quad (\cos x + \cos 3x) + (\cos 2x + \cos 4x) = 0$

$\Rightarrow \quad 2\cos 2x \cos x + 2\cos 3x \cos x = 0$

$\Rightarrow \quad 2\cos x(\cos 2x + \cos 3x) = 0$

$\Rightarrow \quad 2\cos x\left(2\cos\frac{5x}{2}\cos\frac{x}{2}\right) = 0$

$\Rightarrow \quad \cos x \cdot \cos\frac{5x}{2} \cdot \cos\frac{x}{2} = 0$

$\Rightarrow \quad \cos x = 0$ या $\cos\frac{5x}{2} = 0$ या $\cos\frac{x}{2} = 0$

अब, $\cos x = 0 \Rightarrow x = \frac{\pi}{2}, \frac{3\pi}{2}$ $[\because 0 \le x < 2\pi]$

$\cos\frac{5x}{2} = 0 \Rightarrow \frac{5x}{2} = \frac{\pi}{2}, \frac{3\pi}{2}, \frac{5\pi}{2}, \frac{7\pi}{2}, \frac{9\pi}{2}, \frac{11\pi}{2}, ...$

$\Rightarrow \quad x = \frac{\pi}{5}, \frac{3\pi}{5}, \pi, \frac{7\pi}{5}, \frac{9\pi}{5}$ $[\because 0 \le x < 2\pi]$

तथा $\cos\frac{x}{2} = 0 \Rightarrow \frac{x}{2} = \frac{\pi}{2}, \frac{3\pi}{2}, \frac{5\pi}{2}, ... \Rightarrow x = \pi$ $[\because 0 \le x < 2\pi]$

अतः $x = \frac{\pi}{2}, \frac{3\pi}{2}, \pi, \frac{\pi}{5}, \frac{3\pi}{5}, \frac{7\pi}{5}, \frac{9\pi}{5}$

89. *(d)* प्रश्नानुसार, हमें निम्न चित्र प्राप्त है

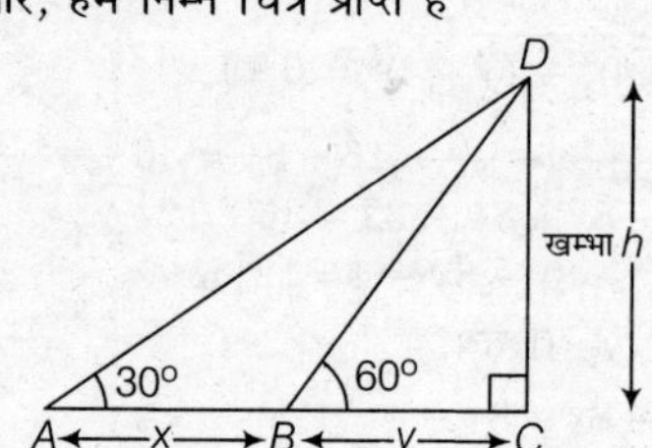

अब ΔACD तथा ΔBCD में

$\tan 30° = \frac{h}{x + y}$ तथा $\tan 60° = \frac{h}{x} \Rightarrow h = \frac{x + y}{\sqrt{3}}$ ...(i)

तथा $h = \sqrt{3}\,y$ ...(ii)

समी (i) तथा (ii) से, $\frac{x + y}{\sqrt{3}} = \sqrt{3}\,y \Rightarrow x + y = 3y$

$\Rightarrow \quad x - 2y = 0 \Rightarrow y = x/2$

$\because$ आदमी एकसमान चाल से गति कर रहा है।

$\therefore$ आदमी द्वारा दूरी y को तय करने में लगा समय = 5 मिनट

$\because$ दूरी x को तय करने में लगा समय 10 मिनट है

$\therefore$ आदमी द्वारा दूरी $\frac{x}{2}$ को तय करने मे लगा समय = 5 मिनट

90. *(c)* दिया है, व्यंजक $(p \wedge \sim q) \vee q \vee (\sim p \wedge q)$

$\equiv [(p \wedge \sim q) \vee q] \vee (\sim p \wedge q)$

$\equiv [(p \vee q) \wedge (\sim q \vee q)] \vee (\sim p \wedge q)$

$\equiv [(p \vee q) \wedge t] \vee (\sim p \wedge q) \equiv (p \vee q) \vee (\sim p \wedge q)$

$\equiv (p \vee q \vee \sim p) \wedge (p \vee q \vee q)$

$\equiv (q \vee t) \wedge (p \vee q) \equiv t \wedge (p \vee q) \equiv p \vee q$

JEE Main संयुक्त प्रवेश परीक्षा

सॉल्वड पेपर 2015

भौतिकी

1. किसी 240 मी ऊँची चोटी के एक किनारे से, दो पत्थरों को एक साथ ऊपर की ओर फेंका गया है। इनकी प्रारम्भिक चाल क्रमश: 10 मी/से तथा 40 मी/से हैं। निम्नांकित में से कौन-सा ग्राफ (आरेख) पहले पत्थर के सापेक्ष दूसरे पत्थर की स्थिति के समय विचरण (परिवर्तन) को सर्वाधिक सही दर्शाता है? (मान लीजिए कि, पत्थर जमीन से टकराने के पश्चात् ऊपर की ओर नहीं उछलते हैं तथा वायु का प्रतिरोध नगण्य है, दिया है $g = 10$ मी/से^{2}) (यहाँ ग्राफ केवल व्यवस्था आरेख हैं और स्केल के अनुसार नहीं हैं।)

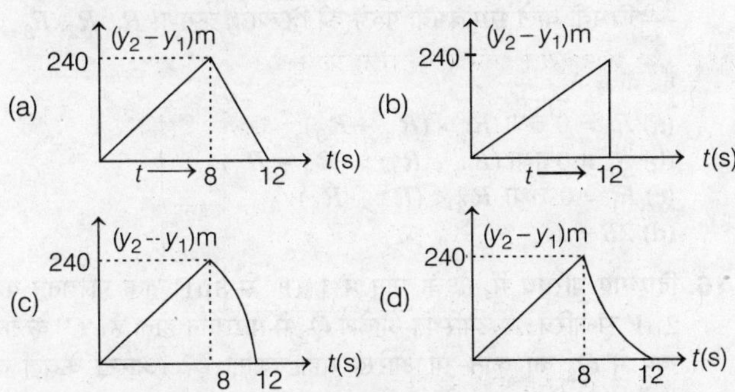

2. किसी सरल लोलक का आवर्तकाल $T = 2\pi \sqrt{\frac{L}{g}}$ है। L का मापित मान 20.0 सेमी है, जिसकी यथार्थता 1 मिमी है। इस लोलक के 100 दोलनों का समय 90 सेकण्ड है, जिसे 1 सेकण्ड विभेदन वाली कलाई घड़ी से मापा गया है। g के निर्धारण में यथार्थता होगी

(a) 2% (b) 3% (c) 1% (d) 5%

3. यहाँ आरेख में दो ब्लॉक (गुटके) A तथा B दर्शाये गये हैं जिनके भार क्रमश: 20 न्यूटन तथा 100 न्यूटन हैं। इन्हें एक बल F द्वारा किसी दीवार पर दबाया जा रहा है। यदि घर्षण गुणांक का मान A तथा B के बीच 0.1 तथा B और दीवार के बीच 0.15 है, तो दीवार द्वारा ब्लॉक B पर लगा बल होगा

F → A B
20 न्यूटन 100 न्यूटन

(a) 100 न्यूटन (b) 80 न्यूटन
(c) 120 न्यूटन (d) 150 न्यूटन

4. x-दिशा में $2v$ चाल से चलते हुए m द्रव्यमान के एक कण से, y-दिशा में v वेग से चलता हुआ $2m$ द्रव्यमान का एक अन्य कण, टकराता है। यदि यह संघट्ट (टक्कर) पूर्णत: अप्रत्यास्थ है, तो टक्कर के दौरान ऊर्जा का क्षय (हानि) होगा

(a) 44% (b) 50% (c) 56% (d) 62%

5. किसी एकसमान ठोस शंकु के द्रव्यमान केन्द्र की उसके शीर्ष से दूरी z_0 है। यदि शंकु के आधार की त्रिज्या R तथा शंकु की ऊँचाई h हो, तो z_0 का मान निम्नांकित में से किसके बराबर होगा?

(a) $\frac{h^2}{4R}$ (b) $\frac{3h}{4}$ (c) $\frac{5h}{8}$ (d) $\frac{3h^2}{8R}$

6. किसी ठोस गोले का द्रव्यमान M तथा इसकी त्रिज्या R है। इसमें से अधिकतम सम्भव आयतन का एक घन काट लिया जाता है। इस घन का जड़त्व आघूर्ण कितना होगा, यदि इसकी घूर्णन अक्ष इसके केन्द्र से होकर गुजरती है तथा इसके किसी एक फलक के लम्बवत् है?

(a) $\frac{MR^2}{32\sqrt{2}\pi}$ (b) $\frac{MR^2}{16\sqrt{2}\pi}$
(c) $\frac{4MR^2}{9\sqrt{3}\pi}$ (d) $\frac{4MR^2}{3\sqrt{3}\pi}$

7. एक ठोस गोले का द्रव्यमान M तथा त्रिज्या R है। इससे $\left(\frac{R}{2}\right)$ त्रिज्या का एक गोलीय भाग, आरेख में दर्शाये गये अनुसार काट लिया जाता है। $r = \infty$ (अनन्त) पर गुरुत्वीय विभव के मान V को शून्य ($V = 0$) मानते हुए इस प्रकार बने कोटर (कैविटी) के केन्द्र पर, गुरुत्वीय विभव का मान होगा (G = गुरुत्वीय स्थिरांक है।)

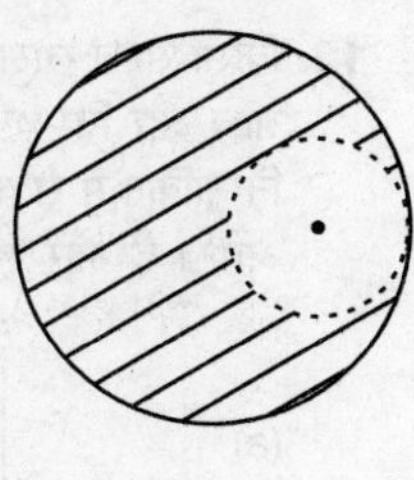

(a) $\frac{-GM}{2R}$ (b) $\frac{-GM}{R}$ (c) $\frac{-2GM}{3R}$ (d) $\frac{-2GM}{R}$

8. किसी एकसमान तार का अनुप्रस्थ काट का क्षेत्रफल A हैं। इससे बनाये गए एक लोलक का आवर्तकाल T है। इस लोलक के गोलक से एक अतिरिक्त M द्रव्यमान जोड़ देने पर लोलक का आवर्तकाल परिवर्तित होकर T_M हो जाता है। यदि इस तार के पदार्थ का यंग गुणांक Y हो, तो $1/Y$ का मान होगा (g = गुरुत्वीय त्वरण)

(a) $\left[\left(\frac{T_M}{T}\right)^2 - 1\right]\frac{A}{Mg}$ (b) $\left[\left(\frac{T_M}{T}\right)^2 - 1\right]\frac{Mg}{A}$

(c) $\left[1-\left(\frac{T_M}{T}\right)^2\right]\frac{A}{Mg}$ (d) $\left[1-\left(\frac{T}{T_M}\right)^2\right]\frac{A}{Mg}$

9. किसी गोलीय कोश (शैल) की त्रिज्या R है और इसका ताप T है। इसके भीतर कृष्णिका विकिरणों को फोटॉनों की एक ऐसी आदर्श गैस माना जा सकता है जिसकी प्रति इकाई आयतन आन्तरिक ऊर्जा $u = \frac{U}{V} \propto T^4$ तथा दाब $p = \frac{1}{3}\left(\frac{U}{V}\right)$ है। यदि इस कोश में रूद्धोष्म प्रसार हो, तो T तथा R के बीच सम्बन्ध होगा

(a) $T \propto e^{-R}$ (b) $T \propto e^{-3R}$

(c) $T \propto \frac{1}{R}$ (d) $T \propto \frac{1}{R^3}$

10. एक ठोस पिण्ड (वस्तु) की स्थिर ऊष्मा धारिता 1 जूल/°C है। इसको ऊष्मकों (ऊष्मा भण्डारों) के सम्पर्क में रखकर निम्न दो प्रकार से गर्म किया जाता है।

(i) अनुक्रमिक रूप से 2 ऊष्मकों के सम्पर्क में इस प्रकार रखकर कि प्रत्येक ऊष्मक समान मात्रा में ऊष्मा देता है।

(ii) अनुक्रमिक रूप से 8 ऊष्मकों के सम्पर्क में इस प्रकार रखकर कि प्रत्येक ऊष्मक समान मात्रा से ऊष्मा देता है।

यदि दोनों स्थितियों में पिण्ड का प्रारम्भिक ताप 100°C तथा अन्तिम ताप 200°C है, तो इन दोनों स्थितियों में पिण्ड की एन्ट्रॉपी में परिवर्तन क्रमशः होगा

(a) In 2, 4 In 2 (b) In 2, In 2

(c) In 2, 2 In 2 (d) 2 In 2, 8 In 2

11. एक आदर्श गैस किसी बन्द (संवृत), वियुक्त (विलगित) कक्ष में सीमित (रखी) है। इस गैस में रूद्धोष्म प्रसार होने पर, इसके अणुओं के बीच टक्कर का औसत काल (समय) V^q के अनुसार बढ़ जाता है, जहां, V गैस का आयतन है q का मान होगा $\left(\gamma = \frac{C_p}{C_V}\right)$

(a) $\frac{3\gamma + 5}{6}$ (b) $\frac{3\gamma - 5}{6}$ (c) $\frac{\gamma + 1}{2}$ (d) $\frac{\gamma - 1}{2}$

12. किसी सरल लोलक के लिए, उसके विस्थापन d तथा उसकी गतिज ऊर्जा के बीच और विस्थापन d तथा उसकी स्थितिज ऊर्जा के बीच ग्राफ खींचे गए है। निम्नांकित में से कौन-सा ग्राफ (आरेख) सही है? (यहाँ ग्राफ केवल व्यवस्था आरेख हैं और स्केल के अनुसार नहीं हैं।)

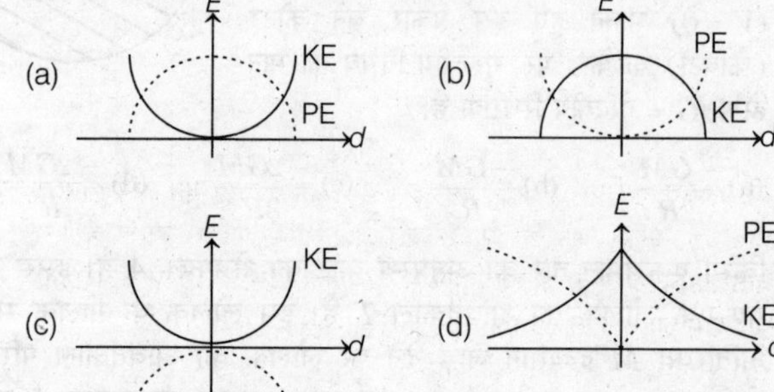

13. एक ट्रेन (रेलगाड़ी) सीधी पटरियों पर 20 मी/से की चाल से गति कर रही है। इसकी सीटी की ध्वनि की आवृत्ति 1000 हट्र्ज है। यदि ध्वनि की वायु में चाल 320 मी/से हो, तो पटरियों के निकट खड़े व्यक्ति के पास से ट्रेन के गुजरने पर, उस व्यक्ति द्वारा सुनी गई सीटी की ध्वनि की आवृत्ति में प्रतिशत परिवर्तन लगभग होगा

(a) 6% (b) 12% (c) 18% (d) 24%

14. किसी लम्बे बेलनाकार कोश के ऊपरी भाग में धनात्मक पृष्ठ आवेश σ तथा निचले भाग में ऋणात्मक पृष्ठ आवेश $-\sigma$ है। इस बेलन (सिलिण्डर) के चारों ओर विद्युत क्षेत्र-रेखाएँ, यहाँ दर्शाये गए आरेखों में से किस आरेख के समान होगी? (यहाँ आरेख केवल व्यवस्था आरेख हैं और स्केल के अनुसार नहीं हैं।)

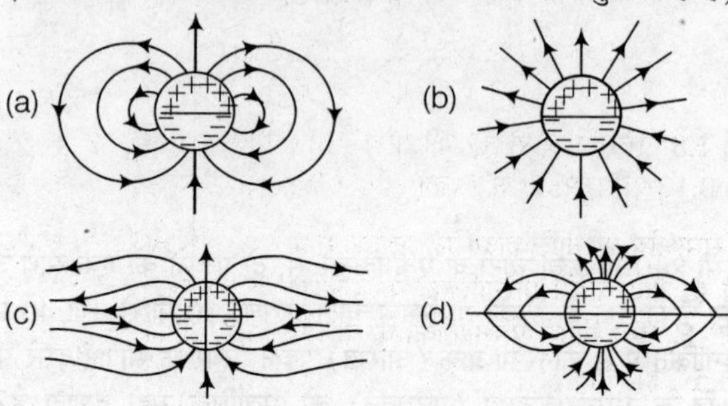

15. R त्रिज्या के किसी एकसमान आवेशित ठोस गोले के पृष्ठ का विभव V_0 है। (∞ के सापेक्ष मापा गया)। यदि इस गोले के लिए, $\frac{3V_0}{2}, \frac{5V_0}{4}, \frac{3V_0}{4}$ तथा $\frac{V_0}{4}$ विभवों वाले समविभवी पृष्ठों की त्रिज्यायें, क्रमशः R_1, R_2, R_3, तथा R_4 हैं, तो

(a) $R_1 = 0$ तथा $R_2 > (R_4 - R_3)$

(b) $R_1 \neq 0$ तथा $(R_2 - R_1) > (R_4 - R_3)$

(c) $R_1 = 0$ तथा $R_2 < (R_4 - R_3)$

(d) $2R < R_4$

16. दिए गए परिपथ में, C के मान में 1 μF से 3μF तक परिवर्तन करने पर 2μF संधारित्र पर उपस्थित आवेश Q_2 में परिवर्तन होता है। 'C' के फलन के रूप में Q_2 को कौन-सा आरेख सही दर्शाता है? (आरेख केवल व्यवस्था आरेख हैं ओर स्केल के अनुसार नहीं हैं।)

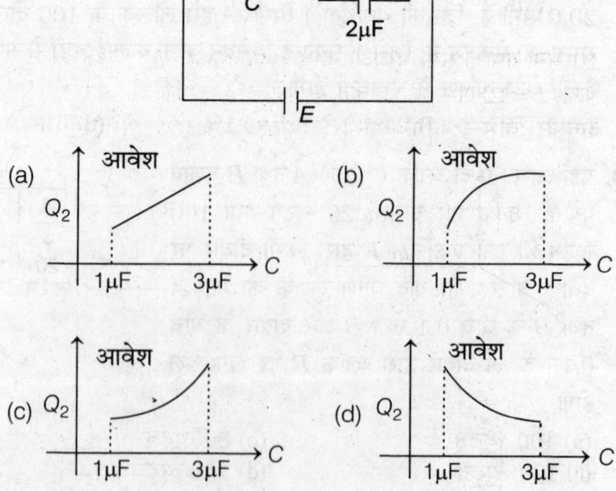

17. 0.1 मी लम्बे किसी तार के सिरों के बीच 5 वोल्ट विभवान्तर आरोपित करने पर इलेक्ट्रॉनों की अपवाह चाल 2.5×10^{-4} मी-से$^{-1}$ होती है। यदि इस तार में इलेक्ट्रॉन घनत्व 8×10^{28} मी$^{-3}$ हो, तो इसके पदार्थ की प्रतिरोधकता होगी, लगभग

(a) 1.6×10^{-8} Ωm (b) 1.6×10^{-7} Ωm
(c) 1.6×10^{-6} Ωm (d) 1.6×10^{-5} Ωm

18. दर्शाये गये परिपथ में 1 Ω प्रतिरोधक से प्रवाहित धारा होगी

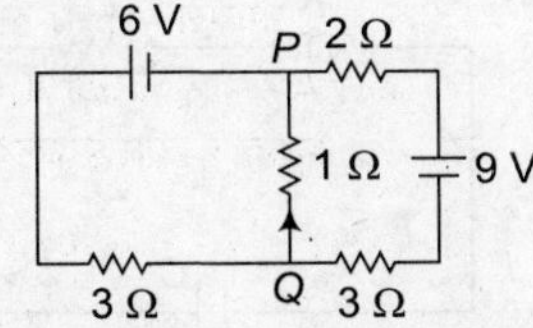

(a) 1.3 एम्पियर, P से Q की ओर (b) 0 एम्पियर
(c) 0.13 एम्पियर, Q से P को (d) 0.13 एम्पियर, P से Q को

19. दो समाक्षीय परिनालिकाओं में, प्रत्येक से I धारा एक ही दिशा में प्रवाहित हो रही है। यदि बाहरी परिनालिका के कारण, भीतरी परिनालिका पर चुम्बकीय बल $\mathbf{F}_1$ तथा भीतरी परिनालिका के कारण, बाहरी परिनालिका पर चुम्बकीय बल $\mathbf{F}_2$ हो, तो

(a) $\mathbf{F}_1 = \mathbf{F}_2 = 0$
(b) $\mathbf{F}_1$ भीतर की ओर व अरीय (त्रिज्य) है और $\mathbf{F}_2$ बाहर की ओर व अरीय है
(c) $\mathbf{F}_1$ भीतर की ओर व अरीय है तथा $\mathbf{F}_2 = 0$ है
(d) $\mathbf{F}_1$ बाहर की ओर व अरीय है तथा $\mathbf{F}_2 = 0$ है

20. दो पतले लम्बे धारावाही चालक तारों में प्रत्येक से I धारा प्रवाहित हो रही है। इन्हें L लम्बाई के विद्युतरोधी धागों से लटकाया गया है। इन धागों में प्रत्येक के द्वारा ऊर्ध्वाधर दिशा में 'θ' कोण बनाने की स्थिति में, ये दोनों तार साम्यावस्था में रहते हैं। यदि इन तारों का प्रति इकाई लम्बाई द्रव्यमान λ तथा g गुरूत्वीय त्वरण है, तो I का मान होगा

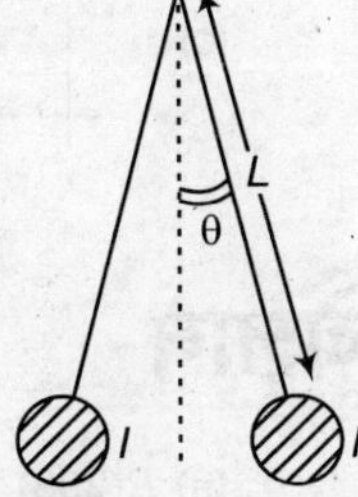

(a) $\sin\theta \sqrt{\dfrac{\pi\lambda gL}{\mu_0 \cos\theta}}$ (b) $2\sin\theta \sqrt{\dfrac{\pi\lambda gL}{\mu_0 \cos\theta}}$

(c) $2\sqrt{\dfrac{\pi gL}{\mu_0}}\tan\theta$ (d) $\sqrt{\dfrac{\pi\lambda gL}{\mu_0}}\tan\theta$

21. 10 सेमी तथा 5 सेमी भुजाओं के एक आयताकार लूप (पाश) से एक विद्युत धारा, $I = 12$ एम्पियर प्रवाहित हो रही है। इस पाश को आरेख में दर्शाये गए अनुसार विभिन्न अभिविन्यासों (स्थितियों) में रखा गया है।

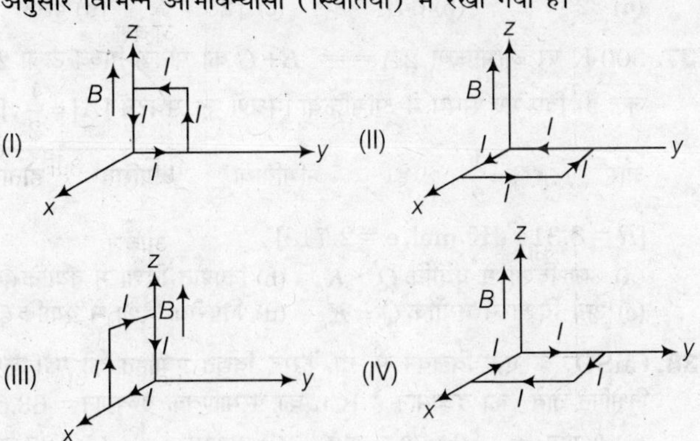

यदि वहाँ 0.3 टेस्ला तीव्रता का कोई एकसमान चुम्बकीय क्षेत्र, धनात्मक z-दिशा में विद्यमान है, तो दर्शाये गए किस अभिविन्यास में, यह पाश (लूप) (i) स्थायी सन्तुलन तथा (ii) अस्थायी सन्तुलन में, होगा?

(a) क्रमशः (I) तथा (II) में (b) क्रमशः (I) तथा (III) में
(c) क्रमशः (II) तथा (IV) में (d) क्रमशः (II) तथा (III) में

22. दर्शाये गए परिपथ में, एक प्रेरक ($L = 0.03$ हेनरी) तथा एक प्रतिरोधक ($R = 0.15$ kΩ) किसी 15 वोल्ट विद्युत वाहक बल (ई. एम. एफ.) की बैटरी से चित्रानुसार जुड़े हैं। कुंजी K_1 को बहुत समय तक बन्द रखा गया है। इसके पश्चात् समय $t = 0$ पर, K_1 को खोल कर साथ ही साथ, K_2 को बन्द किया जाता है। समय $t = 1$ मिली सेकण्ड पर, परिपथ में विद्युत धारा होगी ($e^5 \cong 150$)

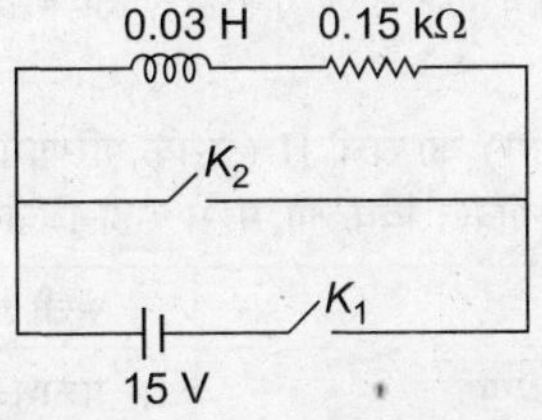

(a) 100 मिली एम्पियर (b) 67 मिली एम्पियर
(c) 6.7 मिली एम्पियर (d) 0.67 मिली एम्पियर

23. एक लाल रंग का एल.ई.डी. (प्रकाश उत्सर्जन डायोड) 0.1 वाट पर, एकसमान प्रकाश उत्सर्जित करता है। डायोड से 1 मी दूरी पर, इस प्रकाश के विद्युत क्षेत्र का आयाम होगा

(a) 1.73 वोल्ट/मी (b) 2.45 वोल्ट/मी
(c) 5.48 वोल्ट/मी (d) 7.75 वोल्ट/मी

24. काँच के किसी प्रिज्म का कोण 'A' है। इस पर एकवर्णी प्रकाश आपतित होता है। यदि प्रिज्म के पदार्थ का अपवर्तनांक μ है, तो प्रिज्म के फलक AB पर, θ कोण से आपतित प्रकाश की किरण, प्रिज्म के फलक AC से पारगत होगी यदि

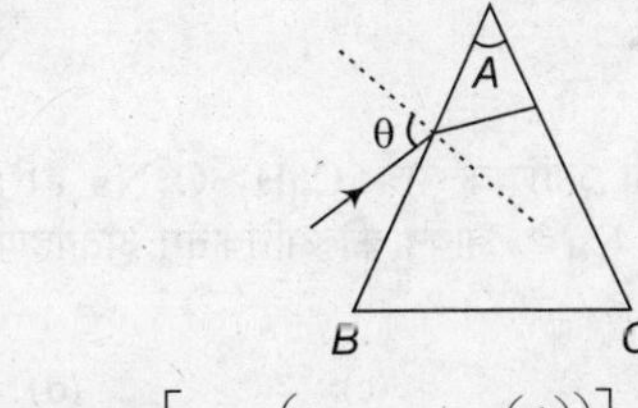

(a) $\theta > \sin^{-1}\left[\mu\sin\left(A - \sin^{-1}\left(\dfrac{1}{\mu}\right)\right)\right]$

(b) $\theta < \sin^{-1}\left[\mu\sin\left(A - \sin^{-1}\left(\dfrac{1}{\mu}\right)\right)\right]$

(c) $\theta > \cos^{-1}\left[\mu\sin\left(A + \sin^{-1}\left(\dfrac{1}{\mu}\right)\right)\right]$

(d) $\theta < \cos^{-1}\left[\mu\sin\left(A + \sin^{-1}\left(\dfrac{1}{\mu}\right)\right)\right]$

25. ग्रीष्म ऋतु की गर्म रात्रि में, भू-तल के निकट, वायु का अपवर्तनांक न्यूनतम होता है और भू-तल से ऊँचाई के साथ बढ़ता जाता है। यदि कोई प्रकाश-किरण पुंज क्षैतिज दिशा में जा रहा हो, तो हाइगेन्स के सिद्धान्त से यह परिणाम प्राप्त होता है कि चलता हुआ प्रकाश किरण पुंज

(a) संकुचित (संकीर्ण) हो जायेगा
(b) बिना विक्षेपित हुए, क्षैतिज दिशा में चलता रहेगा
(c) नीचे की ओर झुक जायेगा
(d) ऊपर की ओर झुक जायेगा

26. यदि मानव नेत्र की पुतली की त्रिज्या 0.25 सेमी और स्पष्ट सुविधा जनक देखने की दूरी 25 सेमी हो, तो, 500 नैनो मीटर तरंगदैर्ध्य के प्रकाश में, दो वस्तुओं के बीच कितनी न्यूनतम दूरी तक मानव नेत्र उन दोनों के बीच विभेदन कर सकेगा ?

(a) 1 μm (b) 30 μm (c) 100 μm (d) 300 μm

27. जब कोई इलेक्ट्रॉन, हाइड्रोजन जैसे परमाणु /आयन की उत्तेजित अवस्था से न्यूनतम ऊर्जा अवस्था में संक्रमण करता है, तो उसकी

(a) गतिज ऊर्जा में वृद्धि तथा स्थितिज ऊर्जा व कुल ऊर्जा में कमी होती है
(b) गतिज ऊर्जा, स्थितिज ऊर्जा तथा कुल ऊर्जा में कमी हो जाती है
(c) गतिज ऊर्जा कम होती है, स्थितिज ऊर्जा बढ़ती है और कुल ऊर्जा वही रहती है
(d) गतिज ऊर्जा व कुल ऊर्जा कम हो जाती हैं किन्तु स्थितिज ऊर्जा बढ़ जाती है

28. सूची I (मूल प्रयोग) का सूची II (उसके परिणाम) के साथ सुमेलन (मैच) कीजिए और निम्नांकित विकल्पों में से सही विकल्प का चयन कीजिए।

सूची I	सूची II
A. फ्रेंक-हर्ट्ज प्रयोग	1. प्रकाश की कणिका प्रकृति
B. प्रकाश-विद्युत प्रयोग	2. अणु के विविक्त ऊर्जा स्तर
C. डेवीसन-जर्मर प्रयोग	3. इलेक्ट्रॉन की तरंग प्रकृति
	4. परमाणु की संरचना

	A	B	C		A	B	C
(a)	1	4	3	(b)	2	4	3
(c)	2	1	3	(d)	4	3	2

29. यदि 5 किलो हर्ट्ज आवृत्ति के किसी संकेत (सिग्नल) का 2 मिली हर्ट्ज आवृत्ति की वाहक तरंग पर आयाम मॉडुलन किया जाता है, तो परिणामी सिग्नल (संकेत) की आवृत्ति होगी

(a) केवल 2 मेगा हर्ट्ज
(b) 2005 किलो हर्ट्ज तथा 1995 किलो हर्ट्ज
(c) 2005 किलो हर्ट्ज, 2000 किलो हर्ट्ज तथा 1995 किलो हर्ट्ज
(d) 2000 किलो हर्ट्ज तथा 1995 किलो हर्ट्ज

30. एक LCR परिपथ किसी अवमंदित लोलक के तुल्य होता है। किसी LCR परिपथ में संधारित्र को Q_0 तक आवेशित किया गया है और फिर इसे आरेख में दर्शाये गए अनुसार L व R से जोड़ा गया है।

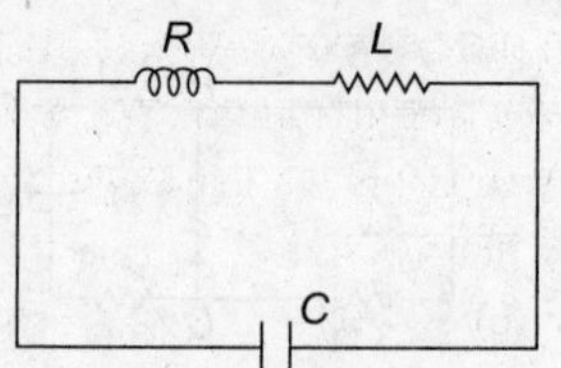

यदि एक विद्यार्थी L के दो विभिन्न मानों L_1 तथा L_2 $(L_1 > L_2)$ के लिए, समय t तथा संधारित्र पर अधिकतम आवेश के वर्ग (Q^2_{max}) के बीच दो ग्राफ बनाता है, तो निम्नांकित में से कौन-सा ग्राफ सही है? (यहाँ आरेख केवल व्यवस्था आरेख हैं तथा स्केल के अनुसार नहीं हैं।)

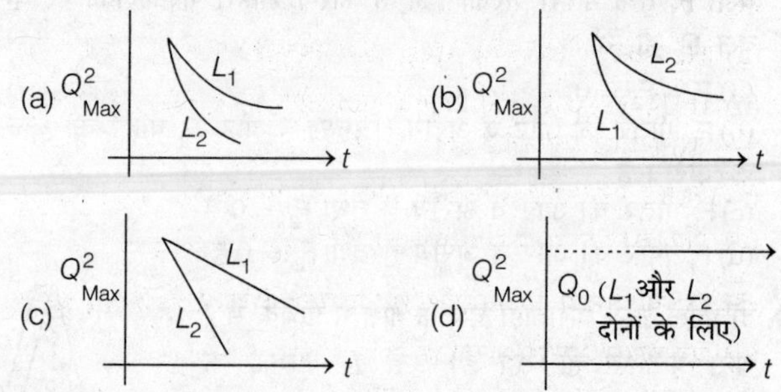

रसायन विज्ञान

31. एक वाणिज्य रेजिन का आण्विक सूत्र $C_8H_7SO_3Na$ है। (आण्विकभार = 206) इस रेजिन की Ca^{2+} आयन की अधिकतम अंतर्ग्रहण क्षमता (मोल प्रति ग्राम रेजिन) क्या है?

(a) $\frac{1}{103}$ (b) $\frac{1}{206}$ (c) $\frac{2}{309}$ (d) $\frac{1}{412}$

32. सोडियम धातु एक अंत: केन्द्रित घनीय जालक में क्रिस्टलित होता है। जिसके कोर की लम्बाई 4.29 Å है। सोडियम परमाणु की त्रिज्या लगभग है

(a) 1.86 Å (b) 3.22 Å (c) 5.72 Å (d) 0.93 Å

33. निम्नलिखित में से हाइड्रोजन की सम्भव उत्तेजित अवस्था की ऊर्जा कौन-सी है?

(a) + 13.6 eV (b) − 6.8 eV (c) − 3.4 eV (d) + 6.8 eV

34. वह अन्तरा-अणुक अन्योन्य क्रिया जो अणुओं के बीच की दूरी के प्रतिलोम घन पर निर्भर है, हैं

(a) आयन-आयन अन्योन्य (b) आयन-द्विध्रुव अन्योन्य
(c) लंडन बल (d) हाइड्रोजन बंधन

35. निम्नलिखित अभिक्रिया को 298K पर किया गया।

$$2NO(g) + O_2(g) \rightleftharpoons 2NO_2(g)$$

298 K पर NO (g) के सम्भव की मानक मुक्त ऊर्जा 86.6 किलोजूल/मोल है। 298 K पर $NO_2(g)$ की मानक मुक्त ऊर्जा क्या है? $(K_p = 1.6 \times 10^{12})$

(a) $R(298) \ln (1.6 \times 10^{12}) - 86600$
(b) $86600 + R(298) \ln (1.6 \times 10^{12})$
(c) $86600 - \frac{\ln (1.6 \times 10^{12})}{R(298)}$
(d) $0.5 [2 \times 86600 - R(298) \ln (1.6 \times 10^{12})]$

36. 20°C पर ऐसिटोन की वाष्प दाब 185 टोर है। जब 20°C पर, 1.2 ग्राम अवाष्पशील पदार्थ को 100 ग्राम ऐसिटोन में घोला गया, तब वाष्प दाब 183 टोर हो गया। इस पदार्थ का मोलर द्रव्यमान (ग्राम मोल$^{-1}$ में) है।

(a) 32 (b) 64 (c) 128 (d) 488

37. 300 K पर अभिक्रिया, $2A \rightleftharpoons B + C$ की मानक गिब्ज ऊर्जा 2494.2 जूल है। दिए गए समय में अभिक्रिया मिश्रण का संघटन $[A] = \frac{1}{2}$, $[B] = 2$ और $[C] = \frac{1}{2}$ है। अभिक्रिया अग्रसित होती है $[R = 8.314 \text{ JK/mol}, e = 2.718]$

(a) अग्र दिशा में क्योंकि $Q > K_c$ (b) विपरीत दिशा में क्योंकि $Q > K_c$
(c) अग्र दिशा में क्योंकि $Q < K_c$ (d) विपरीत दिशा में क्योंकि $Q < K_c$

38. $CuSO_4$ के एक विलयन में, दो फैराडे विद्युत प्रवाहित की गई। कैथोड पर निक्षेपित ताँबे का द्रव्यमान है (Cu का परमाण्विक द्रव्यमान = 63.5 u)

(a) 0 ग्राम (b) 63.5 ग्राम (c) 2 ग्राम (d) 127 ग्राम

39. उच्च कोटि अभिक्रिया (> 3) दुर्लभ है क्योंकि

(a) प्रतिक्रिया में सभी प्रजातियों के एक साथ टक्कर की संभावना कम होती है।

(b) अधिक अणुओं के शामिल होने से एन्ट्रॉपी तथ्य संक्रियता ऊर्जा में वृद्धि होती है।

(c) लोचदार टकराव के कारण अभिकारकों की दिशा में साम्य का स्थानान्तरण होता है।

(d) टकराव से सक्रिय स्पीशीज का क्षय होता है।

40. एक फ्लास्क में 0.06N एसिटिक अम्ल के 50 मिली विलयन में 3 ग्राम सक्रियत काष्ठ कोयला मिलाया गया। एक घण्टे के पश्चात् उसे छाना गया और निस्यंद की प्रबलता 0.042 N पाई गई। अधिशोषित एसिटिक अम्ल की मात्रा (काष्ठ-कोयला के प्रति ग्राम पर) है

(a) 18 मिग्रा (b) 36 मिग्रा (c) 42 मिग्रा (d) 54 मिग्रा

41. N^{3-}, O^{2-} तथा F^- की आयनिक त्रिज्याएँ (Å मे) क्रमशः है

(a) 1.36, 1.40 तथा 1.71 (b) 1.36, 1.71 तथा 1.40

(c) 1.71, 1.40 तथा 1.36 (d) 1.71, 1.36 तथा 1.40

42. हॉल-हेरॉल्ट प्रक्रम से एलुमिनियम के निष्कर्षण के सन्दर्भ में कौन-सा कथन गलत है?

(a) इस प्रक्रम में CO तथा CO_2 का उत्पादन होता है।

(b) CaF_2 को Al_2O_3 में मिलाने पर मिश्रण का गलनांक कम होता है। तथा उसमें चालकता आती है।

(c) कैथोड पर Al^{3+} अपचयित होकर Al बनाता है।

(d) Na_3AlF_6 विद्युत-अपघट्य का काम करता है।

43. H_2O_2 के सन्दर्भ में, निम्नलिखित कथनों में से गलत कथन चुनिए

(a) यह केवल ऑक्सीकारक है

(b) प्रकाश में इसका अपघटन होता है

(c) इसे प्लास्टिक या मोमअटे काँच बोतलों में अन्धेरे में संग्रहित किया जाता है

(d) इसे धूल से दूर रखना चाहिए

44. निम्नलिखित में से कौन-से क्षारीय मृदा धातु सल्फेट की जलयोजन एन्थैल्पी उसके जालक एन्थैल्पी से अधिक है?

(a) $CaSO_4$ (b) $BeSO_4$ (c) $BaSO_4$ (d) $SrSO_4$

45. निम्नलिखित में से कौन-सा सर्वाधिक अभिक्रियाशील है?

(a) Cl_2 (b) Br_2 (c) I_2 (d) ICl

46. दिए गए उत्प्रेरकों को सही प्रक्रम के साथ सुमेलित करें

उत्प्रेरक	प्रक्रम
(A) $TiCl_3$	(i) वॉकर प्रक्रम
(B) $PdCl_2$	(ii) जीगलर-नाटा बहुलकीकरण
(C) $CuCl_2$	(iii) संस्पर्श प्रक्रम
(D) V_2O_5	(iv) डीकैन प्रकम

(a) (A)- (iii), (B) - (ii), (C) - (iv), (D) - (i)

(b) (A)- (ii), (B) - (i), (C) - (iv), (D) - (iii)

(c) (A)- (ii), (B) - (iii), (C) - (iv), (D) - (i)

(d) (A)- (iii), (B) - (i), (C) - (ii), (D) - (iv)

47. निम्नलिखित में से सर्वाधिक क्वथनांक किसका है?

(a) He (b) Ne (c) Kr (d) Xe

48. वर्ग समतलीय $[Pt\,Cl\,(py)\,(NH_3)\,(NH_2OH)]^+$ (py = pyridine) के ज्यामितीय समावयवियों की संख्या है

(a) 2 (b) 3 (c) 4 (d) 6

49. $KMnO_4$ के रंग का कारण है

(a) $M \rightarrow L$ आवेश स्थानान्तरण संक्रमण

(b) $d - d$ संक्रमण

(c) $L \rightarrow M$ आवेश स्थानान्तरण संक्रमण

(d) $\sigma - \sigma^*$ संक्रमण

50. कथन नाइट्रोजन तथा ऑक्सीजन वातावरण के मुख्य घटक हैं परन्तु यह क्रिया करके नाइट्रोजन के ऑक्साइड नहीं बनाते है।

कारण नाइट्रोजन और ऑक्सीजन के बीच अभिक्रिया के लिए उच्च ताप की आवश्यकता है।

(a) कथन और कारण दोनों सही हैं और कारण कथन का सही स्पष्टीकरण है।

(b) कथन और कारण दोनों सही हैं परन्तु कारण कथन का सही स्पष्टीकरण नहीं है।

(c) कथन और गलत है परन्तु कारण सही है।

(d) कथन व कारण दोनों गलत हैं।

51. हैलोजन के आकलन की कैरिअस विधि में 250 मिग्रा कार्बनिक यौगिक 141 मिग्रा AgBr देता है। यौगिक में ब्रोमीन की प्रशितता है

(परमाण्विक द्रव्यमान Ag = 108; Br = 80)

(a) 24 (b) 36 (c) 48 (d) 60

52. निम्नलिखित में से कौन-सा यौगिक ज्यामितीय समावयवता दर्शाता है?

(a) 1-फेनिल-2-ब्यूटीन (b) 3-फेनिल-1-ब्यूटीन

(c) 2-फेनिल-1-ब्यूटीन (d) 1, 1-डाईफेनिल-1-प्रोपेन

53. ओजोनोलिसिस करने पर कौन-सा यौगिक 5-कीटो-2-मेथिल हेक्सेनल देता है?

(a) 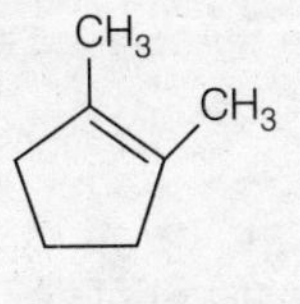 CH_3, CH_3 (b) 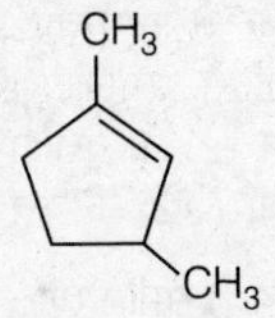 CH_3, CH_3

(c) 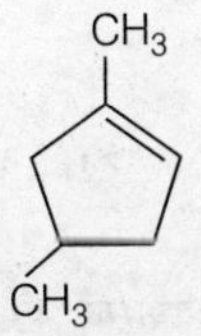 CH_3, CH_3 (d) 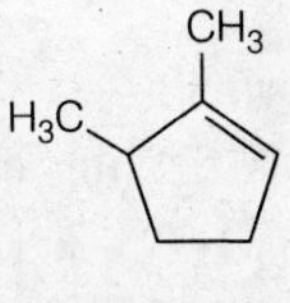 H_3C, CH_3

54. एल्काइल फ्लोराइड के संश्लेषण के लिए सबसे अच्छी विधि है

(a) मुक्त मूलक फ्लोरिनेशन (b) सैन्डमायर अभिक्रिया

(c) फिंकलस्टीन अभिक्रिया (d) स्वार्ट अभिक्रिया

55. दिए गए अभिक्रिया अनुक्रम में उत्पाद C है

$$\text{टालूईन} \xrightarrow{KMnO_4} A \xrightarrow{SOCl_2} B \xrightarrow[BaSO_4]{H_2/Pd} C$$

(a) $C_6H_5\,COOH$ (b) $C_6H_5\,CH_3$

(c) $C_6H_5\,CH_2OH$ (d) $C_6H_5\,CHO$

56. दिए गए अभिक्रिया में उत्पाद E है

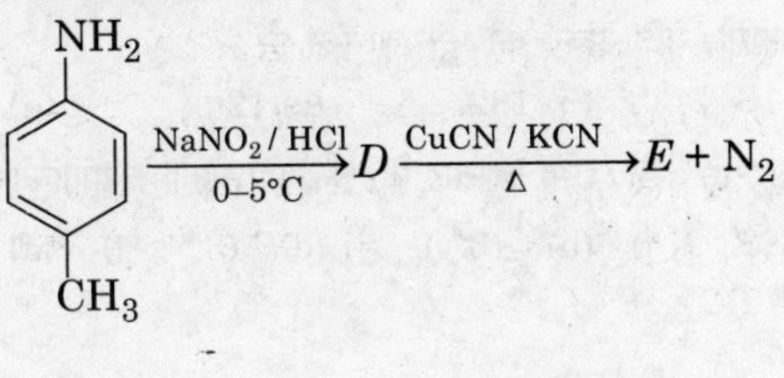

$$NH_2\text{-}C_6H_4\text{-}CH_3 \xrightarrow[0\text{–}5°C]{NaNO_2/HCl} D \xrightarrow[\Delta]{CuCN/KCN} E + N_2$$

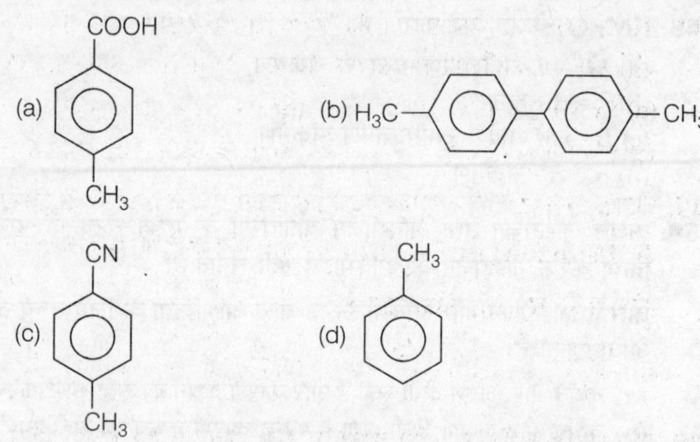

57. किस बहुलक का उपयोग प्रलेय और प्रलाक्ष बनाने में होता है?
(a) बेकेलाइट (b) ग्लिप्टाल
(c) पॉलिप्रोपीन (d) पॉलिवाइनिल क्लोराइड

58. निम्नलिखित विटामिनों में जल में विलेय होने वाला है
(a) विटामिन C (b) विटामिन D (c) विटामिन E (d) विटामिन K

59. निम्नलिखित में से कौन-सा यौगिक प्रतिअम्ल नहीं है?
(a) ऐलुमिनियम हाइड्रॉक्साइड (b) सिमेटिडिन
(c) फिनल्जिन (d) रैनिटिडीन

60. दिए गए यौगिकों में कौन-से यौगिक का रंग पीला नहीं है?
(a) $Zn_2[Fe(CN)_6]$ (b) $K_3[Co(NO_2)_6]$
(c) $(NH_4)_3[As(Mo_3O_{10})_4]$ (d) $BaCrO_4$

गणित

61. माना A तथा B दो समुच्चय हैं जिनमें क्रमश: चार तथा दो अवयव हैं। तब, समुच्चय $A \times B$ के उपसमुच्चयों की संख्या होगी, जिनमें प्रत्येक उपसमुच्चय में कम-से-कम तीन अवयव हों
(a) 219 (b) 256 (c) 275 (d) 510

62. एक सम्मिश्र संख्या z को एकांक मापांक कहेंगे, यदि $|z| = 1$ हो। माना z_1 तथा z_2 सम्मिश्र संख्याएँ इस प्रकार हैं कि $\frac{z_1 - 2z_2}{2 - z_1\bar{z}_2}$ एकांक मापांक है एवं z_2 एकांक मापांक नहीं। तब बिन्दु z_1 स्थित होगा
(a) X-अक्ष से समान्तर सरल रेखा पर
(b) Y-अक्ष से समान्तर सरल रेखा पर
(c) त्रिज्या (2) के वृत्त पर
(d) त्रिज्या $(\sqrt{2})$ के वृत्त पर

63. माना α तथा β समीकरण $x^2 - 6x - 2 = 0$ के मूल हैं। यदि $n \geq 1$ के लिए, $a_n = \alpha^n - \beta^n$ हो, तब $\frac{a_{10} - 2a_8}{2a_9}$ का मान होगा
(a) 6 (b) −6 (c) 3 (d) −3

64. यदि $A = \begin{bmatrix} 1 & 2 & 2 \\ 2 & 1 & -2 \\ a & 2 & b \end{bmatrix}$ एक आव्यूह है जोकि समीकरण $AA^T = 9I$ को सन्तुष्ट करता है, जहाँ I, 3×3 का तत्समक आव्यूह है। तब क्रमिक युग्म (a, b) है
(a) $(2, -1)$ (b) $(-2, 1)$ (c) $(2, 1)$ (d) $(-2, -1)$

65. λ के सभी मानों का समुच्चय जिसके लिए रैखिक समीकरण $2x_1 - 2x_2 + x_3 = \lambda x_1$, $2x_1 - 3x_2 + 2x_3 = \lambda x_2$ तथा $-x_1 + 2x_2 = \lambda x_3$ के अतुच्छ हल हों, निम्न में से होगा
(a) एक रिक्त समुच्चय (b) एकांकी समुच्चय
(c) जिसमें दो अवयव हों। (d) जिसमें दो से अधिक अवयव हों।

66. अंकों 3, 5, 6, 7 के उपयोग से निर्मित 6000 से बड़े पूर्णांकों की संख्या निम्न में से होगी, यदि अंकों की पुनरावृत्ति न हो
(a) 216 (b) 192 (c) 120 (d) 72

67. $(1 - 2\sqrt{x})^{50}$ के द्विपद विस्तार में x की पूर्ण घातों के गुणांकों का योग होगा
(a) $\frac{1}{2}(3^{50} + 1)$ (b) $\frac{1}{2}(3^{50})$ (c) $\frac{1}{2}(3^{50} - 1)$ (d) $\frac{1}{2}(2^{50} + 1)$

68. यदि m दो भिन्न वास्तविक संख्याओं l तथा $n (l, n > 1)$ का समान्तर माध्य हो तथा G_1, G_2 एवं G_3, l तथा n के मध्य गुणोत्तर माध्य हों, तब $G_1^4 + 2G_2^4 + G_3^4$ बराबर होगा
(a) $4\,l^2mn$ (b) $4\,lm^2n$ (c) $4\,lmn^2$ (d) $4l^2m^2n^2$

69. श्रेणी $\frac{1^3}{1} + \frac{1^3 + 2^3}{1 + 3} + \frac{1^3 + 2^3 + 3^3}{1 + 3 + 5} + \ldots$ के प्रथम 9 पदों का योग होगा
(a) 71 (b) 96 (c) 142 (d) 192

70. $\lim\limits_{x \to 0} \frac{(1 - \cos 2x)(3 + \cos x)}{x \tan 4x}$ बराबर होगा
(a) 4 (b) 3 (c) 2 (d) $\frac{1}{2}$

71. यदि फलन $g(x) = \begin{cases} k\sqrt{x + 1} &, \ 0 \leq x \leq 3 \\ mx + 2 &, \ 3 < x \leq 5 \end{cases}$ अवकलनीय हो, तब $k + m$ का मान होगा
(a) 2 (b) $\frac{16}{5}$ (c) $\frac{10}{3}$ (d) 4

72. वक्र $x^2 + 2xy - 3y^2 = 0$ का $(1, 1)$ पर अभिलम्ब
(a) वक्र को पुन: नहीं मिलेगा
(b) वक्र को पुन: द्वितीय चतुर्थांश में मिलेगा
(c) वक्र को पुन: तृतीय चतुर्थांश में मिलेगा
(d) वक्र को पुन: चतुर्थ चतुर्थांश में मिलेगा

73. माना $f(x)$ घात चार का बहुपद है जिसके चरम मान $x = 1$ तथा $x = 2$ पर हैं। यदि $\lim\limits_{x \to 0}\left[1 + \frac{f(x)}{x^2}\right] = 3$ हो, तब $f(2)$ बराबर होगा
(a) −8 (b) −4 (c) 0 (d) 4

74. समाकल $\int \frac{dx}{x^2(x^4 + 1)^{\frac{3}{4}}}$ बराबर होगा
(a) $\left(\frac{x^4 + 1}{x^4}\right)^{1/4} + C$ (b) $(x^4 + 1)^{1/4} + C$
(c) $-(x^4 + 1)^{1/4} + C$ (d) $-\left(\frac{x^4 + 1}{x^4}\right)^{1/4} + C$

75. समाकल $\int_2^4 \frac{\log x^2}{\log x^2 + \log(36 - 12x + x^2)} dx$ बराबर है

(a) 2 (b) 4 (c) 1 (d) 6

76. $\{(x, y) : y^2 \le 2x$ तथा $y \ge 4x - 1\}$ द्वारा परिभाषित क्षेत्र का क्षेत्रफल (वर्ग इकाई मे) होगा

(a) $\frac{7}{32}$ (b) $\frac{5}{64}$ (c) $\frac{15}{64}$ (d) $\frac{9}{32}$

77. माना $y(x)$ अवकल समीकरण $(x \log x)\frac{dy}{dx} + y = 2x \log x, (x \ge 1)$ का हल है। तब $y(e)$ बराबर होगा

(a) e (b) 0 (c) 2 (d) $2e$

78. बिन्दुओं की संख्या जिसके दोनों निर्देशांक पूर्णांक रूप में त्रिभुज, जिसके शीर्ष (0, 0), (0, 41) तथा (41, 0) हों, के अन्त: स्थित हों, निम्न में से होंगी

(a) 901 (b) 861 (c) 820 (d) 780

79. रेखा $(2x - 3y + 4) + k(x - 2y + 3) = 0, k \in R$ में स्थित बिन्दु (2, 3) के प्रतिबिम्ब का बिन्दुपथ होगा

(a) X-अक्ष से समान्तर सरल रेखा (b) Y-अक्ष से समान्तर सरल रेखा
(c) $\sqrt{2}$ त्रिज्या का वृत्त (d) $\sqrt{3}$ त्रिज्या का वृत्त

80. वृत्तों $x^2 + y^2 - 4x - 6y - 12 = 0$ तथा $x^2 + y^2 + 6x + 18y + 26 = 0$ में उभयनिष्ठ स्पर्श रेखाओं की संख्या होगी

(a) 1 (b) 2 (c) 3 (d) 4

81. दीर्घवृत्त $\frac{x^2}{9} + \frac{y^2}{5} = 1$ के नाभिलम्ब के सिरों पर स्पर्श रेखाओं द्वारा निर्मित चतुर्भुज का क्षेत्रफल (वर्ग इकाई में) होगा

(a) $\frac{27}{4}$ (b) 18 (c) $\frac{27}{2}$ (d) 27

82. माना O शीर्ष तथा Q परवलय $x^2 = 8y$ पर स्थित कोई बिन्दु है। यदि बिन्दु P, रेखाखण्ड OQ को अन्त: 1 : 3 के अनुपात में विभाजित करता है, तब P का बिन्दुपथ होगा

(a) $x^2 = y$ (b) $y^2 = x$ (c) $y^2 = 2x$ (d) $x^2 = 2y$

83. बिन्दु (1, 0, 2) की रेखा $\frac{x-2}{3} = \frac{y+1}{4} = \frac{z-2}{12}$ और समतल $x - y + z = 16$ के प्रतिच्छेदन बिन्दु से दूरी होगी

(a) $2\sqrt{14}$ (b) 8 (c) $3\sqrt{21}$ (d) 13

84. उस समतल का समीकरण क्या होगा जिसमें रेखाएँ $2x - 5y + z = 3$, $x + y + 4z = 5$ स्थित हों तथा वह तल $x + 3y + 6z = 1$ के समान्तर हो?

(a) $2x + 6y + 12z = 13$ (b) $x + 3y + 6z = -7$
(c) $x + 3y + 6z = 7$ (d) $2x + 6y + 12z = -13$

85. माना **a**, **b** तथा **c** तीन अशून्य सदिश इस प्रकार हों कि उनमें से दो संरेखीय ना हों तथा $(\mathbf{a} \times \mathbf{b}) \times \mathbf{c} = \frac{1}{3}|\mathbf{b}||\mathbf{c}|\mathbf{a}$ हो। यदि सदिशों **b** तथा **c** के मध्य कोण θ हो, तब $\sin\theta$ का मान है

(a) $\frac{2\sqrt{2}}{3}$ (b) $\frac{-\sqrt{2}}{3}$ (c) $\frac{2}{3}$ (d) $\frac{-2\sqrt{3}}{3}$

86. यदि 12 भिन्न गेंदों को तीन बक्सों में रखा जाता है, तब बक्सों में से किसी एक में तीन गेंदें प्राप्त होने की प्रायिकता होगी

(a) $\frac{55}{3}\left(\frac{2}{3}\right)^{11}$ (b) $55\left(\frac{2}{3}\right)^{10}$ (c) $220\left(\frac{1}{3}\right)^{12}$ (d) $22\left(\frac{1}{3}\right)^{11}$

87. 16 प्रेक्षणों के आँकड़ों के समुच्चय का माध्य 16 है। यदि उनमें से एक 16 मान वाले प्रेक्षण को हटा दिया जाता है तथा तीन नए प्रेक्षणों जिनका मान 3, 4 तथा 5 है को आँकड़ों में जोड़ा जाता है। तब परिणामी आँकड़े का माध्य होगा

(a) 16.8 (b) 16.0 (c) 15.8 (d) 14.0

88. यदि मीनार के शीर्ष का, मीनार के पाद की रेखा में स्थित तीन संरेखीय बिन्दुओं A, B तथा C से उन्नयन कोण क्रमश: 30°, 45° तथा 60° हो, तब अनुपात $AB : BC$ होगा

(a) $\sqrt{3} : 1$ (b) $\sqrt{3} : \sqrt{2}$ (c) $1 : \sqrt{3}$ (d) $2 : 3$

89. माना $\tan^{-1} y = \tan^{-1} x + \tan^{-1}\left(\frac{2x}{1 - x^2}\right)$ है, जहाँ $|x| < \frac{1}{\sqrt{3}}$ है, तब y का मान होगा

(a) $\frac{3x - x^3}{1 - 3x^2}$ (b) $\frac{3x + x^3}{1 - 3x^2}$ (c) $\frac{3x - x^3}{1 + 3x^2}$ (d) $\frac{3x + x^3}{1 + 3x^2}$

90. $\sim s \vee (\sim r \wedge s)$ का निषेधन समतुल्य है

(a) $s \wedge \sim r$ (b) $s \wedge (r \wedge \sim s)$
(c) $s \vee (r \vee \sim s)$ (d) $s \wedge r$

सही उत्तर

भौतिकी

1. (c)	2. (b)	3. (c)	4. (c)	5. (b)	6. (c)	7. (b)	8. (a)	9. (c)	10. (b)
11. (c)	12. (b)	13. (b)	14. (a)	15. (c,d)	16. (a)	17. (d)	18. (c)	19. (a)	20. (b)
21. (c)	22. (d)	23. (b)	24. (a)	25. (d)	26. (b)	27. (a)	28. (c)	29. (c)	30. (a)

रसायन विज्ञान

31. (d)	32. (a)	33. (c)	34. (b)	35. (d)	36. (b)	37. (b)	38. (b)	39. (a)	40. (a)
41. (c)	42. (d)	43. (a)	44. (b)	45. (d)	46. (b)	47. (d)	48. (b)	49. (c)	50. (a)
51. (a)	52. (a)	53. (b)	54. (d)	55. (d)	56. (c)	57. (b)	58. (a)	59. (c)	60. (a)

गणित

61. (a)	62. (c)	63. (c)	64. (d)	65. (c)	66. (b)	67. (a)	68. (b)	69. (b)	70. (c)
71. (a)	72. (d)	73. (c)	74. (d)	75. (c)	76. (d)	77. (c)	78. (d)	79. (c)	80. (c)
81. (d)	82. (d)	83. (d)	84. (c)	85. (a)	86. (a)	87. (d)	88. (a)	89. (a)	90. (d)

संकेत एवं हल

भौतिकी

1. ***(c)* संकेत** एक कण की अन्य कण के सापेक्ष गति की प्रकृति को प्राप्त करने हेतु आपेक्षिक गति के सिद्धान्त का प्रयोग किया जाता है।

माना नीचे चित्र में दर्शाये गये पत्थरों को समकालिक रूप से ऊपर फेंका जाता है।

माना द्वितीय कण की गति के सापेक्ष प्रथम कण गति करता है, तब सापेक्ष त्वरण $|\mathbf{a}_{21}| = |\mathbf{a}_2 - \mathbf{a}_1| = g - g = 0$

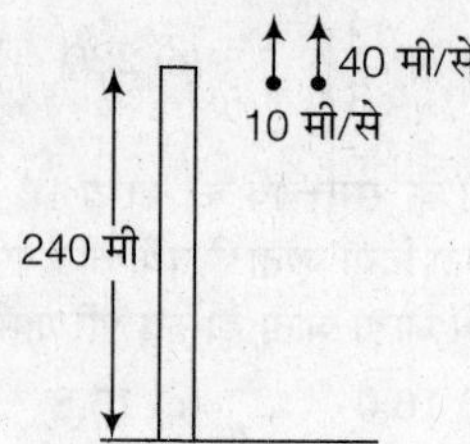

एक समय पर प्रथम कण की गति, द्वितीय कण के सापेक्ष सीधी होगी तथा यह समय निम्न प्रकार दिया जाता है

$$-240 = 10\,t - \frac{1}{2} \times 10 \times t^2$$

या $\quad t^2 - 2t - 48 = 0$

या $\quad t^2 - 8t + 6t - 48 = 0$ या $t = 8, -6$ (असम्भव)

अतः द्वितीय कण के द्वारा प्रथम कण के सापेक्ष 8 सेकण्ड में तय दूरी

$$s_{12} = (v_{21})\, t = (40 - 10)\,(8\text{सेकण्ड})$$

$$= 30 \times 8 = 240 \text{ मी}$$

इसी प्रकार द्वितीय कण को सतह से टकराने पर लगा समय,

$$-240 = 40t - \frac{1}{2} \times 10 \times t^2 \quad \text{या} \quad -240 = 40t - 5t^2$$

या $\quad 5t^2 - 40t - 240 = 0$ या $t^2 - 8t - 48 = 0$

$$t^2 - 12t + 4t - 48 = 0$$

या $\quad t\,(t - 12) + 4\,(t - 12) = 0$ या $t = 12, -4$ (असम्भव)

अतः 8 सेकण्ड पश्चात्, जब द्वितीय कण धरातल से टकराता है तब आपेक्षित गति का परिमाण 12 सेकण्ड तक बढ़ जायेगा।

2. ***(b)* संकेत** दिया गया आवर्तकाल $T = 2\pi\sqrt{\frac{L}{g}}$

अतः परिवर्तन को निम्न प्रकार व्यक्त किया जा सकता है

$$\pm\frac{2\Delta T}{T} = \pm\frac{\Delta L}{L} \pm \frac{\Delta g}{g}$$

प्रश्नानुसार,

$$\frac{\Delta L}{L} = \frac{0.1 \text{ सेमी}}{20.0 \text{ सेमी}} = \frac{1}{200}$$

पुनः आवर्तकाल

$$T = \frac{90}{100} \text{ सेकण्ड}$$

तथा $\quad \Delta T = \frac{1}{100}$ सेकण्ड $\Rightarrow \frac{\Delta T}{T} = \frac{1}{90}$ सेकण्ड

अब, $\quad T = 2\pi\sqrt{\frac{L}{g}} \Rightarrow g = 4\pi^2\frac{L}{T^2} \Rightarrow \frac{\Delta g}{g} = \frac{\Delta L}{L} + \frac{2\Delta T}{T}$

या $\quad \frac{\Delta g}{g} \times 100\% = \left(\frac{\Delta L}{L}\right) \times 100\% + \left(\frac{2\Delta T}{T}\right) \times 100\%$

$$= \left(\frac{1}{200} \times 100\right)\% + 2 \times \frac{1}{90} \times 100\% \simeq 2.72\% \simeq 3\%$$

अतः g की गणना में परिशुद्धता लगभग 3% होगी।

3. ***(c)* संकेत** ऊर्ध्वाधर दिशा में, भारों को घर्षण बलों के द्वारा सन्तुलित किया जाता है।

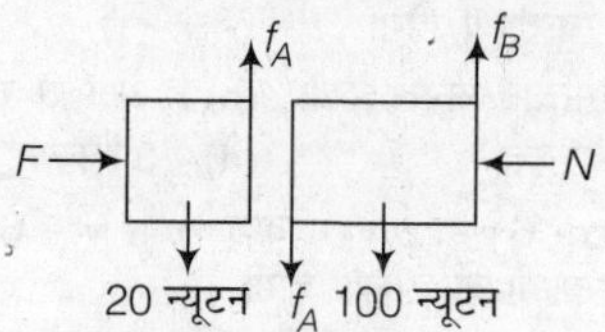

जब दोनों खण्ड साम्यावस्था में हैं, तो सन्तुलित बल क्षैतिज व ऊर्ध्वाधर दिशा में होंगे।

$(A + B)$ खण्डों के निकाय के लिए, $F = N$

खण्ड A के लिए ,

$$f_A = 20 \text{ न्यूटन}$$

तथा खण्ड B के लिए,

$$f_B = f_A + 100 = 120 \text{ न्यूटन}$$

4. ***(c)* संकेत** रेखीय संवेग के संरक्षण नियम को लगाया जा सकता है लेकिन ऊर्जा संरक्षित नहीं है।

दो कणों की गति के मुक्त कण आरेख चित्र में दर्शाए गए हैं।

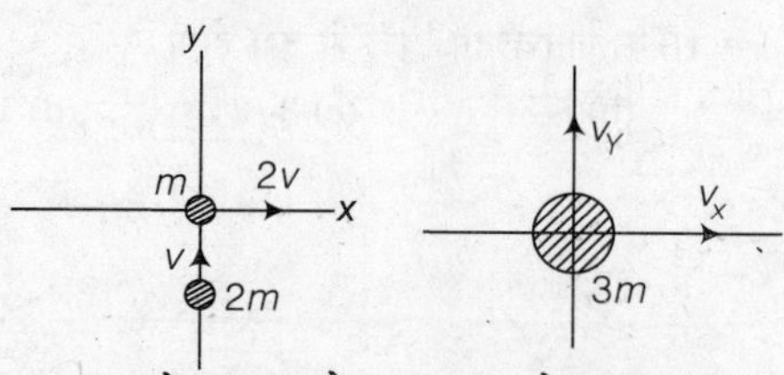

(टक्कर से तुरन्त पहले) (टक्कर के तुरन्त बाद)

x-दिशा में संरक्षित रेखीय संवेग,

$$(p_i)x = (p_f)x$$

या $\quad 2mv = (2m + m)\, v_x$ या $v_x = \frac{2}{3}v$

y-दिशा में संरक्षित रेखीय संवेग,

$$(p_i)y = (p_f)y$$

या $\quad 2mv = (2m + m)\, v_y$ या $v_y = \frac{2}{3}v$

दो कणों वाले निकाय की प्रारम्भिक गतिज ऊर्जा,

$$E_i = \frac{1}{2}\, m\, (2v)^2 + \frac{1}{2}\,(2m)\,(v)^2 = \frac{1}{2} \times 4mv^2 + \frac{1}{2} \times 2mv^2$$

$$= 2mv^2 + mv^2 = 3mv^2$$

दो कणों के संयोजन से निर्मित निकाय की अन्तिम ऊर्जा

$$E_f = \frac{1}{2}(3m)(v_x^2 + v_y^2)$$

$$= \frac{1}{2}(3m)\left[\frac{4v^2}{9} + \frac{4v^2}{9}\right] = \frac{3m}{2}\left[\frac{8v^2}{9}\right] = \frac{4mv^2}{3}$$

ऊर्जा में हानि $\Delta E = E_i - E_f = mv^2\left[3 - \frac{4}{3}\right] = \frac{5}{3}mv^2$

ऊर्जा में प्रतिशत हानि

$$\frac{\Delta E}{E_i} \times 100 = \frac{\frac{5}{3}mv^2}{3mv^2} \times 100 = \frac{5}{9} \times 100 \simeq 56\%$$

5. *(b)* हम जानते हैं कि h ऊँचाई के समान ठोस शंकु की संकेन्द्रिता, आधार से $\frac{h}{4}$ दूरी पर होती है।

इसलिए

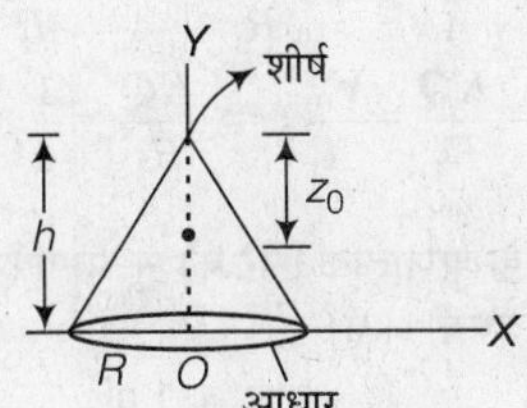

$$h - z_0 = \frac{h}{4} \quad \text{या} \quad z_0 = h - \frac{h}{4} = \frac{3h}{4}$$

6. *(c)* **संकेत** M व R के पदों में घन की भुजा की लम्बाई तथा द्रव्यमान की गणना हेतु ज्यामिति के आरेख का प्रयोग किया जाता है।

व्यासित समतल के अनुप्रस्थ काट के दृश्य को नीचे चित्र में दर्शाया गया है।

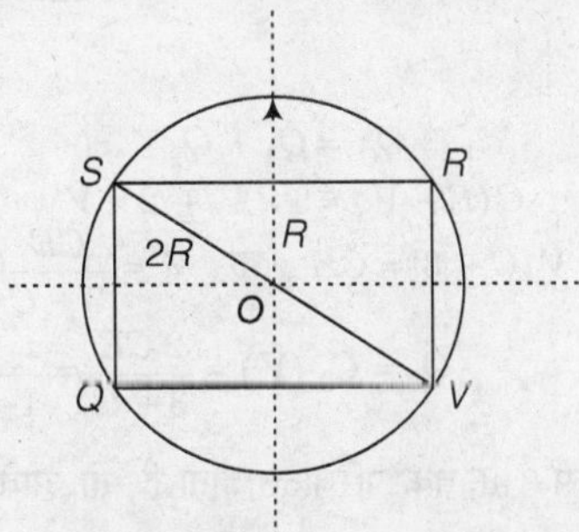

घन और गोले की अनुप्रस्थ काट का दृश्य

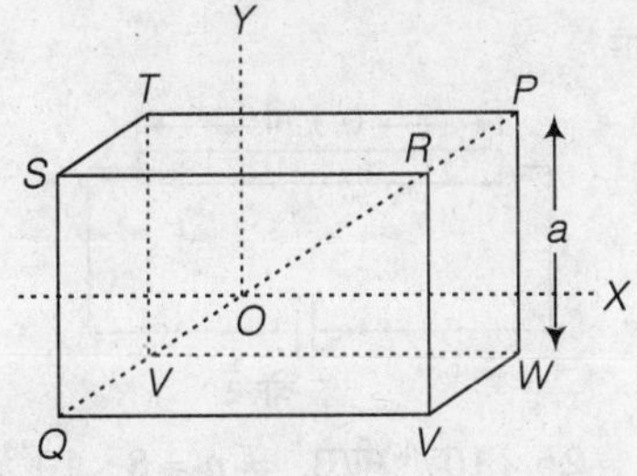

घन की ज्यामिति का प्रयोग करने पर,

$$PQ = 2R = (\sqrt{3})\,a \quad \text{या} \quad a = \frac{2R}{\sqrt{3}}$$

ठोस गोले का आयतन घनत्व $(\rho) = \dfrac{M}{\frac{4}{3}\pi R^3} = \dfrac{3}{4\pi}\left(\dfrac{M}{R^3}\right)$

घन का द्रव्यमान $(m) = (\rho)\,(a)^3$

$$= \left(\frac{3}{4\pi} \times \frac{M}{R^3}\right)\left[\frac{2R}{\sqrt{3}}\right]^3 = \frac{3M}{4\pi R^3} \times \frac{8R^3}{3\sqrt{3}} = \frac{2M}{\sqrt{3}\pi}$$

दी गई अक्ष के चारों ओर जड़त्व-आघूर्ण

$$I_Y = \frac{ma^2}{12}(a^2 + a^2) = \frac{ma^2}{6}$$

$$\Rightarrow \quad I_Y = \frac{ma^2}{6} = \frac{2M}{\sqrt{3}\pi} \times \frac{1}{6} \times \frac{4R^2}{3} = \frac{4MR^2}{9\sqrt{3}\pi}$$

7. *(b)* **संकेत** माना खोखला भाग एक ऋणात्मक द्रव्यमान है, जिस पर गुरुत्वीय विभव का अध्यारोपण लागू होता है।

माना चित्र में दर्शाए गये अनुसार, ठोस गोले में खोखला भाग बनाया जाता है।

$V(\infty) = 0$

प्रश्नानुसार, आन्तरिक बिन्दु P पर सम्पूर्ण ठोस गोले के कारण विभव

$$V_s = -\frac{GM}{2R^3}\left[3R^2 - \left(\frac{R}{2}\right)^2\right] = \frac{-GM}{2R^3}\left[3R^2 - \frac{R^2}{4}\right]$$

$$= \frac{-GM}{2R^3}\left[\frac{11R^2}{4}\right] = \frac{-11GM}{8R}$$

हटाये गए भाग का द्रव्यमान $= \dfrac{M}{\frac{4}{3} \times \pi R^3} \times \dfrac{4}{3}\pi\left(\dfrac{R}{2}\right)^3 = \dfrac{M}{8}$

हटाये गए भाग के कारण बिन्दु P पर विभव

$$V_c = \frac{-3}{2} \times \frac{GM/8}{\frac{R}{2}} = \frac{-3GM}{8R}$$

शेष भाग द्वारा P बिन्दु पर विभव

$$V_P = V_s - V_c = \frac{-11GM}{8R} - \left(-\frac{3GM}{8R}\right)$$

$$= \frac{(-11+3)GM}{8R} = \frac{-GM}{R}$$

8. *(a)* हम जानते हैं कि आवर्तकाल, $T = 2\pi\sqrt{\frac{L}{g}}$

जब इसके गोलक पर अतिरिक्त द्रव्यमान M जोड़ा जाता है तब आवर्तकाल

$T_M = 2\pi\sqrt{\frac{L + \Delta L}{g}}$, जहाँ, ΔL लम्बाई में वृद्धि है।

हम जानते हैं कि

$$Y = \frac{Mg/A}{\Delta L/L} = \frac{MgL}{A\Delta L} \Rightarrow \Delta L = \frac{MgL}{AY}$$

$$\Rightarrow \therefore \quad T_M = 2\pi\sqrt{\frac{L + \frac{MgL}{AY}}{g}} \Rightarrow \left(\frac{T_M}{T}\right)^2 = 1 + \frac{Mg}{AY}$$

या $\quad \dfrac{Mg}{AY} = \left(\dfrac{T_M}{T}\right)^2 - 1$ या $\dfrac{1}{Y} = \dfrac{A}{Mg}\left[\left(\dfrac{T_M}{T}\right)^2 - 1\right]$

9. *(c)* प्रश्नानुसार, आदर्श गैस का दाब

$$p = \frac{1}{3}\left(\frac{U}{V}\right) \Rightarrow \frac{nRT}{V} = \frac{1}{3}\left(\frac{U}{V}\right) \quad [\because pV = nRT]$$

या $\frac{nRT}{V} \propto \frac{1}{3}T^4$ या $VT^3 =$ नियत

या $\frac{4}{3}\pi R^3 T^3 =$ नियत या $TR =$ नियत $\Rightarrow T \propto \frac{1}{R}$

10. *(b)* चूँकि एन्ट्रॉपी एक अवस्था फलन है इसलिए दोनों प्रक्रमों में एन्ट्रॉपी समान रूप से परिवर्तित होती है अतः सही विकल्प (b) है।

11. *(c)* **संकेत** रूद्धोष्म प्रक्रम के लिए $TV^{\gamma-1} =$ नियत होता है।

हम जानते हैं कि अणुओं के मध्य टक्कर का औसत समय,

$$\tau = \frac{1}{n\pi\sqrt{2}\, v_{rms}\, d^2}$$

यहाँ, $n =$ प्रति एकांक आयतन में उपस्थित अणुओं की संख्या

$v_{rms} =$ अणुओं का वर्ग माध्य मूल वेग

$\therefore$ $n \propto \frac{1}{V}$ और $v_{rms} \propto \sqrt{T} \Rightarrow \tau \propto \frac{V}{\sqrt{T}}$

अतः $n = K_1 V^{-1}$ और $v_{rms} = K_2 T^{1/2}$

यहाँ, K_1 और K_2 नियतांक हैं।

रूद्धोष्म प्रक्रम, के लिए, $TV^{\gamma-1} =$ नियत,

तब $\tau \propto VT^{-1/2} \propto V(V^{1-\gamma})^{-1/2}$ या $\tau \propto V^{\frac{\gamma+1}{2}}$

12. *(b)* सरल लोलक की दोलन गति की माध्य स्थिति पर गतिज ऊर्जा अधिकतम होती है तथा यहाँ स्थितिज ऊर्जा न्यूनतम होती है। चरम बिन्दु पर गतिज ऊर्जा न्यूनतम तथा स्थितिज ऊर्जा अधिकतम हो जाती है। इस प्रक्रिया को प्रदर्शित करने वाला सही आरेख विकल्प (b) है।

13. *(b)* ट्रेन को पार करने से पहले व्यक्ति द्वारा सुनी गई आभासी आवृत्ति

$$f_1 = \left(\frac{c}{c - v_s}\right) f_0 = \left(\frac{320}{320 - 20}\right) 1000 \quad [\text{जहाँ, } c = \text{ध्वनि की चाल}]$$

इसी प्रकार, ट्रेन को पार करने के बाद सुनी गई आभासी आवृत्ति

$$f_2 = \left(\frac{c}{c + v_s}\right) f_0 = \left(\frac{320}{320 + 20}\right) 1000$$

$$\Delta f = f_1 - f_2 = \left(\frac{2cv_s}{c^2 - v_s^2}\right) f_0$$

या $$\frac{\Delta f}{f_0} \times 100 = \left(\frac{2cv_s}{c^2 - v_s^2}\right) \times 100 = \frac{2 \times 320 \times 20}{300 \times 340} \times 100$$

$$= \frac{2 \times 32 \times 20}{3 \times 34} = 12.54\% = 12\%$$

14. *(a)* क्षेत्र की रेखाएँ धन आवेश से प्रारम्भ होकर ऋण आवेश पर समाप्त होती हैं इसलिए विकल्प (b) व (c) असम्भव हैं।

वैद्युत बल रेखाएँ, कोने से प्रारम्भ नहीं होती हैं जैसा कि विकल्प (d) में प्रदर्शित किया गया है। अतः विकल्प (a) सही है।

15. *(c, d)* आवेशित गोले की सतह पर विभव

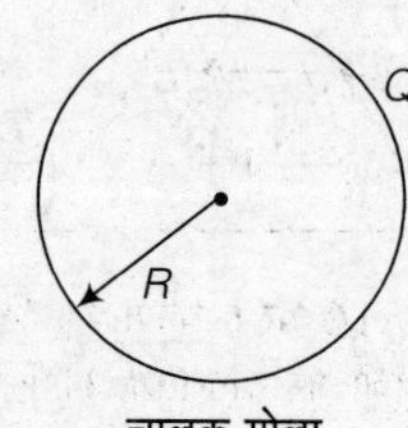

चालक गोला

$$V_0 = \frac{KQ}{R} \Rightarrow V = \frac{KQ}{r}, r \geq R$$

तथा $$V = \frac{KQ}{2R^3}(3R^2 - r^2); r \leq R$$

$$V_{\text{केन्द्र}} = V_c = \frac{KQ}{2R^3} \times 3R^2 = \frac{3KQ}{2R} = \frac{3V_0}{2} \Rightarrow R_1 = 0$$

बाह्य बिन्दु के लिए विभव घटता है।

प्रश्नानुसार,

$$V_{R_2} = \frac{5V_0}{4} = \frac{KQ}{2R^3}(3R^2 - R_2^2)$$

$$\frac{5V_0}{4} = \frac{V_0}{2R^2}(3R^2 - R_2^2) \text{ या } \frac{5}{2} = 3 - \left(\frac{R_2}{R}\right)^2$$

या $$\left(\frac{R_2}{R}\right)^2 = 3 - \frac{5}{2} = \frac{1}{2} \text{ या } R_2 = \frac{R}{\sqrt{2}}$$

इसी प्रकार,

$$V_{R_3} = \frac{3V_0}{4} \Rightarrow \frac{KQ}{R_3} = \frac{3}{4} \times \frac{KQ}{R} \text{ या } R_3 = \frac{4}{3}R$$

$$V_{R_4} = \frac{KQ}{R_4} = \frac{V_0}{4} \Rightarrow \frac{KQ}{R_4} = \frac{1}{4} \times \frac{KQ}{R} \text{ या } R_4 = 4R$$

16. *(a)* **संकेत** बैटरी के ऋणात्मक सिरे को भू-सम्पर्कित (0 वोल्ट) मानते हैं। माना x बिन्दु का विभव V है।

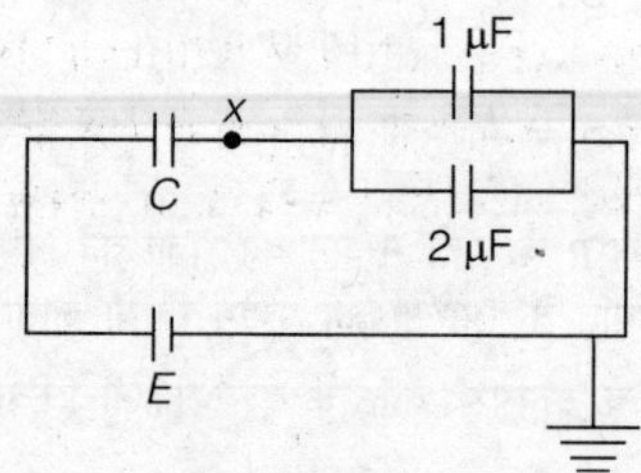

चित्रानुसार,

$$Q_C = Q_1 + Q_2$$

या $$C(E - V) = 1 \times V + 2 \times V$$

या $$V[C + 3] = CE \text{ या } V = \frac{CE}{3 + C}$$

$\therefore$ $$Q_2 = C_2(V) = \frac{2CE}{3 + C} = \frac{2E}{1 + 3/C}$$

जब C_1, 1 μF से 3 μF तक परिवर्तित होता है, तो आवेश घटते हुए ढ़ाल के साथ बढ़ता है।

नोट $C \to \infty, Q_2 \to 2E =$ नियत

17. *(d)* प्रश्नानुसार,

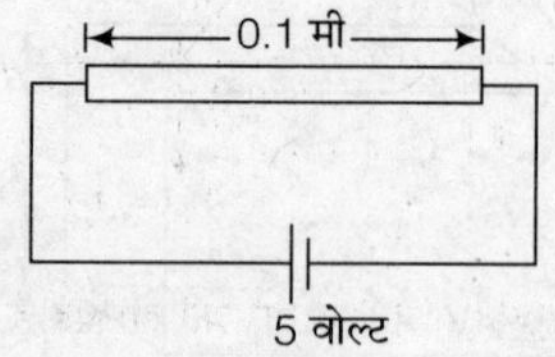

$$v_d = 2.5 \times 10^{-4} \text{ मी/से} \Rightarrow n = 8 \times 10^{28}/\text{मी}^3$$

हम जानते हैं कि

$$J = nev_d \text{ या } I = nev_d A$$

यहाँ, प्रत्येक प्रतीक का स्वयं का एक अर्थ है।

$$\Rightarrow \frac{V}{R} = nev_d A \text{ या } \frac{V}{\rho L/A} = nev_d A \text{ या } \frac{V}{\rho L} = nev_d$$

or $\rho = \frac{V}{nev_d}\frac{}{L} = \frac{5}{8 \times 10^{28} \times 1.6 \times 10^{-19} \times 2.5 \times 10^{-4} \times 0.1}$

या $\rho = 1.6 \times 10^{-5}\ \Omega\,\text{m}$

18. *(c)* **संकेत** Q बिन्दु को भू-सम्पर्कित करके किरचॉफ का परिपथ नियम लगाएँ। नीचे भू-सम्पर्कित परिपथ को दिया गया है

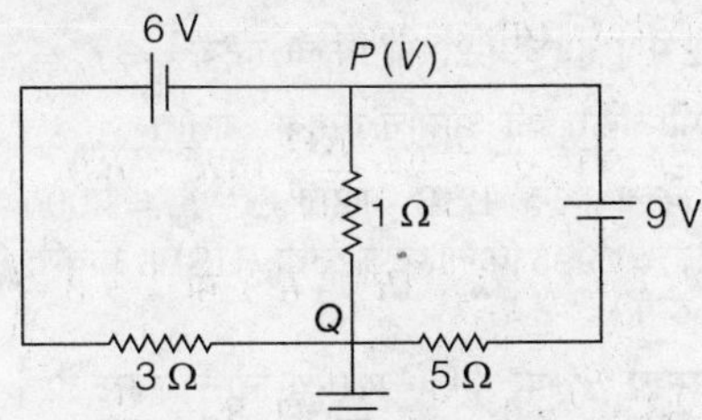

Q बिन्दु पर किरचॉफ का परिपथ नियम लगाने पर,

Q पर आने वाली धारा = Q से जाने वाली धारा

$\Rightarrow \frac{V+6}{3} + \frac{V}{1} = \frac{9-V}{5}$ या $V\left[\frac{1}{3} + \frac{1}{5} + 1\right] = \frac{9}{5} - 2$

या $V\left[\frac{5+3+15}{15}\right] = \frac{9-10}{5}$

या $V\left[\frac{23}{15}\right] = \frac{-1}{5}$ या $V = \frac{-3}{23} = -0.13$ वोल्ट

अत: Q से P तक $1\,\Omega$ के प्रतिरोध में धारा 0.13 एम्पियर होगी।

19. *(a)* माना दो संकेन्द्रीय परिनालिकाओं में से एक परिनालिका द्वारा उत्पन्न चुम्बकीय क्षेत्र दूसरी परिनालिका के केन्द्र पर उत्पन्न होता है जिसे नियत माना जाता है।

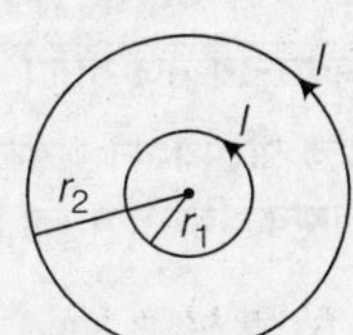

सममिति के कारण परिनालिका के ऊपरी तथा निचले भाग पर बल समान और विपरीत होंगे, इसलिए परिणामी बल शून्य होगा।

इसलिए $F_1 - F_2 - 0$

20. *(b)* तार का मुक्त कण आरेख चित्र में दर्शाया गया है। जब तार साम्यावस्था में होता है, तो इसमें विपरीत दिशा में धारा प्रवाहित करता है।

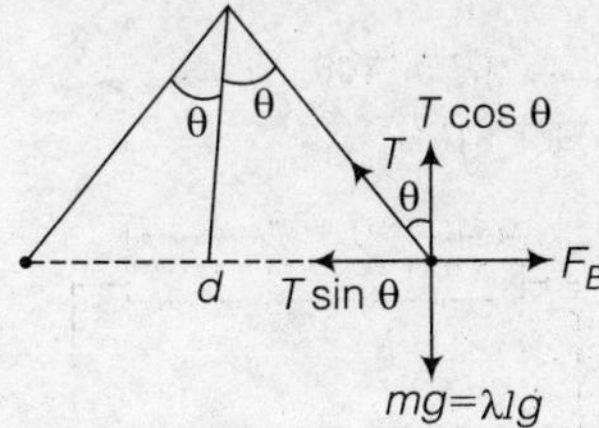

यहाँ, $F_B = \frac{\mu_0 I^2 l}{2\pi d}$, जहाँ l प्रत्येक तार की लम्बाई है तथा d तारों के बीच की दूरी है।

चित्र से, $d = 2L\sin\theta$

$T = \cos\theta = mg = \lambda lg$ (सीधी दिशा में) ...(i)

$T\sin\theta = F_B = \frac{\mu_0 I^2 l}{4\pi L \sin\theta}$ (क्षैतिज दिशा में)...(ii)

समी (i) व (ii) से,

$$\frac{T\sin\theta}{T\cos\theta} = \frac{\mu_0 I^2 l}{4\pi L\sin\theta \times \lambda lg}$$

$$\therefore \quad I = \sqrt{\frac{4\pi\lambda Lg\sin^2\theta}{\mu_0\cos\theta}} = 2\sin\theta\sqrt{\frac{\pi\lambda Lg}{\mu_0\cos\theta}}$$

21. *(c)* चूँकि **B** एकसमान है अत: बल-आघूर्ण केवल धारावाही लूप पर कार्य करता है।

इस प्रकार, $\tau = \mathbf{M} \times \mathbf{B} \Rightarrow |\tau| = |\mathbf{M}||\mathbf{B}|\sin\theta$

दर्शायी गई व्यवस्था (b) के लिए $\theta = 0^0, \tau = 0$ (स्थिर साम्यावस्था)

और (d) के लिए, $\theta = \pi, \tau = 0$ (अस्थिर साम्यावस्था)।

22. *(d)* **संकेत** लम्बे समय के बाद प्रेरक लघु-परिपथ की तरह व्यवहार करता है।

$t = 0$ पर प्रेरक लघुपथित परिपथ की तरह व्यवहार करता है तब धारा

$$I_0 = \frac{E_0}{R} = \frac{15\text{ वोल्ट}}{0.15\text{ k}\Omega} = 100 \text{ मिली एम्पियर}$$

जब कुंजी K_2 बन्द कर दी जाती है, तो प्रेरक द्वारा धारा क्षय होना प्रारम्भ हो जाता है जिसे किसी समय t पर निम्न प्रकार दिया जाता है।

$$I = I_0 e^{\frac{-tR}{L}} = (100 \text{ मिली एम्पियर})\, e^{\frac{-t \times 15000}{3}}$$

परन्तु $t = 1$ मिली सेकण्ड

$$I = (100 \text{ मिली एम्पियर})\, e^{-\frac{1\times10^{-3}\times15\times10^3}{3}}$$

$I = (100 \text{ मिली एम्पियर})\, e^{-5} = 0.6737$ मिली एम्पियर

या $I = 0.67$ मिली एम्पियर

23. *(b)* माना LED प्रकाश का एक बिन्दु स्रोत है तथा LED की शक्ति P है। स्रोत से r दूरी पर तीव्रता

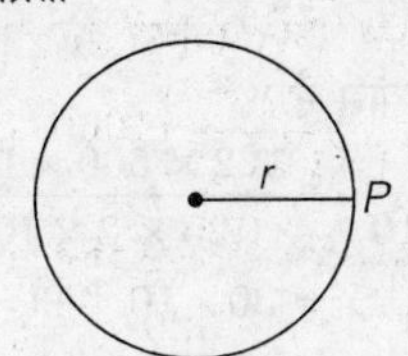

$$I = \frac{P}{4\pi r^2} \quad ...(i)$$

परन्तु $I = \frac{1}{2}\varepsilon_0 E_0^2 c$ ...(ii)

समी (i) और (ii) से,

$\frac{P}{4\pi r^2} = \frac{1}{2}\varepsilon_0 E_0^2 c$ या $E_0^2 = \frac{2P}{4\pi\varepsilon_0 r^2 c} = \frac{2 \times 0.1 \times 9 \times 10^9}{1 \times 3 \times 10^8}$

या $E_0^2 = 6 \Rightarrow E_0 = \sqrt{6} = 2.45$ वोल्ट/मी

24. *(a)* यदि $i_{AC} \propto i_c$, तब किरण AC भुजा से संचरित होगी। नीचे चित्र में किरण आरेख दर्शाया गया है।

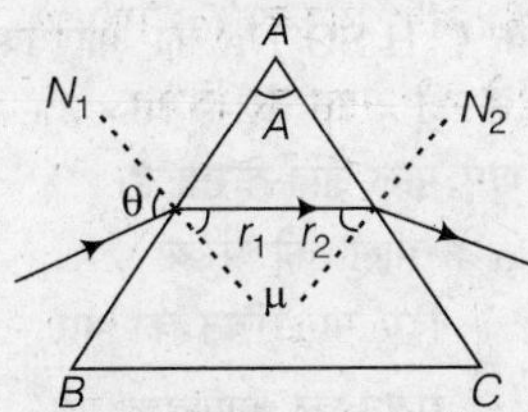

एक प्रकाश किरण भुजा AB पर θ कोण आपतित होती है।

चित्रानुसार, $r_1 = AB$ भुजा पर अपवर्तन कोण

$r_2 = AC$ भुजा पर अपवर्तन कोण

AC भुजा द्वारा प्रकाश के संचरण के लिए,

$$i_{AC} < i_C \quad \text{या} \quad A - r_1 < i_C$$

या $\sin (A - r_1) < \sin i_C$ या $\sin (A - r_1) < \frac{1}{\mu}$

$$A - r_1 < \sin^{-1}\left(\frac{1}{\mu}\right) \text{ या } \sin r_1 > \sin\left[A - \sin^{-1}\left(\frac{1}{\mu}\right)\right]$$

AB भुजा पर स्नैल के नियम से,

$$1 \times \sin\theta = \mu \sin r_1 \quad \text{या } \sin r_1 = \frac{\sin\theta}{\mu}$$

$$\Rightarrow \quad \frac{\sin\theta}{\mu} > \sin\left[A - \sin^{-1}\left(\frac{1}{\mu}\right)\right]$$

या $$\theta > \sin^{-1}\left[\mu \sin\left\{A - \sin^{-1}\left(\frac{1}{\mu}\right)\right\}\right]$$

25. *(d)* स्नैल के नियमानुसार,

$$\mu \sin\theta = \text{नियतांक} \Rightarrow \sin\theta \propto \frac{1}{\mu}$$

अतः प्रकाश किरण पुंज ऊपर की ओर मुड़ जाएगी।

26. *(b)* हम नग्न नेत्र के विघटन कोण को निम्न प्रकार लिख सकते हैं

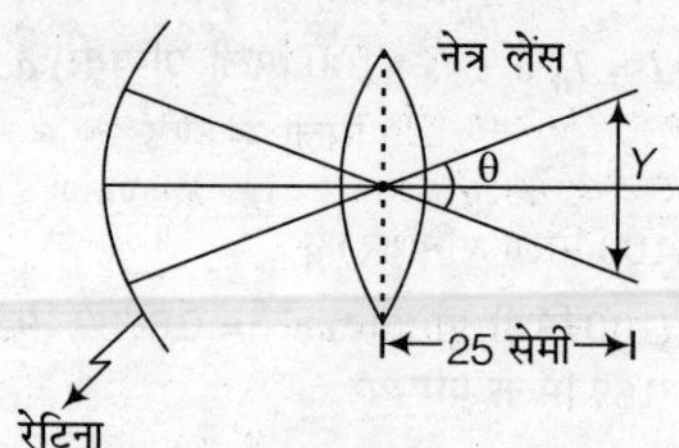

$$\theta = 1.22 \frac{\lambda}{D}$$

जहाँ, D नेत्र लेंस का व्यास है।

या $$\frac{Y}{25 \times 10^{-2}} = \frac{1.22 \times 500 \times 10^{-9}}{0.25 \times 2 \times 10^{-2}}$$

$$Y = 30 \times 10^{-6} \text{ मी} = 30 \text{ माइक्रोमीटर}$$

27. *(a)* जैसा कि हम जानते हैं कि इलेक्ट्रॉन की गतिज ऊर्जा,

$$\text{KE} \propto \left(\frac{Z}{n}\right)^2$$

जब इलेक्ट्रॉन उत्तेजित अवस्था से सतह अवस्था में जाता है तब n घटता है तथा गतिज ऊर्जा बढ़ती है। हम जानते हैं कि सतह अवस्था के लिए स्थितिज ऊर्जा न्यूनतम होती है। अतः

$$\text{TE} = -\text{KE}$$

अतः TE भी घटेगी।

28. *(c)* (A) फ्रेंक-हर्ट्ज प्रयोग अणुओं के विविक्त ऊर्जा स्तर से सम्बन्धित है।
(B) प्रकाश-विद्युत प्रयोग प्रकाश की कणिका प्रकृति से सम्बन्धित है
(C) डेवीसन-जर्मर प्रयोग इलेक्ट्रॉन की तरंग प्रकृति से सम्बन्धित है।

29. *(c)* AM से सम्बद्ध आवृत्तियाँ $f_c - f_m, f, f_c + f_m$ होती हैं।

प्रश्नानुसार,

$$f_c = 2 \text{ मेगा हर्ट्ज} = 2000 \text{ किलो हर्ट्ज} \Rightarrow f_m = 5 \text{ किलो हर्ट्ज}$$

अतः परिणामी संकेत की आवृत्ति/वाहक आवृत्ति

$f_c = 2000$ किलो हर्ट्ज, LSB आवृत्ति $f_c - f_m = 2000$ किलो हर्ट्ज, -5 किलो हर्ट्ज, $= 1995$ किलोहर्ट्ज तथा USB आवृत्ति $f_c + f_m = 2005$ किलो हर्ट्ज होगी।

30. *(a)* किसी समय 't' पर LCR परिपथ निम्न प्रकार है

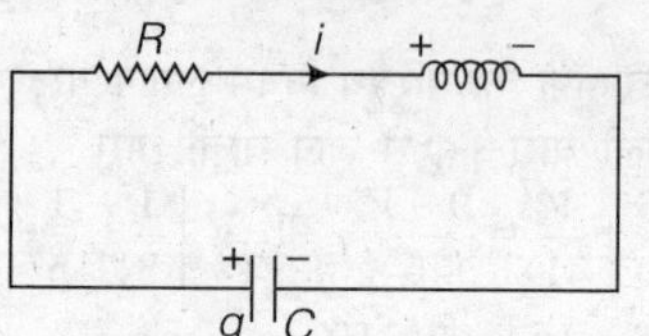

किरचॉक का वोल्टता नियम लगाने पर, $\frac{q}{C} - iR - \frac{Ldi}{dt} = 0$

धारा, समय के साथ घटती है अतः

$$i = -\frac{dq}{dt} \Rightarrow \frac{q}{C} + \frac{dq}{dt}R + \frac{Ld^2q}{dt^2} = 0 \text{ या } \frac{d^2q}{dt^2} + \frac{R}{L}\frac{dq}{dt} + \frac{q}{LC} = 0$$

यह समीकरण अवमन्दन दोलन के तुल्य है अतः इसके हल को निम्न प्रकार लिखा जा सकता है

$$Q_{\max}(t) = Q_0 \cdot e^{-Rt/2L} \text{ or } Q_{\max}^2 = Q_0^2 e^{-Rt/L}$$

$L_1 > L_2$, L_2 के लिए अवमन्दन तेज होगा।

वैकल्पिक विधि प्रेरकत्व परिपथ का जड़त्व होता है। इसका अर्थ यह है कि प्रेरकत्व आवेश के प्रवाह का विरोध करता है जिस कारण आवेश का क्षय धीमी गति से होता है।

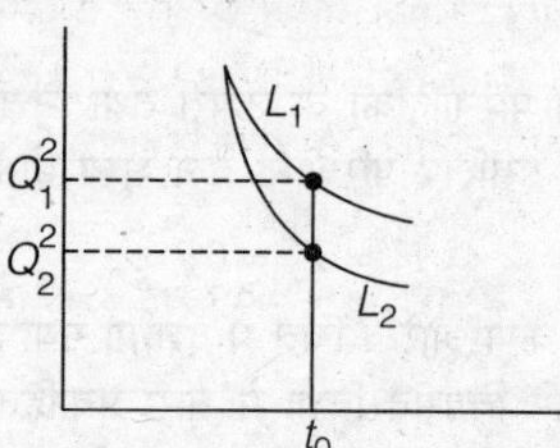

$\because L_1 > L_2$

अतः विकल्प *(a)* सही है।

रसायन विज्ञान

31. *(d)* हम जानते हैं कि $C_8H_7SO_3Na$ का आण्विक भार

$$= 12 \times 8 + 1 \times 7 + 32 + 16 \times 3 + 23 = 206$$

हमें रेजिन का प्रति ग्राम मोल ज्ञात करना है।

1 ग्राम $C_8H_7SO_3Na$ के मोलों की संख्या

$$= \frac{\text{दिए गए रेजिन का भार}}{\text{रेजिन का आण्विक भार}}$$

$$= \frac{1}{206} \text{ मोल}$$

अब, अभिक्रिया निम्न प्रकार से सम्पन्न होती है

$$2C_8H_7SO_3Na + Ca^{2+} \longrightarrow (C_8H_7SO_3)_2Ca + 2Na^+$$

$\because$ $C_8H_7SO_3Na$ के 2 मोल में उपस्थित $Ca^{2+} = 1$ मोल

$\therefore$ 1 मोल $C_8H_7SO_3Na$ में उपस्थित $Ca^{2+} = \frac{1}{2}$ मोल

$\therefore$ $\frac{1}{206}$ मोल $C_8H_7SO_3Na$ में उपस्थित $Ca^{2+} = \frac{1}{2} \times \frac{1}{206}$ मोल

$$= \frac{1}{412} \text{ मोल } Ca^{2+}$$

32. *(a)*

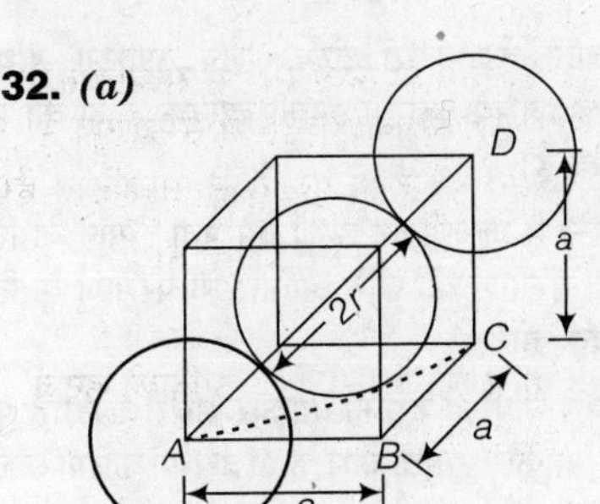

उपरोक्त चित्रानुसार,

$$(AC)^2 = (AB)^2 + (BC)^2 \Rightarrow (AC)^2 = a^2 + a^2 = 2a^2$$

पुन: $$(AD)^2 = (AC)^2 + (DC)^2 \Rightarrow (4r)^2 = 2a^2 + a^2$$

$$16r^2 = 3a^2 \Rightarrow r = \frac{\sqrt{3}}{4} a$$

हम जानते है कि

Na धातु bcc इकाई कोशिका में क्रिस्टलीकृत होती है जिसकी कोर लम्बाई $a = 4.29 Å$

अत: Na परमाणु की त्रिज्या, $r = \frac{\sqrt{3}}{4} \times 4.29 \text{ Å} = 1.86 \text{Å}$

33. *(c)*

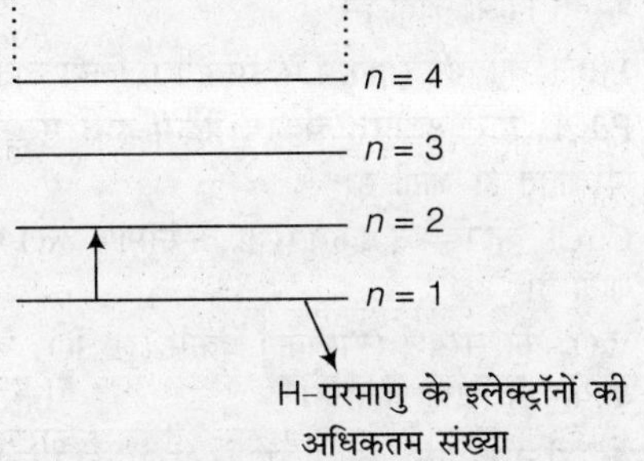

$n = 1$ पर इलेक्ट्रॉनों की संख्या अधिकतम होती है। इसे आद्य अवस्था कहा जाता है। अत: इलेक्ट्रॉनों का अधिकतम उत्तेजन n = 1 से n = 2 होती है, अर्थात् $n = 2$ संम्भव उत्तेजित अवस्था है।

अत: H – परमाणु की ऊर्जा के सूत्र

$$(E_n)_H = -13.6 \frac{Z^2}{n^2} \text{eV} \text{ से}$$

जहाँ, Z = परमाणु संख्या है

H परमाणु के लिए, $Z = 1$

$$\therefore \quad (E_n)_H = -13.6 \times \frac{1}{2^2} \text{eV} = -\frac{13.6}{4} \text{eV} = -3.4 \text{ eV}$$

34. *(b)* आयन-आयन अन्योन्य क्रिया दूरी के वर्ग के व्युत्क्रमानुपाती होता है, अर्थात्

आयन-आयन अन्योन्य क्रियाएँ $\propto \frac{1}{r^2}$

इसी प्रकार

आयन-द्विध्रुव अन्योन्य क्रियाएँ $\propto \frac{1}{r^3}$, लंडन बल $\propto \frac{1}{r^6}$

तथा द्विध्रुव-द्विध्रुव अन्योन्य क्रियाएं $\propto \frac{1}{r^3}$

उपरोक्त सम्बन्धों से प्रतीत होता है कि आयन-द्विध्रुव अन्योन्य क्रियाएँ तथा द्विध्रुव-द्विध्रुव अन्योन्य क्रियाएँ दूरी के घन के व्युत्क्रमानुपाती होती है। परन्तु इन दोनों परिस्थितियों में क्षेत्र (बल) की सही व्यंजक निम्न प्रकार प्राप्त होता है।

$$|E| \text{ अथवा } |F| = \frac{2|P|}{4\pi \varepsilon_0 r^3} \quad \text{(आयन-द्विध्रुव अन्योन्य क्रियाओं हेतु)}$$

तथा $$F = \frac{2q^2 r - 4q^2 a}{4\pi \varepsilon_0 r^3} \quad \text{(द्विध्रुव-द्विध्रुव अन्योन्य क्रियाओं हेतु)}$$

उपरोक्त सम्बन्धों से स्पष्ट है कि द्विध्रुव-द्विध्रुव अन्योन्य क्रियाओं अर्थात् हाइड्रोजन बंधन की अपेक्षा आयन-द्विध्रुव अन्योन्य क्रियाएँ अणुओं के बीच की दूरी के प्रतिलोम घन पर अधिक निर्भर करती है।

35. *(d)* दी हुई अभिक्रिया के लिए

$$2NO(g) + O_2(g) \rightleftharpoons 2NO_2(g)$$

दिया हुआ है, ΔG_f° (NO) = 86.6 किलोजूल/मोल

ΔG_f° (NO_2) = ?

$K_p = 1.6 \times 10^{12}$

अत: $$\Delta G_f^\circ = 2\Delta G_{f(NO)}^\circ - [2\Delta G_{f(NO)}^\circ + \Delta G_{f(O_2)}^\circ]$$

$$= -RT \ln K_p = 2\Delta G_{f(NO_2)}^\circ - [2 \times 86{,}600 + 0]$$

$$\Delta G_{f(NO_2)}^\circ = \frac{1}{2}[2 \times 86{,}600 - R \times (298) \ln (1.6 \times 10^{12})]$$

$$\Delta G_{f(NO_2)}^\circ = 0.5[2 \times 86{,}600 - R \times (298) \ln (1.6 \times 10^{12})]$$

36. *(b)* दिया हुआ है,

p_o = 185 टॉर 20°C पर

p_s = 183 टॉर 20°C पर

अवाष्पशील पदार्थ का द्रव्यमान m = 1.2 ग्राम

एसिटोन का द्रव्यमान = 100 ग्राम

M = ?

अवाष्पशील पदार्थ का मोलर द्रव्यमान,

$$\because \quad \frac{p_o - p_s}{p_s} = \frac{n}{N}$$

$$\frac{185 - 183}{183} = \frac{1.2/M}{100/58} \Rightarrow \frac{2}{183} = \frac{1.2 \times 58}{100 \times M}$$

$$\therefore \quad M = \frac{183 \times 1.2 \times 58}{2 \times 100} \Rightarrow M = 63.684 \approx 64 \text{ ग्राम/मोल}$$

37. *(b)* दिया हुआ है, ΔG° = 2494.2 जूल

$$Q = \frac{[B][C]}{[A]^2} = \frac{2 \times \frac{1}{2}}{\left(\frac{1}{2}\right)^2} = 4$$

∴ हम जानते है कि,

$$\Delta G = \Delta G^\circ + RT \ln Q = 2494.2 + 8.314 \times 300 \ln 4$$

= 28747.27 जूल = धनात्मक मान

पुन: सूत्र $\Delta G = RT \ln \frac{Q}{K}$

यदि ΔG का मान धनात्मक के अनुसार, यदि होता है तब $Q > K$.

अत: अभिक्रिया पश्च दिशा में गमन करती है।

38. *(b)* दिया हुआ है,

$Q = 2F$

Cu का परमाणवीय द्रव्यमान = 63.5 u

धातु की संयोजकता $Z = 2$

अत:, $$CuSO_4 \longrightarrow Cu^{2+} + SO_4^{2-}$$

$$\underset{\text{1 मोल}}{Cu^{2+}} + \underset{\substack{\text{2 मोल} \\ \text{2 F}}}{2e^-} \longrightarrow \underset{\text{1 मोल = 63.5 ग्राम}}{Cu}$$

द्वितीय विधि

$$W = ZQ = \frac{E}{F} \cdot 2F = 2E = \frac{2 \times 63.5}{2} = 63.5 \text{ ग्राम}$$

39. ***(a)*** किसी अभिक्रिया के घटित होने की मुख्य दशाएँ अभिकारकों का समुचित विन्यास तथा प्रभावी टक्करें हैं।

चूँकि 3 से अधिक अणुओं/स्पीशीज की समुचित विन्यास के साथ एक साथ टक्करों की सम्भावना अत्यन्त दुर्लभ होती है अतः 3 से अधिक उच्च कोटि की अभिक्रिया दुर्लभ होती है।

40. ***(a)*** दिया हुआ है,

एसिटिक अम्ल का प्रारम्भिक सामर्थ्य = 0.06N

अन्तिम सामर्थ्य = 0.042 N

दिया गया आयतन = 50 मिली

$\therefore$ CH_3COOH के प्रारम्भिक m मोल $= 0.06 \times 50 = 3$

CH_3COOH के अन्तिम m मोल $= 0.042 \times 50 = 2.1$

$\therefore$ CH_3COOH के m मोल द्वारा अधिशोषण $= 3 - 2.1 = 0.9$ m मोल

अतः प्रतिग्राम चारकोल के द्वारा अधिशोषित CH_3COOH का द्रव्यमान

$$= \frac{0.9 \times 60}{3} = \frac{54}{3} = 18 \text{ मिग्रा}$$

41. ***(c)*** N^{3-} में इलेक्ट्रॉनों की संख्या $= 7 + 3 = 10$

O^{2-} में इलेक्ट्रॉनों की सख्या $= 8 + 2 = 10$

F^- में इलेक्ट्रॉनों की संख्या $= 9 + 1 = 10$

चूँकि सभी स्पीशीज में 10 इलेक्ट्रॉन है। अतः ये समइलेक्ट्रॉनिक स्पीशीज है। समइलेक्ट्रॉनिक स्पीशीज के लिए, ऋणात्मक आवेश बढ़ने पर आयनिक त्रिज्या बढ़ती जाती है। अतः आयनिक त्रिज्या का मान निम्न होगा

$N^{3-} = 1.71$ (दिए मानों में अधिकतम)

$O^{2-} = 1.40$

$F^- = 1.36$ (दिए मानों में लघुत्तम)

समय बचाने की तकनीक भिन्न आयनों की त्रिज्या याद रखने की कोई आवश्यकता नहीं है। इस प्रकार के प्रश्नों को हल करने का तरीका निम्न है

आयनों पर उपस्थित आवेश आकार को दर्शाता है, अर्थात् $N^{3-} > O^{2-} > F^-$ अतः आप दिये गये क्रम को विकल्प में जाँच ले कि किसमें इस क्रम की पालन हुआ है। विकल्प *(c)* केवल इस ट्रेंड का पालन कर रहा है। अतः यह सही विकल्प है।

42. ***(d)*** (a) Al के निष्कर्षण की हॉल-हेरॉल्ट प्रक्रिया में, कार्बन ऐनोड CO तथा CO_2 में ऑक्सीकृत होता है।

(b) जब Al_2O_3 को CaF_2 के साथ मिश्रित किया जाता है, जो मिश्रण के गलनांक को कम करता है तथा चालकता बढ़ा देता है।

(c) कैथोड पर Al^{3+} अपचयित होकर Al बनाता है।

(d) Al_2O_3 एक वैद्युत-अपघटय है जिसमें रेडॉक्स अभिक्रिया सम्पन्न होती है। अतः Al_2O_3 एक वैद्युत- अपघट्य की तरह कार्य करता है जबकि Na_3AlF_6 यद्यपि एक वैद्युत-अपघट्य है परन्तु यह विलायक की तरह कार्य करता है।

43. ***(a)*** (a) H_2O_2 ऑक्सीकारक तथा अपचायक दोनों तरह व्यवहार करता है क्योंकि H_2O_2 में ऑक्सीजन की ऑक्सीकरण अवस्था –1 है। अतः यह ऑक्सीकरण अवस्था 0 में ऑक्सीकृत अथवा ऑक्सीजन अवस्था -2 में अपचयित हो सकता है।

(b) H_2O_2 प्रकाश की उपस्थिति में अपघटित हो जाता है।

(c) इसे प्लास्टिक तथा मोम अटे काँच (वैक्स ग्लास) की बोतलों को भरकर अन्धेरे में रखकर संरक्षित किया जाता है। जिससे प्रकाश किरणों से बचाया जा सके।

(d) इसे धूल कणों से दूर रखा जाना चाहिए।

44. ***(b)*** वर्ग में ऊपर से नीचे जाने पर, धातु का आकार बढ़ता है। Be का आकार SO_4^{2-} की तुलना में छोटा है इसके कारण $BeSO_4$ आसानी से अपघटित हो जाता है तथा Be के छोटे आकार के कारण कम जालक ऊर्जा की आवश्यकता पड़ती है, जल के अणु इसके चारों तरफ एकत्रित हो जाते है तथा जलयोजन ऊर्जा बढ़ जाती है। दूसरी तरफ, शेष धातुओं अर्थात् Ca, Ba, Sr का आकार बढ़ा है जिसके कारण इनकी जालक ऊर्जा का मान जलयोजन ऊर्जा से अधिक होता है।

समय बचाने की तकनीक प्रश्न में जलयोजन ऊर्जा को पता लगाने के लिए के परमाणु का आकार जाँच ले। परमाणु का छोटे आकार के परमाणु के लिए जलयोजन ऊर्जा का मान अधिक होगा।

दिए गए प्रश्न में Be वर्ग में सबसे ऊपर है इसका आकार सबसे छोटा है पुनः सल्फेट की तुलना में Be का आकार बहुत कम है, जिसके कारण अतः $BeSO_4$ सही विकल्प है।

45. ***(d)*** Cl_2, Br_2, I_2 समनाभिकीय द्विपरमाण्विक अणु है जिनमें संयोजित अणुओं की विद्युतऋणात्मकताएँ समान है। अतः ये अधिक स्थायी है तथा कम क्रियाशील है परन्तु ICl में I तथा Cl का आकार भिन्न-भिन्न है जिसके कारण इनके मध्य उपस्थित बन्ध ध्रुवित है तथा क्रियाशील होता है इसीलिए अन्तरहैलोजन यौगिक (ICl) अधिक क्रियाशील हैं।

समय बचाने की तकनीक हैलोजन के इस प्रकार के प्रश्नों में, केवल अणुओं की ध्रुवणता को देखे। हम जानते है कि समनाभिकीय द्विपरमाण्विक अणु में ध्रुवणता नहीं पाई जाती है तथा भिन्न-भिन्न परमाणुओं के होने पर व आकार में भिन्नता होने के कारण ध्रुवणता उत्पन्न होती है तथा क्रियाशीलता बढ़ जाती है।

46. ***(b)*** (a) $TiCl_3$ जिगलर नाटा उत्प्रेरक के रूप में पॉलीथीन के बहुलीकरण में प्रयुक्त किया जाता है।

(b) $PdCl_2$ को वॉकर प्रक्रम में उपयोग में लिया जाता है। इस प्रक्रम में $PdCl_2$ द्वारा उत्प्रेरित चक्रीय प्रक्रम द्वारा एल्कीन एल्डिहाइड में परिवर्तित हो जाती है।

(c) $CuCl_2$ को डिकैन प्रक्रम (Cl_2 के निर्माण हेतु) में उपयोग में लिया जाता है।

(d) V_2O_5 को संस्पर्श (सम्पर्क) प्रक्रम (H_2SO_4 के निर्माण हेतु) में उपयोग में लिया जाता है।

समय बचाने की तकनीक इस प्रकार के प्रश्नों को विलोपन तकनीक द्वारा हल किया जाता है। चारों विकल्पों में से सही विकल्प चुनने की कोई आवश्यकता नहीं है। यहाँ तक कि आप *(b)* विकल्प को जाने तो इस समस्या को हल कर सकते है। उदाहरण - माना कि आप जानते हो कि V_2O_5 सम्पर्क विधि में उपयोग में लिया जाता है जोकि *D (iii)* के साथ मिलान करता है तथा $TiCl_3$ जिगलर नाटा उत्प्रेरक से सम्बन्धित है जोकि *A, (ii)* के साथ मिलान करता है केवल ये दोनों युग्म केवल *(b)* विकल्प में उपस्थित है जैसे कि इस प्रकार के प्रश्नों में यदि आप जानते हों कि V_2O_5 सम्पर्क विधि में उपयोग में लिया जाता है तो इस प्रकार का युग्म चारों विकल्प में से केवल *(b)* विकल्प में उपस्थित है। इस प्रकार के तरीके से गलत विकल्प का लोप कर सकते है तथा सही विकल्प प्राप्त हो जाता है।

47. ***(d)*** अक्रिय गैसों के वर्ग में ऊपर से नीचे जाने पर आण्विक द्रव्यमान बढ़ता है जो कि द्विध्रुव आघूर्ण उत्पन्न करता है तथा He से Xe तक लंडन बल बढ़ता है इसीलिए He से Xe की ओर क्वथनांक में वृद्धि होती है।

48. ***(b)*** $[Pt(Cl)(py)(NH_3)(NH_2OH)]^+$ वर्ग समतलीय जटिल यौगिक है। स्थिति के आधार पर संरचना का निर्माण होता है।

Py, NH_3, Pt, Cl, NH_2OH *Py*, NH_3, Pt, HOH_2N, Cl   *Py*, Cl, Pt, HOH_2N, NH_3

एक समूह को स्थिर रखकर तथा शेष समूहों को अलग-अलग स्थान देकर ज्यामितीय समावयवियों की संरचना प्राप्त कर सकते है। अतः यह जटिल यौगिक तीन ज्यामितीय समावयव का निर्माण करता है।

49. *(c)* $KMnO_4 \longrightarrow K^+ + MnO_4^-$

$\therefore MnO_4^-$ में Mn +7 ऑक्सीकरण अवस्था में है तथा d-कक्षक में कोई इलेक्ट्रॉन नहीं है। यह माना जाता है कि धातु की ऑक्सीकरण अवस्था बढ़ने पर $L \to M$ आवेश स्थानान्तरण की प्रवृत्ति बढ़ती जाती है क्योंकि लिगैण्ड धातु के रिक्त d-कक्षक में इलेक्ट्रॉन दान कर देते हैं।

अत: आवेश स्थानान्तरण लेपॉट तथा अनुमत चक्रण युक्त होते है इसलिए ये रंग देते है।

समय बचाने की तकनीक चारों विकल्प को जाँचने की आवश्यकता नहीं है। केवल धातु आयन की ऑक्सीकरण अवस्था का पता कर लें। यदि ऑक्सीकरण अवस्था अधिकतम है तथा उपस्थित लिगैण्ड इलेक्ट्रॉन दान करते है व *LMCT* आवेश स्थानान्तरण देते है जो तीक्ष्ण रंग दर्शाता है।

50. *(a)* नाइट्रोजन प्रबल बन्धों के कारण अक्रिय गैस है। यही कारण है कि यह वातावरण में लगभग 78% होने के बावजूद वायु में उपस्थित ऑक्सीजन के साथ सामान्य परिस्थितियों में ऑक्साइड नहीं बनाती है।

परन्तु उच्च तापमान 2000K पर, यह ऑक्सीजन से क्रिया कर नाइट्रोजन ऑक्साइड बनाता है।

$$N_2 + O_2 \xrightarrow{\approx 2000\text{ K}} 2NO$$

अत: कथन तथा कारण दोनों सत्य है तथा कारण कथन का पूर्ण स्पष्टीकरण करता है।

51. *(a)* दिया गया है,

कार्बनिक यौगिक का भार= 250 मिग्रा

AgBr का भार = 141 मिग्रा

$\therefore$ केरियस विधि के अनुसार,

$$\text{Br की प्रतिशत मात्रा} = \frac{\text{Br का परमाणु भार}}{\text{AgBr का आण्विक भार}} \times \frac{\text{AgBr का भार}}{\text{कार्बनिक ब्रोमाइड का भार}} \times 100$$

$$\therefore \text{Br की प्रतिशत मात्रा} = \frac{80}{188} \times \frac{141}{250} \times 100 = \frac{1128000}{47000} = 24\,\%$$

52. *(a)* द्विबन्ध के साथ भिन्न समूहों से जुड़े हुए एल्कीन ज्यामितीय समावयवता दर्शाते है।

1- फेनिल-2-ब्यूटीन

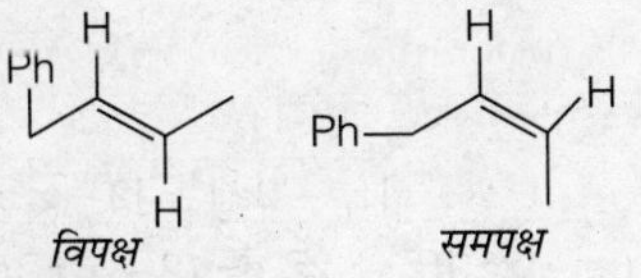

विपक्ष समपक्ष

अत: यह ज्यामितीय समावयवता दर्शाता हैं।

3-फेनिल-1-ब्यूटीन

समान समूह होने के कारण ज्यामितीय समावयवता नहीं दर्शाता है,

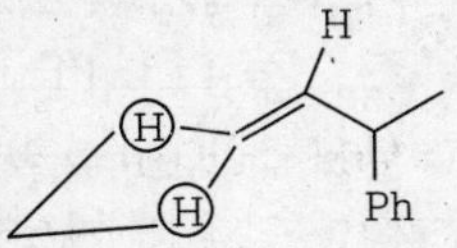

2-फेनिल-1-ब्यूटीन

समान समूह होने के कारण ज्यामितीय समावयवता नहीं दर्शाता है।

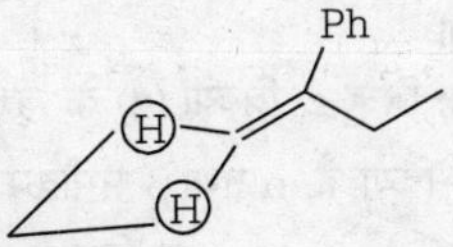

1,1-डाइफेनिल-1-प्रोपेन एल्केन (संतृप्त यौगिक) होने के कारण ज्यामितीय समावयवता नहीं दर्शाता है।

समय बचाने की तकनीक सभी विकल्पों को जाँचने की आवश्यकता नहीं है परन्तु यह याद रखें कि बहुबन्धीय यौगिक ज्यामितीय समावयवता दर्शाते हैं। अत: *(d)* का लोप करें (जोकि प्रोपेन है) तथा सीमान्त एल्कीन को पहचानकर व सही विकल्प प्राप्त करे।

53. *(b)*

(a) $\xrightarrow[\Delta]{O_3}$ $CH_3-\overset{O}{\overset{\|}{C}}-CH_2CH_2CH_2-\overset{O}{\overset{\|}{C}}-CH_3$

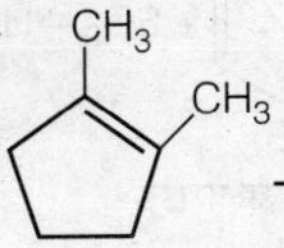

हेप्ट-2, 6-डाइऑन

(b) $\xrightarrow[\Delta,\ Zn, H_2O_2]{O_3}$ $\overset{6}{C}H_3-\overset{O}{\overset{\|}{\underset{5}{C}}}-\overset{4}{C}H_2\overset{3}{C}H_2-\overset{2}{C}H(CH_3)-\overset{1}{C}HO$

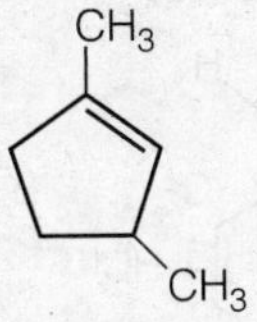

5-कीटो-2-मेथिल हेक्सेनल

(c) $\xrightarrow[\Delta,\ Zn, H_2O_2]{O_3}$ $CH_3-\overset{O}{\overset{\|}{C}}-CH_2-CH(CH_3)-CH_2-CHO$

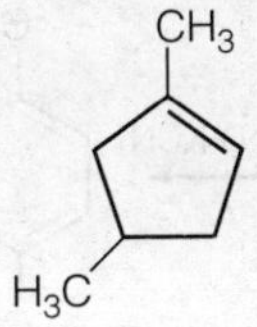

5-कीटो-3-मेथिल हेक्सेनल

(d) $\xrightarrow[\Delta,\ Zn, H_2O_2]{O_3}$ $CH_3-\overset{O}{\overset{\|}{C}}-CH(CH_3)-CH_2-CH_2-CHO$

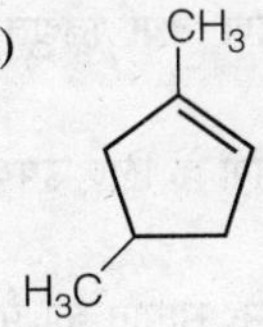

5-कीटो-4-मेथिल हेक्सेनल

54. *(d)* मर्क्यूरस फ्लुओराइड या एण्टीमनी ट्राइफ्लोराइड की एल्किल हैलाइड से अभिक्रिया कराने पर एल्किल फ्लोराइड प्राप्त किया जा सकता है। इस अभिक्रिया को स्वार्ट अभिक्रिया कहते है।

$$CH_3Br + AgF \longrightarrow \underset{\text{मेथिल फ्लुओराइड}}{CH_3F} + AgBr$$

परन्तु NaI/एसीटोन की एल्किल क्लोराइड या एल्किल ब्रोमाइड से अभिक्रिया कराने पर एल्किल आयोडाइड प्राप्त होते हैं। इस अभिक्रिया को ''फिंकलस्टीन अभिक्रिया' कहा जाता है।

$$C_2H_5Cl \xrightarrow[\text{एसिटोन}]{NaI} C_2H_5I + NaCl$$

मुक्त मुलक फ्लोरीनीकरण अत्यन्त विस्फोटक अभिक्रिया है। अत: फ्लोराइडों के संश्लेषण में प्रयुक्त नहीं की जाती है।

55. *(d)* टॉलूईन $KMnO_4$ से ऑक्सीकृत होकर बेन्जोइक अम्ल का निर्माण करता है। इस परिवर्तन में, टॉलूईन का एल्किल भाग कार्बोक्सिलिक समूह में परिवर्तित होता है। बेन्जोइक अम्ल की अभिक्रिया थायोनिल क्लोराइड $(SOCl_2)$ से कराने पर बेन्जॉइल क्लोराइड का निर्माण होता है जो H_2/Pd या

$BaSO_4$ से अपचयित होकर बेन्जैल्डिहाइड का निर्माण करता है। (रोजनमुण्ड अभिक्रिया)।

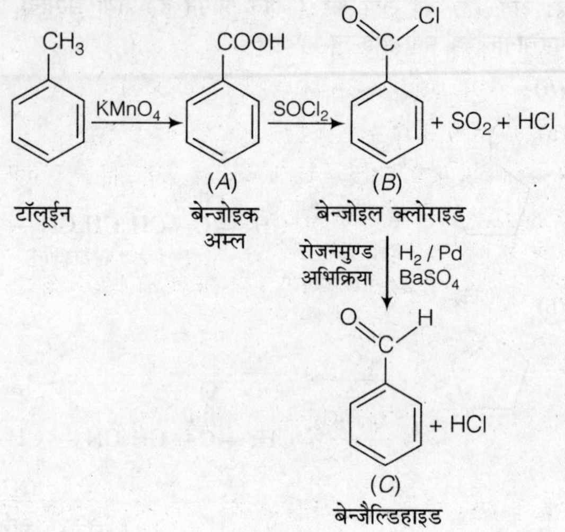

टॉलूईन (CH_3) $\xrightarrow{KMnO_4}$ बेन्जोइक अम्ल (A) (COOH) $\xrightarrow{SOCl_2}$ बेन्जोइल क्लोराइड (B) (COCl) + SO_2 + HCl

बेन्जोइल क्लोराइड (B) $\xrightarrow[\text{रोजनमुण्ड अभिक्रिया}]{H_2/Pd, BaSO_4}$ बेन्जैल्डिहाइड (C) (CHO) + HCl

56. *(c)* 4- मेथिल एनीलीन (NH_2, CH_3) $\xrightarrow[\text{0 – 5°C, डाइऐजोटीकरण}]{NaNO_2 / HCl}$ 4- मेथिल डाइएजोनियम क्लोराइड (D) ($\overset{+}{N_2}Cl^-$) $\xrightarrow[\Delta]{CuCN / KCN}$ 4- मेथिल बेन्जोसायनाइड (E) (CN) + CuCl

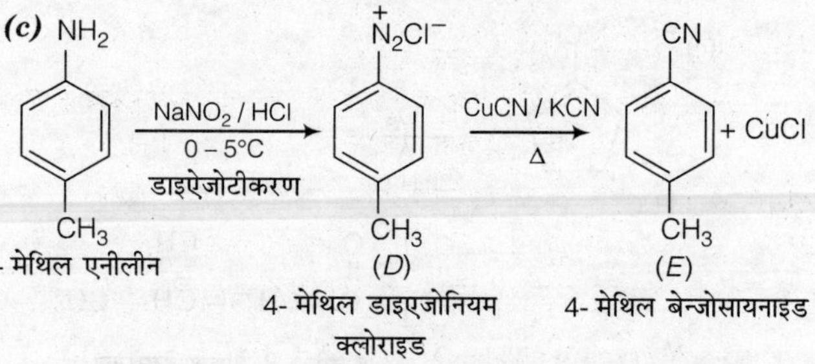

57. *(b)* (a) बैकेलाइट को गियर, संरक्षित आवरण तथा विद्युत फिटिंग में उपयोग में लिया जाता है।

(b) ग्लिप्टल को प्रलेप तथा प्रलाक्ष के निर्माण के लिए उपयोग में लिया जाता है।

(c) पॉलिप्रोपीन का उपयोग कपड़ा उद्योग में, सामान को पैक करने के लिए किया जाता है।

(d) पॉलीवाइनिल क्लोराइड (PVC) का उपयोग रेनकोट, हैण्डबैग तथा चमड़े के वस्त्र इत्यादि बनाने में किया जाता है।

58. *(a)* विटामिन B तथा C जल में विलेय है परन्तु A, D, E तथा K जल में अविलेय है।

59. *(c)* ऐलुमिनियम हाइड्रॉक्साइड $[Al(OH)_3]$, सिमेटिडीन तथा रेनिटिडिन प्रति अम्ल है जबकि फनलजिन प्रतिअम्ल नहीं है।

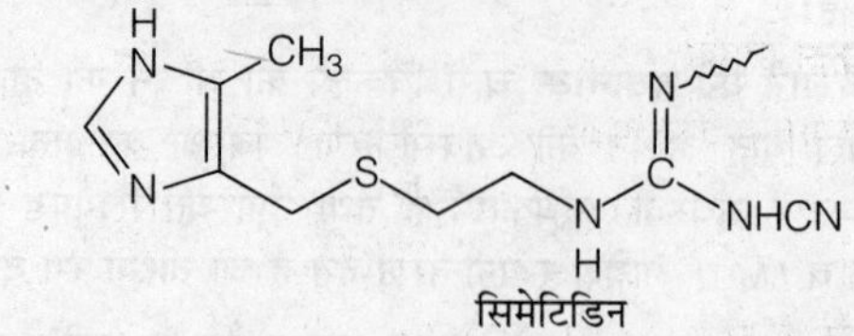

सिमेटिडिन

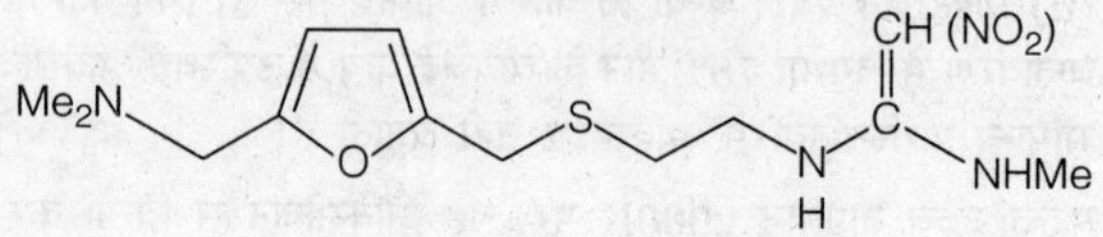

रेनिटिडीन

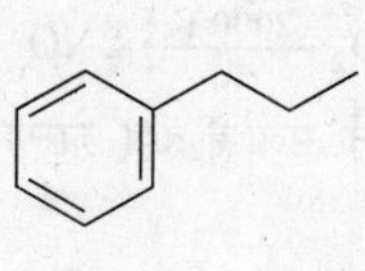

60. *(a)* $Zn_2[Fe(CN)_6]$, $K_3[Co(NO_2)_6]$ तथा $[(NH_4)_3 As(Mo_3O_{10})_4]$ $d-d$ संक्रमण के कारण रंग प्रदर्शित करते है। जबकि $BaCrO_4$ आवेश स्थानान्तरण के कारण रंग प्रदर्शित करता है।

स्पैक्ट्रोरासायनिक श्रेणी के अनुसार, प्रबल लिगैण्ड युक्त जटिल उच्च ऊर्जा तथा कम तरंगदैर्ध्य रखता है। अतः NO_2, NH_4^+, O^{2-} आदि लिगैण्ड पीला रंग दर्शाते हैं। जबकि CN^- जटिल का रंग सफेद है।

स्पैक्ट्रोरासायनिक श्रेणी

$I^- < Br^- < S^{2-} < SCN^- < Cl^- < NO_3^- < N_3^- < F^- < OH^- < C_2O_4^{2-} \approx H_2O < NCS^- < CH_3CN < py < NH_3 < en < bipy < Phen < NO_2^- < PPh_3 < CN^- \approx CO$

गणित

61. *(a)* दिया है, $n(A) = 4, n(B) = 2 \Rightarrow n(A \times B) = 8$

$(A \times B)$ के उपसमुच्चयों की कुल संख्या $= 2^8$

उपसमुच्चयों की संख्या जिनमें कोई अवयव ना हो अर्थात् $(\phi) = 1$

उपसमुच्चयों की संख्या जिनमें केवल एक अवयव हो $= {}^8C_1$

उपसमुच्चयों की संख्या जिनमें दो अवयव हों $= {}^8C_2$

$\therefore$ उपसमुच्चयों की कुल संख्या जिनमें कम-से-कम तीन अवयव हों

$= 2^8 - (1 + {}^8C_1 + {}^8C_2) = 2^8 - 1 - 8 - 28$

$= 2^8 - 37 = 256 - 37 = 219$

62. *(c)* **संकेत** यदि z एकांक मापांक है, तब $|z| = 1$। साथ ही, मापांक के गुणधर्म का उपयोग कीजिए अर्थात् $z\bar{z} = |z|^2$

दिया है,

z_2 एकांक मापांक नहीं है, अतः $|z_2| \neq 1$ तथा $\dfrac{z_1 - 2z_2}{2 - z_1\bar{z}_2}$ एकांक मापांक है।

$$\Rightarrow \left|\frac{z_1 - 2z_2}{2 - z_1\bar{z}_2}\right| = 1$$

$$\Rightarrow |z_1 - 2z_2|^2 = |2 - z_1\bar{z}_2|^2$$

$$\Rightarrow (z_1 - 2z_2)(\bar{z}_1 - 2\bar{z}_2) = (2 - z_1\bar{z}_2)(2 - \bar{z}_1 z_2) \quad (\because z\bar{z} = |z|^2)$$

$$\Rightarrow |z_1|^2 + 4|z_2|^2 - 2\bar{z}_1 z_2 - 2z_1\bar{z}_2 = 4 + |z_1|^2|z_2|^2 - 2\bar{z}_1 z_2 - 2z_1\bar{z}_2$$

$$\Rightarrow (|z_2|^2 - 1)(|z_1|^2 - 4) = 0$$

$$\because |z_2| \neq 1$$

$$\therefore |z_1|^2 - 4 = 0 \Rightarrow |z_1| = 2$$

माना $z_1 = x + iy \Rightarrow x^2 + y^2 = (2)^2$

अतः बिन्दु z_1 त्रिज्या (2) के वृत्त पर स्थित है।

63. *(c)* दिया है, α तथा β समीकरण $x^2 - 6x - 2 = 0$ के मूल हैं।

तथा $n \geq 1$ के लिए $a_n = \alpha^n - \beta^n$

$\therefore a_{10} = \alpha^{10} - \beta^{10} \Rightarrow a_8 = \alpha^8 - \beta^8$ और $a_9 = \alpha^9 - \beta^9$

अब, $\dfrac{a_{10} - 2a_8}{2a_9} = \dfrac{\alpha^{10} - \beta^{10} - 2(\alpha^8 - \beta^8)}{2(\alpha^9 - \beta^9)}$

$$= \frac{\alpha^8(\alpha^2-2)-\beta^8(\beta^2-2)}{2(\alpha^9-\beta^9)}$$

$$= \frac{\alpha^8 \cdot 6\alpha - \beta^8 \cdot 6\beta}{2(\alpha^9-\beta^9)}$$

$$= \frac{6\alpha^9 - 6\beta^9}{2(\alpha^9-\beta^9)} = \frac{6}{2} = 3$$

[$\because$ α तथा β $x^2 - 6x - 2 = 0$ या $x^2 = 6x + 2$ के मूल हैं।
$\therefore \quad \alpha^2 = 6\alpha + 2$
$\Rightarrow \quad \alpha^2 - 2 = 6\alpha$
तथा $\quad \beta^2 = 6\beta + 2$
$\Rightarrow \quad \beta^2 - 2 = 6\beta$]

वैकल्पिक विधि

चूँकि α तथा β समीकरण $x^2 - 6x - 2 = 0$ अथवा $x^2 = 6x + 2$ के मूल हैं।

$\therefore \quad \alpha^2 = 6\alpha + 2 \Rightarrow \alpha^{10} = 6\alpha^9 + 2\alpha^8 \quad$ ...(i)

इसी प्रकार, $\quad \beta^{10} = 6\beta^9 + 2\beta^8 \quad$ ...(ii)

समी (i) में से समी (ii) को घटाने पर,

$$\alpha^{10} - \beta^{10} = 6(\alpha^9 - \beta^9) + 2(\alpha^8 - \beta^8)$$

$\Rightarrow \quad a_{10} = 6a_9 + 2a_8 \quad (\because a_n = \alpha^n - \beta^n)$

$\Rightarrow \quad a_{10} - 2a_8 = 6a_9 \Rightarrow \frac{a_{10} - 2a_8}{2a_9} = 3$

64. *(d)* दिया है,

$$A = \begin{bmatrix} 1 & 2 & 2 \\ 2 & 1 & -2 \\ a & 2 & b \end{bmatrix} \quad \therefore \quad A^T = \begin{bmatrix} 1 & 2 & a \\ 2 & 1 & 2 \\ 2 & -2 & b \end{bmatrix}$$

तथा $AA^T = \begin{bmatrix} 1 & 2 & 2 \\ 2 & 1 & -2 \\ a & 2 & b \end{bmatrix}\begin{bmatrix} 1 & 2 & a \\ 2 & 1 & 2 \\ 2 & -2 & b \end{bmatrix}$

$$= \begin{bmatrix} 9 & 0 & a+4+2b \\ 0 & 9 & 2a+2-2b \\ a+4+2b & 2a+2-2b & a^2+4+b^2 \end{bmatrix}$$

प्रश्नानुसार,

$$AA^T = 9I$$

$$\Rightarrow \begin{bmatrix} 9 & 0 & a+4+2b \\ 0 & 9 & 2a+2-2b \\ a+4+2b & 2a+2-2b & a^2+4+b^2 \end{bmatrix} = 9\begin{bmatrix} 1 & 0 & 0 \\ 0 & 1 & 0 \\ 0 & 0 & 1 \end{bmatrix}$$

$$\Rightarrow \begin{bmatrix} 9 & 0 & a+4+2b \\ 0 & 9 & 2a+2-2b \\ a+4+2b & 2a+2-2b & a^2+4+b^2 \end{bmatrix} = \begin{bmatrix} 9 & 0 & 0 \\ 0 & 9 & 0 \\ 0 & 0 & 9 \end{bmatrix}$$

सापेक्षिक अवयवों की तुलना करने पर,

$a + 4 + 2b = 0 \Rightarrow a + 2b = -4 \quad$ ...(i)

$2a + 2 - 2b = 0 \Rightarrow a - b = -1 \quad$ ...(ii)

तथा $\quad a^2 + 4 + b^2 = 9 \quad$ ...(iii)

समी (i) तथा (ii) को हल करने पर, $a = -2, b = -1$

ये मान समी (iii) को भी सन्तुष्ट करते है।

अतः, $(a, b) \equiv (-2, -1)$

65. *(c)* दिया गया रैखिक समीकरण निकाय निम्न है

$2x_1 - 2x_2 + x_3 = \lambda x_1 \Rightarrow (2-\lambda)x_1 - 2x_2 + x_3 = 0 \quad$ ...(i)

$2x_1 - 3x_2 + 2x_3 = \lambda x_2 \Rightarrow 2x_1 - (3+\lambda)x_2 + 2x_3 = 0 \quad$ ...(ii)

$-x_1 + 2x_2 = \lambda x_3 \Rightarrow -x_1 + 2x_2 - \lambda x_3 = 0 \quad$ ...(iii)

चूँकि समीकरण निकाय के अतुच्छ हल हैं।

$$\therefore \quad \begin{vmatrix} 2-\lambda & -2 & 1 \\ 2 & -(3+\lambda) & 2 \\ -1 & 2 & -\lambda \end{vmatrix} = 0$$

$\Rightarrow (2-\lambda)(3\lambda + \lambda^2 - 4) + 2(-2\lambda + 2) + 1(4 - 3 - \lambda) = 0$

$\Rightarrow \quad (2-\lambda)(\lambda^2 + 3\lambda - 4) + 4(1-\lambda) + (1-\lambda) = 0$

$\Rightarrow \quad (2-\lambda)(\lambda+4)(\lambda-1) + 5(1-\lambda) = 0$

$\Rightarrow (\lambda-1)[(2-\lambda)(\lambda+4) - 5] = 0 \Rightarrow (\lambda-1)(\lambda^2 + 2\lambda - 3) = 0$

$\Rightarrow (\lambda-1)[(\lambda-1)(\lambda+3)] = 0 \Rightarrow (\lambda-1)^2(\lambda+3) = 0 \Rightarrow \lambda = 1, 1, -3$

अतः समुच्चय में दो अवयव हैं।

66. *(b)* 6000 से बड़ा पूर्णांक 4 अंकों अथवा 5 अंकों का हो सकता है। इसलिए यहाँ दो स्थितियाँ सम्भव हैं।

स्थिति I जब संख्या 4 अंकों की है।

चार अंकों की संख्या 6, 7 अथवा 8 से प्रारम्भ हो सकती है।

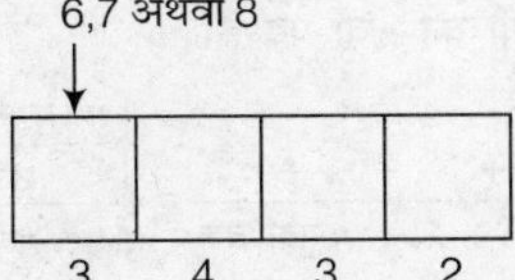

अतः 4 अंकों की संख्या जोकि 6000 से बड़ी हो, की कुल संख्या

$$= 3 \times 4 \times 3 \times 2 = 72$$

स्थिति II जब संख्या 5 अंकों की है।

पाँच अंकों की संख्या जोकि 6000 से बड़ी हो, की कुल संख्या $= 5! = 120$

$\therefore \quad$ पूर्णांकों की कुल संख्या $= 72 + 120 = 192$

67. *(a)* माना $(1 - 2\sqrt{x})^{50}$ के विस्तार में व्यापक पद T_{r+1} है।

$$\therefore \quad T_{r+1} = {}^{50}C_r(1)^{50-r}(-2x^{1/2})^r = {}^{50}C_r 2^r x^{r/2}(-1)^r$$

x की पूर्णांक घात के लिए, r सम पूर्णांक होना चाहिए।

$$\therefore \quad \text{गुणांकों का योग} = \sum_{r=0}^{25} {}^{50}C_{2r}(2)^{2r}$$

$$= \frac{1}{2}[(1+2)^{50} + (1-2)^{50}] = \frac{1}{2}[3^{50} + 1]$$

वैकल्पिक विधि

दिया है,

$(1 - 2\sqrt{x})^{50} = C_0 - C_1 2\sqrt{x} + C_2(2\sqrt{x})^2 + \ldots + C_{50}(2\sqrt{x})^{50} \quad$ ...(i)

$(1 + 2\sqrt{x})^{50} = C_0 + C_1 2\sqrt{x} + C_2(2\sqrt{x})^2 + \ldots + C_{50}(2\sqrt{x})^{50} \quad$ ...(ii)

समी (i) तथा (ii) को जोड़ने पर,

$(1 - 2\sqrt{x})^{50} + (1 + 2\sqrt{x})^{50} = 2[C_0 + C_2(2\sqrt{x})^2 + \ldots + C_{50}(2\sqrt{x})^{50}]$

$$\Rightarrow \frac{(1 - 2\sqrt{x})^{50} + (1 + 2\sqrt{x})^{50}}{2} = C_0 + C_2(2\sqrt{x})^2 + \ldots + C_{50}(2\sqrt{x})^{50}$$

$x = 1$ रखने पर,

$$\frac{(1 - 2\sqrt{1})^{50} + (1 + 2\sqrt{1})^{50}}{2} = C_0 + C_2(2)^2 + \ldots + C_{50}(2)^{50}$$

$$\Rightarrow \quad \frac{(-1)^{50} + (3)^{50}}{2} = C_0 + C_2(2)^2 + \ldots + C_{50}(2)^{50}$$

$$\Rightarrow \quad \frac{1 + 3^{50}}{2} = C_0 + C_2(2)^2 + \ldots + C_{50}(2)^{50}$$

68. *(b)* दिया है, m, l तथा n का समान्तर माध्य है

$\therefore \quad l + n = 2m \quad$ ...(i)

तथा G_1, G_2, G_3, l तथा n के मध्य गुणोत्तर माध्य हैं।

$\therefore \quad l, G_1, G_2, G_3, n$ गुणोत्तर श्रेणी में हैं।

माना r इस गुणोत्तर श्रेणी का सार्वानुपात है।

$$\therefore G_1 = lr \Rightarrow G_2 = lr^2 \Rightarrow G_3 = lr^3 \Rightarrow n = lr^4 \Rightarrow r = \left(\frac{n}{l}\right)^{1/4}$$

अब, $G_1^4 + 2G_2^4 + G_3^4 = (lr)^4 + 2(lr^2)^4 + (lr^3)^4$
$$= l^4 \times r^4(1 + 2r^4 + r^8)$$
$$= l^4 \times r^4(r^4+1)^2 = l^4 \times \frac{n}{l}\left(\frac{n+l}{l}\right)^2 = ln \times 4m^2 = 4lm^2n$$

69. *(b)* **संकेत** दी हुई श्रेणी के n वें पद को लिखिए तथा इसे सरलीकृत करके निम्नतम रूप में प्राप्त कीजिए।

तब, $S_n = \Sigma T_n$ का प्रयोग कीजिए।

दी गई श्रेणी निम्न है
$$\frac{1^3}{1} + \frac{1^3+2^3}{1+3} + \frac{1^3+2^3+3^3}{1+3+5} + \dots \infty$$

माना T_n दी हुई श्रेणी का nवाँ पद है।
$$\therefore T_n = \frac{1^3+2^3+3^3+\dots+n^3}{1+3+5+\dots+n \text{ पदों तक}} = \frac{\left\{\frac{n(n+1)}{2}\right\}^2}{n^2} = \frac{(n+1)^2}{4}$$
$$\Rightarrow \quad T_n = \frac{1}{4}(n^2+2n+1)$$
$$\because \quad S_n = \Sigma T_n \quad \therefore \quad S_n = \frac{1}{4}[\Sigma n^2 + 2\Sigma n + \Sigma 1]$$
$$\Rightarrow \quad S_n = \frac{1}{4}\left[\frac{n(n+1)(2n+1)}{6} + n(n+1) + n\right] \quad \dots(i)$$

9 पदों का योग ज्ञात करने के लिए समी (i) में $n = 9$ रखने पर,
$$S_9 = \frac{1}{4}\left[\frac{9\times10\times19}{6} + 9\times10 + 9\right] = \frac{1}{4}[285+90+9] = \frac{384}{4} = 96$$

70. *(c)* $\lim\limits_{x\to0}\frac{(1-\cos 2x)(3+\cos x)}{x\tan 4x} = \lim\limits_{x\to0}\frac{2\sin^2 x(3+\cos x)}{x \times \frac{\tan 4x}{4x} \times 4x}$
$$= \lim_{x\to0}\frac{2\sin^2 x}{x^2} \times \lim_{x\to0}\frac{(3+\cos x)}{4} \times \frac{1}{\lim\limits_{x\to0}\frac{\tan 4x}{4x}}$$
$$= 2 \times \frac{4}{4} \times 1 \qquad \left(\because \lim_{\theta\to0}\frac{\sin\theta}{\theta} = 1 \text{ तथा } \lim_{\theta\to0}\frac{\tan\theta}{\theta} = 1\right)$$
$$= 2$$

71. *(a)* दिया है,
$$g(x) = \begin{cases} k\sqrt{x+1} &, \ 0 \le x \le 3 \\ mx+2 &, \ 3 < x \le 5 \end{cases}$$

चूँकि $g(x)$ अवकलनीय है $\Rightarrow g(x)$ सतत् होना चाहिए।

$x = 3$ पर, दाईं सीमा $= 3m + 2$ तथा $x = 3$ पर, बाईं सीमा $= 2k$
$$\therefore \qquad 2k = 3m + 2 \qquad \dots(i)$$
साथ ही,
$$g'(x) = \begin{cases} \frac{k}{2\sqrt{x+1}} &, \ 0 \le x < 3 \\ m &, \ 3 < x \le 5 \end{cases}$$
$$\therefore L\{g'(3)\} = \frac{k}{4} \text{ तथा } R\{g'(3)\} = m \Rightarrow \frac{k}{4} = m \Rightarrow k = 4m \dots(ii)$$

समी (i) तथा (ii) को हल करने पर,
$$k = \frac{8}{5}, m = \frac{2}{5} \quad \therefore \quad k + m = 2$$

72. *(d)* दिए गए वक्र का समीकरण निम्न है
$$x^2 + 2xy - 3y^2 = 0 \qquad \dots(i)$$
x के सापेक्ष अवकलन करने पर,
$$2x + 2xy' + 2y - 6yy' = 0 \Rightarrow y' = \frac{x+y}{3y-x}$$

$x = 1$, $y = 1$ पर, $y' = 1$

अर्थात् $\left(\frac{dy}{dx}\right)_{(1,1)} = 1$

बिन्दु (1, 1) पर अभिलम्ब का समीकरण
$$y - 1 = -\frac{1}{1}(x-1) \Rightarrow y - 1 = -(x-1) \Rightarrow x + y = 2 \quad \dots(ii)$$

समी (i) तथा (ii) को परस्पर हल करने पर,
$$x^2 + 2x(2-x) - 3(2-x)^2 = 0$$
$$\Rightarrow x^2 + 4x - 2x^2 - 3(4 + x^2 - 4x) = 0$$
$$\Rightarrow -x^2 + 4x - 12 - 3x^2 + 12x = 0$$
$$\Rightarrow -4x^2 + 16x - 12 = 0 \Rightarrow 4x^2 - 16x + 12 = 0$$
$$\Rightarrow x^2 - 4x + 3 = 0 \Rightarrow (x-1)(x-3) = 0 \Rightarrow x = 1, 3$$

अब जब $x = 1$ है, तब $y = 1$

तथा जब $x = 3$ है, तब $y = -1$
$$\therefore \quad P = (1, 1) \quad \text{तथा} \quad Q = (3, -1)$$

अतः अभिलम्ब वक्र को पुनः चतुर्थ चतुर्थांश में (3, −1) पर मिलता है।

वैकल्पिक विधि

दिया है, $x^2 + 2xy - 3y^2 = 0 \Rightarrow (x-y)(x+3y) = 0$
$$\Rightarrow \quad x - y = 0 \text{ अथवा } x + 3y = 0$$

बिन्दु (1, 1) पर अभिलम्ब का समीकरण
$$y - 1 = -1(x-1) \Rightarrow x + y - 2 = 0$$

यह $x + 3y = 0$ को बिन्दु (3, −1) पर प्रतिच्छेद करता है। अतः यह वक्र को चतुर्थ चतुर्थांश में मिलता है।

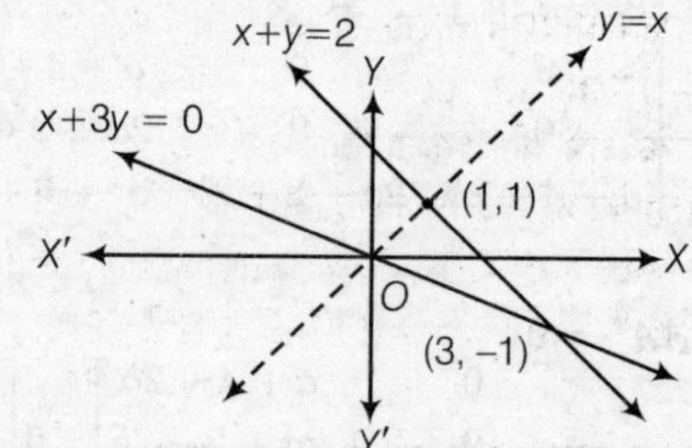

73. *(c)* **संकेत** किसी फलन के चरम मान (अधिकतम एवं न्यूनतम) इसके क्रान्तिक बिन्दु पर प्राप्त होते हैं, जहाँ $f'(x) = 0$ है।

चूँकि फलन $x = 1$ तथा $x = 2$ पर चरम मान रखता है।

$\therefore x = 1$ तथा $x = 2$ पर, $f'(x) = 0 \Rightarrow f'(1) = 0$ तथा $f'(2) = 0$

साथ ही दिया है
$$\lim_{x\to0}\left[1 + \frac{f(x)}{x^2}\right] = 3 \Rightarrow 1 + \lim_{x\to0}\frac{f(x)}{x^2} = 3 \Rightarrow \lim_{x\to0}\frac{f(x)}{x^2} = 2$$
$\Rightarrow f(x)$, $ax^4 + bx^3 + 2x^2$ के रूप में प्राप्त होगा

[$\because f(x)$ चार घात का बहुपद है]

माना $f(x) = ax^4 + bx^3 + 2x^2 \Rightarrow f'(x) = 4ax^3 + 3bx^2 + 4x$
$$\therefore \qquad f'(1) = 4a + 3b + 4 = 0 \qquad \dots(i)$$
तथा
$$f'(2) = 32a + 12b + 8 = 0 \Rightarrow 8a + 3b + 2 = 0 \quad \dots(ii)$$

समी (i) तथा (ii) को हल करने पर,
$$a = \frac{1}{2}, b = -2 \therefore f(x) = \frac{x^4}{2} - 2x^3 + 2x^2 \Rightarrow f(2) = 8 - 16 + 8 = 0$$

74. *(d)* $\int \frac{dx}{x^2(x^4+1)^{3/4}} = \int \frac{dx}{x^5\left(1+\frac{1}{x^4}\right)^{3/4}}$
$$1 + \frac{1}{x^4} = t^4 \Rightarrow -\frac{4}{x^5}dx = 4t^3\,dt$$

$\Rightarrow \quad \dfrac{dx}{x^5} = -t^3\,dt$ रखने पर,

$$\int \frac{dx}{x^2(x^4+1)^{3/4}} = \int \frac{-t^3\,dt}{t^3} = -\int dt = -t + C = -\left(1+\frac{1}{x^4}\right)^{1/4} + C$$

75. *(c)* **संकेत** गुणधर्म $\int_a^b f(x)dx = \int_a^b f(a+b-x)dx$ का प्रयोग कीजिए तथा फिर योग कीजिए।

माना $\quad I = \displaystyle\int_2^4 \frac{\log x^2}{\log x^2 + \log(36-12x+x^2)}dx$

$$= \int_2^4 \frac{2\log x}{2\log x + \log(6-x)^2}dx = \int_2^4 \frac{2\log x\,dx}{2[\log x + \log(6-x)]}$$

$$\Rightarrow \quad I = \int_2^4 \frac{\log x\,dx}{[\log x + \log(6-x)]} \quad \ldots(i)$$

$$\Rightarrow \quad I = \int_2^4 \frac{\log(6-x)}{\log(6-x)+\log x}dx \quad \ldots(ii)$$

$$\left[\because \int_a^b f(x)dx = \int_a^b f(a+b-x)dx\right]$$

समी (i) तथा (ii) को जोड़ने पर,

$$2I = \int_2^4 \frac{\log x + \log(6-x)}{\log x + \log(6-x)}dx$$

$$\Rightarrow \quad 2I = \int_2^4 dx = [x]_2^4 \Rightarrow 2I = 2 \Rightarrow I = 1$$

76. *(d)* दिया है, क्षेत्र $\{(x, y) : y^2 \le 2x$ तथा $y \ge 4x - 1\}$ है

$y^2 \le 2x \quad$ परवलय $y^2 = 2x \quad \ldots(i)$

के अन्दर का क्षेत्र प्रदर्शित करता है

तथा $y \ge 4x - 1$ रेखा $\;y = 4x - 1 \quad \ldots(ii)$

के बाईं तरफ के क्षेत्र को दर्शाता है

वक्र (i) तथा (ii) के प्रतिच्छेदन बिन्दु के लिए

$$(4x-1)^2 = 2x \Rightarrow 16x^2 + 1 - 8x = 2x$$

$$\Rightarrow \quad 16x^2 - 10x + 1 = 0 \Rightarrow x = \frac{1}{2}, \frac{1}{8}$$

$\therefore$ बिन्दु जहाँ वक्र प्रतिच्छेद करते हैं, $\left(\frac{1}{2}, 1\right)$ तथा $\left(\frac{1}{8}, -\frac{1}{2}\right)$ हैं।

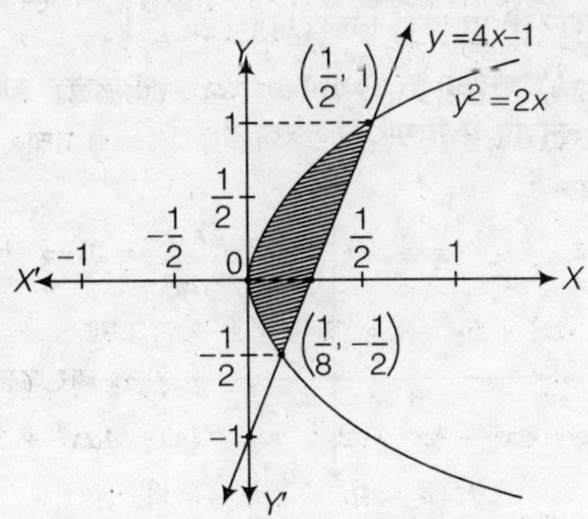

अतः अभीष्ट क्षेत्रफल $= \displaystyle\int_{-1/2}^{1}\left(\frac{y+1}{4} - \frac{y^2}{2}\right)dy$

$$= \frac{1}{4}\left(\frac{y^2}{2} + y\right)_{-1/2}^{1} - \frac{1}{6}(y^3)_{-1/2}^{1}$$

$$= \frac{1}{4}\left\{\left(\frac{1}{2}+1\right) - \left(\frac{1}{8} - \frac{1}{2}\right)\right\} - \frac{1}{6}\left\{1 + \frac{1}{8}\right\}$$

$$= \frac{1}{4}\left\{\frac{3}{2} + \frac{3}{8}\right\} - \frac{1}{6}\left\{\frac{9}{8}\right\} = \frac{1}{4} \times \frac{15}{8} - \frac{3}{16} = \frac{9}{32}$$

77. *(c)* दिया गया अवकल समीकरण निम्न है

$$(x\log x)\frac{dy}{dx} + y = 2x\log x, \quad (x \ge 1)$$

$$\Rightarrow \quad \frac{dy}{dx} + \frac{y}{x\log x} = 2$$

यह एक रैखिक अवकल समीकरण है।

$$\therefore \quad \text{IF} = e^{\int \frac{1}{x\log x}dx} = e^{\log(\log x)} = \log x$$

अब, दिए हुए अवकल समीकरण का हल निम्न है

$$y \cdot \log x = \int \log x \cdot 2dx \Rightarrow y \cdot \log x = 2\int \log x\,dx$$

$$\Rightarrow \quad y \cdot \log x = 2[x\log x - x] + C$$

$x = 1$ पर,

$$C = 2 \Rightarrow y \cdot \log x = 2[x\log x - x] + 2$$

अब $x = e$ पर,

$$y = 2(e - e) + 2 \Rightarrow y = 2$$

78. *(d)* अभीष्ट बिन्दु (x, y) इस प्रकार है कि यह $x + y < 41$

तथा $\quad x > 0, y > 0$ को सन्तुष्ट करता है।

समीकरण $x + y + k = 41$ के धनात्मक पूर्णांक हलों की संख्या परिबद्ध क्षेत्र के अन्दर पूर्णांक निर्देशांकों की संख्या होगी।

$\therefore$ पूर्णांक निर्देशांकों की कुल संख्या $= {}^{41-1}C_{3-1} = {}^{40}C_2 = \dfrac{40!}{2!\,38!} = 780$

वैकल्पिक विधि

निम्न चित्र को सम्मिलित करने पर

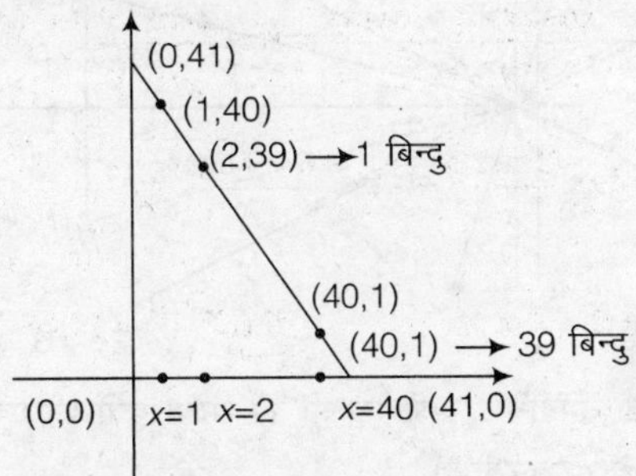

स्पष्टतः, अभीष्ट बिन्दुओं की संख्या

$$= 1 + 2 + 3 + \ldots + 39 = \frac{39}{2}(39 + 1) = 780$$

79. *(c)* **संकेत** सर्वप्रथम रेखाओं $2x - 3y + 4 = 0$ तथा $x - 2y + 3 = 0$ का प्रतिच्छेदन बिन्दु ज्ञात कीजिए।

अब, रेखा $(2x - 3y + 4) + k(x - 2y + 3) = 0$, बिन्दुओं $P(2, 3)$ तथा प्रतिबिम्ब $P'(h, k)$ को मिलाने वाली रेखा का लम्बार्द्धक है।

अतः $AP = AP'$ रखकर हल कीजिए।

दी गई रेखा निम्न है

$$(2x - 3y + 4) + k(x - 2y + 3) = 0, k \in R \quad \ldots(i)$$

यह रेखा, रेखाओं

$$2x - 3y + 4 = 0 \quad \ldots(ii)$$

तथा $$x - 2y + 3 = 0 \quad \ldots(iii)$$

के प्रतिच्छेदन बिन्दु से गुजरती है।

समी (ii) तथा (iii) को हल करने पर,

$$x = 1, y = 2$$

$\therefore$ रेखाओं (ii) तथा (iii) का प्रतिच्छेदन बिन्दु (1, 2) है।

माना M, PP' का मध्य-बिन्दु है। तब AM, PP' का लम्बार्द्धक है। (जहाँ, A दी हुई रेखाओं का प्रतिच्छेदन बिन्दु है।)

$\therefore \quad AP = AP'$

$\Rightarrow \quad \sqrt{(2-1)^2 + (3-2)^2} = \sqrt{(h-1)^2 + (k-2)^2}$

$\Rightarrow \quad \sqrt{2} = \sqrt{h^2 + k^2 - 2h - 4k + 1 + 4}$

$\Rightarrow \quad \sqrt{2} = \sqrt{h^2 + k^2 - 2h - 4k + 5}$

$\Rightarrow h^2 + k^2 - 2h - 4k + 5 = 2 \Rightarrow h^2 + k^2 - 2h - 4k + 3 = 0$

अतः अभीष्ट बिन्दुपथ निम्न है

$$x^2 + y^2 - 2x - 4y + 3 = 0$$

जोकि वृत्त का समीकरण है जिसकी त्रिज्या $\sqrt{1+4-3} = \sqrt{2}$ है

वैकल्पिक विधि $(2x - 3y + 4) + k(x - 2y + 3) = 0$ बिन्दु $(1, 2)$ से होकर जाने वाली रेखाओं के कुल की समीकरण है। त्रिभुज की सर्वांगसमता से हम सिद्ध कर सकते हैं कि प्रतिबिम्ब (h,k) तथा बिन्दु $(2,3)$, बिन्दु $(1, 2)$ से समान दूरी पर होंगे।

$\therefore (h,k)$ का बिन्दुपथ निम्न है $PR = PQ$

$\Rightarrow \quad (h-1)^2 + (k-2)^2 = (2-1)^2 + (3-2)^2$

अथवा $\quad (x-1)^2 + (y-2)^2 = 2$

$\therefore$ बिन्दुपथ $\sqrt{2}$ त्रिज्या वाला वृत्त है।

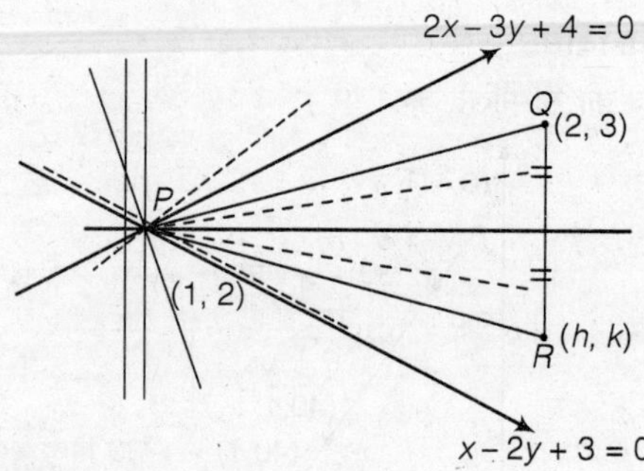

80. *(c)* **संकेत** उभयनिष्ठ स्पर्श रेखाओं की संख्या वृत्तों की एक-दूसरे के सापेक्ष स्थिति पर निर्भर करती है।

(i) यदि वृत्त बाह्य स्पर्श करते हैं $\Rightarrow C_1C_2 = r_1 + r_2$, 3 उभयनिष्ठ स्पर्श रेखाएँ होंगी।

(ii) यदि वृत्त अन्तः स्पर्श करते हैं $\Rightarrow C_1C_2 = r_2 - r_1$, 1 उभयनिष्ठ स्पर्श रेखा होगी।

(iii) यदि वृत्त एक-दूसरे को स्पर्श नहीं करते हैं, तब 4 उभयनिष्ठ स्पर्श रेखाएँ होंगी।

दिए हुए वृत्तों के समीकरण निम्न हैं

$$x^2 + y^2 - 4x - 6y - 12 = 0 \quad \ldots(i)$$
$$x^2 + y^2 + 6x + 18y + 26 = 0 \quad \ldots(ii)$$

वृत्त (i) का केन्द्र $C_1(2, 3)$ है तथा त्रिज्या $= \sqrt{4+9+12} = 5(r_1)$ (माना)

वृत्त (ii) का केन्द्र $C_2(-3, -9)$ है तथा त्रिज्या $= \sqrt{9+81-26}$

$= 8(r_2)$ (माना)

अब, $\quad C_1C_2 = \sqrt{(2+3)^2 + (3+9)^2}$

$\Rightarrow \quad C_1C_2 = \sqrt{5^2 + 12^2} \Rightarrow C_1C_2 = \sqrt{25+144} = 13$

$\therefore \quad r_1 + r_2 = 5 + 8 = 13$ साथ ही, $C_1C_2 = r_1 + r_2$

इस प्रकार दोनों वृत्त एक-दूसरे को बाह्य स्पर्श करते हैं। इसलिए उभयनिष्ठ स्पर्श रेखाओं की संख्या तीन होगी।

81. *(d)* दिए हुए दीर्घवृत्त का समीकरण निम्न है

$$\frac{x^2}{9} + \frac{y^2}{5} = 1 \quad \ldots(i)$$

यहाँ $\quad a^2 = 9, b^2 = 5 \Rightarrow a = 3, b = \sqrt{5}$

अब, $\quad e = \sqrt{1 - \frac{b^2}{a^2}} = \sqrt{1 - \frac{5}{9}} = \frac{2}{3}$

नाभि $= (\pm ae, 0) = (\pm 2, 0)$ तथा $\frac{b^2}{a} = \frac{5}{3}$

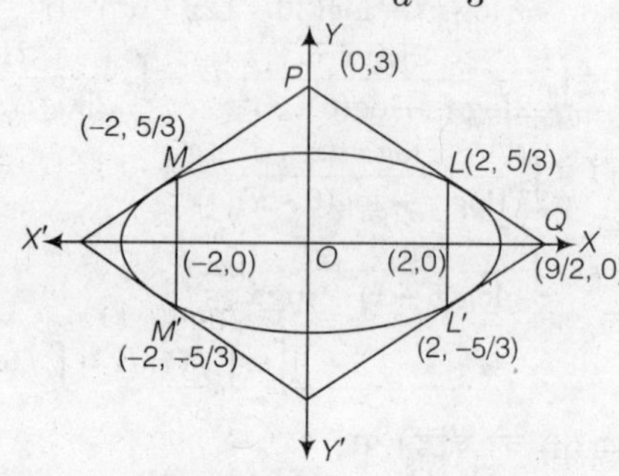

$\therefore$ एक नाभिलम्ब के सिरे $\left(2, \frac{5}{3}\right)$ तथा $\left(2, \frac{-5}{3}\right)$ हैं।

$\left(2, \frac{5}{3}\right)$ पर स्पर्श रेखा की समीकरण निम्न है

$$\frac{x(2)}{9} + \frac{y(5/3)}{5} = 1 \Rightarrow 2x + 3y = 9 \quad \ldots(ii)$$

समी (ii) X तथा Y-अक्षों को क्रमशः $\left(\frac{9}{2}, 0\right)$ तथा $(0, 3)$ पर काटती है।

$\therefore$ चतुर्भुज का क्षेत्रफल $= 4 \times \Delta POQ$ का क्षेत्रफल

$$= 4 \times \left(\frac{1}{2} \times \frac{9}{2} \times 3\right) = 27 \text{ वर्ग इकाई}$$

82. *(d)* **परवलय** $x^2 = 8y$ पर कोई बिन्दु $(4t, 2t^2)$ है। बिन्दु P, बिन्दुओं $O(0, 0)$ तथा $Q(4t, 2t^2)$ को मिलाने वाले रेखाखण्ड को $1:3$ के अनुपात में विभाजित करता है। इसलिए अन्तःविभाजन का सूत्र प्रयोग कीजिए।

परवलय का समीकरण निम्न है $x^2 = 8y \quad \ldots(i)$

माना परवलय (i) पर कोई बिन्दु $Q(4t, 2t^2)$ है।

माना $P(h, k)$ बिन्दुओं $(0,0)$ तथा $(4t, 2t^2)$ को मिलाने वाले रेखाखण्ड को $1:3$ के अनुपात में विभाजित करता है।

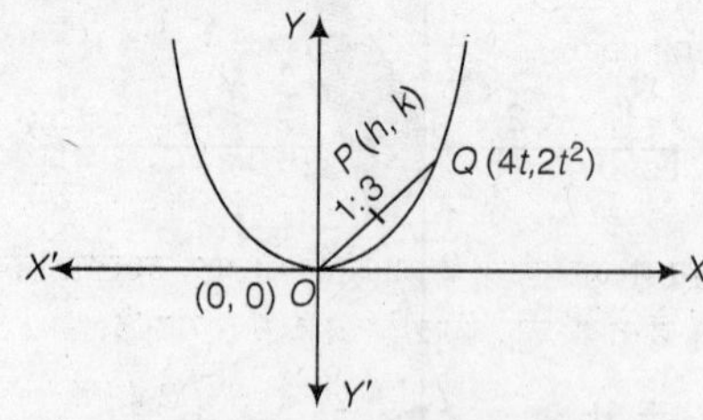

$\therefore \quad h = \frac{1 \times 4t + 3 \times 0}{4} \Rightarrow h = t$

तथा $\quad k = \frac{1 \times 2t^2 + 3 \times 0}{4} \Rightarrow k = \frac{t^2}{2} \Rightarrow k = \frac{1}{2}h^2 \quad (\because t = h)$

$\Rightarrow 2k = h^2 \Rightarrow 2y = x^2$, जोकि अभीष्ट बिन्दुपथ है।

83. *(d)* दी गई रेखा का समीकरण निम्न है

$$\frac{x-2}{3} = \frac{y+1}{4} = \frac{z-2}{12} = \lambda \quad \text{(माना)}\ldots(i)$$

तथा समतल का समीकरण निम्न है

$$x - y + z = 16 \quad \ldots(ii)$$

रेखा (i) पर कोई बिन्दु

$$(3\lambda + 2, 4\lambda - 1, 12\lambda + 2) \text{ है।}$$

माना यह बिन्दु रेखा तथा समतल का प्रतिच्छेदन बिन्दु है।

$\therefore\ (3\lambda + 2) - (4\lambda - 1) + (12\lambda + 2) = 16$

$\Rightarrow\quad 11\lambda + 5 = 16 \Rightarrow 11\lambda = 11 \Rightarrow \lambda = 1$

$\therefore$ प्रतिच्छेदन बिन्दु (5, 3, 14) है।

अब बिन्दुओं (1, 0, 2) तथा (5, 3, 14) के मध्य की दूरी

$$= \sqrt{(5-1)^2 + (3-0)^2 + (14-2)^2}$$

$$= \sqrt{16 + 9 + 144} = \sqrt{169} = 13$$

84. *(c)* माना समतल जिसमें रेखाएँ $2x - 5y + z = 3$ तथा $x + y + 4z = 5$ स्थित हों, निम्न है

$$(2x - 5y + z - 3) + \lambda(x + y + 4z - 5) = 0$$

$$\Rightarrow\quad (2 + \lambda)x + (\lambda - 5)y + (4\lambda + 1)z - 3 - 5\lambda = 0 \quad \ldots\text{(i)}$$

यह समतल, तल $x + 3y + 6z = 1$ के समान्तर है।

$$\therefore\quad \frac{2+\lambda}{1} = \frac{\lambda - 5}{3} = \frac{4\lambda + 1}{6}$$

प्रथम दो समिकाएँ लेने पर,

$$6 + 3\lambda = \lambda - 5 \Rightarrow 2\lambda = -11 \Rightarrow \lambda = -\frac{11}{2}$$

अन्तिम दो समिकाएँ लेने पर,

$$6\lambda - 30 = 3 + 12\lambda \Rightarrow -6\lambda = 33 \Rightarrow \lambda = -\frac{11}{2}$$

अत: अभीष्ट समतल का समीकरण निम्न है

$$\left(2 - \frac{11}{2}\right)x + \left(\frac{-11}{2} - 5\right)y + \left(-\frac{44}{2} + 1\right)z - 3 + 5 \times \frac{11}{2} = 0$$

$$\Rightarrow -\frac{7}{2}x - \frac{21}{2}y - \frac{42}{2}z + \frac{49}{2} = 0 \Rightarrow x + 3y + 6z - 7 = 0$$

85. *(a)* दिया है,

$$(\mathbf{a} \times \mathbf{b}) \times \mathbf{c} = \frac{1}{3}|\mathbf{b}||\mathbf{c}|\mathbf{a} \Rightarrow -\mathbf{c} \times (\mathbf{a} \times \mathbf{b}) = \frac{1}{3}|\mathbf{b}||\mathbf{c}|\mathbf{a}$$

$$\Rightarrow -(\mathbf{c}\cdot\mathbf{b})\cdot\mathbf{a} + (\mathbf{c}\cdot\mathbf{a})\mathbf{b} = \frac{1}{3}|\mathbf{b}||\mathbf{c}|\mathbf{a} \Rightarrow \left[\frac{1}{3}|\mathbf{b}||\mathbf{c}| + (\mathbf{c}\cdot\mathbf{b})\right]\mathbf{a} = (\mathbf{c}\cdot\mathbf{a})\mathbf{b}$$

चूँकि **a** तथा **b** संरेखीय नहीं हैं।

$$\mathbf{c}\cdot\mathbf{b} + \frac{1}{3}|\mathbf{b}||\mathbf{c}| = 0 \text{ तथा } \mathbf{c}\cdot\mathbf{a} = 0 \Rightarrow |\mathbf{c}||\mathbf{b}|\cos\theta + \frac{1}{3}|\mathbf{b}||\mathbf{c}| = 0$$

$$\Rightarrow\quad |\mathbf{b}||\mathbf{c}|\left(\cos\theta + \frac{1}{3}\right) = 0 \Rightarrow \cos\theta + \frac{1}{3} = 0 \quad (\because |\mathbf{b}| \neq 0, |\mathbf{c}| \neq 0)$$

$$\Rightarrow\quad \cos\theta = -\frac{1}{3} \Rightarrow \sin\theta = \frac{\sqrt{8}}{3} = \frac{2\sqrt{2}}{3}$$

86. *(a)* इस प्रश्न में अस्पष्टता प्रतीत होती है। यहाँ उल्लेख होना आवश्यक है कि बक्से भिन्न हैं तथा एक विशेष बक्से में 3 गेंद हैं।

तब प्रकारों की संख्या $= \dfrac{{}^{12}C_3 \times 2^9}{3^{12}} = \dfrac{55}{3}\left(\dfrac{2}{3}\right)^{11}$

अन्यथा प्रश्नानुसार,

$$\frac{{}^3C_1 \times {}^{12}C_3\, 2^9 - {}^3C_2\, {}^{12}C_3\, {}^9C_3 + \dfrac{12! \times 3!}{3!3!6!3!}}{3^{12}}$$

87. *(d)* दिया है, $\dfrac{x_1 + x_2 + x_3 + \ldots + x_{16}}{16} = 16 \Rightarrow \sum_{i=1}^{16} x_i = 16 \times 16$

नए प्रेक्षणों का योग $= \sum_{i=1}^{18} y_i = (16 \times 16 - 16) + (3 + 4 + 5) = 252$

प्रेक्षणों की संख्या = 18

$$\text{नया माध्य} = \frac{\sum_{i=1}^{18} y_i}{18} = \frac{252}{18} = 14$$

88. *(a)* दी हुई सूचनाओं के अनुसार चित्र निम्नानुसार होना चाहिए।

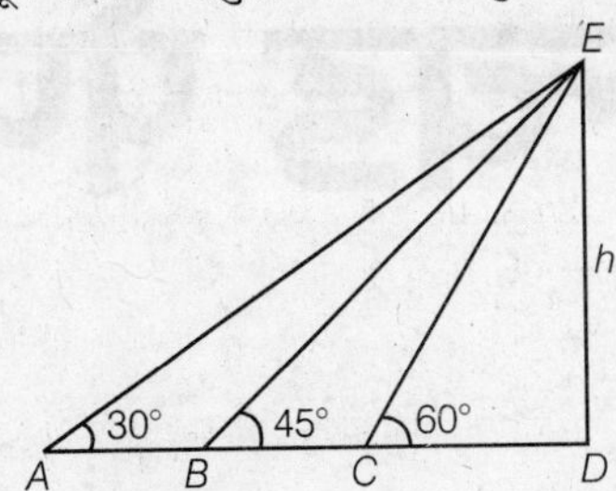

माना मीनार की ऊँचाई = h

ΔEDA में,

$$\tan 30° = \frac{ED}{AD} \Rightarrow \frac{1}{\sqrt{3}} = \frac{ED}{AD} = \frac{h}{AD} \Rightarrow AD = h\sqrt{3}$$

ΔEDB में, $\quad \tan 45° = \dfrac{h}{BD} \Rightarrow BD = h$

ΔEDC में, $\quad \tan 60° = \dfrac{h}{CD} \Rightarrow CD = \dfrac{h}{\sqrt{3}}$

$$\text{अब, } \frac{AB}{BC} = \frac{AD - BD}{BD - CD} \Rightarrow \frac{AB}{BC} = \frac{h\sqrt{3} - h}{h - \dfrac{h}{\sqrt{3}}} \Rightarrow \frac{AB}{BC} = \frac{h(\sqrt{3} - 1)}{\dfrac{h(\sqrt{3} - 1)}{\sqrt{3}}}$$

$$\Rightarrow\quad \frac{AB}{BC} = \frac{\sqrt{3} - 1}{(\sqrt{3} - 1)} \times \sqrt{3} \Rightarrow \frac{AB}{BC} = \frac{\sqrt{3}}{1}$$

$$\therefore\quad AB : BC = \sqrt{3} : 1$$

89. *(a)* दिया है, $\tan^{-1} y = \tan^{-1} x + \tan^{-1}\left(\dfrac{2x}{1 - x^2}\right)$,

$$\text{जहाँ,}\quad |x| < \frac{1}{\sqrt{3}} \Rightarrow \tan^{-1} y = \tan^{-1}\left\{\frac{x + \dfrac{2x}{1 - x^2}}{1 - x\left(\dfrac{2x}{1 - x^2}\right)}\right\}$$

$$\left[\because \tan^{-1} x + \tan^{-1} y = \tan^{-1}\left(\frac{x + y}{1 - xy}\right), x > 0, y > 0, xy < 1\right]$$

$$= \tan^{-1}\left(\frac{x - x^3 + 2x}{1 - x^2 - 2x^2}\right)$$

$$\Rightarrow\quad \tan^{-1} y = \tan^{-1}\left(\frac{3x - x^3}{1 - 3x^2}\right) \Rightarrow y = \frac{3x - x^3}{1 - 3x^2}$$

वैकल्पिक विधि

$$|x| < \frac{1}{\sqrt{3}} \Rightarrow -\frac{1}{\sqrt{3}} < x < \frac{1}{\sqrt{3}}$$

माना $\quad x = \tan\theta \Rightarrow -\dfrac{\pi}{6} < \theta < \dfrac{\pi}{6}$

$$\therefore\quad \tan^{-1} y = \theta + \tan^{-1}(\tan 2\theta) = \theta + 2\theta = 3\theta \Rightarrow y = \tan 3\theta$$

$$\Rightarrow\quad y = \frac{3\tan\theta - \tan^3\theta}{1 - 3\tan^2\theta} \Rightarrow y = \frac{3x - x^3}{1 - 3x^2}$$

90. *(d)* $\sim(\sim s \vee (\sim r \wedge s)) \equiv s \wedge (\sim(\sim r \wedge s)) \equiv s \wedge (r \vee \sim s)$

$\equiv (s \wedge r) \vee (s \wedge \sim s) \equiv (s \wedge r) \vee \text{F} \quad (\because s \wedge \sim s$ असत्य है)

$\equiv s \wedge r$

JEE Main संयुक्त प्रवेश परीक्षा

सॉल्वड पेपर 2014

भौतिकी

1. एक डायोड की धारा-वोल्टता सम्बन्ध $I = (e^{1000V/T} - 1)$ मिली-ऐम्पियर दिया गया है। जहाँ लगाई गई वोल्टता V वोल्ट में है और तापमान T केल्विन में है। यदि एक विद्यार्थी 300 K पर 5 मिली-ऐम्पियर धारा मापते समय ± 0.01V की त्रुटि करता है, तब धारा के मान में मिली-ऐम्पियर में होने वाली त्रुटि क्या होगी?

(a) 0.2 मिली-ऐम्पियर (b) 0.02 मिली-ऐम्पियर
(c) 0.5 मिली-ऐम्पियर (d) 0.05 मिली-ऐम्पियर

2. ऊँचाई H की एक मीनार से, एक कण को चाल u से ऊर्ध्वाधर ऊपर की ओर फेंका जाता है। कण को पृथ्वी तक गिरने में लगा समय उसके उच्चतम बिन्दु तक पहुँचने के समय का n गुना है। H, u एवं n के बीच सम्बन्ध है

(a) $2gH = n^2u^2$ (b) $gH = (n-2)^2u^2$
(c) $2gH = nu^2(n-2)$ (d) $gH = (n-2)^2u^2$

3. त्रिज्या R एवं द्रव्यमान m के एक एकसमान खोखले बेलन के चारों ओर एक द्रव्यमानहीन डोरी से एक द्रव्यमान m अवलंबित है। यदि डोरी बेलन पर फिसलती नहीं है, तब छोड़े जाने पर द्रव्यमान किस त्वरण से गिरेगा?

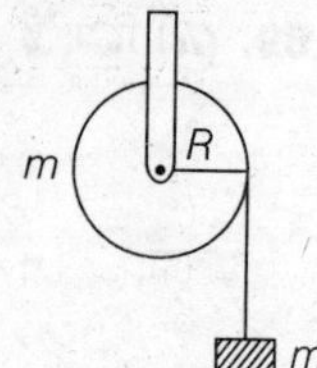

(a) $\frac{2g}{3}$ (b) $\frac{g}{2}$ (c) $\frac{5g}{6}$ (d) g

4. दिये गये ऊर्ध्वाधर अनुप्रस्थ-काट $y = \frac{x^3}{6}$ वाले पृष्ठ पर द्रव्यमान m का ब्लॉक रखा है। यदि घर्षण गुणांक 0.5 है, तब धरती से ऊपर वह अधिकतम ऊँचाई, जिस पर बिना फिसले ब्लॉक रखा जा सकता है, है

(a) $\frac{1}{6}$ मी (b) $\frac{2}{3}$ मी
(c) $\frac{1}{3}$ मी (d) $\frac{1}{2}$ मी

5. जब एक रबड़ के छल्ले को x दूरी तक खींचा जाता है, यह पुन: व्यवस्थित होने के लिए परिमाण $F = ax + bx^2$ का बल लगाती है, जहाँ a एवं b स्थिरांक हैं। बिना खींची रबड़ के छल्ले को खींचने में किया गया कार्य $[L]$ है

(a) $aL^2 + bL^3$ (b) $\frac{1}{2}(aL^2 + bL^3)$
(c) $\frac{aL^2}{2} + \frac{bL^3}{3}$ (d) $\frac{1}{2}\left(\frac{aL^2}{2} + \frac{bL^3}{3}\right)$

6. लम्बाई l की एक अवितान्य डोरी से बँधे द्रव्यमान m के एक बॉब को एक ऊर्ध्वाधर आधार से लटकाया जाता है। बॉब ऊर्ध्वाधर आधार के आस-पास कोणीय चाल ω रेडियन/से एक क्षैतिज वृत्त में घूर्णन करता है। निलंबन बिन्दु के आस-पास

(a) कोणीय संवेग संरक्षित रहता है
(b) कोणीय संवेग परिमाण में परिवर्तित होता है परन्तु दिशा में नहीं
(c) कोणीय संवेग दिशा में परिवर्तित होता है परन्तु परिमाण में नहीं
(d) कोणीय संवेग दोनों दिशा एवं परिमाण में परिवर्तित होता है

7. एक-दूसरे से समान दूरी पर स्थित चार कणों में प्रत्येक का द्रव्यमान M है, परस्पर गुरुत्वाकर्षण प्रभाव के अन्तर्गत त्रिज्या R के एक वृत्त पर गतिशील हैं। प्रत्येक कण की चाल है

(a) $\sqrt{\frac{GM}{R}}$ (b) $\sqrt{2\sqrt{2}\frac{GM}{R}}$
(c) $\sqrt{\frac{GM}{R}(1+2\sqrt{2})}$ (d) $\frac{1}{2}\sqrt{\frac{GM}{R}(1+2\sqrt{2})}$

8. 10 सेमी लम्बाई के एक स्टील के तार की लम्बाई स्थिर रखने के लिए, जबकि ताप 100°C तक बढ़ता है, सिरों पर लगाया गया दाब है (स्टील का यंग प्रत्यास्थता गुणांक 2×10^{11} न्यूटन-मी$^{-2}$ और रेखिक प्रसार गुणांक 1.1×10^{-5} K^{-1} हैं)

(a) 2.2×10^8 पास्कल (b) 2.2×10^9 पास्कल
(c) 2.2×10^7 पास्कल (d) 2.2×10^6 पास्कल

9. एक वृत्ताकार नली ऊर्ध्वाधर तल में है। दो द्रव, जो एक-दूसरे से मिश्रित नहीं होते तथा जिनके घनत्व d_1 एवं d_2 हैं, नली में भरे गये हैं। प्रत्येक द्रव केन्द्र पर 90° का कोण अंतरित करता है। उनके अंत: पृष्ठों को जोड़ने वाली त्रिज्या ऊर्ध्वाधर से α कोण बनाती है। अनुपात $\frac{d_1}{d_2}$ है

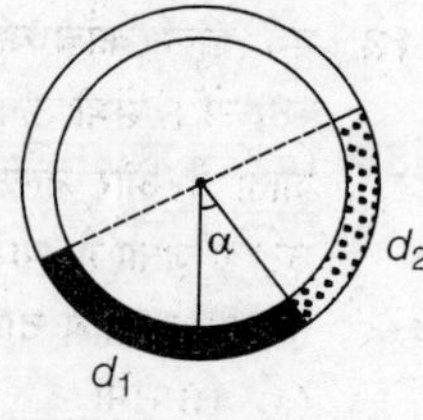

(a) $\frac{1+\sin\alpha}{1-\sin\alpha}$ (b) $\frac{1+\cos\alpha}{1-\cos\alpha}$
(c) $\frac{1+\tan\alpha}{1-\tan\alpha}$ (d) $\frac{1+\sin\alpha}{1-\cos\alpha}$

10. पानी को गर्म करने पर, बर्तन की तली में बनने वाले बुलबुले विलग्न होकर ऊपर की ओर उठते हैं। त्रिज्या R का एक गोलाकार बुलबुला बर्तन की तली के साथ त्रिज्या r का वृत्तीय स्पर्श बनाएँ। यदि $r << R$ और पानी का पृष्ठ तनाव T हैं, बुलबुलों के अलग होने से एकदम पहले r का मान है (पानी का घनत्व ρ_w)

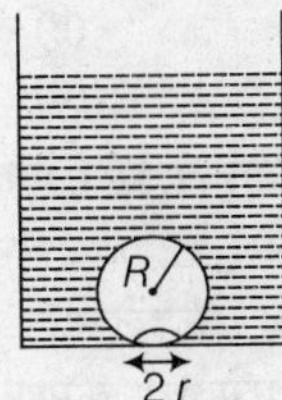

(a) $R^2\sqrt{\frac{\rho_w g}{3T}}$ (b) $R^2\sqrt{\frac{\rho_w g}{6T}}$

(c) $R^2\sqrt{\frac{\rho_w g}{T}}$ (d) $R^2\sqrt{\frac{3\rho_w g}{T}}$

11. ताँबे, पीतल एवं स्टील की तीन छड़ों को Y-आकार संरचना के रूप में एक-दूसरे के साथ वेल्ड किया गया है। प्रत्येक छड़ की अनुप्रस्थ-काट का क्षेत्रफल 4 सेमी^{2} है। ताँबे की छड़ के सिरे को 100°C तापमान पर तथा पीतल एवं स्टील के सिरे 0°C तापमान पर रखे गये हैं। ताँबे, पीतल एवं स्टील की छड़ों की लम्बाइयाँ क्रमश: 46, 13 तथा 12 सेमी हैं। छड़ों के सिरों को छोड़कर, अन्य भागों को वातावरण से ऊष्मीय रोधी किया गया है। ताँबे, पीतल एवं स्टील की ऊष्मा चालकताएँ क्रमश: 0.92, 0.26 एवं 0.12 CGS इकाई में हैं। ताँबे की छड़ से प्रवाहित ऊष्मा की दर है

(a) 1.2 कैलोरी/से (b) 2.4 कैलोरी/से
(c) 4.8 कैलोरी/से (d) 6.0 कैलोरी/से

12. द्विपरमाणुक आदर्श गैस का एक मोल चक्रीय प्रक्रिया ABC से गुजरता है जैसा कि चित्र में दर्शाया गया है। प्रक्रिया BC रुद्धोष्म है। A, B एवं C पर तापमान क्रमश: 400 K, 800 K एवं 600 K हैं। सही कथन चुनिये।

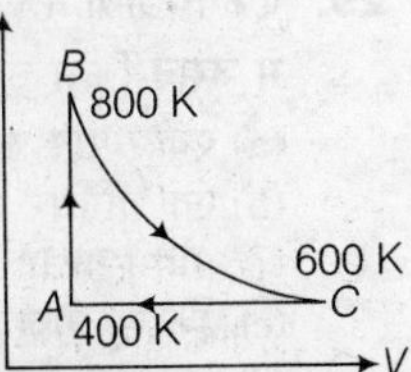

(a) सम्पूर्ण चक्रीय प्रक्रिया में आन्तरिक ऊर्जा में परिवर्तन 250 R है
(b) प्रक्रिया CA में आन्तरिक ऊर्जा में परिवर्तन 700 R है
(c) प्रक्रिया AB में आन्तरिक ऊर्जा में परिवर्तन $-300R$ है
(d) प्रक्रिया BC में आन्तरिक ऊर्जा में परिवर्तन $-500\ R$ है

13. एक खुली काँच की नली को पारे में इस प्रकार डुबोया जाता है कि पारे के स्तर से 8 सेमी ऊपर निकली रहें। नली के खुले सिरे को अब बन्द कर दिया जाता है और नली को ऊर्ध्वाधर ऊपर की ओर अतिरिक्त 46 सेमी तक उठाया जाता है, पारे के ऊपर नली में वायु स्तम्भ की लम्बाई अब क्या होगी? (वायुमण्डलीय दाब = Hg का 76 सेमी)

(a) 16 सेमी (b) 22 सेमी
(c) 38 सेमी (d) 6 सेमी

14. एक कण एक सरल रेखा में सरल आवर्त गति से गतिशील है। यह विरामावस्था से प्रारम्भ कर प्रथम τ सेकण्ड में दूरी a और अगले τ सेकण्ड में दूरी $2a$ उसी दिशा में तय करता है, तब

(a) गति का आयाम $3a$ है (b) दोलनों का आवर्तकाल 8τ है
(c) गति का आयाम $4a$ है (d) दोलनों का आवर्तकाल 6τ है

15. 85 सेमी लम्बाई वाले एक पाइप को एक सिरे से बन्द कर दिया जाता है। पाइप में वायु स्तम्भ के सम्भव प्राकृतिक दोलनो की वह संख्या निकालिए जिनकी आवृत्ति 1250 Hz से कम है। वायु में ध्वनि का वेग 340 मी/से है।

(a) 12 (b) 8
(c) 6 (d) 4

16. मान लें व्योम में एक विद्युत क्षेत्र $E = 30x^2\ \hat{i}$ है। तब विभवान्तर $V_A - V_O$, जहाँ V_O मूलबिन्दु पर विभव एवं V_A, $x = 2$ मी पर विभव है, हैं

(a) 120 जूल (b) −120 जूल
(c) −80 जूल (d) 80 जूल

17. दो वृत्तीय प्लेटों, जिनके बीच दूरी 5 मिमी है, से एक समान्तर पट्टिका संधारित्र बनाया गया है, जिसके बीच परावैद्युत स्थिरांक 2.2 का एक परावैद्युत रखा गया है। जब परावैद्युत में विद्युत क्षेत्र 3×10^4 वोल्ट/मी है, तब धनात्मक प्लेट का आवेश घनत्व लगभग होगा

(a) 6×10^{-7} कूलॉम/मी^{2}
(b) 3×10^{-7} कूलॉम/मी^{2}
(c) 3×10^{4} कूलॉम/मी^{2}
(d) 6×10^{4} कूलॉम/मी^{2}

18. एक वृहत भवन में, 40 वाट के 15 बल्ब, 100 वाट के 5 बल्ब, 80 वाट के 5 पंखे एवं 1 किलोवाट का 1 हीटर है। बिजली के मेन्स की वोल्टता 200 वोल्ट है। भवन के मुख्य फ्यूज की न्यूनतम क्षमता होगी

(a) 8 ऐम्पियर (b) 10 ऐम्पियर
(c) 12 ऐम्पियर (d) 14 ऐम्पियर

19. एक चालक z-अक्ष के साथ $-1.5 \le z < 1.5$ मीटर पर रखा है और इसमें $-\hat{\mathbf{a}}_z$ दिशा में 10.0 ऐम्पियर की स्थिर धारा प्रवाहित हो रही है (चित्र देखें)। एक क्षेत्र के लिए $B = 3.0\times10^{-4}e^{-0.2x}\hat{\mathbf{a}}_y\ T$, सुचालक को 5×10^{-3} सेकण्ड में $x = 2.0$ मी, $y = 0$ मी तक स्थिर चाल से गति कराने के लिए आवश्यक शक्ति की गणना कीजिए। x-अक्ष पर समान्तर गति मान लें।

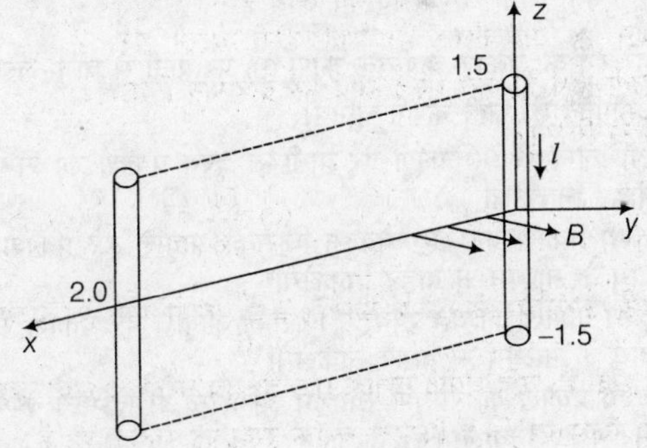

(a) 1.57 वाट (b) 2.97 वाट
(c) 14.85 वाट (d) 29.7 वाट

20. एक छोटे चुम्बक की निग्राहिता, जहाँ लौहचुम्बक अनुचुम्बकीय हो जाता है, 3×10^3 ऐम्पियर/मी है। 10 सेमी लम्बी तथा 100 चक्रों वाली एक परिनालिका से प्रवाहित आवश्यक धारा का मान, जिससे कि चुम्बक जब परिनालिका के अन्दर हो, अचुम्बकीय हो जाये, है

(a) 30 मिली-ऐम्पियर
(b) 60 मिली-ऐम्पियर
(c) 3 ऐम्पियर
(d) 6 ऐम्पियर

21. यहाँ दर्शाये गये परिपथ में, बिन्दु C को बिन्दु A से तब तक जोड़े रखा जाता है जब तक कि परिपथ में प्रवाहित धारा स्थिर न हो जाए। तत्पश्चात् अचानक बिन्दु C को बिन्दु A से हटाकर $t = 0$ समय पर बिन्दु B से जोड़ दिया जाता है। $t = L/R$ पर प्रेरक तथा प्रतिरोध पर वोल्टता का अनुपात होगा

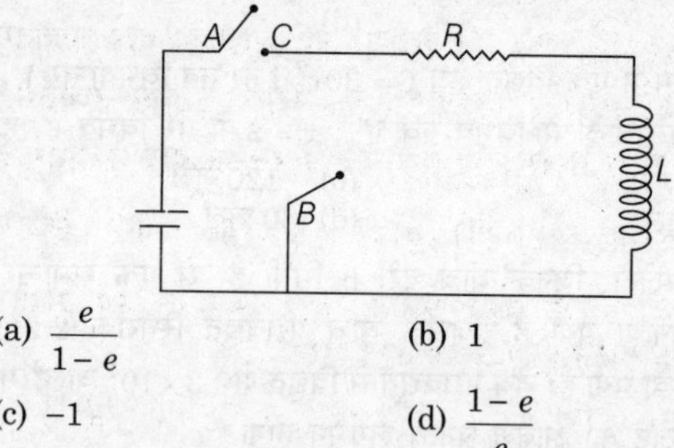

(a) $\frac{e}{1-e}$ (b) 1

(c) −1 (d) $\frac{1-e}{e}$

22. एक माध्यम में विद्युत चुम्बकीय तरंगों के संचरण के दौरान
(a) विद्युतीय ऊर्जा घनत्व चुम्बकीय ऊर्जा घनत्व का दोगुना है
(b) विद्युतीय ऊर्जा घनत्व चुम्बकीय ऊर्जा घनत्व का आधा है
(c) विद्युतीय ऊर्जा घनत्व चुम्बकीय ऊर्जा घनत्व के बराबर है
(d) दोनों विद्युतीय एवं चुम्बकीय ऊर्जा घनत्व शून्य हैं

23. क्राउन काँच $\left(\mu = \frac{3}{2}\right)$ से बने एक पतले उत्तल लेन्स की फोकस लम्बाई f है। जब इसे अपवर्तनांक $\frac{4}{3}$ एवं $\frac{5}{3}$ वाले दो भिन्न द्रवों में रखकर मापा जाता है, तब फोकस लम्बाइयाँ क्रमशः f_1 एवं f_2 हैं। फोकस लम्बाइयों के बीच सही सम्बन्ध है
(a) $f_1 = f_2 < f$
(b) $f_1 > f$ और f_2 ऋणात्मक हो जाते हैं
(c) $f_2 > f$ और f_1 ऋणात्मक हो जाते हैं
(d) f_1 एवं f_2 दोनों ऋणात्मक हो जाते हैं

24. एक हरे रंग का प्रकाश क्रान्तिक कोण (θ) पर पानी से वायु-जल अन्तरापृष्ठ तक आपतित है। सही कथन चुनियें।
(a) अभिलम्ब से 90° कोण पर पानी से दृश्य प्रकाश का सम्पूर्ण स्पेक्ट्रम बाहर निकलेगा
(b) दृश्य प्रकाश का वह स्पेक्ट्रम जिसकी आवृत्ति हरे प्रकाश से कम है, वायु के माध्यम से बाहर निकलेगा
(c) दृश्य प्रकाश का वह स्पेक्ट्रम जिसकी आवृत्ति हरे प्रकाश से अधिक है, वायु के माध्यम से बाहर निकलेगा
(d) दृश्य प्रकाश का सम्पूर्ण स्पेक्ट्रम अभिलम्ब से विभिन्न कोणों पर पानी से बाहर निकलेगा

25. ध्रुवण के परस्पर लम्बवत् तलों वाले समतल ध्रुवीय प्रकाश की दो पुँज A तथा B एक पोलरॉइड द्वारा देखी जाती है। उस स्थिति में जहाँ पुँज A की अधिकतम तीव्रता है (और पुँज B की शून्य तीव्रता है) पोलरॉइड का 30° से घूर्णन दोनों पुँजों के एकसमान द्युतिमान को प्रकट करता है। यदि दोनों पुँजों की प्रारम्भिक तीव्रताएँ क्रमशः I_A तथा I_B हैं। तब $\frac{I_A}{I_B}$ का मान है

(a) 3 (b) $\frac{3}{2}$

(c) 1 (d) $\frac{1}{3}$

26. हाइड्रोजन परमाणु के $3 \to 2$ संक्रमण के संगत विकिरण धातु पृष्ठ पर आपतित होकर फोटोइलेक्ट्रॉन उत्पन्न करता है। ये इलेक्ट्रॉन 3×10^{-4} T के एक चुम्बकीय क्षेत्र में प्रवेश करने के लिए बनते हैं। यदि इन इलेक्ट्रॉनों द्वारा अनुगामी अधिकतम वृत्तीय पथ की त्रिज्या 10.0 मिमी हो, तब धातु का कार्य फलन लगभग होता है
(a) 1.8 eV (b) 1.1 eV
(c) 0.8 eV (d) 1.6 eV

27. हाइड्रोजन $({}_1H^1)$ ड्युटीरियम $({}_1H^2)$, एकल आयनित हीलियम $({}_2He^4)^+$ और द्वि आयनित लीथियम $({}_3Li^6)^{++}$ सभी में नाभिक के चारों ओर एक इलेक्ट्रॉन है। $n = 2$ से $n = 1$ के इलेक्ट्रॉन संक्रमण पर विचार कीजिए। यदि उत्सर्जित विकिरण की तरंगदैर्ध्य क्रमशः $\lambda_1, \lambda_2, \lambda_3$ एवं λ_4 हैं, तब निम्नलिखित में से कौन-सा लगभग सही है?
(a) $4\lambda_1 = 2\lambda_2 = 2\lambda_3 = \lambda_4$
(b) $\lambda_1 = 2\lambda_2 = 2\lambda_3 = \lambda_4$
(c) $\lambda_1 = \lambda_2 = 4\lambda_3 = 9\lambda_4$
(d) $\lambda_1 = 2\lambda_2 = 3\lambda_3 = 4\lambda_4$

28. अग्रसित बायस वाला डायोड जोड़ है
(a) +2 V —▷|— ⁄⁄⁄⁄ −2 V
(b) −3 V —▷|— ⁄⁄⁄⁄ −3 V
(c) 2 V —▷|— ⁄⁄⁄⁄ 4 V
(d) −2 V —▷|— ⁄⁄⁄⁄ +2 V

29. एक विद्यार्थी ने एक छड़ की लम्बाई मापकर 3.50 सेमी लिखी। इसको मापने में उसने किस उपकरण का प्रयोग किया?
(a) एक मीटर स्केल
(b) एक वर्नियर कैलिपर्स जहाँ वर्नियर स्केल के 10 भाग मुख्य स्केल के 9 भागों से मिलते हैं और मुख्य स्केल के 1 सेमी में 10 भाग हैं
(c) एक स्क्रू गेज जिसके वृत्तीय स्केल में 100 भाग हैं और पिच 1 मिमी है
(d) एक स्क्रू गेज जिसके वृत्तीय स्केल में 50 भाग हैं और पिच 1 मिमी है

30. सूची I (विद्युत चुम्बकीय तरंग प्रकार) को सूची II (इनसे सम्बन्धित/अनुप्रयोग) से सुमेलित कीजिए और सूचियों के नीचे दिये गये विकल्पों में से सही विकल्प चुनिए।

सूची I	सूची II
A. अवरक्त तरंगें	1. माँसपेशियों की विकृति के इलाज के लिए
B. रेडियो तरंगें	2. प्रसारण के लिए
C. X-किरणें	3. हड्डियों के अस्थिभंग की पहचान के लिए
D. पराबैंगनी किरणें	4. वातावरण की ओजोन परत द्वारा अवशोषण

कोड

	A	B	C	D		A	B	C	D
(a)	4	3	2	1	(b)	1	2	4	3
(c)	3	2	1	4	(d)	1	2	3	4

रसायन विज्ञान

31. रूबिडियम परमाणु ($Z = 37$) के लिए संयोजी इलेक्ट्रॉनों के उचित चार क्वाण्टम संख्याओं का समूह होता है

(a) $5, 0, 0, +\frac{1}{2}$ (b) $5, 1, 0, +\frac{1}{2}$

(c) $5, 1, 1, +\frac{1}{2}$ (d) $5, 0, 1, +\frac{1}{2}$

32. यदि Z सम्पीड़न गुणक हो तो कम दाब पर वाण्डरवाल्स समीकरण को लिखा जा सकता है

(a) $Z = 1 + \frac{RT}{pb}$ (b) $Z = 1 - \frac{a}{VRT}$

(c) $Z = 1 - \frac{pb}{RT}$ (d) $Z = 1 + \frac{pb}{RT}$

33. CsCl अन्त केन्द्रित घनाकर जालक में क्रिस्टलीत होता है। यदि किनारे की लम्बाई 'a' हो तो निम्न सूत्रों में से कौन-सा सही है?

(a) $r_{Cs^+} + r_{Cl^-} = 3a$ (b) $r_{Cs^+} + r_{Cl^-} = \frac{3a}{2}$

(c) $r_{Cs^+} + r_{Cl^-} = \frac{\sqrt{3}}{2}a$ (d) $r_{Cs^+} + r_{Cl^-} = \sqrt{3}a$

34. नाइट्रोजन के आकलन के लिए 1.4 ग्राम कार्बनिक यौगिक जेल्डाल विधि के अनुसार अपचयित किया गया तथा मुक्त हुयी अमोनिया को 60 मिली $\frac{M}{10}$ सल्फ्यूरिक अम्ल में अवशोषित किया गया। अधिशेष अम्ल के पूर्ण उदासीनीकरण के लिए 20 मिली $\frac{M}{10}$ सोडियम हाइड्रॉक्साइड की आवश्यकता हुई। यौगिक में नाइट्रोजन की प्रतिशतता है

(a) 6% (b) 10%

(c) 3% (d) 5%

35. एक विद्युत अपघट्य के 0.2 M विलयन का प्रतिरोध $50\,\Omega$ है। इसी विद्युत-अपघट्य के 0.5 M विलयन की विशिष्ट चालकता 1.4 सीमेन मी^{-1} तथा इसी विलयन का प्रतिरोध $280\,\Omega$ है। विद्युत अपघट्य के 0.5 M विलयन की मोलर चालकता सीमेन मी^2 मोल^{-1} में होगी

(a) 5×10^{-4} (b) 5×10^{-3}

(c) 5×10^{3} (d) 5×10^{2}

36. एथेनॉल के पूर्ण दहन के लिए,

$C_2H_5OH(l) + 3O_2(g) \longrightarrow 2CO_2(g) + 3H_2O(l)$, बम कैलोरीमीटर में मापित ऊर्जा 25° C पर 1364.47 किलोजूल मोल^{-1} है। आदर्शता मानते हुए इस प्रक्रिया के दहन की ऐन्थैल्पी, $\Delta_c H$ होगी

(a) – 1366.95 किलोजूल मोल^{-1} (b) – 1361.95 किलोजूल मोल^{-1}

(c) – 1460.50 किलोजूल मोल^{-1} (d) – 1350.50 किलोजूल मोल^{-1}

37. सान्द्रण C और अनन्त तनुता पर NaCl विलयन की तुल्यांकी चालकता λ_c और λ_∞ है। λ_c तथा λ_∞ के मध्य सही सम्बन्ध को लिखा जा सकता है। (B एक स्थिर अंक है)

(a) $\lambda_C = \lambda_\infty + (B)C$ (b) $\lambda_C = \lambda_\infty - (B)C$

(c) $\lambda_C = \lambda_\infty - (B)\sqrt{C}$ (d) $\lambda_C = \lambda_\infty + (B)\sqrt{C}$

38. 25° C पर 0.500 M C_2H_5OH (जलीय), 0.100 M $Mg_3(PO_4)_2$ (जलीय), 0.250 M KBr (जलीय), 0.125 M Na_3PO_4 (जलीय) आदि विलयनों पर विभिन्न ध्यान दीजिए। सभी लवणों को प्रबल विद्युत-अपघटय मानते हुए निम्न कथनों में से कौन-सा कथन यथार्थ है?

(a) इन सभी का परासरण दाब समान है

(b) 0.100 M $Mg_3(PO_4)_2$ (जलीय) का परासरण दाब उच्चतम है

(c) 0.125 M Na_3PO_4 (जलीय) का परासरण दाब उच्चतम है

(d) 0.500 M C_2H_5OH (जलीय) का परासरण दाब उच्चतम है

39. अभिक्रिया, $SO_2(g) + \frac{1}{2}O_2(g) \rightleftharpoons SO_3(g)$ के लिए यदि $K_p = K_C(RT)^x$ हो जहाँ सूचक अक्षर सामान्य अर्थ रखते हैं तो (आदर्शरूपता मानते हुए) x का मान होगा

(a) – 1 (b) $-\frac{1}{2}$ (c) $\frac{1}{2}$ (d) 1

40. रासायनिकता रिक्त अभिक्रिया $2A + B \rightarrow C + D$ में तीन पृथक् प्रयोगों में 298 K पर निम्न गतिक आंकड़े प्राप्त किए गए

क्र.सं.	प्रारम्भिक सान्द्रण (A)	प्रारम्भिक सान्द्रण (B)	C बनने की प्रारम्भिक दर ($\text{मोल L}^{-1}\text{s}^{-1}$)
(i)	0.1 M	0.1 M	1.2×10^{-3}
(ii)	0.1 M3	0.2 M	1.2×10^{-3}
(iii)	0.2 M	0.1 M	2.4×10^{-3}

C बनने के लिए दर नियम है

(a) $\frac{dC}{dt} = k[A][B]$ (b) $\frac{dC}{dt} = k[A]^2[B]$

(c) $\frac{dC}{dt} = k[A][B]^2$ (d) $\frac{dC}{dt} = k[A]$

41. निम्न ऑक्सोअम्लों के लिए अम्ल शक्ति का यथार्थ घटता क्रम होगा

(a) $HOCl > HClO_2 > HClO_3 > HClO_4$

(b) $HClO_4 > HOCl > HClO_2 > HClO_3$

(c) $HClO_4 > HClO_3 > HClO_2 > HOCl$

(d) $HClO_2 > HClO_4 > HClO_3 > HOCl$

42. वह धातु जो अपने लवणों के जलीय विलयन के विद्युत अपघटन द्वारा प्राप्त नहीं की जा सकती, है

(a) Ag (b) Ca (c) Cu (d) Cr

43. M^{3+} धातु आयन का चार एकदन्तीय लिगेण्डों L_1, L_2, L_3 और L_4 वाला एक अष्टफलकीय संकर क्रमशः लाल, हरे, पीले और नीले क्षेत्रों में तरंगदैर्ध्य अवशोषित करता है।चारों लिगेण्डों की क्षमता का बढ़ता क्रम है

(a) $L_4 < L_3$, $L_2 < L_1$ (b) $L_1 < L_3 < L_2 < L_4$

(c) $L_3 < L_2 < L_4 < L_1$ (d) $L_1 < L_2 < L_4 < L_3$

44. NO द्वारा निम्न में से कौन-सा गुण प्रदर्शित नहीं किया जाता?

(a) यह गैसीय अवस्था में प्रतिचुम्बकीय है

(b) यह एक उदासीन ऑक्साइड है

(c) यह ऑक्सीजन से योग कर नाइट्रोजन डाइऑक्साइड बनाता है

(d) इसकी बन्ध कोटि 2.5 है

45. निम्न अभिक्रियाओं में से किसमें H_2O_2 एक अपचायक है?

I. $H_2O_2 + 2H^+ + 2e^- \longrightarrow 2H_2O$

II. $H_2O_2 - 2e^- \longrightarrow O_2 + 2H^+$

III. $H_2O_2 + 2e^- \longrightarrow 2OH^-$ IV. $H_2O_2 + 2OH^- - 2e^- \longrightarrow O_2 + 2H_2O$

(a) I तथा II (b) III तथा IV (c) I तथा III (d) II तथा IV

46. CsI_3 अणु के लिए सही कथन है
(a) यह एक सहसंयोजी अणु है
(b) इसमें Cs^+ और I_3^- आयन होते हैं
(c) इसमें Cs^{3+} और I^- आयन होते हैं
(d) इसमें Cs^+, I^- और I_2 घातक होते हैं

47. एक विशेष गैसीय मिश्रण में ऑक्सीजन और नाइट्रोजन के द्रव्यमानों का अनुपात 1 : 4 है। इनकी अणु संख्याओं का अनुपात है
(a) 1 : 4 (b) 7 : 32
(c) 1 : 8 (d) 3 : 16

48. नीचे कुछ अर्द्ध-सेल अभिक्रियाएँ दी गई हैं

$Mn^{2+} + 2e^- \longrightarrow Mn$; $E^\circ = -1.18$ इलेक्ट्रॉन वोल्ट

$2(Mn^{3+} + e^- \longrightarrow Mn^{2+})$; $E^\circ = +1.51$ इलेक्ट्रॉन वोल्ट

$3Mn^{2+} \longrightarrow Mn + 2Mn^{3+}$ के लिए E° होगा
(a) −2.69 वोल्ट; अभिक्रिया नहीं होगी
(b) −2.69 वोल्ट; अभिक्रिया होगी
(c) −0.33 वोल्ट; अभिक्रिया नहीं होगी
(d) −0.33 वोल्ट; अभिक्रिया होगी

49. अभिक्रियाओं का कौन—सा क्रम लोहे और इसके यौगिकों से सम्बन्धित रासायनिक अभिक्रियाओं को सही क्रम में निरूपित करता है?

(a) $Fe \xrightarrow{\text{तनु } H_2SO_4} FeSO_4 \xrightarrow{H_2SO_4, O_2} Fe_2(SO_4)_3 \xrightarrow{\text{ताप}} Fe$

(b) $Fe \xrightarrow{O_2, \text{ताप}} FeO \xrightarrow{\text{तनु } H_2SO_4} FeSO_4 \xrightarrow{\text{ताप}} Fe$

(c) $Fe \xrightarrow{Cl_2, \text{ताप}} FeCl_3 \xrightarrow{\text{ताप, वायु}} FeCl_2 \xrightarrow{Zn} Fe$

(d) $Fe \xrightarrow{O_2, \text{ताप}} Fe_3O_4 \xrightarrow{CO, 600°C} FeO \xrightarrow{CO, 700°C} Fe$

50. वह समीकरण जो संतुलित है और सही उत्पादों को प्रदर्शित करती है।
(a) $Li_2O + 2KCl \longrightarrow 2LiCl + K_2O$
(b) $[CoCl(NH_3)_5]^+ + 5H^+ \longrightarrow Co^{2+} + 5NH_4^+ + Cl^-$
(c) $[Mg(H_2O)_6]^{2+} + (EDTA)^{4-} \xrightarrow{\text{NaOH का आधिक्य}} [Mg(EDTA)]^{2+} + 6H_2O$
(d) $CuSO_4 + 4KCN \longrightarrow K_2[Cu(CN)_4] + K_2SO_4$

51. S_N2 अभिक्रियाओं में, निम्नलिखित यौगिकों $CH_3Cl, CH_3CH_2Cl, (CH_3)_2CHCl$ और $(CH_3)_3CCl$ की क्रियाशीलता का सही क्रम है।
(a) $CH_3Cl > (CH_3)_2CHCl > CH_3CH_2Cl > (CH_3)_3CCl$
(b) $CH_3Cl > CH_3CH_2Cl > (CH_3)_2CHCl > (CH_3)_3CCl$
(c) $CH_3CH_2Cl > CH_3Cl > (CH_3)_2CHCl > (CH_3)_3CCl$
(d) $(CH_3)_2CHCl > CH_3CH_2Cl > CH_3Cl > (CH_3)_3CCl$

52. ऐलिफैटिक प्राथमिक ऐमीन को क्लोरोफॉर्म और एथेनोलिक पोटैशियम हाइड्रॉक्साइड के साथ गर्म करने पर प्राप्त कार्बनिक यौगिक है
(a) एक ऐल्केनॉल (b) एक ऐल्केनडायॉल
(c) एक एल्किल सायनाइड (d) एक एल्किल आइसोसायनाइड

53. $R—CH_2—OH \longrightarrow R—CHO$ में परिवर्तन के लिए सबसे अधिक उपयुक्त अभिकर्मक है
(a) $KMnO_4$ (b) $K_2Cr_2O_7$
(c) CrO_3 (d) PCC (पिरीडिनियम क्लोरोक्रोमेट)

54. 1,1,1-ट्राइक्लोरोएथेन की सिल्वर पाउडर के साथ क्रिया के फलत: बनने वाला प्रमुख कार्बनिक यौगिक है।
(a) ऐसिटिलीन (b) एथीन
(c) 2-ब्यूटाइन (d) 2-ब्यूटीन

55. सोडियम फीनॉक्साइड को जब CO_2 के साथ 5 वायुमण्डलीय दाब एवं 125°C ताप पर गर्म किया जाता है, तो प्राप्त उत्पाद एसिटिलीकरण द्वारा C उत्पन्न करता है

$$C_6H_5ONa + CO_2 \xrightarrow[\text{5 वायु}]{125°} B \xrightarrow[Ac_2O]{H^+} C$$

मुख्य उत्पाद C होगा

(a) OCOCH₃, COOH
(b) OH, COCH₃, COCH₃
(c) OH, COOCH₃
(d) OCOCH₃, COOH

56. जलीय विलयन में ऐमीनों की क्षारीय प्रवृति के अनुसार निम्नलिखित में से किसके लिए pK_b का मान न्यूनतम है?
(a) $(CH_3)_2NH$ (b) CH_3NH_2 (c) $(CH_3)_3N$ (d) $C_6H_5NH_2$

57. निम्न में से किस अणु के लिए $\mu \neq 0$ सार्थक होगा?

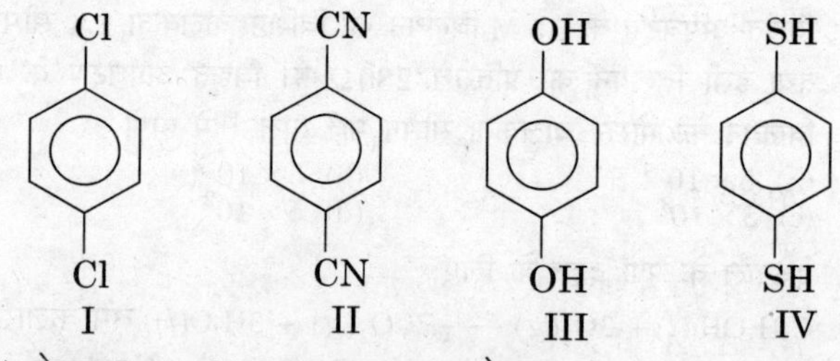

(a) केवल I (b) I तथा II (c) केवल III (d) III तथा IV

58. इनमें से किसको संघनन बहुलक माना जायेगा?
(a) डेकरॉन (b) निओप्रीन
(c) टेफ्लॉन (d) ऐक्रिलोनाइट्राइल

59. निम्न क्षारों में से कौन-सा एक DNA में नहीं पाया जाता?
(a) कुनोलीन (b) ऐडेनीन (c) साइटोसीन (d) थायमीन

60. अभिक्रिया

$$CH_3COOH \xrightarrow{LiAlH_4} A \xrightarrow{PCl_5} B \xrightarrow{\text{ऐल्को. KOH}} C$$

में उत्पाद C है
(a) ऐसिटैल्डिहाइड (b) ऐसिटिलीन
(c) एथिलीन (d) एसिटिल क्लोराइड

गणित

61. यदि $X = \{4^n - 3n - 1 : n \in N\}$ तथा $Y = \{9(n-1) : n \in N\}$ है, जहाँ N प्राकृत संख्याओं का समुच्चय है, तो $X \cup Y$ बराबर है
(a) N (b) $Y - X$ (c) X (d) Y

62. यदि z एक ऐसी सम्मिश्र संख्या है कि $|z| \geq 2$ है, तो $\left|z + \frac{1}{2}\right|$ का न्यूनतम मान है
(a) $\frac{5}{2}$ से निरन्तर बड़ा है
(b) अन्तराल (1, 2) में स्थित है
(c) $\frac{5}{2}$ के बराबर है
(d) $\frac{3}{2}$ से निरन्तर बड़ा है परन्तु $\frac{5}{2}$ से कम है

63. यदि $a \in R$ तथा समीकरण $-3(x - [x])^2 + 2(x - [x]) + a^2 = 0$ (जहाँ, $[x]$ उस बड़े से पूर्णांक को दर्शाता है जो $\leq x$ है) का कोई पूर्णांकीय हल नहीं है, तो a के सभी सम्भव मान जिस अन्तराल में स्थित हैं, वह है
(a) $(-1, 0) \cup (0, 1)$ (b) $(1, 2)$
(c) $(-2, -1)$ (d) $(-\infty, -2) \cup (2, \infty)$

64. माना α तथा β समीकरण $px^2 + qx + r = 0$, $p \neq 0$ के मूल हैं। यदि p, q, r समान्तर श्रेढ़ी में हैं तथा $\frac{1}{\alpha} + \frac{1}{\beta} = 4$ है, तो $|\alpha - \beta|$ का मान है
(a) $\frac{\sqrt{61}}{9}$ (b) $\frac{2\sqrt{17}}{9}$ (c) $\frac{\sqrt{34}}{9}$ (d) $\frac{2\sqrt{13}}{9}$

65. यदि $\alpha, \beta \neq 0$; $f(n) = \alpha^n + \beta^n$ तथा $\begin{vmatrix} 3 & 1+f(1) & 1+f(2) \\ 1+f(1) & 1+f(2) & 1+f(3) \\ 1+f(2) & 1+f(3) & 1+f(4) \end{vmatrix}$ $= K(1-\alpha)^2(1-\beta)^2(\alpha-\beta)^2$ है, तब K का मान है
(a) $\alpha\beta$ (b) $\frac{1}{\alpha\beta}$ (c) 1 (d) -1

66. यदि A एक ऐसा 3×3 व्युत्क्रमणीय आव्यूह है कि $AA^T = A^TA$ तथा $B = A^{-1}A^T$ है, तो BB^T बराबर है
(a) $I + B$ (b) I (c) B^{-1} (d) $(B^{-1})^T$

67. यदि $(1 + ax + bx^2)(1 - 2x)^{18}$ के x की घातों के प्रसार में x^3 तथा x^4 दोनों के गुणांक शून्य हैं, तो (a, b) बराबर है
(a) $\left(16, \frac{251}{3}\right)$ (b) $\left(14, \frac{251}{3}\right)$ (c) $\left(14, \frac{272}{3}\right)$ (d) $\left(16, \frac{272}{3}\right)$

68. दो रेखाएँ जिनकी दिक् कोज्याएँ, समीकरणों $l + m + n = 0$ तथा $l^2 = m^2 + n^2$ को सन्तुष्ट करती हैं, के बीच का कोण है
(a) $\frac{\pi}{3}$ (b) $\frac{\pi}{4}$ (c) $\frac{\pi}{6}$ (d) $\frac{\pi}{2}$

69. यदि $(10)^9 + 2(11)^1(10)^8 + 3(11)^2(10)^7 + \ldots + 10(11)^9 = k(10)^9$ है, तो k बराबर है
(a) $\frac{121}{10}$ (b) $\frac{441}{100}$ (c) 100 (d) 110

70. तीन धनात्मक संख्याएँ बढ़ती गुणोत्तर श्रेढ़ी में हैं। यदि इस गुणोत्तर श्रेढ़ी की बीच वाली संख्या दोगुनी कर दी जाए, तो नई बनी संख्याएँ समान्तर श्रेढ़ी में हो जाती हैं, गुणोत्तर श्रेढ़ी का सार्वानुपात है
(a) $\sqrt{2} + \sqrt{3}$ (b) $3 + \sqrt{2}$ (c) $2 - \sqrt{3}$ (d) $2 + \sqrt{3}$

71. $\lim_{x \to 0} \frac{\sin(\pi \cos^2 x)}{x^2}$ का मान है
(a) $\frac{\pi}{2}$ (b) 1 (c) $-\pi$ (d) π

72. यदि g, फलन f का व्युत्क्रम है तथा $f'(x) = \frac{1}{1 + x^5}$ है, तो $g'(x)$ बराबर है
(a) $1 + x^5$ (b) $5x^4$
(c) $\frac{1}{1 + \{g(x)\}^5}$ (d) $1 + \{g(x)\}^5$

73. यदि f तथा g, $[0, 1]$ में अवकलनीय फलन हैं जो $f(0) = 2 = g(1)$, $g(0) = 0$ और $f(1) = 6$ को सन्तुष्ट करते हैं, तो किसी $c \in]0, 1[$ के लिए
(a) $2f'(c) = g'(c)$ (b) $2f'(c) = 3g'(c)$
(c) $f'(c) = g'(c)$ (d) $f'(c) = 2g'(c)$

74. यदि $x = -1$ तथा $x = 2$, $f(x) = \alpha \log|x| + \beta x^2 + x$ के चरम बिन्दु हैं, तो
(a) $\alpha = -6$ तथा $\beta = \frac{1}{2}$ (b) $\alpha = -6$ तथा $\beta = -\frac{1}{2}$
(c) $\alpha = 2$ तथा $\beta = -\frac{1}{2}$ (d) $\alpha = 2$ तथा $\beta = \frac{1}{2}$

75. समाकल $\int \left(1 + x - \frac{1}{x}\right) e^{x + \frac{1}{x}} dx$ बराबर है
(a) $(x - 1) e^{x + \frac{1}{x}} + C$ (b) $x e^{x + \frac{1}{x}} + C$
(c) $(x + 1) e^{x + \frac{1}{x}} + C$ (d) $-x e^{x + \frac{1}{x}} + C$

76. समाकल $\int_0^\pi \sqrt{1 + 4\sin^2 \frac{x}{2} - 4\sin \frac{x}{2}}\, dx$ बराबर है
(a) $\pi - 4$ (b) $\frac{2\pi}{3} - 4 - 4\sqrt{3}$
(c) $4\sqrt{3} - 4$ (d) $4\sqrt{3} - 4 - \frac{\pi}{3}$

77. $A = \{(x, y) : x^2 + y^2 \leq 1$ तथा $y^2 \leq 1 - x\}$ के द्वारा प्रदत्त क्षेत्र का क्षेत्रफल है
(a) $\frac{\pi}{2} + \frac{4}{3}$ (b) $\frac{\pi}{2} - \frac{4}{3}$ (c) $\frac{\pi}{2} - \frac{2}{3}$ (d) $\frac{\pi}{2} + \frac{2}{3}$

78. माना किसी समय t पर जीवित खरगोशों की जनसंख्या अवकल समीकरण $\frac{dp(t)}{dt} = \frac{1}{2}p(t) - 200$ द्वारा नियन्त्रित है, यदि $p(0) = 100$ है, तो $p(t)$ बराबर है
(a) $400 - 300e^{t/2}$ (b) $300 - 200e^{-t/2}$
(c) $600 - 500e^{t/2}$ (d) $400 - 300e^{-t/2}$

79. माना PS एक त्रिभुज की माध्यिका है जिसके शीर्ष $P(2, 2), Q(6, -1)$ तथा $R(7, 3)$ हैं। $(1, -1)$ से होकर जाने वाली रेखा जो PS के समान्तर है, का समीकरण है

(a) $4x - 7y - 11 = 0$ (b) $2x + 9y + 7 = 0$
(c) $4x + 7y + 3 = 0$ (d) $2x - 9y - 11 = 0$

80. माना a, b, c तथा d शून्येत्तर संख्याएँ हैं। यदि रेखाओं $4ax + 2ay + c = 0$ तथा $5bx + 2by + d = 0$ का प्रतिच्छेद बिन्दु चौथे चतुर्थांश में है तथा दोनों अक्षों से समदूरस्थ हैं, तो

(a) $2bc - 3ad = 0$ (b) $2bc + 3ad = 0$
(c) $2ad - 3bc = 0$ (d) $3bc + 2ad = 0$

81. दीर्घवृत्त $x^2 + 3y^2 = 6$ के केन्द्र से इसकी किसी स्पर्श रेखा पर खींचे गए लम्ब के पाद का बिन्दुपथ है

(a) $(x^2 - y^2)^2 = 6x^2 + 2y^2$ (b) $(x^2 - y^2)^2 = 6x^2 - 2y^2$
(c) $(x^2 + y^2)^2 = 6x^2 + 2y^2$ (d) $(x^2 + y^2)^2 = 6x^2 - 2y^2$

82. माना C एक वृत्त है जिसका केन्द्र $(1, 1)$ पर है तथा त्रिज्या 1 है। यदि T केन्द्र $(0, y)$ वाला वृत्त है जो मूलबिन्दु से होकर जाता है तथा वृत्त C को बाह्य रूप से स्पर्श करता है, तो T की त्रिज्या बराबर है

(a) $\sqrt{\frac{3}{2}}$ (b) $\frac{\sqrt{3}}{2}$ (c) $\frac{1}{2}$ (d) $\frac{1}{4}$

83. परवलयों $y^2 = 4x$ तथा $x^2 = -32y$ दोनों को स्पर्श करने वाली रेखा की प्रवणता है

(a) $\frac{1}{2}$ (b) $\frac{3}{2}$ (c) $\frac{1}{8}$ (d) $\frac{2}{3}$

84. समतल $2x - y + z + 3 = 0$ में रेखा $\frac{x-1}{3} = \frac{y-3}{1} = \frac{z-4}{-5}$ के प्रतिबिम्ब वाली रेखा है

(a) $\frac{x+3}{3} = \frac{y-5}{1} = \frac{z-2}{-5}$ (b) $\frac{x+3}{-3} = \frac{y-5}{-1} = \frac{z+2}{5}$
(c) $\frac{x-3}{3} = \frac{y+5}{1} = \frac{z-2}{-5}$ (d) $\frac{x-3}{-3} = \frac{y+5}{-1} = \frac{z-2}{5}$

85. यदि $[\mathbf{a}\times\mathbf{b}\ \ \mathbf{b}\times\mathbf{c}\ \ \mathbf{c}\times\mathbf{a}] = \lambda[\mathbf{a}\ \ \mathbf{b}\ \ \mathbf{c}]^2$ है, तो λ बराबर है

(a) 0 (b) 1 (c) 2 (d) 3

86. माना A तथा B दो ऐसी घटनाएँ हैं कि $P(\overline{A \cup B}) = \frac{1}{6}, P(A \cap B) = \frac{1}{4}$ तथा $P(\overline{A}) = \frac{1}{4}$ है जबकि $\overline{A}$ घटना A के पूरक को दर्शाता है, तो घटनाएँ A तथा B

(a) स्वतन्त्र हैं परन्तु समसम्भावी नहीं हैं
(b) स्वतन्त्र हैं तथा समसम्भावी हैं
(c) परस्पर अपवर्जी तथा स्वतन्त्र हैं
(d) समसम्भावी हैं परन्तु स्वतन्त्र नहीं हैं

87. पहली 50 सम प्राकृत संख्याओं का प्रसरण है

(a) $\frac{833}{4}$ (b) 833 (c) 437 (d) $\frac{437}{4}$

88. माना $f_k(x) = 1/k\,(\sin^k x + \cos^k x)$ है, जहाँ $x \in R$ तथा $k \ge 1$ है, तो $f_4(x) - f_6(x)$ बराबर है

(a) $\frac{1}{6}$ (b) $\frac{1}{3}$ (c) $\frac{1}{4}$ (d) $\frac{1}{12}$

89. एक पक्षी 20 मी ऊँचे एक ऊर्ध्वाधर खम्भे के शिखर पर बैठा है तथा इसका भूमि के एक बिन्दु O से उन्नयन कोण 45° है। यह पक्षी O से परे क्षैतिज दिशा में उड़ता है। एक सेकण्ड के बाद O से पक्षी का उन्नयन कोण घटकर 30° रह जाता है, तो (मी/से में) पक्षी की चाल है

(a) $40(\sqrt{2} - 1)$ (b) $40(\sqrt{3} - \sqrt{2})$
(c) $20\sqrt{2}$ (d) $20(\sqrt{3} - 1)$

90. कथन $\sim(p \leftrightarrow \sim q)$ है

(a) $p \leftrightarrow q$ के तुल्य (b) $\sim p \leftrightarrow q$ के तुल्य
(c) एक हेत्वाभास (fallacy) (d) एक पुनरुक्ति (tautology)

सही उत्तर

भौतिकी

1. (a)	2. (c)	3. (b)	4. (a)	5. (c)	6. (c)	7. (d)	8. (a)	9. (c)	10. (*)
11. (c)	12. (d)	13. (a)	14. (d)	15. (c)	16. (c)	17. (a)	18. (c)	19. (b)	20. (c)
21. (c)	22. (c)	23. (b)	24. (d)	25. (d)	26. (b)	27. (c)	28. (a)	29. (b)	30. (d)

रसायन विज्ञान

31. (a)	32. (b)	33. (c)	34. (b)	35. (a)	36. (a)	37. (c)	38. (a)	39. (b)	40. (d)
41. (c)	42. (b)	43. (b)	44. (a)	45. (d)	46. (b)	47. (b)	48. (a)	49. (d)	50. (b)
51. (b)	52. (d)	53. (d)	54. (c)	55. (a)	56. (a)	57. (d)	58. (a)	59. (a)	60. (c)

गणित

61. (d)	62. (d)	63. (a)	64. (d)	65. (c)	66. (b)	67. (d)	68. (a)	69. (c)	70. (d)
71. (d)	72. (d)	73. (d)	74. (c)	75. (b)	76. (d)	77. (a)	78. (a)	79. (b)	80. (c)
81. (c)	82. (d)	83. (a)	84. (a)	85. (b)	86. (a)	87. (b)	88. (d)	89. (d)	90. (a)

नोट '*' का अर्थ है, कोई विकल्प सही नहीं है।

संकेत एवं हल

भौतिकी

1. *(a)* दिया है, $I = (e^{1000V/T} - 1)$ मिली-ऐम्पियर

$$dV = \pm 0.01\text{ V}$$
$$T = 300\text{ K}$$
$$I = 5\text{ mA}$$

इसलिए, $I = e^{1000V/T} - 1$

$$I + 1 = e^{1000V/T}$$

दोनों ओर log लेने पर,

$$\log(I+1) = \frac{1000\,V}{T}$$

अवकलन करने पर, $\frac{dI}{I+1} = \frac{1000}{T}\,dV$

$$dI = \frac{1000}{T} \times (I+1)\,dV$$

$$\Rightarrow \quad dI = \frac{1000}{300} \times (5+1) \times 0.01$$

$$= 0.2 \text{ मिली-ऐम्पियर}$$

इसलिए धारा के मान में त्रुटि 0.2 मिली-ऐम्पियर है।

2. *(c)* अधिकतम ऊँचाई तक पहुँचने में लिया गया समय

$$t_1 = \frac{u}{g}$$

यदि सतह पर टकराने में लिया गया समय t_2 है।

अतः, $-H = ut_2 - \frac{1}{2}gt_2^2$

किन्तु $t_2 = nt_1$ (दिया है)

इसलिए, $-H = u\frac{nu}{g} - \frac{1}{2}g\frac{n^2u^2}{g^2}$

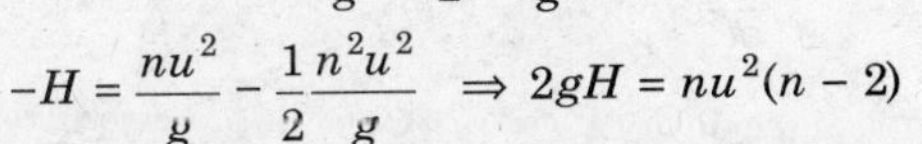

$$-H = \frac{nu^2}{g} - \frac{1}{2}\frac{n^2u^2}{g} \Rightarrow 2gH = nu^2(n-2)$$

3. *(b)* द्रव्यमान m के लिए,

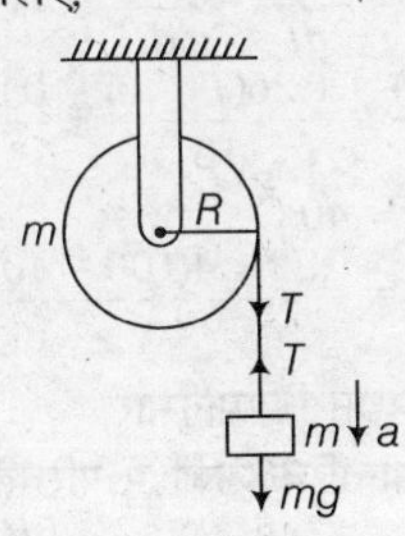

$$mg - T = ma$$

चूँकि हम जानते हैं, $a = R\alpha$

अतः $mg - T = mR\alpha$ ...(i)

घिरनी के केन्द्र के परितः आघूर्ण $T \times R = mR^2\alpha$ ...(ii)

समी (i) तथा (ii) से,

$$\Rightarrow \quad a = \frac{g}{2}$$

अतः छोड़े जाने पर द्रव्यमान $\frac{g}{2}$ त्वरण से गिरेगा।

4. *(a)* m द्रव्यमान का एक ब्लॉक पृष्ठ की ऊर्ध्वाधर अनुप्रस्थ-काट पर रखा है, तब

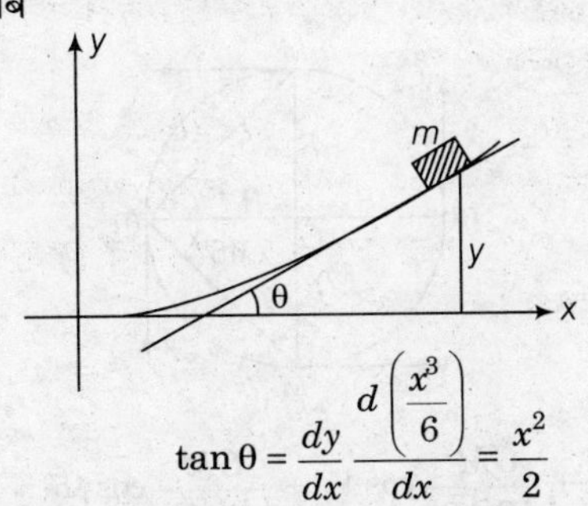

$$\tan\theta = \frac{dy}{dx} = \frac{d\left(\frac{x^3}{6}\right)}{dx} = \frac{x^2}{2}$$

सीमान्त अवस्था पर, $\mu = \tan\theta \Rightarrow 0.5 = \frac{x^2}{2} \Rightarrow x^2 = 1 \Rightarrow x = \pm 1$

अब, x का मान समी $y = \frac{x^3}{6}$ में रखने पर,

जब $x = 1$	जब $x = -1$
$\therefore \quad y = \frac{(1)^3}{6} = \frac{1}{6}$	$y = \frac{(-1)^3}{6} = \frac{-1}{6}$

अतः धरातल से वह अधिकतम ऊँचाई $\frac{1}{6}$ मी होगी। जहाँ पर ब्लॉक बिना फिसले रखा जा सकता है।

5. *(c)* हम जानते हैं कि एक निकाय की स्थितिज ऊर्जा में परिवर्तन संरक्षी आन्तरिक बल के समतुल्य होता है, अतः

$$U_f - U_i = -W = -\int_i^f F \cdot dr$$

दिया है, $F = ax + bx^2$

हम जानते हैं कि रबड़ के छल्ले को x दूरी तक खींचने में किया गया कार्य L है

$$|dW| = |Fdx|$$

$$|W| = \int_0^L (ax + bx^2)dx = \left[\frac{ax^2}{2}\right]_0^L + \left[\frac{bx^3}{3}\right]_0^L$$

$$= \left[\frac{aL^2}{2} - \frac{a \times (0)^2}{2}\right] + \left[\frac{b \times L^3}{3} - \frac{b \times (0)^3}{3}\right]$$

$$|W| = \frac{aL^2}{2} + \frac{bL^3}{3}$$

6. *(c)* निलंबन बिन्दु O के सापेक्ष पेण्डुलम का कोणीय वेग

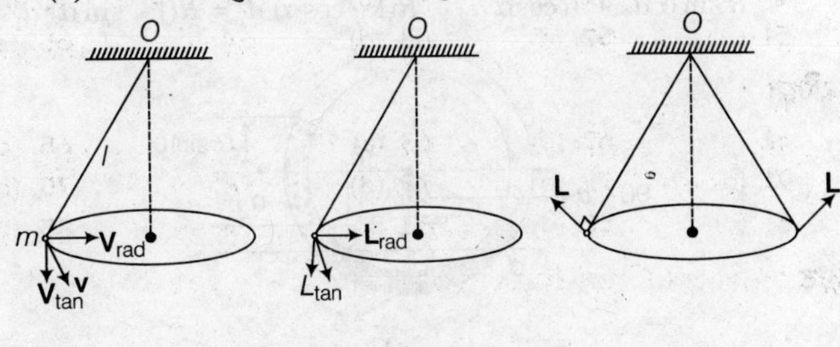

$$\mathbf{L} = m(\mathbf{r} \times \mathbf{v})$$

जैसा कि चित्र में दिखाया गया है। v के दो घटक होंगे, एक त्रिज्य घटक r_{rad} तथा दूसरा स्पर्शी घटक r_{tan} होगा। v_{rad} के कारण L स्पर्शी तथा v_{tan} के कारण L त्रिज्य की दिशा बाहर की ओर होगी। अतः बिन्दु O के परितः कोणीय संवेग का परिमाण नियत ($|L| = mvl$) है, लेकिन इसकी दिशा लगातार चित्रानुसार बदलेगी।

$\mathbf{L} = m(\mathbf{r} \times \mathbf{v})$ जहाँ, r = वृत की त्रिज्या है।

7. *(d)* किसी एक कण M, पर कार्यरत् कुल बल

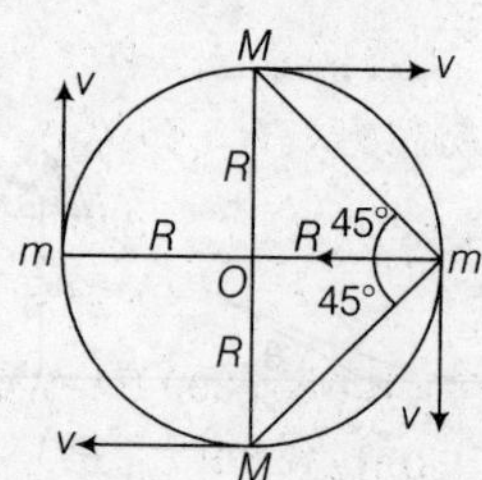

$$= \frac{GM^2}{(2R)^2} + \frac{GM^2}{(R\sqrt{2})^2}\cos 45° + \frac{GM}{(R\sqrt{2})^2}\cos 45° = \frac{GM^2}{R^2}\left(\frac{1}{4} + \frac{1}{\sqrt{2}}\right)$$

यह बल अभिकेन्द्र बल के समान होगा।

इसलिए, $\dfrac{Mv^2}{R} = \dfrac{GM^2}{R^2}\left(\dfrac{1}{4} + \dfrac{1}{\sqrt{2}}\right)$

$$v = \sqrt{\frac{GM}{4R}(1 + 2\sqrt{2})} = \frac{1}{2}\sqrt{\frac{GM}{R}(2\sqrt{2} + 1)}$$

अतः प्रत्येक कण की वृत्तीय गति में चाल $\dfrac{1}{2}\sqrt{\dfrac{GM}{R}(2\sqrt{2} + 1)}$

8. *(a)* यदि विरूपण कम है, तब वस्तु में प्रतिबल विकृति के समानुपाती होता है।

हुक के नियम से, यंग प्रत्यास्थता गुणांक $(Y) = \dfrac{\text{तनन प्रतिबल}}{\text{तनन विकृति}}$

अतः $$Y = \frac{F/A}{\Delta L/L} = \frac{FL}{A\Delta L}$$

यदि छड़ सम्पीडित है, तो सम्पीडन प्रतिबल व विकृति दिखाई देंगे। अतः तनन स्थिति के लिए इनका अनुपात Y के समान होगा।

दिया है, स्टील के तार की लम्बाई $(L) = 10$ सेमी

ताप $(\theta) = 100°C$

लम्बाई नियत है,

$$\text{प्रतिबल} = \frac{\Delta L}{L} = \alpha\Delta\theta$$

अब, दाब = प्रतिबल = $Y \times$ विकृति

[दिया है, $Y = 2 \times 10^{11}$ न्यूटन/मी^{2} तथा $\alpha = 1.1 \times 10^{-5}\ K^{-1}$]

$= 2 \times 10^{11} \times 1.1 \times 10^{-5} \times 100 = 2.2 \times 10^8$ पास्कल

9. *(c)* बिन्दु A पर समान दाब के लिए,

$$R\sin\alpha\, d_2 + R\cos\alpha\, d_2 + R(1 - \cos\alpha)\, d_1 = R(1 - \sin\alpha)\, d_1$$

$$(\sin\alpha + \cos\alpha)\, d_2 = d_1(\cos\alpha - \sin\alpha)$$

$$\Rightarrow \quad \frac{d_1}{d_2} = \frac{1 + \tan\alpha}{1 - \tan\alpha}$$

10. *(*)* यदि बुलबुले विलग्न हैं, तो

उत्प्लावन बल $\geq$ पृष्ठ तनाव

$$\frac{4}{3}\pi R^3 \rho_w g \geq \int T \times dl \sin\theta$$

$$(\rho_w)\left(\frac{4}{3}\pi R^3\right) g \geq (T)(2\pi r)\sin\theta$$

$$\sin\theta = \frac{r}{R}$$

$\int \sin\theta\, T \times dl = T(2\pi r)\sin\theta$

हल करने पर,

$$r = \sqrt{\frac{2\rho_w R^4 g}{3T}} = R^2\sqrt{\frac{2\rho_w g}{3T}}$$

कोई विकल्प ठीक नहीं है।

11. *(c)* तापीय चालकता में यह पाया जाता है कि स्थिर अवस्था में तापीय धारा, अनुप्रस्थ-काट के क्षेत्रफल A के समानुपाती होती है, जो कि ताप परिवर्तन $(T_1 - T_2)$ के सीधे समानुपाती है।

तब, $$\frac{\Delta Q}{\Delta t} = \frac{KA(T_1 - T_2)}{x}$$

तापीय चालकता के अनुसार,

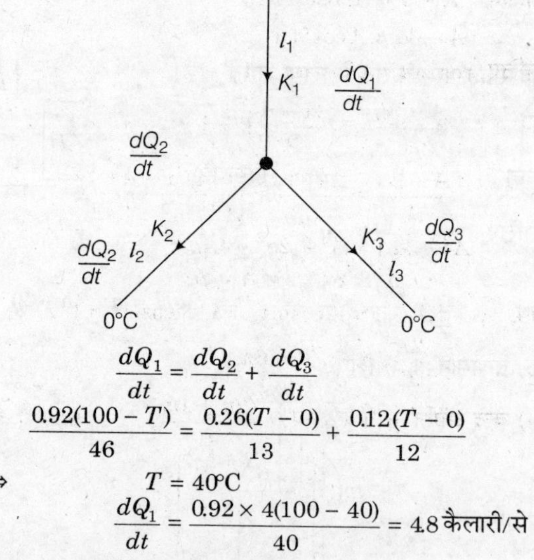

$$\frac{dQ_1}{dt} = \frac{dQ_2}{dt} + \frac{dQ_3}{dt}$$

$$\frac{0.92(100 - T)}{46} = \frac{0.26(T - 0)}{13} + \frac{0.12(T - 0)}{12}$$

$$\Rightarrow \quad T = 40°C$$

$$\therefore \quad \frac{dQ_1}{dt} = \frac{0.92 \times 4(100 - 40)}{40} = 4.8 \text{ कैलारी/से}$$

12. *(d)* ऊष्मागतिकी के प्रथम नियमानुसार,

(i) A से B तक आन्तरिक ऊर्जा में परिवर्तन

$$\Delta U_{AB} = nC_V(T_B - T_A) = 1 \times \frac{5R}{2}(800 - 400) = 1000R$$

(ii) B से C तक आन्तरिक ऊर्जा में परिवर्तन

$$\Delta U_{BC} = nC_V(T_C - T_B)$$
$$= 1 \times \frac{5R}{2}(600 - 800) = -500R$$

(iii) $\Delta U_{\text{isothermal}} = 0$

(iv) C से A तक आन्तरिक ऊर्जा में परिवर्तन

$$\Delta U_{CA} = nC_V(T_A - T_C) = 1 \times \frac{5R}{2}(400 - 600) = -500R$$

13. *(a)* **संकेत** प्रश्नानुसार, निकाय जब क्षैतिज त्वरित है, अर्थात् ऊर्ध्वाधर दिशा मे त्वरण का कोई अवयव नहीं है। अत: ऊर्ध्वाधर दिशा में दाब अप्रभावित रहेगा।

अत: $p_1 = p_0 + \rho gh$

पुन: द्रव के एकसमान स्तर में प्रत्येक बिन्दु पर दाब एकसमान होगा

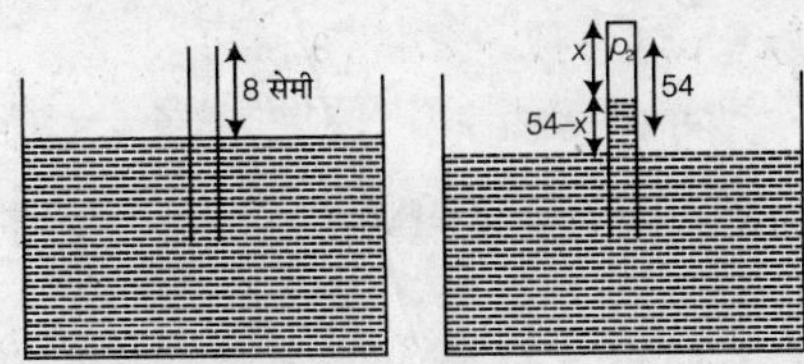

नली में वायु के लिए, $p_1V_1 = p_2V_2$

$$p_1 = p_{atm} = \rho g76$$

$V_1 = A.8$ (A = अनुप्रस्थ-काट का क्षेत्रफल)

$$p_2 = p_{atm} - \rho g(54 - x) = \rho g(22 + x)$$

$$V_2 = A.x$$

$$\rho g76 . A8 = \rho g(22 + x)Ax$$

$$x^2 + 22x - 78 \times 8 = 0 \Rightarrow x = 16 \text{ सेमी}$$

14. *(d)* सरल आवर्त गति में, कण विराम अवस्था से प्रारम्भ होता है।

अत: $t = 0, x = A$ पर $x = A\cos\omega t$,

जब, $t = \tau$, तब $x = A - a$

जब $t = 2\tau$, तब $x = A - 3a$

इसलिए, $A - a = A\cos\omega\tau$

$$A - 3a = A\cos 2\omega\tau$$

इसलिए, $\cos 2\omega\tau = 2\cos^2\omega\tau - 1$

$$\Rightarrow \frac{A-3a}{A} = 2\left(\frac{A-a}{A}\right)^2 - 1$$

$$\Rightarrow \frac{A-3a}{A} = \frac{2A^2 + 2a^2 - 4Aa - A^2}{A^2}$$

$$A^2 - 3aA = A^2 + 2a^2 - 4Aa$$

$$a^2 = 2aA \Rightarrow A = 2a$$

अत, $A - a = A\cos\omega\tau \Rightarrow \cos\omega\tau = 1/2$

$$\frac{2\pi}{T}\tau = \frac{\pi}{3}, T = 6\pi$$

15. *(c)* बन्द ऑर्गन पाइप के लिए, $= \frac{(2n+1)v}{4l}$ $(n = 0, 1, 2, ...)$

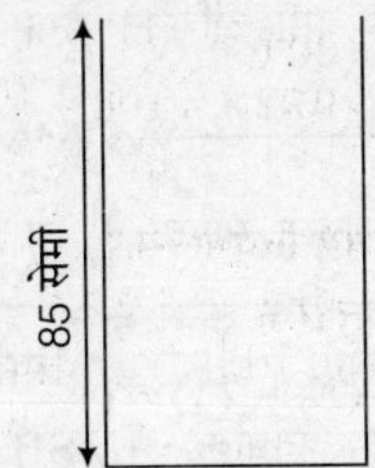

$$\frac{(2n+1)v}{4l} < 1250$$

$$(2n+1) < 1250 \times \frac{4 \times 0.85}{340} = (2n+1) < 12.5\ 2n < 11.50$$

$$n < 5.25$$

इसलिए, $n = 0, 1, 2, 3........5$

अत: 6 स्थितियाँ होंगी।

वैकल्पिक विधि

बन्द ऑर्गन पाइप में, मूल अधिस्वरक

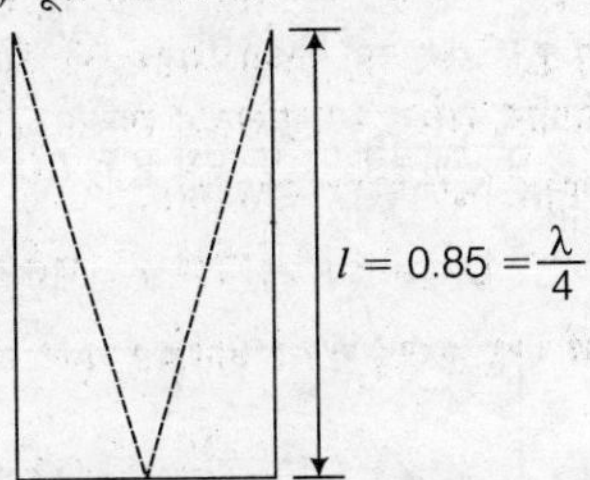

अत: $\frac{\lambda}{4} = 0.85 \Rightarrow \lambda = 4 \times 0.85$

जैसा कि हम जानते हैं, $\nu = \frac{c}{\lambda}, \Rightarrow \frac{340}{4 \times 0.85} = 100 \text{ Hz}$

$\therefore$ सम्भव आवृत्तियाँ = 100 Hz, 300 Hz, 500 Hz, 700 Hz, 900 Hz, 1100 Hz व 1250 Hz से नीचे।

16. *(c)* जैसा कि हम जानते हैं, विभवान्तर $= V_A - V_O$ है

$$dV = -Edx$$

$$\int_{V_o}^{V_A} dV = -\int_0^2 30x^2 dx$$

$$V_A - V_O = -30 \times \left[\frac{x^3}{3}\right]_0^2 = -10 \times [2^3 - (0)^3]$$

$$= -10 \times 8 = -80 \text{ जूल}$$

17. *(a)* संधारित्र की समान्तर प्लेटों के बीच मुक्त स्थान

$$E = \frac{\sigma}{K\varepsilon_0}$$

जब संधारित्र की समान्तर प्लेटों के बीच परावैद्युतांक समावेशित किया जाता है,

$$E' = \frac{\sigma}{\varepsilon_0}$$

परावैद्युत में विद्युत क्षेत्र $\frac{\sigma}{K\varepsilon_0} = 3 \times 10^4$

$$\Rightarrow \sigma = 2.2 \times 8.85 \times 10^{-12} \times 3 \times 10^4$$

$$= 6.6 \times 8.85 \times 10^{-8} = 5.841 \times 10^{-7}$$

$$= 6 \times 10^{-7} \text{ कूलाम/मी}^2$$

18. *(c)* कुल शक्ति (P)

$$= (15 \times 40) + (5 \times 100) + (5 \times 80) + (1 \times 1000) = 2500 \text{ वाट}$$

जैसा कि हम जानते हैं,

$$P = VI \Rightarrow I = \frac{2500}{220} \text{ ऐम्पियर} = \frac{125}{11} = 11.3 \text{ ऐम्पियर}$$

न्यूनतम धारा 12 ऐम्पियर होनी चाहिए।

19. *(b)* जब धारावाही चालक पर लगाया गया बल

$$F_{ext} = BIL$$

औसत शक्ति = $\frac{\text{किया गया कार्य}}{\text{लिया गया समय}}$

$$P = \frac{1}{t}\int_0^2 F_{ext.} . dx = \frac{1}{t}\int_0^2 B(x)IL\, dx$$

$$= \frac{1}{5 \times 10^{-3}}\int_0^2 3 \times 10^{-4} e^{-0.2x} \times 10 \times 3\, dx$$

$$= 9[1 - e^{-0.4}] = 9\left[1 - \frac{1}{e^{0.4}}\right] = 2.967 \approx 2.97 \text{ वाट}$$

20. *(c)* परिनालिका के लिए, चुम्बक को चुम्बकित करने में चुम्बकीय क्षेत्र की आवश्यकता है।

$$B = \mu_0 nI \Rightarrow 3\times 10^3 = \frac{100}{0.1}\times I \Rightarrow I = 3 \text{ ऐम्पियर}$$

21. *(c)* C से B को जोड़ने पर,परिपथ एक L-R अनावेशित परिपथ की तरह कार्य करेगा।

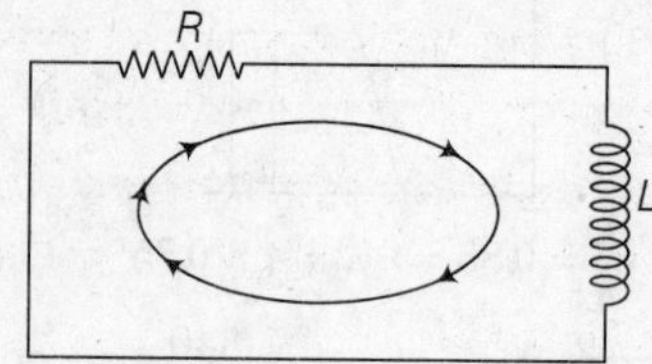

किरचॉफ लूप समीकरण से,

$$V_R + V_L = 0 \Rightarrow V_R = -V_L \Rightarrow \frac{V_R}{V_L} = -1$$

22. *(c)* दोनों ऊर्जा घनत्व समान हैं, अत: ऊर्जा का विभाजन दोनों क्षेत्रों में समान होगा।

23. *(b)* लेन्स-मेकर सूत्र से, जब लेन्स वायु में हो

$$\frac{1}{f} = (\mu - 1)\left(\frac{1}{R_1} - \frac{1}{R_2}\right) \Rightarrow \frac{1}{f} = \left(\frac{3}{2} - 1\right)\left(\frac{1}{R_1} - \frac{1}{R_2}\right), \frac{1}{f} = \frac{1}{2x}$$

$\Rightarrow \qquad f = 2x$

यहाँ, $\left(\frac{1}{x} = \frac{1}{R_1} - \frac{1}{R_2}\right)$

द्रव अवस्था में जहाँ अपवर्तनांक $\frac{4}{3}$ तथा $\frac{5}{3}$ हैं। प्रथम द्रव में फोकस दूरी

$$\frac{1}{f_1} = \left(\frac{\mu_s}{\mu_1} - 1\right)\left(\frac{1}{R_1} - \frac{1}{R_2}\right) \Rightarrow \frac{1}{f_1} = \left(\frac{3/2}{4/3} - 1\right)\frac{1}{x}$$

$\Rightarrow \quad f_1$ ऋणात्मक है,

$$\frac{1}{f_1} = \frac{1}{8x} = \frac{1}{4(2x)} = \frac{1}{4f} \Rightarrow f_1 = 4f$$

द्वितीय द्रव में फोकस दूरी

$$\frac{1}{f_2} = \left(\frac{\mu_s}{\mu_2} - 1\right)\left(\frac{1}{R_1} - \frac{1}{R_2}\right) = \left(\frac{3/2}{5/3} - 1\right)\left(\frac{1}{x}\right)$$

$\Rightarrow \quad f_2$ ऋणात्मक है।

24. *(d)* प्रकाश के पूर्ण आन्तरिक परावर्तन के लिए, दो स्थितियाँ आधारभूत होती हैं

(i) प्रकाश की किरण का संचरण विरल माध्यम से सघन माध्यम की दिशा में होना चाहिए।

(ii) आपतित कोण का मान, क्रान्तिक कोण से अधिक या समान होना चाहिए।

अत: $\quad C = \sin^{-1}\left[\frac{\mu_{\text{विरल}}}{\mu_{\text{सघन}}}\right]$

यहाँ, $\quad \sin C = \frac{1}{n_{\text{पानी}}}$

तथा $\quad n_{\text{पानी}} = a + \frac{b}{\lambda^2}$

वायु
पानी
C
हरा

यदि आवृत्ति कम है, तो $-t$ अधिक होगा तथा अपवर्तनांक (n_W) कम होगा। इस कारण क्रान्तिक कोण बढ़ेगा। इसलिए वह परावर्तित नहीं होगा और 90° से कम कोण पर बाहर निकल जायेगा।

25. *(d)* मैलस नियम से, $I = I_0 \cos^2\theta$

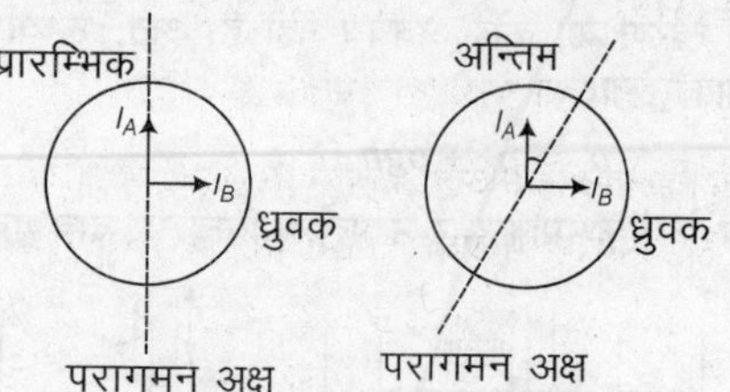

अब, $\quad I_{A'} = I_A \cos^2 30° \Rightarrow I_{B'} = I_B \cos^2 60°$

अत: $\quad I'_A = I'_B$

$$I_A \cos^2 30° = I_B \cos^2 60° \Rightarrow I_A \frac{3}{4} = I_B \frac{1}{4} \Rightarrow \frac{I_A}{I_B} = \frac{1}{3}$$

26. *(b)* प्रकाश विद्युत उत्सर्जन की क्रिया एक निश्चित आवृत्ति पर निर्भर करती है। प्रश्न इलेक्ट्रॉन के उत्सर्जन पर आधारित है। जब आपतित प्रकाश एक निश्चित आवृत्ति (देहली आवृत्ति से अधिक) के धातु-सतह पर आपतित होता है, तब धातु-सतह से कुछ इलेक्ट्रॉन एक आधारभूत चाल से उत्सर्जन होते हैं।

जब एक इलेक्ट्रॉन वृत्ताकार पथ में गतिमान हो, तब

$$r = \frac{mv}{eB} \Rightarrow \frac{r^2e^2B^2}{2} = \frac{m^2v^2}{2}$$

$$\text{KE}_{\max} = \frac{(mv)^2}{2m} \Rightarrow \frac{r^2e^2B^2}{2m} = (\text{KE})_{\max}$$

धातु का कार्यफलन (W). अत: $W = h\nu - \text{KE}_{\max}$

$$1.89 - \phi = \frac{r^2e^2B^2}{2m}\frac{1}{2}\text{ eV} = \frac{r^2eB^2}{2m}\text{ eV}$$

[$h\nu \rightarrow 1.89$ eV, H-परमाणु को कक्षक-3 से कक्षक-2 में संक्रमण के लिए]

$$= \frac{100\times 10^{-6}\times 1.6\times 10^{-19}\times 9\times 10^{-8}}{2\times 9.1\times 10^{-31}}$$

$$\phi = 1.89 - \frac{1.6\times 9}{2\times 9.1} = 1.89 - 0.79 = 1.1\text{eV}$$

27. *(c)* हाइड्रोजन परमाणु के लिए,

$$\frac{1}{\lambda} = \text{R}z^2\left(\frac{1}{1^2} - \frac{1}{2^2}\right) \Rightarrow \frac{1}{\lambda_1} = \text{R}(1)^2\left(\frac{3}{4}\right), \quad \frac{1}{\lambda_2} = \text{R}(1)^2\left(\frac{3}{4}\right)$$

$$\frac{1}{\lambda_3} = R(2)^2\left(\frac{3}{4}\right), \quad \frac{1}{\lambda_4} = R(3)^2\left(\frac{3}{4}\right) \Rightarrow \frac{1}{\lambda_1} = \frac{1}{4\lambda_3} = \frac{1}{9\lambda_4} = \frac{1}{\lambda_2}$$

28. *(a)* अग्र-अभिनति में, p-प्रकार पर विभव n-प्रकार के विभव से अधिक होना चाहिए। अत: यह अग्र-अभिनत होगा।

अत: $\quad$ +2 V ——▷|—— -2 V

29. *(b)* यदि छात्र 3.50 सेमी मापता है, तो इनकी एक अनिश्चित कोटि 0.01 सेमी होती है।

वर्नियर कैलिपर्स के लिए, 1 MSD = 1 मिमी तथा 9 MSD = 10 VSD

वर्नियर कैलिपर्स का अल्पतमांक = 1MSD − 1VSD

$$= \frac{1}{10}\left(1 - \frac{9}{10}\right) = \frac{1}{100} \text{ सेमी}$$

30. *(d)*

A. अवरक्त तरंगें, माँसपेशियों की विकृति के इलाज के लिए प्रयोग होती हैं।

B. रेडियो तरंगें के प्रसारण के लिए प्रयोग की जाती हैं।

C. X-किरणें, हड्डियों के अस्थिभंग की पहचान के लिए प्रयोग की जाती हैं।

D. पराबैंगनी किरणें वातावरण की ओजोन परत द्वारा अवशोषित की जाती हैं।

रसायन विज्ञान

31. *(a)* दिया है, Rb का परमाणु क्रमांक, $Z = 37$

अत: इसका इलेक्ट्रॉनिक अभिविन्यास $[Kr] 5s^1$ है चूँकि अन्तिम या संयोजी इलेक्ट्रॉन 5s उपकोश में प्रवेश करता है। अत: क्वाण्टम संख्याएँ हैं

$$n = 5, l = 0, \quad [\text{s कक्षक के लिए}]$$

$$m = 0, \quad [\because m = +l \text{ से } -l]$$

$$s = +\frac{1}{2} \quad \text{या} \quad -\frac{1}{2}$$

32. *(b)* **संकेत** इस प्रश्न को हल करने के लिए क्रमबद्ध चरणों की आवश्यकता है।

- *वाण्डरवाल्स समीकरण लिखे तथा उन शर्तों को लिखें जिसमें निम्न दाब पर आयतन अधिक होता है*

$$V - b \approx V$$

- *अब संपीडन गुणक (Z) का मान ज्ञात करें*

$$[Z = pV / RT]$$

वाण्डरवाल्स समीकरण के नियमानुसार,

$$\left(p + \frac{a}{V^2}\right)(V - b) = RT$$

कम दाब पर, $\left(p + \frac{a}{V^2}\right) V = RT$

$$pV + \frac{a}{V} = RT \Rightarrow pV = RT - \frac{a}{V}$$

दोनों तरफ RT से भाग करने पर

$$\frac{pV}{RT} = 1 - \frac{a}{RTV}$$

33. *(c)* CsCl में, Cl^- के आयन सरल घन के कोने पर तथा से$^+$ निकाय केन्द्र पर स्थित होता है, इस प्रकार निकाय विकर्ण के अनुदिश Cs^+ तथा Cl^- परस्पर है। अत: $r_{Cs^+} + r_{Cl^-} = 2r$

r की गणना ΔEDF में,

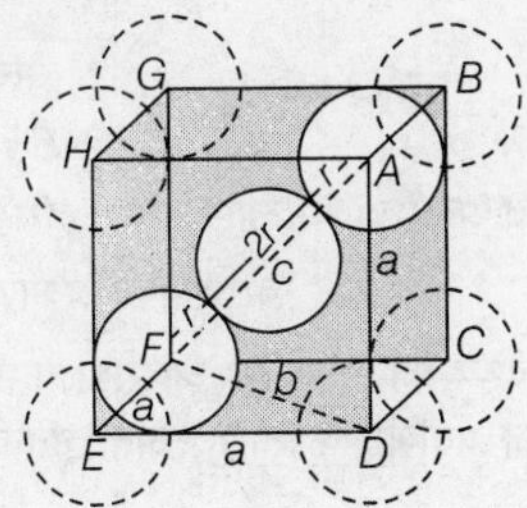

अन्त केन्द्रित घन इकाई सेल

$$FD = b = \sqrt{a^2 + a^2} = \sqrt{2}a$$

ΔAFD में

$$c^2 = a^2 + b^2 = a^2 + (\sqrt{2}a)^2 = a^2 + 2a^2 \Rightarrow c^2 = 3a^2 \Rightarrow c = \sqrt{3}a$$

ΔAFD एक समबाहु त्रिभुज है।

$$\sqrt{3}a = 4r \Rightarrow r = \frac{\sqrt{3}a}{4}$$

$$\therefore \quad r_{Cs^+} + r_{Cl} = 2r = 2 \times \frac{\sqrt{3}}{4}a = \frac{\sqrt{3}}{2}a$$

34. *(b)* **संकेत** यह प्रश्न कार्बनिक यौगिक में जेल्डाल विधि की सहायता से N की प्रतिशत्ता के निर्धारण पर आधारित है रससमीकरणमिति संकल्पना तथा नीचे दिए गए चरणों का प्रयोग करके प्रश्न को हल किया जा सकता है।

(i) कार्बनिक यौगिक में उपस्थित N को अमोनिया में तथा अमोनिया को अमोनियम सल्फेट तथा अमोनियम सल्फेट को सोडियम सल्फेट बदलने के लिये सन्तुलित रासायनिक अभिक्रिया लिखिए।

(ii) रससमीकरणमिति संकल्पना का प्रयोग करते हुए कार्बनिक यौगिक में उपस्थित N के मिलीमोल (m मोल) को ज्ञात करके नाइट्रोजन के द्रव्यमान को ज्ञात कीजिए।

(iii) अन्त में नीचे दिए गए सूत्र का प्रयोग करते हुए कार्बनिक यौगिक में उपस्थिति N की प्रतिशतता को ज्ञात करना

$$\text{N की प्रतिशत्ता} = \frac{\text{N का द्रव्यमान} \times 100}{\text{कार्बनिक यौगिक का द्रव्यमान}}$$

कार्बनिक यौगिक का द्रव्यमान = 1.4 ग्राम

माना इसमें N परमाणुओं के x_m मिलीमोल रखता है।

$$\text{कार्बनिक यौगिक} \longrightarrow \underset{x \text{ मिलीमोल}}{NH_3}$$

$$2NH_3 + \underset{\substack{6 \times \text{ मिलीमोल प्रारम्भ में} \\ \text{लिये गये}}}{H_2SO_4} \longrightarrow (NH_4)_2SO_4 \quad ...(i)$$

$$H_2SO_4 + 2NaOH \longrightarrow Na_2SO_4 + 2H_2O \quad ...(ii)$$

2 मिलीमोल अभिकृत हुए।

इस प्रकार द्वितीय समीकरण में अभिकृत H_2SO_4 के मिलीमोल = 1

समीकरण (i) में अभिक्रिया करने वाले H_2SO_4 के मिलीमोल

$$= 6 - 1 = 5 \text{ मिलीमोल}$$

समीकरण (i) में NH_3 के मिलीमोल = $2 \times 5 = 10$ मिलीमोल

कार्बनिक यौगिक में N परमाणुओं के मिलीमोल = 10 मिलीमोल

$$\Rightarrow \quad \text{N का द्रव्यमान} = 10 \times 10^{-3} \times 14 = 8.14 \text{ ग्राम}$$

$$\text{N की प्रतिशत्ता} = \frac{0°\text{C ताप पर नाइोजन का द्रव्यमान} \times 100}{0°\text{का द्रव्यमान}}$$

$$\Rightarrow \quad \text{N की प्रतिशत्ता} = \frac{0.14}{1.4} \times 100 = 10\%$$

35. *(a)* **संकेत** इस प्रश्न को हल करने के लिए प्रथम विलयन के सेल स्थिरांक के मान ज्ञात करेंगे तथा उसके बाद इस सेल स्थिरांक के मान की सहायता से दूसरे विलयन का सेल स्थिरांक ज्ञात करेंगे और अन्त में K व M के मान की सहायता से मोलर चालकता ज्ञात करेंगे।

प्रथम विलयन के लिए

$$\kappa = 1.4 \text{ सीमेन मी}^{-1}, R = 50\,\Omega, \; M = 0.2$$

$$\text{विशिष्ट चालकता } (\kappa) = \frac{1}{R} \times \frac{l}{A}$$

$$1.4 \text{ सीमेन मी}^{-1} = \frac{1}{50} \times \frac{l}{A} \Rightarrow \frac{l}{A} = 50 \times 1.4 \text{ मी}^{-1}$$

दूसरे विलयन के लिए,

$$R = 280, \frac{l}{A} = 50 \times 1.4 \text{ मी}^{-1} \Rightarrow \kappa = \frac{1}{280} \times 1.4 \times 50 = \frac{1}{4}$$

अब मोलर चालकता $(\lambda_m) = \frac{\kappa}{1000 \times m} = \frac{1/4}{1000 \times 0.5} = \frac{1}{2000}$

$= 5 \times 10^{-4}$ सीमेन मी^{2} मोल$^{-1}$

36. *(a)* $C_2H_5OH(l) + 3O_2(g) \longrightarrow 2CO_2(g) + 3H_2O(l)$

$\Delta U = -1364.47$ किलोजूल मोल$^{-1}$

$\Delta H = \Delta U + \Delta n_g RT, \ \Delta n_g = -1$

$\Delta H = -1364.47 + \frac{-1 \times 8.314 \times 298}{1000}$

(यहाँ R का मान J की इकाई से किलोजूल में परिवर्तित होगा।)

$= -1364.47 - 2.4776 = -1366.94$ किलोजूल/मोल

इस प्रश्न को हल करते हुए विद्यार्थियों को इकाई परिवर्तन पर विशेष ध्यान देना चाहिए। यहाँ R का मान 8.314 जूल केल्विन$^{-1}$मोल$^{-1}$ में है तथा यहाँ इस इकाई को 1000 *से भाग करके किलोजूल में परिवर्तित करना होगा।*

37. *(c)* डेबाई हकल ऑसागर समीकरण के अनुसार $\lambda_c = \lambda_\infty - B\sqrt{C}$

जहाँ, λ_C = सान्द्रण C पर प्रतिबंधक तुल्यांकी चालकता

λ_∞ = अनन्त तनुता पर प्रतिबंधक तुल्यांकी चालकता

C = सान्द्रता

38. *(a)* इस प्रश्न के अन्तर्गत अणुसंख्य गुणधर्म (परासरण दाब) वाण्ट हॉफ गुणक आदि आते हैं। प्रत्येक विलयन की प्रभावी मोलरता ज्ञात कीजिए।

अतः प्रभावी मोलरता = वाण्ट हॉफ गुणक × मोलरता

0.5 M $C_2H_5OH(aq)$ $\quad i = 1$

प्रभावी मोलरता = 0.5

0.25 M KBr (aq) $\quad i = 2$

प्रभावी मोलरता = 0.5 M

0.1 M $Mg_3(PO_4)_2(aq)$ $\quad i = 5$

प्रभावी मोलरता = 0.5 M

0.125 M $Na_3PO_4(aq)$ $\quad i = 4$

प्रभावी मोलरता = 0.5 M

अतः सभी अणुसंख्य गुणधर्म समान हैं।

नोट इस समीकरण को यह मानकर हल किया गया है कि $Mg_3(PO_4)_2$ पूर्णरूप से विलेय है यद्यपि तथ्य है कि यह अविलेय (अल्पविलेय) है।

39. *(b)* दी गयी अभिक्रिया के लिए $\Delta n_g = n_p - n_R$

जहाँ, n_p = उत्पाद के मोलों की संख्या

n_R = अभिकारक के मोलों की संख्या

$K_p = K_c(RT)^{\Delta n_g}, \ \Delta n_g = -\frac{1}{2}$

40. *(d)* प्रत्येक अभिकारक के सापेक्ष अभिक्रिया की कोटि के निर्धारण द्वारा इस प्रश्न को हल किया जा सकता है। तत्पश्चात् दी गई समीकरण का दर नियम लिखेंगे।

$$r = \frac{dc}{dt} = k[A]^x[B]^y$$

जहाँ, $x = A$ के सापेक्ष अभिक्रिया की दर

$y = B$ के सापेक्ष अभिक्रिया की दर

$1.2 \times 10^{-3} = k(0.1)^x(0.1)^y$

$1.2 \times 10^{-3} = k(0.1)^x(0.2)^y$

$2.4 \times 10^{-3} = k(0.2)^x(0.1)^y$

$R = k[A]^1[B]^0$

जैसा कि ऊपर दर्शाया है कि अभिक्रिया की दर अभिकारक (B) की सान्द्रता 0.1 M से 0.2 M में बदलने पर नियत रहती है तथा जब A की सान्द्रता 0.1 M से 0.2 में बदलती है तो यह दर दोगुनी हो जाती है।

41. *(c)* **ऑक्सीअम्लों की क्षमता का घटता हुआ क्रम**

$$HClO_4 > HClO_3 > HClO_2 > HOCl$$

कारण क्लोरीन के प्रत्येक ऑक्सोअम्लों के संयुग्मी क्षारों की संरचनाओं पर विचार कीजिए।

संयुग्मी क्षारों के स्थायित्व की घटना

अनुनाद के कारण ClO_4^- पर ऋणावेश अधिक विस्थानीकृत हो जाता है। इसलिए ClO_4^- अधिक स्थायी है। (अर्थात् कम क्षारीय है)।

अतः हम कह सकते हैं कि जैसे क्लोरीन अणु के चारों ओर ऑक्सीजन की संख्या बढ़ती है वैसे ही क्लोरीन अणु की ऑक्सीकरण संख्या बढ़ती जाती है। तथा इसीलिए H^+ को त्यागने की प्रवृत्ति भी बढ़ती जाती है।

42. *(b)* विद्युत रासायनिक श्रेणी में तत्व की स्थिति जितनी उच्च (ऊपर) होगी उतना ही इसके धनायनों का अपचयन कठिन होगा।

यदि Ca^{2+}(जलीय) का विद्युत अपघटन कराते हैं, तो इसकी तुलना मे जल का अपचयन हो जाता है अतः इसके जलीय विलयन द्वारा इसका विद्युत अपघटनीय अपचयन नहीं हो सकता है।

$$Ca^{2+}(aq) + H_2O \longrightarrow Ca^{2+} + OH^- + H_2\uparrow$$

43. *(b)* विभिन्न लिगेण्डों L_1, L_2, L_3 और L_4 के द्वारा बनाये हुए संकरण को व्यवस्थित कीजिए तथा इस प्रश्न का उत्तर देने के लिए नीचे दिए गए सम्बन्ध का प्रयोग कीजिए।

लिगेण्ड क्षेत्र क्षमता $\propto$ अवशोषित प्रकाश की ऊर्जा

$\propto \frac{1}{\text{अवशोषित प्रकाश की तरंगदैर्ध्य}}$

λ	L_1	L_2	L_3	L_4
अवशोषित प्रकाश	लाल	हरा	पीला	नीला

अवशोषित प्रकाश की तरंगदैर्ध्य घटती है।

अवशोषित तरंगदैर्ध्य की ऊर्जा का अवरोही क्रम: क्रिस्टल क्षेत्र विखण्डन के अधिक परास को प्रदर्शित करता है, अतः उतना ही लिगेण्ड की क्षेत्र क्षमता उच्च होती है।

ऊर्जा नीला (L_4) > हरा (L_2) > पीला (L_3) > लाल (L_1)

$\therefore \quad L_4 > L_2 > L_3 > L_1$ (लिगेण्ड के क्षेत्र क्षमता में)

44. *(a)* गैसीय अवस्था में NO अणुचुम्बकीय है क्योंकि गैसीय अवस्था में NO में केवल एक अयुग्मित इलेक्ट्रॉन होता है।

NO में उपस्थित कुल इलेक्ट्रॉन की संख्या $= 7 + 8 = 15\,e^-$

अतः गैसीय अवस्था में अयुग्मित इलेक्ट्रॉन उपस्थित है जबकि द्रवीय अवस्था में अयुग्मित इलेक्ट्रॉन के कारण द्विलकीकरण (dimerisation) हो जाता है इसकी बन्ध कोटि भिन्न होगी।

45. *(d)* इलेक्ट्रॉन का निकलना अपचयन कहलाता है अतः H_2O_2 एक अपचायक अभिकर्मक की तरह कार्य करता है जब यह इलेक्ट्रॉन मुक्त करता है।
यहाँ अभिक्रिया (ii) तथा (iv) में H_2O_2 दो इलेक्ट्रॉन मुक्त करता है अतः अभिक्रिया (ii) तथा (iv) अपचयन अभिक्रिया कहलाती है।
अभिक्रिया (i) तथा (iii) में दो इलेक्ट्रॉन जुड़ते हैं। इसलिए (I) व III को ऑक्सीकरण अभिक्रिया कहते हैं।

46. *(b)* I_3^- एक आयन है तथा यह I_2 व I^- से मिलकर बनी होती है तथा इसकी रेखीय संरचना होती है।

$$\left[:\ddot{\underset{\cdot\cdot}{I}}\text{——}\ddot{\underset{\cdot\cdot}{I}}\text{——}\ddot{\underset{\cdot\cdot}{I}}:\right]^-$$

जबकि Cs^+ एक क्षार धातु धनायन है।

47. *(b)* $\dfrac{n_{O_2}}{n_{N_2}} = \dfrac{\dfrac{(m_{O_2})}{(M_{O_2})}}{\dfrac{(m_{N_2})}{(M_{N_2})}}$

जहाँ, $m_{O_2} = O_2$ का दिया हुआ द्रव्यमान,
$m_{N_2} = N_2$ का दिया गया द्रव्यमान
$M_{O_2} = O_2$ का आण्विक द्रव्यमान
$M_{N_2} = N_2$ का आण्विक द्रव्यमान
$n_{O_2} = O_2$ के मोलों की संख्या
$n_{N_2} = N_2$ के मोलों की संख्या

$$= \left[\frac{m_{O_2}}{m_{N_2}}\right]\frac{28}{32} = \frac{1}{4} \times \frac{28}{32} = \frac{7}{32}$$

48. *(a)* अभिक्रिया का मानक इलेक्ट्रॉड विभव $[E°]$ ज्ञात किया जा सकता है।

$$E^\circ_{\text{सेल}} = E_R + E_P$$

जहाँ, E_R = अभिकारक का मानक इलेक्ट्रोड विभव
E_p = उत्पाद का मानक इलेक्ट्रोड विभव

यदि $E^\circ_{\text{सेल}}$ = धनात्मक तब अभिक्रिया स्वतः होगी वरना अभिक्रिया अस्वत. होगी।

$$Mn^{3+} \xrightarrow{E_1^\circ = 1.51V} Mn^{2+} \xrightarrow{E_2^\circ = -1.18V} Mn$$

$\therefore$ Mn^{2+} विषमानुपातीकरण के लिए
$E^\circ = -1.51$ वोल्ट -1.18 वोल्ट $= -2.69$ वोल्ट < 0

49. *(d)* दी गयी प्रत्येक अभिक्रिया का विश्लेषण कीजिए तथा आयरन यौगिकों की स्थिरता ऑक्सीकरण अवस्था के आधार पर सही उत्तर को चुनिये।
सही अभिक्रिया निम्न प्रकार हैं

(a) $Fe +$ तनु $H_2SO_4 \longrightarrow FeSO_4 + H_2$

$H_2SO_4 + 2FeSO_4 + \frac{1}{2}O_2 \longrightarrow Fe_2(SO_4)_3 + H_2O$

$Fe_2(SO_4)_3 \xrightarrow{\Delta} Fe_2O_3\,(s) + 3SO_3\uparrow$

(दिये गये प्रश्न में अभिक्रिया गलत है)

(b) $Fe \xrightarrow[\Delta]{O_2} FeO$ (यह Fe_2O_3 अथवा Fe_3O_4 हो सकता है।)

$FeO + H_2SO_4 \longrightarrow FeSO_4 + H_2O$

$2\,FeSO_4 \xrightarrow{\Delta} Fe_2O_3 + SO_2 + SO_3$

(c) $Fe \xrightarrow[Cl_2]{\Delta} FeCl_3 \xrightarrow[\text{वायु}]{\Delta}$ कोई अभिक्रिया नहीं

(यह $FeCl_2$ नहीं दे सकता है।)

(d) $Fe \xrightarrow[\Delta]{O_2} Fe_3O_4 \xrightarrow[600°C]{CO} FeO \xrightarrow[700°C]{CO} Fe$

यह सही अभिक्रिया है।

50. *(b)* यह प्रश्न उपसहसंयोजक यौगिकों की बनाने की विधि, गुण व लिथियम ऑक्साइड के गुणों के वैचारिक मिश्रण पर आधारित है। अम्ल मिला देने से ऐमीन संकुल नष्ट हो जाता है, यह ध्यान में रखते हुए इस प्रश्न का उत्तर दीजिए।

(a) $Li_2O + KCl \longrightarrow 2\,LiCl + K_2O$
यह गलत समीकरण है चूँकि एक दुर्बल क्षार Li_2O द्वारा एक प्रबल क्षार K_2O नहीं प्राप्त हो सकता है।

(b) $[CoCl(NH_3)_5]^+ + 5H^+ \longrightarrow Co^{2+}(aq) + 5NH_4^+ + Cl^-$
यह सही है। सभी ऐमीन संकुलों में H^+ मिलाकर उन्हें नष्ट किया जा सकता है। अतः $[CoCl(NH_3)_5]$ में अम्ल मिला देने पर यह $Co^{2+}(aq)$, NH_4^+ व Cl^- में परिवर्तित हो जाता है।

(c) $[Mg(H_2O)_6]^{2+} + EDTA^{4-} \xrightarrow[\text{आधिक्य}]{OH^-} [Mg(EDTA)]^{2+} + 6H_2O$
यह गलत है, चूँकि संकुल का सूत्र $[Mg(EDTA)]^{2+}$ वास्तव में EDT होना चाहिए।

(d) यह गलत है। इसका सही रूप निम्न प्रकार से प्रदर्शित किया जा सकता है।
$2CuSO_4 + 10KCN \longrightarrow 2K_3[Cu(CN)_4] + 2K_2SO_4 + (CN)_2\uparrow$
यह गलत विकल्प है जैसा प्रश्न में दिया गया है।

51. *(b)* त्रिविम प्रतिबाधा S_N2 का आधार है इसकी सहायता से हम S_N2 अभिक्रिया के प्रति अभिकारकों को उनकी क्रियाशीलता के सही घटते क्रम में लगा सकते हैं।

$$S_N2 \text{ की दर} \propto \frac{1}{\text{'C' की त्रिविम प्रतिबाधा}}$$

$$\underset{1°}{CH_3Cl} > \underset{1°}{CH_3CH_2Cl} > \underset{2°}{CH_3—\underset{\underset{CH_3}{|}}{CH}—Cl} > \underset{3°}{CH_3—\overset{\overset{CH_3}{|}}{\underset{\underset{C}{|}}{C}}—Cl}$$

क्रम प्रतिबाधित .... अधिक प्रतिबाधित

जैसे त्रिविम प्रतिबाधा बढ़ती है। S_N2 अभिक्रिया की दर घटती है।

52. *(d)* यह अभिक्रिया कार्बिलऐमीन अभिक्रिया का उदाहरण है जिसमें ऐमीन आयसोसायनाइड में परिवर्तित होता है।

$$\underset{1° \text{ ऐमीन}}{R—\ddot{N}H_2} + CHCl_3 \xrightarrow{C_2H_5OH/KOH} \underset{\text{एल्काइल / आइसोसायनाइड}}{R—\overset{+}{N}\equiv\overset{-}{C}:}$$

नोट *इस अभिक्रिया में नाइट्रीन में पुनर्विन्यास अभिक्रिया होती है तथा इसमें कार्बन से एल्काइल समूह का नाइट्रोजन पर स्थानान्तरण होता है।*

53. *(d)* $RCH_2OH \xrightarrow{PCC} R—CH{=}OH \overset{\text{चलावयवता}}{\rightleftharpoons} R—CHO$

पिरिडिनियम कलोरोक्रोमेट एक मन्द ऑक्सीकारक अभिकर्मक है। तथा इसकी सहायता से ऐल्कोहॉल का ऐल्डिहाइड में परिवर्तन होता है जबकि दूसरे ऑक्सीकारकों की सहायता से ऐल्कोहॉल का अम्ल में परिवर्तन होता है।

54. *(c)* दी अभिक्रिया है

$$2CH_3—CCl_3 \xrightarrow[\Delta]{6Ag} CH_3—C\equiv C—CH_3 + 6\,AgCl$$

ब्यूट-2-आइन

55. *(a)* यह एक कोल्बे श्मिट अभिक्रिया है।

फीनॉक्साइड (ONa) + CO_2 $\xrightarrow[5\text{ वायु}]{125°C}$ सैलिसिलेट (COONa, OH) $\xrightarrow{H^+/Ac_2O}$ COOH, $O—\overset{O}{\overset{\|}{C}}—CH_3$

ऐस्प्रिन (पीड़ाहारी)

अभिक्रिया का दूसरा चरण ऐसिटिलीकरण अभिक्रिया का उदाहरण है।

56. *(a)* यह प्रश्न, ऐमीन की क्षारीय क्षमता में H-बन्धुता, निर्जलीकरण, त्रिविम प्रतिबाधा के प्रभाव की सहायता से ज्ञात किया जा सकता है।

जलीय विलयन में एलिफैटिक ऐमीनो की क्षारीय सामर्थ्यता का क्रम निम्नानुसार है। (K_b का क्रम)

$$(CH_3)_2\ddot{N}H > CH_3\ddot{N}H_2 > (CH_3)_3\ddot{N} > C_6H_5\ddot{N}H_2$$

हम जानते है कि $pK_b = -\log K_b$

इसलिए $(CH_3)_2\ddot{N}H$ सबसे कम pK_b मान रखता है।

फेनिल ऐमीन में N (नाइट्रोजन) sp^2 संकरित कार्बन से जुडा है।

अत: जबकि इसके pK_b का मान अधिकतम तथा क्षारीय प्रवृति न्यूनतम होती है।

57. *(d)* परिणामी द्विध्रुव आघूर्ण दर्शाती हुयी कार्बनिक यौगिकों की संरचना जिसमें बंध युग्म तथा बन्ध कोण भी दर्शाये गये हैं।

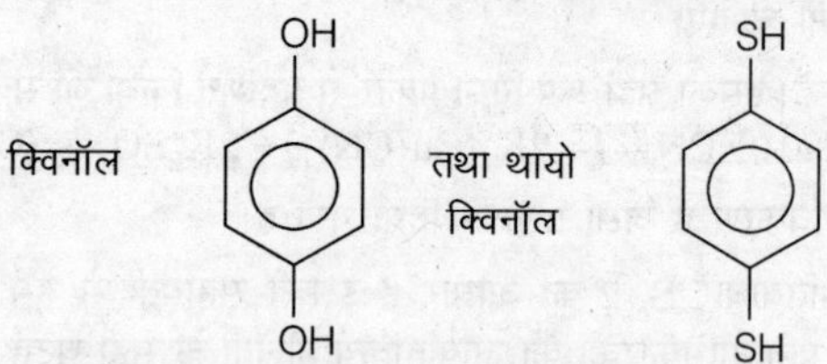

में —OH समूह तथा —SH समूह इनके द्विध्रुव आघूर्ण निरस्त नहीं कर पाते हैं, क्योंकि यह विभिन्न संरूपण विन्यास में पाये जाते हैं।

थायोक्विनॉल में भी ऐसा ही होगा।

58. *(a)* डेकरॉन, एथिलिन, ग्लाइकॉल एवं मेथिल टैरफ्थैलेट का एक संघनन बहुलक है। डेक्रॉन को निम्न प्रकार बनाया जा सकता है।

$$MeO—\overset{O}{\overset{\|}{C}}—C_6H_4—\overset{O}{\overset{\|}{C}}—OMe + nHO—CH_2—CH_2—OH \xrightarrow[(n-1)\,MeOH]{\text{बहुलकीकरण}} \left(—O—\overset{O}{\overset{\|}{C}}—C_6H_4—\overset{O}{\overset{\|}{C}}—OCH_2—CH_2—\right)_n$$

डेक्रॉन

यहाँ MeOH का निराकरण सह-उत्पाद के रूप में होता है। इसलिए इसी अभिक्रिया को संघनन बहुलकीकरण कहते हैं।

59. *(a)* कुनोलीन एक एल्केलॉइड है, यह DNA में नहीं पाया जाता है। DNA में चार नाइट्रोजनीकृत क्षार अर्थात् एडेनीन, ग्वानीन, साइटोसीन तथा थाएमीन पाये जाते हैं।

60. *(c)* यह प्रश्न विलोपन अभिक्रिया, क्लोरीनीकरण तथा क्रमबद्ध अपचयन पर निर्भर है। इस प्रश्न को हल करने के लिए दिए गए अभिकर्मकों के कार्यों का प्रयोग कीजिए।

- $LiAlH_4$ के कारण अपचयन होता है
- PCl_5 के कारण क्लोरीनीकरण होता है।
- ऐल्को. KOH के कारण विलोपन अभिक्रिया होती है।

$$CH_3COOH \xrightarrow{LiAlH_4} \underset{(A)}{CH_3CH_2OH} \xrightarrow{PCl_5} \underset{(B)}{CH_3CH_2Cl} \xrightarrow[-HCl]{\text{ऐल्को. KOH}} \underset{(C)}{CH_2{=}CH_2}$$

एथिलीन

गणित

61. *(d)* दिया है, $X = \{4^n - 3n - 1 : n \in N\}$

$\Rightarrow \quad X = \{0, 9, 54, 243, \ldots\}$ $\quad [n = 1, 2, 3, \ldots$ रखने पर]

तथा $\quad Y = \{9(n-1) : n \in N\}$

$\Rightarrow \quad Y = \{0, 9, 18, 27, \ldots\}$ $\quad [n = 1, 2, 3, \ldots$ रखने पर]

स्पष्ट है कि $X \subset Y$

$\therefore \quad X \cup Y = Y$

62. *(d)* वृत्त $|z| \geq 2$ का केन्द्र (0, 0) तथा त्रिज्या 2 है तथा यह वृत्त पर इसके बाह्य क्षेत्र को प्रदर्शित करता है।

वृत्त $|z| = 2$ पर स्थित z की $\left(-\frac{1}{2}, 0\right)$ से न्यूनतम दूरी $\left|z + \frac{1}{2}\right|$ है।

$\therefore$ न्यूनतम $\left|z + \frac{1}{2}\right| = (-2, 0)$ से $\left(-\frac{1}{2}, 0\right)$ की दूरी

$$= \sqrt{\left(-2 + \frac{1}{2}\right)^2 + 0} = \frac{3}{2}$$

ज्यामितीय अनुसार, न्यूनतम

$$\left|z + \frac{1}{2}\right| = AD = \sqrt{\left(\frac{1}{-2} + 2\right)^2 + 0} = \frac{3}{2}$$

Y, X′, X, Y′, D (−2,0), A $\left(-\frac{1}{2}, 0\right)$, (0,0), (2,0)

अत: $\left|z + \frac{1}{2}\right|$ का न्यूनतम मान अन्तराल (1, 2) में स्थित है।

63. *(a)* **संकेत** $t = x - [x] = \{X\}$, जो $0 \le \{X\} < 1$ के बीच स्थित भिन्नात्मक भाग फलन है, रखकर हल कीजिए।

दिया है, $a \in R$ तथा समीकरण $-3\{x-[x]\}^2 + 2\{x-[x]\} + a^2 = 0$ है।

माना $t = x - [x]$, तब दी गई समीकरण निम्न है

$$\therefore \quad -3t^2 + 2t + a^2 = 0 \Rightarrow t = \frac{1 \pm \sqrt{1+3a^2}}{3}$$

$$\because \quad t = x - [x] = \{X\} \quad \text{[भिन्नात्मक भाग]}$$

$$\therefore \quad 0 \le t \le 1 \Rightarrow 0 \le \frac{1 \pm \sqrt{1+3a^2}}{3} \le 1$$

धनात्मक चिन्ह लेने पर, $0 \le \dfrac{1+\sqrt{1+3a^2}}{3} < 1 \quad [\because \{x\} > 0]$

$$\Rightarrow \quad \sqrt{1+3a^2} < 2 \Rightarrow 1 + 3a^2 < 4 \Rightarrow a^2 - 1 < 0$$

$$\Rightarrow \quad (a+1)(a-1) < 0 \Rightarrow a \in (-1, 1)$$

+   –   + (−1, 1)

कोई पूर्णांकीय हल नहीं के लिए, a का मान अन्तराल $(-1, 0) \cup (0, 1)$ है।

नोट यहाँ, सम्पूर्ण हल के लिए हम $a = 0$ लेते हैं जो यह दर्शाता है कि कोई अन्तराल जिसमें शून्य विद्यमान न हो, सही उत्तर होना चाहिए, चूँकि तब या तो कोई हल नहीं होगा या कोई पूर्णांकीय हल नहीं होगा।

64. *(d)* **संकेत** यदि समीकरण $ax^2 + bx + c = 0$ के मूल α तथा β हैं, तब $\alpha + \beta = \dfrac{-b}{a}$ तथा $\alpha\beta = \dfrac{c}{a}$ अभीष्ट मान ज्ञात करने के लिए $(\alpha+\beta)$ और $\alpha\beta$ का मान ज्ञात करके $(\alpha-\beta)^2 = (\alpha+\beta)^2 - 4\alpha\beta$ में रखकर हल कीजिए।

दिया है, α तथा β समीकरण $px^2 + qx + r = 0$, $p \ne 0$ के मूल हैं।

$$\therefore \quad \alpha + \beta = \frac{-q}{p}, \quad \alpha\beta = \frac{r}{p} \quad \text{...(i)}$$

चूँकि p, q तथा r समान्तर श्रेढ़ी में हैं।

$$\therefore \quad 2q = p + r \quad \text{...(ii)}$$

साथ ही दिया है, $\dfrac{1}{\alpha} + \dfrac{1}{\beta} = 4 \Rightarrow \dfrac{\alpha+\beta}{\alpha\beta} = 4$

$$\Rightarrow \quad \alpha + \beta = 4\alpha\beta \Rightarrow \frac{q}{-p} = \frac{4r}{p} \quad \text{[समी (i) से]}$$

$$\Rightarrow \quad q = -4r$$

q का मान समी (ii) में रखने पर,

$$2(-4r) = p + r \Rightarrow p = -9r$$

अब, $\alpha + \beta = \dfrac{q}{-p} = \dfrac{4r}{p} = \dfrac{4r}{-9r} = -\dfrac{4}{9}$

तथा $\alpha\beta = \dfrac{r}{p} = \dfrac{r}{-9r} = \dfrac{1}{-9}$

$$\therefore \quad (\alpha-\beta)^2 = (\alpha+\beta)^2 - 4\alpha\beta = \frac{16}{81} + \frac{4}{9} = \frac{16+36}{81}$$

$$\Rightarrow \quad (\alpha-\beta)^2 = \frac{52}{81} \Rightarrow |\alpha - \beta| = \frac{2}{9}\sqrt{13}$$

65. *(c)* **संकेत** दिए गए सारणिको के गुण, "दो सारणिकों में पंक्ति से पंक्ति की या पंक्ति से स्तम्भ की गुणा की जा सकती है", का प्रयोग करके दो सारणिकों के गुणनफल के रूप में लिखिए, तब सारणिक का विस्तार कीजिए।

दिया है, $f(n) = \alpha^n + \beta^n$

तब, $f(1) = \alpha + \beta, f(2) = \alpha^2 + \beta^2,$

$f(3) = \alpha^3 + \beta^3, f(4) = \alpha^4 + \beta^4$

$$\text{माना } \Delta = \begin{vmatrix} 3 & 1+f(1) & 1+f(2) \\ 1+f(1) & 1+f(2) & 1+f(3) \\ 1+f(2) & 1+f(3) & 1+f(4) \end{vmatrix}$$

$$\Rightarrow \Delta = \begin{vmatrix} 3 & 1+\alpha+\beta & 1+\alpha^2+\beta^2 \\ 1+\alpha+\beta & 1+\alpha^2+\beta^2 & 1+\alpha^3+\beta^3 \\ 1+\alpha^2+\beta^2 & 1+\alpha^3+\beta^3 & 1+\alpha^4+\beta^4 \end{vmatrix}$$

$$= \begin{vmatrix} 1\cdot1+1\cdot1+1\cdot1 & 1\cdot1+1\cdot\alpha+1\cdot\beta & 1\cdot1+1\cdot\alpha^2+1\cdot\beta^2 \\ 1\cdot1+1\cdot\alpha+1\cdot\beta & 1\cdot1+\alpha\cdot\alpha+\beta\cdot\beta & 1\cdot1+\alpha\cdot\alpha^2+\beta\cdot\beta^2 \\ 1\cdot1+1\cdot\alpha^2+1\cdot\beta^2 & 1\cdot1+\alpha^2\cdot\alpha+\beta^2\cdot\beta & 1\cdot1+\alpha^2\cdot\alpha^2+\beta^2\cdot\beta^2 \end{vmatrix}$$

$$= \begin{vmatrix} 1 & 1 & 1 \\ 1 & \alpha & \beta \\ 1 & \alpha^2 & \beta^2 \end{vmatrix} \begin{vmatrix} 1 & 1 & 1 \\ 1 & \alpha & \beta \\ 1 & \alpha^2 & \beta^2 \end{vmatrix} = \begin{vmatrix} 1 & 1 & 1 \\ 1 & \alpha & \beta \\ 1 & \alpha^2 & \beta^2 \end{vmatrix}^2$$

विस्तार करने पर, $\Delta = (1-\alpha)^2(1-\beta)^2(\alpha-\beta)^2$

परन्तु दिया है, $\Delta = K(1-\alpha)^2(1-\beta)^2(\alpha-\beta)^2$

अतः $K(1-\alpha)^2(1-\beta)^2(\alpha-\beta)^2 = (1-\alpha)^2(1-\beta)^2(\alpha-\beta)^2$

$$\therefore \quad K = 1$$

66. *(b)* **संकेत** रूपान्तरित आव्यूह के गुणों $(AB)^T = B^T A^T$, $(A^T)^T = A$ तथा $A^{-1}A = I$ का प्रयोग करके हल कीजिए।

दिया है, $AA^T = A^T A$ तथा $B = A^{-1}A^T$

चूँकि A अव्युत्क्रमणीय आव्यूह है, तब $|A| \ne 0$

अब, $BB^T = (A^{-1}A^T)(A^{-1}A^T)^T$

$= A^{-1}A^T A (A^{-1})^T \quad [\because (AB)^T = B^T A^T]$

$= A^{-1}AA^T (A^{-1})^T \quad [\because AA^T = A^T A]$

$= IA^T (A^{-1})^T \quad [\because A^{-1}A = I]$

$= A^T (A^{-1})^T = (A^{-1}A)^T \quad [\because (AB)^T = B^T A^T]$

$= I^T = I$

67. *(d)* **संकेत** x^3 और x^4 के गुणांक सूत्र $(1-x)^n$ में x^r का गुणांक $= (-1)^r\, {}^nC_r$ का प्रयोग करके ज्ञात कीजिए।

$(1 + ax + bx^2)(1-2x)^{18}$ के विस्तार में,

x^3 का गुणांक $= (1-2x)^{18}$ में x^3 का गुणांक

$+ a(1-2x)^{18}$ में x^2 का गुणांक

$+ b(1-2x)^{18}$ में x का गुणांक

$$= -{}^{18}C_3 \cdot 2^3 + a\,{}^{18}C_2 \cdot 2^2 - b\,{}^{18}C_1 \cdot 2$$

दिया है, x^3 का गुणांक $= 0$

$$\Rightarrow \quad -{}^{18}C_3 \cdot 2^3 + a\,{}^{18}C_2 \cdot 2^2 - b\,{}^{18}C_1 \cdot 2 = 0$$

$$\Rightarrow \quad -\frac{18 \times 17 \times 16}{3 \times 2} \cdot 8 + a \cdot \frac{18 \times 17}{2} \cdot 2^2 - b \cdot 18 \cdot 2 = 0$$

$$\Rightarrow \quad 17a - b = \frac{34 \times 16}{3} \quad \text{...(i)}$$

इसी प्रकार, x^4 का गुणांक

${}^{18}C_4 \cdot 2^4 - a \cdot {}^{18}C_3\, 2^3 + b \cdot {}^{18}C_2 \cdot 2^2 = 0 \Rightarrow 32a - 3b = 240$ ...(ii)

समी (i) तथा (ii) को हल करने पर,

$$a = 16 \quad \text{तथा} \quad b = \frac{272}{3}$$

68. *(a)* हम जानते हैं कि दो रेखाओं के मध्य कोण

$$\cos\theta = \frac{a_1a_2 + b_1b_2 + c_1c_2}{\sqrt{a_1^2 + b_1^2 + c_1^2}\sqrt{a_2^2 + b_2^2 + c_2^2}}$$

दिया है, $l + m + n = 0 \Rightarrow l = -(m+n)$

$\Rightarrow (m+n)^2 = l^2$

$\Rightarrow m^2 + n^2 + 2mn = m^2 + n^2$ [$\because l^2 = m^2 + n^2$, दिया है]

$\Rightarrow 2mn = 0$

जब $m = 0$, तब $l = -n$

अत: (l_1, m_1, n_1), $(1, 0, -1)$ है।

जब $n = 0$, तब $l = -m$

अत: (l_2, m_2, n_2), $(1, -1; 0)$ है।

$\therefore \cos\theta = \frac{1+0+0}{\sqrt{2}\times\sqrt{2}} = \frac{1}{2} \Rightarrow \theta = \frac{\pi}{3}$

69. *(c)* दिया है,

$k\cdot 10^9 = 10^9 + 2(11)^1(10)^8 + 3(11)^2(10)^7 + \ldots + 10(11)^9$

$\Rightarrow k = 1 + 2\left(\frac{11}{10}\right) + 3\left(\frac{11}{10}\right)^2 + \ldots + 10\left(\frac{11}{10}\right)^9$ ...(i)

$\Rightarrow \left(\frac{11}{10}\right)k = 1\left(\frac{11}{10}\right) + 2\left(\frac{11}{10}\right)^2 + \ldots + 9\left(\frac{11}{10}\right)^9 + 10\left(\frac{11}{10}\right)^{10}$ ...(ii)

समी (i) में से समी (ii) को घटाने पर,

$k\left(1 - \frac{11}{10}\right) = 1 + \frac{11}{10} + \left(\frac{11}{10}\right)^2 + \ldots + \left(\frac{11}{10}\right)^9 - 10\left(\frac{11}{10}\right)^{10}$

$\Rightarrow k\left(\frac{10-11}{10}\right) = \frac{1\left[\left(\frac{11}{10}\right)^{10} - 1\right]}{\left(\frac{11}{10} - 1\right)} - 10\left(\frac{11}{10}\right)^{10}$

[$\because$ गुणोत्तर श्रेढ़ी में n पदों का योग $= \frac{a(r^n - 1)}{r-1}$, जब $r > 1$]

$\Rightarrow -k = 10\left[10\left(\frac{11}{10}\right)^{10} - 10 - 10\left(\frac{11}{10}\right)^{10}\right]$

$\therefore k = 100$

70. *(d)* माना a, ar, ar^2 गुणोत्तर श्रेढ़ी में हैं, $(r > 1)$

बीच वाली संख्या को 2 से गुणा करने पर, a, $2ar$ तथा ar^2 समान्तर श्रेढ़ी में हैं।

$\therefore 4ar = a + ar^2 \Rightarrow r^2 - 4r + 1 = 0$

$\Rightarrow r = \frac{4 \pm \sqrt{16-4}}{2} = 2 \pm \sqrt{3}$

$\Rightarrow r = 2 + \sqrt{3}$ [$\because$ समान्तर श्रेढ़ी बढ़ रही है]

71. *(d)* $\lim_{x\to 0}\frac{\sin(\pi\cos^2 x)}{x^2}$

$= \lim_{x\to 0}\frac{\sin\pi(1 - \sin^2 x)}{x^2} = \lim_{x\to 0}\frac{\sin(\pi - \pi\sin^2 x)}{x^2}$

$= \lim_{x\to 0}\frac{\sin(\pi\sin^2 x)}{x^2}$ [$\because \sin(\pi - \theta) = \sin\theta$]

$= \lim_{x\to 0}\frac{\sin\pi(\sin^2 x)}{\pi\sin^2 x}\times(\pi)\left(\frac{\sin^2 x}{x^2}\right) = \pi$ $\left[\because \lim_{\theta\to 0}\frac{\sin\theta}{\theta} = 1\right]$

72. *(d)* यहाँ g, $f(x)$ का व्युत्क्रम है। $\Rightarrow fog(x) = x$

x के सापेक्ष अवकलन करने पर,

$f'\{g(x)\}\times g'(x) = 1$

$\Rightarrow g'(x) = \frac{1}{f'\{g(x)\}} = \frac{1}{\frac{1}{1+\{g(x)\}^5}}$ $\left[\because f'(x) = \frac{1}{1+x^5}\right]$

$\Rightarrow g'(x) = 1 + \{g(x)\}^5$

73. *(d)* दिया है, $f(0) = 2 = g(1)$, $g(0) = 0$ तथा $f(1) = 6$

f तथा g, $(0, 1)$ में अवकलनीय हैं।

माना $h(x) = f(x) - 2g(x)$ ...(i)

तब, $h(0) = f(0) - 2g(0) \Rightarrow h(0) = 2 - 0 \Rightarrow h(0) = 2$

तथा $h(1) = f(1) - 2g(1) = 6 - 2(2)$

$\Rightarrow h(1) = 2$, इस प्रकार $h(0) = h(1) = 2$

अत: रोले की प्रमेय का प्रयोग करने पर,

$h'(c) = 0$ इस प्रकार है कि $c \in (0, 1)$

समी (i) का अवकलन करके $x = c$ रखने पर,

$f'(c) - 2g'(c) = 0 \Rightarrow f'(c) = 2g'(c)$

74. *(c)* यहाँ, $x = -1$ तथा $x = 2$, $f(x) = \alpha\log|x| + \beta x^2 + x$ के चरम बिन्दु हैं, तब

$f'(x) = \frac{\alpha}{x} + 2\beta x + 1$

$f'(-1) = -\alpha - 2\beta + 1 = 0$ [चरम बिन्दु पर, $f'(x) = 0$] ...(i)

$f'(2) = \frac{\alpha}{2} + 4\beta + 1 = 0$ ...(ii)

समी (i) तथा (ii) को हल करने पर,

$\alpha = 2$ तथा $\beta = -\frac{1}{2}$

75. *(b)* $\int\left(1 + x - \frac{1}{x}\right)e^{x+\frac{1}{x}}dx = \int e^{x+\frac{1}{x}}dx + \int x\left(1 - \frac{1}{x^2}\right)e^{x+\frac{1}{x}}dx$

$= \int e^{x+\frac{1}{x}}dx + xe^{x+\frac{1}{x}} - \int\frac{d}{dx}xe^{x+\frac{1}{x}}dx$

$\left[\because \int\left(1 - \frac{1}{x^2}\right)e^{x+\frac{1}{x}}dx = e^{x+\frac{1}{x}}\right]$

$= \int e^{x+\frac{1}{x}}dx + xe^{x+\frac{1}{x}} - \int e^{x+\frac{1}{x}}dx = xe^{x+\frac{1}{x}} + C$

76. *(d)* $|x - a| = \begin{cases} x - a, & x \ge a \\ -(x-a), & x < a\end{cases}$ का प्रयोग करके दिए गए समाकलन को दो समाकलनों में विभाजित करके समाकलन कीजिए।

$\int_0^\pi\sqrt{1 + 4\sin^2\frac{x}{2} - 4\sin\frac{x}{2}}\,dx = \int_0^\pi\sqrt{\left(1 - 2\sin\frac{x}{2}\right)^2}\,dx$

$= \int_0^\pi\left|1 - 2\sin\frac{x}{2}\right|dx$

$= \int_0^{\pi/3}\left(1 - 2\sin\frac{x}{2}\right)dx - \int_{\pi/3}^{\pi}\left(1 - 2\sin\frac{x}{2}\right)dx$

$= \left(x + 4\cos\frac{x}{2}\right)_0^{\pi/3} - \left(x + 4\cos\frac{x}{2}\right)_{\pi/3}^{\pi} = 4\sqrt{3} - 4 - \frac{\pi}{3}$

77. *(a)* दिया है, $A = \{(x, y) : x^2 + y^2 \le 1$ तथा $y^2 \le 1 - x\}$

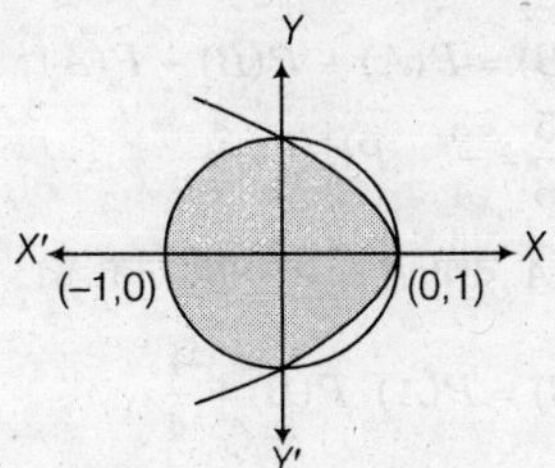

अभीष्ट क्षेत्रफल $= \frac{1}{2}\pi r^2 + 2\int_0^1 (1-y^2)dy$

$$= \frac{1}{2}\pi(1)^2 + 2\left(y - \frac{y^3}{3}\right)_0^1 = \frac{\pi}{2} + \frac{4}{3}$$

78. *(a)* दी गई अवकल समीकरण $\frac{dp(t)}{dt} - \frac{1}{2}p(t) = -200$ रैखिक अवकलन समीकरण है।

यहाँ $\quad p(t) = \frac{-1}{2}, Q(t) = -200$

$\therefore \quad \text{IF} = e^{\int -\left(\frac{1}{2}\right)dt} = e^{-\frac{t}{2}}$

अतः हल निम्न है, $p(t)\cdot \text{IF} = \int Q(t)\cdot \text{IF} dt$

$\Rightarrow \quad p(t)\cdot e^{-\frac{t}{2}} = \int -200\cdot e^{-\frac{t}{2}}dt \Rightarrow p(t)\cdot e^{-\frac{t}{2}} = 400e^{-\frac{t}{2}} + K$

यदि $p(0) = 100$, तब $K = -300$

$\therefore \quad p(t)\, e^{-\frac{t}{2}} = 400e^{-\frac{t}{2}} - 300 \Rightarrow p(t) = 400 - 300e^{\frac{t}{2}}$

79. *(b)* दिया है, S, QR का मध्य-बिन्दु है।

$\therefore$ S के निर्देशांक $= \left(\frac{7+6}{2}, \frac{3-1}{2}\right) = \left(\frac{13}{2}, 1\right)$

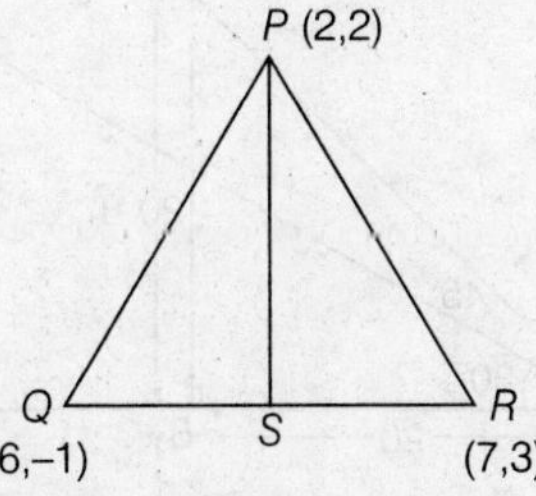

रेखा PS की प्रवणता $= \frac{2-1}{2-\frac{13}{2}} = \frac{2}{-9}$

बिन्दु $(1, -1)$ से होकर जाने वाली तथा PS के समान्तर रेखा का समीकरण निम्न है

$$y + 1 = \frac{-2}{9}(x - 1) \Rightarrow 2x + 9y + 7 = 0$$

80. *(c)* माना चौथे चतुर्थांश में प्रतिच्छेद बिन्दु के निर्देशांक $(\alpha, -\alpha)$ हैं।

चूँकि $(\alpha, -\alpha)$ दोनों रेखाओ $4ax + 2ay + c = 0$ तथा $5bx + 2by + d = 0$ पर स्थित है।

$\therefore \quad 4a\alpha - 2a\alpha + c = 0 \Rightarrow \alpha = \frac{c}{-2a}$ ...(i)

तथा $\quad 5b\alpha - 2b\alpha + d = 0 \Rightarrow \alpha = \frac{d}{-3b}$ ...(ii)

समी (i) तथा (ii) से,

$$\frac{c}{-2a} = \frac{d}{-3b} \Rightarrow 3bc = 2ad \Rightarrow 2ad - 3bc = 0$$

81. *(c)* दीर्घवृत्त की समीकरण निम्न है

$$x^2 + 3y^2 = 6 \quad \text{या} \quad \frac{x^2}{6} + \frac{y^2}{2} = 1$$

स्पर्शी की समीकरण $\frac{x\cos\theta}{a} + \frac{y\sin\theta}{b} = 1$ है।

माना बिन्दुपथ पर (h, k) कोई बिन्दु है।

$\therefore \quad \frac{h}{a}\cos\theta + \frac{k}{b}\sin\theta = 1$ ...(i)

स्पर्शी रेखा की प्रवणता $\frac{b}{-a}\cot\theta$ है।

केन्द्र (0,0) से (h, k) पर खींचे गए लम्ब की प्रवणता $\frac{k}{h}$ है।

चूँकि दोनों रेखाएँ लम्बवत् हैं

$\therefore \quad \left(\frac{k}{h}\right)\times\left(-\frac{b}{a}\cot\theta\right) = -1 \Rightarrow \frac{\cos\theta}{ha} = \frac{\sin\theta}{kb} = \alpha$ [माना]

$\Rightarrow \quad \cos\theta = \alpha ha, \; \sin\theta = \alpha kb$

समी (i) से,

$$\frac{h}{a}(\alpha ha) + \frac{k}{b}(\alpha kb) = 1$$

$\Rightarrow \quad h^2\alpha + k^2\alpha = 1 \Rightarrow \alpha = \frac{1}{h^2 + k^2}$

साथ ही, $\quad \sin^2\theta + \cos^2\theta = 1$

$\Rightarrow \quad (\alpha kb)^2 + (\alpha ha)^2 = 1 \Rightarrow \alpha^2k^2b^2 + \alpha^2h^2a^2 = 1$

$\Rightarrow \quad \frac{k^2b^2}{(h^2+k^2)^2} + \frac{h^2a^2}{(h^2+k^2)^2} = 1$

$\Rightarrow \quad \frac{2k^2}{(h^2+k^2)^2} + \frac{6h^2}{(h^2+k^2)^2} = 1 \quad [\because a^2 = 6$ तथा $b^2 = 2]$

$\Rightarrow \quad 6x^2 + 2y^2 = (x^2 + y^2)^2$

[h के स्थान पर x तथा k के स्थान पर y रखने पर]

82. *(d)* संकेत जब दो वृत्त एक-दूसरे को बाह्य स्पर्श करते हैं, तब केन्द्रों के बीच की दूरी उनकी त्रिज्याओं के योग के बराबर होती है, का प्रयोग करके अभीष्ट त्रिज्या ज्ञात कीजिए।

माना वृत्त T के केन्द्र के निर्देशांक $(0, k)$ हैं।

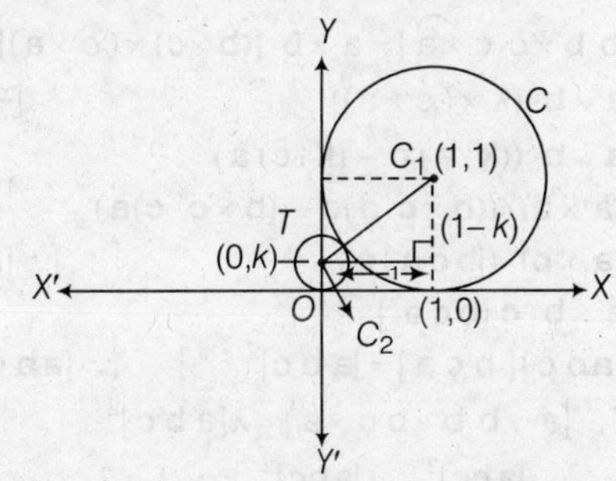

केन्द्रों के बीच की दूरी, $k + 1 = \sqrt{1 + (k-1)^2} \quad [\because C_1C_2 = k + 1]$

$\Rightarrow \quad k + 1 = \sqrt{1 + k^2 + 1 - 2k}$

$\Rightarrow \quad k + 1 = \sqrt{k^2 + 2 - 2k}$

$\Rightarrow \quad k^2 + 1 + 2k = k^2 + 2 - 2k$

$\Rightarrow \qquad k = \dfrac{1}{4}$

अत: वृत्त T की त्रिज्या k अर्थात् $\dfrac{1}{4}$ है।

83. *(a)* **संकेत** माना अतिपरवलय की स्पर्शी $y = mx + \dfrac{a}{m}$ है। चूँकि यह दूसरे वक्र को स्पर्श करती है, इसलिए $D = 0$ रखकर m का मान ज्ञात कीजिए।

अतिपरवलय के लिए, $y^2 = 4x$

माना $y = mx + \dfrac{1}{m}$ स्पर्शी रेखा है जो अतिपरवलय $x^2 = -32y$ को स्पर्श करती है।

$\therefore \qquad x^2 = -32\left(mx + \dfrac{1}{m}\right) \Rightarrow x^2 + 32mx + \dfrac{32}{m} = 0$

अब, $D = 0$ रखने पर, $(32m)^2 - 4\cdot\left(\dfrac{32}{m}\right) = 0$

$\Rightarrow \qquad m^3 = \dfrac{1}{8} \Rightarrow m = \dfrac{1}{2}$

84. *(a)* **संकेत** यहाँ समतल तथा रेखा एक-दूसरे के समान्तर हैं। इसलिए समतल के अभिलम्ब पर कोई बिन्दु ज्ञात कीजिए जिससे प्रतिबिम्ब रेखा गुजरती है तथा फिर प्रतिबिम्ब रेखा की समीकरण ज्ञात कीजिए।

यहाँ समतल तथा रेखा एक-दूसरे के समान्तर हैं। समतल पर अभिलम्ब का समीकरण जो बिन्दु (1, 3, 4) से गुजरता है, निम्न है

$$\frac{x-1}{2} = \frac{y-3}{-1} = \frac{z-4}{1} = k \qquad \text{[माना]}$$

तब अभिलम्ब पर कोई बिन्दु $(2k+1, -k+3, 4+k)$ है

$\because \left(\dfrac{2k+1+1}{2}, \dfrac{3-k+3}{2}, \dfrac{4+k+4}{2}\right)$ समतल पर स्थित है।

$\Rightarrow \qquad 2(k+1) - \left(\dfrac{6-k}{2}\right) + \left(\dfrac{8+k}{2}\right) + 3 = 0$

$\Rightarrow \qquad k = -2$

अत: बिन्दु $(2k+1, 3-k, 4+k)$ अर्थात् $[2(-2)+1, 3+2, 4-2]$ $= (-3, 5, 2)$ से प्रतिबिम्ब रेखा गुजरती है।

अत: प्रतिबिम्ब रेखा की समीकरण $\dfrac{x+3}{3} = \dfrac{y-5}{1} = \dfrac{z-2}{-5}$ है।

85. *(b)* **संकेत** हल करने के लिए सूत्रों

$$\mathbf{a} \times (\mathbf{b} \times \mathbf{c}) = (\mathbf{a} \cdot \mathbf{c})\mathbf{b} - (\mathbf{a} \cdot \mathbf{b})\mathbf{c}$$
$$[\mathbf{a\,b\,c}] = [\mathbf{b\,c\,a}] = [\mathbf{c\,a\,b}]$$

तथा $[\mathbf{a\,a\,b}] = [\mathbf{a\,b\,b}] = [\mathbf{a\,c\,c}] = 0$ का प्रयोग कीजिए।

$[\mathbf{a \times b\;\; b \times c\;\; c \times a}] = \mathbf{a \times b} \cdot [(\mathbf{b \times c}) \times (\mathbf{c \times a})]1$

$= \mathbf{a \times b} \cdot (\mathbf{k} \times (\mathbf{c \times a})) \qquad$ [माना $\mathbf{k = b \times c}$]

$= \mathbf{a \times b} \cdot ((\mathbf{k \cdot a})\mathbf{c} - (\mathbf{k \cdot c})\mathbf{a})$

$= (\mathbf{a \times b}) \cdot ((\mathbf{b \times c \cdot a})\mathbf{c} - (\mathbf{b \times c \cdot c})\mathbf{a})$

$= (\mathbf{a \times b}) \cdot ([\mathbf{b\,c\,a}]\mathbf{c}) - 0 \qquad \{\because [\mathbf{b \times c \cdot c}] = 0\}$

$= \mathbf{a \times b \cdot c}\,[\mathbf{b\,c\,a}]$

$= [\mathbf{a\,b\,c}][\mathbf{b\,c\,a}] = [\mathbf{a\,b\,c}]^2 \qquad \{\because [\mathbf{a\,b\,c}] = [\mathbf{b\,c\,a}]\}$

परन्तु दिया है, $[\mathbf{a \times b\;\; b \times c\;\; c \times a}] = \lambda[\mathbf{a\,b\,c}]^2$

अत: $\qquad [\mathbf{abc}]^2 = \lambda[\mathbf{abc}]^2 \Rightarrow \lambda = 1$

86. *(a)* दिया है, $P(\overline{A \cup B}) = \dfrac{1}{6}$, $P(A \cap B) = \dfrac{1}{4}$, $P(\overline{A}) = \dfrac{1}{4}$

$\therefore \qquad P(A \cup B) = 1 - P(\overline{A \cup B}) = 1 - \dfrac{1}{6} = \dfrac{5}{6}$

तथा $\qquad P(A) = 1 - P(\overline{A}) = 1 - \dfrac{1}{4} = \dfrac{3}{4}$

अब, $\qquad P(A \cup B) = P(A) + P(B) - P(A \cap B)$

$\Rightarrow \qquad \dfrac{5}{6} = \dfrac{3}{4} + P(B) - \dfrac{1}{4}$

$\Rightarrow \; P(B) = \dfrac{1}{3} \Rightarrow A$ तथा B समसम्भावी नहीं हैं।

$P(A \cap B) = P(A) \cdot P(B) = \dfrac{1}{4}$

अत: घटनाएँ स्वतन्त्र हैं।

87. *(b)* यहाँ, $\overline{X} = \dfrac{\Sigma X_i}{n} = \dfrac{2+4+6+8+\ldots+100}{50}$

$= \dfrac{50 \times 51}{50} = 51 \qquad [\because \Sigma 2n = n(n+1)$, यहाँ $n = 50]$

विचलन, $\sigma^2 = \dfrac{1}{n}\Sigma X_i^2 - (\overline{X})^2$

$\Rightarrow \qquad \sigma^2 = \dfrac{1}{50}(2^2 + 4^2 + \ldots + 100^2) - (51)^2 = 833$

88. *(d)* दिया है, $f_k(x) = \dfrac{1}{k}(\sin^k x + \cos^k x)$, जहाँ $x \in R$ तथा $k \ge 1$

$f_4(x) - f_6(x) = \dfrac{1}{4}(\sin^4 x + \cos^4 x) - \dfrac{1}{6}(\sin^6 x + \cos^6 x)$

$= \dfrac{1}{4}(1 - 2\sin^2 x \cdot \cos^2 x) - \dfrac{1}{6}(1 - 3\sin^2 x \cdot \cos^2 x)$

$= \dfrac{1}{4} - \dfrac{1}{6} = \dfrac{1}{12}$

89. *(d)* ΔOA_1B_1 में, $\quad \tan 45° = \dfrac{AB_1}{OB_1} \Rightarrow \dfrac{20}{OB_1} = 1 \Rightarrow OB_1 = 20$

ΔOA_2B_2 में, $\tan 30° = \dfrac{20}{OB_2}$

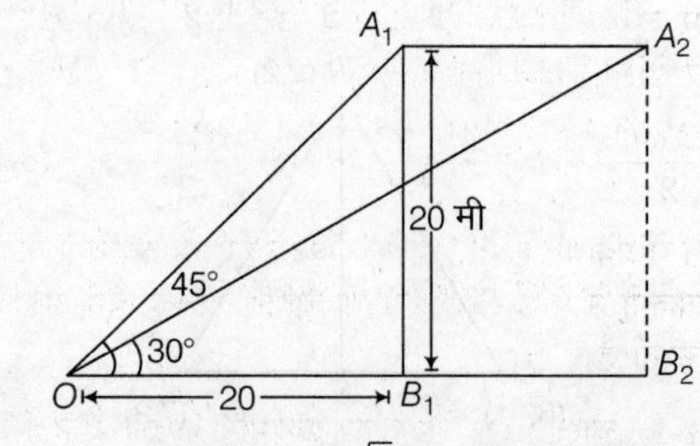

$\Rightarrow \qquad OB_2 = 20\sqrt{3} \Rightarrow B_1B_2 + OB_1 = 20\sqrt{3}$

$\Rightarrow \qquad B_1B_2 = 20\sqrt{3} - 20$

$\Rightarrow \qquad B_1B_2 = 20(\sqrt{3} - 1)$ मी/से

अब, $\qquad$ चाल $= \dfrac{\text{दूरी}}{\text{समय}} = \dfrac{20(\sqrt{3}-1)}{1} = 20(\sqrt{3}-1)$ मी/से

90. *(a)*

p	q	$\sim p$	$\sim q$	$p \leftrightarrow q$	$p \leftrightarrow \sim q$	$\sim p \leftrightarrow q$	$\sim (p \leftrightarrow \sim q)$
T	F	F	T	F	T	T	F
F	T	T	F	F	T	T	F
T	T	F	F	T	F	F	T
F	F	T	T	T	F	F	T

$\sim (p \leftrightarrow \sim q), (p \leftrightarrow q)$ के तुल्य है।

JEE Main संयुक्त प्रवेश परीक्षा

सॉल्वड पेपर 2013

भौतिकी

1. लम्बाई L, द्रव्यमान M और अनुप्रस्थ परिच्छेद क्षेत्रफल A वाले एकसमान बेलन को इसकी लम्बाई ऊर्ध्वाधर रखते हुए एक द्रव्यमानविहीन कमानी द्वारा एक नियत बिन्दु से इस प्रकार लटकाया गया है कि साम्यावस्था की स्थिति में इसका आधा भाग घनत्व σ के द्रव में डूबा रहे। जब बेलन साम्यावस्था में है, तब कमानी में विस्तार x_0 है

(a) $\frac{Mg}{k}$ (b) $\frac{Mg}{k}\left(1-\frac{LA\sigma}{M}\right)$

(c) $\frac{Mg}{k}\left(1-\frac{LA\sigma}{2M}\right)$ (d) $\frac{Mg}{k}\left(1+\frac{LA\sigma}{M}\right)$

2. लम्बाई l की एक धातु की छड़ लम्बाई $2l$ की एक डोरी से बँधी है और डोरी के एक सिरे को स्थिर रख कर इसे कोणीय चाल ω से घूर्णित किया जाता है। यदि क्षेत्र में एक ऊर्ध्वाधर चुम्बकीय क्षेत्र B है, तब छड़ के सिरों पर प्रेरित विद्युत वाहक बल है

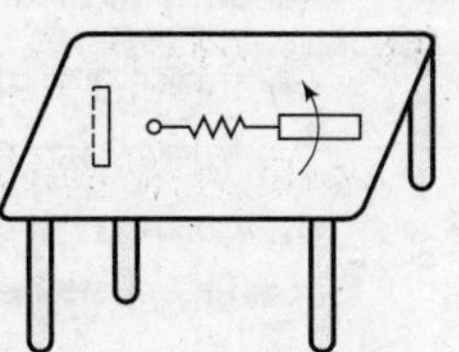

(a) $\frac{2B\,\omega l^2}{2}$ (b) $\frac{3B\,\omega l^2}{2}$ (c) $\frac{4B\omega l^2}{2}$ (d) $\frac{5B\omega l^2}{2}$

3. इस प्रश्न में प्रकथन I एवं प्रकथन II दिए हुए है। प्रकथनों के पश्चात् दिए गए चार विकल्पों में से उस विकल्प को चुनिए जो कि दोनों प्रकथनों का सर्वोत्तम वर्णन करता है।

प्रकथन I चाल v से गतिशील द्रव्यमान m का एक बिन्दु कण, स्थिर द्रव्यमान M के एक बिन्दु कण से संघट्ट करता है। यदि सम्भव अधिकतम ऊर्जा क्षय $f\left(\frac{1}{2}mv^2\right)$ से दिया जाता है तब $f=\left(\frac{m}{M+m}\right)$.

प्रकथन II अधिकतम ऊर्जा क्षय तभी होता है जब संघट्ट के परिणामस्वरूप कण एक दूसरे से चिपक जाते हैं।

(a) प्रकथन I सत्य है, प्रकथन II सत्य है। प्रकथन II प्रकथन I की सही व्याख्या करता है।

(b) प्रकथन I सत्य है, प्रकथन II सत्य है। प्रकथन II प्रकथन I की व्याख्या नहीं करता है।

(c) प्रकथन I सत्य है, प्रकथन II असत्य है।

(d) प्रकथन I असत्य है, प्रकथन II सत्य है।

4. निर्वात् में विद्युतशीलता का विमीय सूत्र $[\varepsilon_0]$ से चिह्नित किया जाता है। यदि M = द्रव्यमान, L = लम्बाई, T = समय और A = विद्युत धारा है, तब

(a) $[\varepsilon_0]=[M^{-1}L^{-3}T^2A]$ (b) $[\varepsilon_0]=[M^{-1}L^{-3}T^4A^2]$

(c) $[\varepsilon_0]=[M^{-1}L^2T^{-1}A^{-2}]$ (d) $[\varepsilon_0]=[M^{-1}L^2T^{-1}A]$

5. एक प्रक्षेप्य को एक प्रारम्भिक वेग $(\mathbf{i}+2\mathbf{j})$ मी/से दिया जाता है, जहाँ $\mathbf{i}$ पृथ्वी के साथ है और $\mathbf{j}$ ऊर्ध्वाधर पर है। यदि $g=10$ मी/से^{2}, तब प्रक्षेप पथ का समीकरण है

(a) $y=x-5x^2$ (b) $y=2x-5x^2$

(c) $4y=2x-5x^2$ (d) $4y=2x-25x^2$

6. एक मन्दित दोलित्र का आयाम 5 सेकण्ड में अपने मूल परिमाण से घटकर मूल परिमाण का 0.9 गुना हो जाता है। एक और 10 सेकण्ड में यह घटकर मूल परिमाण का α गुना हो जाएगा, जहाँ α का मान है

(a) 0.7 (b) 0.81 (c) 0.729 (d) 0.6

7. दो संधारित्र C_1 और C_2 क्रमशः 120 वोल्ट एवं 200 वोल्ट पर आवेशित किए गए हैं। यह पाया जाता है कि उन्हें एक-दूसरे से जोड़ देने पर प्रत्येक संधारित्र पर विभव शून्य किया जा सकता है। तब

(a) $5C_1=3C_2$ (b) $3C_1=5C_2$

(c) $3C_1+5C_2=0$ (d) $9C_1=4C_2$

8. लम्बाई 1.5 मी का एक सोनोमापी तार स्टील का बना है। इसमें एक तनाव 1% की प्रत्यास्थ विकृति उत्पन्न करता है। यदि स्टील के घनत्व और प्रत्यास्थता गुणांक क्रमशः 7.7×10^3 किग्रा/मी^{3} और 2.2×10^{11} न्यूटन/मी^{2} है, तब स्टील के तार की मूल आवृत्ति क्या है?

(a) 188.5 हर्ट्ज (b) 178.2 हर्ट्ज

(c) 200.5 हर्ट्ज (d) 770 हर्ट्ज

9. त्रिज्या 0.3 सेमी का एक वृत्तीय लूप एक काफी बड़े त्रिज्या 20 सेमी के वृत्तीय लूप के समान्तर रखा है। छोटे लूप का केन्द्र बड़े लूप के अक्ष पर है। उनके केन्द्रों के बीच की दूरी 15 सेमी है। यदि छोटे लूप से 2.0 ऐम्पियर की धारा प्रवाहित होती है, तब बड़े लूप से सम्बन्धित फ्लक्स है

(a) 9.1×10^{-11} वेबर (b) 6×10^{-11} वेबर

(c) 3.3×10^{-11} वेबर (d) 6.6×10^{-9} वेबर

10. एक सम-उत्तल लेन्स का व्यास 6 सेमी है और केन्द्र पर मोटाई 3 मिमी है। यदि लेन्स के पदार्थ में प्रकाश की चाल 2×10^8 मी/से है, तब लेन्स की फोकस दूरी है

(a) 15 सेमी (b) 20 सेमी (c) 30 सेमी (d) 10 सेमी

11. द्रव्यमान M एवं त्रिज्या R के एक ग्रह के पृष्ठ से द्रव्यमान m के एक उपग्रह को $2R$ ऊँचाई पर वृत्तीय कक्षा में प्रत्यास्थापित करने के लिए न्यूनतम ऊर्जा आवश्यक है

(a) $\frac{5GmM}{6R}$ (b) $\frac{2GmM}{3R}$ (c) $\frac{GmM}{2R}$ (d) $\frac{GmM}{3R}$

12. एक डायोड संसूचक को, 250 पिको फैरड वाले संधारित्र तथा 100 किलो ओम के लोड प्रतिरोध के साथ समान्तर क्रम में लगातार, 60% मॉडुलेशन वाली आयाम मॉडुलक तरंग का पता लगाने में प्रयुक्त किया गया है। इसके द्वारा अधिकतम मॉडुलित आवृत्ति जिसे ज्ञात किया जा सकता है, होगी

(a) 10.62 मेगा हर्ट्ज (b) 10.62 किलो हर्ट्ज
(c) 5.31 मेगा हर्ट्ज (d) 5.31 किलो हर्ट्ज

13. एक तीव्रता I_0 के अध्रुवित प्रकाश पुंज को एक पोलरायड A से गुजारा जाता है और फिर उसे एक दूसरे पोलेरायड B से गुजारा जाता है। B का मुख्य तल A के मुख्य तल से 45° का कोण बनाता है। निर्गत प्रकाश की तीव्रता है

(a) I_0 (b) $I_0/2$ (c) $I_0/4$ (d) $I_0/8$

14. एक कमरे की सप्लाई वोल्टता 120 वोल्ट है। लीड के तारों का प्रतिरोध $6\,\Omega$ है। एक 60 वाट का बल्ब पहले से ही जल रहा है। इस बल्ब के समान्तर क्रम में 240 वाट का हीटर जलाने पर बल्ब की वोल्टता में कितनी कमी आएगी?

(a) शून्य वोल्ट (b) 2.9 वोल्ट
(c) 13.3 वोल्ट (d) 10.04 वोल्ट

15. दिया गया p-V चित्र एक आदर्श एक परमाणुक गैस के साथ कार्य कर रहे एक इंजन के ऊष्मागतिक चक्र को दर्शाता है। एक एकल चक्र में स्रोत से ली गई ऊष्मा की मात्रा है

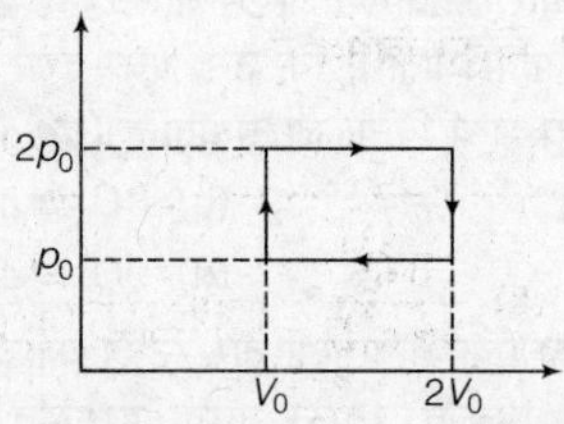

(a) p_0V_0 (b) $\left(\frac{13}{2}\right) p_0V_0$ (c) $\left(\frac{11}{2}\right) p_0V_0$ (d) $4p_0V_0$

16. कोणीय वेग ω_0 से घूर्णन कर रहे द्रव्यमान m और त्रिज्या r के एक लूप को एक खुरदरे क्षैतिज तल पर रखा गया है। लूप के केन्द्र का प्रारम्भिक वेग शून्य है। जब यह स्लिप करना बन्द कर दे, तब लूप के केन्द्र का वेग क्या होगा ?

(a) $\frac{r\omega_0}{4}$ (b) $\frac{r\omega_0}{3}$ (c) $\frac{r\omega_0}{2}$ (d) $r\omega_0$

17. एक ऊर्ध्वाधर बेलनाकार पात्र में रखी एक आदर्श गैस का द्रव्यमान M के स्वतन्त्र रूप से गतिशील पिस्टन को आधार देती है। पिस्टन और बेलन के अनुप्रस्थ परिच्छेद क्षेत्रफल एकसमान A हैं। जब पिस्टन साम्यावस्था में है, तब गैस का आयतन U_0 है और इसका दाब p_0 है। पिस्टन को इसी साम्यावस्था स्थिति से थोड़ा सा विस्थापित किया जाता है और फिर छोड़ दिया जाता है। यह मान लें कि निकाय अपने परिवेश से पूर्णत: रोधी है तब पिस्टन किस आवृत्ति की सरल आवर्त गति करेगा?

(a) $\frac{1}{2\pi}\frac{A_\gamma p_0}{V_0M}$ (b) $\frac{1}{2\pi}\frac{V_0Mp_0}{A^2\gamma}$

(c) $\frac{1}{2\pi}\sqrt{\frac{A^2\gamma p_0}{MV_0}}$ (d) $\frac{1}{2\pi}\sqrt{\frac{MV_0}{A_\gamma p_0}}$

18. यदि धातु के एक टुकड़े को तापमान θ तक गर्म किया जाता है और फिर एक कमरे में, जिसका तापमान θ_0 है, ठंडा होने दिया जाता है, तब धातु के तापमान T और समय t के बीच कौन-सा ग्राफ इसके अत्यधिक समीप है?

(a)
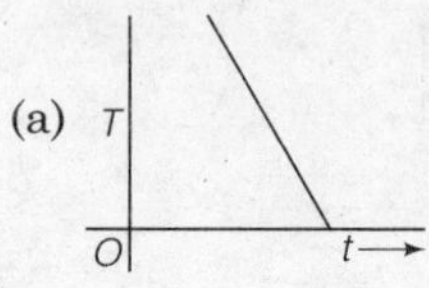

(b)
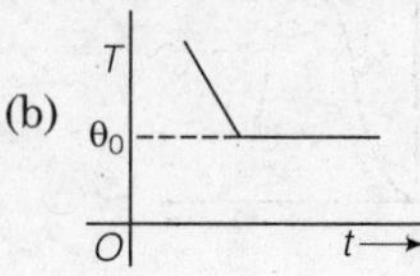

(c)
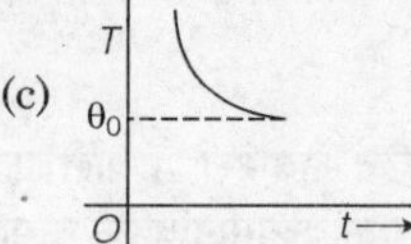

(d)
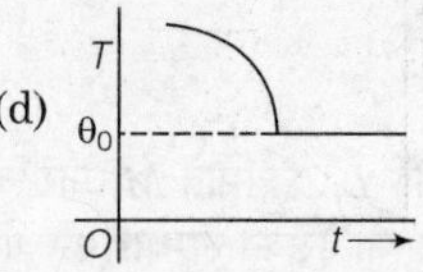

19. इस प्रश्न में प्रकथन I एवं प्रकथन II दिए हुए हैं। प्रकथनों के पश्चात् दिए गए चार विकल्पों में से, उस विकल्प को चुनिए जो कि दोनों प्रकथनों का सर्वोत्तम वर्णन करता है।

प्रकथन I रेन्ज जितना उच्चतर है, धारामापी का प्रतिरोध उतना ही अधिकतर है।

प्रकथन II धारामापी की रेन्ज में वृद्धि करने के लिए, इस पर अतिरिक्त शंट का प्रयोग किया जाना आवश्यक है।

(a) प्रकथन I सत्य है, प्रकथन II सत्य है। प्रकथन II प्रकथन I की सही व्याख्या करता है।
(b) प्रकथन I सत्य है, प्रकथन II सत्य है। प्रकथन II प्रकथन I की सही व्याख्या नहीं करता है।
(c) प्रकथन I सत्य है, प्रकथन II असत्य है।
(d) प्रकथन I असत्य है, प्रकथन II सत्य है।

20. नीचे दिए गए एक L-C-R परिपथ में प्रारम्भ में दोनों स्विच खुले हैं। अब स्विच S_1 को बन्द किया जाता है तथा S_2 को खुला रखा जाता है। (संधारित्र पर आवेश q है और $\tau = RC$ धारितीय समय स्थिरांक है।) निम्नलिखित में से कौन-सा कथन सही है?

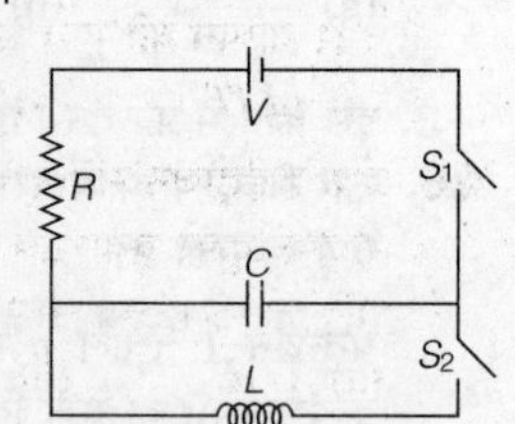

(a) बैटरी द्वारा किया गया कार्य प्रतिरोधक में हुई ऊर्जा क्षय का आधा है।
(b) $t = \tau$ पर $q = CV/2$
(c) $t = 2\tau$ पर $q = CV\,(1 - e^{-2})$
(d) $t = \frac{\tau}{2}$ पर $q = CV\,(1 - e^{-1})$

21. दो कलासम्बद्ध बिन्दु स्रोत S_1 एवं S_2 एक लघु दूरी d द्वारा एक दूसरे से दूर हैं जैसा कि चित्र में दर्शाया गया है। पर्दे पर देखी गई फ्रिन्जें हैं

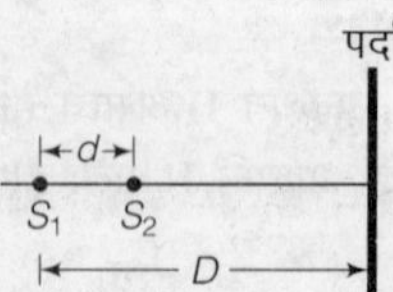

(a) बिन्दु (b) सरल रेखाएँ (c) अर्द्धवृत्त (d) समकेन्द्रीय वृत्त

22. एक गतिशील विद्युत चुम्बकीय तरंग में चुम्बकीय क्षेत्र का शीर्षमान 20 नैनोटेस्ला है। विद्युत क्षेत्र सामर्थ्य का शीर्ष मान है

(a) 3 वोल्ट/मी (b) 6 वोल्ट/मी (c) 9 वोल्ट/मी (d) 12 वोल्ट/मी

23. एक फोटोसैल की एनोड वोल्टता नियत है। कैथोड पर आपतित प्रकाश की तरंगदैर्ध्य λ धीरे-धीरे परिवर्तित की जाती है। फोटोसैल की प्लेट धारा I किस प्रकार परिवर्तित होती है?

(a) 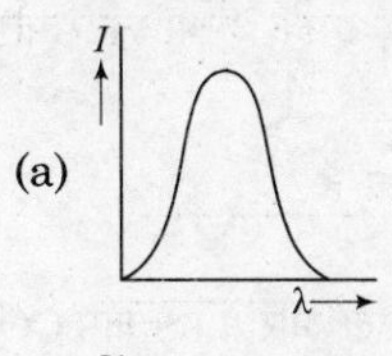

(b) 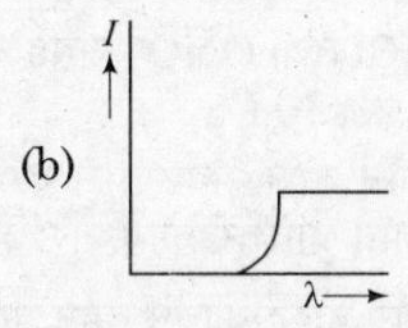

(c) 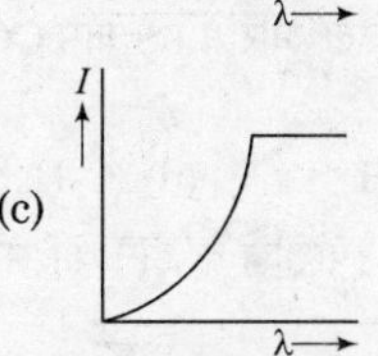

(d) 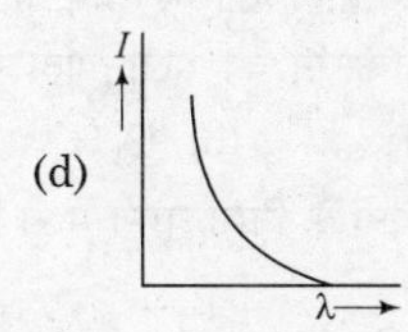

24. एक LED की I-V लक्षणता है

(a) 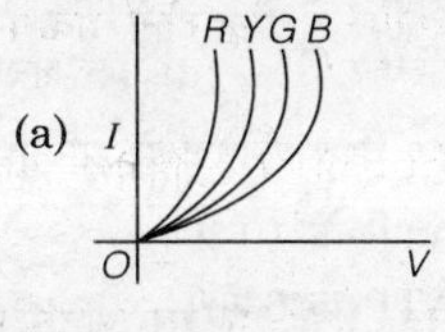

(b) 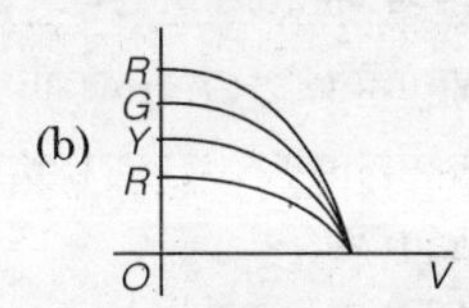

(c) 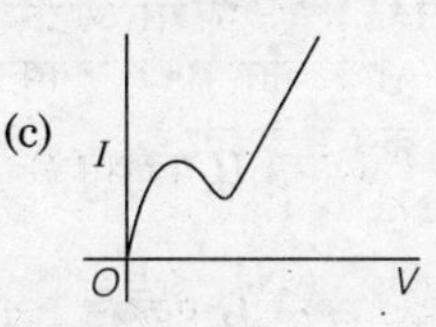

(d) 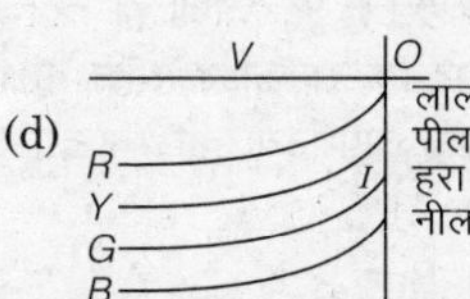

25. यह मान लें कि एक द्रव की बूँद अपनी पृष्ठ ऊर्जा में कमी कर वाष्पित होती है जिससे कि इसका तापमान अपरिवर्तित रहता है। यह सम्भव होने के लिए बूँद की न्यूनतम त्रिज्या क्या होनी चाहिए? पृष्ठ तनाव T, द्रव का घनत्व ρ और वाष्पन की गुप्त ऊष्मा L है।

(a) $\rho L/T$ (b) $\sqrt{T/\rho L}$ (c) $T/\rho L$ (d) $2T/\rho L$

26. एक हाइड्रोजन समान परमाणु में इलेक्ट्रॉन क्वाण्टम संख्या n के ऊर्जा स्तर से एक दूसरे क्वाण्टम संख्या $(n-1)$ के ऊर्जा स्तर पर संक्रमण करता है। यदि $n >> 1$, तब उत्सर्जित विकिरण की आवृत्ति किसके समानुपाती है?

(a) $1/n$ (b) $1/n^2$ (c) $1/n^3/2$ (d) $1/n^3$

27. एक त्रिभुजाकार प्रिज्म के लिए विचलन कोण (δ) और आयतन कोण (i) के बीच ग्राफ किससे दर्शाया जाता है

(a) 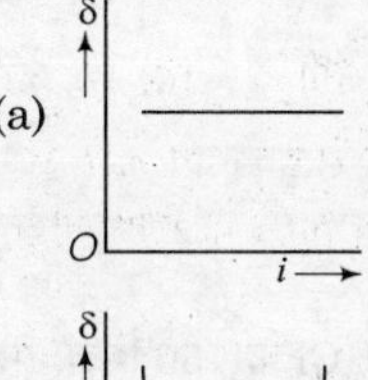

(b) 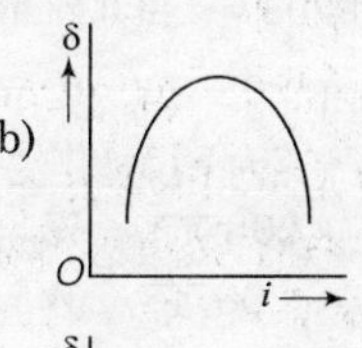

(c) 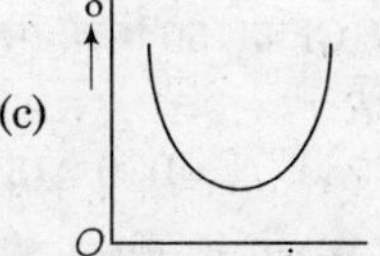

(d) 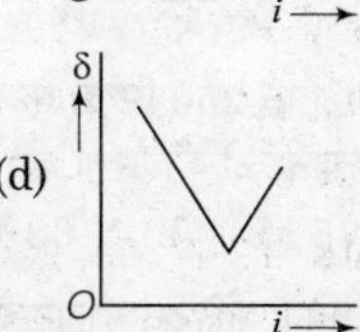

28. प्रत्येक q, मान के दो आवेश $x = -a$ और $x = a$ पर x-अक्ष पर रखे हैं। द्रव्यमान m और आवेश $q_0 = \frac{q}{2}$ का एक कण मूलबिन्दु पर रखा है। यदि आवेश q_0 को y-अक्ष के अनुदिश एक अल्प-विस्थापन $(y << a)$ दिया जाए, तब कण पर कार्यरत परिणामी बल समानुपाती है

(a) y (b) $-y$ (c) $\frac{1}{y}$ (d) $-\frac{1}{y}$

29. प्रत्येक 1 सेमी लम्बाई के दोछोटे छड़ चुम्बकों के चुम्बकीय आघूर्ण क्रमशः 1.20 ऐम्पियर-मी^{2} एवं 1.00 ऐम्पियर-मी^{2} हैं। इनके N ध्रुवों को दक्षिण की ओर इंगित करके एक दूसरे के समान्तर एक क्षैतिज मेज पर रखा गया है। इनकी एक उभयनिष्ठ चुम्बकीय मध्य रेखा है और इनके बीच की दूरी 20 सेमी है। इनके केन्द्रों को जोड़ने वाली रेखा के मध्य बिन्दु O पर परिणामी क्षैतिज चुम्बकीय प्रेरण का मान लगभग है
(पृथ्वी के चुम्बकीय प्रेरण का क्षैतिज घटक 3.6×10^{-5} वेबर/मी^{2})

(a) 3.6×10^{-5} वेबर/मी^{2} (b) 2.56×10^{-4} वेबर/मी^{2}
(c) 3.50×10^{-4} वेबर/मी^{2} (d) 5.80×10^{-4} वेबर/मी^{2}

30. आवेश Q को लम्बाई L की एक लम्बी छड़ AB पर एकसमान रूप से वितरित किया गया है जैसा कि चित्र में दर्शाया गया है। सिरे A से L दूरी पर स्थित बिन्दु O पर विद्युत विभव है

O ← L → A ← L → B

(a) $\frac{Q}{8\pi\varepsilon_0 L}$ (b) $\frac{3Q}{4\pi\varepsilon_0 L}$ (c) $\frac{Q}{4\pi\varepsilon_0 L \ln 2}$ (d) $\frac{Q \ln 2}{4\pi\varepsilon_0 L}$

रसायन विज्ञान

31. निम्न संकर प्रजाति में से किससे प्रकाशकीय समावयवता प्रदर्शित करने की अपेक्षा नहीं की जाती है?

(a) $[Co(en)_3]^{3+}$
(b) $[Co(en)_2Cl_2]^+$
(c) $[Co(NH_3)_3Cl_3]$
(d) $[Co(en)(NH_3)Cl_2]^+$

32. निम्न अणुओं में से किससे प्रतिचुम्बकीय व्यवहार की अपेक्षा की जाती है?

(a) C_2 (b) N_2
(c) O_2 (d) S_2

33. टॉल्वीन में (–)-1-क्लोरो-1-फेनिलएथेन का $SbCl_5$ की थोड़ी-सी मात्रा की उपस्थिति में रेसिमीकरण हो जाता है और इसका कारण निम्न में से किसी एक का बनना है, वह है

(a) कार्बऋणायन (b) कार्बीन (c) कार्बधनायन (d) मुक्त मूलक

34. दिया गया है $E^\circ_{Cr^{3+}/Cr} = -0.74$ V; $E^\circ_{MnO_4^-/Mn^{2+}} = 1.51$ V

$E^\circ_{Cr_2O_7^{2-}/Cr^{3+}} = 1.33$ V; $E^\circ_{Cl/Cl^-} = 1.36$ V

उपरोक्त आँकडों के आधार पर प्रबलतम ऑक्सीकारक होगा

(a) Cl (b) Cr^{3+} (c) Mn^{2+} (d) MnO_4^-

35. स्थिर ताप 37.0° C पर एक आदर्श गैस के 0.04 मोल से भरा हुआ पिस्टन उत्क्रमणीय ढंग से 50.0 मिली से 375 मिली तक फैलता है। ऐसा होने में ऊष्मा की 208 जूल मात्रा शोषित होती है। q और W के मान प्रक्रम के लिए होंगे

(a) $q = +208$ जूल, $W = -208$ जूल
(b) $q = -208$ जूल, $W = -208$ जूल
(c) $q = -208$ जूल, $W = +208$ जूल
(d) $q = +208$ जूल, $W = +208$ जूल

36. 2(M) HCl के 250 मिली के साथ 0.5 (M) HCl के 750 मिली मिलाने से प्राप्त विलयन की मोलरता होगी

(a) 0.875 M (b) 1.00 M (c) 1.75 M (d) 0.975 M

37. निम्न यौगिकों को उनके घटती अम्लीयता के क्रम में व्यवस्थित कीजिए

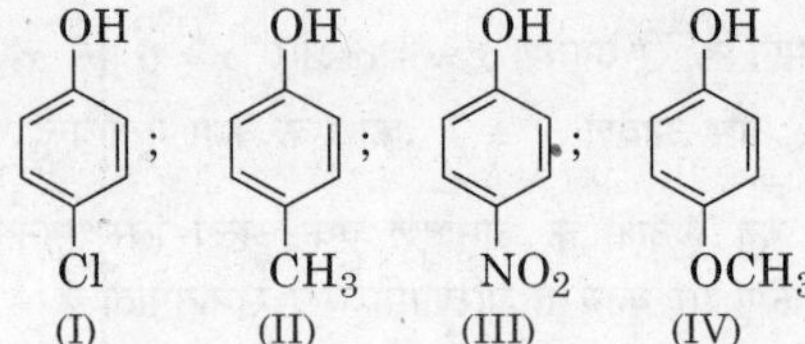

(a) II > IV > I > III (b) I > II > III > IV
(c) III > I > II > IV (d) IV > III > I > II

38. गैसीय अवस्था के लिए यदि सर्वाधिक सम्भावित गति को C^*, औसत गति को $\overline{C}$ और माध्य वर्ग गति को C, द्वारा प्रस्तुत किया जाए तो अणुओं की बड़ी संख्या के लिए इन गतियों के अनुपात हैं

(a) $C^* : \overline{C} : C = 1.225 : 1.128 : 1$
(b) $C^* : \overline{C} : C = 1.128 : 1.225 : 1$
(c) $C^* : \overline{C} : C = 1 : 1.128 : 1.225$
(d) $C^* : \overline{C} : C = 1 : 1.225 : 1.128$

39. एक अभिक्रिया की दर दोगुनी हो जाती है जब इसका ताप 300 K से 310 K हो जाता है। ऐसी अभिक्रिया की सक्रियण ऊर्जा होगी ($R = 8.314$ जूल केल्वीन$^{-1}$ मोल$^{-1}$ तथा $\log 2 = 0.301$)

(a) 53.6 किलोजूल मोल$^{-1}$ (b) 48.6 किलोजूल मोल$^{-1}$
(c) 58.5 किलोजूल मोल$^{-1}$ (d) 60.5 किलोजूल मोल$^{-1}$

40. आण्विक द्रव्यमान 180 वाले एक यौगिक का जब CH_3COCl के साथ ऐसीलीकरण किया जाता है तो द्रव्यमान 390 के साथ एक यौगिक प्राप्त होता है। पहले वाले यौगिक के एक अणु में एमीनो समूह की संख्या है

(a) 2 (b) 5 (c) 4 (d) 6

41. निम्न व्यवस्थाओं में से कौन उनके सामने दिए गए गुणधर्म के सही क्रम को प्रस्तुत नहीं करता है?

(a) $V^{2+} < Cr^{2+} < Mn^{2+} < Fe^{2+}$: अनुचुम्बकीय व्यवहार
(b) $Ni^{2+} < Co^{2+} < Fe^{2+} < Mn^{2+}$: आयनिक आकार
(c) $Co^{3+} < Fe^{3+} < Cr^{3+} < Sc^{3+}$: जलीय विलयन में स्थिरता
(d) Sc < Ti < Cr < Mn : उपचयन अवस्था की संख्याएँ

42. निम्न कार्बधनायनों

$$\underset{(I)}{CH_2{=}CH{-}\overset{\oplus}{C}H_2}\ ;\ \underset{(II)}{CH_3{-}CH_2{-}\overset{\oplus}{C}H_2}\ ;\ \underset{(III)}{C_6H_5{-}\overset{\oplus}{C}H_2}$$

की स्थिरता का क्रम है

(a) III > II > I (b) II > III > I (c) I > II > III (d) III > I > II

43. निम्नलिखित अभिक्रिया पर विचार कीजिए

$$xMnO_4^- + yC_2O_4^{2-} + zH^+ \longrightarrow xMn^{2+} + 2yCO_2 + \frac{z}{2}H_2O$$

इस अभिक्रिया में x, y तथा z के मान क्रमशः हैं

(a) 5, 2 तथा 16 (b) 2, 5 तथा 8
(c) 2, 5 तथा 16 (d) 5, 2 तथा 8

44. निम्न में से कौन-सा कथन गलत है?

(a) ONCl तथा ONO^- समइलेक्ट्रॉनिक नहीं हैं
(b) O_3 अणु टेढ़ा है
(c) ओजोन ठोस अवस्था में बैंगनी-काला होता है
(d) ओजोन प्रतिचुम्बकीय गैस है

45. एक गैसीय हाइड्रोकार्बन दहन पर 0.72 ग्राम जल और 3.08 ग्राम CO_2 देता है। हाइड्रोकार्बन का मूलानुपाती सूत्र है

(a) C_2H_4 (b) C_3H_4 (c) C_6H_5 (d) C_7H_8

46. अणु/आयनों के निम्न युग्मो में से किसमें दोनों स्पीशीज के होने की सम्भावना नहीं है?

(a) H_2^+, He_2^{2-} (b) H_2^-, He_2^{2-} (c) H_2^{2+}, He_2 (d) H_2^-, He_2^{2+}

47. निम्न में से कौन ठोस अवस्था में सहसंयोजक क्रिस्टल के रूप में होता है?

(a) आयोडीन (b) सिलिकॉन (c) सल्फर (d) फॉस्फोरस

48. प्रकाश संश्लेषण में ग्लूकोस के प्रत्येक अणु के संश्लेषण में सन्निहित है

(a) ATP के 18 अणु (b) ATP के 10 अणु
(c) ATP के 8 अणु (d) ATP के 6 अणु

49. आर्सेनिक सल्फाइड सॉल के लिए Na^+, Al^{3+} और Ba^{2+} आयनों वाले विद्युत अपघट्यों की स्कन्दन क्षमता निम्न क्रम में बढ़ती है

(a) $Al^{3+} < Ba^{2+} < Na^+$ (b) $Na^+ < Ba^{2+} < Al^{3+}$
(c) $Ba^{2+} < Na^+ < Al^{3+}$ (d) $Al^{3+} < Na^+ < Ba^{2+}$

50. Ca, Ba, S, Se और Ar के लिए निम्न में से कौन प्रथम आयनन एन्थैल्पी के बढ़ते क्रम को सही क्रम में प्रस्तुत करता है?

(a) Ca < S < Ba < Se < Ar (b) S < Se < Ca < Ba < Ar
(c) Ba < Ca < Se < S < Ar (d) Ca < Ba < S < Se < Ar

51. एक इलेक्ट्रॉन की ऊर्जा को इस प्रकार प्रस्तुत किया जाता है $E = -2.178 \times 10^{-18}$ जूल (Z^2/n^2)। प्रकाश की तरंगदैर्ध्य हाइड्रोजन परमाणु में एक इलेक्ट्रॉन को $n = 1$ से $n = 2$ स्तर पर उत्तेजित करने के लिए आवश्यक होगी

($h = 6.62 \times 10^{-34}$ जूल सेकण्ड तथा $c = 3.0 \times 10^8$ मी/से)

(a) 1.214×10^{-7} मी (b) 2.816×10^{-7} मी
(c) 6.500×10^{-7} मी (d) 8.500×10^{-7} मी

52. यौगिक (A), C_8H_9Br ऐल्को. $AgNO_3$ के साथ गर्म करने पर एक सफेद अवक्षेप देता है। (A) के उपचयन से एक अम्ल(B), $C_8H_6O_4$ प्राप्त होता है। (B) गर्म करने पर सरलता से ऐनहाइड्राइड बना देता है। यौगिक (A) की पहचान कीजिए।

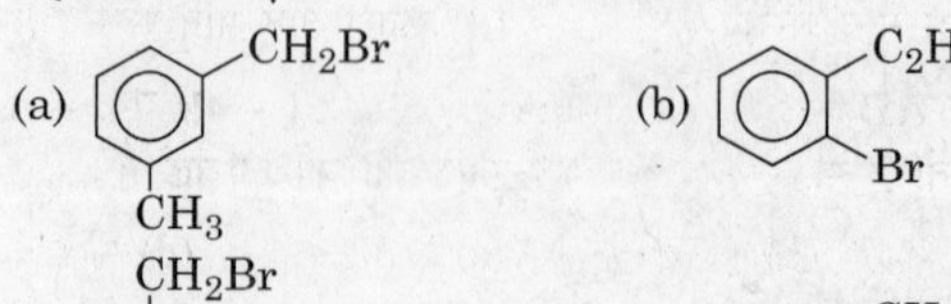

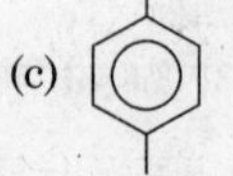

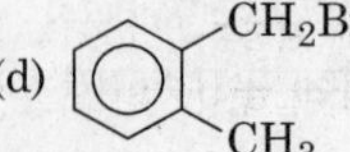

53. संक्रमण तत्वों की प्रथम श्रेणी के एक के बाद एक आने वाले चार सदस्य परमाणु क्रमांक के साथ नीचे दिए जाते हैं। इनमें किसका $E^\circ_{M^{3+}/M^{2+}}$ मान उच्चतम होगा?

(a) Cr ($Z = 24$) (b) Mn ($Z = 25$)
(c) Fe ($Z = 26$) (d) Co ($Z = 27$)

54. HCl के एक जलीय विलयन के 1 ली में जिसका pH मान 1 हो, जल के कितने लीटर मिलाए कि प्राप्त जलीय विलयन का pH मान 2 हो जाए?

(a) 0.1 ली (b) 0.9 ली (c) 2.0 ली (d) 9.0 ली

55. Na का प्रथम आयनन विभव 5.1 इलेक्ट्रॉन वोल्ट है। Na^+ की इलेक्ट्रॉन प्राप्ति एन्थैल्पी होगी

(a) – 2.55 इलेक्ट्रॉन वोल्ट (b) – 5.1 इलेक्ट्रॉन वोल्ट
(c) – 10.2 इलेक्ट्रॉन वोल्ट (d) + 2.55 इलेक्ट्रॉन वोल्ट

56. एक कार्बनिक यौगिक A, NH_3 के साथ क्रिया कराने पर B देता है, जो गर्म करने पर C देता है। KOH की उपस्थिति में C, Br_2 के साथ क्रिया करके $CH_3CH_2NH_2$ देता है। यौगिक A है

(a) CH_3COOH (b) $CH_3CH_2CH_2COOH$
(c) $CH_3—\underset{\underset{CH_3}{|}}{CH}—COOH$ (d) CH_3CH_2COOH

57. स्पीशीज Li_2, Li_2^- और Li_2^+ की स्थिरता का बढ़ता क्रम है

(a) $Li_2 < Li_2^+ < Li_2^-$ (b) $Li_2^- < Li_2^+ < Li_2$
(c) $Li_2 < Li_2^- < Li_2^+$ (d) $Li_2^- < Li_2 < Li_2^+$

58. एक अनजान ऐल्कोहॉल को ल्यूकॉस अभिकर्मक के साथ यह जानने के लिए उपचारित किया जाता है कि ऐल्कोहॉल प्राथमिक, द्वितीयक अथवा तृतीयक है। निम्न में से कौन-सा ऐल्कोहॉल सर्वाधिक तीव्रता से अभिक्रिया करता है और किस क्रियाविधि द्वारा ?

(a) द्वितीयक ऐल्कोहॉल, S_N1 द्वारा (b) तृतीयक ऐल्कोहॉल, S_N1 द्वारा
(c) द्वितीयक ऐल्कोहॉल, S_N2 द्वारा (d) तृतीयक ऐल्कोहॉल, S_N2 द्वारा

59. भोपाल गैस दुर्घटना में यूनियन कार्बाइड प्लान्ट के स्टोरेज टैंक से जो गैस निकली, वह थी

(a) मेथिलआइसोसायनेट (b) मेथिलएमीन
(c) अमोनिया (d) फॉस्जीन

60. प्रयोग के आधार पर एक धातु ऑक्साइड का सूत्र $M_{0.98}O$ पाया गया। यदि धातु M^{2+} और M^{3+} के रूप में विद्यमान हो तो धातु का जो प्रतिशत M^{3+} के रूप में होगा, वह है

(a) 7.01% (b) 4.08%
(c) 6.05% (d) 5.08%

गणित

61. दो समान्तर समतलों $2x + y + 2z = 8$ तथा $4x + 2y + 4z + 5 = 0$ के बीच की दूरी है

(a) $\frac{3}{2}$ (b) $\frac{5}{2}$ (c) $\frac{7}{2}$ (d) $\frac{9}{2}$

62. वर्तमान में एक फर्म 2000 नग बना रही है। यह अनुमान लगाया गया है कि अतिरिक्त कामगारों की संख्या x के सापेक्ष उत्पादन P के परिवर्तन की दर $\frac{dP}{dx} = 100 - 12\sqrt{x}$ द्वारा प्रदत्त है। यदि फर्म 25 कामगार अधिक लगाती है, तो नगों के उत्पादन का नया स्तर है

(a) 2500 (b) 3000 (c) 3500 (d) 4500

63. माना A तथा B दो समुच्चय हैं जिनमें क्रमश: 2 अवयव तथा 4 अवयव हैं। $A \times B$ के उन उपसमुच्चयों की संख्या, जिनमें 3 अथवा अधिक अवयव हैं, है

(a) 256 (b) 220 (c) 219 (d) 211

64. यदि रेखाएँ

$$\frac{x-2}{1} = \frac{y-3}{1} = \frac{z-4}{-k} \text{ तथा } \frac{x-1}{k} = \frac{y-4}{2} = \frac{z-5}{1}$$

समतलीय हैं, तो k का

(a) कोई भी मान सम्भव हैं (b) केवल एक मान सम्भव है
(c) केवल दो मान सम्भव हैं (d) केवल तीन मान सम्भव हैं

65. यदि सदिश $\mathbf{AB} = 3\mathbf{i} + 4\mathbf{k}$ तथा $\mathbf{AC} = 5\mathbf{i} - 2\mathbf{j} + 4\mathbf{k}$ एक ΔABC की भुजाएँ हैं, तो A से होकर जाती हुई माध्यिका की लम्बाई है

(a) $\sqrt{18}$ (b) $\sqrt{72}$ (c) $\sqrt{33}$ (d) $\sqrt{45}$

66. वास्तविक संख्या k, जिसके लिए (0, 1) में समीकरण $2x^3 + 3x + k = 0$ के दो भिन्न वास्तविक मूल है

(a) 1 तथा 2 के बीच में स्थित हैं (b) 2 तथा 3 के बीच में स्थित हैं
(c) – 1 तथा 0 के बीच में स्थित हैं (d) दो मूल सम्भव नहीं हैं

67. श्रेणी 0.7, 0.77, 0.777,..., के प्रथम 20 पदों का योग है

(a) $\frac{7}{81}(179 - 10^{-20})$ (b) $\frac{7}{9}(99 - 10^{-20})$
(c) $\frac{7}{81}(179 + 10^{-20})$ (d) $\frac{7}{9}(99 + 10^{-20})$

68. $x + \sqrt{3}y = \sqrt{3}$ की दिशा में जाती हुई एक प्रकाश की किरण x-अक्ष पर पहुँचकर परावर्तित हो जाती है। इस परावर्तित किरण का समीकरण है

(a) $y = x + \sqrt{3}$ (b) $\sqrt{3}y = x - \sqrt{3}$
(c) $y = \sqrt{3}x - \sqrt{3}$ (d) $\sqrt{3}y = x - 1$

69. k के उन मानों की संख्या, जिनके लिए निम्न समीकरण निकाय

$$(k + 1)x + 8y = 4k$$
$$kx + (k + 3)y = 3k - 1$$

का कोई हल नहीं है, है

(a) अनन्त (b) 1 (c) 2 (d) 3

70. यदि समीकरणों $x^2 + 2x + 3 = 0$ तथा $ax^2 + bx + c = 0$, $a, b, c \in R$ का एक मूल उभयनिष्ठ है, तो $a : b : c$ का मान है

(a) 1 : 2 : 3 (b) 3 : 2 : 1
(c) 1 : 3 : 2 (d) 3 : 1 : 2

71. एक वृत्त जो (1, – 2) से होकर जाता है तथा x-अक्ष (3, 0) पर स्पर्श करता हैं, जिस अन्य बिन्दु से होकर जाता है, वह है

(a) (– 5, 2) (b) (2, – 5)
(c) (5, – 2) (d) (– 2, 5)

72. यदि x, y तथा z एक समान्तर श्रेढ़ी में हैं तथा $\tan^{-1} x$, $\tan^{-1} y$ तथा $\tan^{-1} z$ भी समान्तर श्रेढ़ी में हैं, तो

(a) $x = y = z$ (b) $2x = 3y = 6z$
(c) $6x = 3y = 2z$ (d) $6x = 4y = 3z$

73. निम्न कथनों पर विचार कीजिए।

कथन I $(p \wedge \sim q) \wedge (\sim p \wedge q)$ सदैव असत्य है।

कथन II $(p \to q) \leftrightarrow (\sim q \to \sim p)$ सदैव सत्य है।

(a) कथन I सत्य है; कथन II सत्य है; कथन II, कथन I की सही व्याख्या है
(b) कथन I सत्य है; कथन II सत्य है; कथन II, कथन I की सही व्याख्या नहीं है
(c) कथन I सत्य है; कथन II असत्य है
(d) कथन I असत्य है; कथन II सत्य है

74. यदि $\int f(x)\, dx = \psi(x)$ है, तो $\int x^5 f(x^3) dx$ बराबर है

(a) $\frac{1}{3}[x^3 \psi(x^3) - \int x^2 \psi(x^3) dx] + C$
(b) $\frac{1}{3} x^3 \psi(x^3) - 3\int x^3 \psi(x^3)\, dx + C$
(c) $\frac{1}{3} x^3 \psi(x^3) - \int x^2 \psi(x^3)\, dx + C$
(d) $\frac{1}{3}[x^3 \psi(x^3) - \int x^3 \psi(x^3)\, dx] + C$

75. $\lim_{x \to 0} \frac{(1 - \cos 2x)(3 + \cos x)}{x \tan 4x}$ बराबर है

(a) $-\frac{1}{4}$ (b) $\frac{1}{2}$ (c) 1 (d) 2

76. **कथन** I समाकलन $\int_{\pi/6}^{\pi/3} \frac{dx}{1 + \sqrt{\tan x}}$ का मान $\pi/6$ है।

कथन II $\int_a^b f(x)\, dx = \int_a^b f(a + b - x)\, dx$

(a) कथन I सत्य है; कथन II सत्य है; कथन II, कथन I की सही व्याख्या है
(b) कथन I सत्य है; कथन II सत्य है; कथन II, कथन I की सही व्याख्या नहीं है
(c) कथन I सत्य है; कथन II असत्य है
(d) कथन I असत्य है; कथन II सत्य है

77. दीर्घवृत्त $\frac{x^2}{16} + \frac{y^2}{9} = 1$, की नाभियों से होकर जाने वाले उस वृत्त, जिसका केन्द्र (0, 3) है, का समीकरण है

(a) $x^2 + y^2 - 6y - 7 = 0$ (b) $x^2 + y^2 - 6y + 7 = 0$
(c) $x^2 + y^2 - 6y - 5 = 0$ (d) $x^2 + y^2 - 6y + 5 = 0$

78. एक बहुविकल्पीय परीक्षा में 5 प्रश्न हैं। प्रत्येक प्रश्न के 3 वैकल्पिक उत्तर हैं, जिनमें से केवल एक सही है। एक विद्यार्थी द्वारा केवल अनुमान से 4 या उससे अधिक प्रश्नों के सही उत्तर देने की प्रायिकता है

(a) $\frac{17}{3^5}$ (b) $\frac{13}{3^5}$ (c) $\frac{11}{3^5}$ (d) $\frac{10}{3^5}$

79. एक त्रिभुज, जिसकी भुजाओं के मध्य-बिन्दुओं के निर्देशांक (0, 1), (1, 1) तथा (1, 0) हैं, के अन्त: केन्द्र का x-निर्देशांक है

(a) $2 + \sqrt{2}$ (b) $2 - \sqrt{2}$ (c) $1 + \sqrt{2}$ (d) $1 - \sqrt{2}$

80. $\left(\frac{x+1}{x^{2/3} - x^{1/3} + 1} - \frac{x-1}{x - x^{1/2}}\right)^{10}$ के प्रसार में x से स्वतन्त्र पद है

(a) 4 (b) 120 (c) 210 (d) 310

81. वक्रों $y = \sqrt{x}$, $2y - x + 3 = 0$, तथा x-अक्ष से घिरे उस क्षेत्र, जो प्रथम चतुर्थांश में स्थित है, का (वर्ग इकाई में) क्षेत्रफल है

(a) 9 (b) 36 (c) 18 (d) 27/4

82. माना एक n भुजाओं वाली समबहुभुज के शीर्षों को मिलाकर बनने वाले सभी सम्भव त्रिभुजों की संख्या T_n है। यदि $T_{n+1} - T_n = 10$ है, तो n का मान है

(a) 7 (b) 5 (c) 10 (d) 8

83. यदि z एक ऐसी सम्मिश्र संख्या है जिसका मापांक एक इकाई है तथा कोणांक θ है, तो कोणांक $\left(\frac{1+z}{1+\bar{z}}\right)$ बराबर है

(a) $-\theta$ (b) $\frac{\pi}{2} - \theta$ (c) θ (d) $\pi - \theta$

84. $ABCD$ एक ऐसा समलम्ब चतुर्भुज है जिसमें AB तथा CD समान्तर हैं तथा $BC \perp CD$ है। यदि $\angle ADB = \theta$, $BC = p$ तथा $CD = q$ है, तो AB बराबर है

(a) $\frac{(p^2 + q^2) \sin \theta}{p \cos \theta + q \sin \theta}$ (b) $\frac{p^2 + q^2 \cos \theta}{p \cos \theta + q \sin \theta}$
(c) $\frac{p^2 + q^2}{p^2 \cos \theta + q^2 \sin \theta}$ (d) $\frac{(p^2 + q^2) \sin \theta}{(p \cos \theta + q \sin \theta)^2}$

85. यदि $P = \begin{bmatrix} 1 & \alpha & 3 \\ 1 & 3 & 3 \\ 2 & 4 & 4 \end{bmatrix}$ एक 3×3 आव्यूह A का सहखण्डज है तथा $|A| = 4$ है, तो α बराबर है

(a) 4 (b) 11 (c) 5 (d) 0

86. वक्र $y = \int_0^x |t|\, dt, x \in R$ पर रेखा $y = 2x$ के समान्तर खींची गई स्पर्श रेखाओं द्वारा x-अक्ष पर बने अन्त: खण्ड, बराबर है

(a) ± 1 (b) ± 2 (c) ± 3 (d) ± 4

87. दिया है—एक वृत्त $2x^2 + 2y^2 = 5$ तथा एक परवलय $y^2 = 4\sqrt{5}x$

कथन I इन वक्रों की एक उभयनिष्ठ स्पर्श रेखा का समीकरण $y = x + \sqrt{5}$.

कथन II यदि रेखा, $y = mx + \frac{\sqrt{5}}{m} (m \neq 0)$ उनकी उभयनिष्ठ स्पर्श रेखा है, तो m, $m^4 - 3m^2 + 2 = 0$ को सन्तुष्ट करता है।

(a) कथन I सत्य है; कथन II सत्य है; कथन II, कथन I की सही व्याख्या है
(b) कथन I सत्य है; कथन II सत्य है; कथन II, कथन I की सही व्याख्या नहीं है
(c) कथन I सत्य है; कथन II असत्य है
(d) कथन I असत्य है; कथन II सत्य है

88. यदि $y = \sec(\tan^{-1} x)$ है, तो $x = 1$ पर $\frac{dy}{dx}$ का मान है

(a) $\frac{1}{\sqrt{2}}$ (b) $\frac{1}{2}$ (c) 1 (d) $\sqrt{2}$

89. व्यंजक $\frac{\tan A}{1 - \cot A} + \frac{\cot A}{1 - \tan A}$ को लिखा जा सकता है

(a) $\sin A \cos A + 1$ (b) $\sec A \operatorname{cosec} A + 1$
(c) $\tan A + \cot A$ (d) $\sec A + \operatorname{cosec} A$

90. एक कक्षा के सभी विद्यार्थियों ने गणित में कम अंक प्राप्त किए। अध्यापक ने प्रत्येक विद्यार्थी को 10 रियायती अंक देने का निर्णय लिया। रियायती अंक देने के बाद भी निम्न में से कौन-सा सांख्यिकी माप नहीं बदलेगा?

(a) माध्य (b) माध्यक
(c) बहुलक (d) प्रसरण

सही उत्तर

भौतिकी

1. (c)	**2.** (d)	**3.** (d)	**4.** (b)	**5.** (b)	**6.** (c)	**7.** (b)	**8.** (b)	**9.** (a)	**10.** (c)
11. (a)	**12.** (b)	**13.** (c)	**14.** (d)	**15.** (b)	**16.** (c)	**17.** (c)	**18.** (c)	**19.** (d)	**20.** (c)
21. (d)	**22.** (b)	**23.** (d)	**24.** (a)	**25.** (d)	**26.** (d)	**27.** (c)	**28.** (a)	**29.** (b)	**30.** (d)

रसायन विज्ञान

31. (c)	**32.** (a,b)	**33.** (c)	**34.** (d)	**35.** (a)	**36.** (a)	**37.** (c)	**38.** (c)	**39.** (a)	**40.** (b)
41. (a)	**42.** (d)	**43.** (c)	**44.** (*)	**45.** (d)	**46.** (c)	**47.** (b)	**48.** (a)	**49.** (b)	**50.** (c)
51. (a)	**52.** (d)	**53.** (d)	**54.** (d)	**55.** (b)	**56.** (d)	**57.** (b)	**58.** (b)	**59.** (a)	**60.** (b)

गणित

61. (c)	**62.** (c)	**63.** (c)	**64.** (c)	**65.** (c)	**66.** (d)	**67.** (c)	**68.** (b)	**69.** (b)	**70.** (a)
71. (c)	**72.** (a)	**73.** (b)	**74.** (c)	**75.** (d)	**76.** (d)	**77.** (a)	**78.** (c)	**79.** (b)	**80.** (c)
81. (a)	**82.** (b)	**83.** (c)	**84.** (a)	**85.** (b)	**86.** (a)	**87.** (b)	**88.** (a)	**89.** (b)	**90.** (d)

नोट '*' का अर्थ है, कोई विकल्प सही नहीं है।

संकेत एवं हल

भौतिकी

1. *(c)* साम्यावस्था में, ऊपर की ओर लगाया गया बल = नीचे की ओर लगाया गया बल

$$kx_0 + F_B = Mg$$

यहाँ kx_0 स्प्रिंग का प्रत्यानयन बल तथा F_B उत्प्लावन बल है।

$$kx_0 + \sigma\frac{L}{2}Ag = Mg$$

$$x_0 = \frac{Mg - \frac{\sigma LAg}{2}}{k} = \frac{Mg}{k}\left(1 - \frac{\sigma LA}{2M}\right)$$

2. *(d)* $e = \int_{2l}^{3l}(\omega x)\,B\,dx = B\omega\frac{[(3l)^2 - (2l)^2]}{2} = \frac{5Bl^2\omega}{2}$

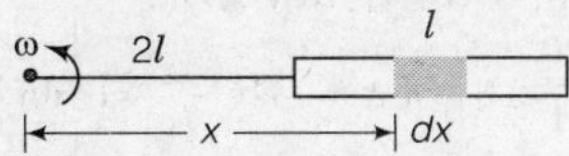

3. *(d)* महत्तम ऊर्जा हानि $= \frac{p^2}{2m} - \frac{p^2}{2(m+M)}$

संघट्ट के पहले द्रव्यमान m तथा संघट्ट के बाद द्रव्यमान $m + M$ है।

$$= \frac{p^2}{2m}\left[\frac{M}{(m+M)}\right] = \frac{1}{2}mv^2\left\{\frac{M}{m+M}\right\} \qquad \left(f = \frac{M}{m+M}\right)$$

अत: प्रकथन I असत्य तथा प्रकथन II सत्य है।

4. *(b)* कूलॉम के नियम से,

बल $\quad F = \frac{1}{4\pi\varepsilon_0}\frac{q_1q_2}{R^2} \Rightarrow \varepsilon_0 = \frac{q_1q_2}{4\pi FR^2}$

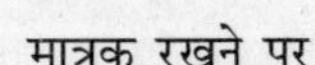

मात्रक रखने पर,

अत:, $\quad \varepsilon_0 = \frac{C^2}{N\text{-}m^2} = \frac{[AT]^2}{[MLT^{-2}][L^2]} = [M^{-1}L^{-3}T^4A^2]$

5. *(b)* प्रारम्भिक वेग $\mathbf{v} = \mathbf{i} + 2\mathbf{j}$ मी

वेग का परिमाण $v = \sqrt{(1)^2 + (2)^2} = \sqrt{5}$ मी/से

प्रक्षेप्य पथ का समीकरण

$$y = \tan\theta - \frac{gx^2}{2u^2}(1 + \tan^2\theta) \qquad \left[\tan\theta = \frac{y}{x} = \frac{2}{1} = 2\right]$$

$$\therefore\ y = x \times 2 - \frac{10\,(x)^2}{2\,(\sqrt{5})^2}[1 + (2)^2] = 2x - \frac{10x^2}{2 \times 5}(1 + 4) = 2x - 5x^2$$

$$y = 2x - 5x^2$$

6. *(c)* अवमन्दित दोलित्र का आयाम $A = A_0\,e^{-\frac{bt}{2m}}$

5 सेकण्ड पश्चात्, $0.9\,A_0 = A_0\,e^{-\frac{b(5)}{2m}}$

$$\Rightarrow \qquad 0.9 = e^{-\frac{b(5)}{2m}} \qquad \text{...(i)}$$

तथा अगले 10 सेकण्ड पश्चात्,

$$A = A_0 e^{-b\frac{(15)}{2m}} \Rightarrow A = A_0\left(e^{-\frac{5b}{2m}}\right)^3 \qquad \text{...(ii)}$$

समी (i) व (ii) से, $A = 0.729\,A_0$

अत: $\quad \alpha = 0.729$

7. *(b)*

C_1
120 वोल्ट

C_2
200 वोल्ट

दोनों संधारित्रों को जोड़ने के बाद उनका विभवान्तर शून्य होने के लिए, दोनों संधारित्रों के आवेश समान होने चाहिए। अत:

$\therefore \; q_1 = q_2 \Rightarrow C_1V_1 = C_2V_2 \Rightarrow 120\,C_1 = 200\,C_2 \Rightarrow 3C_1 = 5C_2$

8. *(b)* सोनोमीटर तार की आवृत्ति

$$f = \frac{v}{2l} = \frac{1}{2l}\sqrt{\frac{T}{\mu}} = \frac{1}{2l}\sqrt{\frac{T}{Ad}}$$

यहाँ, μ = तार की एकांक लम्बाई का द्रव्यमान

इस प्रकार, यंग प्रत्यास्थता गुणाक

$$Y = \frac{Tl}{A\Delta l} \Rightarrow \frac{T}{A} = \frac{Y\Delta l}{l} \Rightarrow f = \frac{1}{2l}\sqrt{\frac{y\Delta l}{ld}}$$

$l = 1.5$ मी, $\dfrac{\Delta l}{l} = 0.01, d = 7.7\times 10^3$ किग्रा/मी^{3}

$$Y = 2.2 \times 10^{11} \text{ न्यूटन/मी}^2$$

हल करने पर, $f = \sqrt{\dfrac{2}{7}\times\dfrac{10^3}{3}}$ हर्ट्ज

$$f \approx 178.2 \text{ हर्ट्ज}$$

9. *(a)* दोनों कुण्डलियों का अन्योन्य प्रेरण

$$M = \frac{\mu_0 R_1^2 \,\pi R_2^2}{2\,(R_1^2 + x^2)^{3/2}}$$

बड़ी कुण्डली से बहने वाला फ्लक्स

$$M = \frac{\mu_0}{4\pi}\cdot\frac{\pi^2 R_1^2 R_2^2}{(R_1^2 + x^2)}$$

मान रखने पर, $M = \dfrac{\mu_0\,(2)\,(20\times10^{-2})^2}{2[(0.2)^2 + (0.15)^2]}\times\pi\,(0.3\times10^{-2})^2$

हल करने पर

$$= 9.216\times10^{-11} = 9.216\times10^{-11}$$
$$\approx 9.2\times10^{-11} \text{ वेबर}$$

10. *(c)* पाइथागोरस प्रमेय से

R=3 सेमी
3 मिमी

$$3^2 + (R - 3 \text{ मिमी})^2 = R^2$$

$\Rightarrow \; 3^2 + R^2 - 2R\,(3 \text{ मिमी}) + (3 \text{ मिमी})^2 = R^2$

$\Rightarrow \; R \approx 15$ सेमी

लेन्स के पदार्थ का अपवर्तन गुणांक

$n = 3/2$

$$\frac{1}{f} = \left(\frac{3}{2} - 1\right)\left(\frac{1}{15}\right) \Rightarrow f = 30 \text{ सेमी}$$

11. *(a)* ग्रहों के संरक्षण से,

ग्रह पर कुल ऊर्जा = ऊँचाई पर कुल ऊर्जा

$$\frac{-GMm}{R} + (\text{KE})_{\text{पृष्ठ}} = \frac{-GMm}{3R} + \frac{1}{2}mv_A^2 \qquad \ldots\text{(i)}$$

ग्रह की कक्षा में, आवश्यक अभिकेन्द्र बल, गुरुत्वीय बल से प्राप्त होता है।

अत: $\dfrac{mv_A^2}{R + 2R} = \dfrac{GMm}{(R + 2R)^2} \Rightarrow \dfrac{V_A}{2} = \dfrac{GM}{3R} \qquad \ldots\text{(ii)}$

समी. (i) व (ii) से

$$(\text{KE})_{\text{पृष्ठ}} = \frac{5}{6}\frac{GMm}{R}$$

12. *(b)*

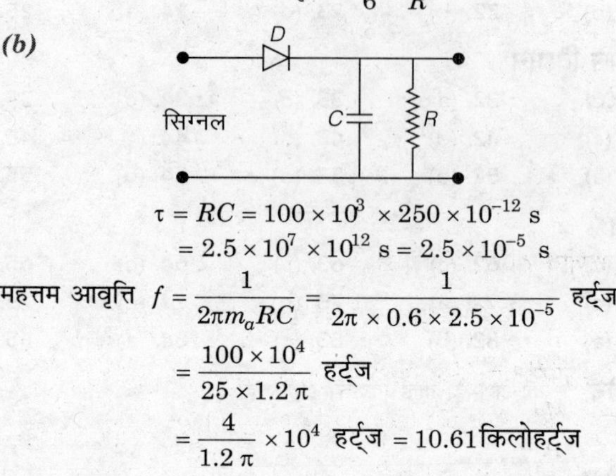

$$\tau = RC = 100\times10^3 \times 250\times10^{-12} \text{ s}$$
$$= 2.5\times10^7\times10^{12} \text{ s} = 2.5\times10^{-5} \text{ s}$$

महत्तम आवृत्ति $f = \dfrac{1}{2\pi m_a RC} = \dfrac{1}{2\pi\times0.6\times2.5\times10^{-5}}$ हर्ट्ज

$$= \frac{100\times10^4}{25\times1.2\,\pi} \text{ हर्ट्ज}$$

$$= \frac{4}{1.2\,\pi}\times10^4 \text{ हर्ट्ज} = 10.61 \text{ किलोहर्ट्ज}$$

13. *(c)* यह स्थिति तब उत्पन्न होती है जब सामान्य सिग्नल उत्पन्न करने के लिए संधारित्र के विभव के घटने की दर, बोल्टेज के सिग्नल के मॉडुलेशन की दर के बराबर या कम होती है।

तीव्रताओं के सम्बन्ध से,

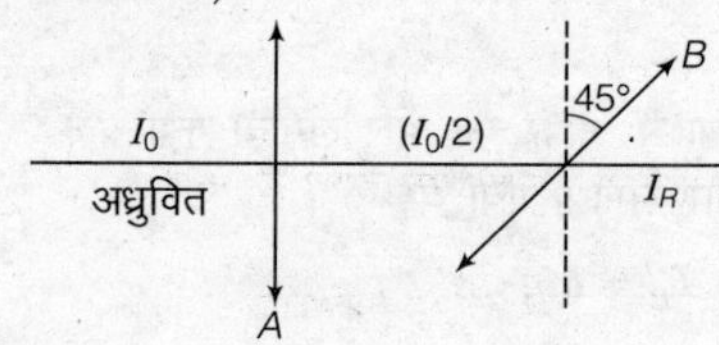

$$I_R = \left(\frac{I_0}{2}\right)\cos^2(45°) = \frac{I_0}{2}\times\frac{1}{2} = \frac{I_0}{4}$$

14. *(d)* $P = \dfrac{V^2}{R} \Rightarrow R = \dfrac{120\times120}{60} = 240\,\Omega$

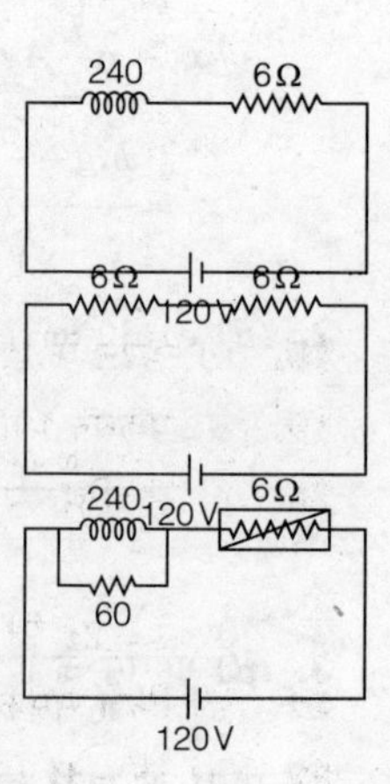

$$R_{\text{eq}} = 240 + 6 = 246\,\Omega$$

$$\Rightarrow i_1 = \frac{V}{R_{\text{eq}}} = \frac{120}{246}$$

$$V_1 = \frac{240}{246}\times1201 = 117.073 \text{ वोल्ट}$$

$$\Rightarrow \quad i_2 = \frac{V}{R_2} = \frac{120}{54}$$

$$V_2 = \frac{48}{54}\times120 = 106.66 \text{ वोल्ट}$$

$$V_1 - V_2 = 10.04 \text{ वोल्ट}$$

15. *(b)*

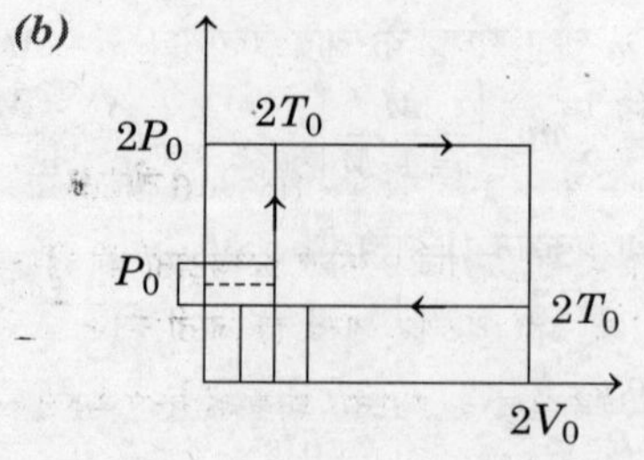

उत्सर्जित ऊष्मा $H = nc_V = \Delta t + nc_p\,\Delta T$

$$= nc_V\,(2T_0 - T_0) + nc_p + (4T_0 - T_0)$$

एक परमाणुक गैस के लिए $c_V = \dfrac{3R}{2} + c_p = \dfrac{5R}{2}$

$$\therefore \quad H = \frac{nRT_0}{2} + n\left(\frac{5R}{2}\right)2T_0$$

$$= \frac{3}{2}nT_0 + 5nRT_0 = \frac{13}{2}\,nRT_0 = \frac{12}{2}P_0V_0$$

16. *(c)*

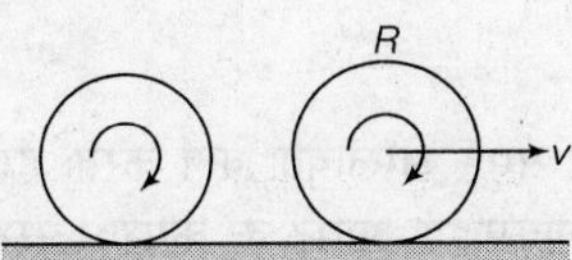

कोणीय संवेग संरक्षण से,

$$mr^2\omega_0 = mvr + mr^2 \times \frac{v}{r} \Rightarrow v = \frac{\omega_0 r}{2}$$

17. *(c)* पिस्टन पर आरोपित दाब

$$\frac{Mg}{A} = p_0 \Rightarrow Mg = p_0A \quad \ldots\text{(i)}$$

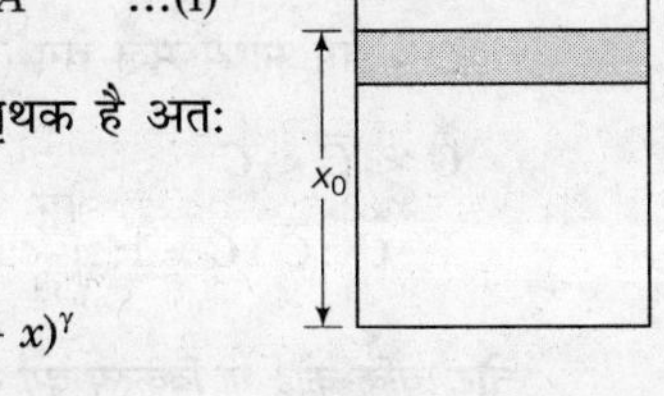

चूँकि निकाय, दाब से पूर्णतः पृथक है अतः यह रुद्धोम प्रक्रम होगा।

$$p_0V_0^\gamma = pV^\gamma$$

$$p_0\,Ax_0^\gamma = pA(x_0 - x)^\gamma$$

$$p = \frac{p_0x_0^\gamma}{(x_0 - x)^\gamma}$$

माना पिस्टन x दूरी विस्थापित होता है, तब

$$Mg - \left(\frac{p_0x_0^\gamma}{(x_0 - x)^\gamma}\right)A = F_{\text{प्रत्यानयन}}$$

$$p_0A\left(1 - \frac{x_0^\gamma}{(x_0 - x)^\gamma}\right) = F_{\text{प्रत्यानयन}} \qquad [x_0 - x \approx x_0]$$

$$F = -\frac{\gamma\,p_0Ax}{x_0}$$

$$\therefore \quad F = \frac{1}{2\pi}\sqrt{\frac{\gamma\,p_0A}{x_0M}} = \frac{1}{2\pi}\sqrt{\frac{\gamma\,p_0A^2}{MV_0}}$$

18. *(c)* न्यूटन के शीतलन के नियम के अनुसार विकल्प *(c)* सही उत्तर है।

19. *(d)* प्रकथन I गलत तथा प्रकथन II सही है।

20. *(c)* संधारित्र को बदलने पर आवेश

$$q = CV\,(1 - e^{t/\tau})$$

$t = 2\tau$ पर $\quad q = CV\,(1 - e^{-2})$

21. *(d)* फ्रिंज समकेन्द्रीय वृत्तों के रूप में होगी

22. *(b)* $\mathbf{E} = \mathbf{B} \times c$

वैद्युत क्षेत्र का मान रखने पर

$$|\mathbf{E}| = |\mathbf{B}| \cdot |c| = 20 \times 10^{-9} \times 3 \times 10^8 = 6 \text{ वोल्ट/मी}$$

23. *(d)* जब λ का मान बढ़ता है, तो उत्सर्जित फोटो इलेक्ट्रानों की संख्या घटती है जिससे धारा भी घटती है और घटकर शून्य हो जाती है।

24. *(a)* धारा के समान मान व विभव के महत्तम मान के लिए महत्तम आवृत्ति की आवश्यकता होती है।

25. *(d)* जब त्रिज्या dr द्वारा घटती है, तब पृष्ठीय ऊर्जा में कमी = वाष्पन के लिए आवश्यक ऊष्मा

$$(4\pi r dr) \times T \times 2 = 4\pi r^2 dr\,\rho \;\Rightarrow\; r = \frac{2T}{\rho L}$$

26. *(d)* $\Delta E = h\nu$

$$\nu = \frac{\Delta E}{h} = k\left[\frac{1}{(n-1)^2} - \frac{1}{n^2}\right] = \frac{k2n}{n^2(n-1)^2} \approx \frac{2k}{n^3} \propto \frac{1}{n^3}$$

27. *(c)* हम जानते हैं कि विचलन कोण आपतित कोण पर निर्भर करता है। यदि विचलन कोण को प्रयोग द्वारा अलग-अलग आपतन कोण के सापेक्ष ज्ञात करते हैं, तब i (x-अक्ष) तथा f(y-अक्ष), के बीच ग्राफ खींचने पर चित्रानुसार ग्राफ प्राप्त होता है।

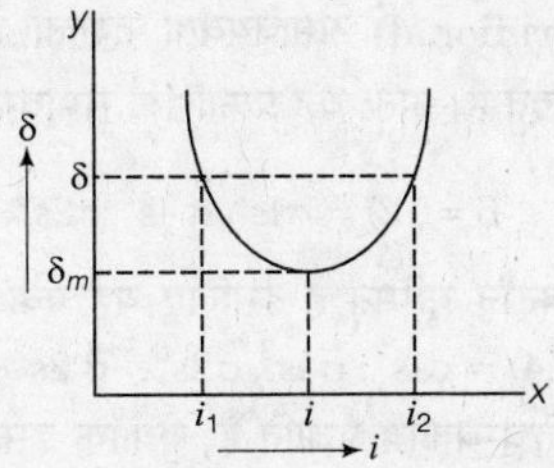

स्पष्ट है कि, यदि आपतन कोण लगातार एक छोटे कोण से बढ़ता है, तब विचलन कोण पहले न्यूनतम मान तक घटता है तथा फिर बढ़ना प्रारम्भ करता है।

28. *(a)*

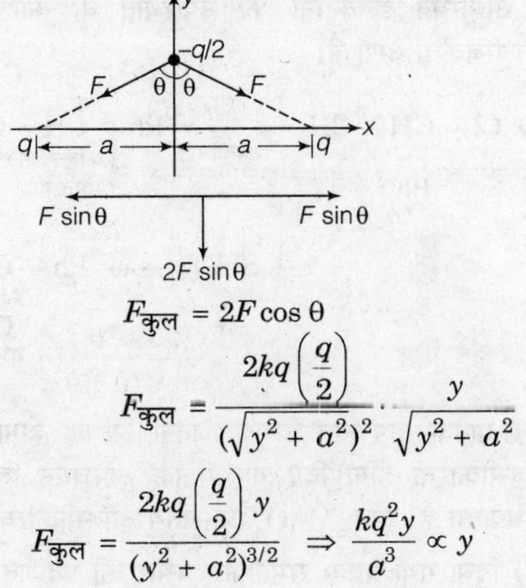

$$F_{\text{कुल}} = 2F\cos\theta$$

$$F_{\text{कुल}} = \frac{2kq\left(\dfrac{q}{2}\right)}{(\sqrt{y^2 + a^2})^2} \cdot \frac{y}{\sqrt{y^2 + a^2}}$$

$$F_{\text{कुल}} = \frac{2kq\left(\dfrac{q}{2}\right)y}{(y^2 + a^2)^{3/2}} \Rightarrow \frac{kq^2y}{a^3} \propto y$$

29. *(b)* $B_{\text{कुल}} = B_1 + B_2 + B_H$

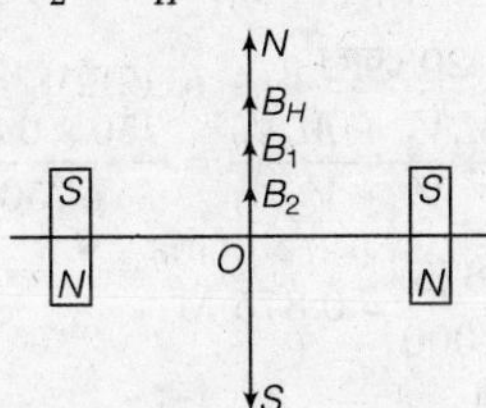

$$B_{\text{कुल}} = \frac{\mu_0}{4\pi}\frac{(M_1 + M_2)}{r^3} + B_H$$

$$= \frac{10^{-7}\,(1.2 + 1)}{(0.1)^3} + 3.6 \times 10^{-5}$$

$$= 2.56 \times 10^{-4} \text{ वेबर/मी}^2$$

30. *(d)*

$$V = \int_L^{2L} \frac{k\,dQ}{x} = \int_L^{2L} \frac{\left(\frac{Q}{L}\right) dx}{x}$$

$$= \frac{Q}{4\pi\varepsilon_0 L} \int_L^{2L} \left(\frac{1}{x}\right) dx = \frac{Q}{4\pi\varepsilon_0 L} [\log_e x]_L^{2L}$$

$$= \frac{Q}{4\pi\varepsilon_0 L} [\log_e 2L - \log_e L]$$

$$= \frac{Q}{4\pi\varepsilon_0 L} \left[\log_e \frac{2L}{L}\right] = \frac{Q}{4\pi\varepsilon_0 L} \ln(2)$$

रसायन विज्ञान

31. *(c)* प्रकाशिक समावयवता केवल वे संकर यौगिक प्रदर्शित करते हैं। जिनमें सममिति तल का अभाव होता है $[Co(NH_3)_3Cl_3]$ फलकीय (facial) तथा रेखांशिक (meridional) समावयवता दर्शाता है। क्योंकि दोनों अवस्था सममिति तल रखते हैं। अत: यह प्रकाशिक समावयवता प्रदर्शित नहीं करेगा।

32. *(a,b)* $C_2\ (6+6=12) = \sigma 1s^2, \overset{*}{\sigma} 1s^2, \sigma 2s^2, \overset{*}{\sigma} 2s^2\ \pi 2p_x^2 \approx \pi 2p_y^2$

अत: सभी इलेक्ट्रॉन युग्मित हैं इसलिए यह एक प्रतिचुम्बकीय प्रजाति है।

$N_2\ (7+7=14) = \sigma 1s^2, \overset{*}{\sigma} 1s^2, \sigma 2s^2, \overset{*}{\sigma} 2s^2, \pi 2p_x^2 \approx \pi 2p_y^2, \sigma 2p_z^2$

N_2 भी एक प्रतिचुम्बकीय प्रजाति है, क्योंकि इसमें अयुग्मित इलेक्ट्रॉन नहीं है।

O_2 या $S_2 (8+8=16) = \sigma 1s^2, \overset{*}{\sigma} 1s^2, \sigma 2s^2, \overset{*}{\sigma} 2s^2, \pi 2p_x^2 \approx \pi 2p_y^2$

$\overset{*}{\pi} 2p_x^1 \approx \overset{*}{\pi} 2p_y^1$

दो अयुग्मित इलेक्ट्रॉनों की उपस्थिति के कारण O_2 तथा S_2 दोनों प्रतिचुम्बकीय अणु है।

33. *(c)* $Cl—\underset{\underset{(-)}{Ph}}{CH}—CH_3 \xrightarrow[\text{टॉल्वीन}]{SbCl_5} Ph—\overset{\oplus}{CH}—CH_3$ (कार्बधनायन) (समतलीय)

$+ SbCl_6^- \longrightarrow Ph—\underset{Cl}{CH}—CH_3 + SbCl_5$

(d तथा l) मिश्रण

34. *(d)* मानक अपचयन विभव जितना अधिक होगा वह उतना ही अच्छा ऑक्सीकारक होगा दिए गए मानक अपचयन विभव में $E^\circ_{MnO_4^-/Mn^{2+}}$ अधिकतम है। अत: MnO_4^- प्रबलतम ऑक्सीकारक होगा।

35. *(a)* दिया गया प्रक्रम समतापीय प्रसार को प्रदर्शित करता है।

इसलिए $q = -W, \Delta E = 0, q = +208$ जूल

$W = -208$ जूल (प्रसार कार्य)

36. *(a)* $M_f = \dfrac{M_1V_1 + M_2V_2}{V_1 + V_2} = \dfrac{750 \times 0.5 + 250 \times 2}{750 + 250}$

$= \dfrac{875}{1000} = 0.875$ M

$$= \frac{750 \times 0.5 + 250 \times 2}{750 + 250} = \frac{875}{1000} = 0.875 \text{ M}$$

37. *(c)* p-नाइट्रोफिनॉल (NO_2; $(-M, -I)$) > p-क्लोरोफिनॉल (Cl; $(-I)$) > p-क्रीसॉल (CH_3; $(+I$, अतिसंयुग्मन$)$) > p-मेथॉक्सीफिनॉल (OCH_3; $(+M)$)

इलेक्ट्रॉन दाता समूह अम्लीयता कम करता है। जबकि इलेक्ट्रॉन ग्राही समूह बने फिनॉक्साइड आयन के क्रमश: अस्थाई तथा स्थाई होने के कारण अम्लीयता को बढ़ाता है।

38. *(c)* C^* = अधिकतम सम्भावित वेग $= \sqrt{\dfrac{2RT}{M}}$

$\overline{C}$ = औसत गति $= \sqrt{\dfrac{8RT}{M}}$

C = वर्ग माध्य मूल वेग (rms) $= \sqrt{\dfrac{3RT}{M}}$,

$\overset{*}{C} < \overline{C} < C$

$\overset{*}{C} : \overline{C} : C = 1 : \sqrt{\dfrac{4}{\pi}} : \sqrt{\dfrac{3}{2}} = 1 : 1.128 : 1.225$

नोट *चूँकि कोई भी विकल्प वर्ग माध्य गति के अनुरूप नहीं है। अत: यह माना गया है कि यहाँ मूल पद नहीं छपा है। इसे वर्ग माध्य मूल गति होना चाहिए।*

39. *(a)* आरहीनियस समीकरण से

$$\log \frac{k_2}{k_1} = \frac{-E_a}{2.303\,R}\left(\frac{1}{T_2} - \frac{1}{T_1}\right)$$

दिया है, $\dfrac{k_2}{k_1} = 2; T_2 = 310$ केल्विन

$T_1 = 300$ केल्विन

मान रखने पर

$\Rightarrow \log 2 = \dfrac{-E_a}{2.303 \times 8.314}\left(\dfrac{1}{310} - \dfrac{1}{300}\right)$

$\Rightarrow E_a = 53598.6$ जूल/मोल $= 53.6$ किलोजूल/मोल

40. *(b)* $R—NH_2 + CH_3—\overset{O}{\overset{\|}{C}}—Cl \xrightarrow[(-HCl)]{} R—NH—\overset{O}{\overset{\|}{C}}—CH_3$

अभिक्रिया में प्रत्येक—$COCH_3$ समूह एक H-परमाणु को प्रतिस्थापित करता है, अत: एक मोल $CH_3—\overset{O}{\overset{\|}{C}}—Cl$ की अभिक्रिया —NH_2 समूह के साथ होने पर अणुभार में 42 इकाई की वृद्धि होती है। जिससे द्रव्यमान $(390-180) = 210$ बढ़ता है। अत: —NH_2 समूहों की संख्या $\dfrac{210}{42} = 5$ होगी।

41. *(a)* (a) $V^{2+} = 3$ अयुग्मित इलेक्ट्रॉन

$Cr^{2+} = 4$ अयुग्मित इलेक्ट्रॉन

$Mn^{2+} = 5$ अयुग्मित इलेक्ट्रॉन

यहाँ, $a = 4, b = 3, e = \sqrt{1 - \frac{9}{16}} = \frac{\sqrt{7}}{4}$

$\therefore$ नाभि $(\pm ae, 0) = \left(\pm 4 \times \frac{\sqrt{7}}{4}, 0\right) = (\pm \sqrt{7}, 0)$

$\therefore$ वृत्त की त्रिज्या,

$$r = \sqrt{(ae)^2 + b^2} = \sqrt{7 + 9} = \sqrt{16} = 4$$

अतः वृत्त का समीकरण है,

$$(x - 0)^2 + (y - 3)^2 = 16$$

$\therefore$ $x^2 + y^2 - 6y - 7 = 0$

78. *(c)* एक सही उत्तर के अनुमान लगाने की प्रायिकता, $p = \frac{1}{3}$

तथा एक गलत उत्तर के अनुमान लगाने की प्रायिकता, $q = \frac{2}{3}$

$\therefore$ अनुमान से 4 या उससे अधिक प्रश्नों के सही उत्तर देने की प्रायिकता

$$= {}^5C_4 \left(\frac{1}{3}\right)^4 \cdot \frac{2}{3} + {}^5C_5 \left(\frac{1}{3}\right)^5 = 5 \cdot \frac{2}{3^5} + \frac{1}{3^5} = \frac{11}{3^5}$$

79. *(b)* दिया है, त्रिभुजों की भुजाओं के मध्य-बिन्दुओं के निर्देशांक (0, 1), (1, 1) तथा (1, 0) हैं। इन तीनों बिन्दुओं को आरेखित करने पर एक त्रिभुज का निर्माण होता है।

इसलिए त्रिभुज की भुजाएँ 2, 2 तथा $2\sqrt{2}$ होगीं।

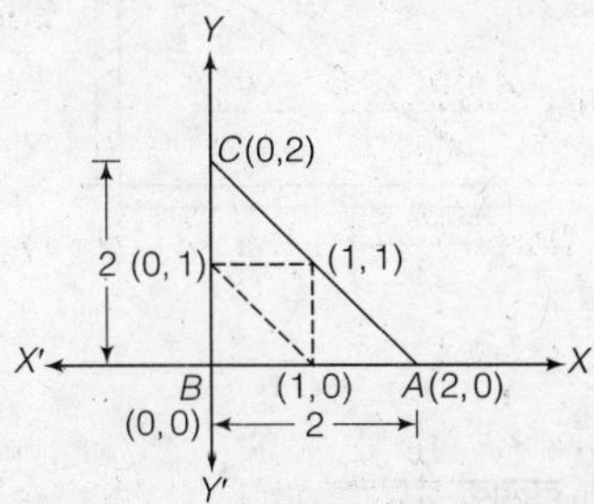

अन्तःकेन्द्र का x-निर्देशांक $= \frac{2 \times 0 + 2\sqrt{2} \cdot 0 + 2 \cdot 2}{2 + 2 + 2\sqrt{2}}$

$$= \frac{2}{2 + \sqrt{2}} \times \frac{2 - \sqrt{2}}{2 - \sqrt{2}} = 2 - \sqrt{2}$$

80. *(c)* $\therefore \left[\frac{x+1}{x^{2/3} - x^{1/3} + 1} - \frac{(x-1)}{x - x^{1/2}}\right]^{10}$

$$= \left[\frac{(x^{1/3})^3 + 1^3}{x^{2/3} - x^{1/3} + 1} - \frac{\{(\sqrt{x})^2 - 1\}}{\sqrt{x}\,(\sqrt{x} - 1)}\right]^{10}$$

$$= \left[(x^{1/3} + 1) - \frac{\sqrt{x} + 1)}{\sqrt{x}}\right]^{10} = (x^{1/3} - x^{-1/2})^{10}$$

$\therefore$ व्यापक पद, $T_{r+1} = {}^{10}C_r (x^{1/3})^{10-r} (-x^{-1/2})^r$

$$= {}^{10}C_r (-1)^r x^{\frac{10-r}{3} - \frac{r}{2}}$$

x से स्वतन्त्र पद के लिए,

$$\frac{10 - r}{3} - \frac{r}{2} = 0 \Rightarrow 20 - 2r - 3r = 0$$

$\Rightarrow$ $20 = 5r$

$\Rightarrow$ $r = 4$

$\therefore$ $T_5 = {}^{10}C_4 = \frac{10 \times 9 \times 8 \times 7}{4 \times 3 \times 2 \times 1} = 210$

81. *(a)* दिया हुआ वक्र है, $y = \sqrt{x}$ ...(i)

तथा $2y - x + 3 = 0$ ...(ii)

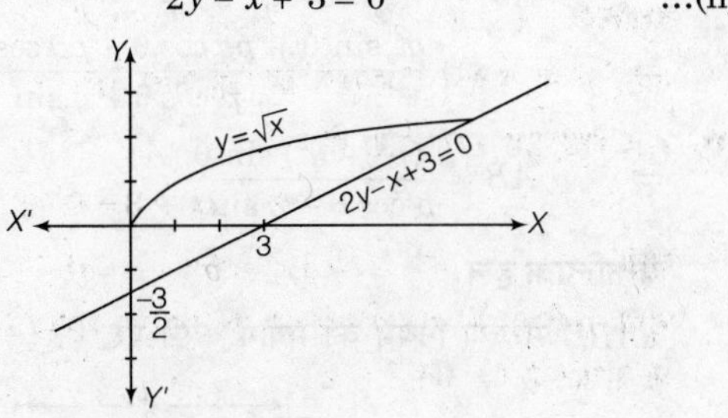

समी (i) तथा (ii) को हल करने पर,

$$2\sqrt{x} - (\sqrt{x})^2 + 3 = 0 \Rightarrow (\sqrt{x})^2 - 2\sqrt{x} - 3 = 0$$

$\Rightarrow$ $(\sqrt{x} - 3)(\sqrt{x} + 1) = 0$

$\Rightarrow$ $\sqrt{x} = 3$ ($\because \sqrt{x}$ का मान -1 सम्भव नहीं है)

$\therefore$ $y = 3$

$\therefore$ अभीष्ट क्षेत्रफल $= \int_0^3 (x_2 - x_1)\, dy = \int_0^3 \{(2y + 3) - y^2\}\, dy$

$$= \left[y^2 + 3y - \frac{y^3}{3}\right]_0^3 = 9 + 9 - 9 = 9$$

82. *(b)* दिया है, $T_n = {}^nC_3 \Rightarrow T_{n+1} = {}^{n+1}C_3$

$\therefore$ $T_{n+1} - T_n = {}^{n+1}C_3 - {}^nC_3 = 10$

प्रश्नानुसार,

$\Rightarrow$ ${}^nC_2 + {}^nC_3 - {}^nC_3 = 10 \Rightarrow {}^nC_2 = 10$

$\therefore$ $n = 5$

83. *(c)* दिया है, $|z| = 1, \arg z = \theta$

$\therefore$ $z = e^{i\theta}$

किन्तु $\bar{z} = \frac{1}{z}$

$\therefore$ $\arg\left(\frac{1+z}{1+\bar{z}}\right) = \arg(z) = \theta$

84. *(a)* माना $AB = x$

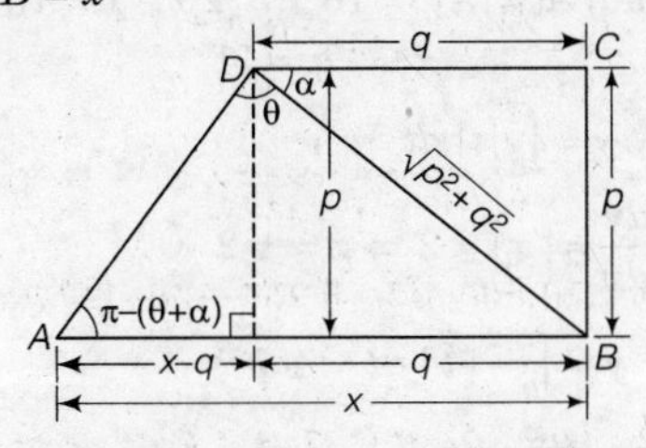

समकोण ΔDAM में, $\tan(\pi - \theta - \alpha) = \frac{p}{x - q}$

$\Rightarrow$ $\tan(\theta + \alpha) = \frac{p}{q - x}$

$\Rightarrow$ $q - x = p \cot(\theta + \alpha) \Rightarrow x = q - p \cot(\theta + \alpha)$

$$= q - p\left(\frac{\cot\theta \cot\alpha - 1}{\cot\alpha + \cot\theta}\right)$$

$$= q - p\left(\frac{\frac{q}{p}\cot\theta - 1}{\frac{q}{p} + \cot\theta}\right) = q - p\left(\frac{q\cot\theta - p}{q + p\cot\theta}\right)$$

$$= q - p\left(\frac{q\cos\theta - p\sin\theta}{q\sin\theta + p\cos\theta}\right)$$

$$\Rightarrow \quad x = \frac{q^2\sin\theta + pq\cos\theta - pq\cos\theta + p^2\sin\theta}{p\cos\theta + q\sin\theta}$$

$$\Rightarrow \quad AB = \frac{(p^2+q^2)\sin\theta}{p\cos\theta + q\sin\theta}$$

वैकल्पिक हल

ΔABD में ज्या नियम का प्रयोग करने पर,

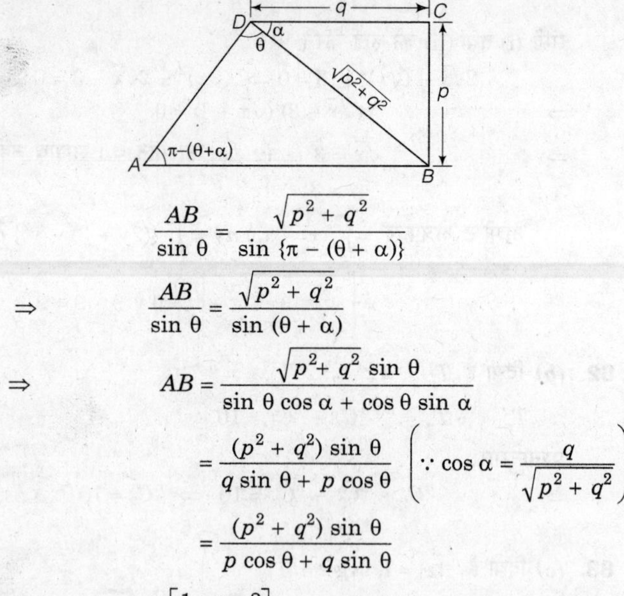

$$\frac{AB}{\sin\theta} = \frac{\sqrt{p^2+q^2}}{\sin\{\pi - (\theta+\alpha)\}}$$

$$\Rightarrow \quad \frac{AB}{\sin\theta} = \frac{\sqrt{p^2+q^2}}{\sin(\theta+\alpha)}$$

$$\Rightarrow \quad AB = \frac{\sqrt{p^2+q^2}\sin\theta}{\sin\theta\cos\alpha + \cos\theta\sin\alpha}$$

$$= \frac{(p^2+q^2)\sin\theta}{q\sin\theta + p\cos\theta} \quad \left(\because \cos\alpha = \frac{q}{\sqrt{p^2+q^2}}\right)$$

$$= \frac{(p^2+q^2)\sin\theta}{p\cos\theta + q\sin\theta}$$

85. *(b)* दिया है, $P = \begin{bmatrix} 1 & \alpha & 3 \\ 1 & 3 & 3 \\ 2 & 4 & 4 \end{bmatrix}$

$\therefore |P| = 1(12-12) - \alpha(4-6) + 3(4-6) = 2\alpha - 6$

$\because \quad P = \text{adj}(A)$ (दिया है)

$\therefore \quad |P| = |\text{adj } A| = |A|^2 = 16 \Rightarrow 2\alpha - 6 = 16 \Rightarrow 2\alpha = 22$

$\therefore \quad \alpha = 11$

86. *(a)* दिया है, $y = \int_0^x |t|\, dt$

$\therefore \quad \frac{dy}{dx} = |x| = 2 \Rightarrow x = \pm 2$

$\therefore$ बिन्दु $\quad y = \int_0^{\pm 2} |t|\, dt = \pm 2$

अत: स्पर्शी का समीकरण है

$y - 2 = 2(x-2) \Rightarrow y + 2 = 2(x+2)$

x-अन्त: खण्ड के लिए $y = 0$ रखने पर,

$0 - 2 = 2(x-2)\ 0 + 2 = 2(x+2)$

$\therefore \quad x = \pm 1$

87. *(b)* दिया हुआ वृत्त का समीकरण निम्न प्रकार लिखा जा सकता है

$$x^2 + y^2 = \frac{5}{2}$$

माना उभयनिष्ठ स्पर्शी है,

$$y = mx + \frac{\sqrt{5}}{m}$$

वृत्त के केन्द्र से स्पर्शी पर डाले गए लम्ब की लम्बाई वृत्त की त्रिज्या के समान होगी।

$$\therefore \quad \frac{\frac{\sqrt{5}}{m}}{\sqrt{1+m^2}} = \sqrt{\frac{5}{2}}$$

$\Rightarrow \quad m\sqrt{1+m^2} = \sqrt{2} \Rightarrow m^2(1+m^2) = 2$

$\Rightarrow \quad m^4 + m^2 - 2 = 0 \Rightarrow (m^2+2)(m^2-1) = 0$

$\Rightarrow \quad m = \pm 1 \quad (\because m^2 + 2 \neq 0$, क्योंकि $m \in R)$

$\therefore y = \pm(x + \sqrt{5})$, दोनों कथन सत्य हैं क्योंकि $m = \pm 1$ कथन II में दी गई समीकरण को सन्तुष्ट करता है।

88. *(a)* दिया है, $y = \sec(\tan^{-1} x)$

माना $\tan^{-1} x = \theta \Rightarrow x = \tan\theta$

$\therefore \quad y = \sec\theta = \sqrt{1+x^2}$

x के सापेक्ष अवकलन करने पर,

$$\frac{dy}{dx} = \frac{1}{2\sqrt{1+x^2}} \cdot 2x$$

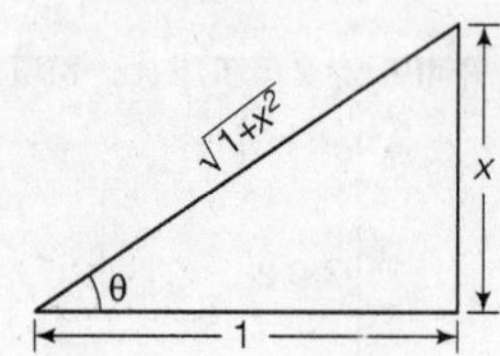

बिन्दु $x = 1$ पर,

$$\frac{dy}{dx} = \frac{1}{\sqrt{2}}$$

89. *(b)* दिया हुआ व्यंजक है,

$$\frac{\tan A}{1-\cot A} + \frac{\cot A}{1-\tan A} = \frac{\sin A}{\cos A} \times \frac{\sin A}{\sin A - \cos A} + \frac{\cos A}{\sin A} \times \frac{\cos A}{\cos A - \sin A}$$

$$= \frac{1}{\sin A - \cos A}\left(\frac{\sin^3 A - \cos^3 A}{\cos A \sin A}\right)$$

$$= \frac{\sin^2 A + \sin A\cos A + \cos^2 A}{\sin A\cos A}$$

$$= \frac{1 + \sin A\cos A}{\sin A\cos A} = 1 + \sec A\,\text{cosec } A$$

90. *(d)* यदि प्रारम्भिक अंक x_i है, तब

$$\sigma_1^2 = \frac{\sum(x_i - \bar{x})^2}{N}$$

अब सभी को 10 से बढ़ाने पर,

$$\therefore \quad \sigma_2^2 = \frac{\sum[(x_i+10) - (\bar{x}+10)]^2}{N} = \sigma_1^2$$

अत: प्रसरण नहीं बदलेगा, जबकि माध्य, माध्यिका और बहुलक 10 से बढ़ जाएगा।